水工土力学研究

长江科学院土工科研70年成果精选

包承纲 程展林 主编

上册

图书在版编目(CIP)数据

水工土力学研究：长江科学院土工科研70年成果精选 / 包承纲,程展林主编. —武汉：长江出版社,2019.12
 ISBN 978-7-5492-6867-2

Ⅰ.①水… Ⅱ.①包…②程… Ⅲ.①土力学－文集 ②土工学－文集 Ⅳ.①TU4-53

中国版本图书馆CIP数据核字(2020)第005768号

水工土力学研究：长江科学院土工科研70年成果精选	包承纲 程展林 主编

责任编辑：张艳艳
装帧设计：蔡丹 彭微
出版发行：长江出版社

地　　址：武汉市汉口解放大道1863号	邮　编：430010
网　　址：http://www.cjpress.com.cn	
电　　话：(027)82926557(总编室)	
(027)82926806(市场营销部)	
经　　销：各地新华书店	
印　　刷：武汉市首壹印务有限公司	
规　　格：880mm×1230mm　　1/16　　84印张	2700千字
版　　次：2019年12月第1版	2021年1月第1次印刷
ISBN 978-7-5492-6867-2	
定　　价：390.00元(上、下册)	

(版权所有　翻版必究　印装有误　负责调换)

本书编著者名单

包承纲　程展林　主编

编写分工

章　名	编　写	章　名	编　写
第一篇第1章	程展林　潘家军　左永振	第四篇第2章	包承纲　李波　汪明元
第一篇第2章	包承纲　陈金途	第四篇第3章	包承纲　张伟
第一篇第3章	任佳丽　童军　冯光愈	第五篇第1章	龚壁卫
第一篇第4章	龚壁卫　周跃峰	第五篇第2章	胡胜刚
第一篇第5章	包承纲　袁俊平　刘艳华	第五篇第3章	饶锡保　谭凡
第一篇第6章	包承纲　王艳丽	第五篇第4章	李青云　孙厚才　王允明 陈智勇
第二篇第1章	朱国胜　张家发	第五篇第5章	程展林　饶锡保
第二篇第2章	崔皓东	第六篇第1章	李玫　包承纲
第二篇第3章	张家发	第六篇第2章	龚壁卫　程展林
第三篇第1章	李青云　童军	第六篇第3章	包承纲　刘思君　王幼麟 潘大溁
第三篇第2章	程展林　王艳丽　左永振	第六篇第4章	程展林　潘家军　陈云
第三篇第3章	程展林　徐晗	第六篇第5章	包承纲　刘思君　刘松涛
第三篇第4章	程永辉　李玫	第六篇第6章	吴昌瑜　李思慎　曹敦履
第三篇第5章	包承纲　张庆华　周小文 黄卫峰	第六篇第7章	张计　饶锡保　钟敬全
第三篇第6章	张伟　左永振　黄斌 程展林　朱国胜　崔皓东	第六篇第8章	龚泉　胡汉兵　王明煜
第四篇第1章	丁金华　刘军　童军	第六篇第9章	龚泉　胡汉兵

出 版 说 明

本书是长江科学院土工专业自1951年至2021年70年中主要研究成果的结晶,内容涉及水利水电工程中土力学问题的方方面面,既涵盖工程实践中经常遇到的一般问题解决方案,也包含某些特殊难题的处理经验。这些成果对长江的治理和开发,及其他相关岩土工程的建设都发挥了良好的作用,有的则起了关键性的作用。同时,众多岩土工程实际问题的出现和解决也丰富了岩土领域的视野和内容,为土力学的发展提供了许多新鲜的成果和案例。因此,这是一本具有实际意义和学术价值的土力学专著。

从新中国建立初期的1951年,长江科学院成立伊始,土工专业就应时而生。当时最早一批老土工工作者杜时敏、梅剑云、田方玺、王湘凡等为本专业的建立艰苦创业,立下了汗马功劳。其后土工专业的生力军包承纲、鲁执荣、王幼麟、曹敦履、黄赓祖、李渭滨、刘思君、杨永生、赵钟善、王明煜、潘大荣、李思慎、冯光愈、陈金途、李兴国、刘松涛、伍碧秀等为土工专业的发展和开拓做了许多贡献,他们的业绩是值得我们永远铭记的。还应提出的是从20世纪80年代起,陆续有一批研究生在长科院学习或研修,他们是任大春、李青云、饶锡保、林开球、张庆华、黄卫峰、周小文、詹良通、陈树铭、张小平、胡辉、袁俊平、陈云、刘艳华、刘小峰、丁金华、汪明元、王永明等。由于他们的良好学术素养和刻苦的钻研精神,长科院在土力学学科新领域的探索方面做出了很好的成绩,由此既提高了长科院的科研水平,同时为土力学学科这座大厦添砖加瓦。在本书中也包含了他们的部分研究成果。

本书共由六篇32章组成,其中有土的基本物理力学性质,土的渗流特性,土工试验和研究方法进展,土工问题专题研究,重点工程实录等方面内容。由于篇幅较大,全书分两册帧装。本书各章的编撰工作主要是目前在职人员担任,部分退休科研人员也参与其中做了力所能及的工作。在编务方面,李玫、王艳丽、任佳丽等同志做了许多细致繁琐的工作,没有他们的贡献,本书的出版是不可能的。本书在筹备、编写、出版等过程中,得到时任长科院领导的大力支持,特此表示深切的感谢!

前 言

本书简要地回顾了长江科学院土力学与土工工程专业70年来成长、发展、成熟的历程；介绍了土工研究所从事的主要工程研究项目，及为长江治理和开发以及我国土工工程建设中所作的贡献；叙述和评价了土工研究所在学术研究上的主要领域和成就，以及在土力学学科发展方面的贡献，最后对长科院土工专业的特点和研究风格作了述评。

一、70年历程的简要回顾

长江科学院土工专业作为该院最早建立的专业之一，已经走过70年的路程。70年来，土工专业由最初的一个试验组发展成为学科齐全、设备先进、成果丰硕、人才济济的全国性大型土工研究机构；由最初的单一土壤物理力学性试验单位发展成为具有土的性状研究、工程渗流、土工数值分析、土工离心模拟、地基处理与加固、特殊土（粗粒土、膨胀土、分散土等）研究与处理技术、岩土环境研究、原位试验与原型监测技术等多个学科的综合性土工研究机构。由当初为设计部门提供一些简单土工参数的实验室，发展到能够出色解决重大工程中土工疑难问题的开创性工程研究机构，并在国内甚至国际具有一定的声誉和影响力的大型试验研究咨询机构。这个成长过程主要是伴随长江治理和开发的进程而实现的，同时也和参与国内外多项岩土工程的建设有关。它既适应了长江和我国大规模建设的需要，也反映了国内、国际土工科学近几十年的发展和演变。

自新中国成立以来，长江水利水电建设曾经历过不同的时期，土工研究工作也因而存在着几个阶段，每一阶段有其不同的内容和特点。从土工专业的成立到21世纪初期，大致可分为4个阶段：初创阶段、发展阶段、深化和扩展阶段、巩固和创新阶段。本世纪以来，土工专业又有了新的发展，其特点是不同学科之间加强了结合、研究课题更加扩大和深化、研究手段更加新颖和综合化、业务范围更加广泛和细化。

第一阶段为初创阶段，从1951年至20世纪50年代末，以长江堤防和平原建闸土工问题的研究为主。

建国初期，为解决长江洪水威胁，国家计划兴建荆江分洪工程，土工试验的任务随即被提到议事日程。当时长江水利委员会成立不久，试验机构尚无眉目，为应急需，1951年10月，派出数名技术人员去武汉大学工学院，在冯国栋教授指导下进行有关的土工试验工作。翌年，相关人员会同武汉大学土力学教研室组成近10人试验小组，连同试验设备，前往沙市设置了临时土工实验室，从此揭开了长江土工科研的历史。荆江分洪工程和后来建设的汉江杜家台分洪工程等都是规模巨大的平原水闸工程，以及几千公里的长江堤防都修建在近代沉积的软土上，地基的承载力和建筑物的沉降问题比较突出，由于天然地基往往不能满足要求，就要进行地基的加固处理。如杜家台水闸地基采用预压加固方法改善地基土的性能，经大规模现场预压试验表明，土的物理力学性质均有不同程度改善，原位观测证实，实测沉降很小，闸室最大沉降仅2.6cm，岸墩为11.8cm。该工程在整个运行过程中，未发生明显裂缝，效果很好。这是建国初期一项重要的土工研究成果，被当时土工界传为美谈。在荆江分洪工程中，在地基内埋设了自制的孔隙压力传感器,监视地基土层内孔隙水压力的变化,在当时也是绝无仅有的。

荆江大堤是富饶的江汉平原的生命线,千里堤防是几百年来逐渐堆筑而成,质量极不均匀,汛期险情迭出,自古有"万里长江险在荆江"的警语。70 年来,土工专业始终把加固大堤,保证安全,作为自己的重大责任。历年完成了荆江大堤地基涌水翻砂险情的调查,廖子河、观音寺、沙市马王庙等堤段整治的土工试验,并配合完成荆江裁弯工程、荆北放淤工程的有关工作。水闸和堤防建设中的另一个重要问题是闸基和堤基的渗流控制,这在当时也是新课题。为了降低闸基的扬压力和减小堤后的渗透压力,采用了减压井的措施,如在罗汉寺、观音寺闸基及廖子河堤基等工程中,都应用得较为成功。为了延长减压井的寿命,还摸索改进了减压井的结构和施工方法。这些工作也成为 1998 洪水后,在国务院领导下开展的长江堤防大规模整治加固工程中减压井专题研究工作的重要基础。

此外,在初期阶段,相关人员还对长江流域部分地区的土壤进行了调查,为今后的发展积累了基础资料。

在这一阶段,土工专业围绕长江防洪急需的工程开展了大量的试验研究工作,既满足了工程的需要,也培养了第一批技术骨干,机构也随之不断扩大。1955 年以后,土工实验室成立,并逐渐增设土工、渗流、化学等专业组,人员增至 30 多人。由此,土工试验机构的雏形形成。

第二阶段,从 50 年代后期到 60 年代末,此阶段为土工专业发展阶段,工作内容以土石坝的土工问题为主,其特点是向试验研究型的科研机构发展。

此时长江在进行治理的同时,也着手开始流域的开发工作。一批大中型水利水电工程开始兴建。其中如鸭河口工程为土坝工程,丹江口、陆水工程中也有相当规模的土坝坝段。因此,土工专业的工作重点也转到以土石坝土工问题为主的试验研究上,研究的内容有各种坝料的物理、力学、化学性质,填土的压实性能和压实参数选择,土坝边坡稳定分析中强度参数和分析方法的确定,土坝和坝基的渗流状态分析和渗控措施等。鸭河口主坝填料为比较典型的壤土,易于使用。但陆水工程 8#副坝填土是一种网纹状红色黏土,性质比较特殊,这是一种经过"红土化"沉积作用的红色黏土,土的容重虽然较低,但强度却较高,工程性质较好。根据微观分析,其中的氧化铁等胶结物质将细粒胶结成为稳固的团粒结构,是导致容重低、强度高的主要原因。通过对陆水蒲圻红色黏土宏观与微观相结合的研究,研究人员不仅对这种土的工程性质有了较深的了解,而且体会到微观—宏观相结合的研究方法对岩土工程的重要意义。

丹江口枢纽左岸土坝最大坝高 56m,长 1200m,全坝依地形起伏分为几个坝段,每个坝段又根据情况选用了心墙型、斜墙型、砾石土均质型以及邻接混凝土坝的左岸连接段等坝型。填料种类很多,性质也很复杂,比较特殊的有:砾石含量较高的砾石土、不易压实的轻粉质壤土、高含水率黏土、红层的风化溶滤残积土以及风化花岗岩石碴等。通过这些填料性质的研究和其中疑难问题的解决,使我们对土的压实性质、土的天然含水率的工程意义、土的力学性质与其物理性质和物质成分的关系、粗粒土的工程性质的研究方法及其力学性质、土的施工压实标准的确定等土力学的一些基本问题有了较深刻的认识,并有新的发展。在利用砾石土作为土坝防渗料的重大课题上,花了很多力量在室内外进行了渗透性能和渗透变形的研究,得出了黏性砾石土可以用作防渗体材料的结论,并提出了具体运用的方法。这在国内也是首次。在这项研究中,中国水利水电科学研究院也派员共同参加了研究工作。

与此同时,本阶段还对土力学的一些前沿课题开始了探索,如非饱和土的基本性质、土的结构性的物理化学基础、土的抗渗破坏特性的研究等,开创了我国有关研究的先河,也为长科院土工专业在国内水利和岩土工程界中的地位奠定了基础。

总之,这一阶段的特点是土工专业由以试验为主转向以试验研究型为主的阶段,探索了一套工作方法,培养了一批研究人才,建立了一些可以进行重大课题研究的试验设备,为今后在土工工程上的开拓发展,打下了重要的基础。

第三阶段,从70年代到90年代,其主要任务是以软岩泥化夹层和膨胀土等特殊土性状的研究,这是一个深化、扩展的阶段

从70年代"文化大革命"后期,土工工作的重点是配合葛洲坝、青山、彭水、隔河岩、构皮滩等工程的勘测、设计和施工开展研究工作。认识天然条件下葛洲坝大坝基岩中软弱泥化夹层和其他结构不连续面的物理和力学特性、渗流特性,预测未来蓄水运转后,由于力学的或物理化学的因素引起的可能演变进行预测,这是摆在岩土工作者前面的重大挑战。对于该项全新的课题,土工专业几乎顷全部的力量,从宏观、细观和微观的层面上,进行了系统深入的多学科综合研究,运用工程地质学、土工学、工程力学、工程渗流学、矿物学、胶体化学、流变学等学科的基本理论,在方式方法上由土工、渗流、土质三个专业紧密配合,采用室内与现场、静态与动态、短期与长期等多种方法和手段,重点研究了残余强度与长期强度,流变特性与动力特性,渗流特性及渗控措施,物质成分和微细观结构特征及其对工程性质的影响,在渗水作用下的各种物理化学变化以及夹层性状的演变趋势等,获得了丰富的创新成果。上述成果不仅为工程设计所需的现状参数和长期参数的确定提供了依据,并且也发展了岩土工程的某些基本理论,还对岩土力学的宏观与细微观相结合的研究方法提供了有用的经验。应当认为,这个重大课题的研究,使长科院土工专业的水平上了一个新的台阶。

70年代初,在南水北调工程引丹陶岔渠道边坡中遇到了膨胀土问题,即使在相当平缓开挖的边坡(如1:6边坡)中,在施工期间或竣工后一段时间,也发生了多达十几处大型滑坡。这个问题的出现,不仅影响陶岔渠段的运用,更预示南水北调中线工程的后续建设必须直面的难题,因为膨胀土在整个中线干渠中的分布超过300km。

膨胀土是一种特殊土,它的膨胀性、裂隙性和超固结性等特性,使它成为土工工程中的世界性难题。在陶岔引渠建设初期,对这种土的性质研究不够,认识不足,没有采取针对性措施,直到问题发生后才亡羊补牢,开展了膨胀土的特性研究,以及事故处理的调查和探索。在研究中发现,这种土含有较多的膨胀性矿物,同时,由于超固结的影响存在许多不规则的裂隙面,当开挖卸荷后裂隙面会张开,影响边坡的稳定。另外,土层中还存在层间结合面和古滑动面,它们也会成为易滑的弱面,而且这些滑面上的土体强度可能已进入残余状态。为了确定其强度参数,土的残余强度的研究被提到议事日程,用原状土、液限土、人工制备裂隙面或滑动面进行残余强度或软化强度试验的研究在当时也是一项新的工作。与此同时,对膨胀土作为填料的填筑参数研究,也进行了探索,并将成果用于若干地方小型工程。另外,土工专业相关人员对膨胀土的室内试验方法也与国内其他单位一起进行了研究,并参与了国内第一本膨胀土规范的编写工作。

在这一阶段,由我院发起并与国内其他9个单位(水科院、南科院、铁科院、中科院岩土所、南京自动化所、清华、武大、同济、河海)一起组织筹备组,在黄文熙等老一辈专家的支持和直接参与下,于1984年共同筹办《土的抗剪强度与本构关系学术研讨会》,即著名的《老河口会议》,这是对我国岩土学科发展具有里程碑式意义的一次高水平学术会议。经过一年筹备,会议于1985年正式召开。当时正值"文化大革命"结束不久,大家都有重新恢复我国岩土工程界活力的强烈愿望,参会人员热情之高前所未有,老一代

专家也到得很齐。会议安排了4个高水平的发展水平报告,然后组织大会、小组热烈讨论。年轻的研究生们自发在夜间组织"自由论坛",畅所欲言。这次会议把"文化大革命"以来的沉闷空气一扫而光,与会者都对会议留下了强烈的、美好的印象,有的人至今仍难以忘怀。

第四阶段,从90年代到21世纪初期,主要特点是围绕三峡二期深水围堰工程所进行的深入的、先进的综合性研究,以及随之展开的世界第一高面板堆石坝水布垭工程和当时全国最高的沥青混凝土墙土石坝茅坪溪防护工程的土工难题而展开的。同时,我们也将业务范围扩展到其他土木工程领域,如高速公路、机场场道、滑坡治理等,这是一个相对比较成熟的阶段。

二期围堰是三峡土建工程中最具挑战性的两项工程之一(另一项为船闸高边坡),通过这项研究不仅解决了深水围堰的许多技术难题,保证了围堰的成功建设和顺利抵抗1998年大洪水,使围堰技术水平达到国际先进水平,正如著名的水利水电专家、三峡公司技委会主任潘家铮院士所评价的"二期围堰基本上做到了滴水不漏,固若金汤"。从众多因素综合分析,三峡工程二期围堰建设就总体而言无疑已达到国际领先水平,"在极其严峻的水文、地质、工期条件下,二期围堰的建成标志着中国水利水电建设又登上新的台阶,跻身于国际先进水平,值得庆贺"。

在完成工程科研的同时,长江科学院土工专业也获得了一批创新的成果以及培养了一大批技术骨干。由于三峡围堰研究邀请和组织了国内十几家著名岩土研究单位和高校共同参与,因此,通过这项工作也确立了长科院土工专业在国内岩土界的地位。

水布垭面板堆石坝的地质条件比较复杂,填料性质也很复杂,坝型的确定成为一个难题。土工与地质和设计一起,在现场进行了大量的碾压试验和滑坡体试验,为高坝的建设作了重要贡献,也为以后介入长江上游多座高坝的建设,准备了条件。

在上述各项研究成果中有不少具创新意义的成果,诸如:

①利用离心模型试验新技术确定了60m水深下抛填风化砂的密度和坡角。

众所周知,在任何结构物的设计中,材料的密度是最基本的参数,它关系到结构物的自重;对散粒体而言,材料的密度不仅关系到散粒体的自重,而且关系到散粒体的力学特性。一般情况下,它往往是容易求得的。然而对本工程而言,在60m水下确定风化砂抛填料的密度却非易事。一方面60m水下的量测很困难,同时,国内外也无类似经验可循。技术人员曾在现场拦沟进行6m水深的抛填试验,所得抛填风化砂堰体密度仅$1.40\sim1.45\text{g/cm}^3$。按此密度分析,围堰堰体变形较大,围堰防渗墙变形过大,难以满足工程安全的要求。

长江科学院创造性地提出了采用先进的离心模拟技术进行水下抛填风化砂密度的研究。在100g的离心加速度下,在60cm水深的模型中进行抛填试验,测得了水下风化砂密度的合理近似值。该近似值大大高于6m静水中的抛填试验。按此密度计算,围堰设计断面在技术上可以成立,由此使设计有关的工作得以顺利进行,解决了深水围堰基本断面设计的一大难题。

②应力应变有限元分析的作用与发展,其规模和效果在国内是空前的。

三峡二期围堰中的应力应变分析工作采用了特别的方式,发挥了独特的作用。我们先后邀请了全国15家最具影响的单位参与,参加人员先后超过60人,历时16年,可以说几乎围堰的每一项重大决策都与数值分析成果分不开。因此其成果不仅有实际价值,而且在技术上也有不少创新。它所起的作用,不仅非一般工程中通常所作的计算验证可以相比,而且也非国内和国际上当时的同类工作可以相提并论的。正如亲身经历的沈珠江院士说的:"数值分析对三峡围堰工程的介入程度是以往工程从来没有过的。"

③柔性墙体材料的研制和施工控制方法的发展，这种材料针对三峡围堰的需要而研制，其性能优于国外同类产品，而且利用了开挖弃料，价格低廉。

由于三峡二期围堰堰体密度低，防渗墙的变形较大，当时，国内外应用的塑性混凝土不能满足二期围堰防渗墙的要求，需研制一种变形模量低、而又有相当高的强度，其模强比宜控制在 250 左右的"高强低弹"性能的塑性混凝土。故三峡深水围堰防渗墙的塑性（柔性）混凝土，必须有一个新的跨越，要求其技术参数为：抗压强度 $R_{28}=4\sim5$MPa，抗折强度不小于 1.5MPa，初始切线模量 700~1000MPa，模强比小于 250。渗透系数不超过 10^{-7}cm/s，渗透破坏比降不小于 80。这个指标是很先进的。

研究中采用了先进的试验设计方法——均匀设计，设计了 3 因素 10 水平的配合比试验方案，其试验结果和人工神经网络预测模型相结合，建立了柔性混凝土配合比图谱。用所建立的半定量模型和配合比图谱可指导配合比进一步优化，提高了配合比的优选效率。经过长期研究，所得的指标如下：

抗压强度：$R_{28}>4.0\sim5.0$ MPa 初始切线模量 $E_i=1000$ MPa 左右；模强比小于 250；抗折强度 $T_{28}>1.50$MPa。所研制的柔性墙体材料指标先进，适应变形性能好，这可以从 98 洪水期间及其以后的运行情况得到证实。更可贵的是其长期性能良好，经试验，在 28 天时，模强比为 220；而 720 天后，模强比降为 171，但其抗压强度则为 28 天值的 2.08 倍。

④复合土工膜在防渗心墙中的应用，开创了土工合成材料在大型水利工程中成功实践的先例。二期围堰两道防渗墙高度大于 80m，其中一道上部 15m 采用复合土工膜，在当时这也是有探索性的措施。为配合该项任务而进行的复合土工膜防渗性能的研究成果颇具新意。

⑤新淤砂和风化砂的动力特性及其综合处理措施研究。

新淤砂是葛洲坝工程修建后，在三峡地区新近沉积的粉细砂层，密度小，易液化。对于要考虑七度地震运用条件的二期围堰来说，其液化可能性及对上覆的围堰堰体的稳定性应作专门研究。爆破条件下新淤砂和风化砂的动力反应是一项全新的课题，以往国内外很少研究。本次研究，除室内进行抗液化试验和动力特性（动模量、动阻尼比、动强度等）之外，还进行了稳态强度的研究和分析，对淤砂地震动力特性和抗液化性能获得了新的认识。并在此基础上提出了围封和压盖的新措施，且取得了成功，避免了直接挖除淤砂的巨大工作量，简化了工程设计，节省了大量资金；

⑥粗粒料性能的研究和大型试验设备的研制。

首次研制了国内最大的平面应变试验机（800mm×800mm×8400mm）及大型三轴仪，还筹备了试样直径为 50cm 高度达 100cm 的大型叠环式渗压固接仪等仪器，获得了平面应变条件下，粗粒土的力学特性的初步成果。

⑦配合有关单位参与了新的施工设备的研制和引进、改造与利用工作，并创造了一批新的施工方法和工艺技术。

⑧此外，还专门在围堰拆除过程中对围堰工作状况进行取样研究和验证分析，获得了十分宝贵的资料，解决了以往长久存在的一些疑难问题，如混凝土防渗墙外的泥皮情况等，这也是绝无仅有的。

在这一时期中，围绕三峡工程的研究对象还包括永久船闸边坡、大坝基础、地下厂房的渗流场和渗流控制措施，研究成果为工程设计提供了重要依据，也发展了渗流场的研究方法和工具。针对永久船闸和围堰工程开展了长期监测工作，相关人员积累了重要的第一手资料，通过工程实践加深了对工程特性的认识。

在本阶段，为适应全国市场经济的新形势，除了完成本部门工作外，还向民航和交通部门的岩土工程扩展。深圳机场跑道淤泥地基的处理方法是一个新课题，土工所与设计部门一起，解决了其中重要的技术难题，因此在机场建设领域站住了脚跟，为以后介入珠海、桂林、昆明、神农架等多个机场的建设，开了方便之门。在高速公路方面的工作也十分突出，以广佛公路成功实践为契机，为以后的岱黄、汉宜、黄黄等一系列的公路土工研究任务的开展创造了条件。

从21世纪以来，土工科研在新一代领军人物的带领下，又进行了许多新的开拓，取得了一些有意义的新成果，可以预见，这将是一个创新发展的阶段。在土力学方面，主要表现在：①研制和添置了许多先进的新设备，如建成新的离心试验机、研制了一系列大型流变仪、大型叠环式剪力仪等大型仪器、建造了大型物理模型试验槽、建立了新型的功能优良的CT机试验室、改进了国内仅有的大型平面应变试验机等。这样规模和速度的试验仪器更新和发展，在以往是从来没有过的。这一方面表明了现有领导者的远见卓识，同时也预示前一时期经济大潮对科研的冲击的终结。②大型科研工作继续取得重要成果，以水布垭工程和南水北调中线工程膨胀土为代表，经过室内试验、离心模型和静力模型试验、数值分析、现场试验、现场观测等综合手段，弄清了膨胀土的地质特性、力学性质、对工程的危害以及处理方法等一系列有意义的成果，对保证工程的安全有重要的作用，水布垭工程科研取得了省部级科技进步特等奖，而膨胀土的有关研究正在继续深入中，获得大禹科技进步一等奖。③一些有新意的研究成果正不断地涌现，如粗粒土的研究已进入到宏观研究与细微观研究紧密结合的阶段，对变形和剪切过程中组构的演变与力学性质的关系有了新的认识，以此建立的新的三变量本构关系别具新意。

在渗流领域，近年也取得卓有成效的发展：①三峡工程围堰、坝基、永久船闸边坡、地下厂房渗流场及渗控措施的研究，为枢纽工程渗流控制体系的设计提供了重要依据，工程运行情况也已经验证了研究成果的可靠性；②长江重要堤防加固工程渗流控制措施的研究，不仅为十几项堤防工程设计提供了依据，而且在管涌扩展规律、防渗墙的渗流控制效果和论证方法、减压井的淤堵机理和应对措施等方面取得了重要进展；③关于水布垭面板堆石试验研究了全级配填料的渗透变形特性和反滤效果，分析了各种不利工况下大坝的渗流场分布，分析评价了大坝渗流控制体系的有效性，并已经通过工程运行得到验证；④关于南水北调中线工程的研究，为穿漳工程、兴隆枢纽工程、引江济汉进口段工程基坑的渗流控制措施设计方案选取和运行方案的制定提供了重要依据，论证了总干渠不同地质条件下的渗流控制方案，分析了在施工期、运行期和检修期保障工程安全的效果，目前正在研究长期运行和检修工况下的运行维护方案。

目前，土工专业技术队伍越加壮大，新的血液不断补充，研究生成批培养，整体素质逐步提高，研究人员的年龄大多在50岁以下，他们具有较高的学历、充沛的精力、良好的知识基础、积极向上的精神，若再经过几年的实践锻炼和专业知识的拓展与夯实，未来不可限量，他们是长科院土工专业的希望。

二、主要学术成就

土工专业70年的历程，不仅完成许多工程任务，同时也取得了许多学术上的成就。事实上，工程上的生产任务与学术上的研究工作并不矛盾，两者可以得兼。高水平地完成生产任务就必然含有创新的学术成果，这一方面与任务的性质和规模有关，但主要还是取决于研究者的素质与意愿。还有一个关键因素是领导者的要求，上面的高要求，往往成为参与者动力的不竭源泉。当然，这里面还有一个条件问题，但条件总可以逐渐创造、逐步完备。

长科院所承担的任务往往是大工程中迫切的、比较困难的课题，一般不是用常规或现成的技术可以对付,客观上也要求采用新理论、新方法、新材料去解决工程问题,并在运用过程中进一步发展和创新这些新技术。生产和科研是统一的,关键在于人的素质,这就是我们长期的体会和结论。

概括起来,主要的学术成就可概列如下:

(1) 黏性土的性质和压实黏性土的研究

黏性土是工程中最常见的一种土类,研究得也比较多,我们的重点在于它的强度特性,这里包括不同状态下和不同应用条件下的强度。除常规三轴试验外,我们是国内最早研究平面应变下的强度并第一批自己研制有关仪器的单位之一。同时,在残余强度、重覆剪应力作用下的强度等方面也有新的认识,特别值得提到的是黏土强度与它的矿物成分和结构特性的关系,结合葛洲坝基泥化夹层的深入研究,做出了创新的工作。研究发现,黏土的蒙脱石对其强度关系极大,并获得了不同蒙脱石含量与强度的线性定量关系。在这过程中运用 X 射线衍射分析、电子显微镜、阳离子交换量、硅铝率、全钾测定的综合分析法进行黏土矿物定量鉴定是一个创新成果,对了解黏土的本质很有帮助。同时,在土的微细观研究中,还对某些试验的方法有了改进和创新,如化学全量分析法、EDTA 容量测定法、比表面的甘油吸附法、动电电位的微观电泳法、用电镜复型法研究土的结构特征、岩土表面电荷密度的测定、室内外氧化还原电位测定、游离氧化物的选择溶解和测定方法等。土的微细观的研究是我院土工专业的一大特色,它不仅解释了土的现状特性,而且科学地预测工程长期运用后性状的演变,对工程的决策意义很大。从黏土的黏土矿物组成、结构特征和工程性质三者的复杂关系研究出发,认定叠片体(Domain)是黏土矿物在土中存在的基本形式,也是黏性土结构的主要的基本单位。所以黏土的性质不能仅从矿物学角度着眼,必须结合土的结构特征统一考虑。总之,土工专业有关土的工程特性微观解释方面的成就,是对土的工程性质研究领域的一个贡献,在当时国内是有地位的。

黏土的压实是一个老问题,但我们在丹江口黏性土填料等的研究中,获得了新的成果。

研究发现,黏性土料场中,土的天然含水量是一个非常重要的特性和指标。如果料场不是在地下水位以下的土层,也不是水田、鱼塘等受人工的影响,天然土层经过长期的沉积或存在,其内部的含水量已达到平衡,这个含水量是其性质决定的,是土所需要的,在这个含水量下压实,其性质最为稳定,我们称这个含水量为平衡含水量。据测定,其值接近于土的塑性值。大气会对土层的含水量产生影响,但据长期观测,其影响深度约在 0.6m。为此我们在料场勘探中,着重进行天然含水量的调查,并建立土层中不同含水量的土与储量的关系,并由此计算可用的土方量。

关于压实功能,在五六十年代也有一种观点,认为用大功能、高密度才是好质量。其实不然,我们认为,应先进行不同功能下的击实试验,求得最优含水量与其塑性相近的那个功能,才是该土的适用击实功能。这样压实的土性质最稳定,压实也较容易。例如在丹江口填料中,一种料的适用击实功能与目前标准击实功能(25 击)一致,而另一种料则采用较轻的 15 击更为适用。

上述的观点虽没有深奥的理论,却很实用,这是在传统的做法基础上的创新。

(2) 特殊土的工程性质研究

我们研究过的特殊土包括:粗粒土、膨胀土、红土、分散土、风化石渣以及软岩泥化土等。

粗粒土的研究始于丹江口土坝工程,为探索粗粒(粒径≥5mm)含量达 60% 以上的砾石土的性质和它用作防渗料的可能性。相关人员在室内外进行了大量的物理性质、物质成分和强度、变形、防渗性能的研究,历时 5 年以上。其间,在国内第一次提出了一套粗粒土的试验研究方法和工程性质评价方法。粗粒土的后续研究是为三峡围堰风化料而进行的。其间,研究了平面应变下的强度特性和颗粒破碎的问题。深入的研究是从90年代围绕面板堆石坝而展开的,针对当时世界最高的水布垭面板堆石坝开展了室内外压实试验、强度和蠕变试验以及本构关系的研究,提出了三变量本构模型、九参数蠕变模型、湿化模型,尤其是对堆石在受力后组构的变化采用CT技术进行研究,开辟了粗粒料研究的一个新的领域,发扬了我院把微细观研究与工程性质紧密结合的传统,这在国内外也是一个创新。

膨胀土的研究始于70年代,南水北调中线工程开工后,膨胀土的研究成为一项主要工作。本阶段研究的主要成就包括:在膨胀土(岩)裂隙性方面取得突破性认识,提出了边坡破坏的两种模式及力学机制,提出了新的稳定分析方法和强度、变形参数的确定方法,提出了膨胀土渠坡处理技术,解决了膨胀作用下浅层失稳的渠道设计和施工的关键技术问题。这样的研究深度在国内外也是不多的。

红土的研究是为陆水8#付坝填料而展开的,除研究物理、力学性质外,重点研究了矿物、化学性质及结构水稳性和颗粒分散性,弄清了红土低密度、高强度的原因是红土细微黏土物质和水化的铁化合物质对其结构性起了主导作用。红土颗粒呈多元粒团单元聚集状态,这是红土不易分散的原因。研究认为,红土筑坝不必追求高密度,但应注意压实均匀性。

分散土是一种易被水冲蚀崩解的特殊土,在若干援外工程和国内某些大坝土料中遇到。经过摸索采用多种非常规试验,尤其是针孔试验后,认为土中存在易于分散的纳蒙脱石土类是其物质基础,其实质是土粒间物理化学连接在水的作用下破坏的过程,这样的研究在国内也属首次。

软岩泥化夹层的特性及其在工程运用年代中的可能变化的研究是带有开创性的成果,在国内属首次,在国外也不多见。这项成果最主要的学术价值在于把微观与宏观相结合的研究成功地用于解决工程问题,把土力学的研究与工程地质、物理化学、矿物学和工程力学的成就结合起来,开阔了土力学研究的视野,对土力学的未来发展是一个良好的启示。

(3)渗透变形的理论和渗流分析模拟技术

渗流问题对水利工程的意义是不言而喻的,但国内对渗流进行深入研究的单位并不很多。我院的渗流学科对渗透变形的研究颇有成就,值得提出的有:研究了无黏性土渗透变形的形式,尤其是建立了软弱夹层渗透变形类型的理论,即流土、冲刷、灌淤及渗透劈裂,给出了它们的定义和发生的机理,并且建立了渗透变形过程的数学模型。同时对各种渗透变形的试验方法、判别标准以及控制措施也有相应的成果。研究表明,渗透变形不一定导致渗透破坏。砂砾石的渗透破坏不仅与相对渗径有关,而且与绝对渗径有关。

在渗流的电子模拟技术上也有一系列的创新。20世纪六七十年代,电脑尚未应用,故电拟试验是一种解决渗流问题的有效方法,我院渗流工作者在60年代,先后研制了相敏电拟仪、音频相敏仪和脉冲电拟仪,以及后来国内唯一的电力积分仪,稍后又建立了一个7200结点的三维电阻网模拟计算机,这是当时国内唯一的大容量能解三维渗流问题的仪器。

考虑到无黏性土颗粒分布的随机性,60年代提出用统计数学分析土的渗透变形,建立了随机数学模型,形成了随机渗流学的雏形。在渗控措施上,采用减压井降低堤后渗透压力的办法,并引入土工合成材料作减压井,以延长它的寿命。这种结构用于葛洲坝二三江泄水闸闸基渗控方案,取得了很大的成功。

近年,物理模型试验主要用以研究一些渗流控制措施和细部结构对渗流场局部的影响。为适应高坝建设的需要,研制了大型渗透变形和反滤试验仪器,可开展全级配粗粒料的试验,建设了系列供水系统,最大供水压力和供水流量分别可以达到$8kg/cm^2$和$10L/s$,从而具有了研究300m级超高土石坝填料渗透变形特性和反滤效果的试验能力。

研究问题由坝工渗流逐步拓展到多种地下水问题,包括滑坡、边坡、地下洞室围岩渗流场及其控制,水库浸没评价与对策措施,防渗排水措施对地下水环境的影响,地下水资源和环境的长期监测与分析评价,地下水资源和水源地的管理与保护,等等。

(4)非饱和土性质的研究

在地球上绝大部分的土都是非饱和土,尤其与膨胀土、黄土、残积土等特殊土,填埋场垃圾,油气层土壤等关系更大,但因其性质十分复杂,而且研究不多,工程上常当作饱和土处理。经典的太沙基土力学也严格地限定在饱和土的范围。国内有关非饱和土的研究成果在改革开放之前只有两篇:一篇出自水科院,另一篇就是我院的。我院于 70 年代初,结合丹江口工程开展了非饱和压实黏土的试验研究,首次在国内进行了非饱和压实土的特性、孔压变化和气渗性试验,并依此提出了非饱和土四种气相形态及其随饱和度的变化而相互转化的理论,在国内第二届土力学大会上引起很大反响。其后,又继续对非饱和土的有效应力原理问题、变形和强度特性、工程应用问题等进行研究,并以此为题在 2004 年第 7 次《黄文熙讲座》上作了报告。我院在这个领域中的地位至今仍然存在。

(5)地基工程可靠度分析方法研究

可靠度分析方法采用非确定性数学概率统计理论来解决工程设计问题,是与目前流行的确定性方法相对的另一条设计途径。与确定性方法的大老 K(单一安全系数)不同,可靠度分析方法采用失效概率作为结构安全度的判别标准。工程设计标准中的结构设计部分,已经比较成熟,而岩土工程可靠度,由于问题的复杂性,研究不多。80 年代末,受国家建设部标准定额司委托,开展了土工可靠度的研究,与同济大学、华北水院、华侨大学等单位一起,历时三年,完成了《关于岩土工程可靠度分析方法的建议》,并出版专著一本。其间,还参与了工程统一设计标准和多个行业可靠度设计标准的制定工作,还参加了港口可靠度设计规范的审查工作。

目前,该项工作没有继续开展。

(6)土工离心模拟技术

1983 年代初,我院建成了国内第一台大型结构-土工离心机,此后进行了许多重要的工程试验和有价值的学术论证工作,尤其是三峡深水围堰抛填土密度离心试验,解决了一个重要的技术难题,发挥了很好的作用。该项工作的开展不仅解决了本院和国内其他许多工程问题,而且培养了人才,也奠定了我院在国内土工离心模拟研究中的地位。第一台离心机在使用约 20 年后,已更新为性能更好的第二台离心机。与此同时,由我院牵头,组织全国十余家单位共同编写国内第一本有关离心机方面的专著《土工离心机的原理和工程应用》,已经付梓。

(7)土工细观(CT)和微观试验技术的发展

长江科学院于 2008 年建立了岩土试验 CT 工作站,该 CT 工作站采用德国西门子 Somatom Sensation 40 型 CT 机,主要特点是具备比较高的空间和时间分辨率,以及高质量的多维重建图像,可以实现用三维的图像来观察三维的试件。开发了一系列与之配套的试验设备,如:CT 三轴仪、渗透仪、荷载试验仪等,并开展了多种岩土试验。其中,对粗粒土的剪切过程现状变化的研究等课题取得了很好的成果。根据试验,粗粒土三轴试样的变形主要由于颗粒的位置调整(相邻颗粒的位置变化)而引起,这种位置调整自试样变形的初期就随之产生;在某一宏观应变下,试样中颗粒的平动和转动有很强的规律性,且试样中各部位的颗粒位置调整的幅度差异较大,相邻颗粒间的错动明显,并伴有一定的转动。此外,他们还利用

CT试验设备进行了砾石土浸润试验,膨胀土干湿循环裂隙发展过程研究,水力劈裂试验研究和加筋土的试验研究,获得了许多新的认识。看来,如果具备CT机与配套的岩土试验设备,就可以无损、动态、定量和实时地量测岩土材料在受力过程中内部结构的变化过程,对了解土的各种力学行为的实质大有助益。

在20世纪七八十年代,长科院土工专业为葛洲坝、丹江口、陆水等工程做过许多微观层面的研究,并研究和发展了某些微观试验技术。

(8) 土工合成材料工程应用研究

人工合成材料有许多品种,其中有些的性能比较适用于土木水利工程应用的,在工程上称为"土工合成材料"。土工材料的种类很多,除最常见的土工织物(有纺织物、无纺织物)外,还有用于防渗的土工膜;用于加筋的土工格栅、土工格室、土工带;用于排水的土工管、土工网、土工排水带、平面排水板;用于坡面保护和植草的土工网垫、土工格室、土工网,以及用于垃圾填埋场防渗防漏的黏土衬垫(GCL)等。不同的土工合成材料具有下列不同的功能(使用目的):①防渗;②排水;③反滤;④加筋;⑤防护;⑥隔离;⑦包裹;⑧环保等。

土工材料在国外从60年代起正式运用,以十年翻番的速度增长。目前,几乎已达到不可不用、无可替代的程度。我国从80年代中期起正式采用。目前已在土木工程各类领域中,包括水利、电力、铁路、公路、港口、机场、建筑、市政、环保等领域中广泛应用。'98洪水后,在国务院领导亲自推动下,土工材料在工程中大规模地采用,从此,我国土工材料的应用和发展达到一个新的水平。今天,在岩土工程中已不可能没有土工合成材料。

我院最早使用土工合成材料始于减压井泡沫过滤体,以后扩展到大坝防渗的复合土工膜,近年又对土的加筋和加固方面做了比较多的深入试验研究,且是国内较早具有法定资格的土工材料检测单位之一。2008年出版了一本有关应用原理方面的专著,在国内有相当影响。近几年,在南水北调膨胀土处理的现场试验中,采用了多种土工材料的加固方案,取得了丰富的成果。总之,土工合成材料工程应用也是我院在国内有地位的领域之一。

(9) 数值分析技术的发展

对于一般的工程项目的数值计算,常用的通用计算软件为ABAQUS、ANSYS、FLAC3D、MARC、以及DDA(非连续变形分析)等。但在进行具体项目时,还需要进行程序的二次开发,对数值计算方法加以改进,才能应用,这种二次开发也是一种创新。近年来我院在岩土工程数值计算方法上主要有如下改进:

新的理论与数值计算方法相结合。以膨胀土渠坡稳定分析为例,先根据现场试验和室内试验提出的膨胀土渠坡破坏的两类模式理论,即裂隙强度控制下的重力整体失稳和膨胀作用下的浅层破坏,采用数值计算来验证理论的正确性,提出了新的计算方法,使之能分别考虑膨胀土的裂隙性、膨胀性等因素,进行破坏机理的演述。这种在稳定分析中反映裂隙空间分布的裂隙性膨胀土稳定分析新方法,有别于传统的以土体强度作为强度控制指标分析均质边坡稳定性的分析方法。而将土体膨胀性引入边坡稳定分析,建立了考虑膨胀变形的渠坡稳定有限元分析方法,也是一种新的膨胀土稳定分析方法;

计算方法上新技巧的应用,以唐家山堰塞坝形成机制的探讨为例,采用了兼有真实时间和非连续大变形分析于一体的非连续变形分析方法(DDA)。以DDA方法为基本研究手段,以唐家山滑坡完成后形成的堰塞坝形态和位置作为目标函数,对唐家山滑坡过程进行复演;通过对滑床强度参数、地震荷载以及河床泥沙等滑坡过程的主要影响因素深入研究,复演了唐家山堰塞坝从启动、加速、减速至停止的运动全过程。

在渗流场模拟方法上,随着计算机和计算技术的发展,数值模拟方法全面取代了以往的电阻网模拟和水电比拟等方法。模型由以往的饱和稳定各向同性多孔介质渗流场,已经拓展到裂隙岩体渗流场、各向异性渗流场、非稳定渗流场,以及饱和非饱和渗流场。通过开发和引进,拥有了一系列模拟计算软件,可以模拟复杂水文气象过程、地质条件和工程运行工况下的渗流场,大大提高了解决复杂问题的能力和效率,计算成果主要借助工程监测资料、类似工程对比以及不同模型之间相互校验得到验证。

(10)深覆盖层工程特性试验研究

目前,在深厚覆盖层上建高坝是土工学科面临一大难题,在我国西南地区存在深厚覆盖层是普遍的现象,最厚可达300m以上,如何测定天然状态下覆盖层的强度与变形特性目前还没有可行的方法。在以往的工作中,往往只对覆盖层表层进行详尽研究,对较深部位则采取类比、经验推算的办法来确定计算参数。我院近年来结合双江口、乌东德等工程对深厚覆盖层工程特性研究方法进行了探索。其基本思路是:首先结合勘探在现场进行旁压和动探试验,确定不同层位深厚覆盖层地基的旁压模量和动探击数;然后,根据室内模型试验(模拟覆盖层的实际上覆压力和级配)建立覆盖层材料的旁压模量和动探击数与其密度的相关关系;最终,根据现场试验和室内模型试验成果,在旁压模量或动探击数大小完全一致的原则下,推测天然状态下覆盖层的可能密度。该密度作为室内力学性试验的控制密度进行覆盖层土料的强度与变形特性研究。这是一项具有探索意义的工作。

(11)土工试验技术的发展和土工试验规程的制定

土工试验技术是土工学科的基础,没有正确的试验技术和没有准确的试验数据,土工研究就没有可靠的依据。我院一向十分重视试验技术,并注意培养试验人员的操作技巧,因此,我院拿出的试验数据在国内是有声誉的。在50年代和60年代的土工试验规程制定中,我院投入了大量的人力参与工作;70年代末和90年代两次规程修改中,我院负责了多项试验规程的起草和修改工作,为规程作出了贡献,也锻炼了队伍。在试验技术和试验仪器方面的进展也十分值得称道。尤其在强度试验技术方面,对平面应变下强度、反复荷载下的强度、残余强度、特殊土的强度等都作过深入的研究。尤其近年,在为粗粒土研究所需的大型仪器的研制和创新上成绩尤为显著,在国内首次研制出大型三轴仪、大型平面应变仪、大型流变仪、大型叠环式剪力仪、大型渗流固结仪等,在国内是十分突出的。

三、若干经验和体会

(1)主要围绕长江治理和建设中的工程问题展开土工研究

长江的治理与开发任务艰巨,需解决的难题很多,这是长科院的责任所在。我们在完成有关土工任务时,应不是简单地采用接受勘探、设计或施工部门委托的具体试验项目,而是在了解工程所存在问题的基础上,分析其中的科学和技术问题,从中概括或抽象出需要解决的课题。然后,运用综合的试验研究手段,来回答这个工程问题。所取得的成果不仅是一堆数据或一个试验报告,而且提出分析结论和建议设计参数,甚至提出工程措施的建议。这样才能避免简单地承担试验工作和仅仅追求试验工作量的现象,可以起到为工程出谋划策的作用,并达到真正出成果出人才的目的。

(2)生产任务与科学研究是统一的

高质量地完成生产任务就是科研,其成果一定会有科技含量,具有一定的学术价值。在这里的关键是,领导和带头人一定要提出高标准的要求,而研究者一定要有精益求精和创新的意识,不可存在得过且过、敷衍了事的思想。领导者要严格把好研究大纲关,并定期检查,及时交流,最后的成果报告需经有关人员讨论、检验;而研究者则应在开始时,做好开题报告,通晓本领域(包括本单位)以往的成果和进展,避免一切从头开始,也为自己的研究定好目标。这种措施也是保证高质量的成果所必不可少的,这方面应重新坚持下去。

(3)在出成果同时,一定要把出人才放在战略地位加以重视

这里有两点需特别注意:一是要培养一个人并不是简单地把人往工地一放了事,而是要有目标,要具体指导,督促检查。对于骨干的培养,还应让其自始至终参加或负责一项工作的全过程,培养比较完整的工程概念,这点很是重要;二是在进行过程中,要不断地汲取和丰富专业知识,要读点书,学学有关文献,不要凭老本办事。土工专业以往多次派员到长江工程大学(长江水校)讲授土力学课程,教学相长,对培养人才效果很好。

(4)一定要注意试验技术和试验仪器的不断完善

俗话说"工欲善其事,必先利其器",要搞好课题研究,必须有适合该问题的相应仪器,这种仪器往往不是现成的,而必须自己研制,试验方法也要不断改进和完善。所幸,这方面的工作始终伴随学科的发展而不懈地进行,不论在土工、土质,抑或渗流方面都有一系列的成果,其中有些已被定型。

(5)促进相关学科的交流和融合

土工专业曾设有三个分专业,即土工、土质和渗流。土工分专业主要是搞土力学及相应的工程问题,它处理宏观方面的问题;土质分专业对象是解决土工中的微观问题,其学科基础有化学、胶体化学、物理化学等;而渗流则是解决土的渗透性质和工程渗流控制问题,其学科基础有渗流学、水力学和流体力学等。这三者既有区别,但在工程上又紧密联系在一起,不可分割,必须相互配合通力合作才能完成任务。

土力学与岩石力学本生于同根,但后来的发展却愈来愈分道扬镳。土是一种散体,颗粒之间连接很弱;而岩体则当作存在结构面的连续体处理,结构面对其性质起关键作用。所谓岩土力学,从学科的角度看,实际上是一种习惯叫法,不是一回事。但这两者有时在工程上也联系紧密,如软岩是岩石,但其风化物或泥化物则是土。岩石力学近年发展的流形元分析法(NMM),既适用于岩石力学,也可用于土力学以及结构工程,为连续和非连续变形的力学分析提供了一个统一的方法,在 NMM 中或可将土力学与岩石力学融合起来。

(6)加强与国内有关单位的协作

土工专业有与国内外合作的长久历史和经验,它对专业的发展起过很好的作用。为完成工程中一些大型疑难课题,我们曾约请或组织国内有经验的高校和科研单位共同攻关。如三峡深水围堰的数值分析,规模很大,先后有国内 15 家、60 余人参加,历时十七年,成果丰硕,不仅对围堰建设贡献颇大,而且在土坝数值分析技术方面也有进展。南水北调膨胀土的国内外合作始于 90 年代,在境外的有香港、加拿大等,在境内的包括高校、交通、铁道等部门,通过与各方的合作,集思广益,开阔眼界,有助于成果质量提高和人才培养。

同时,通过广泛交流也可扩大长科院的影响,有助于提升长科院在国内外的地位。

目 录

上 册

第一篇 土的物理力学特性 … 1

第1章 粗粒土力学特性和本构关系研究 … 2
1 概述 … 2
2 粗粒土的应力应变关系研究与非线性剪胀模型 … 3
3 粗粒土的真三轴试验 … 16
4 粗粒土的颗粒破碎试验 … 20
5 粗粒土湿化特性试验与模型 … 23
6 粗粒土蠕变特性试验与九参数流变模型 … 29
7 粗粒土力学试验中的各种影响因素 … 35
8 粗粒土组构对应力应变关系的影响 … 40

参考文献 … 44

第2章 压实黏性土与黏性砾石土的特性研究 … 47
1 压实黏性土特性研究概述 … 47
2 压实黏性土的土料设计 … 48
3 压实黏性土的力学性质研究 … 53
4 现场碾压试验和施工控制 … 56
5 丹江口土坝压实黏性土的土料设计研究 … 58
6 砾石土特性研究概述 … 63
7 砾石土的级配分析 … 66
8 砾石土的压实性质 … 68
9 砾石土的强度特性 … 73
10 砾石土的变形特性 … 78

		11 砾石土的渗透性质和抗渗性能	80
		12 砾石土工程性质的综合评价	86
参考文献			88

第 3 章　软土特性研究与软基处理技术 ... 89

  1　概述 ... 89
  2　软土的工程性质及物理力学特性 ... 90
  3　软土地基的沉降与稳定性 ... 103
  4　软土地基处理方法及加固机理 ... 113

参考文献 ... 128

第 4 章　特殊土特性研究 ... 130

  1　概述 ... 130
  2　膨胀土 ... 133
  3　湿陷性黄土 ... 157
  4　分散性土 ... 162
  5　红黏土 ... 171
  6　残积土 ... 174

参考文献 ... 179

第 5 章　非饱和土特性研究 ... 182

  1　概述 ... 182
  2　非饱和土研究中的基本问题 ... 184
  3　非饱和土应力状态变量的研究 ... 189
  4　关于吸力特性的研究 ... 192
  5　吸力与含水率的关系—土水特征曲线 ... 194
  6　非饱和土的力学性质探讨 ... 198
  7　非饱和土的本构关系研究 ... 205
  8　关于非饱和土理论的实用化问题 ... 207
  9　非饱和土性状与工程问题的联系 ... 209
  10　结束语 ... 219

参考文献 ... 220

第 6 章　土的动力特性研究 ... 226

  1　概述 ... 226

2	三峡围堰填料风化砂动力特性试验研究	226
3	新淤积砂动力特性试验研究	236
4	风化砂、淤积砂现场原位剪切波速测定	238
5	堰体风化砂、新淤砂液化可能性的判别	240
6	云南省丽江市南瓜坪水库工程筑坝材料动力特性试验研究	243

参考文献 ······ 254

第二篇 岩土体渗透特性和渗流场及其控制 ······ 256

第1章 岩土体的渗透及渗透变形特性研究 ······ 257

1 概述 ······ 257
2 渗透及渗透变形的基本理论 ······ 257
3 岩石软弱夹层渗透及渗透变形特性研究 ······ 260
4 土的渗透及渗透变形特性研究（以水布垭面板堆石坝为例） ······ 268

参考文献 ······ 283

第2章 渗流数值模拟方法及工程应用 ······ 285

1 概述 ······ 285
2 地下水渗流运动模型 ······ 285
3 三维饱和非均质各向异性稳定渗流有限元程序 S3D ······ 288
4 基于固定网格的结点虚流量法渗流程序 SSC－3D ······ 293
5 三维饱和—非饱和非稳定渗流有限元计算 US3D ······ 296
6 水工渗流分析软件集成与界面开发 ······ 300
7 水工渗流分析软件工程应用 ······ 302

参考文献 ······ 303

第3章 堤防工程及围堰和基坑工程的渗流控制 ······ 305

1 概述 ······ 305
2 堤防工程的设计要点 ······ 305
3 堤防工程的渗流安全评价与渗流控制方案 ······ 309
4 关于堤基的分段分类 ······ 311
5 典型条件下堤身堤基渗流规律分析 ······ 313
6 堤防减压井淤堵规律及应对淤堵的措施 ······ 317
7 堤防工程防渗墙渗流控制效果与适用条件 ······ 320
8 堤基渗透变形和扩展规律及悬挂式防渗墙的抑制作用 ······ 326

9	防渗墙对地下水环境的影响规律	334
10	围堰和基坑工程的渗流控调	344
11	渗流调控时机	345
12	渗流调控措施	347
13	渗流场调控工程实例	349

参考文献 350

第三篇 土工试验和研究方法进展 353

第1章 土的成分和微观研究 354

1 概述 354
2 岩土微观结构实验方法研究 355
3 工程岩土特性的微观结构研究 361
4 其他岩土工程中的微观研究 374
5 总结和展望 379

参考文献 379

第2章 土的细观研究中CT技术的应用 380

1 概述 380
2 岩土CT三维可视化系统 382
3 粗粒土组构的试验研究 390
4 粗粒土三轴流变研究 394
5 粗粒土三轴湿化研究 399
6 砾石土CT三轴试验研究 401
7 砾石土的CT浸润试验研究 404
8 膨胀土干湿循环过程中裂隙的发展及其强度的研究 408
9 水力劈裂试验研究中应用 414
10 加筋土试验研究中应用 418
11 CT扫描技术在岩石和混凝土特性研究中应用 419

参考文献 421

第3章 土工数值模拟技术 424

1 概述 424
2 土工有限元基本算法 427
3 支挡结构数值模拟 429

    4   土石坝数值模拟 ……………………………………………………………………… 432

    5   边坡数值模拟 ………………………………………………………………………… 449

参考文献 ……………………………………………………………………………………… 462

第4章　岩土离心模拟技术 …………………………………………………………… 463

    1   岩土离心模拟技术概况 ……………………………………………………………… 463

    2   长江科学院大型离心机简介 ………………………………………………………… 468

    3   土石坝和堤防工程的离心模拟 ……………………………………………………… 470

    4   渠道膨胀土边坡工程的离心模拟 …………………………………………………… 483

    5   软基工程的离心模拟 ………………………………………………………………… 488

    6   桩基工程的离心模拟 ………………………………………………………………… 503

    7   结构物与土体相互作用的离心模拟 ………………………………………………… 516

    8   岩石块体稳定问题的离心模拟 ……………………………………………………… 524

参考文献 ……………………………………………………………………………………… 532

第5章　岩土工程可靠度分析方法研究 …………………………………………… 536

    1   概述 …………………………………………………………………………………… 536

    2   岩土工程可靠度的特点和任务 ……………………………………………………… 538

    3   土性参数的概率统计分析 …………………………………………………………… 542

    4   数据的平稳性和各态历经性的检验 ………………………………………………… 554

    5   对相关距离的进一步讨论 …………………………………………………………… 556

    6   随机场理论在土性指标概率统计中的应用 ………………………………………… 559

    7   岩土工程可靠度分析的计算方法 …………………………………………………… 562

    8   随机场理论在地基承载力计算中的应用 …………………………………………… 566

    9   随机场理论在桩基承载力计算中的应用 …………………………………………… 572

    10   孔间地质随机特征的统计推断 …………………………………………………… 576

    11   多层地基沉降的概率分析方法 …………………………………………………… 579

    12   参数估计的贝叶斯定律及其应用 ………………………………………………… 585

参考文献 ……………………………………………………………………………………… 588

第6章　新型室内土工试验技术的研发 …………………………………………… 590

    1   概述 …………………………………………………………………………………… 590

    2   力学性质试验新技术 ………………………………………………………………… 590

  3 渗流试验新技术 ··· 633

参考文献 ·· 639

下　册

第四篇　土工合成材料工程应用技术 ·· 641

第1章　土工合成材料工程特性研究 ··· 642

  1 概述 ··· 642

  2 土工合成材料的主要原材料和添加剂 ··· 644

  3 土工合成材料的类型及主要功能 ·· 645

  4 土工合成材料的物理特性 ·· 651

  5 土工合成材料的力学性能 ·· 653

  6 土工合成材料的水力学特性 ··· 659

  7 土工合成材料的耐久性 ··· 662

  8 土工合成材料的施工损伤 ·· 665

  9 土工合成材料与土的相互作用特性 ·· 667

参考文献 ·· 680

第2章　加筋土结构工作机理与设计方法的研究 ··· 683

  1 概述 ··· 683

  2 加筋机理研究的现状和进展 ·· 684

  3 加筋土结构类型及破坏形式 ·· 698

  4 加筋土结构现行设计方法介绍及评述 ·· 709

  5 对加筋土结构合理设计方法的建议 ·· 723

  6 加筋材料强度折减系数的合理取值 ·· 726

  7 神农架机场加筋土挡墙及地基处理 ·· 730

参考文献 ·· 738

第3章　土工合成材料在防渗、排水和反滤设施中的应用 ·· 740

  1 防渗土工合成材料的研究和工程应用 ·· 740

  2 土工膜防渗设计关键问题 ·· 746

  3 土工织物反滤材料的研究和应用 ··· 759

    4　土工合成材料排水 ·········· 782

    5　应用实例 ·········· 789

  参考文献 ·········· 804

第五篇　土工专题研究 ·········· 807

第1章　基岩软弱夹层残余强度问题研究 ·········· 808

    1　概述 ·········· 808

    2　基岩软弱夹层的成因、分类及基本特性 ·········· 809

    3　软弱夹层的强度和残余强度特性 ·········· 816

    4　残余强度的数理统计分析 ·········· 827

  参考文献 ·········· 836

第2章　坝基深厚覆盖层的工程特性研究 ·········· 838

    1　概述 ·········· 838

    2　深厚覆盖层工程特性研究方法 ·········· 840

    3　深厚覆盖层工程特性研究 ·········· 849

  参考文献 ·········· 872

第3章　水工沥青混凝土研究 ·········· 873

    1　沥青混凝土在土石坝中应用概况 ·········· 873

    2　沥青混凝土配合比设计 ·········· 874

    3　沥青混凝土拉伸性能 ·········· 875

    4　沥青混凝土应力应变关系特性研究 ·········· 877

    5　沥青混凝土的蠕变特性试验研究 ·········· 895

    6　沥青混凝土与砂砾石过渡料的接触面试验 ·········· 899

    7　沥青混凝土水力劈裂及裂缝淤堵试验 ·········· 903

    8　水工沥青混凝土研究展望 ·········· 909

  参考文献 ·········· 911

第4章　防渗墙柔性材料研究 ·········· 913

    1　问题的提出 ·········· 913

    2　研制过程和工程试用情况 ·········· 914

    3　三峡二期围堰墙体材料的研究 ·········· 917

  参考文献 ·········· 932

第5章　格形钢板桩码头侧向变形分析方法研究 ········· 933
　1　概述 ········· 933
　2　离心模型试验 ········· 934
　3　有限元数值分析 ········· 941
　4　离心模型试验与数值分析成果比较 ········· 943
　5　格形钢板桩码头水平位移影响系数法 ········· 944
　6　结语 ········· 945

参考文献 ········· 945

第六篇　重点工程实录 ········· 946

第1章　三峡工程 ········· 947
　1　概述 ········· 947
　2　围堰的主要技术特点 ········· 949
　3　二期围堰方案的研究与主要技术措施 ········· 950
　4　围堰断面结构设计的优化研究 ········· 955
　5　柔性墙体材料的研制和应用 ········· 966
　6　先进的施工技术研究和应用 ········· 971
　7　1998年大洪水的考验 ········· 974
　8　施工质量及运用情况 ········· 977
　9　拆除过程中围堰性状的调查验证 ········· 979
　10　结语 ········· 985

参考文献 ········· 986

第2章　南水北调中线渠道干线工程 ········· 987
　1　概述 ········· 987
　2　大型穿黄隧洞工程的岩土问题研究 ········· 988
　3　膨胀土渠段边坡稳定性的研究 ········· 998

参考文献 ········· 1022

第3章　葛洲坝工程 ········· 1024
　1　工程概况和有关土工方面的问题 ········· 1024
　2　坝基岩性和软弱夹层的工程问题简述 ········· 1025
　3　软弱夹层泥化问题的物理化学探讨 ········· 1028

    4 软弱夹层的力学性质及其影响因素 …………………………………………………… 1031

    5 大江围堰的土工问题 …………………………………………………………………… 1042

    6 大江围堰设计断面的论证与验证 ……………………………………………………… 1047

参考文献 ……………………………………………………………………………………… 1050

第4章　清江水布垭工程 …………………………………………………………………… 1052

    1 概述 …………………………………………………………………………………… 1052

    2 面板坝堆石料的工程特性研究 ………………………………………………………… 1055

    3 面板与堆石料的接触特性研究 ………………………………………………………… 1072

    4 坝基覆盖层的工程特性研究 …………………………………………………………… 1075

    5 面板堆石坝应力与变形计算分析 ……………………………………………………… 1081

    6 基于三维子模型法的面板应力变形分析 ……………………………………………… 1085

    7 面板堆石坝渗流计算分析 ……………………………………………………………… 1091

    8 心墙坝型心墙料的工程特性试验研究 ………………………………………………… 1100

    9 心墙料的现场碾压试验 ………………………………………………………………… 1104

    10 面板堆石坝原型观测及分析 ………………………………………………………… 1106

参考文献 ……………………………………………………………………………………… 1113

第5章　丹江口枢纽工程 …………………………………………………………………… 1116

    1 丹江口枢纽工程中的土工问题 ………………………………………………………… 1116

    2 上游横向土石围堰的裂缝问题 ………………………………………………………… 1117

    3 土石坝填筑材料研究 …………………………………………………………………… 1120

    4 先锋沟坝段的安全性评估 ……………………………………………………………… 1122

    5 大坝左联段结构形式和防渗研究 ……………………………………………………… 1128

    6 坝基断层或溶蚀带薄弱部位的安全性研究与评估 …………………………………… 1132

    7 丹江口砾石土的工程特性与工程应用 ………………………………………………… 1135

参考文献 ……………………………………………………………………………………… 1150

第6章　长江堤防工程 ……………………………………………………………………… 1151

    1 概述 …………………………………………………………………………………… 1151

    2 荆江大堤等重要堤防的渗流问题与加固状况 ………………………………………… 1154

    3 荆江大堤重点堤段(郝穴至枣林岗)堤基渗流状态及渗控措施 ……………………… 1155

    4 减压井淤堵及其治理的研究 …………………………………………………………… 1179

参考文献 ... 1193

第7章　张家咀水库工程

1　概况 ... 1195

2　劈裂灌浆技术加固心墙坝适用性研究 ... 1197

3　劈裂灌浆加固前后的情况对比分析 ... 1213

4　水库大坝安全量化评价研究 ... 1220

5　张家咀水库大坝安全评价量化评价分析 ... 1239

参考文献 ... 1242

第8章　高速公路工程

1　广佛高速公路 ... 1244

2　宜黄高速公路 ... 1249

3　武汉绕城公路 ... 1251

4　甬台温高速公路 ... 1258

5　京珠高速公路 ... 1268

6　杭州绕城公路北线软基处理试验研究 ... 1275

参考文献 ... 1289

第9章　机场场道工程

1　深圳机场地基处理 ... 1290

2　珠海机场站坪地基处理 ... 1295

3　潮汕民用机场岩土工程设计 ... 1299

4　昆明机场西试验区 ... 1304

参考文献 ... 1310

第一篇

土的物理力学特性

第1章 粗粒土力学特性和本构关系研究

1 概述

1.1 缘由

粗粒土在自然界分布广泛储量丰富。由于它具有压实性能好、透水性能强、填筑密度大、抗剪强度高、沉陷变形小、承载能力高等工程特性，因此在工程建设中被广泛应用。如用于土石坝填筑、铁路路基、桥梁墩台及软弱地基处理等。随着粗粒土在工程建设中应用范围的不断扩大，对这类土的研究也逐渐深入。早期许多土石坝工程利用堆石、砂砾石等作为填筑材料，工程设计中采用的强度指标，主要采用天然休止角代替内摩擦角，因为在当时，大型仪器费钱、费力，国内很少有人采用大型设备进行粗粒土的试验，因此粗粒土的工程特性不能充分发挥，工程设计偏于保守。20世纪50年代后期至60年代开始，国内少数单位开始着手筹备大型仪器，长科院开这方面之先河，陆续研制出了大型直剪仪、大型三轴剪切仪、大型击实仪、大型振动密实仪及大型渗透仪等一系列用于粗粒土的试验仪器，对粗粒土的应力变形特性、强度特性、压实特性、渗透特性等进行了较为深入研究，取得了许多有实用价值的成果，并在几项大型水利水电工程中发挥了重要的作用。这在当时国内是少见的。

随着高土石坝、高层建筑物等的发展及电子计算机的应用，为适用土工建筑物应力、变形分析的需要，粗粒土应力应变关系（本构模型）成为重点研究的内容。对粗粒土的应力应变关系的研究，也由一般轴对称问题转入高压力下及复杂应力状态下的研究，并出现了大型平面应变仪、中型真三轴仪、大型扭剪仪等试验仪器设备。其研究成果为进行高土石坝应力变形分析等发挥了积极的作用。

当前我国西部大开发中，水电开发出现了前所未有的高潮，土石坝的高度已发展至 300m 级，高土石坝的安全性主要取决于大坝填料的受力变形状态，高土石坝的建设对土石坝填料的力学性质的试验研究提出了更高的要求。自"七五"国家科技攻关以来，在一系列科技攻关和自然科学基金的资助研究下，我国土力学工作者已经在土石坝填料试验研究方面取得了引人瞩目的进展，但由于土石坝高度的显著变化、受力条件的复杂性增加以及当时研究条件的限制等原因，仍有许多问题有待研究和完善。本章主要介绍长江科学院多年来从事粗粒土的力学特性测试方法和本构关系等方面的研究成果及实践经验。

1.2 长科院粗粒土研究的历史与大型专用设备的研发

长科院对粗粒土研究和大型专用设备的开发与制造始于20世纪50年代末[1]。以鸭河口、丹江口、陆水等工程的土坝为主要对象，研究了有各种粗细粒填料的性质，开展了填土的压实及坝身稳定分析、土坝与坝基的渗流问题分析等。针对丹江口土坝工程填料，为探索粗粒含量达 60% 以上的砾石土的性质和作为防渗料的可能，在室内外进行了大量的物理性质，物质成分和强度、变形、防渗性能的研究，历时五年以上。其间采用微观与宏观相结合的方法,研究了黏性砾石土中细料的矿物组成及其与力学性质的关系,为黏性砾石土可用作防渗料提供了佐证,突出体现了微观研究对土工工程的实际意义。这项研究在国内第一次提出了一套粗粒土的试验研究方法和工程性质评价方法。

粗粒土的后续研究是为三峡围堰风化料而进行的,其间,成功研制了大型平面应变仪(试样尺寸800mm×800mm×400mm)、大型三轴仪(φ500mm,φ300mm),引进了大型叠环式固结渗透压缩仪(φ500mm),研究了粗粒土平面应变下的强度特性和颗粒破碎的问题。更深入的研究是从20世纪90年代围绕面板堆石坝而展开的,针对当时世界最高的水布垭面板堆石坝工程,研制了大型蠕变三轴仪,开展了室内外压实试验、室内强度和蠕变试验以及本构关系的研究,提出了三参量本构模型、九参数蠕变模型、湿化模型等。

进入新世纪后,除继续完成水布垭等工程的科学研究外,还开展了乌东德、塔城、日冕、密松、其培、双江口、猴子岩、长河坝、黄金坪、拉洛等水电站工程中土石坝和土石围堰的筑坝粗粒土的工程特性试验研究,为这些项目设计工作提供了重要支撑成果。其间,为了研究粗粒土在复杂应力条件下的强度与变形特性,开发了大型微摩擦加载式真三轴仪;为研究粗粒土在受力后组构的变化,建立了岩土CT可视化系统、开发岩土全方位CT三轴仪等具有当前水平的专用大型设备,开辟了粗粒料研究的一个新的领域,继续扩大了长科院把微细观研究与工程性质紧密结合的传统,在国内外也是一个创新。

2 粗粒土的应力应变关系研究与非线性剪胀模型

随着土石坝高度的增加,作为主要筑坝材料的粗粒料所受的压力急剧增大。由于高水头和高压力的作用,以及应力路径的变化,粗粒料的颗粒结构也随之发生变化,因此其力学特性试验研究就显得非常重要。目前,室内研究粗粒料应力变形特性主要采用常规大型三轴试验。如国外的 J. Brauns 和 K. Kast[2]进行了高1.8m直径1.0m的大型三轴试验。J. A. Charles[3]进行了堆石三轴试验研究,均得出了堆石料的强度包线不符合摩尔—库仑破坏准则的结论。国内学者通过常规大型三轴试验,对粗粒料的应力应变特性、抗剪强度、内摩擦角和颗粒破碎特性进行了对比分析。张嘎、张建民[4]通过大型三轴试验研究了粗颗粒土的应力应变特性及邓肯—张模型的适用性。张茹、何昌荣等[5]分析了高应力状态下它们的应力—应变—强度特性。谢婉丽等[6]根据大坝应力路径,对粗粒料进行应力比和应力比增量等于常数的三轴剪切试验。褚福永,朱俊高等[7]初步探讨了反映剪胀程度的剪胀因子与三者之间的关系,对现有的一些适用于粗粒土的经验公式进行了验证。

随着现代堆石坝的建设,关于粗粒土本构模型的研究也取得了一定的成果,相继出现了线弹性模型、非线性弹性模型、弹塑性模型等。非线性弹性模型最具有代表性的是邓肯等(1980)提出的邓肯-张 E-B 模型[8]。1985年起,我国进入堆石坝建设的高峰期,众多学者结合国家科技攻关课题以及多个重大土石坝工程的实践,提出了多个带有鲜明特点的本构模型,例如:沈珠江双屈服面弹塑性模型[9]、殷宗泽双屈服面弹塑性模型(1988)[10]、清华非线性解耦 KG 模型和四川大学 KG 模型[11]等。此后,还提出了一些本构模型,如堆石体的扰动状态模型[12];四增量非线性模型[13]。上述粗粒土本构模型,在反映粗粒土的应力应变非线性、弹塑性、应力路径影响等方面均已有较好的效果。

长江科学院针对多种粗粒土进行了大量的大型三轴试验[14],在分析试验成果基础上,假设土的应变分为弹性应变和剪胀应变,弹性应变与应力间服从广义虎克定律,剪胀应变服从 Rowe 剪胀方程,弹性泊松比为常数,完整地建立了三参量 Kp、Kq、G 与应力关系式,提出了粗粒土的一种新的非线性剪胀模型[15](长科院模型)及模型参数的确定方法。

2.1 粗粒土的应力应变关系试验

2.1.1 试验仪器

粗粒土的强度和变形特性一般通过常规轴对称三轴试验研究的,在轴对称应力状态下,轴向应力与围压之差即是试样中的广义剪应力,轴向应变即是试样的广义剪应变,其轴向应力-应变曲线的斜率具有模量的物理意义。其基本方法是通过 3~4 个圆柱形试样,在恒定的周围压力下,施加轴向压力(偏应力)进行剪切,直到应变达到 15%,然后通过相应的理论确定其强度和变形参数。若在施加偏应力的同时等比例地增加围压,就成了等应力比路径三轴试验。

为了研究粗粒土在高应力下的强度和变形特性,长科院研制了高压的应力式和应变式大型三轴仪,如图 1.1-1 所示。试样直径 300mm、高度 600mm,最大周围压力 3.0MPa,最大竖向荷载 1500kN。围压和竖向荷载均采用高压蓄能罐以保持压力的长期稳定。

图 1.1-1　大型高压三轴仪

2.1.2 试验成果及分析

针对水布垭面板堆石坝各种填料,应用 $\Phi300mm \times \Phi600mm$ 的应力和应变式大型三轴仪进行了不同密度、不同级配条件下的常规三轴剪切试验,图 1.1-2 为粗粒土典型三轴试验应力-应变曲线,图 1.1-3 为强度包线,由试验成果可看出如下的规律[16]:

(1)强度指标主要与岩性有关,高围压条件下强度包线基本符合摩尔-库仑强度准则,弯曲现象并不明显,且凝聚力比较大(0.15~0.35MPa),这反映了堆石料的咬合特性。

(2)粗粒土的应力应变关系[$(\sigma_1-\sigma_3)-\varepsilon_1$]具有非线性、弹塑性等特性,且一般表现为应变硬化特征,与邓肯模型的双曲线假定基本吻合,变形指标主要与填料的密度及岩性相关,当试验干密度较大且围压较小时,可能出现轻微的软化现象。

(3)体变曲线比较复杂,表现出明显的剪胀性,干密度愈大,围压愈小,剪胀性愈明显。随着围压增大,剪胀性逐渐减弱,并逐渐发展到剪缩性。因此,粗粒土的本构模型应反映这一特性。

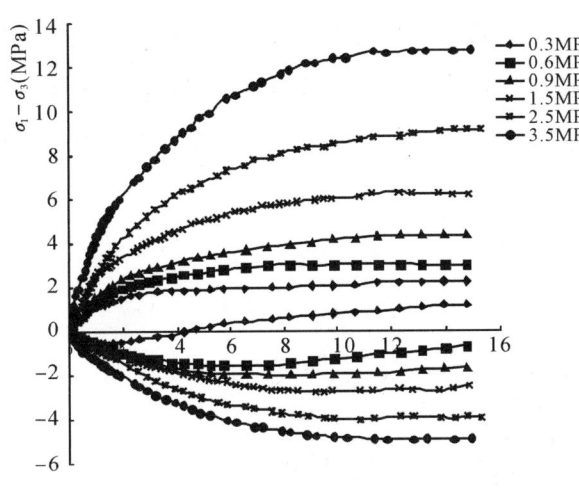

图 1.1-2 应力应变关系曲线

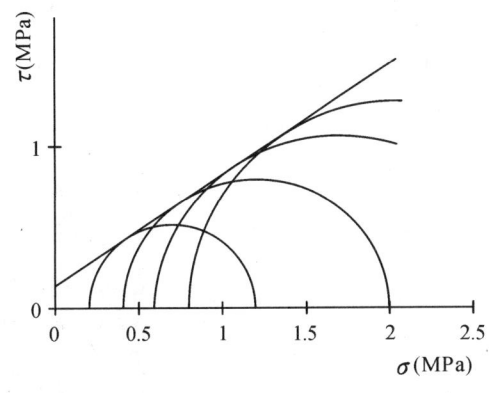

图 1.1-3 强度包线

2.2 粗粒土的剪胀性

剪胀性是颗粒材料不同于一般连续体材料的重要标志之一。土的剪胀性很早就被发现,研究人员进行了大量的研究工作。某些土的本构模型虽能模拟土的剪胀性,但其数学关系式往往比较复杂,且未考虑实际土体的变形是如何发生的,因此,这是一种宏观的唯象论方法。一些研究者对粗粒土的剪胀性进行了探索,如:Rowe[17]系统地研究了颗粒材料的变形机理,提出了"最小能比原理",导出了著名的Rowe剪胀方程;吴为义[18]将颗粒体简化为规则排列的圆棒,导出了在最紧密和最疏松的状态下,剪切过程中的体应变与剪应变的关系,定性地给出了颗粒材料在密实状态下将表现出剪胀,而在疏松状态下将表现为剪缩的基本特性;钟晓雄、袁建新[19]在分析颗粒材料剪切变形机制的基础上,建立了颗粒体在变形过程中应力与组构量的相互关系,推导出颗粒体剪胀方程,并采用长50mm不同直径的铝棒模拟颗粒材料,进行单剪试验,以验证理论模型的正确性。长科院结合水布垭面板堆石坝填料的试验[20]-[22],研究了粗粒土的剪胀性。

2.2.1 邓肯模型的偏差

$E-\mu$ 和 $E-B$ 模型均为邓肯非线性弹性模型,其主要差别在于三轴试验体积变形曲线的函数选择不同,$E-\mu$ 模型假定三轴试验中的 $\varepsilon_3 \sim \varepsilon_1$ 关系曲线为双曲线,推得切线泊松比为:

$$\mu_t = \frac{G - F \cdot \lg \frac{\sigma_3}{P_a}}{\left[1 - \dfrac{D(\sigma_1 - \sigma_3)}{E_1 \cdot (1 - R_f \cdot S)}\right]^2} \tag{1.1-1}$$

所以 μ_t 是一个大于 μ_i（初始泊松比）的数。而 $E-B$ 模型假定三轴试验剪切过程中的 $\varepsilon_v \sim \varepsilon_1$ 关系为双曲线,当 σ_3 为常数时,体积变形模量 B 为常数。

$$B = K_b P_a \left(\frac{\sigma_3}{P_a}\right)^m \tag{1.1-2}$$

相应切线泊松比为:

$$\mu_t = 0.5 - \frac{E_t}{6 \cdot B_t} = 0.5 - \frac{K}{6 \cdot K_b}\left(\frac{\sigma_3}{P_a}\right)^{n-m}(1 - R_f \cdot S)^2 \qquad (1.1\text{-}3)$$

显然,$E-B$ 模型得到的切线泊松比 μ_t 是一个小于 0.5 的数。图 1.1-4 为一组堆石料三轴试验成果求得的 $E-\mu$、$E-B$ 模型参数反算得到的切线泊松比随应力状态变化的曲线,可以看出,两个模型给出的泊松比值差别是非常大的。初看起来是由于对体变曲线的假定不同,实质上是因为邓肯模型不能反映剪胀性的缘故。

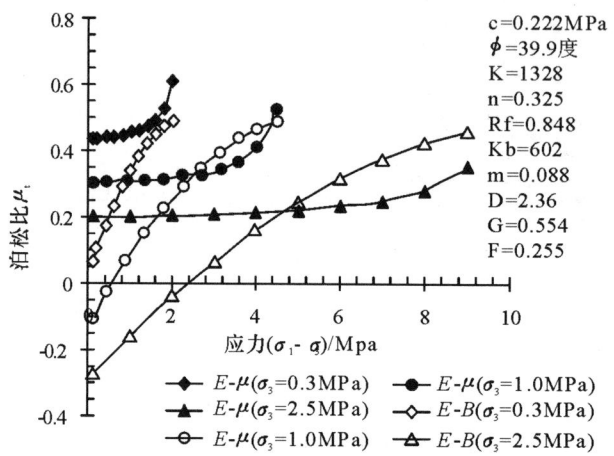

图 1.1-4 邓肯 $E-\mu$ 与 $E-B$ 模型泊松比的比较

2.2.2 Rowe 剪胀模型

Rowe(罗威)剪胀模型是最早尝试从颗粒材料微结构变化机理出发建立的本构模型,在常规三轴压缩、三轴拉伸和平面应变等简单应力路径条件下,该剪胀方程可以写为:

$$\text{三轴压缩}: \sigma_1/\sigma_3 = 2K(-\mathrm{d}\varepsilon_3^p/\mathrm{d}\varepsilon_1^p) \qquad (1.1\text{-}4)$$

$$\text{三轴拉伸}: \sigma_1/\sigma_3 = 0.5K(-\mathrm{d}\varepsilon_3^p/\mathrm{d}\varepsilon_1^p) \qquad (1.1\text{-}5)$$

$$\text{平面应变}: \sigma_1/\sigma_3 = K(-\mathrm{d}\varepsilon_3^p/\mathrm{d}\varepsilon_1^p) \qquad (1.1\text{-}6)$$

式中:$K = \tan^2(45° + \varphi_u/2)$,为与内摩擦角有关的常量。虽然该方程只是剪胀的颗粒单一滑移结构,同时对颗粒滑移的认识也完全是虚构的,但试验资料表明,Rowe 剪胀模型能够比较合理地反映颗粒材料的体变过程。

图 1.1-5 为不同灰岩堆石料三轴试验的体变曲线,可以看出实际颗粒材料剪切过程中的体变与其密度、应力大小、岩性及级配等密切相关。图 1.1-6 为多种颗粒材料(单粒径玻璃球、双粒径的玻璃球混合体、单级配矶石、多种砂砾石料、多种堆石料、三峡风化砂)三轴压缩过程中 Rowe 剪胀模型参数 $K_f \left(K_f = -\frac{\sigma_1 \mathrm{d}\varepsilon_1}{2\sigma_3 \mathrm{d}\varepsilon_3}\right)$ 的变化情况,可以看出,无论是形状规则的玻璃球,还是实际粗粒土,对一种材料而言,在不同应力状态下,参数 K_f 均近似为一个常数。仅在较小的应变下(<1%)略有波动,其主要的原因是小应变增量下,K_f 对试验误差过于敏感。一种材料的参数 K_f 为一常数,不受应力状态改变而变化。材料不同,参数 K_f 不同。本文所及的材料,参数 K_f 在 2~3.79 之间变化。参数 K_f 愈小,材料的剪胀性愈大。因此,可以认为参数 K_f 是颗粒组构特征的一种体现,它决定了材料的应力应变性质。

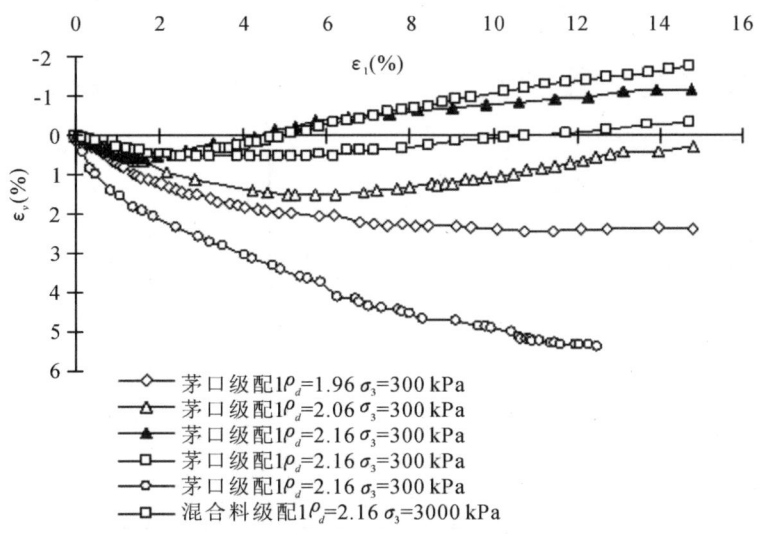

图 1.1-5 堆石料三轴试验体积变形曲线

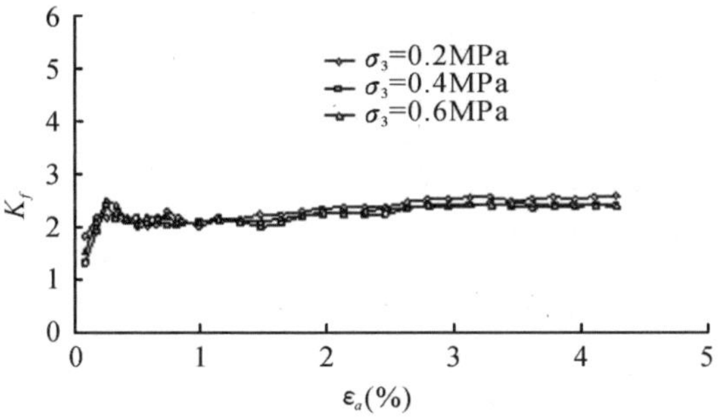

(a) 2mm 单粒径玻璃球（$\rho_d = 1.55 \text{t/m}^3$）

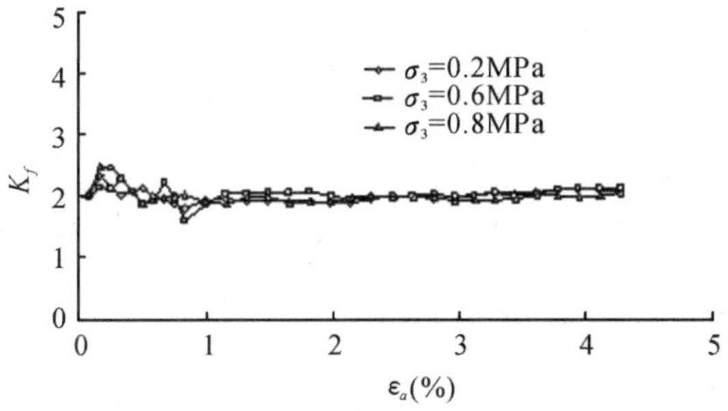

(b) 粒径 2mm & 22mm 玻璃球（$\rho_d = 1.79 \text{t/m}^3$）

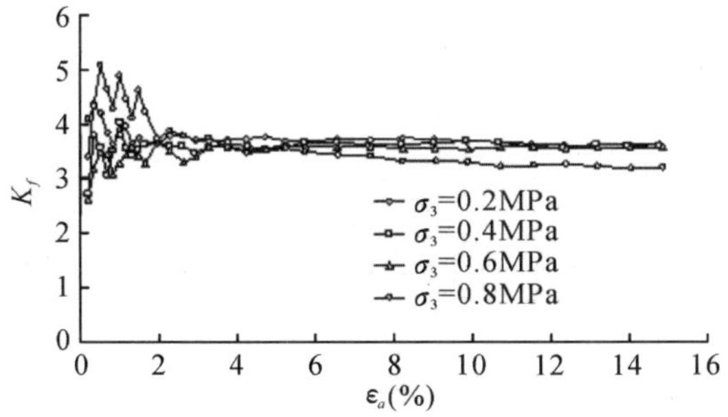

(c) 粒径 10~20mm 单级配矾石（$\rho_d = 1.73 \text{t/m}^3$）

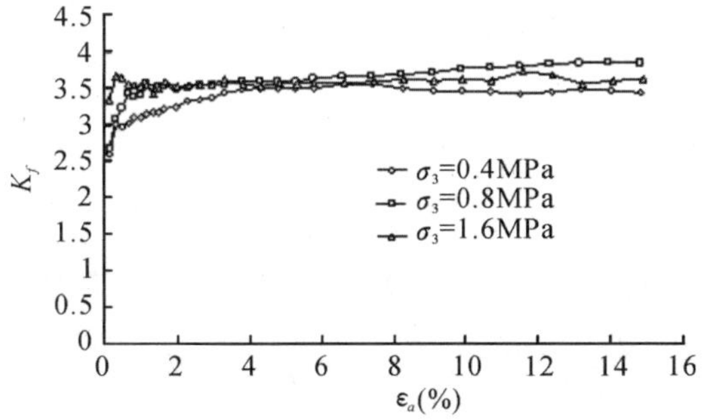

(d) 塔城砂砾石（$\rho_d = 2.05 \text{t/m}^3$）

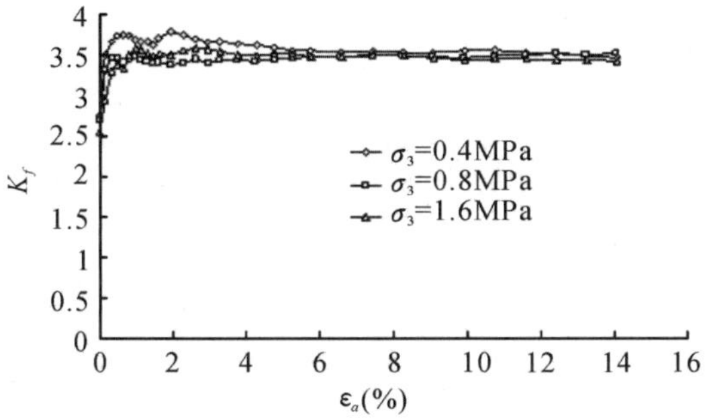

(e) 塔城砂砾石（$\rho_d = 2.10 \text{t/m}^3$）

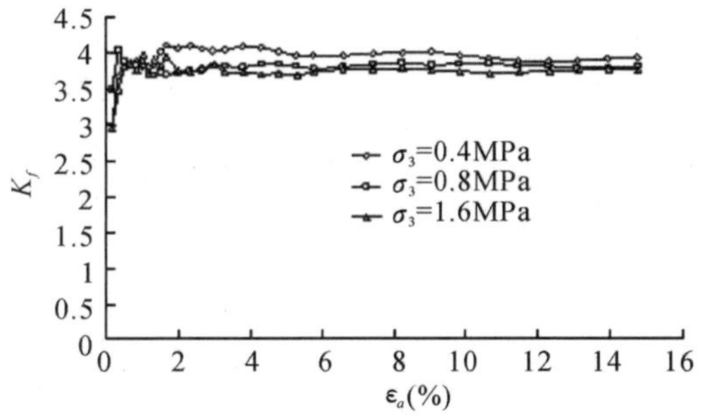

(f) 塔城砂砾石（$\rho_d = 2.17 \text{t/m}^3$）

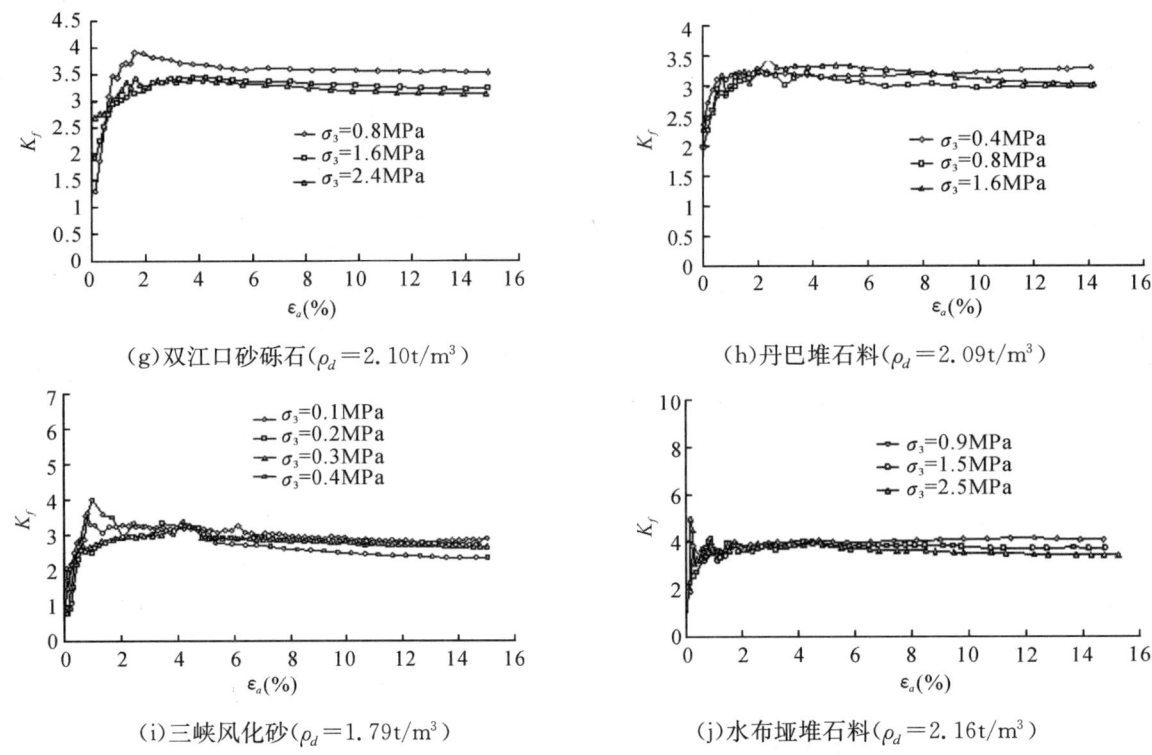

(g) 双江口砂砾石($\rho_d=2.10\text{t/m}^3$)　　(h) 丹巴堆石料($\rho_d=2.09\text{t/m}^3$)

(i) 三峡风化砂($\rho_d=1.79\text{t/m}^3$)　　(j) 水布垭堆石料($\rho_d=2.16\text{t/m}^3$)

图 1.1-6　几种典型颗粒材料的模型参数的变化

2.3　非线性剪胀模型

2.3.1　长科院剪胀模型的应力应变关系

为考虑剪应力对体变的影响，长科院剪胀模型的应力应变关系增量形式为：

$$d\varepsilon_v = \frac{dp}{K_p} + \frac{dq}{K_q} \tag{1.1-7}$$

$$d\varepsilon_s = \frac{dq}{G} \tag{1.1-8}$$

式中 K_p、K_q、G 分别为体变模量、剪胀模量、剪切模量。p、q 为平均应力和广义剪应力，ε_v、ε_s 为体应变和广义剪应变，三轴压缩试验时，有下列换算关系：

$$dp = d\sigma_1/3$$
$$dq = d\sigma_1 \tag{1.1-9}$$
$$d\varepsilon_v = d\varepsilon_1 + 2d\varepsilon_3$$
$$d\varepsilon_s = 2(d\varepsilon_1 - d\varepsilon_3)$$

为确定 K_p、K_q、G 与应力状态的关系，假设土体应变分为弹性应变和剪胀应变，并用上标 e 和 q 表示。

$$d\varepsilon_v = d\varepsilon_v^e + d\varepsilon_v^q \tag{1.1-10}$$

$$d\varepsilon_s = d\varepsilon_s^e + d\varepsilon_s^q \tag{1.1-11}$$

弹性应变与应力间服从广义虎克定律，剪胀应变服从 Rowe 剪胀方程。

$$K_f = -\frac{\sigma_1 d\varepsilon_1^q}{2\sigma_3 d\varepsilon_3^q} \tag{1.1-12}$$

假定弹性泊松比为常数。基于常规三轴压缩试验,模量 K_p、K_q、G 与应力状态的关系式推导如下。

2.3.2 体变模量 K_p

体变模量 K_p 反映弹性体应变与应力的关系,由虎克定律有如下关系:

$$K_p = \frac{E_{ur}}{3(1-2\mu)} \tag{1.1-13}$$

式中 μ 为弹性泊松比,E_{ur} 为土的弹性模量,可由邓肯—张模型按下式计算:

$$E_{ur} = K_{ur} P_a \left(\frac{\sigma_3}{P_a}\right)^n \tag{1.1-14}$$

式中 K_{ur}、n 为退荷再加荷试验确定的模型参数。

2.3.3 剪胀模量

由 Rowe 剪胀方程,在三轴试验应力条件下,剪胀应变有如下关系:

$$\frac{d\varepsilon_v^q}{d\varepsilon_1^q} = \frac{K_f \sigma_3 - \sigma_1}{K_f \sigma_3} \tag{1.1-15}$$

式中 K_f 为土体的最小能比值,系试验确定的模型参数。

同样,三轴试验竖向应变可分为竖向弹性应变和竖向剪胀应变,即:

$$d\varepsilon_1^q = d\varepsilon_1 - d\varepsilon_1^e = \frac{d\sigma_1}{E_t} - \frac{d\sigma_1}{E_{ur}} = \left(\frac{E_{ur} - E_t}{E_{ur} E_t}\right) d\sigma_1 \tag{1.1-16}$$

式中 E_t 切线模量,可采用邓肯—张模型的表达式,本文认为,对于粗粒土,有必要对邓肯—张模型 E_t 表达式进行修正。在三轴试验应力条件下,有如下关系:

$$dq = d\sigma_1 \tag{1.1-17}$$

联立式(1.1-15)、(11-16)、(1.1-17),可得剪胀模量 K_q 表达式:

$$K_q = \frac{dq}{d\varepsilon_v^q} = \frac{K_f \sigma_3}{K_f \sigma_3 - \sigma_1} \times \frac{E_{ur} E_t}{E_{ur} - E_t} \tag{1.1-18}$$

2.3.4 剪切模量 G

在三轴试验应力条件下,有如下关系:

$$d\varepsilon_3^e = 2(d\varepsilon_1^e - d\varepsilon_3^e) = 2(1+\mu) d\varepsilon_1^e$$

$$= 2(1+\mu)\frac{d\sigma_1}{E_{ur}} = 2(1+\mu)\frac{dq}{E_{ur}} \tag{1.1-19}$$

$$d\varepsilon_s^q = 2(d\varepsilon_1^q - d\varepsilon_3^q) = 2\left(1 + \frac{\sigma_1}{2K_f \sigma_3}\right) d\varepsilon_1^q \tag{1.1-20}$$

联立式(1.1-8)、式(1.1-11)、式(1.1-16)、式(1.1-17)、式(1.1-19)、式(1.1-20),可得剪切模量 G 表达式:

$$G = \frac{E_{ur} E_t}{2\left[\left(1 + \frac{\sigma_1}{2K_f \sigma_3}\right)(E_{ur} - E_t) + (1+\mu) E_t\right]} \tag{1.1-21}$$

2.3.5 切线模量 E_t

在剪胀模量表达式(1.1-18)和剪切模量表达式(1.1-21)中都包括有切线模量 E_t,切线模量 E_t 可采用邓肯—张模型的表达式:

$$E_t = KP_a\left(\frac{\sigma_3}{P_a}\right)^n(1-R_f S)^2 \tag{1.1-22}$$

式中 S 为应力水平，表达式如下：

$$S = \frac{(1-\sin\varphi)(\sigma_1-\sigma_3)}{2c\cos\varphi + 2\sigma_3\sin\varphi} \tag{1.1-23}$$

但大量试验表明，对于粗粒土，上式有必要修正。图 1.1-7 为 QP 堆石料的切线模量 E_t 与应力水平关系曲线。

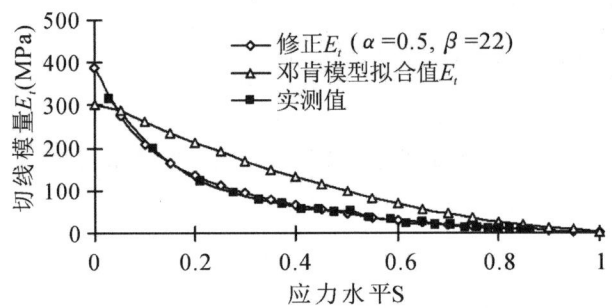

图 1.1-7　QP 堆石料切线模量 E_t 比较（三轴 $\sigma_3 = 0.6\mathrm{MPa}$）

可以看出，式(1.1-22)反映的与实测的 E_t-S 曲线形态差异较大，建议做如下修正：

$$E_t = KP_a\left(\frac{\sigma_3}{P_a}\right)^n(1-R_f S^\alpha)^\beta \tag{1.1-24}$$

式中包含 7 个参数：c、φ、K、n、R_f、α、β 为试验确定的模型参数，邓肯—张模型可作为 $\alpha=1$，$\beta=2$ 时的特例，不同的堆石料应有不同的 α 和 β 值。

2.3.6　模型参数和整理

在剪胀性模型的关系式中共有 10 个参数，分别为 c、φ、K、n、R_f、α、β、K_{ur}、K_f、μ，其中 c、φ 为土的强度指标，由一组试验的不同围压下的峰值强度拟合确定。

K、n、R_f、α、β 为切线模量参数，其中 K、n 由一组试验的初始切线模量拟合确定，R_f、α、β 由切线模量 E_t 与应力水平实测曲线（如图 1.1-7）试算法确定，α、β 体现曲线的形态，反映高应力水平时 E_t 的大小。

K_{ur} 与 n 联合确定土的弹性模量，可由一组退荷再加荷试验得到的弹性模量拟合确定，当未进行退荷再加荷试验时，也可由三轴体变曲线试算法确定。

K_f 为土的剪胀性指标，先根据弹性模量计算试验应力条件下的弹性应变，由总应变扣除弹性应变得到剪胀应变，从而由式(1.1-12)计算 K_f，也可由体变曲线试算法确定，K_f 大小反映一组体变曲线的张开程度和体变曲线的形态。

μ 为土的弹性泊松比，是虎克定律中的一个参数，反映土的弹性应变与应力间的关系，可由平面应变试验的中主应力 σ_2 与 σ_1，按下式确定：

$$\mu = \frac{\mathrm{d}\sigma_2}{\mathrm{d}\sigma_1} \tag{1.1-25}$$

模型中取平均值作为其参数。

2.4 模型试验验证

2.4.1 应力应变曲线拟合

对于一个新的本构模型,最关心的问题是该模型对复杂应力条件的适用性,即所谓的模型合理性验证。先采用常规三轴试验成果确定不同粗粒土的模型参数,再计算平面应变试验条件下的应力应变曲线,并与平面应变试验结果进行比较[23]。

在平面应变状态下,应力和应变增量有下列换算关系:

$$\mathrm{d}p = \frac{1+\mu}{3}\mathrm{d}\sigma_1$$

$$\mathrm{d}q = \sqrt{1-\mu+\mu^2}\,\mathrm{d}\sigma_1 \tag{1.1-26}$$

$$\varepsilon_v = \varepsilon_1 + \varepsilon_3$$

$$\varepsilon_s = 2\sqrt{\varepsilon_1^2 + \varepsilon_3^2 - \varepsilon_1\varepsilon_3} \tag{1.1-27}$$

两种堆石料的剪胀性模型拟合曲线如图 1.1-8 和 1.1-9 所示,模型参数如表 1.1-1。在平面应变试验曲线拟合中,为考虑中主应力影响,宜由下式中的等效应力 σ_0 代替式(1.1-15)中的小主应力 σ_3:

$$\sigma_0 = \frac{\sigma_2 + \sigma_3}{2} \tag{1.1-28}$$

其中 σ_2 由式(1.1-25)计算,对于三轴试验,$\sigma_0 = \sigma_3$。

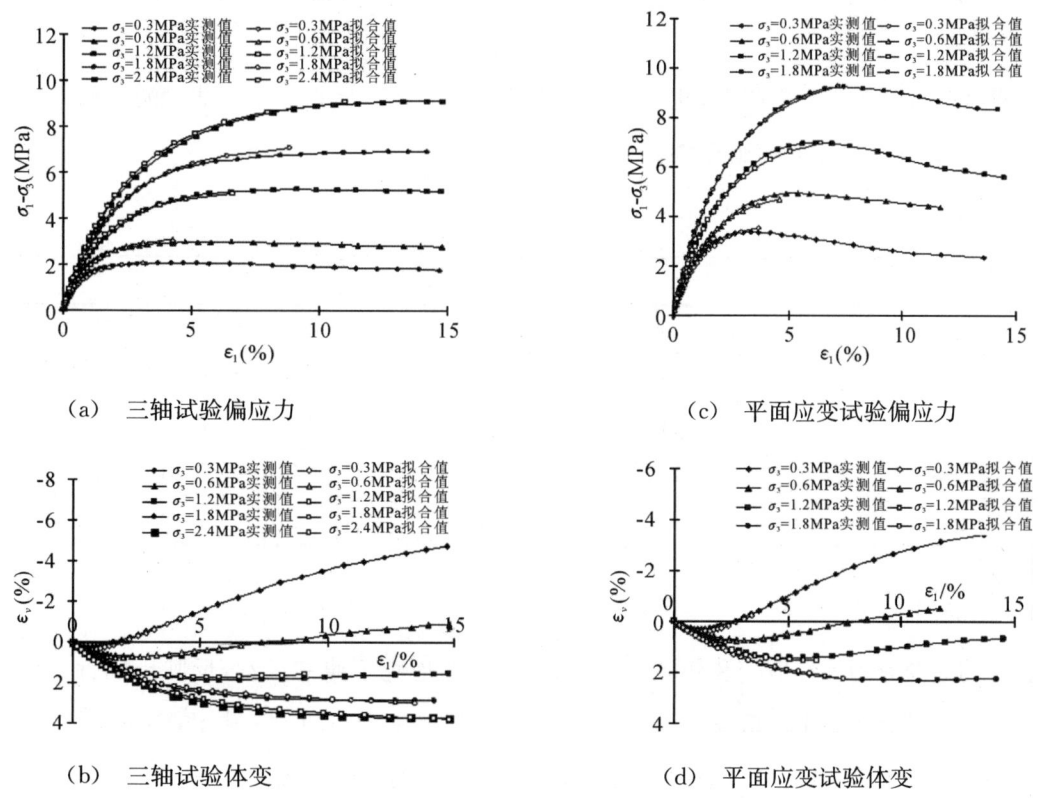

(a) 三轴试验偏应力 (c) 平面应变试验偏应力

(b) 三轴试验体变 (d) 平面应变试验体变

图 1.1-8 *MS* 堆石料三轴和平面应变试验成果

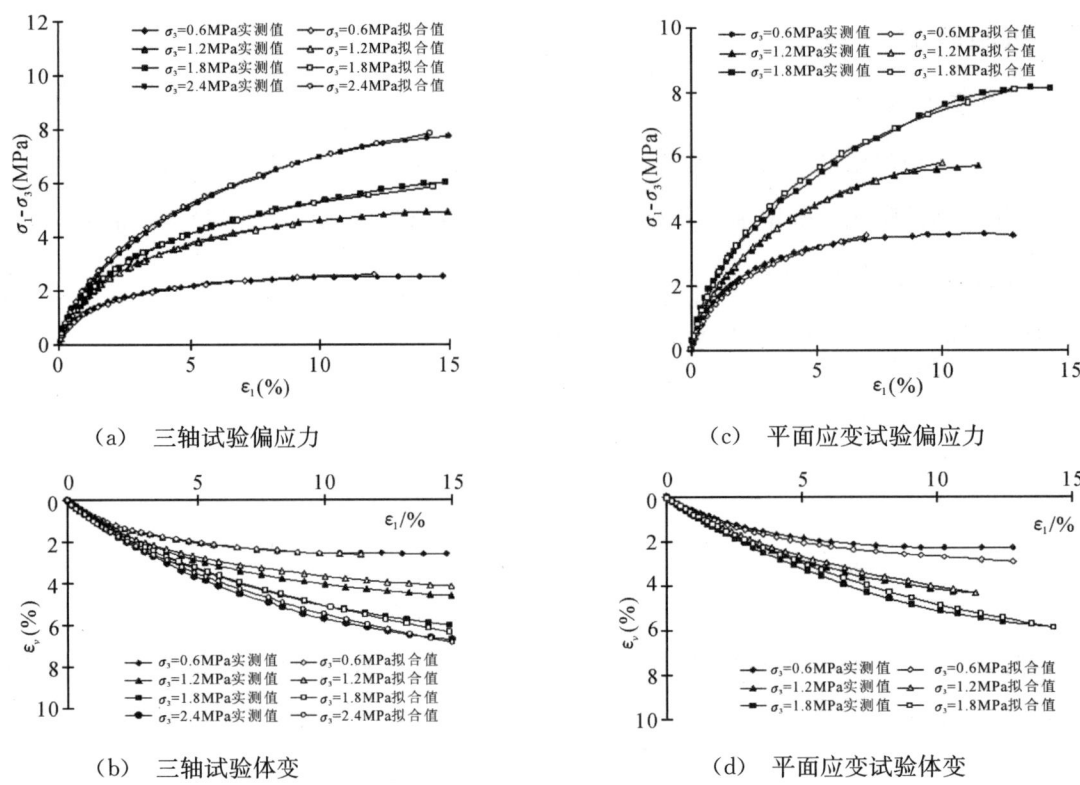

(a) 三轴试验偏应力 (c) 平面应变试验偏应力

(b) 三轴试验体变 (d) 平面应变试验体变

图 1.1-9 *QP* 堆石料三轴和平面应变试验成果

从图 1.1-14 和 1.1-15 和表 1.1-1 可以看出,剪胀性模型能够很好地模拟堆石料不同加载过程的应力应变关系,对于同一种堆石料,三轴试验和平面应变试验的模型参数,除强度指标外,其他的参数完全一致。

平面应变试验得到的堆石料强度,比三轴试验的高,在不少关于平面应变试验的文献中均可以看到类似的结论,应该说这个结论具有普遍性。

表 1.1-1　　　　　　　　　　　　　　模型参数

材料 试验	密度 t/m³	模型参数									
		c(kPa)	φ(°)	K	n	α	β	K_{ur}	R_f	K_f	μ
MS 三轴	2.274	253	38.7	2700	0.11	1.00	1.3	2970	0.94	5.1	0.27
MS 平面	2.274	553	40.9	2700	0.11	1.00	1.3	2970	0.90	5.1	0.27
QP 三轴	2.118	270	35.9	2700	0.20	0.45	2.1	2970	0.84	5.5	0.20
QP 平面	2.118	294	40.9	2700	0.20	0.45	2.1	2970	0.80	5.5	0.20

2.4.2 泊松比的讨论

假定土体的应变分为弹性应变和剪胀应变,泊松比作为虎克定律的参数,反映土的弹性应变与应力间的关系,因此,泊松比可由平面应变试验的中主应力 σ_2 与 σ_1 按式 1.1-25 确定,为了叙述的方便,称它为弹性泊松比。两种堆石料的弹性泊松比如图 1.1-10 所示,其大小约为 0.1～0.3,与应力状态的关系不明显。其中,MS 堆石料的弹性泊松比随应力水平增大而增大,QP 堆石料的弹性泊松比随应力水平先稍有增大而后有所减小,故模型中取其平均值作为其参数。

在一般的非线性弹性模型中,假定土体的应力应变关系完全服从虎克定律,因此,可由试验应变间的关系求得泊松比,为叙述的方便,暂且称之为综合泊松比,计算式如下:

$$令 \quad A = d\varepsilon_v / d\varepsilon_1$$

三轴实验: $\mu_1 = \dfrac{1-A}{2}$ (1.1-29)

平面应变试验: $\mu_1 = \dfrac{1-A}{2-A}$

MS堆石料三轴试验和平面应变试验的综合泊松比如图1.1-11所示。

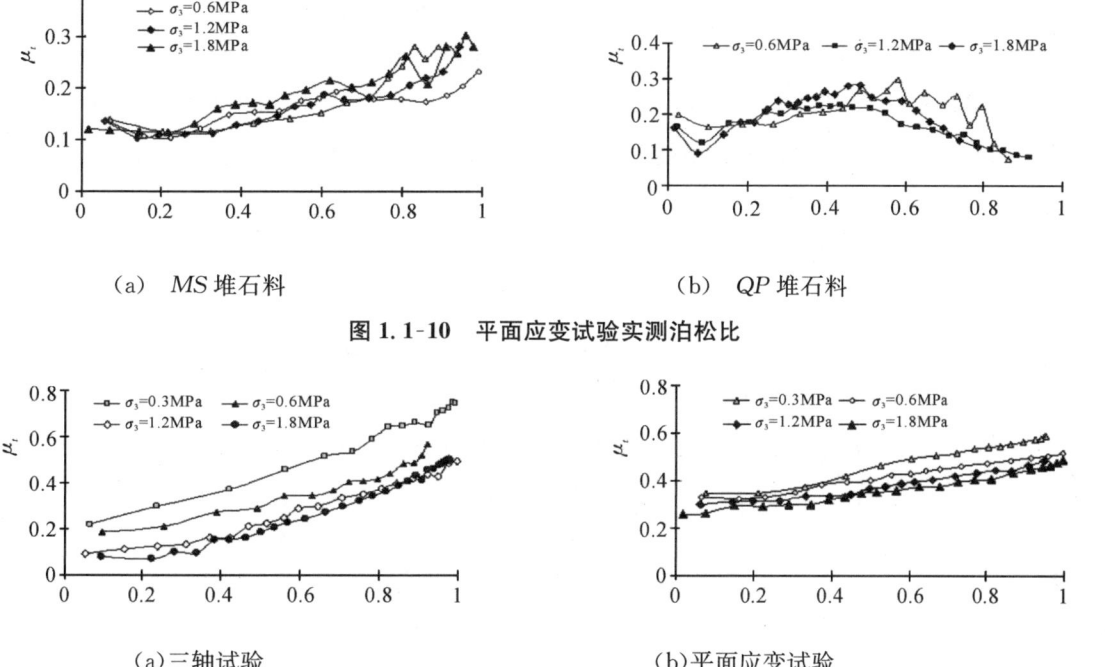

(a) MS堆石料　　　　　　　　　(b) QP堆石料

图1.1-10　平面应变试验实测泊松比

(a)三轴试验　　　　　　　　　(b)平面应变试验

图1.1-11　MS堆石料综合泊松比

比较图1.1-10(a)和1.1-11(b)可见,同一堆石料,由不同试验得到的综合泊松比相差较大,三轴试验为0.08~0.74,平面应变试验为0.26~0.58,综合泊松比常常出现大于0.5的现象。比较1.1-10(a)和1.1-11(b)两图可看出,对于同一堆石料,由同一组平面应变试验得到的两种泊松比也相差较大,由应力关系得到弹性泊松比为0.10~0.30,由应变关系得到综合泊松比为0.26~0.58。由此说明一点,粗粒土的应力应变关系不完全服从广义虎克定律,综合泊松比不算是堆石料的力学参数。

2.5　模型的有限元分析方法

从实际应用角度出发,目前建立粗粒土本构模型的目的是用于数值计算分析,故本构模型建立的关键是合理确定刚度系数矩阵$[D]$。不同形式的三参量$K-K-G$模型有一个共同的特点,就是在弹性理论的基础上引入剪切体变模量。应该肯定的是三参量$K-K-G$模型(三参量即:静水压力体变模量K_p,剪体变模量K_q和剪切模量G)比两参量非线性弹性模型更加合理,然而数值分析中存在一个不容忽视的问题,就是往往简单地将$K=\dfrac{K_p K_q}{K_q + K_p dq/dp}$作为综合体变模量进行有限元分析。应该注意到,体变模量 K 不仅与应力大小有关,而且与应力增量比 dq/dp 大小有关,在非线性迭代分析中,应力增量比 dq/dp 变化是很大的,这无疑增加了收敛的难度。[24]

非线性增量弹性模型是基于次弹性理论的,次弹性关系可采用下式表示:

$$d\sigma_{ij} = D_{ijkl}(\sigma_{mn}) d\varepsilon_{kl} \qquad (1.1\text{-}30)$$

如果是增量各向同性次弹性关系,则

$$\begin{aligned} D_{ijkl}(\sigma_{mn}) = & A_1 \delta_{ij}\delta_{kl} + A_2(\delta_{ik}\delta_{jl}+\delta_{jk}\delta_{il}) + A_3 \sigma_{ij}\delta_{kl} + \\ & A_4 \delta_{ij}\sigma_{kl} + A_5(\delta_{ik}\sigma_{jl}+\delta_{il}\sigma_{jk}+\delta_{jk}\sigma_{il}+\delta_{jl}\sigma_{ik}) \\ & + A_6 \delta_{ij}\sigma_{kn}\sigma_{nl} + A_7 \delta_{kl}\sigma_{im}\sigma_{mj} + \\ & A_8(\delta_{ik}\sigma_{jm}\sigma_{ml}+\delta_{il}\sigma_{jm}\sigma_{mk}+\delta_{jk}\sigma_{im}\sigma_{ml}+\delta_{jl}\sigma_{im}\sigma_{mk}) \\ & + A_9 \sigma_{ij}\sigma_{kl} + A_{10}\sigma_{ij}\sigma_{kn}\sigma_{ni} + \\ & A_{11}\sigma_{im}\sigma_{mj}\sigma_{kl} + A_{12}\sigma_{im}\sigma_{mj}\sigma_{kn}\sigma_{nl} \end{aligned} \qquad (1.1\text{-}31)$$

上式中 A_1、A_2、$A_3 \cdots A_{12}$ 为 12 个系数,与应力不变量有关。δ 是 kronecker delta 符号(当 $i=j$ 时,$\delta_{ij}=1$;当 $i \neq j$ 时,$\delta_{ij}=0$)。由于常规试验不能确定上述所有的 12 个系数。为此忽略高阶量的影响,即假设 $A_5 - A_{12}$ 等于 0。因此,上式变为

$$D_{ijkl}(\sigma_{mn}) = A_1 \delta_{ij}\delta_{kl} + A_2(\delta_{ik}\delta_{jl}+\delta_{jk}\delta_{il}) + A_3 \sigma_{ij}\delta_{kl} + A_4 \delta_{ij}\sigma_{kl} \qquad (1.1\text{-}32)$$

式(1.1-30)变为

$$d\sigma_{ij} = A_1 \delta_{ij} d\varepsilon_{kk} + 2A_2 d\varepsilon_{ij} + A_3 \sigma_{ij} d\varepsilon_{kk} + A_4 \delta_{ij}\sigma_{kl} d\varepsilon_{kl} \qquad (1.1\text{-}33)$$

在三轴应力条件下,式(1.1-33)可写为

$$d\sigma_{11} = A_1 d\varepsilon_{kk} + 2A_2 d\varepsilon_{11} + A_3 \sigma_{11} d\varepsilon_{kk} + A_4(\sigma_{11} d\varepsilon_{11} + 2\sigma_{22} d\varepsilon_{22})$$

$$d\sigma_{22} = A_1 d\varepsilon_{kk} + 2A_2 d\varepsilon_{22} + A_3 \sigma_{22} d\varepsilon_{kk} + A_4(\sigma_{11} d\varepsilon_{11} + 2\sigma_{22} d\varepsilon_{22})$$

$$d\sigma_{33} = d\sigma_{22}$$

并且有,

$$dp = (d\sigma_{11} + d\sigma_{22} + d\sigma_{33})/3 = \left(A_1 + \frac{2}{3}A_2 + A_3 p + A_4 p\right) d\varepsilon_v + A_4 q d\varepsilon_s \qquad (1.1\text{-}34)$$

$$dq = d\sigma_{11} - d\sigma_{22} = A_3 q d\varepsilon_v + 3A_2 d\varepsilon_s \qquad (1.1\text{-}35)$$

对比式(1.1-32)、式(1.1-33)和式(1.1-34)、式(1.1-35)可得:

$$A_1 = K_p - \frac{2}{9}G + \frac{pK_pG}{qK_q};\ A_2 = G/3;\ A_3 = 0;\ A_4 = -\frac{K_pG}{qK_q} \qquad (1.1\text{-}36)$$

将式(1.1-36)代入式(1.1-33)可得:

$$d\sigma_{ij} = \left(K_p - \frac{2}{9}G + \frac{pK_pG}{qK_q}\right)\delta_{ij} d\varepsilon_{kk} + \frac{2}{3}G d\varepsilon_{ij} - \frac{K_pG}{qK_q}\delta_{ij}\sigma_{kl} d\varepsilon_{kl} \qquad (1.1\text{-}37)$$

其中平均应力 p 和广义应力 q 分别为,

$$p = \frac{\sigma_{kk}}{3} = \frac{\sigma_{11}+\sigma_{22}+\sigma_{33}}{3}$$

$$q = \sqrt{\frac{3}{2}}(s_{ij}s_{ij})^{1/2} = \frac{1}{\sqrt{2}}\left[(\sigma_{11}-\sigma_{22})^2 + (\sigma_{22}-\sigma_{33})^2 + (\sigma_{11}-\sigma_{33})^2 + 6(\sigma_{12}^2+\sigma_{23}^2+\sigma_{13}^2)\right]^{1/2}$$

式(1.1-37)增量应力应变关系可表示为,

$$\{d\sigma\} = [D]\{d\varepsilon\} \qquad (1.1\text{-}38)$$

式中{dσ}和{dε}分别为增量应力张量和增量应变张量,[D]为非线性剪胀模型的刚度系数矩阵。

或

$$\begin{Bmatrix} d\sigma_{11} \\ d\sigma_{22} \\ d\sigma_{33} \\ d\sigma_{12} \\ d\sigma_{23} \\ d\sigma_{31} \end{Bmatrix} = \begin{bmatrix} D_{11} & D_{12} & D_{13} & D_{14} & D_{15} & D_{16} \\ D_{21} & D_{22} & D_{23} & D_{24} & D_{25} & D_{26} \\ D_{31} & D_{32} & D_{33} & D_{34} & D_{35} & D_{36} \\ D_{41} & D_{42} & D_{43} & D_{44} & D_{45} & D_{46} \\ D_{51} & D_{52} & D_{53} & D_{54} & D_{55} & D_{56} \\ D_{61} & D_{62} & D_{63} & D_{64} & D_{65} & D_{66} \end{bmatrix} \begin{Bmatrix} d\varepsilon_{11} \\ d\varepsilon_{22} \\ d\varepsilon_{33} \\ d\varepsilon_{12} \\ d\varepsilon_{23} \\ d\varepsilon_{31} \end{Bmatrix} \quad (1.1\text{-}39)$$

其中:

$D_{11}=\alpha_1+\alpha_3, D_{12}=\alpha_2+\alpha_4, D_{13}=\alpha_2+\alpha_5, D_{14}=\beta\sigma_{12}, D_{15}=\beta\sigma_{23}, D_{16}=\beta\sigma_{31}$

$D_{21}=\alpha_2+\alpha_3, D_{22}=\alpha_1+\alpha_4, D_{23}=\alpha_2+\alpha_5, D_{24}=D_{14}, D_{25}=D_{15}, D_{26}=D_{16}$

$D_{31}=\alpha_2+\alpha_3, D_{32}=\alpha_2+\alpha_4, D_{33}=\alpha_1+\alpha_5, D_{34}=D_{14}, D_{35}=D_{15}, D_{36}=D_{16}$

$D_{41}=D_{42}=D_{43}=D_{45}=D_{46}=0, D_{44}=\dfrac{2}{3}G$

$D_{51}=D_{52}=D_{53}=D_{54}=D_{56}=0, D_{55}=\dfrac{2}{3}G$

$D_{61}=D_{62}=D_{63}=D_{64}=D_{65}=0, D_{66}=\dfrac{2}{3}G$

式中,

$\alpha_1 = K_P + \dfrac{4}{9}G;\ \alpha_2 = K_P - \dfrac{2}{9}G;\ \alpha_3 = \dfrac{K_P G}{3qK_q}(\sigma_{22}+\sigma_{33}-2\sigma_{11})$

$\alpha_4 = \dfrac{K_P G}{3qK_q}(\sigma_{11}+\sigma_{33}-2\sigma_{22});\ \alpha_5 = \dfrac{K_P G}{3qK_q}(\sigma_{11}+\sigma_{22}-2\sigma_{33});\ \beta = \dfrac{-K_P G}{qK_q}$

刚度系数矩阵[D]变为,

$$[D] = \begin{bmatrix} D_{11} & D_{12} & D_{13} & D_{14} & D_{15} & D_{16} \\ D_{21} & D_{22} & D_{23} & D_{24} & D_{25} & D_{26} \\ D_{31} & D_{32} & D_{33} & D_{34} & D_{35} & D_{36} \\ 0 & 0 & 0 & D_{44} & 0 & 0 \\ 0 & 0 & 0 & 0 & D_{55} & 0 \\ 0 & 0 & 0 & 0 & 0 & D_{66} \end{bmatrix} \quad (1.1\text{-}40)$$

由上式可见,[D]为非对称矩阵。如果 $K_q = \infty$,即无剪胀或剪缩,矩阵[D]退化为二模量模型的对称矩阵。

2.6 小结

对于粗粒土,剪胀性是其固有特性,本构模型应该像对待粗粒土非线性和弹塑性一样尽可能准确反映这一特性。现有常用的邓肯模型不能反映剪胀性,其两种模型给出的同一材料的泊松比的差异反映出其建模理论的缺陷。本节用实测资料验证了用 Rowe 剪胀方程描述颗粒材料剪胀变形是合理的,基于邓肯-张模型和 Rowe 剪胀方程,假定土体的体应变为球应力引起的体应变和剪应力引起的体应变之和,提出了一种新的三参量非线性 $K-K-G$ 剪胀模型。试验表明,该模型能够较好模拟三轴试验和平面应变试验的应力应变关系。在次弹性理论基础上,给出了有限元程序计算中本构模型的模量系数矩阵。

3 粗粒土的真三轴试验

前节所述的三轴试验,其试样都为圆柱形。所谓的三向受力状态,只是中主应力与小主应力相等的状态。而在实际土石坝工程中遇到的往往是中主应力不等于小主应力的情况,即 $\sigma_2 \neq \sigma_3$ 条件下的强度特性,因此需要进行真三轴试验。

在粗粒土的真三轴试验研究方面,AnhDan 等[25]采用真三轴仪评估了砂砾的准弹性性能,其试样的尺寸为横截面积 25cm×22cm,高 50cm。韩国 Choi 等[26]研制了一台试样尺寸 241mm 立方体真三轴仪,进行了砂砾料的应力变形特性试验研究。施维成、朱俊高等[27]采用河海大学自主研制的中型真三轴仪,试验尺寸 35mm×70mm×70mm,对粒径为 2~5mm 的砾石料进行了小主应力不变,大、中主应力等比例同时加载的等 b 试验,分别研究了中主应力对大、中、小主应变及强度的影响规律,建立了一个破坏准则,推导了该准则的内摩擦角与 b 的关系式,并用几组真三轴试验结果进行验证。

长江科学院经过多年的努力,成功研制出大型高压真三轴仪,试样尺寸为 30cm×30cm×60cm 的方形样。针对某堆石坝工程的典型堆石料进行了系统的真三轴试验[28]。

3.1 试样的物理力学性质

试验用料为某个堆石坝工程的堆石料[29],其级配特性、密实度以及比重指标见表 1.1-2。图 1.1-12 为相应的堆石料级配曲线,试验选取表 1.1-2 中序号 2 的平均线级配进行备样,其级配曲线亦见图 1.1-12。

表 1.1-2　　　　　　　　　　　堆石料试验级配

序号	试验编号	用料说明	控制干密度 ρ_d g/cm³	相对密度 Dr —	比重 Gs —	颗粒级配组成（颗粒粒径:mm）				
						60~40 %	40~20 %	20~10 %	10~5 %	<5 %
1	ZSDS 上		2.13	0.90	2.64	18.24	22.30	20.27	14.19	25.00
2	ZSDS 平	纯砂岩	2.06	0.90	2.64	19.20	28.80	22.80	13.20	16.00
3	ZSDS 下		1.90	0.90	2.64	23.25	34.19	24.62	10.94	7.00

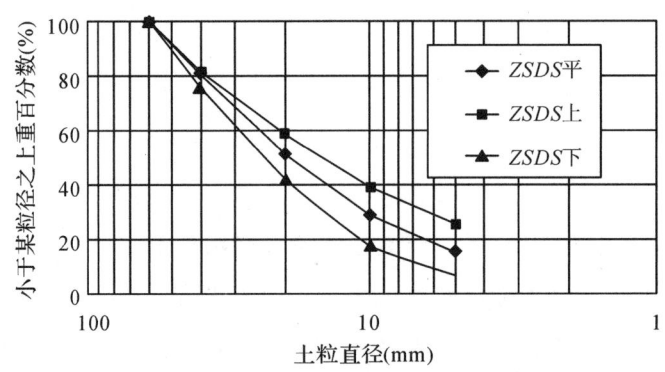

图 1.1-12　室内试验粗粒料级配曲线

3.2 试验设备与试验方法

试验采用大型高压真三轴仪进行,最小主应力最大值为 3.0MPa,试样尺寸为 30cm×30cm×60cm,试样最大粒径为 60mm。

应力加载路径按照等应力比 b 值[$b=(\sigma_2-\sigma_3)/(\sigma_1-\sigma_3)$]进行加载,分别选取 $b=0$、$b=0.25$、$b=0.5$、$b=0.75$;另进行 1 组平面应变试验,每组试验均选取 4 个围压(σ_3)水平,分别为 0.2MPa、0.4MPa、0.6MPa 和 0.8MPa。

试样装载完毕后,充分饱和,并在相应围压水平下固结不少于 24 小时,待体变稳定后,记录固结排水量,并按照设计应力路径对试样进行加载。加载过程中,按相应的应力比 b 值恒定同步加载 σ_1 和 σ_2,并同时记录各级荷载条件下的排水量,记录试样全过程体变数据。试验以大主应力 σ_1 超过峰值或轴向大主应变 ε_1 达到 15% 作为试验结束的标准。

3.3 试样成果及分析

图 1.1-13—图 1.1-17 分别为不同应力条件下堆石料的 $(\sigma_1-\sigma_3)-\varepsilon_1$ 关系曲线。从图可以看出,随着 b 值的增加,$(\sigma_1-\sigma_3)-\varepsilon_1$ 曲线的形态在应变初期呈陡变趋势,反映了中主应力 σ_2 对粗粒料起到明显的硬化作用;同时,从应力应变全过程来看,随着 b 值的增大,应力在峰值后的软化现象愈加明显,当 $b=0$ 时,试样在高围压条件下尚呈现应变硬化特性、在低围压条件下呈现应变软化特性,该软化过程直到轴应变 15% 左右仍能持续;而在 $b=0.25$ 和 $b=0.5$ 条件下,有部分试样在一定围压下,在峰值应力附近尚能持续应变增加且应力基本不变的现象,但该过程持续至 10% 左右即结束,随即应力呈快速下降趋势,脆性特征逐步显现;当 $b=0.75$ 时,各试样均在轴应变 5% 左右时达到峰值强度,随即应力出现下降,脆性特征明显。故可认为中主应力 σ_2 的增加,将使粗粒料的脆性特征逐步显现。

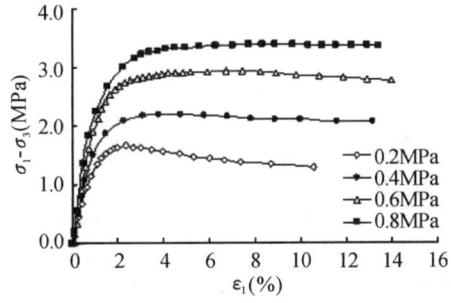

图 1.1-13 $b=0$ 时 $(\sigma_1-\sigma_3)-\varepsilon_1$ 关系曲线

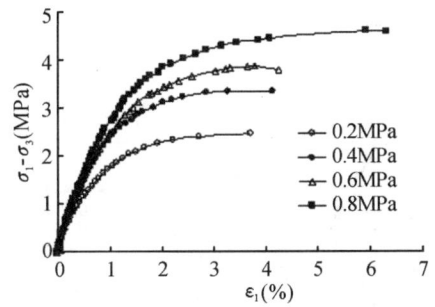

图 1.1-14 $b=0.25$ 时 $(\sigma_1-\sigma_3)-\varepsilon_1$ 关系曲线

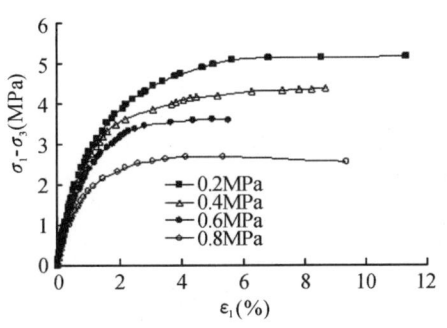

图 1.1-15 $b=0.5$ 时 $(\sigma_1-\sigma_3)-\varepsilon_1$ 关系曲线

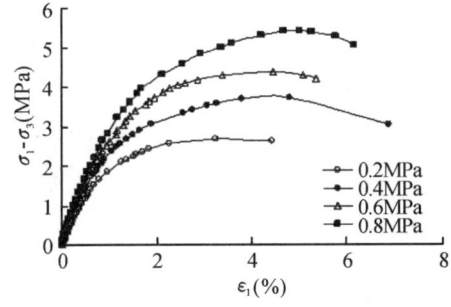

图 1.1-16 $b=0.75$ 时 $(\sigma_1-\sigma_3)-\varepsilon_1$ 关系曲线

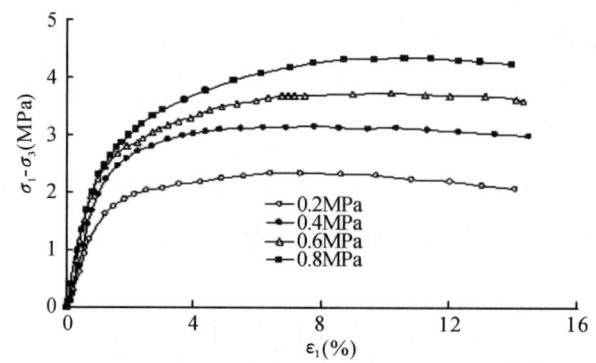

图 1.1-17　平面应变 $\sigma_1-\sigma_3$ 与轴应变 ε_1 关系曲线

图 1.1-18 为各种应力路径下,堆石料的 $\varepsilon_v-\varepsilon_1$ 关系曲线。从图 1.1-18 可以看出,不同 b 值下,$\varepsilon_v-\varepsilon_1$ 曲线的变化规律相同,在试验应力范围内都出现了剪胀现象,围压越低,剪胀性越明显。在低围压条件下,试样除初期的压密外,整体都呈现剪胀性;而在高围压条件下,试样则表现为全程剪缩特性。从 $\varepsilon_v-\varepsilon_1$ 曲线看,随 $b=0$ 增加到 $b=0.75$,堆石料的整体剪胀特性不断被压制,剪缩特性逐步显现。随着 b 的增大,试验全过程表现为剪胀所对应的围压,越来越低。对于图 1.1-18(e)所示的平面应变试验,由于加载过程中 b 值持续地增长,其体变曲线较 $b=0$ 时的变化为缓,当围压达到 0.6MPa 时,体变在全过程均表现为剪缩。

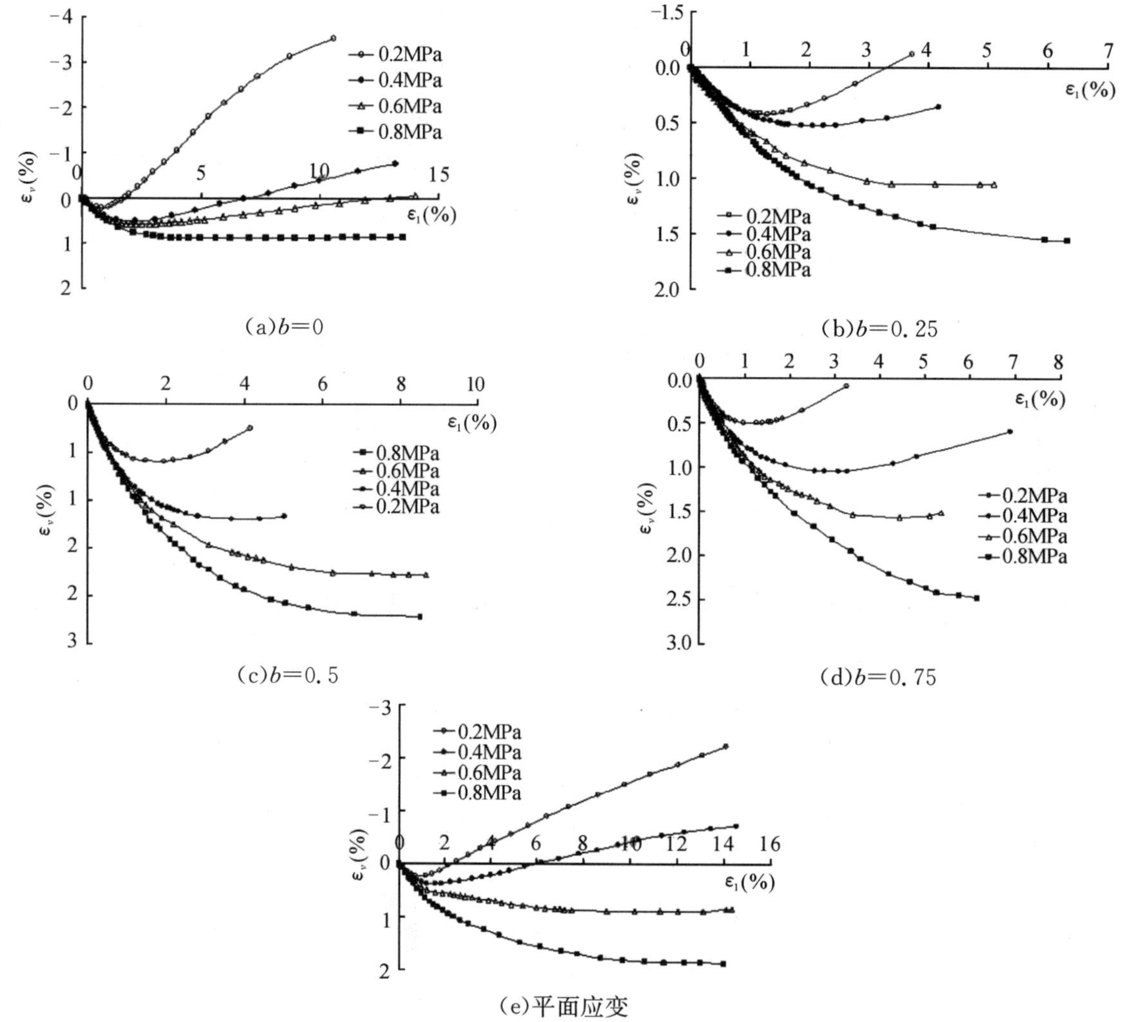

(a) $b=0$

(b) $b=0.25$

(c) $b=0.5$

(d) $b=0.75$

(e) 平面应变

图 1.1-18　各应力路径 $\varepsilon_v-\varepsilon_1$ 关系曲线

图 1.1-19 为 5 种不同应力条件下,堆石料的应力圆及强度包线,表 1.1-3 为抗剪强度试验结果。可以看出:

表 1.1-3　　　　　　　　不同围压及 b 值条件下粗粒料的内摩擦角

b 值 围压 MPa	0	0.25	0.5	0.75
0.2	53.66	59.48	60.51	61.60
0.4	47.15	53.95	55.02	55.97
0.6	45.23	48.42	51.76	53.05
0.8	42.76	48.03	49.78	51.47

(1)各应力比和各级围压条件下,真三轴仪采集的数据表现出很好的稳定性,数据离散性小;

(2)对比 4 个 b 值条件下强度参数的变化趋势不难发现黏聚力 c 随 b 值而增大,并保持稳定的状态,由于该黏聚力反映的是颗粒之间的咬合力,故 b 值的增大对咬合力提高有一定的作用。c 值与粗颗粒的磨圆度有关,并受粗粒料母岩强度的影响;

(3)对于内摩擦角 φ,在所选取的 b 值范围内,φ 随 b 值的提高呈显著上升趋势,这表明中主应力 σ_2 对粗粒料强度有较大的影响。

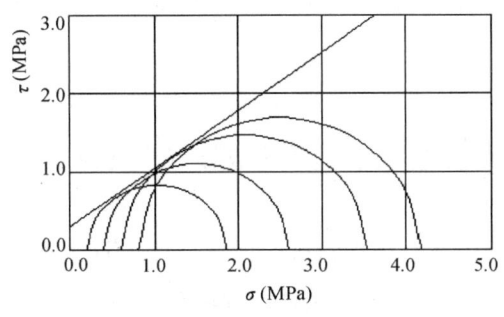
(a) $b=0(c=0.3\text{MPa}, \varphi=36.66°)$

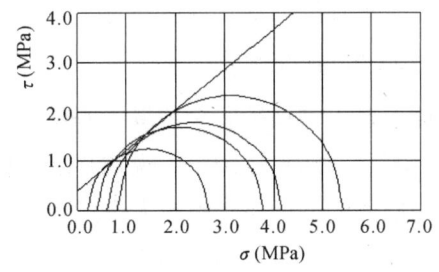
(b) $b=0.25(c=0.4\text{MPa}, \varphi=39.26°)$

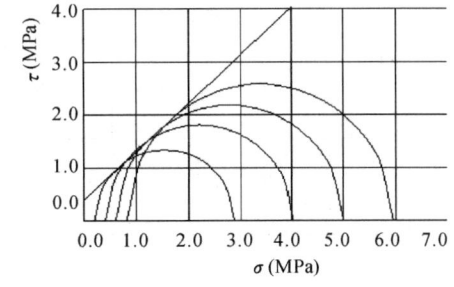
(c) $b=0.5(c=0.4\text{MPa}, \varphi=42.26°)$

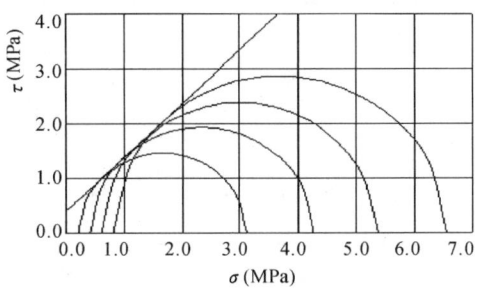
(d) $b=0.75(c=0.4\text{MPa}, \varphi=44.52°)$

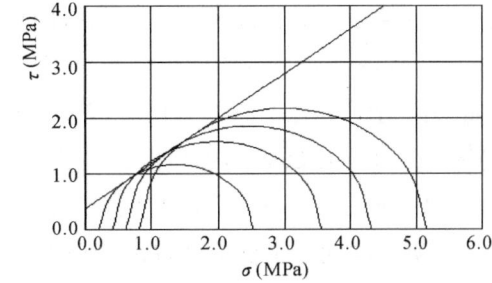
(e)平面应变 $(c=0.4\text{MPa}, \varphi=38.62°)$

图 1.1-19　堆石料在不同 b 值条件下平面应变试验的莫尔圆及强度包线

3.4 小结

本节对某堆石坝工程典型堆石料进行了等 b 条件下的真三轴试验,并从应力应变关系、应变特征、强度参数演化规律等三个方面,对试验数据进行了详细分析。分析表明:不论是从应力应变,还是强度特征角度来看,中主应力对粗粒料变形过程中所起的作用是不可忽略的,这种作用大致概括为:随着中主应力的提高,粗粒料的脆性特征逐步显现、试样呈现整体剪缩的特性,而更直接的作用体现在相同围压条件下,随着中主应力的提高,粗粒料的强度参数有着较明显的提高。这对于深入了解粗粒料在三向应力状态下的应力应变及强度规律具有重要意义。

4 粗粒土的颗粒破碎试验

堆石是由大小不等的颗粒彼此嵌固的散粒体,在力的作用下,有时会发生颗粒破碎,破碎程度随粒硬度、粒径、形状以及应力大小而变化。颗粒破碎需要消耗部分能量,这部分能量由剪力增量做功提供,破碎程度将对材料的剪胀性和抗剪强度产生影响。而这正是工程建设中十分引人关注的问题。有关颗粒破碎的研究,以前多注重破碎程度的影响因素,且只处于定性分析阶段,很少考虑对抗剪强度的影响。正是基于对这种现状的考虑,本节在破碎与抗剪强度理论关系研究的基础上,通过对三峡花岗岩风化石渣的大型三轴试验和平面应变试验,并利用森吉山安山岩与玄武岩的三轴试验成果,综合分析颗粒破碎与剪胀性及抗剪强度的变化规律。[30]

4.1 试样的物理性质

试样取自三峡坝址左岸的勘探平硐中开挖的石渣,母岩为花岗岩,矿物成分以石英为主,黑云母次之,还有少量长石,颗粒棱角尖锐,颗粒比重为 2.74。

现场取回的试样超径颗粒太多,参照风家骥提出的面板堆石坝坝料级配设计方法设计人工级配。取试样最大粒径 $d_{max}=50$mm,最小粒径 $d_{max}=0.5$mm,$\rho_d=1.95$g/cm³。设计试样级配如表 1.1-4。

表 1.1-4 试样级配

粒组(mm)	颗粒粒径组成:mm					
	50~40	40~20	20~10	10~5	5~2	2~0.5
	%	%	%	%	%	%
含量(%)	9.50	24.50	20.00	16.00	18.00	12.00
	$D_{60}=16.0$mm,$D_{60}=1.5$mm,$Cu=11.6$,$Cc=1.1$					

4.2 力学性质试验设备与方法

三轴试验和平面应变试验是在同一套三轴试验设备上进行的,油缸最大出力 500kN,周围压力最大值 0.8MPa,由液气转换装置提供,稳定性能良好。围压由稳压装置提供,竖向压力由试样上端的钢环量测,体变由倒式量筒检测,并用小量程高精度压力表监测剪切过程中的孔隙压力。三轴试验试样尺寸为 30cm×30cm×60cm;平面应变试验是在该三轴试验的加压和量测设备上,安装由长江科学院研制的平面应变剪切盒进行的,剪切合尺寸为 40cm×20cm×40cm,它的竖向应力和围压的施加方式、体变检测、孔隙水压力量测都与三轴试验相同。所不同的是平面应变仪的侧压力除 σ_3 外,还有一个方向是由两块内嵌有大量程土压力盒的刚性侧板限制。试验过程中,两侧板的相对位置保持不变。

以设计干密度求得试样的总质量,按设计级配确定每粒组的质量。分 5 层装填,每层都控制好试样高度。装样后采用抽气与水头联合法进行试样饱和,采用常规固结法进行固结,待孔隙压力消散后以1.0mm/min剪切速率进行剪切。在平面应变剪切过程中,每隔一定时间,对土压力盒要调换双向开关测读两侧的压力盒显示的频率。试验过程中,两土压力盒显示值不一定完全相等,取其平均值作为侧压力。剪切之后,拆样,对整个试样进行风干,筛分。按马萨尔提出的破碎率概念统计试样破碎率 B_m。森吉山安山岩和玄武岩试样的三轴试验程序基本上同三峡试样的三轴试验。

4.3 颗粒破碎对剪胀性及抗剪强度的影响

三峡风化石渣试验成果综合统计见表1.1-5。表中 φ_s 的物理意义为

$$\varphi_s = \sin^{-1}\frac{\sigma_{1f}-\sigma_{3f}}{\sigma_{1f}+\sigma_{3f}} \tag{1.1-41}$$

表1.1-5 三峡风化石渣试验成果综合表

编号	σ_3 (kPa)	试验破碎率 B_m 实测	试验破碎率 B_m 回归	φ_s(°)	$d\varepsilon_v/d\varepsilon_1$(%)	剪胀强度指标 φ_d(°)	强度分量(°) 消除剪胀后 φ_f	强度分量(°) 消除剪胀和破碎后 φ'_f	破碎强度分量 φ_B	σ_{1max} (MPa)
TRI1	400	4.62	4.79	46.20	0.285	4.43	41.77	41.10	0.67	2.45
TRI2	500	5.51	5.44	45.65	0.238	3.95	41.70	40.77	0.93	3.01
TRI3	600	6.45	5.98	45.10	0.202	3.46	41.64	40.39	1.25	3.55
TRI4	700	6.07	6.43	44.53	0.178	2.98	41.55	39.90	1.65	4.00
PST1	400	5.05	4.67	53.13	0.321	5.13	48.00	46.98	1.02	3.60
PST2	500	4.64	5.33	51.24	0.237	3.94	47.30	45.75	1.55	4.04
PST3	600	6.00	5.83	49.29	0.163	2.69	46.60	44.86	1.74	4.36
PST4	700	6.53	6.34	48.43	0.072	1.53	46.90	44.80	2.10	4.86
MAD$_{0.5}$	50	0	0	59.32	0.971	11.45	47.88	47.88	0.00	0.665
MAD$_{1.0}$	100	0.2	0.47	55.77	0.646	8.89	46.88	46.58	0.3	1.055
MAD$_{1.5}$	150	0	1.14	54.65	0.610	8.69	45.96	45.47	0.49	1.477
MAD$_{2.0}$	200	1.8	1.62	52.15	0.473	7.34	44.81	44.02	0.79	1.702
MAD$_{4.0}$	400	3.3	2.78	49.41	0.318	5.41	44.00	42.40	1.60	2.925
MAD$_{6.0}$	600	3.3	3.45	46.89	0.191	0.53	43.35	40.98	2.37	3.845
MAD$_{8.0}$	800	4.1	3.93	46.75	0.176	2.67	43.37	40.92	2.56	5.091
MGD$_{0.5}$	50	0	0	60.01	0.873	0.28	49.74	49.74	0	0.697
MGD$_{1.0}$	100	1.2	1.08	57.00	0.604	8.12	48.88	48.67	0.21	1.140
MGD$_{1.5}$	150	1.4	1.76	54.00	0.519	7.65	46.35	45.87	0.48	1.420
MGD$_{2.0}$	200	1.9	2.25	52.09	0.274	4.47	47.62	46.60	1.02	1.696
MGD$_{4.0}$	400	4.1	3.42	49.03	0.253	4.43	44.60	43.10	1.50	2.866
MGD$_{6.0}$	450	4.5	4.10	46.68	0.084	1.62	45.06	42.73	2.33	3.804
MGD$_{8.0}$	800	4.0	4.59	45.23	0.127	2.47	42.76	40.23	2.33	4.716

注:TRI—三峡试样的三轴试验,PST—三峡试样的平面应变试验,MAD—安山岩三轴试验,MGD—玄武岩三轴试验

由试验成果可以看出:

(1)剪胀性变化规律

在试验应力范围内都出现了剪胀现象,围压越低,剪胀越明显;堆石料的剪胀性在平面应变试验中比

相应条件的三轴试验更明显;试验强度达到峰值时,剪胀几乎相应地同步达到峰值;

(2)破碎规律

颗粒破碎主要发生在剪切阶段的峰值出现以前,因为本次试验压力不高,固结压力远小于颗粒的点荷载破碎强度,试样在固结阶段颗粒破碎甚微。如果固结压力足够大,则固结过程中颗粒破碎将会增多,因为正应力也可引起颗粒破碎,围压增大,破碎率也增大。

(3)强度特性、剪胀性与破碎率的相互关系

剪胀性越强,强度指标越高;压力越高,破碎率越高,强度指标越低;破碎率越高,剪胀性越小。这表明,强度特性、剪胀性与颗粒破碎率之间具有内在的联系。

①破碎率与剪胀性

在平面应变试验中,破碎率 B_m 对剪胀性的影响比相应的三轴试验大,回归关系式分别为

三轴试验: $d\varepsilon_v/d\varepsilon_1 = 0.598 \sim 6.57 B_m$

平面应变试验: $d\varepsilon_v/d\varepsilon_1 = 1.012 \sim 14.66 B_m$

这是因为颗粒的移动在三轴试验中比平面应变试验的自由度大。一般情况下,三轴试验的剪胀性也相对较小些。

②颗粒形状系数对剪胀性也有影响

细长比较小者,破碎对剪胀性影响程度较大。例如,安山岩与玄武岩试样颗粒的扁平率相近,而细长率不同,安山岩为 0.73,玄武岩为 0.66,剪胀性与破碎率的回归关系为

安山岩: $d\varepsilon_v/d\varepsilon_1 = 0.627 \sim 12.21 B_m$

玄武岩: $d\varepsilon_v/d\varepsilon_1 = 0.697 \sim 14.46 B_m$

破碎率每提高 1%,安山岩剪胀性减少 0.1221,而玄武岩减少 0.1446。

③破碎率的大小对剪胀性的影响程度不一样

破碎率较低时,对剪胀性的影响较明显;随破碎率 B_m 的增大,对剪胀性影响幅度减小。以安山岩为例,三轴试验的小主应力范围为 50~800kPa,对 σ_3 在 50~200kPa 范围内回归,$d\varepsilon_v/d\varepsilon_1 = 0.8928 - 26.93 B_m$;而在 200~800kPa 范围内回归,$d\varepsilon_v/d\varepsilon_1 = 0.714 - 14.657 B_m$。可见,$B_m$ 增大后,对剪胀性的影响明显减小。这是因为试样在较低的围压下剪切,颗粒几乎不发生破碎。这时的剪胀性全是由于颗粒相对位置的调整所引起的。如果颗粒硬度足够大,试样在很大的应力范围内都不发生破碎,则试样的剪胀性应保持不变。

(4)破碎强度分量与破碎率的关系

根据剪胀方程

$$\mathrm{tg}(45°+\varphi'_f) = 0.627 - 12.21 B_m = \frac{\sigma_1 - (\sigma_3 - \sigma_{3\sigma})\left[\dfrac{d\varepsilon_v}{d\varepsilon_1} - \dfrac{1}{k}\left(\dfrac{d\varepsilon_v}{d\varepsilon_1}\right)_\sigma\right]}{\sigma_3\left(1 - \dfrac{d\varepsilon_v}{d\varepsilon_1}\right)} \quad (1.1\text{-}42)$$

$k = 1 + 1.34 B_m$

可计算出各试验的破碎强度分量 $k = \varphi_f - \varphi'_f$。由回归分析可得,对安山岩和玄武岩的三轴试验,颗粒破碎的临界小主应力为 $(\sigma_3)_\sigma = 50\mathrm{kPa}$,相应的剪胀分别为 $(d\varepsilon_v/d\varepsilon_1)_\sigma = 0.94$ 及 $(d\varepsilon_v/d\varepsilon_1)_\sigma = 0.86$。三峡试样的三轴试验 $(\sigma_3)_\sigma = 78.6\mathrm{kPa}$,$(d\varepsilon_v/d\varepsilon_1)_\sigma = 0.598$;三峡试样平面应变试验 $(\sigma_3)_\sigma = 84.1\mathrm{kPa}$,$(d\varepsilon_v/d\varepsilon_1)_\sigma = 1.102$,将这些初始参数分别代入剪胀方程,即得破碎强度分量 φ_B。由表 1.1-5 可见:

同样的破碎率增量,在平面应变试验中,破碎对强度的影响幅度大。如三峡风化石渣的试验成果

为例

三轴试验：$\varphi_B = -2.206 + 58.84 B_m$

平面应变试验：$\varphi_B = -1.8345 + 61.87 B_m$

这种差别的存在是因为不同的应变条件下，相同的破碎率增量引起的剪胀性增量不一样，从破碎能来考虑，平面应变条件下消耗的破碎能大，因而破碎强度分量大。但是这种差别与不同应变条件下的剪胀性的变化幅度相比，则小得多了。

形状系数对 $\varphi_B - B_m$ 的关系有影响。玄武岩试样颗粒的硬度比安山岩颗粒硬度稍大，但由于其颗粒的细长比比安山岩小，以至同样的围压下破碎率较大。但破碎率对强度的影响正好相反。当破碎率增量相同时，引起安山岩试样的破碎强度分量的增大幅度比玄武岩的大。

安山岩：$\varphi_B = -0.528 + 80.10 B_m$

玄武岩：$\varphi_B = -0.593 + 67.96 B_m$

这是因为对于越容易破碎的颗粒，在同样的破碎增量下，所消耗的能量相对较小。

同一组试验中，破碎率越大，对破碎强度分量的影响也越大。仍然以安山岩试验为例，

$\sigma_3 = 50 \sim 200 \text{kPa}$：$\varphi_B = -0.026 + 54.69 B_m$

$\sigma_3 = 2000 \sim 800 \text{kPa}$：$\varphi_B = -0.528 + 801.10 B_m$

对两个不同的小主应力区间（破碎率区间），在较大破碎范围内破碎对强度分量的影响明显增大。

关于形状系数及破碎率大小对破碎强度分量的影响，可做出如下的解释：具有一定起始细长比的颗粒，起初颗粒受力点偏离形心较大，容易破碎，即消耗破碎能较小，当破碎率增大之后，颗粒之间的点接触力偏离颗粒形心较近，较难破碎，产生同样的破碎增量，需要消耗较大的能量。因而在强度分量中破碎强度分量所占比重较大。

（5）破碎强度分量与剪胀强度分量的关系

从表 1.1-5 的试验成果可以看出，随着试验压力的增大，破碎率增大，试验的剪胀性逐渐减弱，剪胀强度分量减小，而破碎强度分量增大，但破碎强度分量的增大远远小于剪胀强度分量的减小。这样，试验总的强度分量随着试验压力的增大而减小，符合能量观点和强度机理。这正好说明了粗粒土强度包线常随压力增大而向下弯曲的原因。同时，这也证明了考虑破碎因素在内的剪胀方程是正确的。

4.4 小结

（1）颗粒破碎对剪胀性产生明显的影响，其影响程度与破碎率的大小、试验方式、试样颗粒形状等因素有关；

（2）颗粒破碎对试验的剪切强度指标有影响，其对强度的影响程度与破碎率、试验方式、形状系数等有关；破碎率越大，破碎强度分量越大，试验总的强度指标越低；

（3）颗粒破碎对强度影响的定量分析所利用的试验资料还比较有限，有待于进一步积累试验成果和进行深入的理论研究，以应用于实际工程。

5 粗粒土湿化特性试验与模型

堆石料的湿化变形是指堆石料由干态遇水变成湿态时所产生的变形，是产生堆石坝后期变形的主要因素之一。在堆石坝建设或运行过程中，水库蓄水、水位上下波动、雨水浸入坝体等，都会使粗粒料浸水湿化产生变形，从而引起坝体应力应变状态发生变化。国内外已建成的堆石坝，有不少因湿化变形发生

不同程度的破坏。

国内外学者针对堆石料的湿化特性已进行了大量有益的研究工作，并建立了多种可用于进行堆石坝湿化变形分析的计算模型和方法，如 Nobafi 和 Duncan 在三轴仪上用砂作了单线法和双线法两种试验，发现两种方法得到的湿化变形是相近的，因而认为可以用双线法来代替单线法。左元明、殷宗泽通过对砂砾料、堆石料的湿化变形试验发现[31]，单线法与双线法相比，单线法的轴向应变较大，相比之下体变要小一些。李广信[32]等通过试验也发现双线法得到的湿化变形要比单线法小。魏松[33]在研究粗粒料浸水湿化特性时提出了"改进的双线法"，即在应力水平为 0 时对自然样浸水饱和，用此饱和样的应力-应变曲线和自然样的应力-应变曲线进行比较，得出湿化变形。此方法得出的轴向应变更加接近于单线法，体积应变较单线法的稍大。改进的双线法比普通的双线法得到的数据更为符合实际。这些研究工作都很有价值，并具参考意义的。

长江科学院针对花岗岩和变质岩两种堆石料，分别采用单线法和双线法进行了 Φ300mm 的三轴湿化试验。在堆石料的湿化变形与应力状态的关系、单线法和双线法试验成果间的差异等方面取得了一些成果，并提出了堆石料的湿化模型及模型参数[34]。

5.1 堆石料的湿化试验

5.1.1 试验材料

试验材料为大渡河双江口水电站 300m 级土质心墙堆石坝的花岗岩和变质岩两种坝壳料[35]，根据土工试验规程，采用混合法对原始级配进行缩尺，以确定试验用料的级配坝壳料的原始级配和试样级配曲线见图 1.1-20。

花岗岩堆石料的最大干密度为 2.187g/cm³，最优含水率为 5%，按照压实度 0.95 考虑，确定试样的制样干密度为 2.078g/cm³；变质岩堆石料的最大干密度为 2.273g/cm³，最优含水率为 6%，压实度 0.95 对应的制样干密度为 2.159g/cm³。

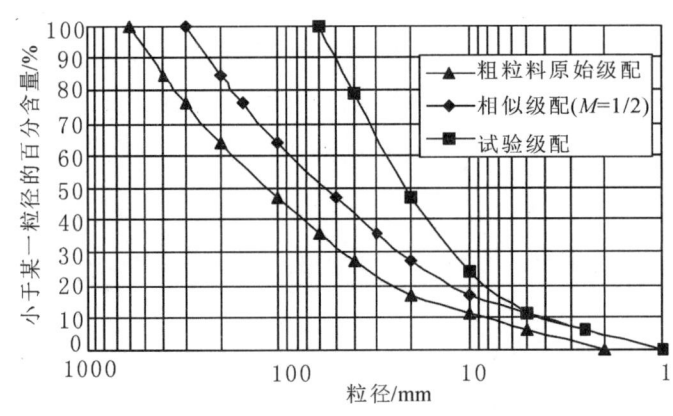

图 1.1-20 原始级配和试样级配曲线

5.1.2 试验设备与试验方法

试验采用 YLSZ30-3 型大型高压三轴仪进行，最大围压 3.0MPa，最大竖向荷载 1500kN。试样尺寸 Φ300mm×H600mm，试样最大粒径 60mm。

试验方法通常分单线法和双线法两种。单线法是在控制应力状态不变的条件下将试样由填筑含水率状态（干态）加水至饱和状态（湿态），在该过程中所发生的变形作为堆石料在该应力状态下的湿化变形。双线法是分别在填筑含水率（干态）和饱和（湿态）两种状态下进行试验，将同一应力状态下干湿两态试验所得的应变之差作为该应力状态下的湿化变形。

单线法三轴湿化试验采用风干样按应变控制剪切至设定应力状态后,保持应力稳定,当试样变形稳定后,从底孔充水湿化(湿化水头 1m,充水时间 30~40min),待湿化变形稳定后,再剪切至出现峰值或轴向应变 15%~20%。试样变形稳定标准为轴向应变率 0.000056%/min,即每小时轴向变形不大于 0.02mm。一组试验选取三个围压 0.8MPa、1.6MPa、2.4MPa,五个应力水平 0、0.2、0.4、0.6、0.8,以研究堆石料湿化变形与应力状态的关系。

5.2 试验成果分析

5.2.1 单线法湿化变形取值

图 1.1-21 为典型的堆石料湿化试验过程中变形与时间关系曲线。图中反映出湿化试验过程中 4 个阶段的变形,干态剪切、应力不变条件下的干态蠕变、湿化变形、湿态蠕变。为了合理的分离湿化变形与蠕变,同时与堆石料的蠕变取值原则相匹配,取开始充水时至充水完成后 1h 间的变形为堆石料的湿化变形。

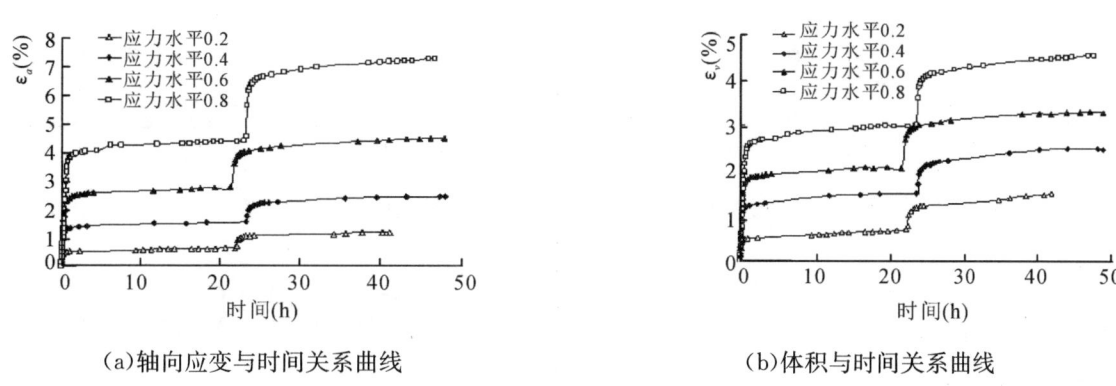

(a)轴向应变与时间关系曲线   (b)体积与时间关系曲线

图 1.1-21 变质岩堆石料湿化试验的变形与时间关系曲线(σ_3=2.4MPa)

5.2.2 单线法湿化试验的应力应变关系

图 1.1-22 为典型的堆石料湿化试验的应力应变关系曲线。对于同一种堆石料,在相同应力条件下,湿态堆石料的变形比干态堆石料的大,峰值强度高,且应力应变曲线形态与湿化时的应力大小有关,但大变形后的强度相近。从不同应力水平条件下的湿化三轴试验成果比较可以看出,对于堆石坝的变形分析,若忽视堆石坝的湿化过程,单一采用堆石料干态试验参数或湿态试验参数,其成果会产生偏差。

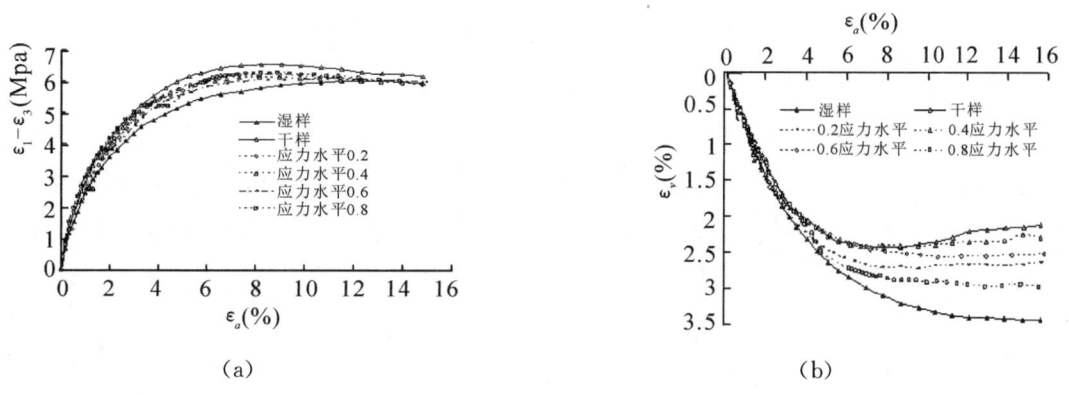

(a)   (b)

图 1.1-22 花岗岩堆石料湿化试验应力应变关系(σ_3=1.6MPa)

5.2.3 单线法湿化试验的湿化变形

图1.1-23给出了花岗岩堆石料湿化应变(轴向应变和体积应变)与应力状态(围压和应力水平)的关系。试验成果表明,花岗岩堆石料的湿化变形与其所受的应力状态关系密切,且规律性强。值得强调的是,1组试验最少由15个试样的成果组成,且应变量小,试验中各环节造成的试验误差相对明显,成果容易离散,影响堆石料湿化应变与应力关系的确定,从图1.1-23可以看出:

(1)花岗岩堆石料湿化轴向应变主要与湿化时的应力水平相关,而与湿化时的围压关系不大,当应力水平达0.6后,湿化轴向应变随应力水平的增加而急剧增加;

(2)花岗岩堆石料湿化体积应变不仅与湿化时的应力水平有关,而且也与湿化时的围压有关。且与应力水平和围压均呈线性增长关系。

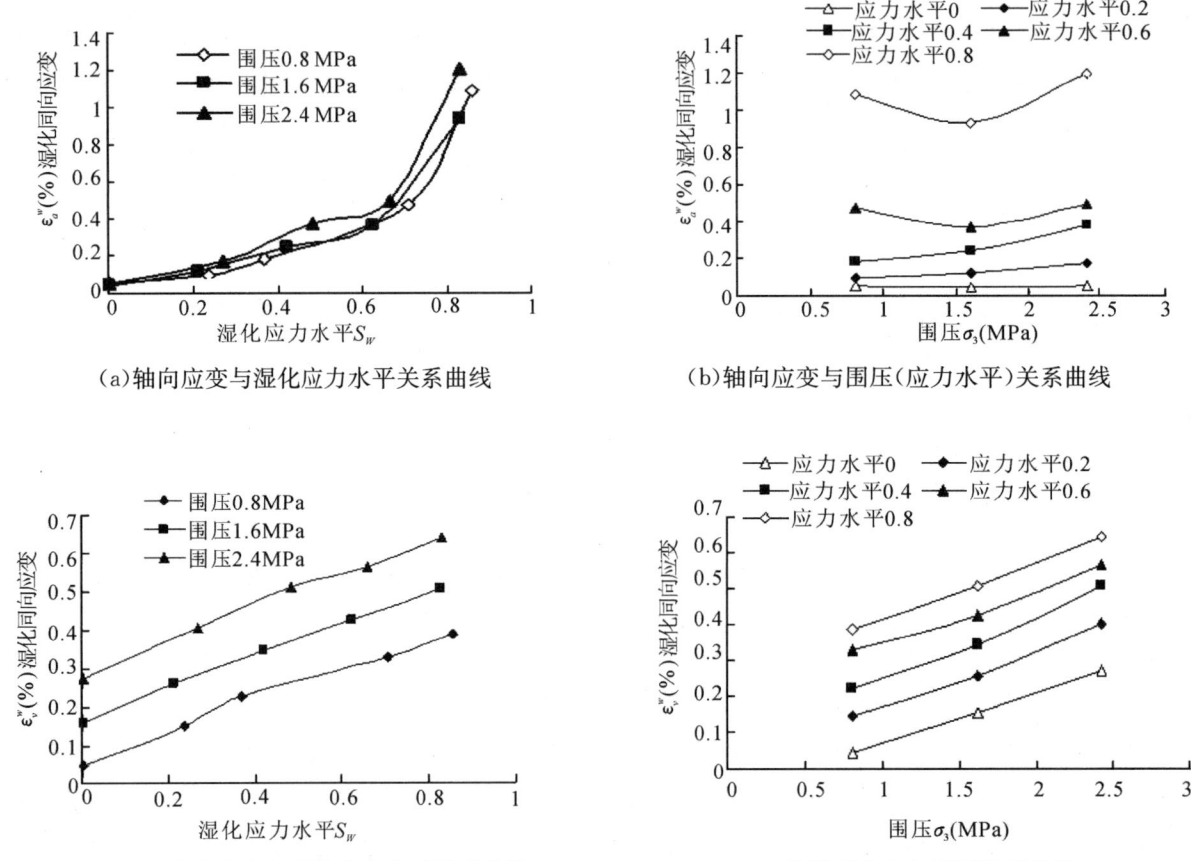

(a)轴向应变与湿化应力水平关系曲线　　(b)轴向应变与围压(应力水平)关系曲线

(c)体积应变与湿化应力水平关系曲线　　(d)体积应变与围压关系曲线

图1.1-23　花岗岩堆石料湿化应变与应力状态的关系

5.2.4 不同堆石料湿化变形的比较

为了验证上述由花岗岩堆石料湿化试验得到的规律是否具有普遍性,同时对变质岩堆石料进行了湿化试验,试验成果如图1.1-24。比较图1.1-23与图1.1-24相应试验成果可以看出,变质岩堆石料湿化应变与应力状态关系的规律性与花岗岩堆石料相同,该试验成果为建立堆石料湿化模型提供了支撑。同时,可以看出,不同堆石料在相同应力条件下,湿化变形量差别较大,采用的变质岩堆石料的湿化应变约为花岗岩堆石料的2倍。

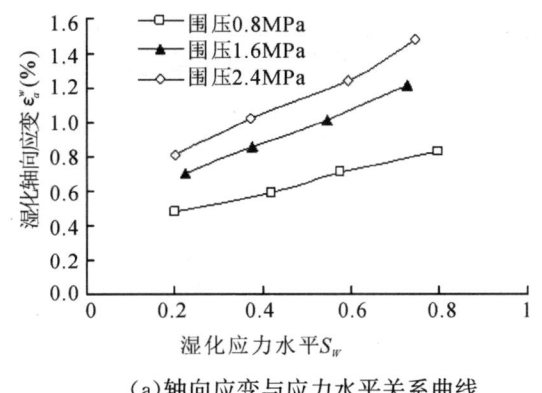
(a)轴向应变与应力水平关系曲线

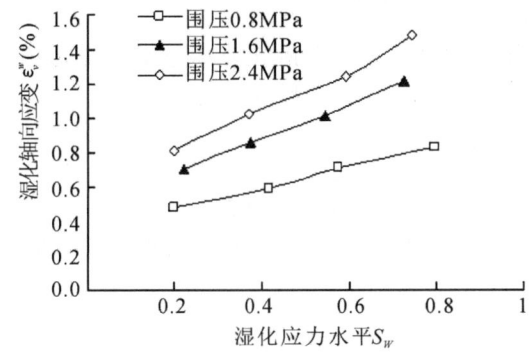
(b)体积应变与应力水平关系曲线

图1.1-24 变质岩堆石料湿化

5.2.5 单线法和双线法试验成果的比较

由于单线法湿化试验工作量大，试验成果容易离散，人们期望采用简便的双线法进行湿化试验。但对两种方法试验成果的差异看法有所不同。为此，针对花岗岩堆石料分别进行了单线法和双线法湿化试验。图1.1-25给出了两种方法的典型试验成果比较。单线法和双线法的堆石料湿化变形趋势相同，但湿化变形量差别较大。由于单线法接近堆石坝实际浸水饱和过程，因此，用单线法较为符合实际。

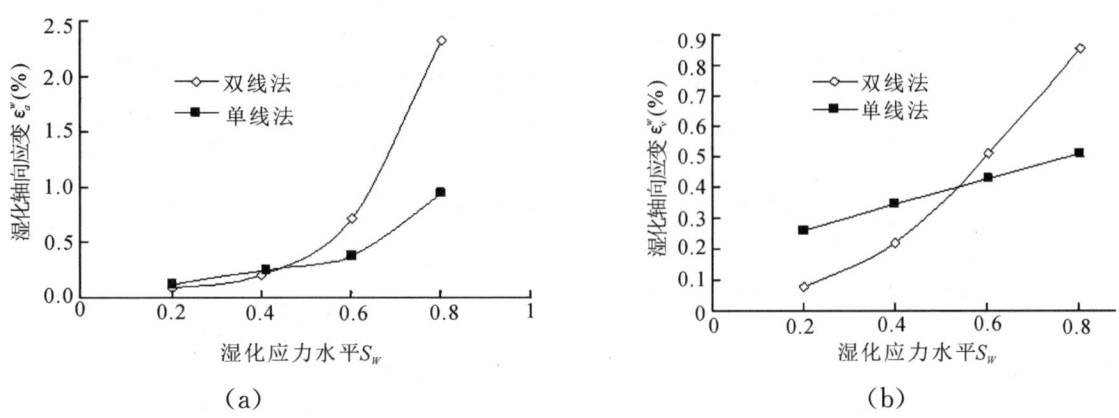

图1.1-25 花岗岩堆石料不同湿化试验方法成果比较（$\sigma_3 = 1.6\mathrm{MPa}$）

5.3 湿化模型及模型参数

湿化变形是在水的作用下，由于材料软化和水的润滑作用，造成堆石料颗粒的破碎和重新排列而发生的变形。本文采用三轴试验方法对两种堆石料进行湿化试验初步揭示出，不同堆石料的湿化应变与应力状态具有相同的关系，论证了单线法与双线法成果间的差异。下面将以花岗岩堆石料单线法试验成果为基础，导出堆石料湿化模型及相应的模型参数。

5.3.1 湿化轴向应变

试验表明，湿化轴向应变主要与湿化的应力水平相关，而与小主应力（围压）关系不大，因此忽略湿化时的小主应力变化的因素。由不同围压下相应的湿化轴向应变平均值确立湿化轴向应变与应力水平关系，如图1.1-26。可以看出，湿化轴向应变与应力水平较好地符合指数函数关系，可以表示为：

$$\varepsilon_a^w = a \cdot e^{b \cdot S_w} \tag{1.1-43}$$

式中：a 和 b——拟合参数；

S_w——湿化时的应力水平。

5.3.2 湿化体积应变

采用线性方程拟合湿化体积应变与湿化应力水平的关系,如图1.1-27所示。其关系可以表示为:

$$\varepsilon_v^w = c \cdot S_w + d \tag{1.1-44}$$

式中:c 和 d——拟合参数;

S_w——湿化时的应力水平。

参数 c 和 d 与小主应力符合线性关系,如图1.1-28和图1.1-29所示。其关系式为:

$$c = f \cdot \sigma_3 + g \tag{1.1-45}$$

$$d = k \cdot \sigma_3 + h \tag{1.1-46}$$

式中:f、g、k 和 h——拟合参数;

σ_3——湿化时小主应力。

将式(1.1-45)、(1.1-46)代入式(1.1-44)中,得到湿化体积应变与湿化应力状态间的关系式:

$$\varepsilon_v^w = (f \cdot \sigma_3 + g) \cdot S_w + (k \cdot \sigma_3 + h) \tag{1.1-47}$$

式(1.1-43)和(1.1-47)为提出的堆石料湿化模型。从图1.1-26—图1.1-29可以看出,拟合曲线与试验点之间是非常吻合的。

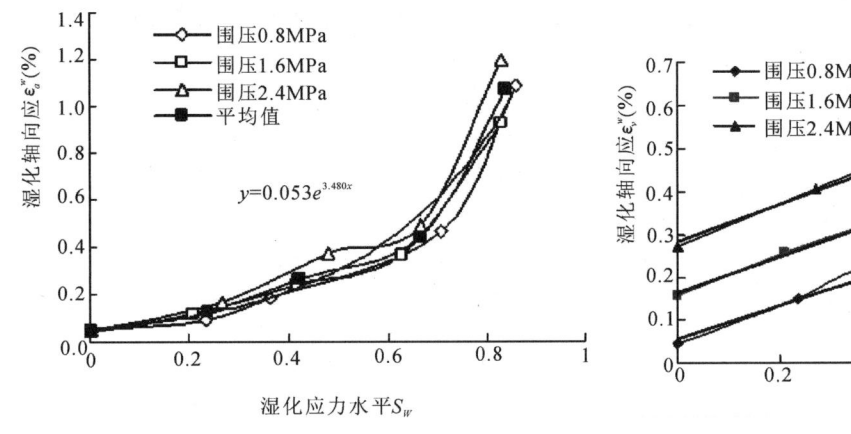

图1.1-26 湿化轴向应变与湿化应力水平关系拟合曲线   图1.1-27 湿化体积应变与湿化应力水平关系拟合曲线

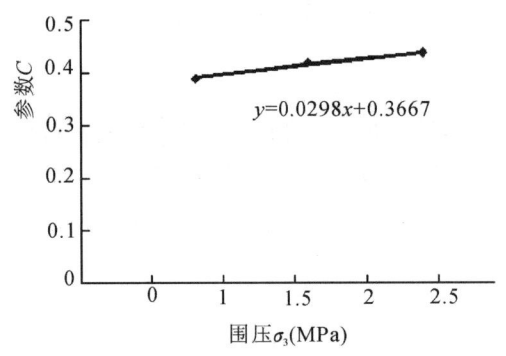
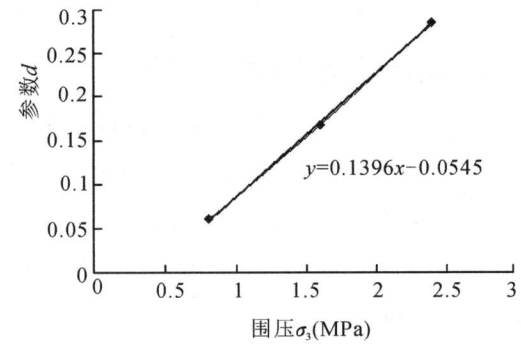

图1.1-28 参数 c 与围压关系曲线   图1.1-29 参数 d 与围压关系曲线

5.3.3 湿化模型参数

堆石料的湿化模型共有6个参数:a、b、f、g、k、h。花岗岩堆石料和变质岩堆石料的湿化模型参数如表1.1-6所示,相应的应变单位为‰,应力单位为MPa。

表 1.1-6　　　　　　　　　　　　　单线法湿化模型参数

材料	a	b	f	g	k	h
1	0.053	3.48	0.030	0.367	0.140	0.000
2	0.275	2.90	0.369	0.315	0.132	0.264

注：1—花岗岩堆石料；2—变质岩堆石料。

5.4　小结

本节针对两种堆石料，系统地进行了单线法和双线法大型三轴湿化试验，得到了堆石料湿化轴向应变和体积应变随应力状态的变化规律在此基础上，依据单线法试验成果提出了堆石料湿化模型及模型参数。试验成果表明：

（1）不同堆石料在相同应力条件下，湿化变形量存在差别，但湿化应变与应力状态关系的规律相同；

（2）单线法和双线法试验得到的堆石料湿化变形成果差别较大，堆石料湿化特性试验研究宜用单线法；

（3）湿化轴向应变主要与湿化时的应力水平相关，而与小主应力关系不大。堆石料湿化轴向应变与应力水平的关系可采用指数函数表示；

（4）湿化体积应变与湿化应力水平和小主应力均呈线性关系；

（5）堆石料湿化模型是在两种堆石料试验基础上提出的经验关系式，期望得到多种堆石料试验成果的进一步验证。

6　粗粒土蠕变特性试验与九参数流变模型

对于高堆石坝，堆石料的蠕变性愈来愈引起坝工界的重视，一些面板堆石坝建成后，后期变形明显。

鉴于工程建设的需要，国内外学者已在粗粒料的流变特性及土石坝的流变影响分析方面做了有益的探索，并取得了一些进展。一般关注的是堆石料流变特性中的蠕变性质，得出考虑蠕变的本构关系。

1985 年，Parkin A. K. 尝试采用压缩仪研究粗粒料的流变特性，认为沉降速率随时间成对数关系，并试图将其研究成果用于堆石坝的流变分析，这是目前检索到的最早研究资料，但 K_0 条件与实际应力状态存在差异，该成果的适用性也有限。

1991 年，沈珠江等采用应力式三轴仪研究了面板坝垫层料的流变特性[36]，试验分四级加荷，每级持续 7 天，每个试验历时 1 个月，试样直径 100mm，分饱和试样及干样两种情况，侧压力控制为 100 kPa 及 200 kPa，共进行四组试验。试验所用的石料母岩为灰岩，最大粒径 30mm，$d_{50}=5$ mm，控制干容重 1.9g/cm³。沈珠江等采用指数衰减函数来拟合上述蠕变曲线，并认为最终体积流变与围压成正比，最终剪切流变量与应力水平呈双曲线关系，在此基础上提出了粗粒料流变的三参数模型，并根据 4 种典型粗粒料填筑的土石坝的原型观测资料，对流变本构模型的 3 个参数进行了反分析。

1998 年，蒋鹏等利用 400mm×400mm×400mm 规格的直剪盒在大型万能试验机上，对成都地区广泛分布的卵石土进行了直剪蠕变试验，试样为风干状态，最大粒径 80～120mm，大于 2.0mm 的砾石含量占 77.65%，施加的正应力分 4 级，最大为 0.25MPa。研究人员只进行了一组试验，根据试验结果，分析了卵石土的流变特性和长期强度特征。

2002 年，梁军等分析了粗粒料的变形机理[37]，采用直径 500mm、高度 350mm 的试样在大型压缩仪上，对砂岩掺入一定比例软岩组成的粗粒料进行了蠕变试验。试样干密度 2.06～2.10g/cm³，最大粒径

60mm，分饱和与干燥两种状态，软岩含量5%～15%；固结应力分6级，最大为3.2MPa，每组试验历时10～20天，共进行了15组试验。采用了指数衰减模式拟合试验数据，分析了试样状态与软岩含量对蠕变参数的影响。此次试验组数较多，研究了不同岩性粗粒料的流变特征并考虑了非饱和状态的影响，使粗粒料流变特性的试验研究又有所前进。

王勇在分析了沈珠江等的试验研究成果基础上[38]，也对面板坝堆石流变的机理进行了分析，以此为据来探讨堆石流变的研究方法，认为室内试验难以反映现场堆石的流变特征，堆石流变的研究要通过其他方法来进行。

殷宗泽等对面板坝堆石体的瞬间变形部分采用椭圆-抛物线双屈服面模型来模拟[39]，对堆石体的塑性变形部分则根据沈珠江等人的研究成果，但改用双曲线经验模式来拟合蠕变试验曲线，对于最终体积流变和最终剪切流变量则完全按照沈珠江等人提出的表达式，还对Cethana坝的观测资料进行了反分析，得到堆石流变模型的参数，并将变形的反演值与实测值进行了比较。郭兴文等仍沿用了沈珠江等人的研究成果[40]，将最终体积流变量改为与围压的平方根成正比，其他表达式不变，提出了粗粒料流变的修正三参数模型。粗粒料的瞬间变形采用邓肯—张$E-B$模型模拟，并编程对清江水布垭面板坝进行了有限元分析。

蔡新等采用邓肯—张$E-\mu$模型模拟土石料的瞬间变形[41]，对流变部分则根据弹塑性模型理论，采用Maxwell模型和广义Kelvin模型来模拟。该文献还采用罗马尼亚里苏坝的流变参数，对浙江梅溪水库面板坝的应力变形进行了有限元分析。与采用经验函数拟合试验数据的方法相比，采用模型理论的蠕变方程拟合蠕变试验曲线得出的流变本构关系物理概念较明确，具有较广泛的适用性，但要较方便地反映流变的非线性特征，还得依靠经验函数。

上述研究成果为蠕变试验和建模提供了思路与基础，但以下几个问题值得指出：

（1）术语在意义上不全相同，流变包含蠕变、松弛、长期强度等材料特性，其含义较广。这里研究的主要是指蠕变特性，不是一般的流变概念。但在现有文献中，使用常显较乱，应予澄清。在本文下面叙述中，若只涉及一定应力作用下的变形问题，就仅采用蠕变一词。

（2）在堆石料的蠕变问题研究中尚有几个问题需进一步研究。

①蠕变量与时间、蠕变总量与应力状态的关系函数；

②蠕变量与应力历史、应力路径的关系，如：一次加载到应力水平0.8与多次加载到应力水平0.8蠕变量之间的关系；

③堆石料蠕变机理。

长江科学院针对水布垭面板堆石坝（高233m）主堆石料蠕变的有关力学问题进行了系统研究，并提出了九参数堆石料蠕变的数学表达式及相应的参数指标[42]-[43]。

6.1 堆石料的蠕变试验

6.1.1 试验方法及试样

蠕变试验是在应力式大型三轴仪上进行的，试样直径300mm、高度600mm，最大围压2.7MPa，为了避免温度变化对试验成果的影响，试验过程中温度控制在14℃～16℃。

试样为水布垭茅口组灰岩堆石料，比重为2.73，试验干密度为2.16g/cm³，初始孔隙率$n=20.9\%$，试验级配为主堆石料平均级配经缩尺后的级配，最大粒径60mm，$d_{50}=18$mm。

加载方式采用围压一定，逐级施加竖向荷载，各级荷载下都稳定一定时间，记录不同时刻试样的变形。

6.1.2 试验成果及分析

(1) 堆石料的蠕变与时间的关系

堆石料蠕变量与时间曲线的典型试验成果如图 1.1-30 所示从该图可以看出,不同应力状态下的堆石料蠕变曲线呈现相同规律,而剩余蠕变量($\varepsilon_f - \varepsilon_L$)的时间曲线在双对数坐标系下呈很好的线性关系,如图 1.1-31。堆石料的蠕变量的时间曲线可以采用幂函数表达:

$$\varepsilon_L = \varepsilon_f(1 - t^{-\lambda}) \tag{1.1-48}$$

式中 ε_f 可理解为某一应力状态下的最终蠕变量,也可理解为蠕变曲线的拟合参数,它与工程运行时间将要发生的最终蠕变量可能是不同的。

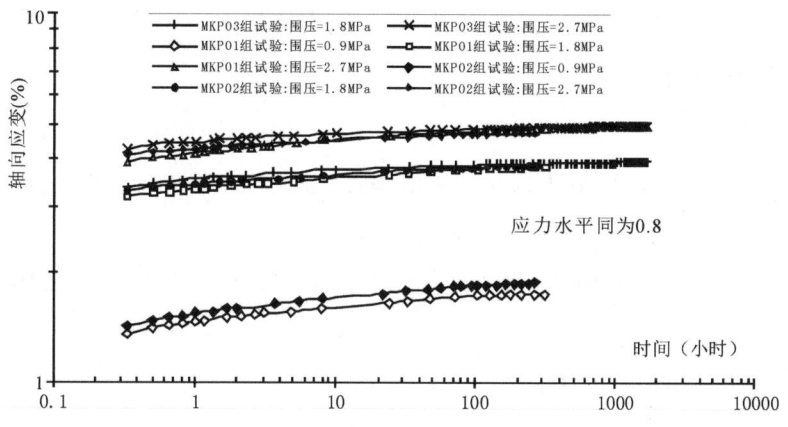

图 1.1-30 轴向应变与时间关系曲线

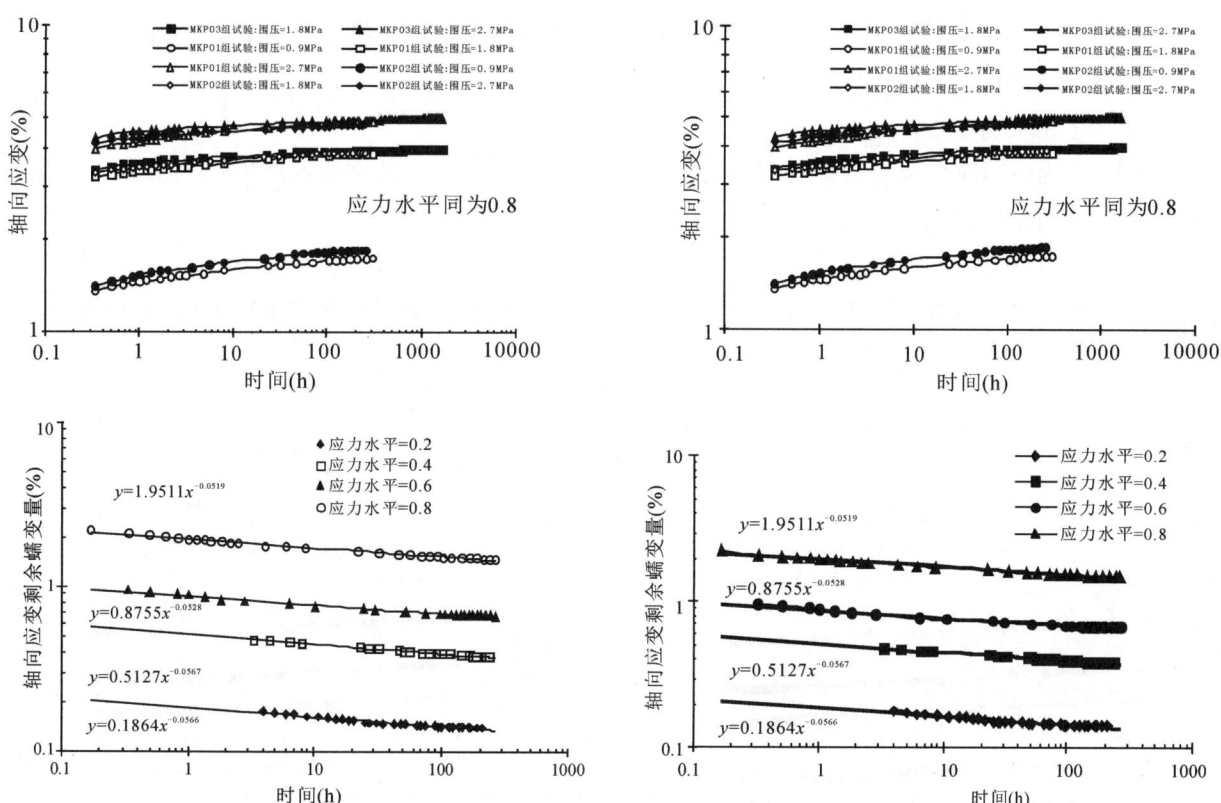

图 1.1-31 围压＝2.7MPa 轴向应变剩余蠕变量—时间曲线

(2) 堆石料的蠕变与应力状态的关系

堆石料的蠕变量随应力状态变化而变化是不言而喻的,但是堆石料的蠕变性与应力状态间是否具有唯一性,即最终应力状态一致时,不同的加荷过程是否影响堆石料的蠕变性,仍需证实为此研究人员进行了三组比较性试验:MKP01 及 MKP02 两组试验属平行试验,围压一定时,应力水平为 0→0.2→0.4→0.6→0.8 逐级加荷,每级荷载下稳定一定时间;而 MKP03 组试验为单级加荷,围压一定时,应力水平一次加到 0.8。图 1.1-31 给出了该三组试验的部分成果。从图可以看出,当最终应力状态一致时,MKP03 组试验与 MKP01、MKP02 组试验成果间有很好的一致性,并不因为当级应力增量不同(MKP03 应力水平增量 0.8,MKP01、MKP02 应力水平增量 0.2)而出现差别,三组成果间的存在小的差异可理解为制样和试验误差,因为 MKP01 及 MKP02 两组平行试验成果间也存在差。因此,可以初步认为:当应力增量足够大时,堆石料的蠕变只与最终的应力状态相关,而与应力增量大小无关。

6.2 蠕变模型及模型参数

6.2.1 蠕变量的确定

按照滞后变形理论,总应变可以分为瞬时产生的弹塑性应变 ε_{ep} 和滞后产生的蠕变 ε_L 两部分,即:

$$\varepsilon = \varepsilon_{ep} + \varepsilon_L \tag{1.1-49}$$

为了统一,整理室内试验成果时,两部分应变时间以 1 小时为界,1 小时以前的应变为初始弹塑性应变。

6.2.2 轴向蠕变

结合式(1.1-49)变换式(1.1-48)为:

$$(\varepsilon_f + \varepsilon_{ep}) - \varepsilon = \varepsilon_f \cdot t^{-\lambda} \tag{1.1-50}$$

式中 $(\varepsilon_f + \varepsilon_{ep})$ 为某级荷载下的应变极值,可利用图 1.1-30 曲线拟合求得;

$(\varepsilon_f + \varepsilon_{ep}) - \varepsilon = \varepsilon_f - \varepsilon_L$ 为剩余蠕变量。根据不同时间 t 的试验应变 ε 可拟合得 ε_f、λ,如图 1.1-31,且 ε_f、λ 为应力状态的函数。

(1) ε_f 与应力状态的关系

图 1.1-32 为不同应力水平的 ε_f 与围压 σ_3 的关系曲线,在本次试验的围压范围内,ε_f 与围压有很好的线性关系,即 ε_f 与围压成正比:

$$\varepsilon_f = \beta \cdot \sigma_3 \tag{1.1-51}$$

图 1.1-33 给出了系数 β 与应力水平 s_L 之间的相互关系,两者可采用双曲线函数表达,试验成果与拟合曲线有很好的一致性。

$$\beta = \frac{c \cdot s_L}{1 - d \cdot s_L} \tag{1.1-52}$$

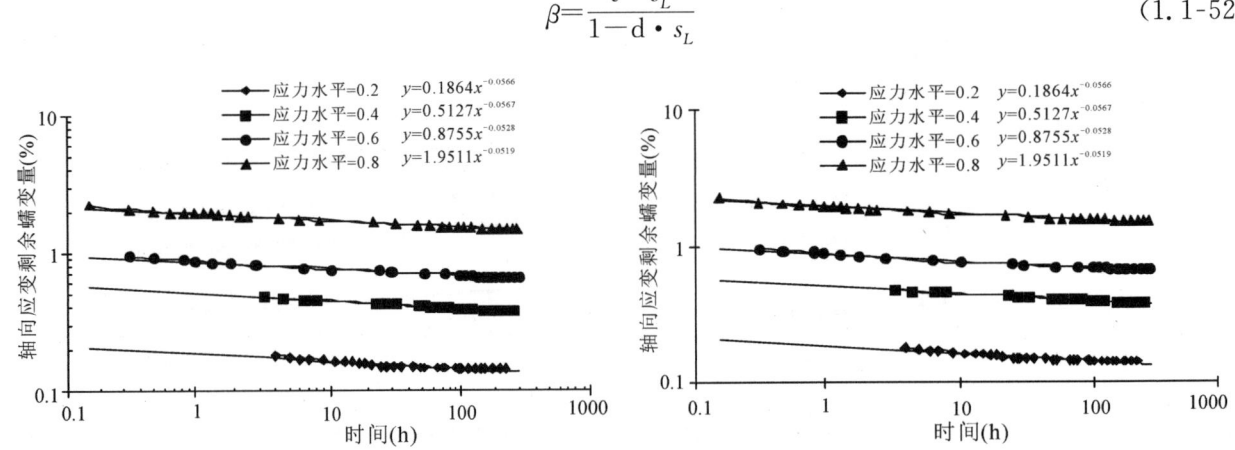

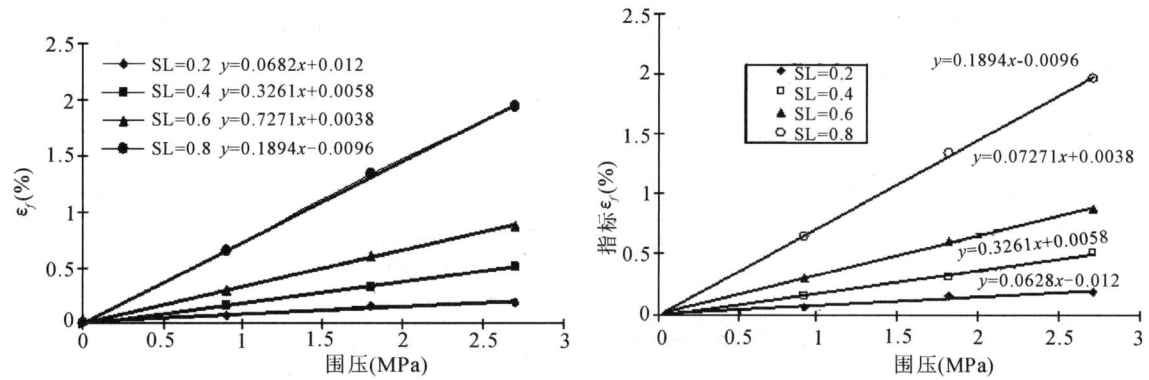

图 1.1-32 不同应力水平的蠕变总量与围压关系曲线

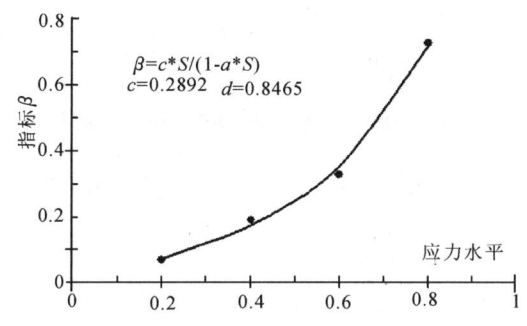

图 1.1-33 系数 β 与应力水平关系曲线

将式(1.1-52)代入式(1.1-51)得 ε_f 与应力状态的函数表达式:

$$\varepsilon_f = \frac{c \cdot s_L}{1 - d \cdot s_L}\sigma_3 \qquad (1.1\text{-}53)$$

(2) λ 与应力状态的关系

图 1.1-34 为 λ 与应力 σ_3 的试验曲线,由图可见,不同应力水平 S_L 下,λ 变化幅度很小,λ 仅与围压相关。且 λ 与应力 σ_3 服从幂函数关系:

$$\lambda = \eta \cdot \sigma_3^{-m} \qquad (1.1\text{-}54)$$

综上所述,表达式(1.1-48)、式(1.1-53)、式(1.1-54)及参数 c、d、η、m 完整地给出了堆石料的轴向蠕变特征。

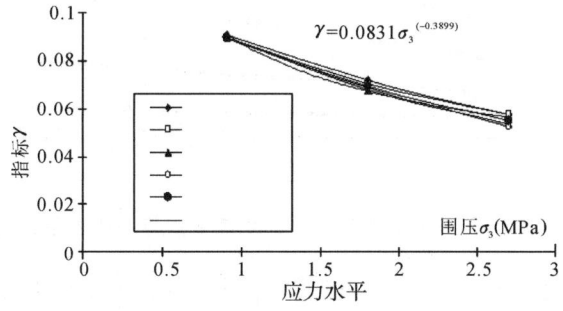

图 1.1-34 λ 与围压关系曲线

6.2.3 体积蠕变

当存在剪应力作用时,堆石料的体积蠕变较为复杂,目前,未见国内外学者根据三轴试验成果分析堆石料体积蠕变的报道。

图 1.1-35 为体变蠕变余量($\varepsilon_{fV}-\varepsilon_{LV}$)与时间关系曲线的典型试验成果,由该图可见,体积蠕变量的时间曲线可以采用幂函数表达:

$$\varepsilon_{LV}=\varepsilon_{fV}\cdot(1-t^{-\lambda_V}) \qquad (1.1\text{-}55)$$

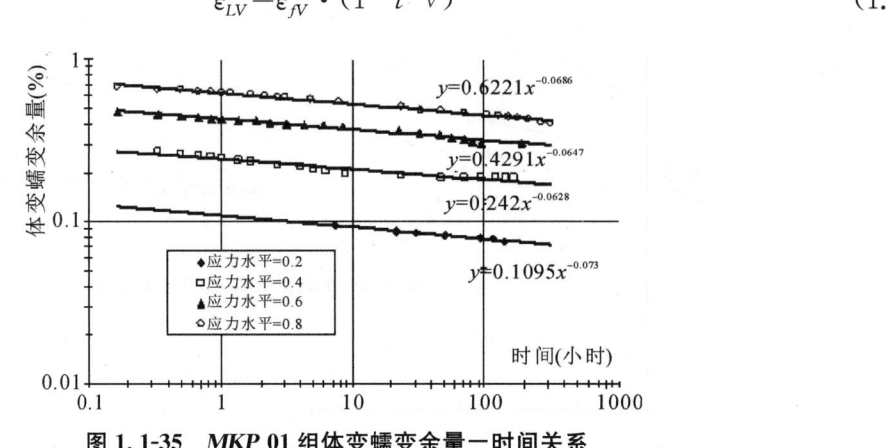

图 1.1-35　*MKP* 01 组体变蠕变余量—时间关系

图 1.1-36 为不同应力水平的最终体积蠕变量 ε_{fV} 与围压的关系曲线,在试验的围压范围内,ε_{fV} 与围压有很好的线性关系,可以采用线性函数拟合:

$$\varepsilon_{fV}=\alpha_V+\beta_V\cdot\sigma_3 \qquad (1.1\text{-}56)$$

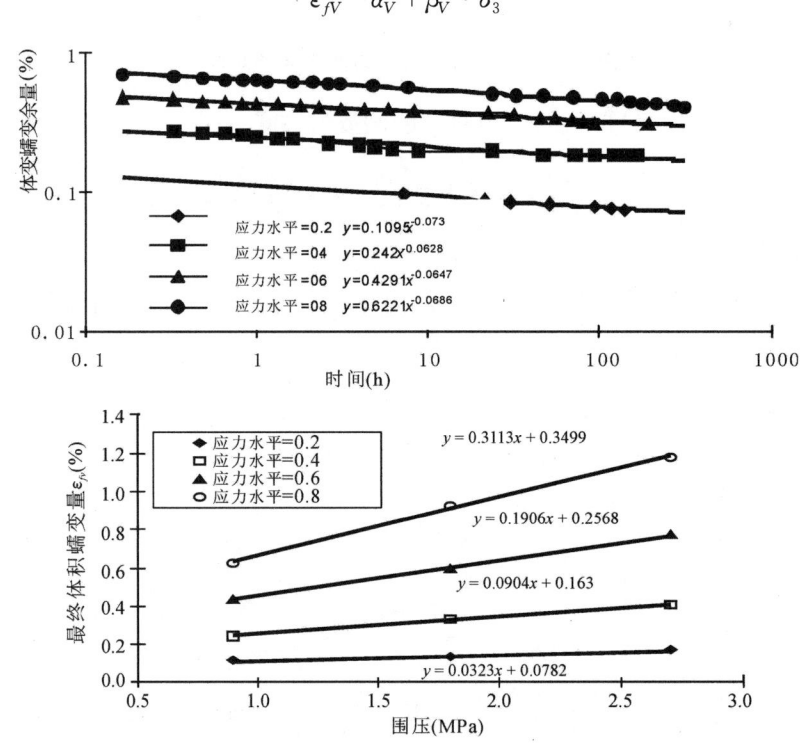

图 1.1-36　不同应力水平最终体积蠕变量与围压关系曲线

图 1.1-37 给出了 α_V、β_V 与应力水平 s_L 之间的相互关系,两者可采用幂函数表达:

$$\begin{aligned}\alpha_V &= c_\alpha\cdot s_L^{d_\alpha} \\ \beta_V &= c_\beta\cdot s_L^{d_\beta}\end{aligned} \qquad (1.1\text{-}57)$$

将式(1.1-57)代入式(1.1-56)得最终体积蠕变量 ε_{fV} 与应力状态函数表达式:

$$\varepsilon_{fV}=c_\alpha s_L^{d_\alpha}+c_\beta s_L^{d_\beta}\cdot\sigma_3 \qquad (1.1\text{-}58)$$

图 1.1-38 为 λ_V 与应力状态试验曲线，λ_V 与应力状态关系不明显，稍有波动，可以假定 λ_V 为常数：

$$\lambda_V = \text{const} \tag{1.1-59}$$

综上所述，表达式(1.1-55)、式(1.1-58)、式(1.1-59)及参数 c_α、d_α、c_β、d_β、λ_V 可以表达堆石料体积蠕变特性。

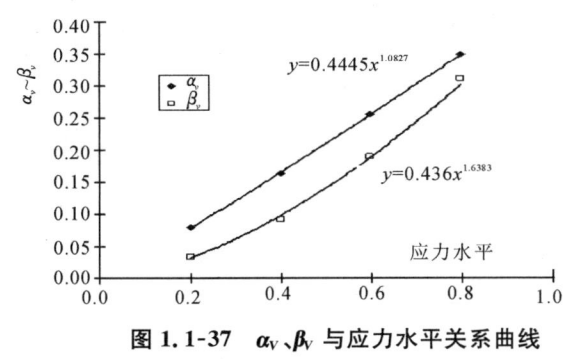

图 1.1-37 α_V、β_V 与应力水平关系曲线

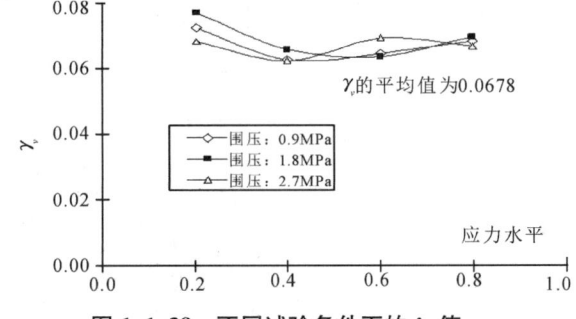

图 1.1-38 不同试验条件下的 λ_V 值

6.2.4 模型参数

以上建议的堆石料蠕变表达式共 9 个参数，即 c、d、η、m、c_α、d_α、c_β、d_β、λ_V。对于水布垭干密度为 2.16g/cm³ 茅口组灰岩主堆石料（平均级配），其蠕变参数列于表 1.1-7。该参数对应的时间单位为小时，应力单位为 MPa。

表 1.1-7　　　　　　　　　　　　　堆石料蠕变参数

c	d	η	m	c_α	d_α	c_β	d_β	λ_V
0.2892	0.8465	0.0831	0.3899	0.4445	2.0827	0.436	1.6383	0.0678

6.3 小结

堆石料蠕变特性研究是面板堆石坝应力应变分析中的重要课题，本节在室内试验的基础上对堆石料蠕变与时间的关系、与应力状态的关系、与应力增量的关系进行了比较分析，从而求得堆石料蠕变数学表达式及参数。针对一种堆石料进行了 7 组试验，试验模拟的蠕变过程之长（69 天）、应力之高（最大围压 2.7MPa）、试样尺寸之大（试样直径 30cm，高 60cm）在国内尚未见到，该试验成果在一定程度上能够表达堆石料蠕变特性。研究的结论如下：

(1) 堆石料蠕变量的时间曲线可以采用幂函数表达；

(2) 当应力增量足够大时，堆石料的蠕变只与最终的应力状态相关，而与应力增量大小无关；

(3) 表达式(1.1-48)、式(1.1-54)、式(1.1-55)、式(1.1-56)、式(1.1-58)、式(1.1-59)及参数 c、d、η、m、c_α、d_α、c_β、d_β、λ_V 基本上可以表达堆石料的蠕变特性。

7 粗粒土力学试验中的各种影响因素

堆石料试验成果会受到多种因素的影响，使成果具有一定的分散性，最典型的例子是堆石料压缩试验中的压缩模量，会随压力的变化产生时增时减的波动现象。现有研究发现，对于应力增量较小的应力式三轴试验，亦出现试验成果不规律的现象，这种不规律性与某些随机变化的因素有关。应该认识到，在一定条件下堆石料应力与应变的不确定性反映出堆石料自身的组构特征[44]。

7.1 堆石料侧限压缩试验

侧限压缩试验是与经典土力学中的分层总和法相对应的。图1.1-39给出了典型的试验成果,由图看出,堆石料的压缩模量随压力的变化,产生明显的时增时减波动性现象,黄文熙等也介绍过这一现象,说明这种压缩模量的时大时小现象具有普遍性。

进一步比较不同条件下的试验成果可以看出,压缩模量试验值的波动至少与以下因素有关:

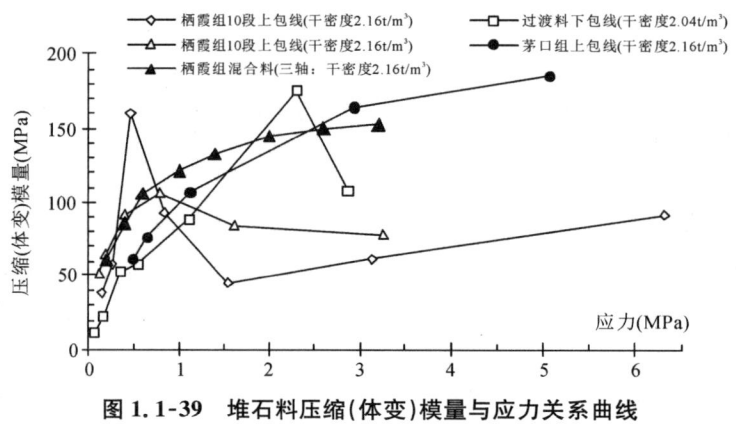

图1.1-39　堆石料压缩(体变)模量与应力关系曲线

(1)约束条件

图1.1-39给出了相似堆石料(径径比均为5.0)的侧限压缩试验和各向等压固结试验(三轴仪上进行)的变形模量与应力关系,不难看出,三轴试验的体变模量与静水压力关系的规律性明显,曲线非常光滑,不具有变形模量时大时小现象。究其原因,主要是由于三轴试验侧向为柔性约束,而侧限压缩试验是刚性约束,这种刚性约束使骨架粗颗粒的位置相对比较稳定,颗粒的易位将伴随着棱角的局部破碎,压缩变形带有很大的随机性。而在柔性约束条件下,颗粒的变位将相对自由得多,且比较符合堆石坝中堆石料的约束条件。因此,堆石料侧限压缩试验得到的压缩模量存在波动性现象是刚性约束的结果。

(2)径径比

图1.1-40是不同径径比(试样直径与试样颗粒最大粒径之比)试验条件下侧限压缩试验成果的比较。从图可以看出,径径比从5.0增至8.3,堆石料的压缩模量有所降低,随着径径比增大,压缩模量随压力时增时减的波动性有所改善。可以预计,随着径径比增大,刚性边界限制颗粒移动的作用和影响范围将愈小,由此表明,对于棱角分明的堆石料的侧限压缩试验,径径比等于5.0作为控制标准可能是不合适的。

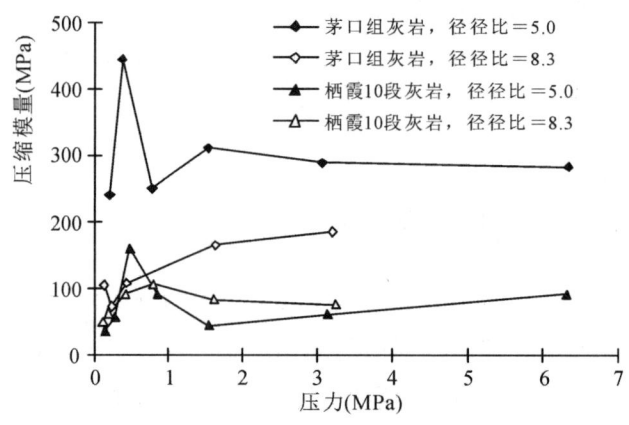

图1.1-40　不同径径比压缩模量的比较

(3) 颗粒强度

对于颗粒强度较高的堆石料,压缩模量时大时小现象伴有颗粒的破碎。对于堆石料侧限压缩试验,当径径比较小时,粗颗粒将形成稳定的骨架,试样的变形颗粒易位主要依赖于颗粒破碎,颗粒破碎对应的外部应力大小的不确定性决定了压缩模量时大时小现象。当颗粒强度较低,不足以形成稳定的骨架时,一般不会出现压缩模量波动现象,如级配极不稳定的三峡风化砂(花岗岩强风化料),压缩模量无波动性现象;另外,对于圆度良好、颗粒强度极高的砂砾石料,径径比为 5.0 时,压缩模量与压力关系曲线亦不出现波动(见图 1.1-41),但压缩模量值可能偏高。

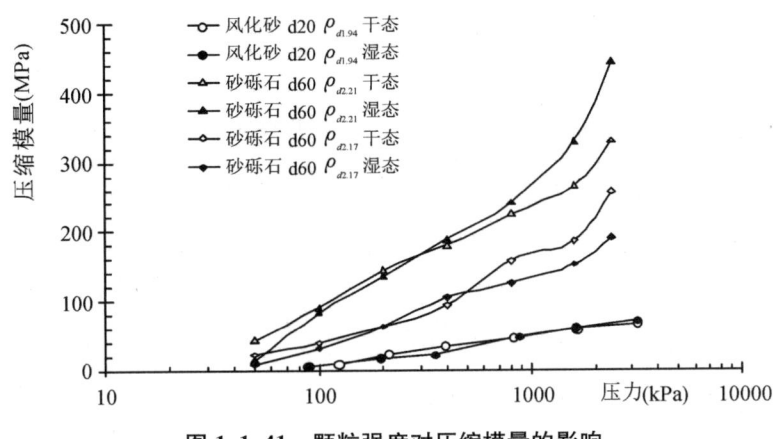

图 1.1-41　颗粒强度对压缩模量的影响

综上所述,对于颗粒强度较高堆石料的侧限压缩试验,欲使试验成果合理,唯有增大试样的径径比,不同材料的合理径径比应该是不同的,同时,应保证各级应力增量足够大,减少试验成果的随机性。因此,可以认为,现行堆石料压缩试验成果的分散是由于刚性约束和较小径径比试验条件的综合结果,不能反映堆石坝中堆石料的变形规律,更不是堆石坝中堆石料固有的应力应变特征。不宜采用现行侧限压缩试验成果评价堆石坝的变形。

另外,当前各工程使用的压缩模量,缺乏统一的界定条件与标准,甚至模量概念亦不相同。因此,有必要对压缩试验仪器、试验方法、堆石坝工程的计算条件、计算方法等予以标准化,建立起室内试验与堆石坝位移分析间的关系。

7.2　堆石料三轴试验

对于应力增量较小的应力式三轴试验,也将出现试验成果不规律现象。下面先通过两组试验(MKP02 和 MKP04)成果介绍这种现象。

两组试验均为茅口组灰岩料的应力式三轴试验,其他试验条件一致(级配相同,干密度均为 2.16g/cm³,各级荷载的稳定时间约 10 天),仅偏应力水平增量过程不同,其中 MKP02 组试验偏应力水平增量为 0.2,而 MKP04 组试验,先施加轴向应力至偏应力水平 0.6,再按偏应力水平增量 0.05 分级施加荷载。

图 1.1-42 为两组试验的应力应变曲线比较,可以看出,偏应力水平增量为 0.2 的应力式三轴试验(MKP02 组试验),各级应变基本稳定后的应力应变曲线具有明显的双曲线特征。偏应力水平增量为 0.05 的 MKP02 组试验,其应力应变曲线似乎有硬化现象(如图 1.1-42),各级应力增量下的应变增量具有明显的不确定性(如图 1.1-43)。

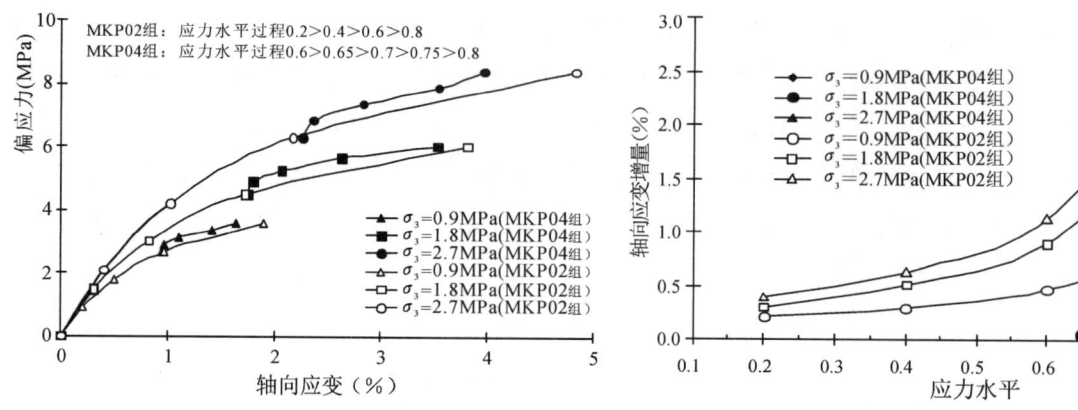

图 1.1-42 不同加荷过程应力应变曲线比较　　图 1.1-43 不同加荷过程轴向应变增量比较

比较不同偏应力水平增量的应变过程也可以看出，两者之间存在明显不同。对于偏应力水平增量为 0.2 的三轴试验，不同堆石料在不同应力状态下的轴向应变与时间曲线在双对数标系下均呈较好的线性关系（见图 1.1-44）；偏应力增量为 0.05 的各级蠕变过程则呈现无规律现象（见图 1.1-45）。

从以上试验成果不难看出，对于应力增量较小的应力式三轴试验，不仅各级应力增量下的应变大小无规律，而且各级应力增量下的应变变化亦无规律。

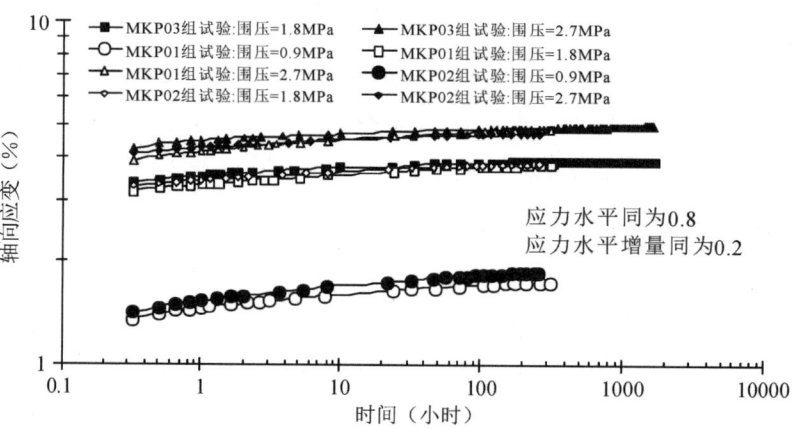

图 1.1-44 堆石料轴向应变—时间曲线

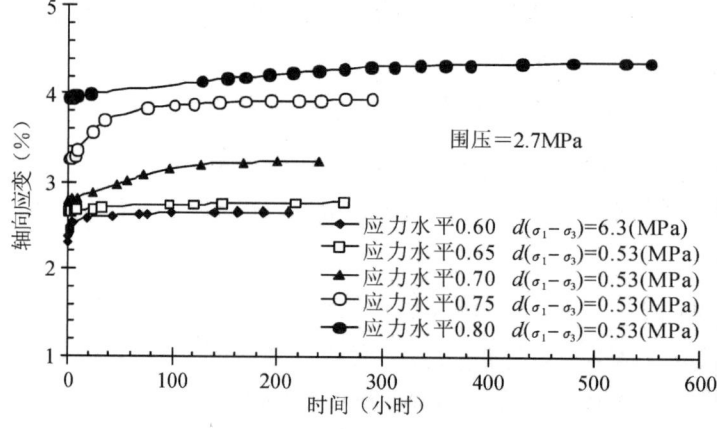

图 1.1-45 MKP04 组试验轴向应变—时间曲线

为了进一步探讨小应力增量下的变形过程,进一步减小每级的应力增量值,MKP06组试验加荷过程按偏应力水平 0.6→0.625→0.65→0.675→0.7→0.725→0.75→0.775→0.8 进行加荷,其应力应变曲线(围压=1.8MPa)如图 1.1-46 所示。可以看出:偏应力水平在 0.6~0.7 范围内,每级荷载下的应变极小,应变增量仅为 0.023%;偏应力水平再增大 0.025 至 0.725,10 分钟内应变增量达 0.19%。稳压蠕变 1 天充分变形后,再按偏应力水平增量 0.025 继续加载,得到同样规律。可见,前期荷载增量下试样变形极小,当累计荷载增量达到一定数量后,试样进入正常变形阶段。

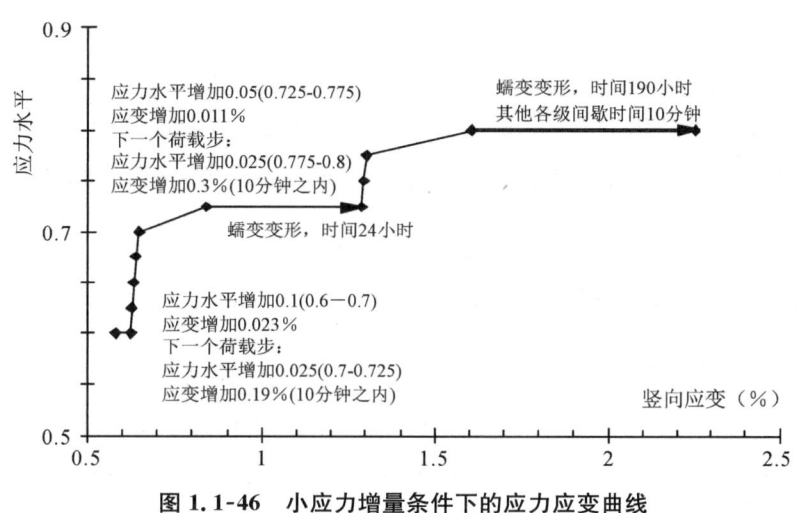

图 1.1-46　小应力增量条件下的应力应变曲线

图 1.1-46 给出以下启示,在应力式三轴试验中,加载后的稳压过程是堆石体的内部逐渐调整过程,即颗粒间接触应力过大处颗粒破碎后的应力调整及位置调整过程,也是堆石体的蠕变过程。这种调整完成后,颗粒集合体将形成新的稳定组构,颗粒间的接触应力相对颗粒强度而言达到一种新的平衡。若再施加足够大的下一级应力,将重复以上过程,得到的应变将是各级应力下的充分变形应变。试验成果表明,由此建立的材料应力应变关系具有可重复性和唯一性。若下一级应力增量较小,不足以改变上级应力形成的平衡,变形将是颗粒集合体稳定结构的形变,这种变形是非常小的。随着应力的增大,可能引起局部颗粒的破碎及位置调整,不同应力下的变形或者应变及其过程表现出随机性,即不确定性。当累计应力增量达到一定时,足以打破前一级应力形成的平衡,将进入颗粒集合体的正常变形状态。

小应力增量下的变形出现不确定性现象与两个条件有关,即前一级应力作用下充分变形和本级应力增量足够小。这种现象既说明了堆石料变形过程的复杂性,同时也表明这种不规律性是局部的、暂时的,在模拟堆石坝工程变形时,既不可能也没有必要模拟小应力增量下的变形特性,但用于分析实际工程变形的不连续性和室内试验初始切线模量偏高可能是有意义的。

综上系列试验成果,对于应力增量较小条件下出现的试验成果不确定性现象,可以采用组构分析得到合理的解释。离散颗粒集合体的宏观应变是通过颗粒间的位置调整实现的,变形过程必然伴随着颗粒破碎、滑移、转动等变化过程。上面所指的不确定性现象与颗粒集合体中颗粒空间分布状况的随机性引起的宏观应变差异是不同的,大应力增量下平行试验成果间的差异与小应力增量下试验成果的无规律性可能与堆石料的组构特性的变化有关。但有一点可以肯定,对于堆石料,大应力增量下平行试验成果间的差异是不大的,即,当应力路径确定后,应力与应变关系不仅在规律上而且在数值上具有较好的唯一性。

7.3 小结

(1) 对于某一堆石料,在级配和密度一定的条件下,堆石体的应力应变关系具有良好的唯一性,应力状态改变后的变形过程实质上是堆石体中颗粒破碎和位置调整的过程,其最终的变形或应变是颗粒充分调整后的结果。只有在某些特定条件下,堆石体中颗粒得不到充分调整时,变形或应变将表现出不规律性,如当径径比较小时的刚性侧限的压缩试验和小应力增量下应力式三轴试验的成果就会出现。

(2) 两种试验表现出的不确定性在性质上是有差别的,对压缩试验而言,不确定性是由于试验条件本身的不合理引起的,并不反映堆石的固有变形特性;应力式三轴试验的不确定性是局部的、暂时的,是由小应力增量而引起,但实际上这种小应力增量下的变形特性是没有必要模拟的。

(3) 本节所指的不确定性现象与颗粒集合体中颗粒空间分布状况的随机性引起的宏观应变差异是不同的,平行试验成果间的差异与试验成果的不确定性现象反映出堆石料何种组构特性的变化是值得深入研究的。

8 粗粒土组构对应力应变关系的影响

粗粒土的组构主要指颗粒的排列方式和孔隙状况,是决定粗粒土宏观力学性质的重要因素[45]。作为一种散体材料,粗粒土的很多特征都是难以用现有的连续体力学理论予以解释,如:在低围压下粗粒土的应变软化特征、剪胀性、剪切试验中的剪切带现象,数值模拟试验中观察到的力链现象,粗粒土蠕变性的力学意义,粗粒土试验中的不确定性等,因而必须从组构入手对粗粒土的强度和变形特性进行研究,才能得到合理的解释。

本节通过制备不同初始组构的粗粒土试样,采用二维模型试验研究初始组构及剪切过程中组构变化对粗粒土宏观力学性质的影响[46]。

8.1 试验仪器和试验方法

粗粒土二维模型试验(平面应力状态试验)在自行改装设计的试验装置上完成,该装置的侧向压力采用三个千斤顶推动三块钢板来施加,每块钢板可以各自独立地往前后方向伸缩;轴向压力采用两个千斤顶推动一块厚 10mm 的钢板来施加。侧向每块钢板上各安装一个百分表,轴向每边钢板上对称安装两个百分表,以测量各边在二维模型试验过程中的位移量。为便于与常规三轴试验成果对比,轴向应力用 σ_1 表示,侧向应力用 σ_3 表示,试样厚度方向上应力为 0,以研究平面应力状态下粗粒土的受力变形特征。试验装置如图 1.1-47 所示。

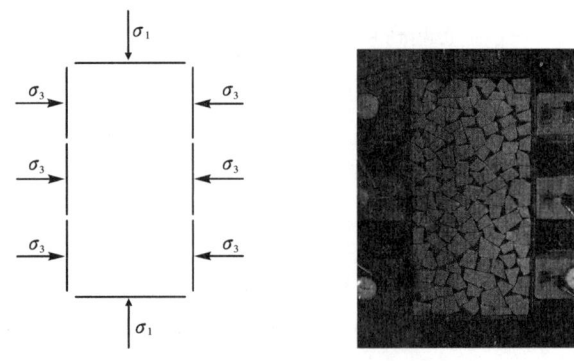

图 1.1-47 试验图

试验材料采用花岗岩块石,通过高压水枪切割成高 40mm、大小不等、形状不一的多边形棱柱体颗粒集合体来模拟粗粒土,颗粒形状主要为四边形,另外有少量的三角形和五边形颗粒,颗粒长轴长度一般为 30~60mm。装样时随机装填多边形棱柱体颗粒,试样尺寸为 300mm 轴向×600mm 侧向,厚 40mm。为保证试验成果的合理性和可比性,每次装填试样时控制试样的孔隙率在 0.18±0.01 范围内。试验时,先施加围压(各向等压压缩)至 0.4MPa,然后保持侧向应力不变,逐级施加轴向压力直至试样剪切破坏。应用长江科学院开发的计算机图像测量分析系统,对三次平行试验的成果进行分析,以研究组构对粗粒土宏观应力应变关系的影响。

8.2 应力应变关系

图 1.1-48 是不同初始组构的粗粒土二维模型试验的宏观应力应变关系。从图可以看出,第一次试验呈应变硬化型,体积压缩量刚开始较大,随后发生剪胀;第二次和第三次试验呈应变软化型,试样开始时压缩量较小,随后发生较明显的剪胀。三次平行试验应力应变关系有一定的差异,不论是应力—应变曲线还是应变—体变曲线,均不如三轴试验中的重复性那么好,说明组构对粗粒土应力应变关系起重要的作用,试样的颗粒数量较少,且粒径偏大,使其影响尤为明显。

从图中应力应变曲线还可看出,虽然应力应变曲线初始一段有较大的差异,但随着应变的发展,三次试验的应力大小逐渐趋于一致,说明试样破坏之前,组构的变化对应力应变关系起决定作用,试样破坏以后,颗粒发生充分的错动和转动,颗粒变成相对随机和较均匀的排列,表明此时各个平行试验颗粒的组构趋近类似,因而,应力值理论上也应趋于一定值。

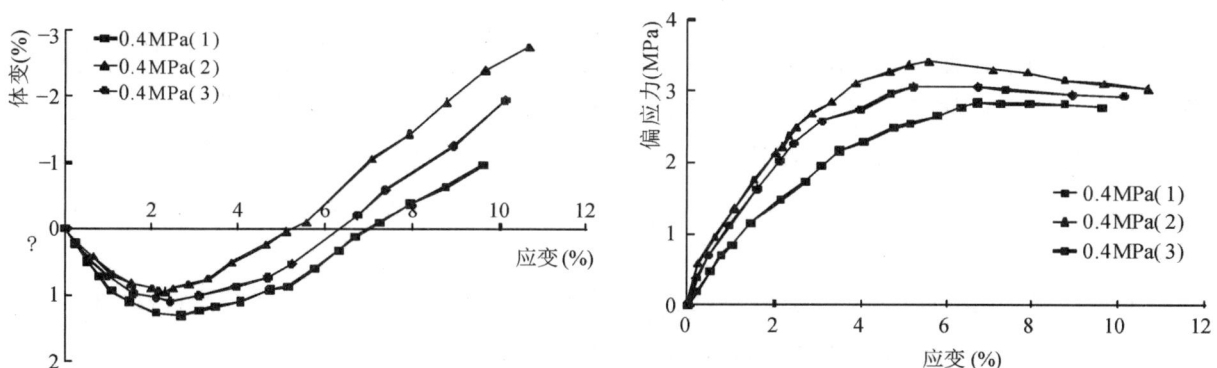

图 1.1-48 不同初始组构的试样应力—应变—体变曲线

8.3 枝向量

枝向量是指相接触颗粒的质量中心(或几何中心)的连线。本次试验采用枝向量构成的组构张量来反映粗粒土的几何特征。

$$\underset{\sim}{\varphi} = \frac{1}{2n} \sum \underset{\sim}{l_i l_j} = \langle l_i l_j \rangle \tag{1.1-60}$$

式中,n 为接触点数,$\langle \cdot \rangle$ 表示取平均,l 表示枝向量,φ 为组构张量。此张量表征了枝向量定向的趋向,在二维情况下,若以 α 表示接触枝向量与 x 轴间的夹角,则 φ 的矩阵形式为:

$$\underset{\sim}{\varphi} = \frac{1}{2n} \begin{bmatrix} \sum \cos^2 \alpha_i & \sum \sin \alpha_i \cos \alpha_i \\ \sum \sin \alpha_i \cos \alpha_i & \sum \sin^2 \alpha_i \end{bmatrix} \tag{1.1-61}$$

常用组构张量 $\underline{\varphi}$ 的大小主值(即矩阵的特征值)之比来反映定向的趋向,由组构张量 $\underline{\varphi}$ 的矩阵形式可知,组构张量的大小主值之和等于1。

图1.1-49为枝向量组构主值比随应力应变关系变化的散点图。从图中可以看出,在试样破坏之前,枝向量组构主值比随应变的增大而增大,说明枝向量各向异性逐渐增强。三次试验的初始组构主值比稍大于1,说明剪切开始时试样稍有各向异性。随着剪切的发展,各向异性程度增加,此处的各向异性的变化是偏应力的增大引起的,为应力诱导的各向异性。从组构主值比与偏应力的关系可以看出,随着偏应力的增大,枝向量组构主值比增大。枝向量组构主值比在变化过程中有一定的波动性,这和模型试验中颗粒较少、较粗、侧向间断性的刚性约束及粗粒土试验中的不确定性有关,但是整体变化趋势是清晰的。

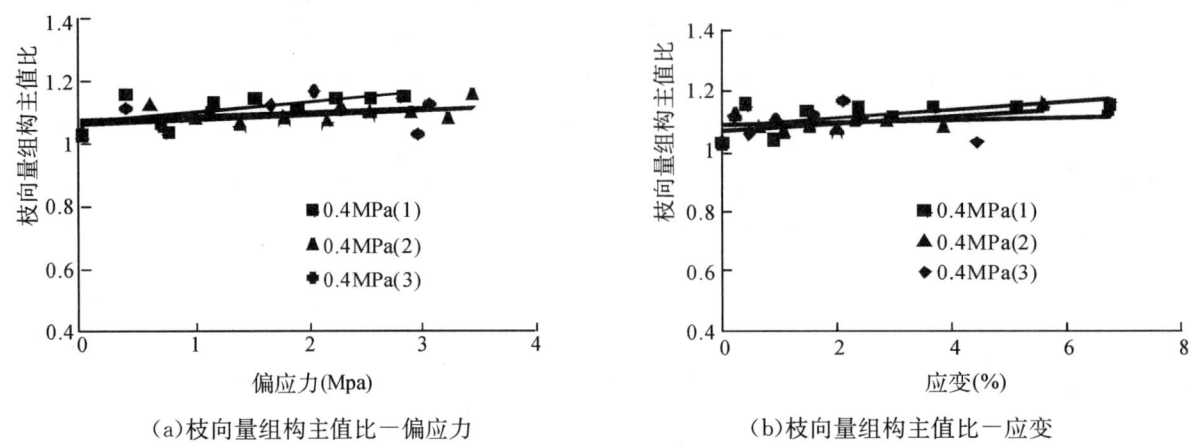

(a) 枝向量组构主值比—偏应力　　　　(b) 枝向量组构主值比—应变

图1.1-49　枝向量组构张量与应力应变的关系

图1.1-50为峰值偏应力与枝向量初始组构主值比的关系,从图中看出,初始组构主值比越大,其峰值偏应力越大。从细观机理上解释,就是初始组构主值比越大,其颗粒初始排列的定向性就强一些,在相同的试验条件下,颗粒的排列形式能抵抗更大的外力作用,即模量值大一些,应力应变曲线更加陡峭,相应的峰值偏应力也大一些。模型试验中颗粒偏少、粒径偏大及侧向间断性的刚性约束使得这种差异尤为明显。

图1.1-51是平均枝长与体变的散点图,从图中可以看出,随着体变的增大,颗粒平均枝长稍有减小,主要原因可能是接触紧密的颗粒在剪切过程中被挤密的可能性很小,同时也与颗粒形状有关,特别是对于边—边接触的颗粒在剪切过程中枝长的变化很小,再加上试样体变范围也相对较小,所以在以上各种因素的共同作用下,造成了平均枝长仅随颗粒接触越紧密而稍有减小。

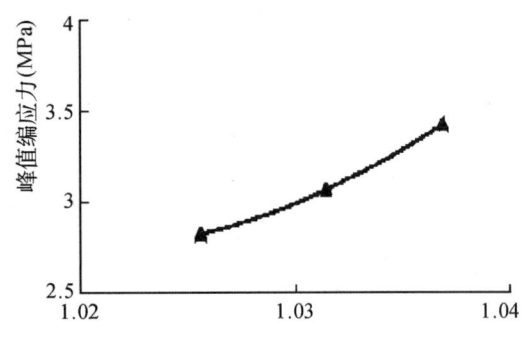

图1.1-50　峰值偏应力与枝向量初始组构主值比关系

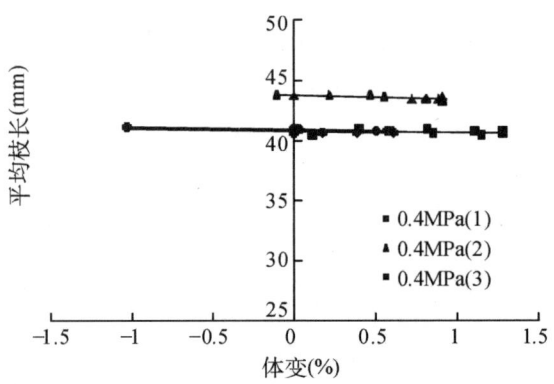

图1.1-51　平均枝长与体变的关系

8.4 颗粒长轴定向

图1.1-52为颗粒长轴组构主值比与应力应变的散点图,可以看出,在试样破坏之前,随着应力应变的发展,颗粒长轴的定向性也逐渐增强,说明应力随应变的发展在逐渐增长,颗粒长轴的定向性也逐渐增强,即颗粒长轴逐渐趋向于与大主应力垂直的方向,这与已有的研究成果是一致的。从细观机理来解释,即是随着应变的发展,应力逐渐增大,颗粒需要自我调整,颗粒长轴方向逐渐调整到大体趋于一致,以便能承受更大的外力,应力越大,颗粒调整后长轴的定向性也就越强。

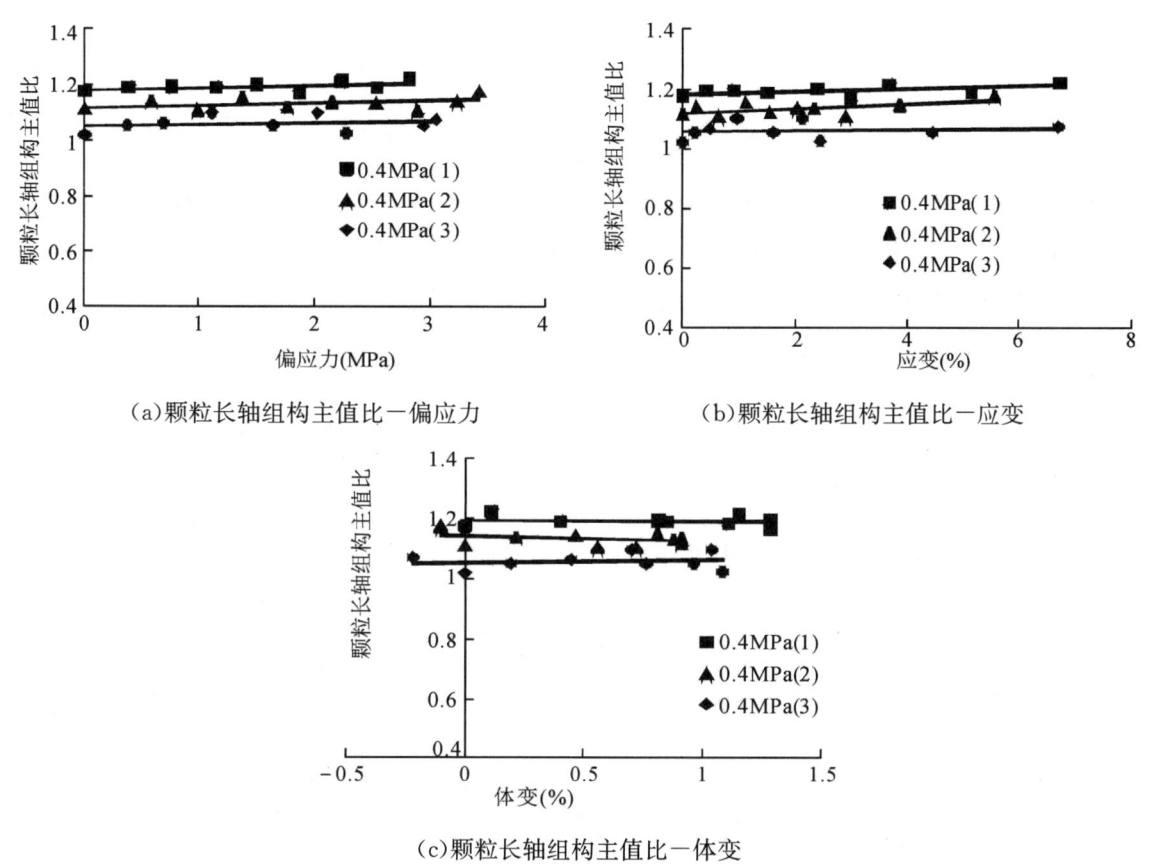

(a)颗粒长轴组构主值比－偏应力

(b)颗粒长轴组构主值比－应变

(c)颗粒长轴组构主值比－体变

图1.1-52　颗粒长轴组构张量与应力应变的关系

8.5 配位数

配位数表示与某颗粒相接触的颗粒数目,常用来衡量颗粒材料的密实程度。Oda通过对各种粒径、级配和孔隙比的各种球状颗粒集合体的研究,发现平均配位数与孔隙比有良好的相关关系,并且与粒径的分布无关。

图1.1-53表示平均配位数与体变的关系。从图中可以看出,0.4MPa(1)和0.4MPa(3)平均配位数随着应变的增大而增大,而0.4MPa(2)平均配位数则随着体变的增大而减小。平行试验表明,平均配位数与体变之间并没有很好的相关关系,故平均配位数并不能很好地反映粗粒土的密实程度,这可能有以下两个原因:①模型试验中用多边形颗粒来模拟粗粒土,而现有的有关配位数的研究成果都是用圆形或球形颗粒来模拟,是否因为颗粒形状的不同导致配位数的差异;②模型试验中颗粒长轴大多为30～60mm,没有较小的颗粒,因为级配不良引起,以上两方面有待于进一步研究。

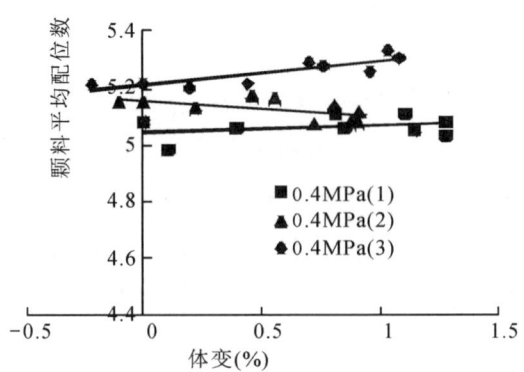

图 1.1-53 平均配位数与体变的关系

8.6 小结

粗粒土的组构对其力学性质有重要影响,初始组构和受力变形过程中组构的变化影响着粗粒土的应力应变关系全过程。了解粗粒土的组构对其力学性质的影响,对于加深了解粗粒土的工程性质具有重要的现实意义。本节通过粗粒土二维模型平行试验,应用计算机图像测量系统对试验成果进行了分析,发现了枝向量、颗粒长轴、配位数等组构量在粗粒土应力应变关系试验中的变化规律。

参考文献

[1] 包承纲. 包承纲岩土工程研究文集[M] 武汉:长江出版社,2007.

[2] Brauns J, Kast K. Laboratory Testing and Quality Control of Rockfill—German Practice[M] Advances in rockfill structures. Springer, Dordrecht, 1991: 195-219.

[3] Charles J A. The use of one-dimensional compression tests and ealstic theory in predicting deformations in rockfill embankment[J] Canadian Geotechnical Jounal, 1976, 13(3): 189-200.

[4] 张嘎,张建民. 粗颗粒土的应力应变特性及其数学描述验研究[J] 岩土力学,2004,25(10):1587-1591.

[5] 张茹,何昌荣,费文平等. 高土石坝筑坝料本构模型参数研究[J] 岩石力学与工程学报,2004,23(s1):4428-4434.

[6] 谢婉丽,王家鼎,张林洪. 土石粗粒料的强度和变形特性的试验研究[J] 岩石力学与工程学报,2005,24(3):430-437.

[7] 褚福永,朱俊高,王观琪等. 粗粒土变形与强度特性大三轴试验研究[J] 山东农业大学学报(自然科学版),2011,42(4):572-578.

[8] Duncan J M, Wong K S, Marby P. Stress-strain and bulk modulus parameters for finite element analysis of stresses and movements in soil mass[R] Berkeley: University of California, 1978.

[9] 沈珠江. 土体应力应变分析中的一种新模型[J] 第五届土力学及基础工程学术讨论会论文集. 北京:中国建筑工业出版社,1990:101-105.

[10] 殷宗泽. 一个土体的双屈服面应力应变模型[J] 岩土工程学报,1988,10(4):64-71.

[11] 刘开明,屈智炯,肖晓军. 粗粒土的工程特性及本构模型研究[J] 成都科技大学学报,1993,73(6):93-102.

[12] 徐远杰,潘家军,楚锡华等. 基于扰动状态概念的堆石料本构模型研究[J]工程力学,2010,27(6):154-161.

[13] 相彪,张宗亮,迟世春. 堆石料等应力比路径四模量增量非线性模型[J]岩土力学,2009,30(5):1247-1252.

[14] 程展林,丁红顺,吴良平. 粗粒土试验研究[J]岩土工程学报,2007,29(8):1151-1158.

[15] 程展林,姜景山,丁红顺等. 粗粒土非线性剪胀模型研究[J]岩土工程学报,2010,32(3):331-337.

[16] 程展林,余剑平. 水布垭面板堆石坝填料应力应变关系试验研究[J]长江科学院院报.1999,16(1):29-32.

[17] Rowe P W. The stress-dilatancy relation for static equilibrium of an assembly of particles in contact[J]Proceedings of the Royal Society of London. Series A. Mathematical and Physical Sciences,1962,269(1339):500-527.

[18] 吴为义. 颗粒材料组构关系与本构关系的研究[D]武汉:武汉水利电力学院,1988.

[19] 钟晓雄,袁建新. 颗粒材料的剪胀模型[J]岩土力学.1992,13(1):1-10.

[20] 程展林,丁红顺. 清江水布垭水利枢纽面板堆石坝工程材料性质研究[R]. 武汉:长江科学院,1997.

[21] 程展林,丁红顺. 清江水布垭水电站面板堆石坝筑坝材料性质研究[R]. 武汉:长江科学院,1998.

[22] 余剑平,程展林. 清江水布垭水电站混凝土面板堆石坝筑坝材料性质研究[R]. 武汉:长江科学院,1998.

[23] 程展林,陈鸥,左永振,丁红顺. 再论粗粒土剪胀性模型[J]长江科学院院报.2011,28(6):39-44.

[24] 潘家军,程展林,饶锡保等. 一种粗粒土非线性剪胀模型的扩展及其验证[J]岩石力学与工程学报,2014,33(A02):4321-4325.

[25] AnhDan L Q, Koseki J, Sato T. Evaluation of quasi-elastic properties of gravel using a large-scale true triaxial apparatus[J]Geotechnical Testing Journal,2006,29(5):374-384.

[26] Choi C, Arduino P, Harney M D. Development of a true triaxial apparatus for sands and gravels[J]Geotechnical Testing Journal,2007,31(1):32-44.

[27] 施维成,朱俊高,刘汉龙. 中主应力对砾石料变形和强度的影响[J]岩土工程学报,2008,30(10):1449-1453.

[28] 潘家军,程展林,余挺等. 不同中主应力条件下粗粒土应力变形特性试验研究[J]岩土工程学报,2016,38(11):2078-2084.

[29] 程展林,潘家军. 堆石料真三轴试验及非线性剪胀模型分析[R].武汉:长江科学院,2014.

[30] 郭熙灵,胡辉,包承纲. 堆石料颗粒破碎对剪胀性及抗剪强度的影响[J]岩土工程学报,1997,19(3):86-91.

[31] 左元明,沈珠江. 坝壳砂砾料浸水变形特性的测定[J]水利水运科学研究,1989,1:107-113.

[32] 李广信. 堆石料的湿化试验和数学模型[J]岩土工程学报,1990,12(5):58-64..

[33] 魏松,朱俊高. 粗粒料湿化变形三轴试验中几个问题[J]水利水运工程学报,2006(1):19-23.

[34] 程展林,左永振,丁红顺等. 堆石料湿化特性试验研究[J]岩土工程学报,2011,32(2):243-247.

[35] 程展林,丁红顺,左永振. 双江口水电站心墙堆石坝坝体长期变形特性及覆盖层特性试验研究[R]. 武汉:长江科学院,2009.

[36] 沈珠江,左元明. 堆石料的流变特性试验研究. 第六届全国土力学及基础工程学术会议文集. 上海：同济大学出版社,1991,443-446.

[37] 梁军,刘汉龙. 面板坝堆石料的蠕变试验研究[J]岩土工程学报,2002,24(2)：257-259.

[38] 王勇,殷宗泽. 一个用于面板坝流变分析的堆石流变模型[J]岩土力学,2000,21(3):227-230.

[39] 王勇,殷宗泽. 面板坝中堆石流变对面板应力变形的影响分析[J]河海大学学报(自然科学版),2000,28(6):60-65.

[40] 郭兴文,王德信,蔡新等. 混凝土面板堆石坝流变分析[J]水利学报,1999,11(11)：42-46.

[41] 蔡新,成峰. 土石坝流变非线性分析[J]河海大学学报：自然科学版,1999,27(6):20-24.

[42] 程展林,丁红顺. 清江水布垭面板堆石坝填料蠕变试验研究[R]. 武汉：长江科学院,2003.

[43] 程展林,丁红顺. 堆石料蠕变特性试验研究[J]岩土工程学报,2004,26(4):473-476.

[44] 程展林,丁红顺. 论堆石料力学试验中的不确定性[J]岩土工程学报,2005,27(10)：1222-1225.

[45] 程展林,吴良平,丁红顺. 粗粒土组构之颗粒运动研究[J]岩土力学,2007(S1):29-33.

[46] 姜景山,程展林,刘汉龙等. 粗粒土二维模型试验的组构分析[J]岩土工程学报,2009,31(5)：811-816.

第2章　压实黏性土与黏性砾石土的特性研究

1　压实黏性土特性研究概述

1.1　压实黏性土的特性和工程意义

压实黏性土在工程中主要用作水利、海港等工程的防渗结构，有时也作为结构物的一般填料，如道路的路堤、挡土墙和桥头的回填土、基坑的填料等。近年随着环境问题的突显，城市垃圾填埋场防渗衬垫中，压实黏性土被广泛使用或与土工合成材料组合使用，发挥着重要的防渗屏障作用，因此压实黏性土问题的研究有其实际意义。

与通常的沉积黏性土相比，压实黏性土具有一些与天然黏性土不同的重要特性，主要有：

①根据工程需要，可以进行土料设计，有一定的选料余地，而且因土料取自一个或几个选定的地方，土的性质相对比较均匀。

②土料经碾压机械压实，土的密度可以控制在一定的范围，且密度也比天然土层的更为均匀。

③土料压实后，一般呈非饱和状态，而且由于压实机械的作用，压实土往往是超固结的，土体中存在负孔隙水压力，因此强度较高，但这种超固结作用会随时间而降低，土中的负孔隙压力也会逐渐消散。

④在工程的挡水期，压实黏性土体可能在水头作用下逐步饱和，但这往往是缓慢的过程，而且土体中可能有部分区域永远达不到饱和。

⑤由于从施工期到运用期土体含水率不断地变化，土的力学性质也在变化，施工期土体的稳定性较高，随饱和度增高，土体软化，土中的负孔压减少，强度降低。结合外水位的变化，土体的稳定性也会变化，这对压实土是值得注意的问题。同时，土体的变形特性也会随含水率变化，密度欠密的土体可能发生附加压缩，而过度压密的土体则会膨胀。

⑥由于填土的压实是分层进行的，因此，整个土体具有各向异性，尤其是水平向渗透性往往大于垂直向渗透性，因为层间结合面往往是抗渗和抗滑稳定的薄弱部位。

这些特性决定了压实黏性土与天然黏性土有很大的区别，因此它的研究内容、使用中的关注事项等也与一般黏性土不同。它的设计思路、施工方法、运用管理也有其特点。

上述压实黏性土的特性对工程的应用具有重要的指导意义。压实土的研究必须首先围绕压实密度问题展开；必须认识土的成分、土的含水率对压实密度的影响；必须研究压实方法和压实能量与压实密度的关系；必须认识压实密度对力学特性的决定性作用并掌握其中的量值关系；必须弄清什么样的压实度才是对工程最适宜的（最好的工程特性和最优的性价比指标）等。

1.2　压实黏性土研究的现状

对压实黏性土的研究由来已久，国际上在20世纪30年代就有很多成果发表，内容包括土料设计、压实方法、压实机械、土的击实试验和击实标准[最著名的如普氏（Procter）击实标准等]，以及击实非饱和土的初始孔隙压力、击实土的强度和渗流特性等。

由于土料含水率对压实密度的巨大影响，采用什么样的湿度进行压实一直是一个中心问题。一般认为密度高些好，因为高密度压实土的强度较高、压缩性低、渗透性小，故工程更为安全。在工程中，通常根据结构物的沉降和稳定性要求，找出相应的力学指标，求出满足上述指标的干密度，然后寻找能达到这种干密度的土料、压实方法、碾压机具和压实参数。为了追求较高的密度，压实前的土料含水率必然较低。如果土的天然含水率高于要求值，则就要采取人工降低湿度的措施。这种方法俗称为干法。在几十年前，干法在一些高土坝或重要工程中常被采用。然而，要人工降低土料含水率往往不是轻易能做到的。另一种思路认为，土的含水率可以略高些，这样的压实土塑性好，可以适应结构物的变形和不均匀变形，正好发挥土质建筑物柔性的特点。虽然土体的强度稍低，但可增大其体积来弥补，而由此降低的施工难度，完全可以补偿工程量增加所带来的经济损失。何况有些情况下，黏性压实土的强度对某些土工结构物（如心墙式土坝等）的整体稳定性的影响不会很大。这种方法可称为湿法。它在近年比较流行。

长江科学院在长期的土工工程实践中认为[1]，上述两种方法虽有一定的道理，但也各有不足，它们都缺乏对土的天然含水率的本质的认识，而且其考虑问题的落脚点也有一些片面性，即只考虑工程的要求或技术经济指标，没有顾及土本身的性质。应当认为，只有土的性质与工程技术经济指标两者综合考虑，才是合理之道。有关这个问题的进一步讨论将在下面进行。

1.3 压实黏性土主要研究内容

本章关于压实黏性土方面的内容包括：①压实黏性土的土料设计，其中特别关心含水率的分析和压实干密度的确定原则，这是本章的重点，也是与以往有些书籍中的传统观点不同的地方；②黏性土的压实方法，其中特别讨论普氏压实标准的问题；③压实黏性土性质的研究，主要指出它与一般天然黏性土的差别；④关于压实方法，将进行一般性的讨论，指出不同方法的适用场合，以供选用；⑤现场施工控制和质量评价的一般性叙述；⑥长科院的工程实践例子。

2 压实黏性土的土料设计

土料设计是压实黏性土工程的重要课题，其内容包括：土料的填筑含水率、填筑控制干密度、碾压机具、踩层的厚度、碾压方法和碾压遍数、结合面的处理以及雨季施工等。这些都是压实黏性土工程特有的问题。

2.1 压实方法

黏性土的工程压实方法主要有碾压法和夯实法。碾压机具有羊足碾、凸块碾、凸轮碾、气胎碾、平辊碾、振动碾等。夯实机具有强夯锤、爆夯、蛙式夯、人工夯等。室内的压实特性试验方法有击实试验、静压试验以及夯实试验等。此外还有一种称为现场碾压试验的研究方法，它是为了验证室内击实试验成果，修正土料设计的参数而进行的中间性试验，其结果将决定施工碾压参数。

2.2 天然含水率与"平衡含水率"概念

前已述及土料含水率对其压实性能的重要性，这里分析它的意义、控制标准与控制方法。

长江科学院于20世纪60年代初，最早在国内提出了平衡含水率的概念。所谓平衡含水率的含义就是：天然的沉积土层在它沉积后的地质年代中，如果没有外界因素的干扰，土层内土的天然含水率是由土的性质决定的,土中的水分是与其本身内在的要求相平衡的,说得更直白一些,如果没有外界因素干扰,土颗粒会吸收本身所需的水分,或将多余的水分排出,从而保持一种与土本身性质相适应的平衡含水率。上面所说的外界因素系指持续多雨地区或干燥地区,或者水稻田、水塘地区等的环境条件,以及地下常水位下的土层等情况。因此一般温带、亚热带地区平地、岗地等的沉积土层中,基本上应保持或接近平衡含水率的状态。据统计,该平衡含水率大体接近土的塑限含水率,一般与土的塑限相差2%左右。不难想象,处于这样状态的土体将比较稳定,含水率不会大幅波动,体积也不会剧烈变化。相反,如果不是处于这种环境,土体就易受外界因素影响而处于不稳定状态,当有吸水条件时,土就会吸水膨胀;有失水条件时,则体积收缩。因此,当研究确认土体天然含水率处于其平衡状态时,在土体的压实过程中应尽可能维持或接近这种湿度状态,不要任意改变,以使压实土体处于稳定状态。

2.3 土的击实特性

土的击实(压实)特性是压实土的基本特性,也是压实土研究的重要内容。所谓击实特性是指在一定的击实功能下,土的密度与含水率的关系。击实试验的一般做法在有关书籍和规程中都有叙述。

(1) 土料含水率的制备方法

但经验发现,在相同击实方法与相同击实功能下,由风干土加水(由干到湿)方法制备和由天然土晾干(由湿到干)制备的两种土料,虽然两者含水率相同,但两者的干密度是不同的,以丹江口工程左岸土坝为例,采用糖梨树沟黏土(简称糖黏土)和王家营黏壤土(简称王壤土)。两种黏土的击实曲线如图1.2-1所示。从图可见,采用由干到湿土料的25击的最大干密度,要比由湿到干的相应值高0.03g/cm³。因此,为安全计,在进行标准方法击实试验的同时,也应采用天然土晾干的含水率土料进行击实试验,作为确定设计干密度的参考。

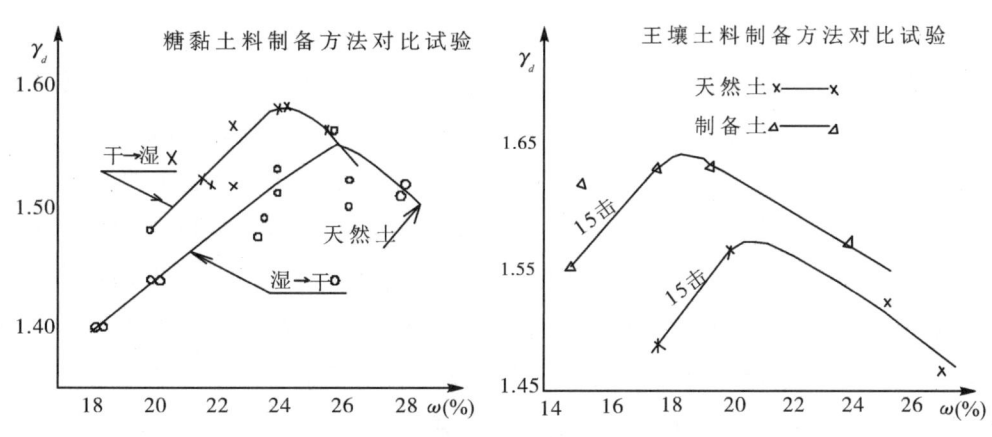

图 1.2-1 不同制备方法土料的击实性能差别示意

(2)室内击实试验的功能

室内击实试验功能应与现场碾压机械的压实功能相适应。1930年代美国的Proctor根据当时的工程实际确定了6.04 t—m/m³的功能作为标准击实功能,并以此设计了标准击实仪,在全世界广泛使用至今。实践表明,这种试验方法基本上符合实际。我国的标准击实方法也由此派生,功能接近但略高于普氏标准的值。

(3)击实曲线

击实试验得到的击实曲线是一条具有峰值的不对称抛物线,峰点对应的系最优含水率(w_{opt})与最大干密度（ρ_{dmax}）或最大干容重（γ_{dmax}）。峰值的左侧为干支，右侧为湿支，一般说来，湿支的坡度比干支为陡。坡度越陡，含水率对土的压实密度影响越敏感。

2.4 压实干密度设计的一般步骤

填土的压实密度的选择是压实土设计中最重要的关键问题，因为它决定了填土工程的质量、施工难易和工程造价。压实干密度设计的一般步骤是：

(1) 首先，对勘探的天然含水率与天然干密度资料进行统计分析，这种分析最好与施工时土料利用的分区规划相结合，分区进行统计分析。同时，如果土层较厚，最好也能结合开采的层厚分层进行统计。应当强调，天然含水率的分析是很重要的基本资料，它是确定设计干密度的一个基础。根据这个资料，将它与对应的塑限含水率比较，就可以大致估计料场土料的含水率是合适的、偏干的、抑或偏湿的。

(2) 其次，对每一区的土料储藏量进行统计，并估算出土场的范围和可开采的数量，可开采量应为填土所需方量的 2.0～2.5 倍。

(3) 然后，进行土料的击实试验（含天然湿度下的击实试验）。并初步确定设计干密度（即填筑标准），同时进行不同干密度下的力学性试验，了解强度、变形、渗透特性（渗透系数、抗渗强度等）随密度的变化规律。

(4) 继则进行现场碾压试验，对室内试验初定的设计干密度进行验证，进行适当修正后可作为施工的建议值。

(5) 对照所选干密度的力学特性，判别其是否能满足工程安全的需要，并进行必要的技术经济指标的论证，最后用于设计。

2.5 干法与湿法的比较

干法的使用往往是为了满足高密度的要求而选择的。高土坝、承重较大的道路等结构物承受较高的应力，最大应力可达几十 MPa。有的设计者为了提高土的强度，选择了较高的密度。对变形比较敏感的土质建筑物（如桥头填土），为了减小不均匀沉降，也可能选择较高的密度。诚然，高密度具有较高的力学强度，对某些结构物可能有其必要性。但随压实密度增大，要求土料的含水率越来越低，压实功能也需成倍地增长。而且若密度过高，天然含水率下的土料即使用更大干密度的击实功能也可能达不到，这样，就需要人工降低土料的含水率。但这是一件吃力不讨好的工作，经济上的代价很大，而且有时效果不佳。因为正如上述，土若处于平衡含水率的状态，这时的水分是它自身需要的，最好顺其自然不要任意改变它。因为把这样湿度的土料进行翻晒，不仅含水率难以降低，而且容易干湿不匀，导致压实干密度也不均匀，反而影响填土质量。事实上，翻晒难易与土的塑性关系很大，塑性越高，翻晒的效果越差。国内曾有一土坝的心墙，选用了较高的填筑密度，为了降低土料的填筑含水率，在现场搭的棚子内进行人工烘烤，把土料处理得像肉松那样的松细，得到了高密度，但代价太高，据闻蓄水后有一定膨胀，似乎密度过高了。

这里引用两个自己的经验，系丹江口土坝施工中的实际资料[2]。

资料 A

土料甲：糖树沟黏土天然料，塑限 21.2%，液限 40.9%，黏粒含量 40%，平均含水率 24%（22%～26%）。用 22.5t 六轮气胎碾压实，天然土的干密度为 1.54～1.65g/cm³，平均为 1.56g/cm³。

土料乙：将同一黏土料用翻晒方法降低湿度，平均含水率为 22%，再堆放 4 天，用相同的机械压实。制备土的干密度为 1.42～1.62g/cm³，平均为 1.56g/cm³。

可见,虽然制备土的含水率低些,但密度并未提高。这主要是因为黏土的塑性较高,持水能力强,很难翻晒均匀,土块外干内湿,反而影响压实效果。

资料 B

土料甲:王家营壤土天然料,塑限 19%～22%,液限 37%～30.5%,塑性指数 11.5～15;黏粒含量 21%～26%,天然含水率 19%～26.1%,平均含水率 21.5%。用 22.5t 气胎碾压实,平均干密度为 1.58g/cm^3,合格率 90% 的干密度为 1.51g/cm^3。

土料乙:土料同上,塑限 19.2%,黏粒含量 19%,含水率经制备,平均值为 20%,比较均匀。用相同碾压机械得平均干密度 1.63g/cm^3,90% 干密度为 1.58g/cm^3,制备土的压实效果较好。这里的原因,除土料乙的塑性稍低外,主要还是因壤土的含水率较易散失,而且壤土开挖出后土块容易分散,土料湿度较易均匀,故击实密度较高,这与击实试验成果是一致的。

由此看来,对塑性较低的土,采用降低湿度方法提高其压实密度较易办到,而塑性较高的黏土则可能适得其反。

当然,如果由于外在原因(雨水、地下水或人工储水等)导致的天然含水率过高,那么人工降低也较易实现,因为土中本来就有超过其需要的多余的水,这时采用开沟疏干、适当晾晒、土牛堆放等简单措施就能收效。

湿法是为适应潮湿地区的土质建筑物施工而提出的,当土料的湿度较大、含水率超过塑限 4% 的可称为高含水率土料。这时,对土料采取什么对策与工程的要求有关,如果工程的要求不高,或者建筑物需要有很高的适应变形的能力,那么可以采用较低密度的设计,不处理或仅稍加处理含水率的土,即予利用。湿法的施工通常比较方便,故单价较低,但因强度较低,故需较多的土方量。但若天然含水率高过要求的含水率很多,一般难以处理,国外也有采用在湿土中掺一定量的砾卵石或块石,以方便施工和压实。顺便指出,黏性土中有一定量砾石含量的黏性砾石土往往具有良好的压实性能,而且强度较高,渗透性也能保持较低,是一种良好的防渗材料,但这时要特别注意压实质量问题。

如果天然含水率在塑限上下 2% 左右,则表明土体处于它的平衡含水率状态,应尽可能保持这种状态进行压实。

2.6 适宜击实功能概念

众所周知,土的击实试验是确定设计干密度的重要依据之一,有些中小工程就直接参考击实试验成果定出现场压实标准的。但由于所依据的击实试验方法并不统一,因此,得到的压实标准也不一致。在以往,我国曾使用过多种击实试验仪,除普氏击实仪外,还有南式仪(击实功能 8.64 t—m/m^3)和苏式仪等。而击实标准有的采用南式仪 15 击的最大干密度,有的采用南式仪 59 击最大干密度,也有采用苏式仪 40 击最大干密度的 0.98 倍者,等等,不一而足。

根据多年的工程经验,我们建议了一种适应于某种土料的适宜击实功能[2][3],并以该击实功能下的最大干密度为依据,定出现场压实的控制标准。《土坝设计》[4]中有一段叙述:"试用几种不同功能求得不同的最优含水率和最大干容重,选择其最优含水率与该土料塑限含水率相同的一组试验的击实功能作为标准功能",这是与我们的适宜击实功能概念相一致的。鉴此,我们认定,与塑限相近的最优含水率那一组击实试验成果,作为确定现场填筑标准的主要依据。它所对应的击实功能确定为适用于该土料的适宜击实功能。选择这个功能是有充分理由的,一方面土在塑限附近的性质比较稳定,其次,在许多情况下土的天然含水率与其塑限比较接近,人们在处理土时应充分利用这个性质,这也符合顺应自然的理念。

还可指出,据我们的实践,有不少土料它的适宜击实功能与目前采用的标准击实功能(普氏击实功能或我国规程中的击实功能)相近,因此目前规程中的标准击实可能符合实际。但也有一些土料采用规程中的标准击实功能并不适用,而按本文建议的方法确定的填筑标准合乎实际,这将在后面的丹江口土坝王壤土击实性的分析中详加叙述。

2.7 试样的代表性问题

由于料场土料的性质不均匀,若以任意选取的一些试样的平均值作为确定填筑干密度的依据,无疑存在很大的偶然性,而且会使施工中的质量检查结果难以评判。为此,建议以塑性(或塑性指数)为准,求出相应于料场平均塑限(或塑性指数)的土料在适宜击实功能下的最大干密度作为依据。其方法是:绘出几组在适宜击实功能下的最大干密度与对应的塑限含水率的关系,然后找到料场土料平均塑限(或塑性指数)所对应的干密度,如图1.2-2所示。

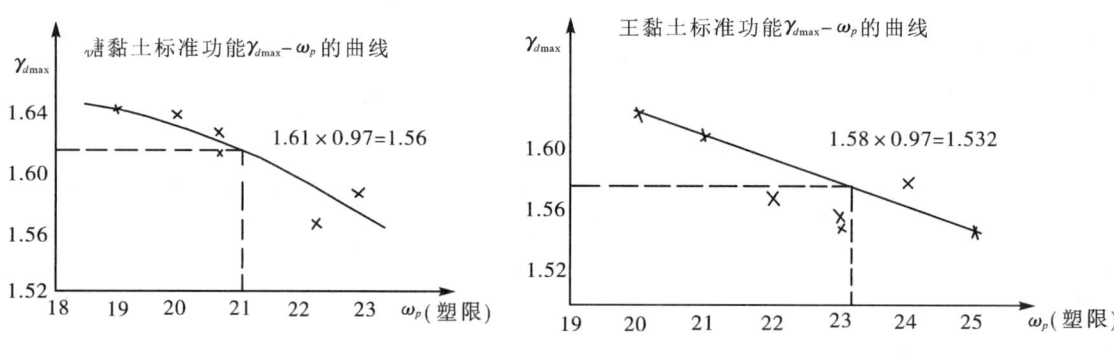

图1.2-2 料场平均塑限土样对应的干密度确定示意

2.8 填筑干密度确定的一般步骤

现再将大型土坝黏性土填筑干密度(设计干密度)确定的一般步骤叙述于下:

(1)首先对勘探的天然含水率与天然干密度资料进行统计分析,这种分析最好与施工时土料利用的分区规划相结合,分区进行统计分析。同时,如果土层较厚,最好也能结合开采的层厚分层进行统计。应当强调,天然含水率的分析是很重要的基本资料,它是确定设计干密度的一个基础。根据这个资料,将它与对应的塑限含水率比较,就可以大致估计料场土料的含水率是否是合适的、偏干的、抑或偏湿的;

(2)其次,对每一区的土料储藏量进行统计,并估算出土场的范围和可开采的数量,可开采量应为填土所需方量的2.0~2.5倍;

(3)然后,进行土料的击实试验(含天然湿度下的击实试验)。并初步确定设计干密度(即填筑标准),同时进行不同干密度下的力学性试验,了解强度、变形、渗透特性(渗透系数、抗渗强度等)随密度的变化规律,除此之外,还应注意土样的代表性问题,对力学试验试样要同时进行物理性试验,以检验其代表性;

(4)继则进行现场碾压试验,对室内试验初定的设计干密度进行验证,进行适当修正后可作为施工的建议值;

(5)对照所选干密度的力学特性,判别其是否能满足工程安全的需要,并进行必要的技术经济指标的论证,最后确定设计干密度,供设计之用;

(6)施工中根据土料的变化、施工条件的改变和工程要求的变更,对填筑干密度标准进行适当调整。

3 压实黏性土的力学性质研究

3.1 变形特性

压实黏性土的性质与一般沉积黏性土不太一样,正如上述,压实黏性土在压实后是非饱和的,而且是超固结的。由于碾压机械一般具有较大的功能,使压实后黏土的密度高于正常压密条件下的密度,压实黏土内部积聚了一定的能量,使土处于超固结状态。这时,如果上覆的土厚不超过一定厚度,土体将不会产生变形。这个厚度可称为超压密厚度。据研究,这个厚度可能达到6m左右。这种超压密作用对土中有加筋材料的加筋土也很有意义,它将会增大筋材与土之间的剪阻力,增强加筋的效果,犹如预应力作用。当上覆压力大于超压密厚度的重量,土体会产生一定的压缩量,有的试验成果表明。此时的压缩量与压力大小基本上呈直线关系,如图1.2-3。该图反映的是加筋土中加筋带的拉力,它也反映了土中的水平应力的大小。

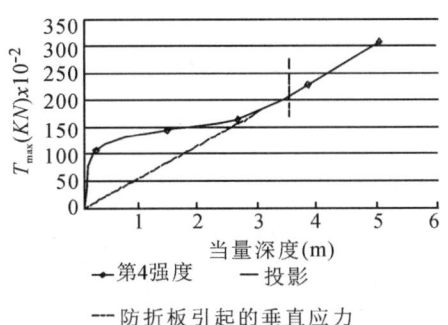

图1.2-3 加筋材料中最大拉力与当量深度的关系

压实黏性土在浸水过程中也会变形,虽然所加的荷载未变。这可称为浸水附加压缩或浸水附加膨胀,其量的大小除与压力大小有关外,还与土的性质和密实度有关。吸水能力较强的膨胀土将容易发生体积膨胀,活动性不高或风化不完全的土将发生浸水附加沉降。

3.2 强度特性

压实土的非饱和状态使它具有较高的强度,同时,由于负孔隙压力的存在加大了土的有效压力,因此施工期的土体一般很稳定。但随上覆压力的增大,土体产生进一步的压缩,孔隙压力转为正值,稳定性逐步降低。因此,竣工时将是稳定性较低的时刻。竣工以后,正孔隙压力将随时间消散,稳定性会有所增加。施工期孔隙压力的计算早期曾为美国 USBR 的 Helf 所研究,他建议了计算初始孔隙压力的公式。

关于土坝孔隙压力的计算可分为施工期,稳定渗流期和水位降落期,简要介绍如下[5]。

3.2.1 施工期

(1)初始孔压计算

①采用单向固结试验(无侧限变形 K_0 条件)

可按下式计算:

$$u=\frac{p_0(e_0-e)}{e-0.98w\dfrac{\gamma}{\gamma_w}} \tag{1.2-1}$$

式中:p_0——大气压力,等于 0.103MPa;

e_0——填土起始孔隙比;

e——与某有效压力对应的孔隙比;

w——起始含水率;

γ——填土密度。

计算时,先用单向固结试验求得 $e-\sigma'$ 曲线,从该曲线得不同有效应力下的孔隙比,分别代入式(1.2-1)求得孔压,并求得相应的总应力,从而求得相应起始含水率 w_1 的 $u=f(\sigma)$,如图 1.2-4a,其平均坡率即孔隙压力系数 $\overline{B}=u/\sigma$。

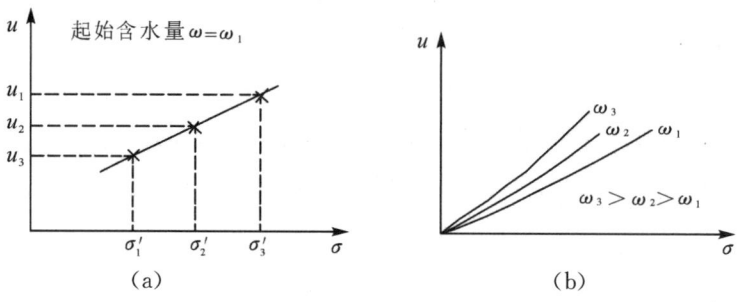

图 1.2-4 孔隙压力 u 与有效应力 σ' 关系曲线

②采用三轴试验测定

可测定 $K_f=\sigma_3'/\sigma_1'$(土体处于极限平衡下的有效主应力比),K_o(静止土压力系数)及任意 K 值下的孔隙压力。试验方法如下:固定一个 σ_3,加不同的 σ_1,得相应的 u 和 σ_3'、σ_1' 及两者比值(σ_3'/σ_1'),以 σ_3 为参变数绘制 σ_1 及 u 与 (σ_3'/σ_1') 的关系曲线,如图 1.2-5 固定某一 $\overline{K}$ 值得不同 σ_3 下的 σ_1,u 值,如图 1.2-6(a)。其坡度即为.取不同 $\overline{K}$ 值可得图 1.2-6(b),其坡度相当于不同 $\overline{K}$ 值的 $\overline{B}$。

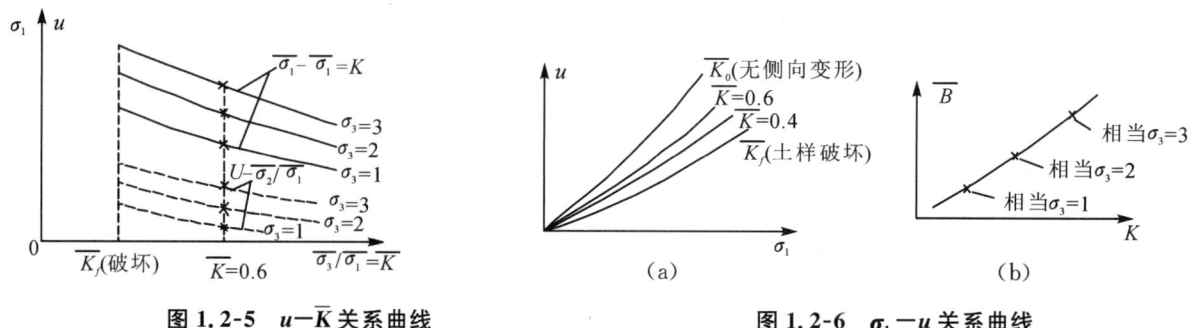

图 1.2-5 $u-\overline{K}$ 关系曲线　　图 1.2-6 σ_1-u 关系曲线

(2)孔压消散计算

此非稳定渗流可按三相二元固结方程(1.2-2)计算:式中 γ、和 C' 可视为常数,计算采用有限元法或差分法进行。

$$\frac{\partial u}{\partial t}=\overline{B}\cdot r\frac{\partial h}{\partial t}+C'\left(\frac{\partial^2 u}{\partial x^2}+\frac{\partial^2 u}{\partial z^2}\right) \quad (1.2\text{-}2)$$

式中:r——土的湿容重;

h——填土高;

t——时间;

C'——非饱和土固结系数,由试验测定

土坝刚完工时的孔隙压力等值线如图 1.2-7 所示。

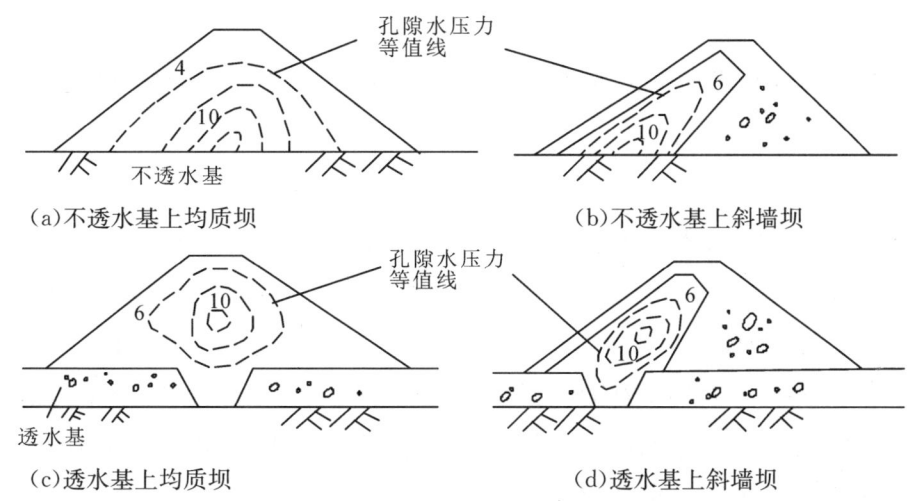

图 1.2-7 刚完工时各种坝型孔隙压力等值线示意

3.2.2 稳定渗流期和水位降落期

稳定渗流期可按流网的等势线求得,如图 1.2-8。

水位降落期要分为可压缩土与不可压缩土两种情况。无黏性土或密实的黏性土可视为不可压缩土,因水位降落后孔隙不变,可绘流网求孔隙压力。对可压缩土,随库水降落总应力改变,孔隙也改变,水位降落期孔压变化值:

$\Delta u = \overline{B} \times \Delta \sigma_1$,此时孔隙压力系数 $\overline{B}$ 可取 1,故 $\Delta u = \Delta \sigma_1$,$\Delta \sigma_1$ 为总应力变化值。水位降落后孔压 $u = u_0 + \Delta u$,u_0 为水位降落前的孔压。以图 1.2-9 为例,可推算出水位降落后 A 点孔压 u_A,如式(1.2-3):

$$u_A = \gamma_w [h_1 + h_2'(1-n_e) - h'] \qquad (1.2-3)$$

式中:h_1——A 点以上黏性填土的土柱高度;

h_2——A 点以上强透水填土的土柱高度;

n_e——强透水填土的有效孔隙率;

h'——稳定渗流期库水到达 A 点的水头损失值。

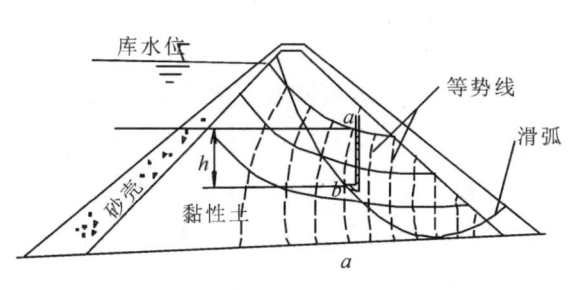

图 1.2-8 稳定渗流期流网

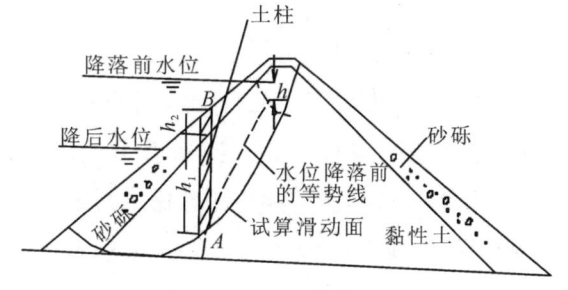

图 1.2-9 水位降落期可压缩土的孔压

对挡水建筑物,外水位的变化将使压实黏土的强度产生重大变化。土的饱和使土发生软化,主要会使有效凝聚力降低较多,有效摩擦角也略有降低,再加上土的容重由湿容重变为浮容重,土中的有效压力大为减小,降低了土体的稳定性。最危险的情况出现在外水位快速下降的时候,这时,渗透水外溢,渗透压力与下滑方向一致,导致土体的安全系数处于最低的状态。因此,对挡水的土质建筑物,外水位骤降是稳定的控制状态。此时的强度参数必须采用完全饱和土样的试验成果,并考虑孔隙(渗透)压力的影响。

由于分层压实施工,填土的密度在每一压实层中是不均匀的,踩层的顶部密度较大,下部靠近两层结合部位的密度较低,是抗滑稳定的薄弱部位。

以上所述可以看出,就压实土来说,强度问题比变形问题更为复杂和重要,研究得也更多,这也是与沉积黏土不同的重要特点之一。

3.3 渗透特性

渗透特性的研究也是压实黏性土的特点和重点之一。压实黏性土的渗透性较低,一般都在 $10^{-6} \sim 10^{-7}$ cm/s,甚至更小,塑性特别高的黏土渗透系数可达 10^{-8} cm/s,用于垃圾填埋场防渗衬垫系统的压实黏土甚至达到 10^{-9} cm/s 量级。应当指出,对多数的土质建筑物不宜选择渗透系数太低的土,因为黏性越低的土施工越困难,造价也越高,而且对工程安全来说也没有太大必要。许多压实良好的土坝,其黏土防渗体在服役期内有的难以达到完全饱和。一般说来,作为防渗用的压实黏土,其渗透系数可控制在 10^{-7} cm/s 左右,且至少小于相邻介质 100 倍就可以起防渗作用了。

压实黏性土具有良好的抗渗性能,可以承受大于 100 的水力比降。在设计中采用 50~80 的水力比降是很常见的。如果水力比降过大,土体可能会发生渗透变形,并在一定条件下导致渗透破坏,这当然是不能容许的。黏性土的渗透变形一般有流土、剥蚀、接触冲刷等形式。在土质建筑物中,为防止出现渗透破坏,往往在黏土防渗体渗流下游方向设置反滤层。

由于分层压实,压实黏性土的渗透特性也具有各向异性,垂直方向的渗透性小于水平方向的十倍至几十倍。抗渗强度也类似,水平方向起控制作用。因此,反滤层必须沿垂直向设置,并且以踩层下部较松的土体为准来设计反滤层。

4 现场碾压试验和施工控制

4.1 现场碾压方法简介

现场碾压试验的目的是验证根据室内试验初步确定的填筑干密度的合理性,这是决定填筑标准的决定性步骤。试验必须在与现场完全相同的条件下实施,故往往在施工开始前进行。碾压试验应设计几种填筑工艺参数,例如,3 种含水率、2~3 种铺土厚度、3 种碾压遍数等,压实机械根据工程实际可能事先已定,也可以选用多种机具进行比较。

碾压试验正式开始前,先在场地底部铺一层相同的土料并压实,然后再摊铺试验的土料,碾压完成后按划定的部位进行取样,以测定含水率和密度,取样应在表面以下某一深度进行,接近底部也要取样。也可对全碾压厚度取样。将测得的数据进行统计,求得均值及不同的分位值,其中 50%(均值)和 90%的分位值(90%的出现率)尤为重要,目前一般以 90%出现率的干密度作为现场的控制值,如果该值与初定的设计干密度一致,则说明所选的设计值是合适的,否则就要设法调整,或改变设计干密度,或改变施工方法(碾压参数、碾压机具等)。下一步是将调整后的填筑标准再在现场进行一次复核碾压试验,以最终验证压实标准。

4.2 现场干密度的控制

应当指出,工程中目前虽以 90%出现率作为填筑质量合格的控制标准,即要求施工检查中,小于该密度的试样数不得超过试样总数的 10%。但我们认为,当评价填土质量时,不如采用平均干密度更为合适。因为在研究土样的代表性问题也好,在压实试验分析及力学试验研究中也好,都以平均值为准进行讨论的。并且90%分位值的试验数量较少，偶然性较大，故不如均值的可靠性更大。有人认为这样做不能保证填土的均匀性，其实，无论规定哪一种合格率都无助于均匀性问题的解决。解决均匀性的根本措施是严格控制施工压实参数，即控制铺土厚度、碾压方法、碾压遍数及含水率要求等。取样检查只能在一定程度上反映填土质量状况，这种成果不可没有，但也不是绝对可靠。若光注意取样合格率，而忽略施工碾压参数的控制，施工质量反而可能得不到保证，虽然有时合格率达到了，但平均干密度可能低于要求值，质量并不均匀。当然，在碾压过程中，要对碾压参数全程进行人力控制也不现实。但近年可采用卫星自动监测的措施，科学又简便。

应当指出，平均干密度是不可能随时统计的，90%干密度不便直接用于现场实时控制。为弥补这个缺陷，可以选定一个最低的下限干密度来控制施工质检干密度。但该值不是绝对的，如果填筑土料未曾浸湿或风干，但压实干密度仍达不到要求，那么只要经过补压即可继续填土，无须推掉重填。但确定下限值时，应注意能保证填土的平均干密度达到要求。

4.3 现场含水率的控制

关于土料施工含水率的控制有不同的看法，有的认为，应对整个料场规定一个含水率的上限值与下限值，在施工时对上坝土料逐个检查，合格者可以使用。这种做法不仅烦琐，而且并无必要。因为即使同一料场，土的性质也有差别，无法找出一个适用于全料场的限值来。所以至多只能对代表性的土得到一个大概的平均值，供料场选择的参考而已，不可能作为施工时能否上坝的尺度。

含水率限值确定的一种方法是，该下限应使土体蓄水饱和时不再发生附加沉降为准。而上限应以不产生过大的孔隙压力为度。上下含水率的变化幅度约在3%~4%。但这种做法是脱离实际的。首先它仅从土的力学性质出发，没有考虑施工的因素；其次，上述技术要求也不仅合理，土坝产生一些沉降也不是不可允许的，压实土的孔压不可能太大，据测定，其全孔压系数 $\overline{B}(=u/P_m$，其中 u 为孔压，P_m 为作用于土体上的垂直压力)仅在0.1~0.2，故上述原则似不适用。

有的以压实土体的饱和度或天然土料的稠度来控制含水率限值，这种观点相对合理些。适当的稠度将便于碾压机械运行，且易于压实，力学性质也较好。一般天然稠度在0.2~0.3可以压实，对应的压实土体饱和度在0.8~0.9左右。但真正要按此控制仍十分困难，实际上正如上述，假如天然冲积土层没有外界因素影响，土将处于其自身需要的平衡含水率状态。对业已论证而选定的料场，保护土料免受雨水和日晒风干的影响才是最重要的。当然，正常施工时含水率也会有一定散失，据丹江口工地测定，在当地施工条件下，含水率会减少1%左右(如图1.2-10)，它不会对施工造成重大的影响。

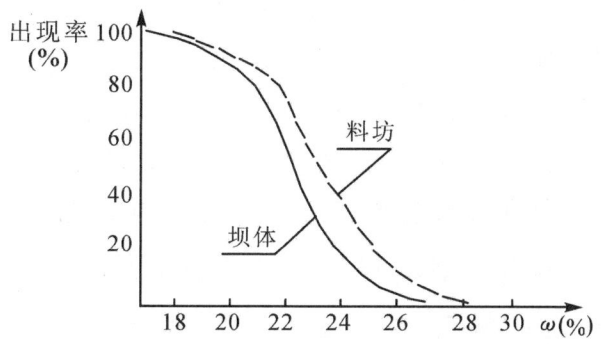

图1.2-10 王黏土料场含水率与坝上含水率的比较

4.4 力学试验试样的干密度选择

以往力学试验的试样采用90%合格率的填筑干密度。我们以为,用于强度和压缩试验的试样均可采用平均干密度的试样,取试验的小值平均值作为依据。因为对土坝沉降而言是从全部坝高着眼的,平均密度最具代表性。而对强度而言,坝坡稳定计算的滑弧体都有一定的厚度,而且计算用的强度参数取值也有一定的安全度。至于渗透试验的试样宜选用密度较低的试样,并取试验的大值平均值作为依据。

5 丹江口土坝压实黏性土的土料设计研究

5.1 土坝概况

丹江口水利枢纽中土坝不是主坝而是副坝,分布于大坝左右两侧。其中,左岸土坝全长1200m,分为5个坝段,即自左至右:王大沟、先锋沟、尖山、张芭岭和左联,最大坝高60m。坝型除个别坝段为砾石土均质坝外,均为斜(心)墙坝,防渗体有压实黏土,压实黏性砾石土,也有些压实壤土或黏壤混合土(图1.2-11)。右岸土坝很小,不在此讨论。

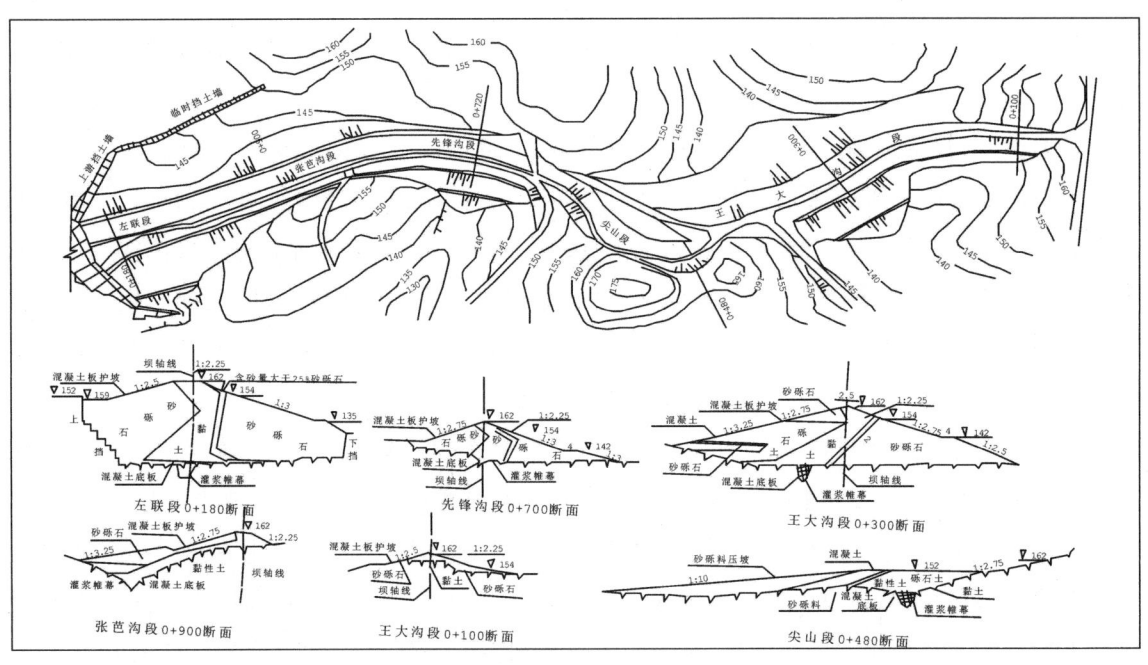

图1.2-11 丹江口左岸土坝平面及各坝段典型断面(王大沟坝段改为砾石土均质坝)

土料取自河流两岸的一、二、三级台地上,因水流冲刷形成很多冲沟和条形岗地。土层表部为黏土,向下黏粒减少而变成壤土和砂壤土。土料天然含水率变化较大,且偏高,壤土的性质尤为特殊,天然密度低,平均仅1.52g/cm³,压实性差,将给使用带来一些问题。

黏性土填筑干密度标准曾多次变化,走过一些弯路。受当时高填筑标准的影响,曾提出过1.70g/cm³的高指标,以后在初步设计阶段,黏土的填筑标准改为1.65~1.67g/cm³,壤土改为1.70g/cm³。事实上,这些指标都无法达到。1966年施工期间又不得已改为:黏土1.58g/cm³,壤土1.55~1.50g/cm³。情况表明,后者比较符合实际。按此控制的填筑标准不仅施工方便,质量得到保证,而且运用的情况良好。因此,这是一次压实土料设计的有意义的实践,其经验教训值得记取。

5.2 土料的基本性质

左岸土坝主要采用糖梨树沟黏土料场(简称糖黏土)和王家营黏土、壤土料场(简称王黏土和王壤土),基本特性如表 1.2-1 所示。

表 1.2-1 丹江口土坝料场土料基本性质统计

土料	天然含水率	天然干密度	液限	塑限	塑性指数	黏粒含量	比重	备注
糖黏土	$\dfrac{19.9\sim29.4}{23.8}$	$\dfrac{1.42\sim1.66}{1.56}$	$\dfrac{35.7\sim46.7}{40.9}$	$\dfrac{19.2\sim24.1}{21.2}$	19.7	$\dfrac{39\sim45}{40}$	$\dfrac{2.70\sim2.73}{2.71}$	无分料场
王黏土	$\dfrac{15.2\sim32.1}{22.9\sim26.9}$	$\dfrac{1.47\sim1.65}{1.54}$	$\dfrac{34\sim54}{41\sim45}$	$\dfrac{20\sim28}{22\sim25}$	19.6	$\dfrac{30\sim56}{39\sim44}$	$\dfrac{2.71\sim2.76}{2.74}$	4 个分料场
王壤土	$\dfrac{10.7\sim48.6}{19\sim26.1}$	$\dfrac{1.42\sim1.54}{1.52}$	$\dfrac{27\sim43}{30.5\sim37.0}$	$\dfrac{17\sim25}{19\sim22}$	$\dfrac{11.5\sim15}{13.5}$	$\dfrac{14\sim29}{22\sim23}$	$\dfrac{26.8\sim27.8}{22\sim26}$	5 个分料场

天然土料含水率分布曲线如图 1.2-12 示。

从上述资料可认识到:土料的塑性较高,且不均匀,粒径组成和塑性界限变化很大,故天然含水率也必然变化大。经矿物鉴定,土中含有较多蒙脱石类和伊利石类黏土矿物,因此土料的压实性差,天然密度不高,尤其是壤土,应引起注意。

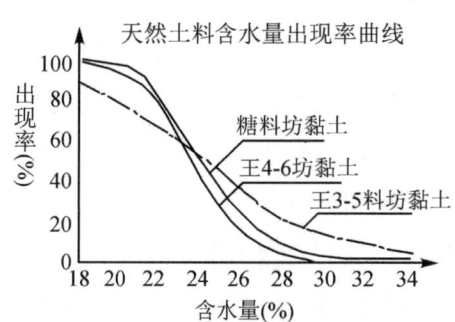

图 1.2-12 天然土料含水率出现率曲线

5.3 击实试验及设计干密度的初步建议

按照前述的思路,为了求得每种土料的适宜击实功能,进行了不同击数的击实试验,其成果如图 1.2-13 所示。

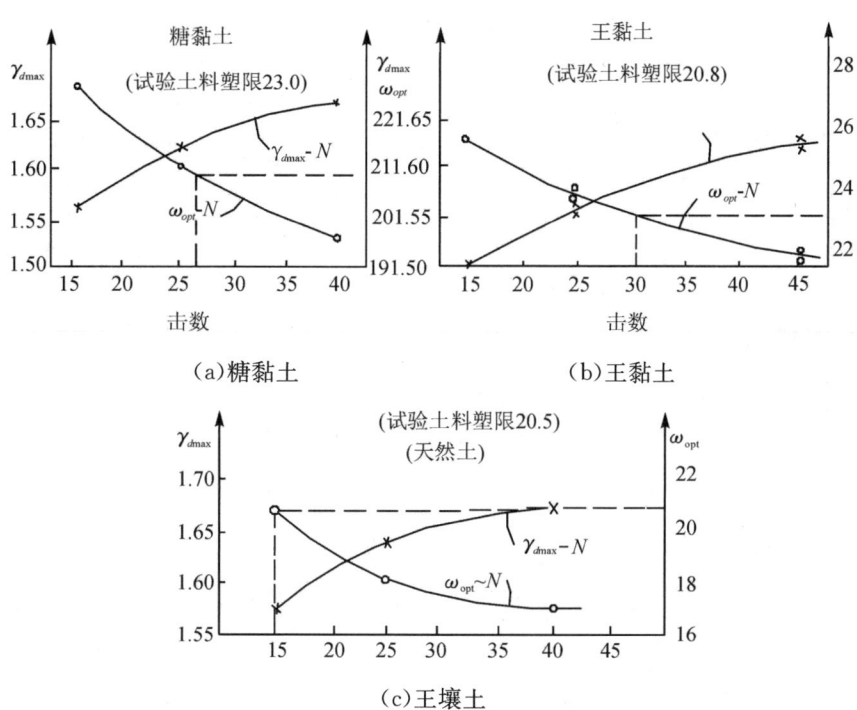

图 1.2-13 不同击数的击实曲线

从三个图可见,糖黏土的适宜击实功能为 25 击,王黏土和王壤土各为 30 击和 15 击,为简单见,选定糖黏土和王黏土的适宜击实功能均为 25 击;王壤土为 15 击。此表明,两种土料承受功能的能力不同,但这是与土的特性相适应的。因为据有人研究,黏土的机械强度一般为 $10\sim18\text{kg/cm}^2$,而壤土一般仅有 $5\sim10\text{kg/cm}^2$。

适宜击实功能下的击实曲线如图 1.2-14 所示。

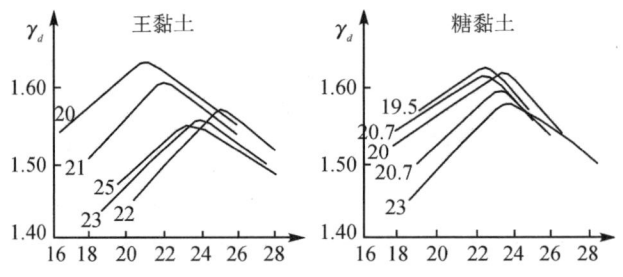

图 1.2-14 适宜击实功能下的击实曲线

根据上述击实曲线,并考虑 2.6 节中的试样代表性问题,得到各料场土的代表性最大干密度为:糖黏土 1.61g/cm^3;王黏土 $1.58\sim1.59\text{g/cm}^3$;王壤土 1.57g/cm^3,将此结果乘以施工条件系数 0.97,得初步填筑控制干密度(90%保证率)各为:1.56g/cm^3,1.54g/cm^3 和 1.52g/cm^3。

5.4 碾压试验验证

丹江口土坝的碾压试验曾做过多次,既有制备土的也有天然土的,在较优的填筑参数下,获得的碾压试验成果如下[6]。

(1)糖黏土碾压试验成果

1966 年进行过天然土与制备土的气胎碾碾压试验,1967 年又在坝上进行了天然土试验,成果如图 1.2-15。

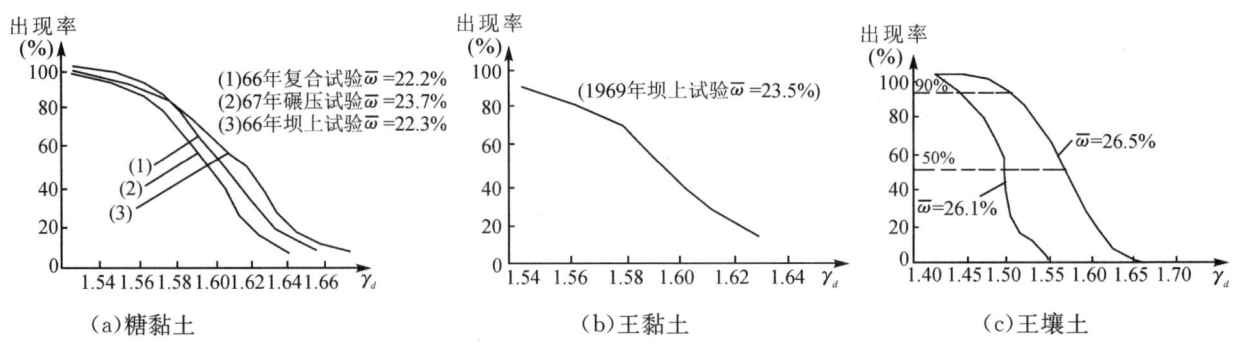

图 1.2-15 天然土的碾压试验成果

试验土料含水率为 22.2%~23.7%,略小于料场平均天然含水率,考虑到施工中含水率的散失,估计该含水率可反映天然的情况。碾压试验的平均干密度为 $1.60\sim1.62\text{g/cm}^3$,出现率 90% 干密度为 $1.56\sim1.57\text{g/cm}^3$。因此,初定的填筑控制密度定为 1.56g/cm^3 是合适的,平均干密度则应在 1.61g/cm^3 以上。

(2)王黏土碾压试验成果

1964 年、1966 年进行过几次碾压试验,1969 年结合施工又进行了天然土的碾压试验。土料含水率均值为 23.5%，接近料场的平均含水率，用气胎碾压 12 遍，平均干密度为 1.60g/cm³，出现率 90% 的干密度为 1.54g/cm³，接近击实试验成果，所以初定的填筑密度标准是合适的。

(3) 王壤土的碾压试验

早期做过几次碾压试验，采用制备土进行，因含水率较低，所得的干密度偏高，平均干密度达 1.63g/cm³。1966 年结合施工采用天然土又进行了现场碾压试验，成果如图 1.2-15(c) 所示。由于王壤土试验土料的天然含水率平均为 21.5% 和 26.1%，偏离料场天然平均含水率 23.5% 较远，故采用内插的方法求得相应于 23.5% 含水率的成果如图 1.2-16 所示。

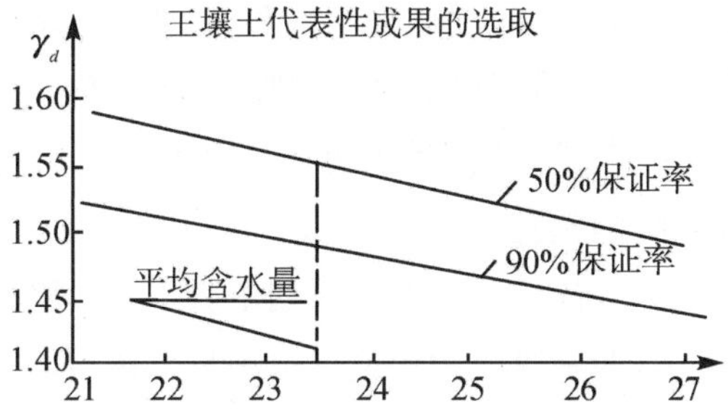

由此求得相应于料场天然平均含水率的平均干密度和 90% 保证率干密度分别为 1.55g/cm³ 和 1.49g/cm³，依此，确定王壤土的填筑标准为 1.50g/cm³，平均干密度应达 1.55g/cm³。

图 1.2-16 对应于平均含水率的干密度值

现将丹江口土坝各料场的填筑控制干密度汇总如表 1.2-2：

表 1.2-2　　　　丹江口土坝各料场的填筑控制干密度（g/cm³）

填筑标准/土料	糖树沟黏土	王家营黏土	王家营壤土
90% 出现率干密度	1.56	1.54	1.50
平均干密度	1.61	1.60	1.55

5.5 力学性质试验校核

不同密度的压实土力学性质的试验成果示于图 1.2-17 和图 1.2-18。

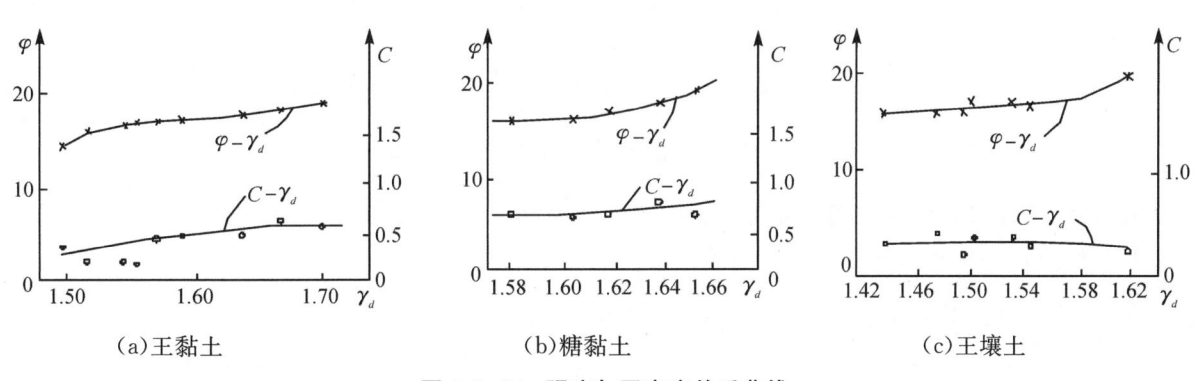

(a) 王黏土　　　(b) 糖黏土　　　(c) 王壤土

图 1.2-17 强度与干密度关系曲线

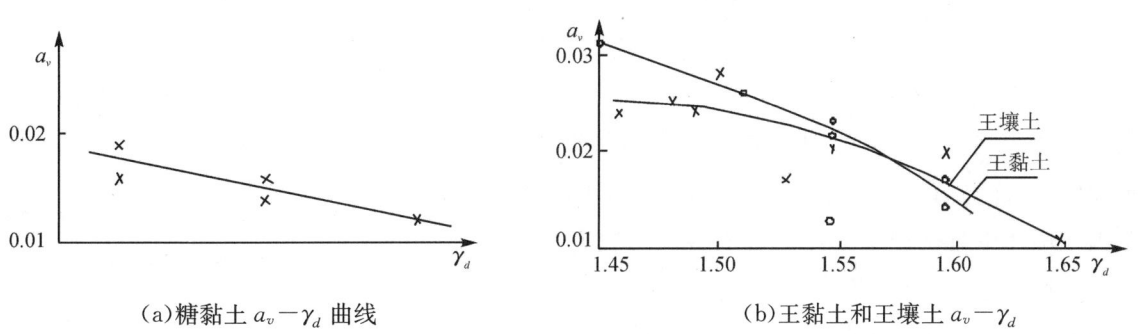

(a) 糖黏土 $a_v - \gamma_d$ 曲线　　　(b) 王黏土和王壤土 $a_v - \gamma_d$

图 1.2-18 压缩系数与干密度关系曲线

从上述成果不难看出:

(1)在填筑标准附近,强度未随密度有太大的变化,故认为提高密度对稳定意义不大;

(2)压缩试验采用饱和土进行。100~300kPa下的压缩系数与密度呈直线关系,因此提高密度可降低土坝的沉降量。对应于填筑密度,糖黏土40m高填土的沉降率约2%,王黏土和王壤土约3%~4%。考虑到试验的试样采用饱和土,变形计算用分层总和法,故计算沉降值可能偏大,估计实际沉降率在2%左右。如果有可能降低沉降,应予力争,否则,也可采取其他结构措施。但左联段的沉降状况应予以特别关注,该段坝高变化较剧(如图1.2-19),应注意沉降不匀造成的局部开裂。

(3)渗透试验的成果列于表1.2-3和图1.2-20。在填筑密度下,两种黏土的渗透性可满足要求,而王壤土在干密度为1.47g/cm³时,渗透系数K将大于10^{-5}cm/s,但当干密度提高到1.50g/cm³时,K值在5×10^{-6}cm/s左右,故王壤土的坝上压实干密度不应低于1.50g/cm³。

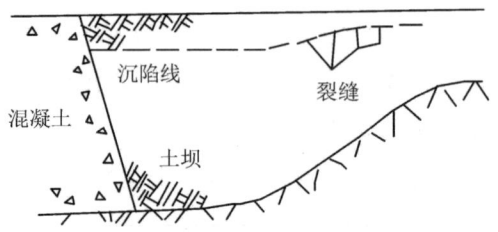

图1.2-19 左联段土坝断面

表1.2-3 丹江口土坝黏性土渗透试验成果

土料	干密度(g/cm³)	含水率(%)	渗透系数(cm/s)
糖黏土	1.56~1.59	21.0~24.3	1.2×10^{-8}~6.9×10^{-9}
王黏土	1.52		6.5×10^{-8}

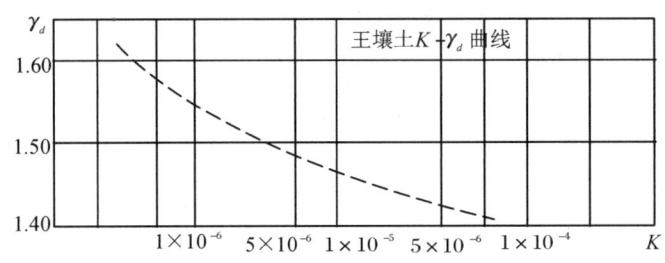

图1.2-20 王壤土渗透系数与干密度关系

总的看来,所建议的填筑控制标准是合适的。当然如有可能适当提高王黏土的密度应予力争,同时,王壤土的最低填筑密度不应低于1.50g/cm³。

5.6 丹江口土坝的实际填筑情况及几点体会

糖黏土和王黏土的填筑质检情况示于图1.2-21。可以看出,施工基本上达到了规定的压实标准。现场原位沉降测定成果显示,在两年施工期中,糖黏土填筑坝段填土的单位沉降量为1.8%,若自施工以来的4年计,则为2.1%~2.7%,均接近计算值;王黏土坝段两年的单位沉降量为1.94%,略小于计算值。在几年的运行中,土坝工作正常。王壤土因在坝体中与黏土混合填筑,没有专门的观测资料。

图1.2-21 坝体实际填筑干密度数据统计

在施工过程中的几点体会:

①前面提出的平衡含水率、适宜击实功能等概念是科学的、必要的。

②干法和湿法都有片面性,都与顺应自然的观念相悖,而本文建议的填筑干密度的确定原则等建议是合乎实际的,应用也是成功的。

③我们认为,常用的填筑干密度保证率(以出现率90%为度)似乎难以应用,不如采用平均干密度(50%出现率)作为衡量填筑质量的依据,并同时规定干密度的下限值更合理。

因为在上面的全部叙述中可以看到,无论是研究土样的代表性也好,室内外压实试验成果分析也好,抑或力学试验成果的研究也好主要是取用平均值进行讨论的。同时平均值比90%值的可靠性大得多,因为前者的数据量多。有人认为,这样不能保证填土的均匀性,其实,无论规定哪一种保证值都无助于解决填土的均匀性问题,因为取样检测仅能反映部分质量情况,只有严格控制压实施工参数(铺土厚度、碾压方法、碾压遍数及土料是否合乎要求等),并在施工中严格执行,才是根本的措施。而施工中实际上就以下限值进行控制,并经常计算干密度的平均值(在当今,这是很容易做到的),以此来评价填土的质量。对于丹江口土坝来说,填筑平均干密度可取用适宜击实功能最大干密度的0.99~1.01,即糖黏土1.61g/cm³,王黏土1.60g/cm³,王壤土1.55g/cm³。而参考性的下限值可取平均干密度的0.96~0.97。

5.7 压实黏性土小结

压实黏性土是土坝、堤防、挡土墙、道路等工程中经常遇到的课题,也是土力学中的一个老课题。但以往实践中存在一些并不具有普遍性的做法或观念,常给工程造成困惑。本文根据丹江口工程的实际情况,提出了一些新的做法或认识,如平衡含水率、适宜击实功能的概念,设计干密度的确定方法,施工质量的控制问题等,在当时都是新的认识,对今后类似工程具有参考意义。现将主要结论叙述如下:

(1)压实黏性土具有与原状沉积黏性土不大相同的特性,使用中也有不同的思路和关注点,因此应作为一个独立的课题加以研究;

(2)压实黏性土的核心问题是填筑控制干密度的确定,以往存在的干法或湿法都有片面性,应从土的本身特性出发考虑,以符合顺应自然的理念;其中天然含水率的分析十分重要;

(3)天然土的平衡含水率概念是科学的,实践中也证明是合乎实际的。一般,该值与其塑限含水率接近,差别在2%以内;

(4)击实试验中应注意采用与该土相应的适宜击实功能,并以此作为初选填筑干密度的主要依据;

(5)碾压试验是核定现场填筑控制干密度的决定性步骤,在试验中应采用施工中实际土料进行试验,也要采用天然土进行校核;

(6)现场质量控制中,出现率90%的干密度仅能起参考作用,平均干密度似更有价值,而要保证质量的均匀性,最主要的是严格控制填筑施工参数,并认真执行;

(7)填筑土体的强度和变形特性试验可采用平均干密度,取用小值平均值;而对渗透特性应用较低密度的试样,取用大值平均值。

6 砾石土特性研究概述

6.1 前言

砾石土是一种以粗颗粒(最大粒径达200mm以上)为主,也有一定细粒土的混合土。它系第三纪冲积——洪积物或第四纪河流堆积物。在这种土料中粗颗粒在土体中起骨架作用,而细粒土则大多充填于粗颗粒的空隙中,由此组成了土体的结构。

这种沉积土在我国许多地区广泛地分布着,但以往作为筑坝填土使用不广,作为防渗料使用尤其少,对其性质的缺乏研究。近年来,根据工程中提出的问题,对砾石土的性质和施工工艺等各方面进行了试验研究,得出了一些认识,并在施工实践中检验和加深了这些认识。

本章节就是以这些试验工作和施工经验为基础写成的。内容包括以下几个方面:砾石土的组成成分,砾石土级配的研究,各项力学性质,砾石土的施工工艺和施工参数,最后根据上述分析,对砾石土尤其对黏性砾石土的工程性质作了初步的评价。

黏性砾石土是一种冰碛土,以往对它研究甚少,本次研究基本上是在探索中前进的,难免存在某些盲目性,但也因此而有一定的创新性,尤其是这些研究成果立即在工程中应用检验,因此,也有它的实用性。为此,将它介绍于此是有价值的。

这里所说的骨架作用,不一定是指粗颗粒已在土体中形成完整的骨架,而是指粗颗粒互相搭接形成部分骨架时对砾石土性质所起的作用。

6.2 影响砾石土工程性质的因素

前已指出,砾石土是由粗颗粒和细粒土两部分组成的。该两部分的性质和含量的变化,都会影响土料的性质,这样就使得砾石土的性质比较复杂。

一般情况下,砾石土往往既具有黏性土的某些特征,又具有砂性土的某些特征。依细粒土中黏粒的含量和矿物成分的活动性,使砾石土显示出偏于黏性土或偏于砂性土的性质,从而把砾石土分为黏性砾石土和砂性砾石土两种。对于一般粗颗粒起骨架作用,而细粒土又能填满空隙的沉积形成的砾石土,可依其细粒土的塑性指数,作为区别黏性和砂性的标准,细粒的塑性指数$\geqslant 17$者称为黏性砾石土,细粒的塑性指数<17者称为砂性砾石土。

除了细粒土的性质以外,粗颗粒的含量也是影响砾石土性质的主要因素之一,尤其是对同一个料区来说,砾石土中粗粒含量可变化很大,为了恰当地使用同一料区的土料,研究不同粗粒含量对砾石土性质的影响,往往是试验工作的重点之一。

此外,粗颗粒的形状和大小,及其坚硬程度,也对砾石土的性质有些影响,但是根据专门安排的试验证明,这种影响与细粒土性质和粗粒含量的影响相比,就显得不很重要。

由此看来,当我们开始研究一种砾石土时,必须首先注意其中细料的性质(细料中黏粒的矿物成分,黏粒的含量及性质等),以评价细料对砾石土的作用。此后,不同粗粒含量的影响就是砾石土工程性质研究中的主要内容了。

6.3 砾石土的组成成分

几种典型砾石土料各组成部分的基本性质介绍如下,如表1.2-4。

6.3.1 <0.5mm粒组的物理性质

表1.2-4　　　　　　　　　　　　<0.5mm粒组的物理性质表

土号	比重	流限	塑限	塑性指数	缩限	黏粒含量	胶粒含量	活动性指数	自由膨胀量%
A_1	2.69	43	21	22	13	31	18	1.2	47
A_2	2.69	51	26	25	12	42	25	1.0	46
A_3	2.71	51	23	28	11	46	34	0.82	42
B_5	2.71	25	14	11	13	18	13	0.85	20
B_7	2.71	29	16	13	15	25	18	0.72	27

6.3.2 <2μ粒组的化学性质

2μ粒组的化学性质见表1.2-5。

表1.2-5   <2μ粒组的化学性质表

土号	SiO_2	Fe_2O_3	Al_2O_3	CaO	Mgo	SiO_2/Al_2O_3	阳离子交换量(毫克当量/100克)		
							总量	Ca^{++}	Mg^{++}
A_1	49.82	9.29	26.15	3.92	1.18	3.28	69.28	37.55	14.36
A_2	48.87	10.84	26.97	3.61	1.26	3.08	64.10	40.21	14.27
A_3	48.44	10.87	26.74	3.77	1.14	3.07	61.51	30.10	18.06
B_7	47.08	12.57	26.41	3.05	1.46	3.03	56.12	34.05	12.64

6.3.3 <0.5mm粒组的主要黏土矿物含量

根据化学分析，X射线衍射，差热分析和电子显微镜照相等结果，对<0.5mm粒组中主要黏土矿物组成的大致含量，进行了粗略的估算(表1.2-6)。

表1.2-6   <0.5mm粒组的主要黏土矿物成分表

土号	<2从粒组中黏土矿物的相对含量(%)		<2从粒组在0.5mm中的相对含量	<0.5mm粒组中黏土矿物的含量(%)		<0.5mm粒组在全级配土料中含量(%)		砾石土全级配料中黏土矿物的最大含量(%)	
	伊利石	蒙脱石		伊利石	蒙脱石	平均	最大	伊利石	蒙脱石
A_1	35	60	18	6	11	6	18	1.1	2.0
A_2	45	50	25	11	12.5	5	16	1.8	2.0
A_3	50	45	36	8	16	7	16	2.9	2.6
B_7	55	40	18	9	7	6	7	0.6	0.5

从后来的研究得知，土料中黏土矿物的含量，尤其是蒙脱石的合理对砾石土的力学特性，包括强度、变形和渗透性，以及压实特性等都有极大的影响。蒙脱石含量与细料的物理性指标之间有着较好的线性相关[8]。

6.3.4 砾石土粗颗粒的成分和形状

砾石土粗颗粒的成分和形状见表1.2-7。

表1.2-7   粗颗粒的成分和形状统计表

土号	粗粒成分(%)					风化情况(%)		粗粒形状(%)		
	石英岩	石英砂岩	石化灰岩	砂岩	其他	弱风化	强风化	针板状	椭圆状	其他
A_1、A_2	38	40	17	0.5	9	4	25	73	2	
A_3	49	9	3	13	26	7	4	20	74	6
B	33	12	32		23	5	8	13	5	82
B_7	26	16	40	4	14	17	5	13	12	75

6.4 对砾石土性质的初步认识

从上列的资料中,可以对土料的性质得出如下的认识:①所研究的砾石土基本上可分成二类,A类属黏性砾石土,B类属砂性砾石土。②A类砾石土的细料具有较高的塑性,系其中含有较多的蒙脱石类矿物所致,虽就总量说来,蒙脱石类矿物占砾石土全料的比例不很大,但从后面分析可看到,它将对砾石土工程性质带来很大的影响。③B类砾石土中活动性矿物较少,塑性指数也较低,这类砾石土将偏于砂性土的性质。④砾石土的粗粒中,风化颗粒不很多,而A类砾石土的粗颗粒尤为坚硬。颗粒的形状多呈扁圆状,棱角很少,这是与砾石土属冲积——洪积沉积物的成因有关的。

7 砾石土的级配分析

上文已指出,砾石土的级配是影响砾石土性质的主要因素,砾石土的级配研究十分重要。鉴于砾石土的级配很不均匀,同一料区内级配的变化范围很大,如何恰当地分析料场的级配,是个很现实的问题。在级配分析中应解决以何种粒径作为粗细料的分界粒径;用什么方法对砾石土的级配进行统计[6];取何种级配土料进行砾石土性质的研究。

从级配频率曲线上(图1.2-22)看到,砾石土级配呈双峰型,把土料明显地分成粗细二部分,以5mm作为粗细料的分界粒径,并以P5代表砾石土中大于5mm的粗粒含量。

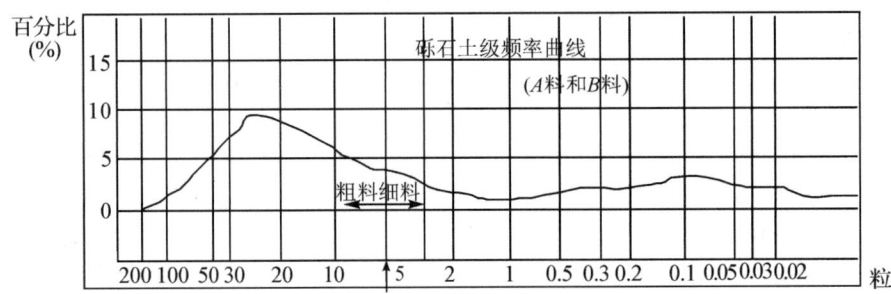

图1.2-22 级配频率曲线

对于砾石土的级配,建议采用一种土料方量百分率级配曲线(简称百分率级配曲线)的办法进行统计[9],这种级配曲线表明了料场中各种级配与各该级配所代表的土料方量的关系。例如,90%级配曲线,系指该料区中有90%土料的级配比该级配更粗些;50%级配曲线系指该料区中有一半土料的级配比该级配更粗些,即是料区的平均级配。依此,料区级配范围的上包线,即为100%级配曲线,下包线即为0%级配曲线。

百分率级配曲线的绘制方法是,在料区勘探布孔时,注意到土料方量的料区中的分布情况,力求各个料区级配试验次数与方量的多寡成比例。从勘探试验的级配资料中,对大于某粒径的粗粒含量按大小加以排列。然后在序列中找到出现某百分数的含量,例如序列中若有一百个点子,则从大到小第九十个点子即为该粒径出现90%的含量。依次,可找到出现不同百分数的含量,把不同粒径的相应于出现同一百分数(例如90%)的含量的各个点子连起来,即可得到一条级配曲线,称之为90%级配曲线。相应于不同百分数可得到一组曲线,即为该料区的土料方量百分率级配曲线组。A料区的百分率级配曲线组示于图1.2-23。

在砾石土性质的研究中,可以取用三种典型级配。

(1)平均级配(50%级配曲线)

料区的平均级配代表填筑土体级配的平均情况,研究各项力学性质时,均应取用这种级配,而变形试验中仅取此一种级配进行研究即可。

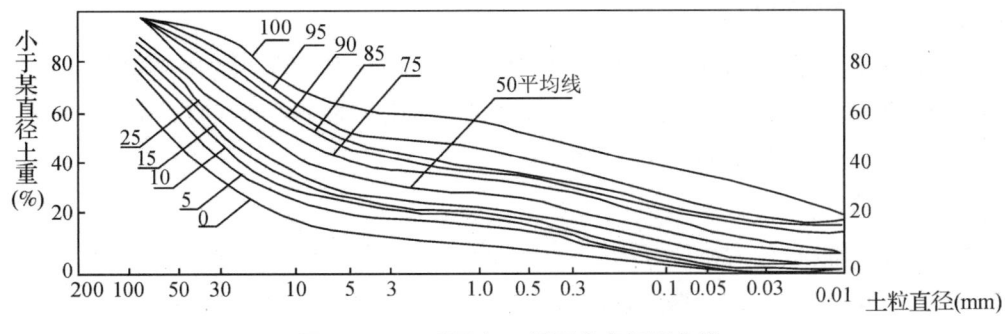

图 1.2-23 砾石土 A 料百分率级配曲线

(2)外包级配(100%和0%级配曲线)

为控制土料级配最极端的情况,可以用外包线进行验证性试验。例如强度试验中可用100%线,渗透试验中可以用0%线。

(3)特征级配

考虑到有些设计问题中,不宜直接取用平均级配或外包级配的成果进行分析,因此在砾石土某些性质的研究中有必要寻求一种适应该项性质的、在级配与该性质的关系中具备某些特征的级配进行试验研究,我们称之为特征级配。例如填土边坡稳定分析中,若用平均级配或上包级配的成果进行计算,就嫌过于冒险或过于安全,因而就有必要选择一种介乎平均级配和外包级配之间的土料进行试验。对于图 1.2-23和图1.2-24的二种土料,我们是这样选择强度试验的特征级配的。

对于 A_1 料:制定几种不同百分率级配土料,在相同的条件下进行强度试验,依求得的成果绘制($\sigma_1-\sigma_3$)—$P_{0.5}$%(指>0.5mm 颗粒含量)的关系,如图 1.2-23 示。从图中发现,强度在 $P_{0.5}=65$%,即相当于75%级配处发生转折,可能反映砾石土粗细颗粒的结构排列突变,以该级配为界发生较大的变化,故选定75%级配为 A 料强度试验的特征级配,所得的成果可以作为土坡稳定计算指标的主要依据。在压实试验中也可取用该种土料进行试验。

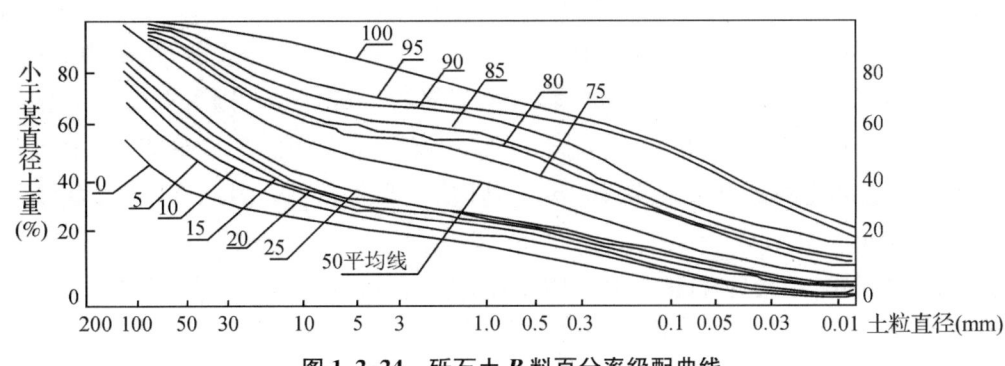

图 1.2-24 砾石土 B 料百分率级配曲线

应该估计到,A 料中有25%土料的强度会比特征级配的强度要低。但是在一般机械化施工中,常用立采法挖土,有助于土料级配的均匀化,而 A 料又是一种黏性砾石土,施工实践证实,黏性砾石土在施工中的级配分选现象不严重,因此级配较细的土料的填筑中不致集中而形成薄弱面。

对于 B 料:因属于砂性砾石土,施工较易分选,而且从级配百分率曲线发现,B 料的级配比 A 料更分散,因此选择85%级配作为 B 料的特征级配。

8 砾石土的压实性质

8.1 试验方法及压实机械

除了用上述 A、B 两种料作试验外,同时,考虑到 B 料土场有不同程度的壤土覆盖层,曾提出壤土与 B 料立采混和使用的课题,对混合料(简称 O 料)作不同掺和比例的压实性试验。室内试验仪器为大型击实仪,碾压试验主要用气胎碾和机械夯,分述如下:

(1)大型击实试验

砾石土含有许多粗颗粒,最大粒径可达 200mm 以上,从土料级配的频率曲线(图 1.2-22)上看出,曲线呈双峰型,在粒径 30mm 左右出现峰值,特大粗粒较少。因此将少量较大粗粒舍弃,并将舍弃部分以仪器所容许的较小的粗颗粒等量代替,控制试样的最大粒径和仪器直径比值在 1/5 以内。针对内径 25.24cm、高 24cm 的击实筒,试样最大粒径 50mm,超过者(一般占 15% 左右)以等量的较小的砾石代替。击锤每击的比冲量略小于一般用于黏性土试验的南型击实仪,功能与南型击实仪常用的功能相同,结构类似。击锤重 12.5kg,圆底直径为 12.6cm,落距 46cm,分三层击实,每层击数为 36,60 和 96 击三种,相应的功能为 51.8t·m/m³,86.3t·m/m³ 和 137.9t·m/m³。

选取代表性的土料(主要应注意细料的代表性),用风干土过筛分级。对于砾石表面附着的小于该粒组的土料,可先取样洗筛求其含量,计算各粒组重量时予以考虑。按要求含水率加水拌和均匀,闷一天以上然后做试验。

(2)碾压试验

气胎碾:采用 22.5t 六轮气胎碾,对不同的土料含水率,铺土厚度,碾压遍数和不同轮胎内压力,进行比较试验,试验过程应尽可能与施工过程一致。用灌砂法测求容重,试坑直径一般在 25cm 左右,考虑到砾石土的不均匀性,每一组合试验取样都在 16 个以上。含水率则用炒干法求得。试验表明,用汽胎碾压实砾石土效果较好。

机械夯:用重 2.1t,直径分别为 90cm 和 110cm 两种夯板作试验,用套夯法连续夯击到要求遍数,以利用土体空隙中空气的排出。用灌砂法分上下层取样测求容重。

在重量不变的情况下,夯板的夯实效果和参数与夯板直径有关。直径 110cm 的夯板比直径 90cm 的效果为好,主要是由于 90cm 夯板的冲击力远超过砾石土的极限强度,土层表面 20cm 内剪损,土体松散。例如铺土 80cm,落距 2.5m 的夯实土层,上部的容重比下部低 0.05t/m³。随着夯板落距增大,容重显著降低,最优落距为 1.5m(相应的比冲量 0.17 kg-s/cm²),小于一般采用的 2~3m 落距。而直径 110cm 的夯板,落距 2m 时,相应的比冲量为 0.14 kg-s/cm²,其压实效果仍较好。因此,可以认为,夯具的比冲量不应超过 0.2 kg-s/cm²。

试验还表明,用拖拉机作碾具时,铺土薄,遍数多,所能达到的干容重较气胎碾低 0.10 t/m³ 左右,压实效果较差且不经济。

必须指出,有时碾压法和夯实法虽然达到了同一密度,但压实土体的结构有很大差异,前者的性质好于后者。比较碾压与击实试验成果,可以认为碾压试验与击实试验成果可以互相印证,大型击实 60 击与 22.5t 气胎碾压实的效果相近。击实的最优含水率略高于碾压的成果,这可能是由于土料级配的误差及击实时大于 50mm 粗颗料被替代而引起的。碾压试验与室内击实试验不能互相替代,而是互相补充的,击实试验的条件控制较严,可以较细致地研究砾石土的压实性能,但其所得成果应在碾压试验中加以验证。而选择合宜的砾石土填筑参数,则唯有在现场碾压试验中才有可能。

8.2 压实特性分析

鉴于砾石土的复杂性和不均匀性,研究砾石土性质时,就必须找出影响其性质的诸多内在因素。假如砾石土中含有黏性的细料(虽所占百分比不大),则其性质与砂砾石就有质的区别,且具有黏性土的许多特性。同时,由于砾石土还含有许多粗颗粒,又使其具有一般砂砾石的某些性质。砾石土性质的这种特点,随着细料中黏粒含量和矿物成分不同以及粗料含量的多寡而有所差异。因此,必须首先对粗细两部分的具体情况进行分析,然后再研究砾石土与一般土料相同的共性和不同的特性。对其在压实性方面的表现做如下分析。

(1) 压实曲线

砾石土的击实曲线(图 1.2-25)与黏性土相似,每一功能下都有一个峰值,对应着最大干容重 r_{dmax} 和最优含水率 ω_{op},这反映了砾石土对含水率的敏感性。击实曲线的斜率,在 $\omega<\omega_{op}$ 区间内较小,而当 $\omega>\omega_{op}$ 时,容重随含水率的增加降低得更快。对于同一土料,随着功能的增加,r_{dmax} 增大,而 ω_{op} 减小。

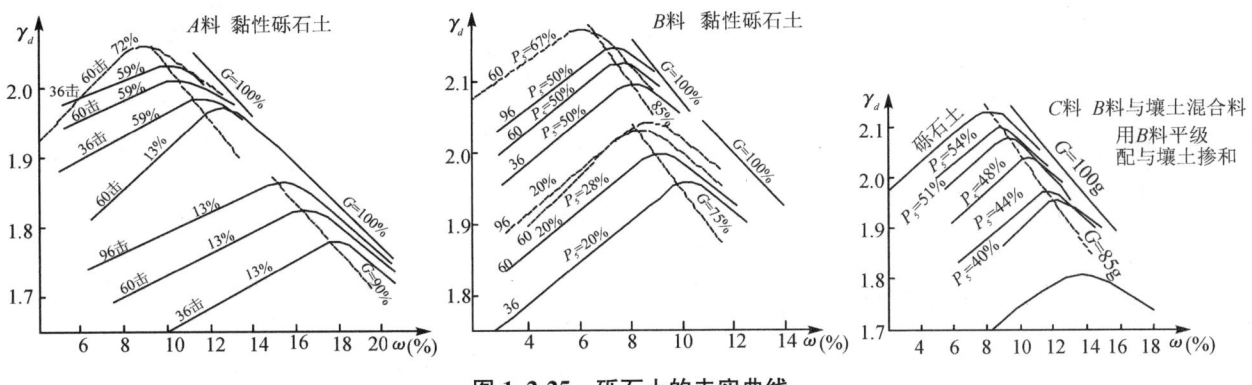

图 1.2-25 砾石土的击实曲线

为了解砾石土最优含水率的实质,安排了如下试验:在击实试验时,除测定全级配料的含水率外,还测求细料部分的含水率,与此同时,用南型击实仪作纯细料的击实试验。由试验成果(表 1.2-8)的比较得出,全级配料试验测得的细料 ω_{op} 与相同功能下纯细料试验的 ω_{op} 相近,而且它的数值随着细料黏性的增大而增大,说明了砾石土的最优含水率主要决定于细料的含水率。同一砾石土料(细料性质及粗粒含量相同)的全级配含水率与其细料含水率之间呈直线关系(如图 1.2-26),因此施工时,如有必要可用细料含水率来控制全级配料的含水率。

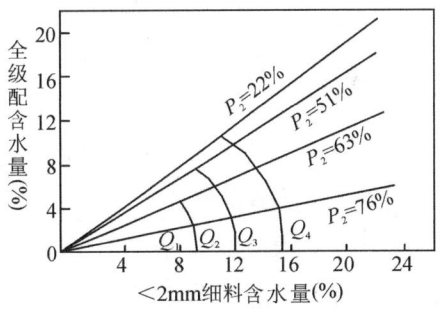

图 1.2-26 全料含水率与细料含水率的关系

表 1.2-8　　　　　　砾石土全级配料与<2mm 细料的击实试验成果

土料	南实仪<2mm 细料试验 ω_{op}(%)			大型击实仪全级配料试验 ω_{op}(%)					
				36 击		60 击		96 击	
	15 击	25 击	40 击	全料	细料	全料	细料	全料	细料
A	22.6	19.9	19.1	11.4	20.4	10.5	19.2	10.0	18.4
B	14.0	13.4	12.5	9.2	15.5	8.7	14.5	8.2	13.6

注:细料含水率是用<2mm 粒级测定的。

（2）细料组成对压实性的影响

在相同粗粒含量情况下，砾石土的细料含量愈大，则 γ_{dmax} 愈小，ω_{op} 愈大（表1.2-9），而且就试验的几种土料看，最大干容重与塑性指数呈现直线关系（如图1.2-27）。由于粗粒是不可压缩的，当粗粒含量较少，细料足以填满粗颗粒之间的空隙时，可以认为砾石土的压实性基本上由细料决定。细料的压实性好，砾石土即可达到较高的容重，反之则砾石土的压实性也较差。

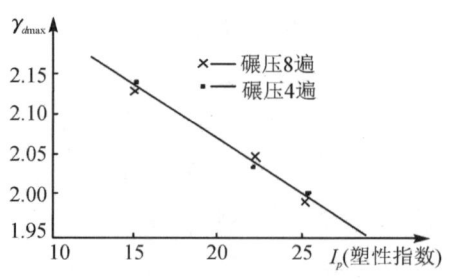

图1.2-27 压实干容重—塑性指数的关系

表1.2-9 不同细料的砾石土的压实干容重

土号	<2mm细料占全料的含量(%)	塑性指数	细料级配			铺土厚度(CM)	4遍		8遍		12遍	
			2~0.05	0.05~0.005	<0.005		γ_d	ω	γ_d	ω	γ_d	ω
A_1	34	22	65	20	15	30			2.05	10.0	2.04	9.5
A_2	35	35	51	23	26	30	1.97	11.9	2.00	11.3	2.01	11.2
B	36	15	31	11	8	45	2.12	8.1	2.13	7.8	2.14	7.4

（3）干容重与粗粒含量的关系

理想极限粗粒含量在细料性质一致的情况下，随着粗粒含量增加，干容重亦增大，在某一粗粒含量下容重出现最大值，然后又减小。并且砾石土细料的黏性愈大，关系曲线也愈陡（图1.2-28）。对应于干容重最大值的粗粒含量称为极限粗粒含量，以 $[P_5]$ 表示。

对上述关系做如下的分析：当 $P_5<[P_5]$ 时，细料能填满粗粒之间的空隙，压实功能较充分地传递于细料上，因此砾石土的结构较密实，容重随粗粒含量增加而增大；当 $P_5>[P_5]$ 时，粗颗粒在土体中形成完整的骨架。由于细料的含量不足以完全填满粗粒之间的空隙，而压实功能又主要通过粗粒形成的骨架传递，故细料得不到充分压实，容重随粗粒含量增加而降低，土体结构松散。因此，在使用中砾石土的粗粒含量最好不要超过 $[P_5]$。

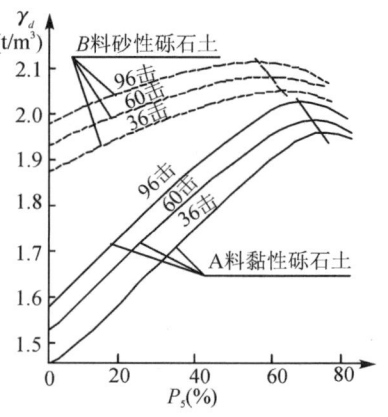

图1.2-28 干容重与粗粒含量的关系（A：黏性砾石土，B：砂性砾石土）

黏性砾石土的关系曲线比砂性砾石土陡，$[P_5]$ 值也较大，主要是由于砂性砾石土的细料其压实性较好。当 $P_5<[P_5]$ 时，砾石土的压实性主要取决于细料的压实性，细料压实性好，压实干容重高，关系曲线亦较平缓，峰值出现较早。反之，细料压实性差，则随着细料含量增多，容重就降低得更快。但当 $P_5>[P_5]$ 后，细料的影响逐渐消失，容重主要决定于粗颗粒的级配和形状，两种土料的关系曲线就逐渐趋于重合。

极限粗粒含量也可通过计算方法予以研究。若将>5mm粗粒由振动试验求得最紧密度 γ_{d1} 及相应的孔隙率 n_1，并将细料以南型击实仪25击的最大干容重 γ_{d2} 填于粗粒的全部空隙中，这样的干容重应为该土料干容重中的最大者，相应的粗粒含量 $[P_5]'$ 可用下式计算

$$[P_5]' = \frac{\gamma_{d1}}{\gamma_{d1} + n_1 \gamma_{d2}} \tag{1.2-4}$$

对于所研究的几种砾石土，计算所得的 $[P_5]'$ 约为75%，实际上由于砾石土的不均匀性，粗粒含量早在55%~70%之间即已出现架空。因此我们把计算值 $[P_5]'$ 称为理想极限粗粒含量，砾石土的结构愈

均匀,极限粗粒含量$[P_5]$愈接近理想值$[P_5]'$,并以$[P_5]'$为其极限。

综上所述,影响砾石土压实性质的主要因素,除含水率,粗粒含量和压实功能等以外,细料(尤其是黏性)的含量和性质起着重要作用,因为细料部分最易受含水率和功能变化的影响,从而也改变了砾石土的压实性质和密度。

8.3 理想干容重和压实标准的确定

如前所述,砾石土的压实干容重随粗粒含量而变化,故对砾石土除应确定设计干容重外,尚须对不同粗粒含量提出相应的压实干容重标准,作为施工控制。前者通常可根据土场平均级配的试验成果确定,而后者则必须有大量的不同级配土料的压实试验资料,不易做到。为此,我们采用经验公式以确定砾石土的压实标准,并引用理想干容重的概念和碾压试验资料来求得公式中的系数。所得的压实标准应根据施工实践予以修正。

(1)理想干容重的概念

砾石土的容重设想由两部分组成,即大于5mm的粗粒容重和填充于粗粒空隙中的小于5mm细料的容重。对于同种土料来说,粗粒的比重是相同的,故粗粒部分的容重取决于砾石土全料中粗粒的含量,细料的容重则决定于细料的性质和含水率,以及经由粗粒传于细料的功能。该功能又与粗粒含量有关,若粗粒过多,起了骨架作用,压实荷载有一部分被粗颗粒所直接承受,则传递于细料的功能就小,细料不能充分压实,其容重就较低。

对于某一粗粒含量的砾石土,假定其粗粒间的空隙完全被细料所充填,而细料又达到南型击实仪25击的最大干容重,此全级配料的干容重称为该粗粒含量下的理想干容重,可用下式计算:

$$\gamma_d' = \frac{1}{\dfrac{p_5}{\gamma_s} + \dfrac{1-p_5}{\gamma_{d2}}} \tag{1.2-5}$$

式中:γ_d'——理想干容重;

γ_{d2}——细料最大干容重;

p_5——>5mm 粗粒含量;

γ_s——粗粒比重。

若将某一砾石土料,取其粗粒部分用振动法使之达到最大紧密度,在其空隙中填以25击下最大干容重的细料,则所得容重应为该砾石土料在各种粗粒含量下的理想干容重的最大值,称为该砾石土的最大理想干容重 $\gamma_{d'\max}$,计算式为:

$$\gamma_{d'\max} = \gamma_{d1} + n_1\gamma_{d2} \tag{1.2-6}$$

式中:γ_{d1}——粗粒最大干容重;

n_1——相应于γ_{d1}的孔隙率。

最大理想干容重所对应的粗粒含量即为前已述及的理想极限粗粒含量$[P_5]'$。

(2)试验成果

由压实成果与理想干容重比较(表1.2-10)得出,气胎碾碾压的平均干容重为理想干容重的92%左右,压实的出现率90%的干容重则为理想干容重的89%~90%,A料和B料压实性的差异在这里同样地反映出来,即试验压实干容重与理想干容重的比值随着砾石土细料黏性的增加而略有减少,砂性砾石土可以达到较高的密实度。

相应于最大理想干容重的粗粒含量是 $P_5=75\%$ 左右,超过此值后理论上细料已不能填满粗粒的空隙,土体必然产生架空现象,上述公式不再适用。实际上由于砾石土的不均匀性,当 $P_5=55\%\sim70\%$ 即已出现架空现象。其中砂性砾石土架空出现得尤早。

表 1.2-10　　碾压试验结果与理想干容重

土号	>5mm 振动试验			<5mm 最大干容重	碾压试验土料		气胎碾碾压实试验				最大理想干容重	
	比重	最大干容重	最小孔隙率		>5mm 含量(%)	理想干容重 γ_d'	平均干容重		出现率 90% 的干容重		>5mm 含量(%)	γ_{dHax}' (t/m³)
							$\overline{\gamma_d}$	$\overline{\gamma_d}/\gamma_d'$	γ_{d90}	γ_{d90}/γ_d'		
A_2	2.63	1.80	0.316	1.74	63	2.21	2.04	0.924	1.97	0.890	76.5	2.35
A_3	2.63	1.80	0.316	1.70	61	2.16	1.98	0.916	1.93	0.894	76.8	2.34
B_4	2.63	1.80	0.316	1.92	61	2.30	2.12	0.922	2.07	0.900	74.8	2.41

(3) 确定压实标准的经验公式

分析砾石土的压实资料可以发现,压实干容重与理想干容重的比值并非一个常数,而随着粗粒含量不同略有增减。当粗粒含量较小时,由于细料得到较充分地压实,比值较大,当粗粒含量较大时比值则减小。为此,我们提出一个根据碾压试验的压实干容重与理想干容重的关系而建立的经验公式,来确定砾石土不同粗粒含量下的填筑压实标准:

$$\text{平均干容重:}\overline{\gamma_d}=\gamma_d'\cdot k\frac{1}{(1-k)\left(\dfrac{P_5}{\overline{P_5}}\right)^2+k} \tag{1.2-7}$$

保证率为 90% 的压实干容重:

$$\gamma_{d90}=\frac{k_{90}}{k}\cdot\overline{\gamma_d} \tag{1.2-8}$$

式中:$\overline{P_5}$——试验土料的平均粗粒含量,A 料为 0.63;

γ_d'——对应于不同粗粒含量 P_5 的理想干容重;

k——试验土料的平均压实干容重与理想干容重的比值,A 料为 0.92;

k_{90}——试验土料出现率 90% 的压实干容重与理想干容重的比值,A 料为 0.89;

其余符号同前。

对于 A 料,式(1.2-8)可简化为:

$$\overline{\gamma_d}=\frac{\gamma_d'}{0.217P_5^2+1} \tag{1.2-9}$$

现将 A 料砾石土的计算平均压实干容量和计算保证率 90% 干容重,分别绘出于图 1.2-29,并且把该种土料的坝体实测干容重也绘于图中,以资比较。从图 1.2-29 可以看出,实测的平均干容重与计算的平均干容重甚为接近,而以保证率 90% 干容重的计算值为其下限。因此采用保证率 90% 干容重的计算值作为施工压实标准是可行的。

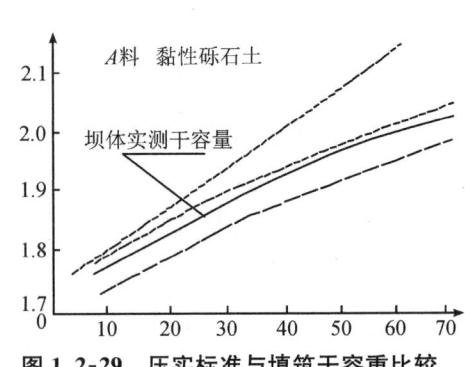

图 1.2-29　压实标准与填筑干容重比较

9 砾石土的强度特性

9.1 强度试验的仪器和试验方法

研究砾石土的强度必须采用大型仪器进行试验,试样的尺寸与粗颗粒的最大粒径有关,但是二者的比值并非为一常数,而是随土料最大粒径的增大而减小,且对不同类型的仪器有不同的数值[9]。图1.2-30所示的系根据三轴仪而得。

在我们的工作中利用下列三种仪器来研究砾石土的强度:

(1)大型三轴仪

当时具备的大三轴试样直径20cm,高46cm,根据图1.2-30确定土样的最大允许粒径为50mm。对于A料和B料,10%~15%的大于50mm的大颗粒以等量的50~20mm颗粒代替。因为根据他人的研究,对于一定密度的粗粒土,其抗剪强度的变化随颗粒极限粗度的增大而消失。因此只要保证试样的容重与原级配相近,那么以50~20mm的颗粒替代大于50mm颗粒进行试验,当不致造成重大的误差。

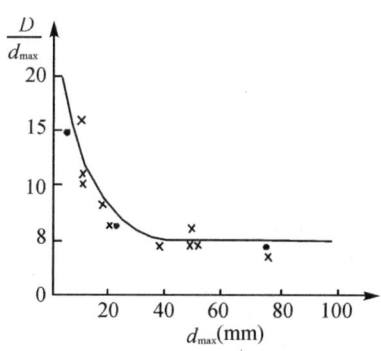

图1.2-30 三轴仪的直径与试样最大粒径的关系

(2)中型三轴仪

试样直径10cm,高20cm。因为试样直径较小,最大允许粒径仅10mm左右,为了求得砾石土强度的近似值,参照外人的经验,把天然土料中,为仪器所不允许的颗粒(大于10mm)用等量的允许粗颗粒来代替(在试验中为保持级配相似性,我们用10~0.5mm颗粒替代的)(如图1.2-31)。根据比较试验证实,经此替代以后所得的强度比简单地剔除不允许的粗颗粒后的土料强度更接近于原级配的强度。

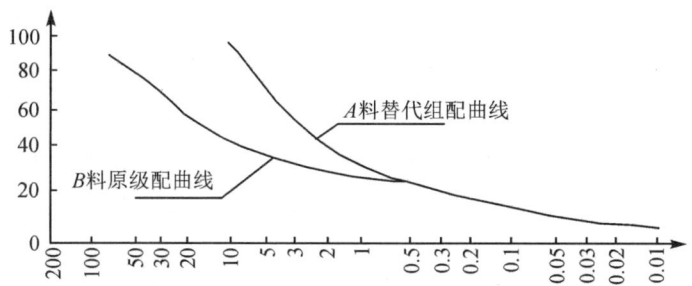

图1.2-31 中型三轴仪试样土料的级配替代曲线

(3)大型直剪仪

试样直径50cm,高度20~25cm。因为试样高度较小,故最大允许粒径定为试样高度的1/3~1/4,大于60mm者舍弃或进行替代。土料制备含水率和干容重的控制与中型三轴仪类似。土样分三层击实成型,用专用措施使试样抽气饱和,再用千斤顶加垂直荷重固结,然后加水平荷重剪切。对于容重较高的砾石土,尤其是砂性砾石土常常发生很大的剪胀作用,必须随时调整垂直千斤顶,才能维持法向荷重的恒定。

对于直剪仪试验,剪切面是固定的,若剪切面有大颗粒存在,必然得出过高的强度,为此提出剪切面开缝的问题,对于开缝的大小,安排了专门的试验进行探讨。

9.2 典型试验成果及试验方法的比较

比较三种试验仪器所得的成果可以看出,若以大型三轴仪的成果为标准,则大型直剪仪的C值一般偏大，φ 值一般偏小，而中型三轴仪的 φ 值略偏高些。但总的说来三种试验成果均较接近，而中型三轴成果似乎更接近大型三轴仪的强度。

显然，对于含有相当多粗颗粒的砾石土，较适宜的仪器应是大型三轴仪，仪器的直径与粒径有关，高径比大于2.5，并且应配备量测孔隙压力测定试样变形设备[9]。

A料和B料强度试验的若干典型成果列于下表（表1.2-11）。

表 1.2-11　　　　　　　　　　　　砾石土强度典型成果表

土号	级配	仪器	干容重 γ_d	总强度		有效强度		说明
				c	φ	c'	φ'	
A（黏性砾石土）	50%	中三轴	1.97	0.40	26°10′			
		大三轴	2.02	0.46	24°30′			
		大三轴	2.06	0.70	23°50′	0.35	38°30′	
		大直剪	2.00	0.37	20°05′			
	75%	中三轴	1.99	0.46	23°30′	0.21	33°50′	平均值
		大三轴	1.99	0.36	22°00′			
		大直剪	2.00	0.59	20°50′			平均值
	85%	大直剪	1.98	0.75	19°00′			
	90%	大直剪	1.97	0.76	18°30′			平均值
		中三轴	1.90	0.44	17°00′	0.29	30°	
	100%	中三轴	1.84	0.45	13°40′	0.40	19°30′	
B（砂性砾石土）	50%	大三轴	2.06	0.20	34°00′	0.20	42°00′	
	50%~60%	大直剪	2.00	0.20	30°30′			
	85%	中三轴	2.00	0.34	26°20′	0.10	36°20′	

大型直剪仪比较简单，但是这种试验方法比较粗糙，试样排水条件不能控制，因此对研究黏性砾石土问题较多，尤其是剪切面受限制，致使强度偏大，在采用大型直剪确定砾石土的强度时，应辅以其他试验方法相互验证为好。

中型三轴仪的试样尺寸较小，若简单地把仪器所不允许的粗颗粒剔除，则成果将不真实。本文所推荐的用较小的颗粒等量替代被剔除的粗颗粒而配制成的试样，保持了砾石土全料的某些特点，显示出与砾石土级配相似的强度特性，在不具备大型仪器的条件下，可依此获得砾石土近似的强度值。

9.3　砾石土强度特性分析

在强度试验中获得了下列的认识。

9.3.1　砾石土强度组成的分析

砾石土强度可以设想由三部分组成，即①砾石土细料本身的强度；②粗颗粒之间的强度；以及③粗颗粒与细料之间所表现出的强度。细料本身的强度与一般土料的凝聚力和内摩擦力没有什么不同；粗颗粒之间的强度主要为咬合力，同时也有摩擦力，尤其是对砂性砾石土这种摩擦力较大，但对黏性砾石土，由于粗颗粒往往被细料所包裹，这部分强度就不很大；粗颗粒与细料之间所表现出的强度除了摩擦力以外，还有细料土对粗颗粒的黏附力，但该力受细料的含水率影响很大，当砾石土饱和度较大时其值可能较小。

因此就强度的实质而言，系为凝聚力，摩擦力和咬合力。砾石土的咬合力虽然也像砂砾石那样，反映了粗颗粒互相排列形成结构后,所表现出的对剪力的抗力,但是由于粗颗粒之间的空隙往往填满细料,因此咬合力不会像砂砾石那样,在剪切过程中增加很快随之又剧烈下降,而是随剪切过程的进行逐渐显露,当达到相当大的应变以后才缓慢地下降。这种特性在黏性砾石土的中型三轴试验中看得尤其清楚,并为该种土料的大型三轴试验所证实。细料的黏性越大,含量越大,这种性质就愈明显,比如对于 A 料的破坏应变常达 $10\%\sim16\%$,甚至更大,就是例证。而砂性砾石土的破坏应变则出现较早,B 料的破坏应变为 $7\%\sim13\%$,而且峰值亦较明显。有人认为峰值应变是反映土料工程性质的一个指标,峰值应变出现较晚者往往强度也较小。这种说法与我们的试验结果是一致的。砾石土的峰值应变还与所加的侧向压力有关,因为峰值应变既然主要反映了砾石土结构的破坏,而这种破坏的迟早必然与所加的侧向压力有关。

砾石土在剪切过程中,先发生体积压缩,当应变超过一定值后(一般为 $2\%\sim4\%$)呈现剪胀,孔隙压力明显降低,这种情况在砂性砾石土中尤其显著,由于孔隙压力的降低,所以有时会使砾石土强度仍有增加。

砾石土虽然是以砂粒和卵砾为主要成分,但是无论是黏性砾石土还是砂性砾石土,孔隙压力仍然对强度的研究很有意义,在黏性砾石土料填筑的坝体中,全孔隙压力系数(实测的孔隙压力与上覆荷重之比)$\bar{B}$ 约为 $0.1\sim0.2$,且在蓄水前消散缓慢。动力荷重作用下,当振动加速度为 0.18 时,振动附加孔隙水压力系数为 3%,相当于轻粉质壤土的情况。

9.3.2 密度、含水率与强度的关系

中型三轴和大型直剪试验都反映出强度随密度的增大而增加的规律(如图 1.2-32),这种关系不仅对 c 值而且对 φ 值亦是如此,且 φ 值随 γ_d' 增大得更快,这与一般黏性土的规律是不同的[10],因为砾石土的密度越大,粗颗粒的排列就越紧密,咬合力也越大,故不仅 c 值增大,φ 值也增大。

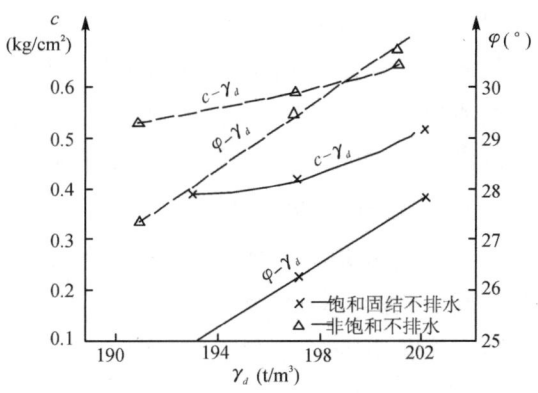

图 1.2-32 A 料的 c、φ 值与密度的关系(中三轴)

含水率对强度的影响与砾石土细料的黏性有关,黏性越大,影响也越大。例如含水率的变化对 A 料的强度影响十分显著,而对 B 料则不明显。根据中型三轴资料,在同一密度下,A 料在天然湿度情况下与饱和情况下的总应力强度相比,c 值降低 30%,φ 降低 10%。对另一种黏性砾石土 A_2 料,当试样饱和度由 89% 增至 99% 时,有效强度 c' 降低 50%,φ' 降低 10% 左右。而对 B 料,当试验饱和度由 64% 增至 89% 时,c 值变化甚小。含水率对不同性质砾石土料强度的这种影响,应在指标选取中予以考虑。含水率对黏性砾石土强度的影响可归结为二点:随含水率的增大,c 值比 φ 值降低得更快;砾石土中细料的黏性越大、含量愈多,这种降低就越剧烈。

9.3.3 粗粒含量与强度的关系

粗粒含量是影响砾石土性质的主要因素之一,对此进行了较多的研究。为此安排的试验包括下列的内容:

(1)黏性砾石土的大三轴试验

对 A 料取不同百分率级配土料在相同的侧压力($\sigma_3=2.76\text{kg/cm}^2$)下进行饱和固结不排水试验,并绘制 $P_5-\sigma_1$ 的关系曲线(如图 1.2-33)可以看出,试验所选的粗粒含量范围内,强度随粗粒含量减少几乎呈直线地下降,而由 50% 级配变到 75% 级配似乎下降得更多些。

(2)取不同级配的 A 料在相应的容重和含水率下进行中型三轴仪强度试验

试验(图 1.2-34)发现总强度指标随 P_5 的增加迅速增加,而且 c 值也随之而略有增加。与前指出的那样,φ 值的剧增,反映了砾石土中粗颗粒的咬合力迅速增大,这种咬合力不仅包含在强度指标 φ 值中,而且也包含在强度指标 c 值中,这可能是 c 值随 P_5 略增的原因。但这种现象是否呈普遍规律尚待论证。

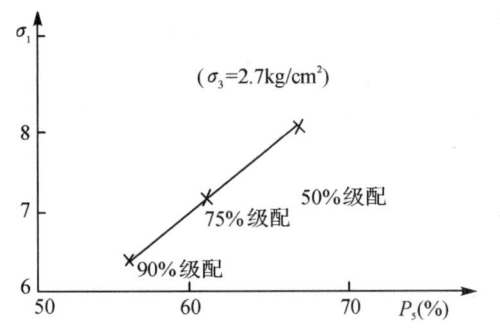

图 1.2-33　A 料不同级配的大三轴试验

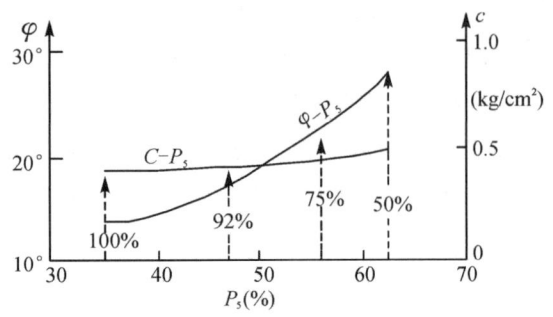

图 1.2-34　A 料不同级配的中三轴试验

(3)用 B 料在大型直剪仪中进行不同级配的强度试验

图 1.2-35 的曲线是以不同垂直压力 σ 下的 $\tau-P_5$ 关系绘制的。从图看出,曲线呈马鞍形,当 $P_5\approx 30\%$ 时,强度最小,然后又随 P_5 的增大而增加。而且垂直压力越大,这种增大也越快,垂直压力较小时,增加较慢。强度的这种变化规律有助于说明上述的观点,即砾石土强度主要由细料强度和粗粒的咬合力二部分组成。因为咬合力随粗粒含量的增加而占越来越大的比例,并且垂直压力越大,该分量也增加得愈快,反映在图上即大压力下的曲线比小压力下的曲线更陡。曲线出现一个最小值可以这样解释:咬合力随 P_5 降低而减少,但细料部分的强度却随 P_5 增大而减低,因此必存在一个 P_5 值,使咬合力与细料强度之和为最小值。当 P_5 小于该值时,由于细料强度的增大,砾石土强度反而有所增加。从图 1.2-27 还可以得出,当粗粒含量小于 30%时,砾石土强度基本上由细料控制,这时简单地剔除砾石土中的粗颗粒,用小型仪器进行试验是可行的。

图 1.2-36 是 C 料(在 B 料中掺入不同数量的轻粉质壤土)的强度试验成果,曲线的规律类似于图 1.2-35。试验证实,当粗粒含量小于 30%时,粗颗粒不再起骨架作用,强度由细料控制。由于壤土本身的强度甚低,因此 C 料的 $\tau-P_5$ 曲线未呈现马鞍形的形状。

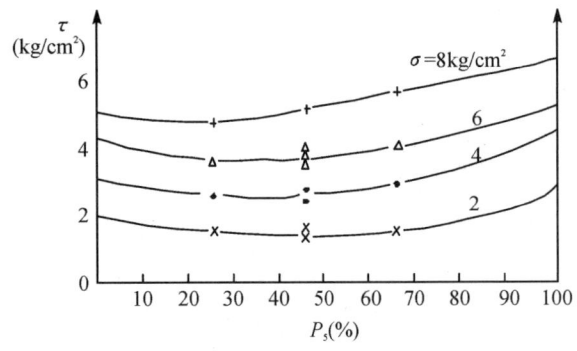

图 1.2-35　B 料大直剪试验的 $\tau-P_5$ 曲线

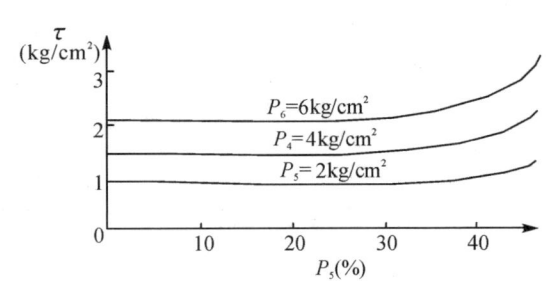

图 1.2-36　C 料大直剪试验的 $\tau-P_5$ 曲线

9.3.4　细料的性质与强度的关系

细料的性质是影响砾石土强度的又一重要因素。前已指出,黏性砾石土和砂性砾石土在强度特性上有许多差别,而黏性与砂性的区分主要在于细料的性质。把强度指标与砾石细料的塑性指数加以比较,可以整理出表 1.2-12 中的资料。表中强度均系该土料的平均级配试验值,其粗粒含量相近。

表 1.2-12　　　　　　　　　　　　细料性质与强度关系表

土号	细料性质			干容重	总强度		有效强度		仪器
	液限	塑限	塑性指数		c	φ	c'	φ'	
A_1	44	21	22	2.02	0.50	27°40′			中型三轴
A_2	51	26	25	1.99	0.45	24°10′	0.25	33°40′	中型三轴
B	34	19	15	2.06	0.22	34°00′	0.20	42°00′	大型三轴
B_8	29	16	13	2.00	0.53	34°35′	0.39	37°10′	中型三轴

从图 1.2-37 看到，φ 随塑性指数的增大几乎直线下降，而 c 与塑性指数的关系不很明确。

此外，还安排了如下试验：配制二种土料，一种是 A_1 料平均级配，另一种是 A 料大于 5mm 粗粒和 B 料小于 5mm 细粒，按 A_1 料平均级配配料，然后在相同的功能下击实成型，最后在大型三轴仪中进行剪切。对于第一种土料，求得 $\frac{1}{2}(\sigma_1-\sigma_3)_{max}$ 为 2.80kPa 和 3.12kPa，平均为 2.96kPa，而对第二种土料却为 4.04 kPa，二者相差达 1.08kPa，可见细料性质对强度影响之大。

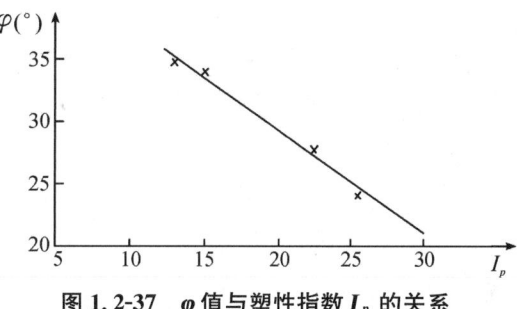

图 1.2-37　φ 值与塑性指数 I_p 的关系

9.3.5　粗粒形状与强度关系

制备二种土料在大三轴中进行试验，这二种土料是：①A_1 料的大于 5mm 粗粒和 B 料的小于 5mm；②B 料的粗粒和细料。二者均按 A_1 料的平均级配配料。然后在相同的条件下进行剪切。二种土料的差别仅在于粗粒的不同。试验成果列于表 1.2-13：

表 1.2-13　　　　　　　　　　　　粗粒形状对强度的影响

土号	粗粒情况(%)				试验土料	试验土料的制备	$\frac{1}{2}(\sigma_1-\sigma_3)$(kg/cm²)
	椭圆状	不规则	弱风化	强风化			
A_1 的粗粒	98	2	9	4	甲料(C)	<5mm 部分 A >5mm 部分 B	4.04
B 的粗粒	18	82	5	8	乙料(B)	<5mm 部分 B >5mm 部分 B	4.28

看来粗粒形状对强度有所影响，但不很大，不是一个重要的因素。

综上所述，可以看出，砾石土的强度既有某些黏性土的特征又有某些砂性土的特征，反映在强度指标上往往具有较大的 φ 值，同时又有一定的 C 值。影响强度主要因素乃是细料的性质和粗颗粒的含量。对于同一料区同一级配的土料，强度的大小还与其所处的状态（密度、含水率）有关。粗粒形状对强度的影响不大。

9.3.6　大型直剪试验开缝的问题

对大型直剪试验的开缝，曾做过专门的试验论证和分析，得出如下建议：

开缝的目的既是为了模拟颗粒在剪切仪中的移动情况与实际土体滑动情况的一致，那么土料的级配将是决定开缝大小的因素，特别是对构成试样骨架起主要作用的粒径，应是考虑的主要因素。这种粒径可以用砾石土级配频率曲线的第一峰为代表，并称为该砾石土的控制粒径。因为控制粒径的粗颗粒在砾石土中含量最大,它必然成为试样骨架的主要组成粒径,因此采用控制粒径作为开缝宽度,是符合于直剪试样开缝的目的的。

试样土料的级配频率曲线所示的控制粒径在 20mm 附近,与上面试验分析的开缝宽度是吻合的,说明这种标准已初步为实验资料所证实。此外,比较表 1.2-11 中所列的强度数值也可发现,大直剪的成果略小于大三轴的成果,此大直剪试验采用 3.0cm 的开缝进行的。若改用 2.0cm 的开缝,可能成果更为接近。因此,建议以土料的控制粒径为开缝标准。

10 砾石土的变形特性

10.1 试验方法及仪器

采用四种方法研究各种情况下砾石土的变形性质。

10.1.1 饱和试样的压缩试验

试验目的是研究砾石土的一般变形性质。试样的直径 50cm,高 23cm,试验土料最大粒径 60mm,按要求级配制备土料,在仪器中分三层击实至要求干容重,装上特制的盖板,进行抽气饱和,然后用千斤顶逐级加荷进行试验。

10.1.2 浸水下沉试验

根据国内某土坝的砂砾棱体中因含泥量(指小于 0.1mm 粒级)大,蓄水后造成较大的浸水附加沉陷,而导致心墙裂缝的教训,提出了砾石土浸水下沉试验的课题。

研究人员先后采用三种仪器做试验:(1)内径 50cm 的混凝土容器,试样高 60cm,试验土料的最大粒径 60mm,用横杆法直接加荷;(2)内径 50cm 混凝土容器,试样高 2cm,用千斤顶加荷(仪器同大型直剪仪);(3)直径 20cm 的金属容器,试样高 16cm,试验土料最大粒径 40mm。土样在低于天然含水率 1%～2%(偏于安全)的湿度下分层击实至要求容重。以 1kg/cm²、2kg/cm²、3kg/cm²、4.3kg/cm² 的压力逐级加荷至压缩稳定,保持 4.3kg/cm² 的压力相当于未饱和时坝体自重的一半,5.0kg/cm² 为饱和后坝体自重的一半。

另外,为研究砾石土的浸水附加沉陷的实质,用直径 6cm 的压缩仪做细料的浸水下沉试验,以与砾石土浸水下沉试验做比较。

10.1.3 <5mm 细料的水下长期剪切变形试验

鉴于砾石土细料中含有一定数量的蒙脱石类矿物,当砾石土用于坝体时,上游水下边坡的剪应力作用下的剪切变形情况,需作定性的了解,为此安排了本试验。

试验在马斯洛夫仪上进行,用 A 料中<5mm 细料部分击实成型,含水率与天然情况相同,容重按南型击实仪 25 击最大干容重的 0.96 倍控制。由于筛除了粗料部分,成果是偏于安全的。试样经饱和后分级施加水平拉力。$\frac{\tau}{\sigma}$ 的选择是根据坝体应力计算确定的。用布拉兹法对上游坝坡的应力值算结果,得出 $\frac{\tau}{\sigma}$ 的最大值约为 0.43,以此值来确定每一垂直荷载下的最大拉力。

10.1.4 压实土体的浸水膨胀性试验

由于砾石土对含水率的敏感性(尤其是含有蒙脱石类矿物的黏性砾石土),为了解施工过程中,已压实土体吸水膨胀的情况,在碾压试验时,对 A_2 料压实土层连续加水 4 天,加水量相当于 18mm 雨量,测求其加水前后密度的变化。

10.2 试验成果分析

主要试验成果列于表 1.2-14 和图 1.2-38,通过试验对砾石土的变形特性有以下认识:

表 1.2-14　　　　　　　　　　　　变形试验成果

土料	掺和重量比（砾、壤）	干容重 (t/m³)	压缩系数 a_{1-3}(cm²/kg)	浸水下沉	
				浸水附加沉陷率(%)	附加沉陷率/总沉陷率
A 黏性砾石土		2.0	0.0085	0.33	13.9%
B 砂性砾石土		2.05	0.0065	0.22	12.2%
C 混合料（B 料掺壤土）	1:0.25	1.98	0.0104		
	1:0.35	2.02		1.34	25.3%
	1:0.50	1.95		1.74	45.2%

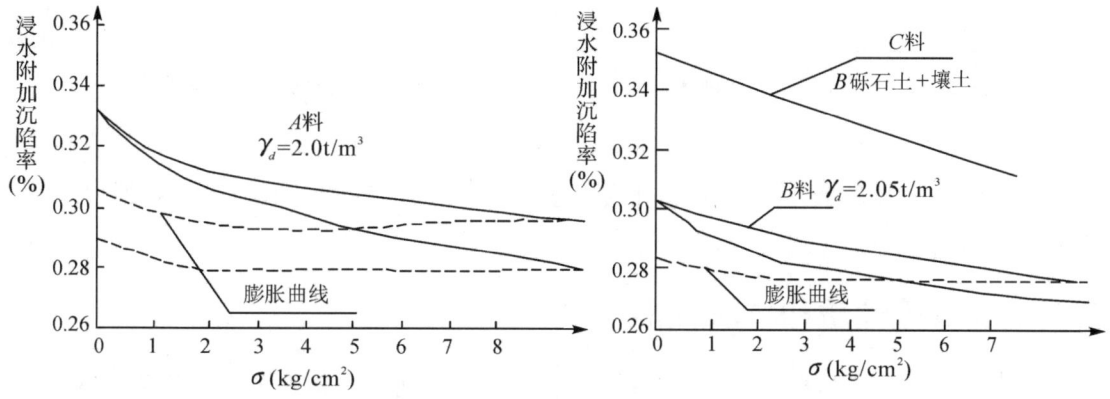

图 1.2-38　砾石土变形试验曲线

(1)一般说来砾石土压缩性均较低,而且变形稳定较快,压缩曲线的形状和压缩系数的大小均与砾石土中细料的性质密切相关,黏性砾石土与黏性土类似,压缩性稍大,而砂性砾石土的压缩特性接近于砂性土的情况,压缩系数也小些。但当其掺和壤土后,压缩系数则显著增大,说明细料对砾石土的压缩性起决定性的影响。

(2)砾石土浸水附加沉陷量占总沉陷量的10%~15%左右,对坝体的安全尚不致产生重大影响,在计算坝体沉陷量时予以适当考虑即可。但当砾石土与壤土混合使用时,浸水下沉量则显著增大,随壤土掺入量多寡及试样容重的大小,浸水下沉量分别占总沉陷量的25%~45%(如图1.2-39)。

(3)砾石土与壤土混合料具有较大的浸水下沉性的原因,主要是因壤土本身具有较大的浸水沉陷量,从纯壤土的试验成果看出,它的浸水附加沉陷量约占压缩沉陷量的13%~40%,在低容重下尤为突出。浸水附加沉陷量与试样容重之间近乎直线关系。浸水前的沉陷量与制备容重的关系则不明显。

(4)砾石土的水下长期剪切变形(剪切蠕变)的影响不大。由剪切变形过程曲线(图1.2-40)看出,当 $t=10h$ 以后,剪切变形速率在半对数纸上为一常数。如果按此速率延长至 $10a(1\times10^5 h)$,则头1000h(42d)的变形占10a的总变形的百分数如下:

$$\sigma=2{\rm kg/cm^2} \qquad \frac{\tau}{\sigma}=0.25 \text{ 者为 } 78\%$$

$$\sigma=2{\rm kg/cm^2} \qquad \frac{\tau}{\sigma}=0.40 \text{ 者为 } 88\%$$

$$\sigma = 3\text{kg/cm}^2 \qquad \frac{\tau}{\sigma} = 0.266 \text{ 者为 } 93\%$$

$$\sigma = 3\text{kg/cm}^2 \qquad \frac{\tau}{\sigma} = 0.400 \text{ 者为 } 94\%$$

当 σ 较大时,剪切变形稳定较快,反之则稳定较慢,但其绝对数值均不大,估计对工程安全不致成为问题。

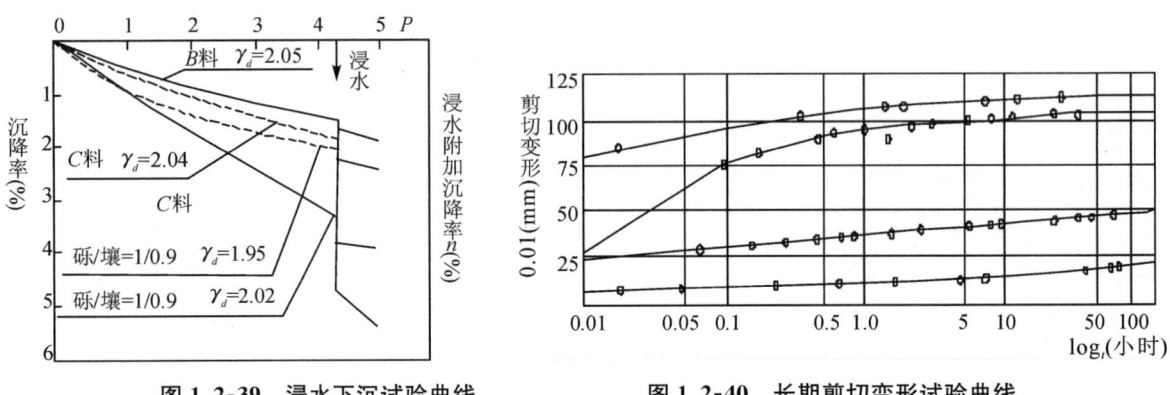

图 1.2-39 浸水下沉试验曲线　　　　图 1.2-40 长期剪切变形试验曲线

（5）压实土浸水后会产生吸水膨胀,干容重有所降低,大者可降低 $0.07t/\text{m}^3$,计算其垂直膨胀量约为 3.5%。当土体初始饱和度较低,浸水时吸水性会更强,容重降低也多些。砾石土的这种性质,对工程会带来一些影响,应予以注意。

11 砾石土的渗透性质和抗渗性能

砾石土渗透性质和抗渗性能的研究工作占了很大比例,源于砾石土拟作防渗土料提出的。但以往对砾石土作为防渗料的实践很少,而且这种土料性质较复杂,不均匀系数很大（可大于1000）,级配在施工中易分选,有些外国专家由此认为这种土料不能防渗。为此进行了一系列与实际条件相符的室内、野外试验,并在施工实践中验证试验所得的成果。

11.1 渗透试验的方法

渗透试验的目的在于了解各种作用水头下土样的渗透系数、渗透变形的形式和渗透破坏比降,以及寻求提高砾石土抗渗性能的措施。

11.1.1 室内渗透试验

室内一般均采用坝体压实原样的水平渗透试验。试样容器的尺寸应满足 $5 \times d_{80}$ 的要求。对于 A 料 $d_{80} = 60\text{mm}$,水平渗透试验的容器应不小于 30cm,还采用过 $80\text{cm} \times 60\text{cm} \times 50\text{cm}$ 的大型试样。下面介绍定型的 $30 \times 30\text{cm}$ 水平渗透仪（图 1.2-41）的试验方法。

先把仪器转成垂直位置,把从填筑坝体中取出的压实土样经修整放入容器中,并在砂浆中插入止水合,待砂浆凝固后,把容器转成水平位置（如图 1.2-41 位置）,然后通水饱和进行试验。封样的材料曾试用过水

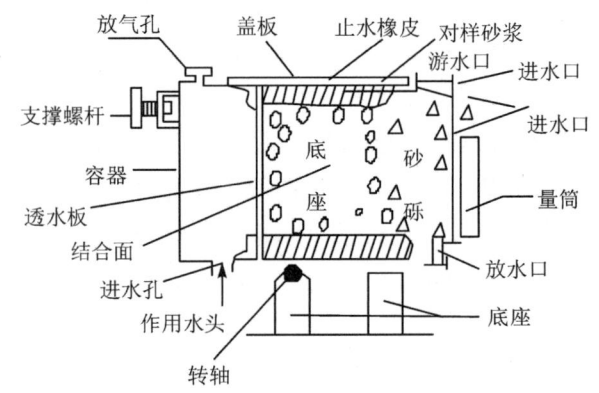

图 1.2-41 水平渗透试验仪器

泥砂浆、沥青、马蹄脂等多种，以水泥砂浆效果较佳。为观察试样破坏情况，可在进水处放茨甲基蓝、孔雀绿等染色剂，以在拆样时了解渗透途径。

试样的饱和用低水头进行，一般不大于渗径长度1～2倍，待试样饱和并形成下游水位后，分级加水头进行试验，水头的分级应考虑到设计比降的大小、渗变比降的大小以及成果分析的方便而定，在试验中我们采用水力坡降的增量为1～1.5。每增加一级水头以后，渗透系数变化有三个阶段：首先出现一个短暂的滞后，随即发生急剧的增大，为起始段；然后渗透系数转而下降，即过渡段；最后达到稳定段。在一级比降下测得若干个稳定读数后即可升下一级水头，当发生以下一种情况时，认为试样已经破坏：① 直接观测到试样发生流土、局部流土、管涌等渗透破坏现象，并在下游见到浑水；② 渗透流量骤然变大，且不能稳定；③ 试样不能维持原水头，且有大幅度下降的趋势。上述现象，有的是在升高水头后不久即发生，有的是在一个水头下维持几天以后发生的。

对于在室内配料击实的试样其水平渗透试验方法大致同前，唯击样前先在容器四周铺一层可塑性黏土，代替水泥砂浆作为试样与容器周壁间的止水材料。

11.1.2　现场渗透试验

现场渗透试验曾采用过几种形式，计有双环法（系垂直渗透），试坑渗水法，柱体渗水法（前两种为形成浸润线的水平—垂直渗透）（如图1.2-42），试坑注水和柱体注水法（均系有压水平渗透）（如图1.2-43）。上述五种方法以双环法最简单，但是成果不甚可靠。渗水法的渗流状态比较复杂，计算比较困难，而且系无压渗水，一般仅能获得定性的结果。注水法的渗流状态明确，且系有压渗透，符合实际情况，但是试样构造比较复杂，容易造成渗透通道导致试验失败。究竟采用何法，可根据情况选择。下面对试坑和柱体注水法进行介绍。

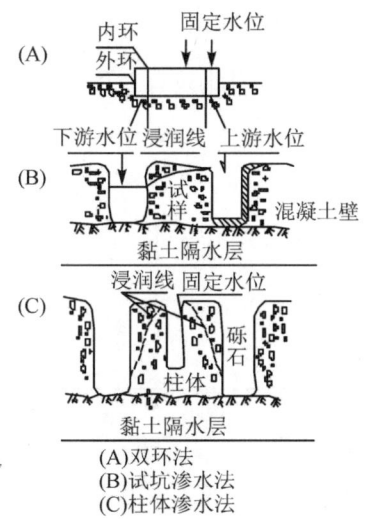

图1.2-42　双环法，试坑渗水法，柱体渗水法示意

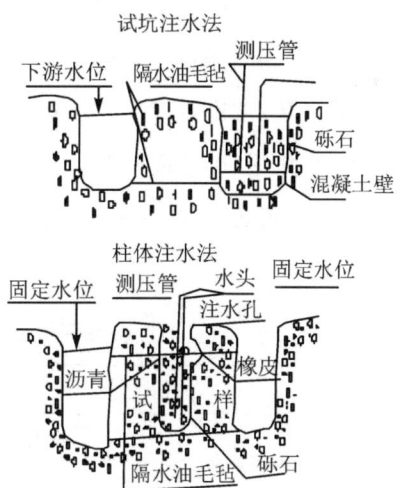

图1.2-43　试坑注水法和柱体注水法示意

现场试坑和柱体注水法的装置如上图示。在填土场所先铺一层油毡（或黏土）隔水层，在其上填土至要求厚度后（一般填筑2～3层），再铺一层油毡，上再填一层土作为压重，然后在试验地点按要求挖出注水墩或注水柱体和注水孔。对于试坑注水来说，考虑到绕渗的影响，墩子试样的长宽比应大于3。对于柱体试样，为了保证渗径长度不小于30cm，柱体外径应在80cm左右。如果土料中含有尺寸更大的粗颗粒，则柱体外径还应加大。试样挖出以后即可安装进水管和测压管，并按图中要求进行封孔，最后用低水头饱和试样，待完全饱和后，分级加水头进行试验。

依下列公式进行渗透系数计算：

$$试坑注水法：k=\frac{Q}{Fi} \tag{1.2-10}$$

$$柱体注水法：k=0.366\frac{Q(\lg R-\lg r)}{a(h-H)} \tag{1.2-11}$$

式中：Q——进水流量；

F——墩子试样的渗水断面；

i——试验水力坡降；

$R、r$——柱体试样的外径和内径（即注水孔直径）；

A——隔水层间的高度；

$h、H$——上下游的水位。

除了上述的现场渗透试验方法以外，对于较厚的填土层也可用钻孔压水试验研究土体的防渗性能，用这方法所测得的渗透系数将能更真实地反映大面积填土的情况，在有条件的地方可以采用。

我们认为，为了研究砾石土的防渗性能，有必要进行室内和现场试验。现场试验的条件符合实际情况，试样未经扰动，而且试验范围比较大，这对于不均质的砾石土很有意义，但现场试验的水头一般较小，试验土料的级配不易控制，对试验过程现象的观察比较困难，因此也有一定的局限性，往往只能得出定性的结果。室内的坝体压实土样的试验则弥补了现场试验的缺陷，因其试验条件比较明确，试验条件容易控制，资料较易分析，可以据此获得定量的结果，但是坝体土样在挖取、安装过程中容易扰动，尤其对粗粒含量较大（如 $P_5>65\%$）的试样更难采取，而且试样尺寸较小，试样与周壁的止水容易失效，常使成果偏大，故应辅以室内击实样的渗透试验，但击实样的结构与坝上压实土样的结构不尽一致。据我们的经验，在相同的级配与相同的密度条件下，击实样往往得出偏大的渗透系数。因此只有兼用室内（击实样，原状样）和现场两种试验方法，才能较全面地了解砾石土的防渗性能。

11.1.3 典型土料的部分试验成果

对 A 料的渗透性质进行了较多的研究，也对 O 料进行了一些工作。其有代表性的成果列于表1.2-15。

表1.2-15　　　　　　　　黏性砾石土不同试验方法的渗透系数

土料	试验方法	P_5(%)	干容重	试验坡降下的渗透系数 K_{10}	破坏坡降	试验次数
A（黏性砾石土）	室内坝上压实样试验	60	1.90～2.04	3.3×10^{-7}～1.2×10^{-4}	8	6
		65	1.99～2.02	2.10×10^{-5}～3.5×10^{-5}	4	2
	室内击实样试验	65	2.00	5.5×10^{-6}～2.9×10^{-3}	3—4	9
		60	1.90～2.00	1.04×10^{-7}～9×10^{-3}	4	4
	现场双环法试验	52～59	1.82～2.04	7.1×10^{-6}～1.37×10^{-6}	未破坏	6
	现场注水试验	42～60	1.94～2.02	1.17×10^{-7}～7.5×10^{-6}	未破坏	5
	坝体占孔压水试验					2个

11.2 砾石土的渗透特性

11.2.1 砾石土渗透特性的主要影响因素

砾石土由于其组成比较复杂，因此影响渗流特性的因素很多。众所周知，砾石土由粗粒和细料二部分组成，故影响砾石土渗流特性的内因，必出于粗粒的情况、细料的性质、以及粗颗粒与细料之间互相充填的结构特点；而外因则有砾石土的施工工艺、上覆荷重的大小等因素。虽然外因对砾石土的防渗性质也起很大的作用，而且某些内因也必然与外因有联系，如砾石土的密度与结构就与施工工艺有关，但是外因是可以人为控制的，因此在这里主要讨论内因的影响。

在上述诸内在因素中，粗颗粒认为是不可压缩且不透水的，它的软化问题对于一般沉积的砾石土来说无须考虑，因此如果砾石土中细料本身的防渗性能好，同时细料又能填满砾石土的空隙并且具有一定密实度的话，则砾石土防渗当无问题。而细料能否得到压实，以及能否填满空隙的问题，除了施工方法以外，主要乃取决于粗粒的含量。当粗粒含量过大，土体中孔隙率过大，则细料就不能填满空隙，也不能很好地压实。因此，影响砾石土渗透性质的主要因素归结到细料的性质和粗粒的含量。对于同一料区来说，细料性质比较相近，假如经研究，该料区砾石土细料的不透水性良好，那么余下的问题就是不同粗粒含量对渗透性质的影响。因此这个问题就成为砾石土防渗性研究的主要课题。

至于影响砾石土渗透性质的外因，即施工方法问题将在第四篇有关章节中叙述。

11.2.2 砾石土渗流状态的特点

砾石土的渗流状态不同于一般黏性土。前已述及，粗颗粒本身是不透水的，渗透水只能从细料或沿粗细颗粒之间的接触面通过，这样就造成了土体内渗流状态的不均匀。同时由于各种原因，细料的密度及其与粗粒的接触情况也不一致，如果土体内再出现局部架空或不密实的现象，那么试样的局部渗透流速和渗透比降会远大于测得的平均值。如果局部比降超过允许的限度，就会发生局部的渗透变形，并在一定条件下逐渐扩展，而导致试样的渗透破坏。渗流状态的不均匀性是砾石土区别于一般黏性土渗透性质的特点，粗粒含量越大，这种特性就愈突出，在确定允许粗粒含量时应注意这点。为此，在试验中不仅应求土的平均渗透系数，而且要注意观察试验过程中的各种现象，注意渗透破坏的特征（渗透破坏的形式、破坏比降以及破坏的发展情况等），从这些试验现象中得出较全面的认识。

11.2.3 细料性质对砾石土渗透性质的影响

对下述四种不同细料性质的砾石土，进行了渗透特性的研究。室内水平渗透试验成果如表 1.2-16，其细料性质列于表 1.2-17。

表 1.2-16　　　　　　　　砾石土室内水平渗透试验成果

土料	P_5(%)	γ_a(t/m³)	k(cm/s)	破坏情况
A 料黏性砾石土	50	1.88~1.99	$7.6\times10^{-8}\sim38\times10^{-6}$	$J=8\sim12$ 未破坏
	56	2.03	$2.62\times10^{-7}\sim4.02\times10^{-6}$	$J=8\sim12$ 下游有反滤
C 料(B 料加壤土)	50	2~2.05	$1.14\times10^{-5}\sim4.9\times10^{-6}$	$J_{破坏}=3$ 管涌
砂性砾石土	33	1.96	2×10^{-5}	$J=7.8$ 时壤土移动
B_A 料砂性砾石土	57	1.96	$1.78\times10^{-5}\sim1.37\times10^{-5}$	$J=5.5$ 时管涌（无反滤）
A_B 料黏性砾石土	37	1.96	$3.2\times10^{-7}\sim8.0\times10^{-7}$	$J=6.0$ 时未破坏

表 1.2-17　　　　　　　　　　　　渗透试验砾石土的细料性质

土料	塑性指数	<5mm 细料中黏粒含量(%)	<5mm 细料干容重(t/m³)	细料含水率(%)	细料渗透系数(cm/s)
A_1 料	22	20	1.78	16.6	6.29×10^{-9}
B 料	15	14	1.88	12.4	1.13×10^{-5}
掺入 C 料中的壤土	14	14	1.61	17.5	$<3.59\times10^{-6}$
B_A 料		8			
A_B 料	18.7	25			

综合比较上二表即可获得明晰的概念,细料性质对砾石土的防渗性质影响很大。试验所用的黏性砾石土和砂性砾石土的渗透系数可差 10~100 倍。在抗渗强度方面,砂性砾石土在比降仅为 3~5 时即发生管涌破坏,而黏性砾石土的比降达 8~12 时还未有渗透变形的现象,仅当 P_5 达 60%,比降超过 8 以后,才出现局部流土,破坏比降远大于砂性砾石土。抗渗能力的这种差别,对于选择防渗土料尤为重要。

11.2.4　粗粒含量对砾石土渗透性质的影响

用 A 料和 C 料的不同级配试样在水平渗透仪中进行试验,结果如表 1.2-18。

表 1.2-18　　　　　　　　　　　　不同粗粒含量的渗透试验成果

土料	$P_5(\%)$	$\gamma_d/(t/m^3)$	$\omega(\%)$	$K\dfrac{cm}{sec}$	J 破坏	说明
A 料	50	$\dfrac{1.88\sim2.04}{1.97}$	$\dfrac{10.5\sim13.5}{11.9}$	$\dfrac{1.4\times10^{-7}\sim3.8\times10^{-6}}{7.5\times10^{-7}}$	没有破坏	
	55	$\dfrac{1.95\sim2.04}{2.00}$	$\dfrac{11.6\sim12.0}{11.6}$	$\dfrac{2\times10^{-7}\sim1.2\times10^{-5}}{1.7\times10^{-6}}$	没有破坏	
	60	$\dfrac{1.90\sim2.05}{1.97}$	$\dfrac{8\sim11.2}{9.5}$	$\dfrac{3.7\times10^{-7}\sim9.5\times10^{-5}}{5.6\times10^{-6}}$	$\dfrac{5.8\sim8.4}{7.76}$	无反滤
	65	$\dfrac{2.0\sim7.02}{2.00}$	$\dfrac{8\sim10}{9.4}$	$\dfrac{1.2\times10^{-6}\sim1.1\times10^{-3}}{3.5\times10^{-5}}$	$\dfrac{3.07\sim7.57}{4.85}$	有反滤
	70			$\dfrac{4.4\times10^{-5}\sim6.3\times10^{-4}}{3.4\times10^{-4}}$	2~4 即破坏	
C 料	34	$1.92\sim1.96$		$1.3\times10^{-5}\sim2\times10^{-4}$		试样结合面有通道
	43	2.00		$2.0\times10^{-5}\sim6.4\times10^{-5}$		$J=2.3$ 时壤土颗粒移动
	50	2.00		1.14×10^{-5}		

从成果中明显地看出,渗透系数随粗粒含量的增大而变大,抗渗性能剧烈减弱。这是因为粗粒含量较大时,细料密度降低甚至出现局部架空所致。砾石土中细料的实际密度,可以用蜡封法求得。据分析,对于 A 料,作为防渗体的最大允许粗粒含量为 60%,对于 C 料,由于渗透系数较大,尤其是抗渗强度较低,若未经专门论证,不宜作为防渗料。

11.2.5　砾石土的含水率和上覆压力对渗透性质的影响

上覆压力与渗透系数关系的研究,是在直径 50cm 的混凝土圆筒中试验的。试样高 60cm,直径 48.5cm,含水率 8.8%,干容重 1.98t/m³,$P_5=50\%$,水流由下向上垂直于击实层面。试验成果如图 1.2-44 示。可以看出,K 值随上覆压力增大而减小。因此,一般在无压力情况下求得的渗透系数用于坝体中,将偏于安全。

不同含水率的渗透试验是在 30cm×30cm×30cm 的渗透仪中进行的，水流由下向上垂直击实层面，试样的 $P_5=60\%$，$\gamma_d=2.03\sim 2.06t/m^3$。试验成果如表 1.2-19。由于试验条件控制不严，试验成果偏大，但是仍可定性地说明问题，随着含水率的增加，K 值减小，同时抗渗性能也有明显的规律性，当坡降由 6.2 增至 7.2 时，水 1 和水 2 先后破坏；当坡降由 9.6 再继续抬高时，水 3 及水 4 又先后破坏，因此，从防渗观点出发，土料的填筑含水率宜控制得稍湿一些，但应避免造成施工困难。对于试验的土料，当含水率超过 12% 以后，土样已无法击实。

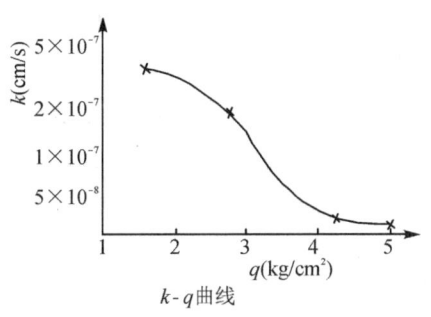

图 1.2-44 渗透系数随压力变化曲线

表 1.2-19　　　　　　　　　砾石土不同含水率的渗透试验成果

试样编号	含水率(%) 全料	含水率(%) 细料	P_5	γ_d	渗透系数 (cm/sec)	破坏坡降 J_{pcg}
水$_1$	6.3	12.4	62.5		1.2×10^{-3}	7.20
水$_2$	7.7	16.3	59.0	2.03	3.9×10^{-4}	7.20
水$_3$	9.7	18.0	58.0	2.06	1.7×10^{-4}	9.50
水$_4$	11.0	18.8	60.0	2.03	6.5×10^{-5}	9.50

11.2.6　关于渗透破坏问题的讨论

砾石土的抗渗强度取决于很多因素，首先是细料的黏性，其他还有细料的密度、湿度、细料与粗颗粒的结合情况等等，而后者又与粗粒含量和施工方法有关。由于上述因素（特别是细料的黏性）的不同，不仅影响到破坏坡降的大小，而且也涉及渗透变形和渗透破坏的形式。

对于黏性砾石土，观察到的渗透破坏现象多以小泉眼形式出现，从本质上来说属局部流土。这种渗变现象在当结合面垂直放置，试样表面盖以小砾石，水流自下而上的压实试样渗透试验中屡见不鲜。其过程为，当坡降大到某一值时，首先见到试样普遍冒针孔，随之即出现较大的泉眼，直径约几毫米，针孔及泉眼主要集中在结合面及周沿。这些泉眼开始带出浑浊的水流，继则带出较大的颗粒（大多为黏土粒团），试样破坏。曾贯注孔雀绿以了解破坏情况，拆样时发现通道已形成。上述渗透破坏，在有反滤的、水流流向水平的渗透试验中，未曾发现，它们往往在很大的水力比降下仍不破坏。

此外，由于砾石土成分不均一，粗颗粒与黏性细料的接触面上可能存在裂隙，在渗透过程中产生一些土块（或土团）的软化、崩落，然后被渗透水流移动带走，从而形成冲刷的现象，当土料含水率较低时，这种现象尤易发生。因此黏性砾石土的渗透变形的形式还是比较复杂多样的。而砂性砾石土的渗变形式多系管涌。但是国外某些试验表明，砂性砾石土的渗透变形有时以局部流土的形式出现，有时则以潜蚀的形式出现。二者的破坏比降也不相同[6]。

关于允许坡降的确定，目前尚无一定准则，从国外已建成的同类的土坝防渗体来看，采用的允许比降值均较小，美国和日本的小于 2.0，瑞士的某些土坝允许比降较高，超过 3.0，但其允许粗粒含量较小，P_5 仅为 55%，而且对土料的处理十分细致，渗透系数为 1.0×10^{-7}cm/s。当然这些土坝防渗体厚度的确定，可能不仅取决于水头大小，还与施工条件、土料储量情况、造价等因素有关。就我们所研究的砾石土 A 料来说，选择 3.0 左右的设计比降是没有问题的，这样即使对局部破坏的比降来说，也有 3 的安全系数，但是必须在其下游出口设置良好的反滤设施。从试验证实,下游反滤层对砾石土的抗渗性能有很大的作用。

根据以上的分析,我们认为,砾石土在满足一定条件下是可以防渗的,那种认为砾石土由于其不均匀系数过大,因此一概不许用于防渗部位的结论是片面的。所谓满足一定的条件,首先要研究细料的性质,在确定细料本身的防渗性能良好的前提下,再对砾石土的不同粗粒含量的防渗性能进行研究,以定出该种防渗土料粗粒含量的允许上限值。

应当指出,粗粒含量的上限值是与一定的施工机械和施工工艺相应的。在前面的讨论中,均以气胎碾作为压实工具,并在最优参数的情况下压实的。据我们的经验,气胎碾是压实砾石土防渗体的良好工具,可以使土体获得较好的防渗性能和较高的抗渗强度。假如采用其他的压实工具,粗粒含量的上限可能会降低。

从与砾石土的接触中,我们感到,一般说来细料的塑性指数大于 17 的黏性砾石土,均可用作防渗土体,并且塑性指数越大,允许的粗粒含量上限值也越高,细料的塑性指数较小,该限值也较小。对于 A 料,细料的塑性指数 $I_P=22\sim25$。防渗砾石土的粗粒含量的上限值可达 60% 左右。根据试验,满足上述条件的砾石土,其平均渗透系数在 $A\times10^{-6}$ cm/sec 左右,属低透水性土料。局部渗变的比降达 8.0 以上,渗变形式属局部流土,说明它具有较高的抗渗能力。如果在下游设置反滤,则抗渗强度还会提高,渗透变形很少发生。因此,这种土料作为防渗体是完全可以的。

12 砾石土工程性质的综合评价

12.1 研究的思路

砾石土是由细料和粗粒组成的混合土,依其二部分所占的比例和性质,呈现出偏于黏性土或砂性土的特性。当粗粒含量小于 30% 时,砾石土各项力学性质,基本上由细料的性质控制,如果细料是黏性土,则砾石土也呈现黏性土的性质,如果细料是砂性土,则砾石土也呈现出砂性土的性质,粗颗粒不起重要的作用。当粗粒含量超过 30% 以后,粗颗粒开始在土体中逐渐起到骨架作用,从而使砾石土呈现其特有的性质,但是粗粒含量达到 70%~75% 后,粗颗粒已完全形成骨架,细料已不能填满粗粒空隙,于是细料对砾石土的影响迅速消失。因此,在下面对砾石土性质的评价中,均就粗粒含量为 30%~70% 的砾石土而言的。可见,只有研究了砾石土所具有的特殊性质,才有可能真正地认识和用好砾石土。

我们认为,决定砾石土性质的主要矛盾,首先是填充在粗粒间的细料性质。因此,当遇到一种砾石土时,先要考查细料的性质,即细料的粒径组成成分,塑性界限及其水理性质等。并考虑进行必要的矿物鉴定工作。根据细料的性质,对砾石土进行定名,并因此推断砾石土性质的大概情况,以确定工程性质的研究内容和方法。对于细料性质相似的几种砾石土,可以作为一种土料进行研究。

在弄清细料性质以后,就应注意分析土料的级配。找出不同方量的百分率级配曲线。此后,不同粗粒含量的影响,就应作为砾石土各项工程性质研究的重要内容。同时,从料场情况的分析中,也可以对砾石土的施工工艺提供一些考虑的因素。

在工程性质的研究中,压实性试验可先进行。以便为其他试验提供密度控制的资料,如果没有条件做到这点,也可用平均天然容重值进行控制。

对于拟作为防渗料的黏性砾石土。渗透性和渗透稳定性的试验往往是研究的重点之一;对于用作坝壳的一般砾石土,则应注意其强度特性。

在工程性质研究中,必须兼用室内和现场两种方法,相互补充,相互验证,以求全面了解砾石土的特性。

12.2 对砾石土特性的认识

砾石土具有以下一些主要特点:

(1)砾石土的压实比较容易。用一般常用的碾压机械填筑,即可达到或超过天然干容重。这样,压实的土体具有良好的力学性能。如果用汽胎碾进行压实,则砾石土的结构尤为密致均匀,与采用夯实法的容重相同的土体相比,它还具有较好的防渗性能和抗渗强度。砾石土虽然与黏性土一样,在某一功能下具有一个最优含水率,并在这个含水率下得到最好的压实,但是与黏性土不同的是,砾石土的细料含水率允许有较大的变动范围。因为砾石土有粗颗粒起骨架作用。即使砾石土的细料含水率较大,仍可碾压。而相同含水率的黏性土则已不能施工了。在国外,有时为了便于施工,特意在过湿的黏性土中掺入砾卵石。

(2)砾石土的施工分离问题应予注意。对于黏性砾石土,如果采用挖土机取土,汽车运输,推土机铺土的施工方法,那么分离情况并不严重,只要在汽车卸土时稍加注意即可,而且当立采挖土时,由于掌子面高度大,反而有助于土质和级配的均匀;对于砂性砾石土,分离现象存在,但是这种土料一般不作为防渗材料,因此粗颗粒的局部集中,无大妨碍。

当料场土层中有夹层或者表土(清除了草皮)时,均可一次立采,掺入使用。假如该夹层土料能满足防渗要求,也可以掺入防渗料中混合使用,无须清除。这样既便利施工,又提高土方利用率,减少工作量。

(3)砾石土的强度较高。压实土体的粗颗粒是互相咬合的,由于有细料填充在空隙中形成致密的结构,使砾石土具有较大的咬合强度。这种咬合现象随土体的密度增大而增加,并且在剪切过程中不易很快消失。此外粗颗粒与细料之间的摩擦强度,以及细料本身所具有的强度,使得抗剪强度指标的 φ 值较大,而又有一定的 C 值。该 φ 值和 C 值均随土体密度的增大而增加,而 φ 值的增加尤甚。砾石土强度的这种性质是与一般黏性土和砂性土不同的。

(4)砾石土的压缩性较低,一般仅及黏性土的 1/3 左右。虽然砾石土中含有一定量蒙脱石类矿物,但由于粗颗粒的骨架作用,因此对砾石土的变形性质,尚无很大影响。由于砾石土的压缩性低,因此填土顶部的超高也小,压缩性低又减少了土体裂缝的可能,有助于填土的完整性。顺便指出,据研究,即使砾石土体发生了裂缝,导致了渗透水流的冲刷,然而对于黏性砾石土,其抗冲性能要比一般黏性土好。

(5)砾石土料能否防渗取决于细料的防渗性能。一般说来,细料的塑性指数大于 17 的黏性砾石土可以作为防渗料。用于防渗体,砾石土的极限粗粒含量,可以根据工程要求通过试验确定。塑性指数越大的黏性砾石土,该限值也可以相应提高。砾石土体的下游设置反滤层对于提高砾石土的抗渗性能有很大的作用。

总之,砾石土是一种良好的填筑材料。在使用时,可依其性质或用于防渗部位,或用于一般部位。如果砾石土的细料的黏性较大,从矿物组成来说,就是蒙脱石含量较高,它往往可以代替黏性土作为防渗料,这种土粒与黏性土相比,具有强度高,沉降小,压实性好等优点。一般说来,由于具备上述优点,工程量就会减少,工程造价也较低。虽然砾石土在施工中尚存在一些问题,诸如填土时要防止粗粒集中,遇雨时,水分的下渗深度较黏性土大些等等,但若采取一些措施,这些问题不至影响其使用。

丹江口砾石土作为一种具有大量粗颗粒的填料,在20世纪60年代初期,国内研究甚少,因为当时国内缺乏大型仪器设备及相应的经验,而且试验费钱费工,因此少有人问津。围绕丹江口砾石土的研究,实属开了我国有关粗粒土研究领域的先河,其经验对日后这方面的研究有一定的推动作用。有些经验,如试验级配的处理方法等,一直沿用至今。因此,现在将它重新刊出仍有历史的和现实的意义。

参考文献

[1] 丹江口水利枢纽黏性土料试验报告[R]. 武汉:长江水利水电科学研究院,1958.

[2] 丹江口土坝黏性土料试验研究报告[R]. 武汉:长江水利水电科学研究院,1963.

[3] 丹江口土坝黏性土补充试验报告[R]. 武汉:长江水利水电科学研究院,1966.

[4] 顾淦臣、陈明致. 土坝设计[M]. 北京:中国工业出版社,1963.

[5] 林昭. 碾压式土石坝设计[M]. 郑州:黄河水利出版社,2003.

[6] 包承纲. 丹江口土石坝段土工试验总报告(二)[R]. 武汉:长江科学院,1971.

[7] 刘思君、包承纲. 黏性土填筑干容重的确定[R] 武汉:长江水利水电科学研究院,1971.

[8] 王幼麟. 土的工程性质的微观试验研究[A]. 长江科学院土工科研三十五年[C]. 武汉:长江科学院,1987.

[9] 毕肖普,亨开尔著,陈愈炯,俞培基译. 土壤性质的三轴试验测定法(中译本). 北京:中国工业出版社,1965.

[10] 包承纲,李兴国. 土坝黏性土料的工程性质[A]. 长江科学院土工科研三十五年[C]. 武汉:长江科学院1987.

第3章 软土特性研究与软基处理技术

1 概述

1.1 我国软土的判别标准及分布

软土是软弱黏性土的简称,是指在静水或缓慢流水环境中沉积,呈软塑—流塑状态,具有压缩性高、强度低、透水性差、灵敏度高和流变性高等特点,且在较大地震作用下可能出现震陷的细粒黏性土,通常以《岩土工程勘察规范》和《软土地区工程地质勘察规范》规定的孔隙比$e>1.0$,含水量$\omega \geqslant \omega_L$的细粒土为软土,公路、水运、港口等行业在上述标准的基础上增加了原位测试的鉴别指标,软土的鉴别标准如表1.3-1。根据《建筑地基基础设计规范》,软土按照孔隙比e可分为淤泥和淤泥质土,按照有机质含量W_u可分为泥炭和泥炭质土,分类标准如表1.3-2。

我国沿海、内陆平原及山间洼地等广泛分布着滨海沉积、湖泊沉积、河滩沉积和沼泽沉积的饱和软土[1]。滨海软土主要位于河流的入海口,有滨海相、相、溺谷相和三角洲相,其特点为淤泥多呈深灰色和灰绿色,间夹薄层粉砂;内陆平原软土主要位于鄱阳湖、洞庭湖等静水沉积区或平原河流流域区,湖泊软土有潟湖相、三角洲相,其特点是淤泥结构松软,呈暗灰、灰绿或暗黑色,时而有泥炭透镜体,厚度一般为10m,最厚可达25m以上;河滩软土有河漫滩相和牛轭湖相,其特点是成分不均匀、厚度变化大、呈带状或透镜体状,与砂或泥炭互层,厚度一般小于10m;山间软土多为沼泽相,分布在多雨的山间洼地和冲沟,其特点分布零星、范围不大,在厚度分布上多呈透镜体状,土质不均,参数差异大。各种成因类型软土的物理力学性质指标见表1.3-3。

表1.3-1　　软土鉴别标准

土类	天然含水率(%)	天然孔隙比e	压缩系数$a_{0.1-0.2}$(MPa^{-1})	直剪内摩擦角(°)	十字板剪切强度(kPa)	标贯(击)	静力触探比贯入阻力(kPa)
黏质土	≥35	≥1.00	>0.5	<5°	<35	3<	≤750
粉质土	≥30	w_l ≥0.9	>0.3	<8°			

表1.3-2　　软土分类标准

土的名称	淤泥质土	淤泥	泥炭质土	泥炭
划分标准	1.0≤e≤1.5 黏性土或粉土	e>1.5 黏性土	10%<Wu≤60%	10%<Wu≤60%

摘自《岩土工程勘察规范》。

表 1.3-3　　　　　　　　　　各种成因类型软土物理力学性质

成因类型	天然含水量(%)	重度(kN/m³)	天然孔隙比 e	抗剪强度 (°)	c(kPa)	压缩系数 $a_{0.1-0.2}$ (MPa^{-1})	灵敏度
滨海沉积软土	40～100	15～18	1.0～2.3	1～7	2～20	1.2～3.5	2～7
湖泊沉积软土	30～60	15～19	1.0～1.8	0～10	5～30	0.8～3.0	4～8
河滩沉积软土	35～70	15～19	1.0～1.8	0～11	5～25	1.8～3.0	4～8
沼泽沉积软土	40～120	14～19	1.0～1.5	0.00	5～19	>0.5	2～10

摘自《工程地质手册》(第五版)。

1.2　长科院软土研究历程

新中国成立初期,为解除长江流域经济区的洪水威胁,满足国内内河航道大量修建通航建筑物和防洪工程的需求,长江科学院的前身长江水利水电科学研究院自1951年开始从事软土相关的研究工作,是国内外最早从事软土特性和软基处理技术研究的科研单位之一。

20世纪50年代初,长科院成功解决了新中国成立后的第一座软基闸汉江下游杜家台闸的软基工程问题,其研究成果震惊全国,得到我国著名的岩土专家黄文熙教授充分肯定,这增加了我国技术人员处理软土工程问题的信心。此后30年,长科院完成了汉江下游南洞庭湖排水闸、长江中游的荆江分洪闸、新滩口深水闸、安徽省的华阳闸、藕池口节制闸、荆江大堤观音寺闸、抚河下游排水闸、荆北放淤工程灌溉闸、大柴湖灌溉闸以及荆江大堤加固、荆江分洪、荆江蓄洪、鄱阳湖、洞庭湖等一系列的软基水闸和堤防工程建设,为软土地基上解决水工建(构)筑物的沉降、稳定及渗流控制等技术问题积累了丰富的经验。

20世纪70年代末、80年代初,国家改革开放,转到以经济建设为中心的轨道上,我院在立足水利工程软基研究基础上,不断扩大软土工程新领域,完成了长江大堤、深圳河防洪堤、深圳市赤湾港口防浪堤、温州堤防、荆江大堤、沿海吹填区围堰等长江流域软基工程,以及汉黄高速、广佛高速、汉宜高速等公路软土路基和深圳黄田国际机场、珠海机场、广西桂林机场等机场软基项目的建设,在不同行业软基工程的设计、试验研究的过程中,长科院对软土的工程性质及变化韵律有了进一步的认识,并针对工程实际问题,开展了软土的工程性质和软土地基处理技术等系列研究。

近20年来,长科院完成了长江堤防、荆江大堤、同马大堤、鄱阳湖水利枢纽、黄石—黄梅公路、北京—珠海公路、杭州绕城公路、武汉绕城公路、甬台温高速公路、扬子—巴斯夫一体化项目、深圳宝安机场、广州白云机场、湖北国际物流机场、广东潮汕机场、岳阳三荷机场、舟山石化基地等工程软土项目的咨询设计和科学研究工作,在软土工程特性研究、软基处理新技术和新理论、软基长期沉降变形及预测方法、软基边坡稳定性分析与安全评价、软基填筑施工稳定控制标准等方面取得了一定成果。其中深圳机场软基处理成果获"国家科技成果奖"和水利部科技进步三等奖,广佛高速公路软土地基处理成果获"广东省科技进步"二等奖和联合国TIPS发明创新科技之星奖,湖相沉积地区高等级公路软土地基处理成果曾获"湖北省科技进步"三等奖。

2　软土的工程性质及物理力学特性

2.1　软土的工程性质

软土主要由黏粒、粉粒及有机质等成分组成,黏粒含量高达60%～70%,软土在沉积过程中常形成絮凝状结构,造成软土具有天然含水率高、孔隙比大、透水性低的特点;与一般黏性土相比,软黏土具有以下工程性质。

(1) 结构与构造特征明显

软土具有显著的结构性,在含水量和密度不变的条件下,由于原状结构彻底破坏,重塑土的强度较原状土有明显的降低,甚至产生流动状态,软土受到破碎、扰动后强度降低的特性常用灵敏度 S_t 来表示,灵敏度可通过室内无侧限抗压强度或原位十字板剪切试验获得,计算公式如 1.3-1。软土的灵敏度一般在 3~4 之间,滨海相沉积的软土的灵敏度可达 8~10,软土的结构性分类见表 1.3-4,显然结构性越强的土,灵敏度 S_t 越大,因此,结构性越强的土受到扰动后,强度会降低越多,易产生侧向滑动、沉降和地基土挤出等现象,若 $I_p<15$ 的软塑、流塑状饱和粉质黏土层遇到大的地震时,易产生较大的震陷。

$$S_t = \frac{q_u}{q'_u} \quad (1.3\text{-}1)$$

式中:q_u 为原状土的无侧限抗压强度;q'_u 为重塑土的无侧限抗压强度。

表 1.3-4　　　　　　　　　　　　软土的结构性分类

灵敏度	结构性分类	灵敏度	结构性分类
$2<S_t\leqslant 4$	中灵敏性	$8<S_t\leqslant 16$	极灵敏性
$4<S_t\leqslant 8$	高灵敏性	$S_t>16$	流性

摘自《软土地区岩土工程勘察规程》(JGJ83)。

(2) 具触变性

软土具有触变性,软土扰动后,结构受破坏,结构降低以后的土,在含水量和密度不变的条件下,随着静置时间的增长,土的颗粒等会重新组合排列形成新的结构,强度会得到一定程度的恢复,但一般不能恢复到原来结构的强度,这就是土的触变性[2]。如淤泥及淤泥质土经施工扰动后,淤泥的强度会降低甚至完全丧失,但当施工干扰停止,随着静置时间的增加,土的强度会渐渐恢复。试验研究表明,当静置时间达 200h,强度可恢复至天然强度的 20%左右,若要恢复至天然强度的 80%以上,则需 90d 时间,甚至更长。土的触变性直接影响软基处理效果和现场施工,在软基处理方案和计算参数选择时应考虑土的触变性。

(3) 具流变性

软土具有流变性,在附加荷载不变的情况下,除产生排水固结引起的变形外,还会发生缓慢而长期的蠕变,蠕变会引起软基的抗剪强度降低,在蠕变过程中土的抗剪强度为软土的长期抗剪强度,约为常规试验测得抗剪强度的 40%~80%。但软基在前期固结过程中,随固结度的增加土体抗剪强度会逐渐增强,可抵消部分后期蠕变引起的降低值。蠕变也会引起软基沉降量增大,在主固结沉降完成之后,即孔隙水压力完全消散后,还将继续产生一定的次固结沉降量。次固结沉降主要由土体蠕变引起的,大量的工程实践表明,软基的次固结沉降量与软土蠕变特性、成因、地层分布等因素有关。其中,深圳机场的次固结沉降量约占总沉降量的 7%,潮汕机场约占总沉降量的 10%,黄黄高速公路约占总沉降量的 15%。因此,蠕变对软基的沉降和工后沉降有较大影响,对斜坡、堤岸、码头和地基的稳定性不利。

(4) 压缩性大

软土具有含水量高、孔隙比大的特点,压缩系数 $a_{0.1\sim0.2}$ 一般在 0.5~2.0MPa^{-1} 之间,属于高压缩性土,其压缩性往往随液限 I_L 的增大而增大。当为近期沉积的欠固结软土层时,在自重作用下也会继续下沉,如新近围垦的海滩等。

(5) 渗透性低

软土的含水量高,但透水性差,渗透系数一般为 $i\times 10^{-8}\sim 10^{-6}$ cm/s,属于微透水或不透水层,在附加荷载作用下,固结很慢,强度不提高,沉降持续时间长,当地基中有机质含量较大时,土中可能产生气泡,堵塞渗流通道进一步降低其渗透性。

(6)抗剪强度低

软土的抗剪强度低,并与排水固结程度有关。不固结不排水剪切时,内聚力一般小于20kPa,内摩擦角接近0°;固结不排水剪切时,内聚力一般小于10kPa,内摩擦角在15°~20°;经排水固结后,软土抗剪强度随固结度有所提高,但由于渗透性低,抗剪强度的增长缓慢,故加载初期,软土地基的承载力和抗剪强度均很低,软土边坡的稳定性差,应控制加载速率[3]。由于不同深度的土层是在不同自重压力作用下固结的,所以软土的强度一般随深度逐渐增加。根据统计分析,软土层深度在10m以内的十字板剪切试验强度均值一般为5~20kPa,深度每增加1m,强度平均增加1~2kPa。

(7)软土层吸力较大

软土层一般具有较大的吸力或吸附力。软土对构造物的吸力由三部分组成,即软土与构造物底面的黏结力、真空负压和侧面的摩阻力,其中,真空负压是最主要的因素。工程中为了减少软土对建筑物的吸力,可向建筑物底面通水或通气以消除真空负压的影响。

(8)不均匀性

由于沉积环境的变化,软土层土质均匀性差,厚度和深度分布差异大,作为地基时,将产生较大的不均匀沉降。

软土工程性质直接影响土体理论模型和参数确定、影响软基处理方案设计和施工工艺选择,是软基处理设计的基础,由于软土受力后,软土工程性质随固结度发生变化,其变形、强度和渗流特性都处于动态变化过程中,工程的安全性也不断地发生变化。因此,以原始参数计算的工程设计,应当随土性的变化不断地校核和修正,实现软土工程的动态化设计和信息化施工。

2.2 软土的物理力学特性

软土在长江中下游河谷、湖泊、河口三角洲普遍分布,长江科学院主要承担长江流域的工程建设中的各项科研任务。随着我国改革开放,长江科学院进行了包括长江流域的外围地区高速公路、机场等工程建设、设计中的科学试验与设计工作,对长江流域和沿海地区的软土分布特征和物理力学特性进行广泛而深入的研究。

2.2.1 长江中下游地区软土的地质特征及物理力学特性

软土在我国长江中下游的河谷、湖泊、河口三角洲地区广泛分布。在长江中游的江汉平原地区属于湖相沉积软土,有的深达数十米,除表层1~2m的硬壳层外,其下均为软塑或流塑状态。有的湖相沉积的土层,其表层即是流塑状的淤泥;有的地区为深厚的、均匀的软土层;有的软土层的沉积韵律非常清晰。我院承担参与了长江中下游流域的工程建设中的各项科研任务,在软土工程方面,对长江中游如湖北省、湖南省、江西省、安徽省的水闸工程、堤防工程、公路工程和机场工程的软土地基有广泛深入的研究和了解。长江中下游软土普遍具有软土层厚度大、厚度和埋深分布不均,孔隙比大、含水量高,压缩性大、抗剪强度低、有显著的结构性和流变性等特点,典型工程软土的物理力学参数如表1.3-5。

(1)杜家台水闸闸基软土[4][5]

杜家台水闸位于湖北省沔阳县(今仙桃市)汉江下游河段右岸,用以分泄汉江汛期洪水,该闸自1956竣工后,安全分洪20余次,为保证汉江下游和武汉市防洪安全发挥了巨大的作用。

闸基下部存在土质稀软的黏土层,为新近淤泥沉积层,含腐殖质和介壳类杂质。主要地层为:高程30m以上为新近淤泥沉积层,土质稀软,含腐殖质;高程28~30m为透水性较大的砂壤土层;高程25.5~28.0m为一层含有机质的软黏土层;高程25.0~25.5m为含水率大的砂壤土层;高程24.0~25.0m为一层灰褐色和青灰色的砂质黏土和黏土,土质松软;高程21.0~24.0m为一层灰褐色和青灰色的砂质黏土和黏土,土质稍好;高程20.0~21.0m是一薄细砂层,厚度变化在1~2m,贯入击数5~10击;高程14.0~20.0m为黏性土层,此黏性土层稍密实;高程14m以下为一深厚砂层,钻至高程4.7m仍未穿过这个厚砂层。

杜家台闸地基可压缩土层很厚,基岩埋藏很深;建筑物稳定主要由软土层受压沉降所控制,由于当时对软土性质的认识不深刻,研究人员首先开展了土的物理力学性质试验,获取沉降和稳定计算参数,现场勘察和室内试验开展时间约在1951年左右。试验测得土的天然含水量大,有些甚至大于液限,比较稀软;计算孔隙比大于或接近1.0,干重度在12~14kN/m³,压缩性较高,无侧限强度和抗剪强度较低,这些指标也符合现在规范对软土的划分标准。该闸基软土处理采用的是堆载预压法,预压荷载330kPa,预压沉降量67~98cm,闸基开挖前沉降量估计已达到90%以上,一般70天后沉降速率趋于平稳。预压后软土的含水量减少了1.0%~5.0%,容重增加了0.01%~0.05%,直剪试验获得的凝聚力均有增加,内摩擦角增减无规律。

(2)宜黄公路仙江段软基[6]

宜黄公路仙江段江汉平原腹地,如图1.3-1,有26km长的软基,地层为较厚的冲洪积层,具一般洪积平原的二元结构特性:下部为粗粒组的砂-卵石层,上部为沉积的软土。软土层为第四纪全新世沉积的河湖相冲洪积物,由淤泥、淤泥质或亚、泥炭薄层及或亚组成,典型地层及静力触探成果,如图1.3-2。一般软土层上覆2m左右的黄色或灰褐色硬壳层,具有超固结性状,少数地段无硬壳,主要为一些滩湖地带,呈流塑状态,承载力仅50kPa。由于软黏土在结构性和上覆硬壳层的作用,该段地基在填土加载初期,孔隙水压力值增长缓慢,后期随着填土增高,孔隙水压力才有所上升,说明该段软土的结构性较强,随土体结构破坏,剪切变形增大,沉降相应增大甚至引起滑动破坏,且地表硬壳层对土结构性有一定保护作用,软基处理应避免硬壳层有较大破坏,同时应控制施工速度。

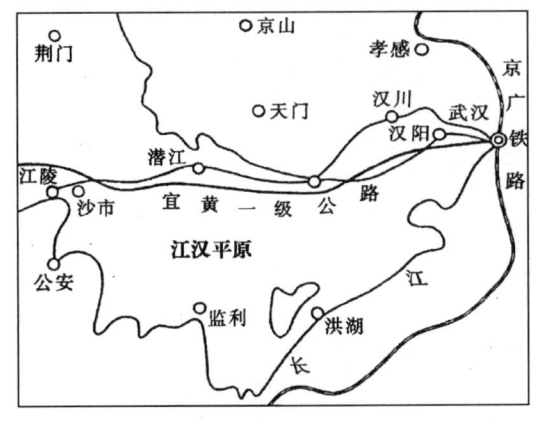

图1.3-1 宜黄公路仙江段地理位置示意图

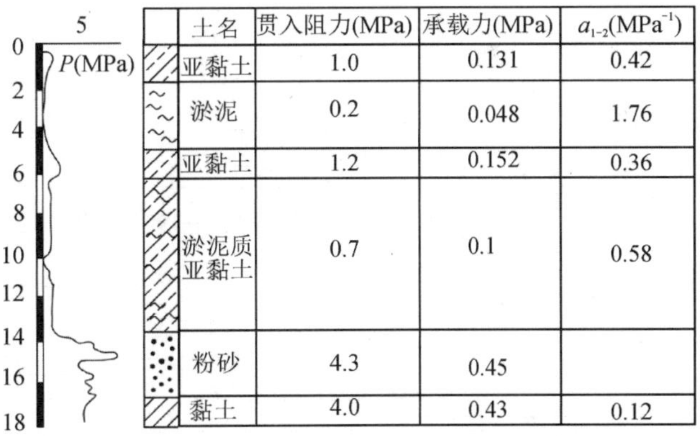

图1.3-2 典型钻孔柱状图及土性

土名	贯入阻力(MPa)	承载力(MPa)	a_{1-2}(MPa^{-1})
亚黏土	1.0	0.131	0.42
淤泥	0.2	0.048	1.76
亚黏土	1.2	0.152	0.36
淤泥质亚黏土	0.7	0.1	0.58
粉砂	4.3	0.45	
黏土	4.0	0.43	0.12

(3)武汉东西湖区软基[7][8]

我院在京珠高速公路东西湖段和武汉绕城公路东西湖段开展了大量的软土试验,东西湖区地处江汉平原东侧冲积—湖积平原湖区,原为湖泊沼泽,后人工围垦成田,故地势低洼,平坦开阔,地表水系发育,沟渠纵横交错,地下水丰富,软土地基广泛分布。地表由新近河湖相沉积的淤泥质土组成,具有含水量高、孔隙比大、强度低、压缩性高、透水性差和易触变的特点,且软土层的厚度和埋藏深度不等,这与江汉断陷盆地形成前的原始地貌及后期沉积环境有关。

(4)鄱阳湖水利枢纽软基[9][10][11]

鄱阳湖区软土为湖相沉积或冲积相软土,受地形地貌、构造历史、洪水历史等影响,这类软土成因复杂、空间分布不均、力学性质差、固结变形差异大。鄱阳湖水利枢纽闸基由厚层的第四系全新统灰褐色湖冲积淤泥质土、灰黄色粉细砂、砂卵石和中更新统冰川相堆积、冲积砾质土组成。其中软土层厚度1.8~52.2m,以伊利石、高岭石、绿泥石等矿物为主,具有在深度和厚度上分布差异大、含水率高、天然孔隙率高、压缩性大、厚度变化大、强度低等特点,该软土分层特点明显,软土随深度成交错变化,抗剪强度指标变化范围大,深层软土的抗剪强度甚至小于浅表部的软土抗剪强度,影响软土地基上的工程建设。

(5) 同马大堤软基[12][13]

同马大堤巨网段桩号138+250~144+900,全长6.65km,为同马大堤著名的软基段,位于皖河入江口处,堤基为软弱的河湖沉积层,软土层厚约14m,系1957年冬穿湖筑堤坝而逐渐形成。该处地势低洼,堤基软弱,且水面宽阔,吹程远,风浪对堤坝冲刷严重,1957年设计堤顶高程18.01m,当填筑到高程15~16m后,即开始有不同程度的坍滑和下挫。以后逐年加高培厚,仍不断地发生滑坍现象。1964年冬至1965年春实施堤顶高程为18.51~18.61m,至1966年底堤基和堤身基本稳定。1968年在原大堤反压护道上填筑5m,高约3.4m的平台,致使大堤破坏严重的堤段堤身向内外滑动,堤顶下挫0.5~1.7m。经1969~1974年培修加固大堤内外平台,在堤身内外高程13.61m处做宽20~30m的戗台,才使堤身稳定。1979—1985年,大堤内侧30m内全部填平,内坡地面升高3~5m,堤顶高程达到18.61~19.61m。1994至1996年对该段进行加高培厚,实施中139+550~141+613段采用铲运机施工和人工施工。1996年堤身加固后,2006年11月开始再次多处发生堤身沉陷和滑坡,迎水侧堤坡滑塌面积不断增大。于2010年至2011年对其中的141+600~142+800段作为一期工程进行了实施,暂时缓解了该段的险情。138+250~141+600、142+800~144+900两段作为二期工程,未全面加固。2015年对桩号139+750~140+250段外坡挖填整修加固、外堤脚设戗台,拆除干砌石护坡,下设自锁混凝预制块护坡上接草皮护坡,堤后背水坡设置导渗沟排水;损坏堤顶道路按原标准恢复。近几年,该堤段虽经过几次应急除险加固,但仍出现程度不一的沉陷、下挫、开裂等险情。1957—1998年历次加固断面如图1.3-3;2015年堤防加固标准断面图如图1.3-4。

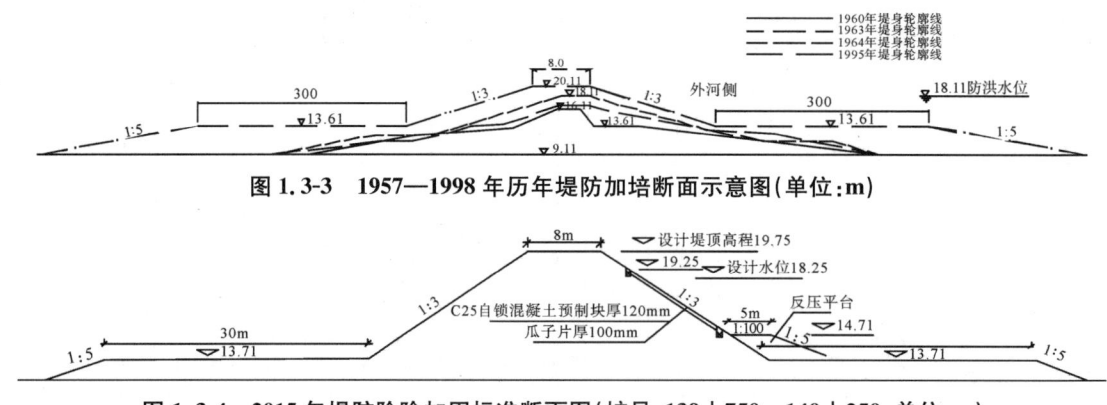

图1.3-3 1957—1998年历年堤防加培断面示意图(单位:m)

图1.3-4 2015年堤防除险加固标准断面图(桩号:139+750~140+250,单位:m)

长科院在1993年对同马大堤巨网段软土地基进行过一次稳定性试验研究,为1994—1996年期间的堤身加高培厚提供设计依据。2016年,针对堤身仍存在的沉陷、下挫、开裂问题,再次开展试验研究。据最新勘察资料,该段软土主要为淤泥质粉质层和粉质层,分布在高程-6.8~8.2m范围内,软土的含水率为34.3%~67.8%,干密度为0.95~1.37g/cm³,孔隙比为0.976~1.818,渗透系数为4.68×10^{-8}~8.06×10^{-6}cm/s,压缩系数为0.436~1.366MPa^{-1},为中高压缩性土。经过勘察及计算分析表明,堤基软弱是造成堤坡塌陷的根本原因,且受堤防填土过程、水位变化、排水条件的影响,引起软土地基产生不均匀沉降,进而造成堤坡出现塌陷、下挫的险情。鉴于该段堤防的防洪重要性,且大堤在修建过程中从未对堤基软弱土层进行处理,对同马大堤巨网段进行软基处理可避免险情继续扩大、保障堤防安全。

表1.3-5 长江中游地区软土物理力学参数表

区域	含水量(%)	干密度(g/m³)	孔隙比	液限(%)	塑限(%)	抗剪强度 φ(°)	抗剪强度 c(kPa)	压缩系数(MPa^{-1})	渗透系数(cm/s)	备注
1952年杜家台水闸	50以上	1.20~1.40	1.38	—	—	9.0	12.0	0.78	—	—
1954年荆江蓄洪区	34.9~48.2	1.35~1.37	0.99~1.39	38.5~56.6	26.1~28.4	12	17	0.51	1.12×10^{-7}	—
1955年荆江排洪区	41.0~46.5	1.19~1.27	1.20~1.28	39.2~45.1	21.4~21.8	12	20	0.61~1.07	3.0×10^{-7}	—
1956年新滩口深水闸	31.4~39.0	1.30~1.41	0.92~1.07	33.1~40.0	19.6~20.5	14.0	15.0	0.50~0.67	3.5×10^{-6}	—
1958年鄱阳湖排水闸	39.0	1.26~1.32	1.07~1.15	36~44	20.0~24.0	19.5	12.0	0.06	2.8×10^{-8}	—
1962年荆江大堤观音寺闸	38.5~57.9	1.02~1.28	1.15~1.70	39.0~59.0	15.0~29.0	15.0	9.0	—	5.0×10^{-6}	—
1965年巴河长江大堤孙堤	35.0~38.0	1.32~1.33	0.97~1.07	37.0~38.0	21.0~24.0	—	—	0.55~0.80	4.5×10^{-6}	—
京珠高速公路东西湖段	41.5~114.7	0.65~1.19	1.30~3.11	51.0~95.0	22.6~36.9	11.7	5.9	0.62~2.38	7.73×10^{-6}	—
京珠高速公路东西湖段	53.1~55.3	1.08~1.22	1.47~1.55	68.0~86.1	18.4~37.4	19.9	6.9	1.16	3.05×10^{-6}	—
京珠高速公路东西湖段	26.2~49.0	1.17~1.57	0.76~1.35	36.8~65.4	22.1~29.0	21.9	12.8	0.2.0~0.45	4.22×10^{-6}	—
京珠高速公路东西湖段	29.3~49.9	1.14~1.52	0.83~1.43	38.9~53.5	21.8~26.7	26.7	3.6	0.32~0.69	3.16×10^{-6}	—
京珠高速公路东西湖段	31.2~44.0	1.23~1.46	0.87~1.22	34.5~48.5	18.3~21.0	40.5	3.5	0.66	3.37×10^{-6}	—
京珠高速公路东西湖段	48.1~48.6	1.16~1.17	1.31~1.38	50.0~57.8	21.5~24.7	18.1	1.9	0.91	6.50×10^{-6}	—
武汉绕城公路	54.7~71.3	0.92~1.10	1.478~1.963	—	—	3.6~11.6	5.8~7.8	1.09	8.0×10^{-6}	—
武汉绕城公路	26.8~76.6	1.20~1.36	1.055~1.331	—	—	3.6	13.7~16.8	—	5.0×10^{-6}	—
汉宜高速公路	40~85%	1.52	1.5	40~73	—	2.05	20	0.70~1.00	—	—

续表

区域	含水量(%)	干密度(g/m³)	孔隙比	液限(%)	塑限(%)	抗剪强度 φ(°)	抗剪强度 c(kPa)	压缩系数(MPa⁻¹)	渗透系数(cm/s)	备注
宜黄高速公路汉沙段	38.3~64.6	0.91~1.34	1.00~1.71	39.2~53.6	20.4~23.6	13~25	11~16.4	0.50~1.24	9.5×10^{-6}	—
宜黄公路仙江段	29.1~77.1	1.09~1.24	0.81~2.03	—	—	—	—	0.26~1.56	3.0×10^{-6}	灰色淤泥
宜黄公路仙江段	59.1~69.8	0.91~1.02	1.64~1.95	50.7~62.0	29.1~32.1	—	—	1.49~2.55	—	滩湖淤泥
	52.2~58.7	0.90~1.01	1.42~1.55	58.5~89.5	33.3~38.5	—	—	0.81~1.45	—	滩湖淤泥质土
黄梅至九江长江大桥联络线	38.6~41.9	1.24~1.33	1.049~1.209	38.0~64.2	18~26.4	5.6	26	0.444~0.925	—	—
沪蓉国道黄黄公路	43.9~55.4	1.10~1.23	1.268~1.538	53.6~54.8	26.3~28.0	—	—	0.505~0.694	2.0×10^{-6}	—
沪蓉国道黄黄公路	40.1~40.5	1.29~1.30	1.140~1.625	40.7~57.8	20.7~29.3	—	—	0.635	3.0×10^{-6}	—
武汉软土	54.2	1.1	1.467	70.5	35.2	—	—	0.746	—	—
同马大堤	21.4~72.6	1.18~1.39	0.62~1.77	28.6~63.6	15.6~34.1	5.4~18.6	7.4~21.4	0.1~1.2	—	—
鄱阳湖水利枢纽	27.3~67.8	0.95~1.54	0.767~1.818	—	—	1.5~1.8	12.5~19.1	0.314~1.366	8.0×10^{-7}	—
鄱阳湖水利枢纽	38.2~53.3	1.1~1.3	1.073~1.473	26.9~46.6	13.9~22.3	1.8	12.4	0.580~0.874	2.68×10^{-5}	淤泥质粉质黏土

2.2.2 我国东南沿海软土的地质特征及物理力学特性

我国沿海软土主要分布在东海、黄海、渤海、南海等沿海地区,其中,东南沿海地区软土分布厚度广州湾—兴华湾一带,除汕头外一般为5~20m,汕头地区深达40m,兴化湾—温州湾南为10~30m,温州湾北—连云港一般大于40m,我国东南沿海地区软土物理力学参数如表1.3-6。

(1) 深圳机场软土[14][15][16]

深圳地区的软土主要为第四纪的海相沉积层的淤泥、淤泥质黏性土及含泥炭质黏性土,广泛地分布于深圳西部的沿海地区和伶仃洋东岸,分布范围广,连续面积大,厚度一般为3~10m,并呈流塑状,黑灰色,其矿物成分主要以石英、高岭石为主,伊利石、蒙脱石为辅,含有5%~10%的有机质。由于滨海相软土沉积时间短,颗粒细,结构疏松,具有高含水量、高孔隙比、高压缩性、低承载力、低抗剪强度、低渗透系数等"三高三低"的特征,工程性质差,给工程带来很多影响。

1987—1989年,长科院对深圳黄田机场软基中的淤泥进行了散淤试验、湿化试验以及淤泥触变试验研究。黄田机场的淤泥具有三高的特点,即含水量74%~92.6%大于液限53.1%~59.5%、孔隙比2.08~2.54、压缩系数1.27~2.24MPa^{-1},试验结果表明,在一定的气候条件下(35~40℃),淤泥可按30cm高度堆填,5天翻晒一次,10天一个周期,蒸发量后淤泥的含水量可降低至35%,密度达到1.3kg/m^3,承载力达到120kPa。该淤泥遇水有不同程度的崩解现象,其崩解程度主要受微裂隙和孔隙控制,原状淤泥失水后的崩解主要与其起始含水量有关,且大致以w_p+5%为界,含水量处于该范围内的淤泥呈不完全崩解,含水量小于该数值的淤泥,遇水会发生强烈崩解,且过程很快,崩解完全。因此,现场碾压后的淤泥土层遇水后其强度会有所降低,这一点值得重视,另外,该淤泥具有触变性,与一般的饱和软黏土比,其强度恢复慢且幅度小,随着失水或固结后可提高其强度,扰动样失水至55%或在31kPa下固结可获得原状样的强度,继续失水,其强度会大幅度增加。

(2) 杭州绕城公路软土[17]

杭州软土属我国沿海地区典型的软弱土,其工程特性如下:①天然含水量37%~65%高于其液限含水量;淤泥质孔隙比e=16~18,淤泥质粉质黏土e=17~18,多呈流塑状,为灰色静水或缓慢流水还原环境沉积,大多属于淤泥质黏土、淤质黏土;②压缩性高,随土性而异。淤质黏土有极高的压缩性,淤泥质黏土具有高压缩性,一般黏土有中等—高压缩性;③强度低,土体无侧限抗压强度小,抗剪强度低;④渗透性差,渗透系数小,具有较强的结构性,灵敏度高4~12,上部荷载一旦超过土体自身结构屈服应力,絮状结构遭到破坏,则土的强度明显降低,甚至呈流动状态,致使沉降量骤增,土体变形表现出较大的突发性和灵敏性,给工程建设造成极大的危害。

我院承担的杭州绕城公路北段软基加固试验段研究,杭州绕城公路北段沿线所处软基分布广泛且厚度较大,厚度一般可达20~30m,具有单层软土和双层软土两种结构形式,且以双层软土为主。软土的含水量较高,孔隙比大,压缩性高,强度低,透水性差,排水固结缓慢,是控制路基稳定和变形的主要土层。各土层参数如下:上部为厚度0~2m可塑状黄色粉质层,相对于下部的软土层而言,可称为"硬壳层";其下软流塑状灰色淤泥质层为第一软土层,具有高含水量、高压缩性、低强度、低透水性的特性,是影响路基稳定和地基沉降最关键土层;软塑状灰色淤泥质层,含贝壳,属高压缩性土,属第二软土层,该土层的存在对路基的沉降及剩余沉降有较大影响。试验结果表明:对软土厚度≤15m的单层结构软土,塑料排水法可取得较好处理效果;对软土厚度>15m的双层结构软土,砂桩可取得较好处理效果,处理深度可达

30m;对桥头等沉降要求较高的关键部位,且下部有相对硬层作为持力层的地段,采用粉喷桩处理取得了较好效果。

(3)广东潮汕机场软土[18][19]

汕头地区第四系海陆交互相沉积层,分布广、厚度大,总厚度在 60m 以上,土性较为复杂,随着海陆的频繁交替,常形成砂、土、淤泥(或淤泥质土)由粗细的沉积韵律,场地内第四系海陆交互相沉积层大体可分为四个沉积韵律层,反映了四次海进和海退过程。潮汕机场位于潮汕平原西南部,地势以平原为主,场地地面海拔标高 0.50～110.24m,海湖相沉积软土区分布面积占整个场区的绝大部分,软土层厚度 20～40m,主要分布有三层软土:淤泥层<2－1>、淤泥质土层<2－5>和淤泥质土层<2－9>,典型地层如图 1.3-5。淤泥层<2－1>在整个填方区基本连续分布,淤泥质土层<2－5>和淤泥质土层<2－9>集中分布在场地中部地段。淤泥层<2－1>层厚 0.50～21.40m,平均厚度 7.40m,呈流塑,土质较细腻滑,味稍臭;淤泥质土层<2－5>层厚 0.70～15.30m,平均厚度 5.56m,呈软塑状,土质滑,具臭味,含有机质,局部地区含较多腐殖质及朽木;淤泥质土层<2－9>层厚 0.90～24.30m,平均厚度 6.70m,呈软塑状,土质滑,含有机质,局部含少量砂。淤泥、淤泥质土具有低强度、触变性、流变性和高压缩性等不良特性,由此带来的工程问题有地基承载力低、总沉降量和工后沉降量大、固结速度慢,同时软土分布的不均匀性带来差异沉降控制困难等问题。淤泥质土层<2－5>顶部 1.0～2.0m 范围不同程度含腐殖质及朽木,将会对液压插板或振动沉管施工产生一定影响。淤泥质土层(<2－5>和<2－9>)埋藏较深,尤其是<2－9>层,埋藏深度普遍在 30m 以上,一般的地基处理方法难以达到如此大的处理深度。

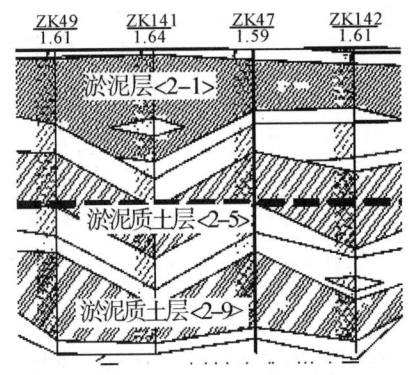

图 1.3-5 潮汕机场典型软土层

长科院 2008—2010 年承担了潮汕机场一期整个场区的深厚软土地基处理工程和边坡工程的设计工作,场区深厚软基区主要采用超载预压排水固结法,处理深度 18～25m,超载比 1.1～1.4,竖向排水体根据地层分布采用插板或砂井,插板间距为 1.0～1.3m,砂井间距为 2.8m,边坡区主要采用水泥土搅拌桩法。机场运行 9 年,整个场区的沉降和不均匀沉降能够满足设计要求的 20cm 和 1.5‰。在堆载预压过程中出现了两处大的裂缝区,其中主裂缝宽度为 0.3～35cm,裂缝长度为 10～180m,裂缝可见深度 1～2m,在主裂缝周边伴生有若干小、短裂缝(见图 1.3-6)。分析其原因是软土层在空间分布上的不均匀,使得地基沉降量和沉降速率出现明显差异,软土层厚的部位地基沉降量大,软土层薄的部位地基沉降量小,这种地基沉降差异导致了填土表面出现了明显的张拉裂缝,这种裂缝对地基处理效果影响不大,在地基处理完成后可统一处理。2018 年,长科院再次承担潮汕机场扩建工程跑道-滑行道延长线的深厚地基处理工程,跑道延长线受不停航施工和侧净空限制影响,深厚软基采用的是自凝灰墙直排式真空预压法,滑行道和联络道借鉴一期成功经验,依旧采用的是超载预压排水固结法,地基处理效果良好。

图 1.3-6　堆载预压过程中填筑体顶面主裂缝照片

（4）上海地区软土[20]

上海位于长江三角洲出海口,成陆较晚,软土主要为第四纪滨海沼泽相堆积类型,沉积层深厚且土层软弱,基岩埋深约 200～300m。根据《岩土工程勘察规范》(DGJ08)上海软土层主要为埋深在 4.0m 以下的第③层淤泥质粉质黏土和第④层淤泥质黏土,具有高含水量、高压缩性、低渗透性、低强度和触变性和流动性等特点,在工程中表现出一系列不良工程现象：如在附加荷载作用下压缩变形量大、排水固结缓慢、主固结时间长、易产生较大的沉降、工后沉降和不均匀沉降；抗剪强度低且变化较大,快速加载时会使孔隙水压力快速升高、有效应力降低,导致土层强度降低甚至破坏；具有明显的触变特性,软土受扰动或震动,影响土体结构,强度骤然降低,导致土体沉降和滑动；具有明显的流变特征,对于基坑工程,开挖易产生侧向位移和滑动,对于隧道,软土流变会导致隧道长期变形缓慢。上海浦东机场一跑道工程竣工后地基沉降长达 11 年(1998 年 2 月—2009 年 4 月)的观测资料分析,得出跑道中心线附近地基最大沉降量为 78.8cm,平均沉降约为 54cm(其中,静载沉降约为 33cm),且沉降仍在继续发生。

表 1.3-6　我国东南沿海地区软土物理学参数表

区域	软土指标	含水量(%)	干密度(g/m³)	孔隙比	液限(%)	塑限(%)	抗剪强度 φ(°)	抗剪强度 c(kPa)	压缩系数(MPa⁻¹)	渗透系数(cm/s)
上海浅层软土	褐黄—灰黄色土	25.4~40.5	1.27~1.58	0.73~1.14	30.8~43.8	17.6~24.1	8.5~28.5	12.7~26.2	0.20~0.65	—
	灰色淤泥质粉质黏土	36.0~49.7	1.14~1.37	1.00~1.36	29.6~40.1	17.8~23.0	8.5~14.2	12.1~28.0	0.30~1.03	—
	灰色淤泥质黏土	40.0~59.6	1.03~1.28	1.12~1.67	34.4~50.2	19.0~26.0	11.5~15.7	8.5~16.9	0.55~1.65	—
	褐灰色土	29.8~42.5	1.23~1.46	0.85~1.22	28.3~42.9	17.3~23.8	11.5~20.0	12.7~27.4	0.28~0.71	—
杭州地区软土	③a 淤泥质黏土	38~65	0.97~1.30	1.0~2.5	—	—	4.0~8.0	9.0~14.0	1.0~1.6	10^{-5}~10^{-8}
	③b 淤泥质粉质黏土	37~46	1.16~1.31	1.1~1.3	—	—	6.0~10.0	9.0~23.0	0.5~1.3	—
	⑤a 淤泥质粉质黏土	40~42	1.19~1.29	1.1~1.2	—	—	7.0~13.0	13.0~25.0	0.6~0.8	—
	⑤b 淤泥质黏土	43~49	1.14~1.24	1.2~1.4	—	—	7.0~11.0	16.0~21.0	0.7~0.8	—
福建地区软土	厦门	50.0~70.0	0.85~1.2	1.0~1.7	35~60	—	4.0~13.0	3.0~15.0	0.7~1.9	—
	福州	45.0~80.0	0.83~1.2	1.1~2.7	35~75	—	4.0~12.0	1.0~15.0	0.8~2.7	$(0.5~5)×10^{-7}$
	海相沉积淤泥	40.0~118.0	0.62~1.29	1.11~3.34	40.0~76.0	—	0~5.8	1.0~8.0	1.0~3.4	$1×10^{-7}$~$3.2×10^{-8}$
深圳软土	海陆沉积淤泥质土	40.0~58.0	1.06~1.29	1.09~1.47	28.0~50.0	18.9~30	3.0~10.0	6.0~15.0	0.7~1.9	$3.6×10^{-5}$~$2.5×10^{-7}$
	含泥炭质土	30.0~50.0	1.13~1.46	0.5~1.2	20.0~50.0	18.6~30	4.0~12.0	8.0~18.0	0.3~0.6	$8.0×10^{-6}$
	深圳黄田机场淤泥	74.6~92.6	0.77~0.90	2.08~2.54	53.1~59.5	26.7~29.1	—	3.0~7.0	1.27~2.59	—
宁波软土		53.8~50.1	1.12~1.21	1.18~1.37	36.1~45.2	—	3.0~7.6	1.1~16.1	0.82~1.07	—
	淤泥	55	1.1	1.5	40	20	—	—	—	$5.0×10^{-6}$
温州软土	淤泥质黏土	37~56	1.06~1.35	1.0~1.5	40~50	—	1.0~6.3	1.9~12.9	0.57~1.50	$5.0×10^{-6}$
	淤泥质粉质黏土	35~50	1.14~1.37	1.0~1.4	30~45	—	4.5~13.7	5.8~17.6	0.50~1.50	$5.0×10^{-6}$
舟山软土		16.4	1.05	1.28	—	—	—	—	0.94	—
广东东软土	广州白云机场	—	—	1.504~2.933	—	—	10.9~11.73	1.71~2.28	0.37~1.4	—
	潮汕机场	55.1~107.8	0.65~1.07	1.062~1.492	—	—	1.0~6.3	1.9~12.9	0.983~4.06	55.1~107.8
		38.4~55.72	1.00~1.29	1.106~1.494	—	—	4.5~13.7	5.8~17.6	0.39~1.32	38.4~55.72
		40.3~54.7	1.04~1.27	1.46~2.00	—	—	7.1~13.5	10.3~29.4	0.41~0.90	40.3~54.7
	广佛高速公路三角洲淤泥层	51.7~77.8	0.86~1.08		34.1~61.3	24.4~36.5	15	14	1.84~2.11	—

2.3 软土的流变特性

流变是软土常见现象,是在相当小的剪切荷载或不改变荷载作用下,其变形也可能长期缓慢地发展,位移量随时间而不断增大,软土的流变是工程建设需仔细考虑的问题,但在工程建设中对土流变的估算往往是十分困难的,因为流变会在很长时间内发生,可能需要连续几十年,长科院对黄黄高速公路 K8+135、K29+200、K33+97 断面进行长达 20 余年的现场原位观测,在公路建成营运后 12 年,沉降每年仍以 5~8mm 的速率发生,当然这种变形对一段公路的运行并无太大影响,但是对于设计考虑不周全的桥梁等将有明显的影响。软土流变对工程的影响主要表现在恒定荷载作用下变形随时间发展的蠕变沉降特性和在长期受荷之下土的强度随受荷历时的增长而改变的长期强度特性。前者主要从沉降出发,研究土受压时的蠕变规律;后者主要从斜坡或地基稳定性出发,研究土受剪的流变规律。

2.3.1 软土次固结特性

软土长期蠕变变形是指在主固结完成、孔隙水压力基本消散后,在恒定的荷载作用下,土体缓慢变形的过程,在工程中通常认为是次固结沉降,对工程运行十分不利。国内外专家和学者对软土蠕变变形机理和预测的研究较多,Buisuman 最早在 1936 年通过长历时沉降试验发现沉降的时间效应,提出土体后期沉降与时间对数的线性关系式。1964 年在法国举行了第一届国际土流变学讨论会,之后许多国家将软土的流变列为岩土专业重要的研究方向;我国自 1948 年陈宗基教授开始在软土的蠕变变形机理等方面做了许多工作,取得了大量的成果。目前工程中应用较多的是经验模型,主要有:常用来反映初始蠕变阶段的幂函数型、常用来反映加速蠕变阶段性质的对数型、多用来描述等速蠕变阶段性质的指数型,代表模型有:Buisman 半对数形式蠕变方程、孙钧上海软土蠕变经验模型、Bjerrum 一维蠕变模型、Singh-Mitchell 模型、Mesri 模型等三轴蠕变模型,对于不同地区的软土经验模型不同。

考虑次固结过程的普遍观点是在恒定的有效应力作用下结构发生蠕变引起时间滞后效应,工程上常用的次固结沉降简化计算方法有以下两种:

次固结沉降可用由压缩引起的孔隙比随时间变化的半对数法来表示,该方法认为次固结沉降是在主固结沉降完成后才发生的。即:

$$S_s = \frac{H}{1+e_0} C_a \lg \frac{t_2}{t_1} \tag{1.3-2}$$

式中:e_0——软土的初始孔隙比;

H——软土层厚度;

C_a——软土的次固结系数;

t_2——计算次固结沉降的时刻;

t_1——计算主固结结束的时刻。

次固结系数 C_a 可根据软土的物理力学特性、结构性及超固结比等根据经验取值,一般为 0.005~0.05。《岩土工程勘察规范》(GB50021)规定,对于厚层高压缩性软土上的工程,需要时应取一定数量的土样测定次固结系数,用于计算次固结沉降及其历时关系,可按公式(1.3-3)计算。对于超载预压后的次固结系数 C'_a 可按公式(1.3-4)计算。

$$C_a = \frac{\Delta e}{\lg t_2 - \lg t_1} \tag{1.3-3}$$

$$C'_a = C_a - \beta(OCR-1) \tag{1.3-4}$$

式中:β 可根据软土类型取 0.008;OCR 为超固结比。

布依斯曼首先提出可以用经验关系式表示饱和的时间与沉降的关系,该方法认为主固结沉降和次固结沉降是同时发生的,只是某一阶段以一种沉降变形为主,其时间与沉降的关系可以表示为直线关系(见图 1.3-7),按公式(1.3-5)计算:

$$S = H \cdot \Delta\sigma [\alpha_P + \alpha_r \lg(t)] \quad (1.3-5)$$

式中:S——沉降量;

H——软土层厚度;

$\Delta\sigma$——荷载增量;

σ_p——主固结系数;

σ_r——时间系数;

t——计算时刻。

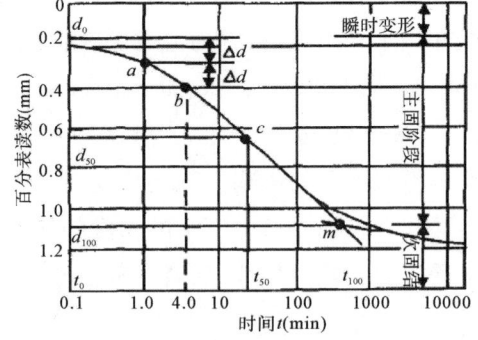

图 1.3-7 时间对数法

2.3.2 软土长期沉降分布特征

目前,国内外对软土长期沉降变化机理理论和利用短期实测数据预测长期变形的研究较多,由于理论分析中地层的概化以及施工过程与实际情况的差别,理论分析成果往往与实测成果存在一定差异;利用短期实测数据预测长期变形在工程中应用较多,但在工程中缺乏长期实测数据对预测成果验证。

目前,国内外对实际工程中长期荷载作用下软黏土地基长期变形实测资料较少,为了解长期荷载作用下软基长期沉降发展规律,长科院自1996年黄黄高速公路开建和1998年黄九高速公路开建至今,对两条公路的软土地基进行了沉降变形观测,取得了路堤填土施工期、预压期、道面修筑期以及运行20余年各阶段较系统的观测资料。根据监测资料发现,截目前沉降仍在发生,沉降速率2~4mm/年;沉降时程曲线整体可划分为主固结沉降段、次固结沉降速率呈线递减段和次固结沉降速率呈指数递减段三部分,沉降曲线整体比较符合双曲线规律[21]见图 1.3-8。华东院对浙江宁波杜湖水库大坝长达43年的观测资料进行了分析,该大坝坝基软土厚16m,坝高17.5m,采用Φ500砂井处理,自1972年建成投入使用至今水库运行安全大坝加高1.0m,分析发现该坝基沉降在持续发生,但沉降速率逐渐变缓见图 1.3-9,并根据沉降时程曲线,提出了时间平方根的沉降双曲线预测方法,利用前期的观测资料预测的沉降量与实际发生沉降量差 6%~7%,从沉降发展态势分析,该预测方法较合理[22]。

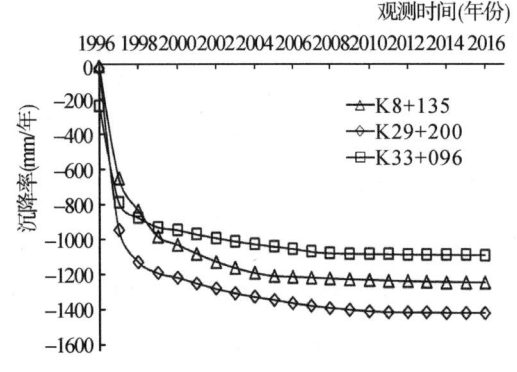

图 1.3-8 黄黄公路软基沉降时程曲线

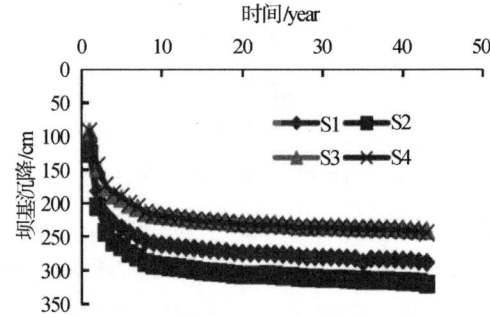

图 1.3-9 杜湖水库大坝软基沉降时程曲线

2.3.3 软土长期强度特性

软土的长期强度影响建筑物基础和边坡的稳定性,是工程界进行边坡设计和稳定性分析的一个难题。软土的长期强度受蠕变和固结状态双重影响,地基强度一方面由于排水固结而增长,另一方面由于剪应力的增大产生剪切蠕变而导致强度衰减。

软土的蠕变受土结构的阻力控制,既可以在排水条件下发生,也可以在不排水条件下发生,排水蠕变通常在有效应力下发生,在蠕变应力下,当剪应力小于极限应力时,蠕变速率随时间逐渐减小,土体不会破坏,但当剪应力大于极限应力值时,蠕变速率会越来越大,土体将会发生破坏。蠕变引起的抗剪强度改变与蠕变诱发的孔隙水压力有关,对于原状软黏土蠕变诱发正孔隙水压力,则在不排水蠕变中强度随时间减少,因此在现场施工过程中应控制荷载加载速率。对于超固结土,在排水蠕变中体积增加,强度随时间减小,因此仅考虑蠕变的软土长期强度一般随时间逐渐降低。考虑蠕变影响的软土在排水固结过程中任意时刻 t 的抗剪强度 τ_f 为:

$$\tau_f = \tau_{f0} + \Delta\tau_{fc} - \Delta\tau_{f\tau} \tag{1.3-6}$$

$$\Delta\tau_{fc} = \Delta\sigma_z U_t \sin\varphi' \cos\varphi' / (1 + \sin\varphi') \tag{1.3-7}$$

软土蠕变会引起软基的抗剪强度降低,但目前没有可靠的计算方法,长科院为研究剪切蠕变对土体强度的影响,采用公式(1.3-8)表达软土抗剪强度,其中为考虑剪切蠕变等因素对强度影响的折减系数,在《湖相沉积地区高等公路软土地基处理研究》中,通过大量离心模型试验得到为 0.58~0.88,且与预压荷载大小和加载速率有关[23]。

$$\tau_f = \eta(\tau_{f0} + \Delta\tau_{fc}) \tag{1.3-8}$$

式中:τ_f——t 时刻土的抗剪强度;

τ_{f0}——地基土的天然抗剪强度;

$\Delta\tau_c$——t 时刻土由于固结而增长的抗剪强度;

$\Delta\tau_\tau$——t 时刻土由于剪切蠕变而引起的强度衰减;

$\Delta\sigma_z$——附加竖向应力;

U_t——该点土的固结度;

φ'——地基土的有效内摩擦角。

3 软土地基的沉降与稳定性

3.1 软土地基沉降特性与计算

软土地基的沉降问题是影响工程建设安全的最关键问题之一,如何有效合理地对地基沉降进行预测或计算,对于工程建设本身既有理论意义又有实践意义。在工程建设前期主要结合土体参数,通过数值模拟或理论分析计算预测地基沉降量;有实测数据后,可通过实测数据对沉降发展趋势和最终沉降量进行预测。目前,规范规定的理论计算方法和沉降预测方法在工程中应用较多。

3.1.1 软土地基沉降计算

软土地基的沉降包括有瞬时沉降 S_d、主固结沉降 S_c、次固结沉降 S_s。在填土过程中由于地基受剪应力的作用,路基产生瞬时侧向变形引起的沉降称为瞬时沉降,它持续的时间短,并随路堤的增高而增大。主固结沉降是在上部荷载作用由于排水固结而产生的沉降,是地基沉降的主要部分。次固结沉降是由于土体内部颗粒结构的调整而引起的沉降,持续时间长。总沉降量按公式(1.3-9)计算。

不同规范 m_s 取值不一样。《建筑地基处理规范》中 m_s 取 1.1~1.4,荷载较大或地基软弱层厚度大时取较大值;《建筑地基基础设计规范》中 m_s 根据压缩模量当量值与基底附加压力值取值;《港口工程地基规范》规定 m_s 按经验选取,有条件时可进行现场试验确定;《公路路基设计规范》规定 m_s 可按公式(1.3-10)估算。

$$S_\infty = S_d + S_c + S_s = m_s S_c \tag{1.3-9}$$

$$m_s = 0.123\gamma^{0.7}(\theta H^{0.2} + VH) + Y \tag{1.3-10}$$

式中：m_s——沉降系数，宜根据现场沉降观测资料确定；

H——路堤中心高度(m)；

γ——路堤填料的重度(kN/m³)；

θ——地基处理类型系数，用塑料排水板处理时取 0.95～1.1，用水泥搅拌桩处理时取 0.85，预压时取 0.90；

V——加载速率修正系数，加载速率在 20～70mm/d 之间时取 0.025，采用分期加载速率小于 20mm/d 时取 0.005，采用快速加载速率大于 70mm/d 时取 0.05；

Y——地质因素修正系数，当同时满足软土层不排水抗剪强度小于 25kPa、软土层的厚度大于 5m、硬壳层厚度小于 2.5m 三个条件时，$Y=0$，其他情况下可取 $Y=-0.1$。

主固结沉降 S_c 规范规定采用分层总和法计算，计算参数可采用由压缩试验得到的 $e-p$ 曲线、压缩模量 E_s 或 $e-\lg p$ 曲线。

①《建筑地基处理规范》规定采用 $e-p$ 曲线计算主固结沉降 S_c，计算公式(1.3-11)，计算深度取预压附加应力与土自重应力比值为 0.1 的深度。

$$S_c = \sum_{i=1}^{n} \frac{e_{0i} - e_{1i}}{1 + e_{0i}} \Delta h_i \tag{1.3-11}$$

式中：n——压缩土层内土层分层的数目；

e_{0i}——地基中各分层在自重应力作用下的稳定孔隙比；

e_{1i}——地基中各分层在自重应力和附加应力共同作用下的稳定孔隙比；

Δh_i——地基中各分层的初始厚度(m)。

②《建筑地基基础处理规范》规定采用 Es 计算主固结沉降 S_c，计算公式(1.3-12)；计算深度应符合公式(1.3-13)。

$$S_c = \sum_{i=1}^{n} \frac{\Delta p_i}{E_{si}} \Delta h_i \tag{1.3-12}$$

$$\Delta s'_n \leqslant 0.025 \sum_{i=1}^{n} \Delta s'_i \tag{1.3-13}$$

式中：E_s——地基中各分层的压缩模量(kPa)；

Δp_i——地基中各分层中点的附加应力(kPa)。

③ $e-\lg p$ 曲线计算主固结沉降 S_c，一般分为正常固结土、欠固结土和超固结土三种情况，计算公式(1.3-14)和式(1.3-15)，计算深度取预压附加应力与土自重应力比值为 0.1～0.2。

正常固结土、欠固结土的主固结沉降 S_c 可按式(1.3-14)计算：

$$S_c = \sum_{i=1}^{n} \frac{\Delta h_i}{1 + e_{0i}} C_{ci} \lg\left(\frac{p_{0i} + \Delta p_i}{p_{ci}}\right) \tag{1.3-14}$$

超固结土的主固结沉降 S_c 可按式(1.3-15-1)、式(1.3-15-2)计算。

当 $\Delta p \geqslant p_c - p_0$ 时：$S_c = \sum_{i=1}^{n} \frac{\Delta h_i}{1 + e_{0i}} \left[C_{si} \lg\left(\frac{p_{ci}}{p_{0i}}\right) + C_{ci} \lg\left(\frac{p_{0i} + \Delta p_i}{p_{ci}}\right)\right] \tag{1.3-15-1}$

当 $\Delta p < p_c - p_0$ 时：$S_c = \sum_{i=1}^{n} \frac{\Delta h_i}{1 + e_{0i}} C_{si} \lg\left(\frac{p_{0i} + \Delta p_i}{p_{ci}}\right) \tag{1.3-15-2}$

式中：P_{0i}——地基中各分层中点的自重应力(kPa)；

P_{ci}——地基中各分层中点的先期固结压力 C_a 为土层的压缩指数;

C_{si}——土层的回弹指数。

3.1.2 软土地基沉降控制

工程中软土地基的总沉降量分两个阶段完成。第一阶段为施工期发生的沉降量;第二阶段为需在运行期完成的"工后沉降",一般工程对软土地基的工后沉降量有较严格的控制指标,如深圳机场跑道区工后沉降为 5cm、潮汕机场跑道区工后沉降为 20cm 等。根据《港口工程地基规范》和《建筑地基处理规范》的规定:有实际观测资料的工程可由实测沉降过程采用经验公式法推算沉降,沉降预测是在基于较长时间观测数据的基础上对地基工后沉降进行预测的一种方法,通过沉降预测可以确定剩余沉降不超设计允许工后沉降量的软基沉降速率,可以确定路面开始施工的时间,也可以通过调整路面施工时间来控制工后沉降。目前常用的方法有指数曲线法、双曲线法、沉降速率法、三点法、Asaoka 法等,不同的预测方法都有其自身的优缺点及适用条件。

(1)双曲线法

双曲线法是由尼奇坡·罗维奇提出,根据实测沉降曲线的实际形态近似一条双曲线,从曲线的后部分取任意两点,采用双曲线来拟合后,通过曲线外延来推得未知某时刻的沉降量或最终沉降量,该方法预测沉降结果比预测方法偏大,对深厚软土观测曲线有较好吻合。

双曲线预测公式为:

$$S_t = S_a + \frac{t-t_a}{\alpha + \beta(t-t_a)} \tag{1.3-16}$$

$$\frac{t-t_a}{S_t-S_a} = \alpha + \beta(t-t_a) \tag{1.3-17}$$

$$s_\infty = s_a + \frac{1}{\beta} \tag{1.3-18}$$

式中:S_t——时间 t 的沉降量;

S_∞——最终沉降量;

t_a——拟合计算起始参考点的观测时间;

S_a——拟合计算起始参考点的沉降值;

α、β——通过对实测拟合得到的参数。

(2)指数曲线法

指数曲线法假定地基土体在上部荷载的作用下,沉降量的平均增长速率以指数曲线形式减少的一种经验推导法,对软土层不太厚或附加荷载不太大的沉降曲线有较好吻合。

指数函数为:

$$S_t = S_\infty(1-\alpha e^{-\beta}) \tag{1.3-19}$$

地基的沉降速率为:

$$\frac{dS_t}{dt} = S_\infty \alpha \beta e^{-\beta} \tag{1.3-20}$$

后期沉降量为:

$$S_{r1} = S_\infty - S_{t1} = S_\infty \alpha e^{-\beta_1} \tag{1.3-21}$$

其中:S_{t1} 为 t_1 时刻对应的沉降量;S_∞ 为最终沉降量;由参数 α、β 可预测软土的最终沉降。

(3)Asaoka 法

Asaoka 法(浅岗法)是以一维固结条件为前提,以遵从一定时间规律的沉降实测数据为基础,来预测沉降速率和最终沉降量,即仅利用短期内的沉降观测资料就可以得到较为可靠的最终沉降量的推算值,可以作为路基最终沉降简便预测方法。

预测公式为:

$$S(t)_i = S_\infty - (S_\infty - S_0)e^{-a_1 t} \tag{1.3-22}$$

式中:S_0——初始沉降;

S_∞——最终沉降量。

$$S_\infty = \frac{\beta_0}{1-\beta_1} \tag{1.3-23}$$

图解法推算步骤如下:

先将沉降观测数据进行等时距时间间隔处理,设等时距时间间隔为 Δt,通过插值的方法计算出 t_1、t_2……时刻的沉降值 S_1、S_2……以点 (S_j, S_{j-1}) 画出,同时做出 $S_j = S_{-1}$ 的 45°直线;通过对点 (S_j, S_{j-1}) 进行线性回归,画出直线,该直线与坐标轴 45°直线交点所对应的变为该土体的最终沉降量。

(4) 三点法

三点法也称固结度对数配合法,符合太沙基一维固结理论,可用来预测固结沉降量,参数有明确的物理意义,但求解的三点法受人为因素的影响较大,计算时需要使 $t_3 - t_2 = t_2 - t_1$,容易影响推算的精确性。

预测公式:

$$S_t = S_d \alpha e^{-\beta} + S_\infty (1 - \alpha e^{-\beta}) \tag{1.3-24}$$

为求 t 时刻的沉降,公式(1.3-24)的右边有 4 个未知数,即 S_d、S_∞、α、β。在实测初期沉降一时间曲线($S-t$)上任意取三点:(t_1, S_1)、(t_2, S_2)、(t_3, S_3) 并使 $t_3 - t_2 = t_2 - t_1$,将上述三点分别代入式(1.3-25)中,联立求解得参数和最终沉降量 S_∞ 已及 S_d 的表达式,其中 S_d 的表达式还含有 α 可采用理论值或根据实测资料进行计算,将所得的 β、S_∞、S_d 分别代入式中便可得出任意时刻的沉降。由此解得:

$$e^{\beta(t_1 - t_2)} = \frac{S_2 - S_1}{S_3 - S_2} \tag{1.3-25}$$

其中:

$$\beta = \frac{-1}{t_1 - t_2} \ln \frac{S_2 - S_1}{S_3 - S_2}$$

$$S_\infty = \frac{S_3(S_2 - S_1) - S_2(S_3 - S_2)}{(S_2 - S_1) - (S_3 - S_2)} \tag{1.3-26}$$

$$S_d = \frac{S_t - S_\infty(1 - \alpha e^{-\beta})}{\alpha e^{-\beta}} \tag{1.3-27}$$

3.1.3 深厚软基沉降预测方法及影响因素

长科院通过对黄黄高速公路、黄九高速公路、揭阳潮汕机场及舟山绿色石化基地等多个深厚软土地基沉降预测与实测资料对比分析,发现采用双曲线法拟合曲线与实测曲线吻合较好,拟合相关性高,能更真实反映软土地基的固结沉降。在舟山绿色石化基地一期软基工程中,长科院通过软土地基沉降离心模型试验对双曲线预测结果进行了验证,即软土厚度 30m,堆载高度 8.0m,堆载预压 11 个月,离心试验测得沉降量为 1529mm,现场实测沉降量为 1480mm,相对误差 3.3%,离心试验与现场实测值较为吻合,离心试验进一步预测得到总沉降量为 2020mm,通过双曲线预测得到总沉降量为 1911mm,相对误差 5.4%,离心试验预测值大于双曲线预测值[24],其主要原因是沉降预测需建立在观测时间较长的基础上,当地基沉降收敛趋势不明显、沉降速率达不到预测要求时,将导致预测结果偏小。

采用双曲线沉降预测时,应满足一定的前提条件,即要求地基沉降出现比较明显的收敛趋势,地基的固结度达到 80% 以上。若在软土固结度较低、沉降速率仍较大的情况下采用曲线拟合法进行沉降预测,其预测成果随观测时间长短的变化而发生相应的变化,此时其预测可靠性是值得商榷的。为说明沉降预测成果可靠性与沉降速率及选用观测资料时间的关系,长科院在揭阳潮汕机场深厚软基项目中,选取典型测点Z7进行分析。该点分布有三层软土,软土厚度30余m,排水固结法处理深度25m,上部填土6m;于2009年8月开始满载预压,截至2010年5月13日累计沉降156.9cm,当时沉降速率为1.62mm/d[25]。选用不同时间段的沉降观测资料采用双曲线法进行拟合,对应拟合所用实测沉降数据分别截至2010年1月19日、2月16日、3月16日、4月13日和5月11日,预测得到2010年7月底的沉降量和20年运行期沉降量如表1.3-7所示,图1.3-10为预测沉降量大小与等载时间长短之间的相关关系。选用不同时间段观测资料,采用双曲线法预测得到的沉降过程线与实测沉降过程线对比如图1.3-11所示。

表1.3-7　　　　　　　　　选用不同时间段沉降预测结果汇总表

预测系列	观测资料截止时间	等载时间(d)	拟合得到的双曲线参数			2010年7月底沉降预测值(cm)	20年总沉降量(cm)
			$+\alpha$	β	R^2		
系列1	2010—1—19	165	0.7634	0.0089	0.9794	148.8	169.2
系列2	2010—2—16	193	0.82	0.0082	0.9722	153.3	178.5
系列3	2010—3—16	221	1.019	0.0068	0.9913	161.9	202.3
系列4	2010—4—13	249	1.0923	0.0063	0.9936	165.2	213.2
系列5	2010—5—11	277	1.1434	0.0060	0.9980	167.2	220.6

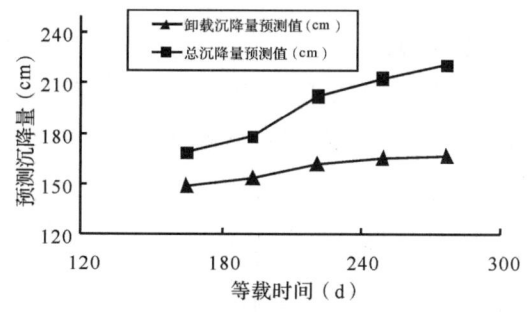

图1.3-10　预测沉降量与等载时间关系图

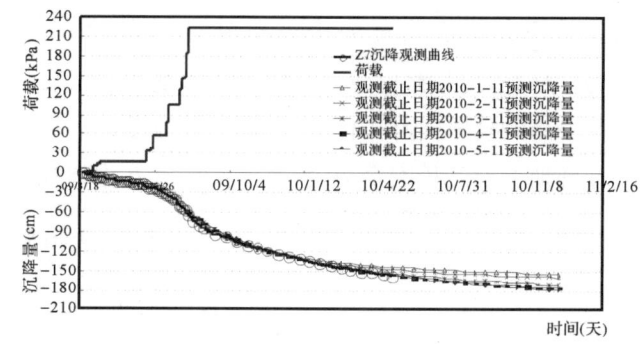

图1.3-11　预测沉降过程线与实测沉降过程线对比

据观测资料,Z7测点截至2010年5月28日累计沉降已达158.9cm,沉降速率为1.44mm/d,但从表1.3-7可以看出,若采用较短时间的观测资料(即截至2010年1月19日和2月16日)进行预测时,得到2010年7月底沉降预测值比目前(截至2010年5月28日)实测沉降还小,说明预测的准确性较差。

表1.3-7和图1.3-11表明:随着沉降观测时间的延长,曲线拟合相关系数相应提高,拟合相关性提高,曲线拟合得到的卸载时间点沉降量相应增加,总沉降量也相应增加;在沉降速率较大,沉降未出现明显收敛趋势的情况下,采用曲线拟合法得到的预测沉降量与实测沉降量相差较大,预测值小于实测值。其原因主要是拟合截止时间点地基沉降速率较大,沉降曲线的切线斜率较大,其最后一个拟合点以后的切线斜率要大于拟合曲线的切线斜率。而曲线拟合时拟合曲线收敛明显,其与实测曲线的前段吻合较好,后段预测值与实测值发生背离。预测沉降在拟合截止时间点以后增长比较缓慢,其切线斜率与最后一个拟合点以后的地基土体实际沉降速率无关,只与$1/(t-t_\alpha)^2$成正比,因此时间愈长,其曲线愈平缓,即拟合截止时间点以后的预测曲线被强制收敛,从而导致沉降预测值较实测值偏小。

采用双曲线或曲线拟合方法进行沉降预测时,要求沉降速率较小,沉降曲线呈现比较明显的收敛趋势,否则可能导致预测结果偏小。测点 Z7 选用不同时间系列的卸载时间点沉降量、总沉降量预测结果表明:在沉降速率较大,沉降未出现明显收敛趋势的情况下,采用曲线拟合法得到的预测沉降量与实测沉降量相差较大,预测值小于实测值;在沉降速率较大,沉降未出现明显收敛趋势的情况下,选用观测资料时间越长,其预测沉降量与实测沉降量差值越小,反之越大。

总之,采用曲线或曲线拟合法进行沉降预测时,预测结果的准确性与所选拟合时间起点及稳载预压时间长短等因素有关,要求沉降速率较小、沉降曲线呈现比较明显的收敛趋势,否则可能导致预测结果偏小。当不具备长期观测条件时,可采用经过试验验证的计算参数进行理论计算或采用离心模型试验进行预测。

3.2 软土地基稳定性分析

软土地基的稳定性是影响工程建设运行安全的又一个关键问题。在软土地基上修筑路堤等高边坡,常因软基强度增长不能满足路基填土荷载增加的速率或软土的长期蠕变影响而发生地基的整体失稳。软基失稳后,软土受到严重扰动,抗剪强度进一步降低,使之恢复原抗剪强度很难。因此,有效预测和控制软基边坡的稳定性至关重要。边坡稳定的预测方法主要有稳定性计算和根据实测变形数据判断两种。目前,天然软土地基路堤的等高边坡稳定性计算可采用瑞典圆弧中的有效固结应力法、改进总强度法和简化 Bishop 法;验算软土边坡稳定性时,应按施工期和运行期的荷载分别计算稳定系数,施工期的荷载需考虑路堤自重和施工荷载,运行期的荷载应包括路堤自重、上部荷载,当填土厚度大于上部附加应力与自重应力比的深度,边坡稳定计算可不考虑上部荷载影响。现有规范把沉降速率和水平位移速率作为软基施工期加载的控制标准,对边坡稳定性的整体控制标准尚没有明确规定。

3.2.1 软土地基稳定安全系数及评价标准

《公路软土地基路堤设计与施工技术细则》规定:软土路堤稳定验算的容许安全系数与所采用的计算方法及采用的抗剪强度指标有关,对不同的设计计算方法和强度指标应该采用不同的容许安全系数,才能够准确地评价工程安全与否,对不同计算方法和抗剪强度指标的天然软基稳定安全系数如表 1.3-8。

表 1.3-8 天然软基稳定安全系数

指标	有效固结应力法		改进总强度法		简化毕肖普法
	不考虑固结	考虑固结	不考虑固结	考虑固结	
直接快剪	1.1	1.2	—	—	—
静力触探、十字剪切板	—	—	1.2	1.3	—
三轴有效剪切指标	—	—	—	—	1.4

注:表列稳定安全系数未考虑地震影响。当需要考虑地震力时,表列稳定安全系数减小 0.1。

《建筑边坡工程技术规范》规定:饱和软性土的边坡稳定计算,宜选择直剪快剪、三轴不固结不排水试验或十字板剪切试验参数,稳定计算主要采用简化 Bishop 法,稳定安全系数与边坡等级、计算工况及施工时间等有关,具体如表 1.3-9。

表 1.3-9 边坡稳定安全系数

边坡安全等级		一级	二级	三级
永久边坡	一般工况	1.35	1.30	1.25
	地震工况	1.15	1.10	1.05
临时边坡		1.25	1.20	1.15

边坡的稳定安全状态分为稳定、基本稳定、欠稳定及不稳定四种状态,边坡稳定性状态划分如表 1.3-10,对稳定系数小于稳定安全系数时,应针对边坡稳定所处状态进行地基处理。

表 1.3-10　　　　　　　　　　　　边坡稳定性状态划分

边坡稳定性系数 F_s	$F_s<1.00$	$1.00 \leqslant F_s<1.05$	$1.05 \leqslant F_s<F_{st}$	$F_s \geqslant F_{st}$
边坡稳定性状态	不稳定	欠稳定	基本稳定	稳定

3.2.2　软土地基稳定性常用计算方法

(1)有效固结应力法

采用有效固结应力法进行稳定验算时,稳定安全系数 F 可按式(1.3-28)计算,安全系数计算图如图 1.3-12。

$$F = \frac{\sum_A^B (c_{qi}L_i + W_{1i}\cos\alpha_i\tan\varphi_i + W_{2i}U_i\cos\alpha_i\tan\varphi_{q\ i})\sin\alpha_i + \sum_B^C (c_{qi}L_i + W_{2i}\cos\alpha_i\tan\varphi_{q\ i})}{\sum_A^B (W_1+W_2)_i\sin\alpha_i + \sum_B^C W_{2i}\sin\alpha_i}$$

(1.3-28)

式中,c_{qi}、φ_{qi}——地基土或路堤填料的黏聚力(kPa)和内摩擦角(°),由快剪试验测得;

φ_{cqi}——地基土的内摩擦角(°),由固结快剪试验测得;

U_i——地基平均固结度(%);

α_i——土条底面与水平面交角(°);

L_i——土条底面弧长(m);

W_{1i}——土条地基部分重力(kN);

W_{2i}——土条路堤部分重力(kN)。

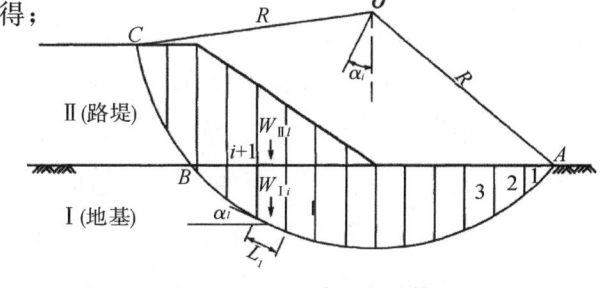

图 1.3-12　安全系数计算图

(2)改进总强度法

采用改进总强度法进行稳定验算时,稳定安全系数 F 可按式(1.3-29)计算。

$$F = \frac{\sum_A^B (S_{ui} + W_{2i}U_i\cos\alpha_i m_i)L_i + \sum_B^C (c_{qi}L_i + W_{2i}\cos\alpha_i\tan\varphi_{q\ i})}{\sum_A^B (W_1+W_2)_i\sin\alpha_i + \sum_B^C W_{2i}\sin\alpha_i}$$

(1.3-29)

式中:S_{ui}——十字板试验得到的抗剪强度(kPa),或由单桥静力触探试验的贯入阻力或双桥静力触探试验的锥尖阻力换算的十字板抗剪强度;

m_i——地基土层强度增长系数,可按表 1.3-11 取值。

表 1.3-11　　　　　　　　　　　　地基土强度增长系数

土名	泥炭	泥炭质土	有机质土	质软土	粉质黏土
m_i	0.35	0.20	0.25	0.30	0.25

(3)简化 Bishop 法

简化 Bishop 法计算精度较高,但由于需要采用有效抗剪强度指标,取样试验的工作量比较大,且对计算精度提高有限,因此一般在试验工程或路堤的重点部位等对计算精度比较敏感的部位,有选择性地应用。采用简化 Bishop 法进行稳定验算时,稳定安全系数可按式(1.3-30)、式(1.3-31)采用迭代法计算。

$$F = \frac{\sum_{A}^{B}\{(c'_i b_i + [(W_1+W_2)_i - u_i b_i]\tan\varphi'_i)/m_{1\alpha i}\} + \sum_{B}^{C}(c_q b_i + W_{2i}\cos\alpha_i \tan\varphi_{q\,i})/m_{2\alpha i}}{\sum_{A}^{B}(W_1+W_2)_i \sin\alpha_i + \sum_{B}^{C}W_{2\,i}\tan\alpha_i}$$

(1.3-30)

$$m_{1\alpha i} = \cos\alpha_i + \tan\varphi'_i \sin\alpha_i / F \quad (1.3\text{-}31\text{-}1)$$

$$m_{2\alpha i} = \cos\alpha_i + \tan\varphi'_{qi} \sin\alpha_i / F \quad (1.3\text{-}31\text{-}2)$$

式中:c_i、φ_i——地基土三轴试验测得的有效黏聚力(kPa)和有效内摩擦角(°);

b_i——分条的水平宽度(m);

u_i——滑动面上的孔隙水压力(kPa)。

3.2.3 公路软基填筑荷载下的应力、应变分析

在软土地基修建高速公路,在设计阶段对软土地基进行详细的勘察与软土性质试验,并对公路路基在施工期及填土完成进行沉降分析和变形分析,对地基的应力、应变进行分析,以期选择合理施工方案和施工周期。

长科院 1990 年广佛高速公路和 1998 年对京珠高速公路的武汉东西湖地基中的应力、应变状态进行数值分析和离心模拟试验研究。在现场采软土的原状试样,进行离心模型试验的测量其变形。在同样的条件下,利用数学模型对同一模型的应力、应变进行数值分析,比较认为,无论采用非线性的 E-B 模型和修改后的剑桥模型,只要调其参数,可使两种分析方法得出较好的成果。然使用调整后的参数对实际工程进行应力应变分析。其分析的结果对设计,尤其对施工控制有很好的指导意义。因为对砂井地基(或塑料排水板)进行有限元数值分析是比较复杂的。长科院在对广佛公路的软土地基进行分析时,采用了修正的剑桥模型与比奥固结理论相耦合的方法,用等效固结系数法将三维排水问题简化为二维问题,对强度参数 φ 及 K_0 进行修正。将砂井地基简化为等效的均匀地基,即通过改变天然地基的固结系数来等效砂井的排水效果,使等效后的地基与砂井地基的排水效果相同,据竖向排水能力一致的原则,建立等效的均匀地基与砂井地基的固结系数的转换关系:表达式如公式(1.3-32)

$$C_{ve} = C_v + 32 \frac{H^2}{\pi^2 F(n) d_e^2} C_h \quad (1.3\text{-}32)$$

式中:C_{ve}——等效地基的竖向固结系数;

C_v——天然地基的竖向固结系数;

C_h——天然地基水平向固结系数;

H——竖向排水距离;

$F(n)$——井径比 n 的函数:

$$F(n) = \frac{n^2}{n^2-1}\ln(n) - \frac{3n^2-1}{4n^2} \quad (1.3\text{-}33)$$

3.2.4 公路软土路堤边坡变形及破坏的形态

软土地基在受到路提填土作用直至破坏的过程中,软土层内的孔隙水压力随着荷载的增加而发生显著的变化。在孔隙水压力上升与消散的过程中,路堤产生垂直方向和水平方向的位移。不同的软土地基

厚度、填土高度、不同的填土速率和不同的地基处理方式,可使路基的变形和破坏呈现出不同的形态。根据路基坡脚水平位移与道中沉降的相对大小,路基的变形形态可分为三种,即锅底形、马鞍形、过渡形[26]。通常,当加荷速率比较缓慢,或地基有较好的排水通道,地基有充分的固结时间,这时道中沉降大于道肩沉降,水平位移小,坡脚外隆起现场不明显,或无此现象,路基变形形态呈锅底形,稳定状态良好,如图1.3-13(a)所示;当地基的加荷速率比较快,坡脚外隆起现象很明显,路基变形形态往往呈马鞍型,如图1.3-13(b)所示。此时,地基一般接近临界状态或已经破坏,介于这两种变形形态之前的属于过渡形。

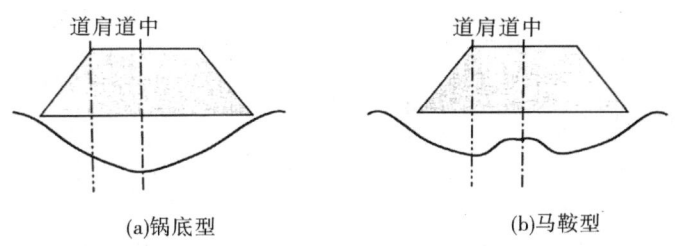

图 1.3-13　路基变形形式

3.2.5　软基边坡的施工稳定性控制标准

长科院在广州—佛山、宜昌—黄石、黄石—黄梅、黄梅—九江、武汉绕城等高速公路建设过程中,发现采用规范规定的沉降速率≤10～15mm/d 和水平位移速率≤5mm/d 的标准控制填土速率,大体上能够保证填筑期间的软基的整体稳定性,但黄石—黄梅 K33+096 段在最大沉降速率 4mm/d 和最大水平位移速率 3mm/d 时发生了地基失稳,而广珠高速公路的最大沉降速率达 68mm/d 和水平位移速率达 17.4mm/d 时路堤仍处于稳定状态,广佛高速公路也存在同样现象,说明现有规范规定的控制标准具有一定的局限性,需要进一步改进和完善。

长科院对大量工程的实测数据和边坡稳定状态进行了汇总分析,如表 1.3-12,并借助离心模型试验和数值模拟研究,提出了规范之外的辅助控制标准如公式(1.3-34)和(1.3-35),该标准可以较好将沉降和水平位移联系起来,$S_{z肩}/S_{z中}$也可以反映路基沉降的马鞍型变形的程度[ ]。

$$S_h/S_{z中} \leqslant 20 \sim 25\% \tag{1.3-34}$$
$$S_{z肩}/S_{z中} \leqslant 110\% \sim 120\% \tag{1.3-35}$$

式中:S_h——坡脚水平位移;

$S_{z中}$——边坡坡顶沉降;

$S_{z肩}$——边坡坡肩沉降。

该标准在多个工程检验中是合理的,图 1.3-14 为不同软土边坡的坡脚水平位移与道中沉降的比值,可以看出稳定边坡的比值均在 20%,不稳定边坡的比值将大大超出 20～25%,图中断面 2 的比值失稳时达 70%,根据图 1.3-15 分析可以看出,在"第 100 天"前后已有失稳的预兆,此时比值为 30%,由于该比值的变化幅度较大,很难确定能够判别土体临界状态的具体比值。

针对上述问题,长科院对已有监测成果进行总结,如表 1.3-12,并开展了离心模型试验和现场监测试验研究,得到了坡脚水平位移速率与道中沉降速率的关系图,如图 1.3-16 所示。图中以道中沉降速率和坡脚水平位移速率这两个指标的临界状态线将路堤的状态划分为稳定区域和不稳定区域,规范规定的加载标准区域仅为图中稳定区中的 OABC 区域,这个区域只占稳定区域的极小部分,事实上很多工程沉降速率超过了规范规定值也是安全的[27]。为安全和使用方便,将临界状态线简化为一条过原点的直线,如

图 1.3-17,简化临界线方程为:

$$v_h = 0.45 v_z \qquad (1.3-36)$$

式中:v_h——坡脚水平位移速率(mm/d);

v_z——道中沉降速率(mm/d)。

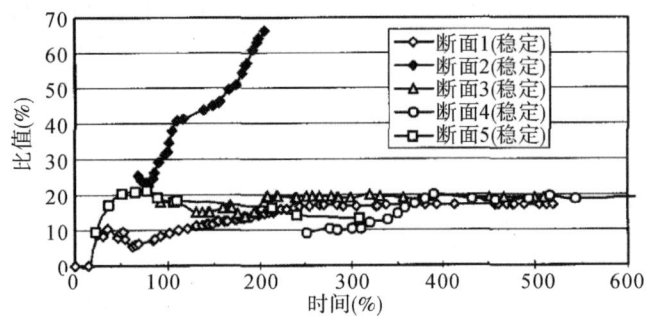
图 1.3-14 软土地基坡脚水平位移与道中沉降之比

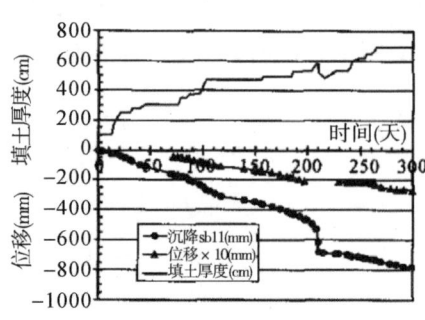
图 1.3-15 沉降和变形时程曲线

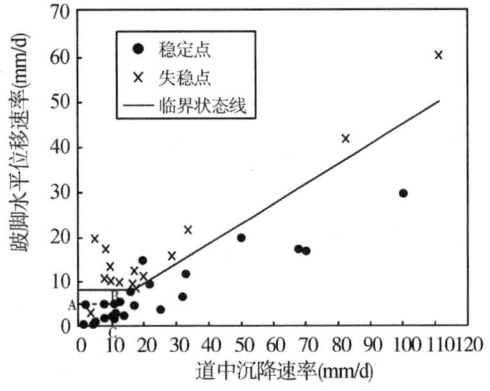
图 1.3-16 多个工程的水平位移及沉降速率分布图

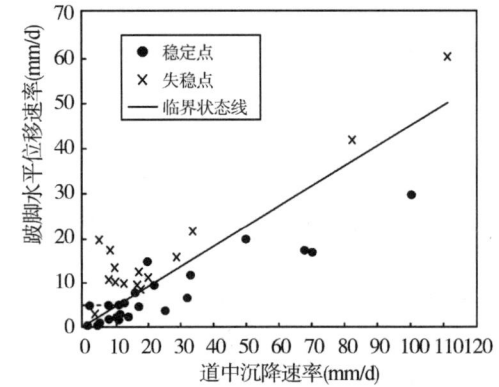
图 1.3-17 简化的临界状态线

综合上述研究,最终的改进控制标准为:

以《公路软土地基路堤设计与施工技术细则》规定的以道中沉降小于 10mm/d、坡脚水平位移小于 5mm/d 作为路堤加载的基本控制标准是合适的,一般应控制在这个范围内,同时,应考察 v_h/v_z 的值,如果 v_h/v_z 接近 0.45,则要降低加载速率。

当变形速率超过基本控制标准时,地基不一定破坏,但要注意软基的变形趋势,同时考察 v_h/v_z 值,综合确定是否降低加载速率。

表 1.3-12 多个软土地基观测成果特征表

工程	地基处理方式	稳定状况	沉降速率(mm/d)	坡脚水平位移速率(mm/d)	水平位移速率与沉降速率之比(%)
杭甬高速公路	砂井或塑料排水板	稳定	8	5	63
温州市龙湾标准海堤	塑料排水板	稳定	13.4	2.51	19
深汕高速	袋装砂井	稳定	33	11.7	35
广东试	袋装砂井	稳定	40	20	50
广东试	天然地基	失稳	33.8	21.7	64

续表

工程	地基处理方式	稳定状况	沉降速率(mm/d)	坡脚水平位移速率(mm/d)	水平位移速率与沉降速率之比(%)
湖北试	天然地基	失稳	10	10.4	104
湖北试	天然地基	失稳	82	42	51
舟山大成塘海堤	天然地基	失稳	20	11	55
莆田北洋海堤	天然地基	失稳	10	13.5	135
三茂线路堤	砂垫层预压	稳定	12.5	5.5	44
广佛公路 K8+110	砂井处理	稳定	11	4.8	44
宜黄公路 K8+135	塑料排水板	稳定	8	2	25
宜黄公路 K33+096	塑料排水板	失稳	4	3	75
黄九公路 K22+600	塑料排水板	稳定	5	0.81	16
深圳机场八万平米候机机坪	塑料排水板	稳定	11	2.4	22
广佛加固	粉喷桩加固	失稳	8	10.7	134
武汉绕城 K33+675	塑料排水板	稳定	4.5	0.3	7
武汉绕城 K38+200	塑料排水板	稳定	1.8	0.42	23

4 软土地基处理方法及加固机理

如前所述,软土具有天然含水量高、孔隙比大、压缩性高、强度低,在天然条件下呈软塑或流塑状态等特点,根据软土的性质、软土层分布厚度、上部荷载及建(构)筑物对软基的承载力、沉降及不均匀沉降的控制标准,通过计算分析天然地基是否能够满足要求,若不能满足要求,需根据周边环境条件、地区经验、地下水特征、工期要求及机具材料等综合确定地基处理方案,地基处理方案选择应先遵守先简后繁、就地取材的原则,做到安全适用、技术先进、经济合理、确保质量和保护环境。目前常用的软土地基处理方法如表 1.3-13 所示。对软土性质差、地基条件复杂或工期紧、填料缺乏的软土地基,也可采用多种方法综合处理措施。

表 1.3-13　　　常用的软土地基处理方法

类别	方法
置换	换填垫层法、挤淤置换法、砂石桩、石灰桩、CFG 桩、EPS 超轻质料填土法
排水固结	堆载预压法、真空预压法、真空与堆载联合预压、降低地下水位法、电渗法
灌入固化物	深层搅拌法、高压旋喷法、注浆法
振密、挤密	夯实水泥土桩法、强夯置换法

4.1 换填垫层法

换填垫层法就是将基础底面以下 0～3m 范围内的软弱土层挖除,然后以砂砾、碎石、卵石、素土、灰土、粉煤灰、矿渣等材料,必要时辅以土工合成材料分层填筑、压实,形成良好的人工地基或垫层。经过换填法处理的人工地基或垫层,可以把上部荷载扩散传至下面的下卧层,以满足地基承载力和沉降量的要求,若垫层下面存在软土层时,也可加速该层的固结。

垫层的设计不但要满足建筑物对地基变形及稳定的要求,而且也应符合经济合理的原则,确定合理的垫层厚度和垫层宽度是设计关键。

(1)垫层厚度的确定

垫层厚度一般根据需置换软弱土的深度或下卧土层的承载力确定,符合:

$$p_z + p_{cz} \leqslant f_{az} \tag{1.3-37}$$

式中：p_{cz}——垫层底面处的土的自重压力值(kPa)；

p_z——相应于荷载效应标准组合时,垫层底面处的附加压力值(kPa)；

f_{az}——垫层底面处经深度修正后的地基承载力特征值(kPa)。

(2)垫层宽度的确定

垫层的宽度应满足基础底面应力扩散的要求,可按式(1.3-38)计算,

$$b' \geqslant b + 2z\tan\theta \tag{1.3-38}$$

式中：b'——垫层底面宽度,每边宜超出基础底边不小于300mm；

θ——垫层扩散角。

换填法适用于浅层软基,包括淤泥、淤泥质土、松散素填土、杂填土、已完成自重固结的吹填土等及暗塘、暗沟等浅层处理和低洼区域的填筑。长科院在深圳机场[28]、珠海机场等多个工程地基处理中成功地采用了这种方法,对于软土厚度小于5.0m且工期不紧的工程,处理效果较好。但对于较深厚的软弱地基,若仅采用垫层置换上层软土,虽然可提高持力层的承载力,但不能解决下部软弱而造成的地基变形量对上部结构产生的影响,这种地基需采用深层处理法或多种方法综合处理。

4.2 预压排水固结法

预压排水固结法是改善软土工程性质的主要途径,可同时解决两大问题:①沉降问题,使地基的沉降在加载期间大部或基本完成,保证建筑物工后不致产生不利的沉降和沉降差；②稳定问题,加速地基土的抗剪强度的增长,从而提高地基的承载力和稳定性。预压排水固结法由加压系统和排水系统组成,如表1.3-14。加压系统:是施加起加固作用的超载,它使土中产生超孔隙水压力,并在土中形成压差而渗流,促进土中水排出而固结。排水系统:主要在于改变地基原有的排水边界条件,缩短排水距离或增加孔隙水排出的通路。该系统由水平排水系统和竖向排水系统组成,当软土层较薄,或土的渗透性较好,而施工期较长时,可仅在地面铺设一定厚度的排水垫层,然后加载。当工程上遇到深厚的、透水性很差的软黏土层时,可在地基中设置竖向排水通道,连以水平排水系统,构成排水系统。新中国成立初期,长江流域水患严重,长科院参建的长江中游杜家台水闸工程就采用堆载预压法处理闸基软土,这是我国第一次大规模软土处理的成功实例,当时在国内产生很大的影响,之后,长科院将该方法应用在了多个闸基、堤防、公路及机场的软基处理中,并在深圳机场软基处理中首次提出了水作为预压荷载的加载新方法。

表1.3-14　　　　　　　　　　排水固结法系统构成

排水系统	水平排水:砂垫层、直排系统
	竖向排水:砂井、袋装砂井、塑料排水板
加压系统	直接堆载、真空预压、降水预压、电渗排水

注:摘自《工程地质手册》

4.2.1 堆载预压

堆载预压是利用土石、水、建筑材料等,按一定加载速率填筑于水平排水层表面,使地基在预压荷载

作用下逐步固结,最终达到满足工程变形和稳定的要求。对于深厚软弱土层,预压荷载的施加对加固效果和施工期稳定性有较大影响,必须根据软土的实际情况和建筑物对地基的要求,分级施加预压荷载。堆载预压设计内容包括:竖向排水体的型式、尺寸、间距及深度等,及预压荷载大小、分级情况、加载速率、预压时间及卸载标准等。

(1) 预压荷载及加载方式

预压荷载的大小应根据软土层分布情况、工程对沉降和承载力及工期要求等综合确定,预压荷载应包括预压期沉降补土产生的荷载,必要时可采用超载预压法,超载量的大小应根据预压时间内完成的变形量确定,大面积加载时,一般超载比为 1.0~1.4。预压荷载顶面的范围应等于或大于需处理区外边缘所包围的范围。

加载速率可根据地基土的强度确定,当天然地基土的强度满足预压荷载下地基的稳定要求时,可一次加载,否则应分级加载,待上次预压荷载下地基土的强度增长满足下一级荷载下地基的稳定性要求时,方可加载。在预压荷载下正常固结土的强度增长计算采用公式(1.3—42)。也可根据现场观测速率确定加载标准。规范规定:有竖向排水体的地基最大竖向变形量不应超过 15mm/d,天然地基最大竖向变形量不应超过 10mm/d,堆载预压边缘处水平位移不应超过 5mm/d 可作为加载的控制标准。针对潮汕机场的深厚软基,长科院提出填土加载速率要按照沉降速率、孔压消散和侧向位移进行控制,并在相邻两次填土之间保证一定间歇期,堆载中心点地面沉降速率小于或等于 10mm/d,超孔隙水压力不超过预压荷载产生应力的 50%~60%,水平位移不超过 5mm/d。在软基公路工程中,长科院提出了利用坡脚水平位移与路中沉降的速率比控制填筑加载速率的施工准则,具体在上章节有详细介绍。

(2) 预压时间及卸载标准

由于软土层厚度及设计对沉降和稳定性要求不同,目前堆载预压的满载预压时间和卸载标准没有统一标准。对沉降起控制作用的路段,预压期应根据要求的工后沉降和不均匀沉降确定;对稳定起控制作用的路段,应根据地基固结度确定;当沉降与稳定均为控制因素时,应选用两者中较长的预压期。《建筑地基处理规范》要求卸载时,堆载预压处理地基设计的平均固结不宜低于 90%,且现场监测的变形速率出现明显变缓;《公路软土地基路堤设计与施工技术细则》规定,卸载时预压期不宜小于 6 个月。长科院经大量软基项目长期沉降观测及预测分析,结合上述规范规定,总结出以下卸载标准:超载满载条件下,预压时间不小于 6 个月,固结度不小于 85%~100%,平均沉降速率不大于 0.3~0.5mm/d,预测工后沉降、差异沉降及土体强度满足项目控制标准。

针对不同超载比、沉降标准、工期等,预压时间和卸载标准略有不同。如 20 世纪 90 年代初,深圳黄田机场要求工后沉降小于 5cm、差异沉降小于 1‰,其卸载标准是让淤泥层在预压荷载作用下达到某一固结度,考虑卸载回弹,此时淤泥完成的沉降相当于使用荷载作用下固结度达 100%,且满载预压时间为 14 个月。杭州绕城高速公路北线软基加固试验段确定了考虑超载比及超载时间影响的高速公路软基沉降控制标准:等载预压或超载量(路面结构层厚度以上)小于 0.5m 填土荷载时,沉降控制标准为连续 2 个月沉降速率小于 3~5mm/月;当超载量相当于 0.5~1.0m 填土厚度时,沉降控制标准为连续 2 个月沉降速率小于 5~8mm/月;当超载量相当于 1.0~1.5m 填土厚度时,沉降控制标准为连续 2 个月沉降速率小于 8~12mm/月。广东潮汕机场一期要求跑道区工后沉降不大于 20cm、差异沉降不大于 5‰,考虑软土层厚度达 40m,为控制工后沉降和不均匀沉降,堆载预压法卸载标准为:超载满载预压时间不少于 9 个月,采用指数曲线法和 Asaoka 法,沉降速率小于 0.5mm/d 时能达到设计要求的工后沉降量,采用双曲线法,沉降速率要小于 0.1mm/d 时才能达到设计要求的工后沉降量。

(3)理论计算

①固结度计算

一级或多级等速加载条件,当固结时间为t时,采用改进的高木俊公式,总预压荷载作用下地基的平均固结度可按公式(1.3-39)计算,当竖向排水体采用挤土方式施工时,应考虑涂抹对土体固结的影响;当竖向排水体较长,且竖井的纵向通水量与天然土层水平向渗透系数的比值较小时,应考虑井阻的影响,一般考虑井阻和涂抹作用的砂井,径向固结度宜乘以0.80~0.95的折减系数。

$$\overline{U}_t = \sum_A^B \frac{q'_n}{\sum \Delta p}\left[(T_{2n-1} - T_{2n-2}) - \frac{\alpha}{\beta}e^{\beta \times t}(e^{\beta T_{2n-1}} - e^{\beta T_{2n-2}})\right] \quad (1.3-39)$$

式中:$\overline{U}_t$——t时多级荷载等速加荷修正后的平均固结度(%);

$\sum \Delta p$——各级荷载的累计值;

q'_n——第n级荷载的平均加速度率(kPa/d);

T_{2n-1}、T_{2n-2}分别为各级等速加荷的起点和终点时间(从零点算起),当计算某一级等速加荷过程中时间t的固结度时,则T_{2n-2}改为t;

α、β——参数,根据地基土排水固结条件按表1.3-15采用。对竖井地基、表中所列β为不考虑涂抹和井阻影响的参数值。

表1.3-15 不同排水条件下的α、β值

排水固结条件参数	竖向排水固结($\overline{U}_z > 30\%$)	径向排水固结	竖向径向排水固结(竖井未打穿土层)	备注
α	$\frac{8}{\pi^2}$	1	$\frac{8}{\pi^2}$	$F_n = \frac{n^2}{n^2-1}\ln(n) - \frac{3n^2-1}{4n^2}$ c_h——土的径向排水固结系数(cm^2/s) c_v——土的竖向排水固结系数(cm^2/s); H——土层竖向排水距离(cm); $\overline{U}_z$——双面排水土层或固结应力均匀分布的单面排水土层的平均固结度。
β	$\frac{\pi^2 c_v}{4H^2}$	$\frac{8c_h}{F_n d_e^2}$	$\frac{8c_h}{F_n d_e^2} + \frac{\pi^2 c_v}{4H^2}$	

表中,c_v——竖向固结系数,$c_v = \frac{k_v(1+e)}{a\gamma_w}$;

c_h——径向固结系数,$c_h = \frac{k_h(1+e)}{a\gamma_w}$;

d_e——砂井有效影响范围的直径;d_w为砂井直径。

竖向排水体未打穿压缩土层时,固结度按照下式计算:

$$U = QU_{rz} + (1-Q)U_z \quad (1.3-40)$$

$$Q = \frac{H_1}{H_1 + H_2} \quad (1.3-41)$$

式中:H_1、H_2分别为砂井部分和砂井下压缩层厚度;U_z、U_{rz}分别为多级荷载作用下竖向和径向固结度;U为多级荷载作用下未打穿压缩土层的等效固结度。

(2)软土抗剪强度增长

计算预压荷载下饱和黏性土地基中某点的抗剪强度时,应考虑土体的固结状态,对正常固结饱和黏

性土地基,在预压过程中 t 时刻抗剪强度可按公式(1.3-42)计算:

$$\tau_{ft}=\tau_{f0}+\Delta\sigma_z \cdot U_t \tan\varphi_{cu} \qquad (1.3\text{-}42)$$

式中:τ_{ft}——t 时刻,该点土的抗剪强度(kPa);

τ_{f0}——地基土的天然抗剪强度(kPa);

$\Delta\sigma_z$——预压荷载引起的该点的附加竖向应力(kPa);

U_t——该点土的固结度;

φ_{cu}——三轴固结不排水压缩试验求得的土的内摩擦角(°)。

长科院[29][30]通过离心模型试验和三轴试验,研究了软土固结程度与抗剪强度的关系,土的抗剪强度随着固结度的增加基本呈线性关系,与以往经验相符;c、φ 值随固结度 U 的增加而增加,但增加的幅度逐渐减小,且不呈线性关系,可以用双曲线关系模拟;并提出了一种在土体固结过程中根据实测沉降量估算土体固结度和强度增长的方法。

4.2.2 真空预压法

真空预压是利用大气压力作为预压荷载的一种排水固结法,是在拟加固的软土地基场地上,先打设竖向排水体和铺设砂垫层,并在其上覆盖密封膜,四周埋入土中形成封闭,利用埋在垫层内的管道将薄膜与土体间的水抽出,形成真空的负压界面使地基土体排水固结,其作用原理如图 1.3-18 所示。在抽气之前,薄膜内外都受一个大气压的作用。抽真空之后,薄膜内的压力逐渐下降,稳定后的压力为 p_v,薄膜内外形成一个压力差 $\Delta p=p_0-p_v$,称为真空度。此时,地基中形成负的超静孔隙水压力,使土体排水固结。在形成真空的瞬间,设 $t=0$,超静孔隙水压力 $\Delta u=-\Delta p$,有效应力为 0,随着抽气的延续,设 $0<t<\infty$ 时,地基在负压力作用下,超静孔隙水压力逐渐消散,有效应力逐渐增长。最后固结结束时,$\Delta u=0$,有效应力为 Δp。这是真空预压的过程。采用直排式真空预压时,可取消砂垫层。

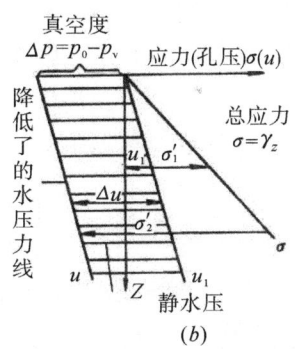

图 1.3-18 真空预压原理示意

(1)预压范围及分区

真空预压范围应超过基础范围每边不少于 3.0m。真空预压区形状和大小影响预压效果,一般预压区要求呈正方形,分区面积宜为 20000~40000m²。竖向排水体深度宜穿透软土层,但不应进入透水层;对软土层厚度较大,且以地基抗滑稳定性控制的工程,竖向排水体深度应超过最危险滑动面以下 2.0m;对以变形控制的工程,竖向排水体应根据限定的预压时间内需完成的变形量确定,宜穿过主要受压土层。

(2)真空预压密封系统设计

密封膜宜铺设三层,膜周边可采用挖沟埋膜或平铺并用黏土覆盖压边及膜上水等方法进行密封。长科院在 90 年代初,对真空预压采用刚性密封膜的软基处理进行试验研究,发现在土样透水层表面不承受地面压差时,软土不同深度的孔压均同步快速下降,且下降的量几乎相等,试样在试验前后也未发现有沉降发生，说明试样的水平向和垂直向的总应力以相同的幅度下降，但两个方向的有效应力都没有增长，土体不能发生固结。因此，真空预压时采用抗老化、韧性好、抗穿刺的柔性不透水材料。

当表层有良好的透气层或处理范围内有充足的水源补给的透水层时，应采用有效措施隔断透气层或透水层，《建筑地基处理规范》规范建议采用双排搅拌桩作为黏土密封墙；《公路软土地基路堤设计与施工技术细则》规范要求密封隔离墙厚度不宜小于 0.5m，可采用水泥搅拌桩密封墙或高压喷射水泥土密封墙，要求墙体渗透系数不宜大于 $10^{-6} \sim 10^{-7}$ cm/s。长科院[19]在潮汕机场跑道延长线 400m 的真空预压软基处理中，因上部土层含有较大块石，密封墙不宜采用常规的搅拌桩和高压喷射水泥土墙，针对项目工期紧和不停航施工难度大等特点，提出了采用自凝灰墙作为密封墙的新方法，自凝灰墙是将自凝灰浆与现场开挖料搅拌均匀回填至开挖槽形成的一道渗透系数小于 1×10^{-6} cm/s 的密封墙，自凝灰浆主要成分为膨润土、水泥、高效缓凝剂和少量岩粉，其表观状态与浓稠的水泥浆相似，密度为 $1.3 \sim 1.5$ g/cm^3，回填时应挑出开挖料中粒径大于 20cm 的块石。

(3) 膜下真空度

根据工程的具体条件，参考我国先进的真空预压技术经验，设计膜内真空度应保持在 650mm 汞柱（相当于预压荷载 87kPa）以上，且分布均匀，竖向排水体深度范围内土层的平均固结度应大于 90%。真空预压设备需要的数量取决于预压处理地基的面积和形状以及土层的结构特点，一般按每 $1000 \sim 1500$m^2 一套抽气设备配置配置。

(4) 停止抽气标准

根据实测数据预测工后沉降和承载力满足项目要求，地基固结度达到设计要求的 80% 以上，且连续 5 昼夜实测沉降速率小于或等于 0.5mm/d，方可停止抽气。

(5) 理论计算

真空预压法处理地基的排水固结过程与堆载预压的相似，但堆载预压是正压荷载作用于土体引起孔隙水压力升高，并逐渐消散转化为有效应力作用于土骨架，使土体固结压缩；而真空预压则为负压（吸力）荷载固结，吸力把土中水分吸出，把土骨架颗粒挤密，使土体压缩。真空预压可参照前面堆载预压的计算方法进行。但是必须注意，在进行固结、沉降和强度增长的计算时，应采用真空预压条件下的固结系数，才能获得符合实际的结果。

4.2.3 真空堆载预压法

真空—堆载预压法加固软基是在真空预压法和堆载预压法基础上发展起来的，它是利用真空预压和堆载预压两种荷载同时作用，增大预压荷载，使土中孔隙水排出，土体的压缩量和沉降量加大，地基强度的增长加快，这是提高预压效果的一种新方法。它弥补了单一真空预压荷载偏小的不足，也弥补了堆载预压大量堆载过于笨重，易出现剪切蠕变和剪切滑动的缺陷。其作用机理[31]如图 1.3-19 所示。从图 1.3-19(b)可以看出：OA 线为地基中天然静水压力线，施加真空预压后，形成负压荷载—u_f 线（BB′线），施加堆载预压后形成正压荷载 $\gamma_s H$ 线（CC′线），两者联合作用后，随时间发展，孔隙水压力消散，分别形成真空预压孔隙水压力线（左侧弧线）和堆载预压孔隙水压力线（右侧弧线）；两弧线包围的面积为真空堆载联合预压固结后剩余孔隙水压力面积，配合预压荷载与沉降曲线图（图 1.3-19(c)）可见，真空—堆载联合中，两种不同的预压荷载（正压和负压）是可以叠加的。

长科院[32]在 90 年代初，依托深圳黄田机场软基处理项目，对真空预压处理与堆载预压处理的可叠加性以及真空—堆载预压法处理效果进行系统研究，认为软土在正压或负压作用下，土体的渗透性质差异不大，(如深圳机场的软黏土在正压条件下实测渗透系数为 1.4×10^{-6} cm/s，负压条件渗透系数 $2.1 \times$

10^{-6}cm/s),通过达西定律和土中水势能进一步分析,认为正压和负压对软土的固结程度影响较小。通过对深圳机场软土开展室内真空联合堆载预压试验(试样高度为35cm,直径30cm,真空压力为90kPa,堆载压力为28kPa),经46小时固结,求得固结系数为2.1×10^{-4}cm^2/s,通过单向压缩试验求得该软土的固结系数为1.4×10^{-4}cm^2/s,二者较接近,且通过单向固结试验获得沉降参数模拟真空联合堆载预压试验,得到的计算沉降量和观测沉降量差别不大,进一步说明真空预压与堆载预压是可以叠加的。真空联合堆载预压的沉降计算可参考堆载预压。

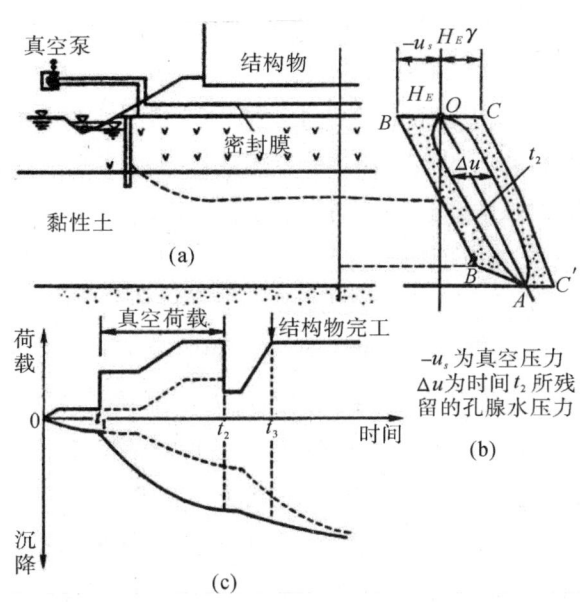

(a)真空—堆载联合预压布置;(b)联合预压孔隙水压力与有效应力分布;(c)预压荷载与沉降曲线

图 1.3-19 真空—堆载联合预压加固地基的原理

(1)加载顺序

对于一般软土地基,先进行真空预压,在膜下真空度稳定87kPa不少于10d时可进行上部堆载施工;对于高含水量的淤泥类土,在膜下真空度稳定87kPa且抽真空20~30d时后进行上部堆载施工。当堆载较大时,真空和堆载联合预压应该采用分级加载,分级加载时,应在前期预压荷载下地基的承载力增长满足下一级荷载下地基的稳定性要求时实施,这样地基不易出现剪切蠕变及塑性剪切破坏。

(2)设计与计算

真空预压单独预压阶段,预压排水系统的布置尺寸及质量要求均可按真空预压法的要求设计;对于单独堆载预压阶段,施加荷载的大小分级,加荷的速率,预压的时间等均应在真空预压的基础上,按单独进行堆载预压的方法进行预压设计,确定分级加荷的大小和分级,加荷的速率及预压的时间等。联合预压的固结、沉降、强度增长和承载力稳定性的分析计算应分别采用相应的方法和参数进行计算,即堆载预压应采用常规的方法确定参数;真空预压则用负压条件的参数。

4.3 加固土桩

加固土桩是一种在软土地基中掺入各种固化剂,使软土固化的方法。常用的固化剂有石灰类和水泥类。由于粉体喷射搅拌法采用石灰粉作为固化剂,拌入软土后能吸收周围的水分,因此加固体的初期强度高,对于含水量高的软土加固效果良好。国内铁道部第四勘测设计院于1983年初开始石灰粉搅拌法加固软土的试验研究,并于1984年7月在广东云浮硫铁矿铁路专用线上单孔4.5m盖板箱涵软土地基加固工程中首先使用。后来相继在武昌、连云港等地使用,但由于国内粉状石灰不多,近年代之以水泥粉作为固化剂的水泥土搅拌桩,石灰搅拌法的使用已逐渐减少。水泥土搅拌桩分为深层搅拌桩(湿法)和粉体粉喷桩(干法),适宜于十字板抗剪强度不小于10kPa、有机质含量不大于10%的正常固结软土地基。国外使用深层搅拌法加固的土质有新吹填的超软土、沼泽地带的泥炭土、沉积的粉土和淤泥质土等,目前国内常用于加固淤泥、淤泥质土、粉土和含水量较高且地基承载能力标准值不大的黏性土层。随着施工机械的改进,搅拌能力的提高,适用土质范围正在扩大。

长科院在长江重要堤防隐蔽工程和兴隆南水北调中线一期工程汉江兴隆水利枢纽工程对深层搅拌水泥土防渗墙和高置换率格栅状搅拌桩复合地基的控制指标、破坏机理及设计方法进行深入研究,认为渗透系数是长江堤防水泥土防渗墙设计控制指标,对于8m水头,渗透系数小于10^{-6}cm/s,墙厚≥0.2m可满足防渗要求;水泥土90d抗压强度是长江堤防水泥土防渗墙设计关键指标,可直接反映水泥土质量,强度≥0.5MPa时可满足防渗墙要求;提出了粉细砂软弱层高置换率格栅状搅拌桩复合地基的承载力计算模型,认为采用《建筑桩基规范》(JGJ94-2008)5.3.8条计算混凝土空心单桩竖向极限承载力标准值公式是可行的,但需要对规范土塞效应进行修正。

(1)水泥土搅拌桩特点

水泥土搅拌桩属于少量挤土的非置换桩,它的挤土不同于打入式等挤土桩,主要是施工时水泥浆有一定压力,水泥浆压入地基后(尤其是在土层)超孔隙水压力来不及消散,以致造成少量挤土现象。平面布置不一定呈独立的散点分布,可灵活进行多个、多方向、多形式的搭接组合,当作为柱状桩时,布桩间距可稀可密,几乎不受限制。水泥土搅拌桩的渗透性小,能防渗止水,为其他各种桩型所不及,水泥掺入比随工程需要和土的性质而变化,即使在同一根桩中也可在不同桩段采用不同的掺入比,从而形成强度有变化的桩体。水泥土搅拌桩可以与其他桩型配合使用,从而共同形成复合地基或高强复合地基,或分别发挥防渗止水和支挡抗弯作用,当桩身配有加筋材料时,可设计成为刚性桩。水泥土搅拌桩施工速度较快、无震动、无噪音,不需泥浆护壁,不产生废水污染,无大量废土外。

(2)设计参数

水泥土形成的水泥土加固体可作为竖向承载的复合地基,基坑工程围护结构、防渗帷幕等,加固体形状根据工程需要主要有柱状、壁状、格栅状及块状。加固土桩的长度、直径、间距应根据稳定、沉降计算确定。竖向承载桩的长度应根据上部结构对承载力和变形的要求确定,并宜穿透软土层到达承载力相对较高的土层。为提高抗滑稳定性而设置的桩体,其桩长应超过危险滑弧以下2m。加固土桩桩顶应设置0.3~0.5m垫层,材料可选用灰土、级配碎石以及砂砾等。

规范规定加固土桩的桩径不宜小于0.5m,相邻桩的间距不应大于4倍桩径,我国目前搅拌桩常用的直径为500~600mm(单搅拌轴)、700mm(双搅拌轴)和600mm(三搅拌轴)。水泥搅拌桩的加固深度《建筑地基处理技术规范》规定,干法不宜大于15m,湿法不宜大于20m,但是在实际工程中加固深度已超过30m,天津东突堤码头工程于1987年由日本国际临海开发研究中心设计,并引进日本的CDM深层搅拌工法,最大加固深度为52m;日本搅拌桩的最大直径已经达到1.8m,最大加固深度达60m。

(3)水泥土试块强度

在水泥加固土中,水泥的掺量仅占被加固土重的7%~20%,水泥水解和水化反应完全是在有一定活性的介质土的围绕下进行,土质条件对于加固土质量有较大影响。水泥土硬化速度缓慢且作用复杂,当水泥的各种水化物生成后,有的自身继续硬化形成水泥石骨架,有的则与其周围具有一定活性的黏土颗粒发生反应,水泥土的强度随龄期的增长而增加,在龄期超过28d后,强度仍在增加,为了降低造价,对竖向承载的水泥土强度取90d试块的立方体抗压强度,对承受水平荷载的水泥土强度取28d龄期的试块立方体强度,水泥土抗压强度关系如表 1.3-16,设计前,应进行拟处理最软弱层软土的室内配合比试验,确定用于加固的固化剂和外掺剂的用量。

表 1.3-16　　　　　　　　　　水泥土强度与龄期关系式对比表

资料来源	关系式
工程地质手册	$f_{cu7}=(0.47\sim0.63)f_{cu28}$；$f_{cu14}=(0.62\sim0.80)f_{cu28}$； $f_{cu60}=(1.15\sim1.46)f_{cu28}$；$f_{cu90}=(1.43\sim1.80)f_{cu28}$； $f_{cu180}=(1.78\sim2.25)f_{cu28}$
《粉体喷搅法加固软弱土层技术规范》	$q_{u28}=1.49q_{u7}$；$q_{u90}=1.97q_{u7}$
上海软土《地基处理》	$q_{u7}=1.49q_{u28}$；$q_{u90}=1.63q_{u28}$

注：摘自《工程地质手册》(第五版)

(4)理论计算

①加固土桩复合地基抗剪强度

加固土桩复合地基的路堤整体抗剪稳定安全系数计算中,复合地基内滑动面上的抗剪强度应采用复合地基抗剪强度 τ_{ps},计算公式如 1.3-43。

$$\tau_{ps}=m\tau_p+(1-m)\tau_s \quad (1.3\text{-}43)$$

式中：τ_p——桩体抗剪强度,可钻取试验路段加固土桩龄期为 90d 的原状试件测无侧限抗压强度 q_u 的 1/2。

②复合地基沉降

加固土桩复合地基的沉降包括复合地基加固区的沉降 S_1 和加固区下卧层的沉降 S_2。复合地基加固区的沉降 S_1 可按式(1.3-44)和式(1.3-45)计算,加固区下卧层的沉降 S_2 按照第三章计算。

$$S_1=\sum_{i=1}^{n}\frac{\Delta p_i}{E_{psi}}\Delta h_i \quad (1.3\text{-}44)$$

$$E_{psi}=mE_p+(1-m)E_{si} \quad (1.3\text{-}45)$$

式中：E_{ps}——桩土复合压缩模量(MPa)；

E_p——桩体压缩模量(MPa), $E_p=83.4q_u$；

E_{si}——各分层的土体压缩模量(MPa)。

(5)复合地基承载力

复合地基的承载力特征值 f_{spk} 应通过现场单桩复合地基或多桩复合地基载荷试验确定,初步设计时可按式(1.3-46)估算。

$$f_{spk}=m\frac{R_a}{A_p}+\beta(1-m)f_{sk} \quad (1.3\text{-}46)$$

$$R_a=u_p\sum_{i=1}^{n}q_{si}l_i+\alpha q_pA_p \quad (1.3\text{-}47)$$

$$R_a\leqslant\eta f_{cu}A_p \quad (1.3\text{-}48)$$

式中：R_a——单桩承载力特征值(kN)；

A_p——桩的截面积(m^2)；

β——桩间土承载力折减系数；当桩端土未经修正的承载力特征值大于桩载力特征值的平均值时,可取 0.1~0.4；当桩端土未经修正的承载力特征值小于或等于桩周土的承载力特征值的平均值时,可取 0.5~0.9；

f_{cu}——与加固土桩桩身水泥土配合比相同的室内加固土试块(边长70.7mm或50mm的立方体)在标准养护条件下90d龄期的抗压强度平均值(kPa);

η——桩身强度折减系数,粉喷法可取0.20~0.30,浆喷法可取0.25~0.33;

u_p——桩的周长(m);

n——桩长范围内所划分的土层数;

q_{si}——桩周第i层土的侧阻力特征值,对淤泥可取4~7kPa,对淤泥质土可取6~12kPa,对软塑状态的蒙古性可取10~15kPa,对可塑状态的蒙古性土可以取12~18kPa;

l_i——桩长范围内第i层土的厚度(m);

q_p——桩端地基土未经修正的承载力特征值(kPa);

a——桩端天然地基土的承载力折减系数,可取0.4~0.6。

4.4 粒料桩

碎石桩、砂桩和砂石桩统称为粒料桩,是指用振动或冲击的方式在软弱地基中成孔后,再将砂或碎石挤压入已成的孔中,形成密实桩体。振冲置换法适用于处理十字板抗剪强度不小于15kPa的软土地基;振动沉管法适用于处理十字板抗剪强度不小于20kPa的软土地基。对于软土地基,粒料桩主要是通过置换作用与软土形成复合地基,粒料桩为软土的固结排水提供排水通道,加速软土固结,从而提高软土地基承载力。

4.4.1 设计参数

粒料桩的长度、直径、间距应根据稳定、沉降计算,结合软土层、液化土层厚度确定,桩长不宜大于20m,当相对硬层埋深不大时,桩长应达到相对硬层。振动沉管法成桩的桩径宜为0.5m,桩间距不宜大于1.8m;振冲置换法成桩的桩径宜为0.8~1.2m,桩间距不宜大于3.0m。相邻桩的距不应大于4倍的桩径。粒料桩顶面应设置一层与粒料桩相连的排水垫层,垫层材料可采用碎石或砂砾,其厚度宜为0.5m,粒料中小于5mm部分的含泥量不宜大于5%,渗透系数不宜小于1×10^{-3}cm/s。

4.4.2 理论计算

(1)复合地基抗剪强度

设有粒料桩的复合地基,进行整体抗剪稳定安全系数计算时,复合地基内滑动面上的抗剪强度应采用复合地基抗剪强度τ_{ps},可按公式(1.3-49)计算。

$$\tau_{ps}=m\tau_p+(1-m)\tau_s \tag{1.3-49}$$

$$\tau_p=\sigma\cos\alpha\tan\varphi_c \tag{1.3-50}$$

式中:τ_p——桩体部分的抗剪强度(kPa);

τ_s——地基土的抗剪强度(kPa);

σ——滑动面处桩体的竖向应力(kPa);

α——滑动面切面与水平面夹角(°);

φ_c——粒料桩的内摩擦角,桩料为碎石时可取38°,桩料为砂砾时可取35°,桩料为砂时可取28°;

m——桩土面积置换率。

(2)复合地基沉降

粒料桩复合地基的沉降包括复合地基加固区的沉降S_1和加固区下卧层的沉降S_2。复合地基加固区的沉降S_1可按式(1.3-51)和式(1.3-52)计算,加固区下卧层的沉降S_2按照第三章计算。

$$S_1=\mu_s S \tag{1.3-51}$$

$$\mu_s = \frac{1}{1+m(n-1)} \tag{1.3-52}$$

式中：μ_s——桩间应力折减系数；

n——桩土应力比，可取 2~5，当桩底土质好、桩间土质差时取高值，否则取低值；

m——置换率；

S——粒料桩桩长深度内原地基沉降值。

(3) 复合地基承载力

复合地基的承载力特征值 f_{spk} 应通过现场单桩复合地基或多桩复合地基载荷试验确定，初步设计时可按式(1.3-53)估算。

$$f_{spk} = mf_{pk} + (1-m)f_{sk} \tag{1.3-53}$$

$$f_{spk} = [1+m(n-1)]f_{sk} \tag{1.3-54}$$

$$R_a \leqslant \eta f_{cu} A_p \tag{1.3-55}$$

式中：f_{pk}——桩体承载力特征值(kN)，宜通过单桩载荷试验确定；

f_{sk}——处理后桩间土承载力特征值，无经验时，可取天然地基承载力特征值。

4.5 桩网复合地基

桩网复合地基由刚性桩、桩帽、加筋层和垫层构成，适用于处理上部荷载较大、变形和稳定要求较严格的深厚软土地基，可用在填土路堤、柔性面层堆场和机场跑道等构筑物的地基加固与处理。桩型可采用预制板、就地浇筑素混凝土桩及套管灌注桩，如预应力混凝土薄壁管桩(PTC)、预应力高强混凝土管桩(PHC)、预制混凝土方桩、钻孔灌注桩、现浇混凝土大直径管桩(PCC桩)等刚性桩。

刚性桩处理软土地基，需考虑负摩阻力的影响，长科院[24]在舟山绿色石化基地一期吹填土深厚软基项目中，采用离心模型试验和三维数值模拟相结合的手段对不同设计桩型、不同持力层的桩基负摩阻力分布规律、桩基承载力及其随时间变化规律进行研究，该项目淤泥厚度 10~30m，地质条件复杂，前期采用堆载预压方案进行地基预处理，后期采用预应力管桩和钻孔灌注桩进行基础处理，经研究得出以下结论：①桩基负摩阻力中性点位置受持力层影响较大，当深厚软基不存在持力层时，中性点深度比 l_n/l_0 为 0.5~0.62(l_n、l_0 分别为中性点深度和桩周沉降变形土层的下限深度)；当深厚软基底部持力层为粉质黏土时，中性点深度比 l_n/l_0 为 0.62~0.7；当桩端底部持力层为基岩时，中性点深度比 l_n/l_0 为 0.9~1.0。②地面堆载相同时，端承桩全长范围内基本都承受负摩阻力，中性点位置位于桩底附近，桩间土体沉降量相对较大，土体沉降引起的桩身下拽力也较大；摩擦端承桩，桩基中性点位置随地面堆载过程有所不同，在堆载初期，土层的沉降量较大致使桩体沉降量也大，中性点位置偏低；随着桩周土体沉降过程引起的桩基负摩阻力增大，桩体进一步下陷，使桩土相对位移所有减少，中性点位置有所上升。③随着地基土固结沉降的发展，桩侧负摩阻力值逐渐变化并趋于稳定。

4.5.1 设计参数

预应力混凝土薄壁管桩宜工厂预制、现场焊接接长，外径宜为 300~500mm，壁厚宜为 60~100mm；现浇混凝土大直径管桩外径宜为 1.0~1.5m，壁厚宜为 120~200mm。刚性桩可按正方形或等边三角形布置，且桩距不宜小于 5 倍桩径。桩长可根据工程对地基稳定和变形要求，结合地质条件通过计算确定。刚性桩桩顶应设圆柱体、台体或倒锥台体浇筑桩帽，桩帽直径或边长宜为 1.0~1.5m，为单桩处理面积的 15%~25%，厚度宜为 0.3~0.4m。桩帽顶上应铺设具有一定厚度、强度、刚度、完整连续的柔性土工合成材料加筋垫层，垫层厚度≥0.5m，垫层形式应根据设计荷载大小和要求以及具体地基土层的条件确定。

4.5.2 理论计算

(1) 单桩抗压承载力

单桩抗压承载力应通过试桩确定,在方案设计和初步设计阶段,单桩的竖向抗压承载力特征值应按现行行业标准《建筑桩基技术规范》的有关规定计算,当桩穿过深厚软弱土层或欠固结软土层时,设计计算应计入负摩阻力的影响。

对于摩擦型桩,取中位点以上侧摩阻力为零,可按下式验算桩的抗压承载力特征值:

$$R_a \geqslant A p_k \tag{1.3-56}$$

对于端承型桩,应计负摩擦引起基桩的下拉荷载 Q_n^g,可按下式验算桩的抗压承载力特征值:

$$R_a \geqslant A p_k + Q_n^g \tag{1.3-57}$$

式中:R_a——单桩竖向抗压承载力特征值(kN),只算中性点以下部分测阻力及端阻力;

p_k——相应于荷载效应标准组合时作用在地基上的平均压力值(kPa);

A——单桩承担的地基处理面积(m^2);

Q_n^g——桩侧负摩阻力引起的下拉荷载标准值(kN)。

(2) 复合地基承载力特征值

应通过复合地基竖向载荷试验确定,当处理有明显工后沉降的深厚软土层时,应根据单桩竖向抗压载荷试验结果,计负摩阻力影响,确定复合地基承载力特征值。

$$f_{spk} = \beta_p m \frac{R_a}{A_p} + \beta_s (1-m) f_{sk} \tag{1.3-58}$$

其中:β_p 可取 1.0;当加固桩属于端承型桩时,β_s 可取 0.1~0.4,当加固桩属于摩擦型桩时,β_s 可取 0.5~0.9,当处理对象为深厚软土层时,可取 0。

(3) 加筋体抗拉强度

加筋层设置在桩帽顶部,加筋的经纬方向宜分别平行于布的纵横方向,应选用双向抗拉同强、低蠕变性、耐老化型的土工格栅类材料,其抗拉强度设计值 T 可按下式计算:

$$T \geqslant \frac{1.35 \gamma_m h (s^2 - a^2) \sqrt{(s-a)^2 + 4\Delta^2}}{32 \Delta a} \tag{1.3-59}$$

$$h = 0.707(S-a)/\tan\varphi \tag{1.3-60}$$

式中:h——土拱高度(m);

S——桩间距(m);

a——桩帽边长(m);

φ——土的摩擦角;

T——加筋体抗拉强度设计值(kN/m);

γ_m——桩帽之上填土的平均重度(kN/m^3);

Δ——加筋体的下垂离度(m),可取桩间距的 1/10,最大不宜超过 0.2m。

(4) 复合地基的沉降

桩网刚性桩复合地基沉降 S 主要有加固区下卧土层压缩变形量 S_1 和桩帽以上垫层和土层的压缩变形量 S_2 组成,刚性桩加固区复合土层压缩变形量可忽略不计。

加固区下卧层土层压缩变形量 S_1 可按照公式(1.3-61)计算,桩底土层沉降计算荷载应计入下拉荷载 Q_n^g。

$$s_1 = \varphi_{s1} \sum_{i=1}^{n} \frac{\Delta p_i}{E_{spi}} l_i \tag{1.3-61}$$

式中：Δp_i——第 i 层土的平均附加应力增量（kPa）；

l_i——第 i 层土的厚度（mm）；

m——复合地基置换率；

φ_{s1}——复合地基加固区复合土层压缩变形量计算经验系数；

E_{si}——底面下第 i 层桩间土压缩（kPa）。

桩帽以上垫层和填土层的变形应在施工期完成，在计算工后沉降时可忽略不计；处理有明显工后沉降的地基时，桩帽以上的垫层和土层的压缩变形量 S_2，可按公式（1.3-62）计算

$$S_2 = \Delta(S-a)(s+2a)/(2S^2) \tag{1.3-62}$$

4.6 强夯法和强夯置换法

强夯法是利用夯锤自由下落产生的冲击能和振动反复夯击地基土，从而提高地基土的承载力，降低地基土的压缩性，处理饱和软黏土时，应尽可能采用低落击或与排水方法相结合的方案进行强夯处理，以缩短施工工艺、控制工后沉降。强夯置换法适用于高饱和度的粉土和软塑—流塑的黏性土等地基上对变形控制要求不严的工程，强夯置换法在设计前必须通过计算其适用性和处理效果，必要时选择有代表性的地段进行现场试验，以确定施工工艺或夯击能量。长科院[33~36]曾在深圳黄田机场、珠海机场、葛洲坝工程 500kV 开关站中应用强夯法进行地基处理，取得了良好的效果。

（1）加固原理

强夯法和强夯置换法处理软土地基时，由于工程地质条件和施工工艺不同，其加固机理不同。强夯法主要起动力固结作用，是将夯锤自一定高度下落夯击土层使地基固结密实的方法，通常在地基中设置竖向排水体，加速软土的孔隙水压力消散和有效应力的提高。

强夯置换法起动力置换作用，根据置换料和工艺不同，可分为强夯置换砂石桩柱和强夯置换挤淤法。强夯置换砂石桩柱是在地基表层对铺一层砂石层，在冲击能量作用下，将砂、碎石挤填到饱和软黏土中，置换饱和软土，形成密实的砂石桩柱；强夯置换挤淤法是在厚度不是很大的淤泥质软土层上抛填石块，利用抛石自重和夯锤冲击力使块石沉到持力硬土层，将大部分淤泥挤走，少量留在石缝中，利用块石之间的相互接触，提高地基的承载力。

（2）设计参数

强夯法夯击能可根据软土厚度确定，处理范围应超出路堤坡脚，每边不小于 3.0m；处理前应采取降水措施，将地下水位降至加固层深度以下。

强夯置换法处理深度不宜大于 7m，宜采用等边三角形或正方形布置，对独立基础或条形基础应根据基础形状与宽度布置；强夯置换桩间距应根据荷载大小和软土的承载力确定，当满布时可取夯锤直径的 2~3 倍，桩柱的计算直径可取夯锤直径的 1.1~1.2 倍。强夯置换桩顶应铺设一层厚度不小于 0.5m 的粒料垫层，垫层材料可与桩体材料相同，粒径不宜大于 100mm。

（3）理论计算

强夯法宜按照分层综合法计算；强夯置换桩复合地基的沉降与稳定计算方法与粒料桩相同，桩土应力比可取 2∶4。

（4）应用实例

长江科学院在深圳机场场道拦淤堤的建设中，采用了换填与强夯法处理软土地基。该工法分为两个阶段：首先堆填残积土对原淤泥土进行挤淤，堆填体底部淤泥不断地向填料前端和两侧挤出，并延伸隆起至地面，堆填体得以整体下沉。对深度大于 4m 的淤泥土层，淤泥不能全部挤出，会留下一定残余。第二

阶段强夯挤淤，利用强大的冲击力，使填料进入淤泥中，达到置换的目的。本工程处理淤泥的深度可达4~8m。测试表明：填筑的风化石碴密度达 $2.0t/m^3$ 以上，回弹模量不小于60MPa，其沉降在施工期内可达90%，完全满足高等级公路对路堤的要求。

4.7 灌浆法

灌浆法的实质是用气压、液压和电化学原理，把某些能固化的浆液注入缝隙或空洞中，以改善其物理力学性质，增强整体性，达到防渗、堵漏、加固以及建筑物纠偏的目的。劈裂灌浆技术已取得明显的进展，可应用在软弱地基加固中，这种技术被越来越多地用作提高地基承载能力和消除建筑物沉降的手段。在我国，电子计算机监测系统已较普遍地在灌浆施工中应用，用来收集和控制诸如灌浆压力、浆液稠度和耗浆量等重要参数，这不仅可使工作效率大大提高，还能更准确地控制灌浆工序和了解灌浆过程，提高灌浆质量和技术水平。

(1)灌浆材料

灌浆工程中所用的浆液是由主剂、溶剂及各种附加剂混合而成，通常所说的灌浆材料，是指浆液中所用的主剂。灌浆材料按其形态可分为颗粒型浆材、溶液型浆材和混合型浆材三个系列。颗粒型浆材是以水泥为主剂，故多称其为水泥系浆材；溶液型浆材是由两种或多种化学材料配置，故通称其为化学浆材；混合型浆材则由上述两类浆材按不同比例混合而成。在国内外灌浆工程中，水泥一直是用途最广和用量最大的浆材，其主要特点为结石力学强度高，耐久性较好且无毒，料源广且价格较低。但普通水泥浆因容易沉淀析水而稳定性较差，硬化时伴有体积收缩，对细裂隙而言颗粒较粗，对大规模灌浆工程则水泥耗量过大。为克服上述缺点，国内外常采取下述几种措施。

①在水泥浆中掺入黏土、砂和粉煤灰等廉价材料。

②用各种方法提高水泥颗粒细度，长江科学院为获得细水泥灌浆材料，在湿法制备细水泥浆材方面，开展了一系列水泥颗粒细化的技术攻关研究，成功开发了湿磨细水泥灌浆新技术。成功研制出了GSM系列高效水泥湿磨机，并获国家发明专利。为满足三峡工程需要，长科院发明的湿磨水泥技术可制备出水泥粒径 $D95<40\mu m$ 的细水泥浆材，对0.1~0.2mm的细微裂隙有充分的可灌性。

③掺入各种附加剂以改善水泥浆液性质，或研制新型灌浆材料。在20世纪80年代，长科院以丙烯酰胺化学灌浆材料为基础，研发了丙烯酸盐灌浆材料。1990年代又研究出非糠醛丙酮活性稀释剂的新型环氧灌浆材料等化学浆材。

(2)灌浆原理

在地基处理中，灌浆工艺所依据的理论主要归纳为下列四类。

①渗入性灌浆

在灌浆压力作用下，浆液克服各种阻力面渗入孔隙和裂隙，压力越大吸浆量及浆液扩散距离就越大。这种理论假定，在灌浆过程中地层结构不受扰动和破坏，所用的灌浆压力相对较小。

②劈裂灌浆

在灌浆压力作用下，灌浆克服地层的初始应力和抗拉强度，引起岩石或土体结构的破坏和扰动，使地层中原来的孔隙或裂隙扩张，或形成新的裂缝或孔隙，从而使低透水性地层的可灌性和浆液扩散距离增大，这种灌浆法所用的灌浆压力相对较高。

③压密灌浆

通过钻孔向土层中压入浓浆，随着土体的压密和浆液的挤入，将在压浆点周围形成灯泡形空间，并因浆液的挤压作用而产生辐射状上抬力,从而引起地层局部隆起,许多工程利用这一原理纠正了地面建筑物的不均匀沉降。

④电动化学灌浆

当在黏性土中插入金属电极并通以直流电后,就在土中引起电渗、电泳和离子交换等作用,促使在通电区域中的含水量显著降低,从而在土内形成渗浆通道。若在通电的同时向土中灌注硅酸盐浆液,就能在通道上形成硅胶,并与土粒胶结而成具有一定力学强度的加固体。

4.8 爆炸挤淤

爆破挤淤法是利用爆炸产生的冲击荷载挤走淤泥,形成爆坑,并填以堆石而达到泥、石置换的目的,其加固原理是置换法,堆石即是堤身材料也是地基材料,大大提高了筑堤稳定性,适用于处理海湾滩涂等淤泥和淤泥质土地基,处理厚度不宜大于15m。由于爆炸是个复杂的物理化学变化过程,爆炸挤淤的作用也较为复杂,长科院为了探明深厚淤泥爆破挤淤动力响应特性和关键影响技术,以惠州兴盛油库堤防爆破挤淤工程为原型,开展离心模型试验研究,发现双发雷管爆炸的影响范围约12.0m,三发雷管爆炸的影响范围大约16.0m;三发雷管爆破后土样与双发雷管相比:含水量高5%、不排水剪切强度降低23%、爆破影响范围更大,扰动更明显,爆破效果也更好。

(1)理论计算

①爆炸挤淤的药量计算(图1.3-20)应包括线药量计算、一次爆炸排淤填石药量计算、单孔药量计算,线药量可按式(1.3-63)和式(1.3-64)计算。

$$q_L = q_0 L_H H_{mw} \qquad (1.3\text{-}63)$$

$$H_{mw} = H_m + \frac{\gamma_w}{\gamma_m} H_w \qquad (1.3\text{-}64)$$

式中:q_L——线药量,即单位布药长度上分布的药量(kg/m);

q_0——爆炸挤淤填石单耗,即爆炸单位体积淤泥所需的炸药量(kg/m³),按表1.3-17取值;

L_H——爆炸挤淤填石一次推进的水平距离(m),按表1.3-18取值;

H_{mw}——计覆盖水深的折算淤泥厚度(m);

H_m——置换淤泥厚度(m),含淤泥隆起高度;

γ_m——淤泥的重度(kN/T);

γ_w——水的重度(kN/T);

H_w——覆盖水深,即淤泥面以上的水深(m)。

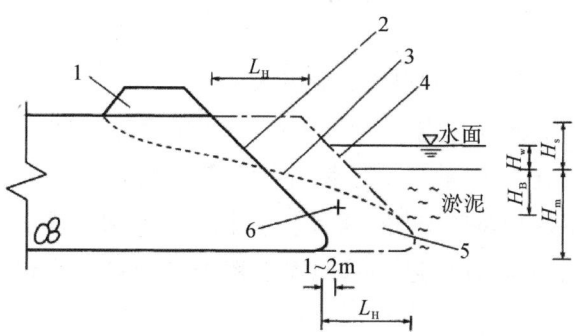

(1—超高填石,2—爆前剖面,3—爆后剖面,4—补填剖面,5—石舌,6—药包)

图1.3-20 爆炸挤淤示意图

②一次爆炸排淤填石药量 Q_1 可按式(1.3-65)计算。

$$Q_1 = q_L L_L \tag{1.3-65}$$

式中，L_L——爆炸排淤填石一次的布药线长度(m)。

③单孔药包药量的选取应与装药器的能力相一致。当装药器不能满足单孔一次装药时，可在孔内分层装 2 个或 2 个以上的单药包。单孔药量 q_1 可按式(1.3-66)和式(1.3-67)计算。

$$q_1 = \frac{Q_1}{m} \tag{1.3-66}$$

$$m = \frac{L_L}{a} + 1 \tag{1.3-67}$$

式中：m——次布药孔数；

a——药包间距(m)。

(2)设计参数

药包布药线宜平行于抛石前缘，位于前缘外 1~2m。端部推进爆炸，布药线长度应根据堤身断面稳定验算结果确定，并与堤顶宽度相适应；侧坡拓宽爆炸，布药线长度应根据安全距离控制的一次最大起爆药量及施工能力确定；安全距离应符合有关规定，见表 1.3-17、1.3-18。药包在淤泥面以下的埋入深度 H_B 应根据表 1.3-19 取值，当泥面上水深小于或等于 4m 时，可不计入水深折算的淤泥厚度，仅以置换的淤泥厚度为准；当泥面上水深大于 4m 时，应以折算的置换淤泥厚度为准。

表 1.3-17　　　　　　　　　　　　　　q_0 取值表

H_s/H_m(m/m)	0.8~1.2	<0.8 或 >1.2
q_0(kg/m³)	0.6~0.8	0.8~1.2

表 1.3-18　　　　　　　　　　　　　　L_H 取值表

H_m(m)	4~6	6~10	10~12
L_H(m)	4.5~5.5	6~7	5.0~5.5

表 1.3-19　　　　　　　　　　　　　　H_B 取值表

H_w(m)	<2	2~4	>4
H_B(m)	0.50H_m	0.45H_m	0.55H_m

参考文献

[1] 工程地质手册(第五版)[M]. 北京：中国建筑工业出版社.

[2] 李彰明. 软土地基加固的理论、设计与施工[M]. 北京：中国电力出版社.

[3] 孙更生，郑大同. 软土地基与地下工程[M]. 北京：中国建筑工业出版社.

[4] 鲁执荣，包承纲. 杜家台分洪闸地基软土预压加固[R]. 长江水利水电科学研究院，1979.

[5] 饶锡保，谢红. 杜家台分洪闸下游分洪道堤防加固工程土工试验及稳定性分析报告[R]. 长江科学院，1993.

[6] 冯光愈. 宜黄公路土工试验及数值分析报告[R]. 长江科学院 1992.2.

[7] 李仲秋，蔡汉利. 武汉绕城公路北湖段软土地基后期沉降观测报告[R]. 长江科学院，2006.6.

[8] 陈云,曾玲. 湖北省国道项目Ⅲ京珠高速公路东西湖段软土地基数值分析研究报告[R]. 长江科学院,1996.

[9] 鄱阳湖蓄洪排水闸地基土工试验报告[R]. 长江水利水电科学研究院报告[J]. 1958.7.

[10] 王汉武. 鄱阳湖蓄洪垦殖区排水闸地基土工试验报告[R]. 长江科学院,2016.

[11] 甘建军、李荐华等,鄱阳湖湖相深厚软土工程地质特性研究,南昌工程学院学报,2018,12(37)12-18.

[12] 饶锡保. 同马大堤巨网段软土地基稳定性试验研究[R]. 长江科学院,1993.

[13] 杨昕光,周欣华,任佳丽,王汉武. 同马大堤巨网段除险加固工程可行性研究报告[R]. 长江科学院,2016.

[14] 程展林,包承纲. 深圳机场地基土物理力学性质及土质分析试验报告[R]. 长江科学院,1989.

[15] 李青云,蒋顺清. 深圳黄田机场淤泥特性的试验研究报告[R]. 长江科学院,1989年.

[16] 曹星,方宗明,刘鸣. 深圳机场第二站坪"八万平米"堆载预压变心观测报告[R]. 长江科学院,1996.

[17] 杭州绕城公路北线软基处理试验研究[R]. 长江科学院,2002.

[18] 姜志全,龚泉,任佳丽. 揭阳潮汕民用机场场道工程软基处理设计[R]. 上海民航新时代机场设计研究院有限公司,长江科学院.2010.1.

[19] 任佳丽. 揭阳潮汕机场跑滑延长线地基处理方案可行性研究[R]. 长江科学院,2018.

[20] 周学明,袁良英等. 上海地区软土分布特征及软土地基变形实例浅析[J],上海地质,2005(4)6~9.

[21] 任佳丽,胡胜刚. 基于长期沉降观测的软黏土次固结特性研究[R]. 长江科学院,2017.

[22] 刘世明,胡士兵,孙少君. 一软基上的坝基长期变形性状分析[J],科技通报 2016.11(32)94~99.

[23] 湖湘沉积地区高等级公路软土地基处理研究[R]. 长江科学院,1996.

[24] 龚壁卫,李波. 舟山绿色石化基地一期工程软基预处理效果/工后沉降及桩基负摩阻力专题研究[R]. 长江科学院,2017.

[25] 姜志全,龚泉,任佳丽. 揭阳潮汕民用机场飞行区沉降分析报告[R]. 上海民航新时代机场设计研究院有限公司,长江科学院.2010.1.

[26] 周小文,孙常青,胡汉兵. 软土地基路堤施工稳定性控制标准研究[R]. 长江科学院 2004.

[27] 程展林. 软土地基填土边坡稳定性控制标准的探讨[J]. 中国土木工程学会第九届土力学及岩土工程学术会议,2001,1029~1032.

[28] 冯光愈,曹星. 深圳机场场道工程换填地基的沉降分析与观测[J]. 长江科学院院报,1991(12).

[29] 包伟力,周小文. 地基强度随固结度增长规律的试验研究[J]. 长江科学院院报,2001(4)29~31.

[30] 林清,周成昀,程展林. 排水固结法处理软土路基路堤稳定控制标准探讨[J]. 中外公路,2004(5)29~31.

[31] 刘汉龙,李豪等. 真空—堆载联合预压加固软基室内试验研究[J]. 岩土工程学报,2004,26(1):145—149.

[32] 刘小峰. 真空预压机理研究及堆载预压试验研究[D]. 长江科学院硕士学位论文,1995.

[33] 谢学伦,王明煜. 珠海机场地基强夯处理研究[D]. 土工基础,1994(2).

[34] 王明煜. 抛填与强夯处理软土地基[J]. 长江科学院院报,1993(1).

[35] 程展林,冯光愈. 强夯块石墩复合地基的强度变形特性[J]. 长江科学院院报,1996(1).

[36] 程展林,冯光愈. 强夯块石墩法处理后的软土地基强度变形特性[J]. 地基处理,1996(1).

[37] 姜志全,李廷芥. 动力固结法加固软土路基试验分析[J]. 岩土力学,2004.12,2033~2036.

第4章 特殊土特性研究

1 概述

1.1 特殊土定义

我国幅员辽阔,地质条件复杂多变,从南到北,从东到西,土层沉积物分布差异极大,并形成了多种工程性质特殊的带有地区特点的区域性土。由于它们具有不同于一般黏性土的工程特性,工程界常称之为特殊土。例如:东南沿海及内陆湖泊地区分布有含水率较高的软土,西北地区广泛分布的黄土,东北及西北地区存在的多年冻土,从我国东北至黄河流域、长江流域和西南以及华南地区分布的胀缩性土,我国湿热地区的红土和广阔南海海底的钙质土,以及某些地区存在的分散土、盐渍土、泥炭土,山区的残(坡)积土等。特殊土即是对上述各类具有特殊性质的区域性土的总称。近年来,随着岩土工程的迅猛发展,尤其是近年来环境工程、海洋工程、石油勘探工程、航天工程等蓬勃兴起,提出了许多与岩土工程学科相关的交叉课题,出现了更多的对特殊土类研究的要求,如:垃圾土、海洋土、甚至月壤等。因此,从广义上讲,特殊土即是土的物质成分、物理化学特性,结构构造、以及工程特性与一般的黏性土和砂性土有显著差别的土类,在描述这些特殊土的工程特性时,应采用一些与之相适应的特有的理论、方法和设备。

1.2 特殊土的区域分布

我国特殊土的分布有着明显的地域特点,如果从我国东北方向延伸至西南方向考察,那么从沿海向内陆方向存在三种主要的土类,东南沿海一带有很多残积土(包括火山灰土)和红土,向内发展在黄淮海流域和长江流域广泛分布着膨胀土(岩),再向西北方向发展,则在黄河中上游就以黄土为主了。此外,与地理环境和气候条件有关,在北方存在冻土,在亚热带湿热地区存在红土(砖红壤),在沿海存在软土等。总的看来,在上述特殊土中,以软黏土、膨胀土、黄土的分布最广,对工程的影响也最大,下面将重点对它们进行讨论。

1.2.1 膨胀土的分布及区域特征

胀缩性土统称膨胀土,是对遇水膨胀,失水收缩的一类黏性土的总称,主要分布在我国中部的湖北、河南、安徽以及西南的广西、四川、云南,华北和东北地区如河北、辽宁、黑龙江等地也有分布(如图1.4-1)。

根据地质年代的不同,有些地区的膨胀土形成于第三系,工程中将它们统称为膨胀岩,如湖北郧县、河南新乡和安阳、邯郸、新疆等地的黏土岩、泥灰岩等。胀缩性土由于黏粒含量,尤其是胶粒含量较高因而具有强亲水特性,此外,由于生成环境多处于干旱与半干旱地区,因此,其黏土矿物成分以蒙脱石和伊利石为主。此外,胀缩性土还具有明显的超固结性和裂隙发育的特征,有分析认为,胀缩性土的超固结和裂隙发育与上覆荷载的逐渐剥蚀有关。由于胀缩性土的上述特性,使其表现出湿胀干缩变形强烈、强度急剧变化的工程特性。

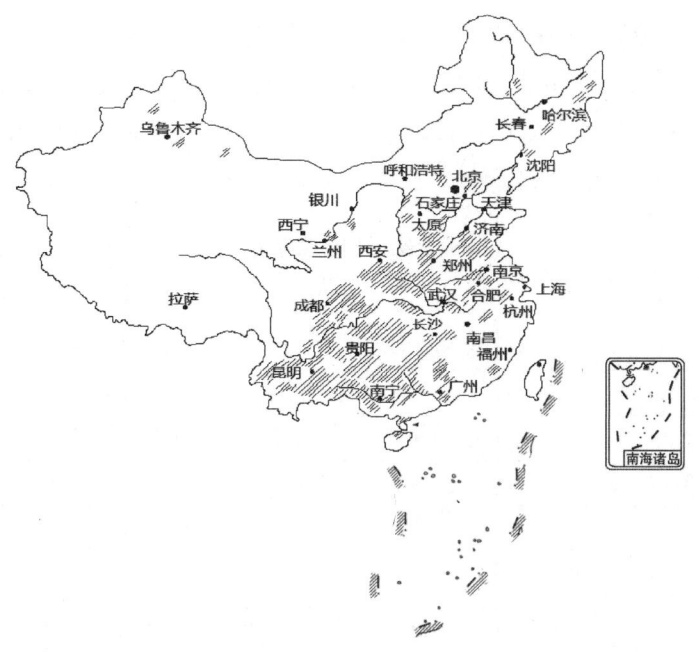

图 1.4-1 膨胀土在中国大陆分布图(斜线代表膨胀土分布区域)

我国三类特殊土的分布,在地理上可以划分为从东北到西南的三个大致的分带,而这与降雨量的分带,以及我国地震区的分带的方向是一致的(如图 1.4-2),这是一种巧合还是有一定的内在联系,值得研究。

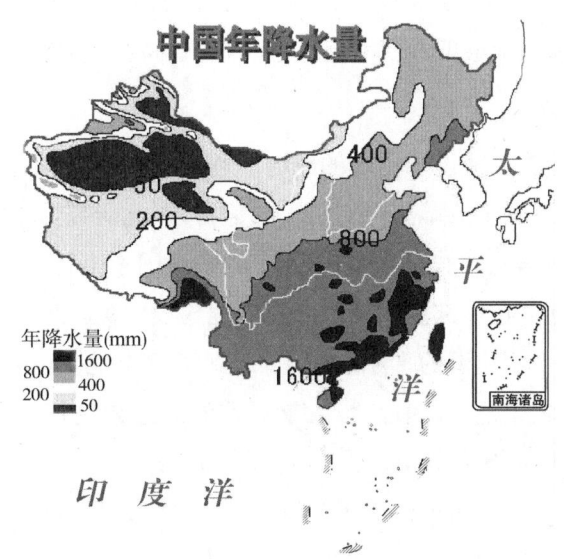

图 1.4-2 中国大陆地区雨量分布图

1.2.2 黄土的分布及区域特征

黄土主要分布于气候较为干燥的北半球中纬度地带。全世界黄土分布的总面积大约有 1300 万 km^2,主要分布在欧洲的莱茵河流域、多瑙河流域,北美的密苏里和密西西比河流域,中国黄河流域等。

我国黄土的分布介于北纬 34°~45°之间,呈东西向带状分布,西起甘肃祁连山脉的东端,东至山西、河南、河北交接处的太行山脉,南抵陕西秦岭,北到长城,主要包括甘肃、陕西、宁夏、山西、河南与青海等省区,其次为河北、山东、辽宁、黑龙江、内蒙古和新疆等省区,面积达 54 万 km^2,占全国土地面积的 6%。

中国黄土以其厚度大、地层全而闻名于世,记录与保存了整个第四纪时期的地理、气候、堆积环境与生物进化过程及其变化。中国黄土沉积从更新世开始,经历了整个第四纪。根据黄土中所包含的动植物化石和地层岩性,从下而上可分为午城黄土,离石黄土,马兰黄土和现代堆积黄土(表 1.4-1)。黄土覆盖层厚度通常在数米至数十米,目前已知最大覆盖厚度约为 400m(兰州地区西津村)。

表 1.4-1　　　　　　　　　　　　黄土类型和地质年代

类型	地质年代	土层划分	物理特征	成因
次生黄土	全新世(Q_4)	现代堆积黄土	强湿陷性	以水成为主
原生黄土	晚更新世(Q_3)	马兰黄土,北京西北马兰阶地	一般具湿陷性	以风成为主
	中更新世(Q_2)	离石黄土,山西吕梁市离石区	上部土层部分具湿陷性	
	早更新世(Q_1)	午城黄土,山西隰县午城	无湿陷性	

1.2.3　软黏土的分布及区域特征

我国的软土主要分布在我国的东南沿海、长江及珠江三角洲、福建、广东、浙江沿海以及内陆湖泊等地区。通常所称的软土是指第四纪晚期于沿海地区的滨海相、潟湖相和三角洲相等沉积的淤泥及淤泥质土,此外,还包括内陆平原或山区的湖相和冲洪积、沼泽相等静水或非常缓慢的流水环境中沉积,并经生物化学作用形成的饱和软黏性土。软土的组成和状态特征是由其生成环境决定的。由于它形成于上述水流不通畅、饱和缺氧的静水盆地,这类土主要由黏粒和粉粒等细小颗粒组成,黏含量一般高达 30%~60%,有机质含量一般达 5%~15%,最大达 17%~25%。软土具有高含水率、高孔隙率的特性,因此,具有高压缩性、低渗透性、抗剪强度极低并具有触变性、蠕变性等工程特性。

1.3　我国特殊土研究概况

我国对特殊土的关注是随工程建设中出现的问题而逐步展开和深入的。新中国成立不久,西北地区在许多工程项目建设中,发现了黄土的湿陷性对工程的危害,因此研究人员对黄土的成分和成因、结构和构造、强度变形,以及水分对力学性质的影响等众多宏观、微观因素进行了系统的研究。这是最早受到关注的一种特殊土。软土的问题是在中部和东部沿海的工程建设中被提出的。新中国成立初期,长江的洪水问题十分担忧,国家在长江中游建设的平原水闸中,遇到了软土地基的稳定和沉降问题。以后在沿海的建设中,遇到了更为软弱的软土地基,因此,投入了更大的注意力进行研究,有关软土问题将有其他章节叙述。20 世纪 50 年代后期、60 年代初,膨胀土的工程事故逐渐显露,当时首先在低层房屋和部队营房发现大量开裂,并在路堤和渠道发现边坡的溜坍。例如,1965 年为东风汽车厂建设而搬迁的郧阳新城的房屋,有近一半发生歪斜、开裂、倒塌。最典型的膨胀土事故是 20 世纪 70 年代初,引汉工程陶岔引渠深挖边坡的 13 个大型滑坡的出现[1][2],这些滑坡坡度极缓,有的甚至为 1∶6,滑动范围很大,而且有的是在工程施工数年后才发生的,这些特点超出了人们对滑坡的原有认识,从而引起了高度的重视。在对这些事故的研究与处理中,研究人员渐渐了解到,膨胀土是一种十分难对付,整治代价很高的一种特殊土。在国外许多地方也事故频发,其破坏超过了许多自然灾害引起的损失,被斥之以工程中的"癌症",或冠之以"头痛土""问题土"等名称。

长江科学院对膨胀土的研究最早始于 20 世纪 60 年代初,为南水北调工程的准备工作,在河南南阳地区建立了现场土工试验室,开始与膨胀土接触。70 年代初,为解决陶岔滑坡及其处理进行了一定的试验研究,但大量的、系统的试验研究,还是从 21 世纪初南水北调中线工程被提到议事日程开始的。有关的研究成果将有专门章节详细介绍。

对其他特殊土的研究,长科院也依工程需要做过一些工作[1],如为陆水 8# 副坝填料进行的网纹状红土研究、东北某地及国外的几种分散土判别研究、配合某些单位进行的黄土结构分析,以及对钙质土研究的动态综述等,都有一定的成果。这些成果除黄土将在本章稍有提及外,其余各种特殊土(红土、分散土、黏土岩和粉砂岩等软弱岩、岩石坝基泥化夹层等)的微观研究成果将在本书第三篇第 1 章专门叙述。

2 膨胀土

2.1 长江科学院膨胀土研究历程与成就

长江科学院是国内最早系统开展膨胀土理论和处治技术研究的水利科研单位,从 20 世纪六七十年代起,以丹江口水利枢纽及其配套移民工程建设、南水北调中线工程等为背景,开始对膨胀土的早期研究工作,在膨胀土的基本特性、试验技术以及处理措施等方面取得了初步的成果[1][2]。至 20 世纪八九十年代,为配合南水北调中线工程的可研和初步设计,长江科学院开始对南水北调中线工程膨胀土的基本特性进行系统调查和试验研究。同时,在现场开展了"膨胀土渠坡滑动早期预报及新型衬砌型式研究""非饱和膨胀土边坡稳定研究"等试验研究工作,并采用当时国际最先进的非饱和土理论开展膨胀土渠坡稳定的研究工作[3]-[7]。

进入 21 世纪,尤其是"十一五""十二五"期间,长江科学院科研团队,先后完成了国家科技支撑计划"膨胀土地段渠道破坏机理及处理技术""膨胀土渠道防渗排水技术""膨胀土水泥改性处理施工技术"等课题研究工作,运用现场原型试验、室内单元体试验、大型物理模型试验和数值分析等多种研究手段,深入分析了膨胀土边坡失稳的力学机理,揭示了膨胀土边坡双重失稳模式,构建了膨胀土土体强度理论体系,提出了相应的边坡稳定分析方法,完善了膨胀土边坡设计原则,同时,研发了多项边坡加固处理新技术,研究成果为南水北调中线工程以及鄂北调水、引江济汉、引江济淮等工程提供了重要的技术支撑[8]-[11]。

(1)理论创新

从力学本质上阐明了膨胀土边坡破坏机理,揭示了"膨胀变形作用下的边坡失稳"和"裂隙强度控制下的边坡失稳"的双重破坏模式。提出了"基于膨胀模型的边坡稳定有限元分析方法"和"考虑裂隙面空间分布特征的边坡极限平衡分析方法"。从膨胀土边坡破坏机理出发,针对性地提出了膨胀土边坡处理设计新理念与加固新技术。

(2)技术创新

首次将 CT 技术引入膨胀土强度试验,明确了土体强度应分为土块强度与裂隙面强度,厘清了膨胀土不同类型裂隙对边坡稳定的作用,构建了膨胀土边坡土体强度体系,系统提出了膨胀土土体强度的取值原则,解决了膨胀土裂隙面强度测试以及土体强度确定的难题;提出了基于膨胀土导电性原理的膨胀性现场快速判别专利技术;从膨胀土边坡破坏机理出发,阐明了压重和支挡处理的力学机制,提出了膨胀土边坡设计应同时保证双重失稳模式稳定的设计原则;针对膨胀土边坡裂隙控制下的破坏模式,研发了张拉自锁伞形锚边坡加固新技术;针对深挖方渠坡的高地下水位问题,研发了压差放大式逆止阀装置;提出了膨胀土水泥改性的机理和粒径控制要求,制订了水泥改性土的施工工艺和质量控制技术标准。

(3)成果应用与推广

提出的设计理论已全面应用于南水北调中线工程膨胀土渠段设计。此外,还获发明专利8项、实用新型专利8项。其中"压差控制式高精度逆止阀"和"新型张拉自锁伞形锚快速加固土质边坡"入选水利部《2014年度水利先进实用技术重点推广指导目录》,并已经用于南水北调中线工程辉县段渠道抢险和鄂北调水工程膨胀土渠坡抢险及加固工程。

2016年,长江科学院牵头完成的"膨胀土边坡破坏机理与关键技术研究及在大型输水工程中的应用"成果获2016年大禹水利科学技术奖一等奖。

2019年完成《土工试验方法标准》(GB/T 50123-2019)有关膨胀土试验项目的修编工作。

2.2 膨胀土的基本物理性质

中华人民共和国国家标准《土的工程分类标准》(GB/T50145-2007)中,以0.075mm土粒的含量不小于50%的土定名为细粒类土,同时,细粒类土则以土的塑性指标在塑性图中的位置进行分类。根据土的液限含水率将细粒土划分为高液限黏土、低液限黏土、高液限粉土、低液限粉土等。此外,《土工试验规程》(SL237-1999)中,根据试验统计数据,将黄土、膨胀土和红黏土等特殊土类在塑性图中的基本位置进行了初步的判别,其中液限含水率大于50%,塑性指数$\geqslant 0.73(W_L-20)$的高液限黏土一般应为膨胀土。从上述标准或规程可以看出,土的颗粒级配及液限含水率、塑性指数等指标是膨胀土分类、判别的重要指标。

表1.4-2统计了全国主要膨胀土地区土体的天然含水率与界限含水率试验成果。成果显示,我国黄河以南地区膨胀土天然含水率偏高,通常都大于塑限含水率,而液限含水率普遍超过50%,与《土工试验规程》(SL237-1999)统计的相符,其中云南、贵州等地的液限含水率更高达60%以上。此外,相同地区不同土类的膨胀土天然含水率、密度等指标平均值比较接近,但是,随着土性和土壤生成年代的不同,土壤的液限和塑限有较大的变化。

表1.4-2 各地膨胀土天然含水率、界限含水率统计表

序号	地区	含水率 w %	湿密度 ρ g/cm³	孔隙比 e —	液限 ω_L %	塑限 ω_p %
1	云南	(20—39.3)/27.8	(1.64—2.03)/1.95	(0.64—1.00)/0.75	(44—88)/64.9	(21.2—37.6)/26.0
2	贵州贵阳				(90.1—92.3)/91.2	41.8
3	四川成都	(17.6—27.8)/22.3			(46.1—54.5)/50.7	(22—22.7)/22.4
4	湖北	(18.2—26.1)/23.4	(1.93—2.12)/2.03		(38.9—66.6)/52.0	(19—32)/25.31
5	安徽江淮丘陵地区	(21—39)/25.6	(1.57—2.1)/1.76	(0.60—0.92)/0.66	(37—61.6)/47.1	(17—29)/24.3
6	南水北调东线江苏徐州段	(19—36)/25.9	(1.81—2.1)/1.97		(28.2—53.5)/35.9	(16.0—33.7)/21.1
7	广西南友高速宁明段	(9.96—43.2)/28.9	(1.73—2.26)/1.96	(0.60—1.20)/0.89	(30.5—80.4)/54.2	(17.7—45.0)/26.8
8	湖南潭邵高速公路	(11.3—29.0)/25.3			(48—66)/52	(21.4—25.5)/23.6

续表

序号	地区		含水率 w %	湿密度 ρ g/cm³	孔隙比 e —	液限 ω_L %	塑限 ω_P %
9	南水北调中线工程陶岔至沙河南	黏土	(15.9—39.1)/24.7	(1.78—2.14)/1.96	(0.435—1.067)/0.692	(34.3—91.7)/57.6	(17.2—34.2)/24.4
		粉质黏土	(11.3—35.7)/24.4	(1.63—2.15)/1.95	(0.42—1.07)/0.69	(29.8—77.6)/50.9	(18.1—25.6)/22.6
		重粉质壤土	(9.3—34.4)/23.9	(1.75—2.15)/1.95	(0.37—0.94)/0.690	(29.2—67.2)/41.8	(18.2—27.8)/20.1
10	山东临沂			(1.66—2.05)/1.87	(0.73—1.59)/1.08	(40.2—75.1)/57.1	(22.2—44)/32.4
11	山西太原东山地区		(17.8—21.5)/19.6	(2.05—2.07)/2.06	(0.56—0.63)/0.59	(32.2—43.3)/36.5	(18.9—23.5)/20.67
12	新疆阿勒泰地区		(15—28)/21.5	(1.57—1.96)/1.77	(0.33—0.81)/0.57	(38.5—74.0)/56.3	(18.5—43.0)/30.75
13	内蒙古二连油田		(9—29.6)/20.4	(1.88—2.17)/2.04	(0.38—0.91)/0.63	(33.0—51.0)/43.0	(15.0—27.8)/21.5
14	吉林晖春		(18.4—37.9)/28.1	(1.80—1.96)/1.84		(31.4—53.5)/46.8	(16.1—27.8)/23.26
15	陕西安康		(23.3—26.2)/24.5			(35.9—65.2)/46.1	
16	陕西汉中西乡盆地	Q_{3al} Q_{2al} Q_{2al_pl} Q_{2pl} Q_{1_2l}	(17.4—25.7)/21.9	(1.89—2.06)/1.90	(0.58—0.89)/0.66	(35.8—44.1)/38.9	(20.0—25.3)/21.8
			(21.0—76.0)/22.8	(1.92—2.06)/1.95	(0.56—0.78)/0.70	(38.7—45.4)/42.4	(37.4—46.9)/41.0
			(20.5—24.1)/22.4	(21.2—27.2)/23.8	(1.85—2.02)/1.93	(0.57—0.85)/0.78	(37.4—46.9)/41.0
			(21.6—25.0)/22.9	(1.86—1.97)/1.91	(0.78—0.88)/0.82	(35.6—46.1)/41.0	(19.7—25.5)/21.8
			(31.1—38.3)/34.3	(1.72—1.88)/1.81	(0.937—1.195)/1.056	(48.5—67.8)/56.9	(25.9—32.6)/29.5
17	河北邯郸永年	紫褐色硬黏土	(16.9—25.9)/21.5	(1.85—1.93)/1.89	(0.54—0.72)/0.64	(49—71)/58.42	(20.1—28)/23.53
		灰绿夹棕色硬黏土	(22.6—29.6)/26.1		(0.62—0.81)/0.72		(23—31)/25.82

注：表中分子为范围值，分母为均值。下同。

从土的颗粒组成分析，膨胀土的黏粒含量相对较高，根据土的粒组进行分类一般为重粉质壤土、粉质黏土、黏土等，其颗粒中粒径小于 0.005mm 的黏粒含量，尤其是小于 0.002mm 的胶粒含量都较高。以南水北调中线工程陶岔至沙河南段约 240km 渠道所涉及的 1359 组膨胀土试验成果为例，该渠段中，62.4% 为粉质黏土（包括砂质粉质黏土等），20.3% 为黏土（包括重黏土等），12% 为重粉质壤土（包括重壤土等）。粉质黏土中小于 0.005mm 的颗粒含量平均值 29.3%～39.9%，小于 0.002mm 的颗粒含量平均值 17～26.8%；黏土和重黏土对应的颗粒含量见表 1.4-3。

表 1.4-3　　　　　南水北调中线工程陶岔至沙河南不同土类的颗粒组成表

土类		颗粒组成（%）					
		黏粒含量			胶粘含量		
		<0.005mm			<0.002mm		
		最大值	最小值	平均值	最大值	最小值	平均值
黏土	重黏土	68.4	60.1	63.0	52.3	36.8	44.6
	黏土	59.7	34.4	50.1	52.5	8.1	33.8
	砂质黏土	59.4	30.1	35.3	39.7	18.2	25.7
	砾质黏土	45.0	27.9	35.9	31.5	14.1	20.2
	砾质砂质黏土	36.9	29.7	33.3	23.4	22.0	22.7
粉质黏土	粉质黏土	49.8	21.5	39.9	42.5	8.6	26.8
	含少量砾的粉质黏土	39.6	29.7	33.8	29.3	16.1	23.2
	砾质粉质黏土	37.5	18.2	29.3	25.1	10.7	17.0
重粉质壤土	重壤土	29.9	21.1	25.7	23.1	12.6	17.7
	重粉质壤土	29.9	20.1	25.8	27.3	10.7	17.8
	含少量砾的重壤土	25.2	22.5	23.9	17.7	15.1	16.4
	含少量砾的重粉质壤土	29.7	24.0	26.9	24.1	16.1	20.1
	砾质重壤土	26.7	20.2	23.3	20.8	11.0	16.8
	砾质重粉质壤土	26.9	18.7	22.1	16.3	8.8	14.1

2.3　膨胀土的判别与分类

2.3.1　常用判别与分类方法

（1）现场判别

目前，膨胀土的判别方法主要有现场宏观判别和室内定量指标试验两种方法。现场宏观判别主要根据地形、地貌等地质特征，以及地层成因、地质年代、土层颜色等因素进行。

《膨胀土地区建筑技术规范》(GBJ112—87) 规定，具有下列工程地质特征的场地，且自由膨胀率大于或等于40%的土，可初判为膨胀岩（土），其主要特征有：①多出露于二级或二级以上阶地、山前和盆地边缘丘陵地带，地形平缓，无明显自然陡坎。②裂隙发育，方向不规则，常有光滑面和擦痕，有的裂隙中充填灰白、灰绿色土。在自然条件下呈坚硬或硬塑状态。③常见浅层塑性滑坡、地裂、新开挖坑（槽）壁易发生坍塌等。④建筑物裂缝随气候变化而张开和闭合。

《岩土工程勘察规范》(GB50021—2001) 中，膨胀土地区地形、地貌的主要特征有：①多分布在二级或二级以上阶地、山前丘陵和盆地边缘；②地形平缓，无明显自然陡坎；③常见浅层滑坡、地裂，新开挖的路堑、边坡、基槽易发生坍塌；④裂缝发育，方向不规则，常有光滑面和擦痕，裂缝中常充填灰白、灰绿色黏土；⑤干时坚硬，遇水软化，自然条件下呈坚硬或硬塑状态；⑥自由膨胀率一般大于40%；⑦未经处理的地基上建筑物成群破坏，低层较多层严重，刚性结构较柔性结构严重；⑧建筑物开裂多发生在旱季，裂缝宽度随季节变化。

《广西膨胀土地区建筑勘察设计施工技术规程》中对于广西地区的膨胀土有如下判别：①土颗粒细腻，有滑感，在自然状态下呈坚硬或硬塑状态，裂隙发育，常见光滑面和擦痕，有的裂隙中充填着灰白或灰绿色黏土；②多分布于二级或二级以上阶地或山前，盆地边缘丘陵地带，地形平缓，无明显自然陡坎；常出现浅层滑坡和地裂，新开挖坑槽壁易发生坍塌等。

长江勘测规划设计研究院根据南阳地区地形地貌特征，归纳了南阳膨胀土地区的地形、地貌一般具有典型的岗地特征[12]：①分布在岗顶岗坡者一般为中膨胀土。岗顶表层一般分布弱或中膨胀土，岗凹一般为弱膨胀土，大型河流两侧平原一般为弱膨胀土，河间地块一般为中膨胀土。从地层岩性上分析，Q_1 黏性土、黏土一般具强膨胀性，局部具中膨胀性，粉质黏土具中膨胀性；Q_2 黏土具中膨胀性，粉质黏土一般具弱—中膨胀性。粉质壤土具弱膨胀性；Q_3 黏土具弱—中膨胀性，粉质黏土具弱膨胀性。不明地质年代黏性土一般具弱膨胀性，局部具中膨胀性。②从土体的颜色判别：一般棕黄色、姜黄色、橘黄色、紫红色黏性土为中膨胀土，浅黄色、灰黄色、褐黄色、褐色为弱膨胀土，灰白色、灰绿色为中偏强膨胀性，白色黏性土一般具强膨胀性。③钙质结核特征判别：Q_1 土体多具弱膨胀性，分布有钙质结核层者多为中等膨胀土；第一层钙质结核层或富集层以上一般为弱膨胀土，以下为中等膨胀土；少含或不含钙质结核地层，一般为弱膨胀土。④从土体裂隙发育程度判别：弱膨胀土体一般显裂隙不发育，裂隙一般不充填灰白色黏土，土体结构相对松散。中膨胀土体裂隙多呈光滑镜面，大、长大裂隙发育，裂隙面充填灰白黏土，土体相对密实。强膨胀土一般裂隙极发育，裂隙面光滑。

上述判别方法对勘查人员的专业经验要求较高，非专业技术人员很难实施，因此，一般只用于地质勘查的初勘阶段。

(2)膨胀等级划分

在膨胀土的膨胀等级划分上，目前，有关的分类判别指标很多。国家标准《膨胀土地区建筑技术规范》(GBJ112—87)中根据土的自由膨胀率将膨胀土的膨胀潜势分为强、中、弱膨胀三类。

《铁路工程特殊岩土勘察规程》(TB10038—2001)中规定，对于膨胀土(岩)地区场地应根据地貌、颜色、结构、土质情况、自然地质现象和土的自由膨胀率等特征进行初判，在初判基础上，根据自由膨胀率、蒙脱石含量、阳离子交换量进行详判。

美国垦务局(USBR)将膨胀土胀缩等级分为四级，评判指标为塑性指数 I_p、缩限 ω_s、膨胀体变 δ_p 和小于 0.001mm 颗粒含量。南非威廉姆斯分类法采用<2μm 颗粒含量百分比与塑性指数，对膨胀土进行判别分类，该分类法在第六届非洲膨胀土会议上推广应用。印度对黑棉土的分类采用液限、塑性指数、收缩指数、胶粒含量、膨胀势、膨胀率、差分自由膨胀率等多项指标，将膨胀土的膨胀程度划分为四个等级。

文献[13]认为：决定膨胀土特殊工程性质的因素是多方面的，但是结构特征和黏土矿物成分是内在的主要固定属性，是控制膨胀土工程特性的决定因素。因此建议采用宏观结构特征、黏土矿物成分以及土体特征指标作为判别膨胀土的三要素。

文献[14]建议将膨胀土的胀缩等级，按照膨胀土的最大线缩率、最大体缩率和最大膨胀率，分为极强、强、中、弱4个等级。其中,最大线缩率和最大体缩率是天然状态的土样在无侧限条件下先充分吸湿膨胀,直至膨胀稳定,然后再收缩至缩限所测得的相应指标。在比较了原状土样不同起始含水率、起始孔隙比的试验结果后,文献[14]提出:同一种土分别在不同起始含水率和孔隙比情况下测得的最大收缩率(横向和竖向)基本上是相同的。也就是说,最大收缩率不随起始含水率和密度状态的变化而变化。因此,认为土的胀缩一般是可逆的,并且,同一土种在不同起始含水率和孔隙比下的胀限以及在胀限时的孔隙比和饱和度也是一定的。因此,同一种土在不同含水率和密度状态下膨胀至胀限时,不仅成分、结构相同,而且含水率和密度状态也相同,因而在不同含水率和密度状态下测得的收缩率为一定值。同时,最大收缩率达到2.5%后,地基土就有可能使建筑物发生破坏为判别标准。

文献[15][16]认为,膨胀土的判别指标应以反映土的矿物成分的指标为主,试验方法应尽可能简便。为此提出采用土体塑性指数和液限在塑性图中的位置来判别膨胀土的方法。认为膨胀土是以蒙脱石、伊利石、高岭石等为主要成分的高分散性黏土,土的液限指标是反映黏性土粒度、矿物组成、交换阳离子成分等特征的敏感指标。运用塑性图判别膨胀土不仅能反映直接影响胀缩性能的物质组成成分,而且也能在一定程度上反映吸附结合水的吸附程度。

文献[16]提出以能充分反映和表征膨胀土胀缩机理和特性的液限、塑性指数、自由膨胀率、小于0.005mm颗粒含量、胀缩总率等5个指标作为膨胀土的判别方法,并通过试验进行了验证。

文献[17][18]认为,膨胀土中具有膨胀晶格结构的黏土矿物的存在是膨胀土具有胀缩特性的物质基础,从矿物学观点来看,膨胀性的大小取决于黏土矿物的种类和含量,以及它们的可交换阳离子等。目前国内外有关膨胀土的分类指标有些采用了非独立的因子,如天然含水率、天然孔隙比、胀缩特性指标等;有些是多参数的简单罗列,没有分析参数的相关关系和组合规律。这些分类指标或随土壤的天然存在状态变化,造成同一种膨胀土在不同的环境状态下,出现不同的胀缩等级情况;或理论依据不是很明确,结果的离散性太大,易产生误判。为此,文献[17][18]提出采用自由膨胀率、标准吸湿含水率和塑性指数等3个指标的膨胀土判别与分类方法。该研究成果作为2002年交通部西部交通建设科技项目"膨胀土地区公路修筑技术研究"的主要成果之一,已经已纳入《公路路基设计规范》(JTGD30-2004)。

综上所述,目前,用于定量判别膨胀土的指标大致可以归纳为两类,一类是与土的天然含水率、密度、土体结构等天然状态有关的状态指标;一类是与土的物理、矿化特性有关的非状态指标。其中,状态指标主要包括膨胀土的胀缩变形指标,如:膨胀率、膨胀量、最大线缩率、最大体缩率、最大膨胀率、线膨胀总率等;非状态指标主要包括膨胀土的物理性指标和矿化性指标,如:吸湿含水率、风干含水率、自由膨胀率、液限、塑性指数、黏粒含量、胶粒含量、黏土矿物成分、比表面积、阳离子交换量等。膨胀土的判别标准,有单一指标判别,也有多指标判别,此外,还有采用多元函数、可拓学、模糊数学等数学方法进行多指标分类的方法[19][20]。

2.3.2 用电导率进行膨胀土的判别

工程勘察中,及时准确地进行黏性土膨胀性判别,对于工程设计和施工具有十分重要的意义。自由膨胀率作为一种非状态指标,因其物理意义明确,试验设备相对简单,成为目前各类规程规范推荐的判别指标。但是,自由膨胀率试验也存在明显的不足,如试样的制备、筛碾、称量、搅拌等都对测试结果有一定影响[21],且不同的人按照规程操作的试验结果往往有较大的差异,所以,自由膨胀率试验是一项不易掌握的试验项目。此外,自由膨胀率试验周期一般需要2~3天,试验对环境温度也有一定要求,这些因素都影响了该指标在现场鉴别中的使用,尤其在渠道、路堑工程的开挖过程中,及时准确地判别膨胀土及其胀缩等级,对于工程设计和施工具有十分重要的意义。由于膨胀土的胀缩性与亲水性关系密切,而亲水性又与土壤的导电性相关,因此,可以探讨引入土壤电导率进行膨胀性判别(图 1.4-3)。

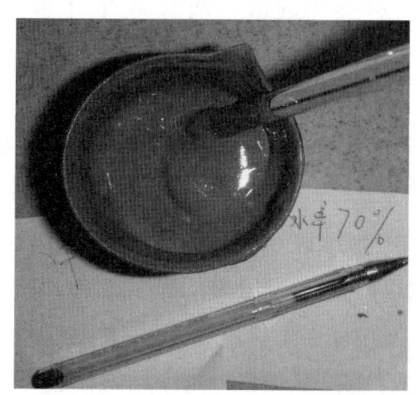 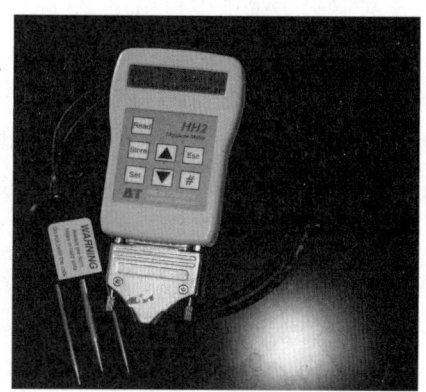

图 1.4-3　电导率试验土样和探头

(1)黏性土的膨胀机理

膨胀土是一种吸水膨胀,失水收缩,土体力学特性随水分变化敏感的特殊性黏土。膨胀土的膨胀变形机理十分复杂,比较有代表性的理论包括[13]:

①黏土矿物晶格扩张理论;②双电层理论;③黏土矿物叠片体理论;④吸力势理论;⑤膨胀潜势理论;⑥自由能变化理论;⑦膨胀路径与胀缩状态理论;⑧湿度应力场理论;⑨胀缩时间效应理论等。其中,黏土矿物晶格扩张理论和双电层理论是目前较为公认的膨胀土的膨胀变形机理的理论。

晶格扩张理论认为:三大类黏土矿物——蒙脱石、伊利石、高岭石都是由硅氧四面体和铝氧八面体两种基本结构单元组成,其晶格层间由弱键连接,外界水分子极易从晶格层间渗入,在晶格层间形成水膜,使晶层间距加大,从而引起土体体积增大;双电层理论认为:由于同晶代换作用,黏土矿物晶体表面以带负电荷为主,土颗粒周围形成静电场,在静电引力作用下,颗粒表面吸附相反电荷的离子(交换性阳离子),这些离子以水化离子的形式存在。这样带有负电荷的黏土矿物颗粒吸附水化离子,形成扩散形式的离子分布,从而组成双电层(水化膜)。随着含水率的增加,结合水膜加厚,将土颗粒楔开,使固体颗粒间距离增大,土的体积膨胀。

不难看出,两种理论的核心都认为,膨胀土膨胀变形的实质是土中水与黏土矿物相互作用,自由水渗入矿物颗粒转化为结合水或水膜厚度变化的过程,是土颗粒骨架吸附水分子以后的宏观现象,其根源在于膨胀土中富含的黏土矿物,例如蒙脱石、伊利石、蛭石等。文献[22]从土壤学和矿物学观点分析了黏土矿物微观结构与膨胀性的关系,认为:黏性土膨胀性的大小依赖于黏土矿物的种类和含量、它们的可交换离子数量、晶格结构以及晶格所携带的电荷等。黏土矿物的这些微观化学特征,都可以通过土壤的电化学特性来反映,因此,膨胀土的膨胀变形与土壤的电化学性能是密切相关的。

分析膨胀土膨胀机理可见,膨胀变形是黏土颗粒吸附水以后的表观现象,膨胀变形的大小与土粒的亲水能力密切相关,而土壤的亲水性又与土壤的可交换阳离子数量等矿物成分及化学性质密切相关的,进一步分析发现土壤的导电性能同样与土壤的可交换阳离子的种类、数量呈线性相关,因此,电导率与土壤的膨胀性之间必然存在着某种联系。土壤电导率是反映土壤电化学性能的重要指标,也是一个物理概念明确、相对容易测试的指标。建立黏性土的电导率与自由膨胀率的关系,就可以用电导率作为快速测量指标,进行膨胀土的现场判别。

(2)黏性土的导电性

土壤的导电性主要取决于土壤中自由电子(离子)的种类与数量。众所周知,土壤是由土颗粒、孔隙水和气三相组成,干土在通常情况下是不导电的,而一旦土壤孔隙中充填水分以后,土壤的导电性才出现。而导电性能的大小,则与土壤的种类有关,更进一步地说,是与土壤矿物成分的种类与含量有关。

根据土壤学理论[23],土壤矿物质可分为原生矿物和次生矿物两类。土壤中的原生矿物主要存在于土壤的粗粒组分中,长石和石英是两种最为常见的原生矿物,约占土壤砂粒和粉粒的70%~90%,具有晶格稳定、基本上不吸水、不膨胀等特性;土壤中的次生矿物可以由原生矿物风化淋溶后形成,也可以由风化成土过程中原生矿物的分解产物重新合成而成,还可以是沉积母岩的自身矿物。次生矿物主要存在于土壤的黏粒组分中,也称之为黏土矿物。

黏土矿物具有强亲水性、离子交换性、膨胀性和可塑性等,从本质上讲,黏土矿物的这些特性都与其基本构造单元(四面体片或八面体片)有关,黏土矿物的自由电荷是使黏土矿物具有一系列化学、物理特性的根本原因,它的电荷数量和种类直接影响着土体的理化特性。

研究表明,黏土矿物的构造主要有层状硅酸盐矿物和非层状硅酸盐矿物两类。层状硅酸盐矿物主要指结构呈层状的高岭石、蒙脱石、伊利石和蛭石等;非层状硅酸盐矿物主要指水铝石英组和含水氧化铁、氧化铝、硅胶等。层状硅酸盐矿物的基本结构有硅氧四面体和铝氧八面体,其晶层结构主要有1:1型、2:1型和2:1:1等三种类型,即1个(或2个)硅氧四面体分别与1个铝氧八面体结合形成的基本晶层。不同的晶层结构,其组成矿物的比表面积、离子吸附和交换特性、膨胀性具有显著的区别(如表1.4-4)。从而导致黏土矿物的电化学特性显著不同,其在相同含水状态条件下,溶液的导电性也显著不同。

表1.4-4　　　　　　　　　高岭石、伊利石、蒙脱石化学特性比较[23]

黏土矿物	晶层结构	晶层间结合力	总比表面积($m^2 \cdot g^{-1}$)	阳离子交换量($cmol_c \cdot kg^{-1}$)	膨胀性
高岭石	1:1	强	10~20	5~15	弱
伊利石	2:1	中	70~120	20~40	中
蒙脱石	2:1	弱	600~800	80~120	强

Archie(1942)较早运用土壤导电性研究了饱和砂岩的微结构特征。Keller and Frischknecht(1966),Mitchell(1993),Thevanyagam(1993),Sreedeep 等(2004)和 Robain(2003)用电阻率法进行土的工程特性的评价研究[24]。文献[24]研究了水泥土、膨胀土的电阻率的特性,提出用土的水体积比表征土的电阻率特性,建立了电阻率—水体积比与吸力—水体积比(水分特征曲线)之间的关系,以简化水分特征曲线的测试。这些研究成果从侧面反映了土壤的导电性能与土体结构、工程特性的关系,但对于土壤导电的本质原因揭示较少。

在揭示土壤导电性的机理方面,文献[25]研究了黏土矿物中可交换阳离子含量与电导率的相关性,认为:黏土—水体系电导产生的原因,除了可溶盐类之外,主要是黏土中可交换性阳离子的存在所致。当把蒙脱石中可溶盐除去后,蒙脱石—水体系的电导,主要是由于蒙脱石层间可交换性阳离子的迁移造成的。在蒙脱石—水体系中,导电性阳离子的导电能力,受蒙脱石对阳离子的束缚力所制约,当水量远比可塑状态所需水高时,交换性阳离子位于距黏土表面较远的地方,并被水所分隔。分隔的距离越远,黏土颗粒对阳离子的束缚力越小。文献[25]的研究成果表明,无论是钠型、锌型还是铁型蒙脱石,其水体系的电导率均与八面体层中交换性阳离子含量成线性相关,即蒙脱石八面体层中交换性阳离子含量大,水体系的电导率亦大;交换性阳离子含量小,水体系的电导率亦小。对于不同类型的蒙脱石—水体系,其相关系数为0.95~0.99。文献[26]认为,土的导电性包含土颗粒表面导电与孔隙水导电两部分。其中,孔隙水导电取决于孔隙水的含盐量与饱和度;土颗粒表面导电取决于颗粒表面吸附特征与颗粒之间的连接特性。黏土颗粒表面存在双电层,双电层中的阳离子与阴离子在电场的作用下具有导电能力。黏粒含量增加,土的比表面积增大,土电导率的增加、电阻率降低。运用上述原理,文献[27]等采用电阻率法进行了膨胀土改良效果的试验测试,成果显示,不同养护龄期下改良膨胀土的膨胀量、膨胀力随着电阻率呈线性递减关系。通过测试改良膨胀土不同养护龄期下的电阻率,可以准确地预测其膨胀量与膨胀力的大小。文献[28]认为:土壤胶体的阳离子交换量和土壤电导率有极显著的正相关关系,随着土壤溶液阳离子交换量的增大,土壤电导率也相应地随着增大。并认为,土壤的阳离子交换量表示的是固相土粒吸附的净负电荷的电荷量,其大小主要与土壤胶体吸附的离子数量有关,也就是说阳离子交换量越大,那么土粒吸附的负电荷越大,土壤的电导率也就越大。文献[26]也认为,黏土颗粒表面存在双电层,双电层中的阳离子与阴离子在电场的作用下具有导电能力。黏粒含量增加,土的比表面积增大,土电导率的增加、电阻率降低。

为分析膨胀土导电性与亲水性的相关性,选取代表性试样在室内进行了土样自由膨胀率、液限含水率和电导率测试。此外,还测定了土壤的阳离子交换量。

土样液限含水率和自由膨胀率试验按照《土工试验规程》(SL237—1999)进行。土壤的化学元素和阳离子交换量按照DZG93—011和DT—82规范,采用原子吸收光谱分析试验方法进行。

(3)土壤电导率试验

取上述代表性土样100~150g,先放进烘箱用低温烘至恒重,再将土样从烘箱中取出,置于干燥箱中冷却至室温。然后,根据干土质量称相应质量的纯水(去离子水),配成含水率为70%的土膏,用玻璃棒将土水搅拌均匀,用土壤电导率探头测试土样的电导率,并在测试完成后,烘干剩余土样,实测土样含水率。配置70%含水率条件下的土膏,主要基于两个因素:首先,由于土壤的电导率很大程度上受溶液浓度的影响,不同的含水率条件下土壤的电导率不同,因此,配置相同含水率状态的土样,可以消除土样之间由于含水率的差异对电导率测试的影响;其次,配置高含水率状态的土膏,是考虑到便于土样含水率均匀拌合,而且,当土样含水率超过土样液限以后,土样的导电性能可以更充分的发挥。

图1.4-4为电导率与液限含水率的关系曲线,从曲线的相关系数可以看出,电导率与液限含水率的相关系数R^2达到0.96,这说明电导率与土壤液限含水率的相关性较好。

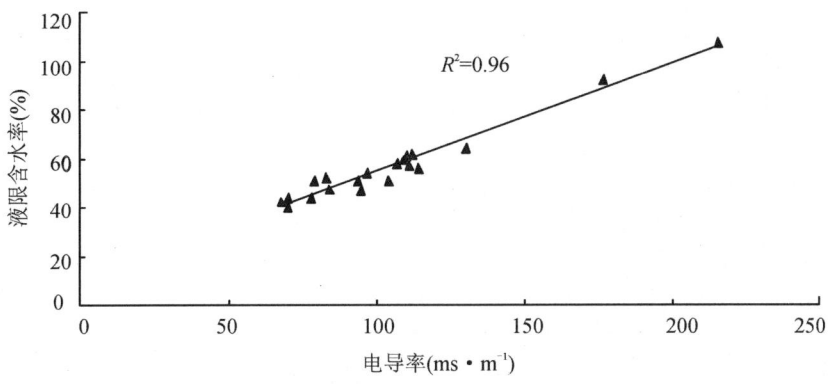

图1.4-4 电导率与液限含水率的关系曲线

图1.4-5为电导率与阳离子交换量的关系曲线。试验成果显示,电导率与阳离子交换量也有较好的线性关系,其相关系数达到0.79。

由此可见,土壤导电性与土壤液限含水率、可交换阳离子含量密切相关,而这些特征正是反映黏性土亲水性的主要指标。因此,可以以电导率的大小来反映土壤亲水能力,并通过建立电导率与自由膨胀率的关系来推测土壤的膨胀等级。

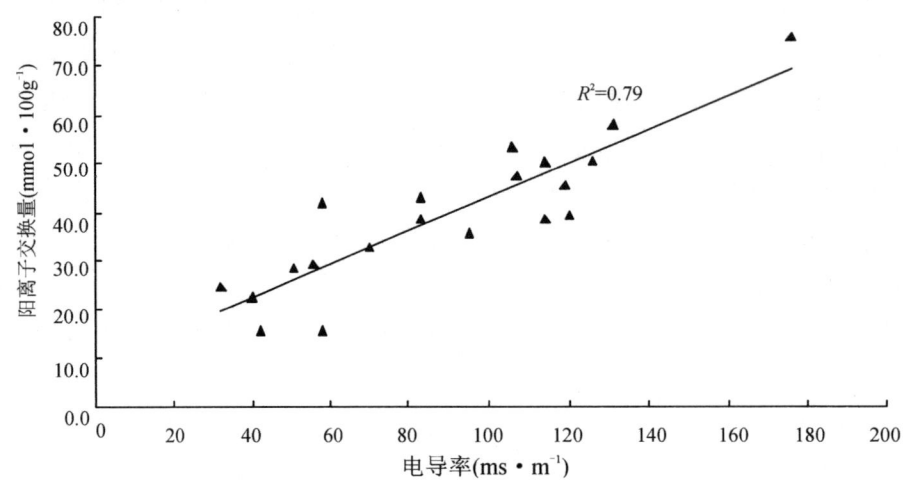

图1.4-5 阳离子交换量与电导率的关系

(4) 电导率与膨胀性的相关性研究

①标准试样自由膨胀率与电导率的相关性试验

试验方法如下。

在室内开展标准试样的电导率和自由膨胀率的相关关系试验研究。为保证试验结果的典型性,采用弱膨胀土掺拌一定比例的商用膨润土配制成不同膨胀性的标准试样。具体试验过程如下:制备试样时首先将弱膨胀土样风干,碾碎并过0.5mm细筛,将筛下的土样拌匀,按弱膨胀土与膨润土的重量比,配制膨润土掺量分别为5%～50%的10组试样,并分别测试10组试样的自由膨胀率和电导率。自由膨胀率试验和电导率测试仍按上述方法进行。电导率试验前,测试了试验用水的电导率为5ms·m^{-1}。

对试验成果做如下分析:按照上述试验方法,获得了不同配比土样的自由膨胀率和该土样在一定含水率条件下的电导率指标,试验成果如表1.4-5和图1.4-6所示。

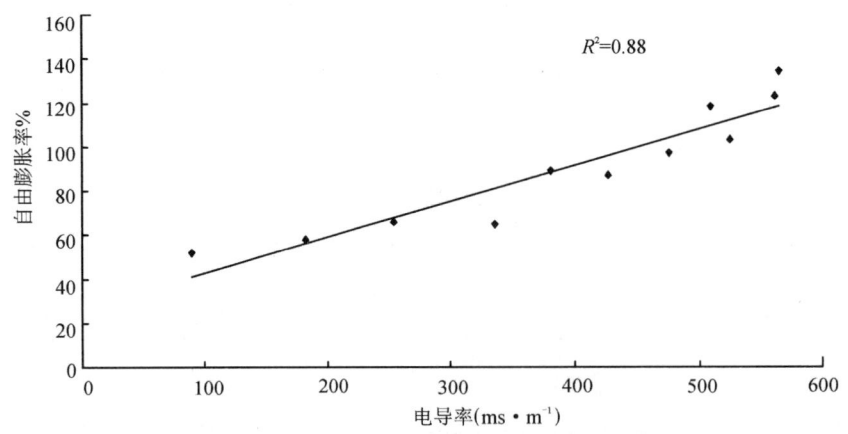

图1.4-6 典型土样自由膨胀率与电导率关系

表 1.4-5　　　　　　　　　　　　自由膨胀率、电导率试验成果

土样编号	制备样掺拌比例	实测制备样含水率（%）	制备样电导率读数 ms/m	实测试样自由膨胀率 %
1	0%	53.2	89.0	52.0
2	5%	64.5	182.0	58.0
3	10%	65.2	255.0	66.0
4	15%	70.0	336.0	65.0
5	20%	70.7	380.0	89.0
6	25%	68.1	427.0	87.0
7	30%	71.1	476.0	97.0
8	35%	70.0	526.0	103.0
9	40%	70.9	510.0	118.0
10	45%	69.3	562.0	123.0
11	50%	71.0	565.0	134.0

试验成果分析如下。

电导率试验土样的制备含水率除前三点误差超过2%以外，其余各点的含水率均控制在70%左右，试验结果基本可以排除土样含水率对电导率的影响。在这种前提下，土样的电导率明显随膨润土掺量的增加而增大，也即是随着土样膨胀性的增强而增大。

土样的自由膨胀率试验成果显示，随着膨润土掺量的增加，制备土样的自由膨胀率呈明显上升的趋势，土样的膨胀性从弱膨胀逐渐增大至强膨胀。

图1.4-7为试样的自由膨胀率与含水率为70%的试样的电导率关系。图形显示，自由膨胀率与电导率呈线性函数关系，根据相关性分析，相关系数为0.88。

②典型地区土样自由膨胀率与电导率的相关性试验

通过上述规律性试验，初步认为膨胀土的自由膨胀率与电导率具有较好的相关关系，为此，分别选择南水北调中线工程典型渠段的膨胀土（岩）和其他地区的膨胀土，以及一般黏性土进行电导率和自由膨胀率测试，试验方法与上述一致。为保证试验成果的普遍性，试样分别取自河北邯郸、新疆等地的强膨胀岩，河南新乡中膨胀黏土岩、弱膨胀泥灰岩，河南南阳中、弱膨胀土，湖北襄樊、枣阳、荆门、江苏镇江等地的中、弱膨胀土，广西南宁南友高速公路中膨胀土以及部分地区的黏土、粉质黏土等。试验结果如图1.4-7。

由图可见，试样的电导率与自由膨胀率有很好的线性相关关系，其相关系数达到0.84。

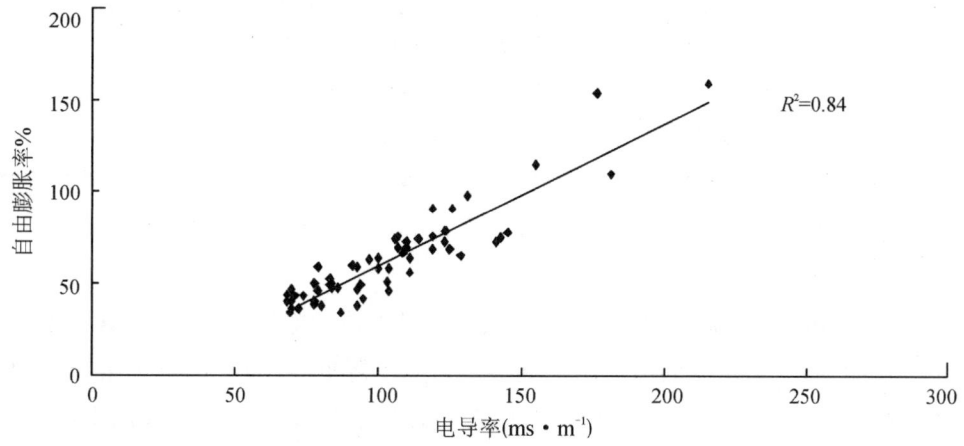

图1.4-7　不同地区膨胀土样自由膨胀率与电导率的相关关系

(5)电导率与含盐量的关系

研究表明,水在纯净的条件下是不导电的,只有在水中含有一定量的离子以后,水才具有导电性;砂粒的主要组成成分石英颗粒的导电性很小,基本属于绝缘性物质;黏性土的导电性主要受两方面因素影响:①孔隙水溶液的导电性;②黏土矿物的导电性。前者是受土壤孔隙水含盐量控制;后者则取决于黏土颗粒双电层结构和阳离子交换量的大小。

为研究土壤含盐量与电导率的关系,通过资料搜索,查找到中国科学院南京土壤研究所对我国不同盐渍地区盐分含量与电导率的关系所做的研究成果[29],如图1.4-8。根据文献[26]的试验方法,选择邯郸、南阳、广西等地9种代表性膨胀土样,分别进行室内易溶盐含量(全盐量)试验和电导率测试,将试验结果也点绘于图1.4-8。

比较盐渍土和膨胀土土壤含盐量与电导率的关系试验可见,盐渍土的含盐量与电导率呈单调上升的趋势,线性关系十分明显;而膨胀土样的电导率与易溶盐含量没有明显的正比关系。经过分析,原因主要在于盐渍土的盐基成分 Na^+ 为主,而且,土壤中的盐分以结晶体的形式存在,在水的作用下极易溶解,并使导电性显著增长;而膨胀土的盐基成分多以 Ca^{2+}、Mg^{2+} 为主,而且,膨胀土的生成环境和地域特点决定了膨胀土的易溶盐含量一般不超过0.5%,而其他的游离离子含量通常是易溶盐离子含量的数十甚至上百倍,这些离子受土颗粒间的吸附作用较强,在水的作用下不易溶解,因此,其导电性与含盐量的关系也并不明显,易溶盐含量不是膨胀土导电的主要因素。文献[30][31]等的研究成果甚至认为,膨胀土的胀缩特性与孔隙盐溶液的浓度是负相关的,即孔隙盐溶液的浓度越高,膨胀土的膨胀性越低。对此,还将做进一步的研究。

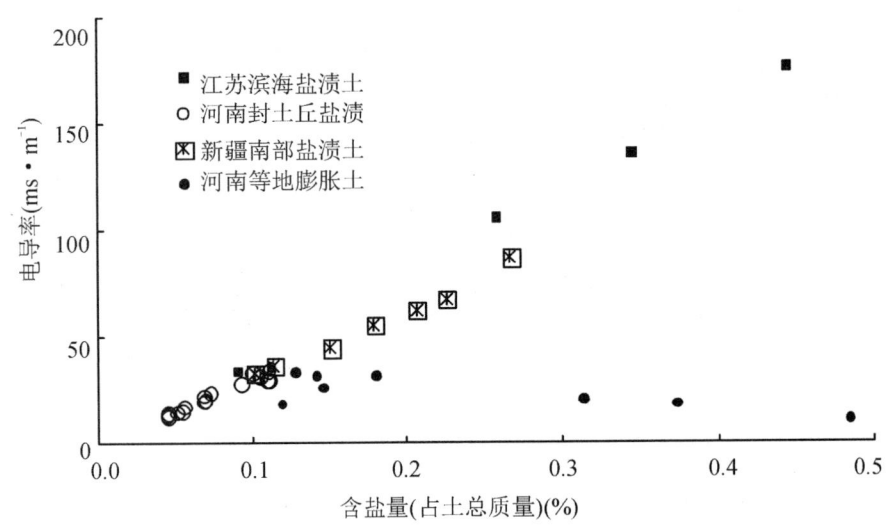

图1.4-8 盐渍土、膨胀土的含盐量与电导率关系

(6)电导率与土壤含水率和密度关系

文献[32]研究了土壤含水率对电导率的影响。认为:当土壤含水率在15%~30%之间变化时,土壤含水率对电导率的影响最为显著,且两者间近似为线性关系;当含水率超过30%以后,土壤电导率的变化趋势明显减缓。

文献[33]通过室内试验测试了不同土壤含水率、不同含盐量土壤的电导率,认为土壤含水率的变化将改变土壤盐离子的平衡状态,土壤水分的增加使土壤溶液盐浓度降低,导致一部分土壤颗粒中的盐分被溶解到土壤溶液中,最后达到一种新的平衡状态,因此,随着含水率的增加,电导率逐渐下降,但下降的速率逐渐变小。

上述研究成果中均没有提及试验土壤密度对电导率的影响问题，实际上，土壤的密度不同，对电导率的测试结果是有一定影响的。为此，研究人员在室内开展了不同土壤密度、含水率对土壤电导率的测试结果的影响研究。试验选用一种中膨胀土，按照干密度 $1.1\sim1.5\text{g/cm}^3$ 制备若干组试样，分别测试试样在不同含水状态下的电导率，成果如图 1.4-9。

试验成果显示，不同密度、含水率条件下土样测试的电导率呈现一条有峰值的、类似正态分布曲线的型式。分析这种现象产生的原因，认为与土样的击实特性密切相关。根据该土样的击实曲线，其最优含水率 $20\%\sim24\%$，最大干密度 1.57g/cm^3。在土样的最优含水率附近，电导率测试成果的波动较大，并且随着密度的增加电导率呈增大的趋势。而当试样的含水率超过最优含水率以后，电导率测试值与含水率呈明显的单调降低趋势，当试样的含水率超过该土样的液限含水率（58%）以后，则曲线下降的速率逐渐变小，并逐渐趋于平缓。

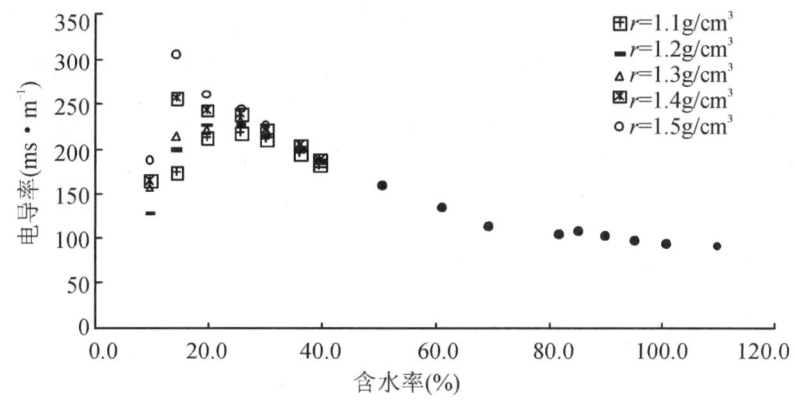

图 1.4-9　不同密度、含水率条件下土壤的电导率

进一步解释这种现象还可以从土壤的导电性机理分析：土壤在干燥状态下是不导电的，随着水分的增大，土壤中的离子开始向水中扩散，土壤导电性逐渐增大；当土壤的水分达到一个最佳状态时，土壤的导电性发挥到最佳状态；以后，随着水分的继续增大，土壤中的游离离子数量不变，但是离子浓度减小，导电性能反而降低；当水分继续增大，土壤离子浓度达到一定的时候，前两阶段土壤的导电性由孔隙水溶液和黏土矿物的导电性共同作用，但是孔隙水溶液的导电性起主导作用，后两阶段则是黏土矿物的导电性起主导作用。

在对邯郸的强膨胀土所做的试验中也出现了相同的成果，只是因为强膨胀土的液限含水率更高，曲线平缓的转折点达到含水率 70%。

(7) 电导率与有机质含量的关系

文献[32]还研究了土壤有机质对土壤溶液电导率的影响，测定了两种全盐含量相近而有机质含量不同的土壤电导率的变化情况，成果表明：土壤有机质含量的高低对土壤溶液电导率并没有明显的影响。

综上分析，土壤的电导率是土颗粒黏土矿物成分、亲水性能等方面的特征指标，其影响因素主要有土壤的含盐量、阳离子交换量和比表面积等物质成分因素以及土壤密度、含水率等状态因素。其中，阳离子交换量和比表面积等与电导率、膨胀性均呈正相关关系，可以成为电导率判别膨胀性的依据；而土壤的密度、含水率等因素对电导率影响，可以通过一定的试验操作规程来加以消除。为此，文献[23]提出了采用电导率进行膨胀土现场快速判别方法，并获得了国家相关的发明专利。

(8) 用电导率进行膨胀土的判别

目前在实际工程应用中，自由膨胀率仍然是使用最为广泛、认知度最高的指标，虽然自由膨胀率试验具有试验周期长、人为影响因素多等问题,但是,该指标不受土的结构和天然状态影响,因此,仍不失为一个能客观反映土性的指标。而且,大量的研究成果也显示,自由膨胀率与土的矿物成分、化学成分有着极好的相关关系,因此,膨胀土的判别仍应该以自由膨胀率作为重要标准。

鉴于电导率测试不需要复杂的设备,具有便捷、快速、准确的特点,在工程地质勘探和施工期也可以随时进行测试,一般的技术人员均可以方便地操作,而影响电导率的众多因素也可以通过上述规范性试验操作方法加以控制,因此,运用电导率和自由膨胀率的关系完全可以实现对膨胀性土的判别与分类的目的。具体测试方法如下:

首先,按《土工试验规程》(SL237-1999)进行自由膨胀率试验。然后,按以下方式测试土壤电导率:

①取现场代表性土样100~150g,剔除其中砂砾及杂质,将土样晾晒干燥或采用烘箱低温烘干,分散成散粒状,再放入300ml玻璃容器内。②先按照水土比例1:1加入纯净水,加水过程中应同时搅拌均匀,再根据含水率情况逐渐增加水量,直至调配成均匀、液限状土膏。③将土壤电导率探头插入土膏,并确保探针完全没入土膏之中,等待约30秒,测读土样的电导率读数。④根据事前率定的土样自由膨胀率与液限状土膏电导率的关系曲线,计算得到相应的自由膨胀率,再根据自由膨胀率进行膨胀等级的划分。整个测试过程大约10分钟。

该方法若运用在现场进行膨胀土的快速判别,则可不需要晾晒和烘干过程,直接调配成液限状土膏,试验成果仍能满足现场粗略判别的需要。

2.4 膨胀土的胀缩特性及其影响因素

2.4.1 膨胀土的胀缩机理

膨胀土的胀缩特性主要受其黏土矿物的成分及含量所控制,而外界的湿度变化仅仅是提供了胀缩变形的环境。有关膨胀土胀缩机理,目前比较常见的理论包括:黏土矿物晶格扩张理论、黏土矿物叠片体作用理论、双电层理论、渗透理论、吸力势理论、微结构理论等。这些理论的基础是土壤微细观研究,重点强调了土壤的矿物成分、化学成分对土性的影响。根据目前的研究成果,蒙脱石、伊利石和高岭石这三大类黏土矿物中前两类是引起黏性土膨缩变形的主要矿物成分。

(1)黏土矿物晶格扩张理论

该理论认为,膨胀土主要由亲水性黏土矿物组成,而黏土矿物主要由硅氧四面体和铝氢氧八面体堆叠而成的晶胞组成,晶层与晶层之间以范德华力结合,结合力很弱,且层间阳离子的水化能力极强,含水率增加容易导致极性水分子进入晶胞之间,从而晶层间距增加,产生膨胀;反之,收缩。

(2)双电层理论

黏土表面带有一定量的负电荷,由于静电引力的作用,会吸引水中的极性水分子到土粒表面,在黏土矿物颗粒的周围形成表面水化膜,含水率的增减将引起水化膜厚度的增大减小,从而产生胀缩。

文献[30]认为,膨胀土的胀缩特性可以由两方面决定:一是土中含有的胀缩性黏土矿物——蒙脱石晶体自身的胀缩;二是土中颗粒单元之间的平均间距的变化。并将以上理论延伸推广为膨胀土胀缩机理的广义渗透压—吸力势理论。

2.4.2 不同地区膨胀土的胀缩特性

不同地区的膨胀土由于土质、气候和生存环境等因素,所表现的胀缩性有一定的区别。表1.4-6归纳了我国主要膨胀土地区土体的膨胀性指标。统计成果显示,云南、河北、陕西、山西局部地区等地膨胀土的自由膨胀率偏高,其自由膨胀率平均值均大于90%,而湖南、安徽、江苏等地的自由膨胀率平均值均低于65%,湖北、河南、四川、贵州等地的自由膨胀率平均值65%～90%之间。此外,云南、广西膨胀土的缩限含水率明显高于其他地区。

表 1.4-6　　　　　　　　　　　我国主要膨胀土地区土体的膨胀性指标

序号	地点		无荷膨胀率 %	自由膨胀率 %	膨胀力 kPa	缩限含水率 %
1	云南			(40—145)/101		30.6—39.3
2	贵州贵阳			(78—79)/78		
3	四川成都		(1.9—2.7)/2.3	(40—122)/68	(45—90)/69.25	(10.1—16.5)/13.55
4	湖北		(7.3—8.1)/7.7	(40—108)/76	(60—70)/65	(11.4—14.0)/12.8
5	安徽江淮丘陵地区			(39—101)/64	(18—170)/72.2	(10.7—25)/17.4
6	南水北调东线江苏徐州段			(39—90)/59		(11—20)/14.1
7	广西南友高速宁明段			(40—119)/69	(125—200)/150	(13.8—39.48)/29.1
8	湖南潭邵高速公路			(40—90)/63		
9	南水北调中线工程陶岔至沙河南	黏土	(−0.2—29.4)/12.3	(40—134)/69	(3.0—278.1)/116.6	(8.3—17.5)/12.9
		粉质黏土	(0—28.5)/6.6	(40—110)/54	(5.6—284.3)/64.4	(8.1—22.4)/14.8
		重粉质壤土	(0.3—6.1)/1.4	(40—87)/37	(4.6—93.4)/24.9	(11.5—23.3)/17.4
9	山东临沂			(40—86)/60	(0.3—30)/21.5	
10	山西太原东山地区			(99—141)/117		
11	新疆阿勒泰地区			(40—100)/63	(50—140)/95	
12	内蒙古二连油田			(40—91)/58	(13—250)/95	(9.8—16.1)/12.6
13	吉林晖春		(1.00—3.62)/2.56	(40—79)/53		
14	陕西安康		(2.4—11.6)/7	(41—97)/72	(85—150)/117.5	(9.8—12.5)/11.2
15	陕西汉中西乡盆地	Q_{3al}	(1.05—6.06)/2.75	(40—52)/46	(3.26—6.77)/4.98	
		Q_{2al}	(2.06—5.20)/3.83	(43—61)/52	(4.34—12.96)/9.32	
		Q_{2al_pl}	(1.10—6.69)/3.48	(44—78)/60	(6.76—20.83)/13.86	
		Q_{2pl}	(1.07—5.12)/3.27	(46—74)/58	(4.34—25.70)/14.09	
		Q_{1_2l}	(1.10—5.60)/13.35	(83—138)/101	(14.00—31.20)/22.40	
16	河北邯郸永年	紫褐色硬黏土		(45—70)/56		(0.1—0.15)/0.13
		灰绿夹棕色硬黏土		(67—140)/102		(0.075—0.125)/0.1

2.4.3 膨胀性指标与物理性指标的关系

在膨胀土胀缩性的定量描述方面,目前常用的指标主要有:自由膨胀率、膨胀率、膨胀力、缩限含水率等。自由膨胀率是指膨胀土在绝对干燥和无约束条件下,一定体积的松散土粒充分吸湿、自由膨胀的体积变化率,它反映的是土颗粒黏土矿物成分、化学成分对外界水体的亲水程度,是土体膨胀性能的宏观表征。根据国标《土工试验方法标准》(GBT50123-1999),自由膨胀率试验采用一定体积(重量)的干燥土样,浸泡在容积为50ml玻璃量筒内,以土水混合溶液50ml为标准,测读土样浸泡膨胀稳定前后的土体体积之比率。由此可见,该指标是一种反映土壤最大膨胀能力的绝对指标,与土壤的天然状态、结构、密度等无关。由于该指标试验设备相对简单、操作过程也不复杂,因此,是目前膨胀土判别的主要判别指标。膨胀率是指在侧向约束条件下,土体吸湿变形前后试样的高度变化之比。根据试验时有无垂直荷载,膨胀率又分为无荷膨胀率和有荷膨胀率两类。由于这两种试验均测量的是土体垂直向的膨胀变形,因此,又称之为线膨胀率。膨胀力是指膨胀土在侧限条件下吸湿膨胀时,为限制垂直向膨胀变形所需加的上覆压力。缩限含水率是土从半固态过渡到固态的稠度界限,当含水率小于这个界限时,土呈固体状态,若继续减少土中水分,则体积不再收缩。

上述描述膨胀土胀缩特性的指标有很多与取样时样品的含水率、密度等状态变量有关,如:无荷膨胀率、有荷膨胀率、膨胀力等,因此,是一种反映膨胀性强弱的状态指标。对于同一个土样,当土样的现场存在状态不同时,其反映出来的膨胀性具有显著的差别。而只有自由膨胀率是与土样状态无关的非状态指标。

土的物理性指标中,界限含水率也是一个非状态指标,该指标是土颗粒亲水能力的反映,也间接地反映了土壤膨胀性的大小。图1.4-10是南水北调中线工程陶岔至沙河南段渠道1000余组膨胀土试样自由膨胀率与液限含水率的关系,成果说明该两指标具有良好的相关关系。

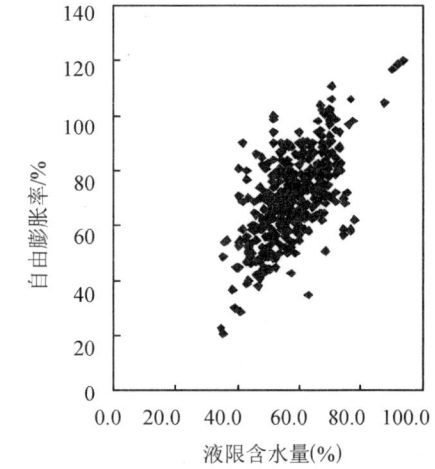

图1.4-10 自由膨胀率与液限含水率关系

2.4.4 膨胀性指标试验存在的问题

现有《土工试验方法标准》(GBT50123-1999)中土的膨胀率、膨胀力试验均是在一维压缩状态下的单向膨胀性试验,而实际工程中,土体单元往往处于平面应变或三向应力状态,如同土体的压缩模量和变形模量明显不同一样,一维固结状态下的膨胀率是否能代表平面应变或三向应力状态下的膨胀率,土体在三向应力状态下土体的膨胀力、膨胀变形是否也具有各向异性等都成疑问。

此外,同一地区(工程)不同状态的膨胀土,在外界水分变化条件下所反映出来的膨胀性具有明显的差异,工程中是否应该根据实际的水分变化范围来考虑膨胀变形与膨胀力的影响。这些问题对于开展膨胀土的边坡应力与变形数值分析,研究膨胀土边坡的稳定状态,开展膨胀土边坡工程设计等均有十分重要的意义。

2.4.5 膨胀土膨胀模型(节选自《膨胀土边坡》)

膨胀土的膨胀模型是指在一定应力条件下膨胀变形与含水率的关系。与有关学者提出的膨胀本构模型不同。所谓膨胀本构模型是建立在非饱和土理论基础上的本构模型,它是假定土的膨胀变形是由基质吸力的变化引起的,这一观点是值得商榷的。土的含水率增加可以引起膨胀土膨胀,也可引起黄土湿陷,还可以引起无基质吸力粗砂的湿化变形,水引起土的变形与力引起土的变形在机理上应该是不同的。膨胀土本构模型的研究思路是否合理值得深入研究。而这里介绍的膨胀模型,是建立膨胀应变增量与应力状态量及含水率增量间相关关系,从而在数值分析中采用初始应变法计算土工程的湿度应力场,类似于计算温度应力场。

膨胀模型试验研究,主要分为两种:一是在固结仪上试验得到的 K_0 应力状态膨胀模型;二是通过三轴膨胀试验得到的球应力状态膨胀模型。然而,侧限条件下的一维膨胀试验其应力状态模糊,试验条件如围压、试样湿度等不能控制,对于某些工况条件,如边坡、基坑等,侧限条件下得到的各种膨胀关系式则难以反映工程土体的应力状态,因此,三轴膨胀模型相对合理。国际岩石力学与工程学会也极力推荐采用三轴试验方法,来研究膨胀土的膨胀模型。三轴膨胀模型应力状态和应力路径清晰,在三轴膨胀模型研究方面已经取得了一些成果,但成果欠丰富。同时,往往由于设备功能问题,无法对进水速率、进水量、轴向接触、轴向变形及体变测试进行严格控制。

本节通过改良试样进水控制系统、提高测试精度、控制试验环境等措施,实现了侧限(或称 K_0 应力状态)和三轴(或称球应力状态)膨胀性试验,研究充分吸湿引起的体积膨胀率与应力状态之间的规律关系。

(1)K_0 应力状态膨胀模型

Huder 和 Amberg[35]采用常规固结仪对泥灰岩进行了单轴膨胀应变试验,发现轴向膨胀应变与轴向膨胀压力的对数呈线性关系。许多学者[36][37][38]也通过膨胀试验得出了与 Huder-Amberg 一致的规律关系。

以南阳中膨胀土为例,开展 K_0 应力状态膨胀模型的研究。试样自由膨胀率为 73%,初始含水率 20.2%,压实度 98%,试样最大干密度为 1.58g/cm³。试验采用 DGY-ZH 型轴承式单杠杆固结仪,试样尺寸 $\Phi61.8mm \times H20mm$;采用"单线法"进行膨胀率试验,每组包括 5 个试样,分别在 6.25kPa、12.5kPa、25kPa、50kPa、100kPa 的上覆荷载下进行膨胀率试验。得到不同荷载下的有荷膨胀率、终了含水率试验成果分别如图 1.4-11、图 1.4-12 所示。

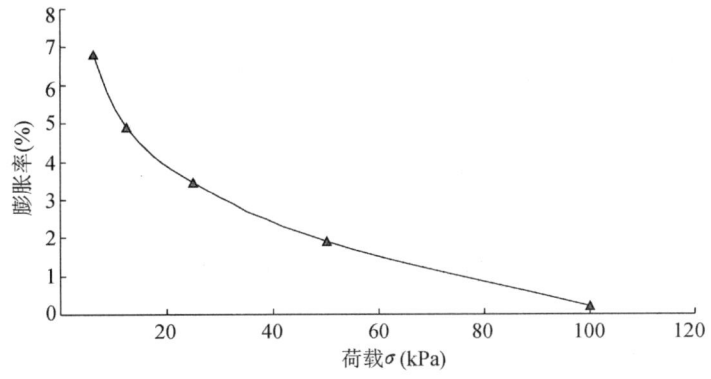

图 1.4-11 膨胀土重塑样膨胀率与荷载的关系曲线

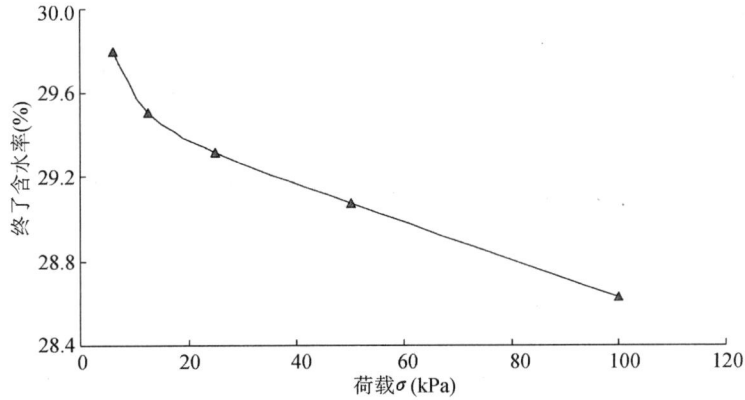

图 1.4-12 膨胀土重塑样终了含水率与荷载的关系曲线

相同初始含水率和压实度下,当含水率从初始含水率增加到终了含水率,膨胀土的膨胀率随上覆压力增大而减小;对于相同初始含水率和压实度的土体,终了含水率随上覆压力增大而减小。

①膨胀率公式的建立

将膨胀率随荷载的变化关系绘制在半对数坐标中,如图1.4-13所示。

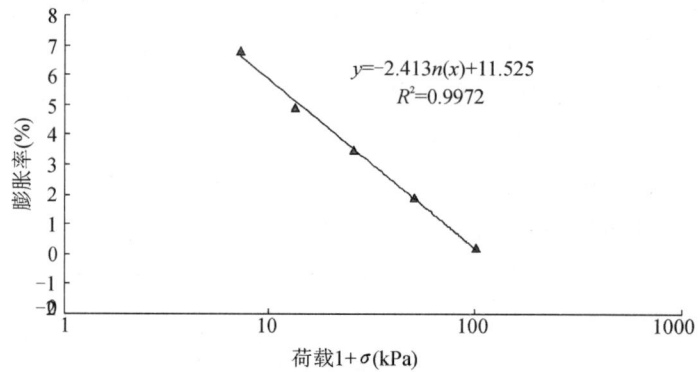

图1.4-13　膨胀土膨胀率与荷载半对数关系曲线

对于初始含水率和压实度一定的膨胀土,在充分吸湿至终了含水率,其膨胀率与荷载的对数成较好的线性关系,可以用式(1.4-1)来统一表示:

$$\delta_{ep}=a+b\ln\left(1+\frac{\sigma}{p_0}\right) \tag{1.4-1}$$

式中:δ_{ep}——膨胀土有荷膨胀率,%;

σ——上覆荷载,kPa;$p_0=1\mathrm{kPa}$;

a、b——拟合参数。

对于初始含水率为20.2%,压实度为98%的南阳中膨胀土,$a=11.5\%$,$b=-2.46\%$。

②线膨胀系数公式的建立

图1.4-14为终了含水率与荷载的关系曲线,终了含水率与上覆荷载可采用下式模拟。

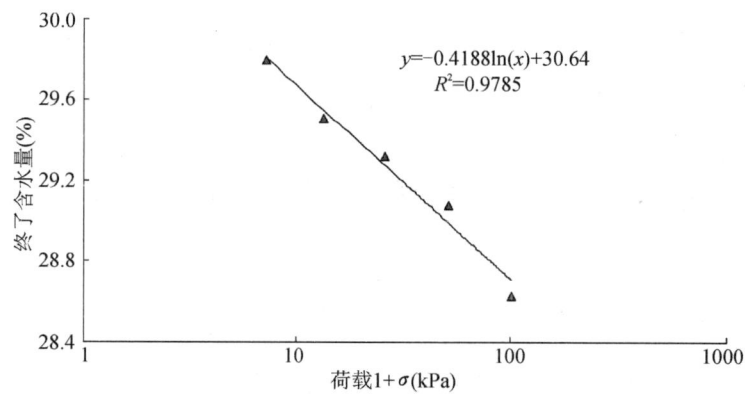

图1.4-14　膨胀土终了含水率与荷载半对数关系曲线

$$w_{\mathrm{ult}}=c+d\ln\left(1+\frac{\sigma}{p_0}\right) \tag{1.4-2}$$

式中:w_{ult}——膨胀土充分吸湿的终了含水率,%;

c、d——拟合参数。

对于初始含水率为20.2%、压实度为98%的南阳中膨胀土,$c=30.6\%$,$d=0.419\%$。

膨胀土的膨胀率是一定含水率变化条件下的膨胀变形总量,线膨胀系数是指膨胀土单位含水率变化引起的膨胀率改变量,可更好地反映膨胀土的膨胀特性。

由定义可知,当终了含水率、膨胀率及初始含水率已知的条件下,可以得出膨胀土的线膨胀系数。以南阳中膨胀土为例,其线膨胀系数可以表达为

$$\alpha=\frac{\delta_{ep}}{w_{ult}-w_0}=\left[a+b\ln\left(\frac{\sigma}{p_0}\right)\right]\Big/\left[c+b\ln\left(1+\frac{\sigma}{p_0}\right)-w_0\right] \quad (1.4-3)$$

式中:α——线膨胀系数;

a、b、c、d——模型参数。

初始含水率为20.2%,压实度为98%的南阳中膨胀土 K_0 应力状态线膨胀系数的模型参数值如表1.4-7 所示。类似地,初始含水率为27.5%、压实度为95%的邯郸强膨胀土也得到了膨胀模型参数,如表1.4-7 所示。

表1.4-7　　　　　　　　　K_0 应力状态线膨胀系数模型参数值

参数	初始含水率(%)	压实度(%)	a(%)	b(%)	c(%)	d(%)
南阳中膨胀土	20.2	98	11.5	−2.46	30.6	−0.419
邯郸强膨胀土	27.5	95	17.0	−2.88	44.2	−1.19

(2)球应力状态膨胀模型

在三轴应力状态膨胀模型研究方面,Einstein 等[39]、Wittke 和 Rissler[40]在 Huder 和 Amberg[35]一维膨胀模型的基础上,提出了三维膨胀模型的假设,Einstein 和 Wittke 假定"膨胀应变只与应力第一不变量相关"。文献[46]根据膨胀岩三轴膨胀试验结果,验证了 Einstein 和 Wittke 这一假设是成立的。

仍以南阳中膨胀土为例,进行球应力状态膨胀性试验及膨胀模型的建立。试样的压实度为98%、含水率为20.4%。试验采用GDS应力路径三轴仪,试样尺寸 Φ61.8mm×H125mm,每组五个试样,试验围压分别为30kPa、60kPa、100kPa、130kPa、150kPa。仪器简图如图1.4-15所示。采用GDS高级数字式压力/体积控制器进行进水控制,从试样底部施加1~2kPa水压的方式让膨胀土毛细自动吸水。通过另一台压力/体积控制器量测压力室内水量的变化,获得试件吸湿发生的体积膨胀应变(即外体变)。在试样顶部设置排气管,排出试样孔隙中的气体,保证均匀吸湿。

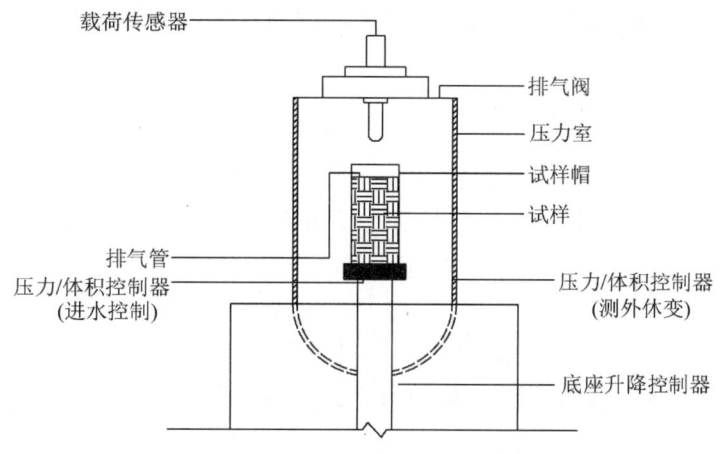

图1.4-15　三轴膨胀率试验仪器

按一定含水率、压实度制备好试样,为避免在试验开始时试样已吸水膨胀,或避免透水石与滤纸吸收

土样中的水分,预先将透水石、滤纸埋设在试验含水率的膨胀土中两天以上,让透水石和滤纸保持与试样同样的含水率。在试样周围贴竖向滤纸条,以增加吸水路径。试样安装后,往压力室缓慢注入脱气水,并打开压力室顶部的排气阀,待压力室内水满无气泡后关闭排气阀。打开周围压力系统,逐级加载到设计的压力值。维持围压不变,待试样受压稳定后,打开进水系统,让试样在毛细吸力作用下自动吸水,并打开试样顶部的排气管。记录进水量、外体变、围压等量值。待膨胀稳定后,测试试样的终了含水率。

不同球应力状态下充分吸湿引起的体积膨胀率(即体变)试验成果分别如图1.4-16、图1.4-17所示。三轴膨胀试验得到的规律与侧限膨胀试验基本一致,在相同初始含水率和压实度下,膨胀率随围压增大而减小;膨胀土的终了含水率随围压增大而减小。

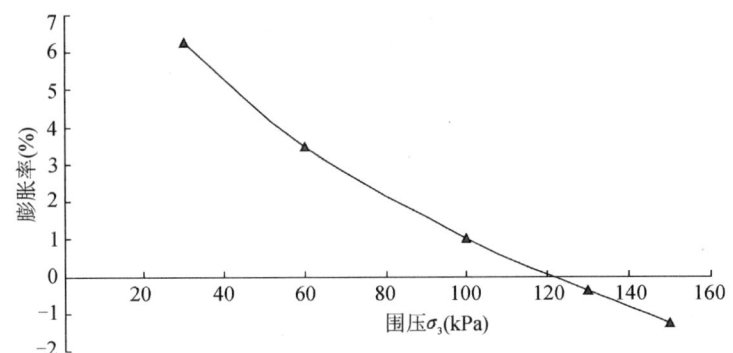

图1.4-16　膨胀土重塑样膨胀率与围压的关系曲线

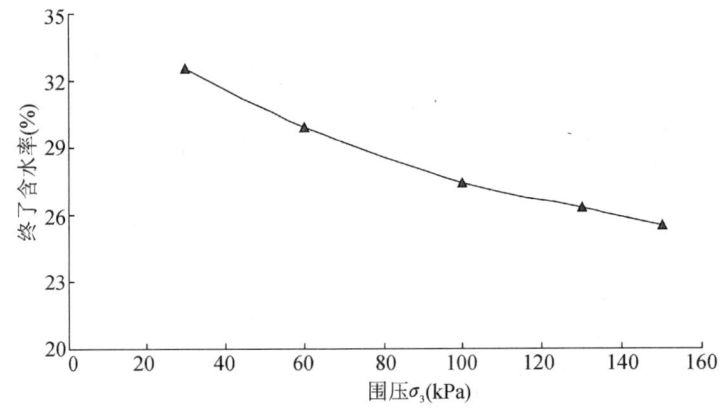

图1.4-17　膨胀土重塑样终了含水率与围压的关系曲线

①膨胀率公式的建立

将试验得到的体积膨胀率与平均主应力(等于应力第一不变量的1/3)的关系曲线绘制在半对数坐标中,如图1.4-18所示。

对于初始含水率和压实度一定的膨胀土,在充分吸湿至终了含水率引起的体积膨胀率与平均主应力的对数成较好的线性关系。球应力状态膨胀率可用式(1.4-4)来统一表示:

$$\delta_v = a + b\ln\left(1 + \frac{\sigma_m}{p_0}\right) \tag{1.4-4}$$

式中:δ_v——膨胀土充分吸湿引起的体积膨胀率(即体变),%;

σ_m——平均主应力,kPa;

$p_0 = 1\text{kPa}$;a、b——拟合参数。

对于初始含水率为20.4%,压实度为98%的南阳中膨胀土,$a = 22.7\%$,$b = 4.73\%$。

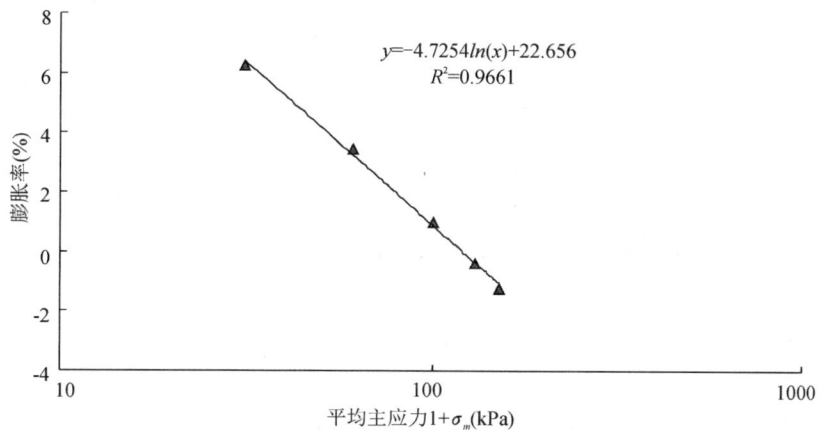

图 1.4-18　膨胀土膨胀率与平均主应力半对数关系曲线

②线膨胀系数公式的建立

图 1.4-19 为终了含水率与荷载的关系曲线,终了含水率与上覆荷载可采用下式模拟。

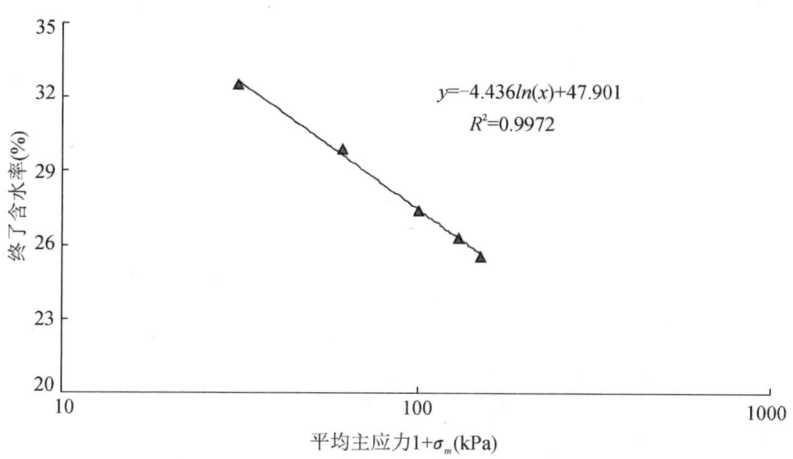

图 1.4-19　膨胀土终了含水率与平均主应力半对数关系曲线

$$w_{\text{ult}} = c + d\ln\left(1 + \frac{\sigma_m}{p_0}\right) \tag{1.4-5}$$

式中,w_{ult} 为膨胀土充分吸湿的终了含水率,%;c、d 为拟合参数。对于初始含水率为 20.4%,压实度为 98% 的南阳中膨胀土,$c=47.9\%$,$d=-4.44\%$。

其线膨胀系数可以表达为

$$\alpha = \frac{\varepsilon_v}{w_{\text{ult}} - w_0} = \left[a + b\ln\left(1 + \frac{\sigma}{p_0}\right)\right] \Big/ \left[c + d\ln\left(1 + \frac{\sigma_m}{p_0}\right) - w_0\right] \tag{1.4-6}$$

式中,参数 a、b、c、d 为模型参数。初始含水率为 20.4%,压实度为 98% 的南阳中膨胀土球应力状态下线膨胀系数的模型参数值如表 1.4-8 所示;类似地,初始含水率为 26.5%、压实度为 95% 的邯郸强膨胀土也得到了膨胀模型参数,如表 1.4-8 所示。

表 1.4-8　　球应力状态线膨胀系数模型参数值

参数	初始含水率(%)	压实度(%)	a(%)	b(%)	c(%)	d(%)
南阳中膨胀土	20.4	98	22.7	−4.73	47.9	−4.44
邯郸强膨胀土	26.5	95	30.2	−6.12	53.1	−3.60

2.5 膨胀土的强度及其试验方法

膨胀土是一种对湿度环境变化敏感的特殊土,其强度的特殊性在于:一般黏性土的强度也会随着含水率变化而变化,但膨胀土的强度不仅随含水率变化,其土体的体积也会随着含水率变化而发生较大的改变,从而加剧强度的变化幅度;其次,大多数膨胀土的成因是冲积、洪积和湖积,在土体的生成过程中受到各种地质作用的影响,使膨胀土地层具有明显的结构性,部分地区土层中还有大量原生裂隙面或层间结合面存在,影响着土体的整体稳定;第三,膨胀土的黏土矿物含量较大,加剧了土体含水率变化的可能性,使得土体在饱和与非饱和状态下的强度具有明显的差异。因此,在探讨膨胀土的强度特性时,应特别重视膨胀土强度的层次性,区分土块强度、裂隙面强度、土体强度等。

2.5.1 土块强度

所谓膨胀土的土块强度,是指膨胀土不含原生裂隙面时的强度。根据工程用途和部位,土块可以是天然密度、含水率状态的原状土样,也可以是经过破碎、重塑成一定含水率、密度的制备土样。

土块强度可以用饱和土的强度理论,也可以用非饱和土的强度理论加以描述。试验方法有现场直剪、室内三轴剪切、室内直剪等。根据试验时是否固结和是否排水,可以分为固结快剪、固结慢剪或不固结不排水剪等,对应的指标为总应力强度指标或有效应力强度指标等。

此外,为分析干湿循环对土块强度的影响,研究人员还采用不同制样方法,对试样进行干湿循环,测试不同循环过程中土块的强度。为分析大变形条件下土块的强度衰减,也可采用直剪反复剪切试验或环剪仪测定试样的残余强度。

2.5.2 裂隙面强度

裂隙面强度是指沿膨胀土原生裂隙面或地层结构面的强度,而不是一般意义上的含裂隙的土块强度,更不是干湿循环所产生的含微裂隙的土块强度。

以往在有关膨胀土的裂隙面强度的问题上,往往将裂隙面强度、含裂隙的土块强度和干湿循环裂隙的土块强度混为一谈,其原因之一是,测试裂隙面强度较为困难,而且,在大多数情况下,在膨胀土边坡稳定分析中也很容易将三者混淆。

在 CT 三轴仪未开发以前,裂隙面的强度测试一直采用现场直剪,这种试验方法有一定的合理性,但是,由于裂隙在空间的展布规律比较复杂,因而,现场直剪试验往往难以得到比较规律性的成果,充其量是含部分裂隙面的强度指标。不少学者在室内采用普通三轴仪进行裂隙面的强度测试,认为只要是试样中含有裂隙,测得的强度就是裂隙面强度,实际上,由于不同试样剪切面与裂隙面的夹角并不一致,因而最终得到的强度只能是含裂隙的土块强度指标。

有关裂隙面的强度及其试验方法将在后续的有关章节中详细描述。

2.5.3 土体强度

膨胀土边坡的土体强度包含了土块的强度和裂隙面的强度。前者随土体含水率变化显著,容易引起人们的关注,而后者,又存在两种不同的认识。一种观点认为,裂隙面强度可以用经过干湿循环处理以后的土体强度来代表,或用土体的残余强度代表;另一种观点认为,裂隙面强度是完全不同于土块强度的另一种强度,必须采用专门的测试方法测量。在以往的膨胀土的边坡稳定分析中,为取得边坡最小安全系数,往往直接用土块的残余强度来代表土体的强度,认为这样即可考虑裂隙对强度的影响,由此,膨胀土的边坡稳定分析常出现与工程实际不一致的情况。为此,有时甚至在土块残余强度基础上进一步打折,作为稳定计算参数,其实质都是因为没有研究裂隙面的真实强度造成的。

膨胀土的土块强度（即使是饱和土）通常较高，但是从失稳的膨胀土边坡反算出的土体强度却远远低于测试的强度。对于这种现象的解释，目前有几种观点：一种观点认为，膨胀土的强度具有非饱和特性，吸力的存在与变化引起土体强度的变化；另一种观点认为，膨胀土的强度在干湿循环作用下发生了强度衰减，且衰减的程度与干湿循环的次数有关。这些理论在一定的条件下是合理性，但是，还有一些现象是上述分析无法解释的。如：某些新开挖边坡在未经过干湿循环和降雨的情况下也发生了滑坡，对此，有人进一步分析为卸荷影响，但即使是卸荷，按照试验所得到的土块强度去验算应仍能维持边坡的稳定；另外，还有一些边坡，在坡面防护很好的情况下，经过若干年后也发生了滑坡。这些现象单纯用吸力降低和干湿循环看来是无法解释的。还有人认为，是地下水侵入了土体的裂缝，导致动水压力增大，强度降低。那么，最初的裂缝是从何而来呢？

膨胀土的所谓三性，即胀缩性、裂隙性和超固结性，是目前公认的膨胀土的特性。研究人员对膨胀土强度做了大量试验研究工作。根据试验研究成果分析，发现膨胀土的强度与膨胀土的物质成分、土体的密实程度、周围环境水分的变化、裂隙面的存在以及土的吸力等因素均有关系。三性之中，胀缩性是膨胀土最本质的特征之一，膨胀土水分的变化，引起土体密实程度的变化，同时，也使得土体中吸力发生变化，从而影响土体强度。多裂隙性是膨胀土的典型特征，多裂隙构成的裂隙结构体及软弱结构面（如图 1.4-20），产生了复杂的物理力学效应。由于裂隙的存在，破坏了土体的完整性，同时，由于裂隙具有不均一性和可变性，使土体表现出不同的强度特性。因此，膨胀土的土体强度是由裂隙面强度所控制，裂隙面的强度决定了土体的强度和稳定。

以往对膨胀土裂隙的研究，主要关注的是土块强度受裂隙的影响方面，认为膨胀土中的裂隙主要分布在浅层，分布深度与大气影响深度一致，并且裂隙的分布是随机的，裂隙的存在破坏了土体的完整性，引起土体渗透性增大、强度降低。本文想特别强调的是，膨胀土裂隙既有上述因胀缩变形产生的裂隙，同时，在有些膨胀土层中，还可能有目前尚不明确成因的原生裂隙。这些裂隙或集中于某一固定层位，或分布于地层的某一条带，裂隙长度大小不一，裂隙的延展方向呈现一定规律。天然状态下，这些裂隙呈闭合状态，通常充填有灰白或灰绿色黏土，少数裂隙无充填。裂隙面上的土体含水率明显高于两侧土体，裂隙面光滑有一定起伏，部分裂隙甚至呈蜡状滑面（如图 1.4-21）。长期以来，人们并没有把膨胀土浅表层、大气影响深度范围内，受气候条件剧烈影响而产生的干缩裂隙与膨胀土体形成过程中已有的原生裂隙严格区别开来。因此，在膨胀土研究中，有时将两者混为一谈。而实际上，裂土、裂隙性黏土等词早在 20 世纪七八十年代铁路工程建设中经常出现，文献[42]还专门论证了裂隙性黏土的形成机理、工程特性等，其中，特别强调膨胀土属于裂土中的一类黏土。"十一五"期间，长江水利委员会长江科学院承担了国家科技支撑课题"膨胀土地段渠道破坏机理及处理技术研究"，在南水北调中线工程南阳段开展了膨胀土渠道边坡大型现场试验，通过采用现场勘察、室内试验等手段，从裂隙的物质组成、矿物成分以及天然存在状态、物理、力学特性等方面，全面论述了膨胀土裂隙的工程特性，揭示了膨胀土的裂隙及其边坡失稳的力学机制。

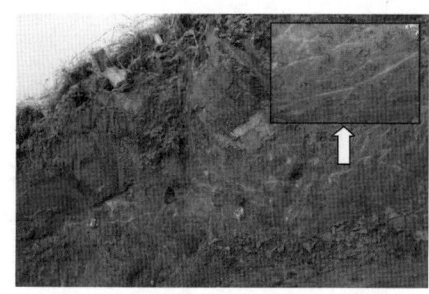

图 1.4-20 膨胀图层中的原生裂隙

图 1.4-21 原生裂隙的蜡状滑面

2.5.4 膨胀土强度参数的试验方法

目前,膨胀土强度参数的确定主要采用三轴试验或直剪试验。对于土块强度,这些方法是合适的;对于裂隙面强度,以往多采用现场大型剪切试验,这种方法适用于水平展布的结构面和软弱带,实际操作上很难将试样的剪切面与这些软弱面完全重合,故获得的大多数是剪断强度,不能很好反映裂隙面真实强度情况。采用室内直剪试验,严格控制剪切面和裂隙面吻合下,得出的裂隙面强度是准确的,但是费时费力,成果的准确性取决于实验水平,而且一般很难保证裂隙面是平面,在装样、固结和剪切过程中也难以使裂隙面与剪切面完全吻合。近年来,随着CT技术在岩土测试领域的发展,使岩土力学指标测试的可视化成为可能。CT技术是以计算机为基础对被测体断层中某种特性进行定量描述的专门技术。该技术通过X射线对物体的扫描,构建以纯水CT数零为标准的理想图像,在此标准下,某点对X射线的吸收强弱直接用CT数表示出来。如果被测物体是仅有密度变化的同一种物质,在已知这种物质的X射线质量吸收系数的条件下,CT数就直接表示了物质的密度。简言之,CT图像即代表了被测物体某层面的密度图。根据上述原理,可以通过对试样预先进行CT扫描,了解裂隙面在土样中的展布情况,选择合适的方向进行裂隙面的强度测试,具体试验方法见相关章节。

2.6 膨胀土与膨胀岩

2.6.1 膨胀岩和膨胀土的区分

目前,有关膨胀土与膨胀岩在岩土工程界尚缺乏明晰的定义。工程地质勘探中通常将第四纪以前形成的沉积物,均划归为岩。而对于膨胀岸,目前通常是采用土力学试验研究方法。然而,这种岩土定名的不清,常常导致对这些过渡性岩土体从名称到适用规范,以及与此有关的取样、试验、分析评价标准等方面都存在混乱状态。文献[41]等在国家自然科学基金项目资助下,完成了有关硬土—软岩的厘定及其分类判别。研究成果认为:在目前国内有关标准和规范中,将饱和单轴抗压强度小于30 MPa作为软质岩,并将小于5 MPa作为极软岩,但并没给出其下限;《工程地质手册》在黏性土软硬程度的工程分类中,将无侧限抗压强度>0.24 MPa的土划为很硬的土,但没有给出硬土的上限。这样,在0.24~5 MPa之间的土—岩没有明确定义。而大多数膨胀岩恰恰正在此范围。

根据文献[42]的研究,包括黄土高原在内的中国东部地区第三系超固结泥质沉积物,是极易受自然环境和地质环境变化影响的区域性特殊岩土体,其成岩时间短、成岩胶结程度较差,是介于典型硬黏土与泥质岩之间的过渡类型。这些第三系泥质沉积物具有以下特点:①蒙脱石含量高,物理化学活性强,含水率高,具有显著的湿胀干缩特性;②在天然状态这类"岩土"可以用切土刀切取土工试验的原状样品,在现场用铲镐可开挖;③单轴或无侧限抗压强度一般在0.3~1.5 MPa;④密度一般在1.95~2.10 kg/cm³;⑤具有超固结性和裂隙性。根据曲永新等的观点,这些第三系泥质沉积物绝大部分属于硬土—软岩的范畴,因此,将其统称为岩的观念应当予以纠正。在针对这类"膨胀岩"进行勘察和试验测试时,应遵循膨胀土的相关规程规范。

2.6.2 膨胀岩膨胀性的判别

对膨胀土而言,国家标准《膨胀土地区建筑技术规范》中有比较明确的规定,方法相对成熟。但对膨胀岩的膨胀性指标的测定,则长期以来一直参照土的规范执行。文献[44]对比进行了膨胀岩和膨胀土的自由膨胀率试验,认为膨胀土的自由膨胀率试验方法同时适用于膨胀岩。文献[45]等在对南阳盆地、方城—宝丰、邯郸—永年三渠段上百个原状样的物质组成、物理性质、物化性质、膨胀性和收缩性、强度特性等系统测试分析的基础上,认为上第三系黏土沉积物成岩时间短、成岩胶结程度差,应视为黏土与泥质岩之间的过渡类型即硬土—软岩,其判别除根据地质时代外,可以参照土试验方法予以测试。

鉴于目前全国大多数地区膨胀岩基本属于硬土—软岩类型,建议仍可以参照膨胀土的判别方法,将自由膨胀率作判别指标。

3 湿陷性黄土

3.1 黄土的基本物理特性及矿物、化学特性

黄土是指在地质时代中的第四纪期间,以风力搬运的黄色粉土沉积物。原生黄土常常是成厚层连续分布,掩覆在低分水岭、山坡、丘陵,常与基岩不整合接触,无层理,并含有古土壤层及钙质结核层,垂直节理发育,易形成陡壁。黄土状土又叫次生黄土,是原生黄土地层在风力以外的营力搬运,主要是洪积、坡积、冲积成因,堆积在洪积扇前沿,低阶地与冲积平原上,有层理,很少夹古土壤,垂直节理不发育,不易形成陡壁。

《公路工程地质勘察规范》(JTGC20-2011)常利用黄土的几个典型特征进行辨识:①颜色为淡黄、灰黄、黄褐、棕褐或棕红色;②颗粒以粉粒为主,富含碳酸钙,常形成钙质结核;③具多孔性;④土质均匀,无层理;⑤具垂直节理,边坡在天然状态下能保持直立;⑥表层多具湿陷性,易产生潜蚀形成陷穴或落水洞。当缺少其中一项或几项特征时判别为黄土状土。《土工试验规程》(SL237-1999)中,根据试验统计数据,将黄土在塑性图中的基本位置进行了初步的判别,其中,黄土一般应为液限含水率小于40%,塑性指数$\geqslant 0.73(W_L-20)$的土。

3.1.1 基本物理性质

(1)比重:黄土的比重变化不大,一般在2.68~2.72之间。

(2)孔隙比:孔隙比是影响黄土湿陷性的主要指标之一。黄土的孔隙比在0.80~1.24范围内,多在1.0~1.1之间。根据《工程地质手册》(第四版),当西安地区黄土的孔隙比$e<0.9$,兰州地区黄土的孔隙比$e<0.86$时,一般无湿陷性或湿陷性很弱。

(3)含水率:各地新近堆积黄土的含水程度不同。我国新近堆积黄土的含水率通常在14%~24%之间。最小6%,最大可达30%以上。

(4)液塑限:黄土的液限在21.7%~32.5%范围内,多数在25%~31%之间。当液限在30%以上时,湿陷性较弱,且多为非自重湿陷性黄土。塑性指数为6.7~13.1,多数为8~12。

(5)透水性:一般未湿陷的黄土透水性较强,经湿陷过的黄土透水性较弱。由于黄土均具有发育垂直节理,其垂向渗透系数常比水平方向大几倍到几十倍,随着埋藏深度加大,黄土中大孔隙减少,渗透性明显降低。

3.1.2 矿物特性和化学特性

黄土的矿物成分有碎屑矿物、黏土矿物及自生矿物3类。碎屑矿物主要是石英、长石和云母,占碎屑矿物的80%,其次有辉石、角闪石、绿帘石、绿泥石、磁铁矿等;此外,黄土中碳酸盐矿物含量较多,主要是方解石。黏土矿物主要是伊利石、蒙脱石、高岭石、针铁矿、含水赤铁矿等。矿物成分的X射线衍射结果表明,中国各地黄土的矿物成分基本一致(高国瑞,1984)。从各层黄土的分析结果可以看出,午城黄土、离石黄土、马兰黄土中各种碎屑矿物的种类和含量基本上相似。利用差热分析和X射线衍射分析,在各层黄土中,粒径<0.001mm部分中发现有伊利石、蒙脱石和少量的高岭石、褐铁矿、非晶质铁的化合物、石英和方解石等(刘东生,1962)。

黄土的化学成分以 SiO_2 占优势,其次为 Al_2O_3、CaO,再次为 Fe_2O_3、MgO、K_2O、Na_2O、FeO、TiO_2 和 MnO 等。黄土化学成分中以 SiO_2、Al_2O_3 和 CaO 最多,这是与黄土的主要矿物石英、长石、云母的情况一致的。其次是 Fe_2O_3、MgO、K_2O、Na_2O 和 FeO,而 TiO_2 和 MnO 的出现与黄土中含有一定数量的辉石类、角闪石类以及各种铁矿类有关。黄土的化学成分介于沉积岩和土壤二者的平均化学成分之间,而接近于花岗岩和地壳物质的平均化学成分。其中 SiO_2 和 K_2O 的平均含量几乎与地壳平均值相同,Fe_2O_3 的平均含量略高于地壳平均值,而 Al_2O_3、CaO、MgO、Na_2O 和 FeO 的平均含量则稍低于地壳平均值。但总的来说,黄土的化学成分与地壳平均值是十分接近的。不同时代黄土化学成分非常接近,这也与其矿物成分之均一性相应,反映出不同时代黄土的物质来源和成因的一致性以及沉积作用的持续稳定性。

3.2 黄土的结构特性

3.2.1 黄土的微结构

黄土的微结构是指黄土的骨架颗粒成分、形态、排列方式、孔隙特征、胶结物种类以及胶结程度等特性的结构表现形式。雷祥义,高国瑞,杨运来等针对黄土的显微结构开展了深入的研究。根据研究成果,黄土的微结构可概括为以下三个方面的特性:①骨架颗粒的形态:分为粒状形态和凝块形态;②骨架颗粒的连接形式:分为点接触连接和面胶结连接;③孔隙形态:包括大孔隙、架空孔隙和镶嵌排列孔隙等。我国黄土的微结构有明显的区域性变化规律,由西北部的粒状架空接触式结构,逐渐过渡到东南的凝块镶嵌胶结式结构。任何应力条件下,黄土的结构破坏过程均为颗粒间连接破坏、颗粒相互错动、重新排列形成新结构的过程。

3.2.2 垂直节理

垂直节理发育是黄土的主要结构特性之一,曾引起许多学者关注。目前大多学者认为,垂直节理的形成原因,主要是由于黄土在堆积加厚的过程中受重力的影响,垂直方向上土粒逐渐压密,孔洞几乎消失,而左右间的土粒仍保持原来的疏松状况,细小孔洞仍然存在。由于黄土层上下之间的结构紧密,强度较高,形成了陡峻而壮观的黄土陡崖(图1.4-22)。

图 1.4-22 黄土陡坎与垂直节理(2009年5月摄于甘肃省永靖县黑方台)

3.2.3 欠压密性

《工程地质手册》(第四版)将黄土的欠压密性概括如下:湿陷性黄土由于特殊的地质环境条件,沉积过程一般比较缓慢,在此漫长过程中,上覆压力增长速度始终比颗粒间固化键强度的增长速率要缓慢得多,这使得黄土颗粒间保持着比较疏松的高孔隙度组构,未在上覆荷重作用下被固化压密,而处于欠压密状态。

黄土的欠压密性和黄土的结构性密切相关。但如遭遇浸水、扰动等影响,黄土的结构性就会发生显著变化,并可能产生湿陷/振陷变形。

3.3 黄土的强度

3.3.1 黄土的结构性强度

黄土的强度具有显著的结构性,《工程地质手册》(第四版)中,将黄土的抗剪强度表达为两段折线:

$$\tau \begin{cases} \sigma\tan\varphi_1+c \\ \sigma\tan\varphi_1+c+(\sigma-\sigma_c)\tan\varphi_2 \end{cases} \tag{1.4-7}$$

其中,τ 为非饱和黄土的抗剪强度;σ 为作用在剪切面上的法向应力;σ_c 为前后两段直线转折点处相当于结构强度的法向应力;φ_1,φ_2 分别为结构强度破坏前和破坏后的内摩擦角;c 为黏聚力。

林崇义(1962)、张宗祜(1964)等通过定性研究描述了黄土的结构性,为黄土结构强度理论的形成奠定了基础。谢定义(1999)认为扰动、加荷和浸水是改变原状土结构的主要作用,基于压缩变形构造了一个反映土颗粒排列特征和土颗粒连接特征的定量化参数,及综合结构势。冯志焱(2009)等将释放结构势思想与锥形稠度试验原理相结合,分别对原状土、原状饱和土和重塑土试样的试锥入土深度进行测定,再由它们构造对应的结构性参数。黄土结构强度定量化为研究黄土结构性开辟了新的途径,为黄土结构强度直接应用于工程实际提供了可能。

3.3.2 非饱和黄土的强度特性

中国黄土地区常具有干旱—半干旱性的气候特征,黄土的天然含水率较低,由于净应力和基质吸力的影响,非饱和黄土常具有较高的抗剪强度。Bishop(1960)提出了非饱和土强度的单应力状态变量有效应力公式:

$$\tau=c'+[(\sigma-u_a)+\chi(u_a-u_w)]\tan\varphi' \tag{1.4-8}$$

其中,c',φ' 为有效应力抗剪强度指标;u_a,u_w 分别为孔隙气压力与孔隙水压力;χ 为有效应力参数,介于 0 与 1 之间。

Fredllund(1993)提出的非饱和土的强度可以表示为三个相关联的应力状态变量中,采用其中任意两个,即可表示非饱和土的双应力状态变量公式,如:

$$\tau=c'+(\sigma-u_a)\tan\varphi'+(u_a-u_w)\tan\varphi^b \tag{1.4-9}$$

其中,φ^b 为与基质吸力(u_a-u_w)有关的摩擦角。关于基质吸力与强度参数 φ^b 的关系,Maatouk(1995),Ng(2001),包承纲(2004)等均开展了大量的研究工作。

3.4 黄土的湿陷机理

黄土的特殊的湿陷性与黄土的微结构有密切关系。黄土湿陷现象的发生或土体的破坏,实质上是黄土的微结构破坏的结果。

关于黄土的湿陷变形的机理,目前存在多种观点,如毛细管假说,溶盐假说,胶体不足说,水膜楔入理论,欠压密理论和湿陷结构理论等。这里将最常见的几种观点介绍如下:

(1)溶盐假说认为,黄土湿陷原因是黄土中存在大量的易溶盐。当黄土中含水率较低时,易溶盐处于微晶状态,附在颗粒表面起着胶结作用。当受水浸湿后,易溶盐溶解,胶结作用丧失,从而产生湿陷。

(2)水膜楔入说认为,由于含水率降低或粒间压力增大多可以使粒间吸附水膜变薄,粒间水膜愈薄,粒间凝聚强度就愈高。变薄了的水膜由于颗粒表面水化能的作用,力图使水膜恢复到原有的厚度。因此当土中含水率增加,水就具有楔入作用,使粒间距离拉开,从而水膜变厚,连接强度降低。

(3)黄土的欠压密理论认为在干旱、少雨的气候条件下,黄土沉积过程中水分不断蒸发,土粒间的盐类析出,胶体凝固,形成固化黏聚力,从而阻止了上面的土对下面土的进一步压密作用而成为欠压密状态,逐渐堆积形成高孔隙比、低湿度的湿陷性黄土。一旦水浸入较深,固化黏聚力消失,就产生了湿陷。

(4)结构理论认为,黄土湿陷的根本原因是由于湿陷性黄土所具有的特殊结构体系所造成的。这种结构体系是由集粒和碎屑组成的骨架颗粒相互连接形成的一种粒状架空结构体系,它含有大量架空孔隙。颗粒间的连接强度是在干旱、半干旱条件下形成的,来源于上覆土重的压密,少量的水在粒间接触处形成的毛细压力,粒间电分子引力,粒间摩擦及少量胶凝物质的固化黏聚等。该结构体系在水和外荷载共同作用下,必然导致连接强度降低、连接点破坏,使整个结构体系失去稳定。

在以上各种观点中,结构理论得到了较多学者的认同。黄土发生湿陷的外因是浸水与压力,但其内因是它的特殊结构性,即黄土颗粒的排列方式和黄土颗粒的连接方式。当前从土力学角度开展了黄土湿陷性的定量研究,且当前的广义湿陷概念已与传统的黄土饱水湿陷不同,黄土的湿陷机理还需要深入分析。应当指出,黄土湿陷是个力学过程,与土的应力路径和应力状态密切相关,应在土力学的理论框架内,结合黄土的工程地质特性,通过力学试验加以研究,发展黄土力学的理论基础,指导并服务于工程建设。

随着非饱和土力学理论在黄土力学研究中的应用,对反映含水率特征的基质吸力与湿陷性关系也进行了广泛讨论。本书将不涉及相关的内容。

3.5 黄土湿陷性判别与分类

3.5.1 黄土的湿陷性试验

《湿陷性黄土地区建筑规范》(GB50025—2004)中将黄土的湿陷性试验概括为三种:室内压缩试验、现场静载荷试验和现场试坑浸水试验。

室内压缩试验包括单线法和双线法。单线法是在同一个取土位置取不少于五个试样,各试样在天然含水率下分别施加荷载至各级目标压力,变形稳定后浸水饱和,分别得到不同压力下的湿陷系数。双线法是在同一取土位置取两个试样,其中一个试样在试验过程中保持天然含水率,逐级加压并分别达到变形稳定状态,另一个试样在第一级压力作用下变形稳定后,进行预湿法试验直至加荷到与第一个试样相同的最后一级压力,结果分别得到不同压力下的湿陷系数。

类似于室内压缩试验,湿陷性的现场静载荷试验也分为单线法和双线法。单线法是在同一场地的相邻地段和标高,在天然湿度的土层设不少于三个静载荷试验,分别加至各级压力,下沉稳定后,向试坑内浸水直至饱和,待浸水下沉再次稳定后,试验终止。双线法是在同一场地的相邻地段和标高,设置两个静载荷试验。其中一个在天然湿度的土层上分级加压并分别达到下沉稳定状态。另一个在浸水饱和的土层上分级加压并分别达到下沉稳定状态,试验终止。

现场试坑浸水试验按照如下要求进行测试,首先在试坑底部开挖圆形或方形试坑,其直径不小于湿陷性黄土层的厚度,深度为0.50~0.80m。在试坑内对称设置观测自重湿陷的深标点。试验时,试坑内所施的水头高度不宜小于30cm,待湿陷稳定后即可停止浸水,其稳定标准为最后5天的平均湿陷量小于1mm/d。

3.5.2 黄土的湿陷性分类

湿陷系数 δ_s 为单位厚度土层由于浸水在规定压力产生的湿陷量,它定量地反映了黄土的湿陷程度。根据我国黄土地区的工程实践经验,提出以湿陷系数为0.015作为判定黄土湿陷性的界限值,如表1.4-9。

表 1.4-9　　　　　　　　　　　　　黄土的湿陷性分类

分类定名	湿陷系数
湿陷性黄土	$\delta_s \geqslant 0.015(200\sim300\text{kPa})$
非湿陷性黄土	$\delta_s < 0.015(200\sim300\text{kPa})$
自重湿陷性黄土	$\delta_{zs} \geqslant 0.015$(自重)
非自重湿陷性黄土	$\delta_{zs} < 0.015$(非自重)

湿陷性黄土的分类,可根据湿陷系数 δ_s 值的大小,分为以下三种:

当 $0.015 \leqslant \delta_s \leqslant 0.03$ 时,湿陷性轻微;

当 $0.03 < \delta_s \leqslant 0.07$ 时,湿陷性中等;

当 $\delta_s > 0.07$ 时,湿陷性强烈。

3.6　南水北调中线工程南岸连接段黄土边坡稳定问题研究

南水北调中线穿黄工程南岸与总干渠连接段位于孤柏咀—南平皋一线,全长约 2300 米,地表覆盖层由第四系中更新统坡洪冲积层(Q_2^{dl-pl})、上更新统冲积层(Q_3^{al})、全新统残坡积层(Q_4^{el-dl})及全新统上部冲积层(Q_4^{al})等组成,地貌为邙山低丘,高程 224~109m,冲沟发育,沟坡见有崩塌、滑坡和潜蚀洞穴等,该段的主要工程问题是上更新统马兰黄土的湿陷、邙山隧洞段的成洞条件、满沟明渠段黄土高边坡稳定性等。长江科学院土工所于 1995 年 8 月—1996 年 4 月基于勘察单位的竖井、平洞及隧洞出口处补充地质钻孔进行了系统的试验研究,同时,还开展了明渠段黄土高边坡稳定性分析,其主要成果如下[47][48]。

3.6.1　黄土湿陷性和抗剪强度

(1)上更新统马兰黄土(Q_3)的含水率及干密度在空间上变化较大,总体上看,隧洞段的含水率要高于满沟段,埋深大的含水率高于埋深浅的;中更新统亚黏土(Q_2)的含水率和干密度的变化相对较小。Q_2 和 Q_3 的颗粒组成基本相近,以粉粒为主,均属粉质壤土,但 Q_2 比 Q_3 的黏粒含量略高。

(2)按水工建筑地基规范判定,Q_3 黄土属弱湿陷性土,但其湿限变形量很小;Q_2 黄土几乎不具有湿陷性。

(3)隧洞段进出口处土层的含水率变化大,力学性质变化大。出口处地下水位高,Q_3 黄土的模量数最低,强度也低,在该层土中开挖隧洞应特别引起重视。

(4)黄土从非饱和状态转变至饱和状态,抗剪强度有明显降低;并表现为凝聚力降低,而内摩擦角变化幅度较小。在进行稳定性分析时,考虑黄土的湿陷作用,强度指标宜取小值;在进行有限元分析时,应结合地层含水率及密度的变化,根据试验条件适当选取。

(5)黄土在天然状态下的动强度及动模量均高于饱和状态下的动强度及动模量,建筑物运行后,地下水位有抬升之势,建议采用饱和状态所对应的动强度及动模量进行动力校核计算。

3.6.2　明渠段黄土高边坡稳定性

黄土高边坡问题主要包括临河岸坡稳定和人工高边坡。其中,邙山临河岸坡处于临界稳定状态,局部岸坡不稳定。南岸邙山地面高程 137~181m,人工开挖边坡高达 46~60m。由于饱和软黄土状粉质壤土的抗剪强度低,地下水位以下及软黄土状粉质壤土顶板高程以下渠坡部分,黄土状粉质壤土性状差,尤其是软黄土状粉质壤土又位于渠坡脚部或腰部,对渠坡稳定不利。另外,由于黄土状粉质壤土的颗粒组成以粉粒为主,级配均匀,透水性差,渠道开挖后,在地下水的作用下,易产生流土破坏。

经过研究,在坡高<10m 的情况下,陡坡较缓坡更有利于稳定。由于黄土特有的性质,特别是黄土对

水的敏感性（易软化，易受冲蚀），缓坡易受降水入渗作用和地表水冲刷，进而产生土溜、冲沟、滑坡。

建议渠坡采用阶梯式开挖、单级边坡选用较大的坡度，单坡之间设置马道有利于施工开挖和边坡的运行安全。地下水位以上部分，单级坡度宜选1：0.5～1：0.6，坡高7～10m，马道宽6～7m。单级边坡坡脚1/3部分作块石护坡，马道设排水沟。整体坡高大于40m时，在坡高的0.45～0.5部位设置一级12～15m的宽马道。整体坡度不陡于1：2.5较为适宜。过水断面和水位以上5m需采取全面护坡和防渗处理。

由于渠坡分布有两层软黄土状粉质壤土，对边坡的整体稳定极为不利，对于分布在边坡腰部的软黄土状粉质壤土层可采取预排水措施或临时支护加固措施；对分布在渠坡坡脚部位的软黄土状粉质壤土层，除施工期采用上述措施外，在运行期仍长期处于地下水位以下，需考虑作永久加固措施，以保证整体边坡的稳定性。

黄土从非饱和状态转变至饱和状态，抗剪强度有明显降低，在强度指标上的反映是凝聚力降低，而内摩擦角变化幅度较小，因此在进行稳定分析时，考虑到黄土受到水的作用，强度指标宜取小值。

隧洞进出口处，土层的力学性质受其含水率变化的影响，变化较大。出口处，由于地下水位较高，Q_3（Ⅱ）层的模量数最低，强度明显也低于其他土层，在该地层中开挖隧洞应特别引起重视。

3.7 黄土地区的地质环境问题

我国西部黄土台塬地区干旱少雨，引水灌溉是农业生产的重要保障。一批引水灌溉工程正在建设或者处于规划阶段，如甘肃省的景电一、二、三期工程、新堡子川引黄工程、引大入秦工程，陕西省的宝鸡峡引渭工程等。这些农业灌溉工程在台塬地区诱发了严重的环境问题，引发了诸如滑坡、泥石流、地表塌陷等地质灾害。

2013年，长江科学院针对上述地质环境问题开展了一系列的研究工作，通过离心模型试验，开展农业灌溉诱发黄土滑坡的机理研究，认为长期灌溉将导致边坡内地下水位逐渐抬升，而短期灌溉会导致地表逐渐增湿，两者均使黄土强度降低，这是诱发黄土滑坡的重要原因。为了研究黄土的天然含水率很低，灌溉入渗导致黄土的强度迅速降低，孙慧等（2013）测试了不同围压和基质吸力水平条件下，甘肃东乡黄土的非饱和抗剪强度。周跃峰等（2013）通过三组不同应力路径试验模拟了黄土边坡的失稳过程，研究了黄土滑坡的启动和变形破坏过程，并从黄土的微观结构角度阐述了入渗诱发黄土滑坡的力学机理。Zhou（2013）通过现场试验和数值分析相结合的手段，采用动边界算法，研究了入渗条件下黄土塌陷坑形成的渗流、力学机理，提出灌溉导致黄土强度降低以及台塬裂缝贯通导致水位骤降及坑壁托浮力消失是灌溉条件下黄土塌陷的两方面诱因的观点。[49][50]

4 分散性土

自然界中的某些细粒土是高冲蚀土，这类土的胶粒甚至在静水中就可能变成悬浮质，工程中，称这类土为分散性土。20世纪60年代开始，澳大利亚首先发现某些黏土在水中有不同程度的分散性，并认为这是导致许多土坝失事的一个重要原因。基于化学离子交换的原理，澳大利亚的学者解释了这种黏性土遇水分散的机理。该发现立即引起了各国的重视。1976年在美国召开的第一届世界分散土学术讨论会。一致认为，用常规的土壤物理性指标无法鉴别土的分散性，建议采用针孔试验、双比重试验、孔隙水可溶盐试验、碎块试验等四项测试来进行综合判别，并认为针孔试验是较可靠的方法。

我国的水利工程所遇到的分散性土问题相对较少，主要是因为分散性土的分布具有局部性、不连续的特点。20世纪70年代，黄河小浪底工程曾针对大坝的防渗土料开展过一些分散性的试验工作。此后,黑龙江北部引嫩工程发现大量因分散性土造成的渠道边坡失稳,为此相关设计、科研单位收集了国内外有关分散性土的研究成果,并结合工程问题开展了相关的科研工作。1986年初,长江科学院曾针对索马里弗诺力渠道边坡工程,采用针孔试验、双比重试验、碎块试验、孔隙水溶液浸提液化学分析和矿物鉴定等方法进行了分散性土的鉴定工作,提出了采用生石灰进行分散性土改性的方法,解决了工程实际问题。2011年,结合西藏某大型枢纽工程,长江科学院系统开展了土料分散性鉴定和土料改性试验研究,为工程设计提供了技术支撑。从现有文献上看,分散性土是一种具有特殊工程性质的粉土,其土料化学成分和颗粒组成的特殊性,是导致其分散性的主要原因。

分散性土的成因目前尚不十分清楚,工程中发现的大部分分散性土都是洪积、坡积、湖相沉积和黄土状沉积,在部分地区也发现有海相沉积的黏土岩、页岩的风化物具有分散性。分散性土沉积层一般位于洪泛形成的平原或广阔、平坦的坡地。研究表明,盐碱土特别是苏打盐渍土具有分散性,其孔隙水溶液一般具有弱碱性。但是也有资料表明,部分湿润地区也有分散性土分布,而有些分散性土呈弱酸性。松嫩平原的分散性土据分析认为是长期蒸发—累积—淋溶循环作用形成,成土过程主要为盐化和碱化过程,其他地区的分散性土成因则未见系统的研究。

从破坏形态上看,分散性土所造成的土坝、堤防及渠道的流土、管涌和土洞(包括塌陷等),与一般黏性土的破坏形态极为相似,因此,工程中对分散性土所造成的破坏往往在初期未引起足够的重视。因此,对土的分散性进行判别是尤为重要的。

4.1 分散土的性状

20世纪60年代初,澳大利亚学者在对失事的中小型土坝进行系统的调查和分析后发现,某些黏性土极易被水冲蚀,其内在原因均与这些土坝填筑的土料性状特殊有关。归纳起来大致有如下几点:

(1)自然界的某些黏性土具有易被水冲蚀的分散性。

(2)这些黏性土的分散性是由于土粒之间的排斥力超过了颗粒间的范德华力,一旦土料与水接触,土粒将迅速分散,成为悬浊液,并在流水的作用下,被水流带走,形成冲蚀现象。

(3)这些土料共有的特点是,孔隙水中钠离子含量较高,致使土粒周围双电层水膜增厚,土粒间吸力减小。

(4)分散性土具有被水冲蚀的特点,这种黏土遇到盐浓度低的水,土粒的表面逐渐依次脱落成为悬液,如遇流动的水即被带走,冲蚀现象甚至比细砂或粉土还严重,其机理是离子的解吸附作用。

(5)根据国外资料,当水流速>10cm/s时,分散性黏土就会被冲蚀。资料显示:对抗冲刷流速而言,各种类型的分散性黏土之间并无明显差别,其值在4~14cm/s,而一般黏性土抗冲刷流速在50~270cm/s范围。这是因为分散性黏土颗粒都处于分散状态,能冲刷的颗粒大小是基本相同的,故具有相同的冲刷速度。

4.2 分散土的基本物理性质和矿化特征

从土料外观和常规物理性指标上很难区分一般黏性土和分散性土,这主要是因为分散性土的化学成分较为特殊。分散性土在缓慢流动的水流中(甚至在静水中)容易被迅速冲蚀,各个胶体黏土颗粒变成了悬浮质。国内外资料显示,管涌失事的土料一般属于中等塑性(液限含水率30%~50%)。分散性黏土在塑性图上的位置都在A线以上,属黏质土,它们在塑性图上所占的位置,基本上在黄土与膨胀土之间,有小部分与黄土重叠,其塑性指数$I_p>7$,黏粒含量>10%。

研究表明,黏性土的分散机理较为复杂,其遇水分散的特性是土壤物理、矿化性质的综合表现。澳大利亚学者O. G. Ingles和G. D. Aitchison等认为[54]:分散性高的黏性土,可交换性钠离子含量较高,其黏土矿物大部分由蒙脱石组成；某些含伊利石的土料也有分散性，而高岭石的可交换性钠离子含量较低，该类土料分散性较低，出现管涌失事较少。J. L. Sherard、G. G. S. Holmgren、F. Gutierrez 等人的研究均认为[52]，分散性土的分散机理是与土颗粒表面的电化学性质有直接关系，并认为分散性土中含有相当数量的蒙脱石，孔隙水中溶解的钠离子及其他碱性阳离子（如 Ca 和 Mg）的相对数量，是决定黏土产生分散性程度的主要因素。文献[53]等认为分散性土大致要具备 3 个条件：①含有一定数量的晶格不稳定的蒙脱石类黏土矿物，且交换阳离子以钠离子为主；②颗粒间没有足够抑制膨胀或分散的胶结物，如有机质、碳酸盐、游离铁铝氧化物等；③无促进土料絮凝的碱性介质环境和低盐浓度。文献[54]认为土体分散性的条件为：①土的黏土矿物成分主要以蒙脱石为主；②孔隙水易溶盐中钠离子占主体；③水质纯净。文献[55]等对黑龙江引嫩工程分散性土的分析认为：若土中黏土矿物含有一定量的蒙脱石，并且有高含量可交换钠离子就有可能是分散性土。文献[56]早期认为土体中的钠离子和钙镁离子的含量对土的分散性起重要作用，蒙脱石是黏土产生分散性的主要因素，但是，随着研究的深入，认为土中钠离子含量和酸碱度是影响土体分散性的关键因素，蒙脱石不是土体产生分散性的必要条件。

综上所述，目前，大多研究文献关注到分散性土的黏土矿物成分、易溶盐含量对土壤分散性的影响，认为钠离子含量较高是黏土具有分散性的主要机理，而对土颗粒的排列形态、孔隙特征等微观结构少有研究。从某些失事工程土料的矿化分析上看，其土料的黏土矿物成分及钠离子含量尚未达到规范所划分的分散性标准，而实际工程的破坏现象却明显具有分散性特征，其中，是否与颗粒级配及排列方式有关尚待进一步研究。

常见的黏土矿物主要物理化学性质和土的物理力学性质关系如表 1.4-10。

表 1.4-10　　　　　　　　　　黏土矿物物理化学性质表

黏土矿物	比表面积	阳离子交换量	扩散双电层厚度	分散性	胀缩性
蒙脱石类	大	大	厚	大	大
伊利石类	较小	中	中	中	中
高岭石类	小	小	薄	小	小

由表 1.4-10 可知，以蒙脱石类矿物为主的土料，工程性质欠佳。这是由于该类矿物的晶格构造具有扩展性，而且分散性大，表面积大，同晶代替作用显著，并带有大量电荷，有着较强的吸附性；颗粒表面能形成较发达的扩散双电层，故可塑性大；遇水时不仅颗粒外表面能吸附水分，同时，晶层间也能吸附大量水分而扩展，分散性、膨胀性也特别显著。

各种阳离子对土的物理力学性质的影响如表 1.4-11。

表 1.4-11　　　　　　　　　　阳离子对土的物理力学性质的影响

性质	一价阳离子（如 Na^+）	二价阳离子（如 Ca^{2+}、Mg^{2+}）	三价阳离子（如 Al^{3+}）
双电层厚度	厚	中	薄
分散度	大	中	小
透水性	大	中	小
膨胀性	大	中	小
压缩性	大而慢	中	小
抗剪强度	小	中	大

由表1.4-11可知,一价阳离子对土的工程性质具有不良影响。因此,当土料中主要盐分是钠盐时,不仅使孔隙溶液成分以钠离子为主,而且由于离子交换的结果,土粒上所吸附的钠离子也会逐渐占优势,使包围着各个黏土颗粒的双电层的厚度增加,从而减少颗粒间的吸引力使各颗粒更易从土中离析。

分散性土的膨胀或分散都发生在遇水之后。土中钠蒙脱石的不多的含量就能使黏土显示出分散性。例如某工程的分散性黏土,在小于2m的黏粒中,钠蒙脱石的含量为37%~43%,折算成全级配土(包括<2m和≥2m的全部),钠蒙脱石的含量仅占10%~13%,即可显示出分散性。

4.3 土的分散性判别

研究表明,土壤界限含水率及黏粒含量的高低与土的分散性并无特定的关系,因此,塑性指数的高低、颗粒级配中黏粒含量的多少并不能直接鉴别黏土的分散性。分散性黏土的性质与其物理化学状态和土颗粒表面的电化学性质直接相关,这种土在纯水中土颗粒之间发生相互排斥而导致分散,因此,目前对分散性土的鉴别主要采用野外判别和室内针孔冲刷试验等方法。

4.3.1 野外判别

(1)天然地面遇雨水冲刷

具有分散性黏土分布的地区,雨后会出现豁口和冲沟或淋蚀洞穴等现象。冲沟中水很混浊,这是由于黏土崩解后的胶体颗粒悬浮于水中,以及细颗粒进入水中致使水变得混浊所致。开始时土体破坏速度很快,以后破坏速度迅速减慢。这是由于分散性黏土中盐分进入水中后,提高了水中盐的浓度,从而崩解破坏现象减弱,直至失去了对分散性黏土的破坏力。但在高差不大的平缓地面,纯净水对黏土的分散性却显不出它的威力,这是由于其冲蚀力小,以及其水中盐分提高了水中盐的浓度。

(2)坝坡及集水沟遇雨水冲刷

有分散性黏土的坝坡及集水沟抗雨水冲刷的能力很低,极易造成孔洞和深冲沟的冲蚀现象。下雨后坝面形成冲沟、洞穴、管涌,水坑和河道里的水也都是混浊的,长久不会澄清。水坑干涸后,坑底会留下很细的黏土沉积,干后会出现龟裂。

4.3.2 室内判别

分散性土的室内试验判别方法一般有:①针孔试验;②土块试验;③双比重计试验;④孔隙水溶液试验。其中土块试验、双比重计试验、孔隙水溶液试验相对简单,而针孔试验难度相对较大,试验方法比较烦琐。根据目前所掌握的资料显示,针孔试验、双比重计试验是目前判别分散性土较为准确和普遍认可的试验方法。

(1)针孔试验

①试验原理

针孔试验是模拟在一定的水头作用下,土体孔壁上的颗粒承受一定水流冲蚀能力的试验。试验时将土样安放在针孔试验装置中,然后,在50~1020mm的水头下进行渗流试验,观察在各水头作用下渗流通过针孔一定时间(一般为2~5分钟)内的流量、渗水的混浊度、针孔直径变化等现象,最终根据针孔直径的变化和渗流水的混浊度来判定黏土的分散性。若为分散性土,则水质浑浊,表明土壤将随水流冲蚀、破坏。

由于分散性黏土的分散性与土壤含盐量有关,为确保试验成果的可靠性,一般采用蒸馏水进行试验(图1.4-23)。

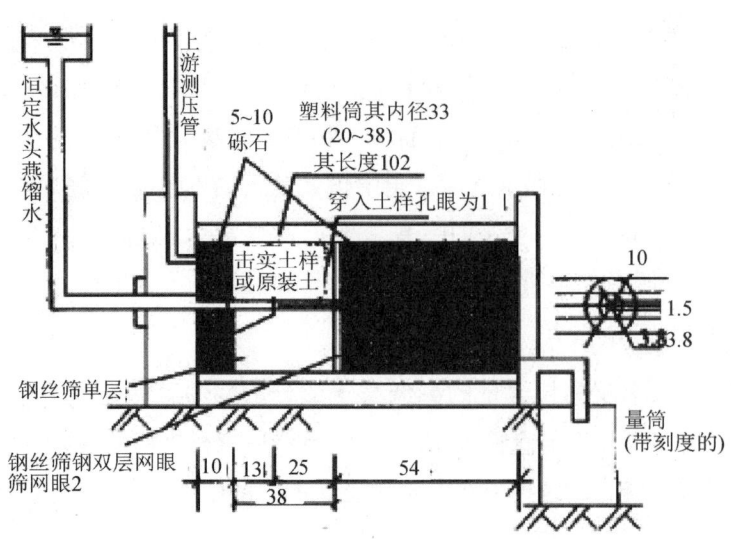

图 1.4-23 针孔试验装置

②试验过程

针孔试验试样可以是原状土样,也可以是制备一定压实度的土样,当土样含有粗砂或砾石颗粒时,应预先通过 2mm 直径的土筛;

将制备好含水率的土料在试样制备器中分 5 层压实,达到预定干密度。试样长 38mm,高度和宽度为 38mm,也可为直径 30~38mm 的圆柱体;

试验前先在土样中钻直径为 1.0mm 的小孔,然后放入针孔试验装置,使土样与装置四周保持密闭。为减少土样进口水头损失,限制针孔塌陷,减少针孔堵塞,在试样进口处可预埋一个长 1.3mm 的锥体(由塑料或金属制成),其内径为 1.5mm,底座为 10mm,上座为 3.8mm,土样实际长度为 25mm;

在 50mm、180mm、380mm、1020mm 水头下,逐级进行渗透试验,每级水头间隔时间为 5~10min,用秒表和量杯(最大容积为 1000ml),连续测量渗出水流量,并观察渗流到圆形量杯中水的颜色;

做好试验现象记录,试验结束后,从试验装置内取出土样,切开检查针孔大小,根据流量、收回水的外观颜色、轴向孔的最后孔径,按照有关规范进行土的分散性判定。

表 1.4-12 为《水利水电工程天然建筑材料勘察规程》(SL251—2000)中分散性土的判别方法。

表 1.4-12　　　　　　　　　　针孔试验分散性土判别标准

试验水头(mm)	在该水头下试验持续时间(min)	最终流量(ml/s)	出水浑浊情况	最终孔径(mm)	判别分类
50	5	1.0~1.4	浑浊	≥2.0	分散性土
	10		较浑浊	>1.5	
50	10	0.8~1.0	稍浑浊	≤1.5	过渡性土
180	5	1.4~2.7	较透明		
380	5	1.8~3.2	较透明	≥1.5	
1020	5	>3	稍透明	<1.5	非分散性土
	5	<3	透明	0.1	

③几点说明

分散性黏土的分散性与水中盐分有关,为确保试验成果的可靠性及可重现性,应采用蒸馏水做试验。

各种直径的针孔试验得出的结果基本相同,但小于1.0mm的针孔孔径易被堵塞;大于1.0mm的针孔渗流量过大,对保持水头稳定不利,而1.0mm针孔孔径很少被堵塞,且渗流量不大,易保持水头稳定,故以1.0mm为标准孔径。

蒙脱石含量高的高钠离子黏土,在针孔试验中被迅速冲蚀,这与压实土样的含水率和密度无关。但对于大多数抗冲蚀黏土,压实土样的含水率是有影响的,但不至改变针孔试验的成果。为此,应把压实土样的含水率调整到接近塑限。

针孔试验选择使用的水头为50～1020mm,该水头下渗流流速一般为0.30～3.05 m/s,接近坝和其他建筑物的孔洞内的可预料到的初始流速。

必须保护土样的自然含水率,试验前不允许风干,干燥后再加水在针孔试验中将会得到不同的结果。因此土样制备时要加以注意(为此要求试样在20℃养护7 d,以增加其稳定性克服触变产生聚合条件,并使吸附水和双电层阳离子重新分配)。

分散性黏土与非分散性黏土是以50mm水头的试验成果来判定。

(2)土块试验

土块试验是将$3cm^3$见方的土块放入纯水中,观察其在静水中的体积和外观的变化,以土颗粒在水中的分散以及胶粒的析出程度反映土体的分散性。该试验方法由W. W. Emerson于1964年率先提出,其试验原理是从胶体化学的基本观点出发,认为黏性土在水中分散性的原因是胶体颗粒的析出,若试验过程中出现胶粒悬液析出,则一般认为土样具有一定的分散性。土块试验是一种简易可行的试验方法,由于缺乏定量指标,该试验只能用于现场和室内定性的判别土的分散性。

表1.4-13为《水利水电工程天然建筑材料勘察规程》(SL251-2000)分散性判别标准。

表1.4-13　　　　　　　　　　　土块试验分散性判别标准

判别分类	试验现象
分散性土	土块水解后很快扩散到整个量杯底部,水呈雾状经久不清
过渡型	土块水解后四周有微量混浊水但扩散范围很小
非分散性土	无分散出胶粒的反应土块水解后在量杯底部以细颗粒状平堆,水色是清的,或稍浑浊后很快又变清

(3)双比重计试验

双比重计试验是基于G. G. Stocks定律,在土的粒径级配分析试验的基础上,通过两次比重计试验来测定土的黏粒含量的试验方法。两次试验的区别在于,第一次按照规程所要求的常规试验方法,即进行煮沸和人工研磨并加分散剂;第二次试验则不煮沸、不人工研磨也不加分散剂。《水利水电工程天然建筑材料勘察规程》规定:

分散度(D)=(不加分散剂时小于$5\mu m$的颗粒含量/加分散剂时小于$5\mu m$的颗粒含量)×100%。

表1.4-14为《水利水电工程天然建筑材料勘察规程》(SL251-2000)判别标准。

表1.4-14　　　　　　　　　　　双比重计试验判别标准

判别分类	分散度判别指标(D)
分散性土	$D>50$
过渡型	$D=30\%\sim50\%$
非分散性土	$D<30\%$

(4) 孔隙水溶液试验

孔隙水溶液试验是将土样分别用蒸馏水拌和到液限含水率,用真空泵抽气过滤设备抽出孔隙水样,测定孔隙水样中的钙、镁、钠、钾4种金属阳离子,以 mmol/L 为单位,计算出其中钠离子含量的百分数。

分散性判别标准如图 1.4-24。图中,横坐标是孔隙水的可溶盐含量($K^{+1}Na^{+1}Ca^{2+}Mg^{2+}$),纵坐标是可交换钠离子所占的百分比。

试验成果若处于图中 A 区(60%以上),则可判别为分散性黏土,处于 B 区(40%以下),则可判别为非分散性黏土,处于 C 区(40%~60%之间),则处于侵蚀缓慢的中间状态土,可判别为过渡型黏土。

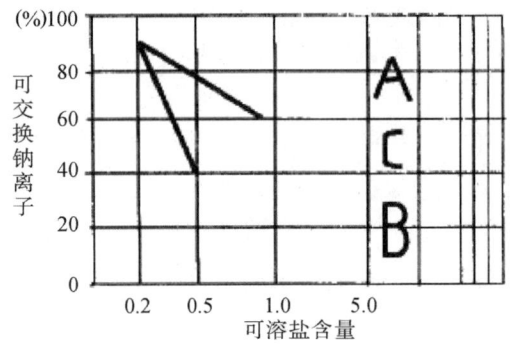

图 1.4-24　分散性判别标准

以往经验表明,土块试验一般用于分散性土的定性判别,回答"是"或"不是"的问题,而孔隙水溶液一般实验室难以完成。比较而言,针孔试验和双比重计试验操作性更强,判别更准。当针孔试验和双比重计试验结论一致时,以针孔试验结论为准;当针孔试验和双比重计试验结论不一致时,以两者中更危险的结论判别。

4.4　国内某电站土料分散性鉴定

4.4.1　水质分析

由于环境水是影响土料分散性的关键因素之一,本次分散性试验针对工程区域的河水进行取样,做水质简分析测试,共取水样4组。试验按照《土工试验规程》(SD128—79)操作。试验成果表明:河水 pH 值呈弱碱性,水质类型为 $Ca-Mg-HCO_3$。

4.4.2　土样化学全量及矿物成分分析

土样的化学全量及矿物成分分析根据《土工试验规程》(SL237—1999)进行。

试验表明:两个料场土料的 pH 值均大于 8.5,属碱性土料。易溶盐含量除个别取样点偏高以外,其余土料为 0.02~0.06%。土料的化学全量分析成果显示,两个料场土料化学成分以 SiO_2 为主,CaO、MgO、K_2O、Na_2O 的含量较低。

土料中的黏土矿物组成以伊利石为主,含量为 25%~34%,另外,还有 2%~7% 的伊蒙混层矿物。由于伊利石是较不稳定的风化中间产物,伊利石在碱性环境中容易脱钾,一旦伊利石全部脱钾,就与蒙脱土性质相同,若部分脱钾,则该部分土具有蒙脱土的性质。部分脱钾的伊利石如大量吸附钠离子,也会像钠蒙脱土一样具有高分散性。

从当地水质和土料黏土矿物成分综合分析,河水对土料的分散性有一定负面影响。

4.4.3　土的分散性试验

采用蒸馏水对12组土样,分别进行分散性的针孔试验、土块试验、孔隙水溶液中阳离子全量检测等试验。根据《水利水电工程天然建筑材料勘察规程》SL251—2000 中的判别标准,对黏性土的分散性进行综合判定。

(1) 针孔试验

由于分散性黏土的分散性与土壤含盐量有关,为确保试验成果的可靠性,一般采用蒸馏水进行试验针孔试验。

试验前先在土样中钻直径为 1.0mm 的小孔,然后放入针孔试验装置,使土样与装置四周保持密闭,再向试样分级施加 50～1020mm 水头,观察在各水头作用下渗流通过针孔一定时间(一般为 2～5 分钟)内的流量、渗水的混浊度、针孔冲刷直径等现象的变化,最终根据针孔直径的变化和渗流水的混浊度来判定黏土的分散性。

(2) 土块试验

土块试验是将 $3cm^3$ 见方的土块放入纯水中,观察其在静水中的体积和外观的变化,以土颗粒在水中的分散以及胶粒的析出程度反映土体的分散性。试验原理是从胶体化学的基本观点出发,认为黏性土在水中分散性的原因是胶体颗粒的析出,若试验过程中出现胶粒悬液析出,则一般认为土样具有一定的分散性。

碎块试验的成果表明:12 组土样均具有一定的分散性。

(3) 孔隙水溶液试验

孔隙水溶液试验是将土样分别用蒸馏水拌和到液限的含水率,用真空泵抽气过滤设备抽出孔隙水样,测定孔隙水样中的钙、镁、钠、钾 4 种金属阳离子,以 mmol/L 为单位,计算出其中钠离子含量的百分数。

分散性判别标准如图 1.4-24。图中,横坐标是孔隙水的可溶盐含量,纵坐标是钠离子所占的百分比。试验成果若处于图中 A 区(60% 以上),则可判别为分散性黏土,处于 B 区(40% 以下),则可判别为非分散性黏土,处于 C 区(40%～60% 之间),则处于侵蚀缓慢的中间状态土,可判别为过渡型黏土。

孔隙水溶液试验成果表明:12 组试样通过蒸馏水进行孔隙水溶液试验后,有 8 组试样检测到钠离子含量百分数为 61%～72%,处于 A 区,可判定为分散性土;Y3 号土样钠离子含量为 45%,为过渡型黏土;Y1、L3、L6 三个土样的钠离子含量为零,属非分散性黏土。

(4) 双比重计试验

根据《土工试验规程》(SL237—1999)进行 12 组土样的双比重计试验,以评价土的分散性。这些土样中,除 LD 料场 L1 土样为黏土质砂外,其余料场土料均为低液限黏土,土样黏粒含量为 21.4%～62.3%。

双比重计试验成果也列于表 1.4-15。成果显示:L1、Y1、Y2、Y4、Y5 为过渡型土,其余试样均为分散性土。

表 1.4-15　　　　　　　　　　　分散土试验成果的判别

料场	试样编号	试验方法				综合判别
		针孔试验	碎块试验	孔隙水溶液试验	双比重计试验	
YG	Y1	过渡	是	非	过渡	过渡
	Y2	过渡	是	是	过渡	过渡
	Y3	是	是	过渡	是	是
	Y4	过渡	是	是	过渡	过渡
	Y5	过渡	是	是	过渡	过渡
	Y6	过渡	是	是	是	是

续表

料场	试样编号	试验方法				综合判别
		针孔试验	碎块试验	孔隙水溶液试验	双比重计试验	
LD	L1	非	是	是	过渡	过渡
	L2	是	是	是	是	是
	L3	过渡	是	非	是	是
	L4	是	是	是	是	是
	L5	是	是	是	是	是
	L6	过渡	是	非	是	是

4.4.4 试验成果的综合判别

判别原则:以针孔试验和双比重计试验为准,当针孔试验和双比重计试验结论一致时,以针孔试验结果判别,当针孔试验和双比重计试验结论不一致时,以两者中更危险的结论判别。

根据土料的四项分散性试验,最终判别两个料场均存在土料的分散性问题,具体设计中选择了另辟料场的设计方案。

4.5 分散性土的改良

4.5.1 改良方法

土中含有较多的钠离子是促成土体分散性的内在原因,基于这种机理,可以在土中增加二价阳离子的含量以改变土的分散性。目前,国际上通用的方法是在土中掺入氧化钙(CaO)或氢氧化钙($Ca(OH)_2$),其掺和量根据室内掺量试验确定。工程经验证明,这种方法对改良分散性土具有显著的效果。表1.4-16为长江科学院1986年针对索马里和黑龙江两处水利工程分散性土掺拌石灰后所做的针孔试验[57]。研究表明:试样掺拌0.5%~1.0%的生石灰以后,在针孔试验中均改良为非分散性土。

表1.4-16　　索马里、黑龙江分散性土掺拌生石灰后针孔试验成果

地点	土样编号	掺量(%)	终止水头(mm)	终试流量(ml/s)	水色	终试孔径(mm)	分类
索马里	1	1 CaO	1020	1.60	清水	1	非分散土
	2	1 CaO	1020	1.75	清水	1	非分散土
	3	1 CaO	1020	2.00	清水	1	非分散土
		0.5 CaO	1020	0.017	清水	<1	非分散土
	4	0.5 CaO	1020	2.50	清水	1	非分散土
黑龙江	5	1.5 CaO	1020	0.40	清水	<1.5	非分散土
	6	2.0 CaO	1020	0.38	清水	1	非分散土
		1.5 $CaCl_2$	1020	2.40	清水	1	非分散土
	7	1.0 $CaCl_2$	1020	2.10	清水	3	非分散土
	8	0.5 CaO	1020	1.25	清水	1.5	非分散土
		0.5 CaO	1020	4.80	清水	1	非分散土
		0.5 CaO	1020	2.40	清水	1	非分散土

西藏拉洛水电站料场土料改性试验研究表明,拉洛两个料场的土料掺入少量的生石灰或者水泥进行改性,均可使原来分散性的土不再具有分散性。水泥或生石灰的掺量在1%～5%之间。

4.5.2 土质改良的利弊

从土的分散机理出发,掺入一定数量的氧化钙以后,可使土中二价钙离子含量增大,一价钠离子的含量相对减少,从而改变土体的分散性。此外,氧化钙具有一定的胶结作用,可改变土的亲水性,提高土的抗分散能力。但是,通常分散性土一般都是偏碱性土,掺加生石灰后,与水作用形成氢氧化钙,进一步提高土的碱性,使得土体变脆,抵抗不均匀沉降能力降低,这对于工程是不利的。土体变脆以后,由于不均匀沉降或气候条件变化,土体易产生裂缝,工程中往往出于经济考虑,改性土层一般厚度不超过50cm,一旦土体开裂,雨水或河水沿裂缝入渗,对内部未处理土体仍可能产生分散性冲蚀。这就是某些工程处理后初期运行效果较好,运行一段时间以后,又出现冲蚀破坏的原因。

土性改良试验还发现,土体掺入石灰以后,土体将变得松散,黏性显著降低,如同黏粒含量很少的砂土一般,掺入量越大,这种现象越明显。从对比试验可知,土体掺入石灰以后,使得土体变得松散,这种掺和量大致已经接近土质改良所需的掺和量,掺和量过大,往往是弊大于利,同时,对于天然含水率较高的土,宜掺和生石灰粉,而对于天然含水率较低的土,宜掺和熟石灰水。

为了克服土体掺拌石灰后变脆的弊病,可考虑改用中性的氯化钙作为掺和剂。试验表明,掺入氯化钙后,同样可将土的分散性降低,将土改良为非分散性土。同时,所需的掺和量比氧化钙更低。中性的氯化钙不会增大土体的碱性,因此,不会使土体脆性增大,试验中也未发现土料变得更松散。由于土体保持原有的塑性,因而可以大大改善工程的运行条件。不足的是,氧化钙易吸水湿化,保存和施工恐有不便。

4.5.3 改性土的耐久性问题

在长期渗水作用下,随着离子的溶滤,是否改变改性土的改性效果是岩土工程师关心的问题。长江科学院在开展索马里分散性土研究中,曾进行了试验分析。采用索马里的1号和3号土料,掺入1.5%的氧化钙以后,在180mm水头下进行针孔试验,测定流经针孔的流量和流出水的导电率随时间的变化规律。试验结果表明:1号土样掺拌1.5%的氧化钙以后,针孔试验通水两次,总历时11小时45分,出水流量从0.5ml/s增大到0.68ml/s,变化量不大,流出水的电阻率由26kΩ/cm增大到95kΩ/cm,相应的蒸馏水电阻率为260Ω/cm,说明离子的溶滤确实存在。而且,从试验曲线上看,开始时溶滤较多,而后较快减少,并达到相对稳定。3号土的试验成果与1号类似,三次通水总历时69小时,流量从0.55ml/s增大到1.03ml/s,并且在1.03ml/s下稳定7小时,渗出水电阻率从33kΩ/cm增大到192kΩ/cm,已逐渐接近蒸馏水的电阻率值,说明离子溶滤下降的速度是比较快的。试验后两种试样的孔径在1.0～1.5mm,因而仍属于非分散性土。

化学分析的理论研究表明:一价离子(Na^+和K^+)比二价离子(Ca^{2+}和Mg^{2+})更易溶滤,经过溶滤,土中钠离子的相对含量呈下降趋势,因而长期渗水作用下,由于离子的溶滤,不会使土体向分散性方面恶化。

5 红黏土

长科院红黏土工程特性研究始于1961年,针对湖北陆水蒲圻水利枢纽8号副坝填料开展研究[58]。

这是一种网纹状红黏土,具有团粒结构特征。研究内容包括红黏土的化学性质、矿物组成、结构水稳性、颗粒的分散性能以及强度等。从化学分析中得知,红黏土的交换性阳离子以铝离子占优势,铁的含量大部分呈游离铁化合物状态。经薄片镜鉴试验、差热分析、X 射线衍射和电子显微镜摄影得知,红黏土的黏土矿物以高岭石含量较高,颗粒呈大小不一的多元粒团单元聚集状态。

为了解红黏土的水稳性长科院进行了结构破坏率试验和微团粒分散度试验,得知红黏土有较高的水稳性,红黏土中的游离氧化铁只有少部分是活泼的,水化程度低,胶结强度较大。由此,红黏土一般具有较稳固的结构,较好的力学性能。虽然红黏土的容重不高,孔隙率较大,但往往强度较高,压缩性较低,工程性质良好。

20 世纪 80 年代,王幼麟[59][60]以蒲圻、万安等工程的红黏土为代表,分析总结了红黏土的化学成分、微观结构及其对工程特性的影响。认为:黏土的工程性质与其体系的物理化学状态密切相关。红黏土特殊的工程性质,如低容重、高强度、低压缩性和较高的渗透稳定性等,这也与其比较特殊的物理、化学状态有关,红黏土的物理、化学状态与一般黏土相比,有其一定的特殊性和复杂性。主要表现在:

(1)红黏土的物质成分中含有较多的游离氧化物,尤其是游离 Fe_2O_3 含量比较高,是铁在其中存在的主要形式。

红黏土中的游离氧化物的形态有晶形的与无定形之分。在红黏土中常见的晶形氧化铁有针铁矿、赤铁矿等,无定形的有氢氧化铁和水铁矿等。晶形的氧化铝有三水铝石和一水软铝石,无定形的主要是羟基铝及其聚合物。晶形的氧化硅主要是石英。无定形的主要是硅酸及其聚合物,还有蛋白石等。游离氧化物各种结晶形态之间以及晶形的和无定形之间,在一定条件下可以相互转化。它们之间的转化是一个比较复杂的物理化学过程,由于这些不同形态氧化物在红黏土中所起的胶结作用以及胶结的强度和稳定性是不同的,从而对红黏土的工程特性的影响也不一样,应当予以重视。

红黏土中各种游离氧化物既可单独存在,也可以相互结合起来。例如水铝英石就是 SiO_2 和 Al_2O_3 结合而形成的一种无定形物质,常存在于玄武岩和安山岩等风化的红黏土中。水铝英石具有较大的表面积和交换吸附性能,并带有较多的负电荷,反絮凝能力比较强,常呈分散状态,但一经干燥便发生不可逆絮凝,将土胶结成很坚实的土块,对土的物理力学性质具有特殊的作用。迄今,还未见我国红黏土中有这种矿物的报道,是不存在或是尚未发现,今后需要注意。又如红土中的结核和硬壳,往往是铁和铝的氧化物(还有氧化锰等)组成的。此外,铝或铁的氧化物还可以羟基铝或铁的带正电的络离子嵌入 2∶1 型黏土矿物(主要是蒙脱石和蛭石)的晶层之间(也叫层间铝或铁),成为绿泥石状的矿物。Quigley 称其为假象黏土矿物,他最先注意到这类矿物对土的工程性质的特殊影响。例如,蒙脱石晶层间夹有层间铝后,X 射线衍射的基面间距将固定而不能扩展,阳离子交换量、流塑限含水率、膨胀量大为降低,成为假象绿泥石。但是,当层间铝被除去后便恢复了蒙脱石的固有特性,使得交换量、流塑限、膨胀量增大而抗剪强度降低。Mitechell 也注意到了层间铝对蒙脱石膨胀性的抑制影响。这类矿物常存在于酸性风化壳中,我国南方红黏土大部分呈酸性反应,含有较多的游离 Al_2O_3 和 Fe_2O_3 并往往有蒙脱石和蛭石存在等,这些都是形成夹有层间铝的假象黏土矿物的良好条件,所以要引起重视。

(2)红黏土是一种比较复杂的带电体系,既有负电荷也有正电荷,在这些电荷中有部分是由黏土矿物同晶置换所产生的永久电荷(电荷符号是负的),还有部分是随介质的 PH 和电解质而异的可变电荷,它们在酸性条件下电荷符号为正,在中性和碱性条件下电荷符号为负。黏土矿物特别是高岭石(同晶置换作用较弱,主要靠断键而带电),薄片的边角部位的断键以及游离氧化物是可变电荷的主要来源。

红黏土中游离氧化物比较多,黏土矿物主要是高岭石,故其可变电荷较多,而且在可变电荷中有一定数量的正电荷,它主要来自游离 Fe_2O_3(还有 Al_2O_3)。蒲圻第四纪红黏土<2μm 粒级(游离 Fe_2O_3 含量为 8.62%),在 pH=4.9 时(该黏土的 pH 值)有 2.5mg 当量/100g 的正电荷,其中有 1.4mg 当量/100g 是由游离 Al_2O_3(还有部分 Fe_2O_3)赋予的,剩下的 1.1mg 当量/100g 则来自高岭石等黏土矿物。

根据上述电荷特征,不难理解红黏土的动电性质具有明显的两性胶体特征。高岭石的电泳试验表明,在 pH>4 时颗粒带净负电荷,在 pH=5 至 7 时,颗粒边角部位电荷符号由正变负,只有在 pH<5 时颗粒的平面与边角的电荷符号相反。在铁铝的游离氧化物中,羟基铝的等电点为 pH=4.8,针铁矿为 pH=6.9 左右,而新鲜的 $Fe(OH)_3$ 溶胶为 pH=7.6,凝胶为 pH=7.2。由此可见,游离氧化铁(还有氧化铝)的等电点,在陈化过程中是变化的,所以它们的动电性比较复杂。这些电性特征在颇大程度上控制着红黏土结构连接的特征,因此对其工程性质具有重大影响。

(3)红黏土的结构连接除了黏土颗粒之间通过各种作用力形成非胶结型物理化学连接外,由游离氧化物所产生的胶结型物理化学连接有着特殊意义,与其工程性质关系密切。

在非胶结型的物理化学连接中,作为红黏土主要黏土矿物的高岭石之间边一面的静电引力形成的连接,可能比一般黏土要占优势。因为大多数红黏土 pH 值比较低,高岭石边角部分带正电的可能性比较大。前述的电泳试验都表明了这一点,所以静电引力的连接是可以形成的。yong 等也曾经指出,除了高岭石在 pH5 时边角带正电,可以出现静电引力连接外,在其他黏土中出现这种连接是有限的。由这种黏土颗粒间边一面的静电引力连接成的多孔集聚体,也是红黏土表现出低容重、高强度等特殊工程性质原因之一。

在游离氧化物所产生的胶结型物理化学连接中,大家注意力多集中在游离 Fe_2O_3 的胶结作用上,对游离 Al_2O_3 和 SiO_2 的胶结研究得较少。游离 Fe_2O_3 胶结作用对红黏土性质的重大影响已作过不少研究,对其作用是毋容置疑的。但是,直至目前对其胶结的机理和影响因素等仍不够清楚。现在研究认为,与高岭石等矿物相互作用的氢氧化铁胶体不是早期所认为的单体而是其聚合物。氢氧化铁胶体与高岭石等矿物相互结合的途径可能有如下三种:①在低 pH 下带正电的氢氧化铁胶体吸附在可物带负电的硅氧四面体平面上。②氢氧化铁胶体与矿物表面的羟基之间的脱水、缩合反应。③物理覆盖作用,即氢氧化铁胶体沉淀在矿物表面上;一般认为物理覆盖作用发生在中性和碱性条件下。我们试验表明,氢氧化铁溶胶在 pH=2.1 左右便形成高聚物,聚沉点在 pH=4.0 左右;而且在 4<pH<13 范围内都是沉淀状态。所以物理覆盖作用可以在更广泛的 pH 范围内发生。在这种状态下胶体(凝胶)的动电电位很小或为零,双电层的斥力可以忽略,因而可以借助于分子引力吸附在矿物表面上。据此可见,在物理覆盖作用中,表面吸附作用仍占有重要地位。

上述的各种作用只有在氢氧化铁呈无定形状态时才能发生,因为此时它们的表面积大,物理化学活性比较强烈。不过,无定形状态是一种不稳定状态,容易陈化,即随着时间发生脱水、收缩(致密)和结晶等。红黏土中的游离 Fe_2O_3 绝大部分是晶形的,这说明它们经过陈化已变为针铁矿、赤铁矿等。游离氧化铁的陈化进程及其结晶产物随环境条件而异,其中温度和 pH 是重要的影响因素。有关的研究在矿物学、结晶化学和地球化学等方面已有大量论述,在此不另赘述。

对于工程性质的研究而言,关键在于游离 Fe_2O_3 陈化产物的胶结强度和稳定性。一般来说,陈化产物的结晶程度高、水化程度低,胶结强度和稳定性比较大,胶结效果也就比较好。例如坚硬的结核和硬壳都是铁铝氧化物经陈化而结晶的胶结产物。我们试验表明,在高温(100~105℃)和低 pH 值(pH=3.6)

条件下,陈化的氢氧化铁凝胶的稳定性比较好,水溶性和酸溶性很小;在低温(40℃)和较高pH值(pH=4.2~7.35)条件下陈化的凝胶稳定性要差一些。陈化产物的结晶程度受pH影响比较明显,在低pH条件下陈化产物(针铁矿)的晶性较好,尤以低于聚沉点(pH=4左右)制得的凝胶结晶最好,高于等电点制得的凝胶,基本上是无定形的,X射线衍射图谱上未发现它们的衍射峰。

蒲圻第四纪红黏土中游离Fe_2O_3胶结比较牢固、稳定,就在于它们的晶性较好,水化程度较低、水溶性和酸溶性都比较小。这也是导致该黏土强度高、压缩性低、渗透稳定性较好的一种重要原因。

(4)氧化还原反应是红黏土中所发生的物理化学作用的重要特征之一。铁是一种常见的变价元素,在化学反应中常常发生电子转移,由高价铁变成亚铁或反之。高价铁化合物与亚铁化合物的溶解性差异悬殊,因此氧化还原反应,对游离氧化铁的转化,胶结强度稳定性等具有特殊意义。例如赤铁矿转化为针铁矿,不能仅仅借助于水化作用,而是要经过铁的还原、溶解、变成无定形状再结晶等复杂的过程。

当游离氧化铁中的铁被还原成亚铁(无论是沉淀态或离子态)则会丧失其有效的胶结作用,从而使红黏土的工程性质发生变化。它们由高价铁变为亚铁状态,一方面取决于环境的氧化还原状况(据实测资料红黏土和红色软岩中铁的氧化还原体系的氧化还原状况的分界点在$Eh7=270~290mV$左右),另一方面决定于它们本身的晶性、水化程度以及分散程度等。如前所述,无定形的氧化铁分散度较高、表面积比较大、物理化学活性比较强,比较容易被还原。而结晶的、水化程度较低的还原活性就比较低。例如蒲圻第四纪红黏土与当地黄褐色黏土(二者矿物组成相同),虽然都被游离Fe_2O_3所胶结,但是后者游离Fe_2O_3晶性较差、水化程度较高,其还原活性比前者要高得多,胶结的强度和稳定性比较差。

21世纪初,在进行昆明机场的工作时也遇到红黏土问题。该处的红黏土、次生红黏土具有大孔隙比、高含水率的特征,易失水干裂,遇水强度急剧降低,施工时不易压实和含水率控制困难。该机场有50m的高填方,而场地的红黏土、次生红黏土厚度大,且下部存在软塑—可塑状红黏土,它在上覆高填方荷载作用下会产生较大沉降。同时红黏土、次生红黏土厚度变化大,易产生差异沉降。为此,长科院与有关单位一起,通过现场试验,研究红黏土、黏性土地基的处理方法,在试验研究的基础上,提出相应的施工工艺和施工参数[61]。

6 残积土

残积土是母岩风化残留在原地的泥化堆积物的统称,残积土的工程性质主要取决于母岩性质、风化类型、风化程度和风化产物等。一般来说,残积土结构比较松散,物质组成与结构极不均匀,在水平与垂直方向上成分和厚度变化大,组成碎屑物的矿物大部分经风化蚀变而成,部分残积土强度较低并具有湿陷性。水利工程上对残积土处理,视工程的类型及要求而定,有些残积土可用做土石坝的填筑料。

长江科学院在20世纪60年代开始接触到残积土的工程问题[62],丹江口水利枢纽左岸土石坝张芭岭—尖山坝段,坝基上部为第三纪红层,下部为片岩。红层的底部砾岩与片岩以不整合面接触。由于砾岩岩体构造裂隙和不整合面的存在以及地下水的作用,沿裂隙和不整合面存在宽0.5~1.5米的溶蚀残积土夹层,且裂隙与水平夹层互为连通。由于原岩特性及溶蚀作用,使残积土干容重小,孔隙率大,特别是存在天然孔穴等情况,使其强度、变形和渗透稳定性等均存在进一步恶化的可能。由于夹层厚度很薄,上覆土层厚度由数米到十多米,如果将其全部挖掉,是很不经济的,为此,围绕残积土的强度,特别是在渗水作用下是否软化,而使强度剧降,以及渗透稳定性(包括抗冲刷性能)开展试验研究。研究表明:对于防渗体下游的残积土最突出的问题是强度问题,抗渗性问题不大,但对长期浸水且裂隙面向下游倾角较陡处,其抗冲刷性应予注意。

1989年深圳机场建设过程中,再次遇到了残积土的工程问题,对此,长江科学院土工所开展了较为系统的研究[63]-[66]。

6.1 问题的缘由

深圳机场场道工程所处的地貌属海积平原及海积滩地,从上至下分为三层:全新统海积层、上更新统冲洪积层及中更新统残积层。为满足大型波音飞机的使用需求,中国民用航空设计院对跑道、滑行道的剩余沉降与差异沉降有严格的控制要求,即:①剩余沉降量,道面浇注后原地面沉降量(30年内)不超过5cm;②差异沉降量(包括纵横向)在道面形成后,原地面标高处的半波长不小于50 m的弯沉盆盆底与盆顶的差异沉降不大于5cm。为满足这样高的场道沉降要求,软基处理方案曾经过多次比较,最后选定换填地基方案,即在跑道、滑行道和联络道的周围先修筑封闭式拦淤堤,然后将性质很差的淤泥挖除,使坚硬的亚黏土或残积土层出露,并回填块石、石碴和风化砾石土,其上再填筑石碴底基层,作为混凝土道面和结构层的地基。按此方案,地基土中的第Ⅲ层残积土层将作为重要的持力层。因此,该土层的物理性质、变形和力学指标以及沉降预测成为工程成败的关键问题。由于前期地质勘察和原位试验测试发现该土层力学指标离散型较大,室内、现场试验成果不一致,为此,长江科学院研究团队围绕残积土的物质成分和结构特征、场道的变形预测等开展科研攻关。

6.2 残积土的物质成分和结构特征

采用物化分析、X射线衍射分析、扫描电镜、压汞测孔法及偏光显微镜等手段,分析了深圳机场残积土的物质成分和微结构特征,研究表明,残积土黏粒含量一般为15%～31%,砂砾含量大于50%,其中砾含量小于10%。按粒度成分分类,属砂砾质壤土,其液限35%～45%,塑性指数12～15,属砂壤土。残积土孔隙比大,平均值0.78～1.05,天然状态为硬塑—坚硬状态,与深圳地区花岗岩残积土(黏土、砂质黏土)相比,其黏粒含量及塑性均较小。

综合鉴定结果表明,残积土中原生矿物主要为石英、云母以及微量的褐铁矿、长石、锆石等,黏土矿物以高岭石、水云母等为主,并含有少量的绿泥石及混层矿物,不同层位上述矿物的相对含量有所不同。残积土的阳离子交换量普遍较低,均小于15me/100g,大多数小于10me/100g,比表面33～74m2/g,表明矿物的离子交换能力差,物理化学活性较弱,这与前面的矿物成分鉴定是一致的。此外,有机质含量一般小于0.25%。残积土中的游离Si、Fe、Al氧化物等胶结物质含量均小于4%,总量不超过10%。

从偏光显微镜及扫描电镜中可以看出:残积土的结构单元既有单粒,又有叠聚体,单粒主要为石英颗粒和云母,绿泥石碎片,叠聚体主要由高岭石薄片堆叠而成,构成蠕虫状外形,其外形还保留有长石晶形的假象,系由长石风化而来。残积土的胶结类型主要有两种:即基底式胶结和孔隙式胶结。残积土的孔径分布主要集中于细孔,这是其天然孔隙比大、压缩性较大的主要原因。同时,由表面物理化学的有关理论可知,这些细孔为吸附效应的良好场所,是其具有崩解性的重要原因之一。

6.3 残积土的变形特性

残积土的早期勘探成果存在两个突出矛盾:①固结系数$C_v=(6.67×10^{-3}～6.72×10^{-3}cm^2/s)$和渗透系数$(k=3.91×10^{-5}～4.18×10^{-5}cm/s)$的数值与其理论关系$(C_v=k×E_s/r_w)$相差甚远;②室内压缩试验与现场标准贯入及静力触探试验得到的压缩模量值相差2～4倍。显然,弄清残积土出现这些矛盾的原因以及合理地确定土层的力学性指标,对沉降分析十分重要。为此,研究人员进行了补充勘探和一系列试验研究,其中,最重要的内容是开展了残积土的固结试验、加压渗透试验以及现场测试。

(1)残积土的固结试验

砂性较重的土受上覆荷载作用以后往往会迅速固结,其固结系数 Cv 是比较难测的,工程上对于这类土,一般也无须测其固结系数,在地基沉降分析时将其视作透水层即可。由于本工程残积土的固结系数对沉降分析意义重大,需要更准确地掌握该层土的固结性能。为此,开展了残积土的固结试验。

在此之前,地基土的固结试验大多是针对饱和软黏土等细粒土进行,《土工试验规程》中规定,固结试验从加荷后 6s~15s 开始读数,因为 6s~15s 之前,试样的主固结远未完成,如此可以较准确测得 Cv 值。然而,对于残积土,加荷至 15s 时,试样的主固结已完成大半,若仍沿用 15s 之后读数显然是不准确的。图 1.4-25 为某试样量表读数与时间的平方根的关系曲线,可见,两种读数方式得到了两种完全不同的固结系数指标。

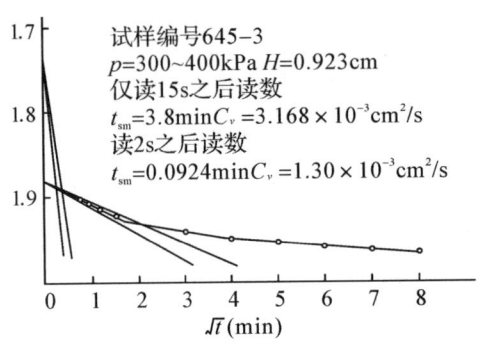

图 1.4-25 时间平方根与固结读数的关系

(2)残积土的有压渗透试验

常规渗透系数试验是在 k_0 状态下进行的,对某些特殊土(如膨胀土),土的渗透系数是在围压不明确的情况下测得的。为研究渗透系数与应力状态间的关系,采用渗压仪进行了加压渗透试验,其中一组典型试验曲线如图 1.4-26 所示。由试验成果可知,随着压力增大,土层的渗透系数曲线愈趋于平缓,当围压达到一定数量时,渗透系数受压力的影响并不明显,也即是一定的附加荷载引起的渗透系数的变化是非常有限的。因此,在固结计算时,渗透系数可根据一定的围压视为常数。

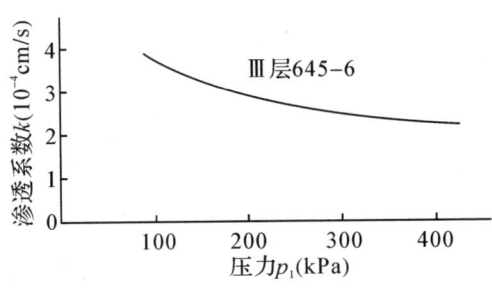

图 1.4-26 渗透系数与压力关系

(3)原位载荷试验与静力触探试验

在观测断面附近的基坑底表面(即残积土层顶板)进行了一组载荷试验,其 P-S 曲线起始直线段明显,变形模量 $E_0=17.5$ MPa,比例界限荷载 $P_1=0.15$ MPa。当荷载在比例界限荷载以内时,沉降达到稳定标准的时间较短,为 4~8h;当荷载超过比例界限荷载,沉降稳定的时间逐渐增大,且很快出现破坏。

静力触探试验数量较多,得到的压缩模量的离散度较大,不过,在不同地段,压缩模量值相对集中。在某些部位存在软弱带,这些软弱带与母岩的成分以及构造作用有关,位置与古沟槽、风化槽相重叠,其走向基本上与地质断裂带走向相符。因此,不同部位的力学指标应该区别对待。在载荷试验点附近,由静力触探得到的III_1层压缩模量平均值为 16.25MPa,III_2 为 20.6MPa。从以上载荷试验与静力触探试验成果可以看出,虽然试验方式完全不同,但所得 E_0 与 E_s 值基本上是配套的,换句话说,静力触探的 E_s 经验关系式对残积土是可行的。

(4)室内压缩试验

鉴于室内压缩试验与静力触探试验得到的压缩模量间的差别,研究人员重新进行了四组室内压缩试验,获得其压缩模量、压缩指数、回弹指数指标,比较原位试验成果,室内试验的 E_0 仍然偏小。说明残积土容易受到较大的扰动。因此,沉降分析的力学指标应该以原位试验成果为依据。

6.4 残积土地基的沉降分析

场道地基的沉降分析采用有限元法,地基土的本构模型采用剑桥模型,这是一种建立在弹塑性理论基础上的数学模式。采用有限元法进行沉降分析,地基土初始应力状态的给定对分析成果影响较大,静止侧压力系数必须和具体的本构模型相适应。

6.4.1 断面情况及计算参数

从场道地基的 7 个沉降观测断面中选取一个有残积土层的典型断面,采用剑桥模型进行了有限元沉降分析,文献[64]依据大量的现场静力触探试验和载荷试验成果经理论换算得到剑桥模型的主要计算参数。地基土的初始应力状态通过计算分析得到,为此,程展林[64]推导出基于弹塑性本构模型的 k_0 表达式,并将其引入地基沉降有限元分析。

6.4.2 地基沉降实测成果分析

为研究地基在任一时间的固结沉降,通常用到地基的固结度 U_0。对于一维问题,平均固结度的理论解可采用曾国熙提出的平均固结度的普遍式:

$$U = 1 - \alpha e^{-\beta} \qquad (1.4\text{-}10)$$

式中:α、β 为待定的参数。并认为,对于不同的排水条件均可以采用以上普遍式。实质上,式中 β 是反映地基固结速度的综合性指标,它是地基土层的固结系数、排水条件、排水距离等因素的函数。对于同一断面的各级荷载,由实测结果反算得到的 β 值应该变化很小;另外,根据实测的沉降—时间曲线可推算出各级荷载作用下的地基最终沉降量,因此,可以得到地基的上覆荷载与最终沉降量的关系线。

道中位置的加载过程线以及实测沉降过程线如图 1.4-27 所示。由计算断面道中的实测沉降推算的部分沉降量在图 1.4-27 中示出。很有意思的是地基的各级上覆荷载与相应的最终沉降量在半对数坐标系中成折线关系,如图 1.4-28 所示。

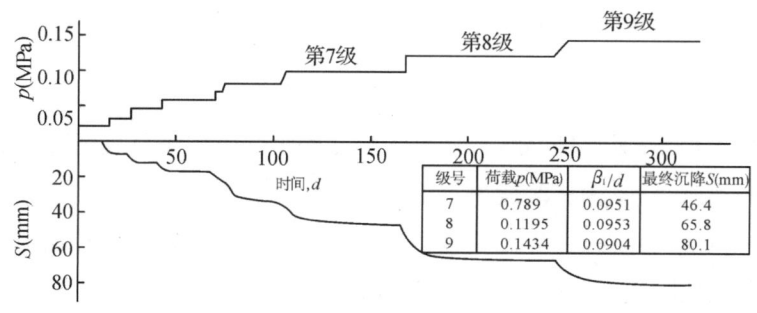

图 1.4-27　加载过程与道中实测沉降过程线

从各级上覆荷载的 β 值可以看出，β 值的离散性较小，由此说明式(1.4-10)中的 β 值确实是反映地基固结速度的综合性指标，亦说明实测成果具有很高的精度(一级填土引起的最大沉降仅 2 cm)。采用 β 平均值，并假定地基为一维单面排水的固结问题，推算出地基的平均固结度系数 $C_v=1.12\text{cm}^2/\text{s}$。这比固结试验得到的固结系数略大，其原因认为有两个：其一，对于场道或路堤地基的固结度计算通常认为可以简化为一维固结问题，但是，从整体来看，因为道肩和道中的起始孔隙压力的不一致，水平排水仍然存在，假定只发生竖向排水的一维固结计算成果可能偏于保守；其二，残积土层中存在相互贯通的孔洞，固结试验测得的固结系数不可能反映孔洞对地基固结的影响。

从图 1.4-28 给出的基坑上覆荷载—沉降关系曲线可以得出，对于计算断面，填土引起的地基沉降可作为一维压缩问题进行分析，事实上，道肩位置的测斜仪观测成果也表明，地基的水平位移很小，根据图 1.4-28 资料，可推算出残积土层的压缩指数平均值为 0.0267，回弹指数平均值为 0.004，$C_c/C_s=6.68$。虽然 C_c、C_s 的绝对值与室内压缩试验指标相差甚远，但两者之比同室内压缩试验成果比较接近。从而证明了剑桥模型参数的合理性。为便于比较，根据 C_c 值以及地基的自重应力情况可以得出地基土层的压缩模量的平均值为 16.9MPa。非常接近原位触探试验得出压缩模量指标，再次证明了残积土的静力触探试验资料的合理性。

6.4.3 数值分析及其可靠性

采用剑桥模型得到的计算成果如图 1.4-28、图 1.4-29。图 1.4-28 中沉降曲线 2 与 3 计算条件的差别仅在于曲线 3 考虑了前固结压力的影响。考虑的方法比较简单，在定地基初始应力状态时，施加上覆荷重 P_c，尔后又去掉这一荷重，仅使土层的屈服面达到与存在 P_c 相应的位置。从图 1.4-28 可以看出，不考虑前期固结压力的影响，沉降值偏大，这对于弱超固结土具有普遍意义。基坑开挖后应力水平等值线如图 1.4-29 所示。拦淤堤趾为高应力水平区。

由以上部分计算成果与实测成果间的比较可以得知，要使计算成果合理是完全可能的，但要把握几个关键问题。即合理的本构模型及其参数以及对地基初始应力状态的确定。

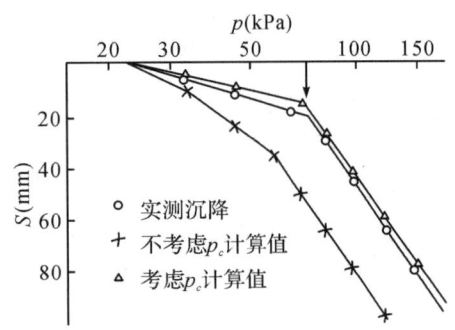

图 1.4-28 上覆荷载与道中最终沉降关系

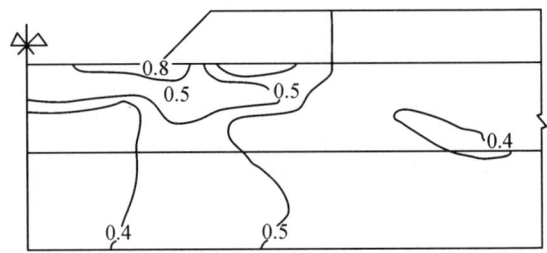

图 1.4-29 基坑开挖后的应力水平等值线

6.5 结语

围绕深圳机场残积土地基的沉降问题，长江科学院开展了一系列颇有创新意义的分析工作。研究表明，对于残积土，由于易受扰动，室内试验成果不能反映土的真实力学特性，因此，提出了应用原位测试成果进行地基土变形指标反算的思路，并运用剑桥本构模型和有限元分析方法对地基沉降进行了分析。沉降观测成果表明，这种思路是可行的，也是符合工程实际的。

弹塑性有限元分析遇到的问题较多，比如非线性迭代计算的收敛性、破坏单元的应力迁移等，这些问题在有关文献已作了阐述。即使是这些问题处理得很好,但地基的初始应力状态假定不当,也将导致计算成果不合理。本文导出的与弹塑性本构模型相应的表达式以及 k_0 值与强度指标间的内在关系是有意义的。对于工程中所遇到的非理想的正常固结黏土地基,恰当地考虑前期固结压力的影响是重要的。

参考文献

[1] 长江科学院. 长江科学院土工科研三十五年[M]. 武汉:长江出版社,1987.

[2] 包承纲. 包承纲岩土工程研究文集[M]. 武汉:长江出版社,2007.

[3] 长江科学院土工室. 南水北调工程中线渠道膨胀土(裂土)边坡的稳定问题[R],1991,6.

[4] 长江科学院土工所. 南水北调中线总干渠边坡稳定分析及特殊土渠段处理措施[R],1993,10.

[5] 长江科学院土工所. 南水北调中线工程膨胀土渠道开挖边坡稳定性离心模型试验及有限元分析[R],1995,8.

[6] 龚壁卫,刘艳华,包承纲等. 膨胀土边坡的现场吸力观测[J]. 土木工程学报,1999,No1,Vol. 32.

[7] 龚壁卫,包承纲,周欣华. 总干渠膨胀土渠坡处理措施探讨[J]. 长江科学院院报,2002,19(增刊):108-111.

[8] 程展林,龚壁卫. 膨胀土边坡[M]. 北京:科学出版社,2015.

[9] 长江水利委员会长江科学院,河南省水利勘测设计研究有限公司,河海大学. 南水北调中线一期工程总干渠膨胀岩试验段(潞王坟段)现场试验研究报告[R],武汉,2011,5.

[10] 长江水利委员会长江科学院,长江水利委员会长江勘测规划设计研究院,南水北调中线干线工程建设管理局,河南省水利勘测设计研究有限公司等. 国家"十一五"科技支撑课题"膨胀土地段渠道破坏机理及处理技术研究总报告"[R],武汉,2011,12.

[11] 长江水利委员会长江科学院,长江勘测规划设计研究有限责任公司,南水北调中线干线工程建设管理局,河海大学、中国水利水电第三工程局有限公司. 国家"十二五"科技支撑课题"膨胀土水泥改性处理施工技术研究总报告"[R],武汉,2014,12.

[12] 长江水利委员会长江勘测规划设计研究院. 膨胀土体的裂隙分布研究[R]. 国家"十一五"科技支撑课题专题——子课题2研究报告,2011.

[13] 刘特洪. 工程建设中的膨胀土问题[M]. 北京:中国建筑工业出版社,1997.

[14] 柯尊敬. 对胀缩性土评定指标的初步探讨[J]. 广西大学学报,1977,1.

[15] 李生林等. 塑性图在判别膨胀土中的应用[J]. 地质评论,1984,34(4).

[16] 李生林,秦素娟,薄遵昭,等. 中国膨胀土工程地质研究[M]. 南京:江苏科学技术出版社,1992.

[17] 姚海林,程平,杨洋等. 标准吸湿含水率对膨胀土进行分类的理论与实践[J]. 中国科学E辑. 2005,35(1):43~52.

[18] 姚海林,杨洋,程平. 膨胀土的标准吸湿含水率及其试验方法标准[J]. 岩土力学,2004,25(6):856~859.

[19] 汪明武,金菊良,李丽. 可拓学在膨胀土胀缩等级评判中的应用[J]. 岩土工程学报,2003,25(11).

[20] 傅鹤林,范臻辉,刘宝琛. 利用人工神经网络模型判定膨胀土等级[J]. 中国铁道科学,2002,23(10).

[21] 陈善雄,余颂,孔令伟,等. 膨胀土判别与分类方法探讨[J]. 岩土力学,2005,26(12).

[22] 李志洪,赵兰坡,窦森. 土壤学[M]. 北京:化学工业出版社,2008.

[23] 张明炷. 土壤学与农作学[M]. 北京:水利电力出版社,1992.

[24] 缪林昌,严明良,崔颖. 重塑膨胀土的电阻率特性测试研究[J]. 岩土工程学报,2007,29(9):1413—1417.

[25] 董振亮,蒋引珊. 蒙脱石八面体层中($Fe^{3+}+Mg^{2+}$)含量和晶胞参数 b0 对蒙脱石—水体系电导的影响[J]. 硅酸盐学报,1993,21(1).

[26] 刘松玉,查甫生,于小军. 土的电阻率室内测试技术研究. 工程地质学报. 2006,14(2):216-222.

[27] 查甫生,刘松玉,杜延军等. 电阻率法评价膨胀土改良的物化过程. 岩土力学. 2009,30(6):1171-1178.

[28] 敬芸仪,邓良基,张世熔. 主要紫色土电导率特征及其影响因素研究[J]. 土壤通报,2006,37(6):616-619.

[29] 蔡阿兴,陈章英,蒋正琦等. 我国不同盐渍地区盐分含量与电导率的关系[J]. 土壤,1997,1:54-57.

[30] 谭罗荣,孔令伟. 特殊岩土工程地质学[M]. 北京:科学出版社,2006.

[31] 肖振舜,蒋顺清. 南阳盆地膨胀土的理化特性[J]. 全国首届膨胀土科学研讨会论文集. 成都:西南交通大学出版社,1990.

[32] 孙宇瑞. 土壤含水率和盐分对土壤电导率的影响[J]. 中国农业大学学报,2000,5(4):39-41.

[33] 林义成,丁能飞,傅庆林等. 土壤溶液电导率的测定及其相关因素的分析[J]. 浙江农业学报,2005,17(2):83-86.

[34] 龚壁卫,鞠佳伟,叶艳雀. 用电导率测定自由膨胀率的方法研究[J]. 岩土工程学报,2011,33(8).

[35] Huder J., Amberg G. Quellung in Mergel,Opalinuston and Anhydrit[J]. Schweizerische Bauzeitung,1970,88(3):975~980

[36] Brackley I J A. Swell under load//Six regional conference for africa on soil mechanics & foundation engineering. SouthAfrica,1975,65~70

[37] 孙钧,李成江. 复合膨胀渗水围岩:隧洞支护系统的流变机理及其黏弹塑性效应. 上海:中国科学院基金资助课题研究报告,1985,3:46~102

[38] 韦秉旭,周玉峰,刘义高,等. 基于工程应用的膨胀土本构模型[J]. 中国公路学报,2007,3(2):18~23.

[39] Einstein H H. Suggested methods for laboratory testing of arginaceous swelling rock,Int. J. Rock Min Sci ,1989,26(5):415~426.

[40] Witte W,Rissler P. Dimensioning of the liming of wnderground openings in swelling rock applying the finite element method[M]. Institute for Fowndation Engineering,Soil Mechanics,Rock Mechanics and Water Was Construction,RWTH(University),1976,2:7~48.

[41] 杨庆. 膨胀岩与巷道稳定[M]. 北京:冶金工业出版社,1995.

[42] 孔德坊等. 裂隙性黏土[M]. 北京:地质出版社,1994.

[43] 张永双,曲永新. 硬土/软岩(岩土间新类型)的确认及其判别分类的研究[J]. 工程地质学报. 1999,8(增刊):309-313.

[44] 曲永新,吴芝兰,徐晓岚等. 对中国东部膨胀岩的研究[J]. 软岩工程,1991,(1-2):1-13.

[45]张品萃,许国琳. 膨胀岩部分膨胀性指标测定方法初探[J]. 地质灾害与环境保护.1998,9(4).

[46]张永双,曲永新,周瑞光. 南水北调中线工程上第三系膨胀性硬黏土的工程地质特性研究[J]. 工程地质学报,2002,10(4):367~388.

[47]饶锡保,何晓民. 长江水利委员会长江科学院. 南水北调中线穿黄工程南岸连接段地基土工程性质试验研究报告[R]. 武汉,1996.

[48]周欣华,姜志全. 长江水利委员会长江科学院. 南水北调中线穿黄工程南岸渠道边坡及临时河高边坡稳定性分析研究报告[R]. 武汉,2005.

[49]周跃峰,谭国焕,甄伟文. 原状黄土剪缩性测试与理论分析[J]. 岩石力学与工程学报,2015,34(06):1242-1249.

[50]Zhou Y. F., Tham L. G., Yan W. M. et al. The mechanism of soil failures along cracks subjected to water infiltration,Computers and Geotechnics,2014,55,330-341.

[51]钱家欢. 分散性土作为坝料的一些问题[J]. 岩土工程学报,1981,3(1):94-100.

[52]黑龙江水利勘测设计院. 分散性黏土译文集.1982.

[53]蒋国澄. 黏性土的结构稳定性及其某些特殊土的性状[J]. 岩土工程学报,1986.8(4):70-75.

[54]刘杰. 土石坝渗流控制理论基础及工程经验教训[M]. 北京:中国水利出版社,2006.

[55]王观平,张来文,阎仰中等. 分散性土与水利工程[M]. 北京:中国水利水电出版社,1999.

[56]樊恒辉,孔令伟. 分散性土研究[M]. 北京:中国水利水电出版社.2012.

[57]长江水利水电科学研究院. 索马里与黑龙江土样的分散性鉴别与改良[R].1987.2

[58]王湘凡特殊土工程性质的研究(红土、膨胀土、分散性土),《长江科学院土工科研三十五年》,长科院,1987.

[59]王幼麟. 红黏土工程特性物理化学研究的浅见[R]. 长江水利水电科学研究院,1986,7.

[60]王幼麟. 黏性土结构特征的研究方法与问题[R]. 长江水利水电科学研究院,1982,8.

[61]龚壁卫,李仲秋. 云南省文山机场土石方工程碾压试验段研究报告[R]. 长江科学院土工所,2004,7.

[62]许仲生. 丹江口枢纽左岸土石坝张芭岭—尖山坝段坝基红层底部溶蚀残积土土工试验报告[R]. 长江科学院土工所,1966,11.

[63]李青云. 深圳机场残积土的微观试验研究[J]. 土工基础,1994,8(2):20-25.

[64]程展林. 残积土地基沉降分析[J]. 岩土工程学报,1992,14(S):72-79.

[65]冯光愈,曹星. 深圳机场场道工程换填地基的沉降分析与观测[J]. 长江科学院院报,1991,12(S):46-53.

[66]包承纲,程展林,蒋乃明等. 深圳机场场道工程步也基沉降分析[J]. 人民长江,1990,9(21):17-23[R].

第5章 非饱和土特性研究

1 概述

1.1 非饱和土的特点和长科院的工作

地球上大部分的表层土均处于非饱和状态,真正的饱和土在自然界是很少的,不仅在那些干旱和半干旱地区的陆地,就是在河底、海底及其附近地区的土层,例如海洋底下含油或含气的沉积物等,也可能处于非饱和状态。近些年,由于全球干旱加剧,这种非饱和土区域更加扩大了,由此,非饱和土带来的工程问题和农业问题也越来越多,研究的迫切性也日益增加。

什么是非饱和土,它有什么特点,为什么研究那么困难,其关键问题是什么?

一般说来,非饱和土与饱和土不同,它是一种三相土,非饱和土中不仅有固相(土粒及部分胶结物质)和液相(水和水溶液),而且还有气相(空气和水汽等)存在。气相的存在使土的性质大为复杂化,导致其基本性质与饱和土有显著的区别。这些特性给非饱和土工程性状的研究带来了许多困难,以致目前对非饱和土基本性质的研究仍不很成熟,而非饱和土的理论原理和计算方法以及它们介入工程的程度则还处于初步阶段。

为什么气相的存在会带来那么多的麻烦? 非饱和土因气相的存在导致其性质复杂化的问题,不仅在于气体本身会使土中流体具有可压缩性,或者气与水之间会在一定条件下发生溶入或逸出等现象,更主要的是固、液、气三相之间界面上形成的界面现象(如表面张力现象),有人将这种界面定义为土中的第四相—收缩皮(contraction skin)[1]。它的存在使土中的两种流体承受着不同的压力(即孔隙水压力和孔隙气压力会出现显著的差别)。而且在许多情况下,孔隙水由于受表面张力作用而在土中出现了负孔隙水压力,即吸力,这是非饱和土与一般饱和土具有不同特性的重要原因之一,于是饱和土的许多理论原理与计算方法不再适用于非饱和土[1][2]。而吸力的问题也就成为非饱和土研究中的一个中心问题。

在地球上干旱与半干旱地区,由于受气候条件的影响,存在着若干种具有特殊性质的土类,如膨胀土、崩解土(黄土等)、残积土、红土等,工程上统称为"特殊土"。它们均具有非饱和土的基本特性,即土体内通常存在着吸力。这种特征在膨胀土中表现得尤为明显和重要。因此,非饱和土理论就越来越密切地介入到膨胀土的研究中。这样不仅增加了膨胀土研究的活力,开阔了探索的视野,而且鉴于非饱和土力学的理论研究已有一定进展,也使今后膨胀土研究有了一定的理论积淀,从而使研究向着更加理性化的方向发展。

长江科学院所承担的南水北调中线工程,其总干渠(总长1260多km)在湖北、河南、河北等地区某些渠段,需跨过膨胀土地层,这些渠段的总长超过300km。为保证膨胀土地段渠坡的稳定性,膨胀土特性的研究不得不被提到议事日程。这种研究最早始于20世纪60年代,但正式把它纳入非饱和土研究轨道,则是在20世纪70年代。2004年,包承纲在岩土工程的最高殿堂"黄文熙讲座"上做了题为《非饱和土的性状及膨胀土边坡的稳定问题》的报告,[3] 成为应用非饱和土理论解决工程实际问题的最佳范例。该论文当年在《岩土工程学报》发表,并被评为当年国家科协的优秀论文。90年代末至21世纪初十来年结合南水北调中线工程,长江科学院又展开了大量的研究。本章中,将以南水北调中线工程总干渠膨胀土渠段的边坡问题等为工程背景,把以往我院几十年在非饱和土方面的某些研究成果加以归纳和提升,提出一些非饱和土的研究思路和成果,为今后的进一步发展提供基础。文中将首先介绍非饱和土特性方面的若干研究成果,其中主要涉及在以往二十多年以及近期所做的一些工作[4]-[6],其后,以吸力问题为中心,对非饱和土理论进行较为详细的阐述,再后,对非饱和土的工程意义采用若干工程实例进行介绍,对边坡滑动的各种内在的和外界的因素进行分析,尤其是对近来研究的降雨入渗和裂隙影响的成果进行了较为详细的阐述,这些成果在前人的文献中尚不多见。最后,对非饱和土的研究现状和今后方向做了评述和展望。

1.2 非饱和土研究的历史和现状评述

由于全球气候的变化,世界上不少地区的雨量减少,再加上人类对水的需求越来越大,致使许多地区地下水位逐年下降,中国北方地区的情况尤其严重,导致地下水位以上的非饱和土范围更加扩大。它除了影响人类的生态环境外,对工程也带来新的危害,使相关的工程问题屡有发生。这些工程包括:堤坝、道路,浅层地基变形,天然边坡和人工开挖边坡稳定等。在世界上有超过60%以上的国家都曾经或者正在遭受这些非饱和特殊土所带来的工程危害。据统计,其所造成的损失在美国居然超过风灾、洪灾、地震、泥石流等自然灾害损失的总和,年损失达数百亿美元(Steinberg 1998)[8]。面对日益严重的非饱和土工程问题,岩土工作者不得不认真应对,并就其性状和防治补救措施进行研究。

非饱和土的研究从20世纪30年代起,至今已有70余年的历史。最早的工程问题出现在美国西部大开发时期,尤其是美国垦务局(USBR)在开发美国西部干旱地区的工作中遇到了许多发生在土坝、渠道和公路等建筑中的非饱和土工程问题。为此,美国垦务局投入了大量的精力从事这方面的研究,并发展测试技术,提出了预测土坝填土中起始孔隙压力的计算公式(Hilf,1948)和测定负孔隙水压力的试验方法,并研制了相应的设备,获得了第一批有关非饱和压实土特性的试验成果。稍后,英国本土及若干殖民地也都遇到膨胀土等非饱和土问题,他们从理论到试验做了许多开创性的工作。上述这些工作在1960年美国科罗拉多召开的"黏性土抗剪强度会议"和伦敦召开的"孔隙压力和吸力"会议上得到了很好的反应。若干资深的研究者发表了几篇有关非饱和土研究的总结性长文,产生了很大的影响,其代表性人物有美国的Gibbs H J, Hilf J W, Seed H B,和英国的Bishop A W等[9]-[11]。这是非饱和土研究的第一阶段。

非饱和土研究的第二个热潮出现在20世纪70年代至80年代,其代表性人物有D. G. Fredlund和N. R. Morgenstern[12]以及西班牙的Alonso, EE[13]等,他们的成就将在下面提到。这一阶段对非饱和土特性的研究十分活跃。

第三阶段从20世纪90年代在巴黎召开的第一届国际非饱和土会议,延续至今。在第一届国际非饱和土会议(1995)的水平报告中[14,15],Fredlund教授和Delage教授均指出:"目前非饱和土力学理论研究已经发展到可以把传统的饱和土力学当作一个特例的统一土力学理论。"其主要特征是将膨胀土的研究纳入了非饱和土的范畴,把已经开了7次的膨胀土国际会议并入了非饱和土国际会议,从而把非饱和土的理论研究,向实用化道路迈出了重要的一步。纵观国际上关于非饱和土的研究可以归纳为三个流派:即Bishop流派,Alonso流派和Fredlund流派。

国内关于非饱和土的研究可追溯到"文革"前后(1965—1979)。其代表性的著作有二:一是水科院俞培基、陈愈炯发表的"非饱和土的水气形态与力学性质的关系"(水利学报,1965)[16]。另一是长科院包承纲在第三届全国土力学会议(杭州)上发表的"非饱和土的气相形态及其与孔隙压力消散的关系"[3][4]。这两篇文章都研究了非饱和土的最基本的气水形态问题,开创了我国关于非饱和土研究的先河。在80年代和90年代,有关非饱和土的研究逐渐多了起来,一方面是在高等学校的博士生论文选题中广为选用,但这些论文的内容以理论性研究和计算技术方面的探讨较多,对于比较费时费力的基本性质和测试技术的研究,除陈正汉等少数研究者外,报道较少。另一方面,在20世纪末,由于大规模的建设,工程中遇到的特殊土(膨胀土、黄土、残积土、红土等)问题增多,清华大学、铁道科学研究院、广西大学等与加拿大方面合作,开展了非饱和膨胀土的现场与室内试验研究,并于1992年和1996年分别在北京和武汉召开了非饱和土专题研讨会,从此,我国的非饱和土的研究进入了与工程相结合的阶段。2005年,在浙江大学召开的第二届全国非饱和土学术研讨会反映了这方面的成绩[17]。

然而,非饱和土理论在工程中应用似乎落后于理论研究的进展,非饱和土的许多研究成果还未在工程中得到应用。直到目前,非饱和土问题还是主要被一些研究者所关心,工程师们对此兴趣不大,许多工程师仍习惯于利用传统的饱和土力学理论来处理非饱和土问题,并且想当然地认为:基于饱和土力学理论的工程设计方法对非饱和土总是偏于安全的。因此,非饱和土问题在工程中被忽视的现象仍然存在。

诚然,在人类的科学技术发展史上,不乏有些科学发现或研究成果在初期被冷落,或者被排斥的例子。但就非饱和土问题来说,为什么会出现这种情况,以往所走的路有哪些值得我们检讨?今后的路应如何走等疑问,却是土力学工作者必须思考和回答的问题。

2 非饱和土研究中的基本问题

2.1 气水形态研究的意义

前已指出,非饱和土与饱和土的根本区别在于孔隙中存在着气体以及气、水与土骨架三相之间的复杂的界面现象。非饱和土中气相的存在使非饱和土的性质远比饱和土复杂得多。气体具有随压力和温度发生体积变化的性质;它会随压力的变化而溶解在水中或者从水中逸出的特性。气与水交界面的表面张力现象导致孔隙流体中的水压力和气压力存在差异,从而使非饱和土中存在吸力。在现场许多情况下,孔隙气压力等于大气压力,致使非饱和土中孔隙水压力处于负值,此即为土中的吸力。吸力的存在和气体的易变性使得非饱和土的力学性状与饱和土有很大的差别。不难看出,气相是非饱和土中最活跃的因素。因此要了解非饱和土的特性,认识它的真面目,就必须研究当土中水分变化时,孔隙中的水和气的形态如何,尤其是易变的气相形态是如何随水分变化而变化的,它又如何影响了界面毛细现象的存在。因此,气水形态问题的研究应是非饱和土首要研究的问题。在以往许多非饱和土文献中,首先指明该文所研究的问题是针对何种气水形态而言的。但也不少文献没有指明这个前提,这就使所研究的东西缺乏明确的对象,或者说无的放矢,这样的成果其意义就很难评价,也不好应用。

2.2 气水形态的划分

2.2.1 研究简况

有关气水形态方面的工作可以追溯到半个世纪之前。1957年的Corey[18],1963年的Yoshimi & Osterberg[19],1965年的俞培基和陈愈炯等都提出过气水形态划分的问题,其中俞、陈提出的"气水三阶段"划分法比较简单明了(图1.5-1),给后人以很好的启示。70年代,包承纲[3]在压实土试验的基础上提出了"气相四形态"划分,并以吸力试验、渗气性试验来验证上述划分的合理性,同时进行非饱和土的孔压消散试验来解释气水的运移规律。1996年S.K.Vanapalli[20]在分析土水特征曲线的基础上提出按吸力大小划分非饱和土四个阶段的学说,并将其与抗剪强度联系了起来。他的划分与包承纲1979年的划分有相似之处。

在20世纪末和21世纪初,我国土力学界结合非饱和土的有效应力原理的讨论,对气水形态和吸力的本质等问题的研究又重新活跃起来,汤连生和王思敬认为,"在进行非饱和土的水、气运移特性及其有效应力的研究中,一定要重视不同的工程分类土的气、液、固三相的相互作用及表面张力现象的研究"[21]。他们建议,非饱和土按其含水状态划分为悬挂状非饱和土、索状非饱和土和孤立空气非饱和土三种,三种含水状态非饱和土的湿吸力遵循的规律不同,其有效应力表达式也截然不同。苗天德等[22]的论文在题目中就指明他们的研究是针对"低含水率非饱和土"而言的,其特征是气相连续的非饱和土,与外界大气取得平衡,此时气相连通并可传递压力。

在上述的各种划分中大致可归结为两种主要类型,即俞、陈的"水气三阶段"划分和包的"气相四形态"的划分。前一种划分法即"水封闭(气开敞)""双开敞(水气均开敞)"和"气封闭(水开敞)"比较简单明了,如图1.5-1所示。国外也有学者提出了三阶段划分的图式,有点类似,如图1.5-2。

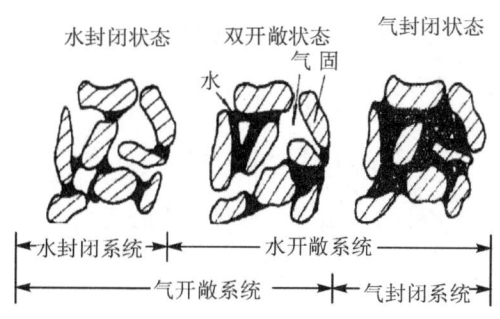

图1.5-1　俞、陈的气水形态三阶段划分

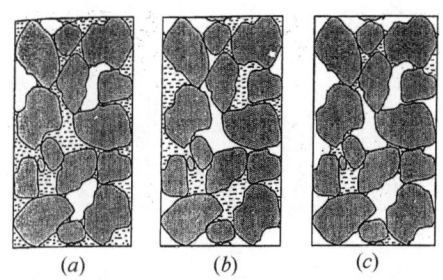

图1.5-2　国外学者气水形态三阶段划分

下面将着重对长科院包承纲提出的四阶段划分的基本内容进行讨论,并联系俞、陈的三阶段划分法加以叙述。

2.2.2　气水形态研究中的若干假定[3]

(1)非饱和土骨架中间的孔隙是由许多粗细不同、形状各异的"管道"体系组成的。"管道"的大小是变化的,有的是狭颈,有的是较为宽阔的空腔;

(2)各管道内部可以互相连通(总能找到可以连通的通道)且与外界(大气)有通路;

(3)土粒表面的结合水膜作为固相的一部分,不作为液相看待,水中的溶解物作为液相处理,气体服从波义耳定律($PV=P'V'$);

(4)当土中具有一定量的水分时,土体的外表面(或表部)会形成弯液面,即土体的表部会首先被封闭起来;

(5)土中的水有的可因重力作用而发生运动,有的可因水分子受力不平衡而发生迁移(毛细作用),它们的驱动因素不尽相同。

2.2.3　气相形态的分析

非饱和土体中存在大小和形状多变的孔道体系,当水分很少时,水分只能占据细的狭颈孔道,且互不连续,这时气相与外界大气连通(平衡)。这种状态在俞、陈划分法中称为气开敞。而在包的划分法中称为气相的完全连通(连续)形态。与此相反,当土中的水分很多时,液相不仅占据了全部小孔道,而且也占据了大孔道,气相被液体分割包围,形成孤立气泡悬浮于液体中,气相完全被封闭,与大气不能连通,固液气三相的界面现象消失,这时,非饱和土的性状与饱和土的差别主要在于前者孔隙中的液体是可压缩的,而后者不可压缩,此即为气相的完全封闭状态。

上两种情况比较极端,也比较简单,介于上两阶段之间的形态,则要复杂得多,对此,有不同的划分法,三阶段划分法将其称为"双开敞"阶段,即气相和液相均向大气开敞的意思,但这样划分似乎过于简单化了。事实上,"双开敞"的形态是一个很不稳定的阶段。当水分从"气相完全连通形态"增大时,土体中的部分不连续水相可以逐步地接续起来,并与外界相通。但这种情况只是部分发生,其余部分仍保留着气相与外界(大气)连通的状况。在这一阶段,土体受压后的变形必然仍相当迅速。这阶段在四形态的划分中称之为气相的部分连通形态。

当土中的水分继续增多时,不连续水的接续现象会继续发展和漫延,由于毛细水的迁移,在土体的表面附近首先将会形成连续的水膜,从而把气相与大气暂时隔离开来。这时,气相仅在土体内部存在连通现象,它在四形态划分中称为气相的内部连通形态。以下研究资料表明,非饱和土处于内部连通与处于部分连通时的性状将有显著的不同。这4种气水形态可以形象地以图1.5-3表示。

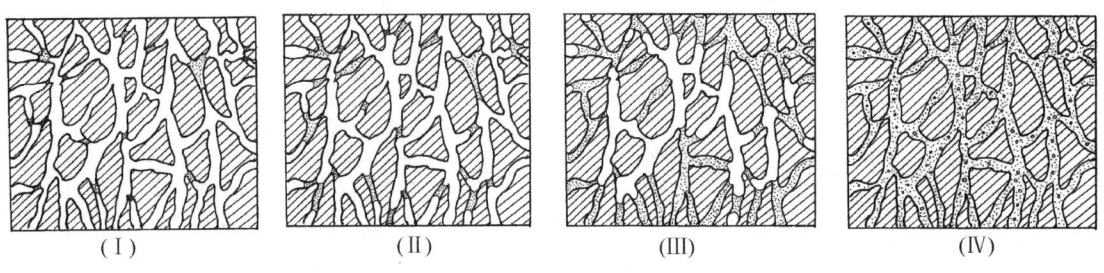

图 1.5-3　包承纲划分的四种气水形态(1976)

在上述四种形态中,不言而喻,部分连通与内部连通两种形态将是非饱和土力学的主要研究对象。因为对于完全连通状态,可以看作干土,问题比较简单;而对于完全封闭形态,则可将它简化为内部充满可压缩流体的饱和土,许多饱和土的成果可以延伸和利用,故不是非饱和土研究的重点。

2.2.4　气相形态的研究和渗气性试验

为了验证上述气相形态,进行了吸力试验和渗气试验。吸力试验是对压实壤土试样采用暴露底板法(exposed-end method)进行,详见有关文献。试验成果如图1.5-4示,图中除吸力与含水率关系外,还有干密度和饱和度与含水率关系。

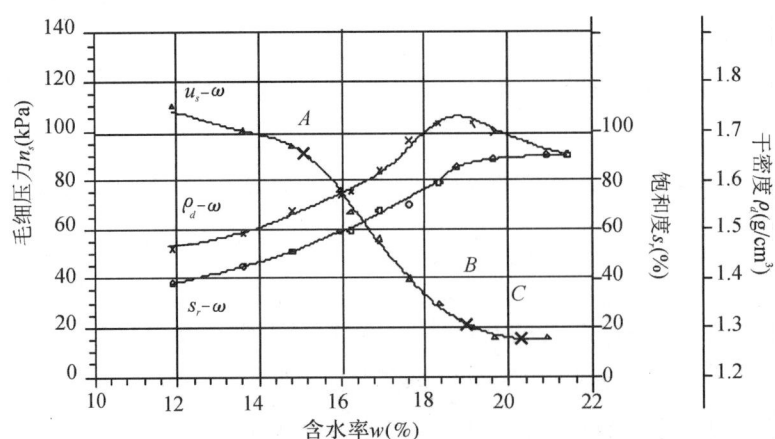

图 1.5-4　不同含水率的毛细压力(吸力)变化 w 曲线

从图中可以发现曲线上的几个特征点 A、B 和 C。在 A 点之前($w<15.2\%$),吸力 u_s 值较高,且随含水率 w 的变化不大,这正是完全连通形态的特征。随着 w 的增大,吸力急剧地下降,但到达 B 点后,吸力的减速明显减缓,当进入 C 点后,则基本不变了。AB 之间反映了气相部分连通形态的特征,这是气相最活跃的阶段,此时毛细水在土中的运移也十分频繁;BC 段即为气相的内部连通形态阶段,B 点在击实曲线 (ρ_d-w) 上对应着峰值点,这时,土中的孔隙,尤其是土体周边部分的孔隙,其孔径较小,导致毛细水膜在周边的狭径上遍布,阻断了气相与大气的通过。这时,只有当气相的压力足够大的情况下,才可能突破水膜的屏障破门而出。这种现象可以在下面的渗气性试验中得到证实。

所谓渗气性是在一定的压力梯度下气体透过土体的能力,渗气性高,表示土中气相的连通性好。相反,当孔隙为水所占据时,就会阻碍气的渗透。

渗气性试验时,气压分级施加,然后逐渐降低,依此求得不同气压梯度下的渗气量与含水率的关系,如图 1.5-5 所示。可以看到,在 A 点之前,渗气性基本上不受含水率的影响。在 AB 之间,渗气量变化很大,超过 B 点后,渗气性很低了。分析一下渗气系数 K_a 与压力梯度 i 曲线(图 1.5-6)是很有意思的。当含水率 $w\leqslant 17.3\%$ 时,增压曲线与减压曲线是重合的,这说明气体的进与出基本上无阻隔的。当 $w=18.2\%$ 时,两类曲线出现了分叉,其分叉的程度随 w 的增加而变得明显,这是因为气相在增压到一定程度时,土体表面的水膜被冲开,使渗气性增高。这种过程并不完全可逆,因此减压曲线不再沿循增压曲线的轨迹,这一点在上面的分析中已经提及,从而再次验证了气相内部连通形态的存在。

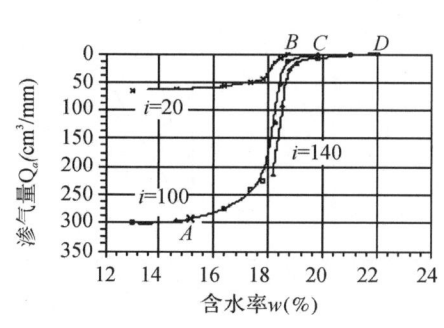

图 1.5-5 渗气量与含水率关系曲线

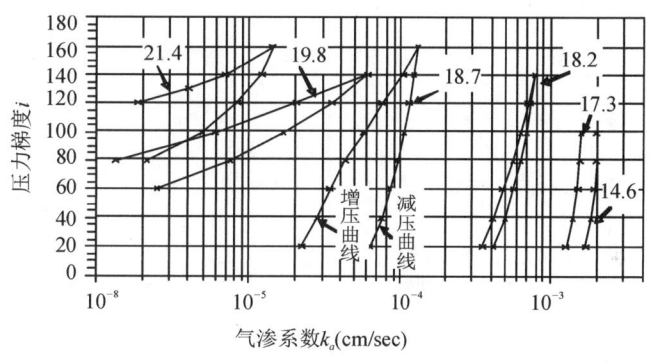

图 1.5-6 不同含水率下渗气系数与压力梯度关系曲线

2.2.5 孔压消散试验

鉴于孔压的消散最能反映土体孔隙中流体的移动、流体的排出和土粒位置调整的情况,因此还进行了孔压消散试验。这种试验在一定程度上也可反应非饱和土与饱和土性状的不同。试验是在略加改装的三轴剪力仪上进行的,试样顶部测孔隙气压力。室压力分三级施加,在每级压力下待孔隙水压力和孔隙气压力稳定后,打开顶部阀门进行消散至 90% 消散度后,再加下一级压力并消散,如此连续进行三级消散。图 1.5-7 显示了不同气相形态下孔压的发展过程,其中的(a)(b)(c)和(d)图分别属于四种气相形态。在完全连通的气相形态下[图 1.5-7(a)]孔压均为负值。这时,当土体受荷后排出的流体仅为气体,且固结过程进行得很快;图[1.5-7(b)]属部分连通形态,在开始时,孔压是负的,但孔压随外荷的增高而增大,当外荷较高时,孔隙水压力会变成正值,孔压的变化正是由于孔隙气压力的增大而造成的。本阶段排出的仍以气体为主,水处于张力状态不会排出,因此固结速率也比较快。在内部连通形态下[图 1.5-7(c)],开始为负孔压,但当施加很小的外荷后,试样底部均变为正孔压,而消散速率则显著变慢,这正是土中孔隙的出口处被水封闭造成的。由于孔隙气压力增高,气与水均可能排出,因为气体会冲开水膜的封闭,这就是图 1.5-6 中增压曲线与减压曲线分叉的原因,这个过程是不可逆的。与第二形态(b)相比,它的固结速率明显变慢,且随含水率的不同,变化很大。因为水的排出显然比气体的排出要慢,且水的排出比例越多,排出越慢。图[1.5-7(d)]为完全封闭形态,这时负孔隙水压力已不存在,与饱和土的情况有些类似。但排出的液体为挟气水。挟气水的排出速度必然比纯水的排出速度慢。随着挟气水中含气量的减少,排出速度会逐渐变快,直到挟气量为零时达到饱和土的固结速度。因此在第三形态(c)和第四形态(d)之间,必有一消散速度最慢的状态,这正是两种气相形态的分界点,如图1.5-8所示[3]。

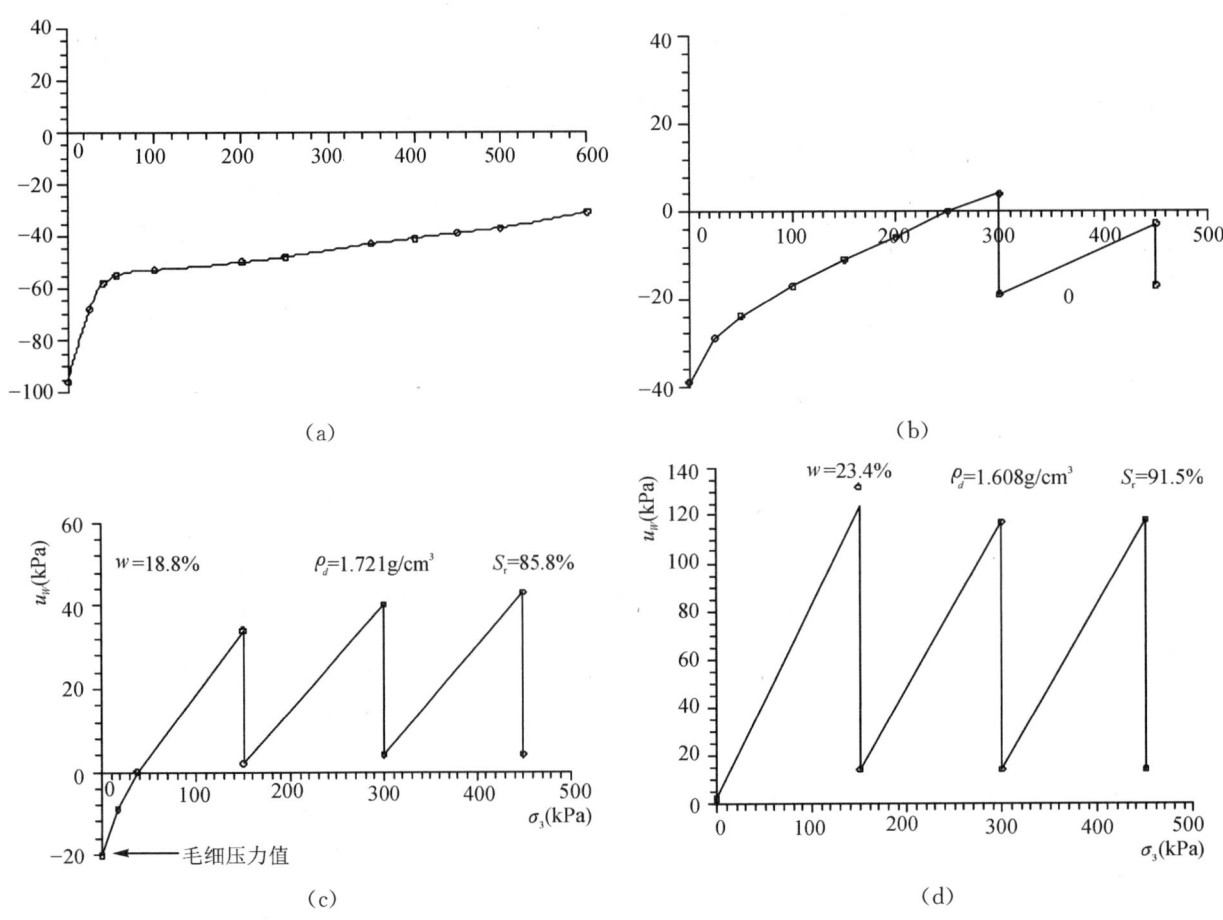

图1.5-7 不同含水率试样的孔隙压力与周围压力关系曲线

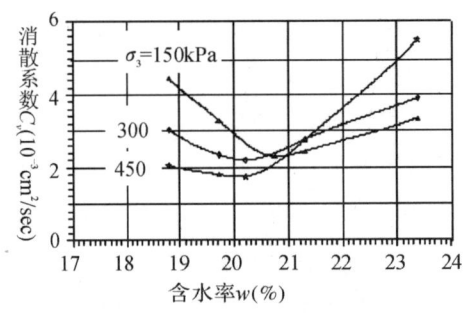

图1.5-8 不同压力下消散系数与含水率关系曲线

回顾这两种气相形态的划分方法,虽有区别,但它们的基本观点是一致的,即都认识到水、气的形态和水、气在受力后的运移规律是研究非饱和土的一个基本问题。当研究非饱和土特性时,区别不同的气相形态是进行性研究的必要前提。这就是说,随着土中水、气比例的变化,它们的形态是变的。非饱和土中的水、气运移规律及其固结速率、变形特性和强度特性等力学性状也会随水、气状态的变化而变化,甚至发生根本性的变化(包承纲等,1998)[23]。因此,当讨论非饱和土的性状时,应当说明针对那一种气、水状态而言,否则就没有意义。对于不同气、水形态阶段的非饱和土,应采用不同的研究方法和试验技术,并建立不同的本构关系式和理论分析方法(包承纲,2004;Zhan,2003)。

3 非饱和土应力状态变量的研究

从20世纪50年代中期以来,许多学者相继提出了不少非饱和土的有效应力表达式,并进而建立了非饱和土的强度公式。然而由于非饱和土性质受固、液、气三相相互作用的影响,其问题远比饱和土复杂,因此至今尚无一个满意的结果。

3.1 单应力变量公式

有效应力原理在饱和土中的成功,很自然地促使一些人将它推广到非饱和土中。英国的Bishop在20世纪50年代中期首先提出了一个试探性的非饱和土有效应力公式,以后在1959年正式发表了这个式子[24]:

$$\sigma' = (\sigma - u_a) + \chi(u_a - u_w) \tag{1.5-1}$$

Bishop是根据混合流体理论提出这个表达式的,其实质就是要像饱和土那样,建立非饱和土的变形和强度仅依赖于式(1.5-1)中的有效应力σ'的唯一的关系。他用一个系数χ来反映土中气相的影响,并认为它必与土的饱和度(含水率)有关,但χ值的物理意义不明确,该值对强度和变形问题的数值不同。而且该式未充分认识水气界面的表面张力的作用,因此其后受到了不少同行的质疑。

Jenning & Burland(1962)[25]通过不同土类的试验证明,该公式不能正确反映许多土低于某一临界饱和度时的性状,并明确指出上式表达的不是有效压力,而只能称为"等效粒间应力"。他们还发现:只有当吸力很小时(即饱和度很高),该等效粒间应力与吸力才有单一的关系(单值的χ)。Colemn(1962)[26],Blight(1965)[27]和Matyas & Radharkrishna(1968)[28]也发现:饱和度S_r与有效应力参数χ之间没有唯一的关系,χ值对体变问题与用于强度问题时不是一个统一的值。Fredlund(1977)[29]指出:作为一个应力状态变量,上式不应该包括土性参数(χ)。因此,该式不是一个应力状态变量表达式,除了对于高饱和度的非饱和土外,一般不宜应用。

包承纲在1985年老河口会议的水平报告中曾概括地指出[30]:该方程既未从理论上加以论证,也未从试验中加以充分检验;又指出:系数(χ)的本义可以看作气相与土粒的接触面积和水相与土粒接触面积之比。但是这样的概念对于黏土来说,其物理意义是含糊不清的……依笔者看来,Bishop公式中未能充分体现非饱和土中气相的存在对非饱和土的力学性质的影响,因为气相引起的毛细现象、吸力和界面上的收缩膜(contractive skin)等现象的影响在该式中未充分考虑。该文还指出:非饱和土体中有封闭气体和开敞气体之分,χ值没有对这两种气相形态加以区分,而事实上只有当土中气相与外界大气没有交换,即气相处于内部连通状态或完全封闭状态时,或(饱和度)大于临界值时,χ值才有意义。该文学者的评论都指出了一个共同的问题,Bishop的公式仅仅只对高饱和度情况才适用,这与该式未考虑界面上的效应有关,因为只有在很高饱和度时,界面效应才可以忽略。然而真正需要研究的非饱和土则是具有气、水、固界面效应的非饱和土的性状,也就是孔隙部分连通或内部连通的非饱和土的性状。

虽然这个公式既未从理论上加以论证,也未从试验中加以检验,然而由于该公式简单明了,且形式上与饱和土的有效应力公式相近,因此不少学者仍乐意接受它,并对该式进行了不少补充、修改和解释工作,以冀对系数χ赋予一个明确的物理意义。例如,有人因此提出了广义有效应力原理和广义有效应力、等价粒间压力等的概念[31],并以此提出了非饱和土的本构关系。有些学者对该公式做一些推导,求得χ

=$(\tan\varphi^b/\tan\varphi')$,并由此说明 Bishop 公式与以后的 Fredlund 的双应力变量(指净压力和吸力)公式两者等价[32]。这里,显然忽略了界面上毛细作用的影响,χ 值的问题根本上说也在于此。同时,Bishop 认为的 χ 只与饱和度有关的设想也有问题,因为这样就不好解释当含水率增大时,膨胀土与黄土表现出的不同的变形特性。

总之,这些修正公式至今并未得到公认。不过应当指出,Bishop 公式的出现,的确使非饱和土的研究进入到一个更深的理论探索阶段,这是必须肯定的。

应当指出,企图对非饱和土的有效应力像饱和土那样建立一个简单的关系式似乎不大可能。因为对土的力学性质有效的那部分力即所谓的"有效应力",实际上是颗粒之间可以直接传递的力,即粒间压力。对两相的饱和土,可以通过孔隙水压力来求得其均值。但对三相(甚至四相)的非饱和土,这个办法就不行了。因为这时不仅仅水压力,而且气压力以及界面上的毛细压力都会起作用,更不说外压力了。它们之间的关系当然没有像饱和土那么简单。换一种说法,就是不仅仅净压力($\sigma-u_a$),而且吸力都可起很大的作用。而这些力之间的关系就远比饱和土要复杂。由于非饱和土中不仅颗粒粒径是不同的,而且孔隙通道的尺寸各处也是不均匀的。当非饱和土的气相形态未达到高饱和度的完全封闭状态时,吸力在土中的各点也不均匀,因此,粒间法向应力也是不相等的。这个特点与饱和土的情况大不相同:对于饱和土,孔隙水压力对各处粒间法向应力的影响相等,求得了孔隙水压力也就得到了有效应力(即使是土体中的平均值也罢),因此对饱和土,粒间应力可定义为有效应力。但对非饱和土,由于粒间压力不等于有效应力,则如何定义"有效应力"都是个问题。实际上,当土体尚处于较低的饱和度时,水、气均与外界连通或者内部连通的情况下,土的粒间应力分布十分复杂,其值在各处也不相同,而各点的粒间应力既无法进行测定,也无法借用孔隙压力进行推算,(即使只算它的平均值也不易做到)。因此,对非饱和土的有效应力原理研究,必须另辟蹊径。国内外有许多学者做过这方面的努力[32][33][34],可惜,目前这方面的工作还不够完满,在认识上也存在许多分歧。看来要解决非饱和土的有效应力问题,还得先从非饱和土的性状和物理实质上加强研究,而不能仍然沿用饱和土中有效应力原理及其传统的思路去解决非饱和土的有效应力问题(汤 2006)[35]。

S. Wheeler 在 2006 年第四届国际非饱和土会议 Keynote Presentation 中指出:至今没有发现单一应力变量可以用来描述非饱和土各方面的力学特性。第二应力变量被要求用来描述毛细水对粒间接触的加固作用以及对屈服的影响[36]。

据香港科大吴宏伟在 2011 年全国土力学兰州会议上报道:Houlsby G T 业已从理论证明,非饱和土的应力状态变量至少有两个(也可能多于两个)。因此,单变量公式在理论上站不住脚。

然而由于单应力变量的有效应力原理简单、易于被接受和掌握,到目前为止仍有人继续研究。例如 Khalili(2004)[37]就坚持认为单应力变量的有效应力原理是可以描述非饱和土的强度和变形,并给出了一些新的说明与证据。但他们给出的应力表达式与一般的基础力学的概念不一致。总之,非饱和土单应力变量的有效应力是借鉴饱和土中有效应力的概念的一种经验性表达式,其物理机制虽不明确,但因其公式简单,又与饱和土的有效应力的表达式相类似,容易被工程师掌握,也易于在已有的有限元程序中实现和应用,且在特定的范围和条件下,用于实际工程有时也可能会取得一定的效果。

3.2 双应力变量公式

为了克服上述非饱和土中单应力变量有效应力公式的缺点,Coleman(1962)[38],Bishop & Blight(1963)[39],Blight(1967)[40]等提出了用两个独立应力变量(净应力和基质吸力)描述非饱和土的强度和变形。Fredlund 和 Morgenstern(1977)[29]等在研究了非饱和土的基本特性后,避开有效应力问题,直接提出了抗剪强度的表达式,他们用零位实验验证了采用两个独立变量描述非饱和土的强度和变形的正确性。这就是双应力变量公式,如式(1.5-2),此后用双应力变量可以确定非饱和土的变形和强度的研究得到了迅速的发展,并居于非饱和土研究的主流地位。

$$\tau_f = (\sigma - u_a)\tan\varphi' + u_s\tan\varphi^b + c' \tag{1.5-2}$$

式中第一个应力状态变量$(\sigma_n - u_a)$为净应力,第二个应力状态变量$u_s = (u_a - u_w)$表示了因气相的存在而在水气交界面上形成的毛细吸力,φ^b则是吸力引起的摩擦角,u_s称为吸力强度,故非饱和土的强度由三部分组成:摩擦强度、吸力强度和凝聚强度。

关于Fredlund的双应力变量理论,有的学者对它的合理性进行过理论分析。一般认为,双应力状态变量在理论上是合理的,在应用上比有效应力方便灵活,可适用于各种非饱和土。Tarantino & Mongiovi(2000)[41]指出,Fredlund和Morgestern(1977)进行的零位实验可以证实总应力、孔隙水压和孔隙气压能够用两个独立的应力变量(净应力和吸力)的组合作为等效表示。但也有人对用双应力变量理论描述非饱和土的性质提出了质疑,主要是当非饱和土的气相处于封闭状态时,轴平移试验技术不再有效。虽然通过实验已经初步验证了气相连通时两个独立的应力变量理论的正确性以及相应的轴平移技术的有效性,但处于封闭状态的气相压力发生变化时导致的所谓轴平移会影响到非饱和土的性质,并使之发生变化。这时用两个独立的应力变量(净应力和吸力)而忽略气相压力变化的影响可能会有问题。因此轴平移技术具有一些局限性,它的有效性还没有被充分地研究和证实。从上述分析可以看到,非饱和土的两个独立的应力变量理论虽然可以对非饱和土的性质进行分析,但在气相处于封闭状态时忽略气相压力变化的影响对非饱和土的性质和实验结果会产生误差。

事实上目前非饱和土的试验一般是基于土样内部孔隙中的气相压力等于土样表面的外加气相压力(它通常认为等于大气压力)。但当非饱和土的气相处于封闭状态时,其孔隙中的封闭气体很难向外排出。因此当有外力作用时,封闭状态下孔隙中的气体压力不同于土样表面的外加气相压力(即使经过长时间的稳定和平衡过程)。在这种情况下仍然假定内外气体压力相同,并在此假定的基础上得到的实验结果,肯定与真实情况有差异。也就是说,当非饱和土的气相处于封闭状态时,气相压力变化会使非饱和土压缩性质发生变化;而此时还仍然假定气相压力不变,并且不会改变非饱和土的性质,是不符合实际情况的。因此这时仍然采用两个独立应力变量,忽略气相压力变化的影响就会有问题。

与单应力变量的有效应力情况类似,双应力变量的理论基础也同样不很清楚。Wheeler(2003)[42]指出,非饱和土的性质不但受到净应力和基质吸力的影响,而且还受到其他因素的影响,例如饱和度等的影响。这是因为即使净应力、基质吸力和孔隙比相同,但两个具有不同饱和度土样的力学行为和土颗粒之间的相互作用力(即所谓的有效应力)却可以不同。由此说明,仅用两个独立的应力变量还是不能确定非饱和土的变形和强度。

事实上,饱和度与基质吸力也不完全具有唯一性关系。在后面的土水特征曲线叙述中可以看到,湿化曲线与脱湿曲线并不完全重合,表明同一个饱和度可能对应着两个基质吸力。

3.3 从功的表达式中确定有效应力

另一条正在探索的途径是从能量观点出发的。由热力学理论可以知道,能量守恒定律是一种普适的定律。多相孔隙介质或非饱和土也必然满足这一定律。因此用能量守恒方程中的变形功对非饱和土中的应力和变形进行表述是可以的。它的讨论有助于加深对非饱和土力学性质的全面认识和本构关系的建立,因此受到有关研究者的注意。

能量守恒方程中的变形功(work of deformation)包括了非饱和土内各相的应力以及与这些应力相

对应的广义应变(它们之积等于变形功),Houlsby(1979,1997)[43][44]对饱和与非饱和土变形功的表达形式进行了研究和讨论。Dean和Houlsby(2005)[45]则从变形功出发,讨论了饱和土与非饱和土中表达有效应力的原则和具体方式。Jommi(2000)[46],Vaunat等(2000)[47]也基于能量原理讨论了非饱和土的有效应力以及与这些应力相对应的广义应变。我国的赵成刚、刘艳等(2008,2010)[48,49]等基于连续孔隙介质理论推演得到了非饱和土变形功的表达式,给出了与固体骨架变形对应的非饱和土的有效应力,基于变形功提出了非饱和土广义有效应力原理。他们基于多相孔隙介质理论推导所得的非饱和土变形功 W 的表达式如下:

$$W=\{\sigma-[S_rP_w+(1-S_r)P_a]\underline{\delta}\}\cdot \text{grad}V_s+S\cdot n\frac{dS_r}{dt}-\left[P_a\frac{n^a}{K_a}\frac{dP_a}{dt}\right] \tag{1.5-3}$$

在式(1.5-3)中,W 为变形功,σ 为总应力,P_a 和 P_w 分别为气相压力和液相压力,n^a 为气相的体积分数,S_r 为饱和度,$\underline{\delta}$ 为单位张量,n 为孔隙率,$S=P_a-P_w$ 为基质吸力,K_a 为气相体积压缩模量,V_s 为固相骨架的运动速度。这一表达式与 $Houlsby(1997)$[44]的结果一致。同时,他们还给出了非饱和土的有效应力的具体表达式为:

$$\sigma'=\sigma-[S_rP_w+(1-S_r)P_a]\underline{\delta} \tag{1.5-4}$$

式(1.5-4)为变形功的表达式(1.5-3)中与非饱和土固相骨架运动 V_s 相对应的广义应力,即非饱和土的有效应力。也有人称之为平均土骨架应力[46],通常认为它是由土骨架承担并沿着土骨架而传递的应力。

对于式(1.5-3)和式(1.5-4)尚未见到有关的评论,但从能量的观点来探索复杂的非饱和土有效应力问题或许是一个值得重视的途径,值得进一步关注。

4 关于吸力特性的研究

吸力是非饱和土特有的性质,也是非饱和土研究的中心问题(沈珠江)。它是土体内部土颗粒的表面与孔隙内的水溶液和气相互作用而产生的,与外荷载作用没有直接的联系。

吸力能够使土中的孔隙水移动,它的大小反映吸引孔隙水移动的能力。吸力通常分为基质吸力和溶质吸力两部分。基质吸力是与气-液交界面上的毛细现象相关联的,由于表面张力的作用而产生的。另一方面,土中孔隙水为含有某些化学成分的溶液(例如盐水),它与纯水相比,其相对湿度会降低,而吸力会升高,这一部分升高的吸力与溶质种类和浓度有关,称为溶质吸力。两种吸力对非饱和土性质的影响是不同的,哪种吸力影响大主要依赖于土的种类。溶质吸力与孔隙水中的化学成分和浓度有关,溶质吸力发生变化会对土的性质产生影响,例如土中盐量改变,会使土的体积和强度发生变化[50]。因此当土体中的孔隙水有化学浓度变化或有化学溶液输运时,溶质吸力对土的性质会有影响。另外溶质吸力与土颗粒表面的双电层关系密切,就塑性指数较大的土或有机矿物较多的黏土而言,溶质吸力可能会比基质吸力具有更大的影响。

但就一般土而言,基质吸力对土的性质影响更大,它可定义为孔隙气压与孔隙水压之差。基质吸力主要受气-水交界面(即张力收缩膜)的影响,并且与饱和度的变化密切相关。工程界所说的吸力通常是指随饱和度的变化而改变的基质吸力,而不考虑溶质吸力。

基质吸力的大小取决于表面张力和弯液面的半径。如图1.5-9所示的两个土颗粒单元中的基质吸力可以用 $Laplace$ 公式来计算:

$$u_a-u_w=T_s\left(\frac{1}{r_1}+\frac{1}{r_2}\right) \tag{1.5-5}$$

式中，T_s 为表面张力，它约等于75kPa，只随温度微弱地变化；r_1 和 r_2 分别为弯液面的短轴和长轴的半径。

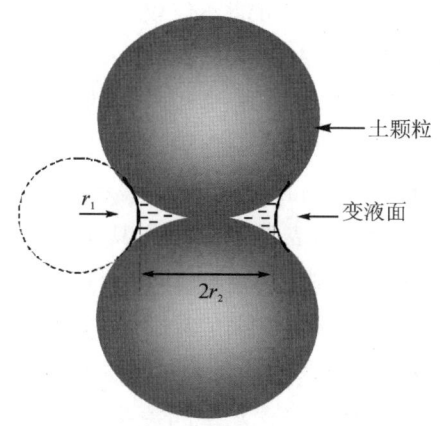

图1.5-9　两个土颗粒单元中的毛细水及弯液面

对于给定的土体，含水率（或饱和度）降低时，土中的弯液面将收缩，即半径减少，根据上式，土体中的基质吸力将增加。可以想象，细粒土中的弯液面半径可收缩至很小值，因此细粒土可承受的基质吸力要比粗粒土大。

吸力对非饱和土的力学性状产生重大的影响，吸力的力学作用非常复杂，且往往是非线性的，许多学者对吸力的力学作用有不同的解释。Wheeler & Karube (1996)明确指出[51]：吸力的力学作用与外荷引起的外应力作用是不同的[21]。作用在土单元边界上的外应力（包括等向压力）对土颗粒接触点既产生法向应力，又产生切向应力（如图1.5-10示）。当外应力足够大，颗粒接触点处的切向应力可能引起粒间滑动(inter-particle slippage)和塑性变形，这就是当土体承受的荷载大于预固结压力，则会产生塑性体变的原因。然而，在土颗粒、水和气三者交界面处的表面张力仅使颗粒接触点的法向应力增加，并因此增大了土体的抗剪强度和刚度。随着吸力的增大，土颗粒之间滑动的可能性降低了，土体产生塑性应变机会减少了。Wheeler & Karube (1996)[51]还指出：正是由于吸力与外应力的力学效应差异，因此不宜将它们简单归并在一起建立所谓的有效应力表达式。

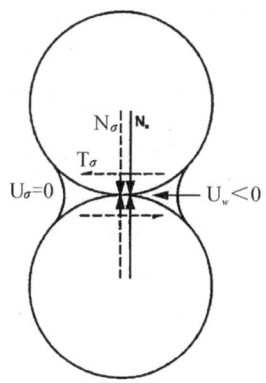

N_σ = Normal component of intergranular force due to external stres
T_σ = tangential component of intergranuls

图1.5-10　吸力作用与外力作用的关系

Li(2003)通过理论推导指出：吸力也存在剪切作用，该剪切作用是土体在吸湿过程中发生塑性变形的主要原因[52]。但詹良通有不同看法(Zhan, 2003)：土体在吸湿过程中，吸力降低，粒间法向应力因此而降低,这样颗粒接触点处的切向应力与法向应力比增加了,土体可能由于粒间滑动而发生塑性变形(这里注意土体的塑性变形主要由剪切作用产生的)[53]。

从上述分析可以感到,基质吸力的力学效应可能不仅仅是一个法向压力的作用,还存在剪切的作用,这主要是由于固、液、气之间所谓第四相收缩膜引起的表面张力造成的,而反映作用于界面的收缩膜那部分的表面张力,是一个有方向的向量,因为它与收缩膜和固相的接触角大小有关(与弯液面切线方向平行)。由此联想到,基质吸力不仅仅等于气、水的压力之差,因为气、水压力差(u_a-u_w)是一个没有方向的标量,而基质吸力是一个向量。所以在 Fredlund 公式中,u_s 表示为 (u_a-u_w) 可能是近似的。

从上面叙述可以看出,不同的学者对吸力尚有不同的认识,还需进一步研究。

吸力的量测比较困难,一般实验室和工程现场没有条件进行这类测定。少数具有专用设备的试验室也要求有技术精良的试验人员操作,才能获得良好的成果。这样就限制了非饱和土理论的进展及其在工程中应用。一个可行的办法就是研究吸力与其他较易测定的物理量的关系,如土的饱和度、含水率、体积含水率等,通过它来间接获得吸力。这个吸力与含水率的关系就是著名的土水特征曲线(SWCC)。

5 吸力与含水率的关系—土水特征曲线

5.1 土水特征曲线定义及特性

对于特定的非饱和土来说,土中吸力的大小主要与含水率的多少有关。吸力与含水率(饱和度)之间的关系曲线定义为土水特征曲线(SWCC),又称持水曲线,它反映了土体的持水能力。土水特征曲线对认识表层非饱和土的性状有重要的作用,因此它广泛应用于土壤科学、土质学及非饱和土力学中。在非饱和土力学中,土水特征曲线是土体中孔隙液相本构关系的一部分,它常常被用来预测非饱和土的导水系数曲线及吸力对抗剪强度的贡献(Van Genuchten,1980)[54];(Fredlund et al.,1995)[14],非饱和土力学模型中的许多重要参数都需要利用 SWCC 而得到。因此,有学者认为土水特征曲线在非饱和土力学中的地位相当于饱和土力学中的压缩曲线。

一般认为 SWCC 主要受到土的矿物成分、孔隙结构、密实程度以及温度和水溶液的影响。矿物成分影响主要反映在随着土中黏粒含量逐渐增多,土的进气值和残余体积含水率都逐渐变大,持水能力逐渐增强,一般来说,砂土的进气值小于 10kPa,粉质黏土的进气值在 10kPa—100kPa,而黏性土的进气值可达几十至几百 kPa。但对于确定的土样并且温度变化不大时,矿物成分和温度影响可以不考虑。孔隙结构(指组构,通常也包括密实程度,但密实程度专门讨论)最常用的一种表示就是双孔结构,即原状黏土或小于最优含水率情况下压实的黏土颗粒在其自身凝聚力的作用下会形成微团体;微团体之间的孔隙被定义为大孔隙,微团体内部的孔隙则被定义为小孔隙,这样由大孔隙和小孔隙组成的孔隙结构被定义为双孔结构。土体的孔隙结构对 SWCC、其自身的变形和渗透系数都有影响。

关于应力状态对 SWCC 的影响,有人认为[55],SWCC 与应力状态无直接关系,即使应力状态不同,只要孔隙比相近,其 SWCC 就相近。当然,这一结论是指某一特定土在变形过程中孔隙结构变化不大的条件下得到的。但是 Ng 等[56][57]的研究却认为 SWCC 与应力状态有关(如图 1.5-13),因此在孔隙结构变化不太大的土体变形过程中,才可以用孔隙比变化表示孔隙结构和密实程度的变化。

5.2 土水特征曲线的特征点和测试方法

图 1.5-11 是一条典型的土水特征曲线,它包含五个典型的特征指标,即饱和含水率、进气值、残余含水率、脱水斜率及脱湿曲线和吸湿曲线之间的滞回圈。不同土类的土水特征曲线具有明显的差别,如图 1.5-12 所示的三种不同土类的土水特征曲线。可见,饱和含水率与进气值随着土的塑性指数增加而增大,而进气值与残余含水率之间的脱水斜率随着塑性指数增加而减少。对于给定的土体,其土水特征曲

线还与干密度、应力状态和干湿路径有关。

土水特征曲线的传统测试方法是利用压力板仪进行的,该方法是土壤科学研究者研发的。由于他们的研究对象为深度为几十厘米以内的表层土,因此不考虑应力状态对土水特征曲线的影响。然而,在岩土工程中,土体总是承受一定的应力,因此应用时不能忽视土体的应力状态。Ng & Pang(1999,2000)对常规的体积压力板仪进行了改进,使其可以测试 K_0 应力状态下的土水特征曲线[56]。用此改进的体积压力板仪获得的完全风化火山灰岩的土水特征曲线示于图 1.5-13,可见,应力水平对土水特征曲线有明显的影响。

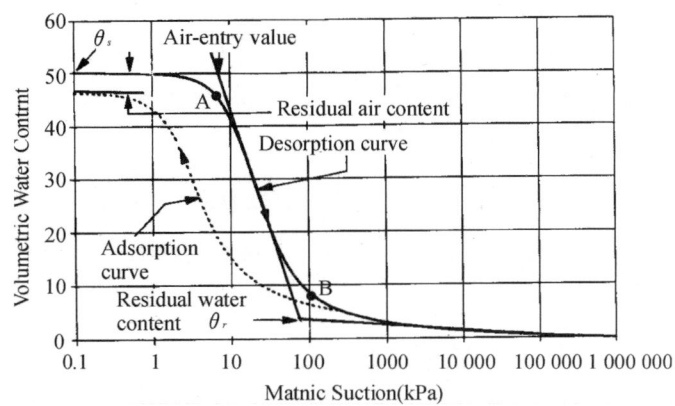

图 1.5-11 典型的土水特征曲线(引自 Fredlund & Xing,1994)

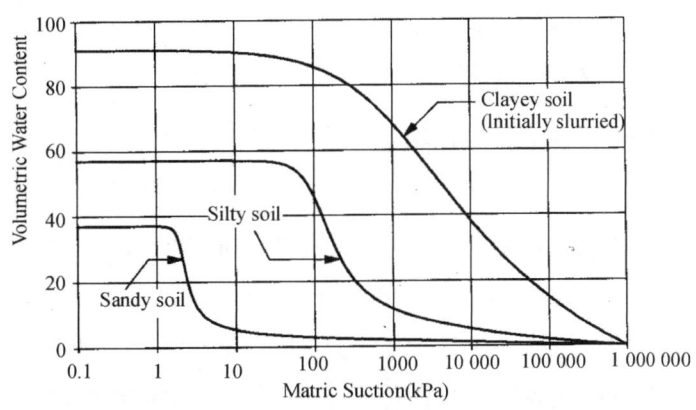

图 1.5-12 三种不同土类的土水特征曲线(引自 Fredlund & Xing,1994)

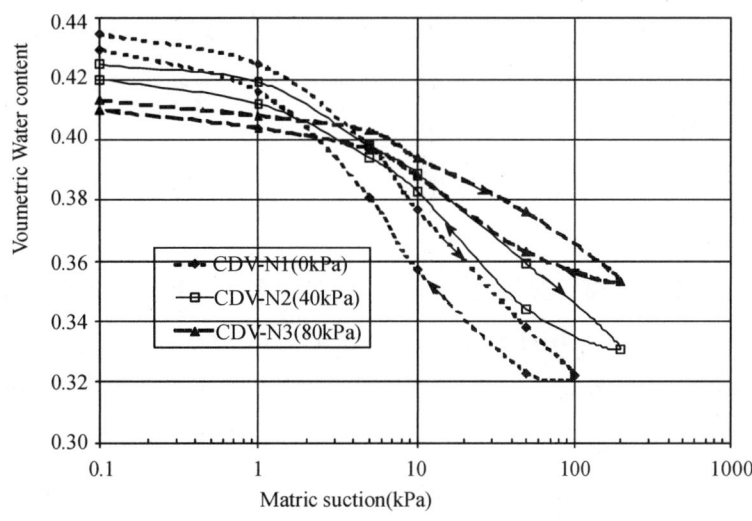

图 1.5-13 不同应力水平下的土水特征曲线(引自 Ng & Pang,2000)

5.3 土水特征曲线的表达式

土水特征曲线的数学表达式曾为一些学者研究，Fredlund等对这类表达式进行过汇总和归类。这些公式多是拟合公式，适用于特定的土类，但据Fredlund和A. Xing的研究[58]，考虑土的孔径分布曲线，用统计分析理论导出的公式认为可以适用于所有的土类，其式如下：

$$\theta(\psi,a,m) = c(\psi) \frac{\theta_s}{\{\ln[e+(\psi/a)^n]\}^m} \tag{1.5-6}$$

$$C(\psi) = 1 - \frac{\ln(1+\psi/\psi_r)}{\ln(1+10^6/\psi_r)} \tag{1.5-7}$$

式中，a,m,n为拟合参数，ψ为基质吸力，θ为体积含水率，θ_s为饱和体积含水率，ψ_r为残余含水率θ_r所对应的基质吸力值。

这个公式是对整条土水特征曲线而言的，无疑它仍十分复杂。既然如上分析，工程中最关心的是曲线的A^*B^*段，而该段又可看作半对数坐标上的直线，因此，包承纲和詹良通建议以下列简化公式来表达[23]：

$$\frac{\theta-\theta_r}{\theta_s-\theta_r} = p - q\lg(u_a-u_w) \tag{1.5-8}$$

其中p,q为拟合参数，这个简化表达式可直接用于工程中，并求得非饱和土的抗剪强度。有关该公式的详细情况，可参看文中所列的参考文献。

5.4 土水特征曲线的滞回现象研究

5.4.1 滞回现象研究的意义及产生的原因

众所周知，土水特征曲线存在滞回现象，即吸湿的曲线与脱湿的曲线并不重合，它表明土体中吸力与含水率的关系与吸力（和干湿）的路径及历史有关。土水特征曲线的滞回现象比较复杂，它有多种成因，包括由于孔隙尺寸不均匀造成的瓶颈效应（Ink-bottle effect），水气界面在前进和后退时与固相的接触角的差异，土体湿（干）过程中的胀缩效应，土体的老化效应（Aging）等，下面将会再做分析。由于该滞回特性往往阻碍了土水特征曲线在非饱和土力学中应用，所以它常被非饱和土力学研究者所忽视，因为它使吸力与饱和度（含水率）之间的关系复杂化。土壤科学研究者在此方面做了许多有意义的工作，例如Mualem（1976）在分析土体中孔隙尺寸分布的基础上建立了预测滞回圈的理论模型[59]。他们的研究方法和成果值得非饱和土研究者借鉴和采用。尤其是在目前，非饱和土的研究尚不是很成熟情况下，土水特征曲线在实用方法研究中或许有用武之地。

Fredlund et. al（1999）[60]总结了SWCC产生的滞后效应的主要原因如下：

（1）孔隙尺寸的不均匀分布

在润湿过程中，如果孔隙水渗流过程是缓慢地进行的，那么水将首先进入湿锋附近的小孔隙，并将其充满，然后再充满大孔隙。之所以出现这种填充顺序是因为在小孔隙中的孔隙水具有最低的化学势（最稳定），而在大孔隙中孔隙水化学势较高。相反，在干燥过程中，位于大孔隙中的孔隙水首先排出来，然后再轮到小孔隙排水。由于在干燥过程中大孔隙的排水速率要快于小孔隙，因此有可能会沿着连通大孔隙形成连通的孔隙气流路径，从而阻隔了小孔隙的进一步排水，使得孔隙水在孔隙介质中呈块状分布。与此相对应，在润湿（吸湿）过程中，由于小孔隙首先被充满，所以不会形成上述水流通路阻隔现象，使得孔隙水分布相对地比较均匀。可见由于孔隙尺寸的不均匀分布,导致润湿和干燥过程中孔隙水的分布不同;润湿和干燥过程的路径不同将会对土中水-气的结构和非饱和土的性质和行为产生重要影响。

(2)瓶颈效应

不同大小的孔隙,以及相互连通的孔隙喉道之间的尺寸差别造成了这种作用。在浸润(吸湿)过程中,由于孔隙以及与其连通的喉道之间存在着尺寸差异,孔隙水在涌入的过程中自然面临着瓶颈的约束而难以突破,这会导致在相同吸力下吸湿时的含水率小于脱湿时的含水率。

(3)接触角的影响

在干燥与浸润过程中,水-气交界面上的接触角也有所不同。一般来说,脱湿时接触角小,浸润时大;小的接触角对应的表面张力较大,因此对水的滞留能量较大。接触角的大小差异决定了水的滞留特性的差别,这种现象称之为雨点效应。

(4)孔隙中的气体的体积

当吸力增加或减少时,其变化是不同的,并导致饱和度的变化也不同。

(5)触变和时间效应

在脱湿或吸湿的过程中它们的效应是不同的。

大家知道,非饱和土参数的直接测试既费时间,又费钱,而且目前仍存在诸多困难,因此,Fredlund 教授领导的研究小组一直致力于利用土水特征曲线和饱和土的参数来预测非饱和的参数曲线(Fredlund et al.,1994[61];Fredlund et al.,1995;Vanapalli et al.,1996;Fredlund,1998[62]),包括储水系数、导水系数、抗剪强度参数(φ^b)、体积模量等与吸力的关系曲线(因为这些关系曲线都与相对容易测试的土水特征曲线有密切的联系)。上述预测方法为非饱和土力学在工程中应用开辟了一条捷径,但在应用时必须考虑到土水特征的曲线的诸多影响因素,特别是土体的应力状态和滞回特性,才能获得更合理的预测结果(Zhan,2003)。Rahardjo & Leong(1997)[63]和 Ng & Pang(2000)的研究成果充分表明了这一点。

5.4.2 滞后计算模型

鉴于 SWCC 具有明显的滞后效应,土中的含水率不仅取决于当前的吸力值,也与吸力的变化历史密切相关,即吸力值在脱湿曲线上对应的含水率就高于吸湿曲线对应的含水率。许多学者通过试验发现,仅用吸力是无法准确地描述土中的含水率对其水力、力学性能的影响,还需要考虑滞后效应的影响[64]。而建立适当的土水特征曲线滞后计算模型是开展这类研究的关键所在。

现有的滞后模型主要包括以下几种类型:

(1)经验模型

这类滞后模型主要是以经验公式为基础而建立起来的,大致分为两类,一类是曲线的拟合公式,另一类是基于干燥/浸润边界之间的关系进行预测的经验模型。其中引用较多的是 Scott et al.(1983)[65]提出的比例缩放模型。之后,也有一些研究者在此基础上做了一些修正,该类模型的精确度不高,但是由于其简单适用,因此得到了一定的应用。另外一类的经验模型主要以 Feng & Fredlund(1999)[66]模型为主。此类模型主要是对吸湿/脱湿边界面的描述,缺乏对任意扫描线描述的功能。但是,该模型仅需少数的几个点即可得出整条曲线。另外,在简化的 Feng & Fredlund(1999)模型中可以用一条边界曲线即可拟合另外一条边界线。Feng & Fredlund(1999)模型以及后续的简化模型拟合的精度非常高,而且所需标定的数据较少,因此在边界面的模拟中得到了广泛的应用。

(2)域模型

域模型是一种将土视为孔隙的集合体,以每个孔隙的吸排水特性作为基本的研究单元,在统计学的基础上,通过引入孔隙水分布函数来计算土中含水率随吸力变化规律的土水特征曲线滞后模型。域模型本质上是一种利用边界滞回圈通过内插的方法计算扫描线的计算模型,早期的域模型在计算时除了需要实测两条边界曲线外,还需要一定数量的扫描线(实测扫描线的数量因模型而异)来标定参数,由于这些模型在计算时所需的实测数据较多,因此应用起来并不方便。Mualem(1973)[67]假定"孔隙水分布函数可表示为两个独立分布函数的乘积",利用"相似性假定"简化后的域模型仅需实测两条边界曲线即可预测滞回圈中的扫描线。Mualem随后将他的相似性假定应用到了一系列毛细滞回循环模型中[68],这既提高了域模型的计算精度,又在一定程度上简化了域模型的计算过程,使得域模型在工程中得到了一定的应用。域模型的优点是具备良好的理论基础,在一定程度上能够反映土水特征曲线滞后特性的物理本质。其不足之处在于,这类模型的计算过程,尤其是计算高阶扫描线以及吸力变化历史未知的情况下确定扫描线过程仍然十分复杂,这限制了它在工程上的应用。

(3)理性外推模型

Mualem模型暗示着吸湿与脱湿扫描线非常规则而又光滑地穿越区域边界,但是试验结果(Topp,1971)[69]表明:脱湿边界曲线的斜率往往与扫描线的斜率不同。Parlange(1976,1980[70])在Mualem的相似性假设的基础上,提出了理性外推模型(rational-extrapolation model),即假设含水率分布函数$f(\psi_d, \psi_w)$不依赖于ψ_w,仅是ψ_d的函数,ψ_w、ψ_d是表征一个孔隙吸排水特性的两个吸力值。Hogarth et. al(1988)[71],Liu et. al(1995)[72]发展了理性外推模型,使其能考虑含气量的大小。但是,Parlange类理性外推模型存在一些难以解决的缺陷:在含水率变化较小时对扫描曲线的描述往往比较准确,但是一旦含水率变化范围太大,或者吸湿扫描线贴近于吸湿边界线,这时模型的预测结果往往与实测结果有不小的差距。

(4)边界面模型

边界面塑性理论[Dafalias(1986)[73]],就是加载面上的塑性反应取决于加载面上的应力点与其在边界面上的映射点(image point)之间的距离。基于这一理论,Li,X. S.(2005)[74]和Wei,C. F.(2006)[75]分别建立了模拟土水特征曲线滞回循环的计算模型。他们提出的模型都是以边界吸湿和脱湿曲线作为计算的边界,以吸湿→脱湿(或脱湿→吸湿)的反弯点作为投影中心,建立了扫描线上的斜率与边界曲线斜率之间的关系。与试验结果对比,这两个模型预测结果都比较好,且都能够计算高阶扫描线,每个模型中各有一个参数,标定参数时除了需要测量边界脱湿和吸湿曲线外,还都需实测一条一阶扫描曲线,因此同早期的域模型一样,利用这两个模型计算都需要提供较多的试验数据。

6 非饱和土的力学性质探讨

非饱和土的力学性质尚研究得不很透彻,其原因在于对非饱和土的一些基本问题还没有研究清楚。目前许多涉及非饱和土的论文主要是对很高饱和度的非饱和土而言的,所以在以下介绍的内容中,要注意区别这个问题。

6.1 非饱和土的导水和导气特性

在讨论非饱和土的渗透特性时,应说明针对水或气哪一种流体而言的。上面第2节中,为讨论气水形态已提到过气渗性和水渗性的问题。这里分别定义水和气在非饱和土中的渗透系数为导水系数和导气系数。由于水和气只能在它们各自占据的孔隙通道中流动，所以随着饱和度减少（或吸力增加），过水通道减少，土体的导水系数降低；相反，过气通道增加，土体的导气系数增加（如图 1.5-14 示）[76]。因此，非饱和土的导水系数和导气系数均不是常数，而是土体饱和度（或吸力）的函数。

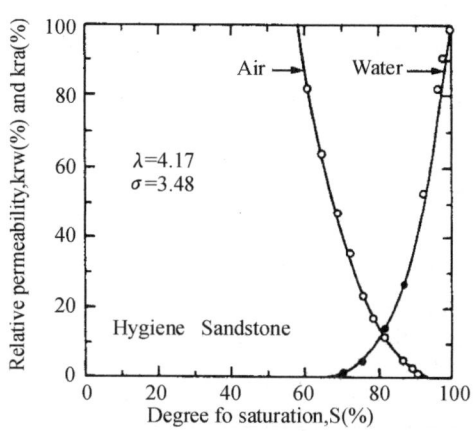

图 1.5-14　导水系数和导气系数与饱和度的关系

（引自 Brooks & Corey，1964）

在进行非饱和渗流分析时，导水系数与吸力的关系曲线是重要的输入参数。前面指出，导水系数是土体饱和度的函数，而饱和度与吸力的关系可用土水特征曲线来描述，因此，导水系数与吸力的关系曲线可以通过土水特征曲线和饱和渗透系数来预测（Van Genuchten，1980；Fredlund et al.，1994）。根据类似的原理，导气系数与吸力的关系曲线也可以利用土水特征曲线来预测。目前国内外对非饱和土的导水系数和导气系数的测试成果比较少。

6.2　非饱和土的变形性状

非饱和土的变形性状与饱和土有重要的差别：①非饱和土不仅在外力作用下发生变形，而且会在内部吸力变化过程中（即干或湿过程中）发生体积变形（如图 1.5-15 示）；②由于吸力的力学作用，非饱和土在外力（包括正应力和剪应力）作用下的变形特性可能与饱和土不同。自从 20 世纪 60 年代以来，许多非饱和土研究者对不同类别的非饱和土的变形特性进行过试验研究，并获得大量研究成果。基于这些试验成果，本节将对非饱和变形特性进行概括性的总结，并侧重于上面提到的非饱和土与饱和土变形性状的两点差异。为了简单起见，本节先总结低塑性非饱和土（即非膨胀性土）在不同的应力路径条件（包括干/湿、等向压缩及剪切）的变形性状，然后介绍非饱和膨胀土的特殊变形特性（即与非膨胀性非饱和土不同之处）。

6.2.1　干湿过程中体变性状

低塑性非饱和土在干—湿过程中变形性状主要包括以下几个方面：

（1）对于给定的土类，非饱和土在吸湿过程中（吸力降低）可能膨胀，也可能湿陷，具体情况与土体所承受的应力水平和状态有关。另外，非饱和土在吸湿过程中体变性状还与土体的初始状态有关，包括初始含水率和干密度。

（2）一般来说，非饱和土的吸湿膨胀趋势随着围压水平的增加而减少，当围压超过一定水平，土体在吸湿过程中不是膨胀，而是体积收缩。

(3) 一般来说,非饱和土的湿陷量(往往为不可恢复的塑性体变)随着围压水平的增加而增大,并在某一个应力水平达到最大湿陷量,然后随着围压水平的继续增加而减少。对应于最大湿陷量的围压水平与土类及土体的初始状态(含水率和干密度)有关。

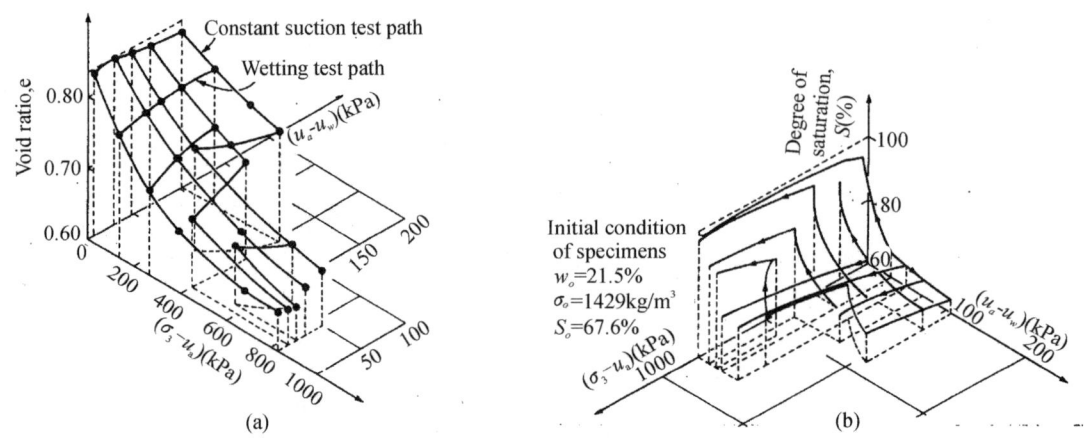

图 1.5-15　土体在吸力和净正应力变化时的变形(引自 Matyas & Radhakrishna,1968)

(4) 吸力增加,土体将发生干缩;土体在干缩过程中有可能发生不可恢复的塑性体变。

(5) 土体在干—湿循环过程中,有可能发生塑性应变的积累。

6.2.2　非饱和土压缩特性

低塑性非饱和土在压缩过程中变形性状主要包括以下几个方面:

(1) 一般来说,非饱和土的硬度(hardening)随着吸力的增加而增大,硬度的增加表现为非饱和土的屈服应力(表观前期固结应力)和刚度随吸力的增加而增大。

(2) 少数压实土的试验结果也表现出刚度随吸力增大而减少的现象,这可能是由于对应于不同吸力的试样的干密度存在明显差异造成的。

(3) 在压缩固结过程中,非饱和土体变特性不仅取决于应力(平均净正应力和吸力)的初始状态和最终状态,而且与它们之间的应力路径有关。

6.2.3　非饱和土的剪切变形性状

低塑性非饱和土在剪切过程中变形性状主要包括以下几个方面:

(1) 一般来说,非饱和土的弹性剪切模量随着吸力的增加呈非线性增加趋势,当吸力达到一定值时,弹性剪切模量达到最大,然后有可能随吸力继续增加而降低。

(2) 非饱和土的剪胀趋势(dilatancy)和脆性随着吸力的增加而增强。

(3) 非饱和土在剪切过程中的屈服呈吸力硬化特性,这表现为 (p,q) 平面上屈服面随着吸力的增加而向外扩展。

6.2.4　非饱和膨胀土变形性状

除了上述变形性状,非饱和膨胀土还表现出以下特殊性状:

(1) 与低塑性土相比,非饱和膨胀土在湿/干过程中表现出更为显著的胀/缩变形,且大部分为不可恢复的塑性变形。

(2) 非饱和膨胀土在干湿循环过程中可能发生显著的塑性体变积累(膨胀或收缩),塑性膨胀或收缩取决于土体的应力历史及应力路径(在吸力和净正应力平面上)。

(3)对于压实非饱和膨胀土,其膨胀变形或膨胀力不仅与压实时的含水率、干密度及侧限应力有关,而且与应力路径(在吸力和净正应力平面上)有关。

(4)非饱和膨胀土的吸湿膨胀变形表现出明显的次膨胀特性。

(5)与低塑性土相比,非饱和膨胀土的体变特性对孔隙水中溶解盐的种类和浓度更为敏感。

6.2.5 非饱和土中水体积变化特性

众所周知,对于饱和土来说,一般认为水体积变化等于土骨架的体积变化(即总体变)。然而,非饱和土的总体变,除了水体积的变化外,还包括气的体积变化,因此水体积变化与总体变不相等,必须另外研究非饱和土在受力变化时的水体积变化特性。

在吸力变化过程中的水体积变化特性可以用前面谈到的土水特征曲线来描述;如前所述,土水特征曲线不仅与土体所承受的应力状态有关,而且与吸力的路径有关(即滞回特性)。

非饱和土在外力(净正应力和剪应力)作用下的水体积变化特性比较复杂。图 1.5-16 显示的是具有不同吸力值试样在压缩固结阶段的总体积和水体积变化量。可见,饱和试样的(即吸力等于 0)水体积变化等于总体积变化,然而对于非饱和试样(吸力大于 0),在等吸力压缩固结产生的水体积变化量明显小于总体积变化值。而且,当试样中的吸力大于一定值(如 25kPa)时,水体积变化方向和总体积截然相反:土骨架发生压缩变形,而土样出现吸水现象。图 1.5-17 的总体积和水体积变化量比较表明:在非饱和土中,水相对外加正应力的敏感程度明显低于土骨架,也就是说,外加正应力变化对非饱和土骨架的影响比对其中水相的影响大。图 1.5-17 是具有不同吸力值的试样在剪切阶段总体积和水体积变化量的比较。与压缩固结阶段类似,对于非饱和试样(吸力大于 0),在等吸力剪切过程产生的水体积变化量明显小于总体积变化值,这也表明,该非饱和膨胀土中水相对剪应力的敏感程度也明显低于土骨架(即剪应力对非饱和膨胀土中水相的影响低于对土骨架的影响)。图 1.5-18 是非饱和土样在吸湿过程中的总体积和水体积变化曲线的比较。可见,在吸力降低过程中,水体积变化比总体积变化更为显著,尤其是在低吸力范围内。这表明该非饱和膨胀土的水相对吸力变化的敏感程度明显高于土骨架,也就是说,吸力变化对非饱和土中水相的影响程度大于对土骨架的影响(即非饱和土中吸力变化对水相的影响大于对土骨架的影响)。

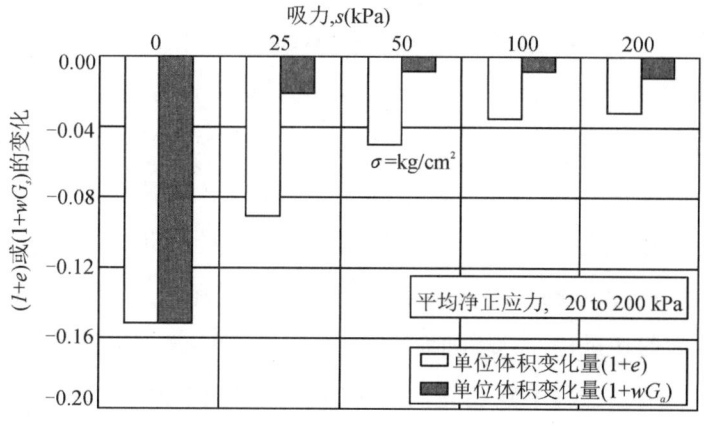

图 1.5-16 在等吸力固结阶段试样体积变化和水体积变化的比较(引自 Zhan,2003)

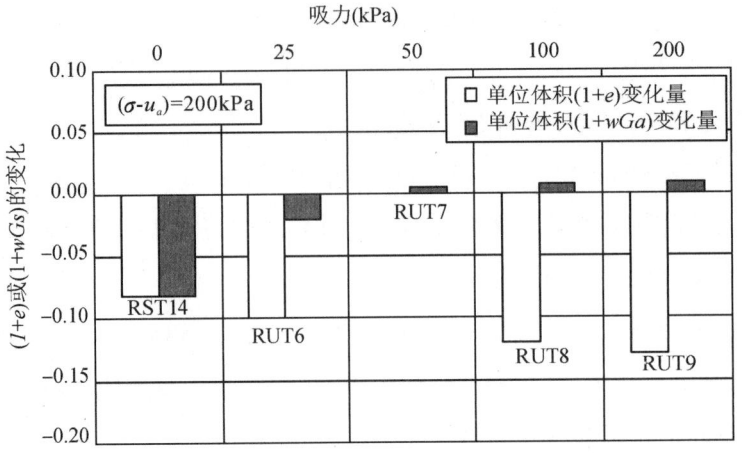

图 1.5-17 在等吸力剪切阶段试样体积变化和水体积变化的比较（引自 Zhan,2003）

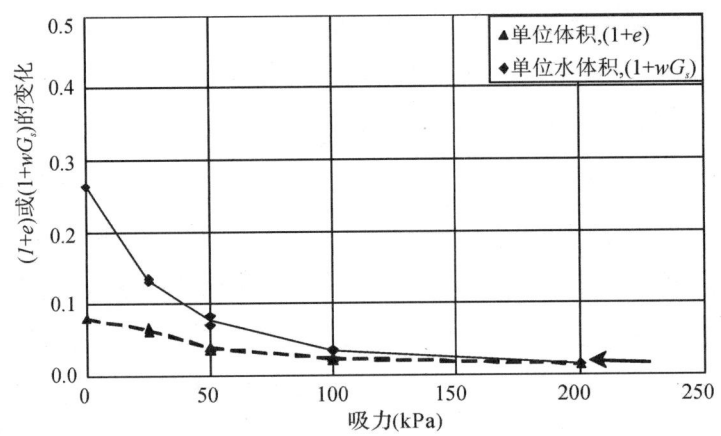

图 1.5-18 在吸湿过程中试样体积变化和水体积变化的比较（引自 Zhan,2003）

6.2.6 非饱和土的剪胀性

土的剪胀性是指剪切过程中土的体积变化的特征，体积增大时为剪胀，体积减小时为剪缩。土的剪缩、剪胀行为取决于颗粒排列、粒间压力等微观状态与作用，在宏观上受压实度、应力水平等因素影响，在不同基质吸力作用下，非饱和土亦表现出不同的剪胀性。

土的剪胀性是与其强度和变形密切相关的重要问题之一。一方面，土的剪缩、剪胀与其塑性流动法则密切相关，非饱和土剪胀性的定量描述是建立土体本构模型的基础上。而当前在非饱和土本构建模的流动法则中，仍是通过饱和土的剪胀关系进行理论推导，非饱和土剪胀、剪缩定量描述的试验成果很有限。另一方面，土体所发挥的强度（mobilized strength）与其剪胀性有关。

吴宏伟等(2003)[77]进行了香港花岗岩风化土试验，周跃峰等(2015)[78]通过饱和/非饱和原状黄土体变与孔压规律的对比分析，均发现在较低的应力水平下，饱和土表现为剪缩，而非饱和土呈现剪胀。图 1.5-19 为土的有效应力-孔隙比关系的压缩平面，在不排水试验 ICU1 中，土的初始状态位于临界状态强度线以上，在剪切过程中路径不断向左发展，发生剪缩。在饱和土排水试验 ICD2 与不饱和土常含水率试验 CW3 中，孔隙比随剪切过程应力增加而减小，亦为逐渐剪缩。但在孔隙比相近（甚至更大）的常含水率试验 CW1 中，土体在剪切过程中路径先向右下方发展，体积减小；达到最小体积后，路径向上方发展，体积增大，发生剪胀。

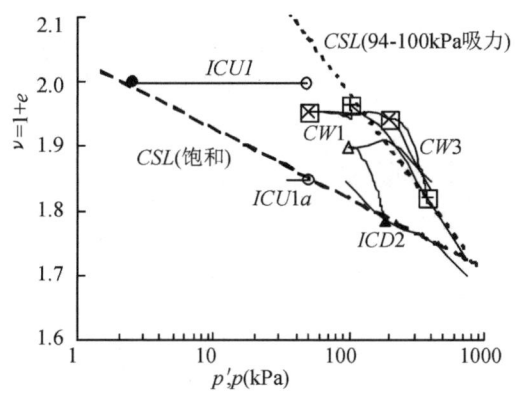

图 1.5-19　典型试验中土在 $\ln p' - v$ 平面上的状态与路径（引自周跃峰等，2015）

6.3 非饱和土抗剪强度特性

6.3.1 吸力对抗剪强度的贡献

众所周知，非饱和土的吸力对土体的抗剪强度有贡献，即抗剪强度随着吸力的增加而增大。许多试验结果表明：吸力对抗剪强度的贡献表现为土体表观黏聚力的增加，而内摩擦角 φ' 则变化较小（即与饱和土的一样）。下面是长江科学院对吸力与非饱和土抗剪强度关系的一些试验研究成果[79]。

吸力对非饱和原状样和重塑压实样强度的贡献示于图 1.5-20（由非饱和直剪试验得到）。图 1.5-20（a）显示了似凝聚力与吸力的关系，图 1.5-20（b）显示了吸力引起的摩擦角 φ^b 与吸力的关系。

从图 1.5-20（a）可以看出，两种土样的似凝聚力均随吸力的增加而显著增加，特别是在 0 到 100kPa 吸力范围内。从图 1.5-20（b）可以看出：与重塑压实样相比，原状样具有较大的内摩擦角 φ'，并因此在吸力较低时（小于 100kPa）具有较大的 φ^b 值，但其随吸力的增加而迅速降低；这可能与在原状样中的裂隙有关。另外，控制吸力的非饱和土三轴试验结果还表明内摩擦角与吸力的关系不很敏感。因此，吸力对强度的贡献主要表现在似凝聚力的变化上，这与以往一些研究成果的结论是一致的[76]。

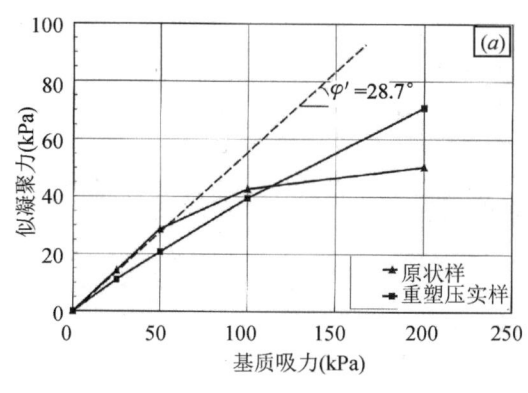
（a）似凝聚力与吸力的关系曲线

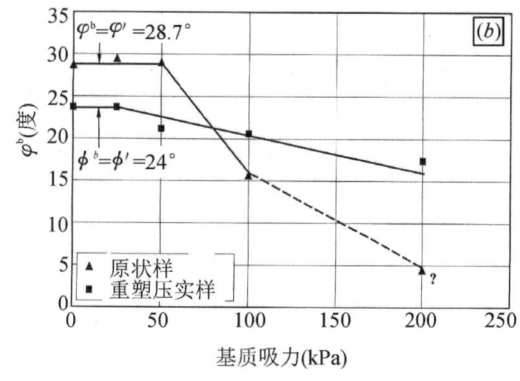
（b）摩擦角 φ^b 与吸力的关系曲线

图 1.5-20　吸力对强度的贡献

然而，吸力对抗剪强度的贡献并非随着吸力会无限地增加，而是呈非线性变化，这是由于在吸力增加的同时，土体中含水率逐渐降低，传递吸力作用的弯液面数量逐渐减少，以致吸力对抗剪强度的贡献作用逐渐减弱。对于砂性土，当吸力达到一定值后，土体的抗剪强度达到最大值，之后可能随着吸力的继续增加而减少。由于吸力对抗剪强度的贡献与其中的含水率（或饱和度）有密切的关系，因此 Fredlund 建议可利用土水特征曲线来预测非饱和土的抗剪强度。

6.3.2 应力路径对强度特性的影响

应力路径对非饱和土强度特性的影响,也进行过一些试验。等偏应力下的吸湿试验可以模拟边坡中非饱和土降雨入渗时的应力路径。詹良通采用自动控制应力路径三轴仪分别对非饱和原状样和重塑压实样进行了三个不同应力比(q/p)下的吸湿试验。试样的吸湿(降低吸力)是在控制偏应力和净平均应力为常数的条件下进行的[5]。其成果如图1.5-21。

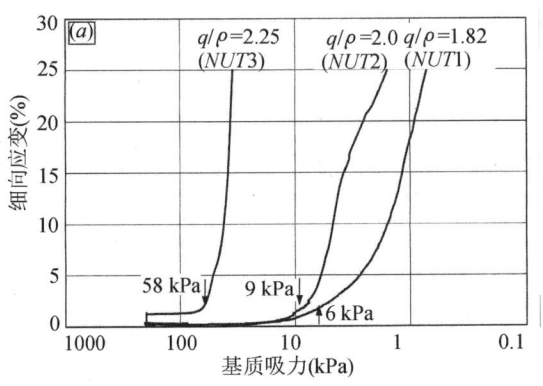

图1.5-21 非饱和土原状样的轴向应变与吸力关系

从图1.5-22可以看出:各轴向应变与吸力关系曲线均存在一个吸力的门槛值。当大于此门槛值时,因吸力减少引起的轴向应变很小;一旦吸力降低到此门槛值,轴向应变急剧增加,试样很快就发生破坏。若将试样的破坏点定在轴向应变的20%处,则破坏时的吸力值随应力比的增大而降低,对应于$q/p=$2.25、2.0和1.82,其值各为33kPa、3kPa和1kPa。根据破坏时的应力采用公式(1.5-22)即可计算出吸力对抗剪强度的贡献[即$(u_a-u_w)\text{tg}\varphi^b$]。将此计算结果绘于等吸力直剪试验获得的似凝聚力与吸力的关系曲线上(图1.5-22),可以看出,等偏应力吸湿试验结果与等吸力直剪试验结果是一致的。由此可以认为,原状样的抗剪强度可能与应力路径无关的。重塑压实样的类似试验也得出了同样的结论[5]。

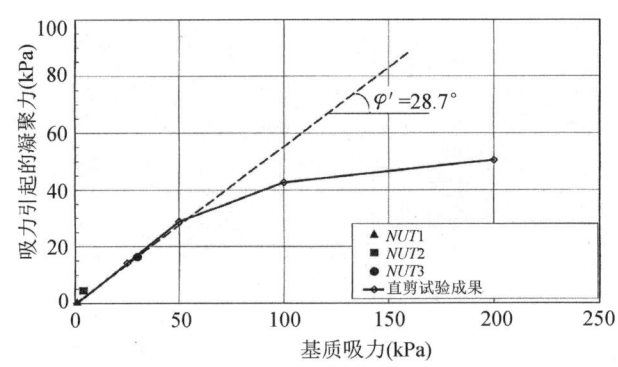

图1.5-22 等偏应力加湿试验和等吸力直剪试验成果的比较

6.3.3 饱和度和裂隙度对膨胀土强度特性的影响

研究表明,在自然风干条件下,当土体饱和度较高时,饱和度是影响非饱和膨胀土强度的主导因素,裂隙发展所引起的强度衰减可由饱和度的变化来反映,此时裂隙的发展对应着饱和度的降低,当饱和度较低时,在饱和度变化不大的情况下,裂隙会有较大的发展,裂隙对非饱和膨胀土强度影响占较主要地位,此时裂隙发展对土体强度的影响,必须单独考虑[79]。应当指出,上述试验是在自然风干单一因素条件下进行的,实际上,土体的裂隙还会受地震,土体卸荷,不均匀沉降等众多因素的作用而继续发展,因此,裂隙对非饱和膨胀土强度的影响不管其饱和度如何均应独立考虑。

6.3.4 非饱和土抗剪强度表达式

根据上述强度特性,Fredlund 将饱和的摩尔－库仑抗剪强度公式推广到三维空间($\tau,\sigma-u_a,u_a-u_w$),假定内摩擦角 φ' 保持不变,并引入 φ^b 角来描述吸力对抗剪强度的贡献,此即上述的双应力变量公式:

$$\tau = c' + (\sigma - u_a)\tan\varphi' + (u_a - u_w)\tan\varphi^b \tag{1.5-9}$$

为了描述吸力对抗剪强度贡献的非线性特征,假定 φ^b 角是吸力的非线性函数:当土体中吸力值小于进气值(即接近饱和状态时),φ^b 等于或接近 φ';但当吸力大于进气值,φ^b 将随着饱和度的降低而降低,最后可能趋于一个较小的稳定值。

Fredlund 提出的非饱和土抗剪强度公式也存在一定疑问。有少数试验结果表明:非饱和土的有效内摩擦角 φ' 并非常数,而是随吸力变化而变化(Delage,1987)[80]。Zhan(2003)的试验结果表明:在较低的吸力范围内,非饱和膨胀土的 φ^b 似乎比饱和土的 φ' 还要大,Zhan(2003)认为这种情况可能是由于显著的吸湿膨胀导致压实膨胀土样的微结构(Structure)发生了变化。因此,Fredlund 的非饱和土抗剪强度公式并非完全准确。但是在许多的实际工程问题中,该公式能满足工程精度要求,且便于在工程中应用。

7 非饱和土的本构关系研究

与饱和土的本构关系不同,非饱和土的本构关系必须考虑吸力的影响,由于吸力与土中的水分有密切关系,故非饱和土的本构关系是指应力,水分与应变的关系(殷宗泽 2006)[81]。非饱和土的本构关系是非饱和土研究中非常重要的方面,它把非饱和土的力学性状用明确的数量关系表达出来,构成非饱和土力学的理论部分,为非饱和土工程性状的分析计算提供了可能。目前,本构关系的研究是非饱和土力学中最热门的课题之一。在国内近期发表的有关文献中,这方面的成果占很大的比例,这与研究非饱和土基本性状的文章数量之少形成了明显的对照。

在非饱和土本构关系的研究中大约有几种思路:一类是将饱和土中较常用的一些本构模型推广到非饱和土上,这类模型较多,如陈正汉的非线性模型[82],缪林昌推广殷宗泽双屈服面模型等[83]。另一类模型是为适应工程需要的实用简化模型,这方面将在下节中叙述。总之,非饱和土的本构关系研究已蓬勃展开,且出现了多条途径,但不管如何,在建立非饱和土的本构关系时,必须从它的基本性状出发,先对非饱和土的"面目"有一个基本认识,按此建立的本构关系才有意义。否则,若依然沿袭饱和土的传统思路,其结果只能是延缓非饱和土力学的发展(汤连生,2006)[35],这正是目前非饱和土本构关系研究中值得注意的一个问题。与此相联系的许多非饱和土本构模型虽已建立,但是有关本构模型的验证性研究相当稀少,对其性状的实验观测资料仍然十分缺乏,无法对其可用性和精度做出评价。这也是阻碍非饱和土本构关系发展的一大障碍。

总之,目前关于非饱和土本构关系的研究尚处于非常初级的阶段,这条路应如何正确地走还在探索,看法也不尽统一。纵观国内外的研究成果,大致可以看到有三个趋势:

(1)从非饱和土的基本性状出发,了解非饱和土在外力和内在各种力的作用下的变形和强度特性,找出其中规律,并建立不同气相形态下的本构方程,分别测求各自的本构参数,为形成真正的《非饱和土力学》提供扎实的基础。其代表性的成果是西班牙 Alonso 团队的研究工作[84]。它是考虑非饱和土性状的特点,正确反映吸力对土的应力、应变和强度的影响,建立土骨架的应力应变和吸力的关系。这种代表性的本构模型如 Alonso 模型(Barcelona 模型,有关该模型的评论下面将再叙述),Matasuoka 模型等。

Alonso 团队的研究工作采用一种宏观与微观、细观相结合的方法,具有比较根本的意义,但是比较艰难，不仅要解决一些理论问题，而且要做许多非常规的试验和验证，难度较大。但要真正建立《非饱和土力学》，只有弄清了非饱和土的基本特性和力学规律，在认识它的本来面目的基础上，才能正确地实现。

(2) 借鉴饱和土的思路，提出一个包含与孔隙水压力和孔隙气压力有关的参数，把饱和土的本构方程延伸到非饱和土中，这是一条捷径，是目前比较流行的做法。例如有人提出＜等效孔隙压力 u^*＞的概念，从而把非饱和土的有效应力表达为 $\sigma'=(\sigma-u^*)$，与饱和土的 $\sigma'=(\sigma-u_w)$ 相似，然后寻求 u^* 的表达式。这样的表达式有很多，但大多缺乏理论依据。很难想象非饱和土可以像"饱和土那样找出非饱和土的响应（或应变）与应力状态之间的简单和唯一的关系"（赵成刚，2010）。上面已经详细分析过，非饱和土的有效应力原理不可能像饱和土那样简单地建立和表达，如果说是一种近似方法，那么必须要分析它的近似程度。而且近似方法往往是某种精确方法的简化方法，目前，精确方法还在探索，这种近似就缺乏依据，而且也无法定量评价它的精度，用到工程中去就很盲目，所以还是应当从基本工作做起。应当说，实用化的工作也是可以做的，稍后，本文也会探讨非饱和土研究的实用化道路问题。

(3) 第三类是根据连续介质力学的新成就和新的工程需要的模型，如沈珠江的考虑非饱和土结构性影响，以损伤力学为基础而建立的结构损伤模型[85]，这是一种在增荷与增湿条件下，既考虑滑移，又考虑胶结力破坏的模型。此外还有适应垃圾填埋场和核废料处理要求的非饱和土热—水力—力学本构模型，如 Thomas 模型，武文华模型等。

(4) 第四类模型是为适应工程需要的实用简化模型，这方面将在下节中叙述。

在这里，再将 Barcelona 模型作一简单的评述。1989 年 Alonso 和其合作者在北京的第二届国际非饱和土会议上，发表了"Constitutive models for unsaturated soils：Thermodynamic Approach"的论文。1990 年 Alonso 和 Gens 提出了巴塞罗那模型[12]一般称之为 BBM(Barcelona basic model)。在该模型的影响下，九十年代以后非饱和土弹塑性本构模型的研究已经成为土力学学术界的热点之一。

该模型可以描述非饱和土的许多力学特性，例如屈服应力随吸力的增大而变大、因湿化而引起湿陷变形等。BBM 存在一定的优缺点，其优点是：

①提供一个一致的理论框架，从总体上认识和理解非饱和土的不同性质和特性。

②有助于确定非饱和土的基本参数以及控制非饱和土行为的参考状态。

③为用于工程实际问题的数值分析方法提供理论模型和本构方程。

④为进一步发展描述更加复杂现象的本构模型提供理论基础。

BBM 模型最重要部分是加载湿陷屈服曲线(Loading－collapse yield curve，简写 LC 屈服线)，它描述了非饱和土的屈服应力是如何随吸力而变化的。有了它，就可预测非饱和土的最重要的变形特性之一即湿陷变形。在含水率发生单调变化时，基于 LC 曲线的本构模型能够很好地描述非饱和土的变形及强度特性。但从已有的研究，人们认识到 LC 屈服线以及基于 LC 曲线的传统的非饱和土弹塑性模型有以下缺点：

①不能考虑饱和度及其变化的影响，无法有效地用来描述土体在饱和与非饱和状态转换时的力学特性。在饱和与非饱和状态的转换区域附近，如果土处于脱湿过程且基质吸力小于进气值，它可视为饱和土；如果土处于吸湿过程，它表现出来的却是典型的非饱和土特性。也就是说，即使在吸力相同的情况下，土的力学行为也可以完全不同。由于 LC 曲线只通过基质吸力的大小来反映土体在塑性变形中的非饱和效应，而没有考虑饱和度的影响，因此无法有效地用来描述土体在饱和与非饱和状态转换时的力学特性。

②没有考虑前期饱和度或含水率变化历史的影响。

③模型中没有考虑土水特征关系的循环滞回特性，即毛细循环滞回特性。

④没有考虑饱和度循环变化和土的变形及强度变化之间的耦合效应。

因此，BBM等非饱和土的弹塑性模型一般只能预测在含水率单调变化时非饱和土的变形和强度，不能直接预测非饱和土的土水特性或饱和度变化时对土的应力应变关系和强度的影响。因此，这个仅能预测非饱和土的变形和强度的弹塑性模型还是不完全的（赵成刚，2011）。

另外，我们知道受降雨或地下水位变化的影响，靠近地表的非饱和土层会经历吸湿—脱湿循环反复的变化。前述表明，随着非饱和土的吸湿—脱湿循环变化，土水特征关系呈现出明显的循环滞回特性。同时水进入非饱和土体，还会引起土体孔隙结构的变化。土体孔隙结构的改变，对土体骨架及土体渗流路径都会产生深刻的影响。因此降雨入渗后，土体的应力状态及应力应变特性也会发生较大的改变。然而对于干湿循环作用下的非饱和土，其强度特性，微观孔隙结构变化规律，应力应变规律目前了解还非常有限，这种毛细循环过程会对非饱和土中的渗流、变形及强度特性产生重要的影响[86]。基于LC曲线的非饱和土本构模型没有引入饱和度作为基本变量，从而使其不能描述前期饱和度或含水率循环变化对土体变形及强度特性的影响。对降雨诱发滑坡的分析表明，前期饱和度的变化对非饱和土强度变化的影响不可忽视，故前期降雨是非饱和土边坡稳定性的重要影响因素。通常孔隙水在非饱和孔隙介质中的分布形态是与吸湿—脱湿路径有关的。在相同的饱和度下，经历吸湿路径的孔隙水分布要比经历脱湿的介质均匀，其吸力、刚度和强度也小，前者的体积弹性模量明显地比后者的小，也就是说，即使它们饱和度或含水率相同，但是由于饱和度变化路径不同会导致它们的力学性质不同。考虑这一特征对于模拟非饱和土应力—应变关系是极为重要的。由于孔隙水分布形态对非饱和土宏观的力学行为产生重要影响，而加湿—脱湿路径决定了孔隙水分布形态，所以非饱和土的力学行为除了与应力历史有关外，还与吸湿—脱湿路径有关。这一点使得非饱和土模拟与饱和土模拟存在明显的不同。

总之，非饱和土的本构关系研究已蓬勃展开，且出现了多条途径，但不管如何，在建立非饱和土的本构关系时，必须从它的基本性状出发，先对非饱和土的面目有一个基本认识，这样建立的本构关系才有意义。否则，若依然沿袭饱和土的传统思路，其结果只能是延缓非饱和土力学的发展，这正是目前非饱和土本构关系研究中值得注意的一个问题。与此相联系的许多非饱和土本构模型虽已建立，但是有关本构模型的验证性研究相当稀少，对其性状的实验观测资料仍然十分缺乏，无法对其可用性和精度做出评价。这也是阻碍非饱和土本构关系发展的一大障碍。

8 关于非饱和土理论的实用化问题

正如上述，工程中遇到的非饱和土问题越来越多，随便借用饱和土力学的方法，不是解决问题的合适之道，但建立一套合理的实用分析计算方法仍然十分必要。这种方法既不是简单地参考饱和土的传统思路，也不是"始终停留在学院式研究的阶段"（沈珠江，2006）[31]，而是在认识非饱和土基本性状的基础上，通过实验研究、工程现场观测和验证、物理概念推理等充分考虑吸力和外力影响的情况下，建立起一套理论上正确，概念上无误，方法上不很烦琐（至少可以让人接受），成果上有一定精度和可靠性的实用计算方法，以适应工程实际需要。这种实用化的方法已为不少学者关注，并且已获得一定的成果[87][88][89]。

既然吸力是非饱和土力学性状研究中一个不可忽略的关键因素，而非饱和土研究的复杂性又往往与吸力量测的困难相联系，因此，简化或实用化之路必然是冲着吸力的处理而展开的。在这些方法中最常见的是将吸力用密切相关的含水率或饱和度来代替。

众所周知，土壤学中的土水特征曲线已在非饱和土力学中得到很大的关注。对一个特定的非饱和土,当水分变化时,土中的吸力也会随之变化,两者具有明确的关系(分吸湿的或脱湿的),以含水率(饱和度)与吸力关系绘制的曲线即为土水特征曲线。如果该曲线已从试验求得,则就可绕过吸力的直接量测,而考虑吸力的影响,这种做法在非饱和研究中已相当普遍。Fredlund 领导的研究小组一直致力于利用土水特征曲线和饱和土的参数来预测非饱和土的参数曲线(Fredlund et al.,1994;Fredlund et al.,1995;Vanapalli et al.,1996;Fredlund,1998),包括储水系数、导水系数、抗剪强度参数(φ^b)、体积模量等与吸力的关系曲线(因这些关系曲线都与相对容易测试的土水特征曲线有密切的联系)。上述预测方法为非饱和土力学在工程中的应用开辟了一条实用途径,但在应用时必须考虑到土水特征曲线的诸多影响因素,特别是土体的应力状态和滞回特性,才能获得更合理的预测结果。

有些学者直接以含水率替代吸力来建立强度或变形的计算公式。如杨代泉等建议的强度公式为:

$$\tau'_f = c + \sigma\tan\varphi + (w_s - w)\tan\varphi w \tag{1.5-10}$$

沈珠江曾以 Duncan 模型为蓝本,建立过变形问题的方程[31]。据研究,为此替代方案需做的确定参数的试验只有一组 $\sigma_3 = \text{constan}t$ 的饱和土三轴试验和一组 $S_r = \text{constan}t$ 的非饱和土三轴试验,不需再做控制吸力不变的三轴试验。(若为了渗流计算,则需测水土特征曲线)。

包承纲等[88]在 VanaPalliet al(1996)的基础上,曾提出应用残余含水率推求非饱和土强度的简化公式,并在堤防工程边坡稳定分析中尝试应用[89]

除了含水率替代吸力的方案外,还可以采用其他的变通办法,如沈珠江建议的折减吸力,广义吸力等作为控制变量的替代方案[31],这些方案尚需在实践中验证和修正。

在非饱和土固结理论的计算中,会遇到孔隙气压力的计算问题。对于气相与大气连通的情况(如完全连通和部分连通形态),气体的排出很迅速,因此可假定孔隙气压力等于大气压力。但对于气相的内部连通阶段,排气通道的边界被封闭(堵塞)的情况下,孔隙气压力就会积累变大,并且会影响边坡的稳定。为此,沈珠江建议了排气率人为设定的简化固结理论[87]。当然这种理论还不完善,需要进一步改进。

总之,正如本文作者在 2005 年第二届全国非饱和土学术研讨会的发展水平报告中指出的[79]:理论的实用化是理论发展的必然趋势和终极目的。但在实用化过程中必须注意几个问题:

(1)任何实用化(简化)都必须有一定的理论基础和一个正确的思路,物理概念要明确,方法步骤要简明。在科学中有些看似简单的表达式,实际上是经过认真的科学论证,并在实践中检验后,由繁到简地"浓缩"出来的。饱和土有效应力原理的表达式就是一个很好的例证。学科的特点不同,问题的复杂性也会不同,其所用的方法和技术也必然不同,当处理问题时,所用的方法能简则简,不能简则先繁些,再逐步简化,总要水到渠成才好,不可急于求成,强行简化。非饱和土的特性远比饱和土复杂,有些工程问题比较简单或可用饱和土延伸的方法对付,但有些是不可能的,则不要勉强为之。如果非饱和土问题都可从饱和土推广,或可通用,太沙基又为何把它自己的理论严格地限于饱和土的范畴。可见他是对非饱和土的复杂性有所了解的。

(2)目前非饱和土研究中急功近利的倾向仍然存在,不愿做艰苦踏实的试验研究工作,热衷于建立缺乏根据的本构方程,这种现象的长期存在必将影响非饱和土力学的发展。在以往科学发展史上,往往有许多深奥的、重要的理论,其实用的表达式虽然十分简单,但它是在经过仔细的、科学的研究论证,并在实践中不断检验而提出来的,遵循从简单到复杂再回到简单的科学发展规律而形成的。因此,任何学科的发展,任何理论的形成都有一个初期发展的摸索过程,弄清一些基本东西,并在实用中逐渐形成一套理论,那些前期的艰苦的基本工作是必不可少的。正如谢定义说的:"当前,通过系统的实验,深化对非饱和土力学特性与变化机理的认识,打好建立真正非饱和土力学理论的基础仍然是当务之急的工作"[90]。

(3) 当然,任何学科都不是等完全研究清楚了再考虑应用,实际上,研究和应用也是相辅相成的。因此,目前有些学者从实用目的出发,提出一些简化理论以应工程之需,是可以理解的,这种工作也应当受到鼓励。只是这些工作在基本方面应是站得住脚的,在方向上与未来的非饱和土力学理论的研究工作不仅不矛盾,且应有助于该研究的进展,并期望两者在发展过程中达到逐渐融合的地步。目前提出的许多实用方法,虽然尚不完善,但只要方向是对的,理论上能站得住脚,就不要随便否定,倘若有些实用方法其理论基础尚不足,可以再作一些补充的基础性研究工作,使其完善。

(4) 目前从事非饱和研究的多集中于高等院校和大的科研机构,不少研究生选择非饱和土方面的研究课题作为研究方向,这是好现象。在他们的学习过程中,笔者以为有两点值得注意:首先是对现有国内外的文献进行精读,真正领会其实质,并且融会贯通,使对非饱和土的真面目有一个概括的、正确的认识,在此基础上,再研究本构关系。其次是要寻找一些实际例子进行研究,不要人为地设计一个算例,得出两者基本符合的结论,然后就认为自己的新理论可以在工程中应用,甚至声称这些理论为今后非饱和土的实用化指出了方向或建立了理论框架等轻率的结论。

9 非饱和土性状与工程问题的联系

9.1 非饱和土研究的必要性和工程应用简况

随着非饱和土理论研究、测试技术和计算技术的进步,非饱和土力学在工程中的应用也日见广泛,目前正处于方兴未艾的阶段。关于非饱和土研究与常见的工程问题的联系,笔者已有专文叙述[79],这里不再重复。在近期,有关在具体工程中应用的实例的报道,也日渐增多,仅从第二届全国非饱和土学术研讨会的论文来看,涉及工程应用的论文就有十来篇,约占全部论文的1/5。其中有利用土水特征曲线解决边坡稳定问题(袁俊平等 2005)[91];考虑非饱和——饱和渗流的土坡稳定性影响(黄茂松等 2005)[87];降雨入渗下膨胀土边坡的稳定分析(陈守义,1997)[92],(詹良通等,2003b)[93];裂隙对非饱和土稳定性的影响(袁俊平 2005);膨胀土台阶式滑坡破坏模型及处治措施(刘龙武等 2005);高速公路膨胀土路基的工程处治新技术(杨和平,郑健龙 2005)[94];此外还有南水北调中线工程膨胀土(岩)试验段工程设计(长江科学院,长江设计院,河南省水利勘测设计院等 2005—2007)[95]。上述实例,有的已经实施,有的正在实施或计划实施,有的已经产生一定的经济效益和社会效益,相信在今后,非饱和土力学会得到更好的应用和发展。

关于非饱和土研究的必要性,有人认为,既然饱和土的强度低于非饱和土的强度,那么将非饱和土问题作为饱和土处理总是偏于安全的,非饱和土就不必着力研究了。应当指出,上述看法并不完全正确,且不说非饱和土的强度是否一定大于饱和土,实际上,非饱和土的过程问题并不是一个简单的稳定问题。从上面的许多叙述可以看出,非饱和土力学所涉及的问题,远比饱和土的多,尤其对近代出现的特殊土工程问题来说。特殊土(膨胀土、黄土、残积土以及某些粗粒土等)工程问题的出现,使非饱和土研究的紧迫性增加了,因为在处理这些土的有关问题时出现了许多难以解释的矛盾,这里举几个例子说明。

例一:南水北调中线工程有 300km 通过膨胀土地区。膨胀土边坡滑动有两种形式,一是与土中的结构面有关,其形式为一般的圆弧滑动或沿结构面的折线滑动,采用极限平衡法处理;另一是与土的膨胀性有关,其特点是渐进式的浅层牵引式滑动。对此种滑坡若仅用一般的极限平衡法核算,可能不大真实,应采用考虑非饱和膨胀土在增湿时,膨胀过程中变形受到约束而产生应力重分布的分析方法。为此,长科院开发了考虑膨胀变形的非线性有限元分析法[95]。计算表明,如果不考虑膨胀土的特性,某一边坡的安全系数大于 1.20 的要求值,但当虑膨胀变形特性时,安全系数仅为 0.89。

另一个附近的实际滑坡,在现有条件下现场的强度参数的常规计算,边坡并不会垮,但若将膨胀力作为面力施加上去,则安全系数仅为1.03,达到极限平衡了。

例二:砂土的渗透系数一般大于黏性土,但研究证明,当砂土处于某种非饱和状态时,其渗透性会小于一般黏性土的值。这又作何解释呢。

对于饱和土通常砂土的水渗系数要大于黏性土的值是对的,但对于非饱和土则不然。图1.5-23是两种不同土类的导水系数曲线和土水特征曲线。如图1.5-23右边所示,虽然砂土的饱和渗透系数(当吸力等于零时)大于黏性土的,但其非饱和导水系数随着吸力的增加而降低得比黏性土更快,在吸力超过一定值时反而小于黏性土的导水系数。这是由于砂土的含水率随吸力增加而减少得比黏性土更快的缘故(如图1.5-23左边所示),也就是说砂土中的过水通道随吸力增加而减少速率比黏性土的快[32]。因此,当土体为非饱和时,不能想当然地认为,砂土的导水系数必然比黏性土高。

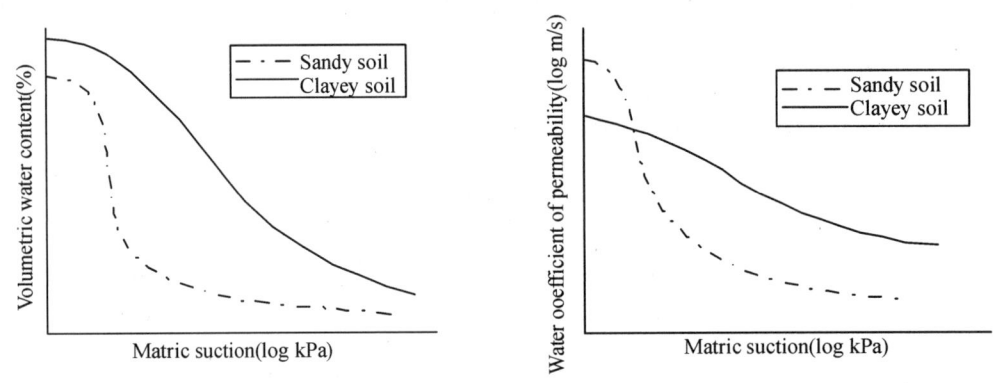

图1.5-23 砂性土与黏性土的持水特性及导水特性(引自Hillel,1998)[94]

这主要是气相与固、液两相交界面上发生的表面现象形成的毛细作用的结果,毛细作用形成的弯液面成为一道屏障,阻碍了水分的入侵,为此可以利用砂层进行膨胀土边坡的雨水防护。这又是一个非饱和土的问题。

出现上述现象的原因与毛细现象有关,或者说与非饱和土中存在的吸力有关,吸力是独立于外力的一个力。由于吸力的存在,目前土力学中的许多原理能否适用就值得研究。正如沈珠江院士指出:吸力是非饱和土研究中的核心问题。可见,研究非饱和土问题避不开吸力,要简化有关研究也要先对吸力有所了解才好进行。

此外,有人常以为,采用饱和土的强度指标用于非饱和土的稳定问题应当是偏于保守的。实际上,膨胀土的强度包线往往是非线性的(如图1.5-24[95]),按照常规的试验方法所测得的强度指标进行渠坡稳定性分析,有时是偏于危险的。

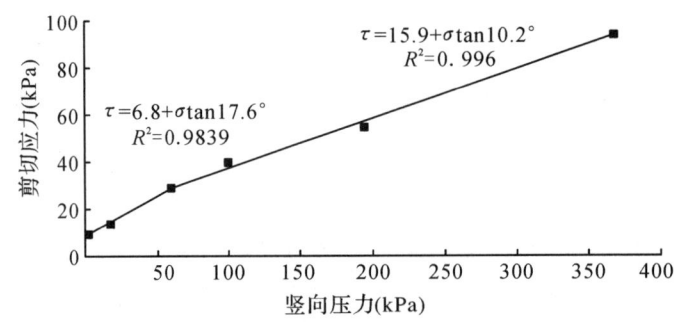

图1.5-24 南阳膨胀土非线性强度包线

9.2 水气运移引起的工程问题

水、气运移问题是非饱和土的一个根本问题。由于土层边界条件(流量或流体压力)变化引起的水或气运移将改变非饱和土层中的吸力场(孔气压或孔水压),从而改变非饱和土体的性状,如抗剪强度和体积变化。处于地下水位以上的非饱和土层(又称包气带)直接与大气环境接触,其表面边界条件随着气候条件的变化而改变。旱季的蒸发作用或植被的蒸腾作用造成包气带中水分向上迁移,浅层土体中的孔隙水压力将逐渐降低(如图 1.5-25 示),以致表层土发生干缩开裂。雨季的降雨入渗造成水分向下迁移,这将导致浅层土体中的孔隙水压力上升,土体的抗剪强度降低,对于膨胀土或黄土,土层则可能发生膨胀或湿陷。如果多年期间向上与向下水分迁移量不平衡,地下水位将发生改变。又如,库区的水位升降将造成土石坝和库区岸坡中的浸润线和孔压场发生改变(如图 1.5-26 示),以致影响坝坡和岸坡的稳定性。因此,水、气运移分析是解决非饱和土工程问题的首要课题。

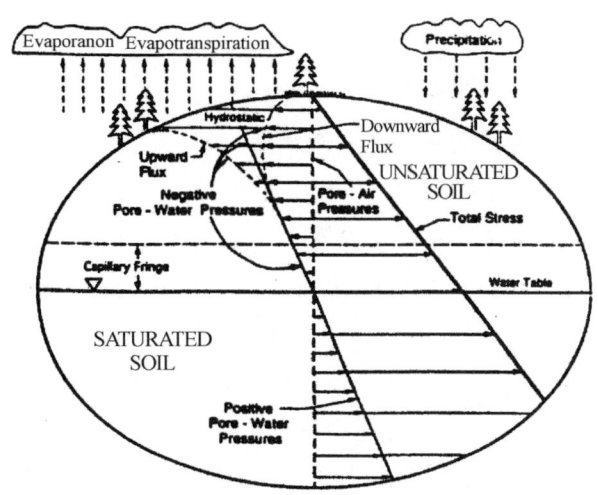

图 1.5-25 非饱和土层中孔压剖面与气候条件之间的关系(引自 Fredlund,1996)

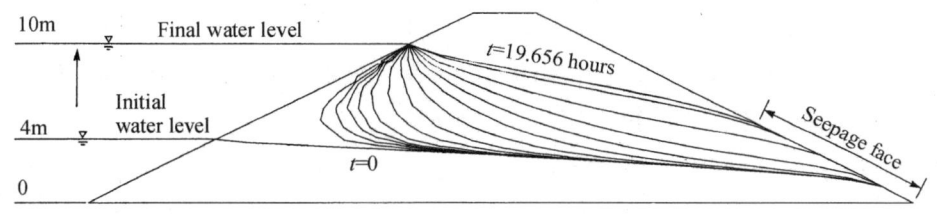

图 1.5-26 库区水位上升后土坝内浸润线的变化(引自 Fredlund 和 Rahardjo,1993)[1]

9.2.1 土层中非饱和—饱和渗流场分析

这里首先讨论非饱和土层中水的运移问题,此系非饱和渗流问题。一般认为,水在非饱和土中的渗流与饱和土渗流类似,也服从达西定律,也是受总水头(即位置水头与孔压水头之和)所驱动的,它们之间的不同点只是在于孔压的数值和土体的水力参数。基于上述机理的非饱和渗流理论与饱和渗流理论是统一的,因此可以将浸润线上下的非饱和区和饱和区当作一个统一区域进行非饱和—饱和渗流分析。与传统的饱和土渗流分析方法相比,非饱和—饱和渗流分析的好处在于:

(1)分析时不需人为假定浸润线的初始位置,避免了烦琐的浸润线位置的迭代计算,在非饱和—饱和渗流场中,孔压为零的等势线即为浸润线,它可由计算直接得到。

（2）考虑了浸润线以上非饱和区对渗流场的影响，包括非饱和土的储水能力及其低渗透性能，而传统的饱和渗流分析往往忽略或简化了非饱和区的影响。因此，对于涉及非饱和区的渗流问题（如土石坝、边坡等），非饱和一饱和渗流分析方法更加符合实际情况，且计算过程比较简单。

目前非饱和一饱和渗流分析存在的主要技术困难包括三个方面：①地表流量边界的确定，包括降雨入渗量和蒸发量，这两个量不仅与当地的气象条件有关，而且还取决于表层土的水力特性及其中的孔压剖面（Hillel,1998）[96]。另外，如果表层土体含有裂隙，情况将更为复杂；②非饱和土层中初始条件的确定，包括初始地下水位及初始孔压场。前面提到过，地下水位主要取决于多年间包气带中水分进出的平衡，因此，地下水位的确定依赖于长期的气象资料和表层土的水力参数；如前所述，非饱和土导水系数是吸力或饱和度的非线性函数，它的直接测试仍存在技术困难，且费钱费时。目前国内外在此方面的研究成果非常缺乏。可能正是由于非饱和一饱和渗流分析存在的上述困难，以致许多工程师倾向于忽略非饱和区的渗流。然而，只有正视上述困难，才能更深入认识包气带中土体的性状，才能更合理地解决涉及非饱和土的工程问题。

9.2.2 降雨入渗过程对边坡稳定的影响

降雨入渗及其相关问题不仅是最为典型的非饱和渗流问题，而且是一个综合性的非饱和土工程问题。由于非饱和土水力特性随着吸力的变化而改变，因此降雨入渗规律非常复杂。对于初始干燥的地面，雨水入渗量是时间的函数，如图1.5-27示：在初始阶段由于表层土中吸力比较大，所以入渗速度较快等于降雨强度。然而，随着表土吸湿，体积膨胀，吸力降低，同时水力梯度降低，以致表土的入渗能力逐渐降低，最终将低于降雨强度，这时地表将出现积水或坡面径流，在形成地表积水或坡面径流之后，表土的入渗速度将随时间增加而降低，最终趋于表土的饱和渗透系数，即表土的最小入渗能力。如果降雨强度一直小于表土的最小入渗能力，表土的入

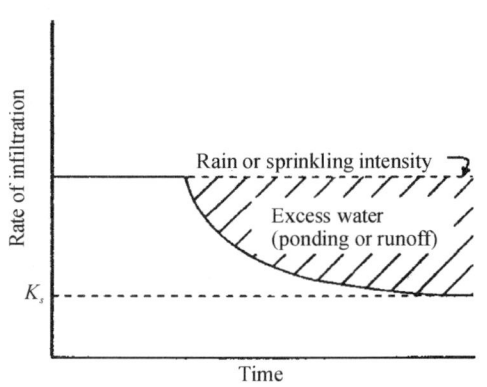

图1.5-27 降雨入渗速度与时间的关系（引自 Hillel,1998）

渗速度将等于降雨强度，即所谓的受雨量控制的入渗过程。对于初始干燥、均质的非饱和地层，降雨入渗过程中典型的含水率剖面如图1.5-28示，可见，在湿润锋以上的土层可分为三个区域，由上至下分别为饱和区、传输区和湿润区。各区中含水率分布剖面如图1.5-28示。

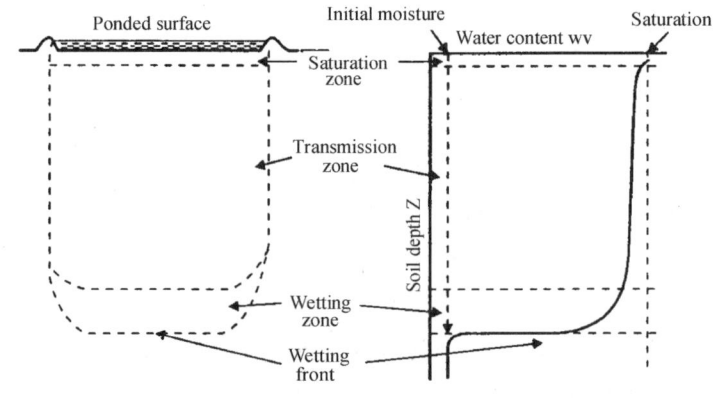

图1.5-28 积水入渗中土层中含水率随深度分布剖面（引自 Hillel,1998）

降雨入渗过程中非饱和土层中含水率剖面（或孔压剖面）与诸多因素有关，主要因素包括土层的水力参数、初始含水率剖面、降雨强度和历时等。Zhan & Ng (2004)[96]利用一维竖直入渗问题的解析解对影响入渗过程的各主要参数进行的敏感性分析，所考虑的参数包括饱和渗透系数(k_s)、土水特征曲线的脱水斜率(α)、非饱和土的储水能力($\theta_s-\theta_r$)和降雨量(q)[97]。分析结果表明：对于给定的初始条件，降雨入渗过程主要受k_s/α控制，其值越大，湿润锋前进得越快。入渗过程中孔压剖面的变化主要取决于$q\alpha/k_s$，其值越大，浅层土体中孔压上升（或吸力下降）越多。在上述的三个水力参数(k_s, α 和 $\theta_s-\theta_r$)中，前两个参数的影响占主导地位。然而，k_s和α之间的相对重要性取决于非饱和土层中初始孔压剖面。另外，初始孔压剖面对入渗过程有显著的影响。

降雨入渗过程还受其他一些因素影响。斜坡上降雨入渗规律更为复杂，雨水入渗使得表层土首先饱和或接近饱和，以致其渗透系数比下卧的非饱和土高，这可能导致顺坡向的渗流大于垂直坡向渗流，并在坡内产生滞水层，它对边坡的稳定是很不利的。对于裂隙发育的非饱和膨胀土，雨水往往先从裂隙灌进去，并填满裂隙，然后缓慢地向裂隙周边的土体扩散。随着入渗时间增加，非饱和膨胀土吸水膨胀，裂隙逐渐闭合，以致表层土的入渗系数显著降低（如图1.5-29所示）。[93][97]如果膨胀土层中裂隙不发育或呈闭合状态，降雨入渗速度是很小的。另外，雨水入渗过程还可能受气体流动的影响，例如，在底部边界不透气的情况下，雨水入渗的同时，原有的空气不能自由排出，将导致气压增加，从而增加了水入渗阻力，明显降低水的入渗速率，大量的试验也证明了这一点。因此，从严格意义上讲，应进行水气二相流分析（陈家军，2000)[97]。

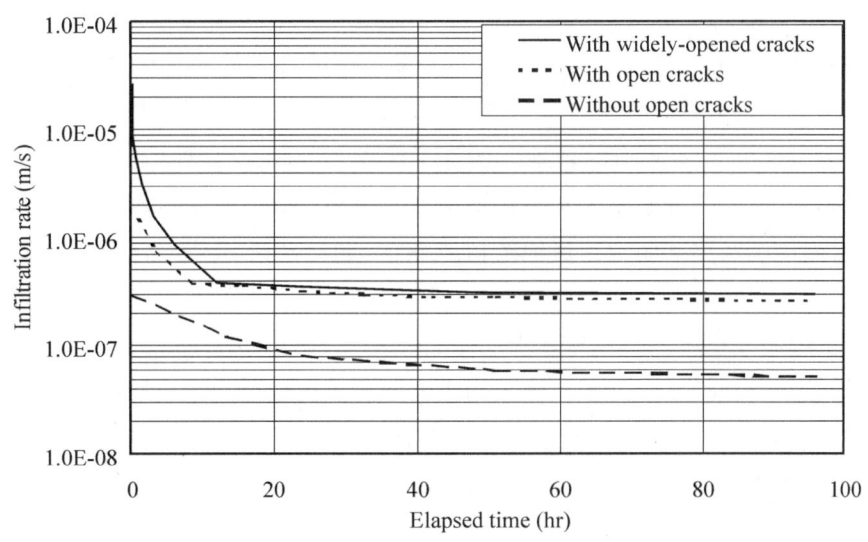

图1.5-29 裂隙发育程度不同的膨胀土上入渗速率与时间的关系（引自Zhan, 2004）

9.2.3 非饱和土中气体运移的影响

与非饱和土中水的运移相比，目前国内外对非饱和土中气体运移问题研究较少，这可能是由于后者不如前者普遍和重要的缘故。然而对于有些工程问题，气体迁移的研究很重要，如垃圾填埋场中填埋气体的迁移问题、煤层中瓦斯的迁移和突出问题等。

城市生活垃圾含有大量有机质，其在填埋场封闭环境下降解产生大量的气体（主要是甲烷和二氧化碳）。如果填埋气体导排系统受阻，则可能由于压力过大而发生爆炸；另外，甲烷迁移到地表附近与空气混合物（当前者含量在5%～15%时）遇到明火易发生爆炸或火灾。国内已有二十多个城市垃圾填埋场曾发生过爆炸或火灾事故[98]。现场实测资料表明：垃圾填埋场中气体的压力比一般非饱和土中的大，在一定条件下填埋场气体压力可高达400kPa[99]。垃圾填埋场中的气水运移是相互影响呈耦合作用的。与一般的非饱和土类似,气相的存在使得液相的渗透系数降低,气体压力的变化将改变液相流动的驱动势,从而影响了液相的运移。反过来,液相的存在会影响气相的渗透系数,液相的运动将改变气相压力的大小及其分布。由于垃圾填埋场气体压力比较大,且变化比较显著,所以垃圾土中的水-气耦合效应要比一般的非饱和土更为突出。另外,垃圾土气相中的可溶性气体(即CO_2)与液相之间存在溶入和逸出现象,即气、液两相中CO_2存在一定质量体积转化关系。因此,垃圾填埋场中气水运移问题非常复杂,该问题的研究对已建垃圾填埋场的安定性和环境效应的合理分析与评价,以及现代卫生垃圾填埋场的科学设计都有重大的意义。

9.3 干湿循环引起的地基变形问题

干/湿循环引起的地基变形问题在膨胀土和黄土地区特别突出。在膨胀土地区建设的轻型结构(公路、低层房屋等)往往由于地基中含水率(或吸力)改变而发生隆起或下陷。引起地基土体含水率变化的因素有很多,主要包括自然气候条件以及施工和使用过程中各种人为因素的影响。

季节性的干湿循环将使直接暴露在大气中的浅层膨胀土地基中含水率不断发生变化,地基从而发生隆起或下陷。因此,在膨胀土地区建设的房屋地基或路基必须采取有效的防渗或排水设施,以保持地基中水分进出平衡。然而,长期的干旱或湿润气候将打破包气带的水分平衡,使其中的含水率(或吸力)剖面发生显著的变化,并导致地下水位变动,因此可能使膨胀土地区大面积隆起或下陷,例如英国在1975—1976年的长期干旱期间,大量房屋地基发生显著的下陷变形,上部结构开裂,以致各保险公司的赔偿总金额多达25亿英镑[101]。

膨胀土地区的地基变形问题还与植被有密切的关系。在植被良好地区的工程建设中往往会发生砍树现象,砍树之后,原有的巨大根系丧失了吸水能力,以致根系及其附近的地基中含水率将逐渐增加而隆起(如图1.5-30示)[102]。相反,在没有植被地区的工程建成之后,往往会种植树木或草坪,由于植物的生长不断从土层中吸收水分,因此地基中含水率将逐渐减少下陷(如图1.5-30所示)。因此,在具有显著胀缩土地区,不能在房屋周围及路基周边盲目地植树或砍树,如需植树,应考虑合理布局,例如房屋的两侧对称地植树。

膨胀土地区的工程施工也可能改变地基土层中含水率。开挖或填方施工可能切断地表水或地下水原有的排水通道,导致水分在地基中蓄积。施工用水的随意排放也可能造成局部地基中含水率升高。另外,工程建成之后的使用期间,也可能发生地基土层中含水率改变的情况。例如,住宅小区建成之后,绿化带的过量浇水、生活污水管发生渗漏等可能造成房屋地基隆起。因此,在工程施工过程及建成之后,应注意保持地基土层水分的进出平衡。

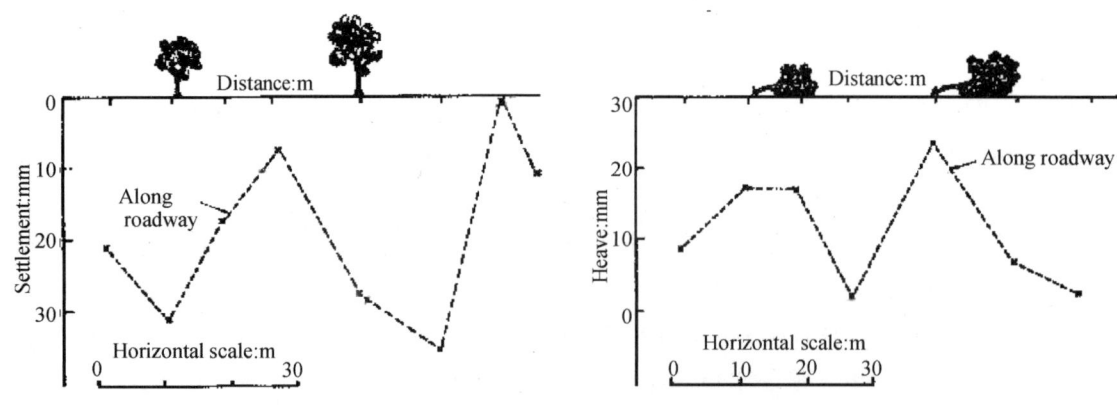

图1.5-30 植树和砍树对膨胀土地基变形的影响(引自Driscoll,1983)[101]

在黄土地区,干/湿循环引起的地基变形主要表现为湿陷。黄土地基湿陷变形的内因是黄土内在的特殊结构,外因是引起地基中含水率增加的各种因素。与上述情况类似,引起地基中含水率增加的因素也包括自然气候条件以及施工和使用过程中各种人为因素。在工程施工过程及建成之后,应注意避免或减少黄土地基中含水率升高。

显然,传统的饱和土变形理论无法合理计算和预测由干湿引起的膨胀土或黄土地基变形,因此应采用非饱和土力学理论和特殊的试验方法研究与分析上述变形问题。自从20世纪60年代以来,许多研究者对此做了大量工作。例如,对于膨胀土地基隆起,Jennings & Knight(1957)提出了双固结法[103],Smith(1973)建议采用直接模拟法[104],Fredlund & Rahardjo(1993)提出过用"常体积"膨胀力试验结果来预测总隆起量的方法,其中还应考虑取样扰动的校正等。

9.4 非饱和土边坡稳定问题

非饱和土边坡稳定最突出的问题是降雨入渗诱发的边坡失稳。降雨入渗使得边坡浅层土体中含水率升高,并可能导致滞水的发生,以致土体中原有的吸力及其对抗剪强度的贡献降低甚至完全丧失,边坡稳定安全系数可能因此而降低。对于降雨条件下边坡稳定问题,边坡浅层土体中孔隙水压力分布剖面是最为关键的不确定因素,这是由于它不仅与降雨条件(包括雨型、雨强、降雨历时等)有关,而且还与边坡中土层剖面、土性参数(主要是水力参数)以及降雨前土层中初始含水率(或吸力)场有关。

9.4.1 弱胀缩性土边坡

自从20世纪90年代以来,许多研究者在降雨入渗对边坡稳定影响方面做了大量工作,包括进行现场监测[54]-[56]和数值模拟[104]-[109],这些研究大多是针对弱胀缩性土(如残积土)的。研究成果表明:降雨入渗对边坡中孔压剖面的影响随着土层深度的增加显著降低,影响深度一般小于3m。长时间的降雨入渗往往会导致滞水层和顺坡向层间流的产生。边坡表面的植被情况和覆盖条件可能明显影响降雨入渗强度及边坡中孔压场。土层剖面的非均质性以及相对透水层或隔水层的存在将显著改变降雨入渗条件下边坡中的渗流场,以致影响边坡中孔压分布剖面。

对于上述弱胀缩性土边坡,降雨入渗条件下边坡稳定的分析和评价方法比较简单。首先,根据边坡的边界条件和土层剖面进行非饱和—饱和渗流分析,获得不同降雨入渗条件下的孔压场(包括地下水位以上的吸力场)。然后,将获得的孔压场输入到边坡稳定分析程序(如采用极限平衡法),计算不同降雨入渗条件下的边坡稳定安全系数。在边坡稳定分析中,一般假定吸力对抗剪强度的贡献体现在土体凝聚力的改变,这样,传统极限平衡分析方法的公式的形式保持不变,原有的程序只须稍作修改就可适用。

9.4.2 强胀缩性土边坡

如上所述,降雨入渗对弱胀缩性土边坡稳定影响作用比较简单,主要是影响边坡浅层土体中孔压场。然而,对于强胀缩性土边坡(如膨胀土),降雨入渗对边坡稳定影响机理要复杂得多,这是由于这种土的水土相互作用非常强烈:降雨入渗不仅会改变浅层土体中含水率和孔压场,而且可能改变边坡中的应力场和变形场。

2001年,香港科技大学与长江科学院合作在湖北枣阳选取了一个11m高的中膨胀土渠道边坡,进行人工降雨模拟试验和多种仪器的原位综合监测(监测区域31m长×16m宽)。埋设的仪器包括张力计、热传导吸力探头、含水率探头、土压力盒、测斜管、雨量计、蒸发计以及地表径流量测系统等。在约一个月的监测期间共进行两场人工降雨模拟(共570mm)[110][111]。现场试验和监测结果表明:非饱和膨胀土中,水土相互作用是一个相当复杂的问题,它涉及吸力(或水分)、变形、应力和抗剪强度之间的耦合作用,还受膨胀土中发育的裂隙显著影响,从而导致下列的效应:①在降雨前的干旱季节,膨胀土干缩开裂,张裂隙逐步向四周和深部发展。裂隙不仅破坏了土体原有的完整结构,而且为雨水入渗打开方便之门;②在雨季,降雨入渗造成了浅层的非饱和膨胀土体含水率增加,吸力降低(如图1.5-31),同时土体吸水膨胀(如图1.5-32示)。吸力降低使得土颗粒间的有效应力降低,从而导致了土体抗剪强度的降低。吸水膨胀使得土体的孔隙比增加,也会导致抗剪强度的降低。降雨入渗的这一双重效应是降雨诱发膨胀土边坡失稳的主要原因之一。③降雨入渗会造成边坡浅层土体中水平应力显著增加(如图1.5-33示),这是由于膨胀土体在水平方向的膨胀趋势受到限制,以膨胀力的形式表现出来。水平应力显著增加可能使得土体的应力比达到被动极限状态,从而发生局部破坏。在一定条件下(如持续降雨),此局部破坏面可能会向四周逐渐发展,最后发展成为膨胀土中常见的渐进式滑坡。上述种种降雨入渗对非饱和膨胀土边坡稳定的影响可综合表示于图1.5-34。降雨入渗造成的土体竖向膨胀软化和边坡中水平应力的增加是与非饱和膨胀土的胀缩性相关的,因此是膨胀土边坡所特有的。

最近,剑桥大学在离心机里研究季节性的干湿循环对超固结黏土边坡稳定的影响[68]。该研究采用一个可控制湿度的密封模型槽来实现坡面边界的干湿交替,并通过提高离心加速度来加速水分运移速度,使得历时几年的干湿循环过程转换为历时只有十几个小时的模型试验。研究结果表明:干湿循环造成了边坡浅层土体反复收缩和膨胀,虽然位移方向均以坡面的垂线方向为主,但是每次循环结果均产生一个向坡下的残余变形(如图1.5-35所示),该残余变形随循环次数的增加不断累积,它使得坡肩附近的土层出现张裂隙,并在坡脚附近形成剪应力集中区,最终边坡模型发生渐进性变形累积破坏。因此,由长期的季节性干湿循环导致的向坡下的蠕动是造成超固结黏性土边坡这种渐进破坏的重要原因。

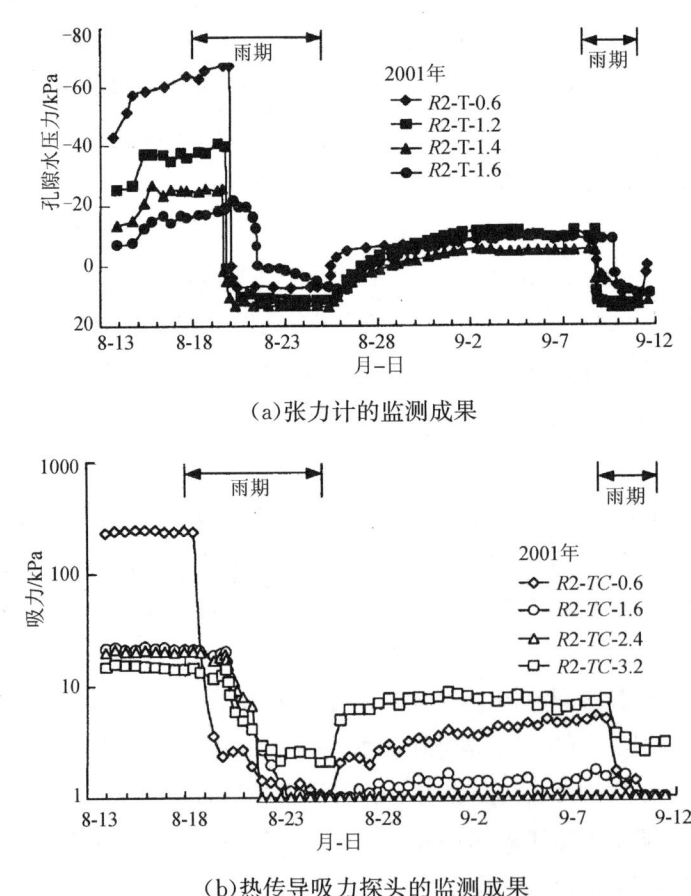

(a)张力计的监测成果

(b)热传导吸力探头的监测成果

图1.5-31 坡中各深度处的孔隙水压力或吸力反应曲线(引自詹良通等,2003)

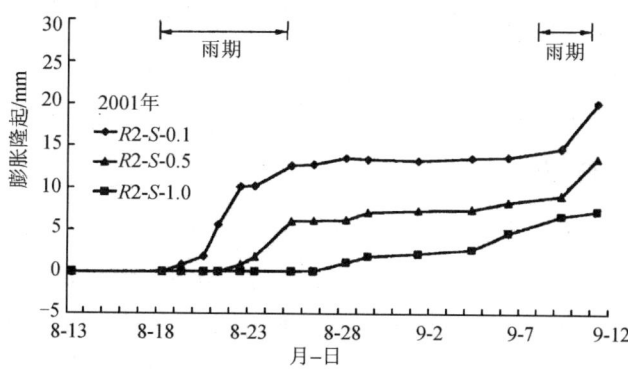

图 1.5-32 坡中各深度处的沉降标测得的竖向位移随时间的变化(詹良通等,2003)

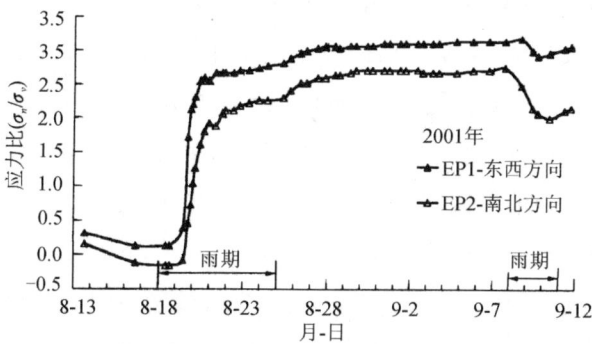

图 1.5-33 坡中深度处水平应力与竖向应力比对降雨的反应曲线(詹良通等,2003)

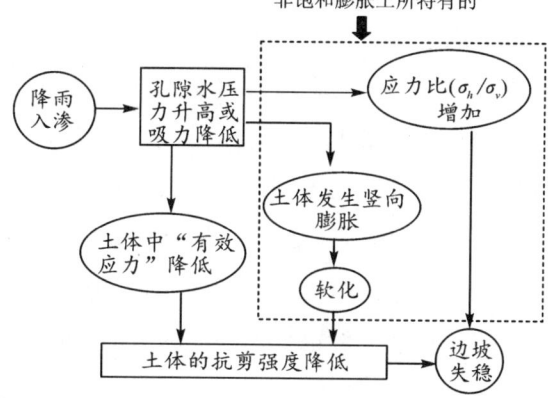

图 1.5-34 降雨入渗对非饱和膨胀土边坡稳定的影响(引自 Zhan,2003)

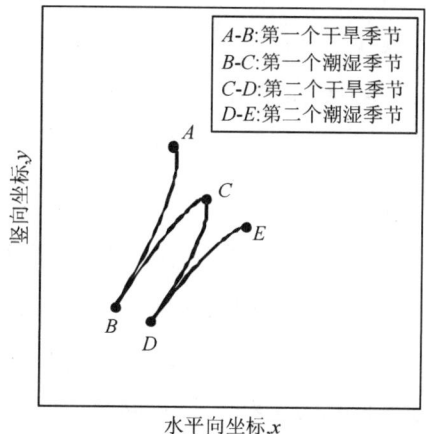

图 1.5-35 在季节性干湿循环过程中边坡土体的变形轨迹

因此,对于强胀缩性土坡,在降雨入渗条件下,边坡中水土相互作用及其对边坡稳定的影响是一个相当复杂的问题,该问题的分析应采用吸力-变形-应力耦合数值模型,同时应考虑裂隙的影响。有些学者在此方面开展了一些探索性的研究工作(Zhan,2003;沈珠江等人,2004)。

9.5 支挡结构的土压力问题

支挡结构后面的填土或边坡往往是非饱和的,至少部分是非饱和的。非饱和土层的存在对土压力的影响主要表现在张裂区深度和土压力系数的改变。对于静止状态,由于非饱和土中表面张力对土颗粒有张拉作用,黏性土地表往往会出现开裂区,开裂深度与吸力剖面有关,如果假设吸力随深度线性降低,则开裂区随地表处的吸力值的增加而加深。理论上讲,静止土压力系数随着吸力的增加而线性减少。对于主动状态,由于非饱和土中吸力对土体抗剪强度有贡献,且该贡献主要表现为表观凝聚力的增加,因此张裂区深度将比相应饱和土的大,具体深度可根据浅层土体中的吸力剖面和抗剪强度参数(包括φ^b)来确定。根据类似原理,主动和被动土压力系数可根据浅层土体中的吸力剖面和抗剪强度参数(包括φ^b)来计算,在计算中假定吸力对土体抗剪强度的贡献全部体现在表观凝聚力的增加,这样,土压力系数的计算公式的形式与饱和土是一致的。一般来说,非饱和土层中吸力增大,主动土压力系数降低,而被动土压力系数增加。值得注意的是接近地表的非饱和土层中吸力剖面随外界的气候条件的变化而变化,所以作用在支挡结构上的土压力处于不断变化之中,因此在进行支挡结构设计时,必须考虑各种气候条件中最不利的情况。另外,与饱和土类似,非饱和土层的土压力也与支挡结构的变形有关。一般来说,非饱和土层进入主动或被动状态所需的变形要比饱和土的小。

对于非饱和膨胀土来说,土压力问题还涉及土体吸湿膨胀力问题。当雨水入渗到非饱和膨胀土中,土体在竖向可以自由膨胀,但是在水平方向的膨胀趋势将受到支挡结构的限制,则以膨胀力的形式表现出来。显然,膨胀力的大小与水平方向容许变形有密切的关系,如果容许变形很小,则膨胀力可能非常大。从这个意义上讲,膨胀土地区宜采用柔性的支挡结构,如加筋土挡墙[112]。另外,墙后填土或挖方应采取表面防渗措施及内部排水措施。在支挡结构设计时,不宜将室内试验中用常体积法测得的膨胀压力值直接应用到挡墙后面的土压力计算中,这是由于挡墙后面土体变形情况与试验中不同的缘故,挡墙后面土体在竖向可自由变形,在水平方向挡墙一般也容许一定的变形,而在常体积膨胀力试验中,试样竖向和水平向变形均被完全限制。

对于细粒非饱和土,其中的吸力对抗剪强度的贡献非常可观,工程师可考虑在工程设计中利用它。例如,在非饱和土层进行的临时性基坑开挖工程可考虑采用无支护开挖。从理论上讲,其临界开挖深度等于两倍的张拉区的深度。若土层上部出现张裂缝,则临界无支护开挖深度将有所减少。当然,无支护开挖工程中必须做好防渗措施及排水措施,以保持非饱和土体中原有的吸力。

9.6 地基承载力问题

路基及建筑物的浅基础往往坐落在非饱和土层上,由于其中的吸力对土体的抗剪强度存在贡献,所以地基承载力比相应的饱和土要高。如果非饱和土层中吸力会长期存在,工程师在地基承载力设计时可考虑由吸力引起的附加抗剪强度对承载力的贡献,承载力计算时可认为吸力引起附加抗剪强度主要体现在表观凝聚力,这样地基承载力的计算公式与饱和土的相同。当然,若非饱和土中吸力会受到当地的气候的影响而不能保证时,必须考虑一定安全系数。

10　结束语

总的说来，国际上对非饱和土研究的热度要比国内的高，尤其有不少著名学者坚持在非饱和土基本特性的课题上进行持续的研究，且不断有新的、有价值的成果问世。国际上的学术活动也远比国内活跃。这种现象是很值得我们深思的。

笔者认为在非饱和土的研究上还有一些问题值得注意，特提出供参考[113]。

(1)非饱和土今后的发展必须走工程实用的道路，这个目标应当明确，否则它就没有生命力，也不可能持续发展下去。但要注意的是，至今人们对非饱和土的力学性质仍了解得不大清楚。倘若有些不成熟的或理论上还缺乏必要基础的计算方法和工程措施在工程中草率应用，不免会造成一定的负面影响，不利于非饱和土研究的进一步开展。因此处理好必要的理论研究与工程中应用和验证的关系是当前非饱和土研究中的重大议题之一。

(2)目前非饱和土研究中还存在不少认识问题阻碍着研究的发展。例如，非饱和土研究到底是否有必要？工程中用饱和土公式来处理非饱和土问题是不是一定偏于安全？既然饱和土的与非饱和土的有效内摩擦角几乎相等，又何必研究非饱和土问题？既然吸力不稳定，很难利用，那么工程中就不必考虑了，反正也省不了多少钱？既然非饱和土研究很有必要，为何在其发展过程中时起时落？等等，这些认识若得不到澄清，非饱和土研究也很难顺利开展。

(3)吸力在非饱和土研究中的重要性不言而喻，但吸力的测定技术和预测方法都还比较复杂[114]，室内和现场量测吸力的仪器设备的可靠性与简便性都有待改进，在现场的观测中，探头的埋设技术应特别引起注意，如有必要应作专门研究，以保证测读成果的准确性。

(4)关于理论研究，就基本性质而言，以往对基质吸力研究较多，而对溶质吸力的作用研究较少；对于水气运移问题，数值模拟较多，参数测试和现场验证比较缺乏；在力学性状方面，以往对强度特性研究较多，而对固结变形问题，尤其是固结与流动的耦合问题的研究相对较少；即使在强度研究中也对因含水率变化引起的结构性改变导致强度变化的微观层面的研究，显得不足。有些问题往往是只知其然，不知其所以然。

(5)关于理论应用方面，笔者并不认为所有的非饱和土问题都必须按非饱和土理论来解决，如果有些问题估计与按饱和土处理结果差别不大，而且证明是偏安全的，那么也可采用饱和土的方法；再者，如果非饱和土工程在其运用过程有饱和的可能，而这又是最坏的工况，那么当然仍用饱和土的传统方法来解决。问题是在有些工程实践中，简单地采用饱和土的一套传统方法并不能证明结果是偏于安全的。这在某些特殊土的工程中，常会遇到。例如膨胀土边坡在入渗条件下的稳定问题，现场监测结果已表明，降雨入渗条件下边坡中土－水相互作用机理非常复杂，雨水入渗不仅起土体中吸力降低而软化，而且还造成土体膨胀而软化及应力比的增加。季节性的干湿循环会造成膨胀土边坡土体向坡下蠕变，最终导致渐进累积破坏。在膨胀土边坡中不考虑膨胀特性会得出过高的安全系数[95][115]。这些复杂的土－水相互作用机理不研究明白，很难对膨胀土边坡稳定进行正确设计和处理。

(6)对非饱和土工程进行原型观测是十分必要的。由于非饱和土性质复杂，有些认识只能从实际观测值中寻找规律，然后再作理论上的补充研究，但应注意资料的代表性以及规律的普遍性的论证。

参考文献

[1] Fredlund, D, G & Rahardjo, H. Soil Mechanics for Unsaturated Soils, John Wiley & Sons INC, 1993.

[2] Fredlund D. G. Bringing Unsaturated Soil Mechanics into engineering Practice, Proc. of 2nd Interuational Conference on Unsaturated Soils, Beijing, Vol. 2 1~36, 1998.

[3] 包承纲. 非饱和土的性状及膨胀土边坡的稳定问题, 岩土工程学报, 2004, 26(1): 1—15.

[4] 包承纲. 非饱和压实土的气相形态及其与孔隙压力消散的关系[A], 第三届全国土力学与基础工程会议论文集[C]. 北京: 中国建筑工程出版社, 1979.

[5] Bao, C. G. & Ng, C. W. W. Some thoughts and studies on the prediction of slope stability in expansive soils. Key-note lecture, Singapore, 2000.

[6] Zhan Liangtong. Field and Laboratory Study of an Unsaturated Expansive Soil Associated with Rain-induced Slope Instability[D]. The Hong Kong University of Science and Technology (HKUST), July 2003.

[7] 袁俊平. 非饱和膨胀土裂隙的量化模型与边坡稳定研究[D], 河海大学, 2003.

[8] Steinberg, M. Geomembranes and The Control of Expansive Soils in Construction[M]. McGraw-Hill, New York, 1998.

[9] Gibbs, H. J 等(1960). 黏性土的抗剪强度. 黏性土抗剪强度译文集[C]. 北京: 科学出版社, 1965: 1—151.

[10] Bishop A. W 等(1960). 决定非饱和黏性土强度的因素. 黏性土抗剪强度译文集[C]. 北京: 科学出版社, 1965: 346-376.

[11] Seed, H. H 等(1960). 压实黏性土的强度. 黏性土抗剪强度译文集[C]. 北京: 科学出版社, 1965: 457-554.

[12] Fredlund, D. G, Morgenstern N. R. Stress Static variables for unsaturated soils[J]. ASCE, J. (GE) 1977, (3): 447-466.

[13] Alonso, E. E, GENS A, JOSA A A(1990), A constitutive model for partially saturated soil[J]. Geotechnique, 40(3): 405—430.

[14] Fredlund, D. G. (1995). The scope of unsaturated soil mechanics: An overview. Proc. of 1st international conference on unsaturated soils, Paris, Vol. 1, 1155—1177.

[15] Delage, P. & Graham, J. (1995). Mechanical behavior of unsaturated soils: Understanding the behavior of unsaturated soils requires reliable conceptual models. Proc. of 1st international conference on unsaturated soils, Paris, Vol. 3, 1223-1256.

[16] 俞培基, 陈愈炯. 非饱和土的水气形态及其与力学性质的关系[J]. 水利学报, 1965, (1): 16-23.

[17] 全国非饱和土学术会议论文集[C]. 杭州: 浙江大学出版社, 2005.

[18] Corey, A. T. Meaeurement of water and air pemeability in unsaturated soil, Proc. of sei. soc. Amer. Vol21 Nol. 7-10, 1957.

[19] Yoshimi & Osterberg. Compression of Partial Saturated Cohesive Soils[J]. ASCE, 1963, SM4.

[20] Vanapalli, S. K, Fredlund, D. G., Pufahl, D. E. & clifton, A. W. Model for the Prediction of Shear Strength with respect of Soil Suction[J]. Can. Geotech. J. Vol. 33 1996.

[21] 汤连生,王思敬. 吸湿力及非饱和土的有效应力原理探讨[J]. 岩土工程学报,2000,22(1).

[22] 苗天德. 低含水率非饱和土的有效应力及抗剪强度[J]. 岩土工程学报,2001,23(4).

[23] Bao, C. G., Gong, B. W. and Zhan, L. T. (1998). Properties of Unsaturated Soils and Slope Stability for Expansive Soils[C]. Proc. of The 2nd International Conference on Unsaturated Soils, Beijing, China. Vol. 2:71-98.

[24] Bishop, A. W. The principle of effective stress[J]. Tecknisk Ukeblad,1959,106 (39):859-863.

[25] Jennings, J. E. B. & Burland, J. B. Limitations to the use of effective stresses in partially saturated soils[J]. Géotechnique,1962,12(2):125-144.

[26] Colemn, J. D. Stress/strain relations for partially saturated soil[J]. Correspondence to Geotechnique,1962,12 (4):348-350.

[27] Blight, G. E. The time-rate of heave of structure of expansive clays. Moisture Equilibrium and Moisture Change in Soil Beneath Covered Areas. 78-87. Butterworths. Sydney.

[28] Matyas, E. L. & Radhakrishna, H. S. Volume change characteristics of partially saturated soils. Geotechnique,1968,18 (4):432-448.

[29] Fredlund, D. G. and Morgenstern, N. R. Stress state variables for unsaturated soils[J]. Journal of the Geotechnical Engineering Division, Proceedings, ASCE (GT5)1977,103:447-466.

[30] 包承纲. 非饱和土的抗剪强度土的抗剪强度理论(第三部分)[J]. 岩土工程学报,1986,(1).

[31] 沈珠江. 非饱和土力学实用化之路探索[J]岩土工程学报,2006,28(2):256-259.

[32] Bishop A. W 等. 决定非饱和黏性土强度的因素[A]. 黏性土抗剪强度译文集[C]. 北京:科学出版社,1965:346—376.

[33] 苗天德. 低含水率非饱和土的有效应力及抗剪强度[J],岩土工程学报,2001,23(4):393~396.

[34] 谢定义,冯志焱. 对非饱和土有效应力研究中若干基本观点的思辨[J]. 岩土工程学报 2006,28(2):170-173.

[35] 汤连生,颜 波,张鹏程等. 非饱和土中有效应力及有关概念的解说与辨析. 岩土工程学报,2006,28(2):216-220.

[36] Wheeler S. J, Constitutive modelling of unsaturated soil[C]. Keynote presentation. Proc. of 4th conf. on unsatu. Soil,2006.

[37] Khalili N, Geiser F, Blight G E. Effective stress in unsaturated soils: review with new evidence[J]. International Journal of Geomechanics,2004:115-126.

[38] Coleman J D. Stress-strain relations for partly saturated soils[J]. Correspondence to geotechnique 1962,12(4):348-350.

[39] Bishop A W, Blight G E. Some aspects of the effective stress in saturated and partially saturated soils[J]. Geotechnique,1963,13(3):177-197.

[40] Mongiovi L. Experimental investigations on the stress variable governing unsaturated soil behaviour at medium to high degrees of saturation[C]. Proc. Experimental Evidence and Theoretical Ap-

proaches in Unsaturated Soils,Trento ,2000:10-12.

[41] Tarantino A,Blight G E. Effective stress evaluation for unsaturated soils[C]. J. Soil Mech. Found. Div. Am. Soc. Civ. Engrs. 1967,93(SM2):125-148.

[42] Wheeler S J,Sharma R S,Buisson M S R. Coupling of hydraulic hysteresis and stress-strain behaviour in unsaturated soils[J]. Geotechnique,2003,45(1):35-53.

[43] Houlsby G T. The work input to a granular material[J]. Geotechnique,1979,29(3):354-358.

[44] Houlsby G T. The work input to an unsaturated granular material[J]. Geotechnique,1997,47(1):193-196.

[45] Dean E T,Houlsby G T. Editorial[J]. Geotechnique,2005,55(5):415-417.

[46] Jommi C. Remarks on the constitutive modeling of unsaturated soils[C]. In Experimental Evidence and Theoretical Approaches in Unsaturated Soils. Proc. of an International Workshop,Trento,2000.

[47] Vaunat J,Romero E,Jommi C. An elastoplastic hydro-mechanical model for unsaturated soils[C]. In Experimental Evidence and Theoretical Approaches in Unsaturated Soils. Proc. of an International Workshop,Trento,2000.

[48] 赵成刚,张雪东. 非饱和土中功的表述以及有效应力与相分离原理的讨论[J],中国科学 E 辑,2008:38(9):1453-1463.

[49] Zhao C G,Liu Y. Work and energy equations and the principle of generalized effective stress for unsaturated soils[J]. International Journal for Numerical and Analytical Methods in Geomechanics,2010,34(6).

[50] Fredlund D. G. and Rahardjo H. Soil mechanics for unsaturated soils[M]. New York:Wiley Publications,1993.

[51] Wheeler,S. J. and Karube,D. Constitutive modelling. Proc. 1st Int. Conf. Unsat. Soils,Paris,1996,vol. 3:1323-1356.

[52] Li,X. S. Effective stress in unsaturated soil:Microstructural analysis[J]. Géotechnique,2003,53(2):273-277.

[53] Zhan Liangtong. Field and laboratory study of an unsaturated expansive soil associated with rain-induced slope instability[D]. PhD Thesis,The Hong Kong University of Science and Technology,May,2003.

[54] Van Genuchten. A closed-form equation for predicting the hydraulic conductivity of unsaturated soils[J]. Soil Science of America Journal,1980,44(5):892-898

[55] 孙德安. 非饱和土的水力和力学特性及其弹塑性描述[J]. 岩土力学,2009,30:3217-3231.

[56] Ng,C. W. W. & Pang,Y. W. Influence of stress states on soil-water characteristics and slope stability[J]. Journal of Geotechnical and Geoenvironmental Engineering,2000,126(2):157-166.

[57] 龚壁卫,吴宏伟,王斌. 应力状态对膨胀土 SWCC 的影响研究[J],岩土力学,2004,25(12):1915-1919.

[58] Fredlund,D. G. & Xing,A. Equation for the Soil-Water characteristic curve[J]. Can. Geotech. J.

1994,31:521-532.

[59] Maulem, Y. A new model for predicting the hydraulic conductivity of unsaturated porous media[J]. Water Resour. Res. 1976,12:513-522.

[60] Fredlund, D. G. The 1999 R. M. Hardy Lecture: The implementation of unsaturated soil mechanics into geotechnical engineering[J]. Canadian Geotechnical Journal,2000,37(5):963-986.

[61] Fredlund, D. G., Xing, A. & Huang, S. Predicting the permeability function for unsaturated soils using the soil-water characteristic curve. Can. Geotech. J,1994,31:533-546.

[62] Fredlund, D. G. Bringing unsaturated soil mechanics into engineering practice[C]. Proc. of 2nd International Conference on Unsaturated Soils. Beijing,1998,Vol. 2:1-36.

[63] Rahardjo, H. and Leong, E. C. Soil-water characteristic curves and flux boundary problems. Unsaturated Soil Engineering Practice,New York,ASCE,1997:88-112.

[64] 韦昌富,李幻,王吉利. 考虑弹塑性变形和毛细循环滞回的非饱和土本构模型[A]. 第一届全国岩土本构理论研讨会论文集[C]. 北京:北京航空航天大学,2008:259-266.

[65] Scott, P. S., Farquhar, G. J., Kouwen, N. Hysteretic effects on net infiltration. In Advances in infiltration. American Society of Agricultural Engineers Publication 11-83,St. Joseph,Mich,1983:163-170.

[66] Feng, M., Fredlund, D. G. Hysteretic influence associated with thermal conductivity sensor Measurements[C]. In Proceedings from Theory to the Practice of Unsaturated Soil Mechanics in Association with the 52nd Canadian Geotechnical Conference and the Unsaturated Soil Group,Regina,Sask,23-24 October,1999,14(2):14-20.

[67] Mualem, Y. Modified approach to capillary hysteresis based on a similarity hypothesis[J]. Water Resources Research,1973,9(5):1324-1331.

[68] Mualem, Y. Extension of hesimilarity hypothesis used for modeling the soil water characterist-ics[J]. Water Resources Research,1977,13(4):773-780

[69] Topp, G. C. Soil-water hysteresis: The domain theory extended to poreinteraction conditions[J].. Soil Science Society of America Journal,1971,35:219-225.

[70] Parlange, J. Y. Water transport in soils[J]. Annual Revision of Fluid Mechanics,1980,12:77-102.

[71] Hogarth, W. L., Hopmans, J., Parlange, J. Y., et. al. Application of a simple soil-water hysteresis model[J]. Journal of Hydrology,1988,98(1/2):21-29.

[72] Liu, Y., Parlange, J. Y., Steenhuis, T. S., et. al. A soil water hysteresis model for fingered flow data[J]. Water Resources Research,1995,31(9):2263-2266.

[73] Dafalias, Y. F., Herrmann, L. R. Bounding surface plasticity II: application to isotropic cohesive-soils[J]. Journal of the Engineering Mechanics Division,1986,112:1263-1291.

[74] Li, X. S. Modeling of hysteresis response for arbitrary wetting/drying paths[J]. Computers and Geotechnics,2004,32(2):133-137.

[75] Wei,C. F, Dewoolkar, M. M. Formulation of capillary hysteresis with internal state variables[J]. Water Resources Research,2006,42(7):W07405.1-W07405.16

[76] Brooks, R. H. & Corey, A. T. Hydraulic properties of porous media[R]. Hydrology Paper, No. 3. Colorado State University, Ft. Collins, CO. 1964.

[77] Ng, C. W. W., Chiu, C. F. Laboratory study of loose saturated and unsaturated decomposed granitic soil[J]. Journal of Geotechnical and Geoenvironmental Engineering, 2003, 129(6): 550-559.

[78] 周跃峰, 谭国焕, 甄伟文. 原状黄土剪缩性测试与理论分析[J]. 岩石力学与工程学报, 2015, 34(6): 1242-1249.

[79] 包承纲, 詹良通. 非饱和土的性状与工程问题的联系[J]. 岩土工程学报, 2006, 28(2).

[80] Delage, P., Suraj de Silva, G. P. R. and De Laure, E. (1987). Un nouvel appareil triaxial pour les sols non saturés. Proc. 9th Eur. Conf. Soil Mech., Dublin 1987, 1: 26−28.

[81] 殷宗泽, 周建, 赵仲辉等. 非饱和土的本构关系及变形计算[J]. 岩土工程学报, 1999, 2006, 28(2): 137-146.

[82] 陈正汉, 周海清, Fredlund DG. 非饱和土的非线性模型及其应用. 岩土工程学报, 1999, 21(5): 603-608.

[83] 缪林昌. 非饱和膨胀土的变形与强度特性研究[D]. 河海大学博士学论文, 1999.

[84] J. Alcoverro, A. Gens and E. E. Alonso. Constitutive models for unsaturater soils: Thermodynamic Approach[C]. Proc. of 2th Inter. Conf. on Unsaturated Soil. Beijing, China. 1998, 1, 455-460.

[85] 沈珠江. 土体变形特征的损伤力学模拟[A]. 第5届全国土力学数值分析与解析方法讨论会议论文集[C]. 重庆, 1994: 1-8.

[86] Gens, A. Soil−environment interactions in geotechnical engineering[J]. Geotechnique, 2010, 60(1): 3-74.

[87] 黄茂松, 贾苍琴. 考虑非饱和非稳定渗流的土坡稳定分析[J]. 岩土工程学报, 2006, 28(2): 202−206.

[88] 包承纲, 龚壁卫, 詹良通. 非饱和土的特性和膨胀土边坡的稳定问题[R]. 武汉: 长江科学院, 1998.

[89] 龚壁卫, 吴昌瑜. 堤防非饱和边坡稳定分析方法探讨[J]. 长江科学院院报, 2003, 20(3): 39-41.

[90] 谢定义, 姚仰平, 党发宁. 高等土力学[M]. 北京: 高等教育出版社, 2008.

[91] 袁俊平, 曹军义. 土水特征曲线的试验研究及其在边坡稳定分析中的应用[A]. 第二届非饱和土学术研讨会论文集[C]. 杭州: 浙江大学 2005: 567-575.

[92] 陈守义. 考虑入渗和蒸发影响的土坡稳定性分析方法[J]. 岩土力学, 1997, 18(2): 8-12.

[93] 詹良通, 吴宏伟, 包承纲, 龚壁卫. 降雨入渗条件下非饱和膨胀土边坡原位监测[J]. 岩土力学, 2003, 24(3).

[94] 杨和平, 郑建龙. 高速公路膨胀土路基的工程处治新技术[M]. 北京: 人民交通出版社, 2005.

[95] 程展林, 龚壁卫. 膨胀土边坡稳定性研究[M]. 北京: 科学出版社, 2014.

[96] Hillel, D. Environmental Soil Physics[M]. Academic Press, San Diego, CA, USA, 1998.

[97] Zhan, L. T. and Ng, C. W. W. (2004). Analytical analysis of rainfall infiltration mechanism in unsaturated soils[J]. International Journal of Geomechanics, 2004, 4(4).

[98] 陈家军, 奚成刚, 王金生. 非饱和带水−气二相流数值模拟研究进展[J]. 水科学进展, 2000, 11(2): 208-214.

[99] 方满. 垃圾填埋场爆炸灾害的发生与控制途径[J]. 灾害学, 1997, 12(3): 89-92.

[100] Prosser R. and Janechek A. Landfill gas and groundwater contamination. Landfill closure-Environmental protechion and land recovery, ASCE, Geotechnical Special Publication, 1995, No. 53: 258-271.

[101] Richard, B. G., Peter, P. and Emerson, W. W. The effect of vegetation on the swelling and shrinkage of soils in Australia[J]. Géotechnique, 1983, 33(2): 127-139.

[102] Driscoll, R. The influence of vegetation on the swelling and shrinkage of clay soils in Britain[J]. Géotechnique, 1983, 33(2): 93-105.

[103] Jenning and Knight. The Prediction of Total Heave from the Double oedometer Test, Proc. Symp. Expansive Clays, 1957, 7(9): 13-19.

[104] Smith W. Method for Determining the potential vertical Rise, PVR. Texas Test Method Tex-126-E. Proc. work-shop Expansive clay and shales in Highway Design and construction, 1973, vol. 1: 189-205.

[105] Brand, E. W., Premchitt, J. & Phillipson, H. B. Relationship between rainfall and landslides in Hong Kong[C]. Proc. 4th Int. Symp. Landslides, Toronto, 1984, Vol. 1, 377-384.

[106] Johnson, K. A. and Sitar, N. Hydrologic conditions leading to debris-flow initiation[J]. Can. Geotech. J, 1990, 27(3): 789-801.

[107] Affendi, A. A. and Faisal, A. Field measurement of soil suction[C]. Proceeding of 13th International Conference on Soil Mechanical and Foundation Engineering. New Delhi, India, 1994: 1013-1016.

[108] Lim, T. T., Rahardjo, H., Chang, M. F. & Fredlund, D. G. Effect of rainfall on matric suction in a residual soil slope[J]. Canadian Geotech. J, 1996, 33(2): 618-628.

[109] Gasmo, J. M., Hritzuk, K. J., Rahardjo, H. and Leong, E. C. Instrumenttation of an unsaturated residual soil slope[J]. Geotechnical Testing Journal, 1999 22(2): 128-137.

[110] Ng, C. W. W., Zhan, L. T., Bao, C. G., Fredlund, D. G. and Gong, B. W. Performance of an unsaturated expansive soil slope subjected to artificial rainfall infiltration[J]. Géotechnique, 2003, 53(2): 143-157.

[111] 龚壁卫, C. W. W. Ng, 包承纲. 膨胀土渠坡降雨入渗现场实验研究[J]. 长江科学院院报, 2002, 19(增刊): 94-98.

[112] 丁金华. 膨胀土边坡浅层失稳机理及土工格栅加固处理研究[D]. 浙江大学, 2014.

[113] 包承纲. 非饱和土研究现状之评述, 岩土春秋[M]. 北京: 清华大学出版社, 2007: 146~156.

[114] 龚壁卫, 包承纲. 非饱和膨胀土的现场观测技术[J]. 南水北调与水利科技, 2008. 2(1): 291-294.

[115] 丁金华, 陈仁朋, 童军, 龚壁卫. 基于多场耦合数值分析的膨胀土边坡浅层膨胀变形破坏机制研究[J]. 岩土力学, 2015, 36(S1): 159-168

第 6 章 土的动力特性研究

1 概述

土动力学是土力学的一个分支,是研究动荷载作用下土的动变形、动强度和稳定性的一门学科[1]。土的动力特性是土动力学与岩土地震工程的基础,主要研究动荷载作用下土的变形和强度特性的变化规律[1]。近年来,各国学者对不同地区土体的动力特性开展了广泛研究,在土体动模量和阻尼比、动强度液化)和动孔压特性等方面取得了丰硕的成果[2]-[8],研究对象包括砂土、粉土、黄土、粗粒土等。我国是地震多发的国家,许多工程的建设都要考虑地震因素,因此,土的动力特性研究就十分重要。长江流域许多地区,尤其是靠近西部的地区,历史上都有严重地震灾害的记录,故在一些重要工程的建设中,都需考虑地震的影响。对史无前例的三峡工程[9]-[11],当然也须就地震和其他动力问题进行充分的研究。此外,南水北调中线穿黄(河)隧道的地基也存在可液化的土层[12][13],相关人员对抗液化的措施也作过探索。我院早期对以上两个重点工程中可液化砂土的动力特性进行了系统研究,并取得了丰硕的研究成果。近年来,围绕尾矿坝和土石坝工程,相继对肖家坟尾矿库、白岩尾矿库等多个尾矿库的尾矿料[14]-[17]以及巴基斯坦 KAROT 水电站、云南省丽江市南瓜坪水库等多个水利水电工程大坝筑坝材料[18]-[23]进行了动力特性(包括动模量、阻尼比、残余变形和动强度)试验,为尾矿坝及土石坝工程的动力稳定性分析提供动参数并可为同类型重大工程场地的地震安全性评价提供借鉴和参考。当然,本书作为土工问题研究的一本专著,对研究土的动力特性的土动力学内容也必须包含其中。

本章首先介绍三峡围堰填料风化砂和淤积砂的动力特性,同时结合一期围堰,进行现场原位剪切波速的观测,分析其液化的机理并判别其液化可能性。然后针对土石坝工程,选取云南省丽江市南瓜坪水库大坝筑坝材料为研究对象,开展动弹模量阻尼比、残余变形和动强度试验,获得筑坝材料的动力力学参数。

2 三峡围堰填料风化砂动力特性试验研究[9]

三峡二期深水高土石围堰的基础中有一层最大厚度达 18m 的近年淤积的粉细砂层,它增加了堰体的不稳定性,特别是在动力荷载(地震、爆破)作用下的性状,就特别值得关注。二期围堰高度近 90m,其堰体中的深水抛填风化砂及堰基的淤积砂层均处于饱和状态,围堰除了静力与渗流等的作用外,地震动力荷载作用下的液化问题也是直接影响围堰工程安全的重要因素,必须进行认真的研究。有关这方面的研究,以往没有正式列题做过系统的工作,"八五"国家科技攻关,将深水高土石围堰的动力问题列作攻关内容之一,攻关研究的主要目标是了解地震过程中堰体的变形、滑动和淤砂的抗液化特性、评估地震对安全运行的影响及相应的可行措施等。

2.1 试验内容和试验方法

（1）主要试验研究内容

①固结压密试验，确定压缩系数；②静三轴不排水试验，测定固结不排水强度和有效应力强度指标；③共振柱和动三轴试验，测定动力变形特性参数；④动三轴强度特性试验，测定风化砂地震动强度指标及动孔压、动变形特性。根据上述试验成果进行分析，确定风化砂的动力特性、动强度、动变形性质，供地震稳定分析与评价围堰的动力安全性之用。

（2）试验土料的处理

三峡风化砂原始料粒径较大，最大粒径可达30mm，代表性级配曲线最大粒径20mm，部分粒径超过了试样允许粒径（5mm）需作处理。本试验采用相似级配法模拟粗粒级配，所得级配曲线可保持原级配C_u和C_c不变。当原级配模拟引起的细粒含量增加不大时，一般不会招致力学性质的明显改变。现场料基本物理性质见表1.6-1和表1.6-2，模拟料物理性质见表1.6-3。

表1.6-1　　　　　　　　　　　现场土料级配

颗粒组成% 试样编号	圆砾或角砾			砂粒			均匀系数	粒径>5mm 粗组含量
	粗	中	细	粗	中	细		
	mm						d_{60}/d_{10}	
	20～10	10～4	4～2	2.0～0.5	0.50～0.25	0.25～0.10		
左岸平均	83			16			7.5	$P_5=59\%$
右岸平均	68			31			8.0	$P_5=27\%$

表1.6-2　　　　　　　　　　　现场风化料基本物理性质

土料	G_s	$\beta_{d\,max}(g·cm^{-3})$	$\beta_{d\,min}(g·cm^{-3})$	$d_{50}(mm)$	$d_{60}d_{10}$	$P_5(\%)$	$d_{30}^2(d_{60}\times d_{10})$
左岸平均	2.65	1.84	1.47	8.0	7.5	59	$4.75^2/(9.3\times1.2)$
右岸平均	2.65	1.79	1.46	3.3	8	27	$1.75^2/(4\times0.42)$

表1.6-3　　　　　　　　　　　模拟试验土料基本物理性质指标

G_s	$\rho_{d\max}(g·cm^{-3})$	$\rho_{d\min}(g·cm^{-3})$	$d_{50}(mm)$	$d_{60}d_{10}$	$d_{30}^2(d_{60}\times d_{10})$
2.65	1.86	1.26	1.35	7.4	$0.75^2/(1.7\times0.23)$

（3）试验控制条件

密度采用干密度控制。对于一定的土类，在相同试样制备及固结条件下，试样动力特性主要取决于试样的相对密度，并在一定相对密度变化范围内（$D_r=0.5\sim0.9$），抗液化强度与相对密度基本上成正比。换算的试样制备控制干密度见表1.6-4。

表1.6-4　　　　　　　　　　　模拟料试验固结干密度

$\rho_{d\max}(g·cm^{-3})$	$\rho_{d\min}(g·cm^{-3})$	深度$h(m)$	相对密度D_r	制备干密度 $\rho_d(g·cm^{-3})$	固结干密度 $\rho_d(g·cm^{-3})$
1.86	1.26	水下抛填0～30	0.59	1.51～1.52	1.55
1.86	1.26	水下抛填30～60	0.83	1.67～1.71	1.72
1.86	1.26	水上碾压	0.95	1.80	1.81

固结应力条件以基本覆盖现场应力状态变化范围和基本了解其动力特性全貌为原则,选定的工况条件列于表 1.6-5。

表 1.6-5　　　　　　　　　　　试验固结应力控制条件

工况	ρ_d(g·cm^{-3})	σ'_{30} kPa	c
静三轴不排水试验	1.55	588,882	1.0
	1.72	294,686	1.0
	1.81	147,294	1.0
动力变形特性实验	1.55	294,588	1.0,2.0
	1.72	294,588	1.0,2.0
	1.81	98,294,588	1.0,2.0
动强度（抗液化强度）试验	1.55	147,686,882	1.0,2.0
	1.72	147,490,686	1.0,2.0
	1.81	147,294	1.0,2.0

2.2　试验结果及分析

2.2.1　压缩和回弹特性

风化砂的压缩系数和回弹系数的试验结果如表 1.6-6 所示,符合一般砂土的规律。

表 1.6-6　　　　　　　　　　　压缩系数和回弹系数表

	σ'_0(kPa)	0~196	196~392	392~588	588~784	784~882	882~948	948~1012	1012~1078	1078~1144	1144~1176
$\rho_d=1.55$ g/cm^3	$\Delta\sigma'_0$(kPa)	196	196	196	196	98	65.7	64.7	65.7	65.7	32.3
	α(kPa^{-1})×10^{-4}	2.210	1.121	0.861	0.650	0.520	1.228	1.181	1.292	1.196	1.248

	σ'_0(kPa)	0~98	98~294	294~490	490~686	686~752	752~850	850~914
$\rho_d=1.72$ g/cm^3	$\Delta\sigma'_0$(kPa)	98	196	196	196	65.7	98	64.7
	α(kPa^{-1})×10^{-4}	1.371	0.758	0.577	0.487	0.970	0.694	0.952

	σ'_0(kPa)	0~147	147~196
$\rho_d=1.81$ g/cm^3	$\Delta\sigma'_0$(kPa)	147	49
	α(kPa^{-1})×10^{-4}	1.155	0.865

2.2.2　剪切特性

由图 1.6-1 可见,在所有 3 种密度及 6 个压力下,风化砂的剪切特性均是首先剪缩,然后出现剪胀。孔压与轴应变 $\Delta\mu-\varepsilon$ 关系曲线因剪缩而使孔压随 ε 增加而上升,当轴应变 ε 达到一定值时,孔压达到峰值,这时开始出现剪胀,孔压则随轴向应变的增大而减小。剪切特性在 $(\sigma_1-\sigma_3)-\varepsilon$ 关系上(除 $\rho_d=1.55$ g/cm^3),表现出明显的硬化现象。试验给出了固结不排水总应力强度指标 φ_{cu},C_c 与有效强度指标 φ'_{cu},C'_{cu}。试验确定的 C'_{cu} 不为零,可能是在固结应力 0~147kPa 范围内有一定非线性现象。图 1.6-1—图 1.6-3 表示了上述强度特性的结果。

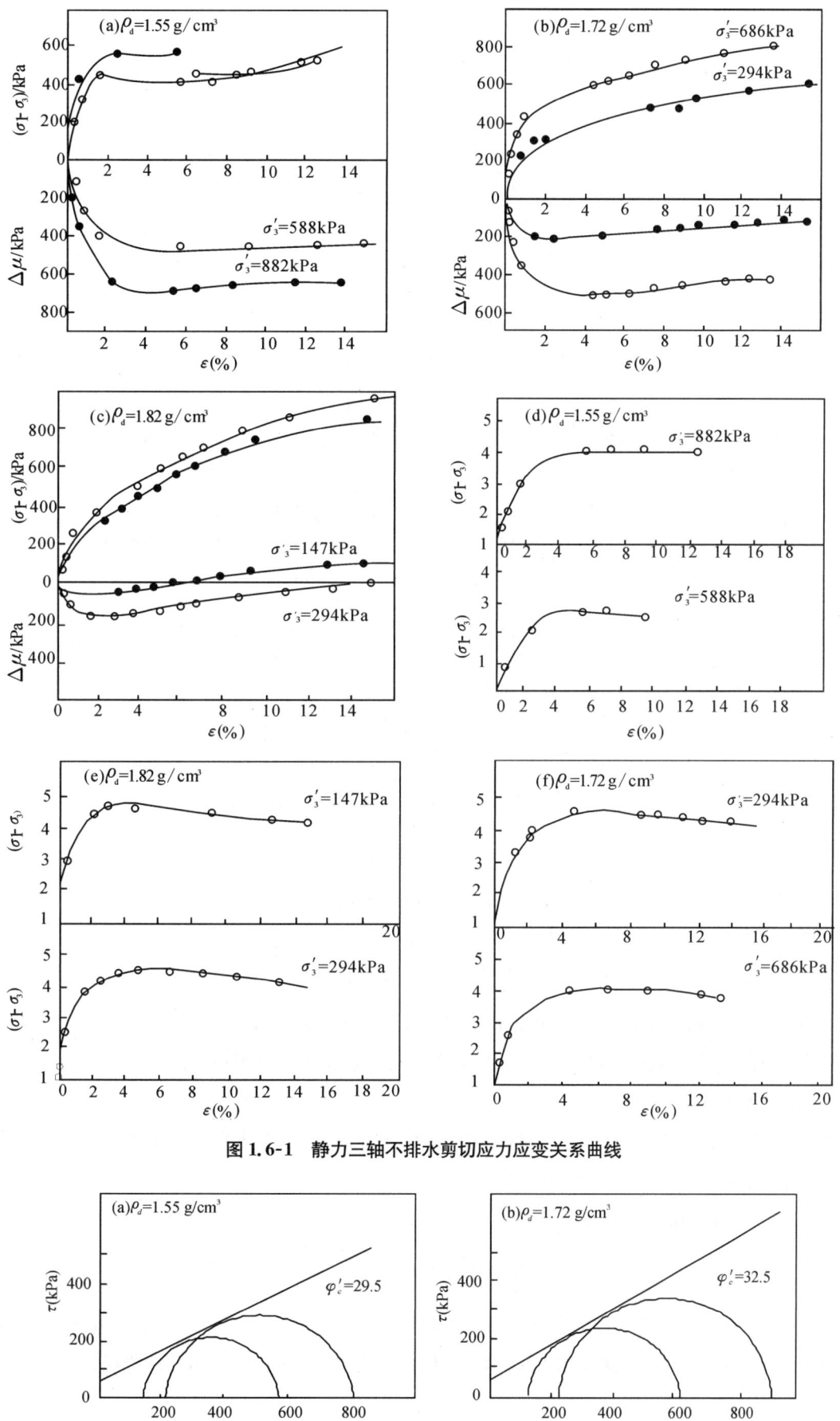

图 1.6-1 静力三轴不排水剪切应力应变关系曲线

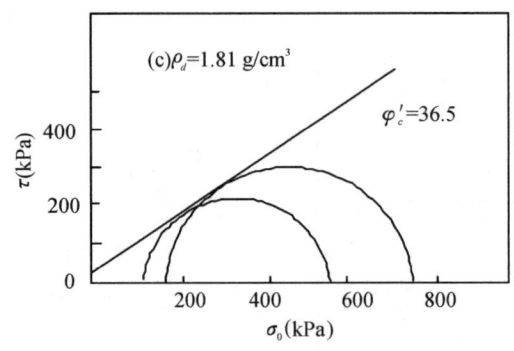

图1.6-2 摩尔强度包线图

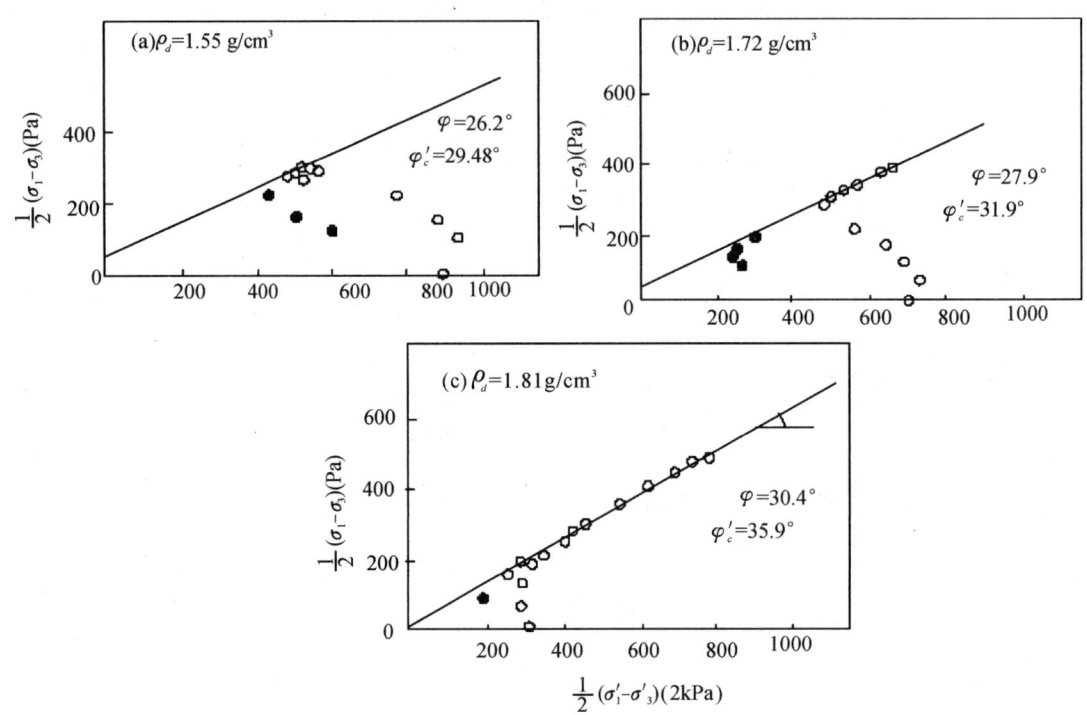

1.6-3 应力路径强度包线

2.2.3 动力变形特性

该试验采用共振柱仪及动三轴仪测定变形特性。共振柱主要测定小应变($10^{-6} \sim 10^{-3}$)范围的动剪切模量,应变大于10^{-3}的动剪切模量由动三轴仪测定,动弹模E_d根据泊松比μ推算得到。

(1)最大剪切模量

通常是与土的密度、应力状态有关。试验室内制备的土样,根据已有研究,G_{max}随平均有效固结应力$\sigma_0' = (\sigma_a' + \sigma_p')/2$的变化有指数型关系,而与固结应力比$K_c$无关。

在共振柱试验中$\sigma_a' = \sigma_{10}'$,$\sigma_p' = \sigma_{30}'$,因此有:

$$G_{max} = CP_a^{1-n}\left(\frac{\sigma_{10}' - \sigma_{30}'}{2}\right)^n \tag{1.6-1}$$

式中c,n为常数,Pa为大气压力,取98.0kPa。不同σ_0'下G_{max}值列于表1.6-7与图1.6-4。

图1.6-5为$C-\rho_d$与$n-\rho_d$关系,可以看出,C值随ρ_d增加而加大,n则随ρ_d减小而降低。

表 1.6-7　　G_{max} 与 σ_0' 关系参数

ρ_d(g·cm^{-3})	C	n	相关系数
1.55	815	0.594	0.998
1.72	950	0.566	0.998
1.81	1080	0.522	0.998

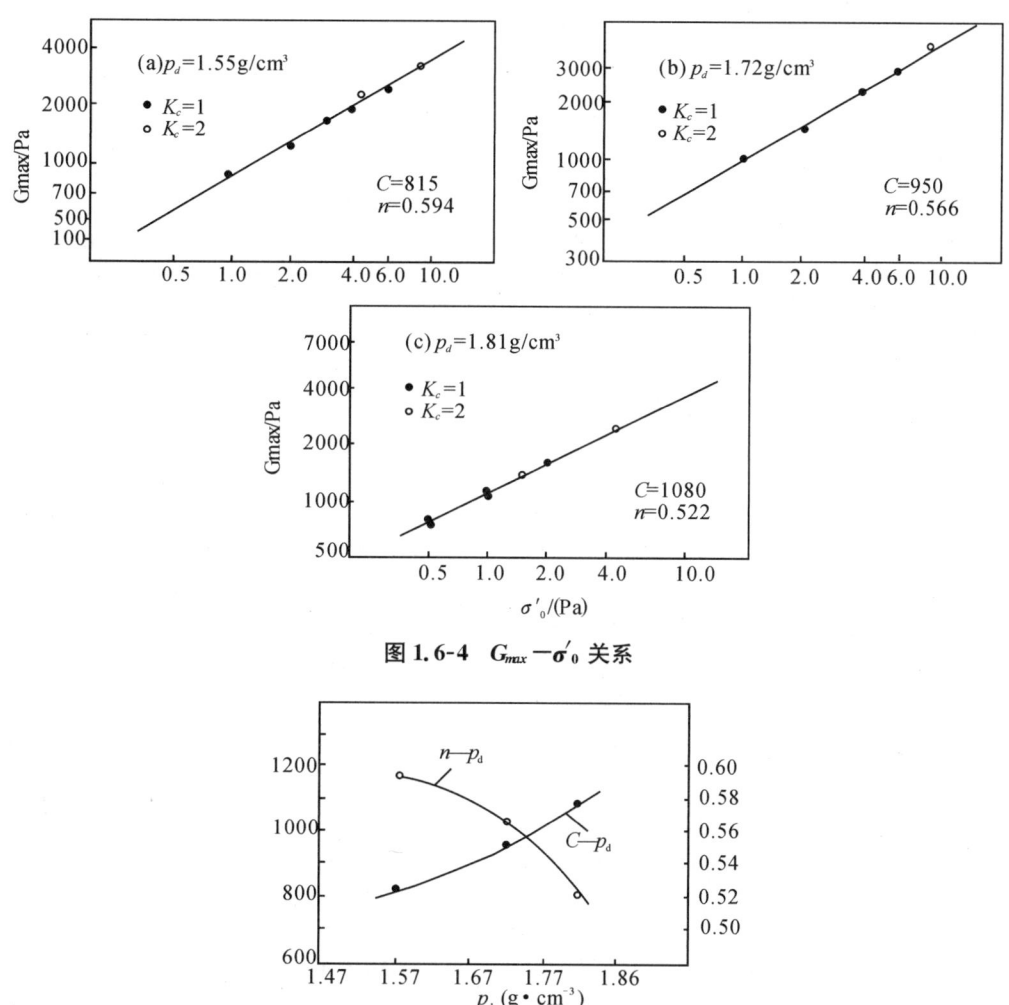

图 1.6-4　G_{max}—σ_0' 关系

图 1.6-5　C,n—ρ_d 关系

最大剪切模量还常常借助原位测定的剪切波速(V_s)来确定。

$$G_{max}=\rho V_s^2 \tag{1.6-2}$$

式中 ρ 为土的密度。这种方法在实际工程中得到较广泛的应用。

(2) 动剪切模量与动剪应变关系

通常把这种关系表述为 G/G_{max}—γ 关系,它能较好地表示动剪切模量随动剪应变增大而弱化的特性。对剪应变 γ 也可引用参考应变 γ_r 对其归一,参考剪应变定义为:

$$\gamma_r=\tau_{max}/G_{max} \tag{1.6-3}$$

$$\tau_{max}=\sqrt{\left(\frac{\sigma_{10}'+\sigma_{30}'}{2}\sin\varphi_c'+c'+c'\cos\varphi_c'\right)-\left(\frac{\sigma_{10}'-\sigma_{30}'}{2}\right)} \tag{1.6-4}$$

式中 φ'_c,c' 分别为有效内摩擦角及有效凝聚力。φ'_c 采用相应的 ρ_{dc} 下的静力三轴不排水剪切试验结果，$c'=0$。

动三轴与共振柱的试验结果汇总于图1.6-6—图1.6-8，图1.6-9为归一化的试验曲线 $G/G_{max}-\gamma/\gamma_r$。

由试验结果可见：$E_d-\varepsilon_d$ 与固结压力关系密切，固结压力大，其曲线上移，即动弹模明显提高。土样的密度也有一定影响，随密度增大，动弹模也相应有所提高，但显著程度不如固结压力。小应变时，固结压力的影响比大应变时的影响更为显著。

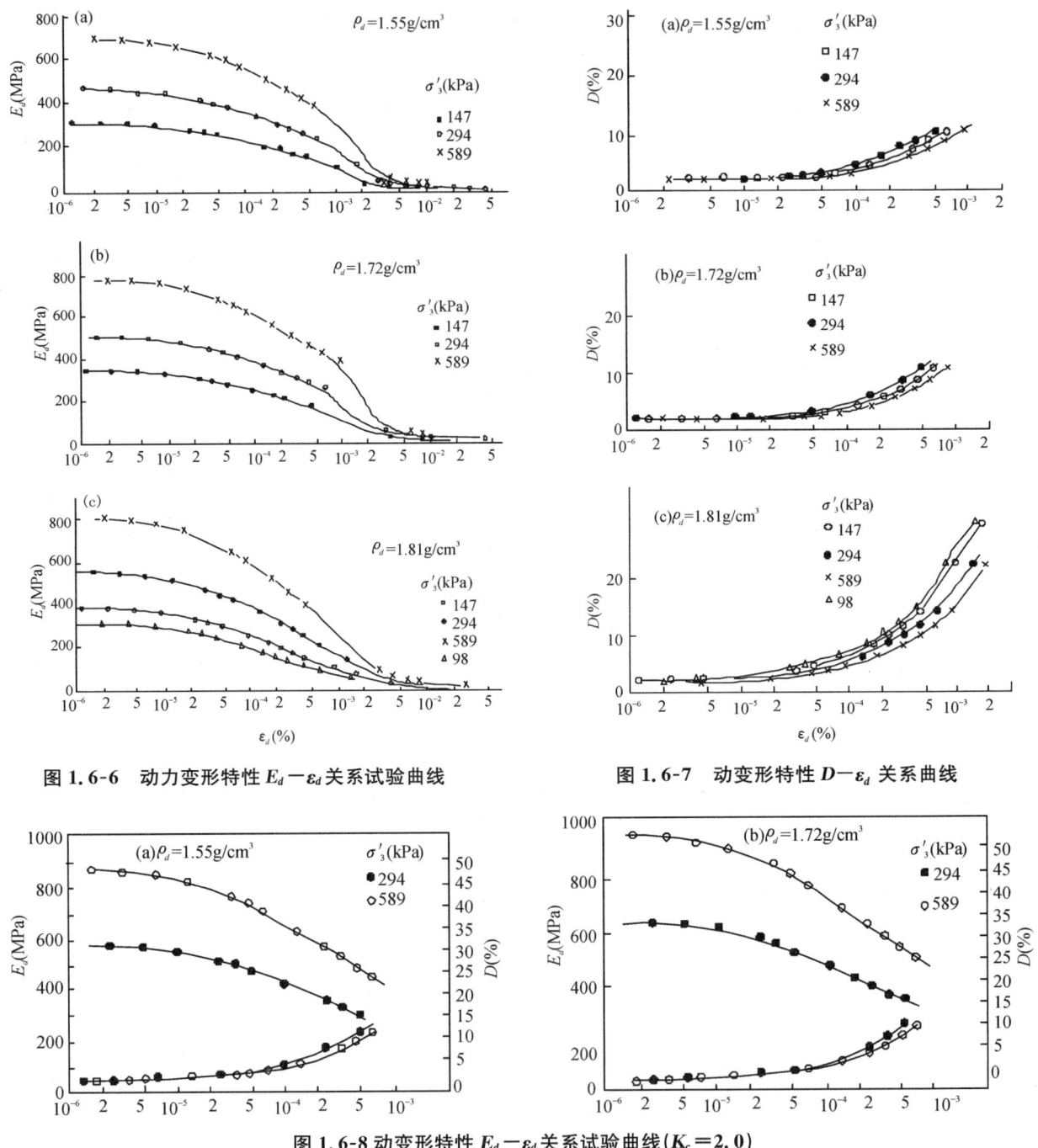

图1.6-6 动力变形特性 $E_d-\varepsilon_d$ 关系试验曲线

图1.6-7 动变形特性 $D-\varepsilon_d$ 关系曲线

图1.6-8 动变形特性 $E_d-\varepsilon_d$ 关系试验曲线（$K_c=2.0$）

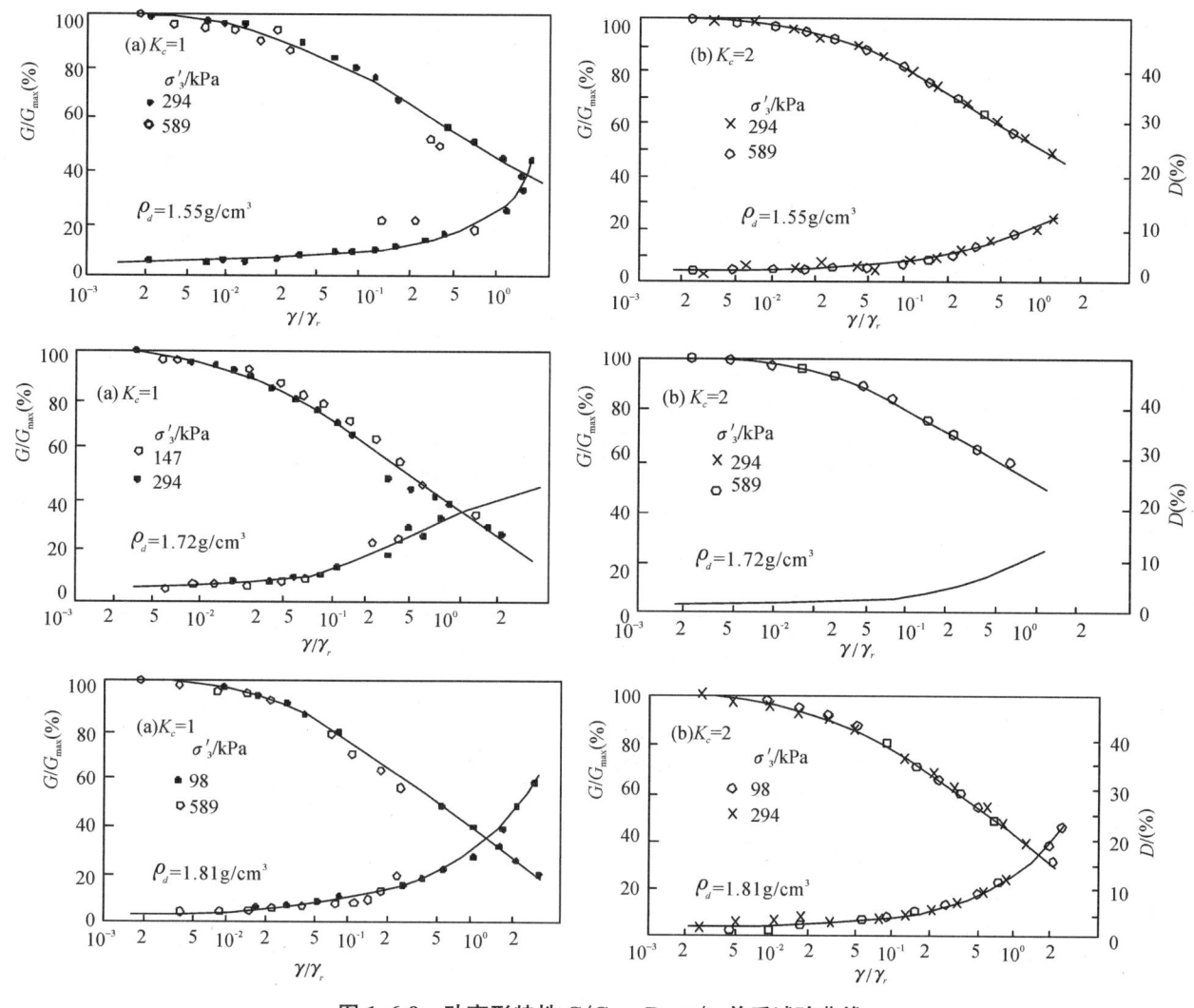

图 1.6-9 动变形特性 G/G_{max}, $D-\gamma/\gamma_r$ 关系试验曲线

从归一化的 $G/G_{max}-\gamma/\gamma_r$ 关系可见，固结比 K_c 相同时，对于 $\rho_d=1.55\text{g/cm}^3$ 及 1.72g/cm^3 的土样，不同固结应力下的 $G/G_{max,x}-\gamma/\gamma_r$ 曲线基本一样，离散性很小；但 K_c 改变，$G/G_{max}-\gamma/\gamma_r$ 曲线不同。对于 $\rho_d=1.81\text{g/cm}^3$ 的土样，$E_d-\varepsilon_d$ 关系曲线与 $\rho_d=1.55\text{g/cm}^3$ 及 $\rho_d=17.2\text{g/cm}^3$ 的有较显著区别，即曲线随剪应变增大而明显下移，这一点表明，高密度的风化砂有更明显的非线性变形特性，与常规砂土特性不同。

（3）阻尼比与动剪应变的关系

饱和砂土的阻尼机理包括阻尼和塑性能耗散，统一用阻尼比 D 表征。阻尼比随剪应变增加而增大的关系，同样可用 $D-\gamma$ 关系曲线描述。图 1.6-8 为 $D-\varepsilon_d$ 试验结果。图 1.6-9 为不同 K_c 时的 $D-\gamma/\gamma_r$ 曲线。试验结果表明，归一化应变超过 10^{-1} 时，阻尼比增加较快。

（4）动强度特性

风化砂的动强度是指在循环振动周次 N_f 下，试样达到破坏标准的等幅动剪应力值。动三轴试验中，习惯上采用三种标准：①初始液化，即动孔隙水压力最大值达到有效侧向固结应力；②极限平衡标准，即动孔隙水压力增量达到临界孔隙水压力值 u_{cr}；③轴向应变达到某规定值，土石坝抗震稳定分析中常取为 5%。实际上，对于不同密度，这一破坏标准表示了不同的状态条件。

动强度基本试验结果以动剪应力比 $\Delta\tau_d/\sigma_0'$ 与破坏振动周次 N_f 的关系表示。图 1.6-10 为 $\Delta\tau_d/\sigma_0'-$

N_f 关系。N_f 越大，$\Delta\tau_d/\sigma_0'$ 越小；土密度愈大，$\Delta\tau_d/\sigma_0'$ 则愈大；平均有效应力越大，$\Delta\tau_d/\sigma_0'$ 则越小。这是砂土动强度的一般规律，风化砂也是如此。但是 $\Delta\tau_d/\sigma_0'-N_f$ 与固结应力比的关系较复杂。

为了将试验结果在抗震稳定分析中应用，根据初始应力状态下的 $\Delta\tau_d/\sigma_0'-N_f$ 关系，以破坏周次 N_f 和初始剪应力比 $\alpha=\tau_{f_0}/\sigma_{f_0}'$ 为参数，整理出潜在破坏面上的动强度 $\Delta\tau_f$ 和地震总应力抗剪强度 τ_{f_0} 与初始法向应力 σ_{f_0}' 的关系（其转换关系从略）。图 1.6-11 为 $N_f=8,12,20$ 时的潜在破坏面上的地震总应力抗剪强度 τ_{f_s} 与初始有效法向应力 σ_{f_0}' 的关系。

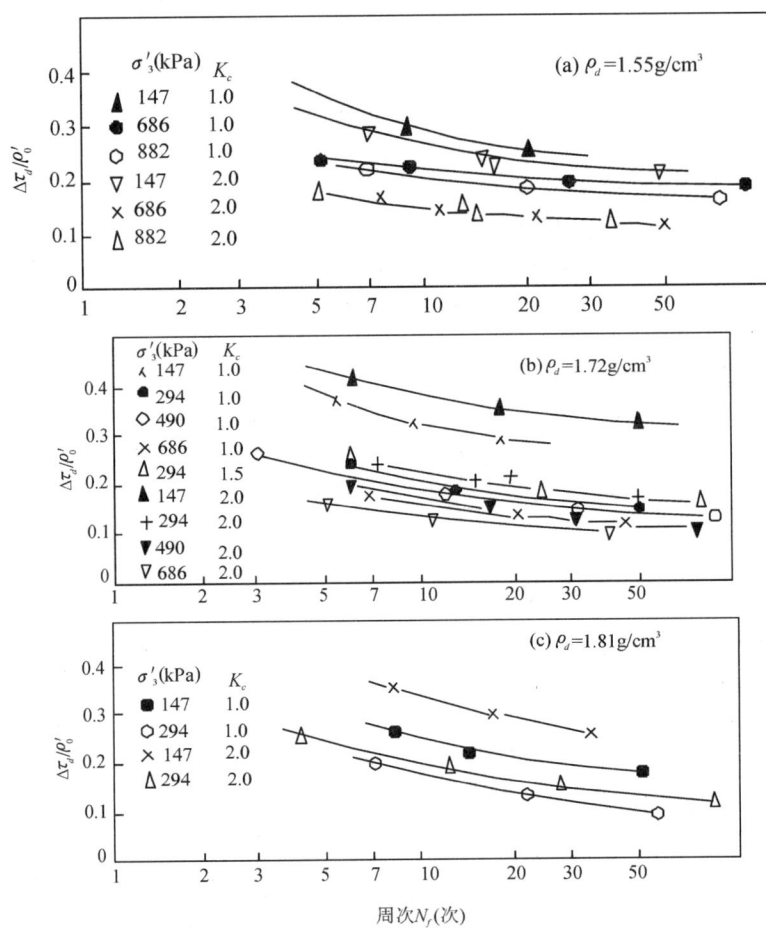

图 1.6-10　$\Delta\tau_d/\sigma_0'-N_f$ 曲线

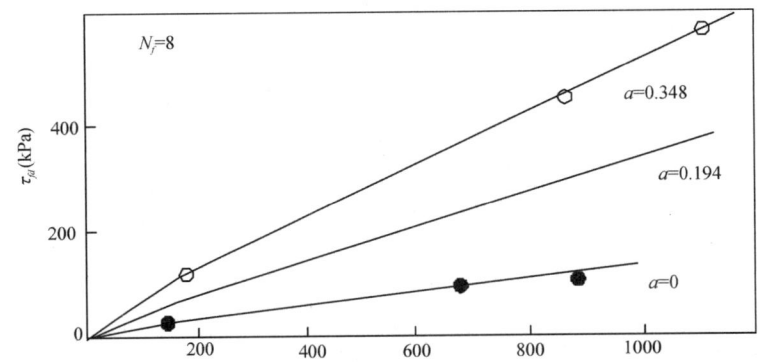

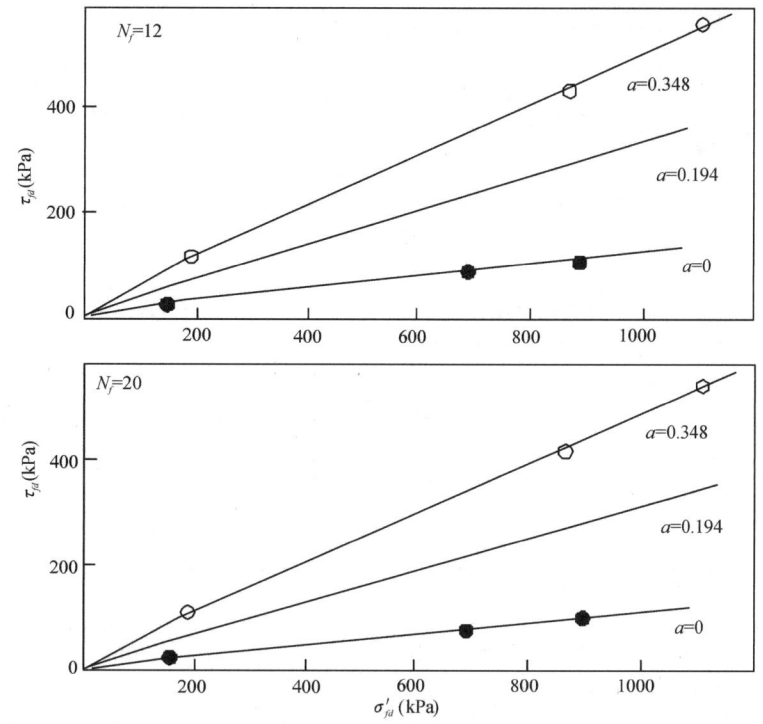

图 1.6-11 地震总应力抗剪强度曲线($\rho_d = 1.55\text{g/cm}^3$)

实际应用时,还要确定震级与 N 的关系。目前普遍采用的震级 M 与等效震次 N 的关系是 Seed 提出的。其对应关系如表 1.6-8:

表 1.6-8　　　　　　　　　　　震级 M 与等效震次 N 的关系

震级 M	5.5~6.0	6.5	7.0	7.5	8.0
震次 N	5	8	12	20	30

三峡地区的震级可根据地震危险性分析确定。

还要说明一点,实际地震稳定分析中,只有对于 $\alpha \geqslant 0.15$ 的情况才能直接采用图 1.6-10 中的 $(\Delta\tau_d/\sigma_0')N_f$ 的试验结果。而对于 $\alpha < 0.15$ 的情况应进行修正。

(5)动孔压特性

动孔隙水压力增长过程,用 $\Delta u/\sigma_0' - N$ 曲线表示(以动剪应力比 $\Delta\tau_d/\sigma_0'$ 为参数),图 1.6-12—图 1.6-16 分别表出 3 种不同干密度的动孔压增长过程的 $\Delta u/\sigma_0' - N$ 关系。固结比、侧向应力 σ_3' 对孔压增长特性也有明显影响。

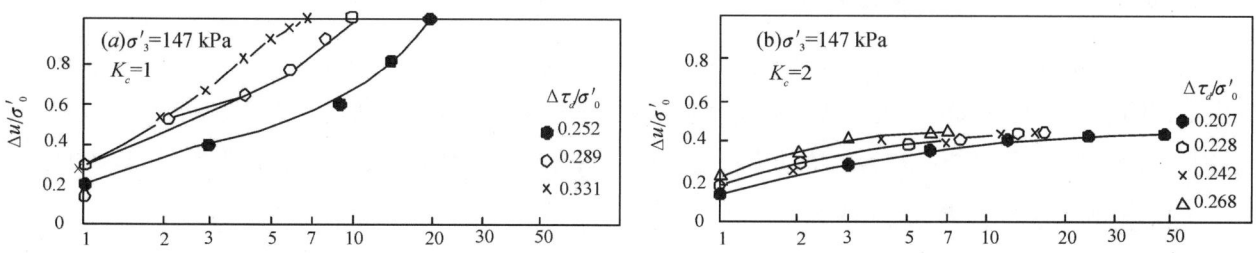

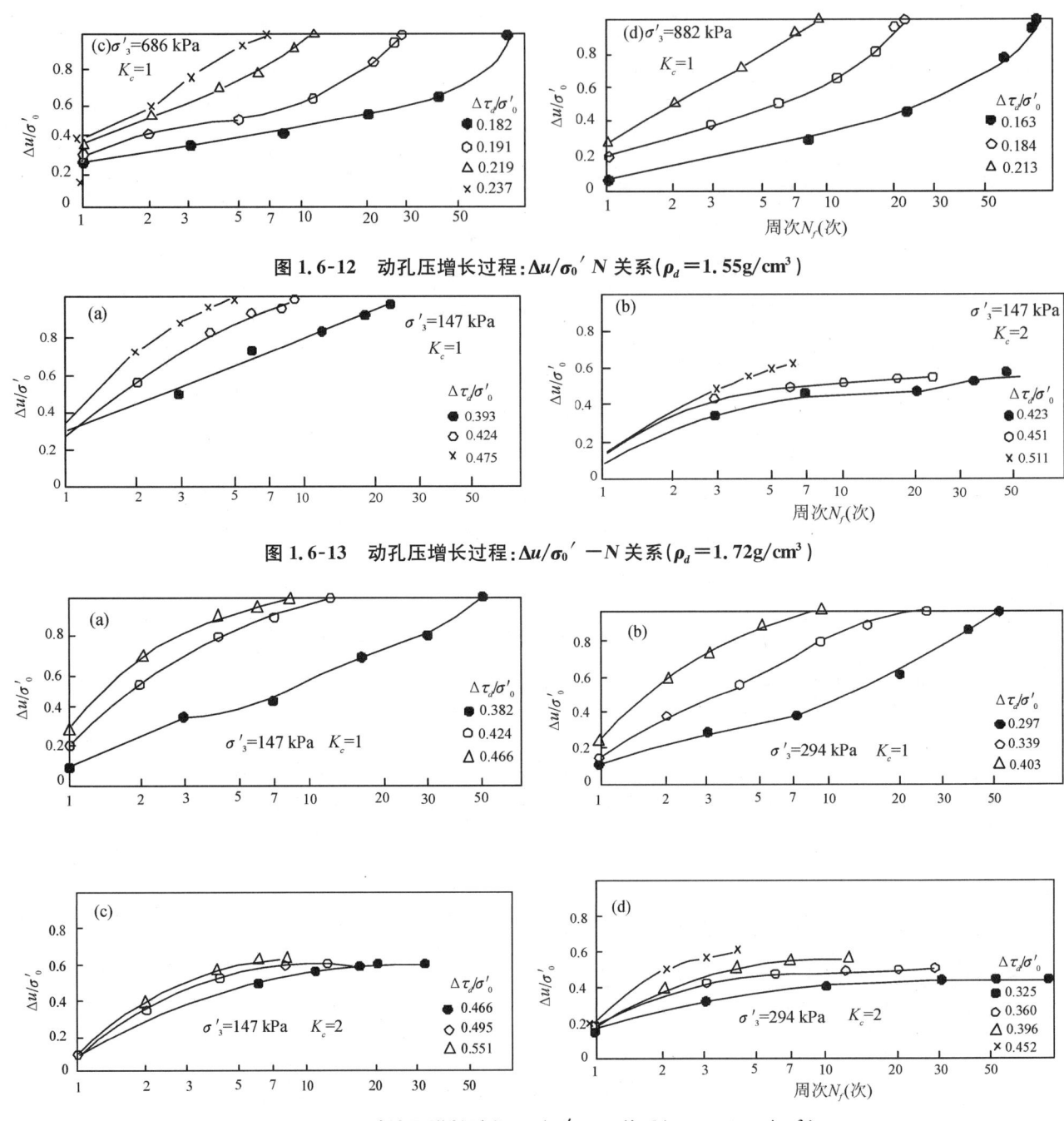

图 1.6-12 动孔压增长过程：$\Delta u/\sigma_0'$ N 关系（$\rho_d=1.55\text{g/cm}^3$）

图 1.6-13 动孔压增长过程：$\Delta u/\sigma_0'$ － N 关系（$\rho_d=1.72\text{g/cm}^3$）

图 1.6-14 动孔压增长过程 $\Delta u/\sigma_0'$ － N 关系（$\rho_d=1.81\text{g/cm}^3$）

3 新淤积砂动力特性试验研究

由于葛洲坝枢纽兴建在三峡地区形成的回水影响，三峡三斗坪坝区河床近年淤积了一层粉细砂，它成为二期围堰堰基的一部分。天然状况的淤砂物理力学性质较差，因此对堰体动力稳定就会产生不利影响，为评价淤砂的液化可能性和为堰体动力稳定分析提供合理的参数，对其动力特性进行了试验研究。

3.1 试验的要求、设备和方法

试验主要采用室内动三轴仪进行，试验具体方案如下：

(1) 两种干密度（$\rho_d=1.48\text{g/cm}^3$，$\rho_d=1.55\text{g/cm}^3$）、3 种固结压力（$\sigma_c=100\text{kPa}$，250kPa 和 400kPa）和

3 种固结比（$K_c=1.0,1.25$ 和 1.5）条件下土样的模量与阻尼比，确定 $E_d-\varepsilon_d$，$\lambda_d-\varepsilon_d$ 和 $1/E_d-\varepsilon_d$ 关系。

(2) 两种干密度、3 种固结压力、3 种固结比（均同上）条件下，土样抗液化强度曲线和动强度摩尔圆，提供 $\varepsilon_d=2.5\%$、5% 和孔压 $u=\sigma_0$ 等 3 种不同标准的抗液化强度曲线。

(3) 动剪模量和阻尼比的测试在 $HX-100$ 型伺服式动静三轴仪上进行。抗液化强度试验在 CKC 循环三轴仪上完成。试验时，对土样进行均压的和偏压的固结。

3.2 试验结果

(1) 动强度指标

不同固结压力及固结比所得的抗液化强度相应的强度指标的动黏聚力 C_d 均为零。由表 1.6-9 可见，动强度指标 φ_d 随初始干密度增大及固结比增大而增大。实际上影响动强度的因素还有加荷速率等。

表 1.6-9　　　　　　　　　　淤砂的动抗剪强度参数

$\rho_d(g \cdot cm^{-3})$	1.48	1.48	1.48	1.55	1.55	1.55
K_c	1.0	1.25	1.5	1.0	1.25	1.5
$\varphi_d(°)$	10	16	20	12.5	18	23

(2) 动模量与动阻尼比

分别列于表 1.6-10 及表 1.6-11。

表 1.6-10　　　　　　　　　　实测动模量

干密度 $\rho_d(g \cdot cm^{-3})$	固结应力 σ_c(MPa)	固结比	模量 E_d(MPa) $\times 10^{-4}$	$\times 10^{-3}$	$\times 10^{-2}$	E_d(MPa^{-1}) $\times 10^{-4}$	$\times 10^{-3}$	$\times 10^{-2}$
1.48	0.10	1.00	133	43	13	0.0075	0.023	0.074
	0.25	1.00	278	89	29	0.0036	0.011	0.034
	0.40	1.00	400	128	41	0.0025	0.0078	0.024
	0.10	1.25	200	67	22	0.0050	0.0150	0.045
	0.25	1.25	360	117	37	0.0028	0.0085	0.027
	0.40	1.25	505	167	56	0.0020	0.0060	0.018
	0.10	1.50	236	81	26	0.0042	0.0128	0.038
	0.25	1.50	402	137	45	0.0025	0.0073	0.022
	0.40	1.50	526	185	61	0.0019	0.0054	0.016
1.55	0.10	1.00	165	48	14	0.0061	0.0210	0.073
	0.25	1.00	333	105	33	0.0030	0.0095	0.030
	0.40	1.00	505	156	48	0.0020	0.0064	0.021
	0.10	1.25	238	73	22	0.0042	0.0137	0.045
	0.25	1.25	385	119	36	0.0026	0.0084	0.028
	0.40	1.25	556	169	51	0.0018	0.0059	0.020
	0.10	1.50	294	89	26	0.0034	0.0112	0.038
	0.25	1.50	448	142	44	0.0022	0.0071	0.023
	0.40	1.50	625	198	61	0.0016	0.0051	0.016

表 1.6-11　　　　　　　　　　　　　　　　堰基土层动力参数

土壤名称	动力参数	剪应变 γ							
		5×10^{-6}	10^{-5}	5×10^{-5}	10^{-4}	5×10^{-4}	10^{-3}	5×10^{-3}	10^{-2}
新淤砂	G/G_{max}	0.980	0.92	0.85	0.70	0.54	0.37	0.16	0.11
	D	0.006	0.01	0.03	0.043	0.062	0.1	0.12	0.16
砂卵石	G/G_{max}	0.990	0.97	0.97	0.85	0.70	0.55	0.32	0.2
	D	0.004	0.006	0.019	0.03	0.075	0.09	0.11	0.12

动模量与土的干密度、固结应力和固结比有密切关系,而由于应变的增大,动模量明显降低,显示了较强的非线性特性。试验给出了 $G/G_{max}-\gamma$ 和 $D-\gamma$ 关系(见表 1.6-12)。D 为阻尼比,G 为剪切模量,G_{max} 为最大剪切模量。

表 1.6-12 结果表明,淤砂的 G/G_{max} 随剪应变的增大而明显降低。与砂卵石相比,显然大应变时的剪切模量降低很多;与通常的细砂相比基本一致。这些结果表明,阻尼比与剪应变关系密切。大应变时阻尼比的值与通常的接近,但小应变时比通常的小 2%～3%。

总的来看,新淤砂天然状况下的动强度、动模量均比较低,因此如果没有良好的压密,就难以具有高动力强度指标。一期围堰试验段的实践证明,上部堰体堆筑荷载对新淤砂有较好的压密效果。检测表明,干密度基本上由原来的 1.30～1.40g/cm³ 提高到 1.55g/cm³ 或更高。以下的剪切波速(V_s)原位测定也表明,V_s 由天然状态下的 104m/s 提高到 159m/s 或更多一些。这对堰体的稳定是有利的。

4　风化砂、淤积砂现场原位剪切波速测定

自然状况的风化砂及新淤积砂的原位剪切波速利用钻孔的下孔法在不同深度上的风化砂层进行测试,新淤积砂在中堡岛及左岸新淤砂滩地测定,测量结果列于表 1.6-12。

表 1.6-12　　　　　　　　　　　自然状况的剪切波速汇总

土层名称	剪切波速 V_s(m·s⁻¹)(平均值)	部位
新淤积砂	104.0	中堡岛,左岸
风化砂破积层	264.0	左,右岸
全风化表层	366.0	左岸方坪领
全风化(未扰动)	226.0	钻孔(左岸),2192# 孔
强风化	507	2192# 孔
弱风化带	813	2192# 孔

利用在一期围堰抛填与人工干填的风化砂体及堰基下的淤积砂层内的钻孔,采用下孔法测定的结果,如表 1.6-13 和图 1.6-15 所示。

表 1.6-13　　　　　　　　　　堰体风化砂及淤砂平均剪切波速

深度 h(m)	土名称	剪切波速 V_s(m·s⁻¹)
0～6.5	干填风化砂	255.1
6.5～12.8	水中抛填	245.8
12.8～16.0	淤砂	159.7
16.0～23.5	淤砂	176.1

剪切波速能综合反应土的动力特性、动剪切模量、土的强度、土的密度、土的标贯值等。在没有室内共振柱等有应变试验手段时,确定土的最大剪切模量,采用原位剪切波速测定是有效的,而且简单可靠,即:$G_{max}=\rho V_s^2$。

天然状况及堰体原位风化砂及淤积砂的剪切波速测试结果表明:

(1)围堰堰基下的新淤积砂的剪切波速,明显高于天然状况的值,增高的原因是由于堰基上覆土的压密作用所致。这一特性与其他的物理性指标,如干密度测定的结果是一致的,压密后的干密度由原天然状态的 1.43g/cm³ 提高到 1.58 g/cm³。

(2)水中抛填的风化砂的剪切波速明显低于干填风化砂的值。

(3)天然未扰动的全风化层的剪切波速最高,可达 400m/s,坡积层及接近地面风化砂剪切波速值比较分散,与现场扰动状况有关。

(4)堰体中风化砂剪切波速与标贯值的关系。

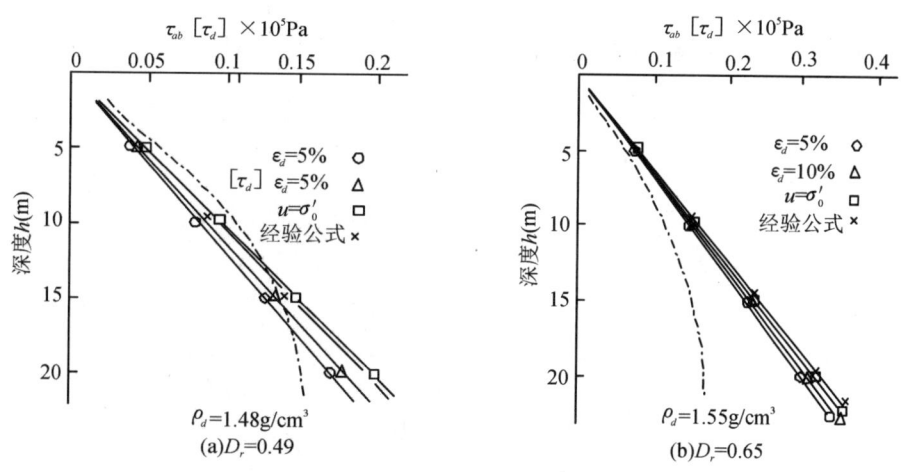

图 1.6-15 剪切波速沿深度分布

在三峡一期围堰中,对风化砂同时进行了标贯值 N 测定。测定结果与相应的剪切波速 V_s 值可绘制 V_s-N 关系曲线(图 1.6-16)。

经统计分析有如下关系:

$$V_s=kN^\alpha \tag{1.6-5}$$

式中 $\alpha=0.381$,$K=78.0$

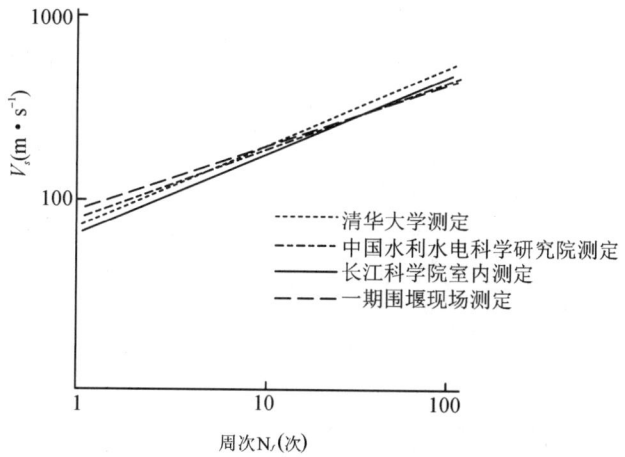

图 1.6-16 剪切波速 V_s-N(标贯击数)关系

5 堰体风化砂、新淤砂液化可能性的判别

5.1 Seed 简化判别法

抗震设防烈度取 7 度，相应地面水平加速度峰值为 $a_{max}=0.1g$，取等效循环次数 $N=10$，评价新淤砂 20m 深度范围的液化可能性。地震剪应力 τ_{av} 按西特（Seed）公式计算：

$$\tau_{av}=0.65\frac{a_{max}}{g}\gamma_d\rho_{sat}h \tag{1.6-6}$$

式中：γ_d 为折减系数，ρ_{max} 为土的饱和密度（g/cm³），h 为土层深度（m）。不同深度处的抗液化剪应力 $[\tau_d]$ 按下式求得：

$$[\tau_d]=C_r C_d \frac{\tau_d}{\sigma_0'}\gamma' h \tag{1.6-7}$$

C_r，C_d 为修正系数（均列入计算表 1.6-15 中）；γ' 为土的浮容重，$\gamma'=\rho_{sat}-1$；$\tau_d/\sigma_0'=\sigma_d/2\sigma_{3c}$ 为初始液化剪应力比，可根据试验得出的动强度曲线取值，也可按以下经验公式计算：

$$\frac{\tau_d}{\sigma_0'}=4.6\times10^{-3}D_r(\%) \tag{1.6-8}$$

式中，D_r 为相对密度。

试验结果表明，固结比 $K_c=1$ 时，τ_d/σ_0' 值最小，从偏于安全考虑，取 $K_c=1$ 的 3 种破坏标准对应的 τ_d/σ_0' 的值，列于表 1.6-14。地表液化安全性评价计算如表 1.6-15。

表 1.6-14 C_d，C_r 及 $(\tau_d/\sigma_0')_{ni}$ 的取值

干密度 ρ_d(g·cm⁻³)	D_r	相对密度修正系数 C_d	室内野外修正系数 C_r	初始液化剪应力比 $(\tau_d/\sigma_0')_{ni}$			
				$\varepsilon_d=5\%$	$\varepsilon_d=10\%$	$u=\sigma_0'$	经验公式
1.48	0.49	0.87	0.57	0.198	0.207	0.23	0.255
1.55	0.65	0.87	0.62	0.284	0.289	0.296	0.299

表 1.6-15 地震液化可能性评价

干密度 ρ_d (g·cm⁻³)	D_r	ρ_{sat}' (g·cm⁻³)	土层深度 h(m)	剪应力折减系数 γ_d	地震剪应力 τ_{av}(10⁵Pa)	抗液化剪应力 τ_d(/10⁵Pa)			
						(1)	(2)	(3)	(4)
1.48	0.49	1.86	2	0.98	0.024	0.017	0.018	0.020	0.019
			5	0.97	0.058	0.042	0.044	0.049	0.048
			10	0.90	0.109	0.084	0.088	0.098	0.096
			15	0.76	0.138	0.127	0.131	0.147	0.144
			20	0.62	0.150	0.169	0.177	0.1969	0.192
1.55	0.65	1.95	2	0.025	0.025	0.029	0.030	0.030	0.031
			5	0.061	0.061	0.073	0.074	0.076	0.073
			10	0.114	0.114	0.146	0.148	0.152	0.153
			15	0.144	0.144	0.218	0.222	0.228	0.230
			20	0.157	0.157	0.291	0.296	0.303	0.306

从表 1.6-15 结果可见，当 $\rho_d=1.48$g/cm³ 时，深度小于 10m 的沙土层均为易液化土层。

5.2 剪切波速法判别

5.2.1 剪切波速法的研究应用情况

土层剪切波速值可以综合反映土的类别、土的结构状态、密实程度、应力状态、地质年代等因素,因此研究用剪切波速法判别土的液化的可能性是一个可行途径,而且可能成为一个理想的方法。近年来一些学者已探讨了这一途径,如我国天津地基基础规范引入剪切波速判别方法。按下列公式确定其临界剪切波速:

$$V_{scr} = K_v (d_s - 0.013 d_s^2)^{1/2} \tag{1.6-9}$$

式中 d_s 为深度(m);K_v 为与地震烈度有关的系数,7度和8度地震分别取42及60。实际测定的剪切波速 V_s 大于 V_{scr},则可判为不液化。天津地基规范公式,仅适用该地区的粉土,对于其他地区的砂土还不能套用,表明它有一定局限性。

该方法出于姚克尔(Y. Yokel)等人提出的剪应变判别式导出的,结果与临界剪应变及相应的剪切模量比 G/G_{max} 关系密切,由于实际检验的资料缺乏,要全面用于规范,尚有不少工作要做。

5.2.2 剪切波速判别法的进一步研究

建立剪切波速(V_s)与标贯击数(N)之间的关系,已有较多的资料,这些资料关系表明二者可用 $V_s = kN^a$ 来描述,且相关系数均在0.8以上。我们收集到的3种关系式和建立的经验关系式均列于后:

$$\left.\begin{array}{l} V_s = 85.34 N^{0.348} \\ V_s = 65.2 N^{0.435} \\ V_s = 72 N^{0.428} \\ V_s = 78 N^{0.381} \end{array}\right\} \tag{1.6-10}$$

将标贯临界值 V_{scr} 引入,则有:

$$\overline{V}_s = 75.1 N^{0.398} \tag{1.6-11}$$

$$\overline{V}_{scr} = kN_{cr}^a \tag{1.6-12}$$

由此可见,只要确定 N_{cr},V_{scr} 也就确定了。众所周知,N_{cr} 的确定,是有大量实际资料为基础的,并已列入了规范,我们可直接采用规范中判别液化的临界标贯击数公式,从而就可确定 N_{cr}。

采用《建筑抗震规范》GBJ11-89 的液化标贯击数临界值公式,则有相应的临界剪切波速法公式为:

$$\tau_d/\sigma_{3c} = A + D \lg N_f \tag{1.6-13}$$

采用(1.6-11)式的平均值 $K=75.1$,$\alpha=0.398$ 代入上式,就可计算出 V_{scr}。将 V_{scr} 与实测的 V_s 比较,即可判别是否液化。

还研究了几种不同的方法确定 N_{cr} 来求 V_{scr},都有类似的结果。表1.6-16列出了临界剪切波速的值。

表 1.6-16 风化砂、淤积砂临界剪切波速

土名称	V_{scr}(m·s^{-1})		
	$d_s < 10$	$d_s = 10 \sim 15$	$d_s > 15$
天然新淤积砂	131.5	144.5	176.3
堰下新淤砂	161.0	161.0	
干填风化砂	195.5	209.5	
抛填风化砂	191.5	215.0	

5.3 三峡二期围堰地震液化的安全评价

5.3.1 剪切波速法判别

用上述剪切波速法判断其液化时，首先建立风化砂及淤积砂临界剪切波速值 V_{scr}。

根据现场测定的剪切波速值与上述 V_{scr} 比较，并根据推算的二期围堰 V_s 值与上述 V_{scr} 比较，可给出判别结果（见表1.6-17）。

表1.6-17　　7度地震二期围堰堰体、堰基砂土液化判别结果

堰体部位	土名称	实测 V_s (m·s^{-1})	推测 V_s (m·s^{-1})	V_{scr} (m·s^{-1})	安全系数
堰体上部	干填风化土	225.1	224.7	191.5	1.18
堰体中部	抛填风化土	245.8	249.8	195.5	1.279～1.257
堰体下部	新淤积砂（上覆土厚度16～25m）	183.0	183.7	176.3	1.023～1.042
堰基脚	新淤积砂上覆土厚度<15m	159.7	149.2	161.0	0.992～0.927
坡脚外自由场	新淤积砂（上无附加覆土层）	104.0	111.9	131.5	0.791～0.851

由表1.6-17结果可见，堰体风化砂剪切波速均高于其 V_{scr}，不会产生液化。堰基下的新淤积砂上覆土厚度大于15m（16.0～25.0m之间），也基本不会液化或接近临界状态。而在厚度小于15m的坡脚处，剪切波速小于临界 V_{scr} 时，有液化可能，而坡外的地面明显小于 V_{scr}，7度地震时液化的可能性很大。

5.3.2 Seed&Idriss剪应力对比法判别

通过一维土层地震反应分析确定堰基淤砂地震剪应力和液化试验测定的抗液化剪应力之比，以判别砂土液化。依试验资料确定 τ_d/σ_{3c}

$$\tau_d/\sigma_{3c}=A+D\lg N_f \tag{1.6-14}$$

式中 N_f 为等效循环次数；A，D 与固结比 K_c 和围压 σ_{3c} 有关的系数，可依据不同动应变及干密度的动三轴试验结果确定。

不同深度的抗液化剪应力则按下式计算：

$$[\tau_d]=C_r C_d (\tau_d/\sigma_{3c})\gamma' h \tag{1.6-15}$$

式中 γ' 为浮容重，h 为土层深度，C_d 为相对密度修正系数取0.87，C_r 为室内野外修正系数，取

$$C_r=\begin{cases}0.67(\rho_d=1.55)\\0.57(\rho_d=1.48)\end{cases} \tag{1.6-16}$$

由于等压固结 $K_c=1$ 时，τ_d/σ_{3c} 最小。从偏安全考虑，取 $K_c=1.0$，$\varepsilon_d=5\%$ 计算抗液化剪应力。

因此抗液化安全系数由下式定义：

$F>1$ 为不液化，$F\leqslant1$ 为液化。具体计算结果见表1.6-18

$$F=\frac{[\tau_d]}{0.65|\tau_{\max}|} \tag{1.6-17}$$

表 1.6-18　　　　　　　　　　　　　堰基场地抗液化安全度

深度 h(m)	干密度 1.55g/cm³				干密度 1.48g/cm³			
距离 x(m)	$x=0$	$x=1$	$x=2$	$x=3$	$x=0$	$x=1$	$x=2$	$x=3$
1	1.21	1.17	1.05	1.07	0.60	0.70	0.94	1.06
3	1.09	1.05	1.10	1.18	0.69	0.80	0.97	1.02
5	1.21	1.31	1.57	1.69	0.97	1.05	1.10	1.12
7	1.56	1.90	2.41	2.54	1.17	1.21	1.23	1.24
9	2.25	2.87	3.49	3.98	1.42	1.44	1.45	1.46
11	3.37	4.27	5.44	5.55	1.51	1.52	1.52	1.54
13	4.92	6.24	7.79	8.14	1.73	1.73	1.72	1.77

注：x 表示从上游坡脚起，向下游方向的距离。

按此结果判断，当 $\rho_d=1.48\text{g/cm}^3$，$\varepsilon_d=5\%$ 的情况下，在淤砂表面至 5m 深度范围内，抗液化安全系数 $F<1.0$，说明靠近上游坡脚处存在液化的可能性。而 $\rho_d=1.55\text{g/cm}^3$，$q_d=5\%$ 的情况下不会产生液化，因此越接近剖面轴线的堰基淤砂越不会液化。

6　云南省丽江市南瓜坪水库工程筑坝材料动力特性试验研究

南瓜坪水库工程大坝可行性研究阶段设计为碾压式沥青混凝土心墙堆石坝，大坝坝高 126.6m，堆石区填筑料主要为岩屑砂岩、粉砂质泥岩、泥岩、溢洪道开挖利用料等，其中泥岩属于偏软岩，且为薄层分别在岩屑砂岩中，同时坝址区设计烈度为Ⅸ度，为高地震区。以堆石料Ⅰ为例，对云南省丽江市南瓜坪水库工程沥青混凝土心墙坝的典型堆石料进行动力试验，研究筑坝堆石料的动模量和阻尼比、动强度和残余变形特性，获得材料的动力特性参数指标，为大坝抗震设计提供依据。

6.1　设计与试验级配

堆石料Ⅰ设计要求孔隙率小于 22.0%，最大粒径 800mm，小于 5mm 颗粒含量≤15%，小于 0.075mm 颗粒含量≤5%。根据设计要求初拟的设计级配见表 1.6-19。

表 6.1-19　　　　　　　　　　　　　堆石料Ⅰ设计级配

级配	全料小于该孔径的土重百分数(%)										不均匀系数 C_u	曲率系数 C_c	按 SL237—1999 命名
	800mm	400mm	200mm	100mm	60mm	40mm	20mm	5mm	2mm	0.5mm			
平均线	100	80	59	46	38	26	10	5.5	2		21	1.4	混合土碎石

堆石料Ⅰ设计级配最大粒径较大，室内试验由于仪器尺寸的限制，需要对设计级配进行级配缩尺处理。依据《土工试验规程 SL237—1999》的粗颗粒土缩尺方法，采用混合法，先采用相似级配法（$n=4$），再采用等量替代法，用 60～5mm 粒组等量替代>60mm 粒组，得到的堆石料Ⅰ试验级配见表 1.6-20 和图 1.6-17。

表 1.6-20　　　　　　　　　　　　　堆石料Ⅰ试验级配

级配	全料小于该孔径的土重百分数（%）									
	60mm	40mm	20mm	10mm	5mm	2mm	1mm	0.5mm	0.25mm	0.075mm
堆石料Ⅰ平均线	100	85.5	60.2	41.2	26.0	14.0	9.0	5.5	3.5	

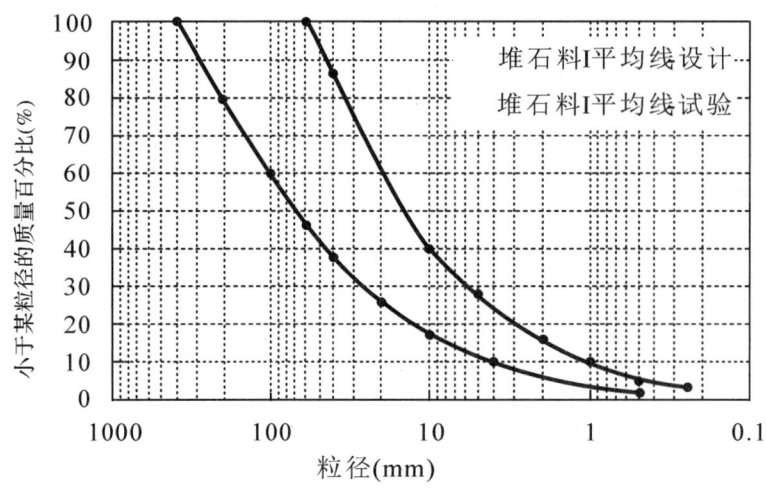

图 1.6-17　堆石料Ⅰ平均线试验级配

6.2　击实试验成果

对堆石料Ⅰ平均线级配进行大型击实试验，获得最大干密度和最优含水率。最大干密度试验采用表面振动击实法。试样筒尺寸为 $\Phi300\times285$mm。试样分 3 次铺装，每次振动历时 6.5min。试验成果见图 1.6-18 和表 1.6-21。

根据设计孔隙率小于 22.0% 的要求，孔隙率 22% 时候对应的试验干密度为 2.08g/cm³。

表 1.6-21　　　　　　　　　　　　　　堆石料Ⅰ击实成果表

样品编号	比重	最优含水率(%)	最大干密度(g/cm³)	试验干密度(g/cm³)
堆石Ⅰ平均线	2.67	6.5	2.291	2.08

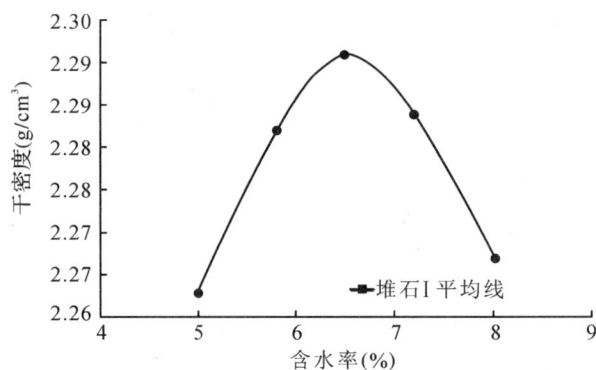

图 1.6-18　堆石料Ⅰ平均线击实曲线

6.3　动模量与阻尼比试验成果

6.3.1　试验设备

动力试验是在 1500kN 电液伺服粗粒土静、动三轴试验机上进行，如图 1.6-19 所示，试验机的主要技术指标如下：

　　试样尺寸：　$\Phi30\times H75$cm；

　　轴向静荷载：0～1500kN；

　　轴向动荷载：0～±500kN；

轴向固结荷载：0～1500kN；
周围压力：　　0～5000kPa；
激振频率：　　0.01～10Hz；
活塞行程：　　0～300mm；
体变量测精度：0.1mL。

图1.6-19　1500kN电液伺服粗粒土静、动三轴试验机

6.3.2　试验步骤

动弹模量与阻尼比试验按照《土工试验规程》(SL237-1999)进行。

根据试验所要求的级配，将试料按4份（层）分别称重配料，然后加入适量的水充分拌和，湿润2小时。将每份（层）分3次装入成型筒内，使大、小颗粒料均匀装入成型筒，分层插捣并用电锤振实，达到预定的干密度。

试样成型后，拆除成型筒，推入加载架内，对制备好的试样抽真空40～60分钟（视试料而定），然后采用底部进水、自下而上渐进的方式使试样饱和，再利用反压使试样饱和度达到98%～100%。施加预定围压，在周围压力不变的情况下进行排水固结。本次试验固结比$K_c=1.5$，围压分别为200kPa、400kPa、800kPa、1600kPa。先让试样在等压情况下固结稳定后，再逐次增加轴压至$K_c=1.5$，这样可以避免试样不均变形。饱和试样在固结压力下固结完成后，关闭排水阀门，并测读固结排水量。

在保持周围压力不变的情况下，由小到大逐级施加轴向正弦动荷载，每级振动3周，激振频率为0.2Hz。微机即时采下在每一级振动力作用下的应力—应变滞回圈及数据。

6.3.3　动弹模量与阻尼比数据整理

由试验所得到的滞回圈（如图1.6-20所示）求得动弹模量

$$E_d=\frac{\sigma_d}{\varepsilon_d} \tag{1.6-18}$$

式中：σ_d——A点的动应力数值；
　　　ε_d——A点的动应变数值。

土样的阻尼比可以从滞回曲线中求得

$$\lambda_d=\frac{1}{4\pi}\frac{A_L}{A_T} \tag{1.6-19}$$

式中，A_L——滞回圈的面积；

A_T——图中三角形 ABC 的面积。

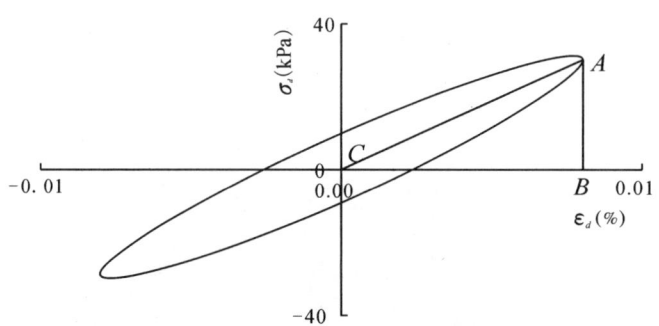

图 1.6-20　动三轴试验动弹模量与阻尼比的求取

6.3.4　最大动剪模量的求取

Hardin-Drnevich 模型假定动荷载作用下的应力-应变曲线骨干曲线符合双曲线。

$$\sigma_d = \frac{\varepsilon_d}{a + b\varepsilon_d} \tag{1.6-20}$$

经转换后可表示为

$$\frac{1}{E_d} = \frac{\varepsilon_d}{\sigma_d} = a + b\varepsilon_d \tag{1.6-21}$$

式中 a、b 为试验常数，绘制以动应变 ε_d 为横坐标，$1/E_d$ 为纵坐标的关系图，动弹性模量倒数 $1/E_d$ 与动应变 ε_d 的关系可近似用直线表示，见图 1.6-21—图 1.6-24 所示，其斜率为 b，截距为 a；直线截距 a 的倒数即为最大动弹模量 $E_{d\max}$，斜率 b 的倒数为最大动应力 $\sigma_{d\max}$。

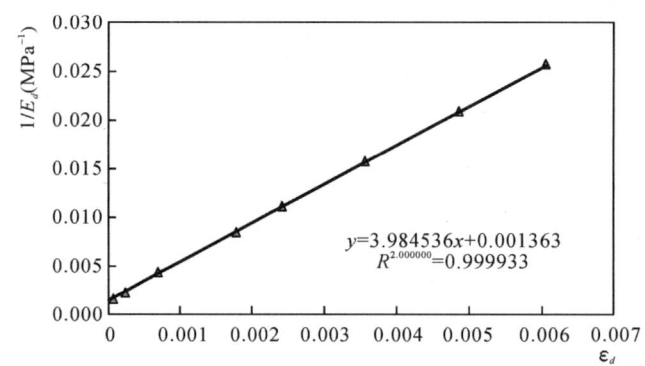

图 1.6-21　堆石料 I 平均线 $1/E_d - \varepsilon_d$ 关系（围压=200kPa、K_c=1.5）

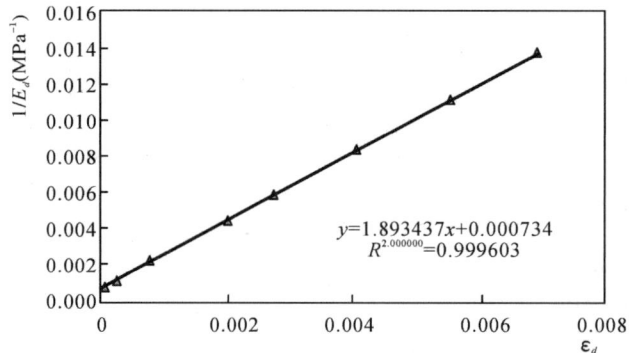

图 1.6-22　堆石料 I 平均线 $1/E_d - \varepsilon_d$ 关系（围压=400kPa、K_c=1.5）

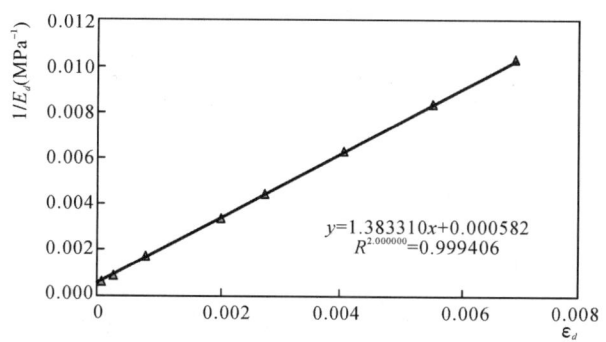

图 1.6-23　堆石料Ⅰ平均线 $1/E_d$-ε_d 关系（围压＝800kPa、K_c＝1.5）

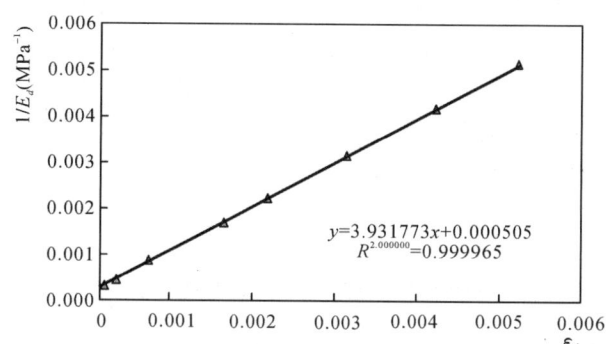

图 1.6-24　堆石料Ⅰ平均线 $1/E_d$－ε_d 关系（围压＝1600kPa、K_c＝1.5）

在动三轴试验中，试件 45°面上的动剪应力为

$$\tau_d = \sigma_d/2 \tag{1.6-22}$$

由动应变 ε_d 求得试件 45°面上的动剪应变

$$\lambda_d = \varepsilon_d(1+\mu) \tag{1.6-23}$$

由最大动弹模量 $E_{d\max}$ 可得到最大动剪模量

$$G_{d\max} = E_{d\max}/2(1+\mu) \tag{1.6-24}$$

式中：μ——泊松比，粗粒料取值 0.35；

$G_{d\max}$——最大动剪模量。

最大动剪模量 $G_{d\max}$ 与有效固结应力 σ'_m 的关系可用下式表示：

$$G_{d\max} = C\left(\frac{\sigma'_m}{p_a}\right)^n \tag{1.6-25}$$

式中：p_a——大气压力；

σ'_m——平均有效固结应力，$\sigma'_m = (\sigma_1 + 2\sigma_3)/3$；

C——直线在纵轴上的截距，试验常数；

n——直线的斜率，试验常数。

根据试验得到覆盖层不同固结应力下最大动剪模量 $G_{d\max}$-σ'_m 关系线见图 1.6-25 所示，由图中整理出的试验常数 k、n 值见表 1.6-22。

表 1.6-22　　　　　　　　　　　动剪模量系数 k 与指数 n

试料名称	K_c	k	n
堆石料Ⅰ平均线	1.5	2013.3	0.4749

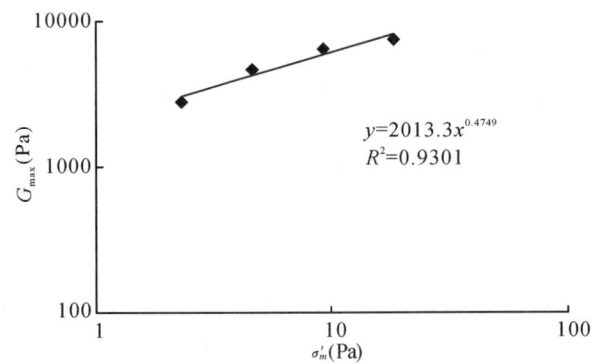

图 1.6-25　堆石料 I 平均线 $G_{dmax}/a - \sigma'_m/Pa$ 关系

6.3.5　动剪模量比和阻尼比与动剪应变的关系

通过 Hardin 公式拟合得到堆石料 I 在不同动剪应变水平下的动剪模量比和阻尼比见表 1.6-23。通过 Hardin 公式拟合得到堆石料 I 的动剪模量比 G_d/G_{dmax} 与动剪应变 γ_d 关系曲线和阻尼比 λ_d 与动剪应变 γ_d 关系曲线见图 1.6-26—图 1.6-29。

表 1.6-23　　　　　堆石料 I 不同动剪应变水平下的动剪模量比和阻尼比

试料名称	固结比	参数	围压(kPa)	5×10^{-6}	1×10^{-5}	5×10^{-5}	1×10^{-4}	5×10^{-4}	1×10^{-3}	5×10^{-3}	1×10^{-2}
堆石料 I 平均线	1.5	G_d/G_{dmax}	200	0.989	0.979	0.902	0.822	0.480	0.316	0.085	0.044
			400	0.991	0.981	0.913	0.840	0.511	0.344	0.095	0.050
			800	0.991	0.983	0.919	0.850	0.532	0.362	0.102	0.054
			1600	0.993	0.987	0.936	0.880	0.594	0.423	0.128	0.068
		λ	200	0.003	0.006	0.029	0.051	0.134	0.169	0.212	0.219
			400	0.003	0.005	0.023	0.041	0.117	0.153	0.201	0.209
			800	0.002	0.004	0.020	0.037	0.107	0.140	0.185	0.193
			1600	0.002	0.003	0.015	0.028	0.088	0.119	0.167	0.175

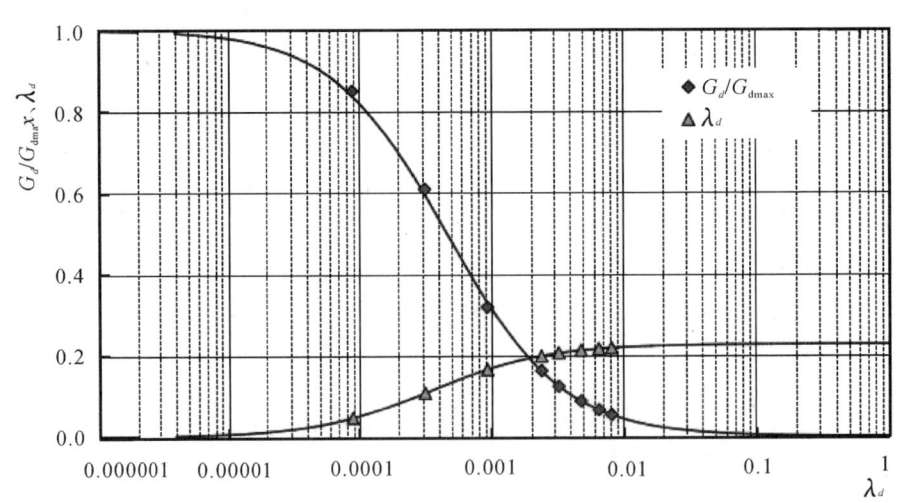

图 1.6-26　堆石料 I 平均线 G_d/G_{dmax} 和 $\lambda_d - \gamma_d$ 关系曲线（围压=200kPa、K_c=1.5）

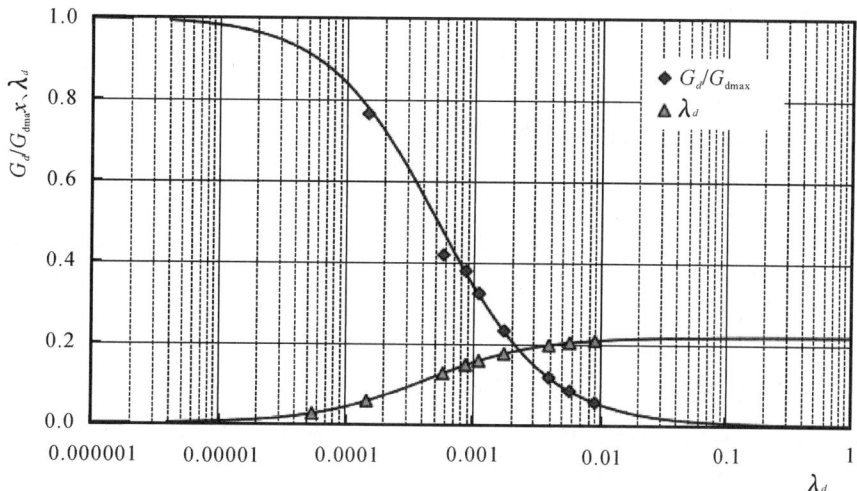

图 1.6-27 堆石料Ⅰ平均线 G_d/G_{dmax} 和 $\lambda_d - \gamma_d$ 关系曲线(围压=400kPa、K_c=1.5)

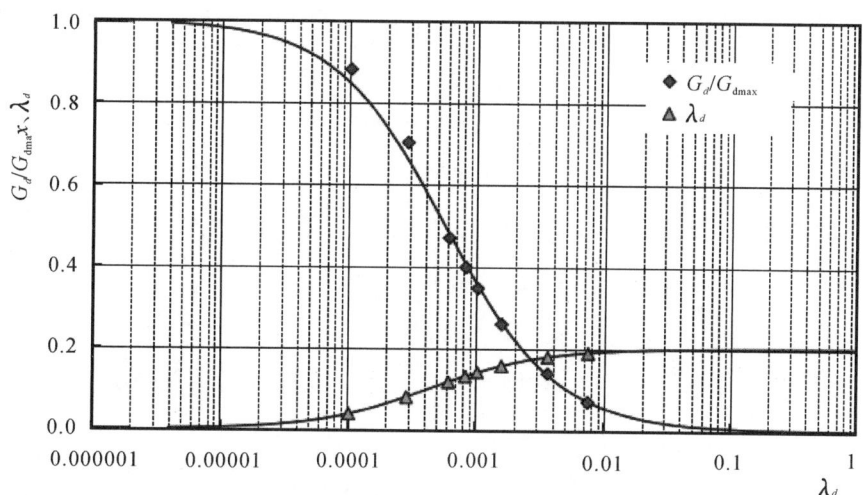

图 1.6-28 堆石料Ⅰ平均线 G_d/G_{dmax} 和 $\lambda_d - \gamma_d$ 关系曲线(围压=800kPa、K_c=1.5)

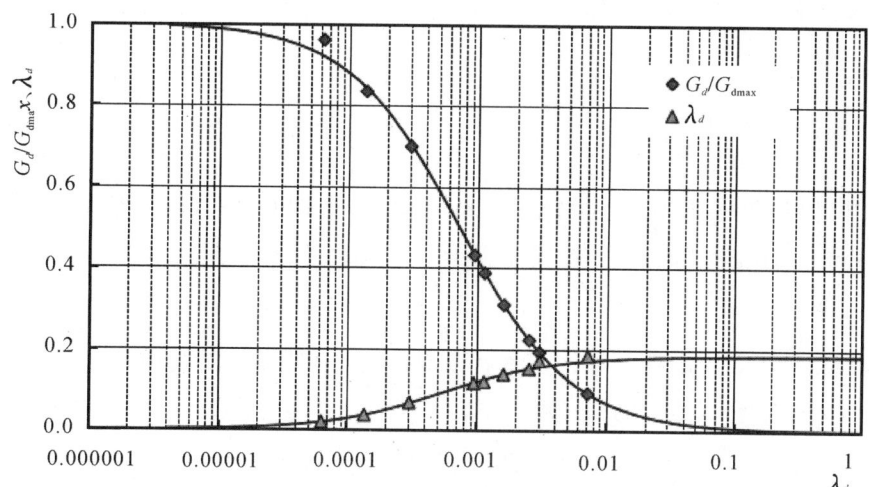

图 1.6-29 堆石料Ⅰ平均线 G_d/G_{dmax} 和 $\lambda_d - \gamma_d$ 关系曲线(围压=1600kPa、K_c=1.5)

6.4 动残余变形试验成果

6.4.1 试验设备

动力试验是在 1500kN 电液伺服粗粒土静、动三轴试验机上进行,设备的技术参数指标见 6.3.1 节。

6.4.2 试验步骤

动残余变形试验参照《土工试验规程》(SL237-1999)进行,试样制备、饱和及固结方法与动弹模量与阻尼比试验相同。

试样固结完成后,在一定的周围压力下,并在排水条件下按给定的动应力比值在试样的上部施加循环往复的动荷载,使试样轴向振动 30 周,激振频率为 0.2Hz。

在振动过程中,微机即时采下每周的轴向应力、轴向应变和体变量。试验结束后,经过振动的试样外观没有明显的变化。

6.4.3 残余变形本构模型

绘制残余体积应变 ε_{vr} 和残余剪切应变 γ_r 与振次 N 的关系曲线,可以发现他们分别都呈对数关系。根据沈珠江的残余变形经验公式,有:

$$\varepsilon_{vr} = A\ln(1+N) \tag{1.6-26}$$

$$\gamma_r = B\ln(1+N) \tag{1.6-27}$$

其中 A、B 为试验参数,与应力水平 S_1 和动应变幅 γ_d 有以下关系式:

$$A = c_1 \gamma_d^{c_2} \exp(-c_3 S_1^2) \tag{1.6-28}$$

$$B = c_4 \gamma_d^{c_5} S_1^2 \tag{1.6-29}$$

用有限单元法计算堆石坝(或土石坝)的地震永久变形时,宜采用增量形式,通过式(1.6-26)—式(1.6-29)可建立下式:

$$\Delta\varepsilon_{vr} = c_1 \gamma_d^{c_2} \exp(-c_3 S_1^2) \frac{\Delta N}{1+N} \tag{1.6-30}$$

式中:$\Delta\varepsilon_{vr}$,$\Delta\gamma_r$ 为残余体应变增量、残余剪应变增量;

γ_d——动剪应变幅值;

S_1——应力水平;

N、ΔN——振次及其增量。

在整理沈珠江模型参数时,假定应力水平 S_1 对 A 无影响,即 $C_3=0$;考虑到动应变幅 γ_d 是不均匀的,一般开始几周较大,后期略有减小,以第 10 次循环的幅值作为动应变幅。

6.4.4 残余变形试验成果

残余变形试验所得到覆盖层的残余体应变和残余轴向应变与振次之间的关系曲线,分别见图 1.6-30 所示,模型参数整理过程如图 1.6-31 所示,残余变形参数见表 1.6-24 所示。

表 1.6-24　　　　　　　　　　　堆石料 I 残余变形参数

土料	C_1	C_2	C_3	C_4	C_5
堆石料 I 平均线	0.0030	1.0498	0	0.1700	0.8547

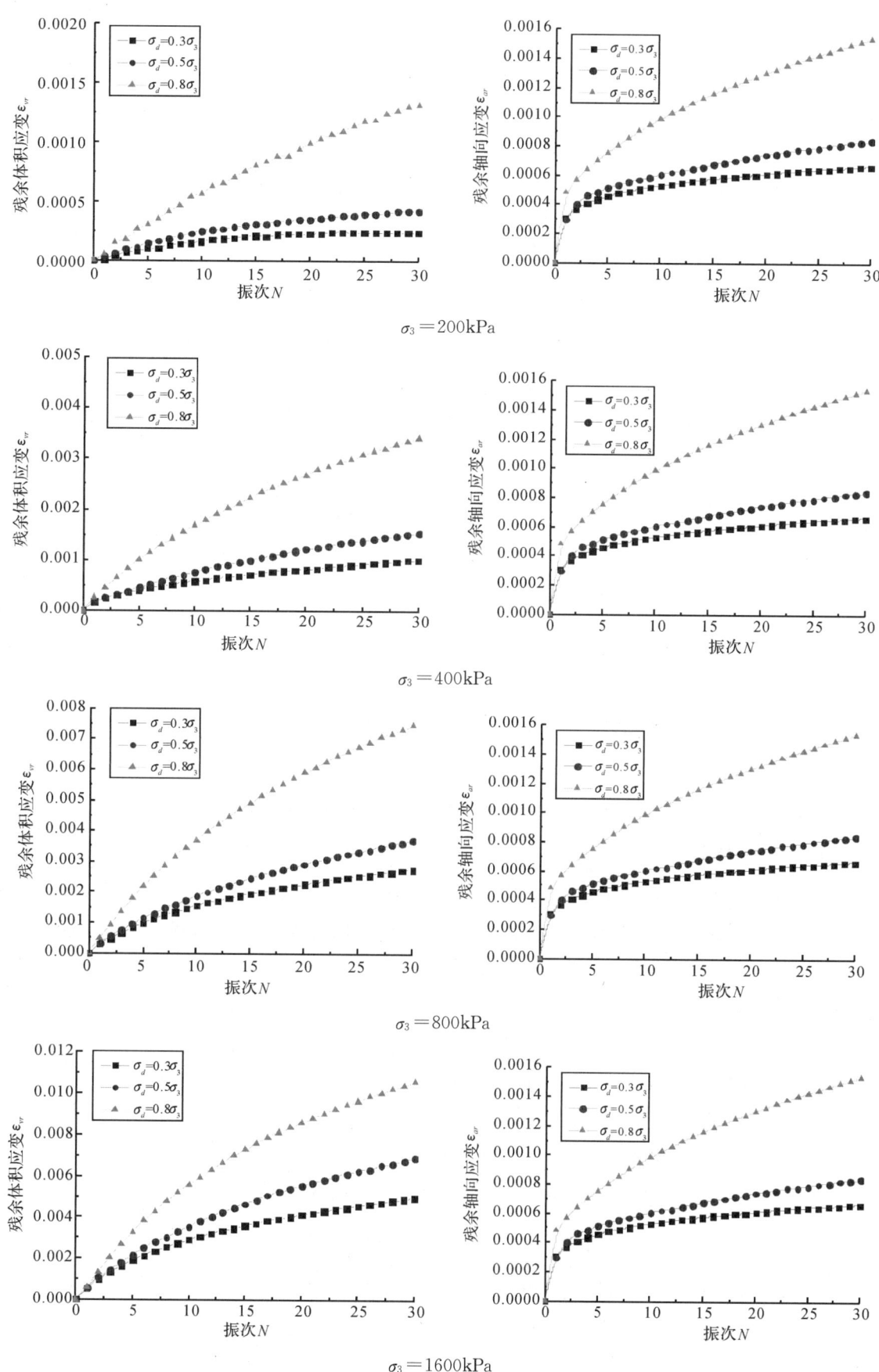

图 1.6-30 堆石料 I 平均线残余变形试验曲线

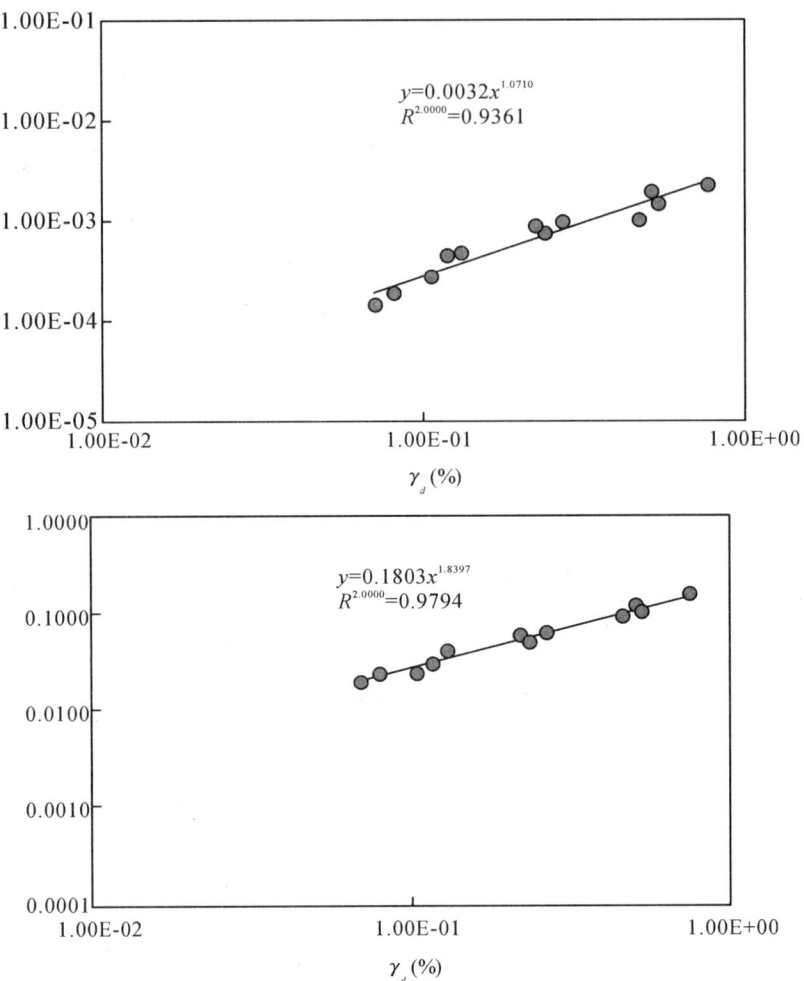

图 1.6-31 堆石料 I 平均线残余变形参数求解曲线

6.5 动强度试验成果

堆石料 I 动强度典型试验曲线见图 1.6-32—图 1.6-34 所示,包括动应变与振次的关系曲线、孔压比与振次的关系曲线。堆石料 I 的动剪应力比(τ_d/σ_0)与破坏振次 $\lg N_f$ 关系曲线见图 1.6-34,整理出振次分别为 12 次、20 次和 30 次的总应力强度参数,成果见表 1.6-25 所示。堆石料 I 动强度总应力破坏包线图 1.6-35—图 1.6-37。

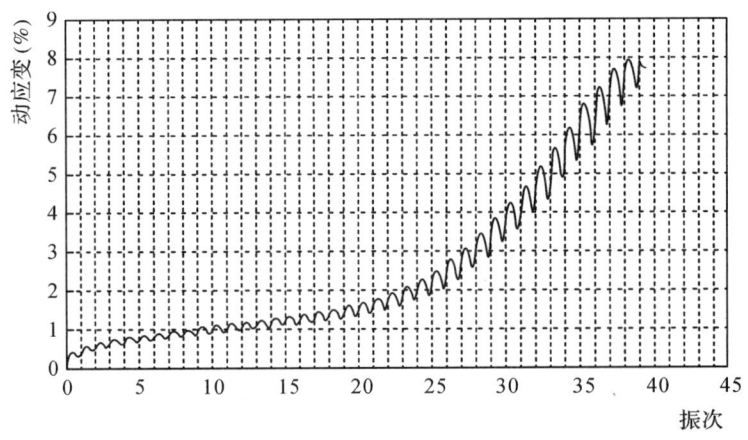

图 1.6-32 堆石料 I 平均线动应变与振次关系曲线($K_c=1.5$、$\sigma_3=800\text{kPa}$、$\tau_d/\sigma'_0=0.275$)

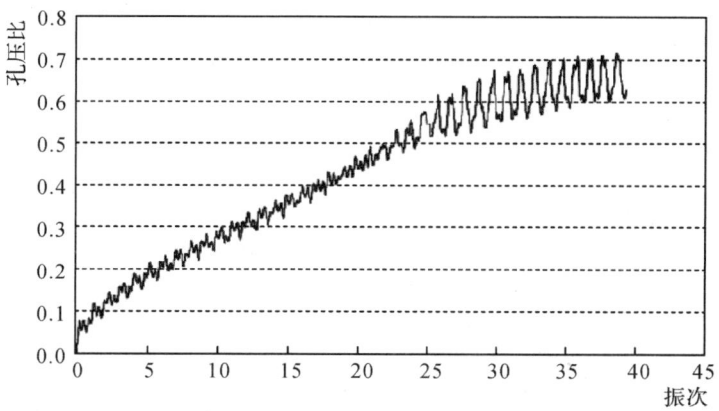

图 1.6-33　堆石料Ⅰ平均线孔压比与振次关系曲线($K_c=1.5$、$\sigma_3=800kPa$、$\tau_d/\sigma'_0=0.275$)

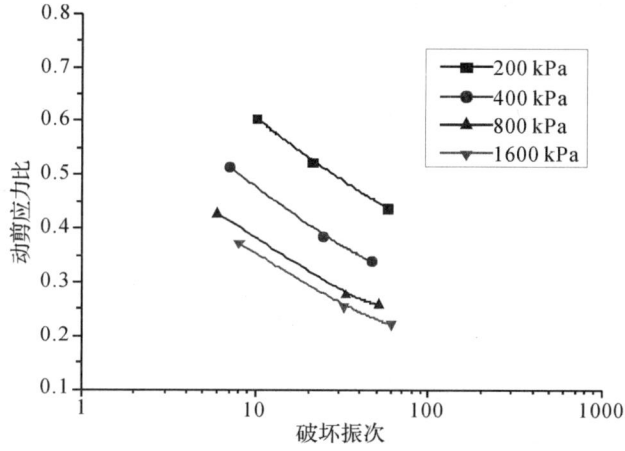

图 1.6-34　堆石料Ⅰ平均线动剪应力比(τ_d/σ_0)与破坏振次 N_f 关系($K_c=1.5$)

表 1.6-25　　　　　　　　　　　堆石料Ⅰ动强度总应力强度参数

级配	固结比	特征周次					
		12		20		30	
		c_d(kPa)	φ_d(°)	c_d(kPa)	φ_d(°)	c_d(kPa)	φ_d(°)
平均线	1.5	49	22.6	47	21.5	46	20.5

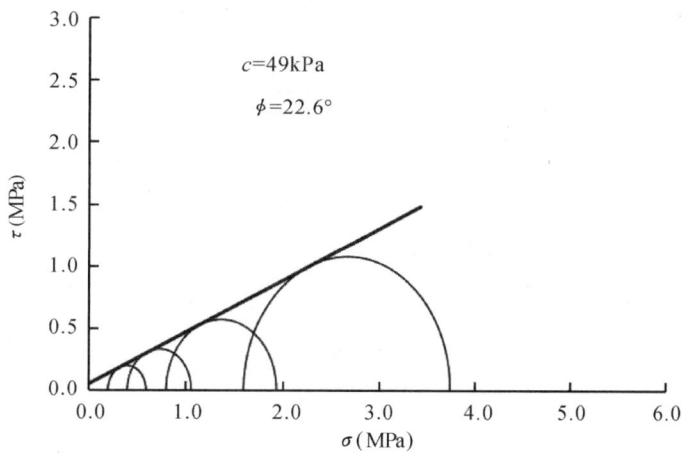

图 1.6-35　堆石料1平均线动强度总应力破坏包线($K_c=1.5$、$N=12$ 次)

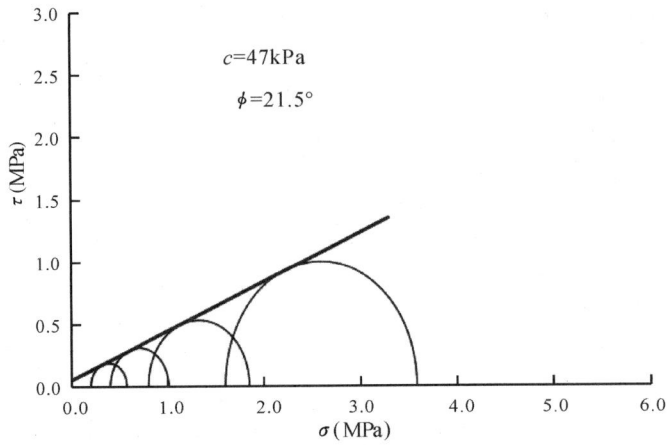

图 1.6-36　堆石料 1 平均线动强度总应力破坏包线（$K_c=1.5$、$N=20$ 次）

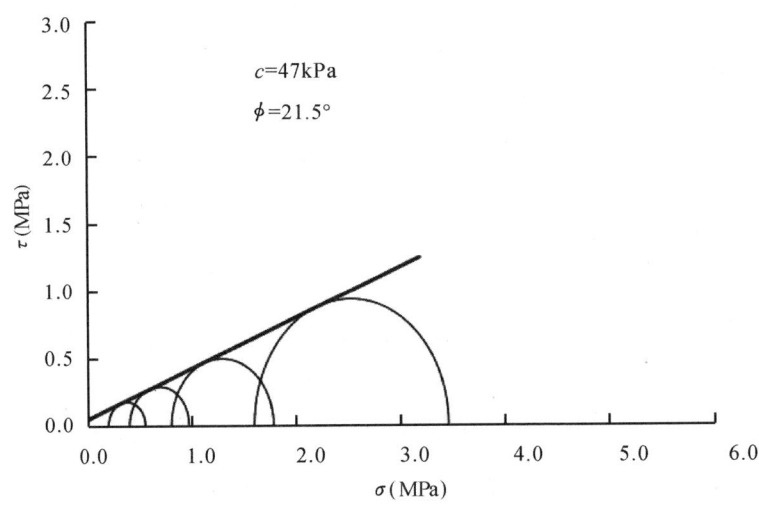

图 1.6-37　堆石料 1 平均线动强度总应力破坏包线（$K_c=1.5$、$N=30$ 次）

本章首先介绍了三峡围堰填料风化砂和淤积砂的动力特性并判别了其液化可能性，然后对南瓜坪水库工程的堆石料Ⅰ进行了击实试验、动弹模量阻尼比试验、动残余变形试验、动强度试验，获得了填筑料的最大干密度、动力变形参数等指标。试验成果可为大坝的设计提供依据。

参考文献

[1] 刘汉龙. 土动力学与土工抗震研究进展综述[J]. 土木工程学报, 2012, 45(4):148-164.

[2] 谢定义. 土动力学[M]. 北京:高等教育出版社, 2011.

[3] Hardin B O, Drnevich V P. Shear Modulus and Damping in Soils: Design Equations and Curves[J]. Journal of the Soil Mechanics and Foudation Division, ASCE, Vol. 98, SM6-7, 1972:6-7.

[4] Towhata I, Vargas-Monge W, Orense R P, et al. Shaking table tests on subgrade reaction of pipe embedded in sandy liquefied subsoil[J]. Soil Dynamics and Earthquake Engineering, 1999, 18(5):347-361.

[5] Takahashi A, Takemura J. Liquefaction-induced large displacement of pile-supported wharf[J]. Soil Dynamics and Earthquake Engineering, 2005, 25(11): 811-825.

[3] Seed, H. B. and Idriss, I. M. (1971) Simplified Procedure for Evaluating Soil Liquefaction Potential. Journal of the Soil Mechanics and Foundations Division, ASCE 97, SM9, 1249-1273.

[6] 杨春鸣,邵生俊,王超. 黄土动力特性参数的相关性分析[J]. 世界地震工程,2010, 26(增):70-74.

[7] 王艳丽,王勇. 饱和砂土液化后强度与变形特性的试验研究[J]. 水利学报,2009, 40(6):667-672.

[8] 张建民,王富强. 考虑围压和密度的饱和砂土液化后单调加载本构方程[J]. 清华大学学报:自然科学版,2008, 48(12):2044-2047.

[9] 哈秋舲,包承纲,饶冠生,田野. 长江三峡工程关键技术研究(上册)[M]. 广州:广东科技出版社,2002.

[10] 包承纲,戴会超,程展林. 三峡工程深水高土石围堰的研究与实施[R]. 中国长江三峡工程开发总公司,长江水利委员会长江科学院、长江水利委员会长江勘测规划设计研究院等,2002.

[11] 包承纲. 三峡二期围堰创新及其对我国高围堰建设的意义[J]. 长江科学院院报,2014, 31(9):33-42,64.

[12] 周小文,刘鸣. 南水北调穿黄工程地基砂土液化问题研究[R]. 武汉:长江科学院,2002.

[13] 冯光愈,马时冬. 南水北调(中线)穿黄工程砂土地基液化试验研究报告(可行性阶段)[R]. 武汉:长江科学院,1992.

[14] 黄斌,徐晗. 云南思茅山水铜业有限公司大平掌铜矿肖家坟尾矿库尾矿坝坝料动力特性试验及地震稳定性研究[R]. 武汉:长江科学院,2012.

[15] 王艳丽,谭凡. 瓮福磷矿白岩尾矿库尾矿料动力特性试验研究报告[R]. 武汉:长江科学院,2014.

[16] 王艳丽. 细粒尾矿岩土工程特性及其堆积坝加固治理技术研究-细粒尾矿岩土工程性能研究[R]. 武汉:长江科学院,2014.

[17] 王艳丽,谭凡. 德兴铜矿4#尾矿库尾矿料动力特性试验研究[R]. 武汉:长江科学院,2018.

[18] 王艳丽,饶锡保,王占斌等. 含砾量对饱和砂砾土液化特性的影响[J]. 地震工程学报,2015, 18(2):390-396.

[19] 潘家军. 强震作用下高土石坝灾变机理研究[R]. 武汉:长江科学院,2012.

[20] 王艳丽. 重庆市云阳县向阳水库大坝筑坝材料土工试验研究[R]. 武汉:长江科学院,2018.

[21] 王艳丽. 巴基斯坦KAROT水电站沥青混凝土心墙坝填筑料土工试验研究[R]. 武汉:长江科学院,2018.

[22] 左永振,王艳丽. 云南省临沧市大桥坡水库工程筑坝材料工程特性试验研究[R]. 武汉:长江科学院,2019.

[23] 左永振,王艳丽,王金龙. 云南省丽江市南瓜坪水库工程可行性研究阶段沥青混凝土心墙坝填料土工试验[R]. 武汉:长江科学院,2019.

第二篇

岩土体渗透特性和渗流场及其控制

第1章 岩土体的渗透及渗透变形特性研究

1 概述

土是岩石经过风化所形成的产物,是多种矿物颗粒组成的集合体。土在形成的过程中,经过水、空气及生物的活动,其组成成分也在不断发生变化,最终形成的复杂松散堆积物,属于一种多孔介质。因而,土与其他连续固体介质的最主要的区别在于它的散碎性和多孔性。

由于土的多孔性,水流在压力差的作用下,可以穿过土体颗粒间的孔隙发生流动,这种现象称为渗流,不同的土质由于其颗粒形态和孔隙的差异,渗流的状态也不一样,土体被水透过的性能则称为土的渗透性。在渗流过程中,水流必须克服土体颗粒的阻力。反之,渗流则对土体颗粒产生力的作用。将渗流对所流经的土体的单位体积的力称为渗透力,其作用方向与渗流方向一致,其大小与水力坡降成正比。当渗透力大到一定程度,超过土体颗粒稳定的临界应力状态时,土体颗粒将发生迁移,即渗透变形。当渗透变形达到一定程度,土体则会产生破坏。岩石软弱夹层亦然。因此,渗透及渗透变形特性是岩土体的重要特性之一,它对工程的有效性和安全性有着重要的影响。地球上的各种水体中的水,总是不断地以降雨、蒸发、入渗、径流等方式参与到水循环中,而岩土体则处于这个水循环过程之中,因此,研究岩土体的物理力学特性,必然涉及其渗透及渗透变形特性。

长江科学院在1951年建院伊始,即对土的渗透及渗透变形特性开展了持续不断的研究[1],代表性的工程项目主要有:20世纪50年代的荆江分洪工程、荆江大堤加固工程、汉江下游分洪区杜家台闸基工程,60年代的陆水蒲圻水利枢纽、丹江口水利枢纽等工程,20世纪七八十年代的鸭河口水库、葛洲坝水利枢纽工程,清江高坝洲水利枢纽以及三峡工程建设前的试验研究工作等,90年代的清江隔河岩水利枢纽、清江水布垭水利枢纽、三峡工程等。进入21世纪后,又陆续开展了对南水北调中线工程、丹江口水利枢纽大坝加高工程、兴隆水利枢纽、乌东德水电站等工程的研究。对堤防工程的研究则更是持续不断。此外,还参与了一批国家科技攻关计划、科技支撑计划以及公益性行业科研专项类项目,经过六十余年的研究,积累了丰富的经验和研究成果。

本章简要介绍渗透及渗透变形的基本理论,结合长科院数十年来的研究实践,分别介绍岩石软弱夹层和土的渗透及渗透变形特性试验研究工作和成果。

2 渗透及渗透变形的基本理论

2.1 达西定律

19世纪中叶,法国水力工程师亨利·达西(Henry Darcy)在装有均质砂土滤料的圆柱形筒中做了大量的渗流试验[2],于1856年得到渗流基本定律,后人称之为达西定律。达西定律表明:渗流量Q除与断面面积A成直接比例外,正比于水头损失(H_1-H_2),反比于渗径长度L,引入决定于土粒结构和流体性质的一个常数K时,达西定律形式为

$$Q = KA \frac{H_1 - H_2}{L} = KAJ \qquad (2.1\text{-}1)$$

式中：$\frac{H_1-H_2}{L}$——水力比降，常以 J 表示；

Q——渗透流量；

A——渗流断面面积；

(H_1-H_2)——水头损失；

K——渗透系数（也称水力传导系数）。

若以单位面积的渗流量表示流速 V，则

$$V = \frac{Q}{A} = KJ \qquad (2.1\text{-}2)$$

达西定律首次确立了渗透水在土体中流动的速度、水力比降及土的性质三者关系的数学模型，揭示了渗流的本构关系，为以后渗流理论的发展奠定了基础。直到现在，许多描述地下水运动的微分方程都是以这一定律为依据的。

式(2.1-2)中的流速代表土样全断面上的平均流速，而孔隙中的实际流速 V' 应大于 V，二者呈以下关系：

$$V = nV' \qquad (2.1\text{-}3)$$

式中：n——体积孔隙率，即单位土体中孔隙所占的体积。

2.2 达西定律的适用范围

达西定律是代表线性阻力的渗透定律，它只能适用于线性阻力关系的层流运动，因而受到一定水力条件的限制，当渗流速度 V 或水力坡降 J 增加时，由于惯性力的增加，支配层流的滞阻力逐渐失去其主控作用，渗流将由层流转向紊流，使 $J-V$ 的直线关系渐转为曲线关系。例如在粗砾和一些堆石中，当渗流速度大于 $0.5 \sim 0.7 \text{cm/s}$ 时，渗流就不符合达西定律。

达西定律的适用范围常用雷诺数 Re 表示，因为雷诺数代表的是流体的惯性力与滞阻力之比。由于土的颗粒形状、组成及排列不同，临界雷诺数没有一个十分明确的分界点，结论相差较大，其值变化于 1～10 之间，至今尚无确定达西定律适用范围的明确标准。

2.3 渗透系数的测定

由于在天然土体中，渗流的流速较低，渗流大多数呈线性阻力或接近线性阻力关系，因此达西定律至今仍广泛用于土力学的各个方面，并成为渗流的基本定律。

渗透系数的测定有许多方法，主要分为现场原位试验和室内试验。前者有双环法、抽（注、压）水试验法等。本章主要介绍室内试验。室内渗透系数的测定一般在渗透试验仪中进行，按照试验原理的不同，分为变水头试验和常水头试验，具体试验方法可参考《土工试验规程》。变水头试验主要适用于细粒土（黏质土和粉质土），其渗透系数较低，所需的水量不大，对试验用水的要求严格；常水头试验主要适用于粗粒土（砂质土），试验需要能提供稳定水头的设施，所需水量较大，为了保证试验成果的可靠性，现有《土工试验规程》还要求，每组试验值应在同一个量级，且允许差值不大于 $2 \times 10^{-n} \text{cm/s}$，在此基础上取每组试验值的算术平均值作为渗透系数值。在实际工作中，这个要求是较为苛刻的，由于一些随机性因素的影响，往往使得试验值有较大的离散性。对于原状样来说，取样点的不同，其颗粒含量、孔隙比均会存在差异，而且原状样具有易扰动和损坏的特点，离散性可能更大。对于扰动样和重塑样，即使同一种级配的

试样,不同的装样方法也会造成试样颗粒的分配、密度等的差异,因而试验成果也有离散性。

对于常水头试验,借鉴渗透变形试验的方法,采取多级水头试验来测定土体的渗透系数。测定渗透系数的试验不一定进行到试样发生渗透变形,但若为了绘制比降-流速曲线（$\lg J$—$\lg V$ 曲线简称 J—V 线）,试验的水头一般应不少于五级,且应选择合适的初始水头开始试验,每级试验水头均保证试样处于达西流范围内。一般来说,试样在发生渗透变形之前,J—V 曲线上有较明显的直线段,倾斜角呈 45 度。由于误差及客观因素的影响,各级试验水头下所取得的渗透系数存在差异,成果有一定的离散性,因此推荐取 J—V 曲线直线段上的试验点处的渗透系数平均值作为渗透系数值。

2.4 渗透变形的型式

土工建筑物或地基在一定的水力坡降下,由于渗流作用而导致的变形或破坏称为渗透变形或渗透破坏,具体表现为土面隆起、细颗粒被水流带走或形成集中渗流通道。渗透变形是水工建筑物发生破坏的主要因素之一。目前通常将渗透变形的型式分为管涌、流土、接触流土和接触冲刷四种[3]。接触流土一般发生在两种不同土层的交界面处,水流由细粒土向粗粒土方向流动,由于粗粒料不满足反滤要求,从而使细粒料发生渗透变形。接触冲刷一般发生在成层土或土层与构筑物的接触面上,它是由于接触面存在细小缝隙,使土颗粒发生移动的现象。对于单一土层,只存在流土和管涌,本节主要介绍这两种形式。

2.4.1 流土

若土体表层为临空面,在水流作用下,当渗透坡降大到一定程度时,局部或整体范围内的土体或颗粒群同时发生悬浮和移动的现象称为流土。流土破坏在上升水流条件下最为常见,尤其是在堤坝下游,当表层弱透水层较薄而深层有较厚的强透水层时更容易发生。在水平向或水平向下渗流作用下,渗流出口无保护措施时也会发生流土破坏。流土破坏是单元土体的整体破坏,它应满足土体的极限平衡条件,在这种条件下,土体颗粒的有效应力为 0,即土体处于临界状态,这时的坡降称为临界坡降。由于流土从开始到破坏的历时非常短暂,发生破坏时局部土体突然隆起或冲毁,临界坡降难以测到,故往往取破坏前一级的坡降作为破坏坡降。由于流土破坏常常发生灾难性事故,后果较为严重,因此工程上用破坏坡降除以较大的安全系数作为允许坡降。流土破坏在渗透变形试验的 J—V 曲线上,常常出现较明显的向右拐点,伴随的试验现象则是土体隆起或穿孔破坏,流速、流量突然增大,试验上游水头急速下降。

2.4.2 管涌

管涌是指在渗流作用下,细颗粒在粗颗粒之间形成的孔隙中发生移动、流失的现象。从管涌的定义不难看出,细颗粒要在粗颗粒的孔隙中移动,必然是由于土体的孔隙过大,细粒料不足以填充粗颗粒骨架所形成的孔隙,因而管涌通常发生在级配不良的粗粒土中。管涌发生后,土体孔隙随着细粒料的流失而不断扩大,渗流作用增强,较粗的颗粒也发生流失,导致土体形成贯通的管道或土体塌陷,因此,管涌的发生到破坏常常有一段持续的过程。《土工试验规程》中规定:取管涌出现时的坡降和前一级坡降的平均值作为管涌临界坡降,取试样破坏时的坡降和破坏的前一级坡降的平均值作为管涌的破坏坡降。当管涌发生时,在试验中会出现细颗粒的跳动或被水流带出的现象,而在试验成果的 J—V 曲线上,常常出现斜率的变化。

同为管涌型的土,其渗透变形可以分为两种情况,①一种为发展型管涌土,即一般所谓的管涌土,这种土一旦出现管涌渗透变形,细颗粒将连续不断地被带出土体外,J—V 持续向右偏离 45 度线,曲率逐渐变小,进而引起渗透破坏,这种土是典型的内部结构不稳定的土;②另一种情况为非发展型管涌或称为过渡型（渗透变形）,在出现管涌现象后不久,细颗粒又停止移动,土体仍能承受更高一级的比降,继续增大水头,管涌才又重新出现,最后无法继续承受水头或以流土形式破坏。《水利水电工程地质勘察规范》根据土的不均匀系数给出了过渡型的判断方法。过渡型渗透变形表明土体中的细颗粒处于半稳定状态,当土体处于紧密状态时可能呈现流土型,疏松状态时则呈现管涌型[4]。

过渡型渗透破坏在 $J—V$ 上反映为曲线的波动,这种波动可有两种表现形式,一种是曲线右拐后很快回复到原来的斜率,一种是曲线上翘后很快回复到原来的斜率。前者是由于产生管涌后,细粒不断被带出土体外,但其整体骨架是稳定的,要在更高一级比降的作用下,更粗一级的土才能被带出土体外,发生管涌或局部流土破坏。后者是由于内部细料发生了迁移,在迁移过程中,一部分被带出,一部分则受到下游土体的阻挡而停止移动,这种渗透变形可以被认为是一种土体内部的管涌,在内部发生结构调整后使原来不稳定的结构变为稳定的结构,随着比降的进一步增大,试样最后一般以局部流土的形式破坏。

3 岩石软弱夹层渗透及渗透变形特性研究

3.1 试验方法和早期成果概述

自然界中的岩石复杂多样,不同的岩石具有不同的结构、矿物以及强度,在长期的地质运动以及地下水的作用下,常常形成相对于上下岩体强度较低、厚度较薄的软弱层状体或带,即所谓软弱夹层,其中最为典型的是泥化夹层。水利工程岩基中软弱夹层的存在,给建筑物的安全带来潜在的危险。特别是当其产状平缓时,往往成为稳定的控制因素。软弱夹层除了其力学性能差以外,还存在容易产生渗透破坏的问题。渗透破坏是指在渗流作用下,夹层中的软弱体发生渗透变形,导致失去承载能力,从而危及建筑物的安全。国内外大大小小的水利工程中,软弱夹层是一个普遍存在的现象,所不同的只是其规模、构造以及力学特性不同而已。

长科院对软弱夹层的研究最早可追溯到 1959 年。当时,丹江口水利枢纽开工后,发现大量断层,其中以 F_{688} 性质最差,断层由片状糜棱岩、片状破碎岩、断层泥、绿泥石等构成,地表最大宽度达 1.2m,由于该断层垂直于坝轴线,贯通上、下游,人们普遍担心在水库蓄水后会发生渗透破坏。葛洲坝工程坝基则是存在软弱夹层问题的更典型的一个工程。1970 年工程开工后,陆续在基岩中发现多达五十多层软弱夹层。此后,在许多其他工程中也发现大量的软弱夹层,并开展了相应研究。

不同的软弱夹层,其规模、尺寸以及岩层的性状各异,有的还有节理面以及特殊的胶结结构,因此,渗流试验必须采用原状样。现场取样一般采用人工凿样,运至试验室内制作样品进行试验。运输过程中一定要注意减少震动和防止水分流失,保证夹层样的原状特性。典型试验模式见图 2.1-1,试样的上下游需要设置测压管(压力表),必要时还需要在试样中间设置若干测压管。试验时通过测量各级水头下的流量和观察试验现象,测定试样的渗透系数、临界坡降和破坏坡降。

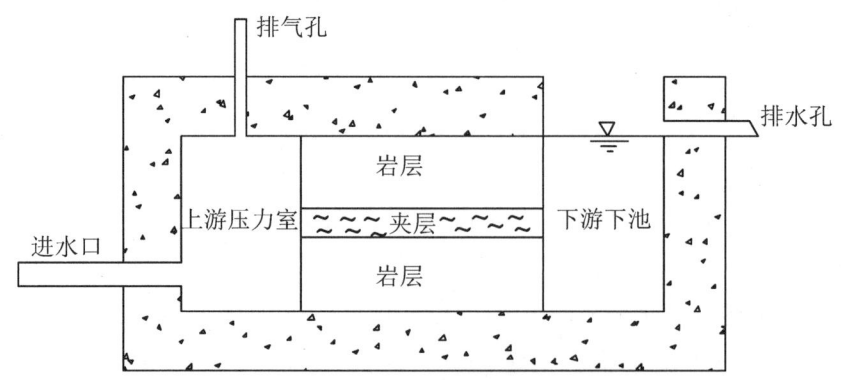

图 2.1-1 软弱夹层室内试验模型示意图

对于软弱夹层的渗透变形试验有时也采用循环加压的方法,用来了解夹层在不同工况下的渗透稳定性,循环加压主要分为如下几个阶段:

(1)升压阶段。试验开始阶段,以较小坡降进行饱和,压力从低到高,坡降直到15左右结束,一般在每级坡降上稳定24小时,绘制$J-V$,记录每级坡降下的现象,升压阶段是试验的主要组成部分,有时试样在此阶段发生破坏而提前结束。

(2)复压阶段。在升压阶段结束以后,无论是否发生渗透变形,坡降先由高到低,再由低到高重复进行一次试验,这对分析夹层的渗透变形特征具有重要的参考意义。

(3)恒压阶段。在升压和复压阶段结束后,将坡降升至一个较高的坡降(一般可选25左右),维持一段时间,以了解夹层在相对长时间内的渗透稳定性。

(4)高压阶段。在试验室条件的允许下,可以将坡降逐渐升至100左右,一般可采用高压力恒压供水泵或气压装置实现。通过高压阶段一般可以得到夹层的最终破坏参数。

文献[5]列出了一些典型水利水电工程软弱夹层渗透及渗透特性,经补充后的统计见表2.1-1。由表可见,不同工程的夹层,其渗透性和渗透变形特性有很大的差别。

表2.1-1 典型水利水电工程软弱夹层渗透及渗透变形特性表

工程名称	夹层名称	试验方法	变形或破坏类型	临界比降	破坏比降	备注
葛洲坝枢纽[6]	202#黏土泥化夹层	现场原位、排水供水	冲刷	3.8—6.0	—	
溪洛渡水电站[7]	玄武岩层内错动带	原状样现场室内试验	管涌	1.5—1.6	2.6—3.8	强风化
				3.6—7.1	10.2—20.0	弱风化
彭水水电站[8]	303#破碎泥化夹层	现场原位排孔、槽孔供水;原状样室内试验	管涌、冲刷	2.4—16.8	—	原岩为灰岩
	601#剪切泥化夹层		流土、冲刷	32.5—35.1	37.9	原岩为页岩
宝珠寺水电站[9]	D5泥化夹层带	现场原位、槽孔供水	接触冲刷	1.5—5.6	2.0—8.0	原岩为钙泥质粉砂岩夹粉砂质页岩
		原状样室内试验		2.5—3.0	4.1—4.3	
伊洛瓦底江其培水电站[10]	F41断层带	原状样室内试验	接触冲刷或局部流土破坏	1.0	5.9	原岩为斑状片晶花岗片麻岩,云英片岩
	F42断层带			1.0	2.1	

3.2 其培水电站坝肩断层带渗透变形特性试验研究

长江科学院针对伊洛瓦底江其培水电站F41,F42断层,同时开展了扰动样和原状样的试验研究[10]。以下介绍其试验方法及成果,并说明改正试验方法的必要性。

其培水电站位于伊江上游,在可研阶段,混凝土重力坝方案的最大坝高达200 m左右。其苗木坝址基岩主要由变质岩组成,局部分布有后期岩浆岩侵入体。变质岩以斑状变晶花岗片麻岩、云英片岩、花岗片麻岩为主,其中斑状变晶花岗片麻岩、云英片岩分布于左岸;花岗片麻岩分布于河床及其右岸,局部含大理岩透镜体和花岗岩。左坝肩发育的F41,F42断层规模较大,顺河呈NNE向展布,长度大于15 km。其构造岩带主要为碎裂岩或碎裂化岩体,岩体较破碎,性状较差(取样点照片见图2.1-2),断层与大坝基础渗流场分布、渗透稳定性及大坝安全关系密切,断层渗透变形特性在可研阶段被列为重点试验研究内容之一。

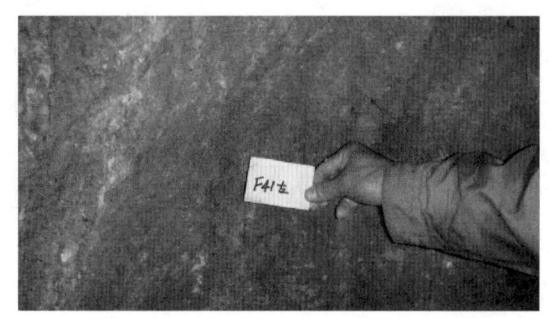
(a)F41 断层

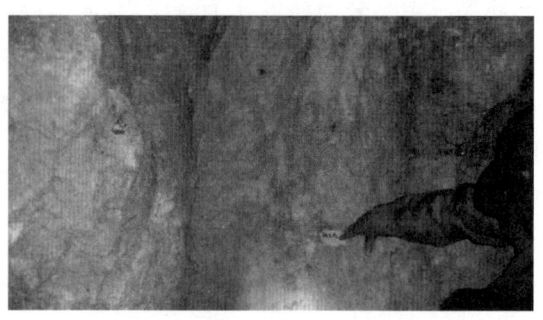
(b)F42 断层

图 2.1-2　断层带取样点照片

3.2.1　扰动样的渗透变形试验成果

在现场左岸 9 号平硐对 F41，F42 断层取了 8 组环刀样和 8 组扰动样，各有 4 组分别取自平硐的左侧和右侧。用原状样测试密度，用扰动样进行颗分试验。F41 断层环刀样的干密度测试值为 $1.68\sim1.72$ g/cm^3，平均 1.71 g/cm^3；F42 断层环刀样的干密度测试值为 $1.66\sim1.70$ g/cm^3，平均 1.68 g/cm^3。按照颗粒分析定名，F41 断层右为粉土质砂或粉土质砾，左为粉土质砂；F42 断层右为粉土质砾，左为含细粒土砾。总体上看，F42 断层带比 F41 断层带的颗粒要粗。

对不同断层中不同部位所取的扰动样，按试验的干密度制备试样进行渗透变形试验。试验均在垂直仪器中进行，仪器直径 15cm，渗径长度 5cm。试样出口无保护。每组试样均进行了平行试验。试验按照《土工试验规程》(SL237－056－1999)相关规定进行。

由进出水室测压管读数差值除以渗径长度 L 求得试验比降，即 $I=(H_1-H_2)/L$。由测得的流出水量 G 除以对应时间 t 和试样断面面积 F 求得渗透流速 V。各试样在每级比降下均可以由渗透流速与试验比降的比值求得渗透性数值，即 $K=V/I$。根据尚未发生渗透变形的各级试验比降下渗透系数的平均值确定试样的渗透系数。根据记录的温度，将测得的试样渗透系数统一修正为 20 ℃时的渗透系数值。表 2.1-2 为试验成果统计表，其中的渗透系数和破坏比降系平行试验成果的变化范围。试样分组编号中 L，R 分别代表平硐左右侧，D 表示扰动样。

表 2.1-2　　　　　　　　　　扰动样渗透变形试验成果统计表

试验分组编号	试样干密度(g·cm^{-3})	渗透系数(cm·s^{-1})	破坏比降
F41—LD1	1.72	$1.6\times10^{-4}\sim1.9\times10^{-4}$	2.9~4.3
F41—LD2		$1.1\times10^{-4}\sim1.4\times10^{-4}$	2.3~2.6
F41—RD1		$4.1\times10^{-4}\sim4.4\times10^{-4}$	2.5~2.8
F41—RD2		$3.7\times10^{-4}\sim4.1\times10^{-4}$	1.4~2.8
F42—LD1	1.70	$4.8\times10^{-4}\sim7.7\times10^{-4}$	3.6~4.4
F42—LD2		$2.9\times10^{-4}\sim5.0\times10^{-4}$	1.8~3.0
F42—LD3	1.69	$9.1\times10^{-4}\sim9.9\times10^{-4}$	2.7~3.1
F42—RD1		$5.4\times10^{-4}\sim5.9\times10^{-4}$	1.7~2.4

图 2.1-3 为 F41 断层 2 个试样的比降与流速关系曲线，即 $J—V$ 曲线。其他扰动样试验曲线与此类

似,限于篇幅不一一给出。试样均在升到一定比降后突然破坏,具有典型的流土破坏特征,取试样破坏之前一级的试验比降为破坏比降值。

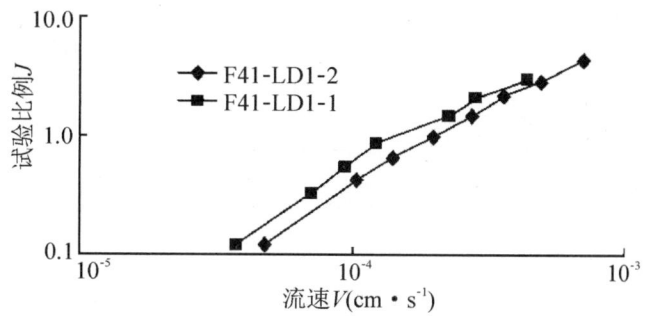

图 2.1-3　F41－LD1 组扰动样的比降与流速关系曲线

平行试样之间的渗透系数有较好的一致性。所有试样的渗透系数都在 10^{-4} cm/s 量级。相对而言,F41 断层取自平洞左侧比取自右侧的试样的渗透系数要小;F41 断层试样的渗透系数比 F42 断层的略小,这与颗粒分析反映的试样级配规律一致,也就是级配偏粗的试样渗透系数较大。试样密度对渗透系数的影响不明显。

根据上述扰动样的试验成果取渗透系数平均值,F41 断层试样为 2.8×10^{-4} cm/s,F42 断层试样为 6.3×10^{-4} cm/s;为保障工程安全,破坏比降宜取试验值中的小值,即,F41 断层试样取 1.4,F42 断层试样取 1.7。

3.2.2　原状样的渗透变形试验成果

原状样取自坝址左岸 9 号平硐及 13 号平硐中的 F41 和 F42 断层带。断层带物质主要为碎粉岩、碎裂岩及断层泥化物。现场取样采用人工凿挖方法。试样尽量按照方形凿挖。由于断层带比较破碎,且与上下盘岩石接触,试样很难精确控制为统一尺寸,只是尽量按照 20~30cm 边长控制。试样一经取出后立即进行地质描述,并及时对试样的顶、底面和 2 个侧面涂上水泥砂浆。按照顺层面开展渗透变形试验的要求,对试样的上下游两面不涂水泥,仅用塑料布包裹,装箱运至现场临时实验室进行试验。在工程营地设立的临时实验室进行原状样试验,最大限度地避免了运输过程中颠簸、振动、释水等对试样的扰动。

对 F41,F42 断层共取了 20 个原状样,包括 9 号平硐的 16 个和 13 号平硐的 4 个。对每个取样点及试样均拍照留存,以供参考。

9 号平硐中断层带较宽,13 号平硐中断层带略窄,均风化严重,松散。F41 断层带呈黄色,F42 断层带呈白色(见图 2.1-2)。断层带大部分为散粒体,其中含有较多团块,部分团块用手捻即破碎;部分团块中含有相对坚硬的石块,密度相对较大。

测量试样过水断面的尺寸,计算过水断面面积。有的试样基本上为断层带,有的试样则包括了上盘或者下盘岩石。过水断面为整个试样面积,所以不同试样之间渗透系数的差别与基本上不透水的岩盘所占面积有关,这影响了其可比性,但是各试样渗透系数在不同试验比降下的变化,可作为分析和判断渗透变形发生及发展过程及渗透破坏发生的依据之一。

原状样试验参照《土工试验规程》(SL237－056－1999)相关规定进行,因是原状样,故对试验现象观察更加仔细。试验容器在现场用水泥浇筑而成,试验水流顺断层带方向,出口不加保护。

试验前均在低水头(比降 $J<0.1$)下,先对试样充分饱和 1 d 以上,待试样下游面湿润或有水流出,表明试样已充分饱和,再逐级提升水头进行试验,观察和描述该级水头下的试验现象。在渗流量达到基本稳定且无颗粒脱落的情况下,提升至更高一级水头。渗透比降和渗透系数确定方法同上节。

当试验 J—V 曲线斜率开始变化,并观察到细颗粒开始跳动或者被水流带出时,认为试样已经发生了渗透变形,取对应的比降与前一级试验比降的平均值为临界比降。当颗粒大量流失且土体结构彻底破坏时,即判断试样已经发生渗透破坏,取前一级试验比降为试样的破坏比降。表 2.1-3 和 2.1-4 分别为 F41,F42 断层原状样渗透变形试验成果。试验编号中的字母代号意义同前,只是增加了代表取样平硐的数字代号,9 即取自 9 号平硐,13 即取自 13 号平硐。

表 2.1-3　　　　　　　　　　F41 断层带原状样渗透变形试验成果表

试样编号	临界比降	破坏比降	渗透系数($cm \cdot s^{-1}$)	破坏形式	试样简述
F41—9LU—1	1.4	9.9	2.8×10^{-5}	局部流土	断层带
F41—9LU—2	1.2	6.7	1.4×10^{-4}		
F41—9RU—1	1.0	6.6	3.2×10^{-3}		
F41—9RU—2	2.6	6.8	1.2×10^{-4}		
F41—9LU—3	2.5	5.9	4.1×10^{-4}	接触冲刷	断层带与上盘接触
F41—9LU—4	3.6	8.0	8.6×10^{-4}		断层带与下盘接触
F41—9RU—3	—	9.8	6.0×10^{-4}		断层带与上盘接触
F41—9RU—4	—	>8.7	2.6×10^{-4}	—	断层带与下盘接触
F41—13U—1	2.9	7.4	4.6×10^{-3}	接触冲刷	断层带与下盘接触
F41—13U—2	—	7.1	1.9×10^{-2}		

表 2.1-4　　　　　　　　　　F42 断层带原状样渗透变形试验成果表

试样编号	临界比降	破坏比降	渗透系数/($cm \cdot s^{-1}$)	破坏形式	试样简述
F42—9LU—1	1.0	4.9	1.4×10^{-3}	局部流土	断层带
F42—9LU—2	—	4.6	2.9×10^{-3}		
F42—9RU—1	1.0	4.0	5.5×10^{-3}		
F42—9RU—2	3.4	9.5	6.1×10^{-4}		
F42—9LU—3	—	10.5	3.4×10^{-3}	接触冲刷	断层带与上盘接触
F42—9LU—4	—	10.5	9.5×10^{-3}		
F42—9RU—3	—	12.5	6.4×10^{-3}		
F42—9RU—4	1.1	>2.1	1.4×10^{-3}	—	
F42—13U—1	2.2	4.4	4.4×10^{-3}	局部流土	断层带与下盘接触
F42—13U—2	1.2	2.1	3.4×10^{-3}		

试验中发生的渗透变形多为接触冲刷。试样中存在的裂隙,或者断层带与上下岩盘的接触缝在较高比降下成为集中渗流通道,集中水流以较大的流速冲刷其附近的碎裂和泥化物质,并带出下游面。有的试样中接触冲刷过程不断发展,直至试样完全破坏,称为接触冲刷破坏。有的试样是接触冲刷发展到一定程度时,由于扩口作用使得碎裂或泥化带失去约束,从而发生流土破坏,称为局部流土破坏。图 2.1-4 为试验后 F41—9RU—4 试样的照片,显示了冲刷破坏后的典型

图 2.1-4　试验后 F41—9RU—4 试样的照片

特征。

本次试验中观察到,部分试验发生了细颗粒被水流带出,甚至出现明显的浑水现象,也有部分试验虽然没有上述现象,但在渗流出口的试样表面观察到了裂隙扩张和集中渗流现象。对渗透变形现象进行仔细分析后,确定按以下原则排除渗透变形的假象。

（1）考虑到试样下游表面无约束,随着试验比降的上升,表面的裂隙可能发生扩张,并成为集中渗流通道,但如果没有伴随着细颗粒的流出和出浑水现象,$J-V$ 曲线斜率（也就是渗透系数）没有明显变化,就说明裂隙的张开仅限于表面,并没有影响到试样内部结构,不判断为渗透变形;

（2）$J-V$ 曲线上孤立试验数据点发生斜率变化,而后连续几级比降的 $J-V$ 曲线又回复到原来的斜率,且没有伴随着细颗粒的流出出现浑水现象,这说明该孤立点的成果可能受到温度、气泡等其他因素的影响,不认为试验达到了临界比降;

（3）个别试样下游面局部出现浑水,而后水变清,在随后的多级比降下没有出现浑水,且 $J-V$ 曲线斜率没有变化,认为其主要原因是试样表面的局部扰动、松动,而不是试样结构的变化,不判断为渗透变形。

以 F41－9LU－1 和 F41－9LU－2 试样为例介绍试验现象及临界比降和破坏比降的确定。图2.1-5 为其 $J-V$ 曲线。

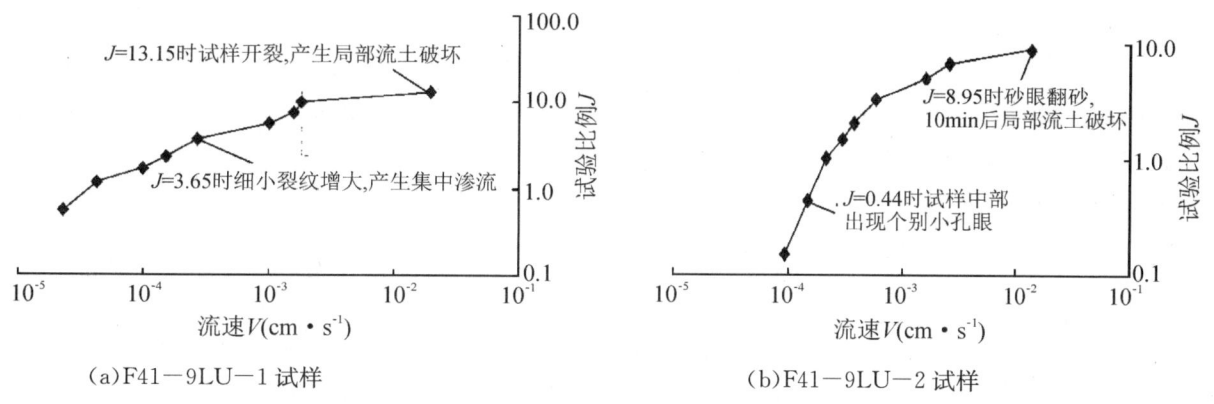

(a) F41－9LU－1 试样　　　　　　(b) F41－9LU－2 试样

图 2.1-5　F41－9LU－1 和 F41－9LU－2 的比降与流速关系曲线

F41－9LU－1 试验中,$J-V$ 曲线斜率在 $J=1.71$ 处已经向右偏转,说明渗透系数增大,而后呈现分段增大的趋势,取比降为 1.71 和前一级试验比降 1.18 的平均值 1.4 作为临界比降。当 $J=3.65$ 时发现细小裂纹增大,产生明显的集中渗流现象,说明渗透变形在发展,但是试样仍然能够承受更高的试验比降。试验比降增大至 $J=13.15$ 时,试样开裂,发生局部流土破坏。取前一级试验比降 9.9 为破坏比降。

F41－9LU－2 试验中,$J=0.44$ 时试样中部出现个别小孔眼,但 $J-V$ 曲线并没有发生右拐,也没有翻砂和出浑水现象,不判断为变形;当 $J=1.48$ 时 $J-V$ 曲线已向右偏转,说明渗透系数增大,取 1.48 与前一级试验比降 1.0 的平均值 1.2 作为临界比降。此后渗透系数呈现逐级增大的趋势,说明渗透变形在继续发展。当 $J=8.95$ 时出现翻砂现象,10min 后发生局部流土破坏,取前一级试验比降 6.7 为破坏比降。

表 2.1-3 和 2.1-4 中 7 个试验没有明显的变形现象,没有得出临界比降;其中 2 个试验由于仪器漏水而没有达到破坏比降,可以判断试样的破坏比降大于最大试验比降。从渗透性、扰动样的颗粒组成判断,断层带物质的泥化程度不高,这就决定了断层带原状样有明显的结构特性和非均匀性,在较低的比降下试样就开始发生接触冲刷变形,但是试样仍然可以承受较高的比降,直至发生破坏,使得破坏比降与临界

比降之间差值较大。

根据原状样试验成果,偏于安全考虑,断层带的临界比降和破坏比降宜取小值。这样,F41和F42断层原状样临界比降均取为1.0;破坏比降可分别取5.9和2.1。

3.3 试验方法与成果应用原则的讨论

岩石软弱夹层渗透变形特性受其物质组成、力学性质、水理性质和风化程度等诸多因素影响,临界比降和破坏比降等没有可供广泛参考的成果,需要通过试验确定。结合上述试验工作及以往其他工程的研究工作,对岩石软弱夹层渗透变形特性试验方法及成果应用原则探讨如下。

3.3.1 实验室渗透变形试验特点

实验室开展的岩石软弱夹层渗透变形试验中,理论上流线互相平行,属于均匀流试验。岩石软弱夹层具有结构性,采用扰动样试验时,破坏了原有的内部结构,一般没有渐进的渗透变形过程,而是在较高的渗透比降下发生流土破坏,如上述第3.2.1节中试验的破坏比降都在1.4以上,渗透系数的差异也在一个量级之内。这正反映了重塑样的特点,与一般土样很相似,而与岩石软弱夹层的真实特性相差较远。故扰动样试验成果只能供夹层特性及其处理方案初步研究时参考。

原状样试验和现场原位试验可以最大限度地保持岩石软弱夹层的结构特征。不过也正是结构性的存在,使得试验成果比较分散,更难以开展不同工程之间试验成果的对比和参照[5]。原状样也无法避免试样从岩体中凿挖出来后遭受的卸载作用。

岩石软弱夹层原状样试验的关键是使试样保持岩石软弱夹层的结构特征。一般地,取样条件都很简陋,目前没有可供选用的机具,只得依靠熟练工人手工凿取,所以取样是最关键的一环,并在试样包装与运输过程中防止振动,或密封不严而导致试样失水、进一步风化,或改变试样的裂隙状况。在工程现场临时建实验室是可取之举。

3.3.2 现场原位渗透变形试验特点

现场原位试验除避免对试样的扰动外,还可以开展大尺寸试样的试验,提高试样的代表性。

但原状样试验结果较离散,且与扰动样试样明显不同,原状样在较低的比降下就可能发生变形,而破坏比降则明显高于扰动样。这恰恰反映了断层带具有的明显的结构性及不均一特征。所以原状样的成果比扰动样的成果更加真实。但岩石软弱夹层原状样室内试验目前没有相应的规程,可适当参考《土工试验规程》(SL237-056-1999)的相关规定进行。

仿照实验室试验原理进行原位试验时,为了使渗透水流尽可能为均匀流,需要将试样与周围环境隔离,而且渗流入口均匀进水。最理想的做法是在垂直于层面的四边凿挖成槽,并将顺渗径方向的槽回填不透水材料,形成隔水边界;垂直渗径的2个槽分别作为供水边界和观测面。试样制备可能需要开挖辅助洞,一般只能靠人工凿挖,工作量和操作难度大,使得现场试验准备过程较长。现场试验需要设置临时供水系统,以便为试验提供足够的供水流量和水压力,试样尺寸越大则要求提供的供水压力和流量越大。考虑到试样饱和过程及逐级比降试验达到稳定流需要的时间,对供水系统的持续稳定性要求也较高。

高坝洲水电站[11]和向家坝水电站[12]的现场原位试验中,仅靠平硐一侧制作了隔水边界,成为顺渗径方向的流面;没有将试样靠山体一侧与山体隔离,靠山体一侧就成为开放条件,水流不仅向试件下游观测面流道,还会有侧向运动,这就不是均匀流试验,而是相对复杂的非均匀流试验。这二者都出现了模型侧壁漏水的情况,说明了现场原位试验的不易。

一些工程采用了钻孔供水的方法进行现场原位试验,如彭水水电站、向家坝水电站等。彭水水电站原位试验比较了排孔、单孔和槽孔供水方法,单孔供水难以形成均匀流条件,试验效果不好[8]。在供水孔较密集、试样尺寸足够大的条件下,排孔供水试验才可以在一定范围内形成较为接近均匀流的条件。向家坝水电站采用单孔供水,布置了4个观测孔,采用了钻孔电视观察试验现象[12]。毫无疑问,这些钻孔供水的原位试验中,流态及流场和渗透比降分布复杂,难以确定试样的过流断面,只有通过水压力和流量时程线的对比来分析判断渗透变形的发生和发展过程,以及渗透破坏的发生。

应该指出的是,现场原位试验的可控性和试验精度低于实验室试验,更难于观察和发现渗透变形的发生和发展过程。其试验难度大,控制环节多,而且失败的风险更大,所以,一般只会对重要工程中关键部位附近性状很差的夹层,才开展现场原位试验工作,并应安排足够的工作周期。

3.3.3 完善试验研究方法和成果运用原则的讨论

(1)增加细观研究,促进渗透变形机制的认识

岩石软弱夹层的典型特征是非均匀性,不仅夹层与围岩之间的接触完整性、坚硬程度和物质组成差别很大,就是夹层内部也会因为各种原生和次生作用而具有结构的非均一性,故其渗透变形机制很复杂,且与土体的渗透变形机制不同,典型的是接触冲刷更加常见。

岩石软弱夹层渗透变形试验中,主要采用直接观察和间接分析法来判断渗透变形和渗透破坏[13]。间接分析包括水压力与流量观测值的关系分析,以及基于这些测值计算出的渗透比降与渗透流速或渗透系数的关系分析,由这些关系的趋势变化,判断渗透变形和渗透破坏的发生。这种间接分析法属于宏观研究方法。岩石软弱夹层渗透变形试验中,目前直接观察的主要是试样在渗流出口断面的变形现象,水流浑浊状况及其变化,以及水流带出的颗粒组成等。这样的观察不够直接。故在试验结束后可拆开试样,直接观察渗透变形和破坏的结果,应注意防止拆样时对试样结构的破坏。

对岩石软弱夹层的矿物、化学组成及微观结构的研究属于微观层面,其成果可解释上述间接分析和直接观察得到的渗透变形现象,但这种解释属于逻辑推理,直接将微观与宏观相联系,缺少了中间的细观层面的研究,使得对于渗透变形机制的认识难以深化。

计算机控制X射线断层分析技术(简称CT)可以做到无损检测和多层面扫描[14],对于岩石软弱夹层这样结构性强、易于扰动的试样,是开展细观结构研究的有效手段。渗透变形之前和渗透破坏之后,以及渗透变形过程中获取的CT扫描成果,能够反映试样细部结构的变化过程,实现对渗透变形过程的直接观察,对渗透变形机制的分析研究应大有裨益。

(2)借助数值模拟提高原位试验水平

如上所述,现场原位开展的岩石软弱夹层渗透变形试验,当未能形成均匀流的边界条件,尤其是当采用钻孔供水时,流场分布及其变化过程属非均匀流试验,不能简单地按照均匀流分析计算流速和渗透比降,并且也难以获得适应于边界条件和试验过程的解析解。将数值模拟与模型试验相结合可以有效提高渗透变形试验技术水平和成果质量。

首先,数值模拟可以帮助开展原位试验的设计,包括试件尺寸的确定,模型边界的设置、试验过程的设计、监测点和监测剖面的布置等。试验过程中,通过反馈分析可以完善数值模拟,同时数值模拟还可以预测试验的趋势变化。将数值模拟与原位试验结果结合起来,可以更好地分析试验过程中流场的分布及其变化规律,针对流场的分布可以计算指定渗径上的局部比降或者全程平均比降,以及相应的渗透流速和渗透系数,由渗透系数的变化分析、判断渗透变形的发生和发展过程,判断试样发生的渗透破坏。

3.3.4 针对性的允许比降取值原则

允许比降是将渗透变形试验获得的临界比降或者破坏比降除以安全系数所得的数值,是工程设计中评价和保证渗透稳定性的重要依据。可见允许比降值不仅取决于试验成果,还取决于安全系数。在工程勘察设计的早期阶段,也许还没能确定岩石软弱夹层与工程布置和具体建筑物之间的关系,只能依据统

一的安全系数确定工程范围内岩石软弱夹层的允许比降。随着设计工作的深入,应该可以根据岩石软弱夹层所处的部位,以及对工程安全的影响,有针对性地确定安全系数。例如,同一条岩石软弱夹层,在辅助性的工程地基,或者在坝后边坡上存在,与在主体工程地基中存在相比,发生渗透变形后的危害要小,故安全系数可适当降低。

岩石软弱夹层扰动样,其性质接近于土样,可以采用土样的试验方法进行试验,并按照土样的原则确定允许比降值,也就是用临界比降除以安全系数得到允许比降;当不存在临界比降时,用破坏比降除以安全系数得到允许比降。

岩石软弱夹层原状样试验结果中,如果临界比降很低,而破坏比降较大时,如何确定允许比降就变成了一个很敏感的问题。用临界比降除以安全系数所得到的允许比降很小,会大大增加岩石软弱夹层处理的难度和工程量,并可能影响到工程布置和重要工程设计方案的确定。这种条件下,结合渗透变形类型及其机制,分析临界比降至破坏比降之间渗透变形的发展规律和危害性就显得很重要。

以上述3.2节原状样试验成果为例,分析认为渗透变形多为接触冲刷,渗透破坏为局部流土或者接触冲刷。接触冲刷形成的主要原因是试样中存在的裂隙,以及裂隙附近碎裂和泥化程度的差异。从渗透性和颗粒组成判断,断层带物质的泥化程度不高,这就决定了断层带原状样有明显的结构特性和非均匀性,在较低的比降下,试样开始发生接触冲刷变形,但此时试样仍可承受较高的比降,直至发生破坏,使得破坏比降与临界比降之间差值较大。根据这些渗透变形特性,考虑到发生接触冲刷变形后,试样仍可在一定比降范围内承受水头损失,故也可以将破坏比降除以安全系数作为允许比降,只是依此确定的允许比降如果大于临界比降,且当反滤保护效果不好时,不排除断层带在较低的渗透比降下发生接触冲刷变形和出浑水的现象,但只要没有超过允许比降,就不一定引起断层带的严重结构破坏。相反,如果以较低的临界比降除以安全系数来确定允许比降,则工程的安全度就较高。也就是说,工程设计中采用不同的取值,工程就对应着不同的风险,工程运行和维护中应该了解设计意图和工程风险状况,以便出现渗透变形现象时能做出正确的判断,并采取适当的对策。

4 土的渗透及渗透变形特性研究(以水布垭面板堆石坝为例)

土的渗透及渗透变形特性研究内容在本书其他章节已有所反映,例如第一篇第2章,第三篇第6章,以及相关实际工程的章节。本节主要介绍水布垭面板堆石坝填料的试验研究工作,从一个侧面反映土的渗透、渗透变形和反滤试验研究的方法和成果。这些研究得到了国家自然科学基金资助。

水布垭水电站大坝曾纳入比选的坝型,包括当地材料坝和混凝土坝[15]。根据地形地质条件确定当地材料坝后,通过高土石坝关键技术研究,比较了混凝土面板堆石坝和心墙坝方案,在确认两者均可行的基础上,考虑到工期较短、投资较省和发电投产较早三方面的优势,选取了混凝土面板堆石坝方案[16]。

4.1 垫层料的渗透与渗透变形特性研究

在水布垭混凝土面板堆石坝的坝体渗流控制体系中,面板是主防渗体,坝体填筑分区也各自要承担渗流控制作用,且相邻分区之间要满足合理的水力过渡关系[17],其中垫层的作用尤为重要。

水布垭大坝坝高达233m,是当时世界上最高的面板堆石坝。大坝对包括垫层在内的每个设计环节都要求很严,为此投入了大量的试验研究工作。垫层按半透水要求设计,功能包括:为面板提供均匀、平整的支撑面,避免面板产生应力集中;当面板和接缝间万一漏水时,可限制入渗流量;对随渗透水流带入的泥沙有反滤作用,将泥沙截流在渗透通道中,以促进缝隙的自愈。相应的垫层料级配和材料性质要求为:有足够多的细料含量(<5mm的颗粒含量),并具有连续级配和低含泥量,从而具有内部结构稳定性、

比较低的渗透性、低压缩性、高抗剪强度和良好的施工特性[17]。

在上述功能要求中,垫层料的渗透性和渗透变形特性占有重要的位置[18]。大坝的渗流场分析研究表明,对各填筑分区渗透稳定性的控制工况是,面板局部破损或大面积失效的工况,而且在这些控制工况下,垫层内的水流将主要为水平流向[19],所以垫层料在水平渗流作用下的渗透与渗透变形特性应该是关注的重点。

长江勘测规划设计研究院基于天生桥一级水电站面板堆石坝垫层实际填筑的级配提出了水布垭大坝垫层试验研究的级配线(图2.1-6)。针对图中的上下包线分别开展了水平和垂直渗透变形试验。采用2.2g/cm³和2.3g/cm³的干密度进行了对比试验[20]。

垫层料渗透系数试验结果:上包线干密度为2.30g/cm³条件下,渗透系数为$1×10^{-5}\sim 3×10^{-4}$cm/s;干密度为2.20g/cm³条件下,渗透系数为$4×10^{-5}\sim 7×10^{-4}$cm/s。下包线干密度为2.30g/cm³条件下,渗透系数为$3×10^{-4}\sim 7×10^{-4}$cm/s,干密度为2.20g/cm³条件下,为$1×10^{-4}\sim 9×10^{-3}$cm/s。水平渗透系数和垂直渗透系数之间差别的规律性不明显。级配和密度对渗透性的影响有一定的趋势,即下包线和低密度时渗透性偏高。即使在同一级配和密度下,试样的渗透系数仍然有一定的变化,不过,根据已建工程的经验,其变化范围是可以接受的,只是在分析坝体渗流场和水力过渡合理性时要充分考虑垫层渗透系数的变化范围。

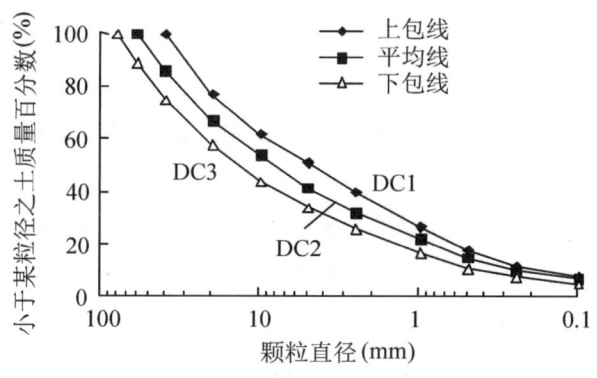

图2.1-6 垫层料设计级配

垫层料上包线的渗透破坏形式均为局部流土,干密度为2.30g/cm³和2.20g/cm³条件下的临界比降很相近,为4.5～6.0,破坏比降为14～23。下包线在干密度为2.30 g/cm³时渗透破坏形式为局部流土,临界比降为5.0～6.0,破坏比降为24～27;在干密度为2.20 g/cm³时渗透破坏形式为管涌,临界比降为2.5～4.0,破坏比降为16～22。

在级配较粗和密度较低情况下的垫层料渗透破坏形式会演变为过渡型,甚至管涌型,这显示其内部结构欠稳定。长江科学院和昆明勘测设计院都开展了初步的反滤试验,说明垫层料在反滤料的保护下能够承受工程运行中可能出现的最大比降,并保持结构的稳定。

基于工程经验和试验研究成果,设计确定的垫层料要求见表2.1-5。

表2.1-5 垫层料设计级配和碾压参数表

干密度(g/cm³)	孔隙率(%)	级配要求(%)			碾压分层厚度(cm)	渗透系数(cm/s)
		d_{max}/mm	<5mm	<0.1mm		
2.25	17.0	80	35～50	4～7	40	$10^{-2}\sim 10^{-4}$

水布垭大坝施工设计阶段,垫层料料场的复核试验内容包括级配、密度等物理性质、变形特性以及渗透与渗透变形特性。以下主要介绍室内渗透与渗透变形试验研究及其成果。

大坝初期施工检测的级配与设计级配差别不大。试样级配仍采用图2.1-6中的上包线、平均线和下包线(以下分别用代号DC1、DC2、DC3表示),装填密度分别选择初期施工检测取得的最大值、平均值和最小值2.3 g/cm³、2.25 g/cm³、2.16g/cm³。

试验规程规定,试验模型截面直径或边长应该不小于试样粒径特征值D_{85}的4~6倍。图2.1-6中3条级配线对应的D_{85}分别为26.8mm、38.9mm和54.3mm。直径为300mm(以下简称Φ300型)垂直渗透仪可以满足要求,但是260型水平渗透仪(过水断面长260mm,高200mm)偏小,故除了采用260型仪器进行试验外,还首次采用600mm×600mm×900mm(过水断面长、高均为600mm,以下简称600型)水平渗透仪进行了试验,以满足规范要求。

垂直渗透试验的水流方向为从下向上,水流通过多孔透水板向上进入试样。试样下游面在上,表面无支撑和防护,便于观察试验现象,淹没出流。水平试验水流也是通过多孔透水板进入试样,试样下游面直立,依靠多孔透水板支撑,透水板的开孔率为20%(260型和600型渗透仪多孔板开孔直径分别为1.0cm和1.5cm)。出水室溢水口略高于试样顶面,使试样全断面过流。试验过程中可以观察水流清澈程度和出水室中有无试样颗粒沉淀。在遵照试验规程的同时,为了解决试样与渗透仪边壁接触问题,选择了水泥护壁的方法克服仪器边壁效应。在试样装填前,先在渗透仪内壁涂上水泥,然后将事先制备好的试样按相应的密度,分层装填在渗透仪中。试样装填好并待水泥初步凝固后,进行试样饱和。在Φ300型垂直渗透仪及260型水平渗透仪中,等分2层装样;在600型水平渗透仪中,等分3层装样。各层均用表面振动器振动击实。

试样饱和程度对渗透试验成果有直接影响。装好试样后,采用充分曝气后的水供水,水由仪器底部向上渗入,使试样缓慢饱和,以完全排除试样中的空气。

试样充分饱和后开始试验。反复测量每级比降下的流量,并观察描述该级水头下的试验现象。每次升高水头后,测记测压管水位,若连续3次测值基本稳定,又无异常现象发生,即可提升至下一级水头。试验过程中,当试样中的细粒在渗透力作用下由静态转为运动时,说明土体内部结构发生调整,试样渗透流速会相应发生突变,分析该比降下的异常情况,综合评价以确定临界比降;当出现极浑浊水流(黑水)、下游面崩塌或者隆起时,表明颗粒大量流失,且土体结构彻底破坏,该试验比降即为破坏比降。

垂直和水平渗透变形试验成果统计见表2.1-6—表2.1-8。垂直试验和260型水平渗透仪试验的部分$J-V$曲线见图2.1-7。同时将260型和600型水平渗透仪试验的$J-V$曲线对比画在图2.1-8中。渗透变形发生前,$J-V$曲线为一条直线,将该直线延伸至与$J=1$的水平线相交,交点对应的流速V就是渗透变形发生前的渗透系数值。当曲线开始向右偏转时,渗透系数增大,说明试样发生了渗透变形。当然,渗透变形临界比降还要密切结合试验过程中观察到的试验现象进行判定。

在大多数垂直渗透变形试验中,当渗透比降达到一定(临界比降)时,在试样的出口处都出现丝雾状浑水现象,表明试样中的极细颗粒(粉粒或黏粒)被渗透水流带出,此时对应的渗透比降定为临界比降。随着渗透比降的增加,丝雾状浑水现象变为一种团雾状浑水,当观测到试样中部表面抬升时,伴随有细颗粒的带出,判断此时的试样已经产生了渗透破坏,其破坏形式为过渡型。但下包线级配的垫层料在密度较低时,渗透破坏形式为管涌。管涌发生后,大量的细颗粒被带出,试样渗透系数急剧增加,垫层料原有的结构遭到破坏。

表 2.1-6　　　　　　　　　　　　垂直渗透变形试验成果统计表

试样级配	试样密度(g/cm³)	渗透系数(cm/s)	临界比降	破坏比降
上包线 DC1	2.16	$1.39\times10^{-3}\sim1.40\times10^{-3}$	0.7～1.4	2.5
	2.25	$2.13\times10^{-5}\sim2.08\times10^{-4}$	1.0～1.3	2.5～3.5
平均线 DC2	2.16	$1.86\times10^{-2}\sim3.13\times10^{-2}$	0.7～0.8	2.0～2.5
	2.25	$1.09\times10^{-3}\sim8.13\times10^{-3}$	0.8	2.0～3.7
下包线 DC3	2.16	$8.58\times10^{-2}\sim9.05\times10^{-2}$	0.5～0.6	1.5～3.6
	2.25	$4.08\times10^{-3}\sim1.26\times10^{-2}$	0.8～1.3	2.5～3.0
	2.30	$1.02\times10^{-3}\sim3.06\times10^{-3}$	1.0	3.0

表 2.1-7　　　　　　　　　　　　260 型水平渗透仪试验成果统计表

试样级配	试样密度(g/cm³)	渗透系数(cm/s)	临界比降
上包线 DC1	2.16	1.21×10^{-3}	2.2
	2.25	$1.03\times10^{-4}\sim4.35\times10^{-3}$	1.8
平均线 DC2	2.16	$5.55\times10^{-3}\sim8.02\times10^{-3}$	1.1
下包线 DC3	2.16	$6.34\times10^{-3}\sim9.92\times10^{-3}$	1.5～1.8
	2.25	$7.99\times10^{-4}\sim3.01\times10^{-2}$	1.4～1.7
	2.30	7.17×10^{-3}	0.9

表 2.1-8　　　　　　　　　　　　600 型水平渗透仪试验成果统计表

试样级配	试样密度(g/cm³)	渗透系数(cm/s)	临界比降	破坏比降
上包线 DC1	2.25	2.24×10^{-2}	1.7	4.7
平均线 DC2	2.25	9.87×10^{-4}	2.9	20.6
下包线 DC3	2.25	1.84×10^{-1}	1.0	4.7

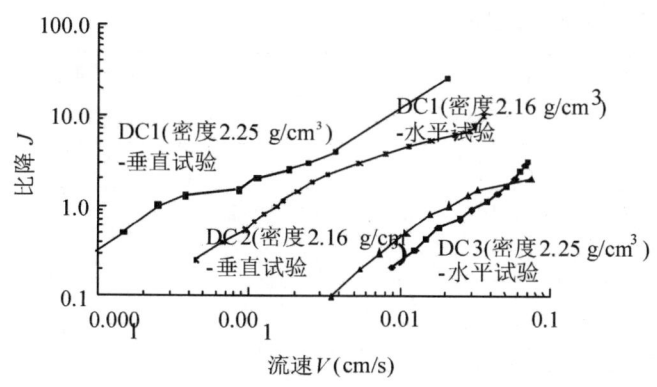

图 2.1-7　垫层料渗透变形试验 $J-V$ 曲线图

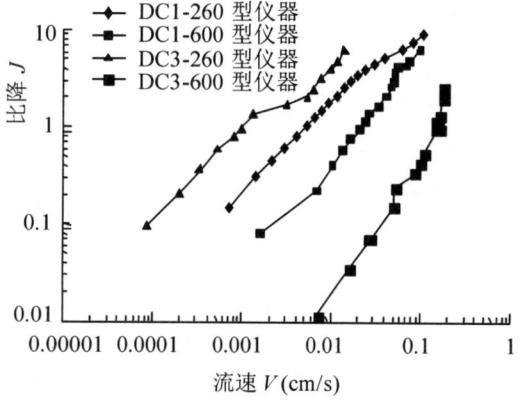

图 2.1-8　不同尺寸仪器水平渗透变形试验 $J-V$ 曲线比较图(密度为 2.25 g/cm³)

采用 260 型水平渗透仪进行的渗透变形试验中，没有观测到试样的破坏。从图 2.1-7 中 DC3 的 $J-V$ 曲线看，当渗透比降增加到临界比降后，流速反而降低，反映了试样中细颗粒的迁移，试样内部产生了一定程度的调整，故试样渗透性降低了。

采用600型水平渗透仪进行的试验中,当渗透比降达到一定值(1.0~2.9)时,在试样的出口处都出现微浑,同时观察到黑色灰岩粉末(粉粒或黏粒)被带出并漂浮在下游水面上,此时对应的渗透比降定为临界比降,而当达到破坏比降时,试样结构破坏,大量细粒被带出,表现为下游黑水翻滚、下游面崩塌。破坏形式为流土。

归纳垫层料的垂直渗透变形试验成果可以看出:垫层料的上包线、平均线和下包线的渗透系数依次增大(表2.1-6)。当填筑密度为2.16 g/cm³时,渗透系数从$1.39×10^{-3}$ cm/s增加到$9.05×10^{-2}$ cm/s,当填筑密度为2.25 g/cm³时,渗透系数从$2.13×10^{-5}$ cm/s增加到$1.26×10^{-2}$ cm/s。渗透变形形式多数为过渡型。但填筑密度相对较低的下包线级配,有的试验渗透变形为管涌,因此,垫层料的破坏形式与级配有关,也与填筑密度有关。临界比降为0.5~1.4,破坏比降为1.5~3.7。

垫层料的水平渗透变形试验成果也反映了相同规律,但与垂直渗透变形试验结果相比,规律性相对差一些(表2.1-7)。在试验过程中多数未观测到试样破坏现象。采用600型水平渗透仪试验得到的临界比降(表2.1-8)与采用260型渗透仪得到的结果相近,破坏比降为4.70~20.6。从相同级配和相同密度下渗透系数试验值的结果对比可见,260型渗透仪试验值偏小,这可能与仪器尺寸效应有关。相对来说,600型渗透仪的试验值更可靠些。

按垫层料级配进行统计,垫层料的渗透系数、临界比降、破坏比降以及破坏形式见表2.1-9。

试验密度对试验结果的影响总体上符合一般规律,即在级配相同的情况下,试样装填密度越大,渗透系数越小。例如,表2.1-6列出的垂直试验成果中,上包线的渗透系数在密度为2.16g/cm³时为10^{-3}cm/s量级,在密度为2.25g/cm³时为10^{-5}cm/s~10^{-4}cm/s量级;平均线的渗透系数在密度为2.16g/cm³时为$1.86×10^{-2}$~$3.13×10^{-2}$cm/s,在密度为2.25g/cm³时为$1.09×10^{-3}$~$8.13×10^{-3}$cm/s,渗透系数随着密度的增加,降低了一个量级。但是,随着密度的增加,试验取得的临界比降和破坏比降变化规律不明显。垫层料下包线呈现了相同的规律。

水平试验成果随密度的变化规律不如垂直渗透试验成果明显,尤其是下包线水平渗透变形试验结果规律性有些异常,可能是水平试验中试样装填和排气更难于控制的缘故。

表2.1-9　　　　　　　　　　　　垫层料按级配曲线统计结果表

试样级配	试验形式	填筑密度(g/cm³)	渗透系数(cm/s)	临界比降	破坏比降	破坏形式
上包线DC1	垂直	2.16~2.25	$2.13×10^{-5}$~$1.40×10^{-3}$	0.7~1.4	2.5~3.5	过渡形
平均线DC2	垂直	2.16~2.25	$1.09×10^{-3}$~$3.13×10^{-2}$	0.7~0.8	2.0~3.7	过渡形
下包线DC3	垂直	2.16~2.30	$1.02×10^{-3}$~$9.05×10^{-2}$	0.5~1.3	1.5~3.6	过渡形或管涌
上包线DC1	水平	2.16~2.25	$1.03×10^{-4}$~$2.24×10^{-2}$	1.7~2.2	4.7	流土
平均线DC2	水平	2.16~2.25	$9.87×10^{-4}$~$8.02×10^{-3}$	1.1~2.9	20.6	流土
下包线DC3	水平	2.16~2.30	$6.34×10^{-3}$~$1.84×10^{-1}$	0.9~1.8	4.7	流土

比较水平和垂直试验结果可以发现,水平渗透系数有大于垂直渗透系数的规律,水平临界比降、破坏比降试验值有大于垂直试验对应结果的趋势。原因可能包括:试样的装填方式使试样具有一定的各向异性;水平试验的水流方向与分层界面平行,水流阻力在同一渗径上分布更均匀,而垂直试验的水流方向与分界层面垂直,水流阻力沿着渗径会发生一定的变化,可能更容易引起渗透变形。临界比降、破坏比降水平试验值大于垂直试验值,这虽然与一般土的渗透变形特性不同,但水平试验的试样装填方式和水流方

向与面板堆石坝垫层的实际填筑和运行情况更为接近,所以其试验结果应该更能反映垫层的工程特性。

通过施工设计阶段垫层料的复核试验研究,可以得出如下结论。

(1)随着级配和密度的变化,垫层料渗透系数变化范围较大,而且按上包线、平均线、下包线的顺序渗透性增大的趋势较明显,总体上满足(10^{-4}~10^{-2})cm/s渗透系数的要求,下包线在较低的比降下渗透系数可达到10^{-1}cm/s量级,超越了设计限定的范围;临界比降和破坏比降随着级配和密度的变化没有明显的规律,但垂直试验的渗透变形为过渡型,且下包线在较低密度下渗透变形的型式可能为管涌型。因此,施工中严格控制填料级配和填筑密度是非常重要的。

(2)与垂直方向相比,垫层料水平方向的渗透系数、临界比降、破坏比降都较大,考虑到大坝垫层水平分层填筑及其中水流以水平运动为主的特点,水平试验成果比垂直试验成果更能反映垫层的实际状况。

(3)综合可行性研究阶段和施工设计阶段的研究成果,垫层料在一定的级配和密度下内部结构可能不稳定,这与面板堆石坝对垫层料的要求有出入。为此,要求施工中严格控制垫层料的级配和填筑密度,同时,还要求过渡料对垫层料能够起到反滤保护作用。笔者通过试验研究,说明了水布垭面板坝垫层料在过渡料的保护下可以安全承受极端不利条件下可能出现的最大比降,从而保障大坝垫层的渗透稳定,结果见4.3节。

(4)试验成果及时为施工设计提供了重要依据,并丰富了对水布垭大坝垫层料的认识。大坝施工检测取得的垫层料级配范围与试验依据的设计级配差别很小,基本上反映了垫层的实际渗透与渗透变形特性。

4.2 过渡料的渗透与渗透变形特性研究

J.B.Cook于1984年指出,现代堆石坝的设计和施工技术更多地依靠建设实践中的现场观测和运行的评价,而不是依靠理论和实验室试验,混凝土面板堆石坝尤其如此[21]。在中国,20世纪90年代建设的天生桥一级水电站大坝高达178m[22],直逼当时的世界水平。新建成的水布垭水电站大坝最大坝高233m[23],是当时世界上已经建成的最高混凝土面板堆石坝。

水布垭大坝的设计充分借鉴了混凝土面板堆石坝已建工程,尤其是天生桥一级大坝的经验,同时,围绕大坝分区及其填料的设计也开展了大量的试验研究工作,以下主要从渗流控制角度介绍过渡料设计要求的研究过程,以及对过渡料渗透变形特性的研究成果。

库克等[24]建议的现代面板坝分区包括了过渡区,它使坝体的压缩性及透水性从上游到下游有一个必要的过渡,保证垫层区材料不会被冲刷到主堆石区的大空隙中去。目前都要求过渡区除了对垫层和主堆石区的变形起过渡和协调作用外,还要起到渗流控制作用,即起排水和对垫层料的反滤保护作用。但是,库克对过渡料的具体设计没有做出任何建议。

为了确定水布垭大坝过渡料的料源,在设计阶段研究过茅口组灰岩爆破料和栖霞组硬质灰岩洞挖料,实际填筑料主要是茅口组灰岩爆破料,少部分系左岸溢洪道引水渠开挖料[25]。

长江设计院依据压实特性、压缩变形特性、抗剪强度与应力应变关系、破碎特性、渗透性及碾压参数比选试验研究成果,结合工程经验类比提出的过渡料级配要求中,对<5mm颗粒含量的要求更加严格,有上下限控制值[26]。在填料的实际爆破开采过程中发现爆破料的细料偏低,<5mm颗粒含量要求难以达到。在细料偏少的情况下,最大的担心是过渡料能否对垫层料起反滤作用,为此,长科院开展了相应的试验研究[27],为过渡料级配的优化设计提供了重要依据。

参照天生桥一级大坝实际填筑料级配,水布垭工程可研阶段确定的大坝过渡料试验研究级配上包线、平均线和下包线的 D_{85} 分别为 151.9mm、189.2mm 和 251.6mm。当时实验室的常规仪器尺寸最大直径为 30cm，不适用于过渡料的试验研究。为此，对原级配线进行级配替代，分别得到上包线、平均线和下包线的试样级配，开展了过渡料和垫层料之间的反滤试验研究[20]。试验表明，过渡料能够对垫层料起良好的反滤作用。但是，试样级配与原级配相比，细料含量有明显增加，但由不均匀系数 C_u 和曲率系数 C_c 判断，仍属于良好级配的土，只是不均匀系数已经发生显著变化。所以，试样的渗透与渗透变形特性不能完全代表原级配的特性。可见，克服仪器尺寸效应是粗粒料工程特性试验的一个难题。

粗粒料渗透变形的另一大困难在于一般的实验室无法满足大流量、高水头的供水供压条件，正因为如此，可研阶段没有针对过渡料开展渗透变形试验研究。鉴于过渡料渗流控制作用的重要性，在施工设计阶段进一步开展其渗透变形特性研究是非常必要的。

大坝一期填筑施工中过渡区抽检得到平均渗透系数为 4.9×10^{-2} cm/s，<0.1mm 颗粒含量的平均值为 2.8%，平均填筑含水率为 2.2%，平均填筑干密度为 2.23g/cm³，最大值为 2.28g/cm³，最小值为 2.17g/cm³。过渡料大部分检测级配在图 2.1-9 中的 GS2～GS4 之间，常规的 30cm 直径仪器不能满足要求。为了尽可能避免尺寸效应，特研制了新的垂直渗透仪和水平渗透仪，其尺寸为：

(1) Φ600 型垂直渗透仪：有效直径 600mm，最大可装填试样高度（渗径长度）为 900mm；

(2) Φ600 型水平渗透仪：过水断面有效尺寸为 600×600mm，渗径长度可达 900mm。

同时对实验室供水管路进行了改造，形成的供水系统可以为试验模型提供高达 100m 水头和 10l/s 的流量。以下主要介绍针对图 2.1-9 中四条级配线的渗透变形试验研究成果。

GS1 级配线是实际检测中出现的特例，其装填密度按现场检测结果取 2.24 g/cm³。级配曲线 GS2、GS3、GS4，分别进行 2.17，2.20，2.28g/cm³ 的垂直渗透变形试验。同时对 GS3 级配还分别在 2.17 和 2.28g/cm³ 的密度下开展了水平渗透变形试验。试验方案见表 2.1-10。按现有试验规程的仪器尺寸要求，Φ600 型垂直渗透仪和 600 型水平渗透仪要求试样的 D_{85} 不应该超过 150mm。表 2.1-10 中绝大多数试验方案都满足了仪器尺寸的要求，只是 GS4 级配相对于 D_{85} 仍有 22.35% 的超径颗粒，仪器尺寸偏小，其成果仅供参考。

针对 GS3 级配进行了 3 组粒径替代处理后的试验，密度为 2.20g/cm³。其中 2 组以 60～80mm 粒径颗粒替代粒径 80mm 以上颗粒含量（21%），级配不均匀系数仍维持全级配的 11.3；1 组为全替代，将 80mm 以上颗粒含量在 0.5～80mm 之间的粒径组分摊后进行试验，不均匀系数变为 14.9（见图 2.1-10）。通过替代前后试验成果的对比，试图说明级配替代对试验成果的影响。

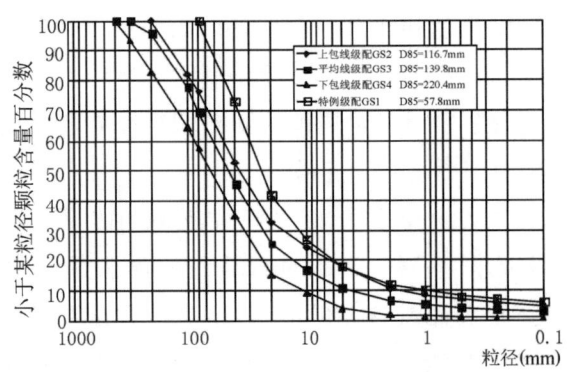

图 2.1-9　过渡区一期填筑料特征级配曲线

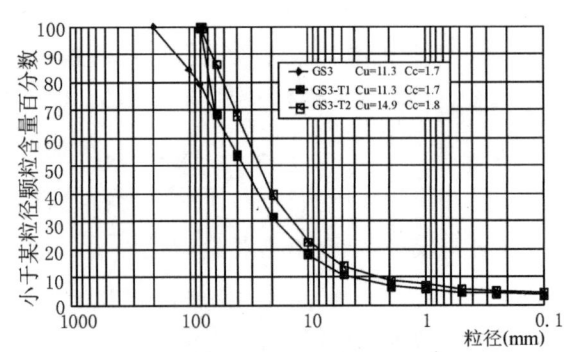

图 2.1-10　GS3 级配替代曲线

表 2.1-10 过渡料渗透变形试验方案表

级配曲线	试样装填密度(g/cm³)			试验量(组)	
				垂直	水平
GS1	2.24	/	/	1	/
GS2	/	2.2	2.28	2	/
GS3	2.17	2.2	2.28	3	2
GS4	2.17	2.2	2.28	1	/
GS3 替代级配	2.20	/	/	3	/

垂直渗透试验的水流通过多孔透水板向上进入试样。试样下游面在上,表面无支撑和防护,便于观察试验现象,淹没出流。水平试验水流也是通过多孔透水板进入试样,试样下游面直立,依靠多孔透水板支撑,多孔板开孔直径为 1.5cm,开孔率为 20%。出水室溢水口略高于试样顶面,使试样全断面过流。试验过程中可以密切观察水流清澈程度和出水室中有无试样颗粒沉淀。除了仪器尺寸不同外,试验及成果分析与取值方法同上述的垫层料。

过渡料渗透变形试验成果见表 2.1-11。部分试验的 $J-V$ 曲线见图 2.1-11。渗透变形发生前,$J-V$ 曲线为一条直线。当曲线开始向右偏转时,渗透系数增大,说明试样发生了渗透变形。渗透变形临界比降还要密切结合试验过程中观察到的现象判定。当曲线向左偏转时,渗透系数减小,说明试样内部颗粒发生迁移造成了淤塞。曲线偶然转折后又恢复直线延伸的情况,很可能是由于试样中有气泡残留,堵塞了渗径上的部分孔隙。

表 2.1-11 过渡料渗透变形试验成果

试验序号	试样级配	密度(cm³/g)	试验形式	渗透系数(cm/s)	临界比降	破坏比降
1—1	GS1	2.24	垂直	1.95×10^{-2}	1.1	9.35
1—2				6.28×10^{-2}	1.2	5.35
2—1	GS2	2.2	垂直	8.87×10^{-2}	1.08	6.9
2—2		2.28		3.03×10^{-2}	0.95	3.29
3—1	GS3	2.17	垂直	9.36×10^{-1}	0.52	/
3—2			水平	1.81	0.55	/
3—3		2.2	垂直	8.24×10^{-1}	0.27	/
3—4		2.28	垂直	6.49×10^{-1}	0.62	/
3—5			水平	1.90	0.44	/
4—1	GS4	2.2	垂直	7.02×10^{-1}	/	/
4—2				4.98	0.27	/
5—1	GS3—T1	2.2	垂直	1.45	0.33	/
5—2				2.81	0.52	/
6—1	GS3—T2			5.38×10^{-1}	1.36	/

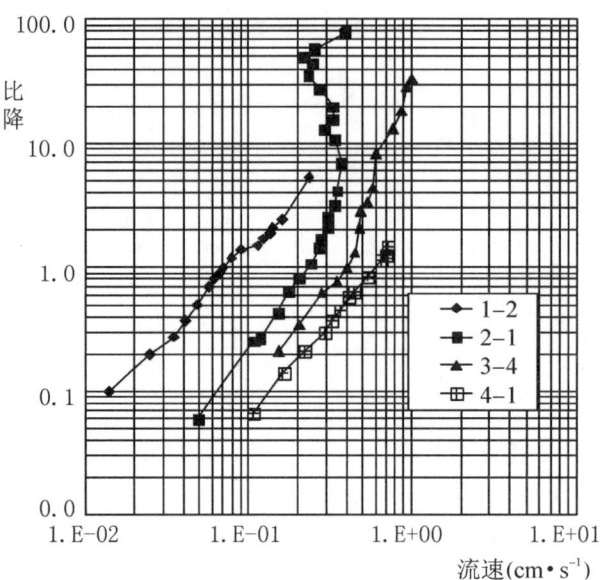

图 2.1-11　过渡料渗透变形试验 $J-V$ 曲线图

过渡料的特例（GS1），在渗透比降达到 1～2 时，有浑水产生，表明过渡料中产生了细颗粒的迁移，$J-V$ 曲线产生了左右摆动，而后随着渗透比降的增加，试验内部不断调整。以试验 1-1 为例（见表 2.1-11），当渗透比降达到临界比降时，有浑水流出，但试样骨架未动，当渗透比降达到 9.35 时，试样有抬动并产生局部流土。试样先产生细颗粒迁移后再产生流土，其破坏形式为过渡型。

对于过渡料上包线，进行了有无透水板支撑的垂直渗透变形对比试验，分别为试验 2-1 和试验 2-2（见表 2.1-11）。试验 2-1 的水流方向由上至下，目的是研究在透水板的支撑作用下，过渡料的最终变形和破坏趋势。试验从比降 1.08 以后，$J-V$ 曲线就开始左转，表明试样内部已经有颗粒迁移和调整；到 6.9 的比降时，水浑且明显可见细粒料流出，此后随着比降的上升，流量不升反降，在 80 的比降下更是有大量的细粒流出。此阶段试验结束后，再次由低到高地提升水头，进行了新一轮循环的渗透变形试验，过程与第一循环类似，只是 $J-V$ 曲线在高比降下左右摆动的频率和幅度减小，曲线更规则。最大比降升至 117 时，水极浑，大量细粒流出。拆样时发现试样的骨架没有明显变化，但是多孔透水板产生了变形。此试验表明，坝体的过渡区在经历比较高的比降时，有流失细粒料的可能性。会否进一步被击穿取决于主堆石料能否起保护作用。事实是在主堆石料的支持作用下，过渡料可以在很高的比降下仍然维持骨架的稳定。

试验 2-2 与垂直试验一样，水流方向为由下至上。从比降 0.95 以后，$J-V$ 曲线就开始左转，表明试样内部已经有颗粒迁移和调整；达到 3.29 的比降时曲线明显右拐，细粒料大量流失。比降最高升至 38.36，其间 $J-V$ 曲线随着试样中细颗粒被水流大量带出，间或有孔隙被淤塞造成的流速反而降低的现象。

对过渡料平均线进行了垂直和水平渗透变形试验，得到的垂直渗透系数为 $6.49 \times 10^{-1} \sim 9.36 \times 10^{-1}$ cm/s，临界比降为 0.27～0.62。试验 3-3 当渗透比降达到 1 左右时，曲线摆动，表明试样的部分颗粒在迁移和调整，但试样骨架仍然稳定。试验过程中都有细颗粒被带出，部分试样在边壁处贯穿，但都不影响过渡料骨架的稳定。水平渗透变形试验得到过渡料的渗透系数为 1.81～1.90cm/s，临界比降 0.44～0.55。在完成第一次提升水头的试验过程后，又进行过第二次试验，此时 $J-V$ 线摆动现象消失，表明在第一次提升水头过程中，试样中颗粒调整已经完成。由于渗透系数较大，实验室条件所限，试验的比降不足以使试样破坏。

过渡料的下包线只进行了一组试验,没有发现细颗粒被带出的现象,其 $J-V$ 曲线也没有摆动或偏转,在有限的渗透比降范围内,没有产生渗透变形,其渗透系数为 $7.02×10^{-1}$ cm/s。表 2.1-11 也列出了针对过渡料平均线 GS3 进行的粒径替代试验成果,$J-V$ 曲线见图 2.1-12。

可以看出,两种粒径替代试验的渗透系数范围和临界比降均与全级配样基本一致,且三种试样的 $J-V$ 曲线的形状也几乎相同。全级配样和部分替代样在试验过程中均未发生破坏,试验结果说明,由于被替代的颗粒不多,且没有改变不均匀系数和细粒部分的含量,故部分替代样与全级配样的渗透变形特性很相近。而全替代样在试验比降为 20.88 时产生破坏,破坏形式为流土,说明全替代样的渗透变形特性与全级配样有一定的差别。根据成果对比初步认为,在超径颗粒含量较少的情况下,宜用部分替代方法处理,并尽可能维持不均匀系数不变。

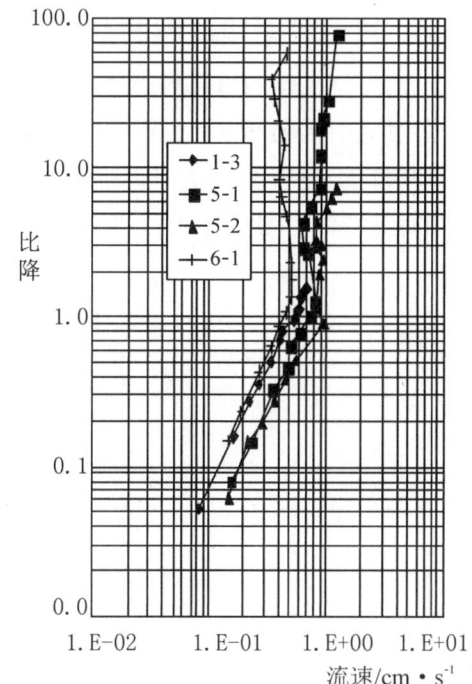

图 2.1-12 过渡料平均级配及替代级配料 $J-V$ 曲线

基于以上成果,可以对过渡料的渗透与渗透变形特性得到以下认识:

(1) GS1 作为过渡料检测结果中的特例,其垂直渗透系数为 $1.95×10^{-2}\sim6.28×10^{-2}$ cm/s,垂直临界比降为 $1.1\sim1.2$,接近垫层料的渗透性和临界比降试验成果,这是其级配与垫层料级配很相近造成的。垂直破坏比降 $5.35\sim9.35$。

(2) 过渡料上包线 GS2 垂直渗透系数为 $3.03×10^{-2}\sim8.87×10^{-2}$ cm/s,垂直临界比降为 $3.29\sim6.90$,垂直破坏比降 18.44。

(3) 过渡料平均线 GS3 垂直渗透系数为 $6.49×10^{-1}\sim9.36×10^{-1}$ cm/s,垂直临界比降为 $0.27\sim0.62$;水平渗透系数为 $1.81\sim1.90$ cm/s,比垂直渗透系数要大一些,这说明分层填筑造成了各向异性,水平临界比降 $0.44\sim0.55$。

(4) 过渡料下包线 GS4 垂直渗透系数为 $7.02×10^{-1}$ cm/s。

(5) 部分试验中过渡料渗透破坏形式为过渡型,其余试验在实验室条件下没有发生渗透破坏。

根据设计要求和运行情况预测,可以对过渡区将发挥的功能与渗透稳定性做出如下评价:

过渡料渗透性在 $10^{-2}\sim10^{0}$ cm/s 量级,与设计要求 $10^{-2}\sim10^{-1}$ cm/s 相比,渗透性变化范围超过上限要求,这意味着大坝过渡区的排水性比设计要求的更好。考虑到施工分层填筑可能造成的各向异性,过渡区渗透性偏于设计上限,甚至超过设计上限的可能性更大。

过渡料的临界比降在上包线或更细的极端级配条件下较高,可以达到 1.1 以上;较粗级配条件下,临界比降较低,最低为 0.27。在面板完好运行条件下,预测大坝过渡区的比降变化范围为 $0.01\sim0.1$,过渡区的渗透稳定性满足要求。在面板失效的极端条件下,预测过渡区可能出现的最大比降为 7.1[19],此时,过渡区自身难以满足渗透稳定要求。但是根据试验成果,过渡料在发生渗透变形甚至在细料大量流出后,借助多孔板的支撑可以在很高的比降下仍然维持骨架的稳定,再次进行逐级水头的渗透变形试验时,$J-V$ 曲线消除了摆动。这就说明,极端不利的运行条件下,虽然过渡区内部结构难以维持稳定,但借助于主堆石区的支撑作用,骨架仍可维持稳定。

4.3 过渡料对垫层料的反滤效果研究

水布垭大坝的垫层料通过人工轧制茅口组灰岩取得,过渡料主要是茅口组灰岩爆破料,少部分系左岸溢洪道引水渠开挖料。图 2.1-13 为垫层料设计级配和过渡料一期施工检测级配。大坝初期施工检测的垫层料级配与设计级配差别不大;过渡料除了个别特例外,检测级配均在级配包线范围之内。两区材料的粒径特征参数列在表 2.1-12 和表 2.1-13 中。

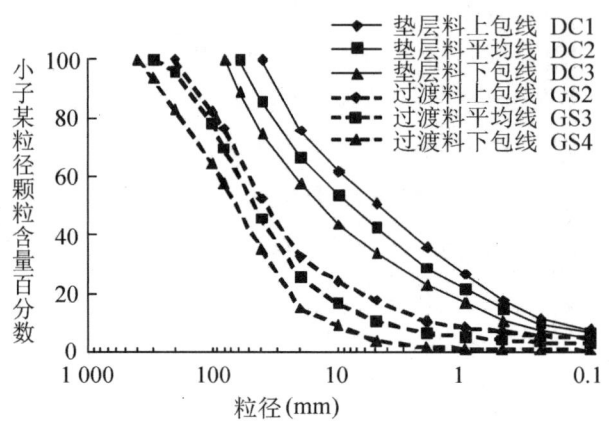

图 2.1-13 垫层料和过渡料试样级配线

表 2.1-12　　　　　　　　　　　　水布垭垫层料特征粒径表

级配	特征粒径(mm)								不均匀系数
	d_{85}	d_{70}	d_{60}	d_{50}	d_{30}	d_{15}	d_{10}	d_k	
上包线 DC1	27.5	15.7	9.1	4.8	1.3	0.4	0.2	2.0	51.9
平均线 DC2	38.9	23.2	14.6	8.2	2.2	0.5	0.3	2.2	58.5
下包线 DC3	54.3	34.1	22.4	14.3	3.9	0.8	0.4	2.2	53.6

表 2.1-13　　　　　　　　　　　　水布垭过渡料特征粒径表

级配	特征粒径(mm)								不均匀系数
	D_{85}	D_{70}	D_{60}	D_{50}	D_{30}	D_{20}	D_{15}	D_{10}	
上包线 GS2	116.7	69.7	52.5	37.4	16.9	11.5	3.8	1.8	30.0
平均线 GS3	139.8	81.1	64.0	47.2	24.4	13.7	8.5	4.4	14.5
下包线 GS4	220.4	130.1	87.1	66.6	34.9	24.9	19.8	11.5	7.6

垫层料的渗透变形试验表明,随着级配和密度的变化,渗透系数变化范围较大,而且按上包线、平均线、下包线的顺序渗透性增大的趋势较明显,总体上满足 $10^{-4} \sim 10^{-2}$ cm/s 渗透系数的要求,下包线在较低的比降下可达 10^{-1} cm/s 量级,超越了设计限定的范围。水平试验的渗透变形属流土型,垂直试验的渗透变形属过渡型,且下包线在较低密度下的渗透变形形式可能为管涌型,这与面板堆石坝对垫层料的要求有出入,因此,垫层料的渗透稳定性将更加依赖于过渡料的反滤保护。过渡料的渗透变形试验成果显示,其渗透系数在 $10^{-2} \sim 10^{0}$ cm/s 量级,超过了设计要求的 $10^{-2} \sim 10^{-1}$ cm/s 量级的上限。临界比降在上包线或更细的极端级配条件下较高,可以达到 1.1 以上;在较粗级配条件下,临界比降较低,最低为 0.27,部分试验发生了渗透破坏,其形式为过渡型,说明其内部结构欠稳定。过渡料在发生渗透变形甚至

在细料大量流出后，借助多孔板的支撑可以在很高的比降下仍然维持骨架的稳定。

垫层料和过渡料内部结构均欠稳定，这可能反映了宽级配爆破碎石料的特点。超高面板堆石坝填筑方量很大，料场岩性不均一、填料生产工艺和填筑质量的变化都会造成分区材料特性的空间变异，局部出现内部结构不稳定的情况更难以避免。在面板止水结构损坏、面板大面积失效以及大坝施工期临时挡水度汛等极端不利条件下，只有当过渡区对垫层料仍然起反滤保护作用时，才能维持大坝的渗透稳定性。

著名的太沙基滤层设计准则包括：滤土要求 $D_{15}/d_{85} \leq 4$；排水要求 $D_{15}/d_{15} \geq 4$。D 和 d 分别指保护料（反滤层）和被保护料的粒径。

表 2.1-12 中的垫层料作为被保护料，表 2.1-13 中的过渡料作为保护料，6 条级配线之间的任意组合都能够满足太沙基准则的要求。然而，该准则是在应用均匀级配或窄级配反滤料的背景下提出的。《碾压式土石坝设计规范》将其应用条件限定为无黏性被保护土，且不均匀系数≤5～8。实际上，太沙基准则应用条件的核心要求是保护料和被保护料内部结构稳定。

随着宽级配反滤料的应用，国内外针对反滤层设计准则开展了大量研究。刘杰[28]研究了碎石料与砂砾石料在击实特性、渗透性和渗透变形特性等方面的差异，认为面板坝垫层料与过渡料之间，在相对密度＞0.7 的条件下，当 $D_{20}/d_k \leq 5$ 时，碎石垫层料的抗渗比降可超过 100；当 $D_{20}/d_k \leq 7$ 时，抗渗比降仍可大于 50。d_k 为垫层料的控制粒径，取其粒径小于 5 mm 的细料含量的 d_{70}。按此原则计算，3 条级配线的 d_k 值见表 2.1-12。过渡料下包线与垫层料 3 条级配线之间的层间系数 D_{20}/d_k 均超过 10，大于 7；过渡料上包线和平均线与垫层料 3 条级配线之间的层间系数 D_{20}/d_k 均大于 5，小于 7。根据张家发等[19]的研究，面板完好的正常运行条件下，水布垭大坝垫层中的渗透比降很低，渗透稳定性很容易得到满足；但在面板止水损坏和面板大面积失效的极端不利条件下，垫层上游侧局部渗透比降可能高达 150 以上，垫层下游侧渗透比降是控制垫层渗透稳定性和考验过渡区反滤效果的关键，其最大比降可能达到 70。按上面的层间系数及相应的判断准则，过渡料无法确保极端不利条件下垫层料的渗透稳定性。面板坝过渡料对垫层料的反滤作用是值得研究的课题[29][30]。以下介绍针对水布垭面板坝过渡料与垫层料的反滤试验研究工作。

长江科学院也曾开展过渡料对垫层料的反滤试验研究[20]，结果表明，过渡料能够对垫层料起到良好的反滤作用。但当时仪器尺寸偏小，最大直径仅 30cm，对原级配进行级配替代，细料含量有明显增加，试样的渗透与渗透变形特性不能完全代表原级配的特性。

在工程施工设计阶段的研究中，试验采用 Φ600 型垂直渗透仪和 Φ600 型水平渗透仪，除过渡料下包线级配（D_{85} 为 220.4mm）仍有 26.4% 的超径颗粒外，余均满足尺寸要求[31]。

为了确定试验方案，首先在垂直渗透仪中尝试开展了混凝土面板局部破损条件下的模拟试验。下部装填厚为 50cm 的过渡料，其上厚为 20cm 的垫层料，表面浇筑厚为 1cm 的水泥板，中间开缝。裂缝开度考虑了 3 种：2mm、5mm、10mm，裂缝长度为 20cm。过渡料选用下包线与垫层料的 3 种级配分别组合进行试验。填筑密度分别取设计值，即过渡料为 2.20g/cm³，垫层料为 2.25g/cm³。试验水流方向为由上向下。这种有裂缝的渗透变形试验属于三维渗流。沿最短渗径上的流线按一维流估算系统的综合渗透系数，可供不同方案间相互粗略比较。与没有浇筑水泥板的常规反滤试验相比，在相同渗透比降条件下，浇筑了水泥板后的综合渗透系数约减小了 2 个数量级，且在考虑的缝宽范围内，裂缝开度对渗透系数的影响不大。试验最大比降达到 136，试样均未发生破坏。试验表明，考虑裂缝时，虽然存在集中渗流问题，但由于混凝土面板的存在，限制了垫层料和过渡料承担的水头损失，比不考虑混凝土面板时的渗透变形试验结果更安全。因此，以下试验不考虑混凝土面板及其裂缝的作用，通过常规反滤试验取得结果用于分析反滤效果，更有利于保障工程设计安全的可靠性。

反滤试验按垫层料和过渡料的不同密度、级配组合进行。垫层料考虑了3条级配线,密度分别考虑了初期检测的最小值2.16g/cm³和设计值2.25g/cm³。过渡料考虑了平均线和下包线,密度分别考虑了初期检测的最小值2.16g/cm³和设计值2.2g/cm³。

考虑到垫层料和过渡料现场实际的接触面垂直于水流方向,大部分试验采用水平渗透仪,使接触面为立面,试验水流方向为水平方向。同时也进行了2组垂直反滤试验,其水流方向向下。具体试验方案见表2.1-14。垫层料的渗径长度分别为20~30cm。水平试验总渗径长度为90cm,垂直试验总渗径长度为70cm。过渡料下游面均有透水板支撑,开孔直径为10mm,孔心距为20mm。采用大流量高水头供水系统以达到模拟大坝运行过程中可能出现的最大比降。

试验方法与渗透变形试验方法一样,只是在垫层料区和过渡料区分别布置测压管,测量不同位置的水头,用以分析沿程水头损失及局部渗透比降的变化过程。$h_上$、$h_下$分别表示模型上下游水位,$h_1 \sim h_8$为沿程各测压管及其水位。所有试验都没有发生渗透破坏。在按常规方法完成逐级提升上游水头的试验后,又逐级降低上游水头进行试验,并且每个试验均至少进行了1次上游水头的升降循环过程。反滤试验成果见表2.1-14。

过渡料中各测压管的测值均与下游水头非常接近,说明过渡料承担的水头损失很小,这是由其渗透性强的特点所决定的。表2.1-14中的渗透比降和渗透系数均按垫层料来计算,即渗径采用垫层料的装填厚度,水头差近似采用上下游总水头差。

对应于不同比降的渗透系数既有无规则的跳动,也有规律性的变化,反映为$J-V$曲线上的转折。无规则的跳动幅度较小,有可能是局部颗粒移动和颗粒级配调整造成的,但也不能排除气泡等试验因素的影响。尤其是在采用水泵供水时,不像静压供水装置一样可以精确控制上游水头。$J-V$曲线的有规律转折在后面再举例叙述。

表2.1-14　　　　　　　　　　　　反滤试验成果表

试验编号	组合关系	试样密度(g/cm³)	试验形式	垫层料 渗径cm	渗透系数K(cm/s)	比降J_{max}	现象描述
FL1	DC1/GS4	2.25/2.17	水平	20	7.21×10^{-5}	139.20	$J=8.3$时下游水面出浑水,后水变清。
FL2	DC1/GS4	2.25/2.2	水平	20	3.24×10^{-4}	226.70	第2循环$J=136.69$时,下游水泥顶板出现裂缝,有细粒带出;第3循环$J=119.2$时水微浑,$J=226.7$时水清。
FL3	DC2/GS3	2.16/2.17	水平	20	5.03×10^{-4}	141.70	$J=13.15$时下游出浑水,然后水清。
FL4	DC2/GS3	2.25/2.17	水平	20	1.18×10^{-3}	209.21	$J=199.21$时,由于试验仪器密封层脱开,下游面顶部出水漏砂。
FL5	DC2/GS3	2.25/2.2	水平	29	1.34×10^{-3}	99.45	第1循环$J=40.8$时出浑水;第2循环$J=97$时出浑水,10 min后水清。
FL6	DC2/GS3	2.16/2.17	垂直	20	8.04×10^{-4}	135.98	$J=3.55$时水微浑,$J=35.41$时水浑,后水清。
FL7	DC2/GS3	2.25/2.17	垂直	20	2.31×10^{-4}	138.60	无浑水产生,一直比较稳定。
FL8	DC3/GS4	2.16/2.17	水平	30	3.47×10^{-2}	94.46	$J=0.64$时出浑水,$J=2.35$时出浑水。
FL9	DC3/GS4	2.25/2.17	水平	30	2.19×10^{-2}	91.78	第1循环$J=3.7$水浑,$J=89.44$持续浑水;第2循环$J=81.45$压力表突然剧烈波动,1 s后流量减小,$J=91.12$水浑。
FL10	DC3/GS4	2.25/2.2	水平	20	4.88×10^{-3}	199.18	$J=29.56$水浑,$J=186.68$保持压力1 h,水清。

注：试样密度一列中"/"前后分别为垫层料和过渡料的装填密度。

图 2.1-14 是各试验中相对较顺直段的 J－V 曲线。表 2.1-14 中的渗透系数值对应于图 2.1-14 中试验点的算术平均值。渗透系数值的大小符合一般的规律，即级配细、密度大时渗透性较低，级配粗、密度低时渗透性较强。除了试验 FL1 外，渗透系数均在垫层料渗透变形试验成果范围内变化，即保持在 $10^{-4} \sim 10^{-2}$ cm/s 量级。

所有反滤试验在低比降情况下就出现了浑水，实际上是过渡料中未被约束的粉尘和细粒被水流带出。待水变清后才提升水头。试验过程中没有出现大量浑水涌出现象，试验后检查下游水箱仅发现少量细颗粒。对过渡料与垫层料接触部位挖开检查，也未发现垫层料细粒被带入过渡料中的现象。

试验中过渡料区测压管水位仅稍高于下游水位，表明反滤试验中水头主要由垫层料承担。当渗透比降超过单一垫层料的临界比降后，垫层料中测压管之间的水头损失分布比例在变化，表明了垫层料中细颗粒的迁移，垫层料局部承担的实际渗透比降大于表 2.1-14 和图 2.1-14 中的比降值。过渡料承担的比降都很小，没有超过单一过渡料的临界比降。

以试验 FL8 为例对测压管观测结果和比降变化情况进行分析。图 2.1-15 中横坐标 J_0 为垫层料承受的平均比降，J_1 为垫层料上游面至 h_1 测压管之间的比降，J_2 为 h_1、h_2 测压管之间的比降，J_3 为过渡料承受的比降，对应于 h_3 测压管与下游面之间的比降。FL8 试验起始阶段，随着 J_0 的提升，J_1 呈线性上升，而 J_2 曲线变化较平缓，此时主要由靠近上游侧的垫层料承受水头损失。当 J_0 提升到 50 左右时，J_1 缓慢下降，而 J_2 开始上升，说明此时垫层料中水头损失分布发生变化，这应该是垫层料中细颗粒由上游向下游发生迁移，造成了靠近下游段垫层料的渗透性变小；当 J_0 继续增大到 71 时，J_1 继续降低，而 J_2 急剧上升，说明细颗粒迁移至垫层料靠下游段并造成淤塞，使此部分土体的渗透性降低，承受比降增大。当 J_0 达到最大值时，J_2 也达到最大值，而 J_1 达到最小。试验全程中 J_3 基本接近于 0，表明过渡料中的水头损失很小。

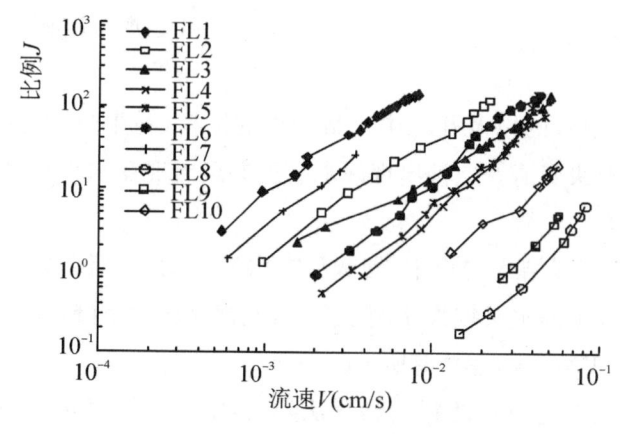

图 2.1-14　反滤试验 J－V 曲线图

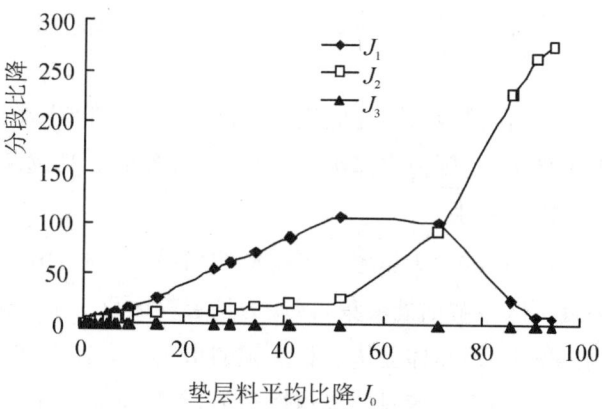

图 2.1-15　FL8 试验分段比降变化比较图

由上述分析可知，随着总水头的提升，垫层料中细颗粒沿水流方向发生迁移，由于过渡料渗透性很大，比降很低，以及过渡料对垫层料的滤层作用，细颗粒在垫层料与过渡料分界面附近停留下来，不至于向下游进一步迁移，而且通过淤塞逐渐形成更好的反滤区，阻碍垫层料中细颗粒的启动。这就是过渡料对垫层料反滤保护作用的机制。

分别以垂直试验 FL6 和水平试验 FL8 为代表，图 2.1-16 中画出了循环试验过程的 J－V 曲线。

从图 2.1-16 中 FL6 试验的 J－V 曲线看，在第 1 次提升水头过程中，当比降达到 5.4 以后，曲线上翘,垫层料渗透系数明显降低,反映出垫层料内部细颗粒发生了迁移。过渡料内水力比降很低,垫层料内启动的细粒不足以被过渡料内的水流带动,而是停留在两区接触面靠近垫层料一侧,逐渐造成靠近下游部分垫层料孔隙的淤塞。

FL8试验的$J-V$曲线显示了类似过程。第一次提升水头过程中,当比降达到6.5以后,曲线上翘,垫层料渗透系数明显降低。

其他试验在第1循环的水头逐级提升过程中,$J-V$曲线也出现了左右摆动,或者在较高的比降下渗透系数明显降低的现象。

水头逐级下降过程的试验对应的$J-V$曲线摆动现象明显减少,曲线的顺直和规则表明垫层料内部细颗粒在第1次水头提升过程中已经基本完成。

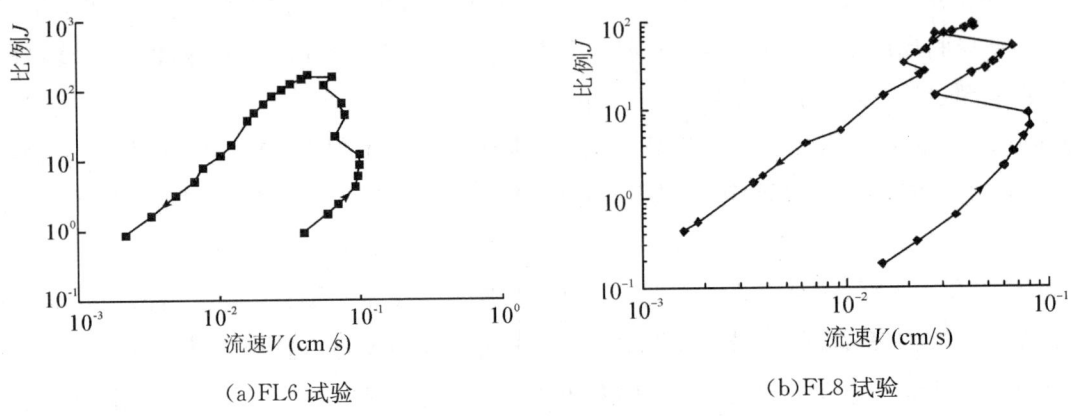

(a) FL6试验　　　　　　　　　(b) FL8试验

图 2.1-16　反滤试验循环过程 $J-V$ 曲线图

4.4　结语

4.4.1　垫层料和反滤料的渗透特性

综合上述分析,结合垫层料和反滤料的渗透变形特性,可以对试验过程中的变形和反滤作用概括如下。

(1) 在试验初期的低比降条件下,过渡料粗颗粒上附着的以及孔隙中未被约束的细粒(粉尘)被渗透水流带出,表现为出浑水,但由于细料含量很低,水流很快变清。这种出现浑水的现象只出现在水头提升的首次进程中。

(2) 当试验比降超过垫层料的临界比降后,由于其内部结构欠稳定,细颗粒在水流驱动下迁移,并在临近两区接触面处聚集,表现为垫层料区靠上下游侧分担的水头损失比例在变化,上游侧比例下降,下游侧比例上升,总体上垫层料承担的水头损失在增加,其平均渗透系数有所下降。

(3) 由于过渡料的渗透性较强,其比降始终很低,没有超过过渡料的临界比降,其中处于约束状态的细颗粒没有被渗透水流启动。

(4) 试验中垫层料的最高比降达到226.7,远远超过单一垫层料的临界比降,虽然试验过程中提升水头时有出现浑水的现象,但水流会随时间的增长而变清,显示在试验比降范围内过渡料对垫层料起到了反滤作用。

4.4.2　面板堆石坝过渡区的渗流控制作用

综合填料试验研究及大坝渗流场预测的研究成果[18、19、27],结合水布垭大坝,以坝基防渗满足设计要求为前提,可以将超高混凝土面板堆石坝中过渡区的渗流控制作用归纳如下[31]。

(1)在面板完好运行条件下,大坝各分区的渗透比降很小,渗透稳定性满足设计要求,坝体内的浸润线及坝下游坡出逸点很低,具体高程主要受坝下游水位控制。过渡区的渗流控制作用效果关键体现在面板止水破损、面板大面积失效等极端不利的运行条件和大坝施工期临时挡水度汛条件下。

(2)按排水功能要求,过渡区的理想渗透系数是比垫层大2个量级。水布垭大坝过渡料设计要求的渗透系数为 $10^{-2} \sim 10^{-1}$ cm/s,实际上可达 $10^{-2} \sim 10^{0}$ cm/s,其平均渗透系数比垫层料大两个量级,过渡区与具有强透水性的主堆石区一起,可以对坝体起到很好的排水作用。

(3)偏于安全考虑,可以将面板大面积失效的情况作为大坝渗流安全最不利工况,过渡区将通过对垫层的反滤保护而对大坝渗透稳定发挥关键作用。

(4)在较高的水位条件下,垫层料由于承担较高比降,靠近上游部分的细颗粒可能会启动,并向下游迁移,但由于过渡料渗透性很大,比降很低,以及过渡料对垫层料的滤层作用,细颗粒在垫层料与过渡料分界面附近停留下来,不至于向下游进一步迁移,而且通过淤塞逐渐形成更好的反滤区,阻碍垫层料中细颗粒的启动。初次遇到这种工况时,过渡区自身会有少量细粒流失,但此后会趋于稳定,借助于主堆石区的支撑作用,过渡区将继续发挥其反滤和排水等渗流控制作用。

参考文献

[1] 长江科学院土工科研三十五年[R]. 武汉:长江科学院,1987.

[2] 陈崇希等编著. 地下水动力学[M]. 北京:地质出版社,2011.

[3] 刘杰. 土的渗透稳定与渗流控制[M]. 北京:水利电力出版社,1992.

[4] 刘杰. 土石坝渗流控制理论基础及工程经验教训[M]. 北京:水利电力出版社,2006.

[5] 刘志明,王德信,汪德爟. 水工设计手册,第1卷 基础理论[M]. 2版,北京:中国水利水电出版社,2011:684.

[6] 葛洲坝水利枢纽黏土岩泥化夹层(202♯)现场渗透变形试验研究报告[R]. 长江流域规划办公室,1977.

[7] 张世殊. 溪洛渡水电站坝基层内错动带现场渗透变形试验成果及分析[J]. 岩石力学与工程学报,2002(4):537－539.

[8] 肖汉云. 乌江彭水水利枢纽缓倾角软弱层带渗透稳定性试验研究报告[R]. 重庆:长江流域规划办公室第四勘测队,1985.12.

[9] 郭庆国. 宝珠寺水电工程基岩软弱(泥化)夹层D5渗透变形试验研究[J]. 西北水资源与水工程,1992(2):45－52.

[10] 张家发,胡智京,孙志云,崔皓东. 岩石软弱夹层的渗透变形特性研究及其方法探讨[J]. 岩石力学与工程学报,2015(S2):4140－4148.

[11] 李胜平,张家发. 高坝洲水利枢纽基岩剪切带泥化夹层渗透变形试验研究[J]. 湖北水利发电,1997(4):55－60.

[12] 冯树荣,赵海斌,蒋中明等. 向家坝水电站左岸坝基破碎岩体渗透变形特性试验研究[J]. 岩土工程学报,2012,34(4):600－605.

[13] 曹敦履,范中原. 软弱层(带)的渗流稳定性[J]. 长江水利水电科学院院报,1986,3(2):61－69.

[14] 程展林,左永振,丁红顺. CT技术在岩土试验中的应用研究[J]. 长江科学院院报,2011,28(3):31

-38.

[15] 陈传慧,杨清. 水布垭枢纽总体布置研究[J]. 人民长江,1998,(8):24-27.

[16] 余建中,戴枫. 水布垭坝型比选概述[J]. 人民长江,1998,(8):28-29.

[17] 杨启贵,张家发,熊泽斌等. 水布垭混凝土面板堆石坝的渗流控制体系[J]. 水力发电学报,2010(3):164-169.

[18] 张家发,定培中,张伟,胡智京. 水布垭面板堆石坝垫层料渗透与渗透变形特性试验研究(J). 岩土力学,2009(10):3145-3150.

[19] 张家发,杨启贵,熊泽斌等. 水布垭面板堆石坝渗流场分析和分区材料允许比降设计指标研究[J]. 长江科学院院报,2008,(6):71-76.

[20] 程展林,丁红顺,余建平. 清江水布垭水电站面板堆石坝筑坝材料性质研究[R]. 武汉:长江科学院,1998.

[21] 库克 J.B., 堆石坝的发展[A]. 国外混凝土面板坝[M]. 北京:水利电力出版社,1988:1-21.

[22] 苏丽群,冯业林,王远亮. 天生桥一级水电站混凝土面板堆石坝设计[J]. 云南水力发电,2001(2):48-49.

[23] 熊泽斌,杨启贵,张运建. 水布垭高面板坝设计[J]. 人民长江,2007(7):19-21.

[24] 库克 J.B., 谢拉得 J.L. 混凝土面板堆石坝 II. 设计[A]. 国外混凝土面板坝[M]. 北京:水利电力出版社,1988:32-44.

[25] 杨启贵,刘宁,孙役等. 水布垭面板堆石坝筑坝技术[M]. 北京:中国水利水电出版社,2010.1.

[26] 水利部长江水利委员会. 湖北清江水布垭可行性研究,第五篇枢纽布置及主要建筑物[R]. 1998.

[27] 张家发,定培中,张伟,胡智京. 水布垭面板堆石坝过渡料设计及其渗透变形特性研究[J]. 长江科学院院报,2009(10):1-6.

[28] 刘杰. 混凝土面板坝碎石垫层料最佳级配试验研究[J]. 水利水运工程学报,2001,(4):1-7.

[29] 张家发,张伟,胡智京等. 水布垭混凝土面板堆石坝坝体渗透稳定性研究探讨[A]. 土石坝与岩土工程实践及探索——2004年技术研讨会论文集[C]. 北京:中国电力出版社,2004,11:192-198.

[30] 谢定松,刘杰,魏迎奇. 高面板堆石坝渗流控制关键技术问题探讨[J]. 长江科学院院报,2009,(10):118-121.

[31] 张家发,定培中,张伟,胡智京. 混凝土面板堆石坝中过渡区的渗流控制作用研究[J]. 岩土力学,2011,(12):3548-3554.

第2章 渗流数值模拟方法及工程应用

1 概述

1.1 引言

渗流分析技术是水利、交通、能源开发、市政工程及环境工程等所需的关键技术之一。渗流分析技术与其他工程技术一样,应该不断更新和完善,充分利用计算机技术发展的成果,以适应规模不断扩大、技术越来越复杂的工程建设要求。长江科学院长期从事渗流技术的研究和开发工作,并与设计部门长期紧密合作,运用渗流分析技术解决了大量的实际工程中的难题。

近年来,长江科学院集中在对多孔介质渗流分析、裂隙网络渗流分析模型等方面进一步开拓和完善,形成一套既能满足土石坝渗流分析,也能满足裂隙岩体渗流分析的计算软件;对复杂岩土体渗流—应力的耦合关系进行研究,初步形成一套理论体系。通过改进、整合与开发,形成了渗流分析技术软件系统SFA1.0(Seepage Field Analysis,Version 1.0),并在多个重大工程中成功应用。

1.2 渗流模拟技术研究现状

长江科学院自成立之初就面临着水工渗流问题分析的繁重任务,长期投入许多人力物力,其中,岩土体的渗流特性与渗流场模拟技术是研究的两个主要方面。自20世纪80年代末至90年代初,渗流场的数值模拟方法已全面取代了以往的电阻网模拟和水电比拟等方法。至今,渗流模型已由以往的饱和稳定各向同性多孔介质渗流场,拓展到裂隙岩体渗流场、各向异性渗流场、非稳定渗流场,以及饱和一非饱和渗流场。通过开发和引进,拥有了一系列功能强大的模拟计算软件,可以模拟复杂水文气象过程、复杂边界条件、地质条件、工程结构和运行工况下的渗流场,大大提高了解决复杂问题的能力和效率[1]。研究问题由坝工渗流逐步拓展到多种地下水问题,包括边坡、地下洞室围岩裂隙岩体渗流场及其控制,水库浸没评价与对策措施,防渗排水措施对地下水环境的影响,地下水资源和环境的长期监测与分析评价,地下水资源和水源地的管理与保护等。

地下水运动模型的形成应该是一个反复更新的过程,它以建立概念模型为开始,然后通过各种手段取得反映各个具体方面特征的数据和信息,并经过综合后来更新和细化概念模型中的近似假定[2]。

2 地下水渗流运动模型

任何一项水利工程都必须通过水文、地质调查和勘探工作,认识地层或岩土体的组成及空间分布、构造特征、(可溶岩的)岩溶发育特征、岩层的风化程度和风化分带特征、地下水位分布,以及含水层的补给、排泄和径流条件。在此基础上才能建立地下水运动的概念模型。概念模型必须综合反映水工建筑物的材料特性与结构形式、岩土体的地质特征、水文背景以及地质构造与水流运动模式之间的关系,包括地下水流的主要运动形式:多孔隙水流运动、裂隙网络水流运动、岩溶管道水流运动。刻画地下水流运动的模型大致可以分为四类:连续介质模型、非连续介质模型、岩溶管道模型和混合模型。

2.1 电模拟渗流场物理模型

电模拟试验研究渗流问题的基本原理,是基于水在多孔介质中服从达西定律和电流在导电介质中服从欧姆定律的相似性。两种物理场可以用同一形式的数学方程来描述。20世界50年代,长江科学院土工试验室就开展了电模拟试验研究实际工程中的渗流问题。60—80年代,随着国家水利工程建设的推进,采用电模拟试验解决了大量实际工程渗流问题,如乌江渡水利枢纽坝基渗流问题[3]、沙市进水闸闸基[4]、阳辛水电站左岸台地[5]、鸭河口灌区大站头引水枢纽[6]、漳湖电排站[7]、三三〇工程左岸土石坝[8]、三峡水利枢纽电站厂房坝段[9]等,直到80年代中后期,随着渗流数值方法的发展和进步,电拟试验才逐渐被数值方法取代。长江科学院在渗流模拟立足于工程需求,一直注重实际应用,是我国渗流学科发展的重要力量。

2.2 等效连续介质模型

岩土体是复杂的大自然产物。受土体的物质组成成分、物质搬运、沉积或堆积的方式,以及后期外部荷载、固结、胶结及水流作用等方面因素的影响,使得土体的性质和水力特性差异很大。法国工程师达西于1856年运用石英砂柱开展水力试验[10],揭示了渗流速度与渗流比降成线性关系的规律。达西试验测得的渗流速度是整个土体的平均渗流流速,而渗透系数则反映多孔连续介质的水力特性。除了发育有结构性裂隙的土体(例如黄土、某些老黏土)外,绝大多数土体都可以看作多孔连续介质,其中的渗流场可以概化为连续介质模型。

长期、复杂的地质活动在岩体内产生了许多纵横交错的断裂构造,诸如断层、节理、裂隙以及层面等结构面,其中裂隙在岩体内最为普遍。此外,人类的活动,如开挖、填筑、爆破等不仅会使岩体内的结构面发生改变(如岩体开挖后引起的地应力释放使得岩体内裂隙进一步扩张),而且有可能在岩体内产生新的结构面。从结构方面来说,岩体可以看作是由许多结构面和被其切割的岩块组成的岩体结构。所以单纯的孔隙水流运动不可能在实际工程岩体中发生。通常岩块的渗透系数都很小,而结构面的渗透系数变化很大,在 $10^{-5}\mathrm{cm/s} \sim 10^{-1}\mathrm{cm/s}$ 范围内变化[11]。对于广泛存在的裂隙岩体来说,必须根据裂隙发育的密度和所研究问题的性质、内外边界条件和模型的规模等,判断岩体是否存在合适的代表性单元体。对于裂隙岩体来说,其代表性单元体(REV)可以定义为:裂隙率或渗透张量不随岩体体积而变化时的岩体体积最小值[12]。对于非均质岩体来说,渗流场包含若干个渗透分区。每一个分区都有各自的代表单元体,且REV应小于所在分区的岩体体积才有意义。当存在合适的代表性单元体时,就可以将岩体中的地下水运动用等效连续介质模型来表达。

判断一个实际的岩体渗流场是否存在合适的代表性单元体,即能否用连续介质模型去模拟,既要看模型的规模与岩体REV之间的关系,又要考虑模型主要控制边界的尺寸与REV边长之间的关系。只有当在这两个关系中REV都显得足够小时,等效连续介质模型才适用。

等效连续介质模型仍然可以分别反映出少数规模较大的断层。当岩体中裂隙及其宽度发育具有明显的优势方向时,可以用渗透张量代替渗透系数来反映岩体的各向异性渗透性。

连续介质的地下水流运动模型可以是确定性模型,也可以是随机模型。确定性的连续介质模型已经发展得很成熟,且已有一些模拟方法和软件可供选用。随机模型的主要特点是用随机模型将岩体的水力特性描述为随机场。

到目前为止,连续介质模型及其计算方法和软件的发展与成熟程度远远超过其他模型,它在渗流分析技术中占据着极为重要的位置,尤其在工程实际应用中仍然发挥着巨大的作用。等效连续介质模型在应用时存在的主要问题:一是把裂隙网络等效为连续介质,不能很好地刻画裂隙的特殊导水作用,在某些情况下数值模拟和实际情况有相当的出入;二是模型的适用性和有效性问题,即能否利用连续介质模型来分析裂隙岩体渗流是一个具有争议的问题。

2.3 非连续介质网络模型

当岩体中起主要导水作用的裂隙间距普遍很大,以至于不存在合适的代表性单元体时,岩体中的地下水运动要用非连续介质网络模型(离散裂隙模型)来表达。非连续介质网络模型是建立在,水流运动现象可以通过裂隙几何参数和个别裂隙的导水性来预测的假设基础上的。非连续介质网络模型是与随机模拟方法紧密相连的。其原则是裂隙网络的空间统计值可以量测到,而且能够用以生成具有同样统计特征的裂隙网络。这就要求正确确定关于裂隙位置、产状、延伸性和导水性的统计规律。用 Monte Carlo 模拟随机生成一组裂隙网络系统,对每一裂隙网络系统求出裂隙网络各点上的水头分布,然后得到这一组裂隙网络系统中的地下水运动现象的统计特征值。

只有实现三维模拟的非连续介质网络模型,才可能应用于实际工程中。目前的三维模型是将裂隙假设为圆盘或多边形。已经发展的三维数学模型有三类:半解析模型,三维空间中布置等效一维管道的模型和裂隙表面建立二维数值网格的非连续裂隙网络模型。

关于非连续裂隙网络模型的用途存在着两种不同的观点:一种认为这类模型只是用来作为评价概念模型的工具,已有研究已经表明,这类模型在确定将裂隙网络等效为连续介质模型所必须具备的条件时非常有用。另一种观点认为非连续裂隙网络模型可以是实际工程问题模拟的工具,其优点是避免了裂隙网络尺度上体积平均的近似处理。

三维非连续裂隙网络模型已经可以模拟尺度在 100m 以内的接近现场实际的问题。当用于更大规模的模型时,就不得不采取近似的处理,例如,将某些裂隙区等效为单个裂隙,或者忽略一些导水性较低的裂隙。由于该模型是建立在单裂隙水流运动规律基础上的,力图反映裂隙网络中各点的真实渗流性态,因而具有拟真性好、精度高等优点。但当裂隙数量较多,分布较复杂时,其计算工作量相当大,尤其是三维问题,甚至是不可能实现的。同时,由于裂隙分布具有不确定性或随机性,要建立真实的裂隙系统也较困难。因此,除了简单的具有规律的裂隙系统外,实际工程中应用非连续裂隙网络模型进行渗流分析仍是较难实现的。

2.4 岩溶管道模型

在可溶岩地区,经各种裂隙上具有侵蚀作用的地表水和地下水的长期作用,会形成各种溶蚀现象。在地下水位以上岩体区,尤其是地表附近的岩溶通道会显著地影响降雨和地表水的入渗。在地下水位变动带及其以下岩体区的岩溶通道,会影响地下水的赋存和水流运动。

与裂隙岩体相类似,对岩溶发育的岩体也可以提出代表性单元体的概念。当岩溶通道规模不大、发育又比较均匀时,就可能存在合适的代表性单元体,可以建立地下水流运动的等效连续介质模型。如果不存在合适的代表性单元体,尤其是当岩溶通道中水流运动的某些形式(如无压管道流、紊流)严重影响所关心的问题时,就不能用连续介质模型。在有些岩溶地区,地下暗河是地下水运动的主要途径,可以采用河流或管道水力学模型研究相关的问题。

2.5 混合模型

在有些条件下,上述各种模型都无法单独刻画所关心的岩体中的地下水问题,例如,当岩块孔隙的贮水性和裂隙的导水性都对所关心的问题有显著影响,又不能找到合适的代表性单元体时,同时考虑岩块孔隙和裂隙的所谓双重介质模型,就更能反映这种情况;当一些岩溶通道对地下水流运动的影响不能等效到整个岩体中去时,岩溶管道与连续介质混合模型就显得很有必要。陈崇希还提出了岩溶管道－裂隙－孔隙三重介质中的水流运动模型[13]。

混合模型主要有:裂隙－孔隙双重介质模型、离散介质－连续介质耦合模型和复合单元模型等,另外还包含随机模型与以上模型的混合渗流模型。

流形法在建立和解决岩体地下水流运动的混合模型方面具有很大的潜力[14]。基于多重覆盖理论,流形法将多个模型相互覆盖,兼收并蓄不同模型的优点,以达到地下水流运动模型的集成和统一,任何单一的模型都只是其特例。目前国际上已经有同行在朝着这一目标努力,与实际应用的距离在不断缩短。

2.6 耦合分析模型

岩土类多孔介质及裂隙岩体渗流场主要取决于介质内的渗流特性,但介质的渗流特性不是孤立存在的,它还可以和其他场的变量,如应力场、温度场等发生相互作用,对于裂隙岩体而言,裂隙是岩体导水性很强的一部分,同时也是岩体变形的主要部分。岩体在应力作用下,其内部裂隙的几何特性,尤其是裂隙缝宽将发生较大的变化,从而改变裂隙岩体的渗流状态;另一方面,裂隙岩体内地下水位的变化将会导致岩体内应力场的重新分布,如降雨及地下水位变化是诱发山体边坡以及一些水利工程建筑物失稳的重要因素之一,这已经成为岩土工程界的共识。

许多学者研究了应力对岩体结构面渗透性的作用。Barton－Bandis 模型是目前引用较多的一种岩体应力与裂隙变形的本构关系模型。Barton 和 Bandis 通过试验后认为,裂隙的变形和法向应力呈双曲线关系,即:$\varepsilon = \dfrac{\sigma_n a}{(k_0 a - \sigma_n)}$,其中:$k_0$ 为法向应力为零时的法向刚度,a 为最大压缩变形量,ε 为变形量,σ_n 为法向应力。通过裂隙张开度的变化反映应力对渗透系数的影响,渗流反过来又影响应力与变形,从而实现应力场与渗流场的耦合。

这些对裂隙岩体耦合机理的试验研究和理论分析,有助于确定合理的计算模型和耦合方法,用来模拟计算渗流场和应力场的相互作用。在进行裂隙岩体渗流与应力的耦合计算分析时,既涉及对裂隙岩体渗流状态的描述,又需考虑岩体应力－应变特征,以及二者的耦合效应,加之实际工程水文地质条件复杂,故耦合分析所采用的模型千差万别。

来自世界上几个核电开发比较先进国家的科学家对核废料贮藏问题开展了合作研究,裂隙岩体的变形及其中水流、热和核素运移是研究的主要方面。近二十年来,他们一直在从事热－水流－应力(THM)耦合模型及其模拟方法的研究、对比与率定工作,数值模拟已经能够与实验模型达到较好的拟合效果[17]。热－水流－应力和溶液浓度(THMC)耦合模型也正在研究中。我国在耦合模型方面也开展了一些研究工作[18]。

由于目前反映耦合作用的本构关系仍然只是建立在实验基础上,而实验结果必然与岩块和裂隙的性质,以及应力的大小与量级有关,耦合计算的工作量又非常大,所以国内外对实际工程进行耦合计算取得的成果都还缺乏足够的说服力。

3 三维饱和非均质各向异性稳定渗流有限元程序 S3D

3.1 数学模型及模拟方法

对于绝大多数土体,以及存在合适的代表性单元体的岩体来说,可以采用等效连续介质模型研究渗流问题[14]。三维各向异性饱和渗流场的控制方程可以写作张量的形式：

$$\mathrm{div}(\overline{K} \cdot \mathrm{grad}H) = 0, \tag{2.2-1}$$

式(2.2-1)中$\overline{K}$为二阶对称渗透张量，H为渗流场的水头函数。稳定渗流场有如下三种典型的模型边界条件：

$$H = f_1(x, y, z), \tag{2.2-2}$$

$$\overline{K} \begin{bmatrix} \dfrac{\partial H}{\partial x} \\ \dfrac{\partial H}{\partial y} \\ \dfrac{\partial H}{\partial z} \end{bmatrix} = f_2(x, y, z), \tag{2.2-3}$$

$$H + \alpha \dfrac{\partial H}{\partial z} = \beta, \tag{2.2-4}$$

它们分别被称作第一、二、三类边界。n为边界外法线方向，α, β为常数。x, y, z为笛卡尔坐标系中的三个坐标轴，y轴正向铅直向上。

上述定解问题可以用有限元方法求解。在给定边界条件下，(2.2-1)式等价于泛函极值问题：

$$X(H) = \dfrac{1}{2} \iiint_D \overline{K} \begin{bmatrix} (\dfrac{\partial H}{\partial x})^2 & \dfrac{\partial H}{\partial x}\dfrac{\partial H}{\partial y} & \dfrac{\partial H}{\partial x}\dfrac{\partial H}{\partial z} \\ \dfrac{\partial H}{\partial y}\dfrac{\partial H}{\partial x} & (\dfrac{\partial H}{\partial y})^2 & \dfrac{\partial H}{\partial y}\dfrac{\partial H}{\partial z} \\ \dfrac{\partial H}{\partial z}\dfrac{\partial H}{\partial x} & \dfrac{\partial H}{\partial z}\dfrac{\partial H}{\partial y} & (\dfrac{\partial H}{\partial z})^2 \end{bmatrix} \mathrm{d}x\mathrm{d}y\mathrm{d}z = \min, \tag{2.2-5}$$

用形函数N和离散单元结点上的水头值构成水头插值函数，根据极值原理可以得到线性代数方程组

$$\sum_{e=1}^{n} \dfrac{\partial X^e(H)}{\partial H_i} = 0 \tag{2.2-6}$$

式中i和e分别是单元和单元结点序号，n是单元总数，

$$\dfrac{\partial X^e(H)}{\partial H_i} = [K]^e[H] = \int_{V_e} [B]^T \overline{K}[B] \mathrm{d}v[H], \tag{2.2-7}$$

V_e为单元体积，$[K]^e$为单元传导矩阵，$[B]$为单元的几何矩阵，

$$[B] = \begin{bmatrix} \dfrac{\partial N_1}{\partial x} & \dfrac{\partial N_2}{\partial x} & \cdots & \dfrac{\partial N_m}{\partial x} \\ \dfrac{\partial N_1}{\partial y} & \dfrac{\partial N_2}{\partial y} & \cdots & \dfrac{\partial N_m}{\partial y} \\ \dfrac{\partial N_1}{\partial z} & \dfrac{\partial N_2}{\partial z} & \cdots & \dfrac{\partial N_m}{\partial z} \end{bmatrix}. \tag{2.2-8}$$

实际工程问题中，渗透张量$\overline{K}$不够直观，故常用主渗透张量表示。对于非均质各向异性渗流场，不同单元的主渗透张量可能不一样。假定按顺时针方向从地理北极到x轴的夹角为α_x，单元e的主渗透张量的长度分别为K_1, K_2, K_3，走向分别为$\alpha_1, \alpha_2, \alpha_3$，倾向分别为$\beta_1, \beta_2, \beta_3$。则由主渗透张量确定的坐标系$u, v, w$与工程计算坐标系之间的转换关系为：

$$[x \quad y \quad z] = [u \quad v \quad w]R, \tag{2.2-9}$$

其中，转换矩阵为

$$R=\begin{bmatrix}\dfrac{\partial x}{\partial u}&\dfrac{\partial y}{\partial u}&\dfrac{\partial z}{\partial u}\\ \dfrac{\partial x}{\partial v}&\dfrac{\partial y}{\partial v}&\dfrac{\partial z}{\partial v}\\ \dfrac{\partial x}{\partial w}&\dfrac{\partial y}{\partial w}&\dfrac{\partial z}{\partial w}\end{bmatrix}=\begin{bmatrix}\cos(\alpha_x-\alpha_1)\cos\beta_1&-\sin\beta_1&\sin(\alpha_x-\alpha_1)\cos\beta_1\\ \cos(\alpha_x-\alpha_2)\cos\beta_2&-\sin\beta_2&\sin(\alpha_x-\alpha_2)\cos\beta_2\\ \cos(\alpha_x-\alpha_3)\cos\beta_3&-\sin\beta_3&\sin(\alpha_x-\alpha_3)\cos\beta_3\end{bmatrix} \quad (2.2\text{-}10)$$

各单元在其主渗透张量坐标系下,有

$$[B']=\begin{bmatrix}\dfrac{\partial N_1}{\partial u}&\dfrac{\partial N_2}{\partial u}&\cdots&\dfrac{\partial N_m}{\partial u}\\ \dfrac{\partial N_1}{\partial v}&\dfrac{\partial N_2}{\partial v}&\cdots&\dfrac{\partial N_m}{\partial v}\\ \dfrac{\partial N_1}{\partial w}&\dfrac{\partial N_2}{\partial w}&\cdots&\dfrac{\partial N_m}{\partial w}\end{bmatrix}=R[B'] \quad (2.2\text{-}11)$$

于是式(2.2-7)就成为如下形式

$$\begin{aligned}\dfrac{\partial X^e(H)}{\partial H_j}&=\int_{V_e}[B']^T\begin{bmatrix}K_1&0&0\\0&K_2&0\\0&0&K_3\end{bmatrix}[B']\mathrm{d}v[H]\\ &=\int_{V_e}[B]^T R^T\begin{bmatrix}K_1&0&0\\0&K_2&0\\0&0&K_3\end{bmatrix}R[B]\mathrm{d}v[H]\end{aligned} \quad (2.2\text{-}12)$$

按式(2.2-12)形成单元刚度矩阵时,只需要给出单元的主渗透张量,而且,可以在统一的工程计算座标系下直接形成总刚度矩阵,概念直观。

单位面积流量公式也可以做同样推导:

$$q=\overline{K}\begin{bmatrix}\dfrac{\partial H}{\partial x}\\ \dfrac{\partial H}{\partial y}\\ \dfrac{\partial H}{\partial z}\end{bmatrix}=R^T\begin{bmatrix}K_1&0&0\\0&K_2&0\\0&0&K_3\end{bmatrix}R\begin{bmatrix}\dfrac{\partial H}{\partial x}\\ \dfrac{\partial H}{\partial y}\\ \dfrac{\partial H}{\partial z}\end{bmatrix}. \quad (2.2\text{-}13)$$

在流量断面上对式(2.2-13)积分就可以得到流量。

3.2 S3D 程序集

20 世纪 70 年代末,针对 3.1 节的模型和有限元计算方法,我国从事水工渗流研究的同行联合编写了计算程序,从 80 年代起得到了越来越多的工程应用。

长江科学院于 80 年代后期将 FORTRAN 微机版本移植为 VAX 机版本,后又移植为 PC 机版本,并且重点在前后处理、任意各向异性张量运用、适应任意形态剖分剖面、无压流场的以沟代井等效方法等方面进行了改进;通过在三峡水利枢纽(永久船闸、坝基、地下厂房、围堰与基坑等模型)[20]-[22]、丹江口枢纽(土坝及坝基)[23][24]、清江隔河岩水电站(坝基)、水布垭水电站(面板堆石坝及坝基、地下厂房、马崖高边坡)[25][26]、乌江彭水水电站、构皮滩水电站、长江重要堤防近 20 项加固工程(含堤身地基及涵闸)、汉江兴隆水利枢纽(坝基、围堰及基坑模型)、崔家营航电枢纽(土坝及坝基)等工程中得到了应用和检验。近些年,又在一批在建和拟建工程中得到了应用,包括南水北调中线(总干渠工程及其跨河工程基坑模型,引江济汉工程进口段基坑模型)、金沙江乌东德水电站(坝址和厂房区、围堰基坑模型)、白鹤滩水电站(围堰和基坑模型)、日冕水电站(土坝及坝基)、塔城水电站(土坝及坝基)、重庆小南海水电站(坝基、围堰基坑模型)、伊江上游密松、其培水电站,等等。在这些应用过程中,程序细节也在不断地改进和完善。

  S3D 是一个程序集,包括前处理程序、势函数计算程序、渗流量计算及后处理程序。各程序的功能、输入文件、输出文件及其用途列于表 2.2-1 中。文件名中"MS"只是例子,实际上由用户通过键盘指定。脚本文件名"MS"后的数字为剖面号,由用户通过键盘指定。MS05.IDT 名字中的数字为迭代计算次数,由程序自动记录,MS05.IDT 代替 MS.IDT 后,运行 TS 将进行第 6 步迭代计算。TS 程序为势函数计算程序,其框图见图 2.2-1。

表 2.2-1   S3D 程序集列表

程序文件名	功能分类	输入文件	输出文件	输出文件用途
Ti	前处理	MS.DAT	MS.MOD	数据检查、计算输入文件
			MS.IDT	计算程序输入文件
			MS.QP	流量计算输入文件
			MS.TDR	剖面网格数据
2DMESH	前处理	MS.TDR	MS01.SCR	剖面网格图脚本文件
PREPRO	前处理	MS.MOD	ANSYS.DAT	画三维网格图
		MS.IDT		
TS	势函数计算	MS.MOD	MS.OUT	全面分析成果
			MS.IDT	供下次迭代计算输入
		MS.IDT	MS05.IDT	中间成果记录
			MS.CAD	提供后处理的数据
TQ	流量计算	MS.MOD	MS.FLX	流量计算结果
		MS.IDT		
SPOT	后处理	MS.CAD	MSP01.SCR	画剖等势线图脚本文件
		MS.WWG		
PPOSTPRO	后处理	MS.MOD	TECPLOT.DAT	画三维成果图
		MS.IDT		

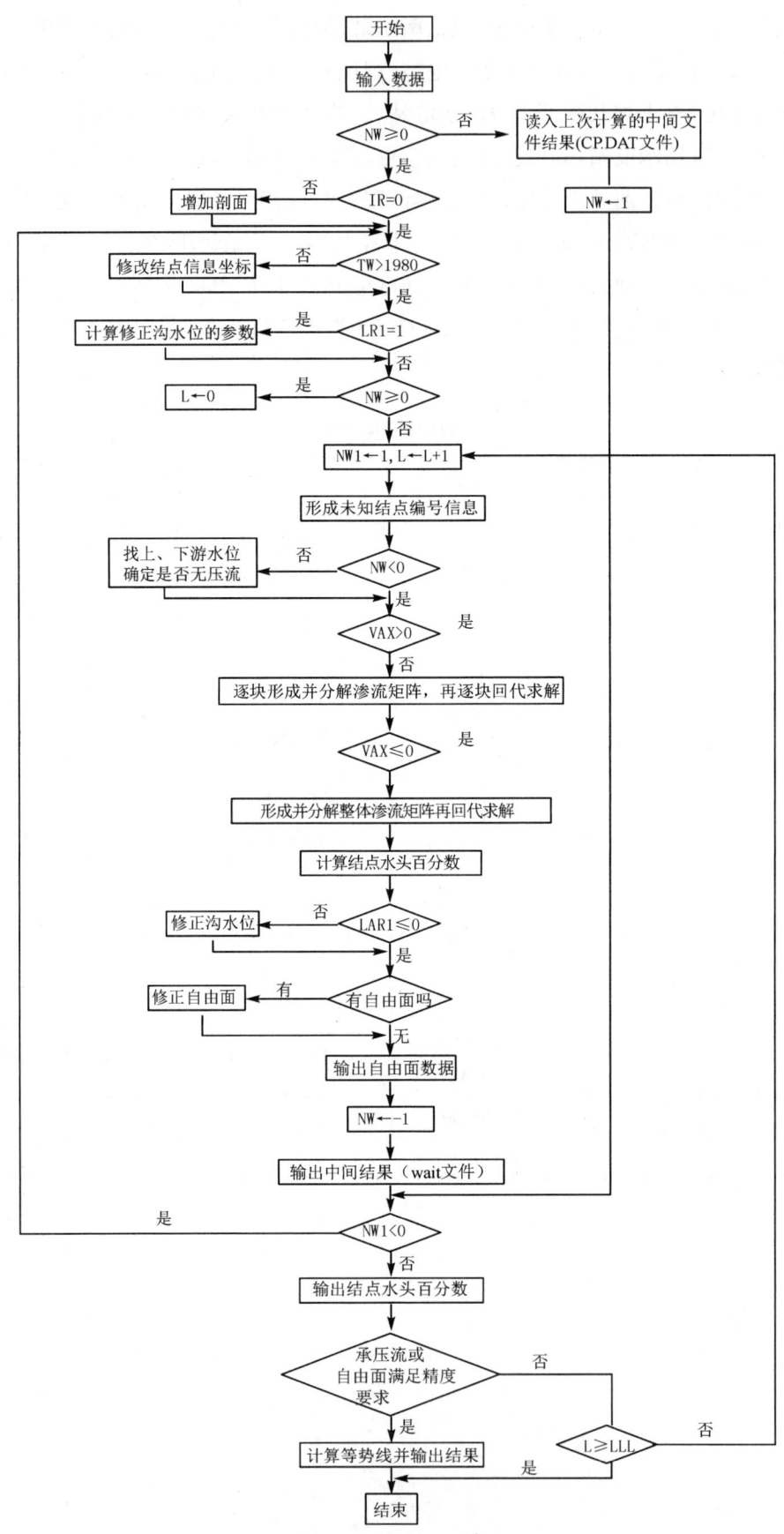

图 2.2-1 TS 程序框图

4 基于固定网格的结点虚流量法渗流程序 SSC−3D

4.1 有自由面渗流问题固定网格求解的结点虚流量法

4.1.1 有限元支配方程及定解条件

三维稳定渗流场的渗流支配方程为:

$$-\frac{\partial}{\partial x_i}\left(k_{ij}\frac{\partial h}{\partial x_j}\right)+Q=0 \tag{2.2-14}$$

式中:x_i 为坐标,$i=1,2,3$;k_{ij} 为二阶对称的渗透张量,描述岩体的渗透各向异性;$h=x_3+p/\gamma$ 为总水头,x_3 为位置水头,p/γ 为压力水头;Q 为渗流域中的源或汇项。

计算所用边界条件如下(见图 2.2-2):

$$h|_{\Gamma_1}=h_1 \text{ 或 } h_2 \tag{2.2-15}$$

$$-k_{ij}\frac{\partial h}{\partial x_j}n_i|_{\Gamma_2}=q_n \tag{2.2-16}$$

$$-k_{ij}\frac{\partial h}{\partial x_j}n_i|_{\Gamma_3}=0 \text{ 且 } h=x_1 \tag{2.2-17}$$

$$-k_{ij}\frac{\partial h}{\partial x_j}n_i|_{\Gamma_4}\geqslant 0 \text{ 且 } h=x_3 \tag{2.2-18}$$

式中,h_1、h_2——已知水头函数;

n_i——渗流边界面外法线向余弦,$i=1,2,3$;

$\Gamma_1=AB,CD$——已知水头的第一类渗流边界条件;

$\Gamma_2=GA,GF,FE,BC$——已知渗流量的第二类渗流边界条件;

$\Gamma_3=AE$——位于渗流域中,渗流实区和虚区之间的渗流自由面;

$\Gamma_4=ED$——渗流逸出面,出逸点 E 的具体位置待求;

q_n——边界面的法向流量,流出为正。

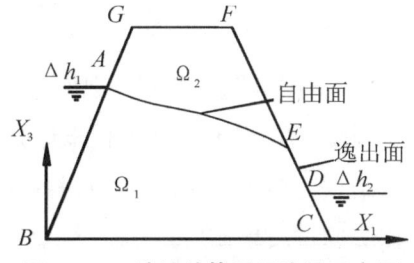

图 2.2-2 渗流计算所用边界示意图

4.1.2 基于固定网格结点虚流量法的渗流自由面模拟

对于有压渗流场问题,程序计算时没有自由面检索和甄别的问题,无须迭代求解。而对于有渗流自由面的无压渗流问题的求解,由于事先不知道浸润线(自由面)及渗流逸出点(线)的确切位置,或逸出面的确切大小,使得用数值计算的方法求解这个问题时颇显复杂。

在通常情况下,按常规算法在求解问题时,需事先假定问题的计算域(渗流域)的大小,再进行单元网格剖分后计算,然后根据中间解的情况,判断事先假定的计算域大小的合理性,并进行计算域的修正和重新计算,如此反复进行,直至达到工程要求的精度为止。针对这一问题,文献[20]提出了固定网格求解的结点虚流量法,可以方便有效地解决这一问题,并成功应用于大量实际工程。其中定义位于自由面以下的区域 Ω_1 为渗流实域,自由面以上的区域 Ω_2 为渗流虚域,相应地位于 Ω_1 和 Ω_2 中的单元和结点分别称为实单元与虚单元以及实结点与虚结点;固定网格求解时,定义中间被自由面穿过的单元为过渡单元,由所有过渡单元构成的计算域为过渡域。

当求解上述式(2.2-14)—式(2.2-18)的渗流问题时,若事先知道实域(Ω_1)的大小,根据变分原理,式(2.2-19)和式(2.2-20)分别为上述问题的求解泛函和有限单元法代数方程组(取 $Q=0$),式(2.2-20)的解 $\{h\}$ 即为渗流场的水头解,无须迭代求解。

$$\prod(h) = \frac{1}{2}\int_{\Omega 1} k_{ij} \frac{\partial h}{\partial x} \frac{\partial h}{\partial x_1} \mathrm{d}\Omega \qquad (2.2\text{-}19)$$

$$[K_1]\{h_1\} = \{Q_1\} \qquad (2.2\text{-}20)$$

式中：$\prod(h)$ 为泛函；Ω_1 为渗流实域；$[K_1]$，$\{h_1\}$ 和 $\{Q_1\}$ 分别为渗流实域的传导矩阵、结点水头列阵和结点等效流量列阵。但是在实际工程的渗流场中，自由面的位置、逸出面的大小及实际渗流域的大小事先均是不知道的，实域 Ω_1 的大小事先也无法知道，它是一个典型的边界非线性问题，需通过式(2.2-21)的迭代计算，才能求得渗流场的真解[28]。

$$[K]\{h\} = \{Q_1\} - \{Q_2\} + \{\Delta Q\} \qquad (2.2\text{-}21)$$

式中：$[K]$，$\{h\}$ 和 $\{Q\}$ 分别为计算域（$\Omega = \Omega_1 \cup \Omega_2$）的总传导矩阵，结点水头列阵和结点等效流量列阵；$\{Q_2\}$ 为渗流虚域的结点等效流量列阵；$\{\Delta Q\} = [K_2]\{h\}$ 为渗流虚域中虚单元和过渡单元所贡献的结点虚流量列阵。

结点虚流量法，对于堤防、边坡等问题或其他一些十分关心逸出点（线）精确位置及坡降的问题，考虑得还不够完善。文献[20]在求解(2.2-21)式时将 $\{Q_2\}$ 忽略，也就是忽略了已知水头结点对相应过渡单元虚域部分的作用，给关键的逸出点计算带来了人为误差。文献[21]则考虑了这部分流量的作用，将结点虚流量法进行成功改进。在迭代边界的过程中，检验边界时就要考虑 $\{Q_2\}$，只需按下式计算。

$$[K_2^*]^{it}\{h^*\}^{it} = \{Q_2\}_0^{it} \qquad (2.2\text{-}22)$$

式(2.2-22)中：$[K_2^*]^{it}$ 为第 it 迭代步引入已知结点水头边界条件前，计算虚域贡献的总传导矩阵；$\{Q_2\}_0^{it}$ ——第 it 迭代步引入已知水头结点边界条件前，内部源汇项、非零流量边界等对计算虚域贡献的流量列阵；$\{h^*\}^{it}$ 为第 it 迭代步计算域全域所有水头结点。在式(2.2-21)中引入第 it 迭代步的全部已知水头结点边界条件后，就可以得到式(2.2-22)中的 $\{Q_2\}^{it}$。其实，在迭代过程中，$\{Q_2\}^{it}$ 主要是处在与边界相交的过渡单元里。

4.2 排水孔的有限元直接精细模拟方法

在坝基廊道底部或顶部，地下厂房洞室群周围通常布置有密集的排水孔幕，排水孔的孔径一般很小，约 5~10cm，孔距约 2~5m，常见 3m。在水利工程中排水孔一般有两类：一类是渗透水流从孔壁逸出，渗透水一般不会充满孔腔，而是沿孔壁向下自由逸流，从孔底部流出，排入排水廊道等导渗设施，根据这类排水孔的水力行为，排水孔周壁的渗流边界条件为可能渗流逸出面边界，这些排水孔也被称为逸流型排水孔（或称仰孔），逸流型排水孔往往会穿过渗流自由面。当排水孔全身位于渗流自由面上方的渗流虚区域时，这类排水孔就完全失效。

另一类排水孔是孔腔充满了水，渗透水流再从孔顶端口自由溢流排入排水廊道等导渗设施，整个排水孔壁为已知水头边界，因此这些排水孔为溢流型排水孔（或称俯孔），当排水孔位置处的渗流自由面低于该类排水孔时，溢流型排水孔就没有水从其顶面自由溢出，整个排水孔排水降压的渗控作用就完全消失。溢流型排水孔发挥排水降压作用的前提是孔壁上任一点渗透水头大于（或等于）孔顶端口的位置高程；反之，该排水孔不会处于排水降压的工作状态。一般地，在获得渗流场的真解之前，事先并不知道溢流型排水孔是处于排水降压的工作状态，还是处于不排水的完全非工作状态。为了对这类排水孔的真实渗流水力行为也能够进行准确的数字仿真模拟计算，引入虚拟的排水孔数学开关器的概念（图 2.2-5），文献[29]给出了该模型的数理表达，为高边坡、地下洞室群及大坝溢流型排水孔幕的高效精细模拟提供了极大的方便。当开关器开启时,在算法上就可以对排水孔的排水工作状态进行精细准确的模拟,渗透水流从孔顶端口自由溢出,此时整个排水孔内壁面为一个水头等值面;反之,只要当该类排水孔被自由面穿过,孔顶端口就不排水,整个排水孔处于非工作状态,此时在仿真计算程序中应该关闭该排水孔的数学开关器,在程序中消除该排水孔的排水作用(见图2.2-3,图2.2-4)。

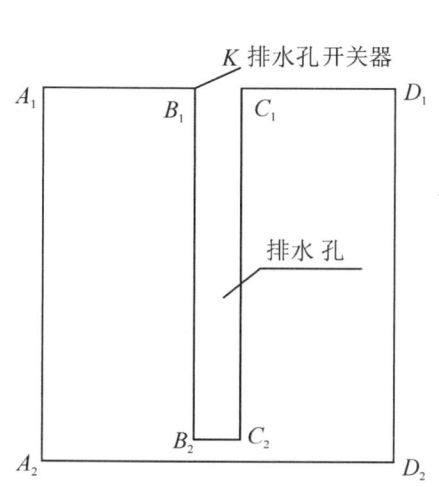

图 2.2-3 溢流型排水孔开关器

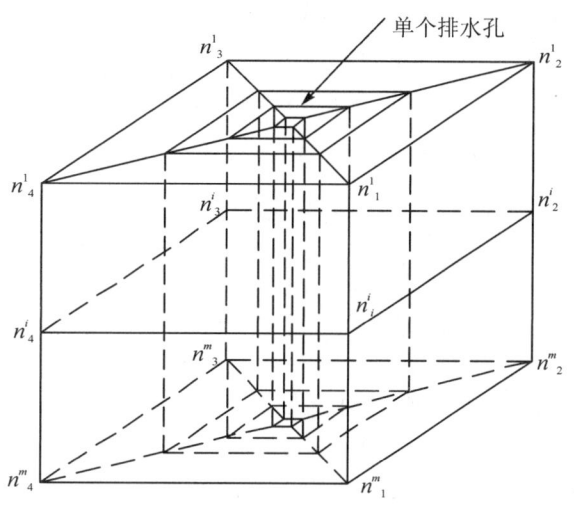

图 2.2-4 单个排水孔三维网格

在渗流场的迭代求解时,因一开始事先不能确定每个排水孔的真实工作状态,需要在渗流场迭代求解的数值计算中,根据中间近似解,逐步对每一个溢流型排水孔的真实工作状态进行甄别;可先任意假定各个溢流型排水孔开关器是关闭的或打开的,并给予相应的渗流边界条件,进行求解,再根据渗流场的中间解,得到各个排水孔开关器顶端口结点的水头或流量,进而再按这些结点的水头或流量的大小和原本物理意义,准确无误地调整各个排水孔开关器在下一步计算中的状态,进行求解,然后再根据新的中间解进行新一轮的排水孔工作状态的甄别和渗流场的迭代求解,直至获得收敛的解。具体算法及排水孔剖分模式此处不再赘述。

以上排水孔计算方法属于直接精细模拟法,排水孔的渗流行为有严密的数学表达,相比诸多排水孔等效算法,该方法更简单、精确。

4.3 SSC-3D 渗流分析程序介绍

基于 4.1 节渗流场基本理论,河海大学朱岳明教授于 20 世纪 80 年代提出了基于结点虚流量法固定网格求解渗流自由面问题的结点虚流量法,并开发了渗流有限元程序,成功应用于国家"七五"和"八五"科技攻关项目。此后在国内外多个水电站工程中得到成功应用。基于以上理论和程序基础,崔皓东在攻读博士期间,经过改进、完善开发了 SSC-3D 程序(Saturated Seepage Comprehensive nalysis 3D, Version 2.0),使其具有固定网格渗流自由面自动求解、出逸点自动搜索及密集排水孔幕逐孔快速求解等功能,能实现大坝基础、高边坡及地下洞室群围岩等工程复杂渗流场数值模拟。该软件近几年主要应用的工程有:贵州光照水电站、深圳抽水蓄能电站工程、二滩工程、南水北调中线总干渠工程、缅甸其培、乌东德、小南海锦屏、滇中引水工程等水利水电工程。

渗流程序 SSC-3D 的前后处理和计算采用可实现流程化操作。作为基于固定网格法求解渗流场,在计算时,只需将前处理文件整理成一定格式,SSC-3D 为可执行程序包,可以自动读取并完成计算,计算过程不需人工干预,计算完成时生成一定格式的结果文件,再根据需要作相应的结果整理。

5 三维饱和—非饱和非稳定渗流有限元计算 US3D

5.1 数学模型及模拟方法

在自然条件下,水工建筑物和岩土体内的水流运动不仅限于饱和区域,在饱和区与非饱和区之间也存在着水量交换。采用饱和非饱和理论统一求解流场,既能够真实地反映地下水流场的分布和水流运动规律,还可以避免确定自由面位置带来的边界非线性求解的困难。

连续介质中的饱和非饱和水流运动可用下列 Richards 势函数方程描述:

$$\mathrm{div}\rho K(\theta)\vec{\nabla} H = \frac{\partial(\rho\theta)}{\partial t} \tag{2.2-23}$$

式中:H——总水头势,也就是全水头;

θ——介质的含水率;

$K(\theta)$——水力传导率函数,它在同一介质层中随含水率的变化而变化;

T——时间变量。

假定 X_1、X_2 为笛卡尔坐标系中水平面上的两个坐标系,X_3 为正向向上的铅直坐标轴,则总水头势 H 可以表示为:$H(X_1,X_2,X_3)=h(X_1,X_2,X_3)+X_3$,其中 h 变量在饱和区为正压力水头,在非饱和区为负压水头,即与介质的含水率互为函数关系。$K(\theta)$ 和 $h(\theta)$ 是反映介质水力特性的重要参数,也决定了非饱和流区域内的参数非线形特征。含水率与介质的空隙(包括裂隙和孔隙)率 n 和饱和度 S_w 的关系为:$\theta=nS_w$,这样式(2.2-23)也可表示如下:

$$\mathrm{div}\rho K(h)\vec{\nabla}(h+X_3) = \frac{\partial(\rho n S_w)}{\partial t}\frac{\partial h}{\partial t} = \left[nS_w\frac{\partial \rho}{\partial h}+\rho S_w\frac{\partial n}{\partial h}+\rho\frac{\partial \theta}{\partial t}\right]\frac{\partial h}{\partial t} \tag{2.2-24}$$

式中:右端括号中的第一项是水密度随压力而变化时引起的水量的变化,第二项是含水层孔隙率随水压力变化时引起的水量的变化。注意到 S_w 在饱和区为 1,而在非饱和区不妨假定 $\frac{\partial n}{\partial h}=0$ 和 $\frac{\partial \rho}{\partial h}=0$。式(2.2-24)右端括号中的第三项决定于介质的水分特征曲线 $h(\theta)$,称 $\frac{\partial \theta}{\partial h}=C(h)$ 为容水率,显然 $C(h)$ 在饱和区为零。对于水而言,ρ 可近似取 1,这样式(2.2-24)可进一步简化为:

$$\mathrm{div} K(h)\vec{\nabla}(h+X_3) = [aS_s+C(h)]\frac{\partial h}{\partial t} \tag{2.2-25}$$

式(2.2-25)为饱和非饱和流模型的控制方程。式中 a 在饱和区,即 $S_w=1$ 时,为 1,在非饱和区,即 $S_w<1$ 时,为 0;S_s 称为贮水率,它包括了式(2.2-24)右端括号中的前两项,综合反映水压力变化时,含水层空隙率和水密度的变化引起的水量的变化,对于承压含水层,它反映的是单位体积含水层介质的弹性释放和贮水能力。

模型的初始条件表示为:

$$h(X_i,0)=h_0(X_i) \tag{2.2-26}$$

模型的边界条件包括:

已知水头条件

$$H(X_i,t)=h(X_i,t)+X_3=f_1(X_i,t) \tag{2.2-27}$$

已知流量条件

$$\left[K_{ij}(h)\frac{\partial h}{\partial X_j}+K_{i3}\right]n_i=-f_2(X_i,t) \tag{2.2-28}$$

n_i 为边界面的单位法向矢量,最典型的已知流量边界是降水入渗边界。

式(2.2-25)所示的控制方程为参数非线性方程。采用 Galerkin 有限元法,时间上采用隐式或中心差分法,通过迭代实现非线性方程组的线形化,并采用预调整的共轭梯度法解方程组。

将式(2.2-25)进一步简化为如下形式:

$$L(H) = \vec{\nabla} A \vec{\nabla} H - B \frac{\partial H}{\partial t} = 0 \tag{2.2-29}$$

其中:$A = K(h)$,$B = C(h) + aS_s$

在经过有限单元剖分的计算区域 G 内,每个单元内的势函数可以用形函数近似地表达如下:

$$H(X_i, t) = N_n(X_i) H_n(t) \quad (n = 1, 2, \cdots, n) \tag{2.2-30}$$

$N_n(X_i)$ 为形函数,$H_n(t)$ 是时间的函数,将(2.2-26)式代入(2.2-29)式后有:

$$L(H) = R \tag{2.2-31}$$

R 为残差,如果 R 趋近于零,则 $H(X_i, t)$ 逼近微分方程的精确解。为此,要求 R 在整个计算域内满足:

$$\int_G RwdG = 0 \tag{2.2-32}$$

w 为权函数。这样通过残差加权积分为零求势函数的方法为加权残差积分法。当 w 采用特定函数,例如以下采用的形函数 N 时,则称为 Galerkin 法:

$$w_k(X_i) = N_k(X_i) \quad (n = 1, 2, \cdots, n) \tag{2.2-33}$$

由式(2.2-29)、式(2.2-32)、式(2.2-33)式可得:

$$\int_G N_n \left[\vec{\nabla} A \vec{\nabla} N_m H_m - B \frac{\partial N_m H_m}{\partial t} \right] dG = 0 \tag{2.2-34}$$

运用 Green 公式得:

$$\int_G A \vec{\nabla} N_n \vec{\nabla} N_m H_m dG + \oint_s A N_m \vec{\nabla} N_m H_m n ds + \int_G B N_n \frac{\partial N_n H_n}{\partial t} dG = 0 \tag{2.2-35}$$

对于离散化的整个计算区域有:

$$\sum_{i=1}^{n} \left[\int_{G_i} A_i \vec{\nabla} N_n \vec{\nabla} N_m H_m dG + \int_{G_i} B_i N_i \frac{\partial N_m H_m}{\partial t} dG - \oint_{s_i} A_i N_m \vec{\nabla} N_m H_m n ds + \right] = 0 \tag{2.2-36}$$

对于等参数有限元,式(2.2-14)成为:

$$A_{nm} h_m + F_{nm} \frac{dh_m}{dt} = Q_n - B_n - D_n \tag{2.2-37}$$

其中:$A_{nm} = \sum_{e=1}^{n} K_{ij} \int_{G_e} \frac{\partial N_n^e \partial N_m^e}{\partial X_i \partial X_j} dG \tag{2.2-38}$

$$\left. \begin{array}{l} F_{nm} = \sum_{e=1}^{n} \int_{G_e} (CN_n^e + N_n^e aS_s) dG \\ F_{nm} = 0 \quad (n \neq m) \end{array} \right\} \tag{2.2-39}$$

$$Q_n = -\sum_{e=1}^{n} \oint_{S_e} V N_n^e ds = -\sum_e (S_n V)_n \tag{2.2-40}$$

$$B_n = \sum_{e=1}^{n} K_{i3} \int_{G_e} \frac{\partial N_n^e}{\partial X_i} dG \tag{2.2-41}$$

$$D_n = \sum_{e=1}^{n} \int_{G_e} SN_n^e dG \tag{2.2-42}$$

式(2.2-40)是流量边界点的贡献,其中 V 是边界上的水流强度,S_n 是结点的控制面积。式(2.2-42)是域内源汇项的贡献,S 是源或汇的强度。

上述积分通过高斯积分进行。当在时间上采用隐式差分时,式(2.2-37)成为:

$$(A_{nm}^{K+\frac{1}{2}}+\frac{F_{nm}^{k+\frac{1}{2}}}{\Delta t_k})h_m^{k+1}=Q_n^{k+\frac{1}{2}}-B_n^{K+\frac{1}{2}}-D_n^{k+\frac{1}{2}}+\frac{F_{nm}^{k+\frac{1}{2}}}{\Delta t_k}h_m^k (n=1,2,3,\cdots,N) \quad (2.2\text{-}43)$$

上式形同如下的矢量方程:

$$Ax = b \quad (2.2\text{-}44)$$

通过采用预调整的共轭梯度法解上述方程组,并通过迭代,直至误差向量达到误差控制要求。

通过改编和完善得到三维饱和非饱和非稳定渗流有限元程序 US3D,已经是开展饱和非饱和渗流问题模拟和研究的重要工具。

5.2 US3D 程序

20 世纪 90 年代中期,长江科学院开始采用饱和-非饱和渗流理论研究土坝的渗流场[30],以及三峡永久船闸高边坡山体的渗流场[31],并实现了对暴雨入渗边界条件的模拟[32]。US3D 程序是张家发于 20 世纪 90 年代中期在日本京都大学访问期间合作的成果。并且在后来的一系列研究课题和工程科研项目中得到发展和改进。

US3D 程序为 FORTRAN 语言程序,采用 5.1 节的数值模拟方法。程序具有以下功能特点:

(1)既可求解稳定流问题,也可以求解非稳定流问题,还可以求解开始阶段为稳定流,而后转为非稳定流的问题;

(2)可以解承压流问题,也可以解无压流问题;

(3)可以解饱和流、非饱和流,以及饱和-非饱和流问题;

(4)边界条件可以是函数,包括分段函数;

(5)边界结点的性质可以发生变化;

(6)非稳定流计算可以采用变时步,也可以中途停止,而后再继续进行。

US3D 是一个程序集,包括前处理程序、计算程序及后处理程序。各程序的功能、输入文件、输出文件及其用途,列于表 2.2-2 中。文件名中"LH"只是例子,实际上由用户通过键盘指定。脚本文件名"LH"后的数字为剖面号,由用户通过键盘指定。2DMESH 与 S3D 程序集中同名程序是同一程序,可以互用。VRJ 为计算程序,其框图见图 2.2-5。

表 2.2-2　　　　　　　　　　　　　　　US3D 程序集列表

程序文件名	功能分类	输入文件	输出文件	输出文件用途
USINPUT	前处理	LH.3D LH.NBC	LH.DAT	计算输入文件
			LHNBC.DAT	计算输入边界变化数据文件
			LH.MOD	数据检查文件
			LH.TDR	剖面子块或单元网格数据
2DMESH	前处理	LH.TDR	LH01.SCR	剖面子块或单元网格图脚本文件
VRJ	计算程序	LH.DAT LH.SPE LHNBC.DAT	LH.OUT	全面分析成果
			LH.XLS	特征点时程线数据
			LH.FRS	最好时步计算成果
			LH.PLT	成果后处理数据
			LH.MESH	网格数据
USPOT	后处理	LH.PLT	LHFREE.XLS	自由面数据文件
			LH01.SCR	画剖等势线图脚本文件

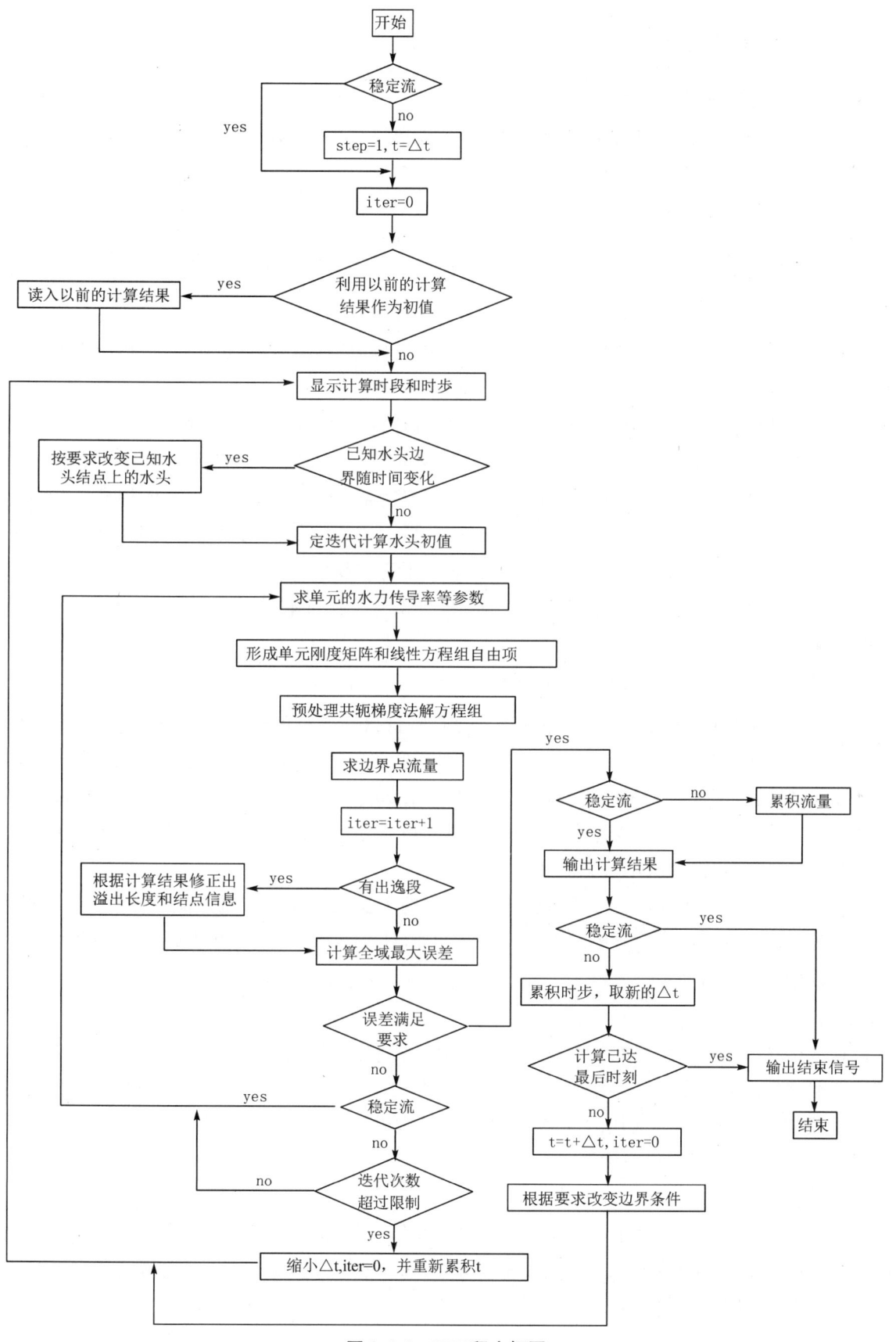

图 2.2-5 VRJ 程序框图

6 水工渗流分析软件集成与界面开发

6.1 软件开发的背景及意义

当前,随着我国水电能源事业的快速推进,高坝大库以及巨型电站的规划建设也大规模展开;三峡、二滩、锦屏一级、小湾、水布垭、白鹤滩、两河口、乌东德等高坝大库工程的建设,为我国的可持续发展提供了可靠的能源。在工程建设中常会涉及闸、坝、堤防以及地下洞室群等建筑物;此外,还有高边坡及深基坑、围堰等众多工程类型,其中渗流的控制是涉及工程建设和安全运行的最重要的因素之一。

同时,据了解,在全国已建成的大中小型水库大坝中,有一些工程存在与渗流因素相关的安全问题,它们一定程度上影响着当地人民生命财产的安全,需要采取除险加固等措施。另外,在能源、市政及交通建设和维护中,渗流问题也是关键问题之一,如地下及山体隧道、矿山工程、地铁建设,桥梁及高层建筑工程中的深基坑开挖工程,都需要对渗流场进行细致计算。

而渗流分析计算和渗控设计方案论证都离不开渗流计算软件,可靠和高效的渗流计算,则需要功能强大的渗流计算软件。渗流分析是长江科学院成立以来的重点专业之一。借助于948等项目的支持,长江科学院引进了一批国际上知名的商业软件。然而,求解复杂水工渗流问题,仍需依赖自己开发的和改进的专业软件。但这些自主开发和改进的软件,在拥有强大的解决复杂工程问题功能的同时,却一直没有进行界面开发,使得在规范化及使用便利上远远落后于商业软件。鉴于此,利用编程语言进行软件的完善和开发,形成整套可视化渗流分析软件,为国家大坝安全工程技术研究中心建立一套更规范、更实用和便利的渗流分析技术。

6.2 软件平台开发语言及模块功能划分

为方便工程人员使用,以及后续的完善开发和维护,将目前主打的软件S3D、SSC-3D和US3D进行集成,采用Microsoft Visual Basic结合FORTRAN编程语言混合编程,实现水工渗流计算程序功能的模块化和操作便捷化,形成渗流分析技术软件系统SFA1.0版(Seepage Field Analysis,Version 1.0);软件主要功能除了实现主要渗流计算外,还有渗流分析的前后处理的可视化操作,简单明了的人机交互操作菜单,同时也可方便快捷地调用常见商业软件。

通过建立友好的用户界面,主要采用直观且易操作的下拉菜单式方式将渗流计算程序功能模块化,从渗流计算分析流程排列可执行菜单。主要分为前处理、计算、后处理三大相对独立模块,各模块之间主要通过公用数据文件进行联系。

6.2.1 前处理模块

该模块为计算执行前的数据准备工作,主要有网格的剖分、展示及网格数据,计算参数,边界条件及其他计算所需数据。为方便软件计算和后处理模块的调用及与其他商业软件和现有程序的无缝对接,前处理模块采用的数据格式均为通用的.DAT格式;前处理模块中应可实现调用CAD及ANSYS等商业软件,以便显示模型网格或边界条件等。

6.2.2 计算模块

主要将现有渗流计算程序S3D、SSC-3D及US3D进行打包,通过界面菜单,直接调用其可执行程序或调用FORTRAN生成的DLL动态链接库的方式,实现本软件的计算功能。该模块为渗流计算核心部分,计算过程可实现窗口监控功能。

6.2.3 后处理模块

在计算模块中计算生成的所有计算成果(含中间成果)可通过该后处理模块进行读取并显示,如调用

CAD、ANSYS 或 Tecplot 等专业软件。后处理结果主要以云图和等值线图的形式提供,并且具有可编辑功能。

6.3 软件界面及开发说明

本软件 SFA1.0 版界面设计符合 Windows 界面风格,即包含"菜单条、工具栏、状态栏等"格式。菜单是本软件界面上最重要的元素,菜单位置按功能来组织。软件任务操作通常采用工具条中下拉菜单方式,便于操作。

根据本软件的特点,软件界面主要由主菜单栏、工具栏及软件界面底部的状态栏等组成,主菜单栏中的下拉菜单,根据菜单选项的含义进行分组,并且按照一定的规则进行排列,用横线隔开,界面布局见图 2.2-6。

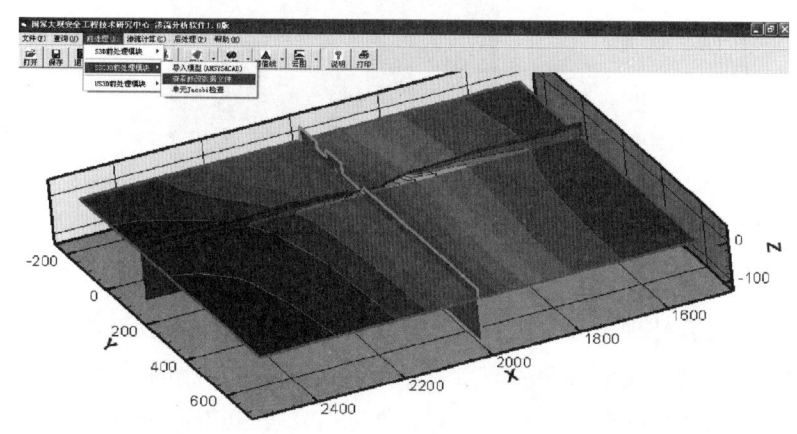

图 2.2-6 SFA 软件界面菜单、工具及状态栏布局

在菜单栏设计时,软件下拉菜单的设计则根据功能、使用频率和重要性排列,常用的放在开头,不常用的靠后放置;重要的放在开头,次要的放在后边。主菜单包括文件、查询、前处理、计算、后处理和帮助,其中每个主菜单又包括若干下拉子菜单。菜单深度均控制在三层以内。常用的菜单则作为工具栏中快捷图标的方式排列,以便快速实现某些菜单功能。软件界面底部则为软件的状态栏,主要有软件的名称、软件启动运行时间及软件版权单位信息。

软件主要功能有前处理、计算和后处理三大模块。前处理模块中,主要针对计算程序所需的文件,可以实现模型的数据(主要是网格、边界及渗透系数等信息)生成及导入,也可以导入 CAD、ANSYS 及其他专业软件所提供的模型格式。程序的前处理模块实现菜单化操作,图 2.2-7 就是部分前处理操作菜单。

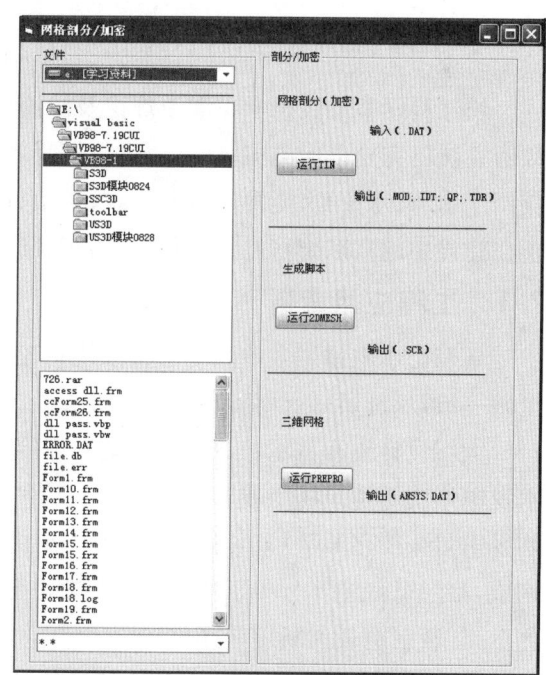

图 2.2-7 SFA 前处理操作界面(部分)

计算模块属于本软件的核心模块,该模块主要有 S3D、SSC-3D 及 US3D 组成,其主要原理、功能及研发背景在前述章节均有介绍,此处不再赘述。这些计算程序能实现不同的计算任务,主要通过调用计算程序及读取前处理信息实现计算任务,通过子菜单操作选择不同的计算程序,如图 2.2-8 即为通过子菜单实现 SSC-3D 计算,并能实现计算窗口的实时监控。

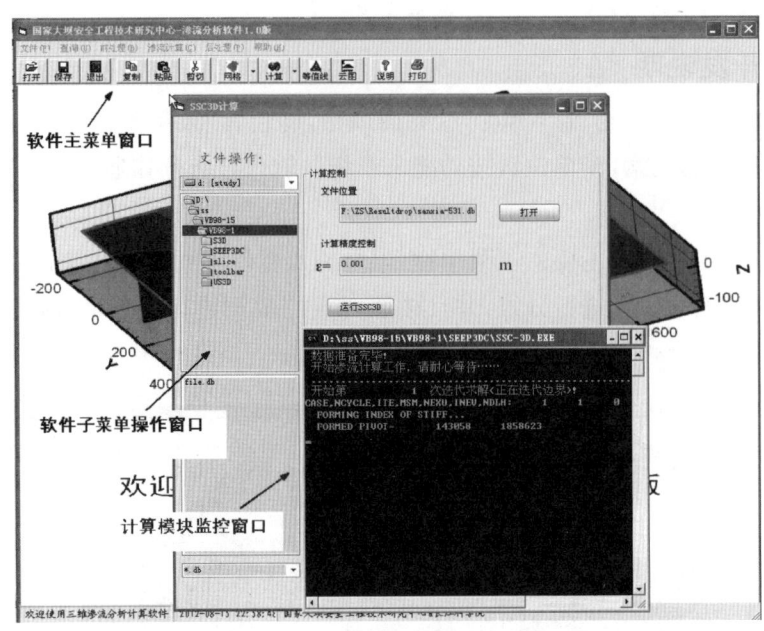

图 2.2-8　SFA 软件计算模块执行计算的窗口

另一个很重要的模块为后处理模块,为了使计算成果方便地统计、显示,也便于分析渗流场分布规律,本模块利用计算生成的数据,如水头和渗流量等结果文件,调用专业的后处理软件进行绘图或统计。如水头等值线可以通过调用 AUTOCAD、TECPLOT、ANSYS 及 SURFER 等专业软件绘制等值线图和云图等,并且通过 VB 与 FORTRAN 混合编程实现等值线图和云图的任意模型位置切割。

7　水工渗流分析软件工程应用

长江科学院渗流科学在渗流理论及渗流场模拟方面,立足解决工程实际问题,经几代人的努力,目前数值方法已完全取代电拟试验,通过引进吸收及自主研发,形成一套成熟的渗流场模拟技术及软件,成功应用于水利、水资源、能源、交通、市政、矿山、核电等多个领域,推动了渗流数值方法的进步。本章仅选择正在建设中的乌东德水电站工程,作为工程应用案例做简要介绍。

7.1　工程应用背景

乌东德水电站是金沙江下游河段规划建设的四个水电梯级——乌东德、白鹤滩、溪洛渡、向家坝的最上游一级,坝址所处云南省和四川省交界处。2020 年 6 月,首台机组已发电。

大坝设计正常蓄水位 975m,水库总库容约 74 亿 m^3。枢纽由混凝土双曲拱坝、泄洪消能建筑物、引水发电系统等建筑物组成,为 I 等工程,最大坝高约 270m。电站左右岸地下厂房共有 12 台机组,多年平均发电量 401 亿 kW·h。坝址区地层主要由前震旦系会理群褶皱基底浅层变质岩及震旦系盖层沉积岩构成,褶皱基底主要分布于河床覆盖层之下和两岸谷坡中下部,沉积盖层角度不整合超覆于褶皱基底层之上,工程区有较大断层带穿过。

乌东德水电站工程区地质条件和渗控措施空间布置复杂,其渗流场及渗控措施模拟和分析难度极大。研究主要涉及乌东德水电站高拱坝坝基及坝肩、左右岸地下厂房洞室群、水垫塘、二道坝、泄洪洞导墙及尾坎、高边坡及库区大型滑坡体等部位的渗流控制措施三维精细模拟、渗控效果评价及优化等。

"乌东德水电站工程区三维精细数值模拟及渗控效果"系列研究项目是长江勘测规划设计研究院在

2010—2020期间委托长江科学院渗流团队基于乌东德水电站工程开展的系列研究。项目于2010年1月启动,历经乌东德水电站可研、初设、设计及施工全阶段,最后一个渗控专项于2020年元月结题,历时10余年,项目研究过程全部采用长江科学院自主研发的三维渗流有限元SFA1.0软件。

7.2 研究内容及成果

针对乌东德水电站工程建设需要,在不同阶段渗流相关主要涉及以下几个方面的研究内容。

为适应复杂地质条件下的地下厂房洞室群、空间各种隧洞、防渗帷幕及密集排水孔幕的精细有限元渗流模型建模及渗流场模拟,开展复杂三维渗流有限元建模方法研究及模拟计算程序开发;高水头、复杂地质和渗控条件下高拱坝坝基在各种工况下的扬压力分布特征、廊道渗水量等分析论证;帷幕布置形式及效果分析和布置优化等;乌东德巨型电站工程左右岸地下厂房洞室群及多条引水洞、导流洞、泄洪洞在不同工况组合下对厂区的影响,厂房周边及顶部采用防渗帷幕结合密集排水孔幕的渗控效果精细模拟及分析;渗控优化方案的分析和论证等;论证不同工况条件下水垫塘、泄洪洞导墙及尾坎、二道坝布置及结构不同方案的渗流场分布特征,为乌东德水电站新型水垫塘及边墙和二道坝等结构形式和布置提供重要支撑;基于勘测、设计及现场监测对电站下游金坪子巨型滑坡体进行渗流场模拟及预测,为边坡治理提供支撑。

项目研究历经乌东德水电站可研、初设、设计及施工全阶段,主要成果如下。

完善并验证了一套适应复杂建模及渗流场精细模拟的有限元软件SFA1.0(Seepage Filed Analysis,Version 1.0),可实现非稳定饱和-非饱和、渗流自由面及密集排水孔幕的高效精细模拟,实现水工渗流计算程序功能的模块化和操作便捷化;通过建立乌东德水电站工程区复杂条件下的精细渗流有限元模型,经多工况及参数敏感性方案对比研究表明,乌东德水电站坝基、厂房洞室群、水垫塘、泄洪洞导墙及尾坎、二道坝及高边坡渗控措施效果显著,渗控方案安全合理;经坝基多种渗控方案的模拟和比较,推荐左岸坝基原方案中转向上游的坝肩帷幕向下游侧折转250m,优化左岸帷幕走向及长度,节省投资5千余万元;经雾雨入渗条件下水垫塘高边坡地下水流场动态演化过程分析,结合多种水垫塘结构形式的渗流场模拟,推荐工程拟采用"上部封闭+下部透水"的新型复合水垫塘结构是合理且可行的;在勘测、设计及现场监测成果基础上建立的金坪子滑坡体降雨入渗非稳定渗流模型,揭示了坡体饱和程度及水流运移与渗透系数及降雨强度关系,为乌东德金坪子巨型滑坡体治理提供了理论依据。

参考文献

[1] 包承纲,郭熙灵,程展林. 长江科学院土工科研60年[J]. 长江科学院院报,2011(10):94-101,117.
[2] Committee on Fracture Characterization and Fluid Flow, Rock Fractures and Fluid Flow[M]. National Academy Press,Washington,D.C,1996.
[3] 侯石珠. 乌江渡水利枢纽坝基渗流电拟试验[R]. 长江水利水电科学研究院,1960,7.
[4] 田利华. 沙市进水闸闸基电拟试验[R]. 长江水利水电科学研究院,1960,10.
[5] 郑明珠 曹敦履. 阳辛水电站左岸台地渗流电拟试验[R]. 长江水利水电科学研究院,1962,8.
[6] 陈道照. 鸭河口灌区大站头引水枢纽渗流电拟试验[R]. 长江水利水电科学研究院,1965,10.
[7] 曹敦履. 漳湖电排站地基渗流电试验报告[R]. 长江水利水电科学研究院,1972,9.
[8] 李思慎. 三三〇工程左岸土石坝渗流电拟试验成果[R]. 长江水利水电科学研究院,1972,12.
[9] 陈道照 沈昭曾. 三峡水利枢纽电站厂房坝段渗流电拟试验[R]. 长江水利水电科学研究院,1984,9.

[10] H. 达西. 水穿越砂流动定律的确定[C] // 地下水水力学的发展. 张宏仁编译. 北京:地质出版社,1992. (Darcy, H. Les fontaines publiques de la Ville de Dijon[C] //地下水水力学的发展. 张宏仁编译. Beijing:地质出版社,1992.

[11] Brown, E. T., P. I. Boodt, Permeability determination for a discontinuous crystalline rock mass, Proc. Int. Conf. Of ISRM[C], 1987.

[12] 张家发,李思慎. 裂隙岩体渗流场有限元分析中几个问题的讨论[C],岩土力学数值分析与解析方法,广州:广东科技出版社,1998.

[13] 陈崇希. 岩溶管道-裂隙-孔隙三重空隙介质地下水流模型及模拟方法研究[J],地球科学,1995(4).

[14] 石根华著,裴觉民译. 数值流形方法与非连续变形分析[M],北京:清华大学出版社,1997.

[15] 刘佑荣、唐辉明. 岩体力学[M],武汉:中国地质大学出版社,1999.

[16] Barton, N., M. Bandis & K. Bakhtar. Strength, deformation and conductivity coupling of rock joints[J]. Int. J. Rock Mech. & Geomechanical Abstract,1985,11,121-140.

[17] Stephansson, O., L. Jing & C.-F. Tsang. Coupled thermal-hydro-mechanical processes of fractured media[C]. Mathematical and experimental studies. Amsterdam:Elsevier, 1996.

[18] 周创兵. 裂隙岩体渗流场与应力场耦合分析研究[D],武汉水利电力学院博士学位论文,1995.

[19] 张家发,裂隙岩体渗流参数讨论和渗流场有限元计算与分析[J],长江科学院院报,1990(2):56-64.

[20] 谢红,任大春. 三峡船闸高边坡渗流场三维有限元分析[J],人民长江,1996(3)6-9,.

[21] 谢红,张家发. 三峡大坝坝基承压流坝段渗流控制措施的效果分析[J],长江科学院院报,1998(1):34-38.

[22] 张家发,李思慎. 三峡船闸高边坡裂隙岩体渗流场三维有限元分析[J],长江科学院院报,1993(1):9-13.

[23] 张伟,吕国梁,王金龙等. 丹江口土石坝砂卵石坝壳静压注浆渗控效果研究Ⅰ:二维渗流计算(J),长江科学院院报,2009.(10):101-104.

[24] 张伟,吕国梁,王金龙等. 丹江口土石坝砂卵石坝壳静压注浆渗控效果研究Ⅱ:三维渗流计算(J),长江科学院院报,2009.(10):105-108.

[25] 谢红,张家发,吴昌瑜,张伟. 水布垭水利枢纽三维渗流场有限元分析(J). 长江科学院院报,1999(1):37-40.

[26] 陈劲松,张家发. 乌东德水电站拱坝基础渗控措施研究[R]. 长江水利委员会长江科学院. 2011.10.

[27] 速宝玉,朱岳明. 不变网格确定渗流自由面的节点虚流量法[J]. 河海大学学报,1991,19(5):113-117.

[28] 崔皓东,朱岳明. 有自由面渗流分析的改进节点虚流量全域迭代法,武汉理工大学学报,2009.33(2):238-241

[29] 崔皓东,朱岳明,吴世勇. 有自由面渗流分析中密集排水孔幕的数值模拟[J]. 岩土工程学报,2008,30(3):440-444.

[30] 张家发. 土坝饱和与非饱和稳定渗流场的有限元分析(J). 长江科学院院报,1994(3):41-45.

[31] 张家发. 三维饱和非饱和稳定非稳定渗流场的有限元模拟[J],长江科学院院报,1997年(3):35-38.

[32] 张家发,李思慎,大西有三,田中诚. Analyses of the Seepage Field in a Mountain by High Slope with Rain Infiltrating,第九届岩土力学计算机方法与进展国际会议论文集[C],A. A. Balkema 出版社(荷兰),1997年11月出版,1033-1036.

第3章 堤防工程及围堰和基坑工程的渗流控制

1 概述

各类结构物或地下空间与相邻岩土体在涉水条件下都会形成渗透水流,并影响到施工和运行中结构物及岩土体的变形、结构稳定和渗透稳定,以及渗水的流量和质量。涉水条件不仅限于河、湖、水库等地表水体作用,也包括降雨入渗,灌溉回渗,以及地下水、油、气开采与储存,废弃物埋藏产生的废液等等,更包括天然含水层与工程的相互作用。

渗流控制就是以工程安全、高效和环境友好为总体目标,采取各种措施控制工程施工和运行中的渗流场,保障渗透稳定性,控制渗水流量和水环境影响,促进结构稳定和变形的有效约束。

有效的渗流控制依赖于渗流控制方案的合理确定、渗流控制工程措施的正确实施和质量控制,以及渗流控制措施的有效维护与调度。

在渗流控制的总体目标下,作为重要原则,渗流控制方案确定要充分考虑以下因素:水文地质条件,包括约束条件、有利条件;影响施工期和运行期渗流场动态的各项条件;工程措施的材料和施工技术,主体工程建设和运行周期;工程措施实施和运行维护管理成本;环境负效应等。

张家发等在讨论围堰和基坑工程渗流控制时,提出了渗流调控的思想,并提出一般性的渗流调控定义为:为保障工程建设和运行安全、控制工程建设工期、降低工程建设和运行成本、减轻工程建设环境负效应,针对工程及其基础渗流场采取的所有控制、调度和应急调控措施。这些措施包括:在设计阶段布置的渗流控制体系和制定的调度预案,应对工程建设实际进程需要、水文气候条件变化、工程特殊运行和检修工况实行的渗流控制体系调度操作,以及发现工程安全隐患或预测到不利趋势后采取的渗流场应急调控措施[1]。

本章将主要阐述堤防工程的渗流控制,并在最后一节重点结合土石围堰和基坑工程阐述渗流调控理论。

2 堤防工程的设计要点

2.1 堤防工程的作用和防洪能力

回顾1998年大洪水中湖北荆州地区尤其是洪湖市的防洪抢险工作,张家发讨论了堤防工程的作用和防洪能力[2]。对于一个(流域、河段或防洪体系)系统来说,解决防洪问题的根本途径实际上有两条:提供足够的蓄洪能力和保证适当的泄洪能力。在一个时间段内可以建立如下关于洪水的等式:

$$F = R + S \tag{2.3-1}$$

F为洪水总量,包括来自相邻系统的洪水加上本系统产生的洪水;R为蓄洪总量,是本系统内新蓄存的洪水;S为泄洪总量,是从本系统排泄出去的洪水。三个变量统一为体积量纲。

长江流域的防洪工程体系包括堤防工程、水库和蓄滞洪区。兴修水库是提高蓄洪能力的主动行为。堤防工程对蓄洪能力的影响是两方面的：将洪水限制在河道和漫滩范围内，约束了洪水的泛滥空间，减少了蓄洪空间的平均宽度；同时由于堤防工程的存在又抬高了河道的蓄洪水位，在忽略河道冲淤变化的条件下，也就是增加了蓄洪的平均水深。所以堤防工程对蓄洪能力的影响是多方面的。蓄滞洪区往往是利用堤防工程建设前的天然蓄洪空间，堤防工程建设后，按一定的调度原则，有条件地使用这部分蓄洪空间，所以蓄滞洪区的设置是为了增加蓄洪能力。

单位长度河段的蓄洪能力 C 可以简单地表示为

$$C = W \times D \tag{2.3-2}$$

W 是河段蓄洪空间的平均宽度，当两岸都有堤防工程时就相当于两岸堤防的间距；D 是河段蓄洪空间的平均水深，不考虑河道冲淤变化时，它只随蓄洪水位 H 的变化而变化。

由(2.3-2)式可见，合理地确定堤距，对于保证河段的蓄洪能力是非常重要的；若堤距不当时，就不得不提高蓄洪水位。为了简化起见，考虑到堤防工程已经建成，故堤距已经确定，以下的讨论不考虑河段蓄洪空间宽度的变化。

以往的规划、规范和设计文件都是通过设计洪水位，确定堤防工程防洪目标的。三峡工程的防洪调度方式也是通过控制泄洪流量，达到关键水文站的水位控制目标的[3]。所以设计水位被看作堤防工程的关键特征值。

堤防工程的挡水能力可以理解为，它能够安全承受洪水的作用，使其保护区免受洪水侵袭的能力。所谓安全承受洪水的作用，起码的要求是不因洪水的作用而发生漫顶和溃堤。漫顶是由于堤顶高程不足引起的。合理确定堤防工程的设计水位和安全超高可以避免相应洪水过程中出现漫顶现象。水库和蓄滞洪区是通过控制泄洪和分洪流量，来实现河道洪水水位控制目的的。只要水位流量关系准确，根据降雨或洪水来量可以预报，并通过调洪而避免漫顶现象。溃堤的发生则复杂得多，一般都有一个由险情的发生、扩展直至堤身塌陷、溃决的演变过程。险情的发生和扩展与堤防工程自身条件（堤身结构、材料特性，渗流控制措施，地基及内、外滩地质条件）有关，也与本次洪水过程（包括洪水水位和洪峰形态），甚至与前次洪水过程或汛前水位过程有关。在堤防工程自身条件一定时，其挡水能力不应该只是体现在所能抵挡的洪峰最高水位，而应该是体现为能够安全经历的洪水过程。

堤防工程的挡水能力又是与防洪过程中的投入相对应的。对于已建堤防，在防洪过程中要求其达到的挡水能力越强，就必须投入越多。当然其挡水能力是有限度的，而且要求越高，承担的风险就越大。防洪实战中，如何发挥堤防工程的挡水能力，必须结合整个防洪工程体系的联合作用来考虑。正常情况下，应以发挥与其设计标准对应的挡水能力为限。

2.2 堤防工程渗流控制的设计

《堤防工程设计规范》[4]中关于堤防工程设计的规定，是建立在防洪标准基础上的。根据防洪标准（洪水重现期）划分堤防工程的级别，根据堤防工程级别，设定工程的安全加高值和稳定安全系数，作为设计标准。

安全加高值是考虑水文观测资料系列的局限性、河流冲淤变化、主流位置变化、堤顶磨蚀和风浪侵蚀等因素而设置的堤顶高程加高值。设计中按照设计洪水位或者设计高潮位加堤顶超高值，确定堤顶高程，而堤顶超高值则是在安全加高值基础上，加上设计波浪爬高和设计风壅增水高度。

渗流对于堤防工程安全的影响有多种形式：渗透变形不断扩展引起的堤身堤基塌陷直至溃堤；堤基

弱透水覆盖层因承压水头过高失去抗浮稳定引起的堤基渗透变形、堤基塌陷和溃堤；高洪水位长期作用或者骤降条件下堤身渗流场促使堤身滑坡，甚至整体失稳；穿堤建筑物除了其自身和基础的渗流安全关乎堤防的安全外，一旦它与堤身之间渗流控制措施没有做到合理衔接与过渡，甚至存在接触缝时，则会出现接触冲刷，并逐步造成建筑物的变形与破坏、堤身塌陷，直至溃堤。所以，堤防工程稳定安全系数不仅有堤坡抗滑稳定安全系数，防洪墙的抗滑、抗倾等与渗流场及水荷载有关的安全系数，还有抗浮稳定安全系数，以及确定允许比降的安全系数。

（1）抗浮稳定性

抗浮稳定状态可以一般性地定义为，在地表或者水底以下浅部存在承压水条件时，与作用于承压含水层顶面的水压力对应的力学平衡状态。

当弱透水地层作为承压含水层顶板时，抗浮稳定性被破坏的结果可能是一定范围内土体的整体抬动，也可能是局部薄弱处地层被顶穿；当承压含水层顶板为弱透水结构层（例如混凝土板）时，抗浮稳定性被破坏的结果是结构层的浮动。

承压含水层顶面承受的水压力 P 就是浮力，用 R 表示来自承压含水层的上覆土层、结构层、水体等的抗浮力。反映抗浮稳定性的关系式可以写为

$$K = R/P \tag{2.3-3}$$

式中 K 为安全系数，$K=1$ 时处于平衡状态；$K<1$ 时抗浮稳定性就会破坏；为了维持抗浮稳定性，应使 $K>1$。

在抗浮稳定平衡系统中，浮力和抗浮力成为两个对立的方面。

浮力，也就是承压含水层底面的水压力，决定于水文地质、工程、水文等条件。在其他条件一定的前提下，弱透水顶板与承压含水层渗透性的差异，对浮力起着决定的作用。随着二者渗透性差异的减小，渗流场趋向均匀分布，浮力逐渐减小；随着二者渗透性差异的增大，渗流场和水头损失的分布在界面两侧呈现明显差异，浮力逐渐增大。

抗浮力的组成比浮力要复杂。最常见的抗浮力是承压含水层上覆的各地层、结构层及积水的荷重。一些地下建筑还采用桩、锚等措施增加抗力[5]。所以抗浮力应取各分项抗浮力之和：

$$R = \sum_{i=1}^{n} R_i \tag{2.3-4}$$

桩、锚及其他措施的结构力计算较为复杂。上覆土层、结构层和积水的荷重则可以用单位面积重量表示，从而与作为浮力的水压力统一量纲。由于承压含水层流场及其上覆土层、结构层厚度空间分布和淹没水深的变化，不同部位需要分别计算抗浮稳定性，尤其不能忽视相对薄弱部位的复核计算。

对于堤防工程，如果弱透水覆盖层底面与渗流出口的水头差计为浮力，对应的抗浮力就是弱透水覆盖层底面以上单位面积土体的浮重。(2.3-3)式可以写成

$$K = \sum_{i=1}^{n} \gamma'_i T_i / (H - H_0) \tag{2.3-5}$$

γ'_i 和 T_i 分别是各土层的浮容重和厚度，H 和 H_0 分别是弱透水覆盖层底面与渗流出口的总水头值。如果弱透水覆盖层底面以上为均匀土体，则(2.3-5)可以简化为

$$K = \gamma' T / (H - H_0) = \gamma' / J \tag{2.3-6}$$

$J = (H - H_0)/T$ 为弱透水覆盖层的平均比降。在已知土层浮容重的条件下，根据(2.3-6)式可以计算实际 K 值，与设计要求的抗浮稳定安全系数进行比较，可以判断其抗浮稳定性是否满足要求。根据给

定的安全系数值及已知的土层浮容重，也可由(2.3-6)式可求得平均比降的上限值，再与堤防背水侧不同位置弱透水覆盖层的平均比降相比较，以判定抗浮稳定性的薄弱部位及其抗浮稳定状态，作为渗流控制方案布置的重要依据[6]。

堤防工程设计规范没有规定与抗浮稳定有关的内容，长江重要堤防渗流安全评价和渗控措施论证过程中，却有不少例子表明考虑抗浮稳定的必要性。在有些条件下，堤基的出逸比降与弱透水覆盖层以上的平均比降均较高，可能同时存在渗透稳定和抗浮稳定问题；也有些条件下，堤基的出逸比降满足渗透稳定性的要求，但是弱透水覆盖层以上的平均比降仍然较高，存在抗浮稳定性不足的问题。

地基抗浮稳定安全系数尚无规范依据，在长江重要堤防工程建设中，普遍的采用值为1.5。在低级别堤防工程，尤其是针对离堤较远处的覆盖层薄弱地带，也可以酌情取较低的安全系数值。

(2)渗透稳定性

渗流比降超过土体的临界比降后，就有可能引起土体的渗透变形。渗透变形形式有四种[5]：流土、管涌、接触流土和接触冲刷。

流土是在渗流的作用下局部土体的表面隆起、浮动或颗粒群同时起动流失的现象。管涌是土体在渗流作用下，其细颗粒在孔隙通道中移动，并被带出土体以外的现象。接触流土是在渗透系数相差很大的两层土中，垂直层面渗流将细粒层中的颗粒带入粗粒层的现象。接触冲刷则是沿粗细两种孔隙介质层面的渗流带走细颗粒的现象。

长江中下游重要堤防工程的堤基中，如果存在砂砾石层，也往往深埋于地下或直接覆盖于基岩上，上面沉积形成的细粒松散土层起着一定的反滤保护作用，所以深部一般不存在产生渗透变形的条件。对于土堤来说，关注的应该是出逸比降，也就是堤内坡和地表及坑塘、沟渠内渗流出口的比降。当出逸比降不大于土体的允许比降时就可以认为渗透稳定状态得到了满足。《堤防工程设计规范》中明确提出："防止渗透变形的允许坡降应以土的临界坡降除以安全系数确定，无黏性土的安全系数应为1.5～2.0，黏性土的安全系数不应小于2.0"。条文说明中指出，流土破坏安全系数可取2.0，管涌土的安全系数可取1.5。由此也可看出，用临界比降和破坏比降表达渗透变形特征是不充分的，还必须同时考虑渗透变形的类型。

对于无黏性土，相关规范提出了临界比降的建议值表，也有的研究者提出了临界比降计算公式。但是，无黏性土的临界比降不仅与土的颗粒组成和颗粒比重有关，还与土的密度关系很大，规范建议值和公式计算结果可能与实际土性有出入，目前最可靠的途径还是通过渗透变形试验研究确定。黏性土的渗透变形特性不仅与其物质组成和密度有关，还与土的结构性有关，所以尚无建议值或者计算公式可供参考，需要通过渗透变形试验研究确定。

关于渗透变形扩展规律的研究工作一直是研究热点，已经趋向共同的认识是，渗透变形在有些条件下会休止，也就是存在无害管涌，溃堤不一定是渗透变形的必然结果。但是还远未建立有害管涌与无害管涌的判定方法和标准，研究成果尚不能作为完善渗流控制设计标准和指导防洪抢险工作的直接依据。

《堤防工程设计规范》没有将堤防散浸列为渗流控制的对象。但堤身大面散浸会降低土体的强度和堤坡的稳定性，也可能随着洪水位的变化在堤身薄弱处形成集中渗漏，并进而引起渗透变形，所以设计中对堤身大面散浸是应该重视的，具体控制标准值得进一步研究。至于高洪水位长期作用下，在堤内地面和低洼地带出现的渗水应该是允许的，不必列为渗流控制目标，只要在防汛中适当观察巡视，防止由于偶然因素引起变形就可以了。

3 堤防工程的渗流安全评价与渗流控制方案

新建堤防工程时,需要依据堤防工程的设计标准,针对堤基地质条件和堤防总体设计方案,研究论证适宜的渗流控制方案。对于已建堤防工程,需要在渗流安全评价基础上,论证需要采取的加固工程方案,包括渗流控制方案和措施。对于改扩建的堤防工程,则须在新的设计标准及工程条件下,论证改扩建方案中的渗流控制方案与措施。本章总体上介绍堤防工程渗流安全评价(论证)应考虑的主要内容,以及渗流控制方案论证的原则和常用的渗流控制方案。

3.1 堤防工程渗流安全评价

堤防工程在长期的运行过程中,工程性状可能会劣化。造成劣化的因素包括河湖水流、风浪、渗透水流,还有雨水、地震、自重应力、风化、生物和人类活动,即使工程很少或者从未挡水,也有可能劣化,甚至劣化程度更大,只是由于没有挡水而未显现。所以,与其他水利工程一样,对堤防工程定期进行安全评价是有必要的。

渗流安全评价是堤防工程安全评价的重要内容。正在编拟的堤防工程安全评价导则中,初拟的堤防安全评价周期要求为:根据堤防的级别或保护区经济社会发展状况,每8~10年应进行一次安全评价;出现重大险情、发现严重隐患的堤防应及时进行专项安全评价。此外,一旦堤防工程的运行条件、防洪标准和功能的要求发生了变化,也应开展相应的安全评价,以便为改扩建工程的决策提供依据。

1998年大汛以后,长江流域堤防加固工作的任务十分繁重,工程勘测、试验、设计、立项审查和施工等每个环节都要在进度上考虑到两三年内堤防再次经历大汛的可能(实际上长江中下游的部分堤段,有可能连续出现几年大汛),由于时间紧迫,来不及在堤防加固设计之前进行专门的安全鉴定,而只是在加固设计的过程中进行堤防工程的安全论证,在设计文件中阐明堤防工程与规范要求之间的差距,结合在实际运行过程中发现的险情和隐患,论证加固工程设计的必要性。在渗流安全论证过程中强调了以下几个方面:

(1)根据堤防工程的规划和堤顶高程测量资料,判断堤身是否满足拦挡设计洪水位和安全超高的要求;

(2)根据堤身断面测量资料(顶面宽度、堤身内外坡坡比、戗台和内外平台情况)及填土的性质、密实度等勘探试验成果,判断堤身的挡水防渗能力,并结合堤基地质条件,分析堤身和堤坡的稳定性;

(3)根据堤身堤基的勘探资料,分析堤身堤基的渗透稳定状态和堤基的抗浮稳定状态;

(4)根据工程区所属地震分区和堤基地质条件,判断是否存在振动液化问题。

(5)全面收集和利用历史险情资料和原型观测资料,据以验证渗流计算成果,或者反求参数和边界条件;

(6)尽可能进行土堤堤身生物洞穴及其防治历史情况的调查,这对于近些年未曾挡水的堤段尤为重要;

(7)根据河势和水流条件,分析堤外无滩或外滩较窄时基础淘刷对堤身稳定可能造成的影响。

3.2 堤防工程渗流控制方案论证原则

3.2.1 堤防工程渗流安全的最重要影响因素

在堤防工程渗流安全评价和渗流控制方案论证应考虑的诸多因素中,最重要的莫过于作用水头[7]。对于一般土坝来说,作用水头是库水位与尾水水位的差值。而对于堤防工程来说,作用水头可以定义为洪水水位与堤内坑塘水位或地势最低点的高程的差值。堤防在汛期实际承受的作用水头是随洪水水位的升降而变化的。通常在防汛期间,关注的是洪水水位,但对具体堤段,起决定作用的实际上是作用水头,例如采用围井抽水反压作为防汛抢险措施的目的,就是降低作用水头以改善堤防的安全状态。

在堤防工程渗流安全评价和渗流控制方案论证中,需考虑对应于设计洪水位的作用水头。它从下述方面影响堤防工程渗流安全,以及渗流控制方案和措施的设计。

(1)作用水头加上安全超高值决定了堤身的净高,同时也决定了设计水位条件下,堤身所承受的水荷载。长江中下游一些地段的堤防是在岗地上填筑的,有的地段由于城镇的开发,已将堤内地面填筑到与设计水位相近的高程(如安徽省安庆市区部分堤段)。在这些情况下,堤防的设计作用水头很低,堤身的净高相应地也很低(可能在3m以下)。此时,堤身的设计标准可以适当降低。而有的堤段由于地势低,或堤内有坑塘,设计水位条件下的作用水头很高,这时,不仅堤身要高,而且堤身和堤坡的稳定计算更为必要;堤身、堤基渗流控制的要求也更加突出。

(2)作用水头决定了堤身中的浸润线和出逸点高程,以及堤身堤基中的水压力分布和出逸比降。以表层为弱透水覆盖层的二元结构地基为例,作用水头越大,则出逸比降就越大,抗浮稳定系数越低。当出逸比降超过覆盖层的允许比降,或抗浮稳定系数小于设计要求的抗浮稳定安全系数时,就必须采取措施进行加固处理。

直观上,作用水头高的堤段,汛期给人的心理压力更大,一旦出现险情或溃口,其势更凶,危害更烈。作用水头是决定堤防是否需要加固处理,也是加固处理方案应考虑的首要因素。即使本阶段堤防已达到规划要求的安全运行条件,如果下阶段规划又提高了设计水位,那时又要根据新的作用水头对堤防进行安全评价和必要的加固设计。需要指出的是,在实施垂直防渗墙或减压井等渗流控制措施后,渗流场对作用水头的响应会呈现更复杂的规律。

3.2.2 堤防渗流控制方案选择的原则

渗流控制方案设计是堤防工程设计的重要内容。水利工作者对防汛抢险技术措施进行了高度概括,即上堵下排。如果将这四个字用于指导堤防工程设计,则应该更全面地加以理解。

当堤身断面尺寸不够,但有外滩的情况下,应该尽量通过外培(外帮)来进行加固,土料应是黏性较高的,并按规范要求控制密实度,使土堤形成类似斜墙坝的结构,以利于防渗。当堤身土质不均,甚至存在有较多的裂缝、生物洞穴时,常采用锥探灌浆来提高堤身土体的均匀性和防渗能力,此时,灌浆孔应侧重布置在堤身的迎水面到堤内肩的范围内,背水面可以不布置灌浆孔(除非是为了堵死背水坡上的生物洞穴入口)。此外,也可以在堤身迎水面斜铺防渗材料(如土工膜),或在堤外肩附近布置垂直防渗墙,以提高堤身的防渗能力。当堤外滩较宽,河泓未深切,堤基表部的弱透水覆盖层在堤外脚附近变薄,甚至被坑塘切割时,可以采用堤外黏土铺盖作为加固处理措施。当堤基浅部存在相对强透水层,且在施工深度范围内稳定地分布有一定厚度的弱透水层时,也可以对堤基布置垂直截渗措施,位置可以是堤外平台上或堤外肩处。

上述都属于上堵的措施。对于下排的理解则要复杂一些。汛期常采用的导渗沟、堤防加固设计中采用的减压沟和减压井等措施都典型地体现了下排的思想。但这些措施均应设反滤措施,以防排水减压时,土粒被渗透水流带走,造成流土或管涌等现象发生。从这个意义上讲,下排可理解为滤水保土。

在堤内可以采取的加固措施,还有内平台和盖重(包括填塘固基)。这两种措施与下排的概念不完全吻合,而是包含有压的意思在里面,通过增加覆盖层的厚度,一方面延长渗径,降低出逸比降,另一方面增加覆盖层的重量,以改善覆盖层的抗浮稳定状态。但平台和盖重会迫使其末端(布置区外)的出逸比降和堤身出逸点高程增加,增加的程度与所用土料有关。堤内平台和盖重的渗透性越低,其末端的出逸比降和堤身出逸点高程就增加得越显著。在加固方案的论证和设计中，应要求堤内平台和盖重，采用砂性较重的土料，且不进行碾压。竣工后，其渗透性应不至于比原地表土层的渗透性低。如果土料已定，在为达到抗浮稳定而需要调整设计参数时，应尽量考虑调整平台和盖重的厚度，而不是改变浮容重来达此目的。因此，设计过程中确定料场和进行土方平衡时，应该注意将堤身和堤外填筑土料与堤内平台和盖重土料分开，施工要求也应该区别对待。

对于已建的堤防，还必须充分注意其建设的历史情况、应急性和群众性。大多数已建堤防具有很长的历史，如安徽省安庆市广济江堤，始建于1803年；湖北省荆南长江干堤，始建于晋唐时期；湖北省荆江大堤始建于东晋。堤防工程往往是在大汛或大灾之后和第二年汛期来临之前抢修的，施工期非常短。由于堤线长，投资大而又分散，堤防工程有很多是靠受益区的人民群众投工投劳修建起来的。上述特点决定了大多数已建堤防未经基础处理，甚至未清基，有的直接建在古河道或软土地基上；土料多为就近挖取，选择性很低；填土质量没有控制标准；现有堤身是在不同时期加高培厚后形成的，土料性质、填筑质量不均。这些情况在勘探试验成果中难以清楚地掌握。所以，堤防加固设计时要充分考虑历史险情，对于没有经受设计水位考验的堤段，加固设计中应留有充分的安全裕度。

4 关于堤基的分段分类

与其他水利工程一样，地基条件对于堤防工程的安全运行极其重要。大多数已建堤防工程是在很久以前开始修筑的，然后逐渐加高并连接起来，没有科学的堤线规划设计过程，地基条件可能非常恶劣。1949年以后的主要加固工作，是堤身的加高培厚，对堤基的加固远远不够。以安徽省同马大堤为例，其堤身断面虽已基本达标，但1998年，在最高水位比设计水位还低84cm的情况下，173km堤防共接报大小险情225次，其中绝大多数与堤基条件有关。

堤防工程轴线方向的长度比起垂直轴线方向要长得多，长江流域干堤每段工程少则十几公里、几十公里，长的有一百多公里甚至几百公里。这么长的堤线，且大多数位于第四系冲、洪或湖积层上，沿程地基岩相、岩性和地层结构都不可能一致，再加上堤外滩宽窄不一，河泓深度不同，堤内地面高程起伏，甚至近堤分布有渊塘，根据这些因素和工程条件，应对堤基进行分段分类，以利于形成对整个工程堤基条件的总体认识，也便于对各类堤基有针对性地布置加固处理措施。

根据不同的目的，可以有不同的分段分类方式。例如，根据堤顶是否达到设计高程，可以分为欠高堤段和不欠高堤段；根据堤身的结构，可以划分为刚性防洪墙段和土堤段等等。张家发等提出的，堤基安全评价应在工程地质评价和分段分类基础上，结合一般适用的加固工程方案进行堤基分段分类的方法[8]，对于渗流控制方案的选用具有指导意义，并在长江科学院主持的湖北省荆南长江干堤、安徽省安庆及广济圩江堤加固工程设计中得到了应用。

4.1 堤基工程地质分段分类

《堤防工程地质勘察规程》(SL188—2005)[9]建议了堤基地质结构分类和堤基工程地质条件分类方案。

堤基地质结构分类，包括单一结构、双层结构、多层结构。根据岩土层渗透性及其在空间上的几何组合关系，又可以划分亚类，例如：黏性土单一结构、粗粒土单一结构、上薄黏性土和下粗粒土双层结构、表层为薄黏性土的多层结构等等。这些亚类与常见的堤基工程地质条件容易建立对应关系。

当然，堤基工程地质条件分类，除了考虑堤基地质结构外，还需要综合考虑其他因素，包括沿堤线及其两侧分布的古河道、古冲沟、渊、潭、塘、工程地质问题的类型与严重程度,以及历年的险情和处置情况。《堤防工程地质勘察规程》建议将堤基工程地质条件分为 A、B、C、D 类,分别对应于工程地质条件良好、较好、较差和差。湖北省荆南长江干堤加固工程在可研阶段[10],按此方式分类。四种类型累积堤段长度各占总长的 2.2%、43.8%、20.8%和 28.7%。这不仅使得全线的工程地质状况一目了然,而且也成为堤基安全状况评价和渗流控制措施研究的重要基础。

应该指出,堤基工程地质分段分类无法考虑两个重要的因素:①作用水头和②堤基的渗流状态。所以,堤基工程地质分段分类虽然重要,但还不是对堤基安全状况的全面评价。

4.2 堤基加固工程设计中的堤基分段分类

如上所述,堤基工程地质分段分类主要考虑的是自然地质条件。为了对堤基安全状况进行全面评价,必须分析设计水位条件下的渗流状态和堤身堤基的稳定状态,这就是将地质条件和工程条件结合起来的综合评价。

对于加固工程设计来说,施工工法的功效和经济合理性是选取工程措施要考虑的重要因素。在堤基安全评价的基础上,结合工程加固处理措施的分析比较结果,进行堤基的分段分类,对于加固工程设计和方案的布置具有更明确的指导意义。

以下就影响堤基安全状况的重要因素进行讨论,并将考虑了地质条件、工程条件和施工条件的分段分类简称为堤基分类。

(1)设计水位和作用水头的影响

与水库大坝等挡水建筑物一样,设计水位和作用水头是堤防工程安全评价和加固设计应该考虑的最重要因素。以表层为相对弱透水层的双层结构堤基为例,即使土性、层厚、外滩和深泓条件一致,不同作用水头的堤段安全状况是不一样的。堤基安全状况评价和分段分类应该建立在设计水位条件下足够多的典型断面渗流分析基础上。选取典型断面时,应该考虑设计水位、地层岩性、地层结构、外滩和深泓条件,以及历史险情记录等。在渗流分析成果基础上,根据存在问题的程度和类型确定分段分类方法。

(2)表层为砂性土的影响

当堤身直接坐落在砂性土层上时,由于砂性土的临界比降都很低,容易在近堤和浅部发生渗透破坏,造成溃口性险情。这类例子很多,1998 年汛期湖北省洪湖市长江干堤的王洲险段就是其中之一。这类堤段宜在加固工程设计中慎重对待,可特作一类。

(3)表层为杂填土的堤基的特殊性

在一些城区或居民聚居区,堤防工程直接建在杂填土上。杂填土的成分非常复杂,其临界比降和可能的渗透变形的形式都还缺乏研究。所以,杂填土堤基是加固工程设计的难点之一,宜特作一类。

(4)软土地基对堤基安全状况的影响

由于没有科学的选线过程,一些已建的堤防工程位于湖相沉积的淤泥质软土地基上。这类地段往往地势较低,甚至内临湖泊,堤身净高较高,堤基稳定是普遍担心的问题,因而更应该成为堤身堤基稳定分析的典型断面。在计算分析基础上,结合堤段修筑、加固和险情历史,评价堤基的稳定性,当加固工程量较大,需要设计中予以特殊对待时,可专门分为一类。

(5)考虑加固工程措施的分段分类

一些新材料、新技术、新工艺正在堤防加固工程中得到推广应用,如堤基垂直截渗措施已经在一些重要的险工险段中实施。但堤防工程战线长,施工工期又受季节限制,过多采用垂直截渗措施在经济上和工效上都不合理。对于对堤基稳定状态起控制作用的强透水层,垂直截渗墙只有将它完全截断,才能得到很好的渗流控制效果。1998年大洪水后的加固工程中根据当时的施工技术和资金情况,垂直截渗墙在15m深度以内,其施工工效和费用均较为适合。当强透水层的底面超过此深度范围,或其下没有厚度足够且分布稳定的弱透水层作为防渗依托时,防渗墙要打得更深,这时,每平方米的成墙单价会成倍地增加,因此,如无特殊必要,应该考虑其他方案。

除以上因素外,坚硬岩石堤基的安全状况一般都很好,但也有例外,如湖北省粑铺大堤的部分地段堤基为灰岩地层,由于灰岩溶蚀发育,形成集中渗流通道,曾出现过险情。岩石堤基可单作一类。

5 典型条件下堤身堤基渗流规律分析

大多数汛期的险情在发生灾变前都属于渗流问题或渗透变形问题。研究堤身堤基渗流场的分布是分析险情发生原因、堤身堤基安全评价和渗流控制措施设计与优化的重要手段。

实际情况下,作用水头、堤身断面、堤身填土性质、堤基地质条件、土层结构和性质、地形条件等是千变万化的,应该对具体条件下的渗流场进行分析。为了反映一般的规律,本节针对上述因素,概化出典型条件,采用有限元法[11]对堤身堤基渗流场的规律进行对比分析[6]。

采用长江中下游一级堤防工程的较典型设计断面,堤顶宽度为10m,其高程超设计水位2m;堤内外坡比为1:3;堤内平台宽30m,厚2m,平台内坡比为1:3。除了堤内平台外,模型中没有考虑其他加固措施。

有限元的渗流场分析,计算所用的程序S3D已经过长期和多项工程的检验。分析的是恒定流条件下堤身堤基渗流场的规律,这与堤防加固工程设计中较普遍考虑的模型相一致。

分析的成果包括堤身和堤内平台的出逸段高度、堤内脚和平台脚处的出逸比降及弱透水覆盖层底面以上的平均比降。对于本章的典型断面来说,堤内脚和平台脚处是渗流状态最差的位置。

本节重点在于对比分析渗流场的规律,没有对各种渗流场条件下的安全状况进行评价。安全评价应该在渗流场分析结果基础上,根据堤防工程的等级,结合实验确定的地层容重和抗渗强度进行。就本模型来说,当堤内脚的水平和垂直出逸比降小于堤身土的允许比降、平台脚的水平出逸比降小于平台土的水平允许比降、平台脚的垂直出逸比降小于覆盖层土的垂直允许比降时,堤身堤基的渗透稳定就满足了要求。将弱透水覆盖层底面以上平均垂直比降的倒数乘以覆盖层的浮容重,就得到抗浮稳定系数,当该系数大于抗浮稳定安全系数时,就不存在抗浮稳定问题。

5.1 作用水头对渗流规律的影响

对于堤防工程来说,作用水头是影响堤身堤基渗流场分布和稳定状态的最重要因素。为了对比,这里模拟分析了作用水头分别为8m、6m和4m时的堤身堤基渗流场,对应于表2.3-1中的方案1、2和3。堤顶宽度、超高、内外坡比均维持一样,所以堤身高度、底面宽度随作用水头的不同而改变。堤身填土、5m厚弱透水覆盖层及底部弱透水层的渗透系数均为1.0×10^{-5}cm/s,10m厚强透水层的渗透系数为1.0×10^{-3}cm/s,堤内平台的渗透系数为1.0×10^{-4}cm/s。堤外滩宽500m,河床深泓切穿强透水层。

表2.3-1中的计算结果清楚地表明,作用水头越高,堤身和平台坡面的出逸段越高,出逸比降越大;当作用水头为4m时,堤身不出逸。所以,在其他条件都相同的情况下,作用水头越低,渗流状态越有利于堤身堤基的安全。

为了反映较危险的状态,本节以下将8m作用水头作为典型条件进行渗流规律的分析,这是长江中下游堤防常见的较高作用水头。

表 2.3-1　　　　　　　　　不同作用水头条件下渗流场的计算结果

方案	作用水头(m)	堤坡出逸段高度(m)	平台坡出逸段高度(m)	出逸比降和平均垂直比降 MJ					
				堤内脚处			内平台脚		
				垂直	水平	MJ	垂直	水平	MJ
1	8	0.09	0.17	0.38	0.18	0.20	0.47	0.19	0.43
2	6	0.02	0.05	0.21	0.11	0.10	0.38	0.16	0.35
3	4	不出逸	0.01				0.26	0.11	0.25

5.2　堤身渗透性对渗流规律的影响

为了说明堤身填土的渗透性对渗流场的影响，表 2.3-2 列出了堤身渗透系数分别为 1.0×10^{-4} cm/s、1.0×10^{-5} cm/s 和 1.0×10^{-6} cm/s 时的渗流场模拟计算结果，其他条件与表 2.3-1 中的方案 1 相同。

表 2.3-2 中的结果表明，在堤身渗透性较低的情况下，堤身的出逸段较高；堤脚的出逸比降较大，平均垂直比降较低；平台坡面出逸段较低；平台脚的出逸比降和平均垂直比降均较小。这反映了堤身在较低渗透性的条件下承担着更好的挡水和防渗作用，堤基的安全状况更好。

表 2.3-2　　　　　　　　　不同堤身渗透性条件下渗流场的计算结果

堤身渗透系数(cm/s)	堤坡出逸段高度(m)	平台坡出逸段高度(m)	出逸比降和平均垂直比降 MJ					
			堤内脚处			内平台脚		
			垂直	水平	MJ	垂直	水平	MJ
1.0×10^{-4}	0.05	0.18	0.29	0.17	0.23	0.50	0.19	0.45
1.0×10^{-5}	0.09	0.17	0.38	0.18	0.20	0.47	0.19	0.43
1.0×10^{-6}	0.22	0.16	0.49	0.21	0.18	0.46	0.19	0.41

值得指出的是，这里是恒定流模型计算的结果。实际条件下，堤身内浸润线是随着洪水水位的上升而逐渐上升的，在其他因素都相同的条件下，同一时刻，渗透性越低的堤身内浸润线应该越低，出逸段也越低。这种规律在用非恒定流模型模拟实际洪水水位上升过程中的渗流场时才能反映出来。

本节以下分析将堤身渗透系数均考虑为 1.0×10^{-5} cm/s。

5.3　弱透水覆盖层厚度对渗流规律的影响

对于有弱透水覆盖层的堤基来说，覆盖层的厚度是影响渗流场分布的重要因素。表 2.3-3 列出了覆盖层厚度分别为 10m、5m 和 1m 时渗流场的模拟计算结果，其他条件与表 2.3-1 中的方案 1 相同。

由结果可见，覆盖层越薄，堤身的出逸段就越高，堤脚和平台脚的出逸比降、平均垂直比降越大。这说明覆盖层越薄，渗流场的分布越不有利于堤身堤基的安全。

本节以下的分析中，当有弱透水覆盖层存在时，将其厚度均考虑为 5m。

表 2.3-3　　　　　　　　覆盖层厚度不同时渗流场的计算结果（高程单位：m）

覆盖层厚度(m)	堤坡出逸段高度(m)	平台坡出逸段高度(m)	出逸比降和平均垂直比降 MJ					
			堤内脚处			内平台脚		
			垂直	水平	MJ	垂直	水平	MJ
10	0.06	0.15	0.33	0.17	0.13	0.30	0.17	0.25
5	0.09	0.17	0.38	0.18	0.20	0.47	0.19	0.43
1	0.16	0.20	0.46	0.24	0.38	1.26	0.20	1.26

5.4 强透水层厚度对渗流规律的影响

(1)覆盖层下强透水层厚度对渗流规律的影响

表 2.3-4 列出了覆盖层下强透水层厚度分别为 1m、5m 和 10m 时渗流场的模拟计算结果,其他条件与表 2.3-1 中的方案 1 相同。

表 2.3-4　　覆盖层下透水层厚度不同时渗流场的计算结果

强透水层厚度(m)	堤坡出逸段高度(m)	平台坡出逸段高度(m)	出逸比降和平均垂直比降 MJ					
			堤内脚处			内平台脚		
			垂直	水平	MJ	垂直	水平	MJ
1	0.10	0.06	0.34	0.17	0.14	0.23	0.14	0.20
5	0.09	0.15	0.36	0.18	0.18	0.39	0.18	0.35
10	0.09	0.17	0.38	0.18	0.20	0.47	0.19	0.43

结果表明,在表部存在弱透水覆盖层的条件下,强透水层越厚,堤身的出逸段就越高,堤脚和平台脚的出逸比降、平均垂直比降越大。这说明强透水层越厚,渗流场的分布越不利于堤身堤基的安全。不仅如此,强透水层越厚,加固处理的难度越大。

(2)表层强透水层厚度对渗流规律的影响

以上讨论的情况都属于三元结构地基。对表部为强透水层、下伏弱透水层的二元结构堤基,分别对表部强透水层为 1m、5m 和 10m 的渗流场进行了模拟计算,部分结果列于表 2.3-5 中。其他条件与表 2.3-1 中的方案 1 相同。结果表明,表部强透水层越厚,出逸段越高,出逸比降和平均垂直比降越大。

应该指出,堤身直接坐落在强透水层上,且没有采取基础处理措施的堤防(如绝大多数已建堤防),这类堤段堤基渗漏是一个问题,而更重要的是,由于砂性土的临界比降都很低,容易在近堤和浅部发生渗透破坏,造成溃口性险情。为此应在加固设计中慎重对待。表部强透水层越厚,加固处理的难度越大。

表 2.3-5　　表部强透水层厚度不同时渗流场的计算结果

强透水层厚度(m)	堤坡出逸段高度(m)	平台坡出逸段高度(m)	出逸比降和平均垂直比降 MJ				
			堤内脚处			内平台脚	
			垂直	水平	MJ	垂直	水平
1	0.12	0.01	0.38	0.17	0.29	0.02	0.08
2	0.13	0.01	0.42	0.18	0.32	0.04	0.08
5	0.15	0.02	0.45	0.18	0.35	0.07	0.09
10	0.16	0.03	0.46	0.19	0.38	0.09	0.11

5.5 外滩和河床深泓条件对渗流规律的影响

本节考虑的是如表 2.3-1 中方案 1 的地层结构,分析外滩宽度和河泓切割情况对渗流场的影响。

(1)河床深泓深切时外滩宽度对渗流规律的影响

表 2.3-6 列出的模拟计算结果表明,在河泓切穿覆盖层和强透水层的条件下,外滩越窄,堤身的出逸段就越高,堤脚和平台脚的出逸比降、平均垂直比降越大,渗流场的分布越不利于堤身堤基的安全。同

时,在本节设定的条件下,当外滩宽度达到160m后,渗流场已对外滩宽度的增加不敏感。这意味着,在外滩很宽的情况下(如外有民垸时),如果覆盖层在滩地范围内的厚度分布是稳定的,则模拟计算的模型边界不一定要取在实际的深泓位置,只要使其与堤外脚保持一个合理的距离,就能得到堤身堤基渗流场的合理结果。

表 2.3-6　　　　　　　河泓深切条件下外滩宽度不同时渗流场的计算结果

外滩宽度(m)	堤坡出逸段高度(m)	平台坡出逸段高度(m)	出逸比降和平均垂直比降 MJ					
			堤内脚处			内平台脚		
			垂直	水平	MJ	垂直	水平	MJ
40	0.23	0.18	0.49	0.23	0.26	0.53	0.24	0.48
80	0.14	0.18	0.41	0.20	0.22	0.49	0.19	0.44
160	0.10	0.17	0.38	0.18	0.20	0.47	0.19	0.43
500	0.09	0.17	0.38	0.18	0.20	0.47	0.19	0.43

(2)河床深泓未深切时外滩宽度对渗流规律的影响

表 2.3-7 列出了河泓未深切、覆盖层在堤外完整的条件下,外滩宽度不同时的渗流场模拟计算结果。如果河床是对称的,则河床的宽度是表 2.3-7 中的外滩宽度的两倍。从表 2.3-7 中可见,此时,外滩越窄,堤身的出逸段就越低,堤脚和平台脚的出逸比降、平均垂直比降越小。外滩越宽,渗流场的分布越不利于堤身堤基的安全。这正好与河泓深切时的规律相反。但当外滩宽度达到 160m 后,渗流场已对外滩宽度的增加不敏感,这一点与河泓深切时的情况相似。

表 2.3-7　　　　覆盖层在堤外未被河泓切割条件下外滩宽度不同时渗流场的计算结果

外滩宽度(m)	堤坡出逸段高度(m)	平台坡出逸段高度(m)	出逸比降和平均垂直比降 MJ					
			堤内脚处			内平台脚		
			垂直	水平	MJ	垂直	水平	MJ
40	0.02	0.17	0.27	0.13	0.13	0.42	0.19	0.37
80	0.06	0.17	0.34	0.16	0.18	0.46	0.19	0.41
160	0.09	0.17	0.38	0.18	0.20	0.47	0.19	0.43
500	0.09	0.17	0.38	0.18	0.20	0.47	0.19	0.43

(3)河床深泓切割深度对渗流规律的影响

对外滩宽度为 40m、河泓切穿覆盖层至透水层顶部时的渗流场进行了模拟,结果列于表 2.3-8 中,同时把表 2.3-6 和表 2.3-7 中外滩宽度为 40m 时的结果也列在表 2.3-8 中供比较。通过对比可见,外滩宽度及其他条件均相同的条件下,河泓切割越深,出逸段越高,出逸比降和垂直平均比降越大;堤外覆盖层完整时有利于堤身堤基的安全。同时还可以注意到,河泓切穿覆盖层时的渗流状态与覆盖层完好时的渗流状态差别很明显,河泓完全切穿强透水层时的渗流状态与河泓切穿覆盖层时的渗流状态相比差别不大。这说明在外滩较窄的条件下,覆盖层在堤外是否完整,是否被河泓切割,是这类结构地基的渗流场和堤身堤基安全状况的重要影响因素。

表 2.3-8　　　　外滩宽为 40m 条件下河床切割程度不同时渗流场的计算结果

河泓深度	堤坡出逸段高度(m)	平台坡出逸段高度(m)	出逸比降和平均垂直比降 MJ					
			堤内脚处			内平台脚		
			垂直	水平	MJ	垂直	水平	MJ
与地面平齐	0.02	0.17	0.27	0.13	0.13	0.42	0.19	0.37
至透水层顶面	0.18	0.18	0.46	0.22	0.24	0.51	0.20	0.47
完全切割	0.23	0.18	0.49	0.23	0.26	0.53	0.24	0.48

对比表 2.3-6 和表 2.3-7 中的结果还可以发现，当外滩宽度达到 160m 时，两种条件下的渗流场在堤身内和堤后的状态非常接近，当外滩宽度达到 500m 时，结果已完全一致。这说明，在这种地层结构和渗透性条件下，当外滩很宽时，河泓深切与否，不会对堤身堤基渗流场的分布造成大的影响。

6 堤防减压井淤堵规律及应对淤堵的措施

长江沿岸堤防很多堤段的堤基为二元结构，上部为厚度较小的黏性土层，下部为深厚透水层。汛期透水层中的承压水容易引起表层弱透水层的抗浮稳定和渗透稳定问题。对于此类堤段，封闭式垂直防渗墙加固方案成本太高或不可行（有的堤基下部透水层厚达 100m 以上），悬挂式垂直防渗墙的渗流控制效果又不好；单一吹填盖重措施会占用大量的土地，且工程量大，造价高，环境负面效应突出。从渗流理论来讲，合理的排水减压井系统能有效达到排水减压的目的，与其他的渗控措施相比，它具有造价低、灵活性大、占用场地少、对环境影响较小等特点。

用排水减压井控制堤坝基础渗流在国内外行之已久，并获得了肯定的效果。新中国成立以后，排水减压井首先用于沭河大官庄土坝，其后，荆江大堤、广东北江大堤、安庆江堤、湖北长孙堤、黄广大堤等堤段都曾采用排水减压井措施来整治险情。实践表明，如果减压井不被淤堵，其渗流控制效果非常显著。但有些减压井竣工初期排水减压效果很显著，然而随着时间的推移，透水井管产生淤堵，减压井的出水量逐渐减小，甚至完全被堵死，降低或失去了渗控效果。一些专家对减压井的使用寿命提出质疑，原因是减压井的淤堵机理还没有完全弄清，应对淤堵的措施效果不明。

长江科学院长期以来都在开展排水减压井的研究工作[12]-[16]，开展了许多试验研究工作，积累了丰富的经验，为解决有关问题提供了重要依据。国际和国内许多学者对减压井及其他工程中的排水孔、减压井、供水井等也开展了不少研究[17]-[24]。自 1998 年大洪水后，长江重要堤防开始了大规模的加固建设，长江科学院进一步开展了堤防工程减压井淤堵及其应对措施的研究，成果已经在工程建设中应用。本节简要介绍主要研究内容、方法和成果。

6.1 减压井应用和淤堵状况调查

针对我国长江干堤减压井的使用情况，选取 5 个代表性堤段进行现场调研，分析归纳使用减压井堤段的堤基地层结构、地下水环境、堤基土层的矿物成分、减压井结构、运行情况以及渗控效果等问题；选取一些减压井进行现场抽水试验和淤堵物室内试验检测，结合减压井的长期观测资料进行综合分析评价，在此基础上，选取典型堤段作为减压井淤堵及其处理措施的研究对象。

6.2 减压井淤堵机理及应对措施的室内试验研究

研究人员以大量现场调查和以往的研究工作为基础,根据减压井的机械淤堵、化学淤堵和生物淤堵三种形式,共进行了 14 种方式应对措施的室内模拟试验。

6.2.1 减压井机械淤堵室内模拟试验研究

减压井机械淤堵模拟试验有 5 种方式[25]。试验用水为普通脱气水,不添加化学成分。

采用专门设计的径向流综合模型开展砂样/反滤料/井管组合渗透试验,主要模拟减压井水流运动状态、减压井井管与反滤料、砂层的组合条件。试验还比较不同反滤料粒径的情况;测定不同渗透比降条件下的流量,采用承压完整井流公式计算系统渗透系数;试验结束后,取不同部位砂样和反滤料做颗粒分析。通过渗透系数变化和不同部位砂样及反滤料级配变化的分析,研究减压井机械淤堵的规律,探讨机械淤堵对减压井减压效果的影响程度。

采用径向流简单模型开展滤网与反滤料组合渗透试验。针对减压井滤网普遍采用的材料,确定滤网与反滤料的组合,试验中在测量模型出水量的同时,收集随水流带出的反滤料并进行颗粒分析,分析滤网目数与反滤料损失量的关系。根据试验成果,并结合控制粒径分析方法,研究确定与反滤料相适宜的滤网。

采用垂向一维模型对经浑水倒灌处理的反滤料进行渗透试验,主要模拟减压井井口倒灌的浑水对减压井反滤料的淤堵作用,测量试验过程中的流量变化,分析不同浓度浑水倒灌后反滤料渗透系数的差别,与未经浑水倒灌处理的反滤料渗透试验成果比较,分析井口倒灌对减压井反滤层造成的淤堵程度和规律。

采用径向流简单模型对浑水中抛填反滤料进行渗透试验,主要模拟减压井成井过程中产生的浑水对反滤层的淤堵情况,测量模型的出口流量,对比不同浓度浑水(包括清水)中抛填反滤料的渗透系数,分析浑水中填筑对反滤料渗透性和淤堵的影响。

采用水平一维模型开展不同级配砂砾石与不同反滤料的组合渗透试验,模拟砂砾石地层条件下其中的细颗粒迁移及在反滤层中造成的淤堵,测定不同渗透比降条件下的流量;试验结束后,取不同部位砂样和反滤料进行颗粒级配分析。通过渗透性的变化和试验前后不同部位颗粒级配的变化,分析淤堵程度和规律,并提出反滤层合理设计的建议。

6.2.2 减压井化学淤堵室内模拟试验研究

减压井化学淤堵模拟试验有 5 种方式[26]。在试验用水或土样中添加化学成分,增强环境背景值,以达到等效模拟长期作用和突出研究规律性的目的。

掺铁砂样/反滤料/井管组合渗透试验。在模拟地层的砂样中掺加硫酸亚铁盐,以强化砂层中含铁量对淤堵的影响,并在一定程度上补偿试验用砂样体积远小于地层体积而引起的铁总含量不足。采用径向流综合模型和普通的脱气水进行试验,模拟含铁矿物被水流溶解和从地层中向井结构方向的运动,通过对溶解—迁移—氧化—吸附(沉淀)过程的观察、砂样和滤料沿径向的铁离子浓度和状态的测试、模型出水流量和水质的观测,分析化学淤堵的形成过程和淤堵物的富集区域,揭示化学淤堵的形成机理。

掺铁砂样/反滤料组合渗透试验。同样在砂样中掺加硫酸亚铁盐强化模拟含铁矿物的地层,在垂向一维模型中用普通的脱气水开展砂与反滤料的组合渗透试验,分别进行连续供水试验和间歇供水试验,间歇供水期模拟减压井在承压水位低于地表而停止出水的间歇运行期。试验中测量模型出水流量,分析水质,并在试验结束后沿渗径在不同部位取砂样和反滤料样分析铁的含量。通过研究水流运动引起的铁离子在空间和时间上的变化规律,对比分析间歇运行期对淤堵发生和发展过程的影响,归纳化学淤堵的形成机理。

掺铁反滤料浸泡试验。在量筒内装入掺加了硫酸亚铁盐的反滤料,用普通脱气水淹没浸泡,模拟减压井中在其间歇运行期的静水环境和水面与大气接触的条件,观察铁离子的溶解-氧化-吸附和沉淀现象,通过现象的分析进一步丰富对化学淤堵形成机理的认识。

葡萄糖溶液渗透试验。在垂向一维模型中开展砂与反滤料的组合渗透试验,在试验用水中加入葡萄糖溶液,以模拟地层中的化学还原环境,监测渗径方向上不同位置的氧化还原电位和模型出水流量和水质的变化,并在试验结束后对土样分层取样测定含铁量,通过分析氧化还原电位的空间分布和时程变化、渗透系数和水质的变化以及土样中最终的含铁量分布,研究氧化还原条件对地层中铁的溶解和迁移的影响规律及化学淤堵的形成过程。

掺入或灌入氢氧化铁的反滤料渗透试验。在垂向一维模型中采用氢氧化铁溶液分别对反滤料和可拆换减压井使用的泡沫塑料进行渗透试验,或者用普通脱气水对掺加了氢氧化铁的反滤料进行渗透试验,模拟减压井间歇运行期井水中产生的氢氧化铁的作用,通过与不掺入或不灌入氢氧化铁试验的对比,分析渗透系数和水质的变化规律及氢氧化铁的沉淀吸附现象,深化对化学淤堵形成机理的认识。

此外还结合现场试验,尤其是采用水下电视观察和对井内提出来的过滤体的观察,分析研究了生物生长情况和生物淤堵的规律。

6.2.3 减压井淤堵应对措施的室内模拟试验研究

淤堵应对措施的室内模拟试验有4种方式[27]。

(1)大降深洗井模拟试验。采用垂向一维模型对经浑水倒灌处理的反滤料在高渗透比降下进行渗透试验,模拟现场的大降深洗井的作用,根据测得的模型出口流量计算渗透系数,分析不同浓度浑水倒灌后反滤料渗透系数随试验比降的变化规律,探讨和评价大降深洗井对机械淤堵的处理效果。

(2)活塞洗井模拟试验。采用径向流简单模型对浑水中抛填反滤料进行渗透试验,然后用按照活塞洗井的有关标准制备的洗井活塞,均匀上下拉动活塞进行洗井,待流出清水后再次进行渗透试验,主要模拟活塞洗井的作用。通过洗井前后渗透系数的对比,评价活塞洗井对恢复减压井出水能力和减压效果的有效性。

(3)化学洗井模拟试验。分别用不同浓度的冰醋酸溶液和冰醋酸+EDTA混合溶液浸泡已受到化学淤堵影响的反滤料试样,测定溶液中的含铁量。比较不同浓度和不同溶液浸泡后反滤料中含铁量的变化,评价化学洗井的效果。

(4)可拆换过滤器的模拟试验。长江科学院为减压井设计了以泡沫塑料为滤层的可拆换过滤器。采用垂向一维模型试验,针对掺铁砂样/反滤料组合渗透试验和葡萄糖溶液渗透试验,在反滤料表面增加泡沫过滤体后开展渗透试验,监测流量和水质,并在试验结束后取样分析反滤料和泡沫过滤体不同部位的含铁量,通过与没有设置泡沫过滤体时试验成果的对比,分析泡沫过滤体作用下化学淤堵发生、发展规律的变化,尤其是泡沫过滤体可能对反滤料化学淤堵的延缓或阻碍作用及其自身淤堵状况,了解更换泡沫过滤体后减压井减压效果恢复情况,验证已经取得专利的过滤器可拆换式减压井的合理性和有效性。

6.3 现场试验与应用

作为堤防工程减压井淤堵及其应对措施研究的一部分,现场试验包括两方面的工作[27]。

(1)可拆换过滤器减压井的现场试验性实施工作(实际选点为湖北省荆南长江干堤),包括其设计、施工、汛期监测以及过滤器汛后起拔和更换试验工作。除了进一步研究和评价可拆换过滤器减压井在延缓淤堵方面的功能特性以外,将过滤体从井内拔出,观察过滤体上机械、化学、生物淤堵的现象与程度,了解淤堵物质组成,结合室内试验成果,分析研究减压井淤堵的规律,如淤堵的原因,淤堵位置,淤堵发展等,同时检验过滤器拆换的可操作性。

(2)已淤堵减压井的现场洗井试验(实际选点为同马大堤四合圩段)。通过洗井前后抽水试验结果的对比分析,评价洗井效果。

研究过程中长江重要堤防正在开展大规模加固工程建设,长江科学院土工研究所直接主持了大量的防渗工程设计方案的论证工作。此项研究工作不断提出的研究成果,为选择减压井方案和完善减压井设计提供了重要依据,减轻了以往对减压井淤堵会造成其使用寿命过短和影响工程有效运行的疑虑。针对堤基险情主要由深厚透水砂层承压水造成的堤基,考虑到采用防渗墙方案不经济或不可行,单一盖重方案又会造成过多的压占土地和移民等问题,设计选用了减压井措施或者减压井结合盖重的综合措施,包括安徽省安庆江堤和湖北省汉江遥堤、荆南长江干堤、阳新长江干堤及湖南省岳阳长江干堤中累计28km堤线长度范围内布置的455口减压井,其中可拆换过滤器的减压井18口。工程陆续建成后,已经历了4至6年的运行,渗流控制效果明显。

7 堤防工程防渗墙渗流控制效果与适用条件

防渗墙是堤防是最为有效的渗流控制措施之一,在1998年大洪水后的长江重要堤防工程建设中得到了大规模的应用[28]。由长江科学院完成,并率先通过国家审查的荆南长江干堤加固工程可行性研究工作,为防渗墙的大规模应用打了头阵,而这是以较扎实的论证分析和方案比较工作作为基础的。后续的一系列研究工作,包括防渗墙结构方案论证方法,防渗墙材料配方和质量检测方法,防渗墙对地下水环境的影响,以及悬挂式防渗墙对渗透变形扩展过程的作用规律,等等,为防渗墙方案的更广泛应用提供了依据。

堤防加固工程防渗墙可归纳为三种结构形式[29]:悬挂式、半封闭式和全封闭式。这一分类已经被收入规范。悬挂式防渗墙的底面位于相对强透水层中。半封闭式防渗墙穿过相对强透水层,进入相对弱透水层并与之一起形成统一的防渗结构体系,该相对弱透水层称为防渗依托层,它下面还有相对强透水层存在。全封闭式防渗墙也进入相对弱透水层中,但防渗墙底面所在相对弱透水层以下没有相对强透水层。一般情况下,全封闭式防渗墙是以基岩透水性较弱,或其强透水层位于深部而不会对堤后表层渗流状态发生影响作为前提条件的。如果基岩浅部为强透水层或存在强透水带,则只有将它们与松散覆盖层一起截断的防渗墙才是全封闭式的。打入深厚第三系黏土层中的防渗墙,也可以看作全封闭式防渗墙。

对于已建堤防,当堤身质量较差时,防渗墙可以从堤顶布置;当堤身质量较好,或对堤身采用其他措施加固时,防渗墙从堤外脚布置。本节主要针对堤身堤基联合设置的防渗墙开展研究。

7.1 模型条件与方法

参照长江流域一级堤防的标准断面,考虑与第5节相似的典型条件:顶宽10m,安全超高2m,内外坡比1:3,设计水位高出堤内地面8m;内平台宽30m,厚2m,末端坡比1:3;堤身渗透系数为1×10^{-5}cm/s,平台的渗透系数为1×10^{-4}cm/s。防渗墙按一般设计标准设定其厚度为20cm、渗透系数为1×10^{-6}cm/s。数值模拟方法和软件也与本章第5节相同。

表层为强透水层的堤基,按均匀介质的确定性模型计算得出的出逸比降往往很低,但这种表层强透水层由于沉积时局部水流条件的影响常常具有非均匀性,这是砂性土堤基出险的主要内因。本节不将这类堤基作为研究对象,而是研究表层有一层相对弱透水覆盖层的堤基,主要通过对比分析平台脚的垂直出逸比降来说明垂直防渗墙的防渗效果及其规律,并提出相应的设计和应用原则。

7.2 悬挂式防渗墙的防渗效果

本节考虑的典型条件是双层结构堤基。弱透水覆盖层为2m厚的粉质壤土,透水层50m厚,外滩宽度考虑了40m和300m两种情况。外滩宽度为40m时的计算断面如图2.3-1所示。

将防渗墙进入透水层深度(DW)与透水层厚度(DP)之比定义为防渗墙贯入比G,$G=(DW/DP)\times100\%$。对各种贯入比情况下的渗流场进行了计算。图2.3-1画出了外滩宽度为40m、贯入比为50%时的等势线。由图可见,防渗墙下游附近的渗流场分布有所改变,自由面也有所降低,但防渗墙的影响范围有限,堤后的渗流状态没有明显改善。

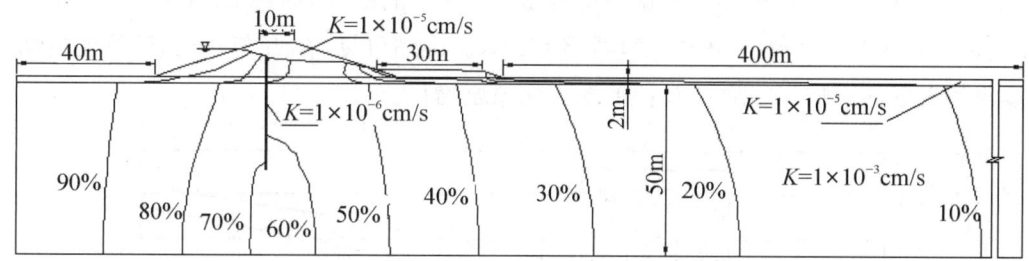

图2.3-1 有悬挂式防渗墙(贯入比50%)的典型剖面渗流等势线图

图2.3-2是根据数值计算结果整理得出的平台脚处垂直出逸比降随悬挂式防渗墙贯入比变化的曲线,可称为贯入比—比降曲线。由图2.3-2可见,两种外滩宽度条件下,悬挂式防渗墙都使平台脚处垂直出逸比降降低,但在贯入比很小(图中为10%以内)时,它对平台脚垂直出逸比降的影响很小;随着贯入比的增加,平台脚垂直出逸比降降低的程度逐渐增大,但仅当贯入比接近100%、即防渗墙几乎全部截断强透水层时,平台脚垂直出逸比降才会显著降低,堤基的渗流状态才会明显改善。

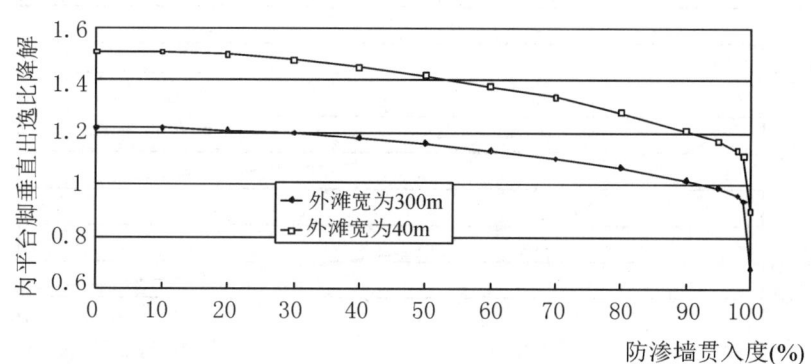

图2.3-2 内平台脚垂直出逸比降与悬挂式防渗墙贯入比关系曲线图

7.3 半封闭式防渗墙的防渗效果

半封闭式防渗墙需要与可靠的防渗依托层一起形成防渗结构,而防渗依托层是否可靠则取决于它的厚度和渗透性。同时,弱透水覆盖层的厚度和渗透性、防渗依托层下伏强透水层的渗透性、外滩宽度、河泓切割情况等也都可能对半封闭式防渗墙的防渗效果发生影响。当然,这里所说的防渗依托层必须在防渗墙轴线的下游方向是完整的和连续分布的,所谓厚度也是指在工程影响范围内的最小厚度。

考虑典型情况,给定如下条件:第一层强透水层厚5m,渗透系数为$1×10^{-3}$cm/s;防渗墙深入至防渗依托层中2m。本节所述的模拟成果均以内平台脚垂直出逸比降随各种因素的变化规律表示。

7.3.1 防渗依托层的影响

防渗依托层厚10m,其下伏深厚强透水层渗透系数为$1×10^{-2}$cm/s,表层相对弱透水层厚4m,渗透系数为$1×10^{-5}$cm/s,外滩宽40m,河泓切割至第二层强透水层底面的条件下,模拟了防渗依托层不同渗透系数时布置半封闭式防渗墙前后的渗流场,图2.3-3所示结果称为防渗依托层渗透性—比降曲线。由图可见,防渗依托层的渗透性对平台脚垂直出逸比降的影响很显著,渗透性低时,出逸比降较低。

在防渗依托层渗透系数为$1×10^{-6}$cm/s条件下,模拟防渗依托层不同厚度时布置半封闭式防渗墙前后的渗流场,其他条件不变。图2.3-4中所示的曲线可称为防渗依托层厚度—比降曲线。曲线显示,平台脚垂直出逸比降随防渗依托层厚度的增加而降低,这说明防渗墙的防渗效果和堤防的安全状态有赖于防渗依托层的足够厚度。

根据图2.3-3和图2.3-4中的部分数据整理得图2.3-5中的曲线,简称B值曲线。B是防渗依托层厚度T(m)与其渗透系数K(cm/s)的比值,即$B=T/K$。由图可见,在B值小时,防渗墙的防渗效果较差,但防渗墙对渗流场的影响程度随着B值的增大而急剧增加。

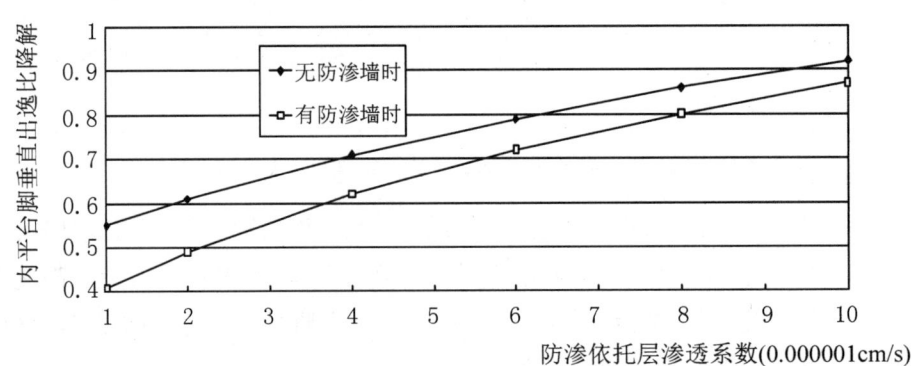

图2.3-3 渗透性对内平台脚垂直出逸比降的影响(防渗依托层厚度为10m)

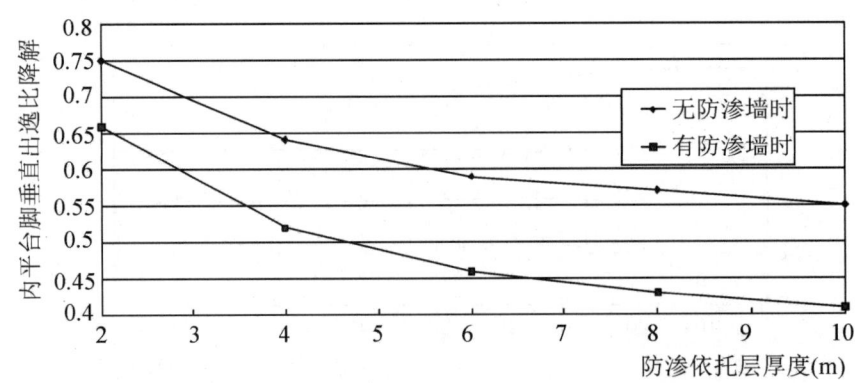

图2.3-4 厚度对内平台脚垂直出逸比降的影响(防渗依托层渗透系数为$1×10^{-4}$cm/s)

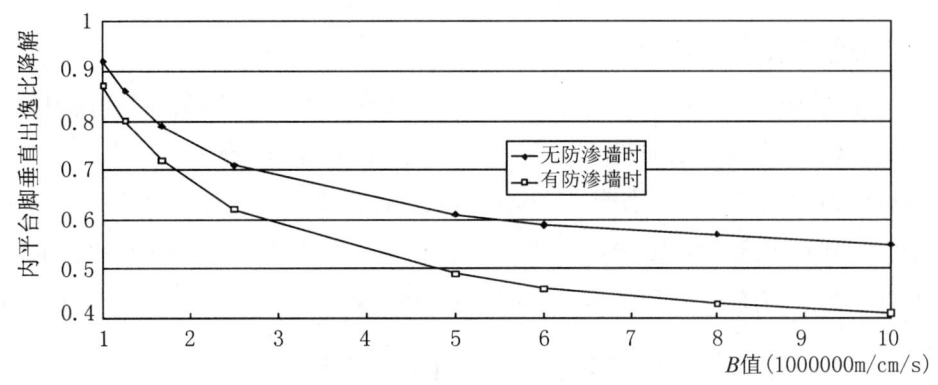

图 2.3-5　内平台脚垂直出逸比降随 B 值变化曲线

7.3.2　弱透水覆盖层的影响

对于多元结构堤基来说，表层弱透水层的渗透性和厚度是影响堤基安全状态的重要因素，也对防渗墙的防渗效果有影响。针对防渗依托层厚为 4m、渗透系数为 1×10^{-6} cm/s、外滩宽为 40m 的条件，对比计算了弱透水覆盖层（渗透系数为 1×10^{-5} cm/s 时）厚度为 4m、5m、6m、8m、10m 和 12m 等几种情况。其他条件同 7.3.1 节。由图 2.3-6 中曲线可见，防渗墙的防渗效果在覆盖层较厚的条件下易于达到安全要求。

给定覆盖层厚度为 10m，计算其渗透系数为 1×10^{-6}、1.5×10^{-6}、2×10^{-6}、3×10^{-6}、5×10^{-6}、8×10^{-6} 和 1×10^{-5} cm/s 的渗流场，其他条件不变。图 2.3-7 中曲线显示，在覆盖层渗透性较高的条件下防渗效果更容易达到设计要求。

总之，当弱透水覆盖层的渗透系数较大或覆盖层的厚度较大时，半封闭式防渗墙容易达到渗控目标。

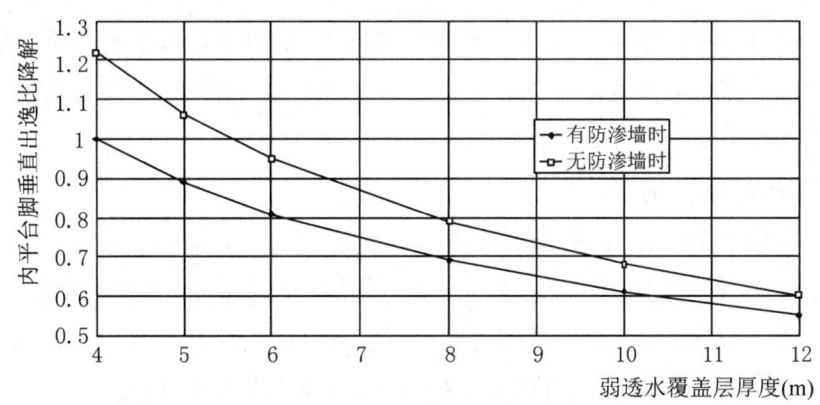

图 2.3-6　内平台脚垂直出逸比降随弱透水覆盖层厚度变化曲线

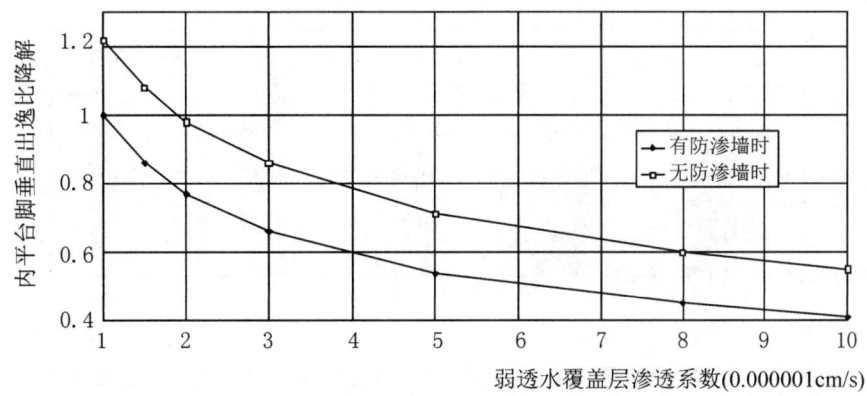

图 2.3-7　内平台脚垂直出逸比降随弱透水覆盖层渗透系数变化曲线

7.3.3 第二层强透水层渗透性的影响

在防渗依托层厚为4m,渗透系数为1×10^{-6}cm/s,外滩宽度为40m的条件下,模拟第二层强透水层不同渗透系数时的渗流场,其他条件同7.3.1节。由图2.3-8可见,随着第二层强透水层渗透系数的增大,出逸比降逐渐增大,并趋于定值。当第二层强透水层渗透系数较低并与防渗依托层渗透系数接近(比值在两个数量级以内)时,出逸比降急剧减小。这说明,在第二层强透水层渗透系数较低时,有利于堤防的渗透稳定。实际上当它与防渗依托层一起为弱透水层时,就变成了全封闭式防渗墙的结构形式了。

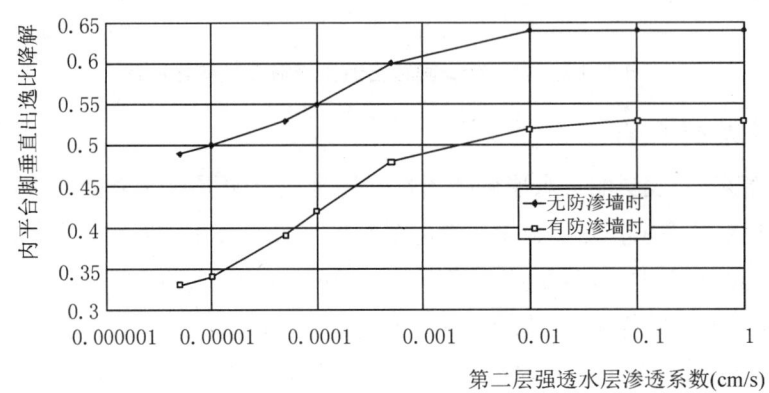

图2.3-8 内平台脚垂直出逸比降随第二层强透水层渗透系数变化曲线

7.3.4 外滩宽度的影响

针对防渗依托层厚为4m,渗透系数为1×10^{-6}cm/s的条件,对比计算了外滩宽度为20m、40m、80m和160m时的渗流场。其他条件同7.3.1节。整理成果后发现,设置防渗墙前后平台脚垂直出逸比降的差值随外滩宽度的变化不明显,均在0.1左右。这说明在河泓深切条件下外滩宽度不是半封闭式防渗墙防渗效果的控制因素。

7.3.5 河泓切割情况的影响

在模型的河泓一端垂向边界上,设地面为A点,第一层强透水层的顶面为B点,防渗依托层的顶、底面分别为C点和D点,第二层强透水层底面为E点。对防渗依托层厚为4m,渗透系数为1×10^{-6}cm/s和外滩宽度为40m的情况,计算河泓(即第一类渗流边界)分别切至A、B、C、D、E点时的渗流场。其他条件同上述第(1)节。由图2.3-9可见,当河泓切穿防渗依托层后,出逸比降较大,防渗效果较差。同时,还可以注意到,河泓在每切穿一层相对弱透水层时都会对防渗墙的防渗效果产生较明显的影响。

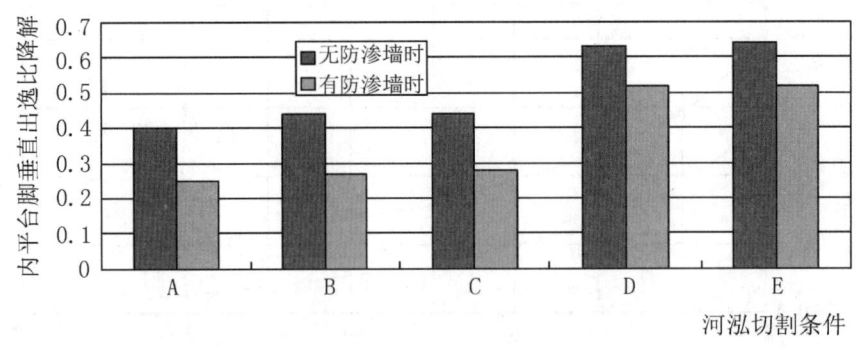

图2.3-9 防渗依托层厚度为4m时不同河泓切割条件下内平台脚垂直出逸比降

7.4 全封闭式防渗墙的防渗效果及可能存在的问题

只要防渗墙本身的厚度、墙体防渗性能满足工程要求,全封闭式防渗墙的防渗效果肯定是最好的。但全封闭防渗墙的合理嵌岩深度是一个值得关心的问题。主要是对基岩完整性及渗透性要有所认识。如果基岩的渗透性很低(与防渗墙的渗透性相当或更低),全封闭式防渗墙必有良好的防渗效果,但若基岩面起伏不平,则应有足够的嵌岩深度,以免防渗墙在轴线方向上与基岩接触不良。

广东北江大堤石角段的地基基岩中,有白垩系砂岩的强风化带,厚约10m[30],原勘探时未曾发现,其透水性较强,灌浆帷幕未能形成全封闭式防渗墙。1974和1997年洪水期间堤后出现了严重的管涌险情。类似地在长江重要堤防加固工程中建设的全封闭防渗墙也出现过渗流控制效果不理想的情况,故对基岩的状况应予足够的了解,必要时适当加深防渗墙嵌岩深度。

7.5 不同结构形式防渗墙的应用条件

7.5.1 悬挂式防渗墙

悬挂式防渗墙用于解决堤身裂缝、洞穴、土质非均匀性、填土密度的非均匀性等所带来的隐患是有效果的,但仅当防渗墙贯入比接近100%时才会使堤基渗流状态有显著改善。从渗流控制的角度讲,悬挂式防渗墙可以用于堤身加固;当用于堤基防渗处理时,可以根据实际地质条件通过分析得出类似图2.3-2的防渗墙贯入比—比降曲线,据以确定防渗墙的合理深度。深入堤基一定深度的悬挂式防渗墙还对渗透变形的扩展具有抑制作用,对此将在第8节中讨论。

7.5.2 半封闭式防渗墙

(1)半封闭式防渗墙必须与多元结构堤基一起形成合理的防渗结构体系,才能起到改善堤防安全状态的作用。

(2)防渗依托层的埋深决定了防渗墙的深度、工程量及施工难度,埋深越大,不仅工程量越大,而且可供选用的工法越受限制,工效会越低,单价也会越高。所以防渗依托层的埋深是防渗墙的经济、技术可行性的重要影响因素。选用半封闭式防渗墙措施时在合理深度内找到防渗依托层是首要任务。

(3)防渗依托层的厚度和渗透性是评价半封闭式防渗墙结构形式技术可靠性的关键因素。弱透水覆盖层的性质、防渗依托层下伏强透水层的渗透性、河泓切割等情况对半封闭式防渗墙防渗效果的影响与防渗依托层的性质有很大关系。实际工程条件下,这些因素的影响可以反映在类似图2.3-3至图2.3-5的曲线中。由于长江重要堤防多元结构堤基千变万化,难以得出一组通用的曲线,但这里的研究方法可以供具体工程参照使用。对于每一具体的堤防工程,可以在概化出典型条件后通过计算得出相应的曲线。根据厚度—比降曲线,可以由防渗依托层厚度得出堤后出逸比降,从而评价防渗效果;由允许比降可以对防渗依托层提出厚度要求。根据渗透性—比降曲线,可以由防渗依托层渗透系数得出比降,从而评价防渗效果;由允许比降可以对防渗依托层提出渗透系数的要求。通过 B 值曲线可以协调对防渗依托层厚度和渗透性的要求,以达渗控的目标。

7.5.3 全封闭式防渗墙

全封闭式防渗墙设计的关键是找到弱透水层或隔水层作为防渗底板。从而决定防渗墙的深度、工程量及施工难度。防渗底板的完整性和低渗透性是保证全封闭式防渗墙防渗效果的关键,这些应该在勘探设计过程中予以确认。

8 堤基渗透变形和扩展规律及悬挂式防渗墙的抑制作用

长江科学院较早开展管涌扩展规律的研究[31][32][33],并试图探讨其对堤坝溃决的影响,结合在长江流域直接观察和调查的管涌发生、发展和堤坝溃决过程,提出了管涌模拟的随机模型,并进行了实验验证。采用这一模型,通过对矩形土体中管涌扩展过程的模拟,得出管涌并不必然扩展导致堤坝的溃决这一重要结论。1998年大洪水再次促进了这方面的研究工作,结合长江重要堤防工程建设的专题研究,以及国家自然科学基金重大项目和水利部科技创新项目,长江科学院开展了试验和数值模拟研究[34][35]。随后清华大学[36]、中国水利水电科学研究院[37][38][39]、南京水利科学院研究院[40][41][42]、河海大学[43]、同济大学[44][45]也开展了相关研究工作。在参加清华大学牵头的973项目中,长江科学院进一步开展了考虑土体坍塌作用下土体渗透变形扩展的研究[46][47]。本节主要介绍长江科学院的有关研究成果。

8.1 关于渗透变形扩展方向的讨论

渗透变形将在变形区的前缘上沿着渗透比降超过临界比降的方向进一步扩展。不考虑有建筑物的情况,渗透变形的出口可以概括为图 2.3-10 所示的两种情况。其中图 2.3-10(a)是砂性土直接出露并发生渗透变形,此时渗透比降在指向堤外的近水平方向最大,而根据土的渗透变形特征,其水平临界比降小于垂直临界比降,所以渗透变形的优先扩展方向是指向堤外的近水平方向。图 2.3-10(b)中表层有一层相对弱透水层,它与下伏强透水层形成类似于承压含水层的地层结构,在破坏出口下表层弱透水层中的垂直比降是最大的,水流在该层中以垂直向上运动为主,水平比降很小,所以渗透变形会主要向下扩展。当破坏区达到强、弱透水层界面时,渗流场在出口附近就会有重大变化,承压水头会得到削减;当渗透变形揭开强透水层达一定面积后,出口附近在沿层界面并指向堤外的方向上渗透比降最大,且沿该方向的临界比降取决于强透水层的水平临界比降,所以它将成为渗透变形进一步扩展的优先方向。

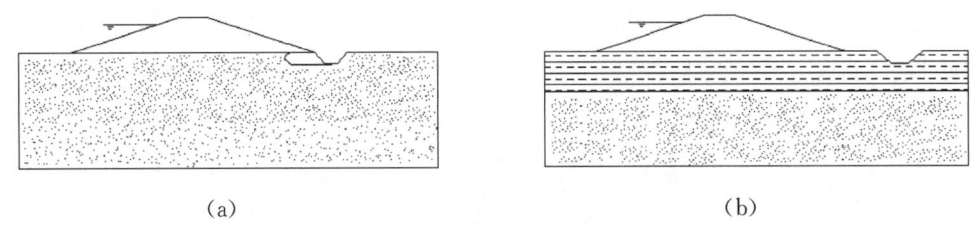

图 2.3-10 渗透变形扩展示意图

综合上述两种情况,渗透变形的扩展路径或早或迟都是指向堤外的近水平方向。

悬挂式防渗墙虽然不能明显改变堤后渗流场的分布,但对墙后一定范围内的渗流场起到了一定的控制作用,更重要的是它垂直切断了渗透变形的优先扩展路径。当渗透变形扩展至防渗墙的下游面后,进一步的扩展要么是防渗墙破坏,要么是转而向下寻找扩展方向。但因防渗墙的临界比降很高不易破坏,而向下扩展则是强透水层的垂直临界比降(大于其水平临界比降)起控制作用,所以渗透变形的扩展困难得多。

现根据上述渗透变形的扩展规律来研究悬挂式防渗墙的作用[34]。首先通过室内砂槽试验模拟渗透变形的扩展过程及悬挂式防渗墙的控制作用,然后用非稳定渗流场的渗透变形扩展模型进行数值模拟,初步探讨悬挂式防渗墙影响渗透变形扩展过程的规律。为简化起见,主要针对图 2.3-10(a)中所示的渗透变形出口型式开展研究,其所反映的规律同样适用于图2.3-10(b)中除早期以外的扩展过程。

8.2 试验模拟研究

8.2.1 试验方法及内容

试验模型如图2.3-11所示。上游端全断面进水,供水水头由升降式供水桶控制;砂槽顶面现浇水泥封盖,仅留一个缺口以形成渗流集中出口条件,出口水位由模型右侧的固定高度溢出口(高于水泥板顶面)控制。模型正面采用有机玻璃材料,以便直接观察试验现象。模型背面侧壁布置了一排测压管以便试验过程中测量水头分布。模型装砂样的内空长70cm、宽29.6cm,砂层厚度可达54cm。

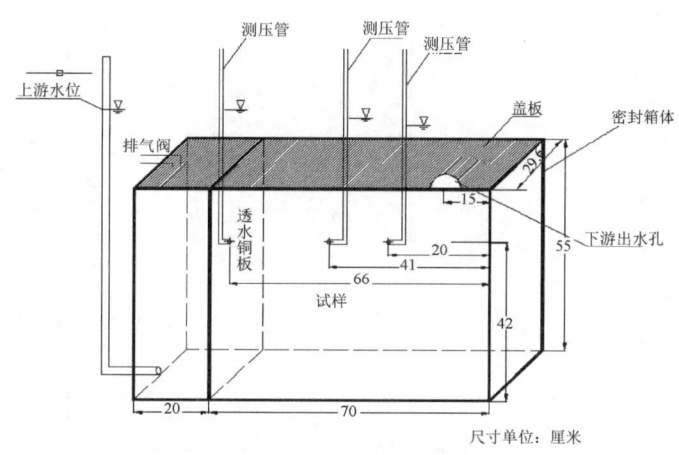

图 2.3-11 渗透变形扩展试验模型示意图

为降低试验难度,同时又能反映出悬挂式防渗墙的作用规律,取武汉市长江外滩的极细砂进行试验,并采用水下抛填的方法装样。土性指标见表2.3-9。防渗墙用6mm厚的塑料板代替。

表2.3-9　　　　　　　　　　　试样土性指标表

土名	比重	渗透系数	干密度	饱和密度	孔隙比	水下休止角
极细砂	2.73	0.00345cm/s	1.42g/cm³	1.89g/cm³	0.87	24.7°

试验方案和结果见表2.3-10和表2.3-11。模型的渗流出口与进水面距离考虑了60cm和55cm两种条件。对应地,防渗墙分别在渗流出口的上游30cm或27.5cm处。渗流出口形式比较了圆孔(位于模型长轴方向上的对称轴上)和半圆孔(位于模型长轴方向上的侧边上)及其直径分别为2cm和4cm的情况。对悬挂式防渗墙考虑了10cm、30cm、40cm三种深度。

8.2.2 试验结果分析

渗流出口处的淹没水深统一为10cm。将进水室的水头与渗流出口处水头的差值DH称为作用水头。最短渗径(LM)在无防渗墙的条件下是渗流出口与进水面的距离,但在有防渗墙的条件下,则还要加上两倍的防渗墙深度(DW)。虽然试验模型实际上是三维流模型,但总有一条流线是与最短渗径重合的,表2.3-10和表2.3-11中的最大比降JM就是指沿这条流线的平均比降,即$JM=DH/LM$。由于渗流集中,渗流出口和渗透变形扩展前缘附近的实际比降J要比这一平均比降大。由于测压管布置的数量较少,其测值主要供试验过程中判断流场是否达到稳定状态,还不能据以分析渗透变形的扩展规律。以下主要根据渗透变形发生以及模型破坏时的最大比降来分析渗透变形的扩展规律。渗透变形的发生是以流量与最大水头之间开始出现非线性变化关系作为标志的。模型破坏则以上游进水室的水头突然大幅度下降为标志，此时渗透变形已经扩展至上游进水边界。

表 2.3-10　　渗流出口与进水面距离 60cm 时砂槽试验成果表

试验编号	渗流出口形状及直径	防渗墙深度 DW(cm)	最短渗径 LM(cm)	发生渗透变形时的条件		模型破坏时的条件	
				作用水头 DH(cm)	最大比降 JM	作用水头 DH(cm)	最大比降 JM
1	4cm 半圆孔	0	60	3.6	0.06	10.8～12.0	0.18～0.2
2	2cm 半圆孔			3.6	0.06	15.0～16.2	0.25～0.27
3	4cm 全孔			3.6	0.06	15.0	0.25
4	2cm 全孔			3.6～4.8	0.06～0.08	16.2～18.0	0.27～0.3
5	4cm 半圆孔	10	80	6.0	0.08	48.0～54.0	0.6～0.68
6	2cm 半圆孔			6.0	0.08	48.0	0.6
7	4cm 半圆孔	30	120	7.2～9.0	0.06～0.08	108.0	0.9
8	2cm 半圆孔			9.0	0.08	108.0	0.9
9	4cm 半圆孔	40	140	9.0	0.06	138.0－144.0	0.99～1.03

表 2.3-11　　渗流出口与进水面距离 55cm 时砂槽试验成果表

试验编号	渗流出口形状及直径	防渗墙深度 DW(cm)	最短渗径 LM(cm)	发生渗透变形时的条件		模型破坏时的条件	
				作用水头 DH(cm)	最大比降 JM	作用水头 DH(cm)	最大比降 JM
10	4cm 半圆孔	0	55	3.3	0.06	14.3～14.85	0.26～0.27
11	2cm 半圆孔			3.3～4.4	0.06～0.08	12.65～14.85	0.23～0.27
12	4cm 半圆孔	10	75	4.4～5.5	0.06～0.07	44.0～49.5	0.59～0.66
13	2cm 半圆孔			4.4	0.06	44.0～49.5	0.59～0.66
14	4cm 半圆孔	30	115	6.6～8.3	0.06～0.07	82.5～99.0	0.72～0.86
15	2cm 半圆孔			6.6～8.3	0.06～0.07	82.5	0.72

根据试验结果和表 2.3-10、表 2.3-11 中的数据可以进行如下分析。

(1) 当其他条件相同时，无论渗流出口为圆形或半圆形，其直径为 2cm 或 4cm，发生渗透变形及模型破坏时的条件都相差不大，作用水头和最大比降没有显出规律性的变化。说明试验考虑的两种出口形状和尺寸还不足以影响渗透变形及其扩展过程。

(2) 无论有无防渗墙，或防渗墙深达多少，15 组试验中发生渗透变形时的最大比降都在 0.06 至 0.08 之间，这说明防渗墙深度对渗透变形发生的条件影响不大。

(3) 对渗流出口与进水面距离 60cm 时，模型中土体开始发生渗透变形时的作用水头与防渗墙深度之间具有较好的线性关系，即 $DH=a+b\times DW$，相关系数达 0.9202，a、b 值见表 2.3-12。斜率 $b=0.123$，说明试验条件下土体发生渗透变形的作用水头起始值随防渗墙的加深而缓慢增加,也就是说,悬挂式防渗墙对抑制渗透变形的发生有一定的作用,但作用不是很大,其效果与防渗墙的深度有一定的关系,但不很显著。

(4)对渗流出口与进水面距离 60cm 条件下,模型发生破坏时作用水头与防渗墙深度进行线性拟合,参数也列在表 2.3-12 中。二者相关系数达 0.9985,说明线性相关程度显著。斜率 $b=3.08$,说明发生破坏的作用水头起始值随防渗墙的加深而显著增大,这表明悬挂式防渗墙对抑制渗透变形的扩展确有良好作用,防渗墙深度对模型破坏作用水头的影响要比对发生渗透变形作用水头的影响大得多。

(5)对渗流出口与进水面距离为 55cm 条件下的试验结果进行线性拟合,参数列在表 2.3-12 中,从中可以注意到与上述相同的规律。

表 2.3-12　　　　　　　　　　砂槽试验数据线性拟合成果表

线性拟合参数	渗流出口与进水面距离 60cm		渗流出口与进水面距离 55cm	
	发生渗透变形时	模型破坏时	发生渗透变形时	模型破坏时
a	4.06	15.72	3.49	17.78
b	0.123	3.08	0.13	2.36
相关系数	0.9202	0.9985	0.9321	0.9803

8.2.3　试验的结论

通过试验可以得出一些初步结论:

(1)试验成果说明,悬挂式防渗墙对渗透变形的发生条件影响很小,表明渗流控制效果不大。

(2)试验成果表明,悬挂式防渗墙对渗透变形的扩展及模型破坏的条件影响显著,对渗透变形扩展具有明显的抑制作用。

(3)通过试验可以认识到,悬挂式防渗墙虽然渗控效果不明显,但随着防渗墙贯入度的加大,它对堤脚附近渗流状态还是有一定的改善,能否使之达到安全状态要根据具体条件进行分析;悬挂式防渗墙随着贯入度的增大,它对渗透变形扩展过程的制约作用增强,能造成模型破坏和堤防溃决的作用水头随之增大。所以,悬挂式防渗墙(包括处理堤身的防渗墙)深入堤基中一定的深度是有利于堤防安全的。

8.3　渗透变形扩展过程的数值模拟

8.3.1　渗透变形扩展的有限元模拟方法

洪水条件下,堤基中的水流运动为非稳定渗流。在地下水非稳定渗流模型的基础上增加堤基渗透变形的判别条件,确定和区分模型中发生了渗透变形后的土体及其在渗流场中的作用。在不考虑源汇项的条件下,非稳定流饱和水流运动的控制方程为:

$$\frac{\partial}{\partial x}\left(K_{xx}\frac{\partial h}{\partial y}\right)+\frac{\partial}{\partial z}\left(K_{zz}\frac{\partial h}{\partial z}\right)=S_s\frac{\partial h}{a_t} \tag{2.3-7}$$

式中:h 为水头变量;K_{xx},K_{yy},K_{zz} 是土体的各向异性主渗透张量,本项研究中忽略各向异性的影响,所以三者用渗透系数 K 值代替;S_s 是土体的比弹性释水系数;t 为时间变量;x,y,z 是空间坐标。

在图 2.3-11 试验模型中,上、下游边界上的水头和模型初始条件均人为控制。下游边界即渗流出口处的水头值在试验过程中不变,上游边界即进水边界上的水头值在 $t=0$ 时刻上升到一个定值后维持不变,直至进行更高一级水头的试验。

进水边界上 $h(0,t)=h_1$

渗流出口处 $h(x,y,z,t)=h_0$

为简化起见,考虑模型在初始条件下为等水头体,即各点的水头与渗流出口处的水头相等,于是初始条件表达式为:

$$h(x,y,z,0)=h_0$$

该定解问题可以用成熟的有限元方法求得数值解[48]。求得每个结点的水头值后,也就可以知道各相邻结点间的渗流比降。分别将各单元上的水平比降、垂直比降与土体的临界水平比降、临界垂直比降进行比较,当超过临界比降值时即判定该单元已发生渗透变形,其渗透系数可以增大几个数量级。发生渗透变形的单元从渗流出口处逐渐逆水流方向增加,此即渗透变形的扩展。当扩展至进水边界时,整个模型就破坏了,相当于堤防的溃决。

将非稳定渗流数值计算和渗透变形的扩展模拟过程编写为计算机 FORTRAN 程序 SDFEM,并将扩展过程和渗流场的计算结果形成图形文件[35]。

8.3.2 渗透变形扩展和悬挂式防渗墙的模拟

采用 SDFEM 程序,对图 2.3-11 的试验模型进行数值模拟。试验使用的砂土为流土型的土,其基本特性见表 2.3-9。根据太砂基[49]的临界比降公式 $i_{cr}=(G-1)/(1+e)$,由土的物理性指标求得其垂直临界比降为 0.92。由于试样采用抛填方式装填,根据其休止角和垂直比降确定水平临界比降为 0.42。必须说明的是,这一临界比降是土颗粒在水流作用下起动时的临界比降,所以只能用各点的局部比降,而不能用模型的平均比降与它比较,来判断渗透变形是否发生或进一步扩展。

对 8.2 节中第 2、第 6 和第 8 组试验进行了数值模拟,对应的试验条件和试验结果见表 2.3-13,渗流出口均为直径 2cm 的半圆孔,与进水面距离为 60cm。图 2.3-12、图 2.3-13 和图 2.3-14 画出了对应于每组试验在不同上游水头条件下,渗流出口所在模型侧边最终的渗流场分布和渗透变形扩展的数值模拟结果。图中的灰色区域为已发生渗透变形的区域。

表 2.3-13　　　　　　　　　　　　　砂槽模型试验方案和成果表

试验编号	防渗墙深度 DW(cm)	最短渗径 LM(cm)	发生渗透变形时的条件		模型破坏时的条件	
			作用水头 DH(cm)	最大比降 JM	作用水头 DH(cm)	最大比降 JM
2	0	60	3.6	0.06	15.0~16.2	0.25~0.27
6	10	80	6.0	0.08	48.0	0.6
8	30	120	9.0	0.08	108.0	0.9

由图可见,在没有发生渗透变形的条件下等势线高度集中于渗流出口附近;当发生渗透变形后,已变形的区域水头损失很小,等势线主要分布于未发生变形的区域;当变形区已贯穿渗流出口与上游边时,等势线又趋向于均匀分布。

图 2.3-12、图 2.3-13 和图 2.3-14 所在的剖面不一定是渗透变形扩展最显著的剖面。图 2.3-12 中 $DH=4.2$cm 和 $DH=6.0$cm 时的等势线,就是因为相邻剖面的渗透变形区前缘更接近上游边,其分布呈现为接近上游边,远离渗透变形区。

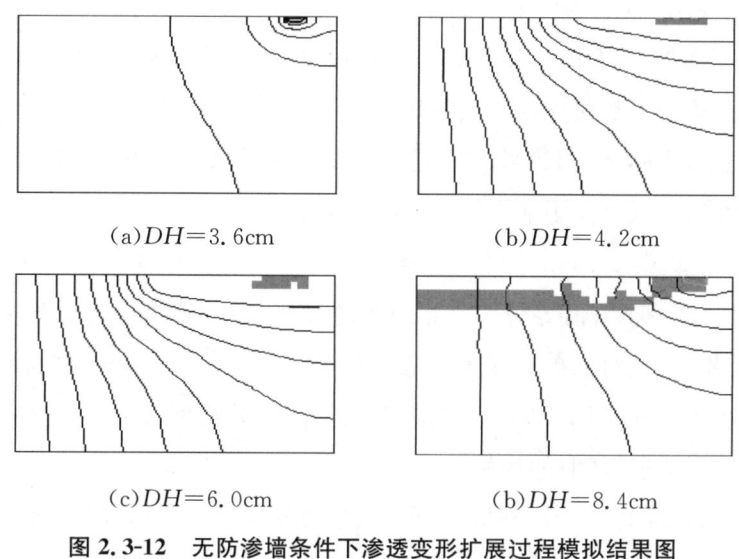

图 2.3-12 无防渗墙条件下渗透变形扩展过程模拟结果图

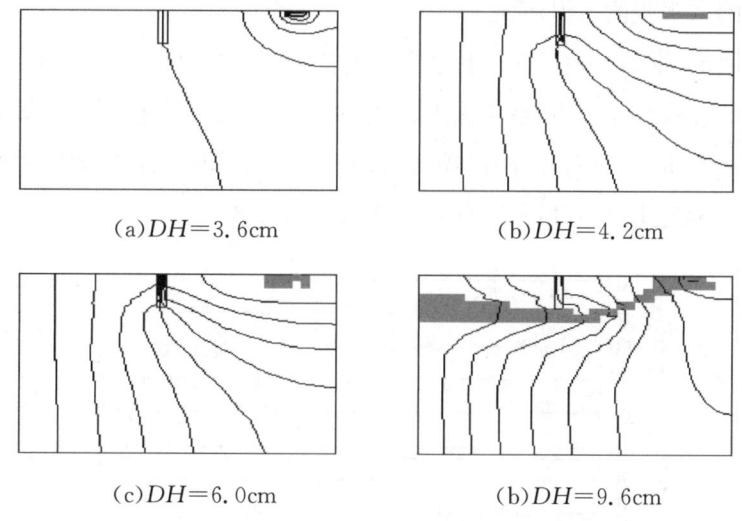

图 2.3-13 10cm 深防渗墙条件下渗透变形扩展过程模拟结果图

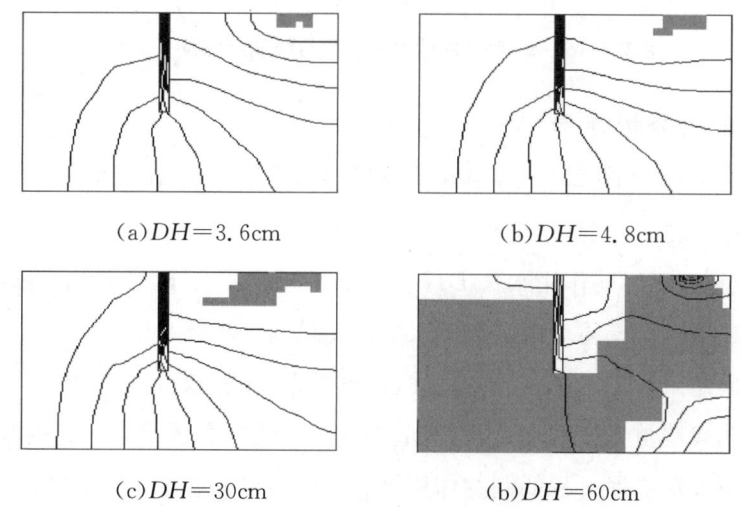

图 2.3-14 30cm 深防渗墙条件下渗透变形扩展过程模拟结果图

图 2.3-12 显示,在无防渗墙的条件下,$DH=3.6cm$ 时尚未发生渗透变形;$DH=4.2cm$ 时已经发生变形,且主要沿着模型顶面扩展;$DH=6.0cm$ 时变形区更大,且不仅限于水平方向扩展。值得指出的是,实际情况下变形区土体会非常松散,甚至被掏空。$DH=8.4cm$ 时变形区以上未发生渗透变形的区域主要靠拱效应维持稳定,实际上,当拱效应不足以使该区域土体与土体自重平衡时,该区域土体会垮塌,在渗透变形和力学变形的联合作用下土体变形区域会更大。

由图 2.3-13 可见,防渗墙深 10cm 条件下,$DH=3.6cm$ 时的渗流场分布与无防渗墙条件下差别不大,$DH=4.2cm$ 时已经发生变形,但等势线分布与无防渗墙时差别明显,这说明 10cm 深的防渗墙对于渗透变形的发生虽影响不大,但对其扩展程度还是有影响的。$DH=6.0cm$ 时两种条件下结果的对比也说明了同样的规律。$DH=9.6cm$ 时 10cm 深的防渗墙条件下的模型发生了破坏,模型破坏时的作用水头略高于无防渗墙条件下模型破坏时的作用水头。

图 2.3-14 表明,防渗墙深为 30cm 条件下,开始发生渗透变形所要达到的水头差值只是略为增大,但渗透变形开始后它的扩展以及渗流场分布受到的影响明显得多,渗透变形的扩展受防渗墙的制约很明显,模型破坏所要达到的水头差值大得多。

对防渗墙深度为 40cm 和 50cm 的情况也进行了模拟。防渗墙在各种不同深度条件下,模型破坏的作用水头见图 2.3-15。从图中可见,防渗墙深度很浅时,它对渗透变形扩展和模型破坏的条件影响不太明显,在深度为 10cm 至 30cm 范围内时,防渗墙对渗透变形扩展和模型破坏的条件影响呈近乎线性增长关系,而当防渗墙接近于全封闭时,它的控制作用会更显著地增大。

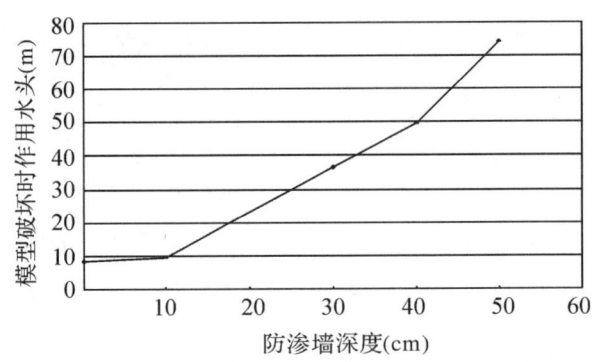

图 2.3-15 模型破坏时作用水头与防渗墙深度关系图

8.3.3 数值模拟结果的分析评价

(1)图 2.3-12、图 2.3-13 和图 2.3-14 中开始发生渗透变形时的作用水头 $DH=4.2\sim4.8cm$,差别不大,对应的比降都很小,而且与试验结果相近。

(2)上述 3 图中,模型破坏时的作用水头 DH 分别为 8.4cm、9.6cm 和 60cm,随防渗墙深度加大而递增这种规律与试验结果一致,但具体对应的作用水头值比试验结果要小。

(3)数值模拟和试验结果都揭示了相同的规律,渗透变形扩展过程可能会中止;悬挂式防渗墙虽然渗控效果不明显,但随着防渗墙贯入度的加大,它对堤脚附近渗流状态还是有一定的改善;随着贯入度的增大,悬挂式防渗墙对渗透变形扩展过程的制约作用增强,使造成模型破坏和堤防溃决的作用水头随之增大,促进渗透变形扩展过程的中止。

8.4 考虑土体坍塌的渗透变形过程模拟

以上在渗流模型中增加渗透变形判断的功能,实现的对管涌扩展过程的数值模拟,忽略了管涌区以上土体的稳定性问题。实际上,堤基管涌扩展过程中上覆土体可能会失稳而坍塌,只有开展管涌和坍塌作用的联合模拟,才能更真实地模拟管涌扩展过程,并进一步揭示管涌扩展规律。

8.4.1 管涌区上覆土体稳定性和坍塌的判断

文献[46]中针对均质无黏性土层的土拱效应,建立图 2.3-16 所示的三铰拱模型,推导出了合理拱轴线、最小拱高 h_{min} 和最小拱厚 t_{min} 的公式,即式(2.3-8)、式(2.3-9)和式(2.3-10)。

$$y = H\left(\frac{8h}{l^2(\sqrt{H^2+2Hh}+H)}x^2 + \frac{32h^2}{3l^4(\sqrt{H^2+2Hh}+H)^2}x^4\right), \quad (2.3\text{-}8)$$

$$h_{min} = \frac{3l}{8\tan\varphi} + \frac{3H}{4} - \frac{\sqrt{3lH\tan\varphi + 9H^2\tan^2\varphi}}{4\tan\varphi} \quad (2.3\text{-}9)$$

$$t_{min} = \frac{l^2(\sqrt{H^2+2Hh}+H)}{16h(H+h)\tan^2\left(45°+\frac{\varphi}{2}\right)}. \quad (2.3\text{-}10)$$

式中:H 为上覆土层厚度;h 为拱体高度;l 为拱体跨度;φ 为无黏性土平均有效内摩擦角。

当实际拱高小于最小拱高时,拱圈范围内,最小拱高以下土体会失稳破坏;当管涌区上覆土体厚度小于最小拱厚时,不能形成稳定土拱,拱体整体塌陷。

设无黏性土浮重度为 γ',平均有效内摩擦角为 φ,对已发生破坏区域分析求得实际拱高为 h_a,实际拱跨为 l_a,拱顶到地面的距离为 H_a。管涌区上覆土体稳定性和坍塌判断过程如下。

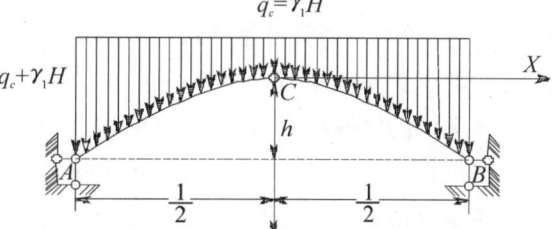

图 2.3-16 单层地基三铰拱模型

将 l_a、H_a、φ 代入式(2.3-9),求得最小拱高 h_{min},分别按以下 2 种情况判断管涌区上覆土体的稳定性。

(1) $h_{min} \leqslant h_a$,此时最小拱高 h_{min} 小于实际拱高 h_a。将 l_a、h_a、H_a、φ 代入式(2.3-10)求取 t_{min},如果 $t_{min} \geqslant H_a$,管涌区上覆土体将坍塌;如果 $t_{min} < H_a$,将 l_a、h_a、H_a 代入(2.3-8)式求得合理拱轴线,土拱范围之内单元形心在合理拱轴线以下的单元失稳破坏。

(2) $h_{min} > h_a$,此时最小拱高 h_{min} 大于实际拱高 h_a。如果 $h_{min} \geqslant h_a + H_a$,管涌区上覆土体将坍塌。如果 $h_a < h_{min} < h_a + H_a$,需由式(2.3-9)迭代计算 $h_{min}^{(n)}$ 和 $H_a^{(n)}$,上标 n 为迭代次数,其余符号意义同前。如果(2.3-9)式计算得到 $h_{min}^{(n)} \geqslant h_a + H_a^{(n)}$,管涌区上覆土体将坍塌;如果 $h_a < h_{min}^{(n)} < h_a + H_a^{(n)}$,将 l_a、$h_{min}^{(n)}$、$H_a^{(n)}$、φ 代入(2.3-10)式,求取 t_{min}。如果 $t_{min} \geqslant H_a^{(n)}$,管涌区上覆土体将坍塌,如果 $t_{min} < H_a^{(n)}$,将 h_a、$h_{min}^{(n)}$、$H_a^{(n)}$ 代入(2.3-8)式求得合理拱轴线,土拱范围之内单元形心在合理拱轴线以下的单元失稳破坏。

在 8.3 节管涌扩展数值模型基础上,增加土体稳定性和坍塌的判断功能。求解得到非稳定渗流场后,判断管涌新扩展到的土体区域。针对新扩展区域与上一时步管涌、坍塌联合形成的空腔,利用上述方法判断上覆土体的稳定性及坍塌的范围。坍塌和管涌变形范围内的土体,其结构已经破坏,渗透性发生了很大变化。丁留谦等探讨过管涌破坏区的渗透系数确定方法,认为尖端过渡区渗透系数的剧烈变化难以真实模拟[38]。本文模型既模拟了管涌,也模拟了土体坍塌,问题更复杂,破坏区域不规则,为了简化起见,仍然沿用将破坏区域渗透系数增大几个数量级的方法进行处理,即将管涌和坍塌区域作为已变形破坏的区域，令其渗透系数增大4个数量级（近似于忽略该区域的水流阻力），再开展下一时步渗流场及管涌扩展过程的模拟。

利用上述管涌区上覆土体稳定性和坍塌判别方法，研究人员编写了子程序ARCH，并通过子程序之间的相互调用改进SDFEM程序，形成SDFEM2.0版本。新版程序具有模拟管涌和土体坍塌联合作用的功能[47]。

8.4.2 数值模拟结果及分析

采用上述的SDFEM2.0程序对8.2节的第8组试验进行模拟。取试验比降$EJ=0.5$，模拟非稳定渗流过程中管涌和土体坍塌联合作用下的土体破坏过程。模型长70cm，宽为59.2cm，厚为54cm。预留管涌口距上游面60cm。悬挂式防渗墙距上游面30cm，墙深为30cm。试样为均质极细砂，基本土性指标见表2.3-9。

用改进后的程序分别模拟考虑管涌区上覆地层坍塌和不考虑管涌区上覆地层坍塌两种工况下单层堤基管涌动态扩展过程，分析管涌动态扩展规律。为了取得具有代表意义的数值模拟结果，略微减小试样平均有效内摩擦角，取为$\varphi=20°$。用正方体单元剖分模型，单元尺寸2cm，模型有16128个节点，14175个单元。不考虑坍塌的模拟结果显示，管涌首先沿着砂层顶面不断向上游扩展；管涌扩展到离悬挂式防渗墙一定距离时，不再沿着砂层顶面扩展。悬挂式防渗墙改变了渗透变形扩展的路径。由于试验比降值取得较大，管涌向深部绕过悬挂式防渗墙继续向上游扩展，管涌最终贯穿上游面，模型破坏。模拟结果反映的管涌动态扩展规律与8.3节相同。

考虑坍塌的模拟结果显示，在管涌扩展的初期，管涌扩展没有引起土体坍塌。管涌扩展到接近悬挂式防渗墙位置时，考虑管涌区上覆土体坍塌后，部分未发生渗透变形的单元因失稳而破坏。管涌扩展到悬挂式防渗墙位置后，管涌区上覆土体的坍塌对管涌扩展影响较大，改变了管涌扩展路径。部分管涌区域上覆土体坍塌，土体破坏范围迅速扩展到砂槽顶面，管涌区上覆土体均已坍塌。

上述数值模拟结果表明，管涌扩展初期，土体没有产生塌陷；当管涌扩展接近悬挂式防渗墙时，管涌区上覆土体开始出现坍塌；当管涌绕过防渗墙向上游扩展后，管涌区上覆土体坍塌改变了管涌扩展路径。这说明，管涌发展到一定阶段后，土体实际发生破坏的区域比不考虑坍塌作用时模拟得到的破坏区域更大。

9 防渗墙对地下水环境的影响规律

长江重要堤防保护区的地下水与长江具有经常的水力联系，一般规律是汛期江水补给地下水，枯水季地下水又向长江排泄。防渗墙作为堤防工程渗控措施，对改善堤防的安全状态能起到很好的作用，但沿堤轴线长距离布置的防渗墙对地下水环境的影响，是研究人员较普遍关注的问题。长江科学院在长江重要堤防加固工程建设过程中，对典型地区进行了农田地下水及其排水条件的调查和地下水动态监测，收集和分析了已有的水文地质、工程地质、水文、气象等资料，概化出供研究的典型条件，然后以数值模拟为主要研究手段，对比分析了有无防渗墙条件下堤防保护区内地下水动态规律，并进一步评价了防渗墙对农田地下水环境的影响[50][51]。

9.1 渍害的一般成因

堤防工程防渗墙对农田地下水环境可能的不利影响主要是加剧或引起渍害。渍害在我国是一种较普遍的农业灾害，南方尤为严重。不同的田地渍害有不同的成因。旱田渍害是由于田间地下水位过高或存在浅层渍水造成根系活动层内土壤水分过多，水气热比例失调，从而严重影响作物生长。水田如在沿江滨湖的低洼地区或山坑冲垄田内地下冷泉出逸地带（俗称冷浸田），则是由于根系层长期处于饱和状态而水分又不流动，土壤得不到新鲜氧气的补充，有机质在嫌气细菌作用下，处于还原状态，有毒物质大量积聚造成作物减产[52][53]。

渍害既有自然因素的作用，也有人为活动的影响。归纳起来说，造成渍害的直接原因可以认为是长时间的土壤过于湿润和地下水位过高。由于土壤水分状态与地下水状态有着不可分割的紧密联系，在自然条件难以改变的情况下，人为因素对控制渍害起着关键作用。良好的排水系统，尤其是田间排水系统会对作物免受渍害起到关键作用。因此，在实际研究和设计中，人们经常以地下水位埋深作为控制渍害的标准。表2.3-14列出的设计排渍深度是南方主要作物生长期要求保持的地下水位埋深，耐渍深度是为避免渍害在允许时间（耐渍时间）内要求的最小地下水位埋深标准[53][54]。

表 2.3-14　　　　　　　　　　　几种主要农作物的耐渍标准

农作物	生育阶段	设计排渍深度(m)	耐渍深度(m)	耐渍时间(d)
棉花	开花、结铃	1.0～1.3	0.4～0.5	3～4
玉米	抽穗、灌浆	1.0～1.2	0.4～0.5	3～4
甘薯		0.9～1.1	0.5～0.6	7～8
小麦	生长前期、后期	0.8～1.1	0.5～0.6	3～4
大豆	开花	0.8～1.0	0.3～0.4	10～12
高粱	开花	0.8～1.0	0.3～0.4	12～15
水稻	晒田	0.4～0.6		

9.2 典型堤段环境状况调查的水文地质勘察

为了解堤防防渗墙建设区域地下水环境状况，分析防渗墙建设后对地下水环境的影响，研究人员对典型区域开展了环境状况调查与基础资料的收集工作。

典型环境调查范围为湖北省粑铺大堤、荆南长江干堤、黄冈长江干堤、咸宁长江干堤、汉江遥堤、安徽省同马大堤涉及的乡镇。调查于2002年7—8月（建设完工后运行初期）进行。调查内容包括：人口及经济发展状况，降雨与蒸发、地形与地貌现状等基本情况，地下水基本情况和排灌系统现状，主要农作物的基本情况，渍害基本情况及采取的措施，干旱基本情况及采取的措施，居民取用地下水作为生活用水的相关情况，土地利用及土壤现状等基本情况，当地有无发生地下水污染事件和与地下水有关的地方病等基本情况。

对5个典型工程地区收集的大量资料，表明建设区不同程度地发生过干旱和渍涝灾害，个别地方有地方病发生；在防渗墙建成后对建设地区的有关主管部门进行了访问，对工程建设区现场进行了实地调查，没有发现因防渗墙建设加剧或带来新的地下水环境问题。

根据对长江中下游堤防工程地质勘察成果以及堤防加固工程实施的情况，确定黄冈长江干堤蕲州段和汉江遥堤陈洪口段为代表性研究堤段。这两堤段防渗工程均为长江重要堤防隐蔽工程2001—2002年实施项目。

两研究区的水文地质勘察在防渗墙施工前开始，并分别于2002年元月和2月下旬先后完成。这里只简单介绍勘察工作的结论。

9.2.1 黄冈长江干堤蕲州段研究区

(1)研究段堤防保护区呈狭窄的半岛状地形，为半开放式双层水文地质结构。表层为浅层孔隙潜水，下部为砂层孔隙承压水。

(2)浅层潜水水位普遍较高,地表喜水植物茂盛,天然条件下沼泽化趋势比较明显。雨季如果不及时抽排,会形成严重涝害。地下水交替和循环较强,水质水位易受外界影响,大气降水和湖泊水塘等地表水是其主要的补给源。防渗墙建设后切断了浅层潜水与江水的水力联系,但堤内沟渠纵横,排水条件良好,浅层潜水水位较高且主要受大气降水和地表水位的影响。研究区防渗墙建设不会对浅层地下水环境产生大的不良影响。

(3)下部砂层孔隙承压水,其水位与长江水位密切相关。洪水期接受江水补给,承压水头上升,平枯水期承压水头下降。下部砂层(部分变为砂壤土)分布范围较大,防渗墙上下游,特别是下游端点存在绕渗作用。

9.2.2 汉江遥堤陈洪口段研究区

(1)研究堤段位于汉水河谷平原 I 级阶地上,地形平坦宽阔,研究区松散层分为上部粉质壤土、砂壤土弱—中等透水浅层潜水含水层、中部含淤泥质粉质黏土相对隔水层和下部粉细砂、砂砾石中等～强透水承压含水层。

(2)浅层潜水埋深浅,壤土和砂壤土层土质疏松入渗条件好,地下水主要向沟渠河道和平原腹地运移排泄,水交替和循环作用较强。防渗墙切断浅层潜水含水层进入粉质黏土层内 1m 以上,对防渗墙两侧浅层地下水位有一定的影响,汛期高洪水位时将减少江水向堤内的入渗,有利于降低浅层潜水水位。

(3)防渗墙体未进入松散层下部砂层、砂砾石层中,不会改变其孔隙承压水的补给与排泄条件,对孔隙承压水环境不产生影响。

9.3 典型堤段地下水动态监测

研究人员对黄冈长江干堤蕲州镇和汉江遥堤陈洪口两个典型研究区分别进行了长达 14 和 12 个月的地下水位监测。

黄冈长江干堤蕲州段研究区监测了 26 个测压管、3 个民井、长江和内湖水位,以及降雨量。监测周期为 2002 年 1 月—2003 年 3 月。在防渗墙施工期为每 5 天观测一次,其他时段每 10 天观测一次,长江洪水期间和大暴雨后加密观测,其中 2002 年 8 月 30 日至 9 月 13 日进行了每天定时观测。结果表明阶地台面上在农作物主要生长期(3-10 月份)地下水埋深普遍不足 1.5m,大部在 0.5m 以内,沼泽化比较明显。但堤内沟渠纵横,浅层潜水主要通过沟渠渗流和蒸发排泄,排水条件良好,潜水水位季节性变化明显。砂层承压水主要接受周缘地下水补给,向长江河床排泄,汛期高洪水位时江水对地下水形成补给,全封闭防渗墙能有效地降低堤内地下水位。但因砂层与江水串通,两端绕渗作用较强。

汉江遥堤陈洪口研究区监测了 28 个测压管和汉江水位,以及降雨量。监测周期为 2002 年 2 月至 2003 年 2 月。在防渗墙施工期为每 5 天观测一次,其他时段每 5～10 天观测一次,其中 2002 年 9 月 2 日至 9 月 9 日,10 月 5 日至 10 月 15 日进行了每天定时观测。结果表明表层砂性土壤入渗条件好,水位受降雨入渗影响明显。由于丹江口水库的控制性作用,汉江水位已不是自然水位过程,监测年份内没有出现洪水漫滩的情况。随着南水北调中线工程及其一系列补偿工程的实施,研究区所在河段水位将更加受控于调水和枢纽工程的联合调度,汉江水位过程的周期性将减弱,对地下水流场的影响的周期性将减弱。

在水文地质勘察和地下水位监测堤段,进行了一年的水质监测。监测对象是地下水和长江或汉江。监测内容包括水质简分析,以及 pH 值、耗氧量(高锰酸钾指数)、硝酸盐氮、亚硝酸盐氮、砷、六价铬、镉、汞及氰化物,总磷等。大多数指标都是大约每两个月监测一次。砷、六价铬、镉、汞及氰化物等毒性指标测了两次。

两个堤段水质监测结果显示大部分钻孔的水质情况相近,仅有个别钻孔异常。地下水总硬度普遍偏高,潜水含水层有受到化肥污染的迹象,个别监测孔发现了汞、砷等毒性物质,但没有迹象表明这些现象与防渗墙建设存在任何联系。

9.4 有无防渗墙条件下地下水动态的对比模拟

为了对比模拟有无防渗墙条件下地下水动态,研究人员研究建立了能够考虑水文气象过程的饱和-非饱和非稳定地下水流运动数学模型;明确以全封闭和半封闭式防渗墙为重点研究对象,以长江重要堤防为背景概化得到典型的二元和多元结构堤基、堤身断面及土层饱和非饱和渗流参数;以实测资料为基础概化得到较典型的水文气象过程,提出降雨入渗和蒸发排泄边界处理方式以及初始条件确定方法。通过二维模型对比模拟,分析了防渗墙对地下水动态的影响规律。通过三维模型模拟,分析了防渗墙端部绕渗对地下水流场动态的影响规律[55]-[57]。

9.4.1 模型和参数

本节将开展防渗墙建设前后相同水文气象条件下地下水动态和环境的对比分析。但因防渗墙大规模建成时间不长,水文气象条件远未重复历史上已经出现过的各种复杂过程,监测资料还不够典型和丰富,环境响应现象还不明显,使得纵向历史有无对比研究的条件还不太成熟。所以,通过对有无防渗墙条件下地下水流运动的模拟和对比分析,是目前研究防渗墙对地下水环境影响的主要手段。

长江重要堤防的防渗墙大多为半封闭防渗墙,一部分为全封闭防渗墙。后者在堤轴线方向的延伸长度有限,一般在 2km 以内。以前的研究没有考虑防渗墙端部绕渗的影响。为此,将采用三维模型模拟地下水流运动,分析防渗墙端部绕渗的作用。

采用饱和-非饱和流模型开展地下水流运动的模拟,能够真实反映水文、气象条件的变化过程。连续介质中的饱和非饱和水流运动可用下列方程描述:

式中 h 为压力水头,在饱和区为正压力水头,在非饱和区为负压力水头,不仅在空间上变化,且随介质含水率 θ 的变化而变化;$K(h)$ 是水力传导率函数;$C(h)=\partial\theta/\partial h$;$S_s$ 为贮水率;α 在饱和区为 1,在非饱和区为 0;X,Y 为水平面上的两个坐标轴,Z 为正向向上的铅直坐标轴。

$$\frac{\partial}{\partial X}\left[K(h)\frac{\partial h}{\partial X}\right]+\frac{\partial}{\partial Y}\left[K(h)\frac{\partial h}{\partial Y}\right]+\frac{\partial}{\partial Z}\left[K(h)\left(\frac{\partial h}{\partial Z}+1\right)\right]=[aS_s+C(h)]\frac{\partial h}{\partial t} \quad (2.3\text{-}11)$$

模型的初始条件表示为:

$$h(X,Y,Z,0)=h_0(X,Y,Z) \quad (2.3\text{-}12)$$

模型的边界条件包括:
已知水头条件

$$h(X,Y,Z,t)+Z=f_1(X,Y,Z,t) \quad (2.3\text{-}13)$$

已知流量条件

$$K(h)\left(\frac{\partial h}{\partial H}+\frac{\partial h}{\partial Y}+\frac{\partial h}{\partial Z}+1\right)=f_2(X,Y,Z,t) \quad (2.3\text{-}14)$$

在最典型的降水入渗和蒸发排泄边界上,已知流量的边界条件表示为:

$$K(h)\left(\frac{\partial h}{\partial Z}+1\right)=\varepsilon(t) \quad (2.3\text{-}15)$$

$\varepsilon(t)$ 在入渗时为正值,蒸发时为负值。

上述定解问题可以采用 Galerkin 有限元法求解,具体方法和相应的三维饱和非饱和非稳定渗流有限元程序 US3D 及其验证参见文献[58]。该程序可以模拟非稳定降雨入渗和蒸发条件下的渗流过程,详见本篇第 2 章第 5 节。

堤防断面形式采用长江流域一级堤防均质土堤的典型断面,如图 2.3-17 所示。

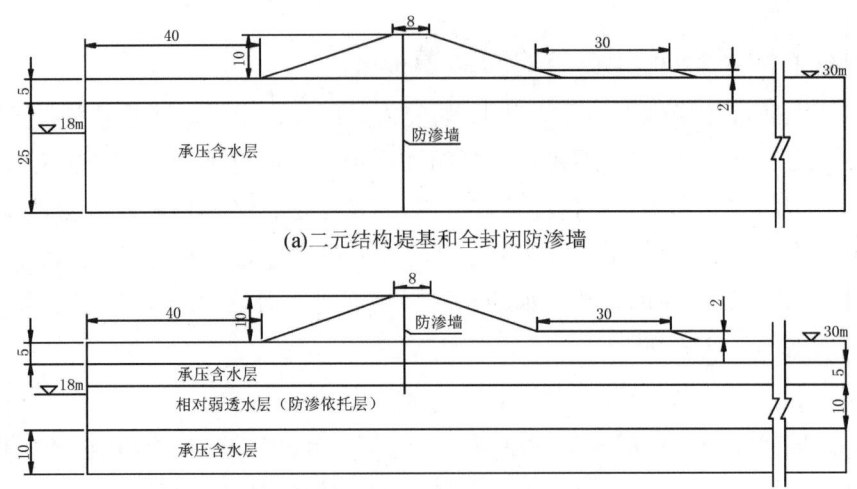

(a)二元结构堤基和全封闭防渗墙

(b)多元结构堤基和半封闭防渗墙

图 2.3-17　典型堤防及其基础断面图(尺寸标注单位为 m)

全封闭和半封闭式防渗墙分别对应的典型地层条件是二元结构和多元结构堤基。以长江重要堤防为背景并照顾到模型的典型性,对地层进行概化:二元结构堤基中承压含水层厚 25m,上面覆盖 5m 厚的相对弱透水层,底部系深厚的相对弱透水层,模型中作为隔水边界。多元结构堤基中有两层承压含水层,浅者厚 5m,防渗墙可截断此含水层,其上面覆盖 5m 厚的相对弱透水层,深者厚 10m,位于模型底部。两层承压含水层之间的相对弱透水层厚为 10m,系半封闭式防渗墙的防渗依托层。

外滩宽度统一考虑为 40m。河床切割二元结构堤基的承压含水层和多元结构堤基的浅部承压含水层,深度均至 18m 高程处。模型最远端的计算结果基本上不受江水位的影响,而主要反映区域地下水动态。

饱和渗流参数列于表 2.3-15。为简化起见,将 20cm 墙厚和 5×10^{-7} cm/s 的渗透系数作为防渗墙典型参数。

为保证典型模型的代表性,各土层的非饱和渗流参数主要是通过类比法选取,原则是土体性质、饱和渗透系数、饱和含水率均相近。

堤身填土的非饱和参数参照"Yolo 亚黏土"[59]的参数给定,表层相对弱透水层的非饱和参数可以使用堤身土同样的曲线。承压含水层的非饱和参数参照西垣诚介绍[60]的中砂参数确定。防渗墙的非饱和参数还未见过报道,参照西垣诚介绍[60]的泥岩参数确定。水分特征曲线和相对水力传导度如图 2.3-18 和图 2.3-19 所示。

表 2.3-15　　　　　　　　　　　堤身和地层基本参数表

土体	饱和渗透系数		饱和含水率	贮水系数(m^{-1})
	$m\cdot d^{-1}$	$cm\cdot s^{-1}$		
堤身	4.32×10^{-2}	5×10^{-5}	0.516	1×10^{-4}
内平台	1.73	2×10^{-3}	0.35	1×10^{-5}
承压含水层	1.73 或 17.3	2×10^{-3} 或 2×10^{-2}	0.35	1×10^{-5}
弱透水层	8.64×10^{-4}	1×10^{-6}	0.516	1×10^{-5}
防渗墙	4.32×10^{-4}	5×10^{-7}	0.58	1×10^{-5}

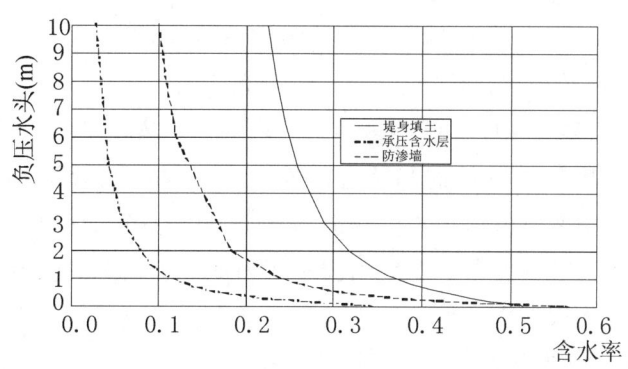

图 2.3-18　土层的水分特征曲线

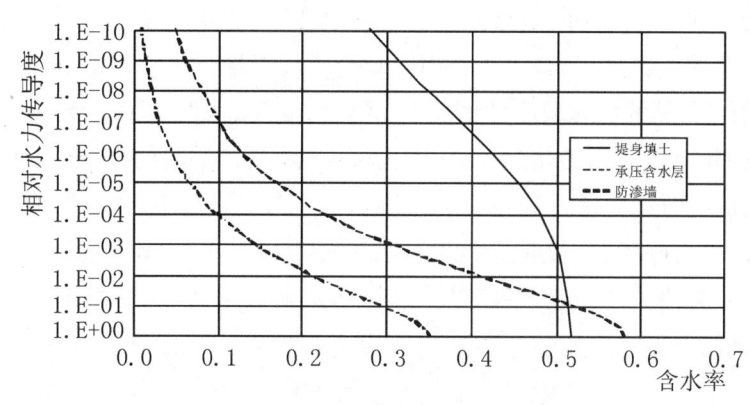

图 2.3-19　土层的水力传导度曲线

2002年在湖北省黄冈长江干堤蕲州段牛皮坳闸水位测站测得了长江水位过程。为使模型边界条件体现一般性,将对实测过程概化后的水位过程(图 2.3-20)作为一类边界条件。

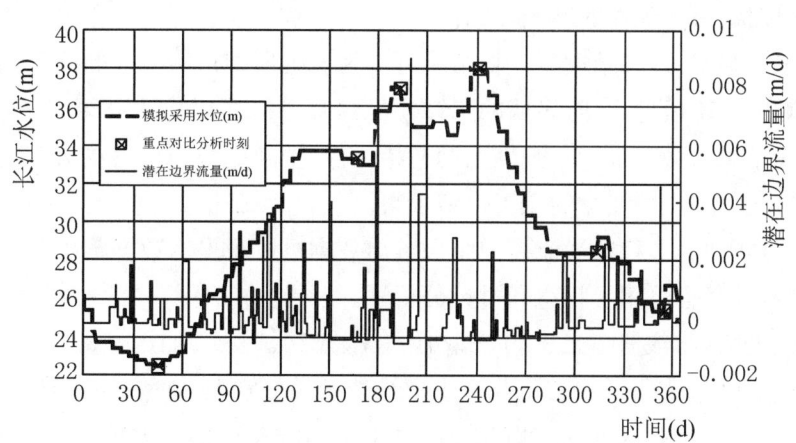

图 2.3-20　模型考虑的典型水文气象条件变化过程

同年在同一堤段观测了日降雨量和日蒸发量。降雨量与蒸发排泄流量的代数和为地表面边界上的潜在边界流量。在时间过程上经过适当概化后得到图 2.3-20 所示潜在边界流量过程线。

潜在边界流量对模型的作用与地表土体接受入渗补给的能力和土体的蒸发能力有关。边界入渗流量由实际计算确定。

潜在边界流量为负时的边界条件对应于蒸发排泄作用。土壤表面的蒸发是一个复杂的过程,根据Bernard 公式[59],表土蒸发分为两个阶段,用蒸发强度分别表示为

$$E = -E_p \exp[2\times 10^{-4}(h_0 - h_e)] \quad h_0 < h_e \tag{2.3-16}$$

$$E = -E_p \qquad\qquad\qquad\qquad h_0 \geqslant h_e \tag{2.3-17}$$

E_p 为水面蒸发强度,是潜在蒸发强度。(2.3-17)式表示的稳定蒸发阶段,蒸发强度与水面蒸发强度一致;(2.3-16)式表示的蒸发强度随土壤的饱和状态而发生变化,小于水面蒸发强度。H_0 为地表以下 10cm 处的负压水头值(mm);h_e 为临界负压水头值(mm),相当于田间持水率对应的负压值。在本文考虑的模型中,堤身和堤外滩地的入渗和蒸发条件对堤防保护区内地下水动态的影响很小;内平台范围小,且土料透水性较强,其表面的蒸发作用对堤防保护区内地下水动态影响也很小。堤内表土层临界负压水头值的合理性对模型中确定分阶段蒸发条件是重要的,其临界负压水头值为 -0.34m。

9.4.2 分析方法

(1)有无对比法是本项研究采用的重要方法。在其他条件相同的前提下,分别模拟有无防渗墙的地下水水流运动,分析两者地下水动态的差异,从而了解防渗墙对地下水动态的程度、范围和过程的影响。

堤线顺直且地层条件沿堤线变化很小的情况下,无防渗墙时的模型可以概化为二维模型;同样情况下,如果防渗墙沿堤轴线方向延伸很长,则端部效应影响很小,故有防渗墙时的模型也可以概化为二维模型。

(2)防渗墙端部效应的分析方法。即使在堤线顺直且地层条件沿堤线变化很小的情况下,如果防渗墙沿堤轴线方向延伸长度有限,端部效应影响就不能忽略,地下水水流运动模型就是三维模型。

(3)初始条件的确定方法。一般地,最好是依据监测资料确定模型的初始条件。但依据监测资料确定的初始渗流场通常也需要做一定的假定和概化。稳定渗流场计算结果可以作为非稳定渗流模型的初始条件。利用假设的初始条件开展非稳定渗流长期过程的模拟,可以逐渐消除初始条件假设的某些不合理可能对计算结果带来的影响。利用渗流场的分布规律和工程经验做出尽可能合理的初始条件假设,例如按饱和区流场均匀分布、非饱和区饱和度较高的原则假设初始渗流场,开展水文气象过程的循环计算,直至连续两个循环的地下水动态几乎一致,才将最后一个循环的计算结果作为二维模型的最终成果,可以避免初始条件假设对结果合理性的不利影响。

三维模型计算工作量很大,二维模型计算结果可以为三维模型初始条件的确定提供依据。对于考虑防渗墙端部效应影响的三维模型,有防渗墙的二维模型计算结果可以作为其第一剖面的初始条件,无防渗墙的二维模型计算结果作为其最后一个剖面的初始条件,中间剖面的初始水头依据第一剖面和最后一个剖面的初始水头按剖面在堤轴线上的布置插值求得。

(4)状态和过程分析法。非稳定渗流模拟结果输出数据可以很多。数据输出应该以满足分析需要为目标。根据问题的特点,联合采用了状态和过程分析法。

根据状态分析法的需要,依据图 2.3-20 选取 $t=45\text{d}$、167d、193d、241d、313d 和 355d 作为输出整个计算域计算结果的指定时刻。$t=45\text{d}$ 代表汛前江水位维持于最低水位的时刻;$t=167\text{d}$ 代表汛期江水位不断上升过程;$t=193\text{d}$ 和 241d 代表两次洪峰,其中 241d 对应于年最高洪水位;$t=313\text{d}$ 和 355d 代表汛后水位下降过程。各时刻都取在一个相对稳定平台的末时刻。

根据过程分析法的需要,输出模型中关键部位全过程的计算结果。对应这些关键部位的结点包括两类:一类位于承压含水层中,反映承压含水层水位动态;另一类位于地表及地表附近,以便分析潜水含水层水位动态和自由面的变化规律。

9.4.3 数值模拟方案

分别针对长江流域常见的二元结构堤基和多元结构堤基建模。在沿堤线延伸方向不存在自由绕渗条件时,全封闭式防渗墙会在洪水条件下发挥良好的渗控作用。

二维模型分别模拟有无防渗墙条件下的水流运动,其差别反映防渗墙对地下水动态的影响。三维模型模拟防渗墙端部绕渗时的三维流动。为反映承压含水层渗透性对地下水动态的影响,平行计算了承压含水层分别具中等透水和强透水性的情况(见表2.3-16)。三维模型沿堤线方向长度为2km,防渗墙延伸1.5km长。

表 2.3-16　　　　　　　　　　　　　　　模拟方案表

方案	模型	防渗墙	承压含水层渗透性		堤基结构分类
			分级	渗透系数($cm·s^{-1}$)	
1	二维	有	中等透水	$2×10^{-3}$	二元结构
2		无			
3		有	强透水	$2×10^{-2}$	
4		无			
5	三维	有	中等透水	$2×10^{-3}$	
6			强透水	$2×10^{-2}$	
7	二维	有	中等透水	$2×10^{-3}$	三元结构
8		无			
9	二维	有	强透水	$2×10^{-2}$	
10		无			
11	三维	有	中等透水	$2×10^{-3}$	
12	三维	有	强透水	$2×10^{-2}$	

从上表可以看出,地下水动态模拟的对比方案有下列几种:

(1)二元结构堤基有无防渗墙的对比模拟,其中包括:中等透水性承压含水层条件和强透水性承压含水层条件;

(2)二元结构堤基中防渗墙端绕渗对地下水动态的影响分析,其中包括:中等透水性承压含水层条件和强透水性承压含水层条件;

(3)多元结构堤基有无防渗墙的地下水动态对比模拟,其中包括:中等透水性承压含水层条件和强透水性承压含水层条件;

(4)多元结构堤基中防渗墙端绕渗对地下水动态的影响分析,其中包括:中等透水性承压含水层条件和强透水性承压含水层条件。

上述有关分析的详细成果可查阅参考文献[55][56][57]。

9.4.4　地下水动态规律分析成果的概括

表2.3-17中列出了二维模型中地下水动态特征值。

(1)对二元结构堤基及其在全封闭防渗墙影响下的地下水动态规律可以概括如下:

被河泓切割的承压含水层的地下水动态与江水位关系密切,随江水位的升降而升降;含水层的透水性越强,它受江水位的影响越明显,滞后现象越不显著。

表层弱透水层的地下水动态主要通过与承压含水层之间的补给排泄而受江水位的间接影响,程度要小得到多。

全封闭防渗墙会制约堤防保护区地下水动态对江水位变化的响应,包括使明显受影响的范围大大缩小,变化幅度减小,滞后现象更加明显;承压含水层的透水性越强,这种制约作用越显著。

全封闭防渗墙条件下,堤防保护区潜水含水层动态则基本上不受江水位变化的影响,而主要受降雨入渗、蒸发排泄、灌溉排水系统的影响和区域地下水的控制。

(2) 多元结构堤基中地下水动态及其受防渗墙影响的规律概括如下:

未被河流切割的含水层受江水位变化的影响很小。未被防渗墙截断的含水层的水位动态通过含水层之间的越流补给和排泄间接地受到防渗墙的影响,因而受影响程度很小。深部承压含水层的水位动态主要受区域地下水控制。

受河流切割的承压含水层与江水位关系密切,且其渗透性越强,受江水位变化影响的程度和范围越大,布置半封闭式防渗墙后对地下水动态的改变也就越大。

潜水含水层由于在河流边界上的过流面积有限,主要通过与下伏承压含水层之间的水量交换而间接地响应江水水位的变化,与承压含水层相比受江水位变化影响的程度和范围小得多,滞后现象更明显,离堤稍远就主要受区域地下水流场控制。与承压含水层相比,半封闭式防渗墙修建后潜水含水层水位动态受其影响的范围小得多。

(3) 三维模型的模拟结果说明了防渗墙端部绕渗影响,可概括如下:

二元结构堤基中防渗墙端部存在自由绕渗条件时,端点附近的渗流控制效果会降低,地下水动态受防渗墙的影响也会减小,且含水层与江水位边界原有水力联系越强,修建防渗墙后其端部绕渗的作用越大。延伸长度小于2km的全封闭防渗墙,如果端部地层结构提供了自由绕渗的条件,防渗墙渗流控制作用是有限的,因而对含水层水位动态的影响也就降低了。

二元结构堤基的全封闭防渗墙端部绕渗对潜水含水层水位动态的影响很有限,即使在承压含水层具强透水性时,端部绕渗对有墙段潜水含水层的影响范围也在离墙端200m以内;在承压含水层具中等透水性时,绕渗对有墙段潜水含水层的作用可不予考虑。

多元结构堤基含水层与江水位边界原有水力联系越强,修建半封闭防渗墙后,江水位变化影响从无墙段绕过墙端向有墙段扩散的范围越大。

半封闭式防渗墙端部绕渗对多元结构堤基中潜水含水层水位动态的影响很有限,以自由面埋深与区域埋深差别不超过0.2m作为判别标准,模拟的中等和强透水性承压含水层受防渗墙端部绕渗的影响可以忽略不计。

与二元结构堤基相比,多元结构堤基中含水层受江水位影响较小,半封闭式防渗墙对地下水动态的影响小于全封闭式防渗墙;同样的自由绕渗条件下,半封闭式防渗墙端部绕渗的影响小于全封闭式防渗墙。

表 2.3-17　　　　　　　　　　　　二维模型中地下水动态规律特征值

方案	承压含水层水位		潜水含水层自由面	
	江水位影响范围	内平台脚下年变幅	江水位影响范围	对应方案有明显差别的空间范围
1	$X<800m$	2m		$x<350m$
2	$X<1500m$	9m	$x<350m$	
3	$X<500m$	0.5m		$x<1200m$
4	$X<3000m$	11.5m	$x<900m$	
7	$X<350m$	$1m$		$x<250m$
8	$X<600m$	4.5m	$x<150m$	
9	$X<100m$	0.2m		$x<300m$
10	$X<1000m$	8m	$x<150m$	

9.5 地下水动态和环境影响分析

在长江流域典型的水文、气象和堤防堤身堤基的条件下,采用饱和—非饱和渗流二维和三维模型对堤防保护区地下水的运动进行了模拟,根据模拟计算结果,可以就防渗墙对堤内地下水位的影响进行分析。

9.5.1 承压含水层动态变化带来的环境影响

对比模拟计算表明,防渗墙会明显改变承压含水层与河流边界之间的水力联系程度,减少汛期河流向含水层的补给及非汛期含水层向河流的排泄,结果使得含水层的水位动态变化幅度大为降低,垂直堤线向堤内更快的趋向与区域地下水动态规律一致。

无防渗墙条件下,多元结构堤基中的浅部承压含水层受河流边界影响的范围一般在离堤500m左右,当承压含水层为透水性强的砂砾石地层时,承压含水层可达离堤1.0km处,此范围内一般是不允许设置抽水井的,所以即使布置了半封闭式防渗墙,也不必考虑其对承压含水层环境的影响。

二元结构堤基中承压含水层在无防渗墙条件下受河流边界影响的范围大些,可达离堤1.5km。当承压含水层为透水性强的砂砾石地层时,承压含水层甚至可达离堤3.0km处,这时在相应范围的地下水水源地从江水得到的补给,如果布置全封闭防渗墙就可能影响到地下水资源的开发利用。目前,长江流域建设了全封闭防渗墙的堤段,防渗墙截断的承压含水层一般都是砂壤土、粉细砂层,仅江西省赣抚大堤三段防渗墙截断的承压含水层是砂砾石地层。所以绝大多数情况下,全封闭防渗墙对承压含水层的影响范围会在离堤1.5km以内,极少数情况下才会超过此范围。在此范围内已建或新建地下水水源地,不宜按天然条件计算该含水层从河流边界得到的补给量。

9.5.2 潜水含水层动态变化带来的环境影响

防渗墙建设地区与人类活动有关的地下水环境问题,主要应考虑的对象是潜水含水层,而且主要是农田地下水的环境问题。

潜水含水层对河流边界变化的响应方式,与承压含水层中水压力传递的方式是不一样的,其对边界条件变化的反应更小,传递过程更慢。加上潜水含水层渗透性一般不是很强,河流边界对潜水含水层动态的影响程度和范围,比承压含水层小得多。河流边界的有效影响范围一般不会超过离堤$300m$远处,即使是覆盖于砂砾石承压含水层上的潜水含水层,也在离堤$1000m$以内。防渗墙建设后会明显改变堤线附近潜水含水层的动态规律,水位年变化幅度和埋身都减小。相对而言,降雨入渗和蒸发排泄作用的影响会增大,与区域地下水特征接近。

由于防渗墙将使潜水含水层水面埋深与区域埋深接近,防渗墙建设后其影响范围内的作物,会与区域内的作物处于同样的地下水位埋深条件下。在选种作物或建设排渍排涝体系时,可以参照区域范围内的经验或标准。

9.5.3 防渗墙端部绕渗的影响

当防渗墙的延伸长度有限,且端部地层结构能提供自由绕渗的条件时,河流水位的变化对地下水动态的作用,从无墙段绕过墙端向有墙段扩散。承压含水层中扩散的范围比较远,可达离墙端几百米至一千余米处。长江流域已建的全封闭防渗墙许多情况下延伸长度小于2km,如果无墙段和有墙段地层结构没有区别,形成了自由绕渗条件,防渗墙的渗流控制作用就会是有限的,对含水层水位动态的影响也就降低了,同时,对地下水环境的影响也会减小。潜水含水层动态受防渗墙端部绕渗影响的范围很小,所以防渗墙端部绕渗不会显著改变防渗墙对潜水含水层动态和环境的影响。

10　围堰和基坑工程的渗流控调

本节在传统的渗流控制概念基础上,对围堰和基坑等其他土工建筑物,阐述渗流调控[1]的思想。实际上,几乎所有工程的渗流场,都是在各种外在和内在因素作用下的动态渗流场,故渗流调控思想具有普遍意义。

10.1　土石围堰与基坑工程的特点

土石围堰和基坑工程的特点可以概括如下。

(1)围堰基础的复杂性

在水域范围内修筑的围堰工程无法清基,往往以天然松散覆盖层为基础。由于物质来源、形成条件和历史的原因,覆盖层的物质组成和密度差异很大,而且在基坑开挖前的勘探取样和试验难度很大,这决定了覆盖层力学和水力特性研究的难度。在围堰施工过程中,由于水流条件的重大改变,还可能对天然覆盖层造成扰动和级配的变化。在基坑开挖过程中,如果渗流调控不力,还可能由于管涌、基坑隆起、开挖面垮塌和滑坡的发生而造成覆盖层的结构破坏。

(2)水下抛填施工的复杂性

围堰截流戗堤和部分堰体需要在水下施工,为应对深水和急流的施工条件,截流戗堤往往由抛投块石、钢架石笼,预制混凝土四面体等组成,存在架空现象,为了形成围堰工程的防渗体,往往需在水中抛填防渗土料,或者其他防渗材料。抛填过程中可能发生颗粒分选和分离现象,准确预测抛填体的颗粒组成与密度及力学和水力特性的难度很大。

(3)围堰填料的复杂性

大多数围堰工程,尤其是西部高山峡谷地区的围堰工程,一般是采用河床砂砾石料、崩塌堆积体、残积土、岩石风化料填筑,或者开挖弃料,这也使得填筑体的物质组成、密度及其特性具有不均匀和复杂性。

(4)施工周期的紧迫性

尽快为主体工程提供可靠的建设条件是围堰填筑和基坑开挖工程的首要任务,这迫使围堰工程要在短期内完工,使得围堰填筑质量难以严格控制。

(5)施工进程中运行条件的复杂性

围堰工程建成后要经历基坑开挖和保证各主体建筑物的施工,地基覆盖层甚至是承压含水层可能被揭穿,堰体和基坑开挖坡一起形成复合边坡。不仅如此,水利水电工程往往有水电站、泄水闸、船闸等多个建筑物,其施工顺序使得基坑的形态、深度和开挖进程都很复杂。这些因素加上围堰上游水位的变化,使得基坑开挖和运用过程中堰体和堰基的渗流场经历复杂的变化,堰体和基坑的渗透稳定、堰基变形和与之紧密相关的围堰结构稳定、防渗体安全也会经受相应的考验。

10.2　渗流调控思想

当围堰建成后,上游河道水位、下游基坑开挖、基坑排水,甚至大气降雨、施工用水、施工动荷载等各种因素都在影响着围堰和基坑的运行状态及其安全,于是不仅边界条件在变,边界本身也在变,这使渗流场也处于不断的变动过程中。正是由于水的流动性,可以及时采取简便有效的措施,改变渗流场的分布,以应对未来洪水过程和施工中围堰和基坑的安全需要,或者扭转围堰和基坑工程已经出现的不利于安全的趋势。这些措施一般包括:①基坑超前排水及其调度(包括降水井启用数量、井水位和流量的调整,甚至新增排水井),基坑内明排水位的控制;②基坑内关键部位的反滤料回填(抢险);③上游防渗铺盖的延展和加固以及防渗墙的延伸和加固等。这些措施灵活运用,就可对复杂变化条件下的渗流场进行动态调节,也是非稳定渗流场的动态控制,所以称作渗流场的调控(Regulation)。渗流场调控与目前水利水电工程设计中通常考虑的渗流场控制(Control)的区别可以用渗流场水头函数 H 表示,$H=F(x,y,z,t)$,前者包含时间变量 t,而后者属于稳定(恒定)渗流场,故不包括时间变量 t。

渗流调控理论对下列工程具有指导意义:基坑和围堰工程;上游水位变化及地震时进行灌浆加固的土坝或堤防工程;渠道水位变化或水文、气候、地下水位变化条件下的渠道工程;地下水封油库工程;尾矿坝工程,等等。我国正在实施的石油储备战略中,地下水封油库则是通过渗流场的调控,来保证石油存取和水文气候变化条件下石油在地下空间的有效存放,并避免对周围地下水环境的不利影响。尾矿坝往往是在初期坝基础上不断扩建,随着尾矿渣在库内的不断沉积,库内水位不断上升,为保障尾矿坝安全和控制对水环境造成的污染,渗流控制措施必须随着工程的扩建而跟进,并且根据矿渣排放的调度和洪水预报,进行适当的调度。因此,尾矿坝的扩建和运用过程,就是伴随渗流场调控的过程。

10.3 渗流调控目标

针对土石围堰和基坑工程特点,可以将渗流调控总体目标设定为:

(1)有效调控堰体、堰基渗流场,保障堰体渗透稳定和堰体结构稳定,以保证基坑开挖施工和永久建筑物施工的安全;

(2)有效调控基坑内的水位和地下水位,尽力提高排水效率,以保障工程工期,降低工程建设成本;

(3)在确保工程安全、有效控制工期和成本的同时,合理控制对周围环境、地面设施和永久建筑物基础的不利影响。

上述3个目标可以简单称为安全目标、工期和成本控制目标以及环境保护目标。安全是首要目标,是刚性要求;工期和成本控制目标是权衡工程效益和成本后所确定的,因而是相对的,可以调整的。环境保护目标与工程所在地及下游的环境承载能力有关,必须在遵从法律法规,听取当地政府、机构、居民社区的诉求基础上合理确定。针对具体的围堰和基坑工程,必须详细研究确定体现渗流调控目标要求的具体指标和控制标准。根据已设计围堰工程建设和基坑开挖施工方案,尤其是包含在其中的渗流调控措施。

基于上述讨论,可以初步将渗流调控一般性地定义为:为保障工程建设和运行安全,控制工程建设工期,降低工程建设和运行成本,减轻工程建设的环境负效应,针对工程及其基础渗流场所采取的所有控制、调度和应急调控措施。这些措施包括:在设计阶段布置的渗流控制体系和制定的调度预案,应对工程建设实际进程需要、水文气候条件变化、工程特殊运行和检修工况实行的渗流控制体系调度操作,以及发现工程安全隐患或不利趋势后采取的渗流场应急调控措施。

11 渗流调控时机

围堰和基坑的渗流场及时有效的调控不仅对于围堰工程的运行,甚至工程的成败起着重要的作用,同时也是主体工程顺利建设的重要保障。为提高调控效的可靠性,应注意2个方面:①时机恰当,且有一定的超前;②措施得当,且足够充分。

11.1 渗流调控不力的后果

如果错失时机,或者措施不当,围堰和基坑渗流调控就可能失效,并导致如下的后果:

(1)危及围堰工程和基坑的安全

这可以是由渗透水流造成的土体渗透破坏,逐渐扩展至堰基或者堰体,引起围堰的坍塌、溃决;也可以是渗流场与应力场的共同作用,引起堰体边坡或者基坑边坡的滑坡、垮塌。

(2)降低围堰工程的挡水效率

使围堰工程的挡水功能降低甚至丧失,使得基坑排水需要的强度远远超过预期,甚至使排水难以实现,这将严重影响工程进度和造价,迫使大幅度增加渗流调控措施或者变更工程施工方案。围堰工程挡水功能突然性的变化还可能使基坑水位快速上涨,危及基坑内作业人员和设备的安全。

(3)改变永久工程的地基条件

在有些情况下,渗透水流造成的土体渗透破坏虽然没有扩展至围堰及其基础,但是可能造成永久建筑物基础的扰动,甚至塌陷。当没有及时发现这一情况而按原设计建设永久建筑物,将严重影响其安全和有效运行。及时发现并进行有效处理,虽然可以避免后续问题,但必须以补充勘探、变更设计方案、延缓工期和增加建设成本为代价。

(4)环境影响

基坑排水形成大范围的降落漏斗,大幅度的地下水位降落不仅使得附近水塘和供水井水位下降,影响水资源的利用条件,也使得地层的孔隙水压力消散,一定程度的地面沉降难以避免。当地层结构复杂、水平方向的相变造成明显的土性差异,或者地面荷载不均匀分布时,就会形成差异沉降,进而引起道路、防洪工程(堤防)、管道、楼房及其他建筑物的破坏或倾斜。当排水的反滤失效时,地下水位大幅度下降与渗透变形共同作用下,还会造成地面塌陷,使得环境影响更加严重。

围堰作为临时工程,其工程等级和设计标准是低于主体工程的。同时,有些施工方出于某种需要(如施工开挖进度等),将调控措施打了折扣,这就加剧了上述的风险,故把握好渗流调控的时机更加重要。

11.2 渗流调控时机的分类

围堰和基坑渗流场的调控,从时机上可以归为 3 类。

(1)与围堰工程设计及基坑开挖施工设计方案对应的渗流控制措施及其调度预案;

(2)适应施工进度计划和预测水文气象条件变化而实施的渗流场控制措施具体调度方案;

(3)根据工程监测和预警采取的应急调度和抢险补救措施。

上述第 1 类措施是设计阶段在渗流场的预测基础上分析论证确定的;第 2 类措施是在施工过程中对第 1 类措施的具体落实与相机实施,以适应施工进度和水文气候条件变化对围堰和基坑渗流场及其安全的影响;第 3 类措施是根据工程运行情况和监测信息分析判断其必要性,并研究确定的应急补救措施。第 1 类、第 2 类属于设计阶段预设或者预测工程进度和水文气候条件变化后相应采取的必要措施,统称为预设调控措施。第 3 类措施不是每个工程都需要,只是在预设渗流调控措施出现失效迹象时,为遏制失效的进一步发展而采取的应急调控措施。所以,第 3 类措施的合理确定与及时有效实施,有赖于预设渗流调控措施失效迹象的早期判别,本文以下称之为应急调控措施。

11.3 渗流调控失效的迹象

预设的渗流调控措施失效的迹象,可以初步归纳如下:

(1)围堰防渗体前后渗流场水力联系紧密,表现为防渗体两侧测压水位或者渗透压力监测值相近,两者对围堰上游水位变动反应速度相近。

(2)围堰下游坡面或者基坑开挖坡面出逸段突然升高,且可以排除围堰上游水位变化、大气降雨等的影响。

(3)基坑排水量突然增加,且可以排除围堰上游水位变化、基坑挖深增加和施工用水回灌等因素的影响。

(4)基坑排水中含沙量高,尤其是含沙量突然增加。

(5)堰体变形和周围地面沉降测值出现快速变化,周围出现水井和地表水体水位明显下降、地面出现裂缝和塌陷、建筑物裂缝或倾斜等现象。

(6)周围输水、输气管道断裂、泄漏,通讯和输电线路损坏等现象。

一旦出现上述迹象,必须及时研究采取合适的应急调度或抢险补救措施,即应急调控措施,防止围堰和基坑安全状态的进一步恶化。

12 渗流调控措施

如上所述,有效的渗流调控必须做到时机恰当和措施得当,二者缺一不可。本节按照预设调控措施和应急调控措施分类,有针对性地介绍围堰和基坑渗流调控措施。

12.1 预设调控措施

预设调控措施包括工程设计中的渗流控制措施及其调度方案。与一般工程一样,围堰和基坑的渗流控制措施也包括防渗、排水和反滤3个大的方面,但具体内容各有特点,兹分述如下:

12.1.1 防渗措施

防渗措施包括堰体防渗和堰基防渗。有条件的情况下,堰体可以设计为均质土坝或者混凝土坝,自身就具有防渗功能。例如,三峡工程纵向围堰、三期围堰都是碾压混凝土围堰。

平原地区的均质黏土堤自身具有防渗功能,常常可用作围堰的一部分。例如,汉江兴隆枢纽工程、南水北调中线引江济汉进口段工程等。大多数围堰工程,尤其是西部高山峡谷地区的围堰工程,可能是采用河床砂砾石料、崩塌堆积体、残积土、岩石风化料、硐室开挖弃料等,或者专门爆破开采的碎石料等填筑的,这类围堰则需专门设置防渗体。如由于施工条件的限制,水下填筑的堰体通常采用防渗墙方案,当堰体填筑到水面以上一定高程后,再开始水上部分防渗斜墙或者防渗心墙的施工。材料可以采用黏土或者土工膜。斜墙或者心墙与下部防渗墙的有效衔接是确保围堰运行安全的关键一环。

堰基防渗方案可以采用水平铺盖和垂直防渗两种。葛洲坝大江截流设计中,上游围堰采用了堰体、堰基联合混凝土防渗墙方案。针对下游围堰,设计人员研究了黏土斜墙接水平铺盖及黏土斜墙接混凝土防渗墙方案。研究结果表明,55m宽的铺盖就可以满足基础防渗的要求。下游围堰实际实施的是一座宽体斜墙坝,其成功运行也在一定程度上验证了铺盖方案的可行性[61][62]。

大多数围堰基础防渗采用垂直防渗方案。堰基防渗墙可以与堰体防渗墙联合设计为一体,一次建造完成,从而减少防渗体的衔接,有利于安全、经济和施工。根据帷幕防渗标准,确定基岩垂直防渗体的底线,当底线较深,或者底线以上的岩体较坚硬,防渗墙无法插入时,常常采用对基岩进行帷幕灌浆,并与上部防渗墙衔接,形成整体。

水利水电工程垂直防渗的大多数施工方法都可以用于围堰及其基础防渗墙的施工。只是由于围堰和基坑工程的特点,导致防渗墙可能会承受复杂应力,也可能发生较大的变形,为此,一般不采用薄墙方案。为了控制防渗墙的结构变形,以保障结构的安全,深入研究防渗墙材料和结构形式是防渗墙合理设计的重要内容[63][64]。

12.1.2 排水设施

排水设施是围堰堰基渗流调控的重要措施。围堰防渗体下游侧堰体选用透水性较强的材料，可以加强堰体的排水，降低堰体内的自由面和下游坡的出逸段，提高堰体边坡的结构稳定性；同时降低堰体和堰基的出逸比降，保障渗透稳定。

基坑排水有明排和井排2种方式。明排适用于排水量不大，渗透稳定性较好的基坑地层结构和土性条件，或者以防渗为主要渗控措施，防渗体沿围堰轴线形成圈体，并在深度方向为全封闭结构的基坑。

在有些地层结构和土性的条件下，开挖面容易发生渗透变形。如粉细砂容易发生流土；级配不连续的砂砾石容易发生管涌；多层结构覆盖层中存在承压含水层，在开挖削弱含水层顶板至一定程度后，可能发生抗浮稳定问题，产生基坑突涌。在这些条件下，需要采用井排方案实行超前排水，使基坑开挖得以在干地上施工。

由于现行工程概算制度的原因，水利工程基坑排水的费用被笼统地归为临时工程费用计列，这往往使得基坑排水费用难以满足纯降水方案实施的需要，迫使工程业主和设计方偏向于采用垂直防渗方案。汉江兴隆枢纽工程基坑、南水北调中线穿黄隧洞竖井基坑、穿漳工程基坑都曾经研究采用纯降水方案，但最后实施时都转而采用了垂直防渗方案。南水北调中线的补偿工程引江济汉工程，其进口段基坑设计时，对纯降水方案进行了深入研究，包括基坑总降水量、基坑降水井布置、不同施工阶段降水井的调度运用方案，并与垂直防渗方案进行对比，说明了降水方案的可行性及其对比优势。工程各方经过深入讨论后最终选择了纯降水方案，在委托长江科学院进行第三方监测、监控后，通过灵活调度既保证了降水效果，又有效控制了降水工程费用。这是傍河超大型基坑采用纯降水方案的一个成功实例，也在一定程度上促成了该工程出口段基坑及通航工程进出口段基坑，采用了纯降水方案。

降水井是最利于实现调度的渗流调控措施，不仅通过已布置的降水井启用、停用，以及抽水量和水位升降的调整，以实现对渗流场的调控，而且因为降水井施工成本较低、施工周期短、占用场地小、调度运用便利，可以随时增补降水井，通过完善降水井的布置，从而达到调控目的。随着基坑开挖深度的增加，甚至在基坑内增补实施少量浅井就能达到良好的调控效果。

12.1.3 反滤设施

反滤是保证渗透稳定的重要措施。围堰的截流戗堤是通过抛投块石、钢架石笼，或预制混凝土四面体形成，往往存在架空现象和大孔隙。为了便于防渗墙的施工，其上游堰体需要采用控制最大粒径的土料填筑。堰体与截流戗堤之间的孔隙性和水力特性存在明显差异，需要设置反滤区实现水力过渡，并对堰体起反滤保护作用。如果堰体采用黏土心墙或者斜墙防渗，更需要在其下游侧设置反滤保护层。

当堰体下游坡脚或基坑开挖坡有渗透水流出逸时，适当地设置反滤防护层，可以防止渗透变形，维护堰体和开挖坡的渗透稳定。

当采用明排方案进行基坑排水时，需要对集水沟、集水井进行适当反滤保护，防止排水带砂，引起地层的渗透变形。

当采用井排方案进行基坑排水时，需合理设计排水井结构，通过有效的反滤防止排水带砂和地层中土颗粒的大量流失。

12.2 应急措施

当预设调控措施出现11.3节所述失效迹象时，必须及时采取应急调控措施遏制其进一步发展，以维护围堰和基坑工程的安全。

根据渗流调控失效迹象的不同，可采取的应急调控措施包括：

(1) 在确保排水井反滤结构合理有效的前提下，加大排水井抽水流量，增加启用排水井，甚至增设排水井，以更大的群井排水能力降低堰体和基坑坡面的出逸段、出逸比降，以及基坑底的出逸比降或者坑底弱透水层承受的水压力；

(2) 减少甚至停止基坑明排排水，基坑水位上升后可以起到反压作用，如果有管涌，则必须参照堤防工程的管涌抢险进行处理，以应对渗透变形引起的堰体、堰基和周围地面不均匀沉降、塌陷现象；

(3) 封堵反滤失效的排水井，重新设置严格满足反滤结构要求的排水井，以遏止降水井反滤结构被击穿而导致的渗透破坏；

(4) 对堰体坡脚或基坑坡脚采用块石、碎石或砂卵石回填进行镇脚防护，扩大堰体断面，或改变坡比，或加强反滤，以应对坡面出逸段突升、渗透破坏或者边坡失稳现象；

(5) 通过灌浆修补防渗体，或者增设、延伸防渗墙；

(6) 通过上游抛投土料，延伸或者加固防渗铺盖；

合理使用上述措施，可以在一定程度上遏制渗流调控失效后果的进一步发展，在分析失效现象严重性基础上，可能还需采取的其他措施包括：

(7) 放缓基坑开挖进度，甚至停止开挖；

(8) 针对地面裂缝和塌陷，建筑物裂缝或倾斜、输气、输电线路损坏等现象，按照相应行业的要求及时采取加固、更换、拆除重建等措施；

(9) 划定工程和环境影响范围，根据需要采取警戒或撤离措施，限制、甚至禁止人流、交通以及其他生产和社会活动；

(10) 加强围堰和基坑渗流场及变形监测，密切监视基坑涌水量、水流浑浊情况，及时分析渗流调控效果及其发展趋势，研究需进一步采取的处理措施。

在采取应急措施取得预期效果后，重新恢复基坑开挖施工时，必须加倍谨慎，关键是要严格控制基坑积水抽排的进程，使基坑水位保持适度的缓慢下降，防止已有渗透破坏区域和已扰动的土体再次发生渗透破坏和垮塌现象。同时，必须针对工程永久建筑物基础进行补充勘探，分析地基扰动程度和范围，研究采取必要的地基处理措施。

13 渗流场调控工程实例

黄河干流某枢纽工程围堰基础采用悬挂式防渗墙方案，基坑完全采用明排方式排水，当基坑开挖至泄水闸坝段要求的深度时，情况显示正常；当厂房坝段基坑继续加深开挖到一定深度后，基坑涌水出现浑水，且浑水点不断增多，范围增加，厂房坝段开挖区及已开挖完工的泄水闸坝段尾水工程区出现多处塌陷坑，甚至右岸城市道路出现直径约4m、深约10m的塌陷坑，道路被迫禁行，临近的天然气管道安全受到威胁，不得不停止基坑排水和基坑开挖施工。

业主邀请有关专家研究对策，专家建议的应急措施包括：立即对基坑内的渗透破坏部位（管涌口）采用滤料回填等抢险措施，回填城区道路塌陷坑，对塌陷坑附近的天然气管道基础进行加固；对临近厂房区坝肩及邻近的城区，以及泄水闸和厂房坝段尾水工程区进行勘探，查明隐伏塌陷区和土体扰动区域，研究布置防渗墙和灌浆帷幕方案截断渗透破坏通道，布置灌浆方案充实土体塌陷和松动区域，或者布置强夯、桩基方案加固地基；弃用基坑明排降水方案，研究布置降水井群，实施基坑开挖的超前排水，使基坑内达到干地施工条件；为恢复基坑开挖施工，必须先行启用降水井降水，然后在严格控制基坑水位降落速度条件下抽排基坑积水。

实施过程中仍然出现了基坑涌浑水的现象,其原因可能包括:管涌险情处理不到位;群井降水不及时;基坑积水抽排过快。这一工程实例充分说明了渗流调控的重要性;如果预设措施失效,需要采取应急措施时,代价会很大,但是只有及时、合理地采取应急措施才能相对地减少工程建设投资和工期的损失,减少对社会和环境的不利影响,避免生命和财产损失。

参考文献

[1] 张家发,林水生,吴德绪等. 论土石围堰和基坑渗流场调控[J]. 长江科学院院报,2013(2):20-26.

[2] 张家发,李青云. 关于堤防工程设计标准和超标准运用的讨论[J]. 水利水电科技进展,2005(5):48-51.

[3] 仲志余. 长江三峡工程防洪规划与防洪作用[J]. 人民长江,2003(8):37-39.

[4] 堤防工程设计规范(GB50286-2013)[S]. 北京:中国计划出版社,2013.

[5] 张家发,王满星,丁金华. 典型条件下堤身堤基渗流规律分析[J]. 长江科学院院报,2000(5):23-27.

[6] 刘杰. 土的渗透稳定与渗流控制[M]. 北京:水利电力出版社,1992.

[7] 张家发,曹星,李思慎. 堤防工程加固设计中的若干问题[J]. 人民长江,2000(1):9-10.

[8] 张家发,马贵生,李长城. 关于堤基的分段分类[J]. 人民长江,2000(7):23-25.

[9] 《堤防工程地质勘察规程》(SL 188-2005)[S]. 北京:中国水利水电出版社,2005.

[10] 湖北省荆南长江干堤加固工程可行性研究阶段渗流控制措施专题研究报告[R],长江科学院土工所,1998.12.

[11] 张家发. 裂隙岩体渗流参数讨论和渗流场有限元计算与分析[J]. 长江科学院院报,1990(2):56-64.

[12] 蒋顺清,熊官卿. 龙河口水库坝后渗出物的试验研究[J]. 长江科学院院报,1991(1):52-58.

[13] 肖振舜,汪在芹. 减压井灌淤机理的物理化学试验研究[J]. 水利学报,1994(1):19-25.

[14] 曹刚. 安庆市长江干堤减压井灌淤成因及处理措施探讨[J]. 人民长江,1992(7):28-32.

[15] 张家发,吴志广,许季军等. 安庆江堤现有减压井运行效果初步分析[J]. 长江科学院院报,2000(4):38-40.

[16] 孙厚才,伍碧秀,王幼麟. 荆江大堤减压井物理化学淤堵试验研究[J]. 水文地质工程地质,1990(6):15-17.

[17] 谈松曦. 安庆市江堤丁马段的减压井效果分析[J]. 安徽水利水电,1998(2):39-44.

[18] 段祥宝,毛昶熙. 安庆城市防洪渗流控制[J]. 岩土工程学报,1997(5):73-81.

[19] 雷志茂. 同马大堤汇口堤段减压井工况分析[J]. 人民长江,1993(1):14-18.

[20] 周志芳,汪斌. 蚌埠闸减压井减压效果分析评价[J]. 水利水电科技进展,1999(4):29-31.

[21] Mansur,C.,G. Postol,J. R. Salley. Performance of relief well systems along Mississippi River Levees [J]. Journal of Geotechnical and Geoenvironmental Engineering. Vol. 126 No. 8:727-738,August 2000.

[22] Mansuy,N. Water Well Rehabilitation,A Practical Guide to Understanding Well Problems and Solutions[M],Lewis Publishers,Boca Raton,FL. ,1999.

[23] Hadj-Hamou, T., M. Tavassoli, W. C. Sherman. Laboratory testing of filters and slot sizes for relief wells [J]. Journal of Geotechnical Engineering, Vol. 116, No. 9: 1325-1346, Sept. 1990.

[24] Van Beek C. G. E. Rehabilitation of clogged discharge wells in the Netherlands [J]. Quarterly Journal of Engineering Geology.

[25] 吴昌瑜,张伟,李思慎,朱国胜. 减压井机械淤堵机制与防治方法试验研究[J],岩土力学,2009,10: 3181-3187.

[26] 张伟,张家发,孙厚才. 减压井化学淤堵机理试验研究[J]. 长江科学院院报,2009(10):13-16.

[27] 张家发,张伟,李思慎. 堤防工程减压井淤堵及其应对措施研究[J]. 长江科学院院报,2006(5):24-28.

[28] 张家发,李思慎,王文新. 长江重要堤防垂直防渗工程[J]. 人民长江,2002(8):37-39.

[29] 张家发,吴昌瑜,李胜常,王满兴. 堤防加固工程中防渗墙的防渗效果及应用条件研究[J],长江科学院院报,2001(5):56-60.

[30] 黄春华、茹建辉、郑存灼等,北江大堤石角段新发现的地质问题[R]. 广州:广东省水利水电科学研究所,2001.

[31] 曹敦履. 葛洲坝工程大江围堰地基渗流控制[J]. 水利学报,1988,(2):49-55.

[32] 曹敦履等. 水工建筑物渗流管涌的Monte.Carlo模型[J]. 人民长江,1997,(6):11-13.

[33] 曹敦履. 渗流管涌的随机模型[J]. 长江水利水电科学研究院院报,1985,(2):39-46.

[34] 张家发,吴昌瑜,朱国胜. 堤基渗透变形扩展过程及悬挂式防渗墙控制作用的试验模拟[J]. 水利学报,2002,(9).

[35] 张家发,朱国胜,曹敦吕. 堤基渗透变形扩展过程和悬挂式防渗墙控制作用的数值模拟研究[J]. 长江科学院院报,2004,21(6).

[36] 李广信,周晓洁. 堤基管涌发生发展过程的试验模拟[J]. 水利水电科技进展. 2005,25(6).

[37] 姚秋玲,丁留谦,孙东亚等. 单层和双层堤基管涌砂槽模型试验研究[J]. 水利水电技术,2007,38(2).

[38] 丁留谦,吴梦喜,刘昌军. 双层堤基管涌动态发展的有限元模拟[J]. 水利水电技术,2007,38(2).

[39] 刘杰,谢定松等. 江河大堤双层地基渗透破坏机理模型试验研究[J]. 水利学报,2008,11(39).

[40] 毛昶熙,段祥宝,蔡金傍等. 堤基渗流管涌发展的理论分析[J]. 水利学报,2004:(12).

[41] 毛昶熙,段祥宝,蔡金傍等,堤基渗流无害管涌试验研究[J]. 水利学报,2004:(11).

[42] 毛昶熙,段祥宝,蔡金傍等. 北江大堤典型堤段管涌试验研究与分析[J]. 水利学报,2005,(7).

[43] 刘建刚,陈建生,焦月岩,赵维炳. 双层结构地基渗透变形发展过程的数值模拟[J]. 岩土力学,2001,23(6):707-709.

[44] 张刚,周健,姚志雄. 堤基管涌室内试验与颗粒流细观模拟试验[J]. 水文地质与工程地质,2007,(6).

[45] 周健,姚志雄,张刚. 管涌发生发展过程的细观试验研究[J]. 地下空间与工程学报,2007,3(5).

[46] 刘丹珠,张家发,李少龙等. 基于土拱理论的土体坍塌机理研究[J]. 长江科学院院报,2011(5):35-41,45.

[47] 刘丹珠,张家发,李少龙等. 考虑土体坍塌的单层堤基管涌数值模拟研究[J]. 长江科学院院报,2012(10):98-101.

[48] J. Istok. Groundwater Modeling by the Finite Element Method[R]. American Geophysical Union,1989.

[49] Terzaghi K.,R. B. Peck,and G. Mesri. Soil Mechanics in Engineering Practice (3rd Edition)[M], New York:John Wiley & Sons,Inc. 1996.

[50] 张家发,杨金忠,黄爽,伍靖伟. 堤防工程防渗墙对地下水环境影响的初步研究(C). 中国环境水力学 2002,北京:中国水利电力出版社,2002:83-90.

[51] 张家发,胡伏元,韩小波. 堤防工程防渗墙对地下水环境影响研究[J]. 水利学报,2005(增刊):516-519.

[52] 武汉水利电力学院主编. 农田水利学[M]. 水利电力出版社,1984.

[53] 乔玉成主编. 南方地区改造渍害田排水技术指南[M]. 湖北科学技术出版社,1994.

[54] 灌溉与排水工程设计规范(GB50288-99)(S). 北京:中国计划出版社,1999.

[55] 张家发,张伟,袁耀宇. 防渗墙作用下堤防保护区地下水动态数值模拟分析Ⅰ:模型、参数及分析方法[J]. 长江科学院院报,2006(6):59-62.

[56] 张家发,张伟,王金龙. 防渗墙作用下堤防保护区地下水动态数值模拟分析Ⅱ:二元结构堤基条件下的数值模拟[J]. 长江科学院院报,2007(1):27-31.

[57] 张家发,张伟,王金龙. 防渗墙作用下堤防保护区地下水动态数值模拟分析Ⅲ:多元结构堤基条件下的数值模拟[J]. 长江科学院院报,2007(2):34-38.

[58] 张家发. 三维饱和非饱和稳定非稳定渗流场的有限元模拟[J]. 长江科学院院报,1997(3):35-38.

[59] 张蔚榛主编. 地下水和土壤水动力学[M]. 北京:中国水利电力出版社,1996.

[60] 西垣诚,竹下祐二. 室内及び原位置における不飽和浸透特性の試験及び調査法に関する研究(R). 岡山大学工学部土木工学科,平成5年5月.

[61] 薛禹群主编. 地下水动力学[M]. 北京:地质出版社,1997.

[62] 曹敦履. 葛洲坝工程大江围堰地基渗流控制[J]. 水利学报,1988(2):49-55.

[63] 李思慎. 葛州坝水利枢纽大江下游围堰渗流研究的回顾与展望[J]. 人民长江,1986(11):37-42.

[64] 张家发,李少龙,潘家军等. 深厚覆盖层上土石围堰渗流控制体系及结构安全研究[J],长江科学院院报,2011(10):122-126.

[65] 包承纲. 二期围堰若干关键技术问题的解决[J]. 中国三峡建设,1999(5):32-36,39.

第三篇

土工试验和研究方法进展

第 1 章 土的成分和微观研究

1 概述

1.1 土的结构的概念

有关土的结构的概念,国内外常见的有:结构、组构和构造。在国际上有些国家的文献中,常将上述三词混用,而在美英等西方国家的文献中很少用构造一词,而结构和组构二词在应用时是有明确区别的。Raymond,Tuncer 和 Kutay(1975)认为:组构为颗粒排列的几何特征,J. K. Mitchell 在《Fundamentals of soil behavior》一书中明确指出:结构包括组构(Fabric)与相邻颗粒间的相互连接力(Inter－particle force)。结构是非常难以测量和定量化的,而组构较容易,结构中的许多信息可以从相应的组构中获得,因而要了解土的结构特征,首先要开展组构的研究[1]。

土的结构指土中各组分在空间上的存在形式,结构特征又受各组分的成分、定量比例及相互间的作用力所控制。因此,土的结构的具体内容包括了以下 3 个方面:①形态学特征,指结构单元体的大小、形状、表面特征及其定量的比例关系;②几何学特征,指各单元体在空间上的排列状况;③能量学特征,指各单元体间的连接特征。结构组成的基本单元称为结构单元体,它是指在相应比例尺下,具有固定的轮廓界限及特殊力学作用的单元体。根据比例尺的大小不同,单元体可从宏观的单层(土层)、土层块体(被裂隙分割的土层)到微观的微集聚体及矿物晶体微粒。

在欧美一些国家的文献中,结构主要分为两级:即宏观结构和微观结构(Mitchell,1976);而苏联等东欧一些国家则主要分为三级,即宏观、中观和微观结构,并采用如下的三级分类法:

①宏观结构,指自然土体或原状土体中可用肉眼观察的结构特征。单元体的大小可由数米到几毫米。各单元体的形状、大小、状态、相互间的排列及接触特征,裂隙方向、大小、有无充填及充填物的性质,再加上土体的颜色特征等,一起构成土体的宏观结构特征。

②中观结构,指利用偏光显微镜对薄片、光片进行观察获得的结构特征,结构单元体的大小为 $2 \sim 0.05$ mm,即为砂、粉粒组、原生矿物颗粒及黏粒的集聚体等。此种结构实际上仍属宏观结构范畴。在我国,有些地方称其为细观结构。目前研究细观结构的最新设备采用的是 CT 技术(计算机断面成像技术)。

③微观结构,指用各种电子显微镜和 X 光衍射仪等现代技术手段揭示的结构特征。结构单元体小于 0.005 mm,它由单粒、团聚体、叠聚体和孔隙等组成。微观结构包括这种微小单元体的特征、在空间的分布状况以及它们之间的接触、连接特点和微观孔隙特征。通过微观结构的研究可认识土的许多工程性质的本质,了解土质人工改良的机理,对正确建立土的本构关系、解释土的宏观力学现象等均有重要意义。

1.2 长江科学院微观研究简况

长江科学院作为国内较早开展土的成分和微观研究的单位之一,从 20 世纪 50 年代开始即建立了相关的实验室,逐步形成了一个完整的研究团队,并与工程问题相结合,在国内有相当的影响。[2]-[13]"文化大革命"期间,中断了有关的工作。直到 70 年后期,结合国家的重大水利工程(如丹江口工程、葛洲坝工程、陆水工程等)建设中的问题,对红土、基岩风化壳、砂岩、风化砂、膨胀土、基岩中的夹层等特殊岩土的微观结构,尤其是葛洲坝大坝基岩泥化夹层的研究,开展了大量的开拓性研究,并成功地解决了许多重大的工程难题。其研究工作的主要特点如下。

①与工程紧密结合。大部分研究以重大的水利工程为背景,与工程的联系紧密,研究成果兼具科学性与实用性。

②研究的范围广。从葛洲坝泥化夹层到三峡风化砂,还有膨胀土、冰碛土、黄土、红土、分散土等,均开展了微观特性的研究,研究领域几乎覆盖了工程所涉及的大部分特殊岩土。

③技术手段先进。利用了当时国际上最先进的测试手段(如电子显微镜扫描、X 光衍射、差热分析、能谱仪等)开展工作,并对试验技术进行研究和改进,技术手段较为先进。

④成果比较丰富。不仅提出了许多研究报告和相关论文,而且还改进了试验方法在国内推广,并提出了若干原创性的研究成果,在国内有关领域有一定的学术地位。

2 岩土微观结构实验方法研究

2.1 黏土矿物测试方法

岩土中的矿物成分,特别是黏土矿物成分对其工程力学性质的影响十分显著,尤其对特殊岩土更是如此。因此,对其矿物组成的准确测定就很重要的。黏土矿物成分的鉴定方法主要有 X 射线衍射法、差热分析法、显微镜形貌观察法等。

2.1.1 X 射线衍射法

在岩土工程中,土的射线衍射分析主要是指土中的黏土矿物及伴存矿物的类型和数量的分析,它是研究矿物结晶构造、鉴定矿物种类的主要手段,这种手段是基于不同的矿物具有不同的晶体构造这一基础上的。由晶体学可知,晶体是由原子、离子和分子等质点在三维空间有规则地排列构成的。因此,晶体是一个由上述质点构成的空间点阵,上述质点也称格点。这个点阵汇总可以划分出一个基本的平行六面体单元,称为晶胞,它在三个基本方向上,周期性地重复平移,即可构成整个晶体。在晶体点阵中,可以划出一系列点阵格点构成的平面,称为晶面。

X 射线衍射实验原理是以射线入矿物晶格产生的衍射为基础,定性或半定量地判断土的矿物组成。当一束单色平行 X 射线射到晶体上,并与某一簇晶面成 θ 角时,如果满足条件:
$2d\sin\theta=n\lambda$,即可发生所谓衍射现象。式中 d 为晶面间距;λ 为入射单色 X 射线波波长;n 为正整数;θ 为 X 射线对某簇晶面的入射角。

2.1.2 差热分析法

差热或热差分析法是通过被测物与一参照物(或称中性体)的热反应的不同而被测试或记录仪器记录下来的热反应与升温之间的关系曲线,来实现对矿物的鉴别的。加热炉按一定的升温速度加热,炉内温度尽可能要求均匀。炉内对称地放置两个白金或其他耐高温的金属坩埚,一个盛放测样,一个盛中性体,一副热电偶的两个触点分置于中性体和被测样中,中性体在整个升温过程中没有吸热或放热反应,只是随炉温升高而同步升高。而被测矿物则可能因加热过程中失去吸附水、结晶水而产生吸热反应,使坩埚内热电偶触及处的温度相对降低,或由于被测物在加热过程中发生氧化、相变等而产生放热反应,使坩埚内温度相对升高或下降。热电偶两触点的温度差将产生一电流,此电流会因两触点的热差为正,或为负而变化流向,使得检流计反射镜的偏转方向不同,因而记录下来的升温-热反应曲线也不同。

2.1.3 电子显微镜法

在黏土矿物测定时,最有效的手段是X射线衍射法,其次为差热分析法,其他方法都是辅助方法,因此电子显微镜无论是透射式还是扫描式,都是一种辅助手段,它主要是依据不同矿物具有的外部形貌特征来鉴别它们。

透射电子显微镜的工作原理是一束平行高能电子射到很薄的样品上,由于样品的不同位置的厚度不一,穿过样品被吸收的多少也不同,因此透过样品的电子数也因位置不同而不同,再经磁透镜聚焦作用后,投射到感光底片上感光,或经电子线路转换投射到视屏上进行观测。底片上不同位置的感光差异反映出试样的形态特征,据此可鉴别不同矿物种类。

扫描电子显微镜的成像原理与透射电镜有所不同。投射电镜投射到样品上的是一束固定的平行光束,而投射到扫描电镜样品上的是一束极细(约5nm)的电子束,它在扫描线圈的作用下,在试样表面做栅状扫描运动。电子束击到表面上时,不是穿过试样,而是在试样表层一定深度内激发出二次电子,二次电子的数目与扫描电子束与被扫描的试样表面夹角等因素有关,也即是与试样表面的形态有关。这种二次电子信息被处理后,形成一与原扫描电子束同步的显像管扫描讯号,就可以在显示屏上直接看到试样的表面形态,并可进行拍照或摄像记录。

2.2 物理化学特性指标测定

岩土的力学特性往往与其物理、化学性质有关,而物理化学性质又往往与物质成分有关。所谓物理化学性质,主要是指岩土的离子交换特性、表面积特性、表面电荷特性等。这些特性主要表现在黏土矿物中。

2.2.1 离子交换特性

黏土矿物的同晶替代作用,是矿物晶体结构中的Si或Al被低价的Fe^{2+}、Mg^{2+}等替代后,晶格内出现正电荷不足而使晶体呈现带负电。为了平衡这种电荷的不足,于是在晶层间或晶体表面,出现一些补偿性阳离子,这种补偿性阳离子是不稳定的,可以被其他种类的阳离子替代或交替,因此这种阳离子又称为可交换性阳离子。可交换性阳离子的产生,除了上述原因外,还可以是颗粒垂直于解理面的边缘处的破键引起的,如高岭石晶体由于垂直于解理面方向的断裂边缘处出现电荷缺失,该缺失的正电荷由阳离子补偿,缺失的负电荷由阴离子补偿。这种补偿阴、阳离子都是可以交换的,因此,交换性离子不仅只是阳离子,还应包括阴离子。根据上述离子交换的原因,可以想象,颗粒越破碎或越细小,表面越丰富的矿物,可提供交换的机会就越多,其离子交换量就越大。显然,蒙脱石、蛭石类矿物有较易解理的晶面和活动的晶层间距,为交换性离子提供了大量的活动空间,理应有较大的离子交换量。而晶体较大、缺少活动性层间距的矿物,其离子交换量相应就小,如高岭石、绿泥石等矿物,其交换量明显偏低,而伊利石等则介于蒙脱石和高岭石之间。因此,天然土中小于$2\mu m$样品的离子交换量测定,也可作为矿物鉴定的辅助手段。另外值得注意的是,不同矿物经研磨不同时间后(颗粒破碎程度或粒径组成不同),其交换量明显增加,即说明破裂断面对离子交换量的影响。如蒙脱石研磨3d后,交换量增加一倍,其他矿物的增加更是明显,如高岭石,研磨48h时,交换量增加了7倍,3d增加约9倍。

离子交换一般是在水溶液中进行的,因此它与溶液中可交换性的离子浓度有关,浓度越大,交换反应越快。另外,交换速度还与可交换性离子所处位置有关,显然,黏土矿物颗粒表面上的离子交换最快,而层间内部的离子交换最慢。

一般情况下,阳离子代换能力的大小有 $Li^+ < Na^+ < K^+ < Mg^{2+} < Rb^{2+} < Ca^{2+} < Co^{2+} < Al^{3+}$ 的顺序。可以看出,离子价数越高,代换能力越强。但是也可能出现交换位置堵塞的情况。有时为了研究的需要,制备所谓的单一离子土,如氢土:H^+蒙脱土与H^+高岭土等。在制备H^+过程中,如果交换位置被Al^{3+}占据,则很难被其他离子取代下来,因此制备的单一离子土,实质上为$H^+ - Al^{3+}$系土,这样的土不仅使得单一离子土的交换量降低,性质上也有变化。上述交换位置上的离子变成不能被交换的现象,称为交换位置的堵塞,能起到堵塞交换位置的离子除Al^{3+}外,Fe_2O_3、水化氧化铁及有机离子等也有类似效应。具体的测定方法可以参见《土工试验方法标准GB/T 50123-2019》。

2.2.2 比表面积特性

岩土材料的许多性质都与颗粒的表面性质有关,而表面的大小可以反映颗粒的大小、形状等特征,如在等效粒径相同的情况下,表面积越大,颗粒的扁平程度也越大,对力学行为的影响也越大。与离子交换量一样,比表面积的大小可作为矿物鉴定的一种辅助手段。测定黏土比表面积的方法较多,主要有甘油吸附法、乙二醇吸附法、乙二醇乙醚法、亚甲基蓝法、CST法等。

测试原理:黏土矿物等颗粒表面具有吸附极性有机分子和水分子的能力,在一定的试验条件下,表面吸附的有机分子为单层,通过测量覆盖整个表面的单层有机分子的量,即可计算出表面积。

比表面积的测试方法:表面积的测定,要求被测试的有机分子能被表面稳定吸附,且覆盖整个表面和严格地限定在单层吸附范围内,这样算出的表面积才可靠。

甘油吸附法和乙二醇吸附法。这两种方法的优点是设备简单,操作简便,再现性好;缺点是平衡时间长,一般达15~20d,甚至长达一个月。

乙二醇乙醚法。为了缩短测试时间,国外20世纪60年代开发出乙二醇乙醚法,后又经我国学者改进,使得测试时间缩短至7~10天,且效果与传统方法一致,见表3.1-1所示。

表 3.1-1　　　　　乙二醇乙醚法与甘油法测比表面积的比较

土样	比表面积(m^2/g)	
	甘油法	乙二醇乙醚法
皂土	764.6	766.0
伊利石	85.0	86.0
高岭石	26.5	27.3
黑山土Ⅰ	544.7	546.7
黑山土Ⅱ	349.2	348.5

2.3 胶结物测试和评价方法

2.3.1 游离氧化物(硅、铁、铝)测定方法

(1)硅、铁、铝在土壤中的含量及其意义

硅、铁、铝是土壤的主要成分。土壤全硅(Si)含量约为 $150g \cdot kg^{-1} \sim 320g \cdot kg^{-1}$，有的可低于 $100g \cdot kg^{-1}$ 或高达 $420g \cdot kg^{-1}$ 以上。全铁(Fe)含量约为 $35g \cdot kg^{-1} \sim 70g \cdot kg^{-1}$，有些富含铁的土壤可在 $150g \cdot kg^{-1}$ 以上。土壤中全铝(Al)含量约为 $50g \cdot kg^{-1} \sim 110g \cdot kg^{-1}$。成土母质、气候、植被、质地和风化强度都会影响土壤中硅、铁、铝的数量和分布。土壤矿物胶体主要是硅酸盐类和铁、铝氧化物，所以分析土体中或土壤胶体中全量硅、铁、铝元素的变化，就能说明土壤矿物胶体在土体中的变化。了解土壤矿质成分的迁移和变化，有利于阐明土壤的发生发育程度，土壤理化性质和土壤肥力状况等。

土壤中的硅绝大多数存在于硅酸盐结晶或沉淀之中，能为植物吸收利用的只是其中的活性部分或可溶部分，也就是土壤中的有效硅部分，包括水溶态、吸附态和部分矿物态硅等。

(2)土壤中铁的形态

土壤中铁的形态主要有游离铁(Fed)、无定形铁(Feox)、有机配合态铁(Fep)以及水溶态(Few)和代换态铁(Feex)等。

土壤中不属于硅酸盐组成部分的其他形态的铁，通称为游离铁，主要是氧化铁及其水合物，其溶解度受 pH 控制，在 pH 从 6.5~8.0 降至最低，因此在石灰性土壤上生长的某些植物感到缺铁，发生失绿症。而在淹水条件下，又常常产生亚铁毒害问题。土壤(或黏粒)中游离铁(Fed)占全铁(FeT)的百分比称为铁的游离度$[(Fed/FeT) \times 100]$，它反映了成土过程的特点，常用作风化度的指标之一。土壤游离铁的测定通常用连二亚硫酸钠—柠檬酸钠—重碳酸钠(DCB法)浸提，邻啡罗啉比色法测定。

土壤中无定形铁(Feox)或称"活性"氧化铁，主要是氧化铁和氢氧化铁矿物，由于它们在土体中体积小，表面积大，因此是土壤中最活跃的铁的形态。无定形铁与游离铁的比值称为氧化铁的活化度$[(Feox/Fed) \times 100]$。测定土壤中的无定形铁通常在黑暗中用草酸—草酸铵溶液浸提(Tamm氏法)，邻啡罗啉比色法测定。

有机结合态铁(Fep)是指与土壤中难溶性有机物质结合的铁，主要是螯合作用结合的铁，通常用碱性焦磷酸钠浸提—邻啡罗啉比色法测定。有机配合态铁与游离铁的比值$[(Fep/Fed) \times 100]$称为铁的配合度。

土壤水溶态铁和代换态铁虽然都是可以利用的形态，但在中性—石灰性土壤中含量甚微，很少用于有效铁的诊断。

(3)土壤中的活性铝

酸性土壤中的活性铝亦称有效铝，是无定形或游离氧化物，对土壤酸度和铝离子浓度有明显影响。测定土壤活性铝含量有利于揭示土壤酸化机理和诊断植物铝中毒状况等。

对有些土壤，只要分析土体样品就可以明显地看出它们的变异，但有时土壤胶体部分的化学成分更能说明问题。例如，从 $SiO_2/(Fe_2O_3+Al_2O_3)$ 或 SiO_2/Al_2O_3 的分子比率(即用这些氧化物的分子量分别除以它们的含量百分数所得的分子数之间的比例)就可以说明土壤矿物的风化程度。这都有利于对土壤类型的划分，土壤区划和土地的合理利用。

(4) 土壤中硅、铁、铝含量的表示方法

土壤中硅、铁、铝的含量可以用烘干土为基础的质量分数（$g \cdot kg^{-1}$）表示，也可以用灼烧后土壤为基础的质量分数表示。用前者干基表示，其质量分数中除矿物元素含量外，还包括土壤有机质，矿物中的化学结合水，碳酸盐等成分，这些都是土壤中的重要成分，在土壤全量分析中都应考虑。此外用烘干土测定硅、铁、铝比较方便，避免灼烧麻烦。所得结果经过换算消除土壤腐殖质和易于变化的碳酸盐类等的影响，可以得到比较符合土壤中硅、铁、铝的累积和淋溶情况的含量。

如果以灼烧后的土壤为基础的质量分数表示时，即各矿物元素的氧化物的总和等于100%，这里已除去了不属于土壤矿物的有机成分、碳酸盐中的 CO_2 及矿物结构中的化学结合水。

2.3.2 土壤矿物元素的全量分析

测定土壤矿物元素的全量分析方法是将土壤矿物元素从酸不溶状态转化成能溶于酸的均匀溶液。常用的方法有碱熔法和酸分解法。碱熔法使用的熔融剂有碳酸钠、氢氧化钾、氢氧化钠、过氧化钠或偏硼酸锂等。碱熔剂在高温的条件下与土壤中难溶性硅酸盐作用，增加硅酸盐中盐基性成分，形成硅酸钠，其他矿质元素均成为可溶性盐类而达到分解目的。碱熔法中不管用哪一种熔融剂，最终溶液中的盐浓度较高，不利于直接用原子吸收法测定。碳酸钠熔融法是经典方法，分解硅酸盐最为完全，被定为标准方法，一般全量分析多采用此法，但缺点是必须用昂贵的铂坩埚。偏硼酸锂熔融法可以用石墨坩埚代替铂坩埚，是近年来提出的适合于原子吸收光谱法（AAS）和等离子体发射光谱法（ICP）分析多元素的样品分解方法。酸分解法通常为氢氟酸分解法，优点是酸度小，外加离子少，特别适用于仪器分析测定，但是由于某些难溶性矿物分解不太完全，特别是铁、铝、锰、钛等元素的测定，目前还存在一定问题。此外，在20世纪70年代以来，国外采用在密封容器中的氢氟酸消化法（Jackson，1974；Sridhar，1974）和微波炉分解法（Gilman，1988）较好地解决了硅酸盐的溶解和样本溶液的稳定性问题，分解的样品非常适合于原子吸收光谱法（AAS）或等离子体发射光谱法（ICP）的测定，可直接测定硅、铁、铝、钛、锰、钙、镁等18种大量和微量元素。

2.4 有机质实验

有机质试验主要采用重铬酸钾外加热法。主要步骤如下。

①准确称取通过0.25mm筛孔风干土0.1~0.5g（精确到0.0001g），放入干燥的硬质试管中，加入0.1g硫酸银（Ag_2SO_4），然后用吸管加入0.8000N重铬酸钾5mL，用注射器加入浓硫酸5mL，小心摇匀，放上小漏斗将试管插入铁丝笼中。

②预先将石蜡油浴锅加温到185~190℃，然后将铁丝笼插入油浴锅内，此时温度应保持在170~180℃使溶液沸腾5min（从试管内溶液开始翻动起准确计算时间），然后取出铁丝笼，擦去试管外油液。

③冷却后将试管内溶物用蒸馏水小心无损地从试管中洗入250mL三角瓶中，使瓶内体积为60mL左右，然后加入邻啡罗啉指示剂3~5滴，用 $0.2 mol \cdot L^{-1}$ 硫酸亚铁标准液滴定，颜色由绿色突变到棕红色为终点。或加邻苯胺基苯甲酸指示剂12~15滴，溶液由紫红突变到绿色即为终点。

④在测定样品的同时，必须做三个空白试纸（每笼一次），取其平均值。

2.5 结构测试和评价方法

本节重点介绍扫描电镜和偏光显微镜的测试方法。

2.5.1 样品制备方法

由于岩土材料的特殊性,为保证所观测到的微结构扫描图像能真实地反映试样的本来形貌,必须使采集到的样品保持其原来的状态而不受扰动。按要求取土样中的一部分并注意选取能代表该土样结构特征的部位,如当制备经力学试验后的试样时应选取破坏面或剪切带内外不同部位的样品,而且需要在多方向制备样品。一般情况下,样品应用手掰开,而尽量不用机械刀具,用刀具进行切片处理事实上已经改变了土的原始微结构。另一方面,由于黏性土内部往往有光滑面存在,制样时也应避开光滑面,保证所观测到的微结构能代表土样的整体情况。根据扫描电镜不同型号的使用要求,制成一定尺寸的试样并在放大镜下选取断面较平整的部分。为了去除试样表面的扰动颗粒,可在试样表面轻涂一薄层胶水,待胶水干后把胶皮撕下并用橡皮球吹去松动的颗粒,即可获得试样的新鲜断面。然而,对于以细小的黏土矿物为主的试样,当胶皮撕下时反而会把黏土矿物薄片拉起,所以操作时应十分仔细。用于扫描电镜观察的样品必须为固态物质,保证扫描电镜真空系统的真空度,故含有水分的样品必须事先干燥。为消除荷电现象,沾有油污的样品还必须用丙酮等溶液仔细清洗,保证样品表面的清洁。关于试样的干燥方法,目前国际上主要有风干法、烘干法、湿度干燥法、置换干燥法和冷冻真空升华干燥法等几种。其中风干法在我国应用得最为普遍,也最为简单,即将试样置于大气中缓慢失水干燥。当土的含水率低,缩限小于10%时比较适用,过大的含水率必然会造成土的微观结构形态的严重改变。置换干燥法是用甲醇、丙酮、酒精、异戊烷等低表面张力的液体取代土样中的水,以不同浓度的液体进行多次置换,也有用茨烯置换,然后再进行风干、烘干或抽真空干燥。冷冻真空升华干燥仪的研制成功使微观结构的制备样品水平得以大大提高。其基本原理是,在冷冻剂温度下,将试样进行快速冻结,使其中的水迅速冻结成微小的冰晶(防止形成冰核),然后在真空条件下,使试样温度回升到$-50℃\sim-100℃$之间,微小的冰晶直接升华,土样得以干燥。常用的冷冻剂有:①液烷($-196℃$);②用液氮冻异戊烷;③用液氮冻丙烷($-190℃$);④用液氮冻氟利昂,冷冻速度为$100℃/s$;⑤液氮通过机械泵抽气方式成氮冰($-230℃$),氮冰溶化,此时可大大加快冷冻速度。我国于20世纪80年代成功地研制了冷冻真空升华干燥仪,填补了微观结构备样技术的一项空白。利用这一技术研究冻土的微观结构取得了较好的效果。它特别适用于高含水率的土样制备,是一项有发展前途的制样技术。

除广泛采用的干燥法之外,复形法也是一项十分有效的制样方法。其基本做法是,将溶胶充填和渗入欲观测的样品,将样品的表面痕迹复印在膜片上。显然,所制备的膜片与样品的凹凸形貌特征正好相反。静置一定时间,待溶液完全干涸后,将样品放在水中溶化并仔细清洗膜片上的浮土,即可做涂膜处理,进行扫描电镜观测。为了观测冻土的微观结构,曾配置了浓度为4%~5%的三氯甲烷溶胶制样获得了较好的效果。复形法制备样品操作简便,较真实地反映了样品的表面结构和其他特征。然而三氯甲烷溶液毒性较大,而且渗透性较差,不易理想地反映样品的极细微结构。

对于导电性良好的样品,一般不经处理即可进行扫描电镜观测。而对于导电性差的岩土材料,样品在λ射电子束照射下表面易积累电荷而影响图像质量,故需在样品表面喷镀一薄层金(或银、碳)膜。用铂、钯或其合金作为喷镀物质效果更好。

2.5.2 土的微观结构及其分析方法

土的微观结构包括三方面的内容:

(1)形态学特征,即指结构单元体的大小、形状、表面特征及其定量比例关系;

(2)几何学特征,即各单元体在空间上的排列特征;

(3)能量特征,即单元体间的连接特征。

自 Terzaghi 首次提出土的微结构概念以来,对土的微观结构形态特征已有了比较全面的认识。研究的对象除一般黏性土外,还包括黄土、膨胀土、冻土、冰碛土、人工制备的结构性黏土等。谭罗荣系统总结了可能存在的土的微观结构形式[2]。施斌则通过大量扫描电镜照片归纳了几种典型的击实膨胀土的微观结构形态。一般地,研究土的微观结构应从以下几个方面入手:

(1)微结构基本单元体的形状和大小。在显微镜下,具有明显的物理界限者称为微结构的基本单元体,又可以分为一级单元体和二级单元体。一级单元体指具有较强的原始内聚力而较难分离的微凝聚体。二级单元体则指由一级微凝聚体集合而成的片状、粒状等聚集体。这些二级的微结构单元体可根据其聚集的大小分为团粒($>10\mu m$)、细粒($5.0—10.0\mu m$)、微粒($1.0—5.0\mu m$)和超微粒($<1.0\mu m$)。

(2)基本单元体间的接触状态。在片状或板状聚集体中一般以面—面、边—边、边—面等形态接触,而在粒状聚集体中呈现直接接触或镶嵌接触等形态。有的则是通过胶结物质加以联结。

(3)基本单元体间的连接形式。基本单元体间的相互作用力十分复杂,作用形式包括电荷、水膜及胶接物质的存在。扫描电镜只能观测到其形状,而相互作用力的测试,还必须结合探针分析、化学分析等进行综合测定。

2.6 岩土崩解特性试验

岩土崩解特性试验是土体在水中发生崩解的现象。具有结构性的黏质土体在水中的崩解速度作为湿法筑坝选择土料的标准之一。试验时,首先按需要取原状土或用扰动土制备成所需状态的土样用切土刀切成边长为 5cm 的立方体试样,按规程规定测定试样的含水率及密度,将试样放在网板中央,网板挂在浮筒下,然后手持浮筒颈端,迅速地将试样浸入浮筒中开动秒表,立即测记开始时浮筒齐水面处刻度的瞬间稳定读数及开始时间。在试验开始时,测记浮筒齐水面处的刻度读数并描述各刻度时试样的崩解情况,根据试样崩解的快慢,可适当缩短或增长测读的时间间隔。

3 工程岩土特性的微观结构研究

3.1 红黏土的胶结特性及与力学性质的关系

红色黏土具有一系列特殊的工程性质,如天然含水率、黏粒含量和塑性比较高,干容重较低,压缩性较小,压实性较差,抗剪强度较高等。前人虽作过不少研究,但多侧重于残积的红色黏土,对第四纪红色黏土研究得不多。而第四纪红色黏土的成因、成分和性状与残积的红色黏土不尽相同。所以很有必要对其工程特性及影响因素加以探讨。长江科学院早在20世纪80年代就对湖北蒲圻水利枢纽第四纪红色黏土坝料的物质成分、结构特性及其与力学强度、压实性、抗渗性等的关系进行了系统的研究[14]。蒲圻的红色黏土是第四纪冲积—洪积物,主要分布在陆水河畔的二级阶地上。土层厚约 4~8m,呈不均匀的黄红色,夹有灰白色黏土斑纹,使土层呈网纹状。该红色黏土在化学成分上,以含有较多的游离氧化铁(约为全铁量的 2/3)为主要特征,黏土的红色即是由其浸染的结果。阳离子交换量和表面积均较低,故物理化学活性比较弱。交换性阳离子中,铝和钙、镁约各占交换量的一半,pH 值比较低(4.6~4.9),易溶盐含量甚微(0.02%左右),有机质很少(0.2%),说明矿物质占有绝对优势,这对该黏土的性质有重大的影响。该红色黏土含石英、云母等粗粒矿物较少,铁质矿物(针铁矿等)主要以薄膜形式被覆于其他矿物的表面和孔隙中,且分布不均匀。黏土矿物占有优势,其组成以高岭石和水云母为主,还有少量蛭石,并伴存有较多的针铁矿和细粒石英。该红色黏土的天然含水率、黏粒含量、塑性等比残积红色黏土要低,干容重要高,渗透性要大。但二者的抗剪强度、压缩性和压实性基本相似。该红色黏土的物理性质,近似于普通黏土,力学性和渗透性却差异显著。这些特点与其结构特性密切相关。然而黏土体系的结构特性,主要取决于土粒间连接作用力的特性,相互接触、排列的特点和孔隙状况等。扫描电子显微镜研究表明,该红色黏土结构的基本单元,主要是片状颗粒面—面叠聚的微集结体,它们以多种接触形式杂乱排列成多孔隙的集结体,这是使其干容重较低的重要原因。集结体之间按镶嵌形式逐级连接成较大的集结体。各级集结体形状非常相似,均为不规则的多面体,多面体每一棱面即是次一级集结体的镶嵌面。集结体间镶嵌连接与游离氧化铁的胶结力密切相关。就工程特性而言,该红色黏土的特点主要是:结构强度比较高,但不均匀。其结构强度比当地普通黏土高得多。因此它们虽然干容重较低,却具有较高的抗剪强度、抗水强度和较低的压缩特性等力学性质。

另外,该红黏土的压实性较差,这是由于其结构强度较高,故需消耗较大的压实功能。在同样击实功能下,结构强度较低的当地普通黏土所得到的干容重比它们的要大。另一方面,结构不均匀性也是影响它们不易压实的重要因素,由于各种集结体的结构强度不同,坚硬的集结体有撑架作用,易于造成微域架空现象。该红黏土中有时夹有白色黏土,白色部分的土中含游离氧化铁很少,故易于击实;而当原土中白色部分很少时,由于红土的游离氧化铁胶结作用,集结体比较坚固,就难以击实。在相同击实功能下,二者干容重差值达 0.13~0.16g/cm³。因而在红白相杂情况下难以压成致密均匀的土体。该坝体虽然密度较低,但力学强度较高,抗剪强度的 φ 值一般均在 20°左右,有的部位可高达 25°左右。由此可见,该红色黏土经过施工扰动后,仍能表现出它们特殊的结构力学性质。

综上所述,蒲圻第四纪红色黏土由于结构强度较高,且不均匀,因而不易压成致密土体。但因力学强度较高,抗渗性也较好,所以用作坝料时,可不必追求较高的压实密度,但应注意均匀性,因其中夹杂的白色黏土力学强度和抗渗性均较差。

3.2 分散土特性及作为坝料的评价

3.2.1 分散土特性概述

分散性黏性土是在纯净的水中能够大部或全部自行分散成原级颗粒的黏土,它抵抗纯净水冲刷的能力极低。因此,有些工程常因雨水的冲蚀,在坝坡和坝身出现大量的冲沟和溶洞,甚至引起堤坝的破坏。20 世纪 70 年代,谢拉德(Sherard)在总结澳大利亚小型水库失事经验的基础上,提出了四种鉴定分散性黏土的方法,包括双比重计分散度试验,针孔冲刷试验,土块崩解试验及孔隙水阳离子化学分析。70 年代末期,在我国松辽平原也发现了这类土,对其进行研究表明:黏土颗粒中含有一定量的钠蒙脱土,是黏性土能充分分散的内在因素。在物理化学及水蚀方面的特征可归纳为五个方面:①在塑性图中位于 A 线以上,并主要位于中塑性无机黏土区;②在纯净水中分散度在 40%以上;③抗纯净水的冲刷流速 $v<$15cm/s;④渗透系数小于 1×10^{-7}cm/s;⑤介质的 pH>8.5。典型的分散黏性土应该同时具有上述各项性质。

在实际工程实践中,分散性黏性土这种特殊性质是否出现,关键因素在于水介质的纯净程度。由于分散土的渗透性较小,要产生渗透变形,必须具备两个条件,一是渗水比较纯净,二是土体中存在天然孔洞。即使在上述条件下,如果有合适的反滤作保护,仍然不易产生渗透变形。合适的反滤层应是能够截留土中的粗颗粒,并在接触面形成天然滤层的无黏性土。

分散性黏性土在其实际应用中,以天然河水研究其渗透变形特征,对工程更有实际意义。由于非黏性土不存在团聚颗粒的分散性,所以后文对分散性黏性土简称分散性土。

3.2.2 分散性土的物理、化学和矿化特征

分散性土的物理、化学及矿物特征可从塑性、分散度、渗透性、矿物化学成分来分别进行论述。

分散性土的塑性不高,即使黏粒含量大于30%的分散土也是如此。将国内的分散性土绘于塑性图上,其范围均位于中塑性黏土及粉质黏土区,这与国外的资料是一致的。对于高塑性黏土判断是否存在分散性土,国外看法不一,在国内尚未发现在这区域中有分散性土。在塑性图A线以下的土,国内外均未发现有分散性土。根据国内已有资料,A线以下液限大于40的区域,主要是南方红黏土,无论是分散度,介质的pH值及黏土矿物成分均表明属非分散性土,具有较高的抗冲蚀能力,初步判定,该区域应属于非分散性土的区域。

分散度表示黏性土在纯净水中能自行分散成原级颗粒的程度,由两次比重计试验成果确定:一次是加分散剂,另一次是在纯净的水中自行分散,将二者结果进行比较即可得分散度。如何用分散度来判别分散性土,尚无统一准则。有的资料认为:黏土颗粒有50%以上能自行分散为原级颗粒的土,才属于分散性土;也有认为只要大于35%～40%时就应属于分散性土。我们遇见的分散性黏性土,分散性均大于50%。根据一般概念,一种土中细颗粒含量占35%以上,则细颗粒对各方面的性质均有明显的影响。为此我们认为,以40%的分散度作为判别分散性土的指标较为合适。

分散性土虽属中塑性土,按颗粒粒径分类,有的土属轻粉质壤土,但渗透性却很小,渗透系数小于1×10^{-7}cm/s。这是由于它的黏土矿物主要为蒙脱土,颗粒较细,而且受雨水影响,容易分散成原级颗粒,土体结构较均匀,孔隙通道小。

分散性土的化学分析包括:孔隙水溶液及交换性阳离子的化学分析两个方面。常用的是孔隙水溶液的化学分析,并以钠、钾、钙、镁四种金属阳离子的总量和钠离子含量之间的关系来判别土的分散性。研究结果表明:仅以钠离子的含量判别土的分散性,可靠性较低,以交换性阳离子判别土的分散性,更为可靠。因为对土的分散性,其主要作用还是吸附于黏土颗粒表面或矿物晶格中的阳离子的成分和含量。

分散性土的矿物成分,不仅是以蒙脱石为主体,而且应为钠蒙脱土。另外大量的资料表明,分散性土的孔隙水溶液一定呈碱性,且pH>8.5。这与它的黏土矿物成分有直接关系,因为钠蒙脱石的碱度高,pH一般在8.5～10.6之间。

3.2.3 分散性土的抗冲刷能力

一般黏性土的抗冲刷流速在50～270cm/s范围内,抗冲刷比降大于2.0。分散性土在纯净水中的抗冲刷流速小于15cm/s,冲刷水力比降也不会大于1.0,特别是有些缺乏中间粒径的分散性土,抗冲刷比降甚至达不到0.05,和非分散性土相比,差别非常明显。这是分散性土分散性的一种重要特征,谢拉德等

提出以针孔冲刷试验鉴定黏性土的分散性,原因就在于此。

分散性土本身的抗冲刷能力取决于土的颗粒级配曲线的形状、黏粒含量及土体干容重的大小。级配曲线呈连续性的土,具有较大的抗冲水力比降,并明显地大于级配曲线不连续的土。级配不连续的土,黏粒含量是决定抗冲刷比降的重要因素。当黏粒含量小于30%时,各种土都具有基本相同的抗冲刷比降,但当黏粒含量大于30%时,抗冲刷比降会明显提高。另外,当黏粒含量小于30%时,土的抗冲刷比降很小,甚至不到0.05,而且土体容重对抗冲刷比降的影响不明显,表明土体中的粉粒和砂粒起骨架作用,黏粒处于不稳定状态,所以土体的渗透变形属管涌型。各种类型的分散性土,它们的抗冲刷流速之间并无明显差别,一般变化于4～14cm/s之间。其原因在于分散性土中的黏土颗粒都处于分散状态,能冲刷的颗粒大小是基本相同的,所以具有相同的冲刷流速。

分散性土抗冲刷比降之所以有明显的区别,与冲刷过程有密切的联系。分散性土要产生渗流冲刷,其首要条件是土体在渗流方向要有贯通性的裂缝,另一方面,土体遇水后要膨胀,如果渗透水压力小于膨胀力,土中的裂缝和孔洞会自行愈合,愈合后土体仍然不会遭到渗流的冲刷。只有渗透水压力等于或大于膨胀力,裂缝不会愈合时,土体才有遭受冲刷的初始条件。颗粒级配曲线不同或黏粒含量不同,土体的膨胀性不同,不允许裂隙闭合所需的水力比降也就不同,由此产生了抗冲刷比降的误差。由此看来,用抗冲刷比降来表征分散性土的抗渗强度,不仅能反应土的特性,而且对工程设计更有实际意义。

另外,当试样的干容重小于液限含水率下的干容重时,无论何种组成的土,膨胀力都很小,需要克服土体膨胀的外力都是基本相同的,所以具有相同的抗冲刷比降。由此可知,为使分散性土抗冲刷比降提高,保证土的填筑干容重大于液限干容重应是工程中必须遵循的一项重要条件。

3.2.4 反滤层是防止分散土渗透变形的有效措施

分散性土的渗透系数很小,如果没有裂隙或孔洞,土样在短期内是难以形成渗流,即使有水头作用,也无法产生渗流破坏。进行反滤试验时,比先有产生渗透变形的条件,然后才能观察反滤层的效果。所以反滤试验是在土样中存在孔洞,试验用水采用纯净蒸馏水的最不利条件下进行的。

试验结果表明:当渗透的水质很纯净时,分散性土的渗透变形特性具有无黏性土的特征,特别是黏粒含量小于30%的土,细颗粒在土体中处于不稳定状态,渗透破坏形式为管涌。按照反滤层只能保护管涌土,即保护黏土颗粒的原则来考虑。但在反滤层的选择原理方面又不完全与无黏性土的管涌土相同,即不需要直接保护土颗粒,用中、粗砂或与其等效的砂性土即可防止渗透变形。因为分散性土的特点,发生管涌后虽然渗透系数增大,但仍小于无黏性土,这就有可能当土的颗粒淤塞反滤孔隙时,不会导致淤塞后的反滤层的渗透系数小于管涌以后的土体的渗透系数,所以反滤层不会失效。由于反滤层允许淤塞,选用较粗的反滤层后,在运行中经过淤塞,将自行变成级配符合要求的反滤层。根据这一机理,反滤层只要保护土中粒径为极细砂的颗粒,就可在反滤层与分散性土的接触面上自然形成一层天然反滤层,从而保护住分散性土不再继续产生渗透变形。因此,反滤层仍然是防止分散性土渗透变形的有效措施。它的反滤层选择原则既不同于一般黏性土,也区别于无黏性的管涌土。若用$D_{20}<0.5$mm的砂或者砾质砂作为反滤层,将有足够的可靠性。

3.2.5 水质的影响

分散性土容易分散成原级颗粒的内在因素是其本身含有一定量的钠蒙脱土,但是周围介质的阳离子及其含量也是必不可少的因素。如果介质含有钙离子,很容易替换蒙脱石晶格中或吸附于表面的钠离子,使土的分散性发生质的变化。通过对典型的分散性土表面的钠离子采用不同纯度的水进行了系统试验,所得的结果完全不同。如分别用蒸馏水和自来水进行针孔冲刷试验的结果表明:在蒸馏水中的土块全部分散成原颗粒,呈悬浊状,在自来水中的土块则维持原来形状不变。试验结果表明:渗水的阳离子成分和含量,特别是钙离子的含量对土的分散性有直接的影响。

3.2.6 小结

综上所述,分散性土是一种特殊性土,抵抗纯净水冲刷的能力很低。典型的分散性土,用双比重计试验、针孔冲刷试验以及土块试验就可以鉴别。但需注意的是双比重计试验时的土样只能采用风干土,针孔试验时还要注意防止出口的冲蚀。

分散性土仍然可以用作土工建筑物的防渗材料。若用 $D_{20}<0.5$mm 的砂料保护渗流出口,可承受较大的水力比降。由于它抗雨水冲蚀的能力小,用于土石坝的斜墙或心墙材料较为合适,因为它们不存在直接被雨水冲刷的可能性。

渗水的纯净程度对分散性土的抗渗强度有很大影响,从工程实用出发,当研究分散性土的分散性时,应进一步采用天然河水研究它的渗透变形特性,以得到全面的认识。

3.3 膨胀土胀缩特性(南阳地区)

举世闻名的南水北调中线工程总干渠全长约1432km,干渠沿线经过膨胀土(岩)、黄土、易振动液化砂土等特殊土(岩)地区,渠道沿线工程地质条件复杂。其中,总干渠明渠段涉及膨胀土(岩)累计长度约386.8km。膨胀土(岩)因其具有特殊的工程特性,易造成渠坡失稳,对工程的安全运行影响很大,而且其处理难度、处理的工程量和投资也较大,因此,膨胀土(岩)的处理是南水北调中线工程的主要技术问题之一。而认识膨胀土(岩)的微观结构组成是揭示膨胀土独特宏观力学特性的前提。

长江科学院早在20世纪60年代就开始探索膨胀土的矿物成分、微观结构等土质学理论与胀缩机理。在膨胀土的黏土矿物成分及含量对抗剪强度影响方面,开展了较为系统的试验研究。通过在室内配制蒙脱土、伊利土和高岭土等3种典型黏土的试样,分别测定其抗剪强度,得出蒙脱土的强度最低,高岭土强度最高的结论。在研究蒙脱土与其他黏土矿物的混合料试验中,测得混合土的抗剪强度随蒙脱土含量增加而降低,当蒙脱土含量超过20%~30%以后,土样的抗剪强度主要取决于蒙脱土。这些成果揭示了膨胀土强度偏低的本质,为研究膨胀土的强度特性提供了有用的资料,同时,在研究葛洲坝等工程的泥化夹层(含蒙脱石黏土矿物)的工程性质时,发挥了一定的作用。

"十一五"期间,长科院的研究人员从膨胀土的微观结构以及膨胀机理出发,分析了膨胀性与黏土矿物成分、阳离子含量以及导电性能的关系,提出在膨胀土的黏土矿物成分—阳离子交换量—自由膨胀率—导电率之间具有某种关联的可能性[4]。为验证这一观点,研究人员在室内开展了大量的试验研究工作。试样分别选择南水北调中线工程典型渠段的膨胀土、膨胀岩,以及其他地区的膨胀土和一般黏性土。典型地区土样包括:邯郸强膨胀土,新乡中膨胀黏土岩、弱膨胀泥灰岩,南阳中膨胀土、弱膨胀土、襄樊、枣阳、荆门、镇江等地的中、弱膨胀土,广西南友路中膨胀土,及长河坝、密松水电站等地区的黏土、粉质黏土。试验内容包括:

(1)自由膨胀率试验按《土工试验规程》进行:用四分法取20g~30g土样放进105℃~110℃烘箱中

烘至恒重后,再将土样从烘箱中取出,放入干燥箱中冷却至室温,按上述规程测试土样的自由膨胀率。

(2)土壤电导率试验步骤如下:取上述代表性土样100g～150g,先放进105℃～110℃烘箱中烘至恒重,再将土样取出,置于干燥箱中冷却至室温。然后根据干土质量称相应质量的纯水(去离子水),配成高含水率(本试验设定为70%)状态的土膏,用玻璃棒将土水搅拌均匀,用 W.E.T 土壤电导率探头测试土样的电导率,并在测试完成后,烘干剩余土样,实测土样含水率。本试验土样统一采用相同的含水率控制,主要是考虑以下因素:①由于土壤的电导率很大程度上受溶液浓度的影响,不同的含水率条件下,土壤的电导率不同,因此,配置相同含水率状态的土样可以消除由于土样含水率差异对电导率测试的影响。②配置高含水率状态的土膏,是基于前人的研究成果:当含水率超过一定的限度以后,土样的电导率变化趋于平缓。③配置土膏状的土样便于土样含水率均匀拌合,土样的导电性能能更充分地发挥。考虑到一般膨胀土最高液限可达70%,故设计试验土样的控制含水率为70%。土样电导率试验前,测试了调土用纯水的电导率为2mS/m,说明试验用水的电导率不会对试验成果造成显著影响。通过从野外不同地点取回各种膨胀土样,在室内进行土样的界限含水率、黏土矿物成分、自由膨胀率以及电导率试验,用试验数据证实了土壤导电性与界限含水率、黏土矿物成分、自由膨胀率等均有良好的相关性,从而也证实了电导率与膨胀性的关系。

在实际工程中,可以采用特定含水率条件下膨胀土样的电导率来推求土样的自由膨胀率,根据推测的自由膨胀率来进行膨胀等级的划分,从而实现在现场用快速测定土样电导率的方法对膨胀土进行快速判别的目的。有关详细资料参看第一篇第4章所述。

3.4 软岩崩解特性

3.4.1 软岩的崩解现象

葛洲坝水利工程基岩中,分布有白垩纪的由碳酸钙(方解石)和黏土胶结而成的石英粉砂岩[15]。闸基的排水孔穿过该岩层某些部位的孔壁有塌落现象。在查找孔壁塌落原因过程中,发现这些部位的粉砂岩具有较明显的软化和崩解特性。为了弄清导致它们软化和崩解的原因及其影响的主要因素,长江科学院的王幼麟等主要从塌落部位的岩性特征即岩石的物质成分(主要是胶结物质)、结构特征和物理化学性质等方面进行了研究[5]。粉砂岩的主要特性是:①亲水性,吸水比较显著;②具有膨胀性,无侧限膨胀量一般为3%～5%,侧限膨胀量可高达12.2%;③浸水后岩石强度大为降低,软化系数一般在0.3左右,最小仅有0.21;④崩解特性。这些粉砂岩在稍有失水或结构遭受一定扰动后浸水,便发生崩解。在发生明显崩解之前,一般都有一个可测量的膨胀现象。它们崩解时的破坏形式主要有三种:

(1)浸水后试样开始吸水肿胀,同时有鳞片状碎屑剥落,并分散,使浸泡水发生混浊;最后整个试样塌散开来(塌散物呈鳞片状和泥糊状),完全失去试样原有的外形。少数试样崩解产物由于分散度高,可长期悬浮在水中而难以澄清。

(2)试样浸水后肿胀现象不明显,而是产生大小不等的裂隙,然后随着裂隙的发展而崩解成碎块。大多数碎块在水中难以进一步分散,所以浸泡水基本上保持清澈。

(3)试样浸水后兼具(1)(2)两种破坏的特征。这也是大部分粉砂岩崩解时破坏的形式。

为了弄清导致这些粉砂岩表现出较明显的亲水性的原因,长江科学院王幼麟等对粉砂岩的物质成分、结构特征以及物理化学性质与亲水性的关系开展了系统的研究。

3.4.2 软岩的物质成分

上述的该粉砂岩的主要矿物是石英,含量约 50%～60%。它们的粒径为 0.1mm～0.01mm,属于粗分散的,基本上没有物理化学活性的物质,显然,粉砂岩的亲水性与其无关。这些石英被碳酸钙(方解石)、黏土、游离氧化铁和无定形游离氧化硅等胶结成岩。前两种物质的含量共有 40%左右,是粉砂岩的主要胶结剂。岩石亲水性与这些胶结物的特性有关。

粉砂岩的碳酸钙含量为 8.29%～23.47%,一般在 15%～20%左右。它们在粉砂岩所具有的较高 pH($>$9.5)介质溶液中的溶解作用小至可以忽略不计。因此碳酸钙的胶结作用对水比较稳定,不是导致粉砂岩亲水性的原因,而且对岩石的亲水性还可能有一定的抑制作用。

粉砂岩中黏土含量(以粒径小于 0.005mm 粒级计)为 16%～32%,一般在 15%～20%左右。按其矿物组成大致可分为两类:一类是以伊利石为主,蒙脱石次之,其含量在黏土矿物组成中约占 1/3。另一类是以蒙脱石为主,其含量在黏土矿物组成中约占 1/2 以上,伊利石次之。鉴于蒙脱石在作为粉砂岩主要胶结物质之一的黏土中含量已达到 30%～50%左右,故而它们对岩石性质尤其是对亲水性的影响不容忽视。众所周知,蒙脱石以其亲水性强而著称。显然,以蒙脱石为主的黏土的胶结作用的水稳性是较差的,有利于岩石的膨胀、软化和崩解的发展。所以,它是使得粉砂岩具有一系列较明显亲水性的重要原因。还需要强调指出,在黏土的吸附性阳离子成分中有大量的 Na^+ 离子,其含量为 30%～50%。由于 Na^+ 离子水化度较高,故而对黏土尤其对蒙脱石的双电层发育,具有重大的促进作用。已有研究表明,在 Na^+/Ca^{2+} 离子混合的蒙脱石体系中,吸附性 Na^+ 离子富集在粒团外表面上,而 Ca^{2+} 离子则富集在粒团内部薄片之间,实际上只有 Na^+ 离子参与粒团表面双电层。因此,吸附 Na^+ 离子对蒙脱石双电层效应的影响极其显著。Mitchell 也曾指出,蒙脱石的膨胀与稳定主要取决于吸附性 Na^+ 离子的百分率。所以吸附性 Na^+ 离子的数量对蒙脱石的膨胀具有重大影响。它也是促使这些粉砂岩具有较显著亲水性的一个重要因素。

3.4.3 物质分布的特点

试验表明,这些粉砂岩的物质分布是不均匀的,主要表现在:

(1)各种物质成分含量的变化范围比较大,这说明它们在空间分布上的不均匀性。

(2)粗粒和黏粒往往分别在不同的部位富集。局部区域黏粒含量可高达 60%～80%,石英含量仅 10%～20%。

(3)胶结物质的分布不均匀。碳酸钙主要分布在粗粒中,其含量比黏粒中的要高出许多。黏土矿物特别是蒙脱石由于分散度高,必然富集在黏粒之中。游离氧化铁和无定形氧化硅也主要分布在黏粒中。物质的分布不均匀,可以使岩石中形成膨胀核,并在其周围产生附加偏应力,从而导致裂隙发育结构恶化。所以物质的不均匀分布,也是促使这些粉砂岩比较容易软化崩解的一种原因。

3.4.4 粉砂岩的结构特征

由于粉砂岩的物质成分分布不均匀,其结构特征也不均一,不同部位有不同的结构形式。薄片镜鉴表明,在石英等粗矿物和碳酸钙富集的部位,主要呈孔隙式胶结。颗粒呈随机排列且较疏松,它们主要靠碳酸钙以主价键连接。这种腔结型的结构连接比较牢固,水稳性也比较好。它们除了能提供一定的渗水通道外,对整个粉砂岩的软化和崩解并无直接关系。黏粒富集部位主要呈基底式胶结。石英等粗矿物不均匀地星散在较致密的黏土基质之中。这些粗粒的表面基本上都被黏土矿物的薄膜所包裹，它们是决定整个粉砂岩亲水性的关键部位。粉砂岩的亲水性与该部位黏粒之间结构连接的特征密切相关，主要为非胶结型。根据前述的黏粒的物质成分以及pH等情况可知，非胶结型结构连接主要是分子引力和吸附性阳离子的离子—静电引力。这两种连接作用力都是不稳定的，遇水后会减弱，从而导致粉砂岩软化、崩解。这些粉砂岩的另一重要结构特征是裂隙和孔隙（包括微裂隙和微孔隙）比较发育。其中一部分与岩石原生结构的颗粒排列有关，另一部分则是次生的，由力学扰动（如构造破坏等）和水分变化使颗粒排列发生调整所导致的。这些粉砂岩绝大部分的微裂隙和微孔隙的孔径都小于10000Å，其中10000～1000Å的占一半以上。它们有助于岩石发生强度降低的裂隙吸附效应，从而促进软化、崩解的发展。这些粉砂岩的软化系数基本上随孔隙率增大而减少。这说明裂隙与孔隙是岩石亲水性的重要影响因素之一。

3.4.5　软化崩解机理的类型

根据它们浸水后的变化特征和崩解破坏形式的差异，可认为其软化、崩解的机理有两种类型：

（1）对于前述的（1）类崩解破坏形式，多发生在黏粒含量较丰富，并以基底式胶结为主的试样中。这些黏粒富集部位不仅黏粒含量高（最高可达60%～80%），且蒙脱石是其主要矿物（一般在50%以上，有的可高达80%左右），吸附性Na^+离子在50%左右，pH也比较高（10左右），所以它们的吸附—水化能力较强。随着水化的发展，黏粒表面双电层的发育，黏粒间结构连接中的分子引力将减弱，阳离子—静电引力则转化为较弱的水分子〔偶极—阳离子—水分子（偶极）作用力〕而黏粒的斥力却增强。因此结构连接的牢固程度大为降低，黏粒间活动度增大，于是产生粒间膨胀。与此同时，具有扩展性晶格的蒙脱石也随水化产生晶格膨胀。像这样的黏粒富集部位具有较高的膨胀势，故其试样浸水时会产生明显的膨胀。它们在岩层中则以较大的膨胀压力挤压周围的粗粒富集部位（不膨胀部位）使之产生裂隙。这种不均匀膨胀的物理化学作用与力学作用的综合效应，势必导致整个粉砂岩的结构强度降低而软化，最终由于结构连接破坏而崩解。如前所述，这种崩解破坏的产物，主要呈泥糊状或通过鳞片状碎屑进一步分散成泥糊。据X射线衍射分析表明，泥糊状崩解破坏产物的主要矿物是蒙脱石。而当蒙脱石吸附性阳离子中有较多的Na^+离子时，在水中有自行分散的趋势。前人研究表明，当蒙脱石上吸附性Na^+离子数量超过20%时，便会引起粒团破坏，吸附性Na^+离子数量达50%左右时，粒团将解体而分散成薄片。由此可知，那些能直接分散或泥糊的崩解破坏将发生在吸附性Na^+离子含量达到50%左右的黏粒富集部位，其他的黏粒富集部位则是在破坏成鳞片状碎屑后，再进一步分散成泥糊。总观上述，（1）类破坏形式的软化、崩解作用主要是由蒙脱石及其吸附性Na^+离子的水化、膨胀、分散等效应导致的，故可称为水化—膨胀性软化、崩解或水化—分散性软化、崩解。其机理可概括如图3.1-1所示：

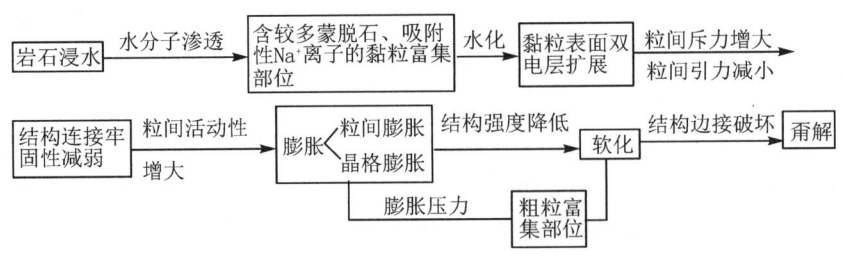

图3.1-1　水化—膨胀性软化、崩解

(2)对于前述的(2)类破坏形式的软化、崩解机理,这类破坏形式与(1)类显然不同,这类破坏主要受裂隙和微裂隙的发展所控制,特别是那些次生裂隙和微裂隙的发展起着重要作用。裂隙和微裂隙(包括孔隙和微孔隙)的表面是结构体系中相界面的主要组成部分,具有较大的表面能,与水接触时能强烈地吸附水分子,粉砂岩的吸水性强与此有关。吸附将使表面能减小,并在被水分子所覆盖的裂隙面上形成表面吸附层。由于吸附水分子而减小的表面能,一部分以湿润热的形式逸散,另一部分转化为促使岩石相界面增大的力学破坏能。这种力学破坏能将作为一种特殊的表面压力而起作用。表面能的变化可用表面张力的差值来表示,裂隙表面能愈大,吸附作用愈强烈,产生的楔裂压力便愈大。

如前所述,由于这些粉砂岩的微裂隙和微孔隙比较发育,因而裂隙比表面和表面能均较大,可以吸水产生较大的楔裂压力,促使裂隙向纵深发展,降低结构强度,破坏结构连接,最终使岩石裂解开来。这种软化、崩解作用可称为吸附—楔裂性软化、崩解。这种软化、崩解不仅发生在黏粒富集部位,也可发生在粗粒富集部位。不过,由于黏粒富集部位微裂隙和微孔隙更发育一些,所以该部位产生这种软化、崩解的可能性更大一些。还应指出,这类软化、崩解常发生于以伊利石和高岭石为主的黏粒富集部位。因为这两种矿物的亲水性远小于蒙脱石,与水作用难以产生水化—分散性软化、崩解,而往往是随裂隙的发展而破坏,破坏后的产物呈碎块状,不易分散成泥糊状。综上所述,吸附—楔裂性软化、崩解的机理可概括如图 3.1-2 所示。

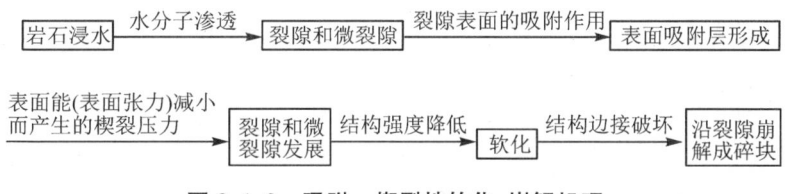

图 3.1-2　吸附—楔裂性软化、崩解机理

对于这些物质分布和结构特征不均匀的粉砂岩而言,上述两种破坏机理不仅可以同时发生而且彼此之间存在着相互促进的关系。水化—分散性软化、崩解所产生的膨胀压力,可促使岩石的裂隙发育(主要是不膨胀的粗粒部位的挤压裂隙),这将有利于吸附—楔裂性软化、崩解的发展.而裂隙的发育又有助于水分子渗透,从而导致水化—分散性软化、崩解的发展。二者之间的这种互为因果的复杂关系,将共同加剧岩石软化、崩解的发展。所以,上述两种破坏机理可以统一为一个简单的图式来表达,见图 3.1-3。

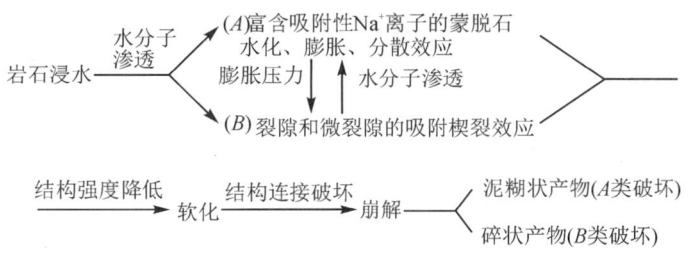

图 3.1-3　粉砂岩软化崩解破坏机理

王幼麟、李青云等对葛洲坝工程红色、致密而均匀的 227# 黏土岩夹层的崩解特性进行了研究[6]。研究表明,天然含水率状态下的岩样在水中浸泡数月,原状样也保持原状而不发生崩解,一旦岩样脱失一定的水分,岩样才会发生崩裂。如 227# 原状黏土岩土脱失约 15% 的水分后才开始有崩解。而脱失约 44%

的水分后则可完全崩解。不同的失水率对崩解程度的影响：失水率小于10%时，岩样历经60min未见崩解；失水率在10.4%～15.5%时，岩块发生崩解，但经历约10min后保持稳定，崩解率约12%；随着失水率的增加，不仅崩解率增加，且到崩解稳定所需时间也在增加，当失水率达39%～44%之间时，崩解率可达100%，但所需时间较长。如失水率达54%时，完全崩解所需时间约10min。从不崩解到可崩解见表3.1-2，文中提出了临界崩解失水率的概念。227#夹层的临界崩解失水率约为6%～17.1%。见表3.1-2。

表3.1-2　　　　　　　　　　　　　试样结构特征及湿化特性

编号	试样名称	成因	固结情况	胶结类型及胶结物	结构连接形式	游离Fe_2O_3(%)	w_0(%)	起始崩解状态		完全崩解状态	
								绝对失水率 $\triangle w = w - w_0$ %	相对失水率 $(\triangle w_0/w) \times 100\%$	绝对失水率 $\triangle w_{100} = w - w_{100}$	相对失水率 $(\triangle w_{100}/w) \times 100\%$
Ⅲ$_2$	残积土	风化残积	超固结	孔隙式铁质胶结	残余岩化结晶连接及胶结连接	4.1	20	5.4	21.3	9.6 / 15.8	62.2
227	红色黏土岩	沉积	超固结	基底式钙质胶结	胶结型连接		32.6	6	15.4	21.5 / 17.1	44.3
L$_{90}$	网纹红土	冲—洪积	正常固结	基底式铁质胶结	胶结型连接	4.8	22	5.9	21.2	21.2 / 9.1	32.6
1	人工合成样		无固结	基底式铁质胶结	胶结型连接	5	28.8	−2.2	8.3	8.3 / 3.1	11.7
2	人工合成样		无固结	基底式无胶结	非胶结型连接	0	30	2	6.3	6.3 / 2	6.3

注：人工合成样以w_p代替w计算，$CaCO_3$含量10.1%。

根据文献的资料，汇总得软质膨胀岩的临界失水率见表3.1-3所示[16][17]。从表中数据看出泥岩、黏土岩的临界崩解相对失水率要低于粉砂岩类。

表3.1-3　　　　　　　　　　　　　膨胀性岩的临界崩解失水率

岩石类型	天然含水率(%)	临界崩解失水率(%)	临界崩解相对失水率(%)
日本由比泥岩	/	2.0	20
原苏联某些黏土岩	/	2.0～2.5	/
		3.0～3.5	
葛洲坝黏土岩	38.6	6	15.4
葛洲坝黏土岩	34～37	4	11.8～10.8
葛洲坝粉砂岩1	10.2	3.50	34.3
葛洲坝粉砂岩2	7.68	2.80	36.5
葛洲坝粉砂岩3	7.07	2.62	37.1
葛洲坝粉砂岩4	6.72	2.27	33.8

综上所述,葛洲坝工程闸基中某些泥—钙质粉砂岩的软化、崩解特性与下述因素密切相关:

(1)粉砂岩主要胶结物质之一的黏土,是使其出现软化、崩解的主要物质基础。在黏粒富集的基底式胶结部位中,含有较多的蒙脱石和吸附性 Na^+ 离子,可发生水化—分散性软化、崩解或水化—膨胀性软化、崩解。破坏后的产物大多分散成泥糊状。

(2)粉砂岩中比较发育的裂隙和微裂隙的吸附效应,可以产生较大的楔裂压力,从而导致吸附—楔裂性软化、崩解。破坏产物大多呈碎块状。

(3)由于粉砂岩的物质分布、结构特征都不均匀,上述两种软化、崩解的机理不仅可同时发生且可相互促进,共同加剧岩石软化、崩解的发展。

由上述可以看出,该工程闸基排水孔孔壁塌落主要是岩石内在因素,即物质成分、结构特征和物理化学性质引起的。要想彻底解决此问题,只有用物理化学的方法来改变岩性,但是这种措施目前还不可能用于工程实践。在孔壁上喷涂一层高强度多孔薄膜,如在孔壁上喷纤维丝等,对易塌落的岩层加以保护,是一种有效和可行的方法,应予以研究。

3.5 坝基泥化夹层的成因和微结构(葛洲坝、高坝洲等工程)

3.5.1 葛洲坝泥化夹层[18]

(1)泥化夹层的物质基础

软弱夹层的黏土矿物等高分散物质是泥化的主要物质基础。基岩中凡是泥化了的,都是含黏土矿物等高分散物质的黏土岩类夹层,不含这类物质的砂岩、粉砂岩,虽经构造破坏和水的作用,并未泥化。大部分这些软弱夹层的黏土矿物是以云母类为主的,也有部分夹层以蒙脱石类为主,而以高岭石类为主的夹层很少。它们在构造破坏和水的作用下都可以泥化,只是所形成的泥的性状,随其亲水性强弱有所不同。

蒙脱石类矿物由于分散度高、表面积大,同晶替代作用显著,带有大量负电荷,并且晶格具有胀缩性,因而亲水性强,同水溶液相互作用能形成较"厚"的表面溶剂化层,颗粒间结构连接比较弱,所形成的泥的工程地质性质,比水云母类、高岭石类的泥要差。从以蒙脱石类矿物为主的葛洲坝Ⅱ号夹层的性状,和以水云母类矿物为主的葛洲坝Ⅰ号夹层泥化产物的性状,两者有着明显的差异,可以比较出来。

葛洲坝水利工程大坝基岩为白垩纪沉积岩,产状平缓,大部分为砂岩、粉砂岩互层,夹黏土岩类的软弱夹层。该岩系受构造运动影响,遭到较严重的破坏,在地下水长期作用下,形成一种含水率高、容重低、强度弱的塑性泥。这种泥化了的软弱夹层通常称为泥化夹层。

(2)泥化夹层的形成原因

葛洲坝软弱夹层在地质历史过程中的泥化是一个极其复杂的过程,从葛洲坝的具体情况来看,泥化夹层的形成主要是由于:①有作为泥化主要物质基础的黏土矿物等高分散物质存在;②构造破坏作用;③地下水与夹层相互间的物理化学作用。这些因素的综合作用导致夹层结构的排列状况、接触的特点和物理化学连接的本性发生变化,形成含水率高、干容重低、强度弱的弹—黏性结构分散系的泥化产物。这一泥化过程是与夹层在地质历史时期陈化作用方向相反的逆变过程,是其恢复或增强因陈化而减弱的物理化学活性的过程。

(3)泥化夹层的构成

泥化夹层可分为节理带、劈理带和泥化错动带,这三者的结构特性不同,工程地质性质也各异。后二者基本上已近似于土的性质。泥化错动带的天然含水率具有大于塑限的特征,特别是其中泥化错动面(剪切定向区)由于粒团和颗粒呈定向排列,主要是通过它们的表面溶剂化层相互接触,借键能较低的吸引力连接,是强度最弱的部位(接近于残余强度)。黏土矿物组成对泥化产物性状有较大影响。

(4) 泥化夹层与渗水的作用

在一定条件下,泥化夹层与渗水作用可能发生易溶盐溶失、阳离子交换反应、碳酸钙的溶蚀、无定形游离氧化硅的溶解和胶溶等作用,从而影响其性状。夹层不同部位在渗水作用下演变趋势是不一样的。节理带遇水难以泥化;劈理带具有潜在泥化特性,遇水可以泥化;泥化错动带处于相对稳定状态之中。

3.5.2 高坝洲泥化夹层[19]

清江高坝洲坝址位于长阳复背斜东端南翼,建坝岩体主要为寒武系中统上峰尖组及黑石沟组的碳酸盐岩及碎屑岩建造。层间剪切带广泛发育于高坝洲坝基层状岩体中,其往往顺层发育,呈 N280°～300°W/S<22°～32°,与岩层产状平行一致,少数表现为切层、错层。

由于构造运动及后期风化、地下水作用等长期物理化学作用综合影响,层间剪切带发育一种结构疏松,颗粒细小、泥质含量高、岩性软弱、力学强度低,相对上下岩层的性状有显著差别且完全泥化的泥化夹层。这种泥化夹层,由于其含有一定量的胶粒、黏粒,亲水性强,力学强度低,抗风化能力弱,其塑性变形,渗透稳定性较差,对坝基抗滑稳定性具有重要的控制作用。高坝洲坝基岩体由于建造和后期改造作用,还有一类厚度较大、软弱的具多层(或单层)连续稳定的软弱夹层,这类层间剪切带不仅对滑动破坏具控制性,而且还严重影响坝基岩体的变形,特别是不均匀的变形。

(1) 坝基层间剪切带分布

高坝洲坝基岩体上峰尖组和黑石沟组中厚层灰岩、白云岩和泥质白云岩中大量分布有层间剪切带。野外调查统计结果表明,其主要分布在薄层及极薄层的含泥质岩组内。空间分布规律主要与岩性、地质构造、地下水等条件相对应。

坝址层间剪切带发育分布主要受下述几方面的影响:

① 原岩岩性组合,泥化层间剪切带发育程度主要与岩组中泥质含量高的软岩分布频率有关;

② 软岩原岩厚度的大小显著影响泥化夹层的发育程度,高坝洲坝址泥化夹层厚度以分布于软岩厚度<10cm 和软岩夹层中居多。

③ 两壁硬岩层面的起伏差。

④ 地质构造,主要表现为构造作用对原软岩夹层破碎(破坏)作用,后期的层间剪切错动往往对前期的层间剪切带进行继承与改造,表现为早期劈理的被切割或拉开,方解石的次生充填、次生方解石透镜体的构造破碎,新的主滑面的形成,主滑面上多期擦痕的分布等。地质构造的级序性规律也明显地控制着不同规模的层间剪切带分布。

⑤ 地下水,动力条件地下水的长期物理化学作用的结果常常导致破碎岩的泥化。因此,层间剪切带泥化夹层的分布受地下水动力条件的制约。

使用中科院科仪厂和美国 AMARY 公司生产的 KA—1000B 型扫描电镜,配接美国 TN—5400 型 X 射线传谱仪进行 SEM 及 EDX 分析,分析结果分别如表 3.1-4 所示。

表 3.1-4 高坝洲坝基层间剪切带 SEM 及 EDX 分析成果表

样品号	岩性	扫描电镜分析(侧重于微层面构造)(SEM)	射线能谱分析(EDX)
TA2—3—1 大 2—3—1	泥质岩	黏土款物主要为水云母,可能含少量绿泥石,含铁高为特点,定向擦痕清晰,水云母片亦成定向排列、致密	水云母(Si、Al、K、Fe)高
6—X	含细粉砂泥岩	黏土矿物主要为水云母,含铁高,粉屑为长石、石英等(<10μm),见明显定向平行微擦痕	水云母(Si、Al、K、Fe)高
6—26—1	钙质粉砂泥岩	黏土矿物主要为水云母,含钙多(方解石,亦有细粉砂),还见有次生石膏团粒,含 Fe 亦较高。未见擦痕,具较多碳酸盐溶蚀孔隙	方解石(Ca) 水云母(Si、Al、K、Fe) 石膏(S、Ca、)Fe
4—332	粉砂质泥岩	黏土矿物主要为水云母、绿泥石、水云母片里定向排列,粉屑有长石、云母等,大者可致 20μm,见有少量次生石膏,未见擦痕	石膏(S、Ca) 绿泥石(Si、M、K、Ca、Fe) 水云母(Si、Al、K)
4—333	泥质岩	黏土矿物主要为水云母,定向排列,定向擦痕明显,稍有扭曲,层面局部有次生方解石晶体,铁高	方解石(Ca) 水云母(Si、Al、K) Fe 高
4—336	粉砂质泥岩	黏土矿物主要为水云母。次为绿泥石,粉屑最大可致 30μm,见有长石高岭石化,水云母片及片状物剪切面定向排列,致密结构,次生方解石少量	高岭石(Si、Al) 绿泥石(Si、M、K、Ca、Fe) 水云母(Si、Al、K)
2—306	泥岩	黏土矿物为水云母,水云母—蒙脱石过渡型矿物,少量绿泥石,定向排列,含细粒方解石,铁质高	蒙脱石(Si、Al、K、Ca)
3—cf3	泥质粉砂岩	粉砂粒径<30μm,有长石、方解石。黏土矿物为水云母、水云母—蒙脱石过渡型矿物、绿泥石、片状矿物基本定向排列,见有微裂隙。	水云母—蒙脱石过渡型产物(Si、M、K、Ca)
3—cf4	铁质泥岩	黏土矿物主要为水云母,少量绿泥石,呈定向排列,含铁高,具平行擦痕	水云母(Si、M、K) 绿泥石(Si、M、Ca、K、Fe) 含铁高
3—cf1	铁质泥岩	黏土矿物主要为水云母、绿泥石、见有擦痕及微裂隙含铁高,少量碳酸高	水云母、绿泥石含铁高
3—247	泥质岩	黏土矿物主要为水云母,见有方解石、长石碎屑 Si、Ca、Fe 质自生矿物	水云母(Si、Al、K) 绿泥石(Si、Al、K、Ca、Fe)
10—255	泥岩	黏土矿物主要为水云母、绿泥石、水云母片定向分布长石碎屑,见有定向擦痕	水云母(Si、Al、K) 绿泥石(Si、Al、K、Ca、Fe)
10—259	铁质泥岩	黏土矿物主要为水云母、绿泥石。见有微裂隙,两组两期擦痕	水云母(Si、Al、K) 含 Fe 高

分析表明,剪切带黏土矿物主要为水云母(伊利石),次为绿泥石,有些样品见有水云母—蒙脱石、水云母—绿泥石过渡型矿物和和长石的高岭石化现象,试样结构紧密,黏土矿物沿剪切面呈定向排列,泥岩中多见平行擦痕(一组),有的稍有弯曲和小角度交叉。分析样品多含铁质高物质(氧化铁),多含少量碳酸盐(方解石),具次生、成岩和呈粉屑三种状态,R6—26—1 中所含石膏为次生成因。

层间剪切带的比表面总面积及蒙脱石含量,是影响其残余强度的最显著因素,比表面是单位质量土粒的总表面(m^2/g),它是表征土粒表面物理化学活性的指标之一。一般而言,比表面愈大,亲水性也愈强,亦即粒团表面溶剂化层愈发育,结构连接也愈弱。同时,比表面的大小又与矿物组成和分散度密切相关。因此,比表面这一指标既可反映土粒表面的物理化学活性和结构连接的特征,又可反映矿物组成和分散度的特点,这些均是影响残余强度的本质因素,因此对其研究测定,对了解层间剪切带性状具重要参考价值。高坝洲坝基层间剪切带化学性质测试成果如表 3.1-5 所示。

表 3.1-5　　　　　　高坝洲水利枢纽坝基层间剪切带物理化学性质测定结果

分析号	野外号	pH 值	比表面总表面 (m^2/g)	交换量 (me/100g)	交换阳离子成分(me/100g土)				盐基总量 (me/100g)	蒙脱石含量(%)
					Ca^{++}	Mg^{++}	K^+	Na^+		
92—11	2—306	8.71	80.10	19.78	10.50	7.70	0.49	0.59	19.28	6.98
92—12	4—336—1	8.95	56.17	17.71	11.18	5.67	0.30	0.59	17.74	6.51
92—13	8—247	8.84	59.26	16.98	11.55	4.48	0.30	0.59	16.92	6.37
92—14	10—255	8.84	76.77	16.66	10.91	3.78	0.30	0.49	15.48	6.31
92—15	10—259	8.97	66.23	15.66	10.50	3.78	0.30	0.49	15.07	5.10

4　其他岩土工程中的微观研究

4.1　坝基析出物分析(葛洲坝船闸基础、龙河口水库、高关水库)

4.1.1　葛洲坝船闸基础[20]

长江科学院曾对葛洲坝船闸基础析出物进行了系统的研究工作[9]。葛洲坝 3 号船闸位于三江河床左侧,船闸轴线与坝轴线正交,右侧为冲沙闸,左侧接土坝。闸室结构总长 112m,分成 7 个浇注块,每块长度 16m,均为分离式重力墙结构形式。为了降低闸室底板渗透压力,在闸室底板结构块之间以及底板与闸墙(闸首)分缝处贴近基岩面均设置了基础排水廊道(半廊道)。廊道总长 384m,宽 1.5m。廊道底部浇筑 1 层约 30cm 厚的混凝土找平层,以保护基岩,在混凝土找平层设置两排排水孔,排距 0.5m,孔距 1.5m,孔深至基岩面。葛洲坝坝基为下白垩统河流相红色碎屑带,由老至新为:石门组(K_1^1)砾岩,最大厚度为 100m,与建坝有关的仅上部 45m~50m,为砾岩夹粉岩透镜体,其上部 20m 为钙质胶结,质地坚硬,下部主要为泥质胶结,较软弱。五龙组(K_1^2):总厚度大于 1000m,坝区只分布下部 300 余米,主要为砂岩,钙质胶结较好尚坚硬,胶结不良者疏松。各地层从老到新依次分布在大江、二江和三江。三江岩组软硬不均,是本区工程岩组中的最软弱部分。葛洲坝 3 号船闸位于三江河床左侧,船闸廊道基础断面结构如图 3.1-4 所示。

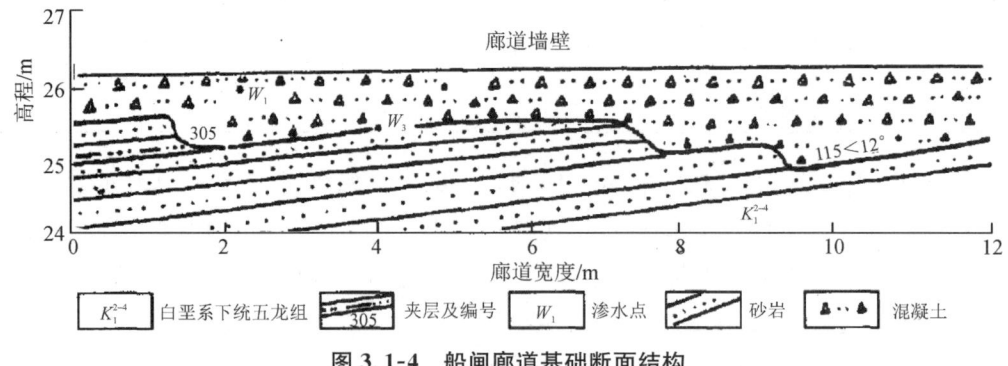

图 3.1-4　船闸廊道基础断面结构

根据《水电站大坝安全监测工作管理规定》和《葛洲坝水利枢纽工程安全运行管理规定》,每隔一定时间要对大坝进行一次全面安全隐患检查。在 2000 年 11 月对葛洲坝基础排水廊道进行例行检查时发现,

3号船闸基础排水廊道内多处,出现特征和成分不明的细颗粒粉末状堆积物(简称析出物)。为了搞清楚析出物的物质成分,对这些析出物进行了性状描述和物理化学试验,测试了析出物的矿物成分、化学成分等特征。试验表明,不明析出物与船闸廊道下基岩和泥化夹层的性状和特性基本一致;基岩和泥化夹层以水为载体以物理运动的方式被带出混凝土盖板,途中未发生化学变化,不明析出物是船闸基础排水廊道混凝土盖板下就近的基岩和泥化夹层末梢,试验结果为建设单位了解析出物对3号船闸的危害以及采取相应措施提供了依据。

4.1.2 龙河口水库坝基

安徽龙河口水库于1958年动工兴建,1963年蓄水。坝高33m,长500m左右,由东西二主坝构成,坝型为黏土心墙砂壳坝,采用黏土心墙和黏土铺盖联合防渗。东主坝约320m长,基础为4~10m厚的中粗砂砾石强透水地基;西主坝建造在火山凝灰角砾岩基础上。1968年后,东主坝坝后集渗沟渗出的水中见有大量黄锈色絮状物;西主坝集渗沟比较干涸,也未见这类絮状物。集渗沟水中大量黄锈物的积聚引起了有关方面的关注和重视,担忧影响坝基渗透稳定,危及大坝安全。对此,长江科学院蒋顺清等进行了有关的试验研究。

(1)物质成分及来源

化学分析表明,黄锈絮状物的主要成分为含水的氧化铁,含量达70%上,并且大多为非晶质的铁溶胶,此外还含少量铁的磷或硫酸盐,其他钙镁盐和二氧化硅很少。絮状物中大量的铁质,一方面可能与库水含铁有关;另一方面可能与水相接触的各种地层有关。根据水质分析,库水为HCO_3—$Ca \cdot Na$型,铁质含量不高,低价铁(Fe^{2+})离子更少,而坝后集渗沟水中铁的含量比库水高50倍左右,且主要为低价铁离子,由此说明库水不是提供铁质的主要来源。与水相接触的坝基砂砾石、心墙黏土以及岩石。经X射线鉴定得知,坝基岩石和心墙黏土主要矿物为长石、石英、水云母以及少量绿泥石等组成;而砂砾石中存在较多的抗风化能力较弱的角闪石(相对于石英、长石而言)。一般角闪石中氧化亚铁(FeO)含量达5%~6%,氧化铁(Fe_2O_3)为5%左右,其中晶格中的亚铁在蚀变过程中容易氧化为高铁而释放出来,往往形成游离态铁的氧化物或氢氧化物沉积于矿物表面。游离态氧化铁的物理化学活性比晶格中的铁要大得多,易随环境变化而变化,例如:

$$FeO + 2CO_2 + H_2O \rightarrow Fe(HCO_3)_2$$

反应物为水溶性铁盐。以上说明砂砾石为集渗沟水中絮状物的铁质提供了物质基础。砂砾石样中游离氧化铁经分析含量为0.48%,其中约有30%是非晶质无定形铁,它比心墙黏土高15倍,是基岩的150倍。在中性或偏碱性环境中,游离氧化铁尤其是晶质部分其物理化学活性是比较小的,不容易被水溶解,仅非晶质无定形铁较易与水作用,形成溶胶或饱水凝胶。因此基础砂砾石层可直接提供絮状物中部分非晶质铁,其余部分可由晶质铁在缺氧还原条件下转变而成。利用室内模拟渗透试验可证实这一结果,例如用葡萄糖还原性溶液,分别对砂砾石样和心墙黏土进行渗透约10d,砂砾石样渗出液中含铁140mg/L,比黏土渗出液(1.2mg/L)高百倍以上。由于西主坝基础是透水性甚小的,并几乎不含非晶质铁的岩石,所以坝后集渗沟水中也见不到黄锈絮状物。

(2)黄锈絮状物的形成

絮状物化学分析进一步表明,其中的铁质除高价形态(Fe^{3+})存在外,还含低价态铁(Fe^{2+})离子,后者随暴露于空气时间的增长而逐渐被氧化成高价铁。这些低价铁由前述可知,大多以$Fe(OH)_2$、$Fe(PO_4)_2 \cdot 8H_2O$以及少量铁的硫酸盐存在。

现场测得新鲜渗出水中铁质几乎均为低价铁,由于$Fe(OH)_2$溶度积很小(8.6×10^{-16}),所以一部分可能以沉淀态存在,其他部分,根据渗出水中HCO_3^-离子远高于库水以及阴阳离子毫当量平衡的原则,

渗出水中除 $Ca(HCO_3)_2$ 或 $Mg(HCO_3)_2$ 外,这部分低价铁可能主要为 $Fe(HCO_3)_2$。后者在水中可电离呈 Fe^{2+} 离子状态并在压力降低的出逸口处释放出 CO_2,可逐渐变成溶解度较小的 $FeCO_3$(溶度积为 3.2×10^{-11})沉淀。所以集渗沟水中的游离 CO_2 达 40mg/L,比库水(3.2mg/L)高 10 倍以上。$FeCO_3$ 在 O_2 和 $Ca(HCO_3)_2$ 存在时(集渗沟水具备此条件),暴露于空气可氧化成高价铁:

$$4FeCO_3 + O_2 + Ca(HCO_3)_2 \rightarrow 2Fe_2(CO_3)_3 + Ca(OH)_2$$
$$Fe(CO_3)_3 + H_2O \rightarrow Fe_2O_3 \cdot 3H_2O + 3CO_2$$

而 $Fe(HCO_3)_2$ 和 $Fe(OH)_2$ 暴露于空气同样可以氧化成棕黄色的 $Fe(OH)_3$ 溶胶:

$$4Fe(HCO_3)_2 + O_2 + 2H_2O \rightarrow 4Fe(OH)_3 + 8CO_2$$
$$4Fe(OH)_2 + O_2 + 2H_2O \rightarrow 4Fe(OH)_3$$

由上可知,黄锈絮状物的形成是渗出水中这些低价铁流至集渗沟后暴露于空气逐渐氧化而成。

絮状物中铁质在坝基砂砾石层中的存在形态及其对坝基渗透稳定的影响,是人们更为关注的问题。对坝基渗透稳定性影响,主要是指物理化学因素即化学物质对基础或反滤的淤堵及其化学管涌。

通常氧化—还原电位是判断物质氧化还原性强弱的指标之一,将 300mV 上下作为氧化和还原的相对界线,即高于 300mV 为相对氧化条件,低于 300mV 为相对还原条件。现场测得库水的氧化—还原电位 E_{h7} 为 500mV 左右,含氧量为 9.02mg/L;排水棱体渗出水 E_{h7} 为 100mV 左右,含氧量仅为 1.8mg/L,均比库水低 4～5 倍,说明库水处于较强的氧化条件,坝基处于相对的还原条件,因此坝基在溃水缺氧条件下对砂砾石中的游离氧化铁的还原作用有明显影响。这也是渗出水中铁质大多为低价铁的主要原因。铁的这一氧化—还原过程,通常还有铁细菌参加,通过本试验和前人对有关工程的研究证实了这点,说明含有一定浓度低价镀的黄锈絮状物也是铁细菌生长的良好环境,它加速了铁的氧化过程。

通过室内强化模拟试验可以反映上述铁质的氧化还原过程,并可论证对坝基渗透稳定影响的可能性。

(3)小结

综上所述,龙河口水库东主坝系砂砾石透水地基,其中含有少量的游离氧化铁,它们在一定的条件下转变成离子态化合物而被渗流水带出,至坝后形成黄锈絮状物,它的主要成分为含水的氧化铁,含量在 50%～70% 左右,其他尚含少量铁的磷、硫酸盐及游离 Si_2O_3。絮状物中的铁在坝基渗水缺氧的还原条件下,主要以低价铁形式存在,无氧化和脱水的条件,不可能形成氧化铁晶体而胶结砂砾石并堵塞基础和反滤层,故而不会影响坝基的渗透稳定。由于坝基为松散的砂砾石而不是砂砾岩,游离氧化铁大多以细微结晶单独存在,它的少量的溶解带出,不会改变砂砾石的结构状态和颗粒组成,因而也不可能影响坝基的渗透稳定。

根据坝基实际渗透条件和铁的渗出量,可粗略计算出坝基游离氧化铁的流失时间较长,需百年以上。目前保持集渗沟一定的水深,创造相对的还原条件,减少含水氧化铁在底部的沉积,以利絮状物不断由排水沟排出并定期清扫均是可行的。

4.1.3 高关水库坝基[21]

高关水库位于湖北省京山县大洪山南麓大富水上游。地层岩性主要为钙质胶结的陆相沉积的中、粗、细砾岩,属晚白垩系上统公安寨组地层。库区构造受断裂制约,断裂穿库区而过。库区西侧呈断裂挤压破碎;库区东侧(坝区)红层中可见挤压、破碎劈理,并在主断裂两侧伴有一些分支、次级断裂。由于坝区断裂裂隙发育,岩性为钙质或钙质胶结岩石,因此给基岩的水化学溶蚀创造了有利条件。库区岩溶发育剧烈,库区四周岩溶地貌随处可见:溶洞、溶沟及各种形态的溶岩。坝区地质资料,仅在施工抽槽清基时就发现 43 条宽度在 0.3～4.87m 不等的溶槽,其中多为红色黏土或含砂质黏土充填,呈稀软塑性状态,其中有 20 条贯穿大坝的心墙;上、下游有 25 条没有彻底清除充填物就进行封堵回填,甚至翻砂漏水,从而引起了有关部门的高度重视。尤其是目前库区 30m 以上高水头作用下会不会引起水化学溶蚀加剧,使溶槽扩大和发展,从而影响坝基渗漏稳定,更需重视。

岩石的可溶性及水的侵蚀性是岩溶发育的基本条件。为了解高关水库目前是否具备这两项条件,需要对库区基岩及库区水质分别进行物质成分及溶蚀特性的试验分析。通过对基岩化学分析表明:砾岩的碳酸盐含量超过 60%,酸不溶物为 30%～43%。因此,坝区基岩主要为钙质砾岩。它们的溶解度随水的 pH 降低和水的 CO_2 含量增大而增大。露天砾岩的碳酸盐含量相对较低,但也达到 50%,这可能是长期暴露在大气中,经常受到雨水冲刷、侵蚀的缘故。此外,砾岩中 Fe、Al 元素含量均不高,其游离氧化物在胶结物中更少。因此,从胶结物的碳酸盐(51.33%)判断:基岩的胶结是以钙质胶结为主。

由磨片镜鉴及 X 射线分析可以看出,坝区基岩多为含砂质砾岩,接触—孔隙胶结。砾石含量约占 70%,其中白云岩为主要成分(含量>66%),另含 15%灰岩及少量的硅质岩、石英等。白云岩的主要矿物成分是白云石。灰岩的主要矿物成分是隐晶质方解石。以上砾石和砂屑由方解石及少量铁质条带共同胶结。这些碳酸盐类的矿物及其组成的岩石是基岩可以被溶蚀的物质基础。

溶蚀的形成,除了与岩石的物质组成有关外,还与其内部结构密切相关。由磨片镜鉴分析,坝区基岩有如下的结构特性:

①砾石中作为被溶解物质的白云石和方解石颗粒较细,大多小于 0.01mm,因而具有较大的比表面积。这一特征决定了它们在侵蚀性水中具有较大的溶解性。

②基岩裂隙比较发育。从孔深 45m 处取出的一块基岩分析,岩石微裂隙发育,其宽度小于 0.01～0.035mm,纵横交错,多为方解石脉,其次为方解石、石英脉及铁质条带充填。裂隙基本平直,有明显错位现象。裂隙是水流交替作用活跃的场所,它能为水分的进入提供通道,同时增大水与基岩的作用面积,为加速岩石溶蚀创造了条件。同时,物质的溶蚀也促使裂隙的发展和相互连通,进一步加速基岩的溶蚀。

为了了解目前库水对大坝基岩溶蚀的情况,尤其是溶蚀速度的快慢,进行了一系列的溶蚀试验研究,为了在短时期内观察到较长时间的作用效果,进行了强化模拟试验,即把一定量的基岩(200g)粉碎至一定粒度(<7mm),与介质水作用一段时间后,测定出溶蚀介质的成分或岩样重量,求出前后变化量,即得到绝对溶蚀度。从以上试验可得到以下结论:

①高关水库库区基岩为碳酸盐含量>60%的钙质砾岩,而且库区处于断裂发育区,河床部位夹层、裂隙地下通道十分发育,水流交替作用活跃,这些给岩溶发育提供了必要的物质基础和有利条件。

②高关水库库区水质 pH 值大于 7.4,不含侵蚀性二氧化碳,库底水游离二氧化碳含量也只有 2.18mg/L。从库水、渗漏出水硬度的变化求得碳酸盐百年以后的相对流失量仅为 0.10%。围绕岩溶发育条件,进行一系列溶蚀试验表明:在增加水与基岩接触面积的条件下,库水对基岩溶蚀也很微弱。通过高浓度游离 CO_2 水作用试验,了解低浓度 CO_2 下粉碎状基岩的溶蚀度也只有 0.00004%/d,百年后碳酸盐溶蚀量为 1.4%。对于表观面积为 6992mm^2 的岩块,在库底水及管涌水中的溶蚀量百年以后,约为 0.042%及 0.21%。因此,从化学溶蚀的角度考虑,可以认为库水的溶蚀作用不是影响坝基安全的主要因素。

溶槽内充填的物质,主要是难溶的石英、白云母、高岭石等矿物,碳酸盐含量很低,因此它们具有较强的化学稳定性,即使是碳酸盐含量在 10%左右的少数充填物,淋滤试验也证明,它们的溶蚀性远比基岩的小,目前的库水条件对它们产生的溶蚀作用同样可不考虑。

水库内基岩的组成和水质条件是直接影响它们化学稳定性的主要因素。如果今后库区水质条件发生劣性变化,如果上游有废酸性水或大量二氧化碳水排入,则造成的侵蚀性破坏是可观的,因此建议该库区管理机构加强水质的监督工作,严格禁止库水被化学污染。

4.2 水利工程减压井淤堵研究

减压井淤堵研究主要集中在对井口析出物化学成分的分析上。在 20 世纪六七十年代,主要集中研究了析出物钙含量与坝基水泥帷幕溶蚀程度的关系;在八九十年代,随着析出物分析技术的发展,采用了光谱分析理论、水质分析、矿化分析理论等对淤堵物或析出物化学成分、矿物组成、物理化学性质、微观结构和粒度组成进行了全面分析。主要结论有以下几方面:①析出物的不同颜色反映出不同的化学成分;②坝基析出物与水环境、基岩成分、水岩相互作用程度有关;③雨量较多的红色土壤和黑色土壤地区的减压井易于产生淤堵;④减压井产生化学淤堵与土层中含有 Fe、Mn、Ca 等化学物质有关。

有关减压井的淤堵问题还可参看第二篇第 3 章,第四篇第 3 章有关内容。

4.3 坝料长期稳定性研究(水布垭工程)

坝料长期稳定性对于大坝工程的安全至关重要。拟建的清江水布垭水利枢纽比选的主要坝型之一为心墙堆石坝,拟采用在坝址附近下游 4~10km 处龙王庙页岩风化料作心墙防渗料。该类页岩伊利石含量较高,约占 50%~65%,含少量的石英、蛭石、长石、绿泥石和伊利石与蒙脱石等不规则混层矿物。长江科学院以往曾对这类页岩风化料的防渗性能和工程特性做过较系统的研究,主要从 3 方面入手:即通过室内强化模拟试验,对水布垭心墙堆石坝页岩风化填料的矿物成分、化学成分、颗粒级配的长期稳定性进行了研究。

研究结果表明,风化料的矿物成分和化学成分,在工程环境中具有较好的长期稳定性;而级配较不稳定,这主要是由其矿物成分及微观结构特征决定的。研究结果表明:无论是强风化料还是全风化料,经冻融循环、水热循环、干湿循环以及浸泡试验等处理后,其级配均会有不同程度的改变。由于黏土矿物(如伊利石)含量高、孔隙填冲式结构和较发育的裂隙微裂隙状况的微观特征,决定了级配的变化。黏土矿物结晶细小,属晶层状晶架构造,活动性、亲水性较强,并普遍呈细小黏粒(准胶体颗粒)及胶粒,具巨大表面能。在三大具有代表性的黏土矿物蒙脱石、伊利石和高岭石中,伊利石的活动性、亲水性仅次于蒙脱石。较发育的裂隙微裂隙是黏土颗粒与水介质真正接触并相互作用的有效界面。因此,非水稳性黏土矿物是水布垭页岩风化料级配不稳定的物质因素,而微观结构特征及裂隙微裂隙发育状况是级配不稳定的另外两个重要原因。对全风化料级配,经同样强化处理后,其级配变化比强风化料的大。全风化料与强风化料相比,其结构更松散,裂隙更发育,且连通性较好,有较大的与介质接触的有效界面,遇水后更易破碎。冻融循环对风化料级配的影响较大,主要是由于冻融之前,风化料在水中浸泡了数小时,在此期间,其孔隙、裂隙和微裂隙充满了水分,这些水分冻融成冰,体积增大,产生较大的膨胀压力,使孔隙、裂隙和微裂隙向纵深发展,导致风化料较快破裂。紫外光对风化料级配的影响不明显。

坝体风化料的长期稳定性主要取决于它的性质及风化程度,并与它在坝体中所处的实际环境有密切的关系。

在坝体内部,化学风化作用以渗透水流的作用为主,其作用强度取决于渗透水的流量、温度、侵蚀性以及风化料的分散度与矿物成分等因素。但在坝体内流速一般很小(渗透系数为 10^{-5} cm/s),温度在常温之内,侵蚀性也不可能大于室内强化程度(pH=10.0 和 pH=4.0),在室内强化侵蚀条件下,风化料的矿化性质稳定,风化料易溶盐含量多在 0.1%以下,溶解作用微弱,因此,坝体内化学风化作用实际上非常缓慢。

模拟试验结果表明,页岩风化料的矿物成分和化学成分在工程环境中具有较好的长期稳定性;颗粒级配虽不稳定,但是这种不稳定不是持续变化下去的,而是变化到一定程度后趋于稳定,这说明水布垭页岩风化料继续风化是以物理风化为主。物理风化营力最主要的因素是温度与湿度的变化。尽管在室内强化(温度与湿度)模拟试验条件下风化料的级配较不稳定(尤其是强风化料),但是水布垭地区的气候温和,坝体内不会发生冰冻,坝体内温度变化不大。坝体填料级配主要受浸水和坝体温度下的干湿循环影响,故坝体内物理风化作用一般不会强烈,前述的击实样浸泡试验结果也说明了这一点,且风化料的继续风化将是一个极其漫长的过程,在工程运行年代内风化料筑坝的长期稳定性是有足够保证的。

5 总结和展望

长江科学院结合葛洲坝、三峡工程、南水北调工程、水布垭枢纽等重大水利工程,通过对遇到的特殊岩土,尤其是对一些如膨胀土、软土等特殊土的研究,进一步认识了土体的微观机理研究的意义,可以说,微观研究对认识土的特性具有很大的指导作用,对揭示水利工程特殊岩土体的宏观力学特性提供了重要的理论依据,并对如何利用好土,或如何改良土的性能,指出了正确的方向和可行的途径。通过这些年的工作,在利用土体微观结构解释一些土特殊工程性质方面已取得了较大的进展。今后,我们应在黏性土微观结构备样技术、微观结构的定量研究,乃至建立土的微观力学模型,并对黏性土的力学性状进行模拟等方面,继续努力工作,不断提高对岩土的宏观物理力学性状与其微观机理关系的认识。

参考文献

[1] 施斌. 黏性土微观结构研究回顾与展望[J]. 工程地质学报,1996(1):39-44.

[2] 李青云. 水工环境中水和岩土相互作用导致的若干工程问题研究[R]. 长江科学院报告,2001年.

[3] 王幼麟. 红黏土工程特性物理化学研究的浅见[R]. 长江水利水电科学研究院报告,1986年7月.

[4] 王幼麟. 黏性土结构特征的研究方法与问题[R]. 长江水利水电科学研究院报告,1982年8月.

[5] 王幼麟. 三峡工程基岩分化壳的化学分化特征[R],长江科学院报告,1989年8月.

[6] 王幼麟. 土的小于2微米粒级矿物鉴定一览表及其说明[R]. 长江水利水电科学研究院报告,1977年10月.

[7] 王幼麟. 黏性土的结构特征与强度[R]. 长江水利水电科学研究院报告,1985年3月.

[8] 王幼麟,肖振舜. 软弱夹层泥化错动带的结构和特性[R]. 长江水利水电科学研究院报告,1980年4月.

[9] 王幼麟,肖振舜等. 电子显微镜在岩——土结构力学性质研究中的应用[R]. 长江水利水电科学研究院报告,1980年6月.

[10] 王幼麟. 宜昌地区红色岩系泥化夹层的研究[R]. 长江水利水电科学研究院报告,1978年9月.

[11] 王幼麟. 土悬液PH值的电测法[R]. 长江水利水电科学研究院报告,1977年10月.

[12] 王幼麟. 青山水库工程基岩矿物阶段和化学分析成果[R]. 长江水利水电科学研究院报告,1975年3月.

[13] 王幼麟. 黏性土抗剪强度的微观研究[J]. 岩土工程学报,1986,8(1):37-41.

[14] 王幼麟. 蒲圻第四纪红色黏土的物质成分和结构特性及其与工程性质的关系[R]. 长江水利水电科学研究院报告,1979年7月.

[15] 王幼麟,蒋顺清. 葛洲坝工程某些粉砂岩软化和崩解的微观特性[J]. 岩石力学与工程学报,1990(1):48-57.

[16] 李青云,王幼麟. 某些岩土湿化特性的试验研究[C],第四届全国工程地质大会1992,1048-1056.

[17] 王幼麟,蒋顺清. 葛洲坝工程某些粉砂岩崩解特性的研究[J],长江科学院院报,1987,4(2):4-12.

[18] 王幼麟. 葛洲坝泥化夹层成因及性状的物理化学探讨[J]. 水文地质工程地质,1980(04):1-7.

[19] 徐卫亚,韩国权. 高坝洲坝基岩体层间剪切带研究[J]. 三峡大学学报:自然科学版,1993(2):3-15.

[20] 孙厚才,杨本新. 葛洲坝3号船闸基础排水廊道固体析出物研究[J]. 人民长江,2008,39(14):86-88.

[21] 陈雯,蒋顺清. 高关水库基岩化学溶蚀的试验研究[R]. 长江科学院报告,1990年9月.

第 2 章 土的细观研究中 CT 技术的应用

1 概述

1.1 土的结构的概念

土是由岩石经过风化后产生的松散物集合体,土体的宏观工程性质受微细结构状态及其变化的影响,土体微细结构的多样性和易变性决定了土体工程性质在宏观上的非连续性、不均匀性、各向异性和非确定性[1]。土体微细结构的变化规律及其对宏观力学行为影响的研究,是近年来岩土学术界和工程界的前沿课题之一,也是未来岩土工程研究的一个趋势[2]。土工试验是认识土体材料特性和研究工程土工问题的重要手段。传统上,土工试验假定土体材料是均质的,并依此对土的宏观应力和变形进行测试。近年来,许多学者开始重视土体力学的微细观行为,认识到宏观的变形破坏系是由微细结构变形的累积和扩展导致的。掌握微细结构变形破坏的规律,可以为岩土工程出现的许多现象给出更科学的解释,不仅知道问题的"然",而且进一步知道其"所以然"。

土体微细结构研究的试验方法有多种,如压汞法、气体吸附法、X 射线分析法、扫描电镜法、计算机断面成像技术(CT 技术)等。CT 技术因具有无损、动态、定量检测且分层识别材料内部组成与结构信息、高分辨率数字图像显示等优点而备受国内外工程领域及学术界的重视。国外已成功将 CT 技术运用于岩土工程领域,并取得了显著成果。国内对岩土体 CT 方面的研究始于 20 世纪 90 年代初期。目前,CT 技术在岩土力学研究中的应用日臻广泛与深入,尤其是在岩土的结构及变形方面取得了许多长足的进展,并取得了不少成果[3]-[5]。

细微观的研究应包括细观研究和微观研究两个方面,两者的分界尺度难以明确划分,因为它会随试验方法与仪器设备的发展而变化,有人以 10^{-3} mm 作为细观研究与微观研究的初步尺度界限。本章主要讨论细观研究中重要的 CT 技术在岩土性状研究中的应用。

1.2 CT 技术在土工测试中应用研究的进展

1.2.1 CT 技术在土壤大孔隙研究中的应用

在土壤科学中,为评价大孔隙对水流和溶质运移特性的影响,必须确定土壤中大孔隙的大小、数目、形状和连通性。过去由于缺乏充足的非破坏性定量技术,测量大孔隙非常困难。20 世纪 90 年代,CT 技术开始引进到土壤科学中。Waner 等[6]对 CT 扫描图像进行了可视化解释,说明 CT 技术可准确揭示土壤中大孔隙的数目、大小和位置;Peyton 等[7]提出可以使用 CT 技术并结合分形维数来描述土壤中大孔隙的结构;Zeng 等[8]进一步用 CT 技术结合分形维数和分形非均匀性来描述土壤中大孔隙结构;冯杰等[9]利用国家专业实验室对取自南京郊区农场的非扰动土柱和回填土进行了 CT 扫描实验,描述了土壤中大孔隙的结构,并揭示了大孔隙的连通性。

1.2.2 CT 技术在土体结构性研究中的应用

沈珠江院士指出:21 世纪土力学的核心问题是土体结构性的力学数学模型[10]。谢定义认为"土结构性是决定各类土力学特性的一个最为根本的内在因素"[11]。土体结构性研究已成为国内外土工界研究的一个热点与前沿课题。观测土体材料损伤的试验方法是建立结构性损伤力学模型的基础。目前，国内外学者在利用CT技术观测土体结构性演化方面开展了相关的研究，取得了一定的研究成果。陈正汉等[12]研制了一种能与CT机配套使用的非饱和土三轴仪。该仪器除具有非饱和土三轴仪的全部功能外，还能在试验过程中对土样的内部结构进行动态、定量和无损测量。利用该三轴仪和CT机，动态地追踪了膨胀土试样在三轴剪切试验过程中的损伤演化，并结合其强度、变形等宏观试验结果进行了分析。倪万魁等[13]利用可同步进行CT扫描的三轴仪，对路基原状黄土进行了三轴剪切试验，从CT数和CT图像两方面分析了不同受力过程中黄土细观结构的变化，并对其机理进行了解释。王朝阳[14]利用与CT机配套的专用加载设备，完成了在三轴压缩荷载作用下黄土结构破坏全过程的细观损伤扩展规律的实时CT检测试验，得到了在荷载作用下Q3马兰黄土、Q2离石黄土土体中孔隙被压密各个阶段清晰的CT照片及CT数据。通过对试验得到的CT数，CT图像等试验结果进行了分析，得到了原状黄土孔隙变化特性及原状黄土的土体损伤扩展的初步规律。朱元青，陈正汉[15]开展了原状Q3黄土在加载和湿陷过程中细观结构动态演化的CT三轴试验研究，确定了原状湿陷性黄土的结构屈服应力，提出了一个基于CT数均值的结构性参数，得到了加载和湿陷过程中的结构损伤变量的演化规律，建立了结构损伤演化方程。

吴紫汪、马巍等[16]-[18]利用CT技术，观测了冻土在单轴蠕变过程中的结构变化情况，认为冻土蠕变过程中所进行的微裂缝发育、颗粒集合体的破坏以及其他结构缺陷的增生与扩展，制约着冻土结构的强化与弱化作用，控制着蠕变过程中的形态特征。刘增利等[19][20]对冻土单轴压缩进行了CT动态测试，给出了冻土单轴压缩过程中不同承载阶段细观结构损伤的演化特征。并采用冻土附加损伤的概念，给出了冻土在受载荷作用下产生的微裂纹与CT数之间的关系，冻土密度与CT数以及冻土内部损伤量与CT数间关系模型。孙星亮等[21]利用CT扫描技术，对冻结粉质黏土在三轴剪切过程中结构损伤的变化进行动态观测，分析了三轴剪切过程中的冻土细观变形机理和结构损伤的演化机理。

程展林等[22]采用自主研制的CT三轴仪开展了一系列粗粒土应变式三轴试验，实现了粗粒土受力过程中，试样内部结构动态变化的实时检测。针对CT三轴试验得到的CT图像，利用自行开发的"计算机图像测量分析系统"，对不同宏观应变状态下的颗粒位置及其变位进行了量测，获得了三轴剪切过程中粗粒土颗粒的运动规律。实现了由三轴试验的CT图像取得粗粒土组构信息的研究方法，为粗粒土组构研究奠定了基础。随后，左永振程展林等[22]以某工程灰黑色千枚岩碎屑土为研究对象，开展了一系列砾石土应变式CT三轴试验，通过对特征区域CT数平均值和CT标准差的统计分析，获得了砾石土试样在剪切过程中剪切带的产生与扩展机制。

Wong[24]用CT技术研究了砂土在三轴压缩（低应力水平）过程中剪切变形结构的变化特点；李文平等[25]用取自山东巨野矿区埋深近600m的深部砂土样，在三轴试验机上进行围压为12MPa的三轴卸载试验，同时用CT装置探测试样在试验全过程中内部结构变化，并对记录的CT图片进行了计算机图像分析处理，分析了深部砂土在高压卸载条件变形和破坏结构性变化本质的特点。

1.2.3 CT技术在土体受力过程中裂隙演化研究中的应用

施斌等[26]在日本地质调查所工作期间，用CT技术对由砂、膨润土、高岭土、硅粉和玻璃球等组成的土体模型，在外力作用下进行了无损伤土体裂隙发育动态的观察。卢再华等[27]利用与CT机配套使用的非饱和土三轴仪，对非饱和原状膨胀土在三轴剪切试验过程中，内部结构的变化进行了动态的和无损伤的定量测量，得到了土样内部损伤结构演化的清晰CT图像和相应的CT数据。对南阳重塑膨胀土在干湿循环过程中裂隙的演化进行了 CT 试验[28]，试样的 CT 图像显示了原有裂隙展开、新裂隙产生、裂隙数量增加并连通的图像，以及最后形成裂隙网络的全过程，依此定义了基于 CT 数据的裂隙损伤变量，分析了裂隙损伤变量随累计干缩体积变化的规律。黄质宏等[29]采用 CT 技术，研究了三轴应力条件下红黏土的力学特性，并从细观的角度分析了红黏土在受到三向应力作用后，土体内部结构、孔隙的变化、裂隙扩展等规律，并获得 CT 图像、CT 数与应力-应变的关系。胡波等[30]首次将计算机 X 射线断层扫描技术引入裂隙面的强度试验，通过测量裂隙面真实产状，准确分析裂隙面上的破坏应力，提出了裂隙面强度参数的整理方法。研究成果表明，裂隙面的峰值强度不仅远小于两侧土的峰值强度，而且也小于两侧土的残余强度；裂隙面强度较低的原因，主要与其较高的含水率和蒙脱石含量以及颗粒的定向排列有关。

1.2.4 土动三轴试验中的 CT 研究

凌贤长等[31]基于对冻结哈尔滨粉质黏土动三轴试验前后试件 CT 检测结果，详细研究了冻土的强度、微观变形机制和结构损伤等变化特性，及其与试验的负温和围压、土的含水率和容重、轴向荷载的振动频率和振动次数等主要影响因素之间的关系。徐春华等[32]开展了不等幅值循环荷载下冻土残余应变研究及其 CT 分析，根据冻土试样震融沉前后 CT 测试数据及扫描图像，定量地分析了土样结构微裂纹发展和密度变化规律，并对冻土特有的震融沉形成机理给予解释。

1.2.5 利用 CT 技术研究物质的迁移

为了研究心墙坝蓄水后心墙浸润峰的发展过程，反演非饱和心墙料导水系数与含水率间的关系，左永振等[33]将 CT 技术应用到砾石土浸润试验，确定的 CT 图片可以准确地得到浸润峰的位置。从 CT 浸润峰图片可以看出，浸润线分层比较明显，同时出现阶梯状浸润峰，这是毛细作用在浸润峰的发展过程中引起的现象。周念清等[33]应用 CT 扫描技术对两种稳定非饱和状态的砂土试样分层进行扫描，得到不同深度 CT 扫描层图像，采用 Image J 图像处理软件将 CT 图像转化为 CT 数均值，然后在稳定非饱和试样中间断注入污染物 KI 溶液，测定不同时间间隔 CT 扫描图像，计算注入污染物先后，扫描图像结果的差别，建立 CT 数均值和污染物迁移之间的关系，研究污染物在非饱和砂土中的运移特征，得出非饱和砂土中污染物浓度随时间和深度的变化规律。

2 岩土 CT 三维可视化系统

1972 年英国 EMI 公司首先制成由工程师 G. N. Hounsfield 设计的第一台 CT 扫描机[35]。我国最早建立岩土试验 CT 工作站的是中科院寒区旱区环境与工程研究所，他们于 1990 年购买美国 GE8800 型 CT 机，1998 年又购买德国西门子 SOMATOM PLUS 型 CT 机，1999 年开发出岩土试验 CT 专用加载设备。文献[36]反映了围绕该 CT 工作站的早期研究成果，是一本很好的岩土试验 CT 技术参考书。陈正汉教授为研究特殊土于 2001 年开发了与 CT 机配套的非饱和土三轴仪[37]，并取得系列研究成果[38][39]。

长江科学院于 2008 年建立了岩土试验 CT 工作站，该 CT 工作站采用德国西门子 Somatom Sensation 40 型 CT 机，该 CT 机主要特点是具备比较高的空间和时间分辨率，以及高质量的多维重建图像，可以实现用三维的图像来观察三维的试件。在此基础上开发了一系列与之配套的试验设备，如：CT 三轴仪，CT 渗透仪，CT 单轴压缩仪等，并开展了多种岩土试验研究工作。

2.1 CT 技术的原理[36]

CT 是英文 Computerized Tomography 的简称，一般译为"计算机断面成像技术"或"计算机层面扫描技术"，这是以计算机为基础对被测物体断层中某种特性进行定量描述的专门技术。它首先是利用 X

射线穿透物体断面进行旋转扫描,收集 X 射线经此层面不同物质衰减后的信息,经放大和模数转换后,由计算机在 CT 的探测空间范围内,与空间某点相关的各个方向射线进行空间解算,得出与该点 X 射线吸收系数 μ 直接关联的 CT 数,从而形成一幅物体层面的 μ 数字图像。

1969 年,英国工程师 Hounsfield 建立了医用 CT 机的标准方程:

$$H_m = 1000 \times \frac{\mu_m - \mu_\text{水}}{\mu_\text{水}} \tag{3.2-1}$$

式中 H_m 为某物质的 CT 数;μ_m 为某图像点物体的 X 射线吸收系数;$\mu_\text{水}$ 为纯水的 X 射线吸收系数。式(3.2-1)建立了以纯水 CT 数为 0 的图像标准,在此标准下,某点对 X 射线的吸收强弱直接用 CT 数表示出来。如果被测物体是同一种物质(其单位密度质量系数为 μ_m),仅存在密度(ρ)变化时,被检测物质对 X 射线的吸收系数 μ_m 为:

$$\mu_m = \mu_m \rho \tag{3.2-2}$$

令 $\mu_\text{水}$ 等于 1,由式(3.2-1)和式(3.2-2)得:

$$\rho = \frac{\frac{H_m}{1000} + 1}{\mu_m} \tag{3.2-3}$$

从式(3.2-3)可以看出,在已知这种物质的 X 射线质量吸收系数 μ_m 的条件下,CT 数就直接表示了物质的密度 ρ,简言之,CT 图像就是被测物体某层面的密度图。

岩土材料是非金属材料,其最大密度小于 $3g/cm^3$,X 射线是可以穿透的。岩土的不同状态与其内部结构相关,在不同试验条件下,内部结构可能发生改变。常规岩土试验只能观测到试样表面和试验过程的某些特性,无法看到试样在试验过程中的内部现象,因此只能对试验机理做唯象的推测;岩土材料在试验过程中,除微观结构变化外,也存在细观和团粒的运动、裂隙的发育、水分的迁移和相变及局部密度改变等尺度较大的变化,这些细观变化达到了医用 CT 机图像分辨水平,并且如渗透变形、土料和岩体的变形、损伤演化及破坏过程等细观机理研究,均可通过岩土的 CT 可视化系统得到解决。

在岩土材料的 CT 试验中,可以通过对均匀密度的标准试样进行扫描,得到其大范围的平均 CT 数,直接求出其在这种试验条件下的质量吸收系数 μ_m,然后可以对此物质制成的试样在试验过程中的 CT 图像进行数值计算,直接推导出试样内部的密度图,实现试验过程中密度变化的定量描述。

CT 试验可以直接检测的内容为:①试样内各观测点之间的距离;②试样内各观测点的距离(物质迁移);③试样全体或试样内感兴趣区域截面积;④试样全体或试样内感兴趣区域的 CT 数;⑤试样全体或试样内感兴趣区域的方差(CT 数的离散指标);⑥试样内裂隙的长度、宽度及其变化过程;⑦试样全体或试样内感兴趣区域的密度改变的相变情况;⑧试样全体或试样内感兴趣区域的体积及其变化;⑨补充在试样内的渗流量、位置等。

三维重建常用于医学领域进行三维可视化的显示,但随着断层图像的三维重建在医学临床诊断、工程有限元分析等方面的应用,人们要求三维重建模型不仅限于三维可视化的显示,还要能进行编辑修改、测量和定量分析。这就要求其重建模型必须是实体模型(Solid Model)。图像三维重建部分完成的主要功能是:输入 CT 设备生成的二维图像序列,经预处理(包括平滑、锐化预处理),组织分割与边缘提取,对提取的区域重建的三维几何模型;实现对三维模型的旋转、缩放、移动;计算组织的周长、面积、体积,空间任意两点间距离等参数。对系统根据医学三维重建主要有两种方法:基于面绘制的三维重建和基于体绘制的三维重建。基于体绘制的三维重建是对每个体素赋予颜色和阻光度后,直接由三维空间数据场产生屏幕上的二维图像。由于没有构造中间几何曲面或实体,因此只适用于可视化显示,无法将其转化为实体造型意义上的实体模型,而且直接进行体重建计算量大,难以实时处理。而基于面绘制的三维重建方法速度快,实时性好。在表面重建中,三角面片是重构表面的常用表达方式。可以采用由三角面片表示的表面重建方法重建其三维形体表面,然后将表面模型转化为实体模型。表面模型向实体模型转化的主要思想就是由点构建面,由面构建体。

多平面重构(MPR)可以沿着一个平面或曲面进行。为了实施重构,首先建立一个基于目标CT的坐标系,如图3.2-1所示。系统有三个正交轴:左右,前后,上下,重构平面相对于这些轴被定义。矢状面平行于前后和上下轴。冠状面平行于左右和上下轴。CT扫描时,MPR图像以切片形式顺序地排成"堆栈",如图3.2-2所示。

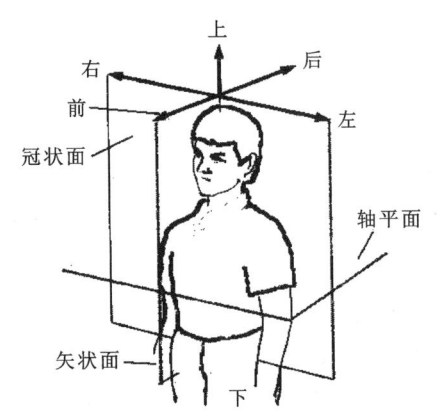

图3.2-1 基于CT目标的坐标系

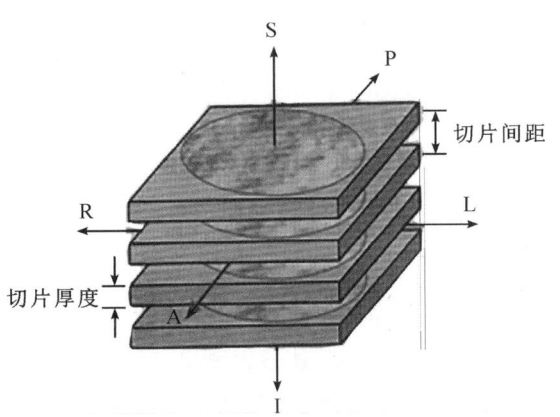

图3.2-2 重建过程中的几何关系

每个CT图像有一定的切片厚度,连续图像间的距离代表切片间隔。通过在不同方向上对体积图像插值,产生重构图像。如果图像之间没有间隙(切片间隔小于或等于切片厚度),重建过程稍微简单。甚至在这样的条件下,重构图像中的一个像素也经常需要相邻像素插值,因为重构像素也未必能完全落在轴平面图像原始栅格上。插值可以在一、二、三个方向上执行。例如,对于一个矢状面和冠状面重构,常常只需要在切片间插值。然而对于倾斜的图像,就必须在每个图像切片之内以及切片之间进行插值。图3.2-3显示了矢状面和冠状面的三轴样扫描图像。

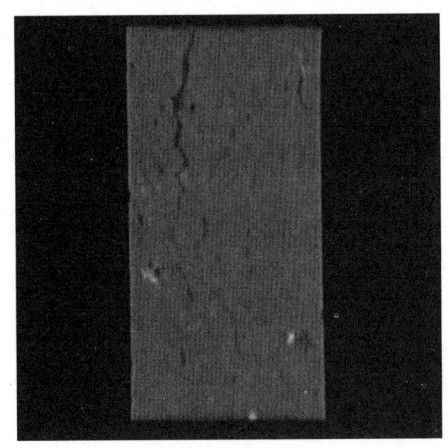

(a)矢状面图像

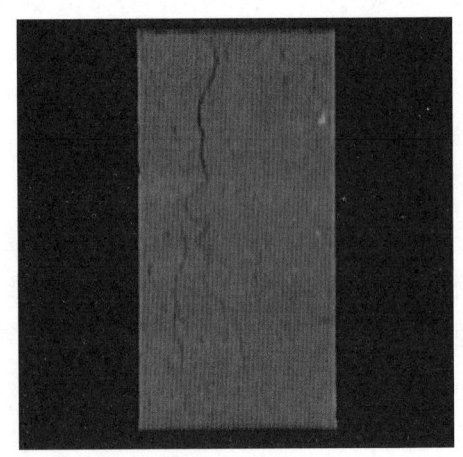

(b)冠状面图像

图3.2-3 CT扫描的平面重构图像

为了帮助岩土工作者对CT技术有更好的了解,将与试验有关的技术术语加以简单解释。

2.1.1 主体构型

为满足人体扫描的要求,所有医用CT机都采用人体不旋转而让X射线源和探测器旋转的方式工作。在CT原型机于1969年发明之后,所谓第二代CT机的发射与接收器件采用旋转加平移的方式,医学上成为头颅机,其运转较慢,原始数据陈列较小,且不够规范,得到的图像也比较模糊。经过多年的努力之后,推出的第三代CT机,采用发射和接收器件均围绕被测中心旋转的方式,克服了头颅机的主要缺点,发射端在不同角度对应于固定的探测器,可以有效地纠正X射线的不均匀,附加在边缘的探测器随时接收未经被测体的X射线,可以有效地纠正X射线随时间起伏引起的数据变化。为减轻CT机中旋转器件的重量,提高扫描速度,稍后发明了发射器件旋转、全周分布固定探测器的第四代CT机。为了进一步提高扫描速度,免除机械旋转,发明了第五代电子束CT机,利用电子枪磁场偏转,对弯曲的巨型阳极靶面进行电子束轰击,在对侧固定的探测器接收信号,这样的机型实现了毫秒级的CT扫描,但由于源器件的构型使得真空度很难保证,须附之以连续工作的大型抽气系统,设备庞大,价格昂贵。

2.1.2 附加构型

对以上使用的CT机逐步采用了一些新技术,从起初的通过高压电缆馈电(80kV~140kV)至射线源,数据电缆自探测器输出的往复式旋转,发展到利用滑环馈电和输出的单向旋转,再发展到在旋转扫描过程中病床持续运动的螺旋扫描方式。目前推行有多射线源(X光球管)或多道探测器,目标是快速完成扫描,减少病人被测部位运动伪影,提高图像质量。随着技术的进步,CT机的研制仍在进展中。

2.1.3 扇角

指射线源发出的X射线经滤线器对边缘射线进行阻挡后的有效发射角度,一般在$30^0 \sim 60^0$之间。从减小设备尺寸上看,扇角大为好,但X光球管不能保证边缘与中心的一致,虽采用中心滤线器加以纠正,仍很难保证在球管长时间使用或变化扫描参数时射线的均匀性,因此通过试验优化设计来确定。

2.1.4 扫描范围

指有效进行扫描重建的区域,一般为直径在40~70cm之间的圆形区域。早期的CT机由于校准软件的限制,即使在此区域内扫描,也要求居中,否则引起数据非正常歧变(伪影)。

2.1.5 扫描层厚

指扫描被测体的标称层厚,一般在1~10mm之间。在设备校准过程中分级调整摄像源和探测器端滤线器的宽度,限制穿透被测体到达探测器的射线束,达到观测有限厚度信息的目的,通常以扫描野中心为准。显然,为获得被测体细小部位的图像要采用较薄的厚层,这样限制了能量的输送,探测器接收的信息水平降低,会降低信噪比。实践中要根据检测的目的性加以确定。

2.1.6 管电压

指为发出X射线加于球管阳极的电压,通常在80~140kV之间。在医学使用中,往往针对不同的脏器选择固定的电压条件,以避免X光谱改变对被检部位的曲解。早期的CT机由于软硬件的限制,通常固定在120kV。对岩土试验也应针对不同试样进行不同电压的标定扫描,确定该电压条件下被测体的响应,为多能量CT图像的解释奠定基础。

2.1.7 管电流

指通过X光球管的电流,通常为10~500mA之间。在考虑球管效率后,管电流对应着射线源的能量。管电流有脉冲、连续和持续几种。早期有用脉冲方式工作以减少对球管热容量的要求,通常为0.5

~1.0MHu；连续型是在一层扫描中连续发射 X 射线；持续型是对螺旋 CT 而言多层位扫描中不间断地发出 X 射线，因而对 X 光球管热容量提出了相当高的要求，目前已经达到 3.5～8.0Mhu。管电流的选择要根据被测体的密度和尺寸加以考虑，以保证有足够的剂量穿透目标，并有效地被探测器接收。

2.1.8 焦点

指球管内灯丝的大小，通常在 0.4～1.5mm 之间。常有大小两种焦点可以选择，小焦点的射线集中，易于作薄层扫描；大焦点可以提供较大的管电流，易于穿透较粗重的目标。岩土试验中试样密度较大，因此足够的能量是主要的矛盾，常采用大焦点扫描。

2.1.9 扫描速度

指完成一层所需要的 X 射线曝光时间。通常在 0.5～40s 之间。现代 CT 机可做到秒级和压秒级，经常有几种选择，慢速可以获得较多的原始数据，图像质量较好些。对常规的岩土试验而言，医用 CT 机提供了足够快的扫描速度，因此常采用其慢速进行扫描。对某些希望获得高分辨率三维立体结构的试验，可以采用螺旋扫描方式。

2.1.10 重建矩阵

指计算机对收集的数据计算出的点阵数，通常在 160×160～512×512 之间。CT 机有不同的采样方式，其有效原始数据在 10 万～200 万之间，足够多的精确原始数据是计算成像的基础，因此重建矩阵往往是图像质量的粗略标志。

2.1.11 显示矩阵

指由计算机对重建矩阵按照 CT 图像规范处理并适当内插形成的可显示的数据阵列，通常为 320×320 至 1024×1024，对显示图像可以进一步局部放大，使每一个数据点代表更小的空间尺寸，但这样的数据点都是对重建矩阵的某种运算，并非真正提高了真实的分辨率。

2.1.12 密度分辨率（低反差分辨率）

密度分辨率是影响 CT 图像质量的一个重要参数，其定义是：当细节与背景之间具有低对比度时，将一定大小的细节从背景中鉴别出来的能力。也就是能够分辨两种低密度差的物质（一般其 CT 值为相差 3～5HU）构成的圆孔的最小孔径大小，即可分辨的最小密度值。低对比度分辨率与 X 线剂量有很大关系，当剂量大时，低对比度分辨率会有所提高，因此在评价低对比分辨率时一定要了解使用的剂量，并且要和测量 CT 剂量指数（CTDI）时的值一致。

2.1.13 空间分辨率（高对比度分辨率）

空间分辨率 是衡量 CT 图像质量的一个重要参数，是测试一幅图像的量化指标，是指在高对比度（密度分辨率大于 10%）的情况下鉴别细微的能力，即显示最小体积病灶或结构的能力。它的定义是在两种物质 CT 值相差 100HU 以上时，能分辨最小的圆形孔径或是黑白相间（密度差相同）的线对数，单位是 mm 或 lp/cm。

目前常用的是调制传递函数（MTF）的截止频率法。如图 3.2-4，此函数将图像中对比度描述为一个空间频率的函数，而被照物中的对比度假定为 100%，所以它描述了成像过程中对比度的降低，于是截止频率决定了分辨率的极限。此种方法都内置于 CT 机系统中，用于自检。系统可以自动计算，并画出调制传递函数（MTF）曲线，由此得出 MTF 在百分数多少的线对值。MTF 的百分数越低，线对数越高。有的

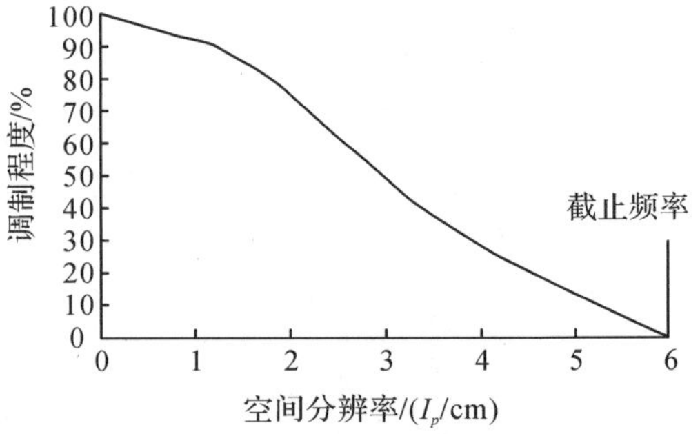

图 3.2-4 调制传递函数（MTF）曲线

厂家在技术参数表中给出的是 MTF=0%时的数据,即截止频率的数据,以显示较高的空间分辨率。但是截止频率的线对数是没有实际意义的,一般应采用 MTF=5%或 MTF=10%来判断机器的空间分辨率。

在岩土力学 CT 试验中,空间分辨率的不足是一个突出的问题,岩土的微裂隙发生后有时已经从区域数据的改变有所觉察,但裂隙点的 CT 数尚不能正确地表现,只有当裂隙发育得比较宽,图像中才能表现出来,但其宽度和数据均不甚准确。这就要求我们对 CT 图像进行后续增强处理或在扫描中采取特殊方法突出裂隙。在设备能力有限时,找到合理的技术方法,以较好地完成检测任务,而不是不准确地采用量测信息,对于这点检测人员应特别注意。

CT 机还有许多看似与岩土扫描没有直接关系的技术指标,但它们与实验装置的安排、扫描定位、图像的显示、图像的存储、数据格式的转换、数据的处理及信息的提取等密切相关,应在试验中予以考虑。

2.2 CT 专用加载设备的研制

长江科学院岩土试验 CT 工作站使用的德国西门子 Somatom Sensation 40 型 CT 机及与之配套的试验设备如图 3.2-5。该 Somatom Sensation 40 型 CT 机的主要技术参数见表 3.2-1。

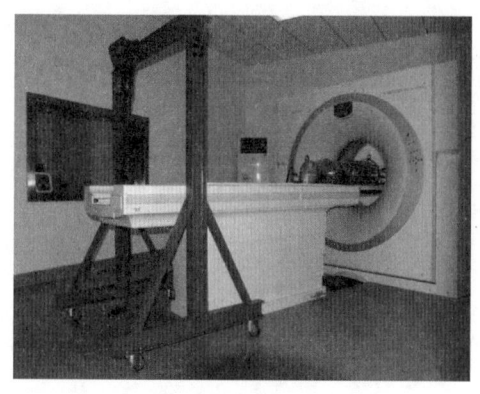

(a)   (b)

图 3.2-5 长江科学院岩土试验 CT 工作站设备

表 3.2-1 Somatom Sensation 40 型 CT 机的主要技术参数

项目	技术指标
射线源	X 射线
扫描方式	螺旋扫描
扫描最大直径	70cm
扫描长度	1570mm
最薄层厚	0.6mm
断层准直	20mm×0.6mm
图像重建矩阵	512mm×512
图像显示矩阵	1024mm×1024 Pixel
像素大小	最小为 0.29mm
HU 标度	−1024 至 +3071
可视密度分辨率	0.3%

将技术较成熟的医用 CT 机运用到岩土力学试验中,首先面临的问题就是 CT 专用设备的配套。配套的设备可根据研究问题的需要进行研制,但需遵循以下原则:

(1) 设备宜采用分离结构,置于 CT 机检查床上的试验装置尽可能的简单,设备的加载系统和测试系统尽可能置于 CT 机外;

(2) 试验装置的尺寸和形状要与 CT 机相配,置于 CT 机检查床上的试验装置可在扫描架孔径内自由移动;

(3) 被测物体(试样)置于无金属可扫描范围,避免高密度金属产生伪影;

(4) 因 X 射线穿透能力较差,试验中 x 射线将要穿透的被测物体周围的物质尽可能量小且密度低。

基于以上原则,长江科学院程展林等于 2006 年研制了第一代立式 CT 三轴仪,见图 3.2-6 所示。该 CT 三轴仪工作原理同常规三轴仪,轴向应力由液压千斤顶提供,加载控制系统和测试系统置于 CT 机外。控制千斤顶进油速率一定,即可进行应变控制式三轴试验,也可进行应力控制式三轴试验,即分级进行加载,每级加载控制千斤顶油压一定至试验变形稳定。试样尺寸为 Φ100×H200mm,压力室拉杆为特种铝合金,千斤顶和压力室均为非金属材料,可直接进行试样的轴向或横向扫描,最大小主应力为 1.0MPa。第一代 CT 三轴仪获得了实用新型专利(全方位扫描岩土 CT 三轴仪,专利号:ZL20060096213X)。

 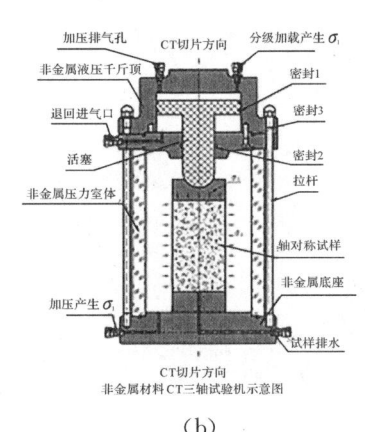

(a) (b)

图 3.2-6 第一代立式 CT 三轴仪

第一代立式 CT 三轴仪存在如下问题:①千斤顶采用非金属塑料材料,热胀冷缩现象比较明显,其受温度影响较大,当温度较高时,活塞伸出缩进时的摩擦力较大;②试样的载荷需要通过油压换算,准确性较差,周围压力较小,最大围压为 1.0MPa。因此,长江科学院程展林等于 2009 年研制了第二代卧式 CT 三轴仪。见图 3.2-7 所示。该 CT 三轴仪解决了上述问题,千斤顶为金属构件,压力室拉杆为特种铝合金,可有效减小伪影。在千

图 3.2-7 第二代卧式 CT 三轴仪

斤顶与压力室之间增加了荷重传感器和位移传感器,可准确测量大主应力和竖向应变,最大小主应力提高到 2.0MPa。但第二代卧式 CT 三轴仪只能进行横向扫描。

在使用过程中发现第二代卧式 CT 三轴仍然存在一些问题,如①推力油源加载为手动控制,无法实现伺服控制,加载精确度和稳压较差;②荷载传感器和位移传感器精度不够。因此在 2016 年又新研制了第三代 CT 三轴设备,见图 3.2-8。第三代 CT 机是与英国 GDS 公司合作完成的,实现了 CT 三轴试验的全过程伺服控制与精确测量。

通过 CT 扫描技术配合 CT 三轴设备,长江科学院进行了粗粒土的组构研究、裂隙剪切带的发育过程、粗粒料的 CT 流变试验、CT 湿化试验等研究。

图 3.2-8　第三代 CT 三轴仪

程展林等于 2009 设计了 CT 水平浸润仪(渗透仪),用来测量砾石土浸润峰的推移发展过程,仪器见图 3.2-9(a)所示。试验仪器为有机玻璃制造,以适合 CT 扫描,渗透试验用水、水压控制和渗水量由 CT 机外设备控制和测量。试样尺寸为 150mm×150mm×150mm 的方块样。该仪器可以在侧部加水,并保持常水头。将试验仪器放置在三维坐标系下,见图 3.2-9(b)所示,图中阴影部分是试样,体 BJ 和体 NG 是两个空腔体,在体 BJ 内充水,在体 NG 监测浸润出水情况。

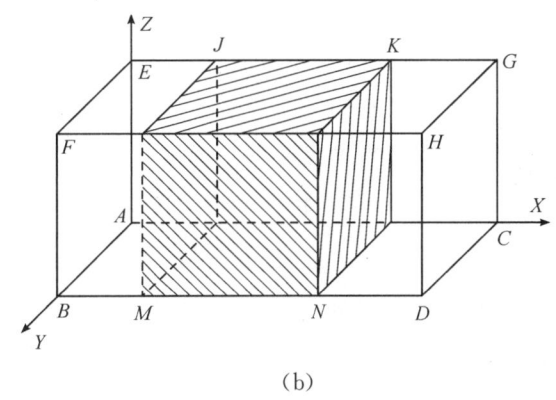

(a)　　　　　　　　　　　　　　　　(b)

图 3.2-9　CT 渗透仪

为研究岩石和混凝土材料在加荷过程中裂隙发育情况,程展林等又研制了一种能与 CT 机配套使用单轴压缩试验仪,见图 3.2-10。该仪器可在单轴压缩试验过程中对材料的内部结构进行动态、定量和无损测量。轴向应力由液压千斤顶提供,加载控制系统和测试系统置于 CT 机外。控制千斤顶进油速率一定,可进行应力控制式单轴试验。试样尺寸为 $\Phi 50 \times H100mm$,压力室拉杆为特种铝合金,千斤顶和压力室均为非金属材料,可直接进行试样横向扫描。

(a)　　　　　　　　　　　　　　　　(b)

图 3.2-10　单轴压缩仪

3 粗粒土组构的试验研究

沈珠江[40]认为,土体结构性的本构模型建立,将成为 21 世纪土力学的核心工作。目前,国内外在描述土的微观结构变化与宏观应力应变之间关系仍然是比较粗糙的,并没有深入探究微观结构的具体变化过程。其根本的原因在于试验过程中对土的微观结构变化难以动态定量观测。

粗粒土是土石坝的主要筑坝材料,也是土力学的主要关注对象之一,粗粒土的离散特征虽然很早就被人们注意到,然而从实际物理现象中构造数学模型时,却几乎一直是沿用连续介质力学的方法,即一种宏观的唯象论的方法。郑颖人[41]对经典塑性力学用于岩土类材料存在的问题进行总结时指出,由于粗粒土的离散特性,粗粒土的很多特征都难以用现有的连续体力学理论予以解释,如在低围压下粗粒土的应变软化特征、剪胀(缩)性、剪切试验中的剪切带现象、模拟试验中观察到的力链现象、粗粒土蠕变性的力学意义[42]、粗粒土试验中的不确定性[43]等。作为一种散体材料,土颗粒间相互位置排列和粒间作用力对于粗粒土的力学性质有重要的影响,许多问题都涉及粗粒土组构问题。

所谓粗粒土组构(fabric)是指土颗粒的组成和土颗粒的几何排列方式,组构研究的主要内容是研究土颗粒的空间排列及其相互作用的综合特性。组构问题的研究大体分为三个阶段[44],即组构量的量化阶段、力学效应分析阶段和组构力学模型建立阶段。其中的关键在于解决组构量的量化问题,这是建立组构力学模型最基本的工作。由于组构量的量化问题长期未能找到合适的方法,组构力学效应分析和建立组构力学模型也就难以深入。要改变目前组构研究的停滞状态,首先必须建立高效、便捷、精确的组构测试方法,只有获得了粗粒土的组构信息,其他工作才成为可能。

长江科学院经过一段时间的探索认为,土体微观结构力学研究可以从粗粒土研究入手[22][45][46],因为粗粒土的颗粒尺度相对较大,结构特征相对简单,主要体现在颗粒本身及颗粒间几何排列方面,即粗粒土的组构,可以利用 CT 技术观测粗粒土受力变形过程中内部结构的动态变化。

为此,系统地进行了粗粒土 CT 三轴试验,图 3.2-11 为典型粗粒土三轴试验 CT 图像。可以看出,粗粒土的 CT 图像非常清晰可靠,可根据不同应力状态下 CT 图像,分析粗粒土的组构信息及其变化。

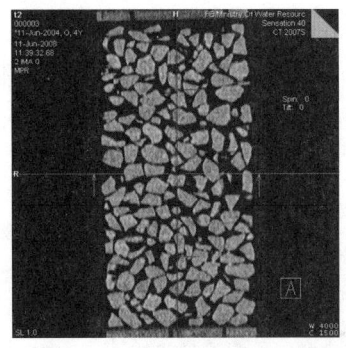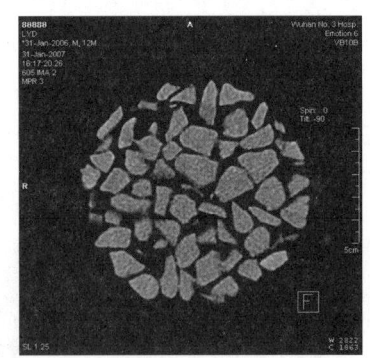

图 3.2-11 典型粗粒土三轴试验 CT 图像

3.1 试验简介

试验选取粒径为 10～20mm 单一级配的灰岩碎石料,颗粒圆度较差,存在明显的棱角,试样控制干密度为 1.73t/m³。围压分别为 0.2MPa、0.4MPa 及 0.6MPa 三级。其宏观应力—应变关系为典型的硬化型粗粒土,见图 3.2-12(a)。

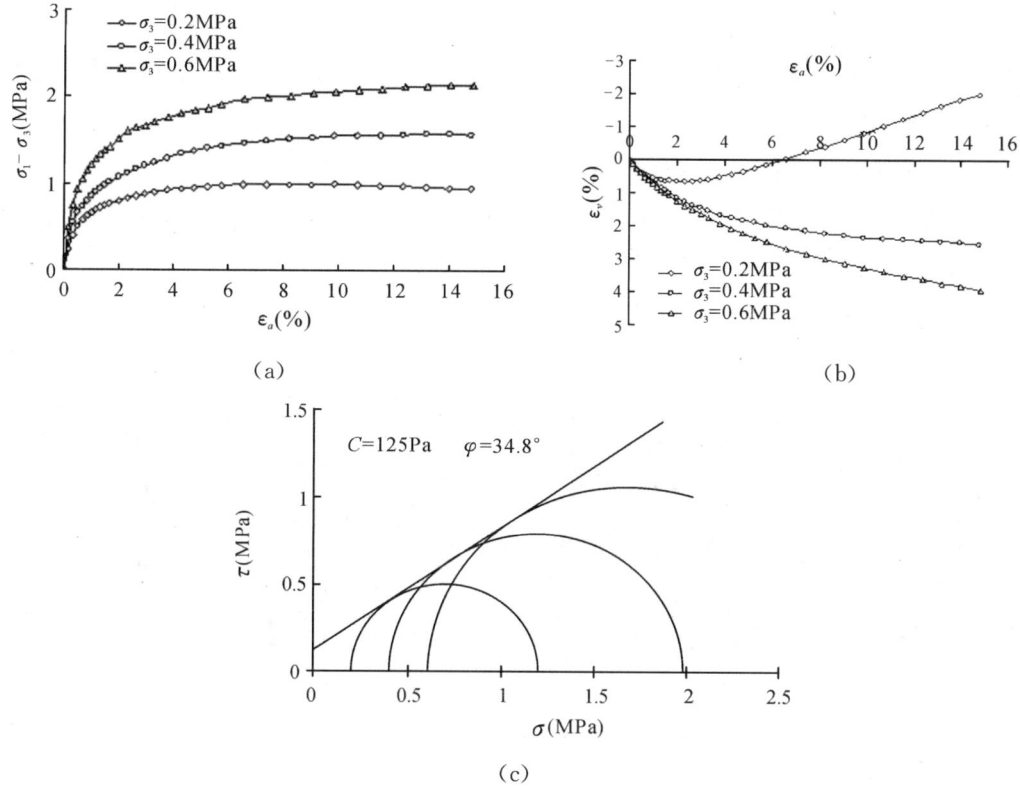

图 3.2-12 粗粒土的应力-应变曲线

某一围压下的 CT 三轴试验的具体过程如下:开始试验时,先对试样施加额定围压和轴向压力,对试样进行定位,并选取试样中部断面进行初次 CT 扫描。然后缓慢施加轴向压力至预定应力水平对应的压力值,待变形基本稳定后进行第二次 CT 扫描。以后逐级增加应力水平,在不同变形阶段进行扫描。共选取了 7 个应力状态进行同一断面的 CT 扫描,加上初始状态的扫描,共进行了 8 次,成果见表 3.2-2。

表 3.2-2　试验各扫描点的应力状态

扫描次数	$\sigma_3=0.2$ MPa		$\sigma_3=0.4$ MPa		$\sigma_3=0.6$ MPa	
	$\sigma_1-\sigma_3$ (MPa)	ε_a (%)	$\sigma_1-\sigma_3$ (MPa)	ε_a (%)	$\sigma_1-\sigma_3$ (MPa)	ε_a (%)
1	0	0	0	0	0	0
2	0.724	1.5	1.013	1.6	1.426	1.8
3	0.881	3.1	1.294	3.5	1.728	3.5
4	0.963	5.4	1.405	4.8	1.897	5.3
5	0.987	7.2	1.498	7.3	2.004	7.4
6	0.99	9.6	1.542	8.9	2.052	9.4
7	0.979	11.6	1.553	11.3	2.098	13.2
8	0.954	14.4	1.577	13.5		

3.2 试验成果及分析

3.2.1 变形特征

对试样受力变形过程进行实时 CT 扫描,得到试样不同变形形态下,同一剖面位置的 CT 图像。图

3.2-13 为围压 $\sigma_3=0.2\mathrm{MPa}$ 的 CT 图像。

从上面的 CT 图像可直观地看到，对于单粒组颗粒集合体，经振动密实后，不同形状的颗粒形成相互嵌入、空间中相互接触的、稳定的颗粒结构体系。由于颗粒大小差别不大，局部存在一定的架空现象。大小颗粒位置和颗粒长轴方向的分布具有很强的随机性。

在整个压缩变形过程中，相邻颗粒的位置将发生相应调整，颗粒的接触关系会发生调整。可以推论，对其中某一颗粒而言，其相邻颗粒作用在该颗粒上作用力的大小、方向、作用点位置将有可能随试样变形发生变化，即颗粒的平衡方式将发生变化。

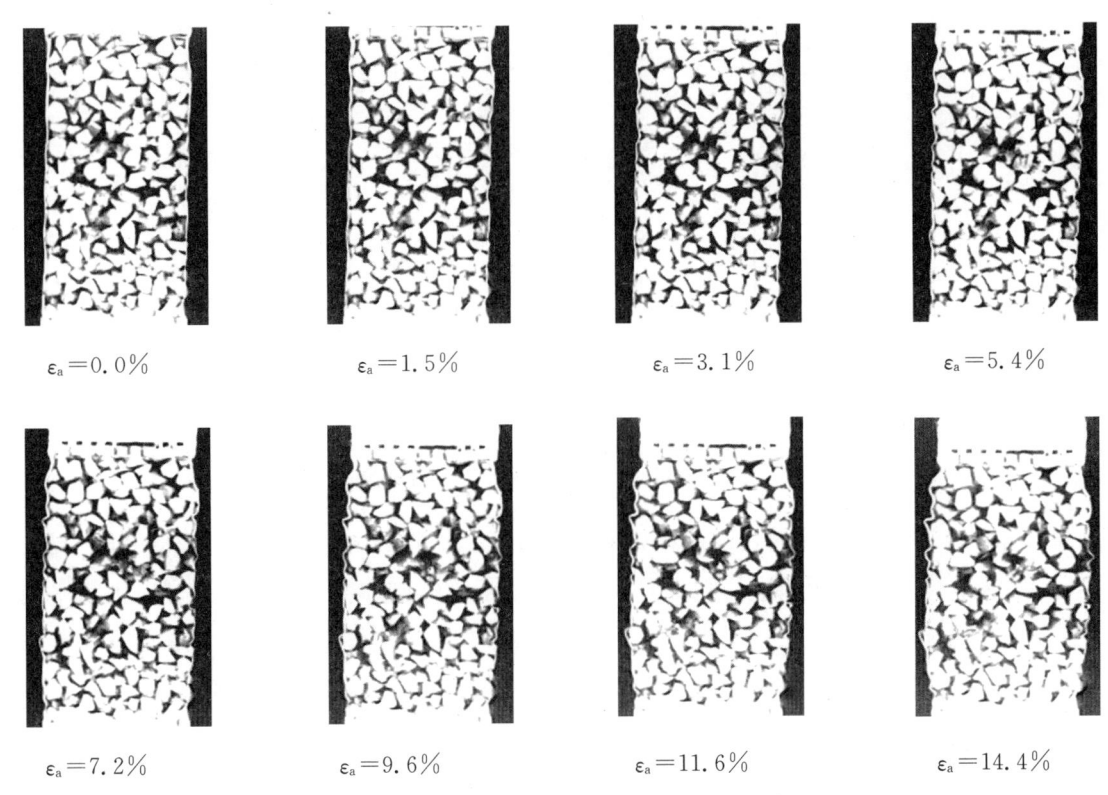

图 3.2-13 CT 三轴试验 ($\sigma_3=0.2\mathrm{MPa}$) 图像

3.2.2 颗粒运动规律

针对 CT 三轴试验得到的 CT 图像，利用自行开发的"计算机图像测量分析系统"对不同宏观应变状态下的颗粒位置及其变位进行了量测。

图 3.2-14 为 CT 三轴试验某一剖面上颗粒的位移矢量图。从图中可以得出，不同围压下的颗粒运动具有相似的规律。在某一应变状态下，试样中不同区域中的颗粒的位移存在较大的差异，在上下端部近似三角形区域中的颗粒的相对位移极小，类似于浅基础下的主动朗肯区，即俗称的"弹性核"；此区域外的试样中部区域中的颗粒的相对位移较大，在竖向压缩的同时，伴随着较大的水平位移，该区域类似于浅基础下的被动朗肯区，试样的宏观应变主要由该区域的颗粒的位置调整引起，这一现象启发我们，需对粗粒料工程（如堆石坝）变形分析中室内试验的方法再行思考：室内试验的试样与工程中微单元体之间的变形模式是否具相似性，如果两者之间存在差异，是否仅仅是由于试样端部的环箍效应所引起。

为了更好地反映不同空间位置颗粒的运动规律，以试样底部中心为坐标原点，不同状态时刻的颗粒的平动 $(\Delta x, \Delta y)$ 和转动 $(\Delta \varphi)$ 成果如图 3.2-15—图 3.2-18 所示。

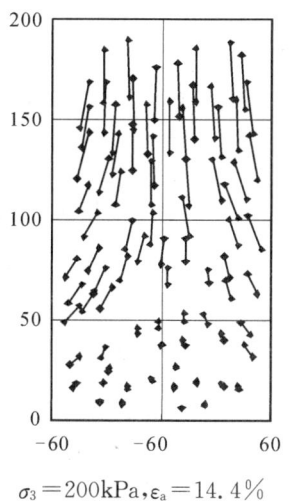
$\sigma_3=200\text{kPa}, \varepsilon_a=14.4\%$

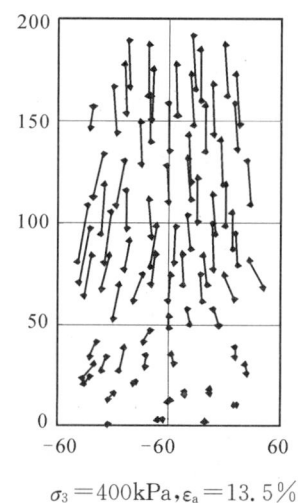
$\sigma_3=400\text{kPa}, \varepsilon_a=13.5\%$

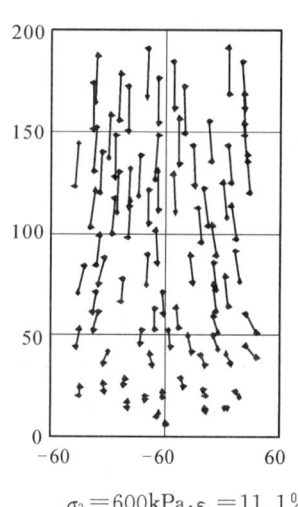
$\sigma_3=600\text{kPa}, \varepsilon_a=11.1\%$

图 3.2-14　颗粒位移矢量图

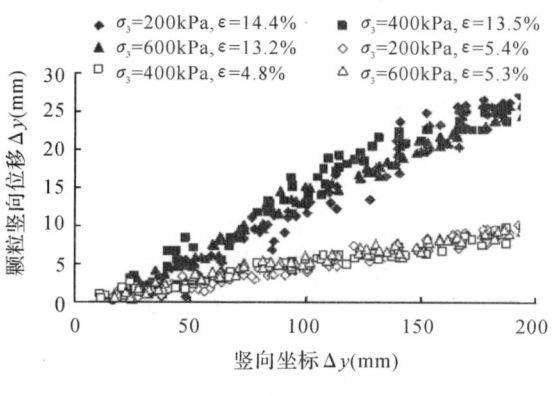

图 3.2-15　颗粒位移的 $\Delta y - y$ 关系

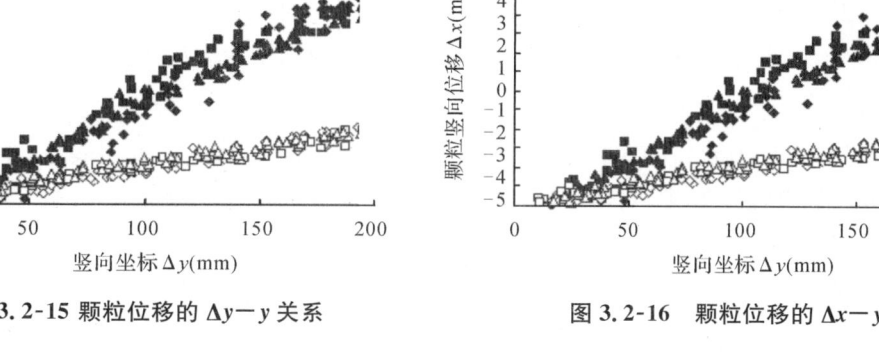

图 3.2-16　颗粒位移的 $\Delta x - y$ 关系

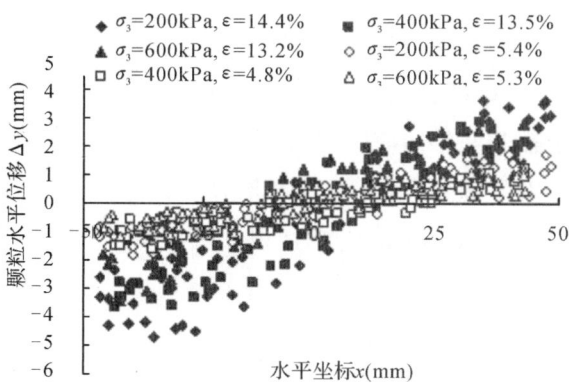

图 3.2-17　颗粒位移的 $\Delta x - x$ 关系

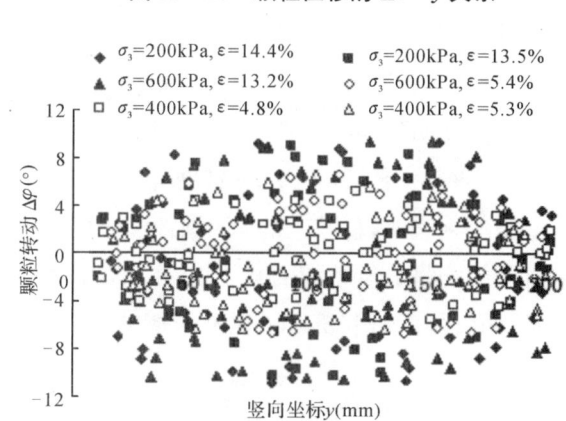

图 3.2-18　颗粒转动的 $\Delta\varphi - y$ 关系

颗粒的竖向位移（Δy）与轴向应变（ε_a）关系密切，轴向应变越大，颗粒的竖向位移越大。在同一应变条件下，颗粒的竖向位移（Δy）随高度（y）增大而增大，反映出压缩变形特征，显示了试样上下端各 1/4 高度范围内，竖向位移随高度的增幅明显比试样中部小。同时，同一高度的颗粒，其竖向位移也有差异，表明左右相邻颗粒有错动。不同高度颗粒（y）的水平位移（Δx）明显不同，在上下端部一定范围内，颗粒的水平位移很小，随离上下端的距离增大，颗粒的水平位移最大值逐渐增大，中部约 1/2 范围内，颗粒的水平位移最大值大致相同。

不同径向距离(x)颗粒的水平位移量(Δx),颗粒的水平位移方向基本上是沿径向向外,其大小随径向距离增大而增大。同时,同一径向距离的颗粒水平位移差异较大,表明上下相邻颗粒错动明显。比较颗粒的水平位移,可以发现在轴向应变(ε_a)大致相同而围压不同时,颗粒水平位移(Δx)大致相同;而颗粒水平位移(Δx)随轴向应变的增大明显增大,说明颗粒的水平位移与围压关系不明确,只与轴向应变(ε_a)密切相关。

在三轴试样压缩变形过程中,颗粒不仅发生平动,而且发生转动,转角的大小可能随试验条件而变化。颗粒的转动变化量($\Delta\varphi$),在试样上下两端部颗粒转动变化量较小,最大值出现在试样中部,不同高度处的颗粒转动差异不大。从统计概念出发,某一颗粒的转动有其随机性,但整个试样发生逆时针(正值)和顺时针(负值)转动的颗粒数及转动量的分布范围大致相同,不同高度处的颗粒转动差异不大,试样中部处的相对较大。考虑到三轴试样的对称性,将颗粒按空间位置从试样中心处分为4个象限,不同象限区发生逆时针(正值)和顺时针(负值)转动的颗粒数及转动量的分布范围也大致相同,表明颗粒的转动方向与颗粒长轴的随机分布有关,而与颗粒的平动方向关系不大。试样中轴线处颗粒的转动量相对较小,其最大值随径向距离增大而增大,颗粒的转动量与相邻颗粒的错动大小有关。

转动变化量($\Delta\varphi$)随轴向应变的增加而增大,而与围压没有密切关系。转动变化量的增幅随应变的增加逐渐变缓,说明颗粒长轴逐渐趋于定向。可以假想,颗粒长轴的初始分布是随机的,在受力变形过程中,颗粒长轴逐渐趋于定向,其转角变化量逐渐变缓,最后颗粒长轴定向趋于稳定,在其后的变形过程中,只有颗粒的平动发生。

试验成果表明,粗粒土的CT图像清晰可靠,能够准确反映各颗粒的位置和形态。通过CT三轴仪和计算机图像测量分析系统的开发,初步解决了粗粒土组构研究的量化问题。

3.3 小结

综合上述试验成果,颗粒集合体的变形源于颗粒的位置调整(相邻颗粒的位置变化),颗粒自身的形变很小,这种位置调整自试样变形的初期就随之产生;在某一宏观应变下,试样中颗粒的平动和转动有很强的规律性,试验中各部位的颗粒位置调整的幅度差异较大,相同部位不同颗粒的调整幅度也不同;相邻颗粒间的错动明显,并伴有一定的转动;颗粒的转动方向与颗粒长轴的随机分布有关,转动量与相邻颗粒的错动大小有关;颗粒的平动和转动与围压的关系不明确,只与轴向应变密切相关。

试验成果表明,粗粒土的CT图像清晰可靠,能够准确反映各颗粒的位置和形态。通过CT三轴仪和计算机图像测量分析系统的开发,初步解决了粗粒土组构研究的量化问题,实现了组构研究的第一个阶段,为后两阶段的研究奠定了良好的基础。

4 粗粒土三轴流变研究

粗粒土流变研究主要集中在力学性质试验和本构模型研究等方面,较少对粗粒土流变中的颗粒运动规律进行研究。通过单级配矾石CT三轴流变试验,研究人员研究了粗粒土流变过程中颗粒运动规律[47]。

为清楚观察三轴流变过程中颗粒的运动,采用粒径为10~20mm的单级配矾石作为试验材料。矾石颗粒呈棱角状,无尖锐片状棱角,试验干密度为1.73g/cm³,如图3.2-19所示。CT三轴流变试验采用应力控制的方式进行加载,即首先对试样施加围压,各向等压固结完成后对试样进行初始CT扫描,然后通过高压蓄能罐对试样施加轴向偏应力,等达到预定的应力水平,对试样进行CT扫描。同时通过高压蓄能罐对轴向偏应力进行稳压,并在流变不同时间分别对试样进行CT扫描,以研究粗粒土在轴向应力不变的条件下颗粒位置随时间调整的过程。

图3.2-20为矾石分级加载(应力水平为s＝0.2、0.4、0.6和0.8)条件下三轴流变试验(试样尺寸$\Phi 100mm\times H200mm$)轴向应变ε_a与流变时间t关系曲线。从图中可以看出,相同流变时间内应力水平越低,流变变形越小,流变到达稳定所需的时间也就越短;应力水平越大,流变变形越大,流变到达稳定所需的时间也就越长。因此,应力水平越高,三轴流变试验中轴向应变越大,颗粒的运动越明显,愈能体现三轴流变过程中颗粒的运动规律,为清楚地观测和测定粗粒土在流变过程中颗粒的运动情况,以围压为0.8MPa且应力水平为0.8的单级配矾石的CT三轴流变试验成果为例进行分析。

图3.2-19　10～20mm单级配矾石

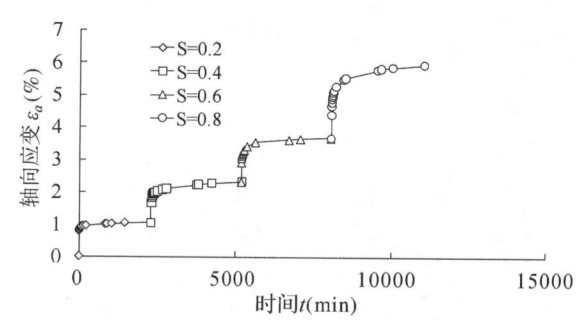

图3.2-20　矾石分级加载三轴流变试验成果

图3.2-21为单级配矾石三轴流变试验试样纵断面切片图。图3.2-21(a)为初始状态时试样纵断面切片,3.2-21(b)为刚加载至0.8应力水平时的切片,可以看出从0应力水平加载至0.8应力水平时颗粒发生了较大的竖向位移,靠近试样上端颗粒的位移较大,如图中方框颗粒所示,试样中部颗粒的位移要比上端颗粒的位移小一些,如椭圆框内和圆圈内颗粒所示,而试样下端颗粒的位移相对较小,甚至不易用肉眼分辨颗粒的位移,如图中三角形框内颗粒所示。方框内颗粒在加载过程中棱角处接触应力较大发生了颗粒破碎,加载完成后随着时间的延长破碎的颗粒仍受到较大接触应力的作用颗粒被进一步挤碎,上面的颗粒向下调整,颗粒间孔隙减小。椭圆框内的颗粒在加载到0.8应力水平后发生了较大的竖向位移,此时颗粒并未破碎,当流变发生到0.5h时,椭圆框内的颗粒在较大的接触应力作用下产生了颗粒破碎,随着流变的进行,椭圆框内的颗粒继续向下运动,产生竖向位移。圆圈内颗粒在刚加载完成时颗粒并未破碎,加载完成后半小时颗粒有裂缝产生,当加载完成后一个半小时颗粒的裂缝贯通。对于三角形框内的颗粒,虽然在流变过程中位移很小,当流变发生到148h时颗粒产生了完全贯穿的裂缝,颗粒产生破碎。这些都说明了虽然试样所受的宏观应力状态没有发生变化,但试样内部颗粒位置是不断发生调整的,颗粒的接触状态也随之发生变化,颗粒间的接触应力必然有增大的也必然有减小的。若增大的接触应力超过了颗粒本身的强度,则会在最薄弱处发生破碎,因而颗粒破碎是颗粒位置发生调整的一个直观体现。对于流变过程来说,由于土体总的宏观流变变形还是比较小的,因而土体内部颗粒位置调整的幅度不大,主要以竖向位移为主,颗粒错动和颗粒转动的幅度也不是很大。

图3.2-22为矾石流变横断面切片。从图中可以看出初始状态和刚加载完成时横断面切片有明显变化,说明颗粒位置发生了较大调整,主要发生了较大的竖向位移。刚加载完成时方框和圆圈内颗粒间有较大孔隙,随着时间的延长,颗粒间孔隙逐渐被填充,说明在较大的孔隙处颗粒容易发生位置调整,颗粒间产生错动的幅度相对要大一些。图中椭圆内颗粒在刚加载完成时未发生颗粒破碎,当加载完成后一个

半小时颗粒产生细小裂缝,随着时间的发展裂缝增多并贯穿至整个颗粒。说明该颗粒的位置不断地发生调整,接触状态是不断发生变化的,随时间的发展,该颗粒所受的接触应力不断增大并超过了颗粒本身的强度,导致该颗粒产生裂缝并不断发展贯通产生颗粒破碎。

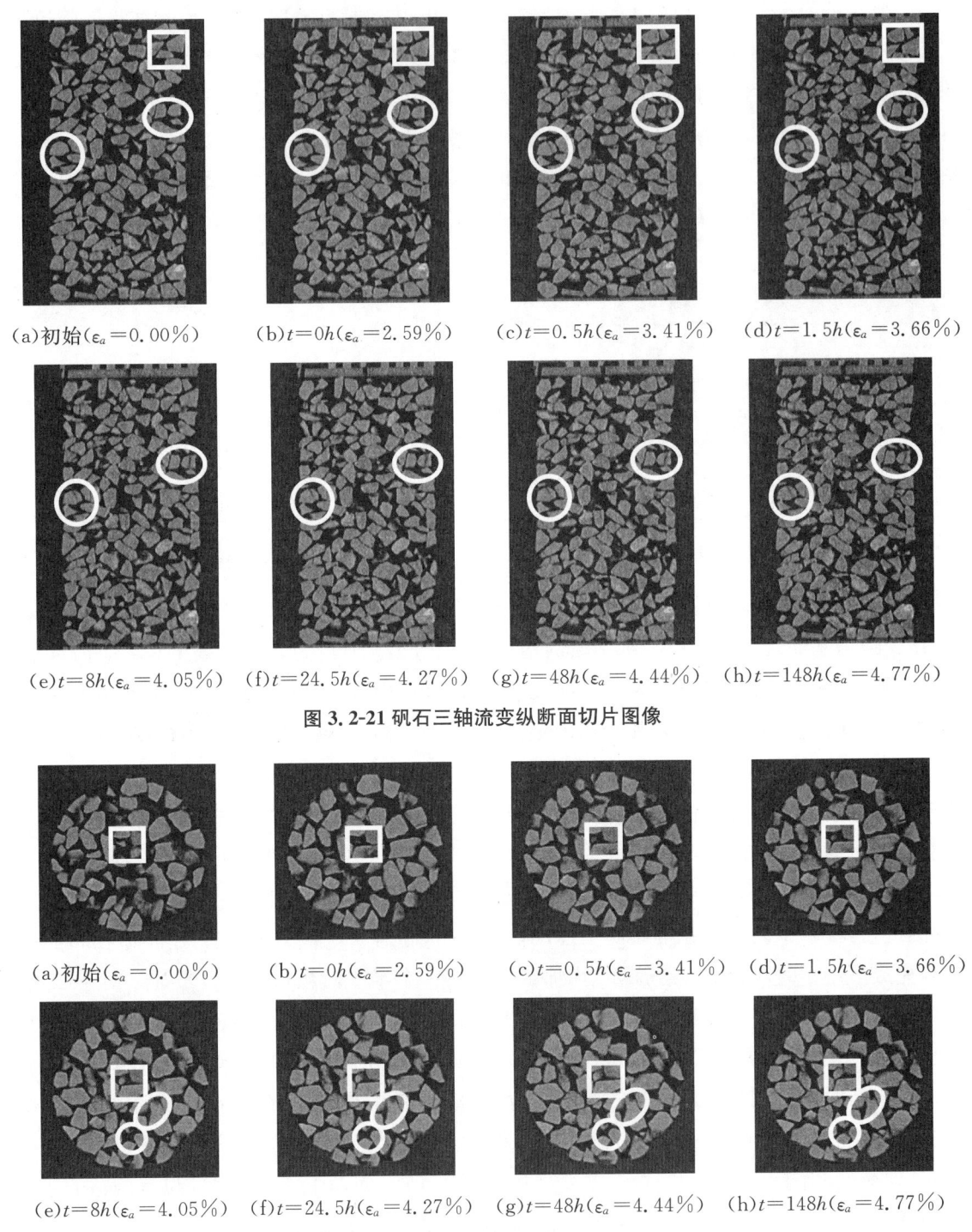

(a)初始($\varepsilon_a=0.00\%$)　　(b)$t=0h$($\varepsilon_a=2.59\%$)　　(c)$t=0.5h$($\varepsilon_a=3.41\%$)　　(d)$t=1.5h$($\varepsilon_a=3.66\%$)

(e)$t=8h$($\varepsilon_a=4.05\%$)　　(f)$t=24.5h$($\varepsilon_a=4.27\%$)　　(g)$t=48h$($\varepsilon_a=4.44\%$)　　(h)$t=148h$($\varepsilon_a=4.77\%$)

图 3.2-21 矾石三轴流变纵断面切片图像

(a)初始($\varepsilon_a=0.00\%$)　　(b)$t=0h$($\varepsilon_a=2.59\%$)　　(c)$t=0.5h$($\varepsilon_a=3.41\%$)　　(d)$t=1.5h$($\varepsilon_a=3.66\%$)

(e)$t=8h$($\varepsilon_a=4.05\%$)　　(f)$t=24.5h$($\varepsilon_a=4.27\%$)　　(g)$t=48h$($\varepsilon_a=4.44\%$)　　(h)$t=148h$($\varepsilon_a=4.77\%$)

图 3.2-22 矾石三轴流变横断面切片图像

应用长江科学院自主开发的"计算机图像测量分析系统",相关人员对粗粒土在流变试验不同时刻时的颗粒运动情况(主要是位移和转动)进行了分析。

图 3.2-23 矾石流变随时间的发展颗粒位移增量矢量图,放大倍数为 5。从 $t=0$h 到 $t=0.5$h 小时内在竖向应力不变的情况下颗粒仍发生了较明显的位移,各个颗粒发生位移的大小和方向不尽相同,且试样上端颗粒位移大,越往试样底部颗粒的位移越小,同一竖向坐标处颗粒位移大小虽不相同但差别不大,表明虽然颗粒位移量和位移方向不同但总的来说颗粒位移比较均匀,相邻颗粒间颗粒位移量相差不是特别明显。随着时间的发展,颗粒位移要达到初始的 $t=0$h 到 $t=0.5$h 内的位移量所需的时间大大增加,且时间越往后所需的时间越多,这说明粗粒土的流变是初始阶段大,以后随时间的发展流变量逐渐减小。

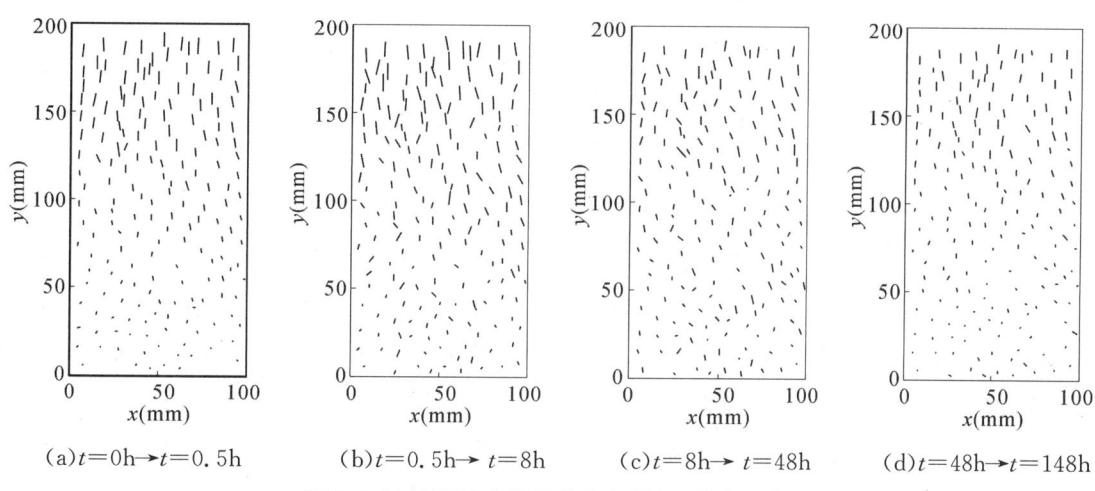

(a) $t=0$h→$t=0.5$h　　(b) $t=0.5$h→$t=8$h　　(c) $t=8$h→$t=48$h　　(d) $t=48$h→$t=148$h

图 3.2-23 矾石流变颗粒位移矢量图(放大 5 倍)

试样上端颗粒位移稍大,各个颗粒的位移量相差较大,大部分颗粒位移较大,有少数颗粒位移量很小;底部颗粒位移总体稍小,大部分颗粒位移较小,但有少数颗粒位移量很大,赶上了上端颗粒位移稍小的部分颗粒。这说明试样各个部分的颗粒调整是不均匀的,在流变过程中,部分颗粒由于接触应力状态发生变化,颗粒发生较大的位置调整或产生颗粒破碎,颗粒发生重新排列,这部分调整的颗粒又引起相邻颗粒位置调整和接触状态发生变化,颗粒重新排列或发生颗粒破碎,颗粒间如此发生连锁反应形成了土体的流变。流变的时间一般比较长,只要颗粒的能量没有趋于最小状态,颗粒的接触状态就不断发生变化,就会产生颗粒破碎和位置重新排列,颗粒调整的最终状态是各个颗粒的接触面积最大,颗粒所受的接触应力最小,颗粒不再发生破碎和位置调整,此时流变变形趋于稳定。

流变初始阶段($t=0$h→$t=0.5$h)试样上端颗粒位移大,底部颗粒位移小,颗粒位移以竖向位移为主,试样中部的水平位移稍大一些,且同一高度处颗粒位移的大小和方向相差不大。可能是试样在比较短的加载时间内,瞬时变形未完全结束,在加载完成后较短时间内仍有不小瞬时变形产生,此时试样以压缩变形为主,同时伴随着流变变形,土石坝在填筑完成后仍有较大的沉降发生,也是这方面的原因。随着时间的发展,瞬时变形结束,土体进入完全流变状态,颗粒位移上端要大一些,底部要小一些,虽仍以竖向位移为主,但同一高度处颗粒位移的大小和方向相差较大,表明颗粒不但发生移动还发生转动,且颗粒调整过程中存在明显的不确定性。

图 3.2-24 为矾石三轴流变试验颗粒位移实际增量的大小的矢量图(放大倍数为 1)。从图中可以看出粗粒土在流变过程中颗粒调整的量还是很小的,流变的时间也是比较长的,实际坝体的沉降往往需要几年或更长时间才能稳定,实验室内试样的稳定时间一般比较短,对于 $\varPhi 300$mm×$H600$mm 的大三轴流变试验一般几个星期变形即可稳定,$\varPhi 100$mm×$H200$mm 的中三轴流变试验一两个星期就能达到变形稳定状态。由此说明粗粒土的流变时间与空间尺度有关,同一种料填筑的坝体尺寸越大流变时间越长,而

流变的大小与填料的岩性、级配、形状、密度等因素密切相关。

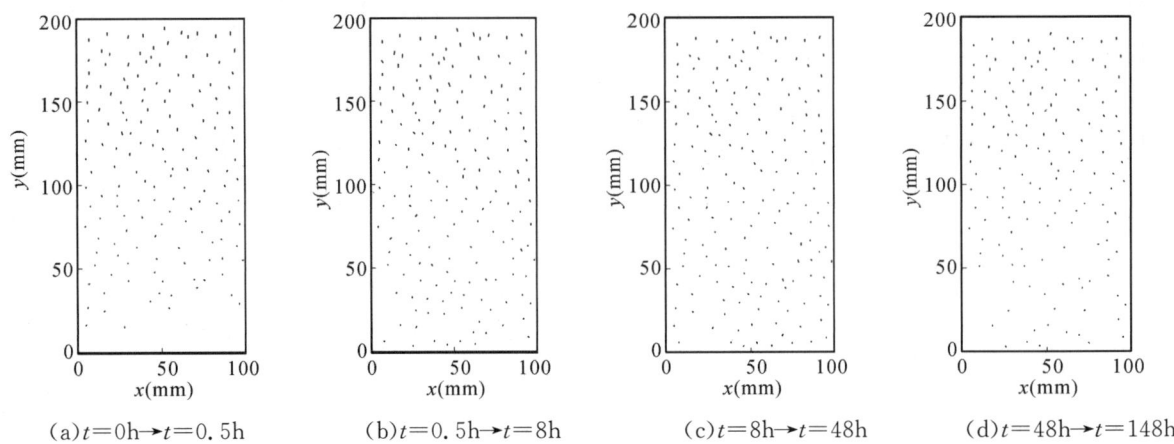

图 3.2-24　矾石流变颗粒位移矢量图

图 3.2-25 为流变试验不同时段颗粒转角与竖向坐标之间的散点关系图。从图中可以看出,虽然流变变形量较小,但是颗粒在调整过程中还是会产生一定的转角。之所以宏观变形很小但颗粒转角并不能忽略不计,原因在于粗粒土颗粒性状各异,在接触相对紧密的情况下要达到一定的宏观变形量,颗粒在发生错动的同时需要产生一定的转动量才能达到。在某种意义上说,颗粒的转动是伴随着颗粒错动存在于颗粒位置调整的全过程中。

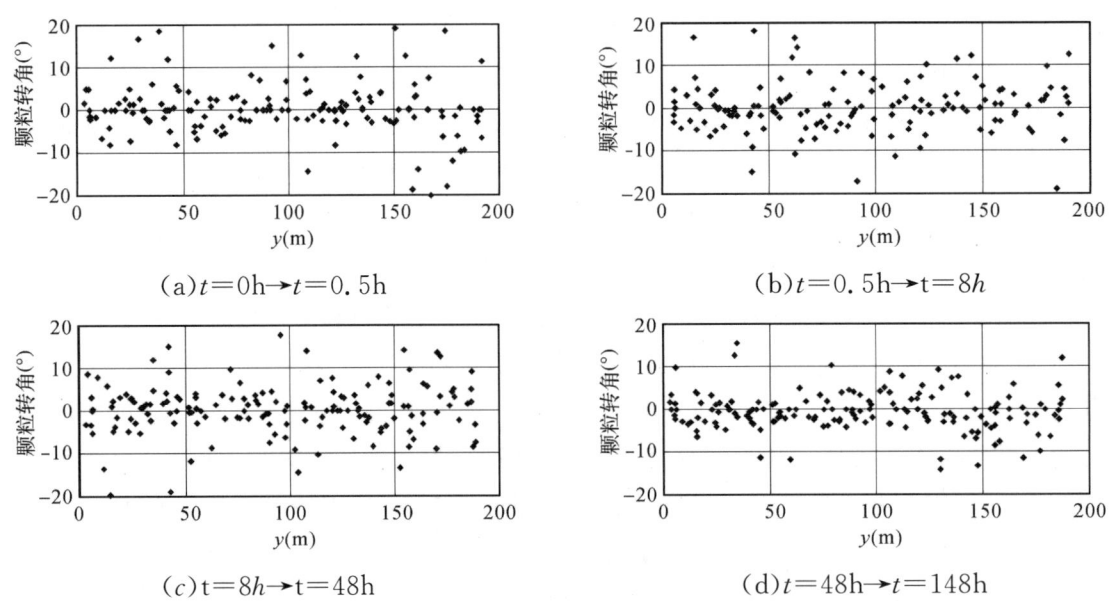

图 3.2-25 流变试验不同时段颗粒转角

从图中可以发现不同竖向坐标位置处的颗粒转动基本相当,和常规的三轴加载试验中试样中部颗粒转动稍大,端部由于受约束作用颗粒转动相对较小的结果不同。究其原因,可能是因为流变的过程比较长,而所受的外荷载不变化,在此条件下所有颗粒都参与到颗粒的调整中,颗粒间相互充分影响彼此的位置调整,端部约束的影响已经减小到最低程度,因而各个竖向坐标位置处的颗粒转角基本相同,呈现比较均匀的分布。

图 3.2-26 为流变试验中颗粒发生的总的转动角与竖向坐标的散点关系图。可以看出颗粒总的转动

量与某一时段产生的转动量大小基本相当,平均值近似为零。不难理解,流变过程中颗粒的转动带有一定的随机性,颗粒间相互影响,不同时刻颗粒转动的大小和方向都是不同的,导致颗粒转动具有不确定性的一面。

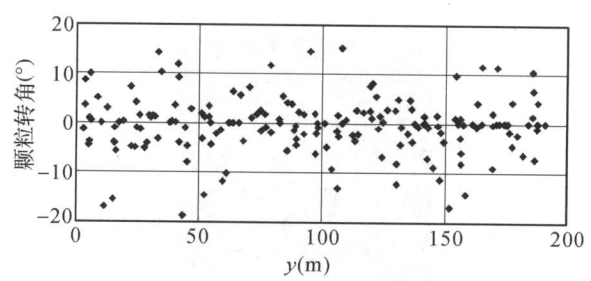

图 3.2-26　流变试验颗粒总转角

通过单级配矾石 CT 三轴流变试验,研究人员对粗粒土在流变过程中颗粒运动规律进行了分析,结果表明粗粒土流变的过程就是颗粒位置相互调整的过程,即颗粒错动、转动,甚至产生颗粒破碎,直到颗粒调整到最稳定的状态,或能量最小的状态,此时颗粒具有较大的接触面积,颗粒结构是稳定的,颗粒不发生破碎,颗粒不产生错动或转动。只要其中一个颗粒还处于不稳定状态,该颗粒就会发生位置调整,并影响其周边颗粒发生位置调整,一直调整到所有颗粒都达到稳定状态。

5　粗粒土三轴湿化研究

粗粒土 CT 三轴湿化试验的试验材料是双江口变质岩堆石料。在进行 CT 三轴湿化试验之前,首先开展了常规的大三轴湿化试验,对双江口变质岩堆石料的湿化变形特性做出了解,以便为 CT 三轴湿化试验提供一定的参考。CT 三轴湿化试验采用应力控制的方式进行加载,即首先对干试样进行各向等压固结,固结完成后进行初始 CT 扫描,然后对试样施加轴向应力,等到达预定的应力水平进行 CT 扫描。同时稳定轴向应力一定时间并进行 CT 扫描,然后对试样充水至饱和并在不同时刻进行 CT 扫描,以研究粗粒土在湿化条件下颗粒调整的规律[48]。

图 3.2-27 为粗颗粒双江口变质岩堆石料湿化后试样中部横断面切片。图中椭圆圈内颗粒间孔隙刚开始较大,随着湿化变形的发展,圈内颗粒发生较大的位置调整,嵌入到原来颗粒间较大的孔隙中,孔隙因颗粒的移动填充而减小。孔隙内因新颗粒的进入,颗粒间趋向于更紧密排列,颗粒间被相互挤紧,椭圆圈内靠下面的颗粒因被新进入的颗粒挤紧受到较大的接触应力,在颗粒调整过程中接触应力逐渐增大,最后超过了颗粒本身的强度产生了颗粒破碎,如图 3.2-27(f)所示。而破碎后的颗粒位置发生调整又填充到周围的孔隙中,颗粒重新排列。图中方框内刚开始有较多的粒径稍小的颗粒,因湿化变形颗粒位置发生调整,这些颗粒位置调整移动填充到其它其他孔隙中,原来颗粒排列较紧密的地方产生了较大的孔隙。因而,湿化变形过程也是颗粒由干态变成湿态时颗粒被软化和润滑,颗粒的强度降低,同时颗粒性状和颗粒接触状态发生变化,即由原来稳定的接触状态变为不稳定接触状态的过程,这种状态改变的结果是颗粒位置发生重新调整,其结果是一部分孔隙被移动进来的颗粒填充,同时一部分颗粒因移动离开而产生新的孔隙。颗粒调整结果是要达到最终的稳定状态,在这种状态下颗粒的接触状态最好,有较大的接触面积,颗粒能保持稳定平衡,不会产生颗粒破碎和位置重排,此时变形趋于稳定。必须指出的是虽然颗粒调整后接触的更为紧密,但是这种挤密作用所引起的强度提高要小于湿化时软化和润滑作用所导致的强度降低,因此,粗粒土的强度在湿化后是降低的。

图 3.2-28 为粗颗粒变质岩堆石料湿化后试样纵断面切片。椭圆框和方框内颗粒刚开始湿化时,颗

粒间孔隙较大，充水5min时由于颗粒间浸水润滑颗粒位置发生调整，原来较大的孔隙由于颗粒挤紧孔隙变小。从方框内颗粒的竖向位置可以看出，浸水后颗粒产生滑移和错动，产生了较大的竖向位移，宏观上表现出较大的竖向变形，这也是工程实践中湿化变形不容忽视的重要原因。

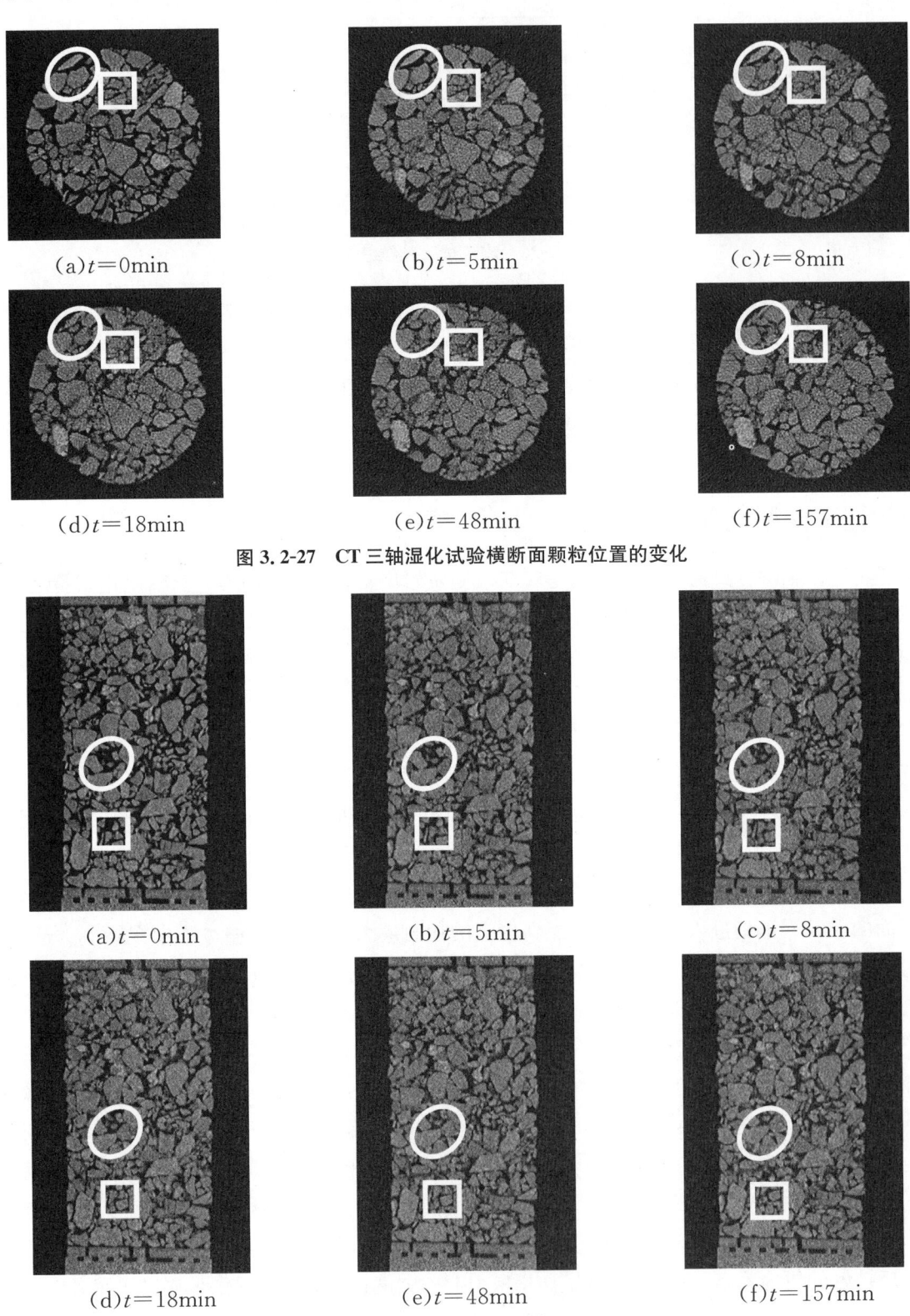

(a) $t=0$ min (b) $t=5$ min (c) $t=8$ min

(d) $t=18$ min (e) $t=48$ min (f) $t=157$ min

图 3.2-27 CT三轴湿化试验横断面颗粒位置的变化

(a) $t=0$ min (b) $t=5$ min (c) $t=8$ min

(d) $t=18$ min (e) $t=48$ min (f) $t=157$ min

图 3.2-28 CT三轴湿化试验纵断面颗粒位置的变化

从细观角度研究湿化变形过程中颗粒的运动规律对于加深认识湿化变形机理具有重要意义。通过粗粒土 CT 三轴湿化试验对粗粒土在湿化过程中颗粒运动进行的初步分析,结果表明粗粒土由于水的浸入湿化作用,使土颗粒软化和润滑,原先稳定的颗粒接触状态变得不稳定,颗粒位置重新调整,接触的更为紧密,变形增大,软化和润滑所导致的强度降低要大于挤密作用所带来的强度提高,最终粗粒土在湿化后强度降低。因此,湿化后不但坝体的变形发生较大变化,应力状态发生重新分布,同时坝料的强度又有所降低,这些都会对坝体的稳定性造成不利影响,应针对湿化变形的特点采取应对措施尽量减少其不利影响对土石坝的危害。

6 砾石土 CT 三轴试验研究

土体剪切带的产生与发展是当今岩土工程界关注的热点之一,对剪切带形成机理的研究,是认识土的强度特性、渐进破坏过程以及分析实际工程土体稳定性的一个基础。目前对剪切带的研究还只是初步阶段,手段也只限于常用的室内试验、理论分析和数值模拟等 3 种方法。在室内试验方面,研究手段有多种,蒋刚等[49]对粉土进行了普通三轴试验,研究了剪切带的破坏形态与影响因素。喻葭临等[50]采用压力室模型箱对预留剪切面进行了试验研究。董建国等[51]利用平面应变仪对粉黏土样进行了剪切带试验研究;蒋明镜等[52]利用电镜扫描和压汞法对软土剪切带进行了微观结构研究。吴羿辰等[53]采用显微镜对剪切带进行了研究。

CT 技术作为目前最先进的无损探测技术,我国学者在 20 世纪 90 年代初期将其应用到岩土细观结构变化的研究中,目前已经取得了许多优异的成果。施斌等[54]利用 CT 技术对直剪和水平荷载试验进行了内部裂隙发育过程的研究。孙红等[55]对黏土进行了三轴应力状态下的 CT 研究,但是由于仪器的限制,只对横断面进行了分析。

长江科学院于 2011 年采用 CT 三轴试验仪,对含砾黏性土的剪切带的起裂与发育过程进行实时扫描,并对剪切面的 CT 数进行统计,得到了一些有益的结论。

6.1 试验简介

试验用料采用某工程灰黑色千枚岩碎屑土,原状样最大粒径 50mm,试验用样过 20mm 筛,其基本物理性指标见表 3.2-3,级配见表 3.2-4。

表 3.2-3　　　　　　　　　　千枚岩土样基本物理性指标

名称	最大干密度(g/cm³)	天然含水率(%)	比重	液限(%)	塑限(%)
千枚岩	2.19	13.3	2.74	29.7	13.5

表 3.2-4　　　　　　　　　　千枚岩土样级配表

序号	土样	颗粒组成									
		砾				砂粒			粉粒	黏粒	胶粒
		>20 mm %	20~10 mm %	10~5 mm %	5~2 mm %	2.0~0.5 mm %	0.5~0.25 mm %	0.25~0.075 mm %	0.075~0.005 mm %	<0.005 mm %	<0.002 mm %
1	灰黑色千枚岩碎屑土滑带样	0.9	2.7	13.2	22.5	6.8	3.1	6.4	24.6	19.8	10.8
2		1.0	2.5	3.9	24.3	9.4	4.0	11.5	23.7	19.7	13.0
3		0.7	1.6	9.5	24.5	7.3	4.5	5.7	25.8	20.4	11.6

试验所用的CT三轴仪试样尺寸为$\Phi 101mm \times H200mm$,试验最大围压2.0MPa,轴向荷载100kN。试样制备在CT三轴仪上进行,完成后将试样放置在CT可视化系统中,采用应变式加载控制其变形,进行固结排水剪切试验。在试验过程中,选取16个不同时刻进行CT扫描,并记录对应的应变和应力。

6.2 试验成果及分析

对非饱和千枚岩试样进行CT断面实时扫描,得到的典型切片见图3.2-29。该图是试样的同一纵断面位置不同轴向应变条件下的切片图。

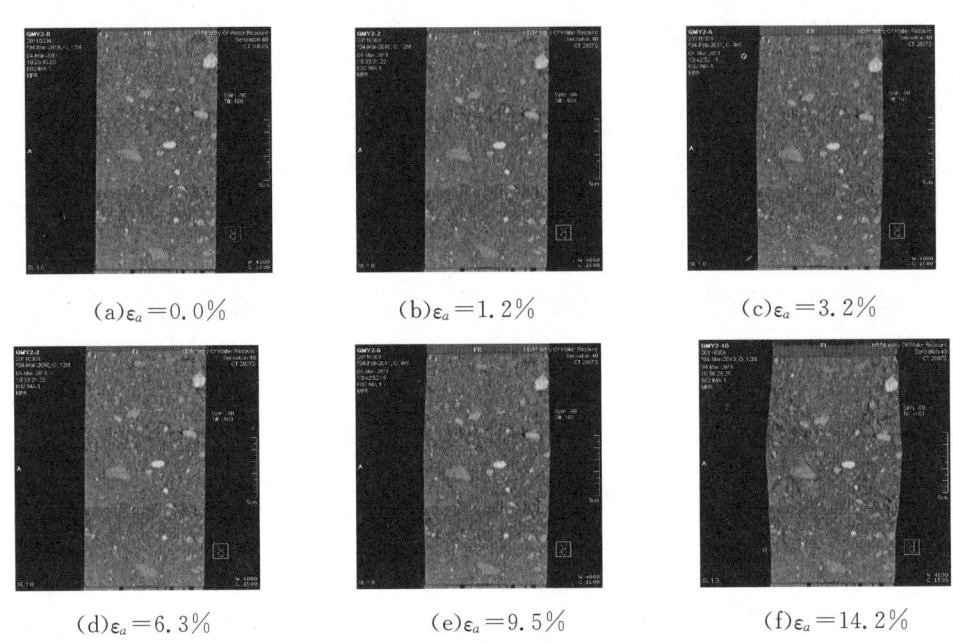

(a)$\varepsilon_a=0.0\%$　　(b)$\varepsilon_a=1.2\%$　　(c)$\varepsilon_a=3.2\%$

(d)$\varepsilon_a=6.3\%$　　(e)$\varepsilon_a=9.5\%$　　(f)$\varepsilon_a=14.2\%$

图3.2-29　CT三轴断面扫描成果

从试验过程可以看出,随着应变的增加,试样的中部逐渐鼓起,使试样整体形成圆鼓形状。这是因为试样受到端部约束,侧向位移最小,而试样中部的侧向位移最大,导致试样破坏时呈鼓形。

试样随着轴向应变的增加,逐渐出现了明显的剪切带。轴向应变达到3.2%时,试样开始微微鼓出,应变5.0%时,试样中上部开始出现微裂隙。应变7.4%时,在试样中上部出现呈70°的局部主倾斜裂纹,次生裂纹不明显。当应变达到9.5%时,侧向鼓出变大,两条主裂纹交叉贯通,随着应变继续增大,伴随着两条交叉主裂纹的发展,周围出现许多次生微裂纹,当达到11.0%时,形成明显的X型剪切带,此时试样发生塑性剪切破坏。这是一个局部裂纹扩展逐渐贯穿形成完整滑面的过程,在贯穿过程中,由于千枚岩碎屑土成分及其非均匀性,有时还伴随着多条次生裂纹贯穿的现象。

为了对剪切带的扩展进行量化分析,在CT纵断面上,选择试样边界内的所有区域,标记为3D1,见图3.2-30所示。选择剪切带扩展明显的四个区域,分别标记为3D2、3D3、3D4、3D5。同时,在试样上下端部选择2个区域,标记为3D6、3D7。对每个区域前后16个CT切片进行CT数平均值和CT数标准差的统计。

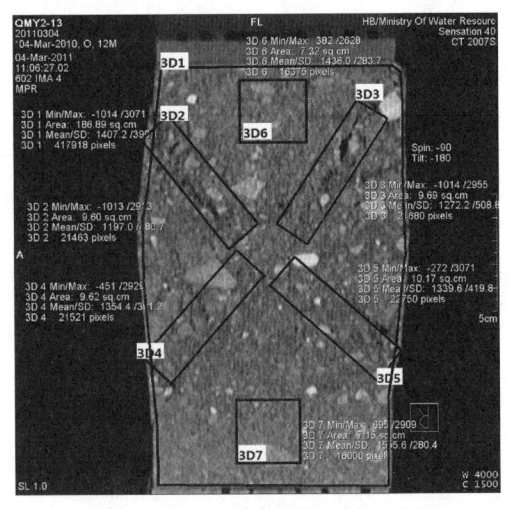

图3.2-30　CT数提取区域示意图

区域 3D2—3D5 每个长度 6.5cm，宽度 1.5cm，面积约 9.7cm²，区域 3D6—3D7 每个长度宽度均为 2.7cm，面积约 7.3cm²。因纵断面上试样高度被压缩，选择区域时，应尽量保证该区域在前后 CT 切片上是相同位置，以减小误差。

CT 数平均值与应变的关系见图 3.2-31，CT 数标准差与轴向应变的关系见图 3.2-32。

由图 3.2-31(a)、图 3.2-32(a) 可以看出，区域 3D1 的 CT 数平均值，随应变增加的变化情况是，在应变 2% 范围内先略有增加，在应变 2%～10% 范围内，则逐渐降低，在应变超过 10% 后，又基本保持不变或降低较小，而 CT 数标准差，在应变 2% 范围内先稍微降低，在应变 2%～10% 范围内逐渐增加，应变超过 10% 后又基本保持不变或稍有增加。

由图 3.2-31(b)、图 3.2-32(b) 可以看出，剪切带扩展明显区域 3D2—3D5 的 CT 数平均值和标准差，表现出与区域 3D1 相同的规律。随着应变的增加，CT 数平均值在应变 3% 范围内略有增加或基本保持不变，在应变在 3%～10% 范围内，随应变逐渐降低，应变超过 10% 后又基本保持不变或略有降低。与此对应，CT 数标准差在应变 3% 范围内略有降低或基本不变，应变在 3%～10% 范围内时随应变而逐渐增大，应变超过 10% 后又基本保持不变或略有增加。

分析认为，在三轴剪切过程中，由于偏应力的增加，试样内部首先被压缩，表现为 CT 数平均值增加，标准差降低，宏观上表现出剪缩状态；然后，随着偏应力的增加，试样内部逐渐出现微裂隙，导致 CT 数平均值逐渐降低，标准差增加，直至试样出现明显的 X 型剪切带，CT 数平均值和标准差均趋于稳定值，宏观上表现出剪胀状态。

由图 3.2-31(c)、图 3.2-32(c) 可以看出，试样上下端部区域 3D6—3D7 的 CT 数平均值整体上略有增加，CT 数标准差基本保持不变，数据的起伏跳跃，主要是由于区域跟踪时，位置选择的不完全相同带来的差异。这验证了在三轴剪切过程中，试样上下端部存在一个"弹性核"，在此区域内，试样在剪切过程中只被压缩。"弹性核"外的试样中部区域，在竖向压缩的同时，由于偏应力的作用，逐渐形成剪切带，试样的宏观应变主要由该区域的变形调整所引起。

从 CT 数平均值和 CT 数标准差与应变的关系曲线看，应变超过 3% 后，试样在偏应力的作用下逐渐出现微裂隙，导致 CT 数平均值降低，CT 数标准差增加。而从 CT 切片图的肉眼观测，出现微裂隙的应变为 6.3%[见图 3.2-31(a)]。两者出现微裂隙的应变不等，说明在肉眼可观测到的微裂隙出现前，通过 CT 数平均值和 CT 数标准差已经可以认定试样内部微裂隙的产生。在对试样剪切带的扩展研究时，建议采用 CT 数统计值变化幅度较大作为微裂隙起裂点。

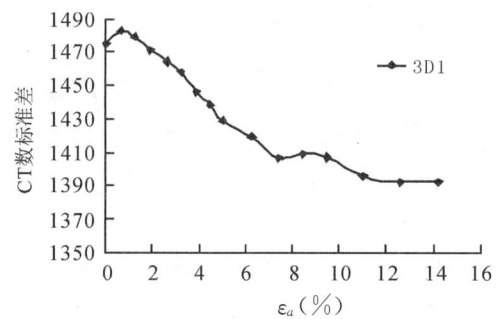

图 3.2-31(a) 3D1 区 CT 平均值与应变关系

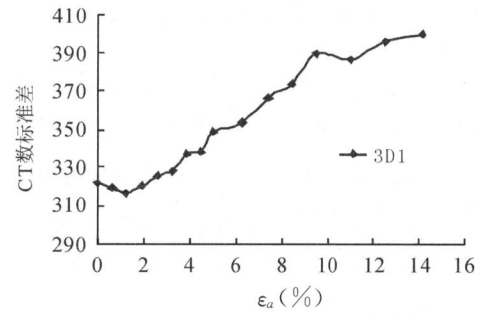

图 3.2-32(a) 3D1 区 CT 标准差与应变关系

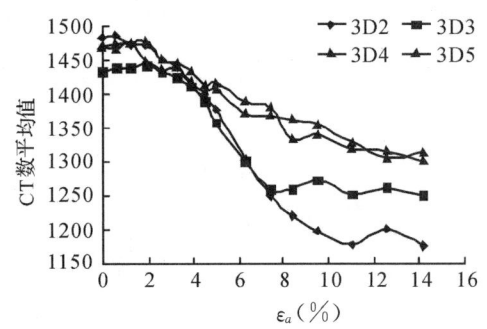

图 3.2-31(b) 3D2—3D5 区 CT 平均值与应变关系

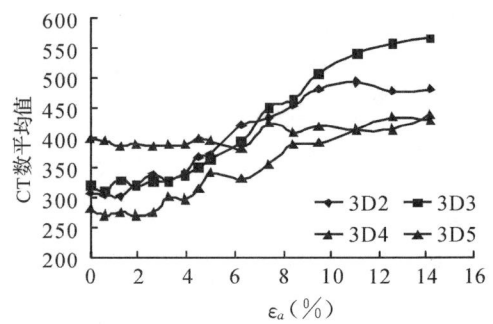

图 3.2-32(b) 3D2—3D5 区 CT 标准差与应变关系

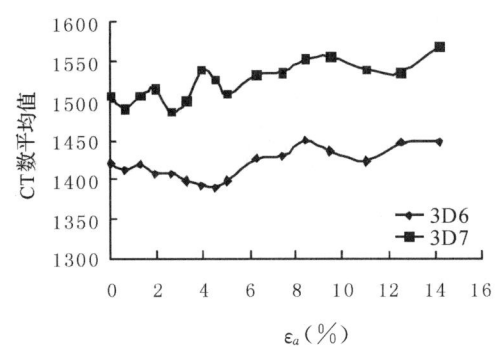

图 3.2-31(c) 3D6—3D7 区 CT 平均值与应变关系

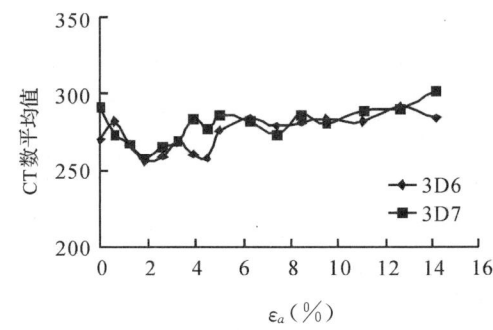

图 3.2-32(c) 3D6—3D7 区 CT 标准差与应变关系

6.3 小结

(1) CT 切片清晰,可明显观测到试样随应变的增加逐渐出现的明显的 X 剪切带,这是一个局部裂纹扩展逐渐贯穿形成完整滑面的过程。

(2) 采用 CT 数平均值和 CT 数标准差的统计值可以定量地描述试样内部的剪切带的产生与扩展过程。

(3) 轴向应变在 3%~10%范围内是剪切带形成和发展的主要阶段,在应变 3%前试样主要被压缩,在应变 3%后,试样在偏应力的作用下逐渐出现微裂隙,并随应变的增加,微裂隙越来越明显,最终形成完整的剪切带。

(4) CT 数统计值出现微裂隙的轴向应变和宏观观测到微裂隙的轴向应变不对等,在判断剪切带微裂隙出现轴向应变上,建议以 CT 数统计值为准。

7 砾石土的 CT 浸润试验研究

在土石坝设计和运行中,准确的确定浸润面的位置十分重要,它可以用于坝体的稳定性分析[56],也可用于反演非饱和土导水系数与含水率之间的关系,确定非饱和土导水系数与饱和度关系的模型参数。现有的浸润面位置确定,通常采用数值模拟和解析解,然后根据经验粗略确定。限于试验技术的手段,以往还没有对砾石土浸润面直接进行试验研究的。

长江科学院于 2009 年针对某工程砾石土心墙料进行了浸润面 CT 扫描试验,采用 CT 技术观测土体的浸润过程[33]。

7.1 试验简介

试验仪器采用水平浸润仪。图 3.2-33(a)所示的是将试验仪器放置在三维坐标系下的示意图。图中阴影部分是试样,体 BJ 和体 NG 是两个空腔体,在体 BJ 内充水,在体 NG 监测浸润出水情况。图 3.2-33

(b)中按照装样层次将试样分为(1)(2)(3)(4)共4层,各层高度为37.5mm。

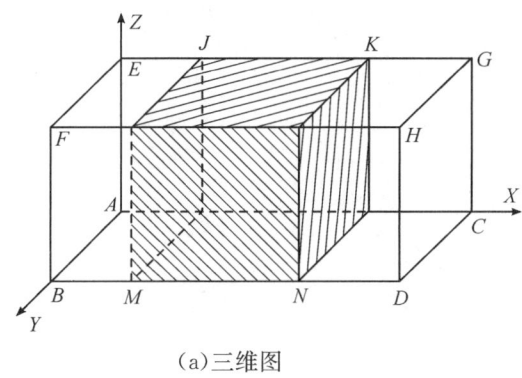

(a)三维图

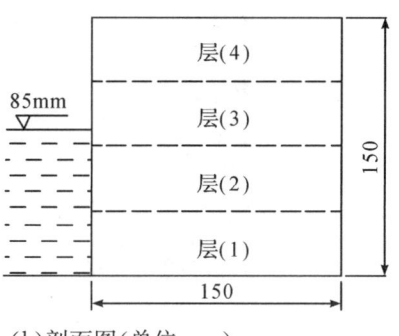

(b)剖面图(单位 mm)

图 3.2-33　水平浸润仪示意图

试验材料为某水电站心墙坝砾石土料,试验级配见图 3.2-34。该砾石土的最大干密度为 2.11g/cm³,最优含水率为 8.5%,试样的制样干密度为 1.86g/cm³,含水率为最优含水率。对浸润样,分四层进行填装,总高度控制为 15cm。浸润试验时在体 BJ 内加水,水高 85mm,并保持常水头,从侧部 MJ 对试样进行浸润,浸润方向从 MJ 面向 NK 面水平发展,当 NK 面出水时,认为浸润过程结束。

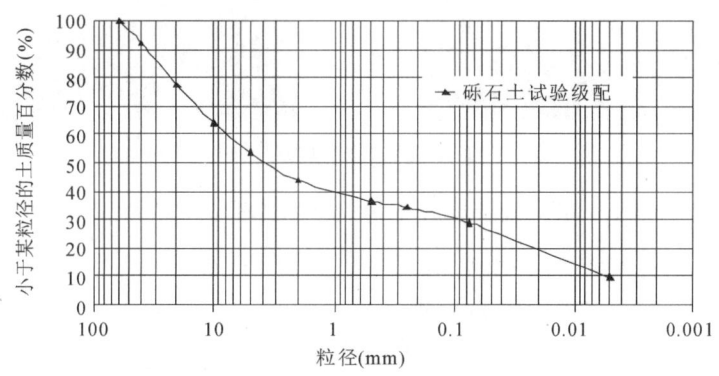

图 3.2-34　试验砾石土的级配

7.2　试验成果及分析

图 3.2-35(a)—图 3.2-35(c)是利用 CT 技术得到的不同时刻的 CT 切片,切片位置为 $Y=75$mm 平面,左右两幅图片是同一个断面两种显示方法,图像反映了试样某一纵断面水从左侧向右侧的浸润过程。图 3.2-35(a)是浸润初始时刻的图片,图 3.2-35(b)—图 3.2-35(c)是不同时刻的浸润峰位置。通过图片可以看出,浸润峰位置清晰可见。

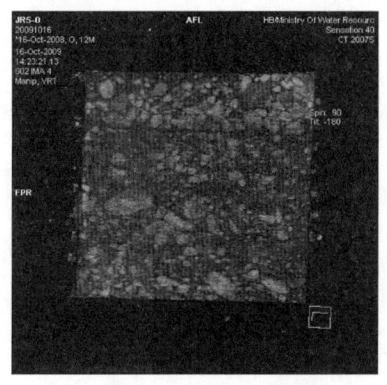 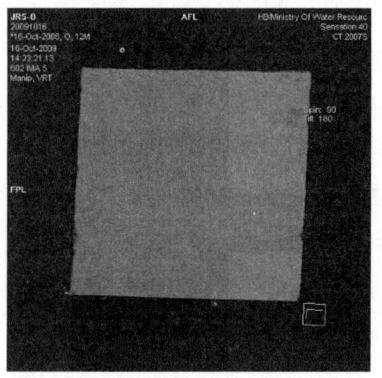

图 3.2-35(a)　浸润试验 CT 切片(初始时刻)

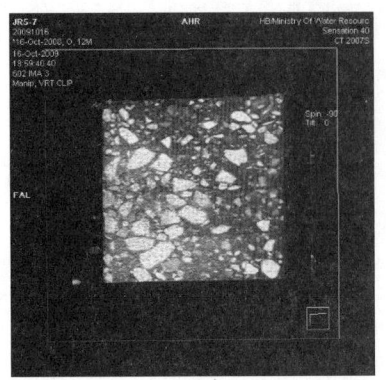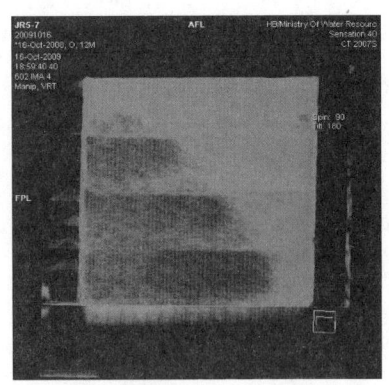

图 3.2-35(b) 浸润试验 CT 切片($t=276$min)

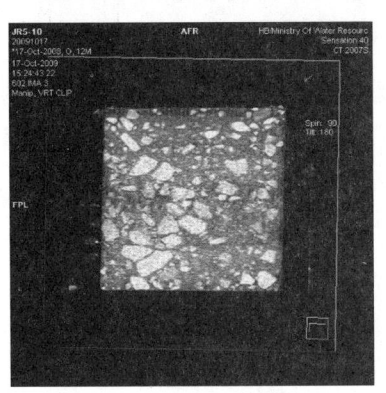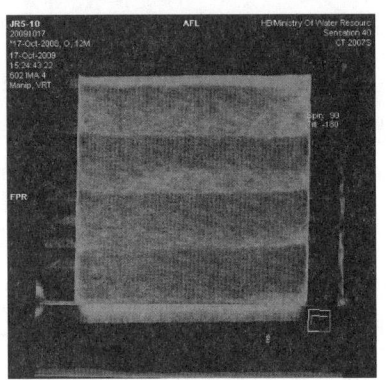

图 3.2-35(c) 浸润试验 CT 切片($t=440$min)

从 CT 浸润图片可以看出，浸润线分层比较明显，同时出现阶梯状浸润峰，这是毛细作用在浸润峰的发展过程中引起的现象。浸润开始时发展较快的位置是分层接触面，因为此位置是下一层的顶部，击实时可将其充分击密，同时此处又是上一层的底部位置，击实时不能将其充分击密，是整个试样中相对疏松的位置。因此，当初始浸润时，自由水首先浸润到接触面位置，随着浸润的发展，由于静电作用，进入土体的自由水逐渐转变为表面结合水。表面结合水的特点是密度较大、黏滞度较高、流动性较差，因此浸润峰的发展将逐渐变缓。此后，毛细作用将成为浸润峰发展的主要原因，土体压实紧密的位置，浸润峰将首先到达，而土体压实疏松的位置，浸润峰将滞后到达，使浸润峰出现明显的阶梯状。

根据图 3.2-35(a)—图 3.2-35(c)中不同时刻的 CT 切片，可以计算砾石土浸润峰发展速率。假定左下角为坐标原点。图 3.2-36 是估算的浸润层(1)的浸润峰与时间关系曲线。从此图可以看出，起始时刻的浸润峰发展较迅速，随着时间的推移，浸润峰发展速率逐渐降低，表现在浸润峰发展位置于时间关系曲线上，即为浸润前期的曲线较陡，后期的曲线逐渐平缓，直至水平。

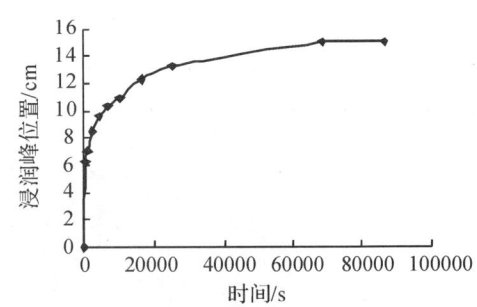

图 3.2-36 浸润峰位置与时间关系曲线图

为了得知浸润过程中浸润峰发展形式，对图 3.2-35(b)浸润时间为 276min 的试样进行切片，切片线位置为平行于 XY 底面的不同高度的水平面，得到的 CT 切片见图 3.2-37(a)—图 3.2-37(c)。图 3.2-37(a)的切片高度 $Z=2.76$cm，位于层(1)；图 3.2-37(b)的切片高度 $Z=6.46$cm，位于层(2)；图 3.2-37(c)的切片高度 $Z=9.09$cm，位于层(3)。

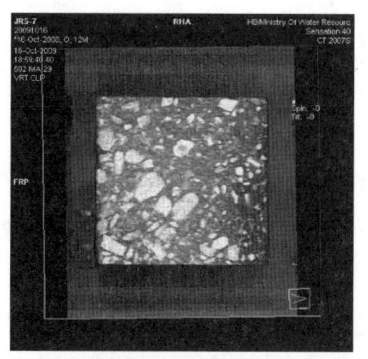 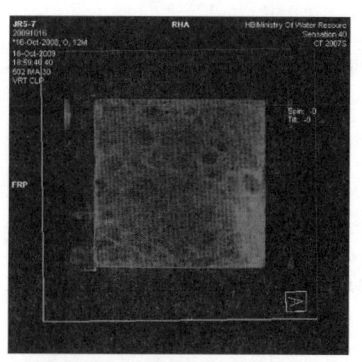

图 3.2-37(a) 浸润试验 CT 切片($Z=2.76$cm)

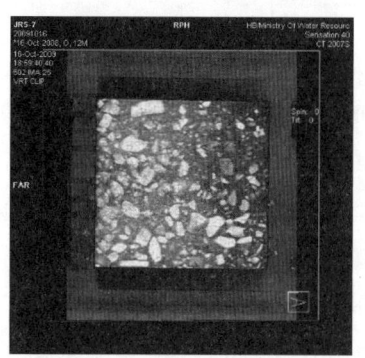 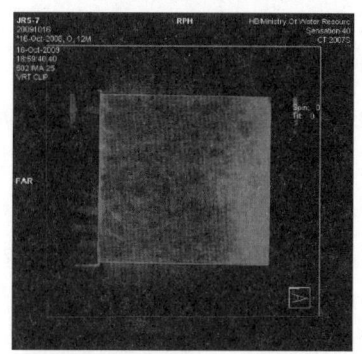

图 3.2-37(b) 浸润试验 CT 切片($Z=6.46$cm)

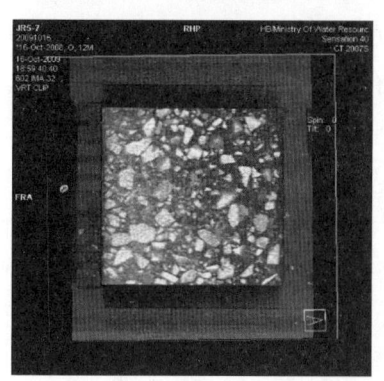 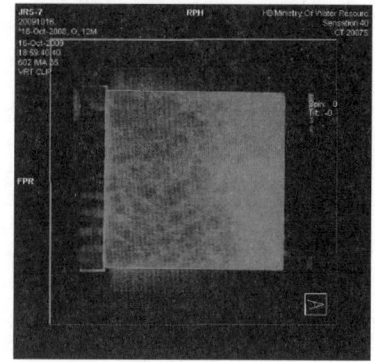

图 3.2-37(c) 浸润试验 CT 切片($Z=9.09$cm)

上述图是同一时刻不同高度的 CT 切片,可以看出,在试样浸润过程中,底部的浸润峰明显快于顶部,而浸润水头只有试样高度的一半,出现这种现象的原因,是水压力的影响还是毛细作用的影响,还需做进一步的研究。另外,从单一 CT 图片看,浸润峰的形态呈现凹型,同一时间同一高度下的中间部位的浸润峰迟于两侧位置,这估计和试样边壁处理有关。

7.3 小结

通过砾石土浸润 CT 试验可以看出以下规律:

(1)利用 CT 技术监测非饱和心墙料浸润峰的发展是行之有效的方法;

(2)浸润试验形成的饱和部分与非饱和部分之间的界面非常明显,不存在渐变过渡带;

(3)分层击实形成的试样具有明显的成层性,可以推断实际工程碾压形成的心墙具有渗透不均匀性;

(4)可通过系统浸润 CT 试验,研究心墙料导水系数与水压、土类、土样密度和起始含水率等因素之间的关系。

8 膨胀土干湿循环过程中裂隙的发展及其强度的研究

8.1 缘由

膨胀土的强度与其裂隙性密切相关,裂隙性包括裂隙自身特征(充填物、光滑度等)、裂隙分布密度、裂隙方向等。为了研究裂隙与强度的关系,常采用干湿循环的方法在土体中形成裂隙,测试不同裂隙情况下土的强度。在此过程中,观察和测定干湿循环中土中裂隙形态和发展过程是十分必要的。

长江科学院针对南阳膨胀土进行原状膨胀土的干湿循环试验,以及CT扫描试验,研究膨胀土的裂隙开展发育特性,探索膨胀土的裂隙发育随干湿循环次数的变化规律以及膨胀土强度随裂隙开展的变化规律。[30]

8.2 试验方法简述

试验设计的基本思路是控制模拟条件,选取膨胀土原状样,在室内进行原状干湿循环效应的模拟,分别测定试样在不同干湿循环次数后的抗剪强度,同时确定试样在不同干湿循环次数后的裂隙率,研究土体强度随干湿循环次数的变化规律,及土体强度随裂隙率变化的规律。由于膨胀土边坡的破坏多数是在因降雨土体饱和后发生,且边坡初始破坏表现为隆起和蠕变变形,故试验方法采用饱和固结慢剪;考虑到膨胀土边坡的浅层滑动性,试验剪切的围压为25kPa、50kPa、100kPa、200kPa。

试验土样取自南水北调中线总干渠河南南阳膨胀土试验段的中7区,共制备24个原状土样(选取干密度相近的试样为一组,共6组,每组4个试样)进行试验,试样直径为61.8mm,高125mm。各组的中膨胀土试样的基本物理性质指标见表3.2-5。由表3.2-5可知,原状样的天然含水率为24.4%~26.9%,土颗粒比重为2.73,干密度为1.56g/cm³。中膨胀土的粒径分布主要由黏粒和胶粒组成,其中胶粒含量为25.1%。液限为40.3%~44.0%,属高液限黏土。

表 3.2-5 南阳中膨胀土原状样基本物理性质表

ω(%)	G_s	ρ_d(g/cm³)	颗粒组成/(%)				W_{L10}(%)	W_p(%)	I_{P10}
			0.25mm~0.075mm	0.075mm~0.005mm	<0.005mm	<0.002mm			
24.4~26.9	2.73	1.56	4.1	55.1	40.8	25.1	42.5	20.5	22.0

本次试验采用低温(70℃)烘干法模拟膨胀土土体脱湿过程,当试样的含水率达到缩限含水率(6.5%)时终止脱湿,同时对试样进行CT扫描,以获取试样内部裂隙的空间分布信息。采用抽气饱和方法模拟膨胀土的吸湿过程,抽气时间及浸泡时间各控制为3h和24h。饱和完成后,重新进行脱湿,如此反复5次,以模拟反复干湿循环过程。试验具体的实施过程如图3.2-38所示。

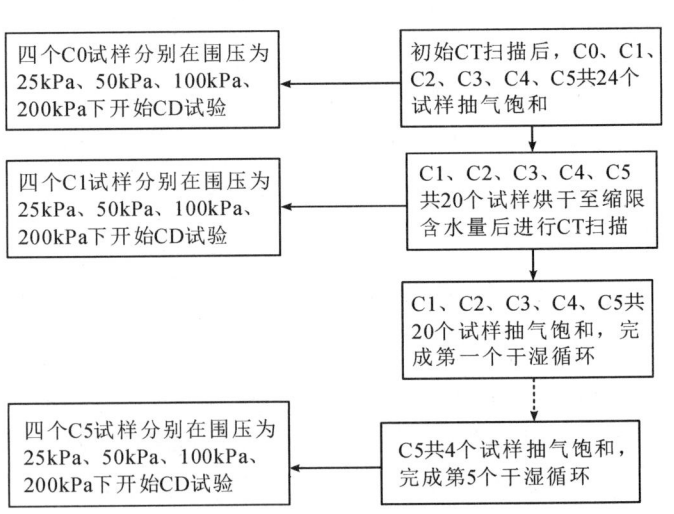

图3.2-38 南阳中膨胀土干湿循环试验实施框图

8.3 试验成果分析

以同一试样5次干湿循环的资料,分析干湿循环过程中,南阳膨胀土裂隙演化过程。图3.2-39为该试样1/3高度断面的裂隙发展CT图。由图可看出,南阳中膨胀土原状样未经干湿循环前试样内部就存在一条几乎贯穿试样横截面的裂隙。随着干湿循环次数的增加,试样的裂隙不断扩展,试样由相对完整的状况分解为若干大小不等的块。在第一个干湿循环后,原状样固有裂隙继续发展,并在一端贯通试样,其他微小裂隙伴随着原有裂隙的扩展而产生,逐渐向网状裂隙发展。第二个干湿循环过程后,试样内部裂隙继续发展形成网状裂隙,并出现大量的新细小裂隙,试样边缘局部出现破碎,裂隙宽度出现调整,原有的主裂隙开度明显缩小。第三个干湿循环后,试样被裂隙分割为四块,同时伴随着边缘部分的局部破碎。试样内部开度较大的裂隙比第二个干湿循环后的情况有明显的改变,裂隙网络的形态也发生改变。第四个干湿循环后试样裂隙继续扩展,试样进一步解体。第五个干湿循环后试样内部细小裂隙出现愈合,但主要裂隙开度增大,试样被裂隙切割为大小不等的五块。整个五次干湿循环过程中,试样内部主要裂隙开度和形态多次反复地变化,其原因可能是试样抽气饱和时,土体的膨胀受饱和器的制约而受压,从而使试样内部裂隙分布形态发生改变。

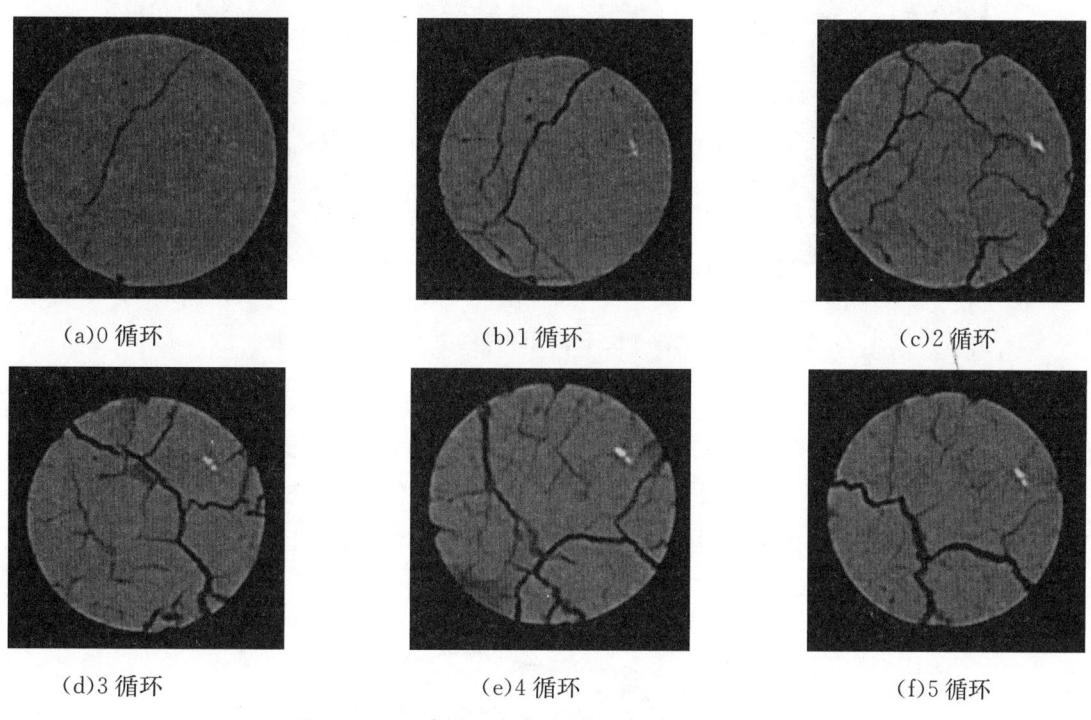

图3.2-39　试样5次干湿循环过程中裂隙演化图

采用3D重建技术,将上述试样进行重构,并选择透视模式,形成各个干湿循环后的3D裂隙图,如图3.2-40所示。由图可看出,原状三轴样具有裂隙分布不均匀的原生裂隙,集中在试样的上部,主要是由一条平行于试样长度方向的片状裂隙,裂隙发育处于初期阶段。经过一个干湿循环后,原生裂隙开始生长,又在试样下部新生成一条同样平行于试样长度方向的片状裂隙,与原先的片状裂隙平行,并未相连,但整个试样已经被裂隙贯通,裂隙发育明显。第二个干湿循环后,裂隙充满整个原状样,已不能明显看到原生裂隙发育的痕迹,裂隙密集的地方主要集中在试样上部和下部,且原状样被裂隙分隔成两块。第三循环到第四循环后,裂隙持续生长,而且导致原状样形状的改变,土体被继续分隔。经过第五个循环,已明显看到土体被分隔为5个部分。部分块体中有的裂隙的消失,系因原状样被分隔而使裂隙收缩所致。

由上描述和分析可知,原状样裂隙 CT 三维重建完整地展现了在干湿循环过程中裂隙发生和发展的过程,形象及可视地再现了土体中的裂隙状况(无论是原状裂隙还是次生裂隙)。该裂隙的发生和发展,影响着土体的强度和变形性能,特别是三轴试验试样的竖向裂隙,对强度有决定性的影响。对于裂隙的发育过程,以往的研究者只能依靠假设来推论,而原状样裂隙的 CT 三维重建可以克服这个缺点,为下一步裂隙的数字化和模型化打下良好的基础,并把裂隙的研究提升到一个新的高度。

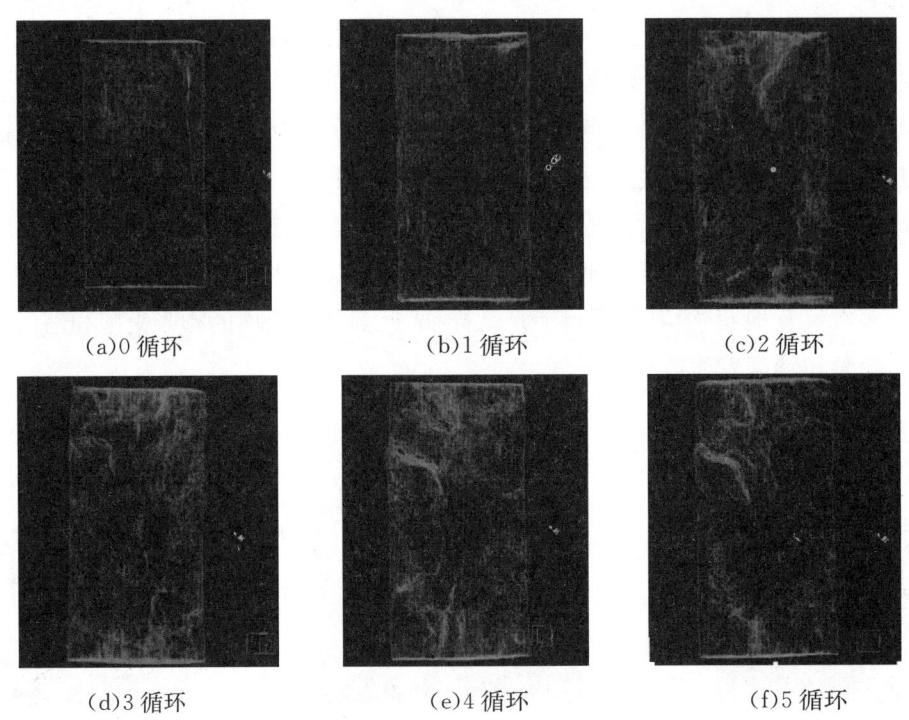

(a)0 循环　　　　　　　(b)1 循环　　　　　　　(c)2 循环

(d)3 循环　　　　　　　(e)4 循环　　　　　　　(f)5 循环

图 3.2-40　试样 5 次干湿循环过程中 3D 裂隙演化图

将 CT 扫描图片在 Matlab 中运行编制好的批处理程序,得到各级循环条件下,试样的体积裂隙率随干湿循环的关系,如图 3.2-41 所示。由图可知,未经干湿循环的试样,体积裂隙率相对较低,在第一个干湿循环后,体积裂隙率显著增大,这主要是由于,此时试样的裂隙大幅度增加所致。而在第二个干湿循环之后,体积裂隙率增大趋势大为减缓,但仍呈增大的趋势,部分试验有所起伏,这可能是由于膨胀土试样之间原生裂隙存在差异造成的。

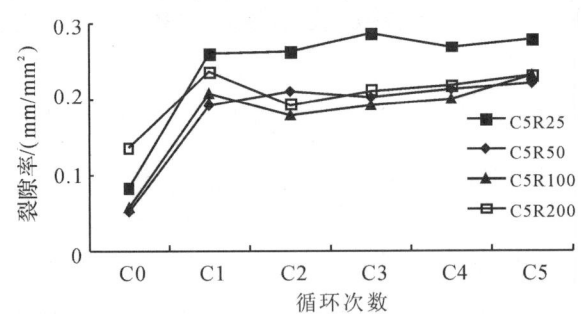

图 3.2-41　南阳中膨胀土原状样的裂隙率随干湿循环的关系

8.4　干湿循环对强度的影响

对不同干湿循环次数下的各组试样,分别在 25kPa,50kPa,100kPa,200kPa 的围压下,进行固结排水剪试验。试样在不同干湿循环次数下的典型应力—应变曲线如图 3.2-42 所示。从图中可以看出,未经干湿循环的原状土样,其应力—应变关系曲线为应变软化型,经过干湿循环后的原状土样,其应力—应变关系曲线为应变硬化型。这就表明,未经干湿循环的原状样具有较强的结构性,破坏时表现出相对脆性的特性。而经过干湿循环后,膨胀土原有的结构性遭到破坏,剪切破坏表现为相对塑性的特性。表 3.2-6 为南阳膨胀土原状样在不同干湿循环次数下的偏应力峰值强度。图 3.2-43 为不同围压下,南阳膨胀土原状样偏应力峰值强度与干湿循环次数的关系曲线。从图 3.2-43 可以看出,随着干湿循环次数的增加,原状膨胀土的偏应力峰值强度不断降低,其中,在第一个干湿循环过程后偏应力峰值强度的降低最为显著,在第二、三个干湿循环过程中,偏应力峰值强度持续降低,但降低的幅度有所减缓,在第三个干湿循环后,偏应力峰值强度基本趋于稳定。

表 3.2-6　　　　　　　原状土样不同干湿循环次数下的偏应力峰值抗剪强度

围压(kPa)	抗剪强度(kPa)					
	0 次	1 次	2 次	3 次	4 次	5 次
25	152.5	133.1	124.3	84.7	84.6	75.9
50	301.1	194.6	167.5	125.4	122.4	114.2
100	347.2	260.1	226.6	208.3	196.7	169.9
200	468.5	313.6	281.7	275.7	253.4	239.7

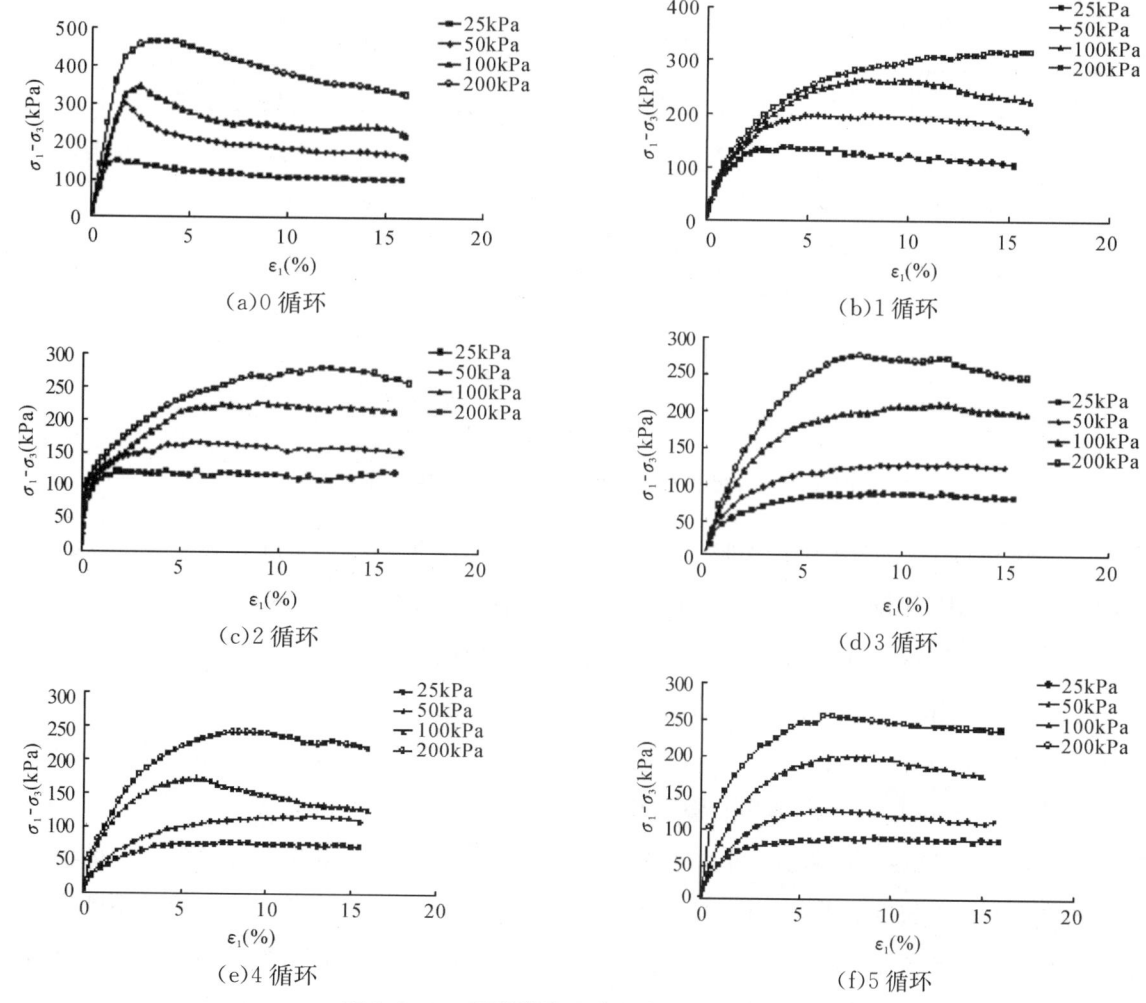

图 3.2-42　原状膨胀土应力应变关系曲线图

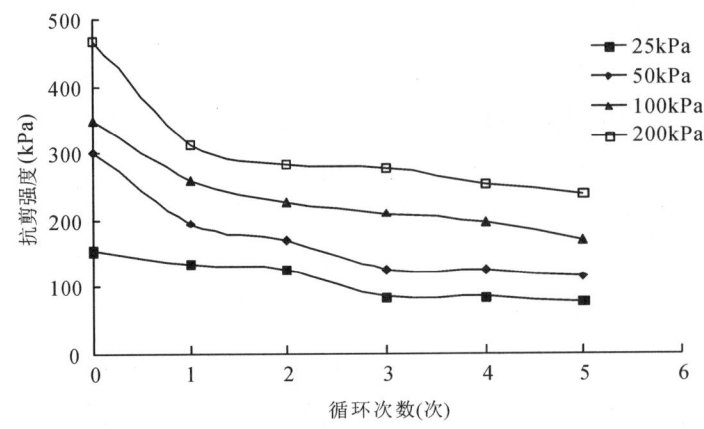

图 3.2-43 原状膨胀土偏应力峰值强度与干湿循环次数的变化规律

根据偏应力峰值强度,在$(\tau-\sigma)$应力平面上绘制试样破坏时的应力图,可获得土的黏聚力 c 和内摩擦角 φ,得到膨胀土的抗剪强度参数如表 3.2-7 和图 3.2-44。

表 3.2-7　　　　　　　　　　　干湿循环条件下试样强度指标

强度指标参数	循环次数					
	0	1	2	3	4	5
c(kPa)	82.3	46.7	43.0	31.8	26.3	23.3
φ(°)	21.2	19.4	17.8	19.1	19.0	18.3

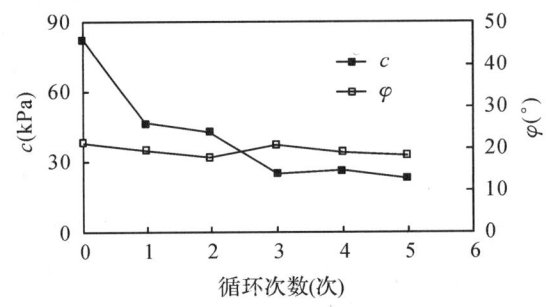

图 3.2-44　试样剪切强度与干湿循环次数 N 关系图

由图 3.2-44 可以看出,南阳原状膨胀土的 c 值随干湿循环次数的增加不断衰减。其中,第一次干湿循环后,c 值从 82.3kPa 下降至 46.7kPa,降幅达 43.3%,第二、三次干湿循环后 c 值仍有所降低,第四次干湿循环后,c 值为 26.3kPa,相对于干湿循环前降幅为 68.0%。第五次干湿循环后 c 值为 23.3kPa,降幅达 71.7%。再看 φ 值,未经干湿循环的南阳膨胀土 φ 值为 21.2°,在第一、二次干湿循环后分别为 19.4°、17.8°,但在第三次干湿循环后,φ 值反而略有增大,为 19.1°,之后第四、五次干湿循环后又降低至 19.0°和 18.3°。可见,在五个干湿循环过程中,南阳膨胀土的 φ 值虽有所波动,但变化不大。

由上述分析可知,强度的试验值与土中裂隙的状态是十分吻合的。由此不难导出一个推论,大气影响范围内的膨胀土经过长期的干湿变化,将引起不均匀的胀缩变形,从而引起土中裂隙的不断发展,这正是膨胀土具有裂隙性的主要原因,土中裂隙状态一定与土的膨胀性大小有关,裂隙不断发展、强度不断衰减的过程也是膨胀土边坡失稳具有时效性的根本原因。

8.5 膨胀土裂隙面强度的三轴试验

裂隙性是膨胀土的基本特性之一，膨胀土中原生裂隙面的存在往往导致膨胀土边坡的失稳。长江科学院以南水北调中线工程南阳段膨胀土为研究对象，开展了裂隙面强度特性试验，开创性地提出了裂隙面强度三轴试验新方法。首次将计算机 X 射线断层扫描技术引入裂隙面的强度试验，通过测量裂隙面真实产状，准确分析裂隙面上的破坏应力，提出了裂隙面强度参数的整理方法。

试样采用南阳膨胀土试验段的膨胀土进行裂隙面三轴试验，试样尺寸：直径为 39.1mm，高度为 80mm。试验剪切速率为 0.015mm/min。原状三轴试样修削时，应尽可能使裂隙处于试样的中部，并与大主应力面的夹角约为 $(45°+\varphi/2)$。装样前，对试样的裂隙进行拍照和 CT 扫描，试验结束后对试样的破坏形态再行拍照和 CT 扫描，通过 CT 图像的三维重建试样的正三维图片，可以测定裂隙面的倾角。图 3.2-45 为灰白色黏土填充裂隙面试样试验前后的图片。由图可以看出，试样的剪切面沿黏土填充裂隙开展。因此可以认为，试验所得的抗剪强度为裂隙面的抗剪强度。图 3.2-46 为灰白色黏土填充裂隙面试样，试验前后的 CT 扫描图像，从中可测得试样剪切破坏面与水平面的夹角。针对以上的试验方法，本文采用的新的三轴试验数据整理方法如下：根据三轴试验成果的应力-应变关系曲线，得到试样破坏时的峰值应力 $(\sigma_{1f}-\sigma_{3f})$。根据静力平衡条件，采用式 (3.2-4) 和式 (3.2-5) 计算试样破坏时的裂隙面上的正应力 σ_n 和剪应力 τ_f。根据摩尔-库仑定律整理正应力 σ_n 和剪应力 τ_f 的关系曲线即可以得到裂隙面的抗剪强度参数 c 和 φ。

$$\sigma_n = \frac{(\sigma_{1f}+\sigma_{3f})}{2} + \frac{(\sigma_{1f}-\sigma_{3f})}{2}\cos 2\alpha \qquad (3.2-4)$$

$$\tau = \frac{(\sigma_{1f}-\sigma_{3f})}{2}\sin 2\alpha \qquad (3.2-5)$$

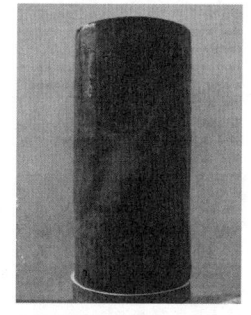

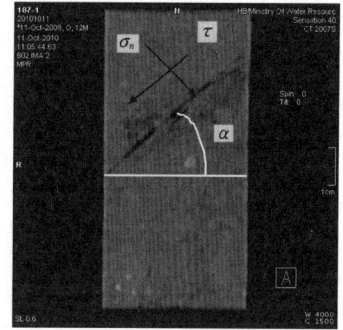

(a) 三轴试验前　　　　(b) 三轴试验后

图 3.2-45　灰白色黏土填充裂隙面形态　　　　图 3.2-46　裂隙面 CT 图像及裂隙面的应力

通过大量的灰白色黏土填充裂隙面试样的三轴试验，得到裂隙面正应力 σ_n 和剪应力 τ_f 的关系曲线如图 3.2-47 所示，其黏聚力 $c=29.5$kPa，内摩擦角 $\varphi=11.9°$。

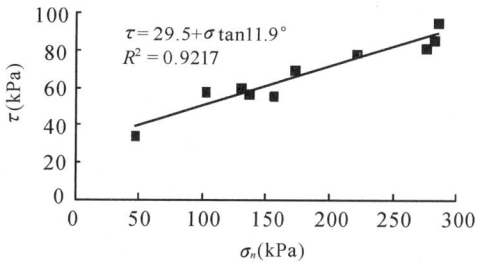

图 3.2-47　灰白色黏土填充裂隙面 σ_n 与 τ_f 的关系

9 水力劈裂试验研究中应用

9.1 概述

土质心墙坝的心墙料和坝壳料之间的力学性存在差异,当心墙料和坝壳料之间发生不均匀的竖向和水平向变位时,将会在坝体内产生受拉区和受剪区,在这些受拉区和受剪区内将会出现表面裂缝和内部裂缝[57]。当库水进入这些裂缝时,在一定的条件下可能会产生水力劈裂现象,水力劈裂又会加剧裂缝不断地发展,一旦形成贯穿的裂缝,将会给大坝带来严重后果。这种现象在高土石坝中发生的可能性更大,因为坝壳堆石体刚度大、沉降小,如果心墙材料刚度小、沉降大,则会产生拱作用而使心墙的垂直荷载向两侧堆石体转移,造成低垂直应力区,进而有可能发生水力劈裂[58]。虽然水力劈裂现象在土石坝中有发生的可能性,但是真正在实际工程中出现的水力劈裂现象却很少,确定因水力劈裂造成土石坝破坏的工程事例更少,因而通过试验研究水力劈裂的发生机理,从而能够对水力劈裂现象做出解释是很有必要的。

在心墙坝设计中,心墙水力劈裂问题是普遍关注又亟待解决的关键问题之一,国内外学者[59]-[68]做了大量的研究工作,取得了丰富的研究成果,但对心墙水力劈裂问题的认识仍然存在差异。随着心墙土石坝高度增大,该问题愈加突出。长科院首次采用 CT 技术开展了心墙水力劈裂试验[69][70],试验的概化模型如图 3.2-48 所示,试验在 CT 三轴仪上进行。

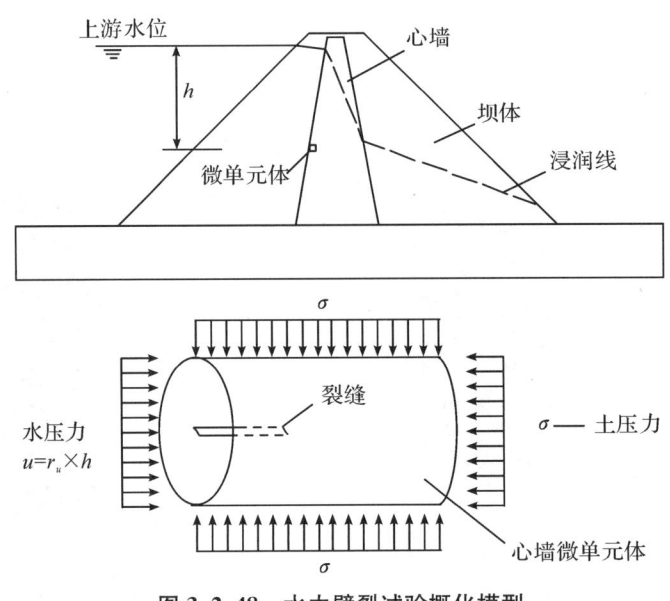

图 3.2-48 水力劈裂试验概化模型

9.2 试验方法

水力劈裂试验主要研究的是在不同的条件下,最小主应力与导致土体劈裂的水压力之间的关系。在本次试验中,最小主应力(即围压)采用了 0kPa、150kPa、300kPa 和 450kPa 四个等级,其试验条件分为下面几种情况:

①在开缝长度不同的条件下,最小主应力与水压力的关系;
②在土样不同的条件下,最小主应力与水压力的关系;
③在同一围压但不同含水率的条件下,最小主应力与水压力的关系;
④在水压力加压速率不同的条件下,最小主应力与水压力的关系。

试验方案如表 3.2-8 所示。

表 3.2-8　　　　　　　　　　　水力劈裂试验条件

方案	围压(kPa)	开缝尺寸长度×深度(cm×cm)	含水率(%)	劈裂水压加压情况
1	0 150 300 450	3.5×3	15.9	连续加压,起始压力 0kPa,加压速率 90kPa/min
2	0 150 300 450	5×3	16.6	连续加压,起始压力 0kPa,加压速率 90kPa/min
3	150 300 450	5×10＋直径 1.5cm 的孔洞	21.3	连续加压,起始压力 0kPa,加压速率 90kPa/min
4	150 300 450	3.5×10＋直径 1.5cm 的孔洞	17.0	分级加压,起始压力为围压值,加压间隔 24 小时,加压级别为 50kPa 或 100kPa
5	300	5×10	19.3 21.4 23.7	连续加压,起始压力 0kPa,加压速率 90kPa/min

水力劈裂试样采用直径为 101mm 的三轴试样,并对三轴试样做了改变,以满足水力劈裂试验的要求。具体制样过程如下:①首先根据指定的含水率备样,然后按照《土工试验规程》中三轴压缩试验的步骤制备直径为 101mm 的三轴试样。②选定三轴试样的一端为底面,在底面以圆心量测直径为 6cm 和 8cm 的两个同心圆,沿两个同心圆的圆周开宽度和深度均为 2mm 的 V 型槽。③在底面圆心沿轴线方向从底面向试样内部垂直开缝,缝的宽度为 1mm,缝的长度和深度根据试验条件的不同而不同,长度采用了 3.5cm 和 5cm 两种,深度采用了 3cm 和 10cm 两种。在缝中插入相同深度的滤纸条,便于水的进入;并且在最后一组试验中,为了使劈裂水进入得更充分,沿圆心向试样内部开了直径为 15mm 的孔洞,为了防止试样的变形过大,在孔洞内填入细砂。在孔口贴一滤纸片以防细砂流失。④将直径为 6cm 的圆形滤纸片覆于底面中部,滤纸片外包括圆形 V 槽面上,涂厚约 0.5mm 的玻璃胶,V 型槽内也要填满,玻璃胶范围应覆盖滤纸片以外区域。然后将试样按照底面朝下放于三轴仪底座上,经过两小时后,试样与底座之间黏结密封。其中 V 型槽的作用是为了劈裂试验中起到止水作用。同时在试样侧面上沿开缝方向画两条彩线起到提示作用。⑤在试样侧面及顶面分别贴上滤纸条和滤纸片,套上橡皮膜,装上试样帽,并用橡皮筋将橡皮膜扎紧。再安装压力室,充入围压水。至此,水力劈裂试样制备完毕。由于水力劈裂试样制备过程复杂,对于某些关键步骤,特附上图片予以说明。如图 3.2-49—图 3.2-50。

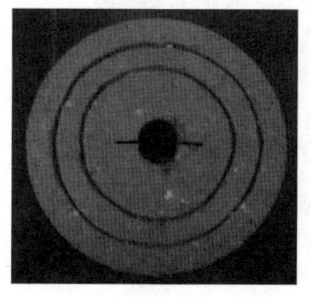　　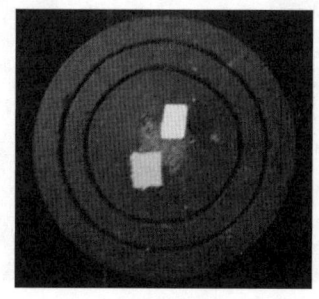　　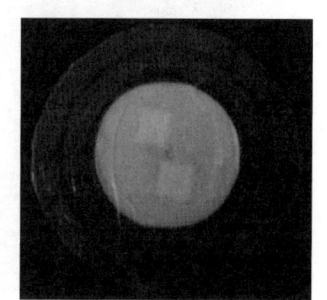

(a)未灌砂　　　　　　　　(b)已灌砂　　　　　　　　(c)已涂玻璃胶

图 3.2-49　试样在试验前的底面图

图 3.2-50　试样已装底座立体图

在试样周边和顶部施加一定应力,以模拟心墙土中应力状态,在试样底部垂直开缝处施加水压力模拟劈裂水压。试验中逐渐增大劈裂水压并进行 CT 扫描,观察裂隙开展情况。发现有贯穿性裂缝即认为试验完成。典型的水力劈裂试验 CT 图像见图 3.2-51。

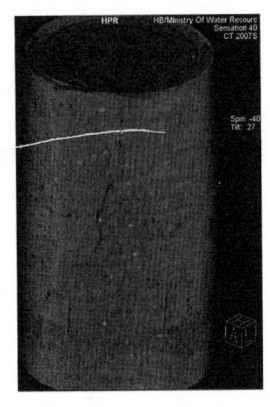 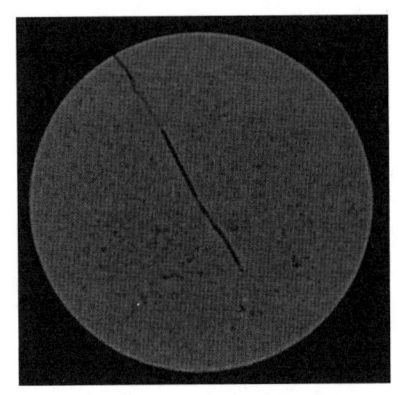

图 3.2-51(a)　水力劈裂试验劈裂缝纵向 CT 图像(三维)　　图 3.2-51(b)　水力劈裂试验劈裂缝横向 CT 图像(二维)

9.3　成果分析

本次试验开缝的形状有两种,一种为直线缝,另外一种除了含有直线缝外,还在试样中部开了孔洞。含有这两种缝的试样在试验前后的横截面 CT 扫描图如下所示。

图 3.2-52 为直线缝试样试验前横截面扫描图,图 3.2-53 为有孔洞直线缝试样试验前横截面 CT 扫描图。

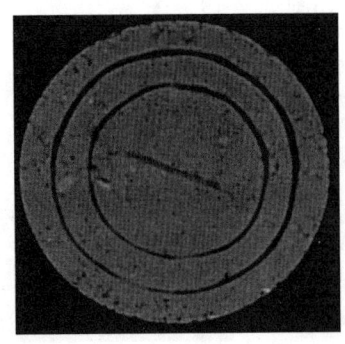 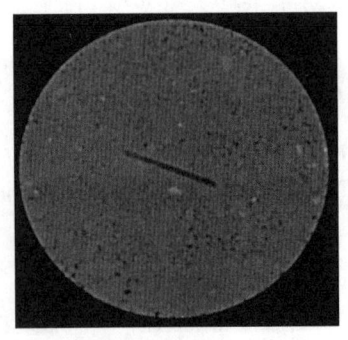

(a)底部　　　　　　　　　　　　　　　　(b)中部

图 3.2-52　直线缝试样试验前横截面扫描图

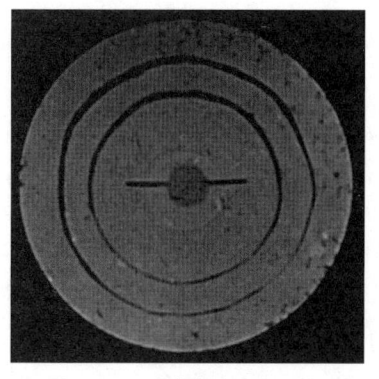

(a)底部

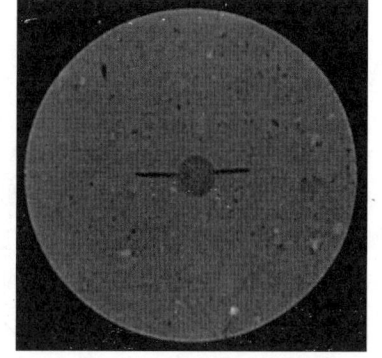

(b)中部

图 3.2-53 含有孔洞直线缝试样试验前横截面扫描图

试验得到的水力劈裂试验结果见图 3.2-54。

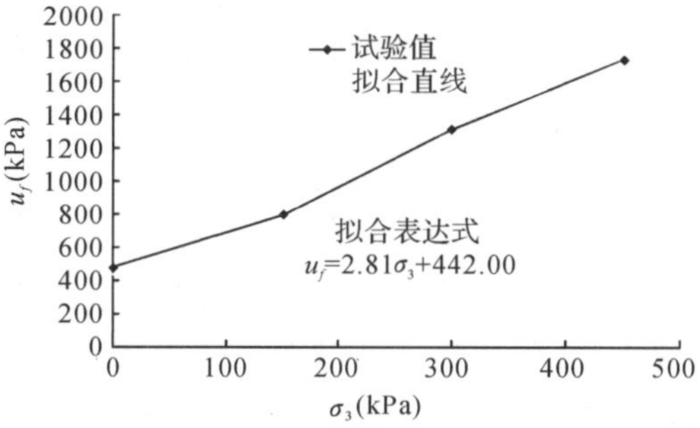

试验值
拟合直线
拟合表达式
u_f=2.81σ_3+442.00
u_f(kPa)
σ_3(kPa)

(a)方案 1 长直线缝(3.5cm)

试验值
拟合直线
拟合表达式
u_f=2.09σ_3+338.00
u_f(kPa)
σ_3(kPa)

(b)方案 2 长直线缝(5cm)

试验值
拟合直线
拟合表达式
u_f=2.07σ_3+104.00
u_f(kPa)
σ_3(kPa)

(c)方案 3 含孔洞长直线缝(5cm)

试验值
拟合直线
拟合表达式
u_f=2.17σ_3+33.33
u_f(kPa)
σ_3(kPa)

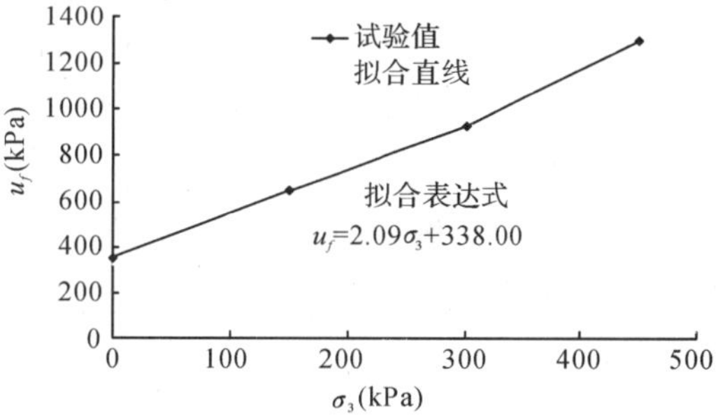

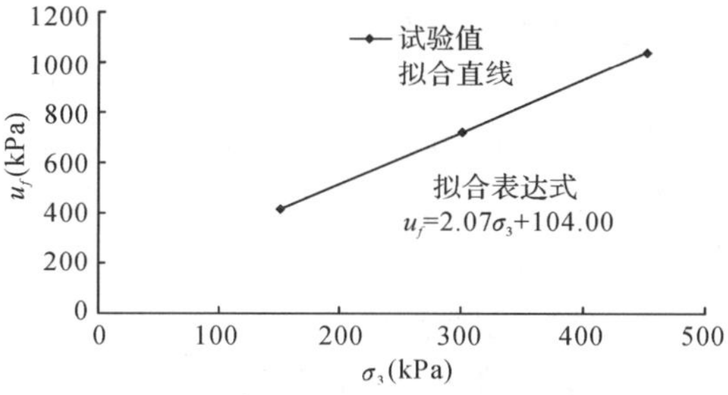

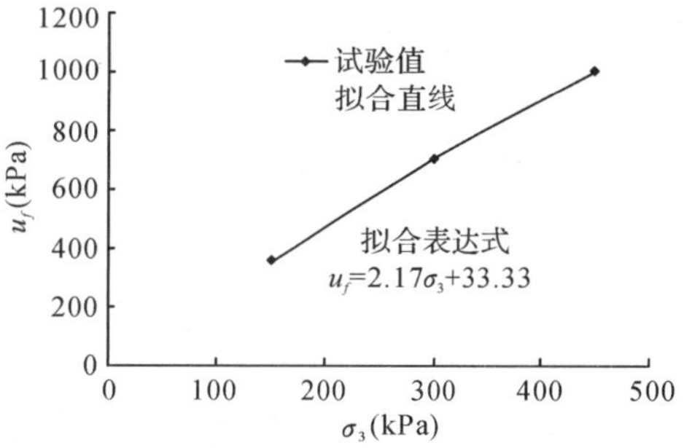

(d)方案 4 含孔洞长直线缝(3.5cm)分级加压

u_f(kPa)
含水率(%)

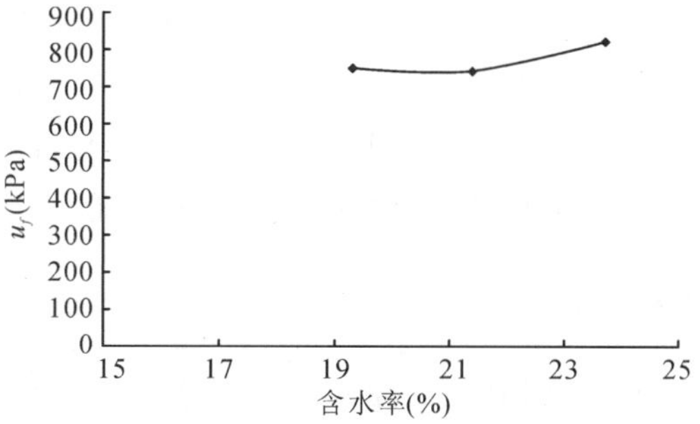

(e)方案 5 不同含水率含孔洞长直线缝(5cm)

图 3.2-54 水力劈裂试验结果

在本次试验中，开缝长度有 3.5cm 和 5cm 两种，根据方案 1 至方案 4 得到的劈裂水压力与最小主应力关系的拟合直线关系式如下。

方案 1,开缝长度 3.5cm： $u_f = 2.81\sigma_3 + 442$ (3.2-6)

方案 2,开缝长度 5cm： $u_f = 2.09\sigma_3 + 338$ (3.2-7)

方案 3,开缝长度 5cm： $u_f = 2.07\sigma_3 + 104$ (3.2-8)

方案 4,开缝长度 3.5cm： $u_f = 2.17\sigma_3 + 33.33$ (3.2-9)

比较方案 1 至方案 4 的关系式,可以发现,四种情况的劈裂压力 u_f 与最小主应力 σ_3（即围压或者土压力）之间均呈线性关系,直线的斜率随着缝长度的不同而改变,缝长越长,斜率越小。方案 2 和方案 3 的开缝长度均为 5cm,其斜率的差别在误差范围内,故认为也是相同的,方案 1 和方案 4 开缝长度也相同,均为 3.5cm,但是斜率差别很大,说明还有其他因素的作用。

方案 5 是在 300kPa 的围压下,进行了 19.3%、21.4% 和 23.7% 三种含水率土样的水力劈裂试验,得到对应的劈裂水压力为:750kPa、740kPa 和 820kPa,三个劈裂水压力的差别不是很大,所以可以认为,含水率对劈裂水压力的影响尚不显著。

方案 1、方案 2、方案 3 和方案 5 都是在连续施加劈裂水压力的情况下进行试验的,最后得到的结果满足简单的线性关系。方案 4 是在分级加压的情况下进行的,并且每次加压间隔为 24 小时,最后得到的结果也满足线性关系,但是与方案 1 比较,虽开缝长度相同,但斜率却不同。所以,加压速率对劈裂水压力是有一定影响的。

由前文可知,水力劈裂问题最早出现在 20 世纪 60 年代,到现在已经有三四十年的研究历史了,虽然研究者们从理论和试验方面都做了一定的研究,但是由于水力劈裂现象很难在实际土石坝工程中观察到,研究者们对水力劈裂问题的认识还存在较大差异,研究者们只有通过自己对水力劈裂问题的理解来尝试进行试验,因而其试验方法也不统一,得到的结果或多或少的都存在些差别。

本次水力劈裂试验也是根据前人的水力劈裂的定义,结合自己对水力劈裂的理解,在概化模型的基础上,自行设计的水力劈裂试验。在试验过程中也确实发生了水力劈裂现象。如下：

$$u_f = m\sigma_3 + s \qquad (3.2\text{-}10)$$

表明劈裂水压力与最小主应力呈线性关系。其中常数项 s 与土体的抗拉强度有关,比例系数 m 与缝的大小、水压加荷速率等因素有关。考虑到实际土石坝工程中,裂缝尺寸相对心墙尺寸很小,水位上升较慢,经与上述几种试验方案对比分析,认为方案 4 比较符合工程实际,劈裂水压力的大小为最小主应力的 2.17 倍,即 $m=2.17$。这一成果与曾开华[67]的试验结果（$m=1.82$）比较接近。

本次试验得到的劈裂水压力要比工程设计中采用的水力劈裂标准要大,究其原因可以认为,本试验条件下的水力劈裂,实质是在心墙已存在局部裂缝或缺陷情况时,使裂缝进一步开裂和发展所施加的水压力,而不是试样中的应力状态是否达到张拉破坏或剪切破坏的条件,可见两者的含义是有不同的。可以认为,在局部裂缝或缺陷处的局部水压力作用下,产生劈裂的水压力远大于该局部张拉破坏和剪切破坏条件的水压力。因此,若心墙仅存在局部裂缝,则产生水力劈裂的可能性是比较小的。考虑到土体中裂缝长度的不确定性,为安全计,目前工程采用的标准仍然是合适的。

10　加筋土试验研究中应用

土中铺设土工合成材料形成的加筋土,其力学特性十分复杂,由于加筋方式不同,试验方法也各异,试验研究的成果也各色各样。本节不是讨论加筋土的性质,而是在于说明 CT 技术可以用于加筋土的研究。

图 3.2-55 为典型加筋土试验完成时的 CT 图像。试验在 CT 三轴仪上进行,在常规三轴试样中铺置若干层土工合成材料,施加围压固结,然后剪切。图 3.2-56 为围压 200kPa 时,不同加筋土的应力应变曲线。从图 3.2-55 可以看出,因筋材与土体的密度不同,CT 图像可以清楚地显示土中筋材的形态。水平布置的筋材对土体的约束作用,使筋材间距较大处的试样断面,出现明显的缩颈现象[见图 3.2-55(a)],而筋

材间距较小的试样,其水平变形就较为均匀一致[见图 3.2-55(b)]。从图 3.2-56 可以看出,当其他试验条件一致时,随筋材层数增加,加筋土的强度逐渐增大,这从另一个侧面反映出筋材对土体的约束作用。

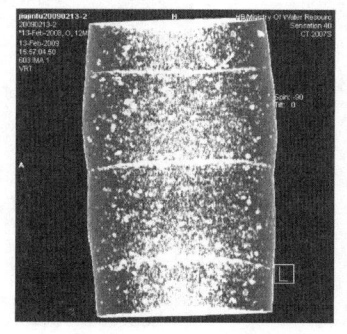 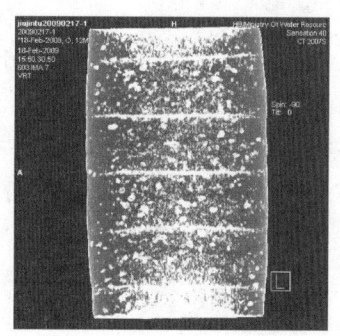

(a)3 层加筋试验完成时　　　　　　　(b)5 层加筋试验完成时

图 3.2-55　典型加筋土 CT 图像

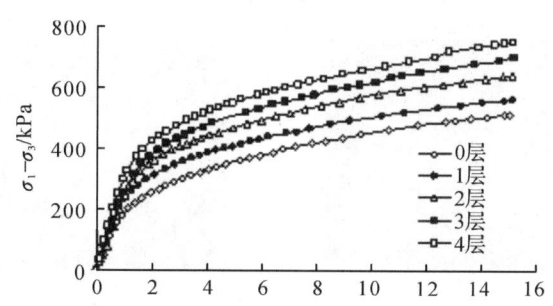

图 3.2-56　不同加筋土层的应力应变曲线($\sigma_3=200\text{kPa}$)

图 3.2-57 是典型的加筋土载荷模型试验的 CT 图像。地基表面下铺设了一层土工织物,试验中,在地基表面施加了一定的垂直压力。载荷板随之下沉,土工织物发生弯曲,形成锅底状,此时,土工织物承受了一定的张力,地基承载力因土工织物的存在而提高。

 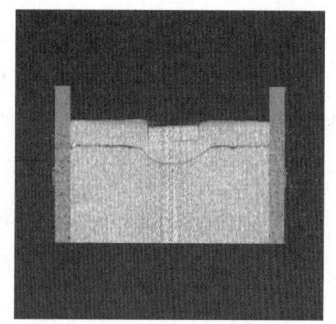

（a)试验前　　　　　　　　　　　　（b)试验后

图 3.2-57　典型加筋土载荷模型试验 CT 图像

11　CT 扫描技术在岩石和混凝土特性研究中应用

11.1　岩石裂隙发育机理

为研究岩石在加荷过程中裂隙发育情况,科研人员研制了一种能与 CT 机配套使用的岩石单轴压缩试验仪。该仪器可在试验过程中,对岩体的内部结构进行动态的、定量的和无损的检测。利用该单轴压缩仪和 CT 机,对岩石试样在单轴受压过程中,细观结构损伤的变化进行动态观测,获得了砂岩试样在不同受力情况下,裂缝发育情况的照片,见图 3.2-58—图 3.2-59。

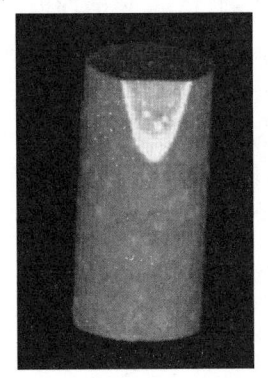 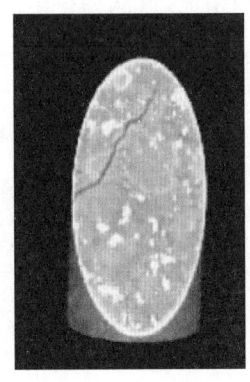 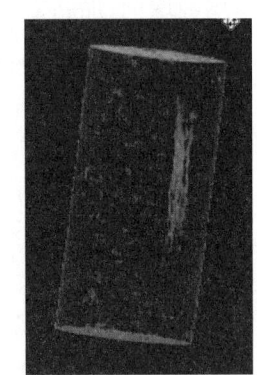

(a)岩石试样　　　　　　(b)纵断面　　　　　　(c)三维重建图

图 3.2-58　岩石试样 CT 图像

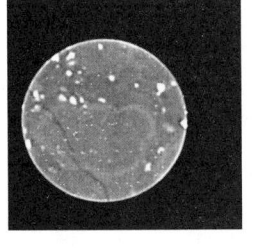 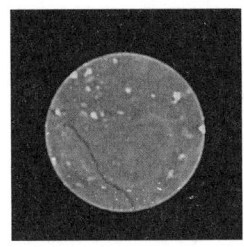 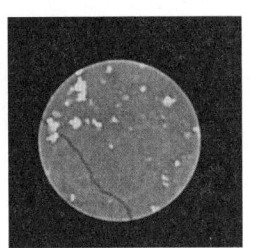 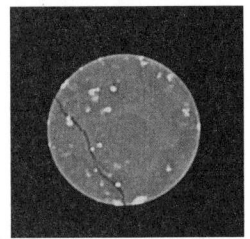

0%　　　　　　　　50%　　　　　　　　70%　　　　　　　　90%

图 3.2-59　试样同一位置不同受力情况下的裂缝发育情况好

11.2　混凝土承荷细观结构演变规律

混凝土损伤破坏规律的准确地描述是进行工程安全性和稳定性评价的理论基础。混凝土的破坏实际上是裂纹的萌生、扩展和贯通裂纹演化过程,计算机 CT 技术作为一种无损检测技术,可以对材料在受力过程中内部裂纹的演化过程进行动态量测。为研究混凝土细观裂纹扩展及破坏过程,提供了一条新的途径,并可以作为建立混凝土裂纹模型、检验数值模拟等的基础,以解释混凝土材料的宏观力学特性。图 3.2-60 为典型混凝土试样的 CT 图像,图 3.2-61 为混凝土试样承荷过程中横断面的 CT 扫描图像,可以清晰地看到,混凝土加荷过程的裂纹演变规律及破坏过程。

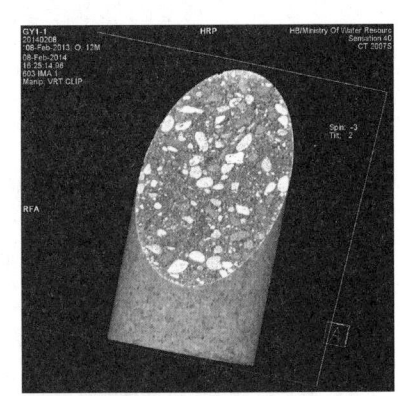

图 3.2-60　混凝土试样纵断面图

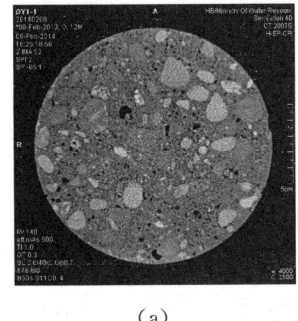 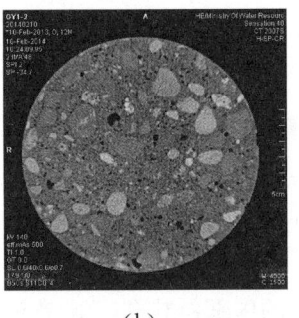 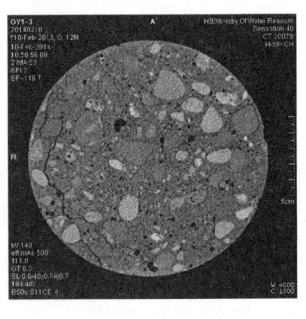

(a)　　　　　　　　　　(b)　　　　　　　　　　(c)

图 3.2-61　混凝土试样横断面图

参考文献

[1] 洪保宁,刘鑫.土体微细结构理论与实验[M].北京:科学出版社,2010.

[2] 周健,贾敏才.土工细观模型试验与数值模拟[M].北京:科学出版社,2008.

[3] 蒋建平.CT技术在土体动测中的应用现状与展望[J].地质科技情报,2006,25(3):109-112.

[4] 王路君,左永振,孔宪勇等.CT技术在岩土工程研究中的应用[J].地下空间与工程学报,2009,5(s2):1754-1756.

[5] 程展林,左永振,丁红顺.CT技术在岩土试验中的应用研究[J].长江科学院院报,2011,28(3):33-38.

[6] Warner G S, Nieber J L, Moore I D, et al. Characterizing Macropores in Soil by CT[J]. Soil Sci am. J. ,1989,53: 653- 660.

[7] Peyton R L, Gantzer G J, Anderson S H, et al. Fractal Demension to Describe Soil Macropore Structure Using X-ray CT[J]. Water Res. ,1994,30:691-700.

[8] Zeng Y, Gantzer R L, et a . l Fractal Dimension and Lacunarity Determined with X-ray CT[J]. Soil Sci. Am. J. ,1996,60,1718-1724.

[9] 冯杰,郝振纯.CT扫描确定土壤大孔隙分布[J].水科学进展,2002,13(5):611-617.

[10] 沈珠江.土体结构性的数学模型-21世纪土力学的核心问题[J].岩土工程学报,1996,18(1):95-97.

[11] 谢定义,齐吉琳.土结构性及其定量化参数研究的新途径[J].岩土工程学报,1999,21(6):651-656.

[12] 陈正汉,卢再华,蒲毅彬.非饱和土三轴仪的CT机配套及其应用[J].岩土工程学报,2001,23(4):387-392.

[13] 倪万魁,杨泓全,王朝阳.路基原状黄土细观结构损伤规律的CT检测分析[J].公路交通科技,2005,22(6):81-83.

[14] 王朝阳,倪万魁,蒲毅彬.三轴剪切条件下黄土结构特征变化细观试验[J].西安科技大学学报,2006,26(1):51-54.

[15] 朱元青,陈正汉.原状Q3黄土在加载和湿陷过程中细观结构动态演化的CT三轴试验研究[J].岩土工程学报,2009,31(8):1219-1228.

[16] 吴紫汪,马巍,蒲毅彬等.冻土蠕变过程中的CT分析[J].CT理论与应用研究,1995,4(3):31-34.

[17] 吴紫汪,马巍,蒲毅彬等.冻土蠕变变形特征的细观分析[J].岩土工程学报,1997,19(3):1-6.

[18] 马巍,吴紫汪,蒲毅彬等.冻土三轴蠕变过程中结构变化的CT动态监测[J].冰川冻土,1997,19(1):52-57.

[19] 刘增利,李洪升,朱元林.冻土单轴压缩动态试验研究[J].岩土力学,2002,23(1):12-16.

[20] 刘增利,李洪升,朱元林.冻土单轴压缩损伤特征与细观损伤测试[J].大连理工大学学报,2002,42(2):223-227.

[21] 孙星亮,汪稔,胡明鉴.冻土三轴剪切过程中细观损伤演化CT动态试验[J].岩土力学,2005,26(8):1298-1302

[22] 程展林,吴良平,丁红顺.粗粒土组构研究之颗粒运动[J].岩土力学,2007,28(增刊):29-33.

[23] 左永振,程展林,赵娜.千枚岩碎屑土三轴试验剪切带扩展性状的CT研究[J].岩土工程学报,2015,37(08):1524-1531

[24] W ong R C K. Shear Deformation of Locked Sand in Triaxial Compression[J]. Geotechnical Tes-

ting Journal 2000,(2):158-170.

[25] 李文平,张志勇,蒲毅彬等.深部砂土三轴高压卸载结构变化的CT研究[J].工程地质学报,2003,11(3):302-306.

[26] 施斌,姜洪涛.在外力作用下土体内部裂隙发育过程的CT研究[J].岩土工程学报,2000,22(5):537-541.

[27] 卢再华,陈正汉,蒲毅彬.原状膨胀土损伤演化的三轴CT试验研究[J].水利学报,2002,(6):106-112.

[28] 卢再华,陈正汉,蒲毅彬.膨胀土干湿循环胀缩裂隙演化的CT试验研究[J].岩土力学,2002,23(4):417-422.

[29] 黄质宏,朱立军,蒲毅彬等.三轴应力条件下红黏土力学特性动态变化的CT分析[J].岩土力学,2004,25(8):1215-1219.

[30] 胡波,龚壁卫,程展林.南阳膨胀土裂隙面强度试验研究[J].岩土力学,2004,33(10):2942-2946.

[31] 凌贤长,徐学燕,邱明国,等.冻结哈尔滨粉质黏土动三轴试验CT检测研究[J].岩石力学与工程学报,2003,22(8):1244-1249.

[32] 徐春华,徐学燕,沈晓东.不等幅值循环荷载下冻土残余应变研究及其CT分析[J].岩土力学,2005,26(4):572-576.

[33] 左永振,程展林,丁红顺.基于CT技术的砾石土浸润试验研究[J].长江科学院院报,2011,28(2):28-31.

[34] 周念清,宋玮,大谷顺,等.应用CT扫描研究非饱和砂土中污染物的迁移规律[J].水文地质工程地质,2010,37(6):94-106.

[35] Hounsfield G N. Computerized transverse axial scanning (tomography)[J]. British Journal of Radiology,1973,46:1016-1022.

[36] 葛修润,任建喜,蒲毅彬,马巍.岩土损伤力学宏细观试验研究[M].北京:科学出版社,2004.6

[37] 陈正汉,卢再华,蒲毅彬.非饱和土三轴仪的CT机配套及其应用[J].岩土工程学报,2001,23(4):387-392.

[38] 朱元青,陈正汉.原状Q3黄土在加载和湿陷过程中细观结构动态演化的CT-三轴试验研究[J].岩土工程学报,2009,31(8):1219-1228.

[39] 姚志华,陈正汉,朱元青,汪时机.膨胀土在湿干循环和三轴浸水过程中细观结构变化的试验研究[J].岩土工程学报,2010,32(1):68-76.

[40] 沈珠江.土体结构性的数学模型-21世纪土力学的核心问题[J].岩土工程学报,1996,18(1):95-97.

[41] 郑颖人.岩土塑性力学的新进展-广义塑性力学.岩土工程学报,2003,25(1):1-10.

[42] 程展林,丁红顺.堆石料蠕变特性试验研究[J].岩土工程学报,2004,26(4):473-476.

[43] 程展林,丁红顺.论堆石料力学试验中的不确定性[J].岩土工程学报,2005,27(10):1222-1225.

[44] 刘爱平,崔春龙.岩土体显微组构与力学性能关系研究现状与展望[J].西南科技大学学报,2003,18(2):75-78.

[45] 程展林,丁红顺,吴良平.粗粒土试验研究[J].岩土工程学报,2007,29(8):1151-1158.

[46] 左永振,程展林,丁红顺.CT技术在粗粒土组构研究中的应用.人民黄河,2010,32(7):109-111.

[47] 姜景山,程展林,左永振,丁红顺.粗粒土CT三轴流变试验研究[J].岩土力学,2014,35(09):2507-2514.

[48] 姜景山,程展林,卢文平.粗粒土CT三轴湿化变形试验研究[J].人民长江,2014,45(07):94-97.

[49] 蒋刚,李苏春.南京粉土与粉质黏土的剪切带三轴试验与性状分析[J].南京工业大学学报.2008,30(5):7-11.

[50] 喻葭临,孙逊,于玉贞,柴霖.结构性土中剪切带扩展的模型试验研究[J].清华大学学报.2010,50(3):367-371.

[51] 董建国,李蓓,袁聚云,赵锡宏.上海浅层褐黄色粉质黏土剪切带形成的试验研究[J].岩土工程学报.2001.23(1):23-27.

[52] 蒋明镜,彭立才,朱合华,林奕禧,黄良机.珠海海积软土剪切带微观结构试验研究[J].岩土力学.2010,31(7):2017-2024.

[53] 吴羿辰,杨在峰,马玉周,吴玉门.哈密地区夹白山韧性剪切带显微构造特征[J].新疆地质,2010,28(2):154-156.

[54] 施斌,姜洪涛.在外力作用下土体内部裂隙发育过程的CT研究[J].岩土工程学报.2000,22(5):537-541.

[55] 孙红,葛修润,牛富俊,蒲毅彬,马巍.上海粉质黏土的三轴CT实时细观试验[J].岩石力学与工程学报.2005,24(24):4559-4664.

[56] 唐晓松,郑颖人,林成功.浸润面位置的确定方法对涉水边坡稳定性分析的影响[J].岩石力学与工程学报,2008,27(增刊):2814-2819.

[57] H. H. 罗扎诺夫(苏).黄河水利委员会科技情报站译.土石坝[M].北京:水利电力出版社,1986,356.

[58] 吴媚玲.水工建筑物[M].北京:清华大学出版社,1981,221.

[59] 刘令瑶,崔亦昊,张广文.宽级配砾石土水力劈裂特性的研究[J].岩土工程学报,1998,20(3),10-13.

[60] Bjerrum L, Nash J K T I, Kennard RM, et al. Hydraullic Fracturing in Field Permeability Testing [J]. Geotechnique,1972,22(2),319-332.

[61] Bjerrum L, Andersen K H. In-situ measurement of later pressures in clay[A]. Proceeding of 5th European Conference on Soil Mechanics and Foundation Engineering[C]. Madrid,1972,333-342.

[62] Nobari E S, Lee K L, Duncan J M. Hydraulic fracturing in zoned earth and rockfill dams[R]. Berkeley:University of California,1973.

[63] 陈愈炯,孔凡令.击实黏性土水力劈裂试验[R].北京:水利水电科学研究院,1983.

[64] 杨斌.击实黏性土空心圆柱试件水力劈裂性能研究[D].北京:清华大学,1985.

[65] 丁金粟,杨斌.击实黏性土水力劈裂性能研究[J].岩土工程学报,1987,9(3),1-15.

[66] Lo K Y, Kaniaru K. Hydraulic fracture in earth and rockfill dams[J]. Canadian Geotechnical Journal,1990,27(4),496-506.

[67] 曾开华.土质心墙水力劈裂机理及其影响因素的研究[D].南京:河海大学,2001.

[68] AlfaroM C, Wong R C K. Laboratory studies on fracturing of low permeability soils[J]. Canadian Geotechnical Journal,2001,38(2),303-15.

[69] 孔宪勇.土石坝心墙料水力劈裂特性试验研究[D].长江科学院硕士研究生学位论文,2009.

[70] 孔宪勇,左永振,姜景山.土石坝心墙水力劈裂的研究进展[J].岩土力学.2008,29(S1),215-217.

第3章 土工数值模拟技术

1 概述

1.1 土工数值方法简介

岩体和土体在其形成和存在的整个地质历史过程中,经受了各种地质构造作用,因而有着复杂的结构和地应力场。正因为岩土材料具有复杂性、非均质性和非连续性等特点,就使得有些岩土力学问题无法用解析方法简单地求解,或者即使求得了计算结果,也会出现很大的偏差。与之相比,数值分析法具有较广泛的适应性,它可以得出具有一定精度的近似解,因此是解决岩土问题的重要工具之一。最近二十多年来,随着计算技术的迅速发展,岩土工程的数值分析受到越来越多的重视,各种数值分析方法在岩土工程中得到广泛应用,而岩土工程中的各种复杂问题的解决,又反过来深化和丰富了数值分析的内容[1]-[4]。

岩土工程数值分析方法有两类,一类方法是将土视为连续介质,随后又将其离散化;另一类计算方法是考虑岩土材料本身的不连续性。属于前者的如有限单元法、有限差分法、边界单元法、无单元法以及各种方法的耦合。变分法与加权余量法既可以独立地作为数值方法运用于土工实际问题的求解,又可作为推导前几种数值方法的手段。当数值分析中的差分法首先盛行于工程科学时,在20世纪40年代后期开始采用差分法成功地解决了某些土工中的渗流及固结问题,如土坝渗流及浸润线的求法、土坝及地基的固结等。50年代及60年代初,弹性地基上的梁与板以及板桩也用差分法来求解。60年代,土石坝的静力问题用有限元法来求解。由于有限元解法的灵活性,使差分法在土工中的应用暂时趋于停滞。进入70年代之后,土石坝及高楼(包括地基)成功地使用有限元法解决了抗震分析。70年代后期及80年代,边界元法异军突起,它特别适宜于半无限域课题,这些都是土力学及地基工程学科经常遇到的边界情况。另一类考虑岩土材料本身不连续性的方法,如裂缝及不同材料之间界面的界面模型和界面单元的使用,导致多种分析方法的出现,离散元法(DEM)、不连续变形分析(DDA)、流形元法(MEM)、颗粒流(PFC)等数值计算方法迅速发展。

有限元法是一种十分有效的数值分析方法。它有几个突出的优点:(1)可以用于求解非线性问题;(2)易于处理非均质材料与各向异性材料;(3)能适应各种复杂的边界条件。岩土材料和岩土工程恰恰存在这几方面的问题,因此采用有限元法很适宜。20世纪60年代,有限元法开始发展起来,1966年美国Clough和Woodward首先将有限元法应用于土力学,作了土坝的非线性分析,他们的成果引起了岩土力学界的浓厚兴趣,其后大批土力学工作者从事这方面的研究,取得了巨大的进展。

1.2 长江科学院土工数值发展历程

长江科学院对三峡工程二期深水围堰、清江水布垭面板堆石坝、300m级双江口心墙堆石坝等长江干支流上大多数高土石坝的应力变形与安全控制方法进行了较为系统深入的研究,在筑坝材料力学特性、坝体填料与防渗体之间接触面力学特性、本构模型、作用机理与模拟方法等方面取得了丰富的研究成果。

(1)三峡工程二期深水围堰的研究

在60m深水中的淤砂地基上修建的二期围堰是三峡工程关键性建筑物之一。1984年以来,长江科学院参与了三峡工程二期深水围堰的设计、施工、监测、运行直至爆破拆除的全过程研究与调查验证工作,取得了完整的研究资料,先后主持了"七五"攻关、"八五"攻关,并联合多家国内研究机构和高校共同开展工作,攻克了二期围堰的众多技术难题,包括数值分析中本构模型、边界条件、计算方法、模型参数、成果表达、成果分析和验证、反馈分析等方面的课题。其中对风化砂弃料配制的柔性混凝土防渗墙材料的性能、风化砂填料的力学特性与本构关系进行了较多的研究,提出了风化砂的剪胀模型。对深水环境下、复杂地基上、高强度施工、水下抛填风化砂筑堰、风化砂弃料配制塑性混凝土防渗墙、双防渗墙上接复合土工膜形成的三峡二期围堰,进行了长达近20年的应力变形数值分析,取得了大量的研究成果,对设计方案的选择、围堰运行期的变形与安全性判断发挥了重大的作用。

2002年围堰拆除后,以"三峡二期深水围堰工程性状反分析"为题,开展了防渗墙与填料间泥皮的形成及作用分析、防渗墙体新材料的力学特性及其演变过程分析、风化砂的力学特性与本构关系、堰体与墙体的相互作用机理等研究,在综合分析相关资料的基础上,以堰体的应力变形资料为基础,采用基于多点约束的接触迭代算法模拟防渗墙与堰体的相互作用,对三峡工程二期围堰的实际工程性状进行了反分析,得出了重要的结论,澄清了某些原来疑惑的难题。

(2)水布垭面板堆石坝的研究

20世纪90年代初以来,对目前世界最高的湖北清江水布垭面板堆石坝(坝高233m)进行了系统的研究,并以水布垭工程为依托开展了"九五"国家科技攻关项目"200米级高混凝土面板堆石坝研究",对筑坝材料的工程特性、高面板堆石坝的应力变形特征、高面板堆石坝的应力变形分析方法进行了研究,解决了200米级高面板堆石坝应力变形与防渗系统等关键技术问题,为坝型比选提供了科学依据。在施工设计阶段,开展了高面板坝面板应力的三维弹塑性分析、堆石体分区优化及软岩利用、河床覆盖层利用、面板与垫层间特殊边界力学特性与模拟方法、接缝止水结构与材料、堆石体蠕变特性、大坝施工程序与度汛措施、挤压边墙的工程特性及对面板的影响等方面的研究。完善了面板坝和心墙坝数值分析的软件系统、面板坝三维非连续变形非线性有限元分析的方法,以及土石坝防渗料与填料之间接触面的模拟方法等。

(3)其他土石坝研究

对长江干支流上诸如三峡茅坪溪沥青混凝土防护坝、湖北保康寺坪面板堆石坝、金沙江乌东德高土石围堰的应力变形与安全控制方法进行了研究。三峡茅坪溪沥青混凝土防护坝是当前(2004)国内最高的沥青混凝土心墙坝,1997—2004年,对沥青混凝土心墙料的力学特性、本构关系、蠕变模式、心墙与砾石垫层接触面的强度与模拟方法、心墙料水力劈裂特性、茅坪溪防护坝的应力和变形进行了研究。

金沙江乌东德水电站高土石围堰高74m,河床砂卵石覆盖层厚70m,上下游水头差达151m,设计在下游侧开挖70m深的基坑,该围堰同时具有深厚覆盖层、高水头、高堰体三个特点,采用混凝土防渗墙上接复合土工膜防渗,其中混凝土防渗墙高86m,对围堰的应力变形特征与坝坡稳定性进行了数值分析,对设计方案提出了建议。

(4)筑坝粗粒料研究

从"六五"时期开始,长江科学院对筑坝粗粒料的力学特性进行了研究。研究内容包括:粗粒料的级配模拟方法、压缩特性;粗粒料的击实特性、强度模式及本构模型;高土石坝特殊边界的力学模型。

特别是2001年以来,采用应力控制式高压三轴蠕变试验仪,在国际国内较早系统地开展了复杂应力状态下粗粒料的蠕变特性试验研究,单级荷载最大稳压时间达6个月,建立了筑坝材料九参数蠕变模型,确定了参数的取值方法。2006年,建立了岩土试验CT实时扫描的可视化系统,对筑坝材料变形与破坏机理进行了研究。2008年采用大型三轴仪,对300m级双江口心墙堆石坝的花岗岩和变质岩两种堆石料,系统地进行了单线法和双线法湿化试验。比较了单线法和双线法试验成果间的差异,明确了堆石料湿化特性试验研究宜采用单线法。比较了不同堆石料湿化变形规律,得到了堆石料湿化应变与应力状态的相关关系,提出了堆石料六参数湿化模型及模型参数的确定方法,可作为堆石坝湿化变形分析的基础。

(5)接触面力学特性与模拟方法研究

采用大型叠环式剪切仪,对面板与各类垫层、沥青混凝土心墙与砾石垫层、砾石土与结构、膨胀土与土工格栅之间接触面力学特性、界面模型、数值模拟方法进行了研究。对接触面,可采用双曲线模型、摩擦模型、损伤模型,可分别采用无厚度Goodman单元、薄层单元、连接单元及基于多点约束的直接迭代算法模拟。

(6)岩土本构模型及其离心模型试验验证

将修正剑桥模型应用于高速公路软土地基的沉降分析,对软土地基固结的数值分析方法进行了研究,对软基高堤坝填筑的变形形态和应力状态进行了数值分析,结合离心模型试验和工程经验,提出了软基高路堤填筑的控制标准,经湖北省科技厅鉴定为国际先进水平,并在广佛公路、黄黄公路、杭州绕城公路、温州高速公路、京珠高速公路、桂林机场、深圳机场、珠海机场、苏州太仓港堆场等软土堤坝填筑中推广采用,获得成功。

对格形钢板桩码头结构进行了离心模型试验和数值分析,对格形钢板桩的数值计算方法进行了研究,将其简化成平面应变问题,提出了其侧向变形的计算公式,该公式经过实践检验并写入《格形钢板桩码头设计与施工规程》。

对南水北调中线"穿黄"工程进行了模型试验和数值分析,研究了盾构机开挖面泥浆压力规律,考虑土拱效应的隧道土压力规律,对施工过程中深埋隧道的应力变形进行了数值分析和离心模型试验。

(7)跨流域输水工程渠道膨胀土边坡破坏机理研究

膨胀土的工程问题是岩土工程世界级技术难题。南水北调中线工程总干渠渠段涉及膨胀土地层的累计长度约340km,膨胀土因其有特殊的工程特性,易造成渠坡失稳,对工程的安全运行影响很大,而且其处理难度、处理的工程量和投资也较大,因此,膨胀土的处理是南水北调中线工程的主要技术问题之一。

多年来,国内外在有关膨胀土的工程处治技术上取得了丰硕的成果,但是,在有关膨胀土边坡的破坏模式和破坏机理、膨胀土边坡稳定分析方法、膨胀土的强度理论及强度参数确定等方面尚停留在20世纪90年代的水平,造成理论滞后于实践的情况。为此,从2006年开始,长江科学院联合多家研究机构和高校共同开展工作,以"十一五""十二五"科技支撑计划课题为依托,开展膨胀土地段渠道破坏机理及处理技术研究,取得了一系列重要成果。明确提出"膨胀性控制的边坡失稳"和"裂隙强度控制的边坡失稳"两种破坏模式,揭示了膨胀土渠坡失稳的力学机制;针对膨胀土渠坡两种破坏模式,分别提出了膨胀土渠坡稳定分析方法,解决了膨胀土渠坡设计中的关键问题。

2 土工有限元基本算法

2.1 非线性方程组的解法

非线性问题有两种：一是材料非线性，即材料的应力-应变关系是非线性的；另一是几何非线性，即存在大变形，应变与位移的关系不呈线性，应变不仅包含位移对坐标的一阶导数，还要包含高阶导数。不管哪种非线性，推出的劲度矩阵都将随位移而变。

$$[K(\delta)]\{\delta\}=\{R\} \quad (3.3\text{-}1)$$

式(3.3-1)是位移的非线性方程组。直接解这样的方程组是困难的，因此将其视为一系列的线性问题，用近似的方法求解，以材料非线性为例介绍几种非线性近似解法。

2.1.1 迭代法

迭代法是将荷载一次施加于结构，不断地修正劲度或调整荷载，来逐步接近真实解，而每次迭代都做了一次线性有限元计算。迭代法又可分为割线迭代法、余量迭代法、初应力迭代法等。这几种迭代法是对一般非线性材料而言的，运用到土体上存在着困难：土体很难给出一个全量的应力应变模型，因为土体的变形不仅决定于应力状态，还与加荷路径有关，某种应力状态并不能唯一地确定应变。三轴试验给出了一组全量的应力应变关系曲线，但它是沿某种特定的路径加荷的，不一定适用于其他加载路径，且土样变形属于轴对称问题，而有限元法所要解决的土坝、地基等问题通常属于平面变形问题，同样的应力状态在这两种变形条件下必然对应不同的应变。因此把试验曲线，或者从试验曲线整理出来的应力全量与应变全量的关系式，用来作为迭代收敛的依据，是不恰当的。

需要说明的是，迭代不一定是收敛的。初应力和常劲度迭代，一般来说能收敛，但弹性常数如果选择不当，也会使迭代收敛得很慢，故全量迭代的方法在土体中用得很少。

2.1.2 增量法

增量法是将全荷载分为若干级增量逐级施加，对于每一级增量，假定材料性质不变情况下进行有限元计算，解得位移、应变和应力的增量，累加起来就是所求解答。各级荷载之间材料性质是变化的，弹性模量也是变化的，以反映非线性的应力应变关系，这种方法的实质是用分段直线来逼近曲线。增量法又分为基本增量法、中点增量法、增量迭代法。

2.2 应力修正算法

在增量计算中，荷载增量不可能取得太小，因此计算中可能出现某些单元的计算应力超过极限应力状态而达到破坏的情况。破坏有两种：一是拉应力超过土的抗拉强度，则拉裂；另一是应力莫尔圆超过库仑破坏线，则剪坏。实际应力不可能超过破坏状态，因此，如果算出的应力超过极限应力，应进行调整，应力调整中须假定主应力方向不变。

2.2.1 拉裂修正

计算中可能出现某些单元的 σ_3 低于材料的抗拉强度（受拉为负），此时应将 σ_3 修正为零，即拉裂后不再承受拉应力。在程序中取用一数值很小的压应力，可令 $\sigma_3=0.1\text{kPa}$。假定竖向应力 σ_y 不变，由图 3.3-1 将 σ_x 和 τ_{xy} 分别做如下修正：

$$\sigma'_x=\left(1-\frac{2a}{1+a}\right)\sigma_y \quad (3.3\text{-}2)$$

$$\tau'_{xy}=\frac{\sigma_y-\sigma'_x}{\sigma_y-\sigma_x}\tau_{xy} \quad (3.3\text{-}3)$$

式中 $a = \dfrac{\sigma_y - \sigma_x}{\sigma_1 - \sigma_3}$

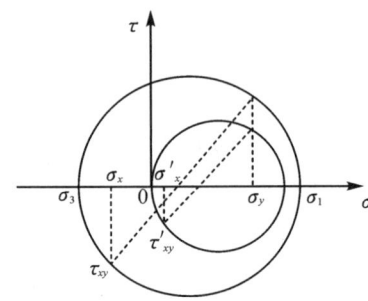

图 3.3-1　拉裂修正

2.2.2　剪坏修正

计算中也可能出现某些单元的应力水平 $S_l > 1.0$，这相当于计算应力的莫尔圆超过库仑破坏线，此时假定 σ_y 不变，由图 3.3-2 调整 σ_x 和 τ_{xy}，将莫尔圆修正到与破坏线相切，相应的应力水平 $S_l = 1.0$，修正后的应力如下：

$$\sigma'_x = \sigma_y - a(\sigma_y - \sigma_x) \tag{3.3-4}$$

$$\tau'_{xy} = a\tau_{xy} \tag{3.3-5}$$

式中

$$a = \dfrac{2(\sigma_y \sin\varphi + c\cos\varphi)}{(\sigma_y - \sigma_x)\sin\varphi + (\sigma_1 - \sigma_3)} \tag{3.3-6}$$

拉裂和剪坏两种破坏有时同时存在，这时要做两种修正。但有时在做了一种修正后，另一种破坏也有可能得到了调整，这样做一种修正就满足了，否则需做第二种修正。修正前的应力状态 $\{\sigma\}$ 是与外荷载相平衡的，修正后成为 $\{\sigma'\}$，便与外荷载不平衡了。修正前后应力差为：

$$\{\Delta\sigma\} = \{\sigma\} - \{\sigma'\} \tag{3.3-7}$$

相应的结点荷载为：

$$\{\Delta R\} = \sum_e \iint [B]^T \{\Delta\sigma\} \mathrm{d}x\mathrm{d}y \tag{3.3-8}$$

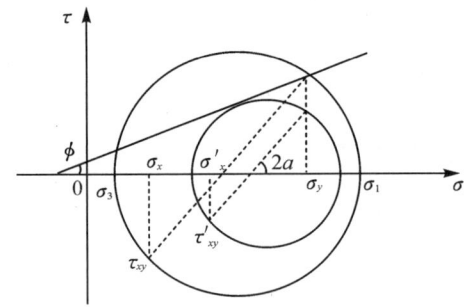

图 3.3-2　剪坏修正

对于没有被平衡的那部分荷载，从更合理的角度看，应将此部分不平衡的荷载施加于结构，重新做有限元计算，也就是把破坏单元没能承受的多余荷载在结构上再分配一次，周围单元的应力就会增加。这种把破坏单元多余应力转移到其他单元的计算方法，叫应力迁移法。做了一次迁移计算后，也许还有破坏单元，也许周围又增加了新的破坏单元，那就再做迁移计算，超出破坏标准的那部分应力可以忽略不计为止。对破坏单元做应力迁移计算，虽然在理论上更合理，但实际计算中，由于土体非线性的复杂性，迁移未必都收敛。过多地增加计算时间所改善的计算精度并不明显,远抵不上土体非线性参数确定中所产生的误差。因此,程序中对土体可以只做应力调整,不做应力迁移计算,也就是说,仅将其调整到破坏标准以内。修正后的应力不与外荷相平衡,保留这种局部不平衡。由于达到破坏的单元是局部的,这种局部的不平衡可忽略不计,且所产生的误差与参数确定或其他的计算过程所带来的误差相比,是可以忽略不计的。

2.3 填筑与开挖的算法

2.3.1 填筑施工过程的模拟

填土工程如土坝、土堤、挡土结构后的回填等,在有限元计算中与地基有一个较大的不同,就是在施工逐级加荷过程中,不仅荷载不断增加,而且结构本身也在逐渐扩大,也就是填筑体在加高。这就给计算提出了一系列须要处理的问题:

(1)计算网格要随施工过程而增加;
(2)新填土层的初始应力为零;
(3)新填土层完成时的应力有两种计算方法:一是令其等于自重应力;二是新填土作为网格参加有限元计算;
(4)填土逐级加高的计算位移,与填筑体完全形成、荷载突然施加所产生的位移是不同的。

2.3.2 开挖施工过程的模拟

工程上常常遇到深开挖,如深的基坑、坑道、埋管、隧道等,开挖后地基中的应力将发生变化。应用有限元法可以计算周围应力场的变化以及所发生的变形。有限元法模拟开挖,关键就在于使开挖面上的应力完全解除,成为应力自由面。

开挖也是逐层进行的。对于每一级开挖,要根据开挖前的应力,求出开挖面上部土体对下部土体所作用的结点力,以{F}表示,给开挖面上的节点作用与此相反的结点荷载{F},并将挖除的土体从结构中去掉,做有限元计算,就使开挖面成为应力自由面,所算得的地基内的位移场和应力场,就是所求的解答。

3 支挡结构数值模拟

近年来,在新沙、深圳等地相继在大型专业化集装箱码头主体结构中,成功地采用了格形钢板桩结构形式。格形钢板桩码头由格形墙体和上部结构两部分组成,格形墙体由直腹式钢板桩锁口相连的主格仓、前后连接弧段的副格仓以及主、副格仓内的填料组成。典型的码头结构断面形式如图3.3-3所示[6]。

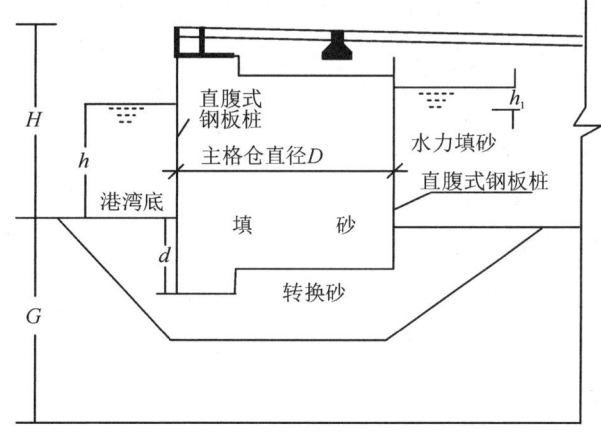

图 3.3-3 码头结构断面形式

实践表明,对一些特定的条件,本结构有其独特的适应性。然而,在结构设计过程中,如何计算结构的侧向变形,以便码头轴线准确定位,是一个有待解决的问题。

3.1 采用离心模型试验研究钢板桩格体的作用机理

钢板桩格仓的环形布置使得格形结构成为三维问题,由于板桩的片状形态,其厚度与码头的二维尺度相差甚远,直接采用三维有限元法进行应力变形分析是非常困难的。为此,在离心模型试验中,弄清钢板桩格体的作用机理之后,才可对格形结构的分析方法进行简化。

从相邻副格仓中轴线截取模型单元,并根据格体环向抗拉刚度及抗弯刚度的相似准则进行模型制作,在主格仓中轴线外侧安装水平位移传感器,测量其沿高程的变化规律,同时在试验后用游标尺进行校测。每组模型分三级加载,第一级模拟钢板桩打桩,格内填土(中粗砂);第二级模拟格仓后侧填土;第三级模拟格体上部超载(30kPa)。

通过一系列离心模型试验,得到了格体变形的主要规律:在主、副格仓填土过程中,格仓将产生径向变形,以发挥格仓的环向约束作用;在格体后侧填土及上部超载作用下,由于地基的变形,使格体产生平移和转动,当高宽比 H/B 一定时,平移量随板桩埋置深度与等效宽度之比 d/B 的减小而增大;d/B 一定时,随 H/B 减小,平移量占总位移的比例增大;转动量主要与地基的压缩变形有关,由于格体上所受的水平推力及填土自重荷载的共同作用,使转动变形的规律较为复杂;另外,格体在外部荷载作用下也有自身的变形,总之,由于板桩格仓的环箍作用,使格体成为能够抵抗外荷载的整体结构。

3.2 有限元数值分析计算模式

根据离心模型试验得到的格体相互作用机理,格仓的作用为环箍作用,为此,将格形结构简化成沿码头轴向布置且弹簧连接的两片钢片。由于钢板桩为线弹性材料,且在竖向上刚度一致,所以连接弹簧的刚度 K 是一个常数,定义为 $K=\sigma_n/\Delta x$。其中 σ_n 为作用在钢片上的法向应力,Δx 为法向位移。对于厚度为 δ,弹模为 E,直径为 D 的格形结构可推得弹簧刚度:

$$K=\frac{4\delta E}{\pi D^2} \tag{3.3-9}$$

根据上述力学概念,在二维有限元计算程序中,引入"格体单元"以反映格仓的水平约束作用,则可建立格形结构有限元分析模式。有限元分析中,土的本构模型采用邓肯模型,格体与土体接触面采用 Goodman 单元模拟,模型参数由室内试验确定。

3.3 离心模型试验与数值分析成果的比较

采用的技术路线是首先采用有限元数值分析方法,对离心模型试验的加荷过程进行模拟求得模型的应力和位移,并进行两方面成果间的比较,以验证数值分析的合理性,然后采用数值分析方法计算原型结构的应力和变形。

八个模型在后侧填土作用下的水平位移和 30kPa 超载下的水平位移实测值与有限元法计算值(模拟模型试验过程)均示于图 3.3-4。经分析,引起两模型差别的主要原因,是由于模型制备时填料的起始密度较小,但确切的起始密度尚无资料。

模型的侧向变位沿高度的分布曲线如图 3.3-5 所示,格形结构的侧向变位形态模型试验与数值分析是比较一致的,最大侧向变位梯度出现在地基表面与桩底之间,且侧向变位梯度随高度增大逐渐减小,这和格形结构所受剪力随高度逐渐减小有关。

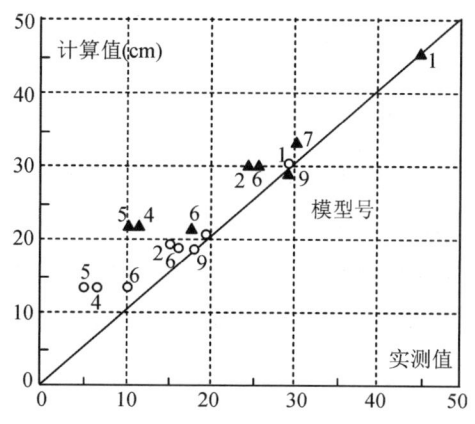

图 3.3-4 模型试验与数值分析的侧向变位

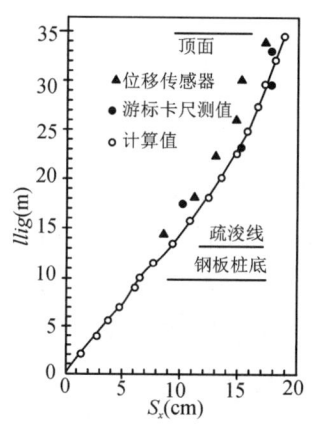

图 3.3-5 不同高度的侧向变位

3.4 格形结构的侧向变位"影响系数法"

格形结构的侧向变位是多种影响因素的综合体现,有结构尺寸、埋置深度、材料力学特性等,很难建立侧向变位的精确解析式。为了得到格形结构顶部(最大位移处)变位的简化计算公式,采用了一系列敏感性有限元分析,即改变其中一个或两个或多个变量的大小,计算格形结构的变位,同时,引入影响系数 K_i:

$$K_i = \left(\frac{S_{xi}}{S_0}\right) \quad (3.3\text{-}10)$$

式中 S_{xi} 为变量 i(i 为高宽比 H/B,B 为等效宽度)取不同数值时格形结构的变位;S_0 为基本条件下格形结构的侧向变位;并通过改变变量的形式保证变量满足可分离性,即多个变量同时改变时,总的侧向变位影响系数为各变量的影响系数之积:

$$K_{i,j\cdots} = K_i \cdot K_j \cdots \quad (3.3\text{-}11)$$

经充分论证,提出了格形钢板桩结构侧向变位影响系数法的计算表达式:

$$S = 21.4(H/B)^2 K_1 K_2 K_3 K_4 K_5 K_6 K_7 K_8 K_9 \text{ (cm)} \quad (3.3\text{-}12)$$

各影响系数表达式如下:

$$K_1 = \frac{B}{13.788 + 0.2552B} \quad (3.3\text{-}13)$$

$$K_2 = \frac{(G/H)^2}{0.174 + 1.107(G/H)^2} - 0.2\left(\frac{G}{H}\right) + 0.4291 \quad (3.3\text{-}14)$$

$$K_3 = \frac{(h/H)}{0.761 + 0.613(h/H)} - (h/H) + 1.032 \quad (3.3\text{-}15)$$

$$K_4 = 3\left[1 + \left(\frac{d}{B}\right)\right] - \frac{3.65(d/B) - 0.42}{(d/B) - 0.069} \quad (3.3\text{-}16)$$

$$K_5 = \frac{338}{K_{n1}} + 0.11 \quad (3.3\text{-}17)$$

$$K_6 = 1.9 - \frac{(K_{n2}/K_{n1})}{0.346 + 0.278(K_{n2}/K_{n1})} \quad (3.3\text{-}18)$$

$$K_7 = 4.0 - \frac{(K_{n3}/K_{n1})}{0.055 + 0.278(K_{n3}/K_{n1})} \quad (3.3\text{-}19)$$

$$K_8 = 1.353 - \frac{\delta}{28.21 + 1.174\delta} \quad (3.3\text{-}20)$$

$$K_9 = \frac{1.16(q')-30}{H\gamma_w}+1.0 \tag{3.3-21}$$

$$q' = q + \frac{\gamma_w h_1}{1-\sin\varphi}\frac{h+0.5h_1}{H} \tag{3.3-22}$$

式中：各符号 H、B、G、h、d、h_1、K_{n1}、K_{n2}、K_{n3}、δ、q、γ_w、φ 分别表示码头高度(m)、等效宽度(m)、地基土层厚度(m)、码头前水位高度(m)、板桩埋置深度(m)、前后水头差(m)、格内填料邓肯模型参数 K、后侧填料邓肯模型参数 K、地基土邓肯模型参数 K、填料与板桩摩擦角(°)、静超载(kPa)、水的重度(kN/m³)及后侧填料有效内摩擦角(°)。上述简化计算公式基本保证了有限元法同等精度，经鉴定，简化公式已列于相应的规范中。

3.5 小结

应用有限元法分析实际问题的目的是可以快捷地得到可靠的结果，其分析过程的有效性和计算结果的可靠性成为有限元法的两大核心问题。涉及准确建模(包括材料分区、单元网格、边界条件确定、荷载模拟等)；本构模型及其参数；接触面模型及其参数；恰当的分析方案和计算方法的选择，以及对计算结果的正确解释和处理等方面。对于许多实际的岩土工程问题，应用有限元法时，还要处理好初应力问题、应力修正问题等。

尽管有限元法有许多优点，但有些问题还不能用有限元法进行理想的模拟，例如有着强节理裂隙或者其他结构面的岩体，具有明显的非连续体特性，将其视为连续体就太过牵强，这时应该考虑选择其他数值分析方法，例如离散元方法、非连续变形方法(DDA)等。

4 土石坝数值模拟

4.1 粗粒土的本构模型

大量研究表明，面板堆石坝堆石体具有非线性、各向异性、剪胀(缩)性和压硬性等特性，同时，堆石体的应力变形直接影响到面板、接缝的应力和变形；而面板和接缝的良好工作状态是保证面板堆石坝安全运行的关键，对高面板堆石坝尤其如此。因此，要科学预测面板堆石坝的应力和变形，必须寻求合适的模型，以模拟堆石体的应力应变关系。目前，要想建立一个完全能反映堆石体真实的应力应变关系的模型是很困难的，国内外学者在大量室内外试验研究和理论分析的基础上，提出了不少堆石体的本构模型。其中，应用较广泛的有 Duncan-Chang 模型、$K-G$ 模型、弹塑性模型等。

4.1.1 Duncan-Chang $E-\mu$ 模型

该模型是 Duncan-Chang 根据康纳(Kondner)关于土料三轴试验的偏应力与轴向应变近似呈双曲线的假定而提出的。在假定土石料抗剪强度符合摩尔—库仑(Mohr-Coulomb)破坏准则条件下，推导了切线弹性模量表达式。

切线弹性模量：

$$E_t = (1-R_f S_l)^2 E_i \tag{3.3-23}$$

式中：E_i——初始切线弹模，E_i 与固结压力 σ_3 的关系用幂函数表示为：

$$E_i = kp_a\left(\frac{\sigma_3}{p_a}\right)^n \tag{3.3-24}$$

k、n 分别为切线模量基数、切线模量指数，由试验确定；

p_a——单位大气压力；

R_f——材料参数,称作破坏比。

$$R_f = \frac{(\sigma_1 - \sigma_3)_f}{(\sigma_1 - \sigma_3)_{ult}} \tag{3.3-25}$$

S_l——应力水平,它反映材料强度发挥的程度。表达式为:

$$S_l = \frac{(\sigma_1 - \sigma_3)}{(\sigma_1 - \sigma_3)_f} \tag{3.3-26}$$

上两式中

$(\sigma_1 - \sigma_3)_{ult}$——偏应力的渐近值;

$(\sigma_1 - \sigma_3)_f$——破坏时的偏应力。由摩尔—库仑破坏准则得:

$$(\sigma_1 - \sigma_3)_f = \frac{2c\cos\varphi + 2\sigma_3\sin\varphi}{1 - \sin\varphi} \tag{3.3-27}$$

式中

c——材料凝聚力;

φ——材料内摩擦角。

对于卸载情况,该模型采用回弹模量 E_{ur} 进行计算。回弹模量计算式为:

$$E_{ur} = k_{ur} p_a \left(\frac{\sigma_3}{p_a}\right)^{n_{ur}} \tag{3.3-28}$$

式中

k_{ur}——卸荷模量基数;

n_{ur}——卸荷模量指数。

根据侧向应变 ε_r 与竖向应变 ε_a 关系曲线推导出切线泊松比表达式:

$$u_t = \frac{G - F\lg\left(\frac{\sigma_3}{p_a}\right)}{(1 - A)^2} \tag{3.3-29}$$

式中

$$A = \frac{D(\sigma_1 - \sigma_3)}{kp_a\left(\frac{\sigma_3}{p_a}\right)^n \left[1 - \frac{R_f(1 - \sin\varphi)(\sigma_1 - \sigma_3)}{2c\cos\varphi + 2\sigma_3\sin\varphi}\right]} \tag{3.3-30}$$

以上各式中,D 为双曲线的 ε_a 渐近值的倒数,它的大小反映了 $\varepsilon_a - (-\varepsilon_r)$ 双曲线的形态,G 表示 $\sigma_3 = p_a$ 时的初始切线泊松比,F 是反映初始切线泊松比随 σ_3 增大而减小的变化程度的一个指标。其他参数意义同前。

计算中对堆石体加卸载判别,有如下两种处理方法:

第一类方法,计算中,当下列两个条件同时满足,即:

① $S_l < 0.95 S_{l\max}$

② $\sigma_1 - \sigma_3 < 0.95 (\sigma_1 - \sigma_3)_{\max}$

则认为处于卸荷状态。式中,$S_{l\max}$、$(\sigma_1 - \sigma_3)_{\max}$ 为历史上最大值。

第二类方法,采用邓肯等人提出的加载函数:

$$F_1 = S_l \left(\frac{\sigma_3}{p_a}\right)^{0.25} \tag{3.3-31}$$

设某单元历史上的最大加载函数值为 $F_{1\max}$,则 E 按下取值:

当 $F_1 \geqslant F_{1\max}$,加载,$E = E_t$;

当 $F_l \leqslant 0.75F_{1\max}$，完全卸载，$E = E_{ur}$；

当 $F_{1\max} > F_l > 0.75F_{1\max}$，中间状态，$E$ 按内插计算：

$$E = E_{ur} + (E_t - E_{ur})\frac{F_l - 0.75F_{1\max}}{0.25F_{1\max}} \tag{3.3-32}$$

在面板堆石坝发展初期，该模型应用较多，国内外学者根据试验资料进行了修正。$E-\mu$ 模型体现了土体的非线性特征，考虑了应力历史对变形的影响，但是该模型存在明显的缺点，采用 ε_a 与 $(-\varepsilon_r)$ 双曲线关系计算出的切线泊松比 μ_t 值有时偏大，与试验资料拟合不理想，且卸荷泊松比与加载泊松比一样。$E-\mu$ 模型也不能反映中主应力的影响，不能反映土体的各向异性、剪胀、剪缩性等。1980 年，邓肯等人从另一角度，对模型进行了演绎，他们采用切线体积模量 B_t 代替切线泊松比 μ_t 进行计算，即为 $E-B$ 模型。但 $E-\mu$ 模型与 $E-B$ 模型其实各有适用的情况，这可从三峡高土石围堰大量数值分析成果得到证实（参考本书第六篇第 1 章三峡工程）。

4.1.2 Duncan-Chang $E-B$ 模型

该模型切线弹性模量和卸荷下回弹模量分别按式(3.3-23)、式(3.3-28)计算，切线体积模量按下式计算：

$$B_t = k_b p_a \left(\frac{\sigma_3}{p_a}\right)^m \tag{3.3-33}$$

式中：k_b、m 分别为无因次的体积模量数和模量指数，对粗粒土，凝聚力 $c = 0$，内摩擦角 φ 与围压有如下关系：

$$\varphi = \varphi_0 - \Delta\varphi \lg\left(\frac{\sigma_3}{p_a}\right) \tag{3.3-34}$$

式中 φ_0 为 $\sigma_3 = p_a$ 时的 φ 值，$\Delta\varphi$ 反映 φ 值随 σ_3 而降低的一个参数。

对堆石体加卸荷判断同前所述，加卸载状态下，切线体积模量均按式(3.3-33)计算，且规定 B 的取值范围如下：

$$E/3 \leqslant B \leqslant 17E \tag{3.3-35}$$

Duncan-Chang $E-B$ 模型能反映堆石体变形的主要特征即非线性；可以体现应力历史对变形的影响；用于增量计算，能一定程度上反映应力路径对变形的影响，但不能反映剪胀（缩）性，也不能反映体积应力会引起剪切变形，但当加荷路径接近试验条件时，可认为模型能反映这种交叉影响。该模型参数确定有比较成熟的经验，简单方便，因此已被广泛应用于混凝土面板堆石坝的应力变形分析中。

4.2 特殊边界模拟及数值方法

混凝土面板堆石坝有限元计算中，特殊边界有混凝土面板与垫层之间的接触面、周边缝、面板分缝等。对其模拟的合理性直接影响到面板应力、变形和接缝的三向变位[6]。

4.2.1 混凝土面板—垫层之间接触面模拟

目前对接触面的模拟有几种方式：无厚度的 Goodman 单元，薄单元和不设接触面单元。对面板堆石坝而言，来自坝体上游的水压力，由面板通过接触面传递给堆石体，使面板与堆石体都产生较大的位移。由于混凝土面板和堆石体的应力应变特性差异很大，势必在接触面附近产生较大的相对位移，为了正确地分析混凝土面板与垫层接触面上的受力和变形机理、接触面上的应力应变关系、剪切中破坏发生的位置和荷载的传递过程等问题，在计算中进行正确地模拟，将十分重要。因此，选择较符合实际的接触面模型，是正确计算面板及周边缝应力和变形的重要前提。

接触面的研究主要包含两个方面：一是接触面上的本构关系，指剪应力与剪应变（或剪切变形）之间的关系（包含试验方法研究）；另一是接触面单元的模拟，即选择一种有限元计算中能模拟接触面变形的单元。而这两方面的研究又是相互联系的。

4.2.1.1 接触面本构模型

接触面的应力应变关系有几种模型：

（1）双曲线模型

Clough 等人于 1971 年提出双曲线拟合 $\tau-w_s$ 关系曲线，即：

$$\tau=\frac{w_s}{a+bw_s} \tag{3.3-36}$$

其中 τ 为接触面上的平均剪应力；w_s 为相对位移，a、b 为试验参数。

上式可转换成：

$$\frac{w_s}{\tau}=a+bw_s \tag{3.3-37}$$

w_s/τ 为纵坐标，w_s 为横坐标，点绘成直线。直线的截距为 a，斜率为 b。$a=\frac{1}{k_{si}}$，$b=\frac{1}{\tau_u}$，其中 k_{si} 为初始剪切劲度，τ_u 为 $w_s\rightarrow\infty$ 时的剪应力。Clough 将它们与 σ_n 的关系分别表示为：

$$k_{si}=k_1\gamma_w\left(\frac{\sigma_n}{p_a}\right)^n \tag{3.3-38}$$

$$\tau_u=\frac{\tau_f}{R_f}=\frac{\sigma_n\mathrm{tg}\delta}{R_f} \tag{3.3-39}$$

由此得到：

$$k_{st}=\frac{\partial\tau}{\partial w_s}=\left(1-R_f\frac{\tau}{\sigma_n\mathrm{tg}\delta}\right)^2 k_1\gamma_w\left(\frac{\sigma_n}{p_a}\right)^n \tag{3.3-40}$$

其中 γ_w 为水容重，p_a 为单位大气压力，k_{st} 为切向剪切劲度系数，k_1，n，R_f，δ 为模型参数，可由直剪试验确定。

（2）刚塑性模型

该模型是经典土力学中计算挡土墙土压力时所采用的接触面剪应力与位移关系，认为在剪应力达到抗剪强度之前，接触面上不发生任何位移，而在达到抗剪强度之后，位移无限发展。

河海大学殷宗泽等提出接触面错动变形的刚塑性模型。他认为接触面附近的土体变形可分为两部分：一是土体的基本变形，不论滑动与否，都是存在的；二是破坏变形，包括滑动破坏和拉裂破坏。

基本变形所采用本构模型与土体其他区域中的相同。对平面应变问题，可写成：

$$\begin{Bmatrix}\Delta\varepsilon'_t\\\Delta\varepsilon'_n\\\Delta\gamma'_{tn}\end{Bmatrix}=\begin{bmatrix}C'_{11} & C'_{12} & C'_{13}\\C'_{21} & C'_{22} & C'_{23}\\C'_{31} & C'_{32} & C'_{33}\end{bmatrix}\begin{Bmatrix}\Delta\sigma_t\\\Delta\sigma_n\\\Delta\tau_{tn}\end{Bmatrix}=[C]'\{\Delta\sigma\} \tag{3.3-41}$$

对破坏变形，可写成：

$$\begin{Bmatrix}\Delta\varepsilon''_t\\\Delta\varepsilon''_n\\\Delta\gamma''_{tn}\end{Bmatrix}=\begin{bmatrix}0 & 0 & 0\\0 & \dfrac{1}{E''} & 0\\0 & 0 & \dfrac{1}{G''}\end{bmatrix}\begin{Bmatrix}\Delta\sigma_t\\\Delta\sigma_n\\\Delta\tau_{tn}\end{Bmatrix}=[C]''\{\Delta\sigma\} \tag{3.3-42}$$

式中下标 n 表示接触面法线方向，t 表示切线方向，所以总变形为：

$$\{\Delta\varepsilon\} = \{\Delta\varepsilon\}' + \{\Delta\varepsilon\}'' = \begin{bmatrix} C'_{11} & C'_{12} & C'_{13} \\ C'_{21} & C'_{22}+\dfrac{1}{E''} & C'_{23} \\ C'_{31} & C'_{32} & C'_{33}+\dfrac{1}{G''} \end{bmatrix} \begin{Bmatrix} \Delta\sigma_t \\ \Delta\sigma_n \\ \Delta\tau_{tn} \end{Bmatrix} = [C]\{\Delta\sigma\} \qquad (3.3\text{-}43)$$

接触面受压，E'' 取很大值；接触面受拉，被拉裂，可令 E'' 为一很小值。

G'' 取值时，当应力水平 $S_l \geqslant 0.99$ 或 $\tau \geqslant 0.99\tau_f$ 时，可令 $G''=5\mathrm{kPa}$，当 $S_l<0.99$ 时，令 $1/G''=0$。

(3) 弹塑性模型

Brandt 根据室内剪切试验及挡土墙的观测资料，提出 τ—w_s 曲线可简化成两条直线：

$$(\tau/\sigma) = w_s \mathrm{tg}\varphi_i \qquad w_s < w_{s0} \qquad (3.3\text{-}44)$$

$$(\tau/\sigma) = (\tau/\sigma)_0 + (w_s - w_{s0})\mathrm{tg}\varphi_i \qquad w_s \geqslant w_{s0} \qquad (3.3\text{-}45)$$

河海大学陈慧远于1985年提出接触面上剪应力与剪切位移可简化为：切向应力 τ 小于摩擦力 $f\sigma_n$（f 为接触面摩擦系数，σ_n 为法向应力）时，切向应力 τ 与剪切位移 w_s 呈线性关系，即：

$$\tau = k_s w_s \qquad (3.3\text{-}46)$$

式中 k_s 为剪切模量。

当 τ 大于或等于摩擦力 $f\sigma_n$ 时，属于摩擦滑移阶段，剪应力与剪切位移不再为固定的关系式，剪切位移为：

$$w_s \geqslant \tau/k_s \qquad (3.3\text{-}47)$$

4.2.1.2 接触面单元形式

接触面变形研究，在建立本构模型后，应选择合适的接触面单元，主要有如下几种：两节点单元、Goodman 单元、薄层单元。由于两节点单元所得的应力和位移较粗糙，只能表示出接触面上应力或位移发展的趋势，这里重点介绍 Goodman 单元和薄层单元。

(1) 无厚度 Goodman 单元

Goodman 于1968年提出无厚度平面四节点八自由度接触面单元，这种单元当初应用于岩石力学中作为节理单元，后被推广到各种边界接触。

假定法向应力和剪应力与法向相对位移和切向相对位移之间无交叉影响，应力与相对位移关系式：

$$\{\sigma\} = [K_0]\{W\}$$

$$[K_0] = \begin{bmatrix} k_s & 0 \\ 0 & k_n \end{bmatrix}, \{\sigma\} = \begin{Bmatrix} \tau_s \\ \tau_n \end{Bmatrix}, \{W\} = \begin{Bmatrix} w_s \\ w_n \end{Bmatrix} \qquad (3.3\text{-}48)$$

式中 k_s、k_n 分别为切向和法向劲度系数。k_s 由试验确定；接触面开裂，k_n 取很小值，否则 k_n 取很大值。

位移沿单元长度 L 方向呈线性变化，局部坐标中的位移矩阵表达式为：

$$\{w\} = [B]\{\delta\} \qquad (3.3\text{-}49)$$

$$[B] = \begin{bmatrix} a & 0 & b & 0 & -b & 0 & -a & 0 \\ 0 & a & 0 & b & 0 & -b & 0 & -a \end{bmatrix} \qquad (3.3\text{-}50)$$

式中 $a = \dfrac{1}{2} - \dfrac{x'}{L}$，$b = \dfrac{1}{2} + \dfrac{x'}{L}$。

由虚功原理，可得局部坐标下的单元劲度矩阵为：

$$[K'] = \int_{-\frac{L}{2}}^{\frac{L}{2}} [B]^T [D] [B] dx' \tag{3.3-51}$$

经坐标转换,得整体坐标下的单元劲度矩阵为:

$$[K] = [Q]^{-1} [K'] [Q] \tag{3.3-52}$$

式中 $[Q]$ 为坐标转换矩阵。

Goodman 单元能较好地反映接触面切向应力和变形的发展,能考虑接触面变形的非线性特性。其切向劲度系数 k_s 可以通过常规直剪试验简便地得到,参数易于确定,并且在一定程度上能反映接触面的剪切特性,因此长期以来,一直得到广泛应用。但是,Goodman 单元也存在较明显的缺点,主要是由于单元无厚度,在受压时就会使两侧的普通单元相互嵌入,当法向劲度任取一大值,只要法向相对位移有微小的误差,就会使法向应力有较大误差。

(2) 薄层单元

为避免无厚度单元可能造成的两侧单元的重叠,及模拟接触面的剪切破坏常常发生在附近的土体内这一现象,许多学者主张用薄层单元。这里主要介绍 Desai 于 1984 年提出的薄层单元,薄层单元厚度为 t,长度为 B。它在单元劲度矩阵形成方面与普通单元一样,但在本构矩阵中,将法向和切向分量分开考虑:

$$[D] = \begin{bmatrix} D_{ss} & D_{sn} \\ D_{ns} & D_{nn} \end{bmatrix} \tag{3.3-53}$$

$[D_{ss}]$ 为剪切分量,$[D_{nn}]$ 为法向分量;$[D_{sn}]$ 和 $[D_{ns}]$ 为考虑耦合效应的分量。由于试验手段限制,没有测定法向和切向的耦合影响,$[D_{sn}]$、$[D_{ns}]$ 不予考虑,取为 0,法向分量可表示为:

$$[D_{nn}] = \lambda_1 [D_{nn}]_i + \lambda_2 [D_{nn}]_g + \lambda_3 [D_{nn}]_{st} \tag{3.3-54}$$

i、g、st 分别表示接触区材料、岩土材料和结构材料。对于静力问题,可令 $\lambda_1 = 1, \lambda_2 = \lambda_3 = 0$;对于动力问题,可令 $\lambda_1 = 0.75, \lambda_2 = 0.25, \lambda_3 = 0$。1988 年 Desai 对 $[D_{nn}]$ 的确定进行了改进,分不滑动、滑动、开裂、重新闭合四种情况分别提出了 $[D_{nn}]$ 的确定方法,使其取值更为合理。

薄层单元剪切模量的确定如下:

$$G = k_s t \tag{3.3-55}$$

k_s 取值同 Goodman 单元。可以看出单元厚度 t 对 G 的数值有直接影响。当 t 取得太大,与实体单元宽度 B 处于同一数量级,接触单元就成为普通单元了;当 t 取得太小时,接触面不易错开,使相对剪切位移的计算产生误差。Desai 研究表明,宜取 $t/B = 0.01 \sim 0.1$。

(3) 摩擦单元

Katona 提出二维接触摩擦界面元,在弹性介质界面单元中,以节点接触力作为基本未知量,将接触单元的约束方程与结构的整体平衡方程耦合为一个维数扩大了的方程,从而避免了常用接触单元中劲度系数的选取,只需选用库仑摩擦定律中的 c、φ 两个参数,使参数的确定相对简单,并有较多的工程经验作为基础。

在三维状态下,摩擦单元为八节点等参单元,单元厚度为零,单元中相对节点的初始坐标相同,节点对之间不能相互嵌入,但可张开或滑移。

摩擦单元建立的刚度—约束方程如以下形式:

$$\begin{bmatrix} 0 & C^T S \\ C' & R \end{bmatrix} \begin{Bmatrix} \Delta D \\ \Delta \sigma \end{Bmatrix} = \begin{Bmatrix} \Delta F \\ a^* \end{Bmatrix} \tag{3.3-56}$$

或

$$[K_c]\begin{Bmatrix}\Delta D \\ \Delta \sigma\end{Bmatrix} = \{F_c\} \tag{3.3-57}$$

其中$[K_c]$、$\{F_c\}$分别表示刚度—约束矩阵和荷载列阵,即:

$$[K_c]=\begin{bmatrix} 0 & C^TS \\ C' & R \end{bmatrix}, \{F_c\}=\begin{Bmatrix}\Delta F \\ a^*\end{Bmatrix} \tag{3.3-58}$$

4.2.2 混凝土面板坝接缝模拟及数值方法研究

混凝土面板坝接缝包含周边缝和面板分缝。

(1) 接缝模拟

现代混凝土面板坝设计非常重视周边缝的可靠性,一般设有三道止水,即缝顶柔性填料或无黏性填料,底部铜止水,中部止水,缝内嵌有沥青木板。研究表明:铜止水片的受力特性受其形状控制,在中肋展平之后,铜止水片可简化为简单拉伸;切向位移过程中,中肋随之发生反对称侧向偏转;PVC止水是一种弹性材料,它承受拉伸和切向变形的能力远大于铜止水,在破坏之前,应力与变形关系可近似为直线关系;接缝压缩主要由缝中木板承受。对面板的垂直缝而言,目前采用接缝单元(采用止水材料试验成果)、缝单元(用分离缝或复合板模拟)、无厚度Goodman单元、薄层单元等方法模拟;对周边缝而言,采用无厚度Goodman单元、软单元、接缝单元、分离缝等方法模拟。

(2) 周边缝模拟方法

根据止水材料试验成果,即$F-\delta$关系及参数,选用无厚度Goodman单元形式,可以模拟周边缝的特性。河海大学顾淦臣等人采用了这种模拟形式。试验和数值分析表明,采用无厚度Goodman单元,可以模拟接触面的剪切错动,因此,可以近似用它来模拟接缝变形。由于周边缝三向变形在同一数量级上,拉压状态下法向劲度系数应参照试验选取,剪切劲度系数借用接触面试验结果。周边缝三向变形相差并不太大,一般处于张拉状态,也可以采用软单元、薄层单元加以近似模拟,但其弹模或法向劲度系数取一小值,一般弹性模量取为混凝土弹性模量的万分之一。

(3) 垂直缝模拟方法

垂直缝变位相对于周边缝而言较小,且主要对面板轴向应力产生影响,对周边缝变位也有一定影响。类似周边缝、垂直缝模拟方法,垂直缝的模拟主要有接缝单元、无厚度Goodman单元、软单元、薄层单元等。由于垂直缝有压性缝、拉性缝之分,所以应区别对待。当垂直缝受压时,可取法向劲度系数或弹性模量为很大值,当垂直缝受拉时,可取法向劲度系数或弹性模量为小值。垂直缝模拟各种方法的本构关系类似周边缝,计算研究表明,上述方法都能反映面板拉压缝的分区。由前面所述可知,采用接缝单元与无厚度Goodman单元模拟,对坝体应力变形几乎没有影响,对面板和垂直缝的变位影响也很小,只是对面板轴向应力有一定影响。计算分析表明,当垂直压性缝采用硬拼缝时,面板轴向压应力较大,当允许垂直压性缝有一定压缩量时,面板轴向压应力将明显减小。因为前者需给定一个很大的法向劲度系数或弹性模量,后者则在一定变位范围内可取一个较小的法向劲度系数或弹性模量。所以,在堆石体重量和水荷载的共同作用下,前者压应力会产生集中现象,而后者则在一定限度内可以释放集中的压应力,减轻压应力的集中。

4.3 面板应力变形的子模型法

4.3.1 面板的应力分布规律分析

将面板作为隔离体,如果把混凝土材料看作线弹性材料,面板应力可认为由两种原因造成,一部分是堆石体不动条件下水荷载所引起的应力,另一部分是由于堆石体位移所引起的应力重分布。

法向应力:$\sigma_s = \sigma_{s1} + \sigma_{s2}$

板内顺坡向应力与坝轴向应力:$\sigma_R = \sigma_{R1} + \sigma_{R2}$

对于大面积薄板,除了周边少部分区域外,大部分区域内水荷载引起的应力应有如下规律:

$$\sigma_{s1} = P, \sigma_{R1} = \frac{\mu}{1-\mu}P \tag{3.3-59}$$

式中 P 为水压力,μ 为面板混凝土材料的泊松比。

对于堆石体表面位移所引起的面板法向应力 σ_{s2} 在面板范围内的大小有所差别,但其合力为 0。如果迎水坡为平面,则 σ_{s2} 为 0。坝体迎水面变为曲面,在凸起部分 σ_{s2} 是拉应力,在凹下部分 σ_{s2} 为压应力,且 σ_{s1}、σ_{s2} 的合力不小于 0。堆石体表面位移所引起的面板顺坡向与坝轴向应力 σ_{R2} 的大小与坝体的变形及接触面的切向刚度 k_s 相关,是构成面板应力的主要部分。这种分布规律应是判断面板应力计算成果合理性的依据。

采用有限元法来分析厚度很薄的混凝土面板与三维尺寸很大的坝体之间的相互作用,难度很大。堆石体单元往往无法剖分很细的单元,而目前普遍采用接触单元法(如无厚度 Goodman 单元、薄层单元)来模拟面板与堆石体之间的接触,需要面板与挤压边墙之间有限元网格的协调,这就往往导致面板单元划分过粗、形状奇异。根据数值方法的数学实质,为了提高面板应力变形的计算精度,必须将面板单元进一步细分,长江科学院提出了面板应力变形的子模型法,解决了面板应力变形计算精度不足的问题。

4.3.2 子模型法原理

完全的子模型法把非连续系统的各连续体当作子系统求解,非连续边界的接触相互作用作为各子系统的边界。本文系为解决面板单元尺度过大,计算精度不足的问题,针对面板堆石坝而发展的三维子模型法。其分析过程是:

(1)先不考虑面板与垫层的接触问题,计算实际加载路径下整个坝体的应力与变形;

(2)将面板和垫层独立成为子模型,主堆石体表面的位移作为已知位移边界;

(3)将子模型的网格细分,再考虑面板与堆石体、面板与面板、面板与趾板的接触。

这种算法可采用传统的界面元模拟接触边界,快速地解决面板应力变形计算精度不足的问题。按照此思路进行面板堆石坝的计算,坝体的本构模型常采用 Duncan-Chang $E-B$ 模型,并采用无厚度的 Goodman 单元模拟面板三个方向的接触边界。

4.4 堆石体蠕变的数值模拟

4.4.1 九参数蠕变模型简介

该模型由长江科学院程展林提出[7],根据试验结果认为堆石体轴向蠕变和体积蠕变均可用幂函数表达:

$$\varepsilon_a(t) = \varepsilon_{af}(1-t^{-\lambda_a}) \tag{3.3-60}$$

$$\varepsilon_v(t) = \varepsilon_{vf}(1-t^{-\lambda_v}) \tag{3.3-61}$$

式中 ε_{af} 和 ε_{vf} 分别为某个应力状态下最终轴向蠕变量和最终体积蠕变量,$\varepsilon_a(t)$ 和 $\varepsilon_v(t)$ 分别为 $0 \sim t$ 时段内累计的轴向和体积蠕变量,λ_a 和 λ_v 分别为累计轴向和体积蠕变的时间幂指数。

最终轴向蠕变量 ε_{af} 和应力水平 S_l 与围压 σ_3 的关系如下:

$$\varepsilon_{af} = \frac{cS_l}{1-dS_l}\sigma_3 \quad (3.3\text{-}62)$$

λ_a 与应力水平 S_l 关系不明显。λ_a 与围压 σ_3 关系可以用幂函数表达：

$$\lambda_a = \eta\sigma_3^{-m} \quad (3.3\text{-}63)$$

ε_{vf} 与围压 σ_3 和应力水平 S_l 可用线性函数拟合：

$$\varepsilon_{vf} = c_a S_l^{d_a} + c_\beta S_l^{d_\beta}\sigma_3 \quad (3.3\text{-}64)$$

λ_v 与应力状态关系不明显，可以假定为常数：

$$\lambda_v = \text{const} \quad (3.3\text{-}65)$$

式(3.3-60)—式(3.3-65)及参数 c、d、η、m、c_a、d_a、c_β、d_β、λ_v 完整表达了堆石体的蠕变特性。

300m 级双江口高土质心墙堆石坝坝体填料蠕变试验得到的函数蠕变模型参数见表 3.3-1。其中河口变质岩为上游堆石料，飞水花岗岩为下游堆石料。该参数对应的时间单位为小时，应力单位为 MPa。

表 3.3-1　　　　　　　　　　双江口坝体填料蠕变参数

材料	c	d	η	m	c_a	d_a	c_β	d_β	λ_v
飞水花岗岩	1.232	0.684	0.084	0.152	0.662	1.961	0.725	0.511	0.083
河口变质岩	1.897	0.324	0.084	0.056	0.841	1.336	1.256	0.578	0.074

大坝蠕变分析时间过程按照大坝分期填筑时间计算，大坝瞬时变形的本构模型仍采用 Duncan-Chang $E-B$ 非线弹性模型。

4.4.2　蠕变模型的有限元实现

由幂函数蠕变模型可知，高围压下堆石料的轴向蠕变和体积蠕变均可用下式表达：

$$\varepsilon(t) = \varepsilon_f(1-t^{-\lambda}) \quad (3.3\text{-}66)$$

由式(3.3-66)可得蠕变变形速率为：

$$\dot\varepsilon(t) = \lambda\varepsilon_f t^{-(\lambda+1)} = \lambda\varepsilon_f\left(1-\frac{\varepsilon_t}{\varepsilon_f}\right)^{1+\frac{1}{\lambda}} \quad (3.3\text{-}67)$$

采用相对时间取代绝对时间的策略：

$$\varepsilon_t = \sum\dot\varepsilon\Delta t \quad (3.3\text{-}68)$$

式中 ε_t 为 t 时段已累积的蠕变变形。

在轴对称试验条件下，剪切应变与轴向应变和体积应变的关系为：

$$\gamma = \frac{1}{3}(3\varepsilon_a - \varepsilon_v) \quad (3.3\text{-}69)$$

采用 Prandtl-Reuss 流动法则，蠕变增量 $\{\Delta\varepsilon\}$ 可以表达为：

$$\begin{Bmatrix}\Delta\varepsilon_x\\\Delta\varepsilon_y\\\Delta\varepsilon_z\\\Delta\gamma_{xy}\\\Delta\gamma_{yz}\\\Delta\gamma_{zx}\end{Bmatrix} = \frac{1}{3}\Delta\varepsilon_v\begin{Bmatrix}1\\1\\1\\0\\0\\0\end{Bmatrix} + \frac{3\Delta\gamma}{2q}\begin{Bmatrix}S_x\\S_y\\S_z\\2\tau_{xy}\\2\tau_{yz}\\2\tau_{zx}\end{Bmatrix} \quad (3.3\text{-}70)$$

式中 q 为广义剪应力，S 为偏应力分量。

4.4.3 初应变法计算流程

大坝三维蠕变分析过程如下:

(1)按照常规方法计算相应荷载级的瞬时变形,得到本荷载级末各单元的应力和变形;

(2)按照加载过程,确定该荷载级加荷历时,并将该时段划分为若干时段 Δt;

(3)假定该 Δt 时段内应力不变,计算轴向蠕变 ε_{af} 和体积蠕变 ε_{vf},初次计算蠕变时可首先假定 ε_{af} 和 ε_{vf} 等于零,并分别计算 ε_a 和 ε_v,然后计算相应 Δt 时段内的剪切蠕变增量 $\Delta\gamma$ 和体积蠕变增量 $\Delta\varepsilon_v$,并计算该级荷载下的蠕变增量张量;

(4)按初应变法进行有限元计算,则可得到该级荷载下的应变增量、应力增量,累积可得到加载至该荷载步末的总位移和总应力;

(5)对该级荷载的加载时间进行判断,如加载时间结束,则返回到第(1)步,进行新的加荷计算,否则,则须回到第(3)步,进行剩余的蠕变计算循环,直至所有蠕变时段计算完毕。

4.5 堆石体湿化变形的数值模拟

4.5.1 六参数湿化模型简介

湿化变形是在水的作用下,由于材料软化和水的润滑作用造成粗粒料颗粒破碎和重新排列而发生的变形。根据双江口坝体填料在不同应力状态(围压和应力水平)下,单线法湿化变形的试验成果,推导出坝体填料的湿化变形模型及其参数[8]。

对试验中湿化轴向应变进行曲线拟合,发现采用指数型曲线能较好拟合湿化轴向应变与湿化应力水平间的关系。其关系式可表示为:

$$\varepsilon_a^w = ae^{bS_w} \tag{3.3-71}$$

式中 a 和 b 为拟合参数,S_w 为湿化应力水平。

采用线性函数能较好地拟合湿化体积应变与湿化应力水平间的关系。其关系式可以表示为:

$$\varepsilon_v^w = cS_w + d \tag{3.3-72}$$

式中 c 和 d 为拟合参数,S_w 为湿化应力水平。

据不同湿化应力水平下 c 值与围压的关系曲线,c 与围压呈很好的线性关系:

$$c = f\sigma_3 + g \tag{3.3-73}$$

据不同湿化应力水平下 d 值与围压的关系曲线,d 与围压也呈较好的线性关系:

$$d = k\sigma_3 + h \tag{3.3-74}$$

将式(3.3-73)、式(3.3-74)代入式(3.3-72)中,得到湿化体积应变与湿化应力水平和围压的关系式:

$$\varepsilon_v^w = (f\sigma_3 + g)S_w + (k\sigma_3 + h) \tag{3.3-75}$$

综上所述,式(3.3-75)和参数 f、g、k、h 可表达湿化体积应变特征。上述公式应力单位为 MPa,应变按百分数,其余参数无量纲。

以上描述粗粒料湿化变形的参数共 6 个,即 a、b、f、g、k、h。对于 300m 级双江口高土质心墙堆石坝飞水花岗岩和河口变质岩,长江科学院单线法试验获得的坝体堆石料湿化变形的试验参数见表 3.3-2。

表 3.3-2 双江口坝体填料湿化参数

材料	a	b	f	g	k	h
飞水花岗岩	0.0529	3.4758	0.0284	0.3429	0.1401	−0.0386
河口变质岩	0.2748	2.899	0.3691	0.3153	0.1321	0.2642

4.5.2 湿化模型的有限元实现

大坝初次蓄水导致水位以下的上游坝体产生湿化变形,而防渗心墙导致下游坝体中的浸润线大大降低,因此上游坝体的湿化沉降对大坝应力变形的影响较大。采用初应变法进行湿化变形计算,将湿化应变模拟为初应变,其主要过程如下:

(1)首先不考虑浸水变形,计算水荷载引起的位移$\{\delta\}$,计算$\{\varepsilon\}$、$\{\sigma\}$;

(2)由$\{\varepsilon\}$、$\{\sigma\}$根据公式计算湿化应变$\Delta\gamma$、$\Delta\varepsilon_v$;

(3)根据$\Delta\gamma$、$\Delta\varepsilon_v$利用相应公式计算湿化应变各分量$\{\Delta\varepsilon_0\}$;

(4)给结构增加一个能使单元产生$\{\Delta\varepsilon_0\}$应变的荷载$\{R_0\}$,单元应变所对应的节点力为$\{F_0\}^e = \iint [B][D_{ep}]\{\Delta\varepsilon_0\}dxdy$,由各节点力$\{F_0\}^e$叠加形成$\{R_0\}$。

(5)利用$[K]\{\delta\}_L = \{R\} + \{R_0\}$式计算$\{\delta\}_L$。

对蓄水过程中每次水位上升载荷步均进行湿化计算,对每级湿化荷载均分若干个增量步模拟,以模拟湿化过程的非线性。

4.6 水布垭面板堆石坝数值分析简介

水布垭面板堆石坝坝高233m,沿坝轴向面板竖缝间距分别采用8m、16m、32m;面板厚度随高程而变,在高程为405m处为0.3m,在河床趾板处为1.1m。大坝填筑至坝顶,三期面板浇注完毕并蓄水至死水位350m高程的工况称作完建期;大坝蓄水至正常水位400m高程的工况称作蓄水期。试验模拟了大坝施工加载过程与材料分区。面板采用线弹性模型,坝轴方向的单元尺寸为8m左右,坝坡方向为7.5m左右,沿厚度方向划分为四层。采用三维子模型法分析的面板变形与应力分布如下[9]。

4.6.1 法向位移

在各面板间是连续的,沿面板厚度方向基本无变化。大部分区域向下,在趾板附近变形接近于0。完建期最大值为35~50cm,蓄水期增加到60~80cm,与坝体表面位移的分布很吻合,见图3.3-6所示。

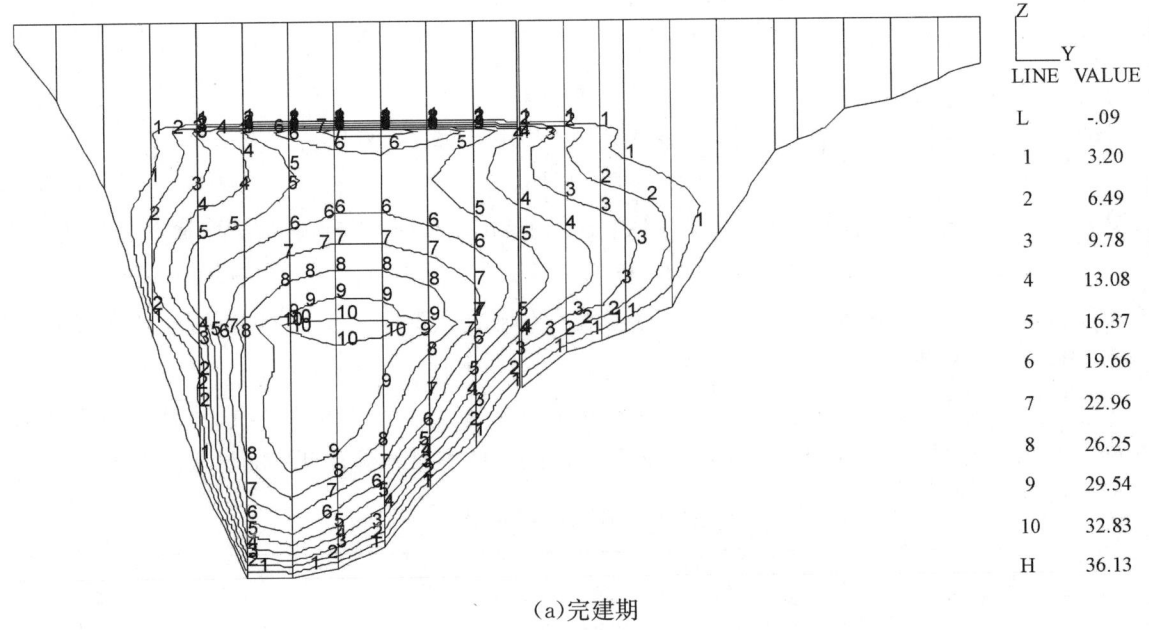

(a)完建期

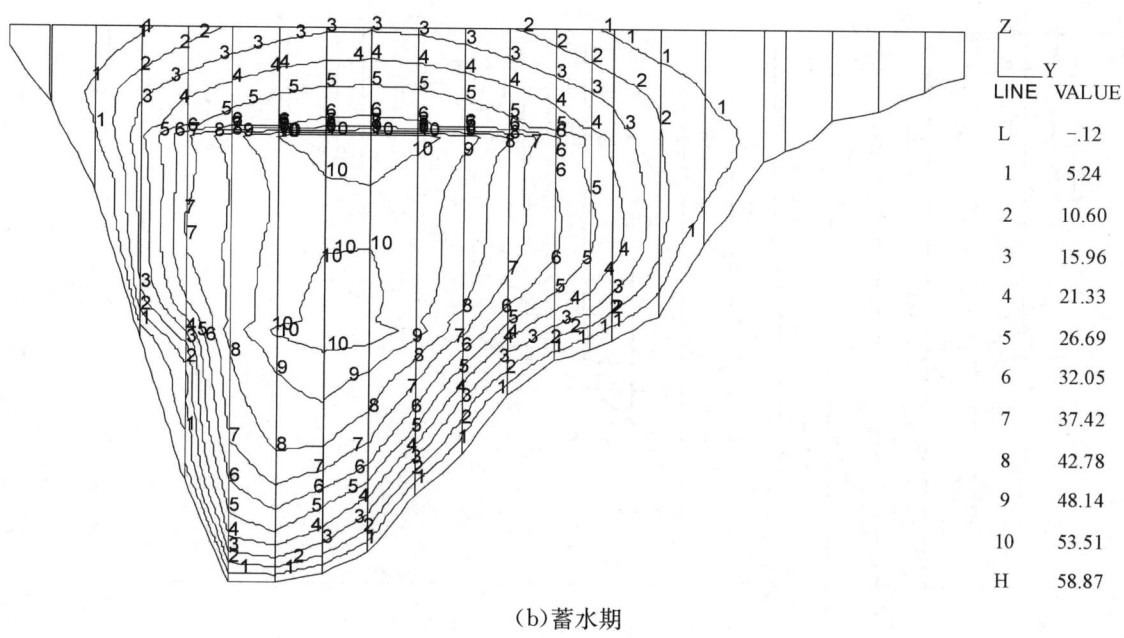

(b)蓄水期

图 3.3-6　面板法向位移等值线(cm)

4.6.2　顺坡向位移

完建期不大,向上未超过 2cm,向下未超过 1cm。面板之间有明显的错动,面板中部顺坡向位移较大,向坝肩逐渐减小,板与板间错动量逐渐增大。蓄水期向上位移增加为完建期的 4 倍多,而向下位移减小,分布形态有所变化,见图 3.3-7 所示。

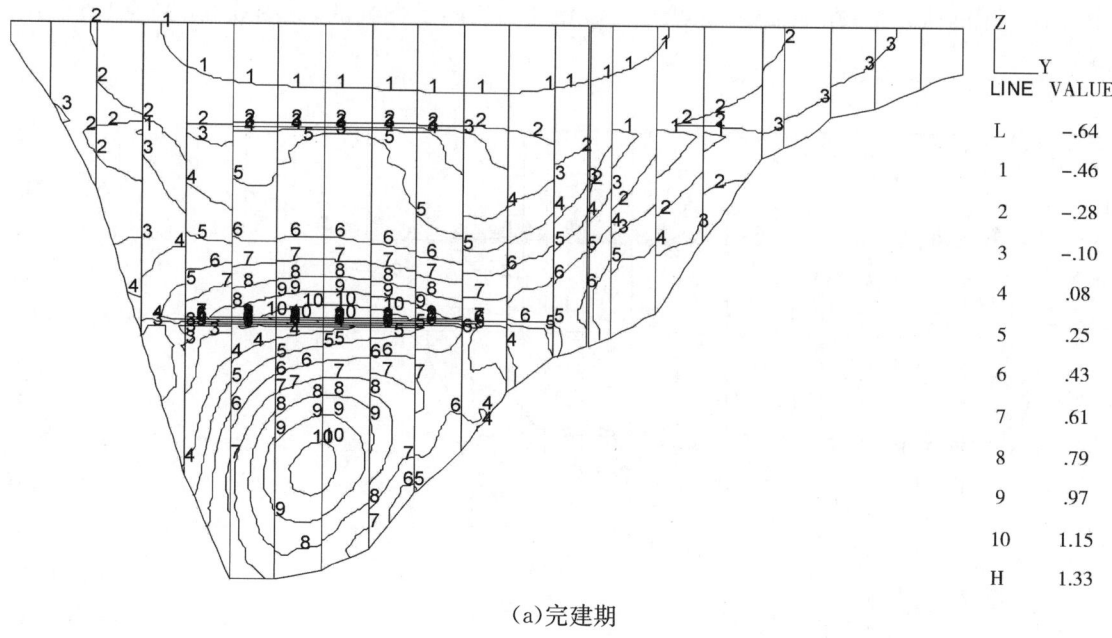

(a)完建期

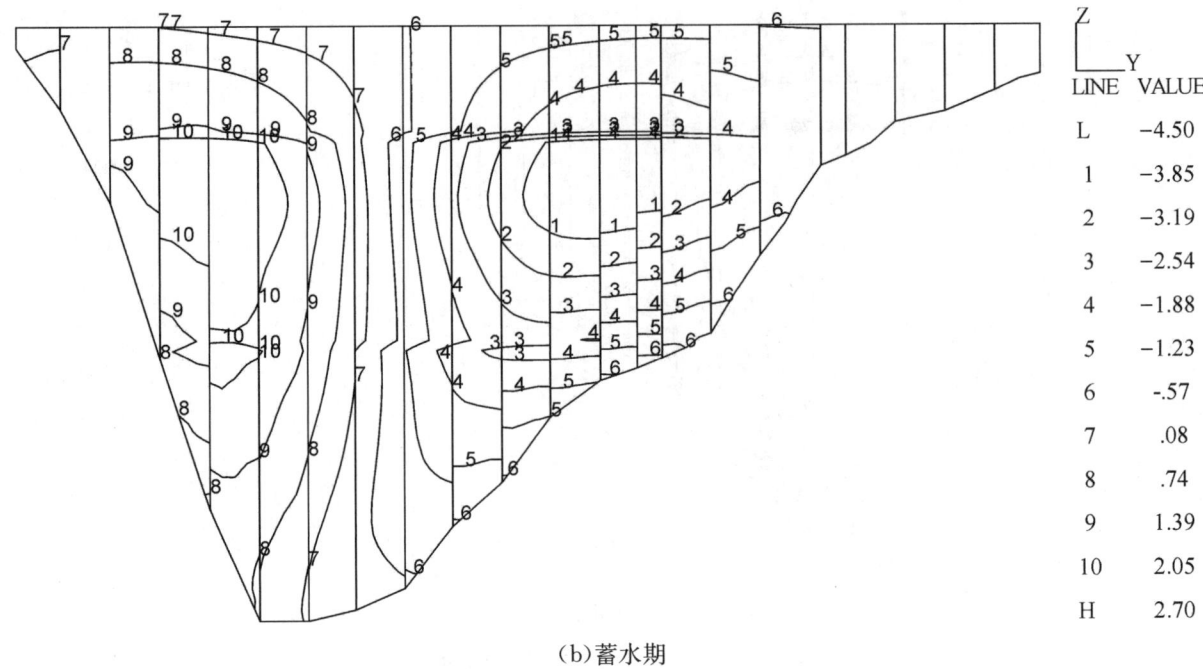

(b)蓄水期

图 3.3-7　面板的顺坡向位移的等值线(cm)

4.6.3　坝轴向位移

指向河床中部,在坝轴中部为坝轴向位移的中性面。完建期不大,向右岸未超过 2cm,向左岸未超过 3cm。蓄水期向右岸增大为 3cm 左右,向左岸增大为 5cm 左右。在坝轴的受拉区,面板之间不连续,尤其在岸坡中部有一定的张开量;在坝轴中部的受压区,相邻面板间是连续的,见图 3.3-8 所示。

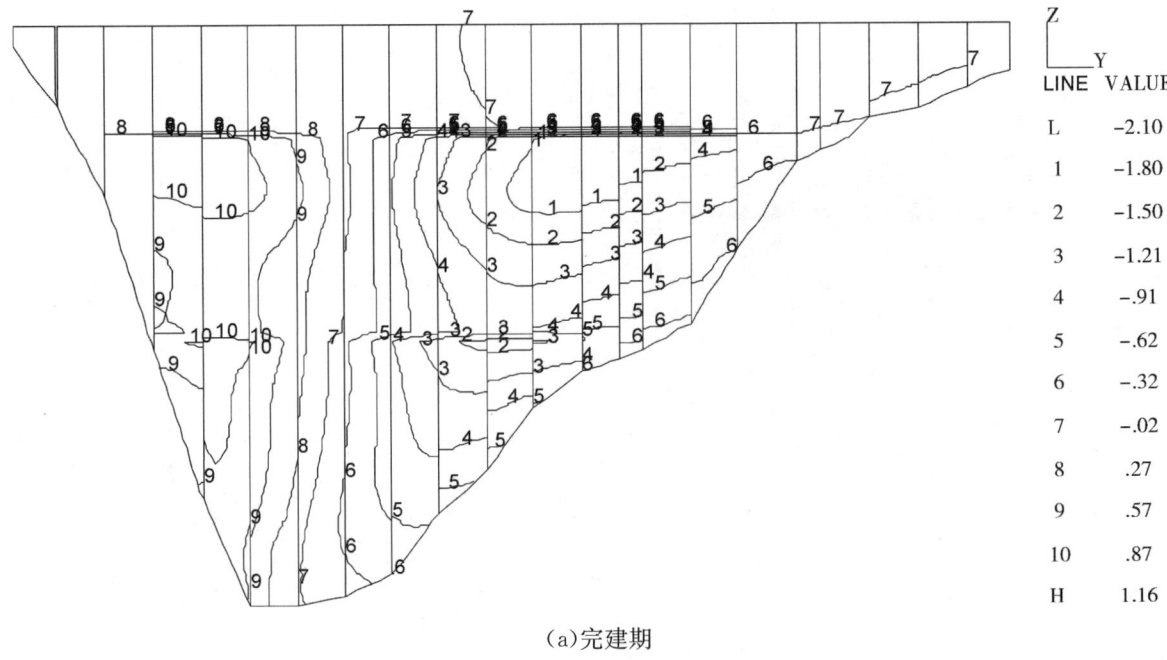

(a)完建期

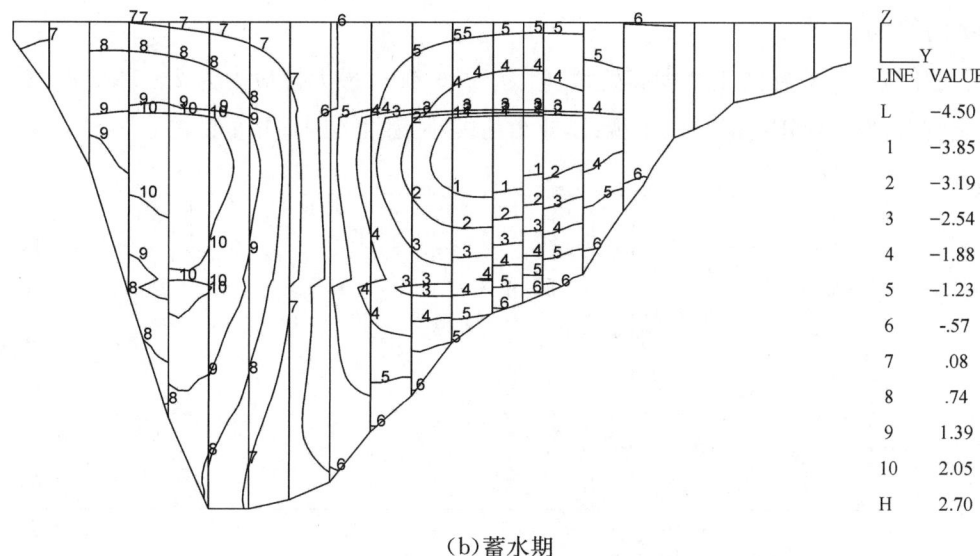

(b)蓄水期

图 3.3-8　面板的坝轴向位移的等值线(cm)

4.6.4　法向应力

分布较均匀,与水压力一致,计算精度提高。分布见图 3.3-9 与图 3.3-10 所示。

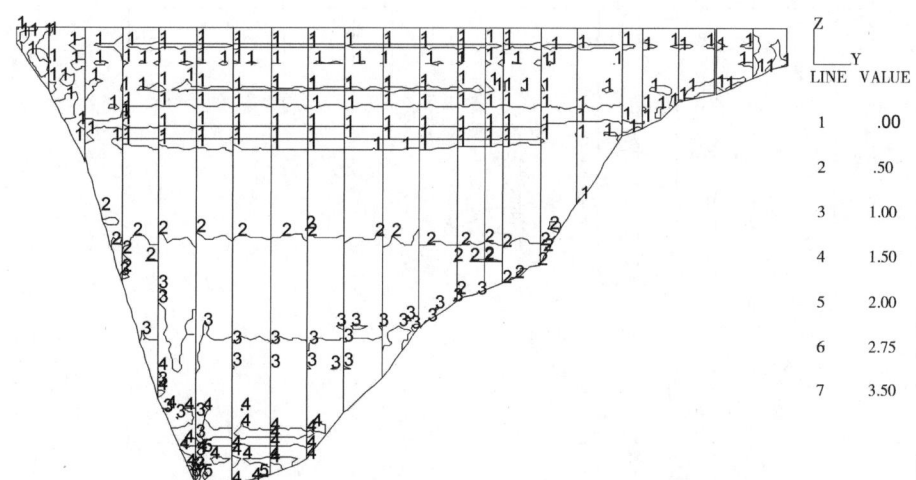

图 3.3-9　完建期面板的法向应力等值线(MPa)

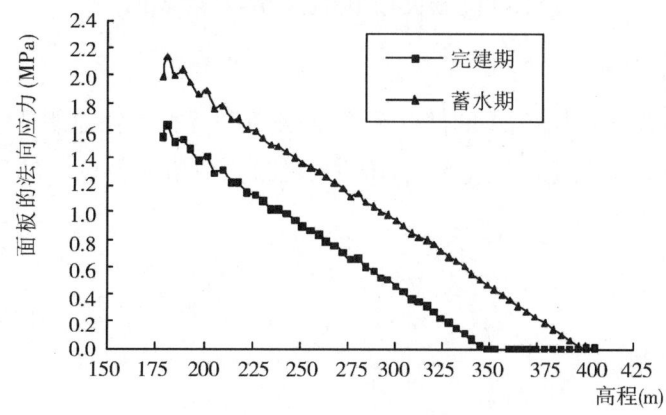

图 3.3-10　面板法向应力沿高程的分布

4.6.5 顺坡向应力

完建期最大压应力发生在约 1/2 坝高处，数值为 5~6MPa；最大拉应力为 2~3MPa。蓄水期拉应力区扩大，数值增加到超过 4MPa，应予以重视；压应力区缩小，数值减小；分布见图 3.3-11 所示。

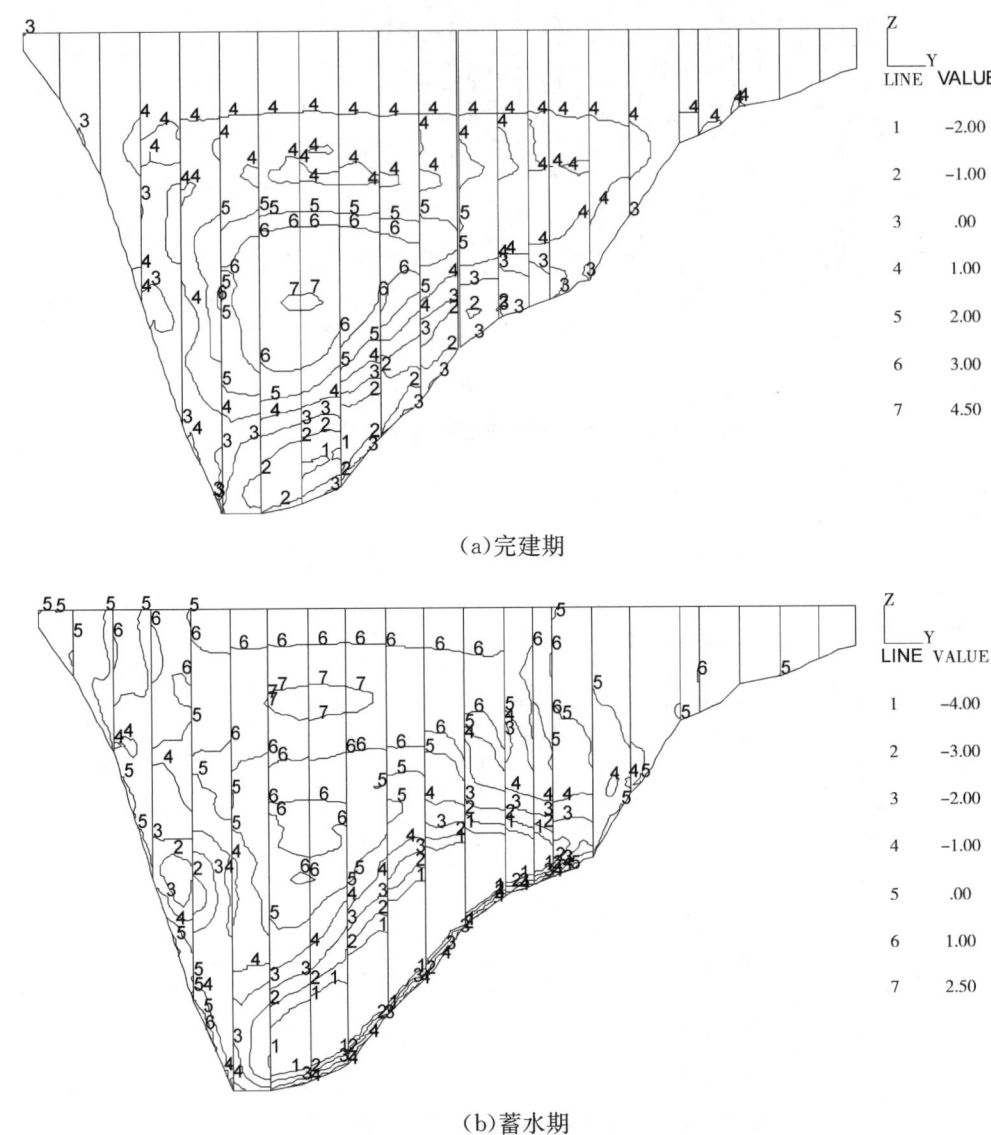

（a）完建期

（b）蓄水期

图 3.3-11 面板的顺坡向应力等值线（MPa）

4.6.6 坝轴向应力

与面板的位移分布一致，即坝轴的中间部位受压，两侧部位受拉。完建期拉应力不大，压应力最大值为 4~6MPa；蓄水期拉、压应力的范围变化不大，压应力的最大值增加为 9~10MPa，拉应力增加到 2MPa 左右，分布见图 3.3-12 所示。

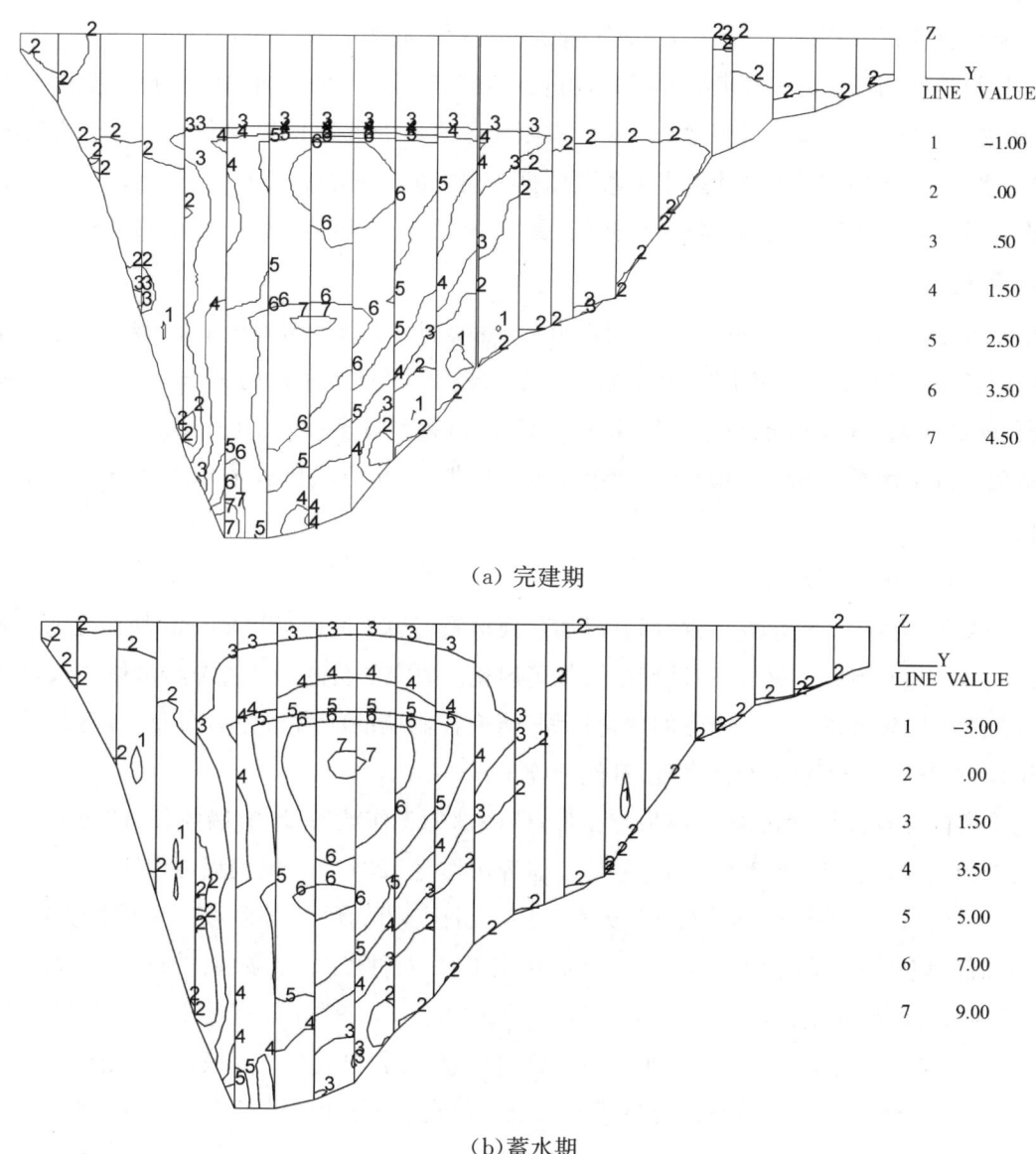

(a) 完建期

(b) 蓄水期

图 3.3-12　面板的坝轴向应力等值线（MPa）

（1）针对面板堆石坝应力变形数值分析存在的问题，研究人员发展了三维子模型法，以分析复杂的三维非连续变形问题，提高了面板应力变形分析的精度，在"九五"联合攻关的基础上取得了新的进展。

（2）分析了面板应力的分布规律，认为面板的法向应力应近似等于静水压力，这一标准应成为判断面板应力计算成果精度的依据。

（3）采用三维子模型法，考虑复杂的填筑施工与蓄水过程，采用界面元模拟面板三个方向的非连续边界，并自主开发了考虑接触非线性的三维有限元程序，对目前世界最高的水布垭高面板堆石坝进行了数值分析，获得了面板与坝体在不同时期应力与变形的分布规律，计算结果更为合理。

4.7　三峡二期深水高土石围堰数值分析简介

三峡二期深水围堰，高约 90m。其结构形式为塑性混凝土防渗墙与风化砂堰体，河床部分采用两道防渗墙，两侧为一道防渗墙的防渗方案。该围堰的特点是堰体高，工程量大，断面结构复杂，抛填最大水深达 60m。必须在一个枯水期将围堰抢建到能适应度汛挡水的高程。其技术复杂性和施工难度在国内外建坝史上是罕见的,二期围堰工程成为三峡工程的关键技术问题之一[10]。

围堰的材料特性和结构形式及可靠性研究,由长江科学院牵头,会同国内对土石坝工程有丰富经验的15家科研院所与高等院校,进行历时十多年的有限元数值分析研究工作,进行了近百个方案的研究与论证,获得许多有价值的成果,为设计提供了重要依据。研究的方法除数值分析外,还进行了必要的离心模型试验作为验证。这两种方法相互验证与补充,是当今研究土石坝结构的一种比较可靠的方法。

4.7.1 计算模型

计算中主要采用 Duncan-Chang 双曲线模型($E-\mu$ 模型与 $E-B$ 模型),该模型已为国内外学术界与工程界广泛接受,有大量的计算实例,并积累了丰富的经验。另外,还采用 $K-G$ 模型、双屈服面南水(南京水利科学研究院简称)模型、清华模型、Lade-Duncan 模型等多种模型进行对比分析。对于防渗墙与土体接触面一般采用 Goodman 单元及薄层单元进行模拟,分析方法用有限元法进行二维分析及局部的三维分析。

4.7.2 计算条件和研究内容

计算所用参数均由长江科学院提供,用分段加载模拟施工填筑过程,用 Duncan 判别准则对堰体应力的加载或卸载状态进行判别。另外,在计算中模拟了湿化。研究的目的是通过分析堰体与双排防渗墙的联合作用,弄清堰体、墙体的应力与变形的变化过程,研究控制墙的应力与变形在允许范围内的措施,以保证围堰设计方案既安全可靠又经济合理,且便于施工。

研究的主要内容有:堰体和墙体的应力与变形;墙底部的工作状态;影响墙体、堰体应力变形的主要因素及其改善措施;施工方法及墙体的施工顺序。研究工作自1984年三峡工程可行性设计阶段开始,经历了初步设计、优化设计、"七五"及"八五"攻关、技术设计与招标设计等阶段。堰体断面有双刚性墙(86m高程)和低单墙(71m高程)上接黏土斜墙(或接土工膜)两种形式;上游堰体有戗堤与无戗堤的高双墙等方案;墙体又分刚性与塑性,厚度为0.8m与1.2m的方案。1995年前侧重于高双墙或单墙的研究,发现墙底部应力复杂,难以避免出现破坏单元。后经过对墙体的"单或双""高或低""厚或薄""刚或塑"及"先或后"等5个问题进行近百种方案的分析研究,最后得出技术设计的推荐方案,即围堰中采用低双排塑性混凝土防渗墙,厚度1.0m,先建上游墙,后建下游墙(见图3.3-13)。

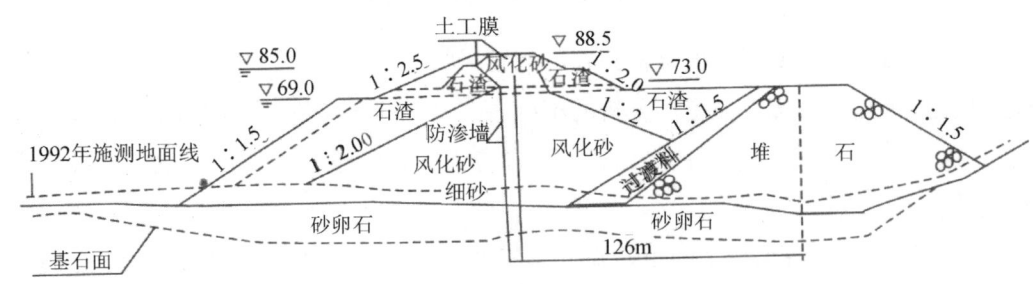

图 3.3-13 三峡二期上游围堰低双排防渗墙断面

4.7.3 堰体的应力和变形

(1)堰体累计最大水平位移为 0.37~0.51m。累计最大沉降为 0.55~0.82m,均发生于 2/3 坝高的下游堰体部位。

(2)堰体大小主应力分别为 1.51MPa 与 0.69MPa,发生在堰体下部靠下游墙部位。

(3)堰体的应力水平,除在上游墙前的风化砂内有一个小区域处于极限平衡状态以外,均小于1。这个局部的高应力区是由于基坑抽水使墙体向下游变位而引起的,对堰体的稳定没有影响。

(4)新淤积砂只有在上游墙前一个很小范围内有一个高应力区,其他部位很低,在静力条件下,不会产生滑移破坏。

4.7.4 防渗心墙的应力与变位

(1)墙体的受力机制主要取决三个因素:偏心受压、弯曲、墙顶上覆荷载的土压力。

(2)两墙的最大压应力均在下游面底部,上游墙的应力比下游墙大,因为上墙先建,在抽水过程中,下游堰体的部分荷载通过负摩擦传至上墙。

(3)上下墙受荷较均匀,均为受压构件。上墙的大主应力为 2.98~4.50MPa,下墙的大主应力为 2.44~3.71MPa,有少许拉应力。

(4)上墙的最大水平位移为 25~40cm,下墙为 9~14cm。堰体的最大变形不超过堰高的 1%,墙的最大变位不超过墙高的 0.4%,其应力水平小于 1.0,可满足设计要求,堰体与墙体是安全的。

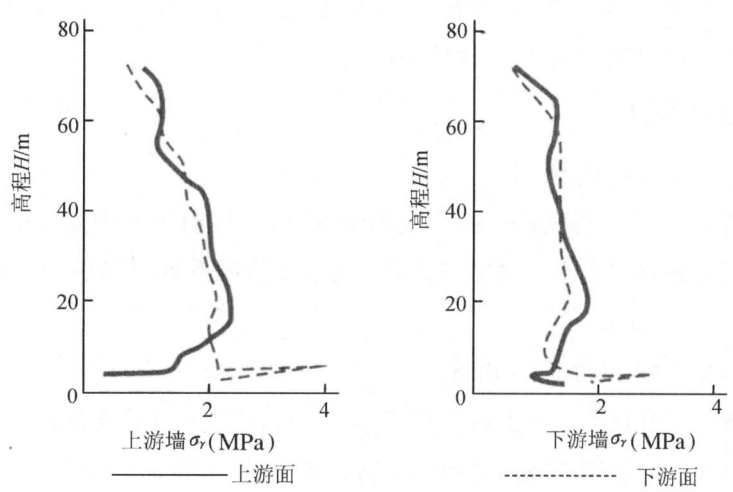

图 3.3-14 塑性墙方案墙体应力分布

5 边坡数值模拟

5.1 有限元滑面应力法

建立在极限平衡理论基础上的各种土坡稳定计算方法,无法考虑土体的非线性应力应变关系、坝体分级填筑以及蓄水过程应力状态变化对坝坡稳定的影响。有限元滑面应力法的计算原理是采用平面非线性有限元法,计算分析边坡的应力状态及其变化规律,最后,根据滑面应力状态建立边坡稳定安全系数计算公式。

按照有限元滑面应力法计算的坝坡稳定安全数(S_F)定义为沿着某一滑面的抗滑力(S_r)的总和与滑动力(S_m)的总和的比值,S_F 的表达式为:

$$S_F = \frac{\sum S_r}{\sum S_m} \tag{3.3-76}$$

将滑面以上的坝体划分为若干个滑块。根据每个滑块底面中点的坝料抗剪强度,按下式计算每一滑块的抗滑力:

$$S_r = D[c' + (\sigma_n - u)\tan\varphi'] \quad (3.3\text{-}77)$$

式中 D 为滑块底面长度；σ_n 为滑块底面中点的法向应力；u 为滑块底面中点的孔隙压力；c'、φ' 为土条底面的有效线性抗剪强度指标，对于堆石料，一般 $c'=0$，φ' 按下式进行计算：

$$\varphi' = \varphi_0 - \Delta\varphi \lg(\sigma_3/p_a) \quad (3.3\text{-}78)$$

式中 φ_0、$\Delta\varphi$ 为非线性抗剪强度指标；p_a 为一个标准大气压；σ_3 为土条底面小主应力。

每一滑块的滑动力按照其底面中点的切向应力 τ_m 来计算：

$$S_m = D\tau_m \quad (3.3\text{-}79)$$

每一滑块底面中点的法向应力和切向应力可根据有限元法计算的应力分量按下式计算得到：

$$\sigma_n = \frac{\sigma_x + \sigma_y}{2} + \frac{\sigma_x - \sigma_y}{2}\cos 2\theta + \tau_{xy}\sin 2\theta \quad (3.3\text{-}80)$$

$$\tau_m = \tau_{xy}\cos 2\theta - \frac{\sigma_x - \sigma_y}{2}\sin 2\theta \quad (3.3\text{-}81)$$

式中 σ_x 为滑块底面中点的 X 向正应力分量；σ_y 为滑块底面中点的 Y 向正应力分量；τ_{xy} 为滑块底面中点的剪应力分量；θ 为滑块底面法向与 X 轴的夹角。

5.2 有限元极限分析方法

5.2.1 抗剪强度折减系数法的概念

抗剪强度折减系数定义为：在外荷载保持不变的情况下，边坡内土体所发挥的最大抗剪强度与外荷载在边坡内所产生的实际剪应力之比。这里定义的抗剪强度折减系数，与极限平衡分析中所定义的土坡稳定安全系数在本质上是一致的。

5.2.2 抗剪强度折减系数法的具体内容

所谓抗剪强度折减技术就是将土体的抗剪强度指标 c 和 φ，用一个折减系数 F_s，如式（3.3-82）和（3.3-83）所示的形式进行折减，然后用折减后的虚拟抗剪强度指标 c_F 和 φ_F，取代原来的抗剪强度指标 c 和 φ，如式（3.3-84）所示。

$$c_F = c/F_s \quad (3.3\text{-}82)$$

$$\varphi_F = \tan^{-1}[(\tan\varphi)/F_s] \quad (3.3\text{-}83)$$

$$\tau_{fF} = c_F + \sigma\tan\varphi_F \quad (3.3\text{-}84)$$

式中 c_F 是折减后土体虚拟的黏聚力；φ_F 是折减后土体虚拟的内摩擦角；τ_{fF} 是折减后的抗剪强度。

折减系数 F_s 的初始值取得足够小，以保证开始时是一个近乎弹性的问题。然后不断增加 F_s 的值，折减后的抗剪强度指标逐步减小，直到某一个折减抗剪强度下整个土坡发生失稳，那么在发生整体失稳之前的那个折减系数值，即土体的实际抗剪强度指标与发生虚拟破坏时折减强度指标的比值，就是这个土坡的稳定安全系数。

5.2.3 抗剪强度折减系数法的优点

结合有限元的抗剪强度折减系数法较传统的方法具有如下优点：

(1) 能够对具有复杂地貌、地质的边坡进行计算。

(2) 考虑了土体的本构关系，以及变形对应力的影响。

(3) 能够模拟土坡的滑坡过程及其滑移面形状（通常由剪应变增量或者位移增量确定滑移面的形状和位置）。

(4) 能够模拟土体与支护结构(超前支护、土钉、面层等)的共同作用。

(5) 求解安全系数时,可以不需要假定滑移面的形状,也无需进行条分。

5.3 加筋土边坡的稳定性计算

5.3.1 加筋土边坡稳定计算方法

有限元法分析加筋土结构通常可分为三种模式:

(1) 视加筋土体为宏观上均匀的复合材料,可称之为复合分析方法。

(2) 将加筋土体分为土体单元、筋材单元,并在土与筋材之间加入界面单元,考虑土与筋材的相互作用,建立结构的连续方程,统一求解。界面单元随应力的大小沿界面发生滑移,这种方法可称之为分离式分析方法。

(3) 等效附加应力的概念,把筋材的作用等效成附加应力,作用在土骨架上,把加筋土整体当成一般土来计算。

在上述三种方法中,第一种模式最方便,但复合体的参数确定带有很大的经验性;第二种方法概念很清楚,土体和筋材本构模型的选择也已有一定的经验,但界面的本构关系难以确定,故目前应用尚少;第三种方法将加筋完全看作在土中增加一个摩擦力,未反映加筋的真实机理。因为据研究,土体与筋材表面的界面产生了两方面的影响:界面本身的摩阻力对土体侧向变形的约束作用,和对筋材两侧一定范围内土体的应力状态的改变。前者可称为直接加筋作用,而后者可视为对土体的间接加固作用[11]。这表明,原来认为加筋是筋材摩擦作用的观点是不全面的。因此,第三种方法缺乏必要的理论基础。

既然加筋作用主要是土工合成材料与土体之间的界面作用,以达到加强土体的目的,因此在分析此类结构时,将土体与筋材分开考虑,分别引入土介质模型、筋材力学模型、以及界面处力学条件等进行分析较为清晰。土工格栅是一种韧性材料,其抗弯刚度很小,在加筋土工作状态及大部分破坏状态下,土工格栅处于弹性范围,因此将土工格栅模拟为线弹性。另一方面,土工格栅在切平面方向与填土间发生摩擦剪切作用,而在其法向与填土相互约束,满足接触约束条件。根据土工格栅与压实土界面的拉拔试验,可将界面摩阻力—相对位移关系模拟为理想弹塑性。当界面摩阻力小于界面强度时,接触面为弹性黏结状态,界面摩阻力与筋土相对位移为线弹性关系,二者之比即是界面的切向刚度 k;一旦界面摩阻力达到界面强度,界面成为塑性流动状态,如图 3.3-15 所示。根据土工格栅与压实土的界面强度曲线,将界面强度表达为线性摩尔—库仑模式,如图 3.3-16 所示。

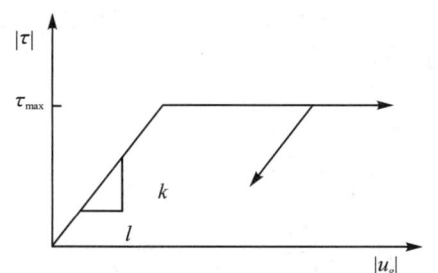

图 3.3-15 界面剪应力与相对位移关系

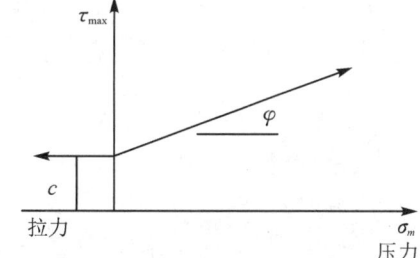

图 3.3-16 界面强度曲线

界面强度表达式为:

$$\tau_{\max}=c+\sigma_n\tan\varphi \tag{3.3-85}$$

其中:c 为界面似黏聚力;φ 为似摩擦角,σ_n 和 τ 是作用在界面单元上的正应力和剪应力。土工格栅与土之间界面的理想弹塑性模型参数包括4个,即筋材模量E、界面切向刚度k、界面似黏聚力c和似摩擦角φ。

5.3.2 加筋边坡算例

某加筋土挡墙高37.5m,其设计断面如图3.3-17所示。

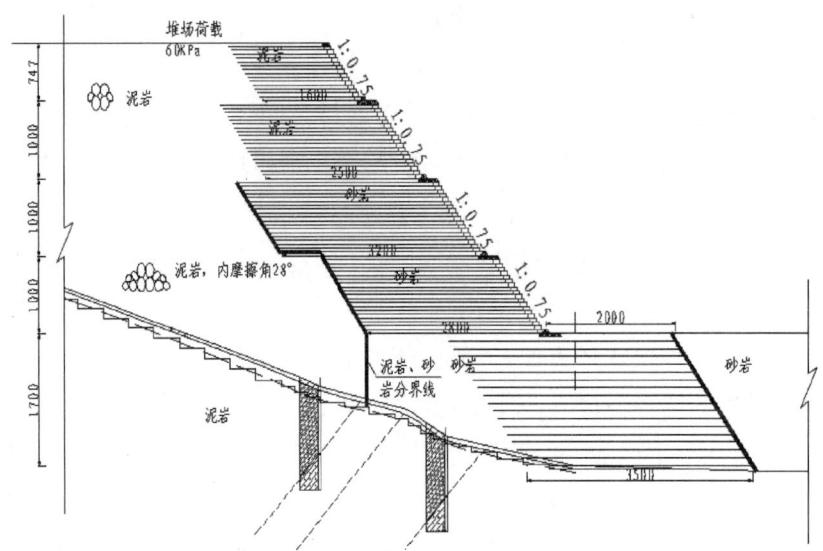

图3.3-17 高37.5m加筋土挡墙剖面

采用的填料和加筋体的参数选择如下。

(1)填料

①泥岩:重度$\gamma=21.4\text{kN/m}^3$(干密度为2.0g/cm³,含水率7%),弹性模量$E=30\text{MPa}$,泊松比$\mu=0.3$,强度指标$c=24.9\text{kPa}$,$\varphi=32.8°$。

②砂岩:重度$\gamma=21.4\text{kN/m}^3$(干密度为2.0g/cm³,含水率7%),弹性模量$E=35\text{MPa}$,泊松比$\mu=0.3$,强度指标$c=26.2\text{kPa}$,$\varphi=36.5°$。

(2)加筋体与填料界面参数

界面$c=1\text{kPa}$,$\varphi=26.8°$;加筋体厚度为1.2mm;弹性模量$E=600\text{MPa}$,泊松比$\mu=0.33$。

针对加筋边坡开展数值分析,图3.3-18为数值分析网格示意图,图3.3-19和图3.3-20分别为水平位移和沉降,图3.3-21为边坡内部竖向应力,图3.3-22和图3.2-23为边坡破坏时的滑动面,图3.3-24和图3.3-25分别为土工格栅的水平位移和拉力分布云图。分析得到:

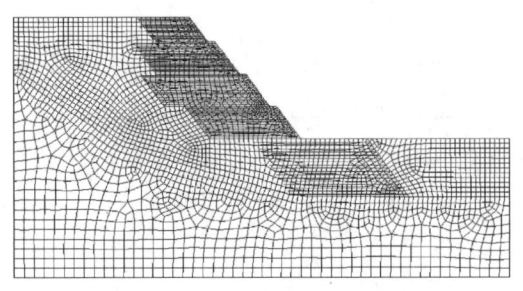

图3.3-18 加筋边坡网格示意图

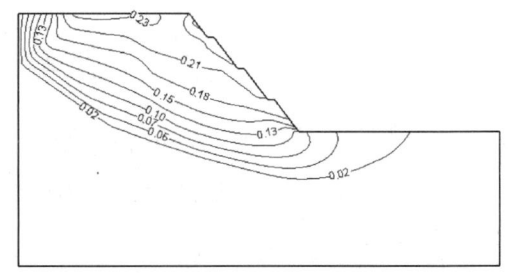

图3.3-19 加筋边坡水平位移(m)

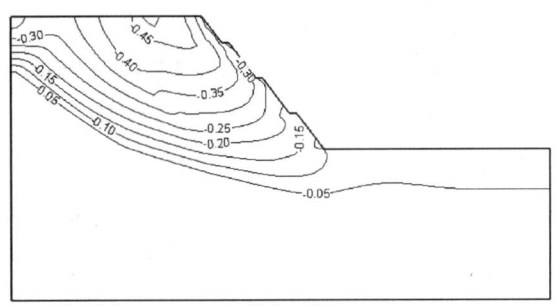

图 3.3-20 加筋边坡沉降(m)

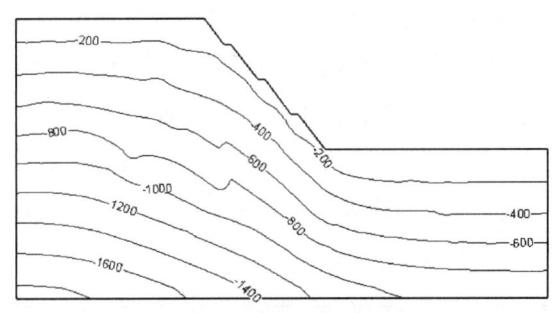

图 3.3-21 加筋边坡竖向应力(kPa)

图 3.3-22 加筋边坡滑动面(安全系数 1.60)

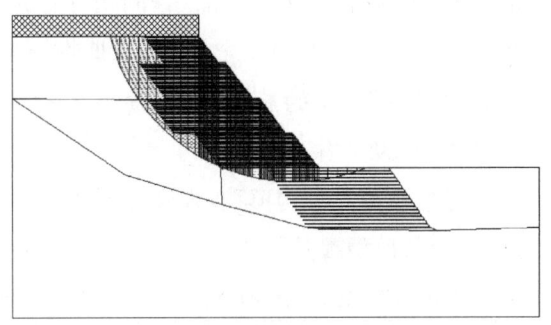

图 3.3-23 极限平衡法(安全系数 1.68)

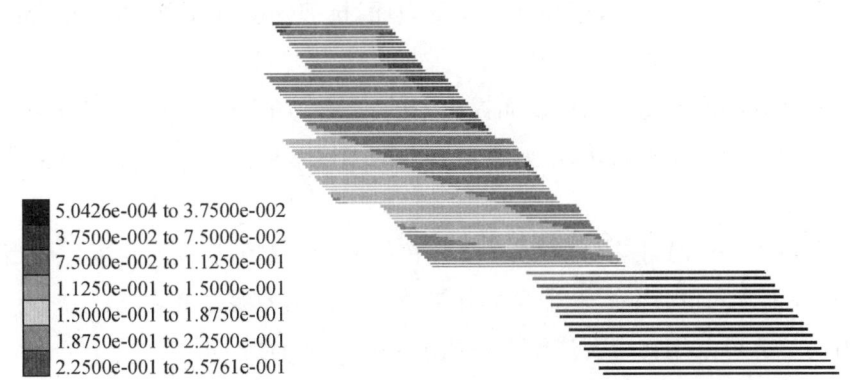

图 3.3-24 土工格栅水平位移云图(单位:m)

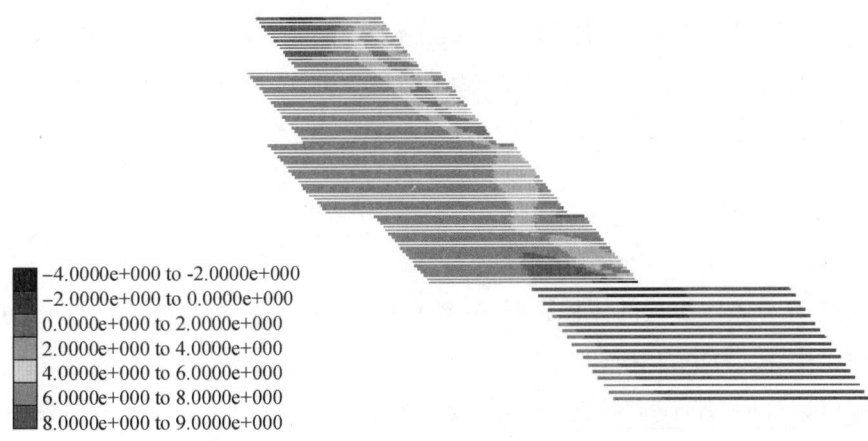

图 3.3-25 土工格栅拉力云图(单位:kN/m)

① 加筋边坡的安全系数为 1.60，坡顶沉降为 53.2cm。

② 边坡存在较厚地基，坡脚位置处采用加筋材料进行地基处理，边坡内部水平位移和沉降等值线基本呈直线，且等值线延伸至边坡的地基内。

③ 边坡破坏时的滑动面基本为圆弧面，部分滑动面侵入地基内。

④ 土工格栅最大水平位移为 25.8cm，最大拉力为 9kN/m，均分布在边坡中上部，远小于其极限抗拉强度。

5.4 膨胀土边坡渐进破坏的有限元计算

考虑膨胀作用下膨胀土边坡的稳定，应正确模拟膨胀土的工程特性及其影响因素，为此，只能采用满足变形相容条件的有限元方法。解决该问题首要的前提是要研究膨胀土的吸湿膨胀过程，得到合适的吸湿膨胀模型。在此基础上，发展和完善考虑膨胀性影响的膨胀土边坡稳定分析方法。具体内容叙述如下。

5.4.1 考虑膨胀性的膨胀土边坡稳定分析方法

(1) 膨胀土的本构模型

采用理想弹塑性本构模型，强度准则为 Mohr-Coulomb 准则，一方面可以较好地反映材料的破坏特征，另一方面其模型参数可以和常规的室内试验相对比，简单且容易被获取。弹性模量与泊松比取常量，弹性模量确定原则是根据浅层土体应力状态相对应条件下的三轴剪切应力应变曲线，取土体达到峰值应变时的割线模量。强度参数可选用饱和强度参数。

Mohr-Coulomb 准则假设：当任意一点的剪应力达到极值时，材料发生屈服，抗剪强度与正应力呈线性关系。一般受力下的岩土材料，考虑任何一个受力面，抗剪强度可以用库仑公式表示。

(2) 膨胀土的膨胀模型及数值实现

湿度场的提法是受到温度应力场的启发而提出来的。湿度场理论的基本思想是：

膨胀土吸水后产生体积膨胀和软化，恰好类似材料的温度效应。一般材料当温度升高时会产生体积膨胀和软化。

当物体受到某个热源作用时，体内会形成一个热传导方程控制的温度变化场。而当土体受到某个水源（或湿空气）作用时，土体内也会形成一个受水分扩散方程控制的湿度变化场。

对于湿度应力的计算可采用初应变法或者以温度的形式施加到土体上。

以往基于非饱和三轴试验及非饱和土力学理论建立的膨胀土膨胀本构模型虽然理论体系清晰，但模型过于复杂、参数难以获得、试验周期长、成果重现性差，不便于工程应用。

为建立解决实际工程问题的实用膨胀模型，开展了两种不同应力状态的膨胀本构模型试验研究，一是在固结仪上试验得到的 K_0 应力状态膨胀模型，二是通过三轴膨胀试验得到的三轴应力状态膨胀模型，两种膨胀模型有统一的表达式，如式(3.3-86)所示：

$$\varepsilon_v = a + b\ln(1+\sigma_m) \tag{3.3-86}$$

$$\sigma_m = \frac{1}{3}(\sigma_1 + \sigma_2 + \sigma_3) \tag{3.3-87}$$

式中 ε_v 为膨胀土充分吸湿引起的体积膨胀率(%)；在 K_0 应力状态膨胀模型中，σ_m 为上覆荷载；在三轴应力状态膨胀模型中，σ_m 为平均主应力(kPa)；a、b 为与初始含水率有关的系数。

经过理论推导可以证明，K_0 应力状态膨胀模型参数 a_{k0}、b_{k0} 与三轴应力状态膨胀模型的参数 $a_{三轴}$、$b_{三轴}$ 有如下关系：

$$\frac{a_{k0}}{a_{三轴}} = \frac{b_{k0}}{b_{三轴}} \tag{3.3-88}$$

由于三轴膨胀模型的应力状态和应力路径清晰,有限元计算中采用三轴膨胀模型。

(3)考虑膨胀性的膨胀土边坡安全系数判别准则

有限元强度折减法分析边坡稳定性的一个关键问题是:如何根据有限元计算结果来判别边坡是否处于破坏状态。有两种主要的失稳判据,一种就是采用广义塑性应变与塑性开展区作为失稳判据,可以比较准确地预测边坡潜在破坏面的形状与位置,及相应的稳定安全系数;另外一种是将有限元静力平衡方程组是否有解,有限元计算是否收敛,作为边坡破坏的依据。

膨胀土存在特殊的膨胀性,膨胀性在土体中是以内力的形式存在和释放出来,这种内力的释放是一个逐步自平衡的过程,理论上不存在收敛性的问题,因此采用有限元强度折减法,分析膨胀土边坡稳定时,不能采用有限元静力计算的不收敛作为边坡失稳的标志。经过长时间的探索,提出在膨胀土边坡稳定计算中,可将等效塑性应变从坡脚到坡面某一范围完全贯通作为边坡失稳的标志。

5.4.2 考虑膨胀性膨胀土边坡的稳定计算

(1)对于某一地区的膨胀土边坡,首先需建立浅层范围内天然含水率条件下土体膨胀模型,见式(3.3-86)所示,式中参数 a 与 b 是与吸湿膨胀相关的参数,与初始含水率有关。这两个参数可由三轴膨胀试验推导出来,膨胀模型可计算不同应力状态、不同初始含水率条件下吸水完全饱和引起的体变。

(2)假定土的本构关系服从理想弹塑性模型,当出现塑性应变时意味着此处剪应力水平等于 1.0。土体强度服从摩尔—库仑强度准则,强度参数大小取试验测定的饱和固结排水强度指标统计值,变形模量取土的三轴应力应变曲线峰值前的割线模量。

(3)当地的大气影响深度为吸湿膨胀最大可能的影响范围,该影响范围内土体由天然湿度状态到饱和状态为最不利工况。由有限元法计算自重应力,并由式(3.3-86)计算增湿区单元由天然含水率至饱和状态的膨胀应变,以模拟人工降雨引起的表层含水率变化。计算中假定膨胀是各向同性的,根据温度场线性膨胀应变理论,如指定线膨胀系数则可以将体变转换为各节点的温度荷载。

(4)将各单元的膨胀应变作为初始应变,由初始应变法计算边坡中最终应力和应变。计算中逐步观察土体的等效塑性应变分布范围和大小,将等效塑性应变完全贯通作为边坡失稳的判别准则。

(5)采用传统的有限元强度折减法概念对土的强度进行折减,重新进行初始应变法计算,至等效塑性应变刚好完全贯通时,其折减系数即为边坡的安全系数。

5.4.3 大型膨胀土坡降雨模型试验的数值模拟

(1)大型土坡模型试验简介

①模型试验箱尺寸

大型静力物理模型试验箱尺寸为 6.0m×2.0m×2.8m(见图 3.3-26),边坡模型坡比 1:1.5,高 2.0m,顶面宽 2.5m,坡底宽 5.5m。

②土料基本参数

模型土样取自河北邯郸南水北调中线渠段,自由膨胀率 120%,经多次反复碾压击实和干湿循环后的自由膨胀率仍达 95%~112%,属强膨胀岩,液性指数平均为 0.812,塑性指数 I_{P17} 为 48.2。室内轻型和重型击实试验得到的最优含水率及最大干密度见表 3.3-3。

图 3.3-26 大型静力物理模型试验箱

表 3.3-3　　　　　　　　　　　　　强膨胀岩击实试验成果

轻型击实		重型击实	
最优含水率 %	最大干密度 g/cm³	最优含水率 %	最大干密度 g/cm³
30.3	1.40	19.9	1.68

③模型试验尺寸

模型试验在 600cm×200cm×280cm(长×宽×高)的模型箱中进行,边坡模型的实际尺寸为 560cm×200cm×250cm(长×宽×高),坡比 1∶1.5,地基厚度 0.5m,坡脚距模型边界 0.85m,坡顶宽 1.75m。模型试验 No.1—No.3 具体尺寸见图 3.3-27 所示。

模型试验控制制备土样的初始含水率为 20%,干密度为 1.60g/cm³(相应的压实度为 0.95)。采用分层振捣碾压方法制模,同时埋设相应的观测设备。按照要求的坡比削坡后,再安装表面位移传感器及降雨设备。降水原则为低强度并连续分布,为此采取降水阀开 2min 停 10min 的方法,基本保证边坡面不产生明水和径流。

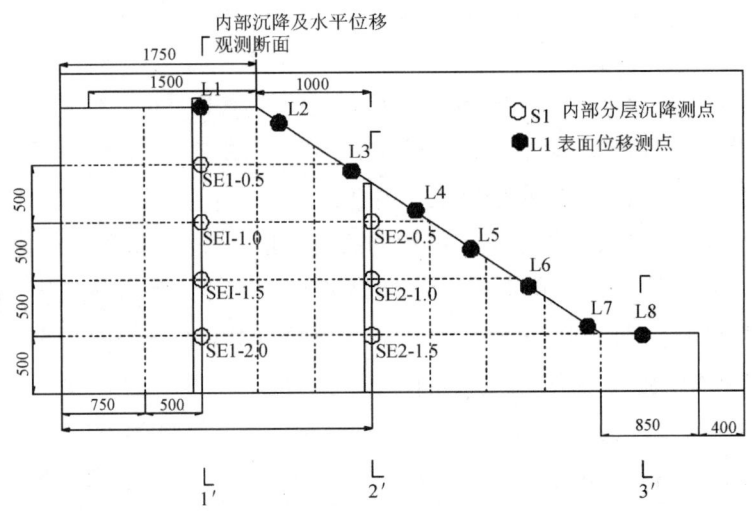

图 3.3-27　模型试验 No.1—No.3 具体尺寸(mm)

④试验主要过程及最终现象

2009 年 5 月 20 日测试仪器埋设及降雨设备安装完成,5 月 20 日 16:00 开始进行降水,试验开始后每隔一段时间采用钻孔取样方式测定 0.5~1.0m 埋深内的含水率。

在削坡及埋设期坡面已产生均匀分布的干缩裂隙,宽度约 5mm,深度一般在 2~3cm,最深处约 4.5cm。当试验开始 44h 后(5 月 22 日),坡面下部发生裂隙。5 月 25 日(试验历时 113h)开始在边坡坡肩附近进行钻孔取样,每隔 0.1m 测量含水率。

5 月 28 日—5 月 30 日三天停止降水,模型处于自然环境中静置,至 5 月 31 日 8:30(试验历时 257h),从模型箱侧面的观察窗发现已产生局部的拉裂隙,随后继续如前法降水,裂隙有了进一步的扩展,并且从坡中部水平位移观察点可见边坡已产生明显的水平滑移,且坡顶也产生贯穿性的张拉裂隙。6 月 2 日—6 月 3 日停止降水,6 月 4 日降水继续,至 6 月 5 日(试验历时 384h),边坡上部近坡肩部位出现贯穿性的裂隙,至 6 月 7 日(试验历时 426h),随着降水的持续,坡体下部原裂隙处土体首先发生局部塌滑,继而上部裂隙处土体在 2min 内整体塌滑(图 3.3-28)。

试验结束后进行开挖,在轴线剖面处发现预设的砂芯已经发生明显的水平错动,甚至断裂(见图 3.3-29),表明边坡发生了多次滑动,从最初的浅表层局部滑裂面开始向深部发展,最终导致大范围的滑坡产生。降雨试验开始前在模型箱中取样进行了室内物理力学性质试验,试验结束后在滑带附近取样进行了室内物理力学性质试验。

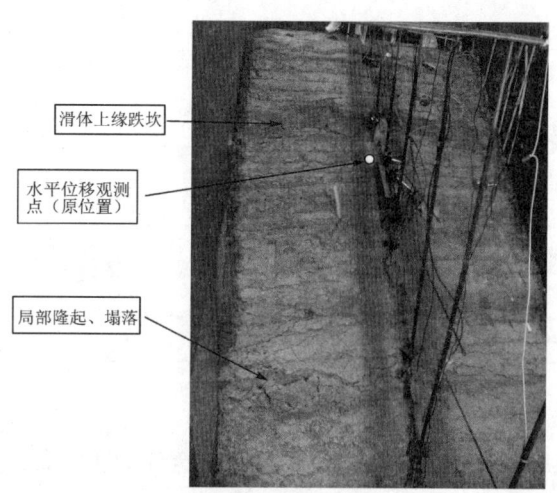

图 3.3-28 模型试验滑坡示意图

(a)砂芯 S-2-6

(b)砂芯 S-2-5

(c)砂芯 S-2-4

图 3.3-29 轴线部位砂芯位移示意图

⑤试验过程含水率变化

试验正式开始前在坡体不同部位钻孔(最深 1.9m)测得含水率在 19.6%~24.4%之间,取含水率平均值为 22%,在降雨过程中不同埋深处含水率的变化时程线如图 3.3-30 所示,可知表层 0.5m 最终含水率均值为 44%,降雨引起的含水率变化幅度均值为 22%。

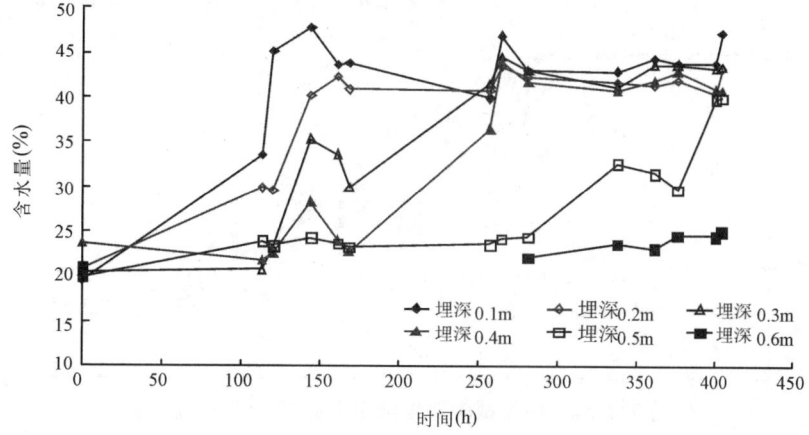

图 3.3-30 不同埋深处含水率的变化时程线

⑥试验过程表面位移变化

边坡面的最大变形发生在坡体下部约1/3处,滑坡范围内的土体均表现出膨胀变形,且与土体含水率变化趋势基本一致,即含水率增大,膨胀变形也随之增大,最大变形量达82mm。且在降水间歇期,土坡仍存在蠕变变形。

(2)稳定计算参数取值

①强度与变形参数取值

主要强度及变形参数如表3.3-4所示。

表3.3-4　　　　　　　　　　　模型土样强度参数

抗剪强度		密度(g/cm³)	弹性模量(MPa)	泊松比
c(kPa)	φ(°)			
26.6	15.9	2.00	1	0.3

②三轴膨胀模型

三轴膨胀模型公式能反映导致膨胀岩土膨胀的最重要因素,即含水率的变化与平均主应力的影响,可以计算膨胀岩土边坡吸湿引起的非均匀膨胀变形量。根据试验结果推导出的对应于初始含水率条件下的强膨胀岩土三轴膨胀公式如下:

$$\varepsilon_v = 31.173 - 6.306\ln(1+\sigma_m) \tag{3.3-89}$$

(3)大型土坡模型试验数值模拟研究

模型试验主要是观察邯郸强膨胀岩土边坡在人工降雨和没有外荷载作用的情况下,发生滑坡破坏的过程,其破坏形式如图3.3-31所示。不考虑膨胀,采用极限平衡法进行计算时,滑弧示意图如图3.3-32所示,其安全系数为5.20;即使整个边坡全部采用土体的残余强度,安全系数仍为1.90,表明在自重作用下是不会滑动的,这同样说明常规的极限平衡分析理论不能正确地反映浅层滑坡的实际情况,因此模型试验充分说明了膨胀性对边坡稳定的影响,需采用考虑膨胀变形的稳定分析方法。

采用考虑膨胀性的有限元强度折减法计算表明,该边坡稳定安全系数为0.92,表明边坡已破坏。建立如图3.3-33所示的局部坐标,成果分述如下,其中应力的符号:正为受拉,负为受压(下同)。

①坡面法向正应力

从图3.3-34看出,在重力作用下,坡面法向正应力基本上按自重分布,当含水率逐步变化时,起初表层土体自由膨胀不影响其法向正应力,但当含水率变化形成破坏区域后,就形成高度应力集中的等值线。

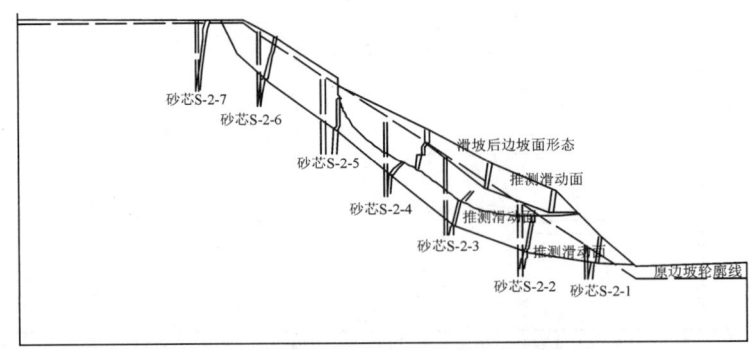

图3.3-31　模型试验滑坡剖面示意图(推测滑动面)

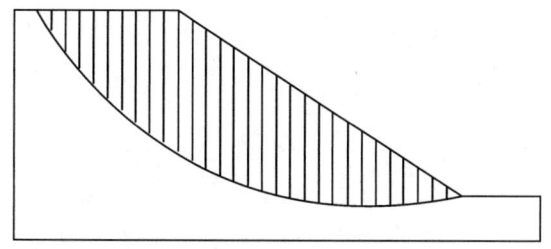

图 3.3-32 不考虑膨胀边坡滑弧示意图

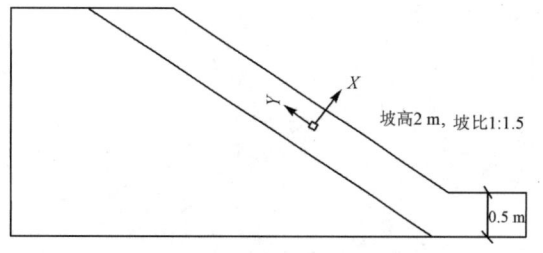

图 3.3-33 模型试验局部坐标示意图

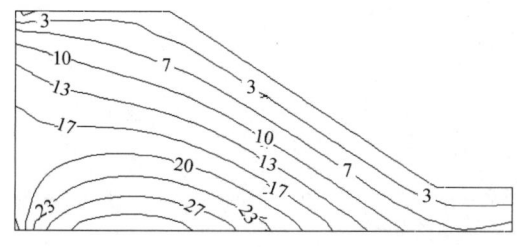

(a)自重作用

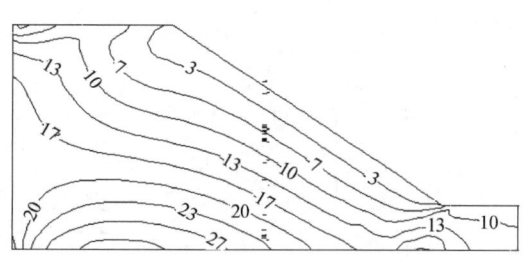

(b)含水率变化 5.5%

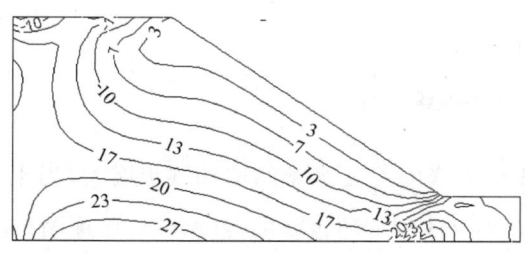

(c)含水率变化 11%

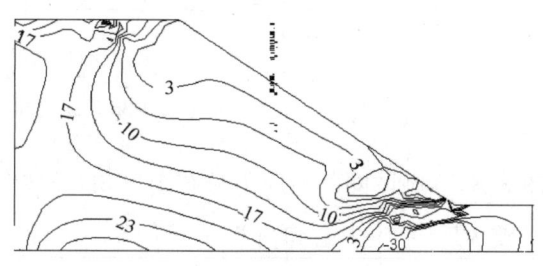

(d)含水率变化 16.5%

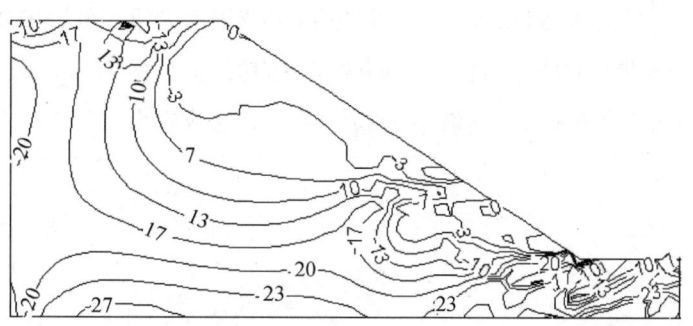

(e)含水率变化 22%

图 3.3-34 坡面法向正应力等值线(kPa)

②顺坡向的正应力

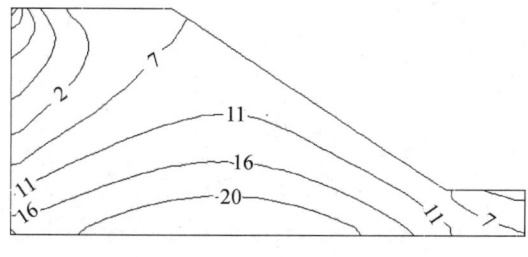

(a)自重作用

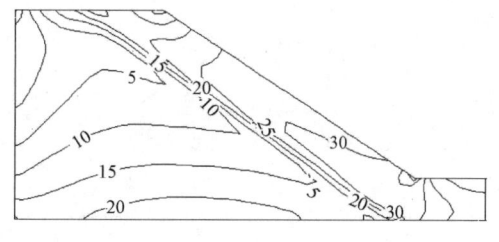

(b)含水率变化 5.5%

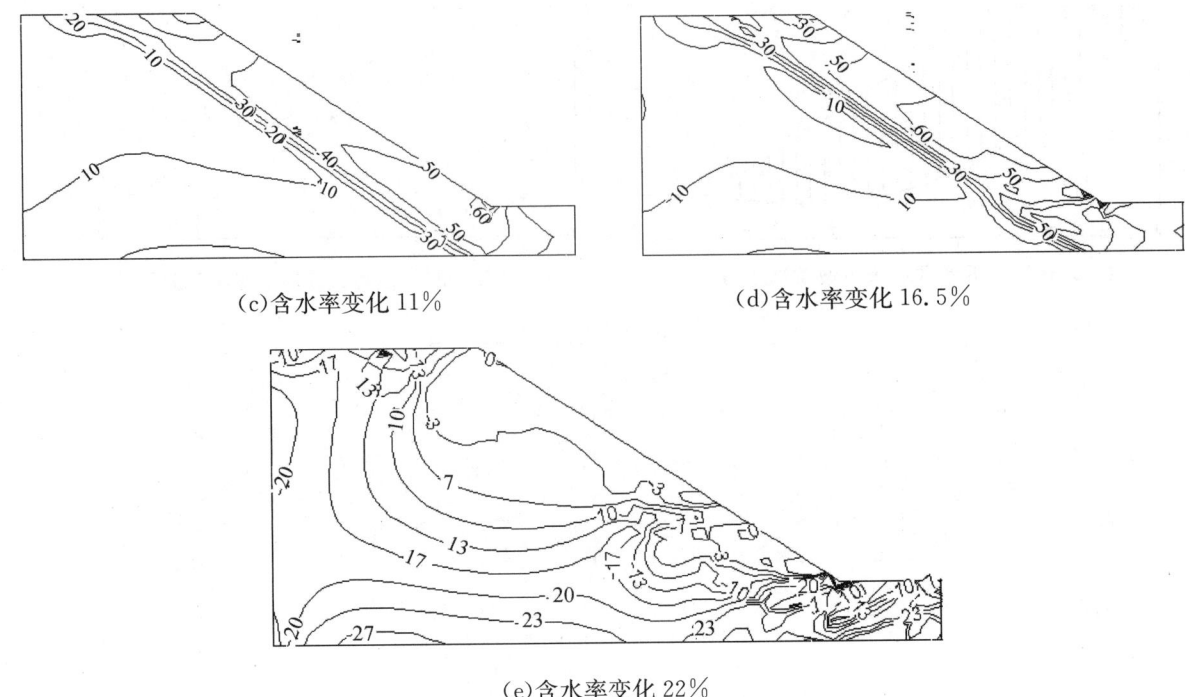

(c) 含水率变化 11%　　　(d) 含水率变化 16.5%

(e) 含水率变化 22%

图 3.3-35　顺坡向正应力等值线 (kPa)

由图 3.3-35 顺坡向的正应力分布图可知,顺坡向正应力先随着含水率的增加逐步增大,当土体某个区域逐步破坏后,正应力会卸荷并逐步下降,引起相邻区域土体相继超过峰值强度,破坏区逐渐扩大。

③顺坡向的剪应力

图 3.3-36 为含水率不同时,顺坡向的剪应力等值线,边坡表层 0.5m 范围内发生膨胀变形后,由边坡表层 0.5m 内某一点开始分别产生两个方向相反的顺坡向的剪应力,由图 3.3-36 可知当含水率变化范围为 11% 时,边坡中下部为向下的剪应力,边坡中上部位为向上的剪应力。

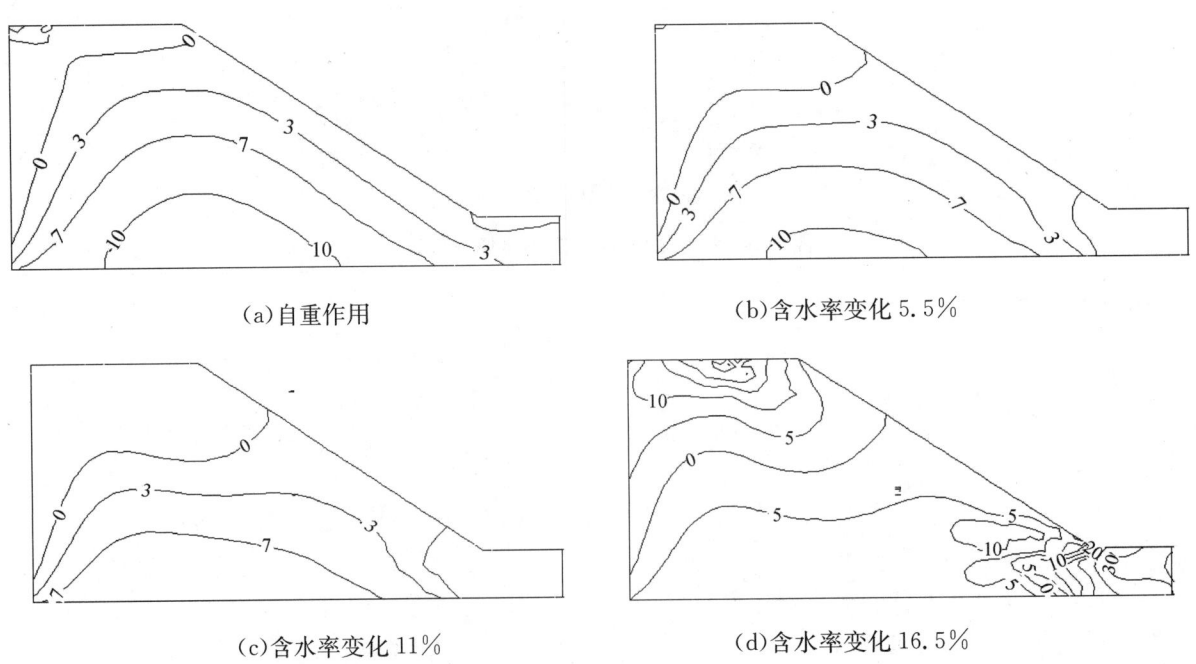

(a) 自重作用　　　(b) 含水率变化 5.5%

(c) 含水率变化 11%　　　(d) 含水率变化 16.5%

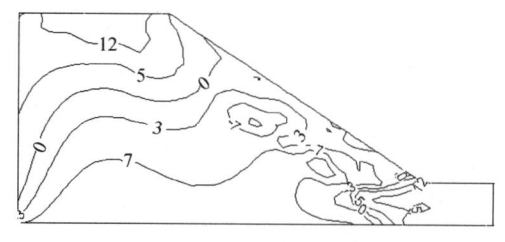

(e) 含水率变化 22%

图 3.3-36　顺坡向的剪应力等值线(kPa)

④等效塑性应变发展过程

由图 3.3-37 等效塑性应变随含水率变化过程可知,当含水率变化范围为 11%时,边坡坡脚处土体已经达到了峰值强度,并会首先发生破坏,此后应力开始逐步迁移,剪切破坏范围向周围土体延伸。当含水率变化范围为 22%时,在边坡坡脚处已经形成了一个完整的等效塑性应变完全贯通区域,表明边坡已经达到了破坏状态。该塑性应变完全贯通区域与图 3.3-28 模型试验滑坡剖面示意图中,最大隆起的部位基本一致,证明了所提出的计算方法的正确性。

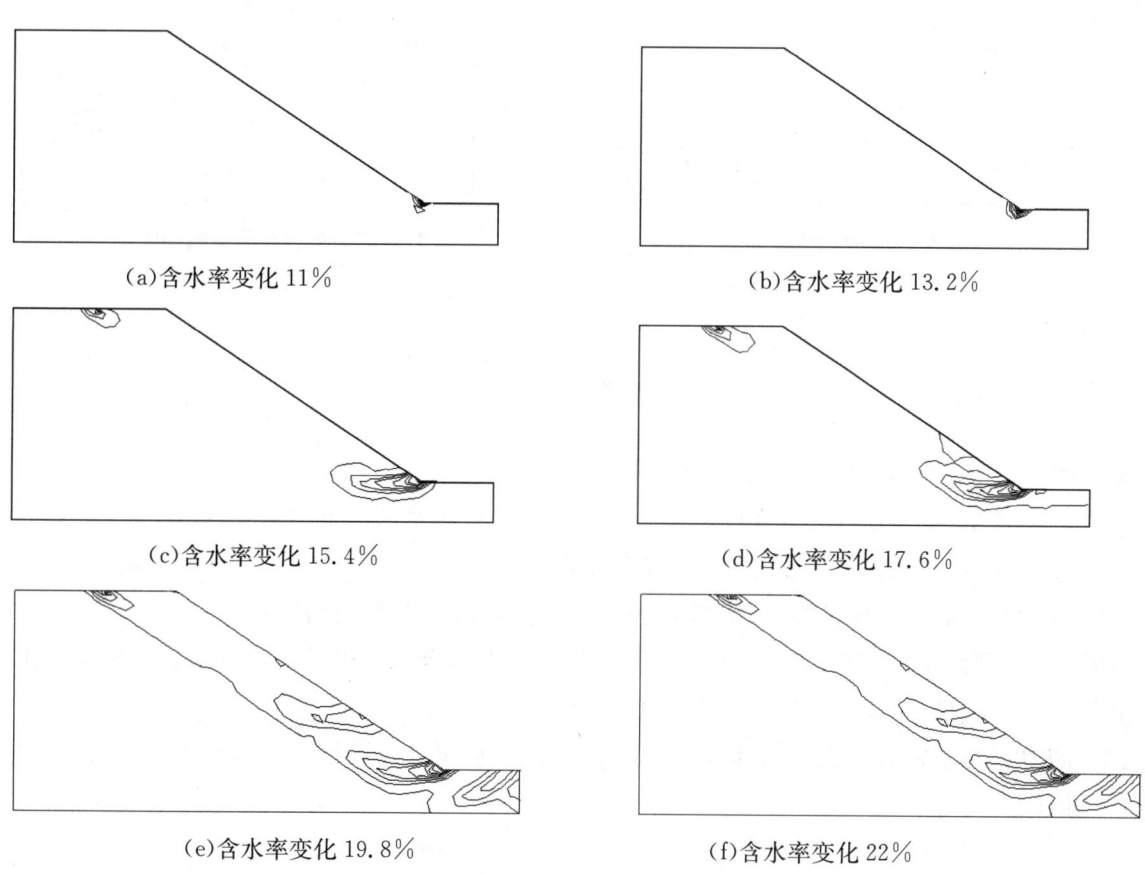

(a) 含水率变化 11%　　　　　　　　　(b) 含水率变化 13.2%

(c) 含水率变化 15.4%　　　　　　　　　(d) 含水率变化 17.6%

(e) 含水率变化 19.8%　　　　　　　　　(f) 含水率变化 22%

图 3.3-37　等效塑性应变随含水率变化过程

⑤强度折减计算安全系数

对峰值强度折减进行稳定分析,计算结果如图 3.3-38 与图 3.3-39 所示。当将峰值强度折减到 0.92 时,已经形成大片塑性区域,但这时还未完全贯通;当峰值强度折减到 0.93 时,边坡中下部已经形成了一个完全贯通的等效塑性应变区域,由此可推断,在当前的计算参数取值条件下 22%含水率变化安全系数为 0.92。

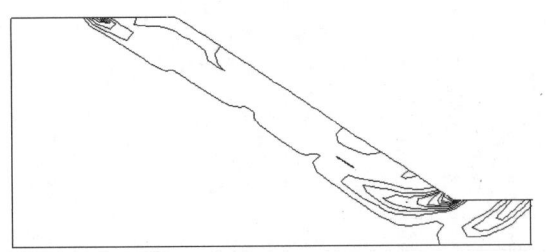
图 3.3-38　强度折减 0.92 时塑性区分布图

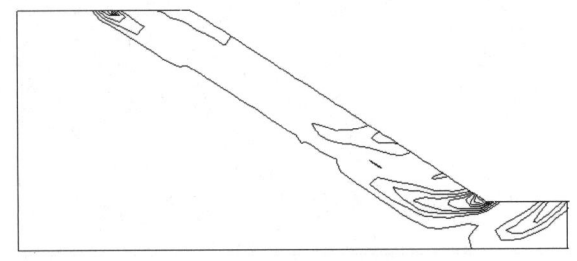
图 3.3-39　强度折减 0.93 时塑性区分布

⑥含水率变化为 22% 时位移场分布

图 3.3-40 和图 3.3-41 分别为当含水率变化范围为 22% 时的水平和竖向位移分布场,可知最大水平位移为 9cm 左右,最大变形发生在坡体下部约 1/3 处,与模型试验测得的最大位移 8.2cm 量级一致,且位置也吻合良好,进一步证明了非线性膨胀模型的正确性。

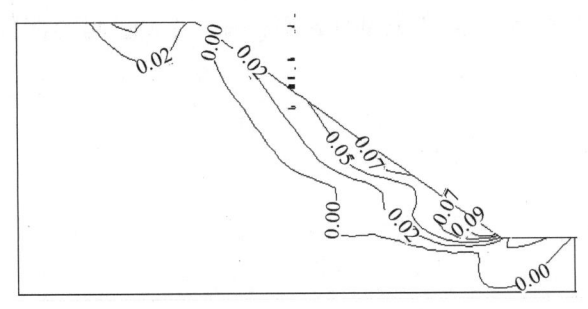
图 3.3-40　水平位移等值线(m)
（含水率变化范围 22%）

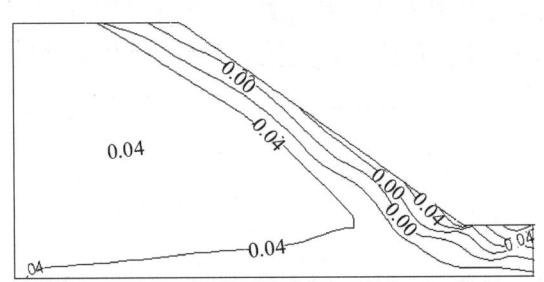
图 3.3-41 的竖向位移等值线(m)
（含水率变化范围为 22%）

参考文献

[1] 殷宗泽. 土工原理[M]. 北京：中国水利水电出版社,2007.

[2] 殷宗泽,钱家欢. 土工原理与计算(第二版)[M]. 北京：中国水利水电出版社,1996.

[3] 龚晓南. 土工计算机分析[M]. 北京：中国建筑工业出版社,2000.

[4] 谢康和,周健. 岩土工程有限元分析理论与应用[M]. 北京：科学出版社,2002.

[5] 程展林,饶锡保. 格形钢板桩码头侧向变形分析[A]. 中国土木工程学会第八届土力学及岩土工程学术会议论文集[C]. 北京：万国学术出版社,1999：405-408.

[6] 《水布垭面板堆石坝前期关键技术研究》编写委员会. 水布垭面板堆石坝前期关键技术研究[M]. 北京：中国水利水电出版社,2005.

[7] 程展林,丁红顺. 堆石料蠕变特性试验研究[J]. 岩土工程学报,2004,26(4)：473-476.

[8] 左永振. 粗粒料的蠕变和湿化试验研究[D]. 武汉：长江科学院,2008.

[9] 汪明元,程展林,林绍忠,陈琴. 水布垭面板堆石坝的三维弹塑性数值分析研究[J]. 岩土力学,2004,25(S2)：507-512,523.

[10] 冯光愈,刘松涛,饶锡保,程展林. 三峡深水高土石围堰数值分析与离心模型研究[J]. 长江科学院院报,1997,11(4)：58-61.

[11] 包承纲,汪明元,丁金华. 格栅加筋土工作机理的试验研究[J]. 长江科学院院报,2013,30(1)：34-41.

第4章 岩土离心模拟技术

1 岩土离心模拟技术概况

1.1 岩土离心模拟技术发展简介

许多复杂工程问题的研究中,常常使用小比尺的物理模型,去揭示现象的本质和机理,以验证计算理论和现有的解决实际问题的方法。但在岩土工程中,自重是主要荷载,其应力场主要是由自重引起的,且岩土属非线性材料,因此,若采用常规的小比尺的物理模型试验,由于应力水平比原型大大降低,从而导致结果失真。为此,必须设法在模型试验中增大岩土体的自重应力,才能真正模拟实体工程的状况。土工离心模型试验是解决此问题的有效方法[1][2],它将模型置于特制的离心机中旋转,使得 $1/n$ 缩尺的试验模型,在离心惯性力 ng 的空间中,获得重力 n 倍的离心惯性力;由于惯性力与重力等效,且加速度不会改变工程材料的性质,使得模型中发生的应力、应变和变形与原型的相同,其工作性状和破坏机理也相似。

由于能够模拟原型岩土结构中起决定作用的自重应力,离心机模拟试验技术成为岩土力学与岩土工程研究中不可缺少的试验手段,近年来离心机技术及试验技术在国内外获得了极大的发展,离心机及试验技术已逐步成为衡量岩土领域研究深度的重要标志之一。

1.1.1 国外发展概况

1869年,法国人 Phillips 在进行横跨英吉利海峡的钢大桥研究时,首次提出用离心机做模型试验的设想,并明确提出了离心机设计的一般原理[1]。

60年后,美国 Bucky(1931)在半径0.5m 的离心机上研究了煤矿坑顶的稳定问题;同期,苏联 Pokrovskii 和 Dovidenkov(1932)研究了土坡稳定问题,并在首届国际土力学与基础工程学会上发表了研究成果,这标志着离心模型试验技术开始应用于岩土工程领域。

20世纪30年代至60年代,苏联土工离心机快速发展,建造了20余台离心机,最大容量达到了750g—t。60年代后期,英国、美国、日本、法国、德国、丹麦、意大利、荷兰等国相继开始建造土工离心机,如英国剑桥大学、美国国家土工离心模型试验中心、日本港湾研究所、意大利 ISMES、荷兰 Delft 岩土研究所等,这些代表性离心机的建设和使用,使得离心模拟试验理论和技术得到了长足的发展。80年代以后,土工离心模型试验有了进一步发展,不同程度地采用了现代化的设计制造工艺及试验监测方法,美国、欧洲、日本、新加坡、印度等国家陆续建造了一些新型的离心机,部分离心机向大容量方向发展,以满足研究高土石坝、高应力等重型结构工程问题的需要。但目前更多的研究者认为离心机具有较大的吊篮容积,适当的加速度值(如150~250g),对大多数土木工程更为合适。

1.1.2 国内发展概况

国内土工离心机的发展大致可分为三个阶段[2]—[5]:

第一阶段:20 世纪 80 年代,以长江科学院离心机为代表。

中国早在 20 世纪 50 年代就着手进行离心机建造的研究,但受各种原因影响,一直没有实质性的进展。20 世纪 80 年代初,长江科学院建成当时国内最大的一台总容量 300g-t 的专用离心机,为中国土工离心机试验技术的发展和创新奠定了重要的基础。其间,还有部分单位建造了容量 20g-t 至 100g-t 的中小型土工离心机。

第二阶段:20 世纪 90 年代,以中国水科院和南科院大型土工离心机为代表。

在国家"七五"科技攻关期间,中国水利水电科学研究院建造了一台有效容量 450g-t 的大型土工离心机,1991 正式投入运用;南京水利科学研究院也同时建造了一台有效容量 400g-t 的大型土工离心机;清华大学水利水电工程系 1993 年建成一台 50g-t 土工离心机;这些离心机为我国开展大型水利工程建设的技术攻关以及土力学课题的研究和验证提供了有效的手段。

第三阶段:2000 年以来,以香港科技大学离心机为代表。

香港科技大学于 2002 年建成了代表现代化发展水平的 400g-t 大型土工离心机,具有双向振动、四组机械手、网络数据采集及处理功能。

近几年,我国离心机发展迅速,离心机性能也正向高、精、尖和多功能方向发展。据不完全统计,已建或在建的土工离心机多达 21 台,分布在水利科研机构、高等院校等部门,这些离心机的建设必将为推动离心模型试验技术的发展和岩土工程科技进步发挥重要的作用。

1.2 离心模拟的基本原理

1.2.1 离心模拟的基本原理

众所周知,土体的工程特性主要取决于其密度和应力水平等,如图 3.4-1 所示,因此,要求物理模型可以模拟原型土体的密度和应力水平;土体密度很容易模拟,但应力水平是由自重决定的,在物理模拟中必须采用特种试验装置,离心机就是实现这一功能的设备。

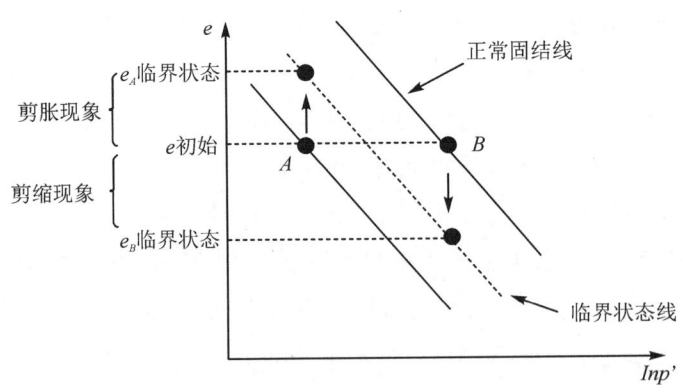

图 3.4-1 密度相同的某种砂土在不同应力下受剪后的表现[6]

离心模拟的基本原理就是利用离心机产生的离心力,模拟原型的自重应力,实现模型与原型的密度和应力水平相同,从而可以真实地模拟和揭示原型的工程性状及其变化规律。如图 3.4-2 所示,某大坝的原型和模型的密度相同,即 $\gamma_P = \gamma_m$(角标 P 代表原型,m 代表模型),高度分别为 H_P 和 H_m,则对应于 A 点的自重应力分别为:

$$\sigma_{AP} = \gamma_P \cdot H_P, \sigma_{Am} = \gamma_m \cdot H_m \tag{3.4-1}$$

两者自重应力比值为：

$$\frac{\sigma_{Ap}}{\sigma_{Am}}=\frac{\gamma_P \cdot H_P}{\gamma_m \cdot H_m}=\frac{H_P}{H_m}=N \quad (\gamma_P=\gamma_m) \tag{3.4-2}$$

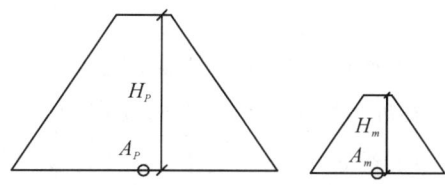

图 3.4-2 离心模拟原理示意图

原型与模型的自重应力比值为 N，即模型缩尺 N 倍后，模型的自重应力比原型的自重应力小 N 倍。因此，若将模型置于高速旋转的离心机内，当离心加速度为重力加速度的 N 倍时，模型受到相当于原型自重应力的离心力作用，即可实现模型与原型具有相同的应力水平，这就是离心模型可以实现原型性状模拟的根本原理。

1.2.2 离心模拟的相似率

根据离心模拟的基本原理，可以通过量纲分析推导出模拟的相似比尺关系，详见表 3.4-1；对一些复杂问题进行模拟时，相似率很难完全满足，此时应该以主要参数的比尺相似为原则，同时，在成果分析时应考虑其他因素的影响。

另外，对于比尺关系不易确定时，可以通过模型的模拟（modeling of model）进行论证。

表 3.4-1　　　　　　　　　　　　离心模拟的相似率

试验参数		单位	相似率（模型：原型）
基本	加速度	m/s²	N
	线性尺寸	m	$1/N$
	应力	kPa	1
	应变	—	1
土体	密度	kg/m³	1
	颗粒	—	1
结构构件	轴力	N	$1/N^2$
	弯矩	Nm	$1/N^3$
	轴向刚度（EA）	N	$1/N^2$
	抗弯刚度（EI）	Nm²	$1/N^4$
固结问题	时间	s	$1/N^2$
渗流问题	渗透系数	m/s	N
	黏滞性系数	Pa·s	1
	时间	s	$1/N^2$

1.2.3 离心模拟的试验误差

在离心机中很难做到模型与原型完全相似，因为离心模拟技术也存在一定的误差，试验过程及资料整理分析中应结合误差产生原因，采取必要措施，消减误差，提高试验精度。

(1) 固有误差

固有误差是指因模拟方法和离心机设备产生的误差,此类误差一般很难彻底消除,只能通过合理的试验方案、更换设备和资料整理等方法进行消减。

①模拟方法的误差

原型所受的重力加速度场无论在平面还是高度方向都是完全一致的(方向为竖直向下),而离心模型是通过离心加速度进行模拟的,而离心加速度沿径向与旋转质点的半径呈线性关系,也就是说,模型箱内土体的离心加速度在平面和高度方向上都是不等的,存在一定的误差,误差的大小与转臂长度、模型的尺寸有关。如果模型高度与离心机有效半径之比不超过 0.2,则应力剖面的误差比较小,通常小于 3%。

在试验过程中,当模型的物体产生相对于模型箱的运动时,同时会受到科氏加速度的作用,在离心加速度和科氏加速度的共同作用下,会形成一个扭曲的加速度场,易造成试验误差。

②设备的固有误差

以上分析可知,转臂长度和模型尺寸受到离心机设备的制约,由其带来的固有误差无法消除,因此,在离心机建造时,就应加强相关方面的论证,目前普遍认为较低的加速度、较长的转臂和较大的模型箱是有利于提高离心模拟精度的,在设计制造时应作为重点考虑的一个因素。

③相似比尺(相似率)

由于模型的材料、结构物和多种物理现象的耦合,使得某些相似比尺很难确定,有时甚至会出现矛盾,导致试验结果存在偏差,例如固结试验中的时间比尺与动力试验中的时间比尺就不同;此时,应首先考虑重要比尺的相似,放弃次要比尺的相似,以降低误差。

④测试仪器误差

测试仪器的尺寸、在高离心力场中的反应和自身的误差等都会引起试验结果的偏差,因此,试验中应选择尺寸小、重量轻、精度高和量程合适,并且自身具有抵抗离心力场能力的仪器。

(2) 人为误差

人为误差是指由于人为因素导致离心模型试验产生的误差,主要有以下几个方面。

①模型制作和测试仪器的埋设:模型制作方法不合理、尺寸控制精度不够以及测试仪器埋设存在问题等都会引起试验误差。

②模型箱边界的处理:试验一般假定模型箱内侧边壁与模型之间没有摩擦力,但实际是都存在的,因此,选择合理的减摩方法和控制措施是非常重要的。

③测试数据的处理:在测试数据的处理中,应结合试验设计方案,加强对各项监测数据之间的对比分析;对于明显不合理的数据可予以剔除,但不能对数据进行修改。

1.3 离心模拟试验方法

(1)模型制作方法

在进行模型的制作时,应综合考虑离心机容量、原型尺寸和模型箱等,选择合理的比尺,确定模型的尺寸。

模型制作有原状样或扰动样两种方法;黏性土可以采用原状样切削至所需形状,也可以采用制备样分层击实制作,对饱和软黏土则可采用泥浆固结的方法;而砂土模型可以采用砂雨法进行制备。

模型制作时,原则上每层厚度不超过 5cm,颗粒直径较大时,可适当放宽;制样尺寸偏差应按 1mm 进行控制。

(2) 模拟材料控制

由于模型箱的尺寸有限，当颗粒尺寸较大时，应考虑颗粒尺寸效应的影响；研究表明，模型箱宽度（最小尺寸）大于13倍材料最大粒径，且约为60～250倍的平均粒径，模型箱边界对试验成果的影响可基本忽略。

对于黏性土来说，其颗粒粒径很小，可以直接采用原型材料。

对于砂砾石和块石等散粒料来说，其颗粒尺寸较大，存在明显的尺寸效应，其处理方法是：根据模型箱尺寸确定材料最大粒径，然后采用剔除法、等量替换法、相似级配法等方法配置模型材料，尽可能减少原型和模型材料之间的差别。

所谓剔除法，就是剔除超粒径颗粒，并将其剩余部分作为整体计算各粒组的含量，这一方法使材料的细粒含量相对增加，若剔除量较多，则有可能改变粗颗粒料的性质，所以它一般仅适用于超径颗粒含量较少的材料。美国ASTM，D1557-78和英国标准EM1110－2－1906对土石混合料击实试验规定，超径颗粒小于10%则可以剔除。

等量替代法是以模型允许的最大粒径以下的粗粒，按比例等量替代超径颗粒部分，经替代后的土料保持了原粗、细颗粒的比例，但改变了土料中粗粒部分的级配，因此材料的不均匀系数和曲率系数也相应变化。三轴试验研究表明，用等量替代法制备的试样较剔除法更接近原型材料的强度性质，因此在国内的粗粒料三轴试验中广泛使用。然而在离心模型试验中具体应用的等量替代法，仍略有不同，它既可以按照模型箱对最大粒径的要求，选择较粗的一级或二级颗粒进行替代，也可以控制某一个界限粒径，对界限粒径以上的粗粒进行等量替代，如粗粒料三轴试验中取界限粒径为5mm，这样替代级可以保持粗粒的骨架作用，同时又能保证粗粒料级配的连续性和近似性。但有时为了使更多的细粒料充填到骨架中，可以将界限粒径调整到2mm，以改善模型土石料的级配分布，使其力学特性与原型材料更相近。

相似级配法，是根据所确定的最大允许粒径按几何相似原则等比例将原土料粒径缩小，即把颗分曲线按一定几何模拟比尺平移。这种缩尺方法保持了原土料的不均匀系数和曲率系数，但细粒含量有所增加，有可能改变土料的基本性质。通常在原型粗粒料中细粒含量较少，或者按照相似级配法缩尺后的模型土石料中，细粒含量不大于15%的情况下可以参考使用。

上述三种缩尺方法都得到不同程度的应用，但均有一定的局限性和适用条件，需根据具体情况选用。近年来，为克服单独使用等量替代法或相似级配法的不足，在粗粒料大型三轴剪力试验或压缩试验中常采用一种综合缩尺方法，即当超粒径颗粒含量低于40%时，采用等量替代法；当超粒径颗粒含量高于40%时，先以粒径小于5mm的细粒含量不大于15%为限，按相似级配法进行缩尺，再用等量替代法或者剔除法处理超径颗粒。

(3) 模型监测

模型监测的物理量主要包括离心加速度、应变、位移、孔隙水压力、土压力等，另外还可根据实际需要，对水位、温度、土体含水率、降雨量和降雨强度等物理量进行监测。

模型的离心加速度通过在转臂上安装加速度计进行量测，离心机设备上一般自带相应的测试和记录软件。

模型的位移包括表面位移和内部位移。表面位移可以采LVDT和激光位移传感器进行观测；而内部位移一般通过埋设标记点，通过记录试验前后及过程中的图像，采用图像分析软件进行处理。

模型孔隙水压力及土压力通过埋设微型孔压计和土压力盒的方法进行测量，孔压计埋入前应进行率定,并采用土工布等过滤材料进行包裹;土压力盒的埋设应保证其受力面与接触面垂直,否则将引起较大的测试误差。

模型中的结构物和柔性材料一般采用应变计测定其受力状态,目前,各类应变计较多,应变计的选择应与所测试的物体相适应,特别是其基片的模量应远小于测试物体。

地下水位可以采用孔压计测定,含水率采用张力计或体积含水率探头测定,温度采用温度传感器测定。其他特殊的测试物理量,可以根据其特性,自行设计观测仪器和装置。

值得指出的是,目前的观测基本属于单点式监测方法,随着技术水平的提高,在模型中进行连续监测将是未来的发展方向,如光纤技术、压力纸等。

2 长江科学院大型离心机简介

2.1 第一代离心机研制

(1) 研制过程及意义

大型离心机的设计制造探索。1957年受苏联专家的影响,长科院曾研究建立一座大型离心机,为三峡工程的科学研究作准备,并在1958年完成图纸设计。设计的主要指标:离心机直径为6米,模型重量为500千克,可提供的离心加速度为400g,驱动电机为400千瓦;模型转斗为悬挂式,结构模型和土工模型均可应用。但由于多种原因未能如愿建设。为了满足丹江口工程的需要,制造了一台直径为2.3m的小型离心机,开展了大量光弹冻结模型试验,不仅为丹江口和葛洲坝工程提供了可靠的试验成果,也为大型离心机的制造提供一些经验。

20世纪70年代后期,水利工程进入蓬勃发展的阶段,长科院开始着手建造大型离心机,攻克了当时存在的直流电机驱动、数据实时采集和高速运动图像遥视等难题,解决了散热和抗震等问题,但在机械中的螺旋伞齿轮制造方面遇到困难。后在长江委林一山主任的关心下,直接找到当时的第一机械工业部沈鸿副部长,在沈部长的协调下,天津第一机床厂克服设备不足的许多困难,顺利完成了大型伞齿轮的制造,从而使得新中国第一台大型土工离心机在长科院建成,并于1983年投入了运行[6]-[8]。

长科院大型离心机的建成为三峡工程、小浪底工程等问题研究提供了最为直接的手段,标志着我国岩土工程问题的研究进入了新阶段,为我国大型离心机设计与制造积累了丰富的实践经验,为后来我国离心模拟技术的发展提供了最为关键的物质基础,从此迎来了蓬勃发展的新时期。

(2) 离心机的性能

长科院第一代离心机最大加速度为300g,转斗最大容许重量1000kg,总容量300g·t,有效容量为180g·t;离心机有效半径3m,转臂总长度为4.42m,直流驱动电机功率410kW,模型箱尺寸为700×700×820mm,长度方向可延伸至1100mm,连续运行时间可达36小时以上,可开展土工和结构方面的离心模型试验研究,如图3.4-3所示。

图3.4-3 长科院第一代离心机

(3) 岩土工程研究中的应用

离心机自1983年底投入使用,至2002年运行近20年期间,完成了大量的开创性试验研究,包括土石坝、土石围堰、梁柱式海洋平台、格形钢板桩码头、软基工程、边坡和护岸结构工程、拦淤堤、煤层开采引起地面沉降机理、滑坡整治、尾矿坝加高、土钉加固技术等方面的课题,为工程建设和科技进步发挥了重要的作用。

限于当时设计和制造水平,经过近20年的运行,长科院第一代土工离心机在控制系统、测量系统、驱动系统等方面逐渐老化,已不能满足试验研究的要求。

2.2 第二代离心机研制

(1)升级改造论证

为了满足科研生产的需要,通过升级改造,恢复原有离心机的功能,在此基础上改造建设一套现代化多功能土工离心机试验系统;重点在模型安装、电器控制、数据采集、辅助试验系统等方面达到较高的自动化水平;升级改造过程中,应充分考虑系统的扩展功能,预留接口。

(2)升级改造方案及选择

根据长科院原有离心机的状况,即机械系统仍然完好,电器元件等已老化,制定了两个方案。方案一:原有离心机上直接进行升级改造,保留现有机械系统部分,对电器系统进行更换,对试验室房屋建筑进行改建。方案二:进行异地升级改造,将原有离心机拆除,并尽可能利用其部件,新建试验室。由于原有离心机试验室位置不符合武汉市规划要求,同时,试验室基本属于危房,最终选择了异地升级改造方案。

试验系统总体布局如图3.4-4所示,自2006年起,经过了3年的研究、生产制造和调试,至2008年底,长科院第二代土工离心机已完成研制,并具备了开展试验研究的条件。

(3)离心机性能

主机系统在实验室内分为三层,如图3.4-4所示。底层为传动系统、稀油站及旋转接头;中层为转动系统;上层为上仪器舱。传动系统为400kW直流电机驱动,通过鼓形齿式联轴器为转动系统提供动力。转动系统如图3.4-5所示,为解决不平衡力检测问题,在拉力梁上对称设置四组力传感器,实现不平衡力检测;为保证转动系统两端平衡,在转臂的一端设置平衡调节系统,如图3.4-6所示;为满足试验需要,系统在模型吊篮一侧,设置供油、供气通道2路,供水1路,回水、回油各1路,并通过快换接头连接,以方便试验时的安装;设置了40通道静态采集端口,预留60通道动态数据采集端口,模型监测探头信号可通过航空插头接至监控室,实现自动数据采集;模型吊篮为开敞式,为模型装配提供了便利条件。上仪器舱内为光电滑环系统,各路信号通过滑环传至监控室,实现自动控制和数据自动采集。

  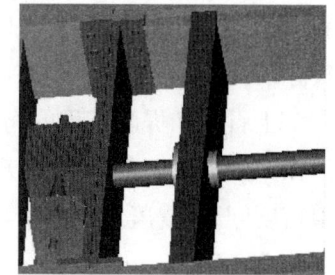

图3.4-4 长科院第二代离心机建设方案　　图3.4-5 长科院第二代离心机转动系统　　图3.4-6 动平衡系统

长科院第二代土工离心机主机系统在以下几个方面具有较好的性能。

①离心机有效半径3.75m,最大加速度200g,容量为200g-t,比较符合现代土工离心机的设计要求,在一定程度可减少离心机的固有误差。

②配置了高清照相系统,可以从旋转室顶部对运行中的模型进行拍照,照片非常清晰,基本没有畸变,可以通过照片数字化处理技术,实现运转过程中变形监测。

③主机安全控制性能较高,在底层传动部位、中层转动部位、上层仪器舱和监控室均设置了急停按钮,紧急情况按下后,主机自动停止;各组成系统、机室门等设置了安全联锁,任何部位出现异常或机室门打开的情况下,主机均不能运转,保障了设备和操作人员的安全。

(4)离心机的附属设备

为满足水利岩土工程科研工作的需要,专门设计制造了附属设备系统,包括:

①机械手系统。在70g条件下工作,可实现X、Y、Z三轴任意点定位,行程$30cm\times50cm\times40cm$,移动速度$20mm/s$,具有通用安装接口,模拟加荷、压拔桩、开挖等多种复杂岩土工程问题,如图3.4-7所示。

②降雨与蒸发模拟系统。实现了自然界降雨和蒸发过程的连续模拟;通过雾化技术,将水转化为细小颗粒,可对降雨量和水的冲刷作用进行模拟;通过红外加温技术,实现了蒸发过程模拟。

③蓄水与疏干模拟系统。可模拟渠道、大坝、堤防边坡等的蓄水和排水过程,可向模型试样增湿或疏干,能够进行水位高度控制,注水或排水的流量可手动控制。

④填筑过程模拟系统。可在100g条件下进行散粒体的抛填和填筑过程模拟,通过计算机控制,填筑成任意形状的断面,如图3.4-8所示。

图3.4-7 离心机机械手系统

图3.4-8 填筑过程模拟系统

3 土石坝和堤防工程的离心模拟

3.1 概述

在土石坝和堤防工程设计中,经常需要预先掌握堤坝结构体的变形和稳定性,包括结构形式的比选和优化、施工方案的可行性以及长期安全性预测等。由于堤防和土石坝工程的复杂性,计算结果往往与实际情况有较大出入,因此,需要通过离心模型试验进行验证。

土石坝和堤防工程的离心模型试验是开展得较早的一个项目,取得的成果也较多,可参考相关文献。但在一些特殊问题研究中,离心模拟发挥了至关重要的作用。在此,重点介绍围绕土石围堰填料水下抛填密度问题、混凝土防渗墙与复合土工膜防渗体系安全问题和堤防防渗墙施工中的裂缝问题等开展的相关研究成果。

3.2 土石围堰填料水下抛填密度的离心模拟

3.2.1 研究背景

水下抛填是围堰工程常用的一种施工方式,块石、砂、砂砾石及石渣料等散粒料常被用作抛填材料。这些散粒料在水下靠自重沉积,同时受到多种力的作用,是一个复杂的水下堆填过程。施工时,大块石用于填筑堰体的外围区域,而大量的砂、砂砾石及石渣等较细的散粒料,则常用作填筑堰体的中部区域,以便开槽修筑防渗体。在设计中,抛填体(尤其是中部较细粒料抛填体)的密度是首先必须知道的最基本资料,但由于所设计的围堰水深很大,无法进行试验实测,国内外也无如此深的类似实践经验,同时由于填料极不均匀,无法用理论或经验公式进行预测,这样,如何确定堰体密度成为困扰设计的第一道难关[9][10]。

这种情况就出现在当年修筑三峡二期围堰时,设计首选的方案是采用风化砂作为围堰堰体中部的抛填料,为了获得风化砂抛填堰体的密度,研究人员曾于1959年在现场拦截一条天然溪沟,进行了6.0m水深下人工挑土的现场抛填试验,尽管花费了大量的财力和人力,但所得的干密度很低,仅1.40~1.45g/cm³。如果按此密度对堰体的工作状况进行计算,则其中的防渗墙顶部的水平位移达1.2m,墙体应力应变状况很差,方案难以成立[9]。1989年,长科院[11]采用离心模型试验方法研究了风化砂的水下抛填密度,获得了较好的效果,得到风化砂的干密度为1.65~1.86g/cm³,基于对工程中使用的风化砂、石渣料和砂砾石等抛填料的离心模型试验,提出了水下抛填密度和水下稳定坡角,研究了抛填料粒径级配、水深等因素对密度的影响,并在试验成果的基础上,初步提出了水下抛填密度的经验公式,供设计参考使用。按此结果计算,可使围堰断面的结构大为简化,其试验成果的可靠性也为后来的工程实践所证实。这也说明,离心模型试验技术对于研究水下抛填堰体密度问题是一个先进、简便和有效的手段。

3.2.2 试验方案与方法

(1)模拟方法

如上所述,对于粗细混合的抛填料,在围堰水下抛填施工中,为避免粗细颗粒分离宜采用进占法,并合理控制抛投的时间间隔。此时,可将水下抛填简化为两个阶段,即抛填料在水中的初始混合阶段和后期自重压实阶段。在离心机中进行模拟时,应首先在离心机运转过程中将散粒料抛入设计深度的水中使其下沉、碰撞、堆积,然后继续让离心机恒速运转一段时间,使堆积体充分压密稳定。

由于运转过程中的抛投模拟较复杂,本次研究首先进行1g下的抛投模拟试验,统一按1m的高度沿45度坡面进行抛投(模拟进占法),水深0.5m,获得抛填体初始混合密度;然后根据此密度制备模型,并在设计离心加速度条件下进行固结。

根据颗粒在水中运动的计算结果,粒径小于等于10mm时,一般在入水2m即可达到匀速运动;当不考虑粗细颗粒分离时,1g下的抛投和实际抛填过程中的水下初始混合基本相当;当然,由于未能完全考虑抛投中的动力作用,模型试验结果可能偏小。从三峡二期围堰风化砂动态抛填和静态抛填的成果比较来看,动态抛填的结果比静态抛填形成的密度高7%左右,从工程安全角度出发,采用静态抛填的模拟方法是偏于安全的。

(2)模型设计

试验用料采用风化砂、石渣料和砂砾石料,最大的抛填水深按30m进行模拟。

试验模型箱尺寸为1m(长)×0.4m(宽)×0.8m(高),综合考虑模型尺寸和原型条件,确定比尺采用20、40、60,可分别模拟10m、20m和30m三种水深条件。

根据模型相似率和研究对象进行设计,模型高度为50cm,试验断面如图3.4-9所示。试验监测项目包括表面沉降、抛填体变形、水深等。

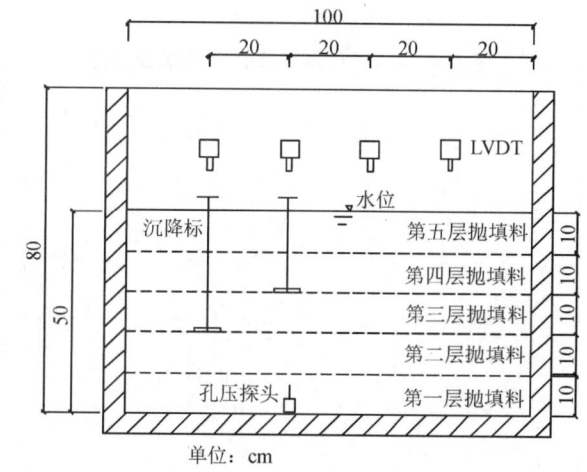

图3.4-9 模型装置及量测布置示意图

(3)抛填料的模拟

①关于颗粒缩尺的考虑

选用与原型的成分和类型相同的材料,以保证颗粒比重相同和形状相似。但当散粒料颗粒尺寸偏大时,受模型箱大小的限制,不可能采用与原型相同的尺寸,需要考虑缩尺的问题。目前常用的模拟方法有剔除法、替代法和完全相似级配法。对于散粒抛填堰体密度的模拟,重点是保证与原型的密度基本相同,应从影响密度的因素出发,选择模拟方法。

根据以往的研究认识,形状规则单一粒径颗粒的堆积密度只与排列方式有关,而与颗粒大小无关[3]。抛填料属于不规则颗粒的连续粒径堆积材料,须保证级配相似。为做到级配相似,界限粒径比和相似粒组所占的含量应相同,即应采用完全相似级配法。完全相似级配法会使得颗粒过细,导致泥化的效果。此外,不规则颗粒的堆积密度存在一定的缩尺效应。

针对以上问题,颗粒缩尺宜采用以下原则:①抛填料中的最大颗粒直径应小于模型箱短边长度的1/10;②尽可能选用较小的缩尺倍数,即模拟材料的最大粒径尽可能大;③对缩尺后模拟材料级配中对应的粉粒以下部分,采用等量替代法。

②不同抛填料的模拟

风化砂颗粒最大粒径为10mm,直接采用原型材料。三种典型级配曲线如图3.4-10所示。石渣料颗粒尺寸较大,级配1至级配3是采用完全相似级配法对原型缩尺10倍,级配4是在级配2的基础上再缩尺4倍,以研究缩尺效应的影响,如图3.4-11所示。砂砾石颗粒尺寸较大,级配1是在原型的基础上缩尺10倍,级配2与石渣料级配2完全相同,以比较相同级配条件下,材料类型对抛填密度的影响,如图3.4-12所示。

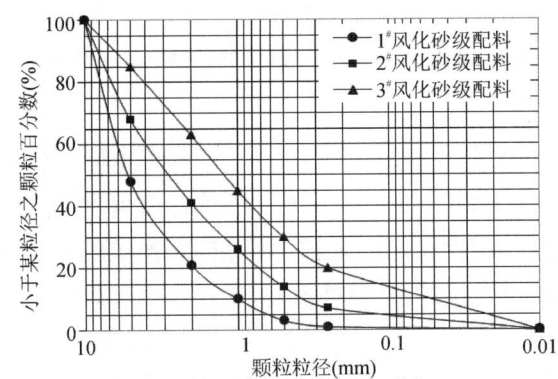

图3.4-10 三种试验风化砂的级配曲线

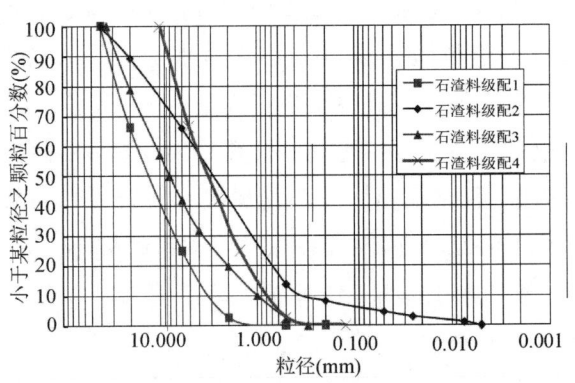

图3.4-11 四种石渣料的级配曲线

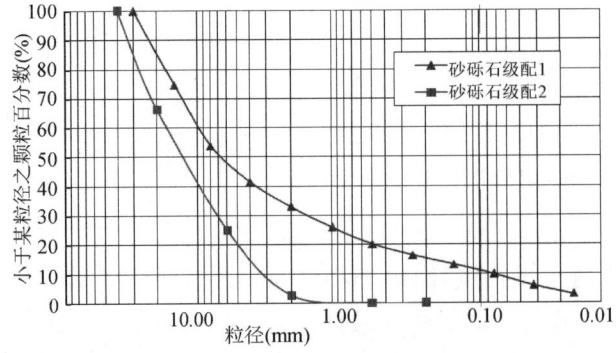

图3.4-12 两种砂砾石的级配曲线

(4) 试验组合条件

以风化砂、砂砾料和石渣料为抛填料,采用不同级配和缩尺倍数进行试验组合,共设计完成了九组离心模型试验,详见表3.4-2。

表3.4-2　　　　　　　　　　　　　　　离心模型试验方案

试验编号	抛填料及类型	试验内容
SLT-1	风化砂,级配1	研究级配对风化砂抛填密度的影响;级配1~级配3颗粒变细。
SLT-2	风化砂,级配2	
SLT-3	风化砂,级配3	
SLT-4	石渣料,级配1	研究级配对石渣料抛填密度的影响;级配1~级配3颗粒变细。
SLT-5	石渣料,级配2	
SLT-6	石渣料,级配3	
SLT-7	石渣料,级配4(在级配1的基础上再缩尺4倍)	研究缩尺效应的影响,颗粒细化
SLT-8	砂砾石,级配1	研究典型砂砾石抛填密度
SLT-9	砂砾石,级配2(与石渣料级配1相同)	比较砂砾石和石渣料的影响

(5) 试验过程

①将现场所取的材料风干后,按照相应的粒级进行筛分,并分别装袋备用。按照试验拟定的级配进行配料,进行击实试验,确定最大和最小干密度。对所有试验中使用的观测仪器进行标定。

②1g下的抛投模拟试验,获得初始混合密度;模型分层进行制样,在制样的过程中,预先埋设孔压传感器、分层沉降观测管和位移传感器;埋设位移标点,读取初值。模型制作完成后,安装LVDT,连接至数据采集终端,复核测试数据。

③开机加速至20g、40g和60g,模拟10m、20m和30m水深的工况;记录每个加速度对应状态下LVDT的连续变化,拍摄照片,通过图像处理技术复核变形。试验完成后,观察试验后的模型变化,并读取试验后的位移标点的终值,根据变形换算相应的密度值。

3.2.3　试验成果与分析

(1) 模型材料的相对密度和初始混合密度

研究人员对模型试验所用的三种散粒料进行了相对密度试验,并进行了1g下的抛投模拟试验,试验成果见表3.4-3。成果表明:三种材料的密度以风化砂最小,其次是石渣料,以砂砾料最大;1g下的抛投密度与其最小干密度比较接近,但风化砂偏大些,其密度是在试验完成并排水后测定,可能受到了渗透固结作用的影响。可见,在采用进占法且不考虑抛投过程中的粗细颗粒分离的情况时,可将最小干密度作为初始混合密度。

表3.4-3　　　　　　　　　　　　　模型材料相对密度试验成果表

试验编号	模型材料类型	最大干密度	最小干密度	1g下抛投密度
		(g/cm^3)		
SLT-1	风化砂	1.807	1.460	1.563
SLT-2	风化砂	1.810	1.502	1.643
SLT-3	风化砂	1.899	1.587	1.618

续表

试验编号	模型材料类型	最大干密度	最小干密度	1g下抛投密度
		(g/cm³)		
SLT—4	石渣料	2.066	1.639	1.768
SLT—5	石渣料	2.241	1.799	1.833
SLT—6	石渣料	2.113	1.679	1.733
SLT—7	石渣料	2.048	1.741	1.762
SLT—8	砂砾料	2.379	2.056	2.130
SLT—9	砂砾料	2.303	2.006	2.003

(2)散粒料抛填堰体密度及变化规律

①在三种级配下,风化砂在30m水深条件下的抛填密度介于 $1.563\sim1.716\text{g/cm}^3$ 之间,沿深度呈现增大的规律,与三峡二期围堰开挖实测密度结果基本接近,略微偏小。密度因级配不同而有一定的差异,当级配良好时,密度较大,见图3.4-13。

②如图3.4-14所示,在四种级配下石渣料抛填密度介于 $1.733\sim1.896\text{g/cm}^3$ 之间,沿深度稍有增大。受级配影响不甚明显,级配1和级配3对应的密度比较接近。级配4颗粒最细,是在级配1的基础上再缩尺4倍,结果,抛填体的密度也稍低,表明有一定的颗粒缩尺效应,但尚不显著。

③两种试验级配下,砂砾石的抛填密度范围值为 $2.00\sim2.23\text{g/cm}^3$,密度较高,沿深度呈现增大的规律,密度受级配影响显著,见图3.4-15。

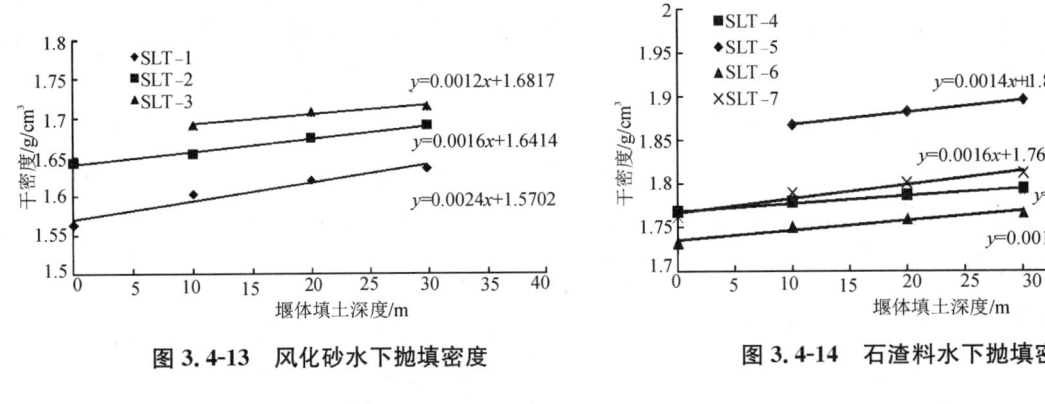

图 3.4-13 风化砂水下抛填密度　　图 3.4-14 石渣料水下抛填密度

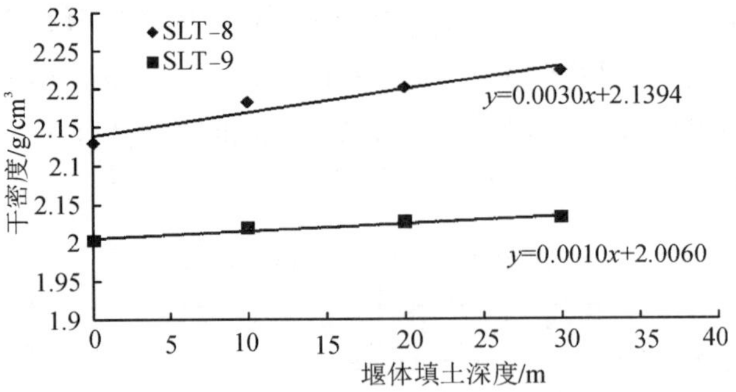

图 3.4-15 砂砾石料水下抛填密度

(3)不同因素对密度的影响分析

①比较图3.3-13和图3.3-15可以看出,级配对于抛填形成的密度有一定的影响,风化砂和砂砾石的

影响大于石渣料,这主要是由于石渣料颗粒呈棱角状,初始堆积后,形成了一定的架空骨架,后续抛填料荷重引起的变形很小,级配变化不大的情况下,对密度影响较小。

②从图3.3-13和图3.3-15可以得出,不同级配对风化砂和砂砾石密度沿深度的变化程度不同,级配良好时,颗粒容易压密,密度较大。

③SLT-5和SLT-9模型采用相同的级配,但前者为石渣料,后者为砂砾石,30m深水下抛填密度分别为1.80~2.03g/cm³,有较大差异。因两者比重基本相同,故密度不同的原因主要由于颗粒形状不同,因砂砾石颗粒呈椭圆形,颗粒间移动的阻力相对较小,故容易形成较高的密度。

④SLT-7模型石渣料是在SLT5模型材料基础上又缩尺4倍,两者水下抛填密度基本相同,可见,对于石渣料来说,缩尺对密度的影响不大。

3.2.4 散粒体水下抛填密度经验公式

从以上试验成果来看,抛填体密度沿深度方向基本符合线性变化,但对不同的散粒料,由于颗粒形状、级配等因素影响,其密度又有一定的差异。以下根据上述试验成果,对典型散粒料抛填密度进行统计分析,初步建立了估算抛填体密度的经验公式。

(1)经验公式

根据试验成果,初步确定水下抛填堰体密度的经验公式:

$$\rho = \rho_0(1+kH) \tag{3.4-3}$$

式中:ρ 为抛填密度(g/cm³);ρ_0 为初始抛填密度(g/cm³),即仅由抛填堆积形成的、未受到随后抛填料影响的最初密度;k 为堰体受重力压密作用影响的压密系数(1/m),系数 k 反映了压密固结的特性,与抛填料的颗粒形状、颗粒级配等有关;H 为抛填土厚度(m)。

(2)参数取值

①初始抛填密度 ρ_0

堰体初始抛填密度主要反映了抛填料入水后的混合堆积状态。经试算,认为与相对密度试验中的最小干密度关系密切。图3.4-16为堰体初始抛填密度 ρ_0 与最小干密度 ρ_{min} 的关系曲线,具有较好的线性关系:

$$\rho_0 = 0.8466\rho_{min} + 0.341 \tag{3.4-4}$$

式中,ρ_{min}(单位:g/cm³)是通过相对密度试验得出的最小干密度。

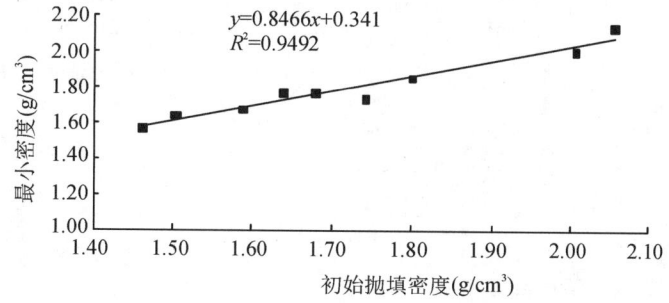

图3.4-16 初始抛填密度与最小密度的关系曲线

②压密系数 k

系数 k 主要反映颗粒形状、颗粒级配等对压密固结特性的影响,由下式表达:

$$k = S \times C \tag{3.4-5}$$

式中,S 为反映颗粒形状的影响系数,与抛填料的颗粒球形度有关。风化砂以细颗粒为主,可近似等效为球形颗粒,取 $S_{风化砂}$ 为 1;砂砾石料以卵石、椭球形居多,可取 $S_{砂砾石}$ 为 0.9;石渣料是爆破开挖的弃料,主要以棱角颗粒为主,可取 $S_{石渣}$ 为 0.7;C 为反映颗粒级配的影响系数,与级配特性参数关系密切。通过拟合分析发现,C 与填料级配中的 d_{60} 具有较好的相关性。由本次试验结果得到:

$$S_{风化砂} = -3E-4 \times d_{60} + 0.0028,$$
$$S_{砂砾石} = -3E-4 \times d_{60} + 0.0062, \tag{3.4-6}$$
$$S_{石渣} = -7E-5 \times d_{60} + 0.0024。$$

(3)公式合理性检验

采用上述经验公式进行计算,与试验结果对比,计算值与实测值的相对误差不大,最大为 5%,可以满足估算水下抛填密度的要求。由于试验数据较少,且试验仅有 30m 水深的结果,上述经验公式尚待更多的试验和工程检验。

3.3 大坝防渗墙与土工膜连接形式的离心模拟研究

3.3.1 概述

在水利工程围堰设计中,防渗墙与复合土工膜共同作为防渗体系是一种常见的防渗结构形式[12]-[15]。防渗体系也被誉为整个围堰工程的生命线[16],如果两者变形不协调,将导致复合土工膜被拉裂或拉断,给工程带来安全隐患。图 3.4-17 所示[17]系某围堰工程复合土工膜防渗墙连接形式,这种连接有两方面的缺点。

(1)复合土工膜与防渗墙连接处存在直角的转折,容易导致土工膜被拉裂。由于复合土工膜下部有混凝土防渗墙顶托,防渗墙的压缩变形很小,而风化砂堰体沉降较大,故土工膜与风化砂堰体之间的沉降差较大,实测表明,堰体相对于防渗墙的沉陷为 30 cm[18],如此巨大的差易沉降把土工膜拉裂。(如图 3.4-17)。

(2)防渗墙因水压力的作用,产生向下游的位移,而堰体的风化砂具有一定的湿度,它所产生的毛细压力阻止了风化砂堰体随墙体而移动,以致防渗墙与堰体之间脱开。图 3.4-18 为脱开部位平面和剖面示意图[18],脱开距离为 5~15cm 之间,平均宽度约 8cm。防渗墙与堰体的脱开会使复合土工膜受拉,当局部受力达到膜的拉伸强度时,即被拉裂。

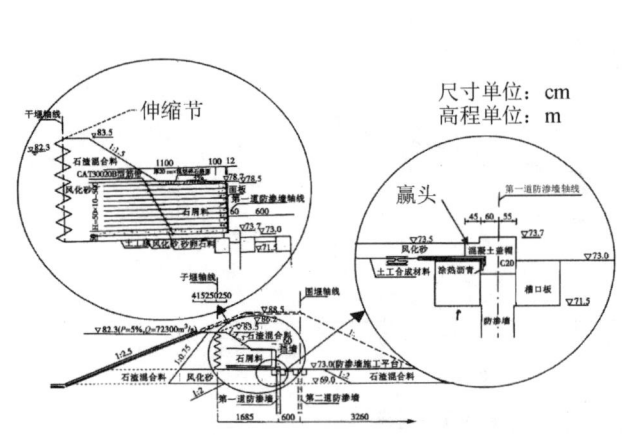

图 3.4-17 某围堰土工膜、子堰和防渗墙连接形式

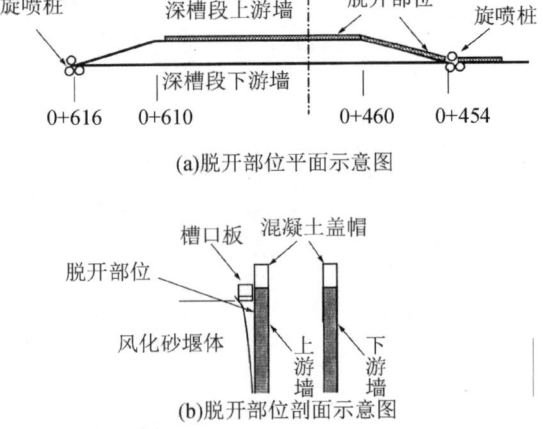

图 3.4-18 堰体和上游防渗墙脱开

复合土工膜与堰体之间或与其他构筑物之间的相互作用,可以通过离心模型试验进行研究,以验证复合土工膜在以上两种因素影响下的破坏过程。

3.3.2 试验方案

(1) 概化模型

某围堰工程的复合土工膜以上风化砂堰体厚度为15m,复合土工膜以下风化砂层厚度按15m计;复合土工膜水平向延伸长度为18m,水平方向预留的折叠伸缩节距防渗墙3m,伸缩节长度100cm,铺设方法如图3.4-19所示,设置伸缩节的目的是期望土工膜在承受拉力时可以展开,以消弭膜中的拉压力。离心模型试验即是验证这种机制的可能性。本次试验的模型比尺选为1∶50,通过比尺换算,复合土工膜上覆堰体厚度为30cm,复合土工膜下方铺设风化砂层厚度为30cm;复合土工膜水平向长度为36cm,预留伸缩节距防渗墙6cm,可伸缩长度按2cm设置。具体试验方案见表3.4-4,典型断面如图3.4-20所示。

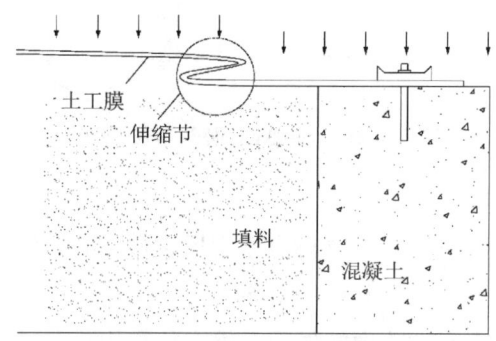

图3.4-19 复合土工膜的折叠式伸缩节

表3.4-4　　围堰防渗墙与土工膜连接形式离心模型试验方案

方案编号	土工膜铺设方向	固结沉降	防渗墙与堰体脱开距离	说明
SX-1	防渗墙上游	考虑	—	沉降变形由堰体固结产生;防渗墙与堰体脱开距离通过施加水平荷载产生
SX-2	防渗墙上游	—	考虑	
SX-3	防渗墙下游	考虑	考虑	土工膜高出连接处2cm;考虑沉降以及防渗墙与堰体脱开距离的影响

其中,①方案SX-1模拟复合土工膜以下堰体的沉降变形对土工膜的受力及变形的影响;②方案SX-2模拟防渗墙与堰体脱开距离对复合土工膜的受力及变形的影响;③方案SX-3改进复合土工膜与防渗墙的铺设方式,即增大土工膜竖向埋置长度,同时改变土工膜的铺设方向,验证固结沉降和防渗墙水平变形的影响。

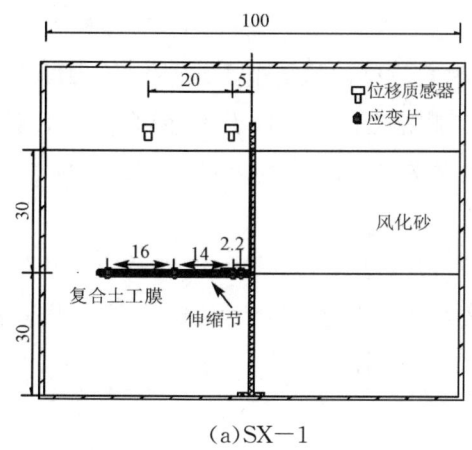

(a) SX-1

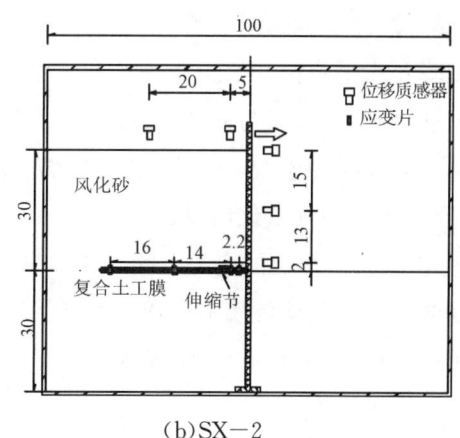

(b) SX-2

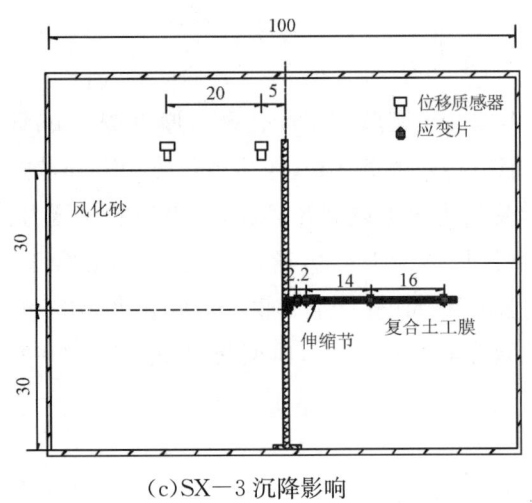
(c) SX-3 沉降影响

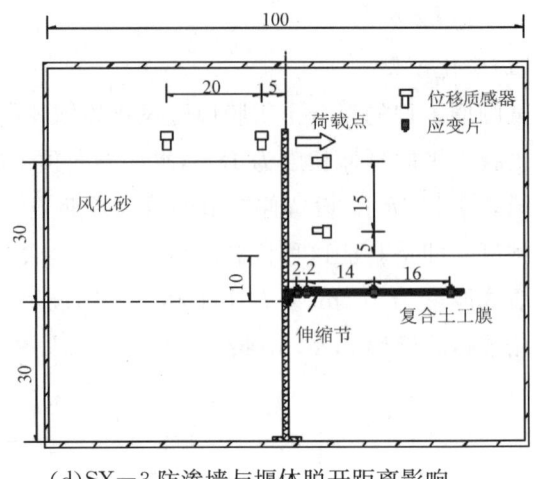
(d) SX-3 防渗墙与堰体脱开距离影响

图 3.4-20　模型断面图(单位:cm)

(2) 模型材料

①堰体填筑料的模拟。模型所用的填筑材料为原型风化砂,密度为 1.75 g/cm³,在试验过程中尽可能减少上部制样对下部土工膜及下覆风化砂层的影响。

②防渗墙的模拟。防渗墙在本次试验中的作用是给定位移边界条件,其自身的受力变形特征不是研究重点,所以其模型材料可不与原型完全相似,采用厚度为 2 mm 铝板进行模拟。底部设置宽承台,以达到底部固定的目的。为保证复合土工膜在其与防渗墙的连接处受力均匀,试验中专门研制了防渗墙与复合土工膜的固定夹具。

③复合土工膜的模拟。复合土工膜的模拟是本次模型试验的关键,必须满足与原型相似的要求。原型中,复合土工膜为两布一膜的结构,其设计参数为抗拉强度大于 20 kN/m(经向和纬向相同),伸长率大于 30%,主膜厚度大于 0.5 mm。其中,重点是考虑复合土工膜与风化砂的界面摩擦特性、抗拉强度和伸长率 3 个因素需要满足:①界面摩擦特性相似,即模拟材料与原型材料具有相同的摩擦系数;②抗拉强度相似,模拟材料的抗拉强度为原型的 1/N,模型比尺为 50,模拟材料的抗拉强度应大于 0.4 kN/m;③伸长率相似,模拟材料的伸长率也应该要达到 30%。根据以上控制因素,完全相似的材料很难找到,从研究问题出发,可按抗拉强度略大于或等于 0.4 kN/m,伸长率大于 30%和风化砂中的摩擦系数略小于二布一膜的条件进行选择。通过多种材料比选,模拟材料选定为单层土工膜,其抗拉强度为 0.75 kN/m,伸长率为 45%,与风化砂的界面摩擦系数为 0.25。

(3) 模型监测及传感器布置

①沉降及水平位移。如图 3.4-20 所示,采用非接触式激光位移传感器监测堰体填筑顶面以及铝板的水平位移(模拟防渗墙与堰体脱开距离)。为研究复合土工膜是否随防渗墙发生移动,在土工膜尾部沿垂向方向预先埋设标志线,并与土工膜黏紧。当土工膜发生水平向移动时,标示线将变成弯曲的形态,在停机开挖后,可观测其变化情况。

② 土工膜不同部位的应力监测。图 3.4-21 所示为模型箱内复合土工膜铺设以及应变片的铺设位置。从复合土工膜与防渗墙的连接端开始,按一定间距在复合土工膜表面分别粘贴若干柔性应变片(最大应变可达 30%),连接端一侧间距要小,离防渗墙越远,间距可逐渐加大。

 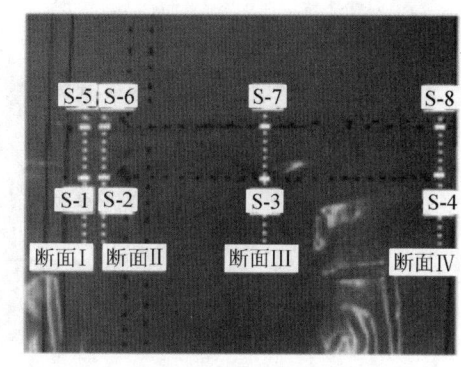

(a) 模型箱内土工膜铺设　　　　　　(b) 应变片布点位置

图 3.4-21　土工膜及应变片布置图

③ 荷载监测。如图 3.4-20 所示，当需要增加防渗墙与堰体脱开距离时，可在顶部通过气缸施加水平荷载的方式实现；在施加荷载的部位设置荷载传感器，以测定施加荷载值的大小，进而控制防渗墙的水平位移。

3.3.3　试验成果分析与评价

(1) 堰体沉降变形对复合土工膜的影响（SX-1 模型）

图 3.4-22 为试验后复合土工膜与防渗墙连接部位的照片。可以看出，复合土工膜断裂仅局限于靠近防渗墙连接端部；中间开裂程度明显大于两端，且中部土工膜表面压痕更为明显。模型开挖后，发现距离防渗墙 6cm 处的伸缩节没有展开，复合土工膜尾部埋置的标示线未发生水平移动。

图 3.4-23 为复合土工膜不同位置处应变与地表沉降关系图。在 SX-1 试验中，当加速度逐级增大时填土表面沉降逐渐增大，当加速度为 50g 时，表面沉降达到最大为 17.5mm。结果表明，距防渗墙的距离越近，复合土工膜内的应变越大。距离防渗墙 2cm 处的应变变化最为明显：在地表沉降值为 0mm～5mm 时，均缓慢增大，最大应变均小于 $500\mu\varepsilon$；当地表沉降值超过 5mm 时，应变迅速增大，最大值达到 $4500\mu\varepsilon$；当地表沉降超过 12mm 时，土工膜被拉破。

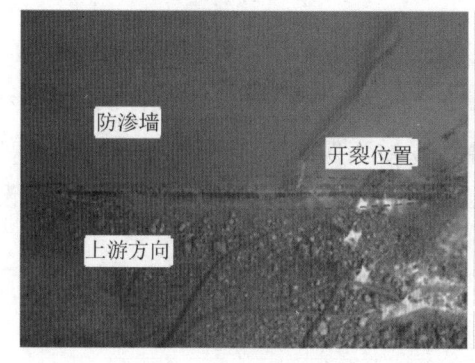 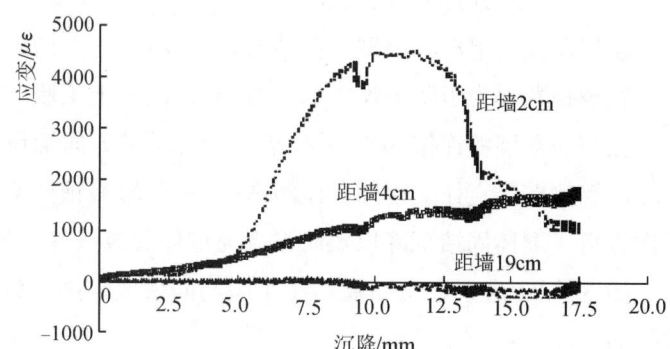

图 3.4-22　SX-1 模型试验后土工膜的状态　　　图 3.4-23　SX-1 应变-地表沉降关系

(2) 防渗墙与堰体脱开距离对复合土工膜的影响（SX-2 模型）

图 3.4-24 为 SX-2 试验后复合土工膜拉裂状态，反映防渗墙与堰体脱开距离对复合土工膜的影响。可以看出，复合土工膜在其与防渗墙的连接处全部断开。

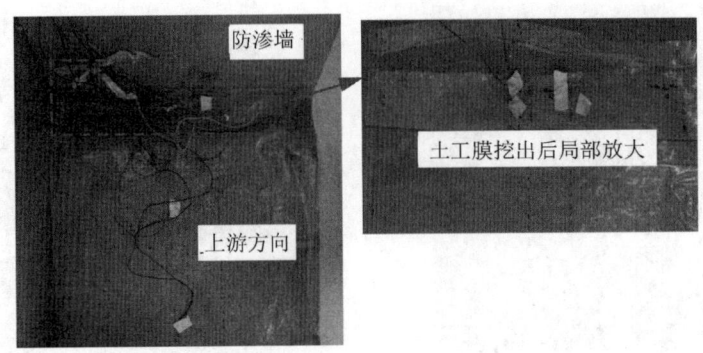

图 3.4-24　SX—2 试验后土工膜照片

图 3.4-25 为复合土工膜应变—防渗墙水平位移(模拟防渗墙与堰体脱开距离)关系。可以看出：复合土工膜 3 个不同位置处的应变均比较小，其最大值均小于 $700\mu\varepsilon$；随着防渗墙水平位移的逐渐增大，距离防渗墙 2cm 处的应变均逐渐增大，当脱开距离为 1.5mm 左右时达到最大值；由防渗墙开始向外，距离越远，复合土工膜所受拉力越小，但不同距离处应变片的最大值不相同，这表明复合土工膜在其与防渗墙的连接处受力不均匀。

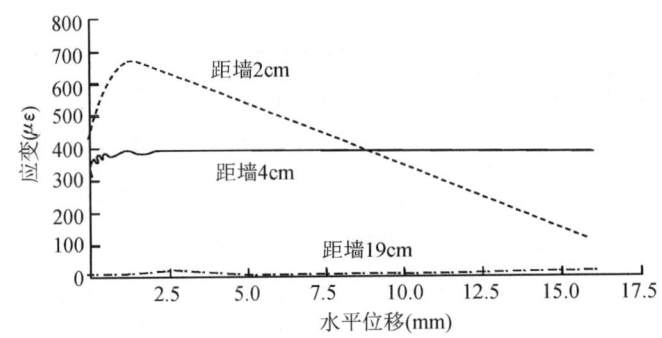

图 3.4-25　SX—2 复合土工膜应变—水平位移的关系

(3) 土工膜与防渗墙新型连接形式验证(SX—3 模型)

根据以上 2 组离心模型试验结果，围堰填料的固结沉降变形以及防渗墙与堰体的脱开均可导致复合土工膜被拉断。为了防止连接部位被拉断，改进土工膜与防渗墙的连接形式和铺设方法：将预留变形量设置在与防渗墙的连接部位，并将土工膜往下游方向铺设。具体连接形式如图 3.4-26 所示，将土工膜先沿防渗墙侧壁竖直往上延伸一段距离(或在防渗墙顶竖直往上延伸一段距离)，然后再向下游方向铺设。依次进行了堰体固结沉降以及防渗墙与堰体脱离条件下的离心模型试验。

图 3.4-27 为 SX—3 试验后土工膜与防渗墙连接部位照片，显然复合土工膜与防渗墙连接处完整，未被拉断。

SX—3—1 模型试验表明：改进复合土工膜与防渗墙连接形式后，随着围堰填料的固结沉降增大，土工膜的应变均较小，基本呈线性增大关系，最大值小于 $500\mu\varepsilon$；复合土工膜仍然处于线弹性状态，未屈服或被拉断。

SX—3—2 模型试验表明：随着防渗墙水平位移的增大，复合土工膜不同断面处的应变绝对值均逐渐增大；但当水平位移达到最大值时，应变绝对值均较小，小于 $400\mu\varepsilon$；防渗墙与堰体脱开未使复合土工膜产生屈服或者破坏。

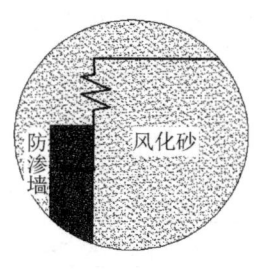
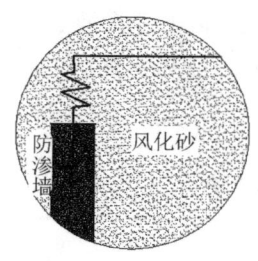

图 3.4-26 改进土工膜铺设方法

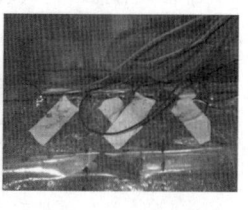

(a) SX-3-1 模型试验 (b) SX-3-2 模型试验

图 3.4-27 SX-3 模型试验后的土工膜状态

3.4 堤防防渗墙施工引起堤身开裂问题的离心模拟

3.4.1 问题提出

堤防裂缝是一种常见的险情。按照走向，堤防裂缝可分为横向裂缝、纵向裂缝和龟纹裂缝；按照成因又可分为沉陷裂缝、滑坡裂缝和干缩裂缝。在这些裂缝中，尤以横向裂缝和滑坡裂缝危害最大。

1998 年长江大洪水后，国家对长江堤防进行了系统治理，堤身中采用垂直防渗墙以降低堤防渗透破坏的风险。以同马大堤为例，图 3.4-28 为同马大堤典型剖面。同马大堤的堤身主要由粉土和粉砂组成，填筑质量差，结构不均匀。堤基主要为双层结构，上部以粉质黏土为主，下部为砂砾石层，相对不透水层埋藏深度一般小于 15m。坝基采用塑性混凝土垂直防渗墙防渗，厚度为 30cm。深度从堤顶达到堤基相对不透水层，防渗墙轴线布置在堤顶。防渗墙施工时采用锯槽机开槽、泥浆护壁和导管法浇筑塑性混凝土的施工方法。在施工过程中，堤身先后出现二十余条较长的裂缝，起始于槽孔端部，多沿堤顶轴线开展。裂缝宽 2～30mm，长 5～99m。如此规模的裂缝对堤防的安全必然带来负面影响，故对堤身裂缝机理的研究具有重要的价值。长江科学院结合安徽省安庆市境内长江同马大堤，在清华大学的离心机上进行了堤身裂缝机理的离心模型试验研究[19]。

3.4.2 堤身裂缝的试验模型和试验方法

用于堤身裂缝机理研究的离心模型试验系统，主要由储浆箱、输浆管、电磁阀、补浆管头等组成浆液系统，离心模型箱中设置了堤防和槽孔。试验采用取自同马大堤的粉砂和粉土。由于高速离心作用下泥浆有分层和离析现象，因此采用不同密度的氯化锌来代替等密度的泥浆，盛入乳胶薄膜袋放置于槽孔内，其对槽孔侧壁和端部产生的侧压力与等密度泥浆等效。选择离心加速度为 100g。原型槽孔（防渗墙）宽度 30cm，防渗墙深度 20m，槽孔长度分别为 14m 和 5.5m。防渗墙采用堤顶布置和堤脚布置两种，图 3.4-29 为两种防渗墙布置的离心模型横剖面和纵剖面。

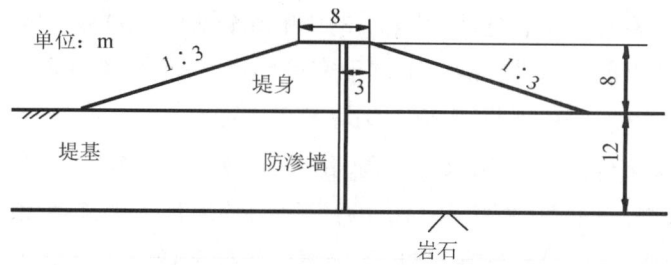

图 3.4-28 同马大堤堤防典型剖面

模型箱净空尺寸为 560×560×390（高）mm。用分层击实法制备堤基，并预埋防渗墙槽板。将模型置于离心机 100g 下固结 1 小时后，离心机停机，量测模型实际高度，计算土的干密度。在堤基上制作堤防,抽出槽孔模板,形成槽孔。模型槽孔内放入一定密度的氯化锌浆液膜袋。再次运行离心机至100g,并在此加速度下运行10分钟。试验中,通过两个摄像头监视和录像,记录裂缝产生和发展的过程。表3.4-5为设计的试验方案。

表3.4-5　　　　　　　　　　　　离心模型试验方案

方案编号	防渗墙位置	泥浆槽长度(mm)	堤身土	土干密度(g/cm³)	浆液密度(g/cm³)
1	堤顶	140	粉砂	1.41—1.54	1.0—1.4
2	堤顶	140	粉土	1.41	1.0—1.4
3	堤顶	55	粉砂	1.41	1.0—1.4
4	堤脚	140	粉砂	1.41	1.0—1.4

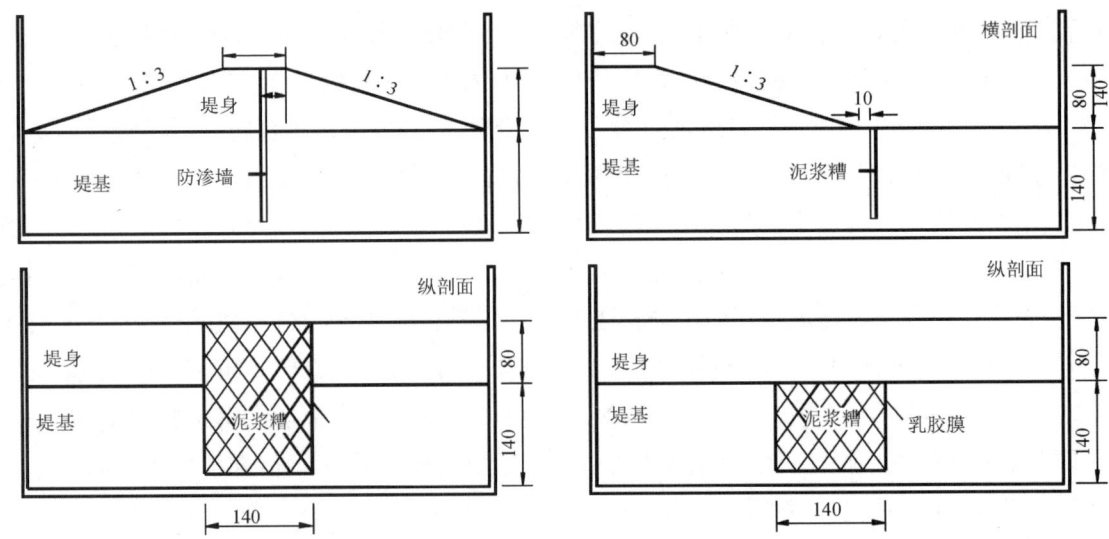

(a)堤顶防渗墙方案离心模型横、纵剖面图　　(b)堤脚防渗墙方案离心模型横、纵剖面图(单位:mm)

图3.4-29　两种防渗墙方案的离心模型剖面图

3.4.3 试验成果分析与评价

离心模型试验结果汇总在表3.4-6中。试验观察到,裂缝均始发于槽孔端部,并沿轴向分布,与现场较一致。初步推断,裂缝产生是由于槽孔壁的泥浆压力导致槽孔端部土体被劈裂。试验考察了堤身土的土质、土和泥浆的干密度、槽孔长度和防渗墙位置四方面的因素对堤身裂缝产生和发展的影响。

对比表3.4-6中的方案1和2,在相同干密度下(1.41 g/cm³),粉土中堤身产生裂缝时的泥浆密度比粉砂中的大,说明粉砂中更容易产生裂缝,可见土质的影响比较大。在试验方案1和2中,随着槽孔内泥浆密度的提高,裂缝产生的可能性增大。随着土体干密度的增大,产生裂缝所需的泥浆密度也增大。干密度较低的堤身土中较易产生裂缝。同马大堤现场堤身干密度在1.40~1.55 g/cm³,出现裂缝的泥浆密度在1.10~1.30g/cm³。离心模型试验结果与现场情况比较吻合。试验方案3的槽孔长度为5.5m,4组试验的堤身均没有出现裂缝。但槽孔长度为14m的试验中,均出现了裂缝现象,说明槽孔长度是一个重要影响因素。试验方案4中,防渗墙布置在堤脚,不同泥浆密度下均没有出现裂缝现象,说明裂缝产生与防渗墙位置有关。

上述的离心模型试验再现了堤顶防渗墙施工中,堤身产生的裂缝现象,并研究了槽孔内不同比重的泥浆对槽端土体劈裂的影响,探讨了裂缝产生的机理。

表 3.4-6　　　　　　　　　　　　　　　　离心模型试验结果

方案编号	土类	堤身土干密度 (g/cm³)	浆液密度 (g/cm³)			
			1.0	1.1	1.2	1.3
1	粉砂	1.41	×	√	√	—	—
		1.45	×	×	√	√	√
		1.51	×	×	√	√	√
		1.54	×	×	×	√	√
2	粉土	1.41	—	×	×	√	√
3	粉砂	1.41		×	×	×	×
4	粉砂	1.41	—	×	×	×	×

√表示产生裂缝，×表示未产生裂缝，—表示未进行试验。

4　渠道膨胀土边坡工程的离心模拟

4.1　膨胀土渠道边坡的离心模拟

膨胀土是在自然地质过程中形成的具有胀缩性、裂隙性和超固结性的高塑性黏土，其工程性质非常特殊，对气候和水分敏感，对工程的破坏性强，且具有多次反复和长期潜在的特点。膨胀土引起的灾害在世界各地频繁发生，被工程界视为"难以对付的土、隐藏的灾害"等，膨胀土问题是岩土领域的世界级难题[19]-[21]。

自 20 世纪 30 年代，膨胀土问题被发现和认识以来，国内外学者围绕膨胀土问题开展了大量的研究工作。在膨胀土边坡失稳机理方面，目前，普遍认为膨胀土边坡失稳具有浅层性（一般不大于 3m）、逐级牵引性和缓坡滑动等特征，干湿循环（降雨和蒸发）易引起浅层膨胀土胀缩开裂，裂隙加速水分入渗，破坏土体结构，导致土体强度降低，是引起膨胀土边坡失稳的主要原因之一[23]-[25]。诸多工程实例表明，新开挖的膨胀土边坡往往在一次降雨后即产生了滑坡[26]，如采用极限平衡法进行反算，其强度参数很低，有时甚至接近于土体的残余强度；干湿循环虽然可以引起土体的强度降低，但并不足以导致膨胀土边坡失稳，似乎还有其他方面的因素对边坡稳定起着重要的作用。

对于膨胀土问题，国内外学者也开展较多的离心模型试验研究工作。1994 年，A. D. Gadre 和 V. S. Chandrasekaran 通过离心模型试验，研究了不同厚度膨胀土（印度黑棉土）的线膨胀率[26]；1997 年，王鹰、韩会增、韩同春等通过离心模型试验，对南昆线膨胀岩路堤的稳定进行了研究[27]；饶锡保等通过离心模型试验，研究了南阳盆地膨胀土边坡开挖和输水工况下的稳定问题[28]；2005 年，王国利、陈生水、徐光明等进行了干湿循环下膨胀土边坡稳定性的离心模型试验研究[29]；2006 年，徐光明、王国利、顾行文等利用离心机，研究了雨水浸泡对膨胀性土边坡稳定性的影响[30]；2009 年，程永辉、李青云、龚壁卫等通过离心模型试验，分别研究了南水北调中线工程渠道单纯坡面衬砌、换填黏性土＋坡面衬砌和土工格栅加筋＋坡面衬砌等不同处理措施的效果[31]。以上研究成果，既包含了膨胀土工程特性的研究，又包括了膨胀土边坡稳定和处理措施的探索，对指导膨胀土问题的解决起到了较好的作用。膨胀土对水分十分敏感，遇水膨胀，失水收缩。同时，与其所处的应力状态关系密切。如：当膨胀土上部覆盖一定厚度的非膨胀土后，膨胀变形即大为降低。

目前，关于膨胀土边坡稳定方面的离心模型试验研究，其吸湿和失水过程模拟均是在 1g 下完成的，与原型的应力状态条件并不一致,其结果的真实性是否受到影响,尚待研究。

4.2 试验方案

对南水北调中线渠道进行了离心模型试验,研究了降雨过程对膨胀土渠道边坡稳定性的影响,以期揭示膨胀土边坡失稳的机理。为更真实地模拟原型应力状态,研究人员专门设计制作了一套简易的降雨模拟装置,在离心机运转过程中实现了降雨的模拟。

(1)降雨模拟方法

降雨模拟的关键在于模拟降雨强度和降雨历时。相对于膨胀土边坡来说,降雨条件是施加在坡体表面的边界条件,降雨主要导致雨水渗入膨胀土体,使得膨胀土体含水率增加。因此,降雨模拟的重点,是保证膨胀土含水率的变化与原型一致。新设计的降雨装置如图3.4-30所示,主要由盛水箱、过滤层、渗透层等组成。盛水箱一侧为蓄水箱,另一侧为渗透层和过滤层。蓄水箱的主要作用为补水和控制水位;渗透层由透水砂层组成,可以根据不同的降雨要求采用粉砂—细砂,其厚度根据降雨量确定;过滤层为土工布,主要为防止砂粒堵塞出水孔或防止砂粒流出;另外,根据拟降雨的区域,在盛水箱底板上,按一定间距布置出水孔,孔径大小及间距可根据降雨需要确定,该试验的孔径为0.5mm,间距为15mm。

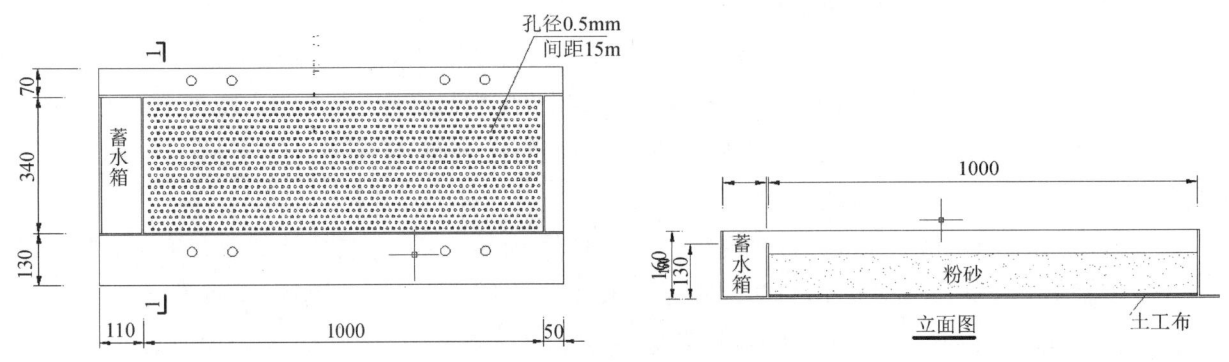

图3.4-30 降雨模拟装置示意图

试验前,在模型箱内放置了三个器皿,并开动离心机至设计加速度,对该降雨装置进行率定。率定结果表明,降雨均匀性基本可以保证;在保证恒定水位的条件下,降雨强度也可以达至某一恒定值。

由于在离心机运转过程中,雨滴对边坡的冲刷作用较强,需要对边坡采取必要的防护措施。本次试验采用薄层海绵条进行保护,一方面可以使得水分均匀入渗;另一方面,海绵不会对边坡稳定性产生影响。

(2)模型设计方案

试验以南水北调中线工程膨胀土渠道边坡为研究对象,选择有代表性的邯郸强膨胀土,其自由膨胀率为95%~115%,选择高度为7m左右的一级边坡作为原型,坡比为1:1.5。

试验在长江科学院第二代离心机上进行,模型箱尺寸为1m(长)×0.4m(宽)×0.8m(高),综合考虑模型尺寸和原型条件,确定比尺为1:20。

根据模型相似率和以上条件进行设计,模型渠底地基土层厚度为16.7cm,渠底宽度为23.3cm,渠坡高度为33.4cm,按1:1.5放坡,渠顶宽度为26.6cm,如图3.4-31所示。考虑到膨胀土击实后,其渗透系数很低,一般小于10^{-7}cm/s;为加速水分的入渗,在整个边坡表层按间距50mm均匀布置若干砂井,砂井直径为8mm,深为100mm;为防止降雨时渠底形成积水,在侧面设置了水箱,集中存放径流产生的积水。

试验所用强膨胀土的液、塑限分别为81.2%、32.9%,自由膨胀率为95~115,塑性指数为48.3,颗粒由粉粒和黏粒组成,粉粒占52.3%,黏粒为47.8%,其中胶粒含量为30.8%。室内重型击实最大干密度

1.683g/cm³,最优含水率为19.9%。本次试验控制干密度为1.60 g/cm³,含水率为18%。试验所用膨胀土的天然含水率为33.5%,干密度为1.39 g/cm³,对应天然状态下的饱和固结快剪c_{cu}、φ_{cu}值分别为27.5kPa、13.6°,饱和固结排水剪C_d、φ_d值分别为21.0kPa、15.8°。

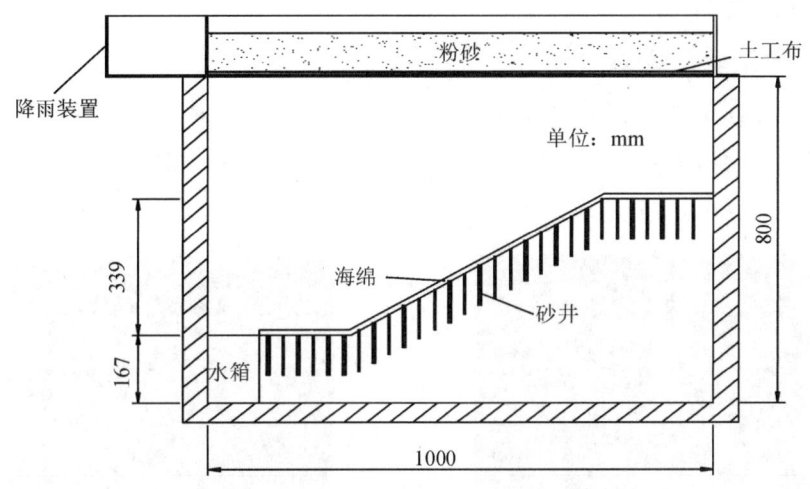

图 3.4-31 膨胀土边坡模型示意图

对于膨胀土浅层失稳来说,滑动面上的正应力往往较小,一般在50kPa以内。针对这一情况,在室内进行低上覆压力(5kPa～60kPa)的固结不排水剪试验,对应的强度参数C_{cu}、φ_{cu}值分别为6.8kPa、17.6°。在室内对所用膨胀土的重塑样进行了干湿循环条件下的固结排水剪试验,试验表明,1～4次干湿循环后,C_d值变化不明显,φ_d值略有降低,如图3.4-32所示。可见,干湿循环对膨胀土的强度有一定影响,但影响程度有限。

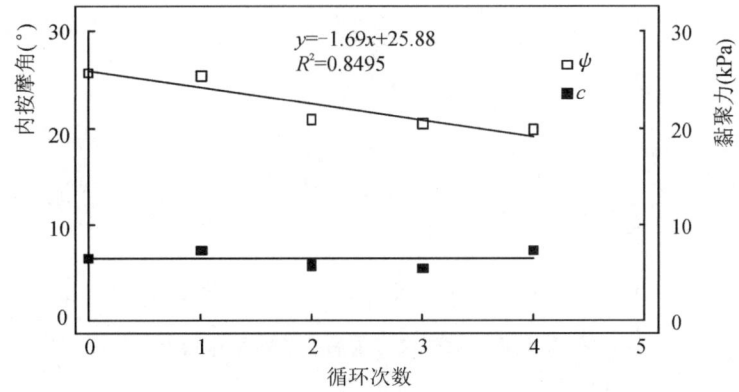

图 3.4-32 膨胀土抗剪强度与干湿循环次数的关系

(3)试验过程

①首先将土料晒干,然后过5mm的筛,筛后按预定含水率充分拌匀,包好并放置一段时间;待水分均匀后,均匀铺满模型箱底面,然后击实至20mm;再将击实面刨毛,就可进行下一层土的击实,直至填至坡顶高度;最后,按预定坡比削坡。

②制作砂井,砂井内填入粉砂,振捣密实;铺设防护海绵,埋设变形标点,安装降雨装置;安装完成的模型实物见图3.4-33所示。

③开动离心机加速至预定加速度,然后进行降雨,通过定时照相,观察变形网络位移及坡面的变化,

达到预定时间后,停机,分层测定模型含水率。

④本次试验在第一次降雨完成后,采用光照法对边坡进行了强化干燥,九个小时后进行了第二次降雨试验,步骤同③。

4.3 试验成果分析与评价

4.3.1 第一次降雨试验结果及分析

在第一次降雨试验过程中,边坡即产生了滑坡,滑坡出现在坡脚至向上的坡面 1/3 处,滑坡深度约为 3cm(对应原型为 60cm),如图 3.4-34 所示。试验后,分层测定了坡面含水率变化,含水率等值线如图 3.4-35 所示。

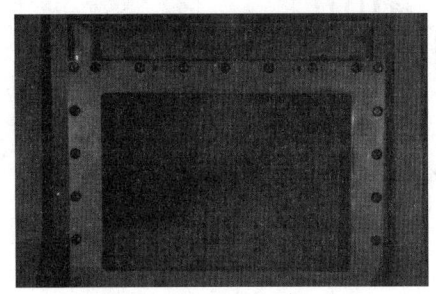

图 3.4-33 安装完成后的模型

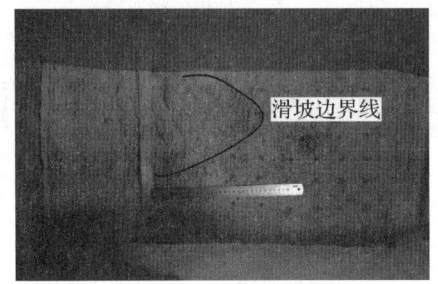

图 3.4-34 第一次降雨,出现滑坡

从图 3.4-32 和图 3.4-33 中可以看出,第一次降雨引起的含水率变化,除渠底深度较大以外(有少量积水影响),坡面入渗深度为 3~5cm,滑坡发生在含水率 35% 的等值线附近,滑坡与含水率的变化关系密切。

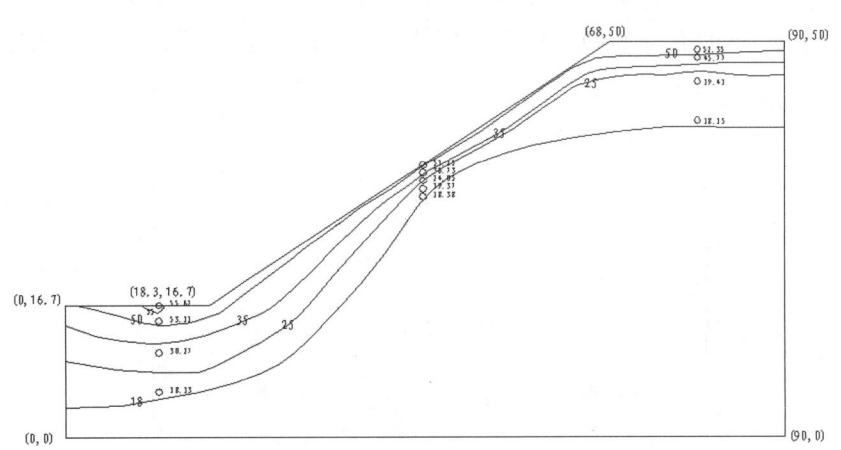

图 3.4-35 第一次降雨后的含水率等值线

4.3.2 第二次降雨试验结果及分析

第二次降雨过程中,边坡在第一次滑坡的基础上,产生了第二次滑坡。图 3.4-36 为试验后模型滑坡位置的照片,滑坡范围和深度均有明显增加;图 3.4-37 为开挖的模型断面图,从埋设的砂芯标记可以看到明显的滑动面,滑坡深度有明显增加,约为 6cm(对应原型为 120cm);图 3.4-38 为第二次降雨后的含水率等值线图,经一次干湿循环后,含水率变化深度增大,坡面入渗深度为 6cm~8cm;滑坡发生在含水率 35% 的等值线附近。

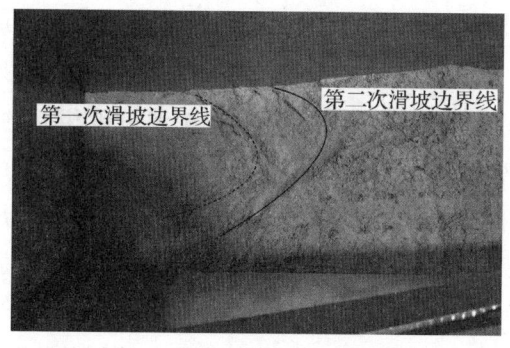

图 3.4-36　第二次降雨产生的滑坡

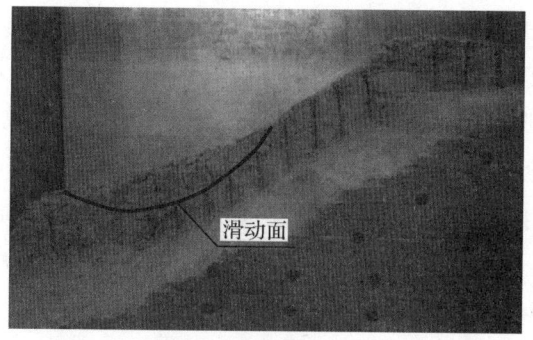

图 3.4-37　模型开挖断面图

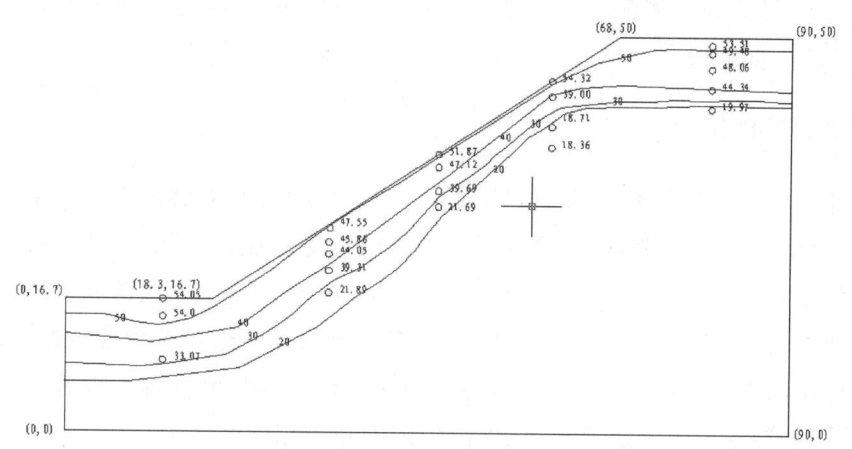

图 3.4-38　第二次降雨后的含水率等值线

4.3.3　边坡变形分析

试验后,根据有机玻璃窗一侧埋设的位移标点,绘制了水平位移等值线图和竖向位移等值线图,见图 3.4-39 和图 3.4-40(图中数值已换算为原型)。从图中可以看出,上述两次滑坡虽然未发生在位移观测点部位,但对应滑坡位置的观测点,均出现了较大的水平位移;在边坡含水率变化的范围内,出现了较明显隆起(膨胀),对应滑坡位置观测点的隆起变形更为明显。

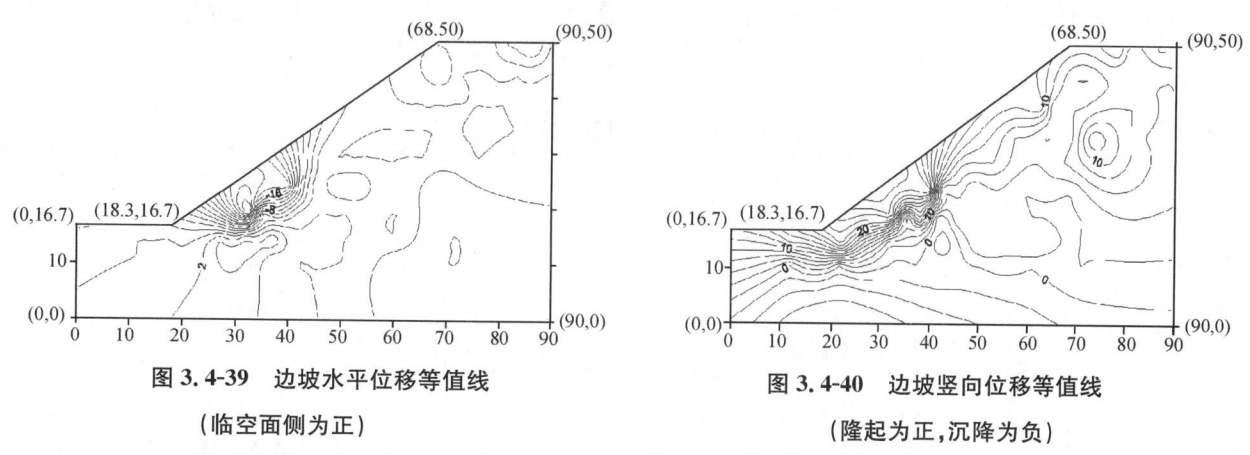

图 3.4-39　边坡水平位移等值线

（临空面侧为正）

图 3.4-40　边坡竖向位移等值线

（隆起为正,沉降为负）

4.3.4　膨胀变形对边坡稳定的影响

若用常规的极限平衡法进行边坡稳定性分析,无论是采用饱和的强度参数还是采用干湿循环后的强度参数,模型边坡安全系数都是很高的,不可能出现滑坡,但在试验中却出现了典型的滑坡,显然仅考虑干湿循环引起的强度降低是不能解释这一现象的。那么膨胀性作为膨胀土的主要特性之一,在边坡失稳过程中起了什么作用呢?下面做简单的分析。

膨胀土吸水后将产生膨胀变形,如膨胀变形被抑制,则会产生较大的膨胀力,二者呈现相反的关系。如完全自由膨胀或完全约束变形,膨胀变形或膨胀力在各个方向上是相同的。

对于膨胀土边坡来说,在降雨作用下,浅层一定范围内的土体含水率增大,势必将产生膨胀变形或膨胀力。沿垂直坡面方向约束作用较小,土体产生一定的膨胀,但顺坡向的约束作用较大,抑制了膨胀变形的产生,因此,在变形协调的过程中,顺坡向将产生较大的剪应力(膨胀力)。在重力共同作用下,当某处土体所受剪应力超过其抗剪强度后,将产生剪切破坏,土体丧失强度后将逐渐向周围土体延伸,进而形成贯通的破坏面,引起边坡失稳。詹良通、吴宏伟、龚壁卫等开展的现场试验实测资料表明,在降雨过程中,坡脚部位顺坡向剪应力明显增大[33]。

5 软基工程的离心模拟

公路、铁路、港口、水利、工民建、市政、机场等工程建设中经常会遇到由饱和黏土或粉土组成的软土地基,它们都具有含水率大、压缩性高、渗透性低及强度较低等特点,必须经过处理后才能满足建筑物对地基沉降控制和稳定的要求。常用的软基处理方法包括:换填法、排水固结法和复合地基处理等。换填法又分为换填砂垫层法、土工织物垫层法、爆炸挤淤法等,排水固结法可分为堆载预压法和真空预压法,复合地基处理方法包括水泥搅拌桩、碎石桩、石灰桩、CFG桩和低强度混凝土桩等。不同的处理方法各有优缺点,根据不同类型的工程建设要求,可以单独使用,也可以组合使用。

由于软土渗透性低,其排水固结速度非常缓慢,是制约试验研究周期的主要因素。根据离心模型试验的相似比尺关系,模型中的固结时间仅为原型的 $1/N^2$(N 为离心加速度),可大大节约模型试验的周期,因此,离心模型试验技术被广泛应用于研究软土地基变形及稳定性、地基处理设计方案优化和新型地基处理方法的验证。

5.1 排水固结处理软基的离心模拟

离心模型试验用于软基处理问题的研究成果很丰富,根据目前国内已发表的研究成果来看,涉及软基处理各个方面的研究,包括工程设计和施工中的问题,见表 3.4-7[34][35]。本节主要介绍常用软基处理工艺的离心模拟问题。

表 3.4-7　　软基处理离心模型试验研究情况总汇

序号	研究分类	主要研究内容	研究者及年份
1	公路工程	(1)广佛、岱黄、宜黄、黄黄公路软基处理 (2)杭甬高速公路软基处理 (3)软土地基路堤施工稳定性控制标准 (4)山区河谷软土路基处理	冯光愈、程展林,饶锡保(1992—1996) 谢永利,潘秋元,曾国熙(1995) 周小文,孙常青(2004) 曾友金(2007)
2	铁路工程	(1)铁路软土路堤临界填土高度 (2)斜坡软弱土地基路堤加固方案 (3)宁启铁路软土地基加固处理	张定(1990) 张良,魏永幸,罗强(2004) 王迅(2007)
3	大坝软基及堤防	(1)务坪水库软基筑坝基础处理 (2)同马大堤巨网段软土地基稳定性	陈祖煜,周晓光等(2004) 饶锡保(1993)

续表

序号	研究分类	主要研究内容	研究者及年份
4	软土地区建筑基坑开挖	(1)广钢站软基处理 (2)软土基坑开挖周围土体变形 (3)基坑中心岛法施工中土台预留宽度	杜建成,张利民(1997) 陈兴年,刘金元等(2000) 包旭范,庄丽,吕培林(2006)
5	港区和水运工程	(1)软土地区大型干坞边坡变形规律 (2)港区软基变形特性	张志勇,傅德明,杨国祥(2003) 刘守华,蔡正银等(2004)
6	地铁工程	富水软土地层地铁开挖地表沉降	漆泰岳,高波,马亮(2006)
7	机场工程	机场场道软基变形性状	陈上明,张俾元,李强(1996)
8	海洋工程	波浪作用下海底软黏土力学性状	闫澍旺,邱长林等(1998)
9	软土固结机理	地基强度随固结度增长规律	包伟力,周小文(2001)

5.1.1 固结模拟准则及比尺关系

(1)均质地基单向固结模拟准则

根据太沙基单向固结理论,均质地基的固结度可以表示为时间因数 T_V 的函数,T_v 定义为下式:

$$T_V = \frac{C_V t}{H^2} \tag{3.4-7}$$

式中,C_V 为固结系数,H 为排水距离,t 为时间。

若要保证原型和模型具有相同的固结度,则原型和模型中的时间因数 T_V 应该是相同的。则有:

$$\frac{C_{Vm} t_m}{H_m^2} = \frac{C_{VP} t_P}{H_P^2} \tag{3.4-8}$$

由于 $H_P = NH_m$,当模型与原型采用同样的土体时,$C_{VP} = C_{Vm}$,可得:

$$\frac{t_m}{t_P} = \frac{C_{VP} H_m^2}{C_{Vm} H_P^2} = \frac{1}{N^2} \tag{3.4-9}$$

式中,角标 m,P 分别表示模型和原型,N 为离心加速度比尺。式(3.4-9)即均质地基固结模拟时间比尺关系。

(2)砂井地基固结模拟准则

①在瞬时加荷条件下,砂井地基的固结方程为:

$$\frac{\partial u}{\partial t} = C_V \frac{\partial^2 U}{\partial^2 Z} + C_r \left(\frac{\partial^2 u}{\partial r^2} + \frac{1}{r} \cdot \frac{\partial u}{\partial r} \right) \tag{3.4-10}$$

式中,u 为孔隙水压力,t 为时间,C_V 为竖向固结系数,C_r 为径向固结系数,Z 为竖向坐标,r 为纵向坐标。

Newman 和 Garrillo 用分离变量法求解了方程(3.4-10),整个砂井影响范围内土的平均固结度 U_{rz} 为:

$$U_{rz} = 1 - (1 - U_Z)(1 - U_r) = 1 - \frac{8}{\pi} \exp - \left[\frac{\pi^2 T_V}{4} + \frac{8 T_r}{F(\xi)} \right] \tag{3.4-11}$$

式中,T_V 为竖向固结时间因素,$T_V = C_V \cdot t / H^2$;T_r 为径向固结时间因素,$T_r = C_r \cdot t / d_e^2$;$U_z$ 和 U_r 分别为竖向平均固结度和径向平均固结度;$F(\xi)$ 为有关井径比的函数。

$$F(\xi)=\frac{\xi^2}{\xi^2-1}\ln(\xi)-\frac{3\xi^2-1}{4\xi^2} \tag{3.4-12}$$

式中,ξ 为井径比,$\xi=d_e/d_w$,d_e 和 d_w 分别为砂井影响范围直径和砂井直径。

② 由式(3.4-11)可知,平均固结度是竖向排水距离和砂井影响范围直径的函数。若将砂井地基等效于相同厚度的单向固结地基,则等效固结系数 C_{Ve} 为:

$$C_{Ve}=C_V+\frac{32H^2 C_r}{\pi^2 d_e^2 F(\xi)} \tag{3.4-13}$$

若不考虑土的各向异性,则 $C_V=C_r$,代入式(3.4-13)有:

$$C_{Ve}=C_V K=C_V\left(1+\frac{32H^2}{\pi^2 d_e^2 F(\xi)}\right) \tag{3.4-14}$$

由式(3.4-14)可见,砂井地基的等效固结系数为相同厚度的单向固结地基固结系数的 K 倍,只要地基的厚度和砂井的布置形式确定后,便可计算出 K 值。

③ 根据单向固结地基的比尺关系(式3.4-13),则砂井地基时间比尺为:

$$\frac{t_{sm}}{t_{sP}}=\frac{C_{VeP}H_m^2}{C_{Vem}H_P^2}=\frac{1}{N^2}\frac{K_P}{K_m} \tag{3.4-15}$$

当 $F(\xi)_m=F(\xi)_P$ 时,$H_P=NH_m$,$d_{eP}=Nd_{em}$,$K_m=K_P$,则:

$$\frac{t_{sm}}{t_{sP}}=\frac{1}{N^2} \tag{3.4-16}$$

可见,当砂井地基原型和模型采用相同的井径比时,排水距离和砂井影响范围直径按 N 倍缩尺,可以满足相似条件,且时间比尺符合原型为模型 N^2 的关系。

5.1.2 砂井及塑料排水板的模拟方法

(1) 模拟方法

砂井及塑料排水板是软基处理中常用的加速排水的措施,也是排水固结法处理软基中的重要内容。塑料排水板的排水作用可以根据著名学者 Hansbo 提出的公式换算成等效当量直径的砂井,塑料排水板可以在等效处理后,按照砂井进行模拟。

$$d_P=\alpha\frac{2(b+\delta)}{\pi} \tag{3.4-17}$$

式中,d_P 为塑料排水板换成砂井的等效当量直径,α 为修正系数,一般取 0.6~0.9,b 为塑料排水板的宽度,δ 为塑料排水板的厚度。

根据上节中所述的模拟准则,原型和模型采用相同的井径比时,排水距离和砂井影响范围直径按 N 倍缩尺,可满足相似条件,因此,可以得出如下关系:

$$\frac{d_{em}}{d_{wm}}=\frac{d_{eP}}{d_{wP}} \text{ 且 } H_P=NH_m, d_{eP}=Nd_{em} \tag{3.4-18}$$

在进行模型试验时,可以据式(3.4-18)进行模型制作。若模型缩尺不能达到上述要求时,可以适当调整砂井直径和间距进行近似模拟,此时应该按式(3.4-15)计算时间比尺。

(2) 模拟材料

对于砂井或塑料排水板一般选用两类模拟材料,一类是直接缩尺,并按相同的井径比制作砂井;另一类采用透水纤维或织物进行模拟。侯瑜京等将塑料排水板换算成等直径的砂井,并采用制作砂井进行模拟[54];J. S. Sharma 和 M. D. Bolton 采用直径 Φ1.5mm 的聚酯纤维绳来模拟;饶锡保[37]、谢永利[39]、卢国胜[55]用直径 Φ2mm 的普通毛线模拟。

5.1.3 堆载预压的离心模拟

对于淤泥质土、淤泥和冲填土等饱和黏性土地基,由于在固结过程中地基强度会增长,为了保证地基的稳定性,荷载一般都分级逐渐施加,因此,填筑速率和极限填土高度是非常重要的控制指标。

(1)堆载的模拟方法

堆载的模拟包括停机逐级施加、控制加速度近似模拟和离心机运转过程中逐级施加等三种方法。停机逐级施加的方法,即预先设计每级填土荷载的高度,先在模型中施加第一级填土荷载,在运转一定时间后,停机并施加第二级填土荷载,再运转到预定的加速度,依次类推,直至完成各级填土荷载的模拟。该方法较简单实用,应用较多,但因与现场的实际情况有一定差异,每次停机和再开机过程,相当于一次卸荷和加载循环,存在较大误差。控制加速度近似模拟的方法是按预先设计好的填土荷载,一次性全部施加至模型上后,通过控制加速度的大小,来近似模拟填筑的动态过程。该方法考虑了填筑过程,并且可以反映在填土荷载变化过程中的地基固结变化情况,较停机逐级施加的方法有所改进,是目前应用最多的方法,但在填土荷载控制上与实际情况存在一定差异。离心机运转过程中逐级施加的方法是根据工程实际情况,在离心机运转过程中,通过填筑装置和机械手控制,进行填土荷载的逐级施加。该方法最符合实际情况,但由于设备和控制系统技术复杂,研制费用昂贵,应用尚少。预计,随着技术进步和模拟精度要求的提高,该方法将会更多应用于离心模型试验中。

(2)堆载预压的离心模型试验成果

饶锡保等自1992年至1996年期间[40],先后完成了广州至佛山、岱山至黄陂、宜昌至黄石、黄石至黄梅等高速公路软基处理的离心模型试验,研究了软基的极限填土高度、变形和沉降规律,为地基处理方案的比选、填土稳定控制、软基数值计算模型的改进和验证以及工后沉降预测等提供了可靠的依据。

周小文(2004)[35][36]对武汉绕城高速公路的软土地基的塑料排水板处理和不处理方案进行离心模型试验研究,以获得软土地基施工稳定控制标准。离心模型试验成果和大量软土路基观测资料证明,当路堤加载的水平位移速率和沉降速率比值达到一定量时,路堤会出现失稳破坏。研究提出了以水平位移速率(S_h)和沉降速率(S_z)的比值等于0.45作为破坏的临界线。

堆载预压处理软土地基的方法简单实用,造价低,工程建设中被广泛采用,离心模型试验成果也较多,可以参考应用。

5.1.4 真空预压的离心模拟

根据离心模型试验的原理,真空预压的模拟需要采用与实际相同的真空度。真空预压模拟中,重点要做好真空膜的密封、抽真空设备运转及真空度的监测等工作。

高志义、刘立钰等(1988)[62]尝试性地开展了真空预压和真空联合堆载预压的离心模型试验,研究表明离心模型试验结果与现场实测结果较吻合,真空联合堆载时,应力是可以叠加的,且效果明显;研究还表明,砂井内真空度由上至下逐渐降低,真空度有一定损失。

LeeNang Lap(2007)[63]通过离心模型试验研究了水下真空预压和砂井作用下软土地基的变形机理和规律,研究表明在真空预压处理完成后,砂井群中心的水平土压力系数较其他部位都大,而堆载预压的结果恰恰相反。且真空预压作用下,砂井之间产生了一定的水平位移,约为表面沉降的5%;在考虑砂井水平变形的基础上,Lee Nang Lap 推导了砂井地基固结方程,计算成果更符合实际情况。

5.2 深层搅拌处理软基的离心模拟

5.2.1 深层搅拌处理软基的模拟准则

水泥搅拌桩是常用的软土地基处理方法,包括深层搅拌法(湿法)和粉体搅拌法(干法)两种,通常所说的深层搅拌法即湿法。

深层搅拌法的离心模拟方法包括两类,一类是在模型中预先将搅拌桩制作完成,然后再将加速度升至设定值进行试验,这是在条件有限情况下的近似模拟方法;另一类是在离心机运转过程中,采用特定设备进行深层搅拌施工过程的模拟,这种方法的模拟考虑了施工过程对地基的影响,更符合实际情况,但技术要求较高。

根据离心模型试验的模拟原理,第一种方法的比尺关系见表3.4-8;F. H. Lee 等(2004)研制了离心机运转过程中深层搅拌桩模拟设备,并总结了比尺关系,见表3.4-9[58][59]。

表3.4-8 深层搅拌桩的离心模拟比尺关系

物理量	比尺关系(原型/模型)
搅拌桩直径(D)	N
搅拌桩长度(L)	N
搅拌桩间距(H)	N
搅拌桩密度(ρ)	1
抗压强度(q)	1
抗压模量(E)	1

表3.4-9 深层搅拌法的离心模拟比尺关系(二)

物理量	比尺关系(原型/模型)
搅拌头的直径(d)	N
搅拌头的旋转速度(R)	$1/N$
黏性剪切应力(τ)	1
搅拌时间(t)	N

5.2.2 深层搅拌处理软基的离心模型试验成果

(1)深层搅拌加固码头软基的工作机理和破坏形式

王年香,章为民(2001)[66]运用离心模型试验技术对采用深层搅拌法加固码头接岸软基和沉箱码头基础的工作机理和破坏机理开展了研究,分别采用酚醛树脂(俗称电木)和水泥土模拟了加固体。从试验结果分析来看,嵌入黏质粉土层(十字板强度为51.4kPa)的码头接岸加固体,以底端前点为支点,发生向被动侧旋转的变位形态,其破坏形式主要为倾覆破坏;嵌入黏质粉土层的沉箱码头加固体沉降和水平位移均很小,其破坏形式为滑移破坏;悬浮在淤泥质黏土层(十字板强度为25.6kPa)的沉箱码头加固体,其沉降和水平位移较大,破坏形式为承载力破坏和滑移破坏。另外,研究还表明,采用水泥土模拟加固体较电木更符合实际,且更真实地反映加固体的内部破坏形式。

(2)深层搅拌法施工过程的离心模拟

F. H. Lee 等(2004)[59]为在离心机运转过程中模拟深层搅拌法处理软基,总结分析了比尺关系,并研

制了专门的模拟设备,如图 3.4-41 所示。根据研究结果得出了以下认识:

①除雷诺数外,深层搅拌法模拟相关的惯性力、重力和浮力符合比尺关系。虽然水泥浆和水泥土混合体具有非牛顿流体的特性,使得雷诺数无法准确模拟,但仍可通过使用低黏性的液体,如氯化锌,近似模拟流体的黏滞性;由于搅拌桩的搅拌效果主要取决于水泥浆与土的流动特性,虽然氯化锌和水泥浆的化学特性差异较大,但对试验结果影响不大;

②试验结果显示,通过降低混合液体的黏性、增加搅拌时间和减小土与浆体密度的差异,可以提高搅拌桩的质量;

③通过 1g 和 Ng 模型试验结果对比,发现黏滞阻力对搅拌成桩的质量影响很大,模型试验中满足黏度的相似是非常重要的。

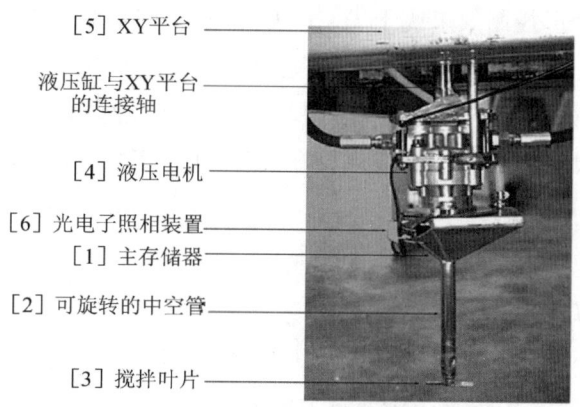

[5] XY平台
液压缸与XY平台的连接轴
[4] 液压电机
[6] 光电子照相装置
[1] 主存储器
[2] 可旋转的中空管
[3] 搅拌叶片

图 3.4-41 深层搅拌法离心模拟的专用设备

5.3 深厚软基处理的离心模拟

深厚软基处理的方法包括排水固结法、复合地基法和多种方法的联合使用。深厚软基处理的离心模型试验成果举例如下。

5.3.1 水库大坝深厚软基处理及沉降控制

在深厚软弱地基上修筑水库大坝是岩土工程界比较关注的问题,其可行性是有争论的。李崛华(1995)开展了务坪水库大坝的离心模型试验,研究了用振冲法加固深厚软基的可行性,并对处理方案进行了优化[61]。务坪水库拦河坝为黏土心墙碾压堆石坝,建于湖积软弱层上,软弱层最大厚度 26m,平均厚度 20m,软弱土层呈流塑状,孔隙比 1.5~2.0,含水率一般为 60%~80%,压缩系数 1.5~2.0MPa^{-1},凝聚力大都低于 20kPa,内摩擦角一般小于 10°,最大粒径为 60cm,模型最大粒径应为 0.3cm,最大坝高 49m。试验模型率为 200,原型设计桩径为 120cm,模型桩径为 0.6cm,振冲料原型考虑这样小的粒径有可能改变振冲料的性质,所以模型振冲料最大粒径采用了 0.5cm。研究了不处理直接筑坝、50%软弱层置换为碎石料和不同置换率的碎石桩复合地基处理等几种方案。

研究成果表明,不处理直接筑坝的方案产生了滑动破坏,50%软弱层置换为碎石料的方案是可行的,而不同置换率的复合地基沉降和水平变形随置换率的增大而减小,以坝前变形由隆起变为沉降对应的置换率作为最优方案,如图 3.4-42 所示。

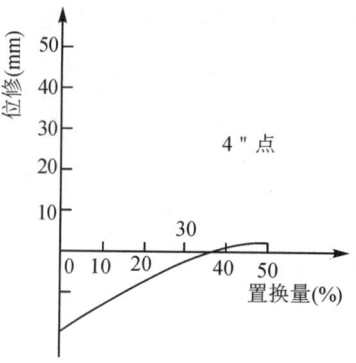

图 3.4-42 坝前水平位移与置换率的关系

5.3.2 铁路工程深厚软基处理及沉降控制

铁路工程对工后沉降的要求较高,《新建时速200公里客货共线铁路设计暂行规定》中要求工后沉降不大于15cm。张良、罗强等(2007)[62]针对福厦铁路深厚层软基的工程特性,以土工离心模型试验为研究手段,分析了袋装砂井处理、粉喷悬浮桩加固及粉喷悬浮桩与袋装砂井联合作用等3种加固方案的沉降变形特点,获得了合理可行的处理方案。该铁路沿线软基厚度较大,最大为25m,软土内聚力为3kPa,摩擦角为3°;试验中砂井采用粗化纤毛线模拟,粉喷桩按原型缩尺后预制,方案中的格栅加筋垫层使用塑料纱网模拟,四组离心模型试验结果表明:

①袋装砂井处理深厚层软土地基,能保证在一定的填筑速率条件下软基的稳定性,但控制地基变形的效果并不理想;

②用粉喷悬浮桩方案,变形控制效果优于袋装砂井方案,但受下卧软土层的影响,工后沉降不满足要求,可采取措施提高下卧软土层强度,或增加桩长直至穿透整个软土层,但造价会大大增加;

③粉喷悬浮桩与袋装砂井联合作用处理深厚层软土地基,既能显著提高粉喷桩加固区软基的强度,又能加快下卧软土层的排水固结,沉降控制效果较好,在保证一定堆载预压时间的条件下,基本能满足沉降控制要求;

④若在软土层增大的情况下,沉降变形增加明显。

5.4 爆炸法挤淤处理软基的离心模拟

5.4.1 概述

爆炸法处理软基技术是目前淤泥质海岸建设中最有效的地基处理方法之一,但爆炸挤淤作用受到众多因素的影响,理论研究落后于工程实践,工程应用更多的是依赖于工程经验,尚缺少系统的理论成果和科学依据[63]-[65]。关于淤泥质软土本身的物理力学性质以及爆炸荷载作用下软土体动力响应特性等方面的研究,成为深厚淤泥爆破挤淤作用机理研究的关键。

通过离心模拟技术模拟变形及破坏过程,可以达到现场原型试验的效果。由于离心模拟场中爆炸能量与原型存在$1:n^3$的比尺关系,在离心场中用较小的爆炸能量即可模拟很大能量的原型爆炸效果[72];并且,试验费用相对较低,仅有现场原型试验的1%左右;还可以用于验证理论分析与数值计算的合理性和可靠性论证,并优化工程的设计方案。

通过离心模型试验,可研究爆炸作用下淤泥质土的物理力学参数和动力响应特性,以及模拟堆石堤坝的变形及稳定性,建立能够真实反映原型的概化模型,模拟堆石堤坝存在时爆破挤淤的作用效果;通过离心机控制加载试验,分析爆炸荷载作用后形成的悬浮式堤坝的工后沉降及孔压消散特性。

5.4.2 爆炸的模拟准则

本次试验主要涉及与爆炸相关的物理量,这里作简要推导,以反映能量的比尺。主要的物理量有:弹坑体积V,加速度水平G,炸药埋深d,装药密度δ,靶体材料强度参数Y,靶体材料初始密度ρ,炸药包半径a,炸药的能量密度Q。试验中与弹坑体积可能相关的参量如表3.4-10所示。

假设炸药为球形,炸药质量W可用下式表示:

$$W = \frac{4}{3}\pi\delta a^3 \tag{3.4-19}$$

由此可以根据量纲分析得到体积的量纲的表达式:

$$W = \frac{4}{3}\pi\delta a^3, \frac{\rho V}{W} = F\left[d\left(\frac{\delta}{W}\right)^{\frac{1}{3}}, \frac{\rho}{\delta}, \frac{Y}{\delta Q}, \frac{g}{Q}\left(\frac{\delta}{W}\right)^{\frac{1}{3}}\right] \tag{3.4-20}$$

通过量纲原理可以得到如下 π 值：

$$\pi_1 = \frac{\rho V}{W}, \pi_2 = d\left(\frac{\delta}{W}\right)^{\frac{1}{3}}, \pi_3 = \frac{\rho}{\delta} \tag{3.4-21}$$

$$\pi_4 = \frac{Y}{\delta Q}, \pi_5 = \frac{g}{Q}\left(\frac{\delta}{W}\right)^{\frac{1}{3}} = \frac{Ng}{Q}\left(\frac{W}{n^3}\right)^{\frac{1}{3}} \tag{3.4-22}$$

表 3.4-10　　　　　　　　　　　与爆炸相关的物理量与量纲

实物名称	参数名称及称号	量纲
炸药	爆炸能 Q	$[ML^2/T^2]$
	密度 δ	$[M/L^3]$
	爆炸半径 a	$[L]$
	埋设深度 d	$[L]$
淤泥质土	密度 ρ	$[M/L^3]$
	波速 C	$[L/T]$
	泊松比 v	—
	强度参数 Y	$[M/LT^2]$
其他参数	重力加速度 g	$[L/T^2]$

5.4.3　爆破挤淤处理软基的工艺

爆炸法处理软基筑堤技术，自 20 世纪 80 年代在江苏连云港西大堤试验成功以来，已被迅速推广应用于防波堤和港口工程建设，爆炸法处理水下软基技术也发展出多种方法，包括爆炸排淤填石法、爆夯法和堤下爆炸挤淤法等。

目前，爆炸排淤填石法是爆炸法处理软基的主要方法，其筑堤施工技术已经比较完善。在爆炸排淤填石法的发展过程中尤其值得关注的是控制加载爆炸挤淤置换法的提出，传统爆炸排淤填石法处理的软土层厚度一般在 4m～12m 的范围，而控制加载爆炸挤淤置换法处理软基的厚度可达到几十米，大大拓宽了爆炸排淤填石法的应用范围，是对爆炸排淤填石法的补充和提高。

如图 3.4-43 所示，在深层淤泥中采用爆炸挤淤法修筑防波堤时，通过堤头前端埋药爆炸，抛填堆石体前沿便向形成的淤泥爆坑内塌落，实现泥石置换。爆炸挤淤法处理淤泥软基的原理不是直接提高和改善泥土层的自身承载力，而是通过爆炸冲击作用和堆石的自重作用挤淤达到泥石置换的目的，使堆石既是堤身材料也是地基材料，大大提高筑堤稳定性，并且爆炸挤淤法可达十几米甚至几十米的泥石置换深度。爆炸处理地基方法可分为爆炸密实、爆炸固结和爆炸置换三大类，主要在砂土、软黏土等地基土中进行。爆炸通过排淤、弱化淤泥强度和震动效用实现泥石置换。

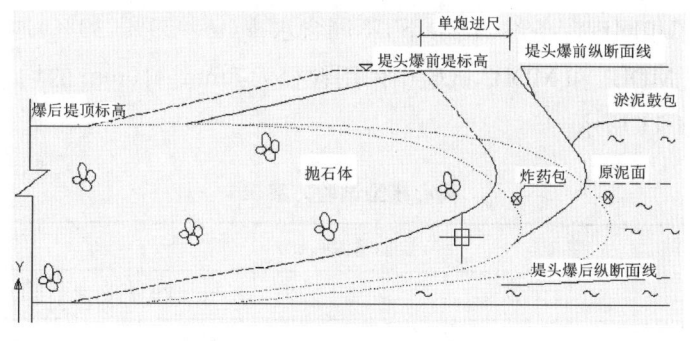

(a) 推进示意图

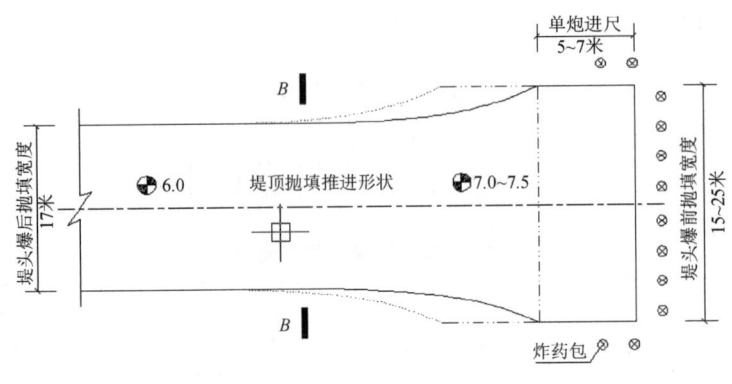

(b)平面示意图

图 3.4-43 堤头抛填布药推进图和平面图

5.4.4 爆破挤淤的离心模型试验

(1)试验方案

采用尺寸为(长×宽×高)1.0m×1.0m×1.0m 的三维模型箱进行爆炸挤淤的离心试验,离心机运行加速度为 80g。目前采用爆炸挤淤置换成堤工法中,挤淤深度一般在十几米到几十米之间,模型地基的厚度为 50cm(相当于原型 40m 厚的淤泥层)。试验采用 8 号瞬发电雷管为爆炸源,单个雷管换算成约 1.5gTNT 当量(相当于原型条件 768kg)。为实现离心机运行条件下起爆的场外控制,试验对离心机系统进行了爆炸点火装置的设计安装。点火装置原理示意图如图 3.4-44 所示,通过控制器控制继电器通断,从而实现电流源的导通关断,实现点火的目的。该方案的优点在于:结构简单,成本低,容易与离心机现有的高速测量系统同步。

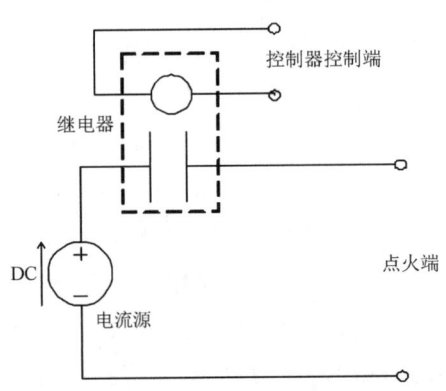

图 3.4-44 爆炸点火装置原理示意图

试验中为减少应力波反射对试验结果的影响,在模型箱四周内壁设置 2cm 厚的泡沫板。针对爆炸挤淤置换成堤工法进行了相同埋深条件(5cm)下,不同含水率($w=29\%$、33%)地基土的爆炸挤淤置换试验(MDB1 和 MDB2),在 MDB1 和 MDB2 试验中采用粒径为 5mm~10mm 的均匀碎石填筑形成堤坝;试验方案详细信息如表 3.4-11 所示。

表 3.4-11　　　　　　　　　　离心模型试验方案表

试验编号	加速度(g)	雷管(个)	雷管埋深(cm)	描述
MDB1	80	1×3	5	$w=29\%$,$\rho_d=1.50\text{g/cm}^3$,3 发雷管同时起爆
MDB2	80	1×3	5	$w=33\%$,$\rho_d=1.40\text{g/cm}^3$,3 发雷管同时起爆

(2) 模型材料

表 3.4-12 所示为本试验采用的模型土样的基本物理特性参数。由表可知,该土样的塑性指数 $I_P=16.9\%$,属粉质黏土,其最优含水率为 $w_{op}=20.5\%$,最大干密度为 $\rho_{dmax}=1.67\text{g/cm}^3$。

表 3.4-12 模型用土样的基本物理特性参数

$w_P(\%)$	$w_L(\%)$	$w_{op}(\%)$	$\rho_{dmax}(\text{g/cm}^3)$	颗粒级配(%)		
				0.075~0.5mm	0.075~0.005mm	<0.005mm
16.2	33.1	20.5	1.67	14.1	54.5	31.4

(3) 模型测量及传感器布置

图 3.4-45 示为制备的模型及观测设备布置示意图。设置埋深为 5cm 的三发雷管;在堤坝顶部中轴线上坡顶和坡面共设置 $L1\sim L3$ 三个激光位移传感器,以测量试验过程中堤坝的变形,同时在距离雷管 10cm 和 20cm 处设置 $P1\sim P4$ 四个孔隙水压力传感器,以监测试验过程中的孔隙水压力变化。堤坝由 5~10mm 均匀碎石填筑而成,高 200mm,顶部宽 80mm,底部宽 480mm,除靠近模型箱一侧外,其余三面均采用 45°放坡。

(4) 试验步骤

① 根据选定的含水率制备模型土料;② 泡沫板敷设及模型箱准备,根据模型尺寸进行地基土填筑,埋设雷管及监测设备,进行碎石堤坝的填筑;③ 吊装模型箱至离心机吊篮内,布置观测探头,连接采集信号线和测试采集系统;④ 根据设计加速度大小,分 4 级逐级提升加速度(如图 3.4-46 示),每级稳定运行时间约 10min;观测各级加速度下模型的变化及所采集数据的变化;⑤ 提高加速度至设计值,并在运行过程中观测模型的变化及所采集的数据变化;⑥ 雷管起爆,观测并记录雷管起爆瞬时的传感器变化;⑦ 起爆后,维持设计加速度不变,运行至堤坝变形趋于稳定后停机,详细观察模型各部位的变化情况,并做好记录和分析;⑧ 拆除模型,进行试验后地基土的强度及含水率测试,试验结束。

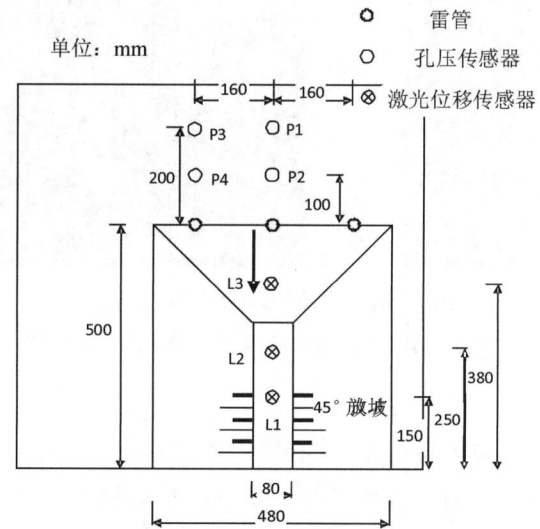

图 3.4-45 模型制备及观测设备布置示意图

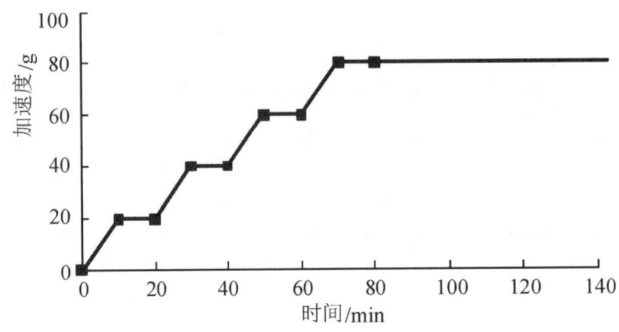

图 3.4-46　离心加速度与时间的关系曲线

5.4.5　试验成果分析

(1)爆破挤淤试验前后状态变化的分析

以 MDB2 模型为例,图 3.4-47 示为 MDB2 模型试验前后的照片对比。其中图(a)所示为试验后的侧视照片,对比可知,试验过程中堤坝出现了大幅度的沉降,停机后,堤顶最大沉降量(停机过程中堤顶会出现回弹变形)达到 136.87mm;图(b)所示为试验前后的俯视照片,由图可见,爆炸抛出物在堤坝两侧分布不对称,左侧抛出物很少,右侧抛出物较多,这表明爆炸抛出物的飞散过程受到了科氏加速度的影响。

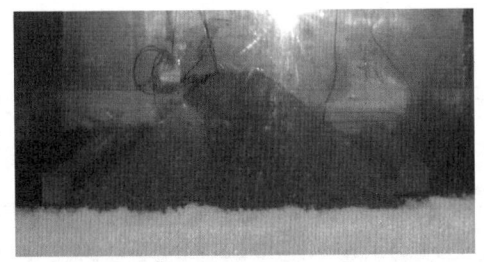 

(a)试验前后的侧视照片(碎石堤坝挤入爆炸形成的坑中)

 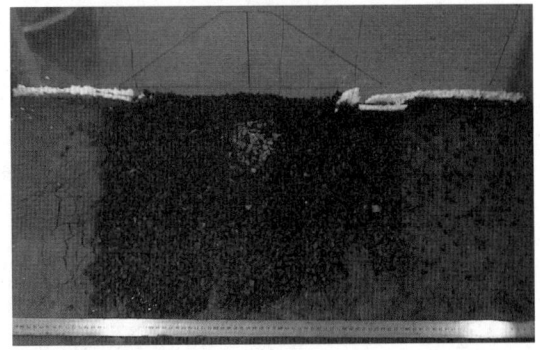

(b)试验前后的俯视照片(碎石堤坝落入淤泥中)

图 3.4-47　MDB2 模型爆破挤淤试验前后的状态对比

(2)模型试验过程中的变形分析

图 3.4-48 所示为 MDB1 模型试验过程中,碎石填筑堤坝的变形与时间关系曲线。由图可知,堤坝沉降量随着加速度的逐级升高而增大,但单级加载沉降量呈现衰减趋势,以激光位移传感器 $L1$ 为例,加速度在四级加载过程中,沉降量分别为 39.91mm、27.33mm、10.98mm 和 6.08mm。加速度达到 80g 时,$L1\sim L3$ 的总沉降量分别为:90.69mm、94.20mm 和 89.35mm。三发雷管同时起爆时,堤坝顶部及坡面处均产生显著的沉降变形,$L1\sim L3$ 的瞬时沉降量分别为 8.78mm、15.82mm 和 7.46mm。雷管起爆后,地基土的变形沉降在 10min(原型时间约 45d)内略有增加,增加量分别为 0.82mm、0.97mm 和 0.95mm。

40min 后变形沉降趋于稳定。当沉降速率<0.02mm/min 时停止试验,试验结束后,$L1-L3$ 的最终总沉降量分别为 87.73mm、92.52mm 和 79.30mm。

图 3.4-49 所示为 MDB2 模型试验过程中,碎石填筑堤坝的变形与时间关系曲线。由图可知,堤坝沉降量随加速度的逐级升高而增大,但单级加载沉降量呈现显著衰减的趋势,以激光位移传感器 $L1$ 为例,在加速度的四级加载过程中,其沉降量分别为 68.54mm、24.46mm、16.49mm 和 5.45mm。加速度达到 80g 时,$L1 \sim L3$ 的总沉降量分别为 133.44mm、118.01mm 和 97.84mm。三发雷管同时起爆时,堤坝顶部及坡面处均产生显著的沉降变形,$L1 \sim L3$ 的瞬时沉降量分别为 7.81mm、16.76mm 和 15.80mm。雷管起爆后,地基土的变形沉降随时间缓慢增大,但相同时间的沉降增量呈递减趋势,160min 后沉降趋于稳定。当沉降速率<0.02mm/min 时,停止试验。爆炸后到试验结束前,$L1 \sim L3$ 的工后沉降分别为 4.18mm、5.00mm 和 5.30mm。停机后,$L1 \sim L3$ 的最终总沉降量分别为 136.87mm、128.19mm 和 100.07mm。

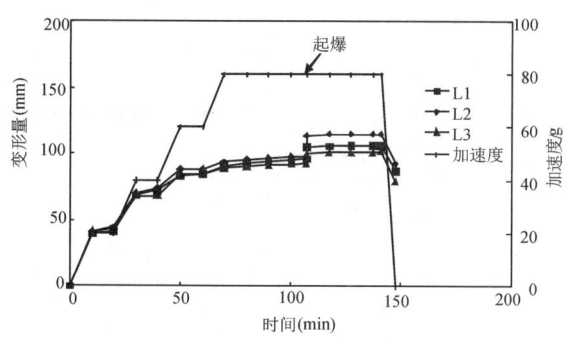

图 3.4-48　MDB1 模型堤坝变形与时间关系　　图 3.4-49　MDB2 模型堤坝变形与时间关系曲线

表 3.4-13 所示为模型爆炸瞬时沉降及工后沉降的统计表。由表可知,MDB2 的爆炸瞬时沉降量中 $L2 \sim L3$ 均远大于 MDB1,主要原因是因为 MDB2 中地基土制备干密度较小,且含水率较大,对应的强度也较低。$L3$ 的爆炸瞬时沉降均小于 $L2$,可能的原因应该是 $L3$ 位于堤坝坡面上,上覆压力较小所导致的。以 $L2$ 为基准进行统计,以爆炸瞬时沉降和工后沉降之和为总沉降量,MDB1 和 MDB2 模型的爆炸瞬时沉降占总沉降量 94.2% 和 77.0%。由此可知,地基土越软,爆炸瞬时沉降越大,爆炸挤淤的效果也更显著。但是在地基土较软的条件下,爆炸工后沉降也明显较大。

表 3.4-13　　　　　　MDB1－MDB2 堤坝爆炸瞬时沉降及工后沉降的统计表

传感器编号	爆心距(cm)	爆炸瞬时沉降(mm)		爆炸工后沉降(mm)	
		MDB1	MDB2	MDB1	MDB2
L3	12	7.46	15.8	0.95	5.30
L2	25	15.82	16.76	0.97	5.00
L1	35	8.78	7.81	0.82	4.18

(3)模型试验过程中的孔压分析

图 3.4-50 所示为 MDB1 试验过程中地基土的孔压变化与时间关系曲线。由图可知,地基土的孔隙水压力随加速度的逐级升高而增大,以 $P1$ 为例,加速度的四级加载过程中其孔隙水压力增量分别为 10.6kPa、18.3kPa、16.9kPa 和 20.5kPa。加速度达到 80g 时,$P1-P4$ 的孔隙水压力分别为 84.0kPa、70.8kPa、83.7kPa 和 91.0kPa。三发雷管同时起爆时,距离较近的 $P1$ 和 $P3$ 两个孔隙水压力传感器发生

破坏,故未给出相应的起爆后试验曲线。P2和P4均产生显著的瞬时超孔隙水压力,其孔隙水压力的增加值分别为45.0 kPa和25.7 kPa。起爆后超孔隙水压力迅速消散,但稳定后的孔隙水压力仍有90.5 kPa和104.7 kPa,均高于起爆前的孔隙水压力。

图3.4-51所示为孔压传感器P2起爆后孔压消散曲线。由图可知,起爆时,P2孔隙水压力由70.4 kPa急剧上升至114.4 kPa,产生了45.0 kPa的超孔隙水压力,起爆后超孔隙水压力迅速消散。图3.4-52所示为MDB2试验过程中地基土的孔压变化与时间关系曲线。由图可知,地基土的孔隙水压力随加速度的逐级升高而增大,以P2为例,加速度的四级加载过程中,其孔隙水压力增量分别为12.0 kPa、12.5 kPa、19.5 kPa和28.6 kPa。加速度达到80g时,P1~P4的孔隙水压力分别为20.5 kPa、68.3 kPa、59.9 kPa和44.8 kPa。三发雷管同时起爆时,P1-P4均产生瞬时超孔隙水压力,其孔隙水压力的增加值分别为8.6 kPa、11.3 kPa、15.1 kPa和18.8 kPa。起爆后超孔隙水压力迅速消散,但稳定后的孔隙水压力仍有24.8 kPa、68.6 kPa、63.3 kPa和54.3 kPa,均高于起爆前的孔隙水压力。

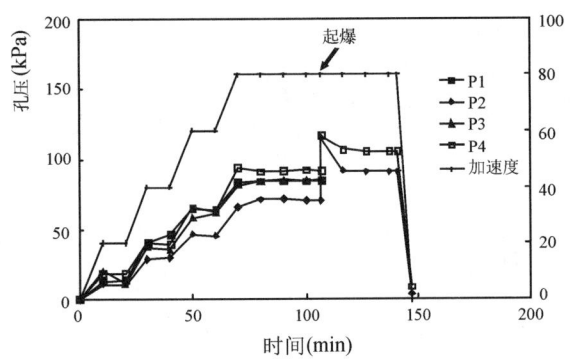

图3.4-50 MDB1模型孔压与时间关系　　　　图3.4-51 MDB1模型起爆后孔压消散曲线(P2)

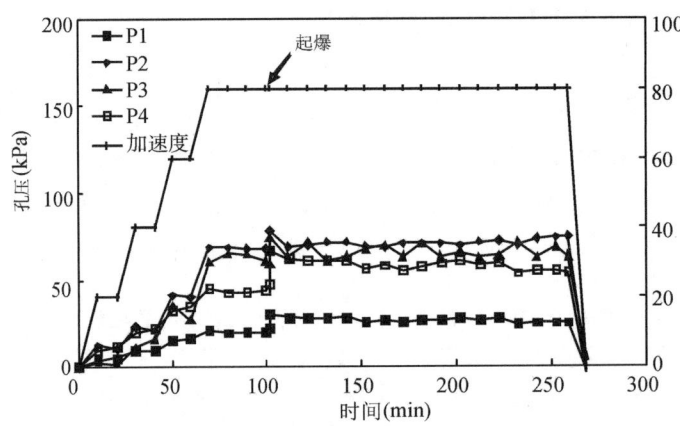

图3.4-52 MDB2模型的孔压与时间关系曲线

5.4.6 小结

(1)离心模拟中爆炸冲击荷载作用下的孔压测试表明,在堤坝上覆压力存在的条件下,爆炸瞬间地基土中产生显著的超孔隙水压力。

(2)堤坝变形监测表明,在堤坝上覆荷载相同的条件下,地基土越软,爆炸瞬时沉降越大,爆炸挤淤的效果越显著。但若地基土较软,则爆炸工后沉降也较大。爆炸冲击荷载对加速地基土的固结沉降有显著作用。

(3)由于试验数量和时间限制,研究结论需要进一步验证。

5.5 吹填土工程的离心模拟

围海造陆是通过吹填海底泥沙(吹填土)形成陆域的造地方法。吹填土是利用水力机械冲搅泥沙,由泥浆泵通过管道输送到淤区,逐渐脱水固结形成的一种特殊性质土。它作为一种人工形成的欠固结土,具有高含水率、高压缩性、高孔隙比、初始强度极低等不良的工程性质,在自重作用下固结缓慢,表面形成硬壳层往往需要几年时间。为此,加速吹填土固结变形,寻找合理、经济、快速的加固技术是岩土工程的重要课题。

离心模拟技术在吹填土固结变形机理研究有明显的优点,它可以在室内进行比较接近实际条件的固结过程和变形机理的研究,减少试验周期,花较小的代价取得较好的成果。

5.5.1 吹填土的模拟方法

在吹填土的离心模型试验中,由于吹填土强度较低、取原状样困难,故一般情况下采用人工制备试样的方法。模型的制作是模型试验中的关键环节之一,一般采用以下的砂雨法进行试样的制备[67]:①将试验土料按确定的抛砂次数均匀等分称重;②向模型箱中注水至所模拟的设计水位;在整个抛土制模过程中,控制该水位不变。在前一次抛砂水位上涨后,及时抽取模型箱中多余的水,并称重记录,再进行下一次抛砂;③均匀等速向水中抛土,每完成一轮抛撒,调换另一个方向进行下一轮抛撒,以确保每轮抛土所形成的土层各处厚度大致均匀;④重复上述步骤,直至抛填完所有土样;⑤在进行步骤④时,在特定深度上预埋分层标志,并记录此时抛土重量;⑥模型抛土结束后,静置 12 小时,除去多余的厚度。根据所有称重记录,计算抛填后土层的初始密度。

5.5.2 吹填土的离心模型试验成果

(1)吹填土上修筑加筋堤

吹填土初始强度很低,如何在吹填土上筑堤是一个难题。针对宁波东钱湖湖心岛堆筑工程,丁金华、包承纲(1999)在长江科学院的离心机上,开展了吹填土上筑堤的模型试验研究,论证了吹填土上筑堤的可行性和方法[68]。

宁波东钱湖湖心岛堆筑工程主要是挖除湖中淤泥,经疏浚吹填后形成湖心岛,工程初步设计方案见图 3.4-53。施工中,先利用堆石建成第一级拦淤堤,然后在堤内吹填挖出的淤泥,待吹填土达到一定强度后,在其上用袋装土建成第二级、第三级、甚至第四级拦淤堤,并继续吹填至最终高程 7.0m。为了解吹填土的性质,用原状淤泥配制成含水率为 250%～300% 的泥浆,置于室内静水下沉积,经 10～35 天后,含水率可降至 90%～100%,但强度极低,用环刀无法取样,十字板强度仅 0.5～1.0kPa。试验研究了三类情况下隔堤的变形特性和稳定性,模型示意图见图 3.4-54。

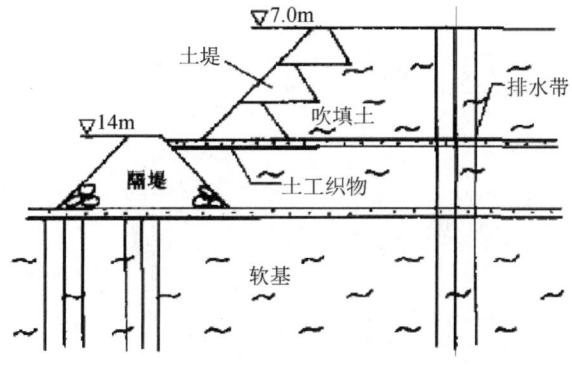

图 3.3-53 东钱湖湖心岛堆筑工程简图

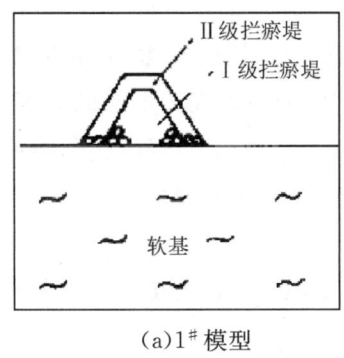 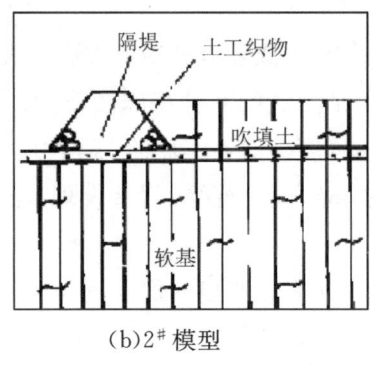 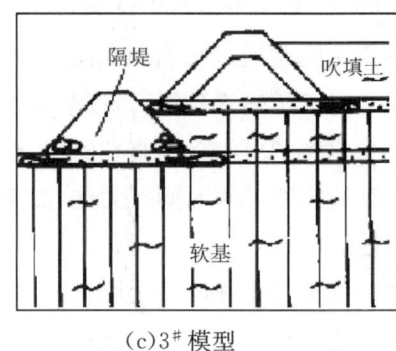

(a)1#模型　　　　　　　(b)2#模型　　　　　　　(c)3#模型

图 3.4-54　试验模型示意图

研究成果表明:1#模型天然地基分级进行拦淤堤施工,在控制得当的情况下,可以保证拦淤堤的稳定,但变形较大;2#模型拦淤堤和吹填土同步实施,堤顶和地基表面都出现明显的隆起,吹填土从堤底挤向另一侧,地基出现较明显的侧向位移;3#模型按第一级堆石隔堤、吹填土、吹填土上建2m高土堤、加高堤至5m、吹填土至7.0m的顺序进行分阶段模拟,吹填土未出现挤出现象,地基及堤身均保持了整体稳定性,吹填土及软基强度明显提高。

可见,在吹填土上筑堤应考虑吹填土的初期强度及后续强度的增长,按着合理的工序施工可以保证工程的安全。

(2)吹填土的自重固结特性

吹填土属于人工形成的欠固结土,其自重应力在固结过程中是一个重要的因素。冲填土在自重应力作用下的固结研究,对指导冲填土地区工程的设计、施工以及沉降的预测和防治措施的选择等,有重要的理论价值和实际意义。

杨坪等(2007)[69]对上海临港新城地区充填粉土自重固结沉降进行离心模型试验研究,模拟对象为30m高的吹填土层,吹填土固结沉降与时间的关系曲线如图3.4-55所示。冲填土的自重固结沉降可分为两个阶段:快速固结阶段和缓慢固结阶段(图3.4-55中的AB段和BC段),在快速固结阶段早期,沉降很快,沉降曲线近似线性,随着固结时间的延长,沉降速率下降较快,曲线呈缓慢下降。冲填土沉降速率与时间的关系曲线如图3.4-56所示,冲填土的沉降速率在开始沉降的初期最大,随着时间的延长,沉降速率迅速减小(图3.4-56中的AB段),当时间达到1800s时,即原型中的300d时,沉降速率已经减小到10^{-4}mm/s,速率变得非常缓慢,沉降进入缓慢固结阶段(图3.4-56中的BC段),冲填土的固结速率很小,并最终趋于稳定。

充填粉土的快速固结阶段大约需要1年时间,在快速固结开始阶段,沉降很快,0.5年的固结度可达50%,快速固结阶段的沉降量占最终沉降的80%,而缓慢固结阶段的沉降量只占最终沉降量的20%。

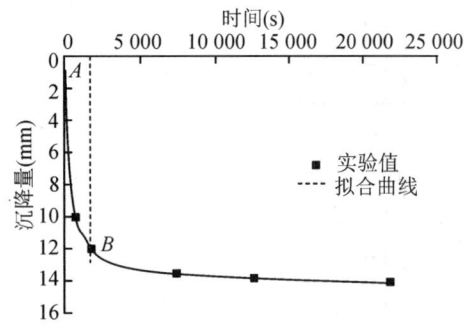 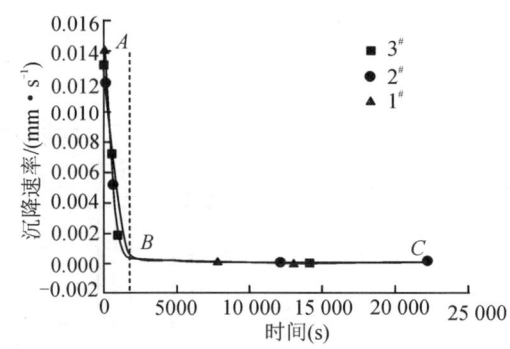

图 3.4-55　吹填土自重固结沉降与时间关系　　　　图 3.4-56 吹填土沉降速率与时间关系

6 桩基工程的离心模拟

桩基工程问题涉及桩体及结构、土体以及桩土的相互作用等问题。在此仅对完成的两个典型桩基工程的离心模型试验成果进行介绍。

6.1 桩基承载力空间屈服面的离心模拟

6.1.1 模型试验方法简述

为研究桩基承载力空间屈服面特性,分别针对水平荷载(H)、下压荷载(V)、上拔荷载(U)和弯矩(M)等对桩基承载力的影响进行了离心模型试验研究。试验原型桩长 $L=30$m,桩径 $D=1.5$m,综合考虑各方面因素,离心模型比尺 N 选为 95,加载方式采用荷载控制的方法,水平荷载和竖直荷载采用气缸进行加载,用荷载传感器进行量测,桩头位移采用激光位移传感器量测,桩身应变采用在模型桩上贴应变片的方式量测。

(1)地基土模拟与制作

模型地基所用土料为黏性土,土的物理性指标如表 3.4-14 所示,制作模型地基的土过 5mm 筛,其最优含水率为 15%,最大干密度 1.97g/cm³。

表 3.4-14　　土料物理性指标

液限 $\omega_L 17(\%)$	液限 $\omega_L 10(\%)$	塑限 $\omega_p(\%)$	塑性指数 $I_P 17(\%)$	塑性指数 $I_P 10(\%)$	颗粒组成(%)		
					粉粒 0.075~0.005mm	黏粒 <0.005mm	胶粒 <0.002mm
42.6	35.5	20.1	22.1	15.0	55.1	44.9	29.2

模型箱尺寸为 1.0m(长)×0.4m(宽)×0.8m(高),模型地基深度为 46cm,采用分层击实法制作,干密度为 1.77 g/cm³,含水率为 15%,密实度为 90%,如图 3.4-57,图 3.4-58 所示。

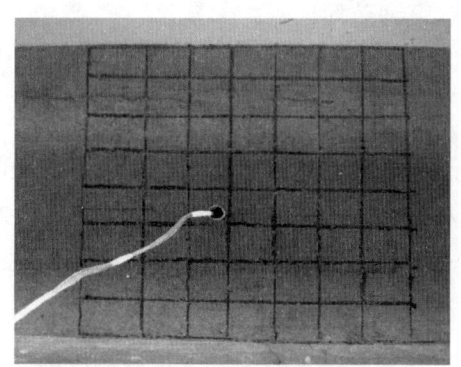

图 3.4-57　模型地基俯视图

图 3.4-58　模型地基侧视图

(2)模型桩的模拟与制作

模型桩采用不锈钢管模拟,桩径 $D=16$mm,桩埋深 $h=32$cm,模型桩上面粘贴 9 对 18 个应变片,应变片采用 1/4 桥路连接,用 502 粘贴,环氧树脂防水,应变片导线通过模型桩上钻的小孔,从模型桩管内引出,桩底用木塞塞住,并用环氧树脂密封,模型桩通过桩头连接杆与加载装置连接,模型桩如图 3.4-59、图 3.4-60 所示。

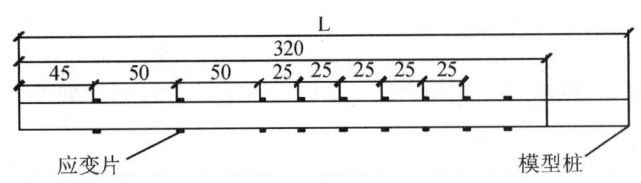

图 3.4-59 模型桩尺寸图

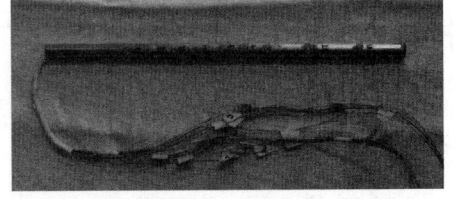

图 3.4-60 模型桩实物图

钢管桩的弹性模量用简支梁进行测定,实验前要对模型桩进行标定,标定结果为 1N·m 的弯矩对应的应变为 $101.8\mu\varepsilon$ 左右,简支梁装置如图 3.4-61 所示。

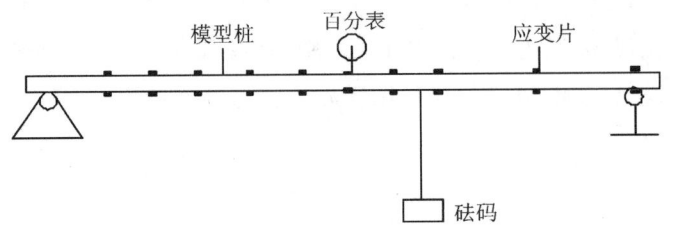

图 3.4-61 模型桩标定装置示意图

6.1.2 水平荷载 H 和弯矩 M 组合荷载下的桩基离心模型试验

6.1.2.1 加载装置

桩基的水平、弯矩组合荷载是通过对桩基在某一加载高度 h 处施加水平荷载 H,相应的弯矩荷载为 $M=H \cdot h$ 来模拟实现的,试验中的加载装置是采用自行研制的一套加载装置,原理及实物如图 3.4-62 所示。荷载通过气缸施加,用荷载传感器测定施加的荷载,两个激光位移传感器测定桩头位移,应变片测定桩身应变,数据采集系统采集试验数据。

H、M 组合荷载离心模型试验共 4 组,采用四个加载高度对桩基进行加载,加载高度分别为 $h_1=159\text{mm}$、$h_2=135\text{mm}$、$h_3=115\text{mm}$、$h_4=90\text{mm}$,相应的模型桩长度为:$L_1=43.5\text{cm}$、$L_2=41.5\text{cm}$、$L_3=39.5\text{cm}$、$L_4=37.5\text{cm}$,荷载分 7~10 级施加,每级为 30~50N,直到破坏。

6.1.2.2 成果分析

(1)$H-S$ 曲线

模型桩水平荷载 H 和位移 S 的关系曲线如图 3.4-63 所示,为了便于数据分析,取 10% 桩径的桩头水平位移对应的荷载为极限水平荷载,相对应的极限弯矩荷载为 $M=Hh$(h 为水平加载高度,H 为水平荷载)。

在相同桩头位移条件下,桩基水平承载力随加载高度的变化曲线(选取桩头位移 $S=0.5\text{mm}$ 和 $S=1\text{mm}$ 两种情况)如图 3.4-64 所示。在桩头位移相同的条件下,桩基水平承载力随着加载高度的减小而不断变大。

在相同水平荷载作用下,桩头水平位移随加载高度变化,如图 3.4-65 所示(选取 $H=141.5\text{N}$ 和 $H=184\text{N}$ 两种情况),表明桩基桩头位移随着加载高度的增加不断变大,即桩头位移随弯矩荷载的增加不断增加。总的规律是,在相同位移条件下,桩基水平承载力随着加载高度的减小而不断变大,加载高度越小,桩基水平承载力越大;在相同荷载作用下,桩基的桩头位移随着加载高度的增加而不断变大。弯矩荷载 M 的变化影响着桩基水平承载特性,水平荷载 H 和弯矩荷载 M 之间是相互影响的。

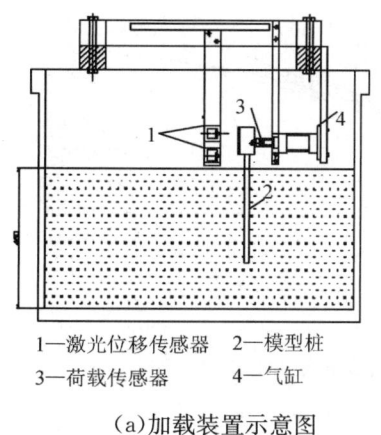

1—激光位移传感器　2—模型桩
3—荷载传感器　　　4—气缸

(a)加载装置示意图

(b)加载装置侧视图

图 3.4-62　水平、弯矩组合荷载加载装置图

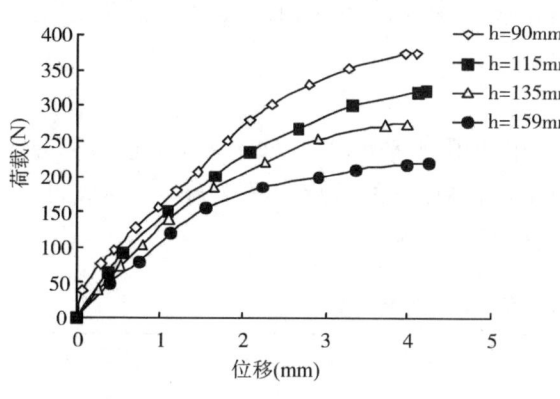

图 3.4-63　不同加载高度下的 $H-S$ 曲线

图 3.4-64　水平承载力与加载高度关系

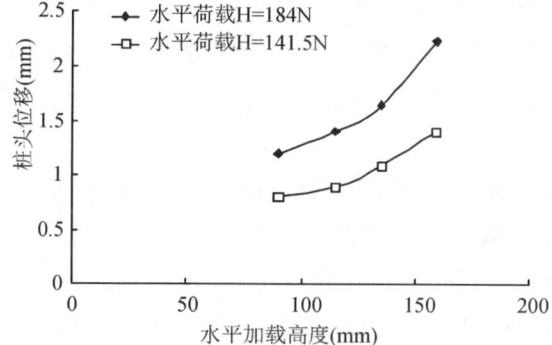

图 3.4-65　相同水平荷载作用下桩头位移随加载高度变化曲线

(2)桩身弯矩曲线

根据所测的桩身应变值,参照桩基标定的 1N·m 的弯矩对应的应变为 $101.8\mu\varepsilon$,得到基在水平荷载 $H=141.5$N 和 $H=184$N 作用下桩身的弯矩曲线,如图 3.4-66 所示。

由图 3.4-66 可知,在水平荷载 $H=141.5$N 和 $H=184$N 下,加载高度为 $h=159$mm、$h=135$mm、$h=115$mm、$h=90$mm 时,桩基的最大弯矩大致位于地表以下 $0\sim2.5$cm 处,随着水平荷载的增加,桩身的弯矩也相应增加;同时对加载高度 $h=90$mm 的桩基,在不同水平荷载下的弯矩观察可以发现,桩基在水平力 $H=141.5$N 时的桩身最大弯矩,出现在地表以下较浅处,小于 2.5cm,在一定深度范围内,桩基最大弯矩位置随桩基所受的水平力的增加而下移。

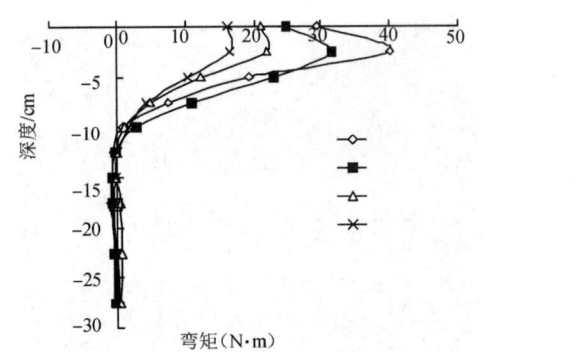 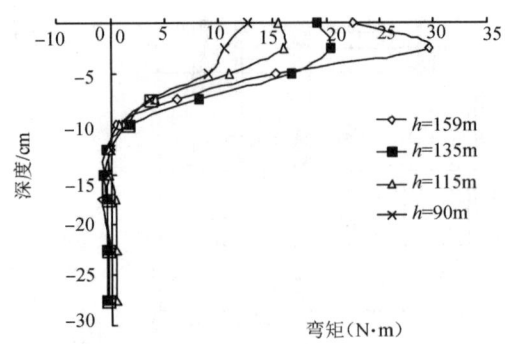

图 3.4-66 相同水平荷载下不同加载高度时的桩身弯矩分布曲线

桩基的加载高度的变化对桩基弯矩产生比较大的影响,例如,在水平荷载 $H=141.5\text{N}$ 时,加载高度 $h=90\text{mm}$ 的桩身最大弯矩为 $12.7\text{N}\cdot\text{m}$;加载高度 $h=159\text{mm}$ 的桩身最大弯矩为 $29.6\text{N}\cdot\text{m}$。可见,桩身最大弯矩随着桩基的水平加载高度增加而增加。在桩基设计中,必须考虑加载高度变化对桩基的影响,也就是弯矩作用对桩基的影响。

(3)桩基承载力屈服包络线特性

为了便于分析,取 $D/10$ 的桩头位移对应的荷载为相应的极限水平承载力 H_m(D 为桩径),相应的极限弯矩荷载 $M_m=H_m\times h$(h 为加载高度)。按此,根据不同加载高度下的试验数据及 $H-S$ 曲线,得到桩基在四组加载高度下的极限水平荷载和极限弯矩荷载,如表 3.4-15 所示。

表 3.4-15   桩头位移为 $D/10$ 时桩基的极限水平荷载和弯矩荷载

h(mm)	$h=90$	$h=115$	$h=135$	$h=159$
H_m(N)	225	200	180	160
M_m(N·m)	20.25	23	24.3	25.44

将表中桩基屈服点描绘在 $M-H$ 平面坐标系上,可得到桩基在 H、M 组合荷载作用下的屈服包络线,如图 3.4-67 所示,其形状大致呈椭圆形,且椭圆中心与坐标原点重合,椭圆的长轴为水平极限承载力 H_m,短轴为极限弯矩 M_m。

通过图 3.4-67 中 M、H 坐标轴上的两个屈服荷载点作垂线交于 N 点,与桩基承载力屈服包络线围成 B 区域,M、H 坐标轴与桩基承载力屈服包络线围成 A 区域,如图 3.4-68 所示;图中 A 区是按传统计算方法设计为偏于安全的区域;而图中 B 区(阴影部分)是按传统计算方法设计为安全而实际上已经发生破坏的区域;也是采用传统计算方法进行组合荷载作用下,桩基设计时所存在的安全隐患区。由此可见,在桩基设计时,必须考虑水平荷载 H 和弯矩荷载 M 之间的组合作用。在桩基设计过程中,如果运用承载力屈服包络线方程,将会使设计方案更合理、更安全。

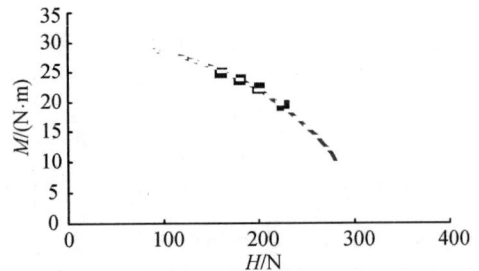 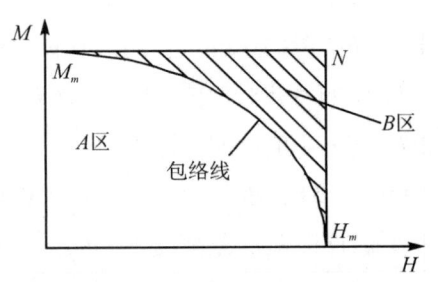

图 3.4-67 $M-H$ 加载平面上桩基承载力屈服包络线($V=0$)

图 3.4-68 $M-H$ 加载平面下桩基承载力屈服包络线和传统设计方法对比

6.1.3 水平荷载 H 和下压荷载 V 作用下的桩基离心模型试验

6.1.3.1 试验方法

加载装置是自行设计的,桩头连接杆件上安装轴承来实现桩的水平方向的移动,荷载采用气缸进行施加,采用 5kN 和 2kN 的荷载传感器进行测定。采用 3 个激光位移传感器对桩头水平位移和竖直位移进行测定,用应变片测定模型桩身应变,加载装置如图 3.4-69 所示。

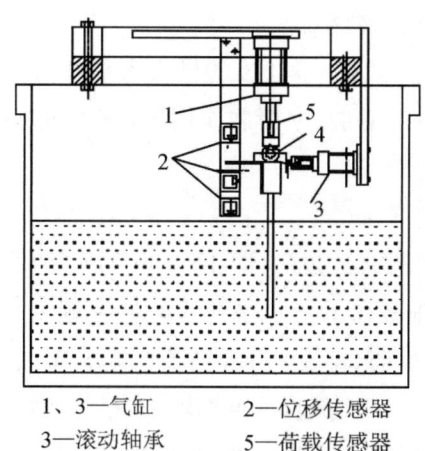

1、3—气缸　　2—位移传感器
3—滚动轴承　　5—荷载传感器

图 3.4-69　$H+V$ 组合荷载加载装置示意图

H、V 组合荷载试验共两组,施加的下压荷载分别为 $V_1=765\text{N}$、$V_2=845\text{N}$;模型地基深度为 46cm,桩基在地基中的埋置深度为 32cm,桩长 $L=37.5\text{cm}$,施加水平荷载的水平加载高度 $h=90\text{mm}$。当离心加速度达到 95g 时,施加 $V_1=765\text{N}$、$V_2=845\text{N}$ 的下压荷载,当桩基在竖直方向变形稳定后,开始分级施加水平荷载,每级加荷 30~50N,直到桩基破坏。

6.1.3.2 成果分析

(1) $H-S$ 的关系曲线

由试验可知,在桩基承受 $V_1=765\text{N}$、$V_2=845\text{N}$ 的下压荷载时,桩基在竖直方向的位移均不超过 1mm。根据试验数据,绘出桩基在下压荷载作用下,承受水平荷载时的 $H-S$ 曲线。并将其与竖直荷载为零时的情况进行比较,如图 3.4-70 所示。

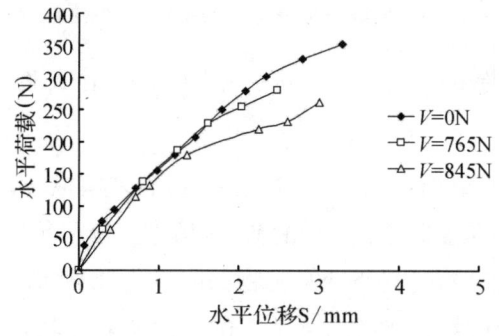

图 3.4-70　不同下压荷载下桩基 $H-S$ 曲线(不同下压荷载下)

以 10%桩径的水平位移所对应的水平荷载,为桩基在下压荷载作用下所对应的极限水平荷载,得到桩基在下压荷载 $V_1=765\text{N}$ 和 $V_2=845\text{N}$ 时对应的极限水平荷载,见表 3.4-16。

表 3.4-16　　　　　　　　　　　不同下压荷载作用下桩基极限水平荷载

V_m(N)	765	845
H_m(N)	220	190

可以发现,当桩头水平位移为 $D/10$ 时,无下压荷载下的极限水平承载力为 225N,下压荷载 $V=$ 765N 和 $V=$ 845N 下的极限水平承载力各为 220N 和 190N。可见,当下压荷载达一定数值时,桩基的水平承载力随桩基施加的下压荷载增加而减小。

在水平荷载 $H=100$N 时,下压荷载 $V=765$N 的桩头水平位移为 0.4mm 左右,下压荷载 $V=845$N 的桩头水平位移为 0.6mm 左右,即在相同水平荷载作用下,随着桩基承受的下压荷载增大,桩头水平位移也随着增大。

(2)桩身弯矩曲线

根据桩身的应变,参照桩基标定的有关数值(即 1N·m 的弯矩对应的应变为 101.8$\mu\varepsilon$),得出桩基在下压荷载为 $V=0$、765N、845N 时,桩基在承受水平荷载时的弯矩变化曲线,如图 3.4-71 所示。由上图可知,桩基只承受水平荷载 $H=184$N 时(即 $V=0$),桩基弯矩分布曲线大致为:从桩基顶部向下逐渐减小,弯矩 0 点位于地表下 12.5cm 处,之后,随着深度的增加,桩身弯矩值基本不变;下压荷载 $V=845$N 及水平荷载 $H=184$N 时,桩基弯矩曲线变化趋势大致为:弯矩值从桩顶处向下逐渐增大,在地表下 5cm 左右,桩身弯矩达最大值,再后,桩基弯矩随着深度的增加又逐渐减小,弯矩 0 点位于地表下 12.5cm 处,之后随着深度的增加桩身弯矩值保持不变。对比可知,桩基在承受水平荷载 H 时,与承受水平荷载 $H+$下压荷载 V 时,弯矩的变化趋势是不一样的。

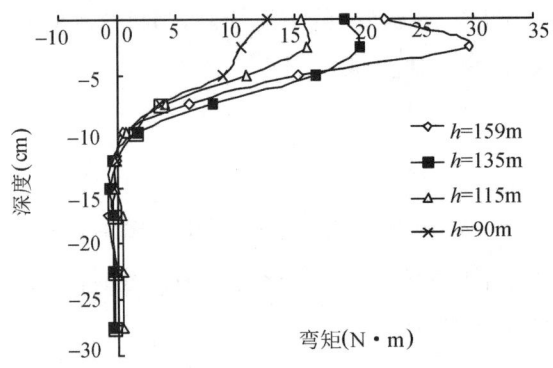

图 3.4-71　不同下压荷载下桩身弯矩的变化(水平荷载 $H=184$N 时)

6.1.4　水平荷载 H 和上拔荷载 U 作用下的桩基离心模型试验

6.1.4.1　试验方法

水平荷载 H 和上拔荷载 U 组合荷载采用施加一斜向荷载来模拟,荷载通过气缸进行施加,通过钢丝绳和滑轮进行传递,用 2kN 荷载传感器测定施加的荷载,用激光位移传感器测定桩基的竖向位移和水平位移,用应变片测定模型桩的桩身应变,其原理及实物如图 3.4-72 所示。斜向荷载试验的模型地基厚为 46cm,桩基在地基中的埋置深度为 32cm,桩长 $L=37.5$cm,采用荷载控制方法进行加载,斜向荷载分级施加,每级为 30—50N,直到桩基破坏。实验前斜向荷载与水平方向的夹角为 $tg\alpha=0.944$。

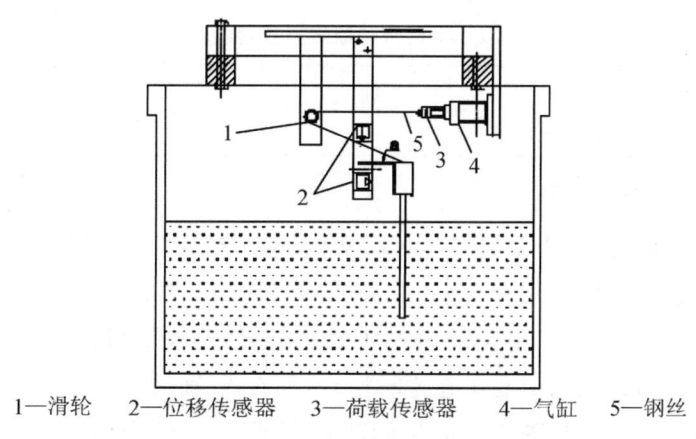

1—滑轮　2—位移传感器　3—荷载传感器　4—气缸　5—钢丝

图 3.4-72　$H+U$ 组合荷载加载装置示意

6.1.4.2　成果分析

(1)斜向荷载与水平位移的 Q—S 曲线

试验结束后,发现桩基在竖直方向上的位移变化值小于 D/10(D 为模型桩直径),因此以水平方向上桩基位移为基准对桩基进行分析,得到桩基斜向荷载和水平位移的 Q—S 曲线,如图 3.4-73 所示。根据桩头水平位移和竖直位移,得到斜向荷载与水平方向夹角的变化关系曲线 $Q-\Delta tg\alpha$,如图 3.4-74 所示,桩基的偏转程度随荷载的增大而不断增加。

由图 3.4-104 可知,$Q-S$ 曲线的拐点很明显,曲线刚开始阶段变化缓慢,随着施加荷载的增加,荷载—位移曲线变化逐渐增大,根据实验得到的数据,选取 10%桩径水平位移所对应的斜向荷载为桩基的极限荷载,得到 10%桩径水平位移对应的 $tg\alpha=0.971$,斜向荷载 $Q=250N$。由此得到,桩基在竖直上拔荷载 U 和水平荷载荷载 H 组合荷载作用下的极限水平荷载和极限上拔荷载,如表 3.4-17 所示。

表 3.4-17　　　　上拔和水平荷载作用下桩基极限上拔荷载和极限水平荷载(桩头水平位移 $D/10$)

荷载名称	极限斜向荷载 Q_m	极限水平荷载 H_m	极限上拔荷载 U_m
荷载值(N)	250	179	173

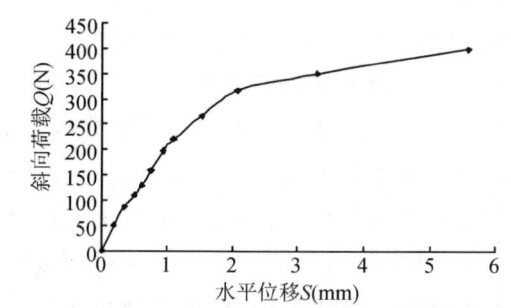

图 3.4-73　斜向荷载作用下的 $Q-S$ 曲线

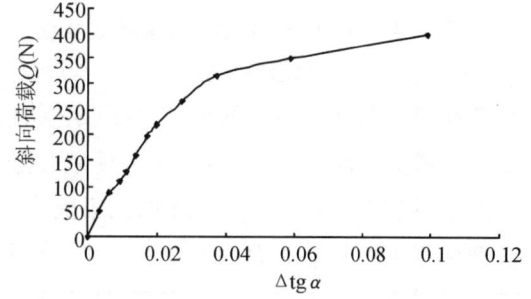

图 3.4-74　斜向荷载与水平夹角的变化曲线

(2)水平和竖向荷载组合作用下的承载力屈服包络线特性

根据上述试验结果可求得:桩基极限上拔荷载 U_m,极限下压荷载 V_m;H、V 组合荷载作用下的极限水平荷载 H_m 和极限下压荷载 V_m;H、U 组合荷载作用下的极限水平荷载 H_m 和极限上拔荷载 U_m。各组合荷载作用下的极限荷载如下表 3.4-18 所示,其中极限水平荷载和极限竖直荷载是桩基水平加载高度 $h=90mm$ 时的极限荷载。

表 3.4-18　　　　　　　　　　　极限水平荷载和极限竖直荷载值

水平荷载(N)	0	179	225	220	190	0
竖直荷载(N)	−250	−173	0	765	845	1050

注：上拔荷载取负值，下压荷载取正值。

将上述表中的极限荷载值绘制于 $V-H$ 坐标系上，连接所有屈服点，得出桩基在承受水平荷载和竖直荷载时的承载力屈服包络线，该曲线为水平加载高度 $h=90\text{mm}$ 的桩基承载力屈服包络线在弯矩 $M=0$ 平面上的投影，如下图 3.4-75 所示，通过实验数据的观察可知，水平荷载+竖直荷载作用下的桩基承载力屈服包络线呈椭圆形，且椭圆的中心不在坐标原点，而在 V 轴的上半轴，这主要是由于极限上拔荷载小于极限下压荷载引起的，椭圆长轴位于 V 坐标轴上，短轴位于 H 坐标轴上。

Meyerhof 等对水平和竖直荷载作用下，均质地基中刚性桩的承载力屈服包络特性，做过 1g 条件下的大量研究，其中水平和竖直荷载是采用斜向荷载 Q_u 来实现的，根据他们的研究，与铅直线成 α 角的斜向极限承载力 Q_u，可由以下的经验公式求得，即随着加载角度的变化，斜向极限承载力 Q_u 所描述的屈服包络线，可近似为一个中心在坐标原点的椭圆：

$$\left[\frac{Q_u\cos\alpha}{Q_a}\right]^2+\left[\frac{Q_u\sin\alpha}{Q_h}\right]^2=1 \qquad (3.4\text{-}23)$$

其中，Q_a 为铅直极限承载力，Q_h 水平极限承载力。

将离心模型试验点与 Meyerhof 公式进行比较发现，离心试验的承载力屈服包络线也呈椭圆形（如图 3.4-76），但椭圆中心的位置有差异，后者位于离心试验数据点的内侧。从桩基极限上拔荷载比极限下压荷载要小的结果来看，离心试验成果似更合理。

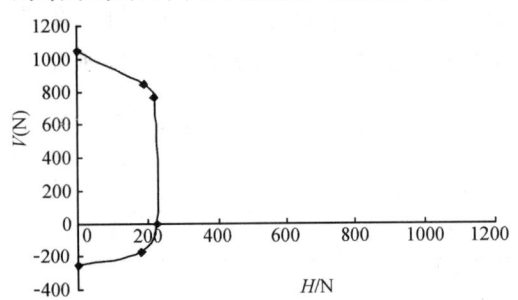

图 3.4-75　$V-H$ 加载面桩基承载力的屈服包络线图

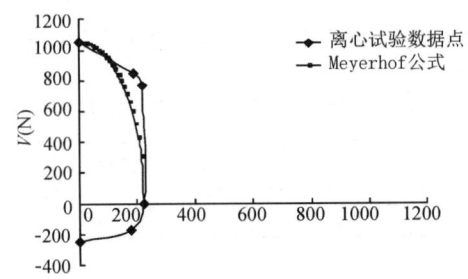

图 3.4-76　$V-H$ 加载面桩基承载力的屈服包络线对比图

水平和竖直荷载作用下的承载力屈服包络线呈椭圆形，当共同作用时，彼此之间是相互影响的，应在桩基设计中考虑。同时，如果运用水平荷载和竖直荷载组合作用下的承载力屈服包络线方程，将会使桩基设计方案更加合理安全。$V-H$ 加载平面内的桩基承载力屈服包络线特性，为检验桩基在水平和弯矩组合荷载作用下桩基承载力的安全性提供了依据，可以用 $V-H$ 加载平面上桩基承载力屈服包络线对桩基是否处于安全状态进行判定。当 V、H 组合荷载在桩基承载力屈服包络线以内时，说明桩基处于安全状态；若在屈服包络线上时，则桩基处于极限状态；而当处于屈服包络线以外时，说明桩基在 V、H 组合荷载作用下已发生失稳破坏。

6.1.5　小结

（1）桩基承受 H、M 组合荷载作用时，在相同位移条件下，桩基水平承载力随着加载高度的减小而增加；在相同荷载作用下，桩基的桩头位移随着加载高度的增加而增大。桩身最大弯矩随着桩基的水平加载高度增加而增加；$H-M$ 加载平面内桩基承载力屈服包络线形状近似于与 H 坐标轴和 M 坐标轴对称的椭圆。

（2）桩基在 H、V 组合荷载作用下的承载力屈服包络线形状大致呈椭圆形，并且椭圆的中心不在原点。可以用该屈服包络线对桩基是否处于安全状态进行判定。

6.2 海洋风电桩基工程的离心模拟

6.2.1 概述

大直径单桩基础是海上风力发电场主要的常规基础结构之一，在我国已建成的潮间带风电场中已经得到成功应用。海上风机基础所处的海洋环境与陆地上桩基有很大差异，承受的荷载更为复杂，其中海上风浪、潮流等近似水平向荷载起最主要的作用。同时，风力发电机组的正常运行，对基础的承载力和变形提出了更为严格的要求。为了增强单桩基础的水平承载性能，加翼单桩基础作为一种新型地基处理方法被提出，但其承载机理尚不清楚。

为研究加翼单桩基础的水平承载机理和性能，开展了系列的离心模型试验，研究了加翼单桩的翼板尺寸、埋置深度、加载方向等因素的影响规律，以掌握其承载和变形特性。

6.2.2 模型试验方案

模型试验所针对的原型桩为直径4.7m的变壁厚大直径钢管桩，桩总长48m，地上桩长为9m，地下桩长为39m。离心加速度选定为80g，按照抗弯刚度相似进行模型概化，概化后模型桩内径为5cm，外径为5.480~5.536cm（壁厚0.240~0.268cm）。加装4片翼板，以与桩轴线呈放射状沿桩身外径均匀布置，翼板厚度与桩身厚度相同；加载高度 H_1 为11cm，H_2 为2cm；共进行9组试验，详见表3.4-19和图3.4-77。图3.4-78为模型试验桩及主要测量传感器布置图。主要传感器包括应变片、土压力、孔压传感器以及激光位移传感器等。

试验步骤如下：①加工模型桩，粘贴应变片；②将地基土层分别晒干，配制含水率，静置24h，按照设定的密度分层摊铺并击实；③将模型吊装至离心机吊篮内；④布置观测探头或监测设备，将采集信号线连接，测试采集系统；⑤逐级增加转速至设计加速度80g，施加水平荷载，每级荷载增加约0.4~0.8kN，加载时间控制标准为水平位移变化率小于0.1mm/min。采集和记录传感器监测的数据，同时拍摄照片观测模型变化；⑥各项工作完成后停机；⑦详细观察模型各部分的变化情况，并做好记录；⑧拆除模型，试验结束。

表3.4-19　　　　　　　　　　　加翼单桩试验方案表

试验编号	翼板			加载	
	长度	宽度	埋深	高度	方向
FDDZ1	0	0	0	H_1	
FDJY1	2D	D	0	H_1	
FDJY2	2D	D	D	H_1	
FDJY3	2D	D/2	0	H_1	垂直翼板方向
FDJY4	3D	D	0	H_1	
FDJY5	2D	D/2	D	H_1	
FDDZ2	0	0	0	H_2	
FDJY6	2D	D	0	H_2	
FDJY7	2D	D	0	H_1	与翼板成45°

表中：D 为模型桩内径；H_1 为高出泥面10cm的加载高度，H_2 为高出泥面2cm的加载高度。

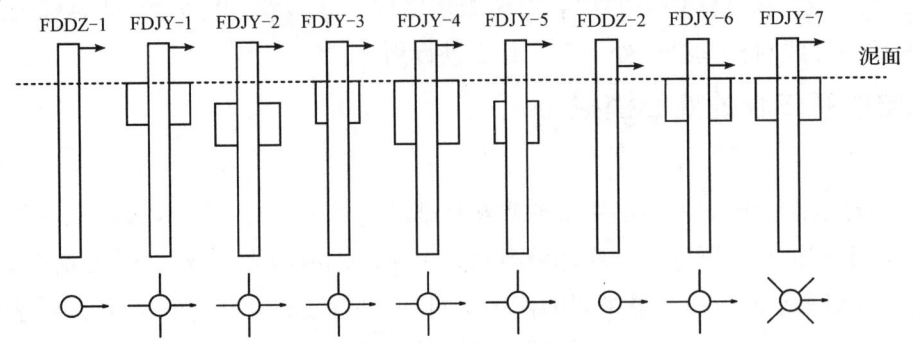

图3.4-77 试验桩翼板布置示意图

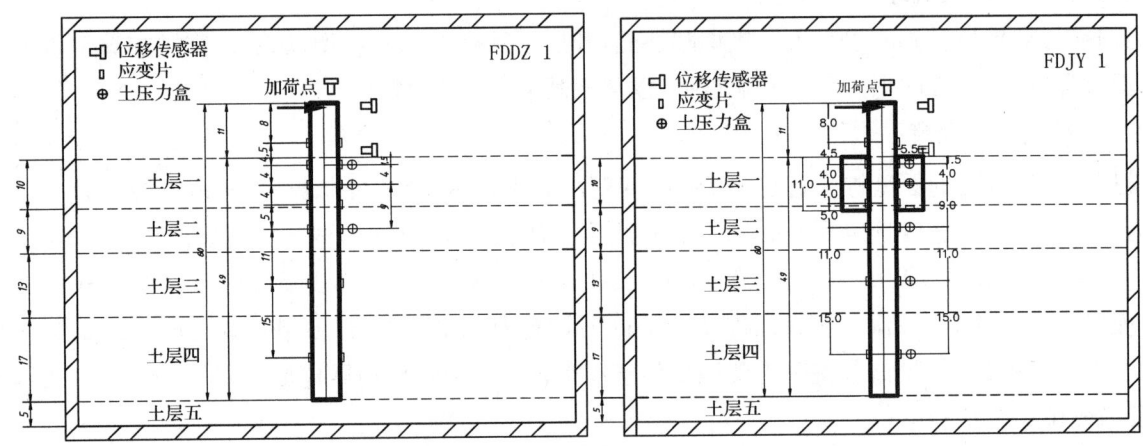

图3.4-78 模型监测布置示意图

水平荷载加载历程如图3.4-79所示。

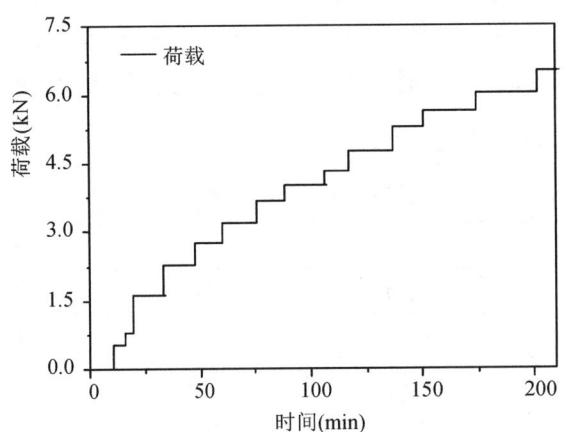

图3.4-79 水平荷载与时间关系

6.2.3 试验成果分析与评价

(1) 桩顶水平位移和桩身弯矩

各荷载历程下，水平荷载（F）与水平位移（挠度Y）的关系曲线如图3.4-80所示。由图可知，单桩和加翼单桩的桩顶水平位移和水平荷载之间的关系，均先基本呈线性（当水平位移小于5~10mm时），后呈抛物线形，但加翼单桩同级水平荷载对应的水平位移小于无翼板单桩的情形。沿埋深（z）方向的桩身弯矩(M)曲线如图 3.4-81 所示;由图可知,随着水平荷载的逐渐增大,桩身弯矩逐渐增大;沿桩身的埋深方向,弯矩先增大后减小,距离桩顶为 20.5~25.5cm 时,桩身弯矩达最大值。

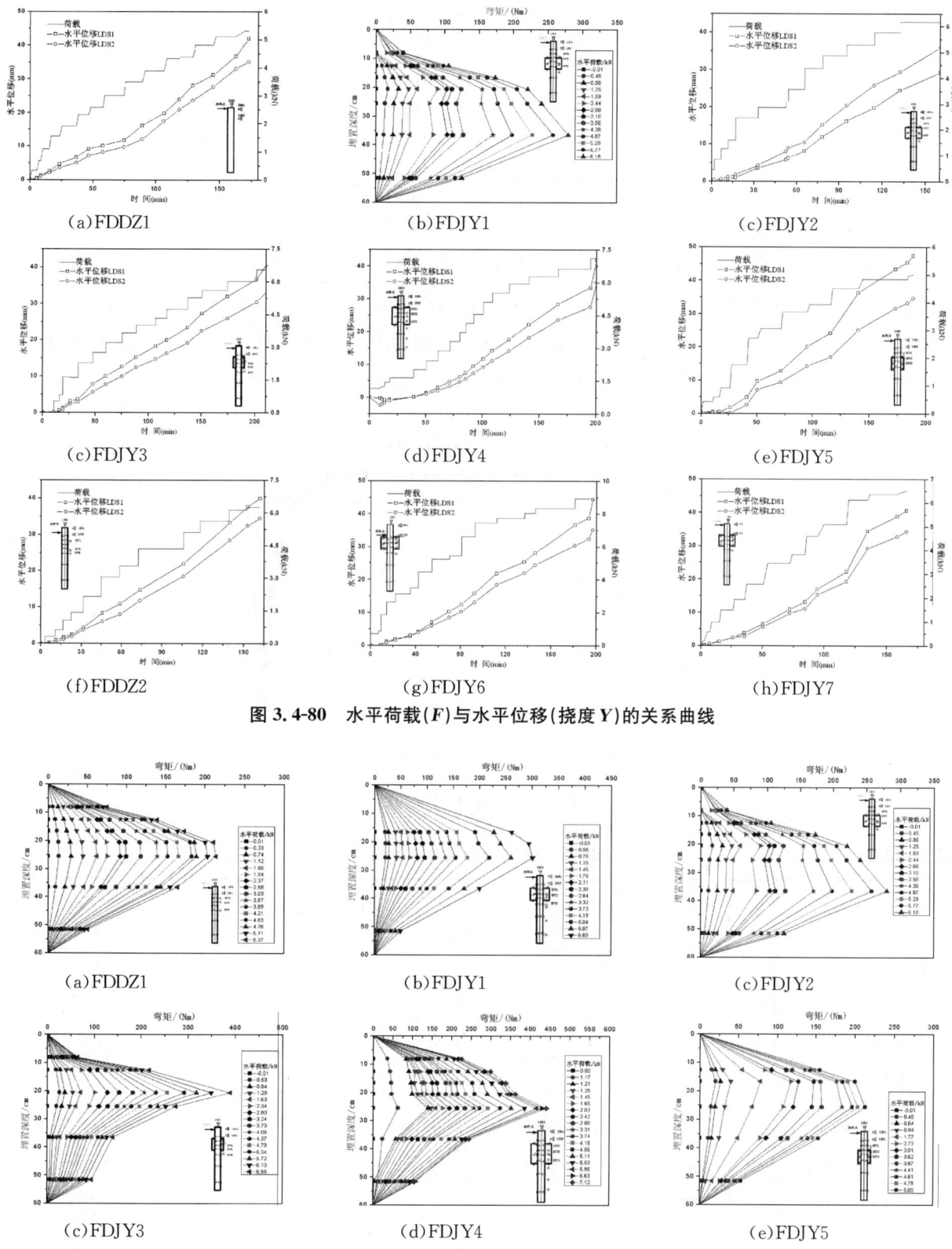

图 3.4-80　水平荷载(F)与水平位移(挠度 Y)的关系曲线

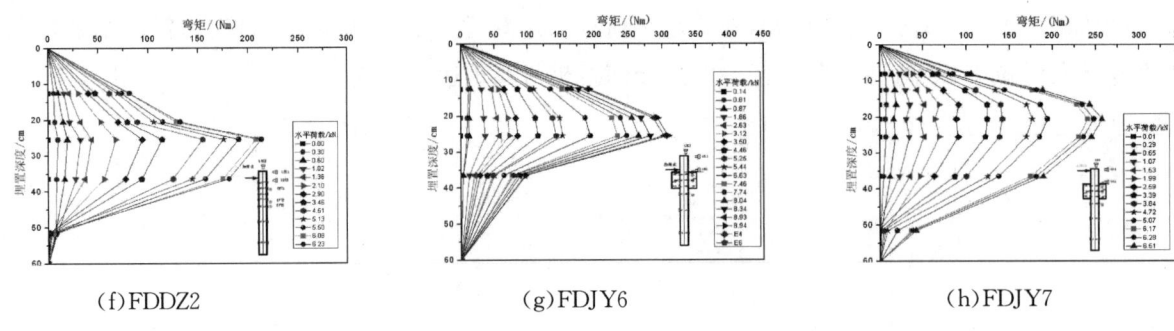

(f) FDDZ2　　　　　　　　(g) FDJY6　　　　　　　　(h) FDJY7

图 3.4-81　桩身弯矩(M)沿埋深(Z)的变化曲线

(2) 水平极限承载力

通过 $\lg H - Y$ 曲线(其中,H 为水平施加荷载,Y 为水平位移)确定单桩的水平极限承载力,假定 $\lg H - Y$ 曲线中线性段与非线性段的转折点为屈服点,此时 H 为单桩水平极限承载力,对应的水平位移为 Y。如图 3.4-82 所示,当水平位移大于 5.0mm 时,9 组试验 $\lg H - Y$ 曲线基本进入非线性阶段,将 $Y=5.0$mm 时的水平荷载 H,作为水平极限承载力,计算得到各组模型的水平极限承载力如表 3.4-20 所示。

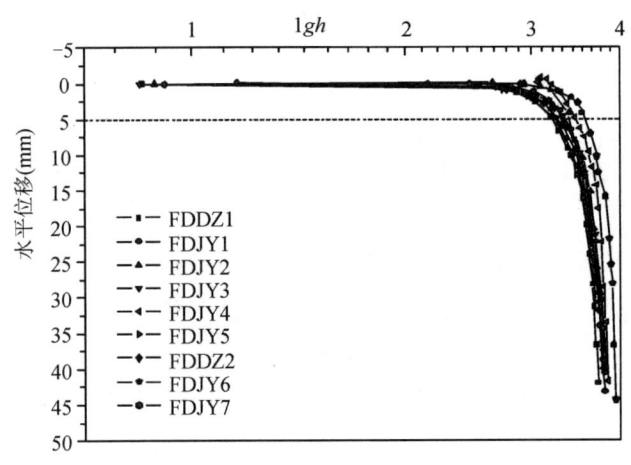

图 3.4-82　$\lg H - Y$ 曲线

表 3.4-20　　　　　　　　加翼单桩极限承载力统计表

试验编号	翼板			加载		极限承载力
	长度	宽度	埋深	高度	方向	
FDDZ1	0	0	0	H_1		F
FDJY1	$2D$	D	0	H_1		$1.32F$
FDJY2	$2D$	D	D	H_1		$1.51F$
FDJY3	$2D$	$D/2$	0	H_1	垂直翼板方向	$1.08F$
FDJY4	$3D$	D	0	H_1		$1.71F$
FDJY5	$2D$	$D/2$	D	H_1		$1.05F$
FDDZ2	0	0	0	H_2		$1.14F$
FDJY6	$2D$	D	0	H_2		$2.27F$
FDJY7	$2D$	D	0	H_1	与翼板成 45°	$1.31F$

注:D 为模型桩内径;H_1 加载高度为高出泥面 10cm,H_2 加载高度为高出泥面 2cm;F 为无翼板单桩的水平极限承载力。

(3) 翼板及翼板宽度对水平位移和承载力的影响

FDDZ1，FDJY1，FDJY3 的 $F-Y$ 曲线如图 3.4-83 所示。由图可见，加翼后单桩水平位移得到明显的控制，单桩水平承载能力显著提高，且随水平荷载的增大，加翼效果愈加显著；翼板加宽，单桩水平承载能力提高，这是由于翼板加宽后，所能调动的桩周土范围增加，桩周土抗力的利用率增加。

(4) 翼板长度对水平位移和承载力的影响

FDDZ1，FDJY1，FDJY4 的 $F-Y$ 曲线如图 3.4-83(b)所示，由图可见，随着翼板长度的增大，$F-y$ 曲线的转折点对应的水平荷载和水平位移逐渐变大。加翼后单桩水平位移得到明显控制，单桩水平承载能力显著提高，且随水平荷载的增大加翼效果愈加显著；翼板加长，单桩水平承载能力提高。

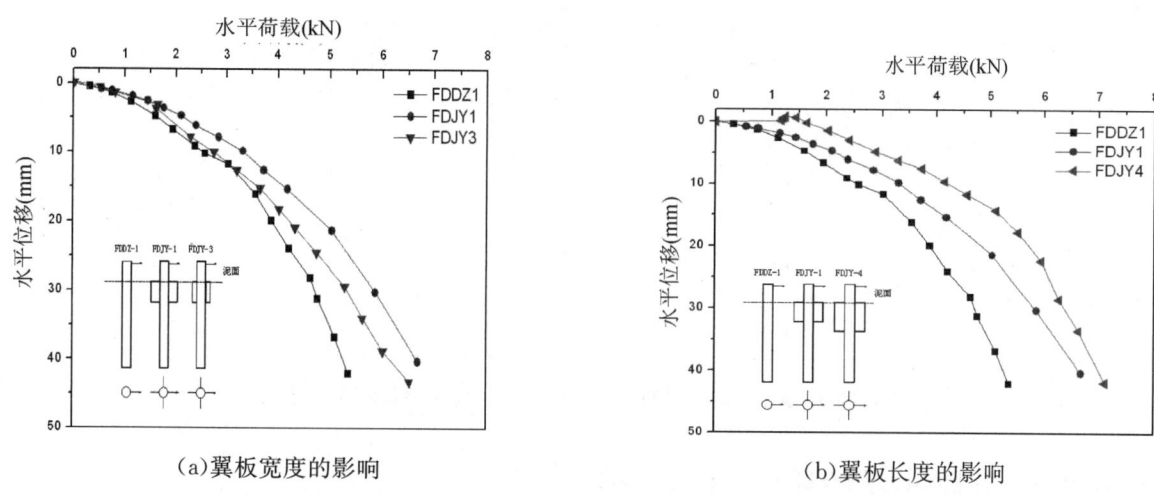

图 3.4-83　翼板宽度和翼板长度对桩的水平承载力 F 与水平位移 Y 的影响

(5) 翼板埋深对水平位移和承载力的影响

FDJY1，FDJY2，FDJY3，FDJY5 的 $F-Y$ 曲线如图 3.4-84 所示，结合表 3.4-20 中加翼单桩承载力的试验成果可知，当翼板宽度为 $D/2$，埋深由 0 增加至 D 时，加翼单桩水平承载力基本不变；当翼板宽度为 D，埋深由 0 增加至 D 时，加翼单桩水平承载力由 $1.32F$ 增加至 $1.51F$；由此可见，在翼板宽度较小的情况下，增加埋深对承载力的提高不明显。

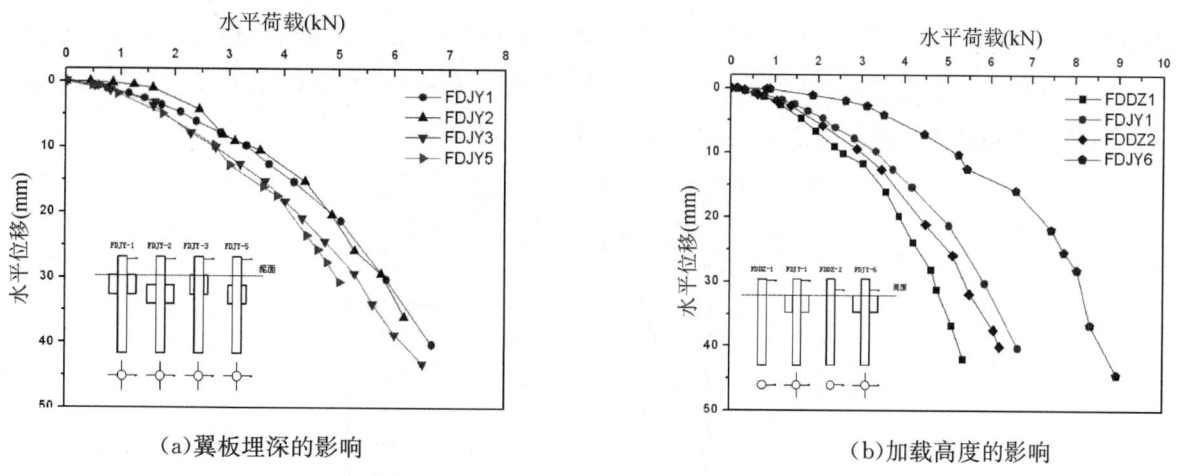

图 3.4-84　翼板埋深和加载高度对桩的水平承载力 F 与水平位移 Y 的影响

(6) 加载高度对水平位移和承载力的影响

FDDZ1，FDJY1，FDDZ2，FDJY6 的 $F-Y$ 曲线如图 3.4-85 所示，当水平荷载相同的条件下，加载高度较低时,桩顶产生的水平位移较小;若产生相同的水平位移,则单桩对应的水平荷载小于加翼单桩,且当加载高度较低时,两者的差值更大。以产生水平位移20mm为例,四组试验对应的水平荷载分别为3.8kN、4.2kN、4.9kN和7.1kN,加载高度为H_1时,加翼单桩对应的水平荷载是单桩的1.1倍,当加载高度为H_2时,为1.4倍。

(7)加载角度的影响

FDJY1,FDJY7的$F-Y$曲线如图3.4-85所示,由图可见,当加载角度45°时,单桩水平承载能力较低,但总的看来,加载方向对桩基$F-Y$曲线影响不大,两组试验曲线基本一致。

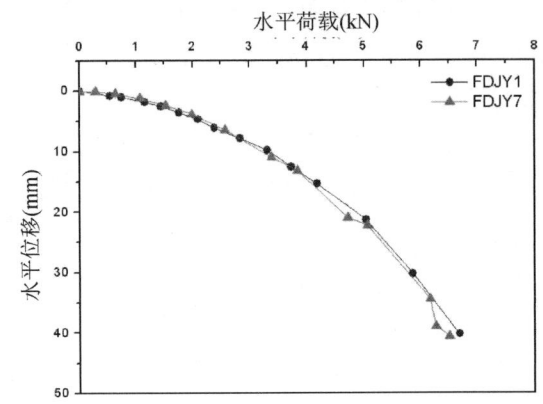

图3.4-85 加载方向对桩的水平承载力F与水平位移Y的影响

7 结构物与土体相互作用的离心模拟

随着我国工程建设的发展,各类工程结构物往往与岩土体相结合,利用岩土体自身抗力共同抵抗外部荷载作用,如码头、港口、海洋结构平台等。由于结构物较为复杂,其与岩土体相互作用过程也较为复杂,难以通过计算分析获得结果,大多采用离心模拟技术进行试验研究。

7.1 格形钢板桩码头的离心模拟

7.1.1 研究背景

格形钢板桩结构是指采用平板形钢板桩打成闭合的格形形状,格内填充石料构成的一种建筑结构形式,它具有结构简单、受力合理、适应性强、施工速度快、装配化程度高、水上作业工程量小和经济效益可观等优点,是一种极具发展前途的建筑结构形式。如图3.4-86所示。

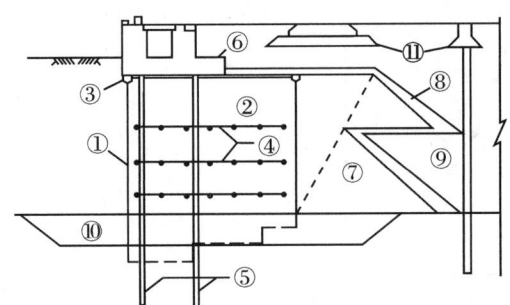

注:1—钢板桩格体;2—格内填料;3—导梁;4—剪力构件;5—持力基桩;6—胸墙;
7—减压棱体;8—倒滤层;9—后方回填;10—置换基础;11—流动机械设备基础

图3.4-86 格形钢板桩码头结构示意图

格形钢板桩结构虽然具有很多优点,但其设计和施工比较复杂,当时,国内外均不成熟。因此,在进行格形钢板桩结构的设计时,往往需要以其他工程实践作为参照,同时,应配合模型试验,对设计方案进行验证。离心模型试验技术的独有特点,使其在格形钢板桩结构研究上具有较大优势,为格形钢板桩结构的设计和施工优化提供了可能。

格形钢板桩结构对侧向变形非常敏感,因此,正确地预计码头前沿侧向位移的大小,对其设计和施工都是极其重要的。国外对侧向变形发生机理还缺乏系统的理论研究,仅有一些经验方法可供借鉴,在我国理论研究则更为鲜见。为探讨格形钢板桩码头在格仓后侧填土及超载条件下的变形规律,长江科学院程展林、饶锡保等,以广州新沙港格形钢板桩码头为原型,于1997年完成了格形钢板桩码头侧向变形的离心模型试验研究,并通过与数值分析成果结合分析,提出了格形钢板桩侧向变形的计算方法和简化公式,该计算方法和简化公式已列入了交通部水运工程建设标准《格形钢板桩码头设计与施工规程》(JTJ293)中[70]。有关的试验详情及其成果参考第五篇第6章,在此只做简单介绍。

7.1.2 试验成果简介

(1)主副格仓填土阶段的位移特征

在充填阶段,主副格仓的水平位移列于表3.4-21中,由表可见:由于板桩之间装配间隙难于保持一致,造成各模型之间水平位移相差较大,但都表现出了格仓环向约束作用,且埋入的深度越大,底部的约束作用越明显;在格体 $H/3$ 处向外鼓出的变位最大。

表 3.4-21　　　　　　　主副格仓在充填阶段的水平位移特征值

模型号		NO.1	NO.2	NO.3	NO.4	NO.5	NO.6	NO.7	NO.8
埋深 d(m)		7.63	5.45	3.27	3.70	4.64	2.78	8.23	4.60
d/H		0.35	0.25	0.15	0.20	0.25	0.15	0.45	0.21
各高程处的水平位移(cm)	30(m)	16.0							
	25(m)	33.8	25.0					15.0	13.6
	21(m)	35.6	24.8	22.8	12.0	13.8	10.8	10.0	16.2
	17(m)	38.0	23.8	21.2	8.8	11.2	12.4	10.4	12.8
	13(m)	33.0	22.8	20.0	7.8	14.0	11.8	17.8	14.6
	8(m)		7.2	22.0	10.0	8.8	12.2	16.0	14.6
	4(m)			16.0	11.2		7.6		14.2

(2)格仓后侧填土及超载引起的水平位移

主格仓中心轴线外侧的水平位移典型过程线如图3.4-87所示,由图3.4-88可见,试验过程中水平位移传感器的稳定性很好,且变形在试验过程中基本完成。

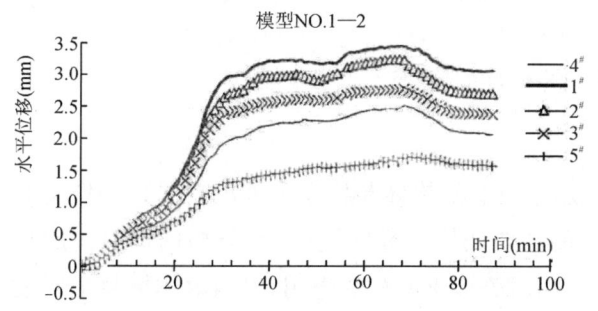

图 3.4-87　模型1后侧填土时水平位移过程

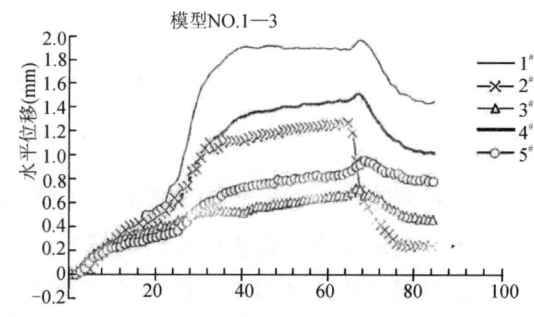

图 3.4-88　模型1超载30kPa水平位移过程

水平位移 d_{x2} 与 H/B 和 d/H 的关系如图 3.4-89 和图 3.4-90 所示。当 H/B 一定时,格仓顶部的水平位移 d_{x2} 随 d/H 的增加而减小,且随高度的增加水平位移的增加速率减小,反映出格仓所受水平推力随高度增加而减小的规律。

在格仓后侧填土时,顶面水平位移随 H/B 的减小而迅速减小;同时也随 d/H 的增大而减小,而且 H/B 越小,随 d/H 的增大 d_x 的减小量也越大。在格仓后侧填土荷载作用下的水平位移量可达 5cm~18cm,主要取决于 H/B 大小,其次取决于 d/H 大小。

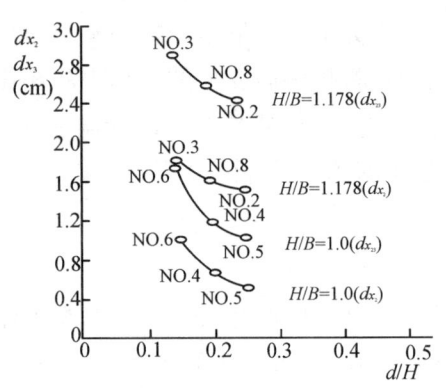

图 3.4-89 格体侧向变形与 H/B 的变化关系

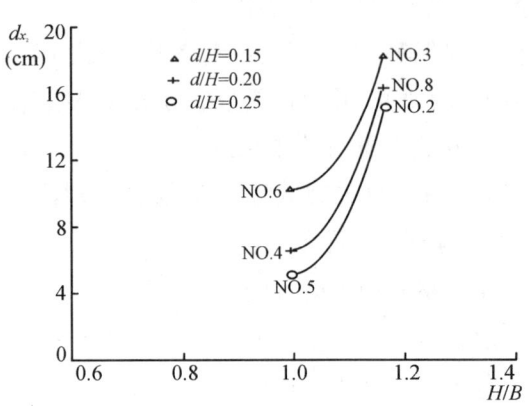

图 3.4-90 格体侧向变形与 d/H 的关系曲线

(3) 主格仓钢板桩的沉降规律分析

主格仓有关特征点的典型沉降分布曲线见图 3.4-91 所示。从图表中分析可以得出,H/B 的大小对沉降量影响较大,当 H/B 较大时,后侧填土荷载引起内侧 E 点的沉降小于或等于外侧 A 点的沉降,使格体产生前倾。当 H/B 减小时,后侧填土荷载引起内侧 E 点的沉降很可能大于外侧 A 点的沉降,使格体产生后座转动,这种作用随 d/H 的减小愈加明显;格仓后侧超载引起仓内侧 E 点的沉降量与 d/H 的关系不显著,但对外侧 A 点的沉降量影响较大,内侧超载引起 A 点的沉降量随 d/H 的减小略有增加。

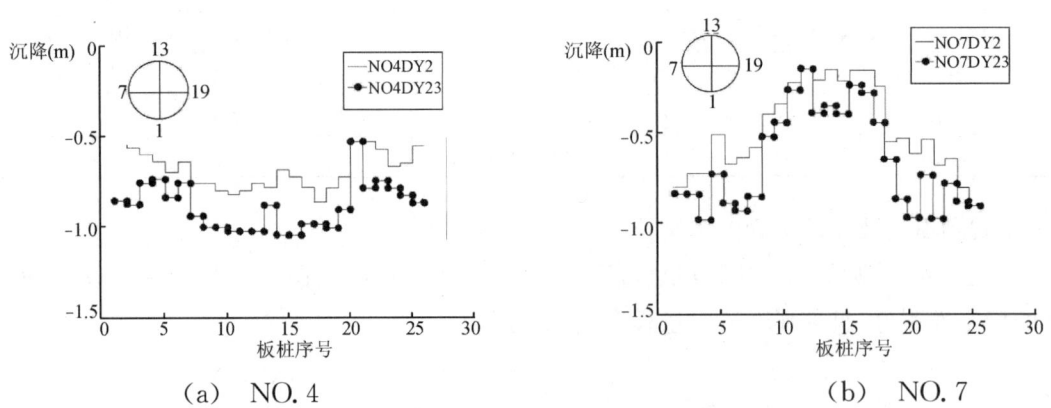

(a) NO.4   (b) NO.7

图 3.4-91 格体各钢板桩的沉陷分布

7.1.3 小结

通过一系列格形钢板桩码头的离心模型试验,揭示了钢板桩格体与格仓内外填料的相互作用的工作机理。钢板桩格体是格形钢板桩结构的核心部分,它的主要作用是环向约束,并与格内填料构成直立墙体。大直径钢板桩格体和格内填料共同承受竖向荷载和后侧填土荷载的作用,格内散体填料主要表现出其抗压与抗剪特性。离心模型试验研究成果为数值分析提供了良好的基础,为建立格形钢板桩码头侧向变形计算方法提供了重要的依据。

7.2 海洋平台的离心模拟

7.2.1 概述

海洋平台(offshore platform)是指为海上进行钻井、采油、集运、观测、导航、施工等活动提供生产和生活设施的构筑物,如图3.4-92所示。海洋平台结构复杂、体积庞大、造价昂贵,它所处的海洋环境十分复杂和恶劣,台风、海浪、海流、海冰和潮汐还有海底地震对平台的安全构成严重威胁。与此同时,由于环境腐蚀、海洋生物附着、地基土冲刷以及基础动力软化、构件材料老化、构件缺陷损伤扩大以及疲劳损伤累积等因素,都将影响平台结构的服役安全性和耐久性[71]。

图3.4-92 海洋平台示意图

海洋平台的基础是影响其稳定的主要因素之一,从已报道的失事海洋平台工程案例来看,海洋平台由于地基破坏或失稳而失事的概率要比由于平台结构设计不当而引起的大得多,因此加强海洋平台岩土工程问题的研究是非常重要的。分析由于基础破坏而失事的海洋平台工程案例,主要原因可归纳为地基承载力丧失、过大的不均匀沉降、抗滑稳定性不足、海底土坡失稳以及持力层的冲剪破坏等[36]。

由于海洋平台所受的环境和地质条件复杂,采用理论和数值计算较困难,且很难得到准确结果。而土体的变形和强度都与土体承受的有效自重应力密切相关,故室内小模型试验并不适用。而原型观测和足尺模型试验费用高,时间长,因此,离心模型试验在海洋平台岩土问题的研究中具有独特的优势。

7.2.2 海洋平台的模拟准则问题

(1)基本相似准则

海洋平台结构离心模型的相似准则与其他结构的类似,可参考前面各章。

(2)动力模型试验中的比尺问题

海洋平台经常承受静和动荷载的联合作用。其中,动荷载频率高,作用时间短,土体在不排水条件下会产生较高的孔隙水压力,从而影响海洋平台基础的稳定性。因此,动力离心模型试验是必需的研究内容。但在动力离心模型试验中存在时间比尺的矛盾,因孔压增长遵循动力问题的时间比尺 $1/N$,而孔压消散属于渗流固结的时间比尺 $1/N^2$。如果离心模型采用原型的砂和水,由于孔压消散比孔压增长快很多,试验中可能观测不到真实的孔压增长,或者所测得的孔压比实际的小,按此得到的结论可能不正确。为了满足相似要求,可以采用黏滞性为水的 N 倍的孔隙流体(替代流体法),或用采用较细的石英粉和细砂的混合物替代原型砂,使材料的渗透性降低 n 倍(替代材料法),以此两种途径来解决上述两者比尺不一致的矛盾。前一种方法对黏性土也可适用,吴宏伟等进行的饱和堤坝单向及双向动力离心模型试验中,所采用的CDG(风化花岗岩)土黏粒含量在 $10\%\sim20\%$。在黏性土中采用替代流体的方法是可行的,但是增加了制样的难度。

7.2.3 海洋平台及地基土层的离心模拟方法

(1)海洋平台的模拟方法

根据相似准则,海洋平台结构模型应严格按 N 倍进行缩尺,并采用与原型相同的材料,以准确模拟与土体的相互作用。

(2)地基土层的模拟方法

由于海洋中的土体很难取得原状样,可根据物理力学性质试验结果,配制与天然地基物理力学特性相同的土体,然后制备模型。当土颗粒较大时,存在粒径效应,按照国际岩土工程物理模拟技术委员会(ISSMGE-TC2)推荐的比尺准则,对于研究基础与土体相互作用问题的模型,应满足 $B/d_{50}>35$;对于研究桩基在水平荷载作用下反应特性的模型,应满足 $B/d_{50}>45$ (Nunez et al,1988)或 $B/d_{50}>60$ (Remaud,1999);B 为圆形基础的直径或条形基础的宽度,d_{50} 为土体颗粒累计百分含量为50%的粒径。当粒径不满足要求时,应采用配制级配法进行地基土层的模拟。

7.2.4 海洋荷载的离心模拟方法

海洋平台承受的荷载包括平台自重及设备重量、海浪、台风、冰荷载、潮汐及地震等,一般是在水平方向或垂直方向作用于海洋平台的结构上。

长江科学院包承纲、李玫(1994)在研究梁柱式海洋平台基础与土相互作用时,模拟了平台荷重(垂直荷载),并通过滑轮将重物的重力沿水平方向施加于平台上(水平荷载),近似模拟了海洋平台的受力情况,如图 3.4-93 所示[37]。

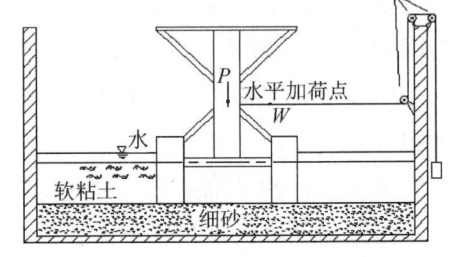

图 3.4-93 梁柱式海洋平台荷载模拟示意

由于海洋平台承受的荷载一般以动荷载为主,因此,研究动荷载的作用更能反映结构的真实受力状态。国内外研究者早期对动荷载的模拟采用的动加载设备是气动千斤顶,采用换向阀门控制往复运动,对结构施加竖向和横向循环荷载,荷载频率较低,大致在1Hz左右。近些年来,采用液压伺服激振器,可以对结构施加 0.001~10Hz 的循环荷载;张建红、孙国亮、鲁晓兵(2005)研制了用于离心机的电磁式激振器,可在 100g 离心加速度下,施加长历时(20rain),高频率(100Hz)的循环荷载,荷载峰值达 98N 以上,如图 3.4-94 所示[74][75]。

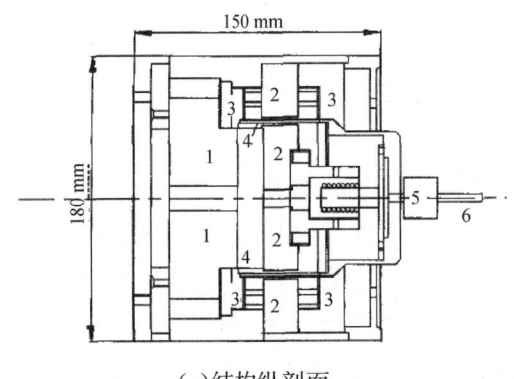

(a)结构纵剖面 　　　　　　　　　　(b)实物

1—永磁铁;2—磁体;3—片簧;4—动圈;5—传感器;6—激振杆

图 3.4-94 用于离心机的电磁式激振器

7.2.5 梁柱式海洋平台的离心模拟

梁柱式海洋平台是一种20世纪90年代出现的新型平台,它具有建筑周期短、造价低、易于搬迁等特点。由于新型平台构件的复杂性,给有限元计算带来了诸多不便。新平台的工作机理不清楚,平台下沉就位后,梁柱分担荷载以及与土的相互作用情况不明确,给设计带来了很大的困难。

为了摸索平台的工作机理,李玫、包承纲(1995)在长江科学院离心机上开展了梁柱式海洋平台基础与土相互作用的离心模型试验研究,由试验测出了平台柱底、梁底土反力及柱侧摩阻力的大小和分布规律,得出了柱底、梁底及柱的土反力的荷载分担比例。从而揭示了平台土荷载传递的途径,分析了影响平台工作性能的主要因素及其彼此关系,为平台的设计提供了科学依据[73]。

7.2.5.1 模型的设计和制备

模型按1:150的比尺设计制作,结构及尺寸见图3.4-95(a)所示。平台模型采用钢材,钢材的弹模 $E=2.1×10^5$ MPa。模型试验的土料分细砂和软黏土两种,软黏土的液限、塑限分别为42.3%和23%,塑性指数19.3%;平台基础放置在细砂层上,细砂的最大、最小孔隙比分别为1.147和0.516;填土控制的干容重为16.1kN/m³,相对密度 D_r 为0.8。分别在柱底和梁底埋设了土压力盒,以观测所承受的土压力;柱侧粘贴应变片,分析所受侧摩阻力;测点布置如图3.4-95(b)所示。

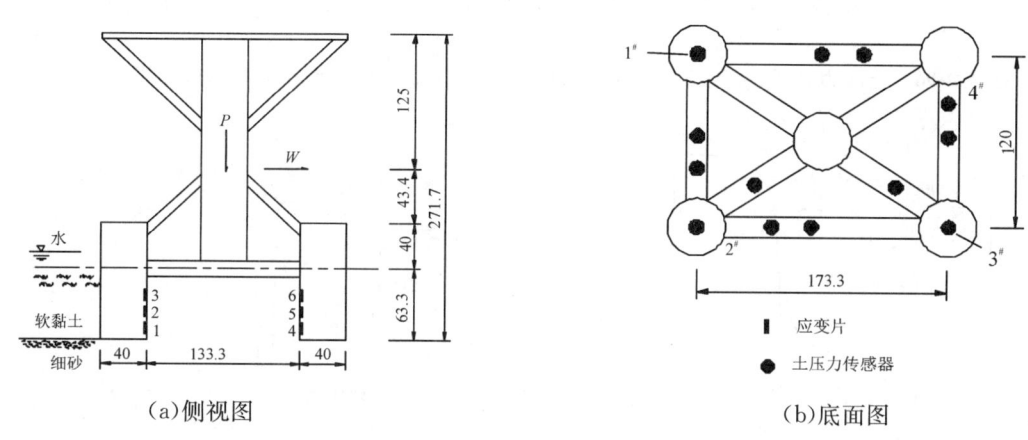

(a)侧视图　　　　　　　　　(b)底面图

图3.4-95　模型结构尺寸及布置

7.2.5.2 试验方法及试验过程

本试验的垂直荷载包含在平台模型的自重中,水平荷载的施加方法如图3.4-49所示。平台模型重量加上覆荷重总计为18.4N,相当于原型平台竖向荷载重62.10MN;水平加荷砝码重3.9N,相当于原型最大水平力13.16MN。

试验的具体步骤是:先将细砂分两层填入模型箱中(每层6.65cm)夯实,填至13.3cm后将模型箱放入离心机中,以150g的离心加速度运转,直至细砂固结完成,停机,将平台模型放置到细砂层上,再将已制备的大于液限含水率的软黏土填入模型箱中,软土的厚度为6.4cm,填至底梁中轴线处,其后,用1.7cm厚的水层覆盖。然后,在平台表面安装位移传感器,将制好的模型放入离心机中,开动机器,以150g的加速度运转,待模型稳定后,再停机加水平荷载,记录此状态下试验过程中的各项参数。

7.2.5.3 试验成果及分析

(1)成果可靠性分析

图3.4-96—图3.4-99绘出了平台模型上1#、2#、3#、4#土压力传感器在试验过程中的变化曲线,可看到各个传感器的测值相当稳定,成果较可靠。

(2)平台荷载的传递及反力的分布

从图中可以看出,荷载的传递规律:在垂向荷载作用下,柱底反力随着离心机运转时间的增长而增加,直至稳定;梁底反力则是随着时间的增长而减小。这说明随着荷载和时间的变化、梁底下软土不断固结,其承载力也不断提高,梁底软土层沉降比柱底砂层沉降大,当固结稳定时,大部分荷载则由柱底所承担;在垂向和水平荷载共同作用下,靠受拉柱的一侧,其柱底土反力比仅有竖直荷载作用的反力大得多。远离受拉的一侧,柱底反力明显变小;而梁底反力对竖直荷载和竖直荷载加水平荷载这两种受力状态不很敏感,反力的变化不大,这主要是由于梁埋深较浅,受表层软土承载力控制的缘故。

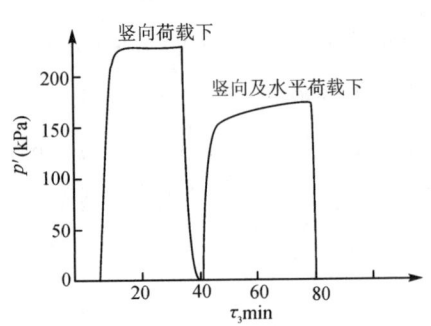

图 3.4-96 土压力时间过程线(1#A 柱底部)

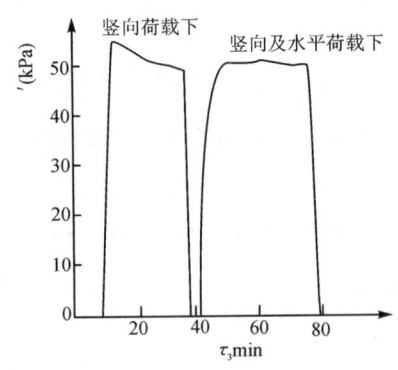

图 3.4-97 土压力时间过程线(2#梁底)

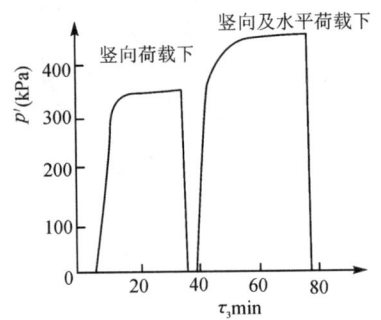

图 3.4-98 土压力时间过程线(3#C 柱底部)

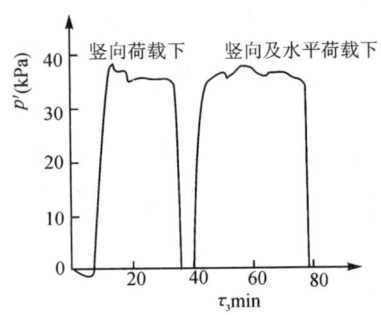

图 3.4-99 土压力时间过程线(4#梁底)

在竖向荷载作用下,测得平台模型柱底和梁底的土反力如图 3.4-100 所示(单位:kPa),竖向加水平向荷载作用下,平台各杆件的反力如图 3.4-101 所示。由图 3.4-100 可看出,平台 A、B、C 柱底的反力有一些差别,这可能是备样不很均匀或垂直荷载稍有偏心所致。比较此两图可看到,加水平荷载后,平台反力的变化是沿中心轴 $S—S$ 面呈对称的。

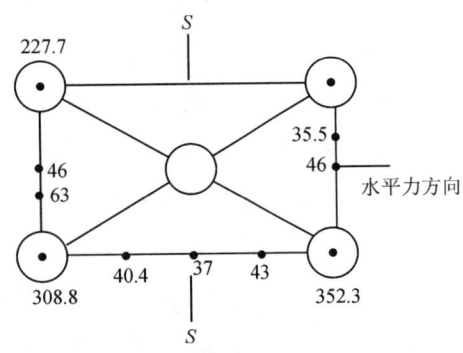

图 3.4-100 垂直荷载作用下的反力分布

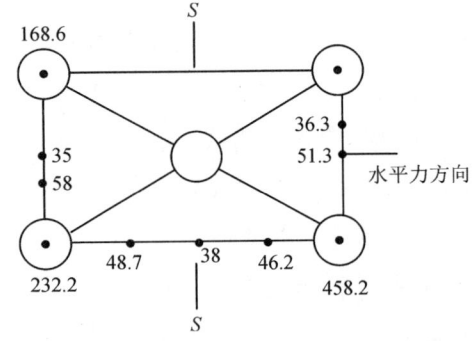

图 3.4-101 垂直+水平荷载下的反力分布

(3)柱侧受力情况分析

图 3.4-102 绘出了 B、C 两柱侧摩阻力的时间过程曲线。从曲线中可看出,在垂向荷载作用下各点应力的变化,其值随时间的增长慢慢地达到峰值,再从峰值减小到稳定值;而在竖向及水平向荷载作用下的各点应力,是随时间的增长较平稳地变化。造成垂向荷载下应力峰值的原因,可能是由于软土自身固结引起的沉降较大,摩擦应力出现峰值,而固结完成后沉降较稳定,摩阻力又慢慢减小到稳定值。水平荷载是在竖直荷载稳定后停机施加的,这时软土和自身固结已基本完成,因此测值较稳定。另外,从不同深度埋设的应变片测值来看,柱侧摩阻力沿深度方向自上而下逐渐减小,呈倒梯形分布。

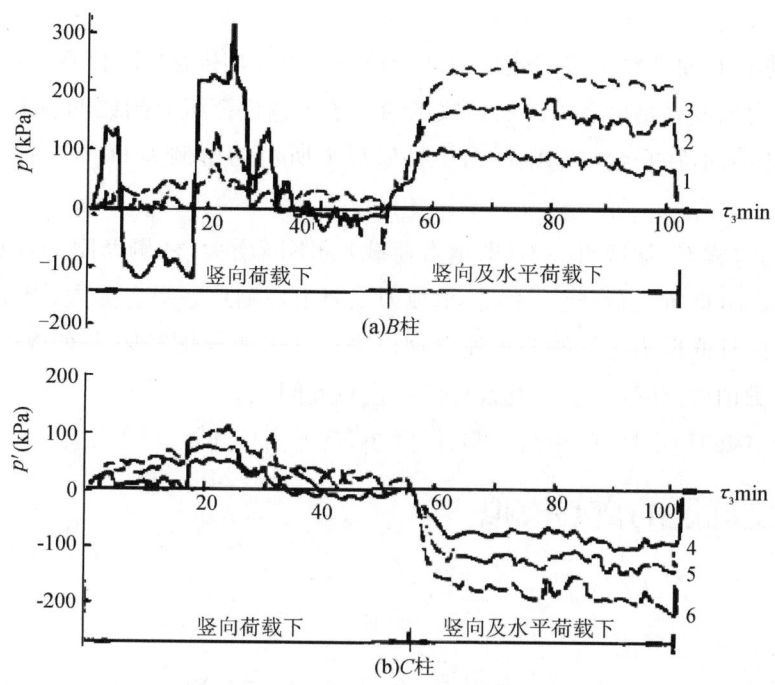

图 3.4-102　柱侧摩阻力的时间过程曲线

(4) 力的分担比

由实测的柱底、梁底的土反力及柱侧摩阻力的数值可得出，柱底、梁底及柱侧分别在垂向荷载及垂向加水平向荷载作用下的反力占总荷载的百分比如表 3.4-22 所示。

表 3.4-22　　　　　　　　　　　　　柱与梁承受的荷载分担比

荷载条件	柱底（端承）	柱侧（侧摩阻力）	梁底
垂向荷载	60%	20%	20%
垂向及水平向荷载	63%	19%	18%

(5) 荷载作用下的变形特性

在竖直荷载作用下，模型平台的表面产生沉降变形，而柱周围土体则无明显的变化；施加水平荷载后，平台表面沉降有一定增加，沿受力方向，柱外侧软土有明显的隆起，内侧下陷，平台出现一定倾斜，如图 3.4-103。

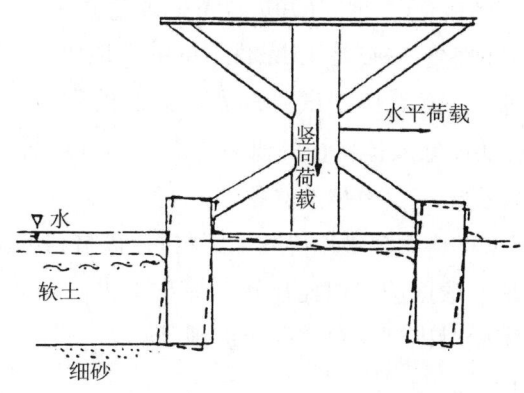

图 3.4-103　水平及竖向荷载作用下平台在土体中位置（虚线为变形后位置）

7.2.5.4 小结

(1)在离心机中进行石油平台模型试验是一种较理想的方法,用压力传感器和电阻应变片在离心机中测试土反力及摩阻力的成果是可靠的。所得成果给出了各构件荷载分担比的清晰概念。

(2)因受力状态的不同,在平台的基础反力中柱底反力所占的份额为60%左右,梁底反力和柱侧摩阻力各占20%左右。

(3)从平台的受力过程看,随着离心力(即垂直荷载)的不断增大,柱侧摩阻力和柱底反力发生变化。起初,当离心加速度较小(即垂直荷载较小)时,承载力主要由柱侧总摩阻力提供;当垂直荷载增加到一定数值时,柱端产生位移,柱底反力才开始明显地表现出来。这说明柱侧摩阻力和柱底反力的最大值不是在平台位移达到某一数值时同时出现,因此设计时应注意此问题。

(4)梁柱式平台结构的稳定性好、承载力高、沉降小,反力由柱和梁共同承担。

8 岩石块体稳定问题的离心模拟

8.1 概述

(1)岩石力学问题的研究方法

现代工程建设越来越多地利用岩体作为基础、介质(硐室)或材料。众所周知,工程岩体的力学性状在工程建设过程中和竣工之后会不断地发生变化。为保证工程的安全与正常运用,"弄清这些变化,对其稳定性和安全余度做出评价,探究其承载能力的可能限度,是利用岩体的基本前提"(董学晟,2006)[76]。但是在工程建成之前,工程岩体尚未形成,不能对它进行直接的测试,于是,模拟就是研究工程岩体未来性状的主要方法。这种模拟有两大类:物理模拟方法和数学模拟方法。这两类方法各有特点和短长,在工程建设中两者交替使用、相互印证、各显其长、相辅相成,为工程岩体的力学行为提供较完整的性状预测,为工程勘察设计阶段的工作提供可靠的技术依据。

工程岩体的数学模拟主要在计算机上进行,在对工程的地质情况进行必要的概化,提出概化模型后,按一定的力学理论和计算方法,直接进行各种工况的模拟计算,即可预测工程建成后的可能性状。由于近代大容量的高速计算机的出现,使数值模拟方法灵活机动,容易进行多参数多边界条件的多方案模拟,速度快,耗费少,因此得到广泛应用,自20世纪六七十年代以来,发展很快。

岩石力学物理模拟技术在经历20世纪中叶的停顿后,于七八十年代也继起发展。目前,岩石力学物理模拟试验虽然尚不十分普遍,但在一些重要的大型工程中或工程中遇到疑难问题时,如大型水利水电工程的岩石高边坡、大型地下洞室、岩石力学的前沿课题等,以及重要的国防工程疑难技术问题,如导弹发射井、地下机库、地下油库、核爆炸、核废料仓库、地震模拟、地壳变动研究等,已是不可或缺的重要手段。

工程岩体物理模拟技术主要有两类:一类是1g条件下的静力地质力学模型试验,另一类是离心地质力学模型试验(简称离心模型试验)。两类模型试验都需对天然地质特征进行勘察,并经过分析(如用Monte-Carlo法等)后,提出能反映该地质体特征的概化图形,建立理想化的岩体结构模型,确定合理的力学参数和边界条件,为模型试验提出需要模拟的对象。

工程岩体物理模拟所用的模型材料大多采用等效人工材料,该材料的主要性能应与原型材料保持一定的相似关系,以便将模型上获得的数据按相似比尺转到原型上去。因此,相似原理是模型试验的理论基础。根据相似原理,离心模型试验对模型材料的要求应满足:

$$C_\sigma = \frac{1}{N} C\gamma CL, \qquad C_\sigma = C_E C_\varepsilon, \qquad C_\varepsilon = 1, \qquad C_E = \frac{1}{N} C\sigma CL \qquad (3.4\text{-}24)$$

对静力地质力学模型：

$$g_m = g_p, \quad N=1, \quad 且 \; C_\gamma = 1, \quad 故 \; C_E = C_L. \quad (3.4\text{-}25)$$

式中，C_σ，C_γ，C_L，C_E，C_ε 分别为应力（强度），密度（容重），几何长度，弹模（变模）和应变的比尺。

满足了上述的相似条件，模型就可以模拟重力现象和某些重要的体积力特性，"也可以模拟在超出弹性范围以外的弹、塑、黏性特征，直至破坏"[76]；可见，制备这种模型材料的难度很大。

（2）岩石力学问题物理模拟研究进展

早期的岩石物理模型研究正是在离心机上完成的，因为离心模拟是模拟重力场最合适的手段。因此，岩石物理模拟研究的先驱者之一 G. B. Clark(1984)认为[77]：离心模拟可能是研究岩石力学最强有力的工具之一。这个特点使得其他物理模拟中很难解决的一些课题，如强度储备等，在离心机中变得十分简单和便捷。

岩体工程的离心模拟比土体工程的离心模拟在技术上要复杂得多，为此，前者发展较慢，应用也不多。在岩体工程离心模拟研究的历史中，国际上虽然早在 20 世纪 30 年代和其后的五六十年代就有人进行过岩石梁断裂，矿井顶板锚固岩层等的离心模型试验，但进展不快，而许多用于军事目的的岩体离心模型试验又鲜有报道，因此，相当一段时期，有关岩石力学离心模拟研究销声匿迹。国内有关岩体工程离心模型试验的尝试，最早是由长江科学院对三峡工程岩石高边坡的稳定性研究中进行的。在该项研究中，对岩石离心模拟的模拟理论和相似条件，模型材料研究以及模型加载和量测技术进行了探索和开发，对动态下边坡开挖模拟技术进行了初步实践。通过试验，对三峡工程船闸深挖高边坡的应力、变形和稳定性进行了研究，获得了有意义的成果，此外，对边坡不连续面部位的破坏机理以及岩石的时效问题进行了一些探讨（韩世浩，1990）[78]。其时，上海铁道学院张师德等也曾用自制的小型离心机对岩石边坡的稳定性做过一些试验。

近年，长江科学院在岩石力学离心模拟研究中又有新的进展。他们将离心模型试验用于对岩石力学非连续介质力学分析法（DDA）的数值模拟成果的验证中，取得了很好的成果[79][80]，这不是对岩石力学的数值模拟，还是物理模拟都是一个可喜的成果。由此开阔了离心模拟在岩石力学研究中应用的领域。可以认为，离心模拟技术在岩石力学舞台上的发展正方兴未艾，其活动空间将不断扩大，而令人触目的成果也是可以预期的。

8.2 岩石块体滑坡模式的离心模拟

8.2.1 研究背景

工程岩体的数值模拟分析包括连续介质力学方法和非连续介质力学方法，非连续介质力学方法又包括块体理论、不连续变形分析、离散元和刚块-弹簧法等。块体理论是由石根华博士在 20 世纪 80 年代初期提出的，随后他又建立了块体系统非连续变形分析理论（DDA）。该分析理论兼有真实时间模拟和非连续大变形分析于一体的优势，在模拟边坡、洞室失稳破坏全过程等方面具有独特的优点，现已得到国内外学者广泛关注和重视。

由于自然条件的复杂性，目前有关 DDA 研究成果的准确性和发展有待于室内试验的验证和支持，而离心模型试验即是一种较好的验证方法。因 DDA 方法可以在计算中，通过调整重力加速度的取值，实现同离心模型试验原理相同的计算分析，因此实验被称为 DDA 数值离心模型试验。

为研究该方法的可靠性，对某一典型工程边坡进行概化，并人为改变结构面强度参数，设置成牵引式、推移式和整体式三种滑坡类型，并采用离心机进行了试验研究。

8.2.2 离心模型试验方案

8.2.2.1 边坡原型及模型概化

银盘山工程右坝肩开挖岩质边坡,坡宽117m、高120m,如图3.4-104(a)所示。图中ABC为f1断层部分组成的滑面,强度参数为:f=0.3,c=0.05MPa;CD为假定滑面从下部岩体中穿过,倾角19°,强度参数取岩体参数,f=0.75,c=0.5MPa。

根据长江科学院离心机的模型箱尺寸(1.00m×0.40m×0.80m)和银盘山边坡原型尺寸,模型比尺选为1:160。模型边坡为宽0.73m,高0.75m,厚0.25m,坡度为变坡,分别为19°、39°、49°。边坡上堆体概化共分为9块,其中:AB为界面材料一、BC为界面材料二、CD为界面材料三,如图3.4-104(b)所示。

边坡及堆体模型材料采用石膏、水泥、重晶石及水制作。模型材料的变形模量为4GPa,泊松比为0.23,容重为24kN/m³,单轴抗压强度为5MPa,抗拉强度为0.5MPa。

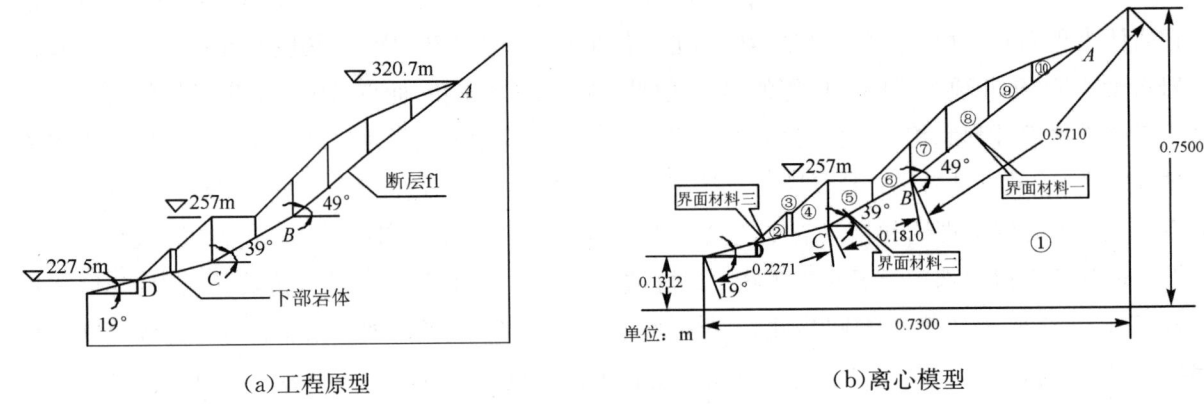

图 3.4-104 某工程边坡原型及离心模型示意图

8.2.2.2 结构面的模拟

本次试验选用粉质黏土和水泥调制的水泥土作为结构面的模拟材料;可通过调整水泥掺量和龄期,达到模拟不同强度结构面的目的。

(1)水泥土配备

粉质黏土击实试验最优含水率为15%,最大干密度1.97 g/cm³。配置水泥土时,粉质黏土的含水率控制在15%±2%;土料过5mm筛,水泥采用普通硅酸盐水泥,水灰比为0.6。经试验筛选,采用掺量3%、10%、20%的水泥土进行试验。

(2)水泥土的强度参数测定

①直剪试样制备。直剪试样由上下两块体,中间夹5mm厚的水泥土构成。块体材料与边坡堆体材料相同;夹层材料由配备好的水泥土,按5mm厚度通过模具压实,形成水泥土层。12小时后取出模块中直剪环刀试验块体,放置于室内环境中养护,养护时间为3天。

②安装和直剪试验。试验时,块体安装应保证中间水泥土剪切层位于剪切仪剪切缝的高度,抗剪强度的黏聚力c、摩擦角φ值试验成果见表3.4-23。

根据界面强度结果,选取水泥掺量3%的材料作为软弱结构面的模拟材料,编号为A型;水泥掺量10%的材料作为胶结较好结构面的模拟材料,编号为B型。

表 3.4-23　　　　　　　　　　　　界面材料直剪试验成果表

界面材料	编号	峰值强度		位移 4mm 强度	
		c(kPa)	φ(°)	c(kPa)	φ(°)
水泥掺量 3%	A	47.5	33.4	9.0	36.6
水泥掺量 10%	B	56.0	30.8	13.7	36.3
水泥掺量 20%		59.0	32.7	21.7	34.2

8.2.2.3 监测布置及试验方案

主要监测仪器为电阻应变片和高性能照相机。应变片的安装布置如图 3.4-105 所示,共布置 14 个应变片。为满足较大变形的要求,采用符合柔性大变形的应变片;其基片采用乳胶膜,裁成条状,采用强力胶与模型粘牢;最后将应变片粘贴于胶膜制成的基片上。

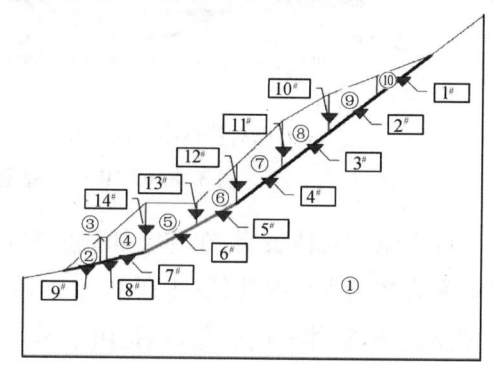

图 3.4-105　离心模型应变片布置图
(注:①—⑩为滑块编号,1#—14#为应变片编号)

针对牵引式、推移式、整体式三种滑坡类型的模拟,其界面材料分别为:

①牵引式滑坡(HP-Q 试验模型):界面材料二段和三段均采用 A 型材料,界面材料一段采用 B 型材料;

②推动式滑坡(HP-T 试验模型):界面材料一段和二采用 A 型材料,界面材料三段采用 B 型材料;

③整体式滑坡(HP-Z 试验模型):界面材料一段、二段和三段均采用 B 型材料。

根据上述方案制作的模型如图 3.4-106 所示,离心机运行加速度按每级 5g 逐级施加,直至边坡破坏为止,每级稳定运行 5min,待变形稳定后提升至下一级,并观测模型的变化情况。

(1)边坡基座

(2)堆体各滑块

(3)制作完成后的模型

图 3.4-106　离心模型制作示意图

8.2.3　离心模型试验成果及分析

(1)牵引式滑坡模型试验(HP-Q 试验模型)

图 3.4-107(a)为坡面滑块与坡体的相对位移与时间关系曲线,图 3.4-107(b)为典型应变片所测得应变与离心加速度的关系曲线,从图中可以得出以下几点认识:

①离心加速度升至 90g 前,坡面滑块与坡体之间的应变均很小,个别点出现一定的压缩变形;

②离心加速度升至 90g 时,位于底部界面材料三的 8#、9# 应变片首先出现拉伸突变,随后 7# 应变片也出现拉伸突变;

③离心加速度升至 115g 时,应变片 7#、8# 再一次发生拉伸突变,变形值较大,同时位于界面材料一、

二结合部 4#、5# 应变片也开始出现突变,随后模型出现坍塌,离心机运行停止。

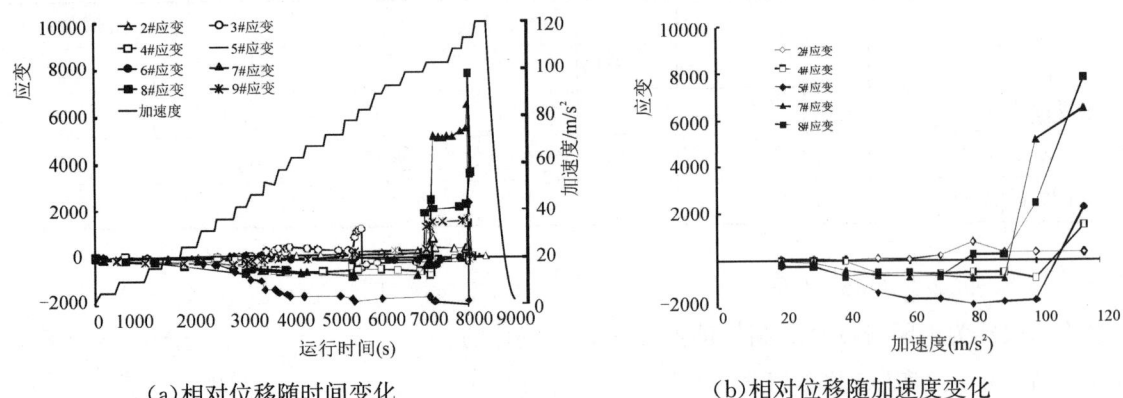

(a)相对位移随时间变化　　　　　(b)相对位移随加速度变化

图 3.4-107　HP-Q 模型中坡面滑块与坡体的相对位移变化关系曲线

以上试验总体表明,在 90g 加速度时,滑体二段和滑体三段首先表现出失稳的特征;达到 115g 加速度时,应变片的基片与模型脱开,滑体一段失稳;这是由于滑体二、三段失稳后,底部失去支撑,随着下滑力增大,出现整体失稳;此为典型牵引式滑坡,如图 3.4-108 所示。

(2)推动式滑坡模型试验(HP-T 试验模型)

图 3.4-109(a)为坡面滑块与坡体的相对位移与时间关系曲线,图 3.4-109(b)为典型应变片所测得应变与离心加速度的关系曲线,从图中可以得出以下几点认识:

图 3.4-108　HP-Q 模型牵引式滑移后的形态

① 离心加速度升至 50g 前,坡面滑块与坡体之间的应变均很小,个别点出现一定的压缩变形;离心加速度在 50~80g 时,4#~6# 应变片随加速度增大产生一定的拉伸变形;

② 离心加速度升至 80g 后,位于底部界面材料一和界面材料二的 3#、5# 和 6# 应变片出现拉伸突变;随后在 95g 左右,出现拉断破坏,表明界面材料一和界面材料二上的滑块产生滑动或倾倒,位于底部界面材料三的 7#、9# 应变片也产生一定拉伸变形,开始产生滑移;

③ 离心加速度升至 120g 时,应变片全部产生拉断破坏,整个边坡失稳。

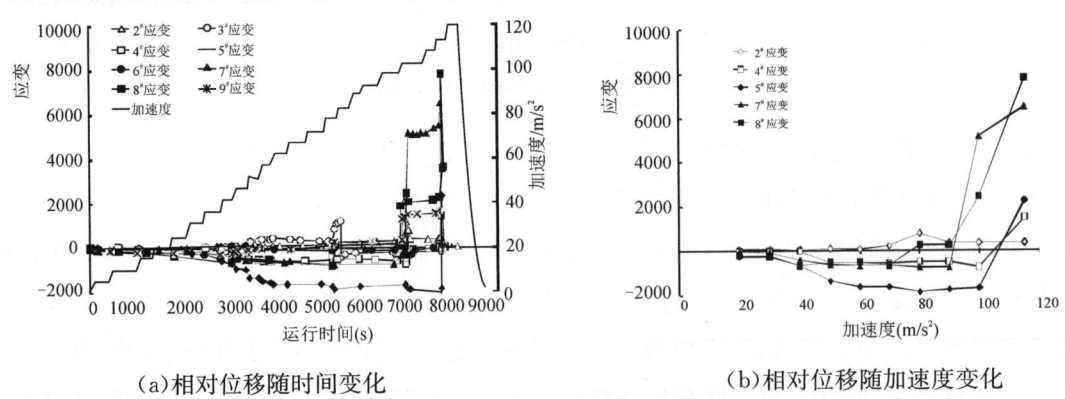

(a)相对位移随时间变化　　　　　(b)相对位移随加速度变化

图 3.4-109　HP-T 模型中滑块与坡体的相对位移变化关系曲线

以上试验总体表明,在 80g 加速度时,滑体一段和滑体二段首先表现出失稳特征;达到 95g 加速度时,在上部下滑力推动下,滑体一段出现较大位移;达到120g时,整体失稳;此为典型的推移式滑坡,失稳后的边坡形态如图3.4-110所示。

(3)整体式滑坡模型试验(HP－Z试验模型)

图3.4-111(a)为坡面滑块与坡体的相对位移与时间关系曲线,图3.4-111(b)为典型应变片所测得应变与离心加速度的关系曲线,从图中可以得出以下认识：

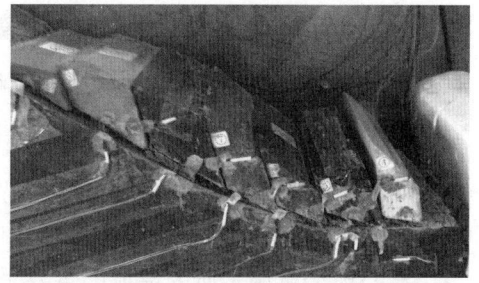

图3.4-110 HP－T模型推移式滑动后的形态

①加速度值在40g前,1#—9#应变片均出现压缩变形,尤以2#应变片压缩值较大;

②离心机运行在40g～70g之间,除9#应变片继续压缩变形外,其余应变片变形逐渐拉伸增大;

③当离心机运行75g后,2#、4#、5#、9#应变片拉伸变形增大较快;

④当离心机运行至95g,离心模型出现坍塌,100g停机。

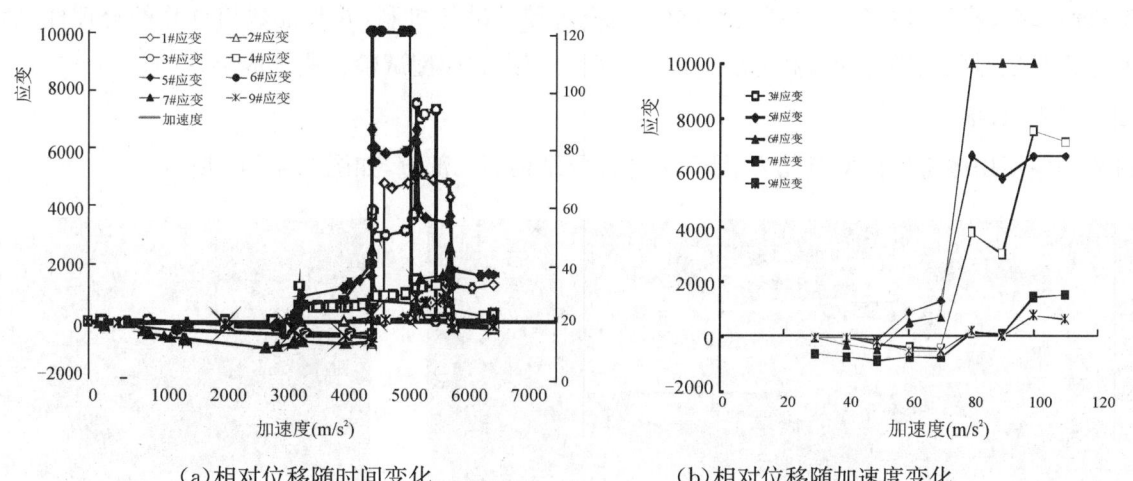

(a)相对位移随时间变化　　(b)相对位移随加速度变化

图3.4-111　HP－Z模型中滑块与坡体的相对位移变化关系曲线

该模型破坏表现为整体失稳,如图3.4-112所示;但最大加速度值为95g,与预期结果存在一定差异,可能与模型制作过程以及龄期有一定关系,有待于今后的进一步验证。

图3.4-112　HP－T模型整体式滑动后的形态

8.2.4　小结

离心机模拟技术模拟了岩质边坡块体结构破坏所表现的牵引式滑移、推移式滑移、整体式滑移等形态,并系统分析了在不同加速度作用下块体的位移特征和变化规律,模拟方法可行,成果可靠,可作为连续变形分析法(DDA)数值模拟的验证手段,实现对边坡渐进失稳机理和破坏运动全过程的数值仿真。

8.3 斜倾厚层山体垮塌的离心模拟

8.3.1 斜倾厚层山体灾害及离心模拟方法

斜倾厚层山体广泛分布于重庆、湖北、贵州、云南、四川等西南山区,受各种自然和人为因素作用易造成滑坡等地质灾害(殷跃平,2007)[81],研究倾斜厚层山体滑坡的形成条件和成灾机理,对我国西南地区的灾害防治工作,具有重要的指导意义[82]。

离心模型试验是研究滑坡的重要手段之一,可以反映滑坡失稳的过程和机理。一般情况下,斜倾厚层山体滑坡的规模巨大,例如,如果采用离心机进行对重庆武隆鸡尾山滑坡原型进行模拟,若模型长度按1m考虑,离心机至少需要具备2150g加速度的能力,而目前国内外离心机的最高加速度仅为500g左右,因此,按原型模拟是不可能的,必须考虑替代方法。

针对重庆武隆鸡尾山滑坡,长江科学院提出了采用数值计算和离心模拟相结合的方法进行试验,即首先对原型进行缩尺,并采用数值分析方法调整软弱结构面的强度,使得缩尺模型与原型具有相似的破坏形态;针对缩尺模型进行离心模型试验,重点研究边坡的破坏机制,并验证数值计算的合理性;然后通过数值分析方法对原型进行计算和分析。以下简要介绍离心模型试验方法及成果。

8.3.2 试验准备

将斜倾厚层山体垮塌模型概化为滑床、滑体以及结构面三部分,如图3.4-113所示。

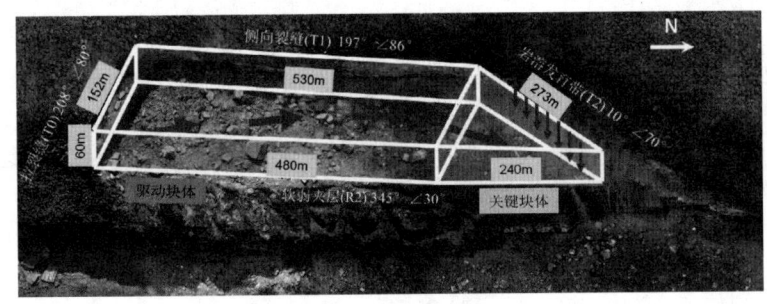 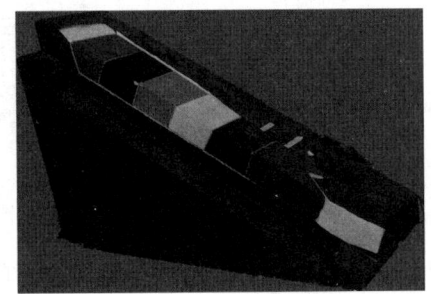

(a)鸡尾山原型滑坡　　　　　　　　　(b)概化后得到的离心模型

图3.4-113　鸡尾山原型滑坡与离心模型

其中,滑床为稳定岩体,反映具有一定倾角和走向的原型基岩;滑体为发生滑动的斜倾厚层山体,由驱动滑块和阻滑块组成;结构面为原型的裂隙以及岩溶发育带。根据发育程度不同,模型采用相似材料进行模拟。已有研究结果表明,关键块体的失稳和滑动面的强度降低是导致滑坡的主要原因,结构面的模拟是离心模型试验的关键环节。

在地质力学模型试验中,结构面通常采用黏结胶、凡士林或油脂等润滑剂、或薄膜、砂质、土工布等进行模拟(汪小刚等,1996)[83]。基于原型相关材料参数以及数值分析结果,通过各种结构面相似材料的比选,本次试验采用土工布模拟后缘拉裂缝、侧向裂缝和岩溶发育带,采用土工膜模拟块体接触面,采用土工布涂抹油脂模拟软弱夹层,具体参数见表3.4-24;而滑床和滑体模型进行适当简化,采用水泥、重晶石和石膏按一定比例加水浇筑而成,其容重为16.0~16.4kN/m³,弹性模量为2.79GPa,单桩抗压强度为16.3MPa。

离心模型试验主要通过监测滑块之间以及滑体与基座之间裂缝的发展过程,反映滑体的滑动机制(冯振等,2012)[84]。监测内容主要包括应变片、激光位移传感器以及录像或摄影,如图3.4-114所示。其中,应变片采用柔性应变片,粘贴于滑块之间以及滑块与基座之间,通过对比应变片应变产生变化的时刻、随时间的变化规律,反映斜倾厚层山体发生滑坡时的启动机制和发展规律。在滑体中部和下部设置2个侧向激光位移传感器,监测随加速度的增大,滑体的侧向位移变化规律。采用录像或高速摄影技术记录不同加速度下,滑块相对位置的变化,得到滑坡产生的直观破坏过程。

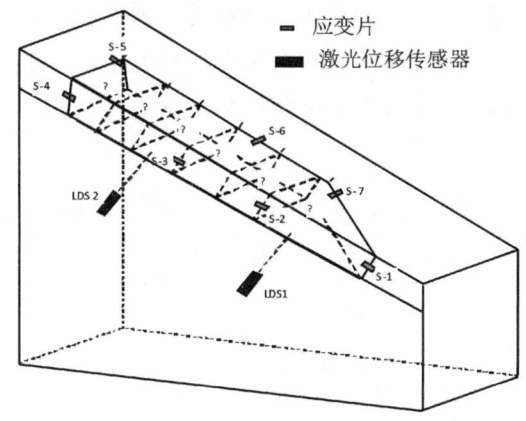

表 3.4-24　软弱面相似材料及相关参数

结构面	相似材料	$\varphi(°)$	$c(kPa)$
块体接触面	土工膜	12.0	2.0
软弱夹层	土工布涂抹油脂	18	1.7
后缘拉裂缝	土工布	26.0	0
侧向裂缝			
岩溶发育带			

图 3.4-114　鸡尾山滑坡离心模型监测布置

8.3.3　试验成果分析

离心模型试验分别在长江科学院 200g-t 岩土离心机以及香港科技大学 400g-t 岩土离心机上进行。试验过程中逐级增大离心机加速度,采用录像、激光位移以及应变片等测量手段详细记录滑坡的全过程。山体发生破坏前,随着加速度逐级增大,应变片监测结果表明,后缘滑体与基岩之间的间距逐渐增大,前缘关键阻滑块与基岩逐渐被楔紧。激光位移以及录像表明,滑体没有产生明显的变形或滑动。但是,当加速

图 3.4-115　离心模型初始变形破坏照片

度增大到一定数值时,应变和激光位移测量值均瞬时产生突变,录像显示边坡发生剪切破坏,发生侧向滑动,导致山体整体垮塌,如图 3.4-115 所示。

图 3.4-116 为块体侧向位移和裂缝应变分别与加速度的关系,表明当加速度为 16g 左右时,山体发生了挤出破坏。

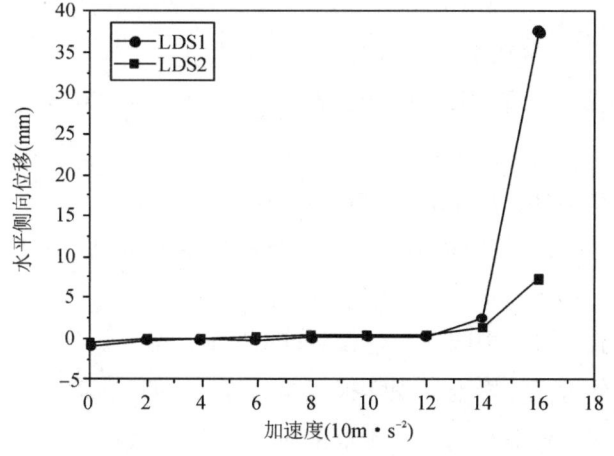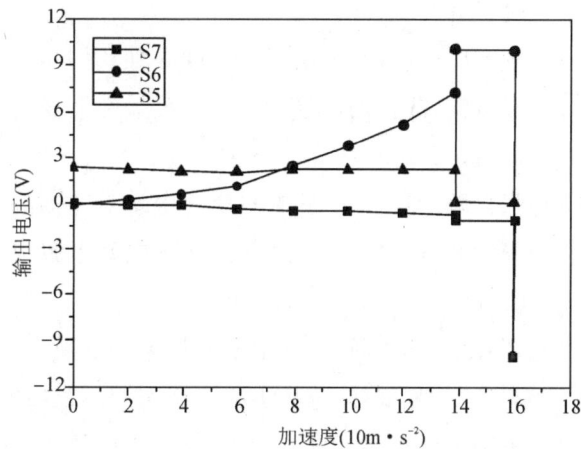

图 3.4-116　块体侧向位移和裂缝应变与加速度的关系

8.3.4 斜倾厚层山体垮塌机理分析

本次离心模型试验结果表明,结构面反映出的软弱夹层强度以及关键块体失稳是斜倾厚层山体破坏的主要原因。由于地下水、人为因素等原因造成了软弱夹层的软化,在自身重力作用下,滑体后部驱动滑块首先产生蠕滑变形,给前缘阻滑块施加了更大的推动力。由于前缘关键块体的阻滑作用,斜坡处于稳定状态。随着软弱夹层进一步软化,当整个滑体的下滑力大于阻滑力时,关键滑块会骤然发生剪切破坏,进而整个滑体积蓄的重力势能得到释放,产生高速滑动。因此,斜倾厚层山体垮塌是由于滑体后部驱动,而导致前缘关键块体瞬时失稳造成的。

从本次试验研究可见,由于原型山体尺寸以及滑动体的体积巨大,目前的土工离心机均不能满足要求,故采用数值模拟和离心模型试验相结合的替代方法,对解决大型边坡工程问题的研究是一种有效的途径。

参考文献

[1] Taylor, RN. Geotechnicalcentrifugetechnology[M]. BlackieAcademic&Professional, 1995.

[2] 包承纲,饶锡保. 土工离心模型试验的基本原理[J]. 长江科学院院报, 1998, 15(2):1-3, 7.

[3] 包承纲. 我国离心模拟试验技术的现状和展望[J]. 岩土工程学报, 1991, 13(6):92-97.

[4] 濮家骝. 土工离心模型试验及其应用的发展趋势[J]. 岩土工程学报, 1996, 18(5):92-94.

[5] 陈正发,于玉贞. 土工动力离心模型试验研究进展[J]. 岩石力学与工程学报, 2006, 25(s2):4026-4033.

[6] 编委会. 岩土离心模拟技术的原理和应用[M]. 武汉,长江出版社, 2011年8月.

[7] 王学东. 长江科学院大型离心机的研制[J]. 长江志季刊, 2000, 13-14.

[8] 王学东. 用于土工和结构模型实验的离心机设计简介[J]. 长江科学院院报, 1987, (2):60-71.

[9] 包承纲. 三峡工程二期深水围堰的建设和研究[J]. 水利水电科技进展, 2001, 21(4):21-25.

[10] 王家柱. 二期横向围堰工程的几个主要技术问题[J]. 中国三峡工程建设, 1999, (5):4-7, 14.

[11] 李玫,龚壁卫. 三峡深水围堰风化砂料水下抛填密度和坡角的离心模型试验研究报告[R]. 长江科学院, 1989.

[12] 顾淦臣. 复合土工膜或土工膜堤坝实例述评[J]. 水利水电技术, 2002, 33(12):26-32.

[13] 岑威钧,沈长松,童建文. 深厚覆盖层上复合土工膜防渗堆石坝筑坝特性研究[J]. 岩土力学, 2009, 30(1):175-180.

[14] 张自顺. 复合土工膜在景洪水电站二期围堰防渗中的应用[J]. 陕西水利, 2009:97-98.

[15] 张优秀,徐威,王均星. 深溪沟水电站上游围堰渗流稳定计算结果分析[J]. 中国农村水利水电, 2011, 5:169-171.

[16] 郑守仁,陈琪新. 二期上下游横向围堰设计与实施验证[J]. 中国三峡建设, 1999, 5:21-24.

[17] 李青云,程展林. 三峡工程二期围堰运行后的性状分析[J]. 岩土工程学报, 2005, 27(4):410-413.

[18] 中国长江三峡工程开发总公司,长江科学院等. 三峡工程深水高土石围堰的研究与实施[R]. 2002.

[19] 李青云. 长江堤防工程安全评价的理论和方法研究[D]. 清华大学博士论文, 2002.5

[20] 陈孚华著. 膨胀土上的基础[M]. 北京:中国建筑工业出版社, 1979.

[21] 廖世文. 膨胀土与铁路工程[M]. 北京:中国铁道出版社,1984.

[22] 刘特洪. 工程建设中的膨胀土问题[M]. 北京:中国建筑工业出版社,1997.

[23] 包承纲. 非饱和土的性状及膨胀土边坡稳定问题[J]. 岩土工程学报,2004,26(1):1-15.

[24] 包承纲. 南水北调工程膨胀土渠坡稳定问题及对策[J]. 人民长江,2003,34(5):4-6.

[25] 陈生水,郑澄锋,王国利. 膨胀土边坡长期强度变形特性和稳定性研究[J]. 岩土工程学报,2007,29(6):795-799.

[26] 李青云,程展林,龚壁卫,郭熙灵,包承纲. 南水北调中线膨胀土(岩)地段渠道破坏机理和处理技术研究[J]. 长江科学院院报,2009,26(11):1-9.

[27] A. D. Gadre and V. S. Chandrasekaran (1994). Swelling of black cotton soil using centrifuge modelling [J]. Journal of geotechnical engineering. Vol. 120, pp. 914-919.

[28] 王鹰,韩会增,韩同春等. 南昆线膨胀岩路堤离心模型试验研究[J]. 铁道学报,1997,19(6):103-107.

[29] 饶锡保,陈云,曾玲. 膨胀土渠道边坡稳定性离心模型试验及有限元分析[J]. 长江科学院院报,2002,19(增刊):105-107.

[30] 王国利,陈生水,徐光明等. 干湿循环下膨胀土边坡稳定性的离心模型试验[J]. 水利水运工程学报,2005,(4):6-10.

[31] 徐光明,王国利,顾行文,曾友金. 雨水入渗与膨胀性土边坡稳定性试验研究[J]. 岩土工程学报,2006,28(2):270-273.

[32] 程永辉,李青云,龚壁卫,周正兵,吴宏伟. 膨胀土渠坡处理效果的离心模型试验研究[J]. 长江科学院院报,2009,26(11):42-46,51.

[33] 詹良通,吴宏伟,包承纲等. 降雨入渗条件下非饱和膨胀土边坡原位监测[J]. 岩土力学,2003,24(4):152-158.

[34] 冯光愈,程展林等. 湖相沉积地区高等级公路软土地基处理研究[R]. 长江科学院研究报告,1996.

[35] 周小文,孙常青等. 软土地基路堤施工稳定性控制标准研究[R]. 长江科学院研究报告,2004.

[36] 周小文,孙常青等. 软土地基路堤施工的离心模型试验研究[M]. 土工测试技术实践与发展,第24届全国土工测试学术研讨会论文集,黄河水利出版社,2005年8月.

[37] 饶锡保. 同马大堤巨网段软土地基稳定性试验研究[R]. 长江科学院研究报告,1993.

[38] 陈祖煜,周晓光,陈立宏等. 务坪水库软基筑坝基础处理技术[J]. 中国水利水电科学研究院学报. 2004,2(3):167-171.

[39] 谢永利,潘秋元,曾国熙. 应用离心模型试验研究软基变形性状[J]. 岩土工程学报. 1995,17(4):45-50.

[40] 饶锡保,龚壁卫,程展林,刘海林. 基于离心模型试验的某公路软基沉降变形规律研究[C]. 物理模拟技术在岩土工程中的应用,中国水利学会2007学术年会论文集,2007年10月.

[41] 曾友金. 山区沟谷软土路基加固处理离心模型试验研究[C]. 物理模拟技术在岩土工程中的应用,中国水利学会2007学术年会论文集,2007年10月.

[42] 张定. 铁路软土路堤临界高度的离心模拟研究[J]. 上海铁道学院学报. 1990,11(1):71-82.

[43] 张良,魏永幸,罗强. 基于离心模型试验的斜坡软弱土地基路堤加固方案研究[J]. 铁道工程学报. 2004,(1):73-76.

[44] 王迅. 宁启铁路软土地基加固处理的离心模型试验[C]. 物理模拟技术在岩土工程中的应用,中国水利学会 2007 学术年会论文集,2007 年 10 月.

[45] 杜建成,张利民. 广钢站软基处理的离心模型试验研究[J]. 四川建筑. 1997,17(3):44-45.

[46] 陈兴年,刘金元等. 软土基坑开挖周围土体变形的离心模型研究[J]. 地下工程与隧道. 2000,(1):8-12.

[47] 包旭范,庄丽,吕培林. 大型软土基坑中心岛法施工中土台预留宽度的研究[J]. 岩土工程学报. 2006,28(10):1208-1212.

[48] 张志勇,傅德明,杨国祥. 软土地区大型干坞边坡变形规律离心模型试验及实测研究[J]. 岩土工程学报. 2003,25(1):36-40.

[49] 刘守华,蔡正银,徐光明,李景林. 用离心模型研究港区软基变形特性[J]. 工业建筑. 2004,34(12):54-58.

[50] 漆泰岳,高波,马亮. 富水软土地层地铁开挖地表沉降离心模型试验[J]. 西南交通大学学报. 2006,41(2):184-189.

[51] 陈上明,张倬元,李强. 某机场场道软基变形性状的离心模型试验[J]. 地质灾害与环境保护. 1996,7(1):88-93.

[52] 闫澍旺,邱长林,孙宝仓,章为民. 波浪作用下海底软黏土力学性状的离心模型试验研究[J]. 水利学报,1998,(9):66-70.

[53] 包伟力,周小文. 地基强度随固结度增长规律的试验研究[J]. 长江科学院院报. 2001,18(4):29-31.

[54] 侯瑜京. 离心模型试验模拟塑料排水板处理软基的试验研究[J]. 大坝观测与土工测试. 1995,19(5):18-2.

[55] 卢国胜. 塑料排水板处理软基的离心机试验研究[J]. 西南科技大学学报. 2006,21(4):42-46.

[56] 高志义,张美燕,刘立钰,姜朴. 真空预压加固的离心模型试验研究[J]. 港口工程. 1988(1):18-24.

[57] Lee, N. L., Ng, C. W. W., Centrifuge modelling of vacuum preloading with a vertical sand drain[C]. Physical Modelling in Geotechnics-6th ICPMG'06:577-583. Taylor & Francis Group, London.

[58] Lee, F. H., Lee, C. H., Dasar, G. R., Centrifuge modeling of deep mixing[C]. 土工测试技术实践与发展,第 24 届全国土工测试学术研讨会论文集,黄河水利出版社,2005 年 8 月.

[59] Lee, F. H., Lee, C. H., Dasariy, G. R., Centrifuge modelling of wet deep mixing processes in soft clays[J]. Geotechnique. 2006,56(10):677-691.

[60] 王年香,章为民. 深层搅拌法加固码头软基离心模型试验研究[J]. 岩土工程学报. 2001,23(5):634-638.

[61] 李崛华. 用振冲法加固土石坝软基的离心模型试验研究. 1995,(2):17-28.

[62] 张良,罗强,周成,裴富营. 基于离心模型试验的深厚层软基加固方案比较研究. 岩土工程学报. 2007,29(7):983-987.

[63] 王卫东,宋兵. 偏心爆破挤淤技术应用研究[J]. 中国港湾建设,2010,10(5):54-57.

[64] 杨振声,许连坡. 爆炸处理海淤软基机理实验研究[R]. 连云港:连云港爆炸处理水下海淤软基鉴定委员会,1989.

[65] 王文杰,赵微人,郭加根. 海涂围垦工程中悬挂式爆破挤淤基础处理技术探讨[J]. 海岸工程,2010,29

(3):51-56.

[66] 马立秋,张建民,张武.爆炸离心模型试验研究进展与展望[J].岩土力学,2011,32(9):2827-2833.

[67] Liu, S. H., Cai, Z. Y., Xu, G. M., Li, J. L., Zhang, J. L., Centrifuge modeling of the silty sand foundation of a reclamation fill[C]. Physical Modelling in Geotechnics-6thICPMG'06: 553-557. Taylor & Francis Group, London.

[68] 丁金华,包承纲.软基和吹填土上加筋堤的离心模型试验及有限元分析[J].土木工程学报.1999,32(1):21-25.

[69] 杨坪,唐益群,王建秀等.基于大变形的冲填土自重固结分析及离心模型试验.岩石力学与工程学报.2007,26(6):1212-1219.

[70] 中华人民共和国行业标准.格形钢板桩码头设计与施工规程(JTJ293-98)[S],北京:人民交通出版社,1999年4月.

[71] 刘放.海洋平台技术的现状及发展趋势[J].一重技术.2009,(6):1-3.

[72] 朱百里.海洋平台基础工程[J].结构工程师,1987,(2):20-24,51.

[73] Bao, C. G., Li, M., Shan, R. G., Wang, H. H., Interaction between foundation of beam-pillar offshore platform and soil. Proceeding of the international conference centrifuge 94[C]. Ed. by Leung, C. F., Lee, F. H., TAN, T. S., 1994.8.

[74] 鲁晓兵,张金来.离心机在海洋平台基础实验研究中的应用进展[J].中国海洋平台.2003,18(6):1-6.

[75] 张建红,林小静.深海海洋平台基础简介[J].岩土工程界.2004,7(12):19-22.

[76] 董学晟,水工岩石力学[M],武汉:长江出版社,2006.

[77] Clark G. B., Modelling in rock mechanics and geology[C], Proc. of a symp. on the application of centrifuge modelling to geotechnical design, Manchester, 1984:175-195.

[78] 韩世浩.离心模型试验技术在三峡高边坡研究中的应用[R],长江科学院研究报告,1990.

[79] 石根华.块体系统不连续变形数值分析新方法[M],任放等译,科学出版社,北京1993.

[80] 邬爱清,林绍忠,丁秀丽,赵根,卢波.块体系统非连续变形分析方法(DDA)及应用研究[R],长江科学院研究报告,2010.

[81] 殷跃平.中国典型滑坡[M].北京:中国大地出版社,2007:115.

[82] 徐强,黄润秋,殷跃平等.2009年6.5重庆武隆鸡尾山崩滑灾害基本特征与成因机理初步研究[J].工程地质学报,2009,17(4):433-444.

[83] 汪小刚,张建红,赵毓芝等.用离心模型研究岩石边坡的倾倒破坏[J].岩土工程学报,1996,18(5):14-21.

[84] 冯振,殷跃平,李滨等.斜倾厚层岩质滑坡视向滑动的土工离心模型试验[J].岩石力学与工程学报,2012,31(5):890-897.

第5章 岩土工程可靠度分析方法研究

1 概述

1.1 问题的提出

众所周知,工程设计中存在着众多的未知因素和大量的不确定性,尤其在土木工程的设计中,这种情况更为严重。长期以来,工程师们对此已经习惯,他们借鉴过去成功的工程实践和一些其他学科的成就,加上自己的知识和经验,形成了一套成规的设计方法,完成了许多工程建设。其基本思路就是将各种设计条件、各种材料特性指标和计算参数都定值化,用一个数学模式进行计算,而把那些未知的、不确定的,甚至尚未发现的因素都归结到一个单一的安全系数上,这就是通常所谓的定值设计法。然而,安全系数的确切意义是什么,它与建筑物的安全性有什么联系,该值如何选取等一系列的问题都不大清楚,所以,这个系数的大小到底代表了建筑物多大程度的安全性亦难定量评价。甚至还会出现这样的情况,虽然两个建筑物的安全系数相同,但安全程度却不一样,甚至相反。就是说,不同建筑物之间的安全系数没有可比性,同一建筑物不同破坏形式之间的安全系数也没有可比性,实际的破坏不一定与最小安全系数相对应,如此种种都反映了当前定值设计方法的问题。一句话,目前的定值设计法在安全度方面还没有一个统一的度量标准。事实上,在定值设计中引入的安全系数本身也带进了一个新的不确定性,虽然这是定值设计法不可避免的。诚然,由于长期的经验积累,这种方法也做出了许多成功的、甚至是杰出的工程设计,但这到底是不得已而为之,因为客观上,当时科学技术尚未给工程设计提供更好的理论和方法,而且纵然有了新理论、新方法,也没有实现它的强有力的工具。

近年来,飞速发展起来的可靠度分析方法,为改变目前这种状况显示了一个有希望的前景,它可能是工程设计计算的又一条途径。这个方法最本质的一点就是力图定量地考虑工程中的各种不确定性,这种不确定性存在于工程的勘测、试验、设计计算、施工过程以及各种检测中,因此可靠度分析也要在工程建设的各个环节贯彻始终,而不仅仅是计算方法的问题。这也就是我们所说的"一条独立的设计途径"的含义。可以把这种含义理解为广义可靠度分析,而把单纯的可靠度计算方法理解为狭义可靠度分析。

1.2 可靠度分析法的若干要点

既然结构物的设计是在许多不确定的情况下实现的,因此很难说设计出的工程是确实安全的或确实不安全的。但是就定值法而言只能这样来回答问题,即认为只要满足要求的安全系数,则结构就是安全的。然而,可靠性理论的说法就有不同,它首先承认所有设计出的结构都有风险,只是风险有大有小,风险大的建筑物,破坏的可能性大,破坏的损失也大,但工程的投资较小;反之,则工程投资较大,而破坏损失较小。这里面就有一个合适的风险程度问题,也就是存在最优设计的问题。不难看出,这样的提法应当更科学、更合乎逻辑些。

结构破坏之可能性称之为失效概率,以 P_f 表示,相反的则是成功概率,称之为可靠度,以 P_s 表示,可靠度的确切定义为:结构在规定的时间内,在规定的条件下,具备预定功能的概率,用公式表达则有

$$P_s = 1 - P_f \qquad (3.5\text{-}1)$$

在工程设计中计算出各结构物的失效概率,并使该失效概率限制在合理的范围内,这就是可靠度分析的任务。要完成这样的任务,首先明确结构物的功能要求,规定什么叫可靠,什么叫失效,明确这两者的界限。当结构物处于这个界限时,就认为它处于极限状态。

将功能以函数形式表达,则极限状态方程式可以下数学公式表达:

$$Z = g(X_1, X_2, \cdots, X_n) = 0 \qquad (3.5\text{-}2)$$

式中,Z 为功能,$g(\ )$ 称为功能函数,X_i 是描述功能的各个自变量,$Z<0$ 的概率即为失效概率 P_f,并可用下列的一般式子来表达:

$$P_f = \iint \cdots \int f_x(X_1, X_2, \cdots, X_n) \mathrm{d}X_1 \mathrm{d}X_2 \cdots \mathrm{d}X_n \qquad (3.5\text{-}3)$$

上述式子在实际应用中是十分困难的,因为不仅找出各种随机变量的概率分布的数学表达式,并求得它们的联合分布十分困难,而且要求解一个多重积分更是难以办到。为此,就要寻求一些实用的简化方法,解得一个合理的近似值,这就是当前可靠度分析的主要目标。在这些近似方法中,最常用的是一次二阶矩法,该法就是在随机变量的概率分布尚不清楚的情况下,采用只有一阶矩(均值)和二阶矩(标准差)的数学模型去解可靠度的方法,它将功能函数 Z 在某点用泰勒级数展开,使之线性化,这样求可靠度就比较容易了。

1.3 可靠度分析法与常规定值设计法的关系

可靠度分析法在概念上、解题的思路上、计算的方法上、成果的表达上等均与常规定值方法有很大的不同,但是两者不是互相排斥的,相反,是互相补充的。事实上,前者是在后者的基础上发展起来的,尤其在可靠度法应用的初期,还凭借定值法所积累的经验和资料,采用类比的方法,才能使可靠度分析方法得以发展和完善。应当说可靠度分析法的重要基础之一仍是经验判断和资料数据,而且定值法中常用的许多数学模式也是概率极限状态方程的依据。然而,在该方法中有一个度量工程结构安全程度的统一标准,而且能对各种不确定性分别以某种形式进行定量考虑,这就可能使工程结构设计得更为安全和经济。这正是两种设计方法的基本区别之一。

1.4 岩土可靠度分析方法的研究概况

随着科学技术的发展,统计数学在技术领域内得到逐步的应用,国际上从 20 世纪 60 年代开始,在工程领域中推行以概率理论的极限状态设计方法来度量结构物的安全程度,尤其在结构科学的领域发展较早,70 年代初尝试在工程中应用,并成立结构安全度联合委员会(JCSS)。1969 年,Cornell 提出将与结构失效概率相联系的可靠性指标 β,作为衡量结构安全度的统一度量指标,并建立了结构安全度的二阶矩模式,为可靠度分析的实用化作出了重要的贡献。国际标准化组织(ISO)先后于 1973 年和 1986 年提出《结构可靠性总原则》,为可靠度分析法在工程中的推广起到了良好的作用。

我国土木工程领域的可靠度研究始于 80 年代初。当时从国外学习回来的一批学者,带回了国外土木工程可靠度方面的新成果,在国内介绍。由于时值文革长期封闭之后的改革开放初期,国内学者对新技术的渴求与这些新的知识的结合,便在国内形成推广可靠度分析技术的热潮。在有关主管部门的组织下,拟订了三个层次的可靠度设计标准的规划,并很快建立了有关的研究和推广队伍,于 1985 年完成了第一层次的全国性建筑规范《建筑结构设计统一标准》的编制和颁布,进而推动了第二层次的各行业具体设计统一标准的制订,即铁道、公路、水运港口和水利水电等行业的工程结构设计统一标准的制订,然后开始了以各具体结构物设计为目标的研究专题在各行业系统相继展开。第三层次的具体结构物可靠度分析法设计规范的修订也陆续开始。适应这种形势,从事可靠度工作的队伍迅速扩大,不少高校老师和大型科研单位及其研究生们也转向这一领域,进行了有益的探索。20世纪90年代前后的十几年,我国土木工程界在结构可靠度分析方面的研究和应用呈现出一种轰轰烈烈的场面,也是发展最快成效最好的时期,若干行业的结构可靠度分析方法已在结构设计中开始应用,并显出效果。与此形成鲜明对照的是地基基础等岩土工程方面应用概率理论的研究比较薄弱,给土木工程全面采用可靠度设计方法带来严重障碍。岩土工程可靠度是工程可靠度研究中比较困难的一个方面,它的发展落后于结构可靠度的进展,国内外均是如此。这与多方因素有关,其中岩土的特点与岩土工程的特点是重要原因之一。岩土材料作为大自然的产物,其性质的复杂性和不均匀性都是远远超过结构材料(混凝土、钢材、合成材料、甚至木材等)的,岩土工程可靠度研究落后于结构工程的局面将难以避免;但这种状况如若长期存在,势必影响概率极限状态设计在工程中全面推广,影响整个工程技术水平的提高。很难想象,一个建筑物上部结构的安全性是以失效概率来判别,而下部地基的安全性则以"大老K"作估计的情况下,整个建筑物的安全性能够评价得很清楚。为此,岩土可靠度研究这个关口也必须跨过去。

国外关于岩土工程可靠度研究始于20世纪60年代末,是以美国的伊利诺伊大学、斯坦福大学、麻省理工学院和俄亥俄州立大学的有关学者为代表发展起来的。同时澳大利亚、日本、西欧也相继兴起研究热潮,他们在诸如海洋平台、边坡稳定、挡土墙设计等问题上已开始应用。这一时期,岩土可靠度发展正方兴未艾,课题内容和研究人数不断扩大,论文数目迅速增加,尤其是地质勘探资料分析方面的概率统计研究有不少新成果及若干专著。可以说,一个新的学科分支《概率统计土力学》正在成长中。但是,国外虽然在理论上的探索比较深入,概念与方法的思路也比较清晰,而在具体方法上研究得不够系统,离实用尚有距离。

我国地基基础方面的可靠性研究始于70年代后期。当时,国际上吴天行、Ingles等学者先后到同济大学讲学,介绍了国际上可靠度方面的进展,引起了国内同行的注意。1983年初,郑大同受中国力学学会委托召开了概率论与数理统计在岩土工程应用专题学术座谈会,1986年在长春举行的岩土力学参数的分析与解析讨论会,1989年在上海举行的岩土力学新分析方法讨论会上都有这一领域研究的论文,这些活动推动了学术研究的进展。但岩土工程界有组织的可靠度研究队伍尚未建立,有计划的研究工作也没有正式展开,处于一种自发的状态。1989年,我国建设部标准定额司向长江科学院下达了组织研究"岩土可靠度可行性研究"的任务。长江科学院联合同济大学、华侨大学、华北水利水电学院北京研究生部等几个单位组成岩土可靠度研究攻关组,开展了3年紧张而有序的集中研究工作,获得了一批有意义的成果,并依此提出了一个"地基基础可靠度设计方法"的框架建议,为岩土工程可靠度实用化之路开了一个好头。

还应指出,可靠度分析技术在各行业的推广过程中,发展也极不平衡。有些行业进展较快,有些则较慢,例如在水利行业中分歧就较大。确实,这方面的难度更高些,故至今尚未有一个以可靠度分析为基础的具体结构物设计规范颁布。但据悉,有些规范正在考虑包含以可靠度为基础的设计方法(如《碾压式土石坝设计规范》等),期望能取得实质性进展。

2 岩土工程可靠度的特点和任务

岩土工程在设计方法上与上部结构有相同的特点,也有不同的特点。例如,就失效概率而言,它们都不能像产品那样进行抽样来估算,而只能在测定工程性能基本参数的概率特征的基础上进行计算,并以此衡量工程的安全性;但是地基工程等岩土工程与一般结构工程也有不同,大致可归纳为岩土材料性质方面和岩土工程方面两个方面。

2.1 岩土性质的特点

众所周知,岩和土是大自然的产物,其性质复杂且多变,不仅不同地点土的性质差别很大,即使同一地点,同一土层,其性质也会随位置甚至时间而变,所以它的变异性远比结构的材料大得多。岩土的复杂性不仅难以人为控制,而且要认识它也非易事。对岩土材料取样、试验、成果分析、参数选择等各个环节都会引起许多问题和不确定性,增加测值的变异性。这样得到的岩土特性指标因位置不同的天然可变性,样品测值与真实土性的差异性,以及有限的试验数量所造成的误差等,构成了岩土材料特性变异性的主要来源,它的变异性可达 0.3~0.5 以上,从而使分析的精度在很大程度上依赖于土性参数统计分析的精度。可见,如何更好地进行岩土特性参数的统计是岩土工程可靠度分析中的重大课题。

2.2 岩土工程的特点

就可靠度分析而言,岩土工程,尤其是地基基础工程具有如下特点:

(1) 失效的概念方面

在结构设计中,失效的概念很明确,失效验算是对构件,更确切地说,是对构件截面进行的,计算模型也较简单,计算条件也较明确。但对岩土工程,却是对整个工程范围进行整体验算的,不论是稳定问题或变形问题,求解的都是整个工程影响范围的综合反应,涉及很大的范围,甚至半无限体。在结构工程中常提到的构件可靠度、体系可靠度等概念在岩土工程中都不大确切,土体中从一处破坏扩展到另一处的逐渐破坏问题、滑动块体条块间应力传递问题等的验算,不论从计算模型还是技术参数都比截面的验算复杂得多。

(2)工程规模方面

在结构计算中,验算的截面尺寸与试验样品的大小在量级上差别不大,但岩土工程或基础工程的尺寸或研究的范围一般均很大,室内试验样品如何代表实际工程的性状就成为问题,再则,由于研究对象范围大,决定岩土工程或地基工程性状的因素不光是岩土体的特性,而是决定于一定空间范围内平均的岩土体特性,即所谓空间平均特性。这是在可靠度分析中,岩土工程与结构工程最基本的区别所在。不难想象,假如在不均匀地基上建设一个尺寸很小的结构物,则可将其地基看作相对均匀,但若涉及较大的范围,则不能将地基的概率特性看作各处均匀的了。以后会看到,正是这个特点,使岩土可靠度分析方法与结构的方法有很大的不同。

(3)极限状态含义方面

结构设计的极限状态分为承载力极限状态和正常使用极限状态两类[1]。地基设计中的承载力极限状态的含义,固然包含了地基整体失稳所引起的极限状态,也包含了地基某种位移使上部结构发生破坏的情况,这就是地基变形引起的结构承载力极限状态的问题了。就整个建筑物而言,这应作为承载力极限状态还是正常使用极限状态呢?这也有待研究。

2.3 岩土可靠度分析的主要特点

2.3.1 地层勘探资料的概率处理问题

地质资料的概率处理是岩土工程可靠度分析中最基本、也是最复杂的环节,这种困难在结构工程中是不存在的。岩体或土体在工程中通常或作为地基基础,或作为建筑物的介质(环境),即在其中建造建筑物,如隧洞等,或用作建造建筑物的材料。对于后一种情况,事情比较简单,它们在不同部位的概率特性可认为相同,但作为地基或介质,就要弄清土层在地下的分布及它们的特性,这就涉及勘探资料的概率统计问题,然后还要进行土性参数测定和选择,这正是岩土可靠度分析中的难点。[2]

理论上说,地层特征与特性并非是不确定的,因为它是确实已存在于空间中。如果能进行无限多的勘探,那么情况是可以确知的。但实践中,只能进行有限的勘探和试验,并由少量的资料借用概率统计工具去推断全部的特性,这样就不可避免地带来很多不确定性。目前在分析地层的资料中,最迫切的问题是如何推断钻孔之间的地质特征,为此,就要将某个地质特征(如地层中的软弱层或透镜体)作为一个随机过程去推断最可能的孔间地质特征的分布情况,由此可得到一个地层(土层)的概率剖面。这种剖面已不是一个实际的地质剖面,而是经概率处理的更一般的地质剖面,因此更具代表性。这样的概率地层剖面才可以用于岩土工程的概率分析中。

在地质资料的概率处理中有时可能得出的不是一个肯定的结果,而是一个可能的概率,如一个孔为黏土,另一孔为砂土,两孔间某处是什么土,就要用可能性多大来回答,即绘出土类的概率等值线来表达。

2.3.2 土性参数的概率处理

岩土工程可靠度分析中,另一个较为复杂的问题是岩土特性参数的概率处理问题。上面已经指出,在处理这个问题时,考虑岩土性质的空间可变性,就是说,某一土性参数不应看作是一个随机变量,而应作为随机变量族,即每一个钻孔资料都看作一个随机变量,地层中某个参数是由一系列随机变量构成的一个随机过程。但这些随机变量之间不是没有关系的,由于同一土层在沉积过程中处于相同的或类似的沉积环境和物质组成,受力过程(应力路径)也相似,因此,土层在水平和垂直方向具有不同程度的相关性,也就是说,一点土的性质与其附近土的性质有关联,而不是绝对独立的。

土层的相关性又可分为自相关性和互相关性,前者即同一土性指标的相关性,后者则指不同土性指标之间的相关性。是否考虑相关性将对土性的概率统计指标带来重大的影响,从而也对结构物安全度评价的精度带来影响。

由于土性存在自相关性,因此在统计分析时,要注意相邻两个土性参数是否互不相关,只有互不相关的数据才可作为独立的样本参与统计分析。这样,在勘探布孔时就要注意孔间的距离不可太近,若事先对该土层的相关距离有个了解,将有助于布孔的安排。关于土性相关距离的求法后面再述。

还应指出,土体的某些状态参数还可能是时间域的随机过程,例如土的流变特性、动力特性等,或空间域的随机过程,即随机场,如土层分界线等,这些问题尚需更多的研究。

2.3.3 岩土可靠度计算中的一些特点

岩土的特点也反映在可靠度计算方法上,土是一种高度非线性的材料,不同应力水平下具有不同的变形特性,相应的状态方程也可能是非线性的。同时,土性指标之间又有互相关性,因此计算公式不能简单套用结构可靠度公式,因为那里是不考虑随机变量相关性的。由于功能函数高度非线性,则一次二阶矩法在破坏面上的一点(验算点)取作线性化点,而不是在基本变量的均值点上线性化。而关于指标的互相关性问题,则需先转变为当量不相关的变量,或者用其他的数学方法(如正交变换)处理后再作计算。

2.4 岩土可靠度分析的任务

2.4.1 基本任务

一般地说,可靠度分析指的是以概率理论为基础,分析结构物安全程度的一种设计方法。它包含设计条件、计算模型、计算结果分析和评判标准等内容。对地基工程还涉及地层条件、边界条件、荷载状况、参数试验条件、施工条件以及检测、造价、工期等各种有关因素。因此,岩土工程可靠度分析是一个贯穿于工程从勘测到运用全过程的一个系统的工程分析方法,其含义比一般结构工程可靠度的含义要更广泛些。

岩土工程可靠度分析的基本任务应当是完整地解决上述各个建设环节的概率统计方法,使之定量化,并对所得的结构安全风险、经济、进度等方面作出综合评价。这就是一条完整的概率设计途径。但是这条途径的研究可以分阶段进行,比如先解决与可靠度计算以及相应的参数概率统计分析有关的内容,而把勘测资料和地层的概率处理放在下一步考虑。当然,在处理与土体渗流有关的问题时,可能不得不作必要的简化,这是不得已而为之。

鉴于此,下面的讨论将局限于可靠度的计算方法和抗力的概率统计分析,其中,土性参数的统计分析将是讨论的重点,这也是岩土可靠度与结构可靠度的重要区别所在。其余与结构可靠度雷同的问题,如荷载的概率特性、分项系数概率极限状态表达式等,可直接参照结构可靠度的方法,在此不予赘述。

2.4.2 可靠度分析中岩土工程的类型

在可靠度分析中,岩土工程可大致分为地基工程、土质建筑物、基础工程和地下建筑物等三类。

地基工程分为土基和岩基,它们都是天然地层中的一部分。土体有时被当作不均匀的连续体,有时被当作多孔介质或散粒体处理;岩体则被当作有裂隙的连续体或块体集合体处理,这时,裂隙分布的概率特性就十分重要。此处仅讨论土质地基的可靠性问题;

土质建筑物是指以土作为材料建造的结构物,如土坝,堤防,挡土墙等。在这类结构中,土已被人工处理过(开挖、搬运、填筑、压实,甚至人工改良等),其性质比天然地基土要均匀得多,因此它的特性参数的分析要比地基问题简单些;

基础工程的典型例子如桩基、沉箱沉井基础、地下连续墙等。地下建筑物包括隧道、地下硐室、埋管等。地下结构物是岩土工程与结构工程的结合物,其共同特点是结构物与岩土体的相互作用,因此其性态和破坏模式比较复杂。

2.4.3 本章的重点

本章主要讨论土基工程的可靠度问题,也包括土坡问题。在土性参数的概率统计处理中,自相关性问题将是讨论的一个重点,而互相关性问题则在可靠度计算方法中考虑。此外,地基可靠度的几种不同计算方法也将涉及。在桩基可靠度分析中将对桩基的极限状态、桩基可靠度分析方法进行研究,对参数估算方法也提出了建议,并对可靠指标 β 的大小作了简要讨论。

2.5 岩土工程中的不确定性问题

2.5.1 岩土结构不确定性类型

岩土工程的性状取决于两方面,岩土本身的性质与外来各种因素包括自然的和荷载的作用,因此,岩土工程的不确定性也来自这两方面:①关于荷载或一些自然条件的不确定性;②关于地基或基础材料响应的不确定性,这种响应可以分两类:一是力学行为的响应,如荷载作用下的变形、失稳等;另一类是物理的、化学的或物理化学行为的响应,如浸湿、失水、膨胀、收缩等物理现象,以及陈化、胶溶等物理化学作用引起的地基固化和软化等。岩土工程的荷载有两类:第一类荷载是由上部结构传给土体的,这类荷载又分为常荷载、活荷载及非常荷载等,它们的概率特性在结构工程中已研究很多,在此不讨论。一般说来,对于与时间无关的恒载通常采用随机变量概率模型,而对与时间有关的可变荷载,应当采用随机过程概率模型,如泊松过程,平稳高斯泊松过程和平稳二项过程等,尤其后者应用较多。第二类荷载是由土体自重产生的,它的变异性是由土性指标的变异性引起的,因此属地基不确定性范畴。

此外,上部结构与地基之间的约束作用引起的荷载也是一种特殊荷载,但对其研究很少。

2.5.2 岩土不确定性的来源

地基方面不确定性来源主要决定于地基土的类型、性质以及地基分析模型的不确定性,其中地基土特性的不确定性尤为重要。欲研究地基反应的概率特性,必须先研究地基土性质的概率特性,尤其是土的变异性问题,因为地基的不确定性,首先在于土体本身在空间和时间域上的可变性。

地层勘探和地质资料分析、土性参数的测试和选取、可靠度的计算、施工和检测的不准确性等等,都是引起地基不确定性的根源,因此,岩土工程的不确定性存在于工程建设的每一个环节中,尤以岩土参数的不确定性最为显著。本节就是讨论这个问题,而假定土层剖面已知。

岩土工程地基涉及的范围往往较大,不能将它看作一个点,因此,地基的性状常常由一定范围(一定的长度、面积和体积)土性的平均特性所控制。有关这个问题将在随机场模型的讨论中详加叙述。下面先讨论与土性空间平均特性有关的不确定性的组成问题。

地基土性空间平均特性的不确定性有三部分组成:

①固有的可变性。前已指出,地基土性在点与点之间是变化的,水平方向变化较缓,垂直方向变化较剧。同理,土体一定范围的土性空间平均值也存在不确定性,只是空间平均值的可变性,由于平均效应,比点的可变性要小;

②统计的不确定性。室内试验成果或现场测试数据均存在误差,故一点的土性统计量(均值、方差)不可能依据有限个试验数据完全确定。但这种不确定性来源可以随试样数量增多而减少,因此,可称为统计不确定性;

③系统不确定性。这是指土性参数测定中的条件与实际状况有出入而引起的误差。例如取样扰动、试样尺寸效应、应力条件差异、剪切速率影响,以及取值标准不同等引起的误差而带来的变异性。这种误差不会随取样的增多而减小,因为既然试验条件相同,试验成果就会一致地偏高或偏低,这是系统误差,故称系统不确定性。

上述三种不确定性中,固有可变性是天生的,系统不确定性不因试验数量增多而减小,但可随实验技术的臻进而减小,统计不确定性可随试验数量增多而减小,但试验数量将受制于区域内独立试样的个数,所以不能无限地增多。由此看来,土性参数的不确定性总是存在的,减小有可能,但不能消除。

岩土变异性分析中,土性参数的变异系数 Ω 可表示为:

$$\Omega = \sqrt{\delta_0^2 + \delta_N^2 + \delta_A^2} \tag{3.5-4}$$

式中,δ_A 表土的空间均值的固有可变性,δ_N 表系统的不确定性,δ_0 为样本不足引起的不确定性。它们的具体讨论将在以后进行。

3 土性参数的概率统计分析

3.1 土性的相关性问题

前已指出,土是一种变异性很大的材料,同一土层其各点的土性是不均匀的,这种不均匀性是由于矿物组成的不同、沉积过程中环境条件和应力历史的差异、含水率和其他因素的变化引起的。土体中一点与另一点之间性质的变化是天生的,所以属于固有的可变性。但这种可变性又不是互不关联,因为它们在同一环境中形成,所以不同点的同一土性指标具有相关性,只不过随相隔距离的增大,这种相关性会变弱,直至不相关。可见土性的相关性是土的一种属性,具有明确的物理意义,而不仅仅是一个数学概念。如果这种相关性是对同一个土性指标而言,例如讨论某一点的容重与另一点的容重的相关性,则称它为自相关性;如果讨论的是不同指标之间的相关性,如研究土的容重与抗剪强度的相关性,则称之为互相关性。自相关性问题在土性指标统计分析时必须考虑,就是说,当计算某一指标的概率特性时必须研究自相关性问题;而互相关性问题,则建议在可靠度计算过程中加以考虑。还应指出,自相关性还有垂直方向的自相关性和水平方向的自相关性的区别,由于将某一位置(某一点)土的特性作为一个随机变量,因此垂直方向的自相关性问题会经常遇到,而且它的影响要大得多,以后如果不加特别说明,那么相关性一词,常指垂直向的自相关性问题。

既然土层中不同点的土性存在相关性,而且这种相关的程度又与相距的距离有关,那么,一定在某一距离内,土性强烈相关,而超过此距离工程上可以认为基本不相关,这个距离就称为相关距离,以 δ 表示。对于某一土性 u,其均值 $\bar{\mu}$,方差 $\bar{\mu}^2$ 和相关距离 δu 可供人们想象出 u 在垂直方向的空间变化情况。

3.2 土性参数的点特性与空间平均特性

同一土层的土性虽然具有固有的可变性,但其实土层中各点的土都是客观存在的,它们已沉积了几十万年,因此,它们的性质实际上是确定的(暂不考虑随时间的变化)。然而我们不可能对每一点的土性都准确地进行量测,而只能选若干试样进行测定,并根据这些数据借助数学工具,用概率方法去推断整个土层的情况,并绘出土层剖面的概率模型。在此过程中会引入许多不确定性,所以,以人们的认识而言,就不得不认为土层的性质是不确定的。

土层中某一点的土性通常采用取样试验或采用原位方法进行测定,这种测试的样品尺寸较小,只能代表一个点,故反映的是点特性。而岩土地基的性状常与一定范围(长度、面积或体积)的空间平均特性相联系,比如土坡稳定分析中沿可能滑动面的平均抗剪强度,沉降计算中基础底面下的平均压缩性等,这些空间平均值将是影响建筑物性状的基本因素。因此,用小试样测得的若干点的数据就不能直接作为空间平均特性进行地基可靠度的计算,而要将点特性转变为空间特性。寻找这种过渡的桥梁,这是岩土工程可靠度的一个重大任务,也是岩土可靠度区别于结构可靠度的最主要的特点之一。

由此可见,以往某些岩土可靠度的文献中,采用像结构工程那样,直接以样品试验数据的平均值或方差,即点均值或点方差等概率特征来计算岩土工程可靠度,是很不恰当的,这无异于假定土层不同位置的概率特性是绝对相关,或者说土的性质在整个土层中的每一点都是相同的。如果这样,一处土样便足以确定土层的原位特性,显然,这不是土的实际情况。欲正确地模拟土体的性质必须考虑土性在空间不同方向的变化及其均值。

3.3 随机过程的含义及数字特征[4][5]

土层某一点的概率特性既然与其他点的概率特性并不相同,那么对一个土层的某个土性的概率特性就不能用单一随机变量来描述,为了恰当地模拟现场各点土性的随机特性,应将它看成依赖于各点不同位置而变化的一族随机变量,即在空间上分布的随机场,或随机过程来描述。适应这种需要而在近年由 Eric H. Vanmarcke 发展的土层剖面的随机场模型,为解决这类问题的概率模拟,提供了一个有效的工具。

所谓随机过程可简单地理解为:依赖于一个变动参量 t 的一族随机变量,或简称为一族无穷多个随机变量,表示为 $\{\xi(t)\}$,参数 t 称为时间,但不一定是通常意义的时间,它也可能是别的标量或向量。

现考虑某一土体在某一定点的抗剪强度,由于抗剪强度受多个随机因素的影响,所以它是一个随机变量。于是在此土体内随空间变化的抗剪强度是一个依赖于三个参数变化的随机变量 $\xi(x,y,z)$,其中 (x,y,z) 为空间坐标。在这种情况下,随机过程的参数是三维向量 (x,y,z),这一类随机过程称为随机场。简言之,设 p 表示空间的一个点 (x,y,z),随机函数 $Y(p)=Y(x,y,z)$ 称为三维空间的一个随机场

(如图 3.5-1,图 3.5-2)。

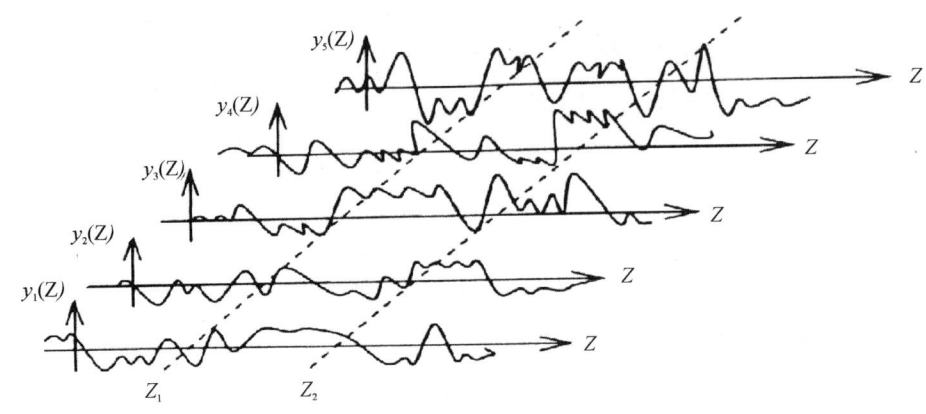

图 3.5-1 随机场示意

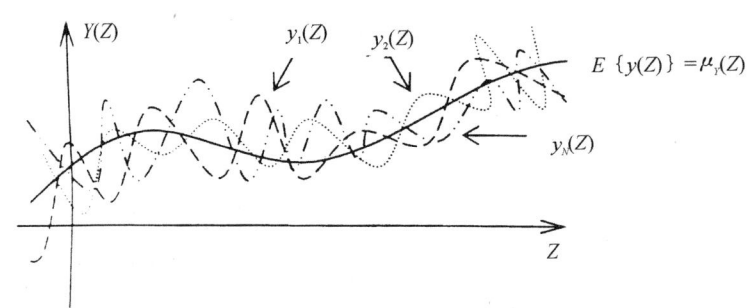

图 3.5-2 均值 $E\{y(z)\}$ 的物理意义

一般来说,由于土体在形成过程中成层性的特点,故土工研究者更注意土性沿深度方向的变化,因此用一维实的齐次正态随机场来模拟土性剖面是符合实际情况的。关于齐次随机场的意义将在后面叙述。

为了研究随机场,需要引入四个描述该随机场的基本数字特征,这就是:均值函数,方差函数,相关X函数和协方差函数。对一个随机场$\{Y(z)\}$,其均值函数$E\{Y(z)\}$表示随机场在各个深度的摆动中心,如图 3.5-2 方差函数 $D\{Y(z)\}$ 是 z 的函数,方差的平方根 $\sigma_y(z)$ 称为随机场$\{Y(z)\}$的均方根或标准差,它表示随机场$\{Y(z)\}$在深度 z 处对于均值 $E\{Y(z)\}$ 的偏离程度。均值和方差是反映随机场$\{Y(z)\}$在不同深度处各自的重要统计特性,为了描述在两个不同深度 z_1 和 z_2 处该随机场状态之间的联系,就要利用二维概率密度,引入相关函数和协方差函数的概念。相关函数 $R_{YY}(z_1,z_2)$[或简写为 $R_Y(z_1,z_2)$ 或 $R(z_1,z_2)$]实质上是 $Y(z_1)$ 和 $Y(z_2)$ 的二阶混合原点矩,也称为自相关函数,它是参数 z_1、z_2 的二元函数。协方差函数 $C_{YY}(z_1、z_2)$[或简写为 $C_Y(z_1、z_2)$ 或 $C(z_1、z_2)$]是 $Y(z_1)$ 和 $Y(z_2)$ 的二阶混合中心矩,也称为自协方差函数。

相关函数、协方差函数和方差函数、均值函数之间有密切的关系,协方差函数可从相关函数和均值函数导出,而方差函数也可从相关函数和均值函数导出,因此,上述四个数字特征中,最重要的是均值函数与相关函数。有了这些数字特征对解决实际工程应用课题有重要的作用。

3.4 土性的随机场模拟

如上所述,即使对于表面看来均匀的土层,由于其生成过程中不同部位或不同深度处,土的成分、环境、应力历史等情况也会有差异,故所形成的土层的性质无疑会在空间(甚至时间)上波动。然而,既然土层是在相似的情况下生成,它们的性质又是有关联的。这种特性就是岩土材料的相关性。对于这种材料,如果按照结构可靠度计算那样,将各点所得的均值和方差直接进行岩土可靠度分析,忽略土性的相关性,那么就会使方差估算偏大,导致可靠度计算值偏小,甚至得到极不合理的结果。

正如上述,岩土结构物一般都占有较大的空间范围,它的性能常由土层中一定范围的平均特性来控制,如土坡稳定分析中沿潜在滑动面的平均抗剪强度、沉降计算中基础下土的平均体积压缩性等,所以平均特性对岩土结构物就特别重要。然而,正如前已指出,土性指标的测试数据往往是用小尺寸试样或小范围的测定得到的,它远小于土层某一范围土体的体积,这样获得的土性参数属于一点的性质,即点特性,而岩土可靠度要的是空间平均特性。如何从点特性过渡到空间特性,就是岩土可靠度必须解决的重大课题。

1976 年美国 Vanmarcke E. H[6] 提出的土性随机场模型为跨越这个鸿沟提供了有用的工具。他首先把随机场理论引入岩土工程可靠度分析之中,建立了土性剖面的随机场模型,即将土性剖面看作在空间上分布的随机场。关于这个理论可以简要地叙述如下。

对于统计上均匀的土(统计上均匀的含义后面解释),土性指标 Y 在 h 深度范围内的空间可变性的处理,可通过空间平均表示为:

$$Y_h(z) = \frac{1}{h} \int_z^{z+h} Y(z) \mathrm{d}z \tag{3.5-5}$$

如果 $Y(Z)$ 是平稳过程,且是正态分布,则 $Y_h(Z)$ 也是平稳过程,则其均值:

$$E[Y_h(z)] = E\left[\frac{1}{h} \int_z^{z+h} Y(z) \mathrm{d}z\right] = \frac{1}{h} \int_z^{z+h} E[Y(z)] \mathrm{d}z = 0 \tag{3.5-6}$$

此表明随机场局部平均 $Y_h(Z)$ 的均值与原随机变量的均值是一样的。

随机过程 $Y_h(Z)$ 的方差 $\mathrm{Var}[Y_h(z)]$ 为:

$$\begin{aligned}
\mathrm{Var}[Y_h(z)] &= \mathrm{Var}\left[\frac{1}{h} \int_z^{z+h} Y(z) \mathrm{d}z\right] = E\left[\frac{1}{h} \int_z^{z+h} Y(z) \mathrm{d}z\right]^2 \\
&= \frac{1}{h^2} \int_z^{z+h} \int_z^{z+h} E[Y(z_1) Y(z_2)] \mathrm{d}z_1 \mathrm{d}z_2 \\
&= \frac{1}{h^2} \int_0^h \int_0^h R(z_1 - z_2) \mathrm{d}z_1 \mathrm{d}z_2 = \frac{2}{h} \int_0^h \left[1 - \frac{\tau}{h}\right] R(\tau) \mathrm{d}\tau \\
&= \frac{2}{h} \int_0^h \left[1 - \frac{\tau}{h}\right] \sigma^2 \rho(\tau) \mathrm{d}\tau = \sigma^2 \Gamma^2(h)
\end{aligned} \tag{3.5-7}$$

其中,$\Gamma^2(h) = \dfrac{\mathrm{Var}[Y_h(z)]}{\sigma^2} = \dfrac{2}{h} \int_0^h \left[1 - \dfrac{\tau}{h}\right] \rho(\tau) \mathrm{d}\tau \tag{3.5-8}$

将空间平均值 Y_h 的均值记为 $\bar{Y}_h$ 或 $E[Y_h(Z)]$,标准差记为 $\tilde{Y}_h$ 或 $D[Y_h(Z)]$。而相应的点均值和点标准差(即 $h=0$ 时均值和标准差)各为 $\bar{Y}$[或 μ]和 $\tilde{Y}$ 或 $D[Y(Z)]$,或 σ。不难想象,Y_h 由于在 h 内经过平均运算,将会抵消 $Y(z)$ 的波动性,其标准差 $\tilde{Y}_h$ 将比未经平均化的点标准差 $\tilde{Y}$(或 σ)要小,所考虑的范围 h 越大,两者差别也越大,这两者的比值以 $\Gamma(h)$ 表示,则有:

$$\Gamma^2(h) = (D[Y_h(z)] / D[Y(z)])^2 = (\tilde{Y}_h^2 / \sigma^2) \tag{3.5-9}$$

$\Gamma^2(h)$ 反映了由于 h 增大而引起的方差衰减,称之为方差衰减函数,其值也称为方差折减系数,在 0~1 之间。当 h 变小时,相关性加强,$\Gamma^2(h)$ 也变大,当 h 为 0 时,$\Gamma(0)=1$,这就是点方差了。

(2)一维土性随机场的相关性可用某些相关函数来描述,常用的相关函数形式 $\rho_y(h)$ 如表 3.5-1 所示。

Vanmarcke 认为,当 h 足够大时,方差衰减函数 $\Gamma^2(h)$ 将与 h 成反比,即

$$\Gamma^2(h)=\delta u/h$$

δu 为一常数,将上式进行改写

$$\delta u=\Gamma^2(h)\cdot h \quad (3.5\text{-}10)$$

该式实际上定义了 δ_u 的大小,δ_u 也可看作量度 h 的一个基本长度,称其为相关距离,在该距离内土性强烈相关。

关于这个假设的近似性可从下列对比中,得到说明。

一般说来,下列 4 种相关函数是代表土性相关性的常用形式,对于每种相关函数 $\rho_y(h)$ 可以算出一个相应的均方根衰减系数 $\Gamma^2(h)$,例如,对 $\rho_y(h)=\exp[-(h/b)^2]$,则方差衰减函数 $\Gamma^2(h)$ 可表示为

$$\Gamma^2(h)=(b/h)^2[h/b\sqrt{\pi}\varphi(h/b)+e^{-(h/b)^2}-1] \quad (3.5\text{-}11)$$

式中,$\varphi(\cdot)$ 是误差函数,当自变量从 $0\to\infty$ 时,函数从 $0\to 1$;$b=\delta_u/\sqrt{\pi}$,或 $\delta_u=b\sqrt{\pi}$。对于表 3.5-1 中的 4 种相关函数,对应的 δ_u 值,亦示于该表中。将不同的相关函数其 $\Gamma^2(h)$ 与 $(h/\delta u)$ 的关系绘于图中,可得如图 3.5-3 的曲线,图中 ΔZ 即为 h。

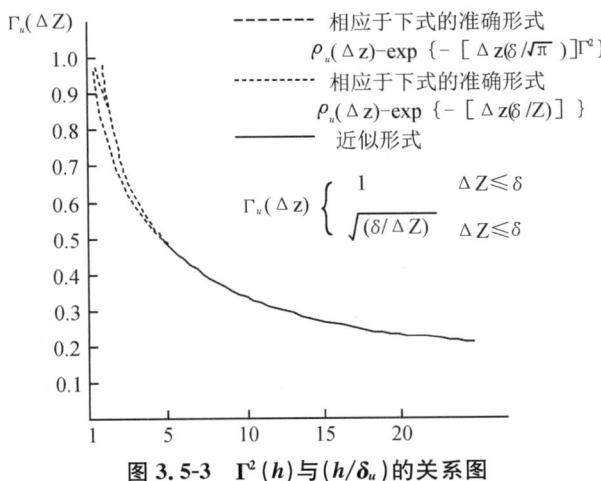

图 3.5-3 $\Gamma^2(h)$ 与 (h/δ_u) 的关系图

同时,也将

$$\Gamma^2(h)=\begin{cases}1 & (h\leqslant\delta_u)\\ \delta_u/h & (h\geqslant\delta_u)\end{cases} \quad (3.5\text{-}12)$$

绘于图中,可以发现,当 h 接近但大于 δu 时式(3.5-12)与几种相关函数的曲线都相接近,因此可以认为,(3.5-12)式是方差衰减函数的恰当简化形式。不难看出,土性相关距离 δu 是一个十分重要的指标,有了相关距离就可以计算方差折减函数了。

此外,按相关距离 δu 来度量 h,可得到一个数 n_e,即

$$n_e=h/\delta_u \quad (3.5\text{-}13)$$

n_e 称之为 h 内非相关测点的当量数。对于正态分布,它即是独立的试样个数。这就是说,若在 h 内进行勘探或测试,欲获得互相独立的测值,其测点总数不能超过 n_e,否则,就不能保证各测点之间的独立。可见,盲目增加勘探数量是不可行的。这也表明,对一般的勘探测试资料进行数据独立性的检验是必要的。

统计上均匀的含义为:在资料分析中,常会遇到数据沿深度呈现明显变化的趋势,即均值沿深度变化的趋势,如图 3.5-4 所示。为了保持统计上均匀,可将原始数据用新的量 $Y_s(Z)=[Y(Z)-\overline{Y}(Z)]/[\widetilde{Y}(Z)]$ 来代替,新的标准化了的数据 $X_s(Z)$ 可看作统计均匀的了,这时,$\overline{Y}_{s=0}$,$\widetilde{Y}_{s=1}$,这也就是表明资料统计

均匀的标志。

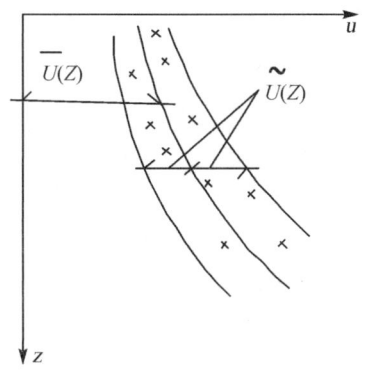

图 3.5-4(a) 原始数据

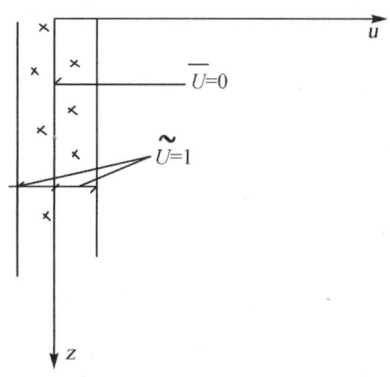

图 3.5-4(b) 统计均匀的数据

众所周知，土性的相关性可用相关函数 $\rho(\Delta Z)$ 表达，它表示相距 ΔZ 两点 Y 值之间的相关函数，其值也随 ΔZ 的增大而减小。对于两点距离小于 δ_u 时，$\rho(\Delta Z)$ 等于 1，否则，就等于 0，即有

$$\rho(\Delta Z)=\begin{cases}1 & (\Delta Z\leqslant\delta_u)\\ 0 & (\Delta Z\geqslant\delta_u)\end{cases} \tag{3.5-14}$$

应当指出，相关距离只是工程上的一种提法，不是严格数学意义上的相关与不相关的含义。Vanmarcke 在所建议的土性剖面随机场模型理论中，方差折减函数与相关函数的关系由下列公式表达：

$$\Gamma^2(h) = \left(\frac{2}{h}\right)\int_0^h \left(1-\frac{Z}{h}\right)\rho(\Delta Z)\mathrm{d}Z \tag{3.5-15}$$

因此，方差折减函数可由相关函数求出（后面叙述）。

3.5 土性相关距离的求法

现在讨论土性指标概率分析中重要的相关距离计算问题。自 Vanmarcke 的理论发表后，出现了许多求解相关距离的方法，如相关函数法、递推空间法、试算拟合法、统计模拟法、平均零跨距法等，这里主要讨论递推空间法和相关函数法，其他的方法仅简单提及。

3.5.1 递推空间法

它是通过方差折减函数 $\Gamma^2(h)$ 来求解相关距离 δ_u 的。根据相关距离的定义

$$\delta_u = h\Gamma^2(h) \quad 当 h 充分大时，$$

将 h 取为取样间距的倍数，$h=\Delta Z=i\Delta Z_0$，代入上式可得：

$$\delta_u = h\Gamma^2(h) = i\Delta Z_0 \Gamma^2(i) \tag{3.5-16}$$

而 $\Gamma^2(h)=\mathrm{Var}(i)/\sigma^2$，即空间均值方差与点方差之比，同时 h 充分大时，δu 趋近一常数，故在 $\Gamma(i)\sim i$ 图（图 3.5-5）上，当 i 取某一较大值时，$\Gamma(i)$ 将趋近平稳，从该平稳点即可求出相关距离了。具体做法：

①根据离散样本点计算出点均值 $E[Y(Z)]$ 及点标准差 σ；
②取 $i=2$，以相邻两个样板点的均值构成一组数据，求出该组数据的均值和标准差，此标准差记为 $D(2)$；
③计算 $\Gamma(2) = D(2)/\sigma$；
④在 $\Gamma(i)-i$ 图上描绘出该点；
⑤取 $i=3,4,5\cdots$，重复上述②、③及④，绘出 $\Gamma(i)-i$ 图（如图 3.5-6）；

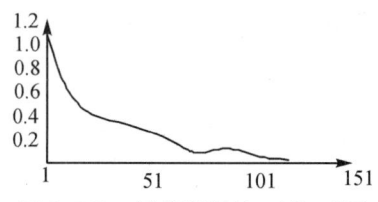

图 3.5-5 计算所得的 $\Gamma(i)-i$ 图

⑥找出 $\Gamma(i)$ 趋于平稳时的起始点 n'，以该点为计算点，利用式(3.5-16)求得相关距离 δu。

但是 $\Gamma(i)-i$ 图不大直观，不能从该图中直接读出对应于 ΔZ 的 $\Gamma(\Delta Z)$，所以有必要在该法中直接绘出 $\Gamma(\Delta Z)-\Delta Z$ 图。按 Vanmarcke 理论，$\Gamma(i)$ 的理论值

$$\Gamma(i)=\sqrt{(\delta_u/i\Delta Z_0)} \tag{3.5-17}$$

应如图 3.5-6(a)中的实线，而计算所得的 $\Gamma(i)$ 线为点线，两者会逐渐趋近，其交汇点即为相关距离。

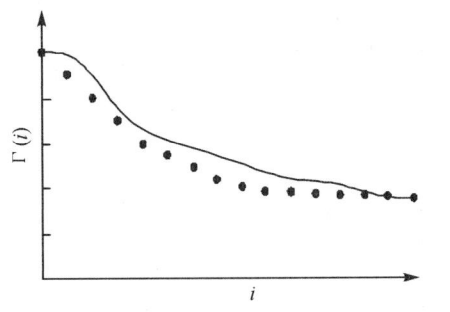
图 3.5-6(a)　计算的 $\Gamma(i)$ 应逐渐接近理论值

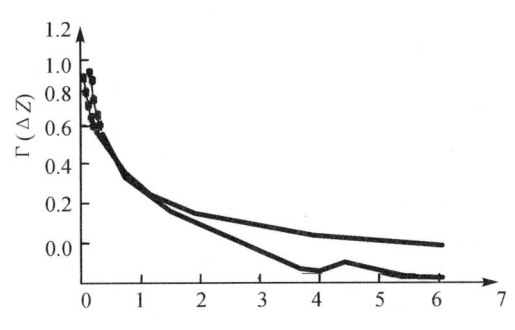
图 3.5-6(b)　试验点与理论曲线较好吻合

因此可改变计算的步骤如下：

①～③同前；

④计算 $\Delta Z_2=2\Delta Z_0$，并在 $\Gamma(\Delta Z)-\Delta Z$ 图上描绘出该点；

⑤取 $i=3,4,5\cdots$ 重复上 3 个步骤，绘出 $\Gamma(\Delta Z)-\Delta Z$ 图；

⑥假设一个 δ_u，利用式(3.5-17)计算出它所对应的 $\Gamma(\Delta Z)-\Delta Z$ 理论曲线；

⑦检验各数据计算所得的 $\Gamma(\Delta Z)$ 点能否逐渐趋近于理论曲线，如不能，再设一个 δ_u，重复上述步骤，直至计算点与理论曲线较好地吻合为止，如图 3.5-6(b)。

有时两曲线相遇后又逐渐偏离，并产生摆动，这是由于随 i 值的增加，用于求解 $\Gamma(\Delta Z)$ 的数据逐渐减少，计算的 $\Gamma(\Delta Z)$ 值可信度降低的缘故。

经过上述改进，利用计算机程序，可以很容易地得到较满意的结果。

3.5.2　相关函数法

相关函数法是通过相关函数 $\rho(\Delta Z)$ 求解相关距离 δu。根据相关距离与方差折减函数的定义，可得：

$$\delta_u=\lim_{h\to\infty}h\Gamma^2(h)=\lim_{h\to\infty}h\cdot\frac{2}{h}\int_0^h\left(1-\frac{\Delta z}{h}\right)\rho(\Delta z)\mathrm{d}(\Delta z)=2\int_0^h\rho(\Delta z)\mathrm{d}(\Delta z) \tag{3.5-18}$$

从上式可知，只要确定了相关函数 $\rho(\Delta Z)$ 的形式，就可通过积分(或查表)求得相关距离。几种常用的相关函数形式如表 3.5-1 所示。在计算中，只要确定出相关函数的型式及其参数值，即可查表得到相关距离 δ_u。

表 3.5-1　　相关函数参数与相关距离对应关系

$\rho(\tau)$	δ_u
$e^{-b\|\tau\|}$	$\dfrac{2}{b}$
$e^{-(b\tau)^2}$	$\dfrac{\sqrt{\pi}}{b}$
$e^{-b\|\tau\|}\cdot\cos(b\tau)$	$\dfrac{1}{b}$
$e^{-b\|\tau\|}\cdot\cos(\omega\tau)$	$\dfrac{2b}{b^2+\omega^2}$

其中：$\varphi(°)$ 是误差函数，当自变量从 0 增大到 ∞ 时，它从 0 增大到 1

具体做法如下：

①对 $\Delta Z = i\Delta Z_0$ 取不同的 i 值，按下式计算相关函数的一系列计算值，利用计算值点绘 $\rho(\Delta Z)-\Delta Z$ 图；

$$\rho(\Delta z) = \rho(i\Delta z_0) = E[Y(Z)Y(z+\Delta z)] = \frac{1}{n-i}\sum_{n-i}^{1} Y(z_k)Y(z_{k+i}) \tag{3.5-19}$$

②根据 $\rho(\Delta Z)-\Delta Z$ 图，确定相关函数的拟合形式；

③进行方程的回归，确定参数值；

④查表并计算相关距离 δu。

上述两种方法对相关距离的求解都是从其定义，即 $\delta u = \lim h\Gamma^2(h)$ 出发的，只是方差折减函数 $\Gamma^2(h)$ 的求法不同。但当样本容量足够大时，利用上述定义所求得的相关距离应该是大致相等的，实际计算中之所以会出现差别的原因与样本不足有关。

为此，中交天津港湾工程研究院[7]和天津大学岩土工程研究所[8]等单位在相关函数法基础上提出一种修正的相关距离法，即在确定了相关函数的型式后，不是用其去拟合离散的相关函数 $\rho(\tau)$ 值，而是利用其对应的方差折减函数（如表 3.5-2 所示）去拟合离散的方差折减函数值，从而确定相关函数中的参数，再由表 3.5-2 计算得出相关距离值。此法系改进的相关函数法，他们称其为拟合折减函数法。方差折减函数的离散值可依下式计算：

$$\Gamma^2(i\Delta z_0) = \frac{1}{i}\left[1 + 2\sum_{k=1}^{i-1}(1-\frac{k}{i})\cdot\rho(k\Delta z_0)\right]$$

其中，

$$\rho(k\Delta z_0) = \frac{1}{n-k}\sum_{l=1}^{n-k} Y_l Y_{l+k} \tag{3.5-20}$$

该法的优点在于，由式(3.5-20)计算所得的方差折减函数的离散值，会随 $\tau = i\Delta Z_0$ 的增大而逐渐减小，便于曲线的拟合及参数的确定。实践表明，利用方差折减函数进行拟合，可以改善由于取样间距较大、样本容量小造成的计算相关函数 $\rho(\tau)$ 值离散性较大的情况，有利于相关函数的拟合。下面为一工程实例。

表 3.5-2　　　　　　　典型的相关函数与方差折减函数的公式相互对应表

$\rho(\tau)$	$\Gamma^2(h)$
$e^{-b\|\tau\|}$	$\frac{2}{b^2 h^2}(bh + e^{-bh} - 1)$
$e^{-(b\tau)^2}$	$\frac{1}{b^2 h^2}\{\sqrt{\pi}bh[2\varphi(\sqrt{2}bh)-1] + e^{-(bh)^2} - 1\}$
$e^{-b\|\tau\|}\cdot\cos(b\tau)$	$\frac{1}{b^2 h^2}(bh - e^{-bh}\sin bh)$
$e^{-b\|\tau\|}\cdot\cos(w\tau)$	$\frac{2}{h^2(b^2+w^2)}\{bh(b^2+w^2) + (w^2-b^2) - e^{-bh}[2wb\sin(wh) + (w^2-b^2)\cos(wh)]\}$

采用天津塘沽新港南疆地区的某一钻孔静探数据[7]，计算其离散的相关函数值，并分别用通常的相关函数法和拟合折减函数法求相关距离。相关函数选用指数余弦型，$\rho(\Delta Z)-Z$ 拟合图及 $\Gamma^2(i)-i$ 拟合图，分别如图 3.5-7(a)，3.5-7(b)

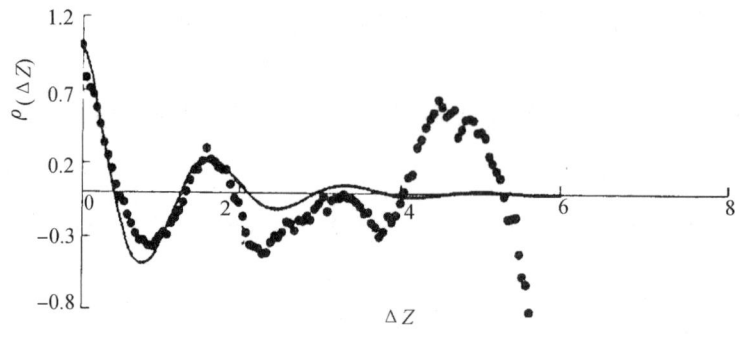

图 3.5-7(a) 相关函数拟合结果

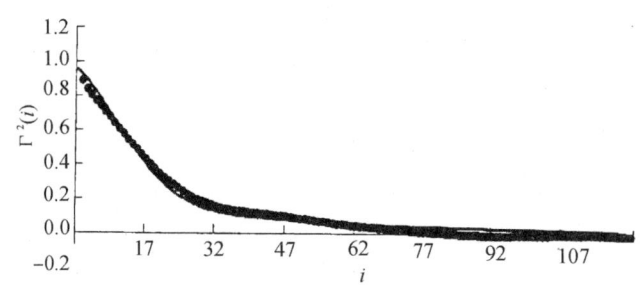

图 3.5-7(b) 方差折减函数拟合结果

从拟合效果看,两种方法所得的相关距离分别为 0.121m 和 0.139m,差别不大,但应用计算机拟合时,后者要容易得多。

3.5.3 平均距离法

本法只适用于沿着计算范围有完整的、连续的土性变化曲线的情况,例如静力触探试验成果,该法建立在相关距离 δ_u 和平均距离 $\overline{du}$ 的近似关系上。所谓平均距离是指土性变化曲线上土性指标值与其平均值 $\overline{u}$ 的交点之间的平均距离,如图 3.5-8。

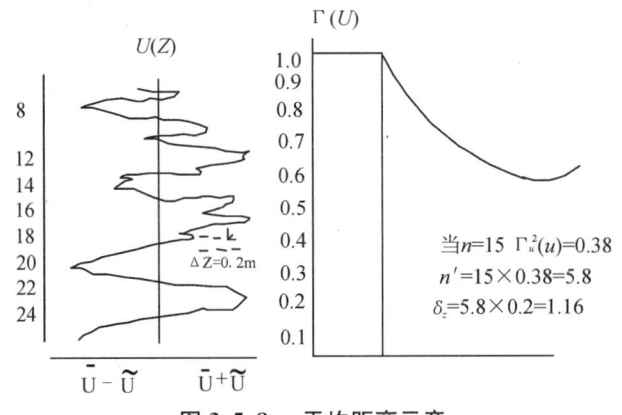

图 3.5-8 平均距离示意

δ_u 和 $\overline{du}$ 的关系为:

$$\overline{du} \approx \sqrt{\pi/2} \cdot \delta_u \approx 1.25\delta_u \tag{3.5-21}$$

采用这种方法,除要求有连续的土性数据外,还要求土性的均值不随深度而变,如果土性均值随深度而变,则应将土性指标分解为趋势分量(即均值)和随机分量两部分,此时的平均值线,应以趋势分量线代替。这个方法可能误差较大,故应慎用。

考虑不考虑相关性对土性的统计结果影响十分显著,这可从表 3.5-3 引述的天津港湾院的资料看出。在往后的可靠度计算结果中,这种影响将更明显。

表 3.5-3 采用传统法的抗剪强度统计值比较

土性指标	平均值	未考虑自相关		考虑自相关	
		点标准差	点变异系数	均值标准差	均值变异系数
c(kPa)	18.65	6.693	0.0359	3.864	0.207
φ(°)	14.728	2.41	0.164	1.418	0.096
c、φ 协方差		−0.188		−0.063	

3.5.4 试算拟合法

黄卫峰[9]在长科院的研究生论文中建议了试算拟合法来计算土层的相关距离。该法有两个特点：①鉴于取样间距对相关距离计算结果的影响,应以取样间距与试算相关距离相接近的一个成果为准；②对于某一个取样间距 $\Delta Z_{0i}(i=1,2,\cdots,n)$,不是如递推空间法那样通过在 $\Gamma(n)-n$ 图上寻找稳定点,而是以 $\Gamma(n)$ 的标准曲线[如某个自相关函数的 $\Gamma(n)$]来拟合实际的散点图,以求得相关距离计算值。详见有关论文。

3.6 完全不相关范围与完全不相关距离

周小文[10]于1992年在长科院工作期间提出了完全不相关范围的概念。随机过程积分 $\theta=\int_0^\infty \rho(\tau)d\tau$ 是土性随机过程的相关距离,在相关距离内土性强烈相关,即 θ 是两点间特性保持强烈相关的一段距离。如某一随机过程在参数轴上 A 与 B、A 与 C 之间的距离皆为 θ,则 A 与 B,A 与 C 皆可视为强烈相关,而 B',C' 都超过相关距离 θ,故这两点认为与 A 不相关。那么 B 与 C 之间的范围 $\delta=2\theta$,即 $\delta=2\int_0^\infty \rho(\tau)d\tau$ 称为相关范围,在这个范围内只可能有一个能代表 BC 之间性质的独立测点 A,换言之,只有一个独立测点 A 对 $B-C$ 有代表性(如图3.5-9)。

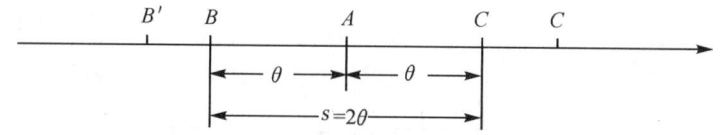

图 3.5-9 相关距离与相关范围示意

因此,相关距离 θ 应从两点间相关程度去理解,是一个距离概念；而相关范围 δ 应从含有一个代表性独立测点的最大区间去理解。鉴此,在一个长度为 T 的空间上,独立测点个数为 $n_s=T/\delta(=T/2\theta)$。例如,在 $T=4\theta$ 的空间上,独立测点的个数为 $n=(4\theta)/(2\theta)=2$,如图3.5-10中的 A,B 两点。

前已述及,方差折减函数 $\Gamma^2(T)$ 可表达为：

$$\Gamma^2(T) = \frac{2}{T}\int_0^T \rho(\tau)d\tau \quad \text{（当 } T \text{ 充分大时）} \quad (3.5-22)$$

$$\delta = 2\int_0^\infty \rho(\tau)d\tau \qquad \theta = \int_0^\infty \rho(\tau)d\tau$$

δ 即为相关范围,θ 为相关距离。将此代入方差折减函数,

则 $\quad \Gamma^2(T) = \dfrac{\delta}{T} = \dfrac{2\theta}{T} = \dfrac{1}{n_s} \quad$（当 T 充分大）

这表明,当空间 T 充分大时,空间均值方差折减系数等于空间 T 内所含的独立测点个数 n_s 的倒数,

n_s 称为不相关测点的当量数。若考虑 $T \leqslant \delta$ 和 $T > \delta$ 两种情况,Vanmarcke 将 $\Gamma^2(T)$ 近似地表示为

$$\Gamma^2(T) = \begin{cases} 1 & 0 < T \leqslant \delta \\ \dfrac{\delta}{T} = \left(\dfrac{1}{n_s}\right) & T > \delta \end{cases} \quad (3.5\text{-}23)$$

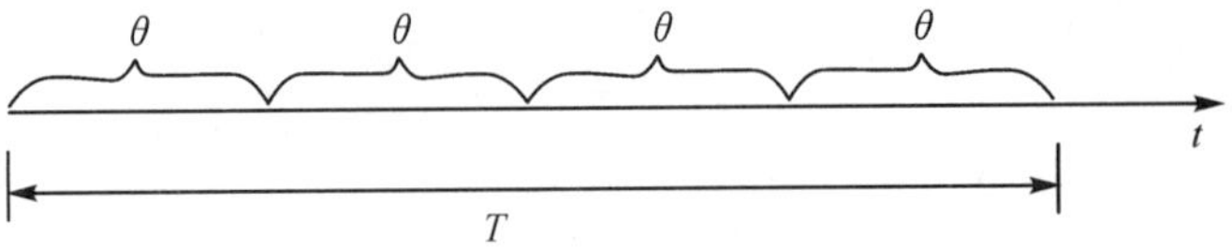

图 3.5-10 T 充分大时的当量数

上述的相关距离 θ 和相关范围 δ 都是一种等效意义上的相关尺度,即在 θ 之内视为强相关,之外视为不相关,中间没有过渡。但实际上,当两点距离 $\tau = \theta$ 时,点间特性还是有一定相关性的,即 $\rho(\theta) \neq 1$ 或 $\neq 0$。一般说来,$\rho(\theta)$ 在 $0.3 \sim 0.6$ 之间,如对二次自动回归相关函数 $\rho(\theta) = e^{-2}(1+2) = 0.406$;对平方指数型相关函数 $\rho(\theta) = e^{-\pi/4} = 0.456$;对三角形相关函数 $\rho(\theta) = 1 - \dfrac{1}{2} = 0.5$。

对一般平稳随机过程,当 τ 充分大时,有 $\rho(\tau) \approx 0$,记此时 τ 为 τ^*,这意味着当 $\tau \geqslant \tau^*$ 时,两点间的性质是绝对不相关的,可称为绝对不相关距离 τ^*,相应地称 $2\tau^*$ 为绝对不相关范围。提出这些概念是因为它与相关距离或相关范围的计算有关的。

对一维随机过程,当空间长度 T 充分大时,下式近似成立:

$$T\Gamma^2(T) \approx \lim_{T \to \infty} T\Gamma^2(T) = 2\int_0^\infty \rho(\tau)d\tau = \delta = 2\theta \quad (3.5\text{-}24)$$

此式就是递推空间法计算相关距离的依据。即使该式成立的下限值为 T^*,只有 $T \geqslant T^*$ 的空间上式才能成立,才能体现出空间 δ 内的相关性。可以进一步认为,T^* 的量值实际上就是不相关距离 τ^*,因为只有 $\tau \geqslant \tau^*$ 时,相关距离和相关范围才能显现得充分,式(3.5-24)也才能成立。现以若干常用的土性随机过程(表 3.5-4),单指数型 $\rho(\tau) = e^{-2\tau/\delta}$ 和指数余弦型 $\rho(\tau) = e^{-2\tau/\delta}\cos(\tau/\delta)$ 为例,计算相关函数 $\rho(\tau)$,方差折减系数 $\Gamma^2(T)$,以及 $T\Gamma^2(T)$ 随 T/δ 的变化,计算结果如表 3.5-5、表 3.5-6 所示。

表 3.5-4 几种典型的相关函数及方差衰减系数

类型	相关系数 $\rho(\tau)$	空间均值方差衰减系数 $\Gamma^2(T)$
单指数型	$\exp\left(-2\dfrac{\tau}{\delta}\right)$	$\dfrac{\delta}{T} + \dfrac{1}{2}\left(\dfrac{\delta}{T}\right)^2\left[\exp\left(-\dfrac{2T}{\delta}\right) - 1\right]$
平方指数型	$\exp\left(-\pi\dfrac{\tau^2}{\delta^2}\right)$	$\dfrac{\delta^2}{\pi T^2}\left\{\dfrac{\pi T}{\delta}\varphi\left(\dfrac{\sqrt{\pi}T}{\delta}\right) + \exp\left[-\left(\dfrac{\sqrt{\pi}T}{\delta}\right)^2\right] - 1\right\}$ 式中 $\varphi(\cdot)$ 为误差函数
指数余弦型	$\exp\left(-\dfrac{\tau}{\delta}\right)\cos\left(\dfrac{\tau}{\delta}\right)$	$\dfrac{\tau}{\delta} - \left(\dfrac{\tau}{\delta}\right)^2 \exp\left(-\dfrac{\tau}{\delta}\right)\sin\left(\dfrac{\tau}{\delta}\right)$

表 3.5-5 单指数型相关函数随机过程计算表

$\dfrac{T}{\delta}$	$\rho(\tau) = e^{-\frac{2T}{\delta}}$	$\Gamma^2(T)$ 按公式 $\Gamma^2(T) = \dfrac{2}{T}\int_0^T\left(1 - \dfrac{\tau}{T}\right)\rho(\tau)d\tau$ $= \dfrac{\delta}{T} + \dfrac{1}{2}\left(\dfrac{\delta}{T}\right)^2\left[e^{-\frac{2T}{\delta}} - 1\right]$ 计算	$T\Gamma^2(T)$	$\Gamma^2(T)$ 按 $\Gamma^2(T) = \dfrac{\delta}{T}$ 计算
1.0	0.135	0.568	0.568δ	1.000

续表

2.0	0.018	0.377	0.754δ	0.500
3.0	0.002	0.278	0.834δ	0.333
4.0	0.0003	0.219	0.877δ	0.250
5.0	0.00005	0.18	0.90δ	0.200

表 3.5-6　　　　　　　　　　　指数余弦型相关函数随机过程计算表

$\dfrac{T}{\delta}$	$\rho(\tau)=e^{-\frac{2T}{\delta}}\cos\dfrac{T}{\delta}$	$\Gamma^2(T)$ 按公式 $\Gamma^2(T)=\dfrac{\delta}{T}-\left(\dfrac{\delta}{T}\right)^2 e^{-\frac{T}{\delta}}\sin\dfrac{T}{\delta}$ 计算	$T\Gamma^2(T)$	$\Gamma^2(T)$ 按 $\Gamma^2(T)=\dfrac{\delta}{T}$ 计算
1.0	0.199	0.69	0.690δ	1
2.0	−0.056	0.469	0.938δ	0.5
3.0	−0.049	0.333	0.999δ	0.333
4.0	−0.012	0.25	δ	0.25

由表可见，对指数余数型相关函数的随机过程，当 $T\geqslant 2\delta$ 时，即有 $T\Gamma^2(\tau)=0.938\delta\approx\delta$，此时，$\rho(\tau)=\rho(2\delta)=-0.056\approx 0$，所以可以认为 $T^*=\tau^*=2\delta$；而对单指数型相关函数的随机过程，当 $T\geqslant 3\delta$ 时，$\rho(T)\leqslant\rho(\tau)=\rho(3\delta)=0.002\approx 0$，$T\Gamma^2(T)\geqslant 0.834\delta\approx\delta$，故取 $T^*=\tau^*\geqslant 3\delta$。只有在大于等于绝对不相关距离 τ^* 的空间上，才有 $T\Gamma^2(T)\approx\delta$ 成立，这为递推空间法计算 δ、θ 时，从 $\Gamma^2(T)-T$ 曲线上选取合适的 T^* 值提供了较好的依据。

一般说来，采用相关函数积分法或递推空间法计算 δ、θ 时，取样间距以 $\Delta Z=(1/3\sim 2/3)\delta$ 或 $\Delta Z\approx\theta$ 时较为准确。

3.7　天津港地区典型土层方差折减值的范围

根据天津港湾工程研究院的资料，该地区的土层相关函数全部符合指数余弦型，且 ω/b 值集中在 1.5～3.0 范围，均值在 2.33。分析已知，当 $\omega/b\geqslant 1$ 时，完全不相关范围 h^* 随 ω/b 的增大而增大，方差折减得越多，因此为安全计，相关函数中的 ω/b 值按最小值考虑。由此算得的方差折减函数及完全不相关范围如表 3.5-7 所示。

表 3.5-7　　　　　　　　　天津港典型土层的方差折减值（有效影响深度 $>h^*$）

土层名称	ω/b（最小值）	完全不相关范围（m）	方差折减函数值	标准差折减
淤泥质黏土（夹砂）	1.17	$4.5\delta_u$	0.457	0.676
淤泥及淤泥质黏土	2	$1.2\delta_u$	0.213	0.462
黏土	1.6	$8.5\delta_u$	0.287	0.536
淤泥质黏土及黏土	1.4	$7.0\delta_u$	0.33	0.574
平均				0.562

4 数据的平稳性和各态历经性的检验[7][8]

Vamarcke 的土性剖面随机场模型采用的是一维齐次随机场，因此，所用的数据符合平稳随机场的要求，即具有平稳性。同时，如果要用一个钻孔中试验点的分析数据来反映周围土体的性质，那么这组数据应具有普遍的代表性，这就是数据具有各态历经性。这也就是说，土体性质的空间分布是否具有平稳性和各态历经性，是能否应用齐次正态随机场理论的关键之一。在使用随机场理论之前，首先要检验数据的平稳性和各态历经性。

4.1 平稳性的检验

设某一土层在任一深度 Z_j 上随机变量 $Y(Z_j)$ 的集平均为：

$$\mu_Y(Z_j) = \lim_{N\to\infty} \frac{1}{N} \sum_{i=1}^{N} y_i(Z_j) = E[Y(Z_j)] \quad (j=1,2,\cdots,m) \tag{3.5-25}$$

其在两个深度 $Y(Z_j)$ 和 $Y(Z_j+\Delta+Z)$ 的自相关函数为：

$$R_Y(Z_j, Z_j+\Delta Z) = \lim_{N\to\infty} \frac{1}{N} \sum_{i=1}^{N} y_i(Z_j) y_i(Z_j+\Delta Z) = E[Y(Z_j)Y(Z_j+\Delta Z)]$$
$$(j=1,2,\cdots,m) \tag{3.5-26}$$

式中 N 代表静力触探孔的个数，m 代表每个孔中测量值的个数。

根据平稳性的定义，要求对于一个固定的 ΔZ 值，均值 $u_Y(Z_j)$ 和自相关函数 $R_Y(Z_j, Z_j+\Delta Z)$ 在概率意义上不随 Z_j 的不同而变化。据此，可按下面步骤进行检验：

①取 $j=1$，从不同孔的数据中找出深度 Z_i 对应的量测值 $Y_i(Z_1), i=1,2,\cdots,N$，以及深度为 $Z_j+\Delta Z$ 对应的量测值 $Y_i(Z_1+\Delta Z), i=1,2,\cdots N$；

②利用式(3.5-26)、(3.5-27)分别求出均值 $u_Y(Z_j)$ 和相关函数 $R_Y(Z_j, Z_j+\Delta Z)$；

③取 $j=2,3,\cdots m$，重复以上步骤，计算出一系列 $u_Y(Z_j)\sim Z_j$ 和 $R_Y(Z_j, Z_j+\Delta Z)\sim Z_j$ 的对应值；

④分别点绘出 $u_Y(Z_j)\sim Z_j$ 和 $R_Y(Z_j, Z_j+\Delta Z)\sim Z_j$ 曲线；

⑤检验 $u_Y(Z_j)$ 和 $R_Y(Z_j, Z_j+\Delta Z)$ 是否随深度变化，如是，则该过程不平稳，否则是平稳的。

4.2 各态历经性的检验

任一孔中，样本函数 $y_i(Z)$ 及样本函数 $y_i(Z)y_i(Z+\Delta Z)$ 沿深度的均值各为：

$$[y_i(Z)] = \lim_{m\to\infty} \frac{1}{m} \sum_{j=1}^{m} y_i(Z_j) = E[y_i(Z)] \quad (i=1,2,\cdots,N) \tag{3.5-27}$$

$$[y_i(Z)y_i(Z+\Delta Z)] = \lim_{m\to\infty} \frac{1}{m} \sum_{j=1}^{m} y_i(Z_j) y_i(Z_j+\Delta Z) = E[y_i(Z)y_i(Z+\Delta Z)]$$
$$(i=1,2,\cdots,N) \tag{3.5-28}$$

根据各态历经性的定义，如果对所有孔的 $[y(Z)]$ 和 $[y(Z)y(Z+\Delta Z)]$ 有

$$[y(Z)]^{a.c} = u_Y(Z)$$

和 $[y(Z)y(Z+\Delta Z)]^{a.c} = R_Y(Z, Z+\Delta Z)$ (3.5-29)

则该过程是各态历经的。具体的检验步骤如下：

①取 $i=1$，按式(3.5-28a)、式(3.5-29b)分别求出第一个样本函数的深度平均值 $<y_1(Z)>$ 和深度相关函数 $[y_1(Z)y(Z+\Delta Z)]$；

②比较 $[y_1(Z)]$ 和 $u_Y(Z)$，及 $[y_1(Z)y(z+\Delta Z)]$ 和 $R_Y(Z, Z+\Delta Z)$，看它们是否各自依概率 1 而相等，

即$[y_1(Z)]^{a,c}=u_Y(Z)$及$[y_1(Z)y(Z+\Delta Z)]^{a,c}=R_Y(Z,Z+\Delta Z)$，如果是，则说明该孔资料具有各态历经性，反之，则不具有各态历经性；

③取$i=2,3,\cdots,N$重复上步骤，即可检验整个过程的各态历经性。

4.3 天津新港试验场区取样数据的检验[7][8]

取天津新港南疆石化码头和北港池试验区的钻孔静力触探试验的锥尖阻力(qc)资料进行检验，因为静力触探试验的取样间距较小，数据较多，能较好地反映土性剖面情况。

(1) 原始数据的标准化

首先检验原始数据是否满足齐次随机场的要求，从图 3.5-11(a)看，原始数据存在随深度增大的趋势，故要进行标准化处理，以达到均值为零，方差为1，协方差函数与原始数据相同的目的[如图 3.5-11(b)]。

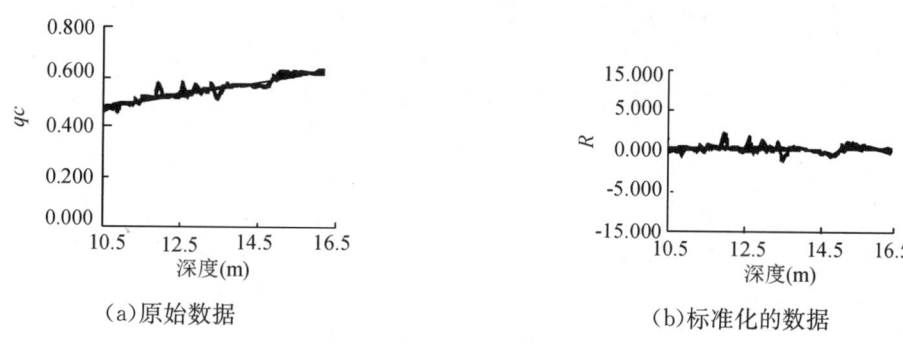

(a) 原始数据　　　　　　　　(b) 标准化的数据

图 3.5-11　原始数据的检验

(2) 平稳性检验

绘制 $u_Y(Z_j)-Z_j$ 和 $R_Y(Z_j,Z_j+\Delta Z)-Z_j$ 曲线，如图 3.5-12，图 3.5-13。

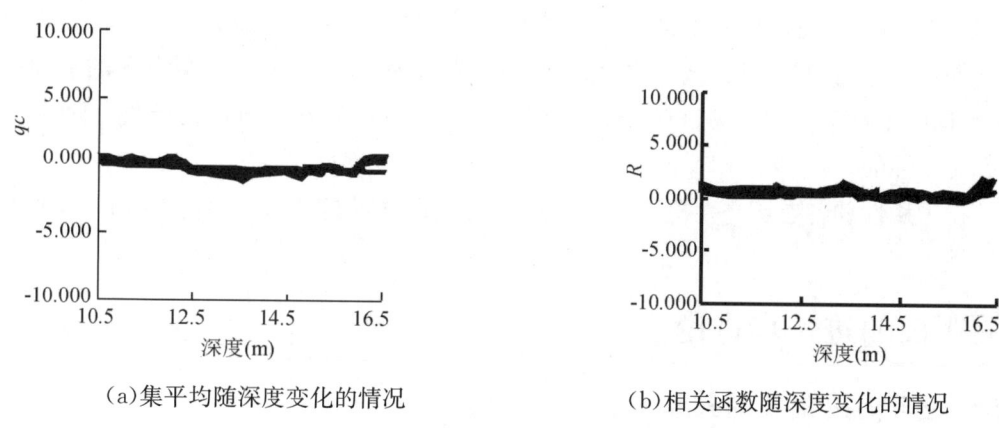

(a) 集平均随深度变化的情况　　　　　　(b) 相关函数随深度变化的情况

图 3.5-12　南疆码头淤泥土层平稳性检验

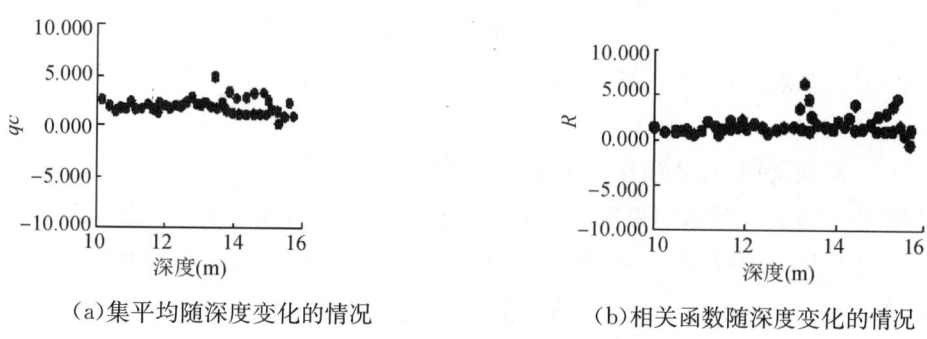

(a) 集平均随深度变化的情况　　　　　　(b) 相关函数随深度变化的情况

图 3.5-13　北港池加固后淤泥土层平稳性检验

图中纵坐标为土性指标值,横坐标为取样深度。可以看出,被检验的土性指标$u_Y(Z_j)\sim Z_j$和$R_Y(Z_j,Z_j+\Delta Z)$基本都在一条与X轴平行的直线上轻微摆动,说明它们在概率的意义上不随深度变化。所以,被检验的土性剖面随机场是平稳的。

(3)各态历经性检验

按上述的检验方法,绘制$[y_i(Z)]-x_i$和$[y_i(Z)y_i(Z+\Delta Z)]-x_i$曲线,如图3.5-14,图3.5-15。

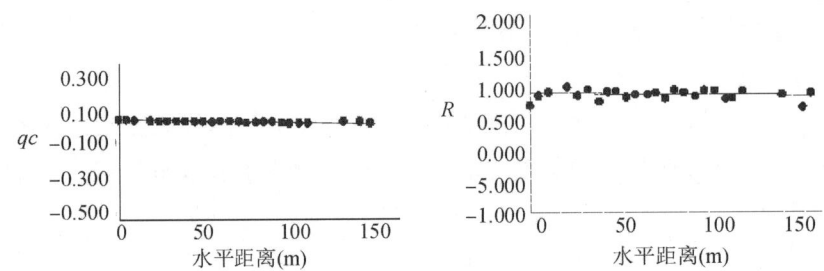

图3.5-14　南疆码头淤泥土层各态历经性检验

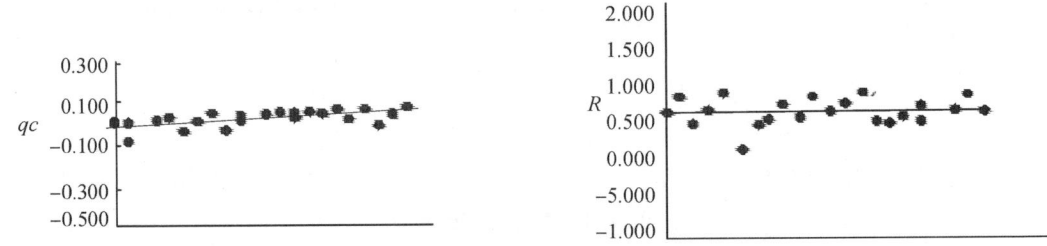

图3.5-15　北港池加固后淤泥土层各态历经性检验

应当指出,以上平稳性和各态历经性检验都是针对沿深度的土性剖面,即垂直方向的土性剖面随机场。如果考虑水平方向的土性剖面,根据平稳性和各态历经性的定义和检验方法,可看出,垂直方向土性剖面的平稳性即水平方向的各态历经性;垂直方向土性剖面的各态历经性即水平方向的平稳性。因此可认为,若垂直方向的土性剖面随机场是平稳的且具各态历经性的,则水平方向的土性剖面随机场同样是平稳且具各态历经性的。

在完成数据平稳性和各态历经性检验后,即可认为该数据能用于随机场模型的模拟,由点特性去推求空间平均特性。

5　对相关距离的进一步讨论

5.1　取样间距与相关距离的关系

取样间距对计算的相关距离有一定的影响。可以想象,取样间距越小,资料越充分,计算越接近真实。但取样间距过小,抽样误差越大,也影响计算成果;相反,取样间距大,各取样点的土性越接近相互独立,抽样误差越小,但间距过大,便不能真实地反映土性的变异性,故不能可靠地估计自相关函数和相关距离。

现以某码头两个静探资料(孔2和孔22)为例,了解取样间距与相关距离的关系。实际勘探中,锥尖阻力q_c的取样间距为$0.05m$。计算中采用两种方法得到间距为$0.1\sim 0.5m$时的q_c值:其一为直接按间距取数,例如,当对间距为$0.1m$者,取深度为$0.05m$、$0.15m$、$0.25m$……其二为按间距平均取数,即对间距为$0.1m$者,第一个数是$0.05m$和$0.1m$的q_c值的平均值,第二个数是$0.15m$和$0.2m$……。按此,对孔2和孔22进行的计算如表3.5-8所示。

表 3.5-8 相关距离计算表

孔 2 不同取样间距计算的相关距离			孔 22 不同取样间距计算的相关距离		
取样间距(m)	直接取数法	取平均数法	取样间距(m)	直接取数法	取平均数法
0.05	0.308	0.308	0.05	0.281	0.281
0.1	0.292	0.326	0.1	0.224	0.285
0.2	0.291	0.303	0.2	0.243	0.339
0.3	0.472	0.302	0.3	0.31	0.391
0.4	0.293	0.326	0.4	0.423	0.325
0.5	0.399	0.359	0.5	0.316	0.489
变异系数	0.222	0.068	变异系数	0.235	0.223

从上表的数值可见,波动的范围不大,且每个孔都有一段相对稳定的值,如孔 2 的直接取样法的相关间距为 0.291m;取平均数法为 0.302m。取样间距也可考虑约为求得的相关距离值 0.3m;对孔 22,各为 0.31m,和 0.285m,取样间距也可定为 0.3m。

由此可见,对较均匀的土层,取样间距变化时,使用哪种取样方法对计算结果并无显著的影响。

下面再以深圳机场的资料说明取样间距的影响。深圳机场地基有许多静力触探资料,现取 11 个钻孔静探数据进行统计,样本间距 ΔZ 采用 0.3m,算得相关距离 $\delta = 0.09 \sim 0.14$m 平均 0.13m。变动取样间距发现当 ΔZ 在略小于 2δ 附近时,求得的相关距离比较接近,超过 2δ 后,就急剧增大(如图3.5-16),因为间距过大,会把土的不均匀性掩盖了,因此取样间距宜在 $1 \sim 2$ 倍 δ 左右。相反,如果取样间距过小,会增大抽样误差,也难保每个样品的独立性,故也不合适。

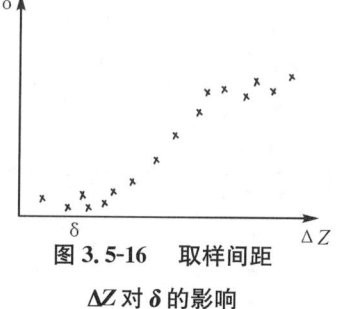

图 3.5-16 取样间距 ΔZ 对 δ 的影响

5.2 从不同土性指标求土层相关距离的问题

相关间距需对应某一土性指标进行计算,按理说,同一土层不同指标求出的相关距离应当是同一个值,但实际计算中,由于种种误差,例如:试样扰动、取样间距、试验误差、成果处理差别等等、很难达到完全一致。现看一个某港区的资料实例,试验分别在固结前和固结后取样进行,内容包括静力触探、十字板剪切、和全部室内常规试验,取样间距对静力触探为 0.1m,其余均为 0.25m,计算成果如表 3.5-9 和 3.5-10。

表 3.5-9 加固前不同土性指标计算的相关距离(m)

试验区号	1-1	1-2	2-1	2-2	3-1	3-2	4-1	4-2	5-1	5-2	均值
含水率	0.76	1.06	0.53	0.64	0.60	0.43	0.62	0.69	0.81	0.47	0.66
容重	0.72	0.99	0.73	0.62	0.63	0.43	0.61	0.62	0.70	0.49	0.65
孔隙比	0.75	1.08	0.62	0.66	0.63	0.44	0.64	0.68	0.80	0,49	0.68
塑性指数	0.80	1.22	0.67	0.76	0.54	0.74	0.67	0.67	0.90	0.74	0.77
液性指数	0.54	1.22	0.43	0.84	0.73	0.45	0.48	0.49	0.63	0.80	0.66
压缩系数	0.79	1.51	0.77	0.62	0.63	0.62	0.54	0.87	0.70	0.64	0.77
均值	0.70	1.14	0.63	0.65	0.62	0.54	0.57	0.66	0.74	0.58	0.68

续表

压缩模量	0.57	0.91	0.70	0.45	0.58	0.64	0.40	0.58	0.60	0.43	0.59
标准差	0.10	0.20	0.12	0.12	0.06	0.13	0.10	0.12	0.11	0.15	0.07
变异系数	0.15	0.18	0.19	0.19	0.09	0.24	0.18	0.18	0.15	0.25	0.10
凝聚力	0.27	0.41	0.20	0.41	0.34	0.32	0.24	0.46	0.29	0.58	0.35
内摩擦角	0.33	0.54	0.78	0.37	0.21	0.31	0.12	0.39	0.40	0.21	0.37
十字板仪	0.42		0.40		0.36		0.52		0.39		0.42
静力触探	0.40	0.36	0.17	0.18	0.34	0.44	0.23	0.50	0.18	0.14	0.29

表 3.5-10　　加固后不同土性指标计算的相关距离

试验区号	1区	2区	3区	4区	5区	均值
含水率	0.98	1.38	0.61	0.97	0.60	0.91
容重	1.00	1.20	0.43	1.03	0.53	0.84
孔隙比	0.92	1.38	0.57	1.03	0.57	0.89
塑性指数	0.66	1.47	0.43	0.93	0.57	0.81
压缩系数	0.74	1.52	0.81	0.74	0.79	0.92
压缩模量	0.74	0.97	0.60	0.65	0.54	0.70
均值	0.84	1.32	0.57	0.89	0.60	0.84
标准差	0.14	0.20	0.14	0.16	0.09	0.08
变异系数	0.17	0.15	0.25	0.18	0.16	0.10
凝聚力	0.47	0.20	0.30	0.14	0.21	0.26
内摩擦角	0.62	0.21	0.27	0.55	0.30	0.39
十字板仪	0.57	0.55	0.38	0.39	0.44	0.47
静力触探						0.37

从表中可知,①由物理性试验得到的相关距离较为接近,各指标的变异系数在 0.09~0.25 之间,不同指标间均值的变异系数仅为 0.10。②加固后的指标变异系数的变幅更小,为 0.1~0.18,其均值的变异系数也为 0.10。但加固后的相关距离比加固前的略大,表明土体加固后其均匀性增加了。③由室内强度试验得到的相关距离与由物理性试验得到的值差别较大,这可能与力学性试验的误差较大有关。④考虑到现场原位的十字板试验和触探试验对土的扰动较少,所得的相关距离较物理性的小来看,该法求得的相关距离应更为真实。

同济大学高大钊、李镜培[11]对上海浦东两个地点分别进行了静探、标贯、十字板和全部室内常规试验,取样间距定为 0.5m,按此求得的不同土层的相关距离如表 3.5-11 所示。

表 3.5-11　　不同土层的相关距离

土层名称与埋深(m)	土性参数及其相关距离 δ 值(m)						
	Ps	φ	C	e_0	w_0	Cu	$N_{63.5}$
粉质黏土 2.0~9.0	0.47	0.32	0.40	0.43	0.39	0.45	0.48
淤泥质黏土 9.0~15.0	0.68	0.39	0.31	0.32	0.30	0.61	0.66
粉质黏土夹砂 15.0~21.0	0.49	0.47	0.42	0.45	0.45	0.45	0.51
粉质黏土 21.0~27.0	0.41	0.32	0.32	0.41	0.41		0.39

可以看出,这个成果很说明问题,在上述4层土中3层粉质黏土质黏土求得的相关距离都相当接近,仅淤泥质黏土的成果稍为分散,因为这种土灵敏度较高,取样扰动影响较大之故。

根据上海的有关资料,上海地区各土层的相关距离参考值建议如表3.5-12。

表3.5-12　　　　　　　　上海地区各土层的相关距离参考值

土层编号	土类	厚度(m)	相关距离(m)
③	灰色淤泥质粉质黏土	5～10	0.4～0.8
④	灰色淤泥质黏土	8～15	0.6～1.5
⑤	灰色黏土,粉质黏土	5～10	0.3～1.2
⑥	暗绿色黏土	3～5	0.5～0.8
⑦	粉砂	10～30	0.25～0.60

5.3　同一土层不同位置的相关距离

华侨大学涂帆[12]对某工程同一土层不同位置的相关距离进行过研究[19],该工程有9个钻孔,其中8个钻孔的十字板强度C_u如图3.5-17。计算求得C_u沿深度方向的相关距离为$\delta_0=1.16m$,$\delta_1=1.08m$,$\delta_3=1.13m$,$\delta_4=1.23m$,$\delta_5=1.01m$,$\delta_6=1.05m$,$\delta_7=0.89m$,$\delta_8=0.98m$,其均值为1.06m,标准差为0.11m。这些钻孔的最大水平距离达500m,而各处的相关距离颇为接近。可见同一土层中,若土的矿物成分、形成环境、应力历史等条件相近,则其相关距离是很相近的。

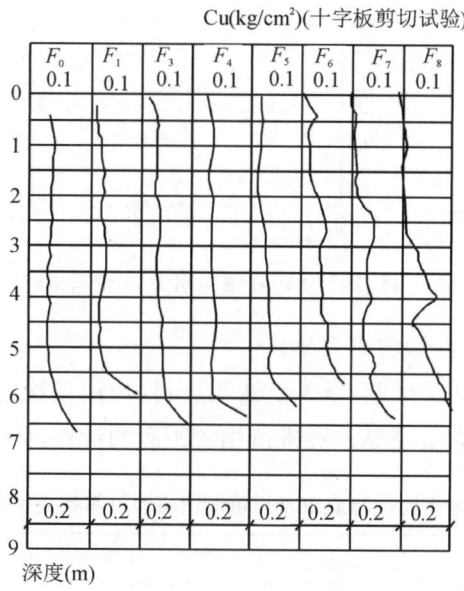

图3.5-17　9个钻孔图

6　随机场理论在土性指标概率统计中的应用

6.1　在一般土性指标统计中的应用

上面已经讨论了土性的概率统计方法的有关理论,在计算某个具体土性参数的概率特征时,可先求出该土性的点方差,然后考虑它的自相关特性,求出方差折减系数,就可得到空间平均均值和空间平均方差,进而进行岩土可靠度的计算了。

例一，深圳机场场道地基土性相关性分析

深圳机场跑道长3400m，宽60m，地基土层依次为淤泥层；淤泥质亚黏土层及亚黏土层；残积亚黏土层；变质岩强风化层。根据11个钻孔的室内试验成果及静探资料计算淤泥质亚黏土及亚黏土层的相关距离见表3.5-13，表3.5-14。

表3.5-13　　　　　　根据静探资料得到的相关距离（样本间距 $\Delta Z = 0.3$ m）

钻孔号	328	330	332	334	336	338	340	342	14	10	8	平均值 δ
样本容量（个）	17	10	21	21	15	27	15	15	11	19	15	
相关距离 δ(m)	0.11	0.16	0.12	0.09	0.17	0.20	0.13	0.08	0.13	0.13	0.14	0.13

表3.5-14　根据室内物理性试验成果计算的相关距离（样本间距 $\Delta Z = 4$ m）

指标	容重	含水率	比重	塑指	液指	平均值 δ
样本容量	20	20	17		17	
相关距离 δ/m	0.95	1.22	1.05	1.26	1.50	1.2

可以看出，两者的相关距离相差很大，这是因为①样本间距差别太大，静探仅为0.3m，而室内试验成果达4.0m；②室内试验的样品受扰动影响严重，导致计算结果失真。为验证这个问题，对$8^{\#}$、$10^{\#}$、$14^{\#}$三孔的静探资料采用不同的样本间距计算相关距离，见图3.5-18。从图看出，当间距小于0.5m时，所得的相关距离基本为常数，因此，该土性的相关距离约在0.5m。

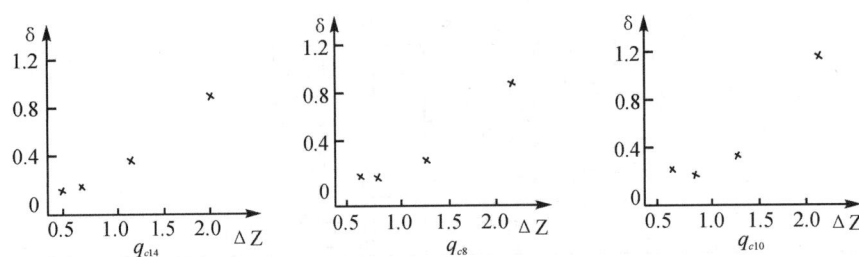

图3.5-18　根据$8^{\#}$、$10^{\#}$、$14^{\#}$孔锥尖阻力q_c资料求得的相关距离

例二，大港码头堆场区地基土性参数概率分析。

大港码头港区试验区场地有两个试验区，5个钻孔资料，地层依次为亚黏土层；粉细砂层；淤泥质亚黏土及黏土层等。现对淤泥质亚黏土及黏土层进行相关距离的计算，如表3.5-15。

表3.5-15　　　　　　根据室内试验成果及原位测试资料计算相关距离

指标	直剪强度		三轴	旁压试验		无侧限	十字板	静力触探			
	快剪	固快	快剪	强度	极限压力			F47	F47	F49	F51
相关距离 δ(m)	C	C'	Cu	Su	PL	Pu	Cu	Ps	qc	Ps	Ps
	0.493	0.547	0.555	0.22	0.37	0.543	0.810	0.461	0.761	0.465	0.490

从上表数据可以看到，从不同资料求得的 δ 值有不小的差别，但由静力触探的 Ps 值求得的值却相当一致，由此再次证实了静力触探是推求相关距离的最佳资料，本地层的相关距离 δ 约为0.5m左右。

6.2　在抗剪强度指标统计中的应用

抗剪强度是土的重要的土性指标，它决定了地基、土坡的稳定性，影响了土压力的大小，许多工程问题的计算都要用到这个土性参数。对抗剪强度指标的统计可采用公式表达的抗剪强度参数,即凝聚力 c 和摩擦系数 $\theta = \mathrm{tg}\varphi$,也可采用总的强度参数 τ 进行。当采用公式参数时,c 和 $\theta(=\mathrm{tg}\varphi)$ 两者是相关的,而且是负互相关性,这就导致了 c 和 θ 的方差运算中出现了协方差的问题,这样就要研究互相关函数,给运算带来麻烦。天津港湾工程研究院对这个问题提出了一些简化的方法,下面介绍他们的一些成果。

(1) 抗剪强度指标的均值统计

取 n 组抗剪强度数据,每组数据对应若干级荷载 $P_j(j=1,2,\cdots,k)$ 级荷载,每级对应抗剪强度值 τ_{ij} ($i=1,2,\cdots\cdots n$),按公式:$\tau = c + p \cdot \theta$,$\theta = \mathrm{tg}\varphi$,分别计算 c 和 $\mathrm{tg}\varphi$ 的均值。从随机场的基本理论可知,随机场的局部平均 $Y_h(Z)$ 的均值和原来的随机场 $Y(Z)$ 的均值一样,由此得均值的计算公式如下:

$$\mu_{\mathrm{tg}\varphi} = \frac{1}{n}\sum_{i=1}^{n}\mathrm{tg}\varphi_i \qquad \mu_{\mathrm{tg}\varphi} \text{—— } \mathrm{tg}\varphi \text{ 的平均值} \tag{3.5-30}$$

$$\mu_c = \frac{1}{n}\sum_{i=1}^{n}c_i \qquad \mu_c \text{—— } c \text{ 的平均值} \tag{3.5-31}$$

$$\mathrm{tg}\varphi_i = \frac{\sum\limits_{j=1}^{k}(P_j - \mu_P)\tau_{ij}}{\sum\limits_{j=1}^{k}(P_j - \mu_P)^2} \qquad \mathrm{tg}\varphi_i \text{—— 每组试验的 } \mathrm{tg}\varphi \text{ 的回归值;}$$

$$c_i = \mu_{\tau_i} - \mu_P \mathrm{tg}\varphi_i \qquad c_i \text{ 每组试验的 } c \text{ 的回归值;}$$

$$\mu_P = \frac{1}{k}\sum_{j=1}^{k}P_j \qquad \mu_P \text{—— 每组试验各级垂直压力 } P_j(j=1\sim k) \text{ 的均值;}$$

$$\mu_{\tau_{ij}} = \frac{1}{k}\sum_{j=1}^{k}\tau_{ij} \qquad \mu_{\tau_{ij}} \text{—— 每组试验}(i=1\sim n)\text{各级压力}(j=1\sim k)\text{下抗剪强度 }\tau_{ij}\text{ 的平均值}$$

(2) 抗剪强度指标的方差统计

设 $\mathrm{tg}\varphi$、c 是平稳随机过程,τ 也是平稳随机过程,则在 $[z, z+h]$ 上相应的随机积分分别为:

$$\tau_h(Z) = \frac{1}{h}\int_{z}^{z+h}\tau(Z)\mathrm{d}z$$

$$c_h(Z) = \frac{1}{h}\int_{z}^{z+h}c(Z)\mathrm{d}z$$

$$\theta_h(Z) = \frac{1}{h}\int_{z}^{z+h}\theta(Z)\mathrm{d}z$$

对任意一个确定的 P 值,有

$$\tau_h(Z) = c_h(Z) + P\theta_h(Z)$$

取方差运算,得:

$$\sigma_\tau^2 \Gamma_\tau^2(h) = \sigma_c^2 \Gamma_c^2(h) + P[\sigma_{c\theta}\Gamma_{c\theta}^2(h) + \sigma_{\theta c}\Gamma_\theta^2(h)] \tag{3.5-32}$$

式中:

$$\Gamma_\tau^2(h) = \frac{2}{h}\int_0^h \left(1 - \frac{\alpha}{h}\right)\rho_\tau(\alpha)\mathrm{d}\alpha$$

$$\Gamma_c^2(h) = \frac{2}{h}\int_0^h \left(1 - \frac{\alpha}{h}\right)\rho_c(\alpha)\mathrm{d}\alpha$$

$$\Gamma_\theta^2(h) = \frac{2}{h}\int_0^h \left(1 - \frac{\alpha}{h}\right)\rho_\theta(\alpha)\mathrm{d}\alpha$$

$$\Gamma_{c\theta}^2(h) = \frac{2}{h}\int_0^h \left(1 - \frac{\alpha}{h}\right)\rho_{c\theta}(\alpha)\mathrm{d}\alpha$$

$$\Gamma_{\theta c}^2(h) = \frac{2}{h}\int_0^h \left(1-\frac{\alpha}{h}\right)\rho_{\theta c}(\alpha)\mathrm{d}\alpha$$

式中，σ_τ^2，σ_θ^2，σ_c^2 分别为 τ,θ,c 的点方差；σ_{θ}^2，$\sigma_{c\theta}^2$ 为 θ,c 的点协方差，$\rho_\tau,\rho_c,\rho_\theta$ 分别为 τ,θ,c 的相关函数；$\rho_{\theta c}$，$\rho_{c\theta}$ 分别为 θ,c 和 c,θ 的互相关函数。一般说来，在实际问题中，$z、h$ 总是确定的，因此，$c_h(z)$、$\theta_h(z)$ 就退化为随机变量了。因此，从实用角度考虑，可不必分别获得 σ_θ^2，σ_c^2、$\sigma_{c\theta}$ 及 $\rho_c(\alpha)$、$\rho_\theta(\alpha)$、$\rho_{c\theta}(\alpha)$、$\rho_{\theta c}(\alpha)$，而只需根据式(3.5-32)，直接回归得出 $\sigma_c^2\Gamma_c^2(h)$、$\sigma_\theta^2\Gamma_\theta^2(h)$ 及 $[\sigma_{c\theta}\Gamma_{c\theta}^2(h)+\sigma_{\theta c}\Gamma_{\theta c}^2(h)]$ 就可用于可靠度的计算。实际计算中，可先按照考虑自相关性的方法求出 K 个 $\sigma_\tau^2\Gamma_\tau^2(h)$，然后利用式(3.5-32)进行二项式回归，求得 $[\sigma_{c\theta}\Gamma_{c\theta}^2(h)+\sigma_{\theta c}\Gamma_{\theta c}^2(h)]$ 值。

应当注意，在应用 τ_{ij} 时，应该采用公式曲线上修正的数值，而不用原始数值。当求 $\Gamma_\tau^2(h)$ 时，可按随机场理论进行计算，对应于每一个 τ_{ij}，可求得一个相关距离 δu_j，但因相关距离对一个土层是唯一的，因此，可采用众多计算的相关距离的平均值。

除了上述方法外，天津大学和天津港湾研究院还建议了简化相关法和正交变换相关法，据验证，这三种方法有时可得相近的结果，详细可参考有关资料[7][8]。

7 岩土工程可靠度分析的计算方法

7.1 岩土可靠度计算的基本方法

岩土工程可靠度计算方法与结构工程有相似之处，也有不同之处。相似的是它也以一次二阶矩法为主，因此结构工程中常用的一些计算方法也可参照使用。但由于岩土工程的特殊性，这些方法需作适当的改变。

在岩土工程中，出现在功能函数中的各个随机变量并非都相互独立或互不相关，它们之中有的具有强烈相关性，有的相关性较弱，或可看作互不相关。在相关的变量之间，有的属于正相关，有的属于负相关。土性指标之间的相关性在岩土工程可靠度计算中十分重要，比如土的密度与强度具有正相关，土的含水率与强度则为负相关，而强度指标中的 c 和 φ 具有负相关性等等。土性指标的相关性可从物理概念出发作出判断，也可对所测的数据进行统计分析而实现。由于参数之间的相关性，使可靠度计算公式中会出现随机变量的协方差或相关函数，因此，岩土工程可靠度计算要比结构可靠度计算更为复杂。

前已述及，土性指标的相关性有自相关性与互相关性之分，自相关性问题在前面已讨论过了，即在岩土参数的概率分析中考虑，而互相关性则在可靠度计算中加以考虑。

在岩土工程中要确定各个随机变量的概率分布，比结构工程中的随机变量还要困难，尤其是几个基本随机变量组合的随机变量联合分布更为困难。一般情况下，只有它们的均值和方差还可能得到，这种仅仅采用均值和方差的数学模型去求解可靠度的方法称为一次二阶矩法。这是一种近似的概率设计计算方法，它将功能函数在某点(常用设计验算点)用泰勒级数展开，使之线性化，这样就使问题大为简化。由此带来的误差在大多数的工程问题中可满足要求。我国结构设计统一标准推荐采用的 JC 法，也是从一次二阶矩法演变而来，它可适用于随机变量任意分布下结构可靠度的计算。

7.2 可靠度分析方法——JC 法简介

我国《建筑结构设计统一标准》中规定，在结构可靠度计算中采用 JC 法。JC 法是由 Rackwitz 和 Fissler 提出的，它适用于随机变量为任何分布下结构可靠度指标的求解，该法已为国际安全度联合会(JCSS)推荐采用，故称为 JC 法。JC 法的基本思路为：将随机变量 $x_i(i=1,2,\cdots,n)$ 原来的非正态分布用正态分布代替，但对于代替的正态分布函数，要求在设计验算点 $x_i^□$ 处的累积概率分布函数 CDF 值和概率密度函数 PDF 值都与原来的 CDF 值和 PDF 值相同。由这两个条件,求出当量正态分布均值 x'_i 和 σ'_{x_i} 的公式如下:

$$x'_i = x_i^* - \sigma'_{X_i} \cdot \varphi^{-1}[F_{x_i}(x_i^*)] \tag{3.5-33}$$

$$\sigma'_{x_i} = \psi\{\varphi^{-1}[F_{X_i}(x_i^*)]\}/f_{x_i}(x_*^i) \tag{3.5-34}$$

其中,$F_{x_i}(\ ')$ 和 $F_{x_i}(\ ')$ 分别代表变量 x_i 的原来实际累积概率分布函数和概率密度函数;$\varphi(\cdot)$ 和 $\psi(\cdot)$ 分别代表标准正态分布下的累积概率分布函数和概率密度函数。最后用一次二阶矩法求可靠指标 β,求解的基本步骤如下:

设极限状态方程为:$Z = g(x_1, x_2, \cdots, x_n)$

(1)假定一个 β 的初值 β_0,选取设计验算点初始迭代点,一般可取

$$x_{ik}^* = m_{x_{ik}} \qquad (m_{xik} \text{表示} x_k \text{的均值})$$

(2)用式(3.5-33)和式(3.5-34)计算当量正态变量的均值 $\bar{X}'_{x_{ik}}$ 和方差 $\sigma'_{x_{ik}}$

(3)求方向余弦 a_i

$$\alpha_i = \frac{\partial g}{\partial x}\bigg|_{m_k} \frac{\sigma_{x_{ik}}}{\sqrt{\sum_{j=1}^{n}(\sigma_{x_{jk}}\frac{\partial g}{\partial x_j}\big|_{m_k})^2}} \tag{3.5-35}$$

对正态变量,$M_k = (x_{1k}^*, x_{2k}^*, \cdots x_{nk}^*)$ 的方差 σ_{xik} 就是 σ_{xi};而对非正态变量,$\sigma_{xik} = \sigma'_{xik}$。对均值 m_{xi} 也是如此。M_k 为第 k 次迭代的设计验算点。

(4)求 β。β 是标准正态变量空间中极限状态曲面到原点的最短距离,JC 法是在正态变量空间中以过迭代点的切平面到均值点的距离(以 σ_{xi} 为单位度量)来逐次逼近。

$$\beta = \frac{\sum_{i=1}^{n}(m_{x_i} - x_i^*)\frac{\partial g}{\partial x_i}\big|_{m_k}}{\sum_{i=1}^{n}(\alpha_i \cdot \sigma_{x_i})\frac{\partial g}{\partial x_i}\big|_{m_k}} \tag{3.5-36}$$

(5)求新的设计验算点 $M_{k+1} = (x_{k+1}, x_{2k+1}, \cdots x_{nk+1})$。

重复步骤(2)—(5),直到 $|\beta_{k+1} - \beta_k| \leqslant \varepsilon_\beta, gM_k \leqslant \varepsilon_g$ 为止,$\varepsilon_\beta, \varepsilon_g$ 分别为 β 和 g 的控制精度。

7.3 改进的 JC 法(XJC 法)

JC 法虽然可用于非正态分布的随机变量,只要进行当量正态化,仍可用一次二阶矩法求结构可靠度指标。但是在该法中假定随机变量之间是相互独立的,没有考虑其相关性,这与岩土工程中的情况不符,因此,应对其做些改进,以适应岩土可靠度分析的要求。张庆华[5]在她的博士论文中对此做了一些工作,以下只考虑两两相关的情况。

(1)先讨论正态、相关变量、线性极限状态方程的情况

对于随机变量两两相关的情况,当功能函数线性化后,在方差公式中将出现两随机变量的相关系数 $\rho(x_i, x_j)$ 或协方差 $\text{Cov}(x_i, x_j)$(见图 3.5-19)。

设影响结构可靠度的几个随机变量为 $x_i(i=1,2,\cdots,n)$,相应的极限状态方程为:

$$Z = a_0 + a_1 x_1 + a_2 x_2 + \cdots + a_n x_n \tag{3.5-37}$$

设 $\rho_{x_i x_j}$ 为 x_i, x_j 之间的相关系数,$0 \leqslant \rho_{x_i x_j} \leqslant 1$。按概率论,$Z$ 的均值和方差为:

$$m_z = a_0 + \sum_{i=1}^n a_i m_{x_i}$$

$$\sigma_z^2 = \sum_{i=1}^n \sum_{j=1}^n \rho_{ij} a_i a_j \sigma_{x_i} \cdot \sigma_{x_j}$$

可靠度指标 β 为

$$\beta = \frac{m_z}{\sigma_z}$$

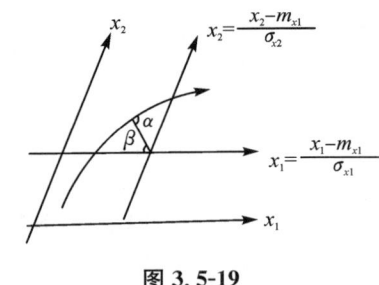

图 3.5-19

将 σ_z 展开成 $a_i \sigma_{x_i}$ 的函数,则

$$\sigma_z = \sum_{i=1}^n \alpha_i a_i \sigma_{x_i} \tag{3.5-38}$$

其中:

$$\alpha_i = \sum_{j=1}^n \rho_{x_i x_j} \cdot \sigma_{xj} \Big/ \Big[\sum_{i=1}^n \sum_{j=1}^n \rho_{x_i x_j} a_i a_j \sigma_{x_i} \cdot \sigma_{x_j}\Big]^{1/2} \tag{3.5-39}$$

这里的 α_i 为灵敏系数,反映了 Z 与 x_i 之间的线性相关性。

为导出设计验算点公式,综合上面几式有:

$$Z = a_0 + \sum_{i=1}^n a_i x_i = m_z - \beta_{\sigma z} = 0 \tag{3.5-40}$$

即

$$\sum_{i=1}^n a_i (x_i - m_{x_i} + \beta \alpha_i J_{x_i}) = 0 \tag{3.5-41}$$

设计验算点 $x^* = \{x_1^*, x_2^*, \cdots, x_n^*\}$ 可写为

$$x_i^* = m_{x_i} - \beta \alpha_i \sigma_{x_i} \tag{3.5-42}$$

设计验算点 x_i^* 的几何意义仍为失效面上距标准化坐标原点最近的点。

(2) 非线性、非正态相关随机变量的情况

此时,将极限状态方程线性化,可得:

$$Z = g(x_1^*, x_2^*, \cdots, x_n^*) + \sum_{i=1}^n (x_i - x_i^*) \frac{\partial g}{\partial x_i}\Big|_{x^*} = 0 \tag{3.5-43}$$

对于非正态变量的情况,需将其在验算点处当量正态化,将其转化为正态分布随机变量的可靠度分析问题。这时,m_x, σ_x, α_i 相应地各为

$$m_x = \sum_{i=1}^n \frac{\partial g}{\partial x}(m_{x_i} - x^*) \tag{3.5-44}$$

$$\sigma_x = \Big[\sum_{i=1}^n \sum_{j=1}^n \rho_{x_i x_j} \frac{\partial g}{\partial x_i}\Big|_{x^*} \frac{\partial g}{\partial x_j}\Big|_{x^*} \cdot \sigma_{x_i} \sigma_{x_j}\Big]^{1/2} \tag{3.5-45}$$

$$\alpha_i = \frac{\sum_{j=1}^n \frac{\partial g}{\partial x_j}\Big|_{x^*} \rho_{xij} \cdot \sigma_{x_j}}{\Big[\sum_{i=1}^n \sum_{j=1}^n \rho_{x_i x_j} \frac{\partial g}{\partial x_i}\Big|_{x^*} \frac{\partial g}{\partial x_j}\Big|_{x^*} \cdot \sigma_{x_i} \sigma_{x_j}\Big]^{1/2}} \tag{3.5-46}$$

$$x_i^* = m_{x_i} - \beta \alpha_i \cdot \sigma_{x_i} \tag{3.5-47}$$

与以往的 JC 法相比,这里导出的 α_i 的表达式考虑了变量之间的相关性,但验算点的公式形式完全一样,改进 JC 法(简写为 XJC)的计算步骤也与 JC 法完全相同,只是在步骤 3 中,α_i 的计算公式用式(3.5-46)即可。

从上分析和推导可以看出,在 JC 法中是否考虑变量的相关性,主要在于灵敏系数 α_i 如何计算,不考

虑变量相关性的情况,可以看成是考虑变量相关性的一个特例。令 $\rho_{x_i x_j}=1$(当 $i=j$)或 $\rho_{x_i x_j}=0$(当 $i\neq j$),则式(3.5-46)变成式(3.5-35)了。

7.4 JC 法算例

一土坡建于倾斜的岩层上,如图 3.5-20。填料为壤土和砂粒料,其滑动面主要在壤土中通过,滑弧半径 $r=151$m,滑弧分为 8 个条块,$b=10$m,土坡内的孔压是由其稳定渗流流网决定的,根据实测结果,上游水位为 155.5m,下游水位为 145.5m,水头 10m。稳定分析采用圆弧法核算。

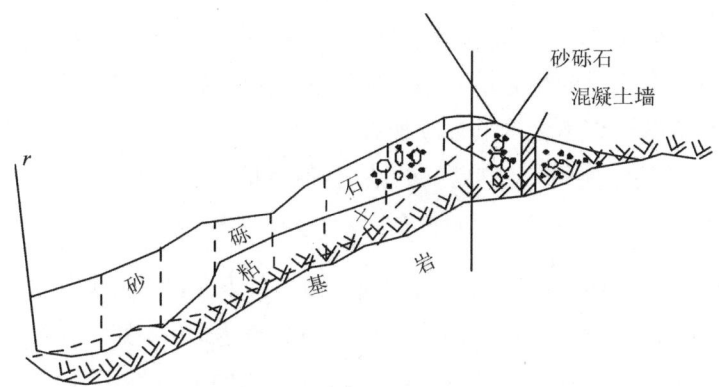

图 3.5-20 倾斜岩基上的土坡

抗滑力矩 M_R 和滑动力矩 M_O 的计算公式分别如下:

$$M_R = \sum_1^m [cb\sec\psi+(W\cos\psi-\theta\sin\psi-ub\sec\psi)\text{tg}\varphi] \quad (3.5\text{-}48)$$

$$M_O = \sum_1^m \left(W\sin\psi + \frac{\theta_{r_1}}{r}\right) \quad (3.5\text{-}49)$$

其中,条块在滑弧面上的土重 $W=\gamma V$,γ 为土的密度,V 为条块体积;θ 为水平地震惯性力;c、φ 为土体在地震条件下的有效凝聚力和有效内摩擦角;u 为稳定渗流条件下作用于条块底面中点的孔压。

由此建立相应的状态方程为:

$$g=R-S=M_R-M_O=0 \quad (3.5\text{-}50)$$

将 M_R 和 M_O 的概率统计特性列于表 3.5-16,相关矩阵也列于下面:

表 3.5-16　　　　　　　　　M_R 和 M_O 的概率统计特性及相关距离

统计特性 变量名	均值	变异系数	分布类型
M_R	665.8	0.081	对数正态
M_O	538.68	0.053	对数正态

相关系数矩阵:

$$\rho = \begin{bmatrix} 1 & 0.544 \\ 0.544 & 1 \end{bmatrix} \quad (3.5\text{-}51)$$

现分别采用①不考虑相关性的 JC 法程序与②考虑 M_R 和 M_O 相关性的 XJC 程序的计算结果:

①用 JC 程序的结果,可靠度指标 $\beta=2.1723$,成功概率 $P_r=98.5\%$,失效概率 $P_f=1.5\%$;
②用 XJC 程序的结果,两个变量 M_R 和 M_O 的相关系数见表 3.5-17。

表 3.5-17　　　　　　　　　　　　M_R 和 M_O 的相关系数

变量	M_R	M_O
M_R	1.0	0.544
M_O	0.544	1.0

计算的结果:可靠度指标 $\beta=3.068198$,相应的成功概率 $p_r=99.89\%$,失效概率 $p_f=0.11\%$。

从上结果可知,是否考虑变量的相关性对结果影响很大,这就是在岩土工程可靠度计算中简单地套用结构工程的做法,导致成果严重不合理的症结所在。

可以看出,采用 XJC 法简单实用,且有良好的精度,值得推广。

7.5　蒙特卡罗法

由概率论可知,事件出现的概率可以用大量试验中该事件发生的频率近似估算。工程的失效概率可以通过对各个随机变量进行大量抽样,将它们代入功能函数表达式中,视其是否失效,然后根据失效的频率来估得失效概率,这就是蒙特卡罗法的基本思路。这种方法的适应性很强,它不受功能函数的非线性程度及随机变量变异性大小的影响,其计算精度取决于计算的次数,当计算次数很多时,可以达到很高的精度,所以它可看作相对精确法。

8　随机场理论在地基承载力计算中的应用

8.1　地基承载力可靠度计算中互相关性的考虑

前已指出,土工可靠度分析中相关性问题有两个方面,即同一土性指标的自相关性和不同指标间的互相关性。前者在土性指标分析中考虑,后者在岩土结构的可靠性指标计算中考虑,即在计算可靠性指标的公式中计入随机变量间相关系数的影响。下面以地基承载力计算中常用的 Hansen 公式为例,进行该公式概率模式的推导。

8.2　互相关性的处理及 Hansen 公式的概率模式

假定 n 个随机变量两两相关,$x_i(i=1,2,\cdots,n)$,对应的功能函数为:
$Z=g(x_1,x_2,\cdots,x_n)$,设计验算点为 $P^*(x_1^*,x_2^*,\cdots,x_n^*)$,则

$$x_i^* = m_{xi} - \eta_i \beta a_{xi} \quad (3.5\text{-}52)$$

$$\eta_i = \frac{\sum_{j=1}^{n}\left(\frac{\partial g}{\partial x_j}\Big|_{x^*} \cdot \sigma_{x_j}\rho_{ij}\right)}{\sqrt{\sum_{i=1}^{n}\sum_{j=1}^{n}\left(\frac{\partial g}{\partial x_i}\Big|_{x^*} \frac{\partial g}{\partial x_j}\Big|_{x^*} \cdot \sigma_{x_i}\sigma_{x_j}\rho_{ij}\right)}} \quad (3.5\text{-}53)$$

式中,m_{xi}、σ_{xi} 分别为变量 $x_i(i=1,2,\cdots,n)$ 的均值及方差。η_i 为灵敏系数,它与常规的一次二阶矩法(FOSM)有所不同,但其余计算可靠度的步骤与常规验算点 FOSM 法是相同的。

地基承载力极限状态方程为

$$Z = V_f - V = 0 \quad (3.5\text{-}54)$$

式中,V_f——地基极限承载力的垂直分力,用 Hansen(汉森)公式计算;

V——作用于地基表面的总垂直力。

对 $\varphi > 0$ 的条形基础,地基承载力的汉森公式为:

$$V_f = Be[1/2\gamma BeNrir + (q + C \cdot ctg\varphi)Nqdqiq - C \cdot ctg\varphi] \quad (3.5\text{-}55)$$

式中:Be—基础的有效宽度;

q——边载(N/m^2);

γ——基础底面下土的容重,水下用浮容重(N/m^2);

φ——基础底面下土的内摩擦角($°$);

C——基础底面下土的凝聚力(N/m^2);

$Nq = e^{\pi tg\varphi} tg^2(45° + \varphi/2)$; $Nr = 1.5(Nq-1)tg\varphi$

在本问题中,$ir = iq = 1$,

由此,极限状态方程的随机变量有 5 个,为:

$Z = g(C, \varphi, \gamma, H_0, q_0)$,式中:$H_0$ 为码头前水深,q_0 为码头表面均布荷载。

极限状态方程为:

$$Z = V_f - V = Be[1/2\gamma BeNr + qNqdq + (Nqdq - 1)C \cdot ctg\varphi] - \sum V_i = 0 \quad (3.5\text{-}56)$$

其中,V_i 指第 i 种荷载作用在地基底面上产生的垂直压力。

汉森公式的概率模式推导过程较为复杂,在此仅给出极限承载力的均值和方差的表达式如下。

承载力均值和方差的表达式为:

$$E[P_u] = \frac{Bei_r}{2}\left\{rN_r + \frac{a_1}{2}\sigma_\varphi^2 + b_1 Cov[\gamma, \varphi]\right\} + qi_q\left[N_q d_q + \frac{C_1}{2}\sigma_\varphi^2\right]$$

$$+ i_q N_q d_q \cdot C \cdot ctg\varphi + \frac{d_1}{2}i_q \sigma_\varphi^2 + e_1 i_q Cov[C, \varphi] \quad (3.5\text{-}57)$$

$$- C \cdot ctg\varphi - \frac{f_1}{2}\sigma_\varphi^2 - g_1 Cov[C, \varphi]$$

$$Var[P_u] = a_2^2 \sigma_r^2 + b_2^2 \sigma_c^2 + C_2^2 \sigma_\varphi^2 + 2a_2 b_2 Cov[\gamma, C] \quad (3.5\text{-}58)$$

$$+ 2a_2 C_2 Cov[\gamma, \varphi] + 2b_2 C_2 Cov[C, \varphi]$$

以上两式中 $\sigma_r^2, \sigma_c^2, \sigma_\varphi^2$ 分别为 r, C, φ 的方差。$Cov[\cdot]$ 即协方差。式中各变量都取均值。$a_1, b_1, c_1, d_1, e_1, f_1, g_1, h_1, a_2, b_2, c_2$ 均为系数,其表达式如下:

$$a_1 = 1.5 N_q tg\varphi sec^2\varphi[(\pi+2)^2 sec^2\varphi + 2\pi tg\varphi + 2sin\varphi]$$

$$+ 3N_q sec^2\varphi[\pi sec^2\varphi + 2sec\varphi] + 2N_r sec^2\varphi$$

$$b_1 = 1.5 N_q tan\varphi sec^2\varphi(\pi sec^2\varphi + 2) + 2N_r csc2\varphi$$

$$c_1 = N_q d_q sec^2\varphi[(\pi+2)^2 sec^2\varphi + 2\pi tan\varphi + 2sin\varphi]$$

$$+ 2N_q[\pi sec^2\varphi + 2sec\varphi]\frac{D}{Be}(1-sin\varphi)[sec^2\varphi(1-sin\varphi) - 2sin\varphi]$$

$$+ N_q \frac{2D}{Be}[sec^2\varphi tan\varphi(1-sin\varphi)^2 - sec\varphi(1-sin\varphi) - cos\varphi(1-2sin\varphi)]$$

$$d_1 = C[4ctg\varphi ctg2\varphi csc2\varphi N_q d_q - 2e_1 csc2\varphi - h_1 csc^2\varphi + c_1 ctg\varphi]$$

$$e_1 = h_1 ctg\varphi - csc^2\varphi N_q d_q$$

$$f_1 = 2C \cdot cotg\varphi \cdot csc^2\varphi$$

$$g_1 = -\csc^2\varphi$$

$$h_1 = N_q d_q [\pi \sec^2\varphi + 2\sec\varphi] + \frac{2D}{Be} N_q (1-\sin\varphi)[\sec^2\varphi(1-\sin\varphi) - 2\sin\varphi]$$

$$a_2 = \frac{Be}{2} N_r i_r$$

$$b_2 = \text{ctg}\varphi \cdot (N_q d_q i_q - 1)$$

$$c_2 = \frac{Be}{2} r i_r b_1 + q i_q h_1 + C i_q e_1 + C \csc^2\varphi$$

至此,所有系数已全部给出。

8.3 计算实例

8.3.1 某化肥码头地基承载力的可靠度计算

化肥码头系重力式沉箱结构码头,如图 3.5-21。

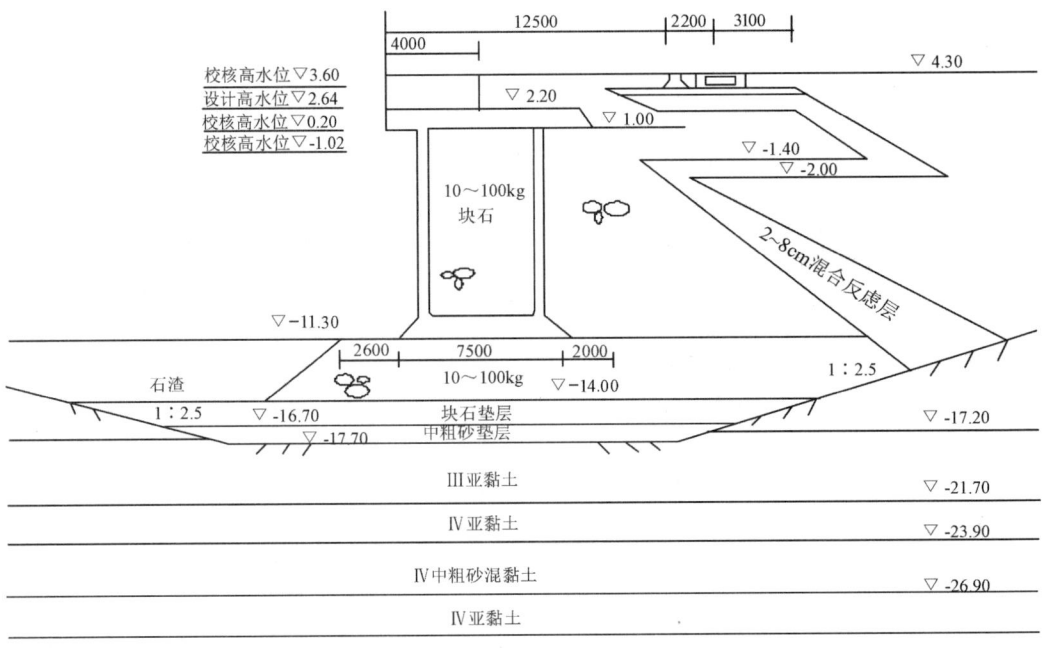

图 3.5-21 重力式沉箱结构码头

码头设计均布荷载为 $q_1=30$ kPa,$q_2=30$ kPa(码头前沿 14m 以后)。沉箱内及沉箱后回填块石。基槽开挖至标高-17.70m。抛石基床厚 3.5m,下铺厚 1.9m 块石和 1.0m 中粗砂垫层。这样,砂垫层以下分别为:亚黏土层Ⅰ,厚度 4m;亚黏土层Ⅱ,厚度 2.2m;中粗砂混黏土层 3.0m;亚黏土层Ⅲ,厚度 3.0m。计算荷重分量所用的参数见表 3.5-18.

表 3.5-18　　　　　　　　　　　　　　基本参数

特性	混凝土	块石	石渣	中粗砂	海水
水上容重(t/m³)	2.4	1.8	—	—	1.025
水下容重(t/m³)	1.4	1.1	1.2	0.925	—
内摩擦角(°)	—	44.2			

经计算,地基土性指标的相关距离分别为 $\delta_c=0.10{\rm m},\delta_\varphi=0.20{\rm m},\delta_\gamma=0.35{\rm m}$。应当说,不同土性指标的相关距离本只应有一个指标,但因取样扰动、试验误差等原因,有所差别,而该工程又没有现场试验资料,因此只好以误差较小的 δ_γ 相关距离 0.35m 作为该土层的相关距离。土性指标的相关系数为 $\rho_{c,\varphi}=-0.4285$,

$\rho_{c,\gamma}=0.0082,\rho_{\varphi,\gamma}=0.2232$。按不同土性指标统计方法得出的地基土性综合指标分别见表 3.5-19 和表 3.5-20。

表 3.5-19　　　　　　　　　　按点特性法土性指标

土性指标	均值	标准差	变异系数
$C({\rm t/m}^2)$	3.00	1.4500	0.4833
${\rm tg}\varphi$	0.3597	0.0834	0.2325
$\gamma({\rm t/m}^3)$	1.97	0.0510	0.0259

表 3.5-20　　　　　　　　　考虑自相关和取样不定性的指标

土性指标	均值	标准差	变异系数
$C({\rm t/m}^2)$	2.64	0.5102	0.1933
${\rm tg}\varphi$	0.3750	0.0307	0.0819
$\gamma({\rm t/m}^3)$	1.97	0.0245	0.0125

在可靠度的计算中,分别采用均值 FOSM 和验算点 FOSM 法针对几种不同情况进行的,如表 3.5-21。

表 3.5-21　　　　　　　考虑相关性对可靠度计算结果的比较

序号	计算方法		指标统计方法（是否考虑自相关）		是否考虑互相关		计算结果	
	均值FOSM	验算点FOSM	常规法	考虑	是	否	可靠指标 β	失效概率 P_f
1	√		√			√	2.150	1.580×10^{-2}
2		√	√			√	1.034	1.506×10^{-1}
3		√	√			√	1.114	1.327×10^{-1}
4		√		√		√	3.062	1.107×10^{-3}
5		√		√	√		3.288	5.045×10^{-4}

从上表结果可见,是否考虑相关性对可靠度指标和失效概率影响很大,用常规法的指标结果很不合理,考虑了自相关性尤其是再考虑互相关性后,成果较为合理。这就是以往简单地沿用结构可靠度方法移植到岩土可靠度计算中造成不合理成果的原因。

其次,采用不同变量对可靠度指标 β 影响的敏感性分析,如表 3.5-22 所示。

表 3.5-22　　　　　　　　　采用不同变量对可靠度指标 β 的影响

变异系数	变量 β 值	C	$tg\varphi$	γ	H_0	q_0
0.1		1.10099	1.93428	1.03181	1.03332	1.03311
0.2		1.09110	1.17593	1.02761	1.03324	1.03311
0.3		1.07519	0.82274	1.02054	1.03311	1.03311
0.4		1.05404	0.62697	1.01046	1.03292	1.03310

从上表可发现,对该工程的可靠度影响最大的是土的内摩擦角。

综上所述,在本工程的各种情况中,采用验算点 FOSM 法,在指标统计中考虑自相关性及取样不确定性的影响,在可靠指标计算中考虑互相关性的因素,可以得到比较合理的结果,也与它的安全系数相对应。由此得出的 $\beta=3.288$,失效概率 $P_f=5.045\times 10^{-4}$。

8.3.2　新沙港铁路试验路堤地基承载力可靠度分析

本实例中有大量的土层现场试验资料,这种资料对可靠度分析更为适宜。

新沙港试验堤断面如图 3.5-22,堤高约 5m,堤下土层依次为砂黏土 0.1m,淤泥质黏土 4.63m,淤泥质砂黏土 2.80m,砂夹黏土层,厚度较大。因堤基承载力不足,当填土至 6.80m 高程时(填土高 5.05m),发生了整体失稳。本例题计算不同填土高度时,地基承载力的可靠度,以及破坏时的可靠度。

(1)土层自相关距离计算

①原位测试资料概况

原位试验资料包括静力触探(单头和双头)、十字板剪切及旁压仪试验等三种,其各孔的位置及孔口标高见表 3.5-23 和图 3.5-23。由于这里只分析 3# 孔的断面,故仅使用触探和十字板两种资料。

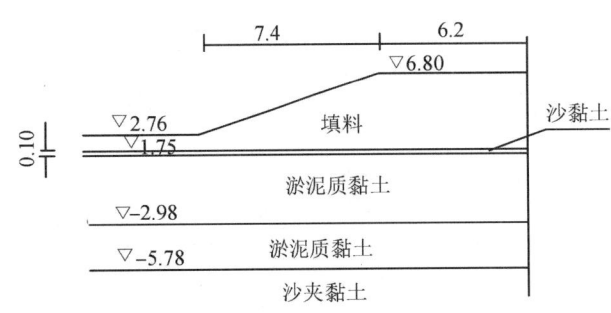

图 3.5-22　新沙港试验堤断面

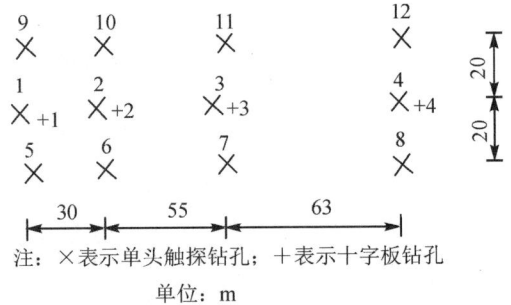

图 3.5-23　单头静力触探和十字板钻孔平面

表 3.5-23　　　　　　　　　　各类原位测试资料概况

原位测试类型	测点数	编号	备注
静力触探(双用探头)	33	J_{px}-1～J_{px}-33	由原位队用进口仪器测量
静力触探(单用探头)	14	J_{px}-1～J_{px}-14	由软土队用国产仪器测量
十字板	4	1-4	
旁压仪	5	Pa-1～Pa-4,补	

②单头静力触探资料分析

资料分析中,采用黄卫峰提出的试算拟合法,取样间距分 4 种:$\Delta Z=0.1m,0.2m,0.3m$ 和 $0.4m$。自相关函数设为 $\rho(\Delta Z)=\exp(-\Delta Z/\delta_u)$。由此求得不同取样间距的计算相关距离 δ_i 和淤泥质土的实际相关距离如表 3.5-24。

表 3.5-24　　　　　　　　　　单头静探 3# 钻孔的相关距离计算结果

取样间距(m)	$\Delta Z_{01}=0.1$	$\Delta Z_{02}=0.2$	$\Delta Z_{03}=0.3$	$\Delta Z_{04}=0.4$
计算相关距离 δ_i	0.21	0.32	0.41	0.43
土层相关距离 δ(m)	0.425			

③十字板剪切试验资料分析

十字板试验资料的间距为 $\Delta Z=1.0m$,深度在 $10m \sim 13m$ 范围内。由于钻孔穿越不同土层,计算中对原始资料进行了处理,即消除了 Cu 随深度的趋势分量。采用试算拟合法,取样间距 ΔZ_0 为 $1.0m$,求得 3# 钻孔的相关距离为 $\delta=0.45m$。

(2)路堤地基可靠度计算

①计算条件

在计算中因无室内力学性试验资料,仅有不排水抗剪强度值,故极限承载力采用《港口工程技术规范》第 3.2.3 条提供的条形基础极限承载力公式:

$$P_u=(\pi+2)S_u(1+d_{CB}^a-i_{CB}^a)q \tag{3.5-59}$$

S_u——不排水抗剪强度指标。

d_{CB}^a——埋深修正系数,等于 $0.4\dfrac{D}{B_r}$。

i_{CB}^a——荷载倾斜修正系数,等于 $0.5-0.5\sqrt{1-\dfrac{H_B}{A_e S_u}}$。

q——基底平面以上由土重力和恒载组成的边载。

在计算时砂黏土层底面为基底平面,取埋深为 $1.11m$,基础有效宽度 $Be=27.2m$。

②极限状态方程和可靠度计算

取填土容重 $\gamma_填$ 和地基土不排水强度 S_u 为随机变量,极限状态方程为

$Z=5.224S_u+(0.067h2-1.138h+1.081)\gamma_填=0$

式中,h 为路堤施工高度,h 取值的不同可以模拟路堤的施工过程。填土容重 $\gamma_填$ 的均值为 $1.71t/m^3$,变异系数 $V_{\gamma_填}=0.3$,不排水强度 S_u 的特征值见表 3.5-25。

表 3.5-25　　　　　　　　　　S_u 的概率特征值及可靠度计算结果

不同情形	S_u(t/m²)	V_{Su}	σ_{Su}(t/m²)	δ	$\Gamma(\Delta Z)$	β
点指标①	1.23	0.573	0.7053			0.36
单点触探孔 3 空间平均②	1.23	0.141	0.1736	0.45	0.2461	0.83

注:①点指标由十字板钻孔 3 中的淤泥质土的测试资料得出。
②单点触探孔 3 与十字板钻孔 3 位置非常接近。

假定地基土不排水强度与土的容重无关,即随机变量相互独立,且服从正态分布,采用 JC 法计算不

同情况下地基承载力的可靠指标 β 如表 3.5-26。结果表明,当填土高度达 5.05m 时,可靠指标仅 0.83,说明承载力严重不足,只有当填土高度为 2.90m 时,可靠指标才满足规范要求,路基是稳定的。

表 3.5-26　　　　　　　　　不同填料高度对应的承载力可靠指标

填筑高度 h(m)	1.00	2.00	2.50	2.80	2.90	3.00	3.50	4.00	4.50	5.05
可靠指标 β	13.88	5.57	3.94	3.24	3.05	2.86	2.11	1.56	1.15	0.83

9　随机场理论在桩基承载力计算中的应用

国内对桩基承载力可靠度分析的早期研究为同济大学的高大钊、李镜培在 20 世纪 90 年代地基可靠度攻关研究期间进行的。与此同时,张庆华在长科院攻读博士期间也单独进行了研究。他们都采用了土性的随机场模型,但具体做法有所不同。

9.1　桩基承载力计算公式[11]

单桩承载力由侧阻和端阻两部分组成：$P=P_f+P_b$。根据规范(DBJ08-11-89),当采用 CPT 的 P_s 值估算桩的承载力 R_{uj} 的公式为：

$$R_{uj} = U_p \sum f_{si} \cdot L_i + \alpha_b P_{sb} A_p \qquad (3.5\text{-}60)$$

式中,P_f,P_b 各为桩侧和桩端的阻力,U_p 为桩截面周长,A_p 为桩横截面积。

f_{si}——用 P_s 值估算的桩侧第 i 层的极限摩阻力,即 $f_{si}=\alpha_{si}P_{si}+C_i$

P_{sb}——桩端附近土比贯入阻力的计算值,按规范,分两种情况考虑,当上层土比下层土软时,$P_{sb}=(P_{sb1}+\zeta P_{sb2})/2$；当上层土比下层土硬时,$P_{sb1}=P_{sb2}$。$\alpha_b$,$\alpha_{si}$,$C_i$,$\zeta$ 为与土类有关的修正系数,按有关规范取用。

在上述公式中,P_{si},P_{sb} 应视为随机变量,用概率方法处理。鉴于这些变量具有一定的空间效应的土性随机特征,故应采用随机场模型进行概率特性分析。

9.2　土层 P_s 值的随机场模型

P_s 的随机场模型与前面所述的基本相同,如果采用 CPT 的资料,需注意 P_s 中的趋势分量,并予以剔除。

土层在深度 Z 处的 P_s 值可表示为

$$P_s(Z) = m(Z) + x(Z) \qquad (3.5\text{-}61)$$

式中,$m(Z)$ 为土层中某点 P_s 的均值,其值可能为常数也可能为深度 Z 的确定性线性函数,如图 3.5-24。$x(Z)$ 为土层某点 P_s 的随机分量,其均值应为零。

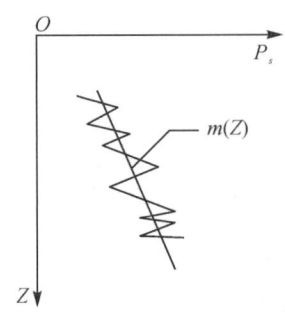

图 3.5-24　土层深度 Z 处的 P_s 值

P_s 在 $[Z, Z+\Delta Z]$ 区间内的空间均值 $\overline{P_s}$ 和空间方差 $\widetilde{P_s}$ 分别为：

$$\overline{P_s} = \overline{m}(Z) + \overline{x}(Z) = \frac{1}{\Delta Z}\int_Z^{Z+\Delta Z} m(\tau)\mathrm{d}\tau \tag{3.5-62}$$

$$\widetilde{P_s} = \widetilde{m}(Z) + \widetilde{x}(Z) = \widetilde{x}(Z) \tag{3.5-63}$$

因 X 的空间均值为零，可看作统计上均匀的随机变量，其空间均值方差：

$$\overline{x}(Z) = \sigma^2 \frac{2}{\Delta Z}\int_0^{\Delta Z}\left(1-\frac{\tau}{\Delta Z}\right)\rho(\tau)\mathrm{d}\tau = \sigma^2 \Gamma^2(\Delta Z) \tag{3.5-64}$$

式中，$\rho(\tau)$ 为 X 的自相关函数，σ^2 为 X 的点方差，$\Gamma^2(\Delta Z)$ 即为方差折减系数。如前述，

$$\Gamma^2(\Delta Z) \approx \frac{\delta}{\Delta Z} \tag{3.5-65}$$

可见，只要求得了土层 P_s 的随机分量 x 的相关距离，即可求出空间均值方差。

9.3 P_s 的相关距离计算[12]

P_s 相关距离的计算与其他相关距离的计算类似。在 P_s 曲线中分别按不同的取样间距 ΔZ_0（0.1m，0.2m……）采集 P_s 的样本，建取趋势分量 $m(Z)$，用其随机分量求相应的相关距离。对应不同的 ΔZ 值得不同的相关距离 δ，取 $\Delta Z \approx \delta$ 时的 δ 值作为土层的相关距离。据计算，上海地区土层的垂直相关距离如表 3.5-27（李镜培、高大钊）；天津港典型土层的垂直相关距离如表 3.5-28[8]（天津港湾工程研究院，2006）。

表 3.5-27　　　　　　　　　　　上海地区典型土层相关距离

层号	土层名称	厚度(m)	δ 值(m)
③	灰色淤泥质亚黏土（夹粉砂）	5～10	0.40～0.80
④	灰色淤泥质黏土	8～15	1.00～1.50
⑤	灰色黏土、亚黏土	5～10	0.60～1.20
⑥	暗绿色黏土	3～5	0.50～0.80
⑦	粉砂	10～20	0.25～0.60

表 3.5-28　　　　　　　　　　　天津港典型土层相关距离

土层名称	垂直相关距离(m)	
	变化范围	均值
淤泥质黏土（夹砂）	0.159—0.319	0.226
淤泥及淤泥质黏土	0.14—1	0.369
淤泥质黏土及黏土	0.158—0.568	0.37
黏土	0.132—0.322	0.241
粉质黏土	0.095—0.426	0.232
平均值	0.30	

9.4 桩侧和桩端 P_s 的概率参数分析

（1）桩侧土

在 CPT 的 P_s 曲线中选取子样 $x_1, x_2, \cdots x_k, \cdots x_{ni}$，子样的最大容量应为 $n_i = L_i/\delta_i$，

L_i 为土层厚度,以这样间距选取的子样可认为是互相独立的。于是 P_s 的点均值和点方差可表示为:

$$m_i \approx \frac{1}{n_1} \sum_{k=1}^{n_1} X_k \tag{3.5-66}$$

$$\sigma_i^2 \approx \frac{1}{n_i-1} \sum_{k=1}^{n_1} (X_k - m_i)^2$$

在 L_i 范围内的空间均值和空间方差为:

$$\overline{P}_{\Omega} = m_i \qquad \widetilde{P}_{si} = \sigma_1^2 \cdot \Gamma^2(Li) \tag{3.5-67}$$

由于 $\Gamma^2(L_1) \approx \dfrac{\delta_i}{L_i}$ 故

$$\widetilde{P}_{\Omega} = \sigma_1^2 \cdot \delta_i / L_1 \tag{3.5-68}$$

(2) 桩端土

当上层土比下层土软时,在 $L_{b1}=8d$ 或 $L_{b2}=4d$ 范围内(规范规定,d 为桩径),采集不相关子样,并计算其点均值 m_{b1}(或 m_{b2})和点方差 σ_{b1}^2(或 σ_{b2}^2),这样可得到 P_{b1} 和 P_{b2} 的均值和方差的估算式,如式(3.5-69),并认为 P_{b1} 与 P_{b2} 相互独立(即式3.5-70)。

$$\left. \begin{array}{l} \overline{P}_{b1} = m_{b1} \\ \widetilde{P}_{b1} = \sigma_{b1}^2 \delta_{b1}/8d \\ \overline{P}_{b2} = m_{b2} \\ \widetilde{P}_{b2} = \sigma_{b2}^2 \delta_{b1}/4d \end{array} \right\} \tag{3.5-69}$$

$$\mathrm{Cov}(P_{b1}, P_{b2}) = 0 \tag{3.5-70}$$

式中,m_{b1}、m_{b2} 各为上层土和下层土范围内,P_s 测值的算术平均值。

当上层土比下层土硬时,这时 P_b 的均值为 m_{b2},由于 m_{b2} 的计算范围为桩端下厚度为 $L_{b2}=4d$ 的土层,因而可得 P_b 的方差为:

$$\mathrm{Var}(P_b) = \mathrm{Var}(P_{b2}) = (1/4d) \delta_{b2} \sigma_{b2}^2 \tag{3.5-71}$$

9.5 桩的极限承载力 R_u 的概率特征[13]

考虑到桩的极限承载力估算式,R_{uj} 本身存在不确定性的影响,引入一个随机变量 η 来反映这种影响,于是有 $R_u = \eta R_{uj}$。据资料统计,η 的均值为 1.0,变异系数为 0.15,则 R_u 的均值 $E[R_u]$ 和方差 $\mathrm{Var}[R_u]$ 为

$$E[R_u] = E[\eta R_{uj}] = E[R_{uj}] = E[P_f + P_b] = E[P_f] + E[P_b] \tag{3.5-72}$$

其中,$E[P_f] = \overline{P}_f = U_p \sum\limits_{i=1}^{n} \alpha_i \overline{P}_{si} L_i$

$E[P_b]$ 参看式(3.5-69)

$$\mathrm{Var}[R_u] = R_{uj}^2 \mathrm{Var}(\eta) + \mathrm{Var}(P_f) + \mathrm{Var}(P_b) + 2\mathrm{Cov}(P_f, P_b) \tag{3.5-73}$$

其中,

$$\mathrm{Var}(P_f) = U_p^2 \mathrm{Var}(P_{fi}) + U_p^2 \sum \sum \rho_{p_{fi} p_{sj}} \alpha_i \alpha_j$$

$$\times \sqrt{\left[\mathrm{Var}(P_{si})\overline{L}_i^2+\mathrm{Var}(L_i)P_{si}^2\right]\left[\mathrm{Var}(P_{sj})\overline{L}_j^2+\mathrm{Var}(L_j)P_{sj}^2\right]} \quad (3.5\text{-}74)$$

对 $\mathrm{Var}[P_b]$，当上层土比下层土软时，按照式(3.5-69)采用；当上层土比下层土硬时，按照式(3.5-70)采用。式中，$\mathrm{Cov}(P_f,P_b)$ 为 P_f,P_b 的协方差，因为 P_f 和 P_b 都由同一个 P_u 估算而得，则两者互不独立。按定义，

$$\mathrm{Cov}(P_f,P_b)=\sqrt{\mathrm{Var}(P_f)\mathrm{Var}(P_b)}\cdot\rho_{P_fP_b} \quad (3.5\text{-}75)$$

在此，P_f, P_b 的相关性近似地用 P_s 在桩长范围内的空间均值及 P_s 在桩端某一计算范围内的空间均值之间的相关性来表达，即 $\rho_{P_f,P_b}=\rho_{P_{sf},P_b}$。根据(3.5-71),(3.5-72)和(3.5-73)即可求得单桩极限承载力 R_u 的概率特征。

9.6 算例

某桩基工程的土层情况如图 3.5-25 及表 3.5-29。桩的几何尺寸为 $L=28.00\mathrm{m}, d=0.50\mathrm{m}, A_p=0.20\mathrm{m}^2, U_p=1.57\mathrm{m}$。求该单桩的极限承载力。

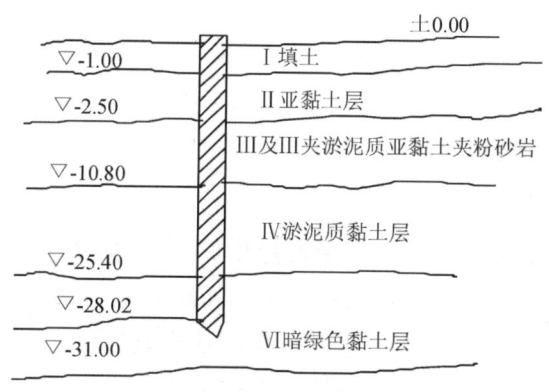

图 3.5-25 某桩基工程的土层分布

表 3.5-29 桩侧土层的土性指标

序号	土层编号	L(m)	P_{si}(kPa)	σ_i(kPa)	δ_i(m)	Γ^2	$\sqrt{\mathrm{Var}(P_{si})}$(kPa)	$\overline{f}_{si}$(kPa)
1	①	1.0					0	15.0
2	②	1.5				0	0	15.0
3	③+③夹	8.3	630.0	400.0	0.65	0.078	111.71	31.5
4	④	14.6	750.0	230.0	1.42	0.097	71.63	37.5
5	⑥	2.6	2380.0	950.0	0.55	0.21	435.34	84.0

根据有关公式可求得：

桩端土 P_b 的平均值 $\overline{P}_b=2360.0\mathrm{kPa}$，$a_b=0.83$。

极限承载力 R_u 的均值 $\overline{R}_u=2063(\mathrm{kN})$；

极限承载力 R_u 的空间均值方差$=11.4\times10^4(\mathrm{kN})^2$

极限承载力的变异系数 $\mathrm{Cov}=0.16$。

设总荷载 $S=G+Q$，根据《建筑结构统一标准》，恒载 G 的变异系数为 0.07，活载 Q 的变异系数为 0.29，故总活载的变异系数为 0.15(假定荷载比=1)，认为 S 符合极值Ⅰ型分布，R_u 符合对数正态分布，

采用一次二阶矩的验算点法可求得,当安全系数 $k=\overline{Ru}/m_s=2.0$ 时,可靠性指标 $\beta=2.6$。但若不采用随机场理论,而按照结构工程所用的点特性进行计算,可靠性指标 β 仅为 1.38,显然是不合理的。

10 孔间地质随机特征的统计推断[14]

吴为义生前在长科院工作期间,对地质勘探资料采用概率统计方法进行分析的课题做了一些新的尝试。

很显然,对工程进行可靠度分析,必须考虑第一性的原始资料和测试数据的概率处理问题,但这方面似乎尚未引起足够注意,有关成果国内相当罕见。这不仅影响该项工作的发展,也使岩土工程可靠度缺乏必要的基础。相反国外对这个领域相当重视,成果也较多。

吴为义的研究属于国内这方面探索的先河,因为在地质勘探资料中,最开头和最基本的工作是解决钻孔之间地质特征的推断问题。大家知道,由于地质构造作用,沉积与侵蚀作用,风化作用的不确定性,使众多地质特征如层面、夹层、透镜体、透水层等等都具有随机特性。对于这些地质特征采用钻孔是惯常的方法,但钻孔之间的情况确定就带有很大的随意性和经验性。因此,用概率统计方法对孔间情况进行推断就是一个合理的途径。这里以三峡二期围堰地基基岩为背景,提出了一种钻孔之间风化岩层分界线统计推断的新方法。

10.1 常用的孔间地质特征推断方法

(1) 直线相连法

这是最常用的孔间特征推断方法,最简单,但也最粗糙(图 3.5-26)。因为孔间直线相连,所以线段间不连续,不符地质特征的物理机制;尤其是它否定了孔间地质的随机性,例如,由此造成采样值与直线推断值的均值与方差的不同(图 3.5-27),采样值 A,B,C 的均值为 $O-O$,而直线推断值即 AB 与 BC 的均值为 $O'-O'$;类似地,AB,BC 对其均值 $O'-O'$ 的二阶矩(方差)也不同于采样点 A,B,C 对其均值 $O-O$ 的二阶矩。一般说来,直线推断值的方差比采样点的方差减小了,因此,直线法是不安全的。

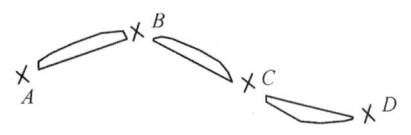

图 3.5-26 直线相连法示意

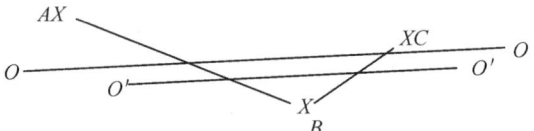

图 3.5-27 采样值与推断值的均值与方差

(2) 曲线拟合法

首先假定层面的变化特征曲线,如多项式等。然后根据钻孔资料,用最小二乘法等得出层面的几何方程。这个方法是一个光滑函数,能较充分地利用每一测点的结果。但它事先规定了层面的变化特征,否定了地质特征的随机性,同时,此法所得的结果与采样结果不一定相同,其结果的好坏与个人的经验有关。

(3) 马尔科夫(Markov)链法

此法认为层面的变化特征可用 Markov 链来描述,其参数空间为离散的距离 S_i,状态空间可以是层面的高程或层面高程变化的斜率 T_i。由起始的概率分布和概率转移矩阵可以完全确定 Markov 链,因此也就确定了层面的变化特征,其关键是转移概率矩阵的获得。要点是各状态转移的频率等同于其转移概率。有转移概率矩阵后,可任意选取一初始分布,利用电脑产生一系列随机数,根据其相应的状态即可获得一随机界面,此随机界面的概率特征由转移概率矩阵表述。这种方法充分地考虑了地质特征的随机性,即 Markov 性,但对于已知的采样点不一定能满足 Markov 性,而且用频率值代替概率值需要足够的采样值,这也不一定能做到。

10.2 新推荐的方法

本方法有如下要点或基本假定:①有限的采样值的均值和方差代表了孔间地质特征的均值和方差,它是统计推断的最基本的数据;②作出满足边界条件(即在采样处推断值与采样值相同)的随机曲线,此曲线的均值和方差尽可能与采样值的均值和方差相同;③根据实际地质条件的物理背景,使上述随机曲线具有一定的马尔科夫性。比如,对大范围的地质随机特性的预测仅具有低阶或甚至不具有 Markov 性,而对小范围内的观测,像经常遇到的相对于地质构造的某些特征尺度要小得多的局部地区,则具有一定阶的 Markov 性。

关于该法的具体内容可结合下述的例题来说明。

本法的优点是:①推断的孔间地质特征具有随机性,与物理实际比较吻合;②边界条件是已知的,所得的结果与采样结果不矛盾;③所作推断的可靠程度与采样结果的可靠程度一致。

例题

有一长为 1100m 的区域,在其距原点 0m,200m,500m,800m,1100m 处打设钻孔,获得地层中软硬分界层面的相对深度各为 -0.4m,0.1m,-0.8m,0.33m,0.2m。试用新推荐的方法求出空间交界面的位置。

首先算出采样的均值 $\bar{z}=-0.11$m,方差 $\sigma=0.42$m。以此特征量产生随机数列,初步认为层面深度 z 为服从

$N(\bar{z},\sigma)$ 正态分布的随机变量,采用近似的抽样方法来产生正态随机数列,即 γ_i 为 $(0,1)$ 均匀分布的随机数列,而 n 值较大时,则随机变量:

$$\zeta = \frac{\frac{1}{n}\sum_{i=1}^{n}\gamma_i - \frac{1}{2}}{(1/12n)^{1/2}} \tag{3.5-76}$$

是渐进正态分布 $N(0,1)$ 的随机变量,再作一次线性变换,即可得到 $N(\bar{z},\sigma)$。

如图 3.5-30,$Z_{s,j}(j=1,2,\cdots,N-1)$ 是采样所得的层面深度,$Z_{i,j}-Z_{i,j+1}$ 之间的层面深度未知。今设 S_i 处的推断值为 Z_i($i=1$ 时,即有 $Z_i=Z_{s,j}$),Z 是服从 $Z(\bar{z},\sigma)$ 分布的一个抽样值,那么在 $S_{i+1}=S_i+ST$ 处,ST 为步长,Z_{i+1} 也服从 $N(\bar{z},\sigma)$ 分布的一个抽样值,同时 Z_{i+1} 还满足:

$$\Delta = |Z_{i+1}-Z_i| \leqslant K_\sigma \cdot \sigma \tag{3.5-77}$$

式中,Δ 为相邻状态点的高差,如图 3.5-28。

上式可以通过不断地产生新的抽样值而实现,对该式的满足意味着所产生的随机界面具有一定阶的 Markov 性。K_σ 值的大小反比于其 Markov 性的强弱。重复以上过程,即可得出一条近似连续的界面,见图 3.5-29。

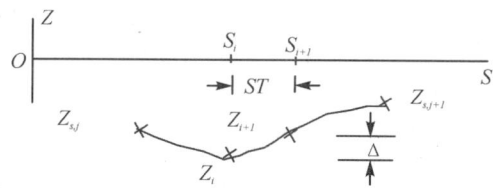

图 3.5-28 孔间层面深度的推断方法

图 3.5-29 推断所得的随机界面

上述推断的结果与已知的采样结果比较吻合,其可靠程度与采样结果的可靠程度相同。而且此法很容易在电脑上实现。但这个方法也存在一些不确定的因素,主要有二:① 参数点步长 ST 和相邻状态点高差 Δ(或 K_o)的控制,对推断值的走向有一些影响,当 K_o 取值较大(如大于 1.5)时,推断的层面跳动较大,K_o 取值适当(如 0.8),结果较好。步长控制的大小也有一定的影响;② 推断值的唯一性问题,如果不唯一,何者最佳? 从理论上说,具有同一均值和方差的随机曲线,其可靠程度是相同的,而且参数的改变对结果的影响有限,因此,对所产生的随机数列的分布形式无需作过多限制。最好的做法也许是看采样值的频率分布,尽量使随机数列的分布函数靠近采样点的频率分布为宜。

10.3　统计推断的层面在围堰地层渗透计算中应用[15]

三峡二期深水围堰坝址地层有微风化花岗岩层与弱风化花岗岩层,前者的渗透系数为 2.1×10^{-5} cm/s,后者为 6.3×10^{-4} cm/s,防渗墙的渗透系数为 $A\times10^{-8}$ cm/s,水下抛填砂砾料、风化砂、砂卵石覆盖层及反滤层的渗透系数可综合考虑为 3.1×10^{-2} cm/s。微、弱风化层的顶板采用两种方法确定:常规的地质方法和上述的概率统计推断方法,并分别计算通过地层不同部位的渗透比降及总渗透量。两种方法所得的地层边界略有不同,概率方法的边界在坝轴线下方的河槽部位要比常规方法的边界平均低 5m~8m,而在靠下游部位又要偏高几米,在其他部位则比较接近。计算的区域为:长度沿坝轴大约 680m,宽为 350m,共分为 13 个剖面。渗流计算采用 CSSD 三维稳定渗流有限元程序。计算剖面如图 3.5-30,上游水位 86.5m,下游水位 20m。

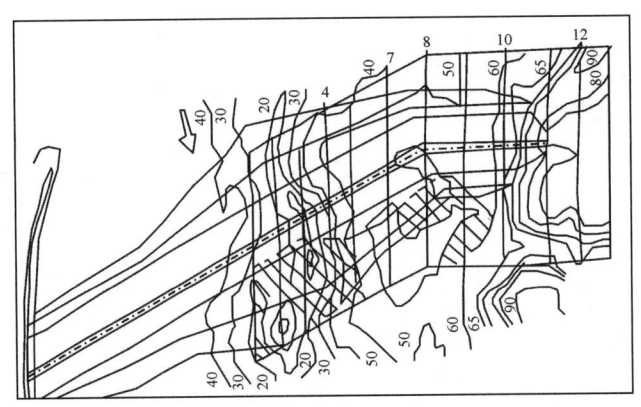

图 3.5-30　渗流计算区域和剖面的布置

计算的主要成果如表 3.5-30 和表 3.5-31。表中,方案 2 为常规法边界,防渗墙到弱风化层顶板下 1m;方案 6 为概率法边界,防渗墙到弱风化层顶板下 1m;方案 7 为概率法边界,防渗墙达弱风化层底板处,其余与方案 6 相同。

表 3.5-30　　第一道防渗墙下游面与弱风化层交界处的垂直渗透比降

剖面方案 方案	1	2	3	4	5	7	8	9	10
方案 2	4.86	7.65	7.29	3.85	1.54	1.83	2.12	2.08	1.14
方案 6	5.26	6.83	7.66	4.91	2.51	2.28	2.57	3.85	3.16
方案 7	0.25	0.48	0.57	0.03	0.13	0.15	0.26	0.23	0.10

表 3.5-31　通过上游围堰坝段、基础及左岸的渗流量

方案号	$Q(m^3/day)$	$Q'(m^3/day)$
方案 2	9702	18680
方案 6	13363	25033
方案 7	1287	2376

表中，Q 为通过计算域内的上游围堰坝段、基础及左岸的渗流量；

Q' 为根据 Q 而推得的通过整个上游围堰坝段、基础及左岸的渗流量。

从分析可知，方案 6 的垂直渗透比降及过坝流量比方案 2 要高，过流量 Q' 要高 30% 以上。

可见采用常规方法是偏不安全的，这点值得注意。

11 多层地基沉降的概率分析方法

11.1 地基沉降分析常用方法的问题

建筑物地基沉降计算的一般方法是先测得地基土的土性指标，再确定建筑荷载和土体自重，然后用一个数学公式计算土层的压缩量，求得建筑物的沉降量，这种方法就是所谓确定性方法。可是实际上这是一个带有很多不确定性的方法，首先正如上节指出，土层剖面的划分就有很大的随意性，再则，土性试验、原位应力（包括水压力）以及计算模型等都有很大的不确定性，如果在这个确定的方法中采用一个也不确定的大老 K，那么不确定程度又增大了。为此具体研究这些变量的随机性，并考虑变量间的相关性，用概率方法研究在不同情况下的可能沉降，为进一步研究它的风险，评估它的损失，设计出优化的方案，就是一条概率设计的途径。

本项研究的工程对象的地层分布如图 3.5-31 所示。地基顶部为表土和一层硬黄色黏土，其下为主要压缩层：中密超固结黏土层 1（又可分为 1a 和 1b，后者系施加路堤荷重后变为正常固结土层）和正常固结黏土层 2，其下为漂砾黏土层，沉降可不计。地基上有路堤荷重，堤顶高程为 12.2m，填土约 9m 左右。土样的试验成果如图 3.5-32 所示。

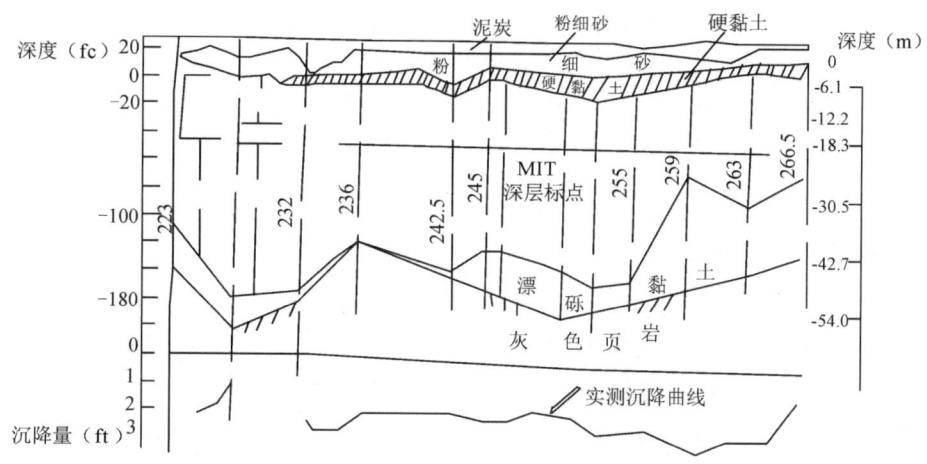

图 3.5-31　土层剖面和实测沉降线

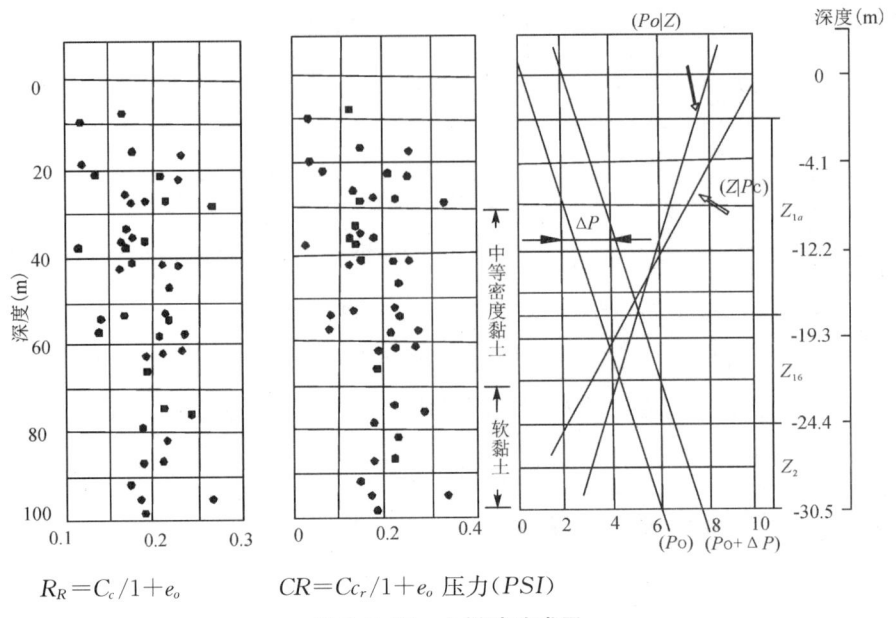

$R_R=C_c/1+e_o$　　　$CR=C_{cr}/1+e_o$　压力（PSI）

图 3.5-32　土样试验成果

11.2　沉降计算公式中的随机变量及其相关性分析

沉降计算的基本公式仍采用太沙基一维分层总和法公式，对照图 3.5-33，各土层的沉降计算公式为：

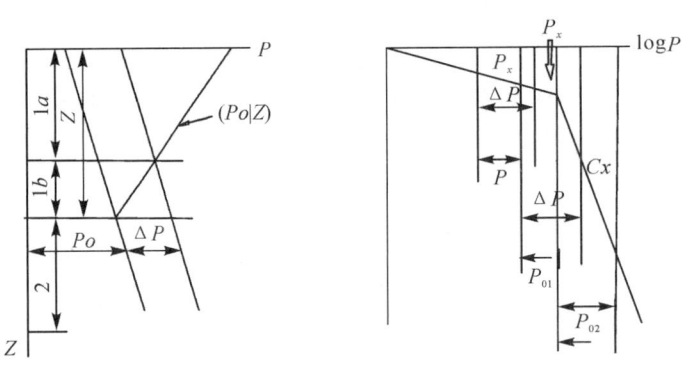

图 3.5-33　计算公式中各符号示意图

土层 $1a$ 　　　　$S_{1a}=\Delta+Z_{1a}[R_R\log(P_{1a}/P_{01a})]$ 　　　　(3.5-78)

土层 $1b$ 　　　　$S_{1b}=\Delta+Z_{1b}[R_R\log(P_c/P_{01b})+C_R\log(P_{1b}/P_c)]=S_{1bA}+S_{1bB}$ 　　　　(3.5-79)

式中，　　$P_{1a}=P_{01a}+\Delta P$；

　　　　$P_{1b}=P_{01b}+\Delta P$；

　　　　$P_2=P_{02}+\Delta P$；

　　　　S_i 为土层 i 的沉降；

　　　　$\Delta+Z$ 为土层厚度；

$C_R=C_c/(1+e_0)$ 为压缩比，$R_R=C_r/(1+e_0)$ 为再压缩比，其中，C_c 为原压缩指数，C_r 为再压缩指数，e_0 为起始孔隙比，P_c 为先期固结压力，P_{0i} 为起始上覆压力，ΔP 为压力增量，P_i 为加 ΔP 后总压力。

上述各符号的意义示于图 3.5-33 中。上式中，C_R 和 R_R 是沿深度变化的随机变量，先期固结压力 P_c 为一随机变量，试验表明，它随深度线性增加。土层厚度也是随机变量，它的不确定性是沉降计算中不确定性的主要来源。在上述 4 个随机变量中，C_R 和 R_R 是都是土的压缩性，故两者相关，此外，ΔZ_{1b} 与 P_c 是相关的，因为超固结土层 $1b$ 的位置取决于 P_c。除此之外，所有指标可认为都不相关。

11.3 沉降计算的概率模式

研究表明,地基沉降计算中的随机变量一般都符合正态或对数正态分布,对于这类分布,随机变量的均值和方差完全确定了概率密度函数,因此它无须事先确定分布函数,就可采用一阶二次矩法进行概率统计分析[17]。

前已述及,在随机变量中,仅C_R和R_R以及ΔZ_{1b}和P_c是相关的,其余均相互独立,于是可得各土层沉降的均值$E(S_i)$如下。

对土层1的沉降量(压缩量)均值有:

$$E(S_1) = E(S_{1a}) + E(S_{1b}) \tag{3.5-80}$$

由式(3.5-78)得土层$1a$的均值为:

$$E(S_{1a}) = \log(P_{1a}/P_{01a}) E(\Delta Z_{1a}) E(R_R) \tag{3.5-81}$$

由式(3.5-79)可得土层$1b$的均值的泰勒级数展开式的一级近似为:

$$E(S_{1b}) = E(S_{1bA}) + E(S_{1bB}) \tag{3.5-82}$$

其中,

$$E(S_{1bA}) = E\log(P_c/P_{01b}) E(\Delta Z_{1b}) E(R_R) = \log(\bar{P}_c/P_{01b}) E(\Delta Z_{1b}) E(R_R) \tag{3.5-82-1}$$

$$(S_{1bB}) = \log(P_{1b}/\bar{P}_c) E(C_R) E(\Delta Z_{1b}) \tag{3.5-82-2}$$

式中,$\bar{P}_c = E(P_c)$,而P_{01a}和P_{01b}为确定的变量,非随机变量。

对土层2的相应公式为:

$$E(S_2) = E(\Delta Z^2) E(C_R) [\log(P_2/P_{02})] \tag{3.5-83}$$

沉降的方差是一个多随机变量的方差问题,对于$1a$层,由于其中仅含有两个随机变量S_{1a}和R_R,且相互独立,故比较简单,土层$1a$的方差$V(S_{1a})$为:

$$V(S_{1a}) = [\log(P_{1a}/P_{01a})]^2 E^2(\Delta Z_{1a}) V(R_R) + E^2(R_R) V(\Delta Z_{1a}) + V(\Delta Z_{1a}) V(R_R) \tag{3.5-84}$$

对于$1b$层,因为其中包含4个随机变量比较复杂,其方差的总表达式可写为:

$$V(S_{1b}) = V(S_{1bA}) + V(S_{1bB}) + 2\rho(S_{1bA}, S_{1bB}) \cdot \sqrt{V(S_{1bA}) \cdot V(S_{1bB})} \tag{3.5-85}$$

式中,$\rho(S_{1bA}, S_{1bB})$为S_{1bA}和S_{1bB}的相关系数。

由式(3.5-77)可知,S_{1bA}是与再压曲线相对应的压缩沉降量,S_{1bB}是与原压曲线相对应的压缩沉降量,两者的区别主要是系数C_R与R_R的不同,其余一样,故认为C_R与R_R的相关性可近似地代表S_{1bA}和S_{1bB}的相关性,故式(3.5-85)可改写为:

$$V(S_{1b}) = V(S_{1bA}) + V(S_{1bB}) + 2\rho(C_R, R_R) \cdot \sqrt{V(R_R) V(C_R)} \tag{3.5-86}$$

下面讨论$V(S_{1bA})$与$V(S_{1bB})$的表达式。把多随机变量方差的表达式$V(S_{1bA})$与$V(S_{1bB})$分别展开成泰勒级数,并取一阶近似值可得:

$$V(S_{1bA}) = 0.189 (P_{01b}/\bar{P}_C)^2 (\Delta \bar{Z}_{1b} \cdot R_R)^2 V(P_C) + [\log(\bar{P}_C/P_{01b}) \bar{R}_R]^2 V(\Delta Z_{1b})$$
$$+ [\log(\bar{P}_C/P_{01b}) \Delta \bar{Z}_{1b}]^2 V(R_R)$$
$$+ 0.4343 (P_{01b}/\bar{P}_C) \log(\bar{P}_C/P_{01b}) \Delta \bar{Z}_{1b} \cdot \text{Cov}(P_c, \Delta Z_{1b}) \tag{3.5-87}$$

$$V(S_{1bB}) = 0.189 \frac{1}{\bar{P}_C^2}(\Delta Z_{1b} \cdot \bar{C}_R)^2 V(P_C) + [\log(P_{1B}/\bar{P}_C)\bar{C}_R]^2 V(\Delta Z_{1b})$$
$$+ [\log(P_{1b}/\bar{P}_C)\Delta Z_{1b}]^2 V(C_R)$$
$$+ (0.4343 \cdot \frac{1}{P_c}\log(P_{1b}/\bar{P}_C)\Delta Z_{1b}\bar{C}_R^2)\text{Cov}(P_c, \Delta Z_{1b}) \tag{3.5-88}$$

于是，土层 1 的方差 $V(S_1)$ 可表达如下：

$$V(S_1) = V(S_{1a}) + V(S_{1b}) + 2[\rho(S_{1a}, S_{1b})\sqrt{V(S_{1a})} \cdot \sqrt{V(S_{1b})}] \tag{3.5-89}$$

式中，$\rho(S_{1a}, S_{1b})$ 为土层 $1a$ 的沉降与土层 $1b$ 的沉降的相关系数，经推导，公式为：

$$\rho(S_{1a}, S_{1b}) = \frac{\sum_j [\delta_{j1a} \cdot \delta_{j1b} \cdot \rho(j1a, j1b)]}{[\sum_j (\delta_{j1a})^2 \cdot \sum_j (\delta_{j1b})^2]^{1/2}} \tag{3.5-90}$$

式中，δ 为变异系数，Cov 为协方差，$j = \Delta Z$ 或 Pc 或 C_R, R_R。

类似地，土层 2 沉降方差 $V(S_2)$ 表达式为：

$$V(S_2) = \log^2(P_2/P_{02})[E^2(\Delta Z_2)V(C_R) + E^2(C_R)V(\Delta Z_2) + V(\Delta Z_2)V(C_R)] \tag{3.5-91}$$

11.4 随机变量的均值、方差及相关性分析

随机变量的均值容易求得，而随机变量的方差则比较麻烦，尤其是土层厚度的方差，以往文献早有研究，这里先讨论土层厚度问题，再讨论先期固结压力的方差。

11.4.1 土层厚度 ΔZ 的方差

根据随机变量线性函数的方差表达式以及土层的边界情况，注意到 Z_{oc} 是超固结土层的边界，Z_{1a} 是表层土与中密黏土的边界，两者的成因不同，故可认为 Z_{oc} 与 Z_{1a} 不相关，于是协方差 $\text{Cov}(Z_{\alpha}, Z_{1a}) = 0$，

同理，$\text{Cov}(Z_2, Z_{1b}) = 0$。于是各土层的方差可表示为：

$$\left.\begin{array}{l} V(\Delta Z_{1a}) = V(Z_{0C}) + V(Z_{1a}) \\ V(\Delta Z_{1b}) = V(Z_{1b}) + V(Z_{0c}) - 2\text{Cov}(Z_{1b}, Z_{0c}) \\ \quad\quad\quad\quad = V(Z_{1b}) + V(Z_{0c}) - \rho(Z_{1b}, Z_{0c})\sqrt{V(Z_{1b})V(Z_{0c})} \\ V(\Delta Z_2) = V(Z_2) + V(Z_{1B}) \end{array}\right\} \tag{3.5-92}$$

上式中，$\text{Cov}(Z_{\alpha}, Z_{oc})$ 为土层 Z_{1b} 和 Z_{oc} 的协方差，由于该两土层都受随机变量 P_c 的影响，故两土层是相关的。

对于土层边界方差 $V(Z_i)$ 的估算，需区别两种边界情况：

对于 Z_{oc} 和 Z_{1b}，它们的不确定性来自 P_c，P_c 对深度 Z 的回归曲线与 P_c 和 $(P_0 + \Delta P)$ 的交点分别决定了 Z_{1b} 和 Z_{oc} 的平均位置，P_c 对 Z 的回归曲线表达了 P_c 的平均值与 Z 的回归关系，这种关系呈线性。根据试验资料，求得 P_c 在给定 Z 的条件下的条件平均值为

$$E(P_c | Z) = 7.98 - 0.05Z \tag{3.5-93}$$

同样，也可得到相反的一种表达式，它表达 Z 的平均值对 P_c 的线性回归：

$$E(Z | P_c) = 97.7 - 9.49P_c \tag{3.5-94}$$

而 Z 对 P_c 的条件方差值 $V(Z | P_c)$ 就反映了 Z 与 P_c 有关的可变性，此即为 Z_{oc} 和 Z_{1b} 的不确定性。

由图 3.5-33 的 P_c 点子的分布可看出，该回归线的条件方差（即 Z 值对回归直线的偏离）似不是常值，而是变值。这个变化的方差可假定为

$$V(Z \mid P_c) = \sigma_c^2 \cdot P_c^2 \tag{3.5-95}$$

其中 σ_c^2 是一个未知常数,可假定为 $\sigma_c^2 = V(Z)$,即

$$V(Z \mid P_c) = V(Z)P_c^2 \tag{3.5-96}$$

式中,未知数 $V(Z)$ 的不偏估计值,按回归分析理论为

$$V(Z) = \frac{\sum W_i (Z_i - \overline{\beta}_1 - \overline{\beta}_2 P_{ci})^2}{n-2} \tag{3.5-97}$$

其中,n 为观测点数目;而 $W_i = \frac{1}{P_i^2}$;$\overline{\beta}_1$、$\overline{\beta}_2$ 各为:

$$\overline{\beta}_1 = \frac{\sum W_i Z_i - \overline{\beta}_2 \sum W_i P_{ci}}{\sum W_i}$$

$$\overline{\beta}_2 = \frac{\sum W_i (\sum W_i Z_i P_{ci}) - (\sum W_i Z_i)(\sum W_i P_{ci})}{\sum W_i (\sum W_i P^2_{ci}) - (\sum W_i P_{ci})^2}$$

从 P_c 的试验值求得 $\overline{\beta}_1 = 86.87$;$\overline{\beta}_2 = -7.14$;$V(Z) = 9.4$,故

$$V(Z \mid P_c) = 9.4 P_c^2 \tag{3.5-98}$$

对应于图 3.5-32 的回归直线,$V(Z_{oc})$ 应相当于 $P = 5$ 时的 $V(Z \mid P_c)$ 值,而 $V(Z_{1b})$ 应相当于 $P_c = 4.1$ 时的 $V(Z \mid P_c)$ 值,由此得第一种边界的方差值

$$V(Z_{oc}) = 235; \qquad V(Z_{1b}) = 158。$$

第二种边界方差值系 $V(Z_{1a})$ 和 $V(Z_2)$ 的推算。原则上,这两个值可从钻孔资料中推算。然而应注意,按随机过程理论,若将土层边界作为一个随机过程,则需先检验同一土层中相邻两点的深度值是否相互独立,即要求随机过程的自相关系数等于或接近零,然后,才能使用。从土层资料看,这是满足的。

一般说来,随机变量自相关性的衰减规律可取指数形式,如

$$\rho(\Delta x) = \exp\left(-\left|\frac{\Delta x}{du}\right|\right) \tag{3.5-99}$$

式中,ρ 为 Z 在 x 和 $x + \Delta x$ 的自相关函数;du 为指数衰减的一个参数,即相关距离,以此来检测数列,两个数据的最小间距大于 du。对于有限数列,其自相关函数可表达为:

$$\rho(\Delta x) = \frac{1}{n} \sum_1^n \left[\frac{Z(x) - \overline{Z}}{\sqrt{V(Z)}} \cdot \frac{Z(x + \Delta x) - \overline{Z}}{\sqrt{V(Z)}}\right] \tag{3.5-100}$$

其中,n 为 Δx 中测值的成对数目;Z 为所研究的随机变量。

在上式中代入不同的 Δx,可得不同的 $\rho(\Delta x)$,对应于 $\rho(\Delta x) = e^{-1}$ 的 Δx 值即为所求的 du。对土层 1,该值为 115ft,对土层 2 为 209ft。由于土层资料的整个数列均相互独立,于是得土层 1a 和土层 2 的方差为

$$V(Z_{1a}) = 60, \qquad V(Z_2) = 976。$$

至于 $\rho(Z_{1b}, Z_{oc})$,因 Z_{1b} 和 Z_α 都与 P_c 的随机特性有关,故这两者具有很好的相关性,即 $\rho(Z_{1b}, Z_{oc}) = 1$。

有了上述各项数据,即可按式(3.5-92)求得各土层厚度的方差为:

$V(\Delta Z_{1a}) = 295, V(\Delta Z_2) = 1134, V(\Delta Z_{1b}) = 200.3$

11.4.2 土的压缩比的方差

土的压缩比 C_R(或 R_R)沿土层中不同深度的试验值 $C_{R1}, C_{R2} \ldots C_{Rt}$ 可看作一系列随机变量的一组样

本，其均值 $\overline{C}_R$ 也应是一组随机变量。由于沉降是就一定厚度的土层而言，压缩比的方差应是空间平均值的方差即有：

$$V(\overline{C}_{R\Delta Z}) = V(C_R)/n_e \atop V(\overline{R}_{R\Delta Z}) = V(R_R)/n_e \Biggr\} \quad (3.5\text{-}101)$$

式中，$V(C_R)$ 和 $V(R_R)$ 为点方差；n_e 为当量数，即在 ΔZ 深度范围内独立的试样个数；du 为相关距离。经计算可得：$n_{e1b}=58$，$n_{e1}=104$，$n_{e2}=58$，并且

$$V(\overline{C}_{R1b})=0.000071, V(\overline{C}_{R2})=0.000043,$$
$$V(\overline{R}_{R1a})=0.000012, V(\overline{R}_{R1b})=0.000035$$

11.4.3 先期固结压力的方差

这也是一个空间平均值方差 $V(\overline{P}_c)$，其求法与 $V(\overline{C}_R)$ 相同，可得：P_{c1a} 的 $n_e=174$，P_{c1b} 的 $n_e=118$，P_{c2} 的 $n_e=35$，并得：

$$V(\overline{P}_{c1a})=0.0115, V(\overline{P}_{c1b})=0.0137, V(\overline{P}_{c2})=0.0445$$

11.4.4 随机变量的相关性问题

判别随机变量的相关性首先从物理概念上着手，看其是完全相关、完全不相关或部分相关。对于部分相关情况，则要根据随机过程理论推导出相关函数的表达式，然后求出相关系数。

(1) C_R 和 R_R 的相关性

关于 C_R 和 R_R 的自相关性，由于土层 1 和土层 2 实际上是一个土层，仅超固结作用使土的密度有所差别，而这不该影响土的压缩指数的关系，因此可认为 C_R（或 R_R）的自相关系数良好，即

$$\rho(C_{R1}, C_{R2}) = \rho(R_{R1}, R_{R2}) = 1 \quad (3.5\text{-}102)$$

关于互相关性，先要求出互相关函数。由于 1 层和 2 层各是同一黏土层的一部分，因此这两层的互相关函数应该相同，且都等于整个黏土层的互相关函数，即

$$\rho(C_{R1}, R_{R1}) = \rho(C_{R2}, R_{R2}) = \rho(C_R, R_R) \quad (3.5\text{-}103)$$

关于互相关函数的计算步骤有三：列出不同高程的 C_R 和 R_R 测值；检验测值的独立性，如有必要进行过滤形成新数列 C_{R1}'，R_{R1}'；根据公式对新的数列计算其互相关系数。

经过计算，就本文的资料求得：$\text{Cov}(C_R', R_R')=0.0005$，$V(C_R')$ 和 $V(R_R')$ 各为 0.0466 和 0.0266，而因

$$\rho(C_R', R_R') = \frac{\text{Cov}(C_R', R_R')}{\sqrt{V(C_R')}\sqrt{V(R_R')}} \quad (3.5\text{-}104)$$

故可得：$\rho(C_R', R_R')=0.37$

(2) ΔZ 的相关性

这就是确定 $\rho(\Delta Z_1, \Delta Z_2)$ 和 $\rho(\Delta Z_{1a}, \Delta Z_{1b})$ 值的问题，其计算公式与式 (3.5-104) 类似。该式中的协方差一项需作专门研究，经推导，得：

$$\text{Cov}(\Delta Z_1, \Delta Z_2) = 1/2[V(Z_{1a}) + V(Z_2) - V(\Delta Z_2) - V(\Delta Z_1)] - \text{Cov}(Z_1, Z_2) \quad (3.5\text{-}105)$$

$$\text{Cov}(\Delta Z_{1a}, \Delta Z_{1b}) = 1/2[V(\Delta + Z_1) - V(\Delta Z_{1b}) - V(\Delta Z_{1a})] \quad (3.5\text{-}106)$$

至此，所有的数据都已具备，各方差和协方差的值可算得如下：

土层边界的方差值为：$V(Z_{1a})=60.2$，$V(Z_{1b})=158$，$V(Z_2)=976.2$

土层厚度的方差值为：$V(\Delta Z_1)=218.2$，$V(\Delta Z_2)=1034.2$，$V(\Delta Z_{1a})=295.2$，$V(\Delta Z_{1b})=393$，

土层边界的协方差为：$Cov(\Delta Z_1,\Delta Z_2)=-261.3$，$Cov(\Delta Z_{1a},\Delta Z_{1b})=-235$，$Cov(\Delta Z_2,\Delta Z_{1a})=153.3$。

各土层厚度的相关系数为：$\rho(\Delta Z_{1a},\Delta Z_{1b})=-0.69$，$\rho(\Delta Z_1,\Delta Z_2)=-0.55$。

(3) 相邻两土层沉降的相关性

根据式(3.5-90)，可得相邻土层沉降的相关系数为：

$\rho(S_{1a},S_{1b})=-0.376$； $\rho(S_1,S_2)=0.10$

(4) 各土层沉降的均值和方差

根据以上数据及有关公式，可得各土层沉降的均值和方差如表3.5-32

表3.5-32　各土层沉降的均值和方差

	土层1a	土层1b	土层1	土层2
均值 $E(S_i)$	1.815	0.4535	2.269	1.776
方差 $V(S_i)$	0.865	0.147	0.744	0.731
变异系数 $\delta(S_i)$	0.511	0.845	0.380	0.481

(5) 整个地基黏土层沉降的概率特征值

均值 $E(S)=4.04\text{cm}$；方差 $V(S)=1.6226$；标准差 $\sigma(S)=1.2738$；变异系数 $\delta(S)=0.315$。

由于地基沉降符合正态分布，故其概率密度函数为：$S\sim N(4.04,1.6226)$。

11.5　计算值与实测值的比较

该地基在路堤竣工后20个月测得的实际沉降如图3.5-32所示。根据实测沉降算得其均值为2.16cm，和变异系数为0.303；而根据上述计算值求得的均值为4.04cm，变异系数为0.315。可以看到，变异系数相当接近，而均值偏大约1.8倍，其原因，一是与基本公式不够精确有关，据研究，本文所用的计算模式偏大1.14~1.41倍；二是实测值不是最终值，必然偏小。故可以认为，计算成果的精度是可以接受的。

12　参数估计的贝叶斯定律及其应用

12.1　参数估计的古典法与贝叶斯法

实验测值可看作一个随机变量，从有限个测值去推断随机变量分布的规律，就是统计推断问题。在统计推断中，常把实验测定的物理量作为某个随机变量概率分布中的参数，并由测值（样本）去估计该参数，从而求得所要物理量真值的近似值，这就是参数估计问题。估计参数的方法目前一般有两种，即古典法和贝叶斯法。

若欲测定某个物理量，每次量测必存在一定的偶然误差，使测值带有随机性，这种随机性服从正态分布，被测的量的真值就是这个正态分布 $N[\varepsilon:\mu,\sigma^2]$ 中的期望 μ，ε 为测值，测值的平均值 $\bar{\varepsilon}$ 可作为期望 μ 的估计值。$\bar{\varepsilon}$ 的误差为 $\sigma/\sqrt{N}$，σ 为测值的标准差，N 为重复测读的次数。标准差的真值也不能得到，但

可求得它的估计值 S，$S = \sqrt{\left[\dfrac{1}{N-i}\sum(\chi-\bar{\chi})^2\right]}$，有了 μ 和 σ 的参数估计值，正态分布也就确定了。这种估计参数的方法就是古典法[18]。

贝叶斯方法与古典法的不同在于，它不仅根据目前已有的测值，还要考虑测验前的一些判断性信息或其他有关资料，把它们糅合到一起，从而得到对欲测参数的一个完整的概率描述。这种资料或者可以根据以前相似问题上的经验而估计，或者可以是前一次或前几次的测值，也可以从所求的量的测值与另一个量的测值之间的相关系数而求得。这些资料在一般工程中往往是存在的或可以估计到的。故贝叶斯法是既考虑以往经验的判断资料，又考虑实测的信息而进行分析，这种推断未知参数的方法称为贝叶斯推定法。而古典法是不考虑判断的信息的。

12.2 贝叶斯公式的形式与意义

设已从分析对比中得知所测量的概率函数为 $P(\varepsilon,\theta)$，ε 为量测的值，θ 为概率函数中的参数，未知量。又若已测得一组测值 ε_1，现研究如何由 ε_1 去推定 θ。为此就先要研究当一组特定的观测值 ε_1 已出现的情况下，参数 θ 出现的概率是多少。这个概率称为 θ 在给定 ε_1 情况下的条件概率，记为 $P(\theta|\varepsilon_1)$，以后会知道，它也可称为参数 θ 的验后概率。有了验后概率，进一步求得它的期望（均值）就是所求的参数 θ 的贝叶斯估计值了。现讨论如何求验后概率问题。

由概率论的乘法定律，两随机变量 θ,ε 的乘积的概率为

$$P(\theta\cdot\varepsilon) = P(\theta|\varepsilon)P(\varepsilon)，\text{或 } P(\theta|\varepsilon) = \frac{P(\theta\cdot\varepsilon)}{P(\varepsilon)} \tag{3.5-107}$$

而积事件的概率又可写成 $P(\theta\cdot\varepsilon) = P(\varepsilon|\theta)P(\theta)$，

代入式(3.5-107)得 $P(\theta|\varepsilon) = \dfrac{P(\varepsilon|\theta)P(\theta)}{P(\varepsilon)}$ \hfill (3.5-108)

若 ε 由若干个互不相关的事件组成，根据全概率公式

$P(\varepsilon) = \sum P(\varepsilon|\theta)P(\theta)$，于是得贝叶斯定理如下：

$$P(\theta|\varepsilon) = \frac{P(\varepsilon|\theta)P(\theta)}{\sum_i P(\varepsilon|\theta)P(\theta)} \tag{3.5-109}$$

具体到本文讨论的问题，$P(\theta|\varepsilon)$ 即为参数 θ 的验后概率，以 $P''(\theta)$ 记之；

$P(\theta)$ 为 θ 的概率函数，称为验前概率，以 $P'(\theta)$ 记之；$P(\varepsilon|\theta)$ 为给定参数 θ 条件下 ε 的条件概率，称为似然函数。这样，式(3.5-109)可改写为

$$P''(\theta) = \frac{P(\varepsilon|\theta)P'(\theta)}{\sum_i P(\varepsilon|\theta)P'(\theta)} \tag{3.5-110}$$

式(3.5-110)是对离散型随机变量而言的，对于连续型随机变量，则有

$$f''(\theta) = \frac{P(\varepsilon|\theta)f'(\theta)}{\int_{-\infty}^{\infty} P(\varepsilon|\theta)f'(\theta)\mathrm{d}\theta} \tag{3.5-111}$$

下面对上两式中各项函数的意义再作一些解释。

前已述及，$P'(\theta)$［或 $f'(\theta)$］是参数在取得样本信息之前由分析、对比、借鉴或判断而得的验前概率。一个有经验的工程师可以根据有关资料的对比作出合理的判断，例如判断某土层的平均抗剪强度值、压缩指数平均值等。由于常见的土性指标是正态分布的，故验前分布也可假定为正态分布 $N(\mu',\sigma')$，σ' 表

示工程师在判断 θ 值时的不确定性。如果确定没有任何以往的验前知识可循,那么可假设 $f'(\theta)=1$,这表明验前概率在全部可能的取值上服从均匀分布,这就是所谓贝叶斯假定。$P(\varepsilon|\theta)$ 为似然函数,它是当假定参数为 θ 时,测值取 ε 的可能性,即当给定 θ 时,测值取 ε 的条件概率。它是当前取得的新鲜信息。

在这里,$P(\varepsilon|\theta)$ 的函数形式是已知或可以判定的,θ 未知,ε 为测值或数据,因此 $P(\varepsilon|\theta)$ 的表达式总可以具体地写出来。若观测进行 N 次,得 $\varepsilon_1,\varepsilon_2,\cdots\varepsilon_n$,则似然函数就变为:

$$P(\varepsilon_1|\theta)\cdot P(\varepsilon_2|\theta)\cdots P(\varepsilon_n|\theta)=\prod_{i=1}^{N}P(\varepsilon_i|\theta) \tag{3.5-112}$$

可见似然函数是由测值 $\varepsilon_1,\varepsilon_2,\cdots\varepsilon_n$ 及 ε 的分布决定的,记为 $L(\theta)$。

式(3.5-111) 的分母 $\int_{-\infty}^{\infty}P(\varepsilon|\theta)f'(\theta)d\theta$ 是为了保证等式右边为一概率密度函数而满足 $\int_{-\infty}^{\infty}P(x)dx=P(x=\infty)=1$ 的正规化条件,因此,它起到了正规化的作用,称之为正规化常数,以 K 表之,即

$$K=\left[\int_{-\infty}^{\infty}P(\varepsilon|\theta)f'(\theta)d\theta\right]^{-1} \tag{3.5-113}$$

它是样本的函数,与 θ 无关。由此,式(3.5-110)、式(3.5-111)可改写为

$$P''(\theta)=K\cdot L(\theta)\cdot P'(\theta) \tag{3.5-114}$$

而 θ 的贝叶斯估计值 $\hat{\theta}''$ 即为 $P''(\theta)$ 值的期望(均值)

$$\hat{\theta}''(\theta)=E(\theta|\varepsilon)=\sum_{i=1}^{n}\theta_i P''(\theta) \text{ 或 } \hat{\theta}''(\theta)=\int_{-\infty}^{\infty}\theta f''(\theta)d\theta \tag{3.5-115}$$

式(3.5-114)、(3.5-115)为贝叶斯法参数估计中的贝叶斯公式,参数 θ 的验后概率是它的验前概率与似然函数的乘积,即它既包含了观测前关于参数的知识,也包含了观测结果的新信息,因而是观测或试验前后有关分布全部知识的有机概括,是对被估计参数的一个完整的概率描述。

从贝叶斯公式可知,测值 ε 的随机性质(即它的分布)是由参数 θ 的随机性质 $[P(\theta)]$ 及观测过程的随机性质[似然函数 $P(\varepsilon|\theta)$]所共同决定的。无疑,若验前知识较为可靠,则按此估计出的参数值将比不考虑验前知识的估计参数更接近真值。

12.3 贝叶斯定理在三峡风化砂强度参数分析中的应用

三峡风化砂强度曾在 1958 年做过少量小三轴试验,1984 年又做过较多的中三轴试验,以后还做过大三轴试验。大三轴的代表性好但数量少,如果简单地将三者平均显然不够合理。为此,采用贝叶斯法进行分析。首先把小三轴资料作为中三轴资料的验前资料,由中三轴资料求得似然函数,从而得到第一次验后概率;第二步,以此验后概率作为验前概率,以大三轴资料作为似然函数,求出结合了全部三种资料的验后概率,这样求得的参数将更合理。

由于强度参数符合正态分布,故第二次验后概率 $P''(\varphi)$ 是两个正态分布的乘积,它也是一个正态分布,其参数平均值 $\overline{\varphi''}$,标准差 σ'' 已由 Tang 等导出[19],如下:

$$\overline{\varphi''}=\frac{\overline{\varphi}(\sigma')^2+\varphi'(\sigma^2/n)}{(\sigma')^2+(\sigma^2/n)} \tag{3.5-116}$$

$$\sigma''=\sqrt{\frac{(\sigma')^2+(\sigma^2/n)}{(\sigma')^2+(\sigma^2/n)}} \tag{3.5-117}$$

具体计算如下：由贝叶斯定理的表达式，得

$$P''(\varphi) = K \cdot L(\varphi) \cdot P'(\varphi)$$

上式中，$P'(\varphi)$为验前概率，$P'(\varphi) = N[\varphi', \sigma']$，

参数$\varphi' \sigma'$值1958年小三轴资料求得，$\varphi' = 34.39^0$，$\sigma' = 2.05$；

$L(\varphi)$为似然函数，$L(\varphi) = N[\varphi^*, \sigma^*]$，

参数φ^*即中三轴资料的平均值$\overline{\varphi} = 33.5^0$，$\sigma^* = \sigma/\sqrt{n}$，$n$为试验个数，

$\sigma^* = 1.535/\sqrt{8} = 0.543$。

由此得，$\varphi'' = 33.4$，$\sigma'' = 0.525$，故验后概率$P''(\varphi) = N[33.4, 0.525]$。

可见，验后方差比验前方差和似然方差都要小。

现以刚求得的验后概率为验前概率，以大三轴资料为新的测值进行第二次贝叶斯法的运算，得新的验后概率$\varphi'' = 34.34^0$，$\sigma'' = 0.4264$。

故风化砂强度参数的贝叶斯估计值为$\varphi'' = 34.3^0$，而简单平均值为$33.9°$。

就本例说，两者差别虽不很大，但这不是一般情况，而且两者的意义是不同的。

12.4 结语

如果在处理某一问题前，已掌握了一定的验前知识的话，则贝叶斯法提供了一个比古典法更合理精确的方法。它的特点是：①将工程判断和实验数据或测值有机地结合起来，得出参数的完整概率描述；②它提供了一个修正资料的合理程序；③验前知识可以是直接的或间接的，可以来自本身的或借用相似的资料，也可以来自实测的或经验判断；④似然函数的试验数据或测值中可以包含不同的观测结果，即使那些观测成果具有不同的概率函数也罢；⑤假设没有任何验前知识，那么也可假设验前分布为均匀分布，即$P'(\varphi) = 1$，也称为贝叶斯假定。这时的验后概率的分布函数就与其似然函数相同了。

相信贝叶斯法将在工程参数的确定中发挥作用。

参考文献

[1] 高大钊. 地基基础工程标准化与概率极限状态设计原则[A]. 地基工程可靠度分析方法研究[C]. 武汉：武汉测绘科技大学出版社，1997.

[2] 包承纲，高大钊，张庆华. 地基工程可靠度分析的一般理论[A]. 地基工程可靠度分析方法研究[C]. 武汉：武汉测绘科技大学出版社，1997.

[3] 包承纲. 关于岩土工程的可靠度问题[J]. 岩土工程师，1992，4(3)：6—14.

[4] 张庆华，包承纲. 岩土工程可靠度分析中的土性随机场模型[A]，地基工程可靠度分析方法研究[C]. 武汉：武汉测绘科技大学出版社，1997.

[5] 张庆华，包承纲. 改进JC法及其在土工可靠度计算中的应用[A]，地基工程可靠度分析方法研究[C]. 武汉：武汉测绘科技大学出版社，1997.

[6] Vamarcke Erik H. Probabilistic Modeling of Soil Profiles[J]. Journal of the Geotechnical Engineering Division，ASCE，1997，103(GT11)：1227—1246.

[7] 水运工程土坡与地基稳定可靠度研究成果公开文件[R]. 天津：中交天津港湾工程研究院有限公司，2013.

[8] 随机场理论在土性指标统计中的探索与研究[C]. 武汉：天津大学岩土工程研究所，中交天津港湾工程研究院有限公司，2006.

[9] 黄卫峰. 土层相关距离计算的试算拟合法[A]，地基工程可靠度分析方法研究[C]. 武汉：武汉测绘科技大学出版社，1997.

[10] 周小文. 土性相关距离和相关范围的研究及其计算方法探讨[A]，地基工程可靠度分析方法研究[C]. 武汉：武汉测绘科技大学出版社，1997.

[11] 高大钊，李镜培. 桩基承载力参数估计的随机场模型[A]. 地基工程可靠度分析方法研究[C]. 武汉：武汉测绘科技大学出版社，1997.

[12] 涂帆. 对计算土性相关距离的讨论[A]. 地基工程可靠度分析方法研究[C]. 武汉：武汉测绘科技大学出版社，1997.

[13] 张庆华. 竖向荷载下单桩承载力的概率估算[A]. 地基工程可靠度分析方法研究[C]. 武汉：武汉测绘科技大学出版社，1997.

[14] 吴为义、包承纲. 关于孔间地质随机特征的统计推断[A]. 地基工程可靠度分析方法研究[C]. 武汉：武汉测绘科技大学出版社，1997.

[15] 徐进林，李思慎. 三峡二期上游围堰渗透研究及其地质资料的概率分析方法在渗透研究中的应用[A]，地基工程可靠度分析方法研究[C]. 武汉：武汉测绘科技大学出版社，1997.

[16] 包承纲，吴天行. 多层地基沉降的概率分析[J]. 中国科学：A辑，1985，(11)：1038－1048.

[17] T. H. Wu & C. G. Bao. The probabilistic analysis of settlement for loads on multi－layered sub-soils[J]. 中国科学. A辑，1986：650－661.

[18] 包承纲. 贝叶斯定理及其在三峡工程中的应用[J]. 人民长江，1985(1)：46－5.

[19] Ang, A. H. S, Tang W. H. Probability Concepts in Engineering Planning Design[M]. New York：John Wiley & Sons，1975.

第6章 新型室内土工试验技术的研发

1　概述

近几十年,随着我国经济建设的大发展和西部建设的突飞猛进,大量的土工课题出现在工程建设者面前,例如当地材料坝的建设,要求针对粗粒料的特性、深厚覆盖层的工程性质等进行研究,其他各种类型的大坝、渠道、道路、机场等岩土工程提出的许多挑战性课题,都要求我们采用新方法、新技术、新仪器设备进行研究。长江科学院土工研究者结合三峡、葛洲坝、水布垭、南水北调等大型工程,对土的工程性质研究和测试技术进行了大量的开创性的工作,提出了若干新的室内试验技术,改进了某些室内试验方法,研制和引进了一些新的测试仪器,为研究土在各种常规和复杂受力条件下的性状,多种土体的本构关系,各类边界条件下结构物的应力应变状态及其对工程性质的影响等规律,提供了有力的工具。例如,为解决高地震区筑坝材料以及坝基覆盖层的动力特性,开展了各种土料的动力特性试验研究;为解决堆石的长期变形和长期强度特性,开展了大量的粗粒料的流变试验研究;为解决土体复杂应力状态下的应力变形规律,研制了大型真三轴仪,重点解决了三向独立加载中的侧摩阻力问题;为解决沥青混凝土等材料,在不同温度条件下的应力变形规律,结合三轴试验系统,改进了温控装置,研究了温控技术;砾石土中存在大量粗颗粒,应采用大型三轴试验仪进行强度试验,但砾石土中又有一定的细粒土,渗透系数小,若采用大尺寸的试样,饱和及试验过程中排水都十分困难,为此,研究人员对大型三轴试验中的排水技术进行了改进,如此等等。

土的渗透及渗透变形特性是土的重要物理力学性质之一,是进行水工建筑物渗流控制、基础及边坡渗流稳定分析、建筑基坑渗透稳定性评价、渗流量计算、区域地下水资源管理与评价等所需要的基本参数之一。随着水利水电工程建设规模的发展,土石坝越建越高,材料也越来越粗,这就要求有大尺寸和高压力大流量的试验系统。为此,研究人员研究了1m直径的大型渗透仪和高压力大流量的试验供水系统。

2　力学性质试验新技术

2.1　粗粒料的蠕变试验技术

2.1.1　概述

从目前建成的土石坝的观测资料可见,一些堆石坝建成后,其后期的变形明显,并可持续数十年之久,这直接影响到土石坝的工作性状。因此,筑坝材料的蠕变特性愈来愈引起坝工界的重视。在应用粗拉料作为筑坝材料时,有必要对其粗拉料的蠕变特性进行试验,以分析其长期性能。最早的典型的粗粒料流变试验是南京水利科学研究院进行的试验[1][2]。在试样直径Φ100mm的应力式三轴仪上对西北口面板堆石坝垫层料进行了不同围压的流变试验。

按照滞后变形理论,总应变可以分为瞬时产生的弹塑性应变和滞后产生的黏滞应变(即蠕变)两部分,即:

$$\Delta\varepsilon = \Delta\varepsilon_{ep} + \Delta\varepsilon_L(t) \tag{3.6-1}$$

$\Delta\varepsilon_{ep}$的计算可以采用任何一种现成的弹塑性模型。对于滞后黏滞变形,进行了指数型、对数型、双曲线型三种函数的比较,认为指数型衰减曲线较准确地表述了粗粒料蠕变特性。

$$\varepsilon_L(t) = \varepsilon_f(1 + e^{-a}) \tag{3.6-2}$$

式中,ε_f相当于$t \to \infty$时的最终蠕变量,它与应力状态有关。

2.1.2 粗粒料蠕变特性的研究

长江科学院于2003年针对水布垭面板堆石坝粗粒料进行了较为全面的蠕变试验研究[3][4]。后续针对双江口水电站、密松水电站、丹巴水电站等筑坝材料进行了多组流变试验[5]-[9]。蠕变试验是在应力式大型三轴仪上进行的,试样直径300mm、高度610mm,最大周围压力3.0MPa,最大竖向荷载1500kN。围压、竖向荷载均采用高压蓄能罐以保持压力的长期稳定。为了避免温度变化对试验成果的影响,试验室对设备空间进行了玻璃门隔热封闭处理,试验期间空调进行温度控制,试验过程中温度控制在(20±1)℃。

长科院对粗粒料的蠕变特性进行了如下几个方面的深入探讨:

(1)蠕变量与时间的函数关系

经过比较发现,粗粒料的蠕变量与时间之间,在双对数坐标系下呈很好的线性关系,图3.6-1为典型试验成果。同样,剩余蠕变应变($\varepsilon_f - \varepsilon_L$)与时间在双对数坐标系中也呈很好的线性关系,图3.6-2为典型试验成果。因此,粗粒料蠕变量的时间曲线可以采用幂函数表达:

$$\varepsilon_L = \varepsilon_f(1 - t^{-\lambda}) \tag{3.6-3}$$

同时,式(3.6-3)中的ε_f、λ与应力大小有较好的相关性。图3.6-3是不同级配材料的蠕变曲线,它们均在双对数坐标中具有线性关系,故式(3.6-3)是合理的。

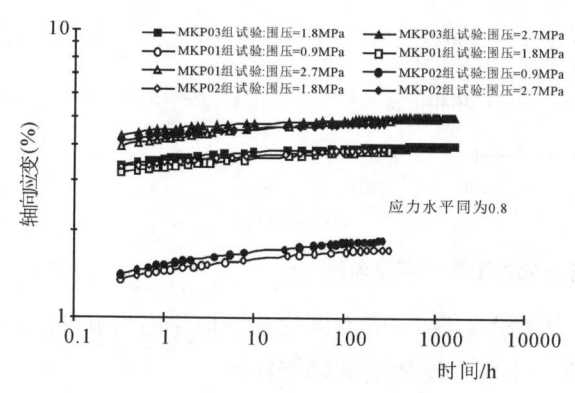

图3.6-1 轴向应变与时间关系曲线

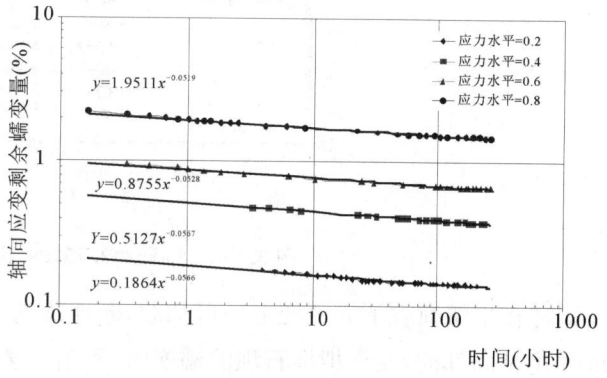

图3.6-2 典型试验($\varepsilon_f - \varepsilon_L$)-$t$曲线

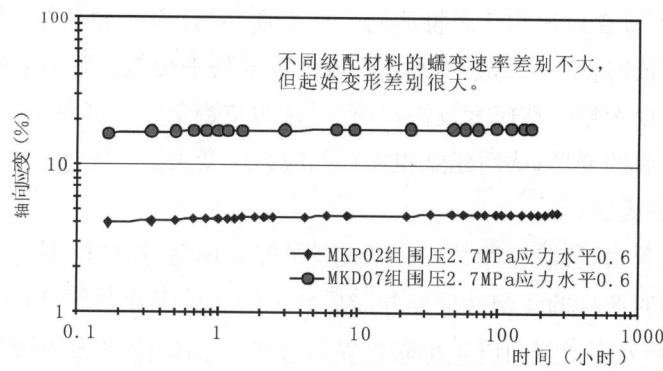

图3.6-3 不同材料蠕变曲线的比较

式(3.6-3)中 ε_f 可理解为某一应力状态下的极限蠕变量,也可理解为蠕变曲线的拟合参数,它与工程运行时间将要发生的最终蠕变量是不同的。

(2)蠕变与应力状态的关系

粗粒料的蠕变量随应力状态变化而变化是不言而喻的,但是粗粒料的蠕变特性与应力状态间是否具有唯一性,即最终应力状态一致时,不同的加荷过程是否影响粗粒料的蠕变特性,仍需要开展比较试验予以证实,为此长科院对水布垭工程的同一种材料进行了MKP01、MKP02、MKP03 三组试验。图 3.6-1 给出该三组试验的部分成果。从图 3.6-1 可以看出,当最终应力状态一致时,MKP03 组试验(应力水平 0→0.8)与 MKP01、MKP02 组试验(应力水平为 0.6→0.8)蠕变曲线之间有很好一致性,并不因级应力增量不同(MKP03 应力水平增量 0.8,MKP01、MKP02 应力水平增量 0.2)而出现差别。因此,可以认为,当应力增量足够大时,粗粒料的蠕变过程只与应力状态相关,而与应力增量大小无关。该结论可作为粗粒料的蠕变成果分析的基本前提。

(3)粗粒料的蠕变与应力增量及增量过程的关系

试验成果表明:"粗粒料的蠕变只与应力状态相关,而与应力增量大小无关"的条件是应力增量足够大。试验证明,当应力增量较小时,粗粒料的蠕变过程将呈现无规律特征,且初期变形较小,即无明显的瞬时变形,而后期变形相对较大,变形过程相对较长,如图 3.6-4 所示。

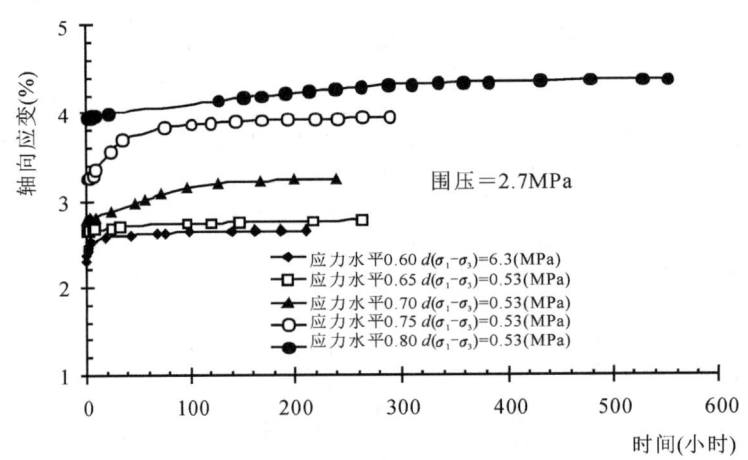

图 3.6-4 围压=2.7MPa 下各级应力增量的蠕变曲线

试样在一级荷载下充分变形后再加载,若所加的应力增量足够小,应力应变曲线似乎有硬化现象,但这种硬化是局部的,在模拟堆石坝的蠕变时,没有必要模拟小应力增量下的蠕变特性。

对于这种局部硬化现象,可作如下解释:粗粒料的变形与颗粒的位置调整有关,在一种应力状态下,当颗粒的位置充分调整后,颗粒位置和状态将达到一种平衡,要打破这种平衡,小的应力增量是困难的,只有当应力增量大到一定值时,上一级应力状态下的颗粒排列平衡被打破,进入正常的颗粒调整状态。正常的颗粒调整状态下前期颗粒调整速度较快,具有明显的初始变形。室内试验的基本要求是确定每一应力状态下颗粒充分调整后的变形,从而建立粗粒料的应力应变关系。

(4)九参数蠕变模型的提出

根据上述试验研究成果,长科院程展林提出了九参数蠕变模型,蠕变模型的推演依据下列条件:

① 总应变可以分为瞬时产生的弹塑性应变和滞后产生的黏滞应变两部分,见式(3.6-1)。为了统一,整理室内试验成果时,两部分应变时间以 1 小时为界,1 小时以前的应变为初始弹塑性应变,弹塑性应变的本构关系在此不作讨论。

②堆石体的蠕变量的时间过程曲线可以采用幂函数表达式,见式(3.6-3)。

③粗粒料的蠕变只与应力状态相关,而与应力增量大小无关,在模拟堆石坝蠕变时,既不可能也没有必要模拟小应力增量下的蠕变特性。

所建议的粗粒料蠕变模型表达式共 9 个参数,即 c、d、η、m、c_α、d_α、c_β、d_β、λ_V。可较准确地表达粗粒料的蠕变特性。蠕变模型的推导,参考文献[3],简述如下。

2.1.3 粗粒料蠕变模型

(1)轴向蠕变

粗粒料的蠕变过程中的总应变可以分为瞬时产生的弹塑性应变和滞后产生的粘滞黏滞应变两部分,见式(3.6-1)。根据大量的试验资料,整理室内试验成果时,两部分应变时间以 1 小时为界,1 小时以前的应变为初始弹塑性应变。

图 3.6-5 为粗粒料的轴向应变与时间曲线,可以看出粗粒料在不同应力状态下的轴向应变与时间曲线在双对数座标坐标系下均呈较好的线性关系。求得 $t=1$(小时)的应变作为初始弹塑性应变 ε_{ep},结合式(3.6-1)变换式(3.6-3)为:

$$(\varepsilon_f + \varepsilon_{ep}) - \varepsilon = \varepsilon_f \cdot t^{-\lambda} \tag{3.6-4}$$

根据应变 ε_{ep} 及不同时间 t 的试验应变 ε,拟合得 ε_f、λ,如图 3.6-6。可以看出应变量 $(\varepsilon_f + \varepsilon_{ep}) - \varepsilon = \varepsilon_f - \varepsilon_L$(称之为剩余蠕变量)与时间 t 在双对数座标坐标系下均呈极好的线性关系,且 ε_f、λ 为应力状态的函数。

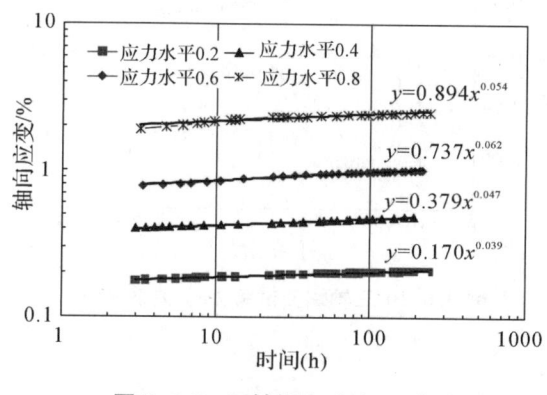

图 3.6-5　三轴蠕变试验 ε-t 曲线

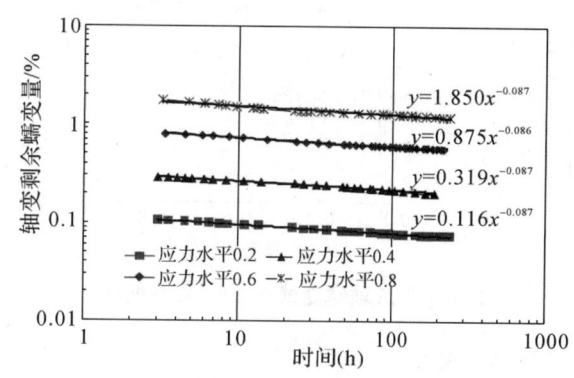

图 3.6-6　三轴蠕变试验 $(\varepsilon_f - \varepsilon_L)$-$t$ 曲线

①ε_f 与应力状态的关系

图 3.6-7 为粗粒料不同应力水平的 ε_f 与围压的关系曲线,ε_f 与围压有很好的线性关系,且 ε_f 与围压成正比。

$$\varepsilon_f = \beta \sigma_3 \tag{3.6-5}$$

图 3.6-8 给出了粗粒料系数 β 与应力水平 s_L 之间的相互关系,九参数蠕变模型中是用双曲线函数表达两者间的关系,拟合曲线和试验成果有较好的一致性。

$$\beta = \frac{c \cdot s_L}{1 - d \cdot s_L} \tag{3.6-6}$$

将式(3.6-6)代入式(3.6-5)得 ε_f 与应力状态函数表达式:

$$\varepsilon_f = \frac{c \cdot s_L}{1 - d \cdot s_L} \sigma_3 \tag{3.6-7}$$

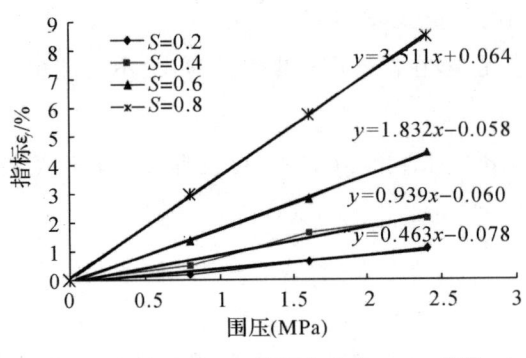

图 3.6-7 三轴蠕变试验 ε_f-σ_3 曲线

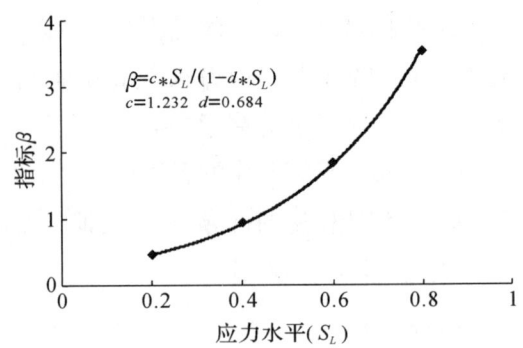

图 3.6-8 三轴蠕变试验 β-S_L 关系曲线

② 与应力状态的关系

图 3.6-9、图 3.6-10 分别绘出了 λ 与应力水平及应力 σ_3 的试验曲线,由图 3.6-9 可见,相同应力 σ_3 下的 λ 变化幅度很小,即 λ 与剪应力关系不明显,仅与围压相关。图 3.6-10 给出了不同应力水平的 λ 试验平均值及相应的拟合曲线,可以看出 λ 与应力 σ_3 服从幂函数关系:

$$\lambda = \eta \cdot \sigma_3^{-m} \tag{3.6-8}$$

综上所述,表达式(3.6-3)、式(3.6-7)、式(3.6-8)及参数 c、d、η、m 完整地给出粗粒料轴向应变蠕变特征。

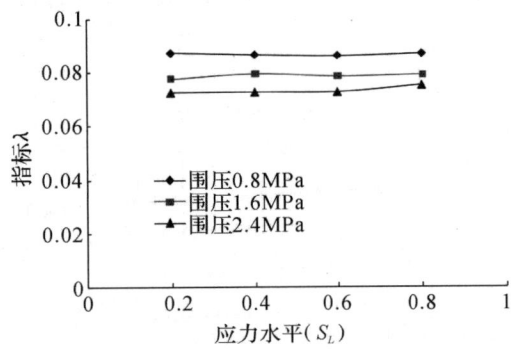

图 3.6-9 三轴蠕变试验 λ-S_L 关系曲线

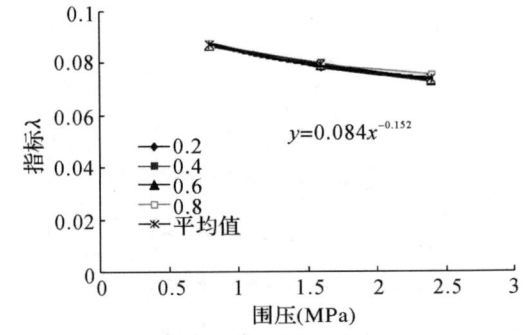

图 3.6-10 三轴蠕变试验 λ-σ_3 关系曲线

(2) 体积蠕变

图 3-11 给出了粗粒料蠕变试验体应变-时间曲线,可以看出,不同应力状态下的体应变-时间曲线在双对数坐标坐标系下同样呈较好的线性关系,相对而言,低围压下的规律性稍差。依据轴向蠕变试验成果整理方法,先根据图 3.6-11 求得初始弹塑性体应变,再整理得体变蠕变余量与时间关系曲线(图 3.6-12),可以看出:体积蠕变量的时间曲线可以采用幂函数表达:

$$\varepsilon_{LV} = \varepsilon_{fV} \cdot (1 - t^{-\lambda_V}) \tag{3.6-9}$$

根据不同时间 t 的试验应变,拟合得 ε_{fV}、λ_V,且 ε_{fV}、λ_V 为应力状态的函数。

图 3.6-13 为粗粒料不同应力水平的 ε_{fV} 与围压的关系曲线,ε_{fV} 与围压有很好的线性关系,可以采用线性函数拟合:

$$\varepsilon_{fV} = \alpha_V + \beta_V \cdot \sigma_3 \tag{3.6-10}$$

图 3.6-14 给出了粗粒料 α_V、β_V 与应力水平 S_L 之间的相互关系,两者可采用幂函数表达:

$$\begin{aligned} \alpha_v &= c\alpha \cdot s_L^{d_\alpha} \\ \beta_v &= c_\beta \cdot s_L^{d_\beta} \end{aligned} \tag{3.6-11}$$

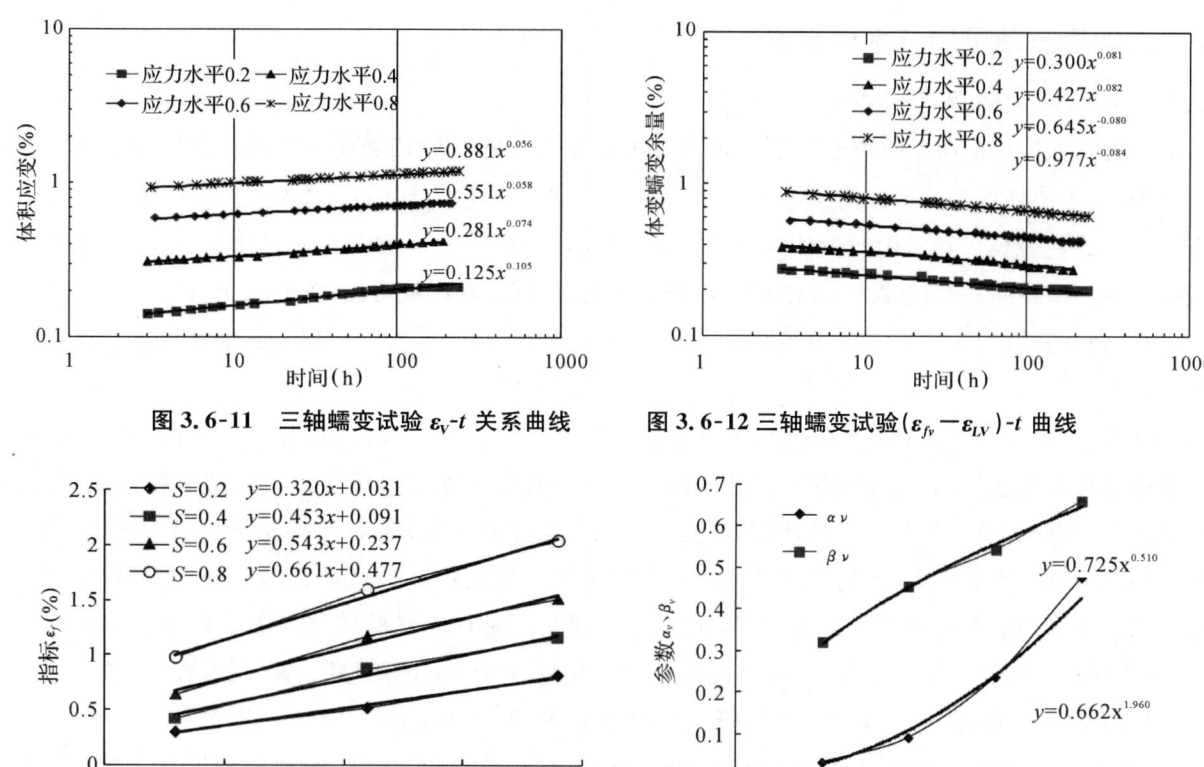

图 3.6-11 三轴蠕变试验 ε_V-t 关系曲线

图 3.6-12 三轴蠕变试验 $(\varepsilon_{fv}-\varepsilon_{LV})$-$t$ 曲线

图 3.6-13 三轴蠕变试验 ε_{fv}-σ_3 曲线

图 3.6-14 三轴蠕变试验系数 α_V、β_V-S_L 曲线

将式(3.6-11)代入式(3.6-10)得 β_{fV} 与应力状态函数表达式：

$$\beta_{fV}=c_a s_L^{d_a}+c_\beta s_L^{d_\beta} \cdot \sigma_3 \tag{3.6-12}$$

图 3.6-15 为粗粒料 λ_V 与应力状态试验曲线，λ_V 与应力状态关系不明显，稍有波动，可以假定 λ_V 为常数：

$$\lambda_V = const \tag{3.6-13}$$

综上所述，表达式(3.6-9)、式(3.6-12)、式(3.6-13)及参数 c_a、d_a、c_β、d_β、λ_v 可以表达粗粒料体积蠕变特性。

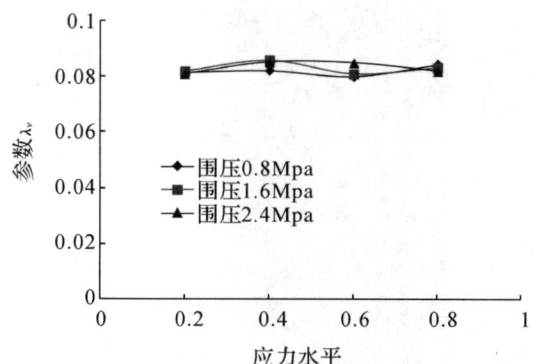

图 3.6-15(a) 三轴蠕变试验 λ_V-S_L 曲线

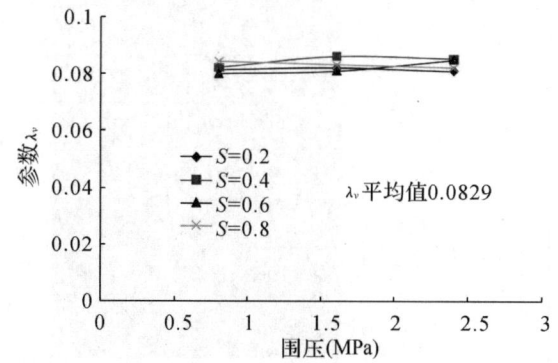

图 3.6-15(b) 三轴蠕变试验 λ_V-σ_3 曲线

2.2 大型真三轴试验技术的研发

2.2.1 真三轴试验仪的必要性

土工真三轴仪是指用于研究土体在三向受力状态作用下的变形和强度特性的特种试验设备。根据力学原理,土体内某点若处于平衡状态,必受到三组相互垂直的应力作用:大主应力σ_1、中主应力σ_2和小主应力σ_3。真三轴仪可在室内对此种应力状态进行模拟,并测定三个方向变形和体积变化,这是室内土工试验中最为理想的测试仪器之一,相对于常规三轴试验,真三轴试验可以更全面、更真实地反映土单元的三向受力状态,可用于研究土体的变形规律、各向异性特征、应力应变特性以及验证和发展土体本构模型等,应用广泛。

早在土力学理论发展初期,真三轴仪的研制就被提上议事日程。真三轴仪中三个方向(六个面)要保证大变形条件下独立加载,避免相互干扰;同时,为保证试样受力状态准确,必须消除加载板与试样接触面的摩阻力,其研制难度很大。当时,国内外土力学工作者曾采用各种各样的方法进行过尝试,以剑桥大学研制的真三轴仪影响最大,但均未取得令人满意的效果。受此限制,土力学工作者研制了常规三轴仪、空心扭剪仪和平面应变仪等替代试验设备,但均达不到真三轴仪的试验效果。随着科学技术的不断发展,对土力学理论提出了更高的要求,各类复杂土力学问题亟待解决,研制真三轴仪的需求日益迫切。

长江科学院在国家"八五"攻关期间,研制了国内最大的平面应变仪(试样呈四方体,尺寸为800×400×800mm),为三峡工程二期围堰的方案比选发挥了重要作用。2008年,长科院程展林主持对原有的大型平面应变进行了升级改造,创造性地采用滚轴排技术有效解决了加载板与试样加载面存在较大摩阻力的难题。在平面应变仪研制成功经验的基础上,经过多年潜心钻研,提出了滚轴排减摩、可压缩板传力和刚柔复合的三向无干扰低摩阻加载技术;该项技术既可实现大变形条件下三向加载互不干扰,又解决了界面摩阻力过大的问题,彻底解决了真三轴仪研制中的关键技术难题。长科院在2011年自主研发的大型土工真三轴仪已经开展了多项科研工作。

2.2.2 长科院大型真三轴仪简介[10]

长科院大型土工真三轴仪见图3.6-16—图3.6-17所示。长科院所研制的大型土工真三轴仪实现了大变形条件下的三向独立加载,同时消除了加载板与试样接触面的摩阻力,具有试样尺寸大、应力高、智能控制和量测精度高的特点,并重点解决了三向独立加载技术和微摩擦加载技术两个关键技术。

图3.6-16 大型土工真三轴仪

图3.6-17 真三轴试样与可压缩传力板

就大型平面应变仪和大型真三轴仪的系列研究,于2011年申请了实用新型专利《一种大型平面应变试验测试设备》(专利号 ZL2011200465551),2014年申请了发明专利《粗粒土真三轴试验机》(专利号

ZL2014102835725)。

大型土工真三轴设备的主要技术参数如下。

①试样尺寸:300mm(长)×300mm(宽)×600mm(高)。

②加载能力和精度:最小主应力不小于3MPa,中主应力不小于10 MPa,大主应力不小于15MPa,加载误差小于0.1%。

③微摩擦加载:加载板与试样接触面的摩擦系数小于0.03。

④试样中心点不变:试样中心点偏移控制在±0.1mm范围内。

⑤伺服控制:可按任意设定加载过程,根据应力或应变控制方式进行三向独立加载,实现复杂应力状态的模拟试验。

⑥试样允许变形量:可达到试样初始长度的15%,竖向允许变形量为90mm,其他方向允计变形量为45mm;三向加载互不干扰。

⑦量测:可实现变形、孔隙水压力和体积变化的自动量测;单向变形分度值0.001mm,量测精度为0.1%;孔隙水压力分度值1kPa,量测精度为0.1%;体积变化分度值0.1mL,量测精度为0.1%。

⑧数据实时显示和处理:可实现试验数据的实时采集和显示,并可进行试验结果的自动化处理和输出。

⑨单次连续无故障可靠运行3个月,整机可靠运行10年以上。

2.2.3 重点解决的关键技术

(1)三向独立加载技术

采用刚柔复合加载方式,即大主应力方向和中主应力方向采用刚性加载方式,小主应力方向采用柔性加载方式。根据真三轴仪试验要求,大主应力方向和中主应力方向的应变应达到15%,如此大变形条件下,大主应力方向和中主应力方向的刚性加载板会存在边角接触问题,造成加载板的相互干扰。如何有效解决该问题,是制约大型土工真三轴的关键技术难点。

采用可压缩传力板解决三向加载的相互干扰问题,如图3.6-18所示。可压缩传力板放置在试样两侧,外侧连接水平刚性加载板,竖向刚性加载板放置在试样的上下端,并与可压缩传力板在板宽1/3处搭接,预留2/3板宽长度,满足中主应力方向试样变形的要求。试验要求可压缩传力板在水平加载方向有足够的刚度,而在竖直方向可以随试样同步变形。可压缩传力板由特制传力柱和特制柔性材料依次叠加组合而成,选择合适的柔性材料,可满足上述的组合要求。

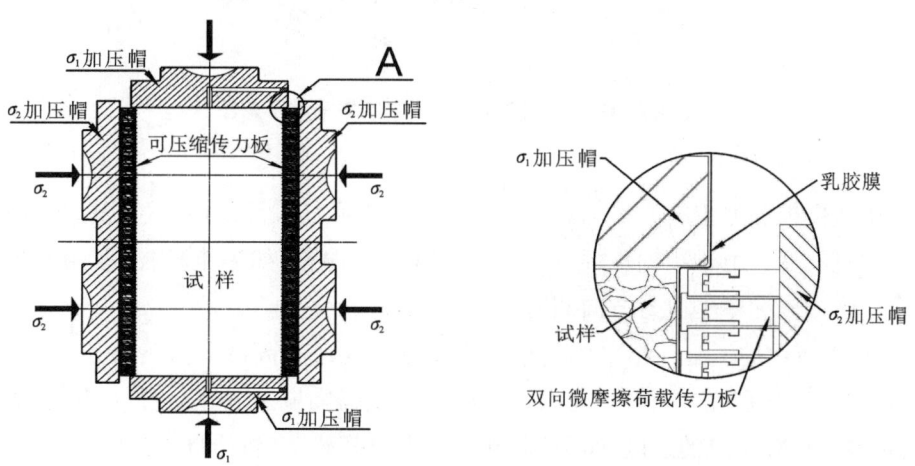

图3.6-18 避免刚性加载板相互干扰的结构示意图

(2) 低摩阻加载技术

真三轴试验要求三个方向施加的荷载均为主应力,加载面剪应力应为零。对刚柔复合加载方式,刚性加载板与试样接触面存在摩阻力,即在加载面上产生了附加的剪应力,不符合试验原理的要求,在设计真三轴仪时必须考虑如何减小加载板与试样接触面的摩阻力,以达到可以接受的标准。以往的减摩措施主要是采用高抛光板或在加载板与试样接触面间涂黄油、凡士林等润滑剂,但摩阻力仍较大。对此,长科院提出了滚动接触加载方法,试验表明摩阻力可大大降低。

大型土工真三轴仪采用的滚动接触加载结构如图 3.6-19 和图 3.6-20 所示。可压缩传力板的左侧与试样接触,右侧与加载板接触;在可压缩传力板左端布置可横向滚动的分散式滑块,右端布置可交叉式横条,并在加载板上布置竖向滚轴排。当试样在小主应力方向变形时,横向滚轴排可以有效降低可压缩传力板与试样接触面的摩阻力;当可压缩传力板在垂直方向随试样一起压缩变形时,竖向滚轴排可以减小可压缩传力板与水平加载板之间的摩阻力。

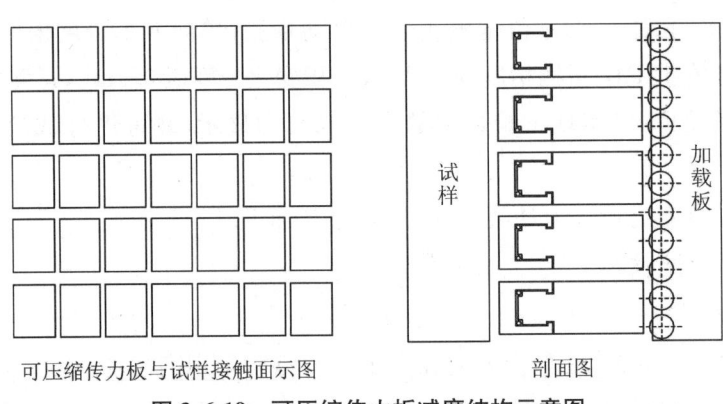

图 3.6-19 可压缩传力板减摩结构示意图

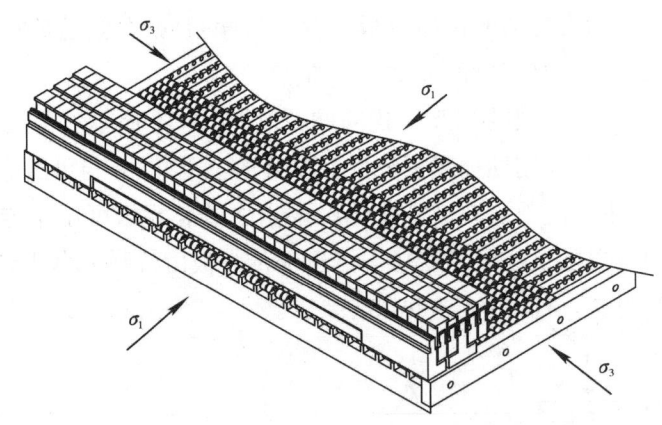

图 3.6-20 可压缩传力板减摩结构分解示意图

(3) 同步加载伺服控制技术

真三轴试验中需要控制大主应力方向和中主应力方向按照任意设定加载过程施加荷载,且要使试验过程中试样中心位置不变。由于滚轴丝杆或液压缸存在加工误差,如果单独控制,会导致试验过程中不能完全保证大主应力方向和中主应力方向同时等应变移动。

采用如图 3.6-21 所示的伺服控制系统实现同步加载。通过提高液压缸的加工工艺,尽量减小液压缸特性的不一致,并从控制系统方面采用运动插值细分以及提高刷新频率的技术途径,通过全数字式硬件开发平台,实现单个荷载系统的速度闭环控制和同一方向荷载系统的同步控制。

经试验成果分析,试验过程中试样中心点偏移控制在 ± 0.1 mm 范围内,达到了预期研究目标。

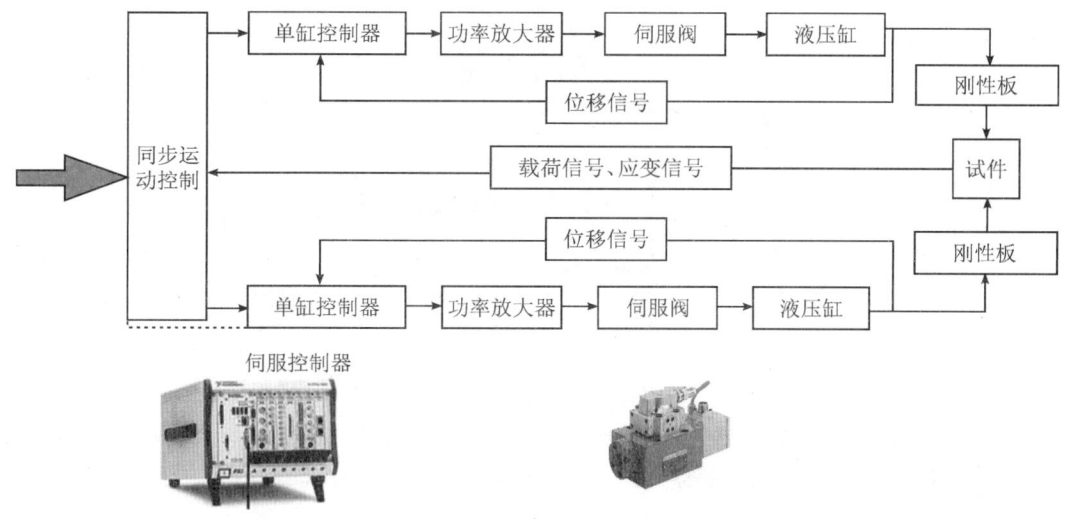

图 3.6-21　伺服控制系统原理框图

2.2.4　大型真三轴仪构成

大型土工真三轴试验测试设备，包括压力室底座、试样底座、压力室、平衡盘、轴向加载油缸、侧向加载油缸。压力室与压力室底座用螺栓密封连接，压力室底座上设置轴向活塞（下），轴向活塞通过密封铜套与压力室底座密封连接，轴向活塞（下）上部焊接试样底座，试样安装在试样底座上，试样两侧分别依次放置可压缩传力板和侧向传力板，外部依次与侧向活塞、σ_2 载荷传感器、σ_2 加压油缸连接，σ_2 加压油缸固定在侧向反力梁上，四根拉杆穿过压力室后与两端的侧向反力梁连接固定，在压力室的顶部设置轴向活塞（上），轴向活塞通过密封铜套与压力室密封连接。压力室底座下增加平衡油缸和平衡盘，用于试验中平衡试样底座和试样的重量。试验仪器简图见图 3.6-22 和图 3.6-23 所示。

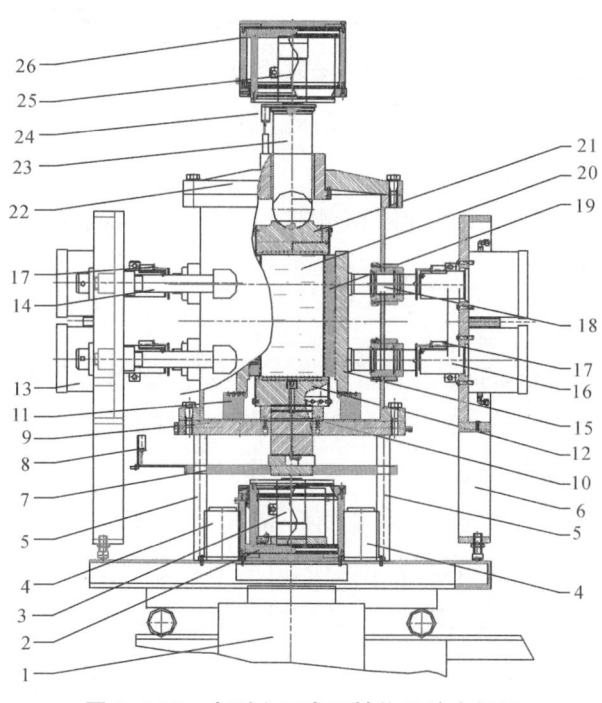

图 3.6-22　大型土工真三轴仪系统主视图

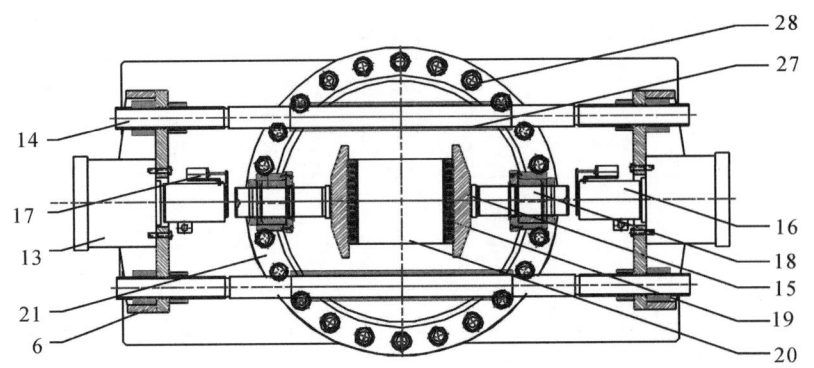

注：1—主机油缸；2—σ_1下油缸；3—σ_1下油缸内置载荷传感器；4—平衡油缸；5—平衡支撑调节杆；6—侧向反力梁；7—平衡盘；8—σ_1下油缸位移计；9—压力室底座；10—轴向活塞（下）；11—侧向传力垫板；12—试样底座；13—σ_2加压油缸；14—拉杆；15—侧向传力板；16—σ_2方向传感器；17—σ_2油缸位移计；18—侧向活塞组合；19—可压缩传力板；20—试样；21—试样帽组合；22—压力室；23—轴向活塞（上）；24—σ_1上油缸位移计；25—σ_1上油缸内置载荷传感器；26—σ_1上油缸；27—拉杆孔；28—连接螺栓；29—特制传力柱；30—PM柔性材料。

图 3.6-23　大型土工真三轴仪系统俯视图

大型土工真三轴的具体实施方式是：压力室（22）与压力室底座（9）用螺栓密封连接，压力室底座（9）上设置轴向活塞（下）（10），轴向活塞（下）（10）通过密封铜套与压力室底座（9）密封连接，轴向活塞（下）（10）上部焊接面积 300mm×300mm 的试样底座（12），试样（20）安装在试样底座（12）上，试样（20）两侧分别依次放置可压缩传力板（19）和侧向传力板（15），可压缩传力板（19）的宽度 350mm、高度 700mm、厚度 40mm，侧向传力板（15）的宽度 400mm、高度 710mm、厚度 58mm，可压缩传力板（19）和侧向传力板（15）与试样预固定，外部依次与侧向活塞（18）、σ_2方向传感器（16）、σ_2加压油缸（13）连接，σ_2加压油缸（13）固定在侧向反力梁（6）上，四根拉杆（14）穿过压力室（22）后与两端的侧向反力梁（6）连接固定，在压力室（22）的顶部设置轴向活塞（上）（23），轴向活塞（上）（23）通过密封铜套与压力室（22）密封连接。压力室底座（9）下增加平衡油缸（4）和平衡盘（7），用于试验中平衡试样底座和试样的重量。

压力室底座（9）上设有围压进口、孔压进口、反压进口、排水口，与试样加压帽连接后，可以根据试验需要对试样进行抽真空、饱和、加反压等操作。

可压缩传力板（19）由特制传力柱（29）和PM柔性材料（30）组合而成，可以在水平方向传递荷载的时候保证垂直方向进行压缩变形。

2.2.5　试验方法

真三轴采用直接在试样筒内贮满水，对试样施加水压力（即小主应力 σ_3），然后通过 σ_2 应力式加载同步控制系统和 σ_1 应变加载同步控制系统对试样前后上下四个面施加主应力，实现了真三轴试验对各个方向施加应力的技术要求。其试验过程如下。

①将乳胶膜与试样底座（12）密封连接，安装制样成膜筒，制作尺寸 300mm×300mm×600mm 的矩形方块形状的试样后，在试样顶部安装试样加压帽，并将乳胶膜与试样加压帽密封连接。压力室底座（9）设有围压进口、孔压进口、反压进口、排水口，试验时关闭排水口，通过反压进口连接真空泵，抽气使试样内部形成负压。

②拆除成膜筒，在试样的前后两个方向安装可压缩传力板（19）和侧向传力板（15），并将其与试样预固定。

③安装压力室（22），拧紧连接螺母，通过围压进口对压力室（22）内部进行充水。

④安装侧向反力梁(6),启动σ_2应力式加载同步控制系统,依次推动σ_2传感器(16)、侧向活塞组合(18)、侧向传力板(15)、可压缩传力板(19),使可压缩传力板(19)与试样接触,当σ_2传感器(16)出现力值时,关闭σ_2应力式加载同步控制系统。

⑤对试样施加保护压力,然后对试样进行饱和;采用水头饱和方法,通过孔压进口加水,通过排水口排出气泡,进而使试样实现饱和。

⑥试样饱和完成后,启动σ_3加载应力控制系统,对试样施加预定σ_3应力值。

⑦试样饱和固结完成后,启动σ_2应力式加载同步控制系统,对试样施加预定σ_2方向应力。启动平衡压力控制系统,施加平衡力后使平衡盘承受试样底座和试样重量。启动σ_1应变加载同步控制系统,通过轴向活塞(上)(23)和轴向活塞(下)(10)对试样施加σ_1轴向偏应力,控制σ_1上油缸位移计(24)和σ_1下油缸位移计(8)等速率增加,直到试验结束。试验过程中测记σ_1上油缸载荷传感器(25)荷载值、σ_1上油缸位移计(24)变形值、σ_1下油缸内置载荷传感器(3)荷载值、σ_1下油缸位移计(8)变形值、σ_2方向传感器(16)荷载值、σ_2油缸位移计(17)变形值、体积变形值。

2.2.6 卡基娃粗粒料试验成果实例

(1)试验方案

采用大型真三轴仪对卡基娃水电站粗粒料进行了真三轴试验研究,试样尺寸为30cm×30cm×H60cm。根据实际工程需要,共计进行4组粗粒料真三轴试验,每组试验中采用不同的应力比系数$b[b=(\sigma_2-\sigma_3)/(\sigma_1-\sigma_3)=\Delta\sigma_2/\Delta\sigma_1]$,在四种不同围压$\sigma_3$(0.2MPa,0.4MPa,0.6MPa和0.8MPa)条件下对试样进行测试,具体试验方案为:

等σ_3等σ_2试验:试验中首先使试样处于三向相等的初始应力状态,然后保持小主应力和中主应力相同且不变,施加大主应力增量$\Delta\sigma_1$,直到试样破坏。

等σ_3等$b=0.25$加载试验:试验中首先使试样处于三向相等的初始应力状态,然后保持小主应力不变,同时施加中主应力增量和大主应力增量,且始终保持$b=0.25$,直到试样破坏。

等σ_3等$b=0.50$加载试验:试验方法同②,但加载过程中保持$b=0.5$。

等σ_3等$b=0.75$加载试验:试验方法同②,但加载过程中保持$b=0.75$。

试验步骤如下:

试样装载完毕后,充分饱和并在相应围压水平下固结不少于24小时,待体变稳定后,记录固结排水量;然后对试样进行应力加载。加载过程为按相应的应力比b值恒定同步加载σ_1和σ_2,并同时记录各级荷载条件下的排水量,以便于后续判断试样全过程中体变特性;测试过程中,以应力超过峰值或轴向应变达15%作为实验结束判别标准。

(2)试验成果分析

①应力应变过程曲线

图3.6-24(a)(b)(c)(d)分别为不同应力条件下粗粒料的$(\sigma_1-\sigma_3)-\varepsilon_1$的关系曲线。可见,随着$b$值的增加,$(\sigma_1-\sigma_3)-\varepsilon_1$关系曲线形态在应变初期呈陡变趋势,直接反映出中主应力σ_2对粗粒料起到明显的硬化作用;同时,从应力应变全过程曲线来看,随着b值的增大,应力在峰值后的软化现象越明显,当$b=0$时,试样在高围压条件下尚呈现应变硬化特性、在低围压条件下呈现应变软化特性,该过程直到轴应变15%左右仍能持续;在$b=0.25$和$b=0.5$条件下,有部分试样在一定围压下尚能在而峰值应力附近持续

应变增加应力基本不变,但该过程持续10%左右即结束,应力随即呈快速下降趋势,脆性特征逐步显现;当$b=0.75$时,各试样均在轴应变5%左右时达到峰值强度,随即应力出现下降,脆性特征明显。故可认为中主应力σ_2的增加使得粗粒料的脆性特征逐步显现。

②应变过程曲线

图3.6-25(a)(b)(c)(d)为各种应力路径下粗粒料的$\varepsilon_v - \varepsilon_1$关系曲线。从图可以看出,不同$b$值下,$\varepsilon_v - \varepsilon_1$关系曲线变化规律相同,在试验应力范围内都出现了剪胀现象,围压越低,剪胀性越明显;低围压条件下,试样整体呈现剪胀性,在高围压条件下,试验整体表现为全程剪缩特性;$\varepsilon_v - \varepsilon_1$关系曲线随$b=0$增加到$b=0.75$,粗粒料的整体剪胀特性不断被压制,剪缩特性逐步显现。随着b的增大,体变全过程曲线表现出剪胀特征对应的围压越来越低。

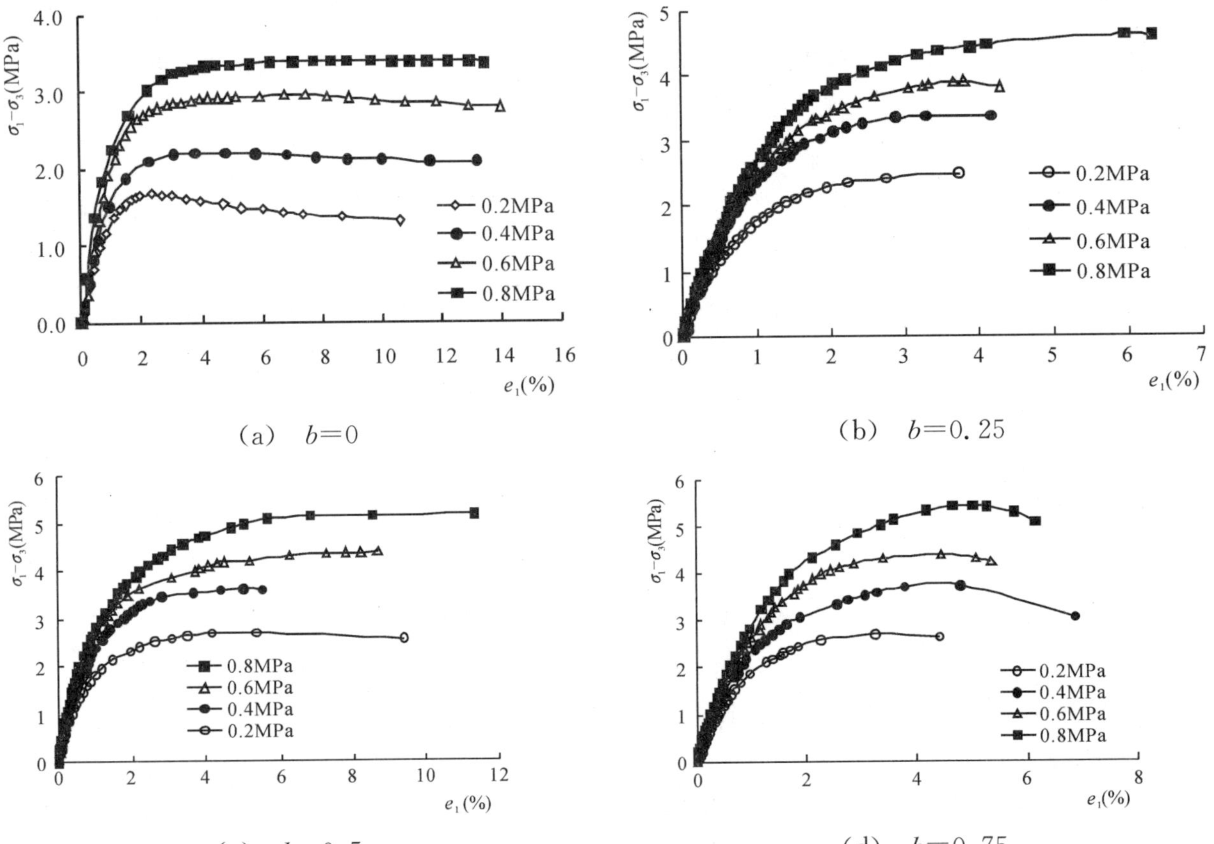

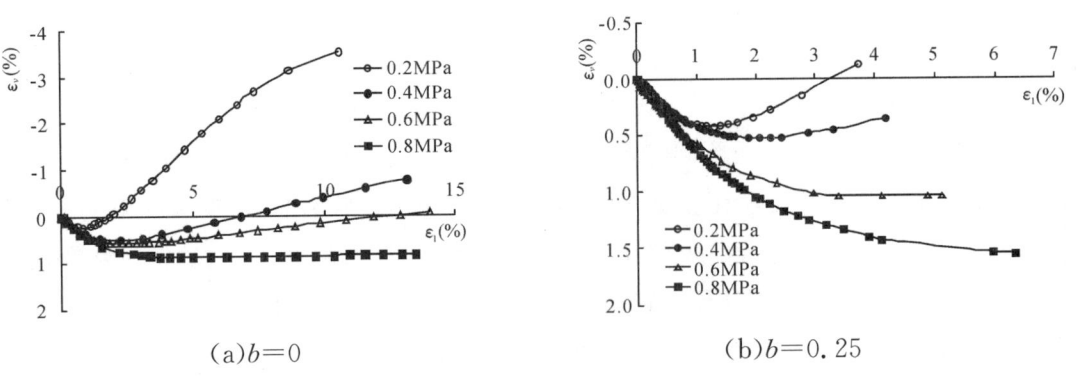

(a) $b=0$

(b) $b=0.25$

(c) $b=0.5$

(d) $b=0.75$

图3.6-24 $\sigma_1 - \sigma_3$ 与轴应变 ε_1 关系曲线

(a) $b=0$

(b) $b=0.25$

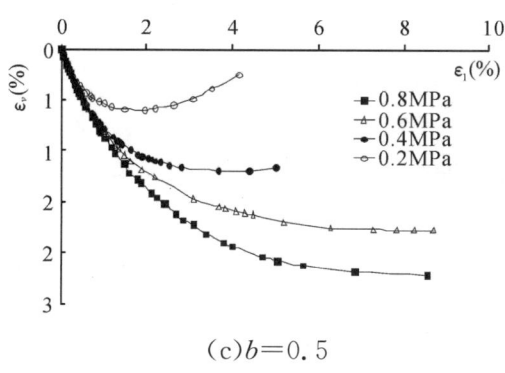
(c) $b=0.5$

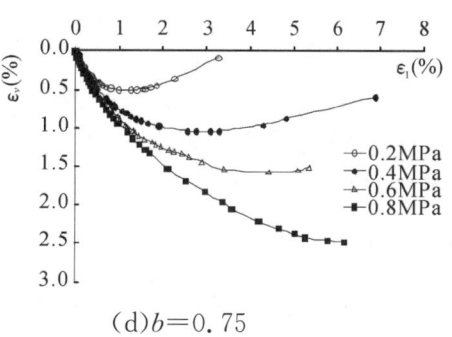
(d) $b=0.75$

图 3.6-25 ε_v-ε_1 关系曲线

图 3.6-26 为 $(\sigma_1-\sigma_3)$-ε_1 及 ε_v-ε_1 关系曲线。从图可以看出，试样由剪缩向剪胀过渡也恰是轴向应力增量迅速下降的区间段，试样出现体胀后无法承受更大的轴向应力，也表明了剪胀阶段试样塑性屈服变形特征显著；试样强度达到峰值时，相应的剪胀性几乎同时达到峰值。

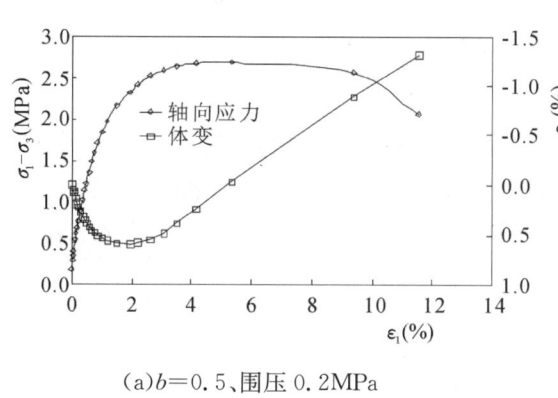
(a) $b=0.5$、围压 0.2MPa

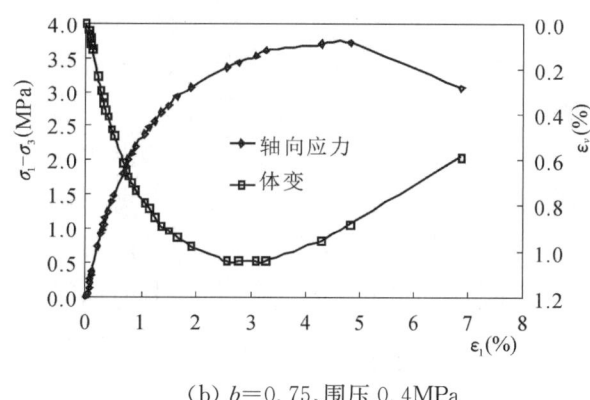
(b) $b=0.75$、围压 0.4MPa

图 3.6-26 $(\sigma_1-\sigma_3)$-ε_1 及 ε_v-ε_1 曲线对比

③强度特性

根据不同 b 值条件下的峰值强度值，可获得摩尔应力圆及强度包线。将黏聚力和内摩擦角与应力比绘图，见图 3.6-27，可以看出：

对于黏聚力 c，其呈现出随 b 值增大并保持稳定的状态，由于粗粒料为无黏性土，该黏聚力实际为颗粒之间的机械咬合力，故可以认为 b 值的增大对粗颗粒之间咬合力具有有限的提高作用，从受力机理看，c 值与粗颗粒的磨圆度有关，并受粗粒料母岩强度控制；

对于内摩擦角 φ，在所选取的 b 值范围内，φ 随 b 值的提高呈显著上升趋势，这表明中主应力 σ_2 对粗粒料强度有较大影响。

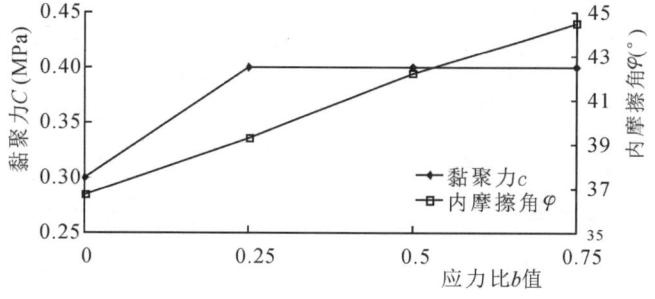

图 3.6-27 剪切强度参数与 b 值的关系曲线

④不同强度准则的适用性分析

强度准则主要是通过构建一个与应力有关的路径函数作为材料强度的包络线,然后通过任意微元体上的应力状态判断材料是否破坏。故合理的强度准则对于判断材料的状态具有重要的意义。

目前,对土体而言,采用较多的强度准则主要有摩尔-库仑(M-C)准则、拉德-邓肯准则和松岗元-中井(SMP)准则,其表达式依次如下:

摩尔-库仑(M-C)准则:$\sigma_1 = \sigma_3 \tan^2(45°+\varphi/2) + 2\cot(45°+\varphi/2)$ (3.6-14)

拉德-邓肯(LADE-DUNCAN)准则:$\dfrac{I_1^3}{I_3} = k_f$ (3.6-15)

松岗元-中井(SMP)准则:$\dfrac{I_1 I_2}{I_3} = k_f$ (3.6-16)

$$I_1 = \sigma_1 + \sigma_2 + \sigma_3$$
$$I_2 = \sigma_1\sigma_2 + \sigma_2\sigma_3 + \sigma_3\sigma_1$$
$$I_3 = \sigma_1\sigma_2\sigma_3$$

式中:I_1、I_2、I_3 分别是第一、第二、第三应力不变量;k_f 是与试验应力值有关的比例系数。

图 3.6-28 分别给出了不同围压条件下试验得到的破坏数据点与邓肯强度准则、SMP 强度准则和 M-C 强度准则在 π 平面上的破坏轨迹。

从图可以看出,摩尔-库仑(M-C)准则在 π 平面上的破坏轨迹为不等角六边形,松岗元-中井(SMP)准则为外接于该六边形的光滑曲线。本次真三轴的试验成果与拉德邓肯破坏准则符合较好,特别是 $b>0.5$ 的条件下符合程度高,SMP 准则次之,M-C 准则由于没有考虑中主应力的影响而低估了粗粒土的强度,其包络线范围最小,相对而言最为保守。

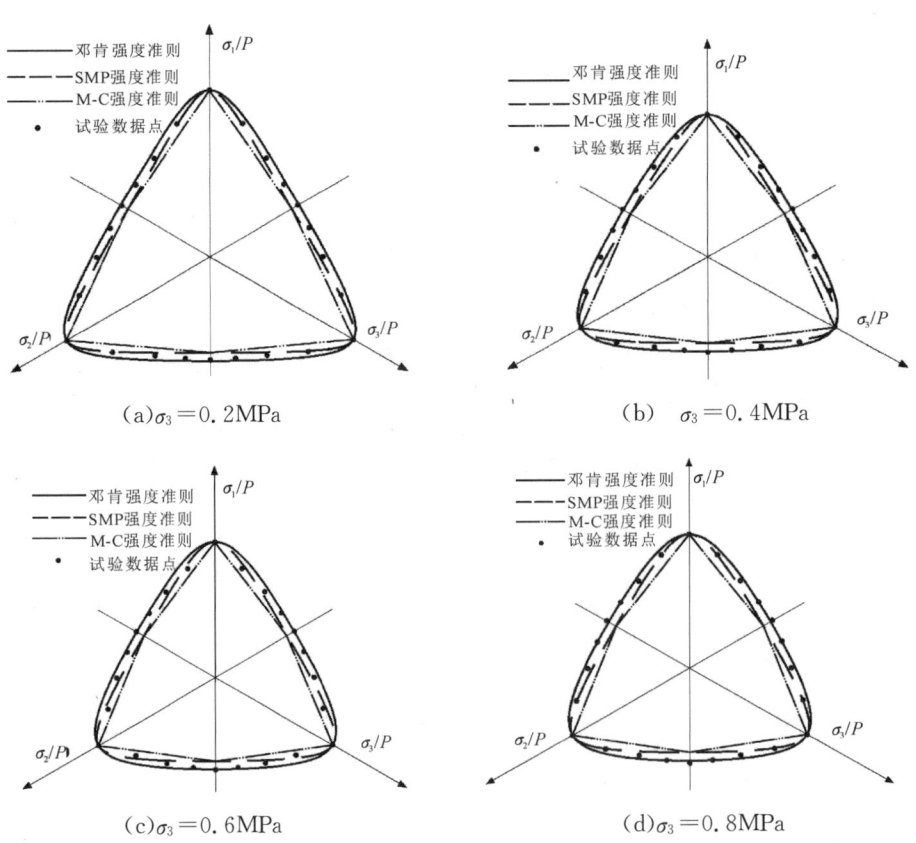

图 3.6-28 试验数据点与经典强度准则在 π 平面上分布关系对比

图 3.6-29 各为不同围压下基于不同强度准则的 φ_b-b 曲线与试验结果。

可以看出,M—C 准则由于假定内摩擦角为常数是十分保守的。同时对于 SMP 准则,其认为 $b=1$ 时内摩擦角回到 $b=0$ 的水平与实际情况相距甚远。但邓肯模型则对内摩擦角有过高的估计,大多情况下,试验得到的内摩擦角参数在邓肯强度准则与 SMP 准则曲线之间。

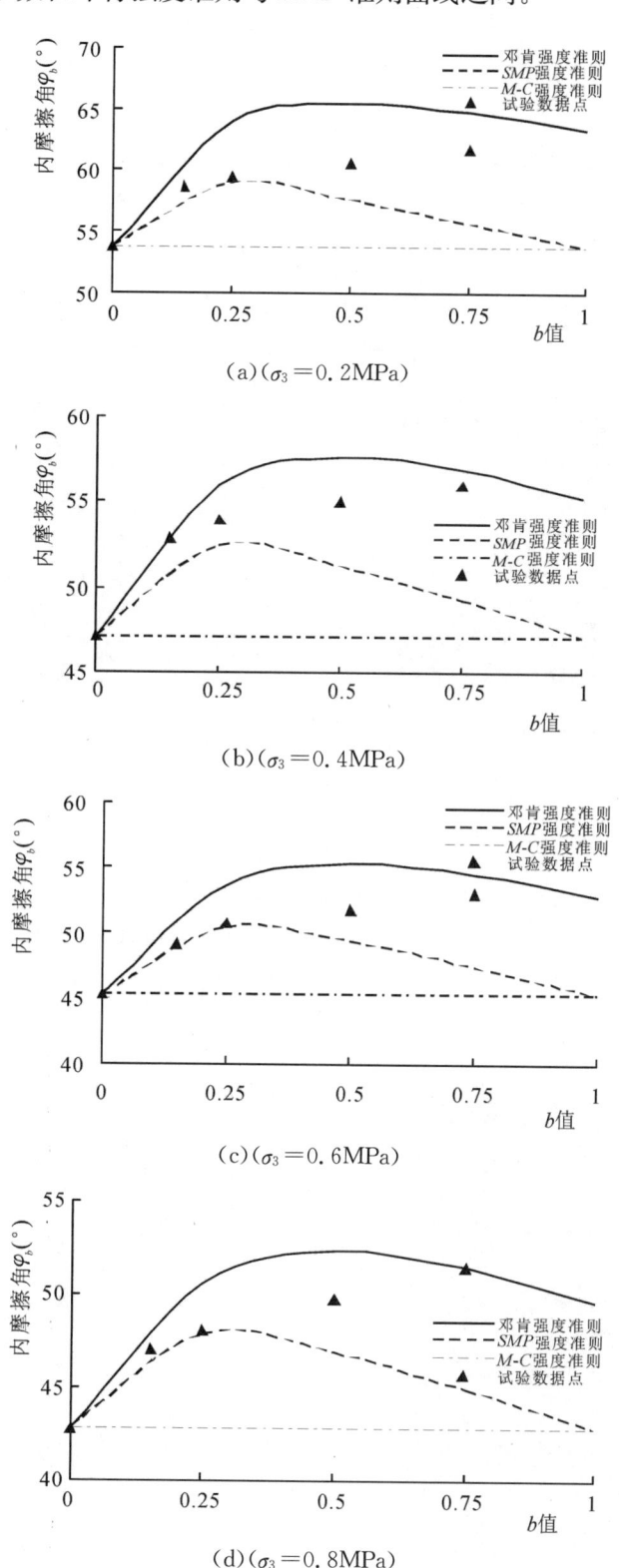

3.6-29　内摩擦角与 b 值的关系同经典破坏准则的对比

2.3 CT 三轴试验技术的研发

CT 是英文 Computerized Tomography 的简称,一般译为"计算机断面成像技术"或"计算机层面扫描技术",这是以计算机为基础对被测物体断层中某种特性进行定量描述的专门技术。它首先是利用 X 射线穿透物体断面进行旋转扫描,收集 X 射线经此层面不同物质衰减后的信息,经放大和模数转换后,由计算机在 CT 的探测空间范围内,与空间某点相关的各个方向射线进行空间解算,得出与该点 X 射线吸收系数 μ 直接关联的 CT 数,在已知这种物质的 X 射线质量吸收系数的条件下,CT 数就直接表示了物质的密度,简言之,CT 图像就是被测物体某层面的密度图。

长江科学院于 2008 年建立了岩土试验 CT 工作站(图 3.6-30),该 CT 工作站采用德国西门子 Somatom Sensation 40 型 CT 机,该 CT 机主要特点是具备比较高的空间和时间分辨率,以及高质量的多维重建图像,可以实现用三维的图像来观察三维的试件。在此基础上开发了一系列与之配套的试验设备,如:CT 三轴仪,CT 渗透仪,CT 单轴压缩仪等,并开展了多种岩土试验研究工作。

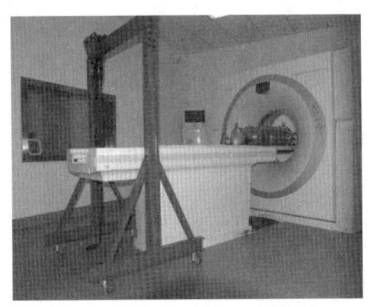
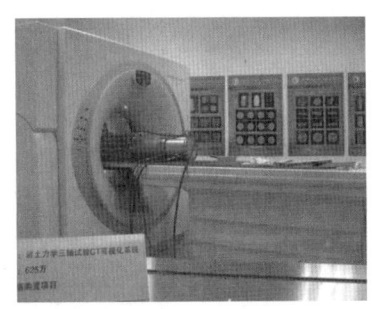

图 3.6-30 长江科学院岩土试验 CT 工作站设备

长江科学院于 2006 年研制了第一代立式 CT 三轴仪(专利号:ZL20060096213X)[11],见图 3.6-31 所示。该 CT 三轴仪工作原理同常规三轴仪,轴向应力由液压千斤顶提供,加载控制系统和测试系统置于 CT 机外。控制千斤顶进油速率一定,即可进行应变控制式三轴试验,也可进行应力控制式三轴试验,即分级进行加载,每级加载控制千斤顶油压一定至试验变形稳定。试样尺寸为 $\Phi100 \times H200$ mm,压力室拉杆为特种铝合金,千斤顶和压力室均为非金属材料,可直接进行试样的轴向或横向扫描,最大小主应力为 1.0MPa。

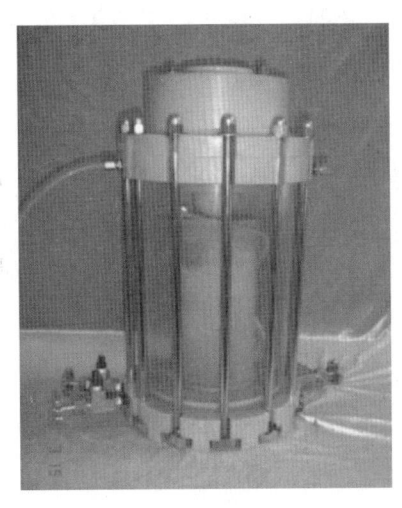
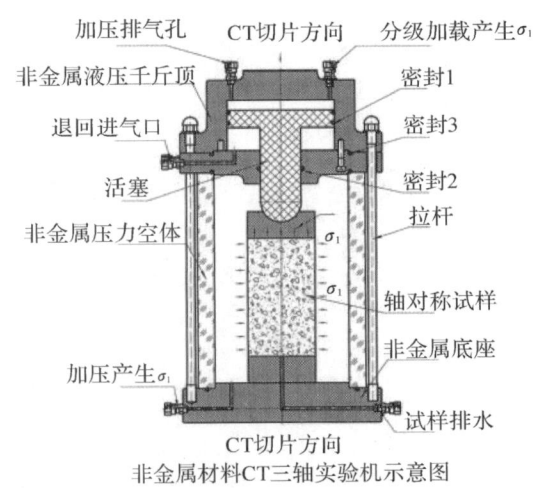

图 3.6-31 第一代立式 CT 三轴仪

第一代立式CT三轴仪存在如下问题:①千斤顶采用非金属塑料材料,热胀冷缩现象比较明显,其受温度影响较大,当温度较高时,活塞伸出缩进时的摩擦力较大;②试样的载荷需要通过油压换算,准确性较差,周围压力较小,最大围压为1.0MPa。因此,长江科学院于2009年研制了第二代卧式CT三轴仪。见图3.6-32所示。该CT三轴仪解决了上述问题,千斤顶为金属构件,压力室拉杆为特种铝合金,可有效减小伪影。在千斤顶与压力室之间增加了荷重传感器和位移传感器,可准确测量大主应力和竖向应变,最大小主应力提高到2.0MPa。但第二代卧式CT三轴仪只能进行横向扫描。

图3.6-32 第二代卧式CT三轴仪

在使用过程中发现第二代卧式CT三轴仍然存在一些问题,如①推力油源加载为手动控制,无法实现伺服控制,加载精确度和稳压较差;②荷载传感器和位移传感器精度不够。因此在2016年又新研制了第三代CT三轴设备,见图3.6-33。第三代CT机是与英国GDS公司合作完成的,实现了CT三轴试验的全过程伺服控制与精确测量。

通过CT扫描技术配合CT三轴设备,长江科学院进行了粗粒土的组构研究、裂隙剪切带的发育过程、粗粒料的CT流变试验、CT湿化试验等研究[12]-[15]。

图3.6-33 第三代CT三轴仪

2.4 土动力学试验技术

20世纪60年代以来,世界范围内地震活动频繁,特别是1964年日本新潟泻地震、美国阿拉斯加地震引起的对饱和砂土液化和地基失稳破坏的认识。对粗粒土动力特性的研究,直到1980年日本首次用大型三轴仪进行了粗粒土的动力变形测试。多年来,世界各国学者在土石坝、挡土结构物、地下结构物、地铁和隧道、高层建筑物的抗震稳定方面进行了研究,砂土动力特性和液化研究在国内外已有相当长的历史。近年来对于砂性土的动力特性、液化判别方法、地震作用下的大变形计算、永久变形的计算等,仍是土力学中的热点研究问题。

长江科学院于2006年购置了粗粒料电液伺服静动力三轴仪,2008年购置了GDS全自动动力三轴仪。

2.4.1 动弹模量与阻尼比试验

(1)试验仪器与方法

细粒土动力特性试验在英国GDS动三轴上进行,如图3.6-34所示,试验机的主要技术指标如下。

试样几何尺寸:$\Phi39.1\times H80mm/\Phi61.8\times H125mm/\Phi101\times H200mm$(直径×高);

竖向频率:$0.01\sim5Hz$;

轴向静/动荷载:$0\sim40kN$;

周围压力:$0\sim1700kPa$;

体变传感器:最大体积变化200mL,体变精度为0.1%,分辨率为0.04mL;

垂直位移传感器:量程±50mm,精度0.07%,分辨率0.208 μm。

粗粒土1500kN电液伺服粗粒土静动三轴试验机上进行的,如图3.6-35所示,试验机的主要技术指标如下。

试样尺寸:$\Phi30\times H75cm$;

轴向静荷载:$0\sim1500kN$;

轴向动荷载:$0\sim\pm500kN$;

轴向固结荷载:$0\sim1500kN$;

周围压力:$0\sim5000kPa$;

激振频率:$0.01\sim10Hz$;

活塞行程:$0\sim300mm$;

体变量测精度:0.1mL。

粗粒料动弹模量与阻尼比试验的试样制备按照《土工试验规程》SL237-060-1999(粗颗粒土三轴压缩试验)进行。

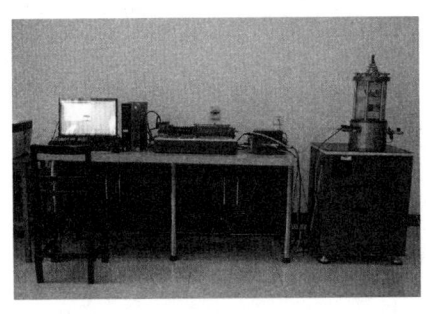
图3.6-34 GDS动三轴

图3.6-35 1500kN电液伺服粗粒土静动三轴试验机

2.4.2 动弹量与阻尼比实验

(1)试验成果整理

由试验所得到的滞回圈(如图3.6-36所示)求得动弹模量,如式(3.6-17):

$$E_d=\frac{\sigma_d}{\varepsilon_d} \tag{3.6-17}$$

式中:E_d——动弹性模量,kPa;

σ_d——A点的动应力,kPa;

ε_d——A点的动应变,%。

土样的阻尼比可以从滞回曲线(如图 3.6-36 所示)中求得,如式(3.6-18):

$$\lambda=\frac{1}{4\pi}\frac{A_L}{A_T} \tag{3.6-18}$$

式中：A_L——滞回圈的面积；

A_T——图中三角形 AEO 的面积。

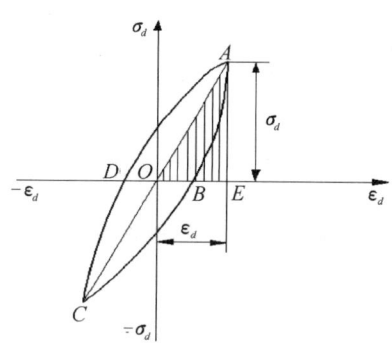

图 3.6-36 动三轴试验动弹模量与阻尼比的求取

细粒土和粗粒土的动应力－动应变滞回圈如图 3.6-37 和图 3.6-38 所示。

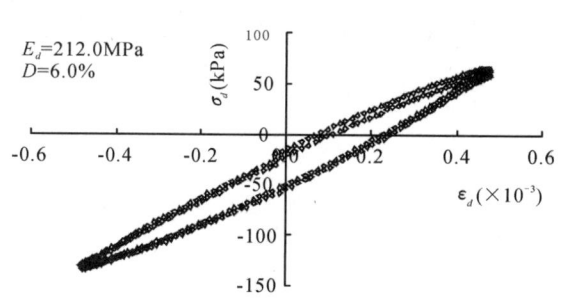

图 3.6-37 细粒土动应力应变滞回圈

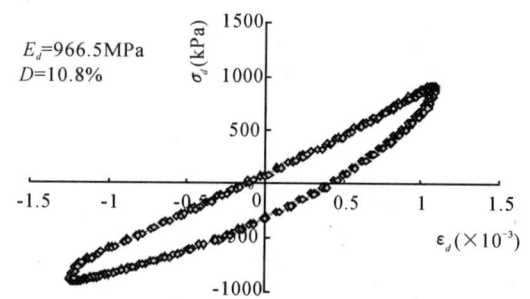

图 3.6-38 粗粒料动应力应变滞回圈

在动三轴试验中,试件 45°面上的动剪应力为：

$$\tau_d=\sigma_d/2 \tag{3.6-19}$$

由动应变 ε_d 求得试件 45°面上的动剪应变为：

$$\gamma_d=\varepsilon_d(1+\mu) \tag{3.6-20}$$

动剪切模量 G_d 可用动弹模量的公式转换：

$$G_d=\frac{E_d}{2(1+\mu)} \tag{3.6-21}$$

式中：G_d——试样 45°面上的动剪切模量,kPa。

Hardin－Drnevich 模型假定动荷载作用下的应力－应变曲线骨干曲线符合双曲线,如下式：

$$\sigma_d=\frac{\varepsilon_d}{a+b\varepsilon_d} \tag{3.6-22}$$

经转换后可表示为：

$$\frac{1}{E_d}=\frac{\varepsilon_d}{\sigma_d}=a+b\varepsilon_d \tag{3.6-23}$$

式中：a、b——试验常数。

绘制以动应变 ε_d 为横坐标,$1/E_d$ 为纵坐标的关系图,模量倒数 $1/E_d$ 与动应变 ε_d 的关系可近似用直线表示,见图 3.6-39 所示,其截距的倒数即为最大动弹模量 $E_{d\max}$。

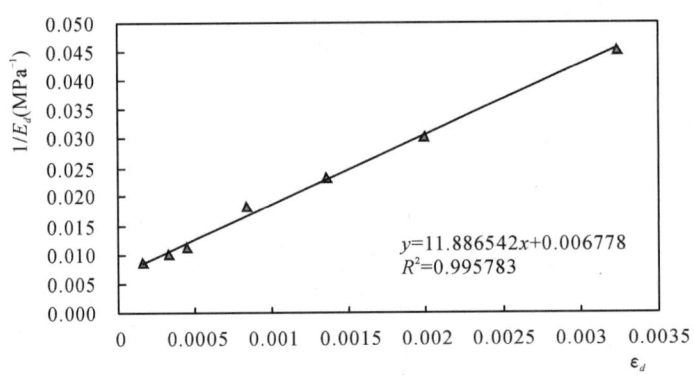

图 3.6-39　$1/E_d$ 与 ε_d 关系

最大动剪切模量与最大动弹模量的换算公式为:

$$G_{d\max}=\frac{E_{d\max}}{2(1+\mu)} \tag{3.6-24}$$

式中:$G_{d\max}$——最大动剪切模量,kPa。

(2)肖家坟尾矿坝土样试验成果

以肖家坟尾矿坝坝基黏土和坝壳料作为试样,进行了动三轴试验,在双对数纸上,以最大动剪切模量为纵坐标,平均固结应力为横坐标,绘制关系曲线,见图 3.6-40 和图 3.6-41。该关系曲线具有以下形式:

$$G_{d\max}=kPa\left(\frac{\sigma_m'}{Pa}\right)^n \tag{3.6-25}$$

式中:Pa——单位大气压力;

σ_m'——平均固结应力,$\sigma_m'=(\sigma_1+2\sigma_3)/3$;

k——直线在纵轴上的截距,试验常数;

n——直线的斜率,试验常数见表 3.6-1。

表 3.6-1　　　　　　　　　　动剪模量系数 k 与指数 n

试料名称	K_c	k	n
肖家坟尾矿坝坝基黏土	1.5	479.6	0.5224
	2.0	505.3	0.5011
肖家坟尾矿坝坝壳料	1.5	2785.9	0.5013
	2.0	3002.0	0.4879

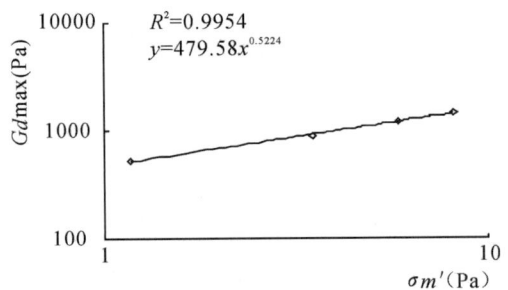

图 3.6-40　肖家坟尾矿坝坝基黏土 $G_{d\max}-\sigma_m'$ 线 ($K_c=1.5$)

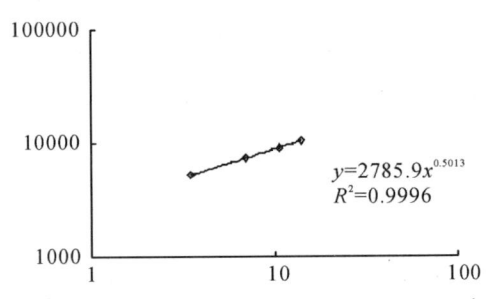

图 3.6-41　肖家坟尾矿坝坝壳料 $G_{d\max}-\sigma_m'$ 线 ($K_c=1.5$)

肖家坟坝基黏土和坝壳料不同剪应变时的动剪模量比和阻尼比的值列于表 3.6-2,动剪模量比和阻尼比之间的关系示于图 3.6-42。

表 3.6-2　　肖家坟黏土和坝壳料不同剪应变时的动剪模量比和阻尼比值表

试料名称	固结比	参数	围压(kPa)	5×10^{-6}	1×10^{-5}	5×10^{-5}	1×10^{-4}	5×10^{-4}	1×10^{-3}	5×10^{-3}	1×10^{-2}
肖家坟尾矿坝坝基黏土	1.5	$G_d/G_{d\max}$	100	0.994	0.988	0.941	0.889	0.615	0.444	0.138	0.074
			300	0.996	0.993	0.965	0.933	0.735	0.581	0.217	0.122
			500	0.997	0.994	0.970	0.941	0.763	0.617	0.243	0.139
			700	0.998	0.996	0.978	0.958	0.819	0.694	0.312	0.185
		λ_d	100	0.001	0.003	0.012	0.023	0.076	0.108	0.164	0.175
			300	0.001	0.002	0.011	0.021	0.072	0.104	0.161	0.173
			500	0.001	0.002	0.009	0.017	0.062	0.093	0.156	0.171
			700	0.001	0.002	0.008	0.015	0.055	0.084	0.143	0.157
	2.0	$G_d/G_{d\max}$	100	0.994	0.989	0.947	0.899	0.641	0.472	0.152	0.082
			300	0.997	0.993	0.968	0.937	0.750	0.600	0.231	0.130
			500	0.997	0.994	0.972	0.946	0.778	0.637	0.260	0.149
			700	0.998	0.996	0.982	0.964	0.842	0.727	0.347	0.210
		λ_d	100	0.001	0.002	0.011	0.021	0.071	0.102	0.155	0.165
			300	0.001	0.002	0.009	0.017	0.061	0.091	0.149	0.163
			500	0.001	0.002	0.009	0.016	0.059	0.088	0.144	0.157
			700	0.001	0.002	0.008	0.015	0.056	0.083	0.135	0.146
肖家坟尾矿坝坝壳料	1.5	$G_d/G_{d\max}$	300	0.993	0.987	0.938	0.884	0.603	0.431	0.132	0.071
			600	0.993	0.987	0.938	0.884	0.603	0.432	0.132	0.071
			900	0.995	0.990	0.951	0.907	0.660	0.493	0.163	0.089
			1200	0.995	0.991	0.955	0.914	0.679	0.514	0.175	0.096
		λ_d	300	0.007	0.013	0.054	0.092	0.205	0.243	0.284	0.291
			600	0.007	0.014	0.058	0.095	0.193	0.222	0.252	0.257
			900	0.007	0.014	0.058	0.094	0.183	0.208	0.233	0.236
			1200	0.007	0.014	0.057	0.092	0.175	0.198	0.221	0.224
	2	$G_d/G_{d\max}$	300	0.994	0.988	0.941	0.889	0.616	0.445	0.138	0.074
			600	0.994	0.988	0.943	0.893	0.625	0.454	0.143	0.077
			900	0.995	0.990	0.953	0.910	0.669	0.502	0.168	0.092
			1200	0.995	0.991	0.956	0.916	0.685	0.521	0.179	0.098
		λ_d	300	0.023	0.042	0.125	0.167	0.228	0.239	0.249	0.250
			600	0.010	0.018	0.070	0.109	0.192	0.213	0.233	0.235
			900	0.015	0.029	0.093	0.129	0.187	0.198	0.208	0.209
			1200	0.015	0.029	0.092	0.127	0.182	0.192	0.202	0.203

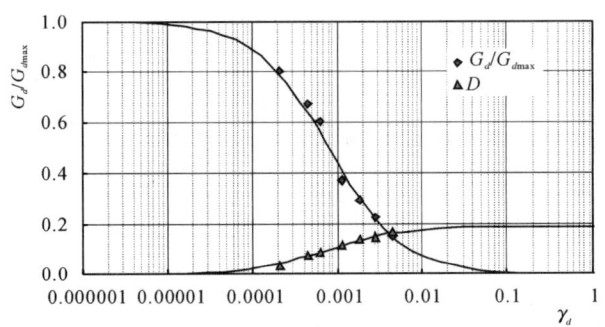

图 3.6-42 肖家坟尾矿坝坝基黏土 G_d/G_{dmax} 和 $\lambda_d - \gamma_d$ 关系曲线 ($K_c = 1.5, \sigma_3' = 100\text{kPa}$)

2.4.3 动残余变形试验

动残余变形试验的试样制备、饱和及固结方法与动弹模量与阻尼比试验相同。

在土石坝地震残余变形计算中，选用不同的计算模型其计算结果往往会有所差异。目前所用的残余变形计算模型中大多采用北水模型（即水科院模型）、谷口模型、改进的谷口模型以及沈珠江提出的永久变形模型。谷口模型及其改进的模型只考虑剪切变形，未考虑体积变形；沈珠江模型和北水模型同时考虑剪切变形和体积变形。

粗粒料的动力残余变形特性用大型振动三轴试验仪测定，需要分别测定试样的动体应变、动剪应变随振次 N 的变化。

动残余变形可以用沈珠江模型和北水模型描述。

(1) 沈珠江模型

沈珠江模型表达为增量形式，并且只需一套参数就可以求得不同振次、不用动剪应变、不同应力水平下的残余变形，应用比较方便，概念比较清楚，参数获取也比较容易。

绘制残余体积应变 ε_{vr} 和残余剪切应变 γ_r 与振次 N 的关系曲线，可以发现它们分别都呈对数关系，如图 3.6-43 和图 3.6-44 所示。

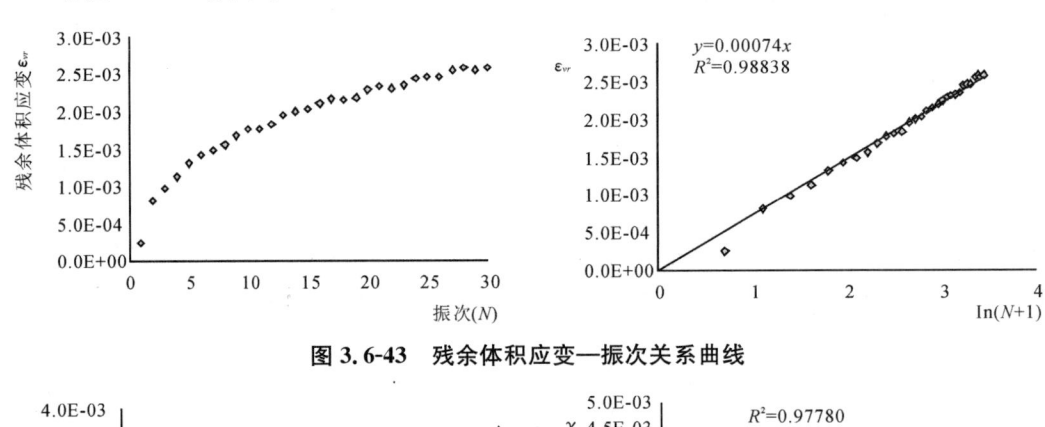

图 3.6-43 残余体积应变—振次关系曲线

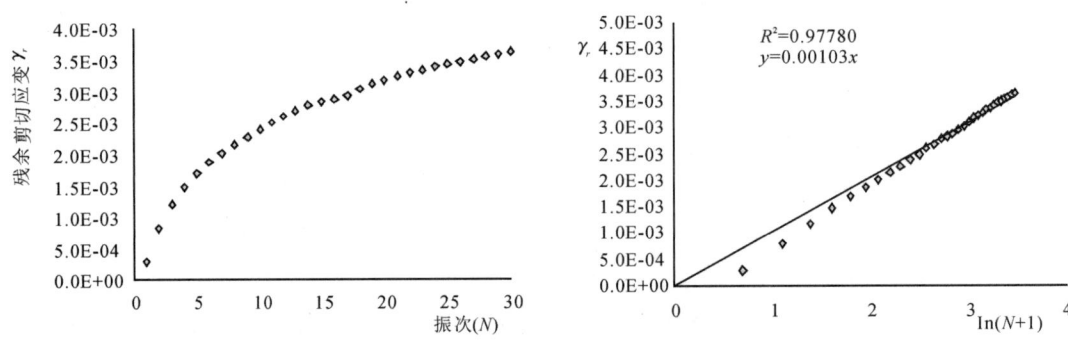

图 3.6-44 残余剪切应变—振次关系曲线

根据沈珠江的残余变形经验公式,有:

$$\varepsilon_{vr} = A\ln(1+N) \quad (3.6\text{-}26)$$

$$\gamma_r = B\ln(1+N) \quad (3.6\text{-}27)$$

其中 A、B 为试验参数,与应力水平 S_l 和动应变幅 γ_d 有以下关系式:

$$A = c_1 \gamma_d^{c_2} \exp(-c_3 S_l^2) \quad (3.6\text{-}28)$$

$$B = c_4 \gamma_d^{c_5} S_l^2 \quad (3.6\text{-}29)$$

沈珠江模型的参数求法如图 3.6-45 所示。

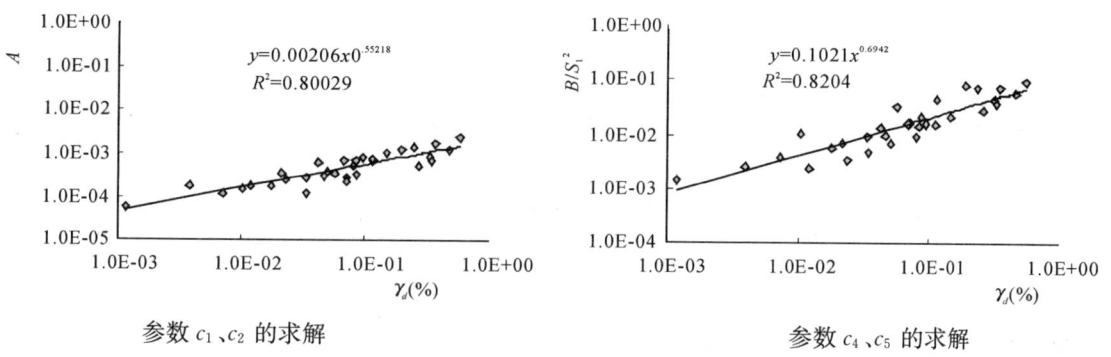

参数 c_1、c_2 的求解　　　　　　　　参数 c_4、c_5 的求解

图 3.6-45　残余变形试验沈珠江模型参数的求解

用有限单元法计算堆石坝(或土石坝)的地震永久变形时,宜采用增量形式,从式(3.6-26)、式(3.6-27)、式(3.6-28)、式(3.6-29)可建立下式:

$$\Delta \varepsilon_{vr} = c_1 \gamma_d^{c_2} \exp(-c_3 S_l^2) \frac{\Delta N}{1+N} \quad (3.6\text{-}30)$$

$$\Delta \gamma_r = c_4 \gamma_d^{c_5} S_l^2 \frac{\Delta N}{1+N} \quad (3.6\text{-}31)$$

式中　$\Delta \varepsilon_{vr}$,$\Delta \gamma_r$ 为残余体应变增量、残余剪应变增量;γ_d 为动剪应变幅值,S_l 为应力水平;N、ΔN 为振次及其增量。

(2)北水模型

根据残余体应变、残余轴向应变与振次 N 的关系曲线,可分别整理出大坝填料在一定振次 N 下的残余体应变 ε_{vr} 和残余轴向应变 ε_{ar} 与动剪应力比 $\Delta\tau/\sigma'_0$ 的关系曲线。并可用幂函数形式近似表达如下:

$$\varepsilon_{vr} = K_v (\Delta\tau/\sigma'_0)^{n_v} \quad (3.6\text{-}32)$$

$$\varepsilon_{ar} = K_a (\Delta\tau/\sigma'_0)^{n_a} \quad (3.6\text{-}33)$$

式中:ε_{vr}——残余体应变(%);

ε_{ar}——残余轴向应变(%);

$\Delta\tau = \Delta\sigma/2$——试样 45°面上的动剪应力;

σ'_0——45°面上初始法向应力;

$\sigma'_0 = (\sigma'_1 + \sigma'_3)/2$;

$\Delta\sigma$——轴向动应力幅值;

N——等效振次,

K_v 与 n_v,K_a 与 n_a 分别为与土性、应力状态及振次 N 有关的系数和指数,由试验结果确定。北水模型参数的求法如图3.6-46所示。

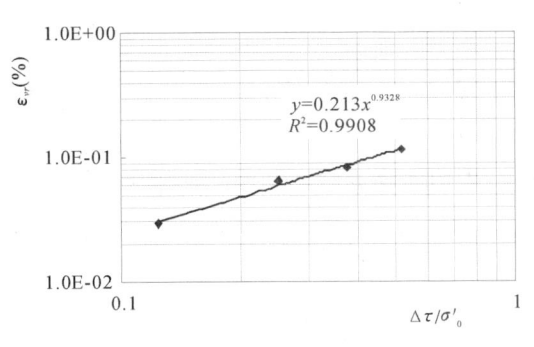

参数 k_v、n_v 的求解

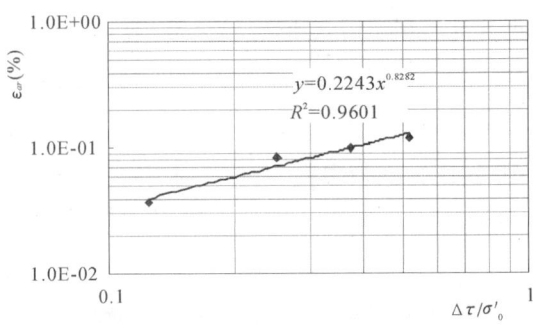

参数 k_a、n_a 的求解

图 3.6-46　残余变形试验北水模型参数的求解

密松电站主坝主粗粒料、次粗粒料的残余变形试验[17]，按沈珠江模型参数的计算成果如表 3.6-3 所示，北水模型参数成果见表 3.6-4 和表 3.6-5。

表 3.6-3　　　　　　　　　　　　　残余变形参数（沈珠江模型）

土料	C_1	C_2	C_3	C_4	C_5
密松电站微新安山岩主粗粒料	0.00252	0.804	0	0.0488	0.574
密松电站弱风化安山岩次粗粒料	0.00320	0.958	0	0.0699	1.047

表 3.6-4　　　　　　　　　　　残余体应变系数和指数（北水模型）

土料	干密度 (g/cm³)	固结比 K_c	σ_3' (kPa)	$N=12$ 次		$N=20$ 次		$N=30$ 次	
				K_v	n_v	K_v	n_v	K_v	n_v
密松电站微新安山岩主粗粒料	2.15	2.0	300	0.186	1.374	0.303	1.479	0.362	1.408
			600	0.291	1.165	0.467	1.258	0.632	1.272
			900	0.284	0.840	0.431	0.878	0.566	0.901
密松电站弱风化安山岩次粗粒料	2.15	2.0	300	0.0940	1.137	0.162	1.230	0.231	1.269
			600	0.456	1.260	0.661	1.236	0.911	1.290
			900	0.697	1.285	1.005	1.285	1.294	1.296

表 3.6-5　　　　　　　　　　　残余轴向应变系数和指数（北水模型）

土料	干密度 (g/cm³)	固结比 K_c	σ_3' (kPa)	$N=12$ 次		$N=20$ 次		$N=30$ 次	
				K_a	n_a	K_a	n_a	K_a	n_a
密松电站微新安山岩主粗粒料	2.15	2.0	300	0.120	0.992	0.179	1.056	0.244	1.125
			600	0.199	0.729	0.315	0.820	0.434	0.878
			900	0.324	0.679	0.475	0.727	0.620	0.757
密松电站弱风化安山岩次粗粒料	2.15	2.0	300	0.160	1.104	0.252	1.194	0.366	1.289
			600	0.593	1.449	0.849	1.455	1.075	1.448
			900	0.550	1.038	0.797	1.074	1.021	1.090
			900	19.249	1.529	44.035	1.715	74.834	1.832

2.4.4 动强度(液化)试验

动强度试验按照《土工试验规程》SL237—032—1999(振动三轴试验)进行。试样制备、饱和及固结方法与动弹模量与阻尼比试验相同。

根据试验可得动孔压和动应变与振次的关系,如图3.6-47和图3.6-48,肖家坟尾矿坝坝基黏土不同特征周次下的动剪应力比列于表3.6-6。

以所求得的动应力 σ_d 与轴向固结应力 σ_{1c} 之和为大主应力,侧向固结应力 σ_{3c} 为小主应力,绘制摩尔圆,从而得到总应力动强度指标 c_d、φ_d,见图3.6-49和表3.6-7。

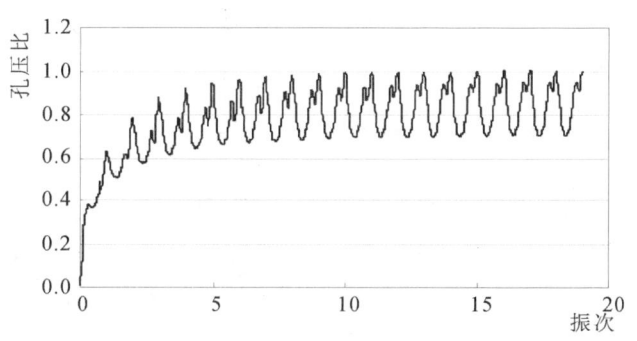

图3.6-47 孔压—振次关系曲线

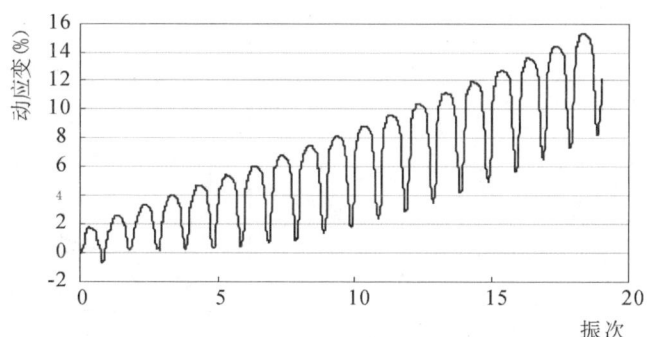

图3.6-48 动应变—振次关系曲线

表3.6-6　　　　　　　　肖家坟尾矿坝坝基黏土不同特征周次下的动剪应力比

固结比	围压(kPa)	不同特征周次下的动剪应力比		
		12	20	30
1.5	100	0.317	0.292	0.282
	300	0.226	0.215	0.211
	500	0.198	0.178	0.165
	700	0.178	0.158	0.153
2.0	100	0.344	0.322	0.312
	300	0.260	0.252	0.250
	500	0.244	0.200	0.188
	700	0.182	0.176	0.168

表 3.6-7　肖家坟尾矿坝坝基黏土动强度总应力强度参数

固结比	特征周次					
	12		20		30	
	c_d (kPa)	φ_d (°)	c_d (kPa)	φ_d (°)	c_d (kPa)	φ_d (°)
1.5	17.1	17.9	18.0	17.2	17.6	16.9
2.0	23.8	25.1	22.1	24.8	22.7	24.5

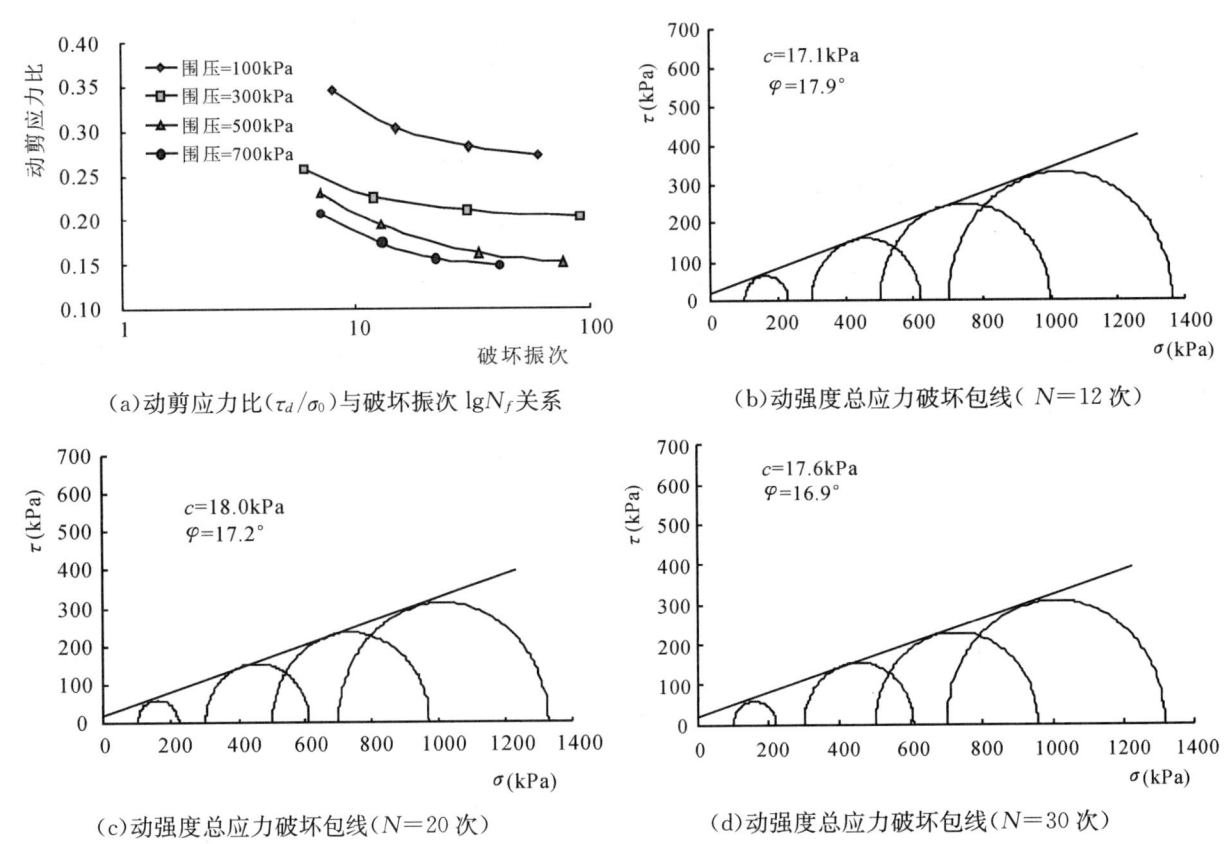

(a) 动剪应力比 (τ_d/σ_0) 与破坏振次 $\lg N_f$ 关系　　(b) 动强度总应力破坏包线 ($N=12$ 次)

(c) 动强度总应力破坏包线 ($N=20$ 次)　　(d) 动强度总应力破坏包线 ($N=30$ 次)

图 3.6-49　肖家坟尾矿坝坝基黏土动力试验成果 ($K_c=1.5$)

2.5　三轴试验中的温控技术

2.5.1　温控静三轴试验

(1) 土的三轴试验

国内三轴试验温控技术主要包括两类：一是控制压力室所处环境的温度：将设备置于恒温室或在压力室外部罩上恒温箱；二是控制压力室内部水温：在压力室内部安装螺旋紫铜管，在螺旋紫铜管内部通水或冷冻液循环。长科院即采用了第二种温控技术，其发展可分为三个阶段，如图 3.6-50。

第一阶段的三轴温控技术 (1997) 见图 3.6-50(a)：自制试验温度循环水，利用虹吸原理通过安装在压力室内壁与试样外围的螺旋形铜管，进行充水循环，根据循环出来的水温人为调控压力室内的水温。第一代温控技术的不足之处：水循环的温控效率较低，不能做较低温度的三轴试验；温度控制精度较差，长时间的温控效果不佳；紫铜管内部水循环人工控制，操作不方便。

第二阶段的三轴温控技术 (2011)，见图 3.6-50(d)(e)：通过水浴箱制备试验温度循环水，利用水泵将水输入压力室内壁与试样外围的螺旋形铜管，进行充水循环，根据压力室内水温的实时监测，来调整水浴箱温控，以保证压力室内试验水温的恒定。第二代温控技术改进之处：采用水泵进行水循环，自动化程度提高；采用温度传感器监测压力室水温，温度控制精度提高。不足之处：温控效率仍较低，不能做较低温度的三轴试验；未实现完全自动化控制。

第三阶段的三轴温控技术（2012年）见图3.6-50(d)(e)：采用冷冻液在铜管内循环，当压力室温度高于设定温度时，温控仪控制电磁阀打开，冷冻液通过循环管道进入压力室内部的螺旋铜管中，通过冷热循环，使压力室温度达到设定温度，温控仪控制电磁阀关闭，从而达到压力室温度闭环控制的目的。第三代温控技术优点：冷冻液循环的温控效率较高，可实现高低温控制（-10℃-50℃）；温控的长期稳定性好，实现全自动化控制。[18]

 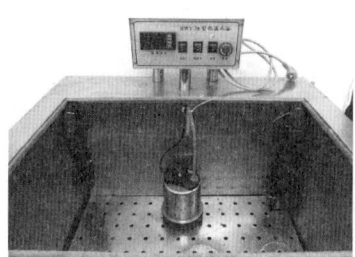 

(a)水循环系统　　　　(b)带温控的水浴箱及水泵　　　　(c)水循环及温度监测系统

 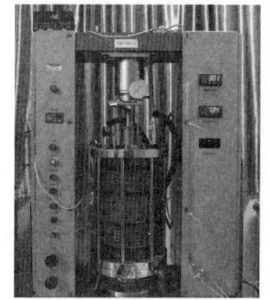

(d)制冷(热)源　　　　(e)温度监控系统

图3.6-50　三轴试验温控系统

(2)沥青混凝土试验[19]-[21]

按击实成型方法制备静力三轴试验的沥青混凝土试件，直径为101mm。在5.4℃、15.4℃和25.4℃条件下，进行围压为0.1MPa、0.3MPa、0.7MPa和1.0MPa的静力三轴试验，轴向变形速率为1.0mm/min。在剪切过程中允许试样排气、排水，测读围压、偏应力、轴向应变和体积应变，研究沥青混凝土的抗剪强度特性。

考虑到温度对沥青混凝土强度指标的影响，在试验前将试样放置于恒温（温度控制值±0.5℃）水槽内24h，以确保整个试样的温度均匀。在试验过程中控制压力室温度在控制值±0.5℃范围内，保证整个试验过程中压力室内的水温变化不超过±0.5℃。试验方案如表3.6-8所示。

表3.6-8　　　　　　　　　　　　沥青混凝土静三轴试验方案

温度控制值(℃)	龄期(天)	围压(MPa)	轴向变形速率(mm/min)
5.4	7	0.1、0.3、0.7和1.0	1.0
15.4	7	0.1、0.3、0.7和1.0	1.0
25.4	7	0.1、0.3、0.7和1.0	1.0

沥青混凝土三轴试验成果如图 3.6-51—图 3.6-53 所示。可知,试样在低温和低围压下出现应变软化现象,体变—轴向应变曲线表现为体胀温度越低、围压越小,体胀程度越明显。

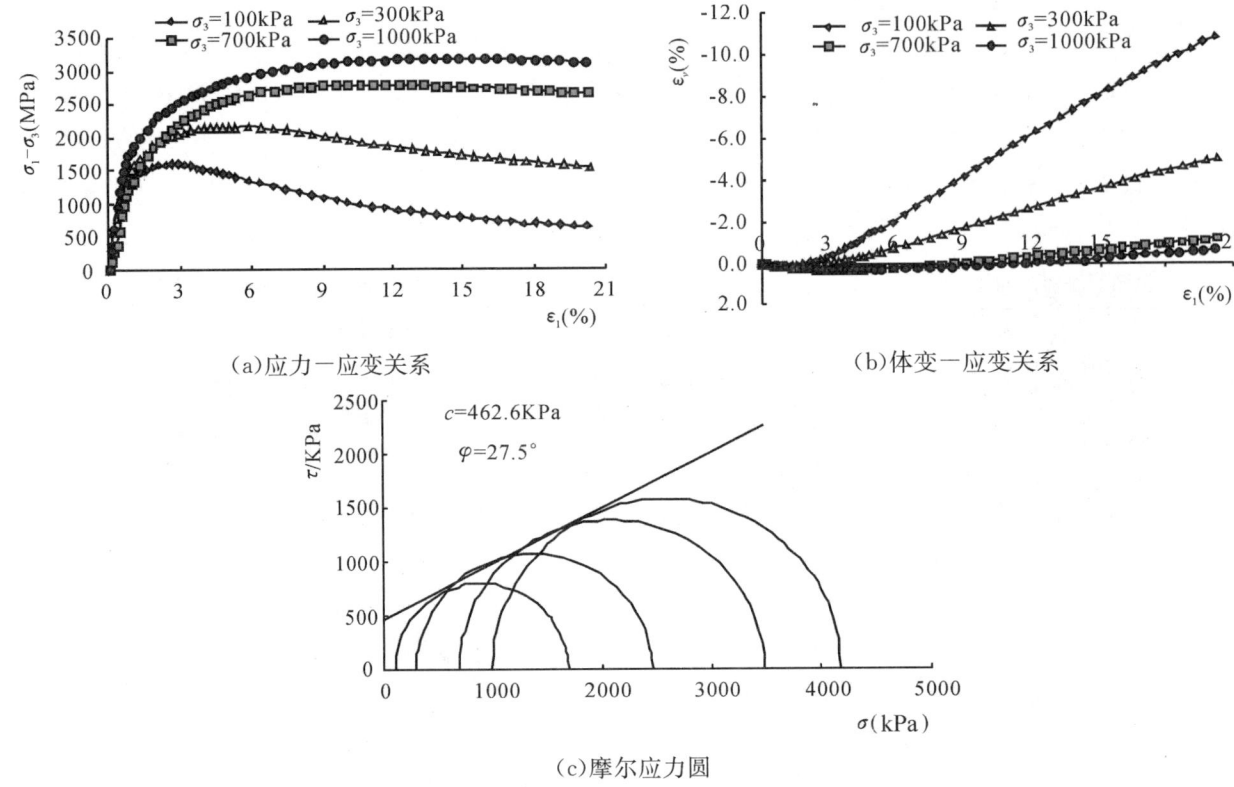

图 3.6-51　沥青混凝土三轴试验成果(5.4℃)

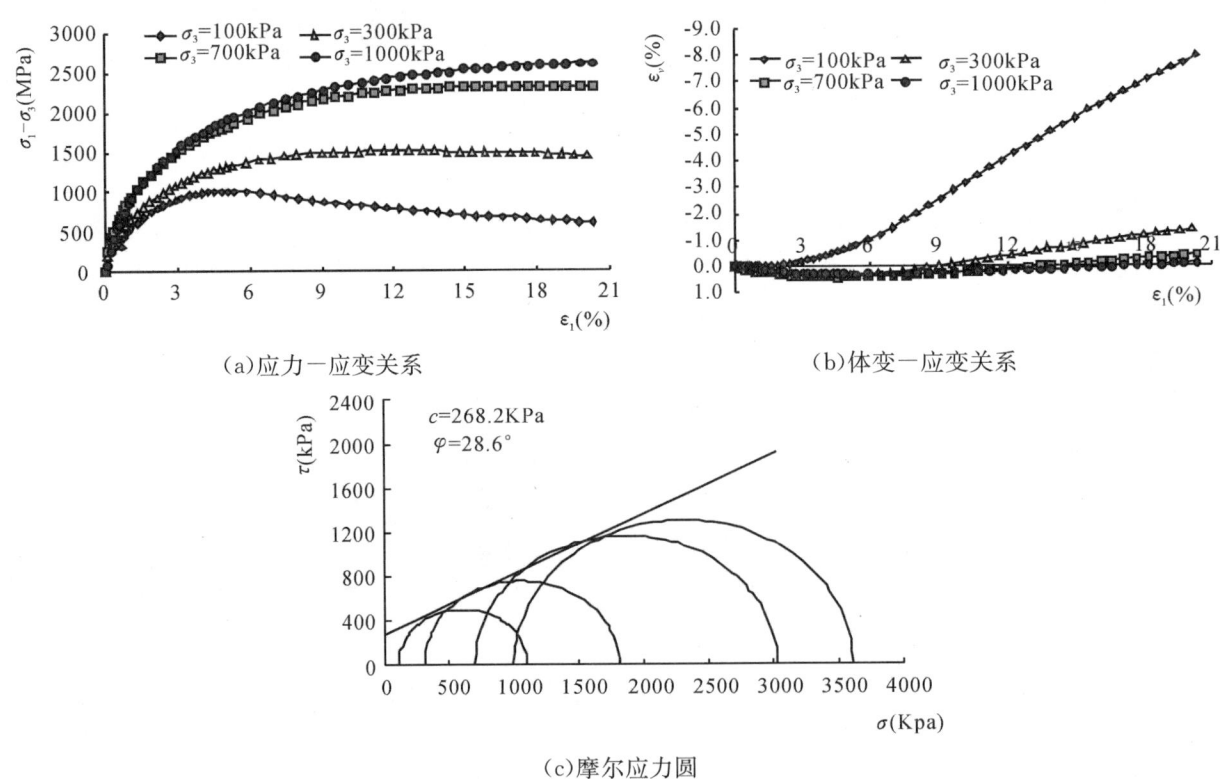

图 3.6-52　沥青混凝土三轴试验成果(15.4℃)

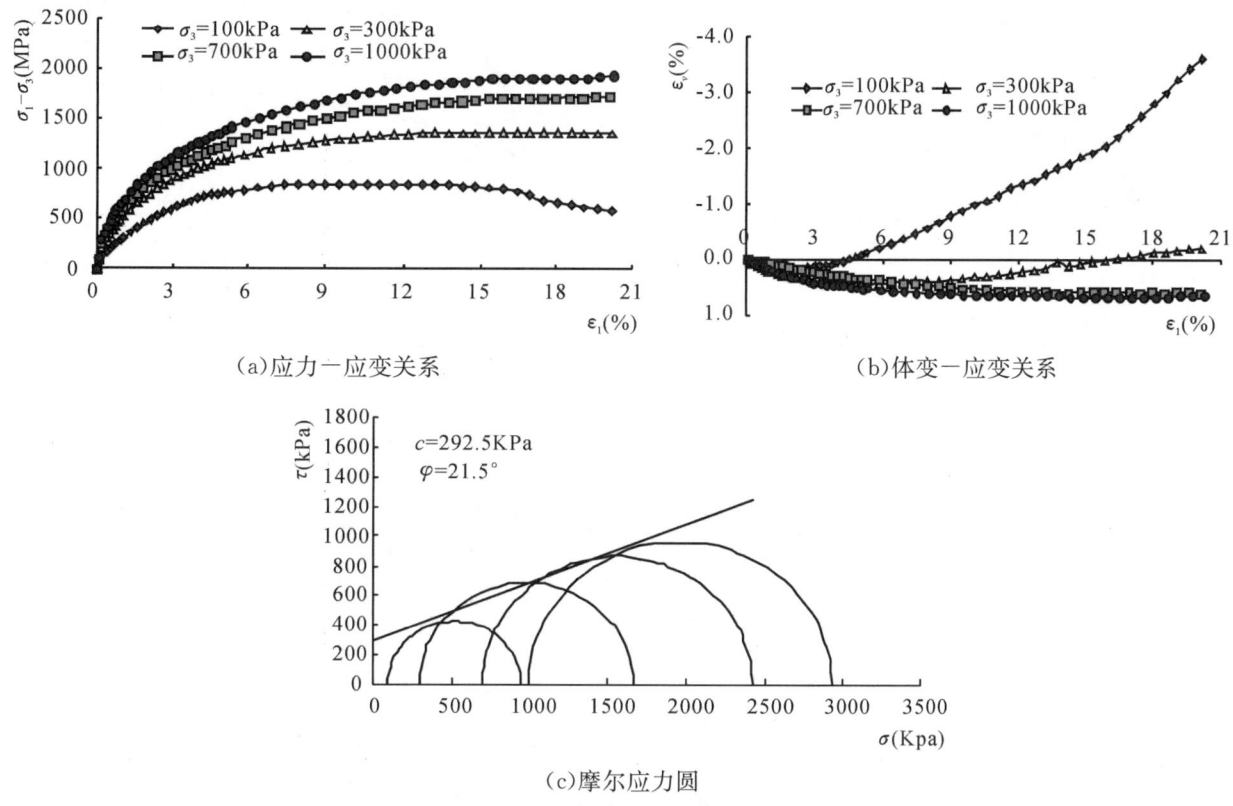

图 3.6-53 沥青混凝土三轴试验成果(25.4℃)

在同一压力下,不同温度的应力-应变关系如图 3.6-54 所示;破坏偏应力随温度的变化关系见图 3.6-55 所示。从图可以看出,试验温度对沥青混凝土三轴试验强度与应力-应变关系曲线有较大影响,试样强度随试验温度升高而明显降低;围压较高时(700kPa、1000kPa),沥青混凝土三轴试验强度与温度呈较好的线性关系;围压较低时(100kPa、300kPa),试验温度低于 15.4℃时,温度对强度的影响较大,试验温度高于 15.4℃,强度与试验温度关系曲线趋于平缓,温度对强度的影响程度小些。试验温度越高,沥青混凝土三轴试验初始切线模量越低,试验温度低于 15.4℃时,温度对初始切线模量的影响较大,试验温度高于 15.4℃,温度对初始切线模量的影响小些;说明低温影响比高温影响显著。试验温度越低,三轴试验破坏应变大幅减小,应变软化现象越明显。此外,温度越低,体胀程度越明显,尤其是低围压下更加突出,温度对剪缩体胀拐点应变值影响较小,体胀拐点大概在 3%~5%应变之间。

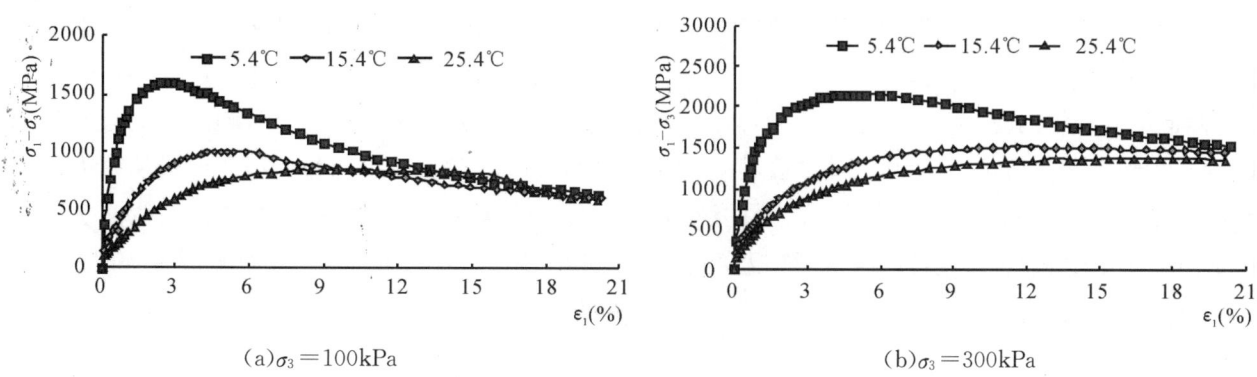

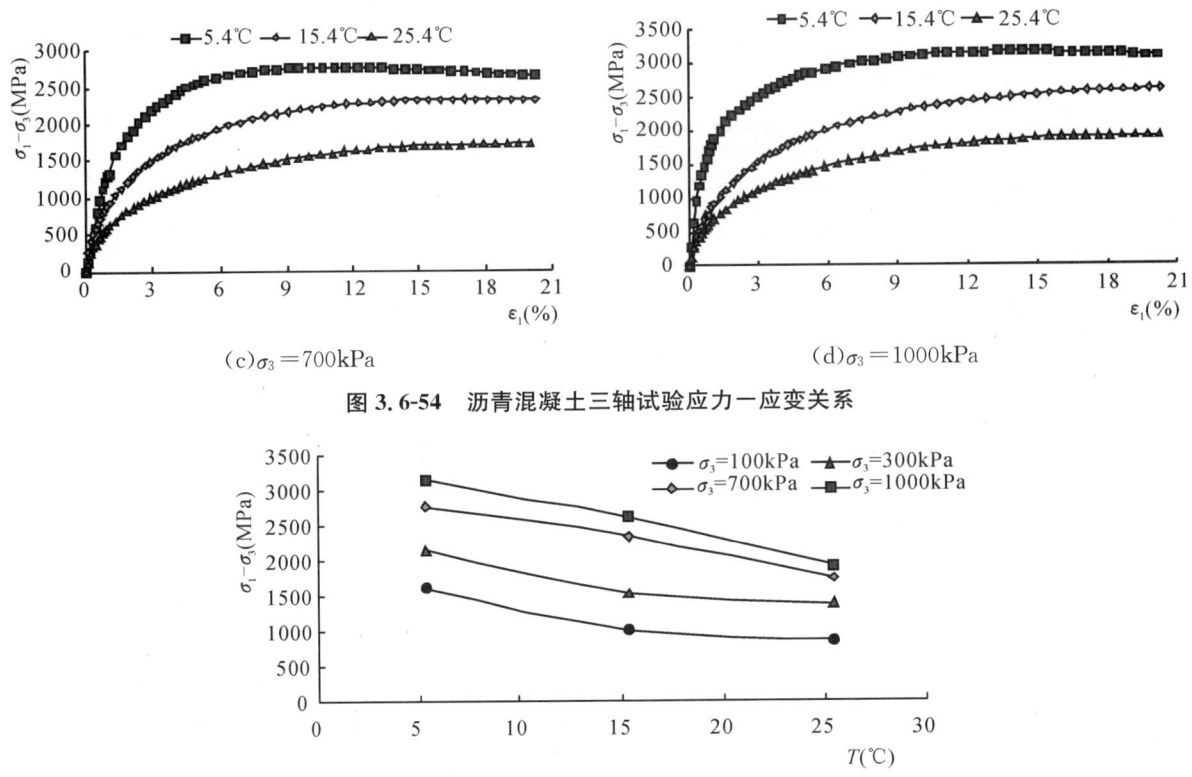

(c) $\sigma_3 = 700\text{kPa}$

(d) $\sigma_3 = 1000\text{kPa}$

图3.6-54 沥青混凝土三轴试验应力－应变关系

图3.6-55 沥青混凝土三轴试验破坏偏应力与温度关系

沥青混凝土的强度随围压呈现较强的非线性特性,即它的强度包线不服从摩尔－库仑定律,而是随压力增加向下弯曲,如图3.6-56所示。

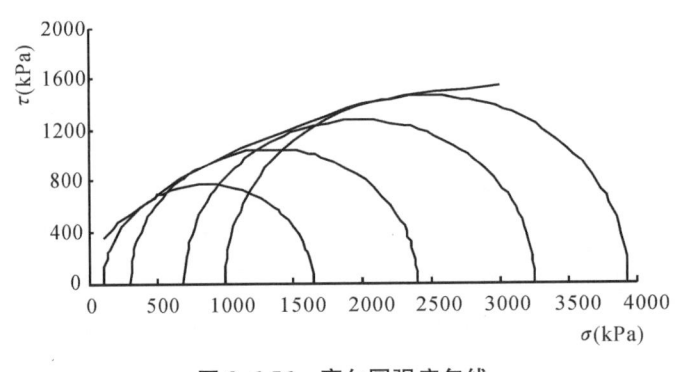

图3.6-56 摩尔圆强度包线

沥青混凝土的应力－应变及强度参数成果见表3.6-9。K值随温度的增加而减小,n、R_f值基本不随温度变化。

侧向应变与轴向应变关系不呈双曲线,而近乎直线关系,因此取体变参数$D=0$,侧向应变与轴向应变关系见图3.6-57所示。还可看出,温度越高,不同围压条件下的侧向应变与轴向应变曲线越靠拢在一起,这表明围压对侧向应变与轴向应变关系的影响随温度升高逐渐减小,参数F反映初始切线泊松比随围压增大而增大的急剧程度,因此F值随温度的增加呈减小趋势。考虑到沥青心墙垂直应变一般在5%以内,主要对这部分侧向应变进行拟合,得到的$E-\mu$模型体变参数,如表3.6-9所示。

表 3.6-9　　沥青混凝土三轴试验 $E-\mu$ 参数

温度(℃)	c(kPa)	φ(°)	φ_0(°)	$\triangle\varphi$(°)	K	n	R_f	G	F	D
5.4	462.5	27.5	62.9	25.0	2096.0	0.20	0.8	0.59	0.14	0
15.4	268.2	28.6	56.4	21.6	738.2	0.21	0.89	0.5	0.09	0
25.4	292.5	21.5	54.7	24.8	500.5	0.20	0.	0.48	0.04	0

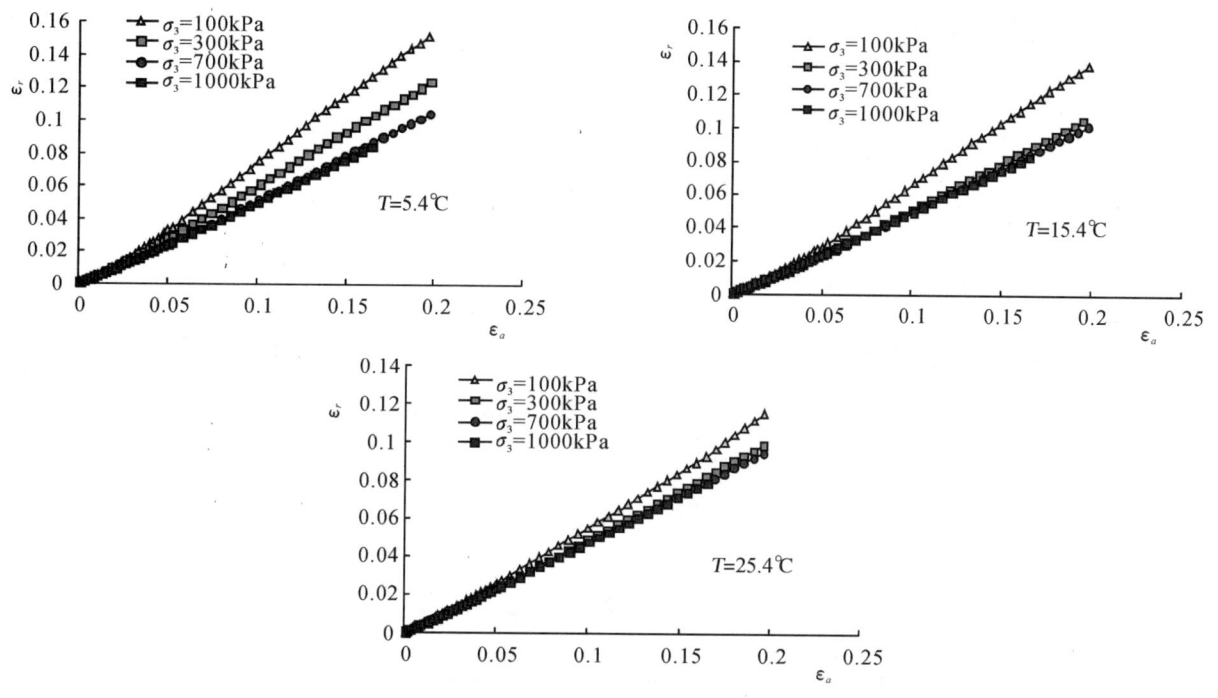

图 3.6-57　不同温度下的侧向应变—轴向应变曲线

2.5.2　温控三轴蠕变试验

(1) 试验仪器

三轴蠕变试验设备选择 YLSZ150-3 应力式三轴仪。该仪器各系统组成包括：竖向加载、稳压控制系统；围压加载、稳压控制系统；三轴压力室；反力架；高压蓄能罐；位移、体变量测系统；荷载传感器及数据采集系统等。该仪器配有专门稳压的高压蓄能罐，可以提供蠕变试验需要的稳定轴向压力。试验试样尺寸为 101mm×200mm。温控系统采用冷冻液在铜管内循环，当压力室温度高于设定温度时，温控仪控制电磁阀打开，冷冻液通过循环管道进入压力室内部的螺旋铜管中，通过冷热循环，使压力室温度达到设定温度，温控仪控制电磁阀关闭，从而达到控制压力室温度的目的。

(2) 试验方法和试验成果

蠕变试验中需要监测轴向变形和体积变形，根据大量的试验资料分析认为，一般体积变形要先于轴向变形达到变形稳定标准。蠕变试验中以轴向变形作为试验控制标准。在本次蠕变试验中每级轴向荷载稳定时间 10～17 天。

根据沥青混凝土静三轴试验成果，确定试样的强度指标，并按围压 0.3MPa、0.6MPa、0.9MPa 计算各级应力水平 $S=0.2$、0.4、0.6、0.8 下的偏应力竖向荷载。在已知应力条件下，稳定应力状态若干时间，记录不同时刻试样变形，当变形趋于稳定后施加下一级荷载。试验内容如表 3.6-10 所示。

表 3.6-10　　　　　　　　　　　　沥青混凝土心墙材料蠕变试验内容

温度控制值(℃)	围压(kPa)	应力水平
5.4	300、600、900	0.2、0.4、0.6、0.8
15.4	300、600、900	0.2、0.4、0.6、0.8

按照上述试验条件进行三轴蠕变试验,得到的轴向应变、体积应变与时间的关系如图 3.6-58 和图 3.6-59 所示。可见,相同条件下,轴向蠕变随时间呈非常好的逐渐收敛的渐近线关系;体积蠕变随时间的规律性关系较差,这是因为体积蠕变非常小,在蠕变过程较长时间内,体积测试精度难以适应这么小的变化,每级应力水平下的体积蠕变不超过 0.5%,相对轴向蠕变而言非常小。

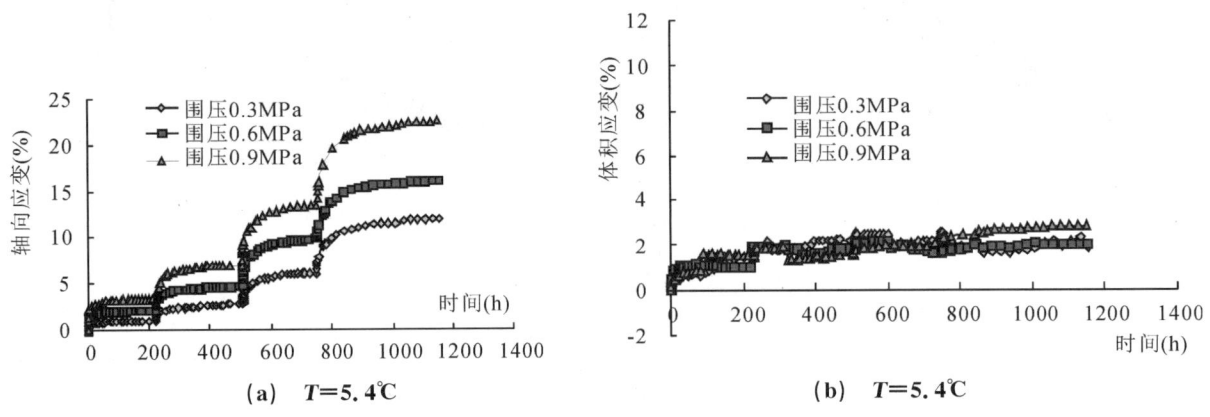

图 3.6-58　三轴蠕变试验 ε_a-t 曲线

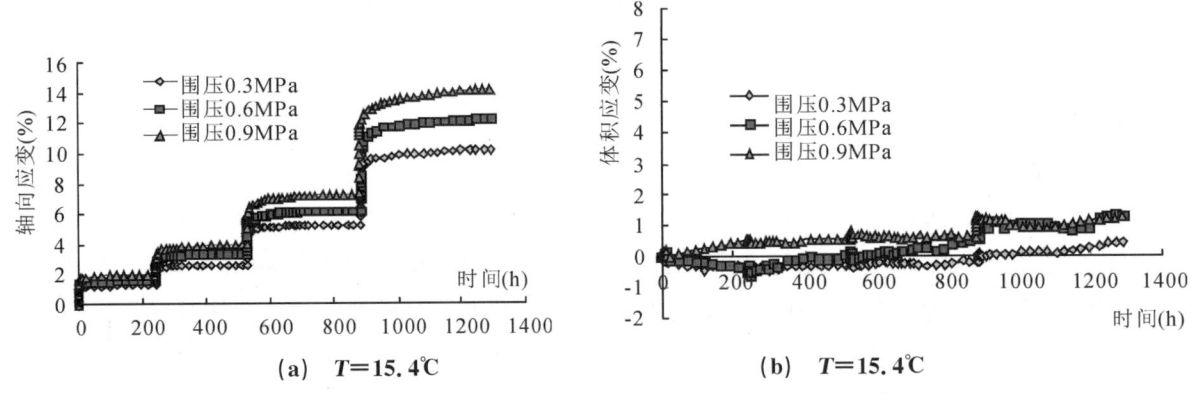

图 3.6-59　三轴蠕变试验 ε_v-t 曲线

由上图可见,沥青混凝土体积蠕变量与时间关系可采用幂函数表达,如式(3.6-34):

$$\varepsilon_{LV}=\varepsilon_{fv} \cdot (1-t^{-\lambda r}) \tag{3.6-34}$$

由于体积蠕变量非常小,每级应力水平下的体积蠕变不超过 0.5%,相对轴向蠕变而言也非常小。对于蠕变呈体缩的材料,侧向应变与体积应变的变化呈相反的规律,体积应变越小,侧向应变就越大,其相应的参数对工程是偏保守的。故沥青混凝土的体积应变可视为 0,于是上式(3.6-35)中的参数取值为 0,体积蠕变的最大值取 0.5。

2.6　大型平面应变试验技术的研发

国家"八五"攻关期间,长江科学院与南京自动化设备研究所等单位共同研制了 PY80－15 大型平面应变仪,属国内最大尺寸的平面应变仪。利用该仪器研究了三峡工程二期深水围堰填料的力学特性与本构关系,对三峡工程二期围堰的方案比选起了重要作用。

PY80-15 大型平面应变仪属于长江科学院第一代平面应变仪,见图 3.6-60 所示。试样尺寸为(长×宽×高)L800mm×W400mm×H800mm,这种平面应变仪器属于刚性框架式加载,最小主应力采用囊袋加载,最小主应力和中主应力的边角为刚性接触。存在问题为:加载压力较小,最大仅 1.0MPa,囊袋易吹破,试验制备困难,数据测试系统陈旧。

(a)大型平面应变仪全景　　(b)小主应力加载面　　(c)平面应变加载面　　(d)样品

图 3.6-60　大型平面应变仪(第一代)

进入 21 世纪后,国内的高土石坝发展迅速。急需开展复杂应力状态与复杂应力路径下大坝填料的本构特征研究,高土石坝砾石土进行力学特性试验研究的一个重要手段是使用高压三轴试验系统,而三轴试验系统的侧向力相等,不能反映中主应力的变化,因此需要进行平面应变试验,大型平面应变仪在对粗粒料的力学特性研究中占有重要的作用,而长江科学院的原有平面应变系统已经使用近二十年,由于该仪器使用时间久远,围压较小,数据测量系统陈旧,已不能满足目前科研生产任务的要求,需进行升级改造。

2009 年,长江科学院研制完成了第二代的大型平面应变试验设备[22],见图 3.6-61—图 3.6-62 所示。第二代大型平面应变设备的加载方式采用类似于三轴仪密封形式的新型平面应变压力装置,为刚柔组合加载,大主应力和中主应力为刚性加载,小主应力为水压柔性加载方式。在试样筒内贮满水,对试样施加水压力(即小主应力),然后通过外部加压端板对试样施加侧向力(即中主应力),从而实现平面应变状态小主应力和中主应力不相等的条件。

(a)整机图片　　　　　　(b)样品

图 3.6-61 大型平面应变设备(第二代)

第二代大型平面应变试验设备的技术指标:
(1)试样尺寸为 600mm * 300mm * 600mm;
(2)最大围压(σ_3)3.0MPa,围压稳压误差≤1%;

(3) 最大侧向压力 (σ_2) 3.0MPa，最大侧向行程 160mm（左右各 80mm）；

(4) 竖向最大荷载 3000kN，最大轴向行程 250mm；

(5) 侧向反力系统 1000kN；

(6) 应变剪切速度采用无级变速阀控制，剪切速率为 (0.03~20)mm/min，可调无级变速；

(7) 外体变测量系统采用高精度外体变测量装置，体变读数可读至 0.1g，使粗粒土非饱和状态试样的试验研究成为可能。

这种平面应变仪器属于刚性框架式加载，最小主应力采用囊袋加载，最小主应力和中主应力的边角为刚性接触。存在问题为：加载压力较小，最大仅 1.0MPa，囊袋易吹破，试验制备困难，数据测试系统陈旧。

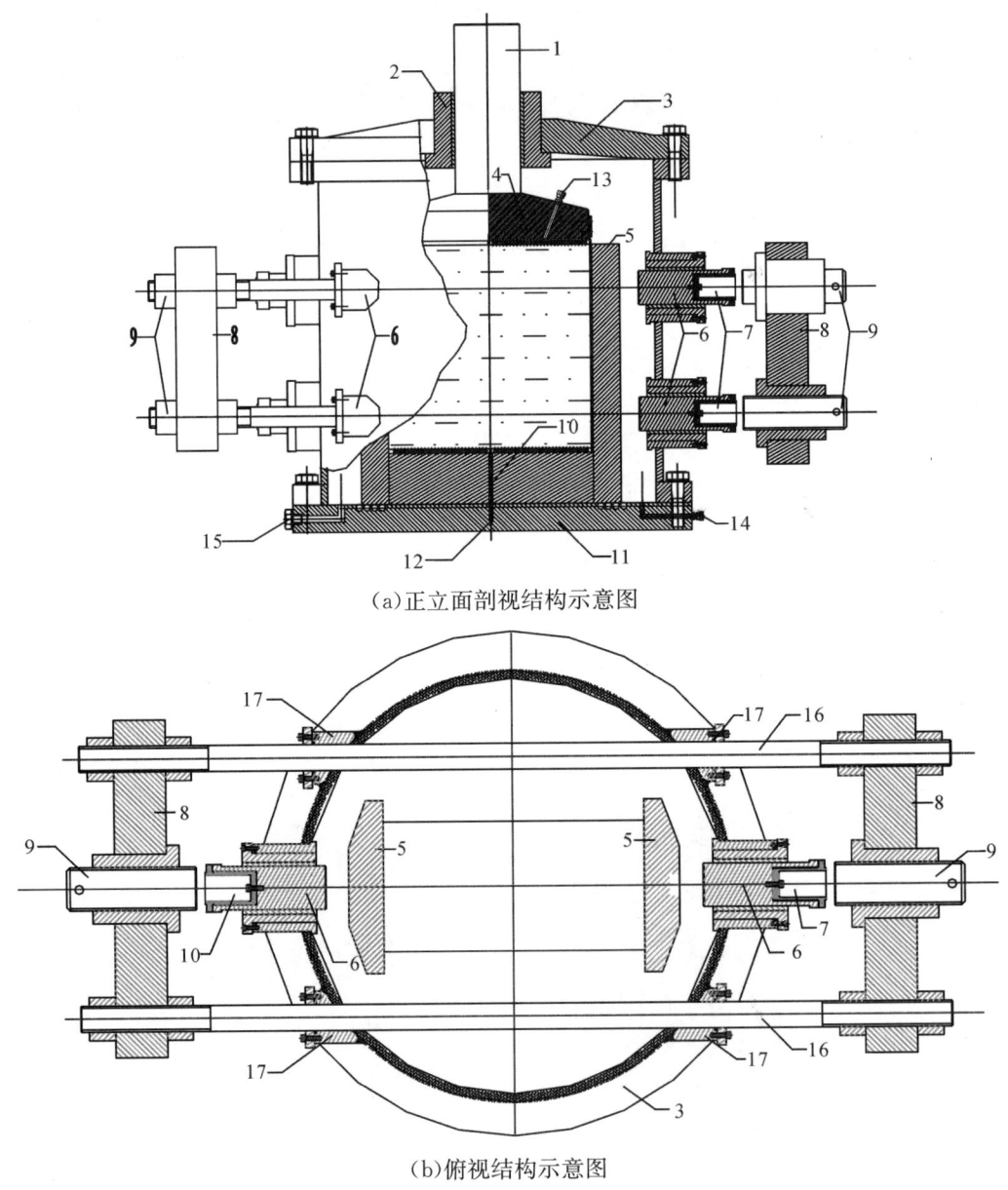

(a) 正立面剖视结构示意图

(b) 俯视结构示意图

1—轴向活塞；2—密封铜套；3—试样筒；4—试样加压帽；5—侧面板；6—侧向活塞；7—传感器；8—加压端板；9—调整杆；10—试样底座；11—容器底座；12—孔压输出口；13—排气口；14—围压输入口；15—排水口；16—拉杆；17—侧向密封套；18—拉杆就位孔；19—调整杆就位孔；20—钢球；21—拉杆孔。

图 3.6-62　第二代大型平面应变设备结构示意图

大型平面应变设备的实施过程为：试验时，先在试样底座上按规范要求制备 600mm×300mm×600mm 试样，然后在试样 300mm×600mm 的两侧面各安置一块 350mm×685mm 的侧向传力板，再将试样筒吊装到位，拧紧试样筒与底座的连接螺栓后，对试样筒进行充水，完成后施加压力（最小主应力方向压力），待试样固结完成后，拧紧侧向调整杆，推动侧向活塞，使侧向传力板与试样充分接触，形成平面应变状态，然后启动油源泵，对试样施加轴向压力，推动轴向活塞对试样进行剪切，直到试样出现峰值或应变达到 15%，结束试验。第二代平面应变设备设计合理，结构简单，操作方便，试验加载简单，满足大型平面应变试验需要。

为验证大型平面应变仪的试验效果，选用某一种试验材料，在常规三轴试验仪和平面应变仪进行试验，并将试验成果进行对比分析。试验用材料选用长河坝砾石土，级配良好，最大粒径 60mm，试验密度 2.05g/cm³。试验围压相同，均为 0.8MPa、1.2MPa、1.6MPa、2.0MPa，剪切速率相同，均为 0.05mm/min（0.3%/h）。

图 3.6-63 是平面应变与大型三轴试验应力应变关系曲线成果，大型平面应变试验的试样尺寸 600mm×300mm×600mm，大型三轴试验的试样尺寸 Φ300×600mm。图 3.6-64 是两者线性抗剪强度指标的比较。

由大型平面应变试验和大型三轴试验成果的比较看，大型平面应变试验成果和大型三轴试验成果在规律是近似的，但是平面应变的轴向偏应力比三轴试验的轴向偏应力值高，表现在强度方面即摩擦力 C 值近似，而平面应变状态的内摩擦角 Φ 值比三轴试验的高 3°左右，符合一般性规律。

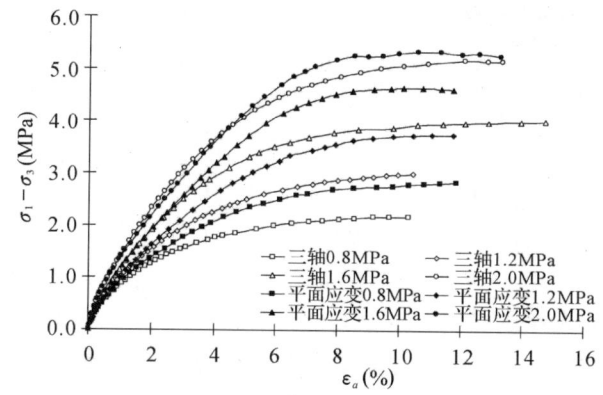

图 3.6-63　大型平面应变和大型三轴试验成果应力应变曲线对比

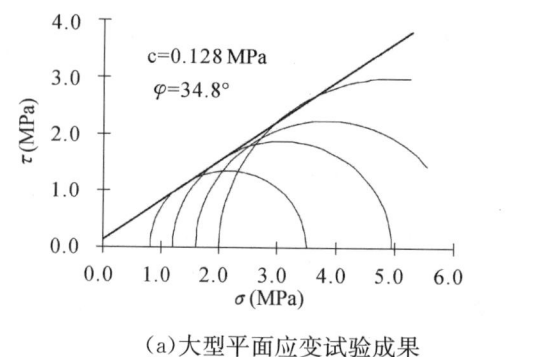

(a) 大型平面应变试验成果

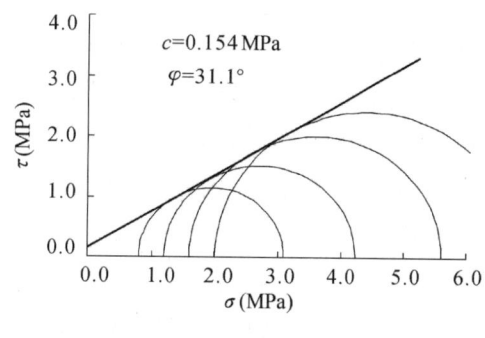

(b) 大型三轴试验成果

图 3.6-64　大型平面应变和大型三轴试验成果抗剪强度对比

2.7 宽级配防渗土料三轴试验中的排水技术研究

砾石土中存在大量的粗颗粒,要准确测定其强度及应力应变特性,应进行大型三轴试验,然而,由于砾石土渗透系数较低,大尺寸试样的饱和及试验过程中排水十分困难。然而,若试样的饱和、固结、剪切过程中排水不充分,将会影响砾石土三轴试验成果的真实性。如果按传统方法,欲保证试样在饱和、固结、剪切过程中的充分排水,试验周期将很长,无论是从试验设备的性能还是试验的耗时上,都是难以接受的,因此迫切需要对砾石土的三轴试验方法进行改进。

长科院于2009年针对此问题进行了探讨研究[23],成功解决了上述问题,并申请了发明专利《砾石土大型三轴试验砂芯加速排水方法及试样成孔制样器》(专利号 ZL2009100630575)和实用新型专利《砾石土大型三轴加速排水试样成孔制样器》(专利号 ZL2009200871810)。

2.7.1 排水技术简介

本排水技术的关键是在大尺寸砾石土试样中,沿试样轴向预先生成多孔,孔中灌砂形成砂芯,再进行试验,如此,可以有效地减小排水距离,提高试样的饱和度或排水速度。为此,制备了一种用以制备带砂芯试样的制样器,见图3.6-65。

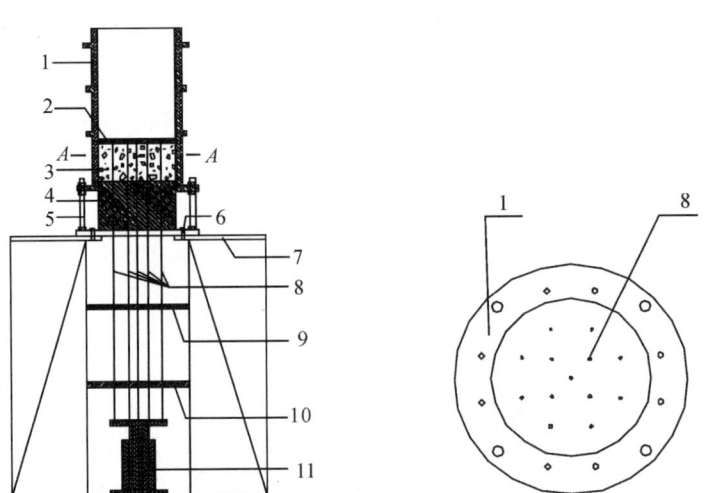

注:1—试样成模筒;2—活动导向盘;3—砾石土;4—制样底盘;5—螺杆;6—螺杆;7—制样平台;8—导杆;9—固定导向盘;10—固定导向盘;11—压力顶升装置。

图 3.6-65 试样制样器

此法的技术细节是:在直径30cm的圆柱体标准试样中,设置13个直径(6 ± 0.01)mm轴向贯通的垂直孔,使孔的面积(或体积)占标准试样面积(或体积)的(0.52 ± 0.02)%,13个孔应均匀地分布在直径30cm的圆柱体标准试样的横截面上。将上述带孔的试样置于平板上,从孔上口灌入标准砂,并捣实,使带孔试样成为含砂芯的试样。用此含砂芯的试样进行砾石土大型三轴试验,可快速并准确地求得试样抗剪强度和应力应变关系。

在本装置中,三个导向盘(2)(9)(10)和底盘(4)及千斤顶(11)共同确定导杆(8)在试样成模筒(1)中的空间位置。分层制样的步骤如下:未安装导向盘(2)时填入松散的砾石土,安装导向盘(2),击实。击实过程中导杆(8)随土体压实而下移,保证导杆(8)上端与导向盘(2)上表面平齐,击实至要求的密度后取出导向盘(2),用千斤顶(11)将导杆(8)顶到要求的位置,填入下一层砾石土(3),重复上述步骤,至试样分层装土击实完成。然后将导杆(8)从试样中拔出,在形成的空洞中填筑标准细砂,并压密,试样制备完成。

2.7.2 试验结果

采用本方法对巴东黄土坡的土样进行三轴试验研究,并进行了对比试验。一组是无砂芯的直接饱和试验,一组是预留砂芯加速排水饱和的试验。试样尺寸均为300mm×600mm,饱和方式均为抽真空再从底部进水,饱和时间均为96小时。

图 3.6-66 和图 3.6-67 分别为无砂芯直接饱和试样和有砂芯饱和试样的饱和度成果。可见,在边界条件相同的条件下,无砂芯试样经过 4 天后,其平均饱和度为 81.5%,而有砂芯试样经过 4 天后的平均饱和度达到 96.3%,虽然试样中仍存在局部饱和度低于 95% 的部位,但其整体饱和度已满足 95% 的要求。

饱和度(%)			
78.6	75.4	62.7	79.0
68.6	68.9	69.3	83.1
82.9	77.2	72.7	81.3
79.6	79.3	77.8	84.3
85.8	81.1	84.1	84.8
91.3	86.1	85.6	87.4
90.4	96.4	94.9	93.1
平均饱和度 81.5%			

图 3.6-66　无砂芯直接饱和试验成果

饱和度(%)			
96.0	95.3	96.4	96.3
98.0	95.5	95.5	95.1
94.5	94.8	95.1	96.3
96.0	93.4	96.8	96.2
97.2	94.9	97.5	98.4
98.4	95.9	95.5	97.0
96.9	97.7	98.4	96.3
平均饱和度 96.3%			

图 3.6-67　预留砂芯加速排水饱和试验成果

这种方法是否可行要看砂芯的设置对砾石土试样的强度及应力应变特性的影响有多大,这主要取决于孔的直径、孔的数量、孔的布置方式,以及芯中砂的力学性质与试样砾石土的性质的差异。为此,研究人员进行了无砂芯和有砂芯(13 个 $\Phi 6mm$)的三轴固结排水对比试验。试样尺寸 300mm×600mm,围压 500kPa,成果如图 3.6-68 和图 3.6-69。

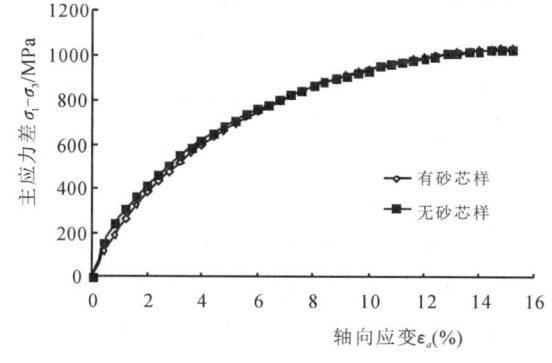

图 3.6-68　大型三轴试验应力应变曲线对比

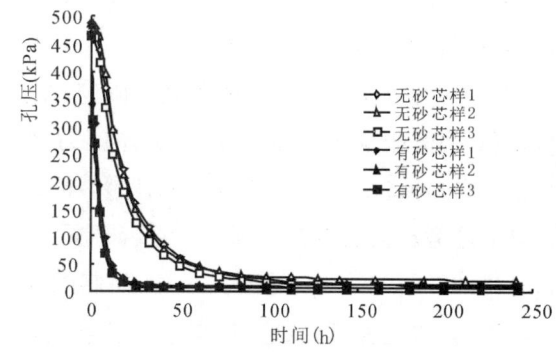

图 3.6-69　大型三轴试验孔压消散曲线

可见,在砂芯置换率1‰范围内,有砂芯样和无砂芯样的三轴固结排水试验的应力应变关系曲线十分近似(见图3.6-68),砂芯的设置对砾石土试样的强度及应力应变特性的改变不大;而有砂芯样的孔压消散过程明显加快,故砂芯的排水作用是明显的(见图3.6-69),因此在保证剪切过程中完全排水的前提下,砂芯可以大大提高试验的剪切速率,砂芯加速排水方法使砾石土大型三轴试验更为便捷。

2.8 大旁胀量旁压仪试验技术的研发

旁压试验是岩土工程中常用的原位测试手段之一,广泛应用于岩土体的勘察和试验研究中。旁压试验的仪器设备由气压源、主机控制系统、旁压探头以及连接管路等组成,其工作原理为:首先对地层钻孔至测试深度,然后改用适于旁压探头尺寸的钻头钻取旁压试验孔(一般为1m左右);将旁压探头安装于试验孔内,通过主机控制系统和连接管路向圆柱形旁压探头内注入水和气,使得旁压探头扩张挤压周边的土层,并测定压力与变形的关系曲线,获得接触压力、临塑压力和极限压力及对应旁胀量,计算得到地层的旁压模量和承载力,并根据经验关系式,对地层的密实度、强度和变形特性等进行评价,如图3.6-70和图3.6-71所示。

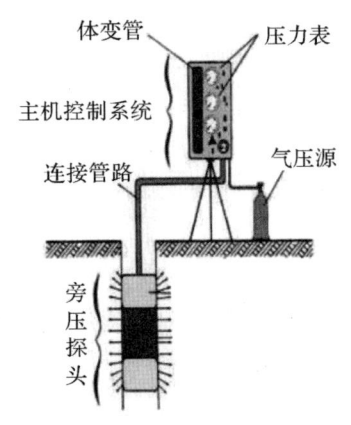

图3.6-70 旁压仪工作原理图

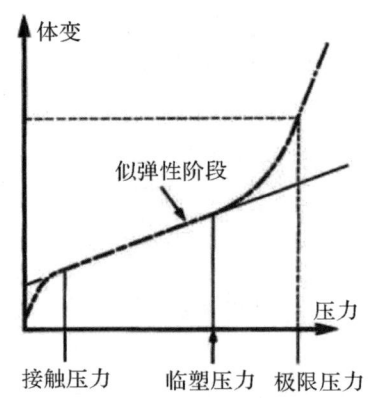

图3.6-71 典型旁压曲线

旁压探头是依靠弹性橡胶膜套的鼓胀而对地层施加压力,因此,要求旁压试验孔必须满足:孔壁光滑、孔径略大于旁压探头且不宜过大,孔径过大会导致接触压力对应的旁胀量太大,而旁压探头的总旁胀量是有限的,则因旁胀量超限而无法测得临塑压力或极限压力。

现场进行旁压试验时,普遍存在以下问题:

(1)钻孔形成旁压试验孔的孔径偏大,导致接触压力对应的旁胀量偏大,且粗颗粒为主的覆盖层的临塑压力和极限压力较高,从而导致无法测得临塑压力和极限压力;

(2)钻孔形成旁压试验孔的孔壁并非光滑,存在较多石块棱角,在试验过程中,极易刺破旁压探头的橡胶膜,而导致试验失败。

(3)现有的旁压探头采用了两侧完全固定、中部由弹性橡胶膜套组成压力腔的结构型式,现场大量试验数据表明:当旁胀量达到500mL且腔体压力超过1MPa时,橡胶膜套固定端与中部压力腔的过渡部位,会因局部拉伸应变过大而产生鼓胀破裂,导致试验失败。

针对上述旁压试验存在的问题,主要研制了一种端部滑移式高压大旁胀量的旁压仪新型探头(专利号 ZL201410089659.9)[24],见图3.6-72,研制的探头相对现有探头应具有更大的旁胀量,且能够承受更大的试验压力,以确保其在试验过程中不被刺破,且能够测得试验土层的临塑压力和极限压力。

一种端部滑移式高压大旁胀量的旁压仪新型探头,该探头带有刚性可伸缩防护套,能同时适应高压和大旁胀量的工况,可满足各类岩土体的测试要求。上述技术通过如下措施来达到的:端部滑移式高压大旁胀量的旁压仪新型探头,其特征在于旁压探头主要由中心轴、内橡胶模套、外橡胶模套、保护钢片、滑移式固定件、水气管路和快速接头等部件组成;两端由固定式改为滑移式,外模套在旁胀过程中端部可自由滑动,从而减少模套的应变,提高模套应变的均匀性,实现高压下的大旁胀变形;外模套端部与滑移式固定件联结连接,滑移式固定件与中心轴之间设止水可自由滑动,止水结构实现高压下(0～10MPa)止水止气;外橡胶模套外侧安装弹性钢片束叠层进行保护,防止石块棱角刺破;两端固定环采用内外反弧的导角,防止钢片弯曲折断;旁压探头旁胀量可达1000mL以上。

试验显示该旁压探头完全可满足高压和大旁胀量的测试要求,解决了粗粒土旁压试验的难题,不仅可测得极限压力,而且可保证试验的成功率在90%以上,可广泛应用于各类岩土体的原位测试中。

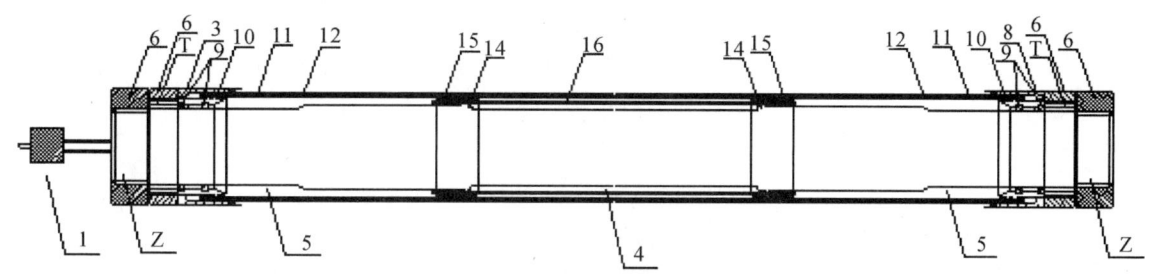

1—水气接头;2—中心轴;3—气腔;4—水腔;5—端部固定环;6—滑移块;7—滑移块紧固环;
8—滑移块、外膜套及钢片压紧卡环;9—橡胶密封圈;10—外膜密封凸起;11—弹性保护钢片;
12—模胶外膜套;13—内膜套卡环;14—内膜密封凸起;15—模胶内膜套

图 3.6-72　端部滑移式高压大旁胀量的旁压仪新型探头结构示意图

2.9　大型叠环式剪切仪试验技术的研发

在水利水电工程中,土与结构的接触剪切问题普遍存在,如土石坝工程中的不同填料分区界面、填料与混凝土结构界面、填料与基岩面、土与土工合成材料、防渗墙与周边地基土及泥皮影响等接触面剪切问题,在不同材料的交界面往往是结构的薄弱面,超高应力、复杂应力状态与路径、强地震等复杂条件下的不同材料接触特性,是影响高土石坝的变形和稳定性的关键技术问题。

2000年,长江科学院研制了第一代大型叠环式剪切仪(图 3.6-73),是国内首台采用叠环式的单剪试验设备。试样尺寸为 L600mm×W600mm×H600mm(长×宽×高),其中上剪切盒、下剪切盒尺寸均为 L600mm×W600mm×H300mm,上剪切盒细分为10个环,每个剪切环的尺寸为 L600mm×W600mm×H30mm,每个剪切环之间采用滚柱排减小摩擦阻力。在进行粗粒土的剪切试验中,如采用上下剪切盒的直剪结构形式,其固定剪切面位置的粗颗粒大小和颗粒空间分布状态,明显影响到剪切峰值强度,导致成果规律性较差,离散性较大,采用叠环式剪切仪有效解决了这一问题,也是大型叠环式剪切仪的最成功之处。

第一代大型剪切仪限于当时的技术条件,为人工调速阀控制剪切速率,力值和变形读数均是人工记录,自动化程度较差,只能进行静力特性试验研究。因此,长江科学院在 2014 年研制了第二代的大型叠环式剪切仪(图 3.6-74—图 3.6-75)[25],新一代剪切仪的结构形式和试验尺寸与第一代完全相同,但是增加了动力伺服系统,全自动化伺服控制,实现了加载和数据采集的自动化,可以分别进行静力、动力剪切试验。该设备在试验手段及测试技术方面具有以下新特性:①适用于粒径较大的粗粒土;②直接在接触面上施加边界条件和测量受力变形;③强调了模拟切向应力应变关系、法向应力应变关系及其耦合特性。该设备的试验尺寸以及加载能力都是目前世界上同类设备中最大的,综合性能也居于国际先进水平。第二代大型叠环式剪切仪的主要技术参数:

图 3.6-73 第一代大型叠环式剪切仪　　图 3.6-74 第二代大型叠环式伺服控制静动力剪切仪

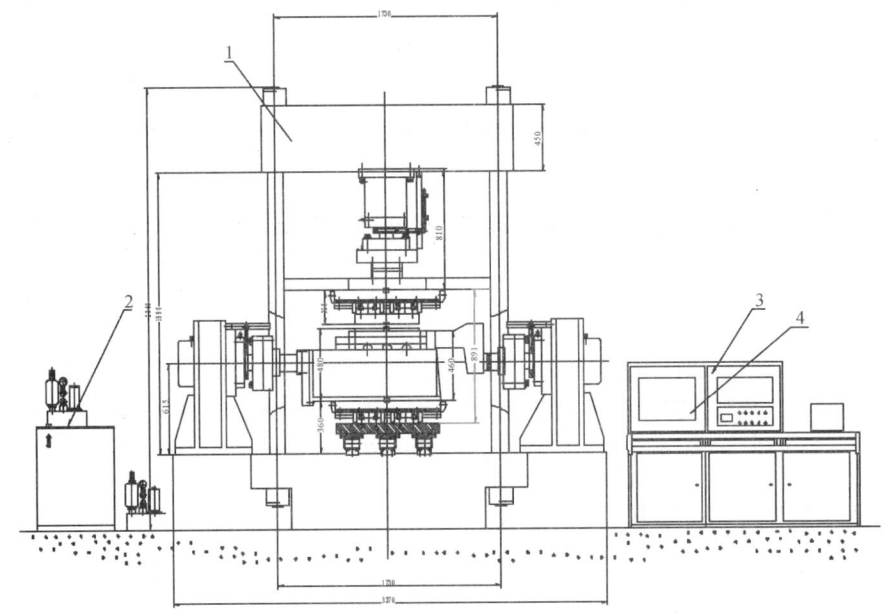

图 3.6-75 大型叠环式剪切仪结构形式

(1)试样尺寸 600×600×600(长×宽×高),上、下剪盒高度均为 300mm;。

(2)法向载荷:1000kN,精度±0.25% F.S,分 1000kN、500kN、300kN、100kN、四档,分辨率 0.1kN;。

(3)法向动态:载荷 500kN 分 500kN、300kN、100kN、三档、频率 0~-5Hz,精度±1%;

(4)水平推力:1000kN,分 1000kN、500kN、300kN、100kN、四档,精度±0.5% F.S;。

(5)水平动态:载荷±500kN 分 500kN、300kN、100kN、三档,频率 0~-5Hz,精度±1%;。

(6)振动频率:f=0.1HZ(满负荷±150kN,动位移幅值±75mm),f=5HZ(满负荷±500kN,动位移幅值±1mm),按 400L/min 油源考核幅频特性。

(7)动载波形:正弦波、三角波、方波、随机波;。

(8)加载方式:可采用位移控制、应力控制、应变控制及过程中的相互切换,法向与切向加载可同步和相位控制。

(9)竖直向变形测量:测量范围 0~50mm,分辨率 0.001mm。

(10)切向变形测量:测量范围 0~100mm,分辨率 0.005mm。

(11)应变速度 0.01-~4mm/min 任意设定。

(12)自动采集试验数据,采样速率不低于 4kHz。

主机由机架、垂直作动器、垂直力负荷传感器、活动压板、垂直直线平面导轨、上下剪盒,水平直线平面导轨、左水平作动器、左水平力负荷传感器、右水平作动器、右水平负荷传感器、伸长导轨支架、小车等组成。

机架由上横梁、四根立柱,底座组成,其稳定性好,机架刚度大。上横梁上安装1000kN作动器,作动器为双向液压缸,体积小,采用积木式结构,维护性能好,缸内采用按美国霞板公司及西德洪格尔公司标准生产的组合密封件密封,其密封性能好,摩擦力小,活塞杆支承长,可承受较大的侧向力。

1000kN负荷传感器安装在垂直作动器的活塞杆上,球铰与负荷传感器的下端相连,在活动压板上装有位移传感器。该100mm位移传感器非线性为±0.1% F.S。用于控制及测量垂直作动器的活塞的位置,在试样顶部四个方向安装可检测试样变形的位移传感器,通过电液伺服阀及伺服控制系统,控制试样的变形速度,连续可调,这样垂直方向,能实现位置控制,应力控制、应变控制及过程中的相互切换。

在活动压板的水平方向安装直线平面导轨,这样在水平方向加剪力时,上压板可水平移动,这样垂直受力的理论中心保持不变。

下剪盒水平移动通过左右水平作动器受力,上下剪切盒受力中心通过上下剪切盒的中心线,在下剪切盒上安放开缝环垫板,然后将上剪切盒放上,用固定销定位,依据有关规定进行制备试样。

试验时拔除上下剪切盒的开缝板(厚度为3mm、5mm、8mm、10mm三种),在下剪盒的水平方向,通过球铰轴承,使下剪盒与1000kN作动器、1000kN负荷传感器连接。

水平剪力及剪切移动是通过带球铰轴承的1000kN水平作动器实现,在作动器上安装有滤油器,电液伺服阀,位移传感器,其精度与垂直上位移传感器相同。

剪切盒分为两层,剪切盒外形做成方形,盒的内部为方型,水平位移用位移传感器测量上下剪切盒。上下剪切盒剪切移动靠滚动轴承移动。小车结构为三排滚轮,剪切盒放在小车上,通过滚轮带动小车进出机架。

该设备自建成后,在粗粒土与结构接触面静动力学特性及本构数学模型研究、防波堤中土工织物垫层特性研究、高面板堆石坝混凝土面板与垫层接触面动力特性研究、高心墙堆石坝与面板堆石坝等研究项目中进行了筑坝堆石料、粗粒土与土工布、粗粒土与粗糙度钢板、粗粒土与混凝土以及黏性土与基岩等多种接触面单调和往返剪切试验,取得了一批较好的研究成果。

2.10 高精度外体变测量技术的研发

三轴试验设备是岩土力学研究最常规最重要的实验设备之一。三轴试验是测定岩土材料的抗剪强度、应力应变关系的一种试验。在进行非饱和土试验和湿化试验时,因试样是非饱和状态没有内排水,只能通过测定压力室内水的体积变化(即外体变法)间接求得土样的体积变形。因此能对三轴试验的外体变进行准确测量,对提高岩土力学试验技术和试验方法是非常必要的。

在大型高压三轴试验中,围压一般最大值达到3.0MPa,三轴压力室内水的体积变化,通过一个独立的三轴压力室的气水转换室进行测量,满足大型高压三轴试验要求的气水转换室重量达30kg以上,重量测量精度应达0.5g以上。在这种情况下,采用较小量程的荷重传感器不能满足量程要求;而采用较大量程的荷重传感器能满足量程要求时,其精度又不能满足试验要求,同时温飘、时飘等因素对荷重传感器的稳定性有较大的影响,因此采用荷重传感器直接进行称量的方法难以达到大型三轴试验需求。因此亟需新的试验方法和设备既能满足测量大体积变形,又能精确测量微体积变形。

针对以上情况,长江科学院研制了岩土三轴试验外体变高精度测量系统(专利号:ZL200920087180.6)[26],见图3.6-76,其基本原理是采用平衡法,用重物平衡掉一部分气水转换室的重量,剩余部分采用电子天平精确测量。该技术自主创新,采用平衡法实现了岩土三轴试验外体变测量中汽水转换室重量大、测量精度要求高的难题,在岩土三轴试验中测量外体变的精度可以达到 0.1g。该技术思路新颖,结构简单,操作方便,测量精度高,满足岩土三轴试验外体变精确测量要求。

实现高精度外体变测量的技术方案是,将直径 500mm 的圆形铝板(1)放置在平衡钢架(10)上,将体变测量筒(7)通过钢丝绳(2)连接到标准砝码(3)端,在标准砝码下端吊挂托盘(4),托盘(4)放置在量程为 5kg 的电子天平(5)上。体变测量筒(8)的上端接口(6)和气源连接,下端(9)和大型三轴仪的 σ_3 端连接。在大型三轴试验中,试样的体积变化引起体积测量筒(7)内的水(8)的重量改变,进而引起电子天平(5)上的托盘(4)的重量改变,通过电子天平(5)读数来测量体积测量筒(7)的重量变化。

高精度外体变测量主要技术指标:

(1) 30kg 及以上无气水的精确测量,精度 0.1g。

(2) 外体变测量精度达到 0.1g。

(3) 围压最大可达到 3.0MPa。

(4) 试验数据的自动量测。

该技术可以广泛应用到岩土三轴试验中,在饱和土的三轴试验中,可以同时测量内体变和外体变,并进行相互验证,在非饱和土三轴试验和湿化试验等只能采用外体变测量时,测量的外体变精度完全能满足试验精度要求,见图 3.6-77。目前该技术已经在两河口水电站、白鹤滩水电站、巴基斯坦 Karot 水电站、广西左江治旱驮英水库等项目的科学试验中进行了应用,取得了较好的效果。

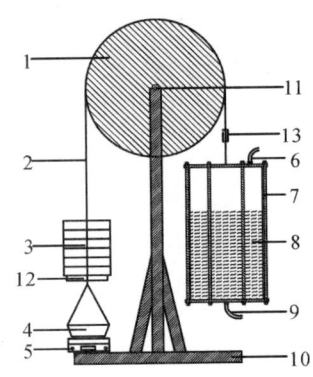

1—铝质圆形转盘;2—钢丝绳;3—砝码;4—托盘,放置小砝码用;5—电子天平,量程为 2—5kg;
6—气压源连接端;7—气水转换室;8—高压水体;9—与三轴压力室连接端;10—平衡钢架

图 3.6-76 高精度外体变测量设备

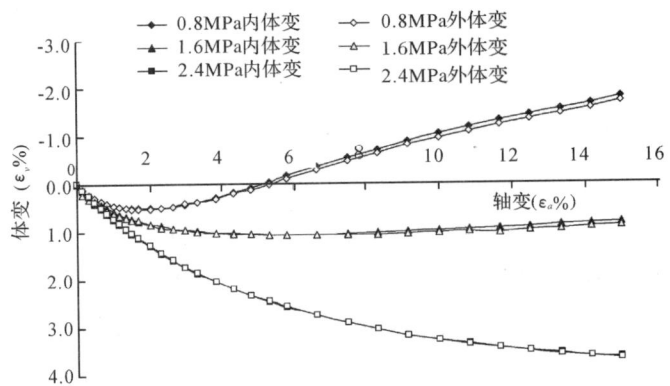

图 3.6-77 饱和三轴试验中内体变、外体变测量成果对比

3 渗流试验新技术

3.1 概述

土的渗透及渗透变形特性是土的重要物理力学性质之一,是进行水利水电工程枢纽渗流控制、基础及边坡渗流稳定分析、建筑基坑渗透稳定性评价和渗流量计算、区域地下水资源管理与评价等所需要的基本参数之一。

当前我国的水利水电开发建设正处在高速发展阶段,随着投资能力的增加和技术水平的提高,高山峡谷地区的水利水电开发项目越来越多,充分利用当地材料的堆石坝,在经济上具有很强的优势。在堆石坝中,垫层料和过渡料都属于宽级配粗粒料,其渗透及渗透变形特性对坝体的渗透稳定十分重要,由于试验材料粒径的增大,常规试验方法面临一系列挑战,主要表现为渗透仪尺寸和试验供水能力两个方面。以水布垭面板堆石坝为例,其ⅢB区过渡料上包线级配的最大粒径即达400mm,为了避免尺寸效应,即使采用等量代替的方法对级配进行处理,也需要用内径为1000mm的渗透仪才能满足要求,当渗透系数为5×10^{-2}cm/s、渗透比降为1.0时,每秒流量为393ml,换算为每小时流量达1.4m³,比降更高时所需流量更大。原水利行业标准《土工试验规程 SL237—1999》渗透试验采用容量为500ml的供水瓶供水,渗透变形试验采用溢流式水箱供水,显然常规恒压试验供水技术难以满足要求。可见,研制渗透仪所需的高压力、大流量的恒压稳定水头,是试验成功的关键。

3.2 大型渗透变形试验供水技术

(1)溢流吊桶式供水系统

进行渗透变形试验的过程中,对试样施加的渗透比降从低到高逐渐增加,需要不同级别的恒压水头,随着渗透比降的增加,出流量也相应增大。一种常见方法是通过溢流的型式获得恒定水头,图3.6-78为简易的溢流吊桶式供水系统,主要由吊桶、进水管、出水管、溢水管以及升降系统组成,水流从进水管不断进入桶内,通过溢水管溢出,从而使出水管内的水头保持在吊桶高度,通过升降吊桶的高度,获得试验所需的各级水头。

溢流吊桶式供水系统的主要优点是安装简便、造价低,通过溢流方式获得的试验水头恒定,在20世纪90年代前普遍采用,目前在现场进行渗透及渗透变形试验时仍然经常采用。其主要不足之处在于,吊桶需要上下升降,故进水管、出水管、溢水管必须采用软管,试验水头越高所需软管越长。当吊桶降低时,三根软管在地面缠绕,占地面积大,若试验室内布置多套这种供水系统,将影响试验室环境。当试验所需流量很大,则需大容量吊桶,升降更不便。由于这些缺点,目前室内试验供水系统已较少采用。

(2)电磁阀控制式供水系统

由于溢流吊桶式供水系统存在上述缺点,2002年长科院与武汉大学联合研制了电磁阀控制式供水系统,见图3.6-79。

其主要工作原理是通过水位测针控制供水筒内的水位上限和下限,其波动范围小于1mm。当筒内水位低于水位下限时,电磁阀打开,往筒内进水;当筒内水位高于水位上限时,电磁阀关闭,停止向筒内供水,从而实现水头恒定。当试验用水量很大时,由于筒内水位下降较快,可能导致电磁阀频繁地开启,而影响其使用压寿命,这时可通过配流管向供水筒内配流,但要保证通过配流管的过水流量小于通过电磁阀的过水流量,否则水位将会高于水位测针上限。

电磁阀控制式供水系统的优点主要在于克服了溢流吊桶式供水系统水管占地和相互缠绕的问题。

但也存在一些不足,该系统需要有电才能工作,遇停电则试验无法进行。其次,电磁阀在关闭和开启时造成水压脉动,其水位稳定性不如溢流吊桶式供水系统。电磁阀的流量也有限,当试验流量过大时,水流来不及补充,造成水位下降。另外,电磁阀有一定的使用寿命,超长时间使用后会使启闭失效,当水中含有过多杂质时,也容易造成电磁阀启闭失效,还需要配备较复杂的配电柜。

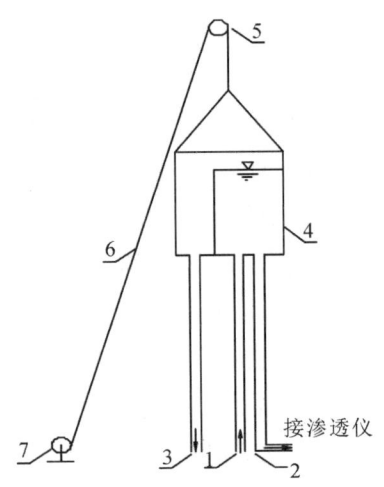

1—进水管;2—出水管;3—溢水管;4—吊桶;
5—滑轮;6—钢丝绳;7—绞盘

图 3.6-78　溢流吊桶式供水系统

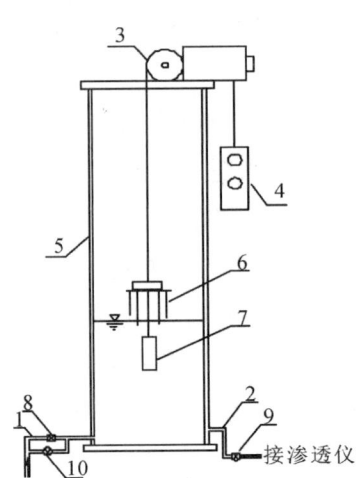

1—进水管;2—出水管;3—电动卷扬机;4—手持升降控制器;
5—供水筒;6—水位测针;7—电极;8—电磁阀;9—水阀;10—配流管

图 3.6-79　电磁阀控制式供水系统

(3)伸缩溢流式供水系统

为了克服溢流吊桶式供水系统和电磁阀控制式供水系统的不足,2006年起,长科院开始研制新型升缩溢流式供水系统,其主要原理见图3.6-80。水流从进水管不断进入供水管内,通过伸缩式溢流管溢出,从而实现供水筒内水位稳定。通过调整伸缩溢水管的高度,可以得到不同高度的恒压水位,满足试验各级水压力的需要。

伸缩溢流式供水系统供水筒采用有机玻璃筒,筒内水位可见,试验中可根据用水量大小调节进水管的流量,只要保证溢流口有少量水流溢出即可,可以尽量减少溢流造成的弃水。升降系统可以采用电力卷扬机,也可以采用人力,因此不受停电的影响。试验用水量也可以得到保证,其最大供水量仅受进水管进水能力的限制,当试验材料渗透性不大,水头要求不高时,是目前较为理想的一种供水系统。

(4)恒压泵供水系统

水利水电工程技术的发展对渗透及渗透变形试验的供水系统提出了更高的要求,不仅要求有足够的压力和流量,且供水压力需

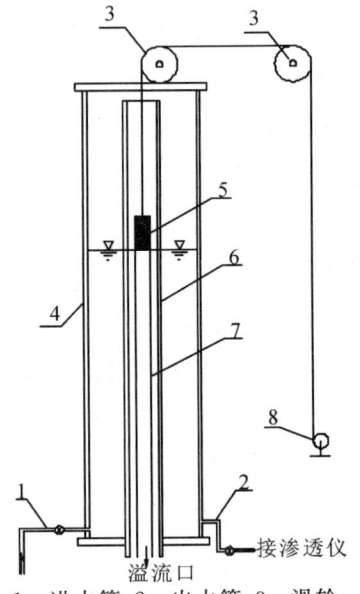

1—进水管;2—出水管;3—滑轮
4—供水筒;5—配重块;6—导管;
7—伸缩式溢流管;8—绞盘

图 3.6-80　伸缩溢流式供水系统

有很高的精度和稳定性。宽级配粗粒料的最大粒径达200mm以上,要求的试验水力坡度达100以上,常规的供水供压系统已经难以满足研究需要,2006年起,长科院研制了变频恒压泵供水系统,最高供水压力达100m水头,流量达34m³/h,其工作原理见图3.6-81。

恒压泵供水系统主要由变频恒压泵和调压系统组成,调压系统由变频器、回流阀、减压阀、溢流阀四

部分组成,通过各部分的联合作用,实现供水压力从0至水泵的最大输出压力之间的任意调节,其中最关键的还是变频器,它起着保持系统压力稳定的作用,其他各部分起到调压的作用。

变频恒压泵的原理主要是,水泵的运转速度是由频率决定的,通过变频器来调节水泵的转速,从而实现压力的自动调节功能。试验开始前可以设定出水压力,通过安装在泵出水端压力罐内的压力传感器来自动侦测泵的出水压力。当出水压力低于设定压力时,变频器频率增高,水泵转速加快,使供水压力提高;当出水压力高于设定压力时,变频器频率降低,水泵转速减慢,使供水压力减小,由于变频器的自动调节是在瞬间完成的,因而几乎觉察不到压力的变化,从而使供水压力永远恒定在设定压力处。

由于目前市场上的变频泵主要用于家庭或工业用水,当所需流量极小时,系统将认为此时不需要供水,为节约电能和延长泵的使用寿命,水泵将停止运转;而且,若所需流量很小,泵的转速极低,也会造成供水压力欠稳,这些在试验中都是不允许的,特别是在做低渗透性土料的渗透试验时就会遇到这种情况。为解决这个问题,在管路中设置了回流阀和回流管,当试验需要的流量极小时,就需要开启回流阀,让水回流一部分至水池,保证水泵正常运转所需的流量。回流阀也可以起到减压的效果,当回流阀开度增大时,供水的压力就可相应减少。

变频泵有一个最优工作范围,在此范围内时,泵的性能最稳定,若要求输出压力极小,此时泵的转速极低,也会造成供水压力欠稳。因此可根据泵的性能曲线,将设定输出压力控制在其最优工作范围以内,这样,当试验需要极小压力时,可设置减压阀将压力减至试验所需的压力,本系统的减压阀采用了工业用数字锁定平衡阀,这种阀可以随意调节开度,且调节精度高,通过控制减压阀的开度可将压力减至试验所需的压力。当试验所需的压力极小时,例如要做0.01比降时,若欲完全由减压阀控制压力,则减压阀的开度极小,调节将变得非常困难,此时可通过设计溢流阀来解决这个问题。通过调节溢流阀的开度,可以使供水压力降低至0。

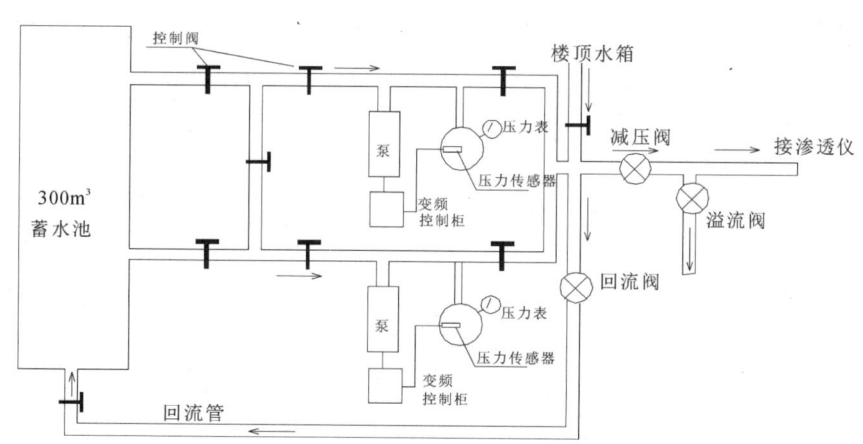

图 3.6-81 恒压泵供水系统原理图

此外,恒压泵供水系统还需要有备用水源,以备停电时试验能正常进行,为此将楼顶水箱接入供水系统,可以提供10m和40m的稳定水头,备用水源约20m³,并且能源源不断地补给,可以满足一般试验的需要。

3.3 大型渗透变形试验

近年来,宽级配粗粒土在土石坝中的应用越来越多,对渗透变形试验方法也提出了更高的要求。宽级配粗粒土在自然界是很常见的,人工爆破碎石料、岩石开挖料等也属宽级配土。这些材料在大坝等工程中得到广泛应用。当作为填料时,其渗透系数是衡量材料适用性的重要参数。关于粗粒土的分类,目前有多种方法,在我国,习惯上用5mm作为分界粒径,将小于5mm的颗粒称为细料,大于5mm的颗粒称为粗料,以P_5表示。土工试验规程中对于土的分类规定,土的粒径在0.075mm~60mm之间的粗粒组质量大于50%者,为粗粒土。

关于粗粒土的渗透试验方法,国内有些规程有所涉及,但现有试验规程远远不能涵盖所有宽级配粗粒料,对渗透试验方法的论述也不够明确,所规定的条文依据或论证不足。主要存在的三个方面的问题,即渗透试验的尺寸效应,仪器边壁效应及水中含气对试验的影响等问题。这里主要讨论渗透试验的尺寸效应问题。

由于粗粒料的宽级配特性和试验仪器尺寸的限制,试验中超径问题几乎是不可避免的,有些文献资料对粗粒土尺寸效应进行了研究,主要针对的是仪器尺寸对变形特性、压实密度、强度的影响,但对渗透性的影响研究却很少,其主要原因是进行大尺度渗透试验存在较大的困难。诸如,为克服渗透试验尺寸效应,首先必须有高压力、大流量的供水设备,对试验室供水供压有非常高的要求,一般试验室条件难以达到。其次,需要特制大型渗透试验仪,按规程规定,圆筒渗透仪内径应大于试样最大粒径的10倍,在实际工作中难以达到。行业试验规程规定,试验模型截面直径或边长应该不小于试样粒径特征值D_{85}的4~6倍,当常规仪器尺寸不满足要求时,应设计加工大仪器,或根据试样情况,对最大允许粒径以上的粗粒进行处理。处理方法在力学强度的研究中采用了剔除法、等量替代法、相似级配法和混合法等方法,但对渗透试验,规程认为:"对于渗透变形等试验,超粒径颗粒处理是否可参照进行,尚有待于试验验证"。这说明,深入研究试验尺寸的确定原则和超粒径颗粒的处理方法仍有必要。

粗粒料的渗透变形试验不同于以往的常规试验,主要在于颗粒粒径大、透水性强、所需试验的压力高,恒压泵供水系统的建设,使得室内研究宽级配粗粒料的尺寸效应成为可能。为了克制尺寸效应,满足规范要求,渗透仪的尺寸必然相应增大,特别是当要进行粗粒料原级配渗透试验时,必须单独设计制造足够尺寸的渗透仪。为了进行粗粒料尺寸效应研究,研究人员设计了断面尺寸为正方形(90cm×90cm)的水平渗透仪和直径为94cm的圆形垂直渗透仪,见图3.6-82和图3.6-83。

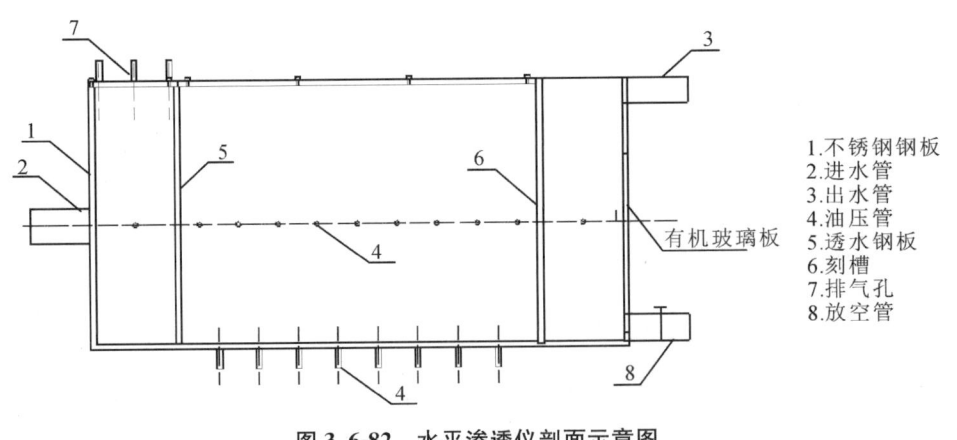

图3.6-82 水平渗透仪剖面示意图

针对同一种级配的材料及相应的密度,采用一系列不同尺寸渗透仪进行对比试验,探求渗透仪尺寸的变化对渗透系数的影响,其中必须有一组要采用原级配料进行试验,其试验成果作为对比的基础。关于细粒土渗透系数的取值方法,试验规程规定,在测得的结果中取3~4个在允许差值范围内的数值,求其平均值(允许差值不大于$2×10^{-n}$cm/s)。而对于粗粒土则没有给出渗透系数的确定方法。由于粗粒土渗透系数的离散程度比细粒土的要大些,沿用细粒土渗透系数的确定方法显然不很恰当,其允许差值范围应适当放宽。本文选取在 $\lg J \sim \lg V$ 曲线的直线段上试验点渗透系数平均值作为渗透系数值。

为了提高对比准确度,每组渗透试验的试样装填密度、试样饱和情况、试验时间、渗透比降设定等都基本一致,以便消除试验条件不同而带来的影响,每组试验均进行两个以上的平行试验。为了消除边壁效应的影响,在渗透仪内表面涂上厚度约4mm的水泥,待水泥半凝固后装入试样,水泥完全凝固后试样与仪器内表面则能较好地结合。

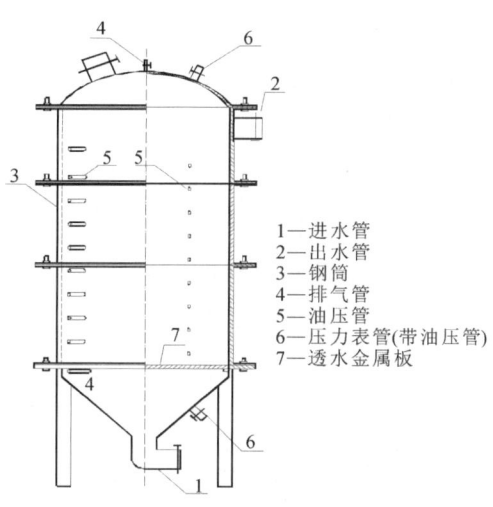

1—进水管
2—出水管
3—钢筒
4—排气管
5—油压管
6—压力表管(带油压管)
7—透水金属板

图 3.6-83　垂直渗透仪示意图

试验材料的选取综合考虑了试验室的条件和试验的难度。定义渗透仪尺寸与试样 d_{85} 的比值为径径比 S。在实验室现有设备条件下,使 S 值超出现有试验规程的上限和下限,以便得到尺寸效应规律。本文采用的是一种典型的级配连续粗粒土,即水布垭面板堆石坝垫层料,其级配特性见表 3.6-11 和图 3.6-84,最大粒径为 80mm,d_{85} 为 54.29mm,不均匀系数达 53.65。采用的渗透仪直径分别为 20cm、30.8cm、45cm、60cm、90cm,相应的 S 值分别为 3.7、5.5、8.3、11.1 和 16.6。试样按干密度 2.20g/cm³ 击实。

表 3.6-11　　　　　　　　　尺寸效应研究试验用料级配

粒径(mm)	80	60	40	20	10	5	2	1	0.5	0.25	0.1
小于对应粒径的颗粒含量(%)	100	89	75	58	44	34	23	17	11	8	5

考虑到本次试验主要是研究渗透性,因此试验不一定进行到试样发生渗透变形。但为了绘制比降～流速曲线($\lg J - \lg V$ 曲线),试验的水头不应少于五级,且均为达西流,取 $\lg J - \lg V$ 曲线的直线段上试验点的渗透系数平均值作为渗透系数值。试验成果统计见表 3.6-12。

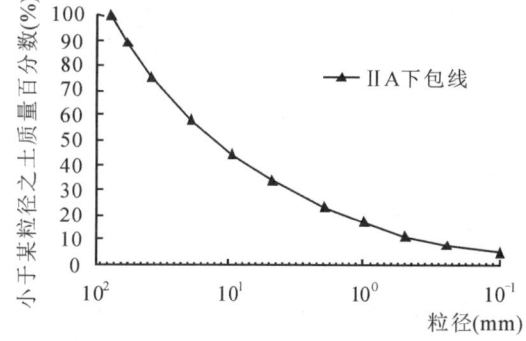

图 3.6-84　尺寸效应研究试验用料级配曲线

从 $\lg J - \lg V$ 曲线及试验现象看,有一部分试样在结束时没有发生渗透变形,有一部分发生了渗透变形,但试样在发生渗透变形之前,有明显的直线段,呈 45 度倾角,表明渗流符合达西流。同一组平行试验的结果均在同一个量级,一般小于 2×10^{-n} cm/s,表明平行试验的离散度小,成果可靠,可取平行试验渗透系数的算术平均值作为该组试验的渗透系数。

表 3.6-12　　渗透性试验成果表

渗透仪直径(cm)	试验代号	渗透系数平均值 K_{20}(cm/s)
19.7	C1	6.07×10^{-4}
30.8	C2	2.25×10^{-3}
43.7	C3	5.47×10^{-3}
60	C4	7.25×10^{-3}
94	C5	8.60×10^{-3}

以渗透仪的直径作为横坐标，渗透系数作为纵坐标，绘制成渗透仪直径与试样渗透系数关系曲线，见图 3.6-85。

从图 3.6-85 看出，材料的渗透系数随着直径的增大而增加，但增加的速率逐渐变缓。其原因与粗颗粒在过水断面中占有的相对面积大小有关，由于粗颗粒自身的渗透性极小，当 S 值较小时，单个粗颗粒的截面就可能在试样断面中占有较大比例，从而导致渗透系数偏低。随着 S 值增大，粗颗粒在试样断面中占有的面积相对减小，颗粒的分布对渗透系数的影响也越来越小，其渗透系数也越来越接近材料的真实值。

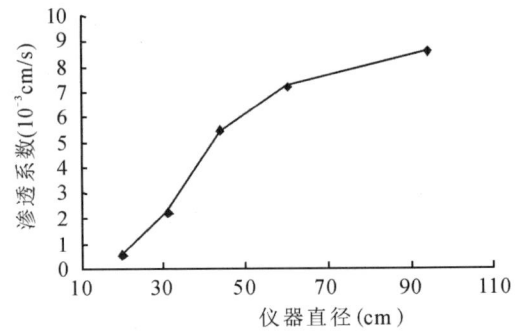

图 3.6-85　仪器直径与渗透系数测值关系曲线

试验 C5 中，S 值为 16.6，比试验规程上限值 10 倍超出许多，受尺寸效应的影响很小，因此可以近似认为该所测渗透系数是真值，以此作为评价其他试验成果的参照，表 3.6-13 给出了真值与各组试验渗透系数的比值 R。不妨称 R 为尺寸效应率，R 为大于或等于 1 的无量纲值，R 值越大，尺寸影响程度越大。

表 3.6-13　　渗透仪直径对渗透系数的影响关系表

试验代号	渗透仪直径(cm)	径径比 S	尺寸相应率 R
C1	19.7	3.63	14.2
C2	30.8	5.67	3.8
C3	43.7	8.05	1.6
C4	60	11.05	1.2
C5	94	17.31	1.0

以 S 值作为横坐标，以尺寸效应率 R 为纵坐标，绘制成图 3.6-86 的曲线，可以表达试样尺寸的影响规律。

从图 3.6-86 可以看出，尺寸效应率 R 随着 S 值的增长而减小，当 S 值为 8 时，R 小于 2，尺寸效应已不明显，渗透系数与真实值的差别可以忽略。可见，试验规程建议的径径比下限 4～6 倍似乎偏低。建议用上限控制，即渗透仪直径与试验材料 d_{85} 之比不小于 6，有条件时宜尽量采用 8。

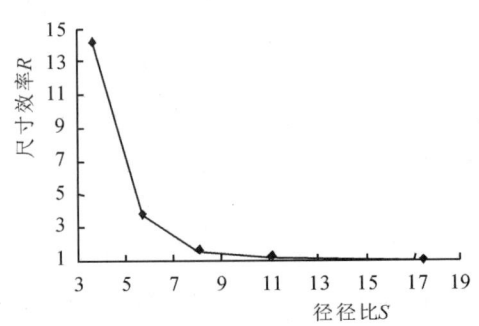

图 3.6-86　尺寸效应率 R 与径径比 S 的关系曲线

参考文献

[1] 沈珠江,左元明. 粗粒料的流变特性试验研究[C]. 第六届全国土力学及基础工程学术会议文集. 上海:同济大学出版社,1991,443-446.

[2] 沈珠江,赵魁芝. 堆石坝流变变形的反馈分析[J]. 水利学报,1998,(6):2-7.

[3] 程展林,丁红顺. 粗粒料蠕变特性试验研究[J]. 岩土工程学报,2004,26(4):473~476.

[4] 程展林,丁红顺. 清江水布垭面板堆石坝填料蠕变试验研究[R],长江科学院科研报告,武汉,2003. 左永振. 粗粒料的蠕变和湿化试验研究[D]. 武汉,长江科学院,2008.

[6] 左永振,程展林,丁红顺等. 粗粒料蠕变试验方法研究[J]. 长江科学院院报. 2009,26(12),63-66.

[7] 丁红顺,左永振,胡胜刚. 双江口水电站心墙堆石坝坝体长期变形特性及覆盖层特性试验研究报告[R],长江科学院科研报告,武汉,2009.

[8] 左永振,丁红顺. 伊江上游水电项目密松水电站筑坝材料流变特性试验研究报告[R]]],长江科学院科研报告,武汉,2010.

[9] 左永振,黄斌,胡胜刚. 丹巴水电站可研阶段河床深覆盖层及高闸坝基础处理专题研究之河床深厚覆盖层蠕变特性、砂土液化及动参数研究. 长江科学院科研报告,武汉,2013.

[10] 潘家军,程展林,江泊洧,左永振,徐晗. 大型微摩阻土工真三轴试验系统及其应用[J]. 岩土工程学报,2019,41(07):1367-1373.

[11] 程展林,丁红顺,张继勋. 全方位扫描岩土CT三轴仪[P],中国,ZL20060096213.X,2007.07.18.

[12] 左永振,程展林,赵娜. 千枚岩碎屑土三轴试验剪切带扩展性状的CT研究[J]. 岩土工程学报,2015,37(08):1524-1531.

[13] 左永振,程展林,丁红顺. CT技术在粗粒土组构研究中的应用[J]. 人民黄河,2010,32(07):109-111.

[14] 姜景山,程展林,左永振,丁红顺. 粗粒土CT三轴流变试验研究[J]. 岩土力学,2014,35(09):2507-2514.

[15] 姜景山,程展林,卢文平. 粗粒土CT三轴湿化变形试验研究[J]. 人民长江,2014,45(07):94-97.

[16] 黄斌,傅旭东,张本蛟等. 动弹模量阻尼比测试技术与归一化特性研究[J]. 岩土工程学报,2015.37(4):659-666.

[17] 黄斌,汪明元,周若,何晓民. 粗粒料残余变形本构模型的探讨[C]. 土石坝技术2012年论文集,北京,中国电力出版社,2012,457-464.

[18] 黄斌,程展林,饶锡保,张伟,潘家军等. 一种高低温三轴试验温控装置[P],中国,ZL201410120123.9,2014.06.25.

[19] 黄斌,伍小玉,谭凡. 水工沥青混凝土力学特性试验研究[C]. 土石坝技术2012年论文集,北京,中国电力出版社,2012,476-481.

[20] 黄斌,张伟,谭凡,何晓民. 沥青混凝土心墙料温度敏感性试验研究[C]. 土石坝技术2013年论文集 北京,中国电力出版社,2013,219-229.

[21] 张伟,黄斌,张本蛟. 水工室温沥青混凝土工程特性试验研究[J]. 水利学报,2015.46(增1):7-13.

[22] 程展林,左永振,丁红顺,张继勋. 一种大型平面应变试验测试设备[P],中国,ZL201120046555.1,

2011.08.31.

[23] 程展林,丁红顺,左永振,姜景山,孔宪勇. 砾石土大型三轴试验砂芯加速排水方法及试样成孔制样器[P],中国,ZL200910063057.5,2011.06.15.

[24] 程展林,程永辉,胡胜刚,饶锡保等. 一种端部滑移式高压大旁胀量的旁压仪新型探头[P],中国,ZL201410089659.9,2015.02.25.

[25] 饶锡保,江泊洏,潘家军,张伟等. 一种低摩阻叠环式双向动剪切试验机[P],中国,ZL201610401993.2,2019.03.29.

[26] 程展林,左永振,丁红顺等. 岩土三轴试验外体变高精度测试装置[P],中国,ZL200920087180.6,2010.03.24.

水工土力学研究
长江科学院土工科研70年成果精选

包承纲 程展林 主编

下册

长江出版社

目 录

下 册

第四篇 土工合成材料工程应用技术 ················· 641

第1章 土工合成材料工程特性研究 ················· 642
  1 概述 ················· 642
  2 土工合成材料的主要原材料和添加剂 ················· 644
  3 土工合成材料的类型及主要功能 ················· 645
  4 土工合成材料的物理特性 ················· 651
  5 土工合成材料的力学性能 ················· 653
  6 土工合成材料的水力学特性 ················· 659
  7 土工合成材料的耐久性 ················· 662
  8 土工合成材料的施工损伤 ················· 665
  9 土工合成材料与土的相互作用特性 ················· 667

  参考文献 ················· 680

第2章 加筋土结构工作机理与设计方法的研究 ················· 683
  1 概述 ················· 683
  2 加筋机理研究的现状和进展 ················· 684
  3 加筋土结构类型及破坏形式 ················· 698
  4 加筋土结构现行设计方法介绍及评述 ················· 709
  5 对加筋土结构合理设计方法的建议 ················· 723
  6 加筋材料强度折减系数的合理取值 ················· 726
  7 神农架机场加筋土挡墙及地基处理 ················· 730

  参考文献 ················· 738

第3章 土工合成材料在防渗、排水和反滤设施中的应用 ················· 740
  1 防渗土工合成材料的研究和工程应用 ················· 740

  2 土工膜防渗设计关键问题 ……………………………………………………………… 746
  3 土工织物反滤材料的研究和应用 ………………………………………………… 759
  4 土工合成材料排水 ………………………………………………………………… 782
  5 应用实例 …………………………………………………………………………… 789
 参考文献 ……………………………………………………………………………………… 804

第五篇 土工专题研究 …………………………………………………………………………… 807

第1章 基岩软弱夹层残余强度问题研究 ……………………………………………………… 808
  1 概述 ………………………………………………………………………………… 808
  2 基岩软弱夹层的成因、分类及基本特性 ………………………………………… 809
  3 软弱夹层的强度和残余强度特性 ………………………………………………… 816
  4 残余强度的数理统计分析 ………………………………………………………… 827
 参考文献 ……………………………………………………………………………………… 836

第2章 坝基深厚覆盖层的工程特性研究 ……………………………………………………… 838
  1 概述 ………………………………………………………………………………… 838
  2 深厚覆盖层工程特性研究方法 …………………………………………………… 840
  3 深厚覆盖层工程特性研究 ………………………………………………………… 849
 参考文献 ……………………………………………………………………………………… 872

第3章 水工沥青混凝土研究 …………………………………………………………………… 873
  1 沥青混凝土在土石坝中应用概况 ………………………………………………… 873
  2 沥青混凝土配合比设计 …………………………………………………………… 874
  3 沥青混凝土拉伸性能 ……………………………………………………………… 875
  4 沥青混凝土应力应变关系特性研究 ……………………………………………… 877
  5 沥青混凝土的蠕变特性试验研究 ………………………………………………… 895
  6 沥青混凝土与砂砾石过渡料的接触面试验 ……………………………………… 899
  7 沥青混凝土水力劈裂及裂缝淤堵试验 …………………………………………… 903
  8 水工沥青混凝土研究展望 ………………………………………………………… 909
 参考文献 ……………………………………………………………………………………… 911

第4章 防渗墙柔性材料研究 …………………………………………………………………… 913
  1 问题的提出 ………………………………………………………………………… 913
  2 研制过程和工程试用情况 ………………………………………………………… 914
  3 三峡二期围堰墙体材料的研究 …………………………………………………… 917

参考文献 ... 932

第5章 格形钢板桩码头侧向变形分析方法研究 ... 933
    1 概述 ... 933
    2 离心模型试验 ... 934
    3 有限元数值分析 ... 941
    4 离心模型试验与数值分析成果比较 ... 943
    5 格形钢板桩码头水平位移影响系数法 ... 944
    6 结语 ... 945

参考文献 ... 945

第六篇 重点工程实录 ... 946

第1章 三峡工程 ... 947
    1 概述 ... 947
    2 围堰的主要技术特点 ... 949
    3 二期围堰方案的研究与主要技术措施 ... 950
    4 围堰断面结构设计的优化研究 ... 955
    5 柔性墙体材料的研制和应用 ... 966
    6 先进的施工技术研究和应用 ... 971
    7 1998年大洪水的考验 ... 974
    8 施工质量及运用情况 ... 977
    9 拆除过程中围堰性状的调查验证 ... 979
    10 结语 ... 985

参考文献 ... 986

第2章 南水北调中线渠道干线工程 ... 987
    1 概述 ... 987
    2 大型穿黄隧洞工程的岩土问题研究 ... 988
    3 膨胀土渠段边坡稳定性的研究 ... 998

参考文献 ... 1022

第3章 葛洲坝工程 ... 1024
    1 工程概况和有关土工方面的问题 ... 1024
    2 坝基岩性和软弱夹层的工程问题简述 ... 1025
    3 软弱夹层泥化问题的物理化学探讨 ... 1028

  4 软弱夹层的力学性质及其影响因素 1031

  5 大江围堰的土工问题 1042

  6 大江围堰设计断面的论证与验证 1047

 参考文献 1050

第4章 清江水布垭工程 1052

  1 概述 1052

  2 面板坝堆石料的工程特性研究 1055

  3 面板与堆石料的接触特性研究 1072

  4 坝基覆盖层的工程特性研究 1075

  5 面板堆石坝应力与变形计算分析 1081

  6 基于三维子模型法的面板应力变形分析 1085

  7 面板堆石坝渗流计算分析 1091

  8 心墙坝型心墙料的工程特性试验研究 1100

  9 心墙料的现场碾压试验 1104

  10 面板堆石坝原型观测及分析 1106

 参考文献 1113

第5章 丹江口枢纽工程 1116

  1 丹江口枢纽工程中的土工问题 1116

  2 上游横向土石围堰的裂缝问题 1117

  3 土石坝填筑材料研究 1120

  4 先锋沟坝段的安全性评估 1122

  5 大坝左联段结构形式和防渗研究 1128

  6 坝基断层或溶蚀带薄弱部位的安全性研究与评估 1132

  7 丹江口砾石土的工程特性与工程应用 1135

 参考文献 1150

第6章 长江堤防工程 1151

  1 概述 1151

  2 荆江大堤等重要堤防的渗流问题与加固状况 1154

  3 荆江大堤重点堤段(郝穴至枣林岗)堤基渗流状态及渗控措施 1155

  4 减压井淤堵及其治理的研究 1179

 参考文献 1193

第7章 张家咀水库工程

1. 概况 1195
2. 劈裂灌浆技术加固心墙坝适用性研究 1197
3. 劈裂灌浆加固前后的情况对比分析 1213
4. 水库大坝安全量化评价研究 1220
5. 张家咀水库大坝安全评价量化评价分析 1239

参考文献 1242

第8章 高速公路工程

1. 广佛高速公路 1244
2. 宜黄高速公路 1249
3. 武汉绕城公路 1251
4. 甬台温高速公路 1258
5. 京珠高速公路 1268
6. 杭州绕城公路北线软基处理试验研究 1275

参考文献 1289

第9章 机场场道工程

1. 深圳机场地基处理 1290
2. 珠海机场站坪地基处理 1295
3. 潮汕民用机场岩土工程设计 1299
4. 昆明机场西试验区 1304

参考文献 1310

第四篇

土工合成材料工程应用技术

第1章 土工合成材料工程特性研究

1 概述

土工合成材料(Geosynthetics)是应用于各类土木、水利、环境等工程的由人工合成聚合物(如塑料、合成纤维、合成橡胶等)作为原材料制成的各种产品的总称,包括土工织物、土工膜、土工格栅、土工网、土工排水带、土工模袋、复合土工合成材料等多种类型,不同类型产品的性质和功能也各不相同,应用于土木工程时,主要是将材料置于岩土体内部或表面,起到对土体的加强加固、排水反滤、防渗、防护、隔离、包裹等作用,改善土体或结构物的强度、变形及水力学特性,以提高工程的稳定性、耐久性和安全性。

土工合成材料的正式问世与发展和石油化学工程、纺织工程以及岩土工程等相关学科的发展密切相关。1931年德国法本公司最早开始工业化生产聚氯乙烯(PVC),而低密度聚乙烯(LDPE)直到1939年才由英国帝国化学公司(ICI)工业化生产,尼龙66(聚酰胺PA-66)和尼龙6(聚酰胺PA-6)则分别在1939年和1943年由美国杜邦公司(DuPont)和德国法本公司实现大规模工业化生产。这些合成材料的相继出现大大促进了相应产品的开发,其中聚氯乙烯薄膜由于具有良好的不透水性,美国于20世纪30年代最先将其应用于游泳池防渗。此后,大量塑料防渗薄膜开始用于灌溉工程,如美国垦务局1953年在渠道工程中应用聚乙烯(PE)薄膜等,苏联也曾将低密度聚乙烯膜(LDPE)应用于渠道防渗。后来,薄膜的应用领域又进一步扩展到土石坝、水闸等水利工程中。

合成塑料研制成功后,各种不同类型的合成纤维也相继出现并大批量生产。聚酯纤维于1949年由ICI公司实现工业化,但高密度聚乙烯纤维(HDPE)和聚丙烯纤维(PP)迟滞于1956年、1957年分别由德国和意大利公司生产。由合成纤维通过织造工艺制成的产品被称为"有纺织物",具透水性,强度较高。问世后很快就被用于护坡、护岸防冲等工程,如1956—1957年著名的荷兰三角洲工程用有纺织物加固防海潮大坝,1958年美国采用聚氯乙烯(PVC)织物作为海岸块石护坡的垫层。但有纺织物的各向异性明显,反滤排水功能较差,当时的价格也偏高,阻碍了它的大规模使用。1968年,法国罗纳·普朗克化工集团(RHONE POULENC)公司首创"无纺织物",将合成纤维采用非织造工艺——纺黏针刺法制成片状产品。由于非织造型织物中纤维随机分布,使得织物具有良好的各向同性,同时兼有导水性能和过滤性能,非常适应各类水利工程和岩土工程等的要求,因此应用领域迅速扩大,不仅用于英、法等国土坝反滤、排水等工程,还应用于无护面道路和护岸等,且在70年代由欧洲相继传到美国、澳洲、亚洲等地,引起世界范围内的应用热潮,同时也带动了工程界对其应用原理和设计方法等的研究和探讨。

1977年J.P.Giroud和J.Perfetti首先提出了"土工织物和土工膜(Geotextile & Geomembrane)"的定义。前者主要是指具有透水性的材料,包括有纺织物和无纺织物,后者指不透水材料,包括各类塑料膜。同年在巴黎召开了"织物在岩土工程中的应用"国际会议,被认为是第一届国际土工织物会议。后来十几年间,各种以聚合物为原料的其他类型合成材料(如复合土工膜、土工网、土工格栅、膨润土防水毯等)相继研发和应用,这两个名词的内涵已不能适应时代发展的需要。因此,1983年J.E.Fluet建议使用

"土工合成材料(Geosynthetics)"一词来概括各种类型的合成材料,1994年在新加坡举行的"第五届国际土工织物、土工膜及有关产品会议"上代表们采纳了"土工合成材料"的概念,同时,"国际土工织物学会"(International Geotextile Society,简称 IGS,1983 年成立)也更名为"国际土工合成材料学会"(International Geosynthetics Society,简称仍为 IGS)。

在中国,土工合成材料的应用虽然起步较晚,但工程应用发展迅速,其应用场合最早也是从土工膜防渗开始的。20 世纪 60 年代中期,采用聚氯乙烯薄膜对河南、陕西、北京等地灌区渠道工程进行防渗处理,薄膜厚度在 0.12～0.38 mm 之间,效果良好。后来推广到水库、水闸等工程,并将其应用于处理混凝土大坝坝面裂缝的止水方面,也获得了成功。到 80 年代中后期,单层较厚的土工膜和复合土工膜出现,并很快得到应用。土工织物的引进略晚一些。70 年代后期,长江嘶马护岸工程首先使用聚丙烯扁丝编织布,结合聚氯乙烯绳网和混凝土压重组成软体排,防止河岸冲刷。80 年代初,铁道部门获得美国杜邦公司提供的纺黏土工织物,将其用于治理铁路基床的翻浆冒泥,效果明显,成功率达 90% 以上。以此为契机,国内开展了对于非织造型土工织物的研究和大批量生产,几年后针刺型无纺织物的生产成功,更进一步促进了土工织物在水利、交通等工程中的应用。塑料土工格栅最早由英国 Netlon 公司于 1982 年开发成功,它具有特殊的网孔结构和高强度低伸长率等特点,在工程加固和边坡加筋中应用十分广泛。1983 年这类产品引进国内,开始用于工程加固,但当时该产品制造工艺复杂,价格偏高,未能实现国产化,制约了它的进一步推广。直到 90 年代中期,国内自制成功格栅生产设备后,大批量产品问世,很快就取代了土工网和土工织物,被用于土体加筋加固、隔离等场合,后来又开发了很多新格栅产品,包括经编格栅、玻璃纤维格栅等。目前,格栅已经成为加筋土结构中应用最为广泛的一种材料。

我国土工合成材料应用发展史中值得一提的重大事件是 1998 年大洪水。是年,长江和松花江、嫩江流域发生全流域大洪水,土工合成材料在抢险救灾中发挥了巨大的作用,由此引起了中央领导、地方抢险部门的重视。当年汛后,国家经贸委联合水利部、国家质量技术监督局等 6 部委就推广土工合成材料联合发布了文件,并组织有关单位和部门制订、修订了相关的规范标准,推荐确定了一批土工合成材料原材料及其产品的重点生产企业,选定了若干国家级和部级的示范工程。自此,土工合成材料在国内从新产品研发到工程应用、研究、推广等各方面都迈上了快速的、规范化的发展轨道,对提高工程应用水平和工程质量都产生了深远的影响,同时带动了相关行业的发展。

长江科学院作为水利系统的大型科研机构,结合各类大中型水利工程项目的需求,在国内较早开展了有关土工合成材料的研究和应用推广工作。70 年代中期在葛洲坝工程中采用泡沫材料作为排水孔内过滤体,保护孔壁不塌陷,使用了几十年,至今仍发挥着良好的排水反滤作用,这是国内首创这种过滤形式并成功实践的工程案例。90 年代结合三峡二期围堰工程,对新型复合土工膜的性能和其作为防渗墙体材料的可行性进行了系统的研究,为三峡二期围堰采用这种新防渗措施提供了重要的依据。结合南水北调穿黄工程中隧洞衬砌防渗反滤的要求,研究了压力作用、混凝土泥浆渗入和水中气泡等对土工织物长期渗透性和淤堵性的影响。1998 年长江洪水之后,还研制并开发了堤防堵漏技术和可拆换式减压井专利技术。

随着各类土工合成材料产品的发展,其应用领域已扩展到全世界各种岩土工程、土木工程、水利工程、环境工程、交通工程、市政工程及海洋工程等领域,可以说,凡有工程建设处,就可见到土工合成材料的应用,并且在大多数工程建设中,它都发挥了良好的、甚至独特的作用。

从土工合成材料发展史和目前应用水平来看,"土工合成材料"一词在当今已不仅仅只是材料或产品的代名词,更是与材料相关的工程应用技术和原理的泛称,是涉及化工、纺织、材料、土木、水利等各个学科的一门新兴边缘性学科。需要各学科各行业之间的相互渗透相互借鉴才能更进一步充分掌握材料特性及其工程应用技术。

2 土工合成材料的主要原材料和添加剂

2.1 聚合物原材料

用于土工合成材料产品的聚合物原材料主要有：聚乙烯、聚丙烯、聚氯乙烯、聚酯、聚酰胺、聚苯乙烯等，它们的主要特性简述如下：

(1) 聚乙烯(Polyethylene 或 Polythene,代号 PE)

聚乙烯是当前国内外应用最广的土工合成材料原材料之一。又可分为低密度聚乙烯(LDPE)和高密度聚乙烯(HDPE)。聚乙烯为白色颗粒或粉末，无味、无嗅、无毒、易燃，化学稳定性好，耐酸和碱，具有良好的电绝缘性能，但耐老化性能较差，需加入抗氧剂和光稳定剂等添加剂。低密度聚乙烯的密度在 $0.910\sim0.925\mathrm{g/cm^3}$，断裂伸长率较大($100\%\sim700\%$)，具有良好的柔软性、延展性、透明性、耐寒性和加工性。其力学性能：抗拉强度为 $12\sim20\mathrm{MPa}$，拉伸模量为 $120\sim250\mathrm{MPa}$。高密度聚乙烯的密度为 $(0.940\sim0.968)\mathrm{g/cm^3}$，力学性能优于低密度聚乙烯，抗拉强度为 $12\sim45\mathrm{MPa}$，极限伸长率 $40\%\sim100\%$，拉伸模量 $42\sim1060\mathrm{MPa}$，耐摩擦性能良好。

(2) 聚丙烯(Polypropylene,代号：PP)

聚丙烯也是当前国内外应用很广的土工合成材料原材料。聚丙烯是较轻的聚合物，白色蜡状颗粒，密度仅为 $0.90\sim0.91\mathrm{g/cm^3}$。无味、无嗅、无毒、易燃，耐热性能好，化学稳定性优良，不溶于水也不吸水，电绝缘性良好。但耐光性差，易老化，韧性较差，其力学性能：抗拉强度 $25\sim90\mathrm{MPa}$，极限伸长率为 $20\%\sim700\%$，拉伸模量为 $1100\sim1600\mathrm{MPa}$。

(3) 聚氯乙烯(Polyvinyl Chloride,代号 PVC)

具有较高强度，耐磨、阻燃，以及良好的化学稳定性，密度约在 $1.4\mathrm{g/cm^3}$，不溶于水、酒精、汽油等。但热稳定性能差，在 80℃~85℃开始软化，受光、热及氧的作用后容易老化。其力学性质：抗拉强度 $10\sim56\mathrm{MPa}$，极限伸长率 $40\%\sim450\%$，拉伸模量 $2400\sim4100\mathrm{MPa}$。

(4) 聚酯(Polyester,代号 PET)

具有热塑性塑料中最大的强韧性。PET 膜的拉伸强度相当于铝膜的强度，为聚乙烯膜的 9 倍，尼龙的 3 倍，冲击强度为其他现有薄膜的 3~5 倍，撕裂强度虽比聚乙烯膜低，但比玻璃纸和醋酸纤维膜高，透光率好，达 90%，耐化学性能优良，可耐酸但不耐碱，能溶解于氨水。密度在 $1.3\sim1.39\mathrm{g/cm^3}$，抗拉强度为 $59\sim71\mathrm{MPa}$，极限伸长率为 $50\%\sim300\%$。

由于聚酯的高强度和良好的工程特性(如较低的蠕变性等)，目前有越来越多地应用于大型工程和重要工程的趋势，尤其在加筋材料方面。

(5) 聚酰胺(Polyamide,代号 PA)，即尼龙 6 或绵纶 6

其纤维是目前合成纤维中强度最高的一种，其耐磨性也最为突出，对碱的稳定性较高，但耐酸性较差。耐腐蚀、不易燃，聚酰胺的初始模量较低，易变形，其物理力学性能：密度 $(1.12\sim1.14)\mathrm{g/cm^3}$，伸长率 $28\%\sim45\%$(长丝)。

(6) 聚苯乙烯(Polystyrene,代号 PS)

是一种热塑性树脂，无色、无嗅、无味而有光泽的透明固体。密度 $1.04\sim1.09\mathrm{g/cm^3}$，有耐化学腐蚀性，耐水性和电绝缘性，但耐热性低，易老化发脆，可用作工程塑料和超轻型材。抗拉强度 35.2~

63.3MPa。可用于制造硬质泡沫塑料和薄膜等。

(7) 氯丁橡胶（Chloroprene Rubber，代号 CR）

密度为 $1.23g/cm^3$。具有耐油、耐酸碱，以及高抗拉强度和气密性。但贮存稳定性差（在常温下可存放 1 年），可制作橡胶薄膜等。

上述的高分子聚合物经过加热至其熔点成黏稠的纺丝液，然后由泵将它从喷丝头细孔中压出，在空气中或水中凝固成丝，也有一些聚合物溶解于适当的溶剂中成黏稠液，然后喷丝凝固。凝固的方法分成干法和湿法两种。湿法是使喷出的丝流经凝固液，除去溶剂，并凝固成纤维；干法是从喷头细孔压出的细流通过热空气，使溶剂迅速挥发而凝固成丝。

合成纤维成丝以后，强度低，手感硬脆。需经过一系列处理，如拉伸、水冲、上油、干燥、定型等过程，而成为纤维丝。若制长丝，还需加拈和络丝，若制短纤，则需经过卷曲和切断等工序，最后得到合成纤维。合成纤维强度较高，吸湿性小，但染色难。

熔化的高分子聚合物除了可制成合成纤维外，还可通过挤压、压延及上涂料等工序制成条形、带形或板形等材料，用于制作各种土工合成材料产品。

2.2 土工合成材料的添加剂

土工合成材料中常用的添加剂很多，这里仅提及"炭黑"（又称"碳黑"），这是一种光稳定剂，是具有"准石墨晶体"结构和胶体粒径范围的黑色粉状物质。炭黑是一种高效的光屏蔽剂，它几乎能全部吸收可见光，强烈地反射紫外光，而且还有良好的紫外线吸收功能。向塑料中添加少量的炭黑可将其耐候性提高数十倍。以聚乙烯和聚氯乙烯为例，其效果如下表 4.1-1 所示。

炭黑的光屏蔽效果与其粒度、分散性和用量等因素有关。一般，炭黑的粒度以 15~25nm 为最佳，用量以 2%~5% 为宜，超过 5% 时，对材料的物理性能有不良影响。国外的经验，在抗紫外线的土工合成材料产品中，建议炭黑的含量达到 2%。由于炭黑的价格较贵，因此，加量太多也是没有必要的。

表 4.1-1　　　　　　　　聚乙烯、聚氯乙烯耐候性比较（周大纲，2001）[5]

塑料种类		表面达到明显破坏的时间(a)
聚乙烯	不加炭黑	1~1.5
	加 1 份槽法炭黑	>25
增塑聚氯乙烯	不加炭黑	1~2.0
	加 10 份炭黑	>15

3 土工合成材料的类型及主要功能

3.1 主要功能

《土工合成材料应用技术规范 GB/T50290—2014》中针对土工合成材料的不同功能进行了介绍，包括反滤和排水、防渗、防护、加筋。近年来，环境问题被突出地关注，利用土工合成材料对废料进行包裹形成"土工包"，或者利用碎散料进行包裹后，形成大型的建筑材料，以充分利用资源等的做法，越来越受到重视，因此"包裹"作为一种新的功能是很自然的。

3.2 材料的主要类型

目前，全世界范围内的土工合成材料产品种类已十分丰富，并且随着相关工业技术的进步发展和工程应用的需要,还会不断有新产品问世。传统的以土工织物为主体的分类体系(GB50290—1998,如图4.1-1)已不再适用,图4.1-2提出了一种新的综合性分类方法[8]。

上述分类不是绝对的,随着科技和应用的发展,新的产品会不断涌现,而原来认为"特殊"的一些材料,由于应用渐广,就成为很普通的材料了。

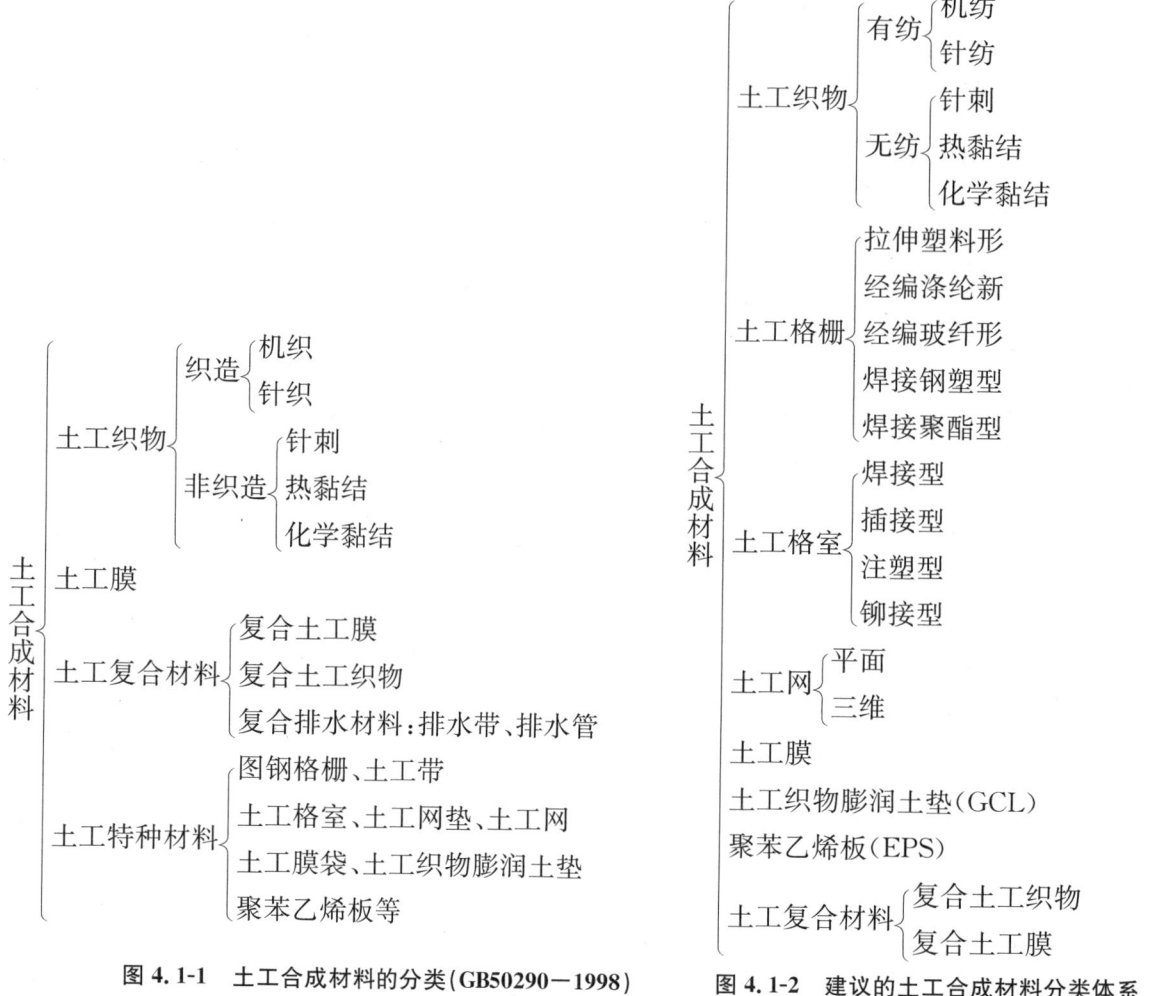

图4.1-1 土工合成材料的分类(GB50290—1998)　　图4.1-2 建议的土工合成材料分类体系

3.3 常用的几种土工合成材料产品简介

3.3.1 土工织物(土工布)

土工织物是一种具有透水性的土工合成材料,也是目前工程中应用最广的一种土工合成材料。它可分为有纺和无纺两大类。

有纺织物(woven geotextile):有纺织物是由长丝或纤维纱按定向排列机织的土工织物,又称织造型土工织物,可分为机织型和针织型(见图4.1-3)。机织型织物由两组平行细丝或纱(由丝束组成)按一定方式交织而成。两组细丝是互相垂直的(也可织成斜角方向的)。也有的机织型织物是压粘而成的。单丝与细条的土工织物一般很薄,约为0.5mm;而多丝、细纱、原纤维纱的机织型土工织物则较厚,约为3～5mm,有的甚至达10mm。针织型织物中典型的有经编土工织物,其结构与机织型织物明显不同(如图4.1-4),可具有较高的抗拉强度和较小的伸长率。

(a)机织型土工织物

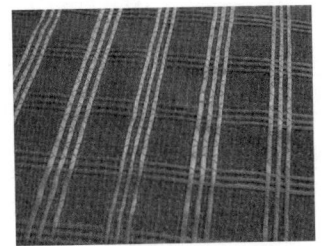
(b)经编型土工织物

图 4.1-3 典型的有纺织物

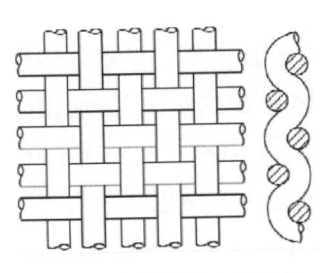
(a)机织型土工织物　　　　　　　(b)经编型土工织物

图 4.1-4 机织型与经编型结构对比图

无纺织物(non-woven geotextile)：无纺织物是由细丝或短纤维按随机或定向排列制成蓬松纤网，经机械加固、热黏结或化学黏结等工艺，把网丝相互联系起来而制成的织物，又称非织造型土工织物。有时，为了改进产品的质量或满足一些特殊的要求，如防火、阻燃、抗静电、防菌、防霉等，可采用涂层、叠层或化学处理等方法进行进一步的加工整理。

土工织物具有性能优良、耐腐蚀、渗滤性好、施工方便、适应性强等优点，能适应不同工程的需要，故在工程中应用十分广泛，除了防渗以外，它几乎可在所有功能中发挥作用，如反滤、排水、隔离、防护、加筋、包裹等，而且常可以和其他土工合成材料一起组成复合土工合成材料，如复合土工膜、膨润土防水毯、复合排水网垫等。

3.3.2 土工膜

土工膜是由高分子聚合物制成的平面柔性薄膜，也有用沥青制成的相对不透水的卷材。前者在工厂采用吹塑、压延或涂敷法制造，后者在现场或厂内以喷涂或浸渍法制成。在聚合物或沥青制成的土工膜中又有不加筋(单一的或混合材料)和加筋或组合的类型。含沥青的土工膜主要为复合型的(含编织型或无纺型的土工织物)，沥青作为浸润黏结剂。

为了提高土工膜的劲度，改善其性能、降低造价，有时在制造时添加一定的外加剂(增塑剂、抗老化剂、抗菌剂、各种稳定剂)或填充材料(细粒矿粉和聚合物粉末等)。

复合土工膜是由土工膜与其他土工合成材料复合的一种材料，如将一种筋材与土工膜相复合成为加筋复合土工膜，以增加土工膜的强度和模量；如与无纺土工织物相复合就成为具有导水功能的复合土工膜，如此等等。

土工膜具有很好的不透水(气)性，有很好的弹性和适应变形的能力，能承受不同的施工条件和工作应力，也有较好的抗老化能力。

聚合物土工膜的极限伸长率可达150%～900%，加筋土工膜的抗拉强度有的可达10～30kN/m。聚合物膜不会因气温的升高而分解，但对阳光紫外线十分敏感，容易受臭氧作用而开裂。在长期应力或反复应力作用下,有的聚合物会因蠕变或疲劳而变薄或破裂。聚合物中的增塑剂会在湿空气中产生生物分解,而变软或发脆。但当它处于清水下或土中时,可以长期保持其性能不发生大的变化。例如,我国利用氯丁橡胶土工膜作橡胶坝(湖北温泉橡胶坝)已运用多年,效果良好。因为丁基橡胶薄膜具有很好的抵抗氧化、化学、紫外线等侵害的性能。

一般认为,聚合物土工膜的使用期寿命,在不暴露的情况下可达百年左右。

3.3.3 土工网(土工网垫)

土工网(Geonet)是由聚合物经挤塑成网,或由粗股条编织,或由合成树脂压制,以一定的角度(一般为60°~90°)交叉黏结而成的具有较大孔眼和一定刚度的网状材料。有的土工网两组股条上、下搭接,形成排水槽[图4.1-5(a)],常用于复合排水材料中;有的土工网,两组股条在交叉点处熔合,大致呈平面网状结构图[4.1-5(b)],其强度和模量较低,但对于受力和变形要求不高的情况,如坡面防护等,也可作为加筋材料。另外还有一种由热塑性材料制成的三维网状材料[图4.1-5(c)],称为土工网垫。由于其蓬松的网状结构,易与植物根系结合促进植物生长,故对控制坡面水土流失和坡面植被有独特的效果,常用于排水或结合植被护坡等,是一种良好的环保材料。

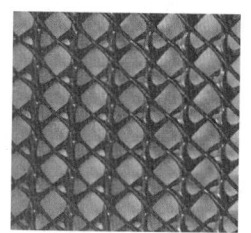
(a)土工网(排水槽型)

(b)平面型土工网

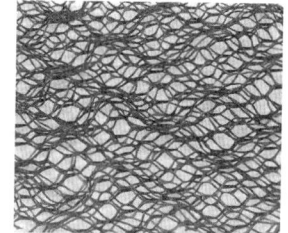
(c)三维土工网垫

图4.1-5 典型的土工网

3.3.4 土工格栅

土工格栅(Geogrid)的种类较多。常见的塑料拉伸土工格栅是在聚合物板上打孔,定向冷拉,外形上具有较大格孔(长孔或方孔)的产品,根据拉伸方向不同,可分为单向拉伸土工格栅[图4.1-6(a)]和双向拉伸土工格栅[图4.1-6(b)]。前者一般由高密度聚乙烯HDPE制成,后者一般为聚丙烯(PP)。Tensar公司近年来开发的三向拉伸土工格栅[图4.1-6(c)]是在传统的单向、双向拉伸格栅基础上,增加了Z方向的拉伸,形成独特的三角形结构形式,使得360°方向上拉伸模量较为均衡,能与土体完全接触,应力分布更加均匀。

经编涤纶土工格栅采用涤纶纤维长丝为原材料,经纬向定向编织成网格坯布,表层涂覆聚氯乙烯(PVC)胶或丁苯胶乳,加工成平面网状结构土工格栅[如图4.1-7(a)]。其强度高、模量大、蠕变小,抗撕裂性能好,但对生产制造要求较高。

PET聚酯焊接土工格栅以聚酯为主料,加入抗老化剂和其他助剂,经过低倍数机械拉伸成肋条,按平面经纬成直角,经超声波特殊焊接成型的土工合成材料,根据工程需要用不同网孔直径及肋条宽度、厚度来改变筋带的拉力大小[图4.1-7(b)]。

钢塑土工格栅是以高强钢丝(或其他纤维),经特殊处理后与聚乙烯PE和其他助剂复合,通过挤出使之成为复合型高强抗拉条带,且表面有粗糙压纹。由此单带在经、纬向方向按一定间距编织或夹合排列,采用特殊强化粘接的熔焊技术,焊接其交接点而成型[图4.1-7(c)]。

经编玻纤土工格栅是以玻璃纤维为原料,采用一定的编织工艺制成的网状结构材料,采用纤维长丝双面涂覆而成[图4.1-7(d)]。它充分利用织物中纱线强力,改善其力学性能,使其具有良好的抗拉强度、抗撕裂强度和抗蠕变性能。此外还有熔点高、耐腐蚀的特性,以及与沥青混合料的相容性好等特点。

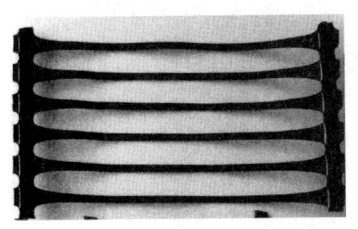  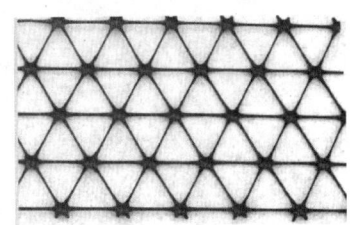

(a)单向土工格栅　　　(b)双向土工格栅　　　(c)三向土工格栅

图4.1-6　塑料拉伸土工格栅

(a)经编涤纶土工格栅　　　(b)焊接聚酯土工格栅

(c)焊接钢塑土工格栅　　　(d)经编玻纤土工格栅

图4.1-7　其他类型土工格栅

实际应用中常误将土工格栅和土工网混为一谈,但二者在产品性能和应用场合上有很大差别。虽然它们都是高分子聚合物(聚丙烯和高密度聚乙烯HDPE等)产品,但土工网在生产中没有经过冷拉,故强度相对较低,伸长率较大,当作加筋材料时只能用于受力和变形要求不高的工程,另外也可用作排水、排气目的或防护(如海岸石笼护堤,铁路公路的阻隔网)等工程。而塑料土工格栅经由单向或双向拉伸后,高分子呈定向排列,强度得到很大提高,主要用作边坡、挡墙、地基等的加筋材料。

3.3.5　土工格室

土工格室是由高分子聚合物片材经过高强焊接而成的一种三维网状结构。使用前,格室折叠在一起,便于运输和堆放。使用时,人工可拉开形成网格状,在网格中填入沙、碎石或杂土等物料,从而形成土与格室的组合构件,具有很高的承载能力和很强的抗冲能力。

土工格室分两种,有孔型和无孔型。前者可以提高摩擦性能,同时孔的存在有利于侧向排水(如图4.1-8)。土工格室主要用聚乙烯材料制造,也有用聚丙烯的。

(a)无排水孔的土工格室　　　　　　　(b)有排水孔的土工格室

图 4.1-8　土工格室

土工格室的英文名称为 Geocell。Geoweb 是美国一家公司土工格室产品的名称,由此,人们也将 Geoweb 作为土工格室的英文名。

格室的性能除一般的抗拉强度和伸长率指标外,还应特别注意焊缝拉伸强度及老化性能等指标。

土工格室的用途相当广泛,主要用于地基处理、护坡和挡墙的加固,尤其在重型车辆的道路中,可防止或减轻车辙的发生。用于护坡的格室具有独特的作用,因为它的抗冲蚀性好,而且其上可以植草,一方面使边坡更加牢固结实,同时,又可美化环境。用于护坡的格室以有孔型为佳,以便于排除坡上流下的雨水。格室在较陡的陡坡中也可以使用,国外曾用于 75°的陡坡上,而且施工十分便捷。不过它造价较高,故需作全面的技术经济比较。

3.3.6　加筋带(或称拉筋带、土工带)

加筋带乃是经过挤压拉伸,或将土工合成材料与其他加筋材料复合后,制成的条带状抗拉材料。它是较早使用的一种加筋材料。目前,国内外加筋带(拉筋带)主要有三类类型:一为刚性带,如钢带,钢筋混凝土带;二为柔性带,如 PP 土工带;三为复合加筋带,如 CAT 钢塑带等。后者应用十分广泛,占市场多数份额。

加筋带具有较高的拉伸强度,较好的柔性,与填土之间有较高的摩擦系数,变形不大,蠕变较小,造价较低,施工方便。

在钢筋复合加筋带中,高强钢丝承担拉力,可采用不同的直径和根数以调整拉力的大小。外包的塑料层起保护钢丝、防止锈蚀的作用,并增加与填土摩擦系数,因为外包层表面可以压制成花纹,以增加糙度。但若设计与施工不当,外包的 PVC 塑料层会风化,导致内层钢丝锈蚀,引发事故,故近年使用较为慎重。

3.3.7　土工管材

土工管材可分为给水管、排水管、废水管等类型。硬聚氯乙烯管材制作中应加入一定的稳定剂、填充剂、增韧剂等以增加其稳定性和改善其韧性,为防止老化,可加入炭黑和钛白粉等光屏蔽剂。各种类型的合成材料管材(管件)已广泛地应用于各类工程和市政建设中,大有代替传统的钢管、水泥预应力管的倾向。其中最多的是硬质聚氯乙烯(UPVC)管,也有聚乙烯(PE)管、聚丙烯(PP)管、玻璃钢(FRP)管等。硬质聚乙烯管其基材为硬聚氯乙烯实壁管,钻以适当的孔洞,在外表缠上滤水土工布,即可渗水或排水(如图 4.1-9)。

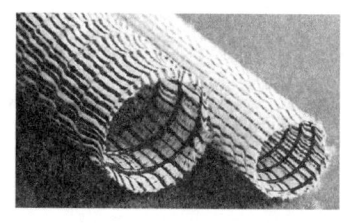 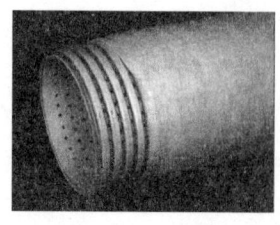

图 4.1-9　土工管材

3.3.8 复合排水带

复合排水带是由不同形状的塑料条带排水芯材,外包无纺织物构成的(图 4.1-10)。这种材料沿其长度方向通畅地排水,而外包的织物作为滤层以阻止土粒进入堵塞排水通道。芯材多用 PE、PP 或 PVC 等材料制成,有多种截面形式,宽度有 10cm 和 20cm 等,主要用于加速软土地基竖向排水固结进程。

排水带的单位长度质量一般宜大于 $85g/cm^2$;整带拉伸强度 1~2.5kN/10cm(伸长率为 10%的强度);滤膜的渗透系数 k_g 宜大于 $1×10^{-4}$cm/s,并要求大于 $100k_s$(k_s 为土的渗透系数);抗压强度 250kPa(带长小于 15m)或 350kPa(带长大于 15m)。

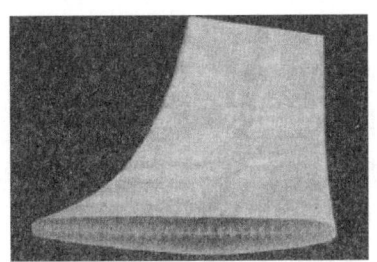

图 4.1-10 垂直排水带(排水板)

3.3.9 土工泡沫板

泡沫塑料是以树脂为基材,并适当添加自助剂,如发泡剂、交联剂、成核剂、表面活性剂等,在一定的温度条件下制成的内部含有无数微小泡孔的塑料制品。由于它容重超轻、比强度高(抗压强度在 0.1~0.35MPa,抗弯强度为 0.3~0.5MPa,张拉强度 0.45~0.5MPa),耐热度高 80℃,吸湿性低(闭孔泡沫塑料的吸水率小于体积的 1/100)、回弹性好、渗透系数小、防水性能强、耐老化性能好,且具有保温隔热和良好的物理力学性能和二次加工性能,因而广泛用于消音、隔热、防冻、保温、防震以及轻质结构中,也用于隧道防渗及其他防水工程或有保温要求的工程中。一般说来,当它的密度大于 $0.4g/cm^3$ 为低发泡沫塑料;$0.1~0.4g/cm^3$ 为中发泡泡沫塑料,小于 $0.1g/cm^3$ 为高发泡泡沫塑料。常用的品种有聚苯乙烯泡沫板(EPS),聚乙烯物理发泡泡沫板(EPE),聚乙烯化学交联泡沫板(XPE)等。

除了上述的几种土工合成材料产品外,还有不少复合土工合成材料和特种土工合成材料,如复合土工膜,GCL(黏土衬垫)(图 4.1-11)等。

图 4.1-11 GCL 土工合成材料黏土衬垫

4 土工合成材料的物理特性

4.1 单位面积质量和厚度

4.1.1 单位面积质量

单位面积质量是表征土工合成材料产品(土工织物、土工膜、土工网和土工复合材料等)性能和质量的一个重要指标,它能反映土工合成材料的均匀程度,并与材料的抗拉强度、顶破强度和渗透系数等多方面特性有一定的联系。测试方法采用称量法,其值受原材料密度的影响,也与厚度和湿度密切相关。常用的土工织物或土工膜单位面积质量一般在 50～1200g/m² 范围内,土工网的单位面积质量一般在 425～720g/m² 之间。

4.1.2 厚度

厚度是指土工合成材料产品在承受一定压力(一般指 2kPa)的情况下,材料上下两个平面的距离,单位为 mm。土工织物的厚度在承受压力时变化很大,且随加压持续时间的延长而减小,故测定厚度时应按要求施加一定的压力,并规定在加压 30s 时读数。施加的压力分别为 (2 ± 0.01)kPa,(20 ± 0.1)kPa 和 (200 ± 1)kPa,可以对每块试样逐级持续加压测读。土工织物的厚度对计算水力学特性指标影响很大,测量时要保证精度。为了便于查找不同压力下的厚度值,通常根据试验成果绘制厚度随压力的变化曲线。

有纺织物中由单丝与细条织成的土工织物一般很薄,约为 0.5mm;而由多丝、细纱、原纤维纱的机织型土工织物则较厚,约为 3～5mm,有的甚至 10mm。无纺织物可由细丝或短纤维按随机或定向排列制成蓬松纤网,经机械加固,把网丝相互联系起来,按此制成的织物,厚度一般为 0.75～1.5mm,有的更厚。

土工膜的厚度一般在 0.2～4mm 之间。土工网的厚度一般在 2.9～7.2mm 之间。

4.2 土工织物的等效孔径

土工织物中有许多形状各异、孔径不一的孔眼,很难用一个指标确切地表达,为此,提出等效孔径的概念,即把各种形状的孔隙都转化为等面积的圆来代替,其直径即为等效孔径。等效孔径的定义在不同的文献上有不同的表达,但都比较含糊,且不统一。

为此我们提出一个新的定义:即参考类似于土的粒径级配分布曲线来定义孔径分布曲线。土的小于某个土重百分数的粒径定义为特征粒径,土工织物中小于某孔径百分数的孔径就定义为特征等效孔径,常用的符号为 O_e,O 表示孔径,脚标 e 则表示小于某种孔径的孔眼百分数,典型的孔径分布曲线如图 4.1-12 所示。如 O_{95} 即图中表示有 95% 的孔眼的尺寸小于该孔径。

这个定义比较明确,也可与土力学中的概念相协调。有的地方把等效粒径定义为所谓"颗粒筛余率"等,则不仅不确切,而且容易误解。因为"颗粒筛余率"与 O_{95} 的试验方法有关,而试验方法是可以变化的,故不宜定义为"筛余率"。

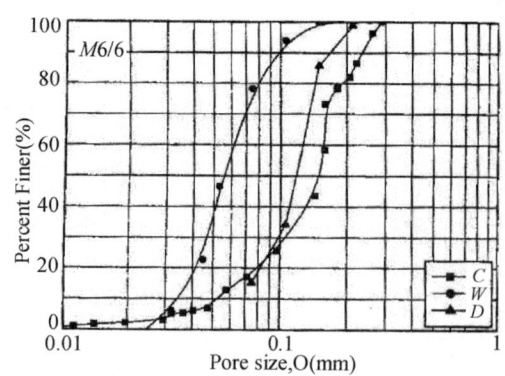

图 4.1-12 典型的孔径分布曲线 (无纺织物)(Atmatzidis et al, 2006)

确定 O_e 的方法,有直接法(如水银压入法、图像分析法等)和间接法(如湿筛法,干筛法等)。我国、美国等均采用间接法中的干筛法。在欧洲和加拿大,将等效孔径称为反滤孔径 FOS(filtration opening size),其确定方法为湿筛法。湿筛法比干筛法精度较高,但比较麻烦。直接法要求较高的技术或较精的设备,但它最符合上述的等效孔径定义,而且比较直观。由于计算技术的快速发展,用图像分析法直接研究织物孔径的成果正研究中。应当指出,用不同测试方法求得的孔径分布曲线,有时可以差别很大(图4.1-13)。

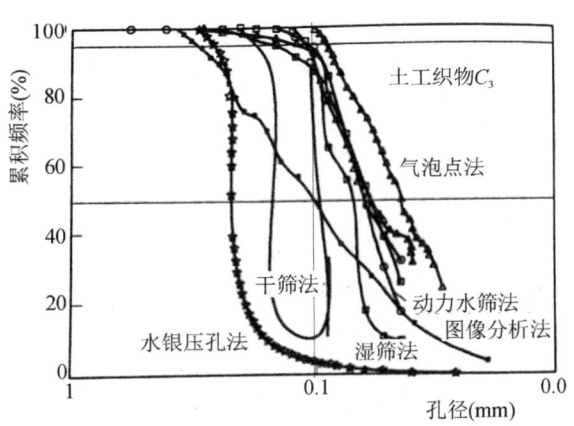

图 4.1-13 织物孔径不同测定方法的结果比较

4.3 土工格栅和土工网的网格尺寸

土工格栅是工程中应用很广的一种加筋材料。它的加筋作用是由纵向和横向肋条的摩擦力以及网格孔眼与土的咬合力提供的。因此,其加筋效果既与筋材表面的摩擦特性有关,也与网格所占的面积比有关,还与肋条的厚度有关。

土工网若用作加筋材料,也有类似的问题。但土工网还有多种其他用途,其网格尺寸可依使用要求进行设定。

5 土工合成材料的力学性能

土工合成材料的力学性能包括材料本身的力学性能和材料与土相互作用的性能。这两种情况下的性能有的指标比较接近,如部分物理性指标,但多数指标则相差甚远,如蠕变指标等。因此,应注意在模拟实际工程的条件下,进行特性指标的测定,并用于工程实际。土工合成材料的主要力学特性指标包括抗拉强度、拉伸模量、伸长率、撕裂强度、握持强度、胀破强度、顶破强度、长期蠕变强度和管式材料的抗压强度等。现选取较常用的力学性能指标,并结合长江科学院近年来的研究成果,分别进行介绍。

5.1 拉伸强度

拉伸强度由条样法测定,同时可以得到伸长率的指标。这两个指标是土工合成材料的重要特性指标。拉伸试验有宽条和窄条之分,无纺土工织物由于存在较为明显的颈缩现象,应采用宽条拉伸试验方法,有纺土工织物可采用窄条试验方法。

应当指出,土工合成材料在空气中无压情况下测出的抗拉强度与在土体中实际的抗拉强度是不同的。因此,在空气中测得的抗拉强度可视为一个判别指标而使用。单向格栅在制作时经过定向拉伸,故其拉伸强度较大,目前单向格栅的拉伸强度范围一般在 50~120kN/m,最大可达 150kN/m 以上。屈服伸长率对聚丙烯格栅在 10% 以下,对高密度聚乙烯在 12% 以下,有特殊需要,还可适当增大。格栅在低温时具有脆性,但应保证产品在 -30℃ 左右时不会脆裂或脆断。如果加工工艺不当,可能在 -10℃ 时脆断。

土工网的抗拉强度是以屈服强度而非极限拉断强度为依据的。根据试验,屈服点与断裂点不同,且屈服点低于断裂点,当试样达到屈服后,即发生颈缩现象,拉伸力随之降低,但随着拉伸持续,拉伸力又会增大,直至断裂。由于断裂的位移量过大,工程中也不允许发生颈缩,故仅取屈服强度为土工网的抗拉强度。

土工网的抗拉强度,依规格不同,可变化在 2.0～7.68kN/m 之间,一般为 4～5kN/m,排水网为 5.3kN/m;土工网的伸长率≤41%～20%,一般为 20% 左右,排水网的伸长率≤32%;10% 伸长率时的拉伸强度,一般为 1.32～6.8kN/m,强度较低者用于分隔网,强度较高者用于地基或地面的稳定加固,中等强度者用于网垫、网筐或排水等。

5.2 握持强度

握持强度主要反映土工织物承受集中力时,其分散集中力的能力。例如在拉伸试验中,不是夹住试样全部的宽度,而是仅夹住试样的部分宽度进行拉伸(见图 4.1-14),则这时的拉伸强度一部分为被握持(夹住)部分宽度的强度,另一部分为由试样相邻部分提供的强度。土工织物握持强度的值一般为 0.3～6.0kN。

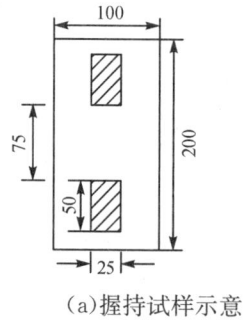

(a)握持试样示意　　(b)握持试验

图 4.1-14　握持试验

5.3 撕裂强度

土工织物和土工膜在铺设和使用过程中,常会有不同程度的破损,撕裂强度反映试样抵抗破损裂口继续扩大的能力。试验方法一般有梯形撕裂或直角撕裂两种(见图 4.1-15－图 4.1-16)。据测定,一般土工织物梯形撕裂强度值在 0.15～30kN,不加筋土工膜的梯形撕裂强度值在 0.03～0.4kN。

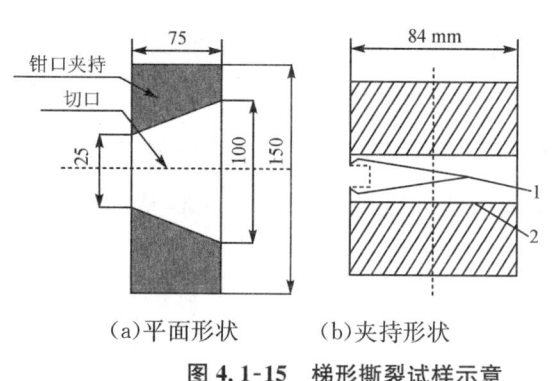

(a)平面形状　　(b)夹持形状

图 4.1-15　梯形撕裂试样示意

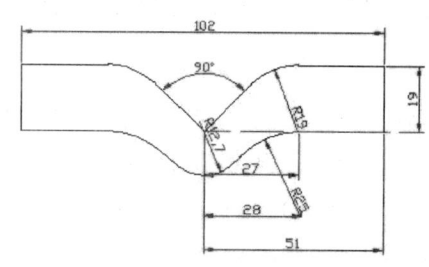

图 4.1-16　直角撕裂试样示意

5.4 顶破强度、刺破强度

当土工织物或土工膜置于粗粒土中时,会受到不同程度的挤压和顶胀的作用,以及土工膜受水压作用,或者施工中受到抛填粒料的冲击所形成的冲穿作用,都会使材料发生破损。为此,要测定材料抵抗粗粒材料等的顶破和刺破的能力。

顶破试验包括圆球顶破和CBR顶破两种(见图4.1-17,图4.1-18)。刺破试验是采用较细(Φ8mm)的金属杆以一定速率刺入被环形夹具(内径44.5mm)夹住的土工织物或土工膜试样而求得(图4.1-19)。

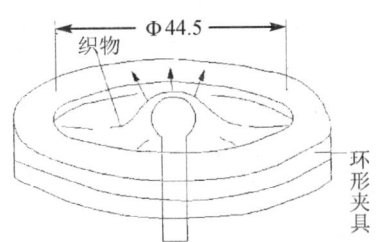

图 4.1-17 圆球顶破试验示意

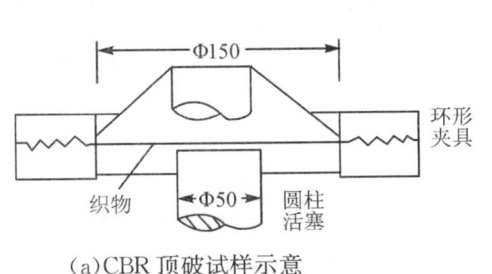

(a)CBR顶破试样示意

(b)CBR顶破试验夹具

图 4.1-18 CBR顶破试验

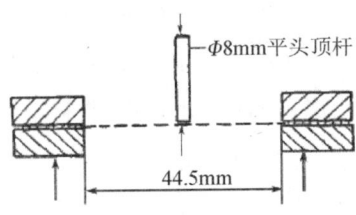

图 4.1-19 刺破试验试样示意

5.5 蠕变

蠕变是指在不变的拉伸荷载作用下,变形随时间而增长的现象。土工合成材料是一种高分子聚合物产品,具有非常明显的蠕变特性。在加筋土结构中,土工格栅长期处于拉伸状态,这决定了格栅的使用过程必定是一个长期变形的过程。从许多室内试验结果来看,土工合成材料会在比极限抗拉强度 T 小很多的拉伸荷载长期作用下破坏。例如,聚丙烯有纺织物在 40%T 的荷载作用下,396h 后被拉断,拉断时应变达到 123%;聚丙烯双向格栅 Tensar SS1 在 40%T 荷载作用下经历 1196h 被拉断,拉断时应变达到 62%,而相应的室内无约束拉伸试验得到该格栅的拉断伸长率仅在 15% 以内。可见聚合物材料在长期持续低荷载作用下的力学性质与常规条件下的性状有很大不同。当其作为加筋材料置于土体之中时,将长期承受拉应力的作用,产生的蠕变可引起加筋土结构内部应力状态的改变,有可能影响结构物的稳定性或产生过大的变形。据 Bathurst(1991,1992)对北美的一个土工加筋墙的观测,一座 7.1m 高的加筋土墙在竣工 9 个月后,最大向外水平变形达 3cm;Nakajima 和 Wong(1994)对 Mukakuning 大坝的一座纤维加筋的溢洪道边墙进行了观测,发现竣工后 2 年,顶部的最大沉降达 21cm,墙的总水平位移达

28cm,其中13cm可能是由于筋材的蠕变引起的。我国一些土工合成材料加筋土挡墙出现墙面板鼓肚现象,有的于建成几年以后倒塌,分析原因都与材料的蠕变有关。还有一些在软基上加筋土堤的实例也表明,土工合成材料筋材的蠕变和应力松弛会引起地基的超量变形,改变应力分布,而且会使土堤沿潜在滑动面产生滑移。可见,对于加筋土结构来说,筋材的长期蠕变特性是影响材料抗拉能力能否长期发挥的关键,且是决定该材料可否应用于永久性加筋土结构中的重要因素。

土工格栅作为土工合成材料的一种,目前已成为加筋土工程中应用最为广泛和普遍的加筋材料,它的高强度、低延伸率、以及与土之间良好的摩擦咬合作用可以大大提高加筋复合土体的强度,抑制结构物的过大变形或减小不均匀变形,因此其材料性能的优劣直接影响加筋土工程的安全和稳定。由于土工格栅在加筋土结构中与土产生相互作用,在侧向受到约束的情况下长期处于受拉状态,产生的蠕变可引起加筋土结构内部应力状态的改变,导致结构丧失稳定性或产生过大的变形,因此土工格栅的蠕变特性成为影响其抗拉能力能否长期发挥的关键,而由于目前国内外对土工格栅的蠕变特性普遍缺乏系统深入的研究,导致工程设计中对土工格栅的长期强度或不予考虑而造成工程的安全隐患,或根据经验取值而牺牲其经济性。为此,必需必须开展土工格栅的蠕变特性研究,并预测其长期蠕变性能,以便对工程设计、施工和应用提供有益的参考和指导。

目前国内外工程界有一种趋势认为,加筋土结构应按蠕变强度进行设计,至少应当考虑蠕变的影响。由于很难获得筋材的真实蠕变强度,因此前一种方法难以实施,而后者已在当前的加筋土结构设计方法中有所反映,体现在筋材的设计容许抗拉强度取值必须考虑蠕变、化学破坏、铺设损伤以及生物影响等诸多因素的作用,分别考虑其折减系数,其中蠕变引起的抗拉强度折减系数最大。例如对于聚丙烯无纺织物,其折减系数为5,这意味着即便仅只考虑蠕变一个影响因素,加筋材料的强度都只能采用其极限抗拉强度的20%,这种过于严苛的取值方法最终限制了某些加筋材料的应用范围。设计强度取值的随意性和不合理性是由于目前缺乏对加筋材料蠕变的基础性研究资料,特别是缺乏与工程实际应用条件相符的蠕变试验资料,对筋材长期蠕变特性缺乏全面的了解和掌握而造成的。因此,研究格栅在埋土、温度、化学作用、施工损伤等不同工况下的蠕变特性,并提出合理的设计方法,对于结构的安全性和经济性十分迫切,对进一步理解加筋土的工作机理和合理的工程设计都非常重要。

近年来,国内外越来越多机构和研究人员开始对土工合成材料蠕变特性的研究给予更多关注和重视,相继开展了有关的室内试验和理论研究,取得了有意义的成果。目前国内外多数研究成果都是在室内标准温度、湿度条件下进行的,这也是蠕变测试规程规范(如ISO13431—1999《土工布及相关产品拉伸蠕变和蠕变断裂的测定》ASTMD5262—2007(2016)《土工合成材料无约束拉伸蠕变特性测试及评价标准》《BS 6906—5—1991土工织物的试验方法(第5部分)蠕变的测定》《GB/T17637—1998土工布及其有关产品拉伸蠕变和拉伸蠕变断裂性能的测定》等)所建议的试验方法。但实际上,格栅作为加筋材料应用于实际工程时,其蠕变特性会受到不同环境因素(如应力水平、温度、侧限约束、施工损伤、化学作用等)的影响,导致其蠕变强度指标与室内标准条件下得到的结果有较大差异,特别是当其埋置于土中时,不可避免地要受到周围土体的侧限约束作用,会明显改变材料的蠕变特性。长江科学院丁金华针对高密度聚乙烯单向拉伸土工格栅进行了一系列不同环境因素条件下的蠕变试验,较为系统地研究了应力水平、温度、化学作用、施工损伤以及砂土侧限约束等对格栅蠕变性能的影响。

由于蠕变试验的约束条件可以分为两类:空气中进行的常规无约束蠕变试验以及有土侧限约束的蠕

变试验。前者包括各种温度、应力水平、化学作用和施工损伤条件下的试验,利用微机控制电子式蠕变持久试验机进行。后者是指将土工合成材料埋设于土体中,在填料约束和一定上覆荷载作用下对格栅施加一恒定水平拉力而进行的蠕变试验,所需试验仪器可利用常规的土—土工合成材料直剪拉拔试验仪经适当改造而成。

5.5.1 蠕变试验方法

无约束蠕变试验参照水利部行业标准 SL/T235—1999[17]以及轻工行业标准 QB/T 2854—2007[18]进行。首先将蠕变试验机环境箱的温度调整到指定值(20℃、40℃或60℃),将样品放置其中,24小时后再进行对中夹持,施加预拉荷载使试样伸直,以此时作为初始时刻开始测量试样伸长量。蠕变试验以50N/s的加载速率将荷载快速施加到指定值后保载,加载期以及蠕变试验进行期每隔一定时间自动记录试样伸长量。以下式计算蠕变应变:

$$\varepsilon_t = \frac{l_t - l_0}{l_0} \times 100\% \tag{4.1-1}$$

式中:ε_t——t时刻格栅蠕变应变(%);

l_t——t时刻格栅试样长度(mm);

l_0——格栅试样施加预荷载后的初始长度(mm)。

关于侧限约束的蠕变试验,目前国内外均无规程可循,从原理上来说,该试验与土—土工合成材料界面直剪或拉拔试验有相近之处,试验流程可参照拉拔试验进行。先将格栅铺设于上下剪切盒之间,两端均通过特制夹具进行夹持固定,待上盒土样制备好后,即施加一定的垂直压力,然后在拉伸端施加水平荷载,达到指定值后荷载保持稳定,记录格栅伸长量,并计算相应的蠕变应变。

5.5.2 蠕变试验设备

无约束蠕变试验在长江科学院水利部岩土力学与工程重点实验室的RDW20030型微机控制电子式蠕变持久试验机上进行。该机由三个独立的加载机构、测量控制系统以及一个共用的环境箱附件组成,可同时对三个试样进行蠕变试验(见图4.1-20)。环境箱尺寸(长×高×宽)为1.0m×0.8m×0.32m,温度调节范围(-30)℃~100℃(±1℃),湿度调节范围40%~80%(±10%)。

侧限约束蠕变试验采用长科院自行研制加工的土—土工合成材料直剪仪进行,主要包括垂直和水平荷载加载系统、剪切盒以及位移采集系统等。其中垂直荷载通过杠杆施加,水平荷载直接通过砝码施加;剪切盒长、宽分别为430mm和300mm。

(a)整机示意图　　　　　　(b)环境箱内格栅试样

图 4.1-20　微机控制电子式蠕变持久试验机

5.5.3 试验成果

(1)应力水平

对(HDPE)单向拉伸土工格栅开展不同应力水平(20%、40%、60%)条件下的蠕变试验表明,当应力水平大于某一值(如40%)时,该曲线发生拐点,表明在低于该荷载水平下,格栅的蠕变变形呈稳定发展态势,但大于该荷载值后,蠕变应变就急剧增大。可以定义此拐点对应的应力水平为蠕变临界应力水平。因此,对于加筋土工程设计,格栅在常温条件下的临界应力水平不宜大于极限抗拉强度的40%。

(2)温度

对(HDPE)单向拉伸土工格栅进行了高温(40℃、60℃)条件下的蠕变试验成果表明:在低荷载水平时(20%),温度的升高仅引起蠕变变形的增大,但对蠕变历时曲线没有太大影响,即蠕变方程仍可用对数形式来模拟。但当荷载水平升高至40%时,环境温度升高不仅会导致格栅蠕变量急剧增大,且蠕变特性也发生明显改变,60℃时的蠕变曲线呈现显著的非线性变化。荷载水平继续增大到50%时,温度的影响愈加显著,格栅蠕变量很大,很快达到破坏状态。不同环境温度对应的荷载临界值不同,低于40℃时对应的临界荷载应力水平可初步认为不大于40%,60℃时进一步降低至约30%。

(3)化学作用

将HDPE单向拉伸土工格栅浸泡填埋场渗沥液一年后取出进行了拉伸试验以及蠕变试验。无约束拉伸试验结果表明,经过浸泡后格栅极限抗拉强度有所降低,伸长率略增大。由于人们已习惯使用由标准条件下进行无约束拉伸试验得到的格栅极限抗拉强度作为表征材料特性的参数,因此,为了方便理解和对比,尽管材料在受到化学作用后的抗拉强度已发生变化,但蠕变试验的应力水平仍以标准条件下的材料极限抗拉强度为基准进行计算。由于渗滤液浸泡的作用,格栅的蠕变变形比原状时有所增大。定义浸泡后格栅蠕变伸长率 ε_{ch} 与同样应力水平下原状格栅蠕变伸长率 ε_p 之比为蠕变化学影响因子 R_{ch},即 $R_{ch}=\varepsilon_{ch}/\varepsilon_p$。计算得到在应力水平40%时,蠕变初期10h内蠕变化学影响因子达1.10,随时间的延续该因子略有增大,50h时为1.12,说明渗滤液的化学作用对格栅长期蠕变的影响程度随时间发展越来越明显。

(4)侧限约束

以0.25~0.5mm标准砂为填料,干密度为1.65g/cm³(相对密度0.65),在室温条件下(12℃~18℃)进行了格栅的侧限约束蠕变试验。垂直荷载为15kPa,应力水平分别为无约束极限抗拉强度的40%、50%、58%和66%。侧限约束蠕变试验采用应力式加载方法,按照规范SL/T235—1999要求,蠕变荷载的施加时间应控制在10min之内,实际加载时间为5分钟。

图4.1-21(a)为不同应力水平条件下的蠕变应变历时曲线,图4.1-21(b)为相应的应力水平~蠕变应变等时曲线。试验结果表明,在有侧向约束作用时,格栅的蠕变变形较之无约束条件下大大降低,与相近温度和应力水平条件下的无约束蠕变试验结果对比,侧限约束下的蠕变量仅有后者的16%~22%,说明土体约束及围压作用对格栅蠕变的影响是非常显著的。当应力水平40%时,100h对应的侧限约束蠕变量仅约为2.4%,随着应力水平的增大,应变也随之增大,应力水平提高到58%时,100h时的应变增大到约3.8%,应变呈稳定发展趋势。但是在66%应力水平条件下,仅经过约1.5h,靠近夹具处的格栅即发生断裂破坏。试验结束后拆样发现,埋设于砂土内的格栅并未发生断裂。可见在持续作用的高拉力下,格栅受砂土的界面摩擦作用,并未达到内部破坏。

从等时曲线来看,没有出现与无约束条件下荷载等时曲线类似的拐点,表明侧限约束作用下,格栅的临界应力水平不明显。分析原因可能在于,本次试验的应力水平是相对于空气中无约束极限抗拉强度而言的,但土工格栅在侧限约束下其极限抗拉强度会与无约束情况下有明显不同,但是受加载能力的限制,本次试验未能得到该格栅在侧限条件下的极限抗拉强度,应力水平的计算存在一定误差。

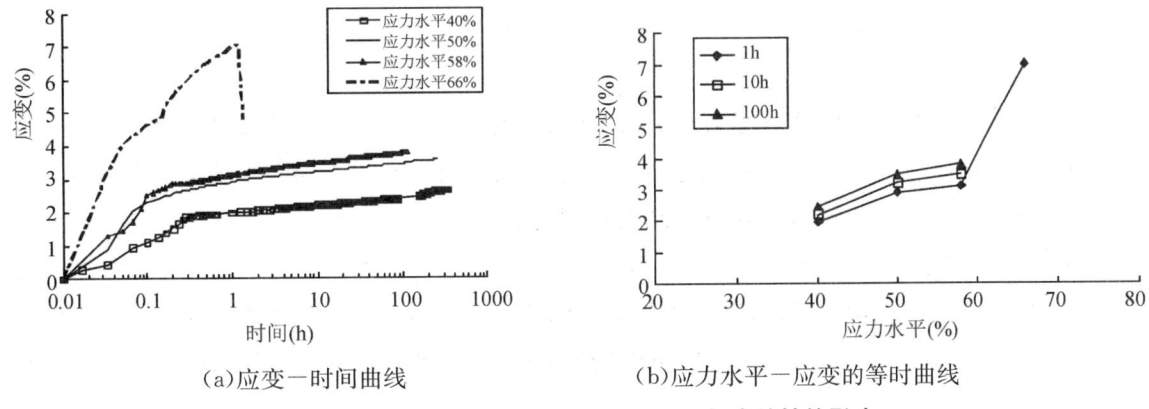

(a) 应变—时间曲线　　　　(b) 应力水平—应变的等时曲线

图 4.1-21　砂土侧限约束对 HDPE 格栅蠕变特性的影响

通过对 HDPE 土工格栅在不同温度、不同应力水平、化学作用和侧限约束等条件下进行了较为系统的室内蠕变试验,初步得到以下结论:①高密度聚乙烯土工格栅的蠕变特性与所受荷载大小、环境温度等因素密切相关。温度越高或应力水平越大,格栅蠕变量就越大,且蠕变速率越快。而且,温度与荷载水平对格栅蠕变的影响是相互联系的,温度越高,格栅的临界应力水平越低,20℃~40℃时临界应力水平不大于 40%,但温度升高到 60℃后,临界值会进一步降低,可能不大于 30%。因此,在实际工程应用中,应注意根据当地的实际气候条件确定格栅的蠕变强度。比如在垃圾填埋场衬垫系统中,渗滤液温度可能会达到 60℃以上,对材料的长期蠕变性质和参数的影响就不能忽略。②如以 10%作为蠕变失效应变,则常规条件下临界应力水平不宜大于 40%,否则格栅在加载初期即会发生较大变形,很快达到蠕变破坏阶段,因此对于永久性加筋土工程,应参考蠕变临界应力水平确定合理的格栅允许设计强度。③渗滤液浸泡作用一年后,与原状格栅相比,无约束极限抗拉强度有所降低,蠕变变形量有所增大,其蠕变化学影响因子可达 1.1。④侧限约束条件可以大大减小格栅的蠕变量,在相同的应力水平条件下,无约束蠕变变形量和砂土中的约束蠕变量可相差 70%以上,因此采用无约束蠕变试验确定格栅蠕变性质的合理性还有待商榷。应加深对侧限约束条件下格栅蠕变性质的研究,才能为工程设计提供更为合理、经济的依据。

6　土工合成材料的水力学特性

土工合成材料的水力学特性即材料在与水互相作用时表现出的相关性质。土工合成材料水力学性质主要包括透水性指标(如土工织物的渗透系数、导水系数等)、抗渗性指标(如土工织物的抗渗透变形,土工膜的抗渗性等)和抗淤性指标(土工织物的梯度比等)。此外,随着新产品的开发和应用,有关排水板(带)通水能力、土工织物膨润土防水毯(GCL)抗渗性能、填埋场复合防渗体系的抗渗抗漏性能等,陆续引起工程界的注意,研究人员进行了专门的研究,提出了一些特定的指标,但这些还在发展中。

6.1　土工织物的水力学特性

土工织物具有良好的透水性和保土性,被广泛用作排水和反滤材料,在很多场合已基本替代了传统的厚层砂砾石反滤层。其水力学特性主要用以下几个指标来表示,即孔隙率、等效孔径、垂直渗透系数和水平渗透系数等。

土工织物的孔隙率指其孔隙体积与总体积的比值，以 n(%) 表示。孔隙率一般通过下式计算得到：

$$n = \left(1 - \frac{G}{\rho \cdot \delta}\right) \times 100\% \tag{4.1-2}$$

式中：G——单位面积质量（g/m²）；

ρ——原材料密度（g/m³）；

δ——土工织物厚度（m）

土工织物的孔径反映织物的透水能力和保持土颗粒的能力，是一个重要的特性指标，用等效孔径来表示，即表观最大孔径。一般采用干筛法来测得，以土工织物为筛布，将不同粒组的标准颗粒置于其上振筛，当过筛率（通过筛布的颗粒料质量和颗粒料总质量之比）为 5% 时，则对应的颗粒粒径尺寸定义为土工织物的等效孔径 O_{95}。

土工织物的渗透性包括两个指标，其一为水流方向垂直于织物平面、水力梯度为 1 时对应的渗流流速，用垂直渗透系数表示，而当水流方向平行于织物平面时，相应的渗透特性采用水平渗透系数或导水率来表示。

采用垂直渗透仪进行渗流试验，根据达西定律可以计算得到垂直渗透系数，见下式：

$$k_n = \frac{v}{i} = \frac{v \cdot \delta}{\Delta h} = \frac{W \cdot \delta}{A \cdot t \cdot \Delta h} \tag{4.1-3}$$

式中：k_n——垂直渗透系数（cm/s）；

v——渗透流速（cm/s）；

W——时间 t 内的总流量（cm³）；

Δh——水头差（cm）；

A——试样过水面积（cm²）；

δ——土工织物的厚度（cm）；

i——渗流梯度。

影响土工织物渗透性的因素很多，包括试样面积大小，织物原材料性质、结构类型及孔隙分布、法向压力、水温、水中气泡含量等等。对于一种既定的土工织物产品，决定其渗透性的关键因素是其厚度，应注意，土工织物的厚度是随法向压力的变化而变化的，因此，目前水利部颁布的《土工合成材料测试规程》SL235—2012 中规定垂直渗透试验应在"常水头 10cm 或符合层流条件和无负载状态下"进行。但在具体工程应用中，应考虑压力增大使得织物厚度减小而给织物渗透性带来的不利影响。

为了避免厚度给渗透系数计算带来的误差，也可采用透水率 ψ 来表示织物的透水性，即单位时间、单位水头、单位面积流过土工织物的水量：

$$\psi = \frac{k_n}{\delta} = \frac{v}{\Delta h} = \frac{W}{\Delta h \cdot A \cdot t} \tag{4.1-4}$$

土工织物在平行织物平面方向输导水流的性能可用沿平面的水平渗透系数或导水率来表示。采用水平渗透试验仪可以测得一定水力比降下的水平渗透系数为：

$$k_s = \frac{v}{i} = \frac{v \cdot L}{\Delta h} = \frac{W \cdot L}{t \cdot B \cdot \delta \cdot \Delta h} \tag{4.1-5}$$

式中：k_s——土工织物的水平渗透系数（cm/s）；

v——沿织物平面的渗透流速（cm/s）；

i——渗流比降；

W——时间 t 内沿织物平面输导的水量(cm^3);

Δh——沿织物长度方向的水头差(cm);

L——土工织物试样沿渗流方向的长度;

B——土工织物试样的宽度(cm);

δ——土工织物的厚度(cm)。

同样地,为了避免厚度对水平渗透系数计算带来的误差,也可以用导水率表示织物的平面渗透特性,即单位时间、单位水头、单位宽度内通过织物平面输导的水量:

$$\theta = k_s \cdot \delta = \frac{q}{i \cdot B} \quad (4.1\text{-}6)$$

式中:θ——导水率(cm^2/s);

q——单位时间内沿织物平面通过的水量(cm^3/s)。

试验结果表明,无纺土工织物的水平渗透系数一般比垂直渗透系数平均大4倍左右,也同样会受到很多因素的影响,其中法向压力和水中气泡是很重要的两个影响因素。SL235—2012中对水平渗透试验明确规定:"法向压力范围宜为10~250kPa,并在试验过程中保持恒压,按现场条件或设计要求选择法向压力,至少进行三种压力的试验,一种压力稍大于设计值,一种稍低于设计值。"

2006年,长江科学院结合南水北调中线穿黄隧洞工程研究了不同压力和水中气泡对土工织物水平渗透特性的影响规律。图4.1-22为一种短纤土工织物在不同法向压力作用下的水平渗透系数,可见压力越大,渗透系数则越小。图4.1-23是土工织物在几种不同含气水渗透下的长期渗透性,表明水中气泡越多,越容易阻塞织物孔隙,使过水断面面积减小,渗透系数降低,且时间越长,含气水带来的不利影响也越加显著。

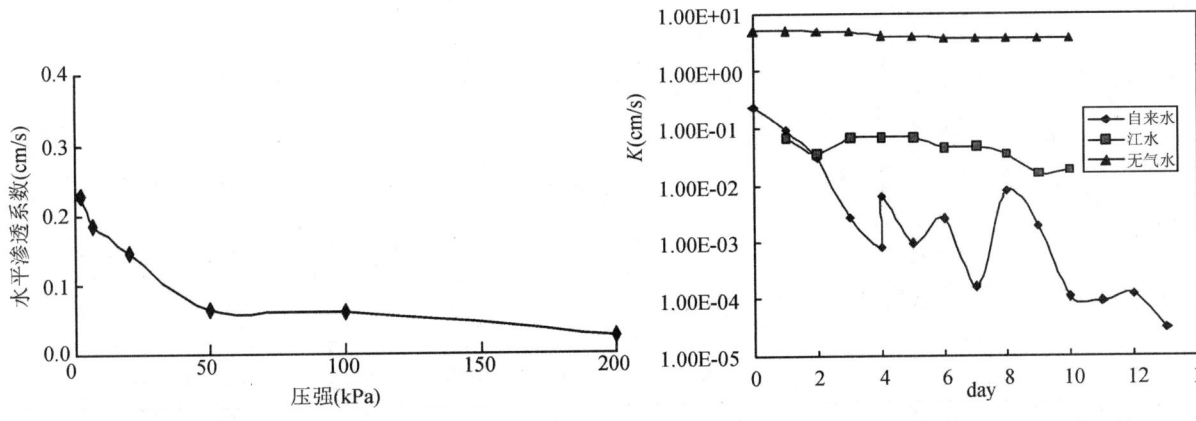

图4.1-22 短纤织物水平渗透系数随荷载变化 　　图4.1-23 不同含气水作用下织物长期渗透性

6.2 土工膜的渗透性

土工膜的透水性很小,主要用来防渗,是最早用于工程的合成材料。从广义上来说,它可以阻挡水、水汽、气体及其他有害化学物质的渗透。

国内以往用于测量土工膜渗透系数的试验方法和试验仪器与土工织物垂直渗透试验相似,其渗透系数和透水率的计算公式也与土工织物的相同,但是由于土工膜的渗透性非常低,试验中可能透过的水量很少,因此,对试验仪器的精度要求很高。美国ASTM标准中规定采用水蒸气传输法(WVT)测得水蒸气传输率,然后再计算间接得到土工膜的当量水力传导率(见ASTM E96/E96M—12)。

土工膜在无损情况下的渗透系数一般小于 10^{-10} cm/s，可以满足大多数水利工程的防渗要求，但需要注意的是，土工膜在使用过程中，会受到水压力作用，高水头可能会导致由于生产制造工艺给合成材料带来的微孔隙等固有缺陷扩大化甚至被击穿，因此，土工膜的抗渗强度（即耐静水压力）就成为一个重要指标。目前水利部颁布的《土工合成材料测试规程》SL235－2012版中对土工膜已采用抗渗试验来取代渗透试验。

土工膜的抗渗强度（耐静水压力）是指，土工膜受液压时抵抗破坏或渗漏的最大能力。采用圆球胀破试验仪进行抗渗试验，使液体以压入速率100ml/min逐步增大至土工膜试样破坏或发生渗漏，对应的液压即为土工膜的耐静水压。

6.3 GCL 的渗透性

土工合成材料膨润土衬垫（GCL）出现于20世纪80年代后期，最早是由德国诺威公司设计并投入市场应用于垃圾场隔离和防渗的系列产品。初期采用黏合剂将颗粒状钠质膨润土黏合在上层的有纺土工织物和下层的无纺织物之间，后来也采用其他类型土工织物做垫层，通过针刺、缝合、热粘等工艺与膨润土颗粒形成复合产品。目前GCL的规格和种类十分丰富，具有防渗性能好、可承受外力抵抗变形、以及自愈能力强等突出的优点，在垃圾填埋场等环境工程中广泛应用。

R. M. Koerner指出，GCL的水力特性指标包括水化液、自由膨胀率、吸水率、流体损耗及渗透性等。在GCL中，起防渗作用的主体是膨润土，它与不同性质溶液发生的水化作用是不同的。试验表明，蒸馏水与膨润土之间的水化作用最为剧烈，而柴油不发生水化反应。膨胀系数是指膨润土在无法向应力条件下测得的膨胀量。

Danniel等通过实验证明：膨润土能从相邻的土体中吸取水分从而增进水化作用。室内可以测定GCL的吸水率，将一定质量的膨润土置于饱和透水石上或将其与充水的毛细管相连，使其吸水，测定24小时后吸收的水重，与初始重量的百分比即为GCL的吸水率。

渗透系数是最常用的表征材料水力学特性的指标。但与织物或土工膜不同，GCL在水化反应后厚度发生变化，且很难测定，无法利用常规渗透试验仪来进行试验，目前ASTM和GRI的有关标准都规定对GCL应采用柔壁渗透仪模拟现场条件来进行，SL235－2012也新增了GCL渗透试验的内容，具体试验方法可参照执行。

7 土工合成材料的耐久性

土工合成材料服役期内的物理、力学性能对工程安全至关重要，老化是高分子材料物理、力学性能发生变化的重要诱因。长期以来，有关土工合成材料的耐久性以及老化后的变形与强度问题始终影响土工合成材料的工程应用。由于大多数土工合成材料的原料都是高分子材料，受阳光、温度、水汽等因素的影响，随着使用时间的增加，将产生降解现象，反映到宏观方面，表现为物理、力学性能的衰变，如断裂伸长率、强度等降低，从而丧失或部分丧失使用功能，这一过程称之为老化。老化是高分子土工合成材料的物理力学性能发生变化的重要诱因。在工程应用过程中，土工合成材料可能长期受紫外线和化学物质的作用。这些作用和环境条件必将改变土工合成材料的特性使其性能恶化，因此，必须结合工程的场地特点、使用环境条件对其老化特性进行研究，制定出相应的老化折减指标用于设计中，以正确指导土工合成材料的应用。

现行《公路土工合成材料应用技术规范》采用单一折减系数来考虑老化引起的土工合成材料强度的

降低,没有考虑各种具体的工况。这种仅凭单一指标来选择和评价土工合成材料的处理办法,在实际工程应用时可能导致极大的浪费或者发生事故。目前,美国对土工合成材料的老化特性进行了研究,提出了相应的折减系数来考虑强度的降低,但亦鲜见长时序的老化研究报道。就其提出的折减系数值来看,远大于我国现行规范中提出的折减系数,导致极大的浪费。因此,有必要模拟现场工况,针对不同的材质和使用的环境条件,分别考虑土工合成材料的物理力学老化性能,提出合理的老化折减系数。

土工合成材料在制造、贮存、运输、施工和使用过程中,由于受到阳光的照射,使其分子结构等发生变化,原有的优良性能逐渐衰变,这就是光氧老化。反映土工合成材料抗老化能力的试验有两类:一是自然老化试验,它是将材料置于工程类似的环境中进行暴晒,或埋入地下,或在海水中浸渍,或经受冻融循环的试验,求得老化系数 $k = f/f_0$,f_0 和 f 分别为老化前后的性能测值。另一种是人工老化试验,它利用气候箱进行加速老化试验。一般说来,人工老化的老化速度比自然老化快 5~6 倍,甚至 10 倍。

在各种土工合成材料原材料中,聚丙烯和聚酰胺的抗光氧老化能力差,聚酯较好,聚乙烯、聚氯乙烯居中。由于光化学反应一般是由表面向内部发展,因此,纤维粗、厚、重的材料抗老化能力强,如土工格栅、土工网和厚土工膜等,而薄形的织物、扁丝织物等则抗老化的能力弱。

由于土工合成材料从应用至今仅有几十年时间,人们对其长时序的户外老化性能认识仍然不够深入。有鉴于此,长江科学院针对典型土工合成材料不同工况下的老化性能开展了长时序的户外老化试验研究,试验基地位于武汉市沌口经济开发区,试验基地全景图见图 4.1-24。项目选取了 HDPE 土工格栅、HDPE 土工膜和 PET 土工织物等典型土工合成材料开展了室外大气、砂土掩埋老化试验,研究土工材料长时序的宏观物理力学性能。

图 4.1-24 土工合成材料户外老化试验基地

(a)气象站　　(b)紫外辐射监测系统

图 4.1-25 户外老化试验监测系统

户外老化试验场地配有气象自动监测系统见图 4.1-25。气象自动监测系统可实时测量并记录场地的紫外辐射强度、温度、湿度、降雨量等。

HDPE 单向土工格栅、HDPE 土工膜、PET 土工布 4 年的老化试验成果如图 4.1-26 所示。由图可知,HDPE 材料在户外老化初期的拉伸强度均有所提高,土工袋在后期则表现出强度的显著衰减。这可能是由于早期老化的"退火效应",即发生分子链的重整和聚合现象,消除了材料的部分内应力和材料的内部缺陷,导致抗拉强度值略有上升,随着老化程度的加深,退火效应作用逐渐减弱并消失。PET 土工布随着老化时间强度呈现线性减小的趋势。目前土工材料的户外老化特性尚在持续监测中。

在 24 个月老化时间内,掩埋深度为 5cm、15cm、25cm 的 HDPE 土工格栅强度指标呈小幅波动,均未表现出显著增高或降低的变化规律。初步试验成果表明掩埋在土体中的 HDPE 土工格栅受紫外老化的影响很小。

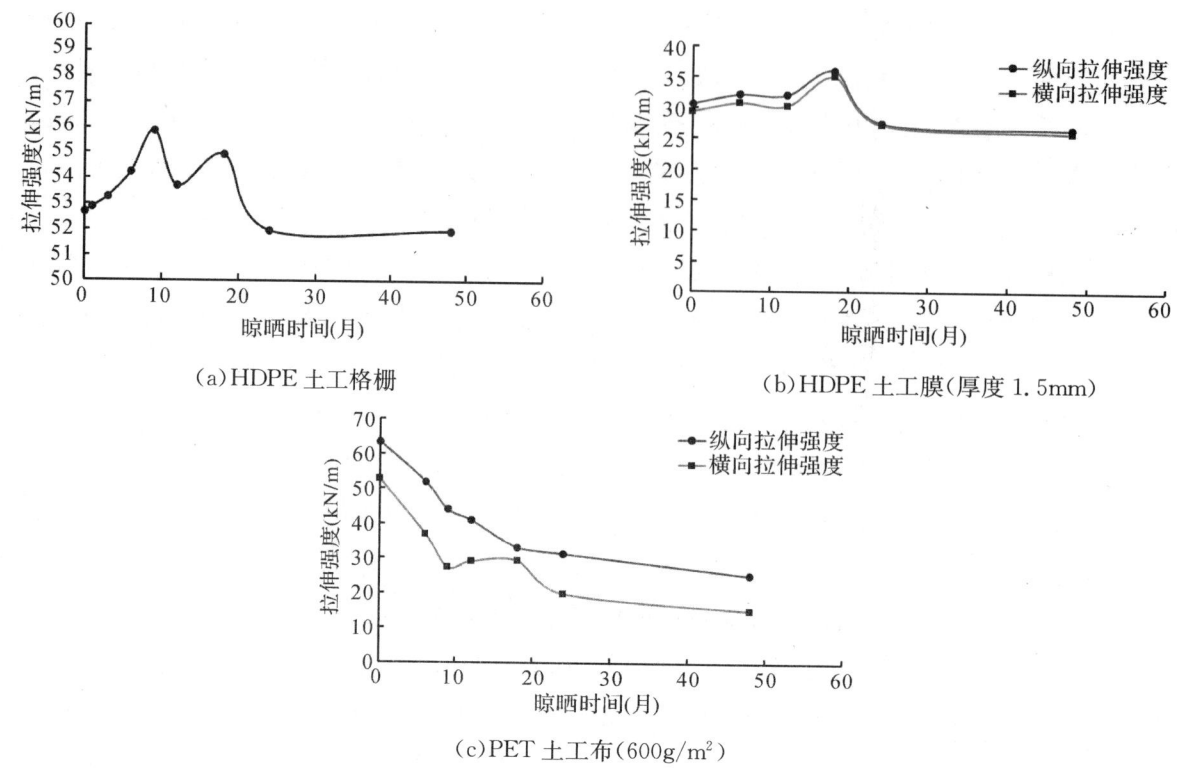

图 4.1-26 典型土工合成材料户外老化长期强度

另外,长江科学院近 20 多年来一直跟踪分析葛洲坝水利枢纽基础排水孔中过滤体的老化情况。葛洲坝水利枢纽大坝基础打有大量排水孔,以降低坝基扬压力。坝址基础存在软弱夹层,夹层的工程地质特性差,含泥量高,亲水性强,遇水易软化,力学强度低。软弱夹层中普遍泥化的黏土岩夹层及局部泥化的黏土岩夹层性状最差,分布范围广,延伸长远,对建筑物抗滑稳定起控制作用,也是基础防渗处理的重点对象。为了防止基础软弱夹层发生渗透变形,继而危害建筑物安全,在葛洲坝基础排水孔中都采用了软弱夹层保护措施,一组装配式过滤体(主要由几种土工合成材料构成),将其放入排水孔中相应于软弱夹层的位置,以保护夹层,对软弱夹层中被渗流带出的粒径大于 0.08mm 的物质颗粒起过滤作用,防止夹层发生渗透破坏。

自 1981 年葛洲坝一期工程投入运行以来,在 1983 年、1991 年和 1995 年曾对部分基础排水孔的过滤体进行起拔检查,前几次检查结果表明部分过滤体有材料老化现象,但没有明显的淤堵,不影响过滤体的继续使用。2005 年,葛洲坝闸坝第二次安全定期检查中,专家组再次提出需抽查过滤体,以了解基础排水孔的工作状态。为此,拟定 8 个排水孔过滤体起拔检查。长江科学院对 8 个排水孔过滤体进行了现场起拔和安装,并在室内对起拔后的过滤体进行了相关试验研究,以了解当前的渗透性、穿透性、变形情况以及强度性能,还对吸附在过滤体上的固体颗粒和排水孔口半固态析出物进行物理性试验和化学成分分析,对 8 个排水孔内的水质也进行了分析。为了规范以后过滤体的起拔和安装工作,总结历年来几次现场工作的经验,编写了《葛洲坝水利枢纽大坝基础排水孔组装式过滤体现场起拔及安装实施细则》。试验结果表明:过滤体在 25 年后,仍有较好的弹性,过滤体外包有纺土工布的强度较出厂新样时降低 11.95%~18.64%,相比 1995 年(距过滤体安装时间 15 年)的测试中土工布强度比出厂时新样强度降低 6.5%~11.4%,可发现土工布的强度在以基本相同的速度降低。由此证明,在避免阳光条件下,土工布运用 30 年以上不会影响其使用效果。

8 土工合成材料的施工损伤

土工格栅在运输、铺设等过程中可能会受到一些人为的或机械的损伤,另外,粗颗粒填料在压实时也会对格栅造成挤压、摩擦甚至刺穿等,引起格栅力学性能的下降,设计中需要考虑铺设损伤对材料性质的影响。英国 BS8006—1995《加筋土应用规范》中制定了现场破坏实验方法草案,用拉伸土工格栅和真实的施工填料,使格栅样本在不同填料中和一系列压实条件下引起损伤,然后挖出格栅样本做表观损伤评价和强度测试,最后确定适用于不同系列拉伸土工格栅产品在不同填料下的铺设损伤因子。以往研究和测试资料表明,土工格栅的施工损伤除取决于筋材类型外,还取决于加筋结构物的重量、类型和施工碾压设备、碾压次数等,此外,填料的棱角情况、风化情况以及压实层厚度等也有影响。Koerner 从 48 个加筋工程中挖掘了 75 种不同的土工织物和土工格栅进行研究,发现其尚存的拉伸强度变化十分显著。根据格栅的应用场合进行统计表明,用于垫层时施工损伤系数为 1.1~1.25,用于边坡加固和路面工程时为 1.1~1.5,用于堤、墙、地基加固及无铺砌路时为 1.1~2.0,而用于铁路工程时其值可达 1.1~3.0。Jeon 等对 5 种不同类型土工格栅的长期性能研究表明,施工损伤系数因土工格栅类型不同而有所区别,其中经编格栅损伤系数最大为 1.4,塑料格栅为 1.02。美国联邦高速公路管理处(FHWA)的研究认为褥垫层材料粒径大小与格栅施工损伤程度密切相关:回填材料粒径<102mm(D50 为 30mm)时,不同类型土工格栅的施工损伤系数在 1.2~2.05 范围;粒径<20mm(D50 为 0.7mm)时,施工损伤系数在 1.1~1.4 范围。Hufenus 等进行了 38 种土工织物和格栅的足尺试验,并在对前人大量试验成果进行统计分析的基础上提出:在标准压实且围压不大于 55kPa 情况下,对应不同填料时土工格栅(包括单向、双向和平肋格栅)的施工损伤系数分别为:细粒土(黏土、粉土、砂)1.0~1.2、圆形粗粒土(粒径小于 150mm)1.0~1.3、角砾状粗粒土(粒径小于 150mm)1.1~1.5。在围压大于 55kPa 情况下,三种不同填料对应的土工格栅施工损伤系数则分别为 1.0~1.2、1.0~1.3 和 1.1~1.5。国内对于土工格栅施工损伤方面的研究相对较少。郑鸿等对塑料土工格栅的现场破坏试验结果表明[29],塑料土工格栅由填料不同引起的拉伸强度降低比格栅规格不同引起拉伸强度降低要大,不同型号、不同粒径填料的强度折减系数为 1.018~1.145。综上所述,以前的研究多针对细颗粒填料,但粗颗粒填料施工对土工格栅的损伤情况更需关注,尤其是在中西部地区高陡边坡加固工程中,常采用土工格栅作为加筋材料以形成加筋土边坡或加筋土挡土墙,而填料常根据当地料源情况采用爆破土石料,其颗粒直径往往较大且硬度较高、棱角分明,这种情况下,粗颗粒填料施工对土工格栅的损伤情况势必与填料为细粒料时有较大差别,土工格栅施工损伤系数的合理取值对高加筋土工程的设计与施工至关重要,是保障高加筋土工程既安全稳定又造价合理的重要前提。

另外,由于粗颗粒填料施工对土工格栅的损伤可能较大,需要在格栅与填料之间设置较细的材料作为保护层。目前国内对这方面研究也不多,长江科学院近年来结合室内试验和工程现场对施工损伤进行了研究。

(1)室内试验

长江科学院将格栅样品人为弯折数次来模拟施工损伤,再开展拉伸试验和蠕变试验。蠕变试验温度为 40℃,应力水平分别为 20%、40% 和 50%,得到的蠕变历时曲线见图 4.1-27(a),图 4.1-27(b)绘出应力水平 40% 条件下原状土工格栅和折损后格栅的蠕变对比曲线。定义折损后格栅蠕伸长率 ε_d 与相同应力水平下原状格栅蠕变应变 ε_p 之比为蠕变施工损伤影响因子 R_d,即 $R_d = \varepsilon_d / \varepsilon_p$。由试验可知,随应力水平的增大,损伤对格栅特性的影响越明显。图 4.1-28 以 40% 应力水平为例绘制出不同时间对应的蠕变施工损伤影响因子变化。在蠕变试验初期,蠕变施工损伤影响因子已近 1.4,并且随着时间的延长,影响因子迅速增大,说明施工损伤对格栅长期蠕变的影响程度越来越显著,50h时,受损后格栅的蠕变量已达原状条件时的2倍左右。与蠕变化学影响因子R_{ch}比较,前者也远大于后者。

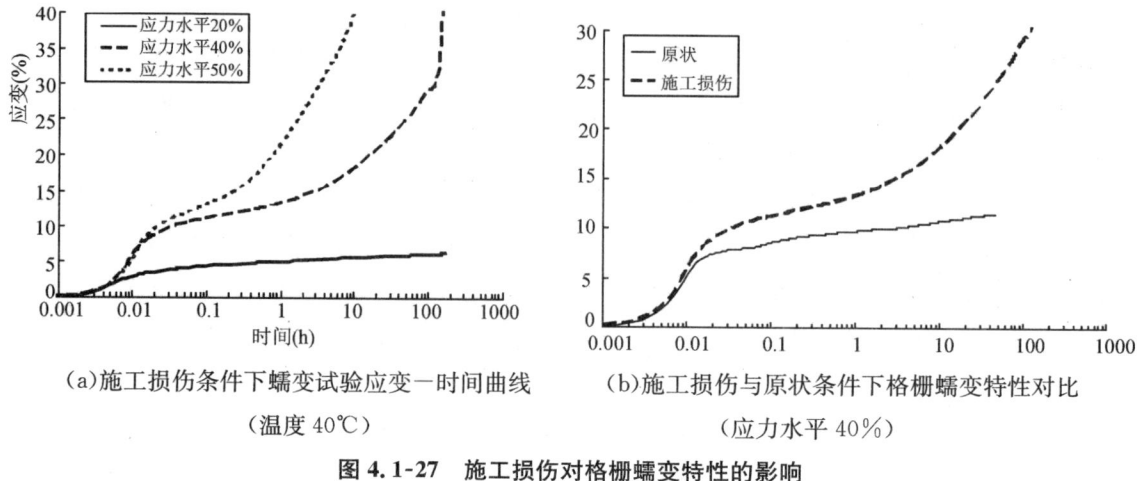

(a)施工损伤条件下蠕变试验应变—时间曲线
(温度40℃)

(b)施工损伤与原状条件下格栅蠕变特性对比
(应力水平40%)

图4.1-27 施工损伤对格栅蠕变特性的影响

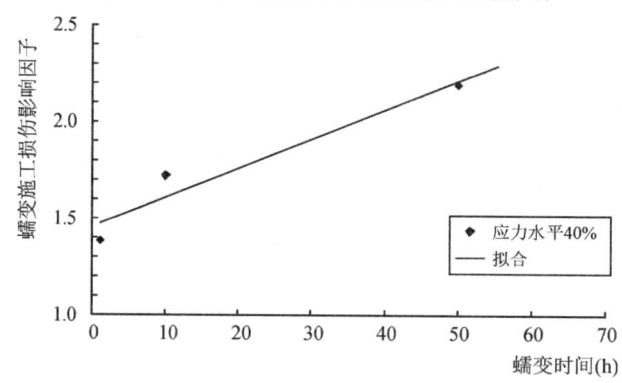

图4.1-28 蠕变施工影响因子变化曲线

(2)现场试验

针对两种不同规格型号的聚酯纤维单向土工格栅进行了现场足尺试验,对这两种格栅分别开展上设保护层、上下均设保护层和无保护层各三种工况的施工损伤试验,在格栅铺设完成后,现场剪取碾压前的格栅原样,同时在碾压完成后进行格栅破损情况检查,剪取格栅样品,然后通过室内拉伸试验测定其拉伸强度,通过碾压前后拉伸强度的对比,得到不同工况下格栅的施工损伤系数,并对不同保护方式的效果进行对比分析。下面对其主要研究成果做一简要介绍。

试验用筋材采用长沙某公司生产的PET-350和PET-140两种型号单向高强聚酯纤维土工格栅,其中PET-350的标称拉伸强度为350kN/m,采用粘焊工艺成型,PET-140的标称拉伸强度为140kN/m,采用经编工艺成型,两种筋材的肋条尺寸和网孔规格也有较大差别。图4.1-29为其外观。

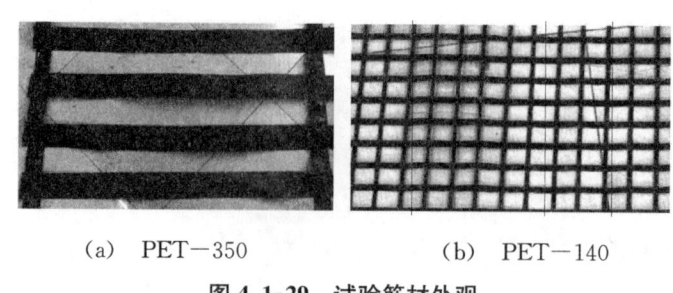

(a) PET-350　　　(b) PET-140

图4.1-29 试验筋材外观

针对两种筋材,分别开展筋材上部设 10cm 厚中粗砂保护层、筋材上、下部各设 10cm 厚中粗砂保护层和不设保护层三种工况的施工损伤试验,经铺设、碾压等施工后,格栅均有不同程度的磨损,表面普遍分布有擦痕,而且局部有裂缝和孔洞出现,如图 4.1-30 所示。有些裂缝在肉眼下虽难以辨别,但在拉伸试验过程出现明显的孔洞。

(a) PET—350(无保护层)   (b) PET—140(无保护层)

图 4.1-30 铺设碾压后的筋材

现场损伤试验研究表明:

(1)两种型号聚酯纤维单向土工格栅直接铺设在粗砾填料中(无保护层)时,施工损伤对格栅蠕变性的影响较为明显,施工损伤影响因子一般达 1.2～1.4 左右,且应力水平越大,影响越显著,甚至可达原状时的 2 倍。因此在运输、施工过程中必须注意对格栅的保护,避免受到磨损或断裂。若设置保护层,则施工损伤系数明显降低,平均值在 1.06～1.09 范围。

(2)当格栅下层填土表面碾压平整时,上设保护层和上、下均设保护层两种工况下格栅的施工损伤系数较接近,格栅施工损伤主要源自上层填料。

(3)在格栅上表面与粗颗粒填料间设置 10cm 厚中粗砂保护层,对降低格栅筋材施工损伤程度以及提高其可用强度有明显效果。

(4)填料粒径是影响格栅施工损伤程度的主要因素,而同种材质筋材自身技术规格的差异对施工损伤系数取值的影响较小。

9 土工合成材料与土的相互作用特性

9.1 加筋土的筋土界面特性

采用什么方法进行筋材与土的界面性状研究,必须考虑界面所处的位置及其受力状态。E. M. Palmeira(2007)针对土体滑弧面的不同位置,提出了不同的试验方法。如图 4.1-31。

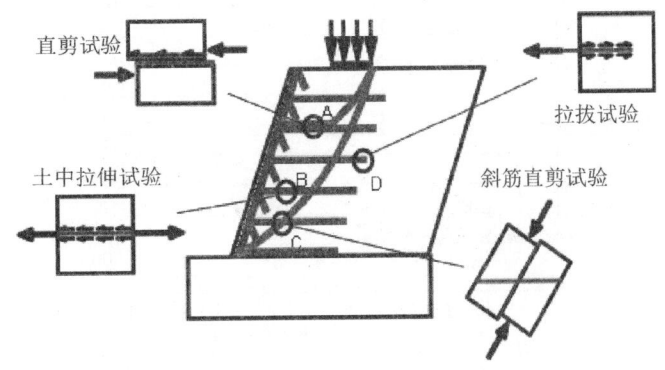

图 4.1-31 土工合成材料与土的相互作用模式及试验方法

从该图看到，A 区的土体在筋材表面滑动，故可用直剪试验；B 区是土和筋材平行地变形，故宜用土中的拉伸试验；C 区代表了土与筋材之间的剪切，因此筋材倾斜的直剪试验可以模拟；而在 D 区中，筋材被拉拔，所以采用拉拔试验。当然，这样的模拟仍带有局限性。

对于其他的工程，如软土地基加固等，比较接近直剪试验情况，而加筋土挡墙等则宜用两面与土发生相对位移的拉拔试验较为恰当。

在以下的叙述中，主要放在直剪试验、拉拔试验和土中拉伸试验上。

9.1.1 直剪试验和拉拔试验

加筋材料与其周围土体之间的界面特性参数是加筋土研究和应用中最重要的设计指标之一。

根据拉力与筋材位移的值，绘出拉拔力与位移关系曲线。由此可得表观（apparent）摩擦系数 μ^* 如下式：

$$\mu^* = \frac{F}{2BL\sigma_v} = \frac{\tau}{\sigma_v} \tag{4.1-6}$$

式中：F——拉拔力；

B——试样的宽度；

L——筋材埋入土中的长度；

σ_v——垂直应力；

τ——平均连接剪应力。

相应于拉拔力的峰值和残余值，可以得到两个 μ^* 值。

直剪试验界面摩擦系数的分析方法同拉拔试验，但只需要考虑单面接触面积。

长江科学院对塑料土工格栅与膨胀岩的加筋土进行了大型拉拔试验。试验采用长江科学院 DHJ60 叠环式剪切仪进行，环与环之间摩擦力很小。加筋材料采用单向高密度聚乙烯（HDPE）土工格栅。对拉拔的全过程进行了格栅不同部位的位移量测。可以看到，试验分为三个阶段：第一阶段是施加拉拔力后，筋材尚未被拉动。此时的摩擦力应为静摩擦力；第二阶段，当拉拔力增大时，筋材被拉动，且从夹具装置端向筋材深部逐渐延伸，直至筋材的末端也产生拉拔位移，这时的剪阻力为动摩擦力加咬合力，该咬合力是在格栅与土产生一定相对位移后逐渐显露的；第三阶段是筋材整个被拉动，筋材与土之间的相对位移呈匀速发展，此时拉拔力也达到峰值。并有减小的趋势，如图 4.1-32。图中所示的 OA，AB 和 B 点以后的三段，即反映上述的三个试验阶段。从图中还可以大致估计筋材进入匀速拉动时的变形约为 10mm，相当于 1.5% 应变。

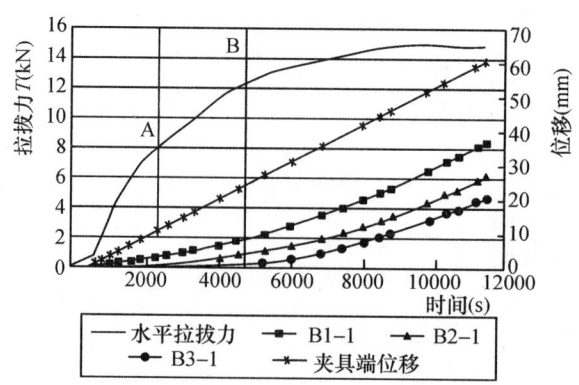

图 4.1-32　HDPE50 格栅不同部位的位移过程线（$\sigma_n=200$kPa）

9.2 侧限约束下土工格栅的拉伸特性

土工格栅作为一种由高分子聚合物制成的柔性材料,铺设于土体内可以承受一定的拉力以发挥加筋作用。因此,抗拉强度及伸长率是土工格栅的主要力学指标。目前有关拉伸试验的标准规程等,都是针对格栅试样在无侧限约束情况下而制定的(如 ASTM D6637－11[1]、GB/T17689－2008 等)。然而,格栅作为加筋材料埋置于土体中,会与周围填料产生摩擦和锁固作用,不同的界面相互作用会导致不同的拉伸性能,所以无侧限拉伸试验得到的参数与格栅真实工作状态下的力学特性相差很远,这无疑导致了加筋土结构设计中筋材强度取值的不合理性。因此开展更符合实际状态的土工格栅侧限约束拉伸试验不仅可以深入了解筋材的力学特性,且获得的拉伸特性指标对加筋土结构设计都有参考价值。但由于土中拉伸试验的难度很大,相关研究成果很少。Zhou R 等(2006)研究了铺设于粒状土内的土工织物拉伸特性,王钊(1992)、王协群(2004)等的研究主要针对土工织物侧限约束下的蠕变性能,丁金华(2008)等进行了土工格栅在土中的蠕变试验,Nakamura(2010)分析了土工格栅在土中的蠕变特性并提出一种考虑侧限约束蠕变强度的设计方法。

因此,长科院针对两种类型土工格栅,进行了砂土中不同垂直荷载和不同拉伸速率条件下的侧限约束拉伸试验。

9.2.1 试验设计

(1)试验仪器

采用长江科学院 TGH－3C 型土工合成材料直剪拉拔蠕变试验仪(如图 4.1-33)。该设备由水平和垂直荷载两个相互独立的伺服电机加载系统、剪切盒、应力及变形测量系统等几部分组成。试验全过程及数据采集均采用计算机全自动控制。剪切盒尺寸为 600mm×300mm×150mm。通过不同的控制方式,该机可实现土工合成材料在土中的拉伸、直剪、拉拔以及蠕变试验。

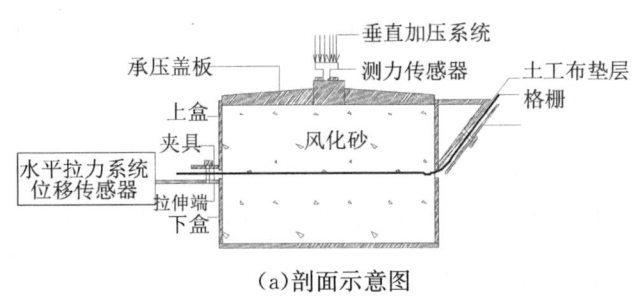

(a)剖面示意图　　　　　　　　(b)整机示意图

图 4.1-33　TGH－3C 型土工合成材料直剪拉拔蠕变试验仪

(2)试验材料

采用两种土工格栅,分别为高密度聚乙烯单向拉伸格栅 HDPE－RS50(格栅 A)和聚酯焊接型双向格栅 PET80－20(格栅 B)进行试验。由室内无约束标准拉伸试验测得的格栅基本力学参数如表 4.1-3 所示,典型应力应变曲线见图 4.1-34。

选用风化砂作为填料,风干含水率 2%,其特征粒径见表 4.1-4。试验中控制其干密度为 1.8g/cm³。

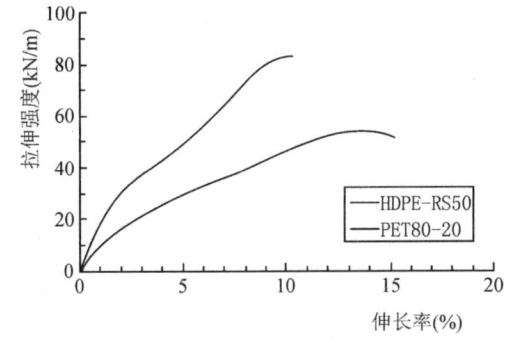

图 4.1-34　土工格栅的无约束拉伸应力应变曲线

表 4.1-3　　　　　　　　　土工格栅基本物理力学性质(无约束拉伸)

填料		拉伸强度(kN/m)			极限延伸率(%)
		极限抗拉强度	2%伸长率对应的强度	5%伸长率对应的强度	
格栅 A：HDPE-RS50		54.33	17.03	29.54	13.37
格栅 B：PET80-20	纵向	83.09	30.41	49.42	9.80
	横向	28.40	10.61	16.72	10.24

表 4.1-4　　　　　　　　　风化砂特征粒径及不均匀系数

填料	d_{10}	d_{30}	d_{60}	C_u
风化砂	0.12	0.24	1.5	12.5

试验时土工格栅试样满铺剪切盒内，对于格栅 B 仅裁取其纵肋方向进行试验。每个试样在试验前均先置于湿度(65±2)%，温度(20±2)℃的实验室中静置 24h。

(3) 试验方法

对侧限约束条件下的格栅拉伸试验，目前没有相应的规程规范可循。本试验参考 ASTM D6637-11 (Standard Test Method for Determining Tensile Properties of Geogrids by the Single or Multi-Rib Tensile Method)、GB/T 17689-2008 (geosynthetics-plastic geogrids)以及 ASTM D6706-01 (Standard Test Method for Measuring Geosynthetic Pullout Resistance in Soil)[9]等进行。

为了保证格栅在拉伸过程中始终处于水平状态，下剪切盒内先放置高 140mm 的硬质木块，然后铺设 10mm 高度风化砂，预压，在其上铺设土工格栅试样，上盒内分层填筑风化砂并击实到指定密度。试样两端均采用特制夹具进行夹持。前端拉伸夹具在试验前应保证与剪切盒贴合紧密，尽量不留空隙。

先施加指定的垂直荷载，待土样压缩变形稳定后，再以给定的拉伸速率施加水平拉力，直至试样被拉断。

(4) 试验方案

针对格栅 A 重点研究了上覆荷载以及拉伸速率对侧限约束力学性能的影响。第一组为不同拉伸速率的比较试验，相应的垂直荷载均设为 100kPa。GB/T 17689-2008 规定无约束拉伸速率应采用试样初始标距的 20%mm/min，因此，根据剪切盒长度 600mm 确定侧限约束试验的拉伸速率上限为 120mm/min，比较了不同拉伸速率 3、10、40、80 和 120mm/min 条件下的格栅拉伸性质；第二组为不同垂直荷载的比较试验，拉伸速率均为 120mm/min，垂直荷载分别为 5kPa、50kPa、100kPa、200kPa；考虑到格栅产品固有的不均匀性，对第二组试验进行了平行试验对比，作为第三组。

针对格栅 B 进行了不同垂直荷载条件下的侧限约束拉伸试验，作为第四组，拉伸速率均为 120mm/min，垂直荷载分别为 5kPa、50kPa、100kPa、200kPa。

9.2.2　土工格栅的侧限约束拉伸特性

(1) 土工格栅在侧限约束下的应力应变关系

图 4.1-35 绘出土工格栅的应力应变曲线。可以看出，两种格栅的侧限约束应力应变关系都表现出明显的非线性弹塑性特征，且砂土侧限约束作用导致其应力应变曲线都上移到无约束拉伸曲线的上方，即相应的割线模量均大于无约束条件下的值，说明侧限约束可以使格栅在一定伸长率下表现出更高的拉伸强度。这应与格栅和填土之间的相互作用有关。由于土工格栅的网孔构造，使得其铺设于砂土中受拉

时,不仅在格栅与土的界面处产生表面摩擦力,同时网格间的嵌固咬合作用也很显著,因此,砂土约束限制了格栅发生伸长,使变形量主要发生在拉伸端附近,试样的平均伸长率降低。同时,由高分子聚合物制成的格栅具有明显的黏弹性特性,受拉时拉力沿试样长度分布不均匀,集中于拉伸端附近,而较难以向试样后端传递,因此,最终体现在宏观上格栅的拉伸强度提高,伸长率降低。

试验结束后拆样发现,格栅破坏位置均在埋置于砂土内部靠近拉伸端的横纵肋交叉处,纵肋被拉断,破坏截面有扭曲的迹象(见图 4.1-36)。

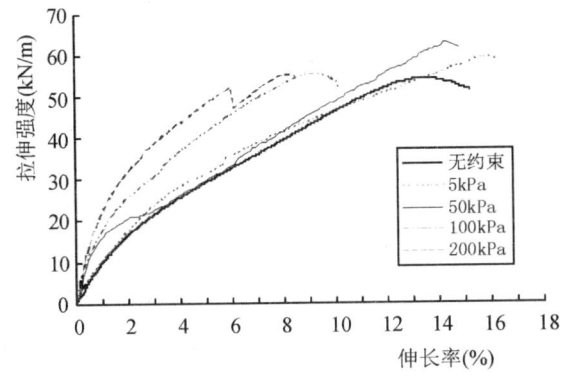
(a)不同垂直荷载下格栅 A 应力应变曲线
(拉伸速率 120mm/min)

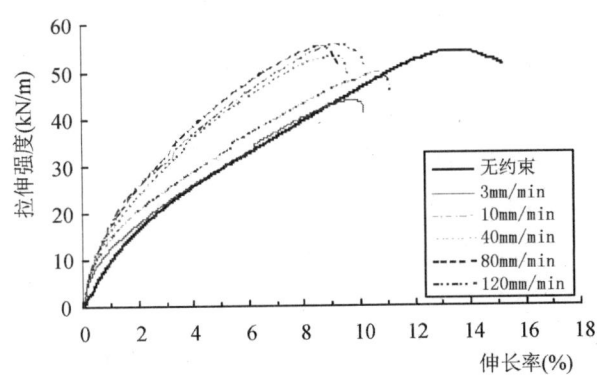
(b)不同拉伸速率下格栅 A 应力应变曲线
(垂直荷载 100kPa)

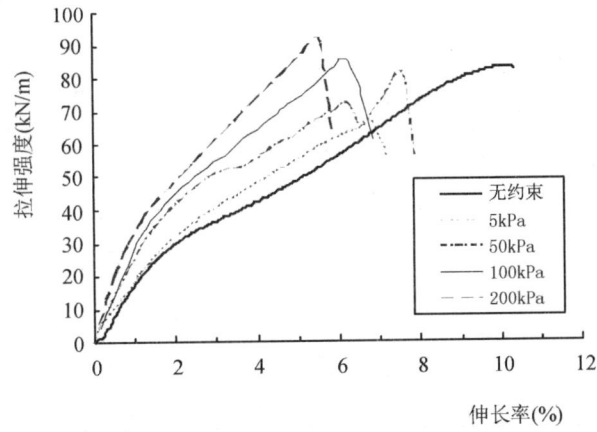
(c)不同垂直荷载下 PET 格栅 B 的应力应变曲线(拉伸速率 120mm/min)

图 4.1-35 侧限约束下土工格栅的应力应变关系

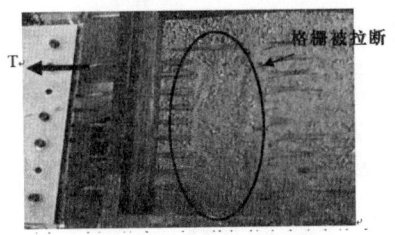

图 4.1-36 试样破坏情况

(2)垂直荷载对格栅侧限约束拉伸力学性质的影响

为定量分析侧限约束对格栅力学性质的影响程度,引入无量纲因子 w 表示侧限约束条件下格栅力学参数与无约束情况下的相对变化率,可定义:

强度相对变化率 w_T 为：$w_T = \dfrac{T_c - T_{un-c}}{T_{un-c}} \times 100\%$ （4.1-8）

式中：T_c 为有侧限拉伸强度；T_{un-c} 为无侧限拉伸强度（kN/m）；

同理，伸长率相对变化率 w_l 为：$w_l = \dfrac{l_c - l_{un-c}}{l_{un-c}} \times 100\%$ （4.1-9）

式中：l_c 为侧限约束伸长率；l_{un-c} 为无侧限时的伸长率；

割线模量相对变化率 w_E 为：$w_E = \dfrac{E_c - E_{un-c}}{E_{un-c}} \times 100\%$ （4.1-10）

式中：E_c 为侧限割线模量；E_{un-c} 为无侧限割线模量（kN/m）。

①HDPE 格栅 A

图 4.1-37(a) 绘出拉伸速率 120mm/min 时，HDPE 格栅 A 的侧限约束力学参数与不同上覆荷载的关系（以第二组试验结果为例）。可以看出，当拉伸速率较高（120mm/min）时，在砂土约束下 HDPE 格栅的抗拉强度都比无约束时高，即强度相对变化率 w_T 均大于零，其中 $\sigma_v = 50$kPa 时极限抗拉强度相对变化率 w_T 最大可达 17%，但随荷载继续增大，w_T 反而有所降低，200kPa 时 w_T 仅约 3%。但是一定伸长率相应的侧限约束拉伸强度都随荷载的增大而呈线性增加的趋势，特别是 2% 伸长率对应的强度，其提高幅度非常明显，当上覆荷载为 200kPa 时，甚至可达 87%。

另一方面，砂土约束对 HDPE 格栅伸长率的影响随荷载变化而不同：当垂直荷载小于 50kPa 时，伸长率比无侧限时要大，而当荷载大于 50kPa 后，伸长率较之无侧限时小，且随荷载的增大，其降低幅度更大，200kPa 时伸长率可减小 40% 左右。

受强度和伸长率的综合影响，HDPE 格栅的割线模量随荷载的增大而增大，特别是较低荷载条件下，模量增大幅度更为明显，超过 100kPa 后增幅趋于稳定，基本可达 67%。第三组平行试验得到的变化规律与第二组基本相同。

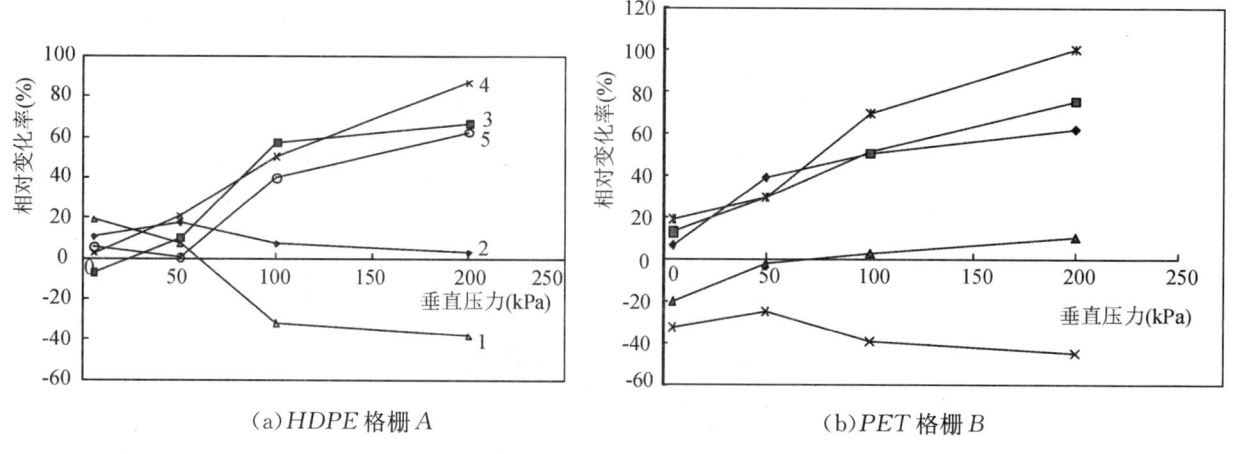

(a) HDPE 格栅 A　　(b) PET 格栅 B

图 4.1-37　垂直荷载对侧限约束力学性质的影响

②PET 格栅 B

图 4.1-37(b) 为 PET 格栅 B 在不同垂直荷载作用下的各力学参数相对变化率变化曲线。可以发现，格栅 B 的侧限约束拉伸力学性质和格栅 A 虽然总体趋势上类似，均表现出侧限约束导致强度提高，伸长率降低，模量增大，但是具体变化规律却不完全相同。

对于格栅 B，当有砂土侧限约束时，不论其垂直荷载大小，均导致伸长率降低非常明显，材料表现出更为显著的脆性破坏特征,极限抗拉强度在低荷载时反而较之无约束时略小,随上覆荷载的增大而有所增加,w_T 最高仅 10% 左右。但割线模量的提高幅度很大,200kPa 时可比无约束时提高约 100%。2% 伸长率和 5% 伸长率对应的强度相对变化率也基本呈随垂直荷载的增大而线性增加的趋势。

两种格栅侧限约束力学性质的不同变化规律可能与格栅的原材料以及结构形式有关,不同的格栅网孔构造和几何尺寸会导致其在拉伸时产生不同的界面相互作用,并且高密度聚乙烯较之聚酯更具韧性,因此聚酯格栅 B 的伸长率受约束作用的影响更为明显。

(3) 拉伸速率对格栅侧限约束拉伸力学性质的影响

以格栅 A 第一组试验结果为例,图 4.1-38 绘出当垂直荷载为 100kPa 时,不同拉伸速率条件下格栅力学参数的相对变化率曲线。可以看出,随着拉伸速率增大,抗拉强度值越来越高,强度提高幅度逐渐变大。与常规无约束标准拉伸强度比较,100kPa 荷载作用下,当拉伸速率小于 40mm/min 时抗拉强度比无约束时要小,且速度越慢,强度降低越明显,3mm/min 时强度可较无约束时降低 18% 左右;当拉伸速率大于 40mm/min 后,侧限约束强度都比无约束时更大,且与拉伸速率基本呈线性变化规律,120mm/min 速率下抗拉强度能提高 7% 左右。

另外一方面,无论拉伸速率为多大,荷载 100kPa 作用下格栅的侧限约束伸长率均比无约束时明显减小,降低幅度约在 20%~40% 之间。

割线模量相对变化率曲线表明,100kPa 荷载约束下的割线模量要比无侧限下的模量大,且随拉伸速率的增大而显著提高,较低速率下(3mm/min)模量也可提高 14% 以上,当拉伸速率为 120mm/min 时,模量提高比可达 58%。

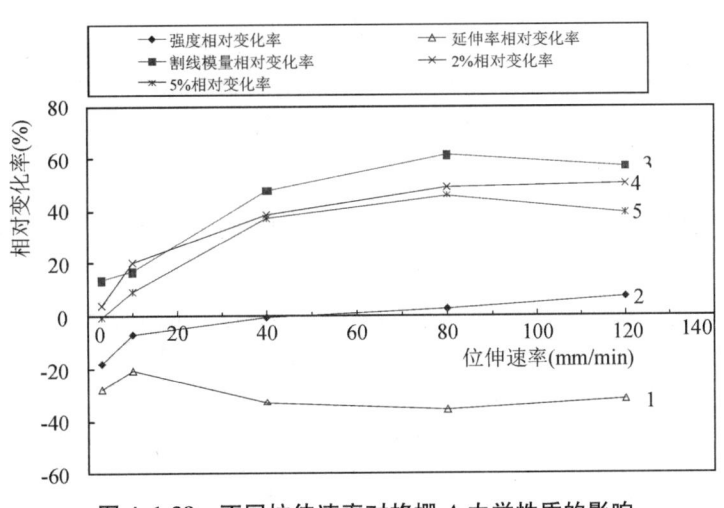

图 4.1-38 不同拉伸速率对格栅 A 力学性质的影响

9.2.3 侧限约束下筋材力学特性的变化

根据上面的研究,可以对侧限约束对筋材力学性质的影响作以下概括:

① 与常规无约束拉伸特性比较,砂土侧限约束可导致格栅的拉伸应力应变特性明显改变,变化规律受格栅类型、上覆荷载、以及拉伸速率等多因素的影响。因此,在加筋土结构设计中,应充分考虑侧限约束对格栅力学参数的影响,采用更为合理的试验方法和试验结果才能正确反映筋材的力学特性。

② 密砂作用下,HDPE 单向拉伸土工格栅和 PET 双向焊接型格栅的拉伸应力应变关系呈现明显的弹塑性特征。当拉伸速率较高时,侧限约束拉伸强度均较无约束时增大,伸长率降低。随着侧限约束荷载的增大,HDPE 格栅的强度增长幅度趋于降低,而 PET 格栅的强度持续增长。但两种格栅同样表现出

低伸长率(2%、5%)对应的拉伸强度随上覆荷载的增加而显著增大,割线模量提高。

③密砂作用下,HDPE格栅的抗拉强度随拉伸速率的增大而提高,但当拉伸速率较低(<40mm/min)时,侧限约束拉伸强度反而较无约束时减小。

④本试验仅针对格栅与密砂相互作用情况。实际上,土的不同性质(包括颗粒级配、密度、含水量、强度等)可能都会对格栅的拉伸性能产生影响,还需要进行深入研究,并进一步完善试验方法。

9.3 纤维加筋土的力学特性

9.3.1 纤维土的含义

纤维土加筋是将连续的纤维丝或者有一定长度的短纤维丝采用机械、气压或水压等方式均匀地且随机地掺入到粒状材料(如砂土)中,形成加筋土。这时它的强度(主要是黏聚力)增大了,同时土的一些主要特性,如土的内摩擦角和渗透性等特性仍能保持,而它的抗冲性能则还会得到加强,因为纤维在土内形成三维排水滤网结构。此外,由于纤维具有较高的抗拉强度和较大的伸长率,也能改变纤维土的性能。这种纤维土的特点与其他土工合成材料加筋形成的加筋土有所不同。后者在土体中一层一层地铺设,呈各向异性的特性,不属于真正的三维加筋的情况。而纤维土则是真正的三维加筋,呈现各向同性的特性。类似的加筋方法,在我国民间自古有之,如常见的糊墙黏土中加有短条的草秸,就是一例。

纤维土的研究和应用大约始于20世纪70年代,在1973—1976年,法国道桥中心和瑞士Battle学院合作,对短纤维与砂的混合物进行了研究。并在八十年代前后,采用纤维土修复过一处6m高的小型滑坡和一些挡土墙,其时英国Netlon公司也提出了以网片状纤维的加固技术。

90年代,有关纤维土的研究涉及它的工作机理问题,并对最优掺量和掺和方法等进行了试验研究,从而加深了对纤维土的认识。目前,纤维土的技术正在发展,已开始用于绿化停车场,公共绿地防止土壤板结和增加承载力,而且已应用于多种土木工程中,如挡土结构,路堤,以及路基的稳定结构等。它像水泥和石灰那样与土拌合,在土中随机分布,形成加筋土,以增强土的强度和刚度,以及抗液化特性(Boominathan,2002)。但在大型工程中的应用尚不多见。

9.3.2 纤维加筋膨胀土的特性

长江科学院和华南理工大学对南水北调中线工程膨胀土(岩)的纤维加筋问题进行了试验研究。

9.3.2.1 试验材料和试样制作

本试验以弱膨胀土为原料土,土样取自南水北调中线工程新乡潞王坟试验段内,土中含大量石灰岩、硅铁结核。从现场观测来看,未出露表层的含水率较高,颜色较深,呈灰绿色;而出露表层的则由于含水率低,颜色由深变浅,呈灰白色。土样的物理性指标如表4.1-5所示。

为研究不同纤维材料对膨胀土力学特性的影响,选用11种纤维材料进行了试验,包括涤纶长纤(65mm)、短纤(10~20mm)、聚丙烯片状纤维、改性聚丙烯单丝纤维、改性聚丙烯网状纤维、棉纤维、棕丝、麻丝、纱网(两种)以及竹签。除涤纶长纤外,其他纤维长度均为10mm左右。试验成果表明,不同纤维材料制作而成的纤维土,其物理力学特性相差不大,而改性聚丙烯单丝纤维的无侧限抗压强度相对较高,选用改性聚丙烯单丝纤维进行了系统的物理力学特性研究,各项参数见表4.1-6。

表4.1-5   土的物理性指标

岩土编号	取样深度 m	含水率 %	密度 g/cm³	比重	孔隙比	饱和度 %	液限 %	塑限 %
17#(1)	1.5—1.7	18.6	2.08	2.72	0.554	91.3	36.9	14.9
17#(2)	1.6—1.8	18.3	2.08	2.72	0.547	91.0	42.7	19.9

表 4.1-6　　　　　　　　　　　　　　　　　纤维的参数指标

纤维名称	长度 mm	抗拉强度 MPa	断裂伸长率 %	弹性模量 kN/mm
改性聚丙烯单丝	20	1.75	8～30	≥350

在用击实方法制备试样时,每层的土和纤维又分 4 份放入,将纤维与土混合均匀,然后击实,所用纤维丝每股长度分别为 5cm、10cm、20cm、65cm。显然,用这种常规击实方法制出的纤维加筋土试样,其布筋方向为水平方向。

试样制作完成后,在自然条件下养护 24h,拆模后,用塑料保鲜袋将试样密封后置于保湿缸养护至龄期,养护温度控制在 20±5℃。

9.3.2.2　纤维加筋膨胀土试验成果分析

(1) 含水率的影响

试样除含水率外,其他试验初始条件均相同,所得成果如图 4.1-39 所示。由图可知,强度对含水率变化很敏感,当含水率由天然含水率 14.2% 升高至 18% 时,抗剪强度降低。

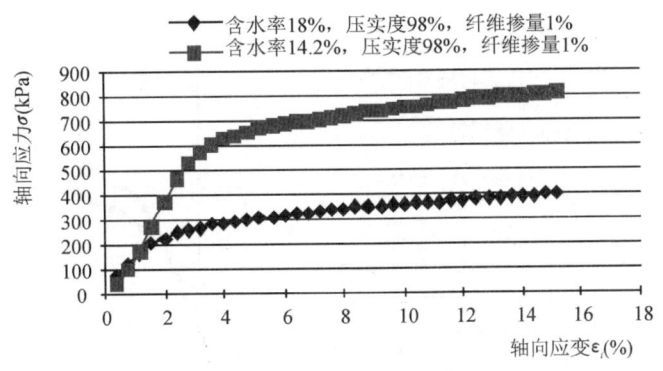

图 4.1-39　含水率对纤维土试验成果的影响

(2) 压实度的影响

纤维掺量 1% 和 3% 时的轴向剪应力～应变曲线分别如图 4.1-40(a) 和 (b) 所示。可知,两种纤维掺量条件下均有如下规律:①应变较小时(<2%),压实度大的,应力应变曲线的斜率相应也增大;但当应变较大时(>2%),两种压实度的情况趋于一致;②无侧限抗压强度随压实度的增大而提高,纤维土填筑施工中,提高压实度也是增大强度的途径之一。

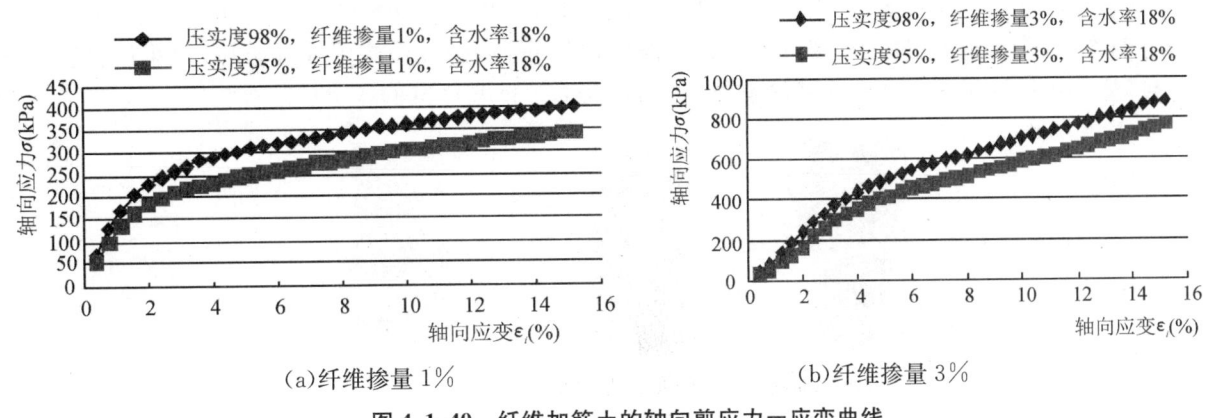

(a) 纤维掺量 1%　　　　　　　　　　(b) 纤维掺量 3%

图 4.1-40　纤维加筋土的轴向剪应力—应变曲线

（3）纤维掺量的影响

纤维掺量不同时的试验结果，如图4.1-41所示。

由图可知：当应变较小时（<2%），随着纤维掺量的增大，$d(\sigma_1-\sigma_3)/d\varepsilon_i$反而下降；

但当应变较大时（>2%），$d(\sigma_1-\sigma_3)/$随纤维掺量的增大而明显提高。从图的曲线中也可以看出，两曲线均相交在应变2%附近，只是当压实度较高时，交点处的应力相应也较高。上述现象说明，只有当土体变形较大时，纤维与土的摩擦才发挥作用，使土体强度有较大提高。

（4）试样尺寸对不排水强度的影响

两试样纤维掺量均为1%，含水率均为18.2%，压实度均为98%，试样尺寸分别为101mm×200mm和39.1mm×80mm，两种尺寸试样的应力应变曲线如图4.1-42所示。

可以看出：小试样的强度较大试样强度高，纤维加筋土强度受试样尺寸的影响，试样强度随试样尺寸的增大而减小。

屈服点应变前，大小试样的应力应变曲线是重合的，在不考虑试样加载初期非线性变形的情况下，尺寸对屈服前的变形特性没有明显的影响，说明弹性模量、屈服应变受试样尺寸大小的影响较小。但尺寸效应对无侧限抗压强度σ_f的影响较大，尤其对掺量为3%的小尺寸试样（直径39.1mm），各向异性及分层现象较严重。

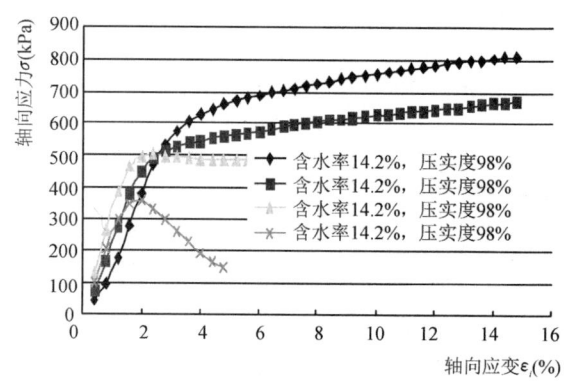

图4.1-41　不同纤维掺量的应力应变曲线

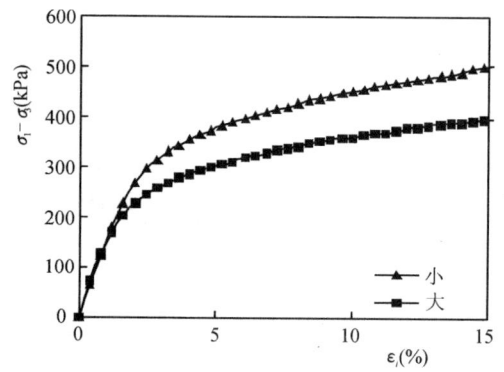

图4.1-42　掺量1%的不同试样应力应变曲线

（5）试样的破坏模式（图4.1-43）

纤维土试样的破坏模式与纤维掺量，纤维分布及方向有密切关系。制样过程中，纤维多少存在分布不均的现象，且由于制样击实的影响，纤维多呈水平向分布，故在空间上是各向异性的。纤维土的应力-应变曲线可分为弹性阶段与塑性阶段，试验过程观察发现，在弹性阶段，变形较小，试样无裂隙出现，但当应变大于屈服应变，进入塑性阶段后，试样开始出现纵向裂隙，裂隙最初出现在纤维分布较少的部位，随后，裂隙向纤维较多部位继续发展，当应变20%时，试样破坏。但也有两种情况：大试样（直径101mm）的破坏面不明显，仅中部或底部鼓胀、破碎带处有试样块脱落现象，破坏模式为局部破坏；而小试样剪切破坏面明显，呈整体破坏模式。大样和小样破坏模式的不同，可能与纤维的相对长度有关。

（a）重塑无加筋　　（b）原状无加筋　　（c）重塑加筋

图4.1-43　纤维加筋土的破坏形态

9.4 加筋土的三轴强度

土工格栅广泛用于加筋堤坝中,其填土一般采用排水性能较好的砂石料。由于填土土料的限制等原因,许多工程不得不采用黏性土,甚至采用特殊土开挖弃料作为加筋堤坝的填土。近年来,土工格栅加筋处理膨胀土弃料填筑路堤已在国内多个高速铁路、高速公路中获得了成功的应用,突破了相关规范关于高液限黏土不宜作为路基填料的限制。在建的南水北调工程有约340km的渠道通过膨胀岩土地区,土工格栅加筋膨胀土弃料填筑渠道并处理膨胀岩土开挖渠坡的技术方案正在进行大型现场实验。为配合大型现场实验和室内模型试验,长科院选取南水北调中线总干渠工程河南南阳段膨胀土进行了不同加筋方式的格栅加筋膨胀土三轴试验,以探讨格栅加筋膨胀土的力学特性和加筋效果。

9.4.1 试验方案

(1)土工格栅

本次试验中采用的三轴试样尺寸为直径101mm,高度为200mm。常规单向土工格栅网格尺寸相对较大,不适合用于三轴试样的加筋试验。本次试验中采用一种小尺寸单向格栅,表4.1-7所示为单向土工格栅的几何尺寸以及力学性能指标。

(2)膨胀土的物理性质

试验用土样取自南水北调中线总干渠河南南阳段膨胀土,其物理性质指标如表4.1-8所示。由表看出,南阳膨胀土的自由膨胀率为69%,属于中偏弱膨胀土,胶粒含量达到29.6%。

表4.1-7　土工格栅的技术指标

网格尺寸(mm)		纵肋(mm)		横肋(mm)		拉伸强度 (kN/m)	伸长率 (%)	2%伸长率对应的强度(kN/m)	5%伸长率对应的强度(kN/m)
纵	横	厚	宽	厚	宽				
7.76	1.98	0.30	0.38	0.84	0.84	6.37	22.8	1.41	3.17

表4.1-8　中膨胀土物理性质指标

自由膨胀率(%)	液限(%)	塑限(%)	塑性指数 I_{P17}	比重	黏粒<0.005mm (%)	胶粒<0.002mm (%)
69	56.2	24.0	32.2	2.67	44.0	29.6

竖向全断面加筋试样制备前,预先绑扎直径61.8mm,高度200mm的格栅笼。格栅笼中格栅的横肋方向与试样高度方向保持一致,格栅笼采用细铜丝进行绑扎,同一组四个试样采用相同的绑扎方式。试样制备时,在未加筋试样中预先开一直径为61.8mm的贯穿孔后放入格栅笼,然后将与开孔取出土样相同质量的土在格栅笼内分八层击实。图4.1-44所示为竖向全断面加筋格栅的布置示意图。图4.1-45所示为水平加筋格栅的布置示意图。

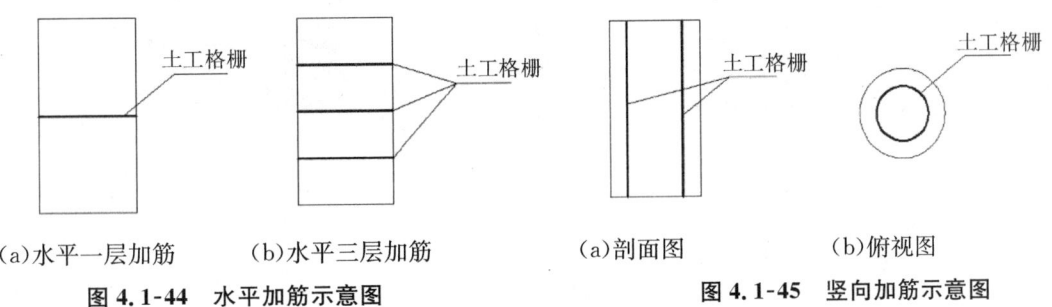

(a)水平一层加筋　　(b)水平三层加筋　　　　(a)剖面图　　　(b)俯视图

图4.1-44　水平加筋示意图　　　　　　图4.1-45　竖向加筋示意图

9.4.2 试验成果分析

(1) 不同格栅加筋方式对试样固结排水量的影响

表 4.1-9 所示为未加筋、水平一层、水平三层和竖向全断面加筋膨胀土试样固结排水量的统计表。可以看到,在相同的围压下,固结排水量由大到小顺序依次为:竖向全断面加筋＞水平三层加筋＞水平一层加筋＞未加筋。这主要是因为土工格栅具有排水功能,其排水能力比膨胀土强,水平一层加筋相当于在试样的中部增加了一层排水通道,所以其固结排水量比未加筋多。同样的道理可以解释水平三层加筋试样的固结排水量比水平一层加筋的多。而竖向加筋相当于在试样内部从上到下加入了一个环形的排水通道,其排水能力比水平三层加筋稍强。从不同围压的固结效果来看,围压低的排水能力提高效果要更好,随着围压的升高,其固结排水量增强效果逐渐减弱。另外,随着围压的升高,水平一层加筋的固结排水量跟不加筋的越来越接近,而水平三层加筋的固结排水量跟竖向加筋的差别也越来越小,说明水平三层加筋的固结排水能力跟竖向加筋差不多。根据以上分析可以得到如下认识:在低围压情况下,我们不仅可以考虑土工格栅的强度加筋效果,还可以考虑其对膨胀土加速固结的作用。

表 4.1-9　　　　　　　　不同格栅加筋方式膨胀土试样固结排水量

加筋类型	固结排水量(cm³)			
	$\sigma_3=50\mathrm{kPa}$	$\sigma_3=100\mathrm{kPa}$	$\sigma_3=200\mathrm{kPa}$	$\sigma_3=400\mathrm{kPa}$
未加筋	1.1	32.6	72.8	124.8
水平一层	4.4	36.2	76.6	129.0
水平三层	20.7	53.6	87.8	149.8
竖向全断面	29.1	58.3	91.2	153.8

(2) 格栅加筋膨胀土的应力-应变关系曲线及破坏形态

图 4.1-46 所示为不同加筋方式膨胀土破坏的应力-应变关系曲线。

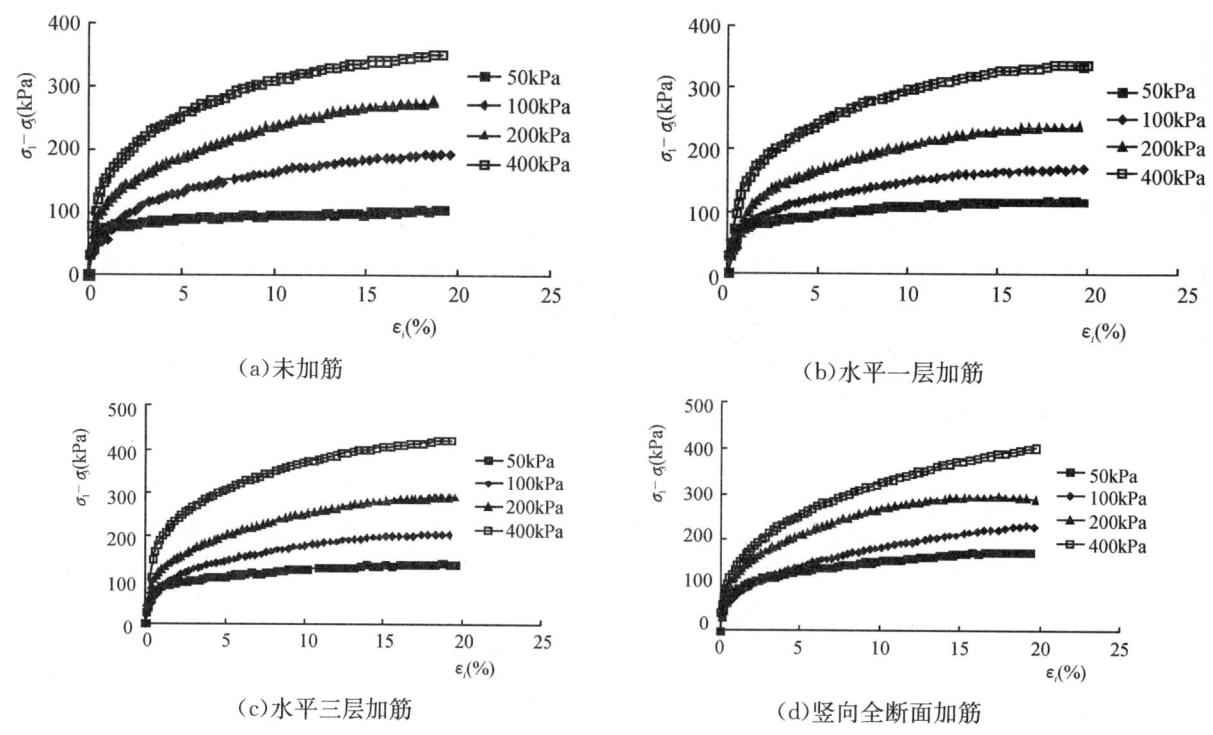

图 4.1-46　格栅加筋膨胀土的应力-应变关系曲线

可以看出，不同格栅加筋方式的膨胀土试样的主应力差随着围压的增大而增加，此外，所完成的四组试验的应力－应变关系均为应变硬化型。

图 4.1-47 所示为不同格栅加筋方式膨胀土剪切破坏的形态。未加筋试样剪切破坏后呈鼓状，中间鼓起，两端向里缩进；水平一层加筋试样剪切破坏形态呈葫芦状，整个试样从中间加格栅的地方被分成了两段，每段两端向里缩进，中间鼓起；而水平三层加筋的情况为格栅加筋将整个试样分成了四段，每段也都是两端向里缩进，中间鼓起。试验结果说明，土工格栅水平加筋对剪切引起的变形有较大的约束作用，相当于增大了试样的围压。图 4.1-47(d)所示为竖向全断面加筋膨胀土试样剪切后剖面图片，从图中可以看出，竖向全断面加筋试样的破坏形态也呈鼓形。

(a)未加筋　　　　(b)水平加筋1层　　　　(c)水平加筋3层　　　　(d)竖向全断面加筋

图 4.1-47　不同格栅加筋方式膨胀土的剪切破坏形态

(3) 格栅加筋膨胀土的抗剪强度指标

不同格栅加筋方式的膨胀土的抗剪强度指标如表 4.1-9 所示。由表看出，加筋以后膨胀土的黏聚力都有不同程度的提高，与不加筋的试验相比，水平一层加筋、三层加筋和竖向加筋的黏聚力分别提高了 0.6kPa、4.6kPa 和 22.3kPa，其中竖向加筋提高的幅度最大。除水平加筋三层的试验的内摩擦角提高 1.5°外，其他加筋方式的试验内摩擦角略有降低，其中水平一层加筋的 φ 值降低了 1.2°，竖向全断面加筋降低了 1.4°。由此可以得出的结论是这三种加筋方案都能不同程度地提高膨胀土的黏聚力，尤其是竖向加筋，但内摩擦角基本保持不变。

表 4.1-9　　　　　　　　　　不同格栅加筋方式膨胀土的抗剪强度指标

加筋类型	抗剪强度指标	
	黏聚力 c(kPa)	内摩擦角 φ(°)
未加筋	38.9	14.3
水平一层	39.5	13.1
水平三层	43.5	15.8
竖向全断面	61.2	12.9

(4) 不同加筋方式的加筋效果分析

为了更好地评价加筋后膨胀土的强度变化，引入了加筋效果系数：

$$R=\frac{(\sigma_1-\sigma_3)_f^R}{(\sigma_1-\sigma_3)_f} \tag{4.1-11}$$

式中，R 为强度加筋效果系数，$(\sigma_1-\sigma_3)_f^R$ 为加筋膨胀土破坏时的主应力差，$(\sigma_1-\sigma_3)_f$ 为未加筋膨胀土破坏时的主应力差。根据以上公式计算得出不同加筋方式的强度加筋效果系数如表 4.1-10 所示。

表 4.1-10　　膨胀土不同格栅加筋方式的加筋效果系数

加筋类型	加筋效果系数 R			
	$\sigma_3=50\text{kPa}$	$\sigma_3=100\text{kPa}$	$\sigma_3=200\text{kPa}$	$\sigma_3=400\text{kPa}$
未加筋	1	1	1	1
水平一层	1.16	0.99	0.96	0.97
水平三层	1.34	1.08	1.05	1.09
竖向全断面	1.71	1.15	1.09	1.10

由表 4.1-10 可以看出,针对同一种加筋方式,低围压条件下加筋效果系数较大,总体上随着围压的增大加筋效果系数降低。这是由于格栅加筋对试样存在水平约束,通过附加围压提高试样的抗剪强度,低围压条件下加筋材料所提供的附加围压在总的小主应力中所占的百分比较大,而高围压条件下所占的百分比较小。另外,不同格栅加筋方式中,格栅加筋的效果为:竖向全断面加筋＞水平三层加筋＞水平一层加筋。水平三层加筋由于加筋层数的增加,格栅加筋的附加围压大于水平一层加筋,而竖向全断面加筋直接对试样提供侧向约束,故格栅加筋的附加围压相应最大,从而使得加筋效果最显著。

这里有一个特殊情况需要指出,水平一层加筋时当围压大于 50kPa,加筋效果系数 R 小于 1,分别为 0.99、0.96 和 0.97。一方面格栅加筋对试样存在水平约束,通过附加围压提高试样的抗剪强度;另一方面,格栅加筋破坏了试样的整体性,使得试样的强度降低。在较低围压下,格栅加筋水平约束的效果相对显著,可以抵消因试样整体性破坏导致的强度降低;在较高围压下,格栅加筋的产生附加围压的相对效果不再显著,因此出现较高围压下加筋效果系数小于 1 的现象。

(5)结论

①用土工格栅加筋膨胀土时,土工格栅的排水作用可以加速膨胀土的固结过程,固结效果也更好,在实际应用时可以作为参考。

②在围压小的情况下,膨胀土加筋后强度提高的百分比大;而在围压大的情况下,膨胀土加筋后强度提高的百分比小。主要是由于加筋材料所提供的附加围压在总的小主应力中所占的百分比不同造成的。

③就不同加筋方式的加筋效果而言,由于竖向加筋直接为试样提供侧向约束所以其加筋效果最为显著,水平加筋中水平三层加筋的加筋效果优于水平一层加筋,围压大于 100kPa 时水平一层加筋试样的强度出现略低于未加筋试样。

④格栅加筋膨胀土的摩擦角与未膨胀土相比没有太大变化,而黏聚力有明显提高。

参考文献

[1] 土工合成材料工程应用手册[M]. 北京:中国建筑工业出版社,2000.

[2] 王钊. 国外土工合成材料的应用研究[M]. 北京:现代知识出版社,2002.

[3] 陆士强,王钊,刘祖德. 土工合成材料应用原理[M]. 北京:水利电力出版社,1994.

[4] 包承纲. 土工合成材料应用原理与工程实践[M]. 北京:中国水利水电出版社,2008.

[5] 周大纲. 土工合成材料制造技术及性能[M]. 北京:中国轻工业出版社,2001.

[6] 朱诗鳌. 土工织物应用与计算[M]. 湖北：中国地质大学出版社，1989.

[7] 中华人民共和国住房和城乡建设部发布，GB/T 50290－2014 土工合成材料应用技术规范[S]. 北京：中国计划出版社，2015.

[8] 杨广庆，徐超，张孟喜等. 土工合成材料加筋土结构应用技术指南[M]. 北京：中国交通出版社，2016.

[9] Atmatzidis, D. K., Chrysikos, D. A., Panagiotidi, E. K., & Skara, M. N. On the measurement of Pore sizes for nonwoven polypropylene geotextiles[C]. Proc. 8th Interna. Conf. On Geosynthetics Vol:2,2006：553-556.

[10] S. K. Bhatia, et al. Interrelationship between Pore Openings of Geotextiles and Methods of Evaluation. 5th International Conference on Geotextiles Geomembranes and Related Products. 1994.

[11] 杨果林. 加筋土筋材长期荷载蠕变试验研究[J]. 煤炭学报，2001,26(2)：132～136.

[12] ISO13431-1999. Geotextiles and Geotextike-Related Products-Determination of Tensile Creep and Creep Rupture Behavior 土工织物与土工织物相关产品. 拉伸蠕变与蠕变断裂性能测定[S].

[13] ASTM D5262-02. Standard Test Method for Evaluating the Unconfined Tension Creep Behavior of Geosynthetics 确定土工合成材料无侧限条件下拉伸蠕变和蠕变破坏型状试验方法[S].

[14] BS 6906-5-1991. Methods of test for Geotextiles(Part 5)土工织物的试验方法(第5部分)蠕变的测定[S].

[15] 中华人民共和国国家标准. GB/T17637-1998 土工布及其有关产品拉伸蠕变和拉伸蠕变断裂性能的测定[S].

[16] 丁金华，童军. 土工格栅蠕变特性的试验研究及长期蠕变预测研究报告[R]. 长江科学院岩土力学与工程重点实验室. 2009.

[17] 中华人民共和国水利部行业标准. SL/T235-1999 土工合成材料测试规程[R]. 1999.

[18] 中华人民共和国轻工行业标准. QB/T2854-2007 塑料土工格栅蠕变试验和评价方法[R]. 2007.

[19] 定培中，张伟. 南水北调穿黄隧洞衬砌垫层淤堵试验研究报告[R]. 长江科学院土工所，2007.

[20] ASTM E96 / E96M － 12 Standard Test Methods for Water Vapor Transmission of Materials 材料的水蒸气渗透性标准试验方法[S].

[21] 重庆交通科研设计院有限公司主编. 公路土工合成材料应用技术规范(JTG/T D32-2012)[S]. 北京：人民交通出版社，2012.

[22] 童军，郑郧. 典型土工合成材料长时序老化性能研究[R]. 武汉：长江科学院岩土力学与工程重点实验室. 2017.

[23] 李思慎，胡智京等. 葛洲坝水利枢纽基础排水孔组装式过滤体(1995年检查)试验报告[R]. 长江科学院土工所. 1996.

[24] BSI Standards Limited. BS 8006-1：2010 Code of practice for strengthened /reinforced soils and other fills[S].

[25] Koerner R M. Designing with geosynthetics[M]. New Jersey：Prentice Hall Inc. Englewod

Cliffs, 2005.

[26] Jeon H Y Kim S H, Lyoo W S, et al. Evaluation of the long-term performance of geosynthetic reinforcements from their reduction factors[J]. Polymer Testing, 2006(5):289-295.

[27] U. S. Department of Transportation Federal Highway Administration. AASHTO LRFD Bridge Construction Specifications. Design and Construction of Mechanically Stabilized Earth Walls and Reinforced Soil Slopes. FHWA-NHI-10-024/025.

[28] Hufenus R, Ruegger Flum D, Sterba I J. Strength reduction factors due to installation damage of reinforcing geosynthetics[J]. Geotextiles and Geomembranes, 2005(23):401-424.

[29] 郑鸿,刘伟,裴建军. 塑料土工格栅的现场破坏实验[J]. 工程塑料应用,2005,33(6):49-51.

[30] 胡汉兵,姜志全,蔡汉利. 土工格栅施工损伤现场足尺试验研究[J]. 岩土工程学报,2012(5):906-910.

[31] E. M. Palmeria, & Milligan, G. M. E. Scale and other factors affecting the results of pullout tests of grids buried in sand[J]. Geotechnique, London, 1989, 39(3):511-524.

[32] 马时冬. 土工格栅与土的界面摩擦特性试验研究[J]. 长江科学院院报,2004,21(2):11-14.

[33] 丁金华,包承纲,丁红顺. 土工格栅与膨胀岩界面相互作用的拉拔试验研究[A]. 第二届全国岩土与工程学术大会论文集[C]. 武汉,2006.

[34] ASTM D6637-11 Standard Test Method for Determining Tensile Properties of Geogrids by the Single or Multi-Rib Tensile Method 借单肋和多肋拉伸法测量土工格栅拉伸特性的标准方法[S].

[35] 中华人民共和国国家标准. GB/T 17689-2008 土工合成材料 塑料土工格栅[S].

[36] 丁金华,周武华. HDPE 土工格栅在有约束条件下的蠕变特性试验[J]. 长江科学院院报,2012,29(4):49-56.

[37] ASTM D6706-01(2013) Standard Test Method for Measuring Geosynthetic Pullout Resistance in Soil 土工合成材料土中抗拔试验[S].

[38] 汤艳红,包承纲,汪明元等. 合成纤维加筋膨胀土的强度特性试验研究[A]. 第7届全国土工合成材料学术会议文集[A]. 上海,2008.

[39] 王协群,郭敏,胡波. 土工格栅加筋膨胀土的三轴试验研究[J]. 岩土力学,2011,32(6):1649-1653.

第 2 章 加筋土结构工作机理与设计方法的研究

1 概述

1.1 加筋的定义

在土体中加入具有一定抗拉强度的材料(人工材料或天然材料),凭借这些材料与土之间的摩阻力,使土的模量增大,整体性增强,从而限制土体的变形,调整土中的应力应变分布,提高土体的强度和稳定性,这就是加筋土的实质。土工结构物中的土体经加筋后,结构物的刚度大为提高,从而达到对工程加固的目的。

加筋的做法自古有之。2000 多年前的西汉时期,采用树枝混在土内造长城;各地劳动人民在房屋建造中采用泥中掺草筋、麻绳等修筑土墙或抹面的做法也持续了几千年。在国外,用编织芦苇在软基上修路的实践可追溯到公元前 2500 年。当然,那时的加筋使用缺乏理论指导,而所用的材料则是就近采集的天然材料。

在近代,首先正规地引入加筋概念,并上升为理论的,则要归功于 20 世纪 60 年代法国工程师 H. Vidal 所开创的"加筋土"技术。他对"加筋"的机理作了初步的解释,也提出了最初的分析计算方法,但他所用的加筋材料是镀锌的金属条带。

近几十年来,由于土工合成材料的迅速发展,尤其在 20 世纪七八十年代各种形式的土工合成材料(或简称土工材料)逐步加入加筋材料的行列,由于它具有优越的性能和良好的经济性,因此已成为一种主要的加筋材料。

在本章中,我们将仅研究土工合成材料的加筋问题,其中第一部分讨论加筋机理和加筋土结构的分析计算方法,第二部分讨论设计中有关参数的取值问题,主要参考第 8 届[1]和第 9 届[2] IGS 国际会议加筋土论文和长江科学院近年来在加筋土研究方面的成果。

1.2 加筋的必要性

1.2.1 土的基本特点

土的基本特点,一是碎散体或简称散体,二是大自然产物。

所谓碎散体,即它是由许多分散的颗粒组成,颗粒之间的连接很弱,颗粒间存在空隙,空隙中被水或气体充满。这些特点非常重要,它在受力后的性状就是由这些特点决定的。由于是碎散体,颗粒的位置易因外力而变,发生移位、翻滚、压缩、甚至破碎,于是颗粒的接触更紧密,空隙的体积和形状也发生变化,这样,土的总体积改变了,空隙中流体的压力(孔隙压力)随之改变,土体中的应力(有效应力)也变化了。这就决定了土的一系列的力学特性,使土的密度和含水率对土产生重大的影响。由于土是大自然产物,因此土的性质一定是不均匀的,在空间上分布不匀,在时间上是可变的。这就决定了土的一系列特性:如压硬性、流变性、各向异性等。

1.2.2 加筋可增强土的整体性

鉴于土易受外力而产生变形,尤其当土的密度较低、含水率较高时,其承受荷载能力较低,无法适应工程的需要。为此,就应设法减弱其散体的特性,即在土体中埋入加筋材料以减少土体侧向变形,达到增强土的整体性的目的。简而言之,就是对土体进行加筋,实现对结构物加固的目的。

1.2.3 加筋土的特点

加筋土已经不是一般意义的土,它有许多特点,鉴于它是由两种性质迥异的材料组合而成的复合体,两种材料之间的相互作用即界面特性会产生很大的影响,犹如钢筋混凝土是由混凝土和钢筋两种材料结合而成一样。但加筋土中两种材料刚度的差别,比钢筋混凝土两种材料的差别更大,因此问题必然更为复杂,研究的难度也更大。一般说来,土的模量与土工筋材的模量相差在一百倍至几百倍,变形协调更加困难;而钢筋混凝土中两者材料刚度比值仅约十倍至几十倍。

一般说来,加筋的作用不仅能增大土的强度,增加土体结构的稳定性,而且能减小不均匀沉降和总沉降,因为加筋会使土体应力发生变化,不仅使应力均匀化,且减少垂直压力。

本章的内容主要包括几个方面:
(1)加筋机理的试验研究;
(2)加筋土的设计方法问题;
(3)加筋土特性参数的试验研究及其取值问题;
(4)加筋工程施工中的若干问题等。

2 加筋机理研究的现状和进展

2.1 加筋机理研究的重要性

加筋机理是加筋技术中最基本的问题,也是加筋结构设计方法的理论基础。目前在加筋结构设计方法上存在的诸多问题,归根结底是因为对加筋机理认识不足,或者说,对此尚缺乏一致的认识。目前加筋土结构常用的极限平衡法基本上是常规岩土结构稳定分析流行方法的延伸,它与真实的加筋机理不很相符,没有很好地从加筋结构的特性出发。因此必须正确认识加筋工作机理,进而导出符合加筋结构特性的计算方法,才能作出合理的设计。

加筋材料有多种,常用的有土工格栅,土工织物(有纺、无纺),土工带,土工网以及土工格室等,它们加筋机理也略有不同,格栅为一类;土工织物为一类;土工格室又是一类。在以下各节中,将以土工格栅为代表进行叙述,其他的筋材加筋机理也将约略提及。

2.2 加筋机理的若干现有观点

目前有关加筋机理的文章已相当多,其中绝大多数都是针对筋材与土的交界面上两种材料之间的相互作用而展开的。但是王铁儒认为,"忽视与工程实际相联系,论述加筋的机理是困难的。因为筋材种类繁多,其刚柔程度、强度大小和变形性质、形式和形状等的差异都很大,另一方面,土也有多种多样,因此,由筋与土组成的加筋土体及其构件也是五花八门的。不同筋材,不同土类,不同工程及其结构形式,在建筑物的不同部位,不同加载形式的作用下,其作用机理是不一样的"(王铁儒的通信,2007)。但是,在本节中主要讨论筋材与土的相互作用问题,这也是加筋机理中共性和实质的问题。下面先叙述当前较流行的几种观点。

(1)摩擦说

当土体受到外力作用时,被包裹在土体中的筋材受到了压力。当土体因剪应力而产生剪切位移时,土与筋材之间的摩擦力有防止两者发生相对位移的作用,从而减少了土体的侧向剪切变形(如图4.2-1)。

按此说法,只要在土体中加一个摩擦力就可以代替筋材的作用。这种观点当前比较流行,它虽有些道理,但过于简单化了,因为筋材的作用不仅仅限于在土体内增加一个阻止侧向变形的摩擦力,因此,此说不正确。

另一种类似的说法是,土体中筋材的约束作用犹如在土体的侧向增加了一个小主应力增量 $\Delta\sigma_3$,要使加筋土体达到极限状态,只有增加大主应力 $\Delta\sigma_1$,才能使土体发生破坏,由此表明土体的抗剪强度因加筋而增大了如图 4.2-2。这种说法与第一种说法实质上是类似的,都是由于土与筋材之间接触面的摩擦力导致强度增大。

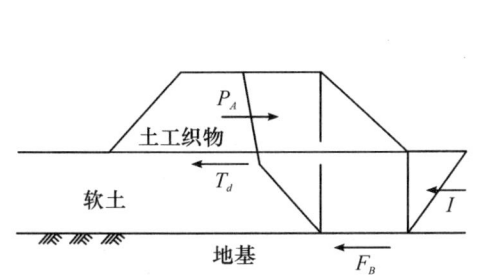
图 4.2-1　界面摩擦作用示意图

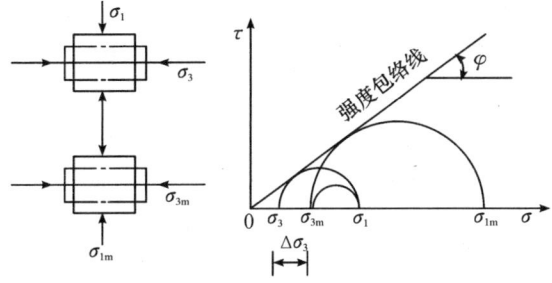
图 4.2-2　约束作用增强的应力圆示意图

三轴试验的结果发现,加筋土与非加筋土的应力应变曲线的区别,在于前者当越过峰值以后,强度不会立即降低,甚至还可能有所上升,这就表明,土体的脆性减弱而韧性增大了,或者说土体的连续性或整体性增强了如图 4.2-3。表现在摩尔强度包线的差别上,则是加筋土的黏聚力增大了,而内摩擦角变化不大。

由此认为,加筋作用是使土体的黏聚力增大,该黏聚力称为准黏聚力或拟黏聚力。这个观点在土工界也比较流行。

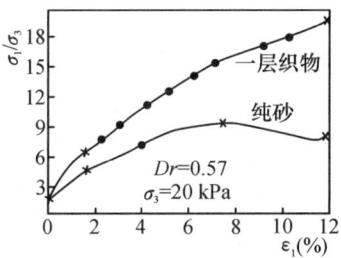
图 4.2-3　$(\sigma_1/\sigma_3)-\varepsilon_1$ 关系曲线

纵观上述几种说法,不管是增大 $\Delta\sigma_3$,增大 $\Delta\sigma_f$ 或者增加 $\Delta C'$ 等,其实说的都是一回事,均是筋材与土的接触面上摩擦力的作用。这些加筋机理分析虽有一定道理,但不够全面。事实上,按这种机理用于工程的稳定分析计算(即在传统方法上加一个摩擦力),其结果发现,加筋作用十分有限,尤其像软土地基的抗滑稳定分析,仅会使安全系数提高 3%～5%,反映不出实际加筋的巨大加固作用。为此,必须探索新的加筋机理。

(2)张力膜说

如果在软基上筑堤坝,在软弱地基表面铺上加筋材料,当其上加建筑物的荷载后,筋材会发生变形形成弯曲面图 4.2-4,这时筋材的张力作用会承担一部分外荷载的作用,从而使地基中的应力减小。当然,这时在软基上铺设的筋材应具有较大的刚度,而且对织物等比较软弱的筋材来说,应设置足够强的筋材,才能起到作用。目前在道路工程中流行的桩网式结构的桩承堤,其原理就与此类似,在土堤荷载作用下,筋材发生向下的变形,从而在路堤的土体中形成拱效应,减小了外荷对地基的作用。这种加筋作用对某些类型的结构确是存在的。

但有的研究认为,根据试验结果,对于土堤基底仅铺设一层土工合成材料加筋垫层的情况下(垫层上为堤坝填土荷载,下为软土地基),与无加筋情况比较,其稳定性和沉降方面影响不大,表明单层加筋不起作用或者作用有限,尤其当加筋垫层的筋材抗拉强度较低(<15kN/m),厚度较薄(<0.2m)时。只有当堤基垫层达到一定厚度(>0.5m),筋材具有一定的抗拉强度(>35kN/m)、较高的复合模量和抗挠曲刚度,并能保持垫层的密实整体时,才能发挥垫层提高堤基承载能力与稳定性、均化基底应力、调整和减小沉降的作用。

高重大建筑物(如油罐、高塔或其他高耸建筑物)的基础中,往往设置相当厚的加筋垫层,当建筑荷载通过这种垫层而传到地基中时,会发生显著的应力扩散作用如图 4.2-5,于是降低了地基中的应力。这种加固作用是由于筋材改变了原有建筑物的结构形式而引起的,尚不属于加筋的直接作用。

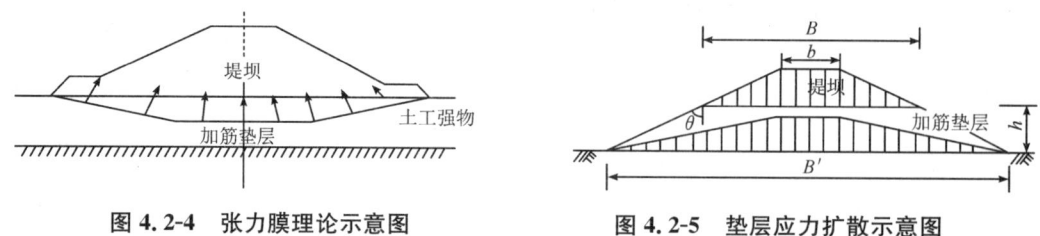

图 4.2-4 张力膜理论示意图　　　　图 4.2-5 垫层应力扩散示意图

(3)深基础效应

日本东京大学黄景川等人将基础埋深为 D_f 的未加筋的地基,与深度为 D_r 的加筋土无埋深加筋地基的试验结果进行比较,发现两者的承载力相当。由此可以认为,地基中加筋,相当于基础的埋置深度增加,即,$D_f = D_r$,从而使地基的承载力提高。这就是"深基础效应",图 4.2-6 为其示意图。

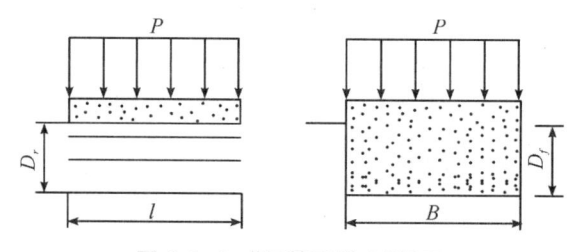

图 4.2-6 "深基础效应"示意

(4)应力场和位移场的改变

另一种观点是从筋材改变了加筋土的应变场(位移场)的观点出发的。土体中加入筋材后,加筋土不再是各向同性体了,它的应力场和位移场将发生改变,从而使土的破坏模式也发生了根本性变化。最明显的例子是,若在失稳的土体中加入足够的筋材,而且筋材具有足够的强度,不会被剪断,则穿过筋材的圆弧形滑动面就可能不会发生,破坏的形式就会改变,土体的稳定性就会改善。因此,若对加筋土体进行符合实际的有限元分析,求得真实的应力场和位移场,将对加筋土的机理有新的认识,也有助于新计算方法的建立。

沈珠江在他的《土工合成物加强软土地基的极限分析》[3]一文中曾经指出过:筋材摩阻力对其应力状态变化的影响。他认为:当筋材具有足够强度,不发生断裂或拔出等情况下,圆弧滑动是不可能出现的,唯一可能的破坏形式是伴随沉降而发生的横向挤出。由于筋材改变了地基剪应力的方向,从而使地基的承载力大幅度提高。

王伟在软基的织物加固机理研究中,强调了加筋明显地改变了地基的位移场,实质上,加筋土体会在复合地基中基本上形成了一个自撑式的持力体系[4]。

上述观点强调了加筋土在应力和变形(位移)方面的特点,导致了破坏形式的改变,从而发挥了加固作用。这就比较深入地触及了加筋功能的实质,不再是在既有的稳定分析方法中做文章,而是把眼光扩展到筋材与土接触面之外的空间中。

杨锡武等的离心模型试验证实,筋材的存在使土体中原有裂缝开展的方向会发生变化(如图 4.2-7),

以致不可能形成弧形的滑动面,说明上述的分析是正确的[5]。

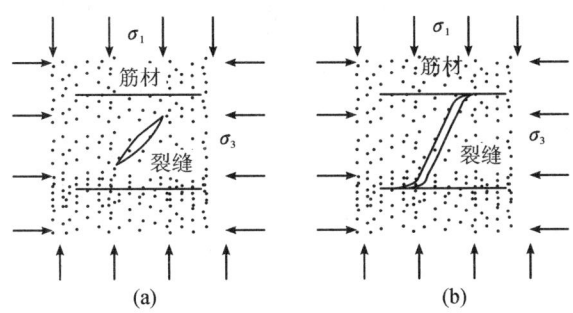

图 4.2-7 加筋引起的开裂路径变化

2.3 加筋土界面特性的研究

2.3.1 界面研究的重要性

要正确认识加筋机理必须先研究界面特性。

加筋土体包含三个相:(1)填土,(2)筋材,(3)筋材与填土之间的界面,加筋机理就是研究这三相之间的相互作用,以及它们的应力应变关系。其中比较重要的问题是界面特性及其对整个加筋土体应力应变性状的影响。国内外学术界一直对此进行研究。有关填土及其对整个加筋土体的影响,学界近来才比较关心。而有关筋材内的应力和应变,它是由界面上作用的垂直压力和剪切力传递过来的,如果界面上的作用力已知,则筋材内部的应力和应变不难求出。因此加筋机理的讨论首先集中于界面的问题。

2.3.2 界面性状的研究方法

加筋土特性的主要研究方法是室内试验、模型试验和现场观测以及数值分析方法。

界面试验是加筋土特有的,也比较复杂,其室内试验的主要方法有拉拔试验,直剪试验,斜面试验等,也有进行大三轴和平面应变试验的[6]。用于测求界面摩擦角的主要是前三种,其余的试验是为了研究新的机理或特殊目的开展的。试验成果显示,拉拔试验的结果与直剪试验的有一些差别,有的认为前者小些[7]-[8],但多数认为前者大于后者[9]。斜面试验的成果与剪切面倾角有关,一般随倾角的增大,摩擦角偏小,故常规直剪试验可能偏大,用于土坡偏不安全,但斜面试验成果又偏保守[10]。

在现有的加筋机理研究方面,拉拔试验的成果是最丰富的,但该成果又受多种因素影响,除仪器的类型外,还有试样类型、试样长度和刚度、试样的表面糙度,以及剪切盒侧壁的刚度等,后者将影响试样的垂直压力和土样的自由变形。尽管如此,拉拔试验还是对加筋机理的认识和设计参数的提供,作出了最大的贡献。拉拔试验除正规方法外,近年还有多级拉拔试验的尝试[7],以及一些专门剖析横肋作用的特殊试验[11]。

2.3.3 界面特性试验研究若干新成果

不同类型的筋材有不同的界面特性,在这里把加筋材料分为三种类型:土工格栅型、土工织物型和土工格室型。土工格栅型的加筋机理较为复杂,它的界面剪阻力由摩擦力和咬合力(嵌锁力)组成;土工织物主要是摩擦力,拉筋带属此类;而土工格室主要是咬合力。本节主要研究土工格栅型的界面特性。以下主要介绍长科院主要开展的若干格栅拉拔试验成果,提出界面特性的某些新认识,所用的仪器是叠环式拉拔试验仪。

2.4 土工格栅界面特性的拉拔试验研究

2.4.1 拉拔试验仪器

长科院大型叠环式剪切仪尺寸为 600mm×600mm×600mm,其结构及受力情况示于图 4.2-8。试验的土料为压实风化膨胀土,加筋材料采用高密度聚乙烯(HDPE)单向格栅,同时高强度聚酯(PET)和聚丙烯(PP)的双向格栅也用于对比研究。单向格栅试样包含有2个完整网格和3条横肋,多种传感器用来量测拉拔荷载、各条横肋的位移量、各个叠环的位移等参数。

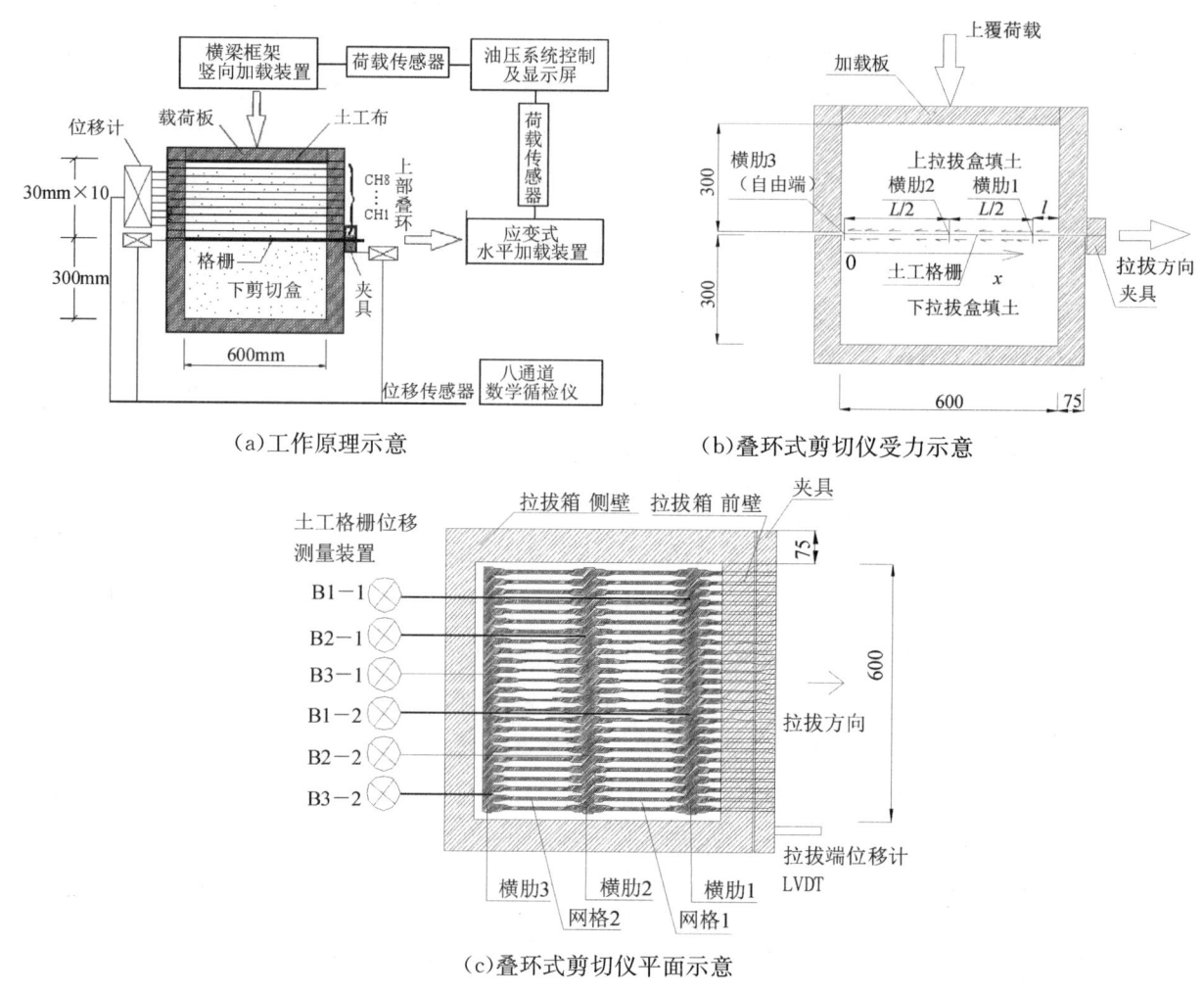

图 4.2-8 叠环式剪切仪

2.4.2 界面特性分析

典型的拉拔试验成果如图4.2-9所示,图中横坐标为时间(对于等应变试验,即是拉拔位移),此即为拉拔力与位移关系曲线。图中,单宽拉拔力存在一个峰值,大约出现在拉拔时间50~70min(相当于位移15~21mm)左右,U_1,U_2,U_3分别代表横肋1,2,3的位移。可看出,不同横肋位移的启动时间是不同的,这种情况在大荷载下尤其明显,在50kPa下三条横肋开始启动的位移各为3mm,5mm和6mm,但在200kPa和400kPa下,其值分别为3mm,8mm和15mm。由此可知,在拉拔试验中格栅试样各点的位移是不均匀的,当U_1发生位移而U_2为0时,横肋1与横肋2之间的格栅被伸长,此时横肋3尚未受力,一旦U_3启动后,此时整个格栅试样都有位移了,表明格栅已全部受力。可以推测,此时的位移不仅有格栅的伸长,也有格栅的平移。土工格栅位移的这种渐进性发展,反映了格栅本身具有延性的特点,这是与金属格栅不同的。

曲线(U_2-U_3)代表横肋2与横肋3之间的伸长,对于荷载200kPa情况,当超过60min以后,该曲线的变化趋缓,接近90min后(相当于位移27mm)曲线变平;对于400kPa,相应的值为120min(位移36mm),此时,格栅只有平移而没有伸长了。对应于拉拔力,则也已基本达到稳定值,说明加筋的作用已达极限了。

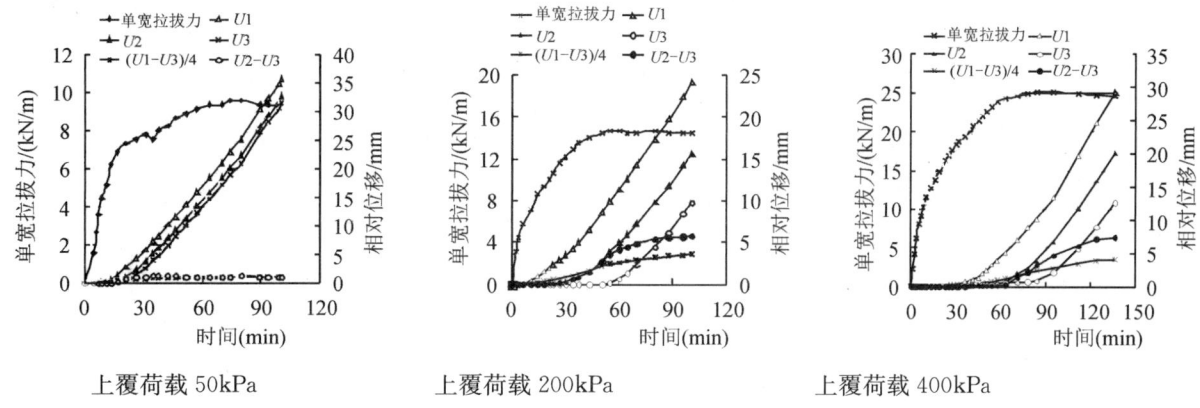

图 4.2-9　不同荷载下拉拔力和拉拔位移与各横肋位移关系曲线

从上面的分析可知,格栅在拉拔中的受力有一个渐进的过程,界面的屈服也是一个渐进的过程,U_1的启动说明第一横肋点的屈服,依此类推,而整个格栅的平移反映了界面的完全屈服。格栅的刚性越低,格栅越容易伸长,这种渐进过程就越显著,因此,格栅的刚性(模量)与它的加筋功能的发挥密切相关,可见筋材模量的重要性。

从图 4.2-9 的三个曲线图还可发现,在小的垂直荷载下(50kPa),三条横肋的启动比较一致,三条(位移－时间)曲线也十分靠近,说明它们的受力情况是比较均匀的。相反,当荷载较大时(＞200kPa),不均匀性就增加了;荷载越大,格栅不同部位受力的不均匀性越大,屈服的渐进过程也越显著;荷载越大,格栅充分发挥加筋作用的位移也越大,加筋作用持续的时间越长。可知,考察格栅加筋机理除筋材的变形外,还需注意垂直荷载的大小。

2.4.3　界面的强度

不同荷载下界面上平均摩阻抗力(或称摩阻力,它是指界面上各种阻止位移的各种阻力的总称,其中包括摩擦力、咬合力及其他阻力)与筋材位移(在此即时间)的关系示于图 4.2-10,界面的强度曲线示于图 4.2-11。

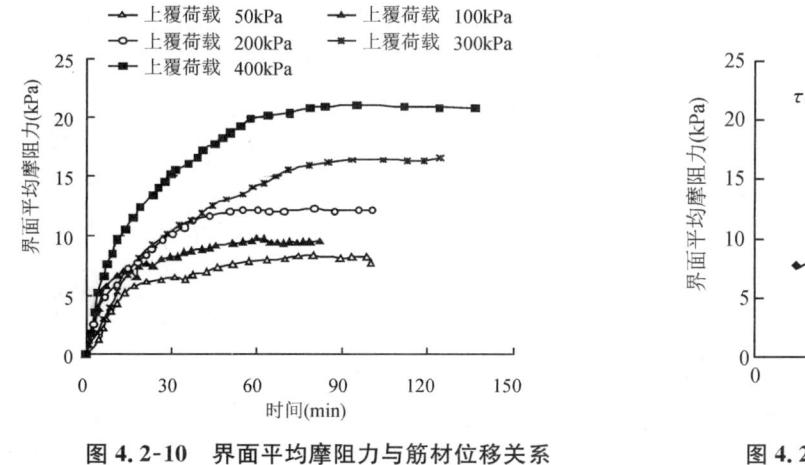

图 4.2-10　界面平均摩阻力与筋材位移关系　　图 4.2-11　界面的强度曲线

由图 4.2-10 看到,界面的应力应变曲线峰值不很明显,当曲线达到最大值后,进入塑性变形状态。但在其他几组试验中,应力应变曲线基本上属应变硬化型。若以筋材与土的位移的平均值[$(U_1+U_3)/2$]为横坐标,则几组不同含水量与不同干容重试样的平均拉拔力与平均相对位移的曲线如图 4.2-12 所示。

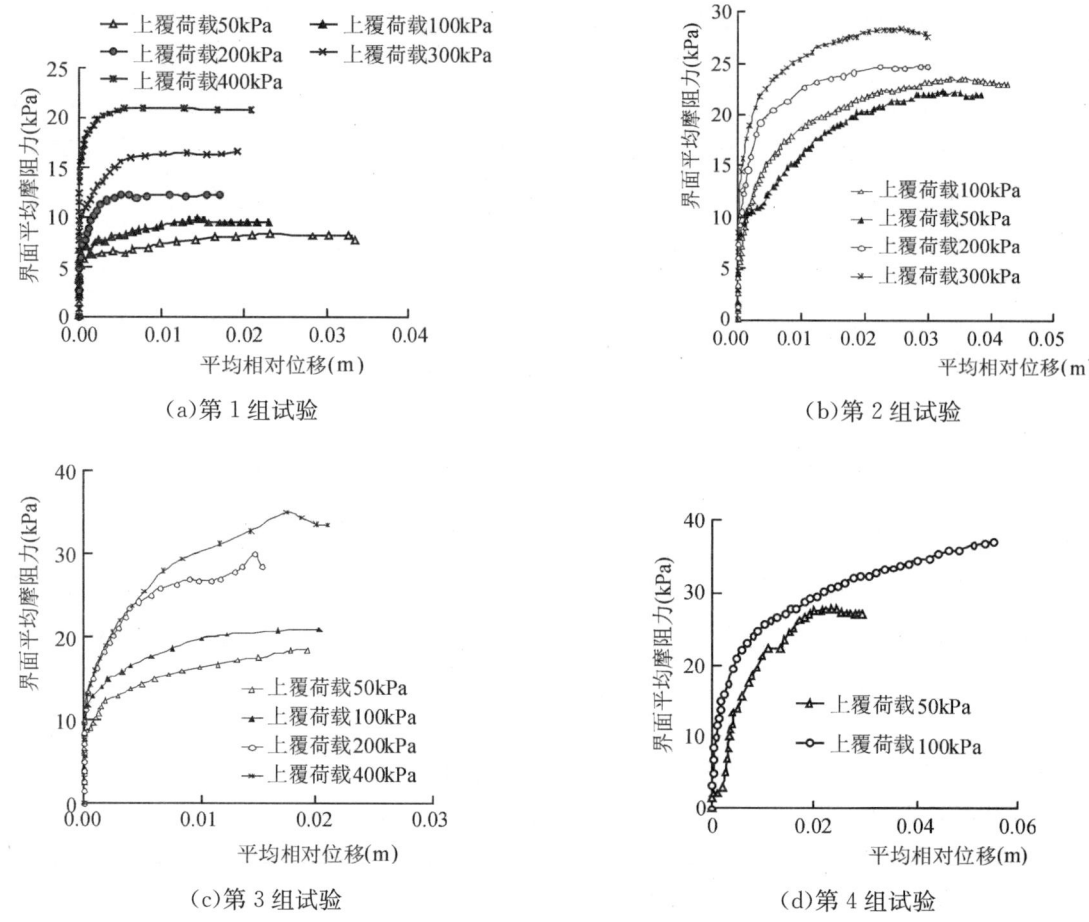

图 4.2-12 平均拉拔力与平均相对位移关系曲线

从中可看出,填土的含水量较高时,应力应变曲线接近弹塑性性状,含水量较低时,硬化型的特征比较明显,尤其当格栅本身的强度较高时。由此可见,界面的抗力确与填土的状态密切相关。不同状态下强度参数列于表 4.2-1。可看出,填土湿度主要影响似凝聚力,而干密度则更多地影响似摩擦角。

表 4.2-1　　不同填土状态、不同格栅类型的界面强度参数

试验组别	格栅类型	含水量 w(%)	干密度 ρ_d(g/cm^3)	似凝聚力 C_Q(kPa)	似摩擦角 φ_Q(°)
1	单向 PE50	18	1.65	5.6	2.2
2	单向 PE50	14	1.65	19.0	1.8
3	单向 PE80	14	1.65	17.3	2.5
4	单向 PE80	14	1.80	18.4	10.6
5	双向 PET	18	1.65	12.6	4.7

2.4.4　界面上的法向应力和剪应力

前面已经提到,界面的特性取决于界面上的应力和应变,因此,这是很重要的一个指标。界面屈服过程的渐进性和不均匀性反映的是应力应变的变化和不均匀性。

界面上的应力分析采用数值模拟方法进行。所采用的数学模型如下:根据拉伸试验,图(4.2-13),考虑到工程中格栅的应变不会很大,故格栅模拟为线性材料。根据拉拔试验,当上覆荷载不大于 200kPa 时,界面的特性接近弹塑性特性,故以理想弹塑性模拟。

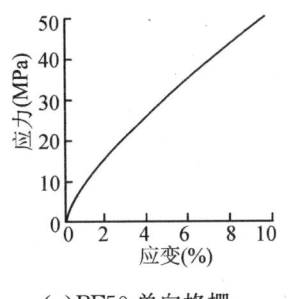 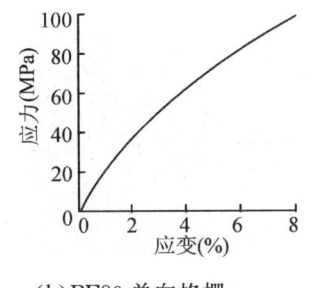 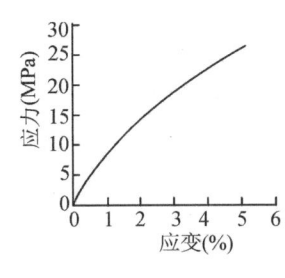

(a) PE50 单向格栅　　　　　　(b) PE80 单向格栅　　　　　　(c) PET 双向格栅

图 4.2-13　三种土工格栅的拉伸曲线

当界面摩阻力小于抗剪强度时,它与筋材相对位移为线性关系。

数值模拟的对象为土工格栅在膨胀土中的拉拔过程,以其与拉拔试验成果对比。填土尺寸为 600mm×600mm×600mm,格栅置于填土中间,宽 450mm,埋入土中的长度为 590mm。填土顶部施加均布荷载。数值模型网格如图 4.2-14,坐标 X 轴为格栅拉出方向。拉拔结束时填土中竖向应力分布的云图示于图 4.2-15。

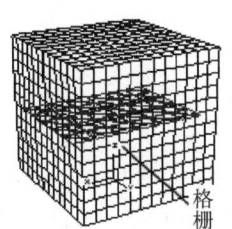 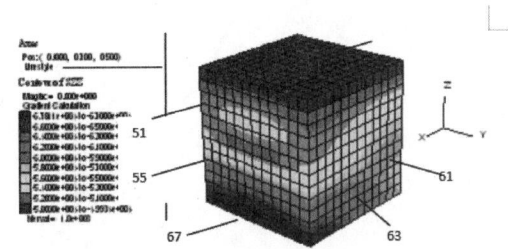

图 4.2-14　拉拔试验数值模型　　　图 4.2-15　拉拔结束时填土中竖向应力分布云图(上覆荷载 50kPa,云图中数字系压力大小 kPa,)

土中的格栅在界面屈服时的法向应力分布如图 4.2-16(a)和(b)所示。可见法向应力分布并不均匀,拉拔端较小,而最大值靠近末端(自由端),最大与最小相差 25% 左右。但这种不均匀是在拉拔试验过程中发展的,如图 4.2-16(c)所示,这可能与试验装置的结构有关。

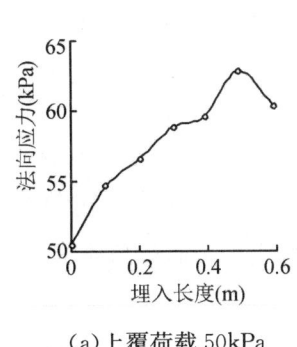 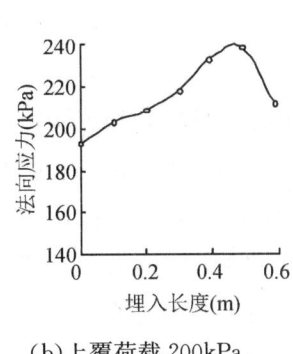 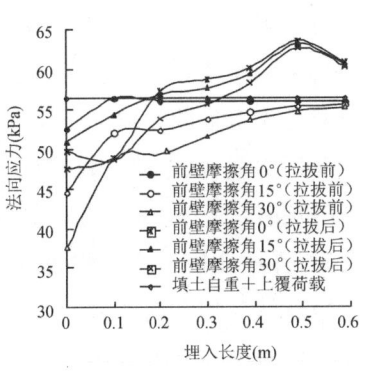

(a) 上覆荷载 50kPa　　　　(b) 上覆荷载 200kPa　　　　(c) 拉拔前后法向应力分布变化

图 4.2-16　格栅在界面屈服时的法向应力分布

格栅上法向应力的不均匀性也为其他学者所研究。

不难想象,法向应力的不均匀,也会使界面的摩阻力不均匀,图 4.2-17 为界面摩阻力分布的等值线,可以看出,靠近非拉拔端的摩阻力大些,为 36.8kPa,而接近拉拔端的值为 33.8kPa,相差 10% 左右。但是这个不均匀性与上覆压力有关,上覆压力越大不均匀性也越大。这与界面的屈服是一个渐进过程的结论是一致的。

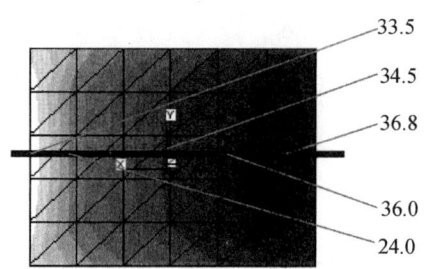

图 4.2-17　界面屈服时剪阻力的分布云图(50kPa)

然而,界面的剪阻力的分布,并不代表筋材本身所受应力的分布,研究表明,拉拔试验结束时,格栅的水平应力以拉拔端为最大,向自由端逐渐变小。由此必然导致格栅本身的应变也是拉拔端最大,自由端最小,图 4.2-18 示出了拉拔试验结束时格栅的拉伸变形分布。

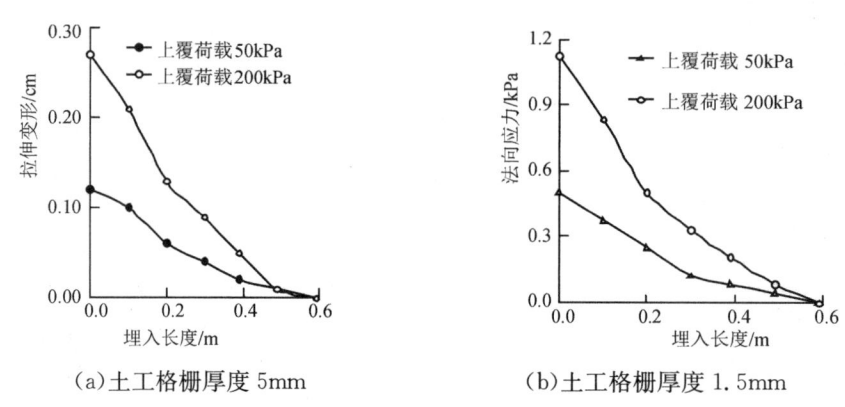

(a)土工格栅厚度 5mm　　(b)土工格栅厚度 1.5mm

图 4.2-18　拉拔试验结束时格栅的变形分布

可见,上覆荷载越大,土工格栅厚度越小,其拉伸变形量越大,但该拉伸变形在拉拔端最大,渐变至自由端为零,从而导致筋土相对位移沿筋材分布逐渐变小。

拉拔试验过程中,筋材存在变形和界面摩阻力是渐进地发挥的这个事实已为众多研究者证实。界面上抗力的组成有很多研究,且认识比较一致。格栅界面的剪阻力由表面摩擦力(纵肋与横肋)和横肋咬合力(嵌锁力)组成,当拉拔位移较小时,以摩擦力为主,随位移增大,咬合力占更大份额(可大于 60%),这种咬合力来自横肋的被动土压力。

概括起来,从上述的拉拔试验成果可对界面特性得到如下认识:

(1)筋材与土之间存在从静摩擦到动摩擦(滑移)的过程,这种过程是逐渐发生的。当界面上的剪力增大时,界面产生了相对移动的趋势,但滑移尚不明显,当拉拔点的剪应力达到最大值,拉拔端先屈服,然后屈服点从拉拔端向筋材的内部发展,即从横肋 1 依次向横肋 2、横肋 3 的屈服,当整个筋材都屈服时,筋材即产生对土的整体滑移,界面上的摩阻抗力也达到最大值。

(2)界面屈服过程的发展与界面上的垂直压力大小有关,垂直压力越大,越不容易屈服。筋材上的垂直压力是分布不匀的,而且在拉拔(或剪切)过程中是变化的,它也必然会使界面上的摩阻力产生一定的变化。

(3)界面上的摩阻抗力与筋材的特性和形状有密切的关系,对土工格栅而言,主要有格栅与土之间界面的摩擦力,以及横肋的阻力即咬合力,它与横肋的厚度有关。拉拔开始时,摩擦力起主要作用,随拉拔位移增加,咬合力越来越大,并占总阻力的主要部分(可达 80%),此时,摩擦力则基本保持常数。

而对土工织物则主要是界面的摩擦力,织物的摩擦系数要比格栅表面的摩擦系数大。

(4)界面上的剪阻力分布也有一定的不均匀性,但不很严重。应当说明,界面上的阻力与筋材本身所受的剪力并不是一回事。

(5)格栅各点的位移也是不均匀的，在拉拔端处位移最大，渐变到格栅末端最小或为零，该位移值还与垂直压力有关，压力越大，位移越大。

(6)填土的类型和密度对界面特性的发挥影响很大，粒状土的拉拔效应更强；同一种土，密度越大，拉拔阻力越大。

2.5 复合加筋土的性状研究

前面已研究了筋材以及筋材与填土界面的特性，这里进一步讨论整个复合加筋体的特性（包含筋材、填土和界面）。研究方法采用室内试验和数值分析，同时考虑工程实际的性状。

2.5.1 复合加筋土应力应变性状试验研究

汪明元[12]、丁金华[13]等的试验采用膨胀性凝灰岩风化土作为填土，筋材采用PET双向格栅，试样尺寸为101mm×200mm，对不同加筋层数的土样进行了无侧限和三轴固结不排水试验，以研究复合土体的应力应变、破坏模式、加筋效果和强度的影响因素，并与相应的非加筋土作比较。

图4.2-19为无侧限试验的应力应变曲线，应变软化程度随筋材层数的增加而减弱，而峰值应变随筋材层数的增加而增加，表明土体抵抗破坏的能力显著增强。同时，强度峰值的大小也随加筋层数增多而加大，尤其当筋材由1层增至3层时，可见加筋对土体性状影响之大。

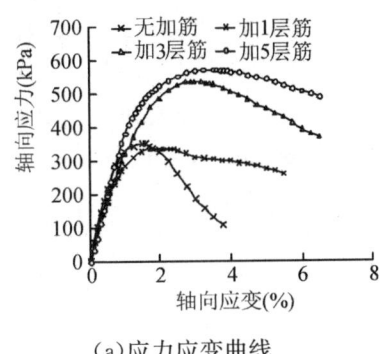
(a)应力应变曲线

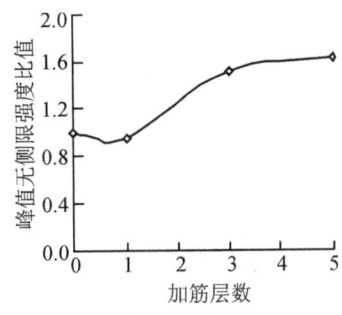
(b)峰值与加筋层数的关系

图4.2-19 不同加筋层数的无侧限压缩试验成果

但加筋层数对切向刚度的影响有限，因为当应变小于0.5%时，不同层数的曲线几乎重叠在一起。还应指出，上述的特性还与土的含水量关系密切，含水量低于最优含水量时(15%)，这种特性较显著，但含水量超过最优含水量(16%)后，加筋层数的影响就减弱了(图4.2-20)。土的密度也影响加筋土的强度，但这种影响只有在3层加筋后才表现得比较明显(图4.2-21)。

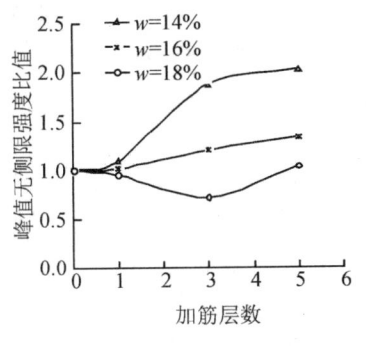
(a)加筋土和非加筋土峰值应变之比

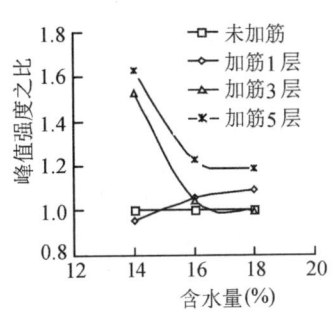
(b)加筋土与非加筋土峰值强度之比

图4.2-20 含水量对加筋效果的影响

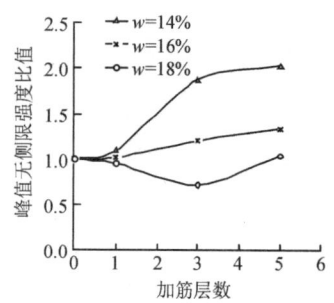
(a)加筋土和非加筋土峰值应变之比

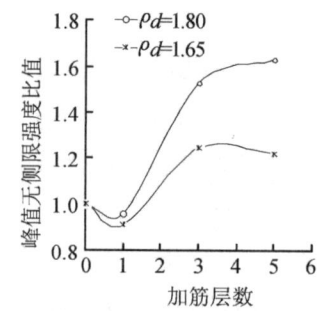
(b)加筋土与非加筋土峰值强度之比

图 4.2-21 干密度对加筋效果的影响

有侧限的固结不排水剪试验的应力应变曲线示于图 4.2-22。可以看出，加筋土属应变硬化型，与一般土体的弹塑性特性不同，强度的峰值也随加筋层数的增加有所提高。

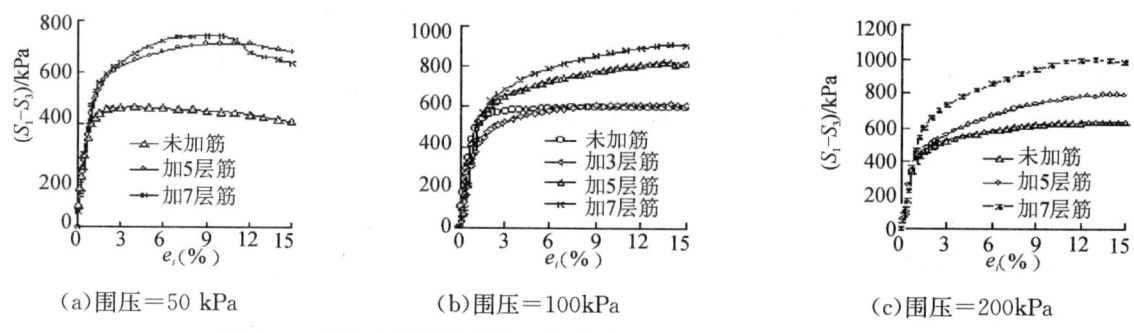

图 4.2-22 不同层数的加筋膨胀土试样应力应变曲线(饱和 CU 试验)

有侧限的固结排水剪试验的应力应变曲线示于图 4.2-23，曲线都属应变硬化型，且硬化程度随加筋层数增多有所加强。强度参数也与加筋层数有关，但其似凝聚力的影响似乎更大些(图 4.2-24)。

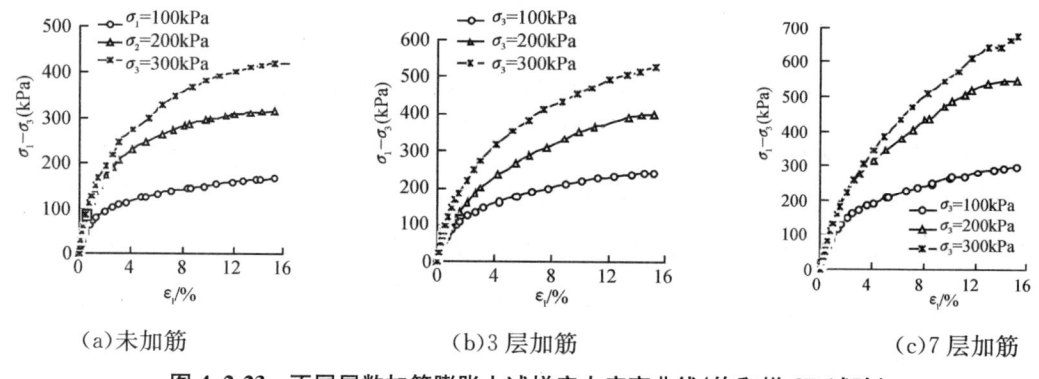

(a)未加筋　　　　　　(b)3 层加筋　　　　　　(c)7 层加筋

图 4.2-23 不同层数加筋膨胀土试样应力应变曲线(饱和样 CD 试验)

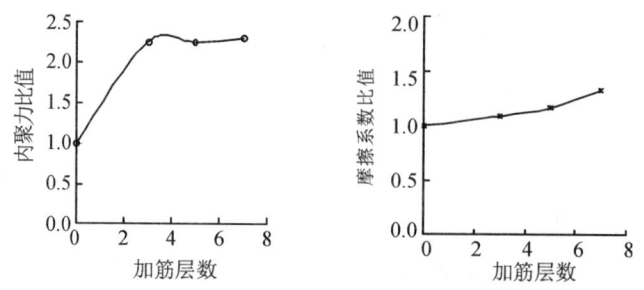

图 4.2-24 加筋层数对强度参数的影响

2.5.2 复合加筋土性状的数值分析

数值分析的成果进一步验证了上述的加筋土特征,这是与加筋后土体的应力应变特性变化有关的。根据数值分析,非加筋土及加筋土破坏点的剪应变率分布见图 4.2-25,剪应变率定义为单元广义剪应变与单元尺度之比,可较准确反应土体中剪切带分布与破坏模式。

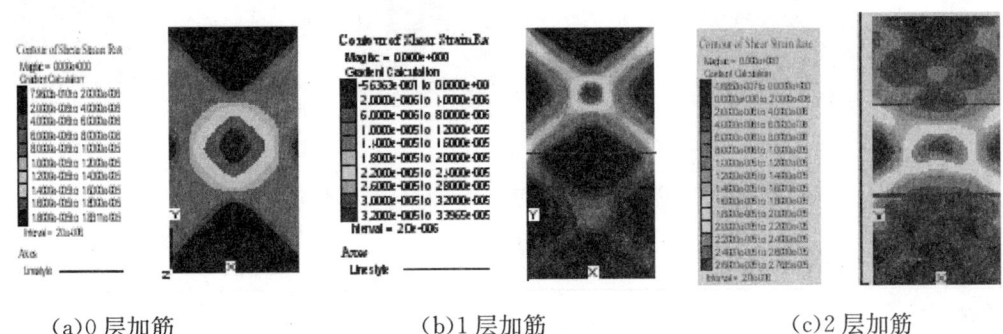

(a)0 层加筋　　　　　　(b)1 层加筋　　　　　　(c)2 层加筋

图 4.2-25　不同加筋层数加筋土破坏状态下的剪切带

可以看出,未加筋土体有 2 条贯穿的对称剪切带,剪应变明显集中于剪切带内,2 条剪切带交汇处,即土体中心位置的剪应变率最大,土体破坏时具有明显的贯穿剪切面,与上述的试样实际破坏情况一致。

在土体中部加 1 层土工格栅后,加筋土剪切带的发展受到抑制;筋材阻断了贯穿的对称剪切带,在筋材上下部位各形成 2 条对称的剪切带,且其破坏时的剪切带剪应变率明显大于未加筋土。可见,加筋对土体应力场的影响,改变了土体的破坏模式,并引起土体承载能力的提高。

对 2 层加筋土体,剪切带出现在 2 层土工格栅所夹的中部,该部位的土体可能首先剪切破坏。与中部 1 层加筋土的剪切带相比,上下层土工格栅分别阻断了中部 1 层加筋时土体上半部和下半部的剪切带扩展。

而当筋材层数更多时,加筋作用使土体的破坏荷载及其对应的应变得以较大提高,破坏时土体内大部分区域的剪应变率明显较小,土体无明显的剪切破坏面。

反映在土体的变形上,因筋材的约束,水平变形等值线在筋材部位出现了拐点,如图 4.2-26,显示出格栅对土体的侧向变形具有明显的约束效果;加筋土的水平变形最大值比未加筋的小,范围也缩小了;而试样的竖向变形则因筋材的张力膜效应,使其不均匀程度有所降低,如图 4.2-27。

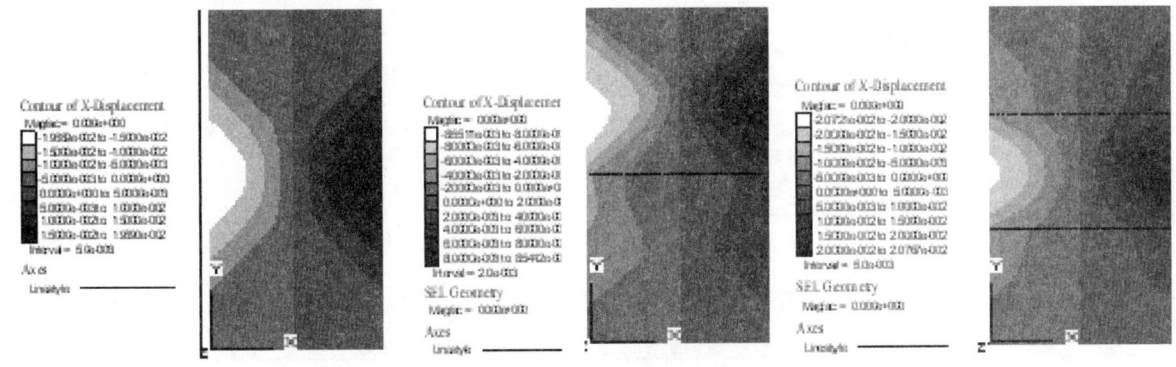

图 4.2-26　不同加筋层数加筋土试样破坏时的水平变形云图

从上述分析可知,土体加筋后,其应力应变特性发生了改变,随变形增加,加筋土往往不发生软化,即使有时出现峰值,其对应的应变也较大。筋材的存在改变了土体的破坏形状,剪切带不再连续或者在筋材之间形成多条剪切带,从而使土体抵抗剪切破坏能力显著增强。

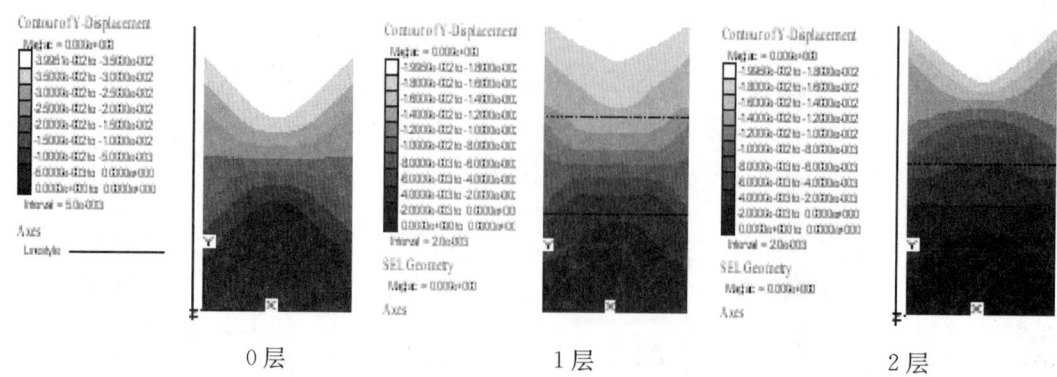

图 4.2-27 不同加筋层数加筋土试样破坏时的竖向变形云图

2.5.3 复合加筋土的破坏试验

加筋土的破坏模式因筋材的存在而与一般土有很大不同,其典型的一个实例如图 4.2-28 所示[12]。

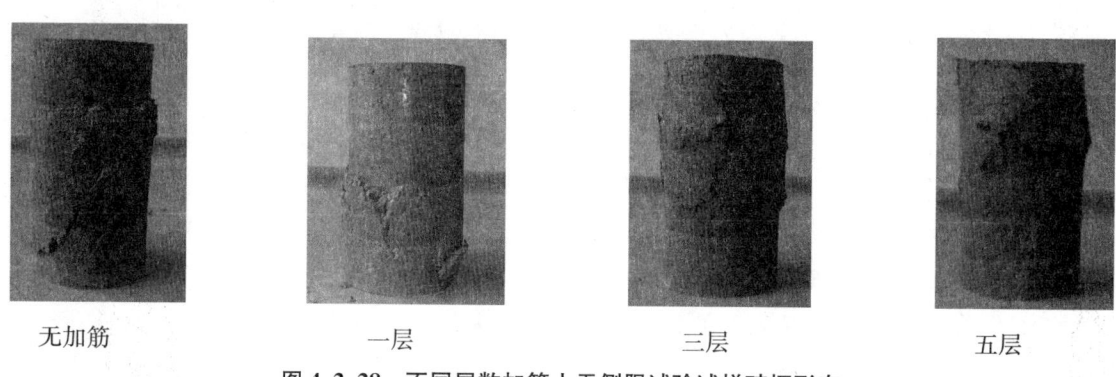

图 4.2-28 不同层数加筋土无侧限试验试样破坏形态

从图看出,加筋土的破坏形态与均匀的无加筋土不同,受筋材阻隔,连续的破裂面变为多层小破裂面,试样的侧向鼓胀不明显,抗剪切的能力也因此增强。故对实际土坡,如果土中的筋材未被剪断,则穿过筋材的滑弧就不会产生,故常规的土坡稳定滑弧分析法就不适用。

有侧限的固结不排水剪试验和固结排水剪试验的应力应变曲线示于图 4.2-29。

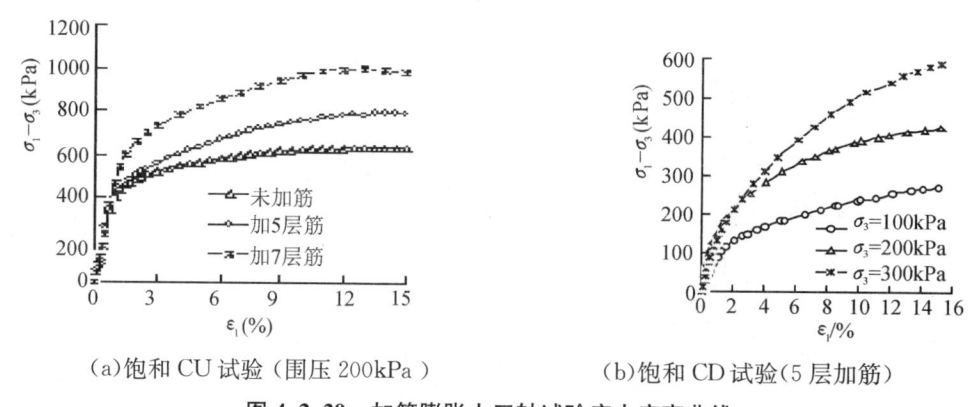

(a)饱和 CU 试验(围压 200kPa)   (b)饱和 CD 试验(5 层加筋)

图 4.2-29 加筋膨胀土三轴试验应力应变曲线

可以看出,未加筋的 CU 试验曲线一般呈弹塑性或轻微硬化特性,加筋土则属应变硬化型,强度的峰值也随加筋层数有所提高;而 CD 试验则均呈硬化特性,只是其硬化程度随加筋层数而提高。强度参数也与加筋层数有关,只是似凝聚力的影响似乎更大些。加筋土的这些特征是与加筋后土体的应力应变特性的变化密切相关。

总之,土体加筋后其应力应变特性发生了改变,随变形的增加加筋土往往不发生软化,即使有时出现峰值,其峰值应变也较大。筋材的存在也改变了土体破坏的形状,剪切带不再连续,或者在筋材之间形成多条剪切带,从而使土体抵抗剪切破坏的能力增强了。

2.6 加筋的间接影响区机理

2.6.1 直接加筋作用和间接影响区

加筋机理的研究是合理设计方法的基础,不清楚筋材在加筋土中如何工作,就不可能得到合理的设计方法。国内外对加筋机理研究的成果相当丰富,但认识不尽一致,大致可归纳为两类:即着眼于界面的和着眼于整个复合土体的。

第一类解释在当前比较流行,它的观点是筋材的作用主要是通过筋材与填土之间的界面对土体的约束而发生的。界面上的摩擦力阻止了土体的过大侧向位移,或者说,作用于土体上的部分压力转移到筋材上,从而降低了土体的压力,增加了土体的稳定性。从这个观点出发,似乎只要在筋材与土的接触面上增加一个摩阻力,其余的计算都与非加筋土结构并无二致。这样,加筋土问题就变得非常简单,所以也十分流行。与此类似,侧向应力增量说(增加一个 $\Delta\sigma_3$)等理论,都属于这一类。

这个观点虽有一定的道理,但不够全面,因为仅仅界面阻力的影响,按目前流行的稳定分析方法计算,整个加筋土体抗滑安全系数提高仅为 5%~7%,这与加筋的实际效果不相符合。

第二类解释在国内较早提出的是笔者于 2006 年在《岩土力学与工程学报》发表的一篇文章,在该文中[14],笔者提出了加筋的机理为:界面的直接加筋作用和界面两侧一定范围的土体由于应力场的变化而引起的间接加固作用的观点,这时,在筋材两侧一定范围内存在加筋的间接影响区。故这种理论不仅着眼于接触面的效应,而且考虑筋材后形成的复合体改变了原土体的应力场和应变场,并改变了土体的破坏模式。筋材的存在会影响甚至阻断破坏圆弧滑动面的发展,剪切带的形状也会发生很大的改变,这些都有助于土体抵抗破坏能力的增强。

当然,影响这种机理的因素很多,其中筋材的刚度和类型以及加筋结构物的形式都会产生影响,都需要考虑。

2.6.2 间接影响区机理的试验研究和数值模拟

文献[12][13]对此进行了论证,图 4.2-30 是一个很有说服力的试验。该试验是在叠环式拉拔试验仪上完成的,当置于试样中间的格栅受拉时,如果界面上下的所有叠环均被带动并产生一定的位移量,此即表明,界面上下所有的土颗粒正在变位,发生移动、翻滚、错动等变化,不管法向压力是 50kPa 还是 300kPa。试验发现这种带动的影响范围各在 30cm 左右[30]。为了弄清这个机理,文献[28]进行了加筋土体的位移场和应力应变的数值分析,图 4.2-31 为拉拔时格栅位移矢量的分布图。

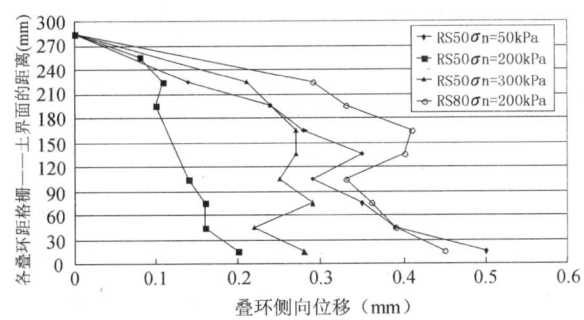

图 4.2-30 拉拔试验各个叠环的侧向位移分布

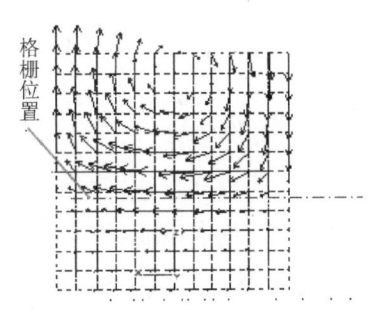

图 4.2-31 加筋土位移矢量竖向分布

位移矢量的分布是与应力和应变分布有关的,图 4.2-32 系 2 层加筋试样的应变和应力分布,应变的分布与应力的分布对应得很好,而从图 4.2-32(c)中更看出主应力矢量的偏转情况,而且其值也增大了。

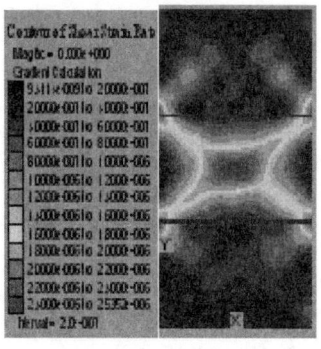 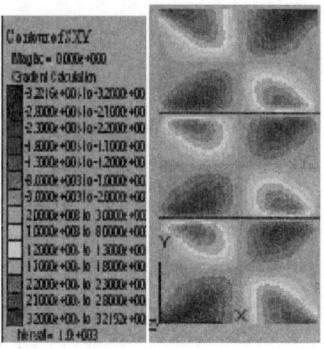 

(a)剪应变分布　　　　　　(b)剪应力分布　　　　(c)主应力矢量

图 4.2-32　2 层加筋土破坏时的剪应变、剪应力和主应力矢量的分布

还可以看出,在拉拔过程中,土体的剪应力在界面附近集中,改变了土体的应力场,导致破坏模式的变化,并提高了土体的强度。同时,界面摩阻力引起土体中最小主应力增大,使加筋土的强度和承载能力提高,在应力应变方面,呈现应变硬化特征。在界面摩阻力发展过程中,因应力状态变化,界面摩阻力历程出现反弯段,且界面屈服后界面摩阻力又再度升高,使加筋土呈硬化特征,如图 4.2-33 所示。加筋层数越多,硬化程度越高,但随围压增大,加筋对于土体强度提高的效果就逐渐减弱了。

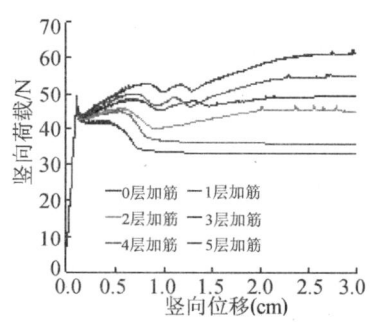

4.2-33　加筋土的荷载与位移关系曲线

在经历了许多计算分析后,对加筋在土体中的间接影响区范围有了定量的概念:加筋对最小主应力的影响区域为 35～40cm;对剪应力的影响区域为 20～25cm;加筋导致主应力方向偏转的区域为 20～25cm,对土工格栅加筋膨胀土,加筋对水平位移的影响区域在 40～45cm 范围,这些数值有助于设计中确定加筋材料的合理间距。

总的看来,筋材在加筋土体中的影响范围大致在界面上下各 30cm 左右,与上述的试验结果基本一致。但这个影响区域与填土的种类、密度、界面的强度和刚度、荷载的大小、受荷的方式等诸多因素有关。当界面的强度参数降低,界面的刚度降低,填土的强度参数降低都会显著地影响范围的大小。

从以上的加筋机理分析可知,加筋的作用主要来自界面(据研究,这种界面的厚度约为土颗粒直径的几倍或几十倍),它产生了两方面的影响:界面本身的阻力对土体侧向变形的约束作用,和对土体一定范围的应力状态的改变。前者就称为直接加筋作用,而后者则可视为对土体的间接加固作用。

3　加筋土结构类型及破坏形式

3.1　加筋土结构类型

加筋土结构一般可以分为 4 个大类:加筋土坡、加筋挡墙、加筋地基以及其他加筋结构,如桩网结构等。这些结构虽然都采用加筋材料对结构中的土体进行加筋,以达到加固结构物的目的,但它们的工作机理、所用的材料、计算方法、施工程序等都有一定的区别。其中,加筋土坡与加筋挡土墙在加筋机理上虽有相通之处,不是可以截然分开,但仍各有特点。一般是将坡角大于 70°的加筋土结构物称为加筋土挡土墙,坡脚角小于70°的叫加筋土边坡。加筋土坡与加筋挡土墙设计方法不完全一样,按坡设计的加筋土结构物,规范推荐采用土体滑动的极限平衡法,如各种条分法进行稳定分析;而对于墙则主要采用滑动楔体法的极限平衡法进行分析,一般采用朗肯与库仑土压力理论方法。此外,在土料使用方面,加筋挡墙回填料尽量使用粗粒土料,而加筋土坡常使用当地土料。

3.2 各类加筋土结构的破坏形式

3.2.1 加筋土坡

土坡的失稳主要可分为滑动面通过地基与不通过地基两种情况。滑动面通过地基,又可分为承载力不足的坡脚隆起,及滑动面同时通过土坡与地基的总体转动失稳。对于这种情况,首先需要加固地基,具体的方法包括预压排水固结、软土地基加筋、桩网结构加固等。加筋土坡的稳定分析又包括整体(外部)失稳、复合失稳和内部失稳的分析,如图4.2-34。

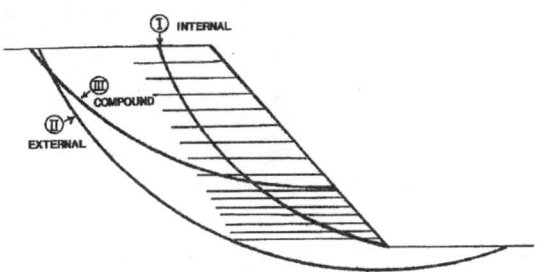

图 4.2-34 加筋土边坡的三种破坏形式

加筋土边坡的外部(或者整体)失稳又可分为加筋土体整体滑移、加筋土与地基土整体深层滑动、局部地基承载力破坏和地基过大沉降等,如图4.2-35所示。这里仅涉及加筋陡坡结构,不涉及地基问题,对软弱地基及其处理将在后面讨论。

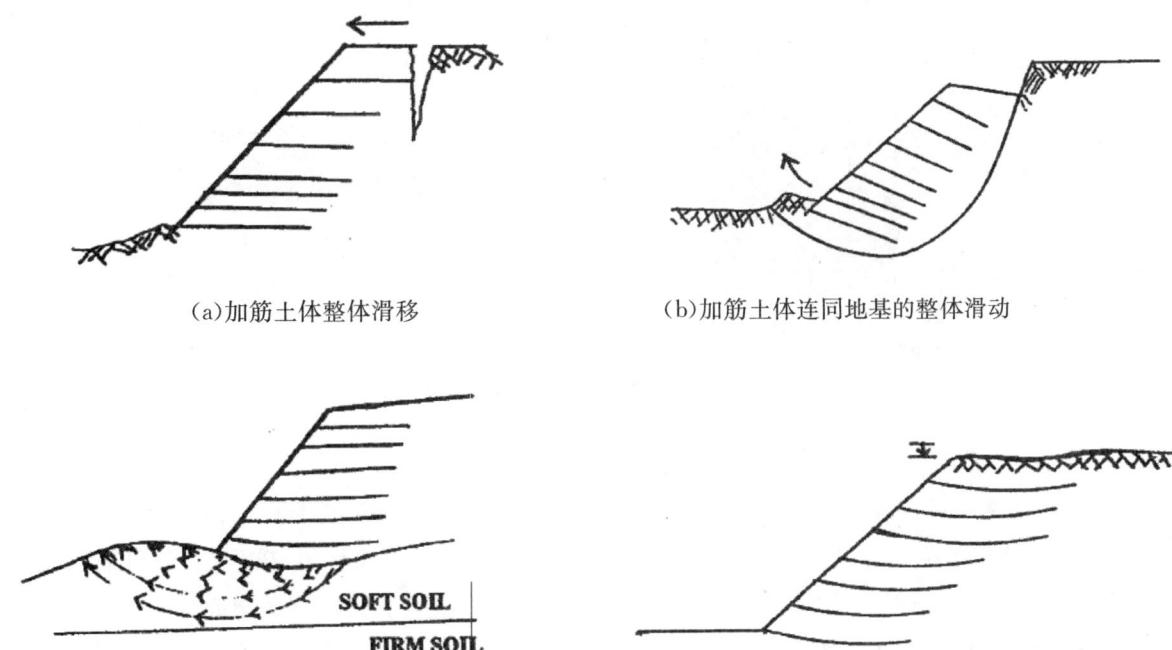

(a)加筋土体整体滑移　　　　　　　　(b)加筋土体连同地基的整体滑动

(c)软土地基的局部承载力破坏(侧向挤出)　　　　(d)过大的地基沉降

图 4.2-35 加筋土坡外部失稳的几种形式

1998年沈珠江认为[3]：当筋材具有足够强度，不发生断裂或拔出等情况下，加筋体的圆弧滑动破坏是不可能出现的，唯一可能的破坏形式是伴随沉降而发生的横向挤出。但他来不及对此进行论证。杨锡武等的离心模型试验证实[5]，由于筋材的存在，土体中原有裂缝开展的方向会发生变化，以致不可能形成弧形的滑动面，这个成果或许有助于说明上述分析的正确。但笔者认为：这个现象是有条件的，如果筋材的刚度不够大，且筋材在滑弧部位的剪应力又较大，使筋材发生较大的拉伸应变，则滑弧状的破坏仍有可能，若干试验和数值分析的结果，也证实了这点。这里有两种情况：①当筋材的刚度足够小，可形成滑弧状破坏面；②当筋材刚度足够大，滑弧可能越出加筋区的范围，或会使滑弧面不连续，或发生塑性挤出。为证明这个论点，引用几个试验成果：图4.2-36为低刚度筋材的加筋土体，滑弧破坏仍可能形成。

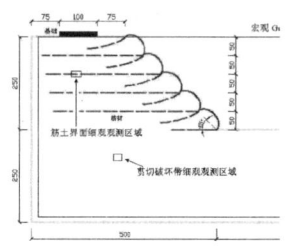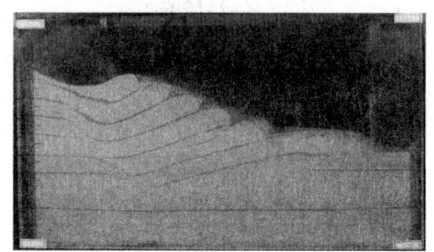

图 4.2-36　低刚度筋材加筋土体破坏模式的离心模型试验

另一组试验是低刚度筋材和高刚度筋材的土堤的对比[15]，对前者，单一的滑弧可能发生；而对后者，滑弧被高刚度筋材破坏，对筋材之间的土体只可能是挤出，如图4.2-37。

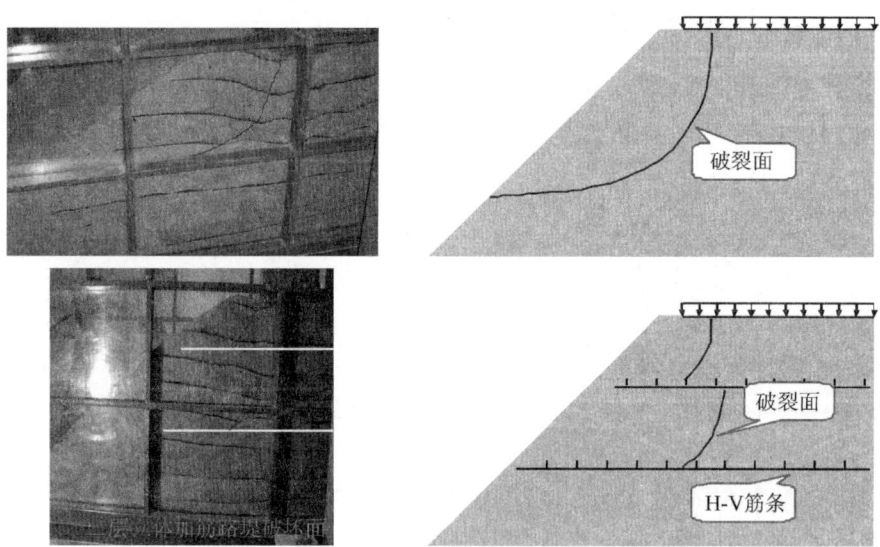

图 4.2-37　不同刚度筋材加筋土坡的破坏面形状

3.2.2　加筋土挡墙

研究人员对加筋挡墙潜在破裂面的形状看法不一。国外认为，墙的回填土的破裂面形状与加筋材料的刚度有关，美国FHWA认为当采用设计荷载下应变超过1%的柔性筋材时，破裂面接近朗肯破裂面，即破裂面为一直线，与水平面的交角为$45°+\varphi/2$，相反若采用刚性金属筋材，则破裂面为$0.3H$折线形，如图4.2-38。作用于挡墙上的土压力，AASHTO采用朗肯土压力，而美国混凝土砌体协会NCMA则采用库仑土压力，并且取决于水平应变的大小，说明也与筋材的刚度有关。我国通常采用塑料土工格栅或有纺土工织物等拉伸模量相对较低的材料作为加筋材料，故《土工合成材料应用技术规范》明确墙内土中潜在破裂面接近朗肯破坏面;若对于模量较高、伸长率较低的金属带,墙内填土中的潜在破裂面定为$0.3H$折线形,这与美国的思路是一样的。有人结合多个加筋挡墙现场试验结果,根据拉筋最大拉力连线确定的潜在破裂面基本接近$0.3H$折线形,但由于实测工作应力状态下筋材的最大应变一般均小于1%,因此,该结论是否适用于筋材变形较大的情况,尚待研究。国内外也有观测资料认为,破裂面近于对数螺旋线。此外,潜在破裂面的位置与墙面板的刚度也有关系。一般认为,对于柔性筋材,潜在破裂面位置接近于朗金破裂面,受墙面板相对刚度的影响不大;而对于刚性筋材,潜在破裂面受墙面板相对刚度和筋材相对长度的影响较大。

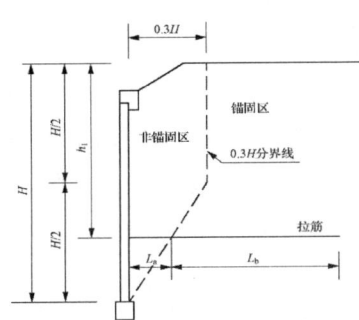

图 4.2-38　$0.3H$ 折线形的破裂面

3.2.3　加筋软土地基和软基上的加筋路堤

根据软土地基上加筋路堤的极限状态(BSI,2010),软基上加筋垫层路堤的可能破坏模式如图4.2-39所示。

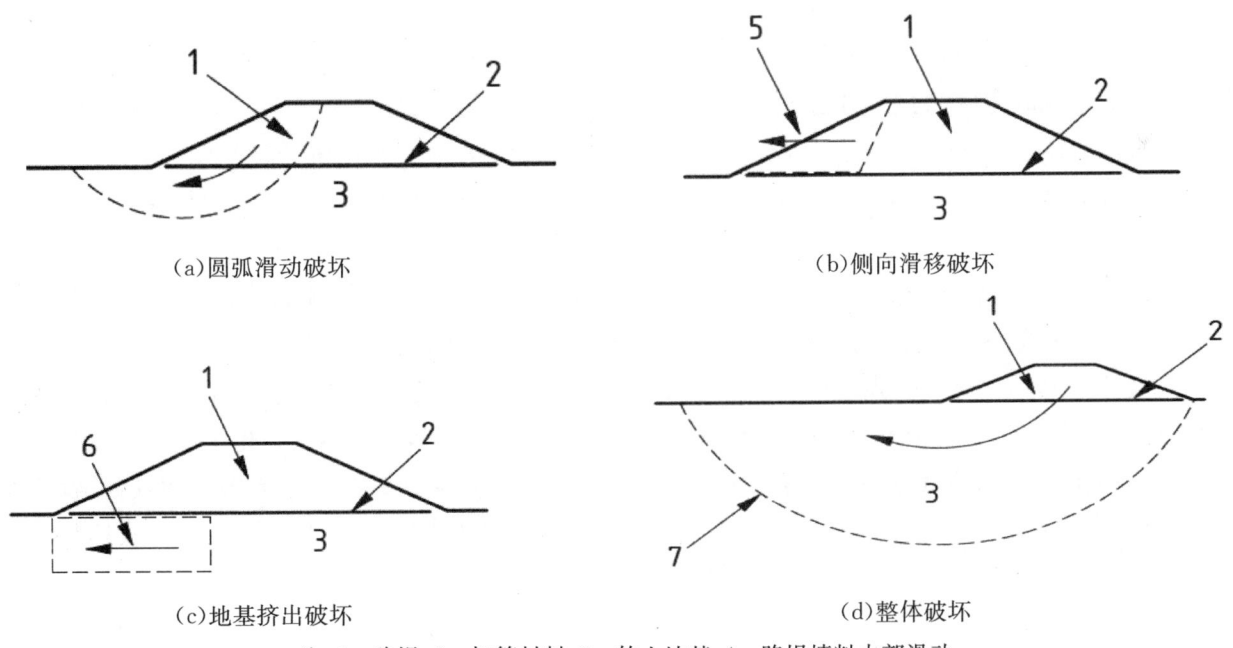

注:1—路堤;2—加筋材料;3—软土地基;4—路堤填料内部滑动;
　　5—填料水平滑移;6—地基侧向挤出;7—深部圆弧滑动

图 4.2-39　软基上加筋路堤的破坏模式

图4.2-39(a)是路堤连同加筋地基的圆弧滑动破坏。这是由于筋材受到的拉力超过了筋材与土接触界面的抗剪强度,筋材发生拔出或拉断,使得滑动面上的抗滑力矩和下滑力矩之比小于临界安全系数,导致圆弧破坏发生;图4.2-39(b)是路堤边坡沿筋材表面的侧向移动,它主要是由于路堤填土与筋材之间的

剪阻力不能抵抗所承受的剪应力所致;图4.2-39(c)是由于筋材下地基土的强度过低,当软土层厚度不大时,地基软土也可能相对于筋材和路堤发生侧向挤出破坏,控制如图4.2-39(b)与4.2-39(c)所示两种破坏模式的关键因素是筋土界面的剪切强度;图4.2-39(d)是深厚软基中,由于地基承载力不足,导致加筋路堤和软土地基产生整体深层圆弧滑动。

除了上述破坏模式外,还可能由于结构物变形过大,超出了加筋路堤的使用要求的情况。它包括两种情况:一是加筋材料应变过大;二是路堤沉降过大。为控制这两种变形破坏的发生,要求选用刚度较大的筋材,或者结合其他软基加固方法进行综合处理。

3.2.4 影响加筋土结构破坏形式的主要因素

从上面分析可知,影响加筋土结构破坏的因素除筋材的拉伸强度外,主要有:筋材的刚度,填土的特性和压实度,以及加筋结构的形式(陡坡和挡墙,桥台,软基加固,桩网式地基等)。

在以往的国内文献中,对筋材拉伸强度讨论较多,筋材刚度涉及较少,而对填土的影响则基本没有关注,这与国外文献是不同的,其主要原因在于对筋材的变形这个重要的因素是否考虑。至于填土问题,则直接关系到界面的特性和筋材上应力应变的分布及其变化,如果不考虑这个关键性的问题,则就弄不清加筋机理,设计方法也不可能有实质性的进步。

上面提到,加筋土结构尤其是挡墙的设计中,侧向土压力是一个重要的数据,而侧向土压力又与加筋土体的变形有关。对于柔性的土工合成筋材,有足够的变形而导致主动土压力的产生。但某些实测资料表明,在施工期间,筋材上的拉力可能超过主动土压力或静止土压力,这是因为填土压实时碾压机械的作用,使土具有超固结的特性,从而使筋材受力偏大,这种力会随时间而降低,但筋材的强度也应适应这种非正常的压力[15]。

至于界面的抗剪力,则不仅与加筋材料的特性有关,也与填土的特性和密度有关。

3.3 加筋土结构稳定分析内容

通常认为,加筋土结构稳定性丧失的校核有:内部型、外部型和混合型三种。

内部失稳是指破坏在加筋土体之内发生,这里又有破坏发生在筋材上(或界面上)和破坏发生在土体内之分。对前者,可能的破坏形式有筋材断裂、筋材拔出和筋材变形过大等。断裂和拔出破坏已众所周知,但筋材变形过大则较为生疏。实际上对刚度不高的筋材,这种现象就会发生,因为应力在筋材上的分布并不均匀,受力较大的部位变形必然较大,这就使滑动面有穿过筋材的可能。

对于破坏发生在土体内的观点也不大为大家所注意。所谓土的破坏可定义为:当土中存在连续的或近似连续的区域,在该区域中土的剪应变超过峰值强度对应的应变值,则认为土发生了破坏。专门进行的在均布荷载作用下挡墙试验的破坏中已观察到连续剪切区的存在。一旦土进入破坏,则墙也就破坏了,且达到了内部强度极限状态。Bathurst等人在RMC进行的挡墙足尺试验中发现:土的破坏是先于筋材断裂的。土的破坏的征兆表现在墙面突然发生向外大变形,墙面后的土直接下沉,同时筋材应变增大,在某些实例中,附加荷载的进一步增加将导致筋材的断裂和墙的崩坍。由此可知,在加筋挡墙的设计中,除了筋材的断裂、拔出和过大应变外,墙后填土的破坏也应作为一种极限状态在设计中加以考虑。上述的Bathurst研究再次强调了一个重要的观点,对加筋土结构不仅应关心筋材与土的界面效应,而且应扩展到土体的作用和影响上,即把土体的破坏也作为复合加筋土体的一个破坏状态加以考虑,这是目前加筋土体性状研究中的一个新观点。这也意味着加筋不仅增强了界面处的阻力,而且也间接地增大了整个土体的强度。这是与加筋机理中的间接影响带观点一致的[14]。

外部失稳是指滑动面发生在加筋土体以外的失稳,此时加筋体看作刚体,稳定分析方法与非加筋体的稳定分析相似。其校核的内容包括抗水平滑动稳定性,抗深层圆弧滑动稳定性和地基承载力校核。

混合失稳是指滑动面部分在加筋体内,部分在加筋体外的失稳。发生这种破坏是与界面的抗剪力(摩擦力与咬合力),筋材的间距和土体的强度等因素有关的。

实质上,在加筋结构的稳定分析中,只要对可能发生的破坏形式进行搜索,找出最小安全系数潜在滑动面就行,无须区分内部的与外部的了。据此,把加筋土结构的稳定分析分为筋材的稳定性分析和加筋土体的稳定性分析两类或许更符合实际。在德国2010年的新规范《EBGEO 2010》中,也建议不再区分内外稳定分析,因为它不可能发现所有的可能破坏机理,他们强调设计者必须考虑整个结构的所有破坏机理,贯穿或未贯穿加筋结构的,以及沿每层筋材滑动的机理,这就导致新版EBGEO中不再区分内部外部[16]。

上面的稳定分析均采用极限平衡(如FHWA-NHI-003-043)法,但许多实测已证明,所有计算方法所得的筋材特性均高于观测值,因此计算结果都是保守的。

3.4 加筋土结构破坏的离心模拟试验研究

目前,土工合成材料与土相互作用的机理未完全明确,本构模型和计算方法不够完善,同时新型加筋材料和结构形式层出不穷。离心模型试验作为岩土工程问题的重要研究手段之一,可为加筋土结构机理研究以及设计和加工提供试验依据。国内外学者采用离心模型试验技术研究了加筋土结构物的工作机理、变形特征和破坏模式,为认识加筋土结构的工程特性作出了重要的贡献。在加筋土结构离心模型试验中,加筋材料的选择、筋材应变的监测等是关系试验成败的关键内容。

3.4.1 加筋材料的模拟和监测

(1)加筋材料模拟

在离心模型试验中,加筋材料的模拟主要考虑筋材的应力~应变关系相似以及筋材跟土颗粒之间摩擦咬合特性相似等,加筋体结构的外形尺寸和结构型式符合相似的比尺关系。下面以土工格栅为例进行说明。

假设原型和模型的格栅材料特性相同,格栅材料自身的本构关系为$\sigma=E\varepsilon$(E为格栅材料自身的弹性模量),当原型与模型的拉应力相等(即$\sigma_m=\sigma_p$)时,原型与模型的应变也相等$[(\varepsilon_g)_m=(\varepsilon_g)_p]$,如图4.2-20所示,模型格栅与原型格栅拉伸强度的比尺关系为:

$$\frac{(T_g)_m}{(T_g)_p}=\frac{E\varepsilon A'_m}{E\varepsilon A'_p}=\frac{E\varepsilon A'_m}{E\varepsilon(NA'_m)}=\frac{1}{N} \tag{4.2-1}$$

式中,T_g——格栅的拉伸强度,$T_g=\sigma A'$。

同理,格栅的拉伸强度可表示为$T_g=J_g\varepsilon$(J_g为割线模量),可得$(J_g)_m/(J_g)_p=1/N$,即原型材料的割线模量为模型材料割线模量的N倍。土工合成材料的比例尺关系见表4.2-2。

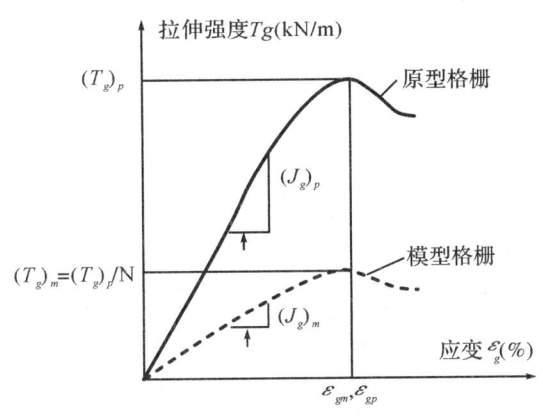

图4.2-40 理想的格栅模型材料与原型材料的拉伸应力应变特性

表 4.2-2　　土工合成材料模拟的比尺关系

材料性能参数	N_g 模型模拟材料与原型的比尺关系
材料应变 $\varepsilon(\%)$	1
线性尺寸 a、b、t(m)[a]	1/N
位移 s(mm)	1/N
筋条截面积 A (m^2)[b]	1/N^{2c}
单位长度筋条截面积 A'(m)[b]	1/N
拉伸强度 T_g(kN/m)	1/N[c]
割线模量 J_g	1/N
拉拔力 P(kN)	1/N^2
咬合应力 τ_b(kN/m^2)	1
土与加筋材料的摩擦角 Φ_{sg}(度)	1

* a、b 为格栅在纵向和横向的形状尺寸，t 为格栅筋条厚度或土工织物的厚度；

** 不适用于土工织物；

*** $A_m/A_p=1/N^2$；$(T_g)m/(T_g)P=1/N$

(2)离心试验中筋材应变的测量

在加筋土结构离心试验中，筋材应变的测量对于掌握筋土作用机理和分析试验成果具有非常重要的意义。按照测量原理，可分为直接测量和间接测量两种方法。其中，直接测量法是采用电阻应变片或者光纤应变计来测量土工合成材料的应变与变形；间接测量法是通过其他辅助手段间接换算加筋材料的应变，主要是通过图像处理技术的辅助手段。其中，采用电阻应变片是目前离心试验最常采用的测量方法，是将电阻应变片粘贴在被测物的表面，利用应变片的电阻随着被测物机械变形而变化的原理，记录被测点的应变变化过程。其测量结果是否可靠主要取决于：粘贴应变片的胶体能否保证应变片与被测物协同变形，即胶体材料的刚度应小于被测物本身的刚度；胶体材料能否确保应变片与被测物连接的耐久性。离心试验中土工格栅的模拟材料应具有一定的粘贴面积，同时筋材模量大于应变片基片的模量，或者采用涂层材料涂抹在筋材模拟材料表面，如图 4.2-41 和图 4.2-42 所示（程永辉等，2009）。

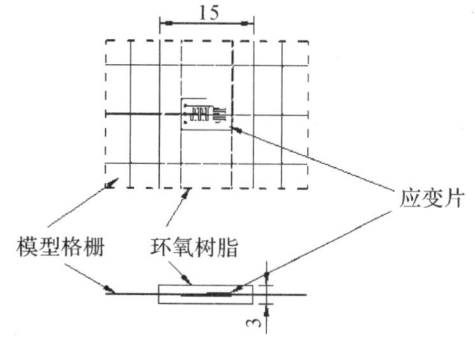

图 4.2-41　程永辉等所用的格栅应变测量装置(单位:mm)(2009)

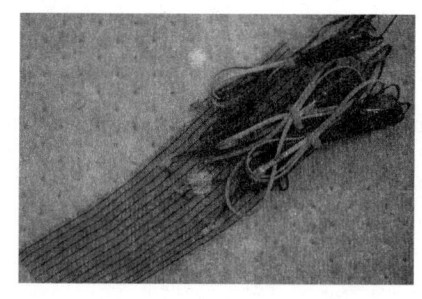

图 4.2-42　制作完成后的格栅应变照片

对于土工布等在离心机中的低弹模、低强度的柔性模拟材料，目前常用的环氧树脂胶和 502 胶普遍存在粘结强度大、延展性能差等缺点，不适用于电阻应变片测量法在用于土工布变形测量时，需要进行改进或完善。

以常用的模拟材料纱布为例，其刚度低、强度小，具有较强的代表性，常用于离心试验中作为土工布的模型材料，备选胶则有传统的环氧树脂胶及柔性的 703 胶。图 4.2-43 为上述情况下土工布的拉伸试验曲线。试样所受拉力随纱布伸长量的增长而增长，最大拉力也基本在 200～250 N 之间，其变形趋势与无应变片时基本一致。从图 4.2-44 和图 4.2-45 中可看出，纱布应变随拉力变大而稳定增长，应变与拉力呈线性变化，整个过程纱布均处于弹性拉伸阶段。

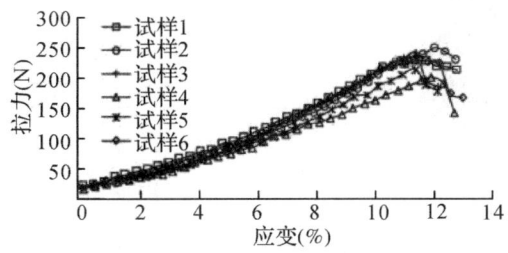

图 4.2-43　应变—拉力关系曲线

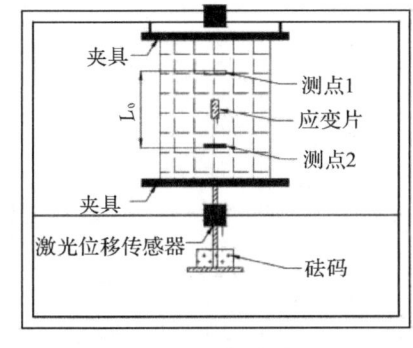

图 4.2-44　测量布置图

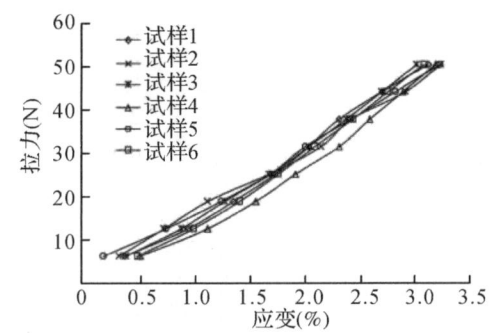

图 4.2-45　应变—拉力关系曲线

3.4.2　加筋土结构破坏形式的离心模拟

以某高陡加筋边坡为原型，边坡的坡率分别为 1∶0.75，填料为开山石渣（砂岩），综合内摩擦角不小于 38°，筋带长度及具体设计断面尺寸如图 4.2-46 和图 4.2-47 所示。边坡总处理高度为 54m，其中边坡高度为 37m，地基处理 17m，边坡部分为四级填筑，加筋间距为 50cm，自上而下加筋材料型号和长度分别为 B 型长 16m，C 型长 25m，C 型长 32m 以及 D 型长 28m；地基部分加筋间距 100cm，加筋采用 E 型长 35m。本次离心模型试验为二维模拟，模型箱尺寸 1.0m（长）×0.4m（宽）×0.8m（高），试验比尺选择为 1∶100，设定加速为 100g，试验结果见图 4.2-48—图 4.2-50。

离心模型试验分析表明，边坡侧面上部以沉降为主，加筋边坡在极限状态边坡高度的 1/6～1/3 处出现应力集中，水平位移较为明显，通过开挖后发现此处加筋发生局部拉裂现象；通过更换填料对比试验结果表明，加筋边坡填料尤其是边坡中、下部填料的物理力学性质对边坡的安全系数起决定性的作用；地基沉降变形对高、陡边坡稳定影响重大，施工过程中严格控制地基沉降，适当提高地基土的密实度。

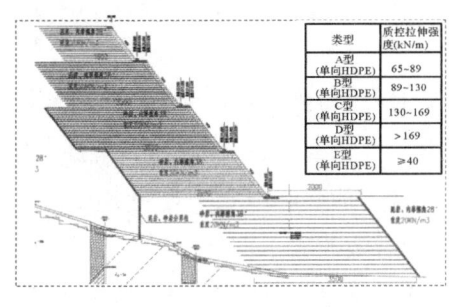

图 4.2-46　原型边坡设计方案（单位：m）

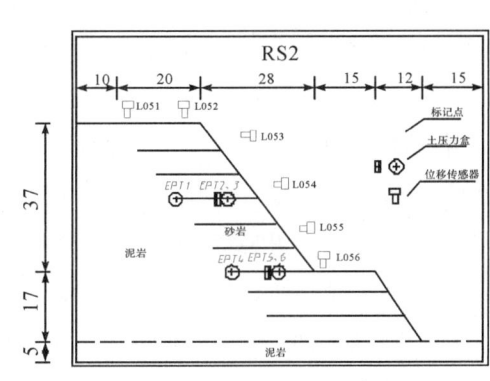

图 4.2-47　离心模型和监测（单位：cm）

图 4.2-48 试验后照片

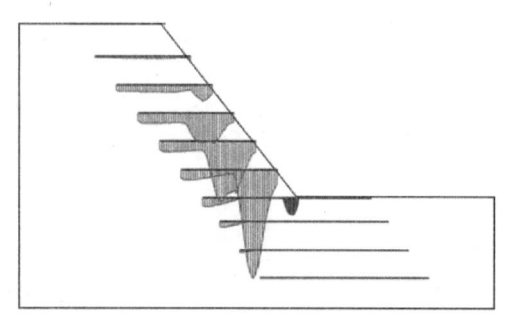

图 4.2-49 离心模型筋材应力分布规律

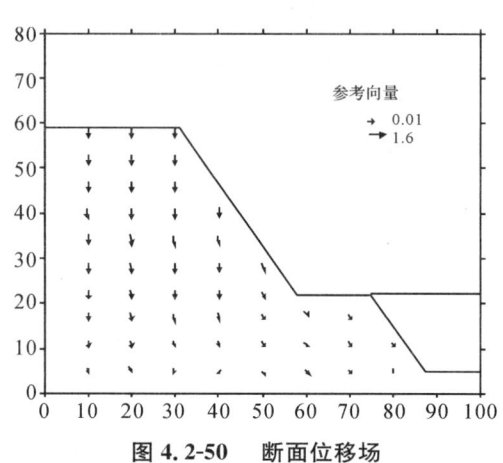

图 4.2-50 断面位移场

3.4.3 加筋边坡下部对结构稳定性影响离心模拟

本次试验重点研究高陡加筋边坡下部加筋填料强度对边坡稳定性的影响,分析不同填料强度下边坡变形和筋材受力分布规律,试验方案见表4.2-3和图4.2-51。以某高陡加筋边坡为原型,边坡总高度35.4m,其中一级坡高度为13.2m,坡比1:0.7,二级坡高22.2m,削坡坡比1:0.5,拟对边坡进行加筋处理,筋材极限抗拉强度为75kN/m,层间距0.6m。离心模型试验加速度为60g,根据原型与模型抗拉强度相似准则,模型加筋材料平均抗拉强度为6.1kN/m。模型边坡总高度为59cm,其中一级坡高为22cm,二级坡高37cm,二级边坡加筋宽度为20cm。由于T-2和T-3试验在加速度达到60g模型表面未观测到明显变化后,试验继续加速到100g稳定后停止。模型试验为平面应变模型,模型箱尺寸1.0m(长)×0.4m(宽)×0.8m(高),试验上部坡体为压实度为0.88的压实黏土,T-1下部坡体填料压实度为0.7的压实黏土,T-2和T-3下部坡体填料压实度均为0.8,T-3试验基于T-2试验对下部坡体做局部加筋处理。

试验监测得到了不同加速度条件下坡顶沉降以及筋材拉力分布规律见表4.2-4和图4.2-52。分析表明,加筋边坡下部坡体强度对加筋边坡的变形和稳定性起决定性作用,下部坡体强度增加可有效减小坡体变形,且下部坡体加筋处理后,上部坡体筋材受力不均匀现象得到明显改善;下部坡体未加筋时上部坡体筋材受力不均匀现象显著,上部加筋体各层筋材受力差异性较大,底层筋材达到塑性屈服时,中部筋材强度发挥约55%左右,且单层筋材受力表现明显的不均匀性;加筋陡坡在平台交界处筋材受力发生突变,上部和下部加筋体底层筋材受力最大,下部坡体加筋后虽有效改善上部坡体筋材受力分布,但上部坡体中层筋材强度发挥量减小,底层筋材进入屈服阶段时,中部筋材平均强度发挥却不足25%。

表 4.2-3　　　　　　　　　　　　　　　离心模型试验方案

试验编号	试验条件
T—1	下部坡体填料为软弱地基
T—2	下部坡体填料为密实
T—3	下部坡体采用加筋处理

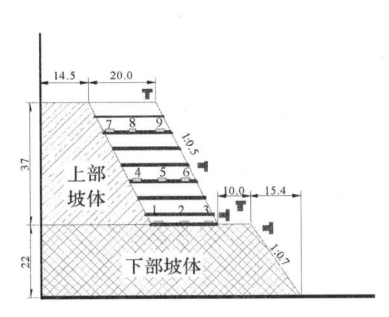 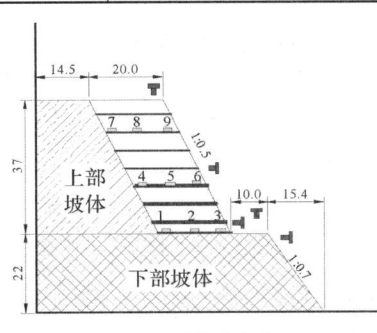 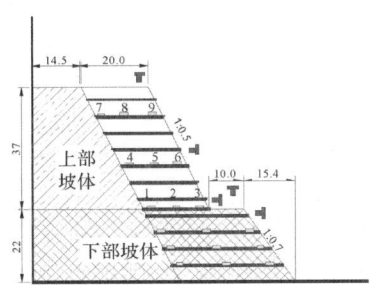

图 4.2-51　模型方案设计图

表 4.2-4　　　　　　　　　　　　　不同加速度下坡顶竖向位移

监测点 \ 加速度	20g	40g	60g	80g	100g
T—1 试验 LDS—1	0.85	11.30	22.62	/	/
T—2 试验 LDS—1	0.30	1.13	3.23	7.77	14.45
T—3 试验 LDS—1	0.35	1.18	2.80	6.60	12.25

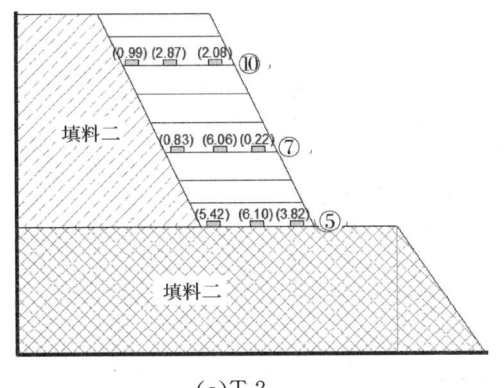 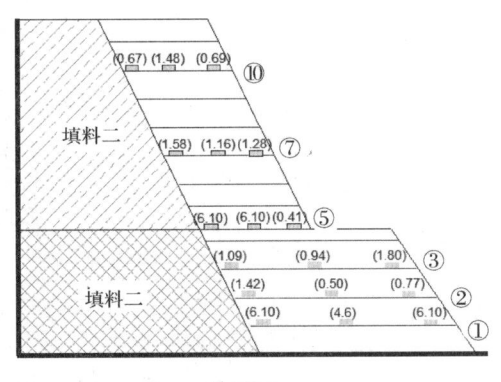

(a) T-2　　　　　　　　　　　　　　　　(b) T-3

图 4.2-52　加速度 80g 时筋材内力对比(单位:kN/m)

3.4.4　加筋挡墙的离心模拟试验

通过加筋挡土墙离心模型试验来模拟研究正常服役状态自重作用下各个影响因素(面板倾角、筋材刚度)对筋材内力、面板位移、沉降以及土压力的影响,试验方案见表 4.2-5,模型布置图见图 4.2-53 和图 4.2-54。其中采用离心加速度为 20g。粉砂作为模型试验填料,最小干密度 1.09 g/cm³,最大干密度 1.58g/cm³,其含水率平均值为 1.04%。

试验得到了边坡不同位置的位移、土压力和应变分布规律,结果如图 4.2-55—图 4.2-57 所示。试验结果表明,在加速度较小情况下(不大于 20g)每层格栅的应变沿筋材纵向分布均匀,但随加速逐渐增大每层格栅应变不再均匀分布,相对同一层其他测点,出现了应变很大点,在 100g 加速度下尤为明显。而且这些点的位置刚好在规范对应的潜在滑动面附近。各层格栅之间应变进行比较,可以发现应变中下部(第1、2、4层)格栅应变明显大于上部格栅应变,而且应变最大位置出现中下部格栅在靠近面板的位置。筋材刚度影响为筋材刚度越小,应变就越大,而且越早出现格栅应变的不均匀分布。面板倾角影响为随着面板倾角减小上部筋应变明显减小,而筋材主要应变逐渐由下部筋材承担(80.5°倾角时由第1、2、3、4层筋材承担,71.6°倾角时由第1、2层筋材承担),且下部筋材没有出现减小趋势。

表 4.2-5　　　　　　　　　　　　　　离心模型试验方案

试验编号	面板倾角(°)	格栅割线刚度 J2%(kN/m)
T1	0	104
T2	0	70
T3	18.4	104
T4	9.5	104

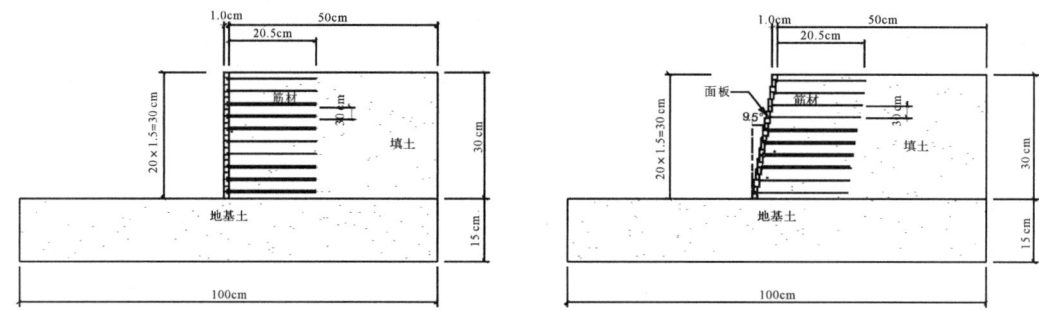

图 4.2-53　面板倾角 0°和 9.5°模型示意图

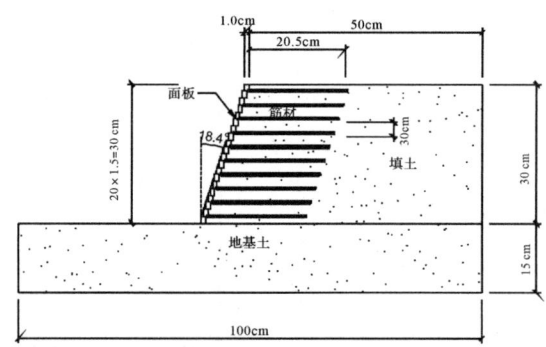

图 4.2-54　面板倾角 18.4°模型示意图

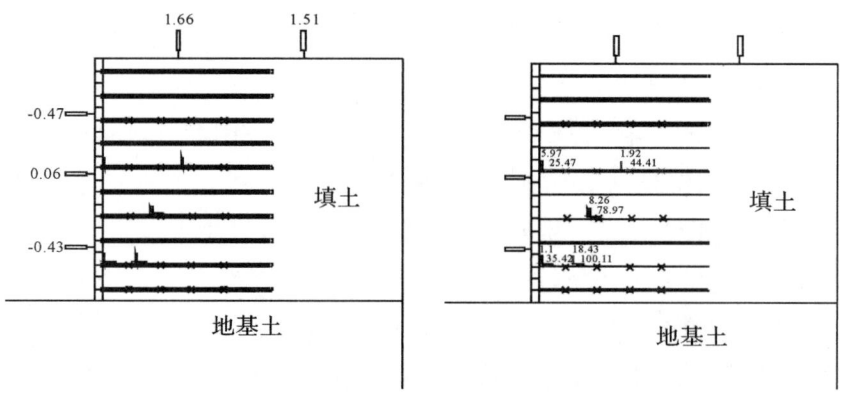

图 4.2-55　加速度 20g 时位移计读数(单位:mm)和土压力(单位:kPa)

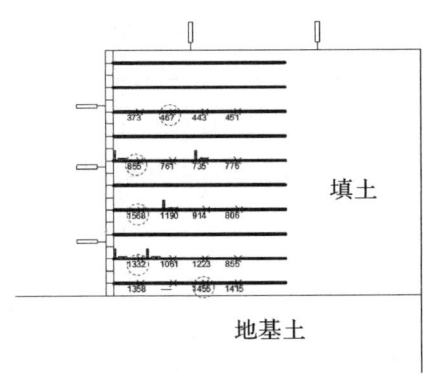

图 4.2-56 加速度 20g 时各应变片读数

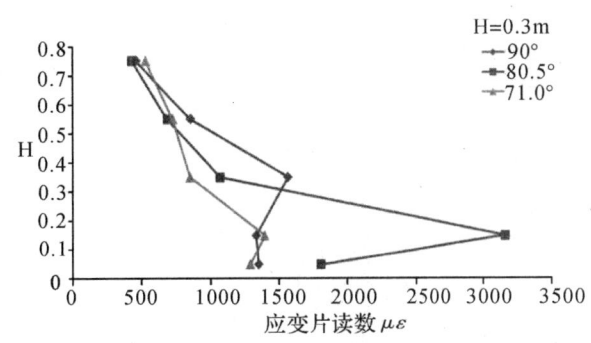

图 4.2-57 加速度 20g 时最大应变

4 加筋土结构现行设计方法介绍及评述

4.1 加筋土结构设计的三类主要的方法

加筋土结构的设计方法归纳起来主要有极限平衡法、极限状态法和数值模拟法三大类。极限平衡法和极限状态法是用于分析加筋土挡墙极限破坏时的稳定安全系数，数值模拟法则用于分析加筋土结构在工作应力状态和极限破坏状态时土体和筋材的受力和变形分布及发展情况。实际上，一个完整的加筋结构设计应包含极限平衡状态分析、工作应力状态分析及结构变形情况的估算等内容。

极限平衡法主要是对加筋结构进行稳定性验算，即分析计算整个结构内部及外部稳定破坏所需的加筋材料强度。对加筋挡墙，其内部稳定性分析先假设侧向土压力的分布状况，再计算不同深度处平衡该侧向土压力所需的筋材的强度；外部稳定性分析则先将加筋土体视为具有较高强度的刚性复合土体，再根据传统重力式挡墙稳定性分析方法进行计算。在不同国家，极限平衡法的具体设计细节有所差异，因而出现了诸如位移法、变分位移法、DIBt 法、锚固楔体法、修正 Rankine 法、FHWA(2000)法、NCMA 法等等不同的极限平衡法。

极限状态法自 20 世纪 80 年代在结构工程中开始使用，90 年代在岩土工程得到应用。在极限状态法中，一个特点是同时考虑强度和变形，即最终极限状态 ULS(ultimate limit state)和使用功能极限状态 SLS (serviceability limit state)。另一个特点是引入风险系数（即分项安全系数）来代替整体安全系数。对基于极限状态设计方法的土工合成材料加筋土挡墙来说，一是可以考虑不同极限状态下的各种材料之间的应变兼容性，同时还可以考虑内外部环境对材料耐久性的影响。

数值模拟分析法的优越性是将加筋土挡墙的变形协调和应力平衡结合在一起，克服了传统的极限平衡法将两者人为分开的缺点。该方法不仅能计算出土体在工作状态下，各点的位移、应力、应变和应力水平，提供受荷后土体与筋材的应力场和位移场，还能考虑土体的非均质和非线性、土体与筋材随时间的变化、施工程序和荷载变化情况，而且还可以模拟某些复杂性质及其变化过程，找到最坏的状态。因此它可解决极限平衡法的固有缺陷。

4.1.1 极限平衡法

当前加筋土工程稳定分析中普遍基于极限平衡理论，各国规范中也大多采用此法。在 2006 年第 8 届[1]和 2010 年第 9 届[2] IGS 国际会议上近百篇有关加筋土的论文中，几乎无一例外地都采用了或对比采用了极限平衡法进行稳定分析，但同时也有许多文章指出了该法的保守性，有的还认为严重的保守（如加拿大的 Bathurst 等）[3]。这种保守性的评价主要来自三方面的资料：①计算的结果不能反映工程加固的实际状况,建筑物的稳定安全系数增加十分有限,仅比不加筋大5%～7%左右;②来自现场的实际观测资料,如筋材的应变和所受的剪力都远小于设计计算值;③与数值分析结果相比,极限平衡法的设计比较保守。

在上述文献中,许多文章同时采用了极限平衡法和数值分析法进行了对比,有限元法所采用的本构模型,具体计算方法和步骤,以及破坏评判标准等也比较一致,反映了有限元法在加筋结构中的应用已渐趋成熟。

(1)美国规范

极限平衡法是美国联邦公路局(FHWA)在1989年发布的最早加筋工程设计指南(FHWA HI－89－050)中采用的,一直沿用至今,且为多数国家所采纳。美国对这项指南进行了8年的研究,包括小型的实验室模型试验,离心模型试验,数值研究以及12项原型观测项目,其中包括6～8m高的试验结构物,设计指南中并将刚性筋材(金属带和金属网)与柔性筋材(土工合成材料)区别开来,因为这两类筋材在加筋土体中变形的量值差别很大,从而导致侧向土压力值很不相同,而侧向土压力是加筋土设计的关键问题之一。在公路系统中,包括了三个国家级的指南:AASHTO高速路桥设计指南(2002);AASHTO LRFD桥梁设计指南(2009);FHWA加筋挡墙和加筋土坡设计指南。这些指南均基于极限平衡理论,基于容许应力设计理论及安全系数,但FHWA明确地指出:"这些指南不是指令性的(prescriptive),而是可供选择的(alternate)。"[4]所以,没有强制性条文。

FHWA加筋土设计指南的基本内容主要有如下几点:(1)设计是针对结构物的极限工作状态进行的,荷载和抗力都处于极限状态,它的应力和变形全面地达到了极限平衡条件,例如以很重要的水平土压力为例,AASHTO采用朗肯土压力,而NCMA则采用库仑土压力,并且取决于水平应变的大小;(2)采用容许应力和材料允许强度进行设计,选择一定的安全系数,而且是既考虑整体安全系数,也考虑分项安全系数;(3)需进行外部稳定与沉降核算,加筋体内部稳定核算,以及复合(compound)破坏核算;(4)对一般永久性工程,设计最少服务时间为75年,对桥墩挡墙、建筑、公共工程,以及破坏后果严重的结构物,则要求100年。

FHWA认为,上述方法是岩土工程中常用方法的自然延伸(natural extension),它可用于许多加筋土工程以及非均质土中,得出偏于保守(reasonably conservative)的结果,但不会比以土压力理论为基础的更加保守(less conservative than those based on Earth Pressure Theory)。参与FHWA编写工作的Christopher,B.R认为:"在极限平衡分析中假定所有筋材都达到相同的受力状态(发挥相同的加筋功能),并寻求潜在滑动面的整体稳定。这意味着,沿破坏面上,有的部位安全系数大些,有的部位安全系数小些,小的部位需贡献比预测更大的力,它将会导致保守的结果。"[18]。笔者对FHWA的二十年一贯制的设计方法迷惑不解,为什么明知保守而不改?为什么对别人的批评和质疑缺乏反应?这些做法客观上影响这方面的技术进步。

(2)日本规范

日本是一个地震灾害严重的国家,由于加筋结构的优越抗震性能,因此在铁路等工程中十分强调采用柔性的加筋土坡、加筋挡墙和桥墩。虽然其基本的设计方法仍以极限平衡法为基础,但对参数的选择,作了许多与FHWA方法不同的新规定。

日本铁路规范认为,良好压实的填土具有应变软化的特性,当土在一定荷载下出现第一条剪切带,该处土的强度即由峰值向残余值发展,而其余部分仍保持峰值,为此土的参数若用$\varphi_{residual}$过于保守,该规范鼓励采用良好压实,以获得高的φ_{peak}值并采用,加筋土结构的残余变形也会随密度的增加而降低。

在设计拉伸强度的取值方面,日本铁路规范认为,在静力条件下,可取50年内不发生蠕变破坏的拉伸试验值,只要蠕变试验500小时后的应变速率小于$3.5×10^{-5}$/h。而对地震条件则无须考虑蠕变的影响,因为蠕变不是一种化学蜕变现象,土工材料在一给定的破坏应变速率下的原始强度可以一直维持,直到其全寿命的后期,因此无须考虑地震蠕变折减系数[19]。这是一个大胆而科学的改进。

加筋挡墙筋材的设计破坏强度(T_d)是由临界条件下极限平衡稳定分析规定的,该临界条件稀有遇到,故在通常非临界条件下足尺结构中实测量测到的筋材拉力将显著地小于设计值T_d,但该测值中包含了吸力的作用,它可能在降雨期消失,因此,设计中不考虑似凝聚力值。[19]。

在日本规范中,特别强调填土的压实与结构物排水的重要性。他们认为如果填土的压实度平均达到95%,且不少于92%,并且所有的垂直sub-grade reaction系数(K_{30})(用直径30cm载荷试验求得)的均值$\geq 110MN/m^2$,且不低于$70MN/m^2$,则填土的强度可采用峰值强度参数φ_{peak}(c值不用)。

填土的压实也为国外众多学者所重视,他们认为填土的压实是筋材发挥摩阻抗力的先决条件。巴西的加筋挡墙实践中也十分强调回填土压实的作用[20],他们认为填土的压实是筋材拉力发挥和减小结构物工后沉降的决定性因素(a decisive factor),因为压实不仅可降低土的孔隙比,增大土的强度,而且可以增大填土内的水平应力,使土具有超固结性能,如果外力未超过压实机械引起的垂直压力的话,加筋结构的工后沉降将很小。

(3)英国规范

英国的BS8006规范最早是1995年发布的,它对挡墙规定了最终极限状态(Ultimate Limit State)和使用极限状态(Serviceability Limit State)的设计方法,采用材料分项系数和荷载分项系数。并将稳定校核内容分为内部稳定分析、外部稳定分析和混合稳定分析三种。混合稳定分析的破坏面部分通过加筋区,部分通过非加筋区,而且认为这可能是最危险的状态[21]。笔者以为提出混合稳定分析的破坏校核是符合实际的、必要的。

(4)德国规范

德国岩土学会(German Geotechnical Soceity)于1997年颁布了《土工材料加筋工程的建议》(EBGEO-Recommendation for Reinforcement with Geosynthetics)第一版,2010年根据新的经验又发布了修正的第二版。德国的标准部分也成为欧洲规范。

德国的《建议》中关于设计方法有如下的特点:

①在极限平衡理论基础上有两个基本的设计途径:最终极限状态和使用极限状态。在最终极限状态中虽需考虑内部稳定、外部稳定等情况,但这种划分不可能找到所有的可能滑动面,故最需要考虑的是混合型稳定,即滑动面横跨加筋土体,以及沿每一层土工材料的滑动面,如图4.2-58。

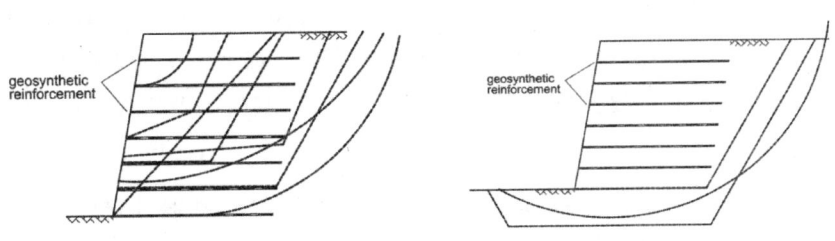

图4.2-58 加筋陡坡潜在破坏面

为此,产生了德国建筑研究所法(DIBT法),亦称为双楔体法(下面另述)。

②关于使用极限状态的计算仅给出一些提示,具体方法尚在研究中,但变形计算应按图4.2-59所示的进行。

③在设计中引入分项系数的概念,对材料设计参数提出了设计强度的5种折减系数(reduction factors)(包括:长期影响、施工破损、材料连接、环境影响和动力影响),同时又考虑材料强度的分项安全系数 γ_M(patical safety factors),并且特别说明,折减系数不是安全系数。

④在《建议》中,把陡坡与挡墙归并到一起,认为两者仅在墙面上有一些区别,而计算方法是类似的[16]。笔者以为德国的规范有一定新意,其《DIBT法》比流行的FHWA法严谨。

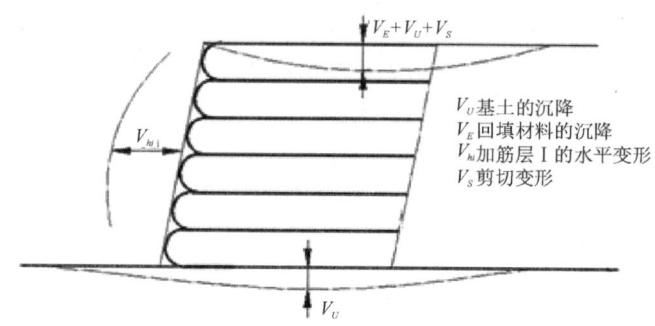

图 4.2-59 加筋陡坡的变形计算

从上所列的各国规范可以看出,虽然计算方法基本上都以极限平衡理论为基础,但具体做法上仍有很大区别,尤其在稳定分析模式、侧向土压力的计算和参数确定等方面,而这些正是设计保守的主要来源。至于加筋土结构使用极限平衡理论的局限性问题将在后面讨论。

4.1.2 极限状态法

随着土工合成材料在加筋土结构中的应用和发展,其特殊的变形特性要求将加筋土结构的边界变形及内部变形的协调直接作为设计准则来控制和评价结构物的设计。"极限状态设计法"设计思想因此应运而生。欧美某些规范部分采用了极限状态法的思想或在不同程度上已初步解释了极限状态法以及分项修正系数的概念。如英国标准局(British standards Institution)在基于极限平衡法的既有规范 BE 3/78(British Department of Transport,1978)基础上,1995年制定了加筋土应用规范 BS8006(1995)。其设计理念已经由总体安全系数法发展到分项安全系数法,包括了基于考虑不同影响因素的分项材料系数、分项荷载系数和分项破坏形式系数。2010年又出版了 BS 8006-1-2010,按照 BS8006,对平面状或条带状拉筋材料的加筋土挡墙来说,其设计方法分为锚固楔体法与黏结重力式法(Coherent Gravity),采用的方法与拉筋材料的延伸性有关。BS8006 规定在所有设计情况下,分项安全系数在考虑完全破坏的极限状态下其值应大于1.0,若改为使用功能极限状态,则其值为1.0;设计荷载则由土体及拉筋材料的复合体来提供阻抗力,土体强度乘以分项安全系数则为设计强度。对于土工合成材料筋材,则需将拉伸蠕变断裂强度与拉伸蠕变应变控制强度分别除以分项安全系数后,取最小者为设计强度。

4.1.3 数值分析法

数值模拟方法主要分为三类:第一类是将筋材单元与土单元分开考虑,筋材单元与土体单元之间设接触面单元;另一类是将筋材与土体合成为一体,作为复合材料考虑;第三类是将筋材作为外荷载考虑,直接作用在土体单元上,仅有土体单元。

第一种方法清晰易懂,非常直观,应用很广,是目前最流行的方法。在应用时,通常填土采用弹塑性模型;筋材采用弹性模型,以线性单元模拟;而界面也有采用弹塑性模型的,以接触单元模拟,也有采用接触算法模拟土与筋材之间的接触关系。但第一种算法也受到一些质疑,朱海龙认为很多工程现象和工问题都是用以筋—土分离模式为基础的加筋结构难以解释的[22]；介玉新则认为把筋、土分开考虑"接触面单元划分的工作量过大，……掩盖土单元模型本身对计算结果的影响"[23]。

第二种方法认为加筋土"已成为一种复合的整体结构，在外力作用下，其应力和变形是相辅相成的，是一个不可分割的整体。"该法认为，加筋会使松散土体的力学特性发生很大改变，强度和承载力都大幅提高，故应将筋土结合起来考虑[22]。但复合材料法在实用时会遇到很大困难，首先是复合体的本构关系很难研究，参数的确定难度也大，而且计算技术上也存在许多问题，因此该法离实用还有很大距离。

第三类方法与加筋机理不相符合，也不宜使用。

介玉新、李广信于20世纪末提出了另一种等效附加应力法。其思路是把筋材的作用等效成附加应力作用在土骨架上，加筋土整体当成一般土来计算，计算中只出现土单元。根据计算结果与纤维加筋土离心模型试验和Denver墙模型试验成果比较，两者的一致性尚好[24]。这个方法是把加筋机理完全当作一个摩擦力，其缺点上面已有分析。

加筋土结构数值模拟分析方法虽然比较复杂，涉及土料、筋材、筋材与土料的界面以及筋材与地基的相互作用等影响因素，但其概念清晰，理论基础强，方法的灵活性大，其结果较丰富，可以研究和解释许多问题，目前已积累一定的经验，今后如能加强实践和研究，将是很有希望的一条途径。

在笔者所看到的大部分国外加筋土工程资料和部分国内资料中，稳定分析方法往往以极限平衡法为主，并同时用数值分析法进行比较和验证。分析的结果，有的两者相似，有的则认为前者偏于保守。这种现状反映出对极限平衡法的疑虑。国内许多采用数值分析法的文献则对此法比较推重，这是数值分析法的特点决定的。

加筋土结构的数值分析一般采用有限单元法或有限差分法，其中有限元法应用更普遍些，但有限差分法也有应用。关于材料的本构关系，对土体多数采用符合Mohr—Coulomb屈服准则的弹塑性模型，有的采用Drucker—Prager准则，并认为后者可以克服前者的某些缺点，如奇异点对计算造成的困难；对加筋材料通常采用弹性模型，用线索单元模拟，对筋材与土的界面多数采用接触面单元模拟。判别破坏的标准一般有三：即广义塑性应变或等效塑性应变贯通；非线性迭代过程不收敛，求不出满足平衡的应力场和位移场；边坡特征点的位移突变。其中，以广义塑性应变的贯通为标准的居多。

分析软件则多种多样，如PLAXIS、GEO-SLOPE、ANSYS、ADINA、ABAQUS、MIDAS/GTS、FLAC/FLAC^{3D}等。其中，FLAC/FLAC^{3D}是基于显式差分法的软件，可以模拟多种工程特性，在大应变下可以屈服和流动，内置十多种常用的本构模型，容许用户自定义新的变量，或新的本构模型。

数值分析能否得出工程中普遍认可的安全系数，是对这种方法的一大疑点。目前岩土工程中十分流行的强度折减法，为这个疑问做出了肯定的回答。

所谓抗剪强度折减技术就是将土体的抗剪强度指标C和ϕ，除以一个折减系数F_s，然后用折减后的虚拟抗剪强度指标C_F和ϕ_F，取代原来的抗剪强度指标C和ϕ，进行相同的计算。折减系数F_s的初始值要取得足够小，以保证开始时是一个近乎弹性的问题。然后不断增加的F_s值，折减后的抗剪强度指标就逐步减小，直到某一个折减抗剪强度下整个土坡发生失稳，那么在发生整体失稳之前的那个折减系数值，即土体的实际抗剪强度指标与发生虚拟破坏时折减强度指标的比值，就是这个土坡的稳定安全系数。

强度折减法的缺点是安全系数计算依赖于破坏判据的选择，除此以外它还存在其他一些缺陷，但它毕竟提供了一种安全系数的计算方法，能够自动得到潜在滑动面以及安全系数，而且能够考虑不同材料之间的相互作用关系，它的价值是不能低估的。各种各样的商业软件也给强度折减法的应用提供了便利。有限元的强度折减法在加筋土结构稳定分析中发挥着越来越重要的作用。

4.1.4 三种设计方法的比较

极限平衡法是目前应用最广泛的方法,由于能给出安全系数的指标,设计时仅需考虑强度方面的系数,计算工作量小,所以在加筋土工程设计中常被采用。但是由于极限平衡法需要对筋材、土体、滑动面做出许多假定,容许变形等取值具有很大的任意性,加上人为分隔强度与变形特性,极限状态也不是工作状态,与实际情况差异较大,故该法存在根本上的缺陷,方法也导致保守的结果。尤其是所研究的是土体的极限平衡状态而不是真实的工作应力状态,没有充分揭示土与筋材的相互作用机理,不能充分考虑各种影响稳定的因素,不能计算土体的应力和应变,也不能模拟施工进程,故只能将极限平衡法作为半经验半理论的方法,通过不断积累工程经验,作出合理的修正,以期接近工程实际。

极限状态法有良好的理论基础和广泛的成功应用实例与经验,但仍存在模糊不清的地方,特别是正常使用极限状态的控制设计,还需做大量的工作。

数值模拟方法弥补了极限平衡法的不足,但计算中需要确定土体、筋材和它们之间相互作用的本构关系和相应参数等尚存在困难,还需要了解土的起始条件等。因此数值模拟法还不十分成熟,它在比较复杂或特殊的工程中进行分析应用,而在常规的工程设计中,较少单独作为设计方法。但作为一种设计对比或补充,则已屡见不鲜,尤其在国外的加筋土工程中,其成果或已达到准确的定性,粗略的定量的程度,它在土工合成材料工程中的普及是可以期许的,这是加筋土结构设计的方向。

4.2 我国现行规范设计方法的内容及评述

加筋土的设计一般包括两个方面的内容,即"设"与"计"。"设"主要包括:根据工程的功能要求及地形、地基、地质等条件,结合结构构造方面的要求及设计经验,初拟结构的几何尺寸及筋材布置,在基于加筋土结构稳定性的条件下,设定筋材的强度、数量、间距、长度以及坡面的形式等内容;"算"的部分包括:加筋材料本身的安全性验算(如抗拔、抗断、抗过大变形等,有的称为内部稳定核算)和加筋土坡的整体稳定性验算(抗整体滑动、抗倾覆、抗鼓胀、抗沿弱面滑动等,有的称为外部稳定验算)两大方面。在计算中要顾及地下水、地震及各种环境条件,对于重要的高边坡还要进行抗震稳定验算、坡面的鼓胀稳定验算、有地下水时的排水及其稳定验算等,在满足规范要求的前提下得到最优的结构设计。外部稳定分析与内部稳定分析的具体内容如下。

(1)外部稳定分析包括:

①抗滑稳定性分析;

②基底合力偏心距分析:土质地基 $e \leqslant B/6$,岩石地基 $e \leqslant B/4$;

③地基承载力分析:基底压力不大于地基承载力;

④沉降分析:沉降满足结构的工后沉降要求;

⑤抗震验算等。

(2)内部稳定性分析包括:筋材强度验算和抗拔稳定验算。对可能发生的筋材局部应变过大的问题无法计算。

①筋材强度检算

加筋体内筋材承担由填料本身及上部荷载产生的水平土压力。由填料产生的水平土压力采用渐变的土压力系数计算(介于静止土压力系数和主动土压力系数之间),由荷载产生的水平土压力按 boussinesq 假定条形荷载作用下土中应力公式计算。筋材拉力不应大于筋材的容许抗拉强度。

②抗拔稳定性检算

抗拔稳定性验算根据筋材的锚固抗拔力与所承受的水平土压力的比值确定,包括全墙的抗拔稳定和单个墙面板的抗拔稳定检算。

筋材所在位置的垂直压力为填料自重压力与荷载产生的压力之和,筋材抗拔力根据筋材上下两面所产生的摩擦力计算。

验算筋材抗拔稳定性应包括有荷载和无荷载两种情况。

4.2.1 规范推荐方法的主要内容

我国目前使用的加筋土结构的规范是1998年颁布的《土工合成材料应用技术规范,GB50290－98》,这个规范是在我国使用土工合成材料初期制定的,由于当时缺乏自己的经验,不得不参考国外(主要是美国 FHWA 当时的规范)规范的内容,应用至今已16年了。下面介绍我国规范和美国 FHWA 规范的主要内容。

对于一个拟考虑加筋的工程,首先需验算土坡无筋时的稳定性,以决定是否需要加筋,设计加筋的必要性(F_s>1.0),是否会发生连带地基的整体深层滑动,加筋所涉及的范围等;其次,需确定需要加筋的临界区范围;如若临界区延伸到坡脚以下,就表明将会发生深层滑动,这就涉及坡脚的承载力问题。这时需要进行地基的分析与地基处理。

当确定需加筋时,其筋材布置设计宜按以下步骤进行:

①计算为达到需要的安全系数 F_{SR},每延米所需的筋材总拉力 T_s。对于在临界区内的每一个潜在的滑动面,利用以下的公式计算:

$$T_s = (F_{SR} - F_{SU})\frac{M_D}{D} \tag{4.2-2}$$

其中 T_s——考虑拉断与拔出,在各层筋材与滑动面交界处,每延米所需的筋材总拉力 T_s;

M_D——相对于一个圆弧滑动面的圆心,滑动土体的滑动力矩;

D——T_s 相对于圆心的力臂,对于连续的片状筋材(包括可拉伸与不可拉伸的)D 可以取 R,对于非连续的条带状筋材假设筋材的合力作用于坡底以上 $H/3$ 处;

F_{SR}——加筋土坡所要求的安全系数;

F_{SU}——不加筋土坡的稳定安全系数。

②在不加筋土坡临界区中搜索时,每一个滑动面都对应于一个 T_s,具有最小安全系数的滑动面,不一定对应于 T_{smax},而筋材的设计需要寻找最大的筋材拉力 T_{smax}。

③关于筋材布置,如果坡高 $H \leq 6m$,则需要的总拉力 T_{smax} 均匀分配给各层筋材,筋材可以等间距布置;如果 $H > 6m$,则可沿坡高分为等高度的 2~3 个加筋区,每个加筋区内的筋材拉力均匀分配,其总和等于 T_{smax}。

④确定竖向筋材间距 S_v,或各层筋中的最大拉力 T_{max}。对于每一个加筋分区,设计的最大筋材拉力 T_{max},决定于各层筋的竖向间距 S_v,或者说,如果容许的筋材强度已知,则最小的竖向间距及加筋层数由下式决定:

$$T_{max} = \frac{T_{zone} S_v}{H_{zone}} = \frac{T_{zone}}{N} \leq T_{al} R_c \tag{4.2-3}$$

式中:R_c——覆盖系数,对于连续片状筋材,$R_c = 1.0$,对于条带状筋材,等于筋材的宽度除以水平间距;

S_v——竖向间距,应等于压实铺土层厚度的倍数;

H_{zone}, T_{zone}——分区高度与各区的加筋力,当坡高小于6m时,分别等于坡高 H 和 T_{Smax};

N——加筋层数。

⑤确定筋材的长度。每层主筋的埋置长度取决于临界滑动面,一般也是计算 T_{smax} 所用的滑动面,它

必须满足以下的拉拔阻力要求：

$$L_e = \frac{T_{\max} F_S}{F^* \alpha \sigma'_v R_c C} \tag{4.2-4}$$

其中，L_e——滑动面后被动区内筋材的埋置长度；

C——筋材的有效周长，对于条带、格栅、片状筋它等于2；

F^*——抗拔阻力系数（界面摩擦系数）

α——尺度影响校正系数，基于试验资料，对于金属筋材=1.0；对于土工合成材料筋材=0.6～1.0；

σ'_v——筋土界面上的竖直有效压力。

在筋材的具体布置方面，有一些做法可供参考：

①中间加筋层的筋材较短，可以在1.2～2.0m之间，最大间距为60cm；如果仅仅是为了稳定坡面和便于压实，则可以更短。

②L_e的最小值是1.0m，对于短期与长期拉拔条件，摩擦系数F^*可以从半经验公式取得：$F^* = 2/3\tan\varphi_r$。对于长期设计，$cr=0$，只采用φ_r。如果筋材拉力不能满足，可以增加不通过滑动面的筋的长度，或者增加底部的基材强度。

③一般说来，抗滑移所需要的筋材长度控制了底层的加筋长度，更长的加筋可能是通过地基的深层滑动所要求的；

④加筋区上部的筋材不一定延伸到临界区的边界，只要是底层有足够的加筋，对所有的圆弧滑动面保证需要的FSR即可；

⑤检查验算通过每一个破坏面的筋材总量的拉力大于式（4.2-2）所要求的T_s。

图4.2-60为一个筋材布置的实例：

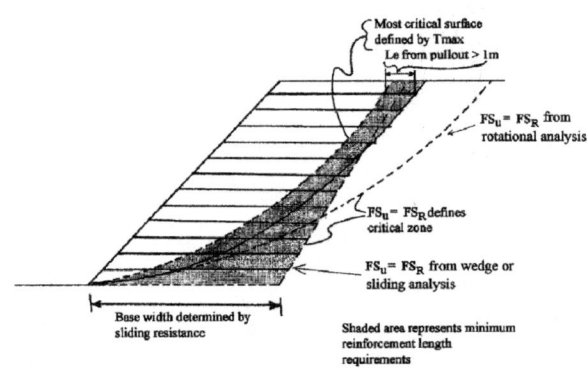

图4.2-60 加筋布置示意图

经过上面的设计计算以后的加筋土坡还应进行外部稳定性验算。

4.2.2 筋材特性指标的选择

（1）目前规范的规定

目前常规设计方法关于材料特征参数是采用除以折扣系数的办法确定的，筋材抗拉强度设计值，按下式确定：

$$T_{al} = \frac{T_{ult}}{F_{CR} F_D F_{ID}} \tag{4.2-5}$$

式中：T_{ult}——从拉伸试验得到的极限强度；

T_{al}——长期拉伸强度；

T_a——设计容许的长期拉伸强度；

F_{CR}——蠕变折减系数；

F_{ID}——施工损伤这件次数；

F_D——耐久性折减系数；

在以上各项不利影响的折减系数以外，对于筋材的极限抗拉强度的设计值，有的机构还除以一个安全系数，例如美国公路局(FHWA)在对筋材的强度进行了一系列折减以后，再除以一个安全系数F_S，才作为设计值T_a，即

$$T_a = \frac{T_{al}}{F_S} \tag{4.2-6}$$

F_S——筋材设计的安全系数，对于加筋挡土墙为1.5；对于加筋土坡为1.0。香港定为1.7，而日本和我国大陆地区不再除以此安全系数。

公式(4.2-5)中的F_{ID}和F_D，根据国外规范或我国的试验所得的数据，约在1.10～1.15。对蠕变系数差别较大，而且它与原材料等因素有关，应当强调，这个系数对材料拉伸强度设计值的影响很大，例如美国对于PET(聚酯)取2.5，对于HDPE(高密度聚乙烯)取2.6～5.0，对PP(聚丙烯)则为5.0。按此分析计算，筋材的设计强度仅达到极限强度的1/6～1/8，十分保守，实际上这是很不合理的。

(2)关于蠕变影响的讨论

前已述及，人工聚合物具有流变特性是众所周知的，不同原材料的流变特性也不大一样，加筋材料应当考虑这种特性是无疑的。流变特性包含蠕变特性/松弛特性以及长期强度特性等。但应当注意，流变特性具有一些特点：

①蠕变是在固定荷载下变形持续发展的特性，国内外对各种材料进行的蠕变试验表明，当荷载水平超过一定值时，变形才会加速发展并破坏，小于这个临界荷载水平。变形将逐渐稳定，不会破坏。

②许多试验证实，对不同的原材料临界荷载水平是不同的，对PP材料约在极限荷载的30%～40%，对PET约在50%～60%，甚至更大些；而有侧限约束情况下，则还受不同的加筋结构形式的影响。

③加筋材料在实际结构中所受的剪力都很小，有的仅极限强度的5%～10%，其应力水平很少可能达到蠕变破坏的临界值；不大可能发生蠕变破坏。

④许多观测资料证实，作用在筋材上的力，一般是施工期最大，压实机械对填土产生一定的超固结作用，会使筋材上的拉力超过静止土压力，但竣工以后，筋材所受的力不仅不会增大，反而减小至主动土压力，甚至更小，这就是松弛现象，这种现象是普遍的，考虑了松弛，会使蠕变的影响更加变弱。

⑤公式(4.2-5)中$F_{ID}/F_D/F_{CR}$三项系数直接连乘表明它们都是相互独立的，但实际上极限荷载在被除以F_{ID}和F_D(约为1.20～1.25)后，其值已减到原来的80%左右了，此时再除整个蠕变折减系数，相当保守。

⑥地震荷载等非常驻荷载不可能对蠕变产生影响，故在非常条件下考虑蠕变是完全不必要的。

仅从以上几点就可看出，现有材料参数的取值方法极不合理，必须改变。实际上若干外国规范，如日本/巴西等，已有若干变化，期望我国的规范也能有所反映。

包承纲、童军、丁金华对F_{CR}蠕变折减系数，F_{ID}施工损伤这件次数和F_D耐久性折减系数的合理取值有过专门讨论[25]，文中建议：对PP，$F_{CR}=3.5～3.3$；对HDPE，$F_{CR}=3.0～2.6$；对PET，$F_{CR}=2.2～2.0$。若三个折减系数一起考虑，则总折减系数F_{CRDID}对PP或HDPE为3.5～2.7；对PET为2.3～2.1。

4.2.3 对规范设计方法的评述

(1)极限平衡法的要点

目前加筋结构设计方法均基于极限平衡理论,其基本要点是:

①极限平衡法的基本假定之一是结构内部都已达到极限平衡的临界状态,而实际的结构则是远离极限状态的;

②极限平衡法的基本假定之二是预先设定破坏面,并考虑该面上力或力矩的平衡,寻求潜在滑动面的整体稳定。而且滑动面上的作用力也带有很大的假定性,按条分法中条间力的不同假定,导出了许多不同的计算方法;

③极限平衡条分法纯粹是建立在静力学原理上,考虑力矩、竖向力和水平力的求和,没有考虑关于应变和位移的情况,因此,它不满足位移的兼容性。

④对某些课题的电脑计算,存在不收敛问题。

(2) 极限平衡法在加筋土中应用的评价

包承纲等曾对极限平衡理论在加筋土结构中的应用有过评价[26],其主要观点概括如下::

①常规方法是以极限平衡理论为基础的,而且是普通非加筋土结构设计方法的自然延伸,这与加筋土工作机理不相符合;

②所研究的状态不管对土体,还是对筋材都假定同时达到极限状态,不能研究真实的工作状态,因此,它与工作正常的原型结构物的性状不符,原型实测数据往往远小于设计值,这就决定了方法的保守性;与均质体不同,加筋土是由两种或多种材料构成的复合体,不同材料的刚度和强度差别很大,因此,对加筋土假定整个土体内都同时达到极限状态是不可能。除材料的不同外,不同的部位也会有很大的差别,有的地方已进入塑性状态,而其他许多地方还处在弹性区域。因此,用极限平衡法就会夸大土体的受力状态,导致保守的设计。上面的实测资料仅是一些例证,其实所看到的实测应力和应变值都是远小于设计值的;

③对加筋土体来说,假定潜在滑动面的做法也是不合实际的。上面已提到,加筋土的破坏形式受多种因素影响,一个完整的滑动面可能不一定存在,即使存在,是否是最危险滑动面也有疑问。对加筋土,有时筋材会出现在滑动面之外,这些筋材的抗力如何考虑?

④根据非加筋土结构稳定安全系数不足的部位,来确定加筋的区域的做法,是不妥当的。土体加筋后,其最小安全系数将向土体内部和下部转移。那种做法既无理论根据,在实践上也是浪费的;

⑤加筋土体的受力过程是填土先受力,当发生一定变形后,才将力传递到筋材上,没有变形就没有加筋作用,而极限平衡法没有考虑填土筋材以及整个加筋结构的变形,无法考虑应变协调,不能反映加筋土的工作状态;滑动面上力或力矩平衡满足静力学条件,但不一定满足动态的条件,尤其是极限平衡方法未考虑变形或应变,因此,它不满足位移兼容性,这是一个很大的缺陷,因为结构的安全性取决于它的受力和变形的全部情况。而且筋材的加筋作用与其变形情况关系极大,故这个问题尤其重要。

⑥常规设计方法中主要注意筋材表面的摩擦力的作用,有的计算方法甚至用接触面上增加一个摩擦力来代替筋材的存在,大大低估加筋的作用,使计算结果不能反映加筋的效果;

⑦筋材特征指标的取值十分保守,且不合理;

⑧现行的规范主要针对低的加筋土结构而言,没有考虑高加筋结构的特点。我国加筋结构的高度已突破60m,正在向100m发展,由于高度较大,土和筋材的变形也会比较大。但目前针对加筋高边坡的设计计算只是常规土坡稳定分析的直接推广,没有认识到边坡的受力变形性质已随着边坡高度的增加而发生了变化。要解决这个问题,必须考虑数值分析法在加筋土结构中的应用。

然而,由于极限平衡法简便,而且已积累了很多应用经验,加之目前的规程均采用极限平衡法。因此,工程设计中对极限平衡法也不能完全放弃,而是要完善和改进。对加筋土结构也不例外。

4.3 当前设计方法保守的原因

土工加筋结构的性能优越、造价低廉已为大家所认识,应用越来越广,不仅在传统的土坡、挡墙、软弱地基加固中广泛应用,而且已扩展到垃圾填埋、桩网地基结构、土工材料包裹柱体(covered colums)、跨桥系统(overbridging systems)以及抗震结构和动力加荷系统(systems under dynamic loadings)等,其中有些已列入规范[16]。

但土工合成材料界也存在一些值得思考、甚至奇怪的现象:建设的加筋土工程很多,新的经验不少,有关的研究成果也很丰富,对当前流行的设计方法的保守性也基本形成共识,但设计计算方法却改变不大,许多新研究成果难以替代流行的计算方法,被工程中采用,这种现象很值得研究。

4.3.1 极限平衡法为基础的加筋土结构设计方法的问题

以极限平衡概念为基础的加筋土受力状态的计算,最早在 1970 年由 Vidal 对金属筋材加筋挡墙的内部稳定分析中采用的。它是由 tie-back method(锚固楔体法)发展而来。应当强调,在加筋结构的设计中最重要的是侧向土压力的计算。在该法中,整个结构高度的土压力最初采用静止土压力系数计算,几年后,改用主动土压力系数计算。

在这里我们预先指出,采用金属筋材加筋与采用聚合物土工材料加筋,它们的结构性能会有很大的区别,因为两者的变形性能有很大的不同,而变形问题在流行的 AASHTO 法中未曾充分考虑,这点需特别指出。

除此以外,极限平衡法为基础的加筋计算方法还有如下主要的问题:

(1)所针对的是加筋土处于破坏状态的情况,而不是工作状态(operational comdition);

(2)土体和筋材同时达到极限状态,它们的抗力都完全发挥,参数都是极限状态参数;(3)破坏面是已知的,且只在指定的破坏面上发生,然而复杂的结构面与土和筋材之间的相互作用不可能用简单的楔体或滑动面上力的平衡来描述;

(4)变形未考虑,动态的变化也未考虑,故某些破坏机制不可能都被认识到;

(5)填土的压实情况对加筋土体的性能十分重要,但在该法中未予考虑。

此外,除了应力分布与实际不符之外,极限平衡法的计算在某些条件下难以收敛,给分析工作带来困难。

不难看出,上述几点与土工加筋结构物的实际性状相去甚远,因为经过合理设计的结构物远未达到破坏状态;土属于非线性的弹塑性体,它的破坏面位置不可能是已知的;再者,土和筋材的抗剪强度也不可能同时完全发挥,因两者的刚度和屈服强度差别很大,如此等等。因此极限平衡法的结果与精细的计算方法的结果必有差别,尤其是与实测值的差别会很大。但人们对这种差别往往习以为常,缺乏改进的行动。使加筋土设计方法和计算技术的进步缓慢。

从更精细的要求考虑,极限平衡方法不能预测现场动态的情况和应力水平,并对与应力路径相联系的材料的最终强度变化无能为力。相反,数值分析可以提供位移场和应力场的动态资料,可以模拟机理的发展以及与应力场和位移场有关的抗剪强度的变化,虽然不能直接估计安全系数,但数值分析还可以指出破坏启动和发展的区域[27]。并可以间接估算安全系数,给出定量的数值。因此,有限元法更适合加筋土结构,其前景看好。

4.3.2 设计参数选用中的保守性

除了设计方法外,参数的选择是保守性的另一个主要来源。与加筋结构有关的参数包含三方面:填土的参数,筋材本身的参数和填土与筋材之间的界面参数。填土的参数与非加筋土结构中填土的情况类似，在此不作讨论。

筋材本身的参数取决于原材料的性质，国外采用的筋材有金属材料和人工合成材料两大类，这两者的变形特性有很大差别，因此，其加筋土特性也有显著不同，设计方法也会有所区别。在国外的资料中，严格区分刚性筋材和柔性筋材的原因就在于此。但国内使用的大多为柔性筋材，因此不能盲目照搬国外资料。下面只就柔性材料进行讨论。

筋材参数的重要性是与筋材上的受力与筋材的变形和断裂有关的。主要参数有拉伸强度、伸长率和刚度(模量)，此外还有与合成材料相联系的流变性质(rheological characteristic)即蠕变(creep)和松弛(relaxation)特性等参数。在国内，大家对拉伸强度十分熟悉和重视，但对刚度(拉伸模量)却未予重视，甚至有些人不知道这个参数的意义和重要性，以致在测试规程中未见这个指标，这是与设计方法只考虑强度的极限状态，不考虑材料的变形有关。殊不知，筋材要发挥加筋作用只有产生一定的变形才能实现。由此可知，忽略变形问题对加筋结构是十分不合适的。其实刚度应比强度更受到重视才对。伸长率不是一个设计参数，只是作为判别材料性能的定性参考，计算中没有用到。

拉伸强度一般分为：快速拉伸的最终强度 T_{ult}，即由实验室在较快应变速率下测得的瞬时极限拉伸强度；长期强度 T_{al}，即由 T_{ult} 除以若干折减系数 RF_i 所得的强度；设计强度 T_d，即由 T_{al} 除以分项安全系数得到的用于设计的容许强度，也有把 T_{al} 直接当 T_d，而有关整个结构的分项安全系数则是在结构计算中再行考虑的。除此以外，某些规范(指南)除采用试验的峰值求得峰值拉伸强度 T_{peak} 外，也有采用最终的残余拉伸强度 $T_{residual}$。此外，还有与全寿命的蠕变破坏荷载所对应的蠕变强度[28]。

对折减系数的取值，意见有些分歧。德国采用5个系数(长期特性、施工和压实、筋材连接、环境以及动力影响)；美国和巴西等采用4个系数(施工损伤、蠕变、化学蜕变及生物蜕变)；日本铁路规范也采用4个系数(施工系数，蠕变影响，长期蜕变以及整体安全系数(overall safety factor)，如果对整体安全系数另作别论，那么只有3个系数。日本规范对蠕变系数作了特别的考虑，有关蠕变的问题后面还要专门讨论。国内一般都考虑3个系数，分别是：蠕变、老化和施工损伤系数，其具体数值也大多参照国外有关的建议值，其中最大的是蠕变折减系数，对不同的材质，往往达到 2.0~5.0 或更大，而总的折减系数 RF 在 5.0 左右，有的在 2.0~7.0。过大的蠕变折减系数是导致设计保守的主要原因之一。

筋材与填土之间的界面参数是加筋结构设计中最重要，也是最复杂的参数。因为加筋之所以能起作用就是靠界面将填土中的应力传递到筋材上，或者反过来说，筋材通过界面将剪阻力传递到填土中，受到约束的填土侧向变形因此减小，使工程得到加固。界面的参数主要有界面的似摩擦系数和似凝聚力，还有在目前尚未受到重视的界面刚度。但是真正对界面工作特性的起关键作用的是界面上的应力应变和荷载分布，因为许多研究已经证明，筋材上的应力应变分布很不均匀，它的垂直和水平荷载的分布在空间上和时间上也不均匀。界面强度的屈服也是渐进的过程，因此可以说，简单的一个似摩擦系数是不可能把界面特性说明白的。

界面刚度是与填土和筋材之间的变形分析有关的。这个系数在分析界面变形特性时十分重要，但是国内工程界至今对该参数关心不多。

目前设计中采用一个较大的蠕变折减系数是过于保守的。业已表明，由于砂和土工材料的黏滞特性影响的相互作用，在置于砂样中的土工筋材经受到持续的平面应变压缩荷载将随时间而降低，这样，蠕变破坏的风险也将随时间而降低。[29]。J. P. Gourc，R. Reyes-Ramirez & P. Villard 研究认为[30]，对于一给定的土工材料，其设计破坏强度，若依据常规蠕变破坏曲线得到的相对较大的蠕变折减系数，可能过于保守。一条可使蠕变变形速率显著降低，以致筋材的蠕变破坏的可能性被忽略的途径，乃是施加预应力。

4.3.3 改进当前流行设计方法的研究

鉴于以极限平衡概念为基础的 AASHTO 流行方法的缺点,各国不少学者探索采用新的途径对加筋结构进行设计计算。这里举几个例子:

(1)德国建筑研究所的 DIBT 法

该法虽然仍以极限平衡法为基础,但具体计算上思路和方法并不一样。通常认为 FHWO 法并不能找到最危险的滑面,故 DIBT 法在内部稳定分析中,对三类可能滑动面进行了验算:

①滑动面的起点在外坡面的不同高度处,从每个起点,每隔 3° 划一个验算面,如图 4.2-61;

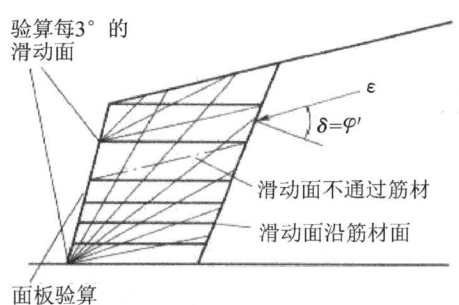

图 4.2-61　DIBT 法中每隔 3°划一个验算面(内部稳定性验算中的假设)

②每层筋材表面作为一个验算面;

③沿相邻两层筋材间土体作为一个验算面。

DIBT 法认为,加筋结构的外部稳定也需进行,其方法与 FHWO 法的外部稳定验算相同。该法在欧洲某些工程中得到采用。可以认为,这个方法对内部稳定验算是比较周全的,不会遗漏可能的滑动面。但它没有考虑混合滑动面的形式,而且从根本上说,它仍基本保留了极限平衡法的种种缺点。

(2)Bathurst 的 K—刚度法(K—stiffness Method)[31]

这是一种以经验为基础的工作应力设计方法(a new empirical—based working stress design Method)。该法明确地包含了筋材的刚度,鉴此,可以不再把金属加筋的结构和合成材料加筋的结构看作两类结构,而是把两者无缝连接。该法最早由 Allen et al.(2003)提出,Bathurst et al.于 2008 年形成目前的形式。该法的核心是一个计算最大筋材荷载 T_{max} 的公式,该式与墙高以及一系列的影响因素有关,如整体刚度和局部筋材刚度,墙面刚度和斜度,土的强度和黏性以及筋材的布置,根据基础条件以及筋材的类型和位置而定的应力分布经验系数。采用 K—刚度法求得的筋材荷载与实测的值具有良好的相关性[如图 4.2-62(a)],它比采用 AASHTO 简化法更接近实测值[如图 4.2-62(b)]。

应当注意,K—刚度法是根据大量的良好实测数据而得出的,并以 22 个土基上的和 9 个刚性基础上的加筋挡土墙作为验证,它可以适用于无黏性或黏性填土。但它只能用于筋材的内部稳定(筋材断裂和拔出)分析,并不适用于外部稳定、墙面稳定或部分通过加筋土体滑面的稳定分析[17][31]。

$$T_{max} = 0.5 K_0 \gamma (H+S) S_v D_{tmax} \varphi_g \varphi_{local} \varphi_{fs} \varphi_{fb} \varphi_c \qquad (4.2\text{-}7)$$

其中,K_0 为平面应变下静止土压力系数;S 为土重的当量高度;S_v 为筋材间距;

D_{tmax} 为应力分布的经验系数,与基础条件和筋材类型及位置有关;

$\varphi_{g, local, fs, fb, c}$ 为与筋材整体和局部刚度,墙面的类型、刚度和倾斜度,以及土的聚力有关的经验系数。

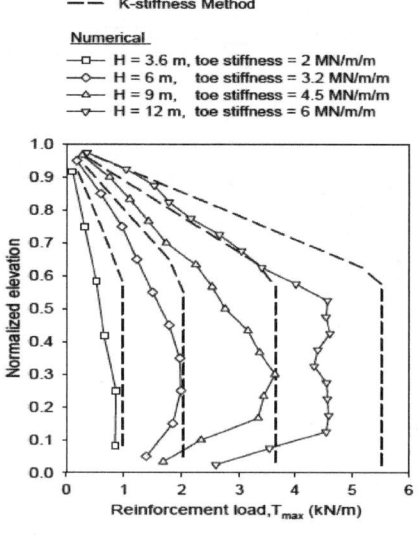
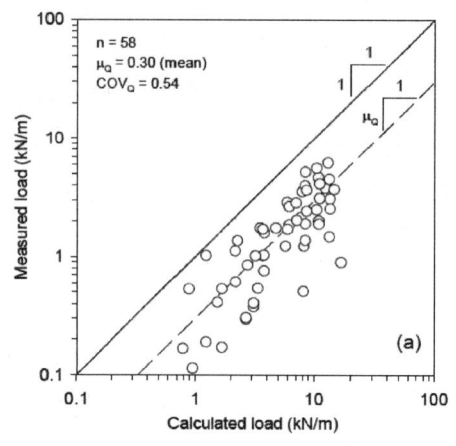

图 4.2-62(a) 筋材荷载与实测值的相关性   图 4.2-62(b) 筋材荷载测值与 AASHTO 计算值比较

(3) Ehrlich,M. 的应变相容设计模型

巴西的 Ehrlich 提出了另一个称为应变相容设计模型(Strain compatibility models for design)来计算筋材上的最大荷载 T_{max}[32]。该模型是基于土与筋材的应变相容,考虑了土和筋材的应力应变特性以及土的压实的影响。筋材按线弹性考虑,而土以 Duncan 模型模拟。当填土的压实机械移去后,土中垂直应力降低到自重水平,但水平残余应力却被保留。当墙高达到 6m 前,压实引起的残余应力就大于由自重引起的水平应力的值,这样会使筋材上的拉力显著增大。因此可以认为,在上覆填土大约 6m 之前,水平应力基本维持不变。筋材上最大拉力的计算比较复杂,为此,作者绘制了一些图(图 4.2-63,图 4.2-64)以供查用。图中:

$$\beta = (\sigma'_{zc}/P_a)n/S_i \qquad S_i = J/(K \cdot P_a \cdot S_v)$$

其中:β 为筋材变形参数;σ'_{zc} 为最大可能垂直应力;P_a 为大气压力;n 为 Duncan 模量指数;J 为筋材拉伸刚度;K 为 Duncan 起始切线模量;S_v 为筋材垂直间距。

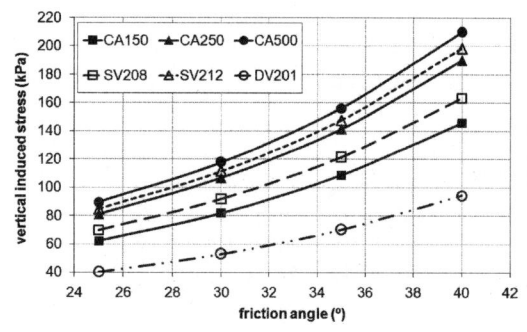
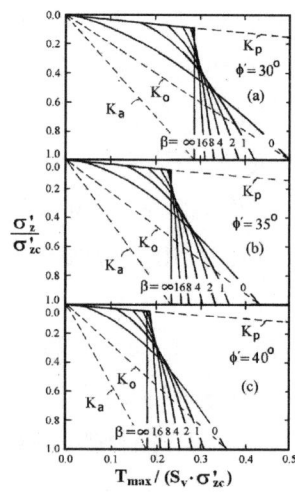

图 4.2-63 压实引起的垂直应力(p547)   图 4.2-64 垂直无黏性土墙的 T_{max} 计算图 (Ehrlich and Mitchell 1994)

该法与其他一些方法的比较示于图 4.2-65,可看出,本法与实测值具有良好的一致性。

在图 4.2-66 中,点线代表 4# 筋材上的测值,垂直点划线代表压实当量影响深度 Z_c 为 $3.5m$,它等于压实引起的最大应力 $\sigma'_{x,i}=73kPa$ 除以土的容重 γ,当量深度 Z_{eq} 对应于墙顶上外荷除以土的容重＋筋层的深度,当 $Z_{eq} < Z_c$ 时,T_{max} 变动不大,超过该值,T_{max} 与 Z_{eq} 具有线性关系了,这时压实的影响才消失,而筋材的拉力才由填土重量控制。由此表明,土的压实对土和筋材施加了预应力,并降低了工后变形。可见,土的压实不仅仅局限于减小土的孔隙比,而且导致水平应力的显著增加,并产生一种超固结的作用。类似的探索还为其他一些学者所进行。

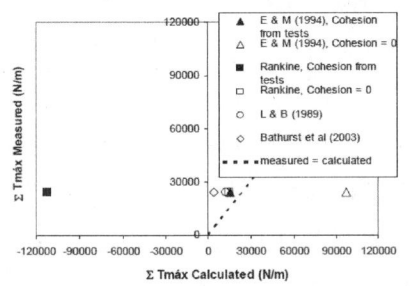
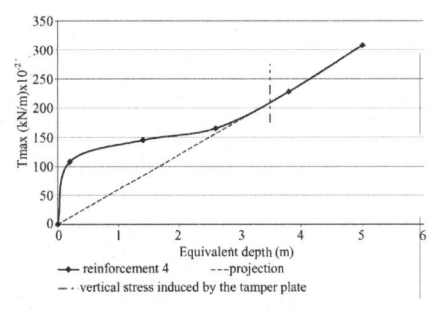

图 4.2-65　四条筋材上总最大拉力的实测值与预测值　　图 4.2-66　筋材拉力与当量深度的关系。

从上面的叙述可以察觉,筋材上的作用力是问题的关键之一。但要真正了解筋材上的作用力及其分布和发展的全过程,只有依靠数值分析方法(后文专门叙述)。

5　对加筋土结构合理设计方法的建议

5.1　关于合理设计方法的考虑

现行设计方法的最大缺点是不知道结构内部的应力和应变分布,及其工作过程中的动态变化,包括最终的极限状态。在不了解应力应变情况下,作出的任何力学分析的假定都是苍白的、缺乏根据的。

加筋土由两种不同的材料组成,如同钢筋混凝土一样,这两种材料的相互作用比较复杂。与一般结构物不同,加筋土结构是从土体内部支撑来加固土体的。当受力时,加荷初期土体本身承受了绝大部分的外力,以后随着土体变形,应力通过土与筋材的接触界面,逐渐转移到筋材上,当筋材的应力大到一定程度后,可能发生两种情况:一是筋材的应力超过其极限抗拉强度,筋材被拉断;另一是筋材的作用力达到筋材与土界面上的极限剪阻力,筋材沿土体发生较大的滑移,并进而被拔出。与此相反,筋材对土体的反约束作用,导致了两种效应:

一是在接触面附近形成了厚度不大的剪切带,另一是在界面两侧一定范围的土体因剪切带的带动导致颗粒的翻滚、移动、剪碎,改变了它们的应力场和位移场。这两种效应都会使整个土体抵抗破坏的能力增大,增加加筋土体的稳定性。

从以上的分析可以看出,加筋土结构的稳定校核必须考虑以下几个方面:

保证筋材不被拉断或拔出,这就是所谓的内部稳定分析。这时需要知道作用于筋材上的垂直压力与水平剪应力;

抗整体滑动分析,即对整个加筋土体进行稳定分析,求出最危险滑动面,这个滑动面可能是在加筋区以外;也可能部分在加筋区外,部分在加筋区内,即所谓混合稳定分析,以解决加筋土结构的整体稳定、抗滑稳定、倾覆稳定以及基础的承载稳定等问题。需要强调的是,这个稳定分析也需要知道整个加筋土体内各点的应力和应变,并找出最大应变的区域,连成潜在滑动面,再进行稳定分析。

在内部稳定分析中,除抗筋材的拉断与拔出外,还有一种可能的破坏是局部应变过大,这是由于局部应力过大引起的,它将造成砌块式挡墙墙面的鼓出。

此外,与一般工程设计一样,加筋土工程亦需满足极限状态功能和使用状态功能的要求,这就必须考虑结构的极限稳定性和限制其过大的变形。但对加筋土又要使其产生一定的变形量,以便界面的剪阻力能充分发挥。

5.2 对加筋土结构设计方法的建议

从上述已可清楚看到,合理的设计方法应当是"有限元法+极限平衡法"。要掌握土体的应力应变情况必须使用数值分析方法,尤其是有限元法,极限状态也需要在工程中考虑,则极限平衡法也要采用,而这时的极限平衡计算与目前流行的方法会有不同,后面再述。

显然,结构物的安全取决于所受的力(荷载)的性质和大小,或者说,结构物内部的应力场和应变场,及其变化过程。现行加筋土结构设计方法的最大缺点是不知道结构内部的应力和应变分布情况,及其工作过程中的动态变化,包括最终的极限状态,甚至连筋材上的荷载等最重要的基本数据也估算得极其粗略。当然,在不了解应力应变情况下作出的任何力学分析,都是苍白的、缺乏根据的。

相反,有了结构内部的应力应变资料,设计就会比较明确、清晰,减少盲目性。试想,若已知加筋结构内部的应力应变分布,那么筋材的拔出、筋材的拉断、筋材的间距、结构整体失稳的潜在破坏面是圆弧还是非圆弧等,就可较有根据地去判断。前已述及,加筋土结构稳定校核必须考虑的内容有:(1)保证筋材不被拉断或拔出,这就是"内部稳定分析"的内容。这时需要知道作用于筋材上的垂直压力与水平剪应力;(2)筋材的局部变形不过大,这也要知道整个筋材的应变分布;(3)抗整体滑动的稳定,即对整个加筋土体进行稳定分析,求出最危险滑动面,以解决加筋土结构的整体稳定、抗滑面的稳定、抗倾覆的稳定以及基础的承载稳定等问题,这可以进行复合滑动稳定分析来解决,无疑,这些稳定分析也需要各点的应力和应变数据,并找出最大应变的区域或连线,作为潜在滑动面进行稳定分析。因此,所有这些校核均需依仗应力应变的资料。有限元法等数值分析方法现在已很流行,而且会越用越成熟。目前土工合成材料工程界所用的数值分析模型、计算方法、参数选择等方面已比较一致。当然,数值分析方法还有不少问题,存在人为因素的影响,有时成果不唯一或计算难以收敛等,这正需要多实践、多研究来解决。可以说,目前加筋土结构的数值分析已经可以达到较准确地定性,粗略地定量的程度。

但现在规范普遍采用极限平衡法,这就有一个如何衔接的问题。其实估计极限状态下结构物的性状,以了解最坏的工作条件,也是有必要的,更兼这种方法已有了较多的经验,因此极限状态的校核也仍需要。同时,与一般工程设计一样,加筋土工程亦需满足承载力极限状态功能和使用极限状态功能的要求,这就必须考虑结构的极限稳定性和限制其过大的变形。加筋土工程大体可分为几种类型:加筋土挡墙、加筋土边坡(陡坡)和加筋土地基。结构形式虽然不同,但它们都要研究结构物土体的一般工作性状以及进入极限状态时的性状,设计中也要考虑抵抗极限破坏的措施,因此极限平衡条件的研究,仍将是设计中不可缺少的方面。

鉴此,建议合理的设计采用两者相结合的设计途径:有限元法和极限平衡法的设计途径,即先用有限元法得到结构内部的应力应变变化过程(动态应力应变分布)进行加筋土结构的设计,然后对设计出的结构再用极限平衡法进行整体稳定安全系数的校核,并作适当调整。这样可以与当前的规范衔接,不过这时的极限平衡计算与目前流行的方法有所不同,它的危险滑动面可以有几种不同的假设,目前比较常用的是最大剪应变的连线。

5.3 设计计算中应注意的问题

(1)设计分析方法应与所选的加筋材料相适应,例如:选用土工格栅、加筋带、土工织物或土工格室等,它们的特性各异,设计计算也有所不同。例如土工格栅有摩擦力和咬合力等,而土工织物只有摩擦力没有咬合力;而土工格室主要是有咬合力,摩擦力极小。

(2)对于不同的加筋土工程,它们的破坏模式不尽相同,因此应有针对性地进行不同模式的稳定分析,计算方法应顾及结构的特点。

(3)筋材性能的测试,应以符合工程实际条件的试验成果为主,不要盲目借抄别人数据,或国外资料。如果国内已有研究或实测成果,应重视这些资料,并予以验证。

(4)土压力的问题是加筋土坡(挡墙)设计的核心问题,简单地应用库仑或朗肯理论会造成很大误差,国外和国内许多实测资料已有证明,众多文献都对此有过评论。日本的加筋土设计中,以45°为界把土坡分成缓边坡与陡边坡,对前者可不考虑土压力的影响,陡边坡因土压力沿深度增加,筋材的间距也随深度而加密。

5.4 筋材布置应遵循的正确思路

5.4.1 当前筋材布置方法的讨论

筋材布置主要包括筋材的长度和筋材的间距两方面内容,当前所用的方法基本上是经验性的,即间距变化在0.5~0.8m,以0.6m居多;而长度则根据最危险滑弧把土体划分为主动区与被动区,保证筋材在被动区的长度满足抗拔出的要求,而筋材上作用力的计算主要是根据经验公式求得的。这样的做法缺乏理论根据,它也正是导致目前加筋工程设计中保守的重要来源之一。在国内外的文献中,专门针对筋材布置问题的讨论不算多,影响了该重要问题的解决。

筋材布置中比较为大家关注的另一个问题是筋材在加筋区域中布置是等间距还是不等间距、等长度还是不等长度的问题。这方面的做法也比较分歧,有的全部等密,有的上疏下密,有的上下疏中间密,有的在筋材中间再加副筋,甚至上密下疏等。在长度方面有上下等长、下长上短,中间长上下短等,不一而足。有些研究者用数值分析法研究过这个问题,但结论也不尽一致。此外,有人采用敏感分析法找出最优布置[33],也有人用试验方法研究筋材间距与长度的影响。这里简单介绍张石磊等的模型试验成果[34],试验是在砂堤中布置不同层数和长度的有机玻璃条带进行的。成果表明,一层和三层的加筋堤比无加筋堤减少沉降15%和41%,而承载力增加20%和60%;长筋比短筋的加筋效果在变形较大时显露出来,这是符合加筋机理的,因为据汪明元研究,加筋的作用是渐进性发挥的,由着力点逐渐向内部发展[17],研究还得出破裂面形态更符合于筋带间的挤出破坏。上述研究可以得到一些定性的概念,但到底应如何布置仍是疑问。

总之,筋材布置是一个比较混乱又亟待解决的问题。

5.4.2 筋材布置的合理思路

筋材的布置应根据土体的应力场和应变场的实际情况进行,既然筋材的作用是约束土体的侧向变形并改变土体的应力应变状况,而筋材与土体之间的相互作用又是加筋作用的关键因素,因此重要的问题之一,是求得真正作用在筋材上的力有多大,以及由此引起的应变的大小;其次要认识加筋的机理,了解一根筋材对周围土体的影响范围有多大。

对第一个内容需用数值分析法求得,有了正确的应力场和应变场,筋材布置的范围就很清楚了。筋材的间距可由试验或数值计算确定,关于数值计算方法,目前已有人采用颗粒流方法进行研究,但尚不很成熟[35],需进一步完善。筋材的长度可由作用在筋材上的力决定,要使筋材上作用的力的总和等于或小于筋材的设计拉伸强度,并考虑一定的安全余量。筋材布置好后,用'数值分析+极限平衡法'进行核算,并作适当调整,以完成加筋土结构的加筋布置设计。上述的设计过程没有引入很多的假定或经验的东西,力学概念是清楚的,方法上有的还需要改进或完善,但总是可以解决的。

6 加筋材料强度折减系数的合理取值

6.1 强度折减系数的现状

土工合成材料的性质决定了必须对试验所得的瞬时极限强度进行折减,才能用作设计的长期容许抗拉强度,许多文献和各国规范(指南)都建议由式(4.2-8)计算:

$$T_a = \frac{1}{F_{ID} \cdot F_{CR} \cdot F_{CD} \cdot F_{BD}} \cdot T \tag{4.2-8}$$

T_a——设计容许抗拉强度;

F_{ID}——铺设时机械破坏影响系数;

F_{CR}——材料蠕变影响系数;

F_{CD}——化学剂破坏影响系数;

F_{BD}——生物破坏影响系数;

T——由加筋材料拉伸试验测得的极限抗拉强度。

但各国在折减的项目和数值上差别很大,有的建议设6个折减系数:A_1,A_2,A_3,A_4,A_5和γ_R,其意义分别为:蠕变,机械损伤,裂缝或连接,环境影响和动力影响,γ_R为分项安全系数[36];多数建议5个系数,即排除γ_R,认为它不是折减系数而是结构整体安全系数(Brau 9ICG 2010 233-236)[16];日本建议考虑施工损伤、蠕变破坏、长期老化衰减和整体安全系数[5];许多国家如泰国[37]和我国规范则建议取3个系数:蠕变、老化和施工损伤系数。如果把环境影响包含在老化中,筋材连接影响包含在施工中,分项安全系数不列其中,动力影响不大,则都可归结为3个折减系数。

关于上述折减系数的取值,大多来自美国的FHWA规范,国外国内仅有少数学者进行过真正的测定研究,这些系数都取得比较大,表4.2-6所列为其中一个典型例子。设计强度还不到极限强度的20%,显然过于保守。国外也有一些接近实际的建议值,如表4.2-7所示,但它并未成为主流。

表4.2-6　　　　　　　　　　　　　　　　折减系数取值示例

A_1	永久机构的长期性状	PP / PE	6.0
		PES / PA	3.5
A_2	施工破坏,碾压	混合/粗粒料回填土	2.0
		细粒回填土	1.5
A_4	环境条件(永久结构全寿命＜100 years)	DIN EN 13249 ff annex B4 only new polymers proved by tests for 25 years	
		PES/PVA:	2.0
		AR/PP/PE:	3.3

表 4.2-7　　　　　　　　　　　　　折减系数建议表（Montri, D. 2006）[39]

折减系数	数值	备注
A_1 蠕变折减系数	1.8～2.4	取决于所用聚合物种类
A_2 老化衰减系数	1.1	
A_3 施工损伤系数	1.1	

此外，也有学者认为应对不同加筋结构采用不同的折减系数，如表 4.2-8。

表 4.2-8　　　　　　　　　　　　　土工格栅强度容许安全系数

应用范围	安全系数 FS			
	FS_{ID}	FS_{CR}①	FS_{CD}	FS_{BD}
有路面道路	1.2～1.5	1.5～2.5	1.0～1.6	1.0～1.2
无铺砌道路	1.2～1.6	1.5～2.5	1.0～1.5	1.0～1.2
堤坝	1.1～1.4	2.0～3.0	1.0～1.4	1.0～1.3
斜坡	1.1～1.4	2.0～3.0	1.0～1.4	1.0～1.3
挡墙	1.1～1.4	2.0～3.0	1.0～1.4	1.0～1.3
承载力	1.2～1.5	2.0～3.0	1.0～1.6	1.0～1.2

笔者收集了几个规范建议的折减系数，列于下表以供参考：
- 目前最大的是美国 Koener 建议的 2～7。
- 美国 FHWA 规范建议：PP－5～4；　PE－5～2.5；　PET－3.0～2.5。
- 德国建议：　PP/PE－6.0；　PES/PA－3.5。
- 我国国标建议：PP－5～4；　PE－5～2.5；　PET－2.5～2.0。
- 我国公路规范：PP－4～5；　HDPE－2.6～5；　PET－1.6～2.5。

从上述材料可以看出，这些取值均受到 FHWA 规范的影响。

6.2　折减系数的试验研究

折减系数的实测试验为数不多，下面列举若干方面的资料。

6.2.1　筋材施工损伤的实测试验资料

神农架机场是一个高原机场，由于场地狭窄，必须修建高达 40 多米的加筋挡墙，并采用 PET 格栅作为加筋材料。为了确定施工时砾石料从汽车上卸下对筋材损伤的影响，在现场进行了专门的测试，获得了施工损伤系数的试验数据，如图 4.2-67 和 4.2-68 所示[38]。同时，坦萨公司的类似数据亦列于表 4.2-9。

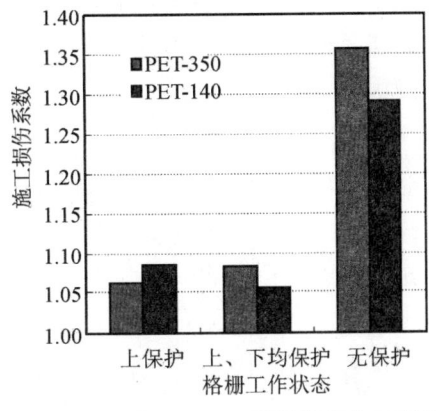

图 4.2-67　两种格栅施工损伤统计

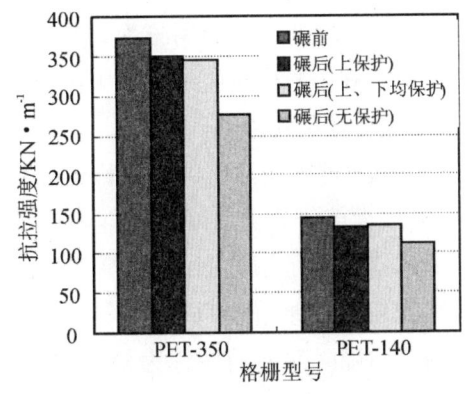

图 4.2-68　不同保护条件

表 4.2-9　　　　　　　　　　　　　坦萨资料：施工损伤系数

	填料Ⅰ ($d=0\sim5mm$)		填料Ⅱ ($d=0\sim40mm$)		填料Ⅲ ($d=0\sim80mm$)	
	C	R_{fid}	C	R_{fid}	C	R_{fid}
UX1400	95%	1.05	80%	1.25	77%	1.30
UX1500	97%	1.03	84%	1.19	75%	1.33
UX1600	88%	1.14	81%	1.23	76%	1.32
UX1700	98%	1.02	86%	1.16	83%	1.21
RE520	99%	1.01	90%	1.11	100%	1.00
RE560	95%	1.05	95%	1.05	88%	1.14

6.2.2　若干蠕变试验成果和蠕变实测资料

流变特性受多种因素制约，如垂直应力水平、侧限的约束、温度、化学作用等，这些因素有时可以产生很大的影响，因此，流变因素的考虑必须与工程实际情况相适应。下面以侧限问题和应力水平问题为例说明它对蠕变的影响。图 4.2-69(a)是 HDPE 格栅在无约束条件下的蠕变试验结果[39]，应力水平超过50%后，蠕变变形将加速发展，并导致破坏。但这是在空气中无约束条件下进行的。对有侧向约束的情况下，蠕变变形将大为降低，当荷载水平达58%时，筋材仍处于稳定变形阶段，并无加速蠕变的迹象，如图 4.2-69(b)，可见，有无侧向约束对蠕变的影响也很巨大。而实际工程中，筋材都是在有侧限条件下工作的。

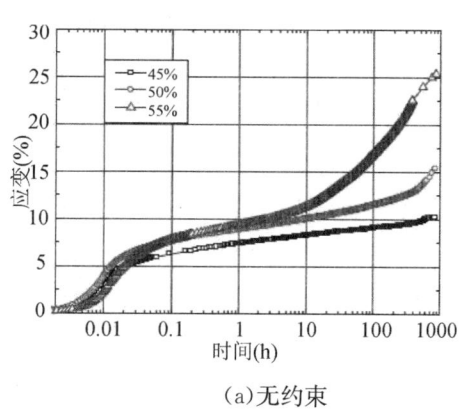
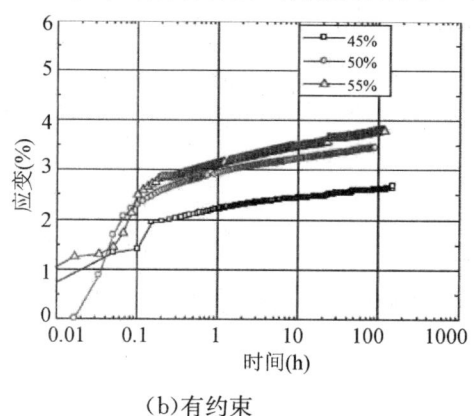

(a)无约束　　　　　　　　　　　　　　(b)有约束

图 4.2-69　有无约束条件下格栅蠕变与荷载水平关系对比曲线

6.3　关于土工合成材料流变特性的分析

在上面的讨论可以看到，最大的折减是流变因素的折减，这是由于加筋材料的原材料具有比较显著的流变特性决定的，故把这种材料称为柔性加筋材料，它的加筋机理和分析计算方法与金属刚性加筋材料不大一样，这点在国外的规范或文献中区分得比较明确，而国内则对筋材刚性的重要性重视不够。

对土工筋材流变特性的研究，国外的成果相当多，国内也有一些。但这些成果大部分只关心蠕变性能，在计算中也把该系数称为蠕变折减系数，这显然是不全面的。材料的流变特性反映在几个方面：在常荷载作用下变形随时间的增长称为蠕变；在变形保持不变下，材料中的应力随时间而消减称为松弛，如图 4.2-70。此外，还有将循环荷载作用对强度的影响也归入流变特性中的。可见材料的流

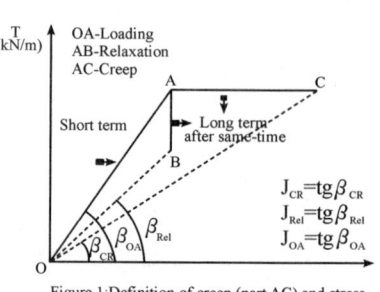

图 4.2-70　蠕变与松弛的意义

变特性表现为蠕变或松弛,这取决于材料的工作状态。对于加筋结构中的加筋材料,蠕变和松弛两种情况都同时存在。

上面提到,当筋材在其上填料和压实时,筋材经受较大的力,其值可能超过静止土压力的作用,而当竣工后,筋材上的力将因松弛而衰减。施工期筋材的受力可能是其最大值。而在长期的运用中,筋材也可能产生蠕变变形,但许多实测资料证明,这种蠕变变形数值不大,很少超过1%,将它延长至100年或120年的全寿命,累计也仅在3%左右,远小于筋材的极限伸长率。何况,筋材在长期运行过程中,应力因松弛的影响会减小,蠕变量还会降低。

可见,流变问题在加筋结构的设计中应放在适当的地位,而且松弛问题应与蠕变一起考虑,从某种意义上说,松弛可能更是不可忽视的控制因素。

6.4 筋材长期抗拉强度的确定问题

长期设计强度的计算公式如式(4.2-7)所示。折减系数是若干因素的连乘,故总折减系数很大,尤其是蠕变折减系数 F_{CR},依不同的原材料达 2.5~5.0,甚至更大。

笔者认为,这样的蠕变折减系数是缺乏根据的。我们知道,材料的蠕变特性与所施的应力水平有关,当应力水平小于某一值时,变形将随时间衰减,不会达到破坏,只有应力水平超过临界值时,蠕变变形才会发展到破坏。许多研究表明,这个临界应力水平对土工筋材大约在40%左右,也就是说,总折减系数如果达到2.5~3.0,即设计强度为极限强度的1/3,则蠕变的影响已很小了,而国外许多加筋工程实践中,长期设计强度与瞬时极限强度的比值大致在0.40~0.50左右。考虑到蠕变与应力水平有关,而施工损伤系数、老化衰减系数等一系列折减已经把瞬时极限强度打了一定的折扣,筋材的受力已经降低,因此,再把蠕变系数作为独立的折减系数对极限强度打折是不妥当的,也就是说,将各种折减系数连乘是不合适的。这也是现有设计方法过于保守的重要原因之一。

日本的铁路规范对原蠕变问题的处理作了大幅度的改变,对于静力条件下的长期强度,如果500小时后蠕变试验应变速率小于 $3.5 \times 10^{-5}/h$,则在50年内蠕变破坏不会发生。但在地震条件下的设计,则无须考虑蠕变问题,因为蠕变不是化学蜕变或生物影响,他们认为土工材料在一定破坏应变速率下的原始强度可以一直维持直到它的寿命的末期[19]。

荷兰对PET有纺织物的蠕变折减系数:对120年寿命仅为1.45,对60年仅为1.40。泰国一公路格栅加筋路堤,设计中考虑了蠕变和松弛特性[40]。取蠕变折减系数为1.8~2.4;老化系数为1.1;施工系数为1.1。按此计算,总折减系数仅为2.2~3.0,这是比较符合实际的。

为此,可以建议蠕变折减系数 F_{CR} 的参考值:对PP材料为3.5~3.3;对HDPE为3.0~2.6;对PET材料为2.2~2.0。

对设计抗拉强度的初步建议如下:

(1)采用单一的总折减系数。上述的各种折减因素是存在的,但目前对各种因素的定量影响研究不足,大多是经验值。而且这些因素也不是独立的,不应当连乘。其实最终用的也是一个总系数。所以在设计规范或指南中只建议单一的总系数更为实际。总折减系数 F_{CRDID} 的取值建议如下:对PP或HDPE为3.5~2.7;对PET为2.3~2.1。

(2)对不同的原材料采用不同的值。众所周知,不同聚合物的流变特性差别很大,对土工材料常用的原材料,其流变特性依次为:PP(聚丙烯)>PE(聚乙烯)>PA(尼龙)>PET(聚酯)。一般说来,对PP蠕变屈服点约为极限强度的40%,对PET约在50%以上。国外不少工程取极限值的40%~50%为设计值,因此,总折减系数大致在 2.2～3.2 是合适的。

(3)减小蠕变影响的措施。采用预压的方法在筋材中产生预应力,可以有效地降低残余应变,消除筋材的蠕变,对填土的良好压实也无异于对筋材增加预应力。

7 神农架机场加筋土挡墙及地基处理[41]

7.1 神农架机场工程概况

7.1.1 工程简介

神农架民用机场性质为国内支线机场,定位为国内小型机场,飞行区等级为4C,跑道长度为2800m,宽45m。机场场址位于神农架林区红坪镇温水村五组大草坪—将军寨一带,距林区首府松柏镇80km,北距神农架林区红坪镇9km,南距神农架林区木鱼镇23km,距神农顶风景区入口(鸭子口)10km。场址位于独立的狭长山脊之上,由2600m高程左右的五个山包组成,山顶高程2641.4～2560m,属构造侵蚀溶蚀中山区,岩溶较发育,岩溶地貌明显,以垂直岩溶为主,发育深度较大。神农架民用机场总填方1546万 m^3,飞行区最大填土高度达56.0m,同时由于局部原始地形较陡,需要采用相应的边坡支护加筋措施。边坡设计范围包括神农架民用机场飞行区周边的填方边坡及飞行区至油库联络公路的填方边坡。对填方边坡稳定安全系数,要求正常使用条件下,不小于1.30(计及条块间作用力)。

7.1.2 场区建设条件

区域地势总体西南高东北低,重峦叠嶂,沟壑纵横,河谷深切,山坡陡峻。属于相对独立的山体之顶部,总体由5个高程2600m左右的山包(溶丘)组成。溶丘呈浑圆状,顶部地形平缓,坡度5°～10°,周边斜坡坡度15°～20°,局部坡度达30°。最高点高程2641.1m,溶丘间有规模不等、形态各异的洼地、落水洞分布,溶丘与洼地底部的相对高差一般在50～100m,洼地底部有黄褐色黏土覆盖。主要植被为草甸,成片树木分布范围小,基本成星状布局。

场区山体上部为可溶岩分布区,岩溶地貌明显,溶峰(丘)间有规模不等、形态各异的岩溶洼地、岩溶漏斗发育分布,尤其是在南侧一带,形成大面积的平缓洼地,其中岩溶漏斗发育。

场区内岩体强度高,水文地质复杂,未发现大的活动性断裂构造,区域地质环境处于相对稳定状态,地震动峰值加速度值为0.05g,地震基本烈度为Ⅵ度。

场区内出露地层主要为寒武系(∈)和第四系(Q),寒武系在场区分布最广,主要为厚层白云岩和白云质灰岩,地表岩溶强发育。第四系主要为残坡积层,在场区广泛分布。为黄褐、黄灰、灰褐色粉质黏土为主,多呈软塑至可塑状,该层厚度变化较大,一般厚0.2～3m,表部0.5m为腐殖土,根系发育,腐殖质含量高,土质疏松。

神农架机场场区地处岩溶地貌地区,地形条件、工程地质条件和水文地质条件复杂,大面积分布的岩溶、高填方地基与边坡,可溶岩表层分布厚度差异较大的残积土、粉质黏土以及与基岩构成的不均匀土岩组合地基等是场区的主要工程地质问题。场区具有特殊的岩土结构特征和工程特性,同时又具有高填方、大土石方量、陡斜地面、建设环境复杂、相互影响因素多等特点,使得神农架机场的岩土工程技术问题突出。

7.1.3 地基处理技术要求

(1)工后运行期沉降量和差异沉降量要求

经地基处理后,要求按照20年使用年限考虑的飞行区道槽区的工后沉降量小于20cm,差异沉降小于1.5‰;土面区的工后沉降量小于30cm,差异沉降小于2.0‰。

(2) 地基强度要求

原地基处理后承载力特征值不小于表 4.2-10 规定。

表 4.2-10　　　　　　　　　　原地基处理后地基承载力要求

序号	分区	原地基处理后承载力特征值(kPa)
(1)	飞行区道槽区	200
(2)	飞行区土面区	150
(3)	边坡稳定影响区	200
(4)	一般建筑区	180

该项设计由民航新时代机场设计研究院有限公司和长江科学院于 2011 年 3 月共同完成。

7.2 边坡坡型设计

神农架机场填方边坡主要的坡型有如下几种：

(1) 挡土墙直接支挡

当地形条件难以采用放坡，同时填方高度较低时，采用仰斜式重力挡墙直接支挡设计。

(2) 加筋陡坡

当填方高度比较高，同时地形条件难以采用坡率法放坡时，采用加筋陡坡设计。

(3) 加筋陡坡和支挡结构的组合边坡

当填方高度比较高，地形条件难以采用坡率法放坡时，单纯采用加筋陡坡也难以放坡时，采用加筋陡坡+支挡结构的组合边坡设计。

(4) 高大加筋土挡墙

机场场区填方 I 区和 J 区由于填方高度达到 40～60m，同时天然地面线坡度较陡，地形条件复杂，经多方案比选后最终采用了高大加筋土挡墙设计。

(5) 筋土挡墙结构形式

加筋土挡墙面板采用加筋石笼面板，加筋材料采用高密度聚乙烯塑料土工格栅。石笼面板采用定型材料，长度和宽度统一为 3m 和 2m，高度根据不同筋材层间距要求分别采用 1m 和 0.8m。同时，为使边坡整体外形协调统一，挡墙面板采用错层铺设，保证面坡整体坡比达到 1∶0.25；在多级挡土墙之间设置马道平台，宽度分别采用 3m 和 2m。筋带长度则根据不同墙高、边坡分级及地形条件布置。

加筋挡墙结构及坡型典型形状如图 4.2-71，图 4.2-72 和图 4.2-73 所示。

图 4.2-71　神农架机场加筋挡墙全貌

墙面板典型断面如图 4.2-73 所示。

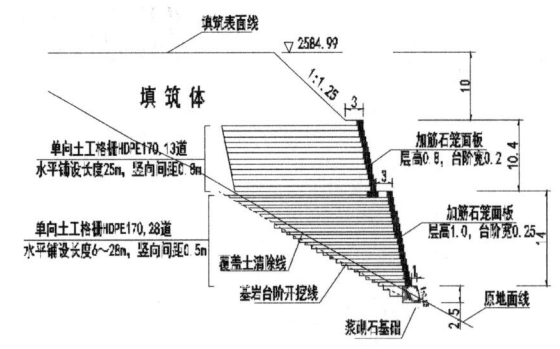

图 4.2-72 加筋土挡土墙典型断面(m)

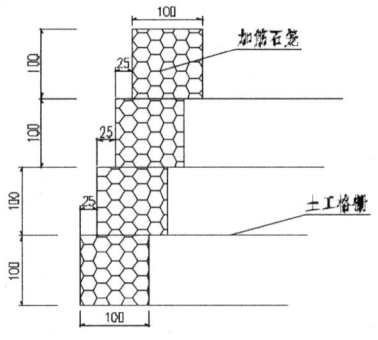

图 4.2-73 加筋土挡墙面板结构(cm)

7.3 若干典型分区的边坡设计方案

I 区边坡位于飞行区西侧站坪区以北，I 区采用 PB3 型边坡，自坡顶起按 1:1.25 放坡，坡高超过 10m 时采用支挡结构对下级边坡进行支挡。支挡高度 4m 以下时采用重力式挡土墙，支挡高度超过 4m 时采用加筋土挡土墙，支挡高度超过 10m 采用多级加筋土挡墙，最大高度设 4 级，自上而下每级高分别为：10.4m、10.4m、10.4m、12.8m，每级加筋土挡墙间设 3m 宽马道。

加筋土挡墙面板采用加筋石笼，第一级挡墙加筋石笼每单元高度 0.8m，每层设 1 级 0.2m 宽台阶，第二级及以下挡墙石笼面板高度 0.8m，每层设 1 级 0.2m 宽台阶；筋带采用 PET120 和 PET160 土工格栅，长度 18～40m，铺设间距 0.4～0.8m，筋带布置参数见表 4.2-11，其他设计要求如表 4.2-12。I 区边坡典型断面如图 4.2-74。

表 4.2-11　　　　　　　I 区填方边坡加筋土挡墙筋带布置参数

挡墙高度(m)	第一级挡墙			第二级挡墙			第三级挡墙			第四级挡墙		
	筋带	筋长(m)	间距(m)	筋带	筋长(m)	间距(m)	筋带	筋长(m)	间距(m)	筋带	筋长(m)	间距(m)
6～10.4	PET120	18	0.8									
10.4～20.8	PET120	18	0.5	PET120	22	0.4						
20.8～31.2	PET120	22	0.5	PET120	28	0.4	PET160	32	0.4			
31.2～44	PET160	28	0.5	PET160	32	0.4	PET160	36	0.4	PET160	40	0.4

表 4.2-12　　　　　　　　　I 区填方边坡其他设计要求

分区编号	起止范围	坡型代号	坡脚浆砌石基础代号	覆盖土层清除范围及深度	基岩台阶开挖范围及台阶高度	筋材与基岩的锚固
I	(A4895,B4743.13)至(A4925,B4035.21)	PB3	DJC02	原始地面坡度大于 1:5 时均需清除覆盖土层；清理至基岩顶面。	基岩面坡度大于 1:5 时均需开挖台阶。台阶高 0.4～0.8m，台阶内倾斜度 1:0.1。	筋材与基岩开挖台阶内侧搭接并采用 U 型钉锚固。

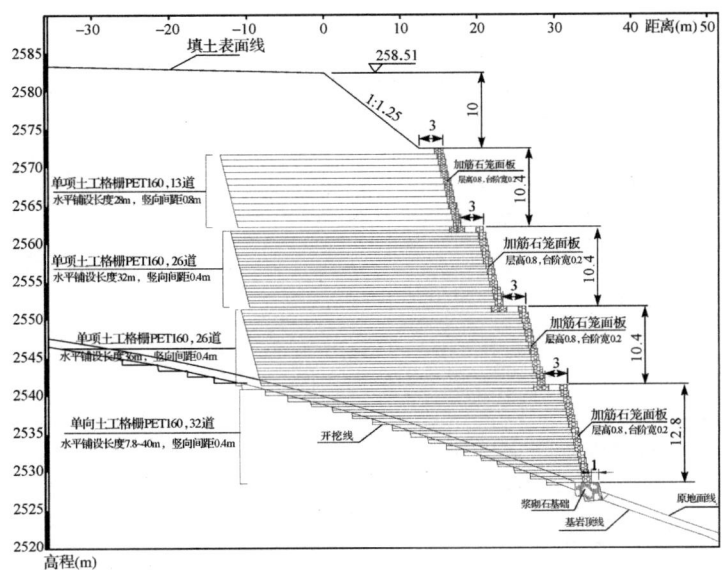

图 4.2-74　Ⅰ区边坡典型断面图

7.4 筋材施工损伤现场试验

针对不同格栅进行了现场大型施工损伤试验。试验筋材包括：PET350 和 PET140 两种型号，每种型号均进行原始试样、碾后试样（无保护层、上层保护、上下层保护）的拉伸试验，试验成果如表 4.2-13 和表 4.2-14。

表 4.2-13　　　　　　　　　　PET350 土工格栅拉伸试验成果表

工作状态	试样编号	拉伸强度（平均值）(kN/m)	标准差	变异系数（%）	施工损伤系数	说明
原始试样	1	377.5	23.81	6.31		每组试样均进行 6 个条带的拉伸试验，取其平均值，以下同。
	2	345.1	3.12	0.9		
	3	385.4	4.78	1.24		
	4	383.0	8.64	2.26		
	均值	372.7				
上保护碾后筋材	1	341.3	7	2.05	1.06	
	2	344.2	8.37	2.43		
	3	377.0	7.6	2.02		
	4	370.4	6.76	1.83		
	5	345.3	5.39	1.56		
	6	327.0	4.1	1.25		
	均值	350.9				
上、下层保护碾后筋材	1	335.9	6.86	2.04	1.08	
	2	335.6	4.76	1.42		
	3	373.6	3.58	0.96		
	4	337.1	4.32	1.28		
	5	343.1	7.12	2.08		
	6	337.7	5.94	1.76		
	均值	343.8				

续表

工作状态	试样编号	拉伸强度(平均值)(kN/m)	标准差	变异系数(%)	施工损伤系数	说明
无保护碾后筋材	1	288.1	51.18	17.77	1.36	试样布满擦破痕迹,有些试样拉伸过程见有孔洞出现
	2	281.8	21.96	7.79		
	3	284.4	29.37	10.33		
	4	241.0	57.56	28.89		
	5	251.0	28.13	11.21		
	6	300.5	30.75	10.23		
	均值	274.5				

注:施工损伤系数为:原始试样拉伸强度/碾压后试样的拉伸强度。

表 4.2-14　　　　　　　　　　PET140 拉伸试验成果表

工作状态	试样编号	平均拉伸强度(kN/m)	延伸率(%)	拉强标准偏差	伸长率标准偏差	拉强变异系数(%)	伸长率变异系数(%)	施工损伤系数
原始试样	1	145.45	9.5	7.71	0.79	5.86	8.33	
	2	143.42	9.89	6.35	0.97	4.76	9.85	
	3	145.2	9.74	6.93	0.19	5.77	1.91	
	4	145.39	10.6	6.35	0.71	5.06	6.66	
	均值	144.9	9.9					
上保护	1	136.69	10.38	4.6	0.71	3.36	6.89	1.09
	2	129.23	10.3	7.39	0.98	5.72	9.56	
	3	134.31	10.65	10.91	0.8	8.12	7.49	
	均值	133.4	10.4					
上下保护	1	133.92	9.92	5.99	0.49	4.47	4.94	1.06
	2	136.43	9.35	12.2	0.59	8.94	6.28	
	3	141.15	10.27	3.07	0.5	2.17	4.89	
	均值	137.2	9.8					
无保护	1	118	9.98	15.89	1.47	13.46	14.73	1.29
	2	106.72	8.47	15.72	1.52	14.73	17.91	
	3	112.02	8.66	16.09	1.74	14.37	20.08	
	4	112.02	8.66	16.09	1.74	14.37	20.08	
	均值	112.2	8.9					

从表 4.2-13 看出:

(1)PET350 土工格栅原始试样拉伸强度在 345.1~385.4kN/m 之间,均值 372.7kN/m,拉伸强度大,其拉伸强度满足设计要求。

(2)采用上层保护 PET350 土工格栅碾后试样拉伸强度在 327.0~377.0kN/m 之间,均值 350.9kN/m,碾后施工损伤系数为 1.06。

(3)采用上下层保护 PET350 土工格栅碾后试样拉伸强度在 337.1~373.6kN/m 之间,均值 343.8kN/m,碾后施工损伤系数为 1.08。

(4)无保护层碾后 PET350 土工格栅试样拉伸强度在 241.0～300.5kN/m 之间,均值 274.5kN/m,拉伸强度折减较大,碾后施工损伤系数为 1.36。

(5)采用上层保护的施工损伤系数较上下层保护的要小,这可能与无下保护层时基层采用压路机进行碾压,碾压面较平整、无棱角突出石料有关。

由表 4.2-14 表明:

(1)PET140 土工格栅原始试样拉伸强度在 143.4～145.4kN/m 之间,均值 144.9kN/m,拉伸强度较大,其拉伸强度满足设计要求。

(2)采用上层保护 PET140 土工格栅碾后试样拉伸强度在 129.3～136.7kN/m 之间,均值 133.4kN/m,碾后施工损伤系数为 1.09。

(3)采用上下层保护 PET140 土工格栅碾后试样拉伸强度在 133.9～141.1kN/m 之间,均值 137.2kN/m,碾后施工损伤系数为 1.06。

(4)无保护层 PET140 土工格栅碾后试验拉伸强度在 106.7～118kN/m 之间,均值 112.2kN/m,拉伸强度折减较大,碾后施工损伤系数为 1.29。

根据现场施工损伤试验成果,提出了相应的设计施工控制要求。

(1)筋材施工损伤试验采用静碾后的固体容积率较小,不能满足不小于 79% 的设计要求。根据加筋土挡土墙施工经验,为保证填筑料的压实度,建议采用振动碾压进行填筑施工,碾压遍数根据施工过程中的现场检测成果确定。

(2)根据碾压前后筋材的室内拉伸试验成果,筋材采用上下层保护、上层保护的施工损伤系数较小。无保护层的施工损伤系数较大,从拉伸试验成果筋材宜采用上层保护。但由于场地交通不便,砂的造价高,经初步比选,采用无保护层但适当提高筋材强度方法的施工技术相对简单、综合造价经济,建议采用筋材不进行保护层但适当提高筋材强度,以满足设计要求抗拉强度。

(3)由于现场填筑料主要为白云岩等硬质石料,棱角突出,对筋材的施工破坏明显,因此建议尽量采用硬质的、网孔较大的塑料土工格栅为宜。

7.5 有限元法边坡稳定计算

有限元计算中各岩土层按 $M-C$ 模型设定,采用的岩土力学参数见表 4.2-15。

表 4.2-15 岩土层计算参数

摩尔—库仑模型		1 填料	2 基岩	3 砌石基础
参数	单位	排水的	不排水的	排水的
天然	(kN/m³)	21.00	24.00	24.00
饱和	(kN/m³)	22.00	25.00	25.00
k_x	(m/天)	1.000	0.000	1.000
k_y	(m/天)	1.000	0.000	1.000
$e_{初始}$	(—)	0.500	0.500	0.500
c_k	(—)	1E15	1E15	1E15
$E_{参考的}$	(kN/m²)	100000.000	500000.000	200000.000
	(—)	0.230	0.200	0.200
$G_{参考的}$	(kN/m²)	60975.610	208333.333	83333.333
$E_{固结仪}$	(kN/m²)	173893.406	555555.556	222222.222

续表

摩尔—库仑模型参数	单位	1 填料 排水的	2 基岩 不排水的	3 砌石基础 排水的
$c_{参考的}$	(kN/m²)	5.00	500.00	500.00
φ	(°)	35.00	43.00	40.00
ψ	(°)	5.00	5.00	5.00
$R_{界面}$	(—)	0.67	0.67	0.67

对于土工格栅，本次计算中设置为弹塑性模型，计算中取用的抗拉强度分别考虑蠕变、施工、生物化学等不利因素的影响进行了相应折减。各土层及筋材的力学参数及强度折减情况详见表4.2-16。

表4.2-16　　　　　　　　　　　土工格栅计算强度折减系数

编号	名 称	蠕变折减系数	施工损伤折减系数	生化折减系数	综合折减系数	计算采用的抗拉强度(kN/m)
1	土工格栅 170kN/m(弹塑性)	2.6	1.3	1.0	3.38	50.3
2	土工格栅 130kN/m(弹塑性)	2.6	1.3	1.0	3.38	38.5

采用有限元强度折减法计算得到的挡墙安全系数达到1.31以上，最大水平位移达0.9m，最危险滑裂面位置见图4.2-75。

7.6 安全监测成果分析

神农架机场于2008年11月正式立项，2011年4月1日动工兴建，2011年11月开始高大加筋土挡墙施工，至2012年10月基本完成土石方填筑施工。2013年10月完成建设任务，2014年3月通过行业验收，2014年5月8日实现正式通航。

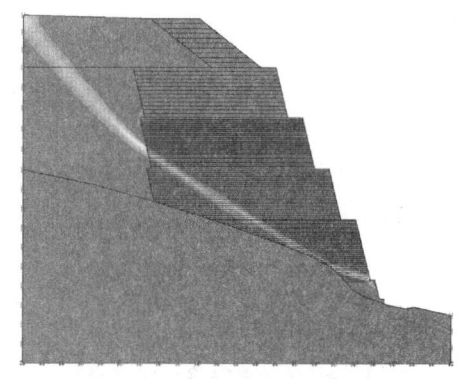

图4.2-75　最危险滑裂面示意图

机场高填方地基的沉降与差异沉降、边坡稳定等工程问题突出，主要设置如下四个主要观测项目：

(1)沉降观测

包括原地基沉降、填筑体顶面沉降观测等。沉降监测资料可反映地基在荷载作用下的变形特性。利用实测沉降资料可推算出最终沉降量，分析工后沉降。

(2)水平位移观测

包括坡面位移监测和边体水平位移监测。水平位移监测是控制填土荷载下地基稳定性和

判断由于侧向位移所引起附加沉降大小的重要依据。利用水平位移资料指导边坡填土速率，控制边坡稳定性。

(3)应力应变观测

监测填筑土体中土压力、筋材受力及变形随施工过程的变化，作为施工加载速度、填土时间的判断依据，并可通过观测数据分析边坡内部的应力应变分布，为施工控制和稳定分析提供可靠的依据。

截至2012年11月底，神农架机场高大加筋土支挡边坡(Ⅰ边坡)观测到的最大表面水平位移约118mm，深层水平位移约121mm，最大表面沉降约210mm，最大土体应力976kPa，土工格栅最大应变为2.48%。

均小于设计计算值，边坡处理稳定安全状态，主要监测数据－时间过程曲线见图 4.2-76—图 4.2-79。

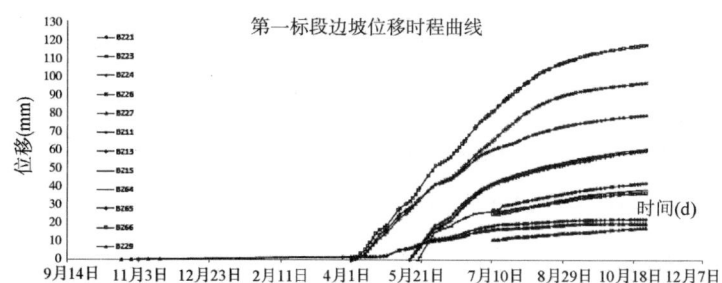

图 4.2-76　高大加筋土支挡边坡表面水平位移时间过程曲线

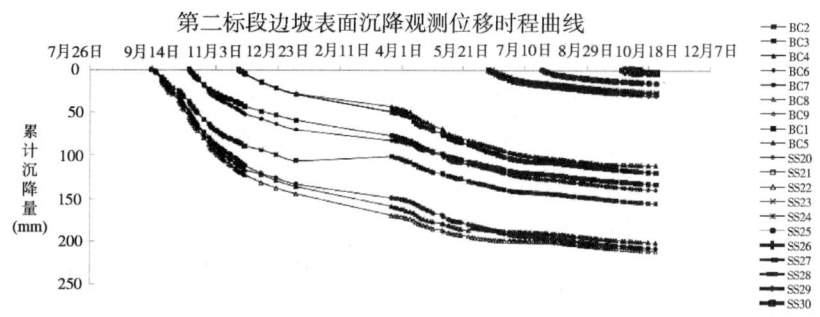

图 4.2-77　高大加筋土支挡边坡表面沉降时间过程曲线

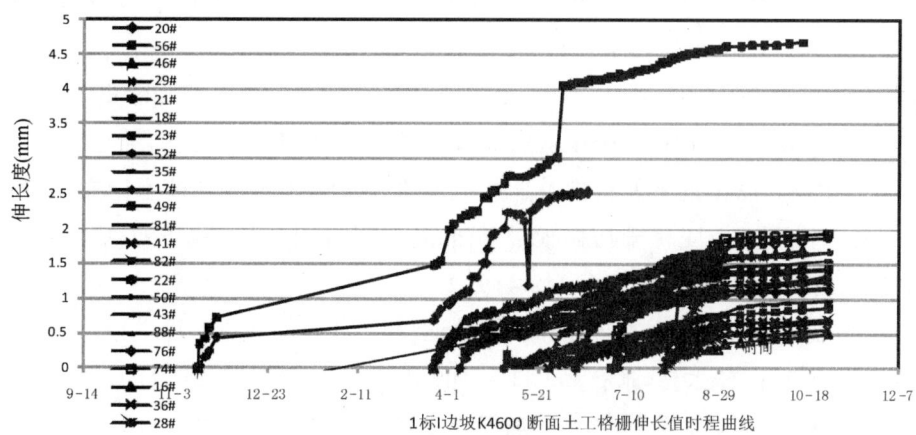

图 4.2-78　高大加筋土土工格栅应变时间过程曲线

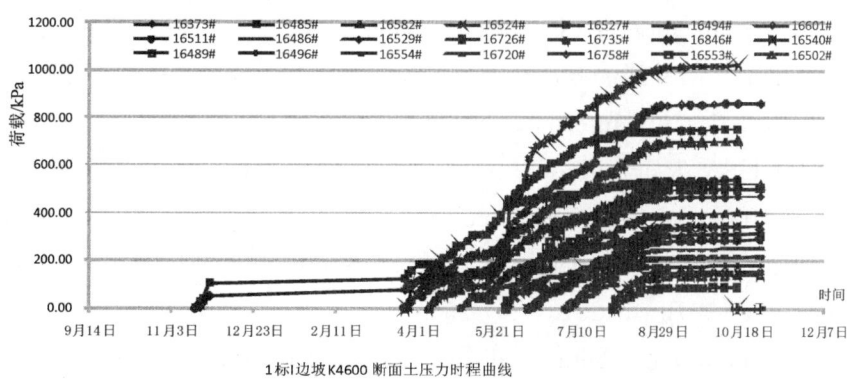

图 4.2-79　高大加筋土支挡边坡土压力与时间过程曲线

参考文献

[1] Proceedings of The 8th International Conference on Geosynthetics[M], Yokohama, Japan, 2006.

[2] Proceedings of The 9th International Conference on Geosynthetics[M], Guarujá, Brazil, 2010.

[3] Shen Zhu-jiang. Limit analysis of soft ground reinforced by geosynthetics, Chinese Journal of Geotechnical Engineering. 1998, 82-86.

[4] 王伟. 有纺土工织物加筋软土地基的模型试验和机理研究[J]. 岩土工程学报. 2000, 22(6): 750-753.

[5] 杨锡武, 易志坚. 基于离心模型和断裂理论的加筋边坡合理布筋方式研究[J]. 土木工程学报. 2002, 35(4): 59-63.

[6] Ruiken, A. & Ziegler, M. Recent findings about the confining effect of geogrids from large scale laboratory testing[C], 9th International Conference on Geosynthetics, Brazil, 2010: 691-694.

[7] Tamáskovics, N. & Klapperich, H. Interaction behaviour of geosynthetics in cohesive soils[C], 9th International Conference on Geosynthetics, Brazil, 2010: 739-742.

[8] 李咸亨等. 大变形土工织物之拉拔力学行为[J]. 岩土工程学报. 1991, 13(6): 11-17.

[9] 马时冬. 土工格栅与界面摩擦特性试验研究[J]. 长江科学院院报. 2004, 21: 11-14.

[10] Anna Laura L. S. Nunes. Determination of soil-geosynthetic interface parameters[C], 9th International Conference on Geosynthetics, Brazil, 2010: 583-592.

[11] Mulabdić, M. & Minažek, K. Effect of transverse ribs of geogrids on pullout resistance[C], 9th International Conference on Geosynthetics, Brazil, 2010: 743-746.

[12] 汪明元. 土工格栅与膨胀土的界面特性及加筋机理研究[D], 浙江大学博士论文, 2009.

[13] 丁金华, 包承纲, 丁红顺. 土工格栅与膨胀岩界面相互作用的拉拔试验研究[C]. 第二届全国土与工程学术大会论文集, 科学出版社, 2006, 442-449.

[14] 包承纲. 土工合成材料界面特性的研究和试验验证[J]. 岩石力学与工程学报. 2006, 5(9)

[15] 张孟喜, 周小凤, 邱成春, 林永亮, 张石磊. H-V 加筋作用机理、破坏模式及筋材刚度影响研究进展——以 H-V 加筋土结构为例[C]. 全国第4届加筋土结构学术会议论文集, 2013.

[16] Bräu G., Herold A., Lüking J., Naciri O.. EBGEO 2010 - Recommendation for reinforcement with geosynthetics[C], 9th International Conference on Geosynthetics, Brazil, 2010: 233-236.

[17] Bathurst R. J., Allen T. M., Huang B. Q. Current issues for the internal stability design of geosynthetics reinforced soil[C], 9th International Conference on Geosynthetics, Brazil, 2010: 533-546.

[18] Christopher, B. R. USA design guidelines for geosynthetic reinforced soil walls, slopes and Embankments[C], 9th International Conference on Geosynthetics, Brazil, 2010: 237-241.

[19] Tatsuoka, F. Introduction to Japanese codes for reinforced soil design[C], 9th International Conference on Geosynthetics, Brazil, 2010: 247-258.

[20] Ehrlich, M. & Becker, L. D. B. Reinforced soil wall measurements and predictions[C], 9th International Conference on Geosynthetics, Brazil, 2010: 547-559.

[21] Jenner, C. British standard code of practice. BS8006[C], 9th International Conference on Geosynthetics, Brazil, 2010: 243-246.

[22] 朱海龙,邢义川,郭素琴,李松梅. 加筋土技术应用中的系统性分析[C]. 土工合成材料加筋:机遇与挑战,中国铁道出版社,2009:30-40.

[23] 李广信,介玉新. 土工合成材料加筋土边坡的设计方法[C]. 第四届全国土工合成材料加筋土学术研讨会论文集. 武汉,2013:61-84.

[24] 介玉新,李广信. 加筋土数值计算的等效附加应力法[J]. 岩土工程学报. 1999,21(5):614-616.

[25] 包承纲,童军,丁金华. 土工合成材料流变参数合理选择的研究[J]. 岩土工程学报. 2015,37(3):410-418.

[26] 包承纲,丁金华,汪明元. 极限平衡理论在加筋土结构设计中应用的评述[J]. 长江科学院院报. 2014,31(3):1-10.

[27] Comodromos, E. M. et. al Design of reinforced embankments: limit equilibrium and numerical Methods[C], 9th International Conference on Geosynthetics, Brazil, 2010:1835-1839

[28] Bueno B. Long-term performance of geosythetics[C], 9th International Conference on Geosynthetics, Brazil, 2010:439-453.

[29] Tatsuoka, F., Hirakawa, D., Shinoda, M., Kongkitkul, W. & Uchimura, T. An old but new issue: viscous properties of polymer geosynthetic reinforcement and geosyntheticreinforced soil structures. Keynote Lecture. Proc. 3rd Asian Regional Conference on Geosynthetics, Korea, 2004:29-77.

[30] J. P. Gourc, R. Reyes-Ramirez & P. Villard Assessment of Geosynthetics Interface Friction for Slope Barriers of Landfill[C], 3th Asia Conference on Geosynthetics, Korea, 2004:116-152.

[31] R. J, Bathurst, T. M. Allen, D. L. Walters. Reinforcement loads in geosynthetic walls and the case for a new working stress design method, Geotextiles & Geomembrances. 2005,23:287-322.

[32] Ehrlich, M. et al, Reinforced soil wall measurements and predictions[C], 9th International Conference on Geosynthetics, Brazil, 2010:547-562.

[33] 杨有海等. 土工格栅加固路堤边坡的数值分析[C]. 土工合成材料加筋:机遇与挑战,中国铁道出版社,2009.

[34] 张石磊. 非满布 H-V 加筋砂土的强度与变形特性[D]. 上海大学硕士论文,2007.

[35] 王家全. 土与土工格栅相互作用的宏细观机理研究[D]. 同济大学博士论文,2009.

[36] Fonyo B., Sacchetti A. Design software comparison of reinforced steep slopes[C], 9th International Conference on Geosynthetics, Brazil, 2010:1819-1822.

[37] Montri, D. A case study of reinforced slope in Thailand: Lumpang-Lamphun highway[C]. 8th International Conference on Geosynthetics, Japan, 2006:1109-1112.

[38] 胡汉兵,姜志全,蔡汉利. 土工格栅施工损伤现场足尺试验研究[J]. 岩土工程学报. 2012.5.

[39] 丁金华,周武华. HDPE 土工格栅在有约束条件下蠕变特性的试验研究[J]. 长江科学院院报,2012,29(4):49-51.

[40] Dechasakulson, M, Sukolrat, J. & Pensonbora, G., Parametric study of a reinforced highway slope in Thailand[C], 9th International Conference on Geosynthetics, Brazil, 2010:1699-1702.

[41] 民航新时代机场设计研究院有限公司,长江科学院. 神农架机场边坡设计说明. 2011年3月.

第3章 土工合成材料在防渗、排水和反滤设施中的应用

1 防渗土工合成材料的研究和工程应用

1.1 概述

1.1.1 防渗土工合成材料的发展和应用简况

土工膜是由高分子聚合物制成的一种平面柔性薄膜,透水透气性很低,具有挡水隔气的功能,是一种很好的防渗材料。它还有运输方便、施工简便、造价低廉、料源充足、保护环境、避免破坏农田和植被等重要优点,因此在防渗工程中应用广泛,而且也是众多土工合成材料产品家族中应用最早和最多的品种之一。土工膜已在一切防渗、防漏、封闭、截流、储液等渗流控制工程中使用。目前,把土工膜类的材料用于填埋场(Landfill)的封闭已十分普遍,由于它独特的优点,几乎所有已建和在建的填埋场,不论国外还是国内,都无不采用土工膜作为防渗漏和防扩(弥)散的材料[1]。它们或者被单独用作防渗层,或者与黏土等材料一起构成复合式防渗层,这种复合式防渗层已由最早的一层组合单元,变为二层组合单元,目前更向三层组合单元发展(如日本)。它们的防渗漏性能比单纯的厚层黏土更优。

土工膜在工程中的应用最早可以追溯到20世纪50年代前后,先在欧洲地区运用,后传到北美和其他各地。水池、渠道等储水或输水建筑物的防渗是应用较普通的场合,随后很快在堤坝工程中应用。国际上用于大坝和堤防等建筑物防渗漏的实例,在20世纪八九十年代已十分广泛,高度达百米级的大坝用土工膜防渗已屡见不鲜,在碾压式混凝土坝或混凝土面板坝防漏中的应用尤其如此。

1962年加拿大在55m高的Terzaghi黏土斜墙坝面上采用0.76mm厚的PE膜修补斜墙漏水;西班牙1984年建成的Pola de los Rornos堆石坝,坝高97m,是迄今为止采用土工膜防渗的最高堆石坝;葡萄牙的Paradela坝,高110m,采用土工膜修复混凝土面板堆石坝;意大利从1935年至1990年已修复加固各类混凝土坝16座,1993年对174m高的Alpe Gera混凝土坝用土工膜进行了修复。至今,经土工膜修复的最高混凝土坝为188m高的La Miel坝。法国从1968年至1991年已建成了17座28m以下的土工膜防渗堆石坝。苏联已建成了聚乙烯(PE)土工膜和聚异丁烯橡胶膜防渗土石坝150余座,其中在1964年建成一座卡拉苏河坝,用PE膜在砂卵石坝上游面防渗。美国近几十年,碾压混凝土坝大多采用土工膜和预制混凝土板在上游面防渗。阿尔巴尼亚的Bovilla堆石坝于1996年建成,坝高57m,采用厚3mm的PVC与700g/m²的涤纶织物复合的复合土工膜防渗,上面再铺800g/m²的聚丙烯(PP)无纺织物作为混凝土预制护板的垫层,以增加接触面强度。如图4.3-1。

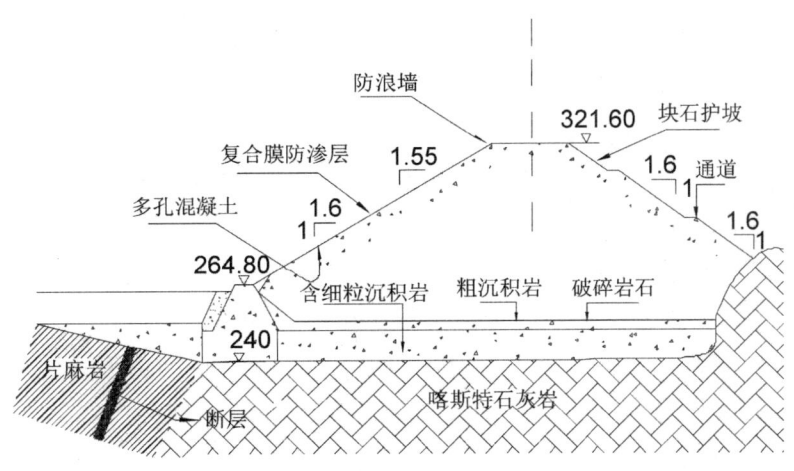

图 4.3-1 阿尔巴尼亚的 Bovilla 坝

我国最早在小型渠道输水工程中使用了土工膜防渗,我国也是世界上最早把土工膜用于大堤防渗的国家之一[2]。1965 年,在 79m 的辽宁省桓仁混凝土坝的防漏修补中,采用了两层各厚 1mm 的 PVC 沥青膜粘贴在坝面防渗,外面再浇 60cm 厚的混凝土保护,效果很好。近年土工膜防渗在一些大的水利工程中得到成功应用,湖北老河口市汉江王甫洲工程采用 200g/0.5PE/200g 双面复合土工膜,上覆以 22cm 厚的混凝土板护坡,作为堤坝迎水面的防渗层。另又采用 200g/0.5PE 单面复合土工膜,上覆填 1.0m 厚的卵石压重,王甫州工程采用土工膜防渗的使用量较大。福建水口水电站上下游围堰堰高 42.6m,用土工膜作心墙防渗体,效果良好。

举世瞩目的三峡工程,在具有挑战性的建筑物二期深水围堰防渗体系中,部分使用了复合土工膜。该围堰总高八十多 m,从基岩起下部为柔性材料混凝土防渗墙,最上端 15m,采用了复合土工膜(二布一膜),成功地挡住了长江的 98'大洪水[3],如图 4.3-2。

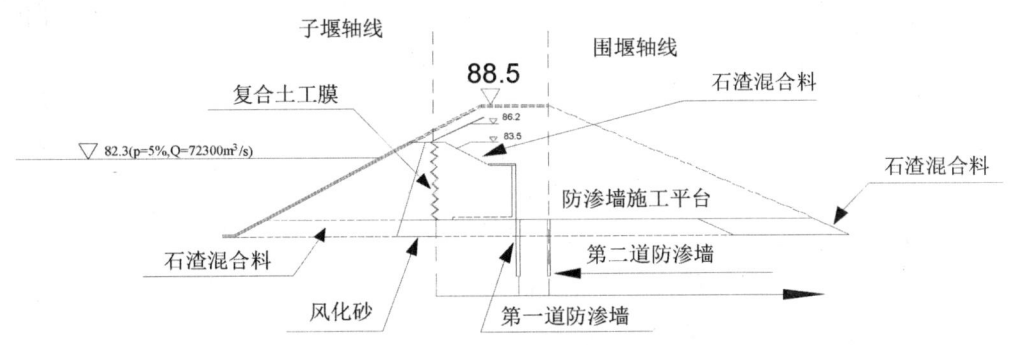

图 4.3-2 三峡二期围堰复合土工膜防渗

目前,用于土工膜防渗的水利工程中,水头最高的已达 150m 左右。

1.1.2 防渗土工合成材料的种类和形式

与土工合成材料有关的防渗材料种类主要有土工膜,GCL 以及压实黏土和土工膜组合的防渗系统,其中土工膜的应用最广。土工膜类型主要有三种:普通土工膜,加筋和加糙土工膜以及复合土工膜。

(1)普通土工膜

把聚合物(聚乙烯、聚氯乙烯、聚异丁烯橡胶等)用吹塑法、挤塑法和辊轧法制成薄膜,其厚度分别为 0.2~0.5mm,0.25~4.0mm 和 0.25~2.0mm。该类产品的技术要求(物理力学性能),根据原材料的种类,可分为:

①聚乙烯土工膜,又可分为低密度聚乙烯膜(LDPE)和高(中)密度聚乙烯膜(HDPE);
②聚氯乙烯土工膜(PVC)。

(2)加筋(加糙)土工膜

为了提高土工膜的抗拉、抗顶破、抗撕裂强度,采用锦纶丝布、锦纶帆布、丙纶针刺织物作为加筋材料与聚合物压粘在一起形成加筋土工膜。加筋土工膜其力学性能大为改善,例如加筋的3mm厚锦纶帆布氯丁橡胶,其拉断强度达到99~120kN/m,渗透系数也很小,可在高土石坝和重要工程中应用。

加糙的土工膜是为了增强土工膜与土(混凝土)之间的摩擦系数而制造的。据研究,光面土工膜与土之间的摩擦角只为土本身摩擦角的四分之三。近几年生产的表面加糙土工膜与各种土类之间的摩擦角与土本身的相近。在不同土类中糙面与土之间的摩擦角值如表4.3-1所示[4]。

表4.3-1 糙面土工膜与土之间的摩擦角(°)

土类	砂土			冰碛土			黏土		
膜的类型	土/膜	土	比值	土/膜	土	比值	土/膜	土	比值
A型	37	28	1.42	—	—	—	29	30	0.96
	34	33	1.04						
B型	34	33	1.04	31	36	0.83	25	22	1.13
	34	33	1.04				26	24	1.10
	31	28	1.13	—	—	—	27	30	0.88
	—	—	—	36	38	0.90	29	36	0.82
C型	30	28	1.09	36	36	1.00	32	30	1.08
	—	—	—	35	36	0.96	—	—	—
D型	26	28	0.92	—	—	—	28	32	0.85
	25	28	1.32	38	36	1.07	—	—	—

目前生产的糙面土工膜主要有以下四类:①生产一种糙面薄膜,然后贴在光面的高密度聚乙烯(HDPE)土工膜上;②HDPE土工膜在膜具喷出口处以氮气泡加糙;③在HDPE膜表面撒上HDPE小粒;④在刚喷出的薄膜表面用滚筒在两面或单面压出条纹或凸点。

(3)复合土工膜

在土工膜的两侧或一侧用垫压法或粘合法将土工织物结合在一起即构成了复合土工膜。织物可以保护土工膜本身不受损坏,同时它又可以起到排水层的作用,此外还可加大膜与土接触面的摩擦系数。因此,复合土工膜是比较理想的防渗材料。

另一类复合型土工膜是涂层型,即以土工织物为基材,在其一面或两面涂上薄层聚合物,从而成为不透水的土工膜,这种膜在早期曾用过,但因质量不易保证,近来已很少用了。

土工膜的一般形式为平面薄膜型,其产品呈卷筒状,以便运输和展铺。幅宽越宽越好,以减少接缝数量,但以便于运输和方便施工为度。目前,较宽的土工膜产品,其幅宽可达10m,厚度最大在2~4mm左右。平面薄膜多用于堤坝等常见的防渗工程中,此外,土工膜还可以用于储存、封闭和隔离等不同场合。适应这些需要,土工膜也可做成其他形状,如可封闭的袋状等。

在土工膜的选择中,首先要求良好的均匀性和较强的防渗性。因此,热压塑料制品较橡胶制品为好。而涂塑制品因质量不匀,应避免采用。关于膜的厚度选择,将在下面讨论。

1.2 土工膜的工程性质

为适应工程应用,土工膜必须具有一定的特性,例如,耐水压力,一定的强度和延展性以及应力应变关系,一定的抗滑稳定性,一定的耐久性和必要的抗化学腐蚀能力等。

1.2.1 耐水压性

土工膜用作防渗材料时必然会承受一定的水压力的作用。当水压力超过一定的值,土工膜在支承颗粒处可能被压破击穿。研究表明,击穿水头与支承层土料的级配和粒径大小有关。级配愈好,粒径愈细,越不容易击穿。据苏联水工科学研究院试验,PE 膜的击穿水压力水头列入表 4.3-2。

表 4.3-2　　　　　　　　　　聚乙烯膜击穿水头试验值

粒径(mm)	50—30	30—20	20—10	10—5	5—2	2—1	1—05	<0.5	击穿水头(m) 膜厚(mm)	
									0.25	0.65
膜下土各种粒径含量(%)	100								60	100
			2.1	58.1	32.9	6.9				82
	130	100								
	170			100						100
	215			46.5	52.4	1.1				
		20.4	16.3	16.3	10.0	4.1	6.1	6.1	20.7	200

1.2.2 拉伸强度和应力应变关系

土工膜在沿其平面方向承受单一方向拉伸时的强度称为拉伸强度。相应于最大荷载时的强度称为拉伸极限强度 σ_t,而对应于屈服现象时的强度称为拉伸屈服强度。拉伸极限强度 σ_t 的表达式为:

$$\sigma_t = \frac{P}{bd} \tag{4.3-1}$$

式中:P——最大荷载或屈服荷载;

b——试样宽度;

d——试样厚度。

除了强度指标外,还有应变指标(断裂时应变 ε)和应力应变关系指标(弹性模量 E)。

应当指出,上述指标是对单向拉伸而言的。实际工程中,土工膜可能承受三向应力,它与单向拉伸受力的情况是不一样的,此外,试验的成果还强烈地受到温度影响,如图 4.3-3 和图 4.3-4 所示。

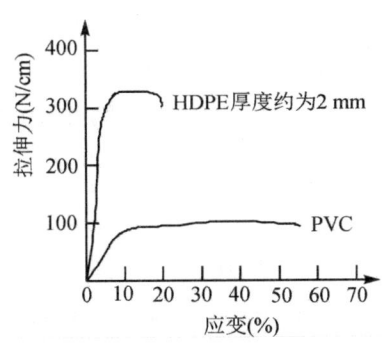

图 4.3-3　三向受力下的应力应变关系

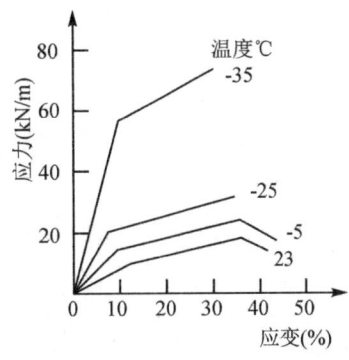

图 4.3-4　温度对应力的影响

从图 4.3-3 可以看到，HDPE 的强度比 PVC 大得多，而且关系较为简单，它的断裂应变值很小，仅为 PVC 材料的 1/6 左右。

1.2.3 摩擦特性

土工膜表面光滑，它与土或其他材料之间的摩擦角往往比土的摩擦角要小，据研究，光面土工膜与土之间的摩擦角仅为土本身摩擦角的 3/4[4]。容易在界面上产生滑动，因此往往成为稳定的控制因素。对该接触面的强度，在工程中最好采用试验实测的参数指标，尤其对重要的和大、中型工程更应如此，而不宜仅从书本中找一个经验值使用，由此而发生事故的例子已有报道[6]。试验的方法与土工织物的界面摩擦试验相似，有室内试验和现场试验等。

关于土工膜表面的摩擦特性，根据多方研究可归纳如下[7]。

（1）界面上的剪应力与位移之间为非线性关系，取决于土的变形特性。如土为应变软化型，则摩擦特性也是应变软化型，反之亦然。在峰值点之前，应力与位移关系基本上符合双曲线关系；

（2）界面的峰值摩擦力与正应力呈（通过原点的）直线关系；

（3）摩擦角的大小与接触材料的特性有关。如砂的摩擦角比黏土的大，尖角砂粒的摩擦角比圆角砂粒的大，等等。在土工膜的材料中，HDPE 的摩擦角最小，因为它系半结晶的热塑材料，其强度和硬度较大，故更光滑。有人认为 HDPE 膜与土工织物之间的摩擦角很小，甚至接近零。另据研究，水下的摩擦角要比干燥的小 2°～5°。

为了解决界面摩擦角过小的问题，可以在材料上采取一些措施，如在土工膜表面加糙，或者采用土工膜与土工织物相黏合的复合土工膜等。

若干土与糙面膜之间的摩擦试验资料示于图 4.3-5。

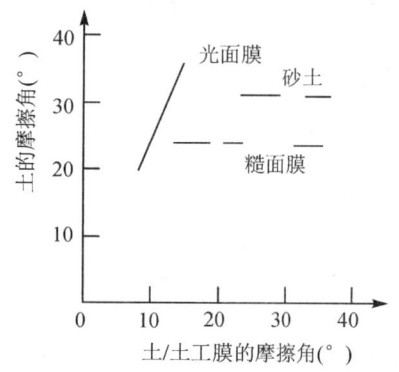
（a）糙面 HDPE 土工膜与砂土之间的摩擦角

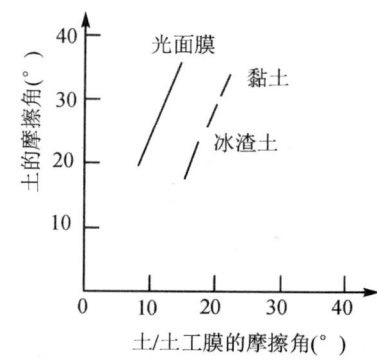
（b）糙面 HDPE 土工膜与冰碛土之间的摩擦角

图 4.3-5　糙面 HDPE 膜与冰碛黏土之间的摩擦角

从上图可看出，糙面土工膜与砂土之间的摩擦角在 26°～38°的范围内，相当于土的摩擦角的 92%～142%，亦即表示，糙面土工膜的摩擦角接近或大于砂的内摩擦角。目前关于土工膜表面的糙度，尚无一个量化的指标可以表征。

1.2.4 防渗性和膜的渗漏问题

土工膜应该是不透水和不透气的，但由于制造上的不均匀性和其他缺陷，故也有一定的渗漏现象发生，不是绝对不透水的。据有些资料报道，出厂的土工膜每 $1.0 m^2$ 大约有一个孔眼。因此对其进行透水性测定时，可以测得渗透系数为 $1×10^{-9}$～$1×10^{-10}$ cm/s。这样低的渗透系数对于一般水利工程而言可能是足够的,但是对于卫生填埋场或有害水、气的密封贮存容器来说,则是不允许的。因此研究防渗土工膜的渗透性就十分必要,尤其应注意土工膜与相邻土体或其他材料接触时,在水头长期作用下的土工膜防渗问题。

当土体颗粒粗糙或者土的局部变形较大时,土工膜在高水头作用下,可能被刺破、撕裂而丧失其防渗能力。为此,有必要进行膜与实际土体接触条件下的渗透试验。这种试验比单纯进行土工膜的渗透试验更为重要。一般来说,压力愈大,土的粒径愈粗,土工膜也愈容易被刺破。例如,有一组试验成果,当PE膜分别与细、中、粗砂相接触时,刺破水压力分别为0.5MPa、0.4MPa和0.3MPa,当采用两层PE膜与粗砂接触时,刺破水压力为0.6MPa。由此可见,土工膜不宜与较粗的土粒直接接触,如确有必要,则以复合土工膜代替单一土工膜,以保安全。

1.2.5 温度的影响

美国的 J. Budiman 就温度对土工膜力学特性的影响做过专门的试验[5]。他采用了大块层状聚乙烯土工膜承受温度循环,并在试样上切下尺寸为 35cm×35cm 的土工膜在经受不同次数的高温(65℃)和冷冻(−20℃)循环后测定应力应变曲线。试样按 ASTM D−638 类型Ⅳ 的规格冲压成哑铃状,狭窄部分尺寸为 0.6cm×3.8cm,然后在控制温度的条件下进行拉伸试验,试验的温度为 20℃、0℃、−10℃、−20℃;试样的温度循环次数为 0 次、1 次、5 次、30 次、60 次和 150 次;试样厚度为 1.0mm、1.5mm 和 2.0mm。由近 600 个试样试验后得出的特性曲线发现,在同一温度下它们都非常相近。对于低温下试验的试样,在 0℃～10℃ 温度下,强度变化不及在 −10℃～−20℃ 时的变化显著。同时,在低温下(例如−20℃)试验的破坏应变要低于常温下的破坏应变,如图 4.3-6 所示。

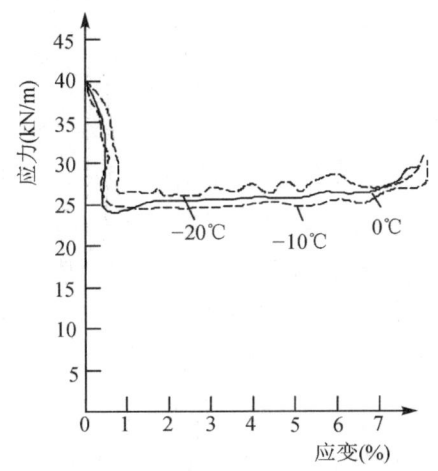

图 4.3-6 试样在不同温度时的应力应变曲线(120 周期)

这表明,屈服应变随温度的降低而降低,而屈服应力却随温度的降低而增加。此外,由在较小的应变时得到的极限强度值表明,随着温度的降低,试样的脆性有所增加。但总的看来,对工程影响不大,尤其当土工膜埋于土中或没于水下时。

1.2.6 土工膜的耐久性问题

由于聚合物的性能往往会受到周围环境和作用时间的强烈影响,因此对它的使用寿命的研究是一个值得关心的问题。这个问题对防渗土工膜来说尤其突出,因为土工膜往往会与有害有毒的液体或气体长期接触,受损害的可能性更大,而且它的更换也较困难,所以常为使用者关心。

土工膜的老化问题主要与几方面因素有关：首先是聚合物的种类和特性，其次是土工膜的工作条件和周围环境。此外，研究方法和评判指标也是耐久性研究中需要确定的问题。

诱发土工膜老化的因素有：光、氧、热、臭氧、NO_2、SO_2，多种化学物质以及各种酶和微生物等，它们会导致膜聚合物降解、化学键断裂、分子量减小或失去增塑剂和其他辅助成分，从而使力学性能衰减、脆化，甚至开裂。目前研究表明，结晶型聚合物土工膜（如HDPE）不易老化，而非结晶型热塑性聚合物（如PVC）易老化；土工膜在阳光下特别容易老化；薄的膜较厚的膜容易老化。

在所用的土工膜中，聚氯乙烯（PVC-P）应用得广泛，然而它的化学组成是不稳定的。在PVC-P中通常PVC聚合物含量为60%~70%（稳定剂），塑化剂含量为30%~38%（填充剂），添加剂为2%~10%（润滑剂）。在通常的使用条件下，这样的聚合物的稳定性是能满足的，但塑化剂都不稳定，由于它颗粒极小，能够滑移出材料外，在一定的水和气的环境下可释放出来，于是导致材料性质和效能的衰化（尤其是柔性），从而影响材料的使用期限，因此视塑化剂随时间的损耗，可以预测土工膜的使用寿命。

总之，土工膜在正常环境条件下使用时，其性状随时间的进展是稳定的。但若埋设在恶劣环境中，如浸入高浓度的化学液中和在拉伸时外露于阳光下，则土工膜会较快地老化。

还应指出，若土工膜在使用时处于永久拉伸状态，则会加速其老化，这点在进行结构物的设计时，应予注意。

2 土工膜防渗设计关键问题

土工合成材料的防渗应用相对比较成熟，一方面它的应用原理较其他的应用要单纯，另一方面也因为使用经验比较多，故土工膜防渗失效的例子很少。有关土工膜应用的关键技术问题，主要有三点：

（1）选用合适的材料，包括材料种类、性能、形式和规格（如厚度等）等；目前，我国大量采用的土工膜有聚乙烯（PE）和聚氯乙烯（PVC）两种。PE膜的柔性较好，不易老化，抗冻性好，PVC膜强度较大，价格较便宜，可焊性好，但有一定毒性。因PE膜无毒性，故使用更多。近据意大利有关专家称，目前已有无毒PVC产品推出。当用于废水废气贮存时，则可用化学惰性较大的高密度聚乙烯（HDPE）膜，但这种材料延性较小。有的专家认为，土工膜材质的选择应注意它的应力应变特性、尺寸稳定性和可焊性。另外，土工膜还应有一定的厚度，该厚度与作用水头有关。

（2）合理的防渗层结构设计，包括防渗土工膜的下垫层（支撑层），保护层，以及膜后面的排水系统等。应当指出。对膜后排水层的设置往往被忽视，有些人对设置膜后排水的必要性也有不同的看法。但这是必要的，因为万一膜中存在缺损，透过膜的水可在排水层中被发现，故它可起警报作用[8]。对于膜上保护层的必要性也有不同的看法，将在下面讨论。

（3）正确的、严格的施工，尤其是接缝的连接方法和接缝的质量，以及合适的铺设和锚固方法等。江西省钟吕水库大坝，高51m，上游坝坡以复合土工膜防渗，在不同部位采用不同规格的复合膜，但建成后发现膜的接缝脱焊，另外，施工时膜被击破处有的未补好，这些缺陷会影响工程的安全运用。

下面主要就这三个技术问题进行讨论。

2.1 土工膜防渗层结构和布置形式

土工膜是土工膜防渗层的主体，但膜的两侧还应有其他的设施，组成一个系统，才能真正完成防渗任务。土工膜防渗层应包括土工膜、保护层和支持层等部分。

2.1.1 保护层

保护层作用是保护土工膜不受自然因素或人为因素等外界因素的破坏,这些因素有:施工时的机械设备和人畜的破坏,波浪冲淘、冰冻、风力和阳光的影响,以及膜下水压力的顶托而浮起等破坏。同时,膜上的保护层也有助于斜坡上膜的稳定。保护层的结构、材料和施工要求应进行专门的合理的设计或论证。

(1)一般中小工程的保护层,常用素土、砂砾石,预制或现浇的素混凝土板和干砌石等。素土层的厚度一般采用30~50cm。混凝土板的厚度一般10cm左右,国外有的渠道工程有用20~30cm厚度的。

为了更好地保护土工膜的安全,在保护层与土工膜之间有时还设置垫层[6]。素土、砂、无尖角的砂砾都可选用,但针刺无纺布是较好的垫层,故带有无纺织物的复合土工膜是很好的含有垫层的土工膜防渗层材料,这种无纺织物还有增大摩擦力的作用,可增强边坡的稳定性。土工膜上的垫层若是透水的,则它还有排除膜上积水的作用。

(2)对于大型重要工程,保护层可分为护面层和垫层(上垫层)。常用的护面层有:预制的和现浇的混凝土块(板),加钢(铁)筋网的混凝土板,干砌石等,也可采用浆砌石护面,但若它是不透水的,则应加排水孔以释放护面后面的积水。

垫层的形式有多种类型,它与护面的形式有关。例如,采用预制混凝土块时,可直接铺设在复合土工膜的土工织物上,现浇的护面可在复合土工膜的土工织物上浇注,不需另设垫层。

对干砌块石护面层,若块石具有棱角,则不宜与土工膜或复合土工膜直接接触。可先在土工膜的土工织物上铺粒径小于40mm碎石垫层10~15cm,再在其上做干砌护面;对于浆砌块石护面,则可在土工织物上铺粒径小于20mm左右的小石垫层厚约5~8cm,再砌筑浆砌块石。在浆砌块石或现浇混凝土护面上均应设排水孔,间距1.5~2.0m。

2.1.2 支持层

支持层的作用是使土工膜的受力和变形均匀化,避免应力集中或过大的局部变形发生而破坏。现将不同工程类型的支持层简述如下。

(1)渠道和水池等中小型工程

支持层的设计与周围土的性质和地下水环境等因素有关。

在天然土基和级配良好的透水地基,只要做好排水措施,消除地下水的影响,以及清除树根等杂物,经整平压实,土工膜可直接铺在其上,不设或少设专门的支持层。对于一般土基需设透水材料的支持层。

(2)土坝

堆石坝上游面若用土工膜防渗,则应在膜下铺设垫层和过渡层。过渡层由粒径为50~150mm的碎石组成,它应满足与堆石的层间系数(D_{15}/d_{85})小于7~10的要求。对于垫层,则常用粒径小于10mm的小碎石或小于20mm的砾卵石组成。粒径的大小与所使用的膜厚有关,若膜厚较薄(例如0.6mm)则垫层的粒径也应小些(如小于5mm),它亦应满足上述层间系数的要求。

在壤土或砂壤土坝面上铺设土工膜防渗时,应选用复合土工膜,使膜下的土工织物可以将漏过膜的水经过土工织物而进入集水管排出。这种土工织物还有助于增大膜与坝体填土之间的摩阻力(整体结构示意图见图4.3-7)。

2.1.3 土工膜防渗层的类型

土工膜防渗层可分为单层土工膜(或单层复合土工膜)防渗层和多层土工膜(或多层复合土工膜)防渗层。在防渗要求十分严格的垃圾填埋场,则还采用土工膜与黏土层组合而成的复合防渗系统,如图

4.3-8。在这种特殊的情况下,一层的组合防渗系统还不能防止有害气体或液体的渗漏与扩散,而常使用二层组合防渗系统,或研究使用三层的组合防渗系统。

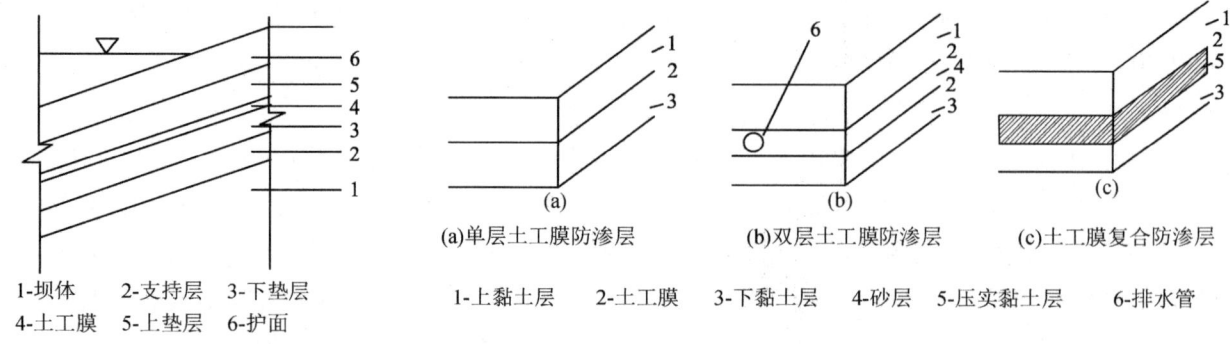

图 4.3-7 防渗面层结构

图 4.3-8 不同类型的土工膜防渗层

2.2 土工膜的厚度

2.2.1 影响厚度的因素

土工膜的厚度由两个因素决定:① 控制渗漏量;② 在水压力作用下或建筑物发生不均匀变形时,不至于损坏而漏水。关于前者上面已有叙述,这里主要说明后者。

土工膜被刺穿有两方面的原因引起,一是与膜相接触的土颗粒较尖锐或者颗粒间的空隙过大使膜嵌入缝中受拉,在压力较大时,膜被刺穿或顶破。这里特别要注意的是水压力的穿透作用;二是土工膜所在的结构物产生了较大的不均匀变形,使膜局部受拉,土工膜也可能被拉裂或撕裂而导致防渗失效。

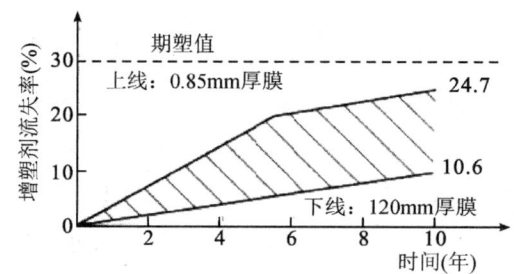

图 4.3-9 增塑剂随时间的流失

除此以外,土工膜的厚度还影响土工膜的老化问题,据日本 Yoshikoshi,H 和 Masuda,T[9]的研究,聚合物中增塑剂的流失与膜厚有关(见图 4.3-9)。1.5mm 厚的膜比 1.0mm 的膜在耐久性和抗刺穿性能上有显著改善,因为增塑剂的流失量降低了。

2.2.2 垫层颗粒粒径与膜厚的关系

垫层颗粒过粗而导致土工膜的破损是与相邻垫层的状况与水压力和外压力作用情况有关的(如图 4.3-10 所示)。对于这种情况,可以把它看作弹性薄膜均匀受压而在四边支承的弹性问题。设 m 为在 1m² 面积上与土工膜接触点的数目,则 m 可按下式计算:

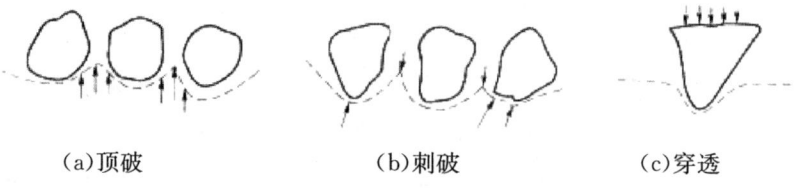

图 4.3-10 土工膜可能的受力和破坏形态

$$m = \frac{6\gamma_d}{\pi \gamma_s d_{50}^2} \tag{4.3-2}$$

式中,γ_d 为土的干密度,γ_s 为土粒的比重。

这样,可求得四个接触点所包围的正方形面积,并依此推算出与其等面积的圆的直径 d':

$$d' = \frac{2}{\sqrt{6}}\sqrt{\frac{\gamma_s}{\gamma_d}} \cdot d_{50} \tag{4.3-3}$$

按照弹性薄膜理论：

$$\sigma_t = \frac{P(\frac{d'}{2})^2}{4t \cdot s} \tag{4.3-4}$$

式中，σ_t 为薄膜承受的拉应力；P 为垂直膜平面的均匀正压力；t 为薄膜厚度；s 为土工膜中点的垂度。设以允许拉应力 $[\sigma_t]$ 代替 σ_t，令垂度 S 取为 $d'/2$，则可得膜的厚度：

$$t = \frac{\gamma_w \cdot H \cdot \sqrt{\gamma_s} \cdot d_{50}}{4\sqrt{6\gamma_d} \cdot [\sigma_t]} \tag{4.3-5}$$

式中 γ_w 为水容重；H 为水头。

因此，只要知道土的平均粒径 d_{50}，干容重 γ_d，比重 γ_s 和水头 H，以及土工膜的允许拉应力，即可算得土工膜的厚度(详见参考包承纲，2008)[10]。膜的允许拉应力 $[\sigma_t]$ 应等于极限拉应力除以安全系数，安全系数可以取 5。但该计算方法似乎没有考虑尖角土粒的刺穿，土工膜本身的渗漏特性，土工膜的不均匀性和缺损，以及施工影响等因素，因此在实际工程的选用中，一般厚度都不少于 0.5mm。对于较重要的工程，土工膜的厚度应在 1.0mm 以上，以保证焊接质量。还应指出，当下垫层的粒径较大时，最好选用复合土工膜，以防刺破防渗膜。

顺便指出，我国某些中小型土坝采用厚度仅为 0.3mm 的土工膜防渗，据说效果也很好。但这样的做法风险较大，虽然节省了一些投资，但降低了工程可靠性，似不可取。这在大型工程中不能采用。

2.2.3 土工膜局部大应变问题

这也是工程中经常遇到的情况，它可以出现在两种场合：①土的压缩变形不均匀；②结构物产生了很大的不均匀变形，致使土工膜在局部区域承受很大的拉应变，尤其在结构物形状发生突变或转角部位，这种可能性很大，如图 4.3-11(a)所示。因此应尽量避免出现这种突变的结构。有的地方采用在拐角处将土工膜折叠起来形成所谓的伸缩节，如图 4.3-11(b)所示，以期在发生大变形时膜能伸展。实际上由于上部压力的作用，折叠膜之间的摩擦力很大，膜是不可能展开的。这种做法应当避免。比较可取的做法是将膜铺成波浪形或垂向折叠。

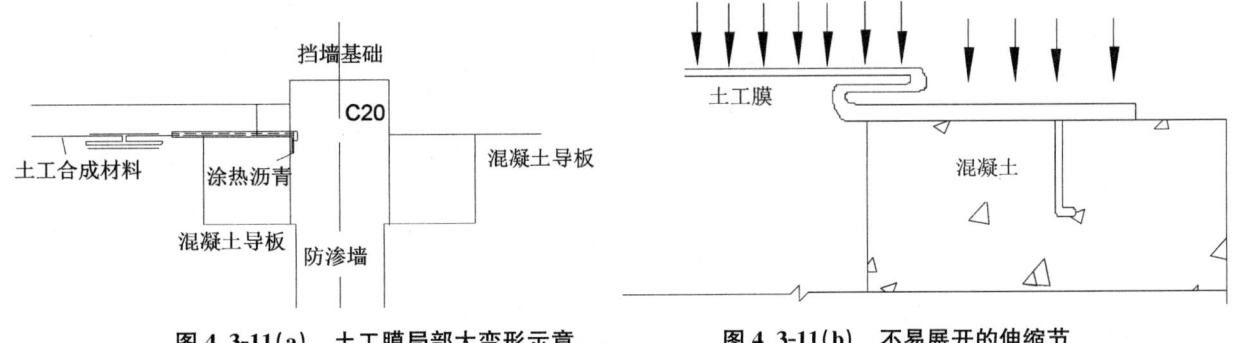

图 4.3-11(a)　土工膜局部大变形示意　　图 4.3-11(b)　不易展开的伸缩节

2.3 复合土工膜的性能研究

复合土工膜是一种以土工膜为主体，同时在其一侧或两侧粘有无纺织物、有纺织物或加筋材料等土工材料的复合土工材料，它对膜本身起保护作用，并具有多种功能。可以说，目前各种类型的复合土工膜的应用越来越广。但是另一方面，与复合土工膜有关的性能研究却十分稀少，两种或多种材料经复合后，其性能是否是每一种材料性能的简单叠加,未见相关的资料。长江科学院为了研究这种复合材料在三峡二期围堰工程中应用的可能性,结合国家"八五"科技攻关计划,开展了复合土工膜性能的专题研究[11]。

2.3.1 复合土工膜试验

在复合土工膜的试验研究中,需要了解整体的复合膜的力学特性,也需要了解整体与组成材料之间的相互作用,以及组成材料彼此之间的关系,所以首先确定复合膜的测试应通过整体试验与分解试验一套试验系列进行。其次,合成材料通常采用圆球和CBR两种顶破试验。如何评价两种试验结果,如何评价顶破与抗拉试验之间的关系,需要通过试验分析,找到明确的内在联系。再者,抗拉试验中试样宽度的影响,刺破试验中试样直径的影响,均须作出评价,以提高试验精度和减少不必要的工作量。

(1)试验的材料

试样来自3个方面,一是国内主要生产厂家的产品;二是为三峡一期围堰和王甫洲等大中型工程所采用或设计采用的产品(见表4.3-3),三是专门为本次研究安排的一个系列样品(见表4.3-4),以便保证研究工作有一定的广度和深度。

表4.3-3　　　　　　　　　　　复合土工膜国内应用及研究调查

复合土工膜名称	单位面积质量 $G(g \cdot m^{-2})$	厚度(δ/mm)(2.0MPa)	材料组成	工程名称及铺设时间
二布一膜	1680~2000	约4.0		水口电站围堰工程　1990.4
一布一膜	850	2.0	针刺无纺布+PVC	青山热电厂灰堤加工程　1995.8
二布一膜	1328	3.5	针刺无纺布+PVC	小岭头水库堆石坝　1991.7
二布一膜	1350	2.9	针刺无纺布+PVC	三峡一期围堰　1994.4
一布一膜	1020	1.6	针刺无纺布+PVC	用于王甫州工程
一布一膜	1260	3.4	针刺无纺布+PVC	
一布一膜	325	0.8	PP编织布+PE膜	三峡前期科研
二布一膜	355	0.84	PP编织布+PE膜	

表4.3-4　　　　　　　　　　　复合土工膜各组成部分的物理特性

编号	单位面积质量 $(g \cdot m^{-2})$	厚度δ(mm)	单位面积质量 $(g \cdot m^{-2})$	厚度δ(mm)	单位面积质量 $(g \cdot m^{-2})$	厚度δ(mm)	组成说明
a	1070	2.20	307	1.60	773	0.60	由无纺布a布和PVC薄膜a膜组成
b	1570	3.18	400	2.28	1170	0.90	由无纺布b布和PVC薄膜b膜组成
c	477	3.07	292	2.76	185	0.31	由无纺布c布和PVC薄膜c膜组成
d	442	2.93	292	2.76	150	0.17	由无纺布c布和PE薄膜d膜组成
e	298	2.83	292	2.76	6.5	0.07	由无纺布c布和PE薄膜e膜组成

(2)试验方案及试验结果

测试方案分几个部分,即力学特性、渗透特性与组合材料复合程度的影响试验研究。以了解复合膜与单一膜在强度和渗流方面的差别及原因,复合膜在不同的受力阶段的表现及其组成材料的影响,以及材料复合的松紧程度对复合膜特性的影响。通过分析以上问题,已得到复合膜设计的正确思路,获得了有关参数,并论证了其在二期围堰应用中的可靠性。

各种方案的有关条件及测试结果见表 4.3-5—表 4.3-13。

表 4.3-5　　　　　　　　复合土工膜组合试验结果表(表中:T 为经向,w 为纬向)

组合试验		a	b	c	d	e
抗拉强度 $T_s/(kN \cdot m^{-1})$	T 拉伸强度	11.2/5.9/7.3	17.6	13.2/12/17.1		/0.18/17.7
	伸长率 $\varepsilon_p(\%)$	136/286/99	115	13.5/15.6/71.4		/70/71.4
	W 拉伸强度	22.5/7.1/15.9	20.2	7.3/5.2/13.9	17.1/4.2/17.7	
	伸长率 $\varepsilon_p(\%)$	51.8/300/50	74	12.4/13.4/76.2	76.2/279/71.4	
梯形撕裂强度 T_T/N	T	305/186/417		143/122/502	479//502	
	W	507/191/417		561/922/455		
顶破强度 T_c/N	CBR	2340/1010/1780	2890	3730/1630/3760	3950/278/3760	
	圆球	1490/358/1130	1230	1690/646/1780	1750/143/1780	
胀破强度 P_tn/Mpa		>1.3		1.25/0.21/	>1.3/0.25/	1.3/0.01/
落锥锥孔 d/mm		17.5/38/21.5		17.6/45.3/13.7	18/50/13.7	

注:11.2/5.9/7.3 表示复合土工膜/单一膜/单一无纺布测试指标;
　　对 B 只进行了复合土工膜整体试验,布、膜没有分开测试;
　　>1.3 指试验所加最大荷载只到了 1.3MPa(仪器所限);
　　a,b,d 样布先于膜发生破坏,c 样膜先于布发生破坏。

表 4.3-6　　　　　　　　复合土工膜(a,b 样)顶破特性

指标	a			b
	复合土工膜	布	膜	
CBR 顶破强度 T_c(N)	2340	1780	1010	2890
试样升高 h(m)	55	55	107	49.0
圆球顶破强度 T_c(N)	1490	1130	358	1230
试样升高 h(mm)	40	40	65	40.0

表 4.3-7　　　　　　　　复合土工膜(a,b 样)顶破时的径向拉伸强度及伸长率

试验方法	换算指标	a			b
		复合膜	布	膜	
CBR	径向拉强 $T_s/(kN \cdot m^{-1})$	20.1	15.3	7.10	26.3
	伸长率 $\varepsilon_p(\%)$	48.7	48.7	136	40.0
圆球顶破	径向拉强 $T_s/(kN \cdot m^{-1})$	21.2	16.0	4.72	24.9
	伸长率 $\varepsilon_p(\%)$	69.8	69.8	148	43.9

表 4.3-8　　复合土工膜试样宽度影响分析

试样宽度 B(mm)	50	100	150	200
抗拉强度 T_s(kN·m^{-1})	11.2/12.2	12.7/11.1	12.7/8.8	13.2/7.6
伸长率 ε_p(%)	130/235	90/223	105/223	100/173

表 4.3-9　　复合土工膜(a)两种状态下力学特性及布、膜的力学特性

试验状态	布、膜紧密状态	布、膜松开状态	布	膜
经向抗拉强度 T_S(kN·m^{-1})	11.22	7.72	7.29	5.9
经向伸长率 ε_p(%)	136	98	99	286
纬向抗拉强度 T_{sw}(kN·m^{-1})	22.53	17.55	15.68	7.1
纬向伸长率 ε_p(%)	51.8	48.8	50	300
经向梯形撕裂 T_T(N)	305	299	235	186
纬向梯形撕裂 T_{TW}(N)	507	497	417	191
CBR 顶破 T_C(N)	2340	2120	1775	1010
圆球顶破 T_C(N)	1490	1200	1130	358
胀破强度 P_{bi}(MPa)	>1.3	>1.3	>1.3	/
落锥试验穿孔直径 d(mm)	17.5	19.0	21.5	38

表 4.3-10　　复合土工膜(a)与单一膜(a)力学特性比较

项目	抗拉 T_S/(kN·m^{-1})	顶破 T_C/N		撕裂 T_T/N		复合膜 d 胀破 P_{bi}/MPa
		CBR	圆球	T	w	
复合膜强度	11.2　22.5	2340	1490	305	507	>1.3
单一膜强度	5.9　7.1	1010	358	186	191	0.25
比值	1.9　3.2	2.3	4.2	1.6	2.6	>52

表 4.3-11　　复合工膜渗透特性

指标	b	d
渗透系数 k/(cm·s^{-1})	1.68×10^{-11}	1.87×10^{-10}

表 4.3-12　　复合土工膜(b)高压水力试验结果

垫层条件	风化砂($d \leq 20$mm)	弱风化花岗岩($20 \leq d \leq 30$mm)
b	在 0.7MPa 水压下维持 4 天不破压痕深 1~2mm 纤维完好。	在 0.7MPa 水压下维持 4 天不破压痕深 1~2mm，纤维完好。

表 4.3-13　　复合土工膜的材料特性与安全系数

项目	顶破 T_C/(kN·m^{-1})	撕裂		胀破 P_{bi}(MPa)	抗滑
		d(mm)	T_T(N)		
材料特性试验值	2.34	60.12	305	>1.3	设计坡比
荷载分析计算值	0.26	19.2	79.8	0.08	1:3　1:2.5
安全系数	8.97	3.13	3.82	>16.1	1.56　1.3

2.3.2 复合土工膜的性能

通过一系列的试验研究,对复合土工膜性能有了如下认识。

(1)在抗拉试验中,当试样宽度大于100mm后,得到的强度差别很小,因此取100mm作为复合膜测试宽度即可满足精度要求。

(2)通过CBR顶破试验和圆球顶破试验,可以分析得出任一点平均径向拉强和平均拉应变。通过换算,两种顶破试验得到的径向拉强相近,表明测试效果基本一致,一定程度上可以互相取代。

(3)在有关试验中,复合膜受顶破压力时得到的径向拉强高于其窄条受拉强度,而变形率则相反,表明顶破试验中不存在拉伸试验中的颈缩现象,径向拉强结果更接近复合膜用于防渗目的的工程应用实际情况,因而复合土工膜的抗法向力试验结果更富实用意义。

(4)由于布加筋的作用,使复合膜的力学特性与单一薄膜相比得到显著提高。其抗拉、抗胀破、抗顶破、抗撕裂、抗刺破能力大为改善,其力学特性既有布的特点又有膜的特点。

(5)从图4.3-12和图4.3-13中还可以看出,复合膜的拉力—应变曲线可以分为三个阶段:拉强上升阶段(OF)、变形率小的材料(一般为布)断裂阶段(FC)和变形率大的材料(一般为薄膜)继续受力变形阶段(CH)。这种曲线特性说明由于两种材料变形率不一致,变形率小的材料先发生破坏,然后由变形率大的材料单独承担荷载。

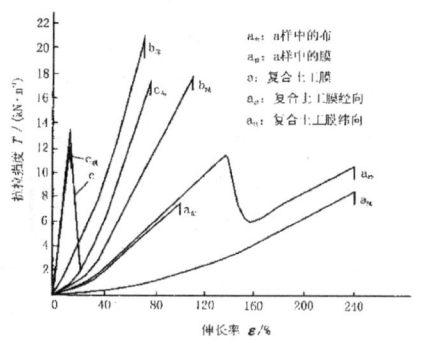

图4.3-12 复合膜a,b,c拉强T与伸长率e关系

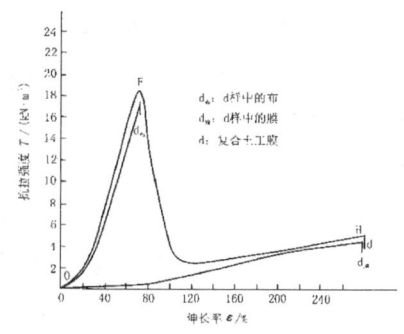

图4.3-13 复合膜d拉强T与伸长率e关系

(6)复合膜中膜的变形率对复合膜的防渗性能影响很大。从胀破试验可以看出,尽管d样中薄膜本身的胀破强度很低,但由于其良好的变形能力,使之与布复合后的胀破强度大大提高,能完整地起到防渗作用。c样中膜的强度大于d样的膜强度,但由于其变形率小,复合后的胀破强度反比d样低。另外,e样的薄膜厚度仅0.07mm,其强度远低于加筋布,在整体测试中反映的是布的强度特性,但从胀破强度中可以发现,由于加筋布的作用,使原来的胀破强度从0.01MPa提高到了1.3MPa,所以说复合膜中膜的厚度与其防渗性能并不成正比,而膜的变形率对提高复合土工膜的防渗性能至关重要。也就是说在复合土工膜的设计中应首先考虑的是膜的变形率(当然变形率与膜的厚度亦有一定关系)和布的强度。

(7)水利工程应用中,坝(堰)体和堤防变形、施工和运行荷载要求复合膜有一定的强度和变形率。通过试验结果分析可知,当复合膜中膜的变形率大于布的变形率时,布的高强度能得以充分发挥,在布发生破坏前膜能起到有效的防渗作用,保证复合膜在允许荷载范围内安全运行;而当复合膜中膜的变形率小于布的变形率时,复合膜承受一定荷载后,膜将首先发生破坏,布的高强度得不到有效发挥,使复合膜在小于允许荷载的作用力下就失去了防渗作用。因而,在考虑复合膜的整体强度时,还应根据复合膜的受力特点,引进一个新的概念——相对变形率,即膜与布的变形率之比,其设计取值应考虑复合膜的整体变形率、布和膜的稳定性要求等因素。根据本次研究和以往的工程经验,当相对变形率取值大于或等于2

时,一般可以满足设计要求。

(8) 通过一系列水力试验和对比国内外资料,可得到复合膜的渗透性为 $i×10^{-10}$ cm/s 量级,远远低于传统防渗材料。

另外,根据有关研究,采用针刺无纺布加筋的复合土工膜在薄膜产生破坏时,其渗透特性与单一薄膜破坏时也不一样。当下卧支持层为弱透水介质时,复合土工膜中的土工布能起到一定的排水作用,降低浸润线高度;而当下卧支持层为强透水材料时,由于加筋土工织物在一定压力作用下,其透水性降低,同时由于针刺无纺布具有较好的柔性,能使膜与下卧层接触紧密,这样,一旦薄膜产生局部破坏时,不至于使透过膜的水沿膜与垫层接触缝迅速扩散。因此有布加筋时,薄膜与同一破损条件下单膜的渗透流量相差甚大。可见复合土工膜中的布不仅能改进复合土工膜的强度,而且有利于改善薄膜破损时的渗流特性。

(9) 复合膜的力学强度并不是其组合材料布与膜的力学强度的简单叠加,而是与布、膜之间的复合程度紧密相关。通过复合程度影响试验得知,布、膜复合的松紧对复合土工膜的拉伸、顶破强度特性产生了显著的影响。从而,从侧面证明,复合膜的整体工程特性要优于单一布和膜叠加所产生的性能,复合膜的设计不能简单对照单一布和膜的性能指标。

2.3.3 复合膜粘接施工工艺与粘接强度研究

由于复合膜的生产幅宽有限,国内最大仅为 4.0m,在用于防渗工程时需要在现场进行拼接。当使用范围的面积巨大时,搭接缝的防渗与强度特性是不容忽视的,它必须满足一定的要求。

本次研究对于主要的搭接施工方式—人工缝合和粘接(包括热黏和胶粘)进行了大量的调研和试验,了解各种施工方式的优缺点和改进途径,如表 4.3-14 所概括,此外,对胶粘方式所用的胶水也作了一定的研究。

表 4.3-14　　　　　　　　　　　　不同搭接方式的特点

搭接方式	施工干扰	操作	对环境要求	处理后恢复时间	处理后缝强度	处理后缝渗透性	其他
人工缝合	小	简便	小	降低	依赖二次处理情况	依赖于所用胶水性能	
热黏	大	简便	较小	15~30min	降低	不变	要求热黏的膜厚度有一定要求
胶贴	大	较复杂	苛刻	4~28h	降低	不变	依赖于所用胶水性能

2.4 使用土工膜工程的稳定性分析

用土工膜防渗的堆石坝或土质斜墙坝应当计算护面加保护层与土工膜或复合土工膜之间的抗滑稳定性。至于土工膜与下垫层之间的抗滑稳定性,如果下垫层是透水的,那么土工膜与下垫层之间不会有水的滞留,其稳定性当较上保护层与土工膜之间的稳定性为好。但若土工膜用于土质斜墙坝的防渗,则坝体土(通常为壤土或黏土等)与膜直接接触的交界面上常有渗漏水滞留,故危险滑动面在膜与土的接触面。

2.4.1 堤坝上游坡土工膜的抗滑稳定分析极限平衡法

正如本节开头指出的,这种情况的稳定分析,危险滑动面在保护层与复合土工膜之间的接触面,校核的主要情况是水位骤降。稳定分析方法有极限平衡法和有限元法,工程中用得普遍的是前者。

当护面连同上垫层为不透水时,采用容重变化法考虑层内孔隙水压力的影响,即水位骤降前,水位以上土料及护面层、垫层采用湿容重;在降前水位与降后水位之间,用饱和容重计算滑动力,而用浮容重计算抗滑力;降后水位以下采用浮容重。土的抗剪强度指标采用有效指标c'、φ'。

在计算中还应区分护面层(连同上垫层)等厚度和不等厚度两种情况,如图 4.3-14(a)(b)[12]。此外,还要分别考虑护面层(连同上垫层)透水和不透水的不同情况。

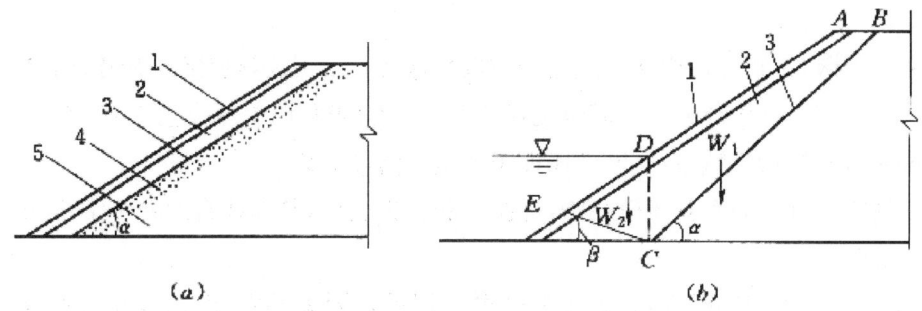

1.护坡;2.防护层及上垫层;3.土工膜;4.下垫层;5.堤坝体

图 4.3-14(a) 等厚度防护层　　图 4.3-14(b) 不等厚度防护层

(1) 护面层和上垫层等厚和透水时,安全系数 F_s 按下式:

$$F_s = \mathrm{tg}\delta / \mathrm{tg}\alpha \tag{4.3-6}$$

δ 为上垫层土料与土工膜之间的摩擦角;α 为土工膜铺放坡角。

(2) 护面层(连同上垫层)等厚但透水性不良时,安全系数 F_s 为

$$F_s = \frac{\gamma' \mathrm{tg}\delta}{\gamma_{sat} \mathrm{tg}\alpha} \tag{4.3-7}$$

式中,γ'、γ_{sat} 分别为防护层(连同上垫层)浮容重和饱和容重,kN/m³。

可以看出②与①的区别在于考虑膜——土接触面的孔隙水压力的影响。

(3) 护面层(连同上垫层)不等厚,但透水性良好时,F_s 为:

$$F_s = \frac{W_1 \cos^2\alpha \mathrm{tg}\varphi_1 + W_2 \mathrm{tg}(\beta+\varphi_2) + c_1 l_1 \cos\alpha + c_2 l_2 \cos\beta}{W_1 \sin\alpha \cdot \cos\alpha} \tag{4.3-8}$$

式中,W_1、W_2 为主动楔 $ABCD$ 和被动楔 CDE 的单宽重量,kN/m;

C_1、φ_1 为沿 BC 面上垫层土膜之间的黏聚力(kN/m²)和内摩擦角(°),若为粗粒料,则 $C_1=0$;C_2、φ_2 为护面层土料的黏聚力(kN/m²)和内摩擦角(°),若为粗粒料,则 $C_2=0$;α、β 为坡角;l_1、l_2 分别为 BC 和 CE 的长度,m。

(4) 护面层(连同上垫层)不等厚,且透水性不良,则 F_s 如同上式,只是 W_1 和 W_2 的数值应采用容重变化法中考虑的值,如上所述。

分析表明,当水位骤降至 4.3-21(b)中的 D 点时,是最危险的情况。

还应特别指出,若土工膜后的土层中,土中的水位较高,则有可能使土工膜隆起。这时应在膜下设置无纺织物或无黏性土的集水层,将滞留的水引到排水管道中排除。有人误以为防渗的土工膜下不设排水将有助于加强结构物的防渗性能,这是不对的。因为它会影响上游坡的稳定。

2.4.2　堤坝上游坡土工膜稳定性分析的有限元法

土工膜在斜面上的稳定性分析方法中,有限元法已用得比较广泛,尤其在大、中型或重要工程中。若

欲预估土工膜在结构物中的工作状态,以及对坝体应力和应变的影响,则只有采用有限元法才有可能。

在有限元法计算中,必须知道在实际工作条件下土工膜的应力应变关系,尤其是荷载长期作用下的应力应变关系,因为土工膜具有显著的流变特性,在长期较大荷载下,强度会有显著的降低。再者,由于土工膜的厚度很薄,在计算中如何模拟也应研究(具体计算方法可参考本书第4.2章有关内容)。

此外,近年来还采用离心模拟技术来验证它的稳定性。

2.5 土工膜的施工要点

2.5.1 连接

土工膜的幅宽有限,工程应用中幅与幅之间需进行连接。土工膜接缝的质量往往是决定土工膜防渗效果的关键之一。我国以往生产的土工膜幅宽仅2.0m左右,近年已有幅宽达5.0~7.5m的PE和PVC膜面市。加大幅宽可减少接缝数量,有助于保证土工膜的防渗效果。

土工膜的连接方法常用的有热压硫化法,焊接法和胶接法等,其他还有一些不常用的方法,如缝合加涂胶法,溶剂焊接法等。

热压硫化法、焊接法形成的接缝,其抗拉强度可达到母材同等的强度,而胶接法则仅及母材的60%~80%,而缝合涂胶法也只能达到母材的85%~90%。至于抗渗性,一般认为接缝可以达到母材的不透水性,只要没有漏焊缺陷或开口缺陷存在。

热压硫化法一般在工厂内进行,故接缝质量易于控制。

焊接法有热焊接法和超声焊接法等,而热焊接法又有热室气焊接法和热楔体焊接法之分,两者应用都很广泛。前者常用于HDPE材料的连接,而且便于在空间狭小的场合中应用。后者可用于多种场合,而且焊缝的连续性好。热楔体焊接法示于图4.3-15(a)。焊缝的结构如图4.3-15(b),焊缝焊接的功效约为100m/h。

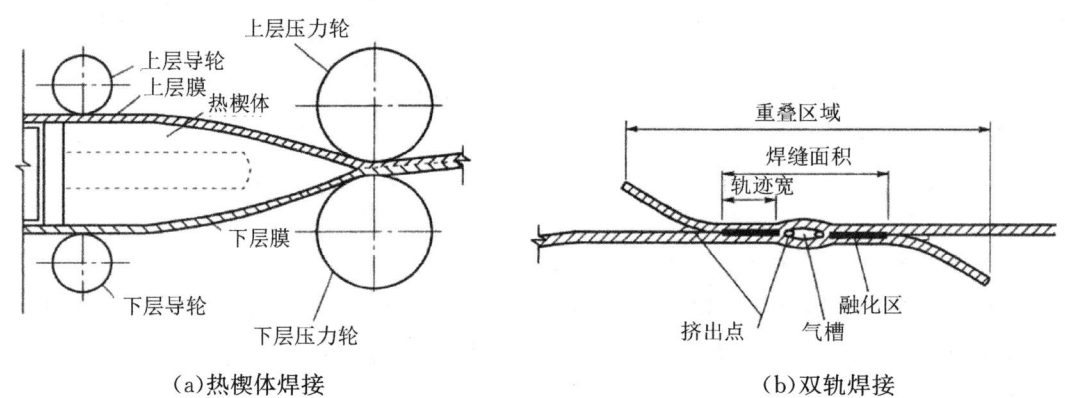

(a)热楔体焊接　　(b)双轨焊接

图4.3-15　土工膜接缝的结构和焊接方法

超声焊接法应用也很简单,它在楔体后面连接一个振荡器,楔体的振动能将土工膜表面熔化,然后被挤压轮压紧(王钊,2002)。这种方法的最大优点是温度控制很灵敏,但成本较高,且技术要求也较高。

胶接法就是在两层膜上涂以粘接胶,两膜塔接8~10cm。一般说来,胶接法的接缝强度不如焊接法的高。对于聚乙烯膜一般不易胶结,故需研制专门的胶结剂。

2.5.2 接缝的检测

检测的方法分有损检测和无损检测两种。

(1)有损检测试验是从要用的土工膜接缝处取样进行试验,内容主要包括剪切和剥离,如图4.3-16。

试验的具体方法可参考有关文献或规范。

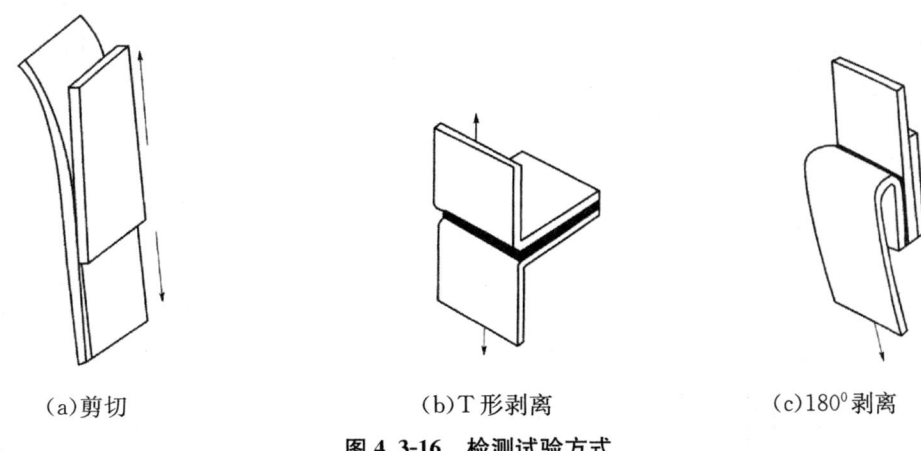

图 4.3-16　检测试验方式

有损检测可以对其强度作出评价,但仅能获得现状值,不能估计接缝的耐久性或在高温、化学或生物作用下,接缝强度的变化。

(2)无损检测不会对被检的膜造成损害或破坏。由于它可以在现场对已连接的接缝质量进行就地检验,而且这种检验是全面的、连续的、毫不遗漏地进行,因此,无损检测是必不可少的。主要的无损检测方法有目测法、充气加压法、真空盒法和超声波法。真空盒法、超声波的原理和测法可参考有关文献。

2.5.3　土工膜的铺设

在土工膜铺放前应先将垫层和排水排气系统铺设好,场地平整好,然后,将土工膜卷材自上而下滚铺,在相邻的土工膜幅边上按要求叠合,并焊(粘)接。在坡面上避免使用黏性土,而宜用砂等粗粒材料,以防土被冻结或者保护层在水位变动期滑落。

土工膜卷材展开的方向,一般以从上向下为宜,因为顺坡方向的受力较大。但对于高度不大的斜坡,也可采用垂直坡度方向(沿轴线方向)铺设,同时,这样可以减少接头数量。在陡坡上,土工膜可采用直角铺设或曲折铺设,以增加稳定性,如图 4.3-17。土工膜铺设时还应注意天气和环境,防止所铺土工膜褶皱、鼓泡、隆起等不平整现象发生。

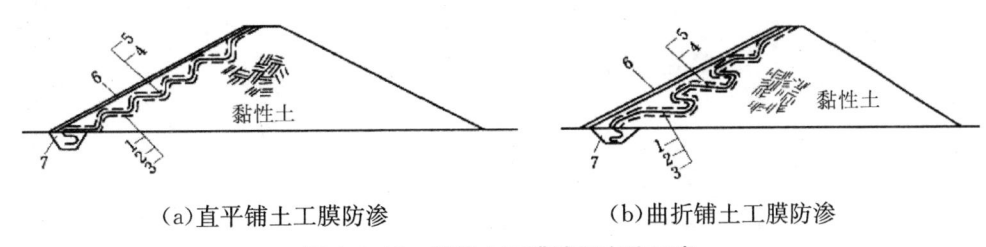

(a)直平铺土工膜防渗　　　　　　(b)曲折铺土工膜防渗

图 4.3-17　防渗土工膜铺设方法示意

2.5.4　土工膜的锚固

土工膜的底边与周边要与不透水地基和坝坡严密结合,或与混凝土建筑物紧密贴合。具体的做法应根据地基土质条件和结构物类型采用不同的形式(见图 4.3-18)。

(1) 对于土质地基,土工膜直接埋入锚固槽内,并填土夯实。

(2) 对于砂卵石地基,应清除砂卵石,直达不透水层,浇混凝土底座,将土工膜埋入。具体参看有关规范,如图 4.3-18(a)。

若地基中砂卵石层太厚不能完全挖除,则可将土工膜向上游延伸一段,形成水平铺盖,具体设计按铺盖防渗要求计算确定。

对于混凝土建筑物,常用螺丝机械连接,为保证螺丝不锈蚀,可用膜加以覆盖,如图4.3-18(e)[8]。

土工膜下应设排水、排气措施。

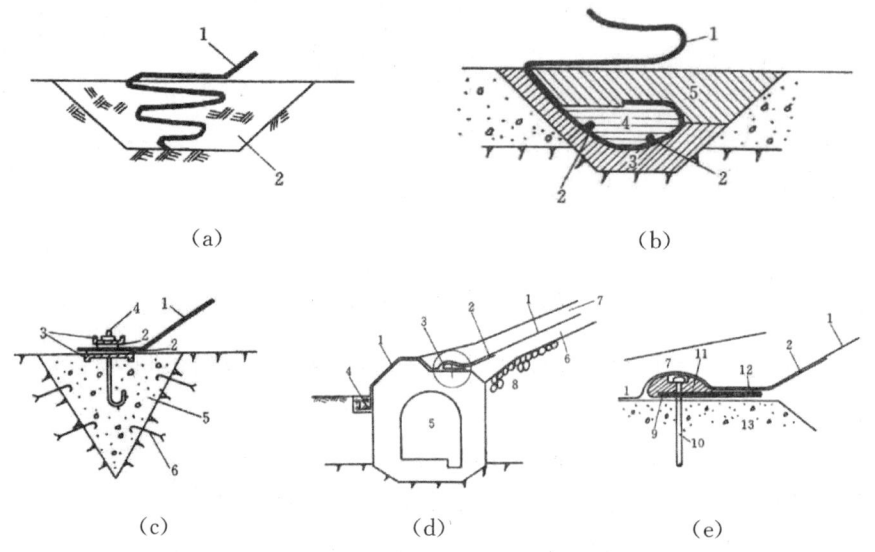

图4.3-18 土工膜与地基等的连接方式

2.6 土工膜在防渗工程中的新应用

这里介绍土工膜若干新近发展的应用。

(1)充气薄膜坝。在洪水季节充气以阻挡洪水,如图4.3-19(Koerner,2005)[13]。

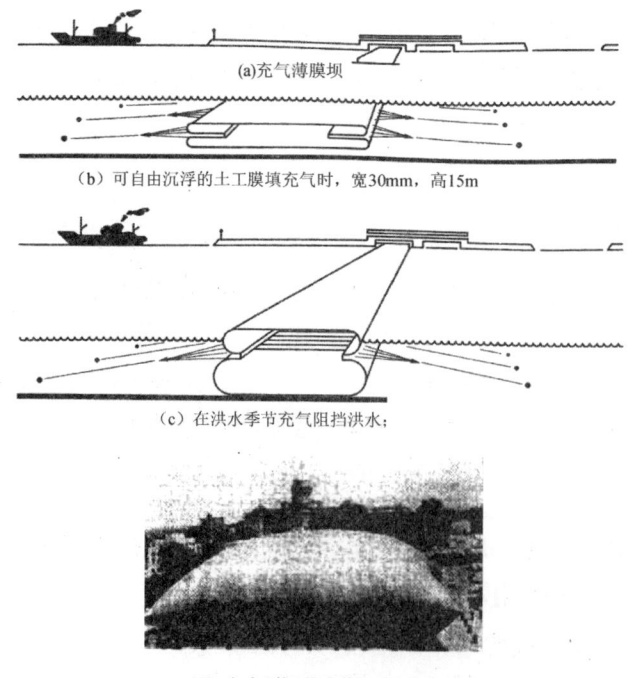

图4.3-19 充气薄膜坝

(2)堤坝的垂直防渗膜或地下连续墙,这是近年堤防加固中的新发展,见图 4.3-20。

辽宁省自 1996 年开始,用土工膜类材料作为堤防垂直防渗体,已完成 20 余项工程。比较典型的是 1999 年完成的浑河张庄子砂堤防渗工程。该堤高 25.02m,堤基土为中细砂及壤土,堤身为壤土,部分堤段为中细砂。工程采用机械在地基中垂直开槽,槽中埋膜,作为地基防渗系统。堤身则采用齿槽接续防滑的复合土工膜防渗,并与地基防渗连成一个整体。堤基采用 PE 膜,厚 0.5mm,堤身采用 400g/m² 的复合土工膜。工程已运用多年,情况良好,投资低廉[14]。

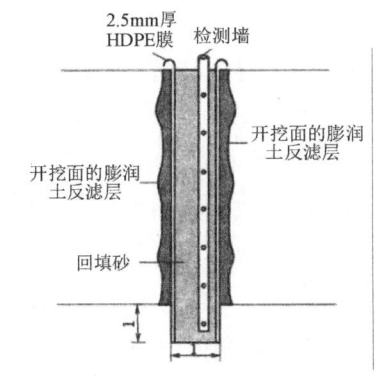

图 4.3-20　土工膜截水墙典型断面

(3)封闭膨胀土坡的表面,隔离各种水源,以消除膨胀危害。若能截断冻胀土的水源,则可消除冻胀对建筑物的危害。

(4)在垃圾填埋场中作为底层,周侧和顶盖的防渗防漏措施,已是一种不可或缺的材料。为了严密防漏,日本等正在研究三层的组合土工膜防渗体系,其渗透系数可达 10^{-12} cm/s 量级,如前述。

(5)在输水、输油、输液渠道(管道)等工程中的应用已十分普遍,图 4.3-21 为在隧道中应用的实例。

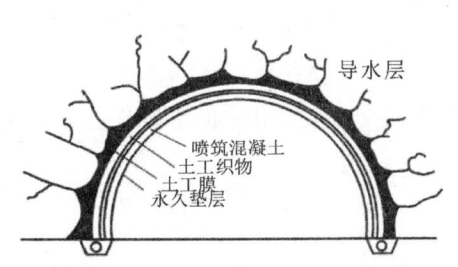 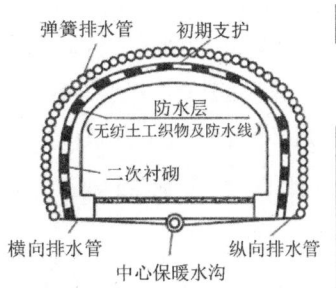

图 4.3-21　土工合成材料用于隧道防渗排水层

3　土工织物反滤材料的研究和应用

3.1　概述

排水与反滤是在土工建筑物中有水流流出或水流可能积聚的地方通常设置的两种措施。一般地说,排水是将积存在土中多余的水,或流经土体的渗水尽快地排出,以防止土体在水中长期浸泡或在土体内积聚过高的孔隙水压力,削弱土体的稳定性而设置的;而反滤(或称过滤、渗滤等)措施则是为了土工建筑物在排水过程中防止土颗粒的大量流失而需要的,它总是应用在水流有可能使土体产生严重渗透变形的地方,如土体中有水流逸出的部位,或各排水体的周围等,因为这些部位往往是水流条件发生突变或水力比降增大的地方。因此,排水功能和反滤功能常常同时被要求,许多具有反滤功能的材料往往具有良好的透水性,兼有一定的排水功能,以便将反滤层中流出的水尽快排走。工程实践表明,反滤层对于保证土工建筑物或土质基础在水流作用下的安全十分重要,设置了反滤层的地方,土层抵抗渗透破坏的能力将大大加强,土层的允许渗透比降也因此可以增加几倍、十几倍甚至几十倍,所以它起到工程安全门的作用。传统的反滤层是由粒状材料组成的,如砂砾、中粗砂等,广大工程人员对此已十分熟悉,但是这种天然的粒状反滤层施工十分困难(尤其是心墙下游的反滤层,陡坡的竖向反滤层等部位),同时这种天然材料价格较高,且有时也不易获得,为此,采用土工织物来代替粒状反滤材料是一种方便、经济和有效的措施。目前已在国内外大量地迅速推广应用。

但是采用土工织物作为反滤材料是有条件的,不是任意挑一种土工织物就可以使用的。在国内外,由于不了解其中的技术要求或者使用不当而造成反滤失效甚至导致事故的情况时有出现。可以说,在土工合成材料的各类应用中,反滤失效的实例较多,说明这种技术还不很成熟。例如,我国在长江98'洪水期间,有些堤防出现管涌险情,由于不恰当地使用孔径过小的无纺织物抢险,结果织物孔眼被堵,于是引起过高的水压力,将织物顶起,随之大量挟泥水流冲出,造成更大的险情,这就是一个深刻的教训。问题还在于,有些地方使用失效后,不去研究失效原因,而是简单地采取拒绝使用这种材料的做法,因噎废食,从而也使土工织物作为良好的反滤排水材料的声誉受到了损害。因此,对土工织物用作反滤排水的技术应作进一步的研究,对设计方法有科学的规定,并帮助科技人员掌握它,这确是当前十分重要和紧迫的任务。

国外关于土工织物反滤问题的研究,是在粒状反滤材料研究的基础上发展过来的,这是一种应急的办法,不是先从土工织物本身的特性出发的。比较典型的有美国 Girord J P [6] 和 Koerner RM [13],荷兰的 Pilatzuk,意大利的 Cazzuffi D. A 等人[15]。

我国对土工织物反滤的使用始于20世纪80年后期,最初仍简单地套用国外的有关规定和方法,甚至有些群众性工程在没有设计和试验的情况下随意使用,造成工程失事。在这些教训前面促使科技人员对织物的反滤性能和设计准则进行研究。如长江科学院对反滤和排水机理和措施进行过较多的试验研究,提出过一些新的排水减压装置,并在工程中成功应用[16];辽宁的王殿武结合当地工程对反滤措施和反滤设计准则做过有意义的研究[17],武汉水电大学陆士强、王钊等人[18]和大连理工大学王海清[19]、河海大学束一鸣等[20]。在反滤机理上作过一些探索的有清华大学陈轮等[21]对织物反滤机理和设计准则的研究,获得了一些有意义的新的认识[29],包承纲对土工织物的反滤机理和反滤准则作过较系统的分析等[16]。

3.2 反滤设计中的若干重要概念

3.2.1 反滤

关于反滤的定义,一般的说法是当水流流经渗滤材料时,水分可以通过,而主要部分的土粒却被截流下来的现象。这里所说的主要部分的土粒是指大多数的土颗粒,而不是全部土颗粒[6],也就是最细部分的颗粒可以不被截流。而对土工合成材料反滤系统的定义是指"一个平衡的土——土工织物系统,它在预定的应用条件下和设计寿命期内,允许足够的水流通过,而仅使有限的土粒通过土工织物流失"[21]。这个定义说明了几个要点:(1)土与土工织物共同组成了一个平衡的(协调的)反滤系统,而不是织物单独起反滤作用;(2)它应有足够的排水能力,让水流尽快通过;(3)它允许少量的细颗粒流失,但形成反滤系统的骨架体系不能移动;(4)这种性能应具有长期的有效性。上面的第(2)点,第(3)点和第(4)点,就是反滤系统设计中概括的透水准则,保土准则和防淤准则。

3.2.2 等效孔径

等效孔径(equivalent opening size)是土工织物的一个特有的概念,这个概念比较重要,但以往许多文献,甚至若干规范中,却表达得很含糊,或容易混淆,如定义为所谓颗粒筛余率,或表观孔径 AOS(apparent opening size)等。为此,我们提出一个比较确切的定义:众所周知,不管是织物的透水性,亦或保土性,均与织物的孔径大小密切相关,而织物孔径的大小是不等的。为了解织物中不同孔隙孔径的分布情况,可以作出孔隙分布曲线(如图4.3-22),所谓等效孔径,系指在织物的孔径分布曲线上,对应于某百分数的孔径(Atmatzidis D K, et al, 2006),例如 O_{95},

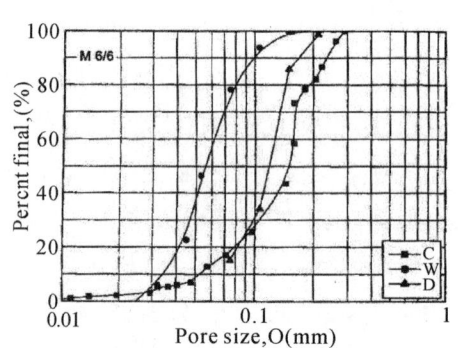

图 4.3-22 典型的孔径分布曲线
(无纺织物)[22]

即孔隙分布曲线上对应于95%的那个孔径,也就是说,在织物的大小不同孔隙中,有95%的孔径小于该孔径。这个概念与土的粒径分布曲线十分相似,故很好理解。如果把它定义为所谓颗粒筛余率等,则容易误解。因为颗粒筛余率与试验方法有关,而试验方法是可以发展和变化的,故直接将筛余率作为定义是不妥的。至于表观孔径,则还需说明表观的含义,似嫌复杂。

确定O_{95}值的方法,我国、美国等均采用间接法中的干筛法。在欧洲和加拿大,将等效孔径称为反滤孔径FOS(filtration opening size),其确定方法为湿筛法。一般认为,湿筛法比干筛法要优越,但比较麻烦。据试验,采用干筛法求得的等效孔径比湿筛法略大(可大25%)[23],这些方法均属间接法。有条件时也可用直接法,如水银压入法、图像分析法等。应当指出,用不同测试方法求得的孔隙分布曲线,有时可以差别很大(如图4.3-23)。目前,由于计算技术的快速发展,图像分析法已用得越来越普遍。

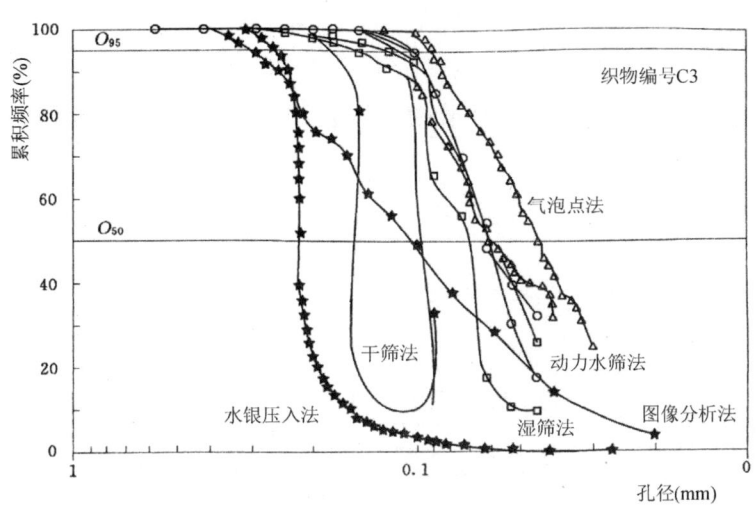

图4.3-23 织物孔径不同测定方法的结果比较

3.2.3 透水率和导水率

土工织物用于反滤层时,表示渗透性的指标是垂直渗透系数k_n和透水率ψ,因为这时的水流是垂直于织物平面的;而当土工织物用作排水材料时,表示渗透性的指标是织物的平面渗透系数k_p和导水率θ,因为,这时的水流方向是沿着织物平面的。

由于k_n和k_p与织物的厚度有关,使用起来不便,故常常采用透水率ψ和导水率θ两个指标,它们之间的关系如下:

透水率定义为水头差等于1时的渗透流速,即:

$$\psi = \frac{v}{\Delta h} \tag{4.3-9}$$

而渗透系数是渗流的水力比降等于1时的渗透流速,即:

$$k_n = \frac{v}{i} = \frac{vt}{\Delta h} \tag{4.3-10}$$

式中:t=织物的厚度;Δh为织物上下游的水头差;v为渗透流速;i为水力比降,故有:

$$\psi = \frac{k_n}{t} \tag{4.3-11}$$

由此,当测量透水率时,无须测量土工织物的厚度。

类似地,织物的平面渗透系数k_p定义为水力比降等于1时的渗透流速,即:

$$k_p = \frac{v}{i} = \frac{vl}{\Delta h} \tag{4.3-12}$$

而导水率定义为沿织物平面的渗透系数 k_p 与织物厚度的乘积,即:

$$\theta = k_p \cdot t \tag{4.3-13}$$

若令 q 为织物平面输导水流的流量, cm^3/s,则:

$$\theta = \frac{q}{i \cdot B} \tag{4.3-14}$$

式中,B 为试样宽度,cm。

因此,导水率也可定义为比降等于1时,单位宽度织物沿平面排导的水量。上述两个参数的测试方法,可参考有关文献(如陆士强等,1994)[7]。

应当指出,透水率与导水率均不是一个常数,它们会随织物上的压力而变。同时,水流状态,水流方向与织物经纬的夹角,水中含气量和水温等也有密切的关系,这点在设计反滤织物和排水织物时应特别注意。

在工程设计中,经常用到的是渗透流量值的计算公式,有了上述的关系,渗透流量的公式可分列如下。

垂直于织物平面的流量 q_n:

$$q_n = k_n \cdot \frac{\Delta h_{gn}}{t} \cdot A = \psi \Delta h_{gh} \cdot A \tag{4.3-15}$$

平行于织物平面的流量 q_p:

$$q_p = k_p \cdot \frac{\Delta h_{gp}}{L_g} \cdot B = \theta \frac{\Delta h_{gp}}{L_g} \cdot B \tag{4.3-16}$$

式中,Δh_{gp}——沿织物表面上、下游计算点的水头差;

Δh_{gn}——土工织物上、下游的水头差;

t——织物的厚度;

L_g——沿织物表面上、下游计算点的距离;

A、B——分别为垂直于和平行于土工织物的渗水面积 m^2。

在式(4.3-17)和式(4.3-18)中避开了随压力而变的厚度参数 t,应用比较方便。

还应指出,上面讨论的渗透性均对起始状态而言,在织物反滤运用过程中,由于淤堵及其他一些因素影响,使织物透水能力下降。因此,考虑长期效果时,织物渗透性能应乘一个折减系数(将在下面述及)。但另一方面,由于与织物相邻的土体中,有部分细颗粒流失,其渗透性反而会增大。由此启示我们,应当把土工织物和相邻土体构成的整个体系作为一个反滤系统来考虑。无疑,对该系统的性能进行理论分析或定量计算是很困难的。实用的方法是将织物与相邻土体在符合工程实际条件下进行试验,以作为设计的依据,而不是简单地仅用织物本身的渗滤试验成果进行设计,这点应特别引起注意。

3.3 反滤设计准则

反滤设计准则是指反滤设计中应遵循的原则和具体方法。国际有关土工织物反滤准则的研究,始于20世纪70年代。早期的准则大多从太沙基的粒状滤层的反滤准则演变过来的。以后其他欧美国家也相继提出了各自的准则。据统计,截至1999年,各种反滤准则不下29种,还可细分为64种。

3.3.1 国外早期有关反滤准则的研究

3.3.1.1 单向稳定渗流

当前,国外也仅仅对单向稳定渗流的反滤问题研究较多,故先讨论这种情况,其他水流情况仅简要地述及。

(1) Calhoun 准则

美国水道试验站(WES)的 Calhoun 在 1972 年根据太沙基的粒状滤层保土准则引申到土工织物上，建立了最早的土工织物保土准则。其式为：

$$\begin{cases} 粗粒土 & O_{95} \leqslant d_{85} \\ 黏性土 & O_{95} \leqslant 0.21\text{mm} \end{cases} \tag{4.3-17}$$

这个公式适用于均匀土($C_u<2$)。由于没有考虑被保护土的土拱效应，因此求得的表观孔径比较小，在保土方面偏于安全，而透水性则嫌不足。

(2) Giroud 准则

J. P. Giroud 是研究反滤设计准则较多的学者。他在 1982 年提出了考虑被保护土的 C_u 值和密实度的无黏性土保土准则。该准则以土的平均粒径 d_{50} 为基本指标，列出了无黏性土在静荷稳定流的条件下，表观孔径 O_{95} 的控制公式，如下表 4.3-15 所示。

表 4.3-15　　　　　　　　　　　　Giroud 准则

织物类型	土类	保土准则	意义
针刺热粘无纺或有纺织物	均匀松砂($1<c_u'<3$)	$O_{95}<c_u' \cdot d_{50}$	①对均匀砂 O_{95} 为 1~3 倍 d_{50}
	不均匀松砂($c_u'>3$)	$O_{95}<\dfrac{9}{c_u} \cdot d_{50}$	②越不均匀砂，O_{95} 越小，最大为 3 倍 d_{50}
针刺无纺	均匀—中密砂($1<c_u'<3$)	$O_{95}<1.5c_u' \cdot d_{50}$	①$O_{95}<1.5$~$4.5d_{50}$
	不均匀—中密砂($c_u'>3$)	$O_{95}<\dfrac{13.5}{c_u} \cdot d_{50}$	②越不均匀砂，O_{95} 越小，最大为 4.5 倍 d_{50}
	均匀密砂($1<c_u'<3$)	$O_{95}<2c_u' \cdot d_{50}$	①$O_{95}<2$~$6d_{50}$
	不均匀密砂($c_u'>3$)	$O_{95}<\dfrac{18}{c_u} \cdot d_{50}$	②越不均匀砂，O_{95} 最大为 6 倍 d_{50}

对于动力水流，Giroud 的保土准则为：

$$O_{95}<nd_{50} \tag{4.3-18}$$

当 $c_u \leqslant 18$ 时，$n=1$；

当 $c_u>18$ 时，$n=\dfrac{18}{c_u}$，即 $n<1$；

由此可见，动力水流下的 O_{95} 应小于稳定静力水流的值。

(3) FHWA 准则（美国联邦公路局准则）

它是根据 1985 年 Christopher & Holtz 准则演变过来的：

$$O_e \leqslant nd_w \tag{4.3-19}$$

这也就是我国规范中推荐的公式，这个公式也没有考虑拱效应，因而也偏于保守，因为只要两个土粒不同时通过织物的同一孔眼，土层即是稳定的，因此 n 值似应取 2.0 而不是 1.0。

(4) AASHTO 准则（美国公路与运输管理协会准则，1991）

这是最简单的准则。

当 0.075mm $\leqslant$ 50% 时，$O_{95}<0.60$mm；

当 0.075mm $>$ 50% 时，$O_{95}<0.30$mm；

还有一些公式则直接将织物的孔径与土的特征粒径相比较，并提出下列公式：

$O_{95} < 2 \sim 3 d_{85}$ (Carroll, 1983)

(5) PSD 准则（即孔径分布准则）

1990 年 G. R. Fischer 针对不同土类提了该准则，它也是由传统的粒料滤层保土准则来的，且未考虑拱作用，故仍偏保守。其准则如下。

① 保土准则：见表 4.3-16。

表 4.3-16　　　　　　　　　　　　　PSD 保土准则

	无黏性土（必须同时满足下四条）	黏性土
	· $O_{50}/d_{85} \leqslant 0.8$	· 砂性粉土/黏土，$O_{50}/d_{85} \leqslant 0.8$
	· $O_{50}/d_{85} \geqslant 0.8, c_u < 4$	· 细黏土，$O_{50} \leqslant 0.1$ mm
	· $O_{15}/d_{15} \geqslant 1.2, c_u \geqslant 4$	· 细粉土，$O_{50} \leqslant 0.06$ mm
$\delta = O_{50}/d_{15}$ $\beta = O_{50}/d_{50}$	· $O_{50}/d_{15} \leqslant \delta, \delta$ 值见图 4.3-24(a) · $\beta_1 \leqslant O_{50}/d_{50} \leqslant \beta_2, \beta$ 值见图 4.3-24(b)	· 极细土，$O_{50} \leqslant 0.04$ mm

② 透水性要求。透水性要求一方面要考虑等效孔径的大小，同时还要考虑孔隙率的数值（见表 4.3-24）。对于无纺织物，孔隙率 $n \geqslant 30\%$，对于有纺织物，开孔面积比 $POA \geqslant 4\% \sim 20\%$。

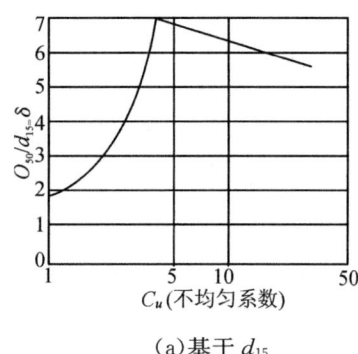 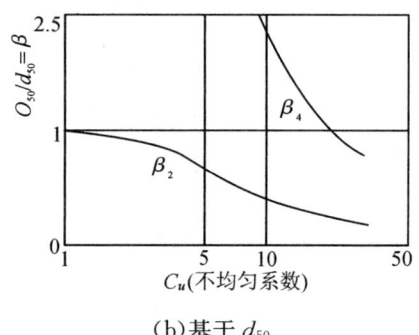

(a) 基于 d_{15}　　　　　　　　　　(b) 基于 d_{50}

图 4.3-24　土工织物滤层准则

(6) 德国准则

这是在 1982—1986 年 Heerton 提出的准则基础上改进的准则。

静荷单向水流下的保土准则：

首先将土分为稳定土和有问题土（非稳定土）。具有以下几条者，为有问题土。①塑性指数小于 15，或（黏粒含量/粉粒含量）<0.5；②粒径介于 0.2mm 和 0.1mm 之间的粒组占 5% 以上；③不均匀系数 C_u 小于 15，并含有黏粒和粉土，但缺乏中间粒径的土。

可以看出，有问题土（非稳定土）多是指粉粒多、颗粒细、黏聚力小的土。而稳定土则多是纯砂、无黏性土和高塑性土。具体的准则如下：

①对 $d_{50} \geqslant 0.06$mm 的土，在静力加荷条件和非紊流下，$D_w < 2.5 d_{50}$，和 $D_w \leqslant d_{90}$，当 $U > 5$ 和 $d_{50} < D_w \leqslant d_{90}$ 时；

②对 $d_{50} \geqslant 0.06$mm 的土，在动力加荷条件下：$D_w < d_{50}$；

③当土的 $d_{50} < 0.06$mm，在各种荷载下，$D_w < 10 d_{50}$ 和 $D_w < d_{90}$，以及 $D_w < 0.1$mm。

其中 D_w 为土工织物滤层有效孔径,相当于 O_{90}。

(7)法国准则

该准则考虑土的级配和密度等因素,比较周全。其特征粒径 O_t 采用动力水筛法测定,动力过筛 24 小时,砂粒在水中上下运动,$O_t = O_{95}$。该式仅适合于水力比降小于 5,当比降为 5~20 时,织物孔径值要减小 20%;当比降大于 20 或双向水流条件下,则要减小 40%。

(8)荷兰准则

荷兰准则最早由 Delft 水力研究所提出,后也被交通与建工部门采用。对稳定单向水流其保土准则为:

$O_{90} < 2d_{90}$

O_{90} 由干筛法测定,用 50g 干砂每次振动 5min。

对非稳定水流下,但土是内部稳定的($C_u < 10$),则保土准则为:

$O_{98} < 2d_{85}$

对非稳定水流下,且土是内部不稳定的,则保土准则为:

$O_{98} < d_{15}$

从上述介绍的几种准则可以看到:不同准则所用的等效孔径是不同的,它们所对应的试验方法也不同。为了给读者一个粗略的概念,表 4.3-17 中列出了这些等效孔径的相互关系,以作参考。

表 4.3-17   各种试验求得的孔径的关系

等效孔径	与美国成果的关系
美国 O_{95}	$= 1.0 \times O_{95}$ (ASTM)
荷兰 O_{90}	$\approx 0.85 \times O_{95}$
德国 D_w	$\approx 0.75 \times O_{95}$
法国 O_t	$\approx 0.70 \times O_{95}$

3.3.1.2 双向往复水流

对于双向往复水流的情况,各国的准则列于下列各表(表 4.3-18－表 4.3-20)。我国对双向水流情况下的反滤准则的研究情况,将在下节叙述。

表 4.3-18   荷兰准则(双向水流保土)

土类		土工织物准则
有粗粒滤层		$O_{98} \leq 2d_{85}$
无粗粒滤层	重大工程	$O_{98} \leq 1.0 d_{15}$
	非重大工程	$O_{98} \leq 1.5 d_{15}$

表 4.3-19   德国准则(双向水流保土)

土类	土工织物准则
$D_{40} > 0.06$m	$D_w < d_{90}$
$D_{40} \leq 0.06$m	$D_w < 1.5 d_{10} \sqrt{C_u}$
	$D_w < d_{50}$
	$D_w < 0.5$mm

表 4.3-20　　　　　　　　　　　　法国准则(双向水流保土)

土类	土工织物准则	土类	土工织物准则
不均匀($C_u>4$)和密实	$O_f \leqslant 0.75 d_{85}$	不均匀($C_u \leqslant 4$)和密实	$O_f \leqslant 0.6 d_{85}$
不均匀($C_u>4$)和疏松	$O_f \leqslant 0.6 d_{85}$	不均匀($C_u \leqslant 4$)和疏松	$O_f \leqslant 0.48 d_{85}$

[例]：下面对上面叙述中的 4 种准则作个比较。4 种织物的等效孔径列入表 4.3-21。已知一路堤底部有一层粗粒排水层，拟用土工织物作为反滤材料。预计的水力比降小于 5。试从表 4.3-21 所列的 4 种织物中选择可用于反滤的土工织物。(该土的 $C_u=5$，$d_{50}=0.08\text{mm}$，$d_{85}=0.21\text{mm}$)。

表 4.3-21　　　　　　　　　　　　4 种织物的等效孔径

土工织物	质量(g/m^2)	等效孔径(μm)			
		O_{95}	O_{90}	D_w	O_t
A(无纺)	210	294	215	171	159
B(无纺)	270	180	150	113	100
C(有纺)	90	240	220	195	188
D(有纺)	240	520	470	410	384

(1) 美国 FHWA 准则

根据被保护土的颗分曲线，得 $d_{50}=0.08\text{mm}>0.075\text{mm}$；

故保土准则为：

$$O_{95} \leqslant 8/c_u \cdot d_{85} = \times 0.21 = 0.336\text{mm}; \quad (4.3\text{-}20)$$

(2) 荷兰准则

$$O_{90} < 2 \times d_{90} = 0.58\text{mm} \quad (4.3\text{-}21)$$

故，$O_{90} < 0.580\text{mm}$

(3) 德国准则

根据颗分曲线 $0.02\text{mm}<d_{50}=0.08\text{mm}<0.1\text{mm}$，表明该土为有问题土。又 $d_{50}=0.08\text{mm}>0.06$，故采用

$$D_w < 5 d_{10} \sqrt{C_u} \quad (4.3\text{-}22)$$

和 $D_w < d_{90}$ 的公式，求得 $\quad (4.3\text{-}23)$

$D_w < 5 \times 0.02 \times \sqrt{5} = 0.223\text{mm}$ 和 $D_w < 0.29\text{mm}$，即 $D_w < 0.223\text{mm}$。

(4) 法国准则

由于土的 $C_u > 4$，且水力比降小于 5，故应当用

$$4 d_{15} \leqslant O_f \leqslant 1.25 d_{85} \quad (4.3\text{-}24)$$

所以 $0.096\text{mm} \leqslant O_f \leqslant 0.263\text{mm}$

根据表 4.3-23 的资料，能满足保土要求的织物如下表 4.3-22：

表 4.3-22　　　　　　　　　　　　按不同准则选择的适用的土工织物

	要求的等效孔径小于(mm)	适用的土工织物
• 美国准则	0.336	A、B、C
• 荷兰准则	0.580	A、B、C、D
• 德国准则	0.223	A、B、C
• 法国准则	0.263	A、B、C

由上表可见荷兰准则要求最为宽松。

3.3.2　国外有关反滤准则的若干发展

(1) 关于阻土准则

参考了 Lafleur(1996)的发现和 Holtz(1997)的建议,在加拿大岩土学会颁布的设计方法(CFEM2005)中,提出了下列的建议表(表 4.3-23):

表 4.3-23　　　　　　　　　　　　保土准则(CFEM2005)

土	稳定流状态	动水、脉动和循环水
<50% 过 0.0075mm ($d_{50}>0.075$)	$O_{90}<B \cdot d_{85}$ $8<C_u\leqslant 2$　　$B=1$ $2<C_u\leqslant 4$　　$B=0.5C_u$ $4<C_u\leqslant 8$　　$B=8/C_u$ $8<C_u$　　　　$B=1$	$O_{90}<0.5 \cdot d_{85}$
>50% 过 0.075mm $d_{50}<0.075$mm	有纺 $O_{90}<d_{85}$ 无纺 $O_{90}<1.8d_{85}$	$O_{90}<0.5d_{85}$
黏性土 $I_p>7$	$O_{90}\leqslant 0.3$mm	

从上表可见:对宽级配土($C_u=2\sim 8$),　　　　　　　　$B=1$;

对细粒的窄级配均匀土($C_u=2\sim 4$),　$B=0.5C_u$(约 $B=1.5$);

对粗粒的窄级配均匀土($C_u=4\sim 8$),　$B=8/C_u$(约 $B=1.3$);

对不均匀土($C_u>8$),　　　　　　　　　$B=1$

总之,对各种级配的土,$O_{90}=1\sim 1.5d_{85}$

M. Heibaum 的新建议[2014]:

根据 CFEM 准则、Giroud 准则等的建议,将 O_{90}/d_{50} 和 C_u 的关系绘制在坐标上,得到类似一条对数正态曲线的关系,如图 4.3-25。当 $O_{90}/d_{50}\geqslant 1$,$C_u\geqslant 1$ 时,该曲线可表示为:

$$f(x)=1+\frac{a}{\sqrt{2\cdot\pi\sigma x}}\exp[-\frac{(\ln x-\mu)^2}{2-\sigma^2}]$$

式中,μ——均值;

σ——标准差;

a——最大值校正系数(factor to adjust the maximum)。

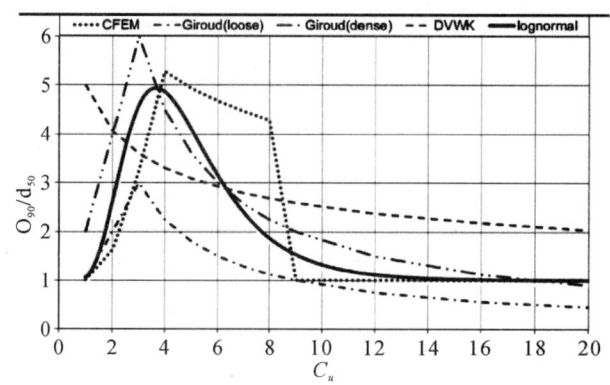

图 4.3-25 归一化阻土准则 O_{90}/d_{50} —均匀系数 C_u 的关系

(2)透水准则

许多规范或建议都要求织物的最小渗透性与土的渗透性相联系,即要求:

$$k_{geotextile} \geqslant 10 k_{soil}.$$

对十分透水的土及不是危险的情况,可采用:

$$k_{geotextile} \geqslant k_{soil} \quad (Holtz, 1997).$$

但如果土中包含较多的粉粒或如果有强暴雨的情况,有时需采用较高的值,Ruegger & Hufenus(2003)建议采用:$k_{geotextile} \geqslant 100 k_{soil}$。

Giroud 建议考虑作用的水力比降,如果比降可以达到较高的值,如土坝心墙或水道上不透水衬砌,他建议:

$$k_{geotextile} \geqslant 10 k_{soil} \cdot i_{soil}$$

其中,i_{soil} 为滤层附近基土的水力比降。

由于无纺织物反滤材料的高渗透性以及低渗透性土中的高水力比降,故渗透性要求大多能满足。

(3)抗淤堵性

织物反滤的长期渗透性为抗淤堵能力所影响,即使土粒落在织物之上或之内。高孔隙率对抗淤堵是最基本的,并要求有足够的体积能使三维水流通过织物。因此,需要足够的厚度。Shukla(2012)认为有纺织物的 POA(开孔百分数)直接与淤堵相关,然而,无纺织物的开孔尺寸与淤堵的可能性无关。单纤维有纺织物在抗淤堵的梯度比试验中表现良好,但当 POA 少于 4% 时表现很坏。在梯度比试验中,淤堵最严重的是无纺热粘织物。然而许多准则的建议都是基于开孔尺寸或 proposed 试验(如 Holtz1997)。DVWK(1992)建议选择开孔尽可能大的织物,通常大于阻土准则得到的开孔尺寸的 80%,但又需满足阻土准则,阻土准则不能与之矛盾。

(4)可持续性准则

最重要的事情是经受得住施工过程。可持续性准则大多是经验性的,因此常进行现场估计,也包括适当的试验。为估计可持续性的能力需进行一些试验。如握持强度、缝合强度、撕破强度、冲孔强度、梯形撕裂强度、爆破强度、紫外线稳定性、磨损强度及其他。

DVWK 认为,单位面积质量是最有意义的参数。经验表明,为了寻求可靠的耐久性可增加一些单位面积质量,在许多情况下,很少一点增重可以显著地增加耐久性。

M. Heibaum 认为,总的说来,反滤设计需考虑四个原则:阻土、渗透性不显著地衰减、淤堵需被限制和可持续性准则需保证它的耐久性。根据上述几种准则的比较,德国有人正试图找出一个可接受的妥协方案,已有一个共识就是增加反滤层厚度,将会使织物反滤层有好的表现。

3.3.3 国内规范中有关反滤准则的研究

国内规范以《水利水电工程土工合成材料应用技术规范 SL/T225—98》(以下简称《水利规范》)为代表进行叙述。

(1)保土性和透水性

根据反滤的定义,土工织物反滤层的设置,主要应考虑两方面的问题:保土性与透水性(包括长期透水性)。保土性即要求保证土中起骨架作用的较大的颗粒不流失。保土准则虽然很多,但大多数的保土准则可以用一个式子来表达,我国《水利规范》也不例外,即:

$$O_e \leqslant nd_w \text{ 或 } \frac{O_e}{d_w} \leqslant n \tag{4.3-25}$$

式中,O_e——等效孔径;

d_w——土的某一特征粒径;

n——系数。

对于不同的准则,O_e、d_w 是不同的,n 值也可以相差很大,而且它取决于很多因素。例如,我国规范中,O_e 采用 O_{95};d_w 采用 d_{85},而 n 值则如《水利规范》表 4.2.2 所示。这样就构成了《水利规范》中的保土准则。其他形式的保土准则将另行叙述。

反滤准则的提出是与织物反滤的工作机理研究密切相关的,同时,准则中各种参数的确定也与特定的测试方法相联系。

至于透水准则(《水利规范》中式 4.2.3-1),它表明了反滤织物透水性与土的渗透性的关系。对砂性土,两者应当相等或接近;而对黏性土,则织物的孔径应比土的粒径大得多,因为黏性土颗粒常以团粒的形式存在,而团粒的尺寸远比单一黏土颗粒为大。故织物滤层的孔径尺寸较大。同时土粒在滤层织物的孔口处也容易产生拱效应,因此孔口尺寸也应大一些。

(2)织物的长期透水性(防淤堵准则)

织物在长期的运用中,其孔眼易被土颗粒堵塞,使透水性减少,因此存在长期的透水性问题。

在初期阶段,因织物孔径未被堵塞,透水通畅,故透水性比保土性更容易满足。但是随着时间的推延,常常会发生织物淤堵现象,那么透水性就可能难以满足,这时透水性就十分重要了。在前面的反滤定义中提到长期有效性,就是针对这个难点而提出的,体现在《水利规范》中,即是 4.2.4 条的防淤堵准则。欲达此目的,织物的孔径应在允许范围内尽可能大些,以防止细颗粒在滤层内积累,或在织物表面形成土饼,同时,应使那些已被水流带动的细粒尽可能通过滤层而排出,以防织物的透水性显著地降低;但另一方面,又要求滤层的孔径足够小,防止起骨架作用的颗粒大量流失,引起土的管涌。这就使滤层的设计处于两难的境地。但是这个矛盾并不总是同时存在于织物滤层中,在初始阶段,只要土中较大的骨架颗粒不发生大量的、持续的流失,使基土能维持稳定,那么随着时间的推移,只要织物内不发生严重淤堵,织物的透水性将不致显著地降低(据某些资料,透水性在初期和后期可降低约 5 倍),故滤层的长期有效性是可以维持的。这样看来,防淤堵准则在反滤设计中就显得十分重要。有关防淤堵问题,在重要和大中型工程中需通过室内的模拟试验,或进行长期观测来检验。

从上述的叙述中,我们可以得到一个认识,即反滤设计的思路与一般的结构设计不同,它没有偏于安全的保守设计概念,而只有一个最恰当的合理设计的问题[24],在织物反滤机理尚未清晰掌握的情况下,最恰当的设计是很不容易进行的。

国内对反滤机理和相应的设计准则研究不太多,但也有一些值得注意的成果,它表明我国也已逐渐重视了这方面的研究。

王海清等人(2000)对无纺织物的过滤特性进行了研究,根据试验他们发现,发生严重淤堵的细颗粒大部分为 0.05～0.005mm 的粉粒。同时发现,在无纺织物中存在大小不等的孔隙,比织物的等效孔径(EOS)小的土粒仍可以截留在无纺织物之内或表面,若将织物内的孔隙分为大孔隙(0.1mm)和小孔隙(以目前图像处理技术能检测的最小孔径 0.01mm 为界),则大于 0.1mm 的大孔径数量仅占总孔数的 3%,但其面积却占总孔隙面积约 80%,而小于 0.01mm 的孔数占 60% 以上,但其面积仅约 2%。

由上述两个特点可见,很难用一个 O_e(等效孔径)指标来评判反滤效果。为此,包承纲建议[10],若改用织物的孔径分布曲线来表征孔隙特征和过滤性能可能更为恰当。这样,如果有了织物的孔径分布曲线和被保护土的粒径分布曲线可能会更好地确定被保护土——土工织物系统的设计准则和设计方法,避免目前在反滤设计中的诸多问题。从织物的孔径分布曲线也可以更明确地定义 O_{90}、O_{95} 等特征值,即 O_{95} 表示织物的孔隙孔径有 95% 小于该孔径,当用标准砂进行试验时,只有 5% 能通过该织物的孔隙。这样的定义更容易被读者理解。

3.4 影响织物反滤设计的主要因素

影响反滤准则的因素很多,主要有如下几方面:

①土工织物的种类和特性;②被保护土的性质和状态(内部稳定土或内部不稳定土,砂性土或黏性土、密度、湿度等);③水流的特性(静态流与动态流,单向流与双向流,层流与紊流,挟砂流与无砂流等);④土工织物铺设的施工质量和其与土层接触的状况;⑤其他外部条件(如反滤层下游排水材料的情况,如土工网、砾状排水或多孔管等)。

3.4.1 反滤土工织物的种类及特性

"土工合成材料滤层宜采用无纺土工织物,也可采用有纺土工织物"。这就是说常用的滤层织物是无纺针刺土工织物,因为它比较柔软,易于与土表面贴合,但在某些场合下也可用有纺土工织物或热黏土工织物,例如,若织物滤层的下游为土工网,则为了防止织物滤层贯入土工网网孔中,可采用较刚性的热粘无纺土工织物;又如防汛中抢管涌险情可采用孔径较大的有纺土工织物等。

用于反滤的土工织物的主要特性指标是开孔孔径、孔隙率、织物厚度、透水率和导水率(渗透系数)等,穿透过织物的透水能力用透水率 Ψ 指标来表示,而沿着织物平面的透水能力用导水率 θ 来表示。

3.4.2 被保护土的性质和状态

被保护土的性质主要是指土的类型(砂性土或黏性土),其次是稳定土或内部不稳定土。砂性土的织物反滤与排水设计比较简单,其机理也较为清楚,而黏性土则由于细颗粒(<0.05mm)往往以团粒的形式存在,而它会使土粒之间不仅存在摩擦力,还存在凝聚力,因此其抵抗颗粒之间移动的能力大大增强,导致问题复杂化。因此目前许多的织物反滤和排水的设计公式,大部分是对无黏性土而言的,对于黏性土则往往是一些经验公式[25]。

有关内部稳定土与内部不稳定土的概念是国外文献中提到的,前面已略有提及,其含义:内部稳定土是指土颗粒会构成连续的土体骨架,而小颗粒则被包围在骨架的间隙中的土(图 4.3-26),这种土可以在与织物滤层相邻的地方形成天然滤层,因为水流会通过适宜的滤层孔径将悬浮的细颗粒带走,从而保持滤层顺畅地且长期地排水;而内部不稳定土是指那些级配不连续土或包含内部不稳定细粒粒组的土(图 4.3-27)。

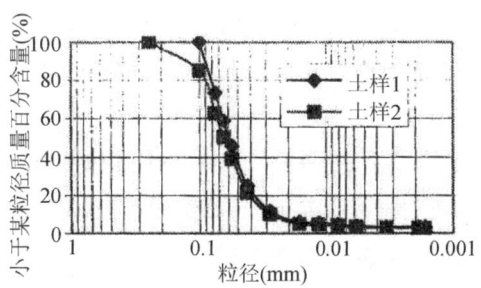

图 4.3-26　内部稳定土的粒径级配曲线

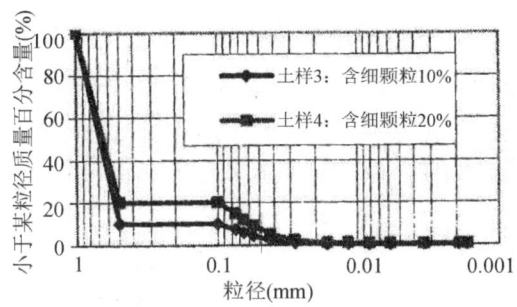

(a) 内部非稳定土的粒径级配曲线

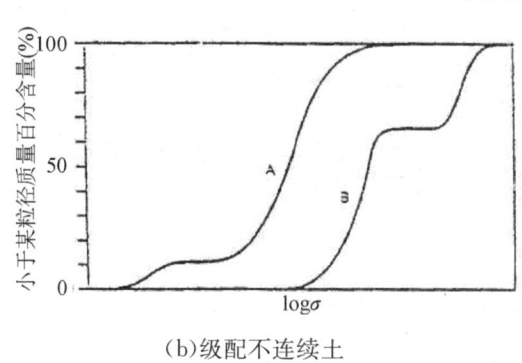

(b) 级配不连续土

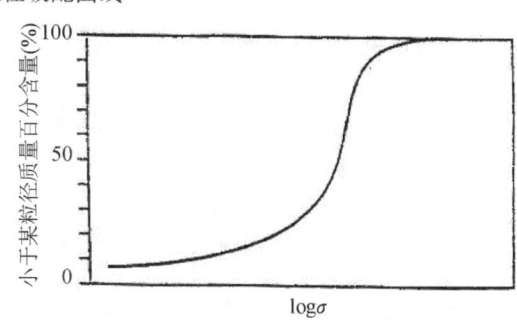

(c) 包含内部不稳定细粒粒组的土

图 4.3-27　内部不稳定土

在我国《水利规范》中，将上述的内部不稳定土称为易发生管涌或具分散性的土（第 4.2.4 条第 2 款）。对于这种土，反滤织物的设计比较困难。这时可使用厚度较大的织物或者采用织物与砂或砂砾石料的组合滤层。否则，就应避免使用织物反滤层，以免带来不仅无用反而有害的后果。

被保护土的性质还包括土的密度的影响。松散土中的颗粒比密实土中的颗粒更易移动，因此基土必须压实。其中最坏的情况是松散状态的黏性土，因为这时水流会带走大量土粒，导致比内部不稳定土更坏的结果。在《水利规范》中规定基土的压实度应达到 0.95，如果实在达不到，那么也应当尽可能压得密实一些。

3.4.3　水流条件

水流条件也是织物滤层选择的重要因素之一。在《水利规范》中已经明确指出，4.2 节中的反滤准则是对单向渗流而言的。所谓渗流是指流速一般较低或者处于层流状态，符合达西定律的土内流动的水流。因此，本准则对于反复流、动力流、以及紊流和管涌时的挟砂流都未必适用，这点往往会被忽略。例如在 1998 年长江大洪水时，有的地方用一般无纺织物来处理大型管涌险情，结果织物被严重堵塞并且顶起，酿成更大的险情。这是没有把土工织物用对地方的一个典型例子，应引以为训。

除上述单向渗流以外，其他的水流以双向循环水流最为常见。河岸海岸迎水面护坡反滤或堤坝心墙、斜墙的上游反滤均属双向流。其主要特征有二：一是水流可以从迎水面流向背水面，也可以由背水面流向迎水面；二是该应用场所往往有波浪作用，使反滤层受到一种泵吸（真空）作用，类似动力水流。在这种情况下，土工织物下游的被保护土往往难以形成天然滤层，单靠土工织物来阻挡土的颗粒，尚不能很好地实现过滤的功能。

有关循环往复流问题，也有一些学者作过研究[15][24]，下面作一简单介绍。

陈轮等人对循环往复水流条件下，内部稳定土和内部非稳定土与孔径较大的滤网组成的反滤系统的结构稳定性进行了试验，其结果可为减少淤堵而使用较大孔径的土工织物滤层的设计提供资料。试验采用的钢丝滤网孔径为 0.3mm。土样为粉土，c=19.2kPa，φ=27.1°，往复水流的周期分别为 62.5、12.5、2.5、0.5 和 0.1 分。

对于内部稳定土，当水头差为 8cm 时，渗透系数随往复周期的变化如图 4.3-28（a）和（b）所示。可以看出，在靠近上下滤网较近的 0～8mm 和 75～100mm 土样，渗透系数增大较多，也较快；而在试样中部 25～75mm，则渗透系数较小。这反映了在近滤网处，土中的细粒移动和流失较多，并且随往复水流频率的加大（周期的缩短）渗透系数增大较多。因此频率快的往复水流更容易加剧对堤岸边界的冲刷。

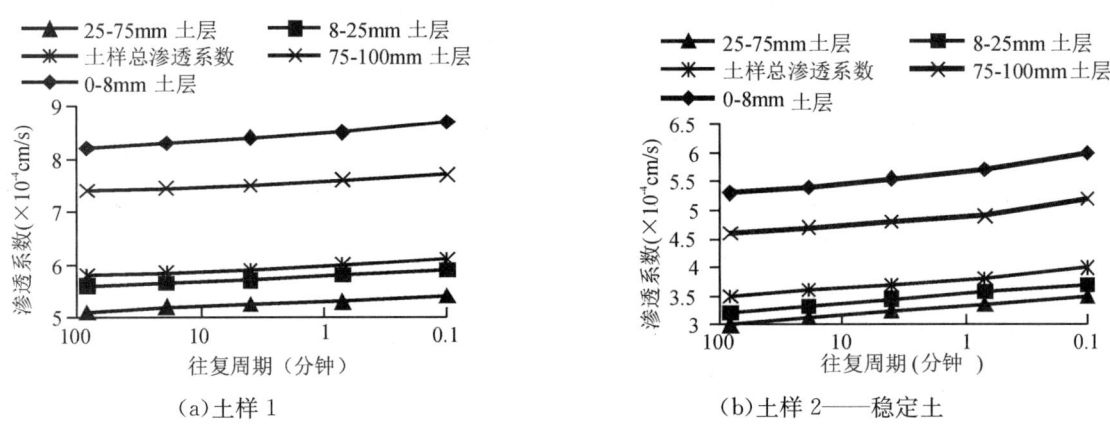

图 4.3-28　各土层稳定渗透系数与往复水流周期的关系曲线

试验也表明，若将往复水流总的水头差增大，同样会使已经形成稳定渗流的土体发生新的颗粒移动和流失，从而导致渗透系数增大，如图 4.3-29 分析梯度比的情况可发现，在试验中反滤系统的梯度比均小于 1.0，说明淤堵并未发生。随着往复水流最大水头差的增大，梯度比逐渐减小，说明滤层附近土颗粒流失增多。不过，在该次试验中，虽然渗透系数增大了，但整个反滤系统仍然是稳定的。

对于内部非稳定土，循环水流的影响比内部稳定土更大，当循环水流的水力梯度超过 1.6 时，系统的渗透系数增率加速，整个反滤系统的稳定性下降了。由此也印证了下面将要谈到的梯度比标准宜由 3.0 降为 1.5 以下的正确性。

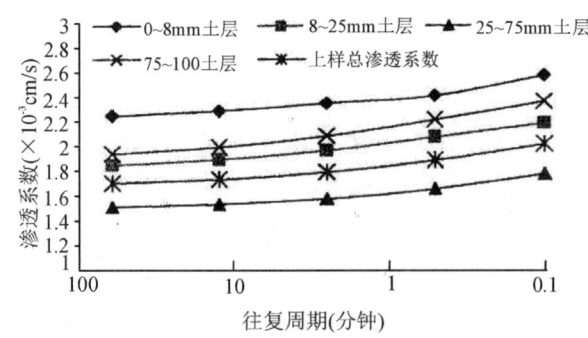

4.3-29　土样 4 的土层渗透系数与水流往复周期的关系（非稳定土）

因此工程中常采用土工织物与粗粒材料共同组成的混合滤层的办法,即在土工织物之上铺一层10cm左右的砂料(或较细的砂砾石或小碎石加石屑等),它不仅有助于过滤功能的发挥,而且也有助于使土工织物反滤层紧贴被保护土的表面。除了使用混合滤层之外,另一个措施是加大土工织物的厚度(如受力后的厚度达到7~8mm以上,有的甚至建议在10mm左右),而对大风浪地区则要更厚。

对于动力水流,情况与双向流的相似。有些国家(如德国)规范中曾建议了相关的准则,我国《水运工程土工织物应用技术规范》(JTJ/T239—98)也参考使用了这个准则。

对于挟沙水流,尤其在汛期大型管涌发生时出现的水流,其特点是水压高、水量大,含沙量也大。这时,阻止管涌的方法就与一般的反滤层完全不同。根据经验,其抢护的步骤是,首先应消刹水头,减少涌水量,然后上覆以特制的过滤垫,厚度在10mm左右,以阻挡沙土流出,最后再压以粒状材料充填的土袋或块石,才能制住大型管涌。南京水利科学研究院对此做了研究,并经国家防汛总指挥部组织鉴定通过,可以参考《堤防工程土工合成材料应用技术》等[26][27]。

刘宗耀把这种挟沙水流称为喷沙管涌,他在2004年,用五种过滤材料:三种无纺织物(O_{90}分别为0.08mm,0.17mm,0.47mm)和两种窗纱(大窗纱孔径1.4mm×1.4mm,开孔面积约50%;小窗纱孔径0.7mm0.7mm,开孔面积约40%)对含沙量为10%的挟沙水进行了抢护试验,结果表明:(1)无纺织物孔径过小,虽可阻止水流喷出,但不能自动将管涌通道堵闭,织物要长期承受很大的水头压力,织物容易被顶起,使抢护失效;(2)大孔窗纱由于孔径过大,不能降低水流的流速和挟沙能力,管涌通道无法堵塞;(3)小孔窗纱孔径适当,可降低水流流速,减小水流的挟沙能力,使大部分泥沙沉积下来,将管涌通道堵闭,抢护喷沙管涌效果十分明显。2007年,刘宗耀又进行了补充试验研究,获得了相似的结果,同时又从泥沙运动学的理论对试验结果进行验证,两者十分接近。由此可见,利用小孔窗纱抢护较大的挟沙水流管涌快捷、简便和有效。窗纱的孔径约在0.7~0.8mm,开孔面积在40%左右,同时其上必须压以足够的盖重,才能保证安全[28]。这个研究结论与上述的经验方法也是一致的。

3.4.4 土—土工织物系统的其他外部条件

土与土工织物系统的外部条件是指除了土、水流和被保护土之外的其他影响反滤性能的因素,如荷载(压力和拉力),土与土工织物的接触状况,下游的排水条件等。

正如上述,无纺织物的厚度随所受压力的大小而变化,从而织物的渗透性和保土性也发生变化。但拉力对织物性能的影响则研究较少。Fourie A B[27]曾研究过平面拉力对土工织物反滤特性的影响,对较厚的土工织物,孔径随平面拉力的增加而减小,而对较薄的土工织物,孔径随平面拉力的增加而增加,当拉力为织物抗拉强度10%时,有28%的孔眼的尺寸被改变,因此应考虑平面拉力对孔径的影响。

土与土工织物的接触紧密程度,对稳定性影响较大。若两者的接触不紧密,则当水力梯度增加或有效法向压力减小时,本来稳定的土—土工织物接触面可能会变得不稳定[21][29]。从而在接触面附近的土体被侵蚀,使反滤失效。因此,在反滤织物上施加一定荷重(压力),对保证反滤织物安全工作是有好处的。

3.5 土工织物反滤机理和淤堵现象研究

3.5.1 土工织物反滤机理研究

土工织物反滤功能的机理与粒状材料反滤层的机理不完全相同。在这里,我们先讨论织物反滤的机理,再比较与粒状反滤的异同。

按近年比较流行的说法,织物反滤的机理可以解释为一种催化剂(Calalyst)作用,其含义概述如下。

根据不少学者的研究,土工织物本身并不直接起过滤阻土作用,而是在靠近织物处诱发被保护土形成一层内部天然滤层,如图4.3-30。该天然滤层可起反滤保护作用。而织物的存在仅起到一种催化剂的作用[13]。Giroud认为,如果织物直接阻挡住被水流带动的土颗粒,那么很可能织物被淤堵,从而降低织物的透水性。可见,滤层只起保护骨架的作用即可,保护全部土颗粒是没有必要的,而且某些情况下甚至是有害的[6]。由此,我们可以对织物滤层的要求归结为一句话:土工织物反滤层应当长期地具有足够的透水性和一定的阻土性。

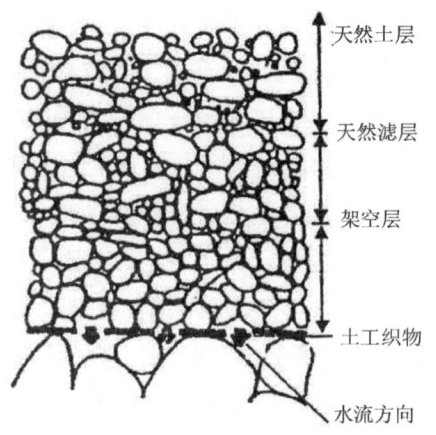

图4.3-30 织物相邻土体所形成的滤层

关于天然反滤层的形成过程,可以从土工织物与相邻土层的水头变化情况来说明,如图4.3-31。开始时织物没有被堵,织物的渗透性比土大得多,故土中的水力比降比织物的水力比降大得多。如果土层中较大的水力比降能将细颗粒带动,则细粒的流失将会从土与织物交界面向土内部发展,而被带动的细粒将进入织物而被阻滞下来(或者可能通过织物而排向下游),于是织物的渗透性会有所降低,相应的,织物中的水力比降会有所增加,并导致相邻土层渗透比降的减小,同时渗透系数增大。当这个过程继续发生,相邻土层一定厚度内的水力比降减少到某一值时,渗透力将不足以带动土粒,于是细粒流失现象将逐渐停止。这种流失停止的现象会在土——织物滤层系统的表面一定范围以外出现,而在该范围内的土层,则随着部分细粒的流失,逐渐形成一薄层由较粗颗粒组成的拱架,这种拱架阻挡了土粒的移动。这表明它具有一定的过滤性能,该薄层可称为内部天然滤层。根据一组土——土工织物系统的渗滤试验实测,在渗流稳定后,土工织物上游一侧被保护砂土层中细粒的含量在土——土工织物界面的不同距离处是变化的,如表4.3-24所示。这充分说明了内部天然滤层的存在[7]。

 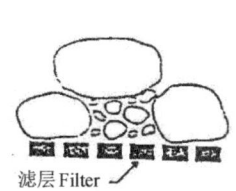 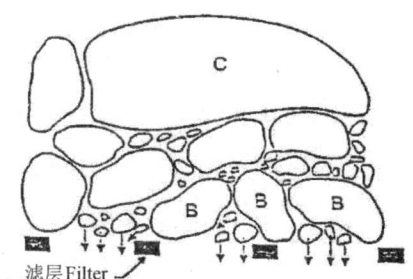

(a) 包裹在土骨架中的颗粒　　(b) 土—滤层界面附近土骨架的扰动　　(c) 适宜的滤层开孔孔径

(注:图中B为形成一架桥现象的颗粒　C为粗颗粒)

图4.3-31 反滤土体骨架的形式示意图

表4.3-24　　　　　　　　　　　　被保护砂层细粒含量的变化

粒组(mm)	天然砂中含量(%)	织物上方1cm处含量(%)	织物上方7cm处含量(%)
<0.006	9.72	3.69	10.35

天然滤层的存在还被国外某些研究者所观测到。南非的Legge K.R在运用了13年的Vondo坝(28m高)中取回的土工织物表明,该织物为连续长丝无纺针刺织物,单位重340g/m²,它已适当地起了滤层的作用。在界面处发现,土已发展了一道天然反滤层,厚度超过2mm[30]。加拿大的Mynnarek J[31]等对用于农业地下排水中的土工织物,在运用15年后取出,并对土——土工织物分界面观测确认,土与土工织物最近的接触带显示出许多较大的孔隙。细土从土——土工织物滤层的界面流出,该界面的厚度估计大约为

2~4mm,而在远离排水管的土壤中没有发现大孔隙的存在。对土——土工织物界面的显微镜鉴定表明,在界面的区域,发现了土粒团块形成的土拱及大孔隙的存在,这就是天然滤层的结构。在所有粉沙壤土中,土工织物都没有被严重淤塞,并且排水管也没有矿物沉积物沉淀。

上面简单地介绍了织物反滤的天然滤层机理,以及试验和现场观测到的现象。可以看出,这个机理与粒状滤层的直接阻挡作用机理有所不同(图4.3-32)。但是笔者以为,不应把天然滤层绝对化。在织物反滤层中,织物孔径的阻挡作用也还是存在的,尤其初期运用阶段。正是因为有对土粒的阻挡效应,使织物的孔眼允许一部分细粒流失,并挡住较大土粒不被移动,才能有天然滤层的形成。否则,天然滤层也无从谈起。因此在织物滤层中,阻挡作用与催化剂作用应当同时存在,不可能单一地起作用。只有在这种情况下,粒状反滤准则才可以有条件地应用到织物滤层中。

(a)砂砾料反滤层　　　　　　(b)土工织物反滤层

图 4.3-32　砂砾料反滤层与土工织物反滤层对比示意图

应当说明,上述过程主要是对砂性土或粉质土而言的。对于这种土,细粒的移动主要克服颗粒间的摩擦力就行了,而黏性土则因黏聚力的存在,颗粒的移动要困难得多,也就是说,黏性土的渗透稳定性要比砂性土的好得多。可见黏性土——织物反滤系统的作用机理比上面叙述的无黏性土要复杂,在土与滤层的交界处,可能不仅包含天然滤层,还有淤塞(blocking)、拱效应(arcking)、局部淤堵(partial clogging)和深层过滤(depth filtration)等淤堵现象存在,这些现象如何相互作用,以何种现象为主等尚不清楚,但必然与土类、土工织物类型和水流形式等有关[13]。

3.5.2　反滤准则研究的新进展

反滤设计准则虽然认识不很统一,但国内外仍有不少学者持续进行这方面的研究。就国内而言,陈轮和他的研究小组在织物反滤的机理方面开展了具有新意的试验研究,取得了一些有意义的成果。

他们认识到,由于"对织物反滤机理的研究和认识不足,设计方法和理论主要还是借鉴传统的粒状滤层,因此常常导致现存的堤防、水坝等工程中,土工织物滤层淤堵居多"[24]。这种实际的情况正愈来愈引起土工合成材料工程的研究者和使用者的注意。实践表明,在不少实际工程中,滤网的孔径远远超过一些规范和设计准则中规定的孔径,但工程仍运行良好。因此,不断有人呼吁改变设计方法。并且有些工程应用中,已将织物孔径的上限值放大了(即 $O/d_{85}=n$ 值,由 2 增大为 3~5,甚至更大),但与此相应的新规定的设计准则却鲜见报道。国外和国内流行的仍是美国 FHWA 准则,以及欧洲、荷兰、法国等国家的准则等,即对砂性土,n 值仍在 2.0 以内。这是对机理的认识不够,缺乏真正有效的、系统全面的研究和试验工作引起的。为此,进行系统的深入的试验和理论研究,并且改进分析方法,就十分必要。陈轮等人的工作当属于这种类型的工作。现将他们的主要工作简介如下:

(1)陈轮认为,反滤设计的根本原则在于求得保土性、透水性和防淤性的平衡。依据土颗粒通过反滤层流失程度不同,把保土状态分为三种:严格保土状态、部分保土状态和极限保土状态。在严格保土状态下,土颗粒不能穿过反滤层;在部分保土状态下,有一定的土颗粒穿过反滤层,但反滤系统结构仍保持稳定,在极限保土状态下,较多土颗粒穿过反滤层,织物对土粒的保持能力低至即将丧失系统稳定的程度。

（2）如果以织物孔径的上下限概念来设计滤层,则第一种状态应为织物反滤设计的下限,而第三种状态应为织物反滤设计的上限,而合适的反滤设计应在两者之间,即第二种状态,且可以根据具体情况而设计得接近上限,或接近下限。

他们对一种粉土进行了试验,其特征粒径 $d_{85}=0.75$ mm,$c=19.2$ kPa,$\varphi=27.1°$,试验采用的织物孔径分别为 0.3mm（$n=4.3$）,0.5mm（$n=7.1$）,0.85mm 和 1.0mm。试验中测各点水头,求得底部滤层以上 0~25mm,25~75mm,75~100mm 土层的水头损失。试验表明,滤网孔径为 0.3mm 和 0.5mm 时（水力梯度为 2~7 时）,均能保持稳定;滤网孔径为 1.0mm 时,反滤系统在任何水力梯度下,都无法稳定。孔径为 0.85mm 时,系统处于极限保土状态。

（3）在土样中,不同位置的土层其透水性是不同的,故水头在土体中的分配也是不均匀的,在滤网以上 0~25mm 土层水头差很小,仅占整个反滤系统总水头差的 0~5%;25~50mm 土层水头差最大,占系统总水头差 40%~45%,50~75mm 和 75~100mm 的水头差相近,各占系统总水头差的 25%~30%。这就表明在滤网附近的土层中,有许多细颗粒流失,从而使透水性变大,这正是天然滤层形成的部位。天然滤层阻挡了土颗粒的运移,从而保持了整个反滤系统的渗透稳定性。

上面阐述的一些原理,对于改进已有的设计准则具有良好的启示作用。

3.5.3 淤堵的试验研究与防治措施

3.5.3.1 土工织物滤层淤堵机理

织物滤层的淤堵是和滤层的设计紧密相关的问题。土——织物反滤系统中的淤堵可分为几种类型。

(1)机械淤堵:一种细粒在土——土工织物系统中沉积下来造成的;
(2)化学淤堵:水中含有的铁离子在某些条件下化合成不溶于水的氧化铁,且在系统中沉积下来;
(3)生物淤堵:在土工织物中繁殖的微生物影响了水的流通。

对于机械淤堵又可以分为若干种情况。

淤塞(clogging):细土粒淤堵在土工织物内部,塞住了过水通道,减少了透水面积。当无纺织物较厚时,或者渗水通道较长,且存在狭小的透水断面时,淤堵的可能性更大;

淤阻(blocking):土粒与织物表层的孔径相差不大,土粒容易被阻挡在进水通道的门口,减小了过水面积,当这种情况严重时就成为淤阻;

淤闭(blinding):内部不稳定土层中细粒被水带动,并在渗滤过程中形成一层相对不透水的滤饼,封闭了过水通道,从而严重地影响织物的透水性。

上述这些淤堵现象可以用下图 4.3-33 表示。

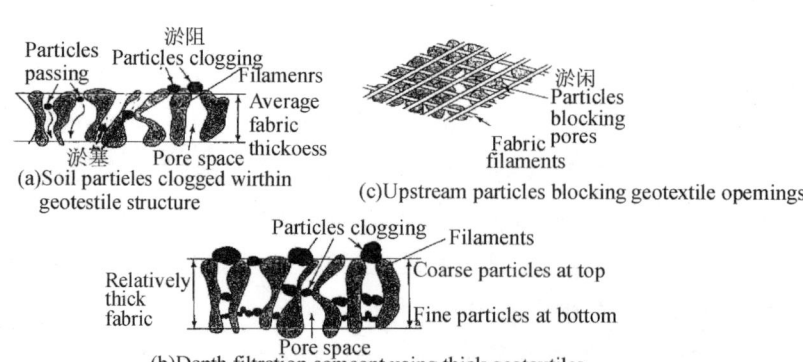

图 4.3-33 各种淤堵现象

从上面的机理分析可见,织物滤层与粒状滤层两者的机理不是完全相同的。同时,粒状反滤材料是按设计要求进行配制的,因此,容易达到要求。而织物滤层的工作机理、影响因素以及淤堵现象要复杂得多,它与被保护土一起,形成一个土与织物的反滤系统,才起反滤作用,而且所用的织物材料一般只能选择而不能配制。

所选的材料是否已满足了设计的要求,也往往难以准确判定。因此,加强这方面的定量研究和材料特性分析技术(如孔径分布,图像技术等)是十分必要的。否则,土工织物反滤设计方法,只能老停留在定性分析阶段,难以取得实质性的突破。

防止土工织物滤层淤堵是应用织物滤层的关键问题。为了预测长期运用时织物被淤堵的可能性,首先要进行符合实际的长期淤堵试验。但试验的历时较长,为了短期能获得初步评估结果,国外常用梯度比试验,并建议梯度比不大于3,作为不发生淤堵的标准,如《水利规范》4.2.4条第二款所引用的。也有一些单位采用界面过流能力试验等来评判。但织物滤层到底会不会淤堵,还要结合经验来判断。

3.5.3.2 梯度比试验及其评述

(1) 试验方法

梯度比试验的实质,是对水流通过的沿程的水头损失及其变化进行分析,即将包含土工织物的土——织物滤层系统中的水头损失与在被保护土中的水头损失作比较,以判断织物滤层被淤堵的情况。它是在1972年由Calhoun提出的。后来被美国陆军工程师团所采纳,并提交美国材料与试验协会土工织物及有关产品委员会(ASTMD-35)。图4.3-34为梯度比试验装置示意图。

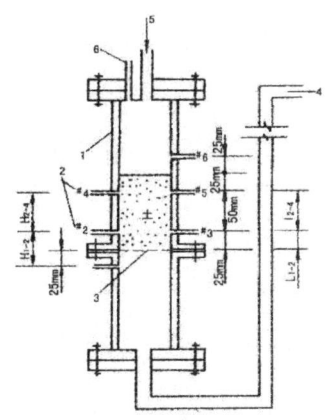

1—内径100mm透明圆筒;2—测压管;3—土工织物 4—排水口;5—连常水头水容器;6—排气口

图4.3-34 判定淤堵的梯度比试验装置示意图

试验开始时,把常水头脱气水接通装有土工织物及被保护土的渗透仪,读取各测压管水位的变化,并计算相应的水力梯度,取24小时后的水力梯度,并按下式计算梯度比 GR,

$$GR = i_1/i_2 \tag{4.3-26}$$

式中,i_1为织物及其上方25mm土样的水力梯度;i_2为上方相邻的50mm纯土样中的水力梯度。若$GR<3$,则表明滤层织物未曾被淤堵,相反,若$GR>3$,且越来越变大,则表明i_1与i_2的差别也越来越大,也就是说,水流通过织物时的水头消耗越大,这表明织物淤堵情况越严重。试验应尽可能在接近实际的情况下进行,如对黏性土,则土样最好是不扰动的原状样,保持凝聚力不变;如果是砂性土则至少应保证其密度一致。同时在试验过程中不仅要测24小时之内的水力梯度和通过的流量,还应随时观察和分析

试验过程中 i_1 与 i_2 的变化。这里可能有几种情况：①流量随时间持续增加，表明织物的阻土性不良。②流量随时间略有增大，然后稳定，这是比较理想的情况。起始时流量的增大可能反映部分细颗粒的流失，从而使织物相邻的土体中天然滤层形成，以后就成为稳定的渗流状态。③流量随时间减少，最后达到一稳定值，此表明部分细粒的流失，并滞留在织物表面和内部，使滤层系统调整到一个新的平衡状态，滤层可以长期地工作。④渗流量随时间持续地减小，表明滤层系统发生了淤堵。

应当指出，据国外学者研究，若织物孔眼只有部分被淤塞，土工织物的透水能力并不会大幅度地降低，只有当70%～80%的孔眼被淤塞时，织物透水性才会明显地减小。

还应指出，24小时的试验时间并不算长，真正要达到稳定状态，对砂性土要200小时，而对黏性土则需几十天，然而长时间的渗透试验会在系统内产生生物淤堵或化学淤堵，并且土样和织物中易积聚气泡，使试验的影响因素复杂化，因此应选择合适的试验持续时间。

(2) 对梯度比试验的评述

对梯度比试验的方法和防淤堵准则的应用，不少学者提出了质疑。他们认为，$GR=3$ 太大了，因为在实际情况下，GR 值很少大于1.5(陆士强等，1994)。他们建议 GR 应在1.5以下，才能保证织物系统不被淤堵。

我国辽宁省的经验，对于不发生淤堵的工程，GR 值宜定在0.8以下(王殿武，2003)。但是也有学者认为 $GR=3$ 偏小，应采用更大的界限值。[42]

对于梯度比试验的合理性也有不同的看法，Wilson-Fahmy(1996)对91个实际工程现场挖出的土工织物的性能测试后认为，应当用长期水力试验或导水率比试验代替梯度比试验来评判淤堵的程度；胡丹兵等(胡丹兵、陆士强，1994)发现，淤堵层不仅发生在土样底部25mm 范围内，在被保护土上部表面25mm 范围内也有细粒淤积现象，因此，以底部25mm 与上部25mm 的水力梯度的比值来反映淤堵的情况并不确切。Fannin 等[33]则提出了修正的梯度比定义：$GR_{\text{mod}}=i_1'/i_1$。其中 i_1' 为土工织物及其相邻的8mm 土样的水力梯度；i_1 为织物上部25mm 到75mm 范围内土体的水力梯度。在淤堵问题上有一点比较公认的是，判断织物滤层能否长期工作最可靠的方法，是在尽可能模拟实际工程条件下进行长期渗透试验，试验时间可长达1000小时以上，但过长的试验会引出生物淤堵和化学淤堵等问题，尤其当液体为垃圾填埋场的渗滤液时，它可能短期内会使渗透性降低80%[33]，应予注意。

束一鸣[20]对一种取自淮河的粉土采用针刺无纺织物作反滤，进行了梯度比试验，以研究淤堵情况。粉土的 $d_{85}=0.07$mm，$c_u=2.45$，粉粒占52%。织物的表观孔径为 $O_{95}=0.124$mm。试验进行了约144小时，结果表明，在不同的水力梯度下($i=7\sim22$)，$GR=0.5\sim1.25$，未发生不允许的淤堵。同时表明，当试验时间超过144小时后，织物内的淤积量几乎不再变化了。由此看来，对目前流行的梯度比试验和防淤准则进行改进是必要的。

3.5.3.3 改进的梯度比试验

(1) 试验装置和方法

Fannin R J 和 Shi Y C 等人[34]对梯度比试验进行了改进，其装置如图4.3-35。从图中看到，渗透容器中增加了测压点2号、4号和6号，而且6号测点距织物滤层仅8.0mm，其余3号、5号和7号位置与ASTM 的装置相同，这样，修改后的梯度比 GR_{mod} 的定义可表示为：

$$GR_{\text{mod}}=\frac{i_{67}}{i_{35}}=\frac{l_{35}}{l_{67}}\cdot\frac{h_{67}}{h_{35}} \tag{4.3-27}$$

对应于 $GR_{\text{ASTM}}=3$，则有 $GR_{\text{mod}}=7.4$。

假定土的渗透系数为 k_s，土—织物系统的渗透系数为 k_{sg}，根据水流连续性的原理，可有：$k_s i_s = k_{sg} \cdot i_{sg}$，由此

$$GR = \frac{i_{sg}}{i_s} = \frac{k_g}{k_{sg}} \qquad (4.3\text{-}28)$$

这就表明梯度比不仅是土——织物系统与土中的水力梯度之比，也是两者渗透系数的比值。如果土——织物复合系统的渗透性比土的渗透性好或者相等，则不存在淤堵；如果 k_{sg} 仅为 k_g 的 y_3 时，则淤堵已发展到不可允许的程度了。

根据试验，如果试样顶部没有淤阻，则土样中水头呈直线或折线分布，如图 4.3-36 所示。在该图中，可把试样分成三区：一区的坡降比小于 1.0，即 $k_{sg} > k_s$；二区的坡降比大于 1.0 但 $GR_{\text{ASTM}} < 3$，或 $GR_{\text{mod}} < 7.4$；三区的坡降比 $GR_{\text{ASTM}} > 3$，这是容易发生淤堵的区，在织物反滤层的设计中，是不允许的。

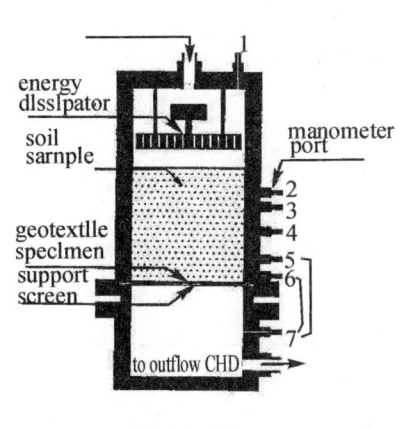

图 4.3-35

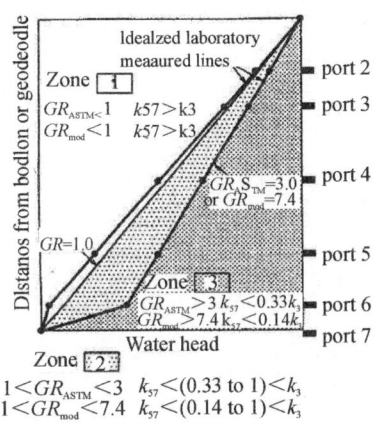

图 4.3-36

（2）两种方法的差别

两种方法的原理是相同的，其差别主要是后者的试样增加了 2 号、4 号、6 号测压管，使沿程的水头变化更加清楚，同时 6 号测点很靠近织物的位置，使 6 号 7 号之间的水头损失能更准确地反映土—织物系统的透水性。实际上，梯度比的概念就是土——织物复合系统的透水性与土本身的透水性的比值，如果前者透水性大于土的透水性，则淤堵就不会发生。根据 GR 的定义，这时，$GR<1$；相反，若前者的透水性小于土的透水性，这就表明土——织物的系统有淤堵现象发生，但轻微的淤堵不至影响土——织物系统的反滤性能，且不会导致完全堵塞。只有当两者的比值达一定值（如 $GR_{\text{ASTM}} = 3.0$，$GR_{\text{mod}} = 7.6$）时，才会发生不能允许的淤堵。鉴此，笔者以为，改进的梯度比试验更为合理和准确。

对其他的淤堵试验方法，王钊[23]曾提出界面过流能力试验（IFCT）法，其中有些问题尚待研究。陈轮在他的论文中介绍了 Cazzuffi[15] 等研制的新淤堵试验仪器和方法，可称为循环水力梯度试验法。该设备能研究土——土工织物反滤系统在循环水力梯度和不同边界条件下的反滤性状。研究表明，土工织物滤层的保土能力与所施加的水力梯度和有效法向压力有很大关系。在一定的水力梯度和有效法向压力范围内，土工织物的特征孔径比上部被保护土中较大颗粒的粒径还要大，这对提高土——土工织物系统的反滤性能是十分有效的。而且土与织物反滤的接触不紧密时，本来稳定的土——土工织物接触面在比降上升和法向压力下降时，可能不稳定。

3.5.3.4 考虑淤堵等因素的透水性折减系数

由实验室短期测得的试验值一般称为 ultimate 值，即最大值。对于长期工作的透水性系统来说，实

验室测得的流量 q_{ulti} 不能直接用于设计中,因为各种淤堵影响会降低透水流量。为此需对 q_{ulti} 乘以折减系数,如下式所示。所得的值称为 allowable 值,即允许值,以 q_{allow} 表示:

$$q_{\text{allow}} = q_{\text{ulti}} \left(\frac{1}{RF_{SCB} \times RF_{CR} \times RF_{IN} \times RF_{CC} \times RF_{BC}} \right) = q_{\text{allow}} \left(\frac{1}{\prod RF} \right) \quad (4.3\text{-}29)$$

式中:RF_{SCB} 为土的淤阻与淤塞折减系数;RF_{CR} 为由于蠕变体变的折减系数;RF_{IN} 为织物嵌入孔隙中的折减系数;RF_{CC} 和 RF_{BC} 各为化学淤堵和生物淤堵折减系数;$\left(\frac{1}{\prod RF}\right)$ 为综合的折减系数。各系数的值可从表 4.3-25 找到(Koerner,2005)。

表 4.3-25　　　各种淤堵有关的透水性折减系数数值表

应用场合	透水性折减系数				
	RF_{SCB}(1)	RF_{CR}	RF_{IN}	RF_{CC}(2)	RF_{CB}
挡墙反滤	2—4	1.5—2	1—1.2	1—1.2	1—1.3
地下排水反滤	2—10	1—1.5	1—1.2	1.2—1.5	2—4(3)
侵蚀控制反滤	2—10	1—1.5	1—1.2	1—1.2	2—4
垃圾填埋场反滤	2—10	1.5—2	1—1.2	1.2—1.5	2—5(3)
重力排水反滤	2—4	2—3	1—1.2	1.2—1.5	1.2—1.5
压力排水反滤	2—3	2—3	1—1.2	1.1—1.3	1.1—1.3

注:(1)若表面盖有抛石或混凝土块,应采用上限;(2)在高碱性地下水情况下该值可能更高;(3)在混浊流下该值可能更高。

3.5.3.5　淤堵可能性的经验判断和预防淤堵的措施

根据经验,下列情况容易发生织物滤层淤堵[13]:

(1)级配不良的细粒土或无黏性土(如黄土,岩粉等);

(2)具有间断级配(双峰型)的无黏性土在高水力梯度作用下;

(3)含高悬浮物的水流(如浑浊的河水)中的悬浮物易于在织物表面或内部淤积;

(4)强碱性地下水,在流经织物时,Ca^{2+},Na^+,Mg^+ 等离子易析出沉积;

(5)垃圾填埋场滤液。

对于上述情况,可使用孔径相对较大的织物,为了防止淤堵,需对土工织物作出正确的选择,这就是在保证滤层稳定的前提下,尽量选用孔径较大的材料,使细粒土、沉积物、微生物等通过织物进入到下游排水系统中。为此,要求有纺织物的开孔面积≥10%,或无纺织物的孔隙率≥50%(均在实际受力的条件下)。

此外,当选择反滤织物时,还应注意织物的使用期内透水性的可能折减。据研究,这种折减对于地下排水反滤、侵蚀控制反滤、垃圾填埋场反滤可达 3～10 倍,对于挡墙反滤、重力排水反滤、压力排水反滤等可达 2～4 倍。因此织物的起始透水性应提高相应的倍数。

总而言之,无论下游采用何种排水形式,都必须使较细颗粒透过织物排出,防止织物本身引起严重淤塞。

3.5.3.6 土工合成材料反滤层室内试验研究

选用400g/m² 土工织物作为滤层进行试验,该布厚约4mm,平均孔隙尺寸(等效孔径)为0.08～0.10mm,渗透系数为$1×10^{-1}$～$5×10^{-1}$cm/s,孔隙率为97%。试验土样为荆江大堤深砂层混合料以及北闸基础的极细砂和中粉质壤土,其颗粒组成见图4.3-37,对北闸壤土还制成泥浆状进行试验,以造成更不利的渗流条件。试验一直在高比降($j=10$)下进行,历时2～3个月。试验指出,土工织物有效地阻止了土的流失,且能保持土原有的透水性,检查渗透后的土工织物,渗透系数仅比渗前减小1～2倍。可见,土工织物在室内试验中,是良好的渗控反滤材料,但用于现场的效果还有待验证。

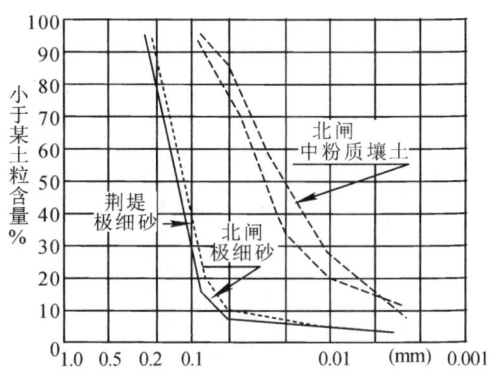

图4.3-37 荆江大堤及北闸基础土料颗分曲线

3.6 土工织物反滤层的施工

3.6.1 土工织物反滤层的铺设

(1)使土工织物滤层布与被保护土表面紧密贴合,这点十分重要但又不易做好,尤其在双向水流或动力水流的条件下。被保护土的表面应尽量平整,对于有凹凸不平的地方须用砂料等找平。如果由于某些原因导致两者脱离或有脱离的趋势,那么渗水就会在两者之间的空隙停留,所带的土粒会在该空隙内积聚,并侵蚀土层表面,或织物表面形成土饼,使织物的透水能力降低甚至丧失。在国外,这种失事的例子是不少的。

(2)土工织物的连接可采用缝合法或搭接法。缝合宽度不应小于0.1m,结合处的抗拉强度应达到土工织物的60%以上;搭接宽度不应小于0.3m。

(3)用于斜坡上的织物滤层一定要认真核算它的稳定性,而且对大中型和重要的工程接触面的摩擦系数最好进行实验室的测定,不可随便在书上找一个经验值使用。由于这个疏忽而导致工程失败的国外曾有报道(Giroud J P,2000)。

(4)要使织物滤层牢固地固定在使用的场所,其固定方法在规范中已有较详细的规定,这里不再赘述。

(5)在整个铺设过程中必须保证土工合成材料不受损坏,为此必须谨慎而快速,尽可能避免在烈日或大风情况下铺设。对铺好的织物必须及时覆盖,若有机械在上行走或者有块石等材料在上面倾卸,则必须铺厚层的砂砾料加以保护。对于已破损的织物材料视情况予以及时修补,甚至更换。

以上要求在有关规范中均有相应的规定。

3.6.2 混合反滤层的设置

上面曾经提到,在有些情况下,例如在护坡的上游面经受双向水流或泵吸作用的地方,单独使用土工织物滤层不能完全满足反滤的需要,则可在护面层和土工织物反滤之间设置粒状材料层,形成混合式反滤层,其目的是,①降低基土内渗流的水力比降;②在大块石护面层施工期作为土工织物滤层的保护层;③当护面层局部破坏时,可以临时作为坡面的保护。

当基土为砂质粉土和细砂时,它们易受水力荷载而顺坡下移,这个过程是由于水压力的瞬时上托力而引起的,它可能造成基土不稳定。为此需作下列校核:①是否土中有一定百分比的粒径小于60μm(0.06mm),以及$c_u<15$;②是否50%以上的土粒粒径大于0.02mm,但小于0.1mm;③是否塑性指数$I_p<15$。如果上述其中之一的回答为"是",那么在护面与土工织物之间应配合粒状垫层[13]。

但若粒状材料设置在低透水性的混凝土块护面下面,且水流是高紊流状态的,应当避免使用粒状反滤层,因为它可以促进上托力的发生,导致混凝土块护面失稳。此时应增加织物的厚度,或者在织物下附加一层具有一定厚度的粗纤维层。

在混合滤层中,土工织物应按反滤功能设计,且具有较大的单位面积质量。但对粒状材料则不需按反滤层设计。

3.6.3 复合土工材料反滤层的设置

当织物反滤使用的部位要求多种功能时,可选用复合土工材料的反滤层。例如,道路工程中的织物隔离层,其上部须用能抵抗磨损的高耐磨材料,如使用树脂浸泡后风干的织物,下部需用能保土的反滤材料,这时,就要用无纺织物紧贴在高耐磨材料下面。从而形成复合土工材料滤层。

在填埋场的复合主垫层中,排水土工网之上、黏土层之下的织物应能防止黏土挤入土工网中。有时为了加大织物的模量,防止织物侵入土工芯板空间降低导水能力,这时可用棉麻加筋的无纺织物,以同时满足渗滤和强度要求。可以指出,这种土工织物和天然织物相配合的复合织物,今后会有广泛的用途。

4 土工合成材料排水

4.1 概述

4.1.1 排水的目的

排水是土工合成材料最常用的功能之一,应用十分广泛。在工程中设置排水的目的大致有如下几种:

(1)加速土体排水固结,改善土的性能;
(2)导出土体中的渗流水,降低渗透压力;
(3)降低土体中的浸润线增加土体的稳定性。

为了保证排水安全和长期有效,排水材料应满足一定的要求:具有足够的透水性;能保证长期有效地工作。在工程中,排水和反滤功能往往是同时出现的,在要求设置排水的地方,由于水力比降增大,因此也有反滤的要求。而设有反滤层部位的下游,则常有相应的排水存在,两者的主要区别就反滤来说,水流是垂直穿过滤层平面的,而对排水来说,则水流是平行于滤层而流动的。

4.1.2 排水设施具体形式举例

不同的领域有不同的排水设施形式,以适应不同的需要。这里仅列出几种常用的例子,作为引导,如图4.3-38。具体的形式可根据应用场合的情况进行设置。

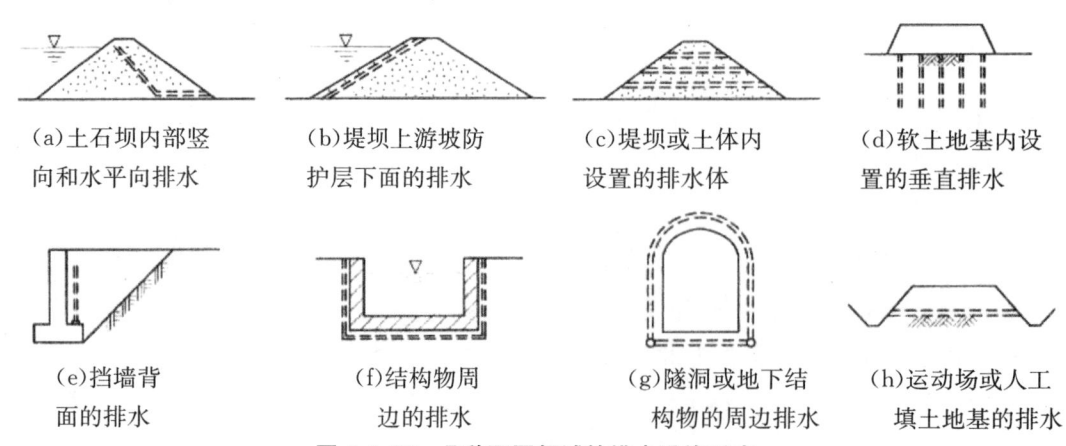

图4.3-38 几种不同领域的排水设施形式

4.2 用于排水的土工合成材料类型

作为排水用的土工合成材料最早的是无纺织物和塑料排水管,以后种类和形式越来越多,目前所用的排水大部分都是复合土工材料。复合排水材料的基本形式,是在高排水能力的塑料芯材外,包裹能起反滤作用的无纺织物滤膜,使土体中多余水分通过滤膜进入芯材而排走。

用作排水的土工材料主要有:无纺织物、土工网、塑料排水带、速排龙、毛细虹吸排水带(Capillary Siphonic Drain Belt)、复合排水材料、塑料排水管和软式排水管等

4.2.1 无纺织物

4.2.1.1 织物的排水特性

无纺织物一般具有一定的厚度,故水流可以垂直地穿过织物,也可以沿织物平面流动。同时,由于无纺织物的孔隙率较大,在不同压力下,织物会发生压缩而改变孔隙率,因而也改变了渗透性。据研究,受压与未受压情况下,织物的渗透性会有很大变化,在较小的压力下,k 值可比无压时的 k 减少 50% 左右,而当压力达到 300kPa 时,仅为无压时的 1/6。这样,表达织物排水特性的指标就与织物的厚度、孔径分布、织物材料的性能(密度、刚度等)、织物所受的压力等因素有关。如图 4.3-39 和图 4.3-40 所示[7]。

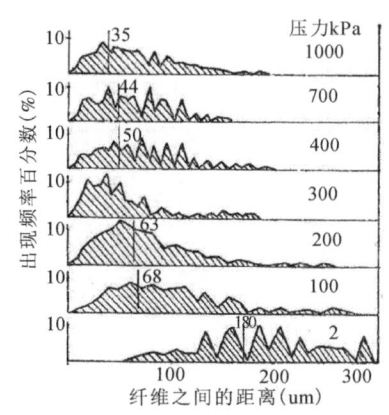

图 4.3-39 孔隙尺寸随压力的变化情况

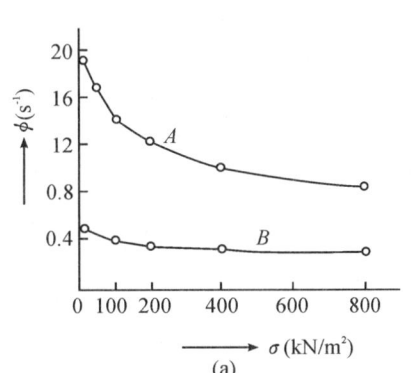

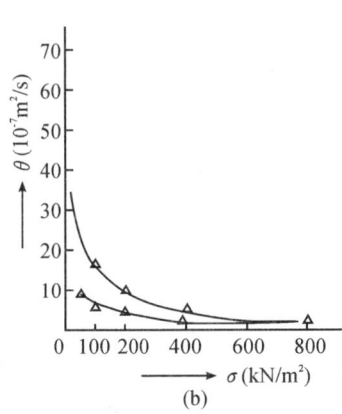

图 4.3-40 透水性与压力的关系

4.2.1.2 织物的选用

选用无纺织物时,先求出土工织物导水率,k_p 为织物平面渗透系数;t 为织物厚度,以 m 计。所选的织物导水率 θ_a 应满足

$$\theta_a \geqslant F_s \theta \tag{4.3-30}$$

式中,F_s 为安全系数,可取 2~3。

对于透过织物的透水能力,则用透水率 ψ 计算。

织物的渗透流量可见 3.2.3 节。

4.2.1.3 织物渗透性的折减问题

上面讨论的渗透性都是对起始状态而言的,在织物反滤运用过程中,由于淤堵及其他一些因素影响使织物透水能力下降。因此,织物的渗透性应乘以折减系数[见 3.5.3.4 节中式(4.3-32)];但另一方面,由于与织物相邻的土体中有部分细颗粒流失,其渗透性反而会增大。这点表明,应当把土工织物和相邻土体构成的反滤系统作为一个整体看待。无疑,对该系统的性能进行理论分析或定量计算是很困难的。实用的方法是将织物与相邻土体在符合工程实际条件下进行试验,作为设计的依据,而不是简单地仅用

织物本身的渗滤试验成果进行设计。

4.2.2 塑料排水管

塑料排水管可采用薄壁PVC管,管径有75～250mm等不同的规格,管周有圆孔或条孔,外包薄无纺织物,以起进水滤土作用。多孔管并非完全透水面,若将其转化为表面完全透水管,其等效直径 d_{ef},为:

$$d_{ef}=d \cdot e^{(-2a\pi)} \tag{4.3-31}$$

式中,d 为多孔管管径;a 为进水阻抗因数,见表4.3-26。

表4.3-26　　　　　　　　　　进水阻抗因数 a

排水管类型	a
瓦管	1.6～2.3
光滑塑料管(无包裹)	0.4～2.6
波纹塑料管(无包裹)	0.02～0.04
波纹塑料管(内填 $d=2$mm 砾)	0.02～0.04
波纹塑料管(外包薄热黏土工织物)	0.1～0.15
波纹塑料管(外包机械土工织物)	0.2
波纹塑料管(外包棕皮)	0.2
波纹塑料管(外包泥炭)	0.3

由此,塑料透水管的流量 δ_j 为

$$\delta_j = K_s \cdot \prod \cdot d_{ef} \cdot L \tag{4.3-32}$$

式中,L——排水管长度。

若要求排走流量为 δr,则 δj 应满足:

$$\delta_j \geqslant F_s \cdot \delta r \tag{4.3-33}$$

4.2.3 塑料排水带

塑料排水带是由不同截面的芯材外包无纺织物而成,带宽一般约为100mm,厚度为4～5mm,长可达数百米。有关它的应用和设计,许多文献均有详细介绍,在此不另述。

4.2.4 土工网

土工网由两组聚乙烯平行肋条组成,一组位于另一组之上,连接成一整体,构成排片,外包无纺织物,供排水排气之用。

若要求排走的流量为 q,排水宽度为 B,水流速度为 v,则要求的土工网导水率 θ_r 为

$$\theta_r = (q \cdot k_p / B \cdot v) \cdot F_s \tag{4.3-34}$$

k_p 为土工网平面渗透系数;F_s 为安全系数,可取 1.5～2.0。

土工网可用于大面积排水。在国外也用于填埋场的排水和排气,以代替砂砾料。当用于陡坡上时,应注意固定,防止滑落。

4.2.5 排水软管

排水软管也称软式透水管,它是以经防腐处理,并外覆聚氯乙烯(PVC)等作保护层的弹簧钢丝圈作为骨架,以透水土工织物为管壁包裹材料的一种复合土工合成管材。其特点是,柔性很好,适应性强,透

水性很大，因为它可以全管壁透水，导水性能与塑料排水管相似。主要用于软土路堤基底横向排水，滑坡整治、支挡结构物排水，以及隧洞、机场、运动场等建筑物的地下排水管（如图4.3-41）。

（a）软式排水管

（b）盲沟排水

图4.3-41 运动场埋设的地下排水管

4.2.6 塑料盲沟

它由盲沟体和外包无纺土工布滤膜两大部分组成。盲沟体是一种由高分子材料制成的三维空间结构。可分为矩形盲沟、矩形中空盲沟、圆形孔盲沟等。它具有集水性能强、排水性好、耐压、柔性、重量轻、易于施工等优点，故可用于交通、隧道、边坡、挡墙、堤坝工程和大面积公用场地等场合。

4.2.7 复合排水材料

复合排水材料是由两种或两种以上的土工材料复合而成，如在芯板一侧包以滤布，另一侧包以土工膜，构成板状、管状、纤维网块等，如图4.3-42所示。

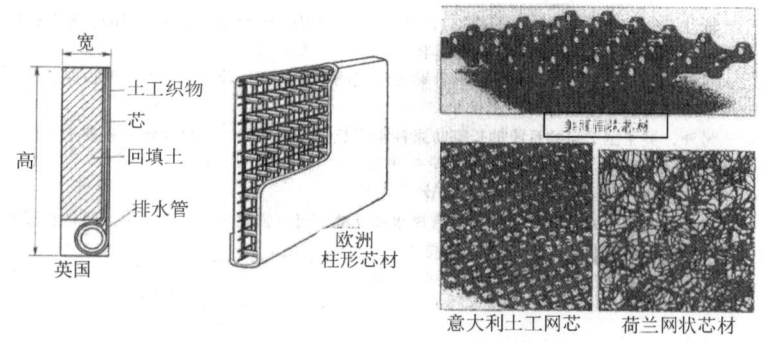

图4.3-42 复合排水材料的网芯结构

4.3 土工织物的排水设计

4.3.1 堤坝的织物滤层排水设计

这是一种常用的织物排水使用的场合，尤其对土石坝一类的结构物，由于粒状反滤材料施工困难，因此，土工织物反滤的优点十分突出，已有取代粒状材料（或与粒状材料组合使用）之势。

【例】：土坝的竖向排水[13]

一座10m高的土坝，采用土工织物作竖向排水和水平卧式排水（图4.3-43）。拟采用的土工织物为200g/m² 针刺无纺织物，其导水率试验值 $\theta_{ult}=15\times10^{-4}$ m²/min，选用综合折减系数3.0，心墙材料为粉质黏土,渗透系数 1×10^{-7} m/s,试计算该织物对心墙渗流量导水的安全系数。

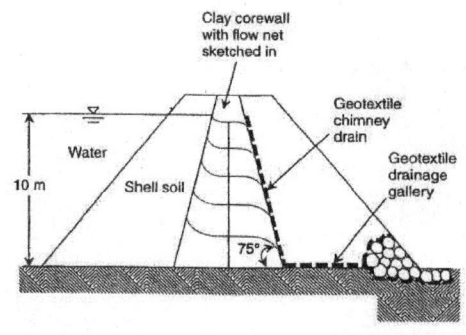

图 4.3-43

① 采用流网法计算通过心墙的最大单宽渗流量:

$$q=kh\left(\frac{F}{N}\right)=(1\times10^{-7})(10)\left(\frac{5}{2}\right)=1.50\times10^{-4}\ \text{m}^2/\text{min}$$

② 计算织物的水力比降

$$i=\sin75°=0.97$$

③ 运用达西定律计算织物所需的导水率:

$$\theta_{\text{regd}}=kt=\frac{q}{i\times w}=\frac{1.5\times10^{-4}}{(0.97)(1.0)}=1.55\times10^{-4}\ \text{m}^2/\text{min}$$

④ 计算织物的导水安全系数:

$$FS=\frac{\theta_{\text{allow}}}{\theta_{\text{regd}}}=\frac{\theta_{\text{ult}}/\prod RF_p}{\theta_{\text{regd}}}=\frac{1.5\times10^{-4}/3.0}{1.55\times10^{-4}}=3.2$$

由于该工程比较重要,故安全系数取为 5.0,并计算相应的导水率和选择适用的排水材料。

$$\theta_{\text{allow}}=\theta_{\text{regd}}\times FS=(1.55\times10^{-4})\times5.0=7.75\times10^{-4}\ \text{m}^2/\text{min}$$

依此,θ_{ult} 应不小于 $\theta_{\text{allow}}\times\prod RF_p$,即 $\theta_{\text{ult}}=23.2\times10^{-4}$ m^2/min,式中,$\prod RF_p$ 为总折减系数,在这里取为 3.0(其含义参见上节)。

对于这个导水率的要求,一般的针刺无纺织物不易达到,除非织物的厚度很厚,或者选用土工网或复合土工材料。

另外,关于土工织物系统的长期防淤性需用长期渗流试验、梯度比试验、或者水力传导比试验等进行研究。

4.3.2 挡墙墙背的织物滤层排水设计

在挡墙墙背与回填土之间设置垂直排水和反滤,可以消除超孔压的产生。通常在挡墙背面设粒状材料的垂直或斜向排水,使渗水从填土流到底部的排水管中。这种排水的施工难度是可想而知的。因此,采用土工织物作为排水材料是非常吸引人的。以下举例说明织物排水的设计步骤。

【例】:挡墙墙背垂直排水设计[13]

由石笼堆成的挡墙高 3.5m,石笼置于 0.5m×2m×3m 的垫层上(图 4.3-44)。回填土为中密的粉质砂,$d_{10}=0.03$mm,$C_u=2.5$,$k=7.5\times10^{-3}$m/s,D_R(相对密度)=70%,在下列三种土工织物中选用合适的反滤材料(见表 4.3-27)。

表 4.3-27   三种织物特性表

NO	土工织物类型	透水率($\psi/\sec^{-1}$)	AOS(mm)
1	针刺无纺织物	2.0	0.30
2	单丝有纺织物	1.2	0.42
3	热粘无纺织物	0.4	0.21

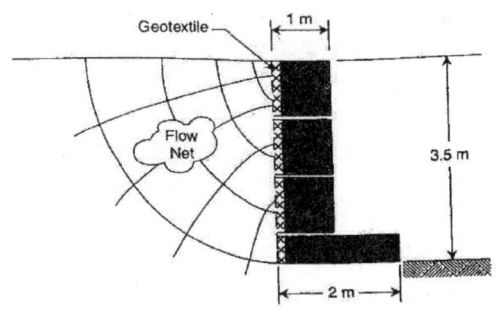

图 4.3-44 （koerner,2005）

解：第一步确定水流过流的安全系数，即保证织物有足够的透水能力；第二步检验织物的等效孔径，以保证织物适当的保土能力。

① 计算要求的透水率 $\psi=k/t$

按流网计算实际的单宽流量（图 4.3-54）：

$$q=kh\left(\frac{F}{N}\right)=(0.0075)(3.5)\left(\frac{4}{5}\right)=0.021 \text{ m}^2/\sec$$

计算所需的透水率：

$$q=KiA=k\frac{\Delta h}{\Delta}A$$

$$\therefore \Psi_{\text{regd}}=\frac{k}{\Delta}=\frac{q}{(\Delta h)(A)}=\frac{0.021}{(3.5)(3.5\times 1)}=1.71\times 10^{-3} \text{ sec}^{-1}$$

校核上表中三种织物的允许透水率：

织物 1 表中给出的极限透水率（Ultimate rate）为 $\Psi_{\text{ult}}=2.0\sec^{-1}$

而采用的透水率应考虑各种影响透水性的因素，故真正允许的织物透水率为：

$$\Psi_{\text{allow}}=\Psi_{\text{ult}}\left(\frac{1}{RF_{SCB}\cdot RF_{CR}\cdot RF_{tN}\cdot RF_{\alpha}\cdot RF_{BC}}\right) \qquad (4.3-35)$$

式中：RF_{SCB}——机械淤堵折减系数；

RF_{CR}——蠕变折减系数；

RF_{IN}——相邻材料对织物影响的系数

RF_{CC}——化学淤堵折减系数；

RF_{BC}——生物淤堵折减系数；

这些数值可以从 Koerner[13] 书中表 4-3 查得，于是求得织物的总透水性折减系数为 15.0，故有

$$\Psi_{\text{allow}}=\frac{2.0}{15.0}=0.13 \text{ sec}^{-1}$$

故织物 1 可接受。

按此,对织物2和织物3进行核算,其FS各为47和16,均可接受。

② 确定土工织物表观孔径(AOS)

选定设计准则:因为水流属于单向层流状态,在Koerner的书中选用Carrolls准则,即$O_{95}<2.5d_{85}$由于$d_{10}=0.03$mm,$C_u=2.5$,d_{85}的近似值约为0.15mm,故$O_{95}=0.375$mm。对照上述三种织物的等效孔径,织物1和织物3可以接受,而织物2(有纺织物)的孔径太大,不可接受。在我国规范中的推荐的准则为$O_{95}\leqslant nd_{85}$,由于土的不均匀系数为2.5,故$n=1.25\sim1.8$,定为1.5。这样,按此公式求得的O_{95}应为:$O_{95}<0.225$mm,因此除织物3以外,其他两种织物均不能满足保土性的要求。

4.3.3 织物用于垫层的排水设计[13]

[例]:在一饱和细粒土的基土上进行10天的堆载。基土的渗透性为1×10^{-9}m/s,固结系数为4.6×10^{-6}m²/min(图4.3-45)。

①试确定所要求的织物的渗透性与堆载填土宽度的关系;②采用织物的极限渗透性0.75×10^{-3}m²/min和综合折减系数$\prod RF=5.0$,求出在这种情况下最大的堆载宽度。

解:①确定堆载宽度B与导水率θ的关系:

$$\theta_{\text{regd}}=\frac{B^2K_s}{(C_vT)y^2}=\frac{(1\times10^{-9})(60)B^2}{[(4.6\times10^{-6})(0.0144\times10^6)]^{1/2}}=2.33\times10^{-7}B^2$$

其中B的单位为m,绘制$B-\theta$的曲线如图(4.3-55)。

② 依此图,可求得θ_{ult}以及θ_{allow},

$$\theta_{\text{ult}}=0.00075m^2$$
$$\theta_{\text{allow}}=\theta_{\text{ult}}/\prod RF=0.00075 \text{ m}^2/\text{min}$$

根据图4.3-46中$B-\theta$曲线求得:$B=30$m。

有关地面侵蚀控制方面的内容可参考有关文献。[10]

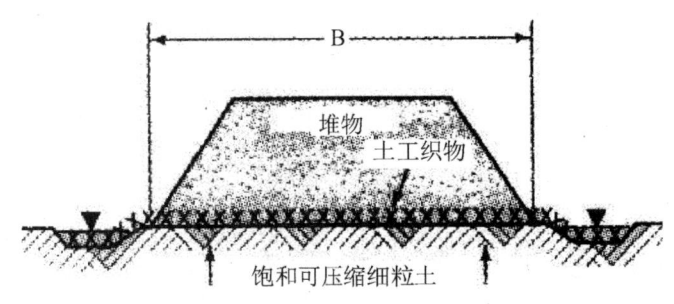

图4.3-45 堆载固结排水[13]

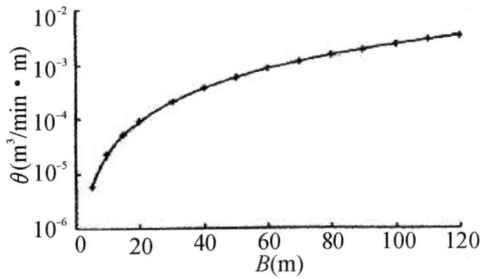

图4.3-46 $B-\theta$关系曲线(引自Koerner,1998)

4.4 织物用于新型减压井的排水研究

在国内外水利工程的堤坝中,为了控制基础的渗流,减压井使用得十分普遍。减压井是设置在堤防背水侧一定距离处的一种能集水的透水井,它有消减堤基背水侧过高的水压力,防止地基渗透破坏的作用,鉴于它的减压效果好,费用较低,施工场地小,对环境影响较少等优点,因此在重要的堤防工程中受到重视。但突出的问题是它易被淤堵,使用寿命短,例如,湖北咸宁长江干堤1997年设置了减压井(其布置示意图见图4.3-47),在1998和1999年的大水中,井被严重淤堵。表4.3-28系2001年实测的井内淤积情况,图4.3-48系1998年咸宁减压井水位随长江水位变化的情况。可看出,井水位与江水位已没有对应关系,表明井的淤堵已很严重。造成这种淤堵的原因与减压井的结构和材料不当有关。

表 4.3-28　　　　　　　　　　　减压井井内淤积厚度测量结果

井号	孔口高程(m)	设计井深(m)	实测井深(m)	淤积厚度(m)	花管段长度(m)
2#	29.2	16.7	2.24	14.46	7～8
4#	29.2	16.7	5.85	10.85	7～8
5#	29.2	16.7	4.93	11.77	7～8

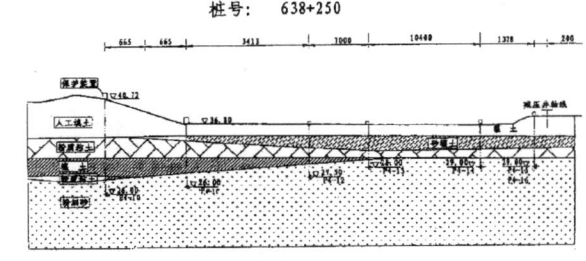

图 4.3-47　咸宁长江干堤减压井布置示意图

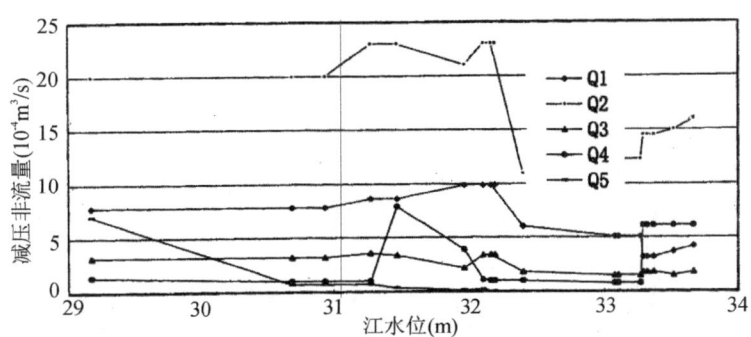

图 4.3-48　1998 年咸宁减压井流量随江水位变化曲线

为研究防止淤堵的措施，近年，长江科学院等单位进行了减压井淤堵机理和预防措施的研究，取得了初步的经验（长江科学院，2006）。有关使用土工合成材料减轻减压井淤堵作用的研究，参看本书第 6 篇第 6 章 4.6 节。

5　应用实例

5.1　王甫洲工程中土工反滤材料的应用

5.1.1　概况

王甫洲水利枢纽工程于 2000 年建成并于同年 4 月库水位达到正常蓄水位 86.23m，在围堤中共用土工织物和土工膜 100 多万 m²，土工膜和土工织物的布置见图 4.3-49。在蓄水调试发电的过程中，老河道围堤局部堤段下游排水沟由于沟内水位骤降，边坡产生了渗透变形，接着土工织物产生了淤堵。为分析土工织物产生淤堵的原因，进行了一系列的试验研究，具体试验包括排水沟周边土体的基本特性、土工织物和排水沟周边土体的反滤试验、梯度比试验、特殊淤堵试验以及土工织物的基本特性试验，并针对水库的运行条件和测压管的水位观测结果进行了拟合计算分析。

5.1.2　材料特性

试验得到的土体特征粒径见表 4.3-29，土工织物的水力学测试指标见表 4.3-30，土体渗透变形试验结果见表4.3-31,淤堵试验结果见表4.3-32。图4.3-49为土工合成材料在王甫洲工程中的应用。

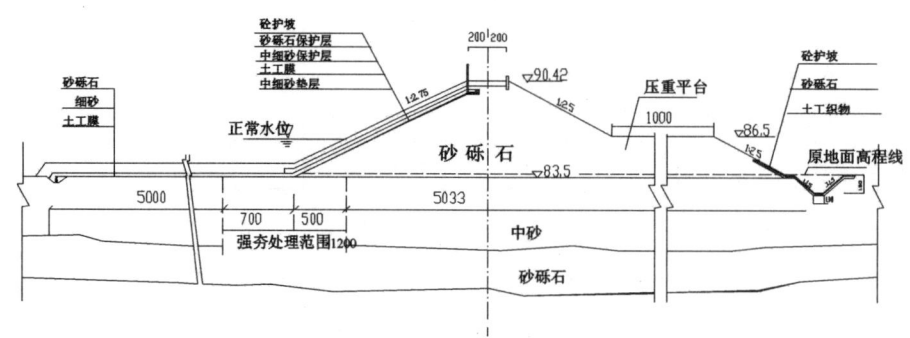

注：图中结构尺寸以厘米计,高程以米计

图4.3-49 土工合成材料在王甫洲工程的应用

表4.3-29　　　　　　　　　　各土料特征粒径

编号		d_{85}	d_{60}	d_{50}	d_{35}	d_{15}	d_{10}	不均系数	室内定名
原状样	1	0.060	0.033	0.027	0.016	0.0016			重粉质砂壤土
	2	0.070	0.037	0.029	0.022	0.013	0.0074	5	重粉质砂壤土
扰动样	3	0.460	0.320	0.270	0.210	0.140	0.120	2.67	中砂
	4	0.370	0.240	0.200	0.160	0.130	0.120	2.00	细砂
	5	0.170	0.088	0.072	0.050	0.018	0.012	7.33	重砂壤土

表4.3-30　　　　　　　　　　土工织物水力学试验成果表

土工织物类型	渗透系数(cm/s)	等效孔径 O_{90} (μm)
非织造土工织物	3.29×10^{-1}	100

表4.3-31　　　　　　　　　　土体渗透变形试验成果表

试样编号		渗透系数(cm/s)	临界比降	破坏比降	破坏形式
原状样	1	$1.5 \times 10^{-5} \sim 7.9 \times 10^{-5}$	0.60~0.81	2.8~7.0	局部流土
	2	$4.3 \times 10^{-5} \sim 33.0 \times 10^{-5}$	0.58~0.60	2.0~7.0	局部流土
扰动样	3	$3.0 \times 10^{-5} \sim 7.1 \times 10^{-2}$	0.11~0.25	0.16~0.27	流土
	4	$2.7 \times 10^{-5} \sim 6.1 \times 10^{-2}$	0.11~0.16	0.21~0.26	流土
	5	$6.0 \times 10^{-5} \sim 9.0 \times 10^{-5}$	0.46~0.50	1.0~1.8	流土

《土工合成材料应用技术规范》要求土工织物满足三种性能,即保土性、渗透性和防淤性。同时根据工程要求,可进行梯度比试验或长期淤堵试验,来判断土工织物作为滤层的可行性。关于上述三性的要求,在前面有关章节已有详述。

表4.3-30中土工织物作为表4.3-31中壤土类土层(1、2、5号样)的反滤层时,满足透水性要求,而对中砂($k_s=7.1 \times 10^{-2}$ cm/s)和细砂($k_s=6.1 \times 10^{-2}$ cm/s)来说,表4.3-30中土工织物透水性不能满足透水性要求。说明土工织物作为砂类土的反滤时,其透水性偏小。

关于防淤性,对于级配良好的土,应满足$O_{95} \geqslant 3d_{15}$。砂壤土均属级配良好的土,应满足要求。对于级配不好的土,进行梯度比试验,梯度比(GR)应满足$GR\leqslant 3$,本次细砂和中砂样属此类,根据表4.3-32中梯度比试验结果,得到的梯度比均小于3,满足上式规定的条件,说明试验选用的几种土工织物也不会淤堵。

表4.3-32　　　　　　　　　　　　　特殊淤堵试验成果表

试样编号	土工织物滞留土重(g)	土工织物渗透系数(cm/s)			4级比降下土和织物的综合渗透系数(10^{-5}cm/s)				穿过土工织物土重(g)	梯度比 GR		
		试验前 k_1	试验后 k_2	B	1.0	2.5	4.0	10		$GR_重$	$GR_中$	$GR_细$
梯度比	0.97	3.29×10^{-1}	1.14×10^{-1}	2.89	2.25—2.93	2.25—3.79	2.30—2.68	2.67—2.68	/	0.52—1.25	0.82—0.13	1.63—1.09
特殊淤堵试验	4.26	3.29×10^{-1}	2.67×10^{-1}	1.23	/				2.19	/	/	/

注:$GR_重$、$GR_中$、$GR_细$分别代表土工织物与2、3、4样的梯度比试验结果。

根据上述试验结果,似乎表明土工织物在稳定渗流条件下满足反滤排水要求,但现场却产生了淤堵,为弄清原因,进行了特殊淤堵试验,即用500g重砂壤土按1∶20(砂∶水)的比例混合后,用搅拌机在试验筒里不停搅拌,并使混合水渗过土工织物,来测定土工织物的淤堵情况,结果见表4.3-32。可见,滞留在土工织物中的土粒重量远大于梯度比试验,说明非稳定渗流条件下土工织物的淤堵程度远大于稳定渗流条件下的淤堵,同时试验现象表明,土工织物前面很快形成了土粒的堆积,大大影响了土工织物的透水性。由此也表明,稳定渗流条件下的常规试验,不能反映实际的淤堵情况,不能作为判别淤堵之用。

综上所述,王甫洲下游排水沟边坡产生土工织物淤堵,是由于沟水位骤降,被保护的排水沟边坡首先失稳,导致土工织物前面产生泥饼,使土工织物排水不畅而鼓起破坏。另外一个可能的原因是土工织物上的压载重量较小,不利于土工织物与被保护土的紧密结合,而渗流计算得到排水沟周边土体的出逸比降大于土体允许比降,由于局部土体产生渗透变形,也可能导致上述情况的发生。

5.2　葛洲坝坝基排水孔中组合式过滤体的应用

葛洲坝水利枢纽坝区地层分布为白垩系下统石门组砾岩和五龙组砂岩、粉砂岩、黏土岩互层。石门组为砾岩与粉砂岩互层,无黏土岩类夹层;五龙组的主要岩性是黏土质粉砂岩与砂岩互层,其中夹有44条软弱泥化夹层。这些夹层从大江、二江到三江一层接一层分布,似叠瓦状缓倾角平行排列,是本工程的主要工程地质问题。

一般认为,软弱夹层在长期渗压作用下不至于会产生严重的渗透变形,但是考虑到一些不利的因素,诸如:软弱夹层在试验中出现渗透破坏,坡降值有较大的变化幅度,施工期间的开挖爆破、卸荷回弹以及地应力释放等,可能会促使软弱夹层遭受一定程度的破坏。对于葛洲坝水利枢纽这样一个巨大又重要的工程,需采取必要的保护措施防止软弱夹层在发生渗透变形后不致进一步恶化,危害建筑物安全。保护对象以Ⅰ、Ⅱ类软弱夹层及黏土类夹层和断层为主。

由于基础排水孔数量多(总深度达3.7万米),如果采用常规的砂砾料滤层,所需排水孔孔径应不小于200mm,所需材料数量多(滤层净料约1200m³),在廊道内施工十分困难,同时维修和更换滤层的工作亦十分繁重。经过多年的实验研究,可采用由土工布包裹泡沫软塑料,中间设置加孔眼的塑料滤水管组装成的组合式过滤体,放置于需要保护的排水孔中。这种过滤体可对软弱夹层中渗流冲刷出的粒径≥0.05~0.1mm的粒团起过滤作用,以防止软弱夹层进一步渗透破坏。

5.2.1 过滤体结构形式及主要技术指标

5.2.1.1 主要结构形式

过滤体由带孔眼的改性聚丙烯硬质塑料管作为滤水管,内径48mm,壁厚6mm;聚醚型聚氨酯泡沫软塑料外包内衬涤纶工业过滤布作为过滤层;软塑料为外径210mm,内径62mm的圆柱体,中间套包有过滤布(即软塑的内衬布)的滤水管,由外包的过滤布将其压缩成φ148mm的圆柱体。用水溶性的SJ-1胶黏结成型,并用外径为148mm,内径62mm的圆形聚丙烯塑料垫片分隔开。过滤体的长度根据需要保护的夹层厚度确定,见图4.3-50、图4.3-51及图4.3-52的照片1、2。由于组装成型的过滤体直径小于排水孔的孔径(Φ150mm),因此过滤体可以很容易下放到孔内需要保护的部位。待滤水管与孔口管连接定位之后,向孔内充水,10~20小时后,SJ-1胶溶解,泡沫软塑膨胀回弹,将过滤布紧贴于孔壁。

5.2.1.2 主要材料的技术指标

(1)外包土工布

外包土工布是组合式过滤体中对泥化夹层颗粒起反滤保护作用的主要材料,它的主要任务是保护地基土颗粒和排水,组合式过滤体的直径由它控制定型。根据对葛洲坝工程坝基泥化夹层渗透变形特性研究,设计方要求组合式过滤体能保护地层中0.1mm以上土粒不流失。根据颗粒通过圆孔时的成拱原理,孔隙直径d_0和颗粒直径d之间关系满足$d_0/d<1.8~2.0$时,直径d的颗粒不能通过。经过大量材料比选试验,最终选定强度高、弹性好、抗皱性好、耐腐蚀的有纺涤纶布作为外包土工布材料。有纺涤纶布的孔隙在读数显微镜下观察为一些较规则的小矩形。用标准砂筛分,其O_{95}应为70~100μm。渗透系数k值为$=i\times 10^{-1}\sim 10^{-2}$cm/s。

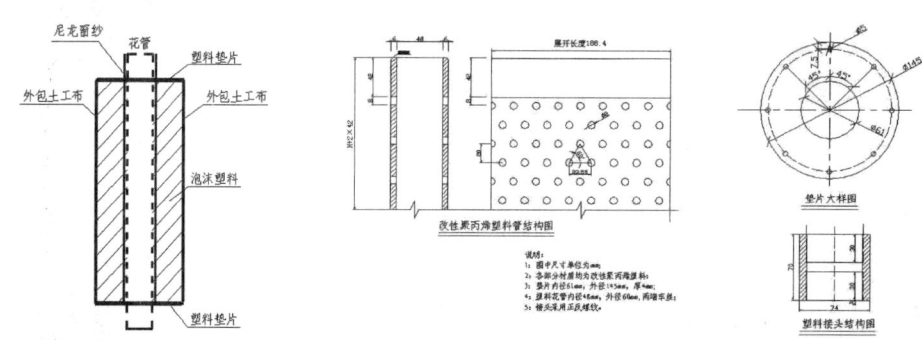

图4.3-50 组合式过滤体结构示意图　　图4.3-51 花管、管接头、垫片设计图

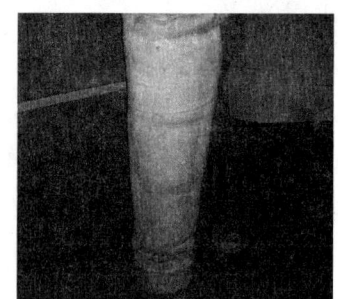

照片1　组装好的组合式过滤体　　照片2　廊道内安装组合式过滤体

图4.3-52 组合式过滤体

(2)泡沫软塑料

泡沫软塑料在组合式过滤体中起支撑土工织物、排水和促进贴壁作用。所采用的聚醚型聚氨酯泡沫

软塑料应具有耐久、抗霉、抗老化、抗侵蚀等性能。其回弹性能须能保证安装到位的组合式过滤体在外裹土工布接口遇水脱开后,泡沫过滤体回弹紧贴钻孔孔壁。其物理性能指标见表 4.3-33,抗化学腐蚀性能见表 4.3-34。泡沫软塑料的指标还包括孔径、渗透系数等。

经读数显微镜抽样观测:软塑断面由大小不等的不规则孔眼组成,且呈不均匀排列的通孔体,其最大孔眼的尺寸为 1.38mm×1.35mm;最小孔眼尺寸为 0.11mm×0.08mm,平均为 0.64mm。根据反滤设计,为保持组合式过滤体具有良好的排水性能,其渗透系数 k 应在 $i×(10^{-1}\sim 10^{-2})$cm/s 左右。

表 4.3-33　　　　　　　　　　　聚氨酯泡沫软塑料物理性能指标表

项目 指标	容重 (kg/m³)	抗张强度 (kg/cm²)	断裂延伸(%)	压缩负荷(压缩50%) (kg/cm²)	压缩变形(%)	回弹性(%)
JM1	30~36	≥1.06	≥2.25	≥0.017	≤12	≥35

表 4.3-34　　　　　　　　　　　聚氨酯泡沫软塑料化学性能指标表

名称	盐水	肥皂水	NaOH 50%	Na_2CO_3	氨水 34%	丙酮	氯仿	机油	汽油	苯
作用情况	无变化	无变化	无变化	无变化	无变化	膨润部分溶解	膨润较大	微胀干后恢复原状	微胀干后恢复原状	微胀干后恢复原状

(3)改性聚丙烯硬质塑料管

采用上海化工厂的配套制品,其基本性能指标见表 4.3-35。

表 4.3-35　　　　　　　　　　　改性聚丙烯塑料管性能指标表

	比重	抗拉强度 (kg/cm²)	抗弯强度 kg/cm²	冲击强度(kg/cm)			脆化温度	耐腐蚀(g/m², 60±5℃, 5小时)			
				常温	0℃	-30℃		HCl	H_2SO_4	HNO_3	NaOH
J330 型	1.0547	268	455	10.9	6.9	3.3	-20℃	-1.776	-0.0246	0.1480	0.3453

(4)水溶性胶

改性聚醋酸乙烯乳液,上海合成树脂研究所生产,用作粘接涤纶工业用过滤布,粘胶干硬后其抗拉强度大于 11kg/cm²。涤纶布接头处粘胶自然干硬的试件下水浸泡并施加 0.08 的压力,下水 2 小时左右黏结的布接头脱开。此种胶所黏结的涤纶布接头不宜用电熨斗压熨或其他强行快干办法,否则对水溶时间影响较大。

5.2.2 过滤体的试验与开发

5.2.2.1 试验研究情况

葛洲坝工程坝基排水孔总长度近 3.7 万米,自 1981 年 1 期工程起,在穿越坝基软弱夹层的排水孔中安装了组合式过滤体对其进行反滤保护。

(1)室内试验

室内试验主要包括过滤体渗透性测定、土壤颗粒穿透过滤试验、聚氨酯泡沫软塑料变形试验等,根据试验成果提出了组合式过滤体的主要技术指标。

①过滤体渗透性测定试验

按裘布依有压完整井条件进行装置,过滤体试件组装尺寸与工程实际应用情况相同,实测其渗透系

数为 $i\times(10^{-1}\sim10^{-2})$cm/s,其中以外包涤纶布,内衬 18 目尼龙筛网的过滤体渗透性最强。

②土壤颗粒穿透过滤试验

用粒径 $d<0.1$mm 的粉质黏土 30g,加水配成 1000m 泥浆溶液,其组成为:

砂粒	粉粒	黏粒
$d>0.05$	$0.05<d<0.005$	$d<0.005$
20%	41%	39%

将此溶液通过不同组合的过滤体进行穿透试验,成果见表 4.3-36。

表 4.3-36　　　　　　　　　　土壤穿透过滤体试验成果表

试件分类	过滤条件	过滤历时(min)	试件表面残留土重(%)	软塑内部残留土重(%)
软塑	泥浆溶液 1000cc	110～115	56.0～48.1	26.7～46.0
软塑上衬布 1 层	泥浆溶液 1000cc	70	61.9	26.8
软塑压缩 2/5	泥浆溶液 1000cc	89	56.0	28.4
软塑上下各衬布 1 层	泥浆溶液 1000cc	9	40.3	29.8
软塑上下各衬布 1 层压缩 2/5	泥浆溶液 1000cc	30	64.4	17.9
软塑上衬布 1 层	细砂溶液 1000cc	2.3	97.5	2.0

从表 4.3-36 看出,在软塑上下各衬一层工业过滤布并将软塑压缩 2/5 的模拟实际情况下,试验后布面残留土重为 64.4%,软塑内部残留为 17.9%,说明绝大部分土粒可以被这种过滤体阻挡在岩层内,不会流失。经分析通过各试件流出的泥浆,其粒径则全部小于 0.0138mm。又以同样方法配制细砂溶液(粒径为 0.25～0.1mm)进行试验,残留于布面上的土重达 97.5%,残留于软塑内部土重为 2.0%,说明此过滤体可以阻止 0.1mm 以上的粒团通过。亦可看出过滤作用主要由工业过滤布承担,泡沫塑料重点起支撑过滤布使之紧贴孔壁的作用。

③聚氨酯泡沫软塑料变形试验

为了验证经压缩的软塑在孔中对过滤布有一定的回弹支撑作用,进行了软塑变形试验。先后按抗压试验程序测试,获得了多组(分干、湿两类)软塑试件在加荷－退荷过程中应力与应变的关系曲线,试验人员做过在渗透水作用下过滤体的径向压缩试验。总的情况来看饱水软塑压缩后的残余变形小于 10%,压缩变形的回弹力足以使过滤布紧贴于孔壁,并能抵御一定的水头压力。

(2) 现场试验

现场试验的目的是验证过滤体的实际安设和起拔;利用固定水头测试基础排水孔内过滤体的排水及过滤效果等。

先后在三江冲砂闸冲 2 闸孔和二号船闸的基础排水孔内进行了现场安装和起拔试验。实践表明一个孔深为 21～27m 的斜孔,下放安装过滤体的时间为 13～20 分钟,在过滤体软塑回弹紧贴孔壁后,采用 1～1.5 吨"葫芦"起拔一个孔的过滤体,需时 57 分钟左右。取出的过滤体无损伤痕迹,且较顺利。

在三江冲 2 闸孔基础灌浆排水廊道内,选定三个排水孔安装过滤体,并利用原布置的三个帷幕检查孔作为供水孔,故试验条件较蓄水后的实际工作条件为差。压力水头是由安装在三号船闸△70m 的墙顶上的木桶形成 37m 定水头,并由孔口三通调整进水头,分别对三个排水孔的渗压、渗流量进行了 2 个多月的观测。从观测情况看,当进水水头变化时,排水试验孔孔口的渗流量和渗压也随之变化。在混凝土与基岩接触面处,试验的渗透坡降达到17.2~26.4,远大于实际运行情况,由试验测得的数据计算排水孔处的渗压系数,α 值为 0.081~0.303,其渗流量为 70~160ml/min。三个孔的保护对象是 305# 夹层。试验过程中出水澄清,试验前后水质分析未发现异常现象。

5.2.2.2 组装式过滤体保护设施的设计和施工

葛洲坝一期工程基础排水孔软弱夹层保护孔数为 174 个,总段数为 3497 段,过滤体长度为 7470m,滤水管总长度为 25818m。

(1)排水孔内保护层位的设计

根据地质剖面图,并另外在施工期中选择部分基础排水孔作为取样孔,对软弱夹层的高程、厚度、岩性等作进一步的验证,从而为保护层位的设计提供了精度较高的地质剖面图件。施工中逐孔实测各排水孔的倾角、方位角,根据这些资料进行软弱夹层保护位置的计算,并在需要保护的夹层的上下界面各加长保护 50~70cm,作为安全余度。

(2)过滤体的改进

组合式过滤体的基本组装形式如前所述。在对二江安装的组合式过滤体较长时间的试验观测基础上,发现过滤体的软塑外包和内衬工业过滤布的渗透系数(k 值)较软塑外包工业过滤布,内衬尼龙筛网小 10 倍左右,而且后者在室内试验过程中 k 值的减小较前者慢很多。在对以上两种过滤体试件横切面的观察中,发现内外衬布者其软塑内层被阻塞的细泥较多,影响了过滤体的渗透性能和使用时间。因此,在后续三江的组装式过滤体的结构形式已经改为:软塑圆柱体中套包有 18 目尼龙筛网的硬塑滤水管,软塑圆柱体外包工业过滤布。这样就使过滤体本身成为一个外阻泥沙流失,内排渗水和细泥的体系。从而提高了组装式过滤体的滤水效果,并可延长过滤体的服役时间。

(3)过滤体各种材料的加工和组装

施工单位组织了专门的试验和生产班组,对软塑圆柱体成型,聚烯硬质塑料管的滤水孔眼及接头加工和过滤体组装工艺等进行了试验,制造了各种专用设备进行成批组装。按设计要求,加工好的过滤体各部件相应地按各孔号进行组装和存放,再根据施工进度安排运到现场,按孔号逐孔下入各个排水孔内,从而使施工安装得以顺利进行。

5.2.3 葛洲坝二期工程过滤体的使用情况

1986 年葛洲坝二期工程施工时,一期工程中的排水孔过滤体已经工作约 5 年,对 5 年的观测记录如扬压力水位、渗流量、排水孔内水质监测和淤积情况等数据分析,认为一期工程的保护措施效果良好。

1983 年为了检查排水孔内组合式过滤体的保护效果,先后从 20 几个排水孔内拔出了过滤体。经试验测定,组成过滤体的各项材料,除泡沫软塑料以外,其他几种材料均能重复使用。一期工程中使用的泡沫软塑料是不连续起泡的,在水中弹性小,组合式过滤体有脱壁现象。另外一期工程中泡沫软塑料与塑料花管之间的内衬层采用土工布,起拔试验发现其容易产生淤堵,造成过滤体渗透性下降。二期工程中,针对一期工程中组合式过滤体的使用情况,对组合式过滤体的结构形式进行了优化,将泡沫软塑料的生产工艺改为连续发泡,增强其在水中的回弹能力,将内衬土工布改为 18 目尼龙窗纱。

葛洲坝二期工程中,石门组地层中的断层破碎带及有坍孔可能的泥质胶结砾岩孔段用微孔塑料管或者改性聚丙烯硬质塑料花管外包有纺涤纶布作为排水孔保护措施。在五龙组地层中性状较差的断夹层中使用改进后的组合式过滤体进行保护,组合式过滤体总长度约 1 万米。

5.2.3.1 组合式过滤体的性能试验研究

自 1981 年葛洲坝一期工程投入运行以来，组合式过滤体最长运行时间已有 33 年。为了解过滤体在长期工程运行过程中性状与功能的变化情况，在 1983 年、1991 年、1995 年和 2005 年曾对部分基础排水孔的过滤体进行起拔检查。以下以 2005 年的起拔及回装检测试验成果为主，并与之前历次检测成果对比，介绍组合式过滤体的主要性能试验方法及变化情况。

(1) 2005 年检测试验情况简述

2005 年 9 月，在中国长江电力股份有限公司委托和配合下，长江科学院对拟定的 8 个排水孔过滤体进行了现场起拔和安装，并进行了现场取样。在室内对起拔后的 8 个过滤体进行了相关试验研究，以了解其目前的渗透性、穿透性、变形情况以及强度，对吸附在过滤体上的固体颗粒和排水孔口半固态析出物进行物理性质分析以及化学成分分析，对 8 个排水孔内的水质也进行了分析。在以上工作基础上，分析了过滤体工作状态，评价了排水孔的有效性，并提出了相应建议。

本次检测共进行了过滤体的渗透性、过滤体的变形及强度、过滤体的穿透性、固体颗粒沉积物分析、排水孔半固态析出物（前几次检查时习惯称为分泌物）的成分测定、排水孔水质分析、排水孔钻孔电视检测、改性聚丙烯滤水管的强度检测等 8 个方面的工作。为了使检测成果具有可比性，除了新增加的试验外，本次试验仍然沿用了组合式过滤体研制期间的检测方法和试验模型。

(2) 过滤体的渗透性检测

① 有纺土工布的渗透性

过滤体外包的有纺土工布其孔径为一些较规则的小矩形。用读数显微镜测量小矩形尺寸一般为 $0.18mm \times 0.09mm$，用标准砂筛分测得 $O_{95}=63\mu m$，与 1995 年（$0.18mm \times 0.08mm$，$O_{95}=76 \sim 100\mu m$）所测成果基本一致。本次测得土工布的渗透系数为 $4.85 \times 10^{-2} \sim 6.06 \times 10^{-2} cm/s$（详见表 4.3-37），与 1983 年、1991 年和 1995 年的测试成果基本在同一量级。

表 4.3-37　　　　　　　　　　外包有纺土工布渗透系数

检测时间	2005 年 10 月								1995.10	1991.3	1983.5
孔号	14-0-2	18-0-12	1-0-7	2-0-4	3-0-5	9-0-7	5-0-4	6-0-3			
渗透系数 $k(\times 10^{-2} cm/s)$	4.85	6.06	5.23	5.05	5.36	5.82	5.25	5.56	$i \times 10^{-2}$	$i \times 10^{-2}$	$i \times 10^{-1} \sim i \times 10^{-2}$

② 泡沫塑料渗透性

过滤体的泡沫塑料在无约束状态下的孔洞形状多为椭圆形。其最大孔径（长轴×短轴）为 $1.11mm \times 0.95mm$，最小孔径为 $0.15mm \times 0.13mm$，平均为 $0.35mm \times 0.65mm$（表 4.3-38）。与以往 3 次检测结果相当。泡沫塑料渗透性在内径 178mm 垂直渗透仪内测定（图 4.3-53），截取高 10cm 的过滤体泡沫塑料，中间圆孔插入 $\varphi 75mm$ 的光滑塑料筒进行试验。试验中泡沫塑料的内外圈均采用水泥护壁止水。用不同压力将塑料压至不同厚度，测定其相应渗透系数，得出其渗透系数—厚度压缩率关系曲线（图 4.3-53）。可以看出，在无压缩条件下，泡沫塑料的渗透系数在 $i \times 10^{0} \sim i \times 10^{-1} cm/s$ 范围内，随着压缩变形的逐渐增大，渗透系数逐渐减小。当压缩至原厚 40% 时，渗透系数仍在 $i \times 10^{-2} cm/s$ 量级内，与 1995 年的结果基本一致。

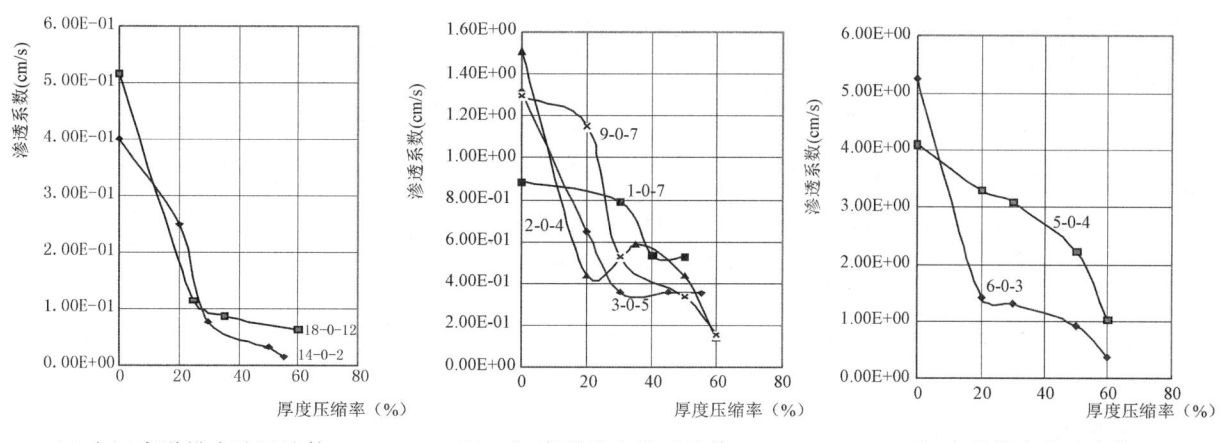

(a) 大江廊道排水孔过滤体　　(b) 二江廊道排水孔过滤体　　(c) 三江廊道排水孔过滤体

图 4.3-53　泡沫塑料渗透系数-压缩率关系图

表 4.3-38　　　　　　　　　　　　泡沫塑料孔径

检测时间	2005 年 10 月									1995.10	1991.3	1983.5
孔号	14−0−2	18−0−12	1−0−7	2−0−4	3−0−5	9−0−7	5−0−4	6−0−3	平均值			
D_{min}/mm	0.12	0.13	0.18	0.22	0.24	0.21	0.20	0.19	0.19	0.21	0.20	0.20
D_{max}/mm	0.63	0.58	0.91	0.75	0.95	1.12	0.88	0.93	0.84	0.86	0.74	0.70
D_{cp}/mm	0.38	0.36	0.55	0.48	0.60	0.65	0.54	0.55	0.51	0.53	0.49	
$d_{一般}$ (mm)	0.31~0.56	0.28~0.50	0.35~0.63	0.29~0.57	0.36~0.66	0.37~0.71	0.28~0.59	0.27~0.61	0.31~0.60	0.36~0.62	0.30~0.62	0.40~0.60

③组装式过滤体的渗透性测试

上面是分别对有纺土工布、泡沫塑料的渗透性测试，本试验是测定过滤体在排水孔实际运行工况条件下的渗透性。试验按裘布依有压完整井处理，试验装置见图 4.3-54。试样均用实际过滤体结构及实际径向尺寸，长度为 34cm，上下底均用环氧树脂密封。试验测得各孔组装式过滤体的渗透系数列于表 4.3-39。试验成果表明，目前过滤体的渗透性与运用初期没有明显变化。

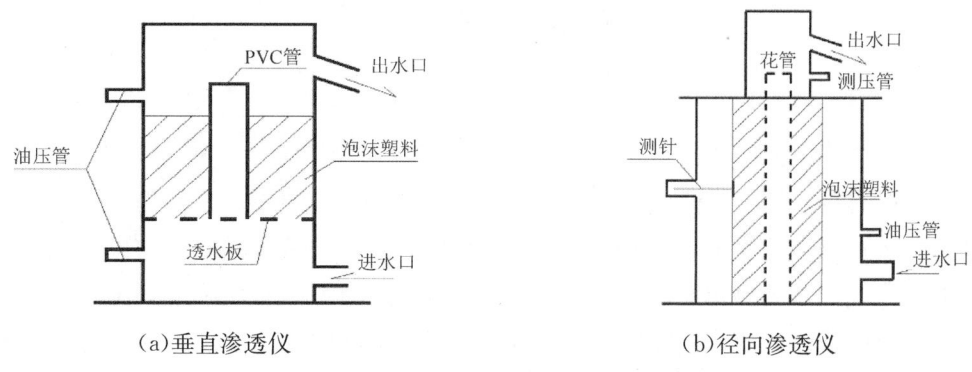

(a) 垂直渗透仪　　　　　(b) 径向渗透仪

图 4.3-54　泡沫塑料渗透试验设备示意图

表 4.3-39 过滤体渗透系数

检测时间	2005 年 10 月								1995.10	1991.3	1983.5
孔号	14—0—2	18—0—12	1—0—7	2—0—4	3—0—5	9—0—7	5—0—4	6—0—3			
渗透系数 k(cm/s)	4.02 1~10	2.65 1~10	3.20 1~10	5.07 1~10	5.17 1~10	6.83 1~10	5.32 1~10	4.73 1~10	1~10	1~10	1~10

由以上实验结果可知,组装式过滤体不论是其组装材料、还是组装的过滤体,渗透性在运用 20 多年后基本没有变化。

(3)过滤体变形性及强度检测

过滤体的变形性能及外包有纺布的强度变化反映了各自的老化程度,关系着过滤体的使用寿命和对排水孔内剪切带的保护效果。

①组装式过滤体的径向变形

试验装置见图 4.3-54。试验制备方法与渗透性试验基本相同,仅在过滤体外包土工布上缝上一细钢针,以观测径向变形。

由于过滤体渗透性较大(10^{-1}~10^{-2} cm/s),当压力水箱提升 3~4m 时,过滤体内形成的水头差仅为 2~10cm,故观测不到变形的发生。按照 1995 年检测试验中的做法,在每个试验中都从上游吊桶中缓慢地加入了 5g 壤土(粒径<0.5mm),以补偿因固体颗粒沉积物分析取样而被刮走的颗粒,并在土工布上涂刷粒径<0.5mm 的壤土泥浆,但仍不能形成较大的水头差。最后采用减小下游排水孔直径的方法,才获得 1m 以上的水头差。试验结果示于图 4.3-55。

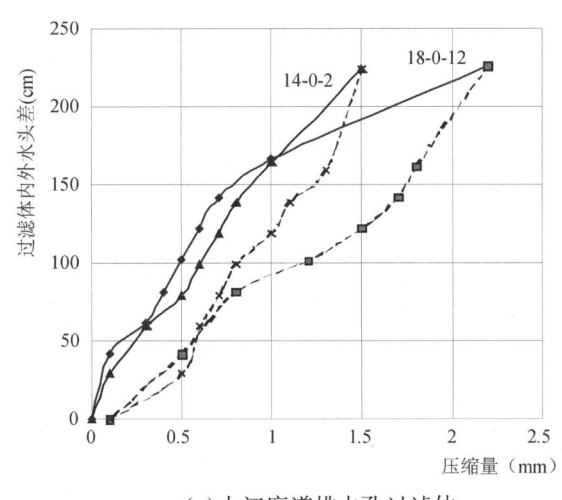

(a)大江廊道排水孔过滤体　　　　(b)二江廊道排水孔过滤体

图 4.3-55　过滤体径向变形曲线(图中实线为升压曲线,虚线为降压曲线)

过滤体径向变形试验表明:过滤体承受 1m 左右水头重复试验,其最大变形不超过 3mm,且有 4 个试样未观测到变形;当过滤体承受 10cm 左右水头作用时,若为清水渗透,过滤体难以形成水头差,变形亦几乎观测不到。与 1995 年结果相比,变形量减少了,分析其原因,一方面可能是材料有继续老化现象,另一方面,可能是试验中缠绕过滤体松紧程度差别所致。但无论怎样,过滤体卸载后残余变形很小,表明过滤体还是能很好地保护泥化夹层,起拔过程以及电视检测也说明了这一点。

实际工程中过滤体会发生径向变形,一方面决定于过滤体本身的材料性状,另一方面还取决于实际渗透压力的分布（过滤体所承受的渗透水头）。在葛洲坝特定的工程地质和水文地质条件下，排水孔的灌淤过程是很缓慢的。过滤体的渗透性将不会有明显变化（渗透性试验已经证实）。目前过滤体的渗透系数仍在 $10^{-1} \sim 10^{-2}$ cm/s 的范围内，较之其周围介质（黏土质粉砂岩）的渗透性要大 3 个量级以上。可见，过滤体会承受的作用水头很小，不会发生大的变形。

②泡沫塑料的垂直变形

试验在 Φ180mm 有机玻璃筒中进行，截取高 10cm 的过滤体泡沫塑料（泡沫塑料面积 204cm²，厚 10cm，浸水呈湿润状态），中间圆孔插入 Φ75mm 的光滑塑料筒。相当于有侧限压缩试验。试验成果见图 4.3-56。从图中的升压曲线可以看到，当应变超过 10% 时，曲线变缓、应变渐大，说明泡沫塑料接近屈服点；当应变到 40%～50% 时，曲线又变陡、应变增幅渐小，预示着已近于压缩极限。退压曲线表明，当压力取消后，仅有 10% 左右的残余变形，这些试验结果与 1995 年检测的试验结果是基本相同的，说明自上次检测后 10 年来，泡沫塑料的弹性未发生明显变化。

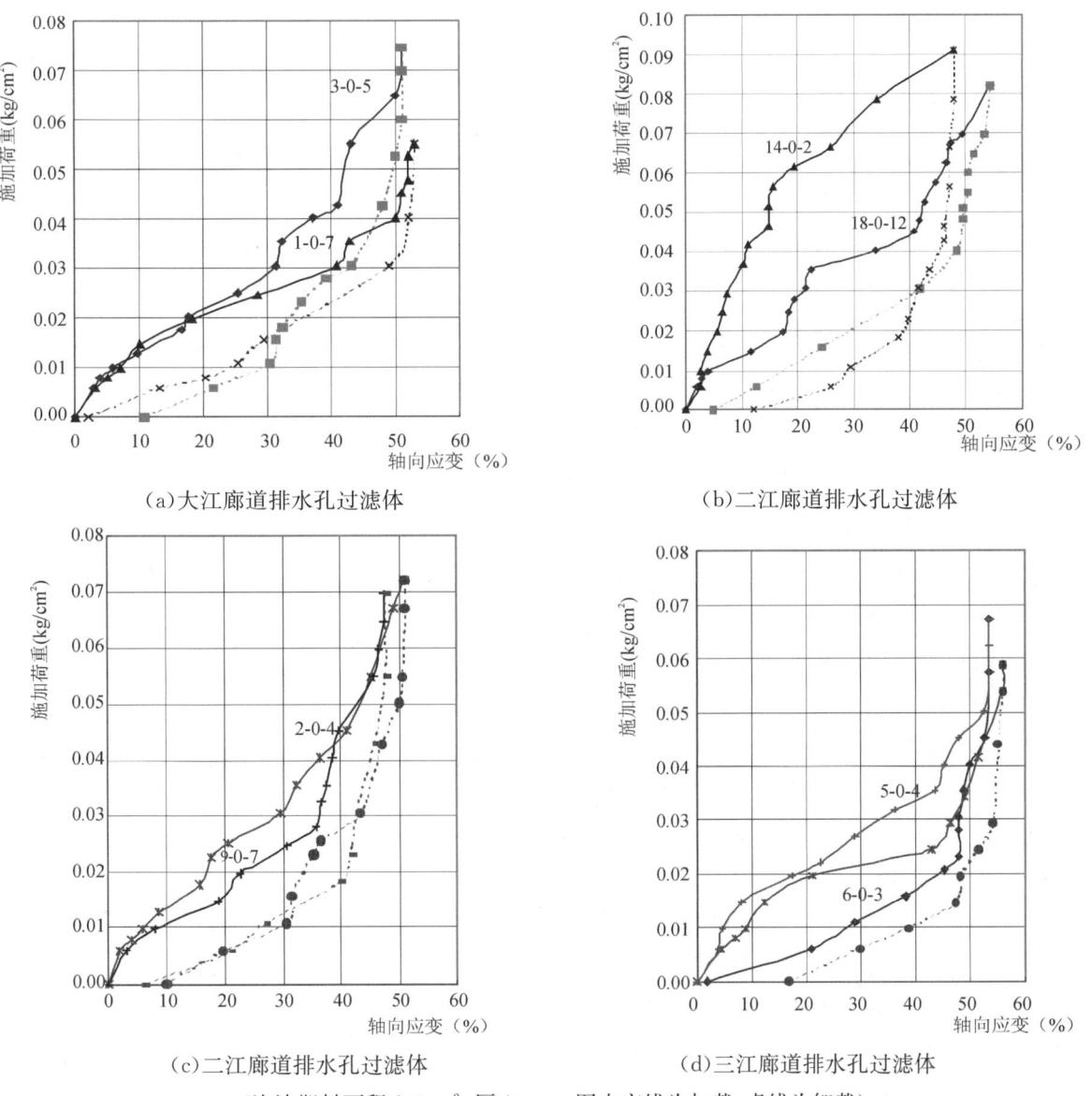

（泡沫塑料面积 204cm²，厚 10cm。图中实线为加载，虚线为卸载）

图 4.3-56　泡沫塑料垂直变形试验应力应变曲线

③有纺土工布的抗拉强度

土工布的抗拉强度按"土工合成材料测试手册"所推荐的方法在土工合成材料综合测试仪上进行。试验成果见表 4.3-40，表中还列入了生产厂家给出的抗拉强度及 1991、1995 年的试验成果。由此可知，运行 15 年后即 1995 年的土工布强度比出厂时新样强度降低 6.5%～11.4%，而 2005 年检测土工布的强度比出厂时新样强度降低 11.95%～18.64%，说明在弱碱性的环境下，土工布的强度在逐渐降低，根据起拔和安装过滤体的情况看，起拔出来的土工布没有破损或撕裂，还可继续使用。

表 4.3-40　　　　　　　　　　过滤体外包有纺土工布抗拉强度

检测时间	厂家值	2005 年 10 月									1995.10 均值	1991.3
孔号		14-0-2	18-0-12	1-0-7	2-0-4	3-0-5	9-0-7	5-0-4	6-0-3	平均值		
径向抗拉强度 N/5cm	1604	1390	1123	1442	1237	1339	1254	12232	1427	1305	1500	1329
径向拉强减少量		13.3%	29.9%	10.01%	22.89%	16.52%	21.82%	23.75%	11.03%	18.64%	6.5%	17.14%
纬向抗拉强度 N/5cm	1367	1143	1006	1265	1257	1407	1222	1331	1405	1204	1212	1183
纬向拉强减少量		16.4%	26.4%	7.46%	8.05%	-2.9%	10.61%	2.63%	-2.78%	11.95%	11.33%	13.46%

④改性聚丙烯滤水管的强度检测

改性聚丙烯滤水管的强度试验在土工合成材料综合测试仪上进行。分别对花管段和接头段进行了 2 组测试。由于测试仪夹具不能直接夹取管材样品，先采用铁丝穿在花管孔内，然后将铁丝夹在试验机上夹具中进行拉伸试验，试验中都是铁丝被拉断或铁丝所在的花管孔产生过大的变形而结束试验。结果表明，花管段承受 9kN 的拉力仍未遭破坏，而接头段在承受 5kN 的拉力下丝口未发生错位或滑动。说明在目前的使用环境下（过滤体起拔过程中，管接头和花管承担的拉力小于 5kN），改性聚丙烯滤水管经过 25 年的使用仍具有足够的强度，可以继续使用。

(4) 组合式过滤体的穿透性

一期工程在渗透水头作用下，地基可能发生细粒的冲刷。其中较细的颗粒是不能用滤层来防止的，否则将导致滤层的淤堵。为此，组装式过滤体应允许 0.1mm 以下的土颗粒通过。本项试验将对运行 25 年后的过滤体穿透性进行检验。

①泡沫塑料穿透性

取 0.1mm 以下的壤土土料，加水搅拌均匀至浓度为 30g/L 泥浆，在图 4.3-54(b) 所示的仪器中从上至下倒入泡沫塑料中，然后进行从上至下的渗透试验，水头差约 5cm，待渗透水变清后停止试验，观测泡沫塑料内部，没有发现残留的泥浆，表明泥浆均可全部通过泡沫塑料层，泡沫塑料有较好的穿透性。说明它不承担反滤作用，而只起支撑外包土工布的作用。

②泡沫塑料加土工布的穿透性

试验条件同前节，并在泡沫塑料上加铺土工布。试验成果表明，有 10%～15% 的土粒停留在土工布上,说明土工布一方面允许细的颗粒通过,同时也保护了一部分较粗的颗粒,起到了反滤作用。

③组装式过滤体的穿透性

试验装置与图 4.3-54(b)所示组装式过滤体的径向渗透系数试验装置相同。试验用水中掺有粒径<0.1mm 红褐色土壤土,浓度约为 12g/L。试验开始后排水口出水迅速变红,3～5min 后开始逐渐澄清,10min 后上下游水流均已完全澄清,继续通水 30min 后停止供水,拆开过滤体,未发现泡沫塑料上有附着土粒或泡沫塑料颜色的变化。该试验表明,粒径小于 0.1mm 的土颗粒均能顺利穿透过滤体,与原设计要求一致。

(5)固体颗粒沉积物分析

起拔过滤体时看到,过滤体外包土工布上附着固体颗粒有两类,一为红褐色颗粒,另一为黑色、灰黑色颗粒。这些固体颗粒可能是起拔过程中与孔壁摩擦所带出的少量岩屑或剪切带物质,也可能是渗透水中所带细粒停留在外包土工布上。在泡沫塑料中也可收集到少量细颗粒。其中大江 18－0－12 号孔过滤体外包土工布和花管内均有较多黄色砂状固体颗粒。将 8 组过滤体外包土工布及泡沫塑料中的固体颗粒收集进行矿化分析,其成果列于表 4.3-41。

表 4.3-41　　　　　　葛洲坝排水孔过滤体固体颗粒沉积物试验成果表

编号	矿 物 成 分(%)							
	伊利石	绿泥石	高岭石	滑石	方解石	石英	长石	白云石
14－0－2	5	7		15	20	40	3	10
18－0－12					80	5	2	3
18－0－12(花管内)				10	80	5		5
1－0－7	20	15			25	25	15	
2－0－4	10	15			15	25	15	20
9－0－7	其他为非晶物相				5	5		
3－0－5	20	15			25	35	5	
5－0－4	30	25			15	25	5	
6－0－3	20	20			25	30	5	

注:黏土矿物结晶较差。绿泥石相包含蒙脱石类矿物

表 4.3-41 的成果说明,这些附着颗粒主要为岩石碎屑。其物质成分与这些排水孔穿越的岩体中欲保护的剪切带基本相同。

(6)排水孔半固态析出物的成分测定

水库蓄水后,有渗水的排水孔口大多数沉淀有不同色泽的凝胶状分泌物。1991 年曾对此进行过光层半定量分析,发现主要元素为 Si、Fe、Ca、Mg 等。分析认为它们在排水孔中含量均不高,不经蒸发、浓缩难以沉淀析出,一般不会造成排水孔的化学淤堵。

1995 年检测时,半固态分泌物的孔数及分泌物的数量均有所减少,已难取足够的样品。本次检测所能取到的孔口分泌物更少,单个取样地段所取的样品已经不能满足试验分析所需量,因此将所有取到的孔口分泌物合成一个样进行试验研究,试验成果见表 4.3-42。试验分析主要成分为 Fe、Ca,1995 年检测的几种元素中主要成分也为 Fe、Ca。Fe 来源于铁管的腐蚀所致,即在深部缺氧的还原条件下以二价铁

存在于水中,至孔口则被氧化脱水以铁的氢氧化物凝胶形式沉淀于孔口;Ca 则是可溶性钙随水流至孔口,因压力减少逸出 CO_2,并以 $CaCO_3$ 形式出现。2005 年所测得的主要成分含量在 1995 年检测结果范围内。

表 4.3-42　　　　　　　　排水孔孔口半固态析出物分析试验成果表(%)

成分	K	Na	Ca	Mg	Fe	Al	Mn	Sr	SiO_2
2005 年	0.28	0.92	5.58	0.43	5.16	0.00	0.02	0.06	0.26
1995 年	/	/	1.13～38.46	/	0.8～12.9	0.01～1.09	/	/	0.03～0.69

注:因所取试样极少,将所收集的试样全部合成一个试样进行试验

(7)排水孔水质分析

对 8 个排水孔取水样进行分析,成果列于表 4.3-43。检查 8 个排水孔的水质,其主要成分与以前检查分析结果大致相近,水质为 $HCO_3-SO_4-(Cl)-Na$ 型或 $CO_3-SO_4-(Cl)-Na$ 型。大江和三江所取水样的矿化度与 1995 年检测基本一致,而二江水样的矿化度较 1995 年有所上升,考虑到现场取样时二江廊道的排水孔孔口大多无水,孔内水位多在距孔口 0.5～3m 左右,初步判断可能是由于二江廊道下的排水孔水循环较为不畅,同时因某种原因新补充进来的水量很少,而孔内壁上裂隙和软弱夹层上的固体颗粒不断进入水体中,其可溶部分不断溶解,随着孔内水不断蒸发,造成水中各离子浓度增大,矿化度增高。

应该指出,对固体颗粒、半固态分泌物及水质的试验分析,由于检查对象(孔数)少、样品少,加之取样点与以前的检查孔号不一致,因此分析难度较大,降低了时间上的可比性。以上作出的分析只能是初步定性的。

(8)排水孔钻孔电视检测

在现场抽查起拔过滤体时,对 8 个排水孔进行了全孔壁成像检查,重点在于检测排水孔中软弱夹层的状态。共完成了 8 个孔共计 160m 的全孔壁成像数据采集工作。

钻孔电视成像结果表明:

①钻孔深度除个别排水孔外,基本没有变化,表明孔壁没有发生较明显的坍落、错位现象;

②各个钻孔中贯穿的软弱夹层,基本没有发现明显的变化,有的夹层尚生长有青苔,无扰动痕迹,有的夹层内裂隙面尚可见到挤凸状的泥膜,没有发现冲刷破坏的痕迹,也没有发现垮塌、流失等破坏现象;

表 4.3-43　葛洲坝基础排水孔水质分析试验成果

部位	孔号	电导率 ×100 (μs/cm)	氧化还原电位 ×100 (mv)	PH	K^+	Na^+	Ca^{2+}	Mg^{2+}	Fe^{3+}	Cl^-	S_iO_4	HCO^{3+}	CO_3^{2-}	OH^-	可溶性 SiO_2	游离 CO_2	侵蚀 CO_2	总溶解固体	矿化度
										mg/l									
大江	14—0—2	3.1	2.3	11.00	29.82	42.76	1.74	0.00	8.21	14.13	32.61	0.00	56.08	1.78	13.28	0.00	2.28	220	202
	18—0—12	3.0	2.4	10.15	19.88	26.25	13.78	0.08	1.30	13.04	30.44	0.00	56.08	5.30	19.67	0.00	0.00	188	186
二江	1—0—7	11.0	1.8	10.15	5.96	27.81	0.83	0.00	30.33	206.6	369.6	28.51	62.31	0.00	10.44	0.00	21.7	1020	996
	2—0—4	25.0	1.6	9.45	7.34	585.9	14.05	2.34	31.35	173.9	1239	63.36	6.23	0.00	6.17	0.00	0.00	2147	2131
	3—0—5	11.5	1.7	9.80	3.15	284.7	1.28	0.50	11.59	76.09	782.6	57.03	49.85	0.00	14.23	0.00	18.28	1305	1285
	9—0—7	14.0	1.8	9.95	3.71	357.7	2.88	0.48	6.37	135.9	543.5	38.02	43.62	0.00	10.25	0.00	14.85	1179	1145
三江	5—0—4	5.1	1.3	9.10	1.27	142.0	1.77	0.89	3.17	25.00	58.70	199.6	37.39	0.00	12.89	0.00	13.71	520	486
	6—0—3	5.1	1.3	9.28	2.99	131.1	2.84	1.27	5.30	28.26	76.09	171.1	24.93	0.00	21.58	0.00	11.42	501	478

③观察到 F5、F9 等 2 处断层带。F9 断层带位于三江冲砂闸护坦一级坎廊道 5-0-4 孔中 11.62~13.39m 的粉砂岩中,岩石比较破碎,在断层带的上下岩层中发育有裂隙。F5 断层带位于二江泄水闸防渗板 9-0-7 孔内 6.78m~6.99m 深度范围内,断层呈碎屑角砾岩,孔壁比较完整。

5.2.4 结论及建议

根据 2005 年对组合式过滤体起拔检测试验成果及与历年来的检测成果比较,可以得出如下主要结论:

(1)组装式过滤体不论是其组装材料,还是组装后过滤体,在运用二十多年以后,没有发现明显的淤堵现象,渗透性基本没有变化(仍为 10^{-1}~10^{-2}cm/s),透水性能良好,性能稳定。

(2)过滤体仍有较好的弹性,2005 年检测时间距离葛洲坝排水孔过滤体安装时间已经有 20~25 年,土工布的强度较出厂新样时降低 11.95%~18.64%,相比 1995 年(距过滤体安装时间 10~15 年)的测试中土工布强度比出厂时新样强度降低 6.5%~11.4%,说明土工布强度还在降低。但仍然具有足够的强度,满足排水孔的使用要求。此外,由相关研究可知,在避免阳光条件下,土工布运用 30 年以上不会影响其使用效果。因此,可认为组装式过滤体尚有一定的使用寿命。

(3)试验表明,组装式过滤体的穿透能力仍可满足原要求。

(4)起拔后停留在过滤体外包土工布上的固体颗粒较少。

(5)排水孔口的半固态析出物,其主要成分与以前检查基本相同,但数量已明显减少。排水孔渗出水的水质变化不大。

(6)电视检查结果表明:排水孔孔底沉渣较少,孔壁较完整,泥化夹层性状稳定,过滤体对其起到了很好的保护作用。

基于上述试验成果可以认为,组装式过滤体的性能没有大的变化,可以继续使用。

参考文献

[1]包承纲,陈云敏主编.第一届全国环境与土工合成材料学术会议论文集[C].杭州,浙江大学出版社,2002.

[2]顾淦臣.土工膜用于堤坝防渗工程综述[A].包承纲、杨光熙,土工合成材料防渗反滤和排水技术的研究与实践[C].武汉:武汉出版社,2001:11-21.

[3]包承纲.三峡二期围堰若干关键技术问题的解决[J].中国三峡建设,1999(5):32-36.

[4]Rollin,A. L. et al.陆士强,王钊译校.糙面高密度聚乙烯土工膜的摩擦角[J].土工基础,1995,增刊.

[5]Budiman,J.(美).高小川,王钊译校.温度对土工膜力学特性的影响[J].土工基础,1995(增刊):210~213.

[6]Grioud J. P. (1996a). The lessons learnd from failures associated with geosynthetics[C]. '96. Canada,May 1996.

[7]陆士强,王钊,刘祖德.土工合成材料应用原理[M].北京:水利电力出版社,1994.

[8]Benneton. J. P(德).PVC-P 土工膜在浸水 10 年试验中的性状[J].土工基础,1995(增刊):224-229.

[9]Marcotte M et al(加).詹永久,王钊译校.高密度聚乙烯接缝强度的长期评定,土工基础,1995(增刊):230-234.

[10]Grioud J. P and Gross. B. A. Geotextile Filters For Downstream Drain and Upstream Slope[J].

Valeros Dam,France,Geosynthetics case Histories,ISSMFE,March,1993:2-3.

[11] Bernhard,C et al（法）.蒋刚,王钊译校.土工膜耐久性的实验室和现场研究[J].土工基础,1995(增刊):235-239.

[12] Pierson,P. & Pelte. Th,王协群,陆士强译校.土工膜水的渗透:机理和测量[J].土工基础,1995(增刊):187-190.

[13] 沈长松等.复合土工膜自然老化特性及抗拉强度变化规律研究[A].土工合成材料防渗反滤和排水技术的研究与实践[C].武汉:武汉出版社,2001:67-73.

[14] Sembenelli P. G. Geomembranes for Dams,2012. 3 Milano,Italy,2007.

[15] Yoshikoshi,H 和 Masuda,T,康顺祥,陆士强译校.土工膜在水库中的应用[J].土工基础,1995(增刊):164-169.

[16] 包承纲.土工合成材料应用原理与工程实践[M].北京:中国水利水电出版社,2008.

[17] 任大春,张伟.复合土工膜的试验技术和作用机理[J].岩土工程学报,20(1),1998:10-13.

[18]《水利水电工程土工合成材料应用技术规范》（修订稿）,2005,北京.

[19] Hsin Yu Shan et al. 水化液体对土工织物黏土垫层水力特性的影响[J]. Geofexfile and Geomembranes,2002(20)(中译文载于＜水利科技译文集＞2002. 3,顿素芳,张朱军译校).

[20] Bouazza,A [澳大利亚].土工织物黏土垫层[J]. Geofexfile and Geomembrames,2002(20),(中译文原载水利科技译文集,2002(3),康国强、张朱军译校).

[21] Koerner R. M. Designing with geosynthetics,5th ed. 2005.

[22] 蒋晓刚.垂直埋设防渗土工膜技术的研究与应用[A].全国第六届土工合成材料学术会议论文集,2004:72-82.

[23] Cazzuffi,DA,Mazzucato,A,Moraci. N,et al,New test apparatus for the study of geotextiles behaviour as filters in unsteady flow condition[J]. Geotextiles and Geomenbrarces,1999,17(5):313-329.

[24] 长江水利委员会长江科学院,水利部岩土力学与工程重点实验室.堤防工程减压井淤堵及其应对措施研究[R]. 2006.

[25] 王殿武.土工织物防护工程反滤准则试验研究[R].辽宁省水利科研院,2003.

[26] 胡丹兵,陆士强等.土工织物反滤层透水性设计准则[J].岩土工程学报,1994,(3):93-101.

[27] 王海清,苏迪,王晓蕾.土工合成材料在加固和反滤应用中的几个问题[A].全国第五届土工合成材料学术会议论文集[C].香港:现代知识出版社,2000:182-195.

[28] 束一鸣.用于粉质黏土堤反滤的针刺织物淤堵试验[A].王钊,陆士强.全国第五届土工合成材料学术会议论文集[C].香港:现代知识出版社,2000:717-720.

[29] 陈轮,章朝霞.土工织物反滤层的淤堵机理和判定准则研究初探[A].土工合成材料防渗反滤和排水技术的研究与实践[C].武汉:武汉出版社,2001:360-365.

[30] Atmatzidis,DK,Chrysikos,Panagiotidi,EK,& Skara,M. N. On the measurement of Pore sizes for nonwoven polypropylene geotextiles[C]. Proc. 8th Interna. Conf. On Geosynthetics Vol:2,2006:553-556.

[31] 王钊主编.国外土工合成材料的应用研究[M].香港:现代知识出版社,2002.

[32] 陈轮,许齐,易华强,庄艳峰.往复水流条件下土工织物反滤系统渗透稳定性模拟试验研究[R].北

京:清华大学水利系,2006.

[33] Girord J P. Granular Filfer and Geofexfile Filfers[C]. Proc of GeoFilfers 96, Canada, May1996: 565-680.

[34] 王成毅等. 无纺土工布孔隙分布的几个问题——图像处理技术的应用, 全国第四届土工合成材料学术会议论文集 11-15、1996.

[35] Giroud, J. P. Granular filters and Geotextile Filters[C]. Proceeding of Geofilters '96 Montreal, Canada, May 1996.

[36] 包承纲. 堤防工程土工合成材料应用技术[M]. 北京:水利水电出版社,1999.

[37] Fourie A B, Addis P C. Changes in filtration opening size of woven geotextiles Sabjected to tensile loads[J]. Geotextile and Geomembranes,17(5):1999.

[38] 刘宗耀. 再论关于抢护"喷沙管涌"险情的方法[A]. 第七届全国土工合成材料学术讨论会论文集[C]. 上海:2008.

[39] Giroud J P. The lessons learned from failures associaled with Geosynthetics[A]. 中国第五届土工合成材料学术会议海外国外论文集[C]. 宜昌(中译本:本国第五届土工合成材料学术会议后续论文集 12-55, 包伟力, 周小文译),2000.

[40] Legge, K R, et al. 吴昌瑜,张家发译校. 土工织物在土石坝反滤层和过渡带中的应用[J]. 土工基础,1995(增刊):26-31.

[41] Mynnarek,J et al. 张伟,龙文九译校. 用于农业地下排水中土工织物的长期有效性[J]. 土工基础,1995(增刊):111-115.

[42] Wilson-Fahmy, R F Koerner, George R. Geotextile filter design crilique, ASTM Special Technical Publicafion,1281,1996,132-161.

[43] Fannin R. J. & Vaid . Y. P. Interpretation of Gradient Ratio Test Results[C]. 5th International conf. on Geotextiles Geomenbrances and Related Products,1994,Vol.Ⅱ:673-676.

[44] Fannin R J shi Y C et al. Permiability reguirements for geofexfile filter design[C]. 6th Inter. Conf. on Geosynthetics,1998,1009-1012.

第五篇

土工专题研究

第1章　基岩软弱夹层残余强度问题研究

1　概述

坝基软弱夹层是水电工程建设中较为普遍而又十分重要的一个工程地质问题。实际工程中,由于对其性质研究不够或处理措施不当,导致工程失事或停工修改设计的事例时有发生[1]。著名的葛洲坝工程在开工初期就被迫停工,其中一个很重要的原因,即是在二江泄水闸的基础下发现有多条软弱泥化夹层,这些软弱夹层的工程特性以及长期演变趋势,成为工程安全关注的问题。[2][3]从某种意义上讲,坝基软弱夹层的工程特性研究,实质上最关键的内容即是黏性土的强度,尤其是残余强度及其演化规律的研究。

黏性土残余强度的研究历史,几乎贯穿整个土力学的发展过程。早在20世纪30年代,太沙基等人便发现了土体破坏后抗剪强度衰减的现象。伏斯列夫等人还专门设计研制了环形剪切仪以测定原状黏土的残余强度,并介绍过残余强度的概念及其意义。但是,在以后相当长的时期中,峰后的强度衰减现象并没有引起人们的足够重视。这主要是因为当时还无法将残余强度的概念与实际工程联系起来,同时,试验手段过于复杂、简化模拟的试验方法又未找到,这些都使得该理论的研究工作难以进行。直到1964年,斯开普顿[4]才首次在第四次朗金讲座中结合某些工程实例,阐明了残余强度的概念及试验方法,并初步探讨了有关机理。他证明,对大多数超固结黏土的滑坡区,滑动面上的强度都已下降到残余强度值,据此进行的超固结黏土边坡的长期稳定分析取得了成功,为残余强度运用于实际工程开创了先例,给残余强度研究赋予了实用意义。从此,国际上有关残余强度的研究得到迅速发展,研究人员提出了许多残余强度的研究理论和试验方法,尤其在20世纪80年代中期,残余强度理论更成为黏土抗剪强度理论研究中发展最快的一个分支[5]—[7]。

有关土的残余强度机理,或说是土的峰后强度降低现象的机理,伏斯列夫最早于1960年提出了剪切区颗粒定向的看法。1964年,斯开普顿[4]把颗粒定向与残余强度联系起来,他提出强度从峰值下降的主要原因,是由于存在一些薄条带或区域,其中黏土的片状颗粒是按剪切方向排列的,这种定向区域可能在较小应变时即开始出现,但只有在受到较大的剪应变时,才形成颗粒几乎完全定向的连续带。1971年,毕肖普对土体峰值后的强度降低现象概括为三种因素:①剪切面颗粒的剪胀;②滑动面附近颗粒的定向排列;③颗粒与团粒之间的胶结作用的破坏。同时,有资料显示,当法向有效应力较低时,抗剪强度的衰减主要是由于黏性连接的破坏;而在较高的法向有效应力下,则主要是由于颗粒的定向排列。至此,可以认为,土体峰后强度降低现象的机理已基本阐明。

在残余强度及其影响因素的研究方面,研究学者提出了各自的看法。斯开普顿[4]最早认为,影响残余强度的主要因素是黏粒含量,并引用残余强度与黏粒含量的关系图加以说明。以后,肯尼[8]又提出:天然土的残余强度主要取决于矿物成分,在较小的程度上取决于体系化学的特性和法向有效应力的大小等因素,而与土的塑性和粒径大小无关。同时他认为黏土矿物的类型是控制强度的主要因素。此外,还有研究学者分别建立了残余强度与塑性指数、含水率等因素的相互关系。

我国的残余强度研究工作,始于20世纪五六十年代,至20世纪80年代末至90年代,已成功地解决了葛洲坝、小浪底、彭水、高坝洲、皂市、亭子口等大中型水利水电工程的坝基软弱夹层的技术难题,在残余强度机理、试验方法及残余强度的影响因素等方面,均取得了丰硕的研究成果[9]—[14]。

2 基岩软弱夹层的成因、分类及基本特性

2.1 软弱夹层的成因

软弱夹层通常是指岩体中模量与强度远低于上下岩盘的,具有软化甚至泥化现象的软弱层带。这类软弱层带由于其自身所含有的黏土矿物等高分散物质,或原生矿物的蚀变,在地下水的渗透和化学作用下,已形成厚几毫米乃至几十毫米的泥化夹层。这些夹层的力学性能、渗流特性以及在地下水作用下长期演变趋势,是工程技术人员所关注的问题。

软弱夹层的成因是复杂多样的。从宏观上讲,软弱夹层的形成是地壳构造运动中物理化学作用的产物,是地表岩体中相对软弱的岩层(如灰岩、粉砂岩中所夹的页岩、泥岩等)在地质构造力的作用下,受到剪切、挤压、错动,破坏了岩层的完整性和致密性,形成了一系列构造裂隙或构造破碎带,同时由于地下水的不断侵蚀,使其产生化学变化,最终导致原岩体结构的重新组合,形成与地质构造力作用相适应的新结构面——软弱夹层。

从微观上讲,由于上述剪切破碎带中的矿物成分受地下水作用,部分盐类溶失或高分散颗粒对水分子的吸附作用,使颗粒间的胶结能力降低,夹层物质的化学活性逐渐恢复和增强,最终使结构连接能力和土的抗剪强度降低。外力作用使剪切位移增大,剪切破碎带颗粒不断碾磨变细,促使泥化夹层形成。

2.2 软弱夹层的分类及主要工程地质特征

软弱夹层工程分类目的是为了将不同性状的夹层加以区分,以反映各类夹层的强度特性和地质特征,并用于工程设计和施工。目前,工程中一般根据软弱夹层的成因、岩性、产状等进行分类,这些分类方法具有一定的代表性和实用性,不足的是它们或仅以宏观地质因素分类,或仅以粒度分类,均具有一定的局限性。同时这些分类方法多为定性分类,很少与具体物理量(如抗剪强度)联系。因此,本章拟在总结以往工程分类方法的基础上,结合具体工程实例,探讨一种按照夹层地质构造和基本物理性指标进行分类的方法。

2.2.1 工程常用分类法

2.2.1.1 按软弱夹层的成因分类

工程实践中将软弱夹层分为:原生软弱夹层和构造软弱夹层,其典型特征分述如下:

(1)原生软弱夹层

原生软弱夹层是指在母岩形成过程中即夹有的高黏粒含量、高分散物质、胶结性差、力学强度低的岩层。常见的如砂岩夹页岩、泥质页岩、砂岩夹黏土岩;灰岩、白云岩夹泥灰岩和灰质页岩;变质岩中的绢云母、绿泥石富集带等。其结构特征是分带性明显,各层带的物理、力学形状差异显著,层位分布连续,有明显的错动面。如葛洲坝工程的 $202^\#$ 夹层、皂市水利枢纽的Ⅲ $305^\#$ 夹层等。

(2)构造软弱夹层

构造软弱夹层是指母岩经构造力作用,沿层间软弱结构面所形成的软弱夹层,这类软弱夹层由于比原生软弱夹层经历了更大的剪切错动和挤压作用,因此,其结构更加复杂,裂隙发育,具分带性,剪切面上颗粒更加细腻。由于构造运动的多期性,使剪切错动带受到多次改造,分带的界限更加模糊。现场观察更像是母岩的碎屑夹层。长期的地质应力作用使夹层受到近似于天然地基土的超固结作用,从而使夹层

在变形和力学强度方面表现出某些超固结土体的特性。该类夹层的代表如清江高坝洲水利枢纽的 319# 夹层、四川彭水长溪坝址的 504# 夹层等(如图 5.1-1)。

此外,还有将软弱夹层细分为次生软弱夹层的,次生软弱夹层是相对于原生软弱夹层而言的,它是由原生软弱夹层进一步风化、泥化而成的层带,其黏粒含量和含水率均较高,性状较差。

2.2.1.2 按原岩的岩性和泥化物成因分类

图 5.1-1 彭水长溪坝址 2# 平硐内的 504# 夹层

工程中将软弱夹层分为沉积岩中或火成岩中的泥化夹层两类。沉积岩中的泥化夹层包括泥质岩和非泥质岩夹层;火成岩中的泥化夹层主要为岩浆顺层侵入造成,如四川铜街子的玄武岩夹凝灰岩软弱夹层等。火成岩中的泥化夹层可归为非泥质岩夹层一类。

泥质岩泥化夹层,包括:①砂岩夹页岩、砂岩夹黏土岩泥化夹层;②灰岩夹泥灰岩、泥质页岩等组合形成的各类夹层。特点是夹层物质中含黏土矿物等高分散物质,泥化成因是构造破坏和地下水的物理化学作用共同引起的。非泥质岩泥化夹层主要是顺层侵入的火成岩脉、火山沉积岩等。其特点是夹层矿物不含黏土矿物等高分散物质,但其原岩中的硅酸盐类矿物极易在裂隙水的作用下产生蚀变风化成黏土矿物,从而引起夹层泥化。

此外,工程中还常常将软弱夹层按产状分为:水平夹层、缓倾角夹层或陡倾角夹层等。缓倾角软弱夹层一般指倾角为 6°~10° 的夹层。这类夹层底部层面光滑,充填物连续,厚度颇大,是水利工程中最具危害性的软弱夹层。

2.2.2 勘测部门建议的分类法

水利勘测部门依据软弱夹层的成因和工程地质性状建议将其分为[15]:

(1)原生软弱夹层—软岩夹层

这类夹层是在成岩过程中即夹在坚硬岩体中的黏土岩、斑脱岩、泥灰岩等软弱岩层,其胶结能力弱,易风化、浸水崩解。强度和变形的时间效应明显。

(2)次生软弱夹层—破碎夹层

次生软弱夹层又分为碎块夹层和碎屑夹层两类。

当夹层土体中 2mm 颗粒占 80% 以上时,划分为碎块夹层。该类夹层剪切面起伏差较大,黏粒含量少于 10%,一般均沿裂隙发展,因而峰值强度高,应力—位移关系曲线较复杂。

碎屑夹层是以碎屑(2mm 颗粒占 30%)为主的夹层,其黏粒含量约占 10%~30%,抗剪强度与母岩的性质、碎屑的形状和黏粒含量有关。

(3)泥化夹层

泥化夹层结构松散,黏粒含量一般均大于 30%,天然状态下常呈软塑状,容重较低。剪切面不同程度的达到定向排列,抗剪强度极低。

勘测部门分类简图如下:

原生软弱夹层—软岩夹层

次生软弱夹层 { 破碎夹层 { 破块夹层 / 碎屑夹层 } / 泥化夹层 }
构造软弱夹层

2.2.3 模糊数学分类法

长科院李青云[16]提出了用模糊数学的概念对泥化夹层进行分类的方法,其基本思想是:用泥化夹层的天然含水率、粒度特征、比表面积、抗剪强度和地质赋存状态等五项基本指标作为评价夹层抗滑稳定的标准。将泥化夹层按上述各单因素指标进行评价以得到相应的模糊集合,再在一定的权重下,将各单因素模糊集合通过综合评价,转化为整体模糊集合。根据已建立的泥化夹层的标准模型(为综合评价下的模糊集)与待评价泥化夹层的综合评价进行比较,计算其贴近度,用择近原则将待评价泥化夹层归入相应的类别。

该分类方法的优点是能较好反映夹层自身的性状和地质条件,综合考虑了影响夹层抗剪强度的主要因素,在一定程度上克服了目前软弱夹层分类中存在的不能定量的缺陷。其不足之处在于:①对夹层泥化物的矿物组成对其性状影响这一主要因素估计不足,各项指标的单因素评价及模糊集的选择带有一定的主观性;②计算方法比较复杂,难以在工程实践中推广,且需待勘探、科研工作进行到一定阶段以后才能运用。

2.2.4 强度分类法

长科院龚壁卫[9]认为,软弱夹层分类应该密切结合工程实际,因此,首先应考虑软弱夹层的地质特性和物理特性、矿物组成等主要特征,同时还应兼顾简明、实用的特点。

并且能根据分类直接了解该类夹层的抗剪强度的大致范围,便于工程应用。为此,笔者对大量的工程实例进行了统计分析[17][18],发现对不同岩性的软弱夹层,其残余强度和塑性指数间具有良好的相关关系(如图5.1-2、图5.1-3所示)。因此建议借助最能反映土体物理、力学性能的指标——塑性指数 I_p,参照《建筑地基基础设计规范》(GBJ7—89)和水利部《土工试验规程》(SD128—84)对黏性土的分类等级,将软弱夹层按不同岩性划分为高强度、中等强度和低强度三类。具体步骤如下:

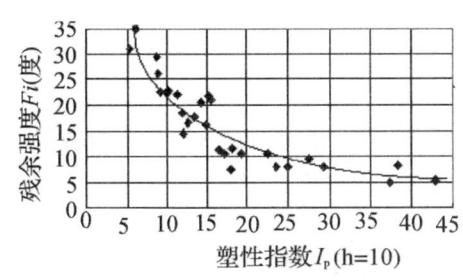
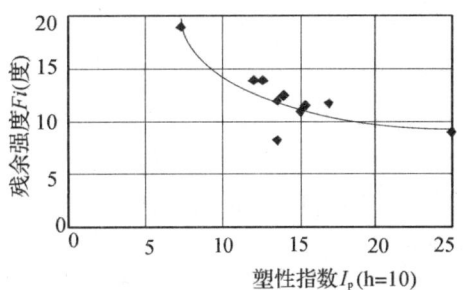

图 5.1-2 灰岩、碳酸岩类夹层塑性指数与残余强度关系　　图 5.1-3 黏土岩夹层塑性指数与残余强度关系

(1)首先,按软弱夹层的地质条件和夹层泥化物成因将其划分为泥质岩泥化夹层和非泥质岩泥化夹层两类,再按软弱夹层母岩的岩性分为灰岩夹页岩、灰岩夹泥灰岩夹层或砂岩夹黏土岩、砂岩夹页岩夹层两类。

(2)对灰岩夹页岩、灰岩夹泥灰岩夹层:

$I_p > 17$ 为低强度类夹层,其残余强度 $\varphi_r < 10°$

$17 > I_p > 10$ 为中等强度夹层,其残余强度 $\varphi_r = 15° \sim 20°$

$I_p < 10$ 为高强度类夹层,其残余强度 $\varphi_r > 20°$

对砂岩夹黏土岩、砂岩夹页岩夹层:

$I_p > 17$ 为低强度类夹层,其残余强度 $\varphi_r < 10°$

$17>I_p>10$ 为中等强度夹层,其残余强度 $\varphi_r=10°\sim15°$

$I_p<10$ 为高强度类夹层,其残余强度 $>\varphi_r=15°$

该分类方法的特点是分类指标易于获取并与常用黏性土分类标准接轨,便于设计和施工掌握,且能"望文生义";不足之处是对不同的具体工程,强度有一定的变化范围,采用时需适当调整。

2.3 软弱夹层的基本特性

2.3.1 结构特征

(1)分带性

大多数工程的泥化夹层均有明显的分带性,这种分带性与原岩的构造分带性相一致。通常它是由三个部分组成,即剪切错动较大的泥化带、破碎母岩组成的鳞片状劈理带以及裂隙发育的节理带。位于泥化带与劈理带界面的,往往是剪切位移最大、颗粒高度定向排列的主剪切面。

掌握软弱夹层的分带性,对夹层的残余强度研究十分重要。据长科院土工所对清江、葛洲坝等工程的软弱夹层研究表明[3][19],不同层带土体的工程地质特性及抗剪强度有着显著区别。节理带因基本保持着母岩的致密结构,其颗粒排列方式为面—面或面—边接触,离子胶结能力强,化学活性弱,抗剪强度最高;劈理带的母岩结构已受到破坏,颗粒排列以边—边接触为主,结构松散紊乱,黏土矿物易吸附水体从而减弱结构连接强度,使夹层性状进一步变弱,抗剪强度较低,并逐渐向泥化发展;而泥化带则是夹层中工程性状最差的部位,由于较大的剪切位移使剪切面上的颗粒更加细小,定向排列趋势更为显著,黏土矿物的富集使其亲水性加剧,结构连接能力弱,抗剪强度最低。因此,在夹层的取样过程中,应注意其分带性的特点,切忌将不同层带的土样混在一起,使成果失去真实性。

(2)颗粒定向性

研究表明,软弱夹层抗剪强度由峰值下降到残余强度的直接原因是剪切面上颗粒定向排列的结果。葛洲坝工程$202^{\#}$夹层扫描电子显微镜试验揭示,在原状的主滑面上有宽约$100\mu m$的剪切区,其中集结的黏土颗粒已循剪切方向呈定向排列。对同一夹层经反复剪切试验的重塑试样扫描的结果也表明,重塑样的剪切区宽约$300\sim800\mu m$,以宽度为$40\sim80\mu m$的条带为其下限。带中的黏土颗粒沿剪切方向呈高度定向排列,其临近区域的黏土颗粒则与剪切方向呈$32°$倾斜排列,而受剪面以外的土体颗粒则仍以随机排列为主。从宏观上看,定向排列的表现是剪切光滑面的形成(见图5.1-4)。

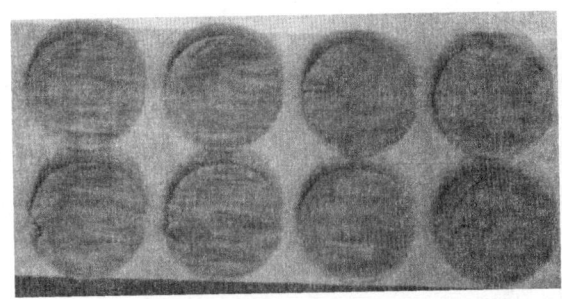

图 5.1-4 伯利兹某滑坡土样残余强度试验后剪切面情况[9]

据研究,这种剪切光滑面除颗粒较细、含水率大于两侧土体外,其矿物组成和化学成分并无明显区别,说明光滑面的形成仅仅是由于夹层物理力学作用的产物。

(3)各向异性

软弱夹层的成层性和分带性决定其力学特征是各向异性的。一般说来,在大多数软弱夹层中,由于夹层生成历史、受力状况及其他原因,导致了土层的各向异性。但对一些非泥质岩类软弱夹层,如顺层侵入的岩脉经蚀变形成的各种软岩等,则该特性并不明显。长科院80年代研究了河南青山水库坝基F_4软弱夹层,试验中分别用夹层原状样斜切(将土样天然结构面置于最易破坏的方位,使之与水平面成$\alpha=45°+\varphi/2$、水平、垂直切样以及重塑样斜切,三轴剪切试验表明,不同方向性的试样抗剪强度基本一致,说明该土体是各向同性的。[20]

2.3.2 软弱夹层的矿物成分和化学成分

(1)矿物成分

软弱夹层的矿物成分以蒙脱石、伊利石、高岭石等黏土矿物为主,其次是石英、方解石等。一般而言,泥质岩类泥化夹层的泥化成因是黏土矿物自身化学活性的恢复与增强,因此其母岩和泥化带的矿物组成没有根本区别。而非泥质岩类泥化夹层的物质基础是母岩中的硅酸盐类矿物蚀变而成的黏土矿物,其泥化程度和性状与母岩矿物风化蚀变的程度密切相关,因此,即使是同一夹层,其性状差别也较大。

(2)化学成分

大多数泥化夹层的化学成分以SiO_2为主,其次是Al_2O_3、Fe_2O_3。通常,由于钙的溶失和游离氧化物的凝聚作用,使Al_2O_3、Fe_2O_3的含量比母岩要高。但从总体上讲,夹层的化学成分主要受母岩影响,在一定程度上也受到地下水、风化程度的影响。

比表面积是反映夹层化学性质的一个重要指标。一般认为,黏土矿物中蒙脱石总比表面积最大,约为810m^2/g;水云母的总比表面积为67~100m^2/g;高岭石小于30m^2/g。对于由各种矿物成分混合而成的夹层而言,其比表面积应该是各种矿物成分的综合反映,尤其是蒙脱石类矿物的含量。

夹层比表面积的大小与阳离子交换量有着明显的正相关关系,但是,比表面积与黏粒含量却没有明显的联系,也就是说,黏粒含量对比表面积的影响远较矿物成分对比表面积的影响要小,因为黏粒可由不同种类的矿物组成。

2.4 软弱夹层的基本物理力学性质

软弱夹层的土力学研究是一项多学科、多体系的系统研究。宏观上,需从夹层的地质构造、地下水环境影响等因素入手,分析夹层的成因及建坝后的长期演变趋势。微观上,需研究夹层泥化物的矿化成分,剪切面定向排列情况等体系的化学与结构特征。既要从力学角度掌握其应力-应变关系及抗剪强度特性,还要从工程角度出发,掌握坝基渗流及抗滑稳定性能。因此,它是一种系统、科学的研究方法。由于室内土工试验不受时间及场地限制,可针对夹层的不同分带选取不同试样,以求得不同强度。而且室内试验比野外试验更易于控制试验条件,可分别研究各种因素对夹层物理及力学特性的影响,从根本上掌握其工程特性。因此,软弱泥化夹层的室内试验研究,目前已更加受到重视。

2.4.1 软弱夹层的基本物理性质

工程中常见的软弱泥化夹层——泥化带,具有塑性指数高,天然含水率大、密度低、压缩性高等特点,自然状态下多呈可塑或软塑状态。其黏粒(<0.005mm)含量在30%以上。但从颗粒组成与塑性指数I_p的关系来看,夹层泥化物与一般黏土有着不同的特性。一般而言,黏性土的塑性指数I_p总是随黏粒含量的增大而增高的,但泥化夹层却并非完全如此。如高坝洲319#夹层,虽然黏粒含量高达60%,但其塑性指数I_p仅11.3(落锥深$h=10mm$),这是因为夹层泥化物中含特殊的化学成分,如某些游离氧化物等,使颗粒之间的胶结能力增强,亲水能力降低所致。泥化夹层的物理性试验,旨在了解泥化带的颗粒组成、黏塑性、比重、含水率等各项指标,其试验方法与常规的土工物理性试验大致相同。值得注意的是,由于夹

层泥化物所特有的不同于一般黏性土的性质，因此，在试验中应有针对性地对试验方法作些改变。如泥质岩类泥化夹层，由于部分母岩尚未完全泥化，因此，在颗分试验中应充分将其碾碎分散，以免造成颗分成果与界限含水率、力学性成果不对应的情况。

此外，对颗分试验中是否加六偏磷酸钠作分散剂，以及用量多少等问题也应慎重考虑。表5.1-1是清江高坝洲枢纽259#、300-1#泥化夹层的颗分比较试验成果[24]。此项试验分别采用：①常规试验方法（按《土工试验规程》煮沸、手碾、加分散剂；②仅煮沸、手碾不加分散剂；③既不煮沸又不手碾、不加分散剂三种方法进行。试验成果表明，煮沸与手碾的充分与否对颗分成果影响显著，而是否加分散剂，仅对<0.002mm的胶粒含量有一定影响。鉴此，建议在重塑样制备过程中应充分手碾，以免造成物理性试验与力学性试验成果不对应的情况。

表5.1-1　　　　　　　　　　　清江高坝洲枢纽泥化夹层颗分比较试验成果

夹层编号	处理方法	颗粒粗细百分比%				按粒组定名
		>0.05mm	0.05～0.005mm	<0.005mm	<0.002mm	
高259#	煮、碾、分	0	39	61	40	重黏土
	煮、碾	1	32	67	37	重黏土
	粉质黏土不处理	20	37	43	30	
高300-1#	煮、碾、分	0	37	63	41	重黏土
	煮、碾	3	37	60	32	重黏土
	粉质黏土不处理	29	40	31	17	

2.4.2　抗剪强度

泥化夹层的泥化物因含有活性矿物成分，使得相同夹层的不同部位或不同夹层所反映出的力学特性千差万别。泥化夹层的抗剪强度试验，目的是测求泥化带的应力—应变关系、峰值强度及残余强度等，其核心的问题是残余强度的试验研究。因此，大位移、低剪速是试验的必要条件，水利部现行的《土工试验规程》(SD128-84)所推荐的直剪排水反复剪切试验，是目前广为应用的方法之一，其原理是借助剪切盒的反复剪切，使试样剪切面上的颗粒达到高度的定向排列，从而求得最终的残余强度。试验所采用的剪切速率、试样的固结以及达到残余强度的试验稳定标准是值得注意的三个问题。

众所周知，泥化夹层的黏粒含量普遍较高，为使试验的剪切过程中不出现明显的孔隙水压力，必须用足够慢的速率剪切，以测求稳定的有效强度。有资料表明，对从重黏土到重粉质壤土的不同土类，当剪切速率低于0.02mm/min后，土体的强度随剪切速率的变化曲线已基本成水平线，表明孔隙水压力已不产生影响。故此，直剪反复剪切试验的剪切速率一般都控制在0.02mm/min以下。

关于试样的固结及固结稳定标准问题，常用的方法是将一组试样按100～400kPa压力固结，然后进行剪切试验。然而现在有资料显示，泥化夹层的抗剪强度（尤其是凝聚力C）与固结历史有一定关系，这就要求室内剪切试验中尽可能按原夹层所处的应力状态进行固结，从而保证成果的真实性。固结稳定的标准一般采用固结沉降量每昼夜不超过0.01mm为准。

对残余强度的取值，通常认为，黏粒含量较高的土类要经过6～8个剪程，约60mm的剪切位移即可达到残余状态；而对黏粒含量较低的土类仅需经过4～5个剪程（约40mm）。此时，后一剪程末尾的剪应力等于或接近前一剪程末尾的剪应力,则取这个最低的剪应力为该土样的残余强度。在大多数试验中,土样的应力—位移关系是:随着(累计)剪切位移的增大,抗剪强度逐渐衰减,并趋于一稳定值,即土体的残余强度。然而,也有少数试样随着剪切位移的增大,其残余强度在一定范围内波动,或者始终处于衰减的情况,对这种现象需仔细分析原因,是属于土样的特性,还是试验有问题。若在剪切过程中伴有土不断被挤出的现象,则可能反映试样剪切面已被破坏,试验无效。

2.5 软弱泥化夹层的工程地质问题

2.5.1 泥质岩泥化夹层的工程地质问题

黏土岩泥化夹层的特点是夹层物质中富含黏土矿物,因此其黏粒含量和塑性指数均较高。这类夹层的主要工程地质问题是:

(1)坝基抗滑稳定

由于黏土岩夹层黏粒含量高,结构连接差,加之受历史上剪切错动的影响,使剪切面上的颗粒不同程度地达到定向排列,剪切带的抗剪强度已接近或达到残余强度,因此其对上部结构的稳定影响较大。

(2)夹层的演变趋势对工程的影响

黏土岩类泥化夹层结构连接弱,剪切带泥化物极易在地下水侵蚀作用下产生盐类的溶失,并发生一系列化学反应,胶溶使夹层性状逐渐变差,抗剪强度逐渐衰减。因此,即使夹层尚未达到残余状态,仍需对其工程性质的演变趋势加以研究。有资料表明,当泥化夹层中黏土矿物以蒙脱石为主时,这种演变的可能性最大。

灰岩夹页岩、泥灰岩泥化夹层除含有黏土矿物外,其特点是碳酸盐含量较高,这使该类夹层具有两重性:一方面由于碳酸盐的胶结作用,使夹层颗粒分散度降低,结构连接力增强,抗剪强度提高;另一方面,在地下水的侵蚀作用下,碳酸盐胶结物又有逐渐溶失的可能,使连接力降低,强度衰减。因此,此类夹层在工程上往往表现出相互矛盾的特性。如夹层泥化物虽黏粒含量较高,但其塑性指数和颗粒的比表面积仍然很低,抗剪强度往往高于同种条件(如黏粒含量相当)的黏土岩类泥化夹层。这种碳酸盐对夹层抗剪强度的影响在后面的内容中还将详细论述。

此外,该类夹层由于岩性坚硬,在构造力作用下破碎带更为发育,给地下水的渗漏提供了良好的通道。在地下水的渗流过程中,渗水溶失并带走破碎带中的可溶盐类和细粒,使整个地层形成喀斯特地貌,易造成坝基的渗透变形甚至渗透破坏。因此,该类夹层的主要工程地质问题除坝基的抗滑稳定外,更重要的是坝基的渗透破坏及水库渗漏。近年来所研究的清江流域的隔河岩、高坝洲、乌江彭水等枢纽就是较为典型的这类例子。

2.5.2 非泥质岩类泥化夹层的主要工程地质问题

非泥质岩泥化夹层的特点是母岩为顺层侵入的火成岩脉或火山沉积岩,其母岩成分中并不含黏土矿物,但在构造力作用下易破碎、风化蚀变产生黏土矿物。根据其风化蚀变的最终产物不同(如有的以蒙脱石为主,有的以高岭石为主),所造成的工程地质问题也不相同。在以蒙脱石为主的夹层中,剪切带的抗剪强度较低,因此坝基的抗滑稳定是工程的首要问题,在以镁蒙脱石为主的泥化夹层中,因其水理性较差,抗渗能力弱,因而夹层的渗透稳定是主要工程地质问题。此外,这类夹层由于蚀变程度不一,性状极不均匀,表现在深度方向则是泥化程度的不匀,因而这类夹层还有一很重要的工程问题,就是坝基的不均匀沉降。

2.6 小结

(1)软弱夹层形成的宏观条件是地质构造作用,形成一系列构造裂隙或构造破碎带,经地下水的侵蚀而产生化学变化,导致原岩体结构的重新组合,软弱夹层随之形成。从微观上分析,由于地质构造作用形成的破碎带中的黏土矿物,受地下水作用使部分盐类溶失或高分散颗粒对水分子的吸附,降低土的强度。在外力作用下,剪切位移不断发展,剪切带颗粒逐渐变细,并一定程度地定向,从而形成泥化夹层。

(2)工程中软弱夹层的分类,按成因可分为原生软弱夹层和构造软弱夹层;按原岩岩性可分为沉积岩软弱夹层或火成岩软弱夹层两类。沉积岩软弱夹层又可细分为泥质岩和非泥质岩夹层。按产状可分为:水平夹层、缓倾角夹层或陡倾角夹层。此外,尚有李青云提出的泥化夹层的模糊数学分类方法;龚壁卫提出的以塑性指数 I_p 作为标准,将软弱夹层按不同岩性划分为高强度、中等强度和低强度三类。

(3)软弱夹层的基本结构特性有:分带性、颗粒定向性和各向异性。

(4)软弱夹层的工程地质问题,对黏土岩泥化夹层而言主要是坝基抗滑稳定;对灰岩、泥灰岩夹层而言主要是坝基的渗漏;对非泥质岩泥化夹层而言,根据母岩风化蚀变的最终产物不同,将会有坝基抗滑稳定、坝基的渗漏及不均匀沉降等问题。

3 软弱夹层的强度和残余强度特性

3.1 残余强度的概念及定性指标

一般说来,具有结构性的土体在排水剪切试验中,当土体达到峰值抗剪强度后,如果继续增大剪切位移,则剪阻力或强度就会逐渐减小,并最终达到一稳定值,通常称土体已达到残余强度状态(图5.1-5)。

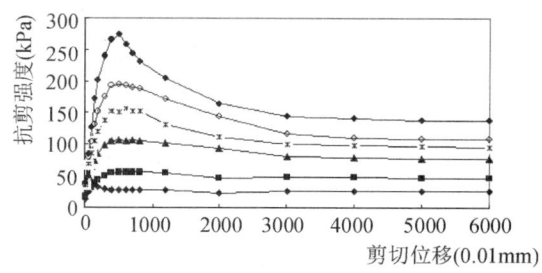

图 5.1-5 彭水长溪坝址 303 夹层残余强度试验应力-应变曲线

因此,有人将残余强度定义为:排水剪试验中的最低强度或最终强度。20世纪30年代,太沙基等人已发现并提出了原状土的残余强度的概念。斯开普顿[4]在第四次兰金讲座中结合工程实例,阐述了残余强度的概念和试验方法,初步探讨了其机理。他证明,对大多数超固结黏土的滑坡区,滑动面上的强度都已下降到残余强度值,据此进行的超固结黏土边坡的长期稳定分析取得了成功,为残余强度运用于实际工程开创了先例,给残余强度研究赋予了实用意义。

到目前为止,土力学工作者普遍认为残余强度与峰值强度一样,基本上是符合摩尔-库仑准则的,即残余强度与法向应力呈直线关系:

$$\tau_r = C_r + \sigma \mathrm{tg}\varphi_r \tag{5.1-1}$$

更进一步,有人认为残余状态下的凝聚力是很小或近似于零的,因而实际工程中常常将土体残余强度表示为:

$$\tau_r = \sigma \mathrm{tg}\varphi_r \tag{5.1-2}$$

但是,即使在60年代末,人们也发现少数 $C_r \neq 0$ 的事例。如斯开普顿就发现英国的里亚斯黏土在残余强度下尚有 10~15kPa 的残余凝聚力。

毕肖普于[8]1967年提出了脆性指数的概念以表示土体破坏后强度下降的程度,他提出:

$$I_B = \frac{\tau_f - \tau_r}{\tau_f} \tag{5.1-3}$$

其中,τ_f——表示破坏时的剪应力(峰值强度);

τ_r——表示与破坏剪应力对应的法向应力下的残余剪应力;

脆性指数实际上是土体强度衰减的表征。毕肖普认为:不同土类的 I_B 变化范围较大。当法向应力一定时,土体的塑性指数越高,I_B 值越大,说明土体达到残余强度时的强度衰减越大。且脆性指数有随正应力增大而减小的趋势。但是,从近年来所研究的工程来看,$I_B - I_p$ 关系分散性较大。在沿 I_p 增大的方向上,I_B 总体上呈上升趋势,但波动起伏而并非单调上升(如图 5.1-6)。并且同一组土样在低应力范围的 I_B 也并不一定比高应力范围的 I_B 大。这至少说明一点,即脆性指数 I_B 不单纯与 I_p 有关,还与夹层泥化物的矿物成分、应力历史、固结程度及夹层剪切带发育程度等都有影响。

描述土体剪切面强度降低的另一个指标,是斯开普顿提出的残余系数的概念,他定义残余系数为:[4]

$$R = \frac{\tau_f - \tau}{\tau_f - \tau_r} \tag{5.1-4}$$

其含义是土体内整个剪切面上强度已下降至残余值的部分与整个剪切面的比率。残余系数可以定量的表示剪切面上平均强度下降的程度。显然,如果未曾发生强度衰减,则 $R=0$,土体处于峰值状态;若 $R=1.0$,表明整个剪切面的平均强度已降至残余值(如图 5.1-7)。

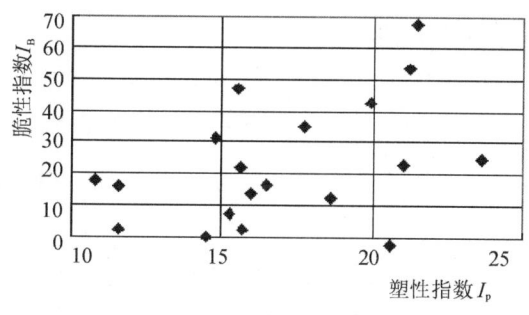

图 5.1-6 塑性指数与脆性指数的关系(正应力100kPa)

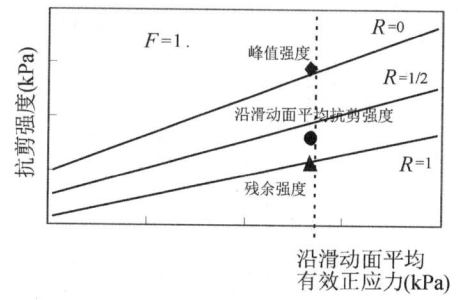

图 5.1-7 残余系数定义

例如某工程根据残余强度试验得到某软弱夹层的峰值和残余强度,另由稳定分析可得,作用在滑动面上的平均有效正应力 σ_n 和平均剪应力,则从图 5.1-7 中通过 τ 值对 τ_f 及 τ_r 值的比较,可以很容易地判断滑动面上的土体强度处于何种状态,从而为枢纽设计提供合理的指标。

脆性指数 I_B 和残余系数 R 是残余强度研究中十分有用的指标,I_B 揭示土体由峰值到残余强度降低的程度;而 R 则揭示了土体在特定时期的存在状态,可用来指导具体工程设计。

3.2 残余强度机理及影响因素探讨

3.2.1 残余强度机理

土体在剪切过程中峰值后的强度降低现象早为人们所发现。有关这种现象的机理最早由伏斯列夫于1960年提出,他认为如果应变作用的时间足够长,则剪应变可能促使黏土颗粒沿平行于主应变的方向呈定向排列。如果应变也很大,变形可引起有明显擦痕的破坏面的形成。对破坏后强度减小的原因,他认为,重塑土强度的减小主要是由于孔隙水压力的暂时增加以及强度的触变损失所引起;而大多数原状黏土破坏后的强度减小,主要是由于土的结构改变引起。至于结构如何变化,伏斯列夫未进一步阐明。斯开普顿[4]把颗粒定向与残余强度联系起来,他提出强度从峰值下降的主要原因,是由于存在一些薄条带或区域,其中黏土的片状颗粒是按剪切方向排列的,这种定向区域可能在较小应变时即开始出现,但只有在受到较大的剪应变时,才形成颗粒几乎完全定向的连续带。他引用厄尔利和奈尼格发表的天然剪切面照片,证明包含着厚度约为 $20\mu m$ 的主滑面在内的区域中,黏土颗粒是顺剪切方向强烈地定向的。此外,在主滑面两侧有几个次生滑动区,即所谓软化带,总厚度约 2.5cm,该区域中黏土颗粒也有一定程度的定向,但不一定是顺着剪切滑动方向。软化带以外,黏土颗粒则不是定向排列。

在葛洲坝工程 202# 夹层的扫描电子显微镜照片中,也发现在原状的主滑面上有宽约 $100\mu m$ 的剪切区,其中集结的黏土颗粒已循剪切方向呈定向排列;对同一夹层反复剪切试验试样的扫描结果也有宽 $40\sim 80\mu m$ 的剪切区呈定向排列。

除了剪切区的颗粒定向排列影响土体强度外,研究表明,剪切过程中因膨胀引起的含水率增加,也会使强度降低。

1971 年毕肖普[8]在"一种新型的环剪仪及其测定残余强度中的应用"一文中分析了残余强度的机理,他认为,引起土体峰后强度降低有三种因素:

(1)剪切面颗粒的剪胀

有资料显示,峰值后强度降低的现象不仅仅局限于黏土,对于黏粒含量较低的粉土或砂性土也时有发生,对于这类土体,强度降低的原因,更多是伴随破坏而发生的膨胀。针对紧砂所做的试验表明,其脆性指数可达 30%~40%,在密实的超固结黏土或粗颗粒含量较多的泥化夹层原状样中,其剪胀现象也是显而易见的。有关剪胀对残余强度的影响将在下面的内容中详细介绍。

(2)滑动面附近颗粒的定向排列

毕肖普认为,对重塑样,峰后强度的降低归因于片状黏土的颗粒定向。因为重塑作用已大大破坏了颗粒的胶结连接,并使膨胀性消失。黏土颗粒的充分定向往往需要较大的剪切位移才能实现,这也决定了残余强度试验的大位移要求。

(3)颗粒与团粒之间的胶结作用的破坏

胶结连接的破坏是强度降低的一个重要因素,尤其是对高塑性黏土而言。毕肖普等人曾进行小主应力 $\sigma_3=0$ 的三轴试验,发现当法向有效应力为零时,试样存在着凝聚截距。他认为,这种凝聚截距正是胶结连接的反映。毕肖普等人还用排水张力试验证实了胶结作用的存在。

上述三种因素的相对重要性,取决于应力历史、应力水平等诸多外因。至于重塑样与原状样峰值强度的差异,可认为是由于黏性连接的破坏和膨胀性的影响。并且,在低应力范围内破坏的土体,黏性连接的破坏所引起的作用比颗粒定向排列的作用更为明显。

3.2.2 残余强度与土体物理性指标的关系

长期以来,土力学工作者就致力于残余强度的影响因素研究,由于土体的物理性指标最易获取,且相对于同类土体也较为稳定,因此成为众多研究人员首先关注的问题。20 世纪 60 年代中期,斯开普顿[4]提出影响残余强度的主要因素是黏土颗粒性质的观点,图 5.1-8 是他所研究的残余强度与黏粒含量的关系。据此,研究人员认为土体的残余强度应随黏粒含量的增加而减小。但是,拉格达在哈佛大学对巴拿马库卡拉恰页岩的试验中发现,对同一种土样,分别采用研磨与未研磨的方式制备重塑样,其黏粒含量相差很大,液限分别为56%和49%,但两者却测得了相似的残余强度。近年所研究的清江高坝洲枢纽259#夹层,在黏粒含量基本相同的情况下(分别为67%和61%)进行的两组残余强度试验,结果所得的残余强度差别较大,其残余内摩擦角分别为22.6°和16.5°。比较两种土样的差异发现,两者仅在粉粒含量上相差10%,且强度较高的土样另含有约4%的砂粒。可见,黏粒含量与残余强度的关系并非唯一对应的关系,它还与其他粒组成分有关。

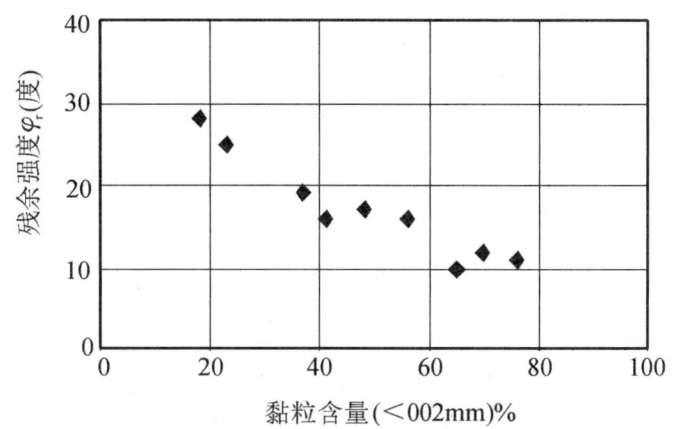

图 5.1-8 黏粒含量与残余强度关系

尽管如此,有学者还是认为软弱夹层黏粒含量与抗剪强度参数有良好的相关性,并根据实际工程经验推导出如下的经验公式[5]:

$$\varphi = e^{2.4798-0.0018(CF-25)^2} + 10.6 \tag{5.1-5}$$

其中 CF 为黏粒含量。

据研究,该公式的应用范围是黏粒含量大于25%,黏土矿物成分以伊利石为主,化学成分相近的黏土岩软弱夹层。

对葛洲坝、皂市、彭水三个枢纽坝基软弱夹层的残余强度试验成果整理[9],发现以黏土岩、粉砂岩夹页岩为代表的葛洲坝、皂市两枢纽坝基的软弱夹层,其残余强度与黏粒含量具有较好的线性关系(如图5.1-9a),而以灰岩、泥灰岩夹层为主的彭水枢纽,则上述关系很不明显(如图5.1-9b)。由此看来,建立软弱夹层黏粒含量与残余强度的关系是有条件的,而对于特定的工程地质及夹层成因、矿物成分等情况,这种关系应是唯一确定的。

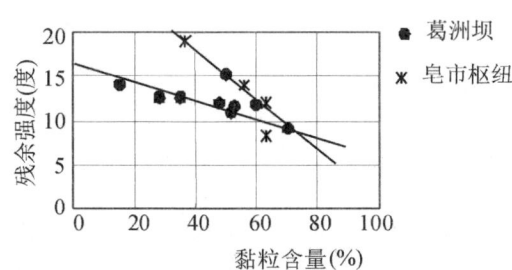

图 5.1-9(a) 夹层黏粒含量与残余强度关系

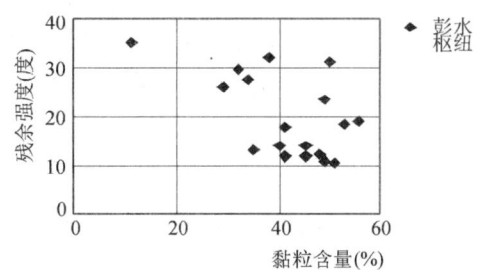

图 5.1-9(b) 残余强度与黏粒含量关系

既然黏粒含量与残余强度的关系不能用统一的式子来表达,人们自然就想到了比黏粒含量更能反映土的性质的指标——塑性指数,由于塑性指数能综合反映土体的颗粒组成、矿物成分和化学性质,更多的学者倾向于建立残余强度与塑性指数的相关关系。B. 沃尔特于1974年最早建立了这种关系,他认为,黏土矿物成分影响了土的塑性指数，也使土的残余强度发生改变。沃尔特最初所作的关系曲线点据比较分散，尤其当 $\varphi_r<11°$ 时分散度更大。以后，肯尼针对塑性指数从 5～350 范围内的土提出一种经验公式：

$$\varphi_r = \frac{46.6}{I_p^{0.446}} \tag{5.1-6}$$

20 世纪 80 年代中期，长科院土工室从葛洲坝、构皮滩等工程泥化夹层的残余强度试验中，总结出残余强度与塑性指数的指数函数关系[13]：

$$f' = ae^{bI_p} \tag{5.1-7}$$

其中 a、b 为试验常数，对黏土岩、泥质页岩的夹层：$a=0.3444$；$b=-0.316$；

对于泥质灰岩、泥质白云岩等夹层：$a=0.2187$；$b=-0.0178$。

笔者从近几年所作的工程中也得到类似的认识，并对试验所取得的成果进行了回归，该内容在第 4 节中详细介绍。

3.2.3 残余强度与矿物成分或化学成分的关系

研究表明，影响坝基软弱夹层强度的首要因素是夹层泥化物的黏土矿物成分与含量。在此方面，肯尼最早系统研究了矿物成分对残余强度的影响。他认为：天然土的残余强度主要取决于矿物成分，在较小的程度上取决于体系化学的特性和法向有效应力的大小等因素，而与土的塑性和粒径大小无关。同时他认为黏土矿物的类型是控制强度的主要因素。肯尼测得石英、长石、方解石三种粗粒矿物的残余内摩擦角 $\varphi_r>30°$；云母类矿物（包括水云母、伊利石）$\varphi_r>17°$；而蒙脱石类黏土矿物 $\varphi_r<11°$。

长江科学院土工室曾在 20 世纪 80 年代研究了蒙脱土、伊利土和高岭土三种典型黏土矿物的残余强度（如图 5.1-10），成果表明[22]，高岭土的残余强度约 21°，伊利土的残余强度为 14°，而钙蒙脱土的残余强度仅 9°。此外，将此三种典型黏土矿物（伊利石、高岭石、蒙脱石）按一定比例混合调制成液限状土膏进行残余强度试验，成果表明，若以伊利石与蒙脱石混合，且蒙脱石含量超过 20% 时，混合土样的抗剪强度将由蒙脱石控制，而对蒙脱石与高岭石混合的土样，蒙脱石含量必须超过 25%～30% 才起到控制作用。

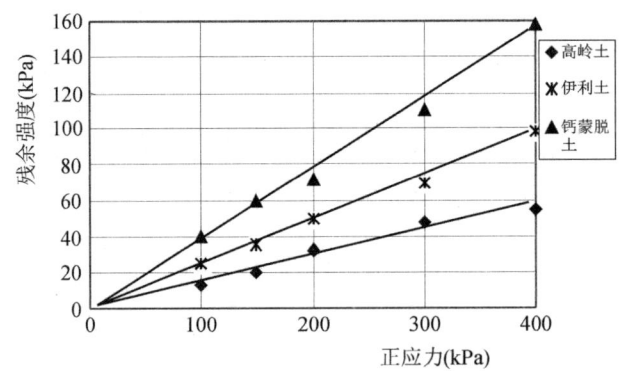

图 5.1-10 典型黏土矿物与残余强度关系

泥化夹层残余强度除与黏土矿物成分有很大关系外，试验还表明，碳酸钙含量是其第二位的影响因素。因为碳酸钙在泥化夹层中主要起胶结作用，其含量越高，说明夹层土颗粒间胶结能力越强，土体的抗剪强度也越大。

图 5.1-11a 是 80 年代中期所作的葛洲坝等工程泥化夹层的残余强度与碳酸钙的关系曲线。该曲线表明，夹层的残余内摩擦角 φ_r 随泥化物中的碳酸钙含量的增加而有所增大，尤其当碳酸钙含量较小时。图 5.1-11b 是近年来所研究的高坝洲、亭子口、皂市等枢纽泥化夹层的残余内摩擦角 φ_r 与碳酸钙含量的

关系曲线。不难看出,该曲线与图 5.1-11a 所示曲线在数值和形式上都极为相似。可见,夹层泥化物中碳酸钙的含量是影响残余强度的一个基本的、较为稳定的因素。值得注意的是,图 5.1-11b 所示强度最低的一条曲线,是夹层泥化物黏土矿物中,含蒙脱石较多(蒙脱石含量>20%)的一类,表明当黏土矿物中蒙脱石含量超过 20%后,夹层的残余强度将主要由蒙脱石决定,这一点与前述的研究结果是相符的。

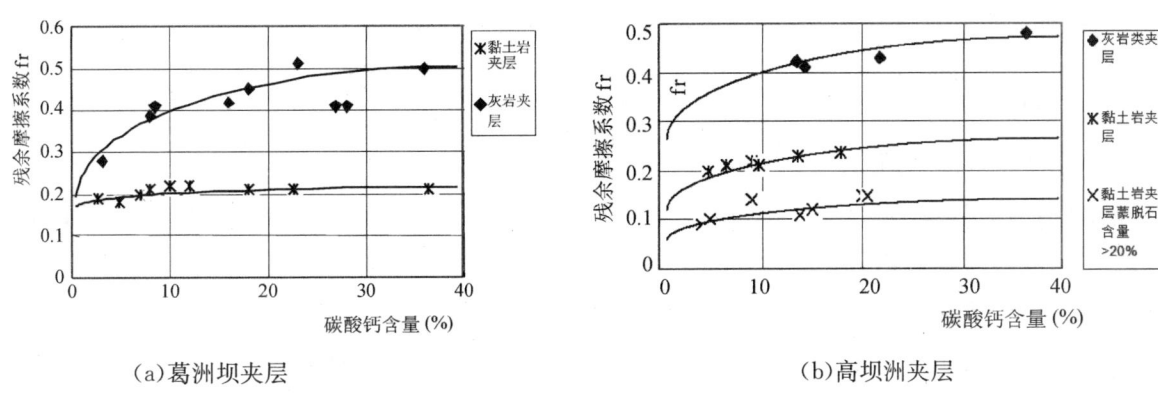

(a) 葛洲坝夹层　　　　　　　　　　　　　　(b) 高坝洲夹层

图 5.1-11　碳酸钙含量与残余强度关系

此外,由于土颗粒的比表面积(总比表面积,下同)和阳离子交换量在一定程度上反映了土体结合水的能力,研究人员在 20 世纪七八十年代就开展了这方面的研究,其主要结论是:当比表面积在 $300m^2/g$ 以上时,黏土矿物以蒙脱石为主;比表面积在 $300\sim100m^2/g$ 之间时,为蒙脱石与其他矿物成分(伊利、高岭)的混合物;当比表面积在 $100\sim50m^2/g$ 时,以伊利石为主;比表面积小于 $50m^2/g$,则以高岭石为主。比表面积与残余强度的关系是抗剪强度随比表面积的增大而减小。笔者通过整理近几年所做工程的试验成果,对比以前的关系曲线发现,残余强度并非随比表面积的增大而无限降低。事实上,对大多数夹层而言,强度的显著降低仅处于比表面积小于 $100m^2/g$ 一段,而当比表面积大于 $100m^2/g$ 后,对黏土岩夹层,其残余强度基本保持在 $\varphi_r=10°$ 左右(如图 5.1-12);灰岩、碳酸岩夹层则趋近于 $\varphi_r=22°$;换言之,对黏土矿物以蒙脱石为主的夹层,残余强度具有相对稳定的数值。[9]

笔者还分析了阳离子交换量与残余强度的相关关系,认为从整体上讲,阳离子交换量越大,残余强度越小(图 5.1-13),但此规律并没有像比表面积与残余强度的关系那样明显,因为阳离子种类和孔隙溶液浓度的不同影响了其规律性。有关阳离子种类和孔隙溶液的浓度对残余强度的影响,肯尼(Kenney)曾进行过专门研究,在此不再赘述。

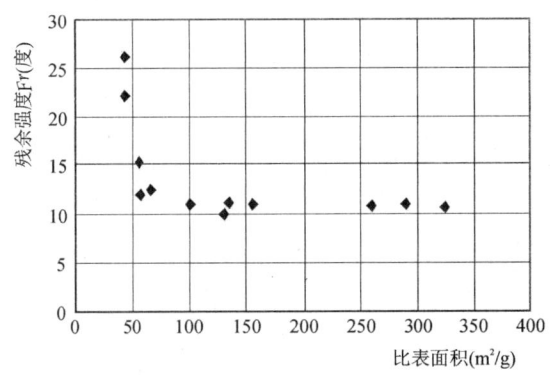

图 5.1-12　残余强度与比表面的关系

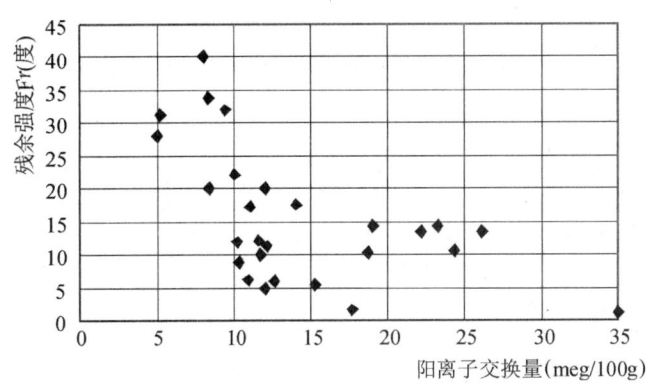

图 5.1-13　阳离子交换量与残余强度的关系

3.3 残余强度的非线性问题

3.3.1 问题的提出

经典的土力学抗剪强度理论认为,黏性土的最终(残余)强度包线是一条通过原点的直线,且一般都位于正常固结黏土峰值强度包线之下,并符合摩尔-库仑的强度准则。此外,有理论认为,颗粒间如果没有化学结合,那么在有效应力为零时土体的凝聚力是极小或不存在的。曾有许多研究成果表明,土体达到残余状态时,C_r值接近于零。然而,随着工作的深入和工程经验的积累,发现许多的C_r值不为零的事例,对原状样更是如此。

3.3.2 研究过程

首先,从分析试验的原理入手,笔者认为,产生残余凝聚力的原因不外乎两个方面:一是剪切过程中未能充分排水或剪切速率过快导致孔隙水压力增大所致;另一是由于土体自身的某种因素使剪切过程不符合上述理论。对于前者,长科院曾针对不同土类,采用不同剪切速率进行了土体的残余强度试验,发现当剪切速率低于0.02mm/min后,各种土类的残余强度都将趋于稳定(如图5.1-14),说明孔隙水压力影响已基本消除。目前,直剪反复剪切试验的剪切速率均低于这一标准,可见剪切速率不是造成残余状态凝聚力不为零的主要因素。对于第二种因素,首先,从分析土样的颗粒级配入手,整理了以往及近期工程中残余凝聚力超过10kPa的试验资料,发现大多数土样的黏粒含量仅40%左右(或更少),这一结果从而从侧面也反映了孔隙水压力并不是其主要影响因素。为此,以实际工程中C_r值大于10kPa的试验成果点绘C_r值与大于0.005mm颗粒百分含量的关系,见图5.1-15。该图表明,当土体中黏粒(<0.005mm颗粒)含量与砂、粉粒(>0.005mm颗粒)含量相当时,C_r值保持在15kPa左右,而当砂、粉粒含量超过50%以后,则C_r值明显随该含量增高而上升。这与通常想象的黏粒含量大,凝聚力越大的规律似乎是相反的。由此认为,残余强度下的凝聚力是由于土体自身的强度特性所决定的,这种强度特性就是:残余强度包线的非线性。[9]

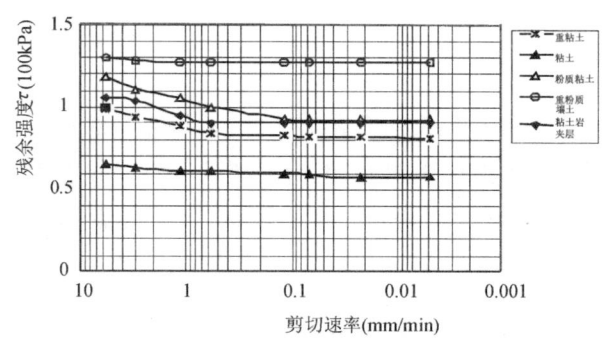

图5.1-14 土样残余强度与剪切速率关系

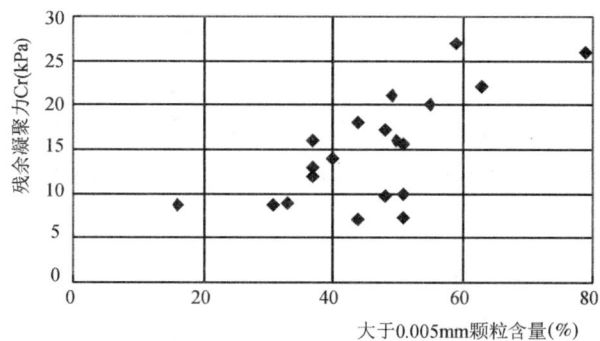

图5.1-15 >0.005mm含量与残余凝聚力关系

3.3.3 抗剪强度的非线性特性

小浪底工程P_2黏土岩残余强度试验表明,在正应力σ_n较大的情况下,随着累计剪切位移的增加,土体抗剪强度下降较大;而在σ_n较小的情况下,强度下降较小。据分析,这是由于在大的正应力σ_n下,黏土岩的粒团产生剪切破损,强度衰减较大;而当正应力σ_n较小时,剪切力不足以使剪切面上颗粒剪损,强度衰减便不明显,并很快趋于稳定,从而导致抗剪强度曲线在低应力水平下斜率较高,在高应力水平下则较为平缓,即σ_n较大时的内摩擦角较小,C值较大;σ_n较小时内摩擦角较大,C值较小。这样,在整理抗剪强度包线时,根据不同垂直荷重绘制的$\tau-\sigma_n$关系线,就有可能因高应力水平时的试验点据而使强度关系趋缓,产生 C_r 较大的现象。由此认为,土体剪切面上颗粒剪损程度不同是导致残余凝聚力的原因之一。

为进一步论证上述设想,选用彭水水利枢纽长溪坝址的一组软弱夹层重塑样,重复了上述试验[18],并将试样的最大垂直压力加大到600kPa,研究人员共安排了50,100,200,300,400,600等六个试验点,以完整勾画出摩尔—库仑强度包线。试验中采用了"等压力固结"的方法对土样进行固结。即对同组试样,首先用同组中最高的垂直压力固结,再分别卸荷到试验时的正应力,其目的是对低压力土体造成超固结。试验所得的强度包线如图5.1-16。该包线反映出良好的曲线形式,可见,该软弱夹层在残余状态下的强度是非线性的。在固结条件相同的情况下,进行了另一组夹层的三轴CD试验,结果也发现类似现象。图5.1-17是该夹层的体变曲线。从该曲线可明显看出在低压力段时土体是剪胀的,绘制摩尔—库仑强度包线也可以发现其曲线形式。

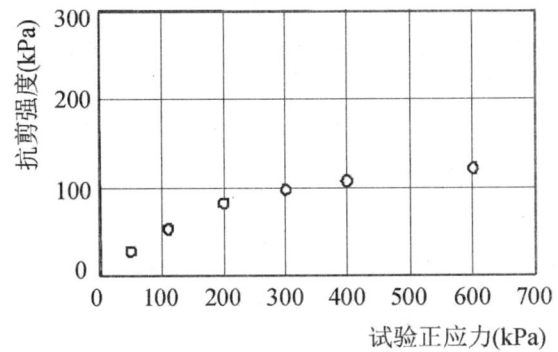

图 5.1-16　彭水某夹层残余强度包线

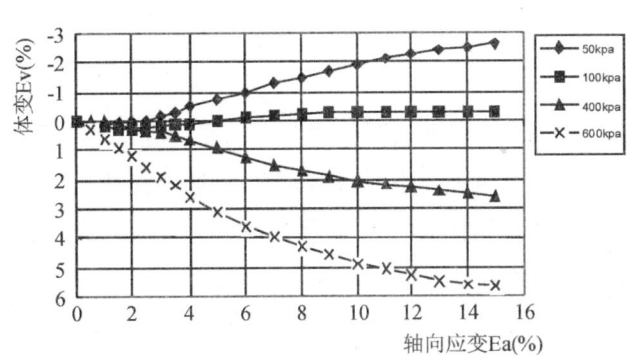

图 5.1-17　彭水某夹层三轴 CD 试验体变曲线

由此可见,泥化夹层在残余状态下的强度包线是曲线形的。其原因,对黏土岩类泥化夹层主要是颗粒的剪损程度不同有关,强度在低正应力下衰减较小,高正应力下衰减较大;对灰岩、碳酸盐类泥化夹层,则是由于低正应力下颗粒的剪胀。类似情况在亭子口、构皮滩等工程中也时有发生。对那些 C_r 值较小或恰好为零的成果,只不过是由于超固结程度不高或试验所采用的正应力范围正好处于正常固结段而未反映出来罢了。

考虑到残余强度的非线性问题,首先建议对残余强度试验的试样,应根据夹层的实际应力情况进行固结,并选择适当的应力范围作为试验的法向应力,必要时应补作高、低固结应力水平下的剪切试验。其次,设计中 C_r 的取值应视实际工程荷载的大小,并结合实测曲线选取。对夹层埋深较大,上部荷载较重的情况,C_r 值可适当取大些;反之,C_r 值取小值或为零。

3.4　基岩软弱夹层残余强度研究方法的探讨

3.4.1　室内试验的必要性问题

20世纪70年代中期,葛洲坝水利枢纽施工初期因基础问题而停工,教训使科技人员认识到坝基软弱夹层研究的重要性。由于当时软弱夹层残余强度的理论研究尚处于起步阶段,因此,安排了大量的现场和室内试验来研究其地质成因、力学性质及建坝后的长期演变趋势,积累了丰富的现场和室内研究经验。为完成现场试验向室内试验研究的过渡奠定了基础。

笔者根据以往及近期的工程研究,整理出葛洲坝、彭水、高坝洲等工程软弱夹层的现场原位剪切试验与室内原状样直剪反复剪切试验成果,并按夹层的岩性分类分析。图5.1-18是黏土岩、砂岩和灰岩等软弱夹层现场试验与室内试验成果比较。由图可见,黏土岩、砂岩等软弱夹层现场试验与室内试验成果比较接近,其线性相关系数 $R=0.95$,回归标准差 0.03;而灰岩、碳酸岩地区夹层现场点据与室内试验点据则相差较大,其线性相关系数 $R=0.81$,回归标准差 0.04。不过,此类夹层的试验成果也并非毫无规律可循,对比现场与室内试验点据的差值与塑性指数的关系可知,塑性指数越大的土样,试验点据误差越小,原因是灰岩、碳酸岩地区软弱夹层物质中 $CaCO_3$ 的胶结作用影响所致。

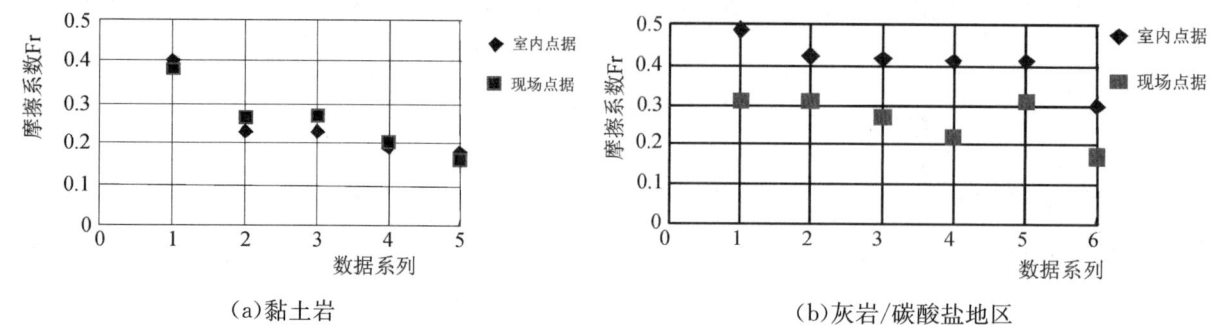

(a)黏土岩　　　　　　　　　　　(b)灰岩/碳酸盐地区

图 5.1-18　软弱夹层现场剪切试验与室内试验成果比较

关于软弱夹层泥化物的充填度和起伏差以及试样尺寸对残余强度的影响,前人已作过大量研究,本节仅将这些研究成果归纳如下:①测定泥化夹层的抗剪强度时,可根据充填度大小分别采用不同的试验方法,当充填厚度大于起伏差时,可采用原状样进行室内试验,当充填厚度小于起伏差时,应尽可能安排现场试验;②有关试样面积的影响,据对裂隙伦敦黏土的排水试验认为,由于试样尺寸的影响,试验成果可差 10%～15%。但也有人认为,试样面积的大小并不影响所测的残余强度。

总之,软弱夹层的现场试验和室内试验成果表明,无论垂直荷重的大小、推力方向、夹层厚度、固结程度等都会对试验成果产生一定的影响。现场试验不脱离原有地质层位,较易反映工程实际,但所需经费较大、历时较长、试验条件不易控制,具体工程中不宜过多采用。室内试验在取样部位、夹层分带性等条件完全与现场一致的情况下,一般可弥补上述的不足,且试验条件易于控制、试验组数可相应增多。应当注意的是:①室内试验的垂直荷重应该尽可能与现场垂直荷重保持一致,并根据大坝的设计荷载来确定垂直荷载的范围,以避免由于前述的残余强度非线性造成室内试验成果不能真实地反映现场抗剪强度的情况。②试样的剪切面、剪切方向应尽量与实际夹层的受剪面、方向相符,消除因各向异性造成的影响。③取样过程中认真、细致的工作态度也是十分重要的,只有这样才能确保室内试验研究真实的再现客观实际。

3.4.2　室内试验方法探讨

室内残余强度试验最基本的两个条件即是低速率和大位移。伏斯列夫曾于 20 世纪 30 年代研制了一种环形扭转剪切仪以满足上述要求,但因其结构复杂、操作困难等诸多不便而始终未得到推广。1964 年斯开普顿[8]提出用常规直剪仪反复剪切的技术,他认为该试验方法虽不完善,但简单实用。到目前为止,直剪反复剪切试验仍是室内测定残余强度最普遍、最有效的方法。

由于缺乏必要的试验设备和条件,笔者参考国外有关资料[8],整理出不同试验仪器及试验方法的成果加以分析,以期在试验研究手段上对各种试验技术进行评价,为今后在此方面的研究提供依据。

试验分别采用人工切割面的三轴排水剪、直剪反复剪切和环剪试验三种方法进行,试验土类为威尔德黏土(Weald caly)、库卡拉恰页岩(Cucaracha shale)、蓝色伦敦黏土(Blue Lundon caly)和棕色伦敦黏土(Brown Lundon caly)。三种试验方法所得的成果较为吻合(如表 5.1-2,图 5.1-19 和 5.1-20)。而对海伦湾(Herne Bay)和威尔萨姆斯通(Walthamstow)的蓝色伦敦黏土,则成果离散较大。

表 5.1-2　　　　　　　　　　　　　　　不同试验方法残余强度试验成果

序号	地点	土类	试验方法及残余强度 φ_r（度）		
			三轴排水剪（人工切割面）	直剪反复剪	环剪仪
1#	Arlington	WealdCaly	12.8	10.5	9.2
2#	Saloiscorper	Cucaracha Shale		9.3	10.1
3#	Saloiscorper	Cucaracha Shale		9.8	9
4#	Cucaracha	Cucaracha Shale		8.1	8.2
5#	Wraysbury	Blue London Clay		10.5	9.5
6#	Herne Bay	Blue London Clay	14.7	13.5	9.4
7#	Walthamstow	Brown London Clay	13.7	14	10
8#	Lea	Brown London Clay	14.7	14.5	
9#	Hendon	Brown London Clay	14.3	14.6	
10#	Brentwood	Brown London Clay	13	13.9	
11#	Guildford	Brown London Clay		13.8	

毕肖普认为，由于库卡拉恰页岩在反复剪切过程中试样挤压较小，因而其试验成果较伦敦黏土更能得出较好的 φ_r 近似值。比较三轴排水剪和直剪反复剪切试验成果，发现对大多数黏土都能吻合（图 5.1-20），这说明直剪反复剪切试验具有相当好的代表性。正因为如此，直剪反复剪切的试验方法才经久不衰。

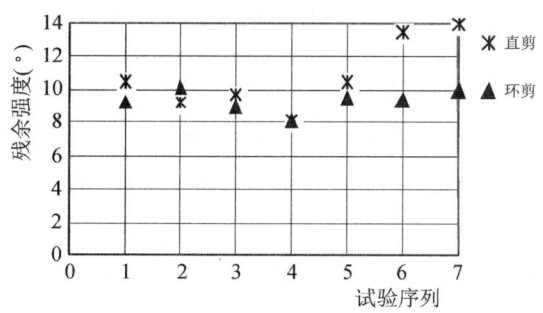

图 5.1-19　环剪与直剪反复剪切成果比较

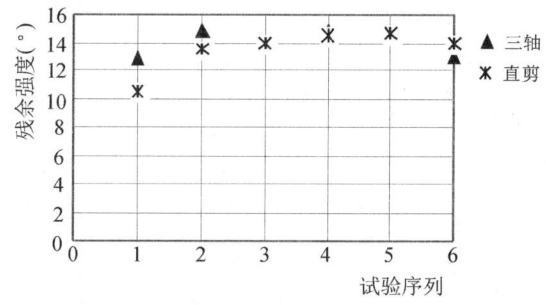

图 5.1-20　三轴排水剪与直剪反复剪切成果比较

下面再讨论原状样与重塑样的相关性问题。图 5.1-21 和图 5.1-22 是构皮滩水利枢纽坝基软弱夹层残余强度试验原状样和扰动样的试验成果对比。

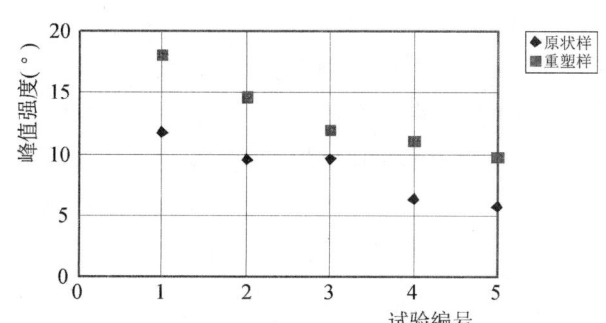

图 5.1-21　原状样与重塑样峰值强度比较

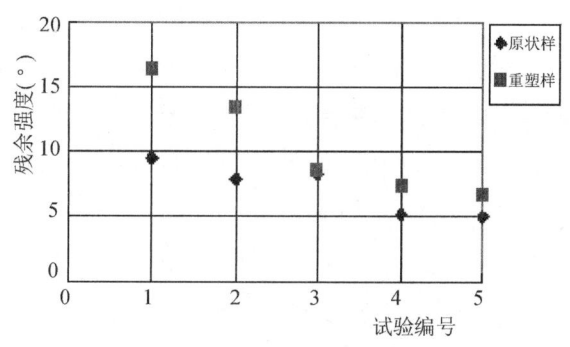

图 5.1-22　原状样与重塑样残余强度比较

不难看出,重塑样的残余强度 φ_r 均高于原状样,且夹层残余强度 φ_r 越高,差值也越大。同时,该差值反映出某种规律性。整理原状样、重塑样相对误差与塑性指数的关系便知,这种相对误差是随 I_p 的增大而逐渐减小的(图 5.1-23)。

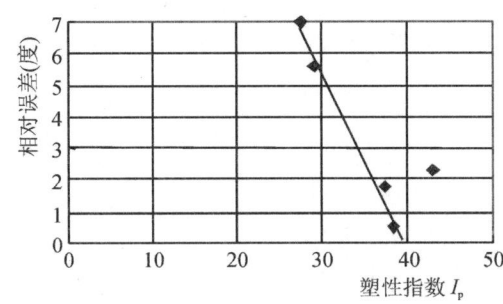

图 5.1-23 原状样与重塑样的相对误差—塑性指数的关系曲线

如果去除其中的奇异点,则相对误差与 I_p 的相关系数 $r=1.0$,根据线性回归分析得到的回归方程为:

$$S = -3.92 I_p + 2.18 \tag{5.1-8}$$

从 $S—I_p$ 的关系中还可得到另一个结论,即当 I_p 超过某一个定值后(图中为 $I_p > 40\%$),重塑样与扰动样的相对误差应该为零。就构皮滩这一具体工程而言,原状样与扰动样残余强度相对误差的规律性是显而易见的,当然,以某具体工程的规律推广至其他工程,难免有以偏概全之嫌,但至少说明了一点,即原状样与重塑样的残余强度是有规律可循的,而且,这种规律性可以用塑性指数加以反映。

3.5 小结

软弱夹层的抗剪强度研究已取得了丰富的研究成果,工程实践中遇到的问题也逐渐找到了解决的途径,这就是坝基软弱夹层残余强度研究的真实意义。本节首先回顾了软弱夹层残余强度研究的以往成果,然后着重对残余强度的影响因素、残余强度的非线性以及室内试验的方法等问题进行了探讨。

(1)影响软弱夹层残余强度的主要因素是夹层泥化物的矿物成分、碳酸钙含量以及夹层的生成条件、剪切面构造、剪切面颗粒定向排列的程度等。夹层泥化物的黏粒含量、塑性指数、黏土矿物成分、比表面积、阳离子交换量、碳酸钙含量等对残余强度有重要的影响。

(2)夹层泥化物中的蒙脱石含量是控制残余强度的主要因素。在蒙脱石与伊利石混合而成的泥化夹层中,只要蒙脱石含量超过20%,混合土样的抗剪强度将由蒙脱石控制,而对蒙脱石与高岭石混合的土样,蒙脱石含量必须超过25%~30%才起到控制作用。

(3)碳酸钙含量是影响残余强度的一个基本的、较为稳定的因素。因为碳酸钙在泥化夹层中主要起胶结作用,其含量越高,说明夹层土颗粒间胶结能力越强,土体的抗剪强度也越大。而比表面积与残余强度的关系是比表面积增大,抗剪强度减小。对大多数夹层而言,强度的显著降低仅处于比表面积小于 $100m^2/g$ 一段,当比表面积大于 $100m^2/g$ 后,对黏土岩夹层,其残余强度基本保持在 $\varphi_r = 10°$ 左右;灰岩、碳酸岩夹层则趋近于 $\varphi_r = 22°$。

(4)整体上,阳离子交换量与残余强度的相关关系是阳离子交换量越大,残余强度越小,但此规律没有比表面积与残余强度的关系明显。

(5)经过对软弱夹层的现场原位剪切试验与室内原状样直剪反复剪切试验成果进行了比较,认为对黏土岩夹层两者的试验成果相当一致；而对灰岩、碳酸岩地区的软弱夹层，则存在一定的误差。并且，这种误差是随着塑性指数的增大逐步减小的。当塑性指数超过40以后，两者误差应为零。

(6)泥化夹层的残余强度是非线性的，对黏土岩夹层而言，这种非线性的产生机理可能是剪切面颗粒剪损程度不同导致的；对灰岩、碳酸岩地区，其主要机理就是剪切面上粗颗粒的剪胀。残余强度非线性的研究具有重要的意义。首先，它可以用来解释室内试验中所存在的残余凝聚力较大的问题，其次，还可解释同一夹层现场直剪试验C值较大，φ值较小，而室内反复剪试验C值较小，φ值较大的现象。在工程中，应按照实际上覆荷重的大小，确定相应的抗剪强度参数c、φ值。

4 残余强度的数理统计分析

4.1 残余强度主要影响因素的回归分析

4.1.1 问题的提出

在岩土工程试验研究中，同处于一个统一体的某些变量之间，往往存在着某种程度的相关关系，如前述的残余强度与夹层泥化物塑性指数、碳酸钙含量、比表面积等因素之间就明显存在着一定的联系。但是由于被测对象本身的非均一性，或者还有一些影响因素尚未发现，因而不能对它们建立一个严格的函数关系，只能将这些变量用统计方法进行处理。这就是回归分析，通过回归分析，可知变量之间的相关性。本节在此引用回归分析的概念，将残余强度及影响因素的相关性进行回归，并假定所有的影响因素均为自变量，残余强度为随机变化的因变量。

回归分析的方法和类型很多，常用的有一元线性回归、一元非线性回归、多元线性回归、多元非线性回归等。近年来，又发展了逐步回归分析、多项式回归分析等。实际工程中，根据变量间的相关关系，可选择适当的回归方法，目的是准确、真实、客观地反映变量间的相互联系[23]。

4.1.2 残余强度与比表面积的回归分析

前已述及，软弱夹层残余状态下的抗剪强度，首先取决于夹层泥化物黏土矿物成分、夹层结构及剪切面颗粒定向排列程度等。而泥化物的比表面积指标，也正是夹层黏土矿物含量的一种表征。在前一部分，笔者曾引用大量工程实例，总结出黏土岩夹层残余内摩擦角φ_r与比表面积的关系曲线(如图5.1-12)。由该曲线形式不难看出，残余内摩擦角φ_r与比表面积的关系呈指数函数或双曲线函数形式分布，现分别采用两种线型对其进行回归分析。

(1)设残余内摩擦角φ_r与比表面积为倒指数函数关系，其函数方程可写为：

$$F = ae^{\frac{b}{S}} \quad (a > 0) \tag{5.1-9}$$

其中，F——残余内摩擦角φ_r

S——比表面积

对于非线性的相关关系，通常将其化为线性形式，即令：

$$F' = 1nF; \quad a' = 1na; \quad S' = \frac{1}{S}$$

则经过变量代换后的直线方程为：

$$F' = a' + bS'$$

根据一元线性回归方程的解式，计算参数a、b为：

$$b = \frac{\sum_{i=1}^{N} F'_i - N\overline{S'}\ \overline{F'}}{\sum_{i=1}^{N} S'^2_i - N\overline{S'}^2}$$

$$a' = \overline{F'} - b\overline{S'}$$

代入具体数值,得:$b=35.142; a'=2.159$

直线回归方程:$F'=35.142S'+2.159$

还原为倒指数回归方程:

$$F = 8.66 e^{\frac{35.142}{S}} \tag{5.1-10}$$

计算线性相关系数:$r = \dfrac{\sum_{i=1}^{N} F'_i S_i - N\overline{S}\ \overline{F'}}{\sqrt{(\sum_{i=1}^{N} S_i^2 - N\overline{S}^2)(\sum_{i=1}^{N} F'^2_i - N\overline{S'}^2)}} = 0.859$

回归方程的精度分析:

对非线性回归方程的精度不能采用线性回归方程精度分析的公式计算,而应该直接用回归标准差的定义:

回归标准差 $S = \sqrt{\dfrac{1}{N-2} \sum_{i=1}^{N} (F_i - \hat{F}_i)^2} = 0.165$(度)

相关系数的显著性检验:

由给定显著水平 $\alpha=0.01$,自由度 $N-2=10$,查相关系数检验表,得临界值 $r_{0.01,10}=0.7079$,因 $r=0.859 > r_{0.01,10}=0.7079$,故 F 与 S 呈上述指数相关关系,并在 0.01 的显著水平下显著。

(2)设 F 与 S 为双曲线相关,其函数方程为:

$$\frac{1}{F} = a + b\frac{1}{S} \tag{5.1-11}$$

令 $F' = \dfrac{1}{F}; S' = \dfrac{1}{S}$

则变量替换后的直线方程为:$F' = a + bS'$

同上步骤求得直线方程斜率:$b=-0.335$;截距 $a=0.038$

直线回归方程:$F' = 0.038 - 0.335 S'$

还原为双曲线方程:$\dfrac{1}{F} = 0.038 - 0.335 \dfrac{1}{S}$ 或:$F = \dfrac{S}{0.038S - 0.335}$ (5.1-12)

直线回归相关系数 $r=-0.882$,回归标准差 $S_y=0.0037$。

相关系数的显著性检验:

$|r|=0.882 > r_{0.01,10}=0.7079$

表明在 0.01 的显著水平下显著。

比较两种回归曲线的相关系数不难发现,残余内摩擦角与比表面积的关系应更趋近于双曲线函数关系。

4.1.3 残余强度及其影响因素的复相关分析

目前,残余强度及其影响因素的相关分析,一般是针对单个变量进行的一元线性或非线性回归。这主要是因为一元线性或非线性回归方法比较简单易行。此外,可供计算分析的试验数据有限也是主要原因之一。众所周知,在大多数情况下,影响某一事物特性的变量往往不止一个。如前节所述,软弱夹层的残余强度除取决于夹层天然结构、剪切面发育程度、地下水作用等宏观因素外,还与夹层泥化物颗粒级配、塑性指数等物理性指标以及黏土矿物成分、化学特性等密切相关,因此,有必要建立残余强度指标与上述主要影响因素的多元回归分析。

多元回归分析的理论与方法在许多数学分析书中均有论述,本节不拟作详细推导,笔者根据有关理论编制了多元回归分析计算程序,现将该程序主要功能介绍如下:

本程序共112句,包含有高斯消元解线性方程组子程序和最小二乘法方差分析程序,可根据需要计算若干个自变量与因变量的多元回归方程的回归系数 $b_0, b_1, \cdots, b_n$;方差分析统计量:回归平方和 U,残差平方和 Q,剩余标准差 S 和相关系数 R 等,并可对回归方程进行显著性检验。

其中定义:残差平方和 $Q = \sum_{i=1}^{N}(Y_i - \hat{Y})^2$ (5.1-13)

回归平方和 $U = \sum_{i=1}^{N}(\hat{Y} - \overline{Y})$ (5.1-14)

回归平方和 U 愈大(残差平方和 Q 愈小),则表示因变量 Y 与自变量的关系愈密切,回归的规律性愈强,回归方程的可信程度愈高。

残差平方和 Q 除以自由度 $(N-p-1)$ 的商开方,即得到剩余标准差:

剩余标准差 $S = \sqrt{\dfrac{Q}{N-p-1}}$ (5.1-15)

此外,定义复相关系数 R 为:

复相关系数 $R = \sqrt{\dfrac{U}{S_{yy}}} = \sqrt{1 - \dfrac{Q}{S_{yy}}}$ (5.1-16)

多元回归的显著性用 F 统计量进行检验:

$$F = \dfrac{U/p}{Q/(N-p-1)}$$ (5.1-17)

式中:N——样本总数;

p——自变量个数;

若对于一组给定的数据,求得 $F > F_\alpha(p, N-p-1)$,则可以认为在显著性水平 α 下,该回归方程是有显著意义的。F_α 可通过 F 分布表,以 p 为第一自由度,$(N-p-1)$ 为第二自由度查表得到。

多元回归分析的方法很多,常用的方法是基于因变量 Y 与所有的自变量(共有 p 个)均存在相关关系,通过解 p 阶方程组,求得回归方程,再根据 F 检验或 t 检验,判断回归系数是否显著。此外,还有最优回归方程的计算方法、逐步回归分析等。考虑到实际工作的需要及计算方法的复杂性,本节采用了最优回归方程的计算方法。主要步骤如下:

(1)根据单变量与残余强度的相关关系,以相关系数最大为原则,从影响残余强度的诸多因素中,找出与残余内摩擦角相关性最好的塑性指数、碳酸钙含量、阳离子交换量等三个主要影响因素为自变量(该过程从略)。

(2)建立每两个自变量与因变量的相关关系,求得各自的二元回归方程,比较回归方程的方差统计量,确定是否需建立三因素的回归方程。

(3) 对回归分析所得的线性方程进行显著性判断。

下面,以部分灰岩、碳酸岩夹层的试验成果(共 16 组)为例,列表计算回归方程的系数及各统计参数见表 5.1-3。

表 5.1-3　　　　　碳酸岩夹层的试验成果的回归系数和各统计参数计算表

自变量 X	回归系数显著性检验								
	a	b_1	b_2	b_3	U	Q	F	R	S
塑性指数碳酸钙含量	20.95	0.444	0.187		924.9	318.8	18.9	0.86	4.95
塑性指数阳离子交换量	31.61	0.078	0.698		1005.3	238.5	27.4	0.90	4.28
阳离子交换量碳酸钙含量	26.06	0.126	0.627		1075.4	168.4	41.5	0.93	3.70
塑性指数碳酸钙含量阳离子交换量	26.21	0.069	0.126	0.565	1078.5	165.3	26.1	0.93	3.71

由表可见:

在以塑性指数和碳酸钙含量为双自变量的回归分析中,回归平方和 $U=924.9$,残差平方和 $Q=318.8$,剩余标准差 $S=4.95$ 和相关系数 $R=0.86$,根据 F 分布所做的显著性检验表明,$F=18.9>F_{\alpha=0.01}=5.74$,该回归方程在 0.01 的显著水平下显著。

同理,在以塑性指数和阳离子交换量、碳酸钙含量和阳离子交换量为双自变量的回归分析中,回归方程均具有较好的显著性,而且,阳离子交换量、碳酸钙含量两者与残余强度的相关关系最优,其相关系数达到 0.93,F 分布统计量为 $F=41.5$,说明两者与残余强度有很好的相关关系。

由上述双自变量的回归分析,可以认为残余强度与塑性指数、阳离子交换量、碳酸钙含量三者之间具有较好的相关关系,故建立该三因素与残余强度的多元回归方程,求解该回归方程的系数,得:

$$\varphi_r = 26.21 + 0.069 I_p + 0.126 C_a + 0.565 \delta$$

式中,I_p——塑性指数;

C_a——碳酸钙含量;

δ——阳离子交换量;

(4) 回归方程的精度分析及显著性检验:

由式(5.1-13)—式(5.1-17)计算该回归方程的回归平方和 $U=1078.5$,残差平方和 $Q=165.3$,剩余标准差 $S=3.71$。与双因素回归相比,此两个统计量回归平方和为最大,剩余标准差为最小,说明回归的精度最高。在给定显著水平 $\alpha=0.01$ 下,由(5.1-16)式计算复相关系数 $R=0.93$。根据样本容量 $N=16$ 和自由度 f_1、f_2 查复相关系数显著性检验表,得 $R_\alpha=0.77$。$R=0.93>R_\alpha=0.77$,说明三个自变量与残余强度的相关性较好,回归方程有意义。又根据 F 分布所做的显著性检验也表明,$F=26.1>F_{\alpha=0.01}=6.93$,该回归方程在 0.01 的显著水平下显著。

4.2　抗剪强度参数的可靠性估值

4.2.1　问题的提出

岩土工程勘察的主要对象是不同地质年代各种成因形成的岩土。工程技术人员通过勘探取样、室内外试验等各种测试手段,获取研究对象的基本物理性指标、力学性指标等工程特性指标。然后对其进行分类、统计整理，进行异常值检验、特征值计算等。最后，利用这些统计分析成果，对岩石或地基土的工程地质特征进行评估，提供准确、可靠的计算参数[24]。

在岩土工程中，通常将土性参数指标分为两类：一类是作为评价或判别岩土特性的，称之为岩土特性指标的基本值，如土层的分类、定名，用孔隙比 e 判别砂土的密实度，用液性指数划分天然土层的存在状态，用压缩系数确定土的压缩性，用塑性指数、颗粒分析指标进行黏性土的分类定名等。这类指标一般不要求给予某种概率保证，但要求具有较好的代表性和真实性，因此，通常用样本的算数平均值，作为土性参数的基本值。当样本数据正态性较好时，也可以考虑以样本的中位数或众数作为指标的基本值。但若样本数据的波动性较大时，为使指标具有较好的代表性和真实性，则应以剔除了异常值后的样本平均值，作为指标的基本值。另一类是作为岩土工程设计计算用的主要参数，如土的抗剪强度 C、φ 值，地基土的固结系数，压缩模量等。这类岩土特性参数不仅要求具有较好的代表性和真实性，还特别应该具有一定的概率保证。这类岩土特性指标又可区分为标准值和设计值。标准值是岩土工程设计时采用的岩土参数的基本代表值，它是岩土特性指标总体平均值的一种可靠性估值。而岩土参数的设计值是岩土工程极限状态设计时，岩土参数的代表值，是在标准值的基础上确定的。本节将讨论岩土工程的标准值之一，土的抗剪强度参数的可靠性估值的方法。

4.2.2 土性参数的可靠性估值的确定

土性参数的可靠性估值，就是对岩土工程的某一指标的总体平均值 μ 进行单侧置信区间估计。许多土性参数的总体分布大体上属于正态分布或接近正态分布，故其样本平均值的抽样分布一般也一律服从正态分布。但由于岩土总体的标准差 σ 总是未知的，故在计算样本值的抽样总体标准差 $\sigma_{\bar{x}} = \dfrac{\sigma}{\sqrt{N}}$ 时，需要用样本修正标准差 $\bar{S}$ 作为 σ 的无偏估计值，从而需要构造一个新的统计量 t，即：

$$t = \frac{\bar{x} - \mu}{S/\sqrt{N}} \tag{5.1-18}$$

t 称为 Student（学生分布）统计量，其抽样分布称为 t 分布。t 分布是一种对称分布，其密度分布曲线不是一条，而是随自由度 $N-1$ 的不同而变化的、与标准正态分布函数相似的一系列曲线。随着样本数的逐渐增大，其与标准正态分布曲线越接近，当样本趋于无穷时，两者完全重合，见图 5.1-24，图 5.1-25。

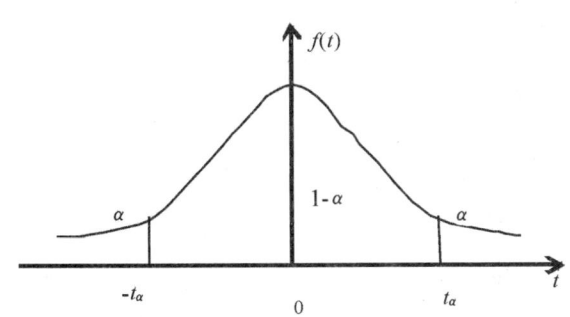

图 5.1-24　单侧区间估计的 t_α 临界值示意

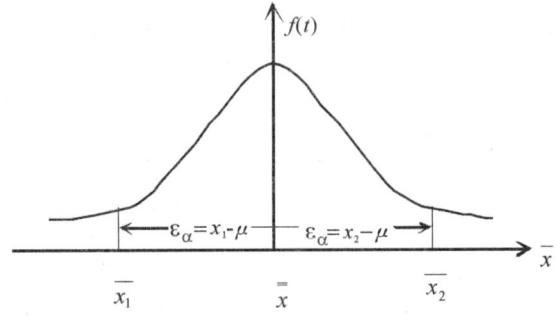

图 5.1-25　样本平均值单侧区间估计值

确定土性参数的可靠性估值，是人为给定一个适当的风险概率 α（或称失效概率），或保证概率 $1-\alpha$（置信概率），通过区间估计，求出与给定置信概率 $1-\alpha$ 相对应的置信下限或置信上限。在估计岩土指标时，出于可靠性的考虑，有的土性参数宁可估计小些，也不能过大，如土的抗剪强度参数、压缩模量、无侧限抗压强度等，此时置信区间采用 $(\theta_1, +\infty)$ 的形式，其区间估计表达式如下：

$$p(\theta_1 < \theta < +\infty) = 1 - \alpha \quad (5.1\text{-}19)$$

$$\text{或} \quad p(\theta < \theta_1) = \alpha \quad (5.1\text{-}20)$$

化为 t 统计量则为：

$$p(t < t_\alpha) = \alpha \quad (5.1\text{-}21)$$

$$\text{或} \quad p(t > t_\alpha) = \alpha \quad (5.1\text{-}22)$$

其中，$\pm t_\alpha$ 是与给定的 α 相对应的 t 统计量的临界上限和下限值。区间 $(-t_\alpha, t_\alpha)$ 即为需估计的置信区间。

根据 t 统计量的定义，将式(5.1-21)和(5.1-22)写成：

$$P = \left(\frac{\bar{x} - \mu}{S/\sqrt{N}} < -t_\alpha\right) = \alpha \quad (5.1\text{-}23)$$

$$\text{或} \quad P = \left(\frac{\bar{x} - \mu}{S/\sqrt{N}} > -t_\alpha\right) = \alpha \quad (5.1\text{-}24)$$

其中，μ——总体平均值

$\bar{x}$——样本平均值

S——样本修正标准差

t_α——对应于 α 的 t 分布临界值，可根据 α 和自由度 $f = N-1$ 查相应的数学手册获取。

对于岩土指标的样本平均值（未进行 t 变换的），其密度曲线及相应的置信区间如图 5.1-25 所示。图中 $\overline{x_1}$、$\overline{x_2}$ 是与图 5.1-24 中 $-t_\alpha, t_\alpha$ 相对应的样本平均值的置信下限、上限，$\bar{x}$ 是样本平均值的均值（即总体平均值 μ）。由图可知，对任一随机样本，其样本的均值 $\bar{x}$，取值比 $\overline{x_1}$ 还小的概率为 α，取值比 $\overline{x_2}$ 还大的概率也为 α。因此，只要根据给定的危险概率 α，求得其单侧置信区间 ε_α，就可以根据样本平均值 $\bar{x} \pm \varepsilon_\alpha$，求得对应于 α 的置信上限和置信下限，这也就是土性参数的可靠性估值。

给定风险概率 α 的单侧置信区间 ε_α，可由两式(5.1-23)和式(5.1-24)求得：

$$\varepsilon_\alpha = t_\alpha \frac{S}{\sqrt{N}} \quad (5.1\text{-}25)$$

置信区间 ε_α 联系着可靠性估值的准确性和可靠性，ε_α 越大，准确性越低，而可靠性越大；ε_α 越小，准确性越高，可靠性越低。对于一个实际样本而言，ε_α 只取决于给定的 α 的大小，为了使可靠性估值具有一定的准确性，同时又不至于浪费地基的天然潜力，因此，α 不宜取得过小，一般根据岩土工程的重要性和岩土指标的变异性，选取 $\alpha = 10^{-2} \sim 10^{-4}$ 的危险概率。

4.2.3 残余强度指标的可靠性估值

残余强度指标的可靠性估值，往往因试验数量有限，而难以对整个夹层进行合理的评估。此外，试验成果整理的误差，也有可能造成成果失真。因此，如何在不增加试验数量的前提下，尽可能提供准确的试验成果，是残余强度指标可靠性估值的一个重要特点。

残余强度指标的可靠性估值可针对两种情况：①同一夹层多次试验成果的综合评价；②同一夹层不同剪切位移下试验成果的整理。后者多用于应力－应变关系曲线呈波动或始终降低的一类夹层。

为避免由于误差的传递而造成新的统计误差，残余强度参数的可靠性估值，应直接针对原始试验数据，即将抗剪强度－剪切位移 $\tau - S$ 的资料，按不同垂直压力 σ_n 进行统计后，再确定抗剪强度参数 C、φ 的平均值、可靠性估值及有关的统计量。为此，首先需对试验所得的 $\tau - \sigma_n$ 关系曲线进行线性回归。

不失一般性，设 $\tau-\sigma_n$ 的关系为：$Y=a+bX$。根据最小二乘法理论可知，欲使该直线关系拟合最佳，应使所有试验点据与直线的垂直距离之和取最小值。也即使变量 Y 的实测值（样本值）y 与相应地估计值（回归值）$\hat{Y}$ 的离差 δ 的绝对值 $|\delta|$ 之和达到最小来衡量。实用中由于绝对值运算较困难，故常用离差的平方来代替绝对值。

设离差的平方和为 Q，则满足上述条件的表达式为：

$$Q = \sum_{i=1}^{N} \delta_i^2 = \sum_{i=1}^{N} (y_i - \hat{y})^2 \tag{5.1-26}$$

$$\text{或 } Q = \sum_{i=1}^{N} [y_i - (a+bx_i)]^2 \tag{5.1-27}$$

根据多元函数极值定理，欲使 Q 取最小值，则只需以函数 Q 分别对 a、b 求偏导数，并令其等于零。推导过程如下：

欲使 $\dfrac{\partial Q}{\partial a} = \dfrac{\partial \sum\limits_{i=1}^{N}[y_i-(a+bx_i)]^2}{\partial a} = 0$

即 $\sum\limits_{i=1}^{N}(-2y_i + 2a + 2bx_i) = 0$

$$2\left(\sum_{i=1}^{N} y_i - \sum_{i=1}^{N} a - b\sum_{i=1}^{N} x_i\right) = 0 \tag{5.1-28}$$

$\because \sum\limits_{i=1}^{N} y_i = N\bar{y} \quad \sum\limits_{i=1}^{N} x_i = N\bar{x}$

$\therefore$ 式(5.1-28)可化为：$-N\bar{y} + Na + bN\bar{x} = 0$

即 $\bar{y} - a - b\bar{x}$ \hfill (5.1-29)

又令 $\dfrac{\partial Q}{\partial b} = 0$

同理，由式(5.1-27)对 b 求导，有：

$\dfrac{\partial Q}{\partial a} = \dfrac{\partial \sum\limits_{i=1}^{N}[y_i-(a+bx_i)]^2}{\partial a} = 0$

即 $\sum\limits_{i=1}^{N}(-2x_i)(y_i - a - bx_i) = 0$

$2\sum\limits_{i=1}^{N}(-y_i x_i + ax_i + bx_i^2) = 0$

$\sum\limits_{i=1}^{N} y_i x_i - a\sum\limits_{i=1}^{N} x_i - b\sum\limits_{i=1}^{N} x_i^2 = 0$

$$\sum_{i=1}^{N} y_i x_i = aN\bar{x} + b\sum_{i=1}^{N} x_i^2 \tag{5.1-30}$$

联立式(5.1-29)和式(5.1-30)：

$$\begin{cases} \bar{y} - a - b\bar{x} = 0 \\ \sum\limits_{i=1}^{N} y_i x_i = aN\bar{x} + b\sum\limits_{i=1}^{N} x_i^2 \end{cases}$$

求解得：

$$\begin{cases} b = \dfrac{\sum\limits_{i=1}^{N} x_i y_i - N\overline{xy}}{\sum\limits_{i=1}^{N} x_i^2 - N\overline{x}^2} & (5.1\text{-}31) \\ \\ a = \dfrac{\overline{y}\sum\limits_{i=1}^{N} x_i^2 - \overline{x}\sum\limits_{i=1}^{N} x_i y_i}{\sum\limits_{i=1}^{N} x_i^2 - N\overline{x}^2} & (5.3\text{-}32) \end{cases}$$

以各级压力下抗剪强度的平均值代入上式，并以 $\sum\limits_{i=1}^{N}\sigma_i = N\overline{\sigma_i}$ 化简，即可得样本的内摩擦角和凝聚力的平均值 φ_m 和 C_m 以及可靠性估值 φ_a 和 C_a：

$$\varphi_m = \mathrm{tg}^{-1}\left[\dfrac{n\sum\limits_{i=1}^{N}\sigma_i\overline{\tau_i} - \sum\limits_{i=1}^{N}\sigma_i\sum\limits_{i=1}^{N}\overline{\tau_i}}{n\sum\limits_{i=1}^{N}\sigma_i^2 - (\sum\limits_{i=1}^{N}\sigma_i)^2}\right] \quad (5.1\text{-}33)$$

$$C_m = \dfrac{\sum\limits_{i=1}^{N}\sigma_i^2 \sum\limits_{i=1}^{N}\overline{\tau_i} - \sum\limits_{i=1}^{N}\sigma_i \sum\limits_{i=1}^{N}\sigma_i\overline{\tau_i}}{n\sum\limits_{i=1}^{N}\sigma_i^2 - (\sum\limits_{i=1}^{N}\sigma_i)^2} \quad (5.1\text{-}34)$$

和：

$$\varphi_a = \mathrm{tg}^{-1}\left[\dfrac{n\sum\limits_{i=1}^{N}\sigma_i\tau_{i,a} - \sum\limits_{i=1}^{N}\sigma_i\sum\limits_{i=1}^{N}\tau_{i,a}}{n\sum\limits_{i=1}^{N}\sigma_i^2 - (\sum\limits_{i=1}^{N}\sigma_i)^2}\right] \quad (5.1\text{-}35)$$

$$C_a = \dfrac{\sum\limits_{i=1}^{N}\sigma_i^2 \sum\limits_{i=1}^{N}\tau_{i,a} - \sum\limits_{i=1}^{N}\sigma_i \sum\limits_{i=1}^{N}\sigma_i\tau_{i,a}}{n\sum\limits_{i=1}^{N}\sigma_i^2 - (\sum\limits_{i=1}^{N}\sigma_i)^2} \quad (5.1\text{-}36)$$

残余强度的可靠性估值步骤如下：

① 根据样本数据计算各级压力下抗剪强度的平均值 $\overline{\tau_i}$，均方差 S：

$$\overline{\tau_i} = \dfrac{\sum\limits_{j=1}^{N}\tau_i, j}{N}$$

$$S_i = \sqrt{\dfrac{1}{N-1}\sum_{j=1}^{N}\tau_{i,j}^2 - \dfrac{N\overline{\tau_i}^2}{N-1}}$$

② 选定危险概率 α，按自由度 $f=N-1$ 查 t_α 值；

③ 由式(5.1-25)计算各级垂直压力下的单侧置信区间 ε_α：

$$\varepsilon_\alpha = t_\alpha \dfrac{S}{\sqrt{N}}$$

④ 按式 $\overline{\tau_i} \pm \varepsilon_\alpha$ 求各级压力下抗剪强度的置信界限，式中 ε_α 的正、负号按最不利情况考虑，对抗剪强度问题，最不利情况为 $\overline{\tau_i}\varepsilon_\alpha$；

⑤由式(5.1-35)和(5.1-36)计算抗剪强度参数的可靠性估值。

下面,仍以彭水枢纽长溪坝址303#夹层为例,介绍残余强度可靠性估值的方法(见表5.1-4)。

表5.1-4　　　　　　　　彭水枢纽长溪坝址303#夹层残余强度试验成果

剪程	剪切位移 mm	不同压力下的抗剪强度(kPa)					
		50kPa	100kPa	200kPa	300kPa	400kPa	600kPa
4	600	26.2	48.1	83.2	102	111	135.0
	700	25.8	48.0	82.8	102	110	135.7
	800	25.4	47.9	81.8	101	110	136.1
	900	25.6	47.7	81.6	101	110	136.7
5	600	25.4	47.7	81.2	100	110	137.1
	700	25.4	47.6	80.6	99.8	110	138.1
	800	25.4	47.5	80.0	99.2	110	138.7
	900	25.4	47.3	79.6	98.4	110	139.7

彭水枢纽长溪坝址303#夹层残余强度试验成果如表5.1-4。在此,主要以强度达到残余状态时的第四、第五个剪程的读数作为样本数据,实际工程中还可采用同一夹层的多次试验成果或同一夹层不同剪切位移时的读数作为样本数据。后一种方法对残余强度呈波动状态或始终降低的情况尤其适用。

根据上述步骤编制计算程序,解得计算成果如表5.1-5。

计算残余强度线的剩余标准差(公式推导从略):

$$S_\tau = \sqrt{\frac{1}{N}\sum_{i=1}^{N}(\sigma_i \mathrm{tg}\varphi_m + C_m - \overline{\tau_i})} = 10.0(\mathrm{kPa})$$

计算残余强度C_r和φ_r的标准差:

$$S_\varphi = S_\tau \cos^2\varphi_m \sqrt{\frac{N}{N\sum_{i=1}^{N}\sigma_i^2 - (\sum_{i=1}^{N}\sigma_i)^2}} \times \frac{180}{\pi} = 1.21°$$

$$S_c = S_\tau \sqrt{\frac{\sum_{i=1}^{N}\sigma_i^2}{N\sum_{i=1}^{N}\sigma_i^2 - (\sum_{i=1}^{N}\sigma_i)^2}} = 7.3(\mathrm{kPa})$$

表5.1-5　　　　　　　　彭水枢纽长溪坝址303#夹层残余强度可靠性估值

垂直压力 kPa	均值 $\overline{\tau_i}$	均方差 S	单侧置信区间 ε_α	置信下限 $\overline{\tau_i}-\varepsilon_\alpha$	残余强度平均值		残余强度可靠性估值	
					C_m	φ_m	$C_{0.01}$	$\varphi_{0.01}$
50	25.6	0.292	0.31	25.3				
100	47.7	0.266	0.28	47.4				
200	81.3	1.269	1.35	80.0	30.2	11.02	29.8	10.92
300	100	1.298	1.38	99.0				
400	110	0.354	0.37	109.8				
600	137.1	1.597	1.69	135.4				

4.3 小结

本节探讨了残余强度及其主要影响因素的相关关系,并针对比表面、塑性指数、碳酸钙含量、阳离子交换量等指标与残余内摩擦角的关系曲线,进行了回归计算。

(1)软弱夹层残余强度与夹层泥化物的比表面具有较好的双曲线关系。根据塑性指数、碳酸钙含量、阳离子交换量与残余强度的多元回归分析表明,上述三项指标是控制软弱夹层残余强度的主要因素,且它们之间的相互关系可由多项式表达。

(2)建立残余强度指标的可靠性估值方法。所谓土性参数的可靠性估值,是人为给定的一个适当的风险概率 α(或称失效概率),或保证概率 $1-\alpha$(置信概率),通过区间估计,求出与给定置信概率 $1-\alpha$ 相对应的置信下限或置信上限。这里所指的可靠性,是以一定的概率作保证的。因此,残余强度参数的可靠性估值也称之为保证值。

残余强度指标的可靠性估值可针对两种情况:①同一夹层多次试验成果的综合评价;②同一夹层不同剪切位移下试验成果的整理。后者多用于应力-应变关系曲线呈波动或始终降低的一类夹层。

(3)土性参数可靠性估值的方法适用范围很广,实际工程中可用于抗剪强度、地基承载力等土性指标的标准值确定和设计值的选取。

参考文献

[1] 包承纲. 包承纲岩土工程研究文集[M]. 长江出版社,2001年,武汉.

[2] 冯光愈,刘思君. 葛洲坝水利枢纽基岩泥化夹层土工试验报告[R]. 武汉:长江水利委员会长江科学院,1973.

[3] 王幼麟. 330工程基岩若干软弱夹层"泥化"问题的物理化学探讨(初步报告)[R]. 武汉:长江水利委员会长江科学院,1976.

[4] Skempton. A. W, Long-term stability of clay slope, Geotechnique, 14, 75-102.

[5] 鲁执荣. 软弱夹层的残余强度及其影响因素[R]. 武汉:长江水利委员会长江科学院,1981.

[6] 李兴国,鄢重新. 土的反复剪切和残余强度[R]. 武汉:长江水利委员会长江科学院,1983.

[7] 包承纲. 坝基软弱夹层工程性质的土工研究方法[J],人民长江,1987.6

[8] 长江水利水电科学研究院. 土工译丛[M]. 科技情报资料,1975.10,武汉.

[9] 龚壁卫. 软弱夹层残余强度特性研究[D]. 武汉:武汉水利电力大学,1997.5.

[10] 潘大荣. 软弱夹层泥化带反复剪切特性[R]. 武汉:长江水利委员会长江科学院,1979.

[11] 曹敦履,伍碧秀等. 泥化夹层渗透变形的试验研究[R]. 武汉:长江水利委员会长江科学院,1979.

[12] 鄢重新. 乌江构皮滩水利枢纽(下坝址)软弱夹层反复剪切试验成果说明[R]. 武汉:长江水利委员会长江科学院,1985.

[13] 冯光愈,鄢重新等. 坝基泥化夹层的工程性质的土工试验研究[R]. 武汉:长江水利委员会长江科学院,1985.

[14] 郭熙灵. 乌江彭水水利枢纽(长溪坝址)软弱夹层土工试验报告[R]. 武汉:长江水利委员会长江科学院,1988.

[15] 长江流域规划办公室. 岩石坝基工程地质[M]. 水利电力出版社,1982.12

[16] 李青云. 泥化夹层成因、性状及其工程分类的研究[D]. 武汉:长江水利委员会长江科学院,1988.5

[17] 龚壁卫. 湖南皂市水利枢纽泥化夹层土工试验报告[R]. 武汉:长江水利委员会长江科学院,1992.

[18] 龚壁卫. 彭水水利枢纽长溪坝址软弱夹层土工试验报告[R]. 武汉:长江水利委员会长江科学院,1996.

[19] 鄢重新. 清江隔河岩水利枢纽软弱夹层试验成果说明[R]. 武汉:长江水利委员会长江科学院,1985.

[20] 王湘凡. 青山坝基F4软弱夹层试验成果报告[R]. 武汉:长江水利委员会长江科学院,1985.

[21] 李思慎,蒋顺清,龚壁卫. 高坝洲水利枢纽基岩剪切带工程特性研究[R]. 武汉:长江水利委员会长江科学院,1992.

[22] 冯光愈,鄢韻芳. 关于高岭、伊利和蒙脱土及其混合料的抗剪强度[R]. 武汉:长江水利委员会长江科学院,1977.

[23] 马良驹、袁灿勤. 岩土工程勘察数据统计分析[M]. 南京大学出版社. 1991.

[24] 李继华. 可靠性数学[M]. 中国建筑工业出版社,1988.

第 2 章　坝基深厚覆盖层的工程特性研究

1　概述

1.1　深层覆盖层的定义

近年来,我国在各主要河流水利水电开发过程中,大量的河床钻孔资料揭示,在现代河床中普遍存在着深厚覆盖层,其厚一般 40~110m,最厚可达 500 余米。大多数的河床覆盖层从下至上可分为三层:底部为冲积和冰水漂卵砾石层;中部为混合成因以冰水、崩积、坡积、堰塞堆积与冲积混合为主的加积层,厚度相对较大;上部为正常河流成因形成的漂(块)砾石层。

《水力发电工程地质勘察规范》(GB50287—2006)认为:深厚覆盖层河床是指厚度大于 40m[1] 的堆积河床。而成都理工大学王运生认为:深厚覆盖层是指堆积于河谷之中,厚度大于 30m 的第四纪松散堆积物[2]。河床覆盖层之所以深厚,是因为有非河流成因的堆积物的加积作用。一般来讲,单纯河流成因形成的覆盖层厚度小于 30m,堆积物年龄一般小于 2ka。根据在深厚覆盖层中进行钻探和原位测试的难易程度来讲,30m 和 40m 没有太大差别。由于上部漂(块)砾石层一般层厚在 10~30m,中间层的性质复杂多变,是工程研究的主要对象,因此倾向于认为深厚覆盖层的厚度大于 30m。

1.2　我国深覆盖层的分布和基本特征

目前我国大型水电工程主要分布在西南地区,其河流深厚覆盖层具有以下几个特点:

(1)分布厚度变化大

西南地区河流覆盖层分布厚度变化较大,例如,在大渡河流域,从目前的勘查资料来看,大岗山河段覆盖层最薄,仅 20.9m,最厚的地段为冶勒电站,覆盖层厚度达到了 420m。这个特点在西部其他河流内也比较突出,岷江流域漩口河段覆盖层厚度为 33m,钟坝河段覆盖层厚度为 104m;金沙江新庄街河段覆盖层厚度为 37.7m,虎跳峡河段覆盖层厚度为 250m。

(2)层次组成差异显著

西南地区河流覆盖层固体物质具有层次多、结构松散、岩性变化大、岩层相变显著等特点。具体有如下特点:①粒径偏粗大,漂卵砾石一般占较大比重,漂石一般为 0.3~0.7m,最大达到 1~2m;②有磨圆度好的砂卵石层,有时夹砂层透镜体,也有磨圆度较差的碎石、块石层;③更新世沉积层为钙质弱胶结,具半成岩特点;全新世堆积层结构疏松,常架空。

按颗粒特征、组构特性及成因类型,西南地区河谷深厚覆盖层自下而上基本可分三层:①含泥砂卵(碎)石层:堆积于河谷底部,多为冰碛堆积物,以直径 30~70mm 的碎石为主,颗粒呈棱角一次棱角状,骨架连续,结构一般紧密。②漂卵石,含泥沙碎块石,粉细砂(砂壤土)互层:漂卵石层粒径一般 50~100mm,结构较紧密。粉细砂层最大堆积厚度可超过 20m,薄层状构造,与含泥碎块石共生堆积。局部河段具有架空结构。③现代河流漂卵石层:主要分布于现代河床及其两侧的高低漫滩或一级阶地。由漂卵石夹砂、砾质砂、砂质结构组成,分选性好,浑圆状或半浑圆状。

(3)构成成分复杂

河床覆盖层的构成较为复杂,主要有:①颗粒粗大、磨圆度较好的漂石、卵砾石类;②块、碎石类;③颗粒细小的中粗—中细砂类;④壤土类等。各物质成分的界线往往不明显,漂石、卵砾石类中常夹有砂类;块、碎石与壤土类相互充填等。

(4)堆积序列异常

一般而言,受第四纪地壳运动的影响,河床的正常覆盖层厚度一般小于30m,堆积物年龄一般小于2ka。而根据上表所列,西南地区许多河流覆盖层厚度都大于30m。同时,多个水电站大量的测年资料表明,西南地区各主要河流河床覆盖层下伏的基岩河槽一般形成于距今20ka左右,中部多成因覆盖层形成年龄一般为15~20ka,其堆积时代早于二级阶地且往往构成二级阶地的基座。该异常堆积序列既不同于典型的上叠阶地,也不同于典型的内叠阶地,这表明现今河床基岩河槽在20ka前就已形成,全新世河水并未切穿晚更新世覆盖层。而按传统的观点,现今的谷底应该形成于现今的某个时间,河床堆积物形成的年代通常情况下应晚于一级阶地。

近年来越来越多的钻孔资料揭示,上述河流深厚覆盖层以下的谷底基覆面大多呈典型的"V"字形,部分谷底为"U"型谷,谷底岩体并非原来认为的为新鲜完整岩体,而是在其表层存在一个明显的风化卸荷松弛带,厚度一般为15~40m,而风化与卸荷需要一个长期过程。因此,这些特点表明,具有深厚覆盖层的河床,其谷底形成时发生过强烈的侵(下)蚀事件,而且这些侵蚀事件并非发生于近代,而是发生在距今相当长的时间以前。也就是说,地质历史时期曾经发生过一期甚至多期次的侵(下)蚀事件,使河流深切到比现今河床高程低数十米甚至上百米的位置,然后经历一个长时期的堆积过程后,形成了深厚的河床覆盖层。现代河流大多数地段是在原堆积的深厚覆盖层的基础上发育演化的。

1.3 深厚覆盖层的成因

深厚覆盖层的地质成因复杂多样,主要成因如下:

(1)构造成因。如果河流跨越不同的构造单元,构造单元之间的差异运动(尤其是升降运动)将会导致河流在纵剖面上的差异运动,从而影响河流侵蚀和堆积特征,形成构造型的加积层。例如,大渡河支流南桠河冶勒水电站库坝区河谷厚达420~500m的覆盖层主要与安宁河活动断裂活动形成的第四纪构造断陷盆地有关。金沙江虎跳峡250m的巨厚覆盖层也主要与断陷盆地有关。

(2)崩滑流堆积成因。大型崩塌滑坡堵江事件在堵断江河后,也可能形成局部地段的河流深厚堆积。例如,大渡河大岗山电站上游库区加郡滑坡形成的巨厚堰塞湖相沉积,岷江流域存在数个因滑坡堵江形成的堰塞湖,而1933年叠溪地震形成的滑坡堵江坝和堰塞湖(大小海子)至今还完好地保存。

(3)气候成因。罗守成认为,冰川对高原河谷的剧烈刨蚀作用,产生大量的碎屑物质,被流水搬运到河谷中堆积,会形成气候型加积层。并认为岷江等河流堆积层自下游向上游增厚,有违常规河流沉积特点的原因,正是来源于冰川对上游河谷强烈的刨蚀作用[3]。

(4)河谷深切和深厚堆积事件。它与全球气候、海平面升降、地壳运动等有关联,冰期、间冰期全球海平面大幅度升降,是导致河流深切成谷并形成深厚堆积的主要原因。

距今40~25ka前,中国西部出现地壳快速抬升,冰川消融河水上涨,发生强烈下蚀和溯源侵蚀事件发生,这次事件是晚更新世以来西部河谷一次强烈的侵蚀事件。这次侵蚀事件将上游大量的固体物质搬运到长江中下游堆积下来。此后进入冰盛期,侵蚀作用迅速减弱,进入堆积期和充填期,在深切谷底上堆积了多成因的块(漂)卵石(碎)砾石层。在距今25~15ka的10ka时间内,长江下游侵蚀基准面不断下降,河流产生溯源冲刷,水流下切河床。冲刷过程中把覆盖于基岩之上的晚更新统沉积物荡涤干净,并使早玉木冰期形成的水下三角洲也遭受侵蚀。玉木间冰期形成的河漫滩又远高于水面。

15ka 以来属冰后期,气候转暖,冰川消融,河川径流增大,西部河流在谷底加积层的基础上再次向下侵蚀,形成二级阶地和一级阶地及现今的漫滩和河床堆积。由于15ka 以来西部抬升速率相对减缓,在二级阶地形成时地壳稳定的时间较长,侧蚀作用使西部地区河流的二级阶地最为发育。长江中下游径流增大,海平面回升,约 6ka 前恢复到现海平面,因河口水位抬高,比降变缓,泥沙回淤,在河床中形成了全新统沉积物。对这一现象的认识将使人们重新考虑中国西部河谷形成的演化模式:西部河流不但是间歇性下切,而且是在间冰期强烈的下切,在冰期快速堆积,在冰后期又重新下切,至今许多河段并未切穿末次间冰段堆积的河床覆盖层。

1.4 深厚覆盖层与工程建设的关系

针对砂砾石深厚覆盖层,设计主要关心的问题有覆盖层深度、结构、详细分层、架空情况、各分层土料的级配、密度、物理力学特性及渗透特性,可能液化砂层的分布及埋深,有无连续分布且较厚的渗透系数相对较小的黏性土层等。这些问题将影响到坝型及坝基渗流控制方案、地基加固处理措施的选择。因此,应对坝基覆盖层进行必要的室内或现场的物理力学性质试验,提出坝基土体的渗透系数、允许渗透比降和承载力、变形模量、抗剪强度等各种物理力学参数,以供大坝稳定、应力变形、渗流等分析时使用。计算采用的物理力学参数应类比其他工程经验,注重参数取用值的合理性。

软弱黏性土一般抗剪强度低、压缩性高、透水性小,具有各向异性。应重点查明软土的成因、分布、均匀程度、固结历史、排水条件等,除进行常规试验测定项目外.还应测定原位天然强度、固结系数、体积压缩模量、剪切模量等物理力学性质参数,为工程设计提供依据。

2 深厚覆盖层工程特性研究方法

2.1 深厚覆盖层探测方法

2.1.1 钻探取芯技术

(1)常规钻探方法

深厚覆盖层通常用硬质合金(也包括近年刚投入使用的复合钻头)钻进,硬质合金钻进主要用于岩石为中硬地层中,钻进中压力、转速、冲洗液量的控制是基本参数。钻孔孔径通常为 $\Phi 146mm$、$\Phi 127mm$、$\Phi 108mm$、$\Phi 91mm$ 和 $\Phi 76mm$,钻具可用双管及单管两大类;单管钻具有球阀式和普通单管钻具;双管有双管双动及双管单动钻具两类。覆盖层中钻进,由于地层松散,钻孔护壁、固壁是顺利钻进的关键。使用常规钻进方法,一般固壁采用跟进套管的方法,常用套管口径有 $\Phi 273mm$、$\Phi 219mm$、$\Phi 168mm$、$\Phi 146mm$、$\Phi 127mm$、$\Phi 108mm$、$\Phi 89mm$、$\Phi 73mm$ 和 $\Phi 59mm$。松散地层或卵砾石粒径不大地层,可凭借外力(吊垂)砸管跟进。在河滩、河中及阶地钻孔,因砂卵石覆盖层中冲积有大量的大粒径的漂砾和孤石,主要用泥浆与植物胶冲洗润滑护壁配合金刚石半合钻具先钻进取芯后跟管,对超过大套管直径的孤石,套管很难通过的,采取孔内小药量爆破的办法,将孤石炸裂,再打入大套管通过;当孔深较深而又必须继续跟管,对常规孔径套管一般采用植物胶与泥浆混合使用进行护壁半合双管金刚石钻具钻进取芯。根据覆盖地层地质结构及孔壁稳定情况综合考虑,一般植物胶泥浆护壁裸孔深度达到 30~50m 后,待原位测试试验进行完毕后才跟进套管。

(2) 植物胶取芯方法

植物胶属国电公司成都院在 20 世纪 80 年代的科研成果,是由植物制成的一种粉剂,正式使用时间为 80 年代末。SM 植物胶作为冲洗液材料,既可直接配制成无固相冲洗液,又可以作为一种优良的增黏、降湿及提高润滑减阻作用的泥浆处理剂,还可配制成低固相泥浆,适用于不同的复杂地层[4]。

SM 植物胶冲洗液能在所有被浸泡的物体上形成一种有一定强度的薄膜,它可以将松散的砂卵石包裹起来,使之不松散开,能保护地层的原始状态,准确地分辨出不同的岩性、层次、层位,细砂层甚至细小的夹层也能保持柱状取出。此方法使覆盖层勘探质量上了一个台阶,是目前覆盖层取样的优良手段。用 SM 植物胶金刚石钻进与套管配合使用,完全可以达到勘探深厚覆盖层的目的,是一种值得推广的好工艺。但如果覆盖层内有承压水,或地下水流速较快时,此工艺的实施就有一定困难,此时可考虑用不同性能的泥浆代替[4]。

(3) 钻孔彩电成像

为了弥补钻孔取样的局限性,更加直观、全面地反映河床覆盖层的组成与结构,长江勘测规划设计研究有限责任公司对钻孔数字彩电技术进行了创新性研究,成功解决了深厚松散覆盖层钻孔彩电测试相关的钻进工艺、洗孔方法、护壁技术、测试程序等一系列难题,为深厚覆盖组成及结构研究开辟了一条新的途径。图 5.2-1 是乌东德水电站覆盖层钻孔彩电成果图。

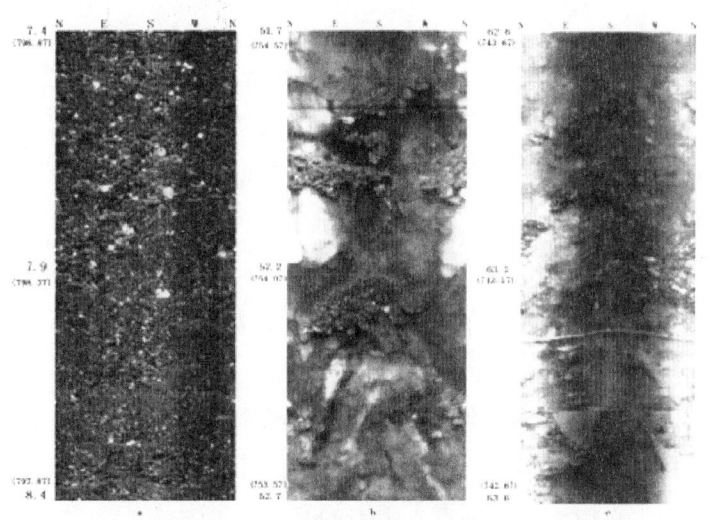

图 5.2-1 乌东德水电站覆盖层钻孔彩电成像图

从图 5.2-1 可以看出:坝址区河床覆盖层组成中各粒组基本上都有,说明其颗粒组成大小混杂,级配较好,但以粗粒(粒径>5mm)为主,一般多在 50% 以上,其中又以砾粒占多数,表明土体总体由粗料和细料颗粒相互填充共同起骨架作用,或由粗料形成骨架,粗料间孔隙被细料充填或部分充填,粗料在河床覆盖层中起主导作用,且粗料主要由坚硬岩粒组成。

2.1.2 物探技术

(1) 声波

声波探测是弹性波探测技术中的一种,其理论基础是固体介质中弹性波传播理论。利用频率为数千赫兹~20 赫兹的声频弹性波通过岩体,研究其在不同性质和结构的岩体中的传播特性,从而解决某些工程地质问题。声波探测是测定岩体中波速和振幅的变化,目前主要是测波速。

(2)电磁波跨孔 CT

层析成像技术是借鉴医学 CT,根据射线扫描,对所得到的信息反演计算,重建被测区内岩体各种参数的分布规律图像,评价被测物体的质量,并圈定地质异常体的一种地球物理反演解释方法。它的数学基础是 Radon 变换与反变换。

电磁波跨孔 CT 是在两个钻孔或坑道中分别发射和接收电磁波信息,电磁波振幅的衰减是岩石对电磁波吸收系数的投影函数。

2.2 深厚覆盖层原位测试方法

2.2.1 动力触探技术

动力触探试验是利用一定的落锤能量,将与触探杆相连接的探头打入土中。根据打入的难易程度(表示为贯入度或贯入阻力)来判断土的工程性质的一种原位测试方法。一般用于确定各类土的容许承载力,查明土层在水平和垂直方向上的均匀程度,确定桩基持力层的位置和预估单桩承载力等。根据锤击能量分为:轻型、重型和超重型 3 种。轻型动力触探适用于一般黏性土及素填土;重型动力触探适用于中、粗、砾砂和碎石土;超重型适用于卵石砾石类土。

触探指标定义为每贯入一定深度所需的锤击数。轻型动力触探以每贯入 0.30m 的锤击数,以 N_{10} 表示;重型和超重型动力触探以每贯入 0.10m 所需的锤击数,分别以 $N_{63.5}$ 和 N_{120} 表示。也可用动贯入阻力作为触探指标。

此方法设备简单、操作方便、工效较高、适应性广,并具有连续贯入的特性。对难以取样的砂土、粉土、碎石类土等静力触探难以贯入的土层,动力触探是十分有效的勘探测试手段,下面介绍动力触探的工作原理。

动力触探的理论锤击能量为:

$$E = MHg \tag{5.2-1}$$

式中,M 为锤的质量 kg;H 为锤的自由落距 m;G 为重力加速度 m/s²;E 为动力触探理论锤击能量 J。

实际上,由(5.2-1)式确定的动力触探能量不可能全部贡献于克服土对探头贯入的阻力,而是在这以前,其中一部分能量已经消耗于锤与触探杆的碰撞、探杆的弹性变形、探杆与孔壁土体的摩擦等方面,因此,动力触探锤击能量 E 用于克服土对探头贯入阻力的有效能量为:

$$E^* = e_r E \tag{5.2-2}$$

式中,E^* 为动力触探有效锤击能量 J;e_r 为综合传输能量效率系数 $e_r = e_1 \cdot e_2 \cdot e_3$,$e_1$ 为落锤效率系数,当自由落锤时,$e_1 = 0.92$;e_2 为传输效率系数,对国内通用的大钢打头 $e_2 = 0.65$,对小钢打头 $e_2 = 0.85 \sim 0.90$;e_3 为杆长传输能量的效率系数,其值可查相应手册。

根据能量守恒和转换原理,动力触探的有效锤击能量在数值上应等于探头的贯入深度与土对探头贯入阻力的乘积,即:

$$NE^* = R_d A h ,$$

式中,N 为贯入深度为 h 的锤击数,(击);R_d 为土对探头单位面积的动贯入阻力 kPa;A 为圆锥探头底面积 cm²;h 为探头贯入深度 cm。

由此得:

$$R_d = \frac{E^*}{A}\frac{N}{h} \text{ 或 } R_d = \frac{E^*}{AS},\qquad(5.2-3)$$

式中，S 为每击的贯入度，$S=h/N$。

显然，当 E^*、A 和 h 一定时，$R_d \propto N$，即 N 的大小，综合地反映了土层的动贯入阻力，动贯入阻力与土层的物理力学性质有关。

从以上公式可以看出，可将动力触探一定贯入深度的锤击数变换为动贯入阻力进行比较。一定深度的锥击数越多，则动贯入阻力越大，即岩层承载力越高。但是，实际上影响动力触探的因素是很复杂的，应用中应根据实际情况综合评定。

2.2.2 旁压试验技术

旁压试验是现代原位测试方法之一，起源于法国，至 20 世纪 60 年代初，旁压试验已在欧洲和日本得到了广泛的应用。国内从 20 世纪 70 年代开始进行旁压试验，经过几十年的应用及完善，旁压试验已成为地基勘察与基础设计的实用、可靠方法，被广泛应用于地基的地质条件评价、土层划分、判别土的状态、推求土的应力历史、计算土的强度指标和变形参数、确定地基承载力等各个方面。在国内，旁压试验技术被列入了国标及部门规范，有些部门还制定了专门的旁压试验技术规程。

在覆盖层中进行旁压试验，具有原位、准确、测试深度大等特点。它是利用可膨胀的圆柱形旁压器在预钻孔内对孔壁施加压力，使孔壁产生变形，通过控制装置测出压力和相应的变形，从而得到土体变形和压力的关系曲线，即旁压曲线。根据旁压曲线可计算各岩（土）层的旁压模量值及极限压力。

法国梅纳旁压仪结构由三部分组成，分别是读数箱、管路和旁压器（见图 5.2-2）。读数箱：它能够精确量测出施加到探头上的压力，并能够随着压力与时间的变化，同时读出量测腔中的体积变化；压缩气体瓶提供了整个试验用的压力来源。管路一般使用塑料管，用它来连接读数器和旁压器，对该管路的要求是柔软和具有高强度，以减小体积读数中的误差。旁压器为三腔式旁压器，即中间的一个量测腔。

旁压试验的工作原理：试验时，首先打开水源阀们，向旁压器中腔充入一定量的水后关闭。此时，读数箱体积测管的水位与地下水位的差值即为试验初始压力。然后打开气源阀，通过控制装置将高压气源减压，并分成两部分，一部分供给量测腔，另一部分供给上下保护腔，使旁压器受压（量测腔为气压水）而膨胀，对旁压器施加一定的横向压力，并由压力表和体积测管测出压力值和水位值，它即反映孔壁试验土层的应力和变形的关系。保护腔的主要作用是延长孔壁的试验土层的长度，以减少量测腔的端部影响，使量测腔对孔壁产生严格、均匀的压力，从而将复杂的空间应变状态简化为近似的平面应变状态。

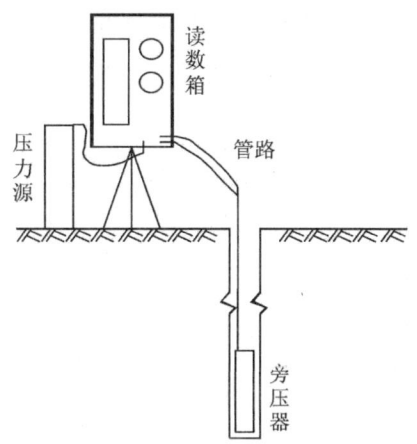

图 5.2-2 旁压仪工作示意图

国内通常应用较多的是法国 GA 型梅纳旁压仪，探头为 AX、BX 和 NX 型（$\Phi 44mm$、$\Phi 58mm$、$\Phi 70mm$），并结合开缝保护钢管，探头初始体积为 $535cm^3$ 和 $790cm^3$。

河床砂砾石层具有特殊性：结构性弱，很难取得原状样，砂石软硬交替，成孔后孔壁不光滑。长江科学院针对河床砂砾石层的特点，对旁压试验进行了以下改进。

（1）为了使旁压探头既易于放至钻孔预定的试验位置，又满足测试量程的要求，改进了以往砂砾石层中的成孔工艺，即采用 $\Phi 65$ 非标金刚石钻头及 $\Phi 63$ 的非标岩芯管作为试验段钻进工具。

(2) 在旁压试验前预先置入 Φ65 的开缝钢管，Φ44 的旁压探头置于其中。由于开缝钢管膨胀变形属于弹性变形，在试验前可以进行率定，同时开缝钢管对旁压探头膜套起到了很好的保护作用。按试验要求的孔径（即开缝钢管 Φ65 的外径）钻孔，钻进过程中避免对地层过大的扰动。

(3) 改进旁压探头成大胀量高压探头，可测得极限压力部分。

2.3 深厚覆盖层物理力学特性测试方法

2.3.1 深厚覆盖层密度确定方法

覆盖层砂砾石的三轴试验和渗透试验要求根据现场密度来配制试样，密度是得到三轴试验及渗透试验可靠数据的关键参数。但是通过现场钻孔取样进行室内密度试验，很难获得深部覆盖层较准确的原位密度参数。假定室内旁压模型试验成果与现场旁压试验成果间存在对应关系，就可以根据室内旁压模型试验所得成果，推测覆盖层的密度参数。对于室内旁压模型试验成果与现场旁压试验成果之间的对应关系，将在下一步的研究工作中进行验证。因此我们假定室内旁压模型试验成果与现场旁压试验成果是相吻合的，在此条件下来推测覆盖层的密度参数。

由于现场砂砾石的级配范围比较宽，因此可采用平均级配线来体现砂砾石的级配，砂砾石层旁压模量范围值的选取，可利用现场旁压试验数据统计分析成果，低值取标准值（现场旁压模量的标准值是采用统计学区间估计理论基础上得到的关于参数母体平均值置信区间的单侧置信界限值），高值取[平均值＋（平均值－标准值）]，利用室内旁压试验密度与旁压模量关系曲线来推求现场旁压模量范围值对应的砂砾石平均密度的范围值。

2.3.1.1 模型试验系统

模型试验系统由模型箱、加压系统、位移测试系统以及原位测试仪组成。模型箱材料采用 60mm 厚钢板，加工成尺寸为 0.94m×0.96m×1.20m（长×宽×高）的方形无盖桶。模型加压系统采用 4 个 75t 千斤顶的自反力系统，反力架在加压盖上对称布置，加压盖对角设置位移测量系统，在加压盖的几何中心预留试验孔，如图 5.2-3 和图 5.2-4。

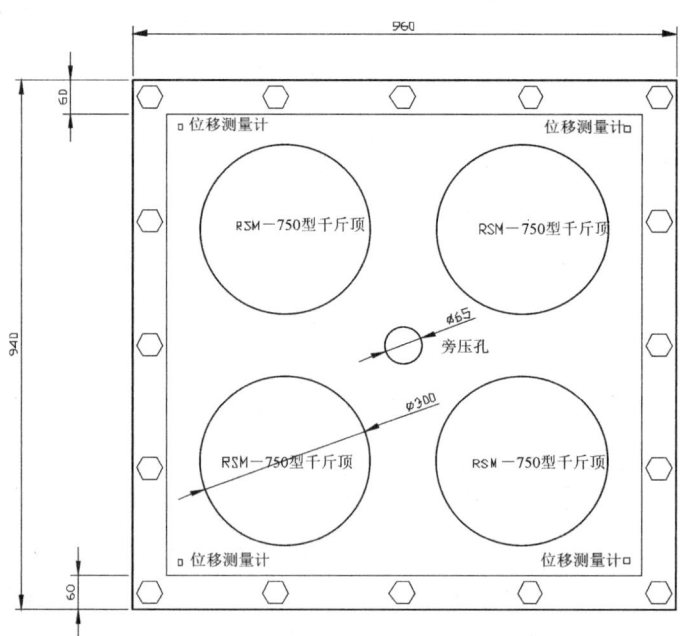

图 5.2-3 模型箱平面示意图（内空尺寸：820mm×840mm×1050mm）

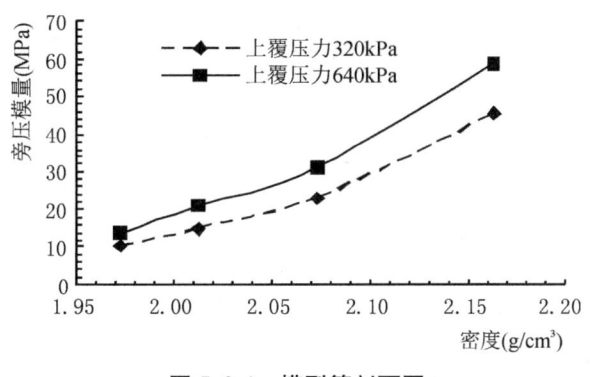

图 5.2-4 模型箱剖面图

对旁压试验的边界效应,黄熙龄[5]曾进行了相应的试验研究。在钻孔周边半径约 35cm 以内的地方埋下直径为 2～3mm 的细木标杆,深入土中 2cm,间距 4cm,对称的分布在钻孔四周,借以测定每隔 2cm 各点土的位移。用玻璃板预先录下各杆的中心位置,然后在上面垫以厚度为 5cm 的细砂层,再盖以厚为 5cm 的木板,并预加 10kPa 的荷重。这样就保证了变形的平面条件。然后进行旁压试验,并测定标杆的最后位置,计算出各点间的体积变形值。试验结果为:当压力为 150kPa 时,孔壁附近的体积变形率达到 8%;在离开孔壁 7cm 处为 1%;在相当于钻孔半径 4 倍的地区,体积压缩为 0.15%。

本文的试验孔壁距离模型壁的距离为 5.8 倍试验孔径,根据黄熙龄试验研究结果,体积压缩远小于 0.15%,可以忽略不计,因此可以认为模型侧壁对旁压模型试验没有影响,该模型尺寸满足试验要求。

2.3.1.2 模型制作

在水电站覆盖层现场取样后进行分级筛分,根据地质钻探提供的级配分布情况绘制包线图,将筛分后的砂砾石料配制成具有上、中、下包络线级配的砂砾石料,分别进行最大干密度和最小干密度试验。计算当相对密度为 0.4、0.5、0.6、0.7 所对应的砂砾石密度,提出砂砾石装样的相对密度,将旁压探头的保护管(或动探试验的保护管)预埋于模型中间,并与加压盖和封盖中心圆孔对应,将模型总的砂砾石量分成 6～8 层(视装样密度而定),每层按照选取级配和控制密度进行配制和装样,逐层夯实。然后加水排气饱和,并盖上加压盖,进行加压,加压压力按照不同级配材料所处的埋藏深度进行计算(埋藏平均深度×浮容重),加压完成后可进行室内旁压或者重型动探模型试验。

2.3.1.3 室内旁压试验

模型制作完成后,进行旁压试验,每组进行 2～3 级上覆压力下的旁压试验,在上级压力测试完后,卸掉旁压压力,重新加上覆压力,进行下一级压力的旁压试验,按照压力从小到大依次进行试验,直至完成。

旁压试验基本步骤如下:

①试验前在旁压仪水箱内注满蒸馏水或无杂质的冷开水,打开水箱安全盖。②检查并接通管路,把旁压器的注水管和导压管的快速接头对号插入。③把旁压器竖立于地面,打开水箱至量管、辅管各管阀门,使水从水箱分别注入旁压器各个腔室,并返回到量管和辅管。在此过程中,需不停地拍打尼龙管并摇晃旁压器,以便尽量排除旁压器和管路中滞留的气泡。为了加速注水和排除气泡,亦可向水箱稍加压力。当量管和辅管水位升到刻度零或稍高于零,即可终止注水,关闭注水阀和中腔注水阀。④调零。把旁压器垂直提高,直到使中控的中点与量管零位相平,打开调零阀,并密切注意水位的变化,当水位下降到零时,立即关闭调零阀、量管阀和辅管阀,然后放下旁压器。⑤将旁压器放入钻孔中预定的试验深度,其深度以中腔中点为准。打开量管阀和辅管阀施加压力。⑥高压氮气源加压,接上氮气加压装置导管(手动

加压装置则应关闭),把减压阀按逆时针方向拧到最松位置,打开气源阀,按顺时针方向调节减压阀,使高压降低到比所需要最高试验压力大100~200kPa,然后缓慢地按顺时针方向调节调压阀并调到所需的试验压力。⑦加压等级一般为预计极限压力的1/8~1/12。⑧各级压力下的相对稳定时间标准为1min,按15s、30s、60s时间顺序测记量管的水位下降值;⑨在任何情况下扩张体积相当于量测腔的固有体积时,应立即终止试验。

2.3.1.4 室内动探试验

模型制作完成后,进行动力触探试验。动力触探总贯入深度不小于40cm,记录每次锤击的贯入量(当密度较高时,锤击三次记录一次贯入量),绘制锤击数与贯入深度的关系曲线,并根据贯入稳定时的曲线拟合,先计算每锤击1次时的贯入量,后计算贯入100mm时的锤击数,即为动力触探的锤击数$N_{63.5}$或者N_{120}。

重型动探的基本步骤如下:

①试验前将触探架安装平稳,使触探保持垂直地进行。垂直度的最大偏差不超过2%,触探杆保持平直连接牢固。②贯入时使穿心锤自由下落落锤落距为0.76 ± 0.02m。地面上的触探杆的高度不宜过高以免倾斜与摆动太大。③锤击速率为每分钟15~30击,打入过程尽可能连续,所有超过5min的间断都在记录中予以注明。④及时记录每贯入0.10m所需的锤击数,其方法是记录每一阵击的贯入度,然后再换算为每贯入0.10m所需的锤击数。⑤每贯入0.10m所需锤击数连续3次超过50击时,即停止试验。

2.3.1.5 数据整理及分析

(1)旁压模型试验

模型分级加压过程中,记录压力和沉降位移值,计算砂砾石的压缩模量、压实后的密度和相对密度。根据旁压模型试验(典型试验曲线见图5.2-5),可以得到在同一级配砂砾石材料,不同密度条件下的旁压模量,绘制旁压模量(MPa)—密度(g/cm³)曲线,如图5.2-6所示。依据现场对应层位、相同覆盖深度的旁压模量值推算现场砂砾石的密度。

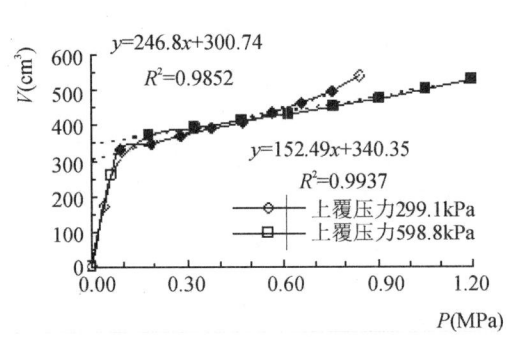

图5.2-5 双江口P6组旁压试验曲线

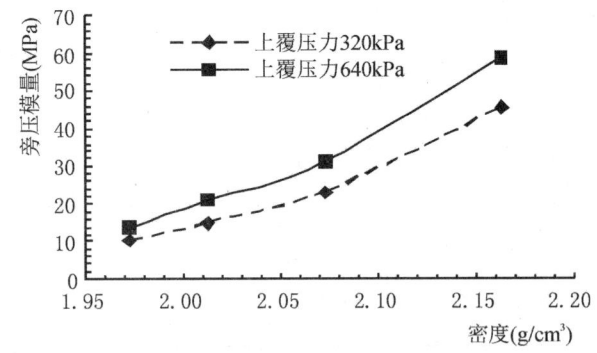

5.2-6 旁压模量—密度曲线(双江口第3层)

(2)动探模型试验

模型分级加压过程中,记录压力和沉降位移值,计算砂砾石的压缩模量、压实后的密度和相对密度。根据动探模型试验(典型试验曲线见图5.2-7),可以得到在同一级配砂砾石材料不同密度条件下的动探击数,绘制动探击数(击)—密度(g/cm³)曲线,如图5.2-8所示。依据现场对应层位、相同覆盖深度的动探击数值推算现场砂砾石的密度。

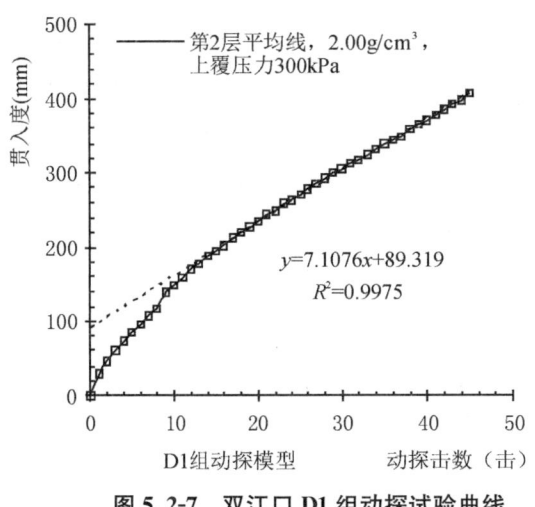

图 5.2-7 双江口 D1 组动探试验曲线

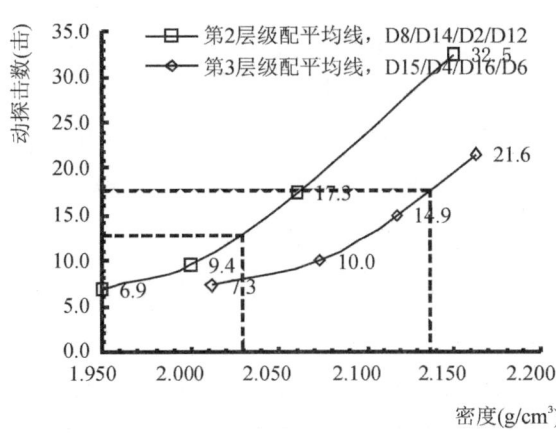

图 5.2-8 动探击数—密度曲线（双江口）

覆盖层砂砾石的三轴试验和渗透试验要求根据现场密度来配制试样，密度是得到三轴试验及渗透试验可靠数据的关键参数。但是通过现场钻孔取样进行室内密度试验很难获得深部覆盖层较准确的密度参数。假定室内旁压模型试验成果与现场旁压试验成果间存在对应关系，就可以根据室内旁压模型试验所得成果，推测覆盖层的密度参数。对于室内旁压模型试验成果与现场旁压试验成果之间的对应关系将在下一步的研究工作中进行验证。因此我们假定室内旁压模型试验成果与现场旁压试验成果是相吻合的，在此条件下来推测覆盖层的密度参数。

由于现场砂砾石的级配范围比较宽，因此可采用平均级配线来代表砂砾石的级配，砂砾石层旁压模量范围值的选取可利用现场旁压试验数据统计分析成果，低值取标准值（现场旁压模量的标准值是采用统计学区间估计理论为基础得到的关于参数母体平均值置信区间的单侧置信界限值），高值取平均值+（平均值-标准值），利用室内旁压试验密度与旁压模量关系曲线来推求现场旁压模量范围值对应的砂砾石平均密度的范围值。如图 5.2-9 所示，可以推测双江口第②、③层砂砾石的平均密度的范围分别为 2.02~2.04g/cm³ 和 2.10~2.17g/cm³。推测结果表明：在满足基本假定条件下，用该方法推测双江口第②、③层砂砾石的平均密度范围的精度在很大程度上依赖于现场旁压模量测试的成果精度。

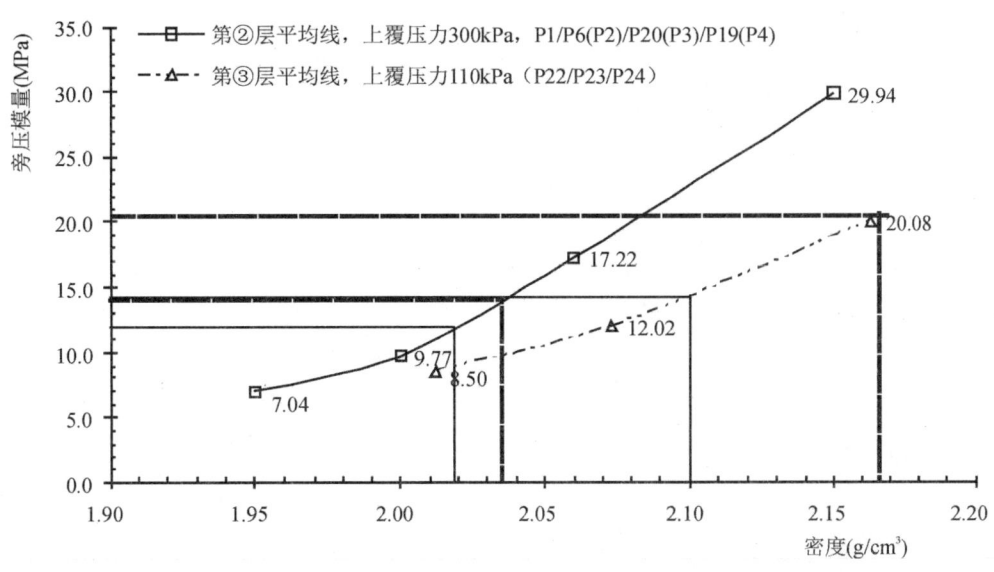

图 5.2-9 利用室内旁压试验成果推求现场砂砾石密度参数示意图

2.3.2 深厚覆盖层压缩试验方法

细粒土压缩变形试验采用轴承式单杠杆固结仪,试样尺寸 $\Phi 61.8\text{mm} \times H20\text{mm}$,最大竖向压力 400kPa,饱和方法为真空抽气饱和法。

粗粒土压缩变形试验采用浮环式压缩仪进行,试样尺寸 $\Phi 500\text{mm} \times H250\text{mm}$,最大竖向压力 1.6MPa,饱和方法为毛细饱和法。仪器图片见图 5.2-10。

2.3.3 深厚覆盖层三轴试验方法

从大型三轴试验可以获得抗剪强度指标和邓肯 $E-\mu$(或 $E-B$)模型计算参数。

(1)仪器

大型三轴压缩试验仪试样尺寸 $\Phi 300\text{mm} \times 600\text{mm}$,最大围压 3.0MPa,最大轴向应力 21MPa,最大试验行程 300mm。仪器图片见图 5.2-11。

图 5.2-10 大型浮环式压缩试验仪

图 5.2-11 大型高压三轴压缩试验仪

(2)试验成果整理方法

在邓肯 $E-\mu$ 模型中,土体的切线弹性模量 E_t 与切线泊松比 μ_t 可以用式(5.2-4)和式(5.2-6)来计算:

$$E_t = K p_a \left(\frac{\sigma_3}{p_a}\right)^n \times \left[1 - \frac{R_f(\sigma_1 - \sigma_3)(1 - \sin\varphi)}{2c\cos\varphi + 2c\sigma_3\sin\varphi}\right]^2 \tag{5.2-4}$$

$$\mu_t = \frac{G - F\lg\left(\frac{\sigma_3}{p_a}\right)}{(1-A)^2} \tag{5.2-5}$$

$$A = \frac{D(\sigma_1 - \sigma_3)}{K p_a \left(\frac{\sigma_3}{p_a}\right) \times \left[1 - \frac{R_f(\sigma_1 - \sigma_3)(1 - \sin\varphi)}{2c\cos\varphi + 2c\sigma_3\sin\varphi}\right]} \tag{5.2-6}$$

式中 σ_3——围压(kPa);

σ_1——轴压(kPa);

p_a——大气压力(kPa);

R_f——破坏比;

φ——土的内摩擦角(°);

c——土的黏聚力(kPa);

K、n——切线弹性模量的试验常数；

G、F、D——切线泊松比的试验常数。

在邓肯 $E-B$ 模型中，切线弹性模量 E_t 的计算与 $E-\mu$ 模型中方法一样，切线体积模量 B_t 用公式 (5.2-7)计算：

$$B_t = K_b p_a \left(\frac{\sigma_3}{p_a}\right)^m \tag{5.2-7}$$

式中 p_a——大气压力，kPa；

K_b、m——切线体积模量试验常数。

$E-B$ 与 $E-\mu$ 模型的十参数分别为 c、φ、R_f、K、n、K_b、m、G、F、D。K 的物理意义为围压为一个大气压时的初始切线模量与大气压的比值，K_b 的物理意义为围压为一个大气压时切线体积模量与大气压的比值，G 的物理意义为围压为一个大气压时初始切线泊松比；R_f 的物理意义为破坏应力与双曲线模型下极限应力的比值，其值能较好地反映土体的软化程度，R_f 值越大，硬化程度越高；n 反映初始切线模量随围压增大而增大的急剧程度；m 反映初始切线体积模量随围压增大而增大的急剧程度；F 反映初始切线泊松比随围压增大而增大的急剧程度；D 值越高，表示较小的偏应力增量会引起较大的侧向膨胀应变增量。其中参数 K、K_b、G 对于变形特性较敏感，参数 C_{cd}、φ_{cd} 对于强度特性较敏感。

2.3.4 深厚覆盖层渗透试验方法

垂直渗透试验在 $\Phi300$ 型垂直渗透仪中进行，试样的直径 30.8cm，高度 22cm，在控制干密度的条件下分 2 层(层厚 11cm)击实成样。水流方向自下而上，并与层面垂直，表面淹没，无压重，渗流出口周壁加约束。该试验方法与一般大型渗透试验类似。

3 深厚覆盖层工程特性研究

本节将阐述双江口、乌东德、丹巴、猴子岩等水电站工程深厚覆盖层的工程特性研究。

3.1 双江口水电站覆盖层

3.1.1 覆盖层基本地质条件

(1)双江口水电站覆盖层地质概述

双江口水电站位于四川省阿坝藏族羌族自治州马尔康市、金川县境内大渡河上游东源(主源)足木足河与西源(次源)绰斯甲河汇合口以下约 1~6km 河段，是大渡河流域水电梯级开发的上游控制性水库，是大渡河流域水电梯级开发的关键性工程之一。

根据成勘院的双江口水电站坝址区地质勘察报告，其覆盖层为第四系松散堆积物，主要分布于现代河床及谷坡中下部坡脚地带，成因类型有冲洪积堆积和崩坡积堆积。钻孔揭示，河床冲积层最大厚度 67.8m，总体结构可分为 3 层：第①层为漂卵砾石，第②层为(砂)卵砾石层，第③层为漂卵砾石层，其基本特征见表 5.2-1，坝区覆盖层力学指标见表 5.2-2。

此外在河床覆盖层中还夹有一系列砂层透镜体，以含泥中细砂为主，厚度一般 1.0~3.0m，坝址砂层主要位于②、③层中，最厚达 7.93m，埋深多大于 13.0m，最小埋深仅 0.34m。洪积堆积主要分布于可尔因沟、飞水岩沟等沟口，呈扇状分布。两岸崩坡积块碎石层块径大小悬殊，架空较严重，右岸下游倒石堆最厚可达 61.0m，前缘与冲积漂卵砾石层呈交错堆积，左岸分布较广，厚度一般 5.0~15.0m，最厚达 22.0m。

表 5.2-1　　　　　　　　　　　　双江口河床覆盖层特征简表

层号	岩性	厚度(m)	顶板埋深(m)	基本特征
③	漂卵砾石层	5.6~28.0	0	漂卵砾石成分为花岗岩、变质砂岩，呈次圆状、扁圆状，夹较多孤石，漂石粒径一般20~40cm，孤漂石约占40%，卵砾石（粒径7~12cm，2~5cm）约占35%~50%。充填中粗或中细碎屑砂。局部夹砂层透镜体。结构较密实。
②	（砂）卵砾石层	7.2~36.53	5.6~28.0	卵砾石成分为花岗岩、变质砂岩，呈次圆状，卵砾石（粒径7~12cm，2~5cm）约占60%~70%，空隙中一般为含泥中细砂充填。层中夹有较多砂层透镜体。
①	漂卵砾石层	2.57~36.57	16.3~32.8	漂卵砾石成分为花岗岩、变质砂岩，呈次圆状、扁圆状，漂石（粒径20~40cm）占30%~45%，卵砾石（粒径7~12cm，2~5cm）占40%~50%，粗颗粒基本构成骨架，充填灰～灰黄色中细砂或中粗砂，含泥，结构较密实。局部夹含泥中细砂层透镜体。

表 5.2-2　　　　　　　　　　　双江口坝区覆盖层物理力学指标值表

层位	名称	天然密度 ρ g/cm³	干密度 ρ_d g/cm³	允许承载力 $[R]$ MPa	变形模量 E_0 MPa	抗剪强度指标 φ °	抗剪强度指标 c MPa
①③	漂卵砾石	2.18~2.29	2.14~2.22	0.5~0.6	50~60	30~32	0
②	砂卵砾石	2.1~2.2	2.0~2.1	0.4~0.45	30~35	26~28	0
	中细砂层透镜体	1.7~1.9	1.6~1.8	0.2~0.25	20~25	21~23	0

（2）试验材料级配和密度

选择根据成勘院提供的地质勘探资料，考虑到第③层级配的上包线、平均线与第②层级配的平均线、下包线基本相同。因此，模型料级配选定第②层的上包线、平均线、下包线及第③层的下包线4种级配。模型料的密度选取是基于对双江口河床覆盖层天然密度的估计，分别按各级配料的室内重型击实最大干密度的86.4%~95.3%压实度进行控制，第②层的上包线密度选取两种，第②层平均线选取四种，第②层下包线选取四种，第③层的下包线选取两种。模型试验材料的级配参考现场勘探成果，级配曲线如图5.2-12所示。

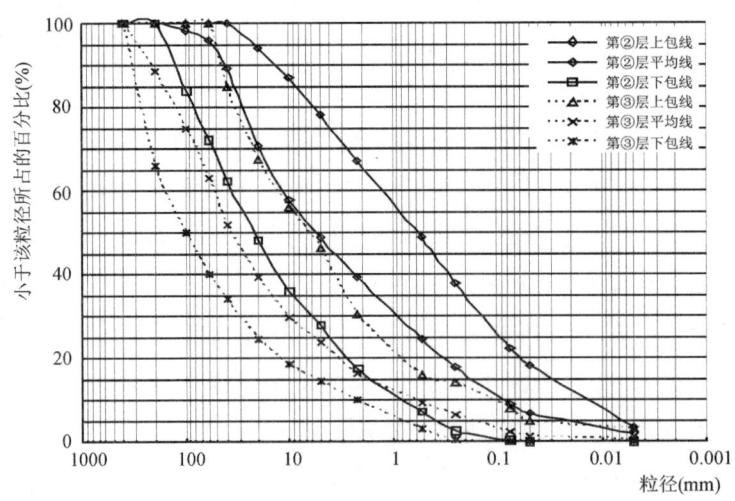

图 5.2-12　双江口坝址覆区盖层砂砾石级配曲线

(3) 上覆压力选择

上覆压力反映现场砂砾石层所处的深度，利用在双江口坝址区进行的现场旁压试验点的深度位置测算室内模型试验上覆压力值，第②层旁压试验点58个，平均测试深度为25.3m，最大测试深度为39.4m；第③层平均测试深度为8.8m，最大测试深度为18.3m。第②层平均测试深度乘以浮容重得到上覆压力314 kPa（砂砾石浮容重取1.24 g/cm³），第③层平均测试深度乘以浮容重得到上覆压力110 kPa（砂砾石浮容重取1.24 g/cm³），为便于试验和相互比较，第②层砂砾石的模型试验取上覆压力为300 kPa和600 kPa，第③层砂砾石的模型试验取上覆压力为110 kPa和220 kPa。

3.1.2 覆盖层现场试验成果

对大渡河双江口水电站坝址区内河床覆盖层共进行的8孔103点旁压试验，较充分地反映了坝址区内河床覆盖层各层土体的变形特性。经统计分析后，坝址区河床覆盖层旁压试验成果列于表5.2-3。第③层漂卵砾石由于颗粒粒径分布极不均匀，孤石分布较广泛，因此，该层旁压模量值变化较大，其参数的变异系数也较大，但第①、②层的旁压模量变异性较小，参数可信度较高。

表5.2-3　　　　　　　　双江口河床砂砾石料现场旁压试验成果统计表

分层序号	地质分层	试验统计点数	旁压模量(MPa)	参数变异系数
③	漂卵砾石	24	$\frac{6.59\sim47.12}{17.47(14.17)}$	0.53
②	(砂)卵砾石层	58	$\frac{5.71\sim21.11}{12.79(11.97)}$	0.29
①	漂卵砾石层	21	$\frac{10.98\sim29.13}{15.68(13.90)}$	0.30
汇总		103	$\frac{5.71\sim47.12}{14.47(13.47)}$	

注：表中旁压模量的表示方式为：$\frac{最小值\sim最大值}{平均值(标准值)}$

3.1.3 室内模型试验成果

为确定砂砾石料的旁压模量、动探击数与材料的密度、级配、上覆压力的相关关系，采用了不同密度和级配的双江口河床覆盖层砂砾石料在室内制作了一系列河床覆盖层模型，在模型上进行旁压试验和动力触探试验。模型料的级配、密度、上覆压力分别按照前面所述进行控制，已经完成的试验成果（旁压模量）见表5.2-4和表5.2-5。

表5.2-4　　　　　　　　双江口旁压模型试验成果表

场次	编号	试验条件	上覆压力(kPa)	旁压模量(MPa)	压实后密度(g/cm³)	备注
1	P1	第②层级配平均线，密度(1.95g/cm³)，干燥	300	8.28	1.970	
			600	13.14	1.990	
2	P2	第②层级配平均线，密度(2.00g/cm³)，干燥	300	12.35	2.008	
			600	21.86	2.015	
3	P3	第②层级配平均线，密度(2.06g/cm³)，干燥	300	21.13	2.062	
			600	40.43	2.065	

续表

场次	编号	试验条件	上覆压力(kPa)	旁压模量(MPa)	压实后密度(g/cm³)	备注
4	P4	第②层级配平均线，密度(2.15g/cm³)，干燥	300	47.19	2.156	
			600	83.76	2.160	
5	P5	第②层级配平均线，密度(2.00g/cm³)，干燥	600	18.96	2.023	
6	P6	第②层级配平均线，密度(2.00g/cm³)，饱和	300	9.77	2.014	
			600	16.24	2.034	
7	P7	第②层级配下包线，密度(2.012g/cm³)，饱和	300	14.64	2.030	
			600	21.20	2.044	
8	P8	第②层级配上包线，密度(1.887g/cm³)，饱和	300	16.80	1.894	
			600	26.31	1.899	
9	P9	第②层级配上包线，密度(2.029g/cm³)，饱和	300	24.00	2.034	
			600	35.84	2.038	

表 5.2-5 双江口动力触探模型试验成果表

场次	编号	试验条件	上覆压力(kPa)	动探击数 $N_{63.5}$(击)	压实后密度(g/cm³)
1	D1	第②层平均线级配，密度(2.000g/cm³)	300	14.1	2.065
2	D2	第②层平均线级配，密度(2.060g/cm³)	300	17.3	2.076
3	D3	第③层平均线级配，密度(2.012g/cm³)	110	8.2	2.020
4	D4	第③层平均线级配，密度(2.073g/cm³)	110	10.0	2.079
5	D5	第③层平均线级配，密度(2.163g/cm³)	110	43.4	2.168
6	D6	第③层平均线级配，密度(2.163g/cm³)	110	21.6	2.169
7	D7	第②层平均线级配，密度(1.950g/cm³)	110	7.6	2.024
8	D8	第②层平均线级配，密度(1.950g/cm³)	300	6.9	2.067
9	D9	第②层平均线级配，密度(2.000g/cm³)	300	6.4	2.063
10	D10	第②层平均线级配，密度(2.060g/cm³)	300	9.5	2.069
11	D11	第②层平均线级配，密度(2.060g/cm³)	600	18.3	2.074
12	D12	第②层平均线级配，密度(2.150g/cm³)	300	32.5	2.155
13	D13	第②层级配平均线，密度(2.150g/cm³)	600	55.7	2.163
14	D14	第②层级配平均线，密度(2.000g/cm³)	300	9.4	2.091
15	D15	第③层级配平均线，密度(2.073g/cm³)	110	8.5	2.081
16	D16	第③层级配平均线，密度(2.118g/cm³)	110	14.9	2.123
17	D17	第③层级配平均线，密度(2.012g/cm³)	110	7.3	2.056

注：动探击数是根据曲线拟合所得数据，为便于比较分析，取小数点后1位。

3.1.4 覆盖层密度确定

(1) 利用旁压模量推测现场覆盖层密度

根据室内模型试验的旁压试验密度与旁压模量的关系曲线,来推求现场旁压模量范围值对应的砂砾石平均密度的范围值,如图 5.2-13 所示。可以推测,第②③层砂砾石的平均密度的范围分别为 2.02～2.04g/cm³ 和 2.10～2.17g/cm³。推测结果表明:在满足基本假定条件下,用该方法推测第②③层砂砾石的平均密度范围的精度,在很大程度上依赖于现场旁压模量测试成果的精度。

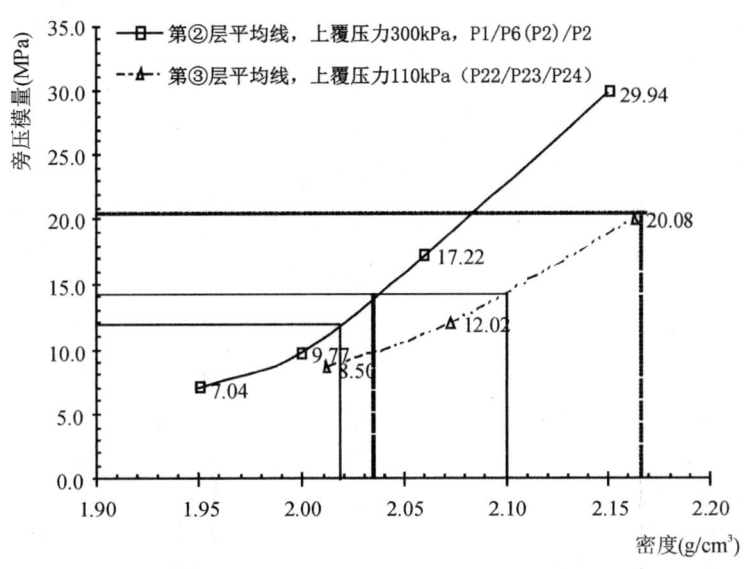

图 5.2-13 利用室内旁压试验成果推求现场砂砾石密度参数示意图

(2) 利用动探击数推测现场覆盖层密度

由于双江口无动探试验资料,我们采用同是在大渡河上的长河坝水电站覆盖层动探试验数据,该两水电站覆盖层均进行了现场旁压试验,但由于两地相距 340km,双江口和长河坝砂砾石的级配稍有区别。依据旁压试验结果对比,双江口水电站覆盖层砂砾石的动探击数是将长河坝水电站覆盖层的同层砂砾石的动探击数进行折算,经折算后,双江口水电站覆盖层第 3 层重型动力触探击数为 17.7 击,第 2 层重型动力触探击数为 12.8 击。(见图 5.2-14)

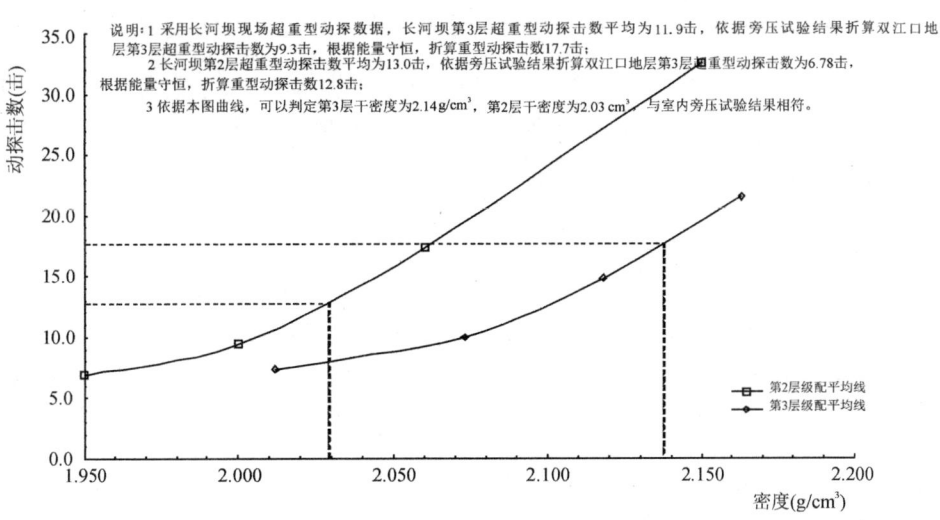

图 5.2-14 利用室内动探试验成果推求现场砂砾石密度参数示意图

3.1.5 力学性质及渗透特性

力学性试验主要针对河床覆盖层的第②层和第③层的平均级配料进行。

(1) 相对密度试验

河床覆盖层砂砾石料相对密度试验采用振击法与松填法进行。第②层平均级配的最大干密度与最小密度分别为：2.257g/cm³；1.872g/cm³，第③层平均级配的最大干密度与最小密度分别为：2.271g/cm³；1.861g/cm³。

(2) 力学性试验的密度

根据室内与现场旁压试验和标准贯入试验成果比较分析，河床覆盖层的第②层和第③层的干密度分别为2.05g/cm³；2.14g/cm³，其相对密度D_r分别为0.509和0.722。河床覆盖层室内力学性试验的密度，第②层除按2.05g/cm³的干密度制备试样外，另按2.03g/cm³和2.10g/cm³的干密度制备试样。第③层除按2.14g/cm³的干密度制备试样外，另按2.05g/cm³和2.20g/cm³的干密度制备试样进行试验。

(3) 渗透试验

河床覆盖层渗透试验采用直径300mm、高150mm的变水头渗透仪进行。第②层平均级配和第③层平均级配不同干密度条件下的渗透系数见表5.2-6。

表5.2-6　　　　　　　　　　　双江口渗透试验成果表

试样编号	层位	试验级配	试验干密度（t/m³）	渗透系数
S—ST01	②	平均级配	2.03	7.15×10^{-3}
S—ST02	②	平均级配	2.05	6.05×10^{-3}
S—ST03	②	平均级配	2.10	3.51×10^{-3}
S—ST04	③	平均级配	2.05	1.15×10^{-2}
S—ST05	③	平均级配	2.14	6.67×10^{-3}
S—ST06	③	平均级配	2.20	4.07×10^{-3}

由试验成果可以看出，第②层平均级配料的渗透系数K_{20}为$i\times10^{-3}$cm/s，第③层平均级配料的渗透系数K_{20}在$i\times10^{-2}\sim i\times10^{-3}$cm/s之间，渗透系数随试样密度的增加而有所减小，第②层平均级配料的渗透系数由干密度为2.03t/m³的7.15×10^{-3}cm/s降低到干密度为2.07t/m³的3.51×10^{-3}cm/s，变化不大；第③层平均级配料的渗透系数由干密度为2.05t/m³的1.15×10^{-2}cm/s降低到干密度为2.20t/m³的4.07×10^{-3}cm/s，变化稍大。

(4) 压缩试验

压缩试验采用直径500mm、高250mm的浮环式压缩仪进行，试验的最大竖向压力3.2MPa。河床覆盖层料的压缩模量随着竖向压力的增加而增大。压缩试验成果见表5.2-7。典型的压缩试验$e-\lg P$曲线图5.2-15。

表 5.2-7　　　　　　　　　　　　　　　　双江口压缩试验成果表

试验级配	试验密度 t/m³	各压力范围的压缩模量 E_s						各级压力下的孔隙比 e							压缩系数 $a v_{1-2}$ MPa^{-1}
		0~0.1 MPa	0.1~0.2 MPa	0.2~0.4 MPa	0.4~0.8 MPa	0.8~1.6 MPa	1.6~3.2 MPa	0	0.1 MPa	0.2 MPa	0.4 MPa	0.8 MPa	1.6 MPa	3.2 MPa	
②平均级配	2.03	10.5	13.6	25.2	37.2	61.8	86.3	0.330	0.317	0.308	0.297	0.283	0.265	0.241	0.098
	2.05	10.4	16.6	25.0	34.5	60.3	95.9	0.317	0.304	0.296	0.286	0.271	0.253	0.231	0.079
	2.10	33.0	41.4	46.7	57.0	78.8	102.6	0.286	0.282	0.279	0.273	0.264	0.251	0.231	0.031
	2.15	26.1	30.5	40.7	60.8	90.1	136.1	0.256	0.251	0.247	0.241	0.233	0.222	0.207	0.041
③平均级配	2.05	26.5	35.6	44.6	50.1	60.6	77.0	0.317	0.312	0.308	0.302	0.292	0.275	0.247	0.037
	2.10	38.6	47.3	60.3	74.5	86.2	133.1	0.286	0.283	0.280	0.276	0.269	0.257	0.241	0.027
	2.14	37.1	47.3	80.2	98.7	122.8	146.7	0.262	0.259	0.256	0.253	0.248	0.239	0.226	0.027
	2.20	44.7	67.4	83.8	119.5	153.2	204.4	0.227	0.224	0.222	0.220	0.215	0.209	0.199	0.018

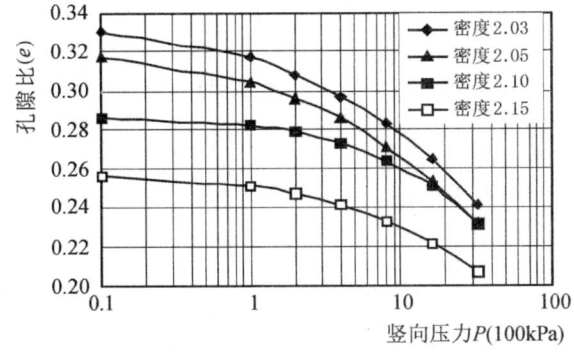 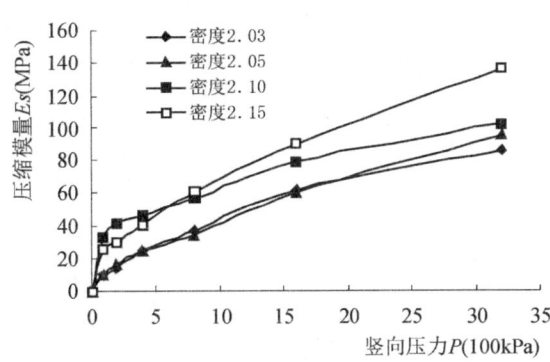

图 5.2-15　双江口第②层压缩试验 $e-\lg P$ 曲线

(5) 三轴剪切试验

覆盖层砂砾石料三轴剪切试验采用直径 300mm、高 600mm 的三轴剪切仪进行,试验的最大周围压力为 2.4MPa。试验方法为饱和固结排水剪。典型三轴试验应力一应变,应力一体变关系曲线和莫尔圆强度包线见图 5.2-16。

由试验成果整理的抗剪强度指标和 $E-\mu$(或 $E-B$)模型变形参数见表 5.2-8。覆盖层第②层砂砾石料平均级配,抗剪强度指标 c 值为在 59~73kPa,内摩擦角 φ 值为 37.9°~38.6°。覆盖层第③层砂砾石料平均级配,抗剪强度指标 c 值为在 115~263kPa,内摩擦角 φ 值为 36.8°~39.3°。可见,两层均具有较高的抗剪强度和较好的变形指标。

表 5.2-8　　　　　　　　　　　　　双江口覆盖层三轴试验成果表

级配	试验密度 g/cm³	孔隙率 %	抗剪强度				$E-\mu(B)$ 模型变形参数							
			c' kPa	φ' °	φ_0 °	$\Delta\varphi$ °	K /	n /	R_f /	K_b /	m /	G /	F /	D /
②层平均线	2.03	24.8	59	38.1	43.8	4.3	749	0.300	0.769	271	0.431	0.281	0.118	4.66
	2.05	24.1	64	37.9	43.5	4.1	843	0.318	0.848	322	0.365	0.329	0.120	3.78
	2.10	22.2	73	38.0	44.7	5.0	959	0.272	0.843	349	0.342	0.325	0.097	3.77
	2.15	20.4	68	38.6	46.2	6.1	1024	0.298	0.855	410	0.320	0.346	0.125	4.21

续表

级配	试验密度 g/cm³	孔隙率 %	抗剪强度				$E-\mu(B)$模型变形参数							
			c' kPa	φ' °	φ_0 °	$\Delta\varphi$ °	K /	n /	R_f /	K_b /	m /	G /	F /	D /
③层平均线	2.05	24.1	134	36.8	47.1	7.1	813	0.200	0.787	314	0.203	0.176	0.061	6.40
	2.10	22.2	166	37.6	48.6	7.7	934	0.266	0.803	345	0.261	0.315	0.167	5.32
	2.14	20.7	263	38.3	51.5	8.1	1031	0.292	0.789	368	0.383	0.402	0.221	6.29
	2.20	18.5	115	39.3	49.7	7.8	1221	0.424	0.837	458	0.397	0.293	0.126	4.56

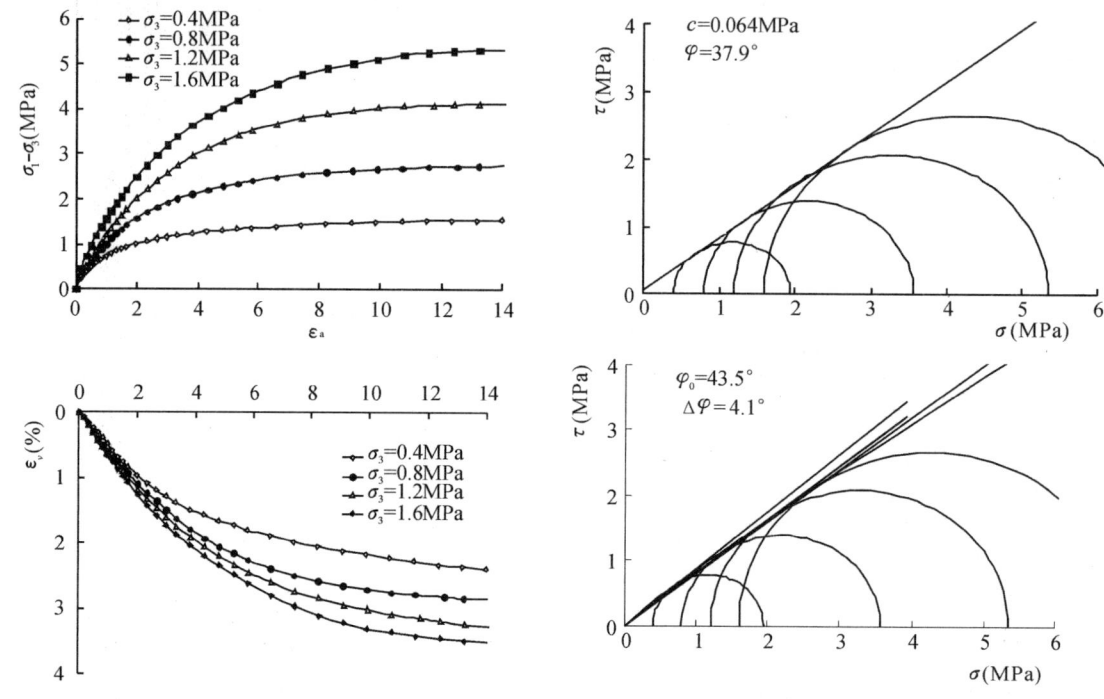

图 5.2-16 双江口三轴试验曲线(第②层,密度 2.05g/cm³)

3.2 乌东德水电站覆盖层

3.2.1 覆盖层基本地质条件

(1)乌东德地质条件

乌东德水电站位于云南省昆明市禄劝县和四川省会东县交界的金沙江干流上,水电站正常蓄水位950m,总库容 42.18 亿 m³,装机容量 7400MW,系Ⅰ等工程。坝址区为陡峻的乌东德峡谷,枢纽工程由坝高约 240m 的大坝、泄洪消能建筑物和引水发电系统等建筑物组成。

根据长江勘测规划设计研究院的地质资料,上游围堰部位河床覆盖层一般厚52.4~65.5m,最厚72.75m(ZK9),基岩面高程一般 733.6~756.3m。自下至上分为三层:

Ⅰ层:卵、砾石层夹碎块石。该层一般厚 4.44~13.84m,最厚 16.44m,局部缺失;原岩岩性混杂,为灰岩、大理岩、白云岩、玄武岩等。卵石粒径一般 2cm×3cm~4cm×6cm,呈扁圆及浑圆状,含量约 35%~45%;砾石粒径一般 5~13mm,呈棱角状,含量约 30%~40%;碎块石,粒径一般 5cm×6cm~8cm×10cm,呈棱角状,含量 15%~25%。颗分成果也表明,该层以巨粒、粗粒为主,细粒(粉、黏粒)仅占 1%~3.9%。

Ⅱ层：含细粒土砾（砂）层夹碎石、卵石。该层一般厚 11.23～36.80m，最薄处仅 2.25m，最厚达 58.01m。砾、砂的原岩成分大多较混杂，一般为大理岩、灰岩、白云岩、变质灰岩等，局部以白云岩为主。砾石含量一般 30%～47%，最高可达 54%，粒径一般 3～12mm，呈次圆状、浑圆状，砾石成分以白云岩为主的部分，砾石呈棱角及次棱角状；砂以中粗砂为主，含量约 20%～30%；细粒（粉粒、黏粒）多为灰黄、褐黄色，局部见少量紫红及灰黑色，含量一般为 6.0%～16.8%，最高 27.3%（ZK17 孔深 36.20～36.35m 段）；碎石粒径一般为 3cm×4cm～5cm×7cm，呈棱角状，含量一般为 10%～20%；卵石零星分布，呈扁圆状。

Ⅲ层：砂砾石层夹卵石及少量碎块石。该层一般厚 23.81～35.89m，最薄 11.15m，最厚处可达 52.60m。原岩成分较混杂，为灰岩、大理岩、砂岩、白云岩及辉绿岩等。以砾石含量较高，一般约占 35%～45%，最高可达 60%以上，砾径一般为 3～10mm，大者达 18mm，多呈圆状，部分呈棱角状；卵石含量次之，一般约占 15%～30%，局部相对集中处可达 40%左右，粒径一般 3cm×4cm～6cm×7cm，大者取芯呈短柱状，卵石多呈扁圆状；碎石、块石含量相对较低，一般约占 10%～20%，粒径一般 4cm×5cm～8cm×10cm，少量取芯呈柱状，钻孔揭露块石直径最大为 5.46m（ZK1 孔深 30.30～35.76m 段）。砂多为中粗砂，呈杂色，成分混杂，局部见中细砂、粉细砂透镜体，透镜体一般厚 1.04～2.44m，最厚 3.55m（ZK12 孔深 16.50～20.05m 段），透镜体多以中细砂为主，中细砂含量一般 60%～70%。从颗分成果看，该层细粒（粉粒、黏粒）含量相对较低，含量一般 1%～3%，较高 5.3%～10.3%。

(2) 覆盖层Ⅲ层试验级配

对钻孔取样进行颗粒分析并按地质分层Ⅲ层进行统计，剔除异常点，得到的级配曲线见图 5.2-17。上下包线和平均线见图 5.2-18 和表 5.2-9。

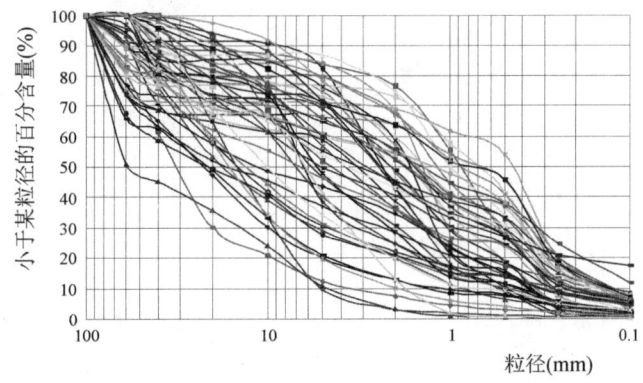

图 5.2-17 乌东德覆盖层Ⅲ层筛分级配成果

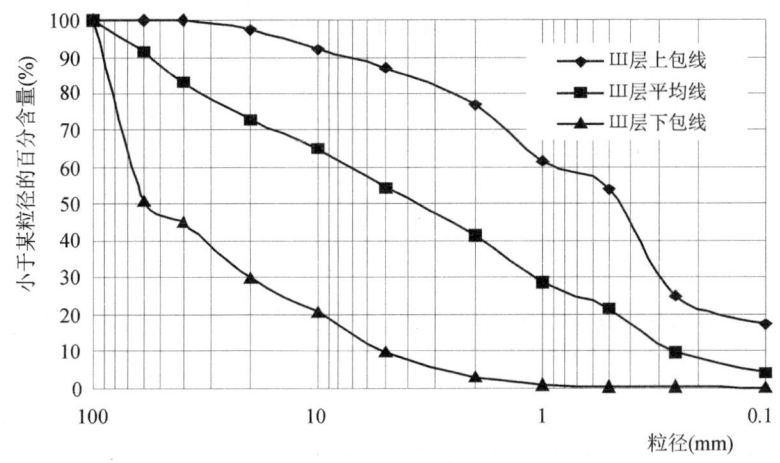

图 5.2-18 乌东德覆盖层Ⅲ层筛分级配包线

表 5.2-9　　　　　　　　　　乌东德覆盖层Ⅲ层筛分级配包线成果表

试样级配	各粒组组成百分数									
	>60	60~40	40~20	20~10	10~5	5~2	2~1	1~0.5	0.5~0.25	0.25~0.1	<0.1
	(mm)									
上包线			2.46	5.70	5.12	10.11	14.92	7.80	29.18	7.28	17.44
平均线	8.50	8.29	10.02	8.14	10.58	13.32	12.66	7.00	11.82	5.49	4.18
下包线	48.88	5.96	15.02	9.40	11.18	6.53	1.99	0.42	0.30	0.17	0.16

根据级配包线,上包线的土料粒径均在40mm以下,平均线土料的粒径在60mm以上者占8.5%,小于5mm的细粒含量为54.47%,下包线的土料粒径在60mm以上者占48.88%,20mm以上粒径占69.86%,小于5mm的细粒含量为9.56%。因此上包线采用原级配;平均线采用等量替代法对超粒径部分进行缩尺,对超粒径部分($d_{max}=60$mm)以60mm~5mm的粒径进行等量替代,下包线采用综合法进行缩尺,先相似级配($n=2$),再对超粒径部分($d_{max}=60$mm)以60mm~5mm的粒径进行等量替代。得到的试验级配见图5.2-19和表5.2-10。

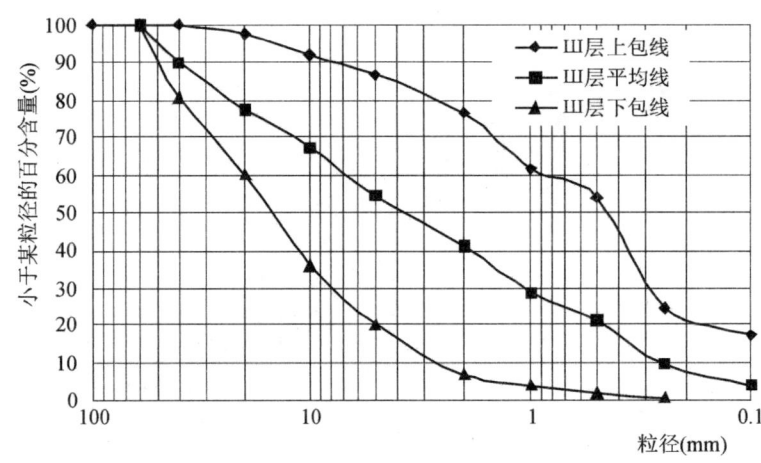

图 5.2-19　乌东德覆盖层Ⅲ层试验级配

表 5.2-10　　　　　　　　　　乌东德覆盖层Ⅲ层试验级配

试样编号	各粒组组成百分数									
	60~40	40~20	20~10	10~5	5~2	2~1	1~0.5	0.5~0.25	0.25~0.1	<0.1
	(mm)									
上包线			2.46	5.70	5.12	10.11	14.92	7.80	29.18	7.28
平均线	10.19	12.32	10.01	13.01	13.32	12.66	7.00	11.82	5.49	4.18
下包线	19.20	20.80	24.00	16.00	13.00	3.00	2.00	1.00	1.00	

(3)覆盖层Ⅱ层试验级配

对钻孔取样进行颗粒分析并按地质分层Ⅱ层进行统计,剔除异常点,得到的级配曲线见图5.2-20。

上下包线和平均线见图 5.2-21 和表 5.2-11。

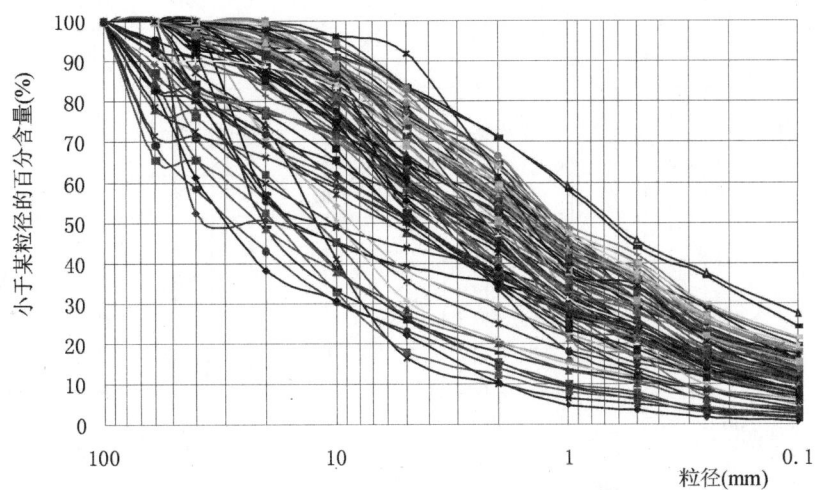

图 5.2-20　乌东德覆盖层Ⅱ层筛分级配成果

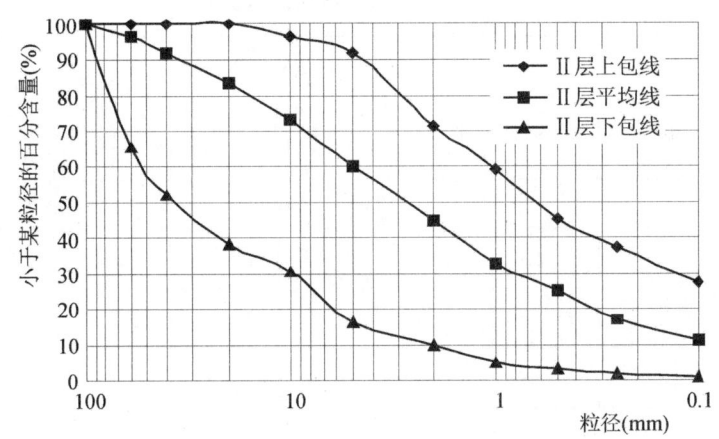

图 5.2-21　乌东德覆盖层Ⅱ层筛分级配包线

表 5.2-11　　　　　　　　　　　乌东德覆盖层Ⅱ层筛分级配包线成果表

试样级配	各粒组组成百分数										
	>60	60~40	40~20	20~10	10~5	5~2	2~1	1~0.5	0.5~0.25	0.25~0.1	<0.1
	(mm)										
上包线				3.69	4.60	20.45	12.16	13.65	8.06	10.08	27.31
平均线	3.56	4.39	8.53	10.22	13.39	15.00	12.36	7.35	7.95	6.21	11.04
下包线	34.47	13.35	13.96	7.94	14.02	6.37	5.06	1.49	1.76	0.86	0.73

根据级配包线，上包线的土料粒径均在 20mm 以下，平均线土料粒径在 60mm 以上粒径占 3.56%，小于 5mm 的细粒含量有 59.91%，下包线的土料粒径在 60mm 以上粒径占 34.47%，20mm 以上粒径占 61.78%，小于 5mm 的细粒含量有 16.26%。因此上包线采用原级配；平均线和下包线采用等量替代法对超粒径部分进行缩尺，对超粒径部分（$d_{max}=60mm$）以 60~5mm 的粒径进行等量替代。得到的试验级配见图 5.2-22 和表 5.2-12。

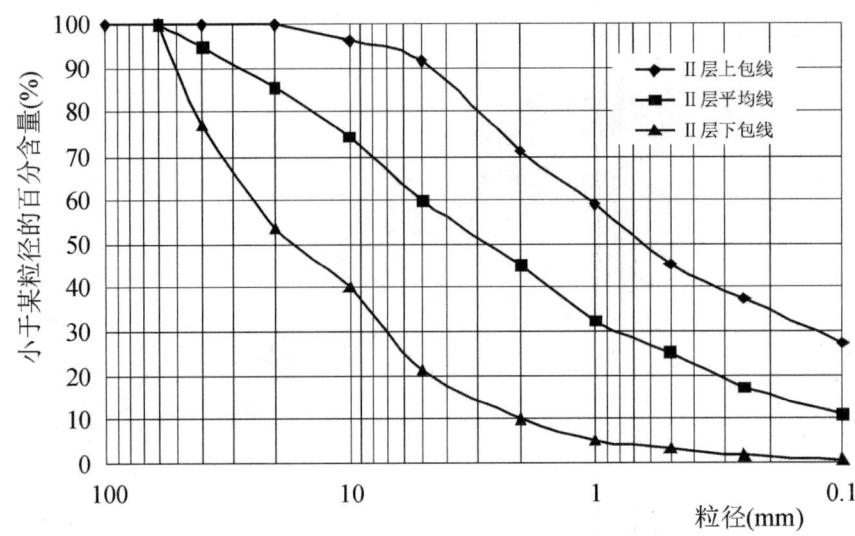

图 5.2-22 乌东德覆盖层Ⅱ层试验级配

表 5.2-12　　　　　　　　　乌东德覆盖层Ⅱ层试验级配

试样编号	各粒组组成百分数									
	60～40	40～20	20～10	10～5	5～2	2～1	1～0.5	0.5～0.25	0.25～0.1	<0.1
	(mm)									
上包线	0.00	0.00	3.69	4.60	20.45	12.16	13.65	8.06	10.08	27.31
平均线	4.82	9.36	11.21	14.70	15.00	12.36	7.35	7.95	6.21	11.04
下包线	22.69	23.72	13.49	18.83	11.37	5.06	1.49	1.76	0.86	0.73

(4) 上覆压力选择

在模型试验中，覆盖层的深度是通过在模型上方施加一定的上覆压力来实现的，上覆压力取值为该层的平均深度处的自重压力值。

乌东德覆盖层的Ⅲ层厚度为 21.5m～35.0m，Ⅱ层厚度为 7.6m～13.0m，因此模型试验中确定Ⅱ层的平均深度为 38.55m，换算上覆压力 490kPa。Ⅲ层的平均深度为 28.25m，换算上覆压力 360kPa。

(5) 级配和密度选择

模型试验的级配采用上节覆盖层Ⅱ、Ⅲ层的平均级配。由于初期已经进行了现场密度试验，其平均值在 2.28g/cm³ 附近，因此室内模型试验密度初步选择 2.21 g/cm³，2.26g/cm³，2.31g/cm³ 三个试验密度。Ⅲ层的平均级配的砂砾石试验密度初步选择为 2.116 g/cm³，2.16 g/cm³，2.21 g/cm³ 三个试验密度。

3.2.2 覆盖层现场试验成果

对乌东德水电站坝址区内河床覆盖层共进行了 8孔 56点旁压试验，较充分地反映了坝址区内河床覆盖层各层土体的变形特性，我们选取了与本研究相关的原位测试数据，如表 5.2-13 所示（仅列出覆盖层Ⅱ层现场旁压资料，其余略）。

表 5.2-13　　　　　　　　　　　乌东德覆盖层Ⅱ层现场旁压资料

孔号	测段深度(m)	旁压模量 E_m(MPa)	p_0(MPa)	p_f(MPa)	P_l(MPa)	变形模量 E_0(MPa)
ZK18	46.27	18.89	0.35	1.29	2.21	47.23
ZK10	48.85	72.01	0.4	3.2	6.8	180.02
ZK19	37.4	24.58	0.15	0.9	2.1	61.45
	50.48	23.13	0.25	1.3	2.3	57.83
	57.62	21.9	0.25	1.32	2.37	54.75
ZK21	37.36	18.14	0.2	1.49	1.98	45.35
	43.38	26.61	0.23	1.21	2.65	66.53
	48.91	42.02	0.45	2.1	4.17	105.05
	54.91	43.23	0.3	1.88	4.32	108.08

同时,我们对乌东德水电站坝址区覆盖层进行了 8 孔 76 点的动力触探试验,部分成果如表 5.2-14 所示。

表 5.2-14　　　　　　　　　乌东德覆盖层Ⅱ层现场超重型动力触探资料

孔号	孔深(m)	岩性	重型动力触探锤击数(N_{120})	修正系数	修正后击数(N'_{120})
ZK15	35.93~36.03	砂卵石夹泥及少量碎块石、卵石	35	0.608	21.27
	36.03~36.13		39	0.607	23.69
	36.13~36.23		31	0.607	18.82
	43.06~43.36	粉土夹碎石及碎屑	40	0.579	23.14
ZK20	25.72~25.82	卵砾石夹砾质土透镜体	23	0.663	15.25
	25.82~25.92		29	0.663	19.22
	25.92~26.02		38	0.662	25.17
平均值					20.3

3.2.3　室内模型试验成果

为确定砂砾石料的旁压模量、动探击数与材料的密度、级配、上覆压力的相关关系,采用了不同密度和级配的乌东德河床覆盖层砂砾石料在室内制作了一系列河床覆盖层模型,在模型上进行旁压试验和动力触探试验。模型料的级配、密度、上覆压力分别按照前面所述进行控制,已经完成的试验成果(旁压模量)见表 5.2-15 和表 5.2-16。

表 5.2-15　　　　　　　　　　　乌东德旁压模型试验成果表

场次	编号	试验条件	上覆压力(kPa)	旁压模量(MPa)	压实后密度(g/cm³)	备注
1	P25	第②层级配平均线,密度(2.21g/cm³),饱和;	490	19.65	2.237	
			980	33.65	2.258	
2	P26	第②层级配平均线,密度(2.26g/cm³),饱和;	490	33.12	2.285	
			980	46.30	2.316	

续表

场次	编号	试验条件	上覆压力(kPa)	旁压模量(MPa)	压实后密度(g/cm³)	备注
3	P27	第②层级配平均线，密度(2.31g/cm³)，饱和；	490	67.10	2.319	
			980	84.36	2.328	
4	P28	第③层级配平均线，密度(2.116g/cm³)，饱和；	360	14.26	2.215	
			720	21.39	2.217	
5	P29	第③层级配平均线，密度(2.16g/cm³)，饱和；	360	24.14	2.169	
			720	38.18	2.177	
6	P30	第③层级配平均线，密度(2.21g/cm³)，饱和；	360	49.08	2.141	
			720	57.64	2.159	

表 5.2-16　　乌东德动力触探模型试验部分成果表

场次	编号	试验条件	上覆压力(kPa)	动探击数(n)	压实后密度(g/cm³)
1	D18	第②层级配平均线，密度(2.26g/cm³)，上覆压力490kPa，超重型动力触探	490	13.3	2.274
2	D19	第②层级配平均线，密度(2.31g/cm³)，上覆压力490kPa，超重型动力触探	490	12.7	2.319
4	D21	第②层级配平均线，密度(2.21g/cm³)，上覆压力490kPa，超重型动力触探	490	8.5	2.246
5	D22	第③层级配平均线，密度(2.26g/cm³)，上覆压力245kPa，超重型动力触探	245	12.5	2.308
8	D25	第③层级配平均线，密度(2.116g/cm3)，上覆压力360kPa，超重型动力触探	360	4.9	2.164
9	D26	第③层级配平均线，密度(2.16g/cm³)，上覆压力360kPa，超重型动力触探	360	6.3	2.178
10	D27	第③层级配平均线，密度(2.21g/cm³)，上覆压力360kPa，超重型动力触探	360	7.4	2.220
11	D28	第③层平均级配，密度(2.05g/cm³)，上覆压力130kPa，重型动力触探	130	4.32	—
13	D30	第③层平均级配，密度(2.15g/cm³)，上覆压力130kPa，重型动力触探	130	7.48	
14	D31	第③层平均级配，密度(2.20g/cm³)，上覆压力130kPa，重型动力触探	130	9.87	
15	D32	第③层平均级配，密度(2.25g/cm³)，上覆压力130kPa，重型动力触探	130	14.00	

注：动探击数是根据曲线拟合所得数据，为便于比较分析，取小数点后1位。

3.2.4 覆盖层密度确定

(1)现场旁压试验及密度参数推测

根据现场旁压试验成果,本次试验的第②层平均线与现场第Ⅱ层(深度37~57m范围内,见表5.2-15)从材质和埋藏深度等方面比较吻合,现场旁压试验平均模量为32.4MPa,推算密度为2.261g/cm³。见图5.2-23、图5.2-24。

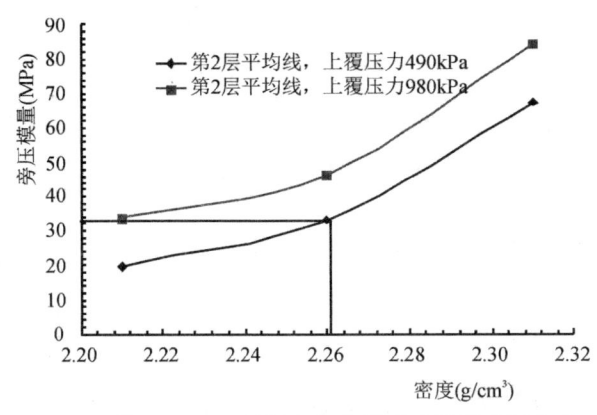 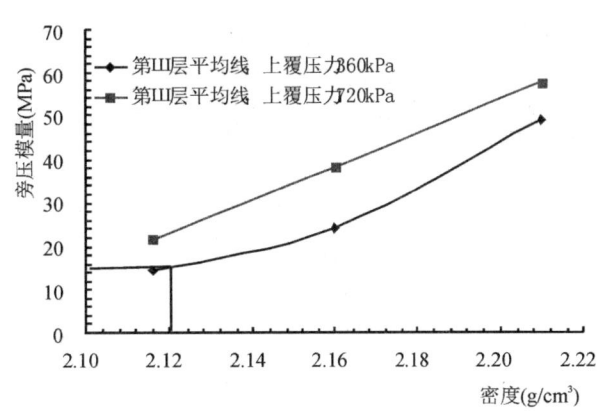

图 5.2-23 利用室内旁压试验推求现场密度
(乌东德覆盖层Ⅱ层)

图 5.2-24 利用旁压试验推求现场密度
(乌东德覆盖层Ⅲ₃层)

根据现场旁压试验成果,本次试验的第Ⅲ₃层平均线与现场第Ⅲ₃层(见表5.2-15)从材质和埋藏深度等方面比较吻合,现场旁压试验平均模量为15.17MPa,推算密度为2.12g/cm³。

(2)现场动探试验及密度参数推测

根据现场超重型动探试验成果,本次试验的第Ⅱ层平均线与现场第Ⅱ层(表5.2-16)从材质和埋藏深度等方面比较吻合,现场试验超重型动探击数为20.3,推算密度为2.281g/cm³。见图5.2-25、图5.2-26。

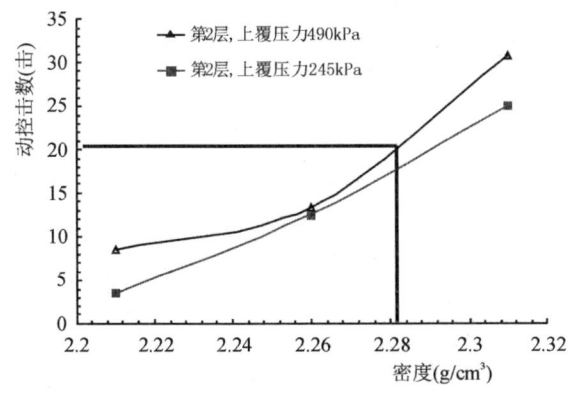 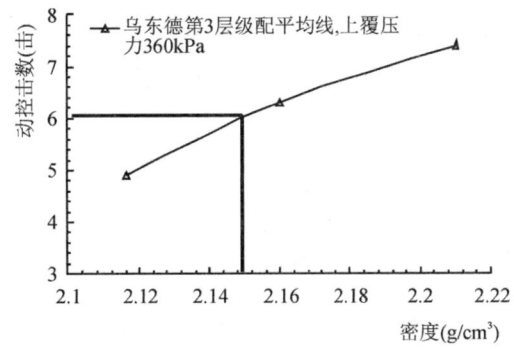

图 5.2-25 利用超重型动探试验推求现场密度
(乌东德覆盖层Ⅱ层)

图 5.2-26 利用超重型动探试验推求现场密度
(乌东德覆盖层Ⅲ₃层)

根据覆盖层Ⅲ₃层现场重型动力触探资料,修正后的重型动力触探击数 $N'_{63.5}$ 见表5.2-16所示,Ⅲ₃层的重型动力触探击数平均值 $N'_{63.5}=17.6$。根据《铁路工程地质原位测试规程》(TB10018—2003)中9.4.4条,重型动力触探击数 $N_{63.5}$ 和超重型动力触探击数 N_{120} 可以根据公式 $N_{63.5}=3N_{120}-0.5$ 进行互换,由 $N_{63.5}=17.6$ 可以得到超重型动力触探击数 $N_{120}=6.02$。推求现场试验密度2.149 g/cm³。

根据乌东德水电站覆盖层室内模型试验和现场原位测试成果,推测现场深厚覆盖层第Ⅱ层的密度值为2.261~2.281g/cm³,推测现场深厚覆盖层第Ⅲ层的密度值为2.120~2.149g/cm³。

3.2.5 力学及渗透特性

力学试验主要针对河床覆盖层Ⅲ层、Ⅱ层的平均级配料进行。

（1）三轴剪切试验

根据现场和室内密度试验成果，对覆盖层Ⅲ层、Ⅱ层分别进行了三轴试验，试验为饱和固结排水剪切试验，试样尺寸$\Phi 300\times H600mm$，覆盖层$Ⅲ_3$层的围压为0.3MPa、0.6MPa、0.9MPa三级，覆盖层$Ⅲ_2$层、Ⅱ层的围压为0.25MPa、0.5MPa、0.75MPa、1.0MPa四级，剪切速率均为0.4mm/min。典型的试验应力-应变-体变曲线和莫尔圆曲线见图5.2-27。

根据试验成果得到的邓肯张$E-\mu(B)$模型参数见表5.2-17。

从试验成果看，$Ⅲ_3$层的抗剪强度指标c值为10～16kPa，摩擦角φ值为36.9°～38.2°，$Ⅲ_2$层的抗剪强度指标c值为165～170kPa，摩擦角φ值为39.1°～40.2°，Ⅱ层的抗剪强度指标c值为98～152kPa，摩擦角φ值为37.8°～39.5°，抗剪强度指标随密度的增加而增加，均具有较高的抗剪指标。

表5.2-17　　　　　　　　　　乌东德覆盖层三轴试验成果表

级配	试验密度 g/cm³	抗剪强度				$E-\mu(B)$模型变形参数							
		c' kPa	φ' °	φ_0 °	$\Delta\varphi$ °	K /	n /	R_f /	K_b	m	G /	F /	D /
$Ⅲ_3$层 平均线	2.12	58	37.6	43.8	5.1	915	0.310	0.906	324	0.314	0.500	0.357	4.22
	2.16	56	37.5	44.4	6.0	1089	0.356	0.898	443	0.315	0.534	0.310	4.38
	2.21	84	38.6	47.3	7.4	1283	0.311	0.882	473	0.310	0.562	0.383	4.79
$Ⅲ_2$层 平均线	2.18	165	39.1	50.8	8.3	1324	0.411	0.856	524	0.239	0.334	0.216	5.73
	2.21	170	40.2	51.9	8.9	1435	0.464	0.816	785	0.313	0.412	0.189	6.44
Ⅱ层 平均线	2.21	98	37.8	47.4	7.8	927	0.404	0.852	466	0.235	0.381	0.224	4.21
	2.26	121	38.1	49.1	8.8	1049	0.387	0.826	510	0.244	0.345	0.124	4.87
	2.32	152	39.5	50.2	9.3	1327	0.398	0.833	531	0.286	0.366	0.159	5.54

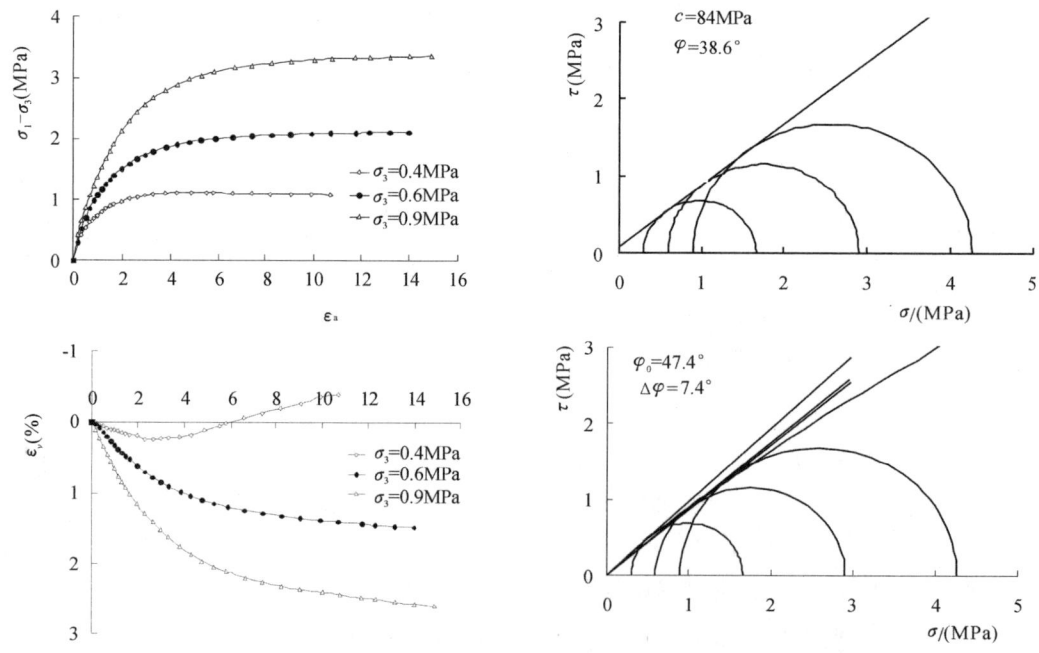

图5.2-27　乌东德覆盖层$Ⅲ_3$层平均线三轴试验成果（$\rho_d=2.21g/cm^3$）

（2）压缩试验

压缩变形试验采用浮环式压缩仪进行，试样尺寸 $\Phi500\times H250$mm，最大竖向压力 3.2MPa。典型代表性不同压力范围下的孔隙比见图 5.2-28 和表 5.2-18。

试验成果表明，覆盖层Ⅲ₃层 0.1～0.2MPa 压力范围内的压缩模量值在 35.8MPa～85.3MPa 之间，压缩系数在 0.015～0.036 MPa^{-1} 之间。覆盖层Ⅲ₂层 0.1～0.2MPa 压力范围内的压缩模量值在 44.5～54.5MPa 之间，压缩系数在 0.023～0.028 MPa^{-1}。覆盖层Ⅱ层 0.1～0.2MPa 压力范围内的压缩模量值在 66.9～120.8MPa 之间，压缩系数在 0.010～0.018 MPa^{-1} 之间，压缩系数均远小于 0.1MPa^{-1}，属于低压缩性土。

表 5.2-18　　乌东德覆盖层压缩试验成果表

试验级配	试验密度 t/m³	各压力范围的压缩模量 E_s						各级压力下的孔隙比 e						压缩系数 a_{v1-2} MPa^{-1}
		0～0.1 MPa	0.1～0.2 MPa	0.2～0.4 MPa	0.4～0.8 MPa	0.8～1.6 MPa	1.6～3.2 MPa	0	0.1 MPa	0.2 MPa	0.4 MPa	0.8 MPa	1.6 MPa	3.2 MPa	
Ⅲ₃层平均线	2.12	25.0	35.8	27.8	34.4	52.0		0.292	0.287	0.284	0.274	0.259	0.239		0.036
	2.16	61.0	85.3	83.9	72.3	114.0		0.269	0.266	0.265	0.262	0.255	0.246		0.015
	2.21	37.5	76.3	76.0	94.8	122.3		0.240	0.237	0.235	0.232	0.226	0.218		0.016
Ⅲ₂层平均线	2.18	31.5	44.5	64.6	90.3	132.6	156.6	0.261	0.257	0.255	0.251	0.245	0.238	0.225	0.028
	2.21	40.0	54.5	95.9	125.1	202.2	202.9	0.228	0.225	0.222	0.220	0.216	0.211	0.201	0.023
Ⅱ层平均线	2.21	57.0	102.5	134.6	137.2	151.8	180.4	0.244	0.242	0.241	0.239	0.235	0.229	0.218	0.012
	2.26	63.2	66.9	83.2	136.5	172.5	206.3	0.217	0.215	0.213	0.210	0.207	0.201	0.192	0.010
	2.32	83.2	120.8	132.5	175.3	209.4	230.0	0.185	0.184	0.183	0.181	0.178	0.174	0.166	0.010

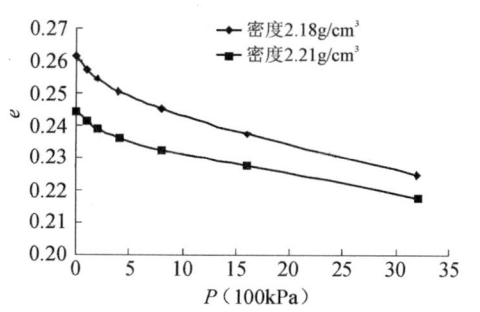 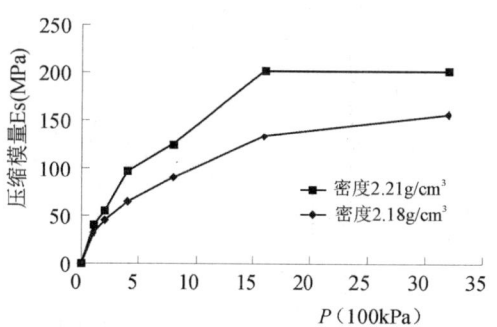

图 5.2-28　乌东德覆盖层Ⅲ₂层平均线压缩试验成果

3.3　猴子岩水电站覆盖层

3.3.1　覆盖层的构成

猴子岩水电站坝址区河床覆盖层厚度 55.90～67.77m，层次结构较复杂，自下而上可分为四层：第①层，漂（块）卵（碎）砾石层（Q_3^2）；第②层，粉质壤土（Q_3^3）；第③层，含块碎砾石土层（Q_4^1）；第④层，漂（块）

卵(碎)砾石层(Q_4^2)。

3.3.2 覆盖层现场试验成果

2008年3月至8月,长江科学院受国家电力公司大渡河猴子岩水电建设有限公司委托,开展了猴子岩水电站基础覆盖层旁压试验,共进行了9个河滩地质钻孔,钻孔编号依次为SZK68#、SZK69#、SZK71#、SZK72#、SZK89#、SZK90#、SZK92#、SZK93#、SZK94#。9个钻孔均为旁压试验孔,在深度上按2m~5m间距布置旁压试验测点,并分层取样。

本次试验原位密度检测点布置与2008年进行的旁压试验钻孔编号为KZK68#、KZK71#、KZK72#三个钻孔的位置较接近。

三个钻孔与本次试验对应高程的旁压试验成果及上覆土压力如表5.2-19所示。对应于1652m高程、1645m高程的旁压试验孔试验点的平均上覆土压力分别为0.58MPa、0.65MPa。

表5.2-19　　　　　　　　　猴子岩前期旁压试验成果及上覆土压力表

孔号	孔口高程(m)	试验编号	测点深度(m)	试验高程(m)	层位代号	地层描述	旁压模量E_m(MPa)	上覆土压力(MPa)	平均上覆压力(MPa)	对应本次试验研究
KZK68	1694.6	P68-10	42.00	1652.6	①	含漂(块)砂卵砾石层	20.39	0.57	0.58	对应1652m高程
KZK68	1694.6	P68-11	45.10	1649.5	①	含漂(块)砂卵砾石层	16.88	0.61	0.58	对应1652m高程
KZK71	1696.9	P71-14	42.40	1654.5	①	含漂砂卵砾石层	17.20	0.57	0.58	对应1652m高程
KZK71	1696.9	P71-15	45.90	1651.0	①	含漂砂卵砾石层	23.82	0.62	0.58	对应1652m高程
KZK71	1696.9	P71-16	48.20	1648.7	①	含漂砂卵砾石层	27.14	0.65	0.58	对应1652m高程
KZK72	1691.3	P72-11	36.39	1654.9	①	含碎砾石砂土层	9.61	0.49	0.58	对应1652m高程
KZK72	1691.3	P72-12	38.74	1652.6	①	含碎砾石砂土层	15.84	0.53	0.58	对应1652m高程
KZK72	1691.3	P72-13	42.29	1649.0	①	含碎砾石砂土层	16.46	0.57	0.58	对应1652m高程
KZK68	1694.6	P68-12	48.00	1646.6	①	含漂(块)砂卵砾石层	19.02	0.65	0.65	对应1645m高程
KZK71	1696.9	P71-17	51.30	1645.6	①	含漂砂卵砾石层	22.13	0.70	0.65	对应1645m高程
KZK72	1691.3	P72-14	45.33	1646.0	①	含碎砾石砂土层	21.70	0.61	0.65	对应1645m高程

注:详情参见《猴子岩水电站基础覆盖层旁压试验成果报告》,长江科学院,2008年8月。

3.3.3 室内模型试验成果

(1) 级配选择

根据级配分析成果,在室内配置类似级配的土样进行旁压模型试验。对应于1652m高程的室内旁压模型试验级配如图5.2-29(a)所示;对应于1645m高程的室内旁压模型试验级配如图5.2-29(b)示。

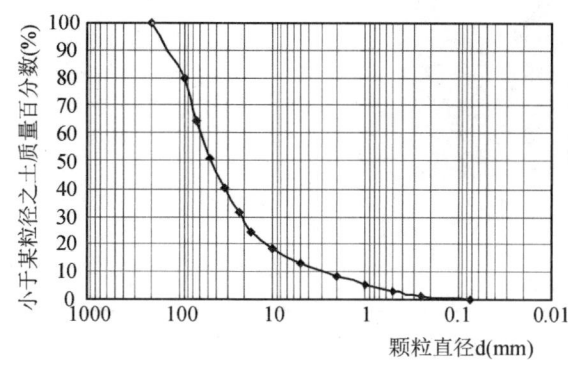
(a) 1652m 高程

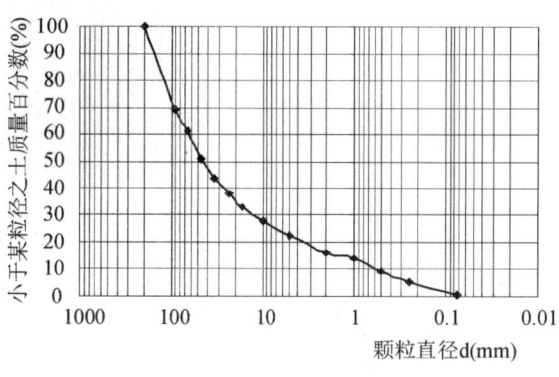
(b) 1645m 高程

图 5.2-29 室内旁压模型试验级配曲线

(2) 密度选择

根据原位密度测试成果,对应于1652m高程的室内旁压模型试验,干密度取为2.20 g/cm³、2.25 g/cm³和2.30 g/cm³,对应于1645m高程的室内旁压模型试验干密度取为2.22 g/cm³、2.27 g/cm³和2.32 g/cm³。所有室内旁压模型试验均采用饱和样进行。

(3) 上覆压力选择

根据表5.2-19成果,本次室内旁压模型试验选取的上覆土压力分别为:对应于1652m高程的室内旁压模型试验上覆压力取0.58MPa;对应于1645m高程的室内旁压模型试验上覆压力取0.65MPa。

(4) 试验组合

本次室内旁压模型试验方案组合如表5.2-20所示。

表 5.2-20　　　　　　　　　　　室内旁压模型试验组合表

试验编号	干密度(g/cm³)	级配	上覆压力(MPa)	备注
MX1	2.20	1652m 高程测点平均级配,如图5.2-29(a)	0.58	饱和样
MX2	2.25			
MX3	2.30			
MX4	2.22	1645m 高程测点平均级配,如图5.2-29(b)	0.65	
MX5	2.27			
MX6	2.32			

3.3.4 覆盖层密度确定

在室内按照表5.2-20所列的干密度、级配和上覆压力等条件,开展大型室内旁压模型试验,室内旁压模型试验工作照片如图5.2-30,室内旁压模型试验成果如表5.2-21和图5.2-31。

图 5.2-30　室内旁压模型试验

表 5.2-21　　　　　　　　　　　　旁压模型试验成果表

试验编号	干密度(g/cm³)	级配	上覆压力(MPa)	旁压模量 E_m(MPa)	备注
MX1	2.20	1652m高程测点平均级配	0.58	17.44	饱和样
MX2	2.25		0.58	23.44	饱和样
MX3	2.30		0.58	27.95	饱和样
MX4	2.22	1645m高程测点平均级配	0.65	18.00	饱和样
MX5	2.27		0.65	24.10	饱和样
MX6	2.32		0.65	30.10	饱和样

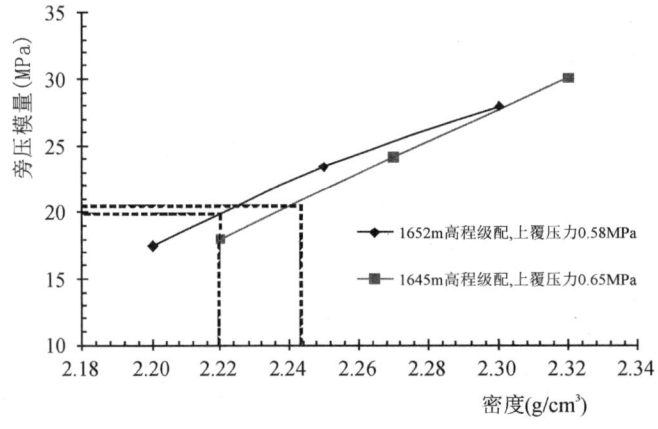

图 5.2-31　模型试验的旁压模量与密度的关系曲线

试验成果表明：

(1)对应于1652m和1645m高程测点的室内旁压模型试验在相同级配、上覆压力的条件下，随着试样干密度的增加，旁压模量增加，呈现近似线性关系。

(2)根据前期现场旁压试验成果，对应1652m高程处的旁压模量平均值为19.7MPa(7个测点，见表5.2-21)，根据图5.2-31，推算其现场密度为2.22g/cm³；对应1645m高程处的旁压模量平均值为21.0MPa(3个测点，见表5.2-19)，根据图5.2-31曲线，推算其现场密度为2.24g/cm³。

3.3.5　旁压试验确定的密度与实测密度的对比分析

(1)成果对比

1652m 高程处砂砾石层采用现场灌水法测得的密度值为 2.25g/cm³（见表 5.2-19,3 个测点平均），而通过大尺寸模型试验推算的密度值为 2.22g/cm³，相差 0.03 g/cm³。

1645m 高程处砂砾石层采用现场灌水法测得的密度值为 2.27g/cm³（见表 5.2-19,3 个测点平均），而通过大尺寸模型试验推算的密度值为 2.244g/cm³，相差 0.026 g/cm³。

上述两个高程点均属于①－1 层，测值在现场干密度范围内（2.204～2.285g/cm³ 间），可满足规范对密度测试的精度要求。

(2)分析与评价

上述结果表明，采用基于旁压试验技术的覆盖层密度确定方法所获得的砂砾石层密度与真实密度存在一定误差，但基本上可满足规范对密度测试的精度要求；试验误差的主要来源是现场旁压试验误差、地层差异性等；该方法的精度主要受到现场旁压试验的制约，需要深入研究。

3.3.6 力学性质及渗透特性

(1)相对密度试验成果

在现场选取有代表性土样运至试验，为了给三轴、压缩等试验提供基础资料，需开展不同高程的土样的相对密度试验，共计 6 组，见表 5.2-22。试验采用风干料，试样筒尺寸为 $\varphi 300 \times 340$mm。最小干密度试验采用人工相对密度试验仪法，用铲靠着试样慢慢均匀撒开。最大干密度试验采用振动台法。试样表面静载为 14kPa，振动频率为 50Hz。试样分两次铺装，每次振动历时 8min。试验结果见表 5.2-22。根据试验结果，高程 1632.5m 的相对密度为中密状态，其他高程均是密实状态。

表 5.2-22　　　　　　　　　　　　相对密度试验成果

试验级配	最小干密度（g/cm³）	最大干密度（g/cm³）	现场密度（g/cm³）	现场密度对应的相对密度	试验密度（g/cm³）
高程 1632.5m	1.985	2.328	2.169	0.58	2.13
高程 1636.3m	1.921	2.241	2.129	0.68	2.17
高程 1638.4m	1.944	2.271	2.195	0.79	2.20
高程 1640.9m	1.962	2.323	2.242	0.80	2.24
高程 1645.0m	1.959	2.331	2.271	0.86	2.27
高程 1652.5m	1.915	2.306	2.25	0.88	2.25

(2)三轴试验成果

为获取不同深度覆盖层砂砾石的抗剪强度指标和 $E-\mu(B)$ 模型计算参数，室内开展了 2 组大型三轴压缩试验仪，试样尺寸 $\varPhi 300 \times 600$mm，最大围压 3.0MPa，最大轴向应力 21MPa，最大行程 300mm。根据现场实测密度和级配进行室内配样，制备试样进行大型三轴试验，试验为饱和固结排水剪切试验，围压为 0.3MPa、0.6MPa、0.9MPa、1.2MPa 四级，剪切速率均为 0.4mm/min，轴向应变到 15% 时停止试验。

图 5.2-32 和图 5.2-33 为不同级配的三轴试验应力应变曲线、体变曲线、强度包线，从图中可以看出，围压越大，应力应变曲线愈陡，切线弹性模量越大，应力应变曲线硬化特征越明显，峰值强度也越大，体缩变形越大。密度越大，在围压较小时，剪胀性越明显。

根据试验整理得到的抗剪强度和 $E-\mu(E-B)$ 模型的参数见表 5.2-23。根据试验成果，可见在本次试验级配范围内,饱和样的抗剪强度指标 $C'=33\text{kPa}\sim48\text{kPa}$,$\varphi'=39.4°\sim39.9°$,总体上显示抗剪强度指标随相对密度的提高而有所增加;模量数 k 值随相对密度的提高而增大,符合一般规律。

表 5.2-23　　　　　　　　　　　三轴试验成果表

	试验控制条件		抗剪强度指标				$E-B(\mu)$ 模型参数						
	干密度 (g/cm³)	相对密度	C' (kPa)	φ' (°)	φ_0 (°)	$\triangle\varphi$ (°)	k	n	k_b	m	R_f	G	F	D
高程 1632.5m	2.13	0.58	37	39.5	43.2	3.0	682	0.24	291	0.29	0.80	0.33	0.17	4.24
	2.17	0.68	45	39.4	43.9	3.6	845	0.23	620	0.20	0.88	0.27	0.14	5.45
高程 1638.4m	2.20	0.79	40	39.9	42.6	1.8	979	0.27	416	0.27	0.88	0.41	0.22	4.04
高程 1640.9m	2.24	0.80	33	39.5	42.8	2.7	1074	0.31	496	0.26	0.82	0.64	0.45	3.54
高程 1645.0m	2.27	0.86	48	39.5	43.3	2.7	1221	0.25	544	0.19	0.87	0.42	0.21	4.41
高程 1652.5m	2.25	0.88	35	39.8	43.5	3.0	1316	0.19	503	0.25	0.86	0.37	0.20	4.68

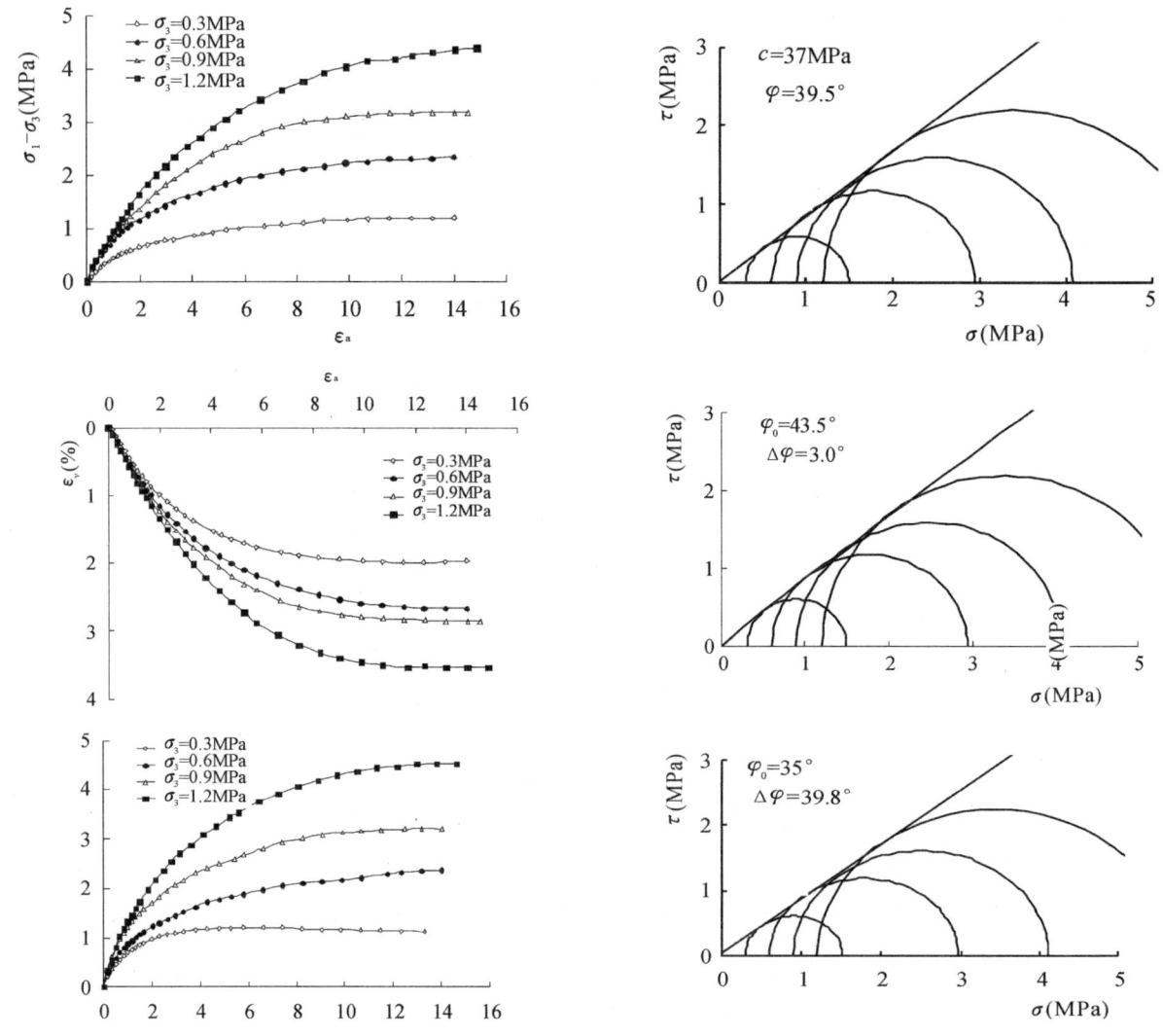

图 5.2-32　高程 1632.5m 三轴试验成果

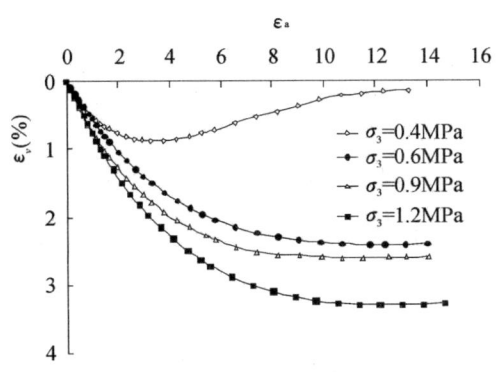
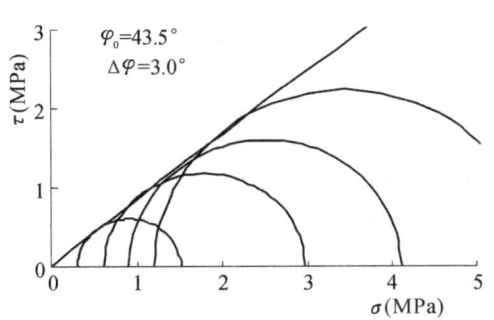

图 5.2-33　高程 1652.5m 三轴试验成果

(3) 压缩试验成果

为获取不同深度覆盖层砂砾石的压缩模量和压缩系数,在室内开展了 6 组压缩变形试验。试验采用浮环式压缩仪进行,试样尺寸 $\Phi 500 \times H 250$ mm,最大竖向压力 1.6MPa,饱和方法为毛细饱和法。试验成果见表 5.2-24 和图 5.2-34、5.2-35。从试验成果中可以看出:在压力范围为 0.1~0.2MPa 下,压缩模量在 39.9~54.3MPa 之间,压缩系数在 0.023~0.035MPa^{-1} 之间。压缩系数均远小于 0.1MPa^{-1},说明均属于低压缩性土。

表 5.2-24　　　　　　　　　　　　　压缩试验成果表

试样名称(高程/m)	试验控制条件		各级压力下的压缩模量					各级压力下的孔隙比						压缩系数 av_{1-2} MPa^{-1}
	干密度 (g/cm³)	相对密度	0~0.1 MPa	0.1~0.2 MPa	0.2~0.4 MPa	0.4~0.8 MPa	0.8~1.6 MPa	0	0.1 MPa	0.2 MPa	0.4 MPa	0.8 MPa	1.6 MPa	
1632.5	2.13	0.58	20.3	39.9	47.9	47.0	57.1	0.267	0.261	0.258	0.253	0.242	0.224	0.032
1636.3	2.17	0.68	23.5	43.4	54.3	64.8	79.8	0.291	0.286	0.283	0.278	0.270	0.257	0.030
1638.4	2.20	0.79	27.0	54.3	56.1	60.8	74.9	0.250	0.245	0.243	0.239	0.230	0.217	0.023
1640.9	2.24	0.80	21.7	51.9	71.1	84.3	105.2	0.228	0.222	0.220	0.216	0.210	0.201	0.024
1645.0	2.27	0.86	14.2	34.9	64.4	108.4	123.6	0.211	0.203	0.199	0.196	0.191	0.183	0.035
1652.5	2.25	0.88	30.3	52.3	80.4	96.4	121.0	0.222	0.218	0.216	0.213	0.208	0.200	0.023

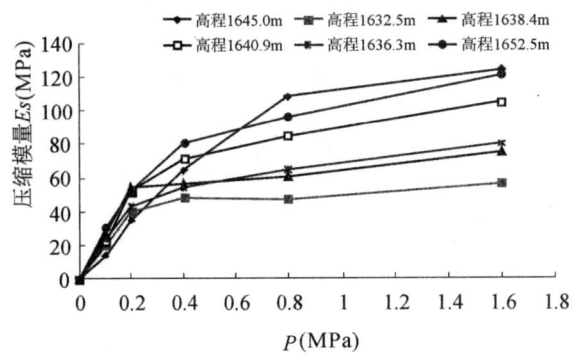

图 5.2-34　压缩模量与压力关系曲线

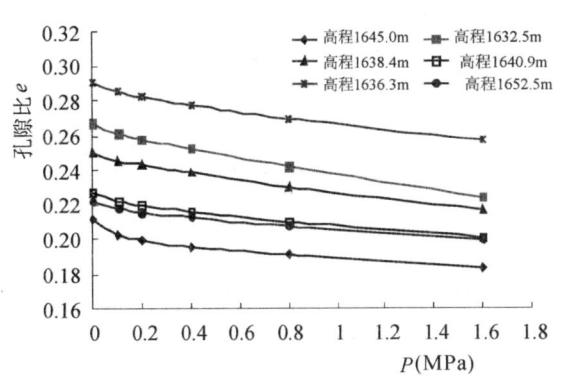

图 5.2-35　孔隙比与压力关系曲线

参考文献

[1] GB50287—2006 水利发电工程地质勘察规范[S]. 北京:中国计划出版社,2006.

[2] 王运生,黄润秋,段海澎,韦猛. 中国西部末次冰期一次强烈的侵蚀事件[J]. 成都理工大学学报(自然科学版),2006,33(1):73—76.

[3] 罗守成. 对深厚覆盖层地质问题的认识[J]. 水力发电,1995,4:21—25.

[4] 张志平. SM植物胶在水电工程中的实践总结[J]. 四川水力发电,2003,22(2):47—48.

[5] 黄熙龄,张世浩. 旁压试验及粘性土形变模量的测定[A]. 第一届土力学及基础工程学术会议论文选集[C]. 北京:中国工业出版社,1964.

[6] 王光明,阳正强,熊德全,张正雄. 金沙江其宗水电站上坝址深厚覆盖层钻进工艺探讨[J]. 探矿工程,2011,38(5):57—60.

[7] 曾鹏九,缪绪樟,易学文,刘晓波. 深厚覆盖层勘探技术的探讨[A]. 中国水力发电工程学会水工及水电站建筑物专业委员会第六届委员会2009年工作会议既首届利用深厚覆盖层建坝技术研讨会论文集[C]. 2009:306—311.

[8] 丁红顺,左永振. 双江口水电站心墙堆石坝坝体长期变形特性及覆盖层特性试验研究报告[R]. 武汉:长江水利委员会长江科学院,2008.

[9] 程永辉,姜志全. 猴子岩水电站坝基覆盖层动力触探试验研究报告[R]. 武汉:长江水利委员会长江科学院,2014.

第3章　水工沥青混凝土研究

1　沥青混凝土在土石坝中应用概况

沥青在水利工程中应用已有5000多年的历史，最早由古埃及人在尼罗河护岸工程中作为胶结材料使用；在公元前1300年的古代遗迹中，人们发现美索不达米亚底格里斯河阿秀尔的1500m堤防，存在沥青防渗层，它经受了漫长的岁月仍未失效，充分证明了沥青具有良好的耐久性能[1]。

沥青混凝土是由沥青、适当级配的砂石骨料和矿质填料组成的混合物，它具有较好的柔性，能适应结构的变形，同时还具有优越的防渗性和耐久性，是一种较好的土石坝防渗体材料。沥青混凝土按施工方法分为碾压式和浇筑式两大类。碾压式沥青混凝土主要采用碾压机械进行压实，其施工工艺包括沥青混合料拌和、摊铺和碾压；浇筑式沥青混凝土是依靠自重达到密实，沥青含量较高，沥青除了填充于矿料孔隙外，并能在适宜的温度下自由流动。相比于浇筑式沥青混凝土，碾压式沥青混凝土便于机械化施工，施工质量易于保证，且沥青含量低，造价低。目前在土石坝中多采用碾压式沥青混凝土作为防渗体。

沥青混凝土正式用于大型水工建筑物防渗始于20世纪，早期主要是沥青混凝土面板，1929年美国建成的索推里坝是世界上第一座采用沥青混凝土防渗的大坝；随后德国于1934年修建了Amecker沥青混凝土面板坝；阿尔及利亚1937年修建了72m高EL.Ghrib沥青混凝土面板坝[2]。此后，沥青混凝土防渗技术在土石坝建设中的到了较快的发展。到目前为止，在国际大坝委员会（ICOLD）注册的已建完的沥青混凝土面板土石坝已超过300座[3]。

沥青混凝土用作土石坝的心墙防渗晚于沥青混凝土面板防渗。世界上最早建成的沥青混凝土心墙坝是1949年葡萄牙的Valede Caio坝，坝高45m，该坝是在上游侧黏土防渗体以外，再铺上沥青混凝土防渗体，起到附加防渗的作用；1962年德国建成了第一座采用机械压实的沥青混凝土心墙坝。此后近百座沥青混凝土心墙坝在世界各国相继建成，而且建成了多座坝高大于100m的沥青混凝土心墙坝，其中挪威的Storlomvatn坝，坝高128m，是目前已建成的最高的沥青混凝土心墙坝[4]。

我国水工沥青混凝土防渗体起步较晚，始于20世纪70年代。在七八十年代，我国相继建成了陕西正岔水库、北京半城子水库、河南南谷洞水库等沥青混凝土防渗面板工程，及吉林白河的浇筑式沥青混凝土心墙坝、甘肃党河沥青混凝土心墙坝和大连碧流河水库沥青混凝土心墙左坝与右坝等工程。到了90年代，随着水工沥青混凝土碾压技术的发展以及对国外先进施工技术的引进，沥青混凝土防渗技术在土石坝工程中的应用越来越广泛，坝高也越来越高。比较典型的包括三峡茅坪溪沥青混凝土心墙坝，坝高104m，是当时国内最高的沥青混凝土心墙坝；四川冶勒水电站沥青混凝土心墙坝，坝高124.5m，是目前国内已建成的最高的的沥青混凝土心墙坝；河北张河湾抽水蓄能电站上库沥青混凝土面板坝，坝高57m；山西西龙池抽水蓄能电站上下库沥青混凝土面板坝，坝高分别为50m和97m，河南宝泉抽水蓄能电站上库沥青混凝土面板坝，坝高72m。

随着沥青混凝土在土石坝工程中的使用越来越广泛，了解和掌握水工沥青混凝土的力学性能和力学参数越来越重要,室内试验研究是获得沥青混凝土力学性能和参数的主要手段。长江科学院针对三峡茅坪溪工程,开展了对沥青混凝土力学性能的系统研究,包括拉伸性能、应力应变关系、蠕变特性等内容,获得了较为丰富的成果,为三峡茅坪溪工程的设计和施工提供了重要的技术支撑。

2 沥青混凝土配合比设计

2.1 设计的要求和内容

沥青混凝土是由沥青混合料经压实形成的具有承载力的材料。沥青混合料是由粗骨料、细骨料、填料及沥青等组分,按适当的比例搅拌而成。水工沥青混凝土配合比设计的任务是,确定上述各组分的比例,使之能既满足有关的技术要求,同时,又符合经济原则。配合比设计的依据是根据水工结构的技术要求,满足诸如抗渗性、稳定性、抗裂性和耐久性的指标。

水工沥青混凝土配合比设计一般采用试验法,在合理选择原材料后,通过室内配合比试验进行优化,并进行现场铺筑试验进行调整,最终确定沥青混凝土的配合比。配合比设计流程一般为:目标配合比设计—生产配合比设计—生产配合比验证。目标配合比设计就是依据技术指标要求,首先进行原材料试验,选择合适的原材料进行一系列的配合比组合,开展相应的试验,优选出能满足技术要求的配合比,作为标准配合比。在室内配合比设计成果的基础上,根据现场的特性和拌和站的二次筛分、备料及拌和情况,通过对热拌混合料的配合比和性能进行检验,确定是否满足设计规定的要求,必要时对标准配合比进行调整,得到施工配合比。生产性验证是根据确定的施工配合比进行沥青混凝土料的制备,按拟定的施工工艺进行混合料的运输、摊铺和碾压,通过检验压实后的沥青混凝土的性能,确定一整套完整的工艺流程和合理的施工工艺参数[5]。

水工沥青混凝土配合比设计,一般采用骨料级配、填料含量和沥青含量作为配合比参数。目前在配合比设计时主要采用马歇尔试验设计方法。

2.2 马歇尔试验设计方法

马歇尔试验设计方法包括下列步骤。

(1)矿料级配的选择

矿料级配选择就是确定粗骨料、细骨料和填料的配合比例。目前工程中计算标准矿料级配,广泛采用的是丁朴荣提出的矿料级配公式[5]:

$$P_i = P_{0.074} + (100 - P_{0.074}) \frac{(d_i)^r - (0.074)^r}{(D)^r - (0.074)^r} \tag{5.3-1}$$

式中:P_i——矿料在直径为 d_i 的筛孔的总通过率;

$P_{0.074}$——填料用量百分比;

d_i——筛孔尺寸;

D——矿料最大粒径;

r——级配指数。

沥青混合料矿料级配根据 $P_{0.074}$、D、r 三个参数确定,在目前水工沥青混凝土设计中比较通用的参数 D 选择 20mm,参数 $P_{0.074}$、D 在配合比试验时根据经验选择,作为初选标准级配。

确定骨料标准级配后,根据各级天然骨料的级配分布,通过计算得到矿料的合成级配,计算得到的合成级配应尽可能与标准级配相符合。

(2)沥青含量的选择

沥青含量是沥青混合料中沥青质量与混合料总质量的比值百分数。在《土石坝沥青混凝土面板和心墙设计规范》(DL/T5411—2009)中,对于碾压式心墙土石坝心墙材料的配合比的沥青含量范围为6%～7.5%,在配合比设计中可以以0.3%～0.5%为间隔选取3～4个沥青含量。

(3)马歇尔试验

马歇尔试验是配合比设计的核心,对每一种级配的矿料,按选取的沥青含量分别成型马歇尔试验试件,计算试件的孔隙率,同时进行马歇尔稳定度和流值试验。所有的数据指标作为确定最佳沥青用量的依据。

(4)确定最佳沥青含量

以沥青含量为横坐标,以马歇尔试验的各项指标为纵坐标,绘制各指标与沥青含量的关系曲线。确定沥青混凝土各项指标均符合设计要求的沥青含量范围。根据工程结构对沥青混凝土各项技术指标的具体要求,分别从曲线中找到满足各项技术指标的范围,再将满足各项技术指标的沥青含量范围汇集,从中选出同时满足容重、孔隙率、稳定度和流值等基本指标的沥青含量范围,作为最佳沥青含量。

(5)配合比设计验证

经过马歇尔试验法得到的配合比是否满足工程要求,还必须进行与工程实际应用性能相对应的各项试验验证,即按最佳沥青含量的沥青混凝土配合比试样进行作为防渗材料的性能验证试验,如透水性、柔性、稳定性和耐久性等。相应的试验项目为:渗透试验、斜坡流淌试验、浸水马歇尔试验、小梁弯曲试验和三轴试验等。通过各种试验,检验沥青混合料的配合比,如配合比满足设计技术要求,则将此配合比作为标准配合比。

3 沥青混凝土拉伸性能[6]

沥青混凝土抗拉强度是判断沥青混凝土心墙坝是否存在产生水力劈裂可能性的一个重要试验参数。沥青混凝土是一种感温性材料,除了材料的固有性能外,不同沥青含量、试验环境温度及加荷速率,都会影响沥青混凝土的抗拉强度。为了能够更好地研究沥青混凝土的拉伸性能,对不同沥青含量的沥青混凝土,在不同的试验环境温度和加荷速率下进行拉伸试验,研究沥青含量、试验温度和加荷速率对拉伸强度的影响。

3.1 试验配合比

沥青混凝土拉伸试验的原材料,采用茅坪溪防护大坝沥青混凝土心墙现场施工所用的原材料,选取5个沥青含量,分别为6.3%、6.4%、6.6%、6.8%、6.9%进行试验,配合比见表5.3-1。

表 5.3-1　　　　　　　　　　沥青混凝土拉伸试验配合比

配合比主要参数				质量百分比(%)					
级配指数 r	沥青含量 B(%)	填料含量 F(%)	D_{max} (mm)	粗骨料(mm)			细骨料(mm)		填料
				20～10	10～5	5～2.5	天然砂	人工砂	
0.35	6.3～6.9	12.0	20	22.1	17.3	13.6	24.5	10.5	12.0

3.2 试验条件和方法

对不同沥青含量的沥青混凝土,在不同的试验环境温度及不同加荷速率下,共进行了9组拉伸试验,以研究沥青含量、试验温度和拉伸加荷速率对沥青混凝土拉伸性能的影响,具体试验条件见表5.3-2,为了获得较为准确的试验成果,每组试验采用三个试样进行平行试验并取其平均值作为最终成果。

试件采用静压法成型,成型温度为140℃±1℃,在万能材料试验机上用10MPa的压力恒压3分钟成型试件,常温冷却至室温后脱模;试件尺寸长×宽×高为220mm×40mm×40mm;拉伸试验机采用通过改造可以控制试验温度的伺服式拉力试验机。

3.3 试验结果与分析

沥青混凝土拉伸试验结果见表5.3-2。

表5.3-2　　　　　　　　　　　沥青混凝土拉伸试验结果

配合比编号	沥青用量B(%)	试验温度(℃)	加荷速率(mm/min)	拉应力(kPa)	拉应变(%)	割线变形模量(MPa)
1	6.3	16.4	0.15	176.6	0.702	25.16
2	6.6	16.4	0.15	211.2	0.790	26.73
3	6.9	16.4	0.15	175.2	0.790	22.18
4	6.6	11.4	0.15	482.3	0.649	74.31
5	6.6	21.4	0.15	98.2	0.851	11.54
6	6.6	16.4	0.10	201.1	0.781	25.75
7	6.6	16.4	0.05	100.9	0.802	12.58
8	6.4	16.4	0.15	177.7	2.87	6.28
9	6.8	16.4	0.15	145.0	1.82	9.20

(1)温度对沥青混凝土拉伸性能的影响

温度是影响沥青混凝土拉伸性能的重要因数,试验温度从11.4℃上升到21.4℃,沥青混凝土拉应力从482.3kPa降到98.2kPa,随温度的增高而迅速降低,降幅达80%(如图5.3-1所示);拉应变随温度的增高而增加,增幅达31%(如图5.3-2所示)。沥青是一种有机胶体,主要由油分、胶质、沥青质组成,是一种感温性材料,温度升高,沥青的黏度降低,流动性增大,矿料间的黏聚力降低,从而使沥青混合料的抗拉强度降低,拉伸应变有明显的增加;当试验温度降低时,抗拉强度有明显的增加,拉伸应变有明显的减小。

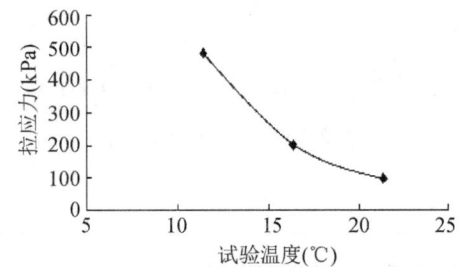

图5.3-1　温度对沥青混凝土抗拉强度影响

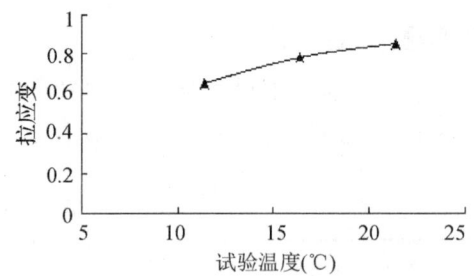

图5.3-2　温度对沥青混凝土抗拉应变影响

(2)沥青含量对沥青混凝土拉伸性能的影响

在沥青混合料中,沥青与矿粉交互作用后,沥青在矿粉表面产生化学组分的重新排列,在矿粉表面形成一层一定厚度的扩散溶剂化膜,在此膜厚度以内的沥青称为结构沥青,以外的沥青称为自由沥青。如果矿粉颗粒之间接触处是由结构沥青膜联结,则促使沥青具有更高的黏度,颗粒间可以获得更大的黏聚力;反之,如颗粒之间的接触处是由自由沥青所联结,则具有较小的黏聚力。

在沥青混凝土原材料固有性能不变的情况下,沥青用量直接影响沥青混凝土的拉伸性能。当沥青含量很少时,沥青不足以形成结构沥青的薄膜来黏结矿料颗粒,随着沥青含量的增加,结构沥青逐渐形成,沥青更为完整地包裹在矿料表面,沥青矿料间的黏附力随着沥青含量的增加而增加。当沥青刚好足以形成薄膜并充分黏附矿粉颗粒表面时,沥青胶浆具有最优的黏聚力。如果沥青含量继续增加,导致沥青过剩,在颗粒间形成未与矿粉交互作用的自由沥青,则沥青胶浆的黏聚力随着自由沥青的增加而降低。当沥青含量达 6.6%,在 16.4℃下,加荷速率为 0.15mm/min,沥青混凝土的抗拉强度达 200kPa 左右,相应的拉应变为 0.790%左右。拉伸过程中,出显明显的塑性变形,拉应变达 1.5%,拉伸应力减少量不到 10%。沥青混凝土抗拉强度与沥青含量的关系呈山峰状(如图 5.3-3 所示),当沥青含量为最佳沥青含量时抗拉强度最高,此时沥青混合料中的沥青胶浆具有最优的黏聚力。

(3)加荷速率对沥青混凝土拉伸性能的影响

沥青混合料是一种典型的黏弹性材料,具备黏弹性材料力学性能的一个重要特征,即对加荷速率的依赖性(时间效应)。随着加荷速率的增加,材料的强度和刚度均会增大,相应的抗拉强度也增大。图 5.3-4 试验结果可看出:抗拉强度与加载速率有关。加载速率越快,抗拉强度越高,加载速率越慢,抗拉强度越低。加荷速率从 0.05 mm/min 增加到 0.15 mm/min,沥青混凝土抗拉强度从 100.9kPa 增加到 211.2kPa,增幅达 109%;拉应变随加荷速率的增加而减小。

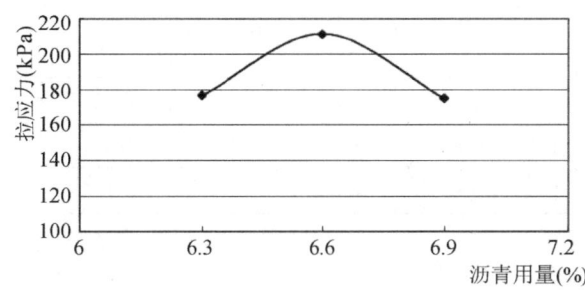

图 5.3-3 沥青含量对沥青混凝土拉伸性能的影响

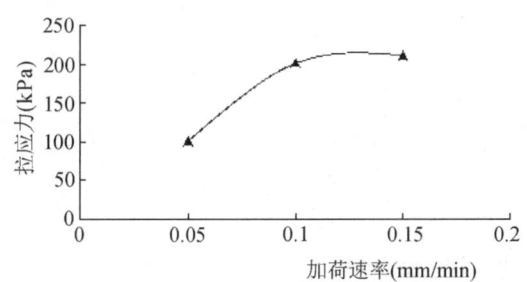

图 5.3-4 加荷速率对沥青混凝土拉伸性能的影响

3.4 小结

沥青混凝土的拉伸性能与试验温度、荷载作用时间、沥青含量及原材料的固有性能等因素密切相关,其中尤以温度影响最大。这是因为沥青的黏度随温度的变化呈半对数关系,变化的幅度远比荷载作用时间等因素大得多。试验温度从 11.4℃上升到 21.4℃,沥青黏度急剧下降,矿料颗粒之间的黏结力减小,沥青混凝土拉应力随温度的增高而迅速降低,降幅达 80%;拉应变随温度增高而增加,增幅达 31%。

加荷速率对沥青混凝土拉伸性能影响较大,随着加荷速率的增加,材料的强度和刚度均会增大,相应的抗拉强度也增大。加荷速率从 0.05 mm/min 增加到 0.15 mm/min,沥青混凝土抗拉强度从 100.9kPa 增加到 211.2kPa,增幅达 109%;拉应变随加荷速率的增加而减小。

沥青含量在一定范围内变化时,沥青混凝土抗拉强度与沥青含量的关系呈山峰状,在最佳沥青含量处,抗拉强度出现峰值,此时沥青混合料中的沥青胶浆具有最优的黏聚力。

4 沥青混凝土应力应变关系特性研究

沥青混凝土心墙土石坝的心墙厚度较小,一般为坝高的 1/70～1/130[7],心墙与坝壳变形协调良好是大坝安全稳定的保证,准确的计算坝体与心墙的应力与变形,是沥青混凝土心墙土石坝设计中的一个重要的问题。因此,水工沥青混凝土心墙材料的应力应变特性研究是沥青混凝土心墙土石坝设计施工中的关键技术问题之一。从 20 世纪 90 年代开始,长江科学院就采用应变式常规三轴试验研究了茅坪溪防护坝沥青混凝土心墙料的强度和变形特征,并对沥青含量、试验温度、试样成型方法(静压、击实、取芯)等因素的影响进行了研究;2012年针对大渡河黄金坪沥青混凝土心墙坝工程研究了试验温度和剪切速率对应力应变特性的影响。

4.1 室内静压法成型试样强度与变形研究(1997年)[6]

4.1.1 试样组成与成型尺寸

(1)沥青

试验采用克拉玛依沥青,其技术指标见表5.3-3。

表5.3-3　　　　　　　　　　克拉玛依沥青技术指标

项目		单位	指标
针入度(25℃,100g)		1/10mm	84.9
软化点		℃	46.8
延度	25℃	cm	>177
	15℃	cm	146
薄膜烘箱试验163℃,5h	质量损失	%	0.12
	针入度比	%	70
	延度 25℃	cm	>177
	延度 15℃	cm	55
	延度 4℃	cm	1.5

(2)骨料及填料

沥青混合料中粒径大于2.5mm的称为粗骨料,粒径在2.5～0.074mm之间的称为细骨料。粒径小于0.074mm以下的称为填料。试验所用的人工粗细骨料、填料均由王家坪料场开采的灰岩破碎加工而成,天然砂取自高家溪砂石料场。骨料、填料的物理性指标及级配分别见表5.3-4、表5.3-5。

表5.3-4　　　　　　　　　　骨料、填料性能指标

名称	密度(g/cm³)	孔隙率(%)	坚固性(%)	含泥量(%)	水稳定系数(级)
粗骨料	2.70		4.0	0.1	
人工砂	2.70	43.6	2.5	1.8	8
天然砂	2.64	40.9	1.4	1.2	8
混合料	2.66	42.1	1.6	1.5	8
填料	2.70				

注:粗骨料的吸水率为0.63%。填料的亲水系数为0.8。

表5.3-5　　　　　　　　　　骨料、填料试验级配

名称	某筛孔总通过率(%)								
	20	15	10	5	2.5	1.2	0.6	0.3	0.15	0.074
粗骨料1	100	53.4	4.0	0.5	0					
粗骨料2		100	78.5	7.0	1.2	0				

续表

名称	某筛孔总通过率(%)									
	20	15	10	5	2.5	1.2	0.6	0.3	0.15	0.074
粗骨料3				100	53.5	4.8	1.7	1.0	0.7	0.6
人工砂				100	98.7	80.0	38.1	16.7	8.7	3.0
天然砂				100	91.4	87.3	59.0	28.7	9.94	1.1
填料					100	100	99.9	98.6	91.8	73.2

(3)试样配合比

采用骨料级配指数(r)、沥青含量(B)及填料含量(F)三个主要参数进行配合比设计,其参数见试验成果表5.3-6。

表5.3-6 水工沥青混凝土配合比

试样编号	级配指数 r	沥青含量 $B(\%)$	填料含量 $F(\%)$	细骨料品种
3	0.2	6.0	12	人工砂
7	0.2	6.5	12	人工砂
11	0.2	7.0	12	人工砂
15	0.2	7.5	12	人工砂
26	0.2	6.5	12	混合
39	0.2	7.3	12	混合

说明:①沥青含量、填料含量指质量百分比;②混合细骨料系人工天砂与然砂各半。

(4)试样尺寸及成型方法

试样采用静压法成型,成型过程温度控制在140℃～145℃,试样尺寸为$\Phi 10.1 \text{cm} \times 20 \text{cm}$;成型压力为10MPa,恒压3min。

4.1.2 试验方法及条件

(1)试验方法

采用应变式三轴仪进行固结排水剪试验。试样先在某球压力(围压分别为100kPa、200kPa、400kPa、800kPa、1200kPa)下排水固结,固结完成后再施加偏应力进行剪切,剪切速率为0.048mm/min,在剪切过程中允许试样排水,测读围压、偏应力、轴向应变和体积应变。

(2)温度控制

考虑到温度对沥青混凝土强度指标的影响,在试验前将试样放置恒温(试验温度)水槽内24h确保整个试样的温度均匀。在整个试验过程中控制压力室温度,试验温度为±0.5℃,通过安装在压力室内壁与试样外围的螺旋形铜管,充水循环,使整个试验过程中压力室内的水温变化不超过温度控制值的±0.5℃。试验过程中温度控制为16.4℃±0.5℃。

4.1.3 试验成果

采用邓肯—张非线性弹性$E-B(\mu)$模型拟合室内静压成型试样三轴试验变形和强度曲线,得到试样的强度与变形指标列于表5.3-7。试验成果分析如下:

(1)相同级配指数、相同填料(同一品种)用量,随沥青含量的增加,C'值增大,φ'值则减小,模量数k

值有变小的趋势；

（2）级配指数、沥青含量，细骨料含量均相同，而细骨料不为同一品种时，其C'值、φ'值无明显变化，而模量数K值则有明显差异，采用人工骨料的模量数K值比采用混合骨料的K值大300～400。

（3）室内成型试样内摩擦角φ'值在35°以上，凝聚力C'值在270kPa以上。同一组试样，随着围压的增高，其凝聚力C'值增大，而内摩擦角φ'值减小，强度曲线呈非线性变化特征，高围压下的有效内摩擦角应采用$\varphi=\varphi_0-\Delta\varphi\lg(\sigma_3/Pa)$的形式表示，可反映有效内摩擦角随围压升高而降低的特性。

（4）应力—应变总体趋势呈现出低围压下强应变软化、高围压下弱应变软化的特点。

（5）一定围压条件下，试样的体积在偏应力较低时是缩小的，而随偏应力的增加，试样的体积将由压缩转为膨胀，均表现出明显的剪胀特征，与土样在超固结状态时的剪胀相类似。而体变既包括了球应力引起的体积压缩，也包括了偏应力引起的体积膨胀；邓肯—张模型将体变认为是由球应力增量引起的，不能反映剪胀，但使用的体变值包括了偏应力引起的体积膨胀部分可从变形指标值部分反映偏应力对体变的影响（见图5.3-5）。

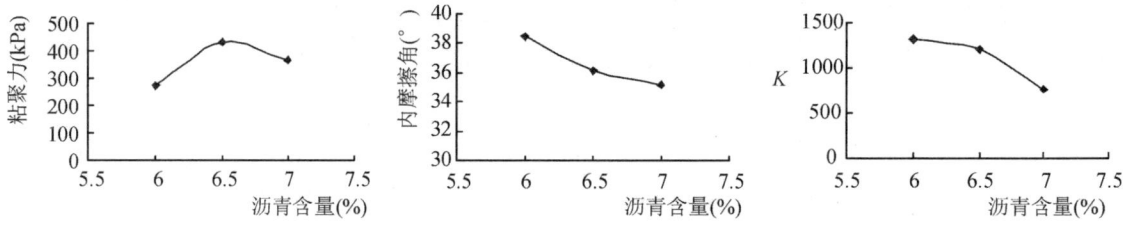

图5.3-5 沥青含量与强度参数、变形参数关系曲线

表5.3-7　　　　　　室内成型试样配合比、强度指标与邓肯—张$E-B(\mu)$模型变形参数

试样编号	B(%)	细骨料	γ_d(g/cm³)	C'(kPa)	φ'(度)	φ_0(度)	$\Delta\varphi$(度)	k	n	R_f	k_b	m	D	G	F	试验温度	成型方法
3	6.0	人工	2.36～2.43	271	38.5	58.9	15.5	1314	0.491	0.738	808	0.653	19.5	0.299	0.074	16.4℃±0.5℃	静压成型
7	6.5	人工	2.43～2.46	432	36.1	64.9	21.2	1200	0.534	0.533	646	0.401	20.9	0.290	0.093		
11	7.0	人工	2.44～2.46	366	35.2	61.8	19.4	761	0.447	0.380	521	0.578	18.33	0.309	0.065		
15	7.5	人工	2.45～2.49	442	35.0	64.7	21.2	880	0.499	0.46	587	0.407	25.88	0.318	0.142		
26	6.5	混合	2.39～2.42	356	36.2	62.6	19.8	821	0.447	0.385	594	0.500	25.28	0.324	0.130		
39	7.3	混合	2.42～2.45	329	36.2	61.7	19.0	523	0.551	0.485	987	0.469	9.03	0.396	0.059		

4.2　不同配合比和温度的试验研究（1998年）[6]

1998年对不同配合比的沥青混凝土试样进行了不同温度的三轴试验，研究配合比和温度对沥青混凝土力学性能的影响。试验材料与4.1节相同，具体的配合比参数、试验条件和试验成果见表5.3-8和图5.3-6。

（1）现场所取芯样与室内静压成型试样的变形模量数K值相差较大；

(2)配合比参数相同时,变形模量数 K 值随试验温度升高而降低;

(3)配合比参数和试验温度相同时,沥青含量增大,变形模量数 K 值降低;C' 值越大,φ' 值减小;

(4)室内静压成型及现场取芯样在相同试验温度下的有效内摩擦角 φ' 值在 35°以上,有效凝聚力 C' 值在 270kPa 以上。应力—应变总体趋势呈现出低围压下强应变软化、高围压下弱应变软化的特点,符合一般土的变形特征,并与邓肯—张的双曲线型应力应变规律和 Konder 关系一致。随着围压的增加,其切线坡度愈陡,峰值强度也有明显的提高,其达到破坏时的轴应变相应增大(从 1‰~2‰ 增大到 4‰~6‰);

(5)比较表 5.3-7 中的 26# 样和表 5.3-8 中的 7# 样的试验成果可知:随着级配指数 r 由 0.2 升高到 0.25,变形模量参数 K 值提高较大。表明其他条件相同时,骨料颗粒比较粗时,其 K 值较大。

(6)沥青混凝土的配合比及试验温度是其强度和变形指标的主要影响因素。

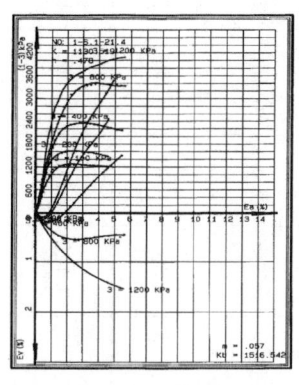 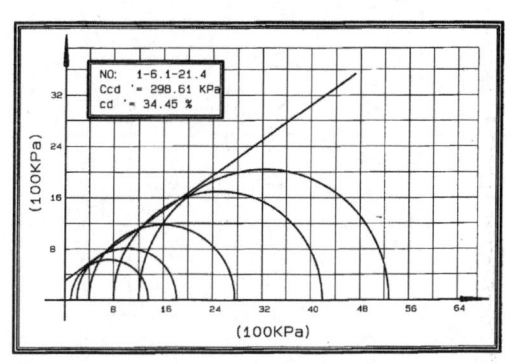

(a)试验温度为 21.4℃

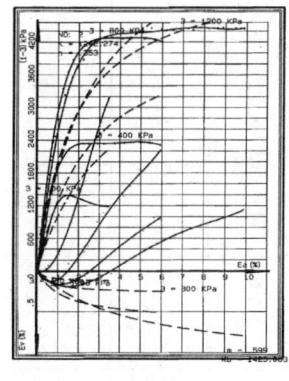 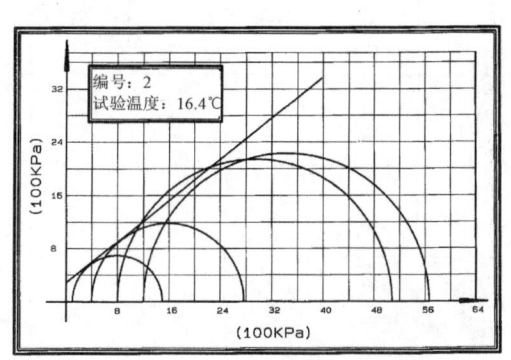

(b)试验温度为 16.4℃

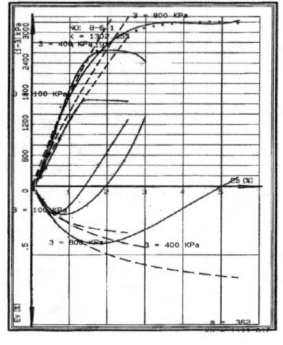 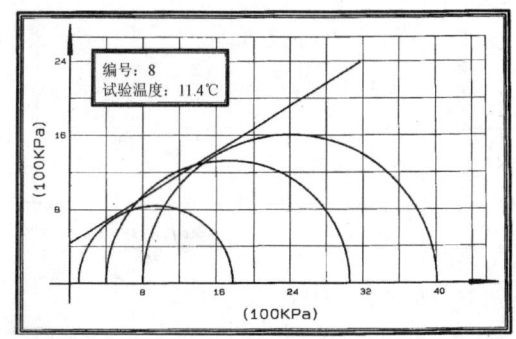

(C)试验温度为 11.4℃

图 5.3-6 不同温度下应力—应变关系及强度曲线

表 5.3-8　不同配合比、不同试验温度下的强度与变形参数

编号	r	B (%)	F (%)	细骨料	γ_d (g/cm³)	C' (kPa)	φ' (°)	φ_0 (°)	$\Delta\varphi$ (°)	k	n	R_f	k_b	m	D	G	F	试验温度	成型方法
1	0.25	6.1	12	混合	2.39~2.41	299	34.5	59.4	18.7	1130	0.478	0.520	1516	0.057	23.08	0.330	0.135	21.4	静压
2	0.25	6.1	12	混合	2.41~2.44	283	37.7	60.6	17.8	1242	0.353	0.569	1423	0.599	25.14	0.328	0.074	16.4	静压
3	0.25	5.9	12	混合	2.40~2.42	311	37.1	60.5	17.2	1398	0.360	0.541	1849	0.207	12.50	0.322	0.026	16.4	静压
4	0.25	5.7	12	混合	2.39~2.43	327	36.8	61.4	18.4	1328	0.463	0.558	1825	0.315	12.09	0.314	0.011	16.4	静压
5	0.25	6.3	12	混合	2.41~2.43	302	38.3	60.7	16.7	1085	0.484	0.578	1614	0.254	19.95	0.338	0.161	16.4	静压
6	0.40	6.2	12		2.43~2.46	194	35.6	54.6	14.4	405	0.279	0.648	655	0.189	5.12	0.449	0.129	16.4	芯样
7	0.25	6.5	12	混合	2.42~2.45	311	35.1	60.2	18.8	1050	0.558	0.555	1901	0.099	17.07	0.361	0.146	16.4	静压
8	0.25	6.1	12	混合	2.38~2.39	434	31.7	63.6	23.5	1303	0.190	0.149	1111	0.362	19.81	0.282	0.025	11.5	静压
芯	0.25	6.2	12		2.38	205	37.5	57.0	16.3	454	0.128	0.547	1083	−0.222	3.45	0.428	0.114	16.4	芯样

4.3 试样成型方法比较研究(2001—2002年)[6]

沥青混凝土的成型方法对其强度及应力应变关系有较大的影响,挪威学者 K. Hoeg 研究了不同成型方法对沥青混凝土力学性质的影响,分别按马歇尔击实法、振动压实法、静态压实法、回转器压实法及现场压实钻孔取芯等五种不同的成型方法,制备初始密实度相同的试样,进行三轴试验。试验结果表明,回转器压实的试件与其他四种方法成型的试件相比,具有较高的强度和刚性,其他三种室内成型方法中,马歇尔击实法制备的试件的强度和破坏应变,与现场压实钻孔取芯试件的测值差别最小。4.2 节的试验成果也可表明,现场取芯试样和室内静压成型试样的变形模量数 K 值差别较大。为进一步研究此问题,开展了按施工原材料及工艺进行室内成型样的三轴试验,并与现场取芯样的强度、变形指标进行对比。

4.3.1 室内静压成型样与现场取芯样的对比试验研究

(1)试验原材料

试验沥青采用新疆克拉玛依炼油总公司专供三峡的水工沥青(第二批和第三批),其主要性能指标列于表 5.3-9。矿料采用茅坪溪现场施工所用矿料,其各项性能指标列于表 5.3-10,级配列于表 5.3-11。

表 5.3-9   沥青主要性能指标

项目		指标	
		第二批	第三批
针入度(25℃,100g)	1/10mm	94	33.1
延度(15℃)	cm	>177	>177
软化点	℃		61

表 5.3-10   骨料、填料各项性能指标

名称	密度(g/cm³)	孔隙率(%)	坚固性(%)	含泥量(%)
粗骨料	2.71			0.1
人工砂	2.70	42.7	2.5	1.7
天然砂	2.65	39.9		1.1
混合砂(天然:人工=3:7)	2.65	40.1		1.4
填料	2.70			

注:粗骨料的吸水率为 0.6%,针片状含量为 0.9%。填料亲水系数为 0.8。

表 5.3-11   矿料级配

名称	某筛孔总通过率(%)					
	2.5	1.2	0.6	0.3	0.15	0.074
矿料	100	100	99.5	97.3	90.1	70.5

(2)沥青混凝土配合比

试验配合比是根据现场沥青混凝土施工后抽样测定的。按现场配合比和原材料品种,进行室内成型试样的备样,并进行了现场抽芯。试样的配合比参数列于表 5.3-12。

表 5.3-12　　　　　　　　　　　　沥青混凝土室内模拟现场施工配合比

沥青含量 B(%)	填料用量 F(%)	细骨料品种	级配指数 r
6.4(第二批)	12	天然：人工＝3：7	0.35
6.8(第三批)	12	天然：人工＝3：7	0.35

(3)试样成型方法及试验条件

室内成型试样采用静压法成型，成型压力 10MPa，恒压 3min，试样尺寸 Φ10.1cm×20cm。现场芯样分别于 1997 年 10 月、1998 年 11 月(第二批)、1999 年 10 月(第三批)在心墙施工平台上进行钻孔取芯，钻具为 Φ101mm 金刚回转钻，孔深 40～45cm。进行应变式常规三轴固结排水剪(CD)试验，每级试验围压分别在 100kPa、200kPa、400kPa、800kPa、1200kPa，剪切速率为 0.048mm/min，试验温度为 16.4℃±0.5℃。

(4)试验成果及对比分析

室内静压成型样与现场取芯样的强度与变形指标列于表 5.3-13。

表 5.3-13　　　　　　　　　　　　室内成型试样及现场取芯样试验成果

取样时间	沥青含量(%)	γ_d (g/cm³)	C' (kPa)	φ' (°)	φ_0 (°)	$\triangle\varphi$ (°)	K	n	R_f	k_b	m	D	G	F	成型方法
	6.4	2.43	386	32.2	62.4	22.9	896.4	0.569	0.569	918.8	0.421	9.87	0.309	0.026	静压
97.10	6.2	2.43～2.46	196	35.5	54.6	14.4	413.0	0.249	0.574	667.8	0.208	11.66	0.387	0.129	芯样
98.11	6.4	2.41	193	30.9	52.8	17.9	213.5	0.111	0.558	261.2	0.315	3.84	0.322	0.067	芯样
99.10	6.8		212	28.4			408.0	0.630	0.909						芯样

试验成果表明：①第二批沥青混凝土芯样变形模量数 K 值，小于第三批沥青混凝土芯样变形模量参数 K，原因在于第二批沥青针入度值偏大，沥青较软，则芯样的变形模量数 K 值小；而第三批沥青针入度值较小，使芯样表现较硬，则变形模量数 K 值较前者大；

②沥青针入度和沥青含量是影响变形模量数 K 值的重要因素；

③试样成型方法对试样的变形模量影响很大，在原材料与配合比相同的情况下，室内静压成型试样的变形模量数 K 值远远大于现场取芯样，而 k_b、m、n 值也有类似的规律；强度指标值 C' 也是室内成型样较大。这是由于室内试样在成型时用的是 10MPa 成型压力，再在低围压下试验，模量较高，室内静压成型方法不能较好地模拟现场施工情况。

4.3.2　室内静压成型样与现场取芯样的进一步对比试验研究

在三峡茅坪溪防护大坝施工检测过程中，发现沥青混凝土的变形模量数偏低，且检测成果具有较大离散性。为此，2002 年长江科学院，进行了沥青混凝土的强度和应力应变关系试验研究，并提供沥青混凝土试样的抗剪强度指标及邓肯—张非线弹性模型参数。本次试验试样分别由长江科学院室内静压成型，葛洲坝集团公司试验室室内静压成型，并进行了现场抽芯样的试验。

(1)原材料组成

试验原材料为现场监理提供的已拌和沥青混合料，其原料组成仍采用骨料级配指数、沥青含量及填料含量作为试样配合比设计中的 3 个主要控制指标。试验所用沥青混合料成型配合比见表 5.3-14。表中 1-5 号配比的细骨料为人工砂和天然砂按 7∶3 的比例掺配。

（2）试样成型条件

试样成型及脱模方式、试样尺寸由长江科学院材料所根据委托方要求完成。试样采用静压法成型，成型温度 150℃～160℃，成型时在 10MPa 压力下恒压 3min，控制孔隙率小于 3%；试样尺寸为 Φ10.1cm×20cm。

表 5.3-14　　　　　　　　　　　试验沥青混合料成型配合比

试验编号	粗骨料含量			细骨料含量	矿粉含量	沥青含量	说明
	20～10	10～5	5～2.5	2.5～0.074	<0.074		
	%						
1	22.3	16.8	13.0	36.2	11.7	6.33	1 号沥青
2	23.4	14.8	13.5	38.2	10.1	6.62	
3	21.7	14.7	16.2	36.2	11.2	6.87	
4	25.2	17.0	12.3	34.3	11.2	6.62	
5	22.7	18.0	14.8	33.7	10.7	6.65	2 号沥青
6							用沥青混合料加热成型
7							芯样（监理单位送样）
395 层							芯样（监理单位送样）

试样脱模后外观较均匀，呈灰黑色，顶面及底部无沥青集中现象。试样实验前密度及试样成型脱模压力见表 5.3-15。

表 5.3-15　　　　　　　　　　　试样密度及脱模压力

试验编号	指标	试样编号				
		1	2	3	4	5
1	密度（g/cm³）	2.41	2.42	2.41	2.42	2.41
	脱模压力（kN）	50	60	60	65	70
2	密度（g/cm³）	2.39	2.40	2.41	2.41	2.40
	脱模压力（kN）	75	75	75	75	80
3	密度（g/cm³）	2.40	2.41	2.40	2.42	
	脱模压力（kN）	54	55	60	65	
4	密度（g/cm³）	2.40	2.41	2.41	2.41	
	脱模压力（kN）	42	42	46	64	
5	密度（g/cm³）	2.40	2.40	2.39	2.40	
	脱模压力（kN）	30	30	38	40	
6	密度（g/cm³）	2.42	2.42	2.43	2.42	
	脱模压力（kN）	32	34	38	38	

续表

试验编号	指标	试样编号				
		1	2	3	4	5
7	密度(g/cm³)	2.36	2.41	2.41	2.38	2.41
	脱模压力(kN)	—	—	—	—	—
395层	密度(g/cm³)	2.35	2.30	2.21	2.13	2.39
	脱模压力(kN)	—	—	—	—	—

(3) 试验方法

在应变式三轴仪上进行三轴固结排水剪。试样分别在100kPa、300kPa、700kPa、1000kPa围压下排水固结,剪切速率为0.048mm/min。试验过程中控制温度在16.4℃±0.5℃。

(4) 成果分析

室内静压成型样及现场芯样强度与变形指标见表5.3-16所示,其中典型室内静压成型样与现场取芯样的应力—应变关系及强度曲线如图5.3-7所示。

① 静压成型的6组试样内摩擦角φ'值在34°以上,凝聚力C'值在230kPa以上。现场芯样的内摩擦角φ'值在30°左右,明显低于室内静压成型试样,凝聚力C'值也偏低;

② 同一组试样,无论是室内成型样还是现场芯样,随着围压的增高,其凝聚力C'值增大,而内摩擦角φ'值减小,强度曲线呈非线性特征。建议高围压下的强度指标采用$\varphi = \varphi_0 - \triangle\varphi \lg(\sigma_3/Pa)$的形式表示,$C'$值也应根据曲线按惯例得出应力状态变化的表达式,以反映抗剪强度指标随围压变化的趋势。

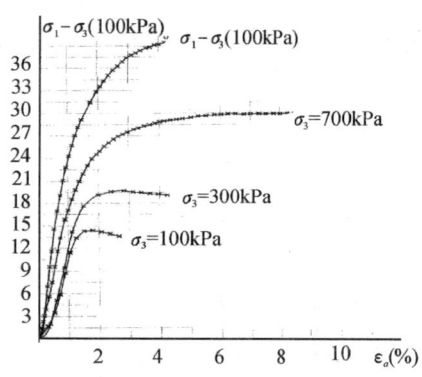
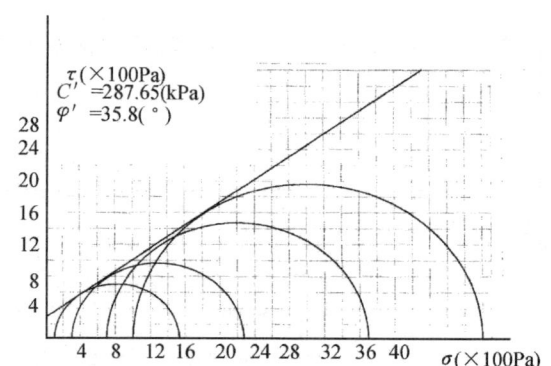

(a) 配比编号1

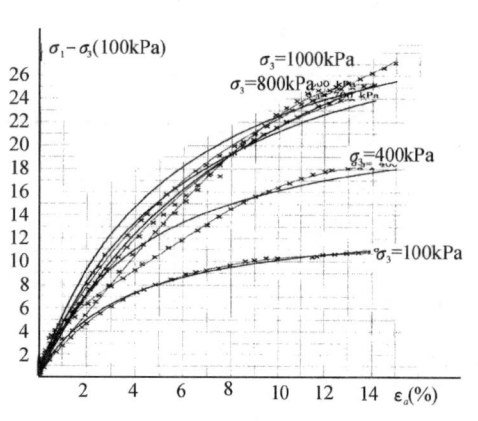
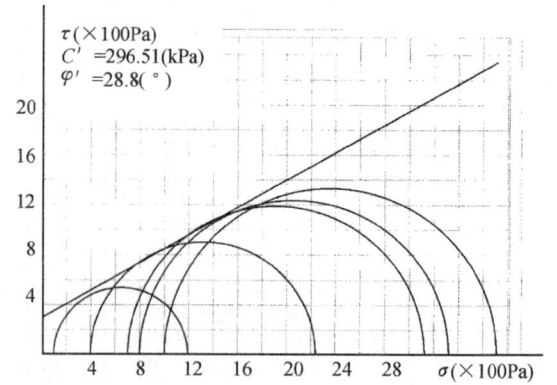

(b) 芯样359层

图5.3-7 应力—应变关系及强度曲线

表 5.3-16　　　　　　　　　室内静压成型样及现场芯样强度与变形指标

配比编号	γ_d(g/cm³)	C(kPa)	φ(°)	φ_0(°)	$\Delta\varphi$(°)	R_f	K	n	D	G	F
1	2.41	287.7	35.8	60.7	20.0	0.5	1272.0	0.445	8.3	0.365	0.059
2	2.40	236.1	38.0	58.9	17.0	0.6	1459.2	0.507	9.1	0.418	0.059
3	2.40	304.2	34.2	60.2	20.2	0.5	1145.4	0.293	8.6	0.353	0.109
4	2.40	289.9	36.3	60.1	18.5	0.6	1700.5	0.477	5.7	0.333	0.075
5	2.40	256.6	35.5	59.6	20.0	0.6	1889.9	0.336	8.0	0.398	0.05
6	2.42	303.2	34.8	60.1	19.5	0.6	1208.8	0.518	3.8	0.346	0.121
7(芯样)	2.38	213.5	30.3	54.8	20.2	0.6	313.5	0.134	0.7	0.383	−0.071
395层(芯样)		296.5	28.8	57.8	22.3	0.7	399.2	0.144	0.6	0.438	−0.027

③对于室内静压成型样,随着围压的增加,其应力~应变曲线的切线坡度愈陡,峰值强度也有明显的提高,达到破坏时的轴向应变相应增大(从2%~3%增大到6%~8%),应力—应变总体趋势是从低围压下的强应变软化变为高围压下的弱应变软化;随着轴向应变的增加,偏应力($\sigma_1\sim\sigma_3$)的增量逐渐减小,表现出切线模量的非线性特征;超过峰值进入软化段后,随轴向应变的增加,偏应力反而呈下降趋势;

④在试验的轴向应变范围,现场取芯样的应力—应变曲线呈应变硬化型,应变达15%时只有围压为100kPa时有峰值,围压高于300kPa后均没有峰值,围压为300kPa时的初始剪切模量低于围压为100kPa时的初始切线模量,破坏应力图包络线也不在一条线上,这表明同一组试验的各个样品不均匀,剪切后试样明显有骨料突出现象,体积膨胀明显。

⑤初始切线模量的两个变形指标K和n具有明显的规律,现场取芯样的K值一般为300~400,n值一般为0.13~0.15,而室内成型的K值一般为1200~1600,n值一般为0.3~0.6,前者约为后者的1/4~1/3。试样成型方式和均匀性造成的这种较大的差异,给施工控制及提高沥青混凝土的变形指标提供了有价值的方向,同时也给室内试样成型方式如何模拟现场施工条件提出了新的课题。这方面的研究还需要进一步深入。

4.3.3　室内静压与人工击实成型样的对比试验研究

(1)原材料组成及性质

试验所用沥青混合料成型配合比及矿料级配列于表5.3-17。沥青为中国海洋石油总公司江苏泰州石化总厂生产的中海36-1水工沥青。试验用矿质材料包括粗骨料、细骨料、填料三种,采用王家坪料场开采的石灰岩破碎而成,为了保证沥青混凝土的和易性,细骨料中以30%的长江天然砂取代人工砂,这样,细骨料中天然砂占30%,人工砂占70%。粗骨料、细骨料和填料的物理力学性能见表5.3-18—表5.3-20。

表 5.3-17　　　　　　　　　配合比参数及矿料级配表

配合比参数			
矿料级配指数 r	填料含量 F(%)	矿料最大粒径 D_{max}(mm)	沥青含量 B(%)
0.35	12	20	6.6
矿料级配			
粒径(mm)	20~10	10~5	5~2.5	2.5~0.074		<0.074
				天然砂	人工砂	
比例(%)	22.1	17.3	13.6	10.5	24.5	12.0

表 5.3-18　　　　　　　　　　　　　粗骨料的物理力学性能

项目	密度 (g/cm³)	吸水率 (%)	含泥量 (%)	坚固性 (%)	针片状含量(%)		与沥青黏附性
					20～10mm	10～5mm	
试验成果	2.73	0.7	0.1	1.0	6.8	6.0	5级

表 5.3-19　　　　　　　　　　　　　细骨料的物理力学性能

项目	密度(g/cm³)	吸水率(%)	含泥量(%)	坚固性(%)	石粉含量(%)	水稳定系数	有机含量
天然砂	2.61	1.6	0.2	0.5	/	7级	浅于标准色
人工砂	2.72	0.8	/	0.6	4.5	9级	/

表 5.3-20　　　　　　　　　　　　　填料的物理力学性能

项目	密度(g/cm³)	吸水率(%)	亲水系数	细度(%)		
				0.60mm	0.15mm	0.074mm
试验成果	2.721	0.18	0.78	100	96.9	85.5

(2)成型与试验方法

①静压法成型:成型温度为140℃～145℃,在压力机上加载至10MPa,并保持3min;

②人工击实成型:成型温度为140℃～145℃,沥青混合料分3层次装入试模,每层击实50次。

在应变式三轴仪上进行固结排水剪试验。试样分别在100kPa、300kPa、700kPa、1000kPa 围压下排水固结,然后施加偏应力剪切,剪切速率0.048mm/min;试验温度控制在16.4℃±0.5℃范围。

(3)试验成果分析

两种成型方法所得试验成果列表5.3-21中,应力—应变关系及强度曲线如图5.3-8所示。可见:

表 5.3-21　　　　　　　　　　　　两种方法成型样的强度及变形指标

编号	γ_d(g/cm³)	C(kPa)	φ(°)	φ_0(°)	$\Delta\varphi$(°)	R_f	k	n	D	G	F
静压成型	2.41	240.4	31.3	55.9	19.2	0.7	437.3	0.103	1.5	0.445	0.027
击实成型	2.40	206.5	30.4	56.1	24.1	0.5	204.0	0.121	1.0	0.437	0.001

①采用静压成型和击实成型的两组样试验所得的初始模量的两个变形指标k为200～450,而n值在0.1～0.15之间,与现场芯样的指标较为接近,而C'、φ'两个强度指标值也有相似的规律;很显然这两组样所得的强度和变形指标与长江科学院室内成型样所得指标差别较大,尤其是两个变形指标K和n的差别较大,这再次说明试样成型方式、脱模方式、沥青品种对沥青混凝土力学特性的影响很大;

②从破坏应力圆来看,强度包络线不在一条直线上,表明同组试样比较不均匀,从应力—应变曲线表现的变形特性也可以看出这一点;

③从应力—应变曲线来看,当围压大于等于400kPa时,在轴向应变达到15%的范围内,曲线呈硬化特征,与现场芯样比较相似,而围压小于400kPa时,则表现为较弱的软化特征;

④室内成型方式如何模拟施工条件;在施工条件下如何改善沥青混凝土的强度和变形特性,使大坝施工期和运行期的应力应变特征更利于大坝的安全和稳定尚需进一步研究。

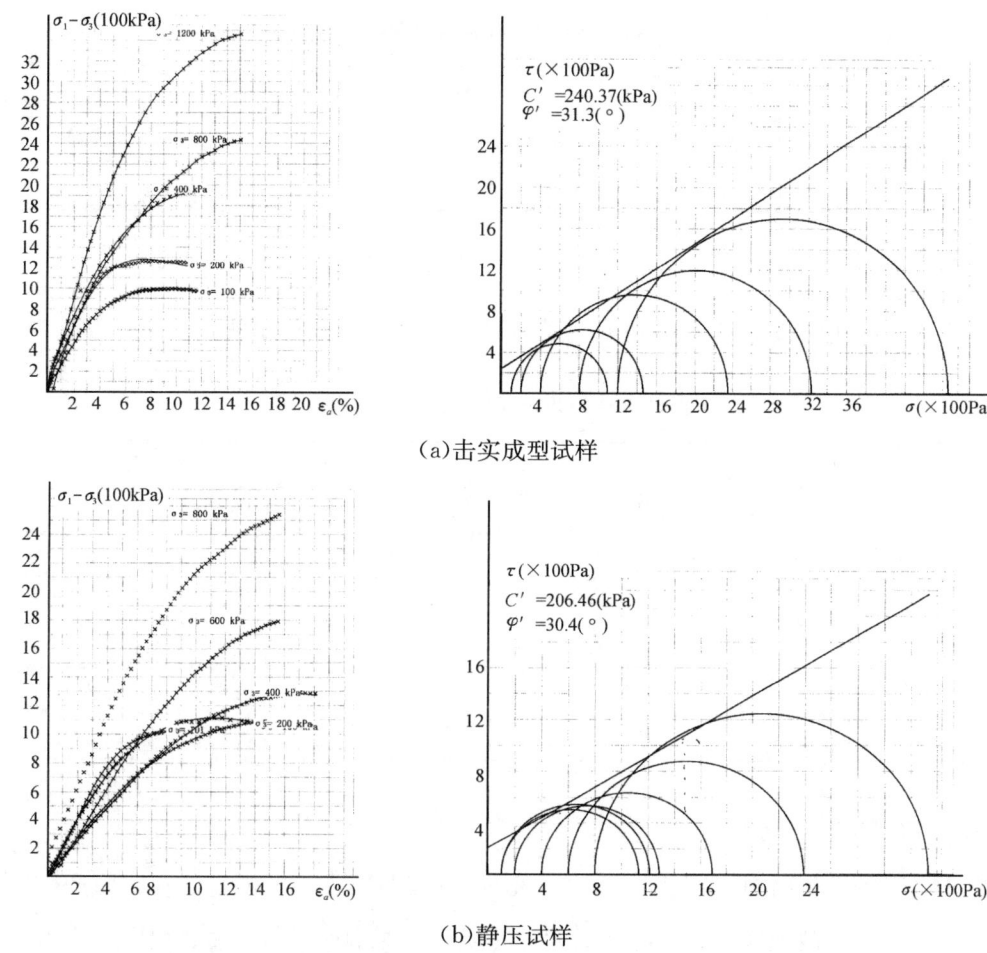

(a)击实成型试样

(b)静压试样

图 5.3-8　击实与静压成型试样的应力—应变关系及强度曲线比较

4.4　室温沥青拌和沥青混凝土三轴试验(2011—2012年)[8][9]

除本节外,成型沥青混凝土均是热沥青。2011—2012年结合黄金坪水电站沥青混凝土心墙堆石坝(坝高95.5m),长江科学院开展室温沥青拌和沥青混凝土的不同温度和剪切速率的三轴试验研究。

4.4.1　试验原材料及配合比

试验沥青选取室温沥青,其固含量为52%,技术指标见表5.3-22所示,沥青混凝土粗、细骨料均采用康定白云岩,将石料在室内粉碎后进行筛分,得到各个粒组的骨料。填料采用白云岩矿粉与水泥,水泥含量占矿料质量3%。配合比及矿料级配见表5.3-23。

表 5.3-22　　　　　　　　　　　　　　　沥青基本性能

试验项目	试验成果	技术要求
针入度(25℃,100g,5s),0.1mm	73.5	60~80
软化点(环球法),℃	50.2	48~55
延度(15℃,5cm/min),cm	160	≥150
密度(25℃),g/cm³	1.01	实测
溶解度,%	99.6	≥99.0
闪点,℃	290	≥260

表 5.3-23　　室温沥青拌和沥青混凝土配合比

沥青含量/%	矿料级配										
	筛孔/mm	19	16	13.2	9.5	4.75	2.36	1.18	0.6	0.3	0.15	0.075
6.3	通过率/%	100.0	98.3	95.9	84.3	64.6	40.4	27.8	16.3	9.8	7.5	6.5

4.4.2　试验条件

试样采用马歇尔击实法成型,三轴试样尺寸为 $\Phi 10.1 \text{cm} \times 20 \text{cm}$,具体试验条件见表 5.3-24

表 5.3-24　　室温沥青拌和沥青混凝土三轴试验条件

温度控制值（℃）	围压（MPa）	轴向变形速率（mm/min）
5.4	0.1、0.3、0.7 和 1.0	1.0
15.4	0.1、0.3、0.7 和 1.0	1.0
25.4	0.1、0.3、0.7 和 1.0	1.0
5.4	0.3	0.01、0.025、0.2、1.0
20.4	0.3	0.01、0.025、0.2、1.0

4.4.3　沥青混凝土强度特性

沥青混凝土属于颗粒型材料,其强度一般认为由两部分组成:①由于沥青的存在而产生的黏聚力;②由于骨料的存在而产生的内摩擦力。目前水工沥青混凝土一般采用摩尔—库仑强度理论来描述,即:

$$\tau = c + \sigma * \tan\varphi \tag{5.3-2}$$

摩尔—库仑强度理论采用直线来描述材料的强度包线,根据试验成果,沥青混凝土三轴试验强度包线并不是直线,而是与堆石料类似,表现出比较明显的非线性(如图 5.3-9 所示),强度包线随着围压的提高而逐渐向下弯曲。其他学者也通过试验得到了类似的结论。

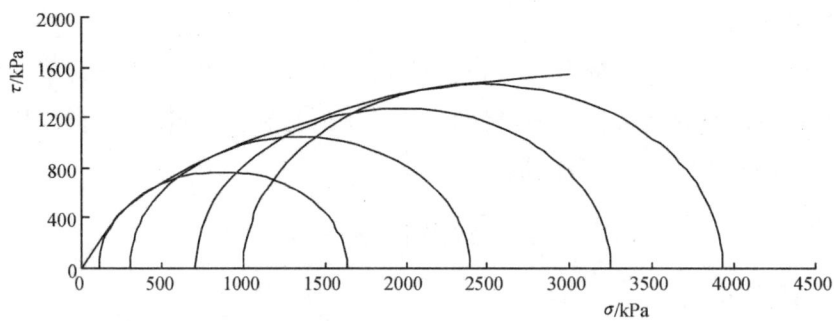

图 5.3-9　沥青混凝土三轴试验莫尔圆（$T=5.4$℃）

针对沥青混凝土的强度非线性,凤家骥通过试验研究发现破坏偏应力 $(\sigma_1-\sigma_3)_f$ 与围压 $1/\sigma_3$ 在半对数坐标上呈直线关系,提出将 $(\sigma_1-\sigma_3)_f$ 采用 $1/\sigma_3$ 的指数函数来表示,即

$$(\sigma_1-\sigma_3)_f = H \cdot P_a \cdot e^{P \cdot p_a/\sigma_3} \tag{5.3-3}$$

式中:p_a 为大气压力,取 100kPa;H、P 为反映强度变化规律的无量纲参数,由试验确定。

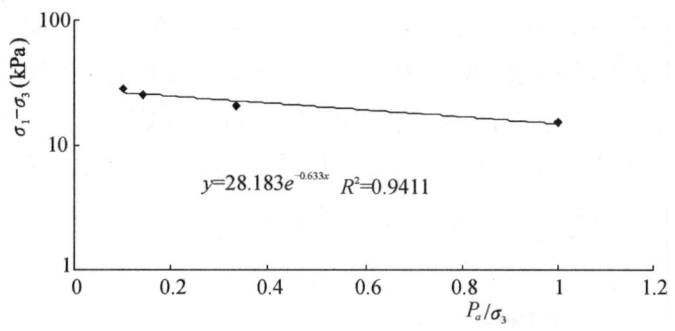

图 5.3-10　$(\sigma_1-\sigma_3)_f/p_a$ 与 p_a/σ_3 关系曲线

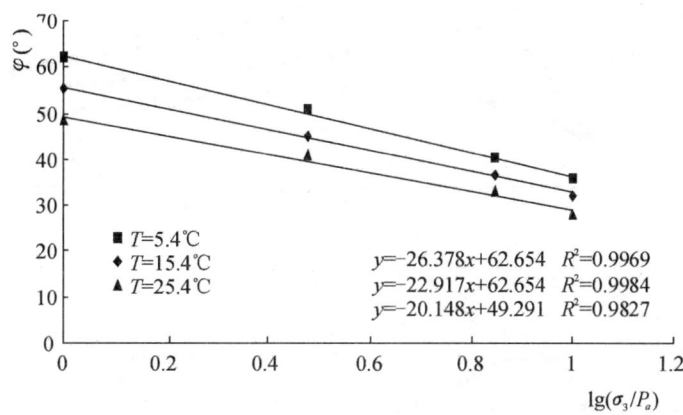

图 5.3-11　φ 与 $\lg(\sigma_3/p_a)$ 关系曲线

与沥青混凝土相类似，堆石料的强度包线也表现出明显的非线性，关于堆石料的强度非线性，工程界广泛采用下面的关系式来描述堆石料的强度

$$\varphi=\varphi_0-\Delta\varphi\lg(\sigma_3/P_a) \tag{5.3-4}$$

式中：$\varphi=\sin^{-1}\left(\dfrac{\sigma_1-\sigma_3}{\sigma_1+\sigma_3}\right)$——原点出发的莫尔圆的切线的斜率角；

P_a——大气压力，取 100kPa；

φ_0——$\sigma_3=P_a$ 时的 φ 值；

$\Delta\varphi$——σ_3 增加时，直线的斜率。

目前，非线性强度公式（5.3-4）在计算堆石料强度方面得到了广泛的应用，碾压式土石坝设计规范中提出可以使用该公式进行稳定性分析。沥青混凝土 φ 与 $\lg(\sigma_3/P_a)$ 关系曲线表现为很好的线性关系，可以采用非线性强度公式 $\varphi=\varphi_0-\Delta\varphi\lg(\sigma_3/P_a)$ 来描述沥青混凝土的强度特性，见表 5.3-25。

表 5.3-25　　　　　　　黄金水电站室温沥青混凝土心墙材料非线性强度参数

温度（℃）	φ_0（°）	$\Delta\varphi$（°）	相关系数
5.4	62.7	26.1	1.00
15.4	55.6	22.6	1.00
25.4	49.3	20.2	0.98

4.4.4　温度对沥青混凝土应力应变的影响

温度对沥青混凝土的力学性能有显著影响。从图 5.3-12(a)可以看出，随着温度的降低，沥青混凝土偏应力—轴向应变关系曲线初始阶段越陡，强度越高，软化趋势越明显，试样破坏应变越小；在围压较低时，试验温度 5.4℃ 条件下,沥青混凝土应力-应变关系曲线存在明显的峰值点,且峰值点对应的应变较小。

从图 5.3-12(b)可见,随着温度的降低,沥青混凝土剪胀现象越明显,出现这种现象的主要原因是温度越低,沥青混凝土脆性现象越明显,作为胶结材料的沥青与骨料胶结形成一个整体,在剪切过程中沥青的胶结作用被破坏,沥青包裹着骨料一起产生错动,引起体积膨胀;而温度较高时沥青黏性较强,对骨料的错动能起到润滑作用,由于骨料错动而引起的体积膨胀较小。

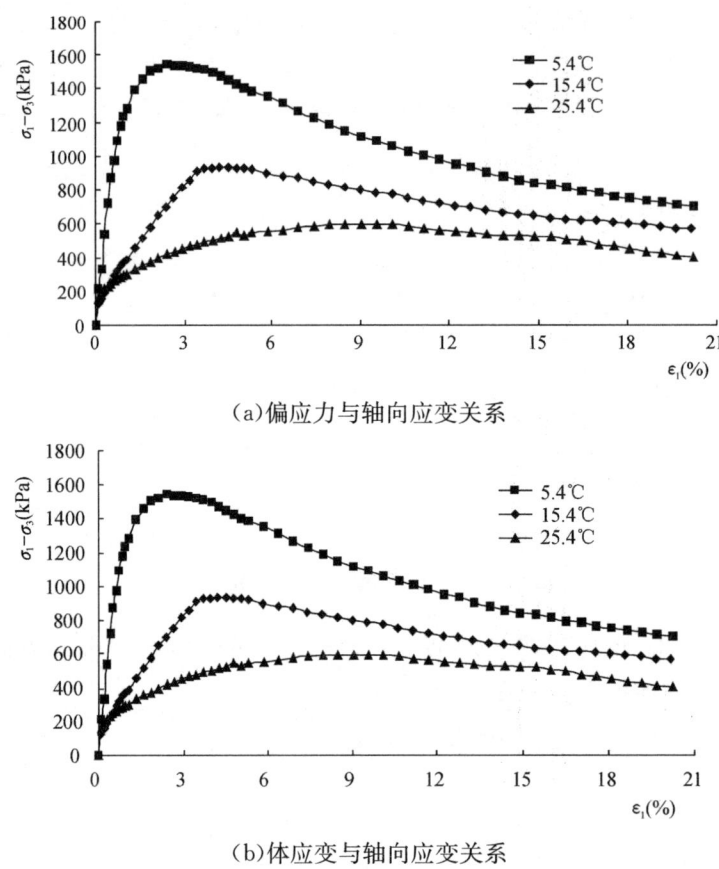

(a)偏应力与轴向应变关系

(b)体应变与轴向应变关系

图 5.3-12　不同温度下沥青混凝土三轴试验曲线($\sigma_3 = 0.1$MPa)

从图 5.3-13 可见:试验温度越高,沥青混凝土强度越低,但温度对强度的影响在围压较低和较高时表现并不完全相同,在围压为 0.7MPa 和 1.0MPa 时,随着试验温度的上升,沥青混凝土强度基本呈线性降低;在围压为 0.1MPa 和 0.3MPa 时,破坏偏应力与试验温度关系曲线在由 5.4℃ 上升到 15.4℃ 较陡,而由 15.4℃ 上升到 25.4℃ 段较为平缓,即围压越低,在温度较高时,温度对强度影响越小。

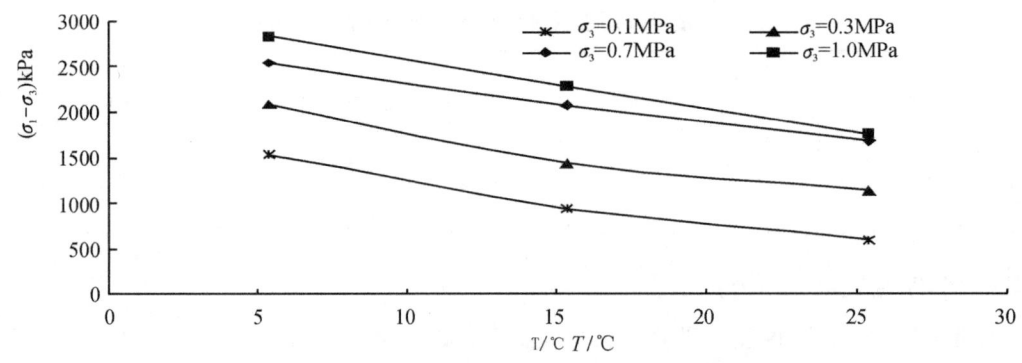

图 5.3-13　沥青混凝土三轴试验破坏偏应力与试验温度关系曲线

4.4.5 加载速率影响

沥青混凝土属于黏弹性材料,加载速率对水工沥青混凝土三轴试验成果会产生较大的影响。加荷速率对沥青混凝土三轴试验的影响在5.4℃和20.4℃条件下表现不同,见表5.3-26和图5.3-14。试验温度为5.4℃时,剪切速率越大,沥青混凝土三轴试验破坏偏应力越大,试样模量也越大;试验温度为20.4℃时,不同的剪切速率得到的应力-应变关系曲线差别较小,0.01mm/min、0.025mm/min、1.0mm/min三条曲线基本重合,而可能由于制样的不均匀性,0.2mm/min在初始阶段比较陡,但四种速率得到的强度破坏偏应力相差很小。三轴试验应变速率在不同温度下对体变的影响基本一致,剪切速率越快,试样剪胀越明显,在试验中,剪切速率越慢,骨料在围压的作用下调整的时间越多,发生的体积膨胀越小。

表 5.3-26　　　　　　　　　沥青混凝土三轴试验成果

温度(℃)	围压(kPa)	剪切速率(mm/min)	$(\sigma_1-\sigma_3)_f$(kPa)
5.4	300	0.01	1460
	300	0.025	1570
	300	0.2	1786
	300	1.0	2096
20.4	300	0.01	1393
	300	0.025	1322
	300	0.2	1338
	300	1.0	1303

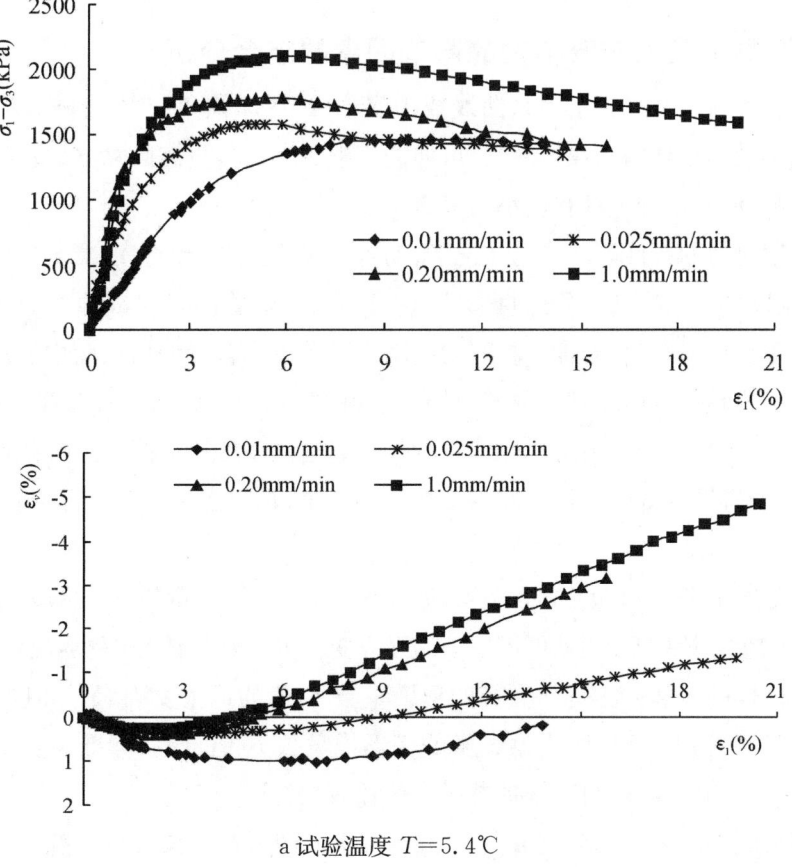

a 试验温度 $T=5.4℃$

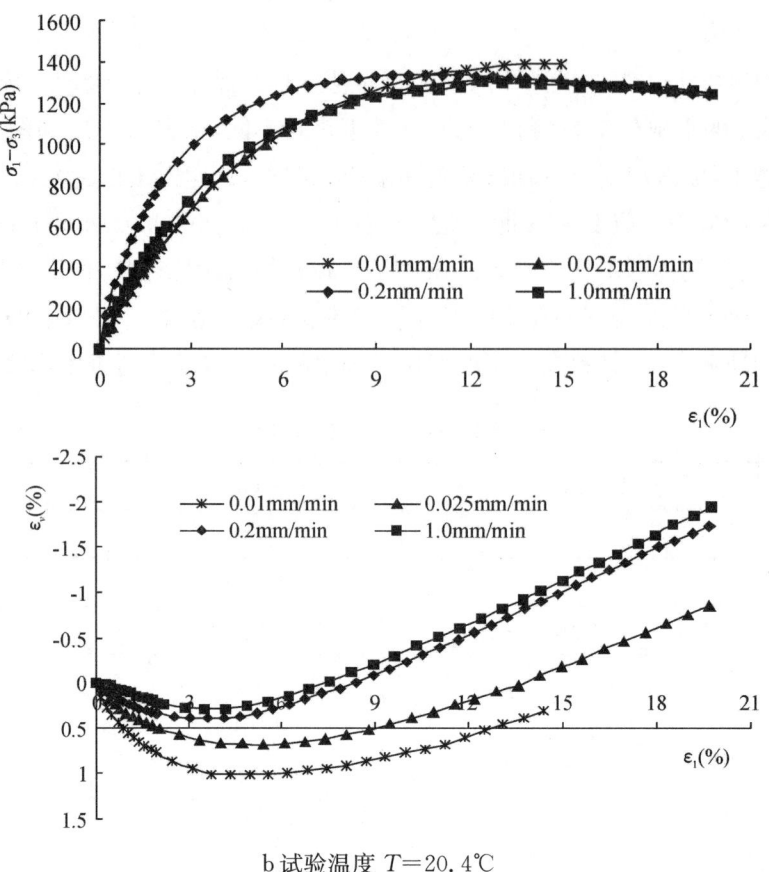

b 试验温度 $T=20.4℃$

图 5.3-14 不同剪切速率的沥青混凝土三轴试验应力应变与体变曲线

4.5 水工沥青混凝土应力应变特性的影响因素的综合分析

①沥青混凝土黏聚力与沥青含量关系曲线成山峰形状,内摩擦角与 K 值随着沥青含量的提高而降低。矿粉颗粒之间接触处由结构沥青膜联结,可使沥青混凝土具有更高的黏聚力;反之,颗粒之间接触处由自由沥青联结,则使沥青混凝土具有较小的黏聚力。

在沥青混凝土原材料固有性能不变的情况下,沥青含量直接影响沥青混凝土的拉伸性能。当沥青含量很少时,沥青不足以形成结构沥青的薄膜来黏结矿料颗粒,随着沥青含量的增加,结构沥青逐渐形成,沥青更为完整地包裹在矿料表面,沥青矿料间的黏附力随着沥青含量的增加而增加。当沥青刚好足以形成薄膜并充分黏附矿粉颗粒表面时,沥青胶浆具有最优的黏聚力。如果沥青含量继续增加,导致沥青过剩,在颗粒间形成未与矿粉交互作用的自由沥青,则沥青胶浆的黏聚力随着自由沥青的增加而降低。随着沥青含量的增加,沥青混凝土中骨料之间直接接触会变小,骨料之间的摩擦力会降低,其内摩擦角和变形参数 K 会降低。

②在相同的混合料、成型条件和沥青含量下,沥青混凝土的变形模量数 K 值随试验温度的升高而降低。沥青混凝土的应力—应变曲线呈现出从低围压下的强应变软化变为高围压下的弱应变软化的趋势。

③沥青混凝土试样的成型方法是影响其变形模量数 K 值的最主要因素。相同批次的沥青、相同的沥青混凝土配合比、试验温度,静压法成型试样的变形模量数 K 值最高,标准击实工艺成型形成的试样 K 值较低,普遍在 200~400 左右,与现场抽芯样的值比较接近。

④静压成型试件脱膜工艺对变形模量数 K 值也有很大的影响。长江科学院试件成型采用逐个样品

控制骨料、矿粉及沥青用量等成型工艺,样品均匀性较好,并采用压力机静压成型,成型温度控制在143℃左右(140℃～150℃之间),10MPa 压力下静压 3min,压力机静压脱模,脱模压力一般达 4MPa 左右。葛洲坝集团试验中心试件成型采用小型拌和机拌料,一次搅拌 4 个试件料,按重量法控制制备样的密度,成型过程中均匀性稍差,静压成型前的温度控制在 143℃,冷却方式为水冷,采用脱模机加温脱模,脱模压力估计要低于 4MPa。前者的变形模量数 K 值明显高于后者。

⑤试样静压成型速率对变形模量数 K 值也有影响。由于沥青混凝土是一种复杂的胶体结构物质,不同的静压成型速率,使试样表现出不同的变形性质,其骨料颗粒的填充方式及排列均不相同,因此造成试样结构的差异。

⑥ 三轴试验加载速率对试验成果有着较大的影响,且温度不同,影响程度不同;三轴试验应变速率在不同温度下对体变的影响基本一致,剪切速率越快,试样剪胀越明显,在试验中,剪切速率越慢,骨料在围压的作用下调整的时间越多,发生的体积膨胀越小。

5 沥青混凝土的蠕变特性试验研究[6]

5.1 概述

沥青混凝土作为土石坝的心墙材料,其渗透系数小,防渗效果好。但沥青混凝土跟普通软土、软岩一样,具有较强的流变性。在坝体实际受力情况下,其变形会随时间持续地变化,即蠕变现象,还有松弛现象等,所以必须研究其流变特征。

通过不同应力状态的蠕变试验或者不同应变状态的应力松弛试验,均可以拟合得到材料的流变本构方程。在流变本构方程中,有应力保持不变而应变随时间而变的蠕变方程;或有应变保持不变而应力随时间而衰减的应力松弛方程。对于土石坝的坝壳料和心墙料,常采用应力式三轴仪进行蠕变试验,根据蠕变曲线拟合出应力—应变—时间关系,即得到材料的流变本构关系。通过控制三轴试验中的围压和施加偏应力的方式,可以进行不同应力状态和应力路径下的蠕变试验,加载方式一般应根据心墙在坝体中主要可能的应力状态和应力路径来确定。

材料受荷后任一点的应力状态可以用一个二阶对称张量来描述,这个量包括 6 个独立的分量,对于岩土和混凝土材料的流变问题,通常不考虑材料的各向异性,只用 3 个主应力值,或 3 个应力不变量,或广义剪应力、球应力、Lode 角三个量的大小来反映一点的应力状态,当不考虑中主应力或 Lode 角对材料变形和强度的影响后,就可只用围压、偏应力这 2 个独立的分量,或球应力、广义剪应力(等效应力)2 个独立的分量来描述一点的应力状态。对于 2 个相互独立反映应力状态的量,目前应力式常规三轴试验采用的控制方法主要包括:① 控制不同的围压,对每一种围压,分别施加不同的偏应力水平;这种加载方式能够比较全面地反映沥青混凝土在坝体中主要可能的应力状态下的流变特征;根据蠕变曲线拟合的流变方程主要表达为围压和偏应力水平的函数,并得到对应于该流变本构方程的材料常数,其中偏应力水平也反映了材料的强度参数对流变特征的影响;②控制不同的围压,根据应力比来控制轴向压力;根据蠕变曲线拟合的流变本构方程可以表达为围压、应力比的函数,也可表达为最大、最小主应力的函数;要反映材料的强度参数对流变特征的影响就不太方便,需要经过换算;③等 P 试验或其他特种应力路径试验,主要用于研究材料在复杂应力路径下的流变特征,目前还较少采用。

综合考虑沥青混凝土在坝体中主要可能的应力状态和其强度特征,从工程适用的角度出发,采用方法(1)来控制加载方式和加载历程比较常见,在得到了不同应力状态下的蠕变曲线后,将其对时间求导数就得到应变速率,将求解的时间周期(时间段)t离散成若干个时间步增量Δt,蠕变速率乘以Δt即是Δt时段内的应变增量,经过换算便可得到Δt时段内的广义剪应变增量和体积应变增量。按照邓肯—张$E-B$模型相同的处理方法,由Δt时间段内广义剪应变增量和体积应变增量,根据广义虎克定律就可以得到Δt时间段内蠕变应变增量张量与应力张量的关系。然后可直接编程,采用初应变法进行土石坝的蠕变数值分析。

从上面的增量式建模方法可以看出,土石坝蠕变分析的关键在于应变速率的合理性以及时间步计算的合理性。时间步一般采用自适应算法确定,可保证每一步都收敛于平衡态并最终达到时间终了状态的稳态解。蠕变曲线的拟合模式及其参数决定了应变速率,对于幂函数模式拟合蠕变曲线,蠕变曲线写成$\varepsilon = a\left(\dfrac{t}{t_1}\right)^n$的模式,其应变速率为$\varepsilon' = a \times n \times \left(\dfrac{t}{t_1}\right)^{n-1} \times \dfrac{1}{t_1}$,可见应变速率受$a$、$n$的影响,系数$a$理论上是$t = t_1$时刻的应变;$n$的值小于1时,应变速率随时间而衰减,所以此时这种幂函数模式只能拟合蠕变的前两个阶段,不能反映等速蠕变阶段;从以灰岩为母岩的粗粒坝壳料的多数蠕变曲线拟合的均方逼近情况来看,较小的a,较大的n对于初期应变数据的均方逼近情况较好;较大的a,较小的n对于后期应变数据的均方逼近情况较好;原因在于随荷载持续时间的增加,多数蠕变曲线更趋于平缓,n值将有所降低。

5.2 蠕变试验研究

蠕变试验分两批次进行。第一批采用长江科学院室内静压成型、加热脱模的试样,试样尺寸$\Phi 102mm \times 200.5mm$,其原材料性质、级配特征、成型方式、试样质量在第3章第4节中已作了阐述;控制有效围压为100kPa、300kPa,分级施加偏应力进行剪切,施加的偏应力水平分别为0.2、0.4、0.6、0.8;并选取一个试样进行了等应力比试验,控制加载应力比为2,分级施加围压和轴向压力,围压分别取25kPa、50kPa、75kPa,对应的轴向压力分别为50kPa、100kPa、150kPa;试验采用GDS应力式三轴仪进行,单级荷载最长保持时间为200~300小时,测读各应力状态下的轴向应变和对应的时间。

第二批蠕变试验采用葛洲坝集团公司静压成型样,试样尺寸$\Phi 100 \times 200mm$控制有效围压为400kPa、800kPa,分级施加偏应力进行剪切,施加的偏应力水平分别为0.2、0.4、0.6、0.8;试验在国产应力式三轴仪上进行,单级荷载最长保持时间为180小时。

5.3 沥青混凝土蠕变曲线

沥青混凝土蠕变试验轴向变形随着时间增长变化越来越缓慢,分别采用幂函数和对数函数来拟合其轴向蠕变与时间的关系曲线,围压为100kPa和800kPa,分级施加偏应力的蠕变试验,采用对数规律拟合的轴向蠕变曲线和采用幂函数拟合的轴向蠕变曲线见图5.3-15—图5.3-19,可见两种函数对试验数据的均方逼近情况均比较好。

幂函数形式的蠕变曲线,其轴向应变随时间以幂函数规律发展,并不趋于稳定值,但是应变速率是衰减的。当应力水平$S_L = 0.6$时,50年的蠕变量只有0.864%,表明按此幂函数的蠕变曲线,其最终蠕变量也是可控制的,并不会失真,按此幂函数规律,如以50年的蠕变量作为蠕变发展的最终值,那么1年的蠕变量占最终蠕变量的73.1%,5年的蠕变量占最终蠕变量的83.2%,而10年、20年、30年的蠕变量则分别占最终蠕变量的88%、93%和96%,可见蠕变速率随时间发展而迅速衰减。

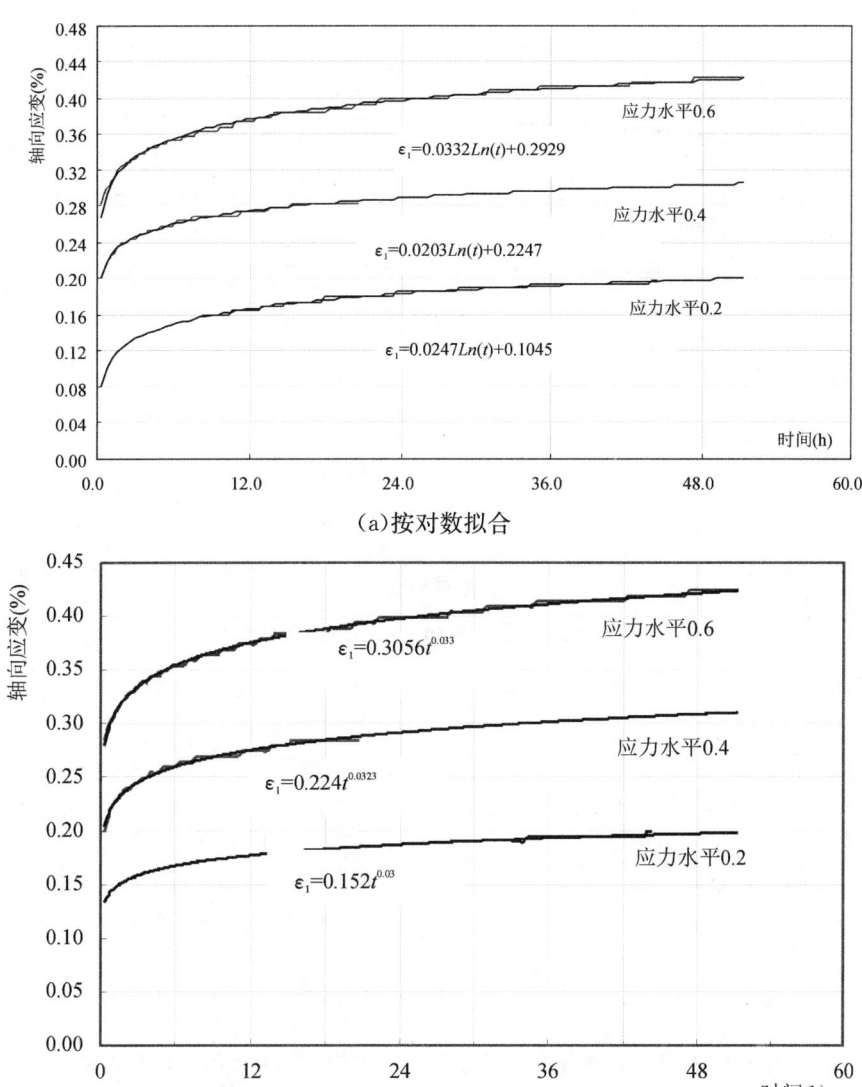

(a) 按对数拟合

(b) 按幂函数拟合

图 5.3-15 围压 100kPa 的轴向蠕变曲线

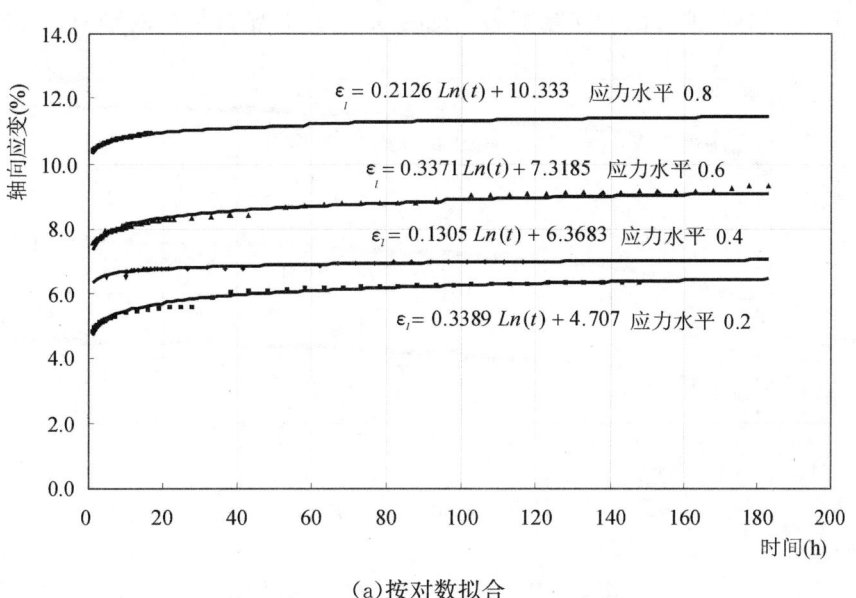

(a) 按对数拟合

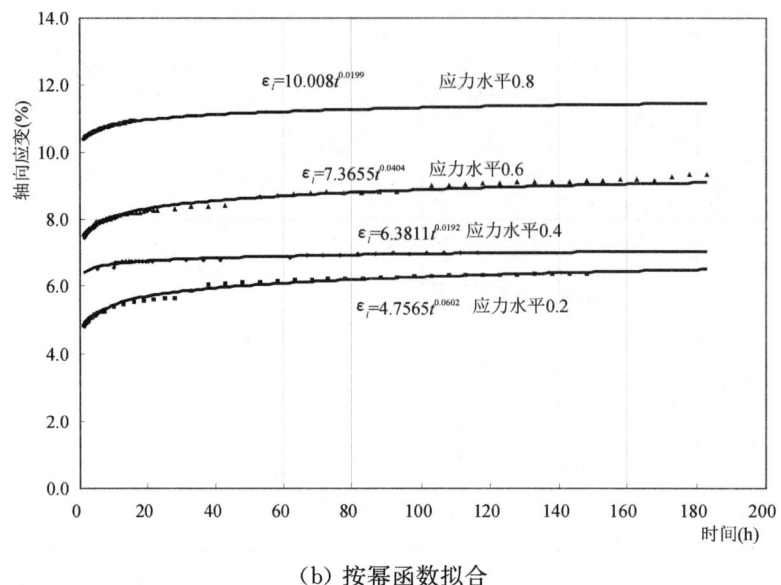

(b) 按幂函数拟合

图 5.3-16 围压 800kPa 的轴向蠕变曲线

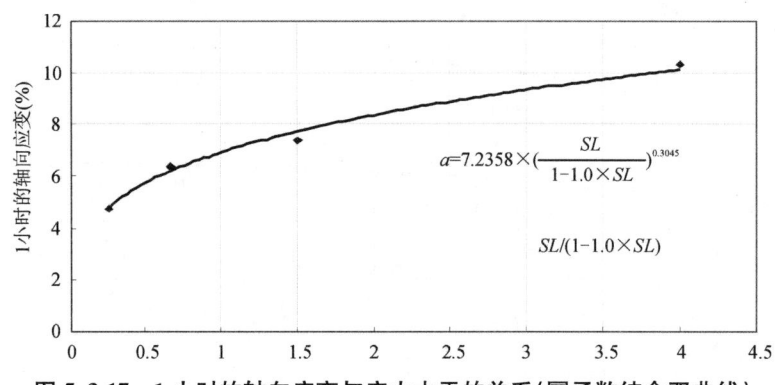

图 5.3-17 1 小时的轴向应变与应力水平的关系（幂函数结合双曲线）

(1) 等应力比试验

控制加载应力比为 2，分级施加围压和轴向压力，围压为 25kPa、50kPa、75kPa，轴向压力分别为 50kPa、100kPa、150kPa，对数拟合的轴向蠕变曲线见图 5.3-18，幂函数拟合的轴向蠕变曲线见图 5.3-19。

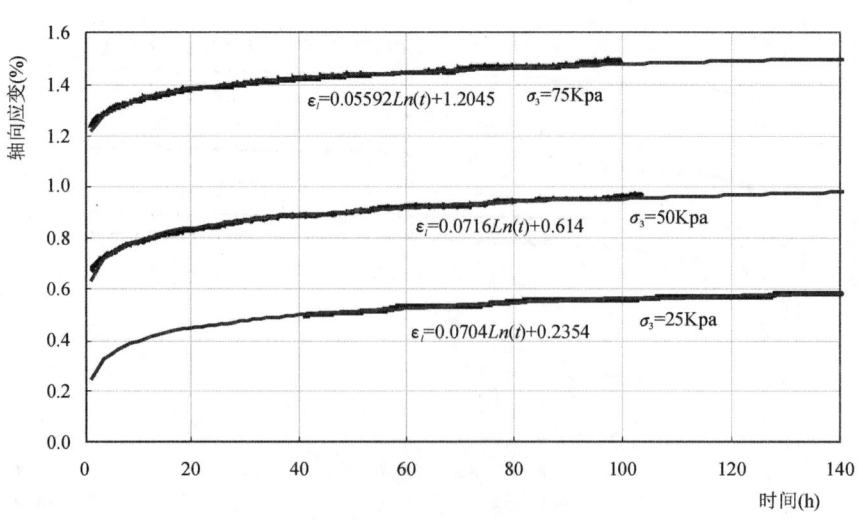

图 5.3-18 对数拟合的轴向蠕变曲线

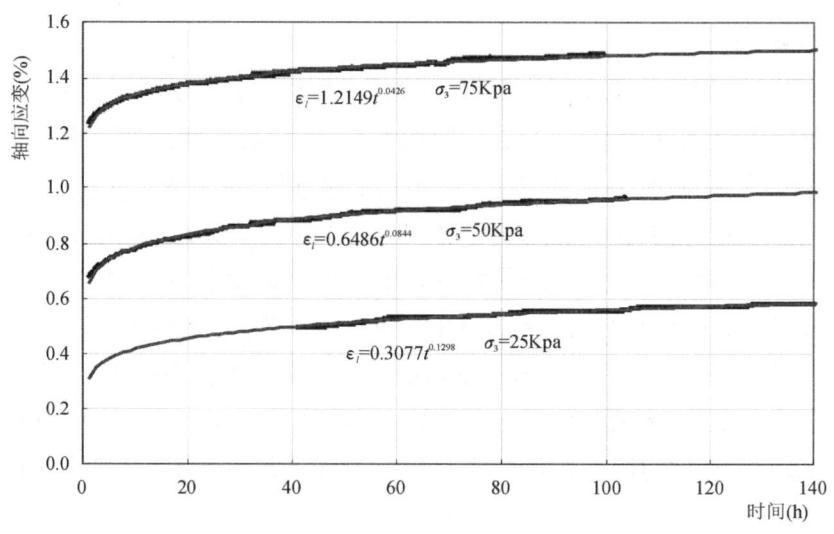

图 5.3-19　幂函数拟合的轴向蠕变曲线

5.4　小结

本次蠕变试验采用了长科院室内静压成型、加热脱模的试样和葛洲坝集团公司室内静压成型的试样，根据在应力式三轴仪上所进行的蠕变试验成果表明，轴向蠕变（即轴对称三维应力状态下的广义剪应变）曲线可采用幂函数模式或对数函数模式拟合。但描述两组试验成果的参数间存在一定的差异，与现场施工芯样的蠕变规律也可能有一定的差异，需进一步开展现场抽芯样的蠕变试验工作。沥青混凝土的流变受诸多因素的影响，包括原材料、成型方法等。虽然本次蠕变试验的组数和取得的数据有限，未进行复杂应力状态下体积蠕变规律试验研究。但所得成果可供茅坪溪土石坝蠕变数值分析参考。

6　沥青混凝土与砂砾石过渡料的接触面试验[6]

6.1　概述

沥青混凝土心墙与砂砾石过渡料的刚度是不相同的，在两者之间存在接触问题。合理确定接触面剪切参数，对正确分析心墙的应力和变形有重要的作用。国内外许多学者开展了接触面剪切参数的研究工作。Potyondy(1961)[10]最早采用直剪仪测试了土与混凝土接触面的力学特性，认为影响土与混凝土接触面强度的主要因素有土质、含水率、粗糙度和作用于接触面上的正应力；Clough 和 Duncan(1971)[11]在分析了砂与混凝土接触面的力学特性后认为，接触面上的剪应力与剪切位移的关系为双曲线关系，并由此建立了剪应力与相对位移的非线性弹性本构关系；Uesugi(1986)[12]采用矩形断面的单剪仪进行了干砂与钢板的接触面试验，单剪仪因可容许接触面和土体自身有不同的剪切位移，能保持接触面及土体的剪应力均匀分布。剪切破坏面既可发生在接触面，也可以发生在土体内，取决于两者强度的对比。此外，钱家欢(1993)[13]、殷宗泽(1994)[14]、胡黎明(2000)[15]等分别研究了饱和粉砂与混凝土、黏土与混凝土、砂与钢板等接触面的力学性质。这些研究表明：接触面的相对粗糙度、接触材料的颗粒级配、形状以及作用在接触面上的正应力是影响接触面抗剪强度的主要因素。土体的密实度与接触面的应力应变密切相关。密实土与结构物的接触面的应力应变关系为应变软化形式，且反映出一定的剪胀性；疏松土体的剪应力与剪应变形呈双曲线关系；接触面附近的剪切带具有较大的剪切应变；试样尺寸对应力应变关系也有一定的影响。

6.2 接触面试验设备

接触面试验在长江科学院大型叠环式剪切仪上进行。叠环式剪切仪的下部为一长×宽×高=60cm×60cm×30cm 的剪切盒，上部为 10 个叠放在一起的方环，方环的尺寸为长×宽×高=60cm×60cm×3cm；为了减小环与环之间的摩擦力，在环与环之间布置了滚轴排；最大的竖向荷载和最大水平向荷载均为 1000kN，相应的最大法向压力和最大剪切应力皆为 2.78MPa；最大允许剪切位移 120mm。竖向采用千斤顶加载并维持每级荷载不变，水平加载采用液压泵供油应变控制方式、剪切速率为 0.03mm~20mm/min 无级变速控制；垂直荷载、水平推力及水平位移由计算机自动采集。

图 5.3-20 叠环剪切仪外观，图 5.3-21 显示其试验原理。在水平拉力作用下，接触面产生水平位移，并将剪切力施加给其上的土体，带动其上的土体水平移动。在接触面与土体之间，相邻叠环内的土体之间，都将产生相对错动(即剪切位移)。随着水平荷载的增加，接触面或其上土体达到抗剪强度的峰值。

图 5.3-20 叠环剪切仪外观(侧面)

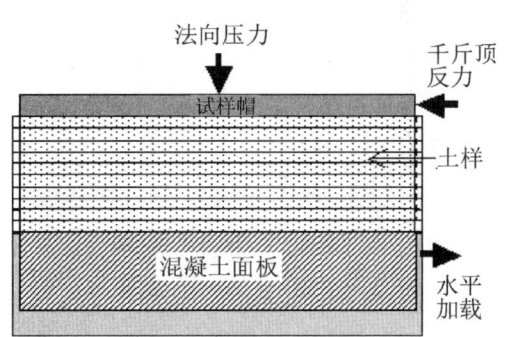

图 5.3-21 叠环剪切仪试验原理示意图(正面)

6.3 接触面试验方案

根据三峡茅坪溪防护大坝沥青混凝土心墙与砂砾石过渡料的实际情况，进行了 2 组不同级配砂砾石料的接触面试验。砂砾石料的试验级配见图 5.3-22，试样密度均为 2.24g/cm³；试验所用沥青混凝土是现场拌和好供施工用的沥青混凝土，经试验室重新加温后在仪器上成型的；成型后的沥青混凝土尺寸为 600mm×600mm×60mm，即两个叠环的尺寸，密度为 2.34 g/cm³。

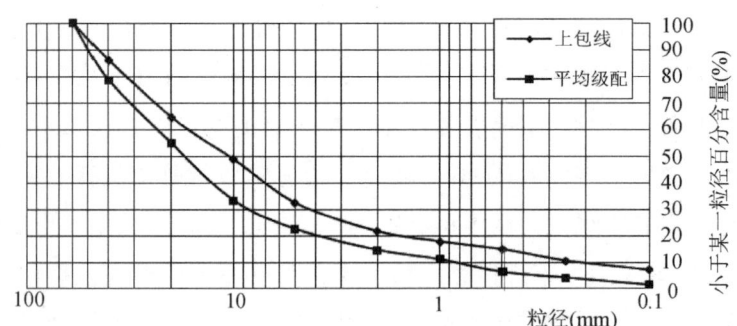

图 5.3-22 砂砾石过渡料级配曲线

试验前叠环剪下剪切盒内填充砂砾石过渡料，与之相邻的两个叠环内为沥青混凝土，其他的叠环内则与下剪切盒一样填充砂砾石过渡料。每组试验由 4 个试件组成，分别在 0.5MPa、1.0MPa、1.5(1.33)MPa、2.0MPa 的法向压力下固结，然后采用 0.3mm/min 的剪切速率进行剪切。试验中，上剪切盒的最上一环水平方向由千斤顶固定，通过拉动下剪切盒对试样及接触面施加剪切力，试样的剪切位移由安置在每层叠环以及下剪切盒上的位移传感器自动采集，剪切力和法向力由荷重传感器自动采集。

6.4 试验成果及分析

6.4.1 剪切应变沿厚度方向的分布特征

两种不同试验级配的砂砾石料与沥青混凝土接触面试验,得到水平荷载峰值(试样破坏)时,相对于顶环的水平位移沿试样高度的分布如图 5.3-23 所示,其中"1"号代表混凝土面板(下剪切盒)。由此可见:在沥青混凝土的上下面处的剪切位移最大,各存在两个剪切面。

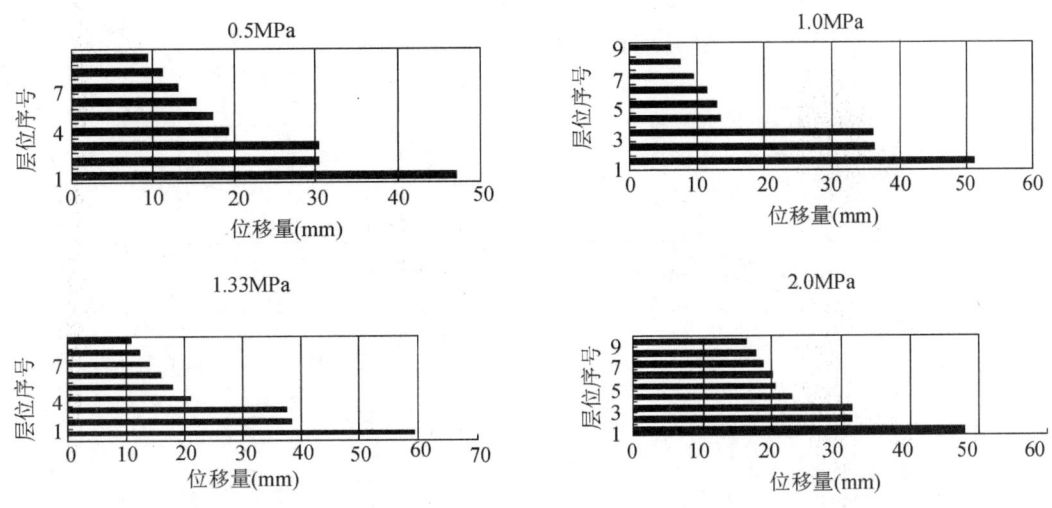

图 5.3-23　不同竖向压力下砂砾石平均级配剪切位移沿试样高度分布

6.4.2 接触面抗剪强度

两种不同试验级配的砂砾石料与沥青混凝土接触面的摩尔—库仑包线如图 5.3-24 所示,接触面的抗剪强度见表 5.3-27,砂砾石平均级配剪切应力与剪切位移的关系如图 5.3-25 所示。剪切过程中,剪切位移发生在剪切带上,剪切带总剪切位移与剪应力呈双曲线形式。

表 5.3-27　　　　　　　沥青混凝土与砂砾石过渡料的接触面抗剪强度成果表

试验编号	砂砾石级配编号	抗剪强度指标	
		$C(kPa)$	$\varphi(°)$
JCM1#	SLSp	10	32.1
JCM2#	SLSs	21	31.3

注:表中砂砾石级配编号 SLSp、SLSs 分别指砂砾石平均级配和上包线级配。

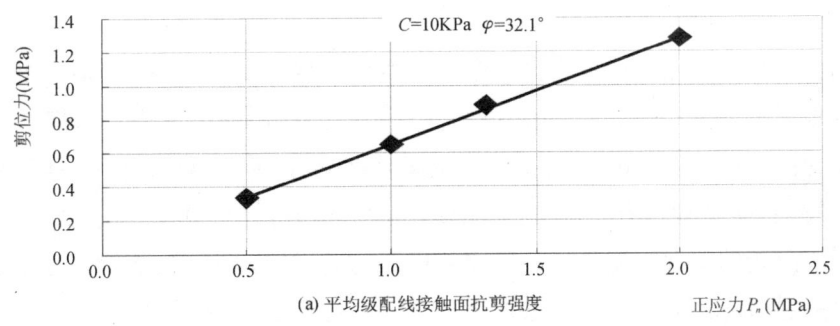

(a) 平均级配线接触面抗剪强度

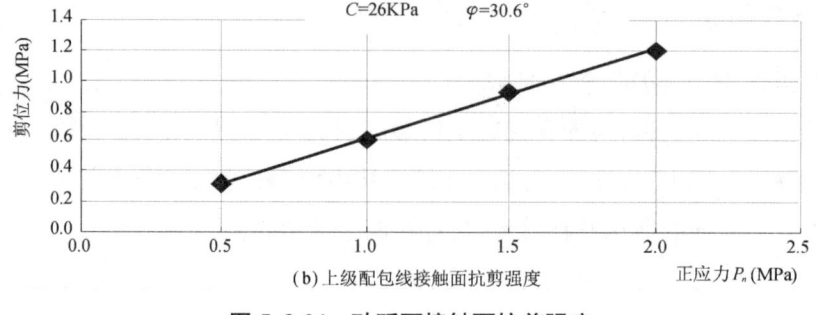

(b)上级配包线接触面抗剪强度

图5.3-24 砂砾石接触面抗剪强度

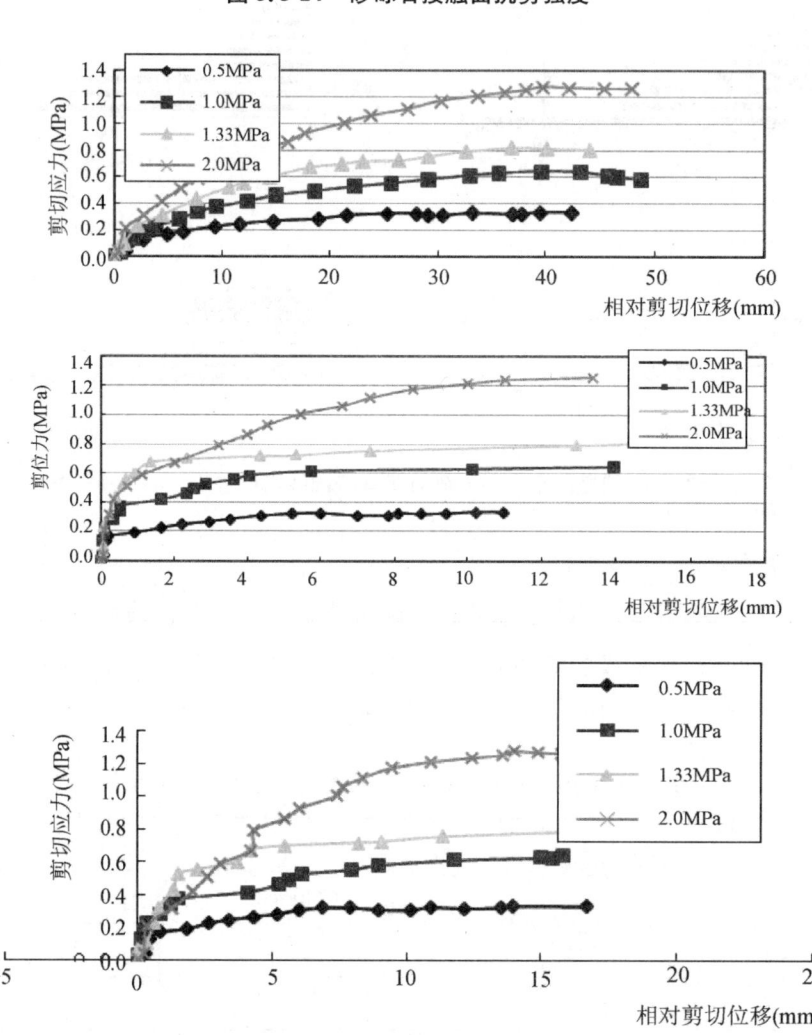

图5.3-25 砂砾石平均级配线剪切应力与剪切位移的关系

6.4.3 接触面单元的模拟

在进行土与结构物共同作用的应力变形有限元分析中,接触面单元的模拟是一个非常重要内容,工程上常用的接触面单元形式为Goodman无厚度单元。Goodman(1968)从岩石节理裂隙研究角度,提出了无厚度4节点单元的理论。Goodman无厚度单元能够较好反映接触面切向应力和变形的发展,并近似模拟非线性变形特性,其模型的参数物理意义明确,切向劲度系数也可以通过试验测定,因此,长期以来成为土石坝有限元分析的重要模型之一。该理论缺点在于,单元受压时,两侧普通单元会嵌入其中,解决的方法是假定接触面具有较大的法向劲度系数,该处理使法向应力计算成果不甚合理。

根据 Clough 和 Duncan(1971)提出的接触面剪应力和剪切位移的双曲线关系,可以得到接触面单元切向劲度。双曲线关系为:

$$\tau = \frac{\Delta S}{(a + b\Delta S)} \quad (5.3\text{-}5)$$

在 $\tau/\Delta S - \Delta S$ 的关系曲线上,可以回归出 $\tau/\Delta S$ 与 ΔS 的直线关系,则直线的斜率 b 为当 $\Delta S \to \infty$ 时抗剪强度渐近值 τ_u 的倒数,直线的截距为初始剪切劲度 k_{si} 的倒数,即:

$$b = \frac{1}{\tau_u}, \quad a = \frac{1}{k_{si}} \quad (5.3\text{-}6)$$

初始剪切劲度与剪切正应力的关系为

$$k_{si} = k_s \gamma_w \left(\frac{\sigma_n}{P_a}\right)^n \quad (5.3\text{-}7)$$

根据不同的试验正应力,可以整理得到参数 k_s 和 n,成果见表 5.3-28。

表 5.3-28　　　　　　　　　　　接触面参数试验成果

接触面类型	无厚度单元	
	k	n
砂砾石平均级配	2500	0.52
砂砾石上包线级配	2576	0.48

7　沥青混凝土水力劈裂及裂缝淤堵试验[6]

7.1　土石坝水力劈裂问题研究现状

高土质心墙坝的水力劈裂问题,是目前工程界普遍关注又亟待解决的关键问题之一,判断心墙在蓄水条件下是否发生水力劈裂,将直接关系到大坝的安全与稳定。在 19 世纪六七十年代,曾出现过多起因水力劈裂造成渗漏严重甚至垮坝的事件发生。1965 年建成的英格兰巴德黑德[16](Balderhead Dam)狭窄土质心墙堆石坝,由于拱的作用,压力盒测出心墙内垂直压力小于上覆土重。1966 年初水库达最高水位时,测得渗漏量突然增加;1967 年发现坝顶上游边缘塌陷,坑探发现心墙内存在较大范围的冲蚀破坏区。1965 年建成的挪威海提尤维特坝(Hyttejuvet Dam)[17],高 90m,垂直薄心墙堆石坝,黏质砂土心墙,1965 年建成后心墙中压力盒测得垂直压力小于水压力,1966 年蓄水到最高水位后,下游坝脚渗漏量骤然增加并引起心墙冲刷,钻孔检查发现心墙中的水平裂缝是造成渗漏的主要原因。以色列死海边蓄水池围堤黏土心墙[18],钻孔注水试验发现:当水压力超过上覆土重的 0.4~0.5 倍时,渗透系数突然由 10^{-9} m/s 增至 10^{-6} m/s,水压减小后,裂缝重新闭合。1975 年建成的美国爱达荷州第塘坝(Teton Dam)[19],高 123.4m,心墙式土坝,风积粉土心墙,岩基裂隙发育,透水性强,在蓄水过程中于 1976 年 6 月发生垮坝事故。分析结果认为:心墙所用粉土极易冲蚀;引起冲蚀有两个方面原因:其一系岩基表面的张开裂缝未加妥善处理,粉土沿裂缝流失;其二是截水墙嵌入基岩深达 20m,槽壁坡度陡达 60°~65°,填土的拱作用减小了槽内土体中的垂直压力,引起水力劈裂。

20 世纪 70 年代以来,国内外许多专家学者对土的水力劈裂问题进行了大量的研究,在室内外试验方面均取得了重要的研究成果。1968 年美国 Haimson[20] 对岩石钻孔压水试验发现:小主应力正交于孔轴的不透水岩石,引起水力劈裂的压力等于岩石抗拉强度与两倍小主应力之和。即:

$$U_{if} = 2\sigma_{\min} + |\sigma_t| \quad (5.3\text{-}8)$$

还发现:透水性岩石造成水力劈裂的压力 U_{if}*

$$U_{if} > U_{if}^* > \sigma_{\min} \tag{5.3-9}$$

1971年英国 Vaughan[21]建议现场钻孔压(注)水试验水力劈裂判别式为：

$$U_{if} = m\sigma_{\min} + |\sigma_t| \tag{5.3-10}$$

式中 m 取决于钻孔周围的应力分布与应力路径，$m=1\sim2$。

1972年挪威 Bjerrum[22]等人钻孔发生水力劈裂的起裂压力 U_{if} 为

$$U_{if} = \sigma_Z + |\sigma_t| \tag{5.3-11}$$

式中 σ_Z 为竖向应力。挪威 Bjerrum 等人利用模型试验槽填入压实粉质黏土，在土体中心安装测压管，在测压管中施加水压力观察流量的变化，通过透明的槽壁观察裂缝的发展情况。结果发现由于侧壁约束压力，发生水平裂缝而不是垂直裂缝。裂缝张开时，测压管流进的水量大增，压力降低，裂缝闭合。后来又在三轴仪中进行了水力劈裂的比较试验：试件中心钻孔安装测压管，试件外裹橡皮膜，在主应力比 $\sigma_1/\sigma_3=2$ 时施加测压管压力 U_i，试件产生垂直缝的水力劈裂。

诺巴里(Nobari,E.S.)[23]等人 1973 年利用中空圆柱体试进行水力劈裂试验。试验中控制了 σ_1 及 σ_3，试件中心填砂，外周用砂或滤纸透水，分别施加内水压力 U_i 和外水压力 U_0。在试验最初阶段，渗流量基本保持不变，而裂缝发生时则渗漏量突然增大。试验结果表明：水力劈裂是发生在小主应力面上的拉伸破坏；裂缝可以是垂直的，也可以是水平的，取决于试件的受力状态：当保持 σ_1、σ_3 不变，增加 U_i，发生垂直的放射状裂缝，水力劈裂由内向外发展。在加荷帽上施加偏心荷载，减小 σ_1，可造成水平劈裂：①当 $U_i = U_0$，整个断面同时发生破坏；②当 $U_i > U_0$，劈裂由内边缘向外发展；③当 $U_i < U_0$，劈裂由外向内发展。

Jawoski, Duncan & Seed(1981)[24]用第塘坝原状及重塑土制成 203mm 的立方试分别施加 σ_1、σ_2、σ_3，在垂直于击实层面的钻孔内施加水压力进行水力劈裂试验，研究了土的组成、密度、含水率、抗拉强度、试验历时等因素对水力劈裂的影响。他们认为造成水力劈裂的水压力 U_{if} 可以表达为侧向小主应力 σ_H 的线性函数：

$$U_{if} = m\sigma_H + \sigma_{ta} \tag{5.3-12}$$

式中：m 为试验点回归线的斜率，取决于钻孔周围的应力分布和土的总应力路线，在 $1\sim2$ 之间取值，试验值为 $1.5\sim1.8$；σ_{ta} 为截距，与 σ_t 试验条件，加荷速率及钻孔尺寸有关。关于 σ_t 的影响，Jawoski, Duncan & Seed(1981)给出了一个较简明的公式：

$$U_{if} = \sigma_H + \frac{\sigma_t}{2} \tag{5.3-13}$$

黄文熙、丁金粟[25]等人于 1982 年对水力劈裂机理进行了探索和初步分析，陈愈炯[26]等人于 1983 年利用中心钻孔的圆柱试件，研究了试件尺寸、水压上升速率、试件透水性、含水率与固结时间等因素对水力劈裂特性的影响。试验结果认为，水力劈裂既不是一点破坏导致整体破坏，也不是整体达到强度极限后出现的破坏形式，而是介于两者之间。水力劈裂压力 U_{if} 随孔壁厚度及加荷速率的增加而增大，先期裂缝虽会降低土体抗水力劈裂的能力，但随着再固结时间的加长，会发生一定程度的愈合。

杨斌[27]等人 1985 年利用三轴压缩、拉伸、扭剪仪进行了不同周围压力、不同应力比等复杂应力条件下的水力劈裂试验，结果认为渗水作用既可导致由于 $\sigma_{\min}$ 达到抗拉强度 σ_t 的拉伸破坏形式，也可导致由摩尔－库仑理论所控制的剪切塑流，必须视试件的大小主应力比 σ_1/σ_3 而定。试件是否发生水力劈裂不能用内水压力 U_i 值是否超过起始条件下 $\sigma_{\min}$ 与土体 σ_t 之和来判断。而必须是最小有效应力 $\sigma_{\min}$ 达到 σ_t 之后才会产生水力劈裂。

孙亚平[28] 1985 年在三轴仪上进行空心圆柱试样劈裂试验，结果表明：目前常用的公式 $U_{if} = m\sigma_{\min} + n|\sigma_t|$ 及 $U_{if} = \sigma_{\min}$ 均不能作为判断水力劈裂发生的准则。土体中某点的最小主应力达到抗拉强度极限即 $\sigma_{\min} = \sigma_t$ 才是产生水力劈裂的必要条件。单纯由于内壁水压 U_i 引起内壁切向应力 σ_θ 达到 σ_t，壁面裂隙即

可发生水劈而产生贯穿裂缝。

K. Lo[29]等(1990)研究后认为：心墙的水力劈裂压力与心墙土体的饱和度、固结度、现场劈裂压力值有确定的界限，上限和下限分别由饱和固结和饱和非固结水力劈裂试验得到。

曾开华和殷宗泽(2000)[30]分析研究了心墙与坝壳的泊松比、弹性模量以及心墙的倾度等因素对水力劈裂的影响。研究表明：提高心墙与坝壳泊松比都有利于防止心墙水力劈裂，坝壳与心墙的弹性模量比值愈大，心墙愈易产生水力劈裂。

《碾压式土石坝设计规范》[31]规定当 $U_i > \sigma_{min} + |\sigma_t|$ 即可能产生水力劈裂。

至目前为止，关于心墙坝水力劈裂的研究基本是针对黏土心墙料或砾质土心墙料，关于沥青混凝土水力劈裂试验研究很少。长江科学院分别根据茅坪溪防护坝心墙沥青混凝土和大渡河黄金坪电站心墙沥青混凝土的情况，对沥青混凝土开展了水力劈裂研究，水力劈裂试验采取圆柱体和圆形板式试样，以明确沥青混凝土心墙发生水力劈裂的条件。

7.2 厚壁空心圆柱水力劈裂试验

7.2.1 厚壁空心圆柱试件受力分析

设空心圆柱的内径为 a，外径为 b，作用在空心圆柱的内外压力分别为 P_i 和 P_0，假设试件的透水性弱，则可将 P_i 当作面力作用于试样，可用拉密公式计算试件的内力：

$$\sigma_r = \frac{(1-a^2/r^2)P_0}{(1-a^2/b^2)} + \frac{(b^2/r^2-1)P_i}{(b^2/a^2-1)} \tag{5.3-14}$$

$$\sigma_\theta = \frac{(1+a^2/r^2)P_0}{(1-a^2/b^2)} + \frac{(b^2/r^2+1)P_i}{(b^2/a^2-1)} \tag{5.3-15}$$

以 $\sigma_\theta = \sigma_t$ 作为试件的破坏条件，则 P_{if}

$$P_{if} = \frac{2b^2 P_0}{(b^2+a^2/b^2)} - \frac{(b^2-a^2)|\sigma_t|}{(b^2+a^2)} \tag{5.3-16}$$

根据空心圆柱试验所测得破坏时的内外水压力差即可求抗拉强度。

7.2.2 厚壁空心圆柱试件成型及试验设备

按沥青混凝土三轴试验试样尺寸成型试样，直径为 101mm，高度为 200mm，每组试样不少于 4 个。控制一组试样间的密度之差不大于 0.01g/cm³。待试样在规定的温度下养护 48h 后，在试样的一端中心处采用立钻钻孔，孔径不小于 20mm，孔深为 160mm。采用试样直径为 101mm 的高压三轴仪控制围压及轴向变形，并观察水力劈裂产生的条件。

7.2.3 厚壁空心圆柱试样水力劈裂试验

厚壁空心圆柱体试样的水力劈裂试验，是利用现场钻取或试验室成型、尺寸为直径 $D=100$mm、高 $H=200$mm 的沥青混凝土试样，在试样的一端钻一直径为 20mm、深 160mm 的圆孔，形成空芯试件；用环氧树脂或加温的沥青将试件粘接在三轴剪力仪的底盘上，按类似三轴剪切试验或无侧限抗压强度试验的方法进行。

类似三轴剪切试验的具体做法是：先从仪器底盘上的底孔向粘接在三轴剪力仪上试样的孔洞中充水排出空气，待孔洞中空气排尽并被水充满后，关闭底孔阀门；然后按《土工试验规程》(SL237—017—1999)4.3 的有关方法、步骤进行试验前的准备工作。为了能更好地判别或观察沥青混凝土试样是否产生水力劈裂或者由于试样产生其他破坏形式的出水，在试样与乳胶膜之间均匀的充填了约 5mm 厚、干燥的标准砂。试验开始时先开启连接试样的排水阀门，缓慢地对沥青混凝土试样施加竖向压力，当试样竖直轴向变形达 0.8% 时，停止施加竖向压力并维持该压力；然后分级同时向沥青混凝土试件的空芯腔体施加内水压力和周围压力,随时监测排水管,观察是否有气、水排出;待内水压力和周围压力达到1.2MPa后,停止施加内水压力和周围压力。观察一段时间,若无气、水排出,则采取维持内水压力不变而逐步减小周围压力或同时减小周围压力和内水压力到某一压力,然后再逐步施加内水压力,当试样内水压力与周围压力的压差达到一定量后,就可能产生水力劈裂。

类似无侧限抗压强度试验的做法与上述试验方法相似,试验时只施加内水压力而不施加周围压力。

研究人员选用 4 组击实沥青混凝土试件,进行了厚壁空心圆柱劈裂试验。试样的密度为 $2.39 \sim 2.43 t/m^3$,试验成果见表5.3-29。试验中由于没有理想的沥青混凝土与三轴剪切仪刚性底座的密封连接材料,当施加的内水压力达到 0.3MPa 时,在沥青混凝土与三轴剪切仪刚性底座之间都出现了漏水,难以继续施加更高的内水压力,只有一组试样经过反复的拆卸粘接,施加内水压力才达到0.4MPa。

表 5.3-29 厚壁空心圆柱劈裂试验成果表

试样编号	围压 MPa	内孔压力 MPa	内孔加压历时 min	过程描述
1	0	0.15	45	无侧向变形和渗水
		0.2	10	侧向变形0.1mm,无渗水
		0.2	15	侧向变形0.22mm,无渗水
		0.2	18	侧向变形0.34mm,无渗水
		0.2	19	侧向变形0.54mm,出现通道出水
2	1.2	1.2		试样轴向剪切应变0.8%
	1.2	1.2	60	排水管未出现出气和出水现象
	1.0	1.2	45	排水管未出现出气和出水现象
	0.9	1.2	45	排水管未出现出气和出水现象
	0.8	1.2	16	排水管开始出水,拆样后发现接头漏水,试样未破坏
	0	0.3	45	重新装样后,无明显侧向变形和渗水
	0	0.4	3	侧向开始发生变形,且发展快,3分钟后试样破坏,出现通道出水
3	1.2	1.2		试样轴向剪切应变0.8%
	1.2	1.2	60	排水管未出现出气和出水现象
	0.2	0.3	150	排水管未出现出气和出水现象
	0.2	0.4	50	排水管未出现出气和出水现象
	0.2	0.5	7	排水管开始出水,拆样后发现接头漏水,试样未破坏
4	0.3	0.3		试样轴向剪切应变0.8%
	1.2	1.2	60	排水管未出现出气和出水现象
	0.4	0.4	180	排水管未出现出气和出水现象
	0.4	0.6	45	排水管未出现出气和出水现象
	0.4	0.7	40	排水管开始出微小气泡,拆样后发现试样与仪器接头处漏水,试样未破坏
	0.4	0.7	67	排水管开始出水,量很小,拆样后发现试样与仪器接头处渗水,试样未破坏

7.2.4 厚壁空心圆柱试样水力劈裂试验成果分析

在无侧限情况下,当内孔压力为0.15MPa,沥青混凝土试件基本未产生径向变形;当内孔压力为0.2MPa,随作用时间的增长,沥青混凝土试件的径向变形逐渐增大,径向变形达0.7%时仍未产生水力劈裂，径向变形达1.1%时产生水力劈裂。破坏内外水压力差为0.2MPa，按式(5.3-16)换算σ_t约为0.2MPa。

在有侧限的情况下，试样在经过0.8%的竖向剪切变形后，施加0.3MPa的内水压力，试样没有出现水力劈裂现象。当施加内水压力达到0.3MPa后，试样出现侧向变形，而且变形发展较快，然后出现破坏性的通道出水。试验结果表明：在有侧向压力限制情况下，产生水力劈裂破坏内外水压力差可达0.4MPa。破坏时的照片见图5.3-26。

图5.3-26(a) 试样水力劈裂前轴向受力　　　图5.3-26(b) 试样水力劈裂后渗漏量变大

厚壁空心圆柱劈裂试验与心墙坝水力劈裂判别准则的受力状态不完全一致，试验成果反映了径向劈裂问题。无论是在有侧限还是在无侧限条件下，试样都是在内外水压存在压差的情况下，并产生径向变形后才产生水力劈裂。

7.3 圆形平板试件水力劈裂试验

7.3.1 圆形平板试件水力劈裂试验装置

圆形平板试件水力劈裂试验是将沥青混凝土板放置于上下两腔体之间，并用法兰盘来止水。上部带法兰盘的圆形腔体可施加水压力，下部圆形腔体底部带可调节底板、顶部带法兰盘。试验时下部腔体填充砂砾石过渡料；上下部两个圆形腔体的直径均为300mm。圆形板式沥青混凝土试件被螺丝固定在上下两个腔体之间；上部腔体与沥青混凝土板之间用密封圈密封，试验时逐级向上腔体内施加压力，观察下部腔体渗水量的变化。根据渗水量的变化情况判断在该级水压条件下是否产生了水力劈裂现象。试验装置见图5.3-27。

7.3.2 沥青混凝土圆形平板试验试样

沥青混凝土平板的厚度为25mm、40mm、60mm三种，直径为500mm，密度为2.32～2.40t/m³。砂砾石过渡料的级配采用相似法模拟，小于1mm约占10%，大于10mm约占67%，试验控制密度为2.24t/m³。

 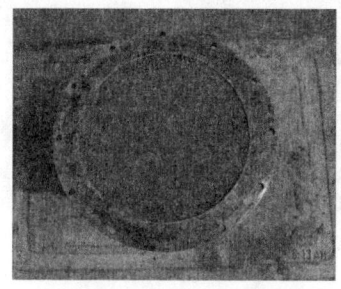 

(a) 圆形平板试件装置　　(b) 装满过渡料的下腔体　　(c) 下腔体底部调节板

图5.3-27 圆形平板水力劈裂试验装置

7.3.3 沥青混凝土圆形平板试件试验

按图 5.3-26 所示安装好试验系统,在上腔体中逐级施加水压力,每级压力增量为 0.2MPa,并稳压 45 分钟,观察下腔体的渗水情况,至上腔体压力达 1.0MPa,下腔体的仍无渗水情况发生。这就说明沥青混凝土板在上腔体压力达 1.0MPa 时未发生水力劈裂现象。

在 1.0MPa 水压力作用下未见水力劈裂条件时,逐步调整下部腔体的底板,使得沥青混凝土板随砂砾石过渡料一起产生变形,同时观察下部腔体渗水量的变化;直到沥青混凝土板破坏、水量大增为止。试验成果见表 5.3-30。

表 5.3-30　　　　　　　　沥青混凝土平板试件水力劈裂试验成果表

试样编号	板厚(cm)	水压力(MPa)	经过时间(min)	破坏时底部变形量(mm)	破坏时剪切变形率(%)	试验情况说明
B01	2.5	1.0	45	7	28.0	沥青混凝土板周边出现裂缝,大面积为平行位移
B02	4.0	1.0	45	9.3	21.45	沥青混凝土板周边出现裂缝,大面积为平行位移
B03	6.0	1.0	45	11	18.3	沥青混凝土板周边出现裂缝,大面积为平行位移

7.3.4 圆形板试件水力劈裂试验成果分析

试验成果表明,圆形板试件承受 1.0MPa 的水压力,沥青混凝土板未发生水力劈裂现象。在承受 1.0MPa 的水压力的条件下,沥青混凝土板的厚度分别为 25mm、40mm、60mm,沥青混凝土板发生周边受到约束的被拉裂破坏时在底部位移量分别为 7mm、9.3mm、11mm,破坏时发生的剪切变形率达 18%。

7.4 沥青混凝土裂缝淤堵试验

沥青混凝土裂缝淤堵试验是在沥青混凝土板水力劈裂试验的基础上进行的。试验方法与沥青混凝土板水力劈裂试验类似,不同的是,为了进行裂缝淤堵试验,试验前先在一块厚 60mm 的沥青混凝土板的中部切割一条长 100mm,宽 4mm 的缝(见图 5.3-28);另外增加一个施加泥浆压力的装置。

图 5.3-28　沥青混凝土板开缝情况

开始试验时,先用黏土将裂缝封住,以保证在施加水压力之前,上部加压腔体内的水不会漏出。试验时,先向上部加压腔体逐步施加水压力,同时观察底部出水量的变化;待底部有较大的出水量,沥青混凝土形成了一定程度的裂缝时,停止施加水压力而改加与水压力同样大小的泥浆压力,连续观测水量的变化;以判断用泥浆淤堵裂缝的效果。试验所用泥浆是由膨润土和水搅拌而成的,泥浆比重为 1.304。

试验后量测泥浆淤堵缝长约 3cm。沥青混凝土板下的过渡料表层有约 2mm 后的一泥浆层。试验成果见表 5.3-31。用膨润土和水搅拌而成的泥浆(泥浆比重为 1.304)充填沥青混凝土裂缝效果非常明显,由水压力改为泥浆压力 3～5 分钟,出水量约为施加水压力时的 15%;由水压力改为泥浆压力 8～10 分钟,约为施加水压力时的 1%;由水压力改为泥浆压力 13～15 分钟,裂缝基本上被封堵。

表 5.3-31　　　　　　　　　　　沥青混凝土裂缝淤堵试验成果表

试样编号	压力(MPa)	经过时间(秒)	出水量(ml)	试验情况说明
YD01	水压力 0.1	120	2762	
	泥浆压力 0.1	120	394	改加泥浆压力后,3 分钟开始量测出水量。
	泥浆压力 0.1	120	17	与前一次量测出水量后,3 分钟开始量测出水量。
	泥浆压力 0.1	120	2	同上。
YD02	水压力 0.1	120	2366	YD02 号样试验量测时间同 YD01。
	泥浆压力 0.1	120	404	
	泥浆压力 0.1	120	28	
	泥浆压力 0.1	120	6	

8　水工沥青混凝土研究展望[32]

8.1　酸性骨料能作为水工沥青混凝土骨料可行性研究

矿料的酸碱性对沥青混凝土的性能有着较大的影响,这关系到沥青混凝土的强度,水稳定性及耐久性等一些重要性能。沥青与矿料的黏附性同矿料的物理性质和化学性质密切相关,而且化学吸附作用是主要因素,碱性矿料对沥青有较好的化学吸附作用,而酸性骨料则不会形成。《土石坝沥青混凝土面板和心墙设计规范》(DL/T5411—2009)规定"粗骨料宜采用碱性骨料(石灰岩、白云岩等)破碎的碎石,当采用未经破碎的天然卵砾石时,其用量不宜超过粗骨料用量的一般,当采用酸性碎石时,应采用增强骨料与沥青黏附性的措施,并经试验研究论证",目前水工沥青混凝土基本采用碱性骨料。在一些适宜采用沥青混凝土心墙坝的地方可能难以找到适宜的碱性矿料,从外地购买碱性骨料会提高工程成本,且难以保障施工进度;而大部分水利水电工程现场砂卵石非常丰富,但砂卵石中酸性岩石居多,如果酸性骨料经过采取措施后能作为沥青混凝土的矿料,则可以节省工程成本,并对沥青混凝土土石坝的发展也会有较大的推动作用。西安理工大学[33]和长江科学院[34][35]均展开了卵石(酸性骨料)作为沥青混凝土矿料的可行性研究,在沥青中掺入抗剥落剂进行强度和耐久性试验研究,取得了一定的成果,但对于酸性骨料能否用于实际工程中还需要进一步研究,主要是采用什么指标和方法来验证其长期稳定性。对于采用酸性骨料作采取增强沥青与骨料黏附性的措施后,采用什么研究方法和哪些指标来衡量其可以满足要求也是需要研究的内容和重点。

8.2　水工沥青混凝土强度非线性机理研究

水工沥青强度包线随着围压的变化表现出非线性,随着围压的增大,强度包线逐渐向下弯曲,凤家骥[36]、王为标[37]等学者在通过三轴试验也得到类似的结果。与沥青混凝土相似,堆石料也表现出明显的强度非线性,堆石料的强度非线性机理,目前学者已有了共识,即由于在三轴试验过程中颗粒发生破碎,并引起粒间应力的重新分布、粒间连接力变弱、容易移动,从而导致内摩擦角降低。目前还没有关于沥青混凝土强度的非线性机理方面的研究,在以后的研究工作中,应找到合适的研究方法,研究得到沥青混凝土的强度非线性机理。

8.3 剪切速率对三轴试验成果的影响及机理

剪切速率对沥青混凝土三轴试验应力应变曲线及体变曲线都存在较大的影响,且剪切速率的影响与温度有关。《水工沥青混凝土试验规程》(DL/T 5362—2006)[38]未对试验加载速率进行规定,只是提出"按规定的变形速率施加轴向压力进行剪切,如变形速率没有规定时,可采用应变速率0.1%/min进行控制"。长江科学院[39]和西安理工大学[40]对加载速率对三轴试验成果的影响进行了研究,试验成果表明在其他条件相同的情况下,加载速率越大,试样的强度越高,体变也越大。目前国内外学者关于加载速率对沥青混凝土三轴试验成果的影响只是进行了初步研究,并没有形成完全一致的认识,且关于加载速率的影响的原因没有进行研究,关于加载速率的影响方面需要进行全面的研究,以便得到加载速率对三轴试验成果的影响规律及机理。

8.4 水工沥青混凝土应力应变本构模型研究

目前关于沥青混凝土应力-应变本构模型研究的成果较少,在沥青混凝土心墙土石坝应力-应变计算分析中,国内外基本参考土工成果,用 Duncan-Chang 模型来描述。目前大部分的沥青混凝土的试验成果表明,沥青混凝土的三轴试验应力-应变关系曲线并不完全符合双曲线规律,在围压较低时表现出明显的软化,且沥青混凝土三轴试验体变主要表现为剪胀,采用 Duncan-Chang 模型难以准确地模拟沥青混凝土的应力-应变关系。凤家骥提出了计算沥青混凝土应力-应变关系的修正双曲线模型,采用指数函数来描述破坏偏应力与小主应力倒数的关系,对切线模量进行了修正;在计算沥青混凝土的泊松比时则采用但尼尔公式。王为标也提出了修正的双曲线模型,采用指数形式来描述主应力差的渐进值与小主应力的关系,切线泊松比则采用修正的但尼尔公式计算。李志强[41]、任少辉[40]采用南京水科院非线性模型描述沥青混凝土三轴试验应力-应变关系;朱晟[2]通过试验提出了采用考虑弹塑性耦合特性的沥青混凝土应力应变模型来描述沥青混凝土的应力-应变关系。开展沥青混凝土应力应变本构研究,找到适合其应力应变特性的本构模型对准确计算沥青混凝土土石坝的应力状态有着很大的意义。

8.5 水工沥青混凝土动力特性研究

我国的沥青混凝土心墙土石坝很多都建设在强震区,如已建成的南桠河上的冶勒水电站、大渡河上的龙头石水电站及目前在建的大渡河黄金坪水电站等,因此,研究沥青混凝土在地震作用下的工作机理及其抗震特性是十分必要的。准确获得沥青混凝土的动力特性参数,是沥青混凝土心墙土石坝动力计算的必要条件,目前水工沥青混凝土动力特性还缺乏系统的研究,关于沥青含量、围压、温度及动荷载加荷频率等对其动力特性的影响还没有较为系统的研究。在动本构方面,采用等效非线性模型来描述沥青混凝土的动力变形特性,但从目前的研究成果来看,等效线性模型并不能很好地描述沥青混凝土的动力变形特性[42],沥青混凝土在低温和高温条件下动力特性有着较大的差别。对水工沥青混凝土动力特性展开系统的研究,得到各配合比参数和试验条件对其动力特性的影响,并找到了适合水工沥青混凝土的动力本构模型。

8.6 关于乳化沥青在水工沥青混凝土中的应用研究

水利工程中,沥青混凝土的应用都是将沥青和矿料加热拌和,这在施工过程中会产生污染,且加热温度过高或加热时间过长容易引起沥青的老化,而加热温度不够,会使混合料的拌和不均匀,沥青混凝土成型不好,达不到设计要求。乳化沥青在不加热的情况下与骨料拌和,既节省了能源,施工也比较方便。目前乳化沥青在道路工程中已经逐步应用,但在水工沥青混凝土中基本没有应用,这是由于水工沥青混凝土要求密实度较高,乳化沥青中的水分在拌和和碾压过程中难以完全挥发,沥青混凝土难以压实,导致孔隙率较高。在施工中若能通过采取措施,在拌和时能将乳化沥青中的水分充分挥发,保证乳化沥青混凝土能充分压实,达到设计要求,则能推动乳化沥青在水工沥青混凝土中的应用,提高工作效率,并减少由于加热沥青引起的污染。

参考文献

[1] Erich Schonian. The Bitumen Hydrulic Engineering Handbook[M]. London:Shell Bitumen,2001.

[2] 朱晟. 沥青混凝土防渗体力学特性研究与茅坪溪土石坝安全分析[D]. 河海大学博士论文,2006.

[3] 王为标. 土石坝沥青防渗技术的应用与发展[J]. 水力发电学报. 2004,23(12).

[4] 岳跃真,郝巨涛,孙志恒等. 水工沥青混凝土防渗技术[M]. 化学工业出版社,2007.

[5] 丁朴荣. 水工沥青混凝土材料选择与配合比设计[M]. 水利电力出版社,1990.

[6] 三峡工程茅坪溪防护大坝心墙沥青混凝土力学特性试验及数值分析研究总报告[R]. 武汉:长江科学院,2004.

[7] DL/T5411—2009. 土石坝沥青混凝土面板和心墙设计规范[S]. 北京:中国电力出版社,2009.

[8] 四川大渡河黄金坪水电站大坝沥青混凝土心墙材料试验研究报告[R]. 武汉:长江科学院,2012.

[9] 谭凡. 沥青混凝土心墙材料力学性能研究——静三轴与动三轴试验研究[D]. 武汉:长江科学院,2012.

[10] Potyondy J G. Skin Friction between various soils and construction materials[J]. Geotechnique,1961,11(4).

[11] Clough G W, Duncan J M. Finite element analysis of retaining wall behavior[J]. Journal of Soil Mechanics and Foundmion Engineering. Division,ASCE,1971,97(12).

[12] Uesugi M,Kishida H. Influential factors of between steel and dry sands[J]. Soils and Foundations,1986,26(2).

[13] 钱家欢. 接触面剪切流变特性试验研究[R]. 南京:河海大学.

[14] 殷宗泽,朱乱,许国华. 土与结构材料接触面的变形及其数学模拟[J]. 岩土工程学报,1994,16(3).

[15] 胡黎明. 土与结构物接触面物理力学特性试验研究和工程应用[D]. 北京:清华大学,2000.

[16] Vaughan P R etal. Cracking and erosion of the rolled clay core at the balderhead dam[C]. Proceeding 10th ICOLD Congress,Montreal,Canada 1970,3.

[17] Wood D M,Kjaemsli B,Hoeg K. Thoughts concerning the unusual behavior of hyttejuvet dam[C]. Proceeding 12 th ICOLD Congress,Mexico,1976,2.

[18] Bjerrum L, Nash J K T I,Kennard R M,et al. Hydraullic Fractureing in Field Permeability Testing[J]. Geotechnique,1972.

[19] Independent Panel. Review cause of Teton Dam failure[R]. Denver,Colo:U SBureau of Reclamation,1976.

[20] Haimson B. Hydraulic Fracturing in Porous and Non-porous Rock and Its Potential for Determining In-site stress[R]. Great Depth Technical Report, 1968.

[21] Vaughan P R. The use of hydraulic fracturing tests to detect crack formation inembankment dam cores[R]. London: Department of Civil Engineering, Imperial College, 1971.

[22] Bjerrum L, Nash J K T L, Kennard R M, et al. Hydraulic fracturing in field permeability testing[J]. Geotechnique, 1972, 22(2).

[23] Nobari E S, Lee K L, Duncan J M. Hydraulic fracturing in zoned earth and rockfill dams[R]. Berkeley: University of California, 1973.

[24] Jawoski W, Duncan J M. Seed H B. Laboratory study of hydraulic fracturing[J]. Journal of the Geotechnical Enginerring Division, ASCE, 1981, 107(6).

[25] 黄文熙. 对土石坝科研工作的几点看法[J]. 水利水电技术 1982, 4.

[26] 陈俞炯, 孔凡令. 击实黏性土水力劈裂试验[R]. 北京: 水利水电科学研究院, 1983.

[27] 杨斌. 击实黏性土孔隙圆柱试件水力劈裂性能研究[D]. 北京: 清华大学硕士学位论文, 1985.

[28] 孙亚平. 水力劈裂机理研究[D]. 北京: 清华大学博士学位论文, 1985.

[29] Lo K Y, Kaniaru K. Hydraulic fracture in earth and rockfill dam[J]. Canadian Geotechnical Journal, 1990, 27(4).

[30] 曾开华, 殷宗泽. 土质心墙坝水力劈裂影响因素的研究[J]. 河海大学学报, 2000, 28.

[31] 碾压式土石坝设计规范(DL/T 5395—2007)[S]. 北京: 中国电力出版社, 2007.

[32] 饶锡保, 程展林, 谭凡等. 碾压式沥青混凝土心墙工程特性研究现状与对策[J]. 长江科学院院报, 2014, 31(10).

[33] 丁治平. 酸性骨料对沥青混凝土心墙性能的影响试验研究[D]. 西安: 西安理工大学硕士学位论文, 2012.

[34] 新疆奴尔水利枢纽沥青混凝土性能试验研究[R]. 武汉: 长江科学院, 2015.

[35] 西藏拉洛水利枢纽及配套灌区工程大坝心墙沥青混凝土应用酸性砾石破碎屑料试验研究报告[R]. 武汉: 长江科学院. 2019.

[36] 凤家骥, 葛毅雄, 孙兆雄. 沥青混凝土应力-应变关系试验研究[J]. 水利学报, 1987, 11.

[37] 王为标, 孙振天, 吴利言. 沥青混凝土应力-应变特性研究[J]. 水利学报, 1996, 5.

[38] DL/T 5362—2006. 水工沥青混凝土试验规程[S]. 北京: 中国电力出版社. 2007.

[39] 赵科. 水工沥青混凝土力学性能试验研究[D]. 武汉: 长江科学院, 2014.

[40] 任少辉. 沥青混凝土静三轴试验研究及心墙堆石坝应力应变分析[D]. 西安理工大学硕士论文, 2008.

[41] 李志强, 张鸿儒, 侯永锋等. 土石坝沥青混凝土心墙三轴力学特性研究[J]. 岩石力学与工程学报, 2006, 25(5).

[42] 谭凡, 黄斌, 饶锡保. 沥青混凝土心墙材料动力特性试验研究[J]. 岩土工程学报, 2013, 7.

第4章 防渗墙柔性材料研究

1 问题的提出

三峡二期围堰采用风化砂在60m水中抛填形成堰体后,再在其中浇筑混凝土墙的防渗方案。由于抛填的风化砂堰体密度很低,刚度较小,故置于其中的墙体其应力和变形情况不佳,影响围堰运行的安全。为此,相关人员曾考虑多种途径来解决这个问题,比如加大墙体混凝土的弹性模量(以下简称弹模或模量),由18000MPa增至22000MPa,甚至更大。然而计算表明,墙体的最大应力虽因此而有所降低,但顶部的最大位移却并未显著减小。原来,对单薄的墙体而言,其变形主要是受庞大堰体的变形控制的,墙体本身的刚度只能起较为次要的作用。这个新的认识打开了我们的思路,为此,研究人员将解决问题的思路转向采用柔性墙体材料,它应具有较低的模量,以适应较大的变形,但同时它还应有较高的强度,可以承受墙体上作用的荷载。于是研制一种"高强低弹"的柔性墙体材料(以下简称柔性材料)就这样被提出来了。除了"高强低弹"的要求之外,还要求材料具有较好的防渗性能,较好的流动性易施工,以及一定的早期强度。于是研制满足上述要求的柔性材料就成为围堰设计中又一个关键技术问题。[1]

所谓"高强低弹"就是要求柔性材料模量比常态混凝土材料低得多,使其有较好的适应变形能力,还可以大幅度地降低墙体内的应力,与此同时,这种材料还应有一定的初期强度和较高的后期强度,以承受外部的荷载,因此由这种材料筑成的防渗墙,克服了常态混凝土刚性墙的缺点,而其防渗效果更好,而且日后拆除也容易。

以往在有些工程中采用的柔性墙体材料是所谓的塑性混凝土,系由砂石骨料、水泥和膨润土等组成的混凝土,本文所指的柔性材料则是没有砂石骨料,而仅由风化砂、水泥和膨润土组成的新型柔性材料(简称柔性材料)。塑性混凝土材料在国外的应用始于20世纪70年代,当时主要用于中、低水头的防渗墙,80年代起也开始用于高水头防渗墙。80年代以来,国际大坝工程界又对塑性防渗墙技术给予了很大关注。在第14、15、17届国际大坝会议上各国学者介绍了智利的科尔本心墙土石坝、阿根廷亚西雷塔水电工程心墙土石坝、日本某心墙堆石坝、西班牙阿尔翁心墙土石坝等工程中的塑性混凝土防渗墙,均取得令人满意的效果。国内在水口电站主围堰、山西册田水库南副坝的防渗墙和十三陵抽水蓄能电站尾水围堰、小浪底枢纽上游围堰等工程中也都应用过塑性混凝土,且获良好的效果[2]。三峡二期围堰工程的运用条件十分苛刻,故对墙体材料的"高强低弹"要求也更高。若以模强比(弹性模量/抗压强度)为一个控制指标,其值应在200~250之间,越接近200越好,一般塑性混凝土也难以达到这个指标;另一方面,三峡工程施工现场缺乏天然砂石料但有大量花岗岩风化砂存在,于是研制以风化砂为骨料的柔性材料就成为必然的了。本章只涉及柔性材料的内容,关于塑性混凝土的问题可参考有关资料。

柔性材料是由风化砂加一定量的膨润土和水泥,再加少量的添加剂拌和而成。从80年代后期开始研制,经过大量的室内试验、现场试验和其他工程的实际应用,最后再用到三峡二期围堰上,柔性材料的若干工程应用情况见表5.4-1。实践表明,这种材料不仅性能优良,符合二期围堰的要求,而且施工极为方便,更兼就地取材、废物利用、造价低廉、拆除容易,因此受到广泛欢迎和各方好评。此外,在进一步的研究中还发现它的模强比基本不随时间而变或略有降低,其后期力学指标比初期的更趋优良,而且耐久性也很好。因此,它是一种性能优良兼环保性和经济性的优良防渗墙墙体材料,不论临时工程还是永久工程都有良好的应用价值。

表 5.4-1　　　　　　　　　　　　　柔性材料若干工程应用情况

工程名称	堰体水下深度 m	柔性材料原材料组成	防渗墙材料设计指标			柔性材料指标(槽孔样)			施工及运行情况
			R_{28} MPa	E_i	K 10^{-7} cm/s	R_{28} MPa	E_i	K 10^{-7} cm/s	
清江隔河岩电厂围堰	15~20	325# 普硅水泥 河砂 西寺坪黏土	>0.8	<300	<10	40米段(90d) 1.07　　60米段 0.83	130　　　280	3.7　　　<1	1987—1988年施工,施工顺利,防渗效果良好。围堰建成后经受了几个大汛的考验,安全运行4年后按计划拆除。
三峡一期围堰	25~35	425# 普硅水泥 三峡风化砂 鸦雀岭黏土	>2.0	<700	<5	2.75~3.01	400~714	0.3~0.7	1983年施工,施工及运行情况良好,防渗墙效果好。
清江高坝洲低土石围堰	10~15	425# 普硅水泥 河砂 曾家岗黏土	>1.0	<500	<5	1.44~2.49	<258	0.71~1.87	1984年施工,围堰经受了汛期洪峰考验,防渗效果好。
三峡二期围堰右岸接头段	<40	425# 矿渣水泥 三峡风化砂 膨润土	>4.0	<1000	<1	4.67	771	<0.1	1996—1997年施工,采用干掺法拌和工艺,施工顺利。

2 研制过程和工程试用情况

柔性材料的研制工作分为几个阶段:①室内配合比试验研究;②隔河岩枢纽电厂尾水围堰工程中的试用;③三峡一期围堰的实践;④针对三峡二期围堰墙体的研究和使用。

2.1 室内配合比试验研究

柔性材料的研究最早从1984年下半年开始,采用三峡坝址的古老背黏土,坝河口风化砂和425# 水泥作为原材料,以及少量化学添加剂,于1985年底研制出第一批柔性材料,以后又继续优选,共进行了190组配合比试验,于1987年研制出的优选配合比,其28d强度为2.53MPa,弹性模量为200~400MPa,抗折强度为0.5~0.7MPa,渗透系数 K 小于 10^{-7} cm/s,该材料于1987—1988年在清江隔河岩围堰中试用,取得良好的成墙效果。

在以后几年的试验研究中,样品的成分和配合比不断改进,风化砂在配合比中已由1986年的60%增至1989年的80%,黏土已由30%降至15%,水泥量则由20%降至15%,化学添加剂也略有减少。其优化配合比和对照组塑性混凝土(试样编号178)的性能参数如表5.4-2所列。[3]

表5.4-2　　　　　　　　　　柔性材料最优配合比研究及其性能指标

编号	材料组成	添加剂种类	28天抗压强度(MPa)	28天弹模(MPa)	渗透系数(cm/s)
182	黏土、风化砂、水泥	N_3A	2.90	299.7	$2×10^{-7}$
181	黏土、风化砂、水泥	O	2.27	428.2	$3.2×10^{-7}$
178	膨润土、标准砂、水泥 砾石(5～20mm)	N_2A	2.03	277.7	

柔性材料的力学指标要求与工程的具体情况有关,而工程的实际应力应变又与材料的特性参数有关,因此这是一个试算迭代和优化的过程。在本阶段,对柔性材料力学参数要求:模量为200～300MPa,而抗压强度为2～3MPa。在后期的研制中,要求的强度更高,弹模也相应地增大了。从室内研究中得出下列认识。

(1)加化学添加剂的柔性材料比不加化学添加剂的抗压强度一般高30%～100%,有的强度增大,但弹模反而有所降低,故添加剂对获得高强低弹的性能十分重要。柔性材料实质上是运用水泥、黏土和化学添加剂加固风化砂后形成的一种新材料。

(2)由膨润土、标准砂及砾石(5～20mm)及425#水泥+少量添加剂制成的塑性混凝土材料,其抗压强度比用黏土、风化砂、425#水泥配制的柔性材料强度还要低。从结构上可以看出,加化学添加剂后生成的胶结物比未加添加剂者多而密。这些胶结物能包裹住并连接为较好的颗粒,而对颗粒较大的砾石则包裹不住,这就导致其强度较低,且抗压破损时呈脆性断裂形式。

(3)用不同P_5(P_5系指风化砂中大于5mm颗粒含量百分比,%)的风化砂作对比发现,当P_5=30%～50%时的强度比P_5=70%时的强度为高,故柔性材料中风化砂的含量以不超过50%为宜。

(4)柔性材料的强度随龄期的增长而增长,从10组配合比研究中得出大致的规律如下:以28d强度为基准,90d的强度为28d的1.5～2倍,一年的为2.5～3倍,两年的最大可达5倍。以强度和模量而论,若28d的抗压强度为2MPa,模量200～300MPa,数年后强度可达4～9MPa,而模量接近1000MPa。

(5)从研究中认识到,柔性材料的特性既非混凝土,又非土的特性,但较接近于土的特性,故研究分析其力学性能时中可以借用土力学中的有关原理。

2.2 隔河岩电厂围堰现场试验

分别于1987年和1988年,在隔河岩枢纽电厂围堰中进行了柔性材料的现场应用试验,原材料均运自三峡料场,柔性材料的配合比和力学性能指标见表5.4-3。

表5.4-3　　　　　　　　　　柔性材料槽口取样配合比和性能指标

地段	加水量(%)	每m³材料用量(kg)					抗压强度(MPa)		弹模(MPa)	渗透系数(cm/s)
		黏土	膨润土	风化砂	水泥	外加剂	28d	90d		
40m段	33	150—180	0	960—1108	130—160	16.4	0.534	1.065		
60m段	30	50—100	0	1240	135	14.7	0.769	1.365		
41#槽段	30	50—100	6	1240	180	14.7	0.542	1.032	85—97	$6×10^{-7}$

2.3 三峡工程一期围堰中柔性料的应用

在三峡工程一期围堰施工中使用了两种柔性墙体材料：塑性混凝土和柔性材料，主要是为柔性材料在二期围堰的应用进行验证。现场试验划分为Ⅰ、Ⅱ、Ⅲ三个试段，长度各为33m。Ⅰ试段面积860m²；Ⅱ、Ⅲ试段面积2440m²。造孔机具选用CZF-1200和CF-2型冲击反循环钻机和CZ-22型钢丝绳冲击钻三种不同型号的钻机。由于三峡一期围堰地质条件复杂、施工强度大，工期紧迫等，从安全可靠考虑，选用了性能优良的膨润土泥浆进行槽孔固壁。而柔性材料的配合比是在过去成果的基础上结合三峡围堰防渗墙的施工进行的。根据设计的要求指标，采取室内外相结合的方法进行了配合比优化的研究。

三峡一期围堰工程比隔河岩工程电厂围堰规模要大，故其防渗材料力学性能要求也比隔河岩电厂围堰的高，抗压强度应达到2.4MPa，渗透系数应小于5×10^{-7}cm/s，弹模在500MPa以内。

为了满足三峡一期围堰要求，研究人员在原隔河岩电厂防渗墙配合比的基础上做了调整，特别是以木质磺酸钙代替原来采用的水玻璃、硫酸钙和氯化钠作为添加剂，经20余种配合比试验，优选出1315-M号配合比，作为一期围堰防渗墙柔性材料方案，即黏土/风化砂/水泥=1/13/2.1，水泥为黏土与风化砂总重量的15%，每m³材料的各组分原材料用量，如表5.4-4所示。

表5.4-4　　　　　　　　　　11315-M配合比（每m³用料量）

泥浆中黏土(kg)	干风化砂(kg)	水泥524#(kg)	木钙(kg)	水胶比水(土+水泥)	加水量(kg)
100	1300	210	0.945~1.05	1.40	434

按此配合比进行了防渗墙的浇筑，并进行了部分抽样，检测结果表明柔性材料性能指标基本上达到设计值，如表5.4-5所示。

表5.4-5　　　　　　　　　　三峡一期围堰柔性材料现场检测结果

检测项目	成型试件	性能指标(28d)(MPa)			标准差S	离散系数C_v
		要求值	范围值	平均值		
抗压强度	78	2.0-2.9	1.02-6.35	3.08	0.953	0.301
	5	≥4.0	3.42-6.65	4.8	1.240	0.258
抗折强度	66	≥0.7	0.65-2.08	1.24	0.373	0.301
	5	≥1.2	1.68-2.53	2.02	0.323	0.160
弹性模量	6	400-700	442-621	507	64.761	0.128
抗剪强度	4	C≥0.3MPa	0.25-0.40	0.34		
		φ>32°	32°-45.6°	40.50		

从一期围堰的试验中得出了若干有关柔性材料的认识：①柔性材料的柔性主要来自掺入的黏土，因此应选用黏粒含量高的黏土；②抗压强度主要取决于水灰比，随水灰比的减少而增大；③木质磺酸钙减水剂是一种阳离子表面活性剂，具有很强的分散性，使水泥颗粒分散，和易性提高，此外，它还会产生大量细微、均匀的小气泡，增加浆体的润滑作用。其掺量以水泥重量的4.5‰~5.0‰为宜，其坍落度可达21cm，28d抗压强度可达8MPa；④风化砂的级配不稳定，含泥量较大，平均可达7%。因此在施工中要随时对风化砂级配和含泥量进行监测，及时调整各种材料的比例和含量。

3 三峡二期围堰墙体材料的研究

3.1 墙体材料的性能要求

二期围堰高度近90m,对墙体材料的要求也比一期围堰和隔河岩电厂围堰高很多。

(1)在围堰设计初期,提出的指标要求为28d抗压强度2.0MPa,模量500MPa,模强比为250左右。其研究的思路是先按设定的要求研究配合比,根据配合比的材料测定其性能指标,再按此指标进行防渗墙的应力应变分析,就可判断所研制的材料是否满足二期围堰的运用要求。然后再调整材料的配合比,如此进行下去,直至达到工程的要求为止。

(2)在三峡二期围堰技术设计阶段,对墙体材料的要求在以往几个阶段的研究和现场试验的基础上,又有新的提高,并统一了试样尺寸和测试方法。其指标如下:

28d抗压强度:"八五"攻关初期为3.0MPa;"八五"攻关后期为4~5MPa。

28d模量:"八五"攻关初期为800MPa,"八五"攻关后期1000MPa。

模强比:小于250。

渗透系数:小于10^{-7}cm/s。

坍落度:18~22cm,1h后在15cm以上,初凝时间为9h。

指标测试方法与常态混凝土和塑性混凝土相同。

3.2 柔性材料的研究

本阶段研究的中心是如何调整原有柔性材料配合比来满足新的力学性质指标要求。前已述及,影响柔性材料力学性质的主要因素有:水泥用量、风化砂用量、黏土用量和水的用量等,除此以外,外加剂的应用也是一个重要问题,将在后面再作补充叙述。不难看出,这些因素互相影响、相互制约,仅增减某一因素都不可能达到上述的指标要求。因此,系统化的研究,并在此基础上建立柔性材料配合比与其力学参数的半定量模型和配合比图谱,就必然成为必要的研究内容。[4]

3.2.1 柔性材料配合比系统优化试验方案设计

柔性材料配合比是指单位体积柔性材料中,水泥、黏土、风化砂三种主要原材料的用量(以每立方米的公斤数表达),以及水胶比[水/(水泥+黏土)]的值。配合比试验就是将前三种原材料的用量进行不同搭配组合,经试拌,在满足坍落度的要求下,确定水胶比,然后备样成型养护,再测定其力学参数。

在本阶段,由于强度的要求比原初步设计阶段提高很多,且模量的要求又比较低,因此需设定较宽的变化范围进行考虑。因此将多因素(即各主要原材料)划分为10个含量等级(在试验中称为水平)来对比研究,从而形成了3因素10水平的试验方案,如表5.4-6。

表5.4-6　　柔性材料原材料含量等级(因素)划分

因素 水平	1	2	3	4	5	6	7	8	9	10
水泥C	180	200	220	240	260	280	300	320	340	360
黏土A	90	100	110	120	130	140	150	160	170	180
风化砂F	1200	1250	1300	1350	1400	1450	1500	1550	1600	1650

该3因素10水平的试验组合,共有1000组,这么大的试验组数是难以在短时期内完成的,为此需进行专门的试验设计来挑选有代表性的试验点。这种试验设计的方法有多种,不同的方法有不同的精度和工作量,例如最常用的是正交设计方法,其特点是"均匀分散,整齐可比"。但3因素10水平试验若用正交设计理论,仍需进行至少100组配合比试验,工作量仍然太大,因此必须寻求新的试验设计方法。

3.2.2 均匀设计法的应用

均匀设计是中科院数学所王元、方开泰于1978年提出的一种崭新的试验设计方法,近十年来的应用表明,它非常适合于多水平的试验设计。现将均匀设计法简单介绍如下:[5]

"均匀设计是只考虑试验点在试验范围内均匀散布的一种试验方法",它的数学原理是数论中的一致分布理论。均匀设计挑选试验点的出发点是"均匀分布"而不是考虑"整齐可比",因而与正交设计相比可大幅度降低试验工作量,这一点使得均匀设计特别适用于多因素多水平的试验设计。例如,当试验中有 s 个因素,每个因素有 q 个水平时,如果所有可能的试验都做,则共有 q^s 种组合,正交试验方法是从这些组合中挑选出 q^2 个点,而均匀设计法是利用数论中的一致分布理论选取 q 个点,并且用这 q 个点进行试验,其效果与全面试验相近,由于应用数论方法使试验点在积分范围内散布得十分均匀,因此便于计算机统计建模。

关于均匀设计的试验布点有一套严格的计算方法,并且在应用中已有预制好的均匀设计表可直接查用,这里只给出应用结果。

对于上述柔性材料配合比试验,$s=3$,$q=10$,其均匀设计表为 $U_{10}(10^3)$,即只需做10组试验,从 $U_{10}(10^3)$ 的使用表可查得 $s=3$ 时,使用 $U_{10}(10^3)$ 的第1、5、6列来安排试验均匀性最好,它等价于正交设计的 $L_{100}(10^3)$,均匀设计的试验方案如表5.4-7所示:

表5.4-7　　柔性材料配合比试验的均匀设计表

因素 试验号	水泥 C	黏土 A	风化砂 F
1	1	7	5
2	2	3	10
3	3	10	4
4	4	6	9
5	5	2	3
6	6	9	8
7	7	5	2
8	8	1	7
9	9	8	1
10	10	4	6

表中试验号即试验组数的顺序,共10组配合比试验,其对应的行表示各因素的不同水平组合。例如:1号配合比表示水泥取第一水平(简记 $C1$),黏土取第七水平(简记为 $A7$),风化砂取第五水平(简记为 $F5$),由表5.4-7的各因素水平等级划分中可查得该组配合比为:水泥180kg/m³,黏土150kg/m³,风化砂

1400kg/m³,本文将该组配合比简记为 C1A7F5。其余九组配合比可用类似方法得出,分别简记为 C2A3F10、C3A10F4、C4A6F9、A2F3、C6A9F8、C7A5F2、C8A1F7、C9A8F1、C10A4 时,如此设计出的配合比将其称为试验设计配合比,以下简称为设计配合比。从上表可见,这 10 组配合比覆盖了各因素的 10 个水平并且没有重复。按照均匀设计理论,它们是从 1000 个试验点中挑选出来的有代表性的点,并且是均匀分散的。对这 10 组配合比进行试验,其效果与全面试验相近,故能反映柔性材料原材料对其力学性指标的影响规律。这为下一步建立柔性材料配合比与力学参数的模型,并指导配合比优化打下了可靠的基础。

3.2.3 配合比试验及参数优选[6]

配合比试验及优选过程如图 5.4-1。

(1) 坍落度试验

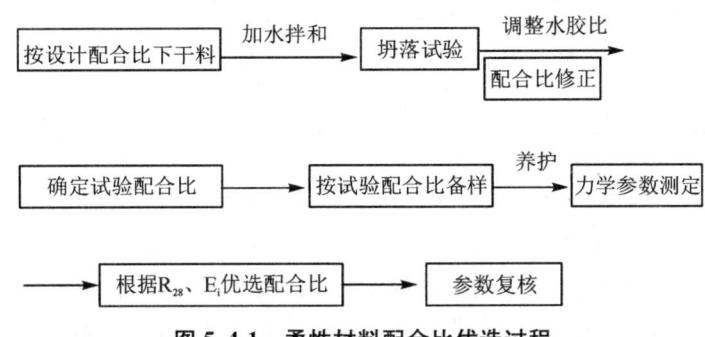

图 5.4-1 柔性材料配合比优选过程

按上述设计配合比分别计算 10 升拌和物中所需各种原材料（C、A、F）的下料数量,并将称取好的水泥及风化砂拌和均匀,加入添加剂溶液进一步拌和均匀,从制备好的泥浆中称取含有所需数量黏土的泥浆加入拌和物中拌和。用外加水调整坍落度及初凝时间,满足要求后,算出拌和料的水胶比[水/(水泥＋黏土)],测拌和物的湿密度,根据拌和物湿密度与设计密度间的差别来反馈修正设计配合比(容重法),形成试验配合比。

(2) 备样

按照上面确定出的试验配合比及相应的水胶比正式下料备样,两 d 后拆模,试样在恒温（20℃－22℃）,恒温条件下养护。

(3) 力学指标测试

分别测不同龄期的单轴抗压强度及 28d 的初始切线模量,以 28d 无侧限抗压强度 R_{28} 和初始切线模量 E_i 作为比选指标。

10 组配合比的试验结果见表 5.4-8。

由表 5.4-9 可见,10 组初选配合比有 3 组配合比,即 $C6A9F8$、$C7A5F2$ 和 $C9A8$ 日,它们 28d 的抗压强度分别为 3.09MPa、4.24MPa 和 3.87MPa,初始切线模量分别为 800MPa、1110MPa 和 920MPa,模强比分别为 258、262 和 237。即该 3 组配合比的强度指标和模强比指标均接近初期的攻关目标,只是其中后 2 组的初始切线模量略高,但可以进一步改善。由此表明上述试验设计是成功的。

表 5.4-8　　　　　　　　　　　　柔性材料配合比试验成果表

试验序号	配比号	水胶比	坍落度(cm) 初始	坍落度(cm) 1h 后	初凝时间(h)	拌和物湿密度 r(t/m³)	抗压强度 R_{28}(MPa)	初始弹模 E_i(MPa)	模强比
1	C1A7F5	1.30	20.6	15.7	>9	2.06	1.75	600	342
2	C2A3F10	1.40	20.0	15.0	>9	2.11	2.03	796	392
3	C3A10F4	1.25	23.0	20.0	>9	1.93	1.62	560	345
4	C4A6F9	1.12	21.9	19.7	>9	2.06	2.52	780	309
5	C5A2F3	0.95	21.5	16.5	>9	2.02	3.20	1110	346
6	C6A9F8	0.99	21.2	16.5	>9	2.02	3.09	800	258
7	C7A5F2	0.87	21.5	16.5	>9	2.01	4.24	1110	262
8	C8A1F7	0.92	20.5	15.5	>9	2.02	4.05	1350	333
9	C9A8F1	0.82	23.0	21.0	>9	2.00	3.87	920	237
10	C10A4F6	0.85	21.8	16.5	>9	2.19	4.67	1800	358

3.2.4　力学参数与其原材料关系的神经网络 ANN 模型[7]

(1) 建立 ANN 模型的必要性

从表 5.4-8 可以看出，10 组初选配合比的试验结果隐含了柔性材料的原材料含量与其力学参数的关系。例如柔性材料中水泥、风化砂的含量与其强度、模量呈正相关关系；而黏土含量与强度、模量则呈反相关关系，但这种定性规律尚不足以有效地指导配合比优化，为此建立了定量或半定量的模型，据此来优化柔性材料的配合比。

如前所述，由于采用了均匀设计，使 10 组配合比在柔性材料原材料因素空间均匀分布，不仅控制了试验范围而且有充分的代表性，这为试验结果的统计分析建立了可靠基础。均匀设计试验数据的分析不同于正交设计的主要因素分析，它通常是借助于多元统计或逐步回归分析等手段，但对于建立柔性材料配合比模型，常规的统计方法并不合适，主要原因如下：

①常规的统计方法均是先确定数学模型然后进行统计，而柔性材料是一种复杂的材料，很难预知用什么模型来反映柔性材料配合比与其力学参数的关系；

②多元统计法和逐步回归法将统计信息包含在为数较少的回归系数内，此外非线性度也不够，难以反映柔性材料的复杂特性；

③一般的统计方法只能建立单因变量的统计关系，而柔性材料中强度与模量是一对不可分割的数据，希望能建立双因变量模型。

近年来广泛用于各个领域的人工神经网络(简称 ANN)技术具有很强的非线性映射能力，它本身就是一个模型，通过网络内部权值的调整来拟合系统的输入输出关系，即只根据输入数据和输出数据反映十分复杂的关系，网络的输出端点个数不限，因而很合于多因变量、多自变量统计中的建模。因此我们将采用人工神经网络技术来建立柔性材料配合比(原材料含量)与其力学参数之间的模型。

(2) 人工神经网络的建模过程

人工神经网络建模过程就是根据系统的输入、输出样本，对网络进行训练，使人工神经网络模型逼近实际系统的输入、输出关系。人工神经网络的训练方法和计算模型有多种，常根据问题的性质和试验数据情况来针对展出性的选用，因而采用有指导的训练方法。计算模型采用较成熟，且应用最广的误差反传播算法(简称 BP 模型)。采用三层网络,结构为 $3\times10\times2$。三个输入端点分别代表柔性材料原材料中的水泥、黏土和风化砂的含量(kg/m^3),而两个输出端点分别代表该组配合比柔性材料的抗压强度(R_{28})和初始切线模量(E_i)。利用作者用 Turbo C 语言编写并且已成功应用过的人工神经网络模拟软件 ANN-BP1,将上述 10 组试验配合比及相应的力学指标输入网络训练 8529 秒(约 2.5 小时),达到训练目的,此时 ANN 网络模型的联想能力如表 5.4-9 所示:

表 5.4-9　　　　　　　　　　　ANN 模型联想能力检验

配合比序号 项目		1	2	3	4	5	6	7	8	9	10
试验值(MPa)	R_{28}	1.75	2.03	1.62	2.52	3.20	3.09	4.05	4.24	3.87	4.67
	E_i	600	796	560	780	1110	800	1350	1110	920	1800
ANN 预测值(MPa)	R_{28}	1.92	2.30	1.99	2.44	3.67	2.75	4.11	3.90	4.13	4.59
	E_i	523	790	480	698	.1166	700	1425	1092	1032	1677
相对误差(%)	R_{28}	9.71	13.30	21.61	4.76	14.69	11.00	1.48	8.02	6.72	1.71
	E_i	12.83	0.75	14.29	10.51	5.05	12.50	5.56	1.62	12.17	6.83

从上表可看出,训练好的 ANN 模型对 10 组试验数据的联想、能力较好,相对误差的平均值:强度为 9.30%、模量为 8.21%,这表明可用该模型来指导配合比优化。

(3) 柔性材料配合比图谱

根据建立的 ANN 模型可以预测出数百组满足如下条件的柔性材料配合比,即:强度大于 3MPa,模强比为 250 左右。为了直观起见,将模型的预测数据降维处理,即先将柔性材料三种原材料中水泥含量(kg/m^3)固定,由 ANN 模型计算出在该水泥含量下黏土含量与风化砂含量的不同组合形成的柔性材料的强度和相应的模强比,如此形成水泥含量(kg/m^3)分别为 250、260、270、280、290、300 的图谱,据此可达到优化配合比的目的。图 5.4-2 是水泥用量分别为 280 kg/m^3,290kg/m^3 时的配合比图谱。

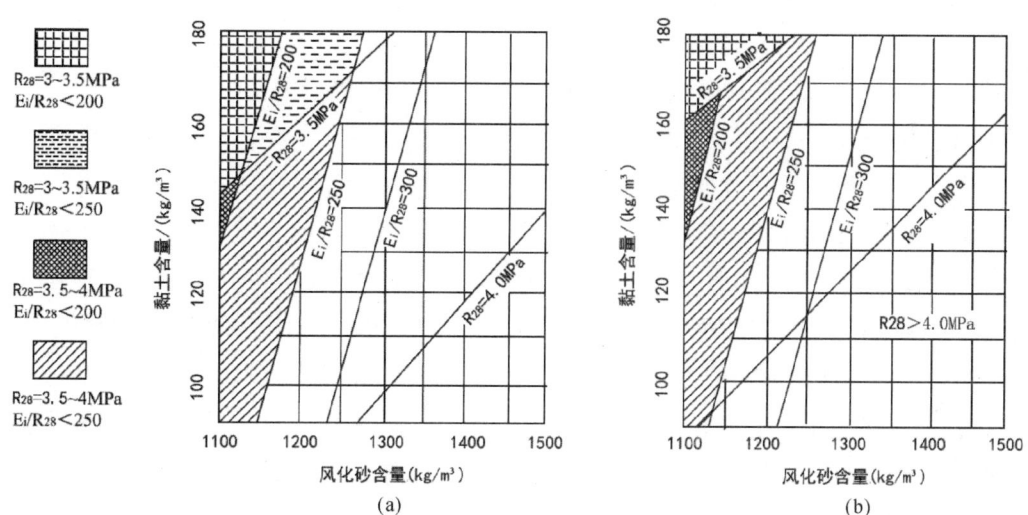

图 5.4-2　柔性材料配合比图谱(水泥用量分别为 280kg/m^3 和 290kg/m^3)

在图谱中,纵横坐标分别表示柔性材料配合比中的黏土和风化砂含量,它们与表头的水泥含量组合,则对应一组配合比,因而图中每一点均对应一组配合比,而图中标出的阴影区域即表示那些满足不同力学指标要求的配合比(点)的集合。图谱非常直观地表达了在给定的强度主模强比要求下柔性材料的三组分的复杂的依从关系,因此根据不同的力学指标要求可以很方便地从图谱中查到所需的柔性材料配合比。据此可达到优化配合比的目的。当然也可以将黏土或风化砂含量固定形成类似的图谱,同样可以达到优化配合比目的。但考虑到在工程施工中水泥的准确计量相对于黏土或风化砂来说较容易,水泥含量固定下的图谱还可以直观地看出某种配合比下,在其力学指标在满足工程要求的前提下,风化砂和黏土含量的允许变动范围,这对柔性材料的施工应用十分方便。

为寻求强度满足要求且模强比更低的优化配合比,在水泥含量为 300 kg/m³ 图谱中强度大于 3.5MPa 且模强比小于 200 的区域中选择出如下配合比,并进行了参数复核试验。该组配合比在图谱上查得的参数为:28d 抗压强度 $R_{28}=3.62$MPa,模强比为 184,复核试验结果如表 5.4-10 所示:

表 5.4-10　　　　　　　　　　　柔性材料优化配合比及参数复核

优化配合比(kg/m³)				水胶比	坍落度(cm)		初凝时间(h)	复核参数				
水泥	黏土	风化砂	水		初始	1h 后		单轴抗压强度 R_{28}(MPa)	初始切线弹模 E_i(MPa)	模强比 E_i/R_{28}	抗折强度 T(MPa)	渗透系数 K(cm/s)
300	180	1100	393.6	0.82	22.5	20.6	9.5	3.48	720	207	1.26	$<10^{-7}$

对照结果表明,图谱所表达的参数的相对误差,强度为 4.02%、模强比为 7.78%。优化配合比的柔性材料其各项指标基本满足预定的要求。

应当指出的是,柔性材料的配合比与力学参数的关系不是一个简单的关系。由于存在试验误差和参数计算误差等因素,所建立的模型尚存在一定的误差,只能作为一个半定量模型,但这个半定量模型说明以下两个规律,并为以后的试验证明其是正确的。

①满足某一给定力学指标要求的配合比在图谱中构成一个区域,这意味着在选定柔性材料配合比的情况下,柔性材料各组分(主要是黏土和风化砂)尚可在一个较宽松的范围内变动,其力学指标仍能满足工程要求,这对于柔性材料的工程应用是十分有利的。

②在要求柔性材料指标有变动的情况下(例如不同的工程所要求的指标不同),用所建立的半定量模型和配合比图谱可指导配合比进一步优化,提高材料的质量,后来的实践已证明了这一点。

(4)配合比的优化试验

在"八·五"攻关的后期,针对二期围堰防渗墙体指标的要求,柔性材料的攻关指标提高为 $R_{28}=4.0\sim5.0$MPa,模强比小于 250,因此又进行了相应的配合比优化试验。

从所建立的柔性材料配合比图谱中可以看出,满足抗压强度 $R_{28}>4.0$MPa,且模强比小于 250 的配合比范围很窄。这表明,在柔性材料原材料不变的情况下,仅仅依靠配合比的调整来满足上述指标要求,可供选择的余地较小。为此将前面试验中的水泥品种做了调整,采用 425# 矿渣水泥代替普硅水泥进行了补充试验,以优选出满足工程要求的配合比。同时对优选出的配合比进行了三轴试验,确定邓肯—张模型的八个参数,并对柔性材料用于二期围堰防渗墙的安全性进行计算复核。

在这次优化试验中,水泥选用葛洲坝水泥厂生产的"三峡牌"425# 矿渣硅酸盐水泥。试验用风化砂、黏土及外加剂同前。经过对比试验,同样配合比下,用 425# 矿渣水泥代替 425# 普硅水泥所形成的柔性材料强度有较大增长,相应地模量也有所增大。故优选配合比时,参照前面所建立水泥含量 $C=280$ kg/m³ 图谱中模强比为 200~250 的配合比区域选择两组配合比进行试验,试验结果如表 5.4-11 所示:

表 5.4-11　　　　　　　专题研究中优选出的柔性材料配合比及参数复核结果

配比编号	优化配合比(kg/m³)				水胶比	坍落度(cm)		初凝时间(h)	复核参数				
	水泥	黏土	风化砂	水		初始	1h后		单轴抗压强度 R_{28} (MPa)	初始切线弹模 E_i (MPa)	模强比 E_i/R_{28}	抗折强度 T (MPa)	渗透系数 K (cm/s)
TKF2	280	180	1250	368	0.92	20.3	19.2	9.8	5.82	1168	200	1.94	<10⁻⁸
TKF2-1	280	160	1200	396	0.90	23.5	20.5	13.0	4.52	980	216	1.61	<10⁻⁸

这表明该 2 组配合比柔性材料的各项指标满足要求。

(5)优化配合比的力学性质

对该组配合比的柔性材料,清华大学水利水电工程系进行了三轴剪切试验。三轴剪切试验分别采用围压 0.1、0.4 和 0.7MPa 进行固结排水试验。试验是按照《中华人民共和国土工试验规程》(SD128—86)中的相关部分的要求进行的。试样尺寸均为 $\Phi150\text{mm}\times300\text{mm}$ 圆柱体。轴向压缩速率为 0.02mm/min。试验设备是从英国进口的 WF-10072 三轴仪。试验结果见表 5.4-12。

表 5.4-12　　　　　　　　　柔性材料(TKF2)三轴试验成果表

周围压力 σ_3(MPa)	$(\sigma_1-\sigma_3)_f$(MPa)	E_i(MPa)	E_{af}(%)	C(MPa)	φ(°)
0.1	4.988	1729	0.374	1.6	21.35
0.4	5.107	1097	0.87		
0.7	5.491	1086	1.48		
单轴压缩	4.949	1168	0.587		

从表 5.4-12 可以看出,围压对柔性材料的主要力学特性有显著的影响。例如,其破坏强度随围压的增加而有较大的增加,试样的体变过程由体缩逐渐变为体胀。上表中的抗剪强度指标 $C、\varphi$ 值是采用应力路径法确定的。

根据三轴试验结果及相应参数的计算,将邓肯—张非线性弹性 $E-\mu$、$E-B$ 模型参数值汇总于表 5.4-13。

表 5.4-13　　　　　　　　柔性材料邓肯—张 $E-\mu$、$E-B$ 模型参数

试样编号	参数值									
	C(MPa)	φ(°)	K	n	R_f	G	D	F	K_b	m
TKF2	1.6	21.35	28184	-0.234	0.65	0.326	0.243	0.121	21379	0.085

(6)防渗墙安全性的复核

清华大学对柔性材料(TKF2)用于二期围堰防渗墙(以三峡二期围堰为例)的安全性进行的邓肯—张 $E-B$ 模型($j=1$)和 $E-\mu$ 模型($j=2$)的计算复核,结果见表 5.4-14。

表 5.4-14　　三峡二期围堰柔性材料(TKF2)防渗墙墙体应力应变参数 σ_1、σ_3、D_x、D_y、S 汇总表

编号 j	上游墙							下游墙						
	上游面			下游面			D_x	D_y	上游面			下游面			D_x	D_y
	σ_1	σ_3	S	σ_1	σ_3	S			σ_1	σ_3	S	σ_1	σ_3	S		
1	4.73	1.06	0.52	4.35	0.73	0.65	42.0	13.5	4.62	0.84	0.63	4.51	0.60	0.70	13.3	10.8
2	4.19	1.03	0.50	3.82	0.90	0.57	41.3	16.7	4.13	0.78	0.51	4.02	0.59	0.68	12.7	11.8

注:①表中 σ_1、σ_3、D_x 和 D_y 分别表示 σ_{1max}、σ_{3max}、最大水平位移和最大垂直位移,S 表示应力水平;
②表中单位:应力为 MPa,位移为 cm。

计算结果表明,墙体最大应力水平为:在应力集中区为0.7,在非应力集中区为0.6左右,相应安全系数分别为1.7左右,按摩尔—库仑强度准则判断,用柔性材料构筑三峡二期围堰防渗墙是安全的。

综上所述,前面所优选的柔性材料各项指标已达到攻关目标。针对最终确定的三峡二期围堰防渗墙的设计力学性指标,所优选的正式推荐配合比 TFK2 被中国长江三峡工程开发总公司确定为三峡二期围堰柔性防渗墙材料的首选配合比。

(7)柔性材料外加剂研究

在试验中进行了不同外加剂的柔性材料力学指标对比研究。成果表明,同样的配合比,加了化学添加剂的各项力学指标均优于未加添加剂的,一种添加剂为硫酸钠早强剂,掺量为水泥重量为1‰~2‰,可能提高早期强度50%~100%。硫酸钠对水泥的促硬和早强作用是因为它能与水泥熟料矿物水解析出 $Ca(OH)_2$ 发生转换反应,生成氢氧化钠和硫酸钙,氢氧化钠是一种活化剂,加速硫铝酸钙的形成,增加水泥石中硫铝酸钙的数量,提高水泥水化液相中的固相比份,导致水泥凝固的加快和早期强度的提高,水化硫铝酸钙产生体积膨胀,使水泥硬化后紧密度高,收缩小,不透水性强,抗硫酸盐腐蚀的能力也强。

除上述添加剂外,也适当加入了少量减水剂,减水剂的强烈分散作用,有效地降低了混合料的用水量,改变了水泥的水化进程,促进了水化矿物晶体的成长,改变了水泥石孔隙结构,提高了密实度。

本项研究所用的分散剂有纯碱(Na_2CO_3),掺量一般为黏土质量的0.5‰~1.0‰,其作用是增大黏土的分散度,以制备所需密度的泥浆(用湿掺法拌和工艺),所用的添加剂曾比较过高效减水剂,檀香皂化剂如木钙,其中以木钙效果好,且便宜,其用量一般为水泥用量的5‰~8‰,它可提高拌和物的流动性。

3.2.5 柔性材料的施工配合比和工艺研究[8]

(1)施工配合比试验

由于室内条件与现场施工条件之间存在一定的差异因而在工程施工前,需在现场进行试验,在室内配合比的基础上确定出柔性材料的施工配合比。这部分工作主要是针对三峡二期围堰右岸接头段防渗墙的现场施工条件和原材料的变动情况来适当调整室内优选配合比,以使柔性材料适应现场条件,在其指标达到要求的前提下,保证施工的可操作性。具体情况如下:

①将柔性材料原材料中的黏土换成膨润土。②将掺泥浆改成干掺膨润土粉。③根据现场风化砂级配的变化,调整膨润土用量使柔性材料的性能保持稳定。除此之外,施工部门还希望能降低柔性材料中水泥的用量。

针对上述要求,在TKF2配合比基础上,将水泥用量减少至260kg/m³,并适当增加风化砂用量以补偿柔性材料在水泥掺量减少情况下的强度损失;同时为保持柔性,膨润土用量视风化砂的级配情况适当调整。如此提出基准配合比为:水泥用量260kg/m³,膨润土80kg/m³,风化砂(风化砂含泥量6%,P_5值为22%)用量为350kg/m³。当风化砂含泥量分别为8%、10%、12%,相应P_5值为19%、16%、13%时,保持坍落度不变,调整水泥和膨润土用量,共设计八组配合比。

所用的原材料水泥选用葛洲坝水泥厂生产的"三峡牌"425#矿渣硅酸盐水泥,各项技术指标按国标GB1344—92执行。选用的膨润土基本达到Ⅱ级膨润土标准,满足设计要求,其矿化指标和物理性能参数见表5.4-15。

表5.4-15　　　　　　　　　　　　澧县膨润土理化指标

项目	液塑限(%)			造浆量 (t/m³)	失水量 (ml)	筛余量 (%)	干筛分析(%)	矿物成分(%)		
	W_1	W_p	I_p					蒙脱石	石英	方解石
Ⅱ级指标要求				>16	<17	<14	>98	70~85		
澧县膨润土	93.3	34.0	59.3	15	14	1.0	92	80.4	15.4	4.2

风化砂是一种级配不很稳定的天然级配骨料,其含泥量和 P_5 值变化范围较宽,其中含泥量一般在 3%~13% 之间,P_5 在 15%~55% 之间,所以,设计的 8 组配合比分别用了不同级配的风化砂,以使柔性材料适应风化砂天然级配的变化。

外加剂为木质素磺酸钙减水剂。拌和水试验和施工用水均为三峡坝区生活用水,其水质类型为 HCO_3-Ca^{2+} 型水,pH=8.0~8.3,满足规范要求。试验结果见表 5.4-16、表 5.4-17、表 5.4-18。

从表 5.4-16、5.4-17 可以看出,尽管柔性材料的原材料有较大的变动,八组配合比中仍有 2 组配合比(Ⅱ-3、Ⅱ-4)满足设计指标要求(即 $R_{28}>4.0MPa$、$E_i<1000MPa$),还有三组配合比(Ⅱ-1、Ⅰ-3、Ⅰ-2)的力学参数与设计指标十分接近。根据上述试验结果,并综合各种因素,优选出施工配合比如表 5.4-18。

表 5.4-16　　　　　　　　　　　　柔性材料的物理性能

编号	湿密度(g/cm³)	坍落度及损失(cm)			扩散度及损失(cm)		
		初始	1h	1.5h	初始	1h	1.5h
Ⅰ-1	2.000	23.5	22.0	21.8	44.0	43.5	37.8
Ⅰ-1	2.010	21.0	15.0		40.0	28.0	
Ⅰ-1	2.075	22.5		14.0	38.0		28.0
Ⅰ-1	2.056	23.2		11.0	38.5		29.0
Ⅱ-1	2.037	24.1	21.0	20.3	44.5	37.5	34.0
Ⅱ-2	2.010	22.0	17.0	8.5	39.0	33.0	26.0
Ⅱ-3	2.075	23.7	14.0		40.5	26.0	
Ⅱ-4	2.079	22.1	14.5		36.5	28.5	

表 5.4-17　　　　　　　　　　　　柔性材料的力学性能

编号	抗压强度(MPa)		初始切线模量(MPa)		模强比 E_i/R_{28}
	7d	28d	7d	28d	
Ⅰ-1	2.87	5.47	1008	1226	224
Ⅰ-1	2.71	5.05	555	1109	219
Ⅰ-1	3.08	5.52	1023	1068	193
Ⅰ-1	2.90	5.70	810	1128	198
Ⅱ-1	2.46	4.31	776	1080	249
Ⅱ-2	2.22	4.68	777	1248	266
Ⅱ-3	2.53	4.74	701	898	189
Ⅱ-4	2.98	5.24	616	830	158

表 5.4-18　　　　　　　　　三峡二期围堰柔性材料的施工配合比(kg/m³)

水泥	膨润土	风化砂			木钙	水
		含泥量(%)	P_5(%)	掺量(kg/m³)		
260	70	6.0	22	1370	1.40	370

设计部门根据柔性材料的试验结果,确定在三峡二期围堰右岸上下游接头段进行生产性试验,柔性材料的浇筑量为整个接头段设计浇筑量的 90%。浇筑过程中根据风化砂的实际检测级配,对施工配合比中的膨润土进行了适当的调整(表 5.4-19),使施工工作顺利进行。

表 5.4-19　　　　　　　　　　　　现场施工配合比调整表（kg/m³）

风化砂含泥量（%）	水	风化砂	膨润土	水泥	木钙
5	375	1295	70	260	1.4
6	375	1300	65	260	1.4
7	380	1305	60	265	1.4
8	385	1310	55	265	1.4
9	385	1315	50	270	1.4
10	385	1320	45	270	1.4

(2) 柔性材料的拌和工艺

① 湿掺法

所谓湿掺法是指在柔性材料拌和时，黏土以泥浆的形式掺入，即黏土制备成一定密度且化学稳定性好的泥浆，泥浆密度一般控制在 $1.20-1.25 \text{g/cm}^3$ 之间，以便与水泥和风化砂等拌和均匀。泥浆密度应在施工现场进行复检，发生变化时作必要的调整。若配合比中黏土的数量为 $A(\text{kg/m}^3)$，泥浆的水土比为 S，则泥浆称量为 $A \times (1+S)$，其中含水 $A \times S (\text{kg})$，也应将这部分水计入水胶比的计算中。泥浆密度与泥浆水土比的换算关系已在室内率定出（如表 5.4-20 所示），可供现场查用。湿掺法的优点是拌和均匀且流动性好。其缺点是施工现场需设泥浆池，泥浆密度控制不易。

② 干掺法

所谓干掺法是指在柔性材料拌和时，先将水泥、膨润土和风化砂拌和均匀，再加水（添加剂）拌和，省去制备泥浆的手续。为此，简化了施工工艺，且原材料计量方便，便于施工质量控制。但干掺法需要强制搅拌机才能搅拌均匀，且拌和后坍落度损失比湿掺法略大。

以上两种拌和工艺各有特点，可根据工程实际情况选用。

表 5.4-20　　　　　　　　　　　　泥浆密度与泥浆水土比的换算表

密度 ρ	水土比 S	密度 ρ	水土比 S	密度 ρ	水土比 S	密度 ρ	水土比 S
1.200	2.800	1.259	2.072	1.273	1.947	1.287	1.834
1.210	2.640	1.260	2.063	1.274	1.939	1.288	1.826
1.220	2.510	1.261	2.053	1.275	1.930	1.289	1.819
1.230	2.380	1.262	2.044	1.276	1.922	1.290	1.810
1.240	2.260	1.263	2.035	1.277	1.914	1.300	1.740
1.250	2.160	1.264	2.026	1.278	1.905	1.301	1.670
1.251	2.150	1.265	2.017	1.279	1.897	1.302	1.610
1.252	2.140	1.266	2.008	1.280	1.889	1.303	1.550
1.253	2.130	1.267	1.999	1.281	1.881	1.304	1.490
1.254	2.120	1.268	1.990	1.282	1.873	1.305	1.440
1.255	2.110	1.269	1.982	1.283	1.865	1.306	1.390
1.256	2.101	1.270	1.973	1.284	1.857	1.307	1.340
1.257	2.091	1.271	1.965	1.285	1.850	1.308	1.300
1.258	2.082	1.272	1.955	1.286	1.842	1.309	1.250

3.2.6 柔性材料的生产性施工试验

为确保现场使用效果,长江科学院会同施工中标单位在推荐配合比 TKF2 的基础上,对柔性材料部分原材料做了改变,并做了适应现场施工情况的进一步优化完善,作为二期围堰右岸接头段柔性防渗墙现场生产性试验配合比,同时为了二期围堰主体部分防渗墙的浇筑作实战准备。

为了考虑施工中的各种不利因素,设计方面又提高了柔性材料的部分指标要求,该段防渗墙的技术指标为:

抗压强度:$R_{28}=4-5\text{MPa}$

初始切线模量:$E_i<1000\text{MPa}$

渗透系数 $K<10^{-7}\text{m/s}$

渗透比降 $J>80$

坍落度:初始 20～24cm,1.5h 后大于 15cm

凝结时间:初凝>10h,终凝<24h

柔性材料所用原材料为:三峡牌 425# 矿渣水泥、湖南膨润土、三峡风化砂、木钙添加剂。

施工配合比及现场调整情况见表 5.4-18、表 5.4-19,采用干掺法拌和工艺施工。

右岸接头段防渗墙共有 60 个槽段,其中柔性材料浇筑 54 个槽段(其余 6 个槽段采用常规塑性混凝土浇筑),柔性材料浇筑量约为 10000m³。浇筑工作从 1996 年 9 月开始,施工十分顺利。

根据设计要求,在柔性材料浇筑过程中,进行了槽口取样检测,各项指标合格。同时在槽口取样成型后将试件送清华大学水电工程系进行力学参数复核和应力应变的计算。复核结果为:

单轴抗压强度:$R_{28}=4.67\text{MPa}$

初始切线模量:$E_i=770.9\text{MPa}$

各项指标满足设计要求。该组配合比柔性材料的邓肯—张 $E-\mu$ 和 $E-B$ 模型参数详见表 5.4-21。

表 5.4-21　　　　　　　　　三轴试验参数复核结果(清华大学提供)

试样编号	参数值									
	C(MPa)	φ(°)	K	N	R_f	G	D	F	k_b	m
Ⅱ-7	1.216	27.8	17627.8	0.0248	0.762	0.36	0.112	0.111	18476	0.331

柔性材料在二期围堰右岸上、下游接头段防渗墙中的总浇筑量为 10000m³,按柔性材料比刚性混凝土降低单价 80 元/m³ 计算,可节省投资 80 万元。

3.2.7 柔性材料的推荐配合比

在前述实验研究基础上提出柔性材料的推荐配合比,如表 5.4-22。

表 5.4-22　　　　　　　　　　　柔性材料推荐配合比

原材料	水泥	膨润土	风化砂	水	外加剂木钙
掺量(kg/m³)	260	70	1370	370	1.3

3.2.8 柔性材料力学性质与龄期的关系[9]

柔性材料的力学性质会随着龄期的增长而变化,主要是其强度和模量都会随着龄期的增加而增大,这种特性对墙体的安全是有利的还是不利的值得研究。

(1)强度、模量和模强比随龄期的变化

对于柔性材料采取了10组配合比,其中五组系室内配制,五组系槽口取样,然后在龄期60d、90d、180d、360d对试样进行测定,成果如图5.4-3和图5.4-4,以及表5.4-23所示。

从图5.4-3和图5.4-4可以看出,360d龄期的单轴抗压强度和初始切线模量分别可以达到28d时的2.64倍和2.15倍,而模强比则有所降低,且渐趋稳定。

根据墙体材料长龄期的力学特性,同时考虑到防渗墙各槽段由于施工时间差异(从28d到270d)的实际情况,认为除深槽段外,其余槽段防渗墙的力学指标按墙体材料60d龄期的指标验收,较为符合实际。

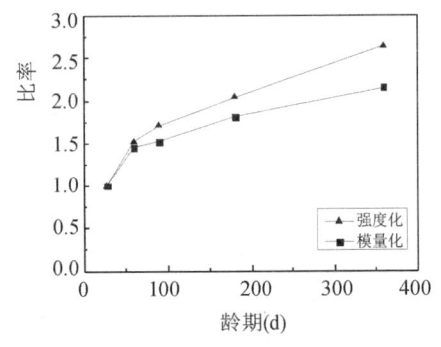
图5.4-3 柔性材料强度比和模量比的变化趋势

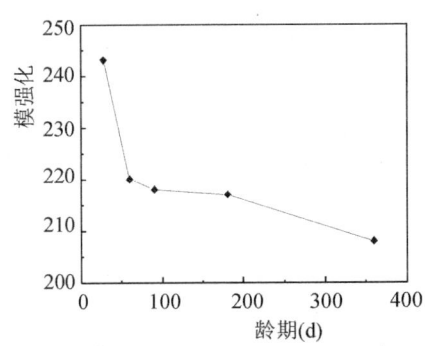
图5.4-4 柔性材料模强比随龄期的变化趋势

表5.4-23　　　　　　　柔性材料的强度、模量和模强比与龄期关系

特性指标	28d	60d	90d	180d	360d
R_i/R_{28}	1.0	1.52	1.71	2.04	2.64
E_i/E_{28}	1.0	1.45	1.52	1.81	2.15
E_i/R_i	243	220	218	217	208

(2)三轴压缩抗剪强度参数随龄期的变化

按照《土工试验规程》所规定的试验方法,对28d、60d、90d、180d和360d龄期的柔性材料进行了不同围压(0.1、0.4和0.7MPa)下的抗压强度、初始切线模量和破坏应变的测定,试验方法为固结排水剪,轴向压缩速率为0.02mm/min,2组柔性材料试样不同龄期C、φ值的变化列于表5.4-24。

表5.4-24　　　　　　　　　不同龄期柔性材料三轴试验结果

试样	不同龄期的$\varphi(°)$					不同龄期的C(MPa)				
	28d	60d	90d	180d	360d	28d	60d	90d	180d	360d
柔性-1	34.3	40.1	34.0	32.66	36.7	1.28	1.41	1.78	2.26	2.36
柔性-2	34.8	33.0	26.8	26.3	25.4	0.91	1.16	1.73	1.88	2.33

从表5.4-24可以看出,随着龄期的增长,柔性材料的$\varPhi$角一般随时间而有所降低,而凝聚力则有明显的增长。其抗压强度和初始模量的增长在60d和90d以后增长速率减缓,如图5.4-5。

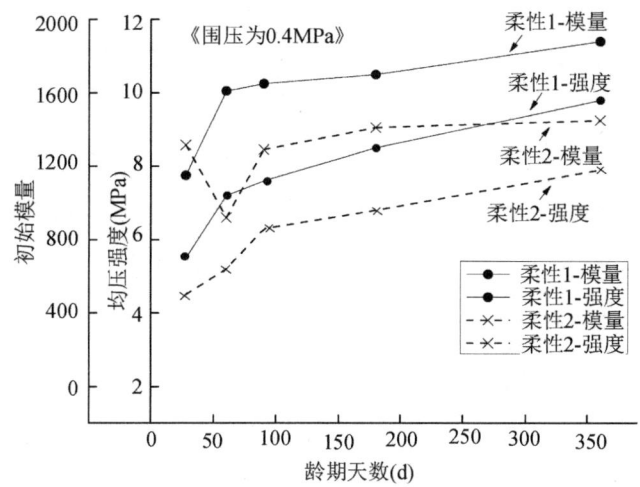

图 5.4-5 三轴试验($\sigma_3 = 0.4$MPa)下柔性材料特性随龄期的变化

(3) 模型参数随龄期的变化

Duncan-Chang $E-\mu$ 模型是建立在假定 $(\sigma_1-\sigma_3)/2-\varepsilon_a$ 和 $\varepsilon_1-\varepsilon_3$ 关系曲线为双曲线的基础上的，它的模型参数共有八个，即 $C, \Phi, R_f, K, n, G, F, D$。这些参数可从三轴固结排水剪试验中求得，不同龄期柔性材料的 Duncan-Chang $E-\mu$ 模型参数如表 5.4-25 所示。

(4) 渗透系数随龄期的变化

利用清华大学岩土工程研究所研制的塑性混凝土渗透仪测定墙体材料渗透系数和渗透破坏比降，圆柱式试样直径为 150mm，高 120mm，测得的渗透系数一般小于 2×10^{-8} cm/s，破坏比降大于 300，不同龄期柔性材料抗渗透破坏性能指标如表 5.4-26 和图 5.4-6 所示，可见抗渗性有所增强。

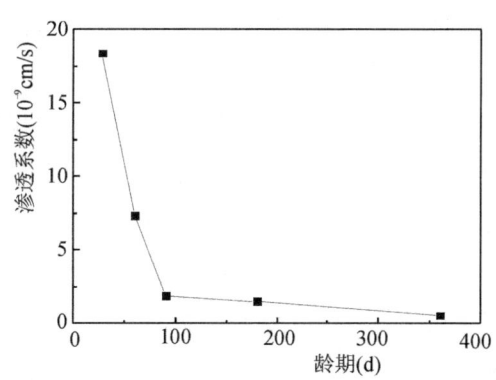

图 5.4-6 柔性材料渗透系数随龄期的变化趋势图

表 5.4-25　　　　　　　　　柔性材料不同龄期力学指标及 Duncan-Chang 模型参数

编号	龄期(d)	C(MPa)	φ(°)	K	n	R_f	G	D	F
柔-1	28	1.28	34.3	12583	0.169	0.471	0.154	44.75	−0.427
	60	1.41	40.1	12308	0.2405	0.326	0.1110	47.44	−0.3781
	90	1.78	34.0	12351	0.2864	0.336	0.2399	44.22	−0.105
	180	2.26	32.7	16550	0.1057	0.246	0.085	78.73	−0.3115
	360	2.36	36.7	19811	−0.0103	0.15	0.0725	58.73	−0.439

续表

编号	龄期(d)	C(MPa)	φ(°)	K	n	R_f	G	D	F
柔—2	30	0.98	33.2	8225	0.282	0.525	0.219	52.1	0.157
	60	1.26	30.6	9989	0.118	0.401	0.239	35.1	0.003
	120	1.58	29.7	12099	0.092	0.337	0.282	45.7	0.020
	180	2.23	18.7	14302	0.153	0.552	0.280	51.8	0.006
	360	2.54	22.0	14850	0.078	0.318	0.226	41.8	0.020
柔—3	40	1.07	34.5	12878	0.202	0.615	0.272	24.6	−0.007
	60	1.36	29.9	13865	0.185	0.595	0.260	31.4	0.011
	90	1.50	29.7	15485	0.222	0.582	0.299	32.7	0.010
	180	2.09	23.7	16472	0.161	0.376	0.299	42.1	−0.004
	360								

表 5.4-26　　柔性材料渗透系数表

试样龄期(d)	渗透系数(10^{-9}cm/s)		平均渗透系数(10^{-9}cm/s)	破坏比降
	试件1	试件1		
28	21.2	15.5	18.4	>300
60	8.38	6.24	7.31	>300
90	2.64	1.10	1.87	>300
180	1.64	1.31	1.48	>300
360	0.496	0.57	0.53	>300

(5)二期围堰的应力应变状态与龄期的关系

由于二期围堰规模巨大,防渗墙施工有一个较长的过程,施工时间从 1996 年 9 月 20 日试验段开始,到 1998 年 8 月 5 日后墙最后一个槽孔浇完为止,各槽段墙体材料的实际龄期不同,试验段、预进占段、左漫滩段、右漫滩段和深槽段龄期分别为 480d、180d、120d、90d 和 28d。由此导致各槽段柔性材料的力学指标和结构上的不均匀性。为了研究防渗墙性能的时间、空间上不均匀性对围堰应力应变的影响,再次进行了三维有限元分析。其间,柔性材料的参数,按龄期不同时所对应的值进行选取,计算的模型、计算条件、网格划分、施工过程模拟等均与以往的有限元分析相似或相近,在此不再赘述。

计算工作由长江科学院土工所和清华大学土力学教研组分别承担。长江科学院的计算方案中不仅考虑了不同槽段防渗墙采用不同的墙体材料,而且还考虑了深槽段双墙墙体材料龄期的各种可能组合。清华大学的计算方案重点考虑了单双墙结合段材料的空间变化,以研究深槽段塑性混凝土双防渗墙和非深槽段柔性材料单防渗墙的相互作用和影响,同时考虑了不同施工阶段,墙体材料参数的变化,以反映龄期对防渗墙的应力和变形的影响。[9]

通过计算分析可以得出如下结论:

在其他条件相同的情况下,墙体材料的龄期对墙体变形影响不大,但对墙体应力有一定影响。随着龄期的增长,墙体应力增大,而且深槽段墙体应力的增长比其余槽段墙体应力的增长更明显。

从墙体变形与应力的分布看,变形分布合理,墙体最大拉、压应力在墙体材料的强度范围之内,墙体应力水平一般在 0.8 以下,仅个别单元在 0.9,墙体一般无拉应力,仅在单双墙结合处墙体出现局部的不大的拉应力,这是由于侧墙受挤,空腔内变形引起的。虽然大主应力会随龄期的增长而增加,但由于墙体材料的强度也随时间而增高,而且增高的速度更快,所以应力水平有所降低,不会对墙体安全带来影响。

从两种极端工况即前墙或后墙单独承受全水头的情况看,改变墙间水位可以适当改变应力和变形的分布,其中后墙承担 70m 水头时,两墙的应力分布较为均匀。而且从现场取样试验资料来看,墙体材料的无侧限抗压强度最小可达 4.62MPa,而若在围压为 0.7MPa 的条件下,其抗压强度可高达 5.90～6.80MPa。而墙体底部的围压,根据计算,一般在 0.7MPa 以上,因此,即使是从单轴抗压强度来判断,墙体也是安全的。

漫滩段由于墙体不高,墙体应力与变形均比深槽段小得多,而且远小于墙体材料的允许抗压强度,龄期对漫滩段墙体应力和变形的影响很小。

总之,在运行期,防渗墙体受力状态好于抽水期的状态,因此防渗墙是安全的。

3.2.9 高温对墙体材料施工及成型的影响

对高温天气施工时柔性材料坍落度损失问题进行了研究。选用了五种外加剂进行试验,试验成果列于表 5.4-27。

表 5.4-27　　　　　　　　　　柔性材料的坍落度损失研究

序号	外加剂	水量(kg)	温度(℃)	坍落度和扩散度损失(cm)					
				0h		1h		1.5h	
				坍落度	扩散度	坍落度	扩散度	坍落度	扩散度
1	MG 掺水泥量的 2‰	370	41	24	48	16	26	8.5	
2	MG 掺水泥量的 6‰	370	40	25	52	18.3	28.5	10	
3	MG 掺水泥量的 8‰	370	42	24.2	47	19	30	13	
4	烷基磺酸钠掺水泥量的 0.1‰	365	39	23.8	48	20.2	34.5	15	24
5	MG、DH9 掺 5.7‰、0.15‰	398	40	23.6	44.5	20.6	38.5	16.2	26

可以看出,4#和 5#试样 1.5 小时的坍落度各为 15cm 和 16.2cm,可满足高温施工的要求,应用结果,效果良好。

3.2.10 现场施工配合比的快速调整和抗压强度的早期预报

(1)施工配合比的快速调整

在这项工作中,研究出了一种根据拌和楼的拌和样就能快速地测出柔性材料的原料实际下料数量的测试方法,检测一批样的时间不超过半小时。

测定柔性材料拌和物中水泥用量的方法,是在拌和物中加入一定量的浓盐酸,使其与水泥发生化学反应,然后用 NaOH 溶液进行逆滴定,测出盐酸的消耗量,从而求出水泥的含量。

测定膨润土含量的方法是依据膨润土分散于水溶液中时具有吸附次甲基蓝的能力,可以根据"吸蓝量"而估算出膨润土的用量。

测定风化砂含量的方法是,洗去拌和物中的水泥和膨润土,即可求得风化砂的含量。拌和物中的用水量可以通过测定水泥等组分完成水化作用之前的含水率来换算。

（2）抗压强度的早期预报

所谓早期预报是指龄期在 2d,3d,4d 和 7d 之内,通过对比试验来建立柔性材料早期抗压强度和 28d 龄期抗压强度的关系,以预测 28d 的强度。根据 10 组试验结果,建立了柔性材料的早期强度与 28d 强度的比例关系,如表 5.4-28 和图 5.4-7 所示。

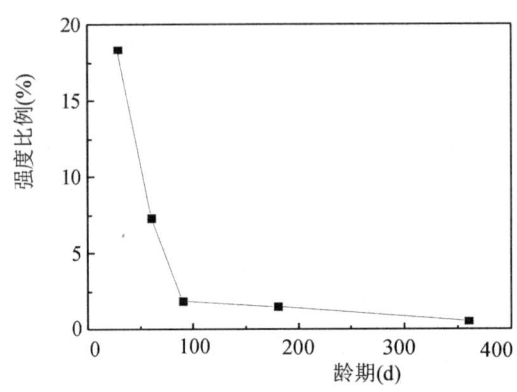

图 5.4-7　早期强度与 28d 强度比例与龄期(d)的关系

表 5.4-28　　　　　　　　　　柔性材料早期强度与 28d 强度关系

柔性材料	以 28 强度为准的百分比（%）					
（平均值）	2d	3d	4d	7d	14d	28d
	12.46	18.4	22.7	36.5	59.44	100

根据表 5.4-28 的成果,欲使 28d 强度达到设计值,需使 2d,3d,4d 和 7d 的强度分别达到 0.5MPa,0.74MPa,0.91MPa 以及 1.46MPa。这些规律可用于根据柔性材料早期强度预测其 28d 强度。

参考文献

[1] 包承纲. 三峡工程二期深水围堰塑性混凝土配合比实验总报告[R]. 武汉：长江科学院,清华大学,中国水利水电基础工程局,1996.

[2] 李文林. 塑性混凝土防渗墙技术综述[J]. 水利水电工程设计,1995,(3):54-59.

[3] 王允明. 三峡围堰防渗墙柔性材料研究（总结报告）[R]. 武汉：长江科学院,1990.

[4] 李青云,蒋顺清. 三峡二期围堰柔性材料配合比优选及特性研究[R]. 武汉：长江科学院,1995.

[5] 方开泰. 均匀设计与均匀设计表[M]. 科学出版社,1994.

[6] 李青云,蒋顺清. 用均匀设计优选三峡围堰柔性材料配合比[J]. 长江科学院院报,1996(3):31-34.

[7] 陈智勇,李青云,孙厚才. 基于前馈网络的柔性材料配比模型的研究[J]. 长江科学院院报,1996,13(4):41-44.

[8] 孙厚才,李青云. 三峡二期围堰右岸接头段防渗墙柔性材料施工配合比研究[R]. 武汉：长江科学院,1996.

[9] 李青云,孙厚才,李思慎等. 三峡二期围堰防渗墙设计指标施工验证及反馈分析[R]. 武汉：长江科学院,1999.

第5章 格形钢板桩码头侧向变形分析方法研究

1 概述

1.1 格形钢板桩的特点及设计方法现状

钢板桩结构多用于基础、围堰、护岸等、构造相对简单使用要求不太严格的临时性或辅助性的建筑物中。20世纪八九十年代以来，随着我国国民经济的发展，新沙、深圳等地相继在大型专业化集装箱码头主体结构中，成功地采用了格形钢板桩结构形式。格形钢板桩码头由格形墙体和上部结构两部分组成，格形墙体由直腹式钢板桩锁口相连的主格仓、前后连接弧段的副格仓、以及主、副格仓内的填料组成。典型的码头结构断面形式如图5.5-1所示。实践表明，格形钢板桩对有些特定的结构有很好的适应性。这种结构受力合理，施工高度机械化且速度快，工程投资省具回收周期短，是一种极具发展前途的建筑结构形式。

在格形钢板桩理论研究方面，国内对其结构的研究一直较少，至今在各种文献中很少报道。目前，格形钢板桩结构工程的设计施工，都是根据国外的资料或规程进行的。由于世界各国的地理位置、自然条件、经济状况、施工能力、理论系统等差别较大，各国采用的设计计算模式、控制标准以及施工方法都很不一样。在现有的设计理论中，均较侧重于结构的稳定性分析，尤其是内部稳定性问题。从某种意义上讲，正是由于对内部稳定性的计算模式、参数的假设及其选取方法的不同，才形成了各种不同的设计方法，这反映了各国对格形钢板结构与周边土体相互作用机理理解的不同。

在格形钢板桩结构的侧向变形方面亦有一些研究成果。欧美多采用P. Brown(1960)[1]提出的方法，该方法是按常规分析法去求悬臂梁在剪力单独作用下的挠曲变形，同时进行基底转动修正。鉴于格形钢板桩结构较大的宽高比与该方法推导中的假定不大吻合，加之格体与格内填料共同作用下的综合弹性参数难以选取，即使不考虑上述两种因素的影响，Brown的方法仍然不能给出桩底基础变形引起的格形结构的变位。目前还没有一种与Brown方法相配套的，计算由于基础变形引起格形结构变位的简化分析方法。在一些研究报告中，为了分析Brown方法的可用性，只能采用格仓回填后的实测变位（总变位）扣除桩底平移即所谓钢板桩格体的变形，Brown方法的成果进行比较。在日本《格形钢板桩设计手册》[2]亦提出了一种岸壁变位分析方法（本文简称为"日本方法"）。根据本文作者的理解，日本方法[3]仅作为评价钢板桩格体整体稳定性的一种手段，它的作用并不在于给出了格体的实际水平变形。它强调在保证格形结构内部稳定性满足要求之后，变位计算可以将格体视为支承于地基上的刚体，并以这一刚体作为隔离体（作为研究对象）进行刚体变位分析。在一般极限平衡理论的基础上，将刚体前后土体及超载作用简化为作用于刚体两侧的主动和被动土压力以及竖向摩擦力，根据平衡方程求得刚体基底反力（竖向应力及水平剪力）。同时，假定地基为文克勒地基，根据横山的建议给出地基反力系数（竖直向和剪切作用），计算刚体的平移及转动量，从而验算格形结构顶面变位（变位容许值为不超过格体自由高度的1.5%）。除此以外，在现有的文献中还没有查到其他有关格形钢板桩结构水平变位计算方法的论述。

交通部水运工程建设标准《格形钢板桩码头设计与施工规程》(JTJ293)由交通部第二航务工程局主编,其中设计部分由二航局武汉港湾工程设计研究院编制。鉴于格形钢板桩码头侧向变形在码头设计中的重要性以及侧向变形尚无合理的计算方法,武汉港湾工程设计院特委托长江科学院对格形结构的侧向变形进行分析研究,并提出适合于设计者使用的侧向变形简化分析方法,旨在将该方法纳入《格形钢板桩码头设计与施工规程》(JTJ293)。

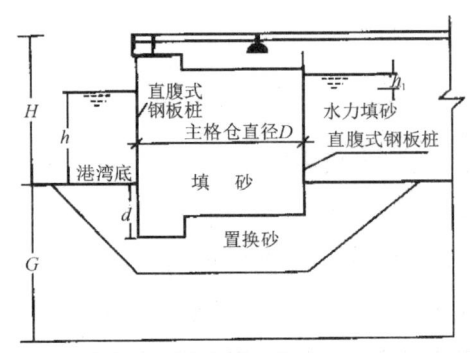

图 5.5-1　典型的格形钢板桩码头结构断面形式

1.2　本文的研究工作

格形钢板桩码头结构较为特殊,应力变形比较复杂,影响其侧向变形的因素较多,建立一套适合于设计者使用的简化分析方法是一件很有意义但又非常困难的工作。其关键在于了解格体码头的变形机理和钢板桩格体所起的作用。为此相关人员进行了以下几方面的工作。

(1)离心模型试验。以广州新沙港格形钢板桩码头为原形,从相邻的两副格仓中轴线处截取一完整研究单元,经缩尺后制成模型(满足相似准则),置于高速旋转的土工离心机中,测定模型在离心力场中的变形和受力状态,以研究钢板桩格体与周边土体相互作用规律,及不同宽高比和埋置深度条件下的变形性状。

(2)试验用砂的物理力学性试验。根据格形钢板桩码头填料和地基处理的用料要求,选择一种中粗砂在中密条件下进行土工室内试验,得到有关强度、变形指标,作为数值分析以及离心模型试验成果分析的依据。

(3)数值分析。从整体上看,格形钢板桩码头可近似作为平面应变问题,但由于钢板桩格体的环形布置,格形结构实际上是三维空间问题。由于板桩的片状形态与码头的三维尺度相差甚远,直接采用三维有限元数值分析方法进行格形钢板桩码头的应力变形分析是非常困难的。为此,在弄清钢板桩格体的作用之后,对格形结构进行了必要的简化。并根据格形钢板桩码头一般构造的规定,选择一典型结构进行有限元敏感性数值分析,建立格形钢板桩码头侧向变位与各影响因素的相关关系。

(4)数学模型与物理模型成果之间的比较。主要比较了离心模型试验成果与有限元数值分析成果间的一致性和差别。

(5)两个工程实例的验证。选择了两个具有完整变位观测资料的工程实例为依据,进行有限元仿真分析,以验证本文提出的数学分析模式的可靠性。

(6)在上述工作的基础上,建立格形钢板桩码头侧向变形的简化分析方法。

2　离心模型试验

离心模型试验技术是一种岩土工程物理模型试验技术。其基本思路是,将原型按几何相似原理缩小 n 倍,用相同的材料制备模型,并置于 ng(g 为重力加速度)的离心力场中进行试验,模型达到原型相同的应力水平。由于岩土材料具有与应力状态相关的非线性特征,正是因为离心模型试验能够保证模型与原型相同的应力水平,模型试验成果可以再现原型的主要性状,这个特点决定了离心模型试验在岩土工程研究中的独特地位。离心模拟技术在国际国内岩土工程中的应用已相当普遍,国际土工离心模拟技术方面的学术会议已召开过五届[4],我国也召开过多次全国离心模拟技术学术研讨会[5],基本上全方位展示了离心模型试验技术的动态。但格形钢板桩码头方面的离心模拟研究成果还未见报道。

离心模型试验技术难点较多,难点之一是模型设计和制作。尤其是结构与土相互作用方面课题的研究。格形钢板桩码头模型设计和制作的经验,可以作为此类模型制作的一个范例。

2.1 模型设计

以广州新沙港格形钢板桩码头为原形,其结构如图 5.5-2 所示。沿码头轴线,主格仓和副格仓相间布置,其主格仓直径为 21m,副格仓半径为 4.1m,按面积相等折算等效宽度 $B=18.5m$。针对格形钢板桩码头特定结构,离心模型试验如何选取研究对象是一个值得研究的问题。虽然格形钢板桩码头结构复杂,但相邻的两副格仓中轴线之间可视为一完整单元,在单元结合部将不产生码头轴线上的变位。该单元体可作为研究对象进行离心模型试验。

长江科学院大型土工与结构离心机模型高度不宜超过80cm,此时离心力场所造成应力方面的误差可控制在5%以内。结合格形钢板桩码头尺寸及地基厚度,模型率选定100为宜。

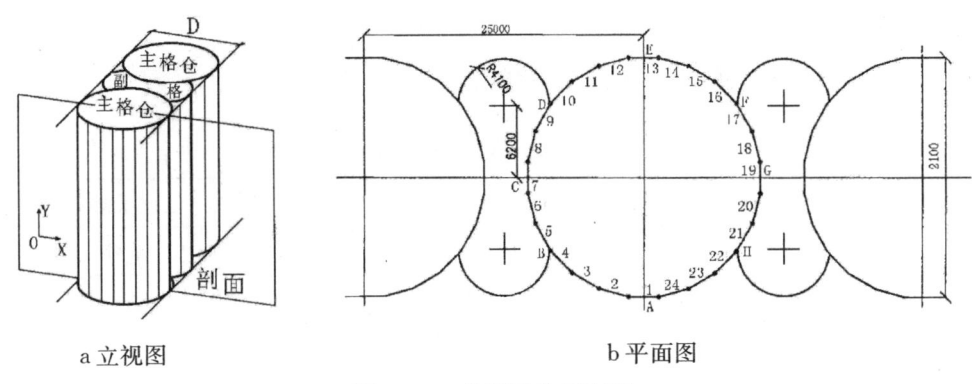

a 立视图　　　　　　　　　　　b 平面图

图 5.5-2　格形结构示意图

在保证模型等效宽度 B 不变的条件下,改变码头的高度 H,使 H/B 在一定范围内变化;同时考虑板桩埋置深度 d 的不同,进行了 8 个模型试验,以研究格形结构在不同工况条件(后侧填土及后侧超载)下的侧向变位与 H/B 及 d/H 之间的关系。表 5.5-1 列出了 8 个模型对应的原型几何参数。

表 5.5-1　　　　　　模型对应的原型几何参数($B=18.5m$)

模型号	H(m)	H/B	d(m)	d/H	$d+H$(m)
NO.1	21.8	1.178	7.63	0.35	29.43
NO.2	21.8	1.178	5.45	0.25	27.25
NO.3	21.8	1.178	3.27	0.15	25.07
NO.4	18.5	1.000	3.70	0.20	22.20
NO.5	18.5	1.000	4.64	0.25	23.12
NO.6	18.5	1.000	2.78	0.15	21.20
NO.7	18.5	1.000	8.32	0.45	26.82
NO.8	21.8	1.178	4.60	0.20	28.40

2.2 试验所用土料的物理力学特性

格形钢板桩码头地基及以上填料主要为中粗砂砾,且大多数需求用振冲加密措施处理,使其相对密度 Dr 达 0.6 以上。试验中选取了一组粗砂,其最大粒径 $d_{max}=5mm$,平均粒径 $d_{50}=0.75mm$,不均匀系数 $Cu=18$,比重为 2.65,最大干密度 $\rho_{max}=1.832g/cm^3$,最小干密度 $\rho_{min}=1.310/cm^3$。当其干密度大于 $1.58g/cm^3$ 时,相对密度大于 0.6。对该砂样进行了两组三轴固结排水剪切试验,其 Duncan 模型参数如表 5.5-2。

表 5.5-2　　试验用砂的 Duncan 模型参数

ρ_d	Dr	C	φ	K	n	R_f	D	G	F	K_b	m
g/cm³		kPa	度								
1.50	0.45	28.7	34.5	180	0.75	0.76	1.64	0.41	0.13	68.2	0.70
1.60	0.64	18.7	37.4	380	0.60	0.80	1.10	0.53	0.20	166.7	0.50

2.3 格仓模拟

离心模型试验主要目的是了解格形钢板桩码头在格仓后侧填土及超载条件下的变形规律,以及侧向变形与埋深、宽高比之间的关系,试验中必须保证格体的刚度满足相似准则。

(1) 基本相似准则

与格形钢板桩码头变位有关的基本相似关系列表 5.5-3 中。

表 5.5-3　　各物理量的相似关系

物理量	相似关系	物理量	相似关系	物理量	相似关系	物理量	相似关系
几何尺寸	1/n	应力	1	应变	1	面积	1/n²
变形	1/n	弹模	1	外荷载	1/n²	刚度	1/n⁴

(2) 格体的作用及模拟

格形刚板桩码头由主副格仓组成,先施工主格仓,充填中粗砂后,再施工副格仓并充填砂土。格体产生环向抗拉作用和水平抗弯作用。试验中除钢板桩施工期间的装配间隙所造成的侧向变形难于模拟外,格体的环向抗拉及在后侧填土及超载条件下所引起的弯曲变形应满足相似准则。

① 环向抗拉刚度相似

在模型试验中,首先要使格仓所受的环向拉力所产生的变形满足相似准则,即

$$C_{\varepsilon t}=\frac{C_{\sigma t}}{C_E}=\frac{C_{Ft}}{C_E \cdot C_A}=\frac{1/n^2}{C_E \cdot C_\delta \cdot C_h}=1 \tag{5.5-1}$$

式中 C——相似率;t——受拉;F——力;E——弹模;n——模型率;ε——应变;δ——板桩厚度;m——模型;p——原型;h——格形结构的高度。

式(5.5-1) 中 $C_h=\frac{1}{n}$,得 $C_E \cdot C_\delta = \frac{1}{n}$ 即

$$\frac{E_m \cdot \delta_m}{E_p \cdot \delta_p}=\frac{1}{n} \tag{5.5-2}$$

对于实际试验 δ_m、δ_p、E_p、n 均为已知,根据式(5.5-2)可选取 $E_m(\delta_m)$ 确定 $\delta_m(E_m)$。

本项试验中:$\delta_m=0.2mm$,$\delta_p=12.7mm$,$E_p=2.4\times10^5 MPa$,$n=100$。代入式(5.5-2)中可得 $E_m=$

$1.5×10^5$ MPa，实际选用的材料其弹模为 $1.8×10^5$ MPa，基本满足相似准则的要求。

②抗弯刚度相似

在模型试验中，要使格仓在后侧填土及超载条件下所引起的弯曲变形满足相似准则，即

$$\frac{E_m I_m}{E_p I_p} = \frac{1}{n^4} \quad (5.5\text{-}3)$$

式中 I——板桩相对于格体中心轴的惯性矩。

当主格仓及副格仓填筑施工完成后，主、副格仓内侧填土，在钢板桩之间允许错动的条件下，可假定钢板桩各自起抗弯作用。原型钢板桩相对于格体中心轴的惯性矩可近似表示为：

$$I_{xi} = r_{xi}^2 A_p \quad (5.5\text{-}4)$$

格体的总刚度：

$$E_p I_p = E_p \cdot \sum_{t=1}^{n'} I_{xi} = E_p \cdot \sum_{t=1}^{n'} r_{xi}^2 A_p = E_p \cdot A_p \cdot \sum_{t=1}^{n'} r_{xi}^2 \quad (5.5\text{-}5)$$

n'——原形格仓中钢板桩总数，为132；A_p——原形单个钢板桩断面积，为96.1 cm^2。

若原型中钢板桩是对称形式布置，则

$$E_p I_p = 4 E_p A_p \cdot \sum_{t=1}^{n''} r_p^2 = 4 E_p A_p r_p^2 [\cos^2(\theta_p/2) + \cos^2(3\theta_p/2) + \cdots\cdots + \cos^2(2n''+1)\theta_p/2]$$

其中 $n'' = \frac{n'}{4} - 1$，$\theta_p = 2.72°$

本文中 r_p、E_p、A_p、n' 均为已知

$$E_p I_p = 4 E_p A_p r_p^2 × 16.5 = 66 E_p A_p r_p^2 \quad (5.5\text{-}6)$$

同理，模型中 $n' = 24$，$\theta_m = 15°$，模型刚度

$$E_m I_m = 4 E_m A_m r_m^2 [\cos^2(\theta_m/2) + \cos^2(3\theta_m/2) + \cdots\cdots + \cos^2(11\theta_m/2)]$$
$$= 4 E_m A_m r_m^2 × 2.999 = 12 E_m A_m r_m^2 \quad (5.5\text{-}7)$$

将式(5.5-6)、式(5.5-7)代入式(5.5-3)得

$$\frac{A_m}{A_p} = \frac{66 E_p}{12 n^2 E_m} \quad (5.5\text{-}8)$$

可求得模型单个钢板桩断面积 $A_m = 7.047$ mm^2。

由于 $A_m = \delta_m L_m$ 且 $\delta_m = 0.20$ mm，所以模型单个钢板桩宽度 $L_m = \frac{A_m}{\delta_m} = 35.3$ mm。

$$L_{m弦} = 2 r_m \cdot \sin\frac{360°}{24×2} = 27.4 \text{ mm}$$

由于理论计算得的 L_m 大于 $L_{m弦}$，因此可以将单个板桩弯成如图5.5-3所示形状来增加模型板桩的面积。

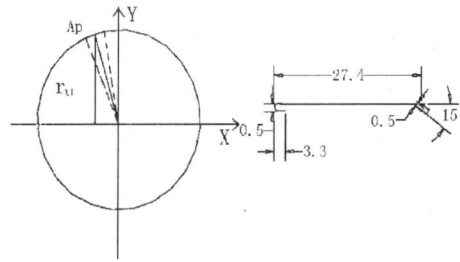

图 5.5-3　格仓模拟计算简图

2.4 试验中测试设备布置及加荷过程

(1) 测试设备

试验中在主格仓中轴线外侧钢板桩上安装了 5 只位移传感器（DX），以测量水平位移沿其高程的变化规律，同时在试验后用游标卡尺进行校测；对主格仓各钢板桩的沉降在试验后均采用游标卡尺进行测量（测量精度 0.02 mm）。同时，为了测量钢板桩之间的锁口拉力，还安装了 6 只应变计（ST）。传感器的安装位置如图 5.5-4 所示。传感器的测值在试验过程中由微机采集并处理。

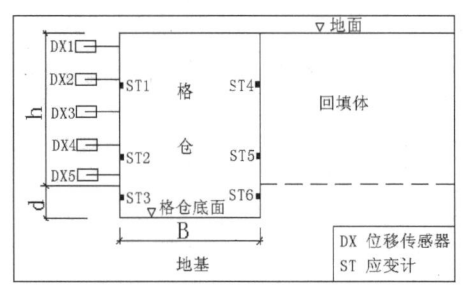

图 5.5-4 测量设备布置简图

(2) 加荷过程

每组模型分三级进行，各级所模拟的条件为：

第一级（Load 1），模拟钢板桩打桩，格仓填土；使其基础及格仓填土密度达 1.60g/cm^3；

第二级（Load 2），模拟格仓后侧填土；除 N0.1、N0.7 填土干密度为 1.50g/cm^3 左右，其他模型干密度达 1.60g/cm^3；

第三级（Load 3），对 N0.1、N0.7 格仓顶面及回填体上超载 30kPa；其他模型仅在格仓后侧回填体上超载 30kPa；

每个模型的每级荷载下离心机运行 60 分钟后停机，并测量格仓顶部的变位及主格仓前沿轴线处的水平位移。

2.5 试验结果及分析

2.5.1 水平位移

(1) 主副格仓填土阶段的位移特征及锁口应力

主、副格仓在填土阶段，主格仓的水平位移如图 5.5-5 所示。由于板桩之间装配间隙难于保持一致，造成各模型之间水平位移相差较大，但都表现出了格仓的环向约束作用，且随埋入的深度越大，底部的约束作用越明显；在格体 1/3H 处向外鼓出的变位最大。

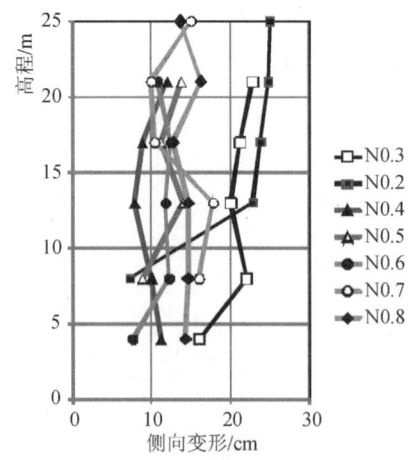

图 5.5-5 填土阶段主格仓的水平位移

格仓在填土阶段所受的环箍效应是比较明显的。环箍应力可按受内压薄壁圆环进行估算,即:
$$\sigma_1 = (K_{ai}\gamma_1 h_i \cdot D)/2\delta \tag{5.5-9}$$

式中:K_{ai}为主动土压力系数;$K_{ai}=\text{tg}^2[45°-(\delta_i/2)]$;$\gamma_{i0}$为填料重度,取16kN/m³;$h_i$为估算点的深度(m);$D$为环的直径$D=21$ m;δ为圆环的壁厚,$\delta=0.02$m;δ_i为填料的内摩擦角,取34.5°~37.4°。在模型N0.3主格仓锁口应力的实测值列于表5.5-4,比式(5.5-9)的估算值略小。

表 5.5-4　　　　　　　　　　模型3主格仓的锁口应力

模型	传感器距顶面高程	估算应力(MPa)	第一级荷载下实测应力(MPa)
N0.3	21.07	40.2~49.0	36.0
	16.07	33.0~37.4	21.6
	6.07	12.5~14.1	7.6

(2)格仓后侧填土及超载引起的水平位移

在试验过程中,通过位移传感器监测了主格仓中心轴线处外侧的水平位移,6个模型不同高程的水平位移分布曲线如图5.5-6所示。图中两条水平位移分布曲线分别表示后侧填土作用下的水平位移dx_2及超载30kPa后的水平位移dx_{23}。下面将详细分析其变形特征。

① 后侧填土作用下的水平位移dx_2与H/B及d/H的关系

比较图5.6-6中a、b、c及d、e、f可知,当H/B一定时,格仓顶部的水平位移dx_2随d/H的增加而减小,且沿高度的增加,水平位移的增加速率减小,反映出格仓所受水平向推力沿高度增加而减小的规律。在相同的d/H条件下,随着H/B的减小,格仓底部的平移占总位移的比例越大。

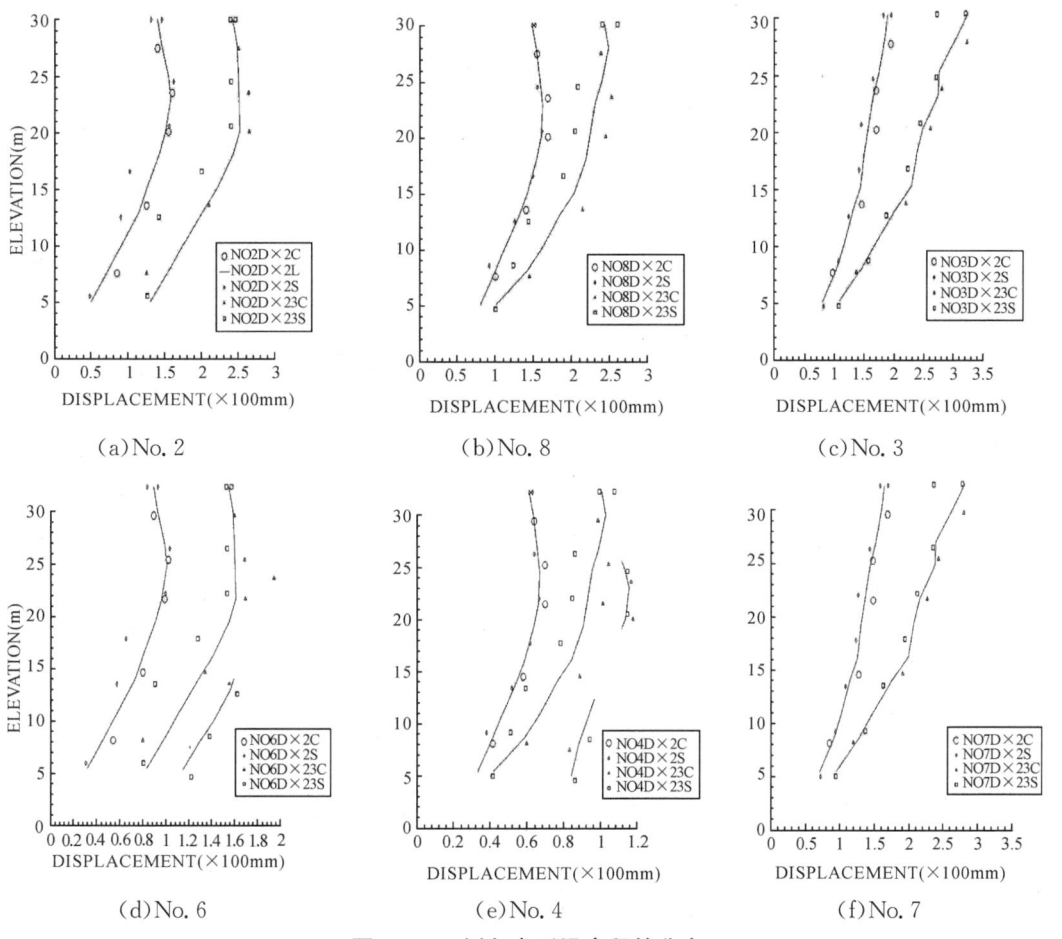

图 5.5-6　侧向变形沿高程的分布

格仓顶面水平位移 dx_2 与 H/B 及 d/H 关系如图 5.5-7 所示。在格仓后侧填土作用下,顶面水平位移随 H/B 的减小而迅速减小;同时也随 d/H 的增大而减小,而且 H/B 越小,随 d/H 的增大 dx_2 的减小量也越大。在格仓后侧填土荷载作用下的水平位移量可达 5cm～18cm,主要取决于 H/B 大小,其次取决于 d/H 大小。

② 超载 30kPa 后的水平位移 dx_{23} 与 H/B、d/H 的关系

格仓顶面水平位移 dx_{23} 与 H/B、d/H 的关系如图 5.5-7 所示。当 d/H 大于 0.15 时,格仓后侧填土面上超载引起的水平位移,与 d/H 的关系不很明显,而与 H/B 的关系相对明显一些。当 H/B 从 1.178 减小到 1.0 时,30kPa 超载位移 $dx_3(dx_{23}-dx_2)$ 几乎成倍减小,即由 9.0cm 左右减小到 5.0cm 左右。格仓后侧填土及超载引起的总位移量 dx_{23} 的变化规律与 dx_2 的变化规律基本相同,只是在 d/H 小于 0.2 范围内,dx_{23} 比 dx_2 的减小量更大一些。

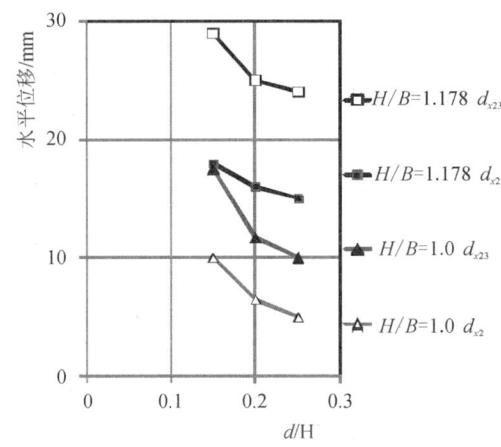

图 5.5-7 格体顶面侧向变形与 H/B、d/H 的变化关系

2.5.2 主格仓钢板桩的沉陷规律分析

主格仓有关特征点的典型沉降分布曲线见图 5.5-8。由此可见,H/B 的大小对沉降量影响较大,当 H/B 较大时,后侧填土荷载引起内侧 13 点的沉降小于或等于外侧 1 点的沉降,使格体产生前倾。当 H/B 减小时,后侧填土荷载引起内侧 13 点的沉降很可能大于外侧 1 点的沉降,使格体产生后坐转动,这种作用随 d/H 的减小愈加明显;格仓后侧超载引起仓内侧 13 点的沉降量与 d/H 的关系不显著,在超载 30kPa 的情况,13 点的沉降量仅增加 0～2.0cm,但对外侧 1 点的沉降量影响较大,内侧超载引起 1 点的沉降量随 d/H 的减小略有增加。

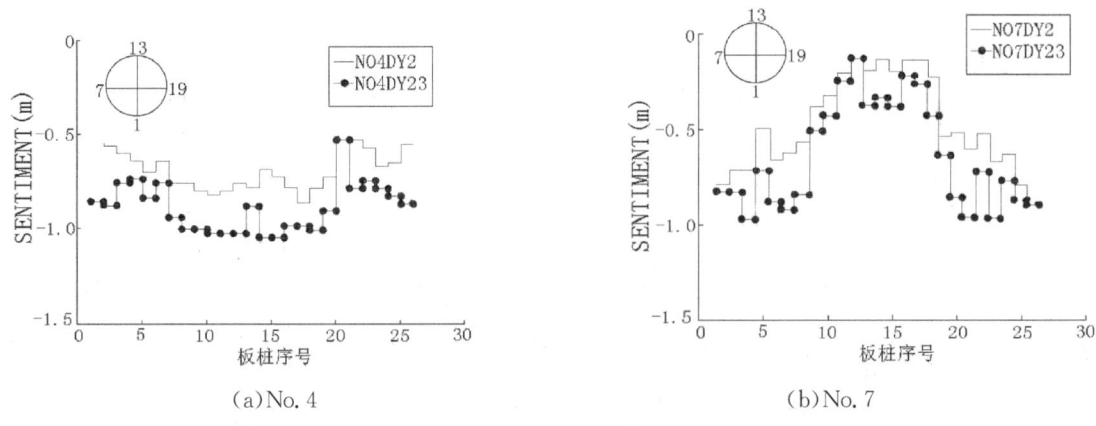

图 5.5-8 格体各钢板桩的沉陷分布

2.5.3 格仓总体变形机理分析

通过一系列离心模型试验,得到了格体变形的主要规律。在主、副格仓填土过程中,格仓将产生径向变形,以发挥格仓的环向约束作用。在格体后侧填土及上部超载作用下,由于地基的变形,使格体产生平移和转动,且平移量在高宽比 H/B 一定时,随板桩埋置深度与等效宽度之比 (d/B) 的减小而增大,d/B 一定时,随 H/B 减小,平移量占总位移的比例增大;转动量主要与地基的压缩变形有关,由于格体上所受的水平推力及填土自重荷载的共同作用,使转动变形的规律较为复杂;另一方面是格体在外部荷载作用下的自身变形。总之,由于板桩格仓的环箍作用,使格体成为能够抵抗外荷载的整体结构。

3 有限元数值分析

3.1 计算模式

根据离心模型试验得到的格型钢板桩结构(格仓)与周边土体相互作用机理,格仓的作用可简单地认为对格仓内土体提供两种力,其一为格仓的环箍作用产生的径向压力,其二为侧壁摩阻力。摩阻力可通过格仓与后侧填土的变形协调条件在有限元分析中加以考虑,因此,关键问题是格仓的环箍作用。在格仓与格仓内土体相互作用中,格仓内土体具有结构性。当格内土体作用一径向力 σ_n 于格仓,格仓必然产生鼓胀,即格仓半径或周长伸长。作用力的大小与格仓和格内土体的刚度直接相关,根据这一概念可作如下简化。

将格仓简化成弹簧连接的两片钢片(格仓单元),如图 5.5-9 所示,由于钢板桩为线弹性材料且在竖向上刚度一致,所以联结弹簧的刚度 K 是一个常数。

定义弹簧刚度:
$$K = \frac{\sigma_n}{\Delta X} \tag{5.5-10}$$

式中 σ_n 为作用在钢片上的法向应力,Δx 为径向上的位移增量,若板桩厚度为 δ,弹模为 E,格形结构受到径向应力 σ_r 作用。取竖向上单位高度,则格仓的周长伸长量:

$$\Delta L = \frac{\pi D^2 \sigma_r}{2\delta E} \tag{5.5-11}$$

由于沿码头轴线不产生变形,则横向上位移增量:

$$\Delta X = \frac{\Delta L}{2} = \frac{\pi D^2 \sigma_r}{4\delta E} \tag{5.5-12}$$

假定:$\sigma_n = \sigma_r$

则弹簧刚度:
$$K = \frac{4\delta E}{\pi D^2} \quad (\text{量纲为 } N/L^3) \tag{5.5-13}$$

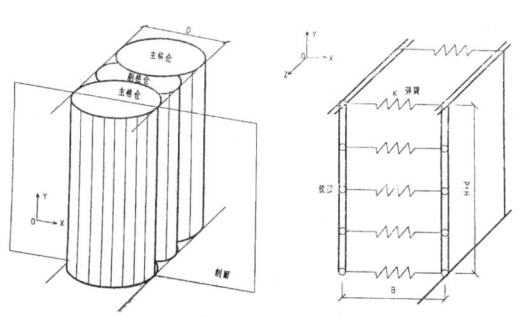

图 5.5-9 格型钢板桩结构简化计算模式

3.2 格形结构的受力状态

典型格形钢板桩码头的受力状态有如下的规律(见图5.5-10):

①在竖直方向上,由于先填筑格仓内填土,后填筑后侧填土,在格体与后侧填土接合部附近的土体竖向应力均为减小,显然是由于两部分填土之间摩擦力以及后侧填土施加水平推力于格体两方面共同作用的结果,格体下部中轴线前侧应力σy较大。

②在水平方向上,由于后侧填土的推动作用,使格内土体后侧水平应力增大并逐渐向前侧减少;格体前侧土体应力σ_x增加,处于被动土压力状态;格体后侧土体靠近格体侧应力σ_x减少,减少幅度随深度先增大,至地基表面又减少,显然,后侧土体处于主动土压力状态。

③剪应力分布与三部分土体相互作用关系极为明确。格体内部土体由于后侧土体作用的水平推力及摩擦作用,使其剪应力呈三角形分布,并随着深度均匀增加;后侧土体中的剪应力亦随深度增大,主要是由于格体处的摩擦作用产生的,在前侧土体与格体下部土体之间,由于结构在高度上突变,产生高剪应力集中区,并向两侧土体扩散。

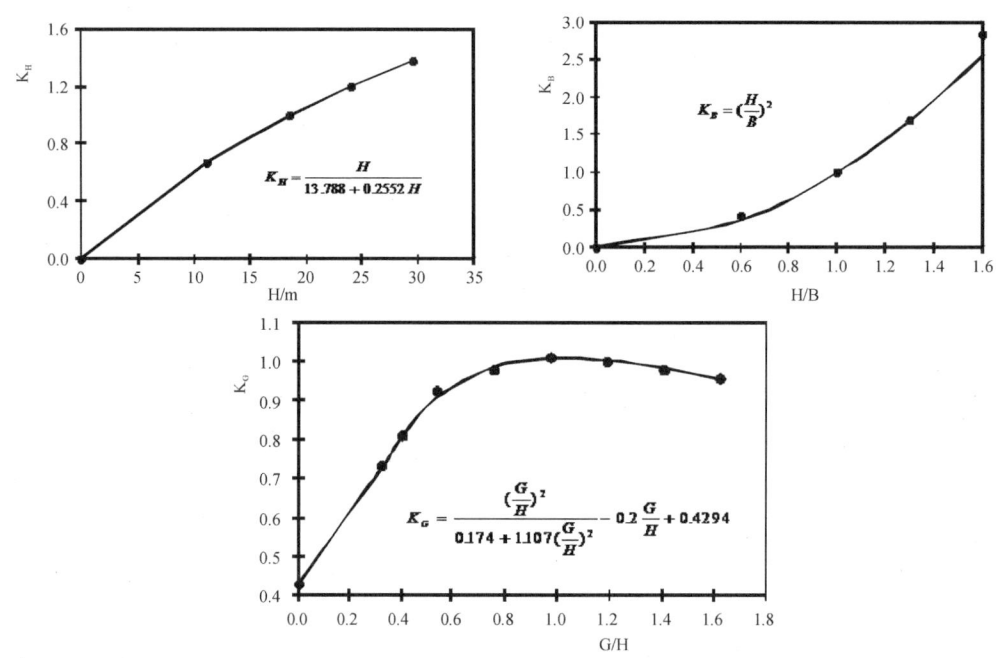

图5.5-10 影响系数与相应变量的关系曲线

3.3 格形结构的变形

典型位移有如下规律性:

①地基的沉降基本上呈锅底形,而在格体前侧地基有少量隆起,最大沉降发生在地基表面的格体内部范围,并向四周逐渐减小,向上逐渐减小的原因是因为计算中考虑了分层填筑施工,格内填土前侧沉降大于后侧,这是由于后侧填土对格体的水平推力作用所致。由于摩擦作用,靠近格体附近的后侧填土沉降小于远离格体后侧填土的沉降。

②格体结构的侧向变形在顶面最大,在地基表面附近随高度增加明显,表明侧向变形是地基的变形引起的格体刚体运动和自身的变形综合作用的结果。由于剪应力的作用(且底部的剪应力大于顶部),必然导致格体下部侧向位移梯度大于上部侧向位移的梯度。

③格体前侧的侧向位移略大于后侧,表明格体的变形中占主导地位的是剪切变形,而横向压缩变形起次要作用。经分析,格体最大水平位移约21.4cm。

3.4 格形结构的侧向变位与若干因素的关系

如前文所述,格形结构的侧向变位是多种影响因素的综合作用,为了得到格形结构顶部变位与各种因素的内在关系,采用了一系列敏感性数值分析,即以前文介绍的典型的格形结构为基本条件,改变其中一个或两个或多个变量的大小,得到相应的格形结构变位。为了便于说明侧向变位与影响因素的相关性,引入参数影响系数 K_i:

$$K_i = \frac{S_{xi}}{S_0} \qquad i = H, H/B \ldots \tag{5.5-14}$$

式中 S_{xi} 为变量 i(i 表示 H、H/B、…等变量)分别取不同数值得到的格形结构的变位。S_0 为基本条件下(基本条件设定为:$H=18.5\text{m}$,$H/B=1$,$W/H=0.5$,$G/H=1.2$,$q=3\text{t/m}^2$,$\delta=17°$,$K_\mathrm{I}=K_\mathrm{II}=K_\mathrm{III}=380$,$n=0.6$……)格形结构的侧向变位。

经比较,S_{xi} 与以下变量关系较大,包括格形结构的自由高度 H,高宽比 H/B,地基土层厚 G 与 H 之比 G/H,水位高度 W 与 H 之比 W/H,超载变量 $(q-3)/H \cdot \gamma_w$,填料与板桩间的摩擦角 $\delta(°)$,格内填料邓肯模型参数 K(记为 K_I),后侧填料邓肯模型参数 K(记为 K_II),地基土邓肯模型参数 K(记为 K_III)。

相关变量的影响系数典型成果如图 5.5-10 所示。图中标点为有限元计算值,图中曲线为拟合曲线。由图 5.5-10 可以看出,拟合曲线的拟合情况相当好,同时较好地反映出格形结构的侧向变形与相关变量间的函数关系,这些函数关系较全面地揭示了格形结构的侧向变形的内在规律性。

4 离心模型试验与数值分析成果比较

由于土的力学性质较为复杂,本构模型存在一定的近似性。而离心模型试验虽然较好反映了材料力学特性对成果的影响,但由于在高速运转的离心机中难以模拟施工过程,因此模型的加荷路径与原型的施工过程显然是有差别的。本文采用的技术路线是:采用数值分析方法,按照离心模型试验的加荷过程分析模型的应力和位移,并进行两方面成果间的比较,以验证数值分析的合理性,再采用数值分析方法计算原型结构的应力和变形。

8个模型在后侧填土作用下的水平位移和 30kPa 超载下的水平位移实测值与有限元法计算值(模拟模型试验过程)如图 5.5-11 所示。

除模型 NO.4、NO.5 的计算值与实测值差别较大外,其余均较接近。经分析,引起两模型的差别较大的原因,主要是与模型制备时起始密度较大有关(但缺乏起始密度的具体数值)。由此认为,采用上文的计算模型的分析成果基本是合理可靠的。

沿模型高度侧向变位分布曲线如图 5.5-12 所示,在格形结构沿高度的侧向变位形态上,模型试验与数值分析是比较一致的。

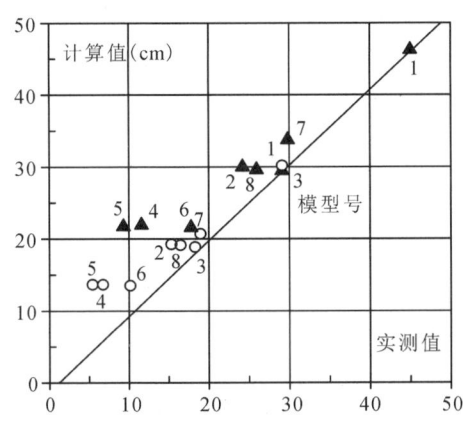

图 5.5-11 模型试验与数值分析的侧向变位比较

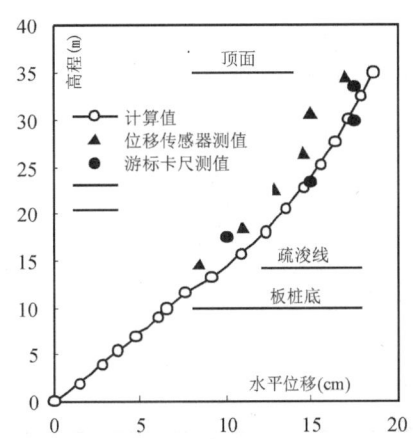

图 5.5-12 不同高度的侧向变位(N0.3 无超载条件)

5 格形钢板桩码头水平位移影响系数法

根据有限元数值分析,建立了格形结构的侧向变形与有关变量的函数关系。这些变量的选择是基于两条原则,其一,所选变量对格形结构的侧向变形影响较大,且本身的变幅亦较大;其二,总的侧向变位的影响系数约为各变量的影响系数之积。这就要求变量的选择具有较好的独立性,即,某一变量对侧向变位的影响在相应的影响系数中得到充分体现,而对其他影响系数尽可能少的影响。根据以上原则,经过反复试算,共选择了10个变量(见表5.5-5),包括结构参数及材料参数,并给出了相应的影响系数。从而提出了格形钢板桩码头水平位移影响系数法位移计算表达式:

$$S = 21.4 \cdot K_H \cdot K_B \cdot K_G \cdot K_W \cdot K_q \cdot K_\delta \cdot K_n \cdot K_{K\mathrm{I}} \cdot K_{K\mathrm{II}} \cdot K_{K\mathrm{III}} \quad (\mathrm{cm}) \tag{5.5-15}$$

经工程应用及专家测评认为:"研究工作所采用的模型试验与计算分析相结合的技术路线正确、方法先进;……,所提供的位移简化公式简单、易于设计单位应用,……,建议将所提供的简化公式列于相应的规范中,……,类似的研究工作系首次进行,成果达到了国际先进水平"。

格形钢板桩码头水平位移影响系数法已列入交通部水运工程建设标准《格形钢板桩码头设计与施工规程》(JTJ293)。

表 5.5-5　　各影响因素的影响系数表达式

序号	变量	影响系数 K_i
1	$H\ (\mathrm{m})$	$K_H = \dfrac{H}{13.788 + 0.2552H}$
2	$\dfrac{H}{B}$	$K_B = \left(\dfrac{H}{B}\right)^2$
3	$\dfrac{G}{H}$	$K_G = \dfrac{\left(\dfrac{G}{H}\right)^2}{0.174 + 1.107\left(\dfrac{G}{H}\right)^2} - 0.2\dfrac{G}{H} + 0.4294$
4	$\dfrac{W}{H}$	$K_W = \dfrac{\left(\dfrac{W}{H}\right)}{0.761 + 0.613\left(\dfrac{W}{H}\right)} - \dfrac{W}{H} + 1.032$
5	$\dfrac{(q-3)}{H \cdot \gamma_W}$	$K_q = \dfrac{1.16(q-3)}{H \cdot \gamma_W} + 1$
6	$\delta\ (°)$	$K_\delta = 1.353 - \dfrac{\delta}{28.21 + 1.174\delta}$
7	格内填料参数 K_I	$K_{K\mathrm{I}} = \dfrac{338}{K_\mathrm{I}} + 0.11$
8	n	$K_n = \dfrac{n}{1.4 + 2.21n} + 0.7887$
9	后侧填料参数 K_II	$K_{K\mathrm{II}} = 1.9 - \dfrac{\dfrac{K_\mathrm{II}}{K_\mathrm{I}}}{0.346 + 0.765 \cdot \left(\dfrac{K_\mathrm{II}}{K_\mathrm{I}}\right)}$
10	地基参数 K_III	$K_{K\mathrm{III}} = 4.0 - \dfrac{\dfrac{K_\mathrm{III}}{K_\mathrm{I}}}{0.055 + 0.278\left(\dfrac{K_\mathrm{III}}{K_\mathrm{I}}\right)}$

注:$S = 21.4 \cdot K_H \cdot K_B \cdot K_G \cdot K_W \cdot K_q \cdot K_\delta \cdot K_n \cdot K_{K\mathrm{I}} \cdot K_{K\mathrm{II}} \cdot K_{K\mathrm{III}}\ (cm)$。当其中少数影响系数不能确定时,可初步取 $K_i = 1$ 估算侧向变位。

6 结语

格形钢板桩码头作为一种特殊的码头结构形式,其应力变形规律是比较复杂的。要直接提出其侧向变位简化分析方法比较困难。本项研究的思路是,首先依据有限元法和离心模型试验分析格形结构的变形机理,揭示钢板桩格体在与格仓内外填料的相互作用中所起的作用,对于认识格形结构的变形特性极具意义。然后根据有限元数值分析,建立格形结构的侧向变形与有关变量的函数关系,从而提出格形钢板桩码头水平位移影响系数法。这也是构建规范分析方法的一种新的尝试。

对于格形钢板桩码头来说,由于钢板桩格体的环形布置,格形钢板桩的片状形态及锁口的特殊连接方式,使得离心模型试验中的模型制备十分困难,且有限元数值分析也颇具挑战性。离心模型试验满足相似性体现了试验者的智慧,并保证了成果的合理性;在数值分析中,如果直接采用三维有限元法,并对钢板桩、锁口及周边土体离散化其困难也是不可能克服的,由于板桩的片状形态,厚度仅为 12.7mm,同时模拟锁口的特殊连接方式,为保证有限元单元体形态的合理性,在计算域内的单元数量将大得不可接受。为此在本项研究中,引入二维格体单元,即仅以土体为分析对象,采用二维有限元法就能合理模拟格形钢板桩码头结构,这对其他类似的数值分析工作具有参考意义。

依据有限元分析成果,建立一个复杂结构的侧向变形简化表达式,是一项非常困难的工作,本项研究仅仅是一个尝试,最基本的要求是有限元分析成果可靠,更为关键的是对有限元计算成果的再分析。本项研究提出的"影响系数法"、影响变量的选择、以及总的影响系数为各变量的影响系数之积都是值得深入探讨的问题。

参考文献

[1] Brown, P. P. Discussion of "Field Study of a Cellular Bulkhead."[J]. Journal of the Soil Mechanics and、Foundations Division, SM 1, Part 1, Fed., 1962(88):72-75.
[2] 马瑞康译. 格形工法、双排板桩工法系泊设施计算例. 土木技术. 48 卷 11 号.
[3] Leung C. F, Lee, F. H. & Tan, T. S. Eds., Centrifuge 94, Proceedings of the international Conference Centrifuge 94, Singapore, Balkema, Rotterdam. 1994.
[4] 第二届全国离心模拟技术学术会议论文集, 中国, 上海, 1991, 6.
[5] 王学东. 用于土工和结构模型试验的离心机设计简介[J]. 长江科学院院报, 1987, 4(2):60-71.

第六篇

重点工程实录

第1章 三峡工程

1 概述

1.1 枢纽工程概况与导流方案

长江三峡水利枢纽(简称三峡工程)位于长江干流三峡河段。枢纽总体布局:泄洪坝段位于河床中部,两侧为左、右岸厂房坝段和非溢流坝段,水电站厂房分设在左右岸厂房坝段之后;通航建筑物均布置在左岸。右岸白岩尖山体下预留扩建的地下厂房位置。枢纽总体布置见图6.1-1。

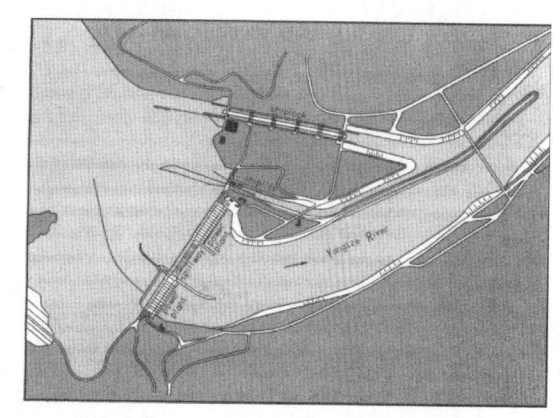

图6.1-1 三峡工程枢纽总体布置图

三峡工程采用三期导流方式导流,枢纽施工分三期,计划总工期17年。由于长江流量大、施工期长、需满足航运要求等因素,三峡工程的导流工程不仅重要,而且十分复杂。从河床地形看,三斗坪坝址河谷宽阔,江中有中堡岛将长江分为主河床及后河,故分期导流方案将十分适宜。长江为我国水运交通大动脉,施工期通航问题至关重要。经反复研究,并经国务院三峡建设委员会批准,确定为"三期导流,明渠通航"方案,具体安排如下:

第一期围右岸(图6.1-2),在中堡岛左侧及后河上下游修筑一期土石围堰,形成一期施工基坑。在一期围堰保护下,扩宽后河修建导流明渠,并修筑混凝土纵向围堰,预建三期RCC围堰基础部分,同时在左岸修建临时船闸。此时,水仍从主河床通过。一期土石围堰建成后,缩窄河床约30%。

第二期围左岸(图6.1-3),导流时间为1997年11月至2002年1月,共5年。二期上下游围堰将在1997年11月大江截流后立即修建,将长江主河床截断,并与混凝土纵向围堰共同形成二期基坑,以修建泄洪坝段、左岸厂房坝段及电站厂房等主体建筑物。二期导流时,江水由导流明渠宣泄,船只从导流明渠和左岸已建成的临时船闸通过。

二期上、下游土石围堰轴线长度分别为1439.6m和1075.9m,最大高度分别为82.5m和65.5m。上游围堰基本断面为石碴夹风化砂复式断面,防渗体为1~2排塑、"柔性"混凝土防渗墙,上接复合土工膜,基岩防渗采用帷幕灌浆处理。围堰最大施工水深60m,工程量大,堰体的80%在水中抛填而成,堰基地质条件复杂、工期紧迫、技术难度极高,是三峡工程最重要的临时建筑物,也是最具挑战性的土建工程之一。工程在设计洪水位(85m)时,拦蓄水量达20亿m^3,最大挡水水头75m,它的重要性不仅是保证左岸主体建筑物安全施工的屏障,而且一旦失事会造成工程及其下游的重大损失,并严重推迟工程的施工总进度。因此,上游围堰的设计等级比规定的提高二级,为Ⅱ级临时建筑物,设计洪水重现期为100年一遇,相应流量为83700m^3/s,挡水位为85.0m。此外,还增加200年一遇洪水校核,相应流量为88400 m^3/s,相应挡水位为86.2m。下游围堰比规定提高一级,为Ⅲ级临时建筑物,设计洪水重现期为50年一遇,相应流量为 79000 m³/s；

第三期再围右岸（图 6.1-4），时间从 2003 年至 2009 年，共计 6 年。2002 年汛末拆除二期土石横向围堰，在导流明渠内进行三期截流，建造三期上、下游土石围堰，并在其保护下修建 RCC 围堰，形成三期基坑，修建右岸建筑物。其后，待右岸电站厂房全部完建，拆除三期上、下游土石围堰，右岸电站投入运行。

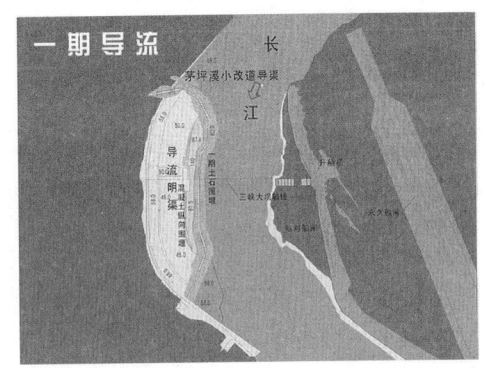

图 6.1-2　一期导流布置图

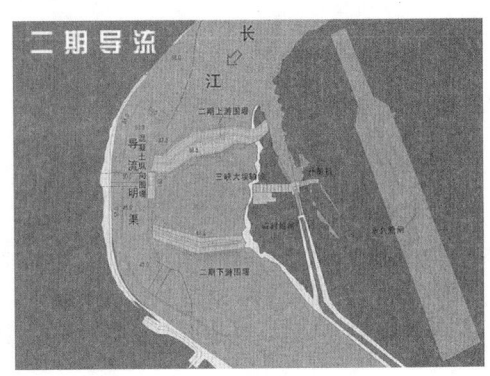

图 6.1-3　二期导流布置图

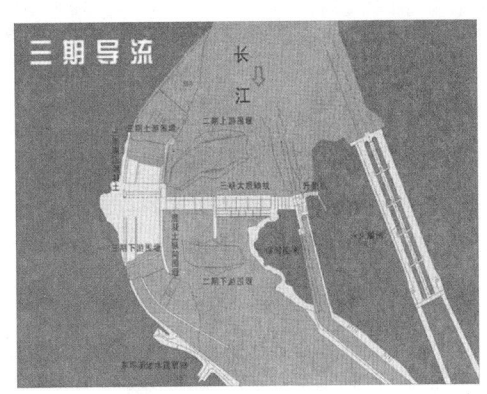

图 6.1-4　三期导流布置图

1.2　二期围堰的技术难度与研究工作简述

二期上下游围堰的技术难度，在国内外同类工程中均无先例。通过多年的科学试验和深入研究，随着设计和施工的进程逐步解决问题，并且为了验证研究成果和设计的合理性，相关人员还在围堰拆除过程中，动用相当大的人力和经费，对围堰的重要部位进行测试和取样，收集数据进行分析，这是以往一般工程所没有过的[1]。

二期围堰的科学研究工作可追溯至五十年代，依据各个设计阶段的深度和提出的问题，进行了大量的勘测和试验研究工作，解决了设计中的关键问题。而主要的工作是在 1984 年之后，三峡工程建设正式提到议事日程后进行的。1992 年以后，研究工作全面展开，先后经历了初步设计、单项技术设计、招标设计、施工详图等阶段，特别是 1990 年至 1995 年，在执行国家"八五"科技攻关三峡二期深水高土石围堰关键技术研究中，配合 8 个单项技术设计，设置了与设计紧密相关的六个子题，解决了围堰主要关键技术问题，许多成果直接用于技术设计中，有不少计算内容，如应力应变分析和重要参数确定等，本身就是设计的重要组成部分，可见这是整个围堰建设的重要阶段。

在施工阶段针对施工工艺和设备、防渗墙质量的现场控制、水下振冲加密技术、爆破影响的现场测试等问题进行了现场试验研究，并对观测资料进行了围堰工作状态的验证和反演分析计算。

1.3 二期围堰的实施和运用情况及其质量评价

上下游围堰分别从1996年4月开始建设至1999年3月完工,全过程可分为施工生产性试验、两岸预进占、平抛垫底施工、大江截流、全面施工和扫尾工程等阶段。施工高峰是在1997年11月至1998年9月,完成的工作量主要有堰体填筑量1037万 m^3,防渗墙8152m^2和帷幕灌浆14915m(见图6.1-5,图6.1-6)。

图6.1-5 围堰施工的基坑原貌　　　　　图6.1-6 围堰施工时从堰顶打防渗墙盛况

二期围堰在建设过程中于1998年汛期就开始直接挡水了。1998年7月2日,长江出现了第一次洪峰,当时围堰正处于施工的关键时刻,上游围堰第一道墙于6月22日刚建成。6月25日基坑开始限制性抽水,上游围堰第一道防渗墙在不断增大的水头作用下逐渐发生变形,且墙体向下游方向产生了大的变形,其值超过技术设计计算的最大值,为此在工程界引起很大不安。为了鉴别围堰是否正常,科研人员在极短的一天时间内,夜以继日地进行分析和重新计算,根据当时施工填筑实况求得墙体新的最大变形计算值,与实测值仅差2cm,同时认定,围堰工作正常,使整个工程施工得以继续正常进行,这是科研工作服务于工程的一个突出的例子。1998年长江共发生过8次洪峰,其中第6次洪峰达61000 m^3/s。1999年发生3次洪峰,最大为58000 m^3/s,围堰运用一直良好。初期基坑抽水后,从上游围堰背水坡的渗漏量来看,量水堰的测值略大于20 L/s,连同下游围堰的渗漏量45 L/s,合计65L/s,1999年测得最大渗漏量为190~210 L/s,均远小于600 L/s的设计值,围堰基本上做到固若金汤。

2002年5月和7月,上下游围堰先后拆除至破堰高程,表明围堰已很好地完成了任务。正如三峡工程技术委员会主任潘家铮院士所评价的:"从众多因素综合分析,三峡工程二期围堰建设就总体而言无疑已达到国际领先水平","在极其严峻的水文、地质、工期条件下,二期围堰的建成标志着中国水利水电建设又登上新的台阶,跻身于国际先进水平,值得庆贺"[2]。

2 围堰的主要技术特点

2.1 围堰建设的难点

二期上下游围堰的技术复杂性与施工难度不是一般围堰工程可比的,主要难点如下:

(1)施工水深大,挡水水头高。最大填筑水深60m,最大挡水水头75m,防渗墙最大高度74~84.5m,在世界围堰建设史上是罕见的。

(2)工程规模大,施工期限短。围堰土石方填筑总量约为1100万方,其中80%以上为水下填筑,混凝土防渗墙面积约为8.4万 m^2,远超过国内外同类工程的规模,兼之工程必须在一个枯水期建成并挡水,施工强度很高。

(3)地形地质条件复杂。上游围堰堰基下的覆盖层为新近淤积的粉细砂层(葛洲坝工程建造之后)、砂砾石层、残积块球体层等,厚度在15~35m。其中,粉细砂层松散、颗粒均匀、动力稳定性和渗透稳定性(允许渗透比降为0.22)差,抗冲刷能力弱;残积块球体呈多叠置或架空结构,块球体直径达3m左右,质地坚硬,要在块球体层建造连续防渗墙体难度很大,需采取专门措施;河床基岩系前震旦纪闪云斜长花岗岩和后期入侵的花岗岩脉和辉绿岩脉,岩性坚硬;河床深槽段左侧存在坡度为75°~83°、高差约15m~30m的基岩陡坡,给防渗墙成墙及嵌岩造成极大困难,也成为制约工期的重要因素;覆盖层下的基岩,各层的风化程度不一,透水性差别大且透水界线不明显局部地段弱风化岩层内存在强透水带,对堰体的渗透稳定不利。

(4)施工期的通航必须保证,这与国内外一般工程的施工条件是不同的。二期围堰初期截流戗堤进占和堰体填筑必须同时考虑大江束窄河床的流速和流量满足航运的要求。

(5)围堰填料性质杂乱,主要系左、右岸的开挖料,包括风化砂、石碴、块石和混合料等,制约了围堰断面形式的选择。而且由于料源杂,料场分散,因此从料的开采、运输、压实到检验任一环节的脱节都会影响工程的进度和质量。

(6)围堰挡水运行时间长,维护要求高。按二期工程施工进度安排,二期主体工程施工要跨4个汛期,一方面要保证度汛安全,还要注意基坑内大规模爆破开挖和建筑物高强度施工对围堰正常运用的影响等。

2.2 与国内外同类工程的比较

围堰建设过程中,对国内外同类工程进行了广泛的调研,从中发现:

(1)国内外围堰广泛采用迎水面水下抛填防渗土料作斜墙和铺盖的防渗形式,比较成功。由于三峡地区缺乏土料,此方案不可用。

(2)伊泰普工程围堰最大高度80m,水下填筑深度40~50m,河床覆盖层水下清基水深60m;达列斯堆石坝高度90m,水下抛填深度55m,它们的规模和难度似与本工程相当,但伊泰普围堰施工经历两个枯水期,达列斯坝也花了2年时间完成水下抛填,与三峡一个枯水期难度不同。

(3)在水下抛填的粗粒料堰体和透水地基上建造混凝土防渗墙的工程很多,葛洲坝大江围堰防渗墙高39~42m,龚嘴围堰防渗墙高60m,世界上最深防渗墙为加拿大马尼克三号坝,墙深达131m,但它们大部分是在河床密实的砂卵石覆盖层中造墙,而在松散的水下风化砂抛填料中造孔成墙达60多米的工程,除三峡围堰外尚无他例。

(4)填筑强度达19.4万m^3/d,防渗墙月强度要求在8500m^2左右,上下游合计15000m^2左右,这样的施工水平也属少见。

3 二期围堰方案的研究与主要技术措施

3.1 围堰断面形式简介

二期深水围堰一直是三峡工程重大关键技术之一。建设早期,国外有些专家曾参与过一些研究,提出过几个设想的方案,如图6.1-7所示。1986年结合"七五"国家攻关科研项目提出了三大方案[3],即高双墙、低单墙和混合料防渗水下清基方案,如图6.1-8,其中,第三类方案难以实施故舍弃。经单项技术设计阶段进一步研究,上游围堰的典型断面如图6.1-9和图6.1-10所示。

1 单排墙断面,位于长江深槽两侧,堰顶高程88.5m,堰顶宽15m,堰体由截流戗堤、风化砂、石碴混合料、过渡料和块石填筑。围堰防渗采用塑性混凝土防渗墙,在高程73m以上接复合土工膜心墙方案,墙底嵌入弱风化岩石1.0m。防渗墙厚度0.8m和1.0m,墙下接帷幕灌浆要求灌至岩体透水率q≤10Lu。

防渗墙顶接复合土工膜至高程86.2m；

2 双排墙断面，位于长江深槽部位，目的是改善防渗墙的受力条件，其中上游第一道墙位于围堰轴线上游6m，第二道墙在轴线上。墙体均由塑性混凝土建造，厚度均为1.0m。双排墙与单排墙相接处上游墙以45°折线与单排墙连接。墙顶土工膜以折线形式伸入临时挡水子堤后以1∶2.5坡度斜铺至高程86.2m。

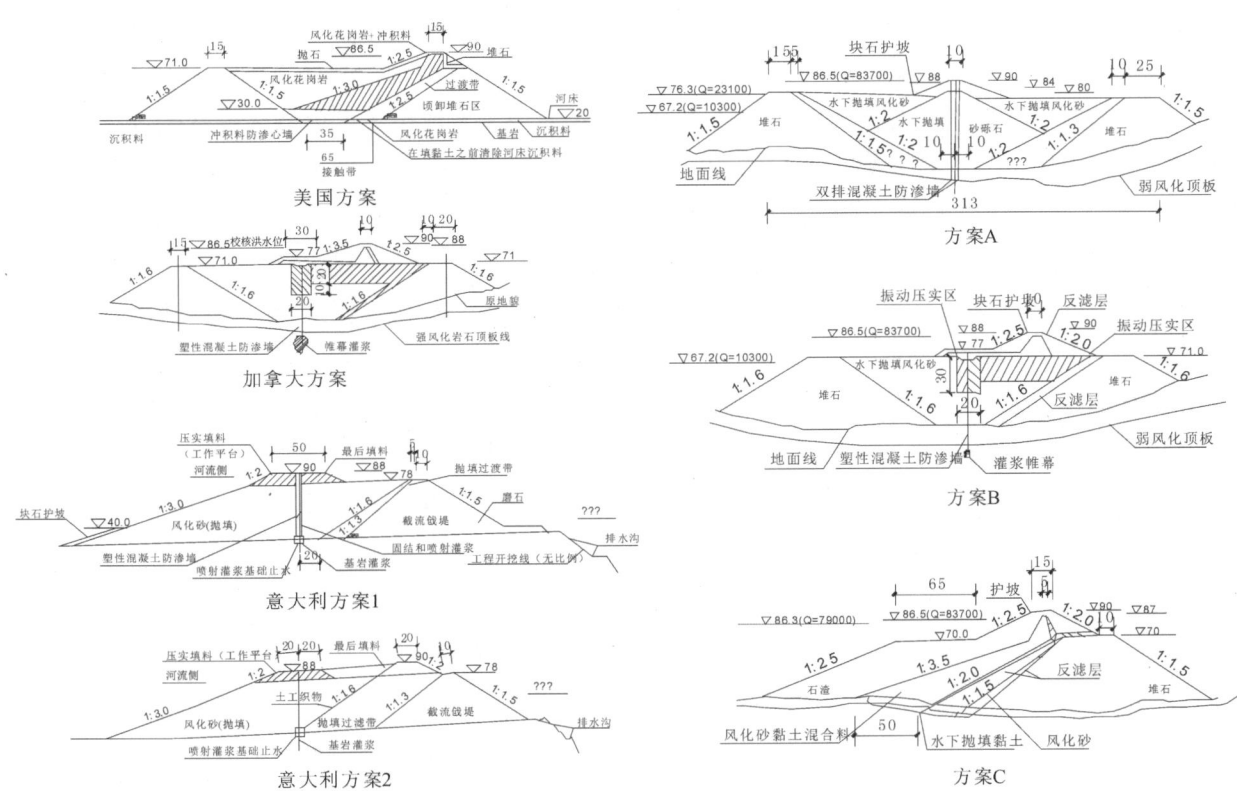

图6.1-7 各国专家建议的二期上游围堰方案　　图6.1-8 二期上游围堰三种可研基本方案

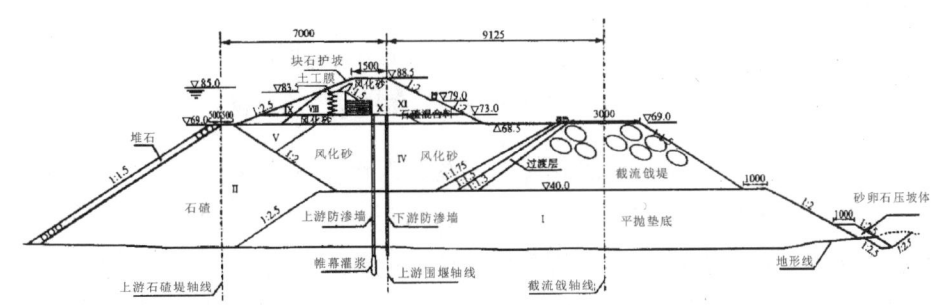

图6.1-9 上游围堰双排防渗墙方案

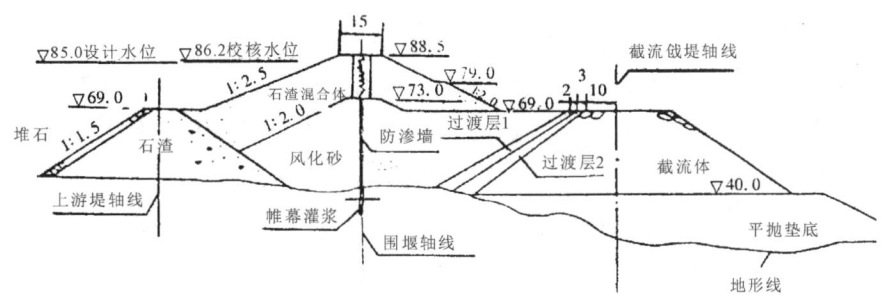

图6.1-10 上游围堰单排防渗墙方案

3.2 二期围堰建设中若干重要的技术措施

3.2.1 采用柔的思想建造防渗墙

根据国内多个防渗墙的经验,二期围堰防渗墙最初是以高刚墙的方案为主进行研究的。但数值分析发现,墙体的应力状况不佳,墙体下部有大片塑性屈服区,墙的水平变形也较大,存在安全隐患。若采用强身固体(如将混凝土材料的模量从 1.8×10^4 MPa 增至 2.2×10^4 MPa,甚至更大)的思路来抵抗墙的大变形和高应力,则不仅要求墙体很厚,而且高强度的混凝土(弹模大于 2.2×10^4 MPa)施工也很困难,墙下部设置钢筋笼更增加施工难度,特别是由于墙体的水平变形主要取决于庞大堰体的变形,墙体刚度的增加对墙体变形的减小贡献不大。鉴于此,我们将设计的主导思想转到柔性墙体的轨道上。但是把墙体刚度降低也带来一系列的问题:首先是必然导致材料强度的降低,如果强度的降低比弹性模量的降低更快,则墙体中的屈服区反而会扩大,墙体的工作状况更差。因此要解决问题就必须采用一种模量较低但仍有相当高的强度,尤其是较高的初期强度的混凝土防渗材料,才能解决问题。但现有的塑性混凝土材料尚不能满足要求,必须重新研制。简言之,研制一种高强低弹的"柔性"混凝土材料,成为解决二期深水高土石围堰建设的关键问题之一。这种高强低弹的材料以模强比(初始切线模量与强度的比值)为主要指标。根据分析,为满足深水围堰的要求,模强比应控制在不超过 250 为宜。为此,在"八五"国家科技攻关期间,投入了很大的力量对此进行研究,并取得了优秀的成果。采用柔性墙体后,墙体的应力和变形都大为改善,如图 6.1-11。

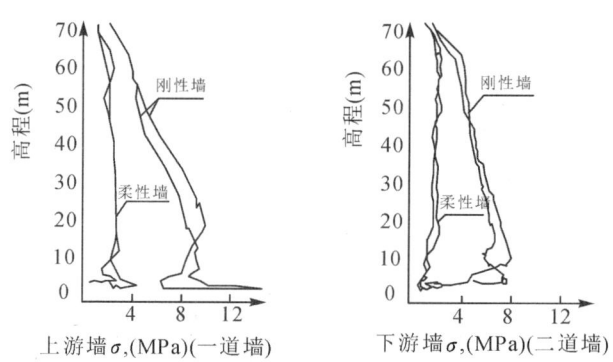

图 6.1-11 刚性墙与"柔性"墙内的应力分布比较

二期围堰建设中柔的思想还体现在其他方面。曾经有人对下游围堰一道 1.0m 厚的防渗墙是否过于单薄提出疑虑。当时有两种措施可以考虑:一是紧贴墙的背水面增加一道高喷墙,但它较为刚性,恐难适应变形的要求;另一是继续走柔的思路,适当加厚柔性墙体以改善应力和变形状态,增加安全度。经过从工作性态、施工方便、造价高低等方面反复权衡,决定采用后一个方案,从而促进下游围堰按时、顺利的建成。

总之,这种柔的墙体设计思想是与围堰的松软抛填堰体的特点相适应的。它是保证这个具有挑战性的工程成功实施的前提。为实施上述的思路,研制一种低弹高强的柔性混凝土材料就成了当务之急。这种材料的研究先后历时十来年,经过几百次室内配比试验,并先在三个工程现场进行试验。它是以风化砂、水泥、黏土(或膨润土)为主要原料,掺和一定的添加剂配成的。这种材料性能优秀,达到或超过了国外同类产品的指标,施工也十分方便,是一项很好的研究成果,值得推广[1]。

3.2.2 尽量采用新方法、新技术解决建设中的疑难问题

(1)首创采用离心模型试验确定风化砂在 60m 水深下抛填体的密度

堰体的主要部分是风化砂在深水下抛填而成,它的密度值是围堰设计最基本的参数。但该值的确定却

遇到了很大的困难。首先,国内外尚无如此深的水下抛填土密度的经验,20世纪50年代末,长江科学院曾在三峡现场石板溪专门拦沟筑堤作人工抛填试验,求得6m水深下风化砂抛填干密度仅为1.40~1.45g/cm³。若按此低密度进行设计,墙体的位移将大到无法接受。此事曾长久困扰设计工作进展(见图6.1-12)。

80年代末,长科院采用国内仅有的大型离心机,进行100倍重力加速度下离心模型试验,模型水深60cm,专门设计了动态条件下进行抛填的装置,求得不同深度土层中抛填干密度,其值在1.73~1.83g/cm³之间,平均为1.75g/cm³,若风化砂中粗粒含量(>5mm)超过61%,则干密度可达1.82 g/cm³。[4]

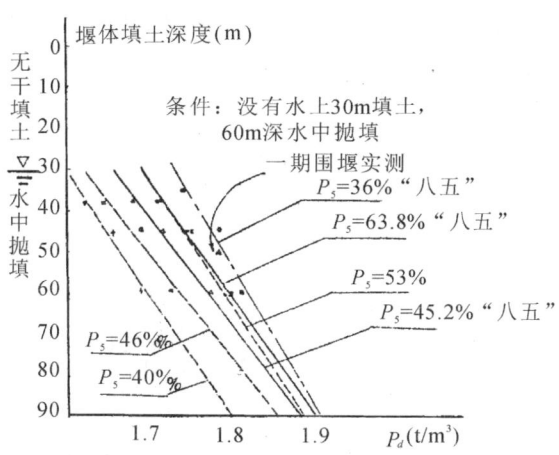

图6.1-12 风化料抛填密度与水深的关系

基于这些资料,设计条件就得到了很大改善。这是三峡围堰工程应用新科技解决的第一个重大难题。该项成果为以后实测的一期围堰中同类材料实际密度值所证实,根据钻孔取样试验成果,测得一期围堰风化砂水下抛填干密度为1.66~1.97 g/cm³,平均1.81 g/cm³。

(2)均匀设计的材料试验设计法和神经网络ANN模型

均匀设计法是近年提出的一种非常适合于多水平的试验设计方法,它可比正交设计大幅度降低试验工作量。在柔性混凝土研究中材料配比有3个因素,每个因素有9个水平,按均匀设计理论,只需做10组试验即可。神经网络模型ANN是为了建立柔性材料配合比(原材料含量)与其力学性质的关系而引入的,三个输入端为原材料中的水泥、黏土和风化砂;两个输出端则为抗压强度(R_{28})和初始切线模量(E_i)。该模型用于指导施工配比的优化相当成功,给施工带来很大方便。

(3)围堰的饱和—非饱和渗流分析以及非稳定渗流场分析

围堰的渗流研究最早进行过稳定饱和三维渗流分析,但因二期围堰是一个复杂的饱和—非饱和渗流区域,在有些条件下又是一个非稳定渗流场,因此进行了三维饱和—非饱和渗流计算,确定非饱和计算参数;建立三维非稳定计算模型;并对防渗墙开叉和裂缝等特殊状态开展了有限元计算和物理模型试验,分析缺陷对围堰安全的影响。

开叉分析表明,当开叉宽度为0.1~0.2m时,开叉处浸润线分别抬高3.6m和5.5m,且对开叉处50m范围内的地下水有一定的影响,对100m以外影响不大。开叉处砾石内水平渗流集中比降虽较高,达40~60,但集中渗流在墙后消散很快,墙后最大水平比降不到0.1,对安全不构成威胁。渗漏量增大也很有限,当开叉面积为0.2m×12m时,渗漏量仅增加7.5×10⁻³m³/s,对基坑涌水量影响有限。

(4)围堰堰基地层剖面的概率分析方法探索

目前常用的地层剖面绘制方法比较简化,有一定近似性。研究中曾尝试采用概率分析方法进行地层剖面的绘制。鉴于钻孔之间的地质特征具有随机性,因此对钻孔资料进行统计,求得地层高程钻孔资料的均值和方差,并认为该指标将控制整个地层分界线(即推测曲线)的概率分布;其次,由随机函数产生随机值,并经线性变换产生一个符合正态分布的推测值(即推测点高程值),此推测值必须满足下面两个条件才被认可,以便使推测曲线的统计特征尽可能与钻孔资料相应指标一致:①相邻点高差≤均方差×高差控制系数(K_0),②推测值与均值之差≤均方差×高差控制系数(K_0)。以上推测值控制条件的满足,意味着推测曲线具有一定阶的马尔可夫特性。

本次对围堰基础范围内共9条纵横剖面的微风化层顶板进行了推测,其中坝轴线河床段微风化层顶板线如图6.1-13。与一般勘探方法所得的顶板线相比,河槽部位在坝轴线下方,概率的顶板线比常规的平均低5～8m,而在其下游侧,又偏高几米。按概率剖面进行渗流分析的渗漏量比常规方法的大些,对本例,相差约25%。因此,还是值得注意的。

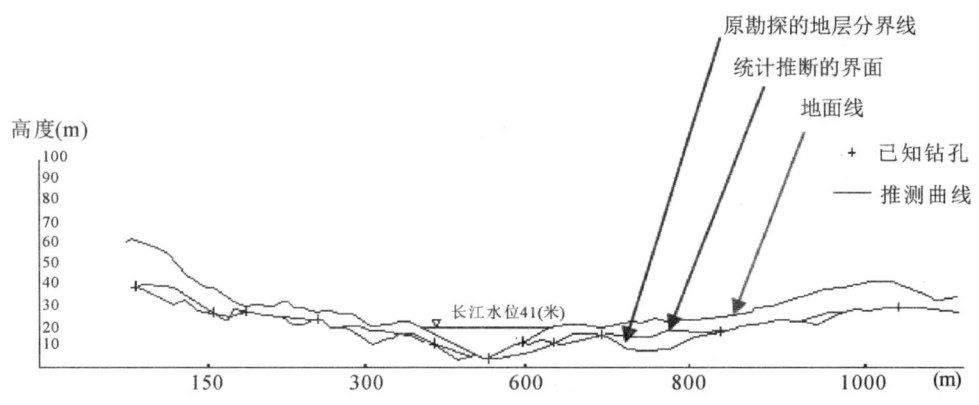

图6.1-13 推断所得的随机界面与常规界面的比较

(5)土工膜的无损检测研究和土工织物应变量测设备的研制

复合土工膜的现场无损检测对控制膜的质量十分重要。现有的多种方法,或结构复杂、造价高,或使用困难、适应性差。本次攻关重点研究了高压电测法用于施工现场的可能性。这种方法的理论依据是气体间隙放电或电容耐压击穿原理,其放电或击穿与所加的电压、极间距离、介质特性、电极形状等因素有关。借助于空气电离进行检测,因为在标准大气压下空气电离基本不存在,但当形成一定场强就能形成电离,改变空气的导电性能,这样就可探测土工膜缺陷的有关信息。经对土工膜试样进行测试试验表明,在膜有孔、无孔两种状态下,电参数R或i有明显差别,因此该法是可行的。高压探测设备电源可设计成mA级小功率型,故它不会因电弧放电而对膜构成破坏,也不会对人体安全带来威胁。

土工织物的变形量测是研制一种电阻式特种大应变计实现的。应变计长度为80mm,应变测试量程达15%,选用能使应变计灵敏系数为常数的黏结胶,如D04胶或703胶,粘贴于土工织物上,保证应变计与织物的同步变形。研制了可靠的标定设备,测得了几种织物由电阻测试值换算的应变ε_s与实际织物的拉应变ε_t之间的相关系数为$\gamma=0.9975\sim0.9997$,表明相关性良好。

(6)新的施工设备研制和引进、开发

新的施工机具的引进开发和研制对促进施工顺利进行和加快进度起了重要的作用。

引进并进一步开发的先进设备有从德国引进的BC-液压铣槽机和BE-500泥浆净化装置,它们具有效率高、钻孔深度大等优点。为了在硬层中使用,试验研究了一套"铣、砸、爆"相结合的新工艺,效果良好。

自行研发的有大型的冲击反循环钻机CZF-200,它是专为三峡围堰而进行的,钻头重5t,功效比改进的CZF-1200提高25%以上。此外,JHB-200型泥浆净化剂的研发、重型钢丝绳抓斗的研发、SM-400全液压工程钻机的引进与开发都对工程的质量、安全、造价和进度,起了良好的作用。

改进成槽工艺是一个值得着力研究的课题,新发展的工艺有:劈钻法、两钻一抓法、两钻三抓法、上钻下抓法、纯抓法、铣削法、铣一抓一钻法等。

3.2.3 加强现场观察和检测,及时反馈,更新信息

在围堰的整个施工和运用过程中,十分重视现场的指导和观测资料的分析。墙体材料的配比是根据现场原材料当时的实际参数即时计算确定的。对围堰中填料的分布状况也进行记录。在围堰中又埋设了大量的多种观测仪器,以监测堰体、墙体、土工膜、堰基的工作状态,其中有些观测仪器是专门特制的。这些资料对判断围堰的安全性起了十分重要的作用。1998年当长江发生了6次大洪水,刚施工完成的第一道墙发生了超过计算值的大变形,其安全性引起了全工地人员的关切。在紧急的情况下,根据现场收集的资料更新,重新进行有限元计算,并与原型观测资料对比分析,才认定情况正常,使整个工程仍能继续进行。现场所收集的资料对设计和计算条件的验证也起了很好的作用。一期围堰的建设经验和运用状况对二期围堰的建设极具参考价值,比如十分重要的风化砂抛填体的密度,根据离心模型试验的成果确定后,又经过一期围堰拆除时的实测检验,才更放心地使用的。

3.2.4 围堰拆除时的资料收集和补充研究工作意义重大

三峡公司花费大量资金进行围堰拆除时的科研工作,是一项很有眼光的举措。当时对二期围堰尚有许多问题需要解答:例如风化砂水下抛填体在4年多后实际密度是否增加? 防渗墙附近堰体风化砂振冲后实际密度到底多少? 不同阶段完成的防渗墙其完整性如何? 物理力学参数的差异有多大? 它们与室内试验及施工中的模拟试验结果是否一致? 墙顶部与子堰连接的复合土工膜完整性如何? 深槽段两道墙之间的风化砂密度、泥浆入渗情况如何? 墙体柔(塑)性材料经过4年后其性能变化如何? 防渗墙周围泥浆黏附情况将大大影响防渗墙的垂直应力,这个问题在计算中是一个长期的悬案,趁此机会亦予解决。这种资料的价值是不言而喻的,但它也只有对大型围堰工程才能做到。

4 围堰断面结构设计的优化研究

断面结构的优化是围堰设计的重要内容,它直接关系到工程的安全,施工的难易和经济的合理,必须经过多方的反复论证、修改和验证,并且几乎伴随工程建设的全过程。在这工作中,深入细致的数值分析工作起了重要的作用,可以说,每一个重要的决策都有数值分析成果的依据。

4.1 围堰设计中的数值分析工作

二期围堰的应力应变有限元分析,从1984年可行性研究阶段开始直到2001年配合围堰拆除的反馈资料分析,前后历时17年。它们几乎在围堰建设的每一步决策过程中都起了重要的作用。参加计算的单位先后达15个,它们都是国内在土石坝有限元分析方面比较有经验的单位,曾经参与的主要研究人员达50~60人,计算的方案超过几十个。这样的方式、这么大的规模、持续这么长的时间,尤其是它的效果和对工程的作用,在国内和国际都是罕见的。

数值分析工作可以分为四个阶段:

(1)1984—1985为可行性研究阶段,主要是检验当时围堰设计方案的可行性,发现了方案中存在的问题,表明方案是不可接受的;

(2)1986—1990为初设阶段,主要是验证初步设计方案是否可行。结果表明,初设方案可以成立,但需采取一定的结构措施;

(3)1991—1995为单项技术设计阶段,主要是优化设计方案,并且为进一步优化施工提出了新的思路;

(4)1996—2001为施工和运行阶段,主要是配合施工科研项目,为加速施工进度和降低造价提供决策依据,并且与实测资料对比,进行反馈分析,对计算参数和边界条件进行调整,使预测值更符合实际。

1984年6月,国家科委与水电部科技司主持的"三峡施工科研协调会"召开之后,长江科学院和长委设计院会同南京水利科学研究院、中国水利水电科学研究院、清华大学、河海大学、武汉水利电力大学和成都科技大学等单位,共同进行了初期的三峡围堰应力应变分析工作。研究对象是1984年8月的初设方案,其特点是风化砂堰体是自然抛填状态,墙体材料为常态混凝土(弹模为18000MPa),两道墙各承担一半水头,第二道墙先施工。计算的数学模型采用邓肯-张的$E-\mu$模型。表6.1-1列出了各家所得的主要成果,可以看出,堰体和墙体的水平位移过大,达1.0m~1.5m,墙体的最大压应力也较大,一般在10.0MPa左右,墙的下端部应力水平局部超过1.0,说明有一定范围的塑性区出现。堰体的变形和受力情况也不太理想,上游接近墙体的某些部位应力水平达到1.0,存在较大的塑性区,这是由于墙体中较大的向下游位移造成的。

表6.1-1 初期三峡二期围堰应力应变分析结果

单位	堰体		墙体			
	最大水平位移(m)	最大沉降(m)	最大主应力σ_{1max}(MPa)	最大小主应力σ_{3max}(MPa)	墙体最大水平位移(m)	应力水平s(%)
长科院	——		13.0		——	
水科院	1.06	1.43	9.43	-0.73	1.04	
南科院			8.76	-0.864	1.55	
清华大学			9.2		1.21	
河海大学	0.949		13.2	-1.03	0.92	
成都科大	1.0	3.3	34.3	12.7	1.04	

1986年国家科委正式将"三峡工程施工关键技术研究"列为"七五"国家重点科技攻关项目,其中包括"为确保三峡工程的安全优质建成提供保证"的二期深水高土石围堰的专题。在国家科委的(87)国科工字013号批文中指出:"在拟定本课题各专题攻关技术路线时,既要按照施工特点,结合在建水电工程安排现场试验,更要重视如数模计算、模拟试验等多种手段进行综合研究。"这样,数值计算就作为重要内容列入了攻关研究的计划中。

攻关内容是考虑设计中的技术难点而安排的,针对性和真实性都很强。数值计算的主要任务就是找出那些设计方案它们在结构上是合理的、安全上是可靠的初设断面形式。为此,进行了多个断面方案,多个影响因素的有限元计算,以研究不同工况下,堰体和墙体的应力、应变、位移、沉降的状况,以及主要影响因素及可采取的措施。在3年多的攻关中,对高墙和低墙两大类围堰设计断面的七个方案进行了分析计算,获得了大量的成果。图6.1-14和图6.1-15分别为竣工时堰体的水平位移和抽水后堰体应力水平的等值线。可以看出,抽水后,堰体上游靠近墙体部位,有一部分的应力水平大于1.0,表明有局部破坏。

根据计算,墙体的最大水平位移一般在40cm左右,最大主应力在23MPa左右,最大拉应力为4MPa。分析表明,不管哪种方案,墙体下游均有一些部位破坏,但若在墙的底部与基岩接触部位设置软垫,则仅有个别单元破坏,此时若辅以简单的结构措施,围堰将是安全的。另一方面,若采用柔性墙方案,则墙体的变位和应力将大幅度降低,但正如上面指出的,这时需研究低弹高强的材料,即它的模强比应小于250,才能使墙体应力应变状态大幅改善。

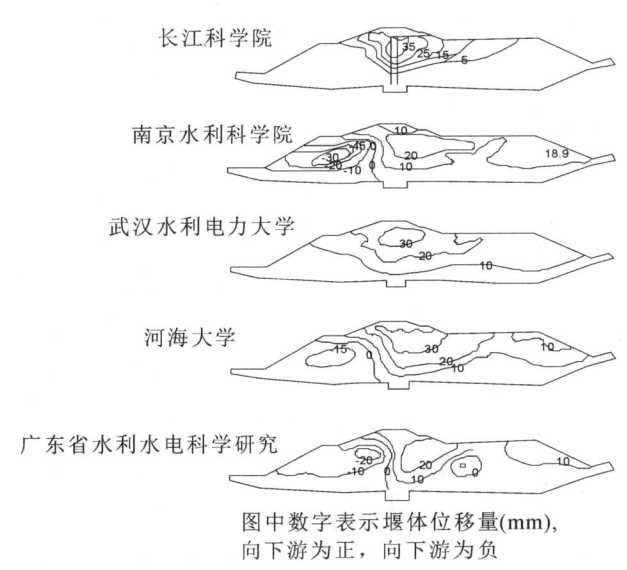

图中数字表示堰体位移量(mm)，
向下游为正，向下游为负

图 6.1-14　竣工时堰体水平位移等值线

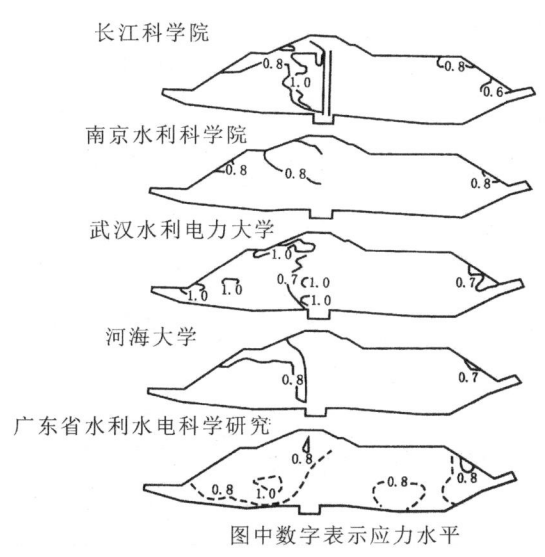

图中数字表示应力水平

图 6.1-15　抽水后堰体应力水平等值图

1991年,在初设已有可行设计方案的基础上,进行了技术设计阶段的有限元分析,其主要任务是优化设计方案。这阶段的计算工作十分接近实际,可用性很强,它已是技术设计的重要组成部分。1995年底,"八五"攻关完成,二期围堰开始进入实施阶段。

1996年和1997年,围堰两侧滩地段开始进行施工。此后的5年中,研究工作是结合施工科研和运行期的安全而进行的。这是一个真刀真枪的阶段,技术成果的准确性和真实性不时受到各方的质疑,预测值与实测值之间的差异都必须有说服力的解释才能让人接受。这是对数值计算实用性的一次考验。结果表明,预测与实际性状的一致性基本上是令人满意的,数值分析的工作得到了专家组的肯定。

1992年二期围堰内容再次被列入了"八五"国家科技攻关项目,攻关的目标是在分析堰体和防渗墙共同作用的基础上,弄清堰体,尤其是墙体的应力和应变,及顶部的水平位移,墙底端部的工作状况,影响墙体和堰体应力和变形的主要因素,研究改善应力和变形的措施,并对施工方法和施工顺序提出建议。由于影响围堰的应力和变形的因素很多,因此计算方案中划分了基本方案和对比方案两类。基本方案是最可能被选用的方案,统一用邓肯－张 $E-\mu$ 模型进行计算;对比方案对墙的刚度,墙的厚薄,两墙水头的分担,堰体与墙体的接触条件,墙与基岩的嵌固条件,堰体的加密措施,施工方法的不同等因素进行敏感性分析。由于参加单位较多(先后达十余家),为便于成果比较,采取了统一网格、统一计算参数、统一计算条件和加荷过程等措施,并规定了应当提交的成果内容和格式,然后分头进行。概言之,研究内容主要围绕下面"五个方面十个字"进行的,即高低、单双、刚柔、厚薄、先后。所谓高低,就是防渗墙采用全坝高的混凝土墙(高度为87m)还是混凝土墙只做到高程73m(高度74m),上接15m复合土工膜进行防渗;所谓单双,就是围堰在河床深槽部位的最大高度处,防渗墙采用单墙、还是双墙(双墙段总长约150m);所谓刚柔,即防渗墙是采用常态混凝土的刚性墙,还是柔(塑)性混凝土墙;所谓厚薄,即墙的厚度采用0.8m、1.0m、1.2m,孰者为优;所谓先后,即上游侧的第一道墙先施工还是后施工对围堰受力状态好些。总之,在技术设计阶段,围堰的优化就是针对上述五个因素展开的。在本阶段初期,分析工作仍主要集中于高双墙方案的完善,几十个计算方案的对比同时展开,有些重点方案由几个单位平行进行,以求准确和快速。经过两年多的研究,取得了丰硕的成果。表6.1-2和图6.1-16至图6.1-19是其中主要计算成果的汇总。

表 6.1-2　　"八五"国家科技攻关的主要计算成果

计算单位	竣工时堰体最大变位(cm)		抽水后墙体最大水平位移(cm)和 大、小主应力(MPa)							
			上游墙(第一道墙)				下游墙(第二道墙)			
	沉降	位移	位移	σ_1	σ_3	N_f	位移	σ_1	σ_1	N_f
长江科学院	82.0	51.0*	30.2	4.49	−0.29	0	10.4	3.55	−0.11	0
南京水科院	83.7	45.0	37.9	2.96	−0.46	1	10.3	2.44	+0.22	0
武汉水电大学	55.4	35.7*	30.8	3.03	−0.60	3	11.8	3.34	−0.37	1
河海大学	74.1	30.3	40.2	3.76	−0.45	4	16.4	3.07	−0.42	1
清华大学(土力学)	120	100*	35.2	4.47	0.45	0	15.7	3.71	+0.35	0
广东水科所	50.3	36.7*	30.8	2.78	−0.72	3	9.8	3.00	−0.30	0

注：①N_f 为防渗墙底部与5cm范围内的破坏单元数；②位移一般为向上游，有 * 者为向下游。

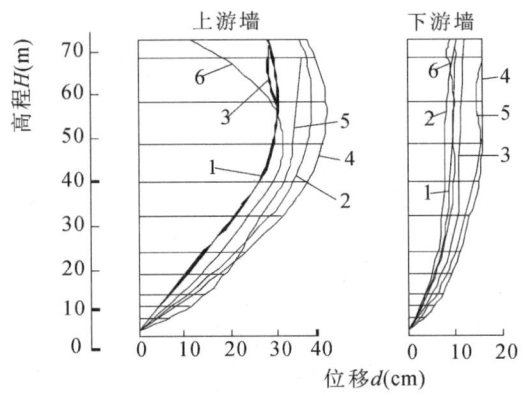

图 6.1-16　抽水后墙体的水平位移分布

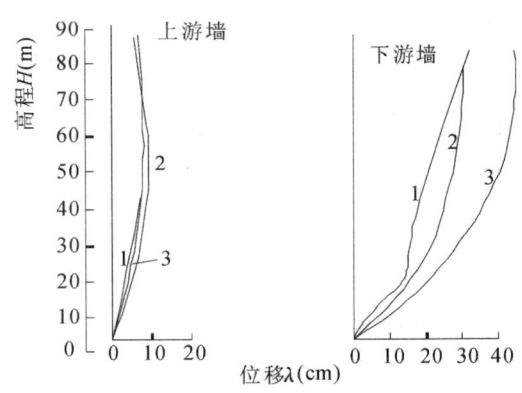

图 6.1-17　高双刚性墙方案墙体的水平位移

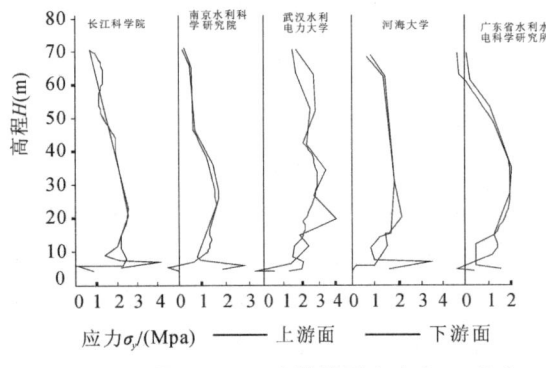

图 6.1-18　上游墙垂直应力 σ_y 分布

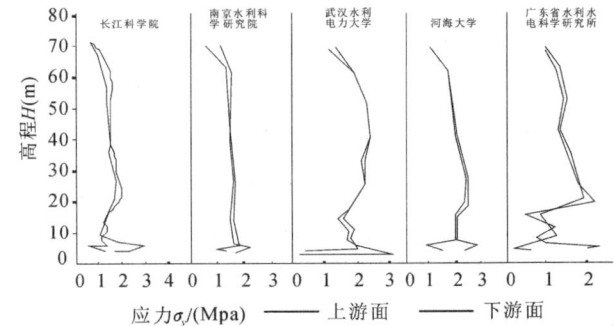

图 6.1-19　下游墙垂直应力 σ_y 分布

可以看出，不同单位的成果基本上具有可比性，尤其是一些重要的指标，对于岩土工程来说，这样的成果应属于有良好的一致性。设计中最关心的抽水后墙体最大水平位移值，对第一道墙在40cm左右，对第二道墙在16cm左右，都在可控的范围内，这是该设计方案可行的重要标志之一。

总之，这一阶段的分析计算为设计方案的选定提供了重要的依据，有关内容成为二期围堰单项技术设计的重要组成部分，对围堰技术难题的解决具有十分重要的意义。

4.2　围堰断面结构的离心模拟验证

用离心模型试验验证数值分析的成果是国内大型土坝工程的首例。[5] 数值分析技术在当时虽已有很大发展，三峡围堰的数值分析也进行得比较细致，但大型工程中成功应用的实例较少，成果仍存在一定的不确定性,因此它的准确性和实用性还不时受到质疑。为此,对其结果进行验证仍是需要的。离心模型试验是一种国际上比较公认的较可靠的岩土工程验证方法,但国内应用尚少。

我院对此进行了5组离心模型试验,最大重力加速度为200g,分别采用堰前无水或不同的上下游水位组合,试验中量测了堰体的位移场,防渗墙的水平位移及其垂直应力分布等参数。试验成果表明,离心模型试验成果与有限元分析成果有一定的可比性:在上下游不同水位组合情况下,墙体的最大水平位移各为50.0cm和56.8cm。墙体的最大竖向应力为10.5MPa,如图6.1-20以及图6.1-21所示。

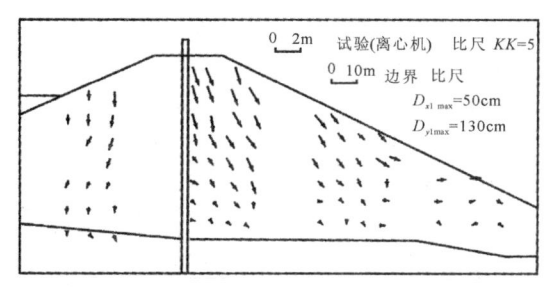

图6.1-20 围堰堰体位移分布图(离心试验成果)

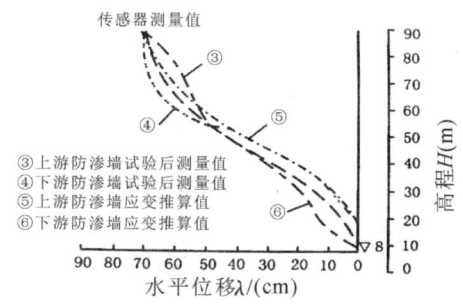

图6.1-21 防渗墙水平位移离心试验成果

这些数值略大于数值分析成果,但基本上是合理的。试验还表明,堰体的密度增加将有助于围堰应力应变状态的改善,当干密度由1.62g/cm³增加到1.72g/cm³时,堰体变形和墙体水平位移将分别减少1.5倍和1.75倍。此亦促进了在以后对堰体采取了现场加密措施的决定[4][5]。

4.3 饱和－非饱和渗流分析以及非稳定渗流场分析

围堰的渗流研究最早进行过稳定饱和三维渗流分析,但因二期围堰是一个复杂的饱和－非饱和渗流区域,在有些条件下又是一个非稳定渗流场,因此进行了三维饱和－非饱和渗流计算,确定非饱和计算参数,建立三维非稳定计算模型,并对防渗墙开叉和裂缝等特殊状态开展了有限元计算和物理模型试验,分析缺陷对围堰安全的影响。[6][7]

开叉分析表明,当开叉宽度为0.1~0.2m时,开叉处浸润线分别抬高3.6m和5.5m,且只对开叉处50m范围内的地下水有一定的影响,对100m以外影响不大。开叉处砾石内水平渗流集中比降虽较高,达40~60,但集中渗流在墙后消散很快,墙后最大水平比降不到0.1,对安全不构成威胁。渗漏量增大也很有限,当开叉面积为0.2m×12m时,渗漏量仅增加7.5×10^{-3}m³/s,对基坑涌水量影响有限(图6.1-22)。

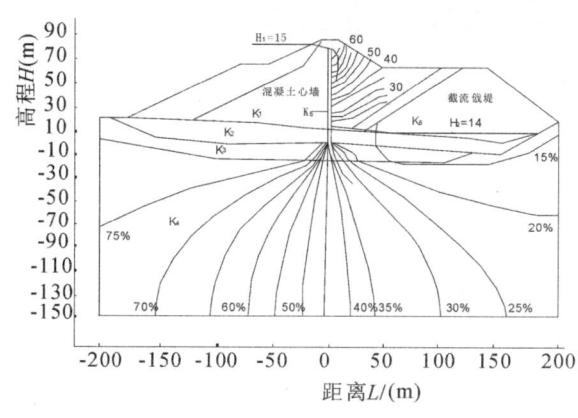

(a)防渗墙上部破损非饱和渗流等势线

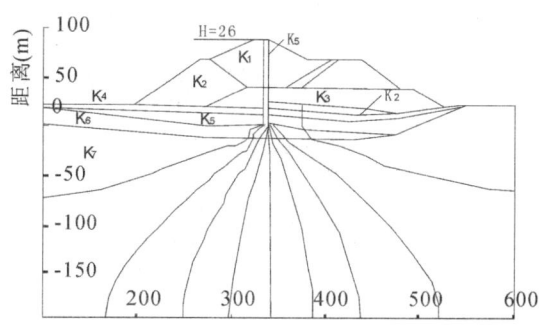

(b)防渗墙两墙左边开叉三维渗流等势线

图6.1-22 防渗墙上部破损开叉情况的非饱和计算

4.4 围堰堰基地层剖面的概率分析方法探索

目前常用的地层剖面绘制方法比较简化,有一定近似性。研究中曾尝试采用概率分析方法进行地层剖面的绘制。鉴于钻孔之间的地质特征具有随机性,因此对钻孔资料进行统计,求得地层高程钻孔资料的均值和方差,并认为该指标将控制整个地层分界线(即推测曲线)的概率分布;其次,由随机函数产生随机值,并经线性变换产生一个符合正态分布的推测值(即推测点高程值),此推测值必须满足下面两个条件才被认可,以便使推测曲线的统计特征尽可能与钻孔资料相应指标一致:①相邻点高差≤均方差×高差控制系数(K_0),②推测值与均值之差≤均方差×高差控制系数(K_0)。以上推测值控制条件的满足,意味着推测曲线具有一定阶的马尔可夫特性。

本次对围堰基础范围内共9条纵横剖面的微风化层顶板进行了推测,其中坝轴线河床段微风化层顶板线与一般方法所得的顶板线有所不同,河槽部位在坝轴线下方,概率方法的顶板线比常规的平均低5m～8m,而在其下游侧,又偏高几米。按概率剖面进行渗流分析的渗漏量比常规方法的大些,对本例,相差约25%。因此,还是值得注意的。

4.5 围堰的动力稳定性研究

4.5.1 缘由

葛洲坝水利枢纽的建设之后,在三峡坝区的长江河段上沉积着一层细而均匀的细砂,密度小,易液化,称为新淤砂,其最大厚度18m,一般在10m左右,这种细砂的平均粒径为1.17～0.233mm,不均匀系数为2.0,它对于要考虑七度地震运用条件的二期围堰来说,其动力荷载(地震、强烈爆破)作用下的响应及对整个围堰堰体稳定性的影响需要检验。另一种是风化砂,风化砂中含有一定的无黏性细颗粒,由风化砂填筑的堰体比较松软,它的动力稳定性以往未曾研究过,也值得关注。图6.1-23(a)和图6.1-23(b)为坝址区域长江江水抽干后,江底淤积砂沉积的实况照片。

(a)沉积实况一　　　　　　(b)沉积实况二

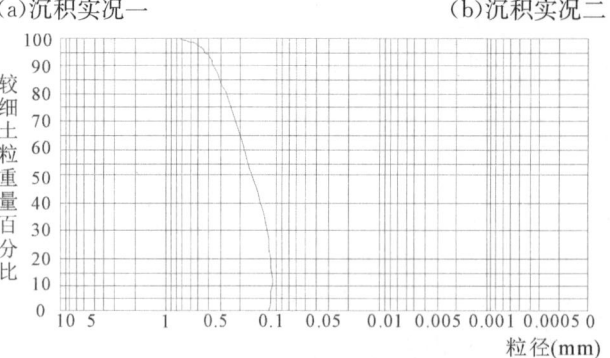

(c)新淤砂天然粒径分布曲线

图6.1-23　新淤沙的沉积实况和天然级配曲线

研究工作首先进行了大量的动力特性试验,如室内进行抗液化试验和动力特性试验(动模量、动阻尼比、动强度等),此外,在分析方面还进行了稳态强度的研究和分析。由此已获得了对淤砂地震动力特性和抗液化性能新的认识[8]。并在此基础上提出了围封和压盖的新措施,取得了成功,避免了直接挖除淤砂的巨大工作量,简化了工程的施工,节省了大量资金。

4.5.2 新淤砂的动力特性

动力特性试验采用两种干密度,三种固结压力,三种固结比条件,测定其模量、阻尼比以及抗液化强度曲线和动强度莫尔包线。淤砂层的抗液化性能,在设防烈度为7度地面最大加速度为0.1g,相应的等效循环次数为10次的情况下,淤砂层至少应有10~15m的覆盖层情况下才不会液化,否则,应采取一定的防范措施(表6.1-3)。

表6.1-3　　　　　　　　　　　　新淤积砂的动抗剪强度参数

ρ_d (g/cm³)	1.48	1.48	1.48	1.55	1.55	1.55
K_c	1.0	1.25	1.50	1.0	1.25	1.50
$\varphi_d(°)$	10	16	20	12.5	18	23

4.5.3 风化砂的动力特性

采用共振柱和动三轴试验测定风化砂动力变形特性和动力强度特性。结果见图6.1-24—6.1-25所示。试验发现,风化砂呈现明显的应力应变硬化现象,试验获得了动剪切模量和动弹模的值,阻尼比则随剪应变增加而增大,动强度和动孔压与循环振动次数的关系等资料,为风化砂堰体地震稳定性的判别提供了必要的基础。

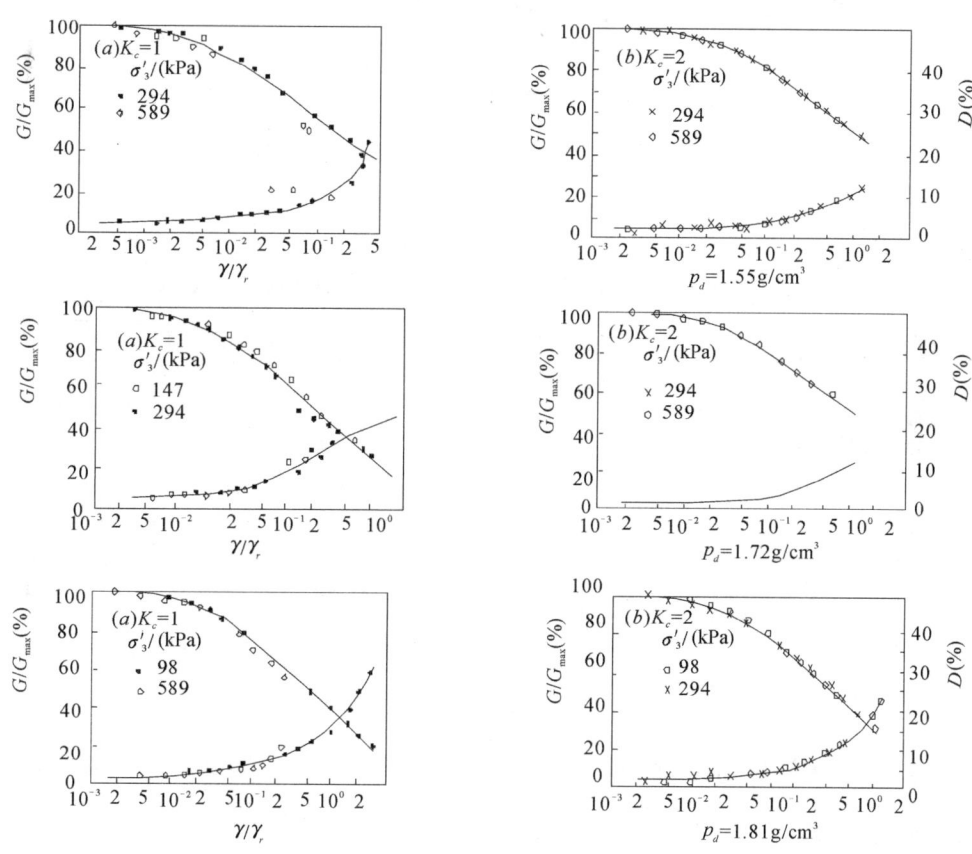

图6.1-24　风化砂动力变形特性曲线

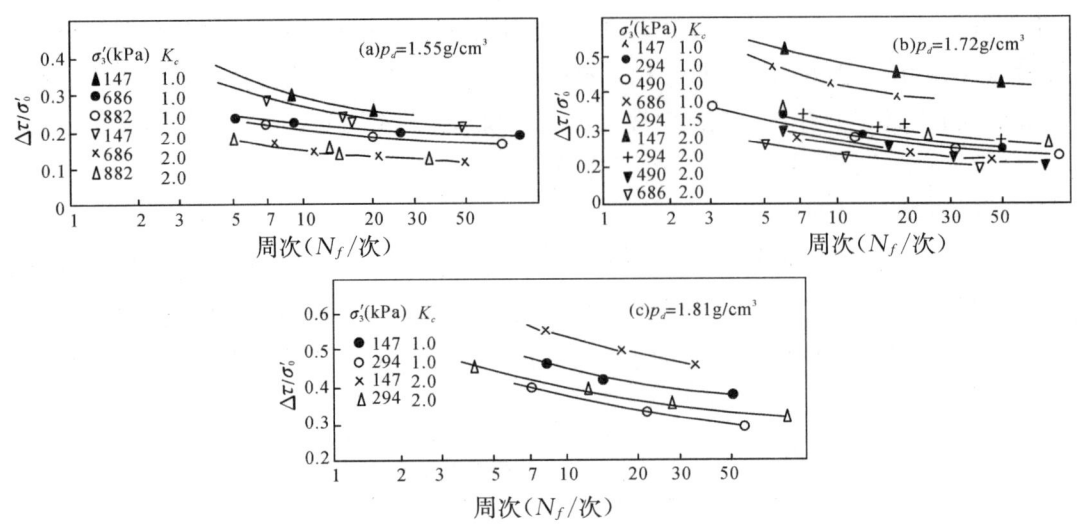

图 6.1-25 动强度基本试验结果

4.5.4 地震作用下的非线性变形分析和动力稳定性分析

新淤沙的动力稳定分析是针对低双塑性墙上接土工膜的断面进行的,如图 6.1-26。

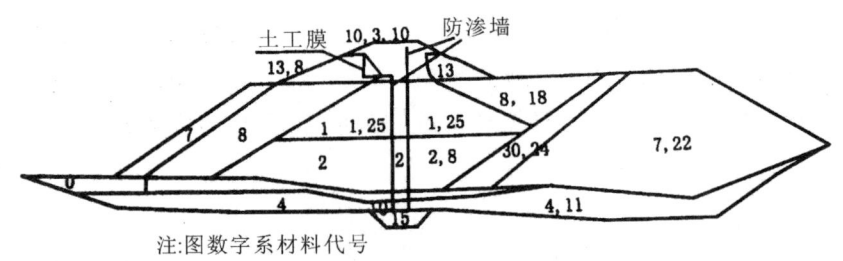

图 6.1-26 设计断面主体结构和材料分布

围堰断面在地震时的加速度等值线和各点的位移等值线如图 6.1-27 和图 6.1-28。

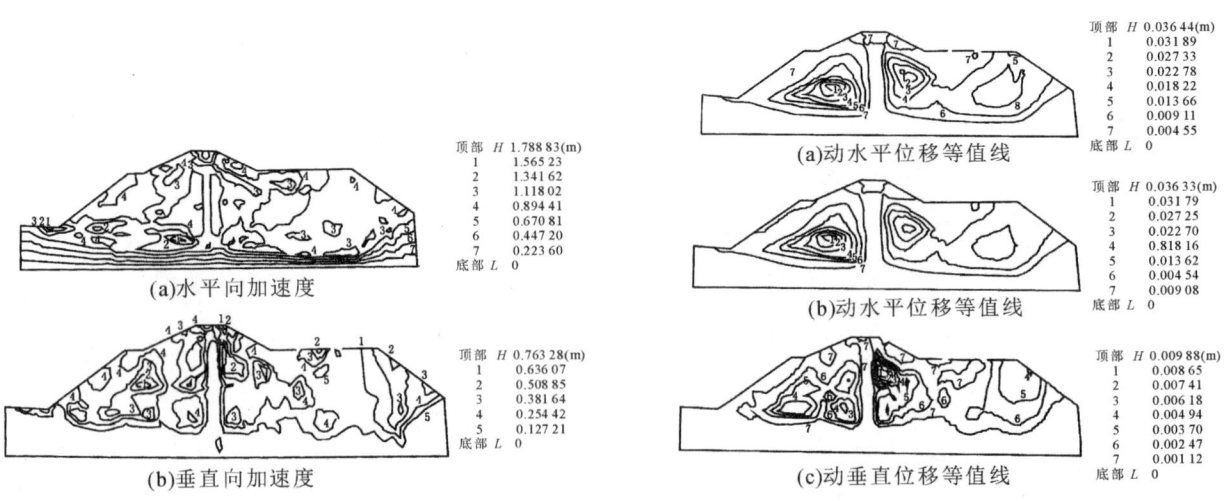

图 6.1-27 堰体地震时加速度等值线　　图 6.1-28 堰体地震时动位移等值线

计算结果表明,最危险的假想滑动面为上游坡经过淤砂层与抛填风化砂层的滑弧面,滑面上部的破裂点在上游坡面上,见图 6.1-29。如果产生滑坡,沿堰基淤砂的滑动面的安全系数较小,不考虑砂土液化时,1#和2#滑动面的安全系数各为1.26和1.16,若考虑砂土液化,其值将降到1.05和0.95,故防止淤砂层液化对堰体稳定十分重要。

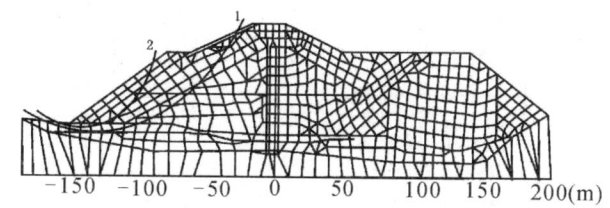

图 6.1-29 地震下围堰最危险滑弧位置

4.5.5 稳态强度特性及堰体稳定分析

研究中还采用近年在国外流行的一种新的液化破坏理论——"稳定状态理论"进行验算。这种理论认为,饱和松砂在恒定体积(不排水状态)情况下,受到单向或交替突变荷载作用时,土体抵抗剪切能力降低,在很小应变时出现的峰值强度很快随剪切的继续作用而迅速降低,并处于残余强度的稳定流动变形状态中,该残余强度称为稳态强度。当驱动剪应力大于该稳态强度后,就会引发很大的单向性应变—流动破坏。这就是稳态强度理论,该理论更适合于坝坡饱和砂土液化问题研究。

(1)稳态强度试验研究

①风化砂稳态强度试验

风化砂稳态强度试验成果表明,应力应变曲线基本属应变硬化型,不属于饱和松砂软化流滑曲线[9][10],鉴于风化砂为剪胀性土,峰值强度较高 $c_p'=0, \varphi_p'=32°$,在大应变时,强度指标为 $c'=0, \varphi'=37.7°$,故不会出现流滑现象。

②新淤积砂的稳态强度试验

淤积砂的应力应变曲线属饱和松砂软化流滑曲线,峰值强度的应变 ε_p 小于2%,稳态强度 S_{us} 明显小于峰值强度,开始流动的应力点的应变约10%,孔压—应变曲线如图6.1-30所示,表明试样受剪过程是体积压缩,在固结压力 σ_3 作用下,最大孔压比可达0.7~1.0,受剪时的应力路径表明,破坏点的强度 S_{us} 明显低于峰值强度,且从峰点下降到破坏点几乎是瞬间完成的,可视为流滑,见图6.1-31。因此,在地震短时急剧的动荷作用下,只要受剪砂体累积的应变超过峰值点应变(2%),就可能发生流动性滑坡。

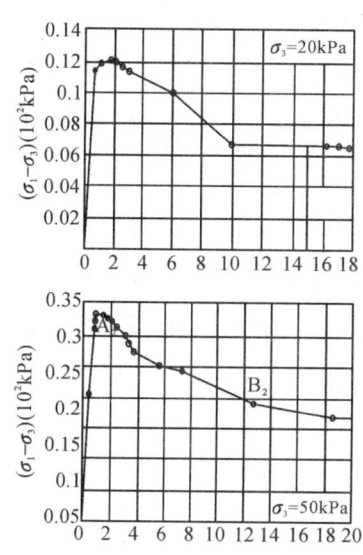
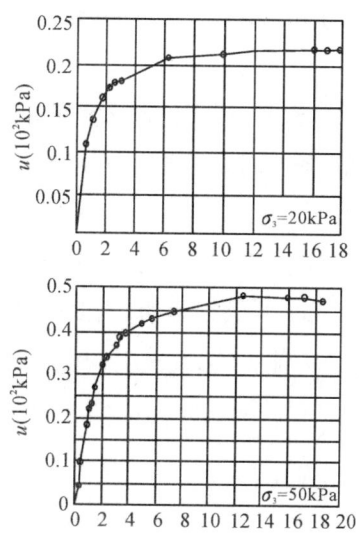

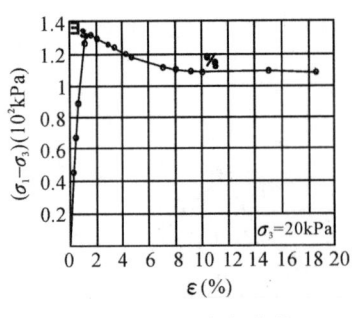
(a) 应力应变曲线

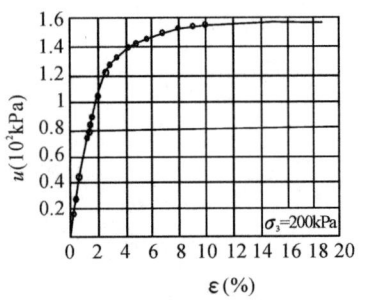
(b) 孔压应变曲线

图 6.1-30　淤积砂的应力应变曲线和孔压应变曲线

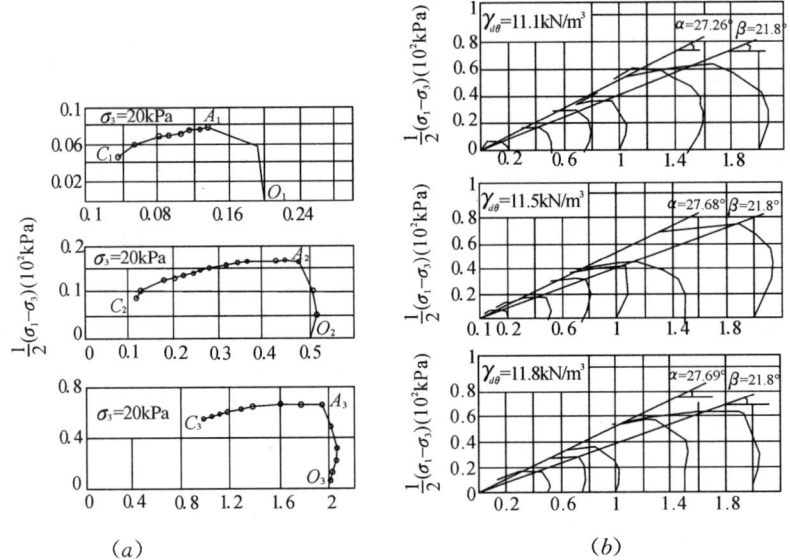

(a)　　　　　　　　　　　　　(b)

图 6.1-31　淤积沙剪切时的应力路径和强度曲线

根据稳态理论整理出 3 组不同试样密度 ρ_{d0} 下，S_{us} 与临界孔隙比 e_c 的关系为：

$$e_c = 1.0387 - 0.041 S_{us}; \tag{6.1-1}$$

而临界孔隙比 e_c 与有效围压 σ_3' 的关系为：

$$e_c = 1.043 - 0.025 \lg \sigma_3' \tag{6.1-2}$$

而 e_c 与平均有效主应力 P' （$P' = 1/3(\sigma_1' + 2\sigma_3')$）的关系为：

$$e_c = 1.0607 - 0.061 \lg P' \tag{6.1-3}$$

根据静力有限元分析，可得出淤砂诸单元的应力值 σ_1'，σ_3 和 P'，再根据上三式求出各单元的流滑稳态强度，以及各单元的等效内摩擦角 φ_e：$\varphi_e = \sin^{-1}[S_{us}/(S_{us} + \sigma_3')]$。

将求得的 φ_e 进行概化，分为 4 个区，各区的 φ_e 值分别为 8°,13°,21°和 28°,如图 6.1-32(a)。

按 STAB 程序分析了围堰竣工后上游水位 85.0m，下游水位 0.0m 时，受动荷作用的上游坡稳定情况。计算结果列于表 6.1-4。结果表明，当淤砂干密度低于 13.6kN/m³ 时，受 7 度地震或强烈短时突然荷载作用时，上游坡脚处可能失稳，甚至引起流滑性滑坡，如图 6.1-32(b)。为此，建议减缓上游堆石坡度或增加压破措施。

表 6.1-4　　　　　　　　　　　　　　　　计算结果

计算方法	突然荷载（爆破）	7度地震淤砂不流滑 $\varphi_p = 23°$	7度地震淤砂不流滑 φ_p 按分区值计算
毕晓普法 FS	1.105	1.066	0.986
瑞典法 FS	0.917	0.897	0.818

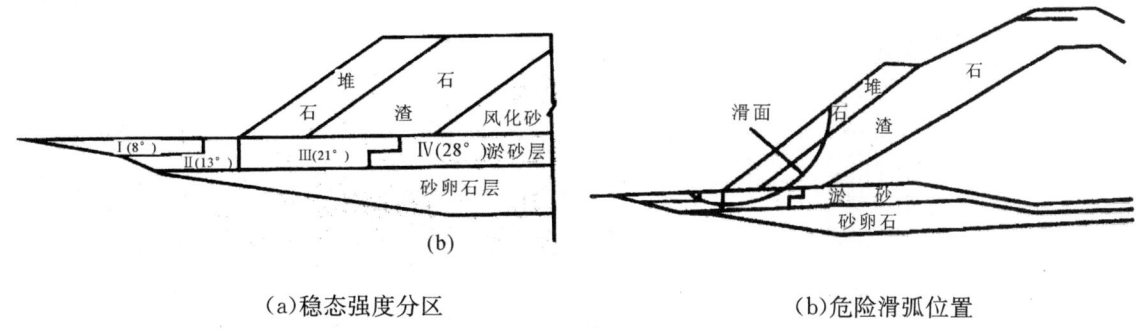

(a) 稳态强度分区　　　　　　　　　　　(b) 危险滑弧位置

图 6.1-32　稳态分析的强度分区及危险滑弧位置

总之，对计入地震作用的堰体，整体上是稳定的，局部及堰脚存在可能滑动的部位，需采取必要的压坡脚、围封淤砂层等措施，以策安全。

4.6 新淤砂的爆破振动问题

爆破效应是由于基坑开挖爆破而引起的，它是人工可以控制的。从研制模拟爆破荷载的专用三轴仪开始，对爆破荷载下的动力响应，动孔压的发展规律，动力强度特性以及围堰在爆破作用下的稳定性等方面进行了研究，而且还在爆破现场进行了实测，并将其用于动力稳定分析。这样，不仅对工程的安全性进行了论证，而且获得了爆破动力荷载对材料性质和工程影响的新的认识。

根据一期围堰的施工爆破观测，并结合二期围堰的特点，可以看出，爆破地震效应在堰基淤砂中产生的孔压很小，实测孔压比仅 0.178。直接用回归公式计算，最大孔压比也仅 0.229，因此还有较大的安全余度。从爆破孔压波形峰值上升到最大后，最多 35ms 后孔压即消散，而实际上它是往返振动式的，孔压不可能保持，故产生爆破液化的可能性很小。对一期围堰开挖曾提出的孔压安全控制标准为 220kPa，而实测仅为 6.6kPa。结果见图 6.1-33。

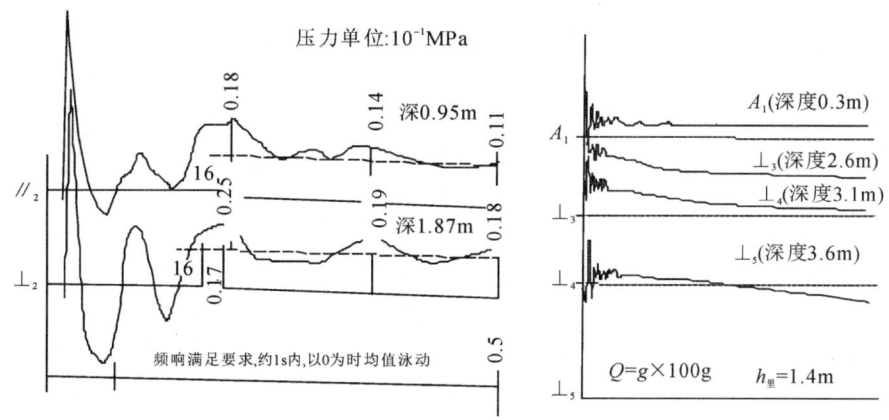

图 6.1-33　爆破液化砂土内孔压变化过程

从爆破的堰体振动加速度及振动速度效应来看，采用梯段微差爆破等方法，可使分段爆震效应不产生叠加，故爆破效应将大为削减。从观测结果得到的爆破加速度峰值达 1.3g，小于控制标准 1.9g。堰体和自由场地的振动速度实际观测值最大在 4.7～5.6cm/s，没有超过按保守的控制标准 $[v]=6$cm/s。对新鲜基岩的振动速度控制标准可取到20cm/s,而本观测结果也仅7.5cm/s,小于控制标准。研究表明,爆破地震效应在堰基淤砂中产生的孔隙水压力很小,实测孔压比仅为0.187,安全裕度较大。从爆震孔压波形峰值上升到最大后,最多仅35ms,孔压即消散,实际上这是往返振动式的,不会保持孔压,因此,产生爆震液化的可能性很小。对一期围堰开挖,曾提出孔压安全控制标准为220kPa,但实测结果仅6.6kPa,远小于此值。结果见图6.1-34。

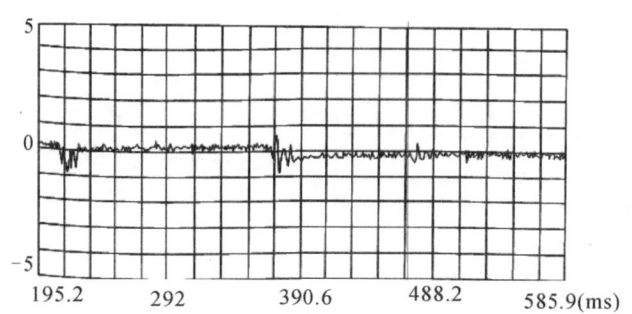

图6.1-34 一期围堰爆破实测孔压变化过程曲线

5 柔性墙体材料的研制和应用

按照3.2小节柔的设计思路,防渗体主要采用柔(塑)性混凝土墙加复合土工膜的型式,鉴于三峡围堰工程的特殊要求,这些材料都需要专门研究。

5.1 柔性混凝土的研究

5.1.1 概述

研究人员进行了几百组室内配合比试验,然后在清江隔河岩大坝工程等三个工程中先试用,以作为三峡工程的现场试验。"八五"攻关时,根据以往的经验进行了新一轮研究,在配方研究中,采用了先进的均匀设计理论,进行了"3因素、10水平"的配比优选试验,在此基础上,用人工神经网络技术建立了原材料含量与力学指标关系的ANN模型,并绘成图谱,可以任意选定原材料的配方[9]。

此成果在现场应用得十分成功,不但质量满足要求,且施工方便、造价低廉。其性能指标为:模强比(E_i/R_{28})达到200~250,在国际上也是很先进的。其他指标还有:抗压强度$R_{28}=4~5$MPa,初始切线模量$E_i=1000$MPa,渗透系数$K\leqslant 10^{-7}$cm/s,坍落度为18~22cm,一小时后应大于15cm,初凝时间≥9小时。据研究柔性墙体材料具有某些土的特性,它的破坏符合莫尔—库仑准则,以应力水平作为其破坏的判别指标,也表明它与堰体材料的性质是相协调的。研究中还进行了三轴固结排水试验,试样尺寸为Φ150mm×300mm,采用应力路径法求得抗剪强度指标为$c=1.6$MPa,$\varphi=21.3°$。用这种材料对围堰应力应变情况进行计算,得到墙体最大应力水平,在应力集中区为0.7,在非应力集中区为0.6左右,相应的安全系数分别为1.7左右,按摩尔—库仑强度准则判断,该防渗墙是安全的。运用结果也表明情况良好。

还应指出,这个材料不仅具有良好的初期性能,而且它的长期性能也很优良,据抗压强度、模量、三轴抗剪强度、渗透系数以及邓肯模型参数的时间效应专项研究,其值均随时间有一定的增长。有限元计算表明,在围堰的运行期,防渗墙的应力应变状态好于抽水期的情况。在围堰拆除时墙体中取样测定的结果也表明,材料的模强比有随时间而降低的趋势,这也说明堰体内应力应变状态将有改善。

此外,出于充分利用开挖料和骨料筛余弃料的目的,在墙体材料中也配制使用了一定量的类似塑性混凝土的材料,它主要用于防渗墙的深槽部位,这种材料中含有河沙和人工砂以及砂砾石的成分,强度更高些,能适应深槽部位高应力的要求。这是与柔性混凝土中只有风化砂,而无砂砾石和正常的砂的配方不同的。

5.1.2 均匀设计法的材料试验设计和神经网络 ANN 模型

风化砂柔性材料的配方经历了初选试验、优选试验、补充试验和终选工作。在这些研究历程中,由于严格按照先进的均匀设计理论设计试验方案,并建立了柔性材料配合比与其力学参数关系的 ANN 预报模型,使现场配合比的优化控制工作只需一步即可完成。

(1)均匀设计法的材料试验设计

本项材料配比的研究中采用了 3 个因素(水泥、黏土、风化砂),每个因素有 10 个水平的组合(即每种材料含量划分为 10 个含量等级),按此试验共有 1000 组,但按均匀设计理论,只需做 10 组试验即可,比正交设计法(100 组)节省了许多工作量。该方法是 1978 年由王元、方开泰提出的,它的数学原理是数论中的一致分布理论。均匀设计挑选试验点的出发点是均匀分布,而不是正交设计的整齐可比原则。若试验有 S 个因素,q 个水平,则共有 q^s 组合,正交设计则有 q^2 个点,而均匀设计仅选取 q 个点,其效果与全面试验相近。由于应用数论理论使试验点在积分范围内散布得十分均匀,因此便于电脑统计建模。应用时,可根据已预制好的均匀设计表查用。查出的 10 个试验点是有代表性点,并且是均匀分散的。根据这些成果为下一步建立柔性材料配合比与力学参数的模型,并指导配合比优化打下可靠基础。

(2)柔性材料配比试验成果

以 28 天无侧限抗压强度 R28 和初始切线模量 E_i 作为比选指标,10 组配比试验成果如表 6.1-5 所示。

表 6.1-5　　　　　10 组配比试验成果表

试验序号	配比号	水胶比	坍落度		初凝时间(h)	拌合物湿密度(t/m³)	抗压强度 R_{28}(MPa)	初始弹模 E_i(MPa)	模强比
			初始	1h 后					
1	C1A7F5	1.30	20.6	15.7	>9	2.06	1.75	600	342
2	C2A3F10	1.40	20.0	15.0	>9	2.11	2.03	796	392
3	C3A10F4	1.25	23.0	20.0	>9	1.93	1.62	560	345
4	C4A6F9	1.12	21.9	19.7	>9	2.06	2.52	780	309
5	C5A2F3	0.95	21.5	16.5	>9	2.02	3.20	1110	346
6	C6A9F8	0.99	21.2	16.5	>9	2.02	3.09	800	258
7	C7A5F2	0.87	21.5	16.5	>9	2.01	4.24	1110	262
8	C8A1F7	0.92	20.5	15.5	>9	2.02	4.05	1350	333
9	C9A8F1	0.82	23.0	21.0	>9	2.00	3.87	920	237
10	C10A4F6	0.85	21.8	16.5	>9	2.19	4.67	1800	358

试验表明,有 3 组配比基本接近要求的目标,且还可进一步优化,即:C6A9F8,C7A5F2,C9A8F1。由此表明设计是成功的。但此表此成果尚不足以有效地指导配比优化,为此,需建立定量或半定量的模型来优化柔性材料的配合比。

(3)神经网络 ANN 模型

均匀设计试验数据的分析不同于正交设计的主要因素分析,它通常是借助于多元统计或逐步回归分析等手段,但对于建立柔性材料配合比模型,常规的统计方法并不合适,因为:①一般统计方法要先确定数学模型再进行统计,而柔性材料无法预知什么模型来反映柔性材料配合比与其力学参数的关系;②多元统计与逐步回归法将统计信息包含在为数较少的回归系数内,此外,非线性度也不够,难以反映柔性材料的复杂特性;③一般统计方法只能建立单因变量的统计关系,而柔性材料中强度与模量是一对不可分割的数据,宜建立双因变量模型。由于人工神经网络 ANN 技术具很强的非线性映射能力,它本身就是一个模型,通过网络内部权值的调整来拟合系统的输入输出关系,即只根据输入和输出数据反映十分复杂的关系,网络的输出端点个数不限,因此很适合于多因变量、多自变量统计中建模。

人工神经网络建模过程就是根据系统的输入、输出样本,对网络进行训练,使人工神经网络模型逼近实际系统的输入、输出关系。

神经网络模型是为了建立柔性材料配合比(原材料含量)与其力学性质的关系而引入的。计算模型采用较成熟且应用广泛的BP模型(误差反传播算法),采用三层网络,三个输入端为原材料中的水泥、黏土和风化砂;两个输出端则为抗压强度(R_{28})和初始切线模量(E_i)。经训练后,ANN模型对10组试验数据的联想能力较好,相对误差均小于10%,表明该模型可用来指导配比的优化。根据攻关的要求:$R_{28} \geqslant$ 3MPa,模强比=250左右的要求,可得出某一水泥含量下,需要的黏土与风化砂含量不同的组合,并可得到不同水泥用量下配合比图谱,如图6.1-35所示。

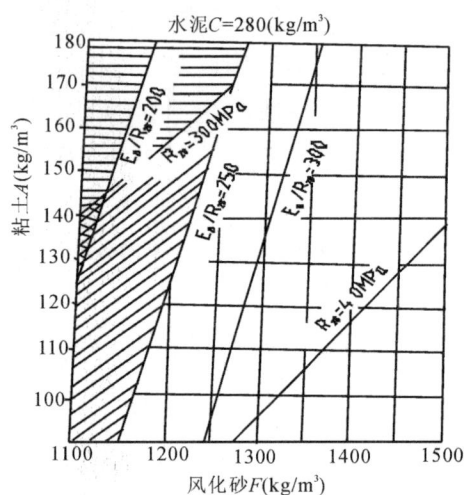 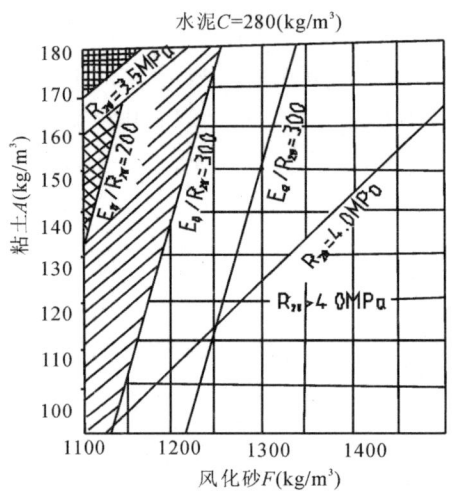

图6.1-35　"柔性"材料配合比图谱(水泥用量290kg/m³)

图中每一点均对应一组配合比,而图中的阴影区即表示那些满足不同力学指标要求的配合比(点)的集合,图谱很直观地表达了在给定的强度主模强比要求下,柔性材料三组分的复杂依从关系,因此,根据不同的力学指标要求,可很方便地从图谱中查到所需的配合比,达到优化配合比目的。考虑到施工应用方便,固定水泥用量的图谱更适合现场控制的需要

当然由于配比与力学参数不一定是一个简单的函数关系,故按此确定的图谱会有一定误差。但施工实践表明,这个图谱应用方便,且证明其基本准确。

5.1.3　配合比的优化试验成果

"八五"攻关后期,围堰防渗墙的指标要求是:$R_{28}=4\sim5$MPa,模强比<250,因此又进行了配方优化试验。为了满足提高了的指标,将水泥品种由425#普硅水泥改为425#矿渣水泥。参照上述的图谱选择两组配比进行试验,其成果如表6.1-6所示。

表6.1-6　　两组配比试验结果

配比编号	优化配比				水胶比	坍落度(cm)		初凝时间(h)	复合参数				
	水泥	黏土	风化砂	水		初始	1h后		抗压强度(MPa)	初始模量(MPa)	模强比	抗折强度(MPa)	渗透系数(cm/s)
TKF2	280	120	1200	368	0.92	20.3	19.2	9.8	5.82	1169	200	1.94	<10^{-8}
TKF2-1	280	160	1250	396	0.90	23.5	20.5	13.0	4.52	980	216	1.61	<10^{-8}

可见,两组配合比均满足要求。据对 TKF2 试样进行三轴试验,用应力路径法测得:$c=1.6$ MPa,$\varphi=21.35°$。

5.1.4 二期围堰的应力应变状态与柔性材料龄期的关系

由于二期围堰施工时间较长,从 1996 年 9 月 20 日到 1998 年 8 月 5 日,各槽段的实际龄期变化在 480 天~28 天,因此导致各段材料力学性质的差异和结构的不均匀。为研究防渗墙性能的时空不均匀性对围堰应力应变的影响,相关人员进行了专门的三维有限元分析。计算由长科院和清华大学土力学教研组分别承担。通过计算得到如下的结论:①墙体材料龄期变化对变形影响不大,对应力有一定影响,即随龄期增长,应力有所增大;②墙体应力水平一般在 0.8 以下,个别单元达 0.9,拉应力仅在单双墙结合处有不大的出现,这是由于结构形式造成的。大主应力会随龄期有所增加,但其强度也在增加,且增加速度更快,故无碍于墙体安全;③从两墙单独承担全水头情况看,改变墙间水位可适当改变应力分布。从现场取样情况看,墙体材料无侧限抗压强度最小可达 4.62MPa,而在 0.7MPa 的围压下,则可达 5.9~6.8MPa。远大于应力值。

墙体柔性材料的强度、模量及模强比随龄期的变化见表 6.1-7。

总之,在围堰运行期间,防渗墙受力状况好于抽水期情况,因此防渗墙是安全的。

表 6.1-7 柔性材料强度模量随龄期的变化

龄期 i(d)	28	60	90	180	360	720
强度比 R_i/R_{28}	1	1.52	1.71	2.04	2.64	2.03
模量比 E_i/E_{28}	1	1.28	1.52	1.81	2.15	1.61
模强比 R_i/E_i	220	208	218	217	208	171

5.2 复合土工膜用作防渗体的研究

土工膜以其防渗效果好、施工方便、质轻价廉等优点,受到工程界的广泛欢迎。在一期围堰土工膜防渗的试验和应用取得成功后,二期围堰设计拟采用塑性混凝土心墙上接复合土工膜的防渗方案。复合土工膜在大工程中应用的经验不多,其作用机理、测试方法、设计原理、黏结工艺和变形检测技术等都还很不成熟,国内外也未经过系统的研究,这都需要在攻关中研究解决。

5.2.1 复合土工膜的试验研究

首先自行研制了土工材料多功能测试仪、高压水力试验仪、土工膜渗透仪和接缝渗透仪、胀破仪以及土工膜破损条件下的渗透测试仪,此外,还研制了一台简易的动静载试验仪,用来检测在不同粗粒料上抵抗动荷的能力,以了解土工膜被施工戳破的可能性。在具体的内容上,需通过整体试验与分解试验进行研究。对试验方法和试验精度也作了对比研究。

研究表明,土工膜由于有布的加筋作用,使复合膜的力学特性与单一膜相比有显著提高,其抗拉、抗胀破、抗撕破、抗刺破等能力都大为改善,力学特性既具有膜的特点,又有布的特点。试验发现,复合膜中膜的变形率,以及膜与布的相对变形率对它防渗性能影响很大,为此需引入一个新概念:相对变形率,即膜与布的变形率之比,当该值大于或等于 2.0 时,复合膜将可满足设计要求。试验还发现,复合膜中的布不仅能增强复合膜的强度,而且有利于改善薄膜破损时的渗流特性。因此复合膜的工程特性要优于单一布和单一膜简单叠加所产生的效果,故设计不能简单地对照单一布或膜的性能进行,复合土工膜特性与布、膜特性的对比见表 6.1-8 和图 6.1-36。

表 6.1-8　　复合土工膜特性试验成果与布、膜特性的对比

试样状态 测试项目	布、膜紧贴状态	布、膜松开状态	布	膜
径向抗拉强度(kN/m)	11.22	7.72	7.29	5.9
径向伸长率(%)	1.36	98	99	286
纬向抗拉强度(kN/m)	22.53	17.55	15.68	7.1
纬向伸长率(%)	51.8	48.8	50	300
径向梯形撕裂(N)	305	299	235	186
纬向梯形撕裂(N)	507	497	417	191
CBR顶破(N)	2340	2120	1775	1010
圆球顶破(N)	1490	1200	1130	358
胀破强度(MPa)	>1.3	>1.3	>1.3	—
落锥穿孔直径(mm)	17.5	19.0	21.5	38

5.2.2　复合土工膜的特性

复合土工膜的材料特性及其安全性见表 6.1-9，攻关中还进行了与粗粒层接触的高压水力试验，结果证明其耐压力大于 0.7MPa，而实际工作压力仅 0.15MPa，因此所选材料是安全的。

在施工现场还进行了复合土工膜无损检测方法的研究，复合土工膜施工工艺以及黏结强度研究。特别是为检测复合土工膜上土工布的应变，专门请中科院武汉岩土所研制了一种电阻式大应变计，其应变测试量程可提高至 15%。用这种对堰体内的复合土工布的应变进行了实测。

表 6.1-9　　复合土工膜的材料特性与安全系数

项目	顶破(kN/m)	撕裂(mm/N)	胀破(MPa)	抗滑(设计坡比)		渗透系数(cm/s)
材料特性试验值	2.34	60.12/305	>1.3			$1.68×10^{-11}$
荷载分析计算值	0.26	19.3/79.8	0.08	1:3	1:2.5	
安全系数	8.97	3.13/3.82	>16.1	1.56	1.3	

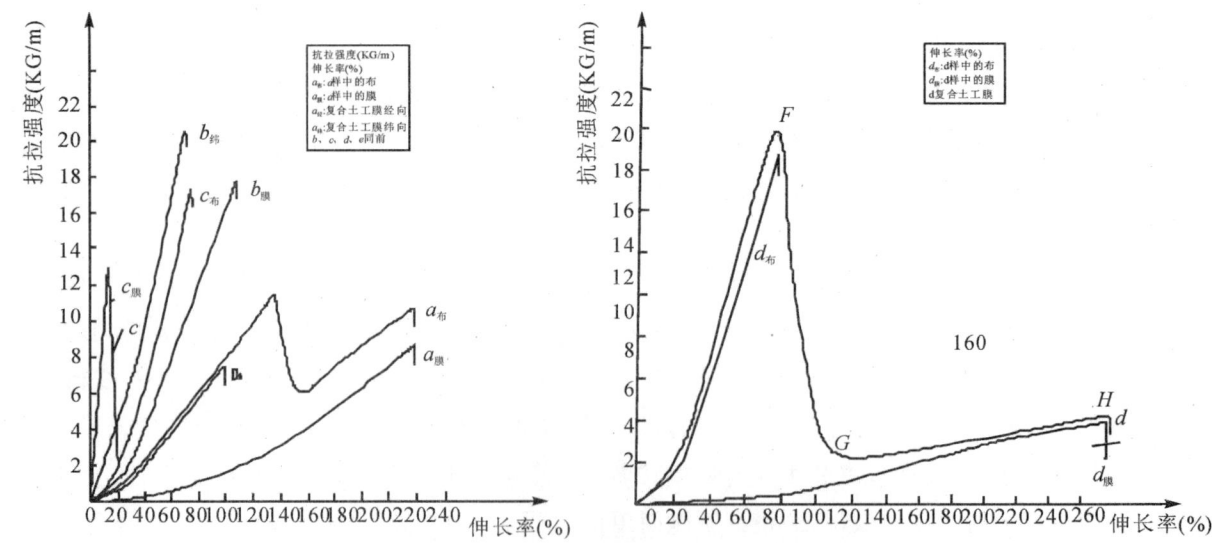

图 6.1-36　复合土工膜试样的拉伸强度与伸长率的关系

6 先进的施工技术研究和应用

6.1 先进的防渗墙施工技术

三峡二期围堰防渗墙,墙高、地层复杂、造墙面积 8.4 万 m^2,大部分要求在大江截流后一个枯水期完成,最大月施工强度可达 13000 m^2/月,其综合施工难度为国内外罕见。

防渗墙施工的主要难点:①墙体通过水下抛填风化砂和堰基新淤砂,不利于槽壁稳定;②堰基全、强风化风层有坚硬的风化残积块球体,墙基为硬岩,造孔成槽和嵌岩十分困难;尤其是上游围堰深槽左侧有高差 30m,倾角 70°以上陡岩,嵌岩极其困难;③一期围堰残留的抛石以及平抛垫底和覆盖层的砂卵石,易漏失泥浆而塌孔;④墙深大,造孔精度和槽段连接要求高、难度大。

在施工过程中采取了以下有效措施:

①引进、消化和使用了国内外最先进的造孔设备—液压洗槽机,并将液压洗槽机、液压抓斗、钢丝绳抓斗以及反循环钻机有机配合,求得了整体最高工效和最大效益。

②应用超声波测井仪对深度达 70 多米的防渗墙的孔斜度进行测定,精度高、操作便捷,对保障深槽段和陡坡段成槽质量,起了重要作用。

③研制成功 GSD 钢丝绳抓斗、CZF-2000 型冲击反循环钻机。

④用 SM-400 型全液压工程钻机,进行 74m 深钻孔,其中回填料和覆盖层深度 69.5m。

将引进的先进技术和自我开发的实用技术相结合,应用到如此大规模的围堰工程并取得成效的,在国内外也无先例。具体的先进的或创新的技术成就有:开发了多种造孔工艺,其中铣—砸—爆法、铣—抓法是创新,纯抓法、铣削法为国内首次采用,两钻一抓法在国内为首次大规模采用,参看图 6.1-37。

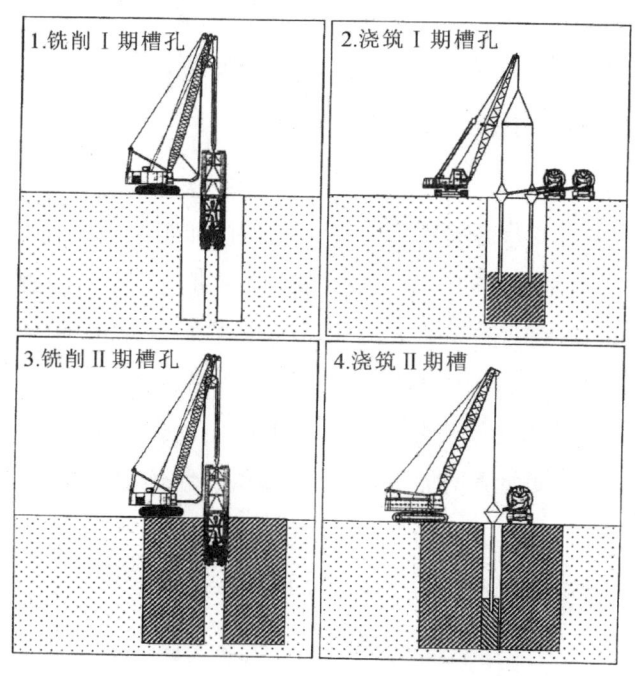

图 6.1-37 "铣,砸,爆"法成槽工艺示意

⑤在最深为 71.5m 深槽孔内预埋防渗墙下帷幕灌浆管取得成功,成功率在 90% 以上,保证了防渗墙下的帷幕灌浆的顺利施工,且已经在其他工程中推广使用。

⑥在围堰防渗体中埋设应力变位观测仪器,并取得很好的效果,在国内类似深度的防渗墙中也是难

能可贵的。为三峡围堰专门研究的在土工布上量测应变的大应变计也取得了成功,也是一项具有新意的成果。

⑦通过钻孔内爆破技术并配合各种设备,成功地在高度差大于30m,坡度大于70～80°的双向陡坡基岩面上嵌入防渗墙(图6.1-38,图6.1-39),保证防渗墙和基岩的良好结合,对保证围堰防渗体系的质量,极大地降低围堰的渗漏量起了重要的作用。这是一个有创造性的工艺措施,不仅对二期围堰解决了一个大难题,而且对今后类似的工程有推广价值。

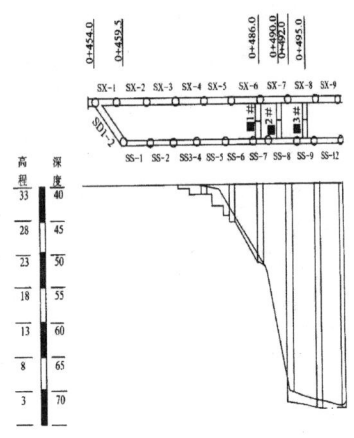 

图6.1-38　陡坡段防渗墙嵌入基岩示意　　图6.1-39　长江底陡岩面——江底石峰

复杂地层中造孔成槽工艺是防渗墙施工的重中之重,而施工机具则是重要前提。针对二期围堰的特点,业主同承建单位分别购置了国际上先进的BC—30型液压双轮铣槽机和HS843HD钢丝绳重型抓斗,优化组合引进和改进的各类防渗墙成槽机具,形成"铣、抓、钻、爆、砸"等新工艺,在水下抛填料和复杂地层中高效、优质地建成高达70余米的防渗墙,代表了当今世界同类工程的最高水平。

6.2　风化砂堰体的水下加密措施

6.2.1　概述

堰体的密度对墙体的应力应变状态关系影响很大,同时,加密抛填风化砂的密度还可以防止堰体在打墙过程中的塌孔现象,因为当时为了加快施工进度,工地引进一台液压铣槽机,这种机械与常用的冲击钻不同,它没有对土的冲击挤密作用,容易造成塌孔。因此,在施工之前的"七五"攻关阶段,曾研究多种风化砂水下加密措施,如爆破压实法,振动水冲法等,并在现场进行了实地验证试验。振冲试验分别在1986年和1989年进行过两次,所用的设备是国产的75kW电动振冲器,根据不同的布桩形式和施工参数进行试验,经振冲后,土层的密度显著增加,且各处密度离散性较小,干容重为$1.75\sim 2.04$g/cm^3,平均值大于1.85g/cm^3。标贯击数平均值振前为16～22击,振后为20～25击,各项力学指标也有一定的改善。这种措施被工程用于防渗墙前后两侧风化砂堰体顶部0～30m范围内堰体的加密。

6.2.2　振冲压密试验

1996年在现场采用BK—75振冲器加密30m深的风化砂填筑体的加密效果。设计要求加密后的风化砂标贯击数大于15击,干密度不小于1.75g/cm^3,平均值大于1.80g/cm^3。试验所得的不同布桩形式的振冲效果示于图6.1-40,距振冲桩不同距离的振冲效果示于图6.1-41;不同部位的风化砂在振冲前后密度对比示于图6.1-42。

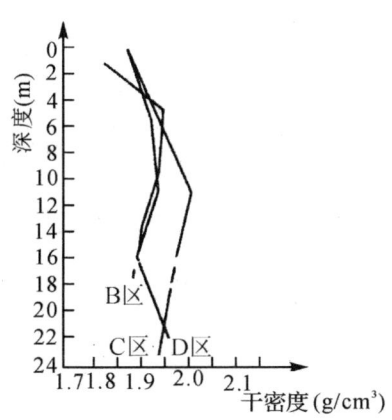

图 6.1-40 不同布桩形式振冲后密度对比

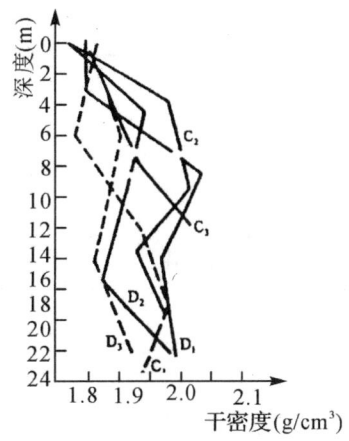

图 6.1-41 距桩不同距离振冲效果对比

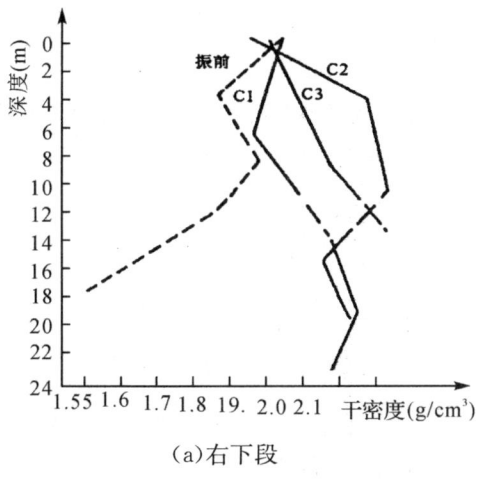

(a) 右下段

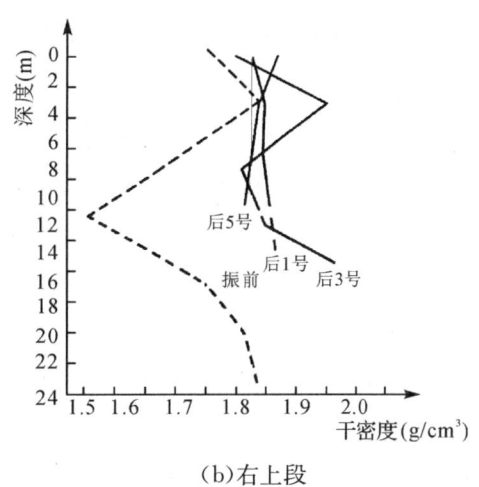

(b) 右上段

图 6.1-42 不同部位振冲前后干密度对比

振后标贯与动探试验结果示于表 6.1-10，旁压试验结果示于表 6.1-11。

表 6.1-10　　　　　　　　　振后标贯与动探试验结果

试验部位	标贯击数			动探($N=63.5$)击数		
	振前(最大—最小/平均)	振后(最大—最小/平均)	提高率(%)	振前(最大—最小/平均)	振后(最大—最小/平均)	平均值
右下接头	4~45/22.11	12~42/25.52	15.5	7~38/20.13	7~44/22.22	10
右上接头	8~30/16.33	10~44/20.75	26.9	3~42/15.38	5~30/16.68	8.5
左上接头	12~33/19	10~40/22.4	17.9	4~22/12	5~30/15	15

表 6.1-11　　　　　　　　　　　旁压试验结果

施工部位	工况或区域	旁压模量	弹性模量	承载力
右下试验段	振冲前 3 孔	(4.71~15)/8.16	(14.41~45.0)/24.5	(165~475)/306
	振冲后 C 区 3 孔	(3.40~17.6)/11.3	(10.2~52.8)/33.9	(151~716)/387
	提高率(%)	38.5	38.4	26.5

续表

施工部位	工况或区域	旁压模量	弹性模量	承载力
右上接头段	振冲前3孔	(4.87~16.2)/9.20	(14.6~64.8)/27.6	(143~485)/325
	振冲后5孔	(6.36~23.2)/13.92	(19.10~69.6)/41.8	(202~719)/431.5
	提高率(%)	51.3	51.4	67.7
左上接头段	振冲前3孔	(4.93~13.65)/7.91	(14.85~40.95)/23.74	(214~518)/30.15
	振冲后5孔	(5.81~23.22)/11.16	(17.42~69.67)/33.44	(248~584)/362.3
	提高率(%)	41.1	40.86	20.7

从上述成果看出，经75kW振冲器加密后，风化砂各项物理力学指标都有很大提高，且数据的离散性也降低了，说明不同深度的密度更趋均匀，完全达到设计要求。

6.3 新式施工机具和施工方法的开发和研究

新的施工机具的引进开发和研制对促进施工顺利进行和进度的加快起了重要的作用。

从德国引进的BC—液压铣槽机和BE—500泥浆净化装置具有效率高、钻孔深度大、精度高、槽段连接质量好等优点。但它在砂层中应用较好，遇到三峡地层中的块球体或硬层，则铣削很困难。为此，采用钻爆工序，并配用5t重锤冲砸，形成了一套"铣、砸、爆"相结合的新工艺，效果良好。大型的冲击反循环钻机CZF—200的研制是专为三峡围堰而进行的，钻头重5t，功效比改进的CZF—1200提高25%以上。此外，JHB—200型泥浆净化剂的研发、重型钢丝绳抓斗的研发、SM—400全液压工程钻机的引进与开发等都对工程的质量、安全、造价和进度，起了良好的作用，充分证明工欲善其事，必先利其器的道理。

对于规模这么大、技术性这么强的工程来说，施工方法的发展是一个必然的结果。防渗墙的施工是一个控制性的项目，改进成槽工艺是一个值得着力研究的课题。新发展的有劈钻法、两钻一抓法、两钻三抓法、上钻下抓法、纯抓法、铣削法、铣—抓—钻法等。墙段的连接是另一个防渗墙成败的关键，本工程除了采用传统的钻凿法施工外，还采用铣削法和双反弧接头槽法。后者节省混凝土，墙段连接质量明显优于钻凿法，经改进后还可适应嵌入硬岩深度较大的工程。

对槽孔精度的检测，采用了重锤法、超声波检测法和液压铣测斜面法进行了对比研究，前两者较为准确，且可反映多种参数。

围堰地质方面有两个特殊的难题，分别为块球体和深槽段的基岩陡坡。施工中成功研究出一些特殊的爆破法，分别为槽孔施工前钻孔预报、槽内钻孔爆破、槽内聚能爆破等。高压灌浆现场生产性试验是在引进国外的高压泥浆泵及高喷法，并对设计和高喷参数、孔距、浆液配方、自动检测以及70°陡坡模拟和墙下帷幕灌浆等课题进行的，在一期和二期围堰中采用二管法和三管法进行了试验。试验证实，高压喷射灌浆是一种能与周围介质实现可靠柔性连接、速度快、机动性强的一种有效防渗措施。

7 1998年大洪水的考验

7.1 背景

1997年11月大江截流以来，二期围堰加紧填筑，要求在次年汛期填至挡水高程83.5m。1998年汛期，当上游围堰深槽段第一道墙施工刚刚结束，第二道墙正在挖槽时，洪水即不期而至。当时基坑正在抽水，墙体承担的水头不断增大，水平位移也不断地增大。1998年8月22日和9月15日实测位移分别达到45.7cm和55.2cm。当时可以对比的计算成果为技术设计阶段的数值,所得的最大水平位移仅40cm左右,大大低于实测值。这个情况曾引起有关方面的极大关注,他们担心围堰是否安全,是否需要采取一些紧急措施,例如停止基坑抽水等。为此,水利部领导急召长科院有关人员赴现场回答两个问题:①当时的位移值是否安全?②若水位再上升,最大位移值是多少?那时是否安全?要求第二天作出回答。

为此,长科院有关人员连夜收集资料,修正数据,安排计算方案,次日下午拿出新的成果,并于当晚向水利部和有关部门领导以及各有关方面百余人进行了两个多小时的详细汇报,回答上述问题,基本弄清了有关情况,稳定了大家的情绪。

7.2 基本资料的更新与新的计算成果

导致上述问题的主要原因是实施的断面与设计计算方案有一定的出入:①堰体填料的实际分布状况与原方案有一定差别,砂砾石平抛垫底的工程未达设计的40m,仅及30m或35m,这样堰体的刚度有所降低;②由于汛期挡水需要,堰体在靠近上游面修筑了临时断面,使此时堰体表面的高程上游侧比下游侧高出10余米,导致向下游的土压力增大;③第二道墙已部分挖槽,但尚未回填,使第一道墙背面的支撑削弱很多,也会使墙体位移增大;此外,还有一些其他因素存在,如堰体上大型机械频繁运行等。

根据新的实际条件,更新了输入的数据,重新进行计算。计算的成果概略叙述于下。

7.2.1 堰体的位移和应力

堰体在库水压力下向下游变形,其最大位移和沉降值各为72.5cm和161cm,均发生在2/3堰高处。堰体大、小主应力的最大值各为1.33MPa和0.53MPa,均发生在堰体下游墙靠近底部处。堰体应力水平一般小于1.0,只在上游墙前有一小块区域达到1.0,但因堰体属散体材料,且位于堆石体和防渗墙之间,故对围堰安全无碍。

7.2.2 墙的位移和应力

在计算中,较为详细地模拟了上游水位升降过程和抽水过程中,墙体的工作状态。例如,上游水位由69m升至73m、76m,后又降至高程73m,最后又按设计水位升至80m和85m,而下游基坑水位则由60m抽水至0m时墙体相应的应力和变形。计算发现,当上游墙单独挡水,上游水位为76m,下游基坑抽至50m和45m时,墙体最大水平位移各为54.5cm和49.7cm,表明墙体变位随水头升高而增大。当子堤后面填土至高程78.5m时,墙体变位又减小到48cm,表明子堤后填土可减小墙体变位。当基坑继续抽水至40m时,墙体变位又增至49.4cm。

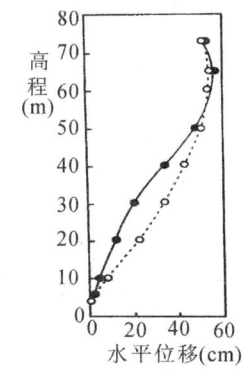

图6.1-43 水平位移的计算值与实测值对比

以后在双墙都挡水的情况下,当上游江水位为73m,基坑抽水至30m,两墙间水位为实测的55m时,这相当于1998年9月15日水位的实况,计算得到的上游围堰第一道墙最大水平位移为53.7cm,相对应的该日实测值为55.2cm(实际上游水位为72m,基坑水位为26m,和墙间水位为55m),两者已非常接近了。[11][12]

图6.1-43绘出了计算与实测的防渗墙水平位移的比较结果。曲线可分为三段,高程15m以下,计算值与实测值不论在趋势上还是增量上均很一致;15~40m区段,计算值较实测值略大,这可能与45m以下为平抛垫底砂料,其力学参数比计算采用的参数为高有关;40m~70m区段,计算值与实测值也较接近。可见计算得到的墙体位移分布基本上反映了位移的实际情况。

按此计算参数对两墙在未来不同水位组合下的工作性状的预测结果示于表6.1-12,由表可知,随作用水头的增加,墙体位移和应力都增大,但上游墙的位移比下游墙位移大得多。从最大主应力看,上游墙的稍大于下游墙,但相差不大,两道墙体的最大压应力各为4.53MPa和4.06MPa,均发生在墙端基岩面附近的单元内,墙的拉应力也很小,仅在端部为0.53MPa。说明两墙所承担的荷载比较均匀,这是经优化计算后,选择了上游墙先施工,下游墙后施工的结果。据取样试验资料表明,墙体材料的无侧限抗压强度可达4.62～11.2MPa,远大于计算应力值。墙体的应力水平一般均在0.8以下,只在端部有1～2个单元应力水平达到1.0,但它不是贯通的(如图6.1-44),故不会造成危害。

表6.1-12　　　　　　上游围堰基坑抽水过程中墙体最大位移和应力值

计算工况	上游水位(m)	墙间水位(m)	基坑水位(m)	墙体变位(cm)		墙体应力*(MPa)		塑性区单元数(个)	
				第一道	第二道	第一道	第二道	第一道	第二道
1	▽73	▽55	▽30	53.7	4.2	3.14	2.88	0	0
2	▽73	▽55	▽20	56.6	7.1	3.50	3.40	0	0
3	▽73	▽55	▽10	57.6	8.3	3.50	3.42	0	1
4	填到堰顶			56.8	8.5	4.50	4.05	0	1
5	▽80	▽55	▽10	60.7	12.1	4.53	4.06	1	1
6	▽85	▽55	▽10	66.5	17.1	4.57	4.12	1	1
7	▽85	▽55	▽0	66.9	17.4	4.60	4.15	1	2
8	▽85	▽42	▽0	67.2	17.2	5.18	3.43	1	2
9	▽85	▽28	▽0	67.4	16.8	5.28	3.41	1	1
10	▽85	▽57	▽0	66.8	18.2	4.95	3.85	1	2

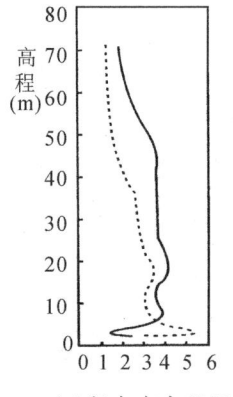
(a)竖向应力(MPa)

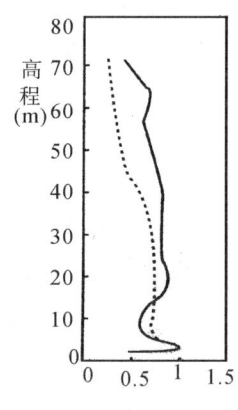
(b)应力水平

图6.1-44　上游墙体的竖向应力和应力水平

对比实际的监测资料,第一墙的最大水平位移为56.7cm,考虑到该实测值对应的水头较小,因此,可以认为计算值与实测值符合得相当好。

根据深槽段(0+522)测斜管的最大水平位移测定,1998.9.13的实测值为56.7cm,超过原设计计算值42.2cm。采用一种很简单的办法进行反分析认定,墙体实际承受的应力主要是由堰体对墙体的相对位移引起的拖曳力产生的,而水压力是次要的,因此墙体仍属受压构件,非受弯构件,故防渗墙不会被拉坏。同时,从变位沿高程分布的形状也可发现,曲线是连续的,没有突变或转折,估计墙体不存在断裂的情况。

由此得出结论,在1998年汛期基坑抽水阶段,墙体变形是正常的,没有破坏的迹象,应力也在安全范围内,墙体和堰体都是稳定的,施工工作可以正常进行。

8 施工质量及运用情况

8.1 围堰施工质量评价

围堰施工质量达到优良级水平,质量监测情况如表6.1-13所示。

表6.1-13　　　　　　　　　　　围堰施工质量监测情况

分部工程	上游围堰			下游围堰		
	单元工程数	合格率	优良率	单元工程数	合格率	优良率
平抛垫底	24	100%	75%	22	100%	68.2%
堰体填筑	1052	100	85%	886	100	87.6%
堰体加密	77	100	91%			
防渗墙施工	212	100	86.8%			
帷幕灌浆	35	100	85.7%	45	100	82.2%
复合土工膜	164	100	80.5%			
护坡	57	100	64.9%	46	100	80.4%

8.2 运行期原位监测情况

8.2.1 观测布置

上游围堰和下游围堰原位监测设备布置如图6.1-45,图6.1-46所示。

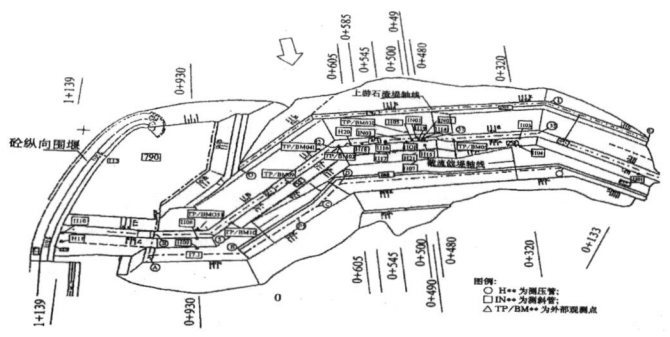

图6.1-45　二期上游围堰监测设备布置图

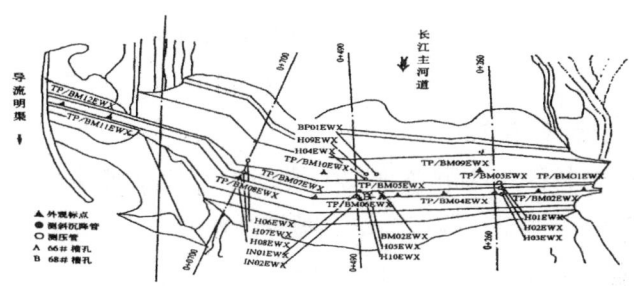

图6.1-46　二期下游围堰监测设备布置图

上游围堰共设置6个断面,其中0+500断面位于河床深槽部位,是重点观测断面(图6.1-47)。观测的内容包括:测斜兼沉降管、渗流、防渗墙应力应变和土压力观测,此外,还有土工膜应变和爆破影响监测(2只速度计和2只动态渗压计)等;下游围堰设3个观测断面,观测项目包括测斜兼沉降、渗流、防渗墙应力应变、防渗墙和堰体的土压力等,以及爆破影响监测等。

图6.1-47 典型断面监测仪器布置(左图上游;右侧下游)

8.2.2 位移观测

围堰观测成果总的情况基本正常。深槽段0+522断面(代表0+500断面)从1998年5月26日取得首次测值,1998年8月28日防渗墙变形沿高程分布曲线如图6.1-48所示。

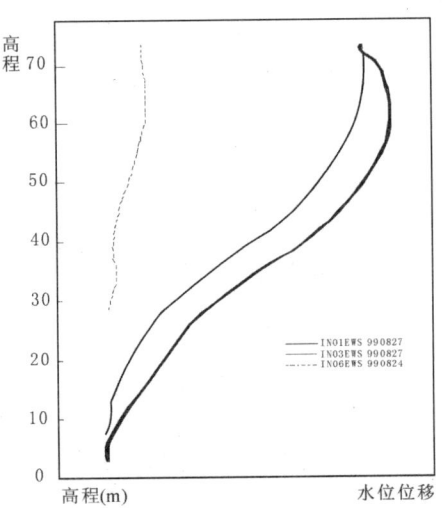

图6.1-48 上游围堰测斜管水平位移沿高程分布

可看出,防渗墙底部3.5~9.5m的挠度为1.83‰,顶部70.5~73.5m为3.43‰,其他部位都在1.8‰以下。整个挠度曲线平滑,最大值小于极限值,说明防渗墙工作状态正常。总的看来,墙体和堰体的变形具有如下特征:

(1)堰体和墙体的水平变形基本同步,数量级相近,变形速率也一致;变形在1998年汛期速率最大,此后逐渐变小,并趋稳定;上游围堰第一道墙最大变形为590mm,小于674mm的复核计算值;下游围堰最大位移为296mm,均在设计计算值之内。

(2)深槽段和陡坡段墙体和堰体向基坑方向发生较大变形,比漫滩段大一个数量级。

(3)堰体垂直最大沉降的最大实测值为755mm,但沉降速率逐渐减缓,并渐趋稳定。

(4)位于水平段的10个土工膜应变计因变形过大而损坏,在应变计标定时就发现当应变超过5‰后,应变计将可能损坏。

(5)堰体水位在墙后部位基本与基坑同步,且河床段较低,两岸漫滩水位高。

(6)两墙间水位在第二道墙防渗墙于1998年8月9日修筑完成后,8月18日的测压管水位在53.39~62.76m,最大曾出现67.38m和68.90m。该水位比上游最高江水位滞后1~5天。1997年7月20日上游出现最高水位77.54m时,两墙间水位大都在56.78~71.70m。

(7)按围堰浸润线情况,上游围堰水头损失为51.58m,下游围堰水头损失为51.04m,说明防渗墙防渗效果是好的,但两墙间水位略高,汛期在57.14~72.03m,汛后在54.26~63.43m。防渗墙后堰体的渗透比降为0.069,远小于其破坏比降1.66~0.83;渗透流量在基坑抽干后发现上游围堰的渗透量为15L/s左右,远小于设计的600L/s的值。

(8)上游围堰深槽段防渗墙的最大拉、压应力为0.068MPa和1.393MPa;下游围堰压应力为1.283MPa,均在材料的允许强度之内。

(9)基坑振动爆破的影响,在距爆区为20m、80m和125m三点的观测表明,实测水平振速各为5.6cm/s、0.28cm/s和0.10cm/s,在更远处,该值均在1cm/s以内,可见爆破的影响有限。

(10)1998年7月10日在深槽段盖帽混凝土附近有一些纵向裂缝,且有渗水现象,主要为防渗墙顶部73m高程与土工布接头处可能有拉裂现象。以后证实这种拉裂是存在的,其原因后面叙述。

8.2.3 渗流观测

基坑水位抽干后,围堰墙后堰体地下水位呈现两岸漫滩段高,中间深槽段低的情况。以下游围堰为例,1999年9月20日防渗墙前后水头损失达51.04m,墙后堰体渗透比降为0.146,小于粉细砂容许渗透比降。根据下游量水堰实测,1998年基坑抽水后,渗透量为50L/S,1999年10月12日为60L/s,两者接近。水质分析表明,基坑水和喷泉水的钾、钠、钙离子及游离二氧化碳和氯化物等含量较长江水高一倍,而pH值和碳酸盐含量则与长江水接近。根据现场巡视检查,未发现坍塌和严重渗水现象。

综上所述认为,围堰运行经过两次汛期考验情况基本正常,达到预期的目的。

9 拆除过程中围堰性状的调查验证

9.1 概述

由于二期围堰的复杂性,虽然对各种问题、各种工况已做过许多研究,但说过的情况和运用的条件千变万化,故尚有一些疑问需待围堰拆除时,才能得到最后验证。例如,防渗墙附近的堰体实际密度与设计值有无差别?运用4年后堰体密度增大多少?不同时间形成的防渗墙材料的物理力学性质有何变化?墙体周围的泥皮是否完整地存在,泥浆深入堰体的范围有多大?首次使用的复合土工膜状况如何?等等。

拆除时的工作包括下列几方面:①水下抛填风化砂的实际密度及有关参数;②防渗墙冲击造孔的挤密作用和振冲加密对风化砂密度的影响;③防渗墙的完整性;④防渗墙槽孔套接部位的结合情况及墙体周围泥皮分布情况;⑤"柔性"材料力学性质的变化及对工程安全的影响;⑥左侧基岩陡坡段防渗墙插入基岩的情况,并进行接触段的压水试验;⑦造孔时,泥浆深入堰体的范围有多大?⑧防渗墙盖帽混凝土顶部裂缝的原因,防渗墙顶部与子堰之间土工膜的完整性,实际连接状态及老化情况调查。

上游围堰从2001年11月初开始拆除,2002年5月初破堰进水,2002年11月中拆除完成,拆除的最终高程为57m。拆除时的现场观测、调查和取样的布置见图6.1-49。在围堰拆除过程中专门安排了围堰工程性状的实录和验证,并发现了一些重要的现象[13]。

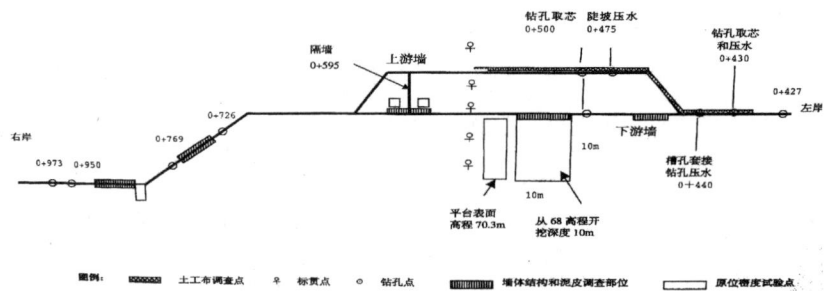

图 6.1-49 围堰拆除时取样布置

9.2 围堰材料性质状况

9.2.1 风化砂的堰体密度

在 57m 高程上进行了灌砂法密度测试(65 组)、标准灌入试验、动探试验(总进尺 200m)。从成果看来,在高程 65m 以上,干密度与高程关系不很明显,但防渗墙附近密度较大,为 $1.84\sim 2.181\mathrm{g/cm^3}$,平均 $2.00\mathrm{g/cm^3}$。在振冲桩附近,双墙之间风化砂干密度可达 $2.1\mathrm{g/cm^3}$ 以上,隔墙和双墙之间达到 $2.18\mathrm{g/cm^3}$。与堰体刚建成时比较,拆除时的密度增加约 30%。

原位试验的成果如图 6.1-50,图 6.1-51。可看出,成果的离散性较大,沿深度方向的规律性也不明显,在 53 个点位中,实测平均标贯击数为 33 击,比施工检测增大 27%。动探的平均击数为 24 击。

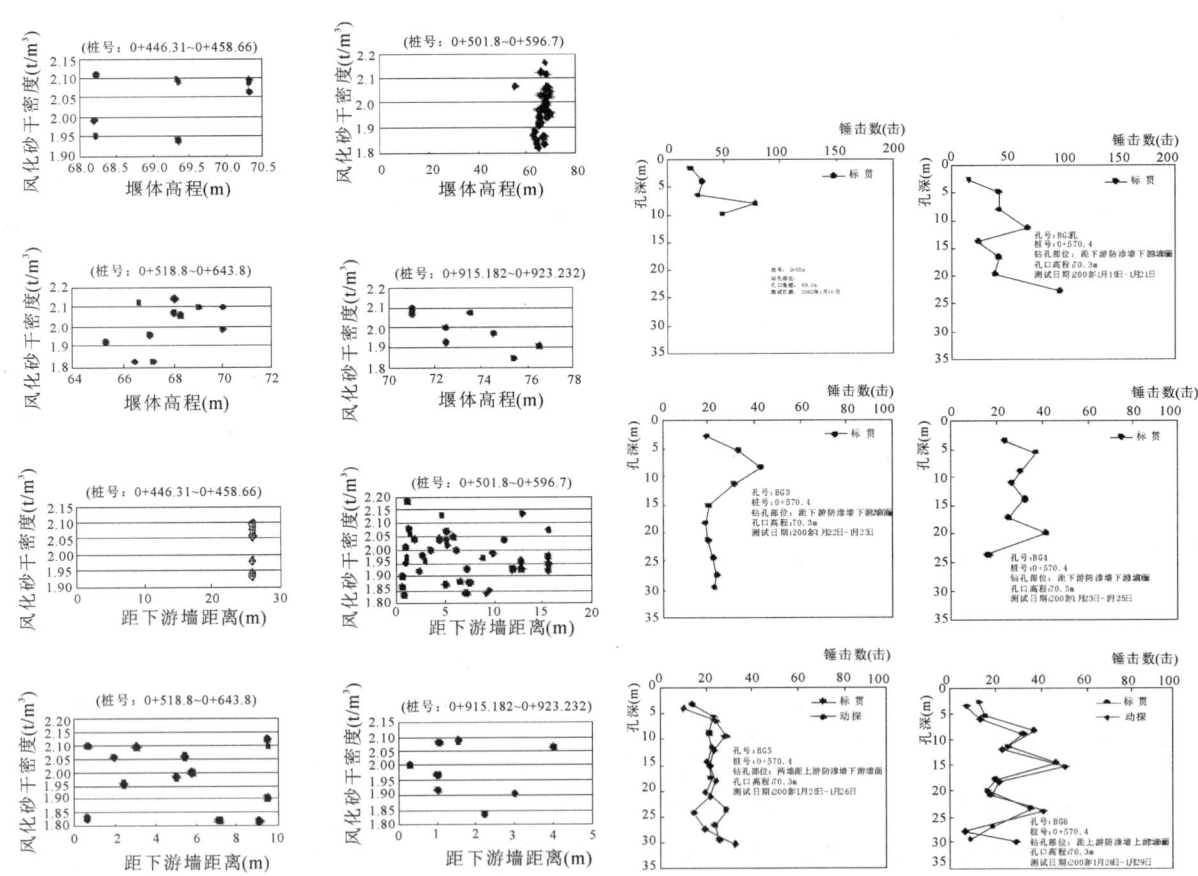

图 6.1-50 堰体干密度与防渗墙距离的关系　　图 6.1-51 防渗墙附近堰体密度原位试验值

9.2.2 防渗墙材料特性的变化

对5个观测断面进行了观测和试验，情况如下：

(1)防渗墙的平整性和完整性均较好，局部可见麻面，单双墙转折处连接完整。

(2)防渗墙槽孔之间普遍存在套接缝，缝内存在泥皮。套接部位泥皮厚度从2(内部)～12mm(墙体表面)，但泥皮普遍存在。套接缝的情况示于图6.1-52。

图6.1-52　深槽段钻孔取芯揭示的套接缝

(防渗墙表面的套接缝及其填充情况)

在套接缝钻孔取芯，芯样完整，套接部分芯样的抗压强度与墙体芯样相同，室内测定套接缝的渗透系数为2.2×10^{-7}cm/s，而周围墙体大一个数量级，但仍满足要求。

(3)柔性材料抗压强度试验共检测200组，其测值的分布情况如图6.1-53所示。

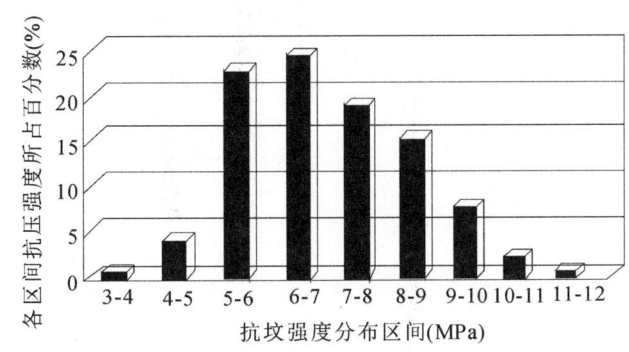 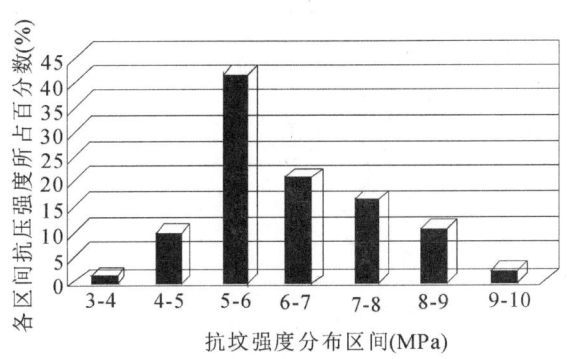

图6.1-53　不同部位柔性材料抗压强度直方图

抗压强度试验值主要分布在4～11MPa之间，切线弹性模量为750～2600MPa。不同槽段因龄期不同，其物理力学性质有差异，如左漫滩段柔性材料抗压强度均值为7.23MPa，初始切线模量均值为1692MPa，模强比均值为234；而右漫滩段的相应值各为5.93 MPa、1467 MPa和247；右预进占段的相应值为4.29 MPa、797 MPa和186。运用4年后模强比有所降低，对墙体压力状态改善有利。渗透系数也有降低的趋势，这表明墙体材料的性能在向更优的方向发展。

(4)塑性混凝土的骨料有天然砂和古树岭料两种，两种混凝土的试验成果基本相同。

塑性混凝土的抗压强度在5.5～17.0MPa之间，平均10.1MPa，弹性模量在3470～7157MPa之间，平均5368MPa，模强比平均约475。塑性混凝土的劈拉强度和抗折强度都很高，前者平均值为42MPa，后者在2.57～5.77MPa之间，平均3.94MPa，比设计值(T_{28})增长约2.5倍。渗透系数的试验值在10^{-10}

cm/s 量级上,在 0.8MPa 的压力下恒定 24 小时不渗水,劈开试样发现渗水高度仅 1~3cm。由此也说明,经过 4 年,成型环境对墙体材料的影响基本消除。

古树岭石屑砂塑性混凝土芯样的抗压强度在 5.5~17MPa 之间,平均 10MPa。抗压弹模在 3470~7157MPa 之间平均 5368MPa,模强比 475。渗透系数约在 10^{-10} cm/s 量级。

9.2.3 深槽陡坡段防渗墙嵌入基岩情况

在桩号 0+485—0+497,基岩高程由 30m 陡降至 1.0m 工程,岩体坡角达 70°~90°,该段防渗墙施工十分困难。在施工中采取了将陡岩切削成若干台阶状小平台,在两墙间加设支承隔墙等,但其结果如何仍待分晓。为此,安排了 3 个 168mm 大钻孔取芯和进行压水试验。其结果为:防渗性能总体良好,原设计要求原位压水单位透水率≤5Lu,K≤10^{-6}cm/s,室内试验结果为 10^{-8}~10^{-9}cm/s,现场压水试验为 10^{-5}~10^{-6}cm/s,与要求相当。

9.3 围堰整体工作情况

9.3.1 堰体和墙体的相互作用

在围堰拆除过程中发现,防渗墙与上游堰体之间在部分墙段上有整体脱开现象(图 6.1-54),运行期的监测资料也反映出在高程 34m 处的防渗墙上游面的有效土压力极小,几乎为零(图 6.1-55),这表明,上游侧堰体并不与墙体和下游侧堰体同步向下游侧位移,这对于重新认识防渗墙与周边堰体相互作用机理将是有意义的。左漫滩 0+440 附近的土工膜下,风化砂堰体和墙体有脱开情况。深槽段 0+475,高程 72.5m,槽口板和混凝土盖帽下面的风化砂堰体和墙体脱开情况如照片所示。

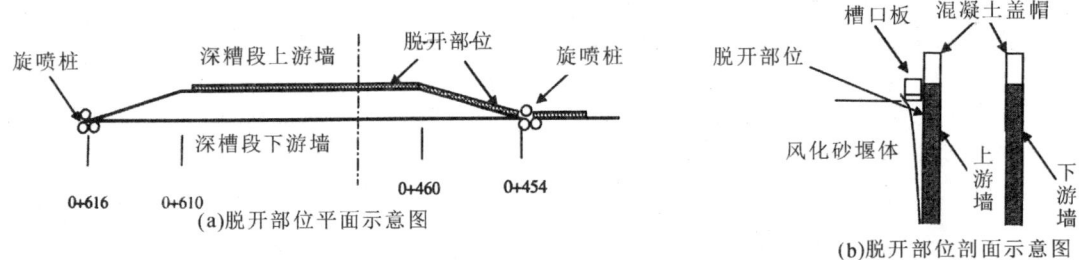

图 6.1-54 堰体与墙体脱开部位示意

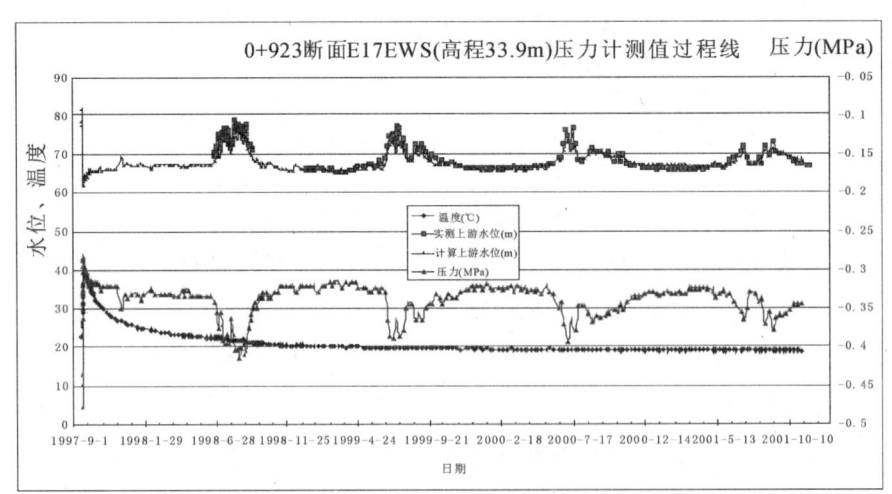

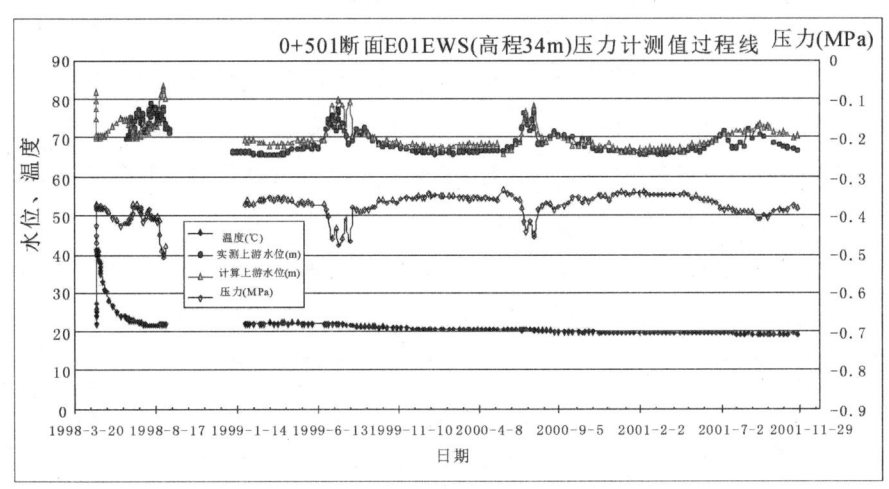

图 6.1-55 墙面有效土压力过程曲线

防渗墙与上游侧堰体局部脱开还可从下面监测资料看出。根据深槽段(0+501,高程34m)、右预进占段(0+923,高程33.9m)两个部位防渗墙上游面压力计监测结果,1998年8月底以来,防渗墙上游面的土压力计测值,与同期同部位的水压力数值相当,这就是说,此期间的防渗墙上游面土压力为零,此处高程相当于平抛垫底的顶面高程,表明防渗墙与上游侧堰体脱开。围堰拆除时发现,在槽口板下面,防渗墙上游侧的风化砂堰体与防渗墙脱开,宽度在5~15cm之间(见图6.1-56),这反映了堰体和墙体的沉降差异。由于风化砂堰体相对疏松,它的下沉量必然大于墙体的沉降,尤其在1998年8月底开始,0+500附近的填筑速度较快,堰体的下沉速度更快,从8月6日至9月10日沉陷达249.05mm。同时,由于受力条件复杂,除垂直力外,还有水平向的力,使变形的方向也不一定在垂直方向。观测资料也发现,在0+522断面,墙体向下游的水平变位要大于堰体的变位,说明两者存在脱开的事实。再者,根据深槽段,右预进占段高程34m左右的土压力监测结果发现,自1998年8月底以来,防渗墙上游面的土压力为零,也说明防渗墙与上游侧堰体已经脱开。

 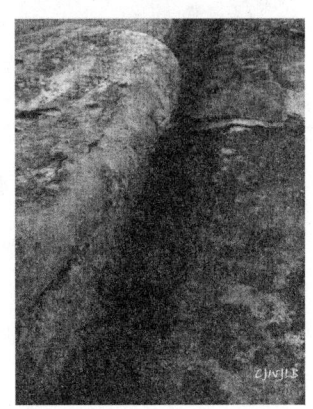

图 6.1-56 风化砂堰体与防渗墙脱开 15cm

9.3.2 泥皮状况

在围堰拆除过程中发现防渗墙上下游表面及施工套接缝中存在泥皮,泥皮是连续完整的,在槽壁和防渗墙之间形成薄弱接触面,由于套接形式大多数为弧形套接,套接缝之间泥皮外宽内窄,泥皮致密,已基本固化。泥皮可起柔性止水作用,并协调槽孔之间的变形,改善防渗墙的应力状况,有助于墙体变形较大时不发生开裂。泥皮的存在无疑会降低防渗墙体与风化砂堰体变形过程中的阻力,在一定程度上,对工程是有利的。然而,套接缝中的泥皮对高水头作用下防渗墙的抗渗性能有所减弱,但尚不至于影响防渗墙的安全。泥皮的这种存在形式,使原来计算时不明确的问题得到了澄清,对今后防渗墙边界条件的设定很有帮助;对于泥皮的形成过程和对墙的作用也进行了分析,这将有助于重新认识防渗墙的设计准则,研究结果对同类工程设计将具有指导意义(图6.1-57)。

①防渗墙上下游面普遍存在泥皮厚度在1~35cm之间,一般为2~3cm,在墙的上部,局部见厚度大于5cm的泥皮,墙体与风化砂之间的泥皮有清晰的界线,属薄膜型泥皮,说明泥浆没有侵入风化砂体内部。泥皮表面上可见明显的擦痕,表明墙与堰体之间曾发生过相对位移。

②墙体表面的泥皮呈可塑状态,实测含水量较高,达88%~390%,密度较低,湿密度在1.46~1.48g/cm³,干密度为0.78g/cm³左右,排水剪的强度指标为$c'=9kPa,\varphi=4.4°$。

③泥皮的颗粒分析表明,泥皮中含有风化砂的细颗粒,泥皮矿物中有水云母、长石、角闪石等原膨润土中没有的矿物,也说明一些风化砂混入泥浆中,此外,还有部分水泥浆混入,故泥浆的比重较大。

④由于泥皮的摩擦系数很小,当堰体发生较大沉降时,堰体对墙体产生的向下摩擦力就较小,故防渗墙的垂直压力也比计算的要小,例如,运行期防渗墙的实测最大压应力为2.73MPa,而计算的墙体最大压应力接近5MPa,这是因为计算中两者的接触未假设为光滑的原因。

 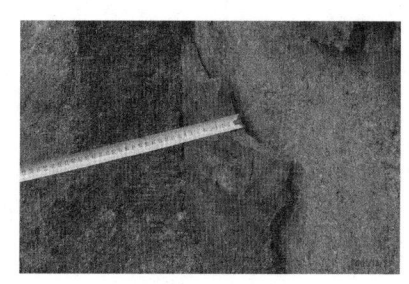

图6.1-57 防渗墙表面泥皮,防渗墙后风化砂、泥皮的分界情况

9.3.3 复合土工膜状况

土工织物作为一种新型的防渗材料,被水工界普遍认同,类似于三峡工程二期围堰采用垂直防渗墙上接土工膜联合防渗结构形式也是普遍的做法。拆除过程中重点调查了土工膜的完整性,搭接情况和老化情况。

复核土工膜整体完整性较好,膜间的搭接总的还好,但局部有不牢的现象。复合膜中的土工布之间的黄色粘胶已基本失效没有黏结,但中间的土工膜黏结良好,土工膜与混凝土搭接位置有局部龟裂的老化现象(运行4年多),主要发生在与墙顶结合部位,老化的原因可能与混凝土的碱性反应有关,值得进一步研究。

土工膜在与防渗墙及顶部混凝土盖帽搭接处有不同程度的损坏,在桩号0+463—0+465.5附近,观测到土工膜的拉破部位,长度约30~50cm,其下(桩号0+465.25)有一长方形沉陷孔,外长1.16m,内长0.63m,宽0.20m左右。此外,在第一道墙0+460处的土工膜与墙体之间,有长约1m的一段与墙体脱落,其原因是防渗墙迎水面的堰体相对于防渗墙的沉陷30cm,导致膜被拉裂。设计中在该受拉部位曾设置伸缩节(图 6.1-58),但实际上由于上部压力太大,伸缩节拉不开,未能起调节作用,这是一个深刻的教训。

对土工膜的特性进行了 10 组试样的测试表明,抗拉强度除局部小于 20kN 外,一般均大于设计值,但在焊接部位以及与混凝土盖帽搭接部位有局部老化现象,龟裂部位基本丧失抗渗能力。

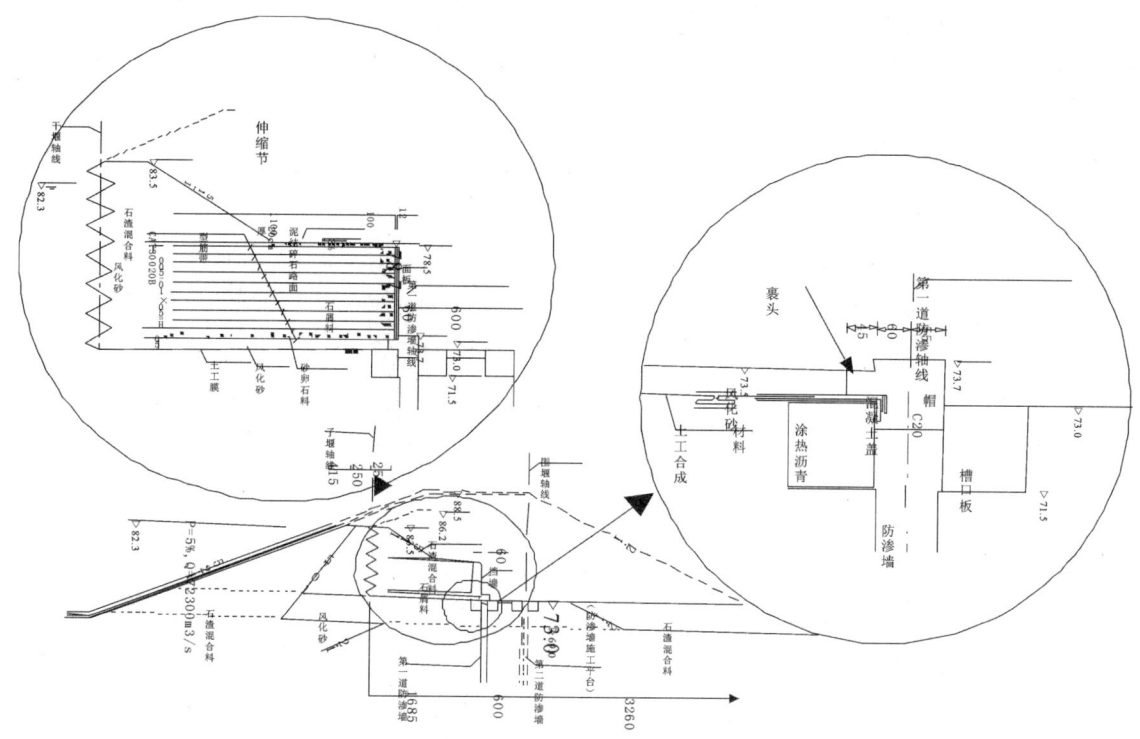

图 6.1-58　防渗土工膜布置的不当伸缩节

10　结语

2002 年 5 月和 7 月,二期上下游围堰先后拆除至破堰,上下游先后基坑进水,标志着二期围堰胜利完成历史任务。在 1998 年至 2002 年汛期前的四年多的运行期中,二期围堰没有出现过危及安全的问题,很好地完成了保证左岸基坑主体工程的顺利施工和坝址下游安全的重任,达到了设计的要求。三峡二期深水高土石围堰的研究和建设是在高难的技术要求,复杂的地质环境,苛刻的施工条件,紧迫的工期进度等众多困难的条件下完成的,实施的结果比较成功。其技术效益、经济效益、环境效益和人才效益都比较完满,是三峡工程众多单项工程中比较优良的一个项目,对我国水利水电事业的发展具有重要的意义。

该项工程在技术上的进步和创新已如上述,它不仅对本工程起了关键的作用,而且今后对中国西部大量的大型水利水电工程围堰的建设也有很大的参考和借鉴作用,正如华东水电勘测设计院白鹤滩工程高围堰设计者说的:"'八五'科技攻关时期,三峡二期围堰的研究是国内乃至世界围堰技术研究的一座丰碑,解决了很多长期困扰围堰设计、施工的难题。……针对围堰填料的性质、围堰结构形式、防渗材料研究、堰基粉细砂层和覆盖层的特性和处理等方面进行了深入研究,对围堰设计提供了若干新思路,确保了三峡二期围堰的安全运行。三峡二期围堰的研究工作如此全面,既包括了前期试验(水下抛填料的密度和坡角的离心模型试验、粗粒料的大型试验)、又包括基于有限元数值计算的围堰型式优化,还包括运行期的安全监测和反分析以及围堰拆除过程中许多问题的验证,此外还涉及很多特种监测仪器的研制,以至于后人在围堰设计的各方面、各阶段均有可参考对象,影响了一系列大型围堰的设计和施工,成为后续围堰设计的标杆。"[14]。

此外,在经济效益和人才培养方面成效也非常显著,据不完全统计,单由于墙体材料的优化效益对上游围堰一项的节省就达6000万以上,至于它缩短了2~3个月的直线工期对汛期前工程达到挡水的要求,以及利用废料所带来的环境效益,则是非具体的钱数可以计量的。

三峡围堰研究和建设过程中长科院土工专业方面参加的人数达百余人。在长达18年的历程中,培养了整整一代土工专业的人才,使他们具有比较扎实的理论基础、系统的技术素养、广泛的工程知识和灵活的处理工程问题的能力,它将对我院的未来产生持续的影响;另一方面,国内也有众多单位参与了有关的攻关研究,他们一方面带来了各自单位的经验,有助于研究水平的提高,同时也把研究中的收获撒布到全国各地,活跃了国内的学术交流,它也会对我国土工专业的发展起有益的促进作用。

正如著名的水利水电专家、三峡公司技委会主任潘家铮院士所称赞的"大江截流后的又一恶战是二期围堰……二期围堰工期之紧,难度之大也使多少同志把心提在手中。事实是,二期围堰又如期完成,……1998年8次长江特大洪水就迎面扑来,这座水上长城不仅固若金汤,而且几乎滴水不漏。长江这次是真的服输了。"[15]

参考文献

[1]包承纲. 三峡工程二期围堰建设中若干关键技术问题的解决[J]. 中国三峡建设,1999(5):32-36.

[2]潘家铮. 对二期围堰建设的评价[J]. 中国三峡建设,1999(5):1-3

[3]哈秋舲,包承纲,饶冠生,田野主编,《三峡工程关键技术研究》[M]. 广州:广东科技出版社,2002.

[4]程展林,饶锡保,李玫. 三峡工程二期围堰填料特性和围堰断面的离心模拟试验[A]. 工程建设中的土工问题研究[C]. 长江出版社,2006.

[5]冯光愈,刘松涛,饶锡保,程展林. 三峡深水高土石围堰数值分析与离心模型研究[J]. 长江科学院院报,1997,11(4):58-62.

[6]任大春,吴昌瑜,朱国胜. 三峡二期围堰饱和—非饱和渗流分析[J]. 长江科学院院报,1997(2):44-47,56.

[7]李思慎,吴昌瑜,任大春. 三峡工程二期围堰渗流问题研究[J]. 长江科学院院报,1997,14(4):66-69.

[8]包承纲,钱胜国. 风化砂、淤积砂的动力特性[J]. 长江科学院院报,1997,14(4):74-78.

[9]李青云,程展林. 三峡工程二期围堰运行后的性状分析[J]. 岩土工程学报 2005,27(4):410-413.

[10]汪明元,程展林,包承纲等. 三峡工程二期深水围堰工程形状反分析研究[J]. 土木工程学报 2007,(6):105-110.

[11]刘松涛,包承纲. 98'汛期二期围堰防渗墙应力和变形[J]. 中国三峡建设,1999,(5):43-45.

[12]程展林. 三峡二期围堰垂直防渗墙的应变形态[J]. 长江科学院院报,2004,21(6):34-37.

[13]李青云,张建红,包承纲. 风化花岗岩开挖弃料配制三峡二期围堰防渗墙材料[J]. 水利学报,2004,(11):114-118.

[14]王永明. 高土石围堰结构安全性研究及数值分析[J]. 华东水电勘测设计院,2011.

[15]潘家铮. 春梦秋云录[M]. 北京:中国水利水电出版社,2012.

第 2 章 南水北调中线渠道干线工程

1 概述[1]

南水北调工程是当今世界上最大的水利工程,也是关系到我国可持续发展的一项战略性水利基础设施,它对我国北方地区的生态环境、经济发展和社会进步、以及人民生活质量的提高都具有重大的意义。

我国水资源分布南多北少,与生产力布局不相适应。京津华北地区是我国水资源供需矛盾最为突出的地区。随着人口的增加、经济的发展,水资源供需矛盾更加突出,而且还产生了严重的生态环境问题。这些问题不仅制约了当地经济社会正常发展,甚至影响到国家的可持续发展战略。因此,实施跨流域调水,向京津华北地区补充水资源已成为一项十分紧迫的任务。南水北调工程是根据我国水资源短缺,尤其是针对北方黄淮海地区水资源极度贫乏,严重地制约了该地区的经济发展和生态环境的改善而提出的。根据规划,将从水量较丰富的长江调水约 500 亿立方米/年向北输送到黄淮海地区和黄河上游,以弥补这些地区水资源不足。

南水北调工程共有东、中、西三条输水线路(图 6.2-1),分别从长江的下游、中游、和上游输水到苏、鲁和天津地区,豫、冀、京、津地区和黄河上游地区。经过这样的重新配置,我国水资源将组合为"四横三纵"的合理布局。这将大大缓解北方黄、淮、海地区严重缺水的局面,对该地区的经济发展和生态环境改善具有极为重要的意义。

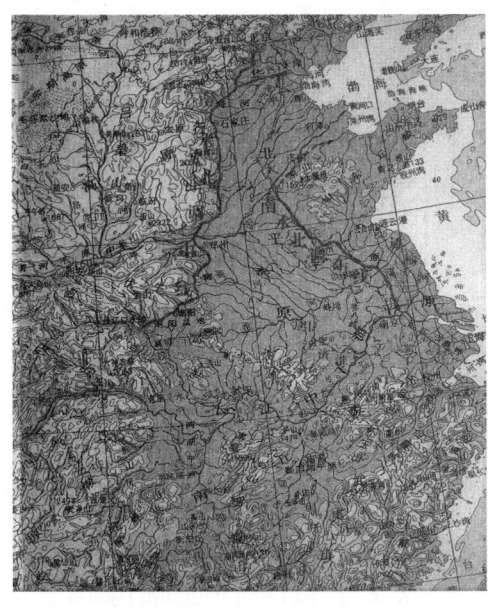
(a)中线和东线工程

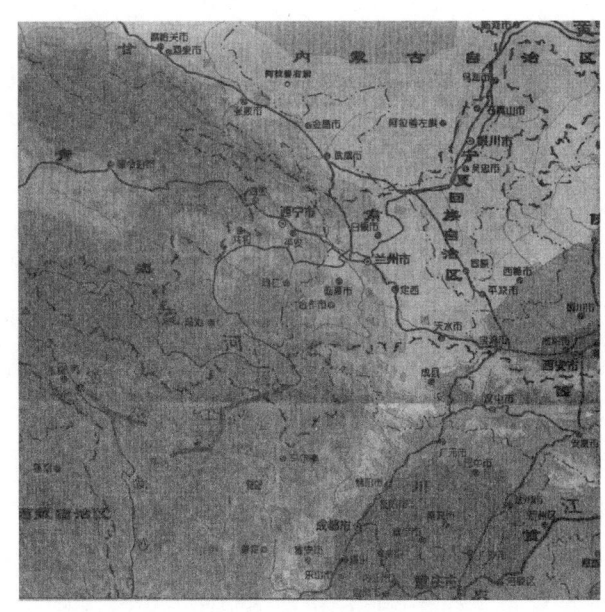
(b)西线工程(规划)

图 6.2-1　南水北调三条线路示意图

中线工程由汉江中上游的丹江口水库引水,重点解决北京、天津、河北、河南 4 个省市,沿线 20 多座大中城市的缺水问题，并兼顾沿线生态环境和农业用水，干渠总长达1240余公里，分二期实施。一期工程在丹江口大坝加高后，从丹江口水库自流引水，通过明渠输水到河南、河北、北京、天津等省市。中线一期工程平均每年可调水95亿立方米，远期将达到年均130亿立方米。同时，为减少中线工程从丹江口水库调水后，汉江中下游水量大幅减少，对湖北中部地区的不利影响，修建湖北省引江济汉等四项生态建设工程。

中线工程总干渠沿线地形总体上呈西高东低、南高北低之势，沿线经过山地、丘陵、岗地、平原及沙丘沙地等地貌单元，由于渠道线路长、断面面积大，沿途要经过多种土质的地层，还要穿过黄河，因此，工程将会遇到各种复杂的岩土工程问题，其中最主要的问题有：

①膨胀性岩土渠道稳定问题；②黄土湿陷性问题；③饱和沙土震动液化问题；④渠道经过煤矿采空区变形及渠道压煤问题；⑤渠道深挖方及高填方边坡稳定问题；⑥渠道渗漏问题；⑦基坑涌沙涌水问题等。

在上述工程问题中，穿黄工程的岩土工程问题、砂土液化问题以及膨胀性岩土渠坡的稳定问题最为复杂，难度较大。研究人员先后曾作过大量的研究工作，本文将重点介绍这几个方面的研究情况。

2 大型穿黄隧洞工程的岩土问题研究[1]

2.1 概述

穿黄工程是穿过黄河的输水结构工程，工程论证阶段其主要方案有二。一是隧洞方案，二是渡槽方案。两个方案均是可行的，且各有优点。本书主要介绍隧洞方案的研究成果。

穿黄隧洞属特大型隧洞，置于水下30余米的砂层中，有一系列岩土问题需要解决。隧洞的设计规模为两条外径近10m，内径约8.2m的双层衬砌隧道，置于河床下约30m的砂层中。与该隧洞工程有关的岩土方面问题主要有：

(1) 隧洞地基土层的工程性质研究；

(2) 砂土液化问题及对隧洞安全的影响；

(3) 隧洞上的土压力研究；

(4) 隧洞与周围土层的共同作用及隧洞衬砌的应力应变分析；

(5) 隧洞三维抗震分析；

(6) 盾构施工开挖面稳定性的研究；

(7) 黄河河床砂层蠕动对隧洞的影响研究等。

长江科学院曾于1992年6月开展了穿黄工程地基的旁压试验。1994年3月开始进行初步设计阶段的地质勘测工作后，长江科学院又承担了部分土工试验任务，包括：主河床段及北岸段室内土工试验和原位旁压试验、南岸连接段室内土工试验及动力试验、穿黄工程泥水盾构施工泥浆特性与开挖面稳定试验研究等。期间，针对穿黄工程地基土物理力学特性的研究成果报告有：《南水北调（中线）穿黄工程砂土地震液化试验研究报告》(1992年10月)、《南水北调中线穿黄工程土工试验报告》(1994年12月)、《南水北调中线穿黄工程南岸连接段地基工程性质试验研究报告》(1996年10月)、《南水北调中线穿黄工程砂土液化试验研究报告》(1997年9月)；针对穿黄工程泥水盾构施工泥浆特性与开挖面稳定研究成果包括：《南水北调穿黄工程开挖面稳定性试验研究》长江科学院报告(1997年5月)；《南水北调中线穿黄工程输水隧道结构动、静力计算分析》(1994年5月)以及《南水北调中线工程穿黄渡槽结果动静应力分析报告》(1992年11月)等。

以下仅就问题(2)(3)(4)(6)的情况作些介绍。

2.2 砂土液化问题

穿黄隧洞所在的土层主要是在砂土层内,隧洞必须具有一定的埋深,以保证置于可液化土层以下。为此,进行了试验研究。

2.2.1 土层和试样

该处砂层厚约 30~70m,属第四系全新统冲积层 Q_4^2,Q_4^1。在 Q_4^2 中,表层 Q_4^{2-2} 为粉细砂,厚约 8~13m,其下为 Q_4^{2-1} 的细砂层夹少量中砂,厚 3~18m,Q_4^1 为中、细砂层,厚 5~56m,从级配上看,它们均可能液化。

根据砂层分布情况,沿隧洞轴线分别取若干扰动样和原状样,分别进行了液化试验和动力特性(动模量和动阻尼比)试验。

2.2.2 扰动样的试验成果

对三种干密度 1.63g/cm³、1.69g/cm³、和 1.72g/cm³(相对密度各为 0.5g/cm³、0.65g/cm³ 和 0.75g/cm³),按三种固结压力(100kPa、250kPa、400kPa)进行每组 4~5 个试样的试验,振动频率为 1Hz,以孔压等于侧压作为液化标准。

主要成果举例如下:

(1)初始液化的动剪应力比(τ_d/σ_0)与振次($\lg N_f$)的关系如图 6.2-2。

(2)孔压(u_d/σ_0)—振次($\lg N_f$)的关系,见图 6.2-3。

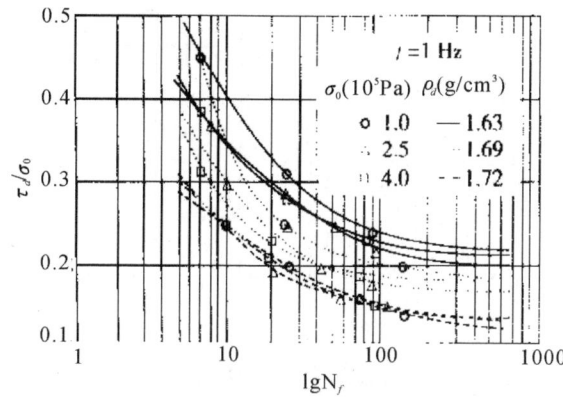

图 6.2-2 初始液化动剪应力比与振次的关系 图 6.2-3 孔隙压力比与振次的关系

(3)按 seed 的剪应力对比法,地震剪应力 τ_{av} 与抗液化剪应力 τ_d 沿深度的变化曲线,如图 6.2-4。

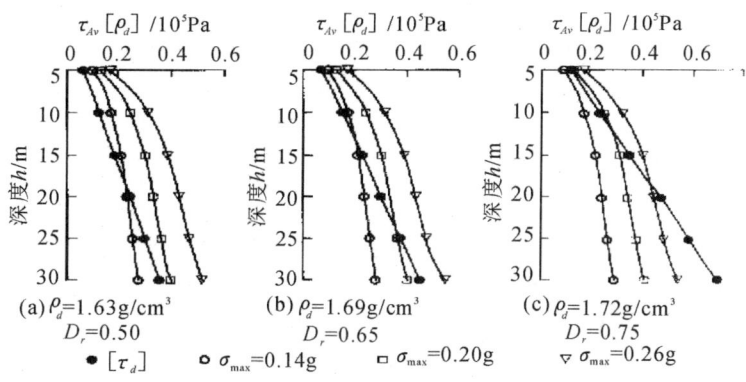

图 6.2-4 地震剪应力 τ_{av} 和抗液化剪应力的对比

(4)动弹模、动阻尼比等与动应变的关系,见图 6.2-5。

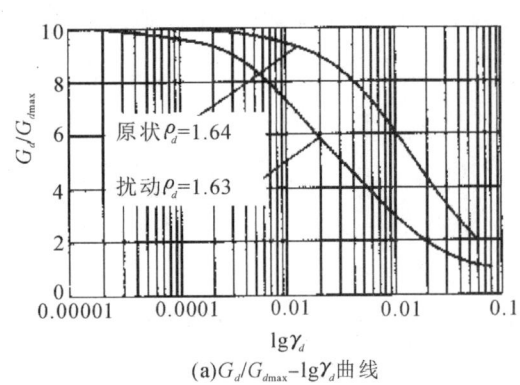
(a)G_d/G_{dmax}-$\lg\gamma_d$曲线

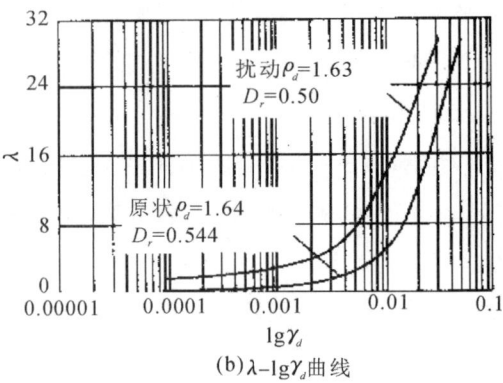
(b)λ-$\lg\gamma_d$曲线

图 6.2-5　动弹模、动阻尼比—动应变关系曲线

2.2.3　原状样的试验成果

共进行了 24 组原状样试验,成果列举如下:

(1)Q_4^{2-2}砂层的动应力比与振次的关系,示于图 6.2-6。

(2)Q_4^{2-2}动孔压比与动应力循环次数比的关系示于图 6.2-7。

(3)Q_4^{2-1}中砂扰动样和原状样的动剪应力比与振次的关系示于图 6.2-8。

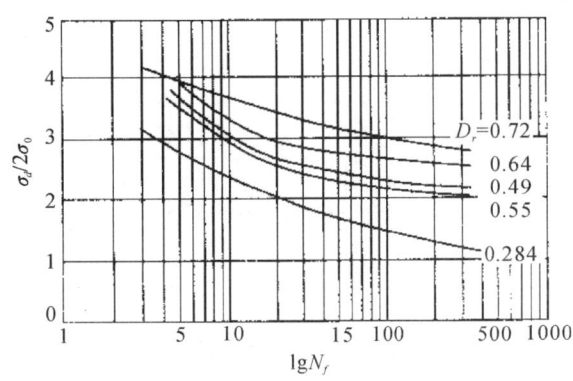

图 6.2-6　动剪应力比与振次关系曲线　　图 6.2-7　动孔压比与循环次数比的关系

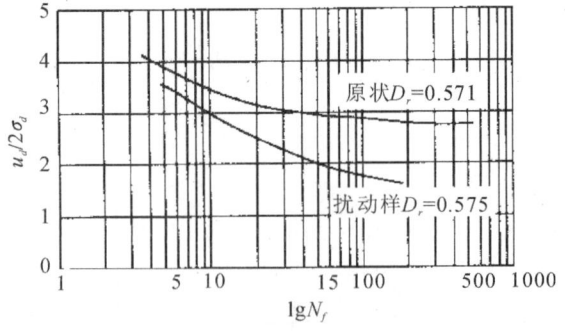

图 6.2-8　动剪应力比与振次的关系

2.2.4　砂土地基液化可能性评价

根据扰动样成果,采用 seed 的方法评价,在 0.14g(Ⅶ度地震)作用下,当砂土的 $D_r=0.5$ 时,液化深度为 20m;当 $D_r=0.65$ 时,液化深度为 14m。

根据原状样和标贯试验成果,平均液化深度为8～10m;根据现场标贯试验,液化深度为16m。根据相对密度法判断,在深度15m以下,$D_r \geq 0.65$,故液化深度不大于15m。综合上述成果,判定液化深度为17m。若将隧洞顶面置于河床以下20m,则隧洞在抗液化方面将是安全的。

2.3 隧洞上土压力研究[2]

2.3.1 必要性

由于隧洞开挖及衬砌结构变形的影响,隧洞周围的砂土发挥拱效应,使得作用于隧洞的土压力要小于原位 K_0 状态的土压力,介于松动土压力(拱效应充分发挥)与 K_0 状态土压力之间。因此,研究松动土压力及土结构相互作用下的土压力就很有必要。

2.3.2 试验方法

进行了二种离心模型试验。

(1)开挖模拟试验,在离心机运转中采用充气橡胶囊逐步放气的方式模拟隧洞开挖;

(2)土-衬砌结构相互作用。针对不同的砂土密度、饱和情况、隧洞埋深、盾构施工中盾尾间隙的大小进行了一系列的模型试验。

2.3.3 研究成果

(1)松动土压力

随着洞壁支护压力的降低,得到的破坏模式如图6.2-9所示。隧洞以上土柱呈整体滑动破坏。以破坏前的临界支护压力作为松动土压力,试验表明其值远小于上覆土体自重压力。

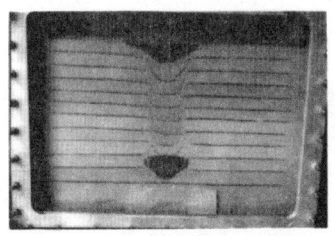

图6.2-9 模型的破坏形式

对太沙基松动土压力公式在四个方面作了改进:①根据离心模型试验结果,滑动土体的宽度取为隧洞的直径 D,即有 $2B=D$;②假定滑动土柱内土压力沿水平方向为梯形分布,而不是均匀分布;③除利用地表的应力边界条件外,同时利用隧洞拱冠楔形体的平衡条件;④滑动面上侧压力系数 K 不是假定为1.0,而是按下式计算确定。

$$K = \frac{1}{1+2\mathrm{tg}^2\varphi} \tag{6.2-1}$$

得到的改进的松动土压力计算公式为:

$$\sigma_H = \frac{\gamma D - 2c}{2Km \cdot \mathrm{tg}\varphi}(1-e^{-\frac{4Km \cdot \mathrm{tg}\varphi}{(1+m)D}H}) + qe^{-\frac{4Km \cdot \mathrm{tg}\varphi}{(1+m)D}H} \tag{6.2-2}$$

用改进公式计算的隧洞拱顶的松动土压力 σ_H 与离心模型试验值较为接近。

(2)归一化 $P-S$ 关系

对于中等密度砂土,隧洞埋深比 $H/D \geq 1$ 时归一化的支护压力-位移关系为:

拱顶:
$$\left(\frac{1000S}{H\sqrt{H/D+1/2}}\right)^{\frac{1}{6}} = \frac{P/\gamma'H}{0.6 \cdot P/\gamma'H+0.4} \tag{6.2-3}$$

地面中心:
$$\left(\frac{1000S}{H \cdot H/D}\right)^{\frac{1}{6}} = \frac{P/\gamma'H}{0.6 \cdot P/\gamma'H+0.4} \tag{6.2-4}$$

(3)土-结构相互作用

对于饱和砂情况,衬砌周围水土合压力较为均匀,故衬砌所承受的最大正弯矩和最大负弯矩的绝对值都小于干砂情况下的相应值。在弯矩和轴力的共同作用下,衬砌外表面的顶部和底部区域为压应力,在起拱区域为拉应力。衬砌内表面与外表面相反,压应力发生在起拱区域,而拉应力在顶部和底部区域。

无盾尾间隙的试验结果显示隧洞衬砌的变形使地层产生较大的地层抗力。有盾尾间隙的试验结果表明,在支护压力减小和间隙闭合过程中,砂土产生强烈的拱效应。干砂地基在支护压力(如盾构施工中的盾尾注浆压力)显著低于临界支护压力时,土体将出现失稳,拱效应有所减弱,但在间隙闭合后作用于衬砌的土压力仍然低于地基初始土压力。对于饱和砂地基,土体在经过了间隙闭合后作用于衬砌的土压力略高于松动土压力,砂土的拱效应充分发挥。但在原位河床地基中砂土拱效应的长期稳定性不明确。

2.4 考虑隧洞与周围土的共同作用时衬砌的应力应变分析

2.4.1 必要性

盾构法施工引起的地基变形计算和衬砌内力计算比较复杂,它受到周围土体的扰动、地下水的变化、盾构尾部建筑空隙的密实度、施工速度等多种因素的影响。常规的结构分析方法,是将单一的隧道衬砌作为研究对象进行变形和应力计算,比较粗糙。故将地基、隧洞衬砌作为一个相互作用的整体进行分析是很必要的。

2.4.2 计算方法和条件

计算中假定:

(1)将隧道与土相互作用看作是平面应变问题,不考虑施工过程中隧道端部的应力状态,施工中机器对土层的扰动不考虑。

(2)计算方法用有限元法,衬砌材料用线弹性模型,土体材料采用弹塑性剑桥模型。计算模型的网格示意图见图6.2-10。

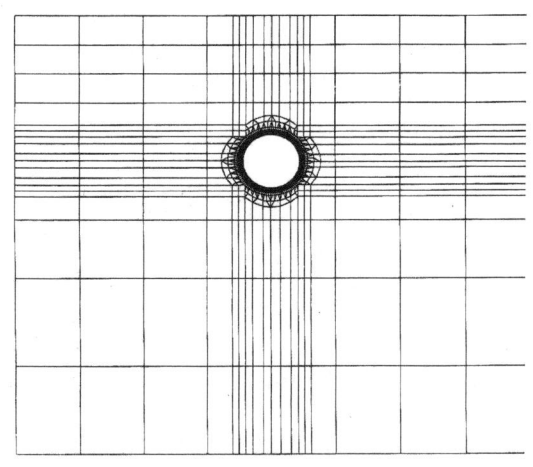

图6.2-10 计算模型网格图

分析的工况:

(1)盾构施工阶段,即外层装配式管片承受所有的外荷载,周土压力、地下水压力等(此时无内水压力);

(2)正常使用阶段,浇注了内层衬砌,并正常输水,此时除外层承受周土压力和地下水压力外,内层还承受了内水压力;

(3)河床被刷深(最大深度达16m)的情况,此时上覆的压力减少了。

2.4.3 计算成果

(1)在施工阶段,其变形情况是整个隧道向上移动,中轴线向上位移量为2.44cm,隧道本身在垂直方向上被压扁,底部与顶部间的垂直压缩量为 1.714cm,衬砌中主要为压应力的作用。

若地下水压力不存在,则压扁的程度更大,衬砌中出现较大的拉应力。

(2)正常使用阶段,隧洞中轴线向下位移 0.75cm,内、外衬砌中的主应力 σ_1 和 σ_3 不论在数值上与分布规律上均差异较大。

内层的 σ_1 比外层的 σ_1 小,且更均匀($\sigma_{1外}=0.8\sim1.0$MPa,$\sigma_{1内}=0.5\sim0.83$MPa);内层中的 σ_3 均为拉应力($\sigma_3=-1.8\sim-2.7$MPa),而外层的拉应力不明显。

内、外层衬砌变形情况如图 6.2-11。

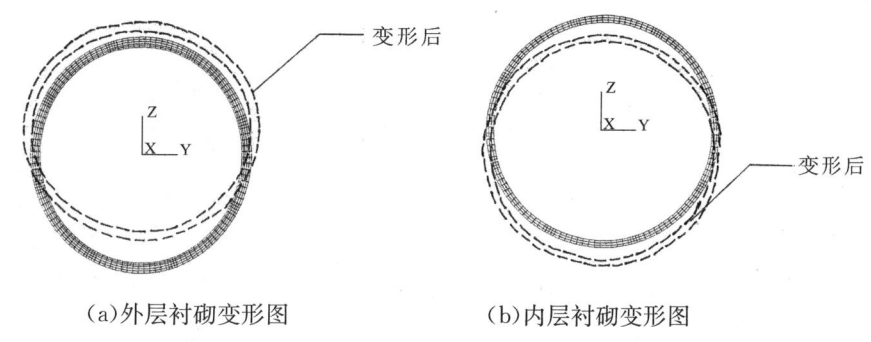

(a)外层衬砌变形图　　　　　(b)内层衬砌变形图

图 6.2-11　衬砌变形示意图

内部水压力使外层衬砌中的 σ_1 减少了约 3MPa;

隧洞周围土中的应力水平很小,最大值仅为 0.45,同时施工对周围土体应力的影响范围有限。

(3)最大刷深使用阶段。隧洞上部覆土厚度由 27.35m 降到 11.35m 时:隧洞整体向上位移较大,总位移为 5.01cm,衬砌在水平向被压扁 0.310cm,垂直伸长量为 0.37cm;应力变化情况,对外衬仅减少应力约 0.1MPa,对内衬影响较大,增量达 0.9MPa;土中的应力水平增大,但未达破坏水平。

上述的计算成果对隧洞的结构和衬砌有重要的作用。

2.5　盾构施工开挖面的稳定条件研究[3]

2.5.1　缘由

盾构施工对开挖掌子面的稳定影响有两方面:一是盾构施工时的振动引起的影响,二是泥水加压盾构需加多大泥浆压力才能维持掌子面的稳定,这两个问题以往研究不多。对第一个问题,经对运转中的盾构机实测,盾构机的振动加速度甚小,不会造成危害。第二个问题更为重要,因为掌子面失稳不仅影响工程的安全、进度、造价,并会引起地面的过大沉降。关于掌子面的研究缺少可循的经验,试验是在摸索中进行的。

盾构机开挖过程中,作用于掌子面的压力有二:一是刀盘的压力;二是泥浆的压力。在研究中,为安全计先假定刀盘压力为零,掌子面全靠泥浆压力维持稳定。

2.5.2　试验简况

试验要弄清的问题有三:①在压力作用下的泥浆会在砂土中形成什么样的泥皮,它会起什么作用;②不同的泥浆压力和刀盘压力会对掌子面及附近土体的位移和应力变化以及孔压变化的影响,以确定掌子面破坏时的临界泥浆压力;③研究最佳泥浆成分(包括造浆黏土、添加剂及其组分)。

根据土层情况,隧洞将穿过第四纪全新统(Q4)冲积层,上部为粉细砂和中砂,下部为中砂和局部粗砂,K 为 $10^{-2}\sim10^{-4}$cm/s。为安全计,模型试验采用中砂和粗砂,刀盘直径用 100mm,200mm,300mm 三种,以研究尺寸效应,但结果表明其影响不大。模型箱的尺寸为 850mm×895mm×1100mm,如图 6.2-12。

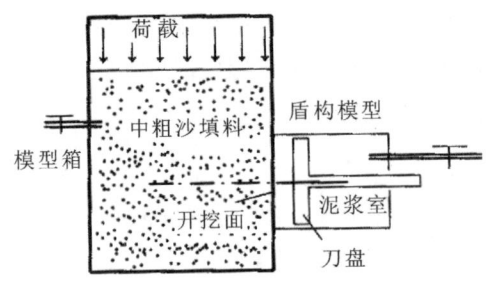

图 6.2-12 模型试验装置

2.5.3 研究成果

(1) 泥浆研究

经过多种比较,选用山东高阳膨润土为造浆黏土,选用 PAM 为添加剂。采用不同浓度的泥浆进行比较试验。

(2) 泥皮的形态和作用

泥浆在压力的作用下,逐渐渗入土层并可能在一定的范围内形成泥皮。根据试验,在中粗砂中的泥皮系以薄膜的形式附满在砂的表面,其厚度与作用时间有关。试验中泥浆作用的最长时间为 19 小时,泥皮厚度约为 7 mm。考虑到施工时泥浆作用时间约为 30 min,其泥浆厚度应为 1~2.5 mm。研究还表明,对中粗砂层,当泥浆浓度大于 2.5%~3.0% 以上,泥皮才能形成,小于 2.5%,泥皮不能形成。

试验发现泥皮在低压力作用下是不透水的,因此,它具有隔水的功能。这种功能导致泥皮上的压力是一种面力,即泥浆压力是一种作用于开挖面上的面力。认识这一点将有重要的意义。

(3) 开挖面失稳的判别

试验时控制泥浆压力并让其逐渐减小以期导致开挖临空面的整体失稳。但试验中发现,只有当泥浆压力接近孔压时开挖面才垮塌。试验发现,当泥浆压力减小时,靠近开挖面的土体开始松弛,土体的局部竖向应力因拱效应而大大小于上覆土柱压力。同时,由于泥浆的一定胶结作用,也使掌子面维持不垮。这样,若直接以垮塌时的泥浆压力作为临界泥浆压力似欠妥当,故而改用开挖面前缘土体的竖向应力与水平应力之比 (σ_y/σ_x) 作为判别标准,因为它具有很好的规律性(图 6.2-13)。以应力比 (σ_y/σ_x) 与泥浆压力 σ_n 曲线的拐点所对应的 σ_n 作为临界泥浆压力 σ_{nf}。随泥浆压力的减小,σ_y、σ_x 均随之减小,但 σ_x 减小得更快,故 (σ_y/σ_x) 值增大,一旦该值发生突变,即表示土体接近失稳,这时的 σ_n 即为 σ_{nf}。

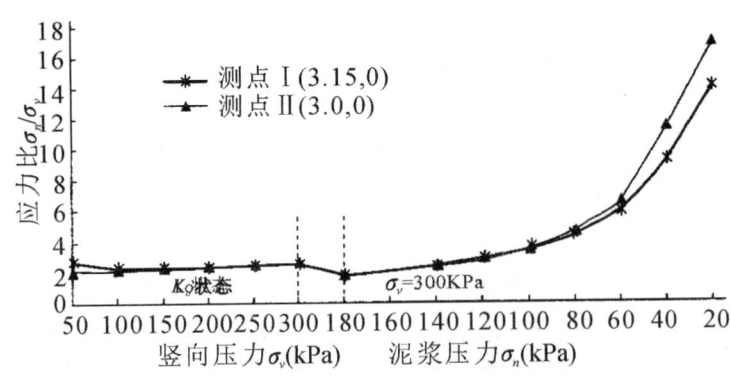

图 6.2-13 在不同的压力下应力比的变化

(4) 临空面土体的变位

临空面土体的变位无法直接测定,只能通过刀盘位移和土体内应力变化间接确定,这是鉴于开挖面上的泥浆应力是一种面力的认识才能这样做的。试验表明,当6_n逐渐减小但仍大于6_{nf}时,土体内的位移是很小的,因为据测定,这时在开挖面轴线上离掌子面$0.5D$处(D为掌子面直径)的应力几乎不变。但一旦$6_n \geqslant 6_{nf}$时,离开挖面较远处的应力也急剧地变化,开挖面将产生较大的整体位移,并导致地表下沉和工程的超挖。

从试验的竖向应力变化趋势可以判断,中轴线上滑移面的位置在 1.5～2.0 附近。由此也可认为临界泥浆压力可以作为保持开挖面稳定的一个判别值。

试验还发现,土体的位移与离掌子面的距离有关,距离越大位移越小。同一断面上上部的位移大于下部。

(5) 刀盘压力

前已指出,作用于掌子面的压力除泥浆压力外,还有刀盘压力。因此真正应施加的泥浆压力应是临界泥浆压力减去刀盘压力。刀盘压力值可以在盾构机施工时确定。

2.6 河床地基"蠕动"对隧洞的影响[4]

南水北调穿黄河段河床地基上部为第四系冲积层(分为两亚层,即 Q_4^1 粉细砂,Q_4^2 亚黏土、中细砂),下伏新第三系碎屑岩。砂基蠕动是穿黄隧道设计过程中产生的新概念,须从黄河河床在洪水作用下的演变过程来分析蠕动的物理意义。河床地基在深度方向可分为两部分,即原有河床表面至可能冲刷到的河床高程(暂且称为冲刷高程)部分为上部,其下为下部,分别对其运动规律进行研究。对上部地基主要从河流泥沙运动力学阐明黄河高含沙洪水的输移特性及河床的冲淤运动规律,而对下部地基则从土力学分析地基的变形规律。

2.6.1 黄河高含沙水流运动规律

黄河中游地区干支流经常出现高含沙水流,这种水流具有不同于一般挟沙水流的特性,有时出现"浆河""阵流""揭河底冲刷"等异常现象,造成河道强烈的冲淤变化。"揭河底冲刷"发生时,经过短时间(数小时至10余小时)的剧烈冲刷,河床可以刷深数米乃至近10m。黄河不仅为输水通道,亦是一条输沙通道。这种高强度的输沙过程及河道的强烈冲淤变化很直接地派生出黄河河床砂基蠕动的概念。

(1) 高含沙水流的输沙特性

黄河高含沙水流的流变性质可用宾汉模式描述,其流变方程为

$$\tau = \tau_B + \eta du/dy \tag{6.2-5}$$

式中:τ_B 为宾汉极限剪切应力;η 为刚性系数(塑性黏度);du/dy 为切变速率。

泥沙的存在对水流运动有强烈的反馈作用,水流中的含沙浓度和极细颗粒增加到一定数值后,其粗颗粒的沉速大幅度降低,进而甚至在静态下也无分选现象,成为衡均质浆体。它的流动只需单纯克服边界阻力,只在层流区当边壁切应力小于τ_n时才发生浆滞性淤积。

在天然河流中,往往因泥沙组成较粗或浓度较低,衡均质泥浆不足以形成。但由于黄河泥沙组成很细,含沙量大于 400 kg/m³,一般水流强度均可使泥沙在垂线上均匀分布,形成均质挟沙水流,在高含沙洪水的紊动支持下,仍可形成伪均质高沙水流并长距离输送大量泥沙。

分析大量实测资料可以得出,河道是否具有窄深的断面形态是影响河道高含沙水流长距离输送的主要控制因素,黄河可以在较弱的水流条件下输送大量泥沙。当泥沙组成中径为 0.04～0.06mm,粒径小于 0.01mm 的颗粒达 10%～20%时,适宜输送的含沙量可达 300～900kg/m³。单宽流量大于 5m²/S 时泥沙可以以 1/10000 比降下的窄河槽中顺利输送。

(2) 高含沙水流的运动特性

实验观察表明,在含沙量很高时,水流的紊动因泥沙的存在而减弱,泥沙颗粒的运动可能呈现成层运

动的形式(称为层移质运动),泥沙的层移质运动属于推移质运动的范畴,是水流强度很高时在松散颗粒组成的河床中的一种高强度输沙形式。

高含沙层移质运动是高含沙水流中泥沙运动的一种重要形式。一般天然河流中,水流强度和含沙量不是很高时,推移质运动层的厚度不大,层移质运动常常不是十分重要;当含沙量很高时,颗粒之间的净距离比颗粒直径还小,颗粒经常能保持接触和碰撞,颗粒的运动范围受到限制,其运动接近于层移质运动的形式。

在层移质厚度范围内,不动床处的浓度 C 接近于极限淤积浓度 C_m,即 $C/C_m=1$。随着离开床面距离的增加,颗粒间距增大,浓度有所降低;在层移质内,浓度变化很小,在接近层移质的上界面附近,颗粒浓度才较急剧地下降。研究表明,在不动床表面的层移层是一种固体颗粒浓度非常高的流体,并以层流的形式流动。

根据试验资料,床面可以提供充分的补给时,层移质厚度为

$$H_e/d = 15 \times (1 + \log\theta) \tag{6.2-6}$$

$$\theta = \tau_0/(\gamma_s - \gamma)/d \tag{6.2-7}$$

式中:γ_s 为颗粒的密实重度,天然泥沙为 $2.6 \times 10^4 \mathrm{N/m^3}$;$\gamma$ 为高含沙浑水的重度;τ_0 为起动拖曳力;d 为颗粒粒径,一般 $d_{50}=0.04\sim0.13\mathrm{mm}$,最粗的中径达 $0.35\mathrm{mm}$。

综上可知,层移层内颗粒浓度非常大且比较均匀,但其厚度非常小,仅为颗粒粒径的十几倍至几十倍范围。这种高含沙水流的运动可能成为黄河河床砂基蠕动的主要表现形式。

(3)高含沙水流的床面拖曳力

在高含沙水流条件下,水流作用在床面上的拖曳力等于单位面积上的水体重量在水流方向的分力,可用下列普遍适用公式进行估算,即

$$\tau_0 = \gamma_m h J \tag{6.2-8}$$

式中:γ_m 为浑水的重度;h 为水深;J 为实测水面比降。在穿黄工程设计流量为 300 年一遇和 1000 年一遇洪水时,利用公式(6.2-8)进行床面拖曳力计算,结果见表 6.2-1。

表 6.2-1 孤柏嘴断面床面拖曳力计算表

流量($\mathrm{m \times s^{-1}}$)	水位(m)(大沽)	水深(m)	$\gamma_m(\mathrm{N \times m^{-3}})$	比降 J(%)	拖曳力(Pa)
14970	104.98	2.02	1100	2.09	4.6
17530	105.08	2.11	1100	2.09	4.9

计算值与 1983 年利津站床面拖曳力与流量关系实测资料检验相比差别不大。表明上述计算床面拖曳力的普遍公式是可行的。

2.6.2 砂基的变形

引起砂基变形的外力为高含沙水流对冲刷高程以下砂基上表面的拖曳力,这种荷载将周期性地作用于冲刷面以下砂基的表面。根据前文的分析,拖曳力最大值仅达 0.2kPa,在拖曳力作用下,冲刷高程以下砂基的变形包括弹性变形和流变变形。流变变形是指砂基可能产生与时间相关的剪切蠕变。

(1)砂基的蠕变分析

砂土通常呈单粒结构,透水性大,受荷以后固结很快完成,其流变性主要是由于砂土颗粒向低势能方向的蠕动。试验证明,砂土的蠕变变形在一定的应力范围内是很小的,并且较快地趋于稳定。

同济大学的孙钧院士对饱和砂土的蠕变特性进行过较为系统的研究。采取粉砂和细砂扰动土样,在室内还原处理,分别进行了不同围压和偏应力水平下的三轴蠕变试验,也进行了不同剪应力和不同垂直

压力下的直剪蠕变试验。典型的饱和砂样的常规物理力学性质及直剪试验垂直压力见表6.2-2。典型的直剪蠕变试验的蠕变曲线如图6.2-14所示。

表6.2-2　　　　　　　砂样物理力学性质及直剪蠕变试验施加的垂直压力

试验组号	土样定名	采样深度	密度($g×cm^{-3}$)	含水率(%)	孔隙比	垂直压力 σ_n(MPa)
ZJ4	细砂	22.70	1.89	31.98	0.85	0.420
ZJ5	细砂	49.82	1.94	29.2	0.87	0.484

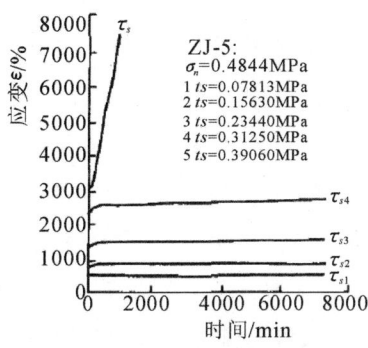

图6.2-14　典型砂样的直剪蠕变试验曲线

采用三元件广义Kelvin模型和四元件Burgers模型对蠕变曲线进行拟合。三元件广义Kelvin模型的剪切蠕变方程为

$$\varepsilon_s(t)=\tau_s\times\tau_s/(G_{s1}\times G_{s2})+[1-e^{(-G_{s2}\times t/\eta)}] \quad (6.2-9)$$

四元件Burgers模型的剪切蠕变为

$$\varepsilon_s(t)=\tau_s\times t\times\tau_s/(\eta_t\times G_{s2})+[1-e^{(-G_{s2}\times t/\eta 2)}] \quad (6.2-10)$$

广义Kelvin模型的拟合参数列于表6.2-3。

按照砂土的蠕变曲线及两种模型拟合的结果分析,砂土同样存在阻尼蠕变和非阻尼蠕变两种形式。非阻尼蠕变只在达到一定的应力水平才会发生。当拖曳力仅为2×10MPa时,剪切蠕变是非常小的,变形很快趋于稳定,属阻尼蠕变。

表6.2-3　　　　　　　试样5直剪蠕变试验按广义Kelvin模型的拟合结果

序号	σ_n	τ_s(MPa)	G_{s1}(MPa)	G_{s2}(MPa)	η(MPa×mim^{-1})	R相关系数
ZJ51	0.4844	0.07813	35.67	25.12	83126	0.6078
ZJ52	0.4844	0.1463	22.23	99.52	212927	0.9802
ZJ53	0.4844	0.2344	19.01	78.39	146571	0.9692
ZJ54	0.4844	0.3125	15.39	46.57	110649	0.9523
ZJ55	0.4844	0.3906	13.68	5.47	4004	0.9774

注:取样深度49.82m;粉砂密度1.95 g/cm^3,$c=33.50$kPa,$\varphi=23°50'$

(2)砂基的弹性变形

对在拖曳力作用下砂基的弹性变形采用有限元进行了数值分析。在穿黄河段选取一顺水流方向的断面概化为二维计算模型。土的本构模型选用非线性弹性Duncan模型,其参数列于表6.2-4。

由计算结果分析,水平变位最大值在表面,并沿深度逐渐减小,呈双曲线形式。由于水平荷载小,水平

变位最大值仅为 1mm 量级。对工程而言,如此小的变位是可以忽略不计的。卸载后弹性变形又可以恢复

表 6.2-4　　　　　　　　　　　　河床砂基 Duncan 非线性弹性模型参数

土层	K	N	R_f	D	G	F	c(kPa)	φ(°)
Q_1^1	180	0.75	0.76	1.64	0.41	0.13	28.7	34.5
Q_1^2	380	0.60	0.80	1.10	0.53	0.20	18.7	36.4

2.6.3　地下水渗流力研究

沿水流方向截取剖面进行二维有限元稳定渗流场计算,以分析隧洞所受渗流力。在隧洞上下游足够远处取垂直等水位线作为计算域水位边界,模型范围沿深度方向自河床表面取至黏土岩顶板下 20m,以下考虑为相对不透水层;自隧洞中心点向上下游两侧各延伸 100m 作为上下游水位边界。采用千年一遇洪水位作为计算条件,水力比降为 5/10000。

隧洞所穿过的地基土层中的第四层由黏性土过渡到砂性土,计算模型采用砂性土,计算参数根据现场与室内试验得到。从等水位线的分布情况看,模型范围的选取是合适的。由计算结果可知,隧洞上下游洞壁承受的最大渗流水头差为 0.008m,以此推算每延米隧洞承受的渗流力为 800N,由此引起的变形是可以忽略的

2.6.4　小结

本节对黄河河床砂层蠕动问题进行了研究,分析表明砂层的蠕动主要表现为河床冲淤范围内的泥沙运动。由于高含沙水流特有的流变特性,泥沙不仅以高含沙流体形式在河道中输送,而且在不动床表面可能出现层移质运动。这种层移层是一种颗粒浓度非常高的流体,又是可流动的松散沙体,这就是河床砂层的蠕动。其厚度仅为颗粒粒径的十几倍至几十倍范围,为冲刷底面上的泥沙运动。

在高含沙水流拖曳力作用下,冲刷底面下砂基的变形分为弹性变形和蠕变变形。研究表明,砂基的剪切蠕变是很小的,而且很快地趋于稳定;弹性变形也非常小,可以忽略不计。

综上所述,黄河砂基蠕动不会对深埋的穿黄隧道结构造成影响。

3　膨胀土渠段边坡稳定性的研究

3.1　概述

中线工程总干渠明渠段涉及膨胀土(岩)累计长度约 386.8km。分布有膨胀岩的渠段长 169.7km,分布有膨胀土的渠段长 279.7km(部分渠段既分布有膨胀土,又分布有膨胀岩)。其中,分布有强膨胀岩的渠段长 34.2km,中等膨胀岩渠段长 58.73km,弱膨胀岩渠段长 76.79km;分布有强膨胀土的渠段长 5.69km,中等膨胀土渠段长 103.5km,弱膨胀土渠段长 170.5km。膨胀性土(岩)分布区地貌形态多为丘陵、垄岗和山前冲洪积、坡洪积等。渠道挖深以小于 10m 为主,部分渠段挖深可达 10~15m,局部渠段挖深 15~30m,少数渠段挖深超过 30m。膨胀土(岩)因其具有特殊的工程特性,易造成渠坡失稳,对工程的安全运行影响很大,而且其处理难度、处理的工程量和投资也较大,因此,膨胀土(岩)的处理是南水北调中线工程的主要技术问题之一。

3.2　中线工程膨胀土(岩)问题研究经历

南水北调中线工程膨胀土问题研究曾经历过几个重要的历史时期[5]:

(1)1972—1985 年

20 世纪 70 年代,长江委在兴建引汉工程中,开始遇到膨胀土的工程问题。在陶岔引渠边坡的开挖以及后续的施工过程中,相继发生了 13 处不同规模的滑坡,膨胀土的渠坡稳定问题开始受到各方的重视。当时,长办的工程技术人员通过现场地质勘探和少量的试验,对膨胀土对水利工程的危害有了初步的认识,并初步分析了滑坡的原因,提出了以放缓渠坡、浆砌块石拱压脚、混凝土抗滑桩支撑、排水盲沟等措施配合使用的综合处理方案,通过对 13 个滑坡采取了不同工程处理措施,积累了膨胀土边坡处理的经验。

1977 年,长江水利水电科学研究院(长江科学院前身、下简称长科院)开始参与水利工程膨胀土试验操作规程的修订工作,通过在我国南方省市开展膨胀土调查,借鉴苏联的试验规程,初步制订了水利系统膨胀土的试验方法。在此后的一段时间,长科院对试验规程中有关试样尺寸、试验仪器、试验操作方法等多方面开展了系统的研究,为《土工试验规范》的多次修订工作提供了重要的研究成果。

1981 年,长科院开始对膨胀土的膨胀压力、自由膨胀率、膨胀变形、收缩试验等试验方法进行系统的研究。

在膨胀压力的测试方法上,通过比较加荷平衡法、膨胀加压法和加压膨胀法等三种不同试验的成果,认为加荷平衡法试验操作更为可行,成果更为准确,因此,在规范的编制中建议了此种方法。同时,还分析了仪器本身变形对测定成果的影响,提出了仪器变形修正问题。在自由膨胀率试验中,选用几种类型土(蒙脱土、伊利土、高岭土)进行比较试验,得出自由膨胀率指标与黏土矿物成分的相互关系,并用纯蒙脱土与高岭土掺和进行试验,测得蒙脱土含量与自由膨胀率的相互关系,为制定自由膨胀率试验操作规程提供了较为可靠的资料。在膨胀变形试验方法研究中,进行了试样尺寸和不同接触压力的比较试验,证明土的膨胀量与仪器设备条件及试验操作方法有密切关系。这些研究成果,均反映到《土工试验规程》的修订工作中。

在这一时期,长科院还开始探索膨胀土的矿物成分、微观结构等土质学理论与胀缩机理。在膨胀土的黏土矿物成分及含量对抗剪强度影响方面,开展了较为系统的试验研究工作。这些成果揭示了膨胀土强度偏低的本质,为研究膨胀土的强度特性提供了基本资料,同时,对研究葛洲坝等工程泥化夹层(含蒙脱石黏土矿物)的工程性质发挥了一定的作用。

(2)1993—1995 年

南水北调中线工程膨胀土的研究工作始终是与中线工程的设计紧密联系的。1985 年以前,中线工程的工作重点是宏观规划,设计单位主要是针对各种调水规模进行规划、设计,对调水渠道的线路进行方案比较论证,相关的科研工作也大多是围绕线路的比选开展,主要任务是对膨胀土进行判别和基本特性测试,为地质勘察提供试验指标。1987 年,长江委完成了《南水北调中线工程规划报告》,并最终在 1997 年完成了《南水北调中线工程总干渠总体布置》,明确了调水规模 145 亿 m^3 的方案和有关输水总干渠的分段初步设计。在这一阶段,配合设计工作,长科院在膨胀土的研究方面主要开展了渠道边坡稳定离心模型试验和数值分析等。

(3)1997—2002 年

进入 20 世纪 90 年代以后,非饱和土理论研究得到了世界很多国家的重视。1992 年,第 7 届国际膨胀土会议在美国召开,会上,非饱和土力学成为会议的主题。此次会议以后,国际膨胀土会议由国际非饱和土会议所取代。具有里程碑意义的是,1993 年由加拿大 Saskatchewan 大学 D. G. Fredlund 教授和 Rahardjo 博士合著的《非饱和土力学》一书的出版。1994年,由时任国际非饱和土学会主席 D.G. Fredlund 教授建议,在武汉召开了"中加非饱和土学术研讨会",会上发表了多篇应用非饱和土理论开展膨胀土、黄土的研究成果。其中,也包括鄂北岗地、刁南灌区膨胀土渠道的观测以及处理措施等方面研究成果。

1998年,第2届国际非饱和土会议在北京召开,在这次会上,包承纲等全面阐述了非饱和土的特性和膨胀土边坡的稳定问题,提出膨胀土作为非饱和土的典型代表,应采用有关非饱和土理论和研究方法进行研究。为此,文献[1]以南水北调中线工程的膨胀土为研究对象,以现场观测、室内非饱和土试验、数值分析等成果,从膨胀土非饱和渗透特性、非饱和强度特性以及降雨对渠坡稳定的影响等方面,阐述了膨胀土边坡破坏机理、渠坡稳定分析方法和滑坡早期预报等问题。

在有关膨胀土边坡的破坏机理方面,文献[4]认为:膨胀土的裂隙性是导致边坡滑动的关键因素,胀缩性和超固结性对稳定的影响都是通过裂隙性来表现的。胀缩性是造成裂隙的内在因素,而超固结性促进了裂隙的开展。因此,研究膨胀土的滑坡必然离不开对裂隙的调查研究及其发展预测。遗憾的是,当时所关注的裂隙,主要是大气影响深度范围以内的、由于湿循环产生的次生裂隙。因此,文献[5]特别强调了降雨对膨胀土边坡稳定的影响,认为:降雨入渗导致土体内部吸力的降低、土体强度软化,开挖卸荷使边坡内应力场重分布及边坡底部剪应力集中区的形成,并继而导致渠坡的失稳。在膨胀土边坡滑坡早期预报方面,应及时监测与分析降雨入渗引起的含水量场及吸力场变化和边坡开挖卸荷引起的应力、位移场变化,通过监测数据的变化预测边坡稳定。

在有关膨胀土的非饱和强度理论方面,文献[6][7]提出采用土水特征曲线上相关的特征点,对 Fredlund 提出的抗剪强度的表达式进行简化,从而将有关非饱和土强度理论在实际工程中运用。

2000年,长科院和香港科技大学联合申请了香港基金局基金研究课题"非饱和膨胀土边坡稳定研究"。为此,2001年7月—2002年8月,长科院在湖北枣阳市大岗坡二级泵站,选取了一个高11m的中膨胀土挖方边坡,进行现场人工降雨模拟试验和原位综合监测,同时,在室内开展了膨胀土原状样的非饱和土强度、非饱和渗透特性等方面的试验研究工作[8][9][10]。通过现场试验和室内研究,认为降雨入渗造成渠坡2m深度以内土层中孔隙水压力和含水量大幅度增加,致使膨胀土体的抗剪强度由于有效应力的减少及土体吸水膨胀软化而降低;同时,降雨入渗造成土体中水平应力与竖向应力比显著增加,并接近理论的极限状态应力比,以致软化的土体有可能沿着裂隙面发生局部被动破坏,此破裂面在一定条件下(如持续降雨条件下)可能会逐渐扩展,最后发展成为膨胀土中常见的渐进式滑坡。此观点延续了有关降雨引起膨胀土渠坡破坏机理的认识。

在这一时期,有关膨胀土的研究工作,主要强调了膨胀土的非饱和特性对边坡稳定的影响,在膨胀土的非饱和强度、非饱和渗透特性等方面进行了较为深入的研究。也正因为如此,在分析膨胀土边坡破坏机理时,仅关注到降雨对膨胀土边坡浅层稳定的影响,相应的处理措施建议也仅仅针对大气影响深度范围内的边坡进行柔性支挡[11],而对于膨胀土的膨胀变形以及原生裂隙面对边坡稳定的影响等尚未开展系统、深入的研究。

(4) 2005—2010 国家"十一五"科技攻关

2002年12月,国务院正式批复了南水北调中线工程总体规划,提出先期实施东线和中线一期工程。

2005年1月,长江委长江勘测规划设计研究院完成了《南水北调中线一期工程可行性研究总报告》并提交水规总院评审,南水北调中线一期工程正式启动。鉴于前期有关膨胀土工作的研究深度不足,2005年3月,长江科学院包承纲教授上书长江委技术委员会,呼吁尽快开展膨胀土渠坡破坏机理和工程措施研究。同年5月,水利水电规划设计总院(下简称水规总院)在北京召开了"南水北调中线一期工程总干渠膨胀土处理方案技术讨论会",长江科学院委派包承纲、龚壁卫作为膨胀土问题的专家参加会议。会上,包承纲先生就南水北调中线工程膨胀土问题的研究历史以及历年的研究成果发表了意见,提出南水北调中线工程膨胀土渠段虽前期开展过一些研究,但无论在膨胀土基本理论或是处理原则、设计方法上均存在明显的不足,尤其在膨胀土渠道边坡处理措施设计上存在问题,建议尽快针对中线工程膨胀土开展专项研究。会议最终形成的意见认为:经过长期的论证、规划,南水北调中线工程膨胀土(岩)渠段的工程问题及处理措施已取得阶段性研究成果,基本思路是合适的,但在初步设计阶段,这些处理措施仍有优化和细化的必要。与会专家建议对膨胀土(岩)的改性及其他处理措施的可行性、经济性及施工可操作性作进一步研究,同时认为,对渠水位以上的边坡和渠水位以下边坡的处理要有针对性,必要时可采取支挡、柔性结构、加筋和植被保护等措施,并建议应尽快开展有关室内和现场的专项试验研究。此后,结合国家"十一五"科技支撑计划的开展,南水北调中线工程膨胀土的研究进入了一个新的发展时期。

①国家"十一五"科技支撑项目申报阶段

根据2005年5月会议要求,长科院于2005年8月,向南水北调中线干线工程建设管理局(下简称中线局)提交了《南水北调中线工程总干渠膨胀土渠段现场试验项目建议书》和《南水北调中线工程总干渠膨胀土渠坡处理现场试验大纲》。2005年9月,中线局组织相关单位在郑州召开了"南水北调中线工程总干渠膨胀土(岩)渠坡处理专家咨询会",会上分别由长江设计院和河南省设计院汇报了膨胀土(岩)试验段的选址原则、典型渠段的地质条件和具体试验段选址建议,由长科院等四家单位汇报了现场试验工作大纲。与会专家代表经过两天的讨论和交流,在现场试验的整体思路、试验目的、试验段的选取及其代表性等方面取得了共识。与会专家和代表一致认为,膨胀土(岩)的处理是南水北调中线工程的主要技术难题之一,进行现场试验研究是十分必要的,研究成果可为南水北调中线工程总干渠膨胀土(岩)渠坡处理找到安全可靠、经济合理的措施,也为工程设计的优化提供依据,并建议现场试验应按膨胀土段、膨胀岩段分别进行。

2005年10月,受中线局委托,长科院根据专家咨询意见编制完善了《南水北调中线总干渠膨胀土(岩)渠坡处理现场试验工作大纲》,并于12月在河南郑州通过专家听证会的形式征求了各方专家的意见,该工作大纲得到了与会专家的肯定,并认为选择河南南阳作为膨胀土试验段,河南新乡作为中、弱膨胀岩试验段,河北邯郸渠段作为强膨胀岩试验段是合适的,同时建议根据南水北调中线总干渠工程总体设计审批进展情况,分期开展膨胀土、岩渠坡处理试验研究。

2006年11月,根据国务院南水北调工程建设委员会办公室(下简称国调办)发布的"十一五"国家科技支撑计划重大项目"南水北调工程若干关键技术研究与应用"需求,长科院联合南水北调中线有关设计、科研、管理单位以及高等院校组成课题组,在前期开展的有关膨胀土(岩)试验研究计划基础上,开始编制"膨胀土地段渠道破坏机理及处理技术研究"课题申请,并于11月17日通过了国调办组织的专家评审。长科院作为课题的承担单位,牵头负责该课题的实施工作。至此,南水北调中线工程膨胀土问题研究成为国家"十一五"科技攻关的重要课题之一,被科技部正式立项。

自2005年下半年开始至2007年8月,长科院按照中线局、国调办的要求,编制南水北调中线工程有关膨胀土(岩)试验大纲、实施方案、实施细则、"十一五"科技支撑课题申报书、可行性研究报告等近20余份,参加了国调办、中线局等上级单位组织的多次技术讨论、试验方案咨询和评审、试验段选址、试验段设计和审查等工作,同时,在室内先期开展了部分试验工作,为尽快开展膨胀土(岩)的课题研究打下了一定的基础。

②课题研究过程

国家"十一五"科技支撑计划课题"膨胀土地段渠道破坏机理及处理技术研究"于2006年12月正式立项。该课题由国拨研究经费和南阳、新乡两个现场试验段配套经费组成。

南阳膨胀土试验段位于南阳市郊,试验段全长2.05km。地质勘察显示,该段地层地表以下依次为:第四系坡积粉质黏土、第四系中更新统冲洪积粉质黏土、黏土、上第三系河湖相沉积黏土岩、砂质黏土岩、砂岩、砂砾岩等。土体膨胀性为弱、中膨胀土,局部为强膨胀土。该渠段设计水深7.5m,渠底宽22m,坡高5～17m,设计坡比1:2.0。根据试验段土体的膨胀性以及研究目标,将试验段划分为填方、弱膨胀土、中膨胀土3个试验区(如图6.2-15),并根据不同的研究计划,划分为若干亚区。其中,弱膨胀土试验区总长450m,分为4个亚区,分别研究换填非膨胀土、水泥改性土、土工膜覆盖处理的效果及施工工艺。同时,还专门开辟一个无任何处理措施的试验亚区用于开展人工降雨试验,研究弱膨胀土破坏机理、大气影响带深度、开挖渠道临时保护措施等;中膨胀土试验区总长600m,共分7个亚区,分别研究换填非膨胀土、水泥改性土、土工袋、土工格栅、土工膜与砂垫层等处理措施,此外,也安排一个试验亚区用于中膨胀土破坏机理研究;填方渠道试验区长240m,分2个试验亚区,处理措施为弱膨胀土填筑,表层用水泥改性土或土工格栅加筋土坡保护的方案。

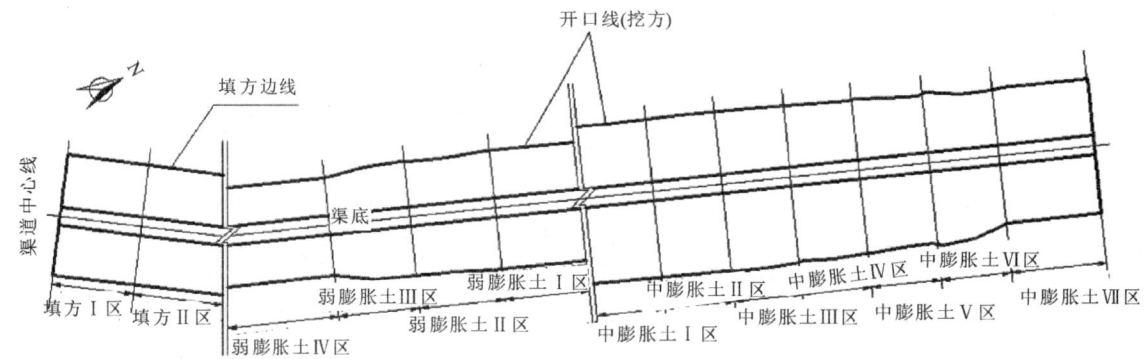

图6.2-15 试验区分布图

新乡膨胀岩现场试验段位于新乡市凤泉区潞王坟乡,距离新乡市约30km,试验段全长1.5km,主要为挖方段,坡高一般15～42m。渠坡岩性多由黏土岩和泥灰岩组成。渠道设计水深7.0m,设计渠水位高程98.755～98.716m,渠底宽9.5m。试验段地面高程138.7m～153.0m,渠底高程91.755～91.716m(图6.2-16)。

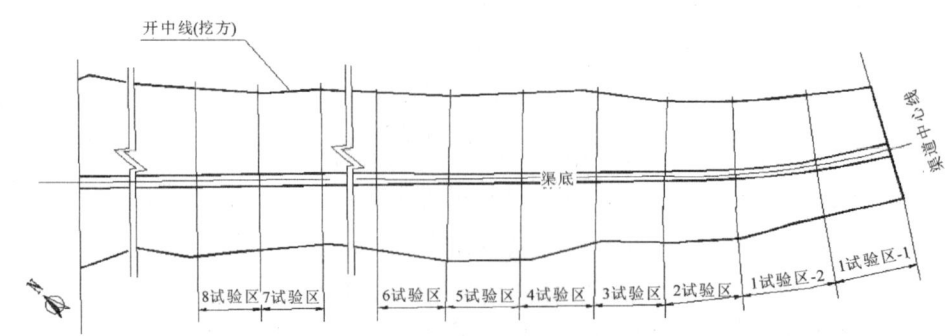

图6.2-16 新乡试验区布置图

根据地质岩性和膨胀性,试验段有568m为试验区,其中,试验1区为中膨胀岩裸坡试验区,全长

148m，划分有 1∶1.5、1∶2.0、1∶2.5、1∶3.0 四种不同坡比，主要开展膨胀岩渠坡破坏机理研究；试验 2 区—试验 5 区，为中膨胀岩试验区，依次研究土工格栅包裹中膨胀岩开挖料回填(下简称土工格栅)、换填黏性土、复合土工膜、土工袋包裹中膨胀岩开挖料回填(下简称土工袋)等处理措施；试验 6 区为干坡试验区，用于一级马道以上中膨胀岩处理措施试验；试验 7 区—试验 8 区，为弱膨胀岩处理措施试验区，开展混凝土框格、植草、砌石联拱、快速防护材料喷护等渠坡一级马道以上简易防护措施。

自 2006 年起，长科院开始在河南新乡、南阳、河北邯郸等地，对代表性的膨胀岩及膨胀土进行了大规模取样，并开展了大规模室内物理力学特性的研究工作；2007 年 9 月，新乡膨胀岩试验段现场试验工作正式开始。2008 年，新乡膨胀岩试验段完成了全部试验断面的现场测试、仪器埋设、碾压试验、定期观测等试验观测工作；完成了试验 1 区 1∶1.5、1∶2.0、1∶2.5、1∶3.0 四种坡度的人工降雨试验；开展了土工袋、土工格栅处理方案的人工降雨试验和观测、测试；开展了不同岩性地层的现场渗透试验和土工袋、土工格栅处理方案的现场渗透试验；完成了试验 2 区、3 区、5 区和 8 区一级马道以下局部渗漏(注水)试验。

2008 年 9 月，南阳试验段现场试验工作正式启动，开始进行仪器设备埋设和现场观测。开展了膨胀土地质结构分带特征、裂隙分布、地下水分布及影响研究；完成了换填黏性土、水泥改性土、土工格栅等处理方案的碾压试验研究工作。同时，围绕膨胀土、膨胀岩的特性，开展了大量的胀缩性、力学性质、渗透性室内试验工作；通过大型静力模型试验、离心模型试验研究了膨胀土渠坡的破坏机理；研究了膨胀岩土边坡数值分析方法；并进行了膨胀土物理改性及化学改性的相关试验研究。

2009 年，长科院在室内开展了大型静力模型试验和离心模型试验研究，对膨胀土、膨胀岩的非饱和特性、干湿循环对强度的影响、创新性地开展了低应力下的力学强度参数试验，利用 CT 三轴仪研究了面裂隙率与强度的关系，研发了考虑膨胀变形的非线性有限元计算方法及软件，研发了非连续变形分析的膨胀土渠坡稳定分析软件，对各类试验成果进行了汇总分析。在新乡膨胀岩试验段进行了蓄水疏干工况模拟试验研究，完成了观测和资料分析工作，并对各种处理措施的效果进行了初步评价；南阳试验段进行了大型人工降雨试验，完成了大部分的观测和资料分析工作，并对各种处理措施的效果进行了初步评价。

按原定计划，2009 年进行课题验收。为了验证本课题研究成果的长期可靠性，两个试验段的观测和研究工作均延长至 2010 年底，通过延长现场试验的观测周期，并辅以破坏性试验，希望彻底查明不同处理措施的效果和长期性能。

2010 年，新乡膨胀岩试验段各试验区进行了开槽浸水强化破坏试验工作，南阳试验段进行了蓄水疏干工况模拟试验研究。同年，长科院开始全面总结室内试验以及两个现场试验段的试验研究工作，系统提出了膨胀土渠坡的两种破坏模式以及相应的稳定分析方法；提出了膨胀土(岩)非线性强度及试验方法；提出了裂隙面强度试验和参数确定方法；提出了采用电导率进行膨胀土现场快速判别的方法。同时，还根据中线局要求，编写了膨胀岩及膨胀土渠道施工技术规定。

3.3 膨胀土的工程特性研究

膨胀土的工程特性所涉及的内容比较广泛，在"十一五"科技支撑课题的支持下，长江科学院重点针对膨胀土的裂隙性、膨胀变形和强度测试方法等方面开展研究，本节仅对其中的几个方面进行简要介绍。这些特性对于理解膨胀土边坡的失稳机理较为重要。

3.3.1 膨胀土的裂隙

(1)裂隙的分带及倾向性

一般认为，膨胀土的表层存在一个大气影响带。由于膨胀土吸水膨胀失水收缩的反复变化，膨胀土的表层将产生杂乱分布的裂隙，使土体的强度降低，从而导致膨胀土边坡失稳。因此，以往在膨胀土强度试验中,非常强调试样的尺寸,期望强度试验能综合反映裂隙对强度的影响。研究表明,这种认识是比较片面的。

大量的地质勘察成果表明,在大气影响深度范围内与以下区域,膨胀土的裂隙形态存在明显差异。在大气影响深度范围内,裂隙的确是杂乱分布的;而在大气影响深度以下的非大气影响区,膨胀土的裂隙往往具有光滑裂隙面,且具有定向性,裂隙多被充填、呈闭合状(简称为伴生裂隙)。与大气影响区裂隙面的粗糙、长度短小、倾向随机的特征(简称为胀缩裂隙)是完全不同的。图 6.2-17 为南阳试验段处膨胀土伴生裂隙的裂隙特征;图 6.2-18 为南阳试验段伴生裂隙倾向玫瑰图,表明膨胀土中的裂隙分布具有明显的定向性。裂隙的定向性对解释膨胀土边坡的失稳十分重要。

膨胀土裂隙的分带性和伴生裂隙的定向性在以往的文献中也有叙述,孔德坊[12]等在《裂隙性黏土》一书中写道:"在自然界中,出露在地表的黏土,因受气候条件的强烈影响,在干、湿反复变化过程中,其表部一般都发育大量短小而随机的裂隙,它们分布的深度范围多不超过 1.5m,……,在本书中所讨论的裂隙性黏土,主要指分布在深度 1.5m 以下,常作为建筑物地基持力层或边坡主要组成物的、裂隙发育的黏土"。可见,文献[13]所揭示的膨胀土伴生裂隙的一些特征,不仅在膨胀土中存在,而且在一般硬黏土中亦存在。它有别于软弱结构面,对膨胀土边坡的稳定性有重大影响。

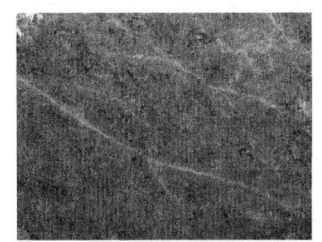
(a)坡面裂隙分布(灰白色)

(b)裂隙面形态(纵向擦痕)

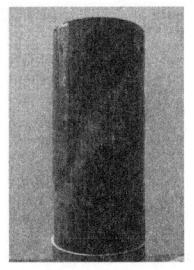
(c)三轴试样中的裂隙

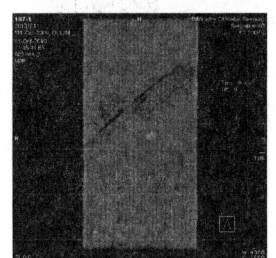
(d)裂隙 CT 图像

图 6.2-17　膨胀土的裂隙特征

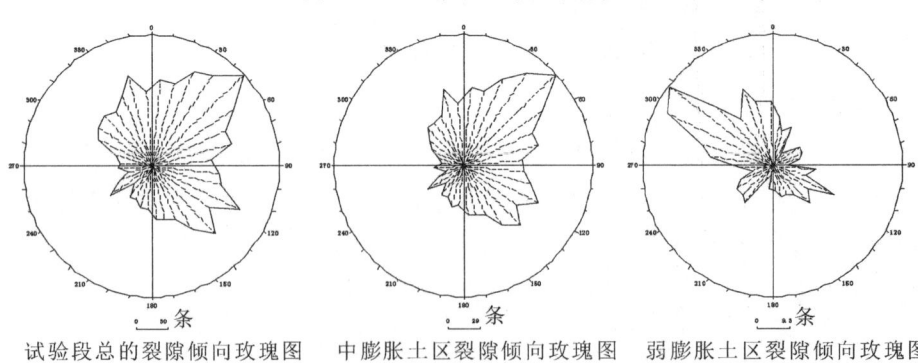

(a)总的裂隙倾向　　(b)中膨胀区　　(c)弱膨胀区

图 6.2-18　南阳试验段伴生裂隙倾向玫瑰图(引自长江勘测规划设计研究院地勘资料)

(2)裂隙的物理及矿化特性[13]

①含水率与干密度

为分析裂隙土体的物理、矿化特性,选取数条有灰白色黏土充填的裂隙条带,分别针对灰白色裂隙充填黏土和两侧土体取样,采用烘干法和蜡封排水法测试充填黏土和两侧土的含水率与干密度,结果如表6.2-5所示。

分析含水率测试成果可见,裂隙充填黏土的含水率比两侧膨胀土高2.24%～6.84%。其中,埋深5.0m处裂隙充填黏土比两侧膨胀土含水率最大高出6.84%,平均高出5.6%;埋深8.0m裂隙充填黏土比两侧膨胀土含水率最大高出4.8%,平均高出3.5%。说明天然状态下,膨胀土裂隙的充填黏土在整个裂隙带中是水分最高的部位。

表6.2-5　　　　　　　　裂隙充填黏土与两侧土样含水率、干密度比较

取样位置	取样深度 h(m)	土样编号	充填黏土含水率 w(%)	两侧膨胀土含水率 w(%)	充填黏土平均干密度 ρ(g·cm^{-3})	两侧膨胀土平均干密度 ρ(g·cm^{-3})
	5.00	1	29.52	23.52	1.47	1.61
		2	27.15	—		
		3	28.66	22.42		
		4	27.44	23.26		
		5	29.84	23.48		
		6	28.81	23.28		
		7	28.52	22.55		
		8	29.59	22.75		
		9	28.69	23.76		
	8.00	1	25.98	21.19	1.52	1.60
		2	25.46	22.59		
		3	25.71	23.13		
		4	26.18	22.57		
		5	26.76	22.98		
		6	25.76	22.46		

图6.2-19为裂隙充填黏土及其两侧膨胀土干密度、含水率沿裂隙厚度方向的分布曲线。由图可知:位于裂隙中间的充填黏土干密度明显小于两侧膨胀土,含水率高于两侧膨胀土,并且随着裂隙埋深的增加,充填黏土干密度有所增加,含水率有所降低,相应指标与两侧土的差值也呈减小趋势。

②矿物成分与化学性质

分别将裂隙充填黏土和两侧膨胀土取样,采用X射线衍射法及相关规范进行黏土矿物成分和化学性质分析,得出试验结果如表6.2-6和表6.2-7所示。

分析可见,裂隙充填黏土的碎屑矿物以石英为主,约占总成分的29%,其含量比两侧土约低4%,其次是碱性长石和斜长石,约占总成分的10%;充填黏土中黏土矿物含量占总矿物成分的54%。其中,含量最高的为伊/蒙混层,约占27%,其次为伊利石,约占13%。两侧土中黏土矿物含量占总矿物成分的

51%,与充填黏土的仅相差 3%,但其伊/蒙混层矿物仅占 23%,比充填黏土低约 4%,而伊利石含量高 2%。这与 C. E. 威维尔[14]等人提出的"伊/蒙混层矿物是由于淋滤作用,伊利石中的钾离子被淋滤出来而形成"的观点一致,从而也证明了裂隙充填黏土是由两侧土中的伊利石经淋滤后所形成。

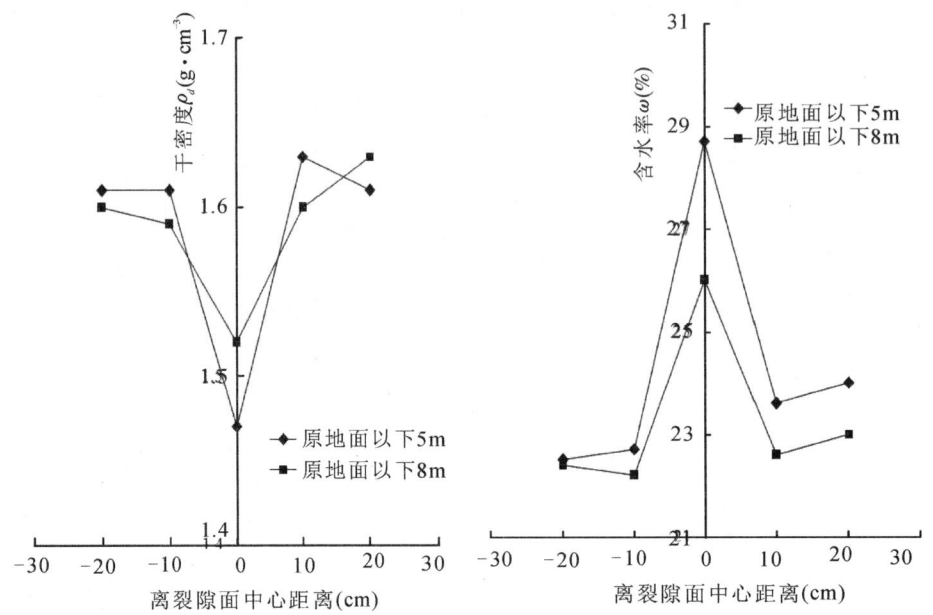

图 6.2-19　裂隙及两侧膨胀土的密度、含水率沿裂隙厚度的分布曲线

表 6.2-6　　　　　　　　　　　　　土样矿物成分分析

土类	自由膨胀率 d_{ef}(%)	矿物相对含量(%)							
		碎屑矿物				黏土矿物			
		石英	碱性长石+斜长石	方解石	闪石	伊蒙混层	伊利石	高岭石	绿泥石
两侧土	50	33	14	0	2	23	15	10	3
充填黏土	54	29	10	7	0	27	13	11	3

表 6.2-7 为裂隙充填黏土和两侧土的化学成分分析结果。由表可见,充填黏土化学成分以 SiO_2 为主,其百分含量约为 59.1%,其次是 Al_2O_3 为 16.2%。充填黏土中 Fe_2O_3 的含量明显低于两侧膨胀土,仅为两侧膨胀土的 2/3,这说明膨胀土裂隙中水的淋滤作用,可能带走或者还原游离的 Fe^{3+} 而使充填黏土呈灰白色,而作为胶结物质的 Fe_2O_3 被溶失,将会使土的分散度增加,比表面积扩大,粒间溶剂化膜增厚,结构的连接力降低,从而导致充填黏土的抗剪强度下降。

表 6.2-7　　　　　　　　　　　　　土样化学全量分析

土类	自由膨胀率 d_{ef}(%)	化学全量分析(%)										
		SiO_2	Al_2O_3	Fe_2O_3	CaO	MgO	K_2O	Na_2O	TiO_2	P_2O_5	MnO	烧失量
两侧土	50	65.12	14.88	5.93	0.97	1.36	2.58	0.96	0.71	0.13	0.14	6.88
充填黏土	54	59.12	16.19	3.84	4.92	1.48	2.41	0.82	0.75	0.066	0.025	10.32

③物理性质

为分析裂隙充填黏土与两侧土的物理性质差异,将含有灰白色黏土充填的裂隙土体沿裂隙面破开,分别对裂隙充填黏土和两侧土体取样,进行土样的颗粒级配及界限含水率、自由膨胀率试验,试验成果如表 6.2-8。

从土体的颗粒组成上看,裂隙充填黏土与两侧土体基本相同。黏粒含量两侧土略高,粉粒含量基本相等。根据塑性图划分土类,两者表现出一定的差异,其中,裂隙充填黏土液限含水率 56.5%,属高液限黏土;而两侧土体液限含水率为 45%,属低液限黏土。造成两者差异的主要原因是,裂隙充填黏土中黏土矿物的含量比两侧土高出 3%~4%,且主要成分为伊/蒙混层矿物。此外,土体的自由膨胀率分别为 54% 和 50%,说明在中膨胀土地层中也有局部膨胀性较弱的地层存在,土体在垂直方向的膨胀性并不均一。从现场测试土体天然含水率成果可见,裂隙充填黏土的天然含水率明显高于两侧土体,说明裂隙面是膨胀土体水分富集的主要部位。

表 6.2-8　　　　　　　　　　　　　　　　土样物理性质

试样	天然含水率 W_0 %	液限 w_L %	塑限 w_p %	塑性指数 I_{P17} %	粉粒 0.075~0.005mm %	黏粒 <0.005mm %	自由膨胀率 δ_{ef} %
两侧土	22.0~24.0	45.0	20.0	25.0	58.0	42.0	50.0
充填黏土	26.0~29.0	56.5	22.4	34.0	57.3	32.7	54.0

3.3.2　膨胀土的膨胀性

膨胀性是膨胀土的基本特性,这方面的研究成果较为丰富,本节仅介绍膨胀土的有荷膨胀变形特性。因为在长江科学院提出的膨胀土边坡稳定计算方法之一中要用到有荷膨胀变形的指标。本节选择了多种膨胀土,采用压缩仪和三轴仪,进行了大量不同上覆压力和不同围压的有荷膨胀试验,其膨胀应变可以采用下式模拟[15]:

$$\varepsilon_v = a + b\ln(1+\sigma_m) \tag{6.2-11}$$

式中,ε_v 为充分吸湿引起的体积膨胀应变(%);σ_m 为平均应力(kPa);a、b 为与土性及起始含水率有关的试验拟合参数。图 6.2-20 为压实度 98%、起始含水率 20.4% 的南阳中膨胀土的试验成果,$a = 23.34$,$b = -4.85$。可以看出,体积膨胀应变与平均应力在半对数坐标系中呈很好的线性关系,且这一规律具有普遍性。如压实度为 95%,含水率为 26.5% 的邯郸强膨胀土 $a = 31.17$,$b = -6.31$。

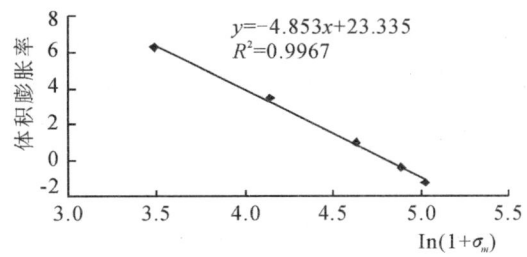

图 6.2-20　典型有荷膨胀试验成果(南阳中膨胀土)

3.3.3　膨胀土的强度[15]

由于膨胀土强度的复杂性,人们进行了大量的研究工作。从现有的资料看,无论是研究思路,还是试验方法、试验控制条件以及强度取值原则等都存在较大差异。

强度试验和稳定分析方法是边坡稳定性研究的两个方面。在边坡稳定分析中,必须采用由合适的试验方式得到的强度试验值。

由于膨胀土存在不同性质的裂隙,膨胀土强度特性比普通黏性土要复杂得多。长江科学院经多年研究,对膨胀土强度的确定有如下的思路:①对于大气影响区,因裂隙量大、短小而随机,可直接取大气影响区的原状样进行试验或取深部土块经室内多次干湿循环后进行试验;②对于非大气影响区,因伴生裂隙的存在,土体的抗剪强度具有强烈的方向性,不可能给出统一的土体强度指标,必须采用土块强度和裂隙面强度两组强度指标来表征裂隙性膨胀土的强度特性;③对于填筑膨胀土体,可采用压实土室内试验测定。至于饱和状态、排水方式等试验条件视研究对象的实际状况而定。

(1)干湿循环后强度

为研究干湿循环对膨胀土强度的影响,在室内对多种膨胀土的原状样和压实样进行了干湿循环后强度的测定,其成果具有相同的规律性,限于篇幅,仅列其中一组试验成果。

试样为南阳中膨胀土原状样,其自由膨胀率为69%,天然含水率为24.4%~26.9%,干密度为1.51~1.60g/cm³,液限为40.3%~44.0%。1组试验24个试样,分6个亚组(每亚组4个试样),每个亚组分别进行0~5次干湿循环。试样直径61.8mm、高125mm,试验围压为25kPa、50kPa、100kPa、200kPa。干湿循环方式如下:采用低温(70℃)烘干法模拟土体脱湿过程,当试样的含水率达到缩限含水率时终止脱湿;采用抽气饱和法模拟土体的吸湿过程,抽气时间及浸泡时间均控制为3小时和24小时。重复干湿过程至设定的次数。试验为三轴固结排水剪切试验,试验成果如图6.2-21所示。

成果表明,干湿循环对膨胀土的强度是有影响的,尤其对凝聚力的影响明显。随着循环次数增大,单次引起的强度衰减幅度逐渐减小,并趋于稳定。5次干湿循环后c、φ值衰减幅度分别为71.7%和13.7%,最终的强度指标分别为23.3kPa、18.3°。

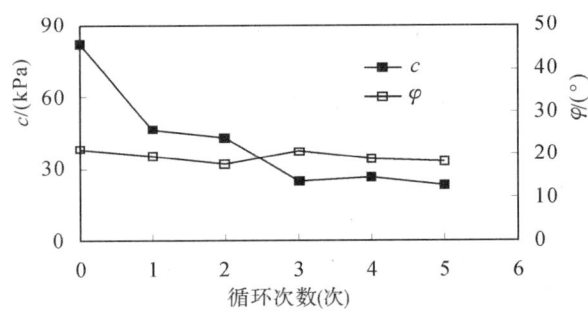

图6.2-21 强度指标与干湿循环次数N的关系

由此可以看出,干湿循环主要破坏了土的结构性,但强度仍然较高,由此可以推论,反复干湿循环不是膨胀土边坡失稳的主要原因。

(2)裂隙面强度

裂隙面强度是指非大气影响区中的膨胀土裂隙的强度。对于裂隙性黏土,在以往的研究中往往采用室内常规直剪试验和现场大型直剪试验。采用直剪试验进行裂隙面强度试验的最大问题是如何保证试验的剪切面与试样的裂隙面重合,尤其是现场大型直剪试验,要做到这点十分困难。为此,长科院提出了采用三轴试验测定裂隙面强度的新方法。

图6.2-22为典型裂隙面强度三轴试验前后的试样形态,试验表明,由于裂隙面强度远低于土块强度,试验中只要试样的裂隙面倾角α在$45°+\frac{\varphi}{2}\pm10°$范围内,就能保证试验的剪切面与试样的裂隙面一致。

根据三轴试验试样破坏时的应力 σ_{1f}、σ_{3f}，及静力平衡条件，由式(6.2-12)和式(6.2-13)可计算出试样破坏时裂隙面上的正应力 σ_n 和剪应力 τ。根据摩尔库伦强度准则及正应力 σ_n 和剪应力 τ 关系曲线即可得到裂隙面的抗剪强度参数 c 和 φ。

$$\sigma_n = \frac{(\sigma_{1f}+\sigma_{3f})}{2} + \frac{(\sigma_{1f}-\sigma_{3f})}{2}\cos 2\alpha \tag{6.2-12}$$

$$\tau = \frac{(\sigma_{1f}-\sigma_{3f})}{2}\sin 2\alpha \tag{6.2-13}$$

式中，σ_n 为剪切破坏面上的正应力，τ 为剪切破坏面上的剪应力，σ_{1f} 为破坏时的大主应力，σ_{3f} 为破坏时的小主应力，α 为裂隙面与水平面间的倾角。

裂隙面与水平面间倾角 α 的测定可借助于 CT 技术，将试样进行 CT 扫描，由三维图像建立试样的正三视图片，从而测定裂隙面与水平面的倾角。如图 6.2-23 所示。

(a)试验前　　　　(b)试验后

图 6.2-22　典型裂隙面强度三轴试验前后的试样形态

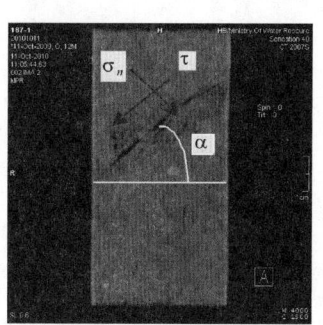

图 6.2-23　裂隙面 CT 图像及面上应力模式

为证明该方法的可行性，本节将介绍其中的一组试验研究成果。试样为南阳中膨胀土原状样，其自由膨胀率为 61%，天然含水率为 23%，试样的饱和度约为 90%，干密度为 1.62g/cm³，裂隙面灰白色黏土天然含水率为 32%。试样直径 39.1mm、高 80mm，试样剪切速率为 0.015mm/min。不同围压 σ_3 下三轴试验裂隙面上的正应力 σ_n 和剪应力 τ 关系曲线如图 6.2-24 所示。由图 6.2-24 可知，裂隙面的强度指标凝聚力为 29.5kPa，内摩擦角为 11.9°。

为比较土块强度与裂隙面强度，对上述中膨胀土同时进行了反复剪试验，在制样时确保试样中不含有裂隙存在。图 6.2-25 为其反复剪试验成果。从图 6.2-25 可以看出，土块强度远大于裂隙面强度；土块经反复剪得到的所谓残余强度在数值上还略大于裂隙面强度。

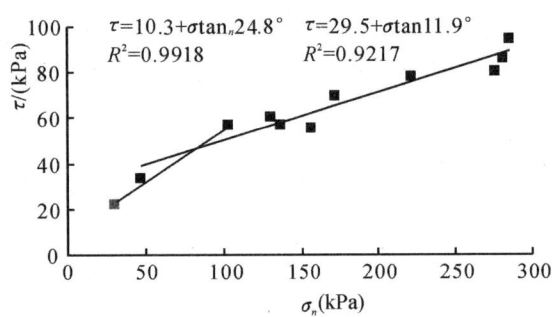

图 6.2-24 典型裂隙面强度三轴试验成果

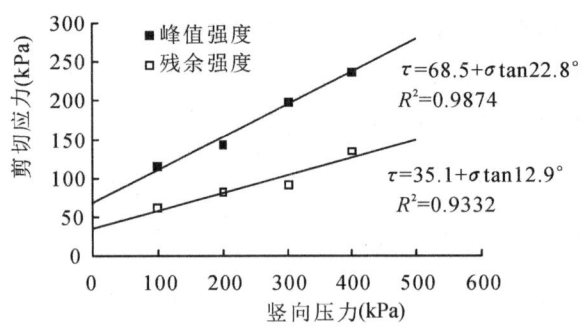

图 6.2-25 中膨胀土峰值强度包线及残余强度包线

(3) 强度非线性研究

土的强度普遍具有非线性特性,该特性对膨胀土边坡稳定分析尤为重要。从几何形态来看,膨胀土边坡滑动多为浅层滑动,浅层滑动在滑动面上的正应力往往较小,一般在 50kPa 范围以内。而目前强度试验正应力或围压一般采用 100~400kPa 的应力,在边坡稳定中,由该试验得到的强度参数计算土体抗剪强度,其结果往往偏大。为论述这一观点,本节介绍一典型试验成果。

图 6.2-26 为一组南阳中膨胀土强度试验成果。

由图 6.2-26 看到,膨胀土强度具有明显的非线性特征,若采用一种近似的处理方法,即采用两段式进行线性拟合,低应力(0~50kPa)条件下土体的强度指标与高应力(100~400kPa)条件下的试验成果明显不同。从力学概念上讲,低应力下的凝聚力拟合值才是土体结构强度。土的实际内摩擦角随应力增大逐渐减小并趋于稳定,稳定的内摩擦角与高应力下内摩擦角拟合值基本一致,因此,在比较土的内摩擦角大小时,可采用高应力下内摩擦角作为参数,以便具有可比性。

因此,在进行膨胀土强度试验时,一定要改变常规强度试验方法,测定低应力条件下的强度,以便使边坡稳定计算成果更加合理。

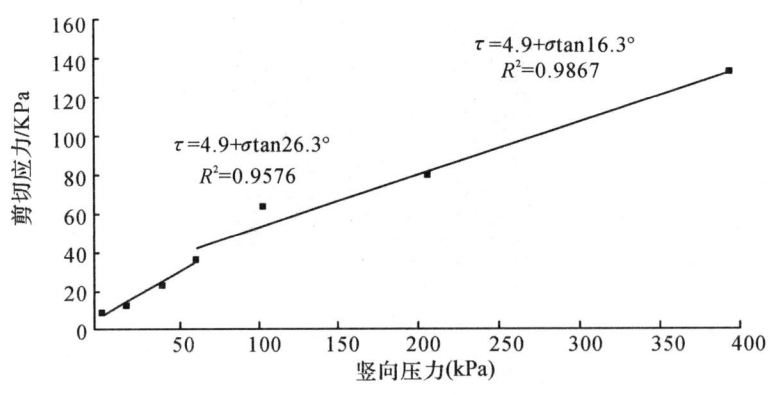

图 6.2-26 南阳中膨胀土压实样强度包线

3.4 膨胀土边坡失稳机理研究

3.4.1 概述

膨胀土边坡失稳的现象是错综复杂的,有些边坡在开挖过程中失稳,有些边坡施工完成后或运行期失稳,而有些边坡在开挖数年,甚至十几年以后才逐渐发生滑动。对此,大多数人认为,主要原因是土层的抗剪强度随时间而衰减,而这种抗剪强度的衰减主要是膨胀土的水敏性和降雨等因素诱发引起的。上述分析无疑有一定的道理,但是,有相当一部分边坡在滑坡后进行的反分析发现,实测土体强度远远高于反分析强度,说明土体强度衰减尚不是滑坡的主要原因。为了探求膨胀土的失稳机理,"十一五"期间,长江科学院的研究人员在深入研究膨胀土土体特性的基础上,在河南南阳和新乡两地开展了膨胀土(岩)渠坡大型现场试验,在室内开展了大型常重力模型和离心模型的边坡模型试验研究。根据现场试验和室内模型试验研究成果,结合数值模拟等多种手段,理清了膨胀土边坡的破坏形式,找到了膨胀土边坡产生破坏不同于一般黏土边坡的主要原因,首次明确提出了膨胀土边坡的两种破坏模式,即裂隙强度控制下的边坡失稳和膨胀作用下的边坡失稳。

3.4.2 边坡稳定性试验

为研究膨胀土边坡的失稳机理,系统开展了现场试验、大型静力模型试验、数值分析等工作,尤其是现场试验,进行了多种方案、多种工况的试验研究。限于论文篇幅,要详细论述所取得的成果是困难的,本节仅简要介绍两组试验成果以论述膨胀土边坡的失稳机理。

(1)室内模型试验

模型尺寸为 $6.0m \times 2.0m \times 2.5m$(长×宽×高),模型坡比1:1.5,坡高2.0m。模型用料为强膨胀土,其自由膨胀率约为120%,制样含水率20%,干密度$1.60g/cm^3$,采用分层振捣碾压方法制模。为加速水的入渗,在边坡上布置了一定数量的砂芯。在多点布设的雾化喷头,在整个坡面及坡顶实施低强度连续人工降雨。

随着人工降雨的持续进行,雨水的逐渐入渗,可观测到边坡逐渐变形至破坏。试验至257h,从模型箱侧面的观察窗发现已产生局部的裂隙;试验至286h,裂隙有了进一步的扩展,并且从边坡中部水平位移可见边坡已产生明显的水平滑移,且坡顶也产生贯穿性裂隙;试验至384h,边坡上部近坡肩部位出现贯穿性的裂隙;试验至426h,坡体下部原裂隙处土体首先发生局部塌滑,继而上部裂隙处土体整体塌滑。

试验结束后,沿模型中轴线进行开挖,发现边坡浅层多处、多层发生了滑动变形,甚至明显的剪切错动,这表明边坡从最初的浅表层局部滑动逐渐向深部发展,最终导致滑坡。其中深度约0.1m和0.3m处有明显的剪切滑动面,深度0.3m处的最大剪切位移达20cm左右。根据各标志性砂芯的变形和错动情况推测得到的滑裂面如图6.2-27所示。

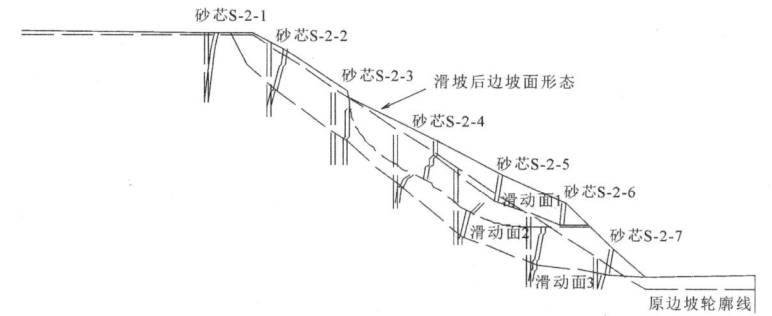

图6.2-27 模型滑动面

认为该边坡模型的变形至破坏过程基本反映了填筑工程边坡首次浅层滑动特征。图6.2-30给出的强度参数基本反映了模型土体饱和后的抗剪强度。若仅考虑土体的自重作用,该模型边坡(坡比1:1.5,坡高2.0m)的稳定安全系数为5.2,远大于1.0。但在降雨入渗作用下,该模型边坡却发生了失稳。该模型边坡由分层振捣碾压方法形成,坡体内不存在裂隙,土体不具超固结性,也不存在干湿循环的大气影响。由此表明,是土的膨胀性导致了边坡失稳。下文的数值分析成果进一步揭示了膨胀性导致边坡失稳的力学机理,此处暂略。

(2)现场试验

"十一五"期间,为研究膨胀土边坡失稳机理和处理措施,依托国家科技支撑课题,分别在南水北调中线工程渠线的南阳和新乡段分别修建了长 2.05km 和 1.5km 的试验段,分别进行了膨胀土和膨胀岩的现场试验研究。南阳试验段工程于 2008 年 11 月开工,2009 年 2 月开始处理层施工,2009 年 5 月初完成土方开挖及处理层施工,2009 年 9 月完成混凝土衬砌施工,2011 年 1 月该试验区拆除。图 6.2-28 为南阳试验段局部照片。

图 6.2-28　南阳试验段局部照片

在南阳试验段的中膨胀土区布置了 7 个试验区,分别研究黏性土换填(中Ⅰ区)、换填水泥改性土(中Ⅱ、中Ⅴ区)、土工袋包裹中膨胀土开挖料回填(中Ⅲ区)、土工格栅包裹中膨胀土开挖料回填(中Ⅳ区)、复合土工膜保护(中Ⅵ区)措施,中Ⅶ区为裸坡试验区。坡高约为 13m,坡比均为 1∶2。从中膨胀土区的现场试验,可以分析得到以下成果。

中Ⅶ裸坡试验区,开挖完成后,进行了人工降雨试验,左岸和右岸均产生大小不等的各类滑坡,每次滑动深度均不大(2m 以内),呈现明显的牵引式滑动,由此表明,对于膨胀土,在不采取处理措施的情况下,在降雨作用下均可能出现边坡浅层失稳。膨胀土裸坡的失稳机理同上述的模型试验是完全一致的。

中Ⅰ—中Ⅴ区均可视为压重方案处理,边坡的表层为非膨胀土或水泥、土工袋、土工格栅改性土。在 2 年运行期的大气降雨作用下,中Ⅰ—中Ⅴ区右坡变形较小,边坡稳定;中Ⅰ—中Ⅴ区左坡均产生了较大的水平变形,如图 6.2-29 所示(图中给出的是测斜管位置及相应不同深度的水平位移)。其中,土工袋试验区(中Ⅲ)在处理层施工后的第 1 年即发生滑坡,土工格栅试验区(中Ⅳ)处理层在施工后的第 2 年发生滑坡。从图 6.2-29 可以看出,左坡各断面共同特征是坡体变形均存在明显的错动,与边坡采用的处理措施关系不大。

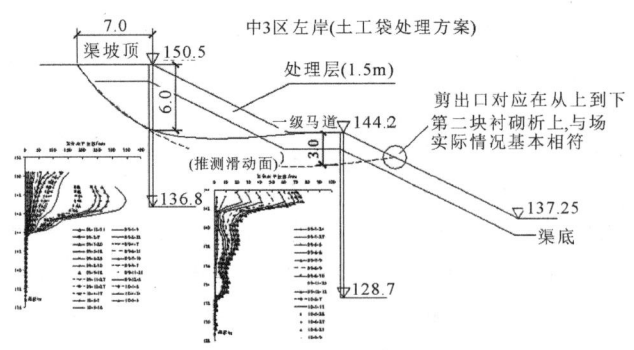

图 6.2-29　中膨胀土试验区(中Ⅲ区)

中膨胀土试验区左坡的变形明显比右坡强烈。从渠道开挖所揭示的地层裂隙分布情况来看,渠道左坡裂隙倾向渠内,而右坡裂隙倾向渠外。渠道两岸土体的力学特性相同,边坡坡比相同,开挖方式和施工进度以及气候条件也一致,同一种处理方案在左坡均发生错动性变形或滑坡,右坡则相对稳定,左右坡稳定状态差异明显。两岸边坡唯一的差别在于裂隙倾向与边坡倾向的相对关系不同。

由以上试验成果可以看出,对于未经处理的膨胀土裸坡(包括填筑边坡),在降雨作用下,边坡首先产生浅层失稳,这种失稳形式是一般黏性土边坡不具备的,往往很缓的、常规边坡稳定分析方法得到的安全系数远大于1.0的边坡也失稳,是膨胀土边坡独有的。

对于经过压重处理、或未经吸湿过程的膨胀土边坡同样存在整体稳定问题,与一般黏性土边坡不同的是往往膨胀土具有裂隙,裂隙具有方向性,裂隙面强度远低于土块强度,边坡的稳定性受裂隙面的强度控制。南阳试验段的现场试验表明,坡高13m、坡比1∶2的逆向坡比较稳定,顺向坡可能边坡失稳。

3.4.3 边坡破坏模式

经过对大量现场试验、大型静力模型试验边坡失稳现象的综合分析,并结合地质勘察、室内试验和数值分析,长科院将膨胀土边坡的破坏模式归纳为以下两类。

破坏模式一:膨胀作用下的边坡浅层破坏;

破坏模式二:裂隙强度控制下的边坡整体破坏。

研究认为,要保证膨胀土边坡的稳定,必须保证两种模式的稳定性;反过来讲,只要满足两种模式的稳定性,就能保证膨胀土边坡的稳定。

两种破坏模式的关键因素,一是土的膨胀变形,二是裂隙面空间分布及其强度。在发生第一类破坏时,当然也伴随着土的强度降低,如土体从非饱和到饱和,膨胀引起的强度变化,但这些都可以在强度试验中加以体现。与此同时,在破坏模式一的稳定分析中,一定要模拟膨胀变形引起的坡内应力重分布;第二类破坏形式是裂隙性土所共有的,往往因裂隙面强度远低于土块强度,也因裂隙的空间形态是一个面,使裂隙性土边坡稳定性具有各向异性,且稳定性低于非裂隙性土边坡。

3.5 边坡稳定分析方法研究

3.5.1 概述[15]

以往在进行膨胀土的边坡稳定分析中大多采用极限平衡理论,由于分析成果往往与实际发生的现象不符,人们首先想到的是土体的强度参数问题。因此,在计算中一再进行强度的折减,并从各种角度考虑影响膨胀土强度降低的因素。如干湿循环引起的强度衰减、降雨入渗引起的非饱和膨胀土强度降低等[6]-[11]。即使这样,有些膨胀土边坡在按照残余强度设计的情况下仍然发生了滑坡。于是,有学者建议在计算中应考虑雨水入渗后静水压力的作用影响[12],或将膨胀力作为外力作用在土体条块之上[13]-[15]。

膨胀土的边坡究竟应如何进行稳定分析?稳定分析理论如何体现膨胀土的自身特点是摆在岩土工程师们面前的一个难题。要建立正确的膨胀土边坡稳定分析方法,其前题是弄清膨胀土边坡失稳机理。那些为了达到"已经失稳边坡的计算安全系数小于1.0"目的凑合起来的分析方法,是难以自圆其说的。如建议膨胀土的内摩擦角取室内试验试验值的1/7,凝聚力取室内试验试验值的1/14作为计算指标,虽然对失稳的缓坡计算安全系数小于1.0了,但膨胀土强度如此之低,如何进行膨胀土边坡处理设计?这样的室内试验还有意义吗?"十一五"期间,长江科学院通过地质勘察、室内工程特性试验、离心模型试验和大型常重力模型试验、现场试验、系统的数值分析以及原位观测验证等各种可用手段,对膨胀土边坡失稳机理进行了全面、精细、反复的研究和论证,归纳提出了膨胀土边坡的两类破坏模式,并提出膨胀土边坡稳定分析,应分别针对这两种破坏模式进行分析。对于边坡可能出现的膨胀作用下的边坡稳定问题,应采用"考虑膨胀性的边坡稳定有限元分析方法";对于裂隙强度控制的边坡稳定问题,应采用"考虑裂隙空间分布特征的极限平衡分析方法",而土体的强度参数则应根据边坡实际地层条件和状态选取,并注意区分土块强度及裂隙面强度。

3.5.2 考虑膨胀性的边坡稳定分析方法

目前,边坡稳定计算方法主要有两类。一类是极限平衡法,另一类是有限元法。因本项稳定计算要考虑膨胀变形的作用,故只能采用有限元法。具体分析方法如下。

(1)根据边坡地质剖面及吸湿区范围,剖分有限元网格,建立有限元计算模型。

(2)假定土的本构关系服从理想弹塑性模型,当出现塑性应变时意味着此处剪应力水平等于1.0。土体强度服从摩尔—库仑强度准则,强度参数大小取试验测定的饱和固结排水强度指标统计值,变形模量取土的三轴应力应变曲线峰值前的割线模量。

(3)由有限元法计算自重应力,并计算增湿区单元由天然含水率至饱和状态的膨胀应变,以模拟人工降雨引起的表层含水率变化。

(4)将各单元的膨胀应变作为初始应变,由初始应变法计算边坡中最终应力和应变。计算中逐步观察土体的等效塑性应变分布范围和大小,将等效塑性应变完全贯通作为边坡失稳的判别准则。

(5)采用传统的有限元强度折减法概念对土的强度进行折减,重新进行初始应变法计算至等效塑性应变刚好完全贯通止,其折减系数即为边坡的安全系数。

采用上述方法对大量膨胀土边坡的稳定性进行过分析,其结果是非常合理的。下面列举图6.2-30(a)模型的有关计算结果以论述膨胀变形对边坡稳定的影响和方法的合理性。有关计算参数列于表6.2-9。

表6.2-9 边坡稳定性有关计算参数

抗剪强度		密度(g/cm³)	弹性模量(MPa)	泊松比	a	b
C(kPa)	φ(°)					
27.0	14.4	2.00	1.0	0.3	31.17	−6.31

分别给出了自重条件下和吸湿区含水率增大16.5%(模拟人工降雨引起的表层含水率变化)时坡体内的应力等值线图6.2-30(b)—图6.2-30(g),以及增湿区含水率增大16.5%时等效塑性应变图6.2-30(h),从图6.2-30可以看出如下规律:

①比较自重条件下和吸湿区含水率增大后坡体内的应力状态,膨胀变形将明显地引起坡体内应力重分布,各应力分量的变化情况又有所不同。

②比较图6.2-30(b)、图6.2-30(c),坡面法向正应力σ_X的变化相对较小,在坡脚部位相对剧烈。

③比较图6.2-30(d)、图6.2-30(e),顺坡向正应力σ_Y的变化最为明显,在吸湿区,应力σ_Y明显增大,吸湿区内的土体沿顺坡向有伸长趋势,但非吸湿区约束其伸长,便使吸湿区内的应力σ_Y增大,而非增湿区的应力σ_Y减小。

④比较图6.2-30(f)、图6.2-30(g),由于在吸湿区与非吸湿区间存在约束与被约束关系,故在两区之间产生较大顺坡向的剪应力τ_{XY},尤其在吸湿区上下两端变化更加剧烈。

⑤边坡在自重作用下,剪应力水平很低。随着膨胀变形增大,首先在坡脚出现塑性区(产生塑性应变),并逐渐向上扩展,之后,在其之上出现第二条塑性区,并逐渐出现多条塑性区,最终塑性区相互贯通,边坡失稳图6.2-30(h)。

⑥由表6.2-9参数得该边坡的稳定安全系数为0.92。

以上计算结果可以说明两点:

①土体吸水膨胀变形将明显地引起坡体内应力重分布,使土体内剪应力水平增大。

②对于实际失稳的膨胀土模型边坡,采用室内试验得到的强度指标,常规稳定分析方法得到的安全系数为5.2,若稳定分析中考虑土的膨胀变形,得到的安全系数为0.92。由此表明,膨胀变形是引起膨胀土边坡失稳的一个重要因素;同时,只要在膨胀土边坡稳定分析中考虑膨胀变形,其计算结果与边坡的稳定状态有很好的一致性。

判定边坡稳定计算方法是否合理,其准则应该是,应用合适的试验方法测定土的抗剪强度,在边坡稳定分析中,采用试验得到的强度试验值,且稳定分析成果能正确地反映边坡的稳定状态。

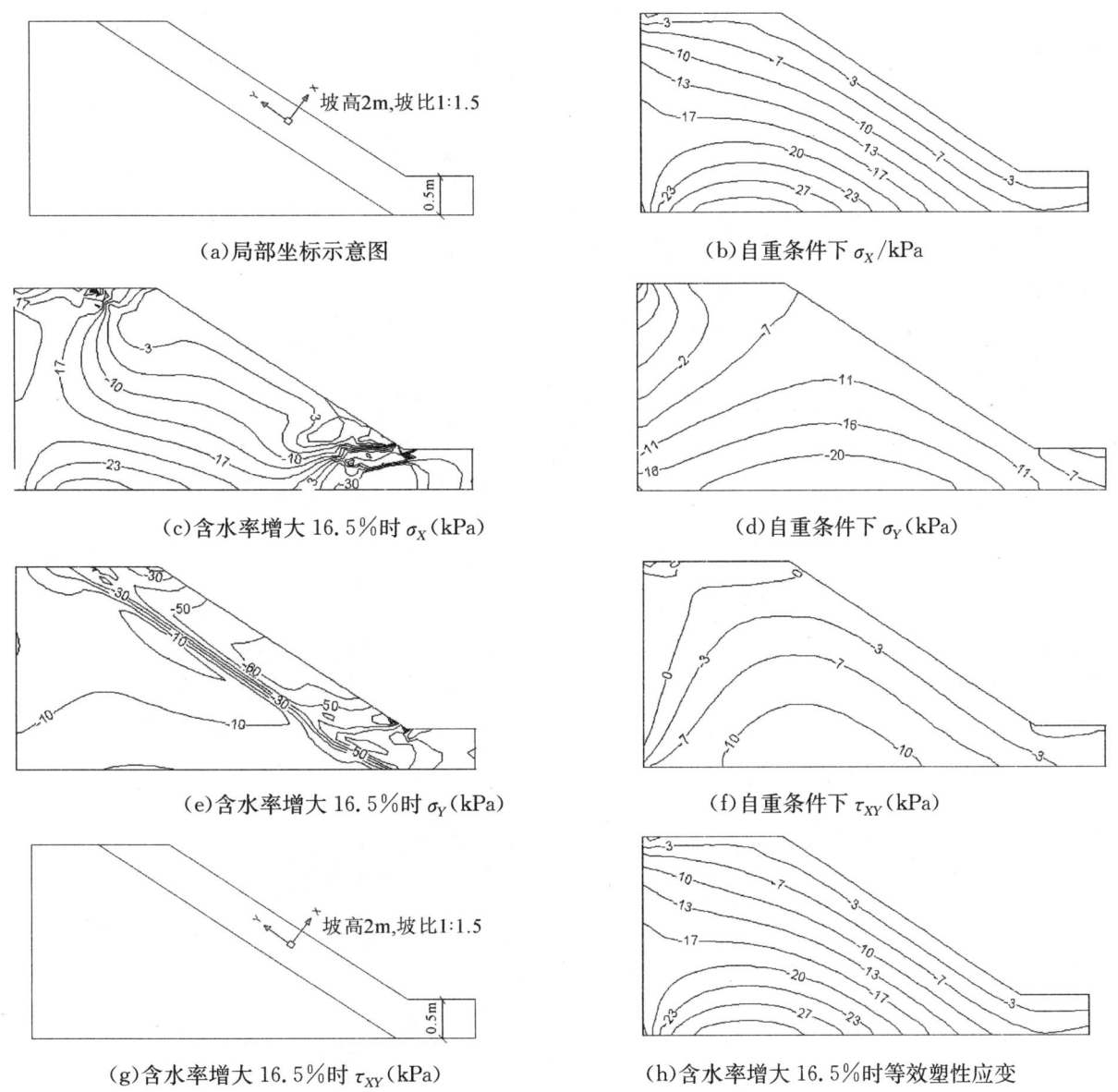

图 6.2-30　边坡稳定计算结果

3.5.3　裂隙性土的边坡稳定分析方法

与一般黏性土边坡不同,膨胀土往往具有裂隙,裂隙具有方向性,裂隙面强度远低于土块强度,边坡的稳定性受裂隙面空间分布及其强度控制,边坡的稳定性具有各向异性。边坡稳定性分析的难点在于膨胀土边坡中裂隙的概化,及稳定性分析中对裂隙面空间分布及其强度的模拟。

针对上述特征,提出了裂隙性土的边坡稳定分析方法。具体分析方法如下:

(1) 在地质勘察中,选择代表性地段,开挖探槽,给出边坡断面的裂隙分布形态,如图 6.2-31 所示。对于渠道工程,可在工程施工中,在渠道沿线先按一定间距或适当位置保留隔堤,勘察隔堤坡面的裂隙分布,将隔堤坡面的裂隙分布视为渠道边坡断面的裂隙分布。

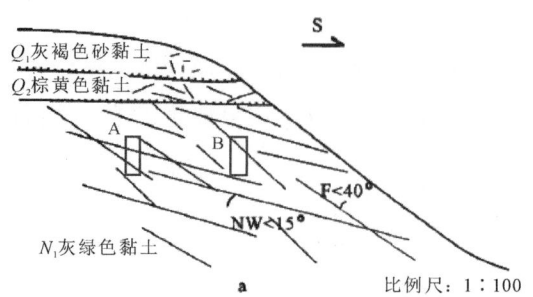

图 6.2-31　膨胀土边坡的裂隙宏观结构[17]

(2) 采用土块强度和裂隙面强度两组强度指标来表征裂隙性土的强度特性。

(3) 对边坡的裂隙宏观结构进行概化,建立边坡裂隙网络计算模型,如图 6.2-32 所示。根据具体边坡的实际情况,对每个网络单元给定抗剪强度参数。

(4) 采用折线滑动面条分法自动搜索最危险滑动面,计算边坡稳定安全系数。

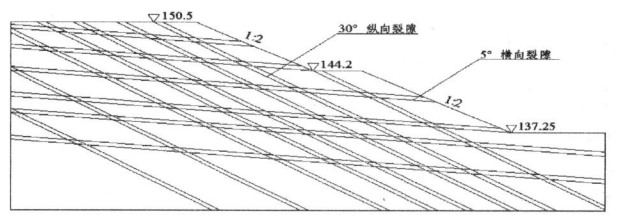

图 6.2-32　南阳中 3 区左岸边坡概化裂隙网络图

这种针对土块和裂隙分别采用不同强度、在稳定分析中模拟裂隙的空间分布的稳定计算方法,似于岩坡稳定性分析,为区别一般条分法,暂且称之为裂隙性土边坡稳定类岩分析模式。

对图 6.2-32 边坡,土块 $c=22.2\text{kPa}$,$\varphi=23.9°$,裂隙面 $c=9.0\text{kPa}$,$\varphi=10.0°$,对不同裂隙形态条件下的稳定性进行分析,其结果如图 3.6-33。

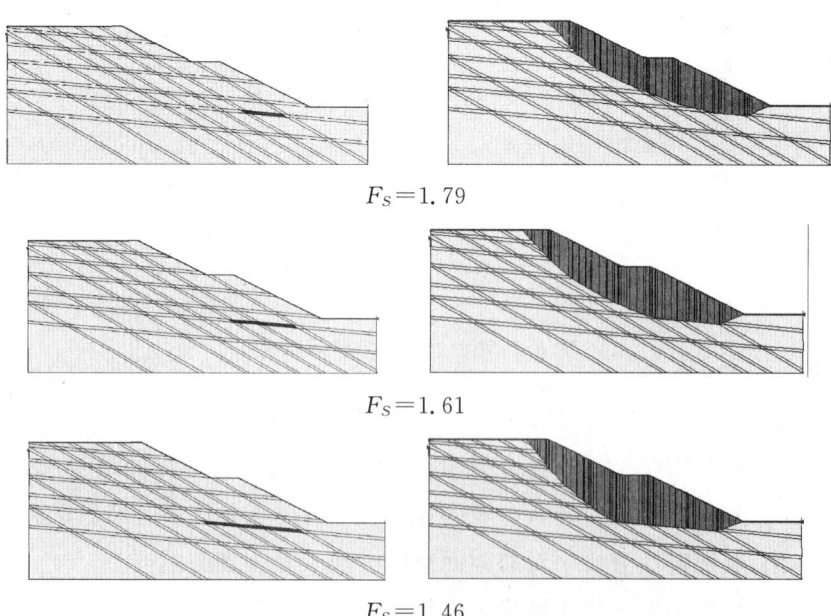

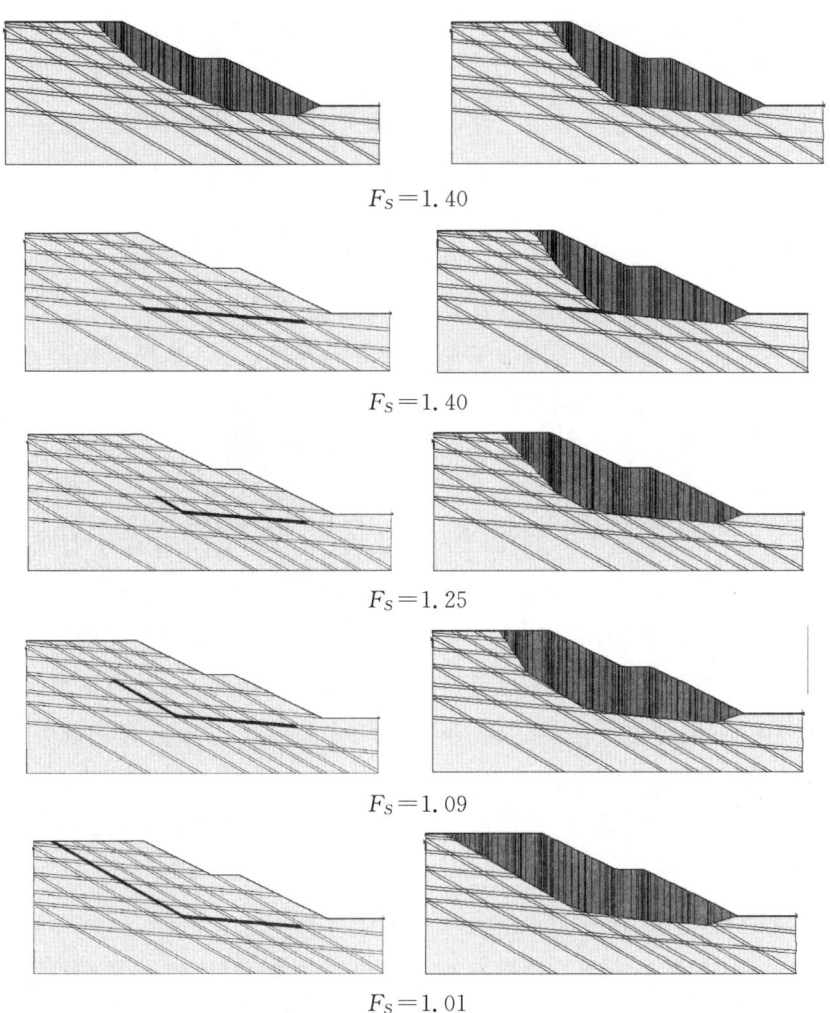

图 6.2-33 裂隙形态对边坡稳定的影响

图 6.2-33 左侧给出的是裂隙形态（图中实线），右侧为相应的最危险滑动面及滑体，F_s 为相应的边坡稳定安全系数。从图 6.2-33 可以看出，随着裂隙长度增长，边坡稳定安全系数减小；只要裂隙位置和方向合适，最危险滑动面将从裂隙面中产生。本节提出的计算方法完全能够反映土中裂隙对边坡稳定性的影响；当土中裂隙分布较多时，边坡的稳定性主要受裂隙强度控制。

3.6 渠道渗控措施研究

3.6.1 概述

南水北调中线工程总干渠膨胀土问题具有很多特征。其中对于地下水影响最大的是如下方面。其一，渠道工程要形成膨胀土边坡，最大挖深达 40 米左右，在渠道两侧形成这样的临空面，这成为膨胀土接受大气复杂作用的新的重要边界。其二，沿线渠坡地层结构差异大，形成不同的渗透结构；其三，渠道输水为对于水分变化敏感的膨胀土带来了复杂的涉水条件；其四，挖方渠段衬砌板结构稳定对地下水影响敏感。

"十一五"期间的研究进一步明确了膨胀土渠坡破坏的主因，即土体膨胀性及结构面发育程度是控制渠坡稳定的内因，雨水、地表水、渠水入渗是引起渠坡失稳的主要外因[18]。膨胀土渠坡地下水及含水率控制，可以统称为渗流场控制，包括饱和带渗流场控制，以及非饱和带含水率变化的控制。对于非饱和带的膨胀土渠坡来说，既要控制含水率的空间分布，也要控制其动态变化，这是因为膨胀土工程问题的要害不仅是土性与含水率分布相应的空间变化，更有土性随着含水率动态变化所发生的复杂演变。对于饱和带的膨胀土来说,不仅要控制流场和水压力的分布,以控制衬砌层所受浮力及其结构稳定性,还要控制饱和带的变动范围。

为了控制膨胀土渠坡的变形,保障其稳定性,工程除了采取优化坡面形态、改良坡面岩土性质,以及设置抗滑结构工程措施外,渗流控制也是重要的方面。与其他工程一样,南水北调中线工程的渗流控制也可以分为防渗与排水两大类措施。

防渗的目标有四个方面,一是防止渠道渗漏;二是隔离渠水与对水敏感的膨胀土渠坡;三是防止或者减少大气降水的入渗。膨胀土渠段的坡面防渗措施还具有压重和约束土体膨胀变形的作用,又称作防护措施。

排水的目标有两个方面,一是控制周围地下水对渠道的作用,二是疏导大气降水和地表水的入渗水流,降低其对渠坡岩土体和结构物的不利作用。

鉴于膨胀土对于水的敏感性,其工程特性会随着含水率的变化而变化。渠道工程建设要改造沿线的水文地质条件,使得工程建设前后的渗流场分布和动态特征发生变化,需要采取防渗排水措施控制膨胀土渠坡的渗流场,以达到有效限制渠道渗漏,以及促进渠坡、渠基及其防渗层和衬砌板的稳定等目的。

"十一五"科技支撑课题研究中,根据饱和非饱和渗流理论,提出了防渗排水相结合的坡面防护方案[19]。这一理念在部分渠段的实施中得到了运用。"十二五"科技支撑课题在以往饱和渗流理论为主要研究手段的基础上,采用了饱和非饱和渗流理论及室内试验等方法手段,重点研究了渗流场数值模拟方法,膨胀土与排水体界面特性;膨胀土渗透结构、渗流系统和膨胀土渠坡渗流系统分类,按照分类选取不同典型渠段开展了渗流场的数值模拟和渗流控制效果研究[20][21][22]。系列研究成果对于工程建设设计、施工及运行过程中发现和诊断与渗流有关的问题,研究处置方案,以及对其后续工程和其他类似工程的建设有指导意义。

3.6.2 渗流控制措施研究方法

在南水北调中线工程中,渠道渗流控制措施及其效果是工程设计、施工及运行阶段都非常关键的问题,尤其在深挖方高地下水膨胀土渠段,渗流措施的合理布置及有效性是保障渠坡及衬砌板稳定性的关键。为分析渗流控制措施的布置合理性及效果,数值模拟和试验是最常用的手段。限于篇幅,本章仅介绍采用三维有限元数值方法,研究渠道渗流场分布规律,比较不同措施的渗控效果的内容。

在渠道渗流计算中,要涉及渗流自由面、排水孔的精细求解等方法,本书第二篇第二章有较为详细的介绍,此处不再赘述。在挖方渠段为了保障渠坡和渠底衬砌板稳定,渠坡排水井和渠底逆止阀是最常用的措施之一,有些承压水渠段甚至设置有渠底减压井。通常情况下,渠坡排水井和渠底逆止阀沿渠道密集布置,这尤其需要理论和算法上均严密地模拟技术来求解排水井和逆止阀对渗流场的影响;另外,各方案中随着边界条件的不同,排水孔和逆止阀是否失效也需要在算法上给予正确处理。本书第二篇相关方法能很好地解决这一问题,本章渗流场中排水孔和逆止阀的模拟采用第二篇第二章相关章节方法。

3.6.3 典型挖方渠段渗控效果分析

南水北调中线工程沿线地层差异性较大,在填方段、挖方段及半挖半填段均存在渗流问题,尤其在具有承压水的渠段,地下水可能会带来渠道衬砌及渠坡稳定问题。

由于工程线路长,深挖方渠段有可能切穿不同的地层结构,依据工程安全和经济合理性要求,渠基需要根据分析采用合适的结构设计形式。因此,对该类渠段进行更全面的渗流场模拟和渗控效果分析显得尤为重要。鉴于此,在系列研究基础上,重点针对承压含水层渠段,选取河南省叶县某典型渠段建立三维渗流模型,利用渗流自由面和排水孔等有限元精细求解技术[21][22]模拟渗流场,分析不同工况条件下渗流控制措施的效果,为类似地层结构的渠道渗控设计提供科学依据。

(1) 工程概况

南水北调中线总干渠挖方渠段普遍采用衬砌板结合土工膜防渗,渠底布置逆止阀排水的渗控措施。叶县段地层结构较为复杂,强透水层被相对弱透水层所覆盖,形成承压含水层,典型断面地层分布见图6.2-34。根据初步设计,在衬砌层下面设置排水垫层结合渠底逆止阀,辅以渠坡排水孔进行渗流控制,以保证工程长期运行中衬砌板及边坡稳定。

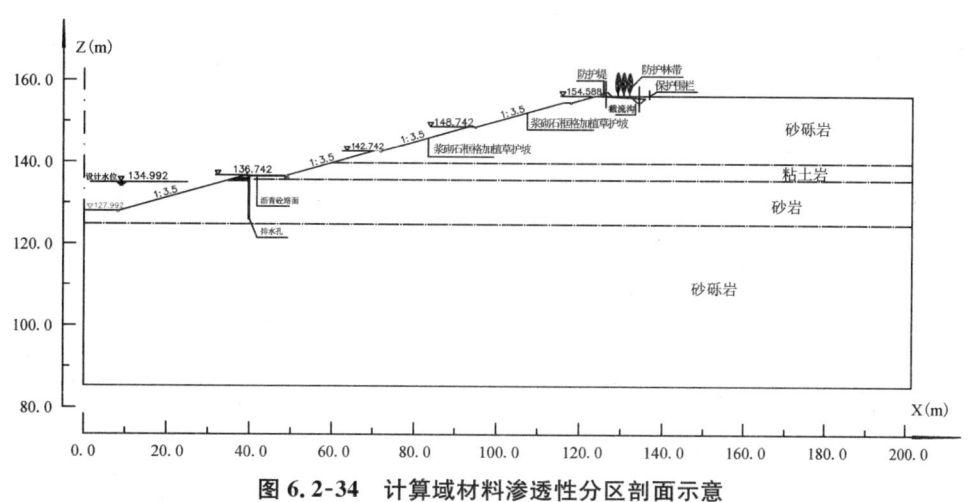

图 6.2-34 计算域材料渗透性分区剖面示意

(2) 模型的建立及工况确定

① 模型范围及边界取值

计算区域取渠道中心线一侧建模,模型上游边界范围的取值受地层渗透性影响较大,取上游边界与渠顶的距离为400m;上游水位取地表高程为155.0 m,运行期下游水位为134.992m,检修期取渠底高程为127.992m;模型底部隔水边界至78.4m高程,模型左右对称面及底部均取为隔水边界,开挖渠坡为可能出渗面边界。本渠段采用6面体8节点等参单元,局部区域采用5面体6节点等参单元过渡,以前者为主。基本方案模型节点数为19632,单元数为17102,见图6.2-35,各方案网格规模稍有差别。

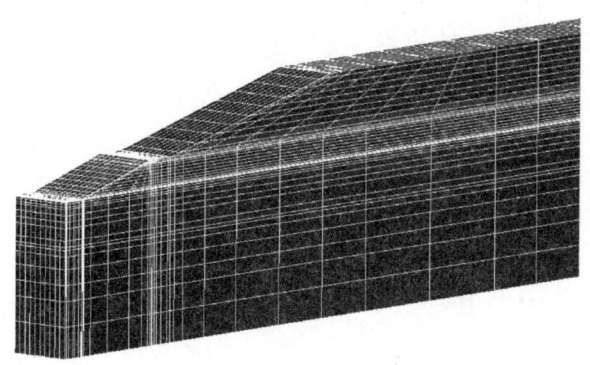

图 6.2-35 三维有限元网格

② 方案说明及渗透系数取值

基本方案F1渗控措施设计中,采用混凝土衬砌板下的土工膜防渗,防渗层下砂砾石垫层厚度为25cm,渠底均匀布置平行于渠轴线的5列逆止阀,各列阀间距为2m,在一级平台临渠侧设置排水孔,孔内径为0.3m,孔距2m,孔底深至渠底以下2m;其他比较方案中渗控措施稍有变动。为便于渗控效果比较研究,本渠段共设定6个方案,详见表6.2-10。

各地层渗透系数有较大差别,砂砾岩为 2.0×10^{-3} cm/s,黏土岩为 1.0×10^{-6} cm/s,砂岩为 1.03×10^{-4} cm/s,砂垫层为 1.0×10^{-3} cm/s,防渗层 1.0×10^{-11} cm/s。

表 6.2-10　　　　　　　　　　　　　　计算方案

编号	方案说明	备注
F1	运行期,下游水位 134.992 m;其余见 3.1—3.2 节说明;	基本方案
F2	渠坡排水孔深入至渠底砂砾岩内 2 m;其余同 F1;	渠坡排水孔深度比较
F3	渠中心线至坡脚之间一列逆止阀,下部设置排水孔深入砂砾岩内 4 m;其余同 F1;	逆止阀下部设置排水孔
F4	渠坡排水孔深入至渠底砂砾岩内 2 m;其余同 F3;	渠坡井深入砂砾岩内 2 m
F5	检修期,下游水位取渠底高程 127.992 m;其余同 F1;	检修期
F6	下游水位取渠底高程 127.992 m;其余同 F4。	

(3)计算结果及渗控方案比较

本渠段渠基为典型双层结构地层,上部为弱透水地层,下部为强透水层,承压水问题成为影响渠基相对弱透水层和衬砌板的抗浮稳定的重要因素。

本节主要通过运行及检修期不同方案条件下渗流场分布及渠底衬砌板下最大压力水头值来分析渗流控制措施的效果。文中水头等值线图为排水孔所在剖面;渠底最大压力水头为衬砌板下通过搜索获取的最大值,压力水头差为统计点压力水头与渠水深的差值。

①运行期排水孔对渗控效果影响

从 F1 基本方案水头等值线剖面图(图 6.2-36)可知,在渠道黏土岩与砂岩地层交界处等值线有明显转折,剖面水头等值线疏密有致,分布规律明显,客观反映了渗控措施及边界条件的影响;渠坡排水孔附近水头等值线均较密集,表明渠坡排水孔在运行期发挥了明显的排水减压作用。

在 F2 方案中(图 6.2-37),渠底区域水头等值线明显较 F1 方案稀疏,自由面也较 F1 明显降低,这表明,渠坡排水孔深入到相对透水性较强的砂砾岩 2 m 后,排水降压的效果更加显著,即在渗控措施的联合作用下,更加有利于渠底衬砌板及渠坡的稳定。

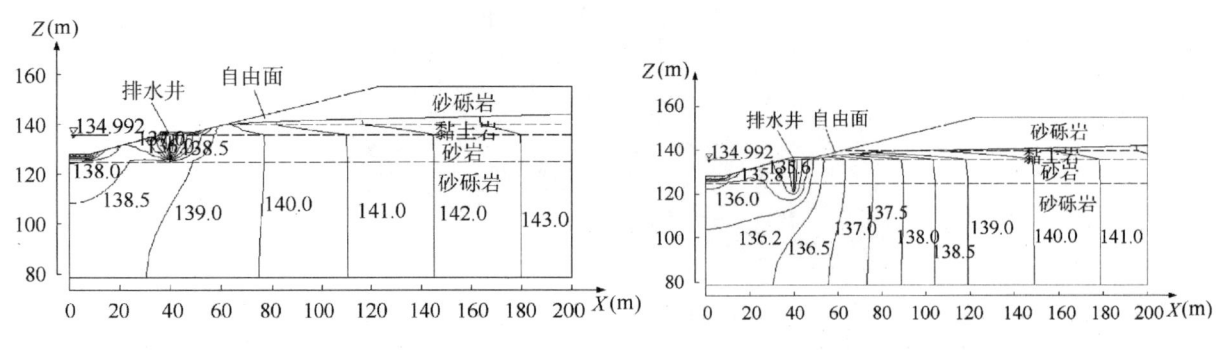

图 6.2-36　F1 方案水头等值线(单位:m)　　图 6.2-37　方案 F2 水头等值线(单位:m)

在挖方渠段,逆止阀作为渠底排水措施被普遍采用,其效果在一定程度上受渠基地层结构及其渗透性影响。逆止阀数量增加肯定有利于降压排水,但布置过密逆止阀漏水隐患也会随之增加。在长江堤防工程中,减压井起到了极为关键的作用,基于该思路,本节针对承压水渠段尝试采用渠底排水孔结合逆止阀来降低渠底的压力水头。F3、F4 方案即在渠道纵向中心与坡脚之间的一列逆止阀下部设置深入砂砾岩 4 m 的排水孔,孔顶端与逆止阀相连接。

F3 方案是在 F1 方案基础上,在渠底 2 列逆止阀下部设置排水孔,从图 6.2-38 可知,在渠底附近水头等值线明显稀疏,表明该措施发挥了明显的排水降压效果;与堤防减压井作用有所不同的是,本方案渠底排水孔既降低了衬砌板的扬压力,又同时降低了砂岩弱透水层底部的扬压力,对衬砌板稳定及相对弱透水层抗浮稳定均有利。

方案 F4 又将渠坡排水井深入至砂砾岩内 2m,从图 6.2-39 可知,渠坡排水孔至渠底区域水头等值线更加稀疏,也表明该方案渗流控制措施的效果更显著。

通过以上运行期方案对比发现,渠坡排水孔在深入到相对强透水层后,渗流控制效果明显,但其渗流量也大幅增加,限于篇幅,文中对排水孔渗流量的分析就不再介绍。

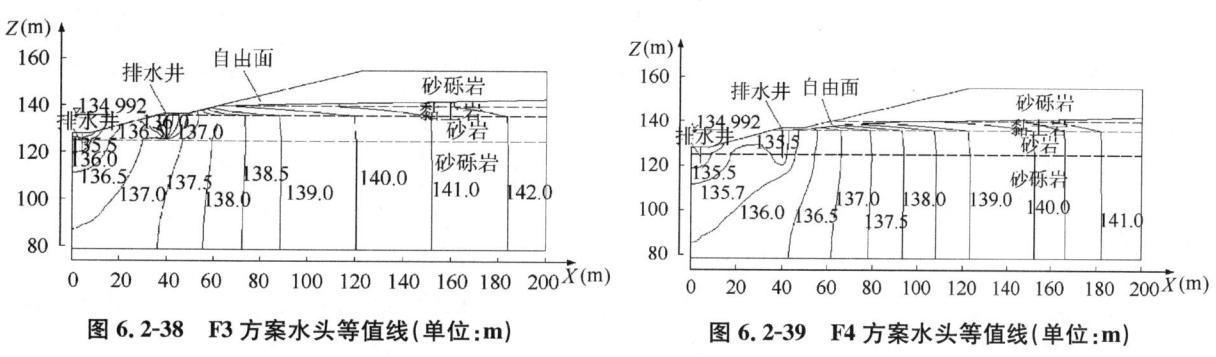

图 6.2-38　F3 方案水头等值线(单位:m)　　　　图 6.2-39　F4 方案水头等值线(单位:m)

②检修期排水孔对渗控效果影响

F5 方案与 F1 方案的渗控布置相同,对应于检修期的运行水位条件,此时渠坡排水孔孔口已经高于自由面,即该方案中渠坡排水孔是失效的。从图 6.2-40 可知,本方案渗流自由面较高并且在渠底区域水头等值线密集,这对渠坡及渠底衬砌板的稳定都是较为不利的。而相比之下,F6 方案在渠底区域水头等值线则稀疏得多,说明尽管渠坡排水孔仍然无效,但渠底逆止阀下的排水孔发挥了显著的排水作用(图 6.2-41)。

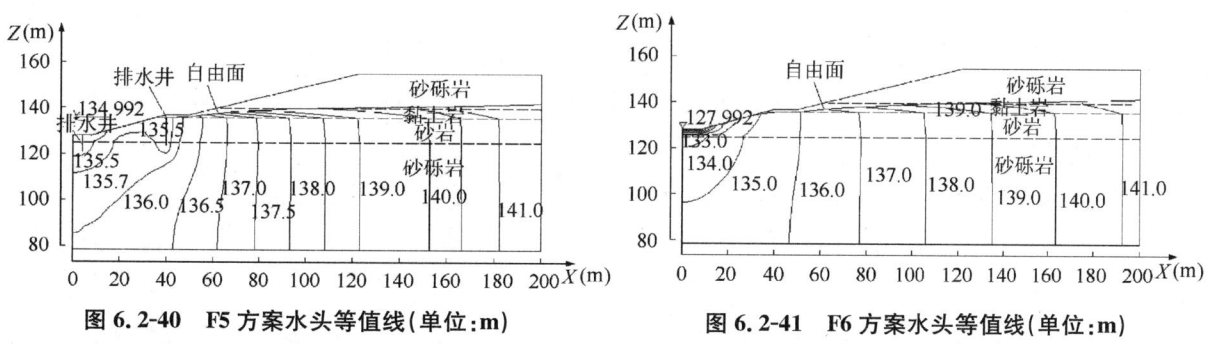

图 6.2-40　F5 方案水头等值线(单位:m)　　　　图 6.2-41　F6 方案水头等值线(单位:m)

③渗控措施对衬砌板扬压力影响

南水北调中线总干渠一般均采用刚性混凝土板结合土工膜作为防渗层。渠道衬砌板厚度较薄(通常为 8cm),当渠底衬砌板扬压力大于衬砌板重力时,将引起衬砌板浮起,影响渠道安全运行。因此对衬砌板下最大压力水头差予以重点分析。

运行期基本方案渠底衬砌板下最大压力水头差最大为 0.49 m,显然对渠底衬砌板稳定极为不利。而 F2 方案为 0.28 m,相比 F1 方案降低了约 43%,再次佐证了渠坡排水孔深入砂砾岩后,其排水降压效果显著增强;F3 方案是在基本方案基础上将靠近坡脚的一列渠底逆止阀底部设置排水孔,其最大压力水头差相比基本方案降低了约50%,可见,在渠底设置排水孔排水减压的效果更加明显。进一步地将渠坡排水孔深入砂砾岩地层2m时(F4方案),运行期渠底最大压力水头差可降至0.1m,此时地下水压力对渠底衬砌板的稳定影响大大降低(见表6.2-11)。

表6.2-11　　　　　　　　　　　各方案最大压力水头差

方案	F1	F2	F3	F4	F5	F6
最大压力水头差(m)	0.49	0.28	0.25	0.10	0.56	0.27

与F1方案对应的检修期方案(F5)渠底衬砌板下最大压力水头差为0.56 m,基本方案在检修条件下对渠底衬砌板的稳定更为不利。F6方案是基于F4的检修期工况,其最大压力水头差为0.27 m,相比F5方案降低了约52%,需说明的是本次模型并未模拟逆止阀之间透水管的作用,若考虑逆止阀之间连接透水的作用,基本可以满足衬砌板的稳定。可见,在渠底适当设置排水孔,能有效降低检修期渠底压力水头。

综上分析可知,在典型承压水地层结构的深挖方渠段,通过布置合理的渗控措施,对关键区域渗流场有明显控制作用,渠底排水孔和渠坡排水孔的设置为运行期渠道安全提供了有力保障;特别是基于减压井思路设置的渠底排水孔,对检修期衬砌板下压力水头有显著的降低作用。

另外,该类渠段施工期的渗流控制也应引起充分重视,尤其在雨季或靠近地表水体施工时,应采取及时有效的基坑降水措施以免基坑发生涌水涌砂。

渠道地层结构特征及渗透性、逆止阀密度、垫层的厚度及渗透性、排水孔布置形式以及模型边界取值范围等因素都会影响渗流场分布,在具体工程应另行研究。

在实际中,工程沿线地层结构差异性较大,还需根据具体工程条件相应调整渗控措施。

[后记:本章系根据包承纲、龚壁卫、程展林、张家发、崔皓东等相关论文资料编写。]

参考文献

[1] 包承纲. 包承纲岩土工程研究文集[M]. 武汉:长江出版社,2007.

[2] 周小文,包承纲,濮家骝,殷昆亭. 南水北调穿黄隧洞衬砌土压力离心试验研究[J]. 水利水电技术. 1999,30(5).

[3] 程展林. 南水北调穿黄工程开挖面稳定性试验研究[R]. 武汉:长江科学院,1997.

[4] 程展林,汪明元,吴昌瑜. 黄河砂层"蠕动"对穿黄隧道影响的研究[J]. 长江科学院院报. 2002,19(增刊).

[5] 龚壁卫,程展林,郭熙灵等. 南水北调中线膨胀土工程问题研究与进展[J]. 长江科学院院报,2011,28(10):134-140.

[6] 包承纲,龚壁卫,詹良通. 非饱和土的特性和膨胀土边坡的稳定问题[A]. 第二届国际非饱和土学术会议文集[C]. 1998.

[7] 詹良通,包承纲,龚壁卫. 土水特征曲线及其在非饱和土力学中的应用[A]. 第二届国际非饱和土学术会议文集[C]. 1998.

[8] 龚壁卫,C. W. W. Ng,包承纲. 膨胀土渠坡降雨入渗现场实验研究[J]. 长江科学院院报,2002,19(增刊):94-98.

[9] C. W. W. Ng, L. T. Zhan, C. G. Bao, D. G. Fredlund, B. W. Gong. Performance of an unsaturated expansive soil slope subjected to artificial rainfall infiltration. Geotechnique, 2003, 53(2): 143—157.

[10] 詹良通,吴宏伟,包承纲,龚壁卫. 降雨入渗条件下非饱和膨胀土边坡原位监测[J]. 岩土力学,2003,(2).

[11] 龚壁卫,包承纲,周欣华. 总干渠膨胀土渠坡处理措施探讨[J]. 长江科学院院报,2002,19(增刊):108—111.

[12] 孔德坊等著. 裂隙性黏土[M]. 北京:地质出版社,1994.

[13] 龚壁卫,程展林,胡波等. 膨胀土裂隙的工程特性研究[J]. 岩土力学,2014,35(7):1825—1830.

[14] C. E. 威维尔,L. D. 普拉德著. 黏土矿物化学[M]. 北京:地质出版社,1983.

[15] 程展林,龚壁卫. 膨胀土边坡[M]. 北京:科学出版社,2015.

[16] 刘特洪. 工程建设中的膨胀土问题[M]. 北京:中国建筑工业出版社,1997.

[17] 张永双,曲永新,周瑞光. 南水北调中线工程上第三系膨胀性硬黏土的工程地质特性研究[J]. 工程地质学报,2002,10(4):367-377.

[18] 张家发,刘晓明,焦赳赳. 膨胀土渠坡兼有排水功能的双层结构防护方案[J]. 长江科学院院报,2009(11):37-41.

[19] 崔皓东,张家发,张伟,王金龙. 南水北调中线典型承压水地层渠段渗流场数值分析[J]. 岩土力学,2010(增刊2):447-451.

[20] 张家发,崔皓东,李少龙等,膨胀土渠坡地下水和含水率控制方案研究[R]."十二五"科技支撑课题四专题报告,武汉:长江科学院,2014.

[21] 崔皓东,王金龙. 南水北调中线陶岔—沙河南部分典型挖方渠段渗流场分布及渗流控制措施研究[R]. 武汉:长江科学院,2010.

[22] 张家发,王满星,丁金华. 典型条件下堤身堤基渗流规律分析[J]. 长江科学院院报,2000,17(5):23—27.

第3章 葛洲坝工程

1 工程概况和有关土工方面的问题

1.1 工程概况

葛洲坝工程是三峡工程的配套工程，工程方案几经改变，最终的布置方案，根据泄洪、导流、通航、发电等方面的需要，从左到右确定为：三江布置两条船闸，其间设六孔冲砂闸；二江布置 7 台机组的厂房及 27 孔泄洪闸，并挖掉葛洲坝小岛，以增大一期工程泄水的能力；大江布置 14 台机组的厂房，一条船闸及 9 孔泄洪冲砂闸，在三江及大江由于通航水流条件的要求分别布置了防淤堤和上下游引航道，整个枢纽的平面布置如图 6.3-1。

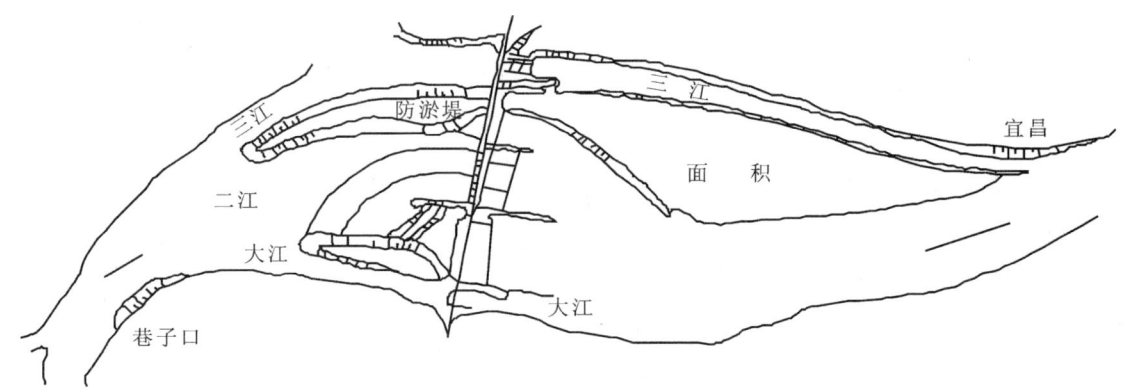

图 6.3-1 葛洲坝枢纽平面布置

有关施工方面的安排，根据工程布置，确定在大江施工期间的导流泄洪建筑物的设计洪水为 66,800 m³/s，校核洪水为 71,000 m³/s，选用来水量 86,000 m³/s 作为二期工程围堰的保坝标准。

葛洲坝工程于 1970 年"文革"期间仓促上马，采用"边勘测、边设计、边施工"的错误方式进行建造。因许多重大技术问题尚未研究清楚，设计未做好，施工准备也不充分，工程于 1972 年被迫停工，重新进行科学研究、修改设计和施工准备工作。1974 年 9 月工程复工，此后进展顺利，1981 年初大江截流，当年 7 月就经受了 71,000 m³/s 百年一遇洪水的考验，并且不久后恢复通航，9 月第一台机组发电，1983 年 7 台机组全部安装完毕投入运行。工程效益良好，仅就发电而言，六年的上网电费收入就已超过一期工程的全部投资，发电创造的年产值即达上千亿元（1988 年计）。

1.2 工程有关的土工问题

葛洲坝工程的地质条件较差，坝基为白垩系下统陆相沉积的红色碎屑岩，从大江右侧起至左岸依次为砾石、粉砂岩、黏土质粉砂岩和砂岩，并含有黏土层软弱夹层 70 多层，其中尤以受构造破坏在长期地下水作用下已泥化的 15 层夹层的工程性质更差。这些泥化夹层厚度很薄，仅几 mm 量级，但它将会给大坝带来深层抗滑稳定问题。同时，这些夹层是否会在工程运用期，因长期受力及渗水作用，导致其物理化学和力学性质的变化以及渗透稳定方面的问题,对工程造成进一步危害,都很值得关注。

其次,由于坝基的地质条件较差,泄水建筑物的渗流控制问题也出现过不同的意见,是堵还是排,抑或两者结合,也曾经过认真的研究和分析。

在长江这样的大江大河上进行导截流是一个新的挑战。围堰的建设及其工作状况也是十分受关注的问题。大江围堰包括上下游土石横向围堰、纵向混凝土围堰和钢板桩围堰,其中大江上游围堰要保证流量 86,000 m^3/s 情况下的安全,保护二期工程基坑正常施工,并可作为挡水前缘,提早发挥通航、发电的效益。大江围堰高 50m,长 895m,方量 274 万 m^3,挡水水头 20m。采用国内尚无先例的深水抛填砂砾石料的填筑方法,用冲击钻在抛填体中快速修建混凝土防渗墙的新技术防渗,经 5 年洪水考验,十分成功。

葛洲坝工程的土石方量达 2300 万 m^3,其中的大大小小土工问题还有很多,如工程量很大的防淤堤采用开挖料风化石渣填筑,也会带来一些技术问题。

2 坝基岩性和软弱夹层的工程问题简述

2.1 地层岩性和工程地质问题

坝区位于江汉平原西部的红层边缘,总厚约 100～450m。作为坝基岩体的下白垩系红层,与建坝关系密切的是石门组的上部和五龙组下部。其中石门组上部以砾岩为主,分布在大江以右,厚 40 余 m,又可分为上部 20 余 m 的钙质胶结砾岩,下部的泥质胶结砾岩,内夹一些不连续的粉砂岩及泥质砾岩的条带或透镜体;五龙组下部为薄层砾岩、砂岩、粉砂岩互层,并夹有大量的黏土岩类薄层。大江中心以左至葛洲坝地段为五龙组下部,厚约 50m,岩性为砾岩、砂岩、粉砂岩互层,岩性、岩相变化大,内夹 20 余层软弱夹层。葛洲坝到二江至黄草坝右侧地段的五龙组岩层厚约 70m,岩性为粉砂岩、砂岩互层,分布较稳定,内夹 34 层软弱夹层。黄草坝至三江地段与工程有关的五龙组下部厚约 50m,以中细粒砂岩为主,夹有多层透镜状或条带状的黏土岩类夹层及透镜体,其中分布有一层稳定的粉砂岩层(即 305 夹层)和一层分布稳定的黏土岩层(即 308 夹层)。

可以看出,坝区岩体有明显的分区性和不同的工程问题,以砾岩为主的主要是断裂及强透水带问题;软硬相间、多层面、多夹层坝基岩体段,主要是软弱夹层问题;以砂岩为主并夹软弱夹层的岩体段,软弱夹层引起的稳定问题和强透水带问题都存在。总的说来,大江中心以左、葛洲坝和二江地段的岩性较差,大江中心以右地段,岩体条件较好,黄草坝和三江地段居中。

2.2 软弱夹层和剪切带概况

软弱夹层系指相对于上下岩层的性状差、强度低的薄夹层,它们在后期构造作用下,不同程度地遭受层间剪切错动破坏,从而形成层间剪切带,而发育完善的剪切带大多已泥化而成为泥化夹层。可以认为,红层地区建坝的首要地质问题是剪切带问题。葛洲坝大坝坝基下有 72 层剪切带,这些剪切带几乎全部是在沉积原生夹层的基础上发展而来的。

原生夹层的岩性类型有 4 大类:

(1)黏土岩夹层,又有以蒙脱石为主的,如 308、227、129 等和以伊利石为主的,如 202、204、205、222、229、312、302 等;

(2)砾状黏土岩夹层,又分为砾状黏土岩夹层,如 216、217、220、313、317、318 等,和黏土岩团块夹层,如 206、207 等;

(3) 炭质条带夹层,如231、320、321、322等;

(4) 黏土质粉砂岩夹黏土岩条带或黏土岩透镜体的夹层,如213、214、215、304、305等。

坝区构造也导致了夹层的后期改造,并形成了经过后期改造的夹层类型和特征,可分为4个构造类型:

(1) 层间错动鳞片状劈理柔皱带(Ⅰ型),其中并有明显的构造分带性,即泥化带、劈理带和节理带,见图6.3-2(a),代表性剪切带如308、218等;

(2) 层间错动破碎带(Ⅱ型),见图6.3-2(b)和6.3-2(c),构造的分带是糜棱岩粉角砾带、碎裂带、裂隙带,代表性剪切带如202等;

(3) 局部层间错动带(Ⅲ型),此类夹层分布区的黏土岩一般以薄层条带为主很少有明显的构造分带性,仅见一裂隙性滑面,在地下水作用下易泥化,如306、312、320等;

(4) 裂隙型(Ⅳ型),这一构造多出现在夹层强度较高或顶地面不规则的各类岩性夹层中,一般长度仅数米,如216、217等。总之,Ⅰ、Ⅱ类剪切作用充分,属发育完善的剪切带,已形成普遍的或局部泥化,其分布范围广,抗剪强度低,它们对建筑物的稳定起控制作用,这是本节讨论的重点;而Ⅲ、Ⅳ类则属发育不完善的剪切带。

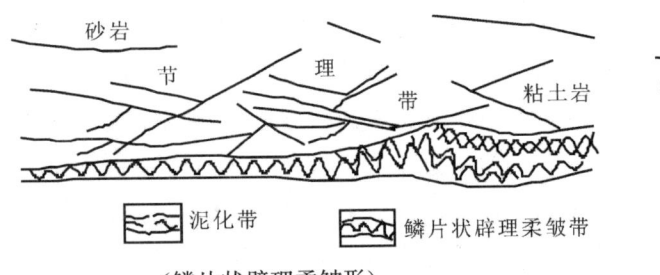

(鳞片状劈理柔皱形)

图 6.3-2(a)　308夹层层间错动素描图

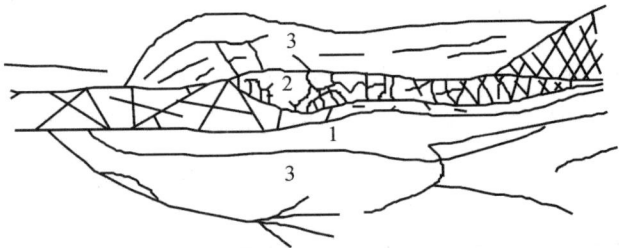

(1—糜棱岩粉带已泥化)(层间错动破碎形)

图 6.3-2(b)　202夹层构造形迹素描

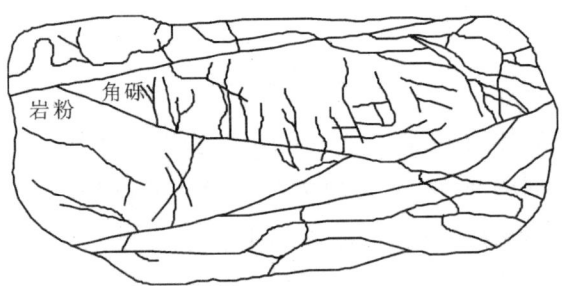

图 6.3-2(c)　202夹层手标本光片印模图(岩性为紫红色黏土质粉砂岩)

2.3　软弱夹层结构剖面及其基本性质

2.3.1　夹层结构剖面形式及厚度

(1) 308夹层为层间错动劈理柔皱形,节理带系灰绿色黏土岩,厚10~15cm;劈理带为鳞片状硬黏土,厚5~7cm;泥化带厚约数mm,最厚也仅10mm。

(2) 202夹层为层间错动破碎型,具有脆性破裂特性,主滑裂面泥化带碎成岩粉状,已泥化厚度小于10mm,上下劈理带厚约40mm。

(3) 218夹层节理带黏土岩,岩性致密,具微层理,有完整黏土岩特征,厚约60mm。劈理密集带厚约20mm,灰白色泥化带厚仅2mm上述3个软弱夹层的剖面如图6.3-3。

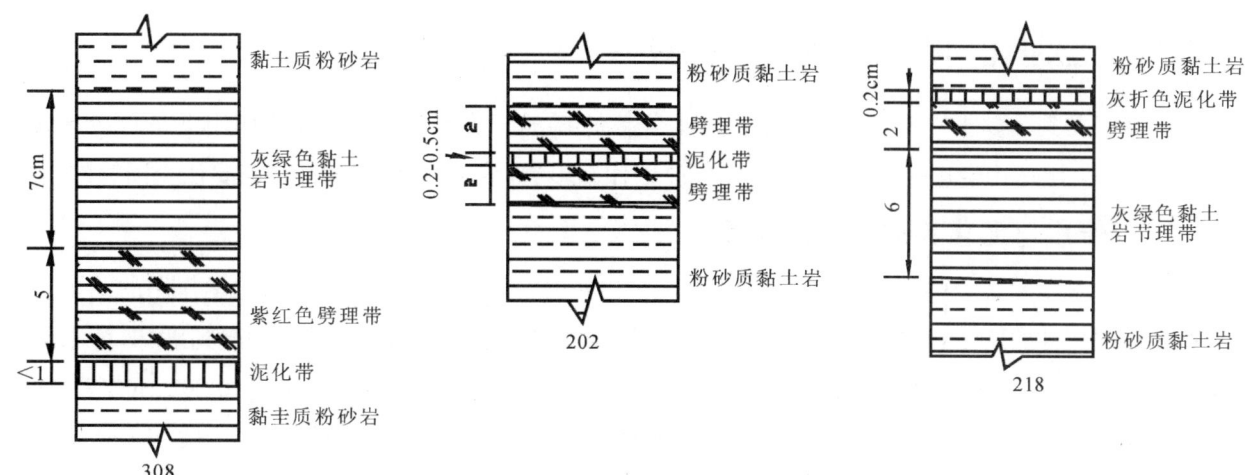

图 6.3-3　软弱夹层取样部位及岩性性质示意

2.3.2　构造剪切区

构造剪切区控制了地基的稳定，因此它是研究的重点。它应包括含主滑裂面的泥化带和劈理密集带，后者的厚度一般为 20～70mm，而前者不超过 10mm。而泥化带中的主滑裂面，实际上是一条厚仅 50～100μm，颗粒呈高度定向排列的条带，现场观察到泥化带呈液限状态，含水量比两侧的劈理带高 10% 左右。

2.3.3　基本性质

上述 3 个代表性的泥化夹层的物理、化学性质及矿物成分如表 6.3-1。可以看到，夹层的物理性质与矿物成分密切相关，以蒙脱石为主的 308 夹层其塑性远高于 202 和 218 夹层。

表 6.3-1　202/308/218 软弱夹层物理/化学性质指标

夹层号	层位	含水量	干密度 g/cm³	比重	液限 %	塑限 %	塑指	砂粒 %	粉粒 %	黏粒 %	渗透系数 cm/s	碳酸盐 %	易溶盐 %	<2μm 矿物成分
202	劈理带	13%	2.02	2.76	28	16	12	17	47	36	$2\times10^{-7}\sim 2\times10^{-8}$	11.3		伊,绿泥石,蒙
202	泥化带	25%	1.63	2.74	33	17	16	8	36	56		10.9		伊,绿蒙,石英,方解石
308	劈理带	28	1.50	2.76	53	33	20	12	40	48	$8\times10^{-9}\sim 2\times10^{-7}$	3.5	0.33	蒙,高,伊
308	泥化带	38			64	38	26	9	21	70	2×10^{-9}	3.3		蒙,高,伊,石英,方解石
218	节理带	12.5	2.05	2.76	42	21	21	2	35	63	5×10^{-9}	5.9	0.24	伊,蒙,高

注：蒙——蒙脱石；伊——伊利石；高——高岭石。

3 软弱夹层泥化问题的物理化学探讨[1]-[5]

软弱夹层尤其是黏土岩或粉砂质黏土岩为什么会泥化,它们在水库长期渗压水作用下是否会继续泥化,已泥化的夹层是否会进一步恶化,并对工程产生什么影响,等等,这些问题都是需要认真回答的。

3.1 构造作用与泥化夹层形成的关系

从物理化学角度看,软弱夹层的泥化实际上是水与夹层之间进行的一系列物理化学作用的结果。但由于这些夹层岩性致密,透水性弱,水分难以进入,只有当构造运动发生时,岩层结构遭到破坏,为水分进入创造条件,水与夹层充分地相互作用,才促使夹层泥化,因此,规模较大的泥化夹层如202、308等,往往都是构造破坏严重的夹层。软弱夹层在构造挤压和错动的作用下,发生了两种变化:①破坏了夹层的致密性和完整性。剪切和错动会使黏粒含量增加,而分散性的增大,也使水作用的比表面积增大,于是地下水与夹层能更充分地作用;②改变了夹层的结构特征。错动面或剪切带的粒团或颗粒,由于剪应力的作用发生了重新定向,尤其在鳞片状劈理带中,以粒团为单元的结构特征表现得更为明显。构造作用不仅改变了夹层结构的形态特征,特别是破坏了结构的连接,对泥化夹层的形成起了重要作用。

3.2 矿物成分与泥化夹层形成的关系

矿物成分是泥化的主要物质基础,黏土矿物与水的强烈相互作用是泥化的主要因素。黏土矿物的类型,不管是蒙脱石、伊利石或高岭石为主的夹层,均可泥化,但泥化层的性状却与矿物类型关系密切,因为不同黏土矿物组成与水的相互作用形成的泥在性质上是有差别的。蒙脱石类分散度高,比表面大,同晶替代作用显著,带有大量负电荷,阳离子交换量高,并且晶格具有胀缩性,强烈的亲水性使与水溶液相互作用能形成较发达的双电层,因此,所形成的泥的性质比伊利石类和高岭石类的泥要差。这就是308夹层比202夹层性质差的原因。两者的比较示于表6.3-2。

表6.3-2　　202与308夹层性质差别的比较

泥化夹层编号	液限 %	塑限 %	塑指	流变试验屈服值 凝聚力 c	摩擦系数 f	比表面 m^2(100g)	交换量 m·e/100g	主要黏土矿物
202	31	16	15	0	0.193	101	17.88	伊利石类
308	59	33	26	6 kPa	0.158	368	67.58	蒙脱石类

还可指出,蒙脱石类矿物对周围介质溶液作用的反应也较灵敏,且受其交互性阳离子组成的影响也较显著,尤其是以钠为主的蒙脱石,易遇水膨胀,并有在水中自行分散成单个晶胞的趋势,颗粒间连接强度大为降低。因此,对蒙脱石类矿物中的交换性阳离子是钠,还是其他阳离子,应特别注意。

关于夹层在泥化过程中是否有黏土矿物蚀变的问题,由于水的交换比较缓慢,温度、湿度、压力以及氧化还原等环境条件相对稳定,矿物蚀变现象十分微弱,不曾发现上述问题。

3.3 水与软弱夹层泥化的关系

水的作用是软弱夹层泥化的重要条件,当长江水渗过坝基软弱夹层时,会发生几种作用:易溶盐的溶失、阳离子交换作用、氧化与还原作用、胶溶与胶凝作用、结构特性的变化,以及物理性质的变化等。但这种泥化与水的成分有关。研究还发现,软弱夹层的泥化主要发生在劈理带,节理带不会发生泥化作用。

3.3.1 易溶盐的溶失和阳离子交换作用

本坝区的长江水为 $HCO_3^- - Ca^{++}$，Mg^{++} 型，pH 值在 7.8～8.0，地下水为 $HCO_3^- - Na^+$ 型，pH 值大于 8.0，甚至达到 9.2。软弱夹层中的易溶盐会在较好的渗水条件下较快溶失。例如，308 夹层在江水渗透后，易溶盐含量由 192mg/100g 降至 110mg/100g；与此同时，黏土矿物表面吸附的阳离子与水中阳离子交换加速，因而从夹层渗出的水由原来的长江水 $HCO_3^- - Ca^{++}$ 型变为 $HCO_3^- - Na^+$ 型，即矿物所吸附的 Na^+ 离子被水中的 Ca^{++} 离子置换出来。这种交换作用随时间的增长逐渐减弱，直到夹层中孔隙溶液成分与江水平衡为止。例如对 308 夹层，经江水渗透后，夹层的交换性 Ca 离子由 18.25 mg/100g 增高至 21.34 mg/100g，而交换性 Na^+ 离子由 9.74 mg/100g 降至 7.06 mg/100g，表明夹层中部分 Na^+ 离子已被置换出来。

由于 Ca^{++}，Mg^{++} 型江水的渗水作用，将促进土颗粒之间斥力的降低，有形成絮凝结构的趋势，增强了粒间的化学连接。反之，在地下水，即高 pH 值的 Na^+ 型水的渗透作用下，夹层土将被 Na+ 离子饱和，颗粒粒间斥力增大，出现形成分散结构的趋势。

夹层经过易溶盐的溶失和阳离子交互作用，它们的性状将会发生变异。易溶盐的溶失将会降低孔隙溶液中电解质的浓度，为细颗粒扩散双电层的扩展创造了条件。但另一方面，随着钠钾的重碳酸盐和碳酸盐的溶失，溶液中钠/钾离子浓度降低和钙/镁离子浓度相对增高，以及碱度的降低，又会抑制双电层的扩展。特别是交互性阳离子组成中，高价的离子置换了钠离子也会压抑双电层的扩展，增强颗粒、团粒间的凝聚作用。如 308 和 202 夹层在用 $HCO_3^- - Ca^{++}$，Mg^{++} 型江水浸、渗后的试样，比未浸、渗的原样要难以被水分散。202 夹层经江水作用其分散度由 79% 降到 24%，小于 0.005mm 颗粒大部分凝聚成 0.05～0.005mm 的粒级。这种作用将会改善夹层的力学性质。

但是岩层渗出的地下水是钠质水，试验表明，在钠质水作用下，交互性钠离子增多，其膨胀性和液塑限均增大，渗透稳定性也会降低，导致工程性质变差。当然，试验条件要比实际岩层情况严重得多，鉴于夹层产状平缓，透水性弱，水的交替比较缓慢，可能在环境条件无急剧变化情况下，夹层的成分与性质在一定时间内将相对稳定。

3.3.2 碳酸盐的变化

夹层普遍含有碳酸盐，而且试验表明，泥化层的碳酸盐含量要比上下层位的低。可见在泥化过程中，同时有碳酸盐重新分布的溶解和沉淀作用。$CaCO_3$ 在夹层中除了作为裂隙的填充物之外，有部分能以薄膜形式包裹在颗粒或粒团周围，起胶结作用，增强颗粒之间的连接强度。因此它们的溶失将影响其力学性质。例如对 202 夹层移除 $CaCO_3$ 后的分散度增大了 60%，说明它对颗粒连接的重大作用。但渗水的 pH 值的大小将影响碳酸盐的溶失速率。在高 PH 水中溶失很小，在中性水中溶失加剧。本坝区的江水和地下水的 pH 值接近或大于 8.0，所以溶失极为缓慢。

3.3.3 游离硅铁铝氧化物的变化

游离氧化物凝胶对夹层的性质有一定的影响，充填在裂隙、孔洞中，特别是包裹在颗粒周围起胶结作用的游离氧化物对夹层的水稳性和强度的提高和透水性降低有一定作用。游离氧化物在水作用下的变化首先是溶解作用，其次是被水化而胶溶，并随水移动，但它的溶解与溶液的 pH 值关系密切，氧化硅在大于 10 的溶液中可以较好地溶解，而氧化铁要在 pH 小于 3.5，氧化铝要在小于 5 的溶液中才能较好地被溶解。本地区的江水和地下水均为碱性，因此，除氧化硅微有溶解外，氧化铁、氧化铝是很难溶失的。

至于铁的氧化还原作用，由于坝区水的 pH 值较高，又因夹层中有碳酸盐存在，故游离氧化铁变为亚铁离子状态的可能性较小。

3.3.4 渗水对夹层结构变化的影响

软弱夹层的结构指的是颗粒或粒团的排列和连接的特征。地质构造作用和地下水活动都会对夹层的结构产生影响。

组成夹层结构的基本单元主要是黏土矿物扁平薄片的面—面堆叠，近似书本状的粒团（国外称 Domain），少见零散的单个薄片。但在整个夹层的不同部位，其结构特征还有如下特点：(1) 黏土岩和粉砂质黏土岩夹层的结构特征，当未受构造作用时，粒团内部薄片堆叠和粒团之间排列都较致密，孔隙较少，可能与前述的 $CaCO_3$、游离氧化铁的胶结作用及其对微孔隙的充填作用有关。反映在力学特性上是密度较大、强度较高、渗透性降低，水分难以渗入，所以对水的作用比较稳定。可以推知，只要它们的结构不受到扰动和破坏，将不易遇水泥化。

(2) 泥化层的结构特征可分为两种不同类型，即①受构造影响的剪切带（错动面）和②处于剪切带外的粒团。前者粒团沿着位移方向定向排列[图 6.3-4(a) 和图 6.3-4(b)]，后者粒团的定向性不明显，而是比较紊乱（图 6.3-5），而且特征界限分明，未发现渐变过渡带（图 6.3-6）。

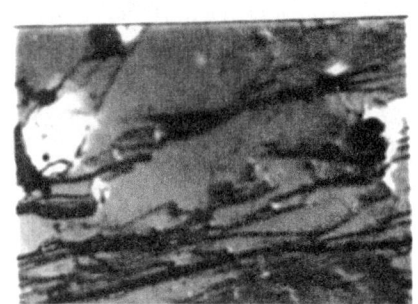

（一级复型×5000 电镜照片）

图 6.3-4(a)　202 泥化层中粒团定向排列

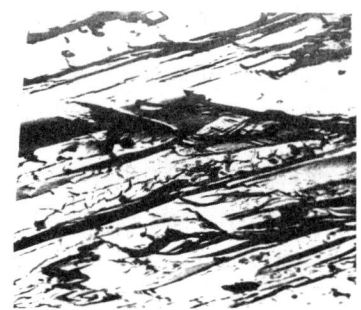

（一级复型×10000 电镜照片）

图 6.3-4(b)　202 泥化层中粒团定向排列

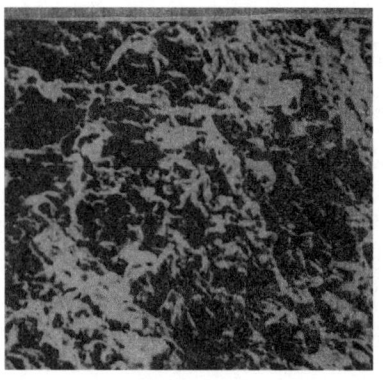

（电镜照片×1000）

图 6.3-5　218 泥化带中粒团杂乱排列

（电镜照片×200）

图 6.3-6　202 夹层液限样剪切后粒团情况

在地下水影响下，泥化层的粒团或颗粒表面水膜变厚，减弱了粒团间的连接，孔隙变大，从而形成了密度小、含水量高、强度低的泥。泥化层结构基本单元之间主要通过水膜而接触，故而它们的结构具有一定的活动性,这种结构的物理化学连接强度是较低的,在外力下容易屈服。水膜发展的程度与介质溶液的成分和性质有关,$HCO_3^- - Na^+$型水的水膜将会发展,而$HCO_3^- - Ca^{++}$,Mg^{++}型水则会抑制水膜。

(3)鳞片状劈理带的结构特征是裂隙异常发育,同时,以面—面薄片堆叠而成的粒团作为结构基本单元。粒团间连接在未受地下水影响的部位可能以直接接触为主,若其间为碳酸盐或游离氧化物胶结,则该胶结作用要比泥化层强,故它们的强度也较高,但比未受构造作用的黏土岩夹层要低些。该带是地下水活动的主要通道,所以有可能被泥化。

(4)总之,关于泥化层和鳞片状劈理带的结构特征(颗粒间排列及裂隙状态等)主要受构造作用的影响,地下水的作用比较次要。但结构基本单元之间的接触和物理化学连接的特性,则与地下水的作用有着密切的关系。国外研究也表明,渗水的淋滤作用并不足以使黏土中颗粒的排列发生变化,但淋滤过程中,随孔隙溶液电解质浓度降低,颗粒间斥力增大,将导致颗粒连接发生变化,从而使抗剪强度降低(J. K. Torrance 1974)。

(5)此外,施工中的爆破和卸荷回弹等对夹层结构特性的变化会有一定的影响,如卸荷后遇水膨胀等。

(6)最后应当指出,鉴于软弱夹层产状平缓,透水性较小,地下水活动主要沿裂隙进行,排泄不畅、交替缓慢,所以在天然条件下夹层中的成分、结构、性质变化幅度和速度较小,在一定时期内可能处于相对稳定状态之中。

4 软弱夹层的力学性质及其影响因素[6][7]

4.1 软弱夹层的泥化过程

前已述及,软弱夹层中存在一个由主剪切面而导致的泥化层,它是由于岩性、构造运动和地下渗水的共同作用形成的。在漫长的地质年代中,黏土岩在沉积过程中形成沉积层理,由于上覆土重的作用,使沉积层固结成致密的土层。据估计,这种固结压力可达3~5 MPa。以后,上部覆盖的土层被剥蚀,使土层具有超固结特性,水平方向的剪应力较大。另一方面,卸荷作用导致土层发生回弹,沿水平方向层理产生微裂隙,为地下水活动提供了条件。同时,土层的回弹膨胀降低了密度并使含水量增加,也削弱了水平层理方向的抗剪能力,加上岩层的缓倾角方向,促使岩层产生水平向剪切位移,有助于软层的进一步软化和泥化。这种剪切位移是在工程建设前的地质年代就已存在,可称为先期剪切位移,或者土层的首次滑动。该主剪切带(面)就是控制工程稳定的关键部位。

由此不难看出,影响这个关键部位的主要因素有矿物组成、先期固结压力、地层构造运动以及地下水的性质和活动情况。

4.2 矿物成分对软弱夹层力学性质的影响[7]

葛洲坝软弱夹层的黏土矿物主要有伊利石类和蒙脱石类等(如表6.3-2),202夹层以伊利石为主,308夹层、227夹层以蒙脱石为主,它们的应力应变关系如图6.3-7所示。这些曲线有两种类型,Ⅱ、Ⅲ型曲线属屈服型,即强度达一定值后维持不变,没有峰值;Ⅰ型曲线稍具峰值,属应变软化型。两者的区别主要是矿物组成的不同,也与密度、含水量等有关。

为了研究矿物成分对土的物理及力学性质的影响,专门安排了不同黏土矿物含量对内摩擦角,塑性指数等指标的影响。对比试验采用专门配制的不同黏土矿物含量的试样进行各种物理及力学性质试验，结果如图 6.3-8 所示。对由蒙脱石和伊利石组成的混合物，当蒙脱石含量大于 20% 时，其抗剪强度由蒙脱石控制；而由蒙脱石和高岭石组成的混合土，蒙脱石含量在 40% 以上才起控制作用。国内外研究还指出，土的残余强度与蒙脱石含量的关系十分密切。Kenney 曾研究过各种矿物的残余强度值 φ_r，他给出两者的关系可用下式表示：$\varphi_r = 46.6/(I_p^{0.046})$。国内的工程实际资料表明，残余强度与 I_p 关系比较分散（如图 6.3-9），但发现与黏粒含量或其他颗粒粒径含量有较好关系，如图 6.3-10。因此，若要研究残余强度与矿物成分的关系，可借助某些物理性指标，而不必定量测定不易量测的矿物成分。据沉积页岩、黏土岩、超固结黏土等土层中的夹层资料统计，残余强度值 φ_r 与 0.005mm 含量的关系有如下形式：

$$\varphi_r = 36.7 \sim 0.433C(\%) \tag{6.3-1}$$

式中，$C(\%)$ 为黏粒（<0.005mm）含量。

当夹层中的粗粒含量超过 20% 时，对强度就有影响，当超过 30% 时，则起控制作用（图 6.3-10）。

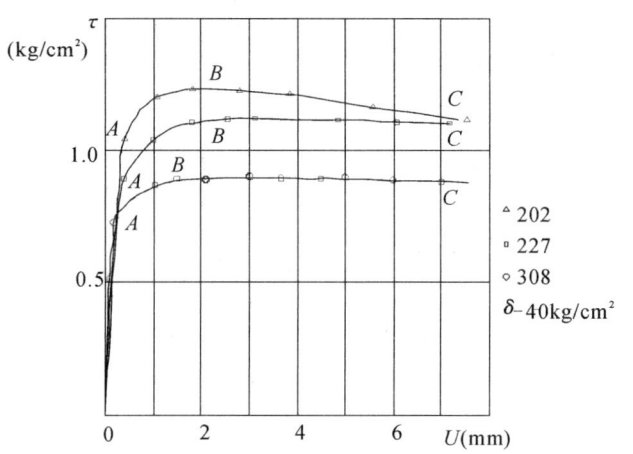

图 6.3-7　三种夹层的剪应力与剪位移曲线

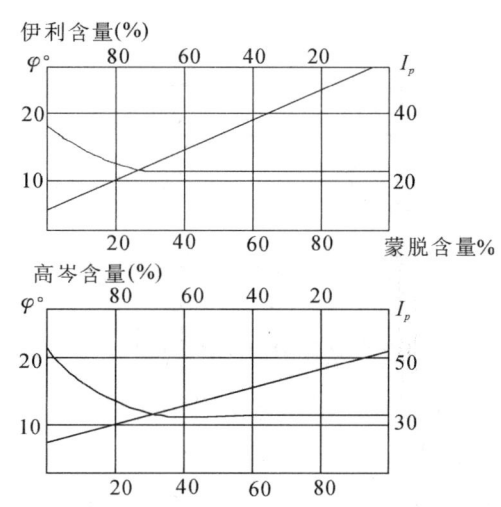

图 6.3-8　不同矿物含量与 I_p 和 φ 的关系曲线

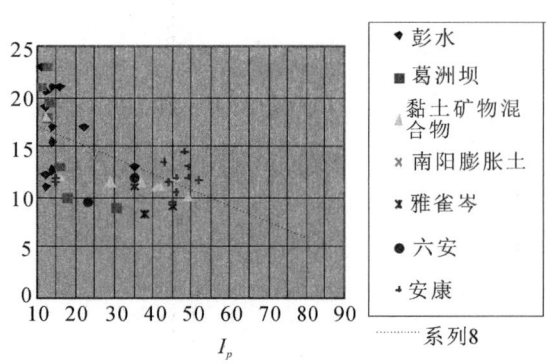

图 6.3-9　国内若干工程的 $\varphi_r - I_p$ 关系曲线

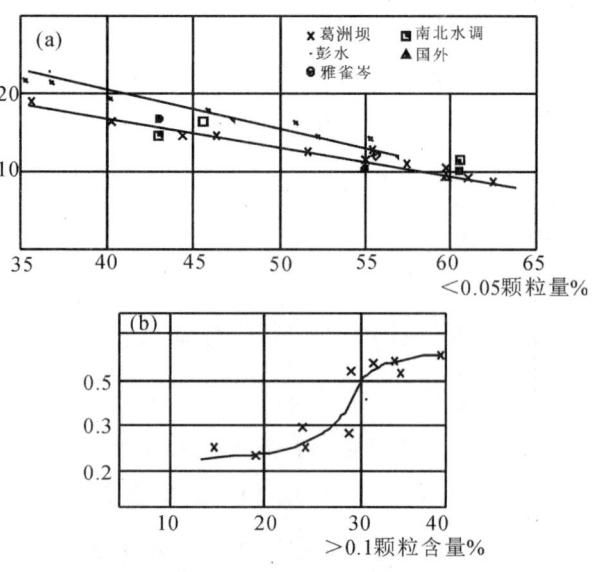

图 6.3-10　国内若干工程 φ_r 一粒径组成的关系曲线

4.3 渗水对软弱夹层抗剪强度的影响研究[8][9]

注意到渗水对软弱夹层特性的重大影响，抗剪强度的研究必须考虑经渗水长期作用与未经渗水作用的区别，而且这种影响还与夹层中不同构造带（节理带、劈理带、泥化带）的特征有关。

4.3.1 节理带的抗剪强度

在 218 夹层节理带取样 269 块，其中 154 块经 900 天渗水，115 块未经渗水，然后进行直剪排水反复剪，测求节理带的峰值和残余值，其峰值强度较分散（可能与试样不均匀有关），但残余值相当一致，如图 6.3-11。可以看出，是否经渗水对节理带残余值影响不大。另外，未经渗水的试样强度略高，是因试样放置较久而干燥，含水量从 12.5％降低到 11.5％、饱和度由 100％降低到 94％所致。

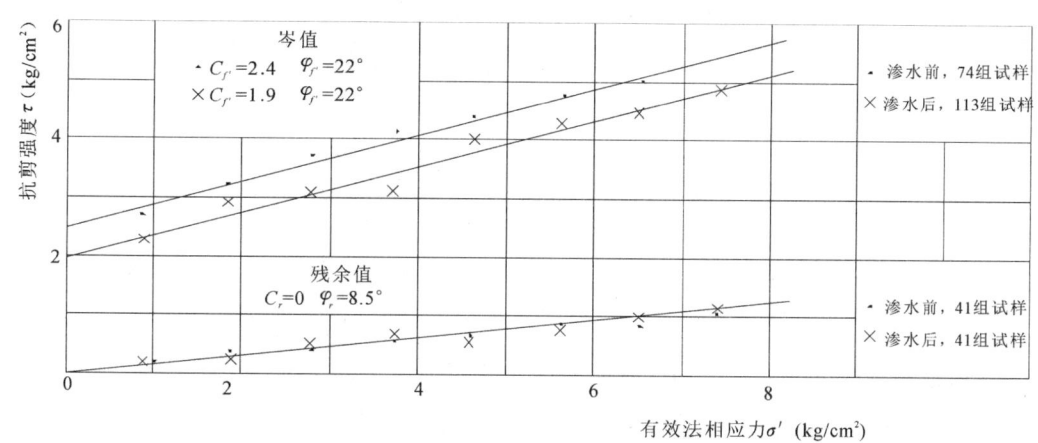

图 6.3-11　218 节理带抗剪强度曲线

4.3.2 劈理带的抗剪强度

202 夹层劈理带呈糜棱岩粉状，夹少量小碎块。308 夹层呈密集鳞片状多裂隙面黏土。劈理带因裂隙发育，是渗水的主要通道。渗水对夹层的作用主要有二：阳离子交换所造成的物理化学性质的改变和夹层水分变化引起的物理性质变化。

（1）308 夹层劈理带扰动样试验

用 308 劈理带调制成液限样，分别用 0.005N 的 NaCl 溶液和 0.005N 的 $CaCl_2$ 溶液，在水力比降为 150 渗水连续作用 258 天，然后进行强度测定，其成果如图 6.3-12。该试验的目的是了解渗水中阳离子成分的影响。可以发现，用 Na^+ 水渗透的强度要低于 Ca^{++} 水和纯水渗透的土的强度。

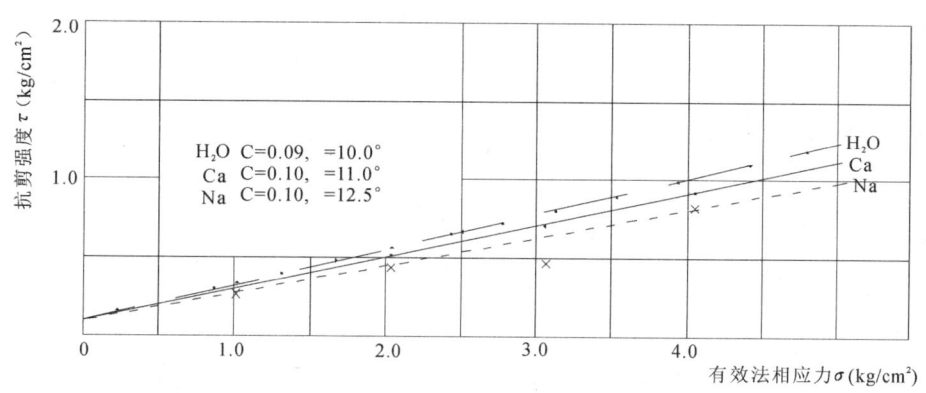

图 6.3-12　308 劈理带扰动样渗水后抗剪强度曲线

(2) 308夹层劈理带原状样试验

经长江水渗水180天后测得渗后的原状样的强度比渗前低些，其原因是由于软化引起，渗后土的含水量从渗前的28.6%增至19.3～32.5%，干密度从1.53g/cm³降至1.44～1.48 g/cm³。

(3) 202夹层泥化带原状样试验

202夹层泥化带很薄仅1～5mm，主剪切面光滑，含水量和黏粒含量均较两侧部位高（见表6.3-1），因此，抗剪强度最低。曾于1975年在二江基坑先后取样40块，其中一半不渗水立即试验，另一半试样分别采用地下水、长江水、蒸馏水、葡萄糖水（pH=6）和碳酸氢钠水（pH=10）五种不同溶液，在3m和5m常水头作用下，浸水720天，然后测定强度峰值和残余值，成果见图6.3-13。可以看出，渗水前后峰值和残余值均无变化，其原因是泥化层的渗透系数很低，渗水主要在劈理带进行，对泥化带影响不大。

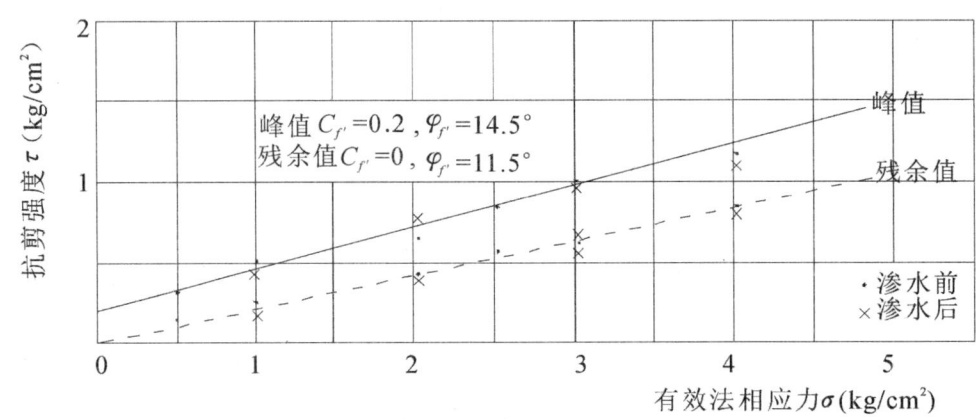

图6.3-13　202泥化带原状样渗水前后抗剪强度曲线

4.4 重复荷载对夹层抗剪强度的影响[10]

地基岩层在水轮机运转时的加荷、退荷的交替荷载，以及水流对闸基的冲击和脉动压力作用，是否会降低软弱夹层的抗剪阻力，或其他不利影响值得关注。为此，对202夹层原状样进行了重复荷载下的试验。

(1) 重复荷载试验方法

选取含有泥化带的黏土岩原状样，以及制备了两组泥化带的液限样经固结后进行对比试验。原状样和液限样经受法向压力的固结，然后用峰值强度的70%施加剪力τ_k（剪应力的具体值如表6.3-3），待过一定时间后卸去剪力，再重新施加剪力，如此重复300次，记录其剪切变形，绘制如图6.3-14的关系。可看到，剪切变形随重复荷载次数增多而增加，但其增量却逐步减小，且大部分试样在重复施加200次后，变形已很小或不变。应当说明，重复剪力的作用时间长短（即剪切速率）对成果的影响问题，曾作过对比试验验证，研究表明，当剪切速率相差100倍时，成果差别很小。

表6.3-3　　　　　　　　　　　　　反复剪切施加的剪力值

试样	重复剪应力 $\tau_k=0.7\tau_f$			
	当σ=100kPa	当σ=200kPa	当σ=300kPa	当σ=400kPa
泥化带原状样	0.231	0.413	0.595	0.777
泥化带液限样	0.385	0.700	1/015	1.330

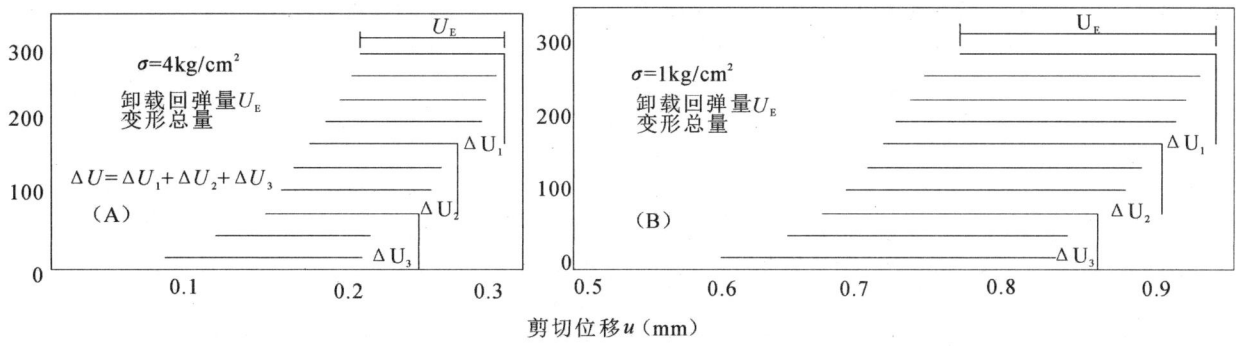

图 6.3-14 202 泥化层重复剪切次数与剪位移关系(左:原状样,右:液限样)

从图可见,当剪切次数超 200 次后,变形增量已很小,说明在 $0.7\tau_f$ 的重复剪力作用下,剪切区发生了固化。这种固化也从两种样的干密度和含水量的变化得到印证:经重复荷载的样含水量减小 3.3%(未经重复荷载的仅为 2.2%),干密度增加 1.1%(对应的仅为 0.6%)。

(2)重复荷载对抗剪强度的影响

试验表明,正常固结的软黏土或软弱夹层泥化带,经受重复剪切荷载作用后,会产生一定程度的剪切硬化,这种硬化可在应力—位移曲线上反映出来。从图 6.3-15 中经受与未经受重复荷载的成果比较发现,经重复荷载试样的应力应变曲线高于未经的样,且初始弹性模量(起始段斜率)增大较多。两者的残余抗剪强度指标列于表 6.3-4,成果表明,重复剪切对残余强度指标影响不大,再次表明了残余强度值的稳定性。

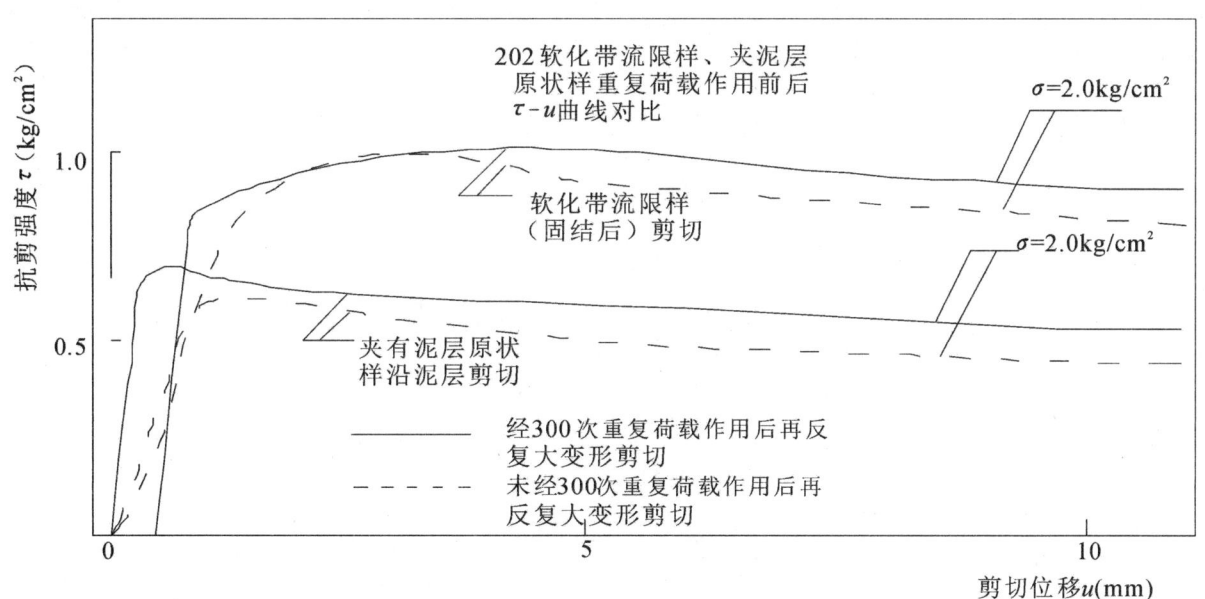

图 6.3-15 202 夹层原状样经重复荷载作用前后剪应力与剪位移关系曲线

另外,液限样的强度高于原状样较多,说明原状样中土粒定向排列的影响。原状样与液限样在经受重复荷载前后抗剪强度的对比示于表 6.3-4,可见,重复荷载对内摩擦角没有影响,而凝聚力略有增大。同样,液限样的强度高于原状样的强度。

表 6.3-4　受重复剪切的原状样与未受剪切的试样的峰值强度与残余强度对比

试样状态		峰值强度		残余强度	
		C_f(kPa)	φ_f(度)	C_r/kPa	φ_r(度)
202泥化带原状样	经300次重复荷载作用	14	17.6	3	11.7
	未经重复荷载	7	14.6	0	11.6
202泥化带液限样	经300次重复荷载作用	13	24.4	3	19.8
	未经重复荷载	8	24.3	0	19.8

4.5　泥化带的流变特性及长期强度问题[10]

对以活动性黏土矿物为主的黏土岩，必然具有较高的流变特性，因此必须关心它的长期强度问题。剪切流变试验采用应力式直剪仪进行，202夹层的试样直径为6.4cm，高为2.0cm，剪切沿泥化带进行，以确定泥化带的上屈服值 f_3 和泥化带的流变强度，并了解重复荷载对长期强度的影响。

4.5.1　202夹层的剪切流变试验

（1）切流变强度

剪切流变强度系根据等剪切历时下的剪应力与剪切变形关系而确定，在法向应力 σ 作用下，逐级施加剪应力，绘出对应于不同剪切历时 t 的剪应力与剪切变形关系，如图6.3-16。从图6.3-16可发现，每一条应力应变曲线都存在一段直线段，直线段的末端为 τ_{kn}，$n=1,2,\cdots,n$。随着剪切历时 t 的延长，τ_{kn} 下降，并接近一极限值，这个值称为上屈服值 f_3，如图中的 τ_{k5} 值已接近极限值了。在图上可发现，随剪切历时的增加，应力应变曲线上的线性段的倾斜程度越来越小，且趋近于 t 为无穷大时的极限值，这即为理论上的上屈服值 f_3。

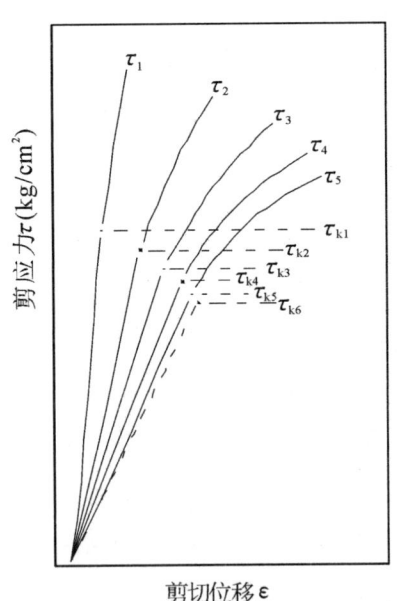

图 6.3-16　不同剪切历时的应力应变关系

在应力式直剪仪上进行的202夹层流变试验的剪切，沿着泥化带进行，在50～500kPa的不同法向压力下，分级施加水平剪应力，并剪断，剪切历时均在160小时以上。根据最后一条剪应力－剪应变曲线上的线性段末点来确定 f_3。不同法向应力下测得的 f_3，如表6.3-5所示。

表 6.3-5　　　　　　　　　　　　　　不同法向应力 σ 下的上屈服值 f_3

法向应力 σ(kPa)	50	100	150	200	300	370	440	500
长期强度 f_3(kPa)	10	21	30	40	54	70	85	98

根据表 6.3-5 绘制的抗剪强度曲线如图 6.3-17,求得强度参数为 $\varphi=10.9°,f=0.193,C=2\text{kPa}$。试验过程中还发现,在恒定剪应力作用下,剪切变形的发展以 f_3 值为界出现两种情况,当剪应力小于 f_3 值时,剪切变形是衰减的,相反,当剪应力超过 f_3 值后,剪切变形从 A 点等速流动到 B 点,然后加速流动直至破坏,如图 6.3-18。可以认为,f_3 是一个材料会否发生流变破坏的一个临界点,其对应的荷载即为流变破坏的临界荷载。

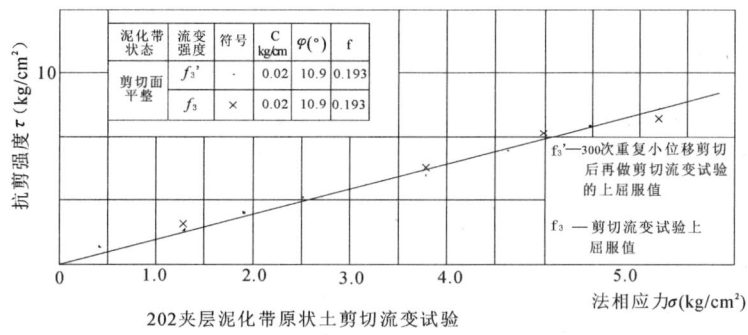

图 6.3-17　202 夹层泥化带原状样剪切流变强度试验曲线

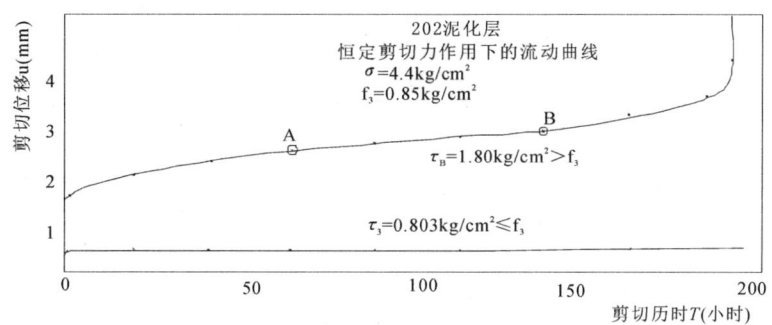

图 6.3-18　202 泥化层恒定剪切力作用下的蠕变曲线

(2) 流变参数的确定

要确定剪切模量 G 和黏滞系数 η,要先确定剪应变 γ($\gamma=u/H$,u 为剪切变形,H 为剪切区高度),然后才能计算 G 和 η。经实际测定,剪切区高度在 $3\sim10\text{mm}$,平均 6.5mm,由此计算有关参数:

① 剪切模量 G 的确定

根据 $G=\tau/\gamma$ 关系,由实测的剪切区高度 H 以及剪应力 $\tau=f_3$,可求出各级法向应力下,剪切模量 Gf_3 的结果如图 6.3-19,可以看出,剪切模量都有随剪切历时增加而下降的趋势,直到一极限值。

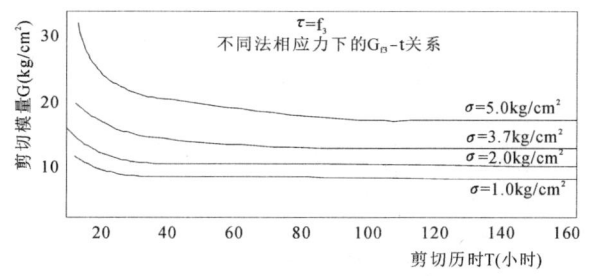

图 6.3-19　剪切模量与剪切历时的关系

用一个剪应力 $\tau=20$ kPa(小于 f_3 的)的剪切试验,求得剪应力－剪位移曲线,并计算其线性段的剪切模量 G_k,结果表明, G_k 随剪切历时的变化趋势如图 6.3-19。按 $t=100$ 小时所确定的剪切模量值为:对应于法向应力 $\sigma=150$ 和 500kPa, G_k 各为 1360 和 1610kPa。该 G_k 值应与 G_{f3} 值一致或相近,见表 6.3-6 (否则说明 f_3 值的选定有误差)。不同剪切历时下的 G_k 随法向应力的变化见图 6.3-20。当法向应力为 0 时,泥化层的 G_k 仍达 470kPa。

表 6.3-6   剪切模量值

σ(kPa)	$\tau=f_3$(kPa)	G_{f3}(kPa)	τ(kPa)	G_k(kPa)
50	10.2	600	20	
150	30	800	20	890
370	70	1090	20	1360
500	98	1519	20	1610

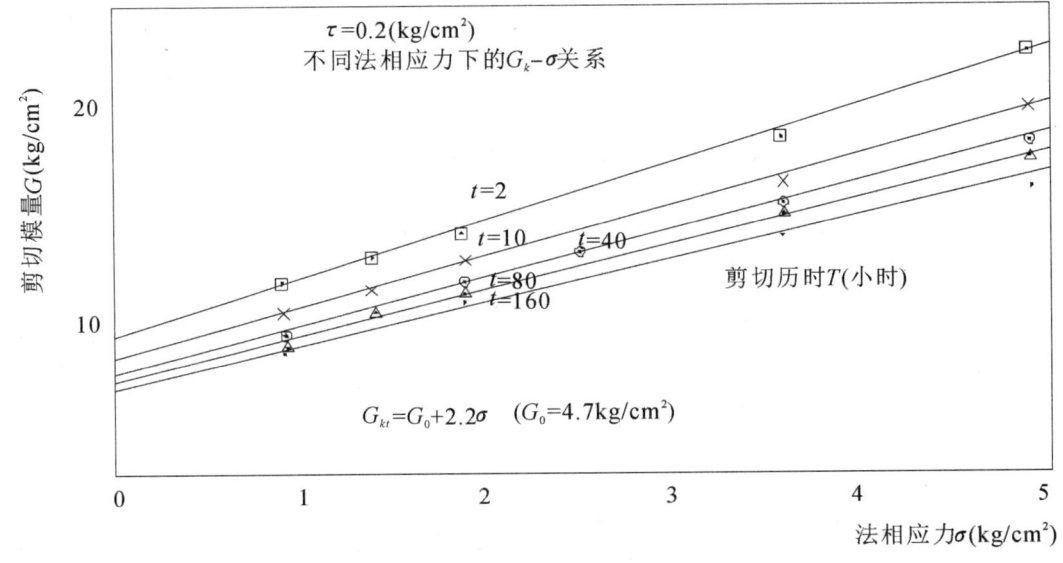

图 6.3-20　剪切模量与法向应力关系曲线

②黏滞系数 η 和松弛周期 θ 的确定

黏滞系数 $\eta=\tau/\gamma$,γ 为剪应变速率,不同法向应力下剪应力 τ 与剪应变速率 γ 的关系如图 6.3-21,在该图的每一曲线上,都有一近似直线段,其斜率就是 η,如表 6.3-7。

表 6.3-7   黏滞系数 η 表

法向应力 σ(kPa)	黏滞系数 η/泊(g·s/cm^2)
50	1.91×10^{13}
150	2.65×10^{13}
370	3.32×10^{13}
500	4.8×10^{13}

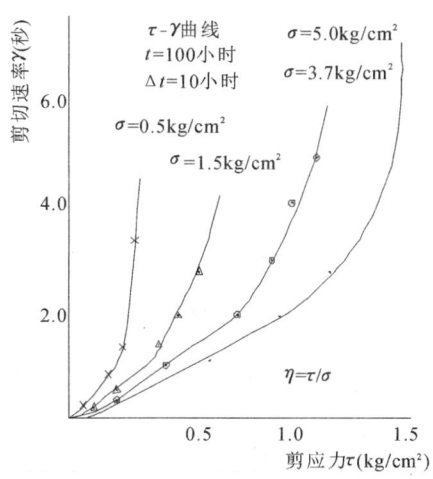

图 6.3-21 剪应力与剪应变速率曲线

根据 $\theta=\eta/Gf_3$ 公式,由表 6.3-6,表 6.3-7 的 Gf_3 和 η 值,可计算松弛周期 θ 值,于表 6.3-8。

表 6.3-8　　　　　　　　　　　松弛周期 θ 值

σ(kPa)	$\tau=f_3$(kPa)	$\theta(d)$	$u(t=160s)$/mm
50	10	38	0.12
150	30	39	0.25
370	70	36	0.43
500	98	32	0.42

根据上述成果可计算在剪应力屈服值 f_3 作用下夹层的变形值如下:

考虑到 $t=160$ 小时时变形已接近极限值,对应的变形值 u 列于表 6.3-8。可见,202 泥化夹层在法向应力 $\sigma=500$kPa,剪应力 $\tau=f_3=98$kPa 作用下,极限变形值不会超过 0.5mm,如图 6.3-22。

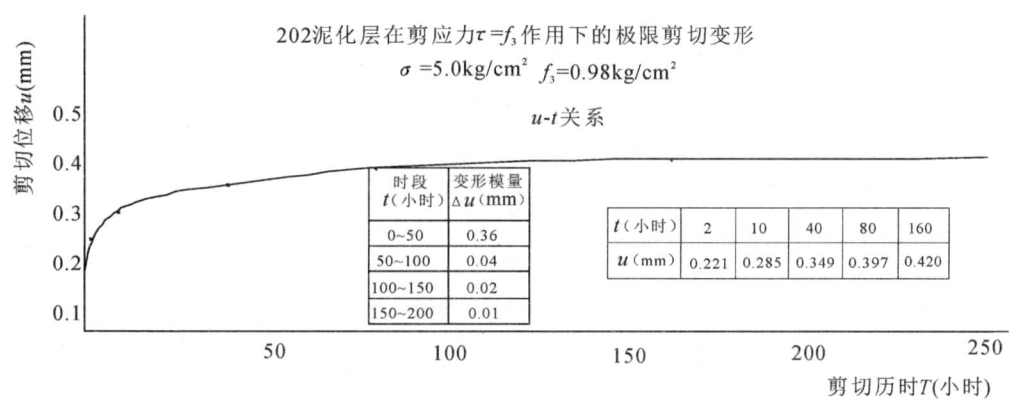

图 6.3-22　202 夹层在剪应力 $\tau=f_3$ 作用下极限剪切变形

4.5.2　大位移(反复剪切)的残余强度试验

为测定土的残余强度采用了一个试样反复剪切的方法,即在同一方向剪切后,迅速退回,再行剪切,以获得大的剪切位移,使土样达到最终强度状态,获得其残余强度值。其应力应变曲线有两种类型,如图 6.3-23。

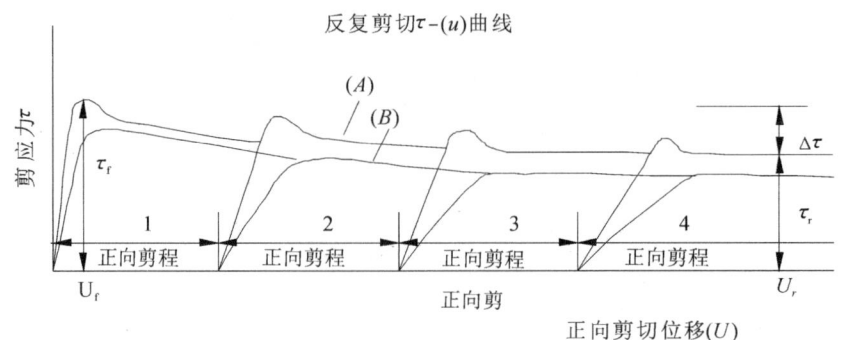

图 6.3-23 反复剪的剪应力与位移曲线

应当指出,采用在同一方向对试样多次反复剪切的方法测求残余强度,已为许多工程所认可。本工程为了验证大位移剪切方法中,由于剪切面积变化对试验成果的影响,专门进行了土样与剪切合的黄铜板摩擦试验。结果表明,经大变形剪切后的泥面与黄铜板摩擦剪切,最后稳定强度 τ_r 的 C,φ 值与泥化面的残余强度几乎一致,如图 6.3-24,因此,这种剪切方法对残余强度值不会产生显著影响。

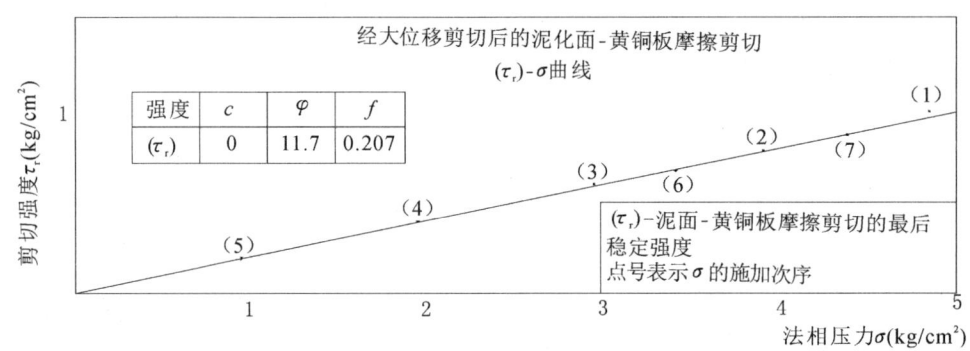

图 6.3-24 泥化面－黄铜板摩擦大位移试验强度曲线

4.5.3 重复荷载对长期强度的影响

202夹层原状样在100～500kPa的各级荷载作用下固结稳定,以 $\tau=0.8f_3$ 的剪应力样对试进行300次的重复剪切,然后逐级施加剪切荷重,每级荷重维持至少160～220小时,直至破坏。不同法向应力下的长期强度 f_3^* 值示于表6.3-9。

表 6.3-9 不同法向应力下的长期强度 f_3^* 值

法向应力 σ(kPa)	100	200	300	400	500
重复剪切后长期强度 f_3^*(kPa)	23	39	60	81	91

将重复剪切后的长期强度值也绘于图6.3-24中,可见,其抗剪强度指标与未经重复剪切的指标相同,说明重复剪切未对长期强度产生影响。

4.6 地震对软弱夹层强度的影响[11]

采用静、动三轴仪对202夹层进行固结不排水试验,分别测求夹层的静、动强度。试样共20块,将泥化层面至于 $(45+\varphi/2)=53°$ 的位置上。按此求得的应力应变关系和抗剪强度成果分述如下。

(1)应力应变关系

固结主应力比为1:6,动力和静力条件下的应力－应变关系示于图6.3-25,可以看到,两者差别较大,动应力与动应变关系曲线的位置均高于相应的静力的位置,这可能与试样不均匀性有关,但也可推测,地震似不太可能削弱夹层的抗剪强度。

（2）动抗剪强度值

对动强度试验,控制频率为1赫兹,以泥化面出现错动裂缝作为破坏标准;对静强度试验,以试样初始破坏的屈服点强度为准。在同一侧压力下,上述两种不同破坏标准对应的应变相近,故可直接进行比较。将静三轴和不同振动次数的动三轴成果一并绘于图6.3-26。总的看来,静强度比动强度要小些。

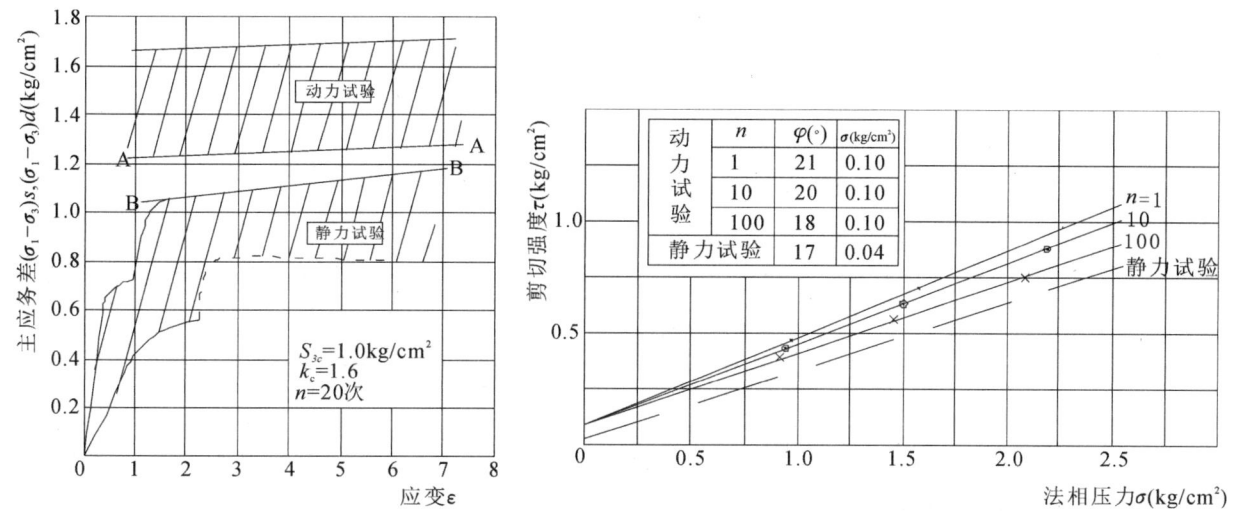

图6.3-25 动力与静力试验的主应力差与应变关系　　图6.3-26 动力与静力试验抗剪强度曲线比较

4.7 软弱夹层的渗透稳定性[12]

大坝运用时将改变地下水运动状态,并产生两方面的影响:①扬压力增高,影响坝体稳定;②因降低扬压力采取的减排措施,使软弱夹层的渗透途径缩短,从而可能导致渗透变形。但是影响渗透变形的因素除水力条件外,前述的物理化学作用、夹层的结构状态也有作用,为此进行了多因素的室内试验和一系列现场试验。

4.7.1 室内渗透试验

以202夹层的原状样为室内试验的主要试件,也进行了扰动样的试验作为对比。采用了多种水溶液（如蒸馏水/长江水/地下水/Na_3BO_4等）,以了解不同物理化学作用的影响,对渗出的水借助电子显微镜观察其中颗粒的变化,渗透时间长达300～700天。

研究结果表明,渗水主要沿劈理带裂隙流动,软弱夹层的渗透变形主要是裂隙冲刷,并伴随局部流土。其次,软弱夹层的抗渗强度取决于凝聚力,即只有当凝聚力降低时,渗流冲刷才有可能发生,而这又与夹层的结构、矿物成分、渗水的离子类型及pH值有关。值得指出,对渗透变形与渗透破坏这两者加以区别,有助于抗渗强度值的选取。试验还表明,渗透变形可能在较小的水力比降下发生,但因软弱夹层很薄且渗透性较低,故劈理带渗水的流速很小,故渗水与夹层之间的离子交换等物理化学作用十分缓慢,即使在某一水力比降下发生渗透变形,其后果也仅是增加渗透系数而已,不会扩展成地基破坏。

4.7.2 容许水力比降的建议

通过室内冲刷试验,室内和现场渗透变形试验（成果如表6.3-10,6.3-11）,提出夹层的临界破坏比降为4～10,在此范围内坝基的渗透变形是稳定的。最后应指出,保证闸基下游排水的畅通对安全十分重要。

表 6.3-10　二江泄水闸闸基弱夹层渗透变形试验成果

试验方法	编号	试验历时（天）	试验用水	第一级		发生渗透变形时		产生临界比降时		最大试验比降
				比降	渗透系数(cm/s)	比降	渗透系数(cm/s)	比降	渗透系数(cm/s)	
室内水平渗透	202-1	308	长江水	0.65	不连续出水			4	8.60×10^{-6}	5
	202-2	421	Na_3BO_4	0.60		7	4.30×10^{-7}			10
	202-3	329	地下水	0.44				5	3.16×10^{-7}	7
	202-4	618	长江水	0.94						10
	227-1	700	Na_3BO_4	0.70	1.25×10^{-6}	6				8.6
	227-2	657	长江水	0.56	7.40×10^{-7}					9
现场	202	40	长江水	1.72				3.5		6.4

表 6.3-11　二江泄水闸闸基软弱夹层水力冲刷试验成果

试样编号	比降范围	流速变化范围(cm/s)	出现异常情况		说明
			比降	流速(cm/s)	
202-1	0.3~22	7~140			夹层底部原状样,缝高1mm
202-2	0.25~25	5~102	7.8	68~80	劈理带扰动击实样,缝高1mm,比降6.9时,有颗粒流出
202-3	1~29	0.01~2.1			原状样(原有缝高)
227	0.2~2.5	4~58	7.0	56	劈理带原状样,缝高1mm,比降11时有鳞片状土粒松动

5　大江围堰的土工问题[13]-[17]

5.1　围堰概况

大江围堰负担着确保三江通航、二江发电和保护大江基坑施工的重任,它实际上是一座边建造边挡水,常年抵御高水头大流量的土石坝,围堰系按三级临时建筑物设计。上游围堰系有两道混凝土防渗墙的土石围堰,全长894m,轴线向上游凸出,如图6.3-27。坝顶高程66.0m,最大堰高49m,顶宽20m,堰体主要由砂卵石填筑,上下游坡脚各有一道块石戗堤(下游坡脚为大江截流戗堤),断面中央设两道0.8m厚的混凝土防渗心墙,间距3.5m,两道防渗墙高各为61m和65m。该防渗墙与一般建在紧密的覆盖层上的混凝土防渗墙不同,它是建在16~20m厚的未经压实的水下砂卵石抛填体上,这在国内还是第一次。标准断面形式见图6.3-28。

大江围堰虽似常年抵御高水头/大流量的土石坝,但其施工条件却比一般土石坝更苛刻:①工程量大而工期短,260万土石方要在5—6个月完成;②47m高程以下,采用在19m水深中抛填方式填筑,填料无法压实;③堰体尚未沉降稳定即蓄水至60m,并在蓄水条件下进行基坑抽水。可见葛洲坝大江围堰是一座技术上有挑战性的工程。

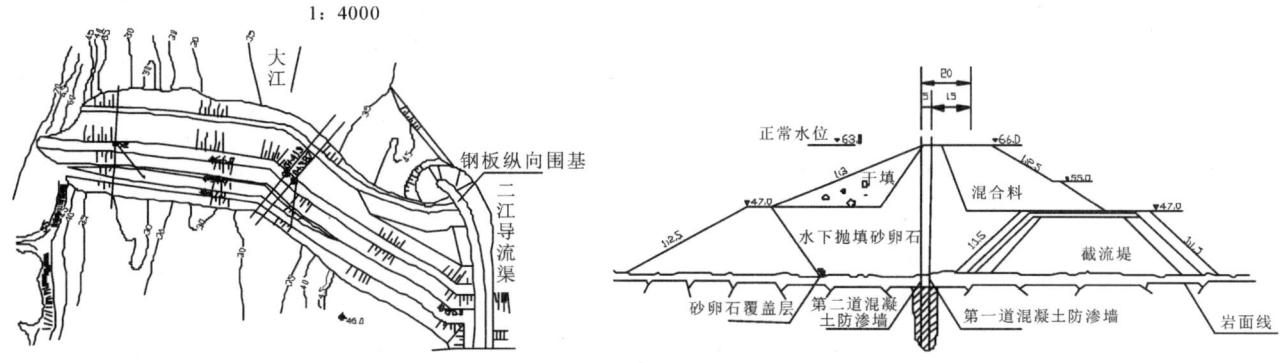

图 6.3-27 葛洲坝枢纽平面　　　　　图 6.3-28 葛洲坝大江围堰典型剖面

5.2 堰体填料特性的研究

5.2.1 基本性质

大江围堰堰体主要采用工程开挖弃渣,最大粒径一般在 80~400mm,不均匀系数为 18~1233 之间,按级配定名为 GW,GM,G—M 三类,如图 6.3-29。各类粗粒土的基本物理性质如表 6.3-12。这些粗粒料易遇水易软化,经三次干湿循环,细料会增加到 68%。考虑到级配易变的特点,对软弱岩性粗粒土采用现场压实后级配为依据,对坚硬的粗粒土用料场颗分为级配基本成果。并以平均级配和上下外包级配作为特征级配。

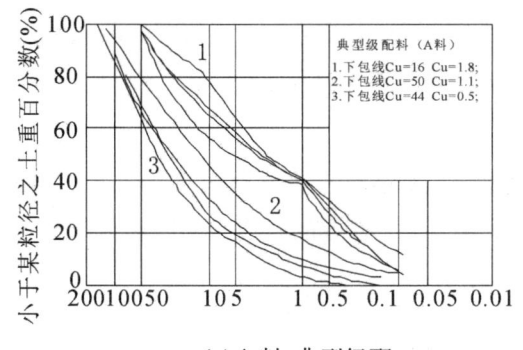

(a) A 料,典型级配

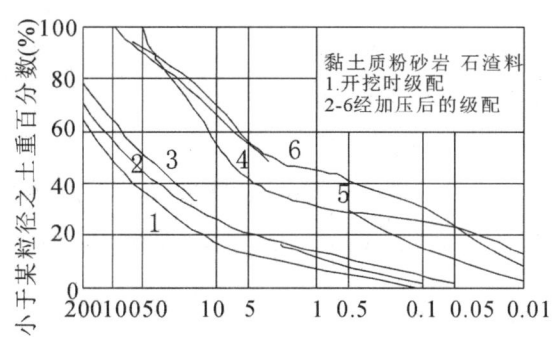

(b) 黏土质粉砂岩粗粒料级配

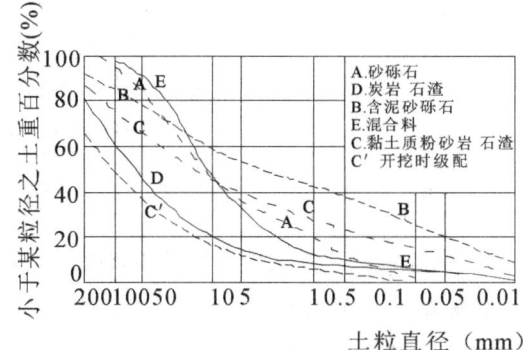

(c) 各类粗粒料级配

图 6.3-29 粗粒土的级配曲线

表 6.3-12 各类粗粒土的基本物理性质

试料号	名称	定名	P_{+5} * %	$P_{-0.1}$ %	不均系数 C_v	曲率系数 C_c	比重	母岩强度 MPa
A	砂砾石	GW	40～80 /66	<5	33.4～97.7 /50	1.25	2.75	干,湿>100
B	含泥砂砾石	GM	30～60 /47	<25	800	0.18	2.73	干,湿>100
C	黏土岩石渣	GM	40～80 /61	<25	1095	2.28	2.71	干 7.8～91.6 湿 4.5～51.4
D	灰岩石渣	GW	70～90 /87	<5	286～845 /310	1.85	2.79	干,湿>100
E	混合料	G—M	40～80 /68	<25	18～360 /40	3.30	2.78	干 40～100 湿 20～100

注：* 者为范围值/平均值

5.2.2 压实性及设计干密度

以大型击实试验方法研究少黏性粗粒土的压实性质，以相对密度试验研究无黏性粗粒土的压实性质，并以现场碾压试验验证室内试验成果，并选择最优碾压参数。试验表明，粗粒土具有良好压实性能，压实后平均孔隙率为 18%～25%，当粗粒含量 $P_{+5}=70\%$ 时，干密度获最大值，但当 $P_{+5}<40\%$ 时，压实干密度受细料控制，与粗粒含量无关了。若粗粒系软弱岩石构成，则粗粒含量对压实干密度影响不大，大致在 2.0 g/cm³ 左右变化。

设计干密度以料场级配平均粗粒含量的成果为准，无黏性料用相对密度 0.7 控制；对少黏性粗粒土以标准击实最大干密度的 0.98 控制，上述控制值均通过现场碾压试验验证。

5.2.3 抗剪强度

粗粒土的三轴试验抗剪强度应力应变曲线如图 6.3-30 所示，无黏性土紧密状态下的曲线具有明显的峰值，但中密状态的无峰值而呈轻度硬化。强度包线微向下弯，强度参数的取值与实际应力有关。

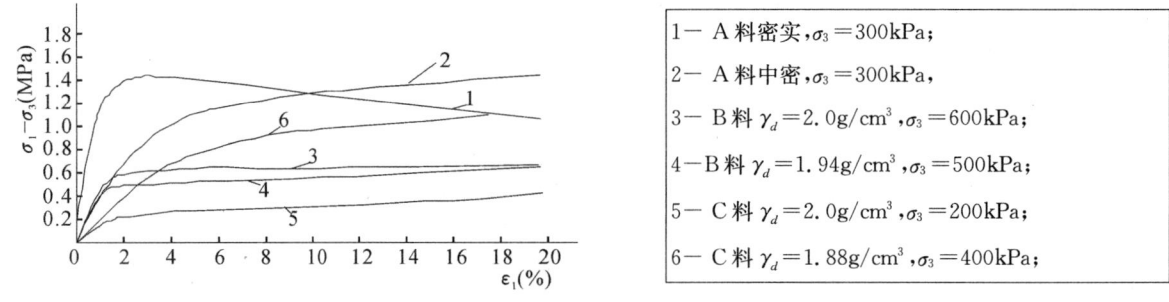

1— A 料密实，$\sigma_3=300$kPa；
2— A 料中密，$\sigma_3=300$kPa；
3— B 料 $\gamma_d=2.0$g/cm³，$\sigma_3=600$kPa；
4— B 料 $\gamma_d=1.94$g/cm³，$\sigma_3=500$kPa；
5— C 料 $\gamma_d=2.0$g/cm³，$\sigma_3=200$kPa；
6— C 料 $\gamma_d=1.88$g/cm³，$\sigma_3=400$kPa；

图 6.3-30 各类粗粒土三轴试验应力应变曲线

影响抗剪强度的因素主要有：粗粒含量 P_{+5} 和细料（$P_{-0.1}$）的性质以及密实度等，粗粒土 γ_d 与强度关系如图 6.3-31。不同 P_{+5} 的内摩擦角曲线示于图 6.3-32，此图表明，当 P_{+5} 大于 40% 后，粗颗粒逐步形成骨架，当 P_{+5} 达到 60%～70% 时，粗、细颗粒形成最密组合，故强度最大。$P_{-0.1}$ 也是影响粗粒土强度的重要因素，在砂砾石中混入低液限粉质土常会遇到。据大量三轴试验成果表明，$P_{-0.1}$ 小于 10% 时，对强度影响不大，当从 10% 增至 30% 时，φ 值会急剧下降，而 C 值增加，$P_{-0.1}$ 为 30% 时，C 值最大（图 6.3-33），此时，混合料的强度主要取决于细料强度。故 $P_{-0.1}=30\%$ 为特征细粒含量。

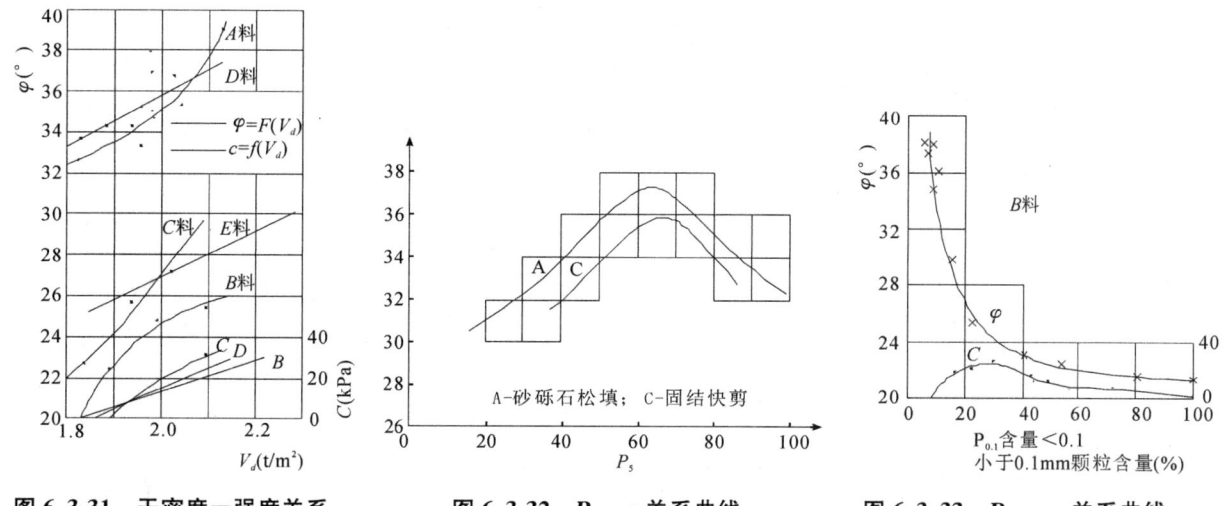

图 6.3-31 干密度—强度关系　　图 6.3-32 $P_5-\varphi$ 关系曲线　　图 6.3-33 $P_{0.1}-\varphi$ 关系曲线

5.2.4 变形特性

变形特性采用大型单向压缩试验、现场载荷试验(承载板 5000cm²)、现场旁压仪试验和浸水下沉试验四种方法进行研究。粗粒土压缩试验当 $P=0.1\sim0.3$MPa 时,求得的压缩系数对砂砾石很小,为 $0.02\sim0.08$;对黏土岩石渣较大,最大为 0.40;含泥砂砾石居其中,为 $0.17\sim0.11$,曲线在 $P=0.05\sim0.15$MPa 时曲率最小。现场载荷试验 $P-S$ 曲线如图 6.3-34。

旁压试验的成果可用于土的模量的计算。而浸水下沉试验则对岩性软弱的石渣的适用性进行判断,其成果如图 6.3-35 所示。

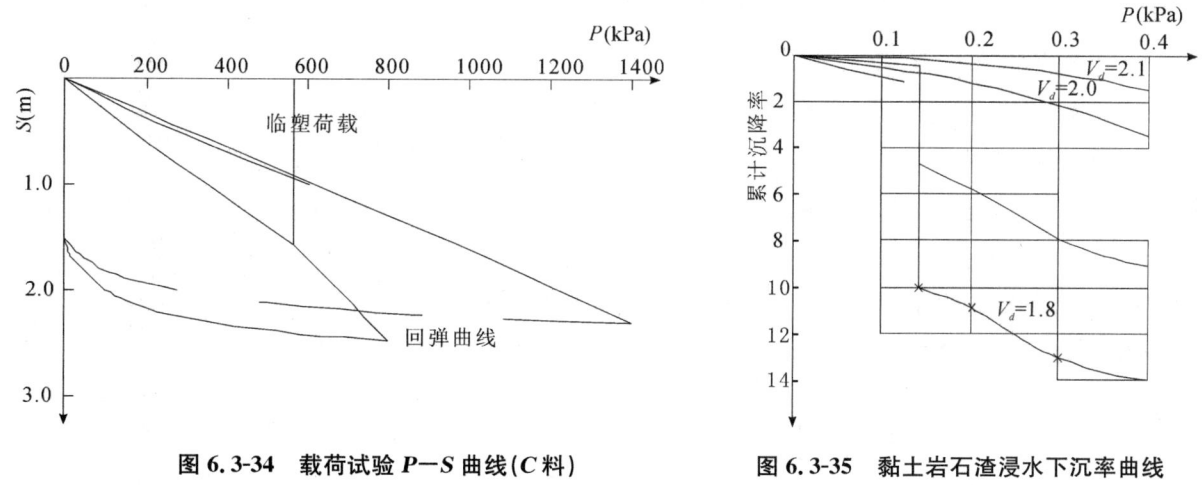

图 6.3-34 载荷试验 $P-S$ 曲线(C 料)　　图 6.3-35 黏土岩石渣浸水下沉率曲线

变形试验表明,石渣粗粒料的变形较小,沉降速度较快,但在高压力下颗粒易破碎,产生较大的变形,或浸水附加沉降。变形模量由不同方法所得的值差别较大,现场载荷试验和旁压试验成果较接近,且较合理,其值对 A、B 料约为 $25\sim40$MPa,C 料低些,为 $20\sim34$MPa。

5.3 施工填筑质量控制

施工中对填筑方法、填筑密度(灌砂,灌水法)和含水量都进行了适当的控制,根据结果绘制干密度累计频率曲线如图 6.3-36。图中绘出了 50%,90% 和 25% 的密度出现率曲线,90% 曲线代表的级配将用于力学特性试验的控制试验,25% 级配将用于渗透性指标的试验级配。

1045

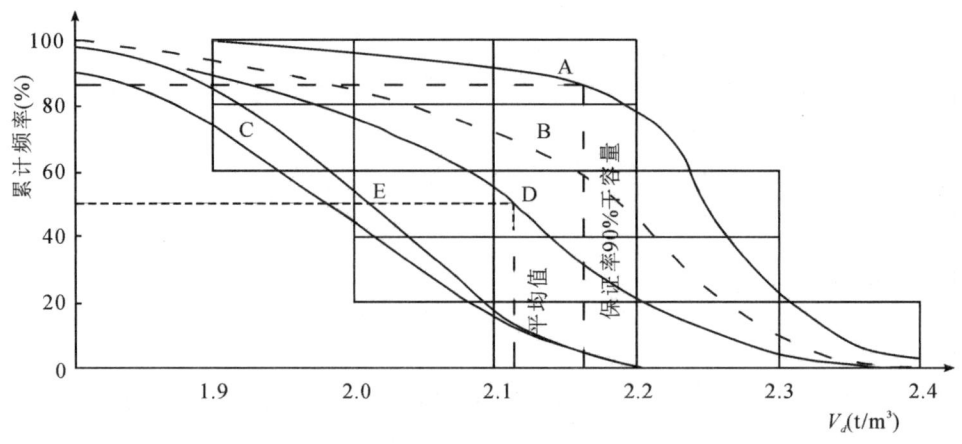

图 6.3-36　各类粗粒土填筑干密度累计曲线

5.4　抛填黏性土的防渗性能研究[15]

抛填黏性土用作铺盖防渗体时，需要研究它的渗透性和抗渗性能，所谓抗渗性能指的是土体抵抗渗透水流的作用，不发生渗透变形或渗透破坏的能力。抛填黏性土常用于铺盖、围堰、不清基筑坝以及爆破筑坝等场合。这种抛填体常处于低密度状态，稳定性较差，抗渗强度较低，但此种情况将随荷重的增加而逐步改善。

5.4.1　抗渗强度试验方法

试验采用大型渗透仪进行，直径35.7cm，净高70cm，抛填水深55m，水流自上而下。试验土料采用：Ⅰ为粉质黏土，Ⅱ为重粉质壤土，Ⅲ为重壤土。试样抛填后，一是立即进行试验，二是施加一定的静压力以达到某一密度后再试验，以模拟一定上覆荷载的作用。

5.4.2　影响抛填土密度的各种因素

初期的抛填密度各为1.32，1.23和1.44g/cm³，重粉质壤土中因粉粒较多，密度较低，在水中崩解量大，包含的水分也多，故容重较低。试验表明，水深与密度有一点关系，但当水深超过4m后，影响不大。抛填土层厚度对密度也有一定影响，故密度随深度略有增加，其表层的密度和抗渗强度较低，难起防渗抗渗作用，因此抛填土层的表部可抛一定厚度的石渣或废料代替黏性土，这也有助于抛填土的固结。渗透力引起的渗透压密作用十分明显，尤其对重粉质壤土，当比降由0增至1时，密度可增大0.09g/cm³，如图6.3-37。这种渗透压密作用主要发生在小比降的阶段，当比降超过6～7后曲线上翘，表明渗透变形发生。

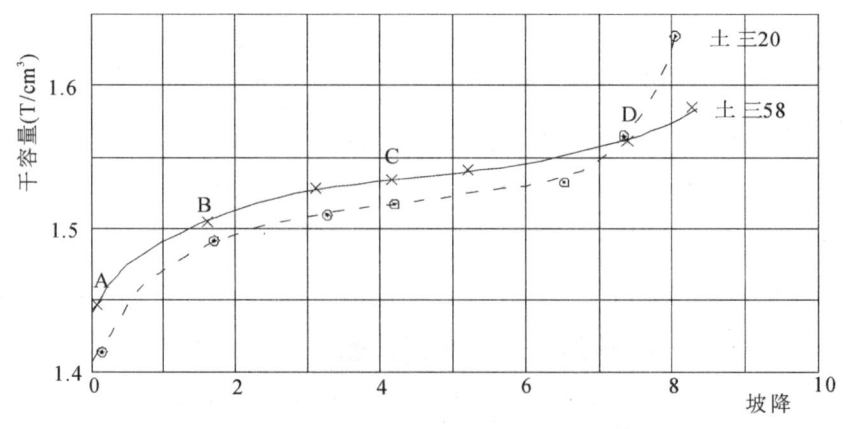

图 6.3-37　渗透作用对抛填土密度的影响

5.4.3 抛填土的渗透稳定特性

(1)对Ⅰ型粉质黏土,若抛填土未经压实,临界比降在0.5左右,破坏比降为0.7~1.7,破坏形式为管道冲刷;若对抛填土施加一定的压力,干密度达1.41~1.47g/cm³,则以局部流土形式发生渗透破坏。

(2)对Ⅱ型重粉质壤土,若试样未经压实,则在一定比降(1.0)下发生破坏,下部有局部流土产生,且逐步掏空试样,并迅速发展到整体塌陷。

(3)对Ⅲ型重壤土,亦属局部流土,但过程比Ⅱ型重粉质壤土要长,临界比降在1~3.,破坏比降一般为2~3,最大可达7~8。该破坏比降与试样下面的垫层的性质和厚度有关。因此在实际使用中应弄清覆盖层的性质,并考虑是否需要抛过渡层或反滤层以提高抗渗能力。

还应指出,抛填土铺盖产生裂缝是难以避免的,但因抛填土容重较低,具一定的自愈能力,是否需作处理,应在分析后视情况而定。

抛填土在反复水流作用下的抗渗稳定性较差。

6 大江围堰设计断面的论证与验证[18]

6.1 大江围堰断面的应力应变分析

大江围堰的设计断面如图6.3-38所示。在围堰设计中混凝土防渗墙的安全特别重要,因为松软坝体中的防渗墙,其受力条件与一般基础防渗墙有显著不同,故这个断面的合理性需经应力应变场和变形场的分析论证。并根据测斜仪的观测资料,混凝土墙的变位进行反馈分析,来验证计算分析成果。

6.1.1 计算方法及计算参数

数学模型采用邓肯—张的双曲线模型,计算参数主要用室内外试验值,在后期并采用了一部分现场实测值,有些参数如砂砾料、石渣和基础覆盖层等的变形模量等,则给定一个范围值或进行敏感性分析。对加荷次序、荷载分级和墙的基岩嵌固条件等,在经适当论证后进行了一定的简化,论证的内容有:水荷载分级不同的影响,填料参数变化对墙体变位的影响等。计算共进行了16种情况,其中以情况③较符合实际。

6.1.2 成果及分析

以情况③为主,对计算结果进行如下分析。堰体的水平位移等值线如图6.3-38所示。堰体的应力水平如图6.3-39所示。可知,堰体的最大水平位移为11.3cm,最大沉降为26.6cm,最大、最小主应力分别为0.73MPa和0.37MPa。

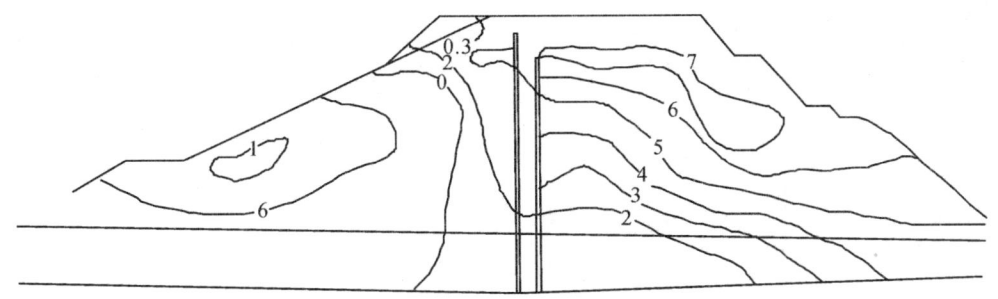

图6.3-38 堰体水平位移等值线

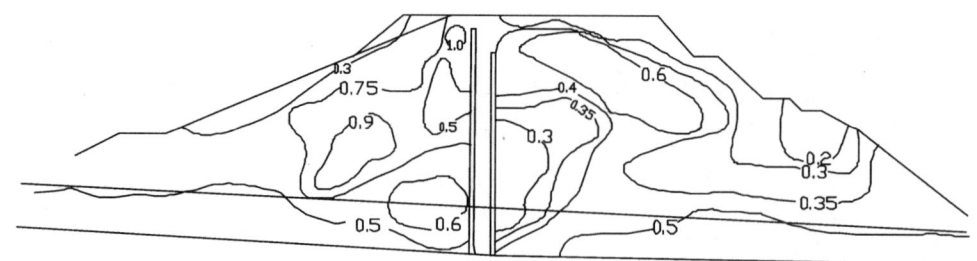

图 6.3-39　堰体应力水平 S 等值线

防渗墙的应力和位移情况是关注的重点。从图 6.3-40 可看出,最大应力不在墙底,而在距底部 1.2m 处。上下游墙的大主应力分别为 1.49MPa 和 8.92MPa,小主应力分别为 0.54MPa 和 0.72MPa。防渗墙的位移曲线示于图 6.3-41,可看出,位移沿高程线性增加,顶部为最大,下游墙的最大变位达 7.2cm,而上游墙变位比下游墙小得多,表明下游墙为上游墙增加了抗力。防渗墙的应力分布规律对上/下游墙也是相同的,但下游墙大于上游墙,大主应力对下游墙为 3.63MPa~13.32MPa,对上游墙为 1.32MPa~3.2MPa,而小主应力各为 0.59MPa~0.90MPa 和 0.38MPa~0.63MPa。

防渗墙变位的计算值与实测值相比比较接近,只是变化趋势上稍有不同(如图 6.3-41),计算的变位自下而上呈直线增加,而实测变位在墙高 90%(高程 55m)处获最大值,为 75mm,然后稍有减小。影响变位计算值的因素有多种,例如计算断面选择的影响;计算模型的影响,邓肯—张模型对施工期的计算较合适,而对蓄水期则误差较大;计算参数的影响;荷载分级的影响等等。为了解防渗墙变位计算中的若干重要因素的影响程度,专门对水荷载分级及围堰填料参数变化的影响进行了敏感性分析。

填料参数变化的影响,曾考虑了不同的填料压密区范围、覆盖层的不同密度以及砂砾料的不同模量的影响等。图 6.3-42 为砂砾料沿高程取不同的密度对墙体变位的影响,可知,不同的砂砾料模量值会使变位有一定的变化,尤其在顶部的最大变位值相差约 30%。此外,若增加堰基覆盖层(基岩和沉渣)的密度,即改变墙底的嵌固条件,将会改变墙体的应力状态。

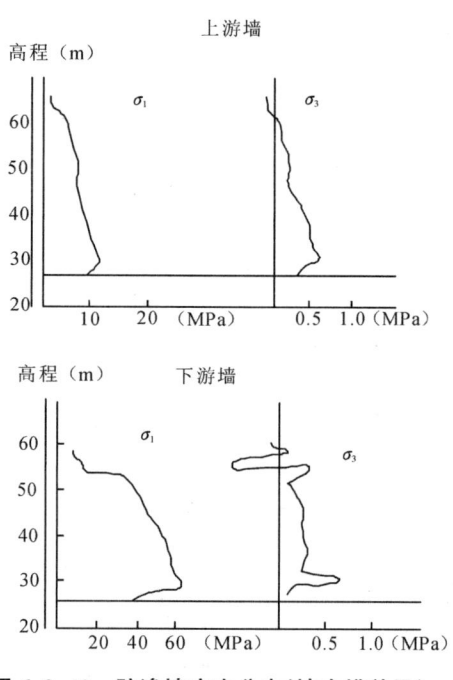

图 6.3-40　防渗墙应力分布(墙中排单元)

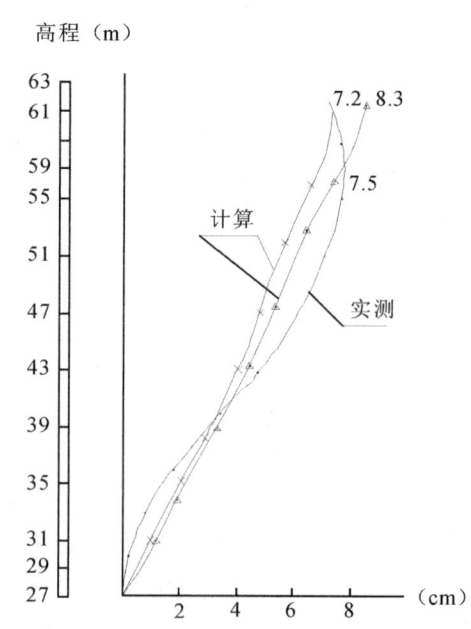

图 6.3-41　墙的位移沿高程分布(计算与实测对比)

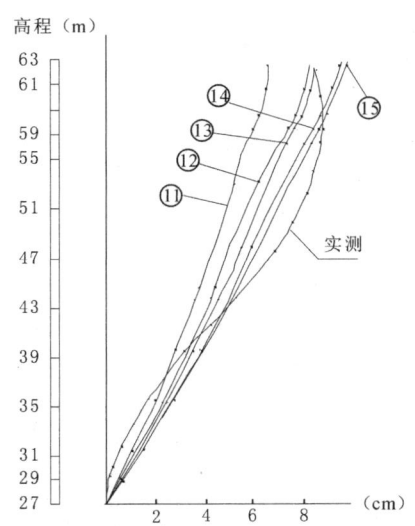

图 6.3-42 砂砾料不同模量对墙体位移的影响
(43～47m 高程取低模量 200～400,57～67m 取高模量 700)

6.2 原型观测及分析[19]-[22]

鉴于大江围堰的重要性和复杂性,对围堰进行了大量的原型观测,以验证设计、计算成果,了解围堰的实际工作状态。观测的内容主要是防渗墙墙体的位移和应力观测,也进行了一些墙体的土压力观测。观测设备对内部位移采用数字式测斜仪,应力观测采用加大弹模的电阻式应变计。上下游墙面的接触土压力观测采用水压法活塞式装置埋设钢弦式土压力合。这是我院在重要工程上进行的第一次规模较大的原型观测,在工作中解决了一系列技术难题,如测头的埋设方法、观测资料的分析方法等。观测成果示于图 6.3-43 和图 6.3-44。前者为 X1 测斜管位移在以蓄水前为基线绘制的沿高程的分布,后者系以测斜管底部为基准的累计位移沿高程的分布。它们与计算值之间的关系在上节已有提及。

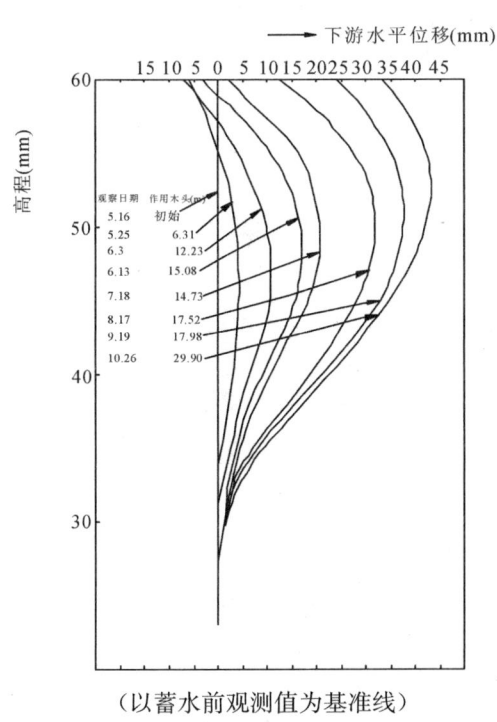

(以蓄水前观测值为基准线)

图 6.3-43 X_1 测斜管位移随高程变化

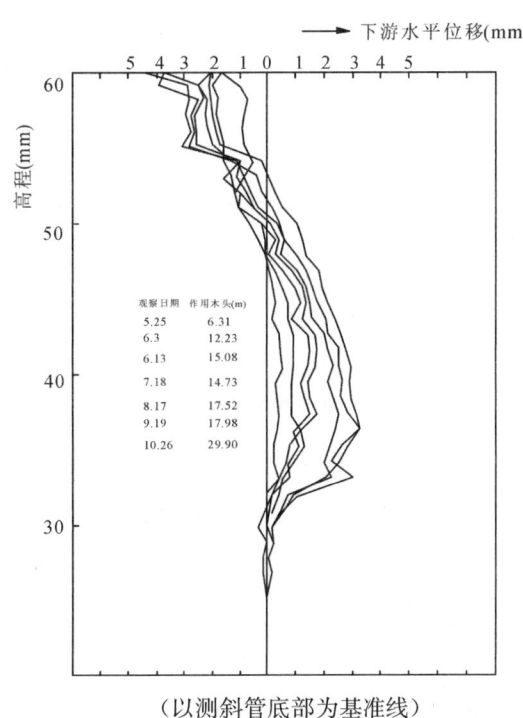

(以测斜管底部为基准线)

图 6.3-44 X_1 测斜管位移随高程变化

6.3 位移观测资料分析方法及预测值的研究

此节主要目的是简单介绍观测原始资料的误差修正、求得最终观测值,在此基础上,建立一个简单的、相关性好且能预测坝体变位趋势的回归方程,并对未来的测值进行预报,求得可能出现的最大变位。这个分析和预测方法是基于数理统计分析及灰色系统理论的建模思想的观测资料分析方法。所谓灰色系统理论是认为信息世界中,既有大量已知的信息,称为白色信息,也有许多未知、非确定的信息,称为黑色信息,灰色系统是指既含有已知,又有非确知信息的系统。如何由已知信息推断未知信息的过程,实际上是一个信息不断补充,系统因素及其关系不断明确,明确的关系进一步量化,量化后的关系进行判断改造的过程,即系统由灰变白的过程。这个过程包括原始测值的误差分析与修正值的计算;修正资料的回归分析以及最后的测值预报等。通过上述研究工作,最后得到如下的成果:①引起防渗墙位移的外水荷载不仅与水头增量 ΔH 有关,而且与起始水头 H 有关;②在外荷作用下,以防渗墙的变位面积 δ 为计算的变量要比简单的各个高程位移的变量进行的计算更为合理,所谓变位面积的意义,就是墙由起始位置(设为纵坐标)至位移曲线所包含的面积,如图 6.3-45 所示;③双曲线回归模式对模拟防渗墙位移随时间的变化关系比较适当;④根据上述关系进行最大位移的预报(如图 6.3-46),求得:X_1 测压管将在高程 $54m$ 处产生最大位移,其值为 $86.15mm$;X_2 测压管将在 $60m$ 高程处产生最大位移,其值为 $132.28mm$,墙的总体变位趋向下游;⑤当时墙体位移已趋向稳定。

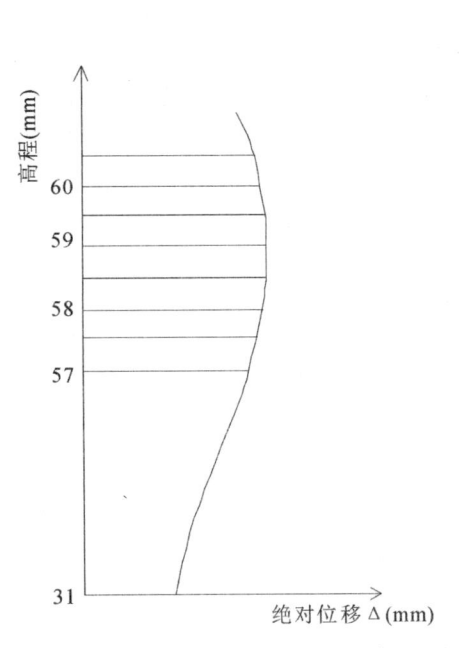

图 6.3-45 位移面积的意义图解

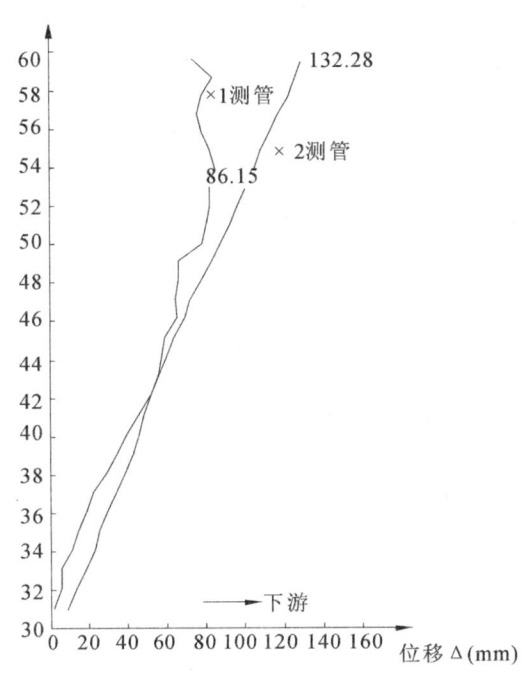

图 6.3-46 最终位移预测值

(后记:由于当时参加葛洲坝枢纽土工研究的主要人员多已分散或者故去,本章系由包承纲根据现有的众多资料,综合和概括而成,文中疏漏恐难避免,拟请有心者参考原件。)

参考文献

[1] 王幼麟. 宜昌地区红色岩系泥化夹层的研究[R]. 武汉:长江科学院,1978.

[2] 王幼麟. 泥化夹层的物理化学基础[R]. 武汉:长江科学院,1978.

[3] 李青云. 泥化夹层成因、性状及其工程分类的研究[R]. 武汉：长江科学院，1988.
[4] 李青云. 王幼麟泥化夹层成因、性状与工程问题的研究[R]. 武汉：长江科学院，1990.
[5] 李青云，王幼麟. 模糊数学在坝基缓倾角泥化夹层工程分类中的应用[R]. 武汉：长江科学院，1990.
[6] 冯光愈，刘思君. 葛洲坝水利枢纽基岩泥化夹层土工试验报告（初步设计阶段报告）[R]. 武汉：长江科学院，1973.
[7] 冯光愈，鄢重新. 坝基泥化夹层的工程性质的土工试验研究[R]. 武汉：长江科学院，1985.
[8] 付丽英. 葛洲坝工程二江闸基黏土岩泥化夹层渗透变形试验研究（阶段报告）[R]. 武汉：长江科学院，1976.
[9] 杨凤山、蒋顺清，葛洲坝水利枢纽、黏土岩泥化夹层9202♯）现场渗透变形试验研究[R]. 武汉：长江科学院等，1977.
[10] 潘大荣. 葛洲坝水利枢纽坝基基岩202♯泥化夹层剪切流变？反复剪切？重复载荷等试验[R]. 武汉：长江科学院，1976.
[11] 葛洲坝水利枢纽基岩202泥化夹层振动强度试验研究[R]. 武汉：长江科学院，1976.
[12] 曹敦履，伍碧秀. 泥化夹层渗透变形的试验研究[R]. 武汉：长江科学院，1979.
[13] 李渭滨. 陈金途. 葛洲坝工程大江横向围堰深水抛土土工试验研究阶段报告[R]. 武汉：长江科学院，1979.
[14] 刘思君，刘德康. 葛洲坝水利枢纽大江围堰粗粒土强度与应力～应变特性试验报告[R]. 武汉：长江科学院，1982.
[15] 吴松桂. 葛洲坝工程二期围堰水中抛填防渗土料渗透变形试验报告[R]. 武汉：长江科学院，1979.
[16] 刘思君. 葛洲坝水利枢纽大江围堰混凝土防渗墙与堰体接触面的强度与应力应变特性[R]. 武汉：长江科学院，1981.
[17] 陈金途. 王明煜. 葛洲坝水利枢纽大江围堰砂砾石填料的旁压试验[R]. 武汉：长江科学院，1981.
[18] 刘松涛. 葛洲坝水利枢纽大江上游围堰应力与变形的非线性有限元初步分析[R]. 武汉：长江科学院，1982.
[19] 胡雅成. 葛洲坝水利枢纽大江上游围堰变形观测报告[R]. 武汉：长江科学院，1983.
[20] 吴松桂. 葛洲坝水利枢纽基础渗流监测资料分析报告[R]. 武汉：长江科学院，1989.
[21] 王湘凡. 葛洲坝大江围堰拆除过程堰体填料试验及观测成果报告[R]. 武汉：长江科学院，1986.
[22] 胡雅成、付清潭，葛洲坝水利枢纽大江上游围堰混凝土防渗墙位移观测及资料分析报告[R]. 武汉：长江科学院，1989.

第4章 清江水布垭工程

1 概述

1.1 枢纽工程概况

水布垭水电站(见图6.4-1)位于湖北省清江中游河段恩施州巴东县境内,是清江干流三级开发的龙头水电站,水库总库容45.8亿 m^3,水库正常蓄水位高程400m,为多年调节水库,具有发电和防洪并兼顾其他综合利用等综合效益,是华中电网骨干调峰调频电站。水布垭坝址上距恩施市117km,下距清江第二梯级隔河岩电站92km。工程为一等大(1)型,永久主要建筑物级别为1级,次要建筑物级别为3级。枢纽主要由混凝土面板堆石坝、右岸引水式地下厂房、左岸开敞式溢洪道和右岸放空洞组成。左岸开敞式溢洪道最大下泄流量为18280m^3/s,相应单宽流量204m^3/s·m。右岸引水式地下电站装机4台,总装机容量1840MW,年平均发电量39.8亿 kW·h。右岸放空洞最大下泄流量1600 m^3/s,最大挡水水头150m,最大操作水头110m。

图6.4-1 水布垭枢纽工程全景图

水布垭工程挡水建筑物采用混凝土面板堆石坝,最大坝高233m,是目前世界上已建的最高的面板坝。最大坝前作用水头200m,其坝高和坝前水头在国内外同类型的已建大坝中均居首位。坝顶高程409m,坝轴线长660m,坝顶宽度12m,大坝上游坝坡1:1.4,下游平均坝坡1:1.4,总填筑工程量1570万 m^3。

坝址位于清江S形河段的中间直线段,该河段长约800m,河流流向NE30°,上、下游河段均为近东西向,河道顺直开阔,两侧谷坡较为平缓,坡脚10°~35°。大崖—马崖一线以西为峡谷河段,谷坡高峻陡峭,最高高程为550.3m,最大高差360余 m,总体上两岸呈现不对称V形,坝轴线上游右岸有坝子沟,下游左岸有邹家沟。河床原始地面高程一般为193.5~197.6m。基岩面高程一般为182.1~188.4m,最低高程177.2m,多在186.0m高程上下波动。建坝岩体为二叠系栖霞组、茅口组,上统龙潭组地层。

1.2 工程有关的土工问题

由于200m以上的超高面板堆石坝缺少可借鉴的工程经验,其中很多关键技术问题都超越了现有规

范和目前设计施工经验的范围,如何保证超高面板堆石坝的安全是对坝工建设者的严峻挑战。这种工程的主要难点如下[1]:

(1)大坝填筑材料特性的研究。

(2)特殊边界力学试验及模拟方法的研究。

(3)大坝应力变形分析。

(4)面板应力有限元分析研究。

(5)堆石料流变特性试验研究及减小流变影响的工程措施研究。

(6)大坝渗流控制。

(7)心墙料的工程特性与现场碾压试验研究。

(8)大坝运行状态安全评价。

1.3 水布垭大坝的设计方案比较

1994年底,水布垭工程通过预可行性研究审查,坝型确定为高土石坝方案,在可行性研究阶段对混凝土面板堆石坝和心墙堆石坝两种坝型方案进行同等深度的比选[2]。

1.3.1 面板堆石坝方案

面板堆石坝典型断面见图6.4-2。坝顶高程409m,河床趾板建基面高程176m,最大坝高233m,坝顶宽12m。上游坡比1:1.4。下游综合坡比1:1.47。大坝分有7个主要填筑区:

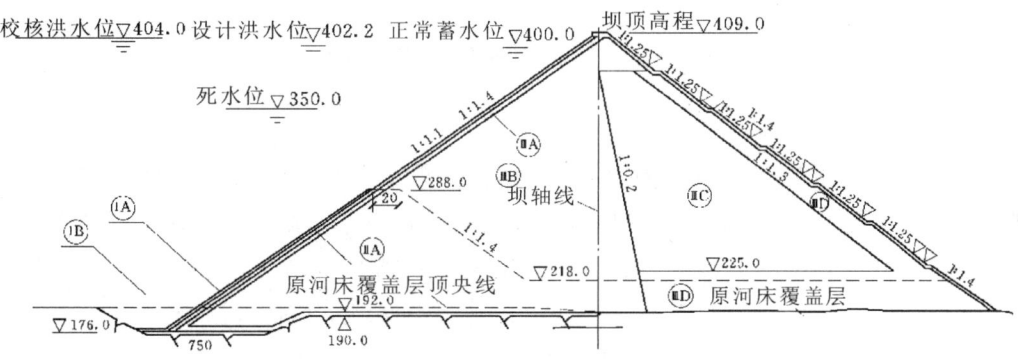

图6.4-2 水布垭面板堆石坝典型断面

ⅠA区 位于面板上游290m高程以下;

ⅠB区 位于ⅠA区上游,为ⅠA区的保护区;

ⅡA区 垫层料区,位于面板下游,采用等宽布置,水平宽度4m,在与河床及两岸接触部位局部扩宽至0.33H,H—该部位水头;

ⅢA区 垫层区与主堆石区之间的过渡区,水平宽度5m;

ⅢB区 主堆石区,位于坝轴线的上游;

ⅢC区 次堆石区,位于坝轴线下游225m高程以上;

ⅢD区 下游堆石区,位于次堆石区底部及下游坝坡。

在主堆石区与河床及两岸岸坡连接部位设有2m厚的接触料区,填料为ⅢA料。下游围堰与坝体结合,其防渗系统保留在坝体内。

面板的厚度是变化的,其在高程405m处厚度为0.3m,在河床趾板处厚度为1.1m,其间厚度按下式计算:

$$t=0.3+0.0035H$$

式中 t 为面板厚度，H 为计算截面至高程405m处的垂直距离。

1.3.2 心墙堆石坝方案

心墙堆石坝典型断面见图6.4-3。坝顶高程409m，河床底部混凝土垫层建基面高程182.0m，最大坝高227m；上游坡比1∶1.8。在高程334m处设5m宽的马道，在高程262m与上游围堰结合，在高程233m和220m处设有宽度分别为10m和5m的马道，坡度变为1∶3和1∶1.7。坡面设四级宽4m的马道，在高程223.5m处与下游围堰结合，下游围堰顶宽10m，下游坡1∶2.5。并在高程210.5m处设5m宽的马道。心墙顶部高程406m，宽8m，上、下游坡均为1∶0.2。上游设反滤层和过渡层，水平宽度分别为3m和5m。下游三层反滤过渡层，水平宽度分别为3m、4m和5m。

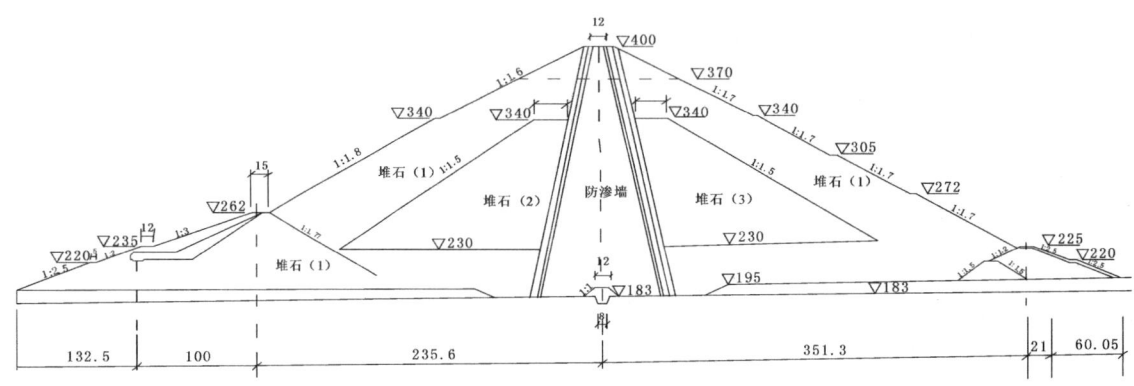

图6.4-3 水布垭心墙坝典型断面

1.4 研究工作简述

1993年初，水布垭工程开始预可行性研究，大坝坝型研究了混凝土拱形重力坝、混凝土面板堆石坝和心墙堆石坝三种。由于坝基存在多层缓倾角层间剪切带，处理工程量大，而坝址地形地质条件适宜修建高土石坝。1994年底坝型确定为高土石坝方案，并要求对高233m的混凝土面板堆石坝和227m心墙堆石坝两种坝型进行同深度的比选研究。随后《水布垭筑坝材料工程特性研究》专题由国家计委批准列入"九五"国家重点科技攻关项目《高坝工程技术研究》中。由于高233m的混凝土面板堆石坝为当时世界最高坝，坝体堆石的变形就成为一个主要技术问题。一般说来，其变形大致与坝高的平方成正比，与堆石的模量成反比。显然，过量的变形，势必影响坝体的安全。因此，坝高确定之后，为减小和控制坝体变形，长科院针对引起坝体变形的各项因素，从材料基本性质、级配、压实密度、孔隙率、破碎性、变形模量、压缩模量、抗剪强度、应力应变关系、应力路径的影响及垫层料和防渗自愈等课题进行系统的试验研究，论证堆石材料用于高面板坝的技术可行性。另一方案，高227m心墙堆石坝，为亚洲之最。长江科学院针对心墙堆石坝的心墙料拟采用的风化页岩料和坡洪积碎石土料，从材料的级配、渗透性、渗透稳定性、压实密度、抗剪强度、水力劈裂和抗拉强度、超径块石处理措施等，作了充分的试验研究，论证其作为大坝防渗料的技术可行性。在上述试验研究过程中，为利于面板堆石坝和心墙堆石坝两种坝型方案的比选，进行了同等规模、同等深度的室内模拟和现场仿真相结合的试验研究方法，并注意吸收国外先进经验，注意联合国内最有经验的单位和专家共同攻关，所取得的成果为1999年4月最终确定混凝土面板堆石坝方案（CFRD）起了重要的作用。

在工程招标设计和施工阶段，开展了13个子题的特殊科研和14个子题的专项科研，长科院开展了包括覆盖层的特性、大坝填料的工程特性、填筑施工控制标准，施工和运行期间大坝的力学响应与变形特性,大坝的渗透稳定性和渗流控制措施,研究工作贯穿了工程设计、施工和蓄水安全鉴定过程,解决了一系列的技术难题,包括粗粒料的长期变形、渗透变形和反滤试验技术,面板与垫层的接触作用试验研究与数值模拟,面板缺损条件下大坝渗流场的分析方法等等。大量研究成果不仅为设计方案的确定与完善、工程质量和安全状况评价提供了重要依据,也为水布垭大坝取得世界面板坝建设里程碑地位和湖北省科技进步特等奖、国家科技进步二等奖做出了重要贡献,同时为混凝土面板堆石坝设计规范有关内容的修编提供了依据。

2 面板坝堆石料的工程特性研究

水布垭混凝土面板堆石坝比世界上已建成的最高面板堆石坝,比墨西哥阿瓜密尔帕大坝高出46m,比中国国内已建成的最高面板堆石坝,比天生桥一级面板堆石坝高出55m。大坝高度、坝高增量的量级均已超出国内外同类工程设计、建设的经验。为此,在最终确定选用面板堆石坝这一坝型之前,就筑坝材料的工程特性等关键技术问题进行专题研究,显得尤为必要。

水布垭混凝土面板堆石坝筑坝材料工程特性研究的主要目的,是论证利用水布垭坝址附近的堆石料修建世界最高面板堆石坝的技术可行性。具体而言,混凝土面板堆石坝的设计是以坝体和面板的变形量为控制,而面板堆石坝坝体和面板的变形又来自堆石体的变形,那么构成堆石体的堆石料的抗压强度、级配、压实密度、孔隙率、变形模量、压缩模量、抗剪强度及应力应变特性等技术指标能否适用于高面板坝的变形设计要求,需要作充分的研究论证。

2.1 大坝填料级配研究

级配的优劣是影响堆石体密度大小的重要因素之一,又是控制堆石体排水或非排水(防渗)的必要条件。根据水布垭面板坝坝体分区设计,对材料级配的要求见表6.4-1。

表6.4-1　　　　　　　　　　　　设计要求的级配表

分区用料名称	级配		
	d_{max}(mm)	<5mm(%)	<0.1mm(%)
ⅡA区垫层料	80	35～45	<5
ⅢA区过渡料	300	20	<5
ⅢB区主堆石料	800	<12	<5
ⅢC区次堆石料	800	<12	<8

关于堆石料的级配在坝体中的作用,对于高面板坝而言,尤为重要,因为高面板坝的密度要求高,则对影响密度的材料级配要求就更严,所以,对材料级配研究是一项重要内容。堆石料级配特性研究,采用室内模拟试验和现场控制级配爆破相结合的技术路线,即过渡料、主堆石料或次堆石料的级配,通过试验室内研究优选出的级配,再经过现场爆破试验论证,最后拟定出能满足工程要求的良好级配。

面板堆石坝坝体中,所谓良好级配的填筑料,即级配应该是连续的,有适度细粒含量、超径体(大于碾压层厚度的大颗粒)必须在最低限量内,此系研究堆石料级配的三个技术要点。

2.1.1 过渡料级配

过渡区是为垫层区(ⅡA区)和主堆石区(ⅢB区)之间的过渡而设置的,其目的是为防止垫层中细料在渗透水流作用下流失,因此要求过渡料与垫层料之间必须满足反滤准则,特别是在两区接触界面更应注意。

根据过渡区的功能与作用及设计对级配的要求,特拟定过渡料的级配曲线,见表6.4-2。按拟定的级配曲线,在室内进行了模拟论证。试验结果表明,其各项技术指标均能满足设计要求。

表6.4-2　　　　　　　　　　　　　　过渡料级配曲线

编号	各粒径组(mm)的含量百分数(%)							
	300～200	200～100	100～60	60～40	40～20	20～10	10～5	<5
过渡料	16	24	13	9	12.5	8	6	11

2.1.2 主堆石料级配

主堆石区位于防渗面板下游且对防渗面板起支承作用,并将防渗面板承受的水荷载通过垫层及过渡层由主堆石区传递到地基中去。所以,坝体主堆石区亦是面板坝的主要受力区,为此,要求主堆石料具有良好的级配,以保证高面板坝坝体有足够的密度和变形模量以达到减小坝体和面板变形量的目的。

主堆石料的级配可以根据Talbot堆石级配公式进行计算确定,认为该级配是理想的堆石级配,可达到最大密度,亦称Wilhelmi最大密度曲线,最终将获得最大的变形模量,其公式如下:

$$P=(d/D_{max})^n$$

式中:P——某粒径通过的百分数

d——某粒径(mm)

D_{max}——最大粒径(mm)

n——决定级配曲线形状的指数,建议取0.45最佳。

主堆石料参照上式计算,得出爆破试验控制级配曲线,见表6.4-3。

表6.4-3　　　　　　　　　　　　　　主堆石料级配曲线

编号	各粒径组(mm)的含量百分数(%)								
	800～600	600～400	400～200	200～100	100～60	60～40	40～20	20～10	10～5	<5
主堆石	10	12	20	15	11	6	9	8	5	4
$n=0.45$	12	15	20	14	8	5	7	5	4	10

2.1.3 垫层料级配

垫层区主要功能是将面板承受的水压力能均匀地传递到堆石体且保证面板有良好的受力条件。同时,当混凝土面板开裂或止水局部失效时,要对上游堵缝材料起反滤作用,即为面板坝渗流控制充当第二道防线,此外,在面板浇筑前垫层还要起拦洪度汛的作用。

根据面板堆石坝坝体垫层区的功能和作用,对垫层料的级配要求是很严格的,最佳级配界限是谢腊德及国际大坝委员会推荐的范围值,其关键是能够保证小于5mm粒径的含量不低于35%～55%,这种级配是稳定的且细颗粒不易被冲刷,其透水性可达10^{-4}cm/s。

水布垭电站根据设计对垫层料级配的要求和谢腊德对垫层料级配规定的界限值以及国内有关面板堆石坝垫层级配实践经验,拟定了三条级配曲线进行类比和优化,见表6.4-4。将上述拟定的三条垫层料级配曲线在相同条件下进行试验,对密度和渗透性进行类比论证。结果表明,垫层料2和垫层料3可以满足设计对密度和渗透系数的要求,而垫层料1主要由于渗透系数偏大而不符合要求。为了保证半透水性材料的渗透系数($i×10^{-3}$～$i×10^{-4}$)cm/s的要求范畴,建议垫层料的级配采用垫层料3,其小于

5mm 的粒径含量不能低于 40%，最好为 40%～45%，但小于 0.1mm 的粒径含量应小于 6%。施工时，将以此级配为标准，通过机械破碎来实现。

随着施工机械的发展，大坝填料的最大允许颗粒已由原来的 300mm～400mm 提高到目前的 600mm～800mm，甚至有继续增大的趋势。而室内进行大坝填料的力学特性试验时，由于受试验仪器尺寸的限制，需要对原级配进行相应的缩尺才能进行试验。为此，首先应论证不同的缩尺方法（级配模拟方法）对试验结果有何影响，探索合理的级配模拟方法。

大坝填料为人工制备料，其级配主要与岩性及爆破技术有关，填料试验的原级配曲线数据如表 6.4-5 所示，级配曲线如图 6.4-4 所示，最大粒径控制在 600～800mm。

表 6.4-4　　　　　　　　　　　　　垫层料级配曲线

编号	各粒径组(mm)的含量百分数(%)					
	80～60	60～40	40～20	20～10	10～5	<5
垫层料 1	9	11	18	15	12	35
垫层料 2		11	19	13	12	45
垫层料 3	9	11	15	13	12	40

2.2　堆石料的级配模拟方法

堆石料的原级配数据见表 6.4-5。

表 6.4-5　　　　　　　　　　　　　堆石料的原级配数据

坝料分区	级配	最大粒径	原始级配 (mm)												
			>600	>400	>200	>100	>60	>40	>20	>10	>5	>2.5	>1	>0.5	>0.25	>0.1	<0.1
堆石料	上包线	600		18.3	38.5	51	60	66.5	72.2	81.2	83.8	86.5	90	10			
	平均线	700	8	27.3	47.1	62.9	71	76.4	85	90.7	94	97.5	100				
	下包线	800	17	37.8	60	75	83.5	88.7	96.2	100							
过渡料	上包线	200			31.2	46.7	53.5	65.5	74	80	84	92	8				
	平均线	250			11.5	43.8	56.3	63	75	81.5	86.5	90.3	96.2	3.8			
	下包线	300			31	55	67.8	74	83.7	90	94.2	96.6	100				
垫层料	上包线	40						22.8	38	49	60	73	82	88	92	8	
	平均线	60					14	33	46	58.5	67.7	78	85	90	93	7	
	下包线	80					11	25	42	56	66	74	83	89	92	95	5

就室内试验试样的缩尺问题,国内学者曾进行过比较深入的探讨,但结论仍然不十分明确。《土工试验规程》SD128—030—87对超粒径颗粒的处理建议了三种方法,即剔除法、等量替代法和相似级配法。其中等量替代法有两种,一种是以仪器允许的最粗一级等量替代超粒颗粒,另一种是以允许的最大粒径至5mm颗粒按比例替代超径颗粒,在一些文献中还提到了混合法,但由于各种方法有一定局限性,故规程未作具体规定。

堆石料及过渡料试验用料的模拟方法采用了混合法,即先采用相似级配法,再采用等量替代法。等量替代法亦采用了两种方式,其一,采用大于5mm多粒组按比例替代(简称综合法A),其二,采用40mm～60mm一级替代(简称综合法B)。而垫层料的试验级配为原级配(如图6.4-4)。堆石料及过渡料的试验级配如图6.4-5。

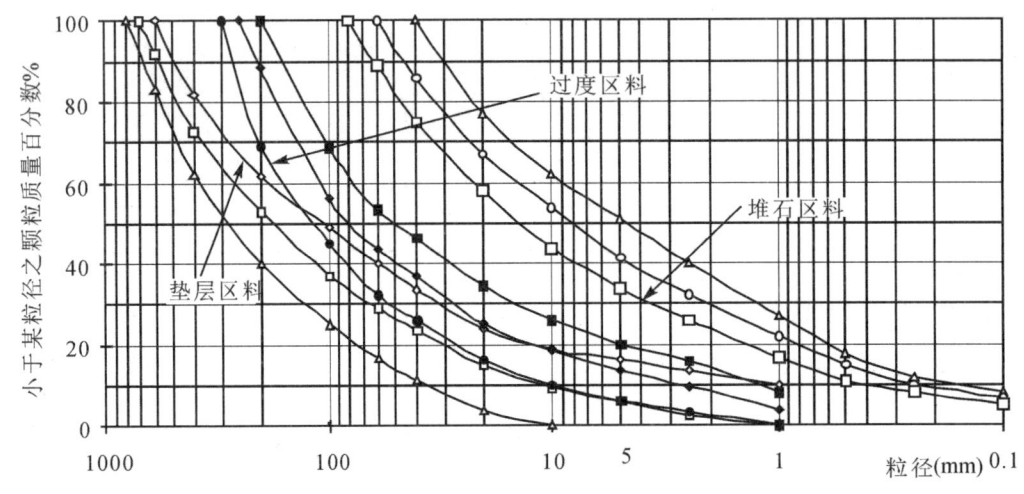

图 6.4-4 填料的原级配曲线

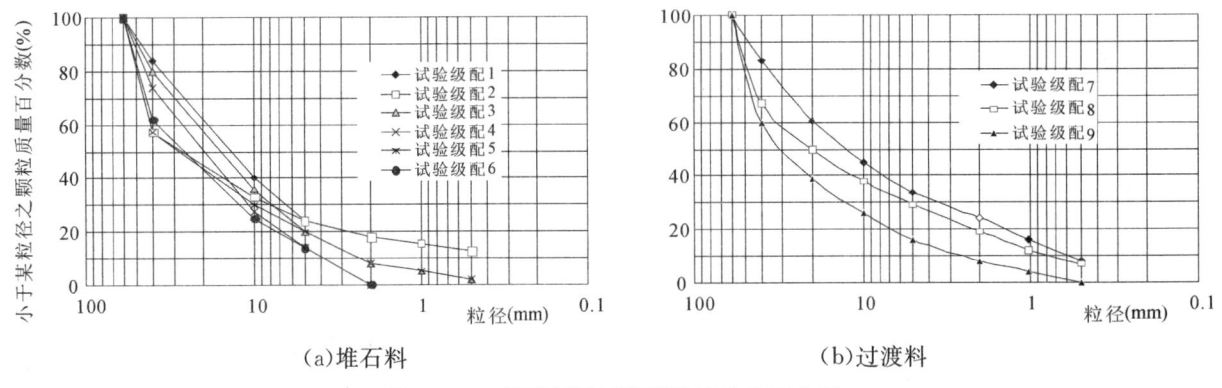

(a)堆石料　　　　　　　　　　　(b)过渡料

图 6.4-5 堆石料及过渡料的试验级配曲线

表6.4-6为茅口组灰岩4种级配试样的物理力学特性,粗粒料的工程特性与其级配有关,但是对于类似于茅口组灰岩的坚硬堆石料,当堆石料的微观结构状态相似时,级配主要影响其压实性质,而对其力学性质的影响较小[3]。

另一方面,堆石料颗粒破碎特性亦表明,过分地强调堆石料的级配实际意义不大。图6.4-6为茅口组灰岩三轴试验前后的级配变化,尽管试验前的起始级配差别较大,但试验后的级配非常相近。图6.4-7为不同岩性堆石料三轴试验前后的级配变化,同样试验后的级配非常接近。由此表明,堆石料的级配存在"最优颗粒分布形态",且不同岩性堆石料的最优颗粒分布形态(或称最优级配)是相似的。在这种状态下,颗粒间接触应力较小,结构较紧密,颗粒接触应力难以使颗粒产生破碎。

表 6.4-6　　　　　　　　　　　　不同级配茅口组灰岩料的物理力学特性

序号	级配特征值				振动法	试验	力学指标				
	d_{max} mm	P_5(%)	不均匀系数	P_{20}(%)	最大干密度 (g/cm³)	干密度 (g/cm³)	φ_0(°)	$\Delta\varphi$(°)	K	n	E_s(MPa)
1	60	76	27.8	40	2.24	2.16	54.5				
2	60	76	58.3	56	2.27	2.16	58.7	10.6	1328	0.325	118.0
3	60	66	57.5	42	2.40	2.20	56.5	9.9	1580	0.272	134.0
4	60	66	33.3	40	2.40	2.18	54.3	11.5	1448	0.261	

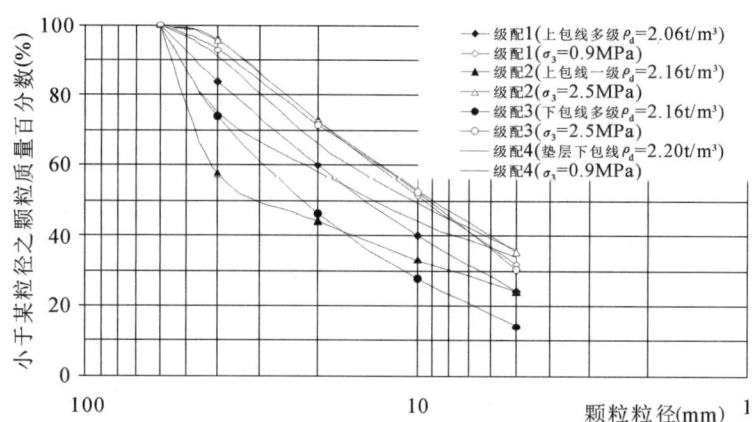

图 6.4-6　不同级配茅口组三轴试验前后的级配变化

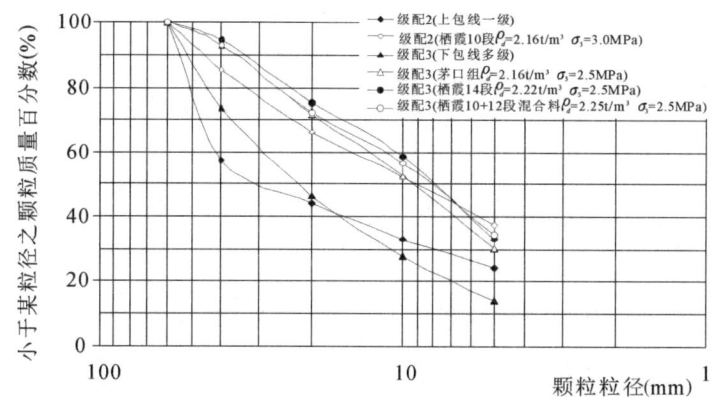

图 6.4-7　不同岩性堆石料三轴试验前后的级配变化

从颗粒破碎率与围压关系曲线(图 6.4-8)可以看出，随着应力水平的增加，颗粒破碎率增大，并逐渐趋于稳定，起始级配与最优级配相差愈大，小围压下破碎率愈大，且收敛性愈快。

综上所述，有关颗粒破碎的试验成果充分反映出堆石料的组构特性，当颗粒分布状态较差时，在外荷的作用下，颗粒的接触应力较大，颗粒分布状态愈差，接触应力愈大，必然导致棱角分明的堆石料发生颗粒破碎。同时，颗粒破碎使其级配逐渐优化，颗粒接触应力减小，当颗粒愈接近最优级配，颗粒破碎的可能性愈小，即使对于大围压下的抗压强度较低的栖霞组10段软弱灰岩也有此规律。由于堆石料的颗粒破碎特性，试样的起始级配并不十分重要，相同密度下不同起始级配试样的力学特性较为接近，堆石料的变形特性主要与其密实度相关。

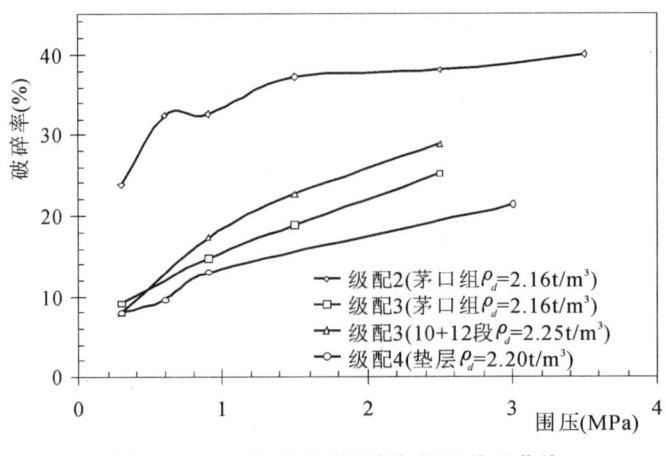

图 6.4-8　三轴试验破碎率与围压关系曲线

根据最优级配试验成果,要保证试样粗粒组构成骨架,应保证其细粒含量(即小于 5mm 粒组含量)不大于 30%。因此,室内试验级配缩尺方法宜采用混合法,即在保证细粒含量不大于 30%的前提下,相似级配加等量替代。由此得到的级配和材料原级配的结构状态最为接近,即保证粗粒组构成骨架的同时,其微观组构特征相似。

2.3　堆石料的压实特性

为了获得填料的含水率与密度的关系,以便确定其最优含水率与相应的最大干密度,并为填料压实控制标准提供依据,需要进行填料击实试验研究。

室内压实试验采用了两种方法[4],其一为重型击实法,试验标准见《土工试验规程》SD128－030－87;其二为表面振动法,主要技术指标如表 6.4-7。

表 6.4-7　　　　　　　　　　表面振动法技术指标

振动器			所配试样容器		装土层次
自重(kg)	振动频率(Hz)	底盘直径(cm)	高(cm)	直径(cm)	
31	47.5	15.0	30	28.5	2

试验成果有如下的规律:

(1)表面振动法与重型击实法的试验成果比较接近,击实法的干密度略大于振动法,而击实法的颗粒破碎率亦大于振动法,如茅口组堆石料的破碎率约大 5%。从压实机理来看,振动法更符合实际碾压施工的情况。

(2)表面振动法的振时愈长,干密度愈大,但增长趋势逐渐平缓。从图 6.4-9 可以看出,振时对干密度的影响程度与填料的岩性有关,茅口组灰岩料振时达 3 分钟后,干密度基本稳定,而栖霞组 10 段料干密度与振时的关系要大一些。因此,表面振动法的试验振时不得小于 3 分钟,一般可以 6 分钟为统一时限。

(3)加水量对堆石料的干密度有影响,且影响程度与填料的细粒含量有关,图 6.4-10 为茅口组灰岩料(小于 5mm 细粒含量 34%)的干密度及颗粒破碎率与加水量的关系曲线,可知坚硬岩石料的颗粒破碎率与加水量关系不大。加水量为 1%~3%时的压实密度较低的原因可能与存在毛细内聚力有关,由于毛细内聚力的存在使颗粒的位置不易调整,不易压实。根据以往经验,出现毛细现象的最大极限颗粒是 2~5mm,细粒含量直接关系到加水量对压实密度的影响程度。因此,应特别注意垫层料(细粒含量 34%~51%)施工中的加水问题。

(4) 从填料种类来看,垫层料(平均级配)的干密度最大(振动:$\rho_{d\max}=2.43\text{g/cm}^3$);过渡料(上包线)次之(振动:$\rho_{d\max}=2.41\text{g/cm}^3$);栖霞组(上包线级配)堆石料再次之(振动:$\rho_{d\max}=2.39\text{g/cm}^3$);茅口组(上包线级配)堆石料最小(振动:$\rho_{d\max}=2.27\text{g/cm}^3$,重型击实:$\rho_{d\max}=2.37\text{g/cm}^3$)。

(5) 综合以上试验成果、水布垭大坝填料的控制干密度如表 6.4-8。

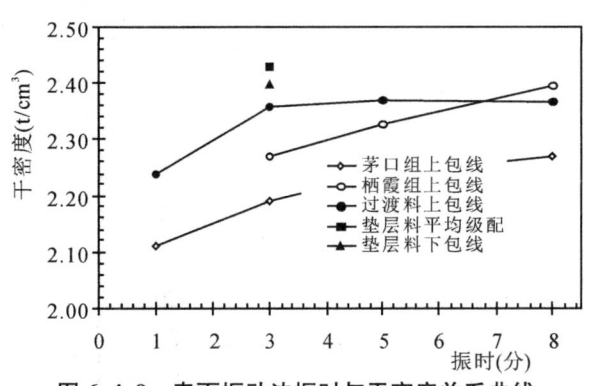

图 6.4-9 表面振动法振时与干密度关系曲线　　图 6.4-10 茅口组灰岩($P_5=66\%$)加水量与干密度破碎率关系

表 6.4-8　　　　　　　　　　　各种填料压实控制密度

填料种类	最大干密度(g/cm³)	力学参数取值的控制干密度(g/cm³)
茅口组堆石料	2.375	2.16
栖霞组堆石料	2.39	2.16
过渡料	2.408	2.18
垫层料	2.43	2.20

2.4　堆石料强度特性与应力应变关系研究

2.4.1　轴对称条件下大坝填料的强度与变形特征

针对水布垭面板堆石坝各种填料应用 300mm×600mm 的应力和应变式大型三轴仪进行了不同密度、不同级配条件下常规三轴剪切试验[5][6]。图 6.4-11 为填料典型三轴试验曲线,表 6.4-9 为材料邓肯模型参数。

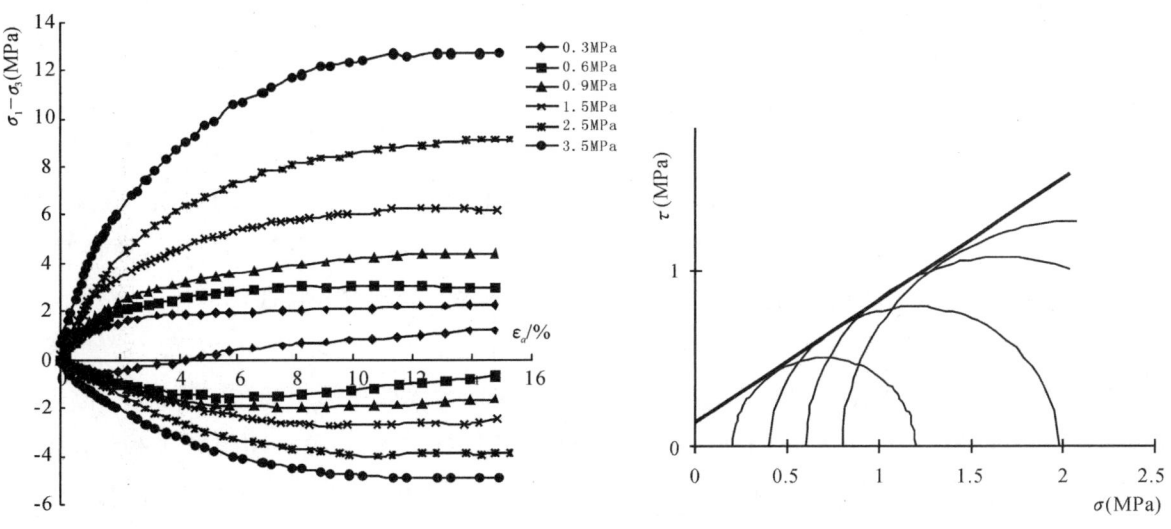

图 6.4-11　填料典型三轴试验曲线

表 6.4-9　　材料的邓肯模型参数

试验材料	试样编号	密度 (g/cm³)	邓肯模型参数							
			R_f	K	n	G	F	d	K_b	m
茅口组上段	M1	2.13	0.76	1600	0.12	0.42	0.21	3.7	790	−0.14
	M2	2.05	0.83	1346	0.11				360	0.02
茅口组下段	M3	2.13	0.75	1550	0.13	0.42	0.21	4.2	720	−0.11
	M4	2.06	0.8	1130	0.2				351	0.05
	M5	1.98	0.78	944	0.09				239	0.09
	M6	1.90	0.75	599	0.17				189	0.04
栖霞组12段	Q1	2.13	0.80	990	0.35	0.45	0.21	3.1	550	−0.08
	Q2	2.09	0.83	1088	0.24				394	−0.03
	Q3	2.00	0.73	628	0.12				188	0.08
栖霞组混合料10段+12段	QH1	2.13	0.79	928	0.26	0.43	0.21	2.5	172	0.21
	QH2	2.10	0.79	749	0.19				271	0.01
	QH3	2.05	0.75	672	0.12				223	0.01
	QH4	2.00	0.77	481	0.23				101	0.26
茅口组	M7	2.10	0.87	1120	0.27	0.33	0.15	3.56	620	−0.15
	M8	2.15	0.84	1350	0.32	0.48	0.22	3.01	945	−0.16
	M9	2.10	0.83	1143	0.32	0.52	0.2	1.89	688	0.03
	M10	2.16	0.79	1545	0.23	0.48	0.17	1.85	848	−0.1
栖霞组12段	Q4	2.10	0.78	710	0.31	0.36	0.15	2.87	233	0.13
	Q5	2.15	0.76	765	0.33	0.39	0.17	3.35	470	−0.08
	Q6	2.20	0.81	1610	0.15	0.48	0.23	3.30	1200	−0.375

由试验成果可看出如下的规律：

(1) 强度指标主要与岩性有关，高围压条件下强度包线弯曲现象并不明显，基本符合摩尔—库仑强度准则，且凝聚力比较大(0.15~0.35MPa)。

(2) 填料的应力应变关系具有非线性、弹塑性等一般规律，应力应变曲线$(\sigma_1-\sigma_3)-\varepsilon_1$与邓肯一张模型的双曲线假定基本吻合，且变形指标主要与填料的密度、岩性相关，与试验级配关系并不明显；当试验干密度大于 2.16g/cm³ 且围压小于 0.6MPa 时，才可能出现轻微的软化现象，一般表现为应变硬化特征。

(3) 体变曲线比较复杂，表现出明显的剪胀性，干密度愈大，围压愈小，剪胀性愈明显，随着围压增大，剪胀性逐渐减弱，并逐渐发展到剪缩性。因此，填料的本构模型应反映这一特性。

2.4.2　刚性侧限条件(K_0状态)下大坝填料的变形特性

堆石料的压缩试验就是在有侧限的条件下施加压力，观察在不同压力下的压缩变形量，以测定堆石料的压缩系数、压缩模量等有关压缩的指标，是研究刚性侧限下堆石料压缩特性的最基本的方法。填料压缩试验采用叠环式固结渗透仪，试样高 1000mm，直径 500mm，轴向最大荷载 500kN。试验时由于侧向刚性约束的限制，使得堆石料在竖向压力作用下只能发生竖向变形，而无侧向变形。在土样上下放置透水板。试验过程中竖向压力逐级施加,并通过刚性板传给试样,试样产生的压缩量通过百分表量测。叠环式固结渗透仪是由很多浮环及浮环间可压缩橡胶构成,其优点是可消除很大一部分侧向摩阻力。

图 6.4-13 是不同试验条件的试验成果比较,试样直径 300mm(最大颗粒粒径 60mm)的压缩模量试验值要比试样直径 500mm 的试验值大,尤其是茅口组灰岩堆石料,压缩模量随压力时增时减的波动性亦大,试验 1 的 3 个成果表明,径径比(分别为 5、8、3、16.6)对试验成果的影响是非常明显的。因此,压缩模量试验值的波动性并不一定是堆石料固有的,而是由于试验条件不当造成的。

试验研究表明,压缩模量试验值的波动性与以下因素有关[7]:

(1)径径比。不同径径比条件下的压缩试验成果表明,随着径径比增大,刚性边界限制颗粒移动的作用和影响范围将愈小,压缩模量随压力时增时减的波动性也逐渐改善。可以预计,当径径比大到一定时,可以完全消除压缩试验成果的波动性。由此表明,对于棱角分明的堆石料的压缩试验,径径比等于 5.0 作为控制标准可能是不合适的。

(2)颗粒强度。对于颗粒强度较高的堆石料,出现压缩模量时大时小现象必然伴有颗粒破碎。对于堆石料压缩试验,当径径比较小时,粗颗粒将形成稳定的骨架,试样的变形、颗粒易位主要依赖于颗粒破碎,颗粒破碎对应的外部应力大小的不确定性决定了压缩模量时大时小现象。当颗粒强度较低不足以形成稳定的骨架时,一般不会出现压缩模量波动现象,如级配极不稳定的三峡风化砂(花岗岩强风化料),压缩模量无波动性现象;另外,对于圆度良好、颗粒强度极高的砂砾石料,径径比为 5.0 时,压缩模量与压力关系曲线亦不出现波动,但压缩模量值可能偏高。

(3)约束条件。三轴试验的体变模量与静水压力关系的规律性是明显的,且曲线非常光滑,变形模量不具有时大时小现象。究其原因,主要是由于三轴试验侧向为柔性约束,而压缩试验是刚性约束。当侧向刚性约束时,形成骨架的粗颗粒的位置相对比较稳定,楔入与啮合的颗粒易位将伴随着棱角的局部破碎,压缩变形带有很大的随机性。在柔性约束条件下,颗粒的变位将相对自由得多,且比较符合堆石坝中堆石料的颗粒约束条件。因此,堆石料压缩试验得到的压缩模量存在波动性现象是刚性约束的结果。

综上所述,对于颗粒强度较高的粗粒土的压缩试验(刚性约束),要使试验成果合理,唯有增大试样的径径比,不同材料的合理径径比应该是不同的。因此,粗粒土压缩试验成果的不确定性是由于刚性约束和较小径径比试验条件的综合结果,不能反映粗粒土填筑体的变形规律,更不是粗粒土的固有的应力应变特征。

同时试验表明,填料的压缩性主要与岩性和密度相关,在保证填料结构状态相似条件下,填料的压缩性与起始级配、干湿状态的关系相对较小。综合大量室内压缩试验成果和上述对压缩试验成果的可靠性分析,水布垭面板堆石坝的主堆石、次堆石、过渡料及垫层料的压缩模量分别取 90MPa、120MPa、130MPa、140MPa。

2.5 堆石料的湿化特性

堆石料在一定的应力状态下,由于水的浸润作用将发生沉降变形,称为湿化变形。采用单线法进行了湿化变形试验,试验过程为:对制备好的试件,在一定周围压力下进行(UU)剪切,待剪应力($\sigma_1-\sigma_3$)达到一定值后,停止剪切,保持此时应力状态对试样进行充水饱和,测定其轴向变形量。试验使用应力控制式三轴压缩仪,试样直径 300mm、高 700mm。对栖霞组 12 段灰岩料不同密度、不同应力水平、不同周围压力下的湿化变形试验[8],其试验成果见表 6.4-10。

表 6.4-10　　堆石料湿化变形试验结果

干密度	应力水平	湿化应变（%）			
ρ_d (g/cm³)	(%)	$\sigma_3=0.4$MPa	$\sigma_3=0.8$MPa	$\sigma_3=1.6$MPa	$\sigma_3=2.5$MPa
2.15	0.3		0.97		
2.15	0.5	1.20	1.51	2.13	2.16
2.15	0.7		3.15		
2.10	0.5		1.87		
2.20	0.5		1.22		

从试验结果可知：

（1）栖霞组12段灰岩堆石料的湿化变形比较明显，湿化轴向应变从总的趋势看，它随小主应力 σ_3 增大而增加，如干密度 2.15g/cm³，小主应力 $\sigma_3=0.4$MPa、0.8MPa、1.6MPa 及 2.5MPa，应力水平为0.5时，湿化轴向变形从 1.2% 增加到 2.16%，从而说明，堆石料浸水后将产生湿化沉降，为了减少湿化沉降量，在施工中应采取一些工程措施，如坝体填筑时，在碾压前和碾压过程中增加洒水量，提高压实干密度。

（2）在同一周围压力下，湿化应变随应力水平的增大而增加。干密度 2.15g/cm³，周围压力 $\sigma_3=0.8$MPa，应力水平为 0.3、0.5、0.7 时，湿化应变从 0.97% 增加到 3.15%。

（3）在同一周围压力及应力水平下，湿化应变随密度的增大而减小。周围压力 $\sigma_3=0.8$MPa，应力水平 0.5，干密度从 2.10g/cm³ 增加到 2.20g/cm³，湿化应变从 1.87% 减小到 1.22%。

（4）1989年曾结合小浪底细砂岩坝壳堆石料和天生桥灰岩堆石料进行过在平面应变条件下湿化试验（在低小主应力状态下），其结果与本次试验基本相同，即：①湿化轴向应变与小主应力 σ_3 有关，它随 σ_3 增大而增加，如小主应力 $\sigma_3=0.2$MPa、0.4MPa、0.6MPa、0.8MPa，应力水平为 66% 时，小浪底细砂岩堆石料的湿化轴向应变从 2.1% 增加到 2.3%，而天生桥灰岩堆石料的湿化轴向应变从 1.4% 增加到 1.9%。②湿化变形大小与堆石料岩性有关，小浪底坝壳堆石料系细砂岩，本身强度较低，吸水率大，岩石吸水后强度降低较多，而天生桥、水布垭灰岩堆石料，岩石新鲜，抗压强度高、吸水率小，遇水软化比细砂岩小得多，因此，湿化轴向应变前者大。③应力水平越高，湿化轴向应变越大。小浪底细砂岩堆石料应力水平 1/3、2/3 浸水湿化轴向应变分别为 1.4%、2.3%，天生桥灰岩堆石料分别为 1.1%、1.3%。

在同一小主应力及应力水平下，水布垭栖霞组灰岩堆石料湿化轴向应变较天生桥灰岩堆石料湿化轴向应变稍大，其主要原因在于试验仪器及试验方法的差异，堆石料在平面应变条件下的湿化变形量较三轴压缩条件下湿化变形量小。坝体内土单元的实际受力状态为平面应变状态，因此，水布垭灰岩堆石料的实际湿化变形量应较本次试验结果为小。

2.6　堆石料的流变特性

在我国水电大开发的热潮中，面板堆石坝以其强度高、变形小、抗震性好、就地取材、造价低、施工快、维修简单等突出的优点备受青睐。一些面板堆石坝建成后，后期变形明显，并引起混凝土面板的开裂。如西北口面板坝建成第二年面板出现裂缝，后经处理后仍有较大的变形；天生桥面板坝蓄水后坝体陆续下沉量超过 1m；十三陵电站上池面板坝原型观测结果表明，堆石的沉降在较长时间内持续发展。高面板坝的流变研究已成为坝工专家和工程师广泛关注而亟待深入研究的问题。材料的流变特性包括蠕变、应力松弛和长期强度等几方面。对面板堆石坝而言，影响最直接的是蠕变特性，因此下面主要研究蠕变方面的问题。压实密实堆石的蠕变主要来自颗粒长期受力后边角的破碎、石料长期浸水后软化，以及颗粒调整的压密等因素。这是与软黏土的流变特性完全不同的物理本质。

2.6.1 试验仪器和试验方法

根据水布垭面板堆石坝的需要,2001年长江科学院研制并安装了三台专用于粗粒料蠕变研究的大型应力式高压三轴仪,该仪器具有稳定的油压控制系统,可以长期维持压力恒定,其压力室试样尺寸为 $\Phi 300 \times 600$ mm,最大轴向荷载1500kN,最大周围压力3.0MPa,最大轴向行程250mm。为了避免温度变化对试验成果的影响,试验室采用空调进行温度控制,试验过程中温度控制在14℃~16℃。

根据常规三轴试验确定的强度指标,并按确定的围压计算各级偏应力水平下的竖向荷载。采用分级施加荷载的方法,在已知三轴应力条件下,先按常规三轴试验方法各向等压固结排水,并剪切至预定的应力然后用蓄能罐稳定应力状态若干时间(3~69天),记录不同时刻的轴向变形和体变,当达到预定时间,蠕变稳定后加下一级荷载。同时,采用不同的施加荷载的方法,与分级加载的试验成果进行了对比[9][10]。

2.6.2 试验方案

试验的试样选择水布垭茅口组灰岩,其比重为2.73。蠕变试验中除1组试验为单级配($D=10\sim 20$mm),控制干密度1.63g/cm³(初始孔隙率$n=29.1\%$)外,其他6组试验的级配采用主堆石料平均级配经缩尺后的级配,控制干密度均为2.16g/cm³(初始孔隙率$n=20.9\%$)。

按照高坝的实际受荷情况,围压分别控制为0.9MPa、1.8MPa、2.7MPa;对每一种围压,施加的偏应力水平分别为0.2、0.4、0.6、0.8,以研究在不同围压、不同偏应力水平下粗粒料的蠕变特性。试验方案如表6.4-11。根据常规三轴试验确定的强度指标,并按确定的围压计算各级应力水平下的竖向荷载。在已知三轴应力条件下,稳定应力状态若干时间(3~69天),记录不同时刻试样变形,当达到预定时间,变形稳定后加下一级荷载。

表6.4-11　　　　　　　　　　堆石料的蠕变试验方案

试验编号	试验干密度(g/cm³)	级配	试验条件		
			围压 σ_3(MPa)	应力水平	稳定时间(天)
MKP01	2.16	平均	0.9	0.2/0.4/0.6/0.8	6/7/8/13
			1.8	0.2/0.4/0.6/0.8	6/7/8/13
			2.7	0.2/0.4/0.6/0.8	6/7/8/13
MKP02	2.16	平均	0.9	0.2/0.4/0.6/0.8	6/9/11/11
			1.8	0.2/0.4/0.6/0.8	6/9/11/11
			2.7	0.2/0.4/0.6/0.8	6/10/11/11
MKP03	2.16	平均	0.9	0.8	69
			1.8	0.8	69
			2.7	0.8	69

2.6.3 试验成果及分析

(1)堆石料的蠕变与时间的关系

试验结果表明,不同应力状态下的堆石料蠕变曲线呈现相同规律,而剩余蠕变量($\varepsilon_f - \varepsilon_L$)的时间曲线在双对数坐标系下呈很好的线性关系,堆石料的蠕变量与时间的关系可采用幂函数表达:

$$\varepsilon_L = \varepsilon_f(1 - t^{-\lambda}) \qquad (6.4-1)$$

式中 ε_f 可理解为某一应力状态下的最终蠕变量,也可理解为蠕变曲线的拟合参数,它与工程运行时间将要发生的最终蠕变量可能是不同的。

(2)堆石料的蠕变与应力状态的关系

堆石料的蠕变量随应力状态变化而变化是不言而喻的,但是堆石料的蠕变特性与应力状态间是否具有唯一性,即最终应力状态一致时,不同的加荷过程是否影响堆石料的蠕变特性,仍需要专项试验予以证实。为此相关人员进行了三组比较性试验。试验结果表明,当应力增量足够大时,堆石料的蠕变只与最终的应力状态相关,而与应力增量大小无关。可作为堆石料的蠕变成果分析的基本前提。

(3)蠕变模型及模型参数

按照滞后变形理论,总应变可以分为瞬时产生的弹塑性应变 ε_{ep} 和滞后产生的蠕变 ε_L 两部分,即:

$$\varepsilon = \varepsilon_{ep} + \varepsilon_L \tag{6.4-2}$$

为了统一,整理室内试验成果时,两部分应变时间以1小时为界,1小时以前的应变为初始弹塑性应变。

①轴向蠕变

结合式(6.4-1)变换式(6.4-2)为:

$$(\varepsilon_f + \varepsilon_{ep}) - \varepsilon = \varepsilon_f \cdot t^{-\lambda} \tag{6.4-3}$$

式中 $(\varepsilon_f + \varepsilon_{ep})$ 为某级荷载下的应变极值,$(\varepsilon_f + \varepsilon_{ep}) - \varepsilon = \varepsilon_f - \varepsilon_L$ 为剩余蠕变量。根据不同时间 t 的试验应变 ε 可拟合得 ε_f、λ,且 ε_f、λ 为应力状态的函数。

在本次试验的围压范围内,ε_f 与围压有很好的线性关系,且 ε_f 与围压成正比:

$$\varepsilon_f = \beta \cdot \sigma_3 \tag{6.4-4}$$

系数 β 与应力水平 s_L 之间的相互关系可采用双曲线函数表达,试验成果与拟合曲线有很好的一致性。

$$\beta = \frac{c \cdot s_L}{1 - d \cdot s_L} \tag{6.4-5}$$

将式(6.4-5)代入式(6.4-4)得 ε_f 与应力状态的函数表达式:

$$\varepsilon_f = \frac{c \cdot s_L}{1 - d \cdot s_L} \sigma_3 \tag{6.4-6}$$

不同应力水平下的 λ 变化幅度很小,λ 仅与围压相关。且 λ 与应力 σ_3 服从幂函数关系:

$$\lambda = \eta \cdot \sigma_3^{-m} \tag{6.4-7}$$

综上所述,表达式(6.4-1)、式(6.4-6)、式(6.4-7)及参数 c、d、η、m 完整地给出了堆石料的轴向蠕变特征。

②体积蠕变

体积蠕变量的时间曲线可以采用幂函数表达:

$$\varepsilon_{LV} = \varepsilon_{fV} \cdot (1 - t^{-\lambda_V}) \tag{6.4-8}$$

在本次试验的围压范围内,ε_{fV} 与围压有很好的线性关系,采用线性函数拟合:

$$\varepsilon_{fV} = \alpha_V + \beta_V \cdot \sigma_3 \tag{6.4-9}$$

α_V、β_V 与应力水平 s_L 之间的相互关系可采用幂函数表达:

$$\begin{aligned} \alpha_V &= c_\alpha \cdot s_L^{d_\alpha} \\ \beta_V &= c_\beta \cdot s_L^{d_\beta} \end{aligned} \tag{6.4-10}$$

将式(6.4-10)代入式(6.4-9)得最终体积蠕变量 ε_{fV} 与应力状态函数表达式：

$$\varepsilon_{fV}=c_\alpha s_L{}^{d_\alpha}+c_\beta s_L{}^{d_\beta}\cdot\sigma_3 \tag{6.4-11}$$

λ_V 与应力状态关系不明显，稍有波动，可以假定 λ_V 为常数：

$$\lambda_V=\mathrm{const.} \tag{6.4-12}$$

综上所述，式(6.4-8)、式(6.4-11)、式(6.4-12)及参数 c_α、d_α、c_β、d_β、λ_V 可以表达堆石料体积蠕变特性。

堆石料蠕变参数：以上建议的堆石料蠕变表达式共 9 个参数，即 c、d、η、m、c_α、d_α、c_β、d_β、λ_V。对于水布垭干密度为 $2.16\mathrm{g/cm^3}$ 茅口组灰岩主堆石料（平均级配），其蠕变参数列于表 6.4-12。该参数对应的时间单位为小时，应力单位为 MPa。

表 6.4-12　　　　　　　　　　茅口组灰岩主堆石料蠕变参数

c	d	η	m	c_α	d_α	c_β	d_β	λ_V
0.2892	0.8465	0.0831	0.3899	0.4445	2.0827	0.436	1.6383	0.0678

2.7 堆石料的变形机理

常规室内三轴试验能获得填料的宏观力学特性，而这种宏观特性的描述并不能揭示其微观变形机理。为了探讨堆石料的微观变形机理，以水布垭大坝填料为研究对象，进行了 CT 三轴试验研究，并应用长江科学院开发的计算机图像测量系统分析三轴试验中颗粒的运动规律，同时采用 DDA 分析方法对三轴试验进行数值仿真分析，验证了采用 CT 试验结合 DDA 数值分析进行堆石料变形机理研究是可行的[11][12]。

2.7.1　CT 三轴试验

(1) 试验仪器和方法

CT 三轴试验设备是由 CT 机和 CT 三轴仪组成。试验采用应力控制方式加载到某一应力，然后利用 CT 机对三轴压力室中的试样进行实时扫描，实现了三轴剪切过程中试样内部结构变化的动态监测，试样高 200mm，直径 100mm，最大围压 1.0MPa。

(2) 宏观应力应变关系

试验用料为单一粒径（10～20mm）的水布垭灰岩，干密度为 $1.73\mathrm{t/m^3}$，其宏观应力应变关系见图 6.4-12，为典型的硬化型粗粒土。

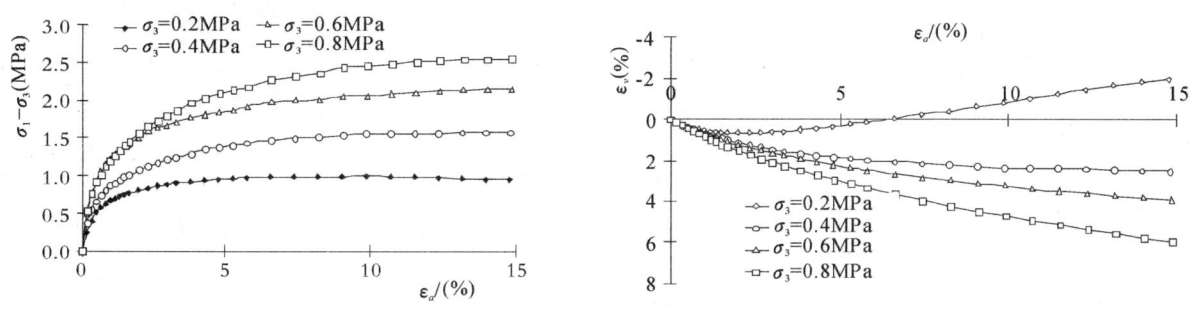

图 6.4-12　粗粒土的应力应变曲线

(3) 三轴试验 CT 图像

图 6.4-13 给出一个试样（$\sigma_3=0.2\mathrm{MPa}$）不同变形状态下同一剖面位置的 CT 图像，从 CT 图像可直

观地看到,对于单粒组颗粒集合体,经振动密实后,不同形状的颗粒形成相互嵌入、空间中相互接触的、稳定的颗粒结构体系。由于颗粒大小差别不大,局部存在一定架空现象。大小颗粒位置和颗粒长轴方向的分布具有很强的随机性。

在整个压缩变形过程中,相邻颗粒的位置将发生相应调整,颗粒的接触关系发生调整。可以推论,对其中某一颗粒而言,其相邻颗粒作用在该颗粒上作用力的数量、方向、作用点位置将有可能随试样变形发生变化,即颗粒的平衡方式将发生变化。颗粒集合体的塑性应变是伴随着颗粒的位置调整产生的,所有颗粒平衡方式不变时的变形将发生弹性变形。

由 CT 图像可以观察到,在 $\sigma_3=0.2\text{MPa}$ 时,有颗粒破碎发生,由此表明,在宏观应力不大的条件下,颗粒承受的实际应力超过颗粒的强度($\geqslant 40\text{MPa}$)。

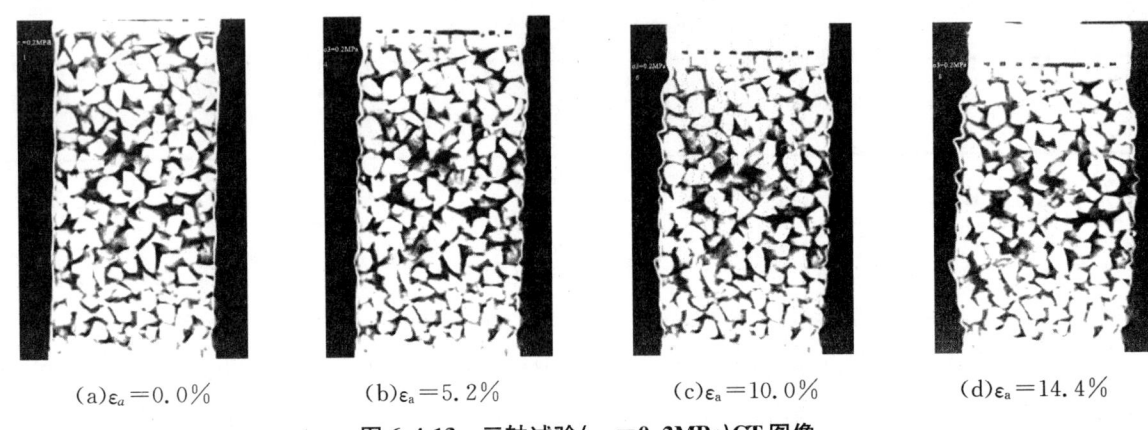

(a)$\varepsilon_a=0.0\%$ (b)$\varepsilon_a=5.2\%$ (c)$\varepsilon_a=10.0\%$ (d)$\varepsilon_a=14.4\%$

图 6.4-13　三轴试验($\sigma_3=0.2\text{MPa}$)CT 图像

(4) 堆石料变形机理分析

针对 CT 三轴试验图像,应用开发的计算机图像测量分析系统对不同宏观应变状态下的颗粒位置及其变位进行了量测,不同围压的三轴试验的颗粒运动具有相似的规律。

图 6.4-14 为三轴试验($\sigma_3=0.2\text{MPa}$,$\varepsilon_a=14.4\%$)试样某一剖面上颗粒的位移矢量。在某一应变状态下,试样中不同区域中的颗粒的位移存在较大差异,在上、下端部近似三角形区域(Ⅰ区)中的颗粒的相对位移极小,类似于浅基础下主动朗金区,即俗称的弹性核。此区域外的试样中部区域(Ⅱ区)中的颗粒的相对位移较大,在竖向压缩的同时,伴随着较大的水平位移,该区域类似于浅基础下被动朗金区,试样的宏观应变主要由该区域的颗粒的位置调整引起,这一现象应该引起我们对粗粒料工程(如堆石坝)变形分析中室内试验方法的思考:室内试验的试样与工程中微单元体之间的变形模式是否具相似性,如果两者之间存在差异是否仅仅是由于试样端部的环箍效应引起的。

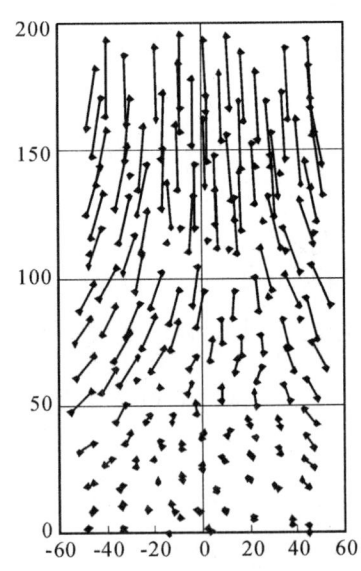

图 6.4-14　颗粒位移矢量图

2.7.2　堆石料 DDA 数值模拟试验

(1) 数值试验方法

粗粒料力学特性的研究手段主要有室内试验、原位试验和数值模拟。由于室内试验和原位试验受试样尺寸和设备能力的限制,很多问题难以解决,如级配相似、复杂应力路径等。数值模拟无须大量人力物力的投入,不受时间场地的限制,最重要的是其对试件尺寸没有限制,可作为室内试验和原位试验的一种补充手段。

粗粒料属于非连续介质。非连续介质变形的数值模拟方法主要有非连续变形分析(DDA)、离散元法(DEM)和基于 DEM 的颗粒流法(PFC)。PFC 计算简单,但假定颗粒形状为圆形或圆球,与工程粗粒料的实际形状相距甚远。DDA 和 DEM 假定颗粒形状为任意的多边形或多面体,适合于粗粒料的力学特性研究。将堆石料颗粒作为研究对象,将堆石料作为不同尺寸、不同块体的集合体,采用 DDA 数值分析方法,分析块体集合体在不同方式外力作用下的变形,在理论上完全是可行的。堆石料的室内试验与数值模拟结果对比表明,DDA 是一种研究堆石料的本构关系的强有力的工具。

(2)数值试验模型

根据堆石料的级配和颗粒形态,在预定区域内随机生成满足一定级配和形态要求的多边形颗粒,颗粒的位置随机,且颗粒间互不嵌入、重叠,从而生成松散分布的颗粒系统。取投放入区域边界为刚性边界,应用 DDA 方法模拟颗粒在自重作用下的自由落体进行颗粒堆积,形成相互接触、结构稳定的颗粒系统。堆积体形成后,按试验要求截取部分区域作为粗粒料数值模拟试验的试样。按照室内三轴试验要求,在试样的两侧加上柔性材料并离散为块体,顶部和底部加上刚性板,如图 6.4-15 所示。为了保持轴向压力垂直作用,顶部加荷板的两侧放置了刚性块。在两侧和顶部分别施加围压 σ_3 和轴压 σ_1 试验荷载后,就可以应用 DDA 进行粗粒料力学试验的数值模拟。试验模型中,颗粒粒径 10～20mm,试样尺寸 300mm×600mm。颗粒计算参数为:$E=20$ GPa,$\mu=0.2$;颗粒间摩擦角 $\delta=25°$。

图 6.4-15 数值模拟试验模型

(3)成果分析

①宏观应力应变曲线

宏观应力—应变曲线如图 6.4-16 所示。可以看出,数值模拟所得应力应变关系曲线与三轴试验所得曲线基本一致。

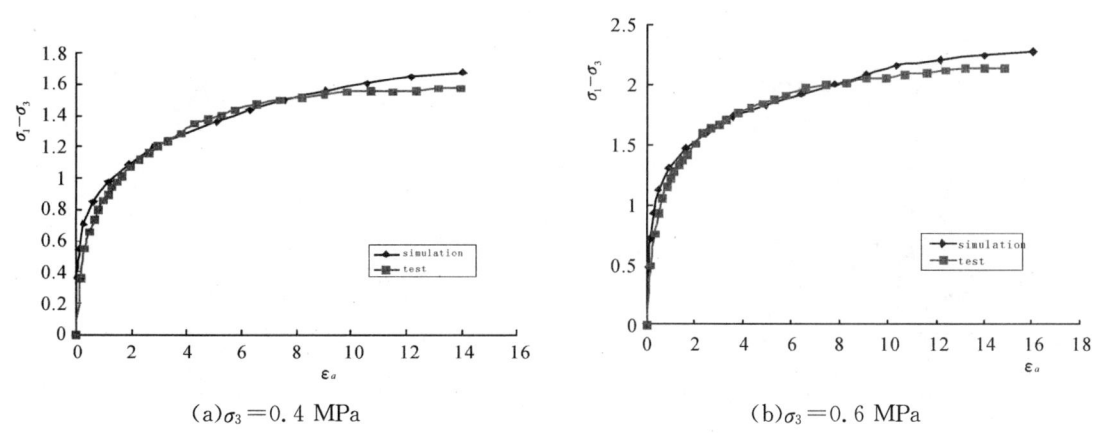

(a)$\sigma_3=0.4$ MPa　　　　　(b)$\sigma_3=0.6$ MPa

图 6.4-16 应力—应变曲线

②颗粒运动

图 6.4-17—图 6.4-19 为颗粒形心的位移图,与 CT 三轴试验所得颗粒运动规律是一致的。因受约束效应的影响,试样顶部和底部三角形区域内颗粒水平位移较小。在高轴向压力作用下,在试样两侧中部,

水平位移较大,几乎呈对称分布;竖向位移呈分层状,顶部位移大;颗粒转角在顶、底部都比较小,在对角线区域较大。

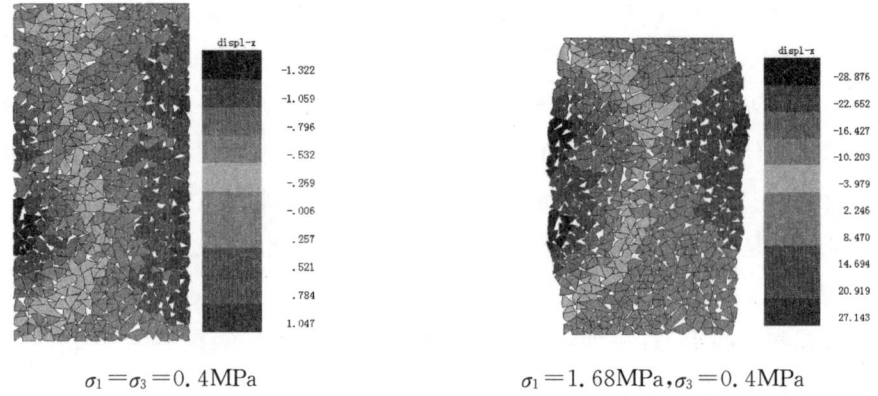

图 6.4-17 颗粒水平位移(mm)

粗粒料颗粒的运动特征反映了其作为散体材料的特殊性,很难用现有的连续体力学特性予以解释。粗粒料组构研究为粗粒料力学特性的研究提供了新思路。

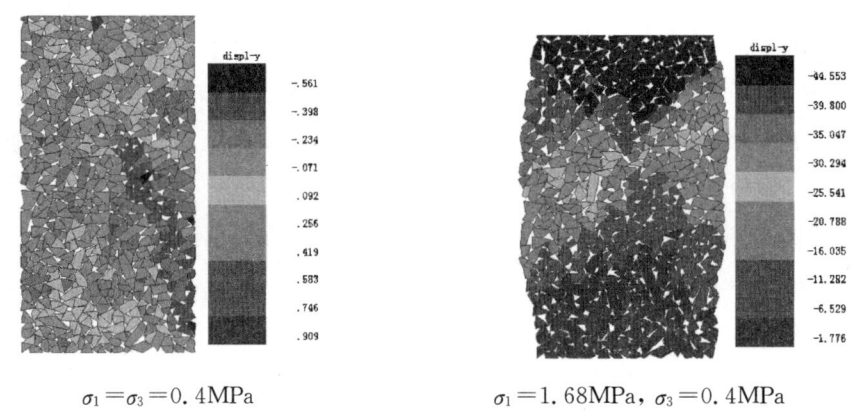

图 6.4-18 颗粒竖向位移(mm)

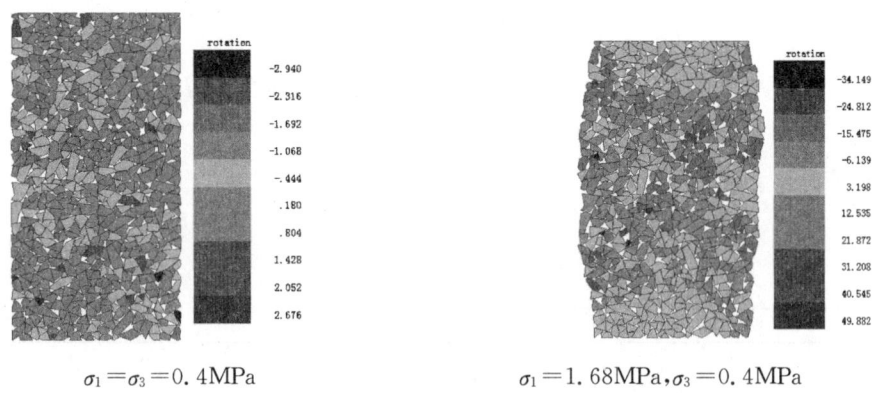

图 6.4-19 颗粒转角(°)

2.8 堆石料排水性能研究

面板堆石坝坝体内不受孔隙水压力作用,故面板堆石坝受到外力或地震力影响时比较安全。面板坝从面板上游至下游,填料的级配设计依次由细变粗,分为垫层区、过渡区、主堆石区、次堆石区及下游堆石区,渗透性则须是由小变大,且主堆石区必须是可自由排水的。堆石体渗透性的大小是由级配中<5mm 的细料含量控制,特别是<0.1mm 含量为制约因素,同时与堆石体密度的大小密切相关。

2.8.1 垫层料的渗透性

垫层料的级配要求较高,既要对堵缝材料起反滤作用,又要能使渗漏水畅通的流走,即要求具备半透水性质的材料。因此,垫层料宜采用岩性最好的茅口组灰岩,且其渗透系数须在限值之内。垫层料的渗透性试验,成果见表 6.4-13。

表 6.4-13　　　　　　　　　　　　渗透试验成果表

试验编号	试验干密度(g/cm³)	最大粒径(mm)	细料含量(%)	渗透系数 K_{20}(cm/s)
垫层料 1-1	2.20	80	40	3.94×10^{-3}
垫层料 1-1	2.15	80	40	6.35×10^{-3}
垫层料 3-1	2.20	80	46	2.24×10^{-3}
垫层料 3-1	2.15	80	46	8.29×10^{-3}

从表 6.4-13 知,当最大粒径为 80mm,<5mm 的细粒含量为 40%～46%时,渗透系数为:$(2.24-8.29) \times 10^{-3}$ cm/s,能满足半透水性材料的要求。

2.8.2 过渡料的透水性

过渡料采用茅口组灰岩和栖霞组灰岩硬岩两种岩性。其透水性试验是用栖霞组灰岩混合料在填筑碾压试验现场进行的。其铺料厚度为 40cm 和 50cm,并以 16 吨振动碾碾压 8 遍后在原级配和原位条件下用注水试验法测定的,试验成果见表 6.4-14。可见其渗透系数为 4.54×10^{-2}~8.26×10^{-2} cm/s,接近自由排水材料。

表 6.4-14　　　　　　　　　　现场原位过渡料透水性试验成果表

碾压遍数(n)	最大粒径(mm)	<5mm 含量(%)	铺厚(cm)	密度(g/cm³)	渗透系数(cm/s)
8	300	9.0	40	2.21	4.54×10^{-2}
		6.2	50	2.21	8.26×20^{-2}
				2.21	5.81×10^{-2}

2.8.3 主堆石区的排水性

主堆石区或次堆石区堆石体的排水性是受级配<5mm 细料含量,特别是受<0.1mm 的粉土或黏土含量所制约的,为此,设计对细料含量有一定限制,见表 6.4-15、表 6.4-16。

表 6.4-15　　　　　　　　　　　设计控制的细粒含量表

名称	细粒含量(%)	
	<5mm	<0.1mm
主堆石区	12	5
次堆石区	12	8

表 6.4-16　　　　　　　　　　　　　碾压后实测细粒含量表

名称	振动碾(t)	细粒含量(%)	
		<5mm	<0.1mm
茅口组灰岩 P_{1m}^1	16	5.1	0.4
	18	7.0	
栖霞组灰岩 P_{1q}^{12}	16	10.9	0.7
	18	12.2	
$P_{1q}^{12}:P_{1q}^{10}=1:1$ 混合料	16	10.5	1.0

通过碾压试验实测细粒料含量,如表 6.4-17 所示,茅口组灰岩(P_{1m}^1) 在碾压后<5mm 的细料含量小于设计限制的含量,而栖霞组灰岩(P_{1q}^{12})及混合料在碾压后<5mm 的细粒量接近设计的含量。

从碾压试验场观察,向测完密度后的坑中注水,水可以较快地从坑周边和坑底自由消失,同时又观察到,当碾压场厚度超过 3m 时,在碾压面大量洒水,水仍从碾压场底板流出,没有发现从断面或某一层面流水,这说明碾压堆石体排水是畅通的。

如果与库克和谢腊德关于"主堆石料小于 4.76mm 的细颗粒含量不大于 20%,小于 0.074mm 的细颗粒含量(即粉土与黏土)不大于 10%"的建议相比,则排水性是有相当余度的。从表 6.4-17 验证成果可知,从垫层区到过渡区再到主堆石区,其渗透性按序递增,证明堆石体具备自由排水的条件。

表 6.4-17　　　　　　　　　　　　　渗透性试验验证成果表

名称	渗透系数
垫层区	$2.24\times10^{-3}\sim8.29\times10^{-3}$ cm/s
过渡区	$4.54\times10^{-2}\sim8.26\times10^{-2}$ cm/s
主堆石区	$>1\times10^{-1}$ cm/s

3　面板与堆石料的接触特性研究

水布垭面板堆石坝坝体的安全与面板受力状态密切相关,而面板的受力过程与混凝土面板与碎石垫层的相互作用关系密切,尤其主要取决于面板与垫层间接触面的剪应力分布状态,因此,需要了解面板与垫层两种刚度差别较大的材料间接触面的力学性质,从而对它们的应力与变形做出正确的分析与评价[13]。

3.1　大型单剪仪的研制

3.1.1　试样尺寸与试样粒径的关系

粗粒土的试验研究往往需要大尺寸的仪器设备,如果试样粒径与仪器尺寸不协调,将导致试验成果的偏差,但试验设备也不可能无限制增大,因此,合理的选择试样尺寸尤为重要。长江科学院通过大量的试验研究成果,统计出 $D-D/d_{\max}$ 关系曲线,分析表明:试样的合理尺寸与最大粒径有关,随着粒径的增大,合理的试样尺寸与最大粒径的比值 $D/d_{\max}$ 也在变化;当 $d_{\max}>30\sim50$mm 后,只需要 $D/d_{\max}=4\sim6$ 即可基本消除试样的尺寸效应。

3.1.2 大型单剪仪的主要技术指标

水布垭面板堆石坝面板垫层料最大粒径 40mm～80mm，平均粒径 60mm。为减少试样粒径对剪切试验成果的影响，同时还考虑到坝体的荷载级别，本次试验采用叠环式单剪仪，采用试样尺寸与最大粒径的比值 $D/d_{max}=5$。

单剪仪的上部为 10 个 600mm×600mm×30mm（长×宽×高）的钢板叠环，叠环之间由滚轴排减少摩擦，下部剪切盒尺寸为 600mm×600mm×300mm（长×宽×高）。该设备的最大垂直荷载为 1000kN，最大水平荷载为 1000kN，相应的最大法向压力和最大剪切应力皆为 2.78MPa；最大允许剪切位移 120mm。水平加载采用液压泵供油应变控制方式，剪切速率为 0.03mm～20mm/min 无级变速控制；垂直荷载、水平推力及水平位移由计算机自动采集。

3.2 接触面的力学特性研究

面板垫层采用茅口组灰岩，为比较接触面材料对剪切强度和变形的影响，采用三种接触面形式进行试验比较，即：①混凝土面板无保护，垫层料直接与混凝土面板接触；②接触面仅有水泥砂浆保护，保护层厚度 5mm；③接触面采用阳离子乳化沥青保护层，厚度 10mm。剪切面法向应力取 0.5、1.0、1.5、2.0MPa。

3.2.1 接触面粗糙度

接触面粗糙度是影响接触面力学性质的重要因素。对于面板堆石坝混凝土面板～砾石垫层的接触面，如何定义接触面的粗糙度，无规范可循。为此，从反映接触面的力学特性出发，参照目前已有的多种粗糙度的定义，针对面板—垫层接触面的特点，定义一种新的相对粗糙度：

$$R_n = R_s / D_{av} \tag{6.4-14}$$

其中 R_n 为相对粗糙度，R_s 为混凝土面板粗糙度均方根值，D_{av} 为垫层料的平均粒径，为 7.5mm。

面板试样的平面尺寸为 600mm×600mm。试验之前，按照 30mm×30mm 的网格量测试样表面的粗糙度。量测点数为 19×19＝361 个。量测的方法是：在面板试样表面打上网格，将一个位移传感器安装在一个专门加工的带水平滑动槽的托架上，传感器可以在水平面内（X、Y 方向）移动。以某一角点为起始点（起始高程），将位移传感器逐次移动到各网格点上，量测每点的高程，计算 361 个测点高程的平均值，将各点高程减去平均值作为各点的粗糙度，记为 c。将 361 个测点粗糙度 c 的均方根值 σ_c，作为试样表面的均方粗糙度 R_s。计算 R_s 与垫层砾石料平均粒径 D_{av} 的比值，即为接触面的相对粗糙度。无保护接触面的粗糙度 c 的频率分布如图 6.4-20 所示，可见服从正态概率分布。粗糙度等值线分布如图 6.4-21 所示，显见表面的粗糙程度在面内是随机分布的。根据测量计算，无保护接触面相对粗糙度为 0.188，砂浆保护接触面粗糙度为 0.097，乳化沥青保护基础面相对粗糙度为 0.084。

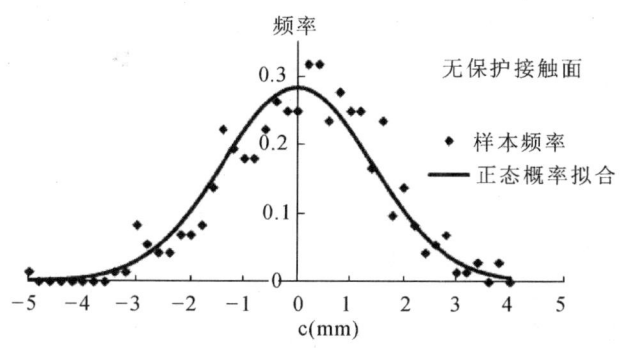

图 6.4-20 无保护接触面表面粗糙度频率分布

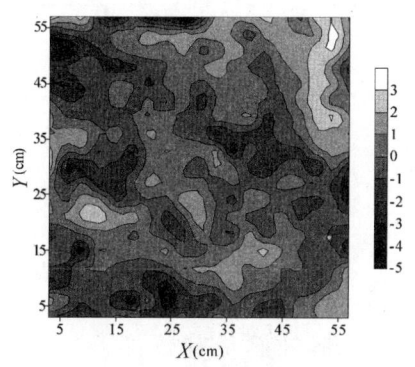

图 6.4-21 无保护接触面粗糙度等值线分布

3.2.2 剪切应变沿厚度方向的分布特征

三种接触面试验得到的水平荷载峰值(试样破坏)时,水平位移沿试样高度的分布规律基本一致,无保护接触面剪切位移沿试样高度分布如图 6.4-22 所示,其中 0 号代表混凝土面板(下剪切盒)。可以看出,最大的相对错动位移均发生在第 1 层叠环与下剪切盒之间,即混凝土面板与垫层之间的接触面处。这表明接触面的抗剪强度小于砾石垫层的抗剪强度,剪切破坏发生在接触面处。剪切位移的变化从下至上基本可以分为三层:①无厚度接触面,在面板—垫层之间产生较大的相对滑动;②剪切带(应变较大的薄层),接触面—第 2 个叠环顶面之间约 60mm 的厚度内,垫层材料产生较大的剪切应变;③离接触面 60mm 以外的垫层内,剪切位移沿高度基本呈线性变化,表明剪切应变为常量,属于纯粹土体本身的应变。试验得到的剪切带厚度约为 60mm,是垫层材料平均粒径(7.5mm)的 8 倍,与垫层料的最大粒径(60mm)基本相等。

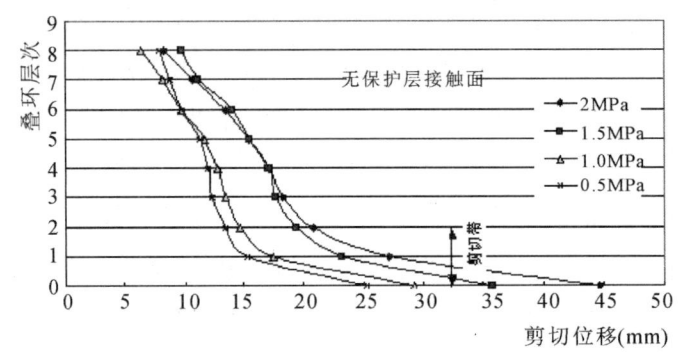

图 6.4-22　无保护接触面剪切位移沿试样高度分布

3.2.3 接触面剪切应力—位移关系

三种接触面材料接触面剪切试验得到的剪应力与位移之间呈现出很好的双曲线关系,无保护层接触面剪切应力与剪切底盒之间的位移关系曲线如图 6.4-23。从图中可知,随着接触面上正应力的增大,达到峰值强度所需的剪切位移也更大。在相同的正应力下,乳化沥青保护层接触面的剪切应力最小,无保护层接触面的剪切应力最大。

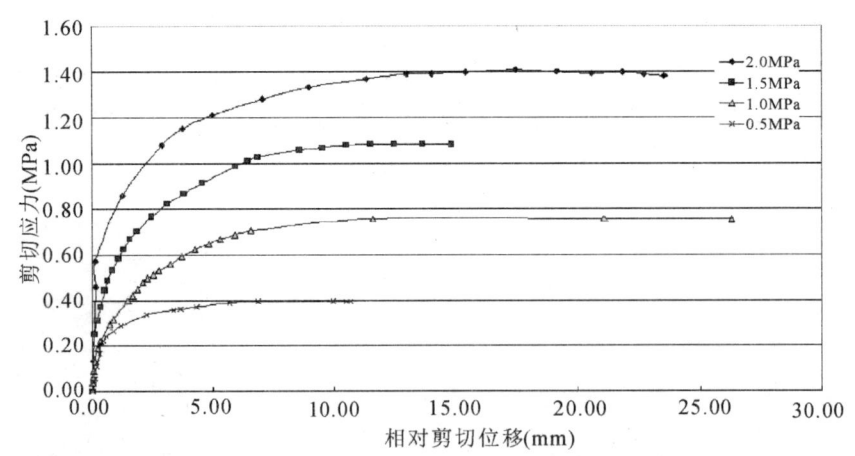

图 6.4-23　无保护接触面剪切应力与剪切位移关系曲线

3.2.4 接触面抗剪强度

通过接触面剪切试验,获得了接触面的抗剪强度参数。砂浆保护接触面的凝聚力 c 最小,为 26kPa;

无保护接触面和乳化沥青保护接触面的凝聚力接近,分别为 70kPa 和 84kPa。无保护接触面的摩擦角最大,为 34.0°;砂浆保护接触面次之,为 30.5°;乳化沥青保护接触面的摩擦角最小,为 24.9°。接触面愈光滑(相对粗糙度越小),则摩擦角也愈小。

3.3 接触面单元的模拟方法及参数

在进行土与结构物共同作用的应力-变形有限元分析中,接触面单元的模拟是一个非常重要内容,常用的单元形式归纳起来有:两节点链接单元、无厚度单元和薄层单元等,其中两节点链接单元的劲度取值任意性较大,目前已不采用。

本次试验得到无厚度接触面和薄层单元的参数如表 6.4-18 所示,可知无保护接触面的剪切劲度和初始剪切模量均远高于后两种接触面,砂浆保护接触面的剪切劲度和初始剪切模量与乳化沥青保护接触面相近,前者略高,与其相对粗糙度接近是相符的。

表 6.4-18　　　　　　　　　　接触面参数试验成果

接触面类型	无厚度单元		薄层单元	
	k_s	n	k	n
无保护	15115	0.61	516	0.62
砂浆保护	5012	0.89	196	0.72
乳化沥青保护	3639	0.42	176	0.23

4 坝基覆盖层的工程特性研究

水布垭水电站坝址处河床砂砾石层厚一般为 7~13m,233m 高的面板堆石坝能否直接建在砂砾石层上,涉及挖填方量约 50 万 m³,对整个工程的工期和投资影响较大。2002 年底工程截流后,长江科学院在坝址处河床砂砾石层中采取现场挖坑灌水法进行了砂砾石密度和级配试验[14](夯前 14 点,夯后 15 点)。根据密度和级配试验成果资料,进行坝基河床砂砾石的力学特性试验研究,并对强夯施工区进行了现场检测试验[15]。

4.1 试验基本条件的选定

根据坝基河床砂砾石料颗粒分析试验成果,确定了河床砂砾石料的级配范围,并选择其平均级配作为本阶段试验原级配;试验级配则根据《土工试验规程》(SL237—1999),采用多级等量替代法进行级配模拟。河床砂砾石料级配范围曲线、试验原级配和试验级配,见图 6.4-24 所示。河床砂砾石的试验密度则按夯前(试验编号 HQ)和夯后(试验编号 HH)的平均密度控制。

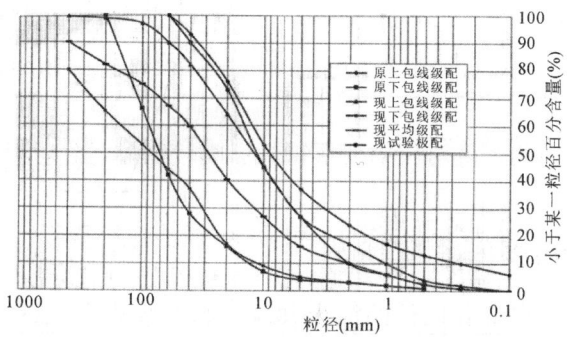

图 6.4-24　河床砂砾石料级配曲线

4.2 物理性试验

物理性试验包括比重试验和密度试验。河床砂砾石料的比重试验采用饱和面干法进行,其饱和面干比重为 2.68。河床砂砾石料的密度试验为最大干密度和最小干密度试验,最大干密度采用表面振击法进行,最小干密度采用松填法进行。最大干密度和最小干密度的试验成果分别为 2.305g/cm³ 和 1.872g/cm³。

4.3 力学性试验

力学性试验包括压缩试验和三轴剪切试验。力学性试验的密度按坝基河床砂砾石现场夯前和夯后的平均密度控制。现场夯前14点的平均密度为 2.088g/cm³(相对密度 $Dr=0.55$),夯后15点的平均密度为 2.247g/cm³(相对密度 $Dr=0.89$)。

4.3.1 压缩试验

压缩试验的试样尺寸为:直径 $D=50cm$,高 $H=25cm$。最大竖向压力为 6.4MPa,试验成果见表 6.4-19。

表 6.4-19　　　　　　　　　压缩试验成果表

试样编号	干密度 ρ_d (g/cm³)	相对密度 Dr	孔隙率 n (%)	轴向应变(6.4MPa) ε_a (%)	平均压缩模量(0.1~6.4MPa) E_s (MPa)
HQ	2.088	0.55	22	2.5	226
HH	2.247	0.89	16	1.69	348

4.3.2 抗剪强度试验及应力应变关系

抗剪强度试验采用试样直径 $D=300mm$,高 $H=600mm$ 的高压三轴仪进行,方法为饱和固结排水剪(CD)试验。试验成果及邓肯模型参数见表 6.4-20。

表 6.4-20　　　　　　　　　抗剪强度、应力应变关系参数表

编号	试验干密度 g/cm³	C' kPa	φ' °	Duncan—Chang 模型参数							
				K	n	K_b	m	R_f	D	G	F
HQ	2.088	192	37.2	1245	0.32	364	0.198	0.875	5.946	0.403	0.245
HH	2.247	442	38.1	2404	0.243	3246	−0.143	0.893	2.274	0.52	0.153

试验成果表明:河床砂砾石的密度对压缩变形特性影响较明显,强度指标的 φ 值变化不大,C 值则有较大变化。

4.4 河床砂砾石的工程力学性质

为了便于比较分析,将试验成果和以往的河床砂砾石料试验成果(试验编号 Hs01、Hs02)以及堆石料的试验成果列入表 6.4-21。

表 6.4-21　　河床砂砾石与堆石料力学特性参数

编号	压缩模量 E_s	试验干密度	Duncan—Chang 模型参数									
			C'	φ'	K	n	K_b	m	R_f	D	G	F
	MPa	g/cm³	kPa	°								
HQ	226	2.09	192	37.2	1245	0.320	364	0.198	0.875	5.946	0.403	0.245
HH	348	2.25	442	38.1	2404	0.243	3246	−0.143	0.893	2.274	0.499	0.153
Hs01	202	2.02	177	38.6	776	0.352	433	0.12	0.808	2.872	0.499	0.268
Hs02	302	2.13	232	38.8	2318	0.344	2263	−0.015	0.817	1.318	0.499	0.245
堆石	120	2.16	230	39.0	1400	0.290	700	0	0.810	2.194	0.499	0.210

由试验成果可以看出：河床砂砾石料的压缩模量明显高于堆石料，即使按夯前砂砾石的密度进行试验，其压缩模量也比堆石料的压缩模量约高一倍；按夯后密度试验的成果，其压缩模量比堆石料的压缩模量约高两倍；比较 $E-\mu(B)$ 模型参数 K 值，由成果表可以看出，按夯前砂砾石的密度进行试验的 K 值与堆石的 K 值相近，按夯后密度进行试验的 K 值则比堆石的 K 值高得多，n 值则相差不大。

根据试验成果的比较分析，可以明显看出，河床砂砾石料夯前状态的力学特性参数相近或高于主堆石区茅口组灰岩（密度=2.16g/cm³）的力学特性参数。河床砂砾石料夯后的力学特性参数则优于主堆石区茅口组灰岩（密度=2.16g/cm³）的力学特性参数。

4.5　强夯处理施工区现场试验

对于河床砂砾石覆盖层，设计规定挖除上游趾板以下150m和下游RCC围堰上游100m内的砂砾石，以解决趾板区的变形和下游坝坡的稳定问题，对保留的366.2m（垂直坝轴线长度）范围的河床覆盖层采用强夯进行处理。但在坝轴线上游覆盖层开挖过程中发现，坝子沟一带的洪积物含泥量高，有较大孤石，因此设计确定对这一带覆盖层继续挖除，只保留了坝轴线上游42m至坝轴线下游155m部分。

根据强夯试验的结果，确定强夯施工区施工参数采用4m×4m间距，梅花型Ⅱ序夯击，点点跳夯，若覆盖层厚度超过8m，单点夯击不少于10次，若覆盖层厚度在8m以内，则夯击次数不少于8次；夯锤锤重20.8吨，锤底直径2.2m，落距15m。

4.5.1　干密度、颗粒分析、含水量试验

对强夯施工区，分别在夯前和夯后的夯击表层进行了10组密度、颗粒分析和含水量试验，同时按设计要求，对河床上游应挖除的部分砂砾石覆盖层在开挖过程中也进行了8组检测，主要成果见表6.4-22和表6.4-23，可知有如下规律。

(1) 夯前：湿密度为2.132~2.276g/cm³，平均2.190g/cm³；含水量为2.21%~4.04%；干密度为2.061~2.227g/cm³，平均为2.120g/cm³；小于2mm细粒含量为8.5%~17.04%，平均8.9%。

(2) 夯后：湿密度为2.236~2.428g/cm³，平均2.324g/cm³；含水量为2.27%~3.50%；干密度为2.16~2.35g/cm³，平均为2.258g/cm³，提高了6.5%；小于2mm细粒含量为6.5%~15.2%，平均为12.65%。

(3) 在夯击表层1~2m范围内，砂砾石层干密度提高较大，加固效果明显，检测结果均满足设计干密度不小于2.15 g/cm³的要求。

表6.4-22　　　　　　　　　　　强夯施工区干密度试验成果表

检测时段	测试部位	试坑编号	测试点高程(m)	湿密度(g/cm³)	干密度(g/cm³)	含水量(%)
夯前	部分河床开挖层检测	RZ11	186.33	2.266	2.172	4.31
		RZ14	189.25	2.190	2.087	4.93
		RZ15	195.58	2.154	2.10	2.57
		RZ16	194.58	2.267	2.194	3.33
		RZ18	191.00	2.188	2.095	4.44
		RZ19	194.20	2.134	2.044	4.39
	施工区夯前	RZ20	196.0	2.276	2.227	2.21
		RZ21	196.0	2.132	2.061	3.43
		RZ22	196.0	2.156	2.082	3.54
		RZ23	196.0	2.195	2.110	4.04
夯后	施工区夯后	RZ24	195.5	2.303	2.241	2.76
		RZ25	195.5	2.305	2.254	2.27
		RZ26	195.5	2.428	2.35	3.3
		RZ27	195.5	2.236	2.16	3.5
		RZ28	195.5	2.302	2.240	2.76
		RZ29	195.5	2.369	2.300	3.0

表6.4-23　　　　　　　　　　　强夯施工区颗粒分析试验成果表

检测时段	试样编号	小于该粒径累积百分含量(%)						
		100mm	80mm	40mm	20mm	10mm	5mm	2mm
河床开挖层检测	SY11	91.9	89.8	71.9	44.8	23.6	13.3	7.1
	SY14	66.0	46.6	36.7	27.7	19.7	9.0	5.8
	SY15	53.4	51.3	38.9	30.6	19.6	12.5	8.7
	SY16	61.6	59.0	48.8	35.3	22.6	17.2	12.4
	SY18	97.0	96.5	79.4	52.7	28.4	15.1	7.7
	SY19	95.9	91.8	58.9	25.3	9.9	6.8	3.5
施工区夯前	SY20	63.3	57.9	36.2	25.8	20.6	16.5	13.2
	SY21	100	99.4	89.8	55.7	26.1	12.7	6.2
	SY22	73.9	67.5	41.2	25.8	20.6	13.5	9.4
	SY23	78.0	69.4	54.2	35.7	26.1	12.0	6.8
施工区夯后	SY24	56.76	49.96	36.53	27.76	20.88	15.56	12.54
	SY25	66.93	59.91	47.11	39.44	28.24	21.13	17.04
	SY26	77.2	71.0	45.0	33.2	24.4	13.4	11.4
	SY27	83.2	74.8	53.0	33.1	26.8	17.5	14.8
	SY28	85.2	78.0	64.0	43.2	20.4	11.4	8.5
	SY29	79.0	72.8	58.0	36.1	23.2	14.5	11.6

注：表中SY1样品对应为RZ1坑中试样，依次类推。

4.5.2 原位渗透试验

在夯前及夯后共用双环法进行了 4 组垂直渗透系数检测，其主要试验成果见表 6.4-24。

表 6.4-24　　　　　　　　　　强夯施工区试坑渗水试验成果表

夯前或夯后	试坑编号	测试点高程(m)	平均渗透系数 k_{20} (cm/s)
夯前	ST7	196.0	0.323
	ST8	196.0	0.345
夯后	ST9	195.5	0.046
	ST10	195.5	0.038

在强夯表面以下 1m 深度内，渗透性均有不同程度的降低，夯前平均渗透系数为 $3.23 \times 10^{-1} \sim 3.45 \times 10^{-1}$ cm/s；夯后渗透系数减小至 $3.8 \times 10^{-2} \sim 4.6 \times 10^{-2}$ cm/s，降低了一个数量级以上。

4.5.3 超重型动力触探

夯实前后超重型动力触探试验主要成果见表 6.4-25。从表 6.4-25 中可以看出，强夯前河床砂砾石 N_{120} 平均为 4 击左右，承载力为 300kPa 左右；强夯后，夯击面以下 4m 深度以内，击数提高到 9 击左右，提高了一倍以上，承载力达到了 600 kPa 以上，而 4.5m 深度以下虽然也有一定程度的提高，但 N_{120} 随深度的增加而减小，平均承载力在 450kPa 左右。

表 6.4-25　　　　　　　　　　强夯施工区超重型动力触探成果表

检测时段	探孔编号	孔口高程(m)	触探深度(m)	平均击数 N_{120}	承载力 f_k (kPa)
夯前	DT7	195.4	6.5	4.8	380
	DT8	195.1	6.8	5.2	420
	DT9	195.7	9.9	4.5	350
	DT10	195.7	6.2	4.4	340
	DT11	195.6	12.2	4.0	300
	DT12	195.8	11.0	4.0	300
	DT13	195.1	7.7	4.3	330
	DT14	196.0	9.8	4.0	300
夯后	DT6'	195.2	5.5	4m 以上为 9.2	688
				4m 以下为 6.8	556
	DT7'	195.2	6.9	4m 以上为 9.0	680
				4m 以下为 6.5	535
	DT8'	195.2	10.2	4m 以上为 8.5	660
				4m 以下为 4.5	350
	DT9'	195.3	5.8	4m 以上为 9.3	692
				4m 以下为 6.3	521
	DT10'	195.5	12.1	4m 以上为 9.1	684
				4m 以下为 4.3	330
	DT11'	195.8	10.9	4m 以上为 9.0	680
				4m 以下为 4.4	340
	DT12'	195.8	6.3	4m 以上为 8.8	672
				4m 以下为 5.8	480
	DT13'	196.0	7.4	4m 以上为 8.9	676
				4m 以下为 5.4	440

4.5.4 旁压试验

旁压试验主要成果见表6.4-26—表6.4-27所示,从表中可以看出,砂砾石层夯前的旁压模量在5～8MPa之间,随深度无明显变化趋势。砂砾石层夯后4.5m深度以内旁压模量提高到12～20MPa,4.5m以下旁压模量略有提高,但变化不明显。

表6.4-26　　　　　　　　强夯施工区旁压试验成果表(夯前)

检测时段	试坑编号	孔口高程(m)	深度(m)	旁压模量(MPa)
夯前	PY7	195.4	1.4	6.72
			3.75	6.14
			5.29	7.25
			7.25	5.89
	PY8	195.1	1.4	6.23
			3.96	6.92
	PY9	195.7	1.84	6.85
			3.35	7.48
			4.9	5.92
			6.42	6.44
			8.65	6.31
			9.20	7.84
夯前	PY10	195.7	2.0	4.37
			3.0	8.21
			4.5	5.57
			5.5	7.71
			6.8	6.42
	PY11	195.6	2.0	6.75
			2.8	7.14
			4.3	8.33
			5.2	6.75
			7.5	8.09
			9.80	7.46

表6.4-27　　　　　　　　强夯施工区旁压试验成果表(夯后)

检测时段	试坑编号	孔口高程(m)	深度(m)	旁压模量(MPa)
夯后	PY7'	195.2	1.3	12.90
			2.0	13.84
			3.0	12.32
			4.8	10.51
			7.0	6.32
	PY8'	195.3	1.9	18.13
			3.3	13.76
			4.4	9.26
			5.6	10.07

续表

检测时段	试坑编号	孔口高程(m)	深度(m)	旁压模量(MPa)
夯后	PY9'	195.5	1.8	15.65
			3.0	14.27
			4.1	14.72
			6.1	6.17
			7.5	7.32
	PY10'	195.8	1.8	21.76
			3.7	17.36
			4.6	18.07
			6.5	8.12
			9.5	6.53
	PY11'	195.1	2	14.67
			3.1	18.24
			6.4	6.03

4.5.5 强夯检测小结

综合分析以上资料，可以得出以下结论：

(1)在夯击表层1~2m深度范围内，砂砾石层干密度提高较大，提高了6.5%，加固效果明显，检测结果均满足设计干密度不小于$2.15g/cm^3$的要求。

(2)强夯施工的加固深度达到了5m以上，5m深度内砂砾石层强度有明显的提高，5m以下加固效果不十分明显，但强度仍有一定程度的提高。

(3)根据施工区检测结果，强夯施工消除了部分剩余沉降，减少了不均匀沉降，强夯施工基本上达到预期目的。

5 面板堆石坝应力与变形计算分析

正确把握面板堆石坝的应力变形规律，可有针对性地控制坝体的变形。水布垭工程采用数值方法进行了较为全面的应力变形分析。从预可行性研究、可行性研究、施工设计、工程施工和运行的各个建设阶段，应力变形分析成果对大坝的每一步决策都起了重要的指导作用，有时甚至是决定性的作用。

在坝型比选阶段，集中论证了面板堆石坝的数值分析的成果合理性，以及面板堆石坝坝型的可行性。应用了多种本构模型，如邓肯$E-B$模型、"南水"双屈服面弹塑性模型、非线性解耦$K-G$模型，对大坝进行了系统的论证分析，认为233m水布垭面板堆石坝的坝体、面板的应力和变形是可以接受的，并提出了接缝三个方向的变形按10cm(张开)、5cm(剪切)和5cm(剪切)作为止水结构研究的控制指标[16][17]。

2003年1月，水布垭面板堆石坝大坝主体工程开始施工，施工过程中对坝体的变形、面板的应力和变形、面板分缝和挤压边墙的变形进行了较为系统的监测，大坝的各种实测应力变形资料充分反映了实际施工过程中各种因素对大坝的影响。利用截止至2006年7月坝体沉降的实际监测资料，采用南水双屈服面弹塑性模型，模拟大坝的填筑、面板的施工和蓄退水真实过程，反分析并修正了"九五"攻关期间堆石体的本构模型参数，使得坝体的变形计算值与实际监测值接近，在此基础上研究了后续坝体填筑及水库蓄水后面板与坝体的应力变形[18]。

5.1 大坝真实填筑时序

大坝数值模拟的真实填筑时序分别如图 6.4-25 所示,反分析得到的南水双屈服面弹塑性模型参数如表 6.4-28 所示。

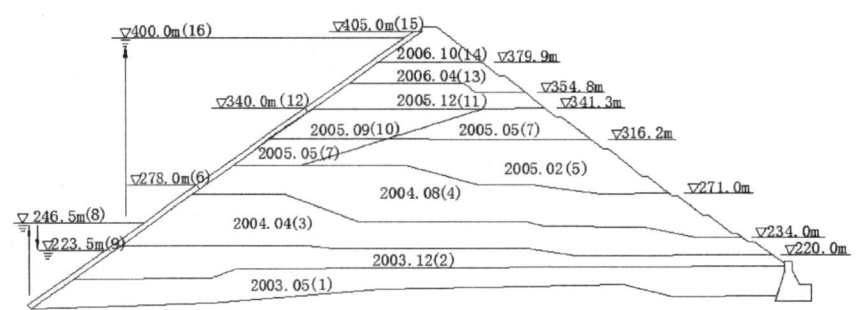

图 6.4-25 真实填筑时序

表 6.4-28　　　　　　　　　南水双屈服面弹塑性模型反分析参数

	材料	(g/cm³)	K	K_{ur}	n	R_f	$\varphi_0(°)$	$\Delta\varphi(°)$	C_d	d	R_d
试验值	主堆石料	2.16	1400	2800	0.29	0.81	54.7	10.4	0.0029	0.837	0.716
	次堆石料	2.15	848	1696	0.22	0.83	51.3	10.4	0.0028	0.978	0.748
	过渡料	2.18	1328	2656	0.33	0.85	55.7	10.5	0.0011	1.107	0.690
反分析值	主堆石料	2.16	994	1988	0.33	0.81	54.7	10.4	0.0029	0.837	0.716
	次堆石料	2.15	602	1204	0.25	0.83	51.3	10.4	0.0028	0.978	0.748
	过渡料	2.18	943	1886	0.38	0.85	55.7	10.5	0.0011	1.107	0.690

5.2 大坝的应力变形

主要介绍竣工期和蓄水期的成果。其中,竣工期指大坝填筑至坝顶,三期面板浇筑完毕,并蓄水至 223.5m 水位时的工况;蓄水期指大坝蓄水至正常水位 400m 时的工况。

5.2.1 坝体应力

竣工期和蓄水期坝体主应力最大值如表 6.4-29 所示,其最大断面(0+212 断面,下同)主应力等值线如图 6.4-26、图 6.4-27 所示。

表 6.4-29　　　　　　坝体应力最大值(负号表示压应力)(单位:MPa)

工况	最大主应力 σ_1	中主应力 σ_2	最小主应力 σ_3
竣工期	−3.79	−1.16	−1.12
蓄水期	−4.02	−1.26	−1.24

坝体主应力均为压应力,最大主应力受填筑过程与水压力影响变化较大,其他两个主应力变化很小,中主应力与最小主应力数值很接近。蓄水期最大主应力等值线基本与上下游坝面平行,自坝顶以下,主应力值均匀增大,至坝体底部河床中心部位达到最大值 −4.02MPa;最小主应力等值线基本与上下游坝面平行,自坝顶以下,主应力值非均匀增大,至坝体底部河床中心部位达到最大值 −1.24MPa。

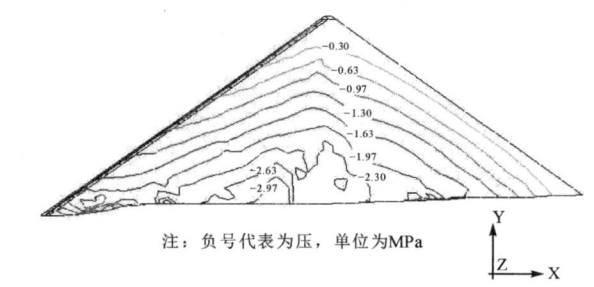

图 6.4-26　蓄水期最大主应力等值线(负号代表受压，单位：MPa)

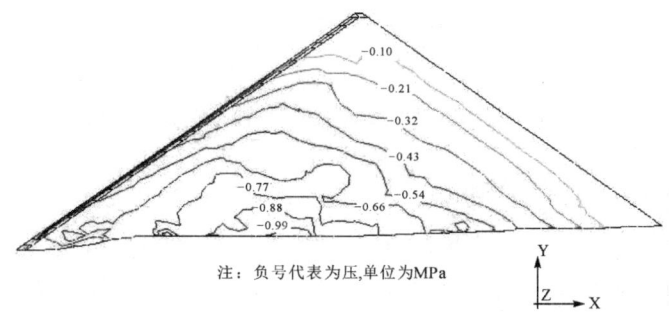

图 6.4-27　蓄水期最小主应力(负号代表受压，单位：MPa)

5.2.2　坝体变形

竣工期和蓄水期坝体变形最大值如表 6.4-30 所示，其最大断面变形等值线如图 6.4-28、图 6.4-29 所示。竣工期坝体沉降量最大值发生在次堆石区，位于约二分之一坝体填筑高度，最大沉降为 226.1cm。蓄水期在水荷载的压力作用下，坝体上下游均发生向下游的水平变形，最大水平位移发生在下游侧中部，上游中上部水平位移也较大。蓄水期的最大沉降与竣工期相比变化不大，最大沉降为 229.2cm，同样位于坝体中部约 1/2 坝高处。

表 6.4-30　　　　　　　　　　坝体位移最大值(单位：cm)

工况	水平位移		坝轴向位移		竖向位移
	向上游	向下游	向左岸	向右岸	
竣工期	18.3	44.8	32.7	27.6	226.1
蓄水期	—	58.5	31.9	26.2	229.2

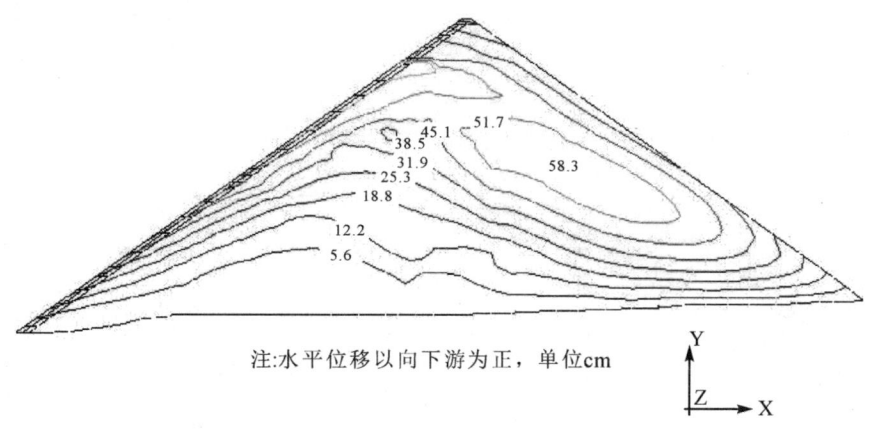

图 6.4-28　蓄水期水平位移等值线(向上游为负，向下游为正，单位：cm)

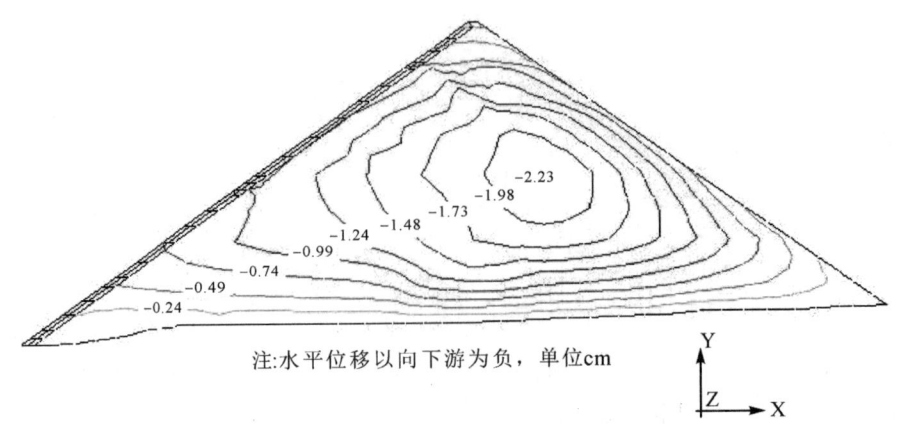

图 6.4-29 蓄水期竖向位移等值线(向下为负,单位:m)

5.3 堆石体蠕变对大坝变形的影响

采用长江科学院针对水布垭堆石料提出的幂函数流变模型试验参数,结合大坝真实填筑时序进行了大坝的蠕变计算,所得到的坝体位移最大值如表 6.4-31 所示,其最大断面变形等值线如图 6.4-30、图 6.4-31 所示。

考虑蠕变后,蓄水期向下游侧的水平位移增大,由 58.5cm 增加到 66.5cm;坝体沉降量最大值仍发生在次堆石区,位于约二分之一坝体填筑高度,但最大沉降位置微向上抬升,蓄水期最大沉降值为 244.8cm,比不考虑蠕变蓄水期沉降值 229.2cm 增大 15.6cm;坝体轴向位移零点变形位置向左岸偏移,左岸一侧的最大坝轴向位移值变小,由 26.2cm 减小到 24.9cm;右岸一侧的最大坝轴向位移值变大,由 31.9cm 增加到 58.3cm。

表 6.4-31 坝体位移最大值(单位:cm)

项目		蓄水期	
		不考虑蠕变	考虑蠕变
水平位移	向上游	—	—
	向下游	58.5	66.5
坝轴向位移	向左岸	31.9	58.3
	向右岸	26.2	24.9
竖向位移		229.2	244.8

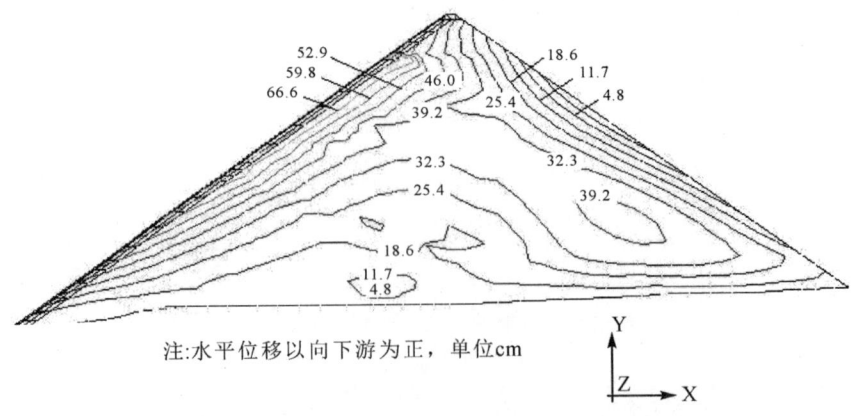

图 6.4-30 考虑蠕变蓄水期水平位移等值线(向上游为负,向下游为正,单位:cm)

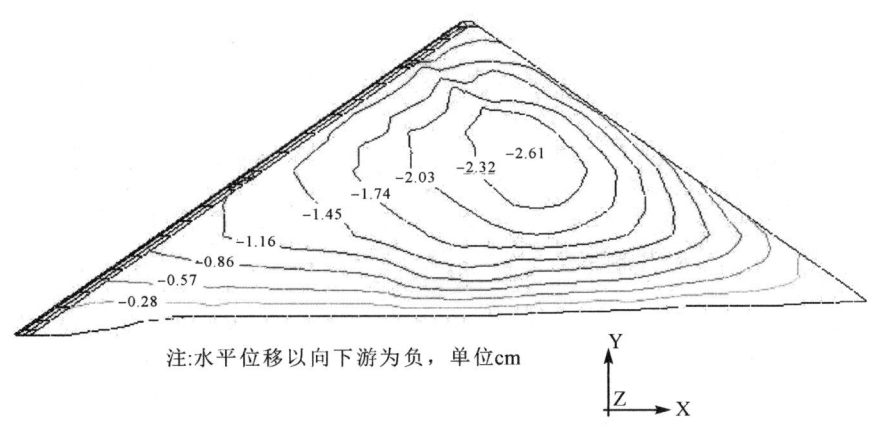

注:水平位移以向下游为负，单位cm

图 6.4-31　考虑蠕变蓄水期竖向位移等值线(向下为负，单位:m)

6　基于三维子模型法的面板应力变形分析

面板应力变形与面板单元、堆石体的变形特征、接触算法、接缝的模拟、加卸载历程等都有关，面板应力变形数值分析成果的精度是整个面板堆石坝模拟成果精度的集中体现。

针对水布垭面板堆石坝，长江科学院采用自主开发的三维非线性有限元接触计算程序[19]，发展了三维"子模型法"，同时模拟三个方向的接触，提高了面板应力变形的计算精度。面板与挤压边墙、面板与面板、面板与趾板间的接触采用无厚度 Goodman 单元的形式模拟。

6.1　面板的应力变形分析

面板应力及位移均转换为法向、坝轴向、顺坡向，应力以压为正、拉为负，位移法向以面板表面指向底面为正，坝轴向从左岸指向右岸为正，顺坡向沿面板坡度方向向上为正。面板中间面是指面板1/2厚度处的平面。

6.1.1　面板位移

(1)法向位移

蓄水期面板法向位移等值线见图 6.4-32。法向位移仅在靠近趾板处有很小区域向上，在大部分区域向下，其中断面 0+180m—0+260m 桩号间在高程 272~308m 区域是位移最大的部位，最大值发生在桩号 0+189m 高程 288m 处，为 72.9cm，法向位移在此处向外逐渐减小。

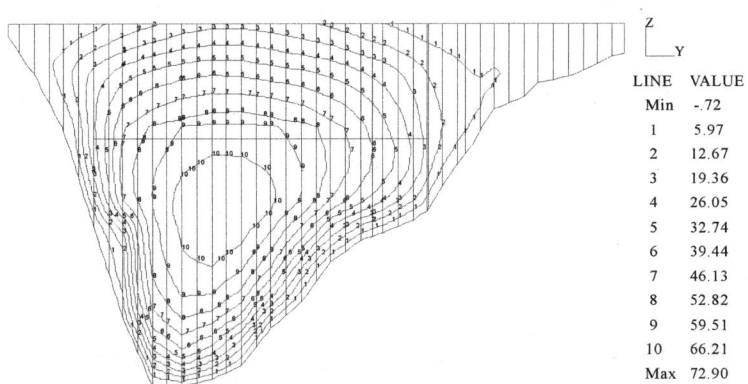

图 6.4-32　蓄水期面板法向位移等值线(单位:cm)

(2)顺坡向位移

蓄水期面板顺坡向位移等值线见图 6.4-33。顺坡向位移沿面板厚度方向分布规律相同，且变化不大，从面板表面到与挤压边墙接触的底面，顺坡向位移有增加的趋势。由于面板分三期施工，在高程278m、340m附近位移出现不连续情况。面板与面板间有明显的错动，在各期面板中部区域错动相对较小，向坝肩错动量逐渐增大。

蓄水期，由于水压力的作用，顺坡向位移大部分区域向上，几乎不出现向下的位移，等值线的形态也与竣工期不同。在桩号0+252m、高程344m处出现沿坡面向上的最大位移，为6.5cm。小于桩号0+52m和大于桩号0+548m的面板基本不沿坡面位移。竣工期至蓄水期，单独水压力的作用使面板产生向上的顺坡向位移，在高程320m以下随高程的增加而增加，高程320m以上缓慢减小，最大为6.7cm。

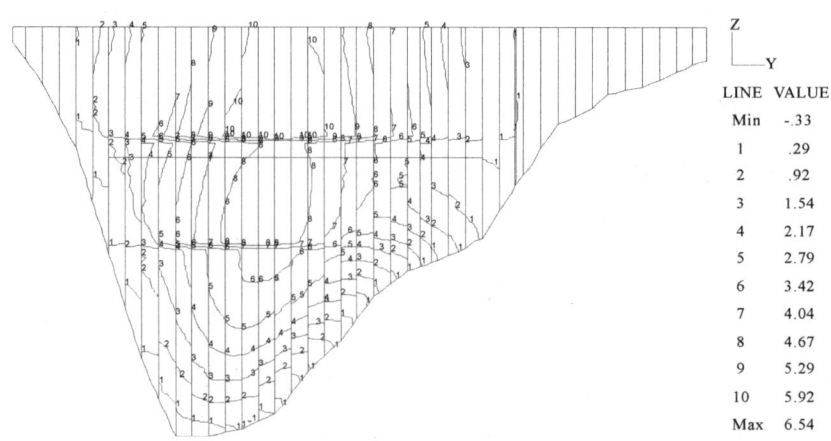

图6.4-33　蓄水期面板顺坡向位移等值线（单位：cm）

(3) 坝轴向位移

蓄水期面板坝轴向位移等值线见图6.4-34。竣工期与蓄水期坝轴向位移总是指向河床中部，即两侧的面板向中部位移。板与板之间的坝轴向位移不连续，尤其在面板顶部与底部及周边区域。蓄水期，面板向左岸、右岸位移的最大值分别为2.8cm、2.5cm，都发生于高程332m附近，桩号0+237m附近为坝轴向位移的中性面。沿面板厚度方向，从表面到与挤压边墙接触的底面，坝轴向位移有逐渐减小的趋势，如面板表面、中面、底面指向右岸的最大位移分别为2.5cm、2.1cm、1.8cm。

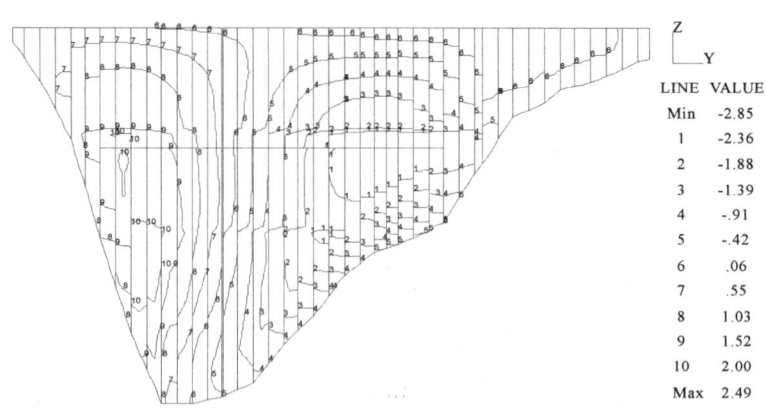

图6.4-34　蓄水期面板表面坝轴向位移等值线（单位：cm）

6.1.2　面板应力

(1) 法向应力

分布较均匀，在同一高程上基本相等。竣工期和蓄水期主要为压应力，在水位以下，表面的法向应力与水压力一致,只是在周边趾板附近由于约束条件的变化有所变化。

(2)顺坡向应力

蓄水期面板中间面应力等值线如图 6.4-35 所示。从竣工期到蓄水期,单独水压力作用产生的顺坡向应力,在高程 300m 以下为拉应力,高程 300m 以上为压应力,最大拉应力和最大压应力分别为 8.7MPa、1.3MPa。因此与竣工期相比,蓄水期的顺坡向压应力范围减小,拉区范围增大。压应力主要分布在桩号 0+124m—0+380m 面板的上半部分,最大值发生在高程 330m 左右,约为 3MPa;在高程 332m 以下桩号 0+172m—0+436m 的趾板附近区域为拉应力集中区,最大值超过 4MPa。

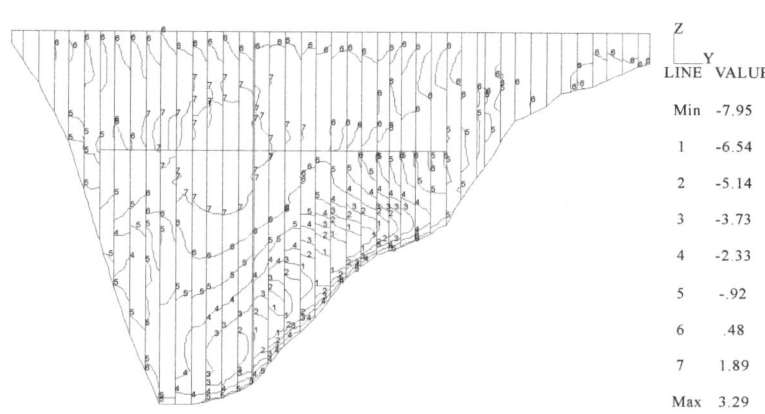

图 6.4-35　蓄水期面板中间面的顺坡向应力等值线(单位:MPa)

(3)坝轴向应力

面板坝轴向应力与面板在该方向的位移等值线规律一致,即中间部位受压,两侧部位受拉。竣工期,面板中间面的坝轴向应力基本为压应力,在大部分区域小于 1MPa。蓄水期,面板大部分区域仍为压应力,桩号 0+125m—0+380m 区间为压应力较大的区域,其他区域为拉应力或很小的压应力。压应力值较竣工期大,在 275m 高程附近最大,约 6.7MPa,拉应力都小于 1.1MPa。

6.1.3　面板竖缝及周边缝的变形

(1)面板与面板之间竖缝的变形

在竣工期,面板与面板间的竖缝大多数是闭合的,仅在接近趾板的部位有小部分区域张开,最大张开量为 3.35mm。蓄水期,坝轴中部大部分面板与面板间的竖缝受压而闭合,在与趾板接触的部位面板竖缝均是张开的,最大张开量为 8.7mm。

(2)面板周边缝的变形

竣工期,蓄水范围内的周边缝在表面基本都是张开的,其余部位都是闭合的,最大张开量为 2.1mm;周边缝仅在底部接近基础面上存在沉陷,最大沉陷量为 0.32mm;几乎全部周边缝都存在剪切错动变形,尤其是左岸 386m 高程以下、右岸 350m 高程以下剪切错动明显,最大剪切错动量为 6.5mm。

蓄水期,周边缝基本都张开,高程 245m 以下,周边缝表面的张开量大多在 10mm 以上,最大张开量为 16.75mm;在蓄水范围内都不同程度存在周边缝沉陷情况,最大值为 0.84mm;与竣工期相比,剪切错动量在桩号 0+63m—0+135m、0+258m—0+504m 区域减小,在其他区域增加。

6.2　面板与挤压边墙接触面参数对面板应力变形的影响

面板与挤压边墙接触面的摩擦系数 $f=0.6,c=0.0$MPa,为了解挤压边墙对面板应力变形的影响,改变面板与挤压边墙接触面的参数,分别设定 $c=0.0$MPa,$f=0.3$;$c=0.0$MPa,$f=0.9$ 进行了敏感性分析。

6.2.1 位移

不同摩擦系数下的面板各向位移最小值、最大值见表 6.4-32。位移计算结果表明：

(1) 接触面摩擦系数的改变对面板法向位移没有影响。

(2) 随着摩擦系数的增大，顺坡向位移分布规律不变，位移值增加。摩擦系数 $f=0.3$、0.6、0.9 时，竣工期面板中间面的最大向下顺坡向位移分别为 2.33cm、2.94cm、3.34cm；蓄水期面板中间面向上的最大顺坡向位移分别为 6.46cm、6.47cm、6.48cm。蓄水期，面板顺坡向位移向上，由于受施工期向下的顺坡向位移的影响，一、二期面板的位移随摩擦系数的增大而减小，三期面板位移变化不大，但若扣除施工期向下的位移的影响，单独水压力作用产生的向上的顺坡向位移仍然随摩擦系数的增大而增加。

(3) 坝轴向位移随摩擦系数的增大而增加，摩擦系数 $f=0.3$、0.6、0.9 时，在蓄水期，面板中面向左岸的最大坝轴向位移分别为 2.64cm、2.77cm、2.89cm，向右岸的最大坝轴向位移分别为 2.01cm、2.06cm、2.08cm。随着摩擦系数的增大，坝轴向位移在高程 278m、340m 处的突变更为明显。

表 6.4-32　　　　　　不同摩擦系数下的面板中间面的位移最小、最大值(单位:cm)

摩擦系数 f		0.3(最小值/最大值)	0.6(最小值/最大值)	0.9(最小值/最大值)
法向位移	竣工期	−2.87/6.56	−2.87/6.56	−2.87/6.56
	蓄水期	−0.72/72.90	−0.72/72.90	−0.72/72.90
顺坡向位移	竣工期	−2.33/0.10	−2.94/0.04	−3.34/0.04
	蓄水期	−0.35/6.46	−0.25/6.45	−0.23/6.48
坝轴向位移	竣工期	−0.63/0.36	−0.80/0.50	−0.94/0.63
	蓄水期	−2.64/2.01	−2.77/2.06	−2.89/2.08

6.2.2 应力

不同摩擦系数下的面板应力计算结果表明：

(1) 摩擦系数的改变对面板法向应力基本没有影响。

(2) 竣工期，面板顺坡向应力都为压应力，压应力随摩擦系数的增加而增大，摩擦系数为 0.3、0.6、0.9 时，最大压应力分别为 4.51MPa、5.13MPa、5.81MPa；蓄水期，随着摩擦系数的增加，面板的顺坡向拉应力区及拉应力值都有所减小，压应力值增加，桩号 0+172m—0+436m 靠近趾板区域仍然是拉应力集中区，压应力最大值均发生在高程 330m 左右，面板中间面的最大压应力分别为 2.78MPa ($f=0.3$)、3.29MPa ($f=0.6$)、3.56MPa ($f=0.9$)。

(3) 竣工期面板坝轴向应力主要为压应力，拉区范围较小，拉应力都小于 0.5MPa，摩擦系数增大后，压应力有增大的趋势，最大压应力分别为 1.80MPa ($f=0.3$)、1.84 ($f=0.6$)、1.89MPa ($f=0.9$)；蓄水期，随摩擦系数的增加，面板拉应力和压应力都有增大的趋势，拉应力区基本不变，$f=0.3$、0.6、0.9 时，面板中间面的最大拉应力分别为 0.81MPa、1.11MPa、1.24MPa，最大压应力分别为 6.33MPa、6.72MPa、6.90MPa。

6.3 坝体填料蠕变对面板应力变形的影响

为了解坝体填料蠕变对面板应力变形的影响，研究人员将考虑了坝体填料蠕变影响后的挤压边墙位移作为边界条件，计算了面板的应力与变形[20]。

6.3.1 位移

表 6.4-33 为面板中间面的位移，计算结果表明：

表 6.4-33　　　　　　　　　　　面板中间面的位移（单位：cm）

方案	不考虑蠕变（最小值/最大值）	考虑蠕变（最小值/最大值）
法向位移	−0.72/72.90	−0.16/102.90
顺坡向位移	−0.25/6.45	−11.63/1.43
坝轴向位移	−2.77/2.06	−15.09/3.10

(1)考虑蠕变后，面板法向位移（挠度）分布规律基本不变，但量值增加。对于面板的最大法向位移，蓄水至400m水位时，不考虑蠕变时为72.9cm，考虑蠕变后为102.9cm。

(2)考虑蠕变后，顺坡向位移等值线形态发生了变化，面板向上的位移量减小，出现了向下的位移；高程255m以上面板的顺坡向位移都向下，最大位移为11.6cm，发生在桩号0+252m附近面板顶部，向上的位移最大为1.8cm。

(3)考虑坝体填料的蠕变后，受坝体位移的影响，面板向左岸、右岸的轴向位移增加，且坝轴向位移的中性面向左岸移动。不考虑蠕变和考虑蠕变后，面板中性面指向左岸的最大位移分别为2.77cm、15.09cm，指向右岸的最大位移分别为2.06cm、3.10cm，中性面分别位于桩号0+237m、0+173m附近。

6.3.2　应力

考虑了坝体填料蠕变影响后，面板应力计算结果表明：

(1)面板法向应力基本无变化。

(2)由于向上的顺坡向位移减小，面板顺坡向拉应力范围及量值都减小，压应力增大。

(3)桩号0+172m—0+436m区间靠近趾板部位的拉应力范围缩小，拉应力值也大幅减小。与之相反的是，考虑流变后的压应力值增加较多，如在322m高程左右，不考虑流变时为2MPa，流变稳定后为18MPa。

(4)面板坝轴向拉应力和压应力都增加，最大拉应力增加1MPa左右，最大压应力增加10MPa左右。

6.4　一期面板裂缝成因分析

一期面板于2005年1月6日开始浇筑，于2005年3月27日施工完毕。2005年4月一期面板出现5条裂缝，2005年6月30日又发现7条裂缝，2005年7月蓄水至水位246.5m，并于7月退水至223.5m水位，2005年9月26日检测发现，又出现179条裂缝，裂缝主要集中在高程260m、240m上下5m左右范围，基本呈水平状延伸分布，沿坝轴线贯穿整个一期面板。一期面板裂缝分布见图6.4-36。

为判断一期面板裂缝产生的原因，采用子模型对一期面板进行了应力变形反分析[21]。

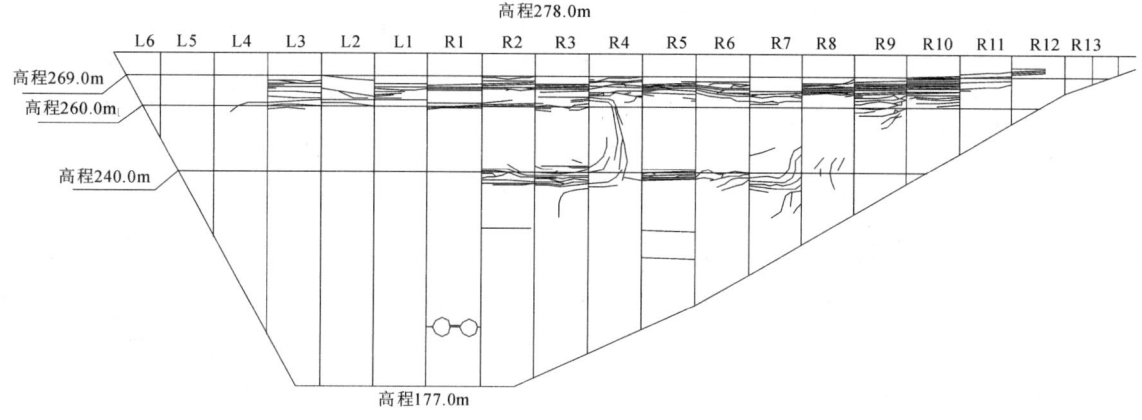

图6.4-36　一期面板裂缝分布图

6.4.1 计算方法

取桩号 0+156m—0+172m 区间的一期面板(L2)作为子模型,将计算得到的挤压边墙的表面位移作为边界条件,计算相应加载路径下面板的应力与变形,计算中考虑面板与挤压边墙、面板与趾板的接触,并考虑环境温度(包含气温骤降)变化对面板应力的影响。

6.4.2 面板温度

面板表面点受气温变化影响大,基本等于气温,内部点受气温影响小,水库蓄水后,水面以下部位受气温的影响很小。由于面板厚度随高程的增加而减薄,因此气温骤降后,面板表面与底面的温差随高程的增加而减小,如 9 月份气温骤降 20℃时,高程 240m、270m 处面板的内外温差分别为 14.4℃、13.9℃。

4 月份气温骤降 10℃、15℃、20℃时,面板表面与底面的温差分别为 8℃、11.3℃、15.1℃左右;9 月份气温骤降 10℃、15℃、20℃时,水面以上部分面板表面与底面的最大温差分别为 8.2℃、11.3℃、15℃左右。

6.4.3 面板顺坡向应力

(1)不考虑温度荷载情况

不考虑温度荷载时,面板表面顺坡向应力为压应力或很小的拉应力。当坝体下游一侧填筑至高程 341m 时($t=530$),高程 268m 以上面板表面开始产生顺坡向拉应力,最大为 0.13MPa,此后的坝体填筑及蓄水过程使高程 268m 以上面板表面顺坡向拉应力缓慢增长,至 2005 年 9 月,大坝主堆石区填筑至 341.3m 高程时,最大拉应力为 0.38MPa。以上分析说明坝体填筑过程中产生的变形对一期面板出现裂缝起了一定的作用。

(2)考虑温度荷载情况

不同气温骤降工况应力见表 6.4-34、表 6.4-35,不同高程面板表面点顺坡向应力历程曲线见图 6.4-37,面板顺坡向应力沿高程的分布见图 6.4-38。

表 6.4-34　　不同气温骤降引起的面板表面拉应力变化(不含坝体填筑及面板自重的影响)

高程	240m			260m			270m		
9月份气温骤降(℃)	10	15	20	10	15	20	10	15	20
顺坡向应力(MPa)	−2.20	−3.18	−3.95	−1.94	−2.92	−3.63	−1.79	−2.70	−3.38
坝轴向应力(MPa)	−1.84	−2.84	−3.56	−1.73	−2.70	−3.37	−1.70	−2.62	−3.27

表 6.4-35　　不同工况面板表面应力成果表(含坝体填筑及面板自重的影响)

高程	240m			260m			270m		
9月份气温骤降(℃)	10	15	20	10	15	20	10	15	20
顺坡向应力(MPa)	0.03	−1.01	−1.77	−0.82	−1.79	−2.50	−1.35	−2.26	−2.94
坝轴向应力(MPa)	−1.01	−2.00	−2.72	−1.35	−2.29	−2.96	−1.13	−2.05	−2.70

注:①表中应力以压为正,拉为负;②表中应力为 2005 年 9 月份气温骤降引起的拉应力变化。

面板浇筑后,气温高于浇筑温度,面板处于升温过程,产生压应力。当气温骤降时,混凝土面板表面与内部温差较大,产生较大的拉应力,温降产生的拉应力随高程的增加而减小。4 月份气温骤降时,水库尚未蓄水,气温骤降 15℃引起的顺坡向拉应力在高程 200m、240m、270m 处分别为 3.40MPa、3.18MPa、2.64MPa 左右;气温骤降 20℃引起的顺坡向拉应力在高程 200m、240m、270m 处分别为 4.16MPa、3.89MPa、3.28MPa 左右。9 月份气温骤降时,水库已蓄水至高程 223.5m,水位以下的面板拉应力增加很少,水位以上的面板拉应力增加幅度较 4 月份大 0.1MPa。

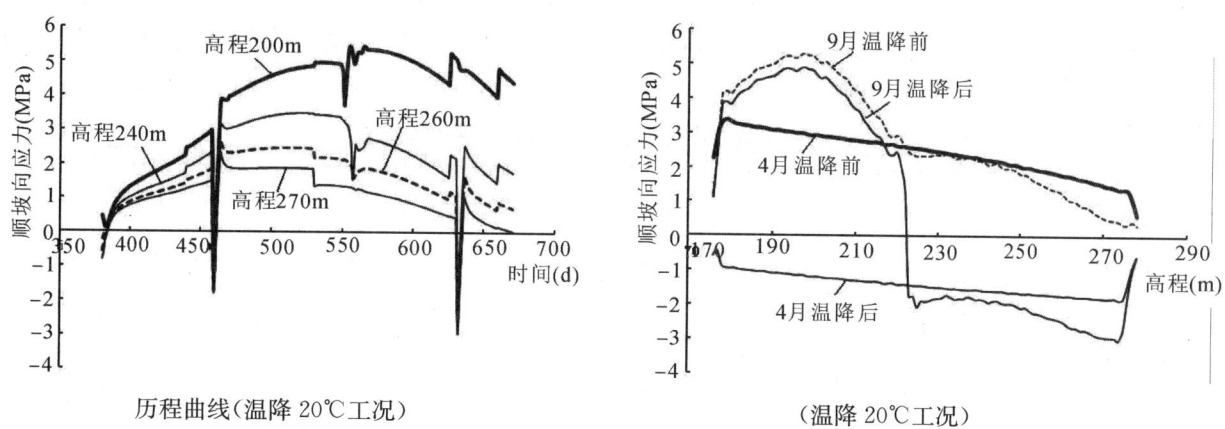

图 6.4-37　不同高程面板表面点顺坡向应力历程曲线(温降 20℃工况)

图 6.4-38　面板表面顺坡向应力沿高程分布(温降 20℃工况)

由于气温骤降引起的拉应力较大,在与面板自重及坝体填筑引起的应力叠加后,高程 260m 以上拉应力较大,在温降 10℃工况、温降 15℃工况、温降 20℃工况,最大顺坡向拉应力分别为 1.4MPa、2.3MPa、3.0MPa。

6.4.4　裂缝成因

无论是坝体填筑,还是气温变化,都会对一期面板顺坡向应力有较大影响。在各种工况下,面板高程 260m～274m 区间都是顺坡向拉应力相对最大的区域,这与面板监测资料是吻合的,尤其在气温骤降情况下,该部位出现较大的拉应力,超过 C30 混凝土强度设计值甚至标准值,而 2005 年 9 月 20—22 日实际出现了气温骤降,这说明气温骤降是一期面板出现裂缝的一个重要因素。

7　面板堆石坝渗流计算分析

大坝坝体的渗透稳定性不仅与坝基防渗措施有关,其自身的渗流控制也非常重要。水布垭大坝设计过程中着力研究了大坝分区及其水力过渡和渗流控制,力图达到控制大坝渗漏、保障渗透稳定和利于大坝结构变形控制等多方面的目标。为此,长江科学院研制了专门的大型仪器和供水供压系统,针对面板堆石坝垫层料、过渡料的渗透性、渗透变形特性及过渡料对垫层料的反滤效果开展了试验研究;针对面板局部破损和失效的工况开展了饱和非饱和渗流场计算,分析了大坝在不利工况下可能出现的极端渗流状态,对大坝分区水力过渡合理性和渗透稳定性做出了分析评价,研究成果及时为设计和大坝建设所采用。

大坝分区填筑、面板和趾板及其止水结构的形成以及基础防渗帷幕的建设,实现了水布垭大坝渗流场的有效控制,为大坝和电站安全运行提供了有力保障。

7.1　填料渗透特性研究

设计选定茅口组、栖霞组及龙潭组灰岩作为大坝的填料。堆石料为左岸公山包、邹家沟料场的茅口组灰岩和溢洪道开挖料中的栖霞组、龙潭组灰岩,垫层料和过渡料则采用茅口组灰岩制备。

可行性研究阶段,长江科学院对垫层料的上下包线分别开展了水平和垂直渗透变形试验。对垫层料的试验采用原级配线配制试样,采用实验室常规尺寸仪器进行渗透变形试验。施工图设计阶段,针对过渡料级配现场检测,发现与设计级配发生了偏离,为此,开展了一系列创新性试验[22],主要包括:(1)高压力大流量的渗透变形试验装置和供水系统的研制;(2)试验方法的研究与完善,研究仪器尺寸效应、边壁效应以及试验装填方法、水流方法等对试验成果的影响,确保试验成果的合理性与可靠性;(3)垫层料和过渡料渗透变形判别方法;(4)针对不同的垫层料和过渡料进行反滤试验,评价过渡料对垫层料的反滤保护效果,探讨和完善反滤准则。

针对垫层料及过渡料开展渗透变形试验,在二者组合条件下开展反滤试验[23],试验方案见表6.4-36。垫层料垂直和水平渗透变形试验成果统计见表6.4-37—表6.4-40,过渡料渗透变形试验成果见表6.4-41,反滤试验结果见表6.4-42。

表6.4-36　　　　　　　水布垭垫层料、过渡料渗透变形和反滤试验方案表

试验名称	级配曲线	试验装填密度(g/cm³)			试验量(组)		试验总量(组)
					垂直	水平	
垫层料渗透变形试验	DC1	2.16	2.25	/	2	2	14
	DC2	2.16	2.25	/	2	2	
	DC3	2.16	2.25	2.30	3	3	
过渡料渗透变形试验	GS1	2.24	/	/	1		12
	GS2	/	2.2	2.28	2		
	GS3	2.17	2.2	2.28	3	2	
	GS4	2.17	2.2	2.28	1	/	
	GS3	2.20	粒径替代试验		3	/	
垫层料/过渡料反滤试验	DC1/GS4	2.16/2.17	2.25/2.17	2.25/2.2	/	2	10
	DC2/GS4	2.16/2.17	2.25/2.17	2.25/2.2	2	3	
	DC3/GS4	2.16/2.17	2.25/2.17	2.25/2.2	/	3	

6.4-37　　　　　　　垫层料垂直渗透变形试验成果统计表

试样级配	试样密度(g/cm³)	渗透系数(cm/s)	临界比降	破坏比降
上包线DC1	2.16	$1.39 \times 10^{-3} \sim 1.40 \times 10^{-3}$	0.7~1.4	2.5
	2.25	$2.08 \times 10^{-3} \sim 2.13 \times 10^{-4}$	1.0~1.3	2.5~3.5
平均线DC2	2.16	$1.86 \times 10^{-3} \sim 3.13 \times 10^{-2}$	0.7~0.8	2.0~2.5
	2.25	$1.09 \times 10^{-3} \sim 8.13 \times 10^{-3}$	0.8	2.0~3.7
下包线DC3	2.16	$8.58 \times 10^{-3} \sim 9.05 \times 10^{-2}$	0.5~0.6	1.5~3.6
	2.25	$4.08 \times 10^{-3} \sim 1.26 \times 10^{-2}$	0.8~1.3	2.5~3.0
	2.30	$1.02 \times 10^{-3} \sim 3.06 \times 10^{-3}$	1.0	3.0

表6.4-38　　　　　　　260型水平渗透仪垫层料渗透变形试验成果统计表

试样级配	试样密度(g/cm³)	渗透系数(cm/s)	临界比降
上包线DC1	2.16	1.21×10^{-3}	2.2
	2.25	$1.03 \times 10^{-4} \sim 4.35 \times 10^{-3}$	1.8
平均线DC2	2.16	$5.55 \times 10^{-3} \sim 8.02 \times 10^{-3}$	1.1
下包线DC3	2.16	$6.34 \times 10^{-3} \sim 9.92 \times 10^{-3}$	1.5~1.8
	2.25	$7.99 \times 10^{-4} \sim 3.01 \times 10^{-2}$	1.4~1.7
	2.30	7.17×10^{-3}	0.9

表 6.4-39　　　　　　　　　600 型水平渗透仪垫层料渗透变形试验成果统计表

试样级配	试样密度(g/cm³)	渗透系数(cm/s)	临界比降	破坏比降
上包线 DC1	2.25	2.24×10^{-2}	1.7	4.7
平均线 DC2	2.25	9.87×10^{-4}	2.9	20.6
下包线 DC3	2.25	1.84×10^{-1}	1.0	4.7

表 6.4-40　　　　　　　　　垫层料按级配曲线统计结果表

级配曲线	试验形式	填筑密度(g/cm³)	渗透系数(cm/s)	临界比降	破坏比降	破坏形式
上包线 DC1	垂直	2.16~2.25	$2.13 \times 10^{-5} \sim 1.40 \times 10^{-3}$	0.7~1.39	2.5~3.5	过渡型
平均线 DC2	垂直	2.16~2.25	$1.09 \times 10^{-3} \sim 3.13 \times 10^{-2}$	0.7~0.8	2.0~3.68	过渡型
下包线 DC3	垂直	2.16~2.30	$1.02 \times 10^{-3} \sim 9.05 \times 10^{-2}$	0.5~1.28	1.5~3.6	过渡型或管涌
上包线 DC1	水平	2.16~2.25	$1.03 \times 10^{-4} \sim 2.24 \times 10^{-2}$	1.70~2.19	4.72	流土
平均线 DC2	水平	2.16~2.25	$9.87 \times 10^{-4} \sim 8.02 \times 10^{-3}$	1.1~2.86	20.57	流土
下包线 DC3	水平	2.16~2.30	$6.34 \times 10^{-3} \sim 1.84 \times 10^{-1}$	0.9~1.8	4.7	流土

表 6.4-41　　　　　　　　　过渡料渗透变形试验成果表

试验序号	试样级配	密度(cm³/g)	试验形式	渗透系数(cm/s)	临界比降	破坏比降
1—1	GS1	2.24	垂直	1.95×10^{-2}	1.1	9.35
1—2	GS1	2.24	垂直	6.28×10^{-2}	1.2	5.35
2—1	GS2	2.2	垂直	8.87×10^{-2}	1.08	6.9
2—2	GS2	2.28	垂直	3.03×10^{-2}	0.95	3.29
3—1	GS3	2.17	垂直	9.36×10^{-1}	0.52	1.09
3—2	GS3	2.17	水平	1.81	0.55	/
3—3	GS3	2.2	垂直	8.24×10^{-1}	0.27	/
3—4	GS3	2.28	垂直	6.49×10^{-1}	0.62	/
3—5	GS3	2.28	水平	1.90	0.44	/
4—1	GS4	2.2	垂直	7.02×10^{-1}	/	/
4—2	GS4	2.2	垂直	4.98	0.27	/
5—1	GS3—T1	2.2	垂直	1.45	0.33	1.27
5—2	GS3—T2	2.2	垂直	2.81	0.52	0.91
6—1	GS3—T2	2.2	垂直	5.38×10^{-1}	/	1.36

表 6.4-42　　水布垭大坝垫层料和过渡料反滤试验成果表

试验编号	组合关系	试样密度 (cm^3/g)	试验形式	垫层料初始渗透系数 K_{20} (cm/s)	垫层料 J_{max}	垫层料 K_{20} (cm/s)	现象描述
FL1	DC1/GS4	2.25/2.17	水平	8.56×10^{-5}	139.2	5.45×10^{-5}	$J=8.3$ 时下游水面出浑水,后水变清。
FL2		2.25/2.2		2.44×10^{-4}	226.7	4.43×10^{-5}	第2循环 $J=136.69$ 时,下游水泥顶板出现裂缝,有细粒带出;第3循环 $J=119.2$ 时水微浑,$J=226.7$ 时水清。
FL3	DC2/GS3	2.16/2.17	水平	7.56×10^{-3}	141.7	2.41×10^{-4}	$J=13.15$ 时下游出浑水,然后水清。
FL4		2.25/2.17		8.12×10^{-4}	209.21	1.59×10^{-4}	$J=199.21$ 时,由于试验仪器密封层脱开,下游面顶部出水漏砂,终止试验。
FL5		2.25/2.2		1.83×10^{-3}	99.45	3.67×10^{-4}	第一循环 $J=40.8$ 时出浑水;第二次 $J=97$ 持续浑水,出浑水。10分钟后水清。
FL6		2.16/2.17	垂直	2.13×10^{-3}	135.98	2.77×10^{-4}	$J=3.55$ 时水微浑,$J=35.41$ 时水浑,后水清。
FL7		2.25/2.17		8.49×10^{-5}	138.6	2.62×10^{-5}	无浑水产生,一直比较稳定。
FL8	DC3/GS4	2.16/2.17	水平	8.33×10^{-3}	94.46	4.07×10^{-4}	$J=0.64$ 时出浑水,$J=2.35$ 时出浑水。
FL9		2.25/2.17	水平	6.43×10^{-3}	91.78	6.61×10^{-4}	第一循环 $J=3.7$ 水浑,$J=89.44$ 持续浑水;第二循环 $J=81.45$ 压力表突然剧烈波动,1S后流量减小,$J=91.12$ 水浑。
FL10		2.25/2.2	水平	1.94×10^{-3}	199.18	1.97×10^{-4}	$J=29.56$ 水浑,$J=186.68$ 保持压力1小时,水清。

填料的渗透特性研究结果表明[24][25]：

(1)垫层料的渗透特性

试验得到垫层料的垂直渗透系数为 $9.05\times10^{-2}\sim2.13\times10^{-5}$ cm/s,临界比降为 $0.5\sim1.39$,破坏比降为 $1.5\sim3.68$;水平渗透系数为 $3.01\times10^{-2}\sim1.03\times10^{-4}$ cm/s,临界比降为 $0.9\sim2.19$,破坏比降为 $4.7\sim20.57$;渗透变形的形式主要为过渡型。

有过渡料保护条件下,垫层料承担的渗透比降高达226.7时仍没有破坏,说明垫层料在过渡料保护下抗渗强度能够得到大幅度的提高。

(2)过渡料渗透特性

过渡料上包线(包括GS1特例)与平均线和下包线有很大差别,应该分别归纳渗透特性。上包线的渗透系数 $1.95\times10^{-2}\sim8.87\times10^{-2}$ cm/s,均处于 10^{-2} cm/s 量级,垂直临界比降大于1。无支撑保护条件下破坏比降为 $5.35\sim18.44$,对应于试验颗粒大量迁移和级配调整。有支撑保护条件下,比降达到80,甚至117后仍然处于级配调整过程,有大量细粒流出,但水仍然可以变清,说明试样可以承受更高的比降。

平均线和下包线的水平渗透系数 1.81~1.90cm/s,临界比降 0.44~0.55。垂直渗透系数 0.649~4.98cm/s,临界比降 0.16~1.15。试验最大比降最小为 0.55,一般都大于 1,大多数试验过程中都有级配调整和细粒流出现象,但都没有破坏。

综上所述,过渡料在级配偏细时,渗透系数在 10^{-2} cm/s 量级,临界比降大于 1;过渡料在平均或偏粗的级配下,渗透系数在 10^{-1}~10^0 cm/s 量级,临界比降很低;渗透变形形式为过渡型;无保护条件下试样有可能发生整体破坏,但在有支撑保护条件下,试样经过不断的流失细颗粒和级配调整后,仍能承受 80 甚至更高的比降。

7.2 坝体渗流计算与渗透稳定性分析

为研究坝体的渗透稳定性,根据坝体分区计算分析渗流场的分布,确定分区材料应该达到的抗渗强度指标,评价垫层料和过渡料的渗透稳定性,确定渗透变形试验比降合理范围[26]。

7.2.1 计算条件

以大坝的最大断面作为渗流计算断面(见图 6.4-39),计算分析面板完好、局部破损和完全失效条件下坝体渗流分布规律。各渗透性分区参数取值见表 6.4-43。

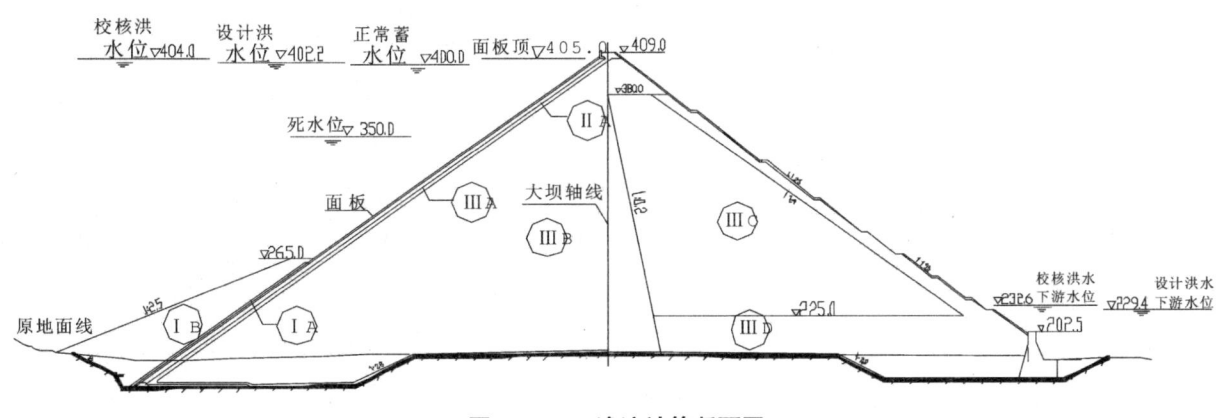

图 6.4-39　渗流计算断面图

表 6.4-43　　　　　　　　坝体填筑材料的设计参数表(施工阶段调整后)

分区	名称	填料来源	干密度 (g/cm³)	孔隙率(%)	级配要求 D_{max} (mm)	<5mm (%)	<0.1mm (%)	层厚 (cm)	渗透系数(cm/s)
ⅡAA	小区	茅口组灰岩料轧制			40	35—60	5—10	20	
ⅡA	垫层	茅口组灰岩料轧制	2.25	17.0	80	30—50	4—8	40	10^{-2}—10^{-4}
ⅢA	过渡区	茅口组灰岩爆破料、栖霞组灰岩洞挖料	2.20	18.8	300	8—30	<5	40	10^{-1}—10^{-2}
ⅢB	主堆石区	茅口组灰岩爆破料、开挖料	2.18	19.6	800	4—19	<5	80	>10^{-1}
ⅢC	次堆石区	开挖料、栖霞组灰岩爆破料	2.15	20.7	800		≤5	80	
ⅢD	下游堆石区	开挖料、栖霞组硬灰岩爆破料	2.15	20.7	800/800~1200		<5	120	>10^{0} (225m 高程以下)

7.2.2 计算方案

采用确定的计算断面、上下游水位和工况条件,根据坝体各分区材料渗透系数可能的变化范围,拟定不同的渗透系数组合,作为渗流计算的各种方案,见表6.4-43。

7.2.3 计算结果及分析

根据不同方案的渗流场计算成果,分析垫层、过渡区和主堆石区的渗流场和渗透比降的分布。

(1)正常工况下的渗流场

当混凝土面板完好时,垫层、过渡区和主堆石区承担的最大比降都小于0.1,面板对坝体渗流场起到了绝对控制作用,下游各分区都不存在渗透稳定性问题。

(2)面板局部破损工况下的渗流场

面板垂直(顺坡向)缝开裂条件下,坝体渗流场为三维流场。计算结果发现如下渗流规律,见表6.4-44。

表6.4-44　　　　　　　　　　大坝渗流场计算方案表

分类	模拟工况	渗透系数(cm/s)			
		$K_{面板}$	$K_{垫层}$	$K_{过渡区}$ m/s	$K_{主堆石区}$
1	面板完整	1×10^{-9}	0.0001~0.001	0.01~0.1	0.1~1
2	面板顺坡向缝裂开; 缝宽1cm,缝间距16m	1×10^{-9}	0.0001	0.01	1
			0.001	0.01	1
			0.001	0.01	0.1
			0.001	0.1	1
			0.0001	0.1	0.1
			0.001	0.1	0.1
			0.01	0.1	0.1
3	面板与趾板接缝裂开1cm	1×10^{-9}	0.0001	0.01	1
			0.001	0.01	1
4	面板顺坡向缝裂开1cm,缝间距8m; 面板与趾板接缝裂开1cm	1×10^{-9}	0.0001	0.01	1
			0.001	0.01	1
5	面板失效	—	0.001	0.01	1
			0.001	0.1	1
			0.001	1	1
			0.0001	0.01	1
			0.0001	0.1	1
			0.0001	1	1
			0.01	1	1
			0.0001	0.01	0.1
			0.001	0.01	0.1
			0.0001	0.1	0.1
			0.001	0.1	0.1
			0.01	0.1	0.1

①面板垂直缝开裂条件下,其附近形成强烈的集中渗流,渗透比降急剧升高,最大达151;②库水通过开裂后为典型的扩散水流,远离裂缝,渗透比降急剧减小;③在垂直坝轴线方向也是迅速消散,到离裂缝约2m处,垫层内的渗透比降已经显著降低;④过渡区的比降由于裂缝的产生而显著升高,且上游面比降高于下游面,上游面为3.72,下游面为2.9;⑤主堆石区的比降由于裂缝的产生也有所升高,但一般升高程度很小。

面板周边缝(面板与趾板分缝)开裂时,裂缝处于深水部位,渗漏条件顺坝轴线方向延伸,与仅垂直缝开裂时相比,渗流集中现象剧烈程度要低些,垂直坝轴线方向的水压力消散趋势略缓。裂缝渗漏对垫层区渗流场和比降分布影响最大。

(3)面板失效极端条件下的渗流场

垫层上游面为库水位直接作用的边界,对应于面板由于大面积破损而完全不发挥防渗作用。通过坝体各分区不同参数组合的方案计算,发现如下渗流规律。①当垫层和主堆石区的渗透性一定时,过渡区渗透性越大(不超过主堆石区),垫层区的比降就越大,主堆石区的比降缓慢增大,过渡区的比降则减小;②当过渡区和主堆石区的渗透性一致时,垫层区随着渗透性的降低,其比降显著上升,过渡区和主堆石区的比降逐渐减小;③当垫层和过渡区的渗透性一定时,主堆石区渗透性较大的情况下,垫层区的比降显著增大,过渡区的比降略有增大,主堆石区的比降有所减小;④分区材料渗流特性比较理想,即垫层比过渡区渗透系数大1到2个量级,过渡区比主堆石区渗透系数大1个量级或二者相等时,过渡区的渗透比降就比较低,都在1以下。

由上述成果可知,水布垭大坝蓄水后面板失效的极端情况下,大坝垫层、过渡区和主堆石区会出现的最大比降为70、7.1和0.68,但3个区不会组合同时出现这三个比降极值。

7.3 基础三维渗流场分析

大坝和基础的渗流控制是设计中要考虑的重要方面。地质勘探结果表明,水布垭大坝坝址工程地质条件比较复杂,基础为岩溶化程度较高的茅口组和栖霞组灰岩,坝区内软弱夹层、裂隙、岸边卸荷、断层及岩溶等均比较发育,有些断层斜切大坝趾板。这些不良地质条件易形成贯穿坝体上下游的渗漏通道,也会给大坝基础稳定和安全带来不利的影响,必须采取合理的渗控措施加以解决。在开展了水布垭工程防渗料、反滤层、软弱夹层等的渗透变形试验、坝体及坝基的渗流计算分析和考虑坝肩绕渗的大型三维渗流数值计算分析工作的基础上,研究人员分析了面板堆石坝的坝基和两岸山体渗流分布规律及防渗帷幕的作用效果,提出了渗流控制措施的建议[27]。

7.3.1 计算条件

(1)水力条件

水布垭水利枢纽洪水位按0.1%设计,0.01%校核,相应的设计和校核水库洪水位分别为402.2和404.0m,正常蓄水位为400.0m,设计和校核下游洪水位分别为223.3m和227.2m,下游枯水位为202.5m。在渗流分析时,以设计洪水位为基本水力条件,其他水位条件也做一定的工作,以满足设计要求。

(2)渗控措施

水布垭坝基防渗拟采用灌浆帷幕方案。防渗线路左岸端点接栖霞组第3段延伸至高程400m处;右岸端点接F2断层以右志留系砂页岩隔水层;坝基河床及右岸帷幕底界接泥盆系上统写经寺组隔水层,左坝近岸地段接泥盆系上统写经寺组隔水层,坝肩以栖霞组第3段为防渗依托,帷幕深度是坝高的35%～130%。

(3)计算条件及参数

采用数理统计方法分析了坝区帷幕一线钻孔的压水试验资料,表6.4-45列出了坝区各岩层的ω特征值。坝体及各层渗透参数见表6.4-46所示,ω与K的转换关系为经验式$K=1.74\times10^{-3}\cdot\omega$(cm/s)。

表6.4-45　　　　　　　　　　坝址区各岩层透水性统计表

岩层			压水试验总数	ω值区间[1(min·m·m)]					特征值[1(min·m·m)]	
				>1.0	1.0—0.1	0.1—0.05	0.05—0.03	0.03—0.01	<0.01	$\omega_{80\%}$	$\omega_{50\%}$
二叠系	茅口组	P_{1a}	32	0	8	10	2	3	9	0.28	0.058
	栖霞组	P_{1q}	424	0	19	38	54	184	129	0.038	0.015
	马鞍组	P_{1ma}	19	0	0	1	2	8	8	0.026	0.012
石炭系黄龙组		C_{3h}	57	0	3	8	3	21		0.048	0.013
泥盆系	写经寺组	C_{3x}	190	0	4	19	25	84	58	0.041	0.015
	黄家磴组	D_{3x}	9	0	1	0	3	4	1	0.048	0.026
	云观组	D_{2v}	14	0	0	1	8	4	1	0.041	0.032

表6.4-46　　　　　　　　　　坝体填料和坝基岩体渗透参数

编号	填料或岩体	渗透系数(cm/s)
K_1	砂砾石层	5×10^{-3}
K_2	茅口组岩层(P_{1m})	4.86×10^{-4}
K_3	栖霞组岩层(P_{1q})	$K_x=K_z=3.64\times10^{-4}$,$K_y=7.29\times10^{-5}$, $K_x=K_z=K_y=7.29\times10^{-5}$
K_4	马鞍、石炭泥盆系岩层(P_{1ma}、C_{2h}、D_3)	7.29×10^{-5}
K_5	堆石料	1×10^{-1}、1×10^{-2}
K_6	混凝土面板	1×10^{-7}
K_8	灌浆帷幕	1.74×10^{-5}
K_9	断层	3.64×10^{-4}

7.3.2　计算方案

考虑渗透性分区、水位组合以及渗控措施条件,进行大坝基础三维渗流计算,计算方案如表6.4-47所示。

表 6.4-47　　　　　　　　　　　大坝基础三维渗流计算方案

部位	方案	比较内容	上游水位(m)	下游水位(m)	帷幕深度	渗透系数(cm/s) $K_3(P_{1q}层)$	$K_4(P_{1m a}$ 以下层)	K_5 （堆石体）
右岸	MBY-1	无帷幕	402.2	223.3	0	$K_x=K_z=3.6\times10^{-4}$ $K_y=7.29\times10^{-5}$	7.2×10^{-5}	0.01
右岸	MBY-2	有帷幕			设计推荐深度			
左岸	MBZ-1	无帷幕	402.2	223.3	0	$K_x=K_z=3.6\times10^{-4}$ $K_y=7.29\times10^{-5}$	7.2×10^{-5}	0.01
左岸	MBZ-2	有帷幕			设计推荐深度			

7.3.3　三维渗流计算分析

三维渗流计算部分成果见表 6.4-48。

表 6.4-48　　　　　　　　水布垭面板坝三维渗流计算部分成果

方案	右岸浸润面或出逸点最高处高程(m)				左岸浸润面最高处高程(m)	
	面板后	帷幕后	坝壳	边坡	面板后	帷幕后
MBY-1 和 MBZ-1	314.5	378.3	241.4	241.1	321.5	345.9
MBY-2 和 MBZ-2	306.3	372.9	239.1	233.5	298.4	329.1

由方案 MBY-1 的计算成果看出，在坝基无帷幕防渗时，河床中心部位面板后浸润面高程约为 313m，坝壳出逸高程为 236～241m，出逸高度为 13～18m。计算范围内的渗透量在 1.02m³/s 范围内。方案 MBY-2 中帷幕深度采用设计推荐深度，计算成果显示，域内地下水位等高线向上游平移了约 20m，河床部位面板后浸润面高程 293m，与无帷幕计算成果比较，浸润面降低了 20m，坝肩及山体帷幕后地下水位降低了 2～10m，渗漏量为无帷幕时的 38%，在 0.39m³/s 范围内。可见混凝土面板坝坝基采用帷幕防渗的渗控效果明显。

设置帷幕后，帷幕上下游的等势线均向帷幕方向集中，也说明了帷幕的渗控效果很好。

同时，也对面板坝左岸模型堆石料渗透性为 0.01cm/s 的条件进行了计算，MBZ-1 和 MBZ-2 两方案成果对比的规律与 MBY-1 和 MBY-2 的对比相近。无防渗帷幕时计算得到渗漏量为 0.9m³/s，设置防渗帷幕后，渗漏量为 0.24 m³/s。最大垂直出逸比降 3.61，水平出逸比降 0.56。

计算域内 F_3 断层对坝基渗流分布影响较小，F_2 断层是控制右岸坝肩及山体地下水位的主要因素。在坝基附近的断层带更应保证帷幕灌浆的质量，以确保不出现渗透变形，而在帷幕下游则应保证其出口畅通，以利降低坝基和山体地下水位。

水布垭水电站实际施工的帷幕深度和线路与计算模型稍有调整，但调整程度不大，对计算域内整体渗流场的分布规律影响较小。数值计算取得的渗流量是全断面渗流量，包括了"潜流"，也就是地下径流部分，而且其所占的比重与模型深度范围直接相关。所以，计算值不能直接与工程运行时的实际监测值比较，而只能用于设计方案之间的比较以说明相对差异和规律性。

7.4　大坝渗流计算分析结论

大坝渗流控制的研究成果既具有重要的理论意义，又具有工程应用价值。

（1）研究完善了粗粒料渗透变形试验和反滤试验方法，包括超径颗粒处理和仪器尺寸选用的原则，研制了大型渗透试验仪器和高压力、大流量供水系统，突破试验规程开展了过渡料对垫层料的反滤试验研究。一整套试验方法和试验仪器装置为粗粒料的渗透特性研究和超高土石坝建设提供了重要条件。

（2）采用饱和非饱和非稳定渗流模型对水布垭面板堆石坝在正常运行、面板局部缺损和面板失效等工况下的渗流场进行了较全面的模拟计算，分析确定了垫层、过渡区和主堆石区可能出现且对渗透稳定性具有控制意义的最大比降。该方法对面板局部破损条件下的复杂渗流场模拟有很好的适应性，而且可以反映对渗流场的影响过程和关键部位。

（3）基于试验研究和渗流分析成果，通过综合分析，得出了大坝满足渗透稳定性要求的重要结论，为水布垭大坝实际填料的评价和优化设计提供了科学依据，在不降低大坝安全的前提下，通过适当变更对过渡料的级配要求保障了工程的顺利实施和经济性，成果通过工程应用及时发挥了效益。

（4）水布垭大坝趾板基础对于工程来说是至关重要的。在大量地质勘察研究的基础上，通过对岩层及其空间展布、优势结构面、岩溶及岩体渗透性的研究，对趾板基础的工程地质特性进行了全面的概化，确定了趾板基础的地质结构模型、岩溶规律及渗漏特征，为基础渗控设计提供了有力支撑。

（5）建基岩体为强岩溶化的灰岩地层，所发育的岩溶管道系统是渗流控制的重点与难点。在基础工程地质特性研究的基础上，准确界定了岩溶管道系统的空间位置与规模。运用变岩溶化岩体为裂隙性岩体的理论，对趾板基础岩溶洞穴进行了全面处理，结合基础三维渗流场计算，论证了面板坝基础和坝肩的防渗帷幕设计方案，大大减小了帷幕灌浆的难度与工程量，使帷幕得以顺利形成。

（6）2006年10月蓄水以来，大坝已经经历了390m以上高水位较长时间的运行，渗漏量一直在40l/s以下，没有产生其他渗流异常现象，说明了大坝分区的合理性，坝体坝基渗流控制措施形成了完整体系，并且运行正常。

（7）在水布垭面板堆石坝设计和施工阶段建立的与渗流控制有关的试验装置、试验方法、数值模拟技术及研究思路可供其他面板堆石坝工程研究所采用，研究成果、设计思路和具体的设计方案可供参考和借鉴。

8 心墙坝型心墙料的工程特性试验研究

水布垭心墙堆石坝技术上能否成立，关键在于能否找到储量、质量均满足设计要求的心墙防渗料。对庙王沟碎石土料场、龙王冲风化页岩料场进行了防渗料的论证研究工作[28][29]。龙王冲风化页岩料场位于坝址下游龙王冲冲沟右侧，距坝址4~10km，根据料场的基本地质条件、岩体风化特征以及可能利用全、强风化岩体（材料层）出露位置、厚度确定储量计算范围线，被圈定的范围内的堆积物及全、强风化岩体总储量，可达960万m^3。庙王沟碎石土料场位于坝址下游清江左岸1.2~3km处的缓坡地段，坡面向清江倾斜，坡度一般在25°左右。料场碎石土层中虽有一些石英砂岩大块石，但含量有限，如将其去掉，可作为心墙防渗材料使用。庙王沟碎石土料场及龙王冲风化页岩料场可采层储量共达1080万m^3，储量基本满足设计要求。

8.1 防渗料基本物理性质

防渗料基本物理性指标见表6.4-49。料场内土样的天然含水率主要受风化程度、取样深度、碎石含量以及取样前气候等因素的影响。对于风化页岩料，风化程度大的，天然含水率也相应的高。全风化料的天然含水率一般在10%~14%之间；强风化上带的天然含水率在5.6%~16.6%之间，一般不超过

10%；强风化下带的天然含水率比强风化上带的天然含水率低，在 5.0%～6.4%之间。对于龙王冲料场及庙王沟料场的崩（残）坡积及洪冲积层来说，其天然含水率因受地形及粗粒含量的不同，变化范围较大，在 4.3%～15.1%之间，大多数在 10%附近。

表 6.4-49　　　　　　　　　　　　防渗料物理性指标

土料名称		指标	天然含水率 %	比重	流限 %	塑限 %	塑性指数	自由膨胀率 %
庙王沟碎石土		范围值	43.0～45.1	2.70～2.82	29.8～54.4	15.8～22.7	14.0～32.3	18.0～57.5
		平均值	10.2	2.77	36.5	17.3	19.2	32.2
		组数	9	21	21	21	21	16
龙王冲料场	全风化	范围值	6.8～15.1	2.62～2.79	27.6～41.7	14.6～21.1	10.0～22.0	
		平均值	11.3	2.72	32.1	18.1	14	
		组数	7	7	7	7	7	
	强风化上带	范围值	5.4～13.3	2.70～2.84	24.6～34.9	15.4～20.1	7.0～16.0	20.2～35.0
		平均值	8.1	2.76	30.8	18.0	12.8	28.2
		组数	11	5	16	16	16	4
	强风化下带	范围值	5.0～6.4	2.77～2.77	26.2～27.2	17.5～18.0	8.7～9.2	
		平均值	5.7	2.77	26.6	17.7	8.9	
		组数	4	2	3	3	3	
	崩（残）坡洪积物	范围值	6.2～15.1	2.75～2.77	27.8～34.8	15.9～18.9	11.3～17.4	
		平均值	8.6	2.76	31.5	17.5	14	
		组数	8	6	6	6	6	

8.2　防渗料击实特性

击实试验根据土料的粒径不同选用了两种不同仪器。对于庙王沟碎石土，除个别土样大于 40mm 的颗粒超过全量 30%，采用大型击实仪（$\Phi 30cm$ 或 $\Phi 31cm$）外，均采用直径为 $\Phi 15.2cm$ 的中型击实仪。对于龙王冲料场风化页岩料均采用大型击实仪，试验成果表明：

（1）对同样碎石土而言，随击实功能增大，由轻型标准至重型标准，最优含水率明显减小，最大干密度明显增大；变化幅度与大于 5mm 的颗粒含量有关。对于龙王冲料场风化页岩料，随击实功能增大，由轻型标准至重型标准，最优含水率和最大干密度也呈现一般土料相同的规律性，即最优含水率随之减小，最大干密度随之增大。对于全风化料和强风化上带（包括崩坡积物及全强风化上带混合料）最优含水率、最大干密度变幅小。

（2）采用不同的击实标准所获得的最大干密度和最佳含水率均受 P5 含量的变化而变化，且变化较大。建议采用固定压实度标准来控制压实质量，以进一步增大风化页岩料的颗粒破碎量，这样更能反映坝体中填料的实际级配情况和坝体防渗心墙的实际防渗性能。

8.3　防渗料渗透特性

高土石坝防渗料的渗透性是选取坝料的重要指标，通常要求不大于 $A \times 10^{-5} cm/s$。但也不宜太小，否则不利于施工期间孔隙压力的消散及压实。

水布垭坝址的全风化料、崩坡积物、洪冲积层的绝大部分料可以作为防渗料,个别较粗的料在提高击实功能、增加压实度的情况下基本可以满足防渗要求。强风化上层料中一部分也同全风化料一样,可以作为防渗料。另一部分渗透系数虽较大,但若采取工程措施(如掺和全风化料),渗透系数亦可满足要求。强风化上带不可单独使用,需同庙王沟碎石土或全风化料混合后方可使用。

从水布垭心墙料渗透性能影响因素试验来看,提高上坝土料的细粒含量,保证含水率为最优含水率或略高于最优含水率,以及上坝碾压时保证较高的压实度等措施均有利于心墙料抗渗性能的提高。对全风化页岩混合料,若试验(上坝)前大于5mm含量低于80%,则渗透性可以满足要求,考虑到原级配样的试验情况,以及实际料场防渗性能的不稳定性,建议控制混合料上坝前的 P_5 含量不大于70%。

8.4 防渗料反滤试验

反滤层是防止土体渗透破坏的最有效措施。要求设计的反滤层在心墙出现裂缝时,土颗粒不会被带出,并能促使裂缝自行愈合。水布垭心墙防渗料,不论是庙王沟碎石土料还是龙王冲页岩风化料皆为宽级配料,且缺失0.05~2mm的中间粒径,对这样宽级配土料,需取其细料进行反滤设计。由于缺失0.05~2mm粒径,确定粗细料的区分粒径并不困难,考虑到部分稍粗的料缺失不明显,因此取2mm(或5mm)为区分粒径,此外,对反滤料自身也要考虑尽可能宽的级配,以利于施工,根据国内小浪底、鲁布革及国外高土石坝的建坝经验,宽级配反滤料通常为0.1~20mm。

研究将细料风干后干抛在反滤层上,经毛细饱和后,即在高比降(>50)下试验,该试验条件下的细料极为松散,颗粒之间的凝聚力尚未完全形成,颗粒易于流失,被保护土料选用了庙王沟碎石土料、龙王冲页岩全风化料及强上风化料。反滤料的级配如表6.4-50所示。

表6.4-50　　　　　　　　　　　　反滤料基本特性表

编号	粒径范围 (mm)	D_{20} (mm)	D_{15} mm	C_u	ρ_{dmin} (g/cm³)	ρ_{dmax} (g/cm³)	ρ_d (g/cm³)	相对密度 D_r	渗透系数 (cm/s)
反$_0$	0.5~2	0.7	0.6	2			1.6		10^{-1}~10^{-2}
反$_1$	0.5~20	1.25	1	8.75	1.56	2.11	1.90 1.83	0.69 0.57	$4×10^{-2}$~$7×10^{-2}$ $1×10^{-2}$×10^{-1}
反$_2$	0.5~10	1	0.75	5	1.49	2.04	1.90 1.84	0.83 0.69	$3×10^{-2}$~$5×10^{-2}$ $6×10^{-2}$~$8×10^{-2}$
反$_3$	0.25~10	0.6	0.5	6.25	1.55	2.03	1.90	0.78	$7.5×10^{-2}$~$15×10^{-2}$

注:反$_0$是经筛分的黄沙,反$_1$、反$_2$及反$_3$均为茅口组灰岩的人工制备砂。

试验中渗水很快转清,在高渗透比降下试样稳定,滤层无淤堵,说明反滤料能起到较好的保护心墙料的作用。即使心墙遭受局部应力破坏、产生集中渗流,所选定的反滤层可以阻止心墙的流失并促其自愈。保土、自愈两试验证实,反$_0$、反$_1$、反$_2$及反$_3$均是合格的反滤。推荐反$_1$可作为心墙后第一层反滤(反$_1$)的最粗级配,即所谓的极限反滤层,反$_3$可作为反滤的上包线,D_{15}的平均值可控制0.6mm。

8.5 防渗料力学特性

力学特性受其密度影响较大,因此试样密度应接近大坝实际填筑密度。在进行力学特性试验时,土样起始干密度一般按重型击实标准的最大干密度的0.95进行控制,且不低于轻型标准所求得的最大干密度。

8.5.1 变形特性

庙王沟与龙王冲两料场的压缩(固结)特性指标,针对庙王沟料场碎石料进行了9组高压加荷、卸荷压缩试验,5组等压固结试验,并测定了不同压力级下的固结系数、压缩指数、回弹指数和体积压缩模量。对龙王冲料场风化页岩料,还开展高压力范围内的压缩与固结试验,最大压力为6400kPa,进行了压力至2000kPa的压缩试验。根据试验结果可知:

(1)庙王沟料场土料,当其干密度在1.76~2.03g/cm³之间时,压缩系数 av_{1-2} 为 0.181~0.07MPa^{-1},均表现为中等偏低压缩性,压缩指数与回弹指数分别在 0.1126~0.1654 和 0.0096~0.0359。对于 P_5 含量小于30%的土样,所测的固结系数表明,随着固结压力的增大,固结系数越小,完成固结所需时间就越长。

(2)对于龙王冲的8组压缩试验表明,其压缩系数在 0.08~0.2MPa^{-1} 之间,均属中等偏低压缩性土,压缩指数和回弹指数分别在 0.103~0.1535 和 0.0076~0.015。

(3)对庙王沟料场土料一般表现为起始模量 E_s 增高,随压力 P 增大,模量 E_s 减小;当压力 P 增加到一定程度,E_s 又随压力 P 增大而增大。对龙王冲料场土料一般表现为随压力 P 增大,E_s 增大的规律。

8.5.2 强度与本构特性

庙王沟与龙王冲两料场共进行了29组三轴抗剪强度试验,其中三轴固结快剪试验12组、三轴固结排水剪试验17组,对于庙王沟碎石土,根据大于5mm含量 P_5 的大小,$P_5<30\%$、$30\%\leqslant P_5\leqslant 80\%$ 分别选取试样直径为 3.91cm、10.1cm 或 30.0cm,对龙王冲料场采用了 10.1cm 和 30.0cm 两种试样直径。对超粒径部分采用等量替代法处理,试验最大围压达 2000kPa,排水剪剪切速率对庙王沟料场和龙王冲料场分别采用 0.0024mm/min 和 0.0036mm/min。

(1)抗剪强度

抗剪强度受到试样密度、颗粒级配及压力范围等因素的影响。对庙王沟料场碎石土,当干密度在 1.95~2.02g/cm³,其总应力强度 C_{CU} 在 12~59.4kPa 之间,φ_{cu} 在 19.1°~25.3°之间,有效应力强度 C' 在 13.5~69kPa 之间,φ' 在 18.3°~31.1°之间。试验围压增高,其 C' 值变大,相应的 φ' 值减小。对于龙王冲风化页岩料,总应力强度 C_{CU} 在 10~45kPa 之间,φ_{cu} 在 22.7°~28.2°之间,有效应力强度 C' 在 18~93.7kPa 之间,φ' 在 26.7°~38°之间,与庙王沟碎石土相同,试验围压越高,C' 值增大,φ' 值减小。对高围压试验,建议强度采用 $\varphi=\varphi_0-\Delta\varphi\log(\sigma_3/Pa)$ 表征,以反映抗剪强度随围压增大,强度包络线下弯的趋势。

(2)应力应变关系

随着轴向应变 ε_a 的增加,剪应力 q(等于 $\sigma_1-\sigma_3$)的增长量随之减小;$\sigma_1-\sigma_3$ 与 ε_a 大部分呈现轻度应变硬化形式或个别土样有轻度应变软化现象,表现出应力应变关系的非线性、弹塑性特征。当 σ_3 不变时,应力应变 ε_a 关系曲线可近似采用 Kondner 建议的双曲线表示。

随着轴向应变 ε_a 的增加,体积应变 ε_v 开始都在增加,表征土样在剪切中的剪缩性。当 ε_a 增加到一定程度后,在低围压下,土样均表现了一定程度的剪胀性。对庙王沟料场碎石土和龙王冲风化页岩料,随着 P_5 的增加,干密度的增加,其剪胀性更为明显;随围压的增加,剪胀效应明显减弱,而呈现剪缩性。不论围压高低,在 ε_a 较小时,ε_a 在 3% 以内,均满足双曲线关系;在高围压下,ε_a 在 10% 以内均满足双曲线关系。

(3)模型参数与 P_5 含量的关系

对于庙王沟和龙王冲两料场土料,参数 C'、φ'、φ_0、$\Delta\varphi$、K、n、K_b 与 P_5 含量均有较好的相关关系,均随

P_5 含量的增加而增加,符合土性的一般规律,参数 m 的相关性较差,也能看出,随 P_5 含量的增加而减小的规律性。

9 心墙料的现场碾压试验

水布垭心墙堆石坝方案坝高达 230m,心墙填筑量较大,坝区内缺乏充足的黏土料,而大坝下游 1.3~8km 处庙王沟料场的碎石土和龙王冲料场的风化页岩料储量丰富。经过前期室内试验的初步研究,材料基本特性可以满足心墙料的要求。虽然 90 年代初结合鲁布革和天生桥一级大坝(坝高分别为 100m、178m)工程,进行过系列防渗料特性试验和对比试验,最后鲁布革工程采用风化砂页岩作为心墙防渗料。但是将碎石土和风化料用作 200m 级高坝心墙的防渗料,在国内工程界尚无先例。

高水头作用对心墙防渗料的压实性、可塑性、渗透性、抗渗性、变形特性以及强度特性等都提出了更高的要求,尤其是高水头下的渗透性和抗渗稳定性,是关系到工程安全和运行稳定的关键问题。为了更全面、客观、真实地掌握了解风化料和碎石土物理力学性质,补充前期勘探和室内试验在取样代表性和级配模拟上的不足,必须开展现场碾压试验。通过一系列不同碾压参数条件下的现场碾压试验,检验风化程度、颗粒级配、含水率等对防渗料压实性、渗透性等物理力学性质的影响程度和变化规律,掌握风化料作为心墙防渗料的适用条件,初步确定适宜的碾压机具和碾压参数,保障工程安全,提高我国高土石坝心墙设计、施工和科学研究水平。

因此,1996 年 5 月 16 日,"水布垭工程科技攻关协调会"明确水布垭心墙料要做现场碾压试验。经过立项、设计和评审,1997 年 4 月,现场松动爆破试验在龙王冲料场猪獾子坡进行,爆破总方量约 3000m³,并通过爆后不同时间土料级配的变化研究了加速风化的影响。现场碾压试验从 1997 年 7 月开始,至 9 月结束,共完成 12 大场试验,包括龙王冲强风化上带料(以下简称强上料)2 场,1∶2 全风化强风化上带混合料(以下简称全强混合料)3 场,1∶4 全强上带混合料 3 场,庙王沟碎石土 4 场。同时,还进行了庙王沟碎石土的筛分试验[30][31]。

9.1 心墙料现场碾压试验设计

(1) 设计原则

根据料场情况,龙王冲强风化页岩多于庙王沟碎石土,强风化上带多于全风化,所以心墙料以龙王冲风化页岩为主。碾压试验的主要对象确定为风化页岩上带料,研究在不同碾压参数下风化料能否达到高坝填筑的设计参数。

同时,考虑到料场距离,为便于开采、运输、碾压机械进城等,试验场地选择在两个料场附近地势平坦处,场地大小应精心规划,在满足试验要求基本条件同时,尽量少占地、以达到节约之目的。

(2) 试验材料

现场碾压试验涉及的材料包括三种:龙王冲料场页岩全风化料、龙王冲料场页岩强风化上带料、庙王沟料场碎石土料。

试验所用的三种材料均具有宽级配和级配不连续的特点,从卵石、砾石到黏土,不均匀系数达 100 以上。页岩风化料缺失或少含 0.02~1mm 粒组,碎石土缺失或少含 0.1~1mm 粒组。三种材料小于 5mm 颗粒都主要以粉粒或黏粒形式存在,庙王沟碎石土的细粒塑性指数最高,约为 15,强风化上带料最低,约为 6.6~8.6,全风化料为 10.5。

9.2 心墙料现场碾压试验成果分析

9.2.1 碾压后心墙料级配的变化规律

风化料在空间分布上具有明显的不均匀性,其级配受到的影响因素众多且难以控制(如气候变化造成的干湿循环、开采和运输过程中的扰动等),而级配不稳定性对密度和渗透性有很大影响。因此,通过大量的筛分试验对碾压前后的级配变化进行了对比分析。结果表明:

(1)碾压可提高细粒含量(<5mm),但级配不连续的特点未有明显改善,各种试验用料的特征粒径均有不同程度的降低。对于强上料,碾压主要使>100mm 的土粒发生破碎,使5~40mm 各粒组含量显著增加。对于全强混合料,主要使其<0.05mm 粉粒及黏粒含量增加。1:4 混合料可由碾压前的 8.7%(平均值)增加到 19.1%,1:2 混合料可从 11.3%提高到 21.2%。碎石土粗颗粒破碎均匀,破碎后主要集中在 5~10mm 粒组。

(2)振动碾压 6 遍后,<5mm 细粒含量增大的趋势不明显。且并非 12 遍的结果最大。

(3)与室内标准击实相比,碾压所引起的破碎率要小得多,振动碾压后破碎率一般不超过 10%,而击实的破碎率可达击实前的数倍。因此,必须保证心墙料在碾压前即具有足量的<5mm 细粒含量,才能达到足够的渗透性。

9.2.2 心墙料的压实性

压实性主要采用碾压后的密度来反映,与材料的级配、含水率、碾压机具和压实方式、铺土厚度等因素有关。不同心墙料的压实性:从总体趋势上看,强风化上带料、1:4 全强混合料、1:2 全强混合料碾压后的干密度呈递减趋势,多数都可达 1.9g/cm³ 以上。碎石土料干密度变化区间较大。试验表明:

(1)在试验材料最大粒径相同的情况下,细粒含量的增加会导致干密度的降低。

(2)铺土厚度与干密度的关系:层厚越大,由于碾压时能量衰减更为严重,压实效果越差,以强上料为例,50cm 铺厚碾压后的干密度比 40cm 的普遍降低 0.09g/cm³ 左右。

(3)含水率与干密度的关系:试验材料含水率越接近最优含水率,碾压后密度越高。因此,碾压时控制材料的含水率非常重要。

(4)从不同碾压遍数后的密度及沉降测试结果来看,干密度增加主要发生在静碾、动碾 2 遍、4 遍期间,振动碾压 8 遍后密度增加已不明显。

9.2.3 心墙料的渗透系数和抗渗强度

渗透系数和抗渗强度(比降)是风化料和碎石土能否作为防渗料的最关键指标,但两种土料的宽级配及级配不稳定性使其渗透特性变化较大,室内开展渗透试验难度很大,因此结合碾压试验,主要进行了现场原位双环法渗透试验、现场原位水平向渗透试验、以及现场原状样的室内渗透及渗透变形试验。

(1)强风化上带料的渗透性

从现场原位渗透试验结果来看,强上料的垂直渗透系数多数在 10^{-4}cm/s,渗透性较大。结合筛分试验结果分析,主要与土料的级配有关,其细粒含量较少,碾压前<5mm 含量小于 20%,碾压后平均为 25.3%,最多不超过 33%,因此尽管压实后干密度较大,但级配偏粗,渗透性较大。在密度和细粒含量相同的情况下,增大土料的初始含水率,可明显降低其渗透性。

(2)全强混合料的渗透性

强上料中掺加一定量的全风化料后,防渗性能得到明显改观,垂直渗透系数多在 10^{-5}~10^{-6}cm/s 之间。结合级配试验结果,混合料碾压前<5mm 含量均大于 25%,碾压后细粒含量基本大于 35%,且碾压

后其干密度都达 1.98g/cm³ 以上,因此,渗透性降低明显。土料的初始含水率越接近最优含水率,碾压后密度越大,渗透性越小。

(3)碎石土的渗透性

原位渗透试验表明,庙王沟碎石土的天然含水率 8% 左右,较接近其最优含水率,因此垂直渗透系数均在 10^{-6} cm/s 量级,可以满足防渗要求。

(4)结合层面的水平渗透性

从原位结合层的水平渗透试验和原状样室内水平渗透试验结果来看,土料的水平渗透系数都比双环法测得的原位垂直渗透系数大 10 倍左右。1∶4、1∶2 全强混合料的水平渗透性分别为 $5.23\times10^{-4}\sim2.33\times10^{-5}$ cm/s、$4.41\times10^{-4}\sim4.57\times10^{-5}$ cm/s,碎石土为 $6.51\times10^{-5}\sim1.31\times10^{-5}$ cm/s。

(5)抗渗强度

由于强上料级配偏粗,碾压后难以取得原状样,因此只对混合料和碎石土取原状样进行了室内渗透变形试验。从试验结果可见,混合料临界比降在 4.9~18.9 之间,破坏比降在 5.95~24.4 之间,破坏形式为局部流土。碎石土临界比降 12.1~19.9,破坏比降 16.6~28.36,破坏形式属流土。

10 面板堆石坝原型观测及分析

大坝从 2003 年 1 月开始填筑,2003 年 2 月开始浇筑混凝土趾板,2005 年 1 月浇筑一期面板混凝土,2006 年 10 月大坝填筑至高程 405.0m,并通过蓄水验收,水库开始蓄水;2007 年 3 月完成面板三期混凝土浇筑施工,2008 年 3 月完成坝顶防浪墙混凝土浇筑,2008 年 7 月完成大坝坝顶 409.0m 以下填筑,大坝填筑工程全面完成。2007 年 7 月首台机组发电,2008 年 9 月 4 台机组全部并网发电。2008 年 11 月水库蓄水水位达到 399.51m,大坝已接受正常高水位运行考验。截至 2010 年 4 月,监测资料综合分析表明,大坝的工作状态安全,各项运行指标良好。主要实测资料特征包括如下内容[32]。

10.1 坝体的变形

(1)坝体沉降过程

根据安装在大坝内部断面 0+132m、0+212m(见图 6.4-40)、0+356m 的变形观测点的观测结果表明,截至 2014 年 3 月,坝体最大沉降发生在 0+212m 断面 300m 高程处(见图 6.4-41),最大沉降量为 2501mm。图 6.4-41 还表明,次堆石区的压缩量明显大于主堆石区,准确地反映出主堆石区堆石性能优于下游坝体次堆石区堆石性能。

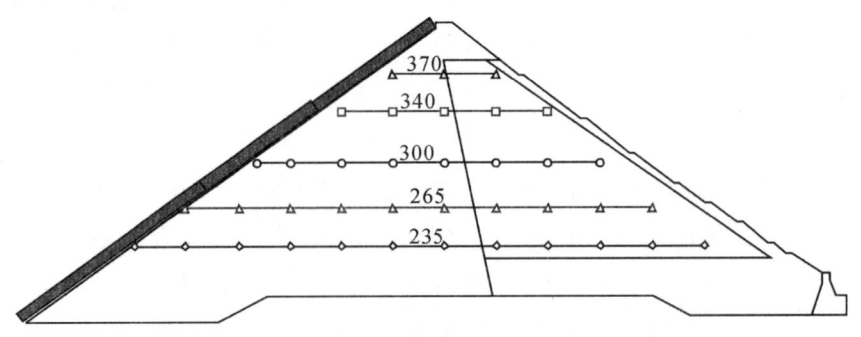

图 6.4-40 坝体 0+212 断面内部变形监测布置

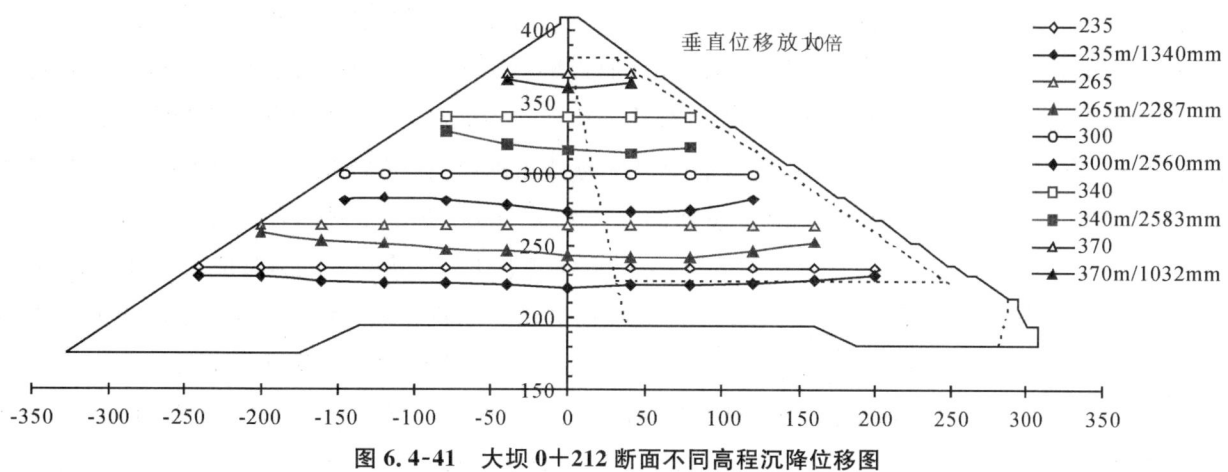

图 6.4-41 大坝 0+212 断面不同高程沉降位移图

图 6.4-42 为最大断面(桩号 0+212)中部同一高程(高程 300m)的 8 个测点(从上游至下游编号为 SV01-1-23、……、SV01-1-30)的沉降过程图。结合施工过程及蓄水过程分析,从该高程处的坝体沉降可以看出:

①坝体的沉降与加载过程密切相关。2004 年 12 月 4 日之后开始 300 m 高程以上坝体填筑,至 2005 年 10 月 18 日间可分为两个时段,2005 年 5 月 10 日之前填筑下游坝体(简称后侧填筑),在该时段内下游测点的沉降明显大于上游测点的沉降;2005 年 5 月 10 日之后再填筑上游坝体(前侧填筑),在该时段内上游测点的沉降增量明显大于下游测点。之后,坝体平行填筑上升,各测点的沉降持续增长。2007 年 4 月 18 日—10 月 14 日间,基本完成二期蓄水过程,水荷载产生的大坝沉降明显,且上游坝体的沉降增量明显大于下游坝体。2007 年 10 月 14 日—2008 年 2 月 2 日间,库水位经一定时段波动后下降到 373m,各测点的沉降仍然持续增长。

②后期库水位变化对坝体变形影响不大。在 2007 年 12 月 2 日至 2008 年 6 月 17 日再至 2008 年 11 月 2 日的两个时段中,水位从 390m 降至 355.7m 又上升至 399.5m,即水位先降 34m 再升 44m,坝中沉降约从 2008 年 1 月 12 日开始回弹,2008 年 6 月 17 日后又开始下沉,300m 高程测点的回弹和沉降平均值分别为 37mm 和 34mm。由此表明,堆石体的再加荷模量远大于其初次变形模量。

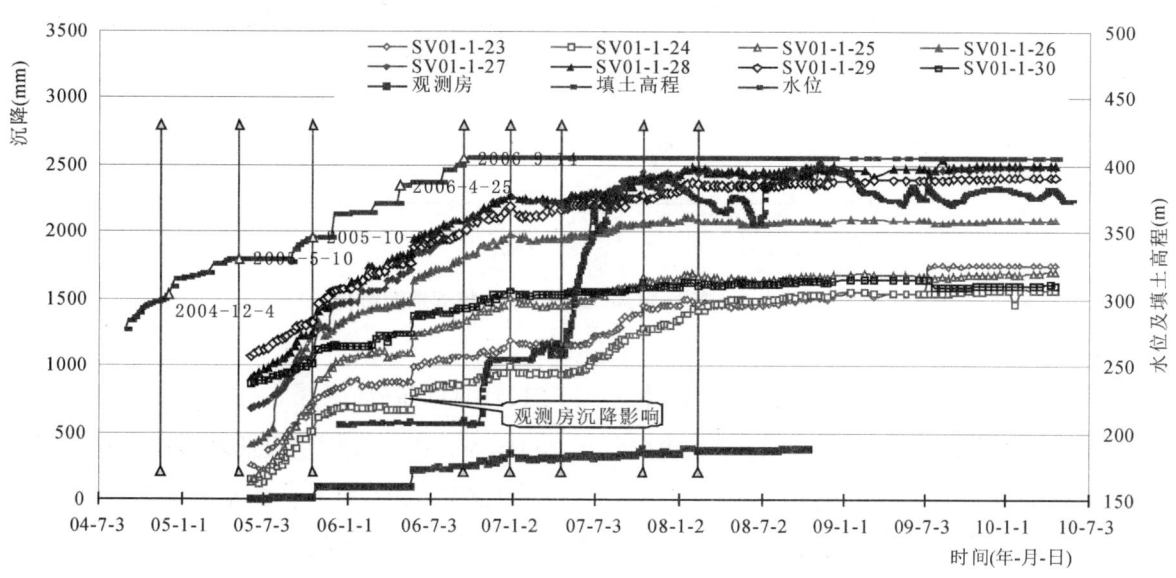

图 6.4-42 最大断面中部(高程 300m)沉降过程

③堆石体的蠕变问题值得深入研究。坝体填筑完成后及水位上升完成后，坝体沉降持续增长，持续增长约3.5个月后，增长速率出现明显骤降，水布垭面板堆石坝表现出的如此沉降过程特征是否具有普遍性本文不得而知。如果把荷载完成后的变形统称为蠕变，有必要将蠕变过程分为两个阶段，为叙述方便，将蠕变速率骤减前的称为"前期蠕变"，蠕变速率骤减后的称为"持续蠕变"。最大断面中部（高程300m）坝体自重荷载和水荷载的前期蠕变量如图6.4-43所示，在3.5个月内，产生的蠕变量最大值为242mm。将2008年7月1日之后（水位变幅较小）的坝体变形作为持续蠕变的典型成果，如图6.4-44所示，坝体持续蠕变量年平均最大值约为40mm，不足坝高的0.2‰，期望通过堆石料室内试验给定参数，根据有限元分析模拟如此之小的应变几乎是不可能的，只能根据工程经验予以估计。它到底会持续多长时间，总量多大，有待依据实测成果深入研究。目前，堆石坝的蠕变成为了土力学界的热点问题，其研究成果充其量只能反映堆石坝的前期蠕变。前期蠕变持续时间不长（3~4个月）是一个非常有意义的结论，其一，给堆石料室内蠕变试验的蠕变过程较短有一个合理的解释；其二，给堆石坝工程坝体填筑完成后间歇多长时间浇筑面板提供了依据。

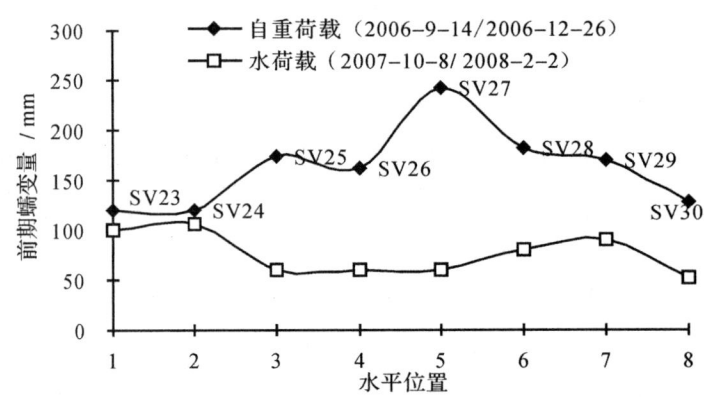

图6.4-43　最大断面中部（高程300m）前期蠕变量(mm)

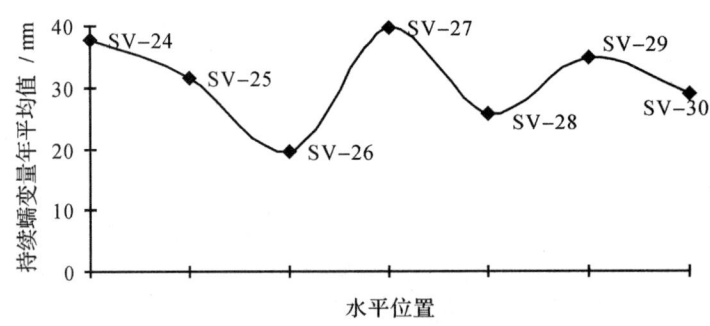

图6.4-44　最大断面中部（高程300m）持续蠕变量(mm)

（2）坝体总沉降

截止至2010年4月22日，大坝最大断面（桩号0+212）的总沉降如图6.4-45所示。从图6.4-45可以看出，坝体最大沉降发生在坝体中部，最大沉降量为2501mm。比较大坝建设前的有限元计算成果，堆石坝的沉降实测值大于计算值，这种现象具有普遍性，这种现象亦表明，堆石体的室内力学性试验方法有待深入研究。在目前的条件下，要找到一种方法，使级配缩尺后"当量"密度的试样与已知密度原级配堆石体的力学性完全一致是非常困难的，甚至是不可能的；但是，在堆石体碾压方式已知、级配缩尺方法一定的条件下,找到试验密度的控制方法,使试样与堆石体的力学性基本一致是可能的,也是必要的。

图 6.4-45 还表明,次堆石区的压缩量明显大于主堆石区,准确地反映出主堆石区堆石性能优于下游坝体次堆石区堆石性能。

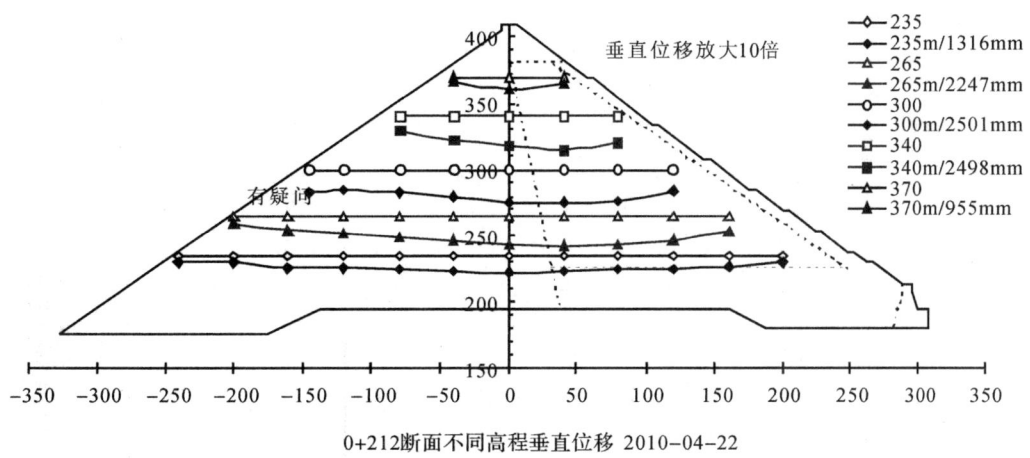

图 6.4-45　最大断面(桩号 0+212)总沉降量

(3)水荷载引起的沉降

2007 年 4 月 18 日~10 月 14 日水库水位由高程 258m 上升到 390m,将该时段的坝体沉降增量作为该水荷载引起的沉降,大坝最大断面(桩号 0+212)的水荷载引起的沉降如图 6.4-46 所示。从图可以看出,水荷载引起的坝体沉降总体上是上游坝体大于下游坝体,随与上游坝面距离增大而减小;同时,水荷载引起的沉降随高程增大有所减小。

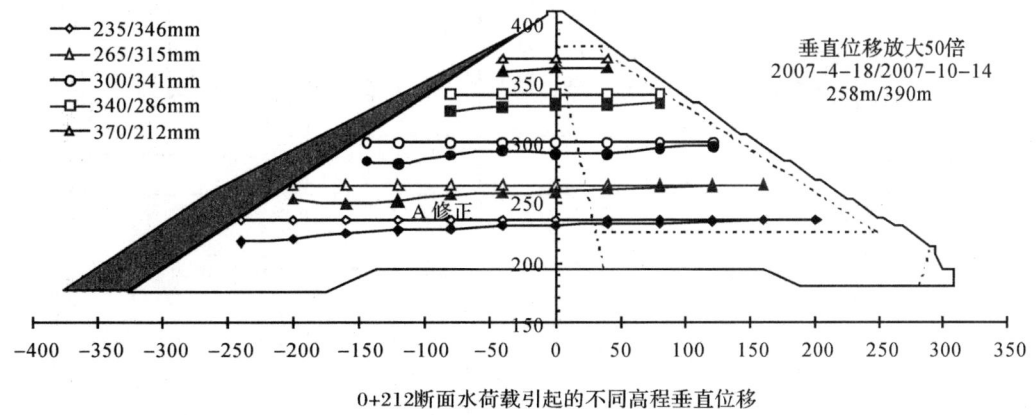

图 6.4-46　最大断面(桩号 0+212)总沉降量

(4)坝体自重荷载的水平位移

2006 年 9 月 14 日完成大坝填筑,取一期蓄水前的水平位移(2006 年 10 月 12 日)作为坝体自重荷载引起的水平位移,图 6.4-47 为大坝最大断面的实测成果。从图可以看出,在大部分坝体中,坝体自重荷载引起的水平位移偏向上游,向上游的水平位移远大于向下游的水平位移,该成果有悖常规。究其原因,初步认为可能与引张线挠曲引起误差有关。

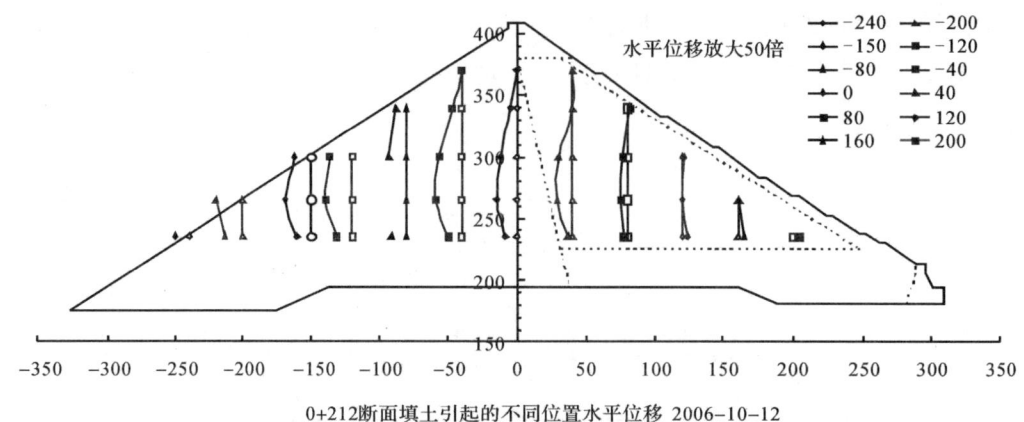

图 6.4-47 最大断面坝体自重荷载的水平位移

(5) 水荷载引起的水平位移

2007年4月18日—年10月14日水库水位由高程258m上升到390m，将该时段的坝体水平位移增量作为该水荷载引起的水平位移，大坝最大断面的水荷载引起的水平位移如图 6.4-48 所示。由图可以看出，该时段的水平位移增量实测成果基本是合理的，可能与水荷载少引起引张线挠曲有关。水荷载引起的水平位移方向与水荷载作用方向一致；水荷载引起的水平位移上游坝体大于下游坝体，随与上游坝面距离增大而减小；水荷载引起的水平位移随高程增加而有所减小。

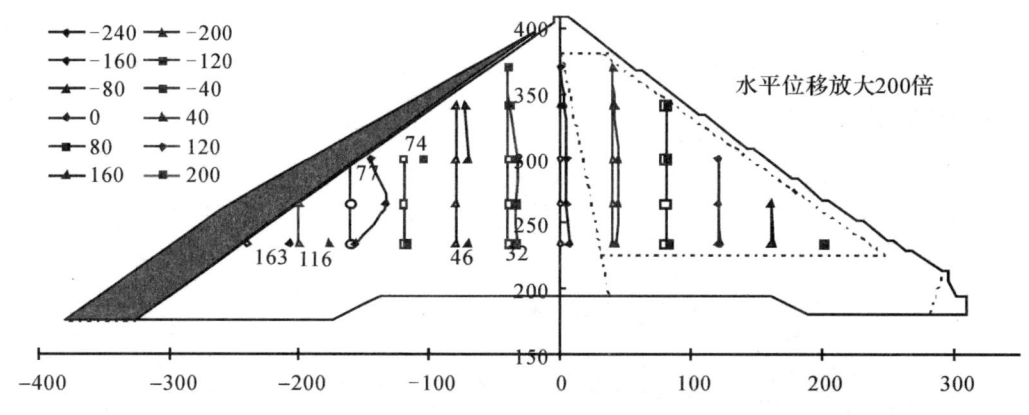

图 6.4-48 最大断面坝体自重荷载的水平位移

(6) 水荷载引起的上游坝坡位移

前文分别介绍了大坝最大断面水荷载（2007年4月18日—10月14日水库水位由258m高程上升到390m高程）引起的沉降增量和水平位移增量，将上游坝坡5个测点的监测成果联合分析，上游坝坡高程235～370m间的水荷载引起的变形如图 6.4-49 所示。从图可以看出，在水荷载作用下，该区间坝坡顺坡向变形为压缩，法向位移引起的坡面挠曲不大。为分析混凝土面板与坝体间的相互作用关系，对两者在相同工况下235～340m高程间的变形进行分析，该区间堆石体顺坡向压缩变形增量为91.0mm；混凝土面板顺坡向变形由应变监测值计算，相同工况下该区间混凝土面板顺坡向变形亦为压缩变形，压缩变形增量为54.0mm，由此分析表明混凝土面板与垫层间有相对错动位移发生。

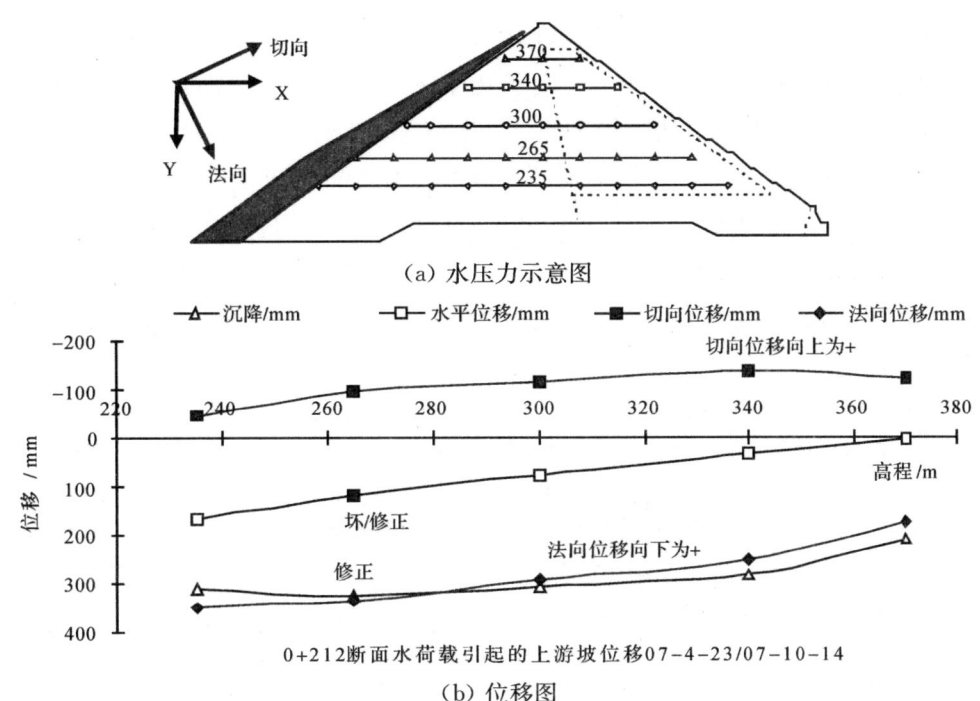

(a) 水压力示意图

(b) 位移图

图 6.4-49 水荷载引起的最大断面上游坝坡位移图

10.2 面板应力

根据安装在面板最大断面(桩号：0+212)处 R2 面板内部的应力变形观测点(见图 6.4-50)的成果表明，顺坡向和坝轴向面板表层钢筋应力计在未被库水淹没时，应力与环境温度密切相关，即环境温度降低，面板中产生拉应力，温度升高，面板中产生压应力；被库水淹没后，应力与库水压力相关，水位升高，压应力增加，如图 6.4-51 所示。

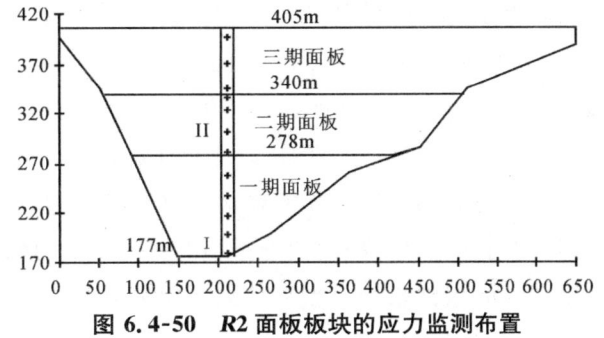

图 6.4-50 R2 面板板块的应力监测布置

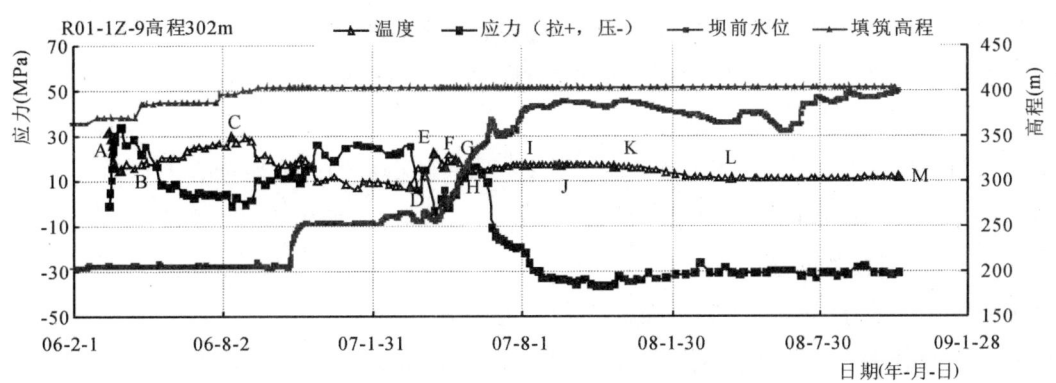

图 6.4-51 R2 板块监测点 II (302m 高程)的顺坡向钢筋计应力过程线

2007年4月18日—年-10月14日水库水位由高程258m上升到390m,水荷载引起的板块R2中钢筋计及混凝土应变计测值增量如图6.4-52所示。由于三期面板主要为温度应力,规律欠佳,图6.4-52仅给出一、二期面板的有关成果。为比较钢筋计及混凝土应变计测值的差异性,将混凝土应变计应变测值乘以3号钢的弹性模量($E=2.0*10^5$MPa)作为混凝土中钢筋的应力。

从图6.4-51可以看出,水荷载引起的顺坡向和坝轴向应力均为压应力;钢筋计与应变计成果具有可比性,成果可靠;在顺坡向,上表面处的钢筋计与板厚中部处的应变计测值略有差别,可理解为面板在顺坡向是弯压构件,以受压为主;在坝轴向,上表面处的钢筋计与板厚中部处的应变计测值基本吻合,表明面板在坝轴向主要受压。

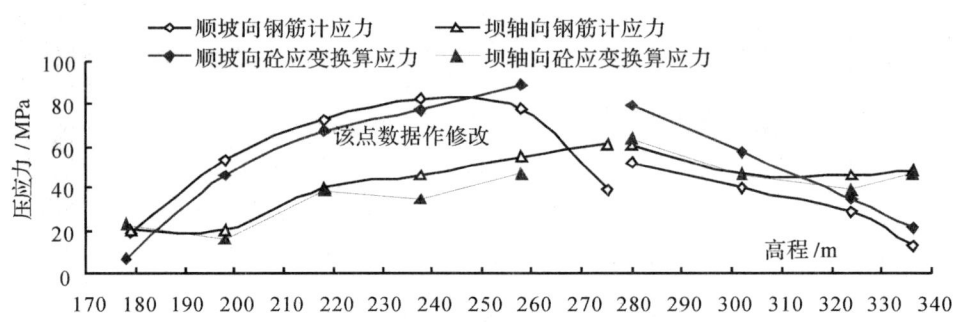

图6.4-52 水荷载引起的R2板块一、二期面板的钢筋应力

10.3 面板缝的变形

面板板间缝一般小于8mm,最大张开位移为29.4mm。图6.4-53为板间缝两个典型监测点的变形过程线。可以看出,板间缝变形主要与水荷载作用密切相关,板间缝变形主要发生在蓄水时段,对于拉缝,随着水位的升高,板间缝变形逐渐增大;对于压缝,当水荷载加到一定时,板间缝会发生小的压缩变形。板间缝在荷载作用下的变形亦反映了坝体轴向变形趋势。当水位较低时,面板暴露在空气中,环境温度对板间缝变形有影响,温度降低引起板间缝张开,温度升高引起张开缝闭合。

图6.4-54为周边缝最大位移典型监测成果,X方向张开变形主要与水荷载有关,其最大值为45.7mm;与趾板间的剪切变形($Y、Z$方向)在蓄水之前已经产生,即,在水荷载作用之前,坝体的变形亦将引起周边缝剪切错动;总体来讲,三方向的变形量不大,均在设计允许变形量(50m、100m、100mm)以内。

水利水电事业的发展,面临建设更高面板堆石坝的要求和挑战,当前世界第一高坝的实测成果,对推动高面板堆石坝发展无疑是有作用的。经过对高面板堆石坝的实测成果的综合分析,有以下几点认识:

(1)在当前施工技术条件下,250m级面板堆石坝坝体最大沉降达坝高的1%左右,在时空间分布上是协调连续的。

(2)坝体填筑完成后或水位上升完成后,坝体沉降持续增长,持续增长约3.5个月后,增长速率出现明显骤降。如果把荷载完成后的变形统称为蠕变,前期蠕变持续时间不长(约3~4个月),后期的持续蠕变量不大。

(3)堆石体具有卸荷回弹特征,回弹变形很小,堆石体的卸荷再加荷模量远大于其初次变形模量。

(4)荷载作用引起的面板应力主要是受压;在库水淹没之前,面板出现较大的拉应力,对外露面板的隔温保护是一个值得重视的问题;

(5)坝体后期变形及水位变动引起的面板应力变化较小。

(6)板间缝大部分为压缝,在陡坡附近可能发生一定的剪切变形;当水位较低时,面板暴露在空气中,环境温度可能引起板间缝张开;周边缝大部分为拉缝,三方向的变形量不大,均在设计允许变形量以内;

面板与垫层间亦有相对错动位移发生。

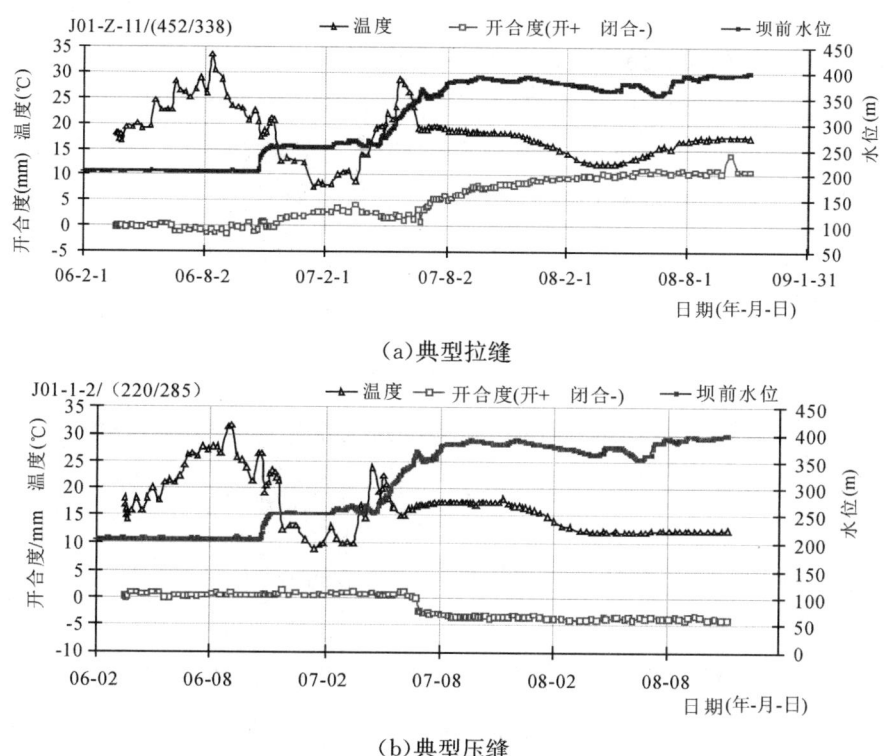

(a) 典型拉缝

(b) 典型压缝

图 6.4-53　板间缝典型监测点变形过程线

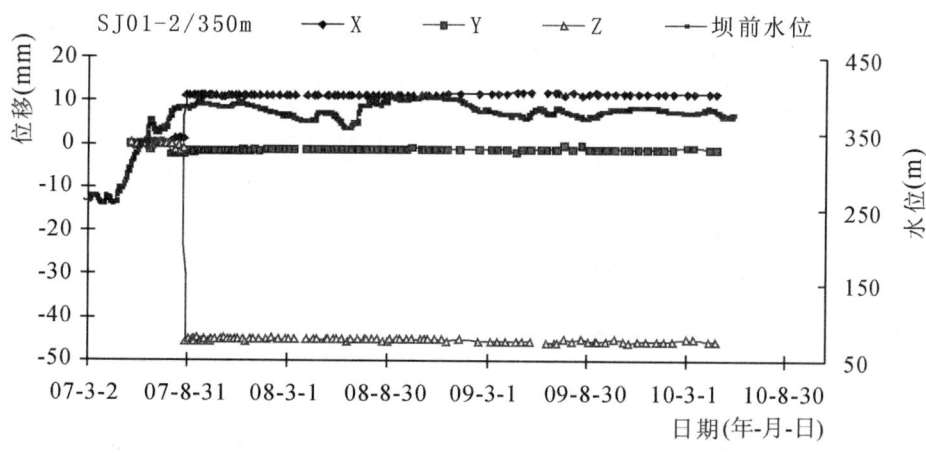

图 6.4-54　大坝周边缝(L12 块面板/350m 高程)变形过程

（7）要正确地评价数值分析方法在预测面板堆石坝应力变形中的作用。经过对大坝填料的认真试验，本构模型的改进，参数的合理取值，对大坝应力变形做到准确地定性应该是可能的。在此基础上研究不同因素对大坝影响规律的敏感性分析将是非常有意义的。

参考文献

[1]《水布垭面板堆石坝前期关键技术研究》编写委员会. 水布垭面板堆石坝前期关键技术研究[M]. 北京：中国水利水电出版社，2005.

[2] 郭熙灵,李思慎. 清江水布垭/半峡水利枢纽土工试验总报告(坝址比选阶段)[R]. 武汉:长江科学院,1995.

[3] 程展林,丁红顺. 清江水布垭水利枢纽面板堆石坝工程材料性质研究[R]. 武汉:长江科学院,1997.

[4] 丁红顺,饶锡保. 清江水布垭水电站施工围堰填料工程性质试验研究[R]. 武汉:长江科学院,1998.

[5] 程展林,丁红顺. 清江水布垭水电站面板堆石坝筑坝材料性质研究[R]. 武汉:长江科学院,1998.

[6] 程展林,余剑平. 水布垭面板堆石坝填料应力应变关系试验研究[J]. 长江科学院院报. 1999,16(1):29-32.

[7] 程展林,丁红顺. 论堆石料力学试验中的不确定性[J]. 岩土工程学报. 2005,27(10):1222-1225.

[8] 余剑平,程展林. 清江水布垭水电站混凝土面板堆石坝筑坝材料性质研究[R]. 武汉:长江科学院,1998.

[9] 程展林,丁红顺. 清江水布垭面板堆石坝填料蠕变试验研究[R]. 武汉:长江科学院,2003.

[10] 程展林,丁红顺. 堆石料蠕变特性试验研究[J]. 岩土工程学报,2004,26(4):473-476.

[11] 程展林,吴良平,丁红顺. 粗粒土组构之颗粒运动研究[J]. 岩土力学,2007(S1):29-33.

[12] 姜景山,程展林,刘汉龙等. 粗粒土二维模型试验的组构分析[J]. 岩土工程学报,2009,31(5):811-816.

[13] 龚壁卫,周小文. 清江水布垭面板堆石坝特殊边界力学试验及模拟方法研究[R]. 武汉:长江科学院,2004.

[14] 丁红顺. 清江水布垭水电站坝基河床砂砾石层工程性质试验研究[R]. 武汉:长江科学院,1998.

[15] 程永辉,李仲秋. 水布垭大坝坝基河床砂砾石覆盖层强夯试验研究及施工检测报告[R]. 武汉:长江科学院,2005.

[16] 林绍忠,苏海东. 混凝土结构温度场、温度应力及缝面接触问题、三维有限元仿真计算程序使用说明[R]. 武汉:长江科学院,2003.

[17] 汪明元,陈智勇,陈琴. 清江水布垭水利枢纽面板应力有限元分析研究[R]. 武汉:长江科学院,2003.

[18] 陈琴,黄斌,汪明元等. 水布垭面板堆石坝施工期反分析与蓄水期应力变形研究[R]. 武汉:长江科学院,2007.

[19] 汪明元,程展林,林绍忠等. 高面板堆石坝应力变形分析的三维子模型法研究[J]. 长江科学院院报,2005,22(5):49-51,69.

[20] 汪明元,黄斌,陈琴等. 水布垭超高混凝土面板堆石坝的长期变形特性[J]. 水力发电学报,2010,29(4):167-178.

[21] 汪明元,潘家军,黄斌,陈琴. 水布垭超高混凝土面板堆石坝的运行性状[J]. 水力发电学报,2010,29(4):160-166.

[22] 张家发,定培中,张伟,胡智京. 水布垭面板堆石坝垫层料渗透与渗透变形特性试验研究[J]. 岩土力学,2009,30(10):3145-3150.

[23] 张家发,定培中,张伟,胡智京. 水布垭面板堆石坝过渡料设计及其渗透变形特性研究[J]. 长江科学院院报,2009,26(10):1-6.

[24] 张家发,杨启贵,熊泽斌,王金龙. 水布垭面板堆石坝渗流场分析和分区材料允许比降设计指标研究[J]. 长江科学院院报,2008,25(6):71-76.

[25] 定培中,张伟,张家发,胡智京. 水布垭混凝土面板堆石坝坝体填料渗透稳定性试验研究[R]. 武汉:长江科学院,2005.

[26] 杨启贵,张家发,熊泽斌,杨火平. 水布垭混凝土面板堆石坝的渗流控制体系[J]. 水力发电学报,2010,29(3):164-169.

[27] 谢红,张家发,吴昌瑜,张伟. 水布垭水利枢纽三维渗流场有限元分析[J]. 长江科学院院报,1999(1):37-41.

[28] 饶锡保,何晓民. 清江水布垭水电站心墙堆石坝填料土工试验研究报告[R]. 武汉:长江科学院,1998.

[29] 郭熙灵,饶锡保. 清江水布垭水电站砾石土和风化页岩料作高心墙堆石坝防渗料试验研究报告[R]. 武汉:长江科学院,1998.

[30] 郭熙灵,黄卫峰. 清江水布垭水利枢纽心墙堆石坝心墙料现场爆破及碾压试验研究报告[R]. 武汉:长江科学院,1997.

[31] 张伟,丁金华. 清江水布垭水利枢纽心墙堆石坝心墙料现场碾压试验检测报告[R]. 武汉:长江科学院,1997.

[32] 程展林,潘家军. 水布垭面板堆石坝应力变形监测资料分析[J]. 岩土工程学报,2012,34(12):2299-2306.

第5章　丹江口枢纽工程

1　丹江口枢纽工程中的土工问题

1.1　工程概况

丹江口水利枢纽位于鄂西北汉江支流丹江临近出口处的均县境内，为一座具有防洪、发电、灌溉、航运、水产养殖等综合效益的大型骨干水利工程，工程分两期，第一期主要为满足防洪和发电的初期需要为目的，坝顶高程162m。后期为适应南水北调中线工程水源的需要，把大坝加高13m，达175m高程。这里主要介绍一期工程中的土工问题。

一期工程于1958年9月动工，中间曾停工数年，于1973年建成。枢纽主要由一座宽缝混凝土重力坝、容量90万千瓦的电站、升船机等组成，其中混凝土拦河大坝最大高度为91m，长度为1141m，两岸由土石坝连接，左岸土石坝顺地形而筑，沿岗地谷地蜿蜒延伸，总长1223m，最大坝高56m，分5个坝段，坝型各不相同；混凝土坝与土石坝是正交式连接，左连接段长220m，在连接段的上、下游设有挡土墙，该段是防渗的薄弱部位，应予特别关注。左岸土石坝平面及各坝段剖面如图6.5-1(a)。右岸土石坝长130m，最大坝高32m，心墙系混凝土，上接黏土。混凝土坝与右岸土石坝为插入式连接，右连接段为长度339m混凝土实体重力坝，如图6.5-1(b)。

土坝在整个枢纽中的位置见总平面图6.5-2。

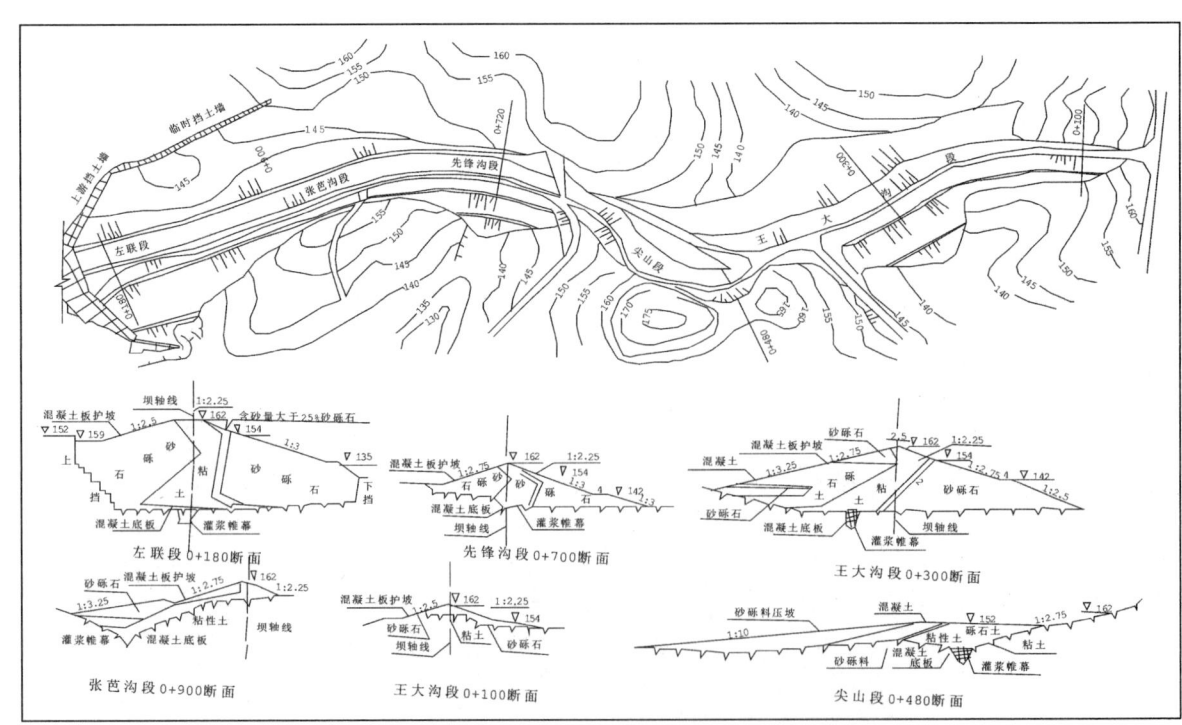

图6.5-1　(a)丹江口枢纽左岸土石坝平面布置及各坝段典型断面

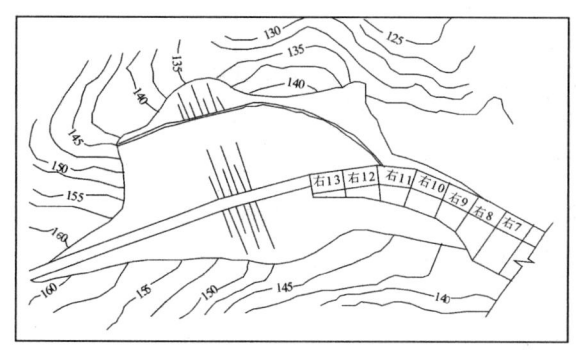
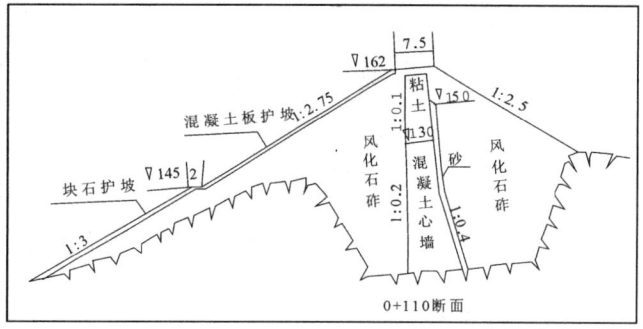

图 6.5-1(b)　丹江口枢纽右岸土石坝平面布置及典型断面

丹江口一期工程的土工问题大致与下面几个单项工程有关：左岸土石坝、左岸土石坝与混凝土大坝的连接段左联段、混凝土大坝基岩中的 F688 软弱夹层，以及施工期上游横向土石围堰等。

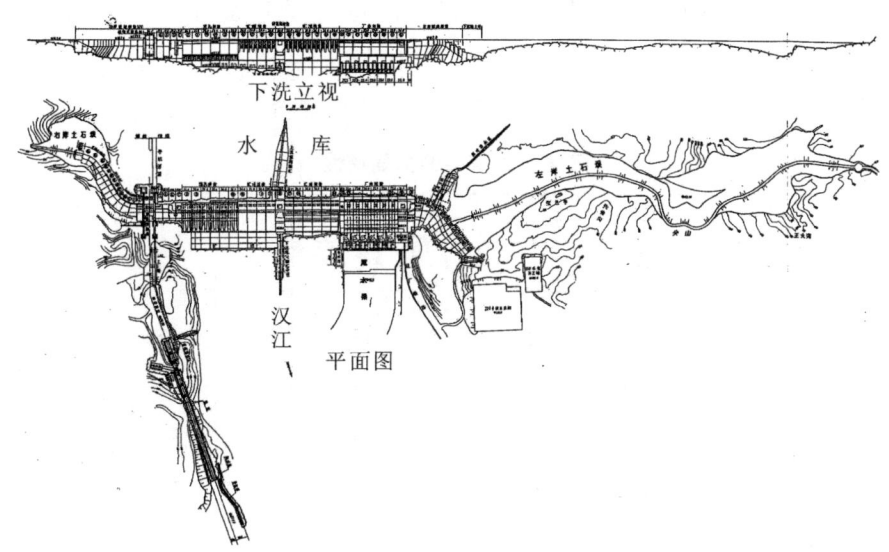

图 6.5-2　丹江口水利枢纽总平面图

1.2　主要的土工问题

丹江口工程中的主要土工问题有：

(1)上游横向围堰的裂缝问题；

(2)土石坝填筑材料特性研究（风化料、砾石土、黏性土等）；

(3)先锋沟坝段的安全性问题；

(4)大坝左联段结构形式和防渗措施研究；

(5)坝基断层或溶蚀带薄弱部位的安全性研究与评估。

2　上游横向土石围堰的裂缝问题

丹江口枢纽左岸上游横向塑性心墙土石围堰全长 382m 最大高度 48m，竣工实际剖面见图 6.5-3。围堰河床部分的基岩为闪长岩和玢岩，上覆砂砾石。左岸坡基岩为绿泥石片岩。上横围堰于 1959 年 10 月开工，次年 7 月完成，9 月洪水期间，在背水坡上发现了裂缝，继之，1961 年 2 月在心墙顶部也发现了裂缝。同年 2 月至 1962 年 5 月进行了勘探和试验工作。由于填料复杂，又无完整的施工记录，观测资料欠缺，给裂缝原因分析带来困难。

图 6.5-3　上游围堰实际剖面与存在的裂缝

2.1 各种填料的性质

(1) 心墙填料粉质黏土的主要性质

塑限22%，黏粒含量33%，填筑含水量19%，填筑干密度1.61g/cm³，抗剪强度直剪固快 $\varphi=18°$，$c=25$kPa，压缩性为 0.19MPa^{-1}，渗透系数 $9\times10^{-5}\sim1\times10^{-8}$ cm/s，以上数据均为均值，可以看出，黏土性质符合常规，压缩性属于中等，但渗透系数变化范围很大，反映填料很不均匀。

(2) 风化石渣为堰体的主要填料

其主要特性示于表 6.5-1。

表 6.5-1　　　　　　　　　　风化石渣填料的主要特性

部位	含水量(%)	颗粒组成(%)				相对密度	休止角(°)（干燥）	渗透系数 K_{10}（粒径<150mm）
		>20mm	20~5mm	<5mm	<粉粒			
迎水坝壳	3~8/6	28~63/42	11~39/18	19~54/40	13~31	0.28	33.7	$\gamma_d=1.70$g/cm³下，$K_{10}=2\times10^{-2}$ cm/s
背水坝壳	3~8/6	40~79/61	10~36/24	5~29/15	≈8	0.28	33.7	$\gamma_d=2.00$g/cm³下，$K_{10}=2\times10^{-4}$ cm/s

(3) 坝壳黏性土夹层

根据 1962 年 3—5 月勘探发现，在 0+250 迎水坡和 0+180 背水坡中各有两层黏性土层，塑限在 18%~22%，黏粒含量在 23%~30%，渗透系数在 $1\times10^{-5}\sim7\times10^{-5}$ cm/s，这些黏土层的渗透性比坝壳小约 1/100，它们将成为坝壳的隔水层。

(4) 坝壳混合土

坝壳混合土的级配变化很大，部分夹有黏性土，故其强度较低，压缩性较大，如表 6.5-2。

表 6.5-2　　　　　　　　　　坝壳混合土物理性质

类别	极端粒径(mm)		颗粒组成(%)				不均匀系数（一般值）	内摩擦角(°)
	最大	最小	卵石	砾	砂	粉黏粒		
砂夹土	3	<0.005	0~8		16~95	0~70	3~47	26
砂卵石夹土	30~100	<0.005	0~73	4~63	0~44	0~49	116~576	26

2.2 裂缝情况

围堰于 1960 年 9 月汛期发现背水坡 105m 高程戗道以上剖面上有很多条宽度为 1~2cm 平行于坝轴线的长裂缝，迎水坡因有块石护坡覆盖裂缝未能看到。次年 2 月，在坝顶石碴护面出现裂缝，同年 4 月全面翻挖心墙裂缝时，在 0+150,0+200,0+268 等三个断面重点探查，得其剖面如图 6.5-4。在 0+300

以右几乎都有裂缝,方向全与坝轴平行,长度在70～98m,主要有4条,最大3#缝长度达98m,最大深度12～16m,最大宽度20cm,裂缝呈弧状,滑向迎水坡,滑面有明显擦痕,最大错距34m;2#裂缝长82m,最大宽度30cm滑向背水坡。

三个重点剖面心墙裂缝情况如下表6.5-3及图6.5-4所示.。

表6.5-3　　　　　　　　　　　　　　重点剖面心墙裂缝情况

断面	滑面方向	裂缝	缝宽(cm)	错距(cm)	裂缝止于高程	擦痕
0+150	向下游	2#	顶部呈束状2～5 最宽10～30	最大15cm 一般6～10cm	115m	明显
0+220	向上游	3#	上部3～6,下部2～3	8～15cm	110m	明显,两条人字缝
	向下游	2#	一般3～5,最大9	10cm	114m	
0+268	向上游	3#	121m以上,呈束状	最大 34 cm	117m以下 15～20 cm	110m	明显
			121m以下,上部宽、下部窄(20～3cm)				

从上可看出,心墙裂缝具有下列特征:平面上裂缝直而长,两端呈弧状;剖面上基本呈滑弧状,上端是垂直向下的张力缝,其下为弧线段,下端则略呈弧状,形成较为典型的局部滑动面;裂缝宽度在顶部呈束状细缝,上中段较宽,中段以下又逐渐变窄,至坝壳处细微而剪灭;同时可发现,红色黏土塑性大,裂缝窄些,黄色壤土较松散,裂缝宽些。在心墙顶部或心墙与坝壳的接触处,裂缝常呈葫芦串状。裂缝两侧的错距上部较大中部略小,下部最小。擦痕明显,多分布在116～119m高程间。此外,在裂缝较宽处有的裂缝呈倒悬状,这是因自重作用塌落而形成的二次破坏楔形体。在坝壳方面,心墙裂缝均止于坝壳面,坝脚没有隆起现象。

2.3 裂缝原因分析

从裂缝的形态清楚地看出,心墙上部产生了滑动,但引起心墙局部滑动的原因则有两种不同的意见:一是由坝壳的不均匀沉降引起,另一是围堰发生了整体滑动。两种不同的原因分析,将对围堰的安全性判别和处理的方案产生很大的影响。

2.3.1 坝壳不均匀沉降引起的可能性

根据少量沉降观测资料,以及对0+250断面进行分层总和法沉降计算,求得①不受降雨和库水上涨影响的沉降以及②受降雨和水位上涨影响的沉降如表6.5-4:

表6.5-4　　　　　　　　　　　　　　沉降计算表

部位	不受降雨和库水位上升影响		受降雨和水位上升影响	
	心墙	坝壳	心墙	坝壳
沉降计算值	19.5 cm	1.6 cm	2.5 cm	21.6 cm
沉降观测值	15.0 cm	1.9 cm	11.0 cm	35.0 cm
差值	4.5 cm	0.3 cm	8.5 cm	13.4 cm

从上看出,在不受外界影响下,计算值与观测值差别不大,但当受到降雨和库水上升影响后,观测值明显大于计算值,且观测到沉积速率加快。为了验证这种现象,进行了两种试验:浸水附加沉降和充水沉降模型试验。

浸水附加沉降试验

采用当地风化石渣填料经过 2mm,5mm 筛,各制备成最松的密度 $\gamma_d=1.23\text{g/cm}^3$,$\gamma_d=1.26\text{g/}$,分级施加 50kPa,100kPa,200kPa,400kPa,600kPa 荷重,并分别在 100kPa、200kPa、400kPa 荷重时浸水,求得两组试样的浸水附加沉降,对＜2mm 试样,为 30mm/m、23mm/m、2.5mm/m;对＜5mm 试样,为 12.8mm/m、4.5mm/m、2.0mm/m。可见,浸水附加沉降随荷重的增加而减小。

充水沉降模型试验

按 0+180 背水坡断面填料分布状况,将当地风化砂填入 59cm×32cm×82cm 的试槽中,24 小时后人工降雨一小时,当全部填料浸湿后测记变形,发现坝壳与心墙的接触面脱开,宽 1～2mm,深度 78～99mm,经 44 小时变形基本停止后再测一次变形。在拆除模型时发现靠坝壳的心墙上部侧坡上有很多条从上至下的平行坝轴裂缝,微倾向坡脚。坝壳的水平位移发生在坝坡上部,靠近心墙区域。愈接近坝肩位移愈大。这表明,由于坝体浸水附加沉降不匀,存在沉降差,使土粒发生向斜下向位移,在坝壳上部靠近心墙的区域及心墙顶部形成拉力区。

这些现象与围堰的裂缝形态有相似处,由于心墙顶部 2m 内黏性土含水量平均仅为 17%,坝壳上部风化石渣的含水量仅为 6%,均较干,且孔隙率较大,故雨水入渗或库水入侵时,产生较大的浸水沉降,并导致坝壳与心墙之间出现了张力缝,当雨水入侵时,裂缝更加发展。另一方面,心墙 2m 以下填筑较密实,浸水沉降不大,这样就在坝壳与大部分心墙之间就产生较大的沉降差,对心墙造成较大的剪力,使心墙产生局部滑动。此外,由于心墙两侧的坝壳碾压不密实,存在松散带,当坝壳因下沉而脱离心墙时,使心墙的侧向支撑力减小,也更促使心墙发生局部滑动。

2.3.2 围堰整体滑动引起的可能性

采用坝内薄弱层的折线滑动面进行稳定分析,选用的计算参数都偏小,得出迎水坡在危险水位下的安全系数在 1.0 左右,似也有整体滑动可能,但从裂缝的分布、形态、大小和宽度变化,以及坝坡块石护坡很平整,坡脚并未隆起。再则,从裂缝与水位变化等受力条件的关系分析,也不存在对应的关系,因此迎水坡裂缝似不属于整体滑动。而裂缝更为严重的背水坡,其安全系数均较大,不像整体性的滑动。

3 土石坝填筑材料研究[1]

3.1 概述

丹江口土坝的坝型很多,故填料也种类很多,主要有黏性土(粉质黏土,壤土),砾石土(黏性砾石土,砂性砾石土),风化石渣等。关于黏性土,在本书第 1 篇第 2 章《压实黏性土与黏性砾石土的特性研究》中已有叙述,风化石渣已在本章第 2 节中有所提及,故本文的重点在于叙述砾石土的特性和利用,这方面的研究,在当时是长科院的一个重要科研成果,具有一定的创新意义。

砾石土是一种以粗颗粒为主,也有一定细粒土的混合土,系第三纪冲积—洪积沉积物或第四纪河流堆积物。在这种土中,粗颗粒起骨架作用,细粒则大多充填于粗颗粒的空隙中,由此形成了土的结构。这里所说的骨架作用不一定是指粗颗粒已在土体中形成完整的骨架体系,而是指粗颗粒相互搭接形成部分骨架时,对砾石土工程性质所起的影响。

3.2 砾石土坝料中细料黏土矿物成分的研究

3.2.1 缘由

前已述及,丹江口砾石土有两种性质差别很大的土料,一种表现为很大的黏性,其渗透性接近黏土的特性,另一种则呈现砂土特性,两者的渗透系数可差千倍,虽然两者的粒径组成相近,而且后者的粉黏粒含量还可能稍高一些。其根本原因在于细粒土中矿物成分的不同。为此,研究两种砾石土细粒的矿物成分就成为特别有兴趣的事情。

3.2.2 细料中的黏土成分试验研究

试样为取自蔡家山的 P022,P025,龙角寺的龙 19 和干沟的干 15。将取来的砾石土细料(<0.5mm 部分)经湿研磨、振动分散后,分离出<0.002mm($2\mu m$)粒级,用 $50^\circ C$ 左右的低温干燥、磨细而成。对这些试样进行了化学分析、阳离子交换和交换性阳离子成分的测定,电子显微镜照相,差热分析及 X 射线分析。

(1)化学分析、阳离子交换量和交换性阳离子成分

所有试样中<$2\mu m$ 粒级的化学成分基本相同,故它们的矿物成分也应大致相似。内中二三氧化物的含量都较高(Fe_2O_3 为 9.29%~12.57%,Al_2O_3 为 26.15%~27.42%,其中有部分可能以游离状态存在,氧化钙的含量也较高。SiO_2/Al_2O_3 比值都大于 3。若去除游离 Al_2O_3 含量,其值会更高。可见,黏土矿物应以 2:1 型矿物的伊利石和蒙脱石等为主。阳离子交换量也高,显然有较多的高交换能力的蒙脱石矿物存在。而交换性阳离子以钙镁为主,尤其钙的含量更丰,这与氧化钙含量高是一致的。

(2)X 射线分析

所有试样的衍射线谱大致相同,且与标准的伊利石和蒙脱石近似。18.4A 衍射峰是蒙脱石的,10.2A 衍射峰是伊利石的,而 7.2A 的小衍射峰说明存在少量的高岭石。所有试样均具有较高的阳离子交换量,系 2:1 型黏土矿物(特别是蒙脱石)的大量存在所引起。

(3)差热分析

所有试样差热曲线的热反应特征均是一样的,100℃附近,550℃左右以及 800℃~900℃之间的三个吸热谷是伊利石释出吸附水、构造水和晶格构造破坏的热反应。而且 100℃附近低温吸热谷的面积较大表明还有亲水性强的蒙脱石存在。

(4)电子显微镜照相

试样颗粒形态的特征主要有两类:形状不规则但轮廓较清晰的厚实伊利石鳞片和形状既不规则轮廓也较模糊的云片状蒙脱石团聚体。这也说明这些试样的黏土矿物是以伊利石和蒙脱石为主的。

3.2.3 砾石土细料的主要黏土含量的估算

根据上述的试验成果,估得主要黏土矿物含量的估算值如表 6.5-5 所示。

表 6.5-5　　　　　　　　砾石土细料中主要黏土矿物含量的估算值

试样	<$2\mu m$ 粒级中主要黏土相对含量(%)		<$2\mu m$ 粒级在细料中的含量(%)	细料中主要黏土矿物的含量(%)	
	伊利石	蒙脱石		伊利石	蒙脱石
蔡家山 P022	35	60	18	6	11
蔡家山 P025	45	50	25	11	12.5
龙角寺 19	50	45	36	18	16
干沟 15	55	40	18	9	7

注:估算中假定①<$2\mu m$ 粒级中高岭石或矿物占 5%;②阳离子交换量(mg 当量/100g)伊利石=30,蒙脱石=100,高岭石=10;③SiO_2/Al_2O_3 值,对伊利石=3,蒙脱石=4,高岭石=2。

考察上表细料中主要黏土矿物的含量的数值可发现,活动性大的伊利石和蒙脱石(尤其是蒙脱石)含量大的土料依次为砾石土的龙角寺和干沟以及黏性土的唐梨树沟。该值将对土的性质产生重大的影响。

3.2.4 蒙脱石对细料分散度、水理性的影响

由于蒙脱石的晶格构造具有扩展性的特点，而且分散性和亲水性较强，它对土的水理性影响较黏土矿物更为显著，这从表6.5-6即可看出。此表表明，细料的分散度（<1μm粒级含量）和塑性指数与蒙脱石含量呈良好的线性关系。

表6.5-6　　　　　　　　　　黏土矿物含量对土的物理性质的影响

试样	<1μm粒级含量(%)	细料中蒙脱石含量(%)	液限/%	塑性指数	最大分子水容量(%)	自由膨胀量(%)
蔡家山P022	11	11	44	22	18	47
蔡家山P025	19	12.5	51	25	20	46
龙角寺19	22	16	51	28	20	54
干沟15	10	7	29	13	12	—

上述成果清楚地说明了蒙脱石对土的物理性质的巨大影响。在章节的叙述中可以看到，虽然细料（<5mm含量）在全砾石土中仅占30%~40%，但它对整个砾石土的渗透特性与力学特性却有着十分重要的影响。

4　先锋沟坝段的安全性评估

4.1　先锋沟坝段概况

丹江口土坝全长1230m，最大坝高56m，坝轴线横跨沟谷山岗，按地形全坝可分为王大沟、尖山、先锋沟、张芭岭和左联段五个坝段。该坝于1966年4月动工，1971年达最大高程。水库自1968年开始蓄水，1976年设置观测网。上述五个坝段中，先锋沟坝段质量较差，1976年至1979年钻孔检查发现，心墙在高程142.7m和150m附近有厚度不等的松软土层，含水量高达40%，干密度低至1.31g/cm³。其安全状况值得关注。

先锋沟坝段于一个小冲沟中（坝址地形如图6.5-4），系宽心墙土石坝，心墙土料为黏土和壤土，坝壳为砂砾石，如图6.5-5。由于施工掌握不严，心墙断面形成不规则的锯齿状，填筑质量也较差，使坝体中存在较大的拱效应，心墙大主应力大为削弱，容易形成水平裂缝，或给水力劈裂创造条件，这些都对坝体运行不利。为此进行了安全性检查和评估，主要的工作有坝体质量检查和软层原因分析、坝体应力应变分析、在八度地震下坝体的动力稳定性、裂缝条件下填土的抗渗及抗冲刷研究等。这里将主要的研究情况作一简介。

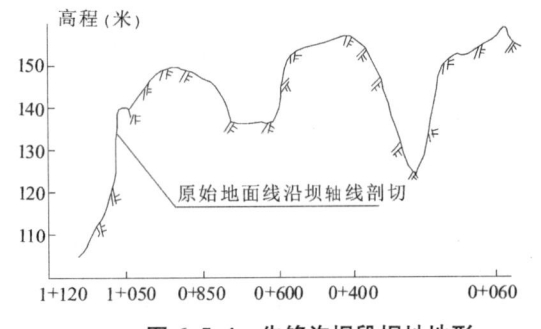

图6.5-4　先锋沟坝段坝址地形

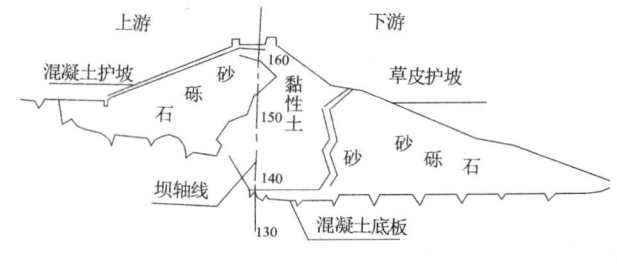

图6.5-5　先锋沟坝典型断面段

4.2　先锋沟坝段的应力应变分析

1978年对先锋沟坝段曾进行过线性弹性有限元分析，因它忽略了土体的非线性特性，及填筑的逐渐加荷过程，不够精确，因此在1979年又进行了非线性弹性分析。

4.2.1 计算模型与计算方法

计算模型采用 Duncan－Zhang 非线性弹性 $E-\mu$ 模型，荷重分 5 级施加（图 6.5-6），划分为 120 个结点，203 个单元，按平面应变问题计算，如图 6.5-7。用有限元法求解非线性问题通常有基本增量法、迭代法和逐步迭代法（或混合法），本次计算采用基本增量法，但作了某些改进。

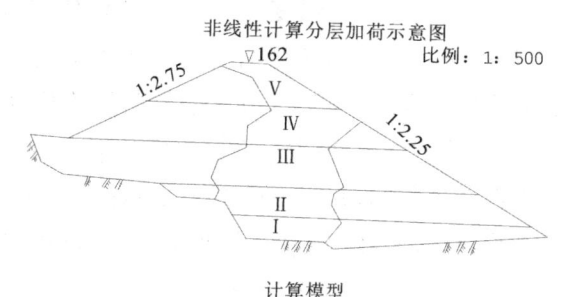

图 6.5-6　先锋沟坝段非线性计算分层加荷图

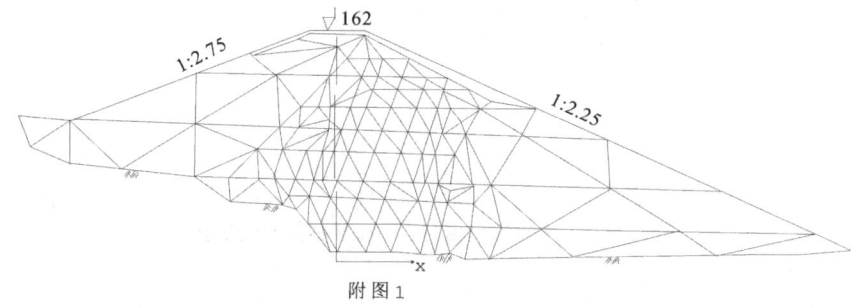

图 6.5-7　先锋沟坝段非线性计算网格图

4.2.2 计算成果

(1) 大主应力及拱效应问题

由于心墙的锯齿形状，对大主应力 σ_1 的分布产生重大影响，心墙在上游 D 点（151m 高程）附近和下游 A 齿（149m 高程）附近各有一个减压区（图 6.5-8）。D 点上 σ_1 的最低值为 0.63kg/cm^2，仅为同高程相邻坝壳应力的 30％；A 齿上心墙 σ_1 的最低值为 1.09kg/cm^2，不到相邻坝壳应力的 40％。说明应力从心墙传递到两侧坝壳中去，特别是传到上游坝壳中，这种现象就是拱效应。拱效应对一般心墙土坝都会不同程度地存在，因为心墙材料的刚度比坝壳的小，但在本例中由于心墙的锯齿形状，使情况更为严重。

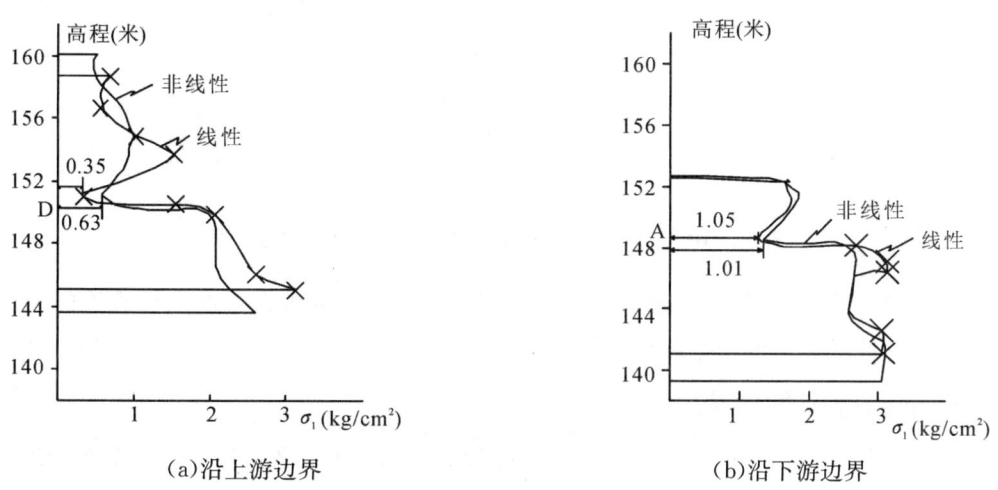

图 6.5-8　大主应力沿高程分布图

一般认为,若心墙的竖向应力只有临近坝壳的20%～50%,则这种拱效应可能在心墙内部产生水平裂缝。到本坝段在1976年和1979年钻孔和探井检查中,发现防渗体142.7m和150m的松软层,恐与这种拱效应有关。

(2)应力水平

应力水平是指现有的剪应力$(\sigma_1-\sigma_3)$与抗剪强度$(\sigma_1-\sigma_3)_f$的比值,其倒数即表示安全程度。从图6.5-9可看出,在B齿附近安全度很高,而沿心墙高程向下,则安全度降低;相反,坝壳则沿高程向下其安全度越高。坝壳上部、下游坝壳AE线下方及坝顶靠下游处存在极限平衡区。坝壳上部的极限平衡区与坝体的整体向下游位移有关(见水平位移分析),极限平衡区与锯齿形心墙的受力情况有关。但坝壳的极限平衡区不会造成安全危害,因为坝壳是散体,其应力状态看作调整。心墙顶部局部塑性区可能会引起A齿以上的心墙产生裂缝,但因心墙很宽,若裂缝不大,估计不会引起严重问题。

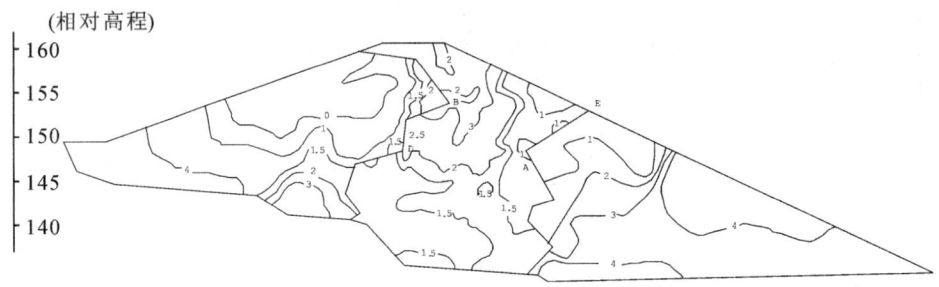

图6.5-9　抗剪安全度(应力水平倒数)等值线

(3)垂直位移

坝体最大垂直位移发生在上中部,因为对分级加荷的每一层填土而言,若未受新的荷载,不会产生沉降,故坝顶处垂直位移为零,而坝基处因受压缩假定位移为零,所以坝体位移曲线呈中间大,两头小的酒坛状。而对线性计算而言则坝顶沉降最大,因为线性计算假定荷载一次施加,坝顶的沉降为坝体各层沉降的总和。

(4)水平位移

总的规律是坝体下部水平位移由上游向下游逐渐增大,而坝体上部则相反,由上游向下游逐渐减小。当邻近坝壳时,位移方向相反,这是引起心墙顶部靠下游部分产生拉应力区的原因。心墙的最大水平位移发生在高程155m的B齿附近,图6.5-10。

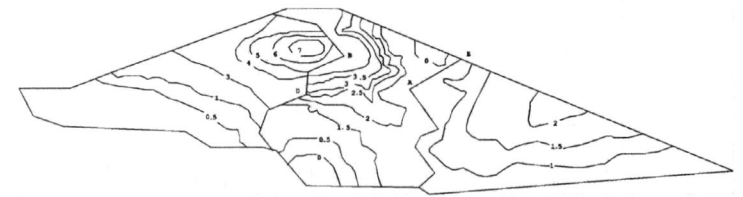

图6.5-10　三维非线性计算坝体水平位移等值线图

总之,由于心墙形状的特殊,导致心墙存在水平开裂的隐患,这是形成心墙内松软层的原因之一,需加强观测,随时注意坝体的运用情况,采取应对措施。

4.3　地震条件下的稳定性研究

在1959年前,丹江口枢纽附近曾发生过58起有感地震,1973年在淅川发生过4.7级的地震,震中烈度6度强,年频度达21次。为研究土坝的抗震性能,1980年开展了先锋沟坝段的抗震研究。

4.3.1 填料的动力特性试验

试样采用保持含水量的坝体土料在室内击实到相同密度,再进行试验。试样为粉质壤土,液限为31,塑性指数为8,试样含水量为23%,密度为1.80g/cm³,采用电磁式振动三轴仪进行试验。

(1) 动弹模

试验采用固结应力比 $K=\sigma_1/\sigma_3=1$,固结压力=0.7kg/cm², 1.0kg/cm²和1.5kg/cm²。试样固结后在不排水条件下施加频率为1赫兹的循环荷载,每个循环荷载分5～10级施加,在每级荷载下振动约20次。循环荷载的波形为正弦波。根据记录的动应力、动应变及孔隙水压力的波形计算,试样在循环应力作用下的最大动弹 $E_{d\max}=1/a$(见表6.5-7)。

表6.5-7　　　　　最大动弹 $E_{d\max}=1/a$

固结压力 σ_0 (kg/cm²)	$E_{d\max}$ (cm²)	$a \times 10^{-3}$	b
0.7	1.33×10³	0.75	1.25
1.0	2.00×10³	0.50	1.05
1.5	2.86×10³	0.35	0.60

上表中,a,b 为土的动应力幅值与动应变幅值双曲线关系的两个系数,而最大动弹即为系数 a 的倒数。试验还可整理出 $E_{d\max}$ 与平均固结压力 σ_0 的对数线性关系:

$E_{d\max}=K\sigma_0^n$,其中 $K=2.0\times10^3$,$n=0.884$

(2) 阻尼比

在循环应力作用下,土的动应力与动应变的关系为一个滞回圈,如图6.5-11。

阻尼比 λ 定义为

$\lambda=1/4\pi(\Delta W/W)$

式中,ΔW 为滞回圈的面积;W 为三角形 $\triangle ABO$ 的面积。每一固结压力作用下各循环荷载都对应一个滞回圈(在动弹模的同一试验即可得到),即得到一个阻尼比值,绘阻尼比与动应变的关系曲线如图6.5-12,从图可见,阻尼比不随动应变变化。

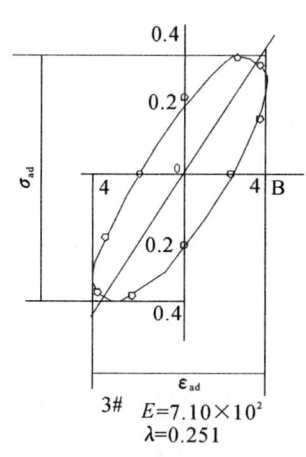

图6.5-11　土的动应力与动应变关系(滞回圈)

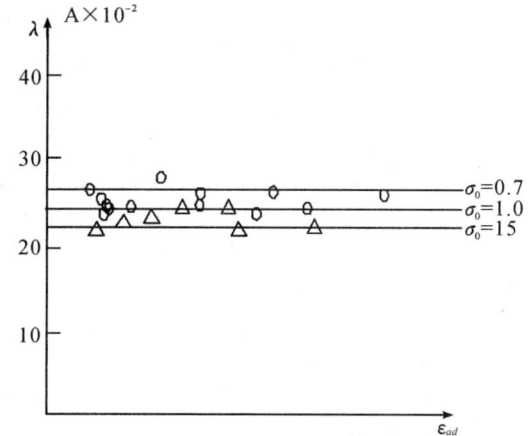

图6.5-12　阻尼比与动应变的关系曲线

(3) 动强度

当土体经受多次循环应力作用,使其达到某一应变(如设定为5%应变)所需的动应力即定为土的动强度。鉴于本坝的设防烈度为8度,故选用振动次数$N=30$,破坏应变定为5%。试验方法是先让试样在一个等向周压力$\sigma_1=\sigma_3$下固结,再逐渐增大σ_1使$\sigma_1=2\sigma_3$,待固结完成后,施加一个循环动应力$\Delta\sigma_{1d}$,这时,试样的变形会随振动次数而增大,孔隙压力也不断升高,直至试样破坏。绘制$\Delta\sigma_{1d}$与振动次数N的关系曲线,并查得动应变为5%时的动应力。由同一固结压力作用的不同动应力$\Delta\sigma_{1d}$下的4~5个试样的成果,可得一组$\Delta\sigma_{1d}-\log N$的曲线,并从该图得到$N=30$时的动应力$\Delta\sigma_{1d}$,绘制$(\sigma_1+\Delta\sigma_{1d})$与$\sigma_3$的应力圆(图6.5-13),由应力圆包线得该土的强度参数为:$C_d=2$kPa,$\varphi_d=26.6°$,与静强度参数$C=3.5$kPa和$\varphi=25.5°$接近而稍大。

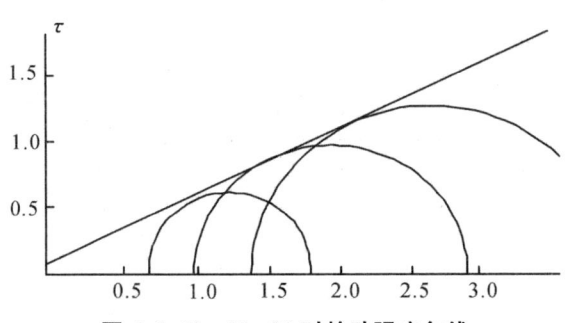

图6.5-13　$N=30$时的动强度包线

4.3.2　先锋沟坝段动力稳定性分析

(1)计算方法

将坝体简化为平面应变问题,心墙和坝壳填料均假定为线弹性材料,坝基为刚性基岩。因缺乏当地的强震记录,故借用ElCetro地震记录,最大加速度为0.33g,相当于8度地震加速度。计算断面参看图6.5-14。材料性质,对心墙黏性土:密度为1.93g/cm³,弹模为2400kg/cm²,泊松比为0.408;对坝壳砂砾料:对应的值各为2.28 g/cm³,4670kg/cm²和0.333。

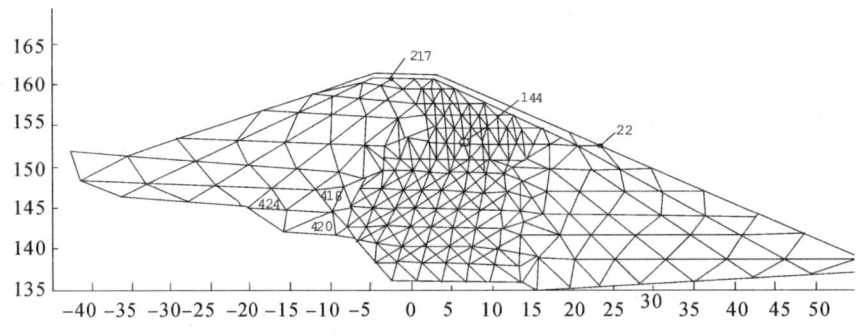

图6.5-14　先锋沟坝段计算网格图

计算采用ALGOL有限元平面动力反应分析程序进行的,计算中分别以逐步积分法和振型迭代法进行分析比较,两者结果基本一致。

(2)成果分析

若干主要成果简介如下:在8度地震下坝段最大水平位移10cm,最大加速度为5.02m/s²,即0.51g坝面加速度沿高程变化,坝顶最大,放大倍数为1.55;坝面的加速度稍小,这是因为心墙断面较大,而且形状不规则之故。

从整个断面的动应力看,心墙和坝壳交界处应力变化最大,尤其越接近基岩部位更甚,坝面坝壳的拱效应明显。根据若干单元的σ_x,σ_y,τ_{xy}时程曲线可得,$\sigma_{x\max}=1.74$kg/cm²,$\sigma_{y\max}=0.21$kg/cm²,$\tau_{xy\max}=$

1.45kg/cm^2，且它们都出现在 $T=2$ 的时刻。σ_y 的振幅远小于 σ_x，τ_{xy} 的振幅，说明坝体呈剪切振动特性。

如将地震应力与静应力叠加起来，其总压力的最大值 $\sigma_{1\max}=10.4 \text{ kg/cm}^2$，$\sigma_{3\max}=2.18 \text{ kg/cm}^2$，$\tau_{\max}=3.61\text{kg/cm}^2$，都出现在 418 单元（上游接近心墙下部的坝壳处，见图 6.5-15），心墙与坝壳交界处应力相差很大，与静力条件下相似。

（3）坝体的地震稳定性评价

坝体局部稳定性计算采用 More-Coulamb 准则进行。地震孔隙压力 u_d 由试验确定或由下式计算：$u_d=1/3[(1+\mu)(\sigma_{1d}+\sigma_{3d})]$，式中 μ 为泊松比。对坝体进行了静力和动力条件下各单元的局部安全系数 Fs 的计算，$Fs\leqslant 1$ 和 $Fs>1$ 的区域示如图 6.5-16。

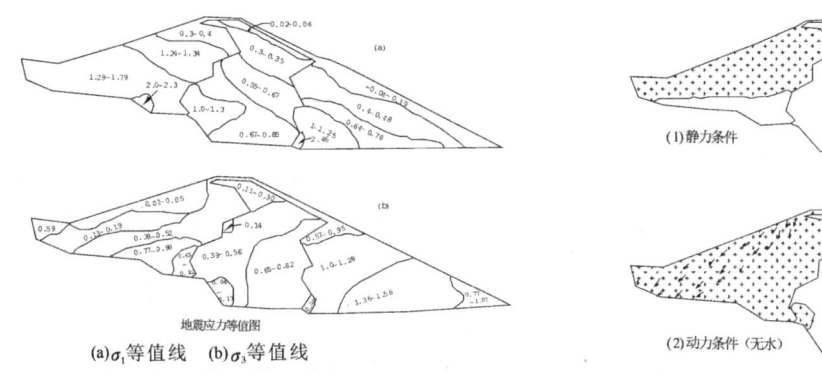

图 6.5-15 地震应力等值线

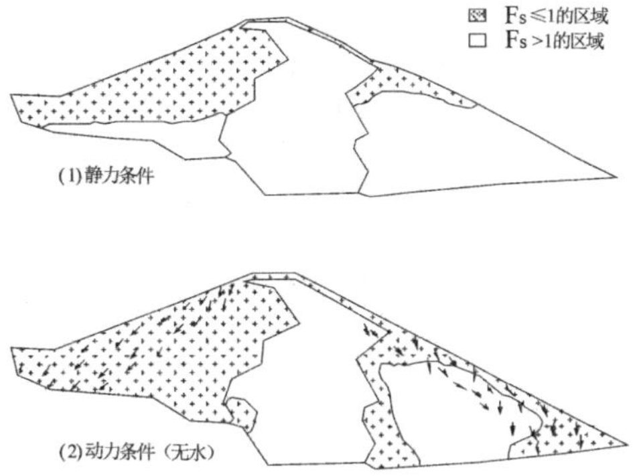

图 6.5-16 坝体断面的动力稳定性分析

可以看出，在静力条件下，心墙是稳定的，坝壳中上部有不稳定区域；在 8 度地震下，空库时上游坝壳全部单元的安全系数均小于 1.0，下游坝壳的坝面及与心墙接触部位安全系数也小于 1.0，若考虑地震引起的孔隙压力，不稳定区域还会扩大。

至于 $Fs\leqslant 1$ 单元密集部位产生滑动的可能性，一是应注意与 σ_1 的主平面成 $(45°+\varphi/2)$ 面上剪应力的方向，二是要考虑地震的持续时间。从图 6.5-15 看出，8 度地震时，剪应力大部分平行于坝面，说明坝体有滑动的可能。鉴于本次动力计算采用线性分析，故要进一步研究需考虑土的非线性特性，同时在分析局部安全系数时，考虑 $Fs\leqslant 1$ 出现的次数和各次出现所导致的位移积累总量，并进一步评价位移总量与坝体稳定的关系。

4.4 先锋沟坝段黏性土的渗流试验研究

4.4.1 缘由

丹江口土坝黏性土料在设计、施工阶段已做过抗渗稳定性研究，认为当渗透比降小于 30 时，各类黏性土，包括粉质壤土、沙壤土、黏土都不会发生渗透破坏，甚至壤土的填筑结合面也是安全的。先锋沟坝段的设计渗透比降也均小于这个容许比降值，因此这些黏性土都可使用。但该坝段心墙填料较杂，且防渗体可能由于多种原因出现微小裂缝，而裂隙的抗冲刷的能力以往未曾研究，为此进行了本项试验。

4.4.2 试验方法

试验方法采用小孔冲刷试验和裂缝冲刷试验两种（其装置如图 6.5-17，图 6.5-18），小孔直径为 1mm，裂缝尺寸为宽 5mm，高 1mm。试验过程是升一级比降后，每隔 5 分钟观测一次，连续 3 次保持稳定不变，再升下一级比降直至破坏。判别破坏的准则是：在同一流速下土粒连续被冲出或出浑水，或者连续几级流速都断续冲出颗粒或浑水；在双对数 $J-V$ 曲线的转折点；上游测压管水位突降或下游测压管水位突升。试样采用黏土、粉质壤土、重粉质壤土和沙壤土四种，试验用水采用长江水和 5 组蒸馏水，据悉，采用蒸馏水可得最小冲刷流速,这5组作为预备性试验。

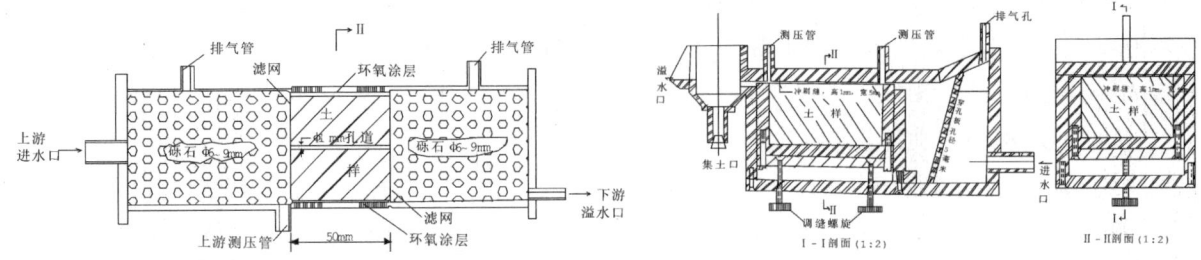

图 6.5-17　小孔冲刷仪示意　　　　　图 6.5-18　裂缝冲刷仪示意

4.4.3　试验成果及分析

试验共进行了5组预备性试验、8组裂缝试验和5组小孔试验。试验的重复性很好,同一种土所得的冲刷破坏流速相当一致。

蒸馏水所做的5组预备试验表明,不论何种土均在第一级流速(初始流速)下出浑水,发生冲刷,5组不同土类冲刷试验的初始流速分别为 10.4cm/s、4.08 cm/s、2.68 cm/s、1.60 cm/s 和 0.96 cm/s 对8个裂缝和5个小孔的江水试验得出如下的结论:

(1)经分析,四种土样的冲刷破坏流速为,沙壤土 $V=2.3$cm/s;粉质壤土 $V=115$cm/s;重粉质壤土 $V=65$cm/s;黏土 $V=200$cm/s。

(2)破坏形式,沙壤土和壤土为颗粒(或小团粒)连续冲刷;粉质壤土为颗粒(或小团粒)连续冲刷并带有团块冲刷;黏土以团块冲刷为主,并引起测压管水位突降。

(3)关于容许渗流冲刷指标的取值,在一般渗流分析中,习惯于以渗透比降作为标准。但在本次研究中发现,同一类土,用两种试验方法所得的破坏比降相差甚大,可达数倍至10倍,而冲刷破坏流速则相当一致,故宜以冲刷破坏流速作为指标。苏联谢明诺夫也以容许冲刷流速作为标准的,只是其值对黏土和亚黏土建议为 21 cm/s,比本次的冲刷破坏流速除以 2~3(安全系数)作为容许流速的值要小。影响黏性土冲刷性能的因素十分复杂,诸如黏土颗粒之间的力和结构、土和水的化学成分、盐浓度、土的孔隙水与冲刷水的盐浓度梯度差等等,这些因素的作用机理尚不很清楚,因此冲刷问题的定量研究还较困难,使用成果时应予注意。

5　大坝左联段结构形式和防渗研究

5.1　左联段工程概况

左联段是丹江口大坝左侧的混凝土坝与土石坝的连接坝段的简称,该段的长度为220m,原设计的连接形式是正交式的,在混凝土坝接合面上设有齿状的键槽,以便于与土坝坝面的连接。不言而喻,左联段是整个大坝的薄弱部位,不论是稳定、变形或防渗方面都是如此。为此,在设计和施工阶段都做了许多试验研究和计算工作,对施工质量也格外注意,并在结构物中埋设了观测设备,监视其工作状况。自1970年9月运行以来,经不同库水位的考验,情况基本良好,但也发现该处某些部位测压管水位偏高,为了确保该薄弱环节的绝对安全,1979年11月至1983年7月,在土坝心墙内增设了0.8m厚的混凝土防渗墙进行加固。据测压管水位揭示,加固效果显著,墙后的测压管水位降低了。但问题在于混凝土墙并未全线堵截,在与混凝土坝面之间留下了约40m的缺口,而该处又是土石坝最高的部位,因此这显然是不能令人放心的。为此,进行了专门的渗流状态以及静力和动力条件下变形及稳定状况的分析。

5.2 左联段三维渗流有限元分析

(1)计算要求和计算条件

本次计算需考虑防渗墙与土坝心墙渗透性相对关系的多种组合条件,并不仅对当时的初期工程(坝顶高程162.5m,蓄水位157~160m)规模,而且还需对二期工程(坝顶175m,蓄水位170m)的渗流情况进行计算。接受的目的是为了解防渗墙末端的绕流情况,以及未设防渗墙的40m缺口是否会产生渗流集中问题。坝顶的范围从桩号1+100—1+197,其中1+100—1+160设有混凝土防渗墙,1+160以右近40m长度未设防渗墙,形成一个防渗缺口,其平面布置如图6.5-19所示,剖面为竣工断面,对齿状边界作适当简化。还进行了二维计算,计算参数为:心墙渗透系数10^{-6}cm/s,混凝土防渗墙的渗透系数分别取10^{-6}cm/s、10^{-7}cm/s和10^{-8}cm/s。坝壳材料设为全透水。主坝及其地基设为不透水。心墙下游水位为113m。计算方案及主要成果如表6.5-8及图6.5-20。

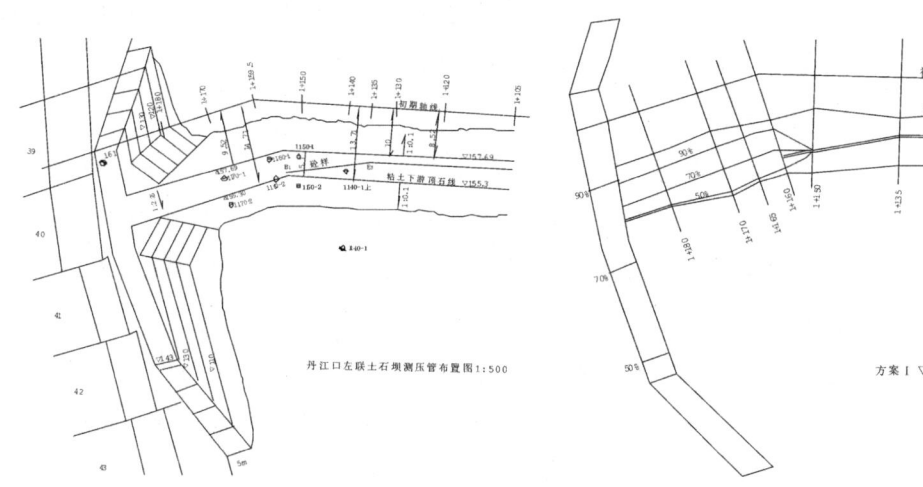

图6.5-19 左联段平面及观测点布 图6.5-20 方案Ⅰ,▽140m水位等势线分布

表6.5-8 计算方案及主要成果

坝型	方案	上游水位(m)	混凝土防渗墙 渗透系数(cm/s)	末端桩号	域内长度	出逸比降 115m高程	出逸比降 140m高程	总渗流量(m³/d)
三维模型 二期	Ⅰ	170	10^{-8}	1+160	50 m	4.10	2.93	7.258
	Ⅱ		10^{-7}	1+160	50 m	4.13	2.94	10.886
	Ⅲ		10^{-6}		无墙	4.31	2.95	13.960
	Ⅳ		10^{-8}	1+190	87 m	0.22		2.5
三维模型 初期	Ⅴ	160	10^{-8}	1+160	50 m	3.41		5.1
	Ⅵ		10^{-6}		无墙	3.57		7.23
二维模型	Ⅶ-1		10^{-6}		无墙			0.02304
	Ⅶ-2		10^{-8}		60 m			0.02320
	Ⅶ-3		10^{-10}		60 m			0.02324

(2)计算成果及分析

从上表成果看,二期规模中有墙的与无墙的(方案Ⅲ)相比,虽然出逸比降相近,但总渗流量相差较大;初期规模的Ⅴ与Ⅵ也是有墙与无墙的情况,同样总渗流量稍大些,故防渗墙还是有一定的作用。由于防渗墙的设置,在墙端10m左右范围内形成绕流,且随墙的透水性减小,绕流现象有所加强,但不论渗流量还是比降都变化不大。在左联坝段还设置了几根测压管,根据观测资料,1+160剖面(即防渗墙末端断面)152高程以上坝体透水性较大,1+170剖面上游部分坝体的透水性也较部位大,这两处是薄弱环节。其余坝体尚无异常。

(3)未设防渗墙的40m缺口的问题

经有限元分析及部分观测资料表明,当时坝体的渗流情况仍属稳定,至于40m缺口是否需封堵还与抗震能力有关。若因地震使坝体产生裂缝,而导致裂缝水流冲刷,则需结合考虑坝体结构的防震性能。但若心墙下游有严格的反滤层,则心墙出现裂缝后常可自愈,问题是该段150m高程以上未设反滤层,因此,这是一个薄弱部位,应加强观测以决定是否需要进一步采取措施。

5.3 左联段三维静力和动力计算

丹江口枢纽按8度地震设计,曾对大坝进行过一些动力分析,但对混凝土坝与土石坝的连接段仅做过二维动力分析,而该段的结构显然不是一个平面问题,而且该处又是一个薄弱环节,因为混凝土坝与土石坝呈正交连接,振动的方向是不一致的,容易在连接处发生开裂,故重新进行抗震的三维分析实属必要。

5.3.1 计算方法和计算参数

本项计算包括混凝土坝,土石坝及其内部的混凝土防渗墙,因此应采用不同的材料模型进行模拟。对混凝土采用线弹性模型,心墙黏性土料及坝壳砂砾石料采用Drucker-Prager弹塑性模型。

动力方程为:$[M]\{u\}$ (6.5-1)

特征方程为:$[K]\{\varphi\}=\omega^2[M]\{\varphi\}$

动水压力为:M

地震反应谱,采用反应谱理论求出坝体结构体在地震作用下的最大反应值,反应谱曲线选用《水工结构物抗震设计规范》(SDJ10-78)中的反应谱曲线。按8度地震计算,水平地震加速度系数$K_H=0.2$,垂直地震系数$K_V=2/3K_H$,最大地震加速度反应谱值取1.6,卓越周期取0.2,阻尼比取0.03。计算参数如表6.5-9所示。

表6.5-9 计算参数表

参数材料	抗剪强度(t/m³)	凝聚力 C(t/m³)	内摩擦角 φ(°)	弹模 E(kg/cm³) 静	弹模 E(kg/cm³) 动	泊松比 μ
坝体混凝土	2.45			2.5×10^5	3.0×10^5	0.167
墙体混凝土	2.35			1.3×10^5	1.5×10^5	0.23
混凝土坝基础	2.65			3.0×10^5	3.6×10^5	0.20
壤土	1.93	0.9	28.3	220	2000	0.40
砂砾料	2.28	0	40	500	4600	0.33
土石坝基础	2.55			1.5×10^5	1.7×10^5	0.25

三维计算网络如图 6.5-21 所示。

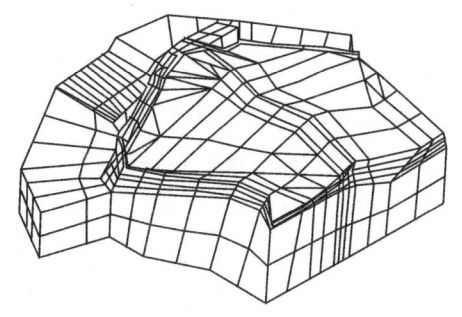

图 6.5-21　三维坝体网络图

5.3.2　计算成果及分析

(1) 三维静力计算

三维计算可以求出坝轴向的位移,从而分析混凝土坝与土石坝连接段是否开裂,这是二维分析无法得到的。据计算,空库时坝体位移为:土坝轴向 X 水平位移 5.0cm(离开混凝土坝方向),顺河向 Y 水平位移 -5.7cm,最大沉降 37cm;满库时,各为 5.2cm,-10.4cm 和 -37.2cm,说明坝体位移主要发生在空库时。应当指出,虽然土石坝存在离开混凝土坝面的水平位移,但由于混凝土坝坝面呈 1:0.25 的斜坡,故实际脱开仅 0.2cm 左右的位移,而且土坝已运行 20 来年(至计算时),即使有点开裂也早已闭合,不会引起危害。

坝体应力中防渗墙的应力大于两侧土体的应力,最大竖向应力 $19\sim23\text{kg/cm}^2$,与 1+096 断面的实测应力值 $13\sim18\text{kg/cm}^3$ 很接近。防渗墙顶部有很小的拉应力,无关安全。土体中的应力最大为 $7\sim9\text{kg/cm}^3$,无拉应力。在连接段顶端有 2~3 个单元出现不大的拉应力,这是与位移情况一致的。

(2) 三维动力计算

进行了空库和满库无质量弹性地基的计算,求得了坝体结构的自振特性和坝体地震动应力。

关于自振特性,为保证计算的精度,对空库和满库无质量地基均计算了坝体结构的前 15 个固有频率和 15 个振型,结果表明,坝体结构的固有频率均较低,最大在 2.71402E+00,这与土坝的刚度较低有关。根据重力坝、土坝及土坝防渗墙各 15 个振型的变位计算,得到最大顺河向振型变位为 2.8cm,位于 1+095 断面的坝顶上。而在连接处薄层内最大的坝轴向振型变位仅 0.16cm。

地震动应力是计算的重要内容,总的看来,坝轴向动应力比顺河向的和竖向的大一些,满库时的动应力比空库时略大些,但不显著。防渗墙的动应力在坝轴向随深度而减小,而竖向动应力却随深度而最大;最大动应力 σ_x 为 2.04kg/cm^2,大主应力 σ_1 的最大值为 3.27kg/cm^2,位于防渗墙上部近 1+000 断面的单元,因该处系固端。防渗墙上游侧黏土心墙内,σ_x 大于 σ_y 和 σ_z,满库时稍大于空库时,大主应力 σ_1 最大值为 3.3kg/cm^2,位于防渗墙前端靠近重力坝段的黏土心墙下部。墙的下游心墙内,随高程的增高,σ_x、σ_y 和 σ_z 均逐渐减小,从总的规律看,下游的动应力规律与上游心墙的类似,但其值比上游心墙的要小。

混凝土坝与土坝连接处的动应力比较关心,该处为顺河向的横断面,其动应力分布与防渗墙上下游侧黏土心墙内的动应力分布有些不同。动应力较大值在坝的上部,如 149 高程 10-11 号单元,空库时 σ_x 为 0.65kg/cm^2,而下部 110 高程相应的动应力仅为 0.23kg/cm^2。大主应力的最大值在上游坝壳的上部,其值为 0.87kg/cm^2。

对比防渗墙与墙的上下游侧心墙的应力分布可看出,在同一高程,墙的应力明显大于心墙的应力,两者比值达 2~10,说明两种刚度不同的材料其拱效应明显。

(3)土坝稳定性评估

地震对土坝最普遍的震害是裂缝,它占全部震害的 2/3 左右,裂缝后坝体发生漏水而失事的占 14%。当水平向地震垂直于坝轴线,则可能使坝顶或坝坡产生纵向裂缝;当水平向地震与坝轴线方向一致时,可能导致坝体产生横向裂缝。裂缝的产生与静态和动态应力状态有关。从静应力分析得知,防渗墙两侧的黏土心墙的应力基本上是压应力,墙体本身虽有几个单元有拉应力,但数值不大,最大也只有 4.4,远小于混凝土墙的容许应力。故混凝土防渗墙及两侧黏土心墙都是安全的。土坝与重力坝连接段基本上也是压应力,但坝顶有两三个单元 σ_x 出现拉应力,表明还是有开裂的可能。连接处的最大动应力值虽不很大,但两者刚度相差悬殊,其静力条件下已有拉应力出现,地震时拉应力会增大,裂缝可能性也会增大,但因下部动应力均较小,故即使裂缝其深度也不会很大,其与静应力叠加后仍可能是压应力。故对大坝安全不会有重大危害。

6 坝基断层或溶蚀带薄弱部位的安全性研究与评估

6.1 坝基 F688 断层的化学稳定性和渗透稳定性研究

6.1.1 缘由

大坝左岸基础片岩中存在较多断层,其中以 F688 断层规模较大,破碎严重,性质最差,最为工程所关注。断层是由片状糜棱岩、片状破碎岩、断层泥、绿泥石及少量断层角砾石、石英岩脉等构成,岩芯软硬相间,宽度一般为 0.5m,最大 1.2m,两侧影响带 1.21~2.37m,断层两侧岩石裂隙发育,面裂隙度为 62 条/m²,呈闭合状。工程担心的问题是:断层破碎带在长期库水渗透时,水溶液对岩层的化学溶滤作用,及其对破碎带岩石稳定性的影响;由于断层贯穿上下游,断层物质,尤其是深层经风化的糜棱岩(有的又再破碎呈 0.5~2mm 的叶片状),其渗透稳定性也值得关注。

6.1.2 化学稳定性研究

(1)试验样品和方法

试验样品为片状糜棱岩(呈片状结构,深绿色),糜棱岩(呈鳞片状结构,绿色易崩解)和断层泥(致密状,白色带绿遇水软化有塑性)。将采集的样品风干,制备成 1.2~1.5mm 大小的颗粒,然后在浸提液中浸泡,浸提液每 7 天更换一次。根据天然江水资料,丹江现有水质的 pH 值在 7.5~8.2 之间,属微性,试验中采用 PH9 的 NaOH 溶液,同时,也用 PH5 的 HCl 溶液作为对比。测定浸提液中下列成分的含量: K_2O, Na_2O, MgO, CaO, Al_2O_3, SiO_2 及电导度等。

(2)试验成果

丹江口片岩断层带软弱构造岩的母岩主要由绿泥石、石英、云母组成,断层糜棱岩虽遭强烈应力作用,但化学成分基本未变,黏土为绿泥石及少量伊利石,未出现重晶现象。绿泥石的构造与云母相似,通常皆出现为鳞片状集合体。绿泥石由云母状和氢氧镁石晶层相间排列而成,它的晶层在性介质中可能有部分被代换而向蒙脱石转化的趋势,但这个过程很慢,不是工程年代能够完成的。

试样在酸性溶液中的溶蚀情况是钾、钠、钙、镁等盐基部分被溶蚀出来,随之 SiO_2、Al_2O_3 也从母岩被淋溶出来,溶蚀的量除 CaO 较高外,余皆不多,9 次总共溶出 50mg。从电导度看,浸提液电阻随盐基溶液数量的减少而增加,百分电导度值也逐渐增大,与溶蚀规律一致。

试样在 PH9 介质中,各种盐基和氧化物溶解量比水解作用溶蚀量要小,如 K_2O 的 9 次总溶蚀量最高仅12.5mg,而在酸性介质中可达22.4mg。这说明铝硅酸盐在性介质中比较稳定。在NaOH浸提液中NaO的含量更少。

(3)对工程条件下溶蚀情况的推测

由于江水呈微性,PH都在7.5～8.5之间,同时,试样的尺寸很小,仅1.2～1.5mm,其比表面比天然情况大,故在天然情况下的溶蚀作用将比试验情况要小,而且溶解和溶蚀作用是随时间而减弱,故断层的化学稳定性是安全的。

6.1.3 F688断层渗透稳定性研究

(1)研究目的

由于断层走向是垂直于坝轴线上下游贯通的,在43m水头下,是否有足够的抗渗能力。勘探队认为F688在未经风化时,结构致密,故深层机械管涌不会发生。中科院地质研究所通过物理化学性试验认定,在工程年代里,新鲜的糜棱岩不会引起黏土的显著转化。基于这些成果,我们认为,只有爆破等以下人为影响风化较为厉害的浅层区域的渗透稳定性值得关注,其深度大约在地表下5m范围内。

(2)试样和试验方法

鉴于断层的充填物是片状糜棱岩、块状破碎岩并少量断层角砾岩,其中夹有泥状物,软硬相间遇水极易崩解,为保证取出原状样,先在现场欲取的部位,浇上水泥砂浆再取样,可保成功。

试验内容分辅助性试验和渗透变形试验。辅助性试验包括物理力学性试验和崩解试验,断层中存在的断层泥是应当关注的,试验表明,这些断层泥系中壤土与重沙壤土,不均匀系数为20～36,膨胀量达3.27%,有一定的膨胀性。崩解试验表明新鲜糜棱岩立即放入水中,崩解量约为70%～80%;风干二日再浸水,则崩解更快,一分钟内5cm×5cm×5cm的试样全部崩解。这里面,断层泥起了很大的作用。

渗透变形采用水平渗透装置试验,如图6.5-22所示。选择经过过滤的冷开水作为渗透水,试样上装有两根测压管,用U形管测上游水位。

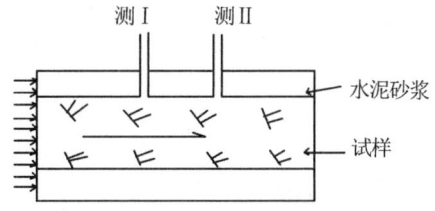

图6.5-22 水平渗透仪示意图

共进行了5个试样,试验情况归纳如下:①5个试样中三个在较高的水头下破坏了,这三个试样均为断层泥状糜棱岩,从破坏试样看,主要也是捣成泥引起的破坏;②片状糜棱岩在J=8时,裂缝中有细颗粒流失,继续抬高水头后,细颗粒的冲刷现象反而消失,且始终未破坏,故可认为这种冲刷系局部松动发生的现象,试样整体并未破坏。这也表明,渗透变形仅在破碎带与混凝土坝体的接触面可能发生,在筑坝时应注意接触面的浇筑质量,并防止人为裂隙的出现;③从测压管与上游水位紧密关系来看,渗流是沿着缝隙进行的,速度较大,因此不能从渗透系数来考虑整个破碎带的流速。根据上述成果可以认为,施工时应认真清除基岩表面的松动层,并严格控制混凝土与基岩的接触面的紧密结合,措施可暂不考虑。

6.2 张芭岭尖山坝段基岩红层底部砾岩溶蚀残积土的稳定性研究

6.2.1 缘由

土坝张芭岭—尖山坝段坝基上游为第三纪红层,下部为片岩。红层底部砾岩与片岩以不整合面接触。由于地下水的作用,在砾岩的构造裂隙和不整合面会产生溶蚀残积土夹层,其裂隙宽一般为0.5~1.5m,呈相互连通或尖灭。不整合面上夹层厚度一般为0.1~0.3m,最厚达1.0m以上,且裂隙与水平夹层互为连通。

填充物一般为砾质黏土或含少量砾的黏土。由于溶蚀作用,残积土的密度小,存在天然孔穴,使其稳定性和抗渗性大为降低,故需对其危害性进行评估。

6.2.2 物理力学性试验及渗透稳定性试验

取水平夹层残积土和裂隙残积土进行物理性试验,求得液限为46%~50%,塑性指数为19~21,黏粒含量为25%~32%,定名为砾质黏土。天然干密度为1.29~1.40g/cm³,比重较大,达2.78~2.85,说明土中含铁质矿物较多。抗剪强度不高,三轴试验的固结不排水强度指标为$c=15$kPa,$\varphi=15°$。

渗透稳定性试验进行了两种:现场的渗透变形试验和室内冲刷试验,装置如图6.5-23和图6.5-24。前者采用混凝土现场浇筑的垂直渗透容器,尺寸保证长度大于$5d_{85}$,宽度大于$2.5d_{max}$,水流自下向上,试样顶部施加5kPa压重。

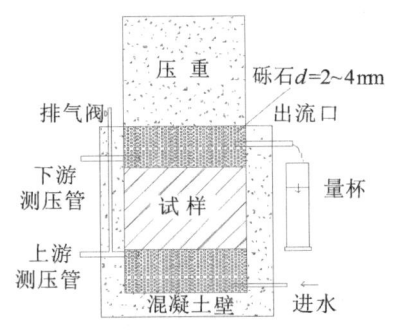

图6.5-23 现场渗透试验示意

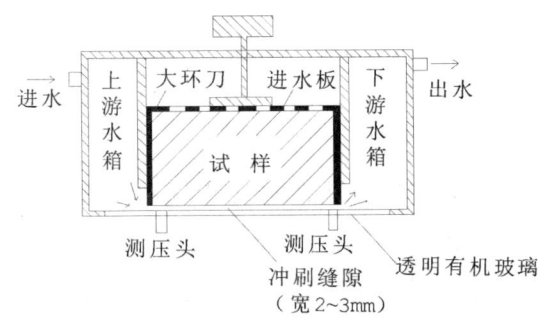

图6.5-24 冲刷试验装置示意

试样的破坏以土体出现泉眼的形式出现,属局部流土。此外,也有缝隙中的松散土粒被冲出。破坏时的比降变化很大,不同试样从3.3~11.6,大多在5~7,这与成分和结构的多变有关。

冲刷试验采用试样与有机玻璃板之间预留缝隙来模拟岩层中的缝隙,实际缝隙宽度为0~20mm,以2mm居多,故试验采用预留2mm间隙。水流采用水平流动,试验发现,当流速v达到6.9~24.8cm/s时,个别土粒被冲走,完好表面上土粒(团)被冲走的流速为9~37.5cm/s应当指出,试样的破坏流速与试样浸泡时间关系很大,在实际运用时,长期浸泡的抗冲流速可能会低于试验值。

6.2.3 初步评价

对红层溶蚀残积土引起的问题主要有三个,即强度问题引起的重力稳定性、渗透引起的抗渗性和水流冲刷引起的基础冲蚀问题。本次试验所得的有关指标为:强度参数$c=k$,$\varphi=15°$;容许渗透比降$[J]=0.75$,冲刷破坏流速$v=6.9$cm/s。

对三个问题的评价是,由于残积土夹层的作用水头很小,又拟设置排水措施排除渗水,因此渗透变形的问题不大。强度问题值得注意,因为残积土在长期浸水作用下,特别是在裂隙面向下游倾角较陡的地方,有逐渐产生冲刷破坏的可能,其后果将影响到坝坡或下游山体的稳定性。

为此建议对垂直裂隙应作填充和封闭处理,对开挖时发现的缝隙或孔穴应进行堵塞,对开挖后的夹层露头应加适当保护措施,如图6.5-25。

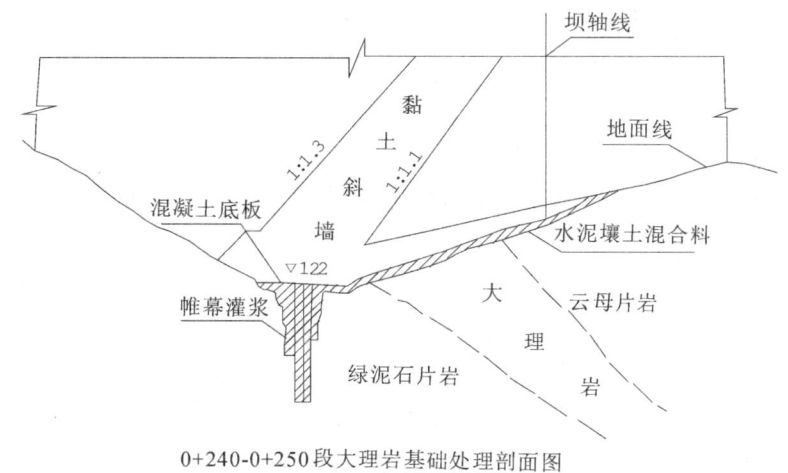

0+240-0+250段大理岩基础处理剖面图

图 6.5-25　处理措施示意

7　丹江口砾石土的工程特性与工程应用[2]

丹江口砾石土分为黏性砾石土与砂性砾石土,有关黏性砾石土的工程性质的研究成果,在本书第一篇第 2 章已有详述,本章仅对两种砾石土的特性及用作坝体防渗料作简要介绍。

7.1　概述

砾石土是一种以粗颗粒最大粒径达 200mm 以上为主,也有一定细粒土的混合土。它系第三纪冲积——洪积物或第四纪河流堆积物。这种沉积土在我国许多地区广泛地分布着,但以往作为筑坝填土使用不广,作为防渗料使用尤少,对其性质的研究不多。近年来,根据工程的要求,对砾石土的性质和施工工艺等各方面进行了试验研究,得出了一些认识。

本节中简述了砾石土料在丹江口土石坝工程中应用的一些情况。其中特别值得提出的是,黏性砾石土作为防渗土料在王大沟坝段的成功应用,这是我国采用这种土料填筑大坝防渗体的第一次实践,工程运用情况良好。王大沟坝段原断面如图 6.5-26 左,后来因黏土料不足,改用砾石土作为防渗体,该坝段成为以砾石土和石渣料填筑的混合坝(图 6.5-26 右)。

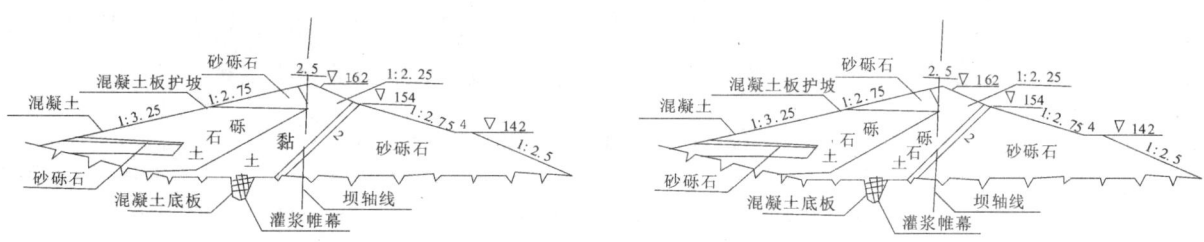

图 6.5-26　王大沟坝段典型剖面(左:原剖面,右:现剖面)

7.2　影响砾石土工程性质的因素

前已指出,砾石土是由粗颗粒和细粒土二部分组成的。因此,一般情况下,砾石土往往既具有黏性土的某些特征,又具有砂性土的某些特征。依细粒土中黏粒的含量和矿物成分的活动性,使砾石土显示出偏于黏性土或偏于砂性土的性质,从而把砾石土分为黏性砾石和砂性砾石土两种。影响砾石土的性质,除了细粒的性质外,还有粗颗粒的含量,尤其是对同一个料区来说,砾石土中粗粒含量可以变化很大。为了恰当地使用同一料区的土料,研究不同粗粒含量对砾石土性质的影响,往往是试验工作的重点。

由此看来,当研究一种砾石土时,必须首先注意其中细料的性质(细料中黏粒的矿物成分,黏粒的含量及性质等),以评价细料对砾石土的作用。此后,不同粗粒含量的影响就是砾石土工程性质研究中的主要内容了。

7.3 砾石土的成分研究

把我们所研究的几种典型砾石土料各组成成分介绍如下。

7.3.1 细粒的基本性质

表 6.5-10 为<0.5mm 粒组的物理性试验成果。

表 6.5-10　　　　　　　　　　　<0.5mm 粒组的物理性质表

土号	比重	流限	塑限	塑性指数	缩限	黏粒含量	胶粒含量	活动性指数	自由膨胀量%
A_1	2.69	43	21	22	13	31	18	1.2	47
A_2	2.69	51	26	25	12	42	25	1.0	46
A_3	2.71	51	23	28	11	46	34	0.82	42
B_5	2.71	25	14	11	13	18	13	0.85	20
B_7	2.71	29	16	13	15	25	18	0.72	27

表 6.5-11 为 2μ 粒组颗粒的化学性质试验成果。

表 6.5-11　　　　　　　　　　　2μ 粒组颗粒的化学性质表

土号	SiO_2	Fe_2O_3	Al_2O_3	CaO	SiO_2/Al_2O_3	阳离子交换量(毫克当量/100 克)		
						总量	Ca^{++}	Mg^{++}
A_1	49.82	9.29	26.15	3.92	1.18 / 3.28	69.28	37.55	14.36
A_2	48.87	10.84	26.97	3.61	1.26 / 3.08	64.10	40.21	14.27
A_3	48.44	10.87	26.74	3.77	1.14 / 3.07	61.51	30.10	18.06
B_7	47.08	12.57	26.41	3.05	1.46 / 3.03	56.12	34.05	12.64

表 6.5-12 为<0.5mm 粒组中主要黏土矿物含量成果,系根据化学分析,X 射线衍射,差热分析和电子显微镜照相等试验结果,对<0.5mm 粒组中,主要黏土的大致含量进行的粗略估算。

表 6.5-12　　　　　　　　　　　<0.5mm 粒组中主要黏土矿物含量估算

土号	<2 从粒组中黏土矿物的相对含量(%)		<2 从粒组在 0.5mm 中的相对含量	<0.5mm 粒组中黏土矿物的含量(%)		<0.5mm 粒组在全级配土料中含量(%)		砾石土全级配料中黏土矿物的最大含量(%)	
	伊利石	蒙脱石		伊利石	蒙脱石	平均	最大	伊利石	蒙脱石
A_1	35	60	18	6	11	6	18	1.1	2.0
A_2	45	50	25	11	12.5	5	16	1.8	2.0
A_3	50	45	36	8	16	7	16	2.9	2.6
B_7	55	40	18	9	7	6	7	0.6	0.5

7.3.2 砾石土粗颗粒的成分和形状

从表 6.5-13 可以看出：①所研究的砾石土基本上可分成二类，A 类属黏性砾石土，B 类属砂性砾石土。②A 类砾石土的细料具有较高的塑性，系因含有较多蒙脱石类矿物所致，虽然蒙脱石类矿物的总量所占的比值不大，但在后面的分析可知，其将对砾石土性质的影响极大。③B 类砾石土中活动性矿物较少，塑性指数也较低，这类砾石土将偏于砂性土的性质。④砾石土的粗粒中，风化颗粒不很多，而 A 类砾石土的粗颗上尤为坚硬。颗粒的形状多呈状，棱角很少，这是与砾石土的成因有关的。

表 6.5-13　　　　　　　　　　砾石土粗颗粒的成分和形状统计表

土号	粗粒成分(%)					风化情况(%)		粗粒形状(%)		
	石英岩	石英砂岩	石化灰岩	砂岩	其他	弱风化	强风化	针板状	椭圆状	其他
A_1、A_2	38	40	17	0.5	9	4	25	73	2	
A_3	49	9	3	13	26	7	4	20	74	6
B	33	12	32		23	5	8	13	5	82
B_7	26	16	40	4	14	17	5	13	12	75

7.4 砾石土的级配

砾石土的级配是影响砾石土性质的重要因素，由于砾石土是分层沉积的，同一料区内级配的变化范围很大，如何恰当地分析料场的级配，是个困难的问题。在级配分析中应解决：以何种粒径作为粗细料的分界粒径；用什么方法对砾石土的级配进行统计；取何种级配土料进行砾石土性质的研究等问题。

丹江口砾石土的级配频率曲线呈双峰型(图 6.5-27)，把土料明显地分成粗、细两部分，第一波谷的起始粒径为 5mm 左右，因此就以 5mm 作为粗、细料的分界粒径，以符号 P5 代表砾石土中大于 5mm 的粗粒含量。

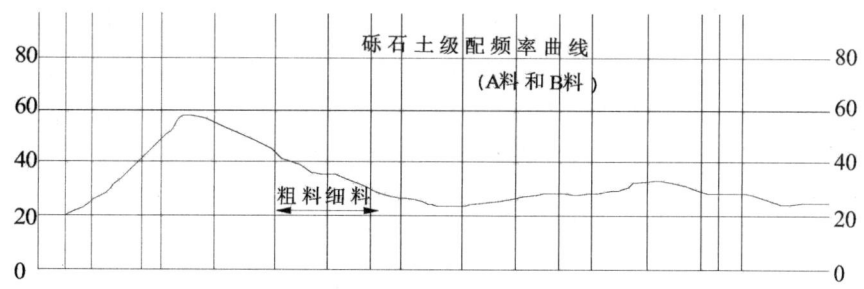

图 6.5-27　砾石土级配频率曲线

对于砾石土的级配，建议采用一种土料方量百分率级配曲线(简称百分率级配曲线)的办法进行统计，这种级配曲线表明了料场中各种级配与各该级配所代表的土料储量的关系。例如，90% 级配曲线，系指该料区中有 90% 土料的级配比该级配更粗些；50% 级配曲线系指该料区中有一半土料的级配比该级配更粗些，即是料区的平均级配。依此，料区级配范围的上包线即为 100% 级配曲线，下包线即为 0% 级配曲线。百分率级配曲线的绘法参看本书第一篇第 2 章。

在砾石土性质的研究中,可以取用三种典型级配。

(1) 平均级配(50%级配曲线)

(2) 外包级配(100%和0%级配曲线)

(3) 特征级配

考虑到有些设计问题中,不宜直接取用平均级配或外包级配的成果进行计算,因此在砾石土某些性质的研究中有必要寻求一种适应该项性质的,在级配与该性质的关系中具备某些特征的级配进行试验研究,我们称之为特征级配。例如填土边坡的设计中,就有必要选择一种介乎平均级配和外包级配之间的土料进行试验。

对于A_1料:强度试验发现,强度在$P0.5=65\%$,即相当于75%级配处发生转折,可能反映砾石土粗细颗粒的结构排列情况以该级配为界发生较大的变化,故选定75%级配为A_1料强度试验的特征级配,所得的成果可以作为土坡稳定计算指标的主要依据。

但对砂性砾石土的B料,因施工较易分选,而且从级配百分率曲线发现,B料的级配比A_1料更分散,因此选择粗粒含量更少的85%特征级配,作为B料的强度试验级配。

7.5 砾石土的压实性质

7.5.1 试验方法及仪器设备

室内试验仪器采用大型击实仪,碾压试验主要用气胎碾和机械夯,现分述如下:

(1) 大型击实试验

大型击实筒内径为25.24cm,高24cm,容积12000cm^3,试样最大粒径50mm,分三层击实,每层击数为36,60和96击三种,相应的功能为51.8,86.3和137.9t—m/m^3。

为了使试验土料尽量符合天然状态,宜用风干土过筛分级。

(2) 碾压试验

气胎碾:采用22.5吨六轮气胎碾,对不同的土料含水量,铺土厚度,碾压遍数和不同轮胎内压力,进行比较试验。试验表明,用汽胎碾压实砾石土效果较好。

机械夯:用重2.1吨,直径分别为90cm和110cm两种夯板试验。

试验还表明,用拖拉机作碾具时,铺土薄遍数多所能达到的干容重较气胎碾低0.10t/m^{3}左右,压实效果较差且不经济。

比较碾压与击实试验成果,可以认为碾压试验与击实试验成果以互相印证。但是碾压试验与室内击实试验不能互相替代,而是互相补充的,而选择合适的砾石土填筑参数,则应采用现场碾压试验成果。

7.5.2 压实特性分析

(1) 压实曲线

砾石土的击实曲线(图6.5-28)与黏性土相似,每一功能下都有一个峰值,对应着最大干容重γ_{dmax}和最优含水量ω_{op}。对于同一土料,随着功能的增加,γ_{dmax}增大,而ω_{op}减小。

为了解砾石土最优含水量的实质,安排了如下试验:在击实试验时除测定全级配料的含水量外,还测求细料部分的含水量,与此同时用南型击实仪作纯细料的击实试验。由试验成果(表6.5-14)的比较得出,全级配料试验时测得的细料ω_{op}与相同功能下纯细料试验的ω_{op}相近,而且它的数值随着细料黏性的增大也增大,说明了砾石土的最优含水量主要决定于细料的含水量。同一砾石土料(细料性质及粗粒含量相同)的全级配料含水量与其细料含水量之间呈直线关系,因此施工时如有必要可用细料含水量来控制全级配料的含水量。

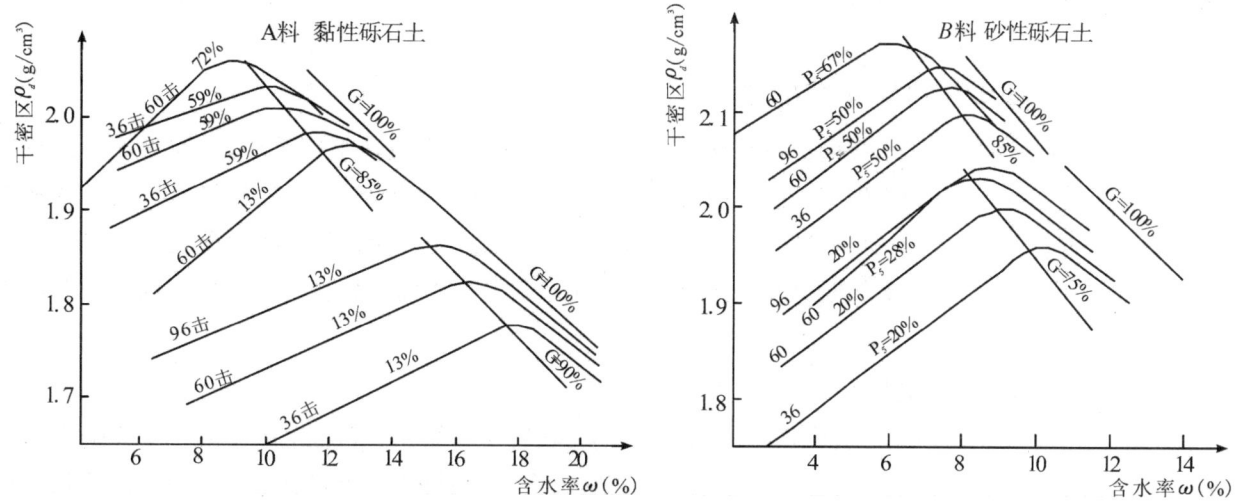

图 6.5-28 两种砾石土的击实曲线（A 料黏性砾石土；B 料砂性砾石土）

表 6.5-14　　　　　　　　　　细料部分击实试验与全料击实试验成果对比

土料	南实仪<2mm 细料试验 ω_{op}（%）			大型击实仪全级配料试验 ω_{op}（%）					
				36 击		60 击		96 击	
	15 击	25 击	40 击	全料	细料	全料	细料	全料	细料
A	22.6	19.9	19.1	11.4	20.4	10.5	19.2	10.0	18.4
B	14.0	13.4	12.5	9.2	15.5	8.7	14.5	8.2	13.6

（注：细料含水量是用<2mm 粒级测定的。）

(2) 细料组成对压实性的影响

在相同粗粒含量情况下，砾石土的细料塑性愈大，则 $\gamma_{d\,max}$ 愈小，ω_{op} 愈大（表 6.5-15），当粗粒含量较小，细料足以填满粗颗粒之间的空隙时，可以认为砾石土的压实性基本上由细料决定。

表 6.5-15　　　　　　　　　　不同细料的砾石土的压实干容重

土号	<2mm 细料占全料的含量(%)	塑性指数	细料级配			铺土厚度(cm)	4 遍		8 遍		12 遍	
			2~0.05	0.05~0.005	<0.005		γ_d	ω	γ_d	ω	γ_d	ω
A_1	34	22	65	20	15	30			2.05	10.0	2.04	9.5
A_2	35	35	51	23	26	30	1.97	11.9	2.00	11.3	2.01	11.2
B	36	15	31	11	8	45	2.12	8.1	2.13	7.8	2.14	7.4

(3) 土料的含水量

正如前面指出，砂石土的压实性对含水量是敏感的，在最优含水量下得到最好的压实效果。由 A 料的压实曲线（图 6.5-28）看出，仅当 $\omega<\omega_{op}$ 时，容重才随着碾压遍数的增多有较大的增加。

其他影响因素，参看本书第一篇第二章。

总之,影响砾石土压实性质的主要因素,除含水量,粗粒含量和压实功能等以外,细料(尤其是黏性)的含量和性质起着重要作用,因为细料部最易受含水量和功能变化的影响,从而也改变了砾石土的压实性质和密度。

7.6 理想干容重和压实标准的确定

如前所述,砾石土的压实干容重随粗粒含量而变化。故除应确定设计干容重外,尚须对不同粗粒含量提出相应的压实标准,以利于施工控制。前者通常可根据土场平均级配的试验成果确定,而后者则必须有大量的不同级配土料的压实试验资料,但是这样的工作量太大。为此,采用经验公式以确定砾石土的压实标准,并引用理想干容重的概念和碾压试验资料来求得公式中的系数。所得的压实标准应根据施工实践予以适当的修正。

7.6.1 理想干容重的概念

砾石土的容重设想由两部分组成,即大于5毫米的粗粒容重和填充于粗粒空隙中的小于5毫米细料的容重。对于粗粒部分的容重取决于砾石土全料中粗粒的含量;细料的容重则决定于细料的性质和含水量,以及经由粗粒传于细料的功能。该功能又与粗粒含量有关。

对于某一粗粒含量的砾石土,假定其粗粒间的空隙完全被细料所充填,而细料又达到南型击实仪25击的最大干容重,此全级配料的干容重称为该粗粒含量下的理想干容重,不同土料的理想干容重值参考本书第一篇第2章。

7.6.2 试验成果

由压实成果与理想干容重比较(表6.5-16)得出,气胎碾碾压的平均干容重为理想干容重的92%左右,压实的出现率90%的干容重则为理想干容重的89%~90%。A料和B料压实性的差异在这里同样地反映出来,即试验压实干容重与理想干容重的比值随着砾石土细料黏性的增加而略有减少,砂性砾石土可以达到较高的密实度。

表6.5-16 压实成果与理想干容重比较

土号	>5mm振动试验			<5mm最大干容重	碾压试验土料		气胎碾压实试验				最大理想干容重	
	比重	最大干容重	最小孔隙率		>5mm含量(%)	理想干容重 γ_d'	平均干容重		出现率90%的干容重		>5mm含量(%)	γ_{dHax}' $\left(\dfrac{T}{M^3}\right)$
							$\overline{\gamma_d}$	$\dfrac{\overline{\gamma_d}}{\gamma_d'}$	γ_{d90}	$\dfrac{\gamma_{d90}}{\gamma_d'}$		
A$_2$	2.63	1.80	0.316	1.74	63	2.21	2.04	0.924	1.97	0.890	76.5	2.35
A$_3$	2.63	1.80	0.316	1.70	61	2.16	1.98	0.916	1.93	0.894	76.8	2.34
B$_4$	2.63	1.80	0.316	1.92	61	2.30	2.12	0.922	2.07	0.900	74.8	2.41

相应于最大理想干容重的粗粒含量是$P_5=75\%$左右,超过此值后理论上细料已不能填满粗粒的空隙,土体必然产生架空现象。实际上由于砾石土的不均匀性,当$P_5=55\%\sim70\%$即已出现架空现象。其中砂性砾石土架空出现得更早。

7.6.3 确定压实标准的经验公式

分析砾石土的压实资料可以发现,压实干容重与理想干容重的比值并非一常数,而随着粗粒含量不同略有增减。当粗粒含量较小时,由于细料得到较充分地压实,比值较大,当粗粒含量较大时比值则减小。为此，可根据碾压试验的压实干容重与理想干容重的关系而建立的经验公式，来确定砾石土不同粗粒含量下的填筑压实际准：

平均干容重：
$$\overline{\gamma_d} = \gamma_d' \cdot k \frac{1}{(1-k)\left(\dfrac{P_5}{\overline{P_5}}\right)^2 + k} \tag{6.5-2}$$

保证率为90%的压实干容重：
$$\gamma_{d90} = \frac{k_{90}}{k} \cdot \overline{\gamma_d} \tag{6.5-3}$$

式中：$\overline{P_5}$——试验土料的平均粗粒含量，A料为0.63；

γ_d'——对应于不同粗粒含量P_5的理想干容量；

k——试验土料的平均压实干容重与理想干容重的比值，A料为0.92；

k_{90}——试验土料出现率90%的压实干容重与理想干容重的比值，A料为0.89；

对于A料，式(6.5-2)可简化为：
$$\overline{\gamma_d} = \frac{\gamma_d'}{0.217 P_5^2 + 1} \tag{6.5-4}$$

现将A料砾石土的计算平均压实干容量和计算保证率90%干容重，分别绘出于图6.5-29，并且把该种土料的坝体实测干容重也绘于图中，以资比较。从图6.5-33可以看出，实测的平均干容重与计算的平均干容重甚为接近，而以保证率90%干容重的计算值为其下限。因此采用保证率90%干容重的计算值作为施工压实标准是可行的。

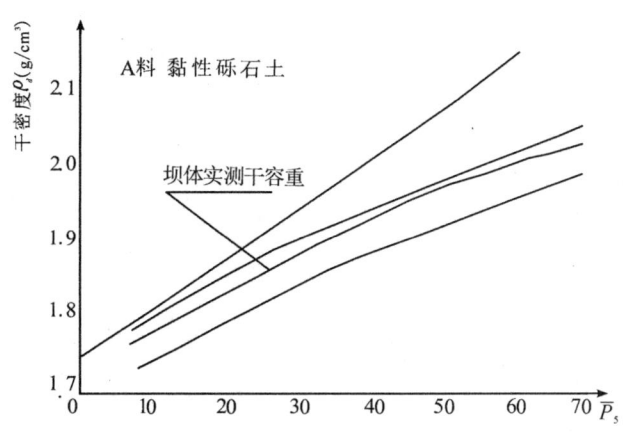

图6.5-29 压实标准与填筑干容重比较

7.7 砾石土的强度特性

7.7.1 强度试验的仪器和试验方法

利用下列三种仪器来研究砾石土的强度。

(1)大型三轴仪

试样直径20cm，高46cm，土样的最大允许粒径为50mm。对于A料和B料，10%~15%的大于50mm的大颗粒以等量的50~20mm颗粒来代替。

(2)中型三轴仪

试样直径10cm，高20cm，最大允许粒径为10mm左右，把天然土料中，为仪器所不允许的颗粒(大于10mm)用等量的允许粗颗粒来代替(在试验中为保持级配相似性，我们用10~0.5mm颗粒替代的)。根据比较试验证实,经此替代以后所得的强度,比简单地剔除不允许的粗颗粒后的土料强度更接近于原级配的强度。

(3) 大型直剪仪

试样径 50cm,高度 20~25cm。最大允许粒径定为试样高度的 1/3~1/4,大于 60mm 者舍弃或进行替代。对于直剪仪试验,剪切面是固定的,若剪切面有大颗粒存在,必然得出过大的强度,为此提出剪切面开缝的问题,有关研究参看本书第一篇第 2 章叙述。

(4) 试验成果

A 料和 B 料强度试验的若干典型成果列于表 6.5-17。从所得的成果看出,若以大型三轴仪的成果为标准,则大型直剪仪的 0 值一般偏小,φ 值一般偏小,而中型三轴仪的 φ 值略偏高些。但总的说来三种试验成果均较接近,而中型三轴成果似更接近大型三轴仪的强度。

表 6.5-17　　　　　　　　　　　砾石土强度典型成果表

土号	级配	仪器	干容重 γ_d	总强度		有效强度		说明
				C	φ	C'	φ'	
A(黏性砾石土)	50%	中三轴	1.97	0.40	26°10′			
		大三轴	2.02	0.46	24°30′			
		大三轴	2.06	0.70	23°50′	0.35	38°30′	
		大直剪	2.00	0.37	20°05′			
	75%	中三轴	1.99	0.46	23°30′	0.21	33°50′	平均值
		大三轴	1.99	0.36	22°00′			
		大直剪	2.00	0.59	20°50′			平均值
	85%	大直剪	1.98	0.75	19°00′			
	90%	大直剪	1.97	0.76	18°30′			平均值
		中三轴	1.90	0.44	17°00′	0.29	30	
	100%	中三轴	1.84	0.45	13°40′	0.40	19°30′	
B(砂性砾石土)	50%	大三轴	2.06	0.20	34°00′	0.20	42°00′	
	50~60%	大直剪	2.00	0.20	30°30′			
	85%	中三轴	2.00	0.34	26°20′	0.10	36°20′	

7.7.2　砾石土强度特性

(1) 砾石土强度的组成及破坏应变

砾石土强度可以设想由三部分组成,即①砾石土细料本身的强度;②粗颗粒之间的强度,以及③粗颗粒与细料之间的强度。对于 A 料的破坏应变常达 10%~16%,而砂性砾石土的破坏应变则出现较早,为 7%~13%,而且峰值亦较明显。

砾石土虽然是以砂粒和卵砾为主要成分,但是无论是黏性砾石土还是砂性砾石土,孔隙压力仍然对强度的研究很有意义,在黏性砾石土料填筑的坝体中,实测的孔隙压力与上覆荷重之比约为 0.1~0.2,且在蓄水前消散缓慢。动力荷重作用下,当振动加速度为 0.18 时,振动附加孔隙水压力系数为 3%,相当于轻粉质壤土的情况。

(2)密度含水量与强度的关系

中型三轴和大型直剪试验都反映出强度随密度的增大而增加的规律(如图 6.5-30),这种关系不仅对 C 值而且对 φ 值亦是如此,而 φ 随 γ'_d 的增大更快,这点与一般黏性土的规律是不同的。含水量对强度的影响与砾石土细料的黏性有关,黏性越大,影响也越大。故含水量的变化对 A 料的强度影响十分显著,对 B 料则不明显。

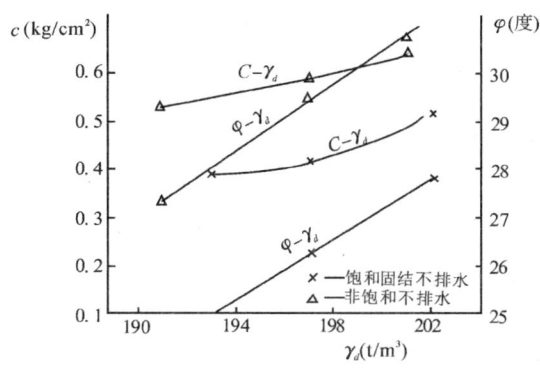

图 6.5-30　A 料的中三轴试验:c 和 $\varphi - \gamma_d$ 关系

(3)粗粒含量与强度的关系

粗粒含量与强度的关系进行了较多的研究,试验包括下列内容:

黏性砾石土的大三轴试验。对 A 料绘制 $P_2 - \sigma_1$ 的关系曲线(如图 6.5-31)可以看出,强度随粗粒含量增加几乎呈直线上升。

不同级配的 A 料的中型三轴仪强度试验,发现总强度随 P_5 的增加迅速增加,且 C 值也略有增加。

用 B 料在大型直剪仪中进行不同级配的强度试验,从图 6.5-32 看出,曲线略呈马鞍形,当 $P_2 \approx 30\%$ 时,强度最小,然后又随 P_2 的增大而增加。而且垂直压力越大,这种增大也越快。

还可发现,当粗粒含量小于 30% 时,砾石土强度基本上由细料控制,这时简单地剔除砾石土中的粗颗粒,用小型仪器进行试验是可行的。

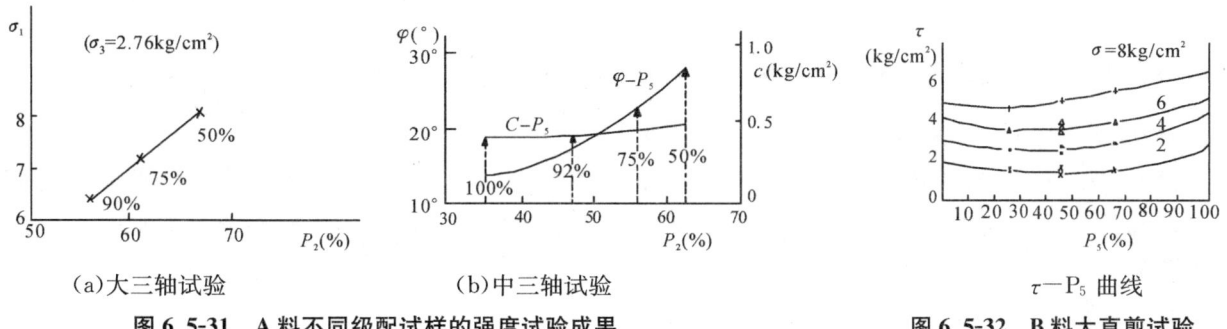

图 6.5-31　A 料不同级配试样的强度试验成果　　图 6.5-32　B 料大直剪试验

(4)细料的性质与强度的关系

前已指出,黏性砾石土和砂性砾石土在强度特性上有许多差别,而黏性与砂性的区分主要在于细料的性质。把强度指标与砾石细料的塑性指数加以比较,可以整理出表 6.5-18 中的资料。表中强度均系该土料的平均级配试验值,其粗粒含量相近。可以看出,φ 值随塑性指数的增大几乎直线下降,而 C 值与塑性指数的关系不很明确。

表 6.5-18　　强度指标与砾石细料的塑性指数对照比较

土号	细料性质			干容重	总强度		有效强度		仪器
	液限	塑限	塑性指数		c	φ	c'	φ'	
A_1	44	21	22	2.02	0.50	27°40′			中型三轴
A_2	51	26	25	1.99	0.45	24°10′	0.25	33°40′	中型三轴
B	34	19	15	2.06	0.22	34°00′	0.20	42°00′	大型三轴
B_8	29	16	13	2.00	0.53	34°35′	0.39	37°10′	中型三轴

综上所述，砾石土的强度既有某些黏性土的特征又有某些砂性土的特征，反映在强度指标上往往具有较大的 φ 值，同时又有一定的 C 值。影响强度主要因素乃是细料的性质和粗颗粒的含量。粗粒形状对强度的影响不大。

7.8　砾石土的变形特性

7.8.1　试验方法及仪器

采用四种方法研究各种情况下砾石土的变形性质。

(1) 饱和试样的压缩试验

试样的直径 50cm，高 23cm，试验土料最大粒径 60mm。

(2) 浸水下沉试验

先后采用三种仪器作试验：(1) 内径 50cm 的混凝土容器，试样高 60cm，试验土料的最大粒径 60mm（如图 6-1）；(2) 内径 50cm 混凝土容器，试样高 2cm，用千斤顶加荷。

另外，为研究砾石土的浸水附加沉陷的实质，用直径 6cm 的压缩仪作细料的浸水下沉试验，以与砾石土浸水下沉试验作比较。

(3) <5mm 细料的水下长期剪切变形试验

鉴于砾石土细料中含有蒙脱石类矿物，需了解剪应力作用下的剪切变形情况。试验在马斯洛夫仪上进行。试样经饱和后分级加水平拉力。$\dfrac{c}{\sigma}$ 的选择是根据坝体应力计算确定的。用布拉兹法对上游坝坡的应力值计算结果，得出 $\dfrac{c}{\sigma}$ 的最大值约为 0.43，以此值来确定每一重直荷载下的最大拉力。

(4) 压实土体的浸水膨胀性试验

鉴于含有蒙脱石类矿物的性砾石土对含水量的敏感性，为了解施工过程中已压实土体吸水膨胀的程度。在碾压试验时，对 A2 料压实土层连续加水 4 天，加水量相当于 18mm 雨量，测求其加水前后密度的变化情况。

7.8.2　试验成果分析

通过试验对砾石土的变形特性有以下概念：

一般说来砾石土压缩性均较低，而且稳定较快，压缩曲线的形状和压缩系数的大小均与砾石土中细料的性质密切相关。

砾石土浸水附加沉陷量占总沉陷量的 10%～15% 左右，对坝体的安全尚不致产生重大影响。

砾石土的水下长期剪切变形的影响不大。试验中，头 1000 小时（42 天）的变形占 10 年的总变形的百分数，对应不同的压力，在 78%～94% 之间。

压实土浸水后会产生吸水膨胀，干容重有所降低，大者可降低 0.07t/m^3，计算其垂直膨胀量约为 3.5%。当土体初始饱和度较低，浸水时吸水性更强些。

7.9 砾石土的渗透性质和抗渗性能

砾石土渗透性质和抗渗性能的研究是因砾石土用作防渗料而提出的。以往对砾石土作为防渗料的实践较少,同时这种土料性质较复杂,不均匀系数很大,又怕级配在施工中分选,因此认为这种土料不能作为防渗料。为了检验这种观点是否正确。为此进行了一系列与实际条件相符的室内外试验,并在施工实践中验证试验所得的成果。

7.9.1 渗透试验的方法

渗透试验的目的在于了解各种作用水头下土样的渗透系数,渗透变形的形式和渗透破坏坡降,以及寻求提高砾石土抗渗性能的措施。

(1) 室内试验

室内试验是在坝体中取原状样,再移至室内进行水平透透试验(图 6.5-33)。试样容器的尺寸应满足 $5 \times d_{80}$ 的要求。对于 A 料 $d_{80}=60$mm,水平渗透试验的容器应不小于 30cm。还采用过 80cm×60cm×50cm 的大型试样,以便更真实地反映砾石土的情况。试样容器应尽可能符合实际的渗透条件,并保证密封不漏水。

对于在室内配料击实试样的水平渗透试验的方法,大致同前,唯击样前先在容器四周铺一层可塑性土,代替水泥砂浆作为试样与容器周壁间的止水材料。

(2) 现场渗透试验

现场渗透试验曾采用过双环法(系垂直渗透),试坑渗水法,柱体渗水法(此二种系形成浸润线的水平—垂直渗透),试坑注水和柱体注水法(此二种均系有压水平渗透)。上述五种方法以双环法最简单,但是成果不甚可靠。渗水法的渗流状态比较复杂,计算比较困难,而且系无压渗水,成果比较局限,一般仅能获得定性的结果。注水法的渗流状态明确,计算可以比较准确,且系有压渗透,符合实际情况,但是试样构造比较复杂,而且隔水层与试样之间容易造成渗透通道导致试验失败。究竟采用方法,可根据试验的要求和具体条件进行选择。下面对试坑和柱体注水法进行介绍。

试坑和柱体注水法的装置如图 6.5-34 所示。

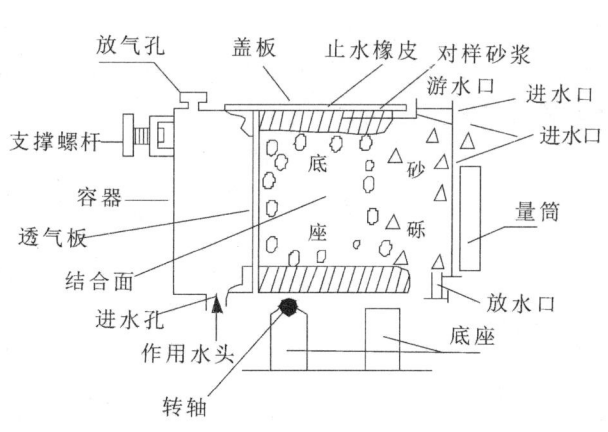

图 6.5-33 室内水平试验仪示意

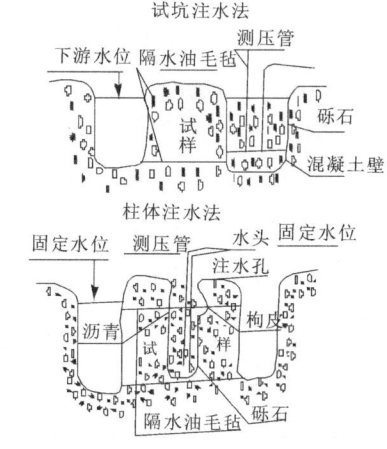

图 6.5-34 现场试坑注水和柱体注水示意

在填土场所先铺一层油毛(或黏土)隔水层,在其上填土至要求厚度后(一般填筑 2~3 层),再铺一层油毛毡,上再填一层土作为压重,然后在试验地点按要求挖出注水墩子或注水柱体和注水孔,对于试坑注水来说,考虑到绕渗的影响,墩子试样的长宽比应大于 3。对于柱体试样,为了保证渗径长度不小于 30cm,柱体外径应在 80cm 左右。如果土料中含有尺寸更大的粗颗粒,则柱体外径还应加大。试样挖出以后用低水头饱和试样,待完全饱和后分级加水头进行试验。

除了上述的现场渗透试验方法以外,对于较厚的填土层也可用钻孔压水试验研究土体的防渗性能,用这方法所测得的渗透系数将能更真实地反映大面积填土的情况,在有条件的地方可以采用。

砾石土的防渗性能同时进行了室内和现场试验,相关数据见表6.5-19。

表6.5-19 性砾石土不同试验方法的渗透系数

土料	试验方法	$P_5\%$	干容重	试验坡降下的渗透系数 K_{10}	破坏坡降	试验次数
A(黏性砾石土)	室内坝上压实样试验	60	1.90~2.04	3.3×10^{-7}~1.2×10^{-4}	8	6
		65	1.99~2.02	2.10×10^{-5}~3.5×10^{-5}	4	2
	室内击实样试验	65	2.00	5.5×10^{-6}~2.9×10^{-3}	3—4	9
		60	1.90~2.00	1.04×10^{-7}~9×10^{-3}	4	4
	现场双环法试验	52~59	1.82~2.04	7.1×10^{-6}~1.37×10^{-6}	未破坏	6
	现场注水试验	42~60	1.94~2.02	1.17×10^{-7}~7.5×10^{-6}	未破坏	5
	坝体孔压水试验					2个

7.9.2 砾石土的渗透特性分析

(1)砾石土渗透特性的主要影响因素

一般说来,影响砾石土渗流特性的内在因素是粗粒和细料的性质及含量以及粗料与细料之间相充填的结构特点。

可以认为,如果砾石土中细料本身的防渗性能好,同时细料又能填满砾石土的空隙并且具有一定密实度的话,则砾石土防渗当无问题。而细料能否得到压实,以及细料能否填满空隙的问题,当粗粒含量过大,土体中孔隙率过大,则细料就不能填满空隙,也不能很好地压实。因此,影响砾石土渗透性质的主要因素归结到细料的性质和粗粒的含量。若一个料区的砾石土细料有良好的不透水性,那么余下的问题就是不同粗粒含量对渗透性质的影响。

(2)砾石土渗流状态的特点

砾石土的渗流状态不同于一般的性土。渗流状态的不均匀性是砾石土区别于一般黏性土渗透性质的特点,粗粒含量越大,这种特性就愈突出。为此,在试验中不仅应求土的平均渗透系数,且要注意渗透破坏的特征(渗透破坏的形式、破坏坡降以及破坏的发展情况等)。

(3)细料性质对砾石土渗透性质的影响

对下述四种不同细料性质的砾石土进行渗透特性的研究。室内水平渗透试验成果如表6.5-20,其细料性质列于表6.5-21。

表6.5-20 砾石土室内水平渗透试验成果

土料	$P_5\%$	γ_a	K	破坏情况
A料黏性砾石土	50	1.88~1.99	7.6×10^{-8}~38×10^{-6}	$J=8$~12 未破坏
	56	2.03	2.62×10^{-7}~4.02×10^{-6}	$J=8$~12 下
C料(B料加)砂性砾石土	50	2—2.05	1.14×10^{-5}~4.9×10^{-6}	$J_{破坏}=3$ 管涌
	33	1.96	2×10^{-5}	$J=7.8$时壤土移动
B_A料砂性砾石土	57	1.96	1.78×10^{-5}~1.37×10^{-5}	$J=5.5$时管涌(无反滤)
A_B料性砾石土	37	1.96	3.2×10^{-7}~8.0×10^{-7}	$J=6.0$时未破坏

表 6.5-21 　　　　　　　　　渗透试验所用的砾石土样细料性质

土料	塑性指数	<5mm 细料中黏粒含量	15 米下细料干容重	细料含水量	细料渗透系数
A_1 料	22	20%	1.78	16.6	6.29×10^{-9}
B 料	15	14%	1.88	12.4	1.13×10^{-5}
掺入 C 料中的	14	14%	1.61	17.5	$<3.59 \times 10^{-6}$
B_A 料		8%			
A_B 料	18.7	25%			

综合比较上二表的数值可获得明晰的概念，细料性质对砾石土的防渗性质影响很大。试验所用的黏性砾石土和砂性砾石土的渗透系数可差 10～100 倍，在抗渗强度方面，砂性砾石土在水力比降仅为 3～5 时，即发生管涌破坏；而黏性砾石土比降达 8～12 时，还未有渗变的现象，仅当 P5 达 60%，比降超过 8 以后，才出现局部流土，破坏比降远大于砂性砾石土。抗渗能力的这种差别，对于选择防渗土料尤为重要。

(4) 粗粒含量对砾石土渗透性质的影响

用 A 料和 C 料的不同级配试样在水平渗透仪中进行试验，结果如表 6.5-22 所示。

表 6.5-22 　　　　　　　　　不同粗粒含量的渗透试验成果

土料	$P_5(\%)$	$\gamma_a(\frac{t}{m^3})$	$\omega(\%)$	$K(\frac{cm}{sec})$	J 破坏	说明
A 料	50	$\frac{1.88\sim2.04}{1.97}$	$\frac{10.5\sim13.5}{11.9}$	$\frac{1.4\times10^{-7}\sim3.8\times10^{-6}}{7.5\times10^{-7}}$	没有破坏	
	55	$\frac{1.95\sim2.04}{2.00}$	$\frac{11.6\sim12.0}{11.6}$	$\frac{2\times10^{-7}\sim1.2\times10^{-5}}{1.7\times10^{-6}}$	没有破坏	
	60	$\frac{1.90\sim2.05}{1.97}$	$\frac{8\sim11.2}{9.5}$	$\frac{3.7\times10^{-7}\sim9.5\times10^{-5}}{5.6\times10^{-6}}$	$\frac{5.8\sim8.4}{7.76}$	无反滤
	65	$\frac{2.0\sim7.02}{2.00}$	$\frac{8\sim10}{9.4}$	$\frac{1.2\times10^{-6}\sim1.1\times10^{-3}}{3.5\times10^{-5}}$	$\frac{3.07\sim7.57}{4.85}$	有反滤
	70			$\frac{4.4\times10^{-5}\sim6.3\times10^{-4}}{3.4\times10^{-4}}$	2～4 即破坏	
C 料	34	1.92～1.96		$1.3\times10^{-5}\sim2\times10^{-4}$		试样结合面有通道
	43	2.00		$2.0\times10^{-5}\sim6.4\times10^{-5}$		$J=2.3$ 时壤土颗粒移动
	50	2.00		1.14×10^{-5}		

从表中看出，渗透系数随粗粒含量的增大而变大，可以认为，对于 A 料，作为防渗体的最大允许粗粒含量为 60%，对于 C 料，由于渗透系数较大，尤其是抗渗强度较低，不宜作为防渗料。

(5) 砾石土的含水量对渗透性质的影响

不同含水量的渗透试验是在 30cm×30cm×30cm 的渗透仪中进行的，水流由下向上垂直击实层面，试验的 $P_5=60\%$，干容重 $=2.03\sim2.06 t/m^3$。试验成果如表 6.5-23。

由于试验条件控制不严，试验成果偏大，但是仍可定性说明问题，随着含水量的增加，K 值减小，同时抗渗性能也有明显的规律性，当坡降由 6.2 增至 7.2 时，水 1 和水 2 先后破坏；当 J 由 9.6 再继续抬高时，水 3 及水 4 又先后破坏，因此，从防渗观点出发土料的填筑含水量宜控制得稍湿一些，但应防止造成施工困难。对于试验的土料,当含水量超过12%以后,土样已无法击实。

表 6.5-23　　　　　　　　　　　　　渗透试验成果

试样编号	含水量(%)		P_5	γ_a	渗透系数（cm/sec）	破坏坡降 J_{pcg}
	全料	细料				
水$_1$	6.3	12.4	62.5		1.2×10^{-3}	7.20
水$_2$	7.7	16.3	59.0	2.03	3.9×10^{-4}	7.20
水$_3$	9.7	18.0	58.0	2.06	1.7×10^{-4}	9.50
水$_4$	11.0	18.8	60.0	2.03	6.5×10^{-5}	9.50

由此认为,砾石土在满足一定条件下是可以防渗的,所谓满足一定的条件,首先要研究细料的性质,在确定细料本身的防渗性能良好的前提下,再对砾石土的不同粗粒含量的防渗性能进行研究,以定出该种防渗土料粗粒含量的允许上限值。一般说来细料的塑性指数大于17的性砾石土,均可用作防渗土体,并且塑性指数越大,允许的粗粒含量上限值也越高,细料的塑性指数较小,该限值也较低。

应当指出,粗粒含量的上限值是与一定的施工机械和施工工艺相应的。在前面的讨论中,均以气胎碾作为压实工具,并在最优参数的情况下压实的。假如采用其他压实工具,粗粒含量的上限可能会不同。

总之,对于A料,细料的塑性指数$I_P=22\sim25$。防渗砾石土的粗粒含量的上限值可达60%左右。满足上述条件的砾石土,其平均渗透系数在$A\times10^{-6}$cm/s左右,属低透水性土料。局部渗变的坡降达8.0以上,渗变形式属局部流土,说明它具有较高的抗渗能力,如果在下游设置反滤,则抗渗强度又会提高。因此,这种土料作为防渗体是完全可以的。

7.10　施工工艺讨论

施工中需解决的问题有压实砾石土的适用机械,压实土层间结合面处理以及土料级配分离等问题。下面就这些问题进行讨论。

7.10.1　压实机械问题

根据工地现有机械条件,主要采用气胎碾和机械夯压实砾石土。机械夯实的最大优点是压实土层较厚,这给机械化铺填带来有利条件。从压实土体的密度来看,两种机械压实的平均干容重相近。密度的不均匀性主要表现在沿深度的变化干容重相差较大,机械夯实土层表面约20cm内往往由于过大的冲击力而导致剪损,土体较为松散容重较低,当夯板落距较大时,表层容重比下层低0.05t/m^2。土层中部得到最有效的压实。底部则由于瞬时冲击力来不及充分传递以及应力扩散的结果,容重也低些。

砾石土的容重并不是反映土体结构（尤其是抗渗强度）的唯一因素。压实土体不仅应达到要求的干容重,同时还应力求土体结构的完整性和均匀性。两种机械压实的砾石土,研究其结构是针对黏性砾石土的防渗料能否用夯板夯实而提出的,因而着重在渗透性方面进行比较。

气胎碾压实砾石土,只要不是因粗粒含量过大而产生架空,土体结构是密实的。例如对于气胎碾压实黏性砾石土A料,防渗性能良好,抗渗强度高,渗透系数都小于10^{-6}cm/s,在无反滤情况下局部破坏比降一般在8以上（见砾石土的渗透性部分）。而同一种砾石土用夯板夯实的土体有极发育的纵横交错的微小裂纹,在粗颗粒周围有不少松土及洞穴,土体较为松散。坝上压实土样的室内渗透试验K值一般在$10^{-5}\sim10^{-6}$cm/s,且随坡降的增加而明显地增加。野外柱体注水试验中,当加水饱和（水头$H=1.70$m,坡降$J=5.7$）两分钟后,即在柱体发现有两个出水孔,并带出土团、砂粒、细砾石,并有少量的土块塌落。

再次加水,则在孔中大量涌水,并造成 40~50cm 范围内的土体塌落,坍落厚度约 5cm,说明抗渗性能较差。

两种压实方法引起土体抗渗强度的显著差别,主要是由于土体受力情况不同引起的,气胎碾碾压时,土层表面承受垂直和水平向的压力,作用时间长,土体得到揉搓和挤压,结构较均匀密实。夯板夯实时土体承受垂直向冲击力,作用时间短,应力来不及传递至整个土层,使下部不很密实,而表层应力过大(据计算对于所用的板当落距为 2~3.5m 时,应力达 14~50kg/cm²)往往超过土体的极限强度而导致裂缝发育,同时垂直夯击作用仅使土体受到单向压力,而侧向压力不仅较小,且作用时间短暂,故不足以克服土的结力,使土颗粒难以产生水平位移。观察土体结构,可发现粗粒上下面上的细料较密实,但有细小裂纹,而粗粒侧边的细料则较松散,甚至有洞穴。例如:偶然发现的土层在夯实前(推土机铺土后)的一个手摇钻钻孔,经夯实后仍较完整地存在。说明对于性较大的土料,夯实时较小的瞬时侧向力不足以使土颗粒产生水平向相对位移。对含有粗颗粒的性砾石土,由于粗粒的骨架作用,这种情况尤其突出。因此,我们认为砾石土防渗体不宜采用机械夯实。

7.10.2 层间结合面处理

压实层之间结合面是一薄弱带。试验证实结合面的强度比较低。同时结合面又是一强渗透带,有无结合面其渗透系数可相差 1~3 倍,而且试验的渗透破坏大多发生在结合面附近。对于作为防渗体的砾石土,为了改善其结合面的防渗性能,我们曾对黏性砾石土采用拖拉机履带刨毛并洒水;人工用十字镐刨毛并洒水以及结合面充分洒水润湿不刨毛等三种处理方法作了比较试验,成果综合于表 6.5-24。

表 6.5-24　　　　　　　　结合面不同处理方法渗透试验成果

结合面处理方法	>5mm含量(%)	干容重(T/M³)	试验坡降 J	渗透系数 K_{10} (cm/sec)	试验说明
拖拉机刨毛并洒水	45	1.98	1.17	4.35×10^{-7}	现场柱体试验
人工刨毛并洒水	46	1.96	1.17	1.96×10^{-6}	现场柱体试验
	67	2.02	2.8~5.6	$(1.5-21) \times 10^{-5}$	压实样室内试验 $J=2.8$ 时沿结合面大量渗水,水浑浊, $J=5.6$ 时局部流土破坏
充分洒水不刨毛	42	1.94	1.17~2.0	4.70×10^{-7}	现场柱体试验
	45~49	1.93~1.99	1~8	$(1.09-6.32) \times 10^{-7}$	坝体三个压实样室内试验的成果, $J=8$ 均未破坏
	54~56	1.98~2.03	2~8	$5.73 \times 10^{-6} \sim 1.33 \times 10^{-7}$	坝体四个压实样室内试验成果, $J=8$ 均未破坏

刨毛处理后未进行大量试验,但从现有成果看出,三种处理方法差别不大,人工刨毛略差些。主要由于人工刨毛易将土层表面的砾石以及经压实后的土团挖出,致使结合面处砾石和硬土团增多,反而降低了结合面的防渗性能。

施工实践表明,结合面不刨毛而充分洒水润湿,不仅简化了施工工艺,而且可使层间结合良好。质量检查时发现,结合面经充分洒水后上层土料部分嵌入底层,结合面不明显,包含结合面的原状样易取。含有结合面的试样的渗透系数均可达到 $10^{-6} \sim 10^{-7}$ cm/s,试验坡降 8~12 时,试样仍未发生破坏。而局部未经洒水的结合面则成光面,稍为撬动,土体即沿结合面脱开,包含结合面的原状样无法挖取。因此,我们认为砾石土层间结合面用充分洒水处理既经济方便且效果也较好。

7.10.3 级配分离问题

砾石土作为防渗料在施工过程中是否会产生级配分离而导致粗粒集中,采用怎样的施工方法可以减少级配分离,这是人们所关心的问题。

施工采用电铲,汽车运土,推土机铺土,气胎碾碾压的施工方法,从土场与坝体级配资料的比较可以看出,坝体砾石土级配不仅比土场均匀,而且粗粒含量也变小,粗粒含量的频率曲线的峰值比土场低10%左右。由此得出,只要采用合理的施工方法,不仅不会产生级配分离,反而有利于级配均匀化。

天然砾石土料系由冲积——洪积沉积形成的,层次分明,且随着层次变化粗细不匀,通过电铲垂直开挖使其上下反掺和而均匀了。此外,由于土场中少量壤土夹层掺入,并有部分风化颗粒在施工过程中破碎而增加了细料含量,这样粗粒含量就减少了。

应当指出,自卸汽车倒土时,往往表面粗粒先落下以及土堆表面粗粒往下滚,在土堆周缘仍有局部粗粒集中的现象,应予注意。

砂性砾石土由于其结性小,施工时较易产生级配分离,但一般不用作防渗料,可不予考虑。对该种土料采用电铲垂直开挖仍有利于级配均匀化。

参考文献

[1] 丹江口土石坝段土工试验总报告(一)[R]. 武汉:长江科学院,1971.
[2] 丹江口土石坝段土工试验总报告(二)[R]. 武汉:长江科学院,1971.

第 6 章　长江堤防工程

长江中下游堤防体系总长约 30000km,其中干流堤防约为 3600km,均修建在第四纪冲积平原上。由于其历史悠久、多次加培,堤身存在各种不良结构。而千百年来,由于缺少适当控制,堤身填筑质量差,土质成分复杂。此外,人类活动及生物破坏还给堤身带来一定隐患,如生物洞穴、遗留的屋基、阴沟、暗道、腐朽树根等。这些问题的存在以及堤防的汛期变化,都可能导致堤身出现渗漏险情。

长江中下游堤防是长江防洪体系的基础,也是保障长江两岸人民免遭洪水灾害的直接屏障。新中国成立以来,虽经数十年不断地加固加高,然而在相当长的时间里,长江中长下游堤防的防洪标准,大多仍未达到《长江流域综合利用规划修订思路报告》所规定的要求,堤身缺陷、基础渗漏等隐患更是极大地威胁着大堤的安全。因此,长江科学院土工研究所从 20 世纪 50 年代以来就持续开展了深入和系统的长江堤防工程渗流分析和渗流控制科研工作。对于各类渗流问题的成因、分析方法和处理方法,进行了大量的追踪探讨和多种手段的研究。比如,建立和分析应用长江堤防堤身和堤基各种土类的渗透强度和渗透破坏特征研究方法,不同地层结构的渗流分析计算方法,不同防渗墙的效率及其对于不同地层的适应性,吹填加固的分析计算方法、减压井的效率及各种淤堵类型分析及对策等重要方面,既开展了典型堤防的理论分析,也开展了针对性的长江重大堤防堤段的实用性研究分析,取得了相应于不同的加固、建设阶段的重大成果,并在近期的大规模堤防建设中发挥了积极作用。本章将对几个典型性问题的研究进展及其成果进行介绍。

1　概述

1.1　长江堤防的特点

1.1.1　堤身现状

长江中下游堤防体系由干堤和支民堤组成,现有堤防总长约 30000km,其中干流堤防约为 3600km,均修建在第四纪冲积平原上。长江中下游干堤和支堤是逐年多次加培而成的,堤身存在不同阶段的横向结合缝。由于缺少适当的控制,堤身填筑质量较差。土质成分杂,有黏土、粉质黏土、粉质壤土、壤土、砂壤土、粉细砂以及杂填土等。此外,堤身还存在一定隐患,如生物洞穴、遗留的屋基、阴沟、暗道、腐朽树根等。这些问题的存在以及堤防的汛期变化,都可能导致堤身出现渗漏险情。长江中下游堤防是长江防洪体系的基础,也是保障长江两岸人民免遭洪水灾害的直接屏障。新中国成立以来,虽经数十年不断地加固加高,然而在 2000 年以前,长江中下游堤防的防洪标准,大多数仍未达到《长流规》所规定的要求。至少还有半数以上堤段的堤顶高程、宽度及堤身坡度未能达标,堤身缺陷、基础渗漏、河岸崩塌等隐患更是极大地威胁着大堤的安全。因此,渗流控制、岸坡治理及堤身断面达标是堤防建设的主要方面。堤防的渗流控制工程涉及湖北、湖南、江西、安徽四省,其中长江干堤 2502km,汉江遥堤及赣抚大堤等共长 229km。采用垂直防渗处理堤段长度达数百公里。

1998年汛后长江干流堤防进行了大规模加固处理,填补了不足的断面,堤身采用了护坡,上下游坡比为1:3。经对湖北松枝至安徽马鞍山长江两岸全线干流堤防进行调查统计,堤身斜坡长度变化在5~31m,堤身高度1.7~10m,最高达15m,堤前水深1.5~8.7m。干流近岸流速较大时约为3m/s。

1.1.2 长江堤防的特点

(1)历史悠久,逐年形成

长江中下游堤防历史悠久,据史料记载,荆江大堤始建于东晋时期(公元345年),距今已1650多年,多数堤防也有数百年历史。经历代不断加高培厚,由小垸联成大垸,溃决再修复,逐渐发展成目前的江河堤防。但即使是近年形成的堤防,也大多由农民自发围垦,再逐渐扩大而成。由此导致现存的堤防土质杂乱、填筑质量差,在曾经溃口或出险处,堤防更为复杂,堤身内还留有大量隐患。此外,限于当时的条件和认识,历代修堤都是就近取土,加高堤身,以致堤防附近坑塘密布,严重破坏了覆盖土层。

(2)顺河而筑,堤基不良

千百年来,人们都以土地为生,为了获取更多的土地,堤线愈加靠近河岸,对基础没有进行选择,也未进行处理。这对初期低矮堤防可能还不致成为严重危害,但是随着社会的发展,堤防愈加愈高,堤基的渗透及稳定方面出现问题就不可避免了。此外,由于河势变化的影响也很大,一些河段深泓已临近堤脚,堤岸合一、迎流顶冲,形成更为不利的基础边界条件。

(3)人类活动及生物破坏

历史上,人类修筑的堤防常留下不少隐患,加固时经常在堤身内发现残墙断壁、建筑垃圾、阴沟粪池,乃至棺木遗骸,这些至今尚未完全清除,会形成局部渗透性较大的区域。同时,白蚁、蛇、鼠等的活动对堤防安全也带来极大危害,其中尤以白蚁危害为最。白蚁活动处,堤内蚁穴、蚁道四通八达,且规模较大,曾见有大蚁巢达4m×3m×1.5m。白蚁繁殖力强,复发率高,较难灭绝。

1.2 长江重要堤防的地质条件、险情及渗流控制问题

1.2.1 堤基的地质条件

长江重要堤防主要坐落在第四纪冲积平原上,堤基表部相对隔水层厚度一般只有1—10m,下部通常为深厚的砂及砂砾石层,江水与地下水通过砂及砂砾石层联系紧密。堤基土层的地质结构主要为二元结构,其次为单一结构及多元结构。其中,二元结构堤基约占堤线总长的70%,这类结构地基上部为相对弱透水的黏土、粉质黏土、壤土盖层,局部夹有淤泥质透镜体,下部为透水砂及砂卵石层,厚度最大可达百余米。单一结构堤基一般由单一的黏性土、砂或砂壤土组成。多元结构堤基则为较稳定的黏性土隔水层与强透水的砂、砂砾石层相间分布,形成多层透水地基,其抗渗性能好坏,主要取决于表部黏性土盖层的厚度。由于长江堤防历史悠久、河势变化较大,河流故道及通江穴口常在堤基内隐埋,这也是导致堤防险情迭出的重要原因之一。

1.2.2 堤防险情及分析

堤身隐患、堤基渗漏及河岸崩塌通常都被认为是长江中下游堤防的三大险情。严格地说,堤身隐患、堤基渗漏只是导致堤防险情的因素,并非直接意义上的险情。

汛期长江堤防险情的类型较多,且各地的叫法也不完全一致。多数都以险情的性状或形态来定名,与土力学、渗流力学中的学术性定义不尽相同。统计资料表明,在所有险情中,因渗流而产生的险情占绝大多数。

对长江险情拟作如下分析。

(1)堤身

堤身的险情主要有散浸、脱坡、漏洞、跌窝等。这是堤身的土质复杂、填筑质量差、生物洞穴、人类活动残迹等隐患,在江水达到一定水位时容易出现的险情。

(2)堤基

长江两岸广泛分布二元结构地层,在表层弱透水层厚度较小或遭到破坏的条件下,若表层弱透水层的渗透性越小,则下部透水砂层的渗透水压力就越大,就越容易产生流土或局部流土,且在距堤脚数百米范围内都可能出现。

管涌,是群众对渗流力学中的流土、局部流土或接触冲刷的通称,与严格意义上的管涌有所不同。管涌的产生需要有一定的水力条件、边界条件(崩岸、坑塘、水井等会带来不利的影响)及地质条件。砂或砂性土层出露的地层,允许比降小,均易出现险情。若为单一砂层的流土破坏,因其发生发展时段较短,更易造成溃口性险情乃至溃决。管涌还可分为浅层管涌与深层管涌,前者具有更大的危险性。

堤基管涌多表现为冒水翻砂、泡泉、脓疱、土层隆起、大面积砂沸等,在所有渗透险情中,管涌是最危险的,尤其是堤脚附近的管涌更易发展成灾难性后果。曾有人给出量化的概念,距堤脚 30m 以内的管涌为特大溃口性险情,50m 以内者为溃口性险情,100m 以内者为重大险情,它对于认识管涌的危害是有益的。

1.2.3 堤防的渗流控制

渗流控制就是控制堤身与堤基内的渗流状态(渗流水头、渗透坡降),使之处在允许的范围内。渗流控制的原则是前堵后排、保护渗流出口。渗流控制的措施有多种,它们均可不同程度地保护大堤的安全。

新中国成立以来,长江堤防的防渗处理经不断勘查、修缮,已积累了较丰富的经验,可因地制宜地采取不同针对性的措施,这些措施已在 '98 洪水中充分发挥了作用,如荆江大堤的渗流控制就是明显的例子。

1.3 长江重要堤防隐蔽工程建设概况

长江重要堤防隐蔽工程由三大部分组成,其中防渗处理包括:铺盖、斜墙、垂直防渗墙、盖重、反滤层、减压井(沟)、锥探灌浆等措施。处理措施的设计主要是依据堤段的出险情况、地质条件,计算分析等决定的,若需采取防渗处理,则再经方案比较,决定是否需要采取垂直防渗墙措施。在垂直防渗墙措施中,有悬挂式(仅处理堤身)、半封闭式(墙达基础中相对不透水层)或全封闭式(墙达基岩)三种类型。墙厚以全水头的作用进行计算,并考虑施工因素确定,需保证一定的安全裕度。

在堤防加固设计及汛期抢险中,有一个共同的问题:如何确定安全防护范围,即通过加固处理后,能保证距堤脚多大的范围内是安全的。在这范围以外,若再出险则仅做常规处理,因它已不会危及大堤的安全了。对于防渗墙来说,该值的确定是与最优墙深的设计相联系的。但目前要完全达到这一目标尚有困难,只能作出安全的选择,保证堤内地基渗流在安全范围内。

防渗墙设计中还有一个重要的问题,即环境安全。长江两岸水文地质特征是:汛期江水补给地下水,冬季地下水补给江水。修建防渗墙后,地下水的补排关系会产生改变,可能带来水环境问题。不同深度的防渗墙可能会产生怎样的环境影响,并应采取什么措施处理,尚需研究。

长江中下游堤防在历次加固建设中经过不断探索、实践,已积累了较丰富的经验,并在历次大洪水中充分发挥作用,以下将对这些经验进行介绍。

2 荆江大堤等重要堤防的渗流问题与加固状况

2.1 荆江大堤沿革

荆江大堤始建于东晋永和元年至兴宁二年间。原起自万城附近较高地带,随着云梦泽淤积演变,沙市以上堤段建成于唐代中期,北宋中期后,堤围逐渐向下游发展,大堤大致在元代初期形成规模。公元1542年,大堤联成一线,全长124km,被称为万城大堤,又名万安大堤。1951年将堆金台以上8.35公里堤归入荆江大堤。1954年将下游50km原有干堤也划为荆江大堤的范围。至此,荆江大堤全长182.35km。

荆江大堤是长江下游防洪中的确保堤段,但在1987年对抵御长江20年一遇的防洪标准仍难确保(即沙市水位▽45m,监利水位▽37.26m),大堤尤其是堤基尚有许多险段未得处理,急需进一步加固,为使加固工程更加有效、合理,1987—1988年长江科学院受湖北省水利勘测设计院的委托进行了该项研究。

2.2 存在的问题及加固状况

据史料记载,1560—1949年大堤共溃决36次灾情都很严重。1954年大小险情达5000处。另据文献[1]-[5]统计,根据荆江大堤新中国成立以来的资料分析,在40处出现渗流险情的堤段中,堤基的为34处,堤身的10处(其中4处在堤基和堤身同时出险),可见,堤基险情占大部分。险情的主要表现形式为翻砂、鼓水,如姚圻脑、黄陵垱、祁家渊、木城渊、廖子河、闵家潭等地段皆属此类。1987年,荆江大堤堤身高度一般为10~12m,最高16m,堤背还有历次溃堤所形成的渊塘,堤基覆盖被破坏。临水面无滩或少滩堤段还有20km以上,由于人类的活动,生物(白蚁、蛇、獾、鼠等)的破坏,每当面临较高水位时,大堤险情很多,有时还很严重。

荆江大堤险工险情主要表现为三种形式:即堤基渗透变形,堤身断面不足,隐患未净以及河岸崩塌,其中因堤基渗透变形而出险的尤为严重,1987年以前,虽做了大量的研究工作,采取过多种控制措施,盖因堤线长,情况复杂,工程量大,资金有限,使堤基渗流稳定问题并未根治。1987年汛期,观音寺渠道内出现重大渗透破坏险情,更进一步说明,控制堤基渗流稳定乃是荆江大堤加固工程的主要任务。

根据调研,堤基渗流险情具有下列特点:

(1)堤外滩窄,长江主泓贴岸的三大河湾(沙市、郝穴及监利)以及堤内有渊塘沼泽的地段,堤基渗流险情多且严重。

(2)出险位置个别虽可远至离堤1公里,但绝大部分均在距堤脚200米范围内,据文献[6]提供的资料,翻砂涌水位置距堤脚的距离如表6.6-1所示。

(3)翻砂、涌水等重点险情多,且有较长的历史和多次重复,如观音寺、蔡老渊、姚圻脑、黄陵垱、黄公垸等;

(4)距堤脚100米范围内,冒水翻砂孔数量较多,但规模不大,而距堤脚较远处的冒水翻砂规模反有逐渐扩大的趋势(表6.6-1)。已有资料揭示,凡冒水的孔径较大者,其深度亦深,多系深层渗压力顶托引起的破坏。

新中国成立后,经30多年整险加固治理,大堤面貌已发生很大变化,防洪设计水位及堤身标准亦在不断提高(见表6.6-2)。

表 6.6-1　　　　　　　　　　　　　距堤脚 100 米范围冒水翻砂孔情况

翻砂孔径距堤脚距离(米)	出险堤段	比例(%)	翻砂孔孔径(m)
>300	3	8	0.2~4.8
200~300	2	6	0.3~0.5
100~200	6	19	0.05~2.0
50~100	11	28	0.01~0.5
<50	14	39	0.01~0.1
∑	36		

表 6.6-2　　　　　　　　　　　　　　防洪设计水位及堤身标准

时间	设计水位(沙市)(m)	堤顶高程	堤顶宽度	堤坡外	堤坡内
1950—1954	44.46	45.46	6	1:3	1:3
1955—1967	44.67	45.67	7.5	1:3	1:3(上)　1:5(下)
1968—1974	45.0	46.0	8	1:3	1:3(上)　1:5(下)
1975—	45.0	47.0	8、10、12	1:3	1:3(上)　1:5(下)

在五十年代,以阻渗为整治设计的指导思想,采用了截渗墙及外铺盖方案。由于当时勘探力量不足,对基础的地质结构认识不清,基础渗流规律并未掌握,因此方案本身有一定盲目性,也未奏效。五十年代末直至六十年代,改变成以排为主的设计思想,采用导压兼施配合以勘探和试验研究,确定排水井(沟)的设计参数并指导施工,工程完工后,险情即告消失,效果显著。但据堤防部门报告,减压井使用寿命有限,除观音寺渠道内的一排井运用长达 10 年外,大部分仅 3~5 年而已,荆江大堤自 1958—1973 年兴建的 133 口减压井已全部失效。在此期间,还对堤后的一些渊塘洼地进行了人工填塘,因缺乏料源,工程微小,效果不甚显著,堤后面貌亦未有大的改观。

70 年代后,堤基的治理则以压为其主导原则,采用挖泥船吹填施工,填平堤后部分渊塘低洼地带,增大覆盖层厚度,吹填堤段之险工得以改善。在 1975—1983 的几年中,吹填达 2300 多万方,许多低洼沼泽地带已获初步治理,大堤承受最大水头亦由 15m 降低到 8m,这是治理江河堤防的有效措施之一。但是,吹填的利弊,吹填与其他措施的比较等,尚存在不少问题需要研究。

总之,三十多年中完成的许多渗控工程,不仅保证了荆江大堤的安全,也积累了许多宝贵经验以及一些失败的教训,对其后的加固设计具有参考和指导意义。[7][8]

3　荆江大堤重点堤段(郝穴至枣林岗)堤基渗流状态及渗控措施

研究目的主要是分析荆江大堤重点堤段的渗流状态及险情发生的原因,研究各种渗流控制措施的适用条件,并结合荆江大堤不同堤段的实际情况提出相应的渗流控制措施。

研究内容包括以下方面:堤基土的渗透稳定性;吹填土的物理力学特性及盖重设计方法;排水设施的化学淤堵试验研究;典型堤段的渗流状态分析(有限元计算及电阻网模拟试验);最后提出渗流控制措施的建议。

荆江大堤的河道及大堤分布见图 6.6-1。

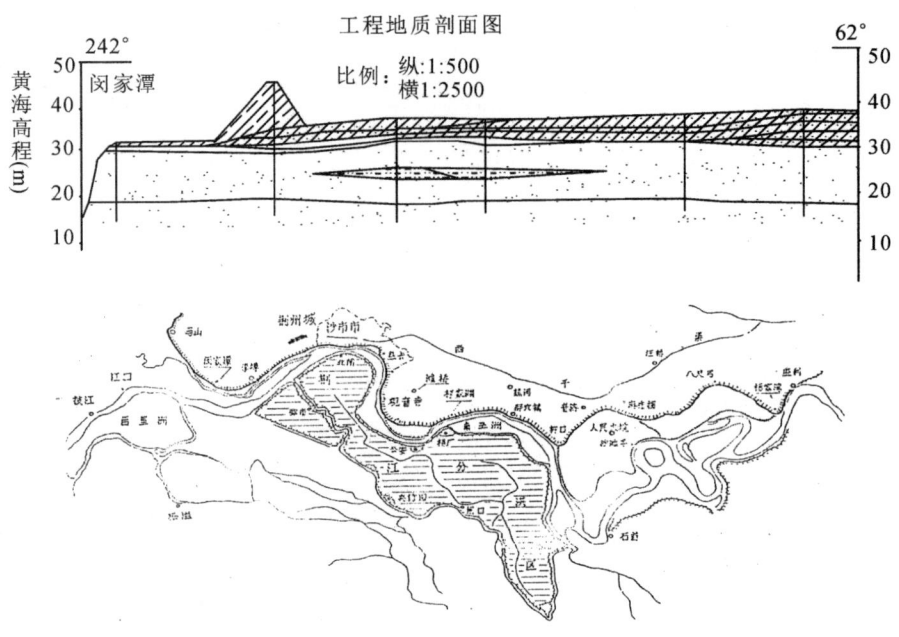

图 6.6-1 荆江河道及荆江大堤形势图

3.1 堤基工程地质特征

3.1.1 概况

荆江大堤堤基上部为深厚的第四纪沉积物,其下为第三纪杂色黏土岩,透水性相对较弱,在堤基渗流分析中可作为不透水边界。第四纪地层,自上而下通常为河床相沉积,湖相沉积以及表层的河漫滩和溃口冲积扇。

河床相沉积下部为砂卵石层,卵石粒径一般为 2~4cm,最大为 10cm,渗透系数约为 2×10^{-2} cm/s,沿堤分布稳定,厚度变化于 5~100m 之间,上部为 1~20m 厚的细砂层,渗透系数为 $i \times 10^{-3}$ cm/s,河床相沉积的砂卵石和细砂层构成了极为透水的下垫层。湖相沉积物系蓝灰、浅灰、黑褐色的黏土和粉质黏土,沿堤线分布不稳定,厚度 1~8m,有些地段则无此层。该层黏粒含量高,透水性弱(10×10^{-6}~10×10^{-8} cm/s),但在该层中还存在有植物根,螺壳以及干缩裂缝(已为后期沉积物充填)等局部薄弱点,此即发生渗透变形的可能处所。

河漫滩及溃口冲积扇沉积物系由砂、砂壤土、壤土、粉质黏土等组成,且常呈互层,厚度 1~13m 不等,该层中还有复杂的透镜体分布,但没有直通外江。湖相沉积、河漫滩及溃口冲积扇沉积构成较不透水的覆盖层,荆江大堤堤基的渗透稳定性与它的性质关系密切。

3.1.2 典型地质单元

根据历年的勘探成果,按覆盖层的结构特征,郝穴至枣林岗堤段大致可划如下 5 个地质单元。

(1)枣林岗——万成(810+350—792+000)

覆盖层为单一黏土层,厚度多大于 10 米,基础渗流问题不大;

(2)万城——江陵化肥厂(792+000—751+040)

多为壤土,厚 2~10 余米,其中 769+000—776+000 夹有近代沉积黏土层,而闵家潭堤后覆盖仅 2m,是为重要险工,本段可概化为双层地基计算,闵家潭可为代表性断面(图 6.6-2);

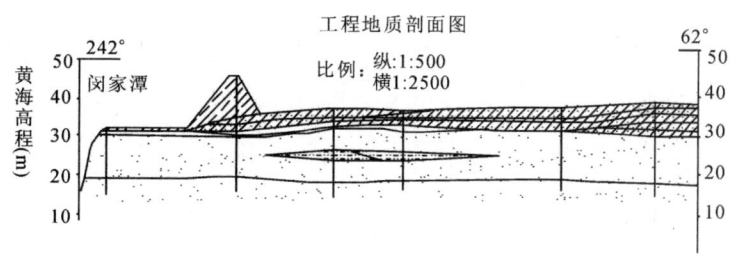

图6.6-2 闵家潭115#工程地质剖面图

(3)唐家渊—盐卡(729+300—748+600)

本地段除桩号733+000附近1km范围外,均有一湖相沉积黏土层,其上多为壤土或砂壤土,覆盖层总厚度约5~12m不等,属三层结构地基,代表性断面如观音寺(图6.6-3)、木城渊(图6.6-4)。

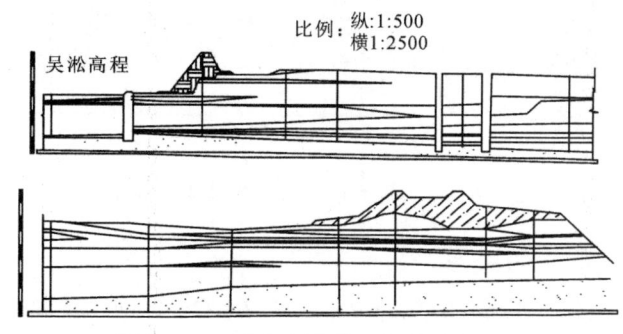

图6.6-3 观音寺堤基工程地质剖面图

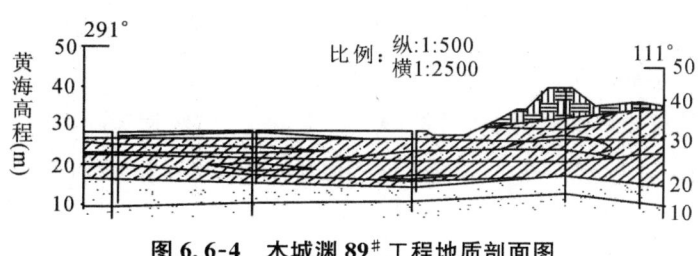

图6.6-4 木城渊89#工程地质剖面图

(4)唐家渊—黄陵垱(729+300—718+000)

本堤段无黏土层,透水砂层较厚,约10~20m,覆盖层多为壤土,间或有少量夹层,厚约5~10m,一般均可视为双层地基,若表层有新近吹填土层亦可视为三层结构地层,代表性断面为祁家渊(720+630)断面(图6.6-5)。

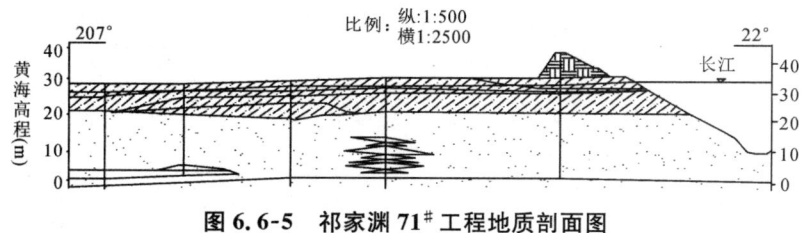

图6.6-5 祁家渊71#工程地质剖面图

(5)黄陵垱—龙二渊(718+000—708+000)

本段基础较复杂,层次多,总厚达10~20m,有一两层黏土以及壤土,砂壤土互层,部分堤段(蒋家大湾711+002及黄陵垱717+300)尚有浅细砂层直达河岸,属多层结构,代表断面如龙二渊(710+470)(图6.6-6),蒋家大湾(711+002)(图6.6-7)。

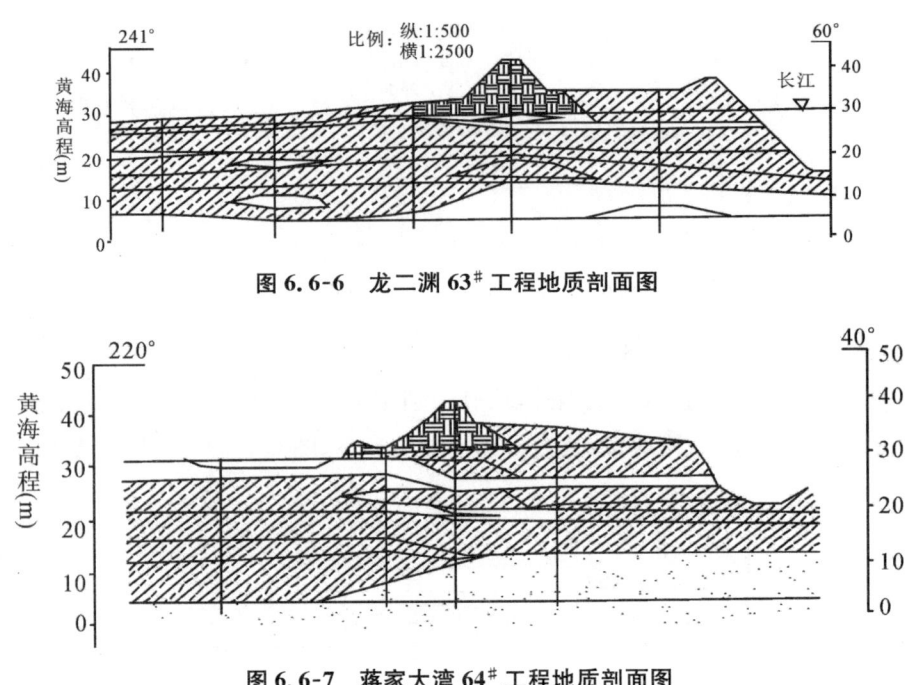

图 6.6-6　龙二渊 63# 工程地质剖面图

图 6.6-7　蒋家大湾 64# 工程地质剖面图

3.1.3　崩岸、渊塘及其与渗流的关系

堤外崩岸及堤内渊塘应属地貌特征,但又部分地改变着地层结构,从而直接影响入渗、出渗的条件。

沙市、郝穴两大河湾段,河滩窄,河床深泓逼近堤脚,且多深切透水砂卵石,江水入渗后,渗径短、阻力小,以至堤后覆盖层下形成较高承压水头,覆盖层透水性愈小,承压水头愈高,延伸愈远,如龙二渊、木城渊等断面,距堤脚 1000m 处尚有 0.8～0.85 倍的渗压水头。

堤后渊塘部位减薄了覆盖层厚度,削弱其抗渗或抗浮能力,虽然就深度而言,大部分渊塘(唐家渊、闵家潭除外)尚未切穿覆盖层,限于条件也从未勘探查明渊塘底部土层结构,对于最危险堤段的条件不完全清楚,给分析论证必然带来困难。

3.2　堤基土的抗渗稳定性

3.2.1　堤基土的抗渗强度

(1)意义

抗渗强度是评价土的渗透稳定的重要指标,以比降 J 表示,临界比降 J_c 或破坏比降 J_p 则是土体渗透变形不同阶段的强度指标,依据不同土类和不同的渗透变形形式,J_c 值与 J_p 值或可能较为接近,或相差甚远,因此需根据实际情况选用合适的比降,并考虑一定的安全系数后,才可作为渗透比降的设计参数。

(2)试验样品和方法

本次试验样品共 115 个,主要为钻孔取样,其中原状样 23 个,扰动样 81 个,此外,在堤身、堤后地面挖坑取样 11 个。钻孔原状样直径仅 7cm,扰动样数量少,试坑样均系近期人工填土,有裂缝、多孔洞、含草根,整体性差,直径 15cm,高 15cm 的原状样挖取困难。

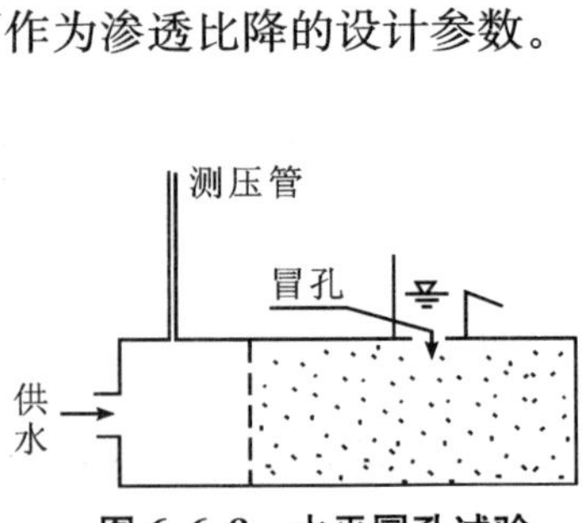

钻孔原状样均在垂直渗透仪中进行试验,试样周边用环氧密封止水,样高 5cm。扰动样的试验仪器直径为 10cm,样高 5cm。水平冒孔试验在特制冒孔仪中进行(图 6.6-8),冒孔直径为 1～2cm。

图 6.6-8　水平冒孔试验

(3)成果及分析

各类土样的级配范围如图 6.6-9,试验成果综合整理后示于表 6.6-3。

表 6.6-3　　　　　　　　　　　　　　　渗透系数范围值

土名	渗透系数(cm/sec)	
	渗变试验	土工常规
黏土	$2\times10^{-8}\sim5.2\times10^{-6}$	$i\times10^{-8}\sim i\times10^{-5}$
重粉质壤土	$2.3\times10^{-7}\sim3.1\times10^{-6}$	$i\times10^{-7}\sim i\times10^{-5}$
中粉质壤土	$5\times10^{-7}\sim7.3\times10^{-5}$	
轻壤土	$2.5\times10^{-5}\sim8.9\times10^{-4}$	$i\times10^{-4}$
重沙壤土	$1.07\times10^{-4}\sim9.8\times10^{-4}$	
轻沙壤土	$4\times10^{-4}\sim3.5\times10^{-3}$	
细砂、极细砂	$2.1\times10^{-3}\sim6.7\times10^{-3}$	

表 6.6-3 表明,黏土类、壤土类的渗透系数差异甚大,一方面反映了沿堤近 100km 堤段土的性质的不同,更重要的是土的不均匀性所致。渗流分析计算中取其大值为宜,但对具体有试验成果的堤段,应取该段土样试验成果之大值。对轻壤土、细砂土样,其试验值比较接近,选用比较方便。

需要指出的是,堤后的人工平台,虽由黏土类土堆筑,但由于未经碾压,平台土裂缝密布,草根杂质亦多,所以密度较低,渗透系数偏大,如字纸篓、闵家潭堤段,原状样试验得到的渗透系数为 $i\times10^{-3}$ cm/s。

表 6.6-4 中的垂直破坏比降 J_p 及水平临界比降 J_c 的建议值,系根据试验成果,并参照计算结果综合分析而定的,设计中还需考虑一定的安全系数方可使用。

在使用表中的建议值时,需注意的是,荆江大堤某些堤段的渗流破坏已重复多次,具历史性,目前这些部位只需较小的比降即可发生渗透变形,如闵家潭剖面,根据发生冒水翻砂时的实际水头以及有限元计算成果估算,其水平临界比降约略小于 0.1,对于这种非第一次破坏的堤段,只能选用建议范围值中的小值,或根据实际出险时的比降,来确定设计参数。

表 6.6-4　　　　　　　　　　　　　　　渗透变形试验成果表

土名		垂直方向				水平方向(冒孔试验)			
		干容重 (t/m³)	破坏比降 J_p			干容重 (t/m³)	临界比降 J_c	破坏比降 J_p	建议值
			试验值	计算值	建议值				
黏土	A	1.27~1.58	15~83.8						
	B	1.5~1.54	1.2~1.9	0.98~1.17	1~1.5				
粉质壤土		1.42~1.62	5~41.9	1.06~1.18					
轻壤土		1.52~1.55	$\dfrac{1.2\sim1.6}{1.37}$	0.96~0.98	0.9~1.3	1.5	$\dfrac{0.3\sim1.2}{0.75}$	$\dfrac{1.0\sim1.8}{1.4}$	0.3~0.5
		1.48~1.61	2						
硅砂壤土		1.55	$\dfrac{1\sim1.5}{1.25}$	0.91~0.98		1.5	$\dfrac{0.3\sim1.0}{0.52}$	$\dfrac{0.8\sim1.6}{1.11}$	
		1.45~1.49	$\dfrac{2.32\sim2.61}{}$						

续表

土名	垂直方向				水平方向（冒孔试验）			
	千容重 (t/m^3)	破坏比降 J_P			千容重 (t/m^3)	临界比降 J_C	破坏比降 J_P	建议值
		试验值	计算值	建议值				
轻砂壤土	1.26~1.45	$\frac{0.8~1.43}{1.19}$	0.8~0.91	0.8~1.2	1.5	$\frac{0.2~0.5}{0.37}$	$\frac{0.5~1.0}{0.77}$	0.2~0.3
	1.47~1.49	$\frac{1.1~1.35}{1.27}$						
细砂	1.27~1.43	$\frac{0.65~1.5}{1.11}$	0.8~0.9		1.5	0.35	0.95	
	1.46~1.52	$\frac{1.25~1.42}{1.32}$						

注：黏土(B)试样尺寸 22.5cm，高 5cm。

3.2.2 土工合成材料反滤层研究

反滤层是保证土体免遭渗流破坏的一项有效措施（见图 6.6-9），但过去反滤层材料多为经过筛选的砂、砾，造价高，施工困难，且质量不易保证。目前，土工合成材料（土工织物）已逐渐取代传统的砂石滤料，国内已经很多工厂生产土工织物，土工织物越来越广泛地得到应用。土工织物滤层的优点（造价低、施工方便、反滤效果好等），已被人们所公认。关于土工织物滤层的设计方法，参阅本书第 4 篇第 3 章。

本次选用了 $400g/m^2$ 土工织物作为滤层进行试验，该布厚约 4mm，有效孔径 80~100μm，渗透系数为 $1×10^{-1}$~$5×10^{-1}$ cm/s，孔隙率为 97%。试验土样为荆江大堤深砂层混合料以及北闸基础的极细砂和中粉质壤土，其颗粒组成见图 6.6-10，对北闸壤土还制成泥浆状进行试验，以造成更不利的渗流条件。试验一直在高比降（$j=10$）下进行，历时 2~3 个月。试验指出，土工织物有效地阻止了土的流失，且能保持土原有的透水性，检查渗透后的土工织物，渗透系数仅比试验前减小 1/4~1/2 倍。可见，土工织物在实验室试验中，是良好的渗控反滤材料，但用于现场的效果还有待验证。

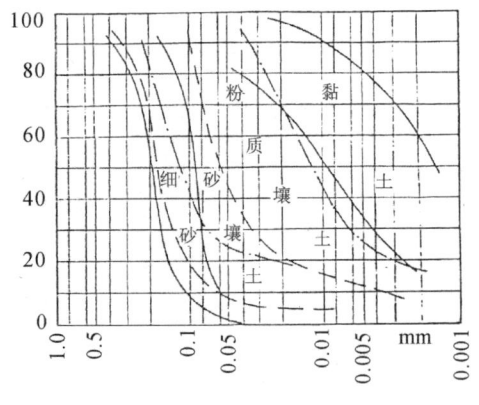

图 6.6-9 各类土样的级配曲线

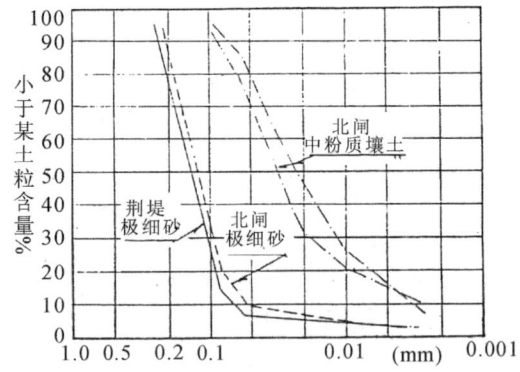

图 6.6-10 荆江大堤及北闸基础有关土料颗分曲线

3.3 吹填土盖重的渗流控制方法

3.3.1 吹填土的物理力学特性

吹填是一种机械化施工的先进技术，荆江大堤自 1973 年吹填固基以来，已取得了一定效果。但对吹填土盖重的物理力学特性尚研究不够，对吹填盖重的设计方法未曾深入分析，对吹填盖重的效果亦未作全面的论证，本节将对此进行探讨。

(1) 吹填土颗粒的分布规律

吹填泥浆自排泥管喷出后，即在吹填区内形成宽阔水面而漫流，所带泥沙逐渐沉积。据祁家渊—灵官庙 6km 长淤区的实测结果，泥沙沉积的自然坡度为 1.32‰[9]。这样，吹填土的分布将很不均匀，为使吹填区的尾端达到设计厚度，则首端必须大大超吹。本吹填区已形成这样的局面。因此，控制吹填区的长度是值得注意的一个问题。

由于在吹区内，吹填泥浆的流速是逐渐减小的，所沉积的颗粒就形成自粗而细的渐变过程，沉积后的密度亦有自大而小的趋势，对沉积后各段的平均粒径 d_{50}(mm)与流程 L(m)的关系，文献[9]给出如下统计公式：

$$d_{50}=0.094-1.47\times 10^{-5}L \tag{6.6-1}$$

颗粒分选的结果必然会给工程带来不利的影响，且过细的土体作为盖重也是不适宜的。为了减少分选，有必要控制吹区的长度。

本次研究又在灵官庙(713+500)—祁家渊(722+100)吹区取样 22 个进行颗分试验（平均约 500 米一个）。结果发现，除桩号 721+100 的平均粒径为 0.035mm（中壤土），716+400 的为 0.01mm（重粉质壤土）外，其余均在 0.058～0.088mm 范围内，这表明粒径分布基本上是均匀的，且选取的两个颗粒较细的土样并不在吹区的尾部。关于这些成果差异的原因尚待进一步研究。

(2) 吹填土的抗渗强度

吹填土作为新的覆盖层来加固堤基，通常都希望其有较大的渗水性，以便获得压重和排水两种功能兼而得之，效果更佳。因此，渗透性指标是必须首先考虑的。其次，吹填土作为覆盖层又形成新的渗流出口边界。根据渗透变形理论，渗流出口处的渗透稳定必须得到保证，由于吹填土颗粒较细且均匀，所以吹填土与原覆盖层间的接触渗透稳定问题一般可不考虑。

本次试验的土样取自龙二渊、黄陵垱及蔡老渊三个吹区共五个堤段，均是表层 0.5 米深处扰动样，共 69 个，土样的粒径组成及主要物理性指标见表 6.6-5 及图 6.6-11。

表 6.6-5　　　　　　　　　　　　　　　土样的主要物理性指标

取土位置		分类名称	比重 A	天然含水率%	天然干容重(t/m³)	不均匀系数
地点	桩号					
龙二渊	709+300	细砂		9.13	1.44	1.9
灵官庙	714+160	极细砂	2.76			3.2
黄陵垱	717+700	极细砂	2.76	28.73	1.42	3.2
祁家渊	719+000	极细砂	2.75	23.65		1.8
蔡老渊	740+800	细砂		8.73	1.42	1.6

注：1. 灵关庙、黄陵垱、祁家渊同属黄陵垱吹区；2. 蔡老渊即观音寺。

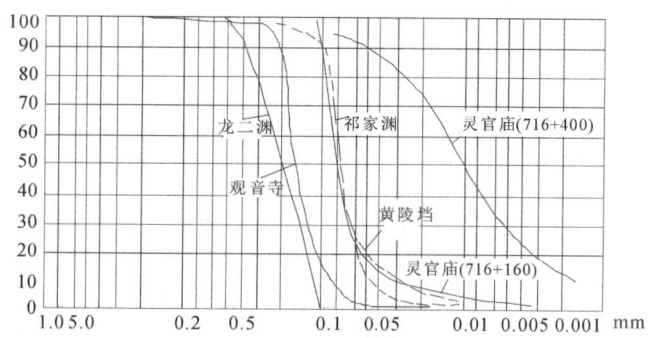

图 6.6-11　土样的粒径组成

试验均在透明有机玻璃管涌仪中进行，低水头毛细饱和，试样表面不作其他处理。考虑到试样尺寸对成果的可能影响，做了专门的尺寸效应比较，即研究径(试样直径D)高(高度h)比D/h对破坏比降J_p的影响，试验中对不同容重、不同含水率的影响也作了比较。成果列入表6.6-6及图6.6-12。

表6.6-6　　　　　　　不同容重、不同含水率时径高比D/h对破坏比降J_p的影响

取土部位		Y_d	W	H	D/h	k	J_p
地名	桩号	(t/m³)	(%)	(cm)		cm/s	
龙二渊	709+800	1.44	9.13	10	1.9	1.06×10⁻³	1.2
		1.35				1.07×10⁻³	1.06
		1.25				8.2×10⁻³	0.92
灵官庙	714+160	1.40	10.0	10	1.9	1.28×10⁻³	0.75
		1.30				2.56×10⁻³	0.66
		1.20				2.9×10⁻³	0.66
黄陵垱	717+700	1.42	28.73	10	1.9	4.74×10⁻⁴	0.87
			10			1.93×10⁻³	0.80
		1.35	28.73			1.03×10⁻³	0.65
			10			2.46×10⁻³	0.64
祁家渊	719+000	1.40	23.65	10	1.9	1.86×10⁻³	1.04
			10			2.64×10⁻³	0.86
		1.30	23.65			2.36×10⁻³	0.72
			10			2.61×10⁻³	0.65
		1.20	23.65			3.12×10⁻³	0.63
			10			4.24×10⁻³	0.66
蔡老渊	740+800	1.42	6.2	10	1.9	1.92×10⁻³	1.26
			5			2.3×10⁻³	1.1

由图6.6-12可知，D/h对破坏比降J_p确有影响，且容重大时影响亦大，这是因为土体间的摩擦力、黏着力以及仪器围压作用的结果。本次试验数量虽不多，但趋势已很明显，即D/h小时，J_p高，D/h大时，J_p小，考虑实际工程出口广阔，所以采取D/h约等于2时的试验值为抗渗强度指标。

表6.6-6还证实，破坏比降随干容重的增加而增加，但渗透系数的影响则较小，装填含水量对破坏比降也有一定影响。当颗粒较粗时，破坏比降为$J_p=1.1\sim1.26$；颗粒较细时，破坏比降为$J_p=0.75\sim0.87$，而渗透系数均在$i\times10^{-3}$cm/s范围内，这可与野外注水试验的成果相对应，但考虑到，有些工程的吹填土更细，本次未曾研究，为安全计，渗透系数可在$i\times10^{-3}\sim10\times10^{-4}$cm/s范围内取用。

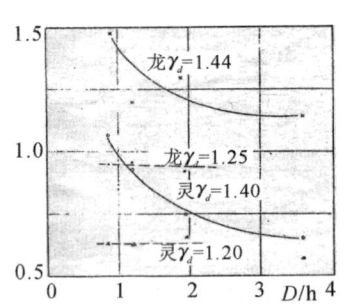

图6.6-12　J_p-D/h的关系

吹填土破坏形式均为流土，破坏过程比较单一，所谓临界现象一般不曾出现。

3.3.2　吹填土盖重的设计方法

盖重设计的主要内容是确定其厚度及宽度，而其沿堤的长度，则由地质剖面的情况而定，为此，首先

必须弄清设计断面的渗流场分布或覆盖层下的渗压力分布,并据此核算覆盖层的渗透稳定性,若覆盖层的渗透稳定性未达设计要求,则需加筑盖重。

(1)渗流场的分布状态

弄清渗流场的分布状态,不仅可以获得覆盖层所受渗透压力的大小,而且还可对整个断面的渗流状态做出评价,因此,对一些重要险工堤段以及地层复杂的断面,均应进行这样的计算,利用有限元计算或电模拟试验都可方便地获得这些成果,本次研究皆是采用这种方法。

(2)覆盖层底板渗压力的计算

文献[10][11][13]中提出了基本相同的等效长度计算方法,它们都只适用于双层地基或 2^n 层地基;对于包含有 2^{n+1} 层地基,则需采用加权平均法,将渗透系数化成单一渗透性的覆盖层,但地基却成了各向异性的,对于 2^n 地基的计算表达式又颇为烦冗,计算多有不便,下面对等效长度法作一简单介绍。

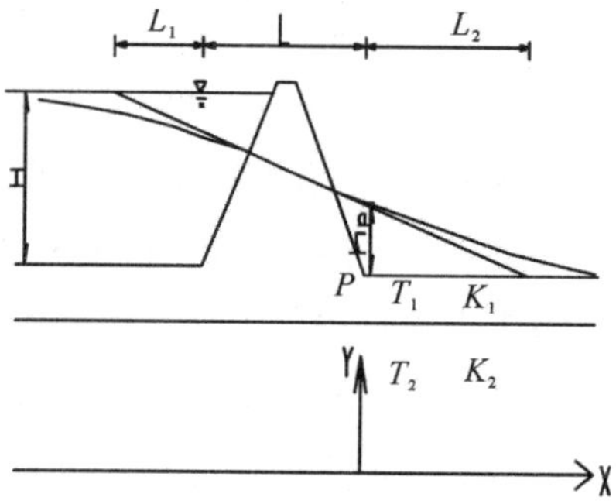

所谓等效长度法,其实质是变换覆盖层实际长度为等效长度,并将覆盖层视作完全不透水的简化计算方法,如图 6.6-13 所示,实线为实际的覆盖层下渗压水力坡度线,虚线为变换等效距离 L_1 及 L_2 后压力坡度线。此时,在过 P 点的断面上(P 点亦可定在堤的轴线上),保持渗压力 h_p 及渗透流量(或压力梯度)相同,即是等效之做法。

图 6.6-13 等效长度法示意图

若堤内外覆盖层、透水层各参数相同,则

$$L_1 = L_2 = \frac{1}{C} \tag{6.6-2}$$

$$h_p = H \frac{L_2}{L_1 + L + L_2} \tag{6.6-3}$$

越流系数

$$C = \sqrt{\frac{k_1}{k_2 T t}} \tag{6.6-4}$$

坡脚 P 点以远的渗压水头大小为

$$h_x = h_p e^{-\alpha x} \tag{6.6-5}$$

荆江大堤临江堤段河滩窄,L_1 一般可取其实际河滩宽度。

为检验公式(6.6-2)—式(6.6-5)的计算精度,利用文献[6]中的龙二渊及观音寺两个简化计算断面,同时进行有限元及等效长度计算,其结果见后文表 6.6-8,由表可知,采用等效长度近似计算法所得的覆盖层承压水头,平均偏高 0.3~0.4m(约占总水头的 2.5%~4%)。对双层地基而言,这样的精度尚可达到,但对多层结构地基,这样的精度范围就难以保证,因此,若有条件应进行有限元计算,以取得更好的结果。

(3)堤后覆盖层渗透稳定性的检验

检验覆盖层的渗透稳定性,通常都是以实际水力比降 J 小于(或等于)覆盖层的允许比降 $J_允$ 为准。除个别堤段有浅层砂并在堤脚出露(如 64# 蒋家大湾断面)需专门考虑外,大部分堤段堤后覆盖层均受上升水流作用,此时,允许比降 J 可通过试验或太沙基公式计算得出,一般情况下试验值都较计算值为大,这是由于仪器的围压,土体的摩擦,凝聚力的影响造成的,为安全计,应选用其中小值。太沙基公式的一般形式为:

$$J_允 = \frac{\gamma'}{\eta \gamma_\omega} = \frac{(G-1)(1-n)}{\eta} \tag{6.6-6}$$

式中:γ'、G、n 分别为土体的浮容重、比重及孔隙率,η 为安全系数,γ_ω 为水容重。

当覆盖层包含有多层土体时,覆盖层将不再有统一的允许比降,此时应以覆盖层中各土层的浮重总和大于覆盖层底板所受渗压力为其判别标准,即

$$h\gamma_\omega \leqslant \frac{\sum \gamma' t}{\eta} \tag{6.6-7}$$

式中,h——覆盖层所受渗压水头;

γ'、t——各土层的浮容重及厚度。

实际上,式(6.7-7)与式(6.7-8)的实质都是一样的。

(4) 吹填土盖重的厚度和宽度计算

正确设置盖重,应使盖重和覆盖层的重量之和足以抵抗覆盖层下的渗压力,盖重末端覆盖层下的剩余渗压水头不再处于临界状态或使可能受到破坏的表层区离开大堤足够远,使堤免遭威胁,盖重末端的理论厚度可为 0。文献[10][12][13]给出了近似的盖重计算公式。

本文根据有限元计算或电阻网试验结果来计算盖重的厚度及宽度,根据荆江大堤吹填土的渗透系数一般为 $i \times 10^{-4}$ cm/s 的条件,吹填后的渗透水流一般均可假定在吹填土表面出逸。吹填宽度则根据堤后覆盖层渗透稳定性的检验结果而定。理论上讲,设置盖重后,增加了渗流阻力,覆盖层下的渗压力会有所提高,为此,需要对设计好的盖重进行重复验算,直到验算结果在设计的允许误差范围内。

参照图 6.6-14 的情况,盖重厚度计算公式为:

$$t_0 = \frac{\eta \gamma_\omega h - \sum t \gamma'}{\eta \gamma_\omega + \gamma'_0} \tag{6.6-8}$$

$$t_0 = \frac{\eta \gamma_\omega (h - t_1) - \sum t \gamma'}{\eta \gamma_\omega + \gamma'_0} \tag{6.6-9}$$

其中 AB 段仍可按式(6.6-10)计算,BC 段计算式为:

$$t_0 = \frac{\eta \gamma_\omega (h + s) - \sum t \gamma'}{\eta \gamma_\omega + \gamma'_0} \tag{6.6-10}$$

式中:γ'、t_0——分别为盖重的浮容重及厚度;S——堤后低于地表的洼地深度。

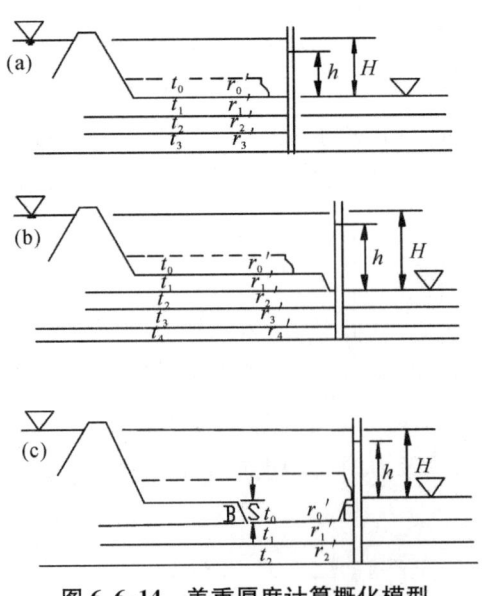

图 6.6-14 盖重厚度计算概化模型

盖重的厚度确定之后,应该对盖重自身的渗透稳定性进行校核。根据郝穴至枣林岗代表堤段的分析结果,由于覆盖层渗透系数一般均小于 $i×10^{-5}$ cm/s,有些覆盖层中的相对弱透水层甚至达到 $i×10^{-7}$ cm/s,所以覆盖承受的渗透力不大,其自身稳定性一般可得到满足,但对表层有通江的较强透水层,且强透水层在堤脚附近出露时,则根据渗流场分析结果进行校核。

由于覆盖层透水性一般均小于砂卵石渗水层1000倍以上,故砂卵石透水层渗透压力延伸颇远,计算所需覆盖宽度有时多达数百米,甚至1000m之遥。显然,这不仅工程浩大,而且对大堤的安危已不再具有决定意义。遇到这种情况,应根据不危及大堤安全的原则,决定实际采用的最大宽度,关于这一点,将在本文渗流控制一节中继续讨论。

3.4 减压井的渗控效果分析

在荆江大堤与荆南大堤等重要堤防的加固研究设计中,均考虑了减压井措施。

排水减压井是堤防上常采用、效果较显著的一种渗控措施。关键是要合理地进行减压井的设计和布局,才能充分地发挥减压井的作用,延长减压井的使用寿命。减压井主要设计参数包括井径、井距、贯入深度、井口高程、反滤料等。为了给设计提供合理、可靠的依据,必须了解这些参数的变化对堤基渗流状态的影响,本节主要进行了井距、贯入深度、井设在堤后位置的敏感分析。计算模型仍采用二元结构。考虑到井的对称性,沿堤轴线方向截取了半个井间距区域进行三维概化模拟计算,分别在井中心、井壁和井间各布置一个剖面,并在井壁与井间中线之间布置两个过渡剖面,总共约3000个节点。计算内容及部分成果见表6.6-7。

从计算结果看出:

(1)井间距不同,堤后的排水效果有一定差别。井间距由15m逐渐增大至200m时,堤后最大垂直出逸比降增大了0.46,堤脚覆盖层底板渗透压力增大了1.52m,井间剖面渗透压力增大了3.69m。说明排水减压井间距越大,堤基的排渗效果越差。

(2)井间距小于25m时,井中心剖面的渗流分布与井间剖面的差别不大;井间距大于25m时,井间剖面堤后覆盖层底板渗透压力高于井中心剖面0.5(井间距50m)~2.38m(井间距200m),说明随着井距的增大,排水减压效果逐渐降低,因此,减压井的间距一般采用15~25m为宜。

(3)比较减压井距堤脚不同距离,可以看出,减压井距堤脚越近,排水减压的效果越好。堤后20m处布置减压井,较之堤后200m处布置,堤脚覆盖层底板渗透压力降低了2.48~2.53m,堤后最大垂直比逸降低了0.61。因而减压井距堤脚越近,越有利于堤后渗透稳定,但考虑到堤防抢险的安全,减压井设置在堤后50~100m处较为理想。

(4)比较减压井不同的贯入深度可以看出,随着贯入深度增大,堤后最大垂直出逸比降和堤后覆盖层底板渗透压力相应减小。综上所述,堤后设置减压井,在一般情况下井间距设为15~25m,其位置距堤脚50~100m,井深入相对透水层5m比较合理。

为了促进减压井的管理,最好将减压井作为供水井。即使在非汛期,居民仍从井内抽水饮用或灌溉。这样能避免减压井由于长期不使用而造成的过滤层淤堵。为此,要保证减压井中的水质符合饮用标准。综合考虑各方面因素,井深以30m左右为宜,井间距50~100m。

表 6.6-7　　　　　　　　　　　　　　　减压井效果比较表

比较内容		出逸点高程(m)	堤后最大出逸比降		堤脚覆盖层底板渗透压力(m)		堤后45m覆盖层底板渗透压力(m)	
			垂直	水平	井所在剖面	井间剖面	井剖面	井间剖面
井间距(m)	15	31.9	0.72	0.27	32.75	32.75	30.56	30.56
	25	31.9	0.74	0.28	32.85	32.85	30.09	30.74
	50	31.9	0.82	0.28	33.03	33.14	30.99	31.39
	100	32.0	0.99	0.29	33.68	33.84	31.48	32.90
	150	32.1	1.08	0.29	34.05	34.31	31.68	33.61
	200	32.2	1.18	0.30	34.27	34.82	31.87	34.25
井距堤脚距离(m)	20	31.8	0.59	0.26	32.23	32.23	30.51	30.51
	50	32.0	0.74	0.28	23.85	32.86	30.69	30.74
	100	32.0	0.98	0.29	33.82	33.83	30.91	30.95
	150	32.1	1.11	0.30	34.35	34.39	30.98	31.02
	200	32.1	1.20	0.31	34.71	34.76	31.04	31.07
井的贯入深度（距覆盖层底板的深度m）	无井	32.5	1.61	0.33	36.33		33.99	
	1	32.0	1.03	0.30	34.07	34.07	31.90	32.05
	5	32.0	0.98	0.29	33.82	33.83	30.91	30.95
	10	32.0	0.95	0.29	33.71	33.71	30.77	30.79
	15	32.0	0.95	0.29	33.62	33.62	30.66	30.68
	20	31.9	0.91	0.29	33.55	33.55	30.59	30.60
	25	31.9	0.89	0.28	33.48	33.48	30.54	30.55
	30	31.8	0.87	0.28	33.43	33.43	30.50	30.51

3.5　垂直防渗墙的渗流控制

3.5.1　概述

长江堤防在历史上一直采用水平防渗措施进行渗流控制,1998年长江全流域洪水以后,进行了大规模的堤防加固。在这阶段中,对垂直防渗的防渗墙进行了重点分析、研究,并在许多堤段采用了这种有效的措施,初步看来,效果良好。但它对堤后地区的环境是否会产生影响尚待观测和研究,有关情况已在第二篇第3章有系统叙述,这里简略介绍垂直防渗墙的研究和实施情况。

防渗墙对于堤防工程是最为有效的防渗处理措施之一。《堤防工程设计规范》(GB50286-98)已述及防渗墙的设计,但至今为止,对堤防加固工程防渗墙的结构形式及其应用条件还缺乏全面系统的研究。与枢纽工程相比,堤防工程具有堤线长、作用水头较低的特点,通过对不同结构形式防渗墙防渗效果和应用条件进行研究,使得防渗墙既满足工程安全要求又尽可能地节约投资,是非常有意义的。

研究中对防渗墙的不同结构形式及其渗流控制效果影响因素进行了分析,指出各自的设计原则和应用条件。采用的渗流分析理论模型与设计规范相适应,所得出的规律性结论可供堤防加固工程设计参考引用。

关于研究方法,稳定渗流状态渗流场的数值模拟技术已经很成熟,可以广泛地应用于生产和科研。这里主要以数值模拟作为研究手段,研究防渗墙的不同结构形式及其渗流控制效果影响因素。采用的渗流场有限元计算程序经过了长期工程实践的检验。

汛期堤后发生的渗流险情视地层情况有两种可能的类型。一种是表层为强透水层的堤基,按均匀介质确定性模型计算,得出的出逸比降往往很低。但这种浅表土层由于沉积时局部水流条件的影响常常具有非均匀性,这是砂性土堤基出险的主要内因,但其随机性很大。有关研究于下阶段进行。另一种是表层有一层相对弱透水覆盖层的堤基,更多的是受到底板承压水头的影响。在这种条件下,平台脚的垂直出逸比降最能反映防渗效果。所以,本阶段研究工作主要通过对比分析平台脚的垂直出逸比降来说明垂直防渗墙的防渗效果及其规律,并提出相应的设计和应用原则。

3.5.2 防渗墙的效果研究

(1) 悬挂式防渗墙的防渗效果研究

典型地层条件是双层结构,即渗透性上弱下强的地层。将防渗墙进入透水层深度(DW)与透水层厚度(DP)之比定义为防渗墙贯入比 $G,G=(DW/DP)\times100\%$。对各种贯入比情况下的渗流场进行了计算。计算表明,两种外滩宽度条件下,悬挂式防渗墙都使平台脚处垂直出逸比降降低,但在贯入比很小(如10%以内)时,它对平台脚垂直出逸比降的影响很小;随着贯入比的增加,平台脚垂直出逸比降降低的程度逐渐增大,但仅当贯入比接近100%、即防渗墙几乎全部截断强透水层时,平台脚垂直出逸比降才会显著降低,堤基的渗流状态才会明显改善。

(2) 半封闭式防渗墙的防渗效果研究

半封闭式防渗墙的关键是要有可靠的防渗依托层与防渗墙一起形成防渗结构,而防渗依托层是否可靠则取决于它的厚度和渗透性。同时,弱透水覆盖层的厚度和渗透性、防渗依托层下伏强透水层的渗透性、外滩宽度、河泓切割情况也都可能对半封闭式防渗墙的防渗效果发生影响。当然,这里所说的防渗依托层必须在防渗墙轴线的下游方向是完整的和连续分布的,所谓厚度也是指在工程影响范围内的最小厚度。

在对防渗依托层一定的假定条件下,模拟了防渗依托层不同渗透系数时布置半封闭式防渗墙前后的渗流场。计算表明,防渗依托层的渗透性对平台脚垂直出逸比降的影响很显著,渗透性低时,出逸比降较低。

另外,在一定条件下,模拟了防渗依托层不同厚度时布置半封闭式防渗墙前后的渗流场。计算表明,平台脚垂直出逸比降随防渗依托层厚度的增加而降低,这说明防渗墙的防渗效果和堤防的安全状态有赖于防渗依托层的足够厚度。

令 B 为防渗依托层厚度 T(m)与其渗透系数 k(cm/s)的比值,即 $B=T/k$。在 B 值小时,防渗墙的防渗效果较差,但防渗墙对渗流场的影响程度随着 B 值的增大而急剧增加。

研究工作中对于弱透水覆盖层的影响、第二层强透水层渗透性的影响、外滩宽度的影响和河泓切割情况的影响均作了大量分析。

(3) 全封闭式防渗墙的防渗效果研究

只要防渗墙本身的厚度、防渗性能满足工程要求,全封闭式防渗墙的防渗效果在三者中无疑是最好的。在设计过程中,如何确定全封闭防渗墙的合理嵌岩深度是一个非常关心的问题。其关键是对基岩完整性尤其是对渗透性的认识。如果基岩的渗透性很低(与防渗墙的渗透性相当或更低),渗流场的分析结果会显示全封闭式防渗墙具有良好的防渗效果,而无法由此得出嵌岩深度的合理指标。如果基岩面起伏不平,给出嵌岩深度要求可以尽量避免防渗墙在轴线方向上与基岩接触不好而影响防渗结构体系的完整性。

在地质勘探过程中,有可能把工作量集中在对松散土层的了解,对于基岩则常常满足于确定基岩面的深度,而对其性状了解不足。所以,对于拟借助基岩布置全封闭式防渗墙的堤段,要对基岩的性状予以足够的了解,必要时防渗墙应适当加深。

3.5.3 对不同结构形式防渗墙应用条件的建议

(1) 悬挂式防渗墙

悬挂式防渗墙用于解决堤身裂缝、洞穴、土质非均匀性、填土密度的非均匀性等所带来的隐患是有效果的,但仅当防渗墙贯入比接近100%时才会使堤基渗流状态有显著改善。从渗流控制的角度讲,悬挂式防渗墙可以用于堤身加固;当用于堤基防渗处理时,可以根据实际地质条件通过分析得出防渗墙贯入比—比降曲线,据以确定防渗墙的合理深度。

(2) 半封闭式防渗墙

半封闭式防渗墙必须与多元结构堤基一起形成合理的防渗结构体系,才能起到改善堤防安全状态的作用。

防渗依托层的埋深决定了防渗墙的深度、工程量及施工难度,埋深越大,不仅工程量越大,而且可供选用的工法越受限制,工效会越低,单价也会越高。所以防渗依托层的埋深是防渗墙的经济、技术可行性的重要影响因素。选用半封闭式防渗墙措施时在合理深度内找到防渗依托层是首要任务。

防渗依托层的厚度和渗透性是评价半封闭式防渗墙结构形式技术可靠性的关键因素。弱透水覆盖层的性质、防渗依托层下伏强透水层的渗透性、河泓切割情况对半封闭式防渗墙防渗效果的影响是与防渗依托层的性质有很大关系的。实际工程条件下,这些因素的影响可以反映在以上成果曲线中。根据厚度—比降曲线,可以由防渗依托层厚度得出堤后出逸比降,从而评价防渗效果;由允许比降可以对防渗依托层提出厚度要求。根据渗透性—比降曲线,可以由防渗依托层渗透系数得出比降,从而评价防渗效果;由允许比降可以对防渗依托层提出渗透系数的要求。通过 B 值曲线可以协调对防渗依托层厚度和渗透性的要求,以达到渗流控制目标。

(3) 全封闭式防渗墙

全封闭式防渗墙设计的关键是找到弱透水层或隔水层作为防渗底板。防渗底板的埋深,同样决定防渗墙的深度、工程量及施工难度,从而决定着全封闭式防渗墙的经济、技术可行性。防渗底板完整性和低渗透性是保证全封闭式防渗墙防渗效果的关键,这些应该在勘探设计过程中予以确认。

专题研究工作侧重点在防渗效果的变化规律和防渗墙的设计原则与应用条件,考虑了典型地质和工程条件。所得到的研究成果可以指导具体工程的渗流状态的全面评价(包括堤后出逸情况、渗透稳定状态和抗浮稳定状态)和设计。

3.5.4 小结

(1) 通过研究工作分析了堤基分类的主要影响因素,为堤防安全评价提供了基础条件。用这一分类方法易于找出堤段的主要弱点,从而指导汛期抢险和汛后加固设计,具有很强的实用意义。

(2) 以往对汛期堤防在堤内侧和地表出险的认识有不少误区。本专题综合汛期"管涌"这一最广泛出现的现象,进行了机理性试验研究和计算分析。不仅客观再现了这一物理现象,论证了渗透变形与水力条件和土粒组成的关系,而且通过对于管涌发展过程的研究为进一步确定堤防安全范围指标打下了基础。

（3）将概率理论、灰色理论和突变理论用于堤防安全性评价和预测，是一次有意义的探索。通过今后对堤防资料的调查分析和安全监测，可以对这些模型进行修正、完善和实用化。

（4）堤防渗流与土体稳定监测信息的自动采集与远程传输，在堤防工程尚为首次。达到了准确、适时、及时的效果。并开展了相应反分析，具有理论意义和良好的应用前景。

（5）通过试验与模拟计算，得到了防渗墙加固方法与水力条件及地层结构的相关关系，归纳为贯入比—比降曲线法、渗透性—比降曲线法、厚度—比降曲线法和 B 值—比降曲线法的四种优化设计方法，可适用于不同的堤防条件。该成果具有创新性，并可直接用于指导堤防防渗墙加固设计，具有显著的实用价值。

3.6 堤基的渗流状态及对渗流稳定性的评价

前几节主要讨论了地基的物理力学特性，抗渗强度、吹填土的若干性质以及在长江堤防中采用的几种主要渗控措施。本节将主要研究荆江大堤堤基的渗流状态，并结合前几节的研究结论，对几个典型堤段的渗流稳定性提出评价[14][15]。

3.6.1 堤基渗流的一般规律

（1）模型边界的截取范围

荆江大堤堤后覆盖层一般都较完整，并延伸较远，故在进行渗流分析时，堤后的计算长度 L 是首先应该正确确定的。根据荆江大堤的一般情况，对三层结构地质模型作了系统地比较分析，其计算简图及计算结果见图 6.6-15、图 6.6-16。

计算结果显示，当 $K_3/K_2 = 10^3 \sim 10^4$ 时，L 选用 2000～3000m 的长度已有足够的精度；但当 $K_3/K_2 = 10^5$ 时，计算长度达到 12500m，曲线仍未收敛。不过这样的长度已经无实际意义，因为勘探的资料仅 400m 左右，个别钻孔虽达 2km，但断面是不连续的。因此，当 $K_3/K_2 = 10^5$ 时，选用 5000～6000m 已足够。据验算，本结论对双层地基及四层地基亦适用。

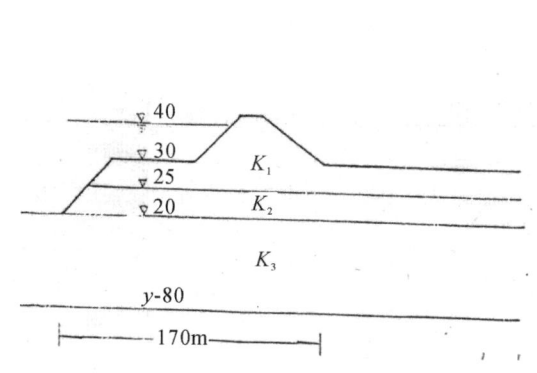

图 6.6-15 三层结构地质模型计算简图

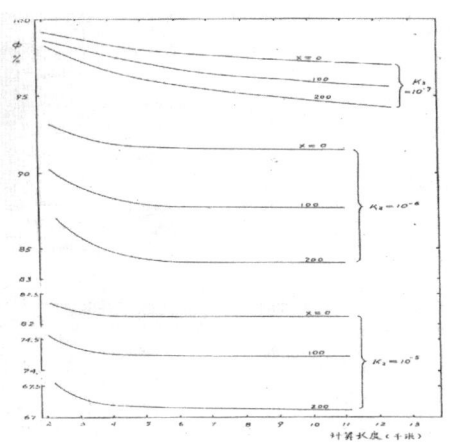

图 6.6-16 三层结构地质模型计算结果

（2）双层地层

计算简图如 6.6-17 所示，主要研究两层土的透水性比值（K_1/K_2）不同，对渗流场的影响。计算结果如图 6.6-18 及表 6.6-8、表 6.6-9 所示。由此可知，K_1/K_2 越小，堤后自由面出逸位置越高，堤脚出逸坡降也越大，这些都是不利的。

表 6.6-8　　双层地层计算结果

断面	计算方法	总水头(m)	H_p(m)	堤后各点水头(m)					
				0	100	200	300	400	500
龙二渊	有限元	9.0		8.60	7.95	7.35	6.8	6.30	5.85
	等效长度	10	9.31	9.08	8.39	7.77	7.19	6.66	6.16
	误差		0.31	0.46	0.44	0.42	0.39	0.36	0.31
观音寺	有限元	10.84		10.36	9.76	9.2	8.61	8.06	7.6
	等效长度	12.12	11.1	10.75	10.1	9.48	8.9	8.36	7.85
	误差		0.26	0.39	0.34	0.28	0.29	0.30	0.25

注：表中误差为等效长度与有限元计算结果之差。

表 6.6-9　　出逸坡降计算结果

K_1/K_2	10^{-4}	10^{-3}	10^{-2}	10^{-1}	1
坡脚处逸比降	1.51	1.36	0.97	0.55	0.3

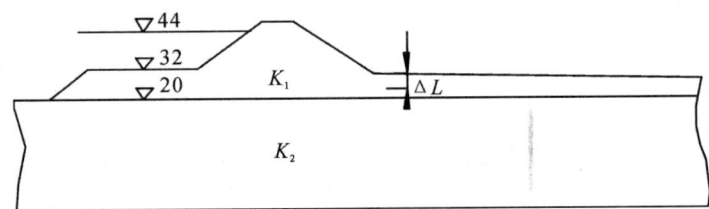

图 6.6-17　双层地层计算简图

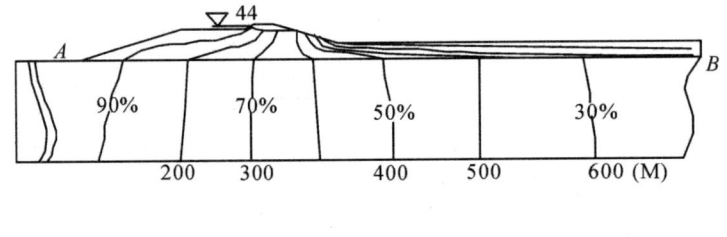

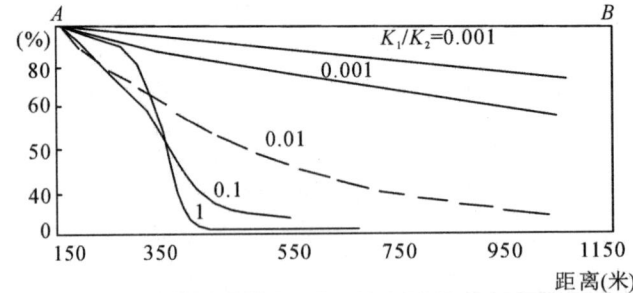

图 6.6-18　双层地层计算结果

根据计算结果，还可绘出覆盖层底板上水头分布(φ)与K_1/K_2的关系曲线（见图 6.6-19）。由图可以根据K_1/K_2而查出堤后 300 米范围内的水头分布。对覆盖层厚度及外滩宽度与此相近的双层地基，可由本图直接读出结果，不会有太大误差。

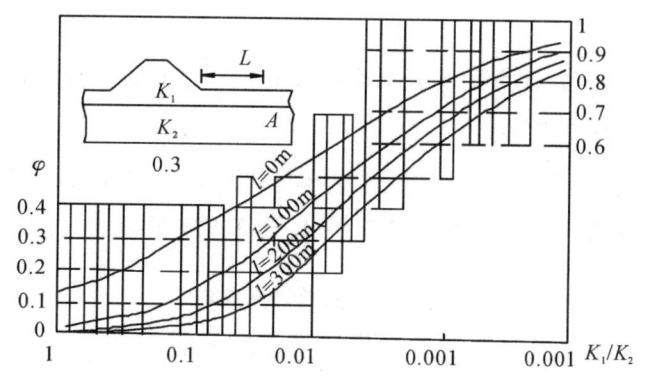

图 6.6-19　覆盖层底板水头分布(φ)与 K_1/K_2 的关系曲线

(3)三层地基

荆江大堤覆盖层下部常有一层黏土层,而上部则为壤土、粉质壤土、沙壤土互层,它们的透水性相近,可合并成一层考虑,这样,连同深部强透水砂卵石层,就构成了三层地基。计算简图如图 6.6-15。其中,K_1、K_3 分别固定为 10^{-5} cm/s 和 10^{-2} cm/s。这里主要研究 K_2 自 10^{-3} cm/s 减小至 10^{-7} cm/s 时渗流场的变化规律。计算结果见图 6.6-20。

计算表明:①随着 K_2 的逐步增大,自由表面出逸点位置亦逐渐抬高,最大升高值达 3m;②堤段覆盖层的出逸比降随 K_2 的增大而增大;而抗浮安全系数 n,则当 K_2 增大至与 K_1 相等时,达到最大值。其后若继续增大,则 n 急剧减小(见图 6.6-20)。这是因为当 $K_2>K_1$ 时,K_2 与 K_3 两层重新组合成为强透水层,抗浮稳定的计算对象仅剩下 K_1 层之故。

由此可知,对三层结构基础,当 $K_2>K_1$ 时,首先应该考虑 K_2 层底板处的抗浮安全系数是否达到要求。若已满足,表层土的出逸比降一般均可在允许范围内。当 $K_2 \geqslant K_1$ 时,则两者均需要验证,且在验算出逸比降时,不可用覆盖层全厚度(这与抗浮稳定计算没有实质性的差别),而应该用表层(约 3m)的计算结果。

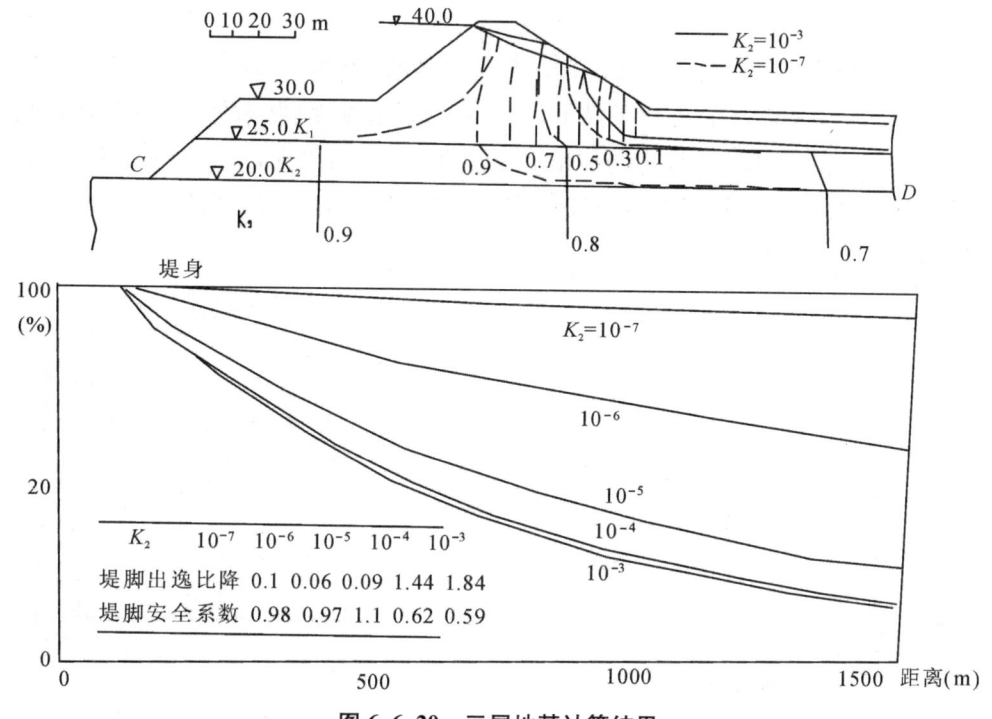

图 6.6-20　三层地基计算结果

(4) 四层地基

四层地基的条件比较复杂,各参数间的关系亦难以概化。在下面的具体算例中再做说明。

3.6.2 吹填盖重对渗流场的影响

吹填是一种有效的渗流控制工程,但吹填后对基础(乃至堤身)的渗流状态产生什么样的影响,这就是本节的研究内容。计算选用的地质模型如图 6.6-21,计算方案见表 6.6-10。

表 6.6-10 多种组合条件计算方案

计算方案		K_1(cm/s)	K_2(cm/s)	K_3(cm/s)	K_4(cm/s)	$\triangle t$(m)	L(m)	说明
Ⅰ	1	10^{-5}	10^{-7}	10^{-2}	10^{-4}	0	300	了解增设不同厚度盖重对三层地基的影响,成果见表。
	2					2		
	3					4		
	4					6		
Ⅱ	1	10^{-5}	10^{-7}	10^{-7}	10^{-4}	0	300	了解 K_1、K_4 不同组合时的影响。
	2	10^{-5}			10^{-5}	2		
	3	10^{-4}			10^{-5}	3		
Ⅲ	1	10^{-5}	10^{-5}	10^{-2}	10^{-5}	0	300	了解弱透水层透水性增大后的变化
	2					2		
	3					6		
Ⅳ	1	10^{-5}	10^{-5}	10^{-2}	10^{-5}	0		了解不同盖重对双层地基的影响。
	2					2	300	
	3					4	500	
	4					5	600	
	5					6	700	

计算结果表明:

(1)各种方案之自由面出逸点均随盖重层厚的增加而抬高(图 6.6-22),且 K_2 层的透水性愈小抬高的幅度愈大。但是随着盖重的增高,在各种条件下,出逸点与渠后地面(吹填后)的高差都在减小。考虑到大部吹填土的固结速率较快,固结强度也与原地表土强度接近[16],因此,自由面虽已抬高,但对堤坡的稳定,一般不会带来新的危害。不过,对有些较细的吹填土料,其固结速度较慢,固结强度亦不高,对此需进行堤坡稳定性验算。

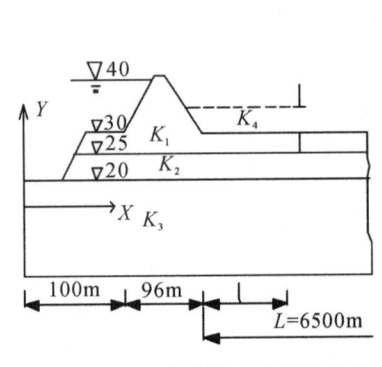

图 6.6-21 吹填影响计算选用地质模型

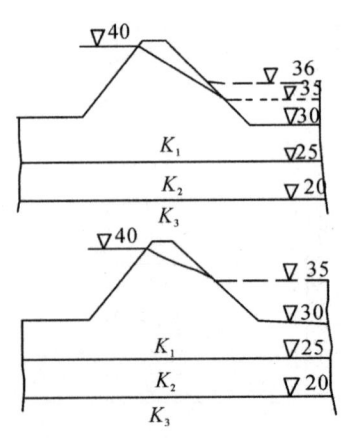

图 6.6-22 吹填影响计算结果

(2) 在各种计算条件下,增设盖重对覆盖层下的渗压力分布影响不大。例如方案Ⅰ,增设6m厚盖重后,堤后200m范围内,覆盖层下的渗压力几乎没有变化;对方案Ⅲ,渗压力亦仅增加3%~4%。

(3) 对K_2层透水性较弱的地层(如方案Ⅱ),当盖重与表层土的透水性相差10倍以内时,强透水层中渗压力的变化亦可不计。

3.6.3 几个代表性堤段的计算结果

上面已研究了渗流场的基本规律,以下将对几个重要险工堤段进行分析计算,并进行电模拟试验。这些堤段是龙二渊、祁家渊、木城渊、闵家潭、蒋家大湾、观音寺及黄陵矶。前四个是计算重点。

四个重点剖面的计算简图分别示于图6.6-23—图6.6-26。在计算简图中,渗透系数、浮容重等参数系根据野外实验及室内试验成果而定。根据1985年荆州地区长江修防处水下地形测量资料,长江深泓大多切割到砂层,故渗流入渗边界亦都延伸到砂层或砂卵石层,以策安全。堤后出渗边界,则视具体情况,或是渊塘或是地面最低处。因为地质剖面所控制的堤后范围最远不足400m,不能满足计算要求。根据1972年长办(长江委前身)荆北放淤勘探研究揭示,大堤内1~2km地层分布比较稳定。故计算时均按距堤最远一个钻孔所揭示的地层状况平行延伸,延伸长度大于2000~3000m。由于土层渗透性指标比较复杂,土工试验成果也比较分散。因此,为便于分析比较,计算中还根据土的性质作了一定的变化,以确定最危险状态。

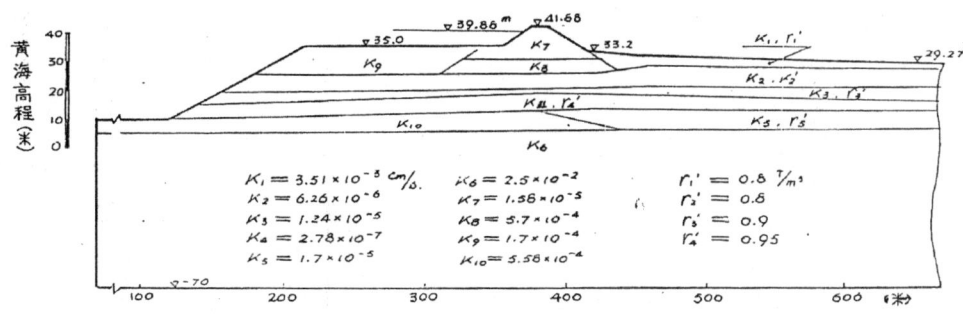

图6.6-23 龙二渊剖面计算简图

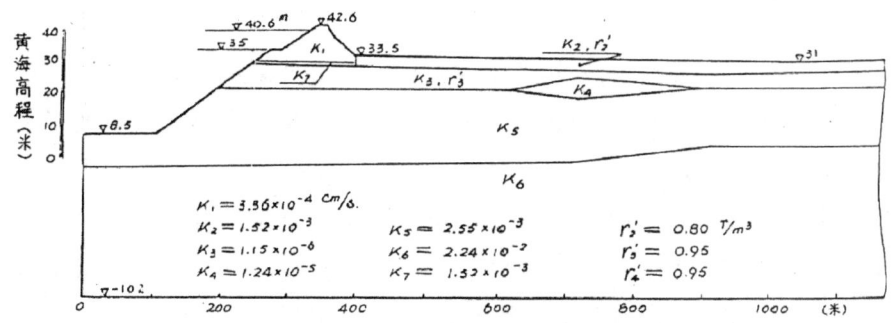

图6.6-24 祁家渊剖面计算简图

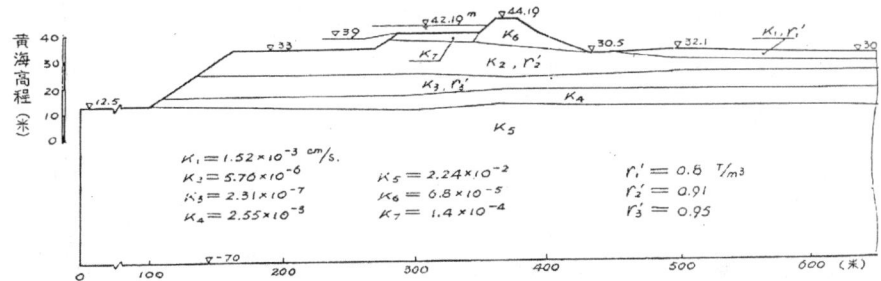

图6.6-25 木城渊剖面计算简图

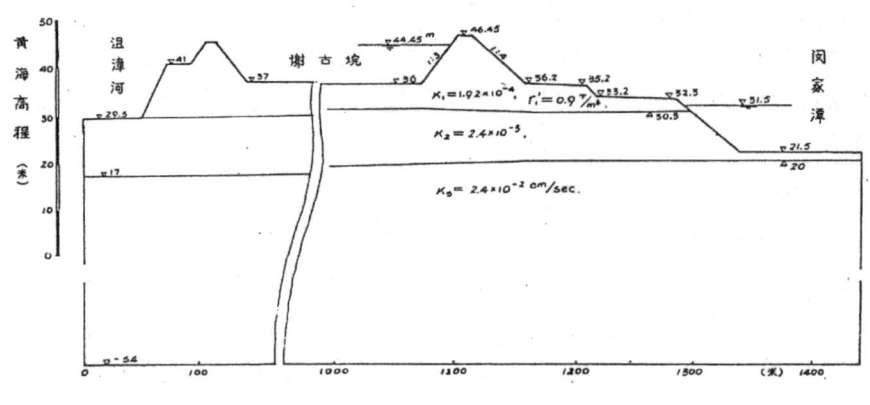

图 6.6-26　闵家潭剖面计算简图

以下对各剖面的计算结果作一简要评述：

(1) 龙二渊(710+489)

本剖面以方案 1 为主(图 6.6-23，图 6.6-27)。方案 3 仅将堤身渗透系数增大 10 倍，但等势线分布与方案 1 基本相同。方案 2 则是将表面细砂层的渗透系数(K_2)减小 10 倍，并将弱透水层的透水性(K_4)增大 10 倍，结果等势线分布较为均匀，覆盖层底板所受渗透压力降低，较之方案 1 更为安全。

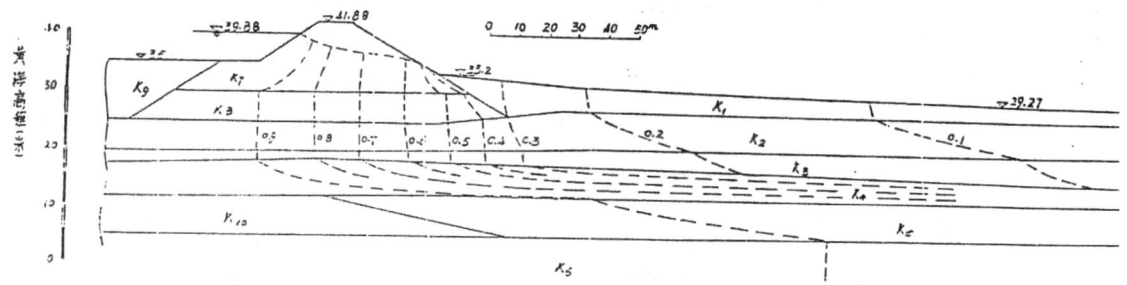

图 6.6-27　龙二渊剖面计算结果

由图 6.6-27 可知，表层流线近乎水平，几乎没有上升水流，水平坡降约为 0.01~0.02，且无明显出逸边界，这样表层土的自身渗透稳定应该得到保证。核算覆盖层的抗浮安全系数均大于 1.62(300 米范围内)，若设计安全系数选用 1.5，则本段堤已属安全。

本堤段有荆江大堤堤内最大水域面积的龙二渊，渊塘部分地层情况难以弄清，但近十年来地形地貌已有较大变化。据测量，渊塘边线离堤脚已有 200m，高程约▽28.5m。若以本计算的等势线分布来推算，该处的安全系数为 1.46。塘底高程普遍高于▽27.2m，局部区域虽低于▽25.4m，但已距堤 340m。因此，在初步设计阶段，可不考虑新的工程措施。

方案 4 是在方案 1 的基础上于堤后 300m、400m 及 500m 处各打一排减压井(计算中以窄沟代替)。计算表明效果甚好。根据渗流理论分析，当覆盖层透水性愈弱时，排水减压效果更佳。

(2) 蒋家大湾剖面(711+002)

蒋家大湾剖面距龙二渊剖面仅 513m，地层结构与龙二渊基本相同，所不同者是蒋家大湾有一通江浅砂层，且在堤脚附近曾有小的冒水翻砂孔及散浸现象出现。计算结果如图 6.6-28，由图可知，深层强透水层的影响不大，覆盖层的抗浮安全系数为 2.3。但浅砂层的水平出逸比降较大，达到 0.08~0.1。根据本计算结果推算，1987 年该处出现冒水翻砂洞的出逸比降约为 0.075~0.061。可见这仍是一个不安全的堤段。

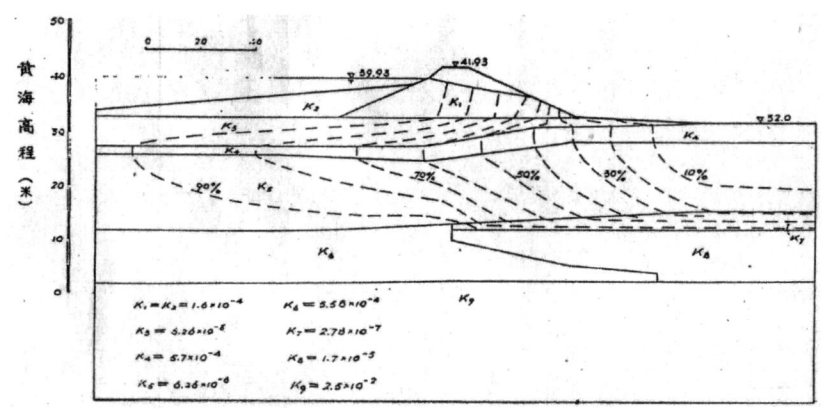

图 6.6-28　蒋家大湾剖面计算结果

(3) 祁家渊剖面(720+630)

本堤段共计算七个方案,以方案 1、方案 5 为主(图 6.6-24,6.6-29)。方案 1 和方案 5 除上游水位相差 0.3 米外,其他条件均相同。计算结果可知,除浸润线略有差别外,等势线分布几乎没有变化。其他几个方案的计算结果均较方案 1、方案 5 安全(见表 6.6-11)。

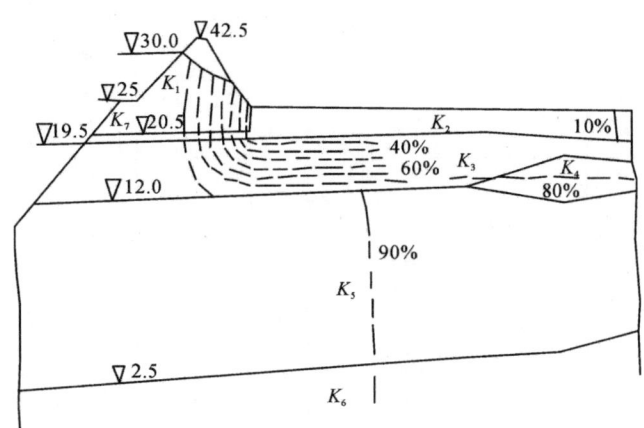

图 6.6-29　祁家渊剖面计算结果

表 6.6-11　龙二渊、祁家渊、木城渊计算成果

计算剖面	上下泓水位 作用水头(m)	计算方案	自由面出逸高程(m)	提后安全系数 η 堤脚	50m	70m	150m	200m	300m	堤脚水平出逸比降	说明
龙二渊	$H_上=39.88$ $H_下=29.27$ $\triangle H=10.61$	1	35.42	2.22		1.89	1.67		1.62		$K_1=3.51\times10^{-4}$,
		2	35.39	2.80		2.39	2.13		2.15		$K_4=2.78\times10^{-6}$,余同 1.
		3	35.01	2.22		1.89	1.67		1.62		$K_7=1.58\times10^{-4}$,余同 1.
		4	35.31	10.69		9.7					打排水井,参数同 1
祁家渊	$H_上=40.90$ $H_下=31.26$ $\triangle H=9.62$	1	35.96	1.56			1.45		0.94		$K_7=K_1,K_6=K_5$,余同 1
		2	36.64	1.64			1.60		1.11		$K_4=K_3$,余同 1.
		3	36.09	1.95			1.91		3.45		$K_2=10^{-4}$,余同 1.
		4	36.36	1.56			1.44		0.93		参数同 1
木城渊	$H_上=40.60$ $H_下=31.28$ $\triangle H=9.32$	5	35.72	1.63			1.51		0.98		
		6	35.60	1.65			1.52		0.89		$K_7=K_1,K_4=K_5$,余同 1
		7	35.95	1.59			1.50		3.56		$K_7=K_1,K_4=K_3$,余同 1
	$H_上=42.19$ $H_下=30.00$ $\triangle H=12.19$	1	37.25	1.12	1.43			1.16	1.02		$K_1=1.52\times10^{-4}$,余同 1
		2	38.99	1.12	1.43			1.14	1.02		$K_3=5.76\times10^{-6}$,余同 1
		3	38.88	1.30	1.72			1.47	1.33		$K_1=1.52\times10^{-4}$,余同 3
		4	38.88	1.30	1.72			1.45	1.33		堤后 100 米处打井,余同 1
		5	38.92	7.14	5.00			4.17			300,400,500 米各打一排井,余同 1
		6	38.95	2.38				10.00			

不论以何种方案考虑,本堤段150m范围内的安全系数已达1.44以上。且覆盖层上部流线近水平,不论是垂直方向还是水平方向的出逸比降均很小。但在堤后300m处,由于沙壤土(K_4)的存在,相对不透水的覆盖层减薄,安全系数仅为0.89。考虑到这是局部的情况,且已在堤后300m远,可暂不处理或作针对性的局部处理。

据荆州地区修防处提供资料[6],祁家渊堤段已吹填大量土方,吹填高程已达▽37m(吴淞高程,换算为黄海高程约35m),而地质剖面图所反映的仅▽33.5m。若以修防处资料核算,则堤脚处安全系数可达2.3。因此,设计时还应该根据最新地形测量结果再作复核。

(4)木城渊剖面(745+570)

计算了六个方案,以方案1为主(图6.6-25、6.6-30)。其中方案1、方案2的结果基本相同,方案3、方案4亦同。由图6.6-30可知,表层等势线分布稀疏,渗透稳定性可满足要求。核算覆盖层抗浮稳定安全系数,堤脚处为1.12,堤后50m处为1.43,堤后200m处为1.16。可见堤脚处偏低。但地质剖面图标明,该处的地表高程仅为▽30.5m,而堤后50m处却为▽32m,成一低洼地带。地质剖面图是否正确,应该核实。若该处高程亦为▽32.0m,则安全系数可达1.43。

又据木城渊堤段(744+400~745+500)地形测量成果,木城渊的水边线已离堤脚300m,高程▽30m,渊底高程大部均高于▽28.5m。堤脚处吹填盖重高程已达▽33m以上,50m处为▽32.3m,200m处为▽31.5m。若地层分布及基础等势线分布仍参照上述剖面成果,则安全系数可分别达到1.69、1.57和1.44,300m处的渊塘边则仍为1.02。这样,本堤段已基本达到1.5的安全系数要求。

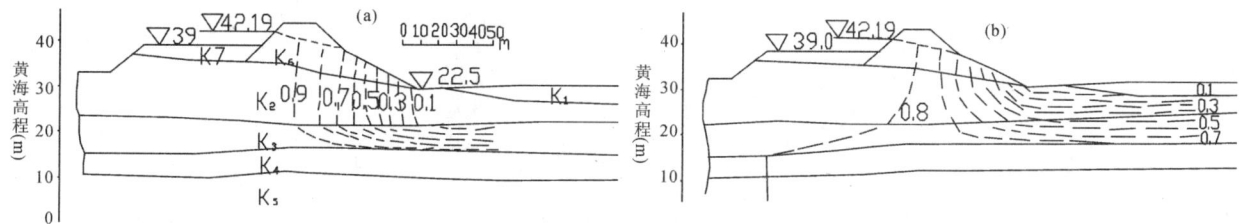

图6.6-30 木城渊剖面计算结果

方案5、方案6是排水井的效果,同龙二渊堤段计算一样,效果甚好。

(5)观音寺剖面(740+733)

观音寺堤段,主要危险出自渠道(渠道底较之地面低3m左右)。严格地说,应属三维问题。本次计算是以渠道作为对称轴线近似按平面问题处理的。地质剖面是1962年的勘探成果,但缺乏可靠的各土层渗透系数指标。所以计算时,将覆盖层简化为一层,并考虑两种渗透系数进行比较。图6.6-31给出了覆盖层底板等势线分布图。结果发现,当覆盖层与透水层的渗透系数各为10^{-5}cm/s和2.1×10^{-2}cm/s时,计算结果与实际观测结果极为接近,可以作为设计依据。

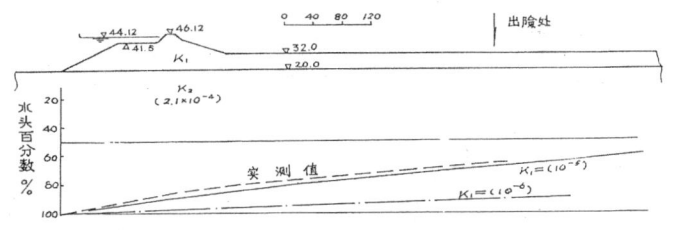

图6.6-31 观音寺剖面计算结果

(6)闵家潭剖面(784+354)

闵家潭堤段是目前荆江大堤的又一重要险工堤段,也是本次计算的重点;又由于地质剖面图经过一次修改(委托单位修改),所以计算方案多达36个(见表6.6-12)。

表 6.6-12 闵家潭计算成果

方案		编号	计算内容		浸润线出逸高程 (▽米)	堤脚			潭边	潭底	排水沟流量 (m³/d·m)
						安全系数	出逸比降(垂直)		出逸比降(水平)	出逸比降(垂直)	
剖面A	上下游水位差(△H 米) 13.24	一	谢古垸不行洪,且潭河底无覆盖层			3.79					
		二	谢古垸不行洪,且潭河底有 2m 覆盖层			7.18					
	12.85	三	谢古垸行洪,且潭河底无覆盖层		35.31	0.82	0.24		0.055		
		四	谢古垸行洪,且潭河底有覆盖层		35.18	0.81	0.13		0.046		
		五	在堤外加 2m 厚铺盖	铺盖长 200m	34.71	1.00	1.09		0.114		
				铺盖长 400m	34.41	1.18	1.11		0.11		
		六	在堤后打排水井	井深至细砂卵石层底	33.98	1.57	0.90		0.096		
				井深至砂卵石层 10m	33.65	2.27	0.77		0.089		
	12.85	七	在堤后加盖至潭边	$K_{盖}=1.92\times10^{-4}$	35.445	1.56	0.57		0.05		
				$K_{盖}=1.92\times10^{-5}$	35.805	1.49	0.40		0.03		
		八	在堤后加盖重延伸潭内 100m	$K_{盖}=1.92\times10^{-4}$	36.22	1.48	0.55		0.126		
				$K_{盖}=1.92\times10^{-5}$	36.71	1.49	0.58		0.13		
		九	在堤后加盖重至潭边	离堤脚 60m	35.21	0.86	1.04		0.11	0.43	12.94
				离堤脚 90m	35.25	0.85	1.06		0.099	0.51	10.62
剖面B	12.95	十	未经处理		36.2				0.124		
		十一	在堤后 60m 处加排水沟达细砂层顶板	沟宽 2m					0.108		14.68
				沟宽 1m					0.11		14.23
		十二	在堤后 90m 处加排水沟达细砂层顶板	沟宽 2m	36.2				0.099		12.36
				沟宽 1m	36.2				0.10		12.05
		十三	在堤后加排水沟深至细砂层 0.5m	在堤后 60m 处					0.11		15.37
				在堤后 90m 处					0.08		14.88

修改前的地质剖面(剖面A)如图6.6-2所示。修改后的计算简图(剖面B)如图6.6-26。二者主要区别是堤后地面高程的变化，实际情况应属剖面B。

对剖面A的计算成果大多失去工程意义，但可定性说明一些处理措施的效果。如堤外铺盖阻渗方案作用甚小；而在堤后打井可明显降低出逸比降，保证大堤安全。这样的结论对剖面B同样适用。

闵家潭堤段在任何条件下都是安全的，其主要问题是在潭边的水平出渗。未处理时，水平出逸比降为0.124(见图6.6-32)。工程实践证明，当1984年谢古坑行洪时(堤外水位▽42.52m)，闵家潭边已发生多处冒水翻砂孔，根据本计算成果推算其水平出逸比降约为0.1。显然，本堤段应该采取工程措施。计算比较了6种排水沟方案，结果发现，除在90米外将排水沟挖至砂层0.5m深时，出逸比降可降至0.078外，其他5种排水沟方案效果甚微。若将闵家潭全部吹填，此时，潭前的垂直出逸比降可达1.38～2.43，潭后的垂直出逸点比降还有0.63～2.41，随吹填土料的透水性不同而异。要解决这样高的垂直比降，又得提高吹填高程，加大工程量。若对闵家潭进行部分吹填，结果表明，潭前的垂直比降为0.81～0.86(安全系数为1.11～1.0)，潭底的垂直比降为0.5～0.51。可见，部分吹填未能根本解决问题。

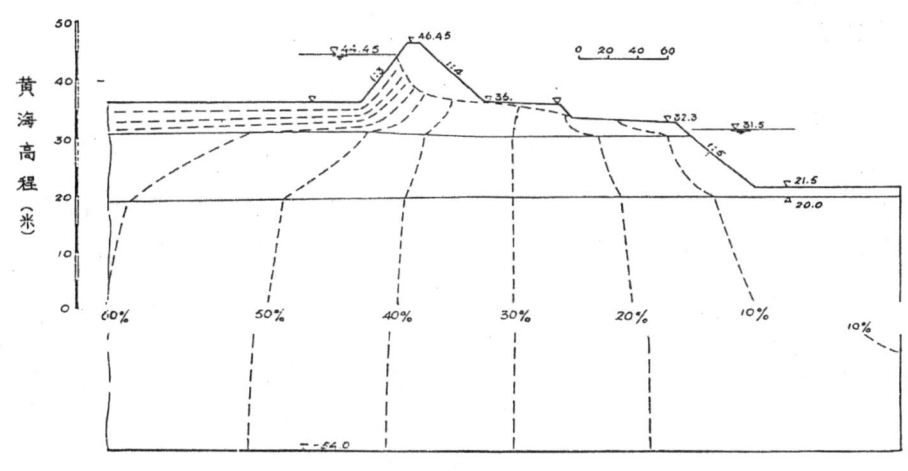

图6.6-32 闵家潭剖面计算结果

闵家潭作为该堤段的一个大的排水出口，全部填死显然是不利的，因为堵死排水口，必然提高覆盖层的渗透压力，这对其附近的覆盖层又会造成新的威胁。

4 减压井淤堵及其治理的研究

4.1 缘由

减压井是降低堤基的渗透压力，增加堤防安全性的十分有效的措施。但减压井往往在运用几年后，由于被淤堵使减压效果逐渐减弱，甚至完全失去。这是堤防工程中的一个难题。

减压井淤堵的原因较为复杂，有物理(机械)的、化学的、生物的以及综合作用等。70年代长江科学院曾对物理性淤堵做过一些探讨，并从排水滤层的设计、施工方法、井管材料等方面进行过改进，但未能阻止淤堵的发生。20世纪80年代开始对于化学性淤堵开展了大量研究[17]-[19]。

在化学性淤堵中，铁质淤堵最为常见。因为铁具有变价特性，如$Fe^{3+} \rightleftharpoons Fe^{2+}$，且易随环境条件中的pH值和氧化—还原电位的变化而变化。减压井则往往具备这些条件。此外，硅、钙、镁的淤堵以及它们与铁质的联合作用，也会发生淤堵。

4.2 导致淤堵的因素分析

4.2.1 透水砂层的矿物成分与性质

表 6.6-13 列出了荆江大堤透水砂层的化学成分及主要矿物组成。可以看出，其主要矿物是石英、长石、方解石以及黑云母和角闪石，它们属于含铁较多的硅酸盐矿物，且化学成分中铁的含量也比较高，它们为铁质淤堵提供了物质基础。

4.2.2 渗透水的水质分析及性质

荆江大堤基础的渗透水源主要为当地地下水及江水补给。在本次试验中除使用这些水外，还使用了蒸馏水及葡萄糖(1‰浓度)溶液，三种水的水质成分见表 6.6-14。

可以看出，江水和地下水含有较多的 Ca^{2+}、HCO_3^- 以及少量的可溶性 SiO_2，而 Fe^{2+} 离子却很少，因而他们可能提供的淤堵物质是硅、钙，而不是铁，但是 PH 呈弱碱性是产生铁、钙沉淀的有利条件。

蒸馏水不含杂质，当不提供淤堵物质源，但它可起溶剂作用，溶解砂样中可溶性成分和使某些活性物质来组成淤堵物质。葡萄糖溶液主要作用是降低氧化—还原电位，创造还原性环境以加速铁的淤堵，此外，由于它呈微酸性(pH 值=6.5)，可使某些钙盐溶解，又会促进钙质淤堵。蒸馏水和葡萄糖溶液在实际工程中都不会出现，使用这一强化条件意在试验室短期试验中可观测到较长时间才会产生的结果。

4.3 淤堵试验及淤堵机理

4.3.1 淤堵试验

淤堵试验是在直径 4cm 的有机玻璃筒中进行的，试样高 20cm，试验设备均为化学惰性材料，试验中进行了水质、渗透系数、渗后砂样粒径等的分析和测定，并随时观测试样的变化情况。部分项目的试验成果见表 6.6-14，渗后砂样含铁量的变化曲线见图 6.6-33。

表 6.6-13　　荆江大堤堤基细砂化学成分，主要矿物组成(%)

地名	剖面号	SiO_2	Al_2O_3	Fe_2O_3	CaO	MgO	FeO	石英	长石	方解石白云石	黑云母	角闪石	水云母	岩屑	游离Fe_2O_3
姚圻垴	11-1	70.02	9.32	1.40	4.15	1.75	1.51	32	23	11		2.8	6.7	7	0.89
龙二渊	63-2	60.96	11.16	0.67	5.92	2.90	3.61	15	5	23	18	4.4	8.5	15	1.24
祁家渊	71-1	69.14	9.69	1.40	4.73	1.88	2.37	31	10	8.6	10	8.3	10	9	1.30
青安二圣洲	77-2	65.28	10.66	1.40	5.23	2.40	2.79	20	19	11	23.4	2.3	7	8	1.32
邓家台	82-2	66.75	9.75	1.55	5.33	2.10	2.64	29	26	19		2	2.5	17	1.47
文村甲	85-3	66.52	7.56	2.67	6.07	2.78	1.63	18	10	13	6.6	4.1	6.7	21	1.54
木城渊	89-3	67.75	10.04	1.00	5.80	1.98	2.64	25	11	5	13.7	5.4		29	0.97
沙市新电厂	97-1	70.21	9.75	1.40	4.00	1.85	2.59	24	13	15	21	<1	5	9	1.44
廖子河	102-3	66.81	10.55	1.55	4.50	2.28	3.15	15	6	13.7	19.3	7.5	2.4	25	1.67
沙市向阳纱厂		73.48	8.02	0.73	4.23	1.55	2.25	29	22	15.5	<1	3.1	7.7	7	1.19
闵家潭	115-3	72.95	8.64	1.08	4.19	1.53	2.74	29.5	10.5	11.5	9.3	5		20	0.07
赵家湾	109-2	68.71	11.78	0.65	4.19	1.55	1.92	40	9	21	16	1.2	1.5	9	0.80

注：岩屑中主要成分为：水云母、绿泥石，其次为角闪石、石英、长石和方鲜石。

表 6.6-14　　水质分析成果(部分)

地名	试验用水	PH	HCO_3^-	CL^-	Ca^{2+}	Mg^{2+}	SO_4^{-2}	可溶性 S_iO_2	Fe^{3+}	渗透系数
					mg/l					cm/s
廖子河	zh	8.09~8.20	101~107	1.55~2.37	28.7~32.1	4.37~2.57	13.2~12.2	7.4~2.5	0.55	$1.75×10^{-3}$~$2.1×10^{-4}$
	Q	8.29~8.12	162~132	7.77~7.89	46.5~38.9	8.12~6.41	10.1~1.43	4.4~5.7	0.27~0.40	$6.3×10^{-4}$~$4.0×10^{-4}$
	P	7.73~7.58			37.3~192	2.15~11.4		2.9~5.7	0.63~0.83	$5.7×10^{-3}$~$1.4×10^{-5}$
木城渊	zh	8.11~8.17	55.2~94	1.16~3.16	16.3~25.5	3.87~3.02	7.73~19.0	3.3~5.1	0.47	$4.8×10^{-3}$~$2.5×10^{-5}$
	Q	8.05~8.31	112~154	7.38~7.77	35.9~38.1	5.95~7.28	27.1~18.1	6.5~4.95	0.34	$6.8×10^{-3}$~$2.5×10^{-5}$
	P	7.54~7.59			73.1~130	11.5~8.69		9.3~22.0	0.70	$4.8×10^{-4}$~$2.5×10^{-6}$
文村甲	zh	8.2~7.92	56.4~68.9	1.94~2.37	12.3~21.0	4.56~1.84	194~14.0	4.5~5.3	0.27~0.40	$4.8×10^{-3}$~$1.3×10^{-4}$
	Q	8.17~8.04	11.9~121	7.77~7.10	29.5~38.9	8.12~6.51	30.2~14.7	9.6~6.3	0.32~0.83	$5.6×10^{-3}$~$2.9×10^{-3}$
	P	7.67~7.70			21.0~170	4.06~6.23		10.5~19.2	0.53	$3.3×10^{-8}$~$1.3×10^{-5}$
姚圻垴	zh	8.01~7.51	32.6~41.4	1.55~2.33	6.81~13.2	0.60~0.89	19.4~9.75	2.8~1.15	0.53	$1.7×10^{-2}$~$2.3×10^{-5}$
	Q	7.98~8.06	11.8~13.2	7.77~8.68	34.5~38.3	5.95~7.14	25.2~32.9	7.6~6.0	0.40	$1.4×10^{-2}$~$1.8×10^{-3}$
	P	7.01~7.71			16.3~143	0.40~14.3		2.6~15.4	0.47~2.0	$1.45×10^{-2}$~$1.2×10^{-5}$
蒸馏水(zh)		6.87	0	237	0	0	0	0		
江水(Q)		8.15	119	7.89	34.9	7.22	28.3	6.3		
葡萄(P)		6.50								

注：表内数字为 60 天变化范围。

试验表明,所有渗透系数均呈下降趋势。廖子河、文村甲砂样经葡萄糖渗透 28 天、38 天后即完全被淤堵,不再渗水,并在试样表面见到酱红色的铁质沉积薄膜。渗后砂样含铁量的测定表明,愈近出口处含铁量愈高,说明铁质已经经过搬运,并在出口处沉淀富集,从而产生淤堵。目前江水、地下水的变化虽不及葡萄糖溶液剂、蒸馏水的变化强烈,但随时间的延续,终究也会达到同样的结果。

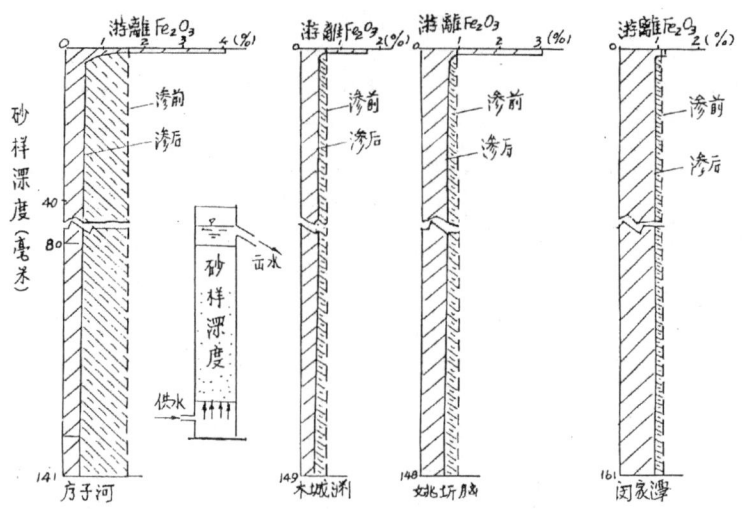

图 6.6-33 渗透前后砂样含铁量变化曲线

4.3.2 淤堵的机理

如前所述,砂层中的黑云母及角闪石是铁质淤堵的主要来源,这是因为黑云母及角闪石抗风化性能相对较弱,其晶格中的 Fe^{2+} 在蚀变过程中易氧化为 Fe^{3+} 并释放出来,往往形成游离态氧化物或氢氧化物,沉淀在矿物表面上。砂层中游离 Fe_2O_3 的含量约为全铁量的 1/3(见表 6.6-13),它们的物理化学活性比晶格的铁要大得多,并易随环境条件而变化。其后,又随矿物一起经过搬运、沉积、并被新的沉积物溶解于水,且 $Fe^{3+} \rightleftharpoons Fe^{2+}$ 处于一种动态平衡之中。破坏这种平衡的因素,主要是 O_2、pH 值以及氧化—还原电位,如果水中缺氧,且 pH 值较高(这是本地区地下水的一般特性),则有利于平衡向 Fe^{2+} 方向移动。试验中使用葡萄糖溶液造成较强的还原电位($E_h=50\sim70\mathrm{mV}$),迫使 Fe^{3+} 向 Fe^{2+} 转化,同时令 Fe^{2+} 处于较稳定的环境之中,随水流动。但向渗透出口方向流动时,氧化还原电位 E_h 将逐渐增高,尤其是在渗流出口 E_h 急骤升高,Fe^{2+} 可迅速转变为 Fe^{3+} 而沉淀,于是淤堵产生了。

由于水中有大量的 HCO_3^- 离子,故 Fe^{2+} 将主要以 $Fe(HCO_3)_2$ 的形式存在。它们在出口处可以变成溶解度较小的 $FeCO_3$(溶度积为 3.2×10^{-11})沉淀,即:

$$Fe(HCO_3)_2 \rightleftharpoons FeCO_3 \downarrow + CO_2 \uparrow + H_2O$$

$Fe(HCO_3)_2$ 在当 O_2 及 $Ca(HCO_3)_2$ 存在时(本试验及实际工程的出口处均具备这些条件),又可进行如下反应:

$$4FeCO_3 + O_2 + Ca(HCO_3)_2 \rightleftharpoons 2Fe_2(CO_3)_3 + Ca(OH)_2$$

$$Fe_2(CO_3)_3 + 3H_2O \rightleftharpoons Fe_2O_3 \cdot 3H_2O + 3CO_2 \uparrow$$

最终形成氢氧化铁沉淀,另一方面 $Fe(HCO_3)_2$ 亦可直接产生氢氧化铁沉淀。其他水渗透时,还原条件虽不及葡萄糖溶液强烈,但仍属还原条件,只是反应过程缓慢一些而已,另一方面,如砂样含铁量较高(如廖子河),淤堵亦较严重。砂样中的其他矿物成分(如钙、镁、硅)在偏碱性的水中溶解度都很小,因而这些成分的淤堵将是比较缓慢的。

根据荆江地区的水质及砂层的性质看来,减压井(排水措施)将出现以铁质为主并伴随有钙质的淤堵,特别像廖子河地区,淤堵速度可能要快一些,实践表明,廖子河地区减压井的寿命仅 3~5 年。

4.4 淤堵的其他条件

减压井的寿命不仅与地层性质和渗水水质有关,且井管材料及反滤料成分也是一个重要的影响因素,过去常用钢制井管,由于本身被腐蚀,更会加速淤堵。

此外,减压井的运行特性也是影响淤堵的一个重要因素。一般讲来,间歇性运行(这正是堤防减压井的运行特点)比长期连续使用或长期不用,更能促使淤堵的发展。由上述铁质淤堵的发生和发展过程可知,间歇性使用能使环境的 E_h 值时高时低,而且由于湿度、梯度的变化,可以形成微域的脱水状态,使局部溶液中的离子浓度增高,容易产生沉淀,并有利于氢氧化铁胶体的陈化,经过一定陈化的胶体,其可逆性会有所降低,于是导致它们的富集。同时,在陈化过程中,这些胶体还可与周围矿物颗粒表面相互作用而发生胶结。这种胶结淤堵同一般因絮状沉淀的停滞阻塞有着本质的区别,危害性也更严重。

4.5 小结

(1)综上所述,荆江大堤堤后减压井必然会产生以铁质为主的淤堵,然而应该注意的是,任何事物的生命力都不是无限的,只要达到一定的合理经济指标,仍有其存在的价值。荆江大堤除少数堤段(如廖子河等)确实淤堵速度比较快外,其他一些堤段在改变井的结构、改善工作条件、加强管理措施后,减压井的寿命有可能延长到 10 年乃至更长,这些改进措施如:将井径由过去的 110mm 扩大到 250mm 以上,且越大越好;井管及滤层均采用土工合成材料;尽可能地将减压井与民用井结合起来,避免间歇运行状态;加强观测管理等。

上面关于减压井的淤堵问题,只是一个初步的阶段性研究成果,而且在试验中还发现了少量生物淤堵现象,但限于时间和条件都还没有进行分析,对如何延长减压井的使用寿命,更好地发挥减压效果,须拟订计划深入研究。

(2)堤基的渗流破坏,因堤线长、地质条件复杂,必然与偶然相伴而来。这样,为了确保大堤安全,则希望渗流控制措施越安全越好。但是国家财力有限,不能满足这样的要求。因此,必须要有准确的指导思想来进行设计和管理。

首先,设计必须因地制宜,必须了解需要加固堤段的历史背景与地质条件,这样才有可能做出经济合理的设计。当然,绝对安全的设计、一劳永逸式的工程也是不存在的。因此。堤防管理部门仍是重任在肩。目前,管理水平尚需提高。观测工作尤其需要加强,资料应及时整理、分析,真正起到监测大堤安全的作用。

对堤后 500 米左右的民用水井不宜完全封死。因为这些水井可以起到一定的减压作用,即使有冒砂等险情亦可及时抢护,对大堤安全没有太大影响。今后的减压井最好与民用水井结合,还井于民,既利于管理又方便了群众。而且还可改善井的使用条件,延长寿命。

(3)关于渗流控制范围,它也与工程投资密切相关。而离堤数百米外,即使发生冒水翻砂等险情(这主要由深层强透水层的上升水流所致),只要抢护及时亦不会危及大堤安全。美国密西西比河堤,在计算盖重宽度时曾指出,如果计算的盖重宽度大于 90～120m,但实际采用的盖重宽度仍不宜超过 90～120m。密西西比河河堤平均高度 7.5m,最大高度 12m,覆盖层厚 1.5～10m,透水砂层厚 22～54m,渗透系数之比一般为 100～200(少数达 8000～10000)倍。参照密西西比河的经验,并考虑到荆江大堤的特点,其控制范围以 200～250m 为宜。

4.6 减压井淤堵成因及防治的近期研究

2000 年以来,基于以往成果,并以长江重要堤防的减压井堤段的建设、运行和实际效果为研究背景,我们完成了以下研究:

(1)不同淤堵类型的成因分析;
(2)化学淤堵的淤堵速率研究;

(3)减压井不同类型的淤堵判别参数与判别标准研究;

(4)防止或延缓各种类型淤堵的反滤层条件、水环境条件、透水层物质条件分析,合理的减压井效果目标设置分析。

4.6.1 堤防工程减压井现场调研结果综合分析

项目组选取咸宁、阳新、荆江、同马、安庆等 5 个使用减压井的重要长江堤段进行了现场调研,主要内容包括:①堤段地质条件;②减压井的设计参数及结构;③减压井的运行性能;④监测资料;⑤选取代表性减压井进行现场抽水试验。研究初期首先对于所选取的减压井堤段现场调研成果进行了分析归纳,以便更客观地把握好减压井淤堵的关键问题。

通过对已建减压井结构的调研,结合减压井历年运行情况分析,对影响减压井淤堵的因素归纳如下:

①减压井的结构设计与布置:减压井进入砂层长度与砂层厚度之比(贯入度)设计;滤层设计;井间距设计;井口防护设计。

②施工因素:采用了泥浆固壁减压井,建井初期淤堵已发生并使部分减压井严重失效。

③地基特性:减压井流出的水呈现出红色,与砂层中 Fe^{3+} 离子的含量有关;减压井流出的水存在异味,主要与地层中的腐殖质有关;本次现场调研时,有的堤段抽水试验抽出的水为浑水,说明减压井滤层中可能有细粒淤堵。

④运行方式:对长江沿岸同一地区减压井与民用井的淤堵状况分析认为,减压井间歇运行方式可能是减压井产生淤堵的重要条件。

⑤运行环境:井口倒灌是减压井产生机械淤堵的重要原因,但具体影响程度还不清楚。

⑥化学因素:化学物质在减压井滤网和反滤层中的吸附、沉淀和垢化可能是减压井产生化学淤堵的重要形式。

4.6.2 试验研究

试验研究主要采用物理模型来模拟减压井设计因素、施工因素及运行环境等条件;测试试验前后的水质、不同位置砂样(或反滤层)化学成分和颗粒组成,以及试验过程中的氧化还原电位、渗透系数等的变化。通过对试验现象和检测成果的综合分析,归纳减压井淤堵机理、淤堵形式、淤堵速率以及对机械淤堵程度的判定。

(1)径向渗透试验模型

为了研究机械淤堵或化学淤堵,采用自行研制的径向模型模拟减压井出流期的水流条件,以及由地层、反滤层、滤网和井管组成的减压井系统。径向渗透试验模型见图 6.6-34,由供水系统、上游水箱、上游压力室、砂样、反滤料、井管、测压系统等组成。

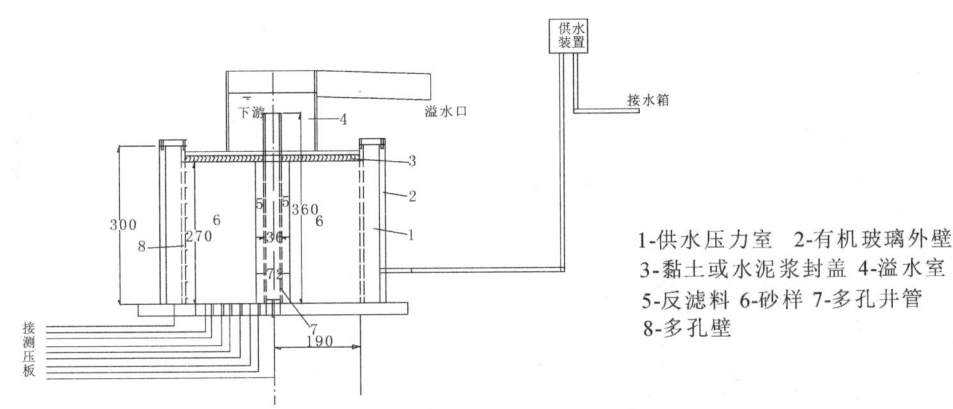

图 6.6-34 径向渗透试验装置示意(mm)

用径向渗透试验模型完成的试验有:①砂样/反滤料/井管组合渗透试验;②掺铁砂样/反滤料/井管组合渗透试验;③活塞洗井模拟试验;④滤网与反滤料组合试验;⑤浑水中抛填反滤料的试验。

(2)垂直渗透试验模型

径向渗透试验模型模拟了减压井结构和地层结构,同时模拟了减压井水流流态。但径向渗透模型数量有限,减压井淤堵模拟试验周期较长。为了满足研究课题的周期要求,进行垂直渗透试验以分析比较减压井反滤层的淤堵过程。

由垂直渗透仪完成的试验包括:①浑水倒灌的反滤料渗透试验;②葡萄糖溶液渗透试验;③反滤料/掺铁砂样组合渗透试验;④掺入或灌入氢氧化铁的反滤料渗透试验;⑤电化学保护措施试验。

(3)水平渗透试验模型

作为径向渗透模型的比较试验。针对基础砂选择不同反滤料,采用水平渗透模型进行反滤试验,模拟反滤层的淤堵情况。由上游水箱、填样室和下游水箱组成。

用水平渗透仪完成的试验有:①砂砾石/反滤料组合渗透试验;②砂样/反滤料组合渗透试验。

(4)试验样品的基本特性

试验针对的样品主要有砂、滤料、滤网、可拆换泡沫等。

①基础砂

试验用砂样主要为荆南长江干堤李家花园段减压井堤基砂样(XS1),少量为安庆江堤砂样(XS2),在长江中下游具有较好的代表性。试样根据堤防设计阶段干密度范围值 $1.45\sim1.70\ \text{g/cm}^3$ 装填,试验定名细砂,测得的渗透系数为 $10^{-3}\sim10^{-4}\ \text{cm/s}$。从颗分曲线看,级配比较均匀,为流土类土。

②滤料

滤料取自荆南长江干堤同一减压井段现场用料F1及略粗的F2,以及在此基础上制备的粒径 $1\sim5\ \text{mm}$ 的F3和 $0.5\sim2\ \text{mm}$ 的F4以进行比较。4种滤料的特征粒径见表6.6-15。

③滤网材料

滤网试验选择了土工织物和尼龙网两种。测得土工织物为 $300\ \text{g/m}^2$,等效孔径 $0.08\sim0.125\ \text{mm}$,渗透系数为 $10^{-1}\sim10^{-2}\ \text{cm/s}$;尼龙网为 $10\sim200$ 目,相应孔径为 $0.075\sim2\ \text{mm}$。

④可拆换泡沫体

选用聚氨酯泡沫制作减压井可拆换过滤体(采用符号F5)。对用于现场的聚氨酯泡沫抽样进行水力学特性检测,结果见表6.6-16。

表6.6-15　　　　　　　　　　滤料试验样品特征粒径表(mm)

样品	粒径范围	Cu	特征粒径					
			D_{85}	D_{60}	D_{50}	D_{30}	D_{15}	D_{10}
F1	<5	3.17	4.0	1.9	1.6	0.95	0.7	0.6
F2	2~5	1.84	4.4	3.5	3.1	2.7	2.1	1.9
F3	1~5	2.20	4.4	3.3	2.9	2.4	1.8	1.5
F4	0.5~2	2.44	1.70	1.05	0.9	0.65	0.5	0.43

表6.6-16　　　　　　　　　　聚氨酯泡沫水力学指标检测结果表

编号	检测指标	单位	最大值	最小值	平均值
F5	渗透系数	cm/s	6.75×10^{-1}	4.41×10^{-1}	5.68×10^{-1}
	等效孔径 O_{90}	mm	0.64	0.32	0.49

(5)化学材料

化学材料主要选用了硫酸亚铁盐,在化学淤堵试验中用以强化堤基砂中含铁量。人工制备了氢氧化铁的沉淀物,用于反滤层的化学淤堵试验。冰醋酸和 EDTA 用于化学洗井。

4.6.2.1 机械淤堵机理试验

(1)试验基本情况

①砂样/反滤料/井管组合渗透试验

试验表明,当合理选择了基础砂的反滤层(按反滤准则选择)后,正常运行条件下减压井不会产生机械淤堵。

因此,针对减压井施工与运行状态开展了以下试验。

②滤网与反滤料组合试验

实验表明,当滤网目数不小于 40 目时,穿过滤网的反滤料重量很小,并保持基本不变。从滤出物颗分定名看,当滤网目数达到 40 目时,穿过滤网的主要物质为粉砂,其粒径小于 0.075mm,远小于 F_1 反滤料的 D_{10}(0.6mm),因此不会影响反滤料的骨架稳定。

从卡在滤网中的颗粒总量看,在现有试验条件下,采用任一种尼龙网作为减压井滤网,都不会形成砂粒大量卡在滤网中的情况。相比之下,在土工织物滤网中,有较多的颗粒卡住,且穿过土工织物滤网的颗粒主要为黏粒。由此表明,对于已经选用土工织物作为滤网的情况,洗井将带来不利影响。

③浑水倒灌反滤层的渗透试验

井口倒灌对反滤料渗透系数影响很明显,可以致使减压井反滤层产生明显的机械淤堵。

④浑水中抛填反滤料的渗透试验

传统的减压井施工采用了回转钻探,利用泥浆固壁。即使不采用泥浆固壁,反滤料的回填中也不可避免地产生浑水,这些泥浆或浑水都可能形成对减压井反滤层的机械淤堵。

试验可见,反滤料受到泥浆的影响,渗透系数降低了一个量级,试验中最大的渗透比降达到 1.13,反滤料中的泥浆未被带出。可见,浑水对减压井反滤层形成了一定程度的机械淤堵,降低了反滤层的透水性。

⑤砂砾石与反滤料组合渗透试验

有的减压井花管段既穿过了细砂,也穿过了砂砾石层,如果在反滤料设计中没有对砂层和砂砾石层分别加以考虑,就可能导致减压井反滤层的机械淤堵。

(2)机械淤堵试验综合分析与评价

综合上述结果,除了明显不当的反滤设计外,减压井产生机械淤堵的主要形式有:井口浑水倒灌,会导致淤堵从井管与反滤料接触处开始,逐步向反滤层内部发展;采用泥浆固壁或反滤料回填过程中的浑水会在反滤层内部形成淤堵;对砂砾石地层,选择的反滤料偏细时,砂砾石层中细粒迁移至反滤层前形成泥饼,在减压井反滤层与砂砾石接触带形成淤堵,以及过细的滤网也会形成细粒淤堵。

4.6.2.2 化学淤堵机理试验

(1)试验基本情况

化学淤堵机理试验包括:

①氧化还原条件渗透试验,②掺铁砂样/反滤料/井管组合渗透试验,③反滤料/掺铁砂样组合渗透试验,④掺铁反滤料浸泡试验,⑤氢氧化铁/反滤料组合渗透试验。

(2)减压井化学淤堵试验综合分析与评价

通过上述一系列的化学淤堵试验研究,对减压井的化学淤堵产生的主要时期、物质条件、环境条件、

淤堵产生的位置、淤堵形式以及淤堵机理等有了较系统的认识,归纳如下:

①化学淤堵产生的主要时期是减压井间歇期,而不是减压井出流期。

②对比分析连续渗透水作用和间歇渗透的淤堵试验结果发现,在连续渗透水流作用下,反滤层表面没有产生红色吸附物,渗透水面也没有产生红色漂浮物,而间歇渗透条件下,反滤层表面产生了红色沉淀物,水面也产生了红色漂浮物,且发现了沉淀物向反滤层的灌入。反滤层中沉淀物来自井水中铁的氧化沉淀和吸附,而不是直接来自砂层。

③掺铁反滤料的浸泡试验中,间歇水位以上部分脱水后产生了反滤料颗粒之间的胶结。在静止状态的井水中,含铁量达到一定程度后,会在井壁上产生铁的吸附。

④减压井产生化学淤堵的主要物质条件是透水砂层中含有可还原的针铁矿、方解石等。

⑤减压井化学淤堵的环境条件:深埋于砂层的地下水为砂层中的铁和钙提供了一个还原条件。而开敞的减压井改变了原有地下水渗流状态和压力,为地下水中铁和钙氧化沉淀提供了条件。

⑥化学淤堵形式:对减压井产生化学淤堵的主要形式有2类,第1类是井壁的吸附,如井下摄影看到井壁上污垢就属这一类;第2类是井水中沉淀物向滤网和反滤料灌入形成的淤堵。

⑦化学淤堵产生的位置:从减压井的径向上看,化学淤堵开始位置在减压井内壁或滤网,随着时间的延长向减压井的反滤层发展。从减压井深度方向看,出流期由于水流作用,淤堵吸附深度较小;间歇期不仅有吸附产生,还有化学灌入现象,主要靠重力和扩散作用来完成。当灌入量达到一定时,反滤层渗透系数发生明显下降,造成减压井反滤层淤堵。由于试验采用了强化条件,所以目前还不能准确界定实际吸附深度。

综合上述结论,减压井化学淤堵产生的机理是:减压井进入间歇期后,地下水的运动速度相对缓慢,砂层和反滤层均处于还原状态,其中的铁溶解于地下水中。减压井水面附近提供了一个氧化环境,使井水又发生氧化反应,一部分($Fe_2O_3 \cdot nH_2O$)在水面附近的井壁上吸附;一部分生成$Fe(OH)_3$沉淀物,大部分沉淀物沉淀到了井底,少量沉淀物灌入或扩散到滤网和反滤层中,形成对滤网和反滤层的化学淤堵趋势。在适宜的条件下,土层中钙的反应与铁的反应相类似。

4.6.2.3 生物活动对减压井淤堵影响分析

出流期减压井中的水持续流出井口,井中微生物不容易聚集,对减压井生物淤堵的作用小一些,所以,以下的探讨主要针对减压井运行的间歇期。

(1)生物活动对减压井淤堵的作用形式

生物活动对减压井生物淤堵的作用形式,与减压井所在的地下水质环境有关,且与减压井的运行方式有密切的关系。长江沿岸冲积或淤积地层中均含有大量的铁质和有机质,减压井为这些物质在井内聚集创造了条件,也为铁细菌和硫细菌的存在提供了有利环境。

生物活动对减压井淤堵的作用过程极为复杂,结合微生物生存繁衍特性来说,主要体现在以下三个方面:

①微生物的黏附堵塞作用;

②微生物黏液对水中悬浮物、离子的吸附作用;

③微生物垢化作用[19]。水中悬浮物和离子被微生物吸附、消化分解后,会排出垢物,连同死亡的微生物一起形成垢块或垢壳,附着在井壁、过滤网和滤料上,逐渐胶结垢化。

(2)生物活动对减压井化学淤堵物分布的影响

在实验室里很难模拟实际减压井水环境和运行方式,尤其是微生物的培养需要一定的周期,因此对减压井生物淤堵的分布,以往研究也少。通过现场检测可见,从井深度上而言,水位变动带(约井水位以下 0~8m 范围内)是铁细菌、硫细菌和藻类比较集中的地方,此外井底因沉积和悬浮的有机质多,也是硫细菌集中的地方。从井径方向而言,微生物的活动是从井内开始,指向地层逐渐发展。

4.6.2.4 减压井淤堵防治措施室内试验研究

在减压井机械淤堵、化学淤堵和生物淤堵机理的分析研究基础上,针对减压井淤堵应对措施进行了室内试验研究,包括已经淤堵减压井减压效果的恢复方法,同时,对生物淤堵的防治和处理措施也进行了研究。

(1)机械洗井模拟试验

主要对大降深洗井和活塞洗井进行了模拟试验,并评价了两种机械洗井对机械淤堵的防治效果。

①大降深洗井模拟试验

该试验是在浑水倒灌反滤料渗透试验结束后进行的。采用从下而上的渗透。在下游盖上透水板,以模拟井管对反滤料的约束作用,通过提高渗透比降来模拟现场的大降深洗井,试验结果见表6.6-17。

表 6.6-17　　　　　　　　　　大降深洗井模拟试验结果表

反滤料	加入浑水量(ml)	最大清洗比降	反滤层渗透系数(cm/s)		
			加入浑水前	加入浑水后	大降深洗井后
F1	500	3	1.8×10^{-2}	1.5×10^{-2}	1.8×10^{-2}
	1500	3	4.0×10^{-2}	1.8×10^{-2}	3.0×10^{-2}
	3000	5	1.8×10^{-2}	6.6×10^{-3}	1.8×10^{-2}
	5000	8	1.8×10^{-2}	4.6×10^{-3}	1.3×10^{-2}
F2	500	3	2.0×10^{-2}	1.1×10^{-2}	1.8×10^{-2}
	1500	4	4.0×10^{-2}	7.7×10^{-3}	3.6×10^{-2}
	3000	4	2.0×10^{-2}	2.1×10^{-3}	1.5×10^{-2}
	5000	8	2.0×10^{-2}	7.0×10^{-4}	1.2×10^{-2}

对比大降深洗井后和加入浑水前的渗透系数可知,两者相当,说明大降深洗井能够将倒灌的淤泥清洗出反滤料,使反滤层渗透性得以恢复。

②活塞洗井

该试验在浑水抛填反滤料渗透试验结束后进行。活塞由橡胶制成,直径比井管内径小2mm,活塞沿井管上下运动,速度控制在0.5m/s,将洗出的浑水排出直到流出清水,停止洗井,测定此时反滤料的渗透系数,结果见表6.6-18。

表 6.6-18　　　　　　　　　　活塞洗井结果表

泥浆比重	加入泥浆量(ml)	洗井时间(h)	渗透系数(cm/s)		
			未加泥浆	加入泥浆	活塞洗井后
1.05	5000	2	3.303×10^{-1}	3.783×10^{-2}	1.233×10^{-1}
1.10		2		2.813×10^{-2}	1.973×10^{-1}
1.15		2		1.803×10^{-2}	1.873×10^{-1}

试验结果表明,活塞洗井后,渗透系数恢复到未受泥浆影响的同一量级,说明洗井能有效缓解泥浆对减压井反滤层的影响。

（2）化学洗井模拟试验

根据化学淤堵物的特点以及以往的一些研究结果，采用酸性化学试剂清洗减压井，将是有效解决减压井化学淤堵的措施。为避免化学洗井对环境的可能影响，不能使用过强的酸性溶液，因此，室内选择了冰醋酸浸泡已吸附铁的反滤料。试样分为2组，来自两组不同组合的径向试验结束后的反滤料。浸泡3天后测定溶液中含铁量，来分析冰醋酸溶液对反滤料化学淤堵的清洗作用。试验基本情况及结果见表6.6-19。

表6.6-19　　　　　　　　　不同浓度冰醋酸溶液浸泡反滤料后含铁量（mg/l）

试样编号	冰醋酸				盐酸
	1%	10%	30%	50%	20%
1	0.0006	0.0014	0.0093	0.0112	0.21
2	0.0005	0.0013	0.0081	0.0115	0.28

表6.6-19结果表明，随着冰醋酸浓度的增加，溶液中浸出铁的含量增加。与盐酸溶解出来的含铁量相比，冰醋酸对反滤料中吸附的铁溶解度很低，不能达到化学洗井的效果。考虑到盐酸对环境以及减压井的部分组成部件会产生不利影响，为此，又用第二组实验的反滤料，采用络合的方法进行洗井模拟试验，操作方法同上，结果见表6.6-20。对比表6.6-19和表6.6-20可知，采用络合溶液洗井还是具有一定的效果。

表6.6-20　　　　　　　　　络合溶液浸泡反滤料后的含铁量（mg/l）

5%冰醋酸+0.5mol/lEDTA	5%冰醋酸+1.0 mol/lEDTA	5%冰醋酸+1.5mol/lEDTA
0.044	0.041	0.037

4.6.3　可拆换减压井对减压井淤堵的防治作用分析

在多年的探讨以及前期系统的研究基础上，长江科学院开发了新型减压井——可拆换式减压井，并申请了国家专利，以提高减压井使用效率。可拆换减压井的结构见图6.6-35。

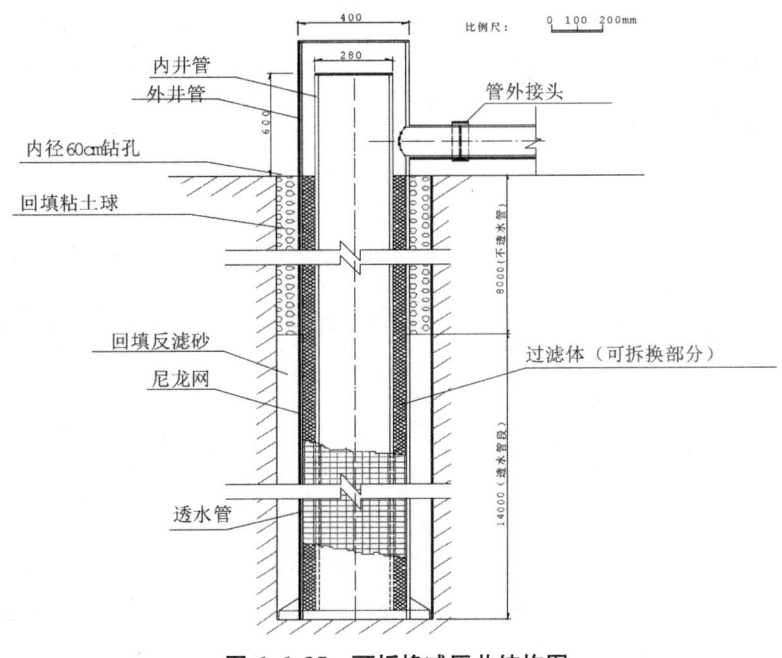

图6.6-35　可拆换减压井结构图

从减压井淤堵模型试验研究结果看,减压井滤网和反滤料中的化学淤堵主要来自间歇期井水中,而可拆换泡沫过滤体就安装在反滤层的井内侧,且可拆换泡沫过滤体对井水中铁形成的沉淀物具有明显吸附作用,为其在减压井中的应用创造了条件。

根据前文的研究结果,反滤料/掺铁砂样组合渗透试验中列出了有无可拆换泡沫过滤体的结果,没有泡沫过滤体的情况下,反滤料表面含铁量达到0.35%,而有泡沫过滤体的反滤料接触部位含铁量只有0.14%~0.15%,相当于原来反滤料中自身的含铁量。而在葡萄糖溶液渗透试验中,当设置了泡沫过滤体时,反滤料中含铁量明显减少,表明泡沫过滤体过滤掉间歇期间井水中的铁,避免了反滤料中铁的富集,能够延长减压井反滤料及滤网的使用寿命。

不难理解,泡沫过滤体对来自井水倒灌引起的化学淤堵防治效果良好,对井口倒灌引起的机械淤堵也同样具有作用。

4.6.4 延缓减压井淤堵的措施及其效果综合分析

经过一系列的室内试验和分析,对减压井淤堵应对措施归纳如下。

①对于机械淤堵,如井口倒灌、反滤层设计不合理造成的以及泥浆固壁或反滤料回填中产生的机械淤堵,首先可以通过完善设计和施工予以避免,其次,一旦发生,也可以采用大降深洗井或活塞洗井恢复减压井减压效果。

②对于化学淤堵,采用冰醋酸+络合物的方法,可以对减压井进行洗井,也可通过可拆换泡沫过滤体的方法解决。电化学保护措施可以改变井水中铁离子的运动方向,使减压井淤堵速度降低。

③可拆换泡沫过滤体也可以防治由井口倒灌形成的减压井机械淤堵,甚至生物淤堵。

④防治生物淤堵有许多物理、化学方法,关键是针对环境要求合理选用。

4.6.5 现场观测与试验

在室内实验的基础上,对堤防减压井淤堵及其应对措施研究开展了现场观测与试验工作。试验选择具有典型性且有实际需求的荆南长江干堤李家花园段。现场试验工作在上阶段进行的可拆换式减压井的设计、实施、汛期观测以及汛后检验等基础上进行,本次研究进一步开展了长期观测和验证试验,以期取得应对措施的完善。现场试验除了进一步研究和评价可拆换式减压井在延缓淤堵方面的功能特性以外,还将过滤体从井内拔出,观察证实减压井淤堵的规律,如淤堵原因,淤堵位置,淤堵发展等,同时检验可拆换式减压井的安装、拆换的可操作性。

4.6.5.1 水文地质条件

荆南长江干堤李家花园段堤基属二元结构地层,上部为壤土或黏土等黏性土,厚度3~20m;下部为粉细砂、细砂和砂砾石等砂性土,厚度大于50m,透水性较强。干堤外有南五洲,汛期梓柳河直接行洪,梓柳河下切至粉细砂层,是堤基渗漏的主要通道。堤内渊塘较多,沟渠交错,破坏了堤基上部黏性土的整体性,是汛期管涌险情的主要发生地。洪水期受河水的补给,地下水具有承压性,枯水期则地下水排向河流。

4.6.5.2 可拆换式减压井的设计

传统减压井中,滤层是地下水向井水突变过程中的过渡带,也是产生化学和生物淤堵的部位,尤其是井壁周围最为严重。设置过滤体后,使得原本发生在井水与井管外壁滤层之间的突变,转移到井水与泡沫过滤体之间,在滤层与井水之间形成一个过渡带。设计的基本思想是让淤堵发生在可以拆换的那一部分过滤体内,通过对被淤堵的过滤体进行拆换和清洗,达到延长减压井使用寿命的目的。

可拆换式减压井从其结构组成可分固定部分和可拆换部分,如图6.6-35所示。其中固定部分由外向内依次为反滤层、滤网和井管,该部分的结构与常规减压井结构相似;可拆换部分为过滤体,由外向内依次为尼龙网、泡沫和内井管。

根据荆南长江干堤李家花园段的地层情况,设计考虑了2种反滤料F1和F2。F1也是常规减压井采用的规格。虽然在长江沿岸减压井自流情况下,井壁的出逸比降一般小于1.0,但单独使用F2组成的滤层对堤防安全有一定的风险,因此对可拆换式减压井采用反滤料F2。

参照室内试验研究结果,选用40目的尼龙网作为过滤网。

4.6.5.3 可拆换式减压井的长期测试

荆南长江干堤隐蔽工程单项设计中,针对李家花园堤段的险情和地层结构,确定采用减压井加盖重的加固方案。共布置了63口减压井,其中在李家花园下段安排了9口可拆换式新型减压井的试验井,编号分别为C30#—C38#,施工时间为2002年3月11日至4月14日。2002年10—11月和2006年2月,进行过2次减压井抽水和起拔试验。为深入研究减压井淤堵机理提供科学的理论根据,合理的减压井设计理念及针对性的防治措施,现场试验与原型观测可更充分地研究减压井的实际淤堵现象,并为机理研究和相关措施的合理性提供实证。

(1)减压井现场抽水试验

表6.6-21将历年抽水试验得到的试验井单位降深流量成果比较完整的部分进行了对比。可以看出:自减压井施工完毕以来,各井均发生了不同程度的机械淤堵。经观察分析,非汛期的井口浑水倒灌影响最大。从出水量看,总体上老式井出水量持续衰减,新井可得到部分恢复。另外,采用F2滤层的排水效果好于F1滤层。经2007年拆洗处理,F2滤层仍然优于F1滤层。经渗流计算分析,目前的机械、化学等淤堵现象尚未造成排水系统的渗透性数量级上的降低,目前各井均能顺利出水,该堤段也无任何渗透险情发生。

表6.6-21 历年抽水试验的单位降深流量对比表 单位:$m^3/(h \cdot m)$

井号	2002竣工	2003	2006	2007	2007汛后拔管清洗或更换后	2009	备注
C27	24.2		5.72	5.52		2.76	老井
C29	14.10		5.89	4.37		2.18	老井
C31	18.42		4.76	7.24	5.81	3.62	新井 F2
C32	17.87	18.76	15.45	14.84	15.11	11.89	
C34	13.18		4.86	4.11	5.50	3.51	新井F1
C35	2.46		0.97	1.30		1.48	
C37	6.98		1.16	0.73		0.92	
C38	3.79	4.20	2.65	2.78	3.63	2.26	

现场起拔并回装4口井,分别为C31、C32、C34、C38。其中,C38井更换了每节泡沫过滤体,其余各井只更换了淤堵程度较重的若干节,并将原过滤体清洗后按原顺序回装。起拔与清洗、更换的同时,对各井过滤体材质(泡沫体、外包土工布)取样,进行基本性状检测(见图6.6-36,图6.6-37)。

(a)C31 井起拔试验

(b)减压井起拔及过滤器拆换试验

图 6.6-36　C38 井出水口处泡沫塑料淤堵情况

图 6.6-37　C34 井井口淤堵情况

实践表明,可拆换过滤体的清洗更换均比较方便,并且降低了减压井淤堵程度。

(2)样品分析

①水质矿物化学成分

对每口井取水质样,部分井除取井管内水样,还取了泡沫过滤体中的水样,进行矿物化学成分分析。其矿物成分与井周围土体基本一致,。说明水中固体物质来源于周围土体颗粒由井口倒灌而形成。

②离子含量

对水样中铁、钙、镁等的离子含量进行了逐年测试。可见汛后各离子含量有逐年增高的趋势,而汛前的规律却不一致。

③泡沫过滤体的渗透性变化检测

对起拔后的泡沫过滤体取样进行了渗透系数的测定,测得其渗透系数为 $3.13 \times 10^{-2} \sim 7.46 \times 10^{-2}$ cm/s。

4.6.5.4　应对措施的现场试验综合分析

(1)减压井运行以来,各井均发生了不同程度的机械淤堵。其中非汛期的井口浑水倒灌影响最大,现场观测和样品试验均证实了这一点。

(2)从出水量看,总体上老式井出水量持续衰减,新型井可得到部分恢复。另外,采用 $F2$ 滤层的排水效果好于 $F1$ 滤层。经拆洗处理后,$F2$ 滤层仍然优于 $F1$ 滤层。

(3)经渗流计算分析,目前的机械、化学等淤堵现象尚未造成排水系统的渗透性数量级上的降低,目前该堤段未发生任何渗透险情也证实了这一点。

(4)可拆换式减压井的实施和更换操作都比较方便,试验取得了预期的成果。

4.6.6　小结

(1)在研究方法上,首次针对减压井设计、施工、运行各阶段的现象和问题,从室内和现场两方面进行全方位全过程的跟踪式研究,对问题的把握非常贴近实际;在研究手段上,首次研制和应用了径向渗透试验仪,使得减压井受设计、施工、运行等的有关影响结果得以模拟研究。在地层与排水系统的整体模拟研究以及对策研究中发挥了良好的、独有的作用。

(2)首次按照不同的成因类型对减压井淤堵问题进行系统的研究,分别得到了机械、化学和部分生物淤堵的成因、过程和发展模式,可能的变化速率,以及不同淤堵的判别方向。其中均匀地层不会产生来自地层的淤堵速率问题,铁、钙等化学物质的变化速率分为不同的阶段,并取决于水文和地质条件。来自污水倒灌或施工泥浆的机械淤堵问题,可根据研究取得的定量研究成果进行对比判断。

(3)对减压井滤网材料和合理的目数进行了量化研究,得到了滤出物数量、颗粒组成条件与滤网目数关系曲线。对施工与运行中难以定量和易于忽视的泥浆问题进行了量化研究,得到了不同浓度和分量的泥浆所对应产生的影响结果,以及清淤所必需的水力条件。

(4) 探讨了以往缺乏关注的减压井滤料与被保护土的粒径关系及选取趋向。不同于以往认为的:对减压井反滤取更高保土性、D_{50}/d_{50} 的取值比平铺滤料更小则更严格、安全,本次对于减压井砂石滤料设计的研究发现,在一般建筑物反滤设计的要求范围内,并非对减压井的层间系数取下限更安全。通过室内试验和现场实践,当承受的水力比降有限时,取较大值更能减少机械淤堵的发生。相反,取偏小值易于加剧淤堵趋势,不设下限更会危及堤防安全。本次试验采用了特征粒径比值在准则上限甚至以外的滤料,在室内外试验中都获得了更好的效果,为今后的滤层发展提供了思路。

(5) 揭示了减压井化学淤堵有关机理:化学淤堵的环境条件:基础粉细砂中含有的针铁矿、方解石为减压井化学淤堵提供了物质条件;长期处于与大气隔绝的地下水为其溶解提供了还原条件;开敞的减压井改变了原有地下水渗流状态和压力,为其提供了运移条件。

化学淤堵形式:对减压井产生化学淤堵的主要形式有 2 类,第 1 类是井壁的吸附,第 2 类是井水中沉淀物向滤网和反滤料灌入形成淤堵。

化学淤堵产生的时间:基础砂样与减压井反滤层组合试验结果表明,减压井反滤层在减压井连续渗流中处于还原状态,不会产生化学淤堵,减压井化学淤堵主要集中在减压井间歇运行期。

化学淤堵产生的位置与发展:沿减压井径向看,化学淤堵开始位置在减压井内壁或滤网,随着时间的延长向减压井的砂砾反滤层发展。沿减压井深度方向看,排水间歇期不仅有吸附产生,还有化学灌入现象,主要靠重力和扩散作用向地层内和井底发展,但目前室内还不能准确界定吸附深度和灌入深度。

(6) 渗水与大气接触,发生氧化反应使渗水中铁氧化,产生吸附和沉淀,再回灌到减压井滤网和反滤层中,当灌入量达到一定时,反滤层渗透系数发生显著下降。形成对减压井的化学淤堵,表明减压井化学淤堵具有很强的溯源性。模拟试验揭示的试验现象与实际减压井出现的现象完全一致。

(7) 验证了可拆换式减压井的抗渗、抗淤堵性能。取试验比降为实际比降的 3 倍,在更客观的径向水流和几何边界条件下,无论是在洗井时($J=3\sim8$),还是比降 J 高达 20 的条件下,整个系统安然无恙。而现场试验证实,基于减压井化学淤堵溯源性的特点,长科院设计的过滤器可拆换新型减压井,在荆南长江干堤加固工程中连续几年的跟踪观测和现场多次起拔试验、抽水试验已表明,其设计思路正确,运行效果良好,同时也验证了室内试验成果。

参考文献

[1] The three gorges project — A key for harnessing and developing the Yangtze river, Yangtze valley planning office, MWREP, PRC, 1987.
[2] 江陵堤防志(初稿). 江陵县长江修防总段. 1982, 12.
[3] 长江中下游防汛总指挥部办公室汇编. 长江中下游防汛基本资料(工情). 1982, 6.
[4] 长江中下游防汛总指挥部办公室汇编. 长江中下游防汛基本资料(水情)1982, 6.
[5] 湖北省革命委员会水利电力局. 湖北省水利电力基本资料汇编(提防部分)上册. 1974 年 9 月.
[6] 荆州地区长江修防处勘察设计室. 湖北省荆江大堤加固工程补充设计. 1984, 4.
[7] W. J. Turnbull and C. I. Mansur, design of Under-seepage control measures for dams and levees, "Journal of the soil mechanics and Foundations division", 1959, Vol. 85 NO, SMS.

[8] 水电部科技情报研究所,水电部长江流域规划办公室. 美国水利水电. 1986.

[9] 毛昶熙,陈平. 江河大堤的渗流控制. 研究报告汇编 1966-1978,(水工研究分册—渗流部分). 南京水利科学研究所,1979,1.

[10] 湖北省荆江大堤吹填科研小组. 吹填土物理、力学及抗渗透变形性能的试验研究报告(讨论稿). 1983,8.

[11] 毛昶熙. 电模拟试验与渗流试验研究. 北京:水利电力出版社,1981.

[12] 安徽省水利科学研究所. 多层地基与减压沟井的渗流计算理论. 北京:水利电力出版社,1980.

[13] 华东水利学院主编. 北京水利电力出版社. 水工设计手册(第三卷,结构计算). 1984.

[14] 水电部第五工程局,水电部东北勘测设计院. 北京:土坝设计(下册)水利电力出版社,1978,10.

[15] 周汾,李春华. 堤坝下游的排水减压井. 北京:水利电力出版社,1979.

[16] W.J 顿已耳. 堤坝基础渗漏的研究. 水利水电译丛,1963,2~3.

[17] 1982,2. 王湘凡,荆江大堤堤身堤基土试验研究报告. 长江流域规划办公室. 关于荆江防洪问题严重性的报告.

[18] 毛昶熙,陈平. 江河大堤的渗流控制. 研究报告汇编 1966—1978,(水工研究分册—渗流部分). 南京水利科学研究所. 1979,1.

[19] 湖北省荆江大堤吹填科研小组. 吹填土物理、力学及抗渗透变形性能的试验研究报告(讨论稿). 1983,8.

[20] 毛昶熙. 电模拟试验与渗流试验研究. 北京:水利电力出版社,1981.

[21] 安徽省水利科学研究所. 多层地基与减压沟井的渗流计算理论. 北京:水利电力出版社,1980.

[22] 华东水利学院主编. 水工设计手册(第三卷,结构计算). 北京:水利电力出版社,1984.

[23] 水电部第五工程局,水电部东北勘测设计院. 土坝设计(下册). 北京:水利电力出版社,1978,10.

[24] 周汾,李春华. 堤坝下游的排水减压井. 北京:水利电力出版社,1979.

[25] W.J 顿已耳. 堤坝基础渗漏的研究. 水利水电译丛. 1963,2~3.

[26] 长江流域规划办公室. 关于荆江防洪问题严重性的报告. 1982,2.

[27] 王湘凡. 荆江大堤堤身堤基土试验研究报告(郝穴至枣林岗堤段). 长江科学院,1987.

[28] 长办,湖北省水利厅荆江大堤研究小组. 荆江大堤黄陵垱堤段排渗工程初步总结. 1958.

[29] 长江水电科学院,湖北省水利厅,长江修防处. 荆江大堤廖子河堤段堤基防渗工程初步总结. 1963,9.

[30] 荆州地区长江修防处勘测设计室. 湖北省荆江大堤加固工程 1986 年度施工组织设计. 1986,2.

[31] 水利部长江水利委员会. 一九九八年长江防汛总结. [R] 1998.12.

[32] 董哲仁主编. 堤防抢险实用技术[M],北京:中国水利水电出版社. 1999.

[33] 堤防工程设计规范 GB50286-98. 堤防工程技术标准汇编. 北京:中国水利水电出版社. 1999.

[34] 中华人民共和国水利部. 水利水电工程土工合成材料应用技术规范 SL/T225-98.

[35] 戴德仲,陈胜范等. 海河流域应用土工织物防汛抢险技术研究.《全国第四届土工合成材料学术会议论文集》,中国土工合成材料工程协会,1996.5.

[36] 任大春,张伟,吴昌瑜等. 复合土工膜的试验技术与作用机理[J]. 岩土工程学报,1998,20(1):10~13.

第7章 张家咀水库工程

1 概况

1.1 基本情况

张家咀水库位于湖北省英山县浠水流域一级支流西河的上游,是一座以防洪为主,结合灌溉、发电、养殖和旅游等综合利用的大（Ⅱ）型水库,控制流域面积115km²,总库容1.104亿 m³,坝址下游约30km处为英山县城。枢纽工程由大坝、溢洪道、西输水管（原发电管）、东输水管（原灌溉管）和坝后式电站等组成。工程于1974年9月动工兴建,1976年12月大坝工程基本竣工,1978年4月开始发电,1979年9月整个枢纽工程竣工,投入使用。2000年完成大坝安全鉴定,针对水库存在的病险问题,2001年7月,张家咀水库开展除险加固工程初步设计工作,2003年3月,张家咀水库除险加固工程批准立项,正式施工。其主要加固工程包括:大坝加高（坝顶防浪墙）、上游坝坡加固、坝基帷幕灌浆、心墙黏土灌浆加固、溢洪道及东西输水管加固、坝顶公路、大坝监测设施修复及完善等[1]。

水库大坝是由黏土薄心墙与砂卵石、风化岩等代料为坝壳料的心墙组合坝,原坝顶设计高程256.50m,最大坝高72m,河床以上坝高61.5m,属中高薄心墙坝。坝顶长1108m,平面上成折线形,桩号0+711为转折点。原心墙设计顶高程255.50m,顶宽2m,上下游设计坡比为1:0.15,基础防渗采用3～9.5米深的截水槽,截水槽底部间断浇筑平均厚0.4m混凝土底板。黏土心墙从截水槽中往上回填至设计心墙顶高程255.50m。大坝典型横断面图见图6.7-1。

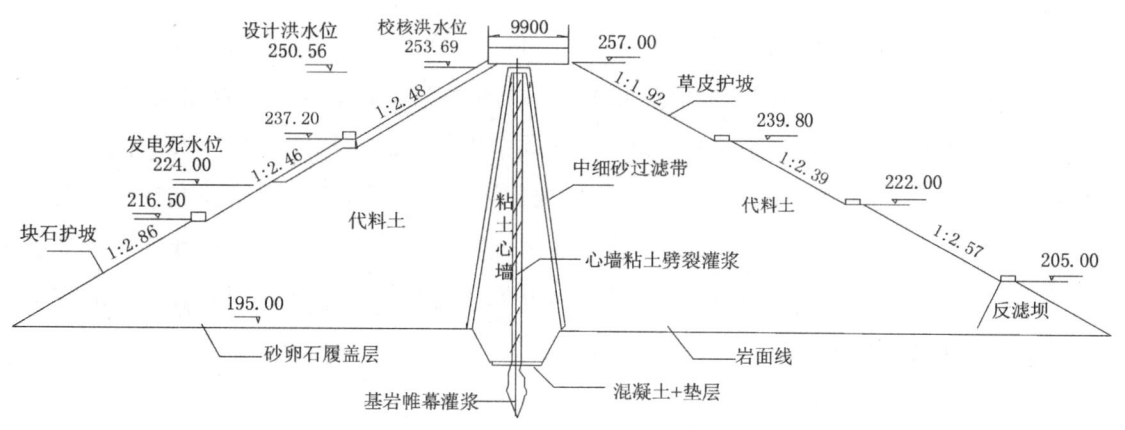

图6.7-1 张家咀水库大坝典型横断面图

1.2 大坝存在的主要问题

(1)洪水标准复核结果

水库原设计洪水标准为100年一遇设计,1000年一遇校核,根据水利部"三查三定"要求和现行《防洪标准》（GB50201—94）规定,本次安全鉴定洪水复核采用500年一遇设计,2000年一遇校核,现有坝顶高程不满足2000年一遇校核洪水标准。

(2) 结构稳定分析评价

在设计工况下,大坝上、下游坝坡稳定均满足规范要求,但下游坝坡在0+137断面,226m高程以下饱和后可能产生浅层滑动。

(3) 渗流稳定分析评价

大坝渗流监测和分析结果表明两岸绕渗严重。局部坝段心墙与基岩、坝下混凝土管与心墙接触带存在渗漏隐患,在正常蓄水位下渗流安全已令人担忧,今后持续高水位下有渗流破坏之虑。

(4) 运行情况分析

① 大坝渗漏严重,1980年、1991年、1999年库水位超过245.76m,坝坡渗量增大,大面积湿润,坝脚三处出现管涌险情。

② 经探挖查明心墙存在多向裂缝。在0+225、0+384、0+490三个断面通过变形分析,竖直向应变和横向倾度均超过允许值。

③ 东西输水管存在严重裂缝和渗漏。金属闸门锈蚀严重,止水失效。

④ 大坝坝身及两岸存在白蚁隐患。

(5) 存在的主要问题

① 大坝防洪标准不满足现行规范要求。

② 心墙质量差,裂缝严重。

③ 大坝两岸绕渗严重,心墙与坝基存在局部接触冲刷破坏隐患,坝基亦存在严重的渗漏问题。

④ 大坝坝下埋管存在多处裂缝,渗漏严重。

⑤ 大坝各类监测设施老化损耗严重,防汛、通讯和交通等管理设施落后。

1.3 开展的科研工作及背景

1.3.1 劈裂灌浆技术加固心墙坝适用性研究

劈裂灌浆技术现行《土坝坝体灌浆技术规范》(SD 266—88)[2]第1.0.2条明确规定:"本规范适用于坝高50m以下的均质坝和宽心墙坝,土堤可参照执行",未涉及高薄心墙坝。所以在实际工作中,设计单位及主管部门在心墙坝尤其是高心墙和薄心墙坝的加固中因担心施工期间大坝的安全性而不敢使用劈裂灌浆技术,造成了资金的浪费。导致这一现象的主要原因,是因为对劈裂灌浆技术在理论上和工艺上还缺乏系统分析和深入研究。张家咀水库为高薄心墙坝,最大坝高72m。我们进一步研究劈裂灌浆技术的特点,探究劈裂灌浆技术在心墙坝加固中的适用性,开展了劈裂灌浆技术在加固心墙坝的理论模拟分析、工艺参数控制、效果评价等研究工作[3]-[5]。

1.3.2 水库大坝安全量化评价研究

《水库大坝安全鉴定办法》(水建管[2003]271号)和《水库大坝安全评价导则》(SL258—2000)[6]规范了我国目前水库大坝安全评价和鉴定工作。根据《导则》的规定,依据大坝的现状,并追溯到勘测、设计、施工和运行全过程,从工程质量评价、大坝运行管理评价、防洪安全评价、结构安全评价、渗流安全评价、抗震安全评价、金属结构安全评价等7个方面内容对大坝进行综合评价,从而确定大坝的安全等级。各个内容的安全程度分为A、B、C三级。A级为安全可靠;B级为基本安全,但有缺陷;C级为不安全;综合各项安全性级别进行水库大坝分类,安全性均达到A级的,为一类坝;安全性级别均达到A级或B级的,为二类坝;安全性级别中有一项以上(含一项)是 C 级,为三类坝。该评价体系经过多年的应用,在我国大坝安全管理和除险加固中起到的了很好的作用。但是,该评价方法主要以定性评价为主,主要依靠专家的经验与已经局部量化的指标相结合的方法,采用专家论证或认可的方式来定性的地判断大坝的实际工况,并与现行规程、规范、标准和设计文件的要求进行比较,从而对大坝的安全度作出综合评价。这种综合评价方法存在分级偏粗,分类界限模糊,可以满足区分是否存在病险情况,但不能满足病险严重程度判断的需要,难以实现工程性态的整体综合定量评价,难以区分 7 个专题内容对病险程度的贡献率,对于大坝除险加固效果难以评价。随着我国病险水库除险加固的不断深入和综合评价技术的不断完善,迫切需要对现有评价体系进行进一步完善,实现大坝安全及除险加固效果的量化评价[7]。

2 劈裂灌浆技术加固心墙坝适用性研究

2.1 劈裂灌浆加固技术起源

20 世纪 60 年代,在应用充填灌浆加固土坝坝体时,发现浆液对坝体具有劈裂作用,但由于当时担心劈裂会对坝体造成不良后果,并没有进行相应的机理分析和实践检验,致使这门技术未能得到发展。到了 70 年代,开始应用充填灌浆技术处理一些大中型水库的土坝的隐患。充填灌浆是以处理堤坝已有隐患为出发点,以充填渗透为理论基础,所以它的工艺措施是用钻具锥探寻找堤坝已有裂缝和洞穴等隐患,相应的灌浆工艺是采用多排梅花型布孔,有时还打斜孔,然后进行灌浆,并在灌浆的过程中不允许产生新的裂缝和使原有裂缝扩大。但实际实施时要想不使堤坝原有裂缝扩大和产生新的裂缝是十分困难的,一是钻孔不一定就正好打在裂缝或洞穴上;二是对一些质量不好的堤坝,泥浆柱重即可将堤坝劈裂。充填灌浆对细小裂缝充填不好,且浆体的固结情况和固结后的密实度也不尽人意,它不仅需要较长工期,而且效果也不理想。充填灌浆技术没有从堤坝隐患的产生原因入手,对于坝体的加固只能算是头痛医头,脚痛医脚,难以起到根治的目的,所以很多堤坝经过多次灌浆处理,但隐患仍然存在。

劈裂式灌浆正是在总结充填式灌浆的经验教训,分析坝体隐患的产生原因和泥浆劈裂坝体的规律的基础上提出来的。1973 年山东省水利科学研究所首先提出了劈裂式灌浆技术,劈裂灌浆机理为[8]:利用土坝坝体应力分布规律,即坝体内小主应力面平行于坝轴线,沿坝轴线布孔,利用一定的灌浆压力,有控制性地将坝体劈开,灌注适宜的泥浆,在坝体内形成垂直连续的防渗泥墙,起到防渗加固作用;同时,通过浆坝互压和泥浆对坝体产生的湿陷作用,可有效调整坝体内局部土区的应力,降低应力水平,增强坝体的变形稳定。由于压力泥浆具有劈裂、穿透、充填、渗透等作用,凡是横穿坝体的洞穴、裂缝、松土层等都被堵塞、充填、渗透、挤压密实,能够形成以主浆脉为主体,宽约 6m 的防渗带,提高坝体的综合防渗能力。1978 年和 1981 年研究人员在山东省西埠和黄前水库土坝进行了劈裂灌浆原体试验,并获得成功[9]。从此,劈裂灌浆技术在我国土石坝除险加固中迅速推广,并制定了《土坝坝体灌浆技术规范》(SD 266—88)[2],使灌浆工程有章可循。由于劈裂灌浆技术具有机理明确、工艺合理、效果好和经济效益显著等优点,很快在全国推广应用,目前全国应用该项技术,已处理病险水库 3000 余座,险堤 2000 余公里,取得了显著的技术经济效益和社会效益[10]。

2.2 劈裂灌浆技术优缺点

劈裂灌浆技术自开创以来,已取得了巨大的经济效益和社会效益。该技术的主要优点有:
(1)机理明确,以断裂力学和水力劈裂理论为基础;

(2)工艺合理,劈裂灌浆技术合理利用了大坝坝体应力分布特点,沿坝轴线布孔,能够保证灌浆浆脉的整体连续性,形成的浆脉适应变形能力强,能与原坝体有效搭接,不出现裂缝。浆坝互压工艺和浆液的湿陷固结作用能恢复原坝体的防渗能力,这是劈裂灌浆技术的主要优点;

(3)操作简单,劈裂灌浆技术的主要工艺为钻孔和灌浆两部分,涉及的机械分为钻孔和灌浆类,都属于工艺简单的小型机械,操作相对简单;

(4)经济性好,劈裂灌浆技术主要靠灌入坝体的黏土浆起防渗加固作用,灌浆所用土料可以就地取材,一般费用为 150 元/m^2,即使需要补充水泥、水玻璃等添加剂,费用可能增至 250 元/m^2 左右,而机械成槽法的混凝土防渗墙的费用一般为 600～800 元/m^2,有的甚至高达 1200 元/m^2,是使用劈裂灌浆技术的 4 倍以上。此外,劈裂灌浆的主要施工机械为钻孔和灌浆类机械,它们均易获得,且价格便宜。

劈裂灌浆技术也存在一些问题,例如:

(1)工期长,劈裂灌浆技术要求分序分段施工,每孔复灌 5 次以上,复灌间隔不少于 5 天,以保障灌浆效果,这些工艺决定了劈裂灌浆施工的工期较长;

(2)施工控制措施不完善,劈裂灌浆现行规范《土坝坝体灌浆技术规范》(SD 266-88)对一些重要的施工控制措施如孔距、孔口压力及浆液选择等规定过于经验化,无法很好地指导具体实践,在一定程度上制约了劈裂灌浆技术的应用和推广。

2.3 劈裂灌浆技术适用范围

通过对劈裂灌浆技术机理的深入研究,总结其适用范围如下:

(1)劈裂灌浆技术不仅能处理低矮均质土坝坝体的渗流稳定问题,同样能处理高薄心墙土坝坝体的渗流稳定问题,对于坝体防渗,劈裂灌浆技术不受坝高和坝型限制,能够应用于所有土坝;

(2)由于碾压不实导致的坝体松散、裂缝发育、渗漏严重等现象,通过劈裂灌浆均能够达到理想的防渗加固效果。由于坝体碾压不实而导致的一系列土坝质量问题是劈裂灌浆技术恰当的用武之地;

(3)坝体存在渗漏通道、软弱层以及生物洞穴等情况而导致的渗漏问题,劈裂灌浆技术能有效处理,但相应的泥浆需要谨慎试验,才能获得理想效果;

(4)对于坝体与岸坡、坝体与其他建筑物的接触带的空隙,以及坝体分段分层施工时质量差的接合部位留下的空隙等,利用劈裂灌浆技术也能够处理,但这对泥浆的性能有特殊要求,需要试验确定。

2.4 劈裂灌浆施工工艺及控制要点[3][4][11]

2.4.1 施工前的准备工作和布孔

坝体劈裂灌浆施工前应搜集被灌坝体的资料,全面掌握有关施工期和运行期两个阶段的情况。

施工期阶段:摸清坝体的水文地质条件和清基情况、筑坝土料的物理力学性质、主要化学成分、施工季节、每层铺土厚度、碾压机械和碾压遍数、干密度合格率、施工接头位置、处理方法和质量、合龙龙口位置、合龙时的情况及质量、施工期间有无裂缝产生、裂缝的位置、走向、宽度、高程、雨季施工坝面有无积水、积水位置、深度、高程及处理方法、防渗体内有无不合格的土料、如果有的话应当摸清其位置、数量及高程、最后是与施工设计有关的坝体渗流稳定和变形稳定方面的资料。

运行阶段:自水库蓄水以来历年坝体沉陷、水平位移、测压管水位与库水位的关系、浸润线出逸点高程、孔隙水压力的变化过程、运行期间坝面出现裂缝的位置、长度、宽度、深度及处理方法、塌坑的位置、原因及处理方法、坝体坝基漏水位置及漏量与库水位的变化关系等。有条件时,对上述各种资料进行深入分析,建立各物理量的数学模型和监控预报方程,了解其发展趋势,当发现有不正常现象时可进行少量钻探、井探或电测法查明土坝隐患位置。在充分调查了解上述资料并综合分析后,根据坝体缺陷的性质、部位、施工技术等情况,论证灌浆处理的必要性和灌浆方法的可行性。

土坝灌浆前的准备工作除了资料搜集外还包括灌浆试验。这是因为:首先,需要通过灌浆试验证明劈裂式灌浆对于坝体是否可行;其次,需要通过灌浆试验确定各参数值。例如:灌浆孔的孔距和排距、灌浆压力、外加剂及其合适的掺量、浆液材料的配比、每次灌浆量、总灌浆量、复灌间隔及复灌次数等,虽然在现行规范《土坝坝体灌浆技术规范》(SD 266—88)都有相关的规定,但这些仅是从大量实践中总结出来的经验值,并不一定完全适合拟加固的病险土坝,故需要通过试验确定最优值;最后,通过灌浆试验能够发现灌浆过程中可能出现的问题,寻求解决方法,这是灌浆成功的关键之一。

劈裂灌浆布孔一般采用坝顶单排布孔,对较高的或隐患较多的土坝,可以采用双排或三排布孔;对于土坝表面已见裂缝或洞穴,以及土坝岸坡段,应布多排梅花型孔,也可沿裂缝布孔;对于弯曲坝段,应采用梅花形布孔,并适当加密孔距。

2.4.2 浆液的选择

(1)对泥浆的要求

在坝体灌浆中,选用合适的泥浆,是保证灌浆质量的重要条件,不同的浆液直接影响泥浆的固结速率和所形成的浆体帷幕的防渗效果。所以在灌浆前应对由本地黏性土料制成的不同稠度的泥浆进行物理力学性能试验,以便在灌浆施工中选用合适的泥浆。泥浆的试验内容一般有密度、黏度、稳定性、含沙量、失水量、胶体率和静切力等。坝体劈裂灌浆对泥浆的一般要求是:可灌性好,稳定性高,析水固结快,形成浆体防渗性能强,变形模量与坝体土相近。但是这些指标之间往往是矛盾的,所以在选择浆液时,应统一考虑泥浆各种性能的相互关系,不能过分强调某一方面,宜通过实验来选择合适的浆液。

(2)泥浆基本性能指标及其评价

①泥浆密度是指单位体积内泥浆的质量,用 g/cm^3 表示。泥浆密度的大小,反映了泥浆内固体颗粒的多少。泥浆密度大小通过水土比来调整。在土石坝防渗加固中,通常尽量灌注密度大的泥浆,一是能多灌进固体颗粒,固结后可以得到比较理想的密度;二是泥浆含水量少,有利于排水固结,及早发挥防渗作用。但是对于有些填筑质量较好的土坝,由于产生的裂缝比较窄,如果用密度较大的泥浆就可能灌不进细缝,从而不利于对裂缝的充填,也不利于对坝体土的劈裂挤压。还有的小型土坝由于没有经过碾压,填筑质量差,且建成后坝身又得不到湿陷,则灌注时可以考虑用容重较小的泥浆,在泥浆排水固结过程中,使坝体吸水而得到进一步的湿陷和压密。高密度的泥浆能形成比较理想的防渗浆脉,但是也会降低泥浆的流动性,因此,怎样合理选择泥浆密度,是值得研究的。一般常用泥浆密度为 $1.3\ g/cm^3$ 或略大一些。

②泥浆黏度(相对黏度)是泥浆胶体悬浊液内部阻碍其相对流动的一种特性,取决于泥浆的内摩擦角和结构性。黏度大小表明泥浆流动性能的好坏,当大坝灌浆时,在保证泥浆有足够的浓度情况下,还要求泥浆尽量有好的流动性,也就是要求泥浆有比较低的黏度,这样的泥浆静切力小,泵送省力,在管路中流动顺畅。土坝灌浆中,泥浆黏度一般控制在 20~100 秒的范围。

③泥浆的稳定性是指泥浆静置一昼夜后泥浆上半部和下半部的容重差值。泥浆稳定性是衡量泥浆在地心引力作用下,固体颗粒是否容易下沉的性质。若下沉速度很小,甚至可以忽略不计,则称此种泥浆具有沉降稳定性。泥浆的稳定性对于土坝灌浆来说有着重要的意义,因为某些需灌浆的土坝,裂缝深度可能在十米甚至数十米,对于这样深的裂缝,如果浆液稳定性不好,在其运移过程中发生沉淀现象,那么

有可能使裂缝中泥浆的粗颗粒,主要是砂粒会沉淀到裂缝的底部,形成透水的砂层,影响防渗效果。土坝劈裂灌浆防渗中,泥浆稳定性在 $0.05\sim0.1\text{g/cm}^3$ 范围较好。

④泥浆失水量是指泥浆在增高压力时,泥浆分泌失水的一种性能。如泥浆充填在钻孔和坝体裂缝中以后,因受灌浆压力和泥浆自重压力的作用,部分水渗入了坝体,这种现象叫做泥浆失水。泥浆失水量大,对于坝体灌浆有利的一面是泥浆排水固结快,能较早地起到防渗效果,不利的一面是,可能由于泥浆泌水过快,导致裂缝中泥浆很快失水变稠,流动性变差,影响灌浆效果。影响泥浆失水性能的因素很多,例如制浆土料的性质,制浆时黏土颗粒的分散程度,泥浆容重的大小,外加压力的影响以及外加剂的性质等。

⑤泥浆的胶体率是指泥浆在静止时,把水分分离到泥浆表面的能力。高质量的泥浆,一般在静止时表面不易分离出水来,而劣质泥浆常有很多水分被分离出来。泥浆静止24小时所沉淀的泥浆体积与原来泥浆体积之比,称为泥浆的胶体率,用百分数表示。泥浆胶体率的高低主要取决于制浆土料的黏土颗粒的成分及含量、泥浆分散的程度、泥浆浓度大小和结构性的强弱、外加剂的性质等。土坝灌浆中,一般要求泥浆的胶体率在90%以上。

⑥由于泥浆结构性能的存在,要让它流动必须施加外力,当这种力克服了泥浆内部的摩擦阻力时,泥浆就会从静止状态开始流动,在单位面积上所克服的摩阻力大小称为静切力,单位 mg/cm^2。泥浆静切力在土坝灌浆中有着重要的意义。如选择泥浆泵压力的大小,输浆橡皮管直径的大小及承受压力的程度,铺设管路的长短,灌浆孔布置的疏密,采用泥浆的密度大小等等都要根据泥浆静切力的大小去考虑设计。影响泥浆静切力大小的因素很多,主要与制浆土料的性质、黏土颗粒分散的程度、泥浆的密度大小、结构性能的强弱以及外加剂的性能有关。

2.4.3 钻孔

对于劈裂灌浆钻孔施工主要有以下几个方面的要求:

(1)孔位和孔斜满足设计要求

要求孔位偏差≤±3cm,孔斜不超过1%,过大的孔位偏差和孔斜可能导致钻孔不在同一平面,从而影响劈裂效果和浆脉的搭接,有实际工程由于孔斜过大导致相邻钻孔间浆脉错开过多而无法搭接,严重影响防渗效果,所以应给予重视。

(2)孔径大小和钻孔深度要满足设计要求

根据灌浆方法选择合理的孔径,钻孔深度应大于隐患深度2～3m,或直达坝体覆盖层,若多排布孔且副排孔处无隐患时,副排孔孔深约为相应主排孔孔深的1/3。

(3)选用安全而有效的钻孔方法

规范(SD 266-88)要求采用干钻,不得用清水循环钻进。但是有些坝体填料中块石较多,干钻困难,大多采用泥浆护壁钻进。有些单位对于一些较高土坝钻孔也要求采用干钻,结果是成孔速度慢,一天也钻不了一个孔。由于坝体下部土体含水量较高,在干钻成孔的过程中使钻孔周围的坝体土受到扰动,经常出现缩孔现象,使原坝体遭到破坏。所以,钻孔究竟是干钻还是泥浆护壁,不能简单规定,需要依据实际情况选择,在保证大坝安全的前提下,选用有利于施工和能够保证效果的钻孔方法。

(4)机具的选择一般根据钻孔深度而定

钻孔深度小于25m时,可用锤击打管机,其设备有三脚架,钻杆,锥形钻头,锤箍和100～200kg重的穿心吊锤等。钻孔深度超过25m,可用钻机,常用的钻机型号有XJ100－A型钻机、DPP－100型汽车钻机以及XJ300型钻机。

2.4.4 灌浆方法

(1)工艺

因地制宜地选择合适的灌浆方法,大坝坝体的灌浆方法从"孔口注浆,全孔灌注"的充填式灌浆方法进化到"孔底注浆,全孔灌注"的白氏劈裂法后,在实践中又衍生出了"全孔护壁,孔底注浆"的章氏法和"循环劈裂式充填灌浆"等方法。各类方法都在其适应的坝型和工况下经过了实践的验证,取得了较好效果。所以,根据大坝情况选择最佳的灌浆方法以达到事半功倍的效果,是灌浆设计的要求。各种灌浆方法在机理上有所不同,因此在孔距、灌浆压力、复灌间隔时间等参数的确定上也有所不同,灌浆压力的大小需要结合坝型、坝高、坝体填筑质量等各方因素综合考虑而定,原则是在保证大坝安全的情况下将坝体劈开。

劈裂灌浆施工中大多采用"孔底注浆,全孔灌注"的白氏法,灌浆原则是:分序分段,区别对待,稀浆开路,浓浆灌注,少灌多复,综合控制。开孔至设计深度,在孔口下3～5m套管,起护壁和保护孔口的作用,为了增加注浆压力和灌浆效果,可以在孔口做阻浆盖,将注浆管下入距孔底0.5～1.0m处,灌注一定压力泥浆劈开坝体后停灌,直至坝体回弹变形后再进行复灌,在每次复灌前都要提一提注浆管,以免堵塞和孔口冒浆,每次灌浆后提升注浆管1～2m,一般复灌5～10次,直到达到停灌标准。

少灌多复的施工工艺是劈裂灌浆技术的主要特点,也是灌浆效果的保障。复灌间隔时间和复灌次数是少灌多复工艺的两个控制参数。在实践中有些工程一味追求进度而忽略了该工艺,从而一次灌浆量过大,并且复灌间隔时间较短,没有给浆脉足够的固结时间,结果导致浆脉长期不能固结,严重影响灌浆质量。泥浆在坝体内靠泥浆柱的自重压力和坝体回弹压力的作用向坝体排水,直至浆脉的超孔隙水压力等于零或者等于某一规定的值时所用的时间,称为浆液的固结时间。浆液的固结过程分为四个阶段:析水阶段、主固结阶段、次固结阶段和硬化阶段。其中析水阶段和主固结阶段主要与浆液性质和坝体土料的性质有关,包括渗透系数、渗透路径和坝体土的干湿程度等;次固结与硬化阶段主要依靠浆体柱的压力和坝体回弹的压力。灌入坝体的浆液的渗透系数都很小,特别是在完成析水固结阶段后,若此时浆脉很厚的话,则需要的主固结时间将会很长,绝不会是3～5d能够完成的。同时,劈裂灌浆引起的坝体回弹一般发生在停灌后的1～3d内,所以,浆液的主固结阶段最好能够在这个时间之前完成。因为,在浆体未完成主固结阶段之前,作用在浆脉上的所有内外压力都由超孔隙水压力承担,所以上述压力对浆体的固结硬化,实际上是不起作用的。因此如果一次灌浆量太大,形成的浆脉过厚,泥浆体所需要的固结时间就会很长,这对充分发挥坝体的压浆效果,以使浆脉尽快固结硬化是很不利的。为此,在泥浆体中安插孔隙压力测头是很有必要的。通过观测浆体内孔隙水压力的消退过程,可以了解每时段泥浆体固结的程度。一般要求泥浆体固结度达到90%以上(最好是100%)才能允许复灌。复灌次数由坝体吃浆量控制,因为大坝劈裂灌浆的吃浆量由大坝内部应力场和坝体质量决定,局部土区主应力小,坝体质量差,吃浆量就大,所形成的浆脉就厚,而在坝体质量好的部位,主应力也大,吃浆量就相应减少。因此,现场灌浆根据坝体的吃浆情况确定复灌次数。

(2)灌浆压力

灌浆压力通常分为控制灌浆压力、钻孔起裂压力(也叫最大允许灌浆压力)和裂缝扩展压力[5]。控制灌浆压力用来控制堤坝灌浆的施工安全;钻孔起裂压力的大小,反映的是堤坝质量的好坏;裂缝扩展压力(也叫一般正常灌浆压力)的大小,反映的是灌浆质量达到了什么程度。坝体不同,灌浆压力也有所不同,即便是同一大坝的不同部位,由于钻孔深度、区域土质、坝体质量的不同,灌浆压力也有所区别。因此,灌浆施工中,需要在保证坝体安全的情况下取得好的效果,就需要在了解不同时期灌浆压力大小所代表的含义的前提下,综合控制灌浆压力的大小,以期达到效果。对于初灌和复灌不起压的钻孔,孔口灌浆压力应尽量小些,一般控制在 0.05MPa 以内。一般坝体灌浆压力不超过最大允许灌浆压力 $\Delta P = \alpha\sigma_3 - \sigma_2 + \sigma_t - \gamma' h$。灌浆压力因孔而异,钻孔深度越深,坝体填筑质量越好,控制压力越大。并且随着灌浆次数的增加,坝体密实度的提高,灌浆控制压力也将进一步增大。在浆液劈裂坝体之前,灌浆压力达到最大,当坝体被劈开后,压力迅速下降,甚至出现负压,由于裂缝的尖端效应,裂缝仍然能够继续往前发展。待裂缝被浆液充填密实后再重新进行灌浆时,需要施加更大的灌浆压力才能将坝体劈开。

灌浆量的控制分为每次灌浆量的控制和灌浆总量的控制,其目的是一致的:在保证大坝安全的前提下,达到要求的防渗效果。为提高灌浆效果,加快泥浆固结,保证灌浆时大坝的安全,劈裂灌浆不仅要控制灌浆压力,而且要控制每次灌浆量。通过计算设计防渗帷幕厚度,其中包括估计坝体缺陷所占体积,然后根据单孔控制的深度、距离和浆体密度按下式计算每孔每次平均灌浆量:

$$V_n = \frac{W_{干}\left(1+\frac{1}{R}\right)}{n\rho_{浆}} \tag{6.7-1}$$

式中:$W_{干}$——每孔需要灌入总干土量,t;

R——以水量为 1 单位的浆液的水土比;

$\rho_{浆}$——浆液密度,t/m³;

n——每孔灌浆次数;

$W_{干}$——每孔每次平均灌浆量,L/次。

第一序孔灌浆量占总灌浆量的 60% 以上,灌浆次数为 8~10 次,第二、三序孔一般为 5~8 次。

由于坝体质量不均匀,且初灌、复灌吃浆量不同,故不能按平均吃浆量进行控制,初灌可控制最大灌浆量为平均吃浆量的两倍。最小灌浆量则根据压力变化及坝顶冒浆情况而定。

劈裂灌浆时由于灌浆压力的作用,坝体将会被劈开而产生位移。规范(SD 266-88)要求每次灌浆,当坝肩出现 1~3cm 水平位移时就停灌,即将水平位移控制在 3cm 以内。其竖向位移约为水平位移的 m 倍(m 为坝坡坡率)。停灌后位移应有所回弹。

劈裂灌浆在孔内下 3~5m 深的护壁套管,以控制坝顶裂缝的发展和保护孔口。一旦坝顶出现裂缝,其宽度应控制在 1~3cm 范围内,长度不超过 20m,每次停灌后 24 小时内能回弹闭合为宜,不能完全回弹闭合的应做阻浆盖。

为安全起见,灌浆最好在水库低水位时进行。库水位最好低于坝体主要缺陷部位。在浸润线以下灌浆,应采用较稠泥浆或掺少量速凝剂,每次复灌间隔时间,应视坝体内已灌浆液的固结情况而定,一般浸润线以下不少于 10d,浸润线以上则不少于 5d。

2.4.5 终灌标准及封孔

土坝劈裂灌浆的终灌标准,通常以直观上的饱、满、实为度,规定坝顶连续三次冒浆或连续二次超过控制压力、位移和裂缝宽度时,即可认为达到终灌标准,对于只需灌注某一深度范围的坝体,可在注浆管上部设护壁管或阻浆盖,终灌标准可以用单孔总灌浆量和灌浆压力控制。

灌浆结束后，将注浆管拔出，注满容重大于 1.5t/m³ 的稠浆，如果浆面下降，可继续灌注稠浆直至浆面升至坝顶不再下降为止。

土坝灌浆后，坝顶凹凸不平和表面裂缝，坝顶高程也有所降低，需要在坝顶进行铺土碾压或者夯实整平。

2.4.6 出现问题的处理

对病险土石坝采用劈裂灌浆处理，经常会在施工过程中出现裂缝、冒浆、串浆塌坑和隆起等问题。这些问题需要妥善合理地处理。

(1) 裂缝

灌浆中出现的裂缝分为纵向缝和横向缝，一般出现在坝顶处。当坝顶出现纵向缝后，应分析发生原因，如果是湿陷缝，可以继续灌浆，如果是劈裂缝，应加强观测。当裂缝发展到控制宽度时，应立即停灌，待裂缝基本闭合后再灌浆；当坝顶出现横向裂缝时，应立即停灌检查，如果裂缝深度较浅，可以开挖后用黏土回填夯实接着继续灌浆，如果裂缝较深，可用稠浆灌注裂缝进行封堵；当弯曲段出现裂缝时，应立即停灌，并在坝顶上游坝肩处沿裂缝布孔，按照多孔轮灌的方法灌注稠浆封堵裂缝，待处理好后再加密孔距，减少灌浆压力和每次灌浆量的方法进行轮灌或几孔同时灌注。

(2) 冒浆

坝顶和坝坡冒浆，应立即停灌，挖开冒浆出口，用黏性土料回填夯实，钻孔周围冒浆，可采用压砂处理，再继续灌浆；白蚁洞穴冒浆，应先在冒浆口压砂堵塞洞口，再续灌；水下坝坡或土坝与其他建筑物接触带冒浆，可采用稠浆间歇灌注进行处理。

(3) 串浆

当第一序孔灌浆时发现临近孔串浆，应加强观测和分析，如果确认对坝体安全无影响，灌浆孔和串浆孔可以同时灌注，如不宜同时灌注，可用木塞堵住串浆孔，然后继续灌浆；如果在灌浆后期相邻孔串浆，说明已形成连续的泥墙，可减少每次灌浆量；如果浆液串入测压管或浸润线管，在灌浆结束后再补设测压管或浸润线管。

(4) 塌坑

在塌坑部位挖出部分泥浆，回填黏性土料，分层夯实即可。

(5) 隆起

发现坝坡隆起时，应立即停灌，分析原因，如确认不是与滑坡有关的隆起，待停灌 5~10d 后可继续灌浆，但需要重点监视。

2.5 劈裂灌浆技术加固心墙坝渗流稳定分析研究[12]

2.5.1 问题的提出

尽管在实践中劈裂灌浆技术早已应用于心墙坝，甚至是高薄心墙坝，并都取得了较好的效果，但是由于劈裂灌浆技术的现行规范《土坝坝体灌浆技术规范》(SD 266—88)第 1.0.2 条明确规定："本规范适用于坝高 50m 以下的均质坝和宽心墙坝，土堤可参照执行"，未涉及心墙坝。所以在实际工作中，不少设计及主管单位因担心大坝劈裂灌浆施工期的安全性，在心墙坝尤其是高心墙和薄心墙坝中不敢使用劈裂灌浆技术，造成了资金的浪费。

心墙坝的坝坡通常都要比均质坝稍陡，人们就直观认为，心墙坝在压力泥浆作用下，坝坡稳定性不如均质坝，所以就不敢轻易使用劈裂灌浆技术加固心墙坝，尤其是高薄心墙坝。但是，这种认识仅仅缺乏理论支持。因此，为了进一步研究劈裂灌浆技术的特点，探究劈裂灌浆技术在心墙中的适用性，本文结合湖北省英山县张家咀水库劈裂灌浆加固实例，模拟分析劈裂灌浆技术在心墙坝应用的理论依据。

选取张家咀水库(高薄心墙坝)典型断面,利用 GEO-STUDIO 软件中的 SEEP/W 和 SLOPE/W 模块对大坝的典型横断面进行劈裂灌浆施工期的渗流分析求得浸润线,并利用该浸润线再进行不同工况下的坝坡稳定分析,并对各种工况下的施工措施进行对比分析,总结分析有利的施工控制措施;同时分析与该心墙坝断面外形相同的均质坝断面,分析在相同工况下均质坝与心墙坝的渗流和稳定,对比二者的计算结果,探讨劈裂灌浆技术在心墙坝中的适用性以及相应的施工控制措施。

2.5.2 数值计算的建模和工况

心墙坝和均质坝的计算工况设置分别如表 6.7-1、6.7-2 所示。

表 6.7-1　　心墙坝计算工况分类表

工况分类	工况描述
Core 1	1.0m 盖头,全孔灌注,孔口无压
Core 2	1.0m 盖头,全孔灌注,孔口压力 50kPa
Core 3	1.0m 盖头,分段灌注,上段长 31.95m,下段 39.75m,孔口无压
Core 4	1.0m 盖头,分段灌注,上段长 31.95m,下段 39.75m,孔口压力 50kPa
Core 5	3.0m 盖头,全孔灌注,孔口压力 50kPa
Core 6	3.0m 盖头,全孔灌注,孔口压力 200kPa
Core 7	3.0m 盖头,分段灌注,上段长 31.95m,下段 39.75m,孔口压力 50kPa
Core 8	3.0m 盖头,分段灌注,上段长 31.95m,下段 39.75m,孔口压力 200kPa
Core 9	5.0m 盖头,全孔灌注,孔口压力 50kPa
Core 10	5.0m 盖头,全孔灌注,孔口压力 200kPa
Core 11	5.0m 盖头,分段灌注,上段长 31.95m,下段 39.75m,孔口压力 50kPa
Core 12	5.0m 盖头,分段灌注,上段长 31.95m,下段 39.75m,孔口压力 200kPa

表 6.7-2　　均质坝计算工况分类表

工况分类	工况描述
Homo 1	1.0m 盖头,全孔灌注,孔口无压
Homo 2	1.0m 盖头,全孔灌注,孔口压力 50kPa
Homo 3	1.0m 盖头,分段灌注,上段长 31.95m,下段 39.75m,孔口无压
Homo 4	1.0m 盖头,分段灌注,上段长 31.95m,下段 39.75m,孔口压力 50kPa
Homo 5	3.0m 盖头,全孔灌注,孔口压力 50kPa
Homo 6	3.0m 盖头,全孔灌注,孔口压力 200kPa
Homo 7	3.0m 盖头,分段灌注,上段长 31.95m,下段 39.75m,孔口压力 50kPa
Homo 8	3.0m 盖头,分段灌注,上段长 31.95m,下段 39.75m,孔口压力 200kPa
Homo 9	5.0m 盖头,全孔灌注,孔口压力 50kPa
Homo 10	5.0m 盖头,全孔灌注,孔口压力 200kPa
Homo 11	5.0m 盖头,分段灌注,上段长 31.95m,下段 39.75m,孔口压力 50kPa
Homo 12	5.0m 盖头,分段灌注,上段长 31.95m,下段 39.75m,孔口压力 200kPa

2.5.3 渗流计算

(1) 建模

模型建立选用张家咀水库大坝桩号0+364横断面,断面上游坡比从上往下分别为:1:2.48、1:2.31、1:2.86,下游坝坡坡比从上往下依次为:1:1.92、1:2.39、1:2.57、1:2.0,上下游坝坡基本对称,且上游坝坡较下游坝坡缓,所以只采用下游坝坡进行计算分析,将断面最大高度作为钻孔深度(71.7m)。心墙坝模型渗流分区按照原型大坝建立,均质坝渗流计算模型外形与心墙坝相同,仅将心墙坝中的心墙料、过渡料和坝壳代料转换成均质坝的坝体填料,仍保留心墙坝的沙壤土层、沙卵石层、排水棱体和基岩的分区形状和大小。心墙坝与均质坝渗流模型分别如图6.7-2、图6.7-3所示。

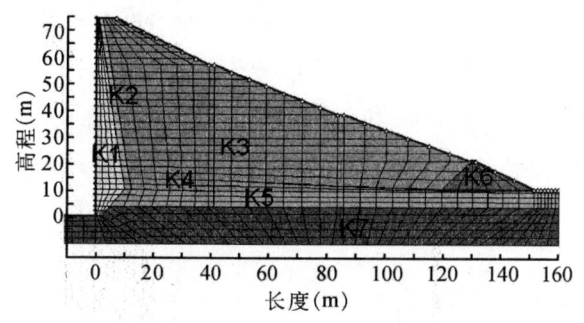

图6.7-2 心墙坝渗流计算模型

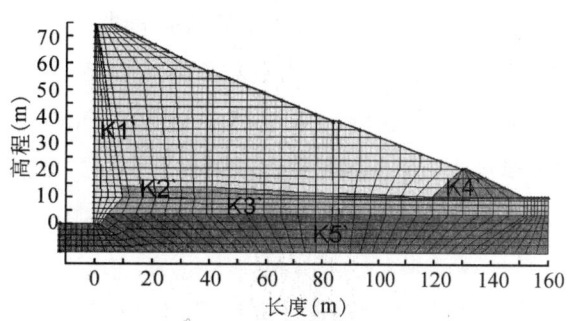

图6.7-3 均质坝渗流计算模型

(2) 材料参数选取

心墙坝渗流计算材料参数选取如表6.7-3所示。依据是张家咀水库除险加固设计阶段所进行的勘察和室内试验成果。

均质坝渗流计算材料参数选取如表6.7-4所示。

表6.7-3　　　　　　　　　　心墙坝各渗透性分区渗透系数取值表

渗透分区	试验范围(cm/s)	地质建议值(cm/s)	计算拟合值(cm/s)
心墙料 K1	$2.4\times10^{-5}\sim6.9\times10^{-6}$	6.15×10^{-5}	5.25×10^{-5}
过渡料 K2	/	/	1.0×10^{-2}
坝壳代料 K3	$1.3\times10^{-4}\sim2.3\times10^{-3}$	1.95×10^{-3}	2.95×10^{-3}
沙壤土 K4	/	/	1.0×10^{-4}
沙卵石 K5	/	1.0×10^{-2}	1.0×10^{-2}
排水棱体 K6	/	/	1.0×10^{-1}
基岩 K7	$1.6\times10^{-6}\sim1.98\times10^{-4}$	/	1.0×10^{-5}

表6.7-4　　　　　　　　　　均质坝各渗透性分区渗透系数取值表

渗透分区	试验范围(cm/s)	地质建议值(cm/s)	计算拟合值(cm/s)
坝体填料 K1'	$2.4\times10^{-5}\sim6.9\times10^{-6}$	6.15×10^{-5}	6.0×10^{-5}
沙壤土 K2'	/	/	4.0×10^{-4}
沙卵石 K3'	/	1.0×10^{-2}	1.0×10^{-2}
排水棱体 K4'	/	/	1.0×10^{-1}
基岩 K5'	$1.6\times10^{-6}\sim1.98\times10^{-4}$	/	1.0×10^{-5}

(3)边界条件

劈裂灌浆施工期浆柱的渗流问题属于非稳定渗流,非稳定渗流影响因素较多,问题比较复杂,而且均不是本次计算的主要问题,因此,为了突出分析目的,将其简化为对坝体稳定更为不利的稳定渗流问题来计算。灌浆施工中,在坝体劈开前,泥浆受到孔口压力的作用,这个压力在 0.05~0.2MPa 之间,但是作用时间很短,对浆液的渗流影响不大,因此,在计算中,不考虑孔口压力对浆液渗透的影响,假设浆液渗流是只受重力和阻力控制的达西流动。

SEEP/W 模块渗流计算的边界条件主要有上下游水头和潜在出渗面。劈裂灌浆一般采用稀浆开路,高含水量浆液内的水分将会向两侧土体内渗透,渗流计算中,考虑最危险的情况,将泥浆柱简化成水柱来计算。劈裂灌浆施工中,为了保证灌浆效果,会在孔口开挖一定深度并回填黏土夯实,同时用套管护壁,作为灌浆盖头,这一段水头将不会渗向下游,因此上游水位即泥浆柱的高度减去灌浆盖头的长度,根据工况设置,盖头长度有 1.0m、3.0m 和 5.0m 三种。灌浆有全孔灌注和分段灌注,但坝体劈裂后泥浆会顺裂缝至坝顶,则上游水头边界用总水头方式施加,此处为钻孔深度减去盖头长度;下游水位也用总水头方式施加,为 0;将下游坝坡整个外坡视为潜在出渗面。

(4)计算结果

心墙坝与均质坝渗流计算结果如图 6.7-4—图 6.7-9 所示。

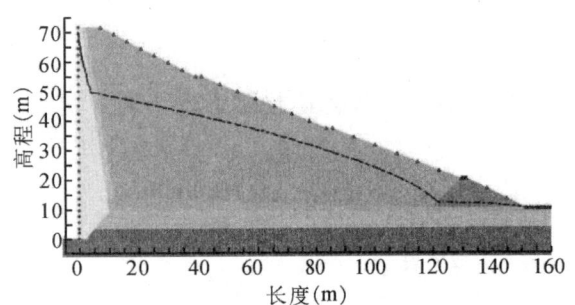

图 6.7-4 Core 1—4 工况渗流计算结果(1m 盖头)

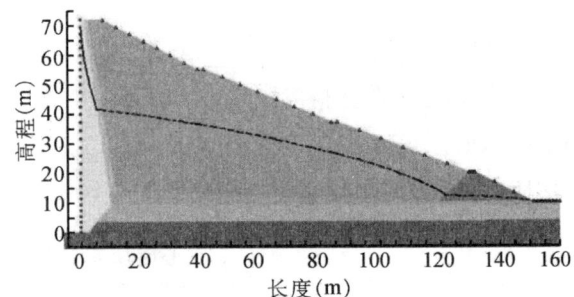

图 6.7-5 Core 5—8 工况渗流计算结果(3m 盖头)

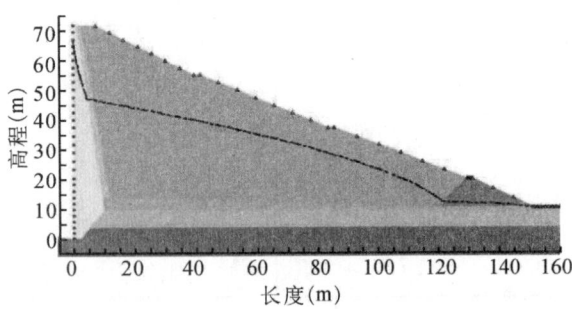

图 6.7-6 Core 9—12 工况渗流计算结果(5m 盖头)

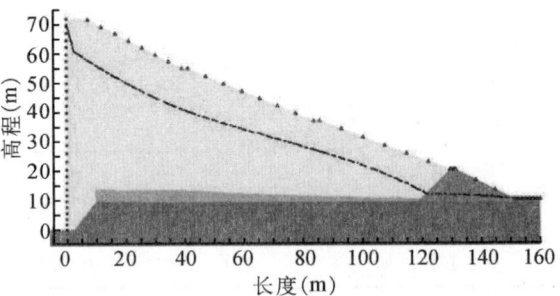

图 6.7-7 Homo 1—4 工况渗流计算结果(1m 盖头)

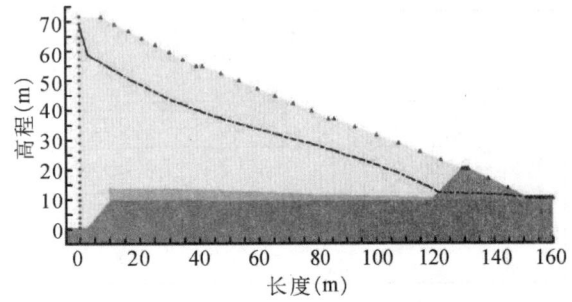

图 6.7-8 Homo 5—8 工况渗流计算结果(3m 盖头)

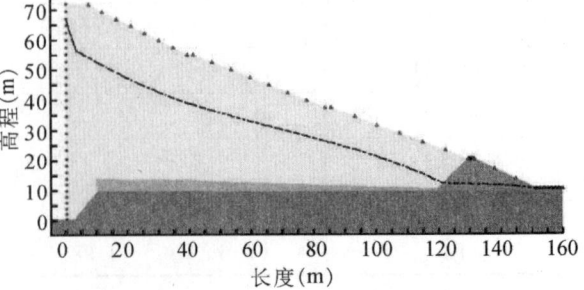

图 6.7-9 Homo 9—12 工况渗流计算结果(5m 盖头)

从二者计算结果可以明显看出,心墙坝的心墙料对于浸润线的降低具有很大的作用,而均质坝由于坝体填料渗透系数相对较大,浸润线的降低相对缓慢。从图中可以清晰看到,相同边界条件下,均质坝下游坝坡有着比心墙坝更高的浸润线,亦即均质坝的浸润线扩散范围更广。

2.5.4 稳定计算

(1) 建模及计算方法

由于 Geo-studio2004 的一个突出优点是它所有的分析模块都可以在同一个环境下运行,这就意味着只需要建立一个几何模型,就可以在所有软件中使用。用 SLOPE/W 模块进行稳定计算时调用 SEEP/W 模块计算所建模型。

采用 Mogenstern-Price 法进行坝坡稳定性计算,计算中采用有效应力法和相应有效强度指标。张家咀水库大坝按照土石坝分级为 2 级,《碾压土石坝设计规范》(DL/T 5359—2007)中 10.3.12 条规定"采用计及条块间作用力的计算方法时,2 级土石坝非常运用条件 I 情况下坝坡抗滑稳定最小安全系数不小于 1.25。各工况下,稳定计算模型如图 6.7-10—图 6.7-15 所示:

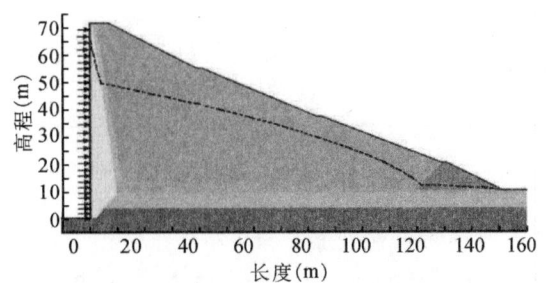

图 6.7-10　Core 1—4 工况稳定计算模型(1m 盖头)

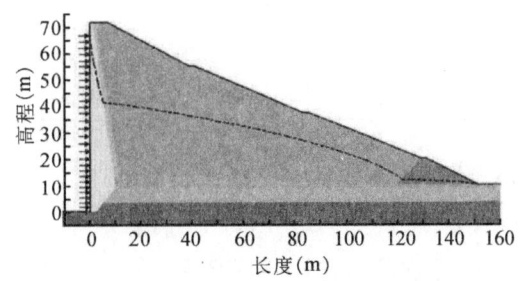

图 6.7-11　Core 5-8 工况稳定计算模型(3m 盖头)

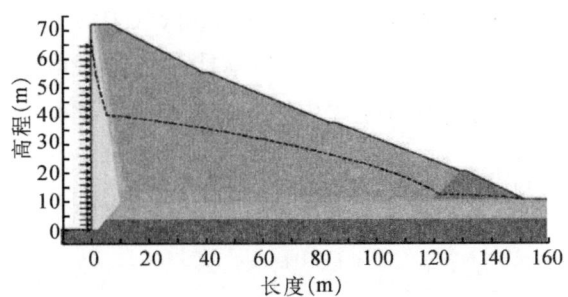

图 6.7-12　Core 9—12 工况稳定计算模型(5m 盖头)

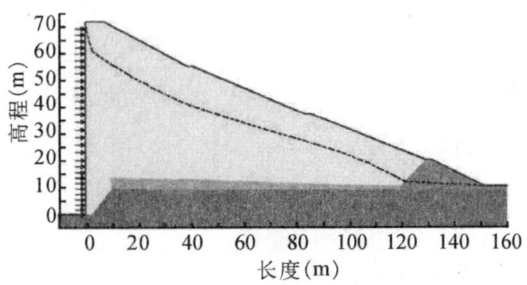

图 6.7-13　Homo 1—4 工况稳定计算模型(1m 盖头)

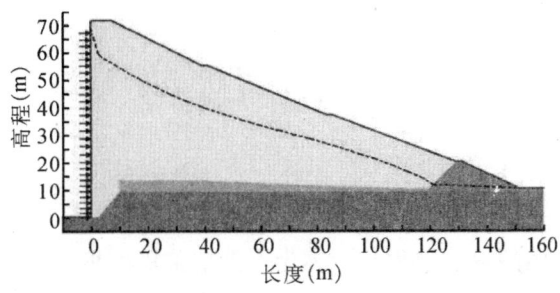

图 6.7-14　Homo 5—8 工况稳定计算模型(3m 盖头)

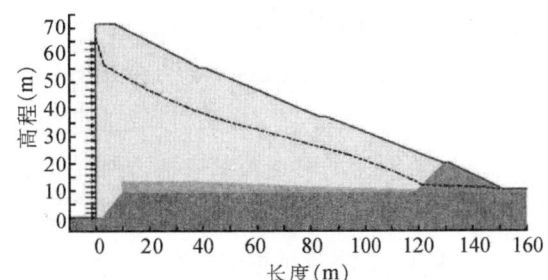

图 6.7-15　Homo 9—12 工况稳定计算模型(5m 盖头)

(2) 参数选取

心墙坝和均质坝的稳定计算材料参数选取如表 6.7-5 和表 6.7-6 所示。

表 6.7-5　心墙坝稳定计算各土层参数值

土层名称	容重(kN/m³)	饱和容重(kN/m³)	C(kPa)	φ(°)
心墙料	18.5	19.94	20.0	22.0
过渡料	19.5	21.07	6.0	28.0
坝壳代料	19.5	21.07	6.0	28.0
沙壤土	19.0	20.5	5.0	28.5
沙卵石	23.0	23.0	0.0	36.5
排水棱体	19.5	21.07	0.0	38.5
基岩	24.0	24.0	10.0	38.0

表 6.7-6　均质坝稳定计算各土层参数值

土层名称	容重(kN/m³)	饱和容重(kN/m³)	C(kPa)	φ(°)
坝体填料	18.5	19.94	18.0	25.0
沙壤土	19.0	20.5	5.0	28.5
沙卵石	23.0	23.0	0.0	36.5
排水棱体	19.5	21.07	0.0	38.5

(3)边界条件

SLOPE/W 模块的边界条件指荷载条件。此次计算中需要施加的荷载有:孔隙水压力和泥浆柱的侧向压力。孔隙水压力选用 SEEP/W 模块计算所得浸润线。泥浆柱的压力大小需要根据劈裂灌浆的施工过程来进行阶段性的分析。

为了合理分析各阶段的泥浆压力,需要明确泥浆在土体内的运移过程以及各过程的受力情况。根据前人分析可知[13],软土的劈裂主要是要克服土的强度和初始地应力,因此,可以从能量耗散的角度来研究土体的劈裂机理。根据能量守恒原理,注浆所耗能量应等于存储在土体中的能量加上劈裂过程中消耗的能量之和[14],即

$$\Delta E = (\Delta E_S + \Delta E_f) + (\Delta E_{ic} + \Delta E_{ip} + \Delta E_{iv} + \Delta E_{is} + \Delta E_{it}) \quad (6.7\text{-}2)$$

式中：ΔE——注浆所耗能量；

ΔE_S——土体的弹性应变能；

ΔE_f——浆液的弹性应变能；

ΔE_{ic}——劈开土体所需的能量；

ΔE_{ip}——土体的劈裂区域中塑性变形所耗能量；

ΔE_{iv}——浆体表面与土体摩擦所耗能量；

ΔE_{is}——浆液流动时克服其内剪力所耗能量；

ΔE_{it}——克服注浆系统中各种摩擦所耗能量。

由上式可见,在注浆过程中只有部分能量参与了土体的劈裂过程。土体为了抵抗浆液的劈裂所占用的能量主要包括裂缝继续扩展和土体塑性变形所消耗的能量,他们的量值分别为[15]：

$$\Delta E_{ic} = -4a_0 tT + \frac{\pi a_0^2 \sigma^2}{E} t \quad (6.7\text{-}3)$$

$$\Delta E_{ip} = -\sigma a_0 \varepsilon_p t \quad (6.7\text{-}4)$$

式中：a_0——裂缝扩展长度；

　　　t——需要注浆的土体的厚度；

　　　T——每单位表面积土体中的表面能；

　　　σ——注浆压力在土体中引起的应力；

　　　E——弹性模量；

　　　ε_p——土体的塑性应变。

浆液在土体中的劈裂流动分为鼓泡压密、劈裂流动和被动土压力3个阶段。

鼓泡压密阶段为劈裂灌浆的初始阶段，泥浆在钻孔内的运动视为无限土体中的圆孔扩张问题[16]-[18]，此阶段时间短，土体未被劈开，因此不考虑此阶段的坝体稳定。但是可以根据此阶段计算出压力泥浆的一个初始压力状态，即能量未耗散之前的能量值。

随着泥浆压力的增大，浆液劈开坝体并在裂缝中流动，浆液进入劈裂流动阶段，这个阶段持续时间长，也是坝坡稳定分析需要研究的阶段。在这个阶段，压力泥浆需要消耗的能量为 ΔE，至于能量的大小以及变化规律，目前国内外都没有充分的资料，因为需要很多的试验进行验证。所以，本文只是在充分说明理论基础的情况下进行定性分析和简单的定量分析。

黏土泥浆属于非牛顿流体中的拟塑性体[19]，即它的黏度随角变形速度的增长而降低。黏性流体总流不同截面的能量关系可以用 Bernoulli 方程描述，即：

$$Z_1+\frac{p_1}{\rho g}+\alpha_1\frac{v_1^2}{2g}=Z_2+\frac{p_2}{\rho g}+\alpha_2\frac{v_2^2}{2g}+h_w \tag{6.7-5}$$

式中：Z_1——截面1的位置水头；

　　　$\dfrac{p_1}{\rho g}$——截面1的压强水头；

　　　$\dfrac{v_1^2}{2g}$——截面1总流的动能；

　　　α_1、α_2——总流动能修正系数；

　　　h_w——能量损失。

结合式(6.7-2)和式(6.7-5)可知，土力学分析中的 ΔE，即为流体力学分析中的 h_w，由于对于 ΔE 的大小及其变化规律研究较少，现从 h_w 入手，参考相似模型和结果，简单分析劈裂注浆过程中的能量损耗问题。

$$h_w=\sum h_f+\sum h_j \tag{6.7-6}$$

能量损失分为沿程能量损失 h_f 和局部能量损失 h_j 两类，其中：

$$h_f=\lambda\frac{l}{d}\frac{v^2}{2g} \tag{6.7-7}$$

$$h_j=\xi\frac{v^2}{2g} \tag{6.7-8}$$

式中：l——流程长度，单位 m；

　　　d——管道内径，单位 m；

　　　λ——沿程损失系数，无量纲；

　　　ξ——局部损失系数，无量纲。

由式(6.7-7)、式(6.7-8)可知,h_f 和 h_j 的单位均为 m,代表为水头的损失,转化为压力即为:$\Delta P = \rho g h_f$ 或 $\Delta P = \rho g h_j$。

土体为了抵抗浆液的劈裂所占用的能量主要包括裂缝继续扩展和土体塑性变形所消耗的能量,这二者均属于局部能量损失,因此,用能量耗散原理来研究浆液的运动过程时,只考虑浆液的局部能量损失。土坝坝体劈裂灌浆属于隐蔽工程,且土体的起始劈裂点也是随机的,所以,对于浆液劈开土体后的运动方式及速度大小的研究基本空白。在没有现场试验支持的情况下,在此只能做一些简单的、概化的、定性的分析。在土体被劈开前,各高程浆脉的能量来源于灌浆孔口压力的作用和泥浆柱本身的势能,将连续泥浆沿垂直方向分隔成单位短柱。根据局部损失计算公式,将泥浆的全部能量转换成动能,此处不考虑能量损耗,假设完全转换为动能,以得到不同高程处泥浆的速度,然后通过选取局部损失系数来计算灌浆过程中的能量损失,从而得到稳定计算中的荷载条件。

根据流体力学中局部水头损失系数的选取,劈裂灌浆时浆液从钻孔内劈裂土体后进入裂缝的情况可以简化为如图 6.7-16 所示模型,此时局部损失系数为:

$$\xi = 0.5\left(1 - \frac{A_2}{A_1}\right) \tag{6.7-9}$$

劈裂灌浆中劈开裂缝的宽度远小于钻孔的长度,即 A_2 远小于 A_1,则可知局部损失系数 ξ 为 0.5。根据假定,某一高程处浆脉能量全部转换为动能,则劈开裂缝后该高程处浆液的能量减少了 50%,剩下的 50% 作用在劈开后的裂缝壁上,这剩下的 50% 的能量即为稳定计算中需要施加的泥浆压力。

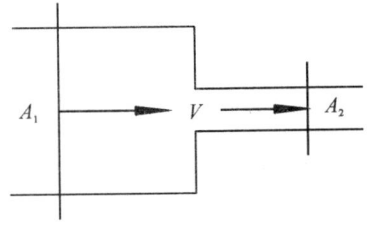

图 6.7-16 断面突然缩小情况

劈裂灌浆施工一般用密度为 $1.2 \sim 1.3 \text{g/cm}^3$ 的稀浆开路,坝体劈开后尽量灌注密度为 $1.5 \sim 1.6 \text{g/cm}^3$ 的浓浆,计算选用泥浆重度为 14kN/m^3。

根据施工方法的不同,荷载也有所不同:

①全孔灌浆时,各工况下,土体被劈开后孔壁所受压力如图 6.7-17 所示。

②分段灌浆时,根据钻孔的深度分为两段,上段长 31.95m,下段长 39.75m,上段用套管护壁,且用阻浆塞防止浆液渗入上段,灌注下段时,浆液只在下段范围内循环,浆柱高度为 39.75m。实际劈裂灌浆施工中,当坝体从下段被劈开以后,裂缝会沿套管自下部直至坝顶,此时浆脉也会随裂缝的开展而进行填充,所以,虽然套管将上段隔开,但是浆液仍然能够从套管外壁延伸至坝顶,坝顶处浆液压力为 0。套管底部和顶部的泥浆压力均已知,根据这两个边界条件,上段孔壁各高程处压力可以线性内插得到,劈开后孔壁受力如图 6.7-18 所示。

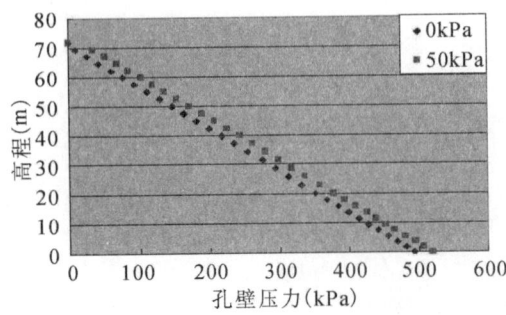

(a)Core 1、2 Homo 1、2 工况孔壁压力

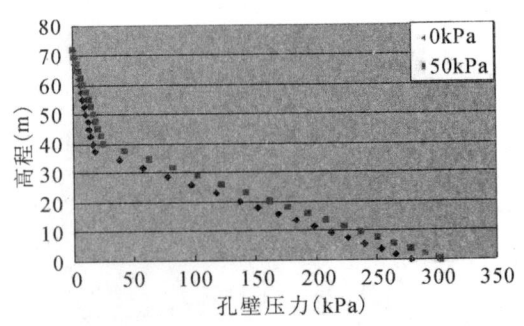

(a)Core3、4 Homo3、4 工况孔壁压力

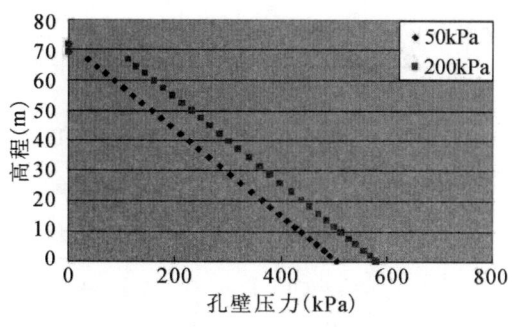

(b) Core5、6 Homo5、6 工况孔壁压力

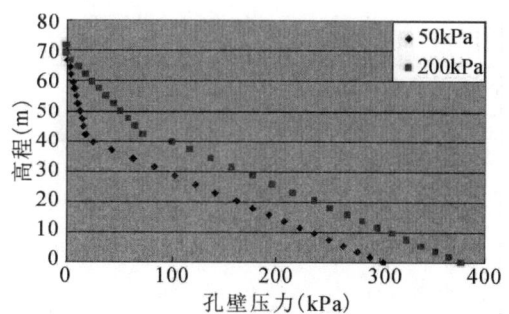

(b) Core7、8 Homo7、8 工况孔壁压力

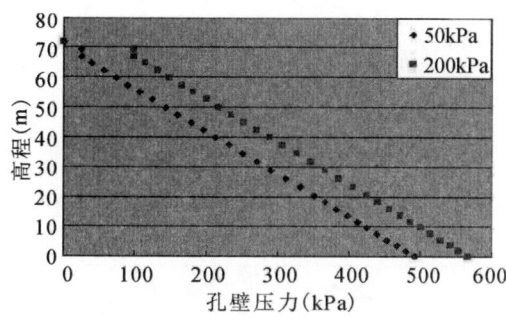

(c) Core9、10 Homo9、10 工况孔壁压力

图 6.7-17　全孔灌浆条件下各工况孔壁压力

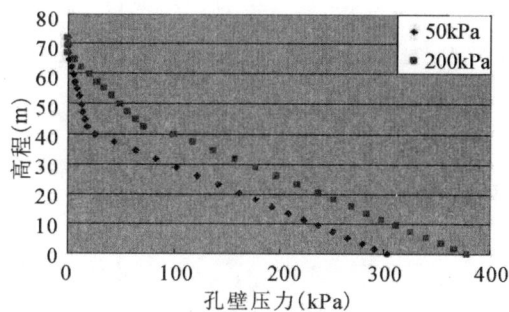

(c) Core11、12 Homo11、12 工况孔壁压力

图 6.7-18　分段灌浆条件下各工况孔壁压力

(4) 计算结果

各工况计算结果见表 6.7-7、6.7-8。

心墙坝最危险滑移面见图 6.7-19，均质坝最危险滑移面见图 6.7-20。

表 6.7-7　　　　　　　　　　　心墙坝稳定计算结果

工况分类	盖头长度	灌浆方法	孔口压力	最小安全系数
Core 1	1.0m	全孔灌浆	0kPa	1.181
Core 2			50kPa	1.174
Core 3		分段灌浆	50kPa	1.253
Core 4			200kPa	1.247
Core 5	3.0m	全孔灌浆	50kPa	1.294
Core 6			200kPa	1.276
Core 7		分段灌浆	50kPa	1.333
Core 8			200kPa	1.320
Core 9	5.0m	全孔灌浆	50kPa	1.335
Core 10			200kPa	1.321
Core 11		分段灌浆	50kPa	1.385
Core 12			200kPa	1.326

表 6.7-8　　　　　　　　　　　　　　均质坝稳定计算结果

工况分类	盖头长度	灌浆方法	孔口压力	最小安全系数
Homo 1	1.0m	全孔灌浆	0kPa	1.118
Homo 2	1.0m	全孔灌浆	50kPa	1.072
Homo 3	1.0m	分段灌浆	50kPa	1.250
Homo 4	1.0m	分段灌浆	200kPa	1.243
Homo 5	3.0m	全孔灌浆	50kPa	1.215
Homo 6	3.0m	全孔灌浆	200kPa	1.080
Homo 7	3.0m	分段灌浆	50kPa	1.304
Homo 8	3.0m	分段灌浆	200kPa	1.277
Homo 9	5.0m	全孔灌浆	50kPa	1.298
Homo 10	5.0m	全孔灌浆	200kPa	1.296
Homo 11	5.0m	分段灌浆	50kPa	1.349
Homo 12	5.0m	分段灌浆	200kPa	1.326

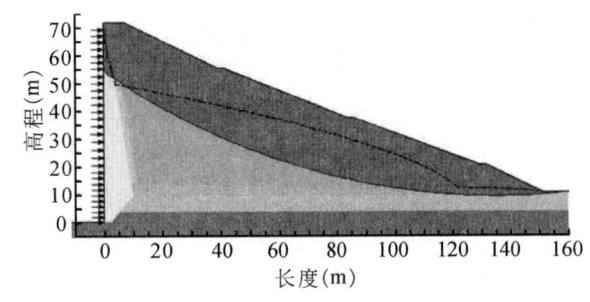

图 6.7-19　Core 2 工况最危险滑弧(1.174)

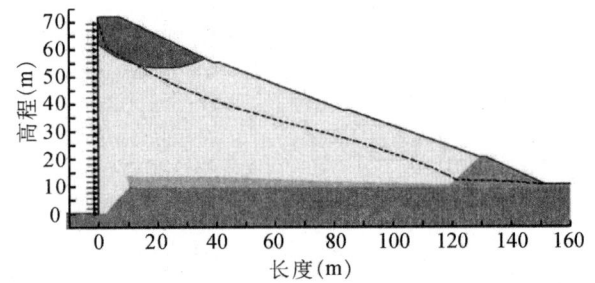

图 6.7-20　Homo 2 工况最危险滑弧(1.072)

(5)计算结果分析

从表 6.7-7 与表 6.7-8 可以得出以下结论：

①不论心墙坝还是均质坝，不论采用分段法还是全孔法灌浆，也不论灌浆盖头的长度是多少，在小的孔口压力下，总能获得更大的安全系数。亦即随着孔口压力的增加，坝坡会趋于危险，这与常规的灌浆实践认识一致。

②不管在何种工况下，采用分段法施工工艺均能提高坝坡的稳定性。说明在劈裂灌浆施工中采用分段法施工工艺是有意义的。

③各种工况下，心墙坝坝坡稳定安全系数不但不小于均质坝，反而均高于均质坝，即劈裂灌浆施工期心墙坝有着比均质坝更高的稳定性，从安全角度说明了劈裂灌浆技术对于心墙坝适用性。

④从表中数据可知，不论在心墙坝还是均质坝，劈裂灌浆施工期坝坡稳定性均随着灌浆盖头深度的增加而提高，说明灌浆盖头具有提高坝坡稳定性的作用，灌浆盖头越长，对提高坝坡稳定越有利。

⑤从图示各工况下最危险滑弧形式可知：滑坡有浅层也有深层，但大部分坝坡滑移都是从坝顶往下一定深度的整体滑移，这和劈裂灌浆实践中产生的滑坡形式相吻合，说明在土石坝中进行劈裂灌浆施工时，最危险的是靠近坝顶处的坝坡，因为此段坝体较薄且相对较陡，在较小的侧向压力作用下就可能产生较大的横向位移，而导致整体滑动。下部坝体会受到更大的侧向压力，但是下部坝体也有着更高的抗滑

强度,所以,在劈裂灌浆施工期,坝顶孔口处的保护是至关重要的。

⑥灌浆盖头,不仅能降低坝后浸润线,同时能消除盖头段灌浆压力,也即坝顶处压力,从而能有效提高坝体稳定性。分段法灌浆的效用与灌浆盖头相似,但是不如灌浆盖头明显。

2.6 小结

本文首先从劈裂灌浆的技术机理入手,全面深入地论证了劈裂灌浆技术应用于心墙坝的理论可能,接着利用岩土工程专业软件 Geo-studio2004 中的 SEEP/W、SLOPE/W 模块分别模拟了均质坝和心墙坝劈裂灌浆施工期的坝体渗流以及坝坡稳定,根据坝坡失稳形式特点,针对高坝尤其是高心墙坝,提出了劈裂灌浆施工时的一些控制措施,并利用 Geo-studio2004 对这些控制措施的作用功效进行数值模拟分析,得出以下结论:

①根据劈裂灌浆技术工艺特点,从理论上论证了劈裂灌浆技术对于心墙坝的可行性。

②通过数值模拟得出结论:劈裂灌浆施工期,相同工况下,心墙坝的坝坡稳定性优于相同边坡外形的均质坝,从安全角度说明了劈裂灌浆技术对于心墙坝的适用性。

③高坝劈裂灌浆施工期坝坡失稳形式主要是从坝顶往下一定深度(5~20m)的整体滑移,这种深度随着顶部压力的升高而增加。

④高坝劈裂灌浆施工控制措施中的分段灌浆以及灌浆盖头均有益于灌浆期间坝体稳定性的提高。两种方案均能降低坝顶处的孔壁压力,降低坝后浸润线,而且分段灌浆能够调整起始劈裂点位置,保证坝体底部的灌浆效果,灌浆盖头能吸收坝顶处灌浆压力,延缓坝顶裂缝产生,提高灌浆期坝坡稳定。

3 劈裂灌浆加固前后的情况对比分析

3.1 坝坡渗漏状况

加固前,在某些高水位下大坝曾出现严重渗漏现象:

(1)1980年水库运行首次接近正常蓄水位,并第一次由溢洪道泄洪。1980年8月2日水库水位245.16m,发现大坝右岸坝段桩号0+071和0+091,227.00m高程处有2处渗水点,左岸坡段桩号0+581~0+656,高程222.50m处有5处出现严重渗水现象。

(2)1991年7月10日,水库水位高达249.38m,大坝除了桩号0+071和0+091高程227.00m处老渗水点外,又在左岸坡段桩号0+581~0+656,高程222.50m处出现5处严重渗水点,而且在反滤坝左岸接头处出现了2处渗水点,反滤坝脚附近的电站围墙外(桩号0+220)有3处管涌,均为清水带砂。

(3)1999年6月28日水库水位快速升至245.76m,在原1991年渗水点部位出现3处管涌,也是清水带砂,此次地面积水深达0.3~0.4m。

加固后,2005年至2008年间水库水位一直较低,坝后干燥,未见任何渗漏现象。2008年8月~10月,水库水位迅速上升,最高时达247.15m,在这期间,大坝背水坡未见任何渗漏现象,在加固前此高水位情况下曾出现渗水和管涌等渗漏现象的地方均干燥无任何异常,直观体现了劈裂灌浆加固对于坝体防渗能力的提高。

3.2 坝体裂缝情况

3.2.1 加固前

根据资料[1],水库大坝自施工至加固前,坝体心墙曾出现多次裂缝:

1975年3月至4月施工期间,大坝出现4次纵向裂缝,在桩号0+183.4~0+289.3,高程196.00~216.00m,裂缝宽度一般为3~15mm,最大宽度为60mm。

1975年6月至8月,心墙裂缝变得更加严重和复杂,从桩号0+104.8～0+504.8长400m的范围内,出露到地表的裂缝有25条,最大缝长达175m。

1976年12月大坝工程竣工后,坝面出现4次纵向裂缝:第一次1977年4月的一次大雨后,在0+070～0+570间的坝面出现10条裂缝,最大宽度达80mm;第二次1979年在桩号0+006～0+040,0+335.8～0+346.3发现裂缝两条,最大缝宽为6mm;第三次1980年8月在桩号0+177～0+362之间发现裂缝3条,最大缝宽6mm;第四次1983年8月在桩号0+187.8～0+193.7,0+330～0+331.9间发现心墙轴线和下游顶面有2条裂缝,宽度为2mm。

为查明心墙裂缝的分布,相关人员于1999年11月在桩号0+244处开挖探井至239.00m高程处,探井直径1.5m,深17.5m,探明裂缝情况如下:

①在探井距心墙轴线下游井壁处出现侧向裂缝1条,缝宽2mm,缝长40cm,从高程252.50m挖至252.00m时,此缝消失。

②挖至高程252.00m时,发现心墙轴线上游36cm处有1条纵向裂缝贯穿探井,缝宽1mm,至251.80m高程时消失。

③在高程251.70m,靠近心墙轴线下游23cm处出现1条纵向贯穿裂缝,缝宽6～10mm,挖至251.20m高程时,缝宽逐渐扩大到12mm,到250.50m高程时消失。

④11月9日挖至250.40m高程时,距心墙轴线上游25cm处出现纵向贯穿探井裂缝,缝宽8～18mm,到11月10日缝宽增大到18～25mm;挖至249.50m高程时,缝宽逐渐减少到10mm,到248.00m高程时消失。

⑤挖至244.30m高程时,在心墙轴线上游30cm处发现1条长约40cm的纵向裂缝。

⑥在244.00m高程,心墙轴线上游35cm、25cm、5cm处发现3条纵向贯穿探井的裂缝,缝宽1～2mm。

⑦在243.20m高程,轴线上游48cm、40cm、20cm及下游15cm处发现4条贯穿探井的纵向裂缝,缝宽1mm,在240.50m高程处消失。

⑧在240.20m高程,发现探井底部整个土层有水平光滑层面,而且透水,黏土出稀泥,含水量较大。

3.2.2 加固后

加固后,为了检验劈裂灌浆效果,现场开挖了3个探井,探井开挖情况如下:

①1号探井位于桩号0+116～0+120,长×宽=4m×2m,井深4m。开挖后在心墙上游20cm处出现一条浆脉,宽30～40mm,浆脉密实且连续,呈软塑状,无夹砂层,浆脉与两侧土体结合情况较好,未见裂缝,两侧土体被挤压密实,开挖难度明显大于浆脉远处土体。

②2号探井位于桩号0+460～0+462,长×宽×深=3m×2m×2m,开挖后在心墙上游30cm处出现浆脉,浆脉宽20～30mm,浆脉密实且连续,呈软塑状,无夹砂层,浆脉与两侧土体结合情况较好,未见裂缝,两侧土体被挤压密实,开挖难度明显大于浆脉远处土体。

③3号探井位于桩号0+622～0+624,长×宽×深=1.5m×2m×4m,开挖后在心墙上游40cm处坝轴线方向上有两条连续的纵向浆脉,浆脉呈软塑状,无夹砂层,浆脉宽分别为40～50mm和30～40mm,浆脉与两侧土体结合情况较好,未见裂缝,两侧土体被挤压密实,开挖难度明显大于浆脉远处土体。

从探井的开挖情况可知:在探井开挖深度范围内,没有看到裂缝,与灌浆前开挖探井所见裂缝较多相比,说明劈裂灌浆有效地填充和密实了大坝心墙内裂缝,有效弥补了坝内局部土区的小主应力不足,降低了应力水平,从而增强了坝体的稳定性,起到了加固效果;在心墙上游20～40cm范围内,三个探井内都看到了纵向浆脉,且浆脉连续均匀,说明施工所用灌浆方法和控制措施是合理可行的;根据浆脉走向和形态分析,大坝心墙内已形成一道垂直连续防渗体,浆脉厚度随坝体质量和部位不同而自动调整。从现场开挖情况说明防渗体两侧土体也得到了密实,防渗浆脉与两侧土体紧密结合,这样就形成了一个以主浆脉为防渗主体,两侧压密土体为辅助防渗体的综合防渗带,有效提高了大坝的抗渗能力,起到了应有的加固效果。

3.3 心墙渗透系数变化

加固前的可行性研究阶段对心墙土体的渗透性进行了106个样品的室内试验,其中102个试样的渗透系数 K 在 $9.35\times10^{-5}\sim3.24\times10^{-5}$ cm/s 之间,平均值为 6.32×10^{-5} cm/s,占96%;2个试样渗透系数的平均值为 2.93×10^{-3} cm/s;另外2个试样渗透系数的平均值为 8.27×10^{-7} cm/s。

随后的初步设计阶段取48个心墙土样进行室内渗透系数试验,其中25个试样的渗透系数在 $9.9\times10^{-5}\sim2.4\times10^{-5}$ cm/s 之间,约占52.1%;有21个试样渗透系数在 $6.9\times10^{-4}\sim1.0\times10^{-4}$ cm/s,约占43.8%;还有2个试样渗透系数分别为 1.0×10^{-3} cm/s 和 4.2×10^{-6} cm/s。

加固后,为了检查坝体内浆脉的分布情况,先后布置检查孔23个,钻孔情况见表6.7-9。钻进过程中每3~5m取样一个,对灌浆后心墙土料和浆脉进行了物理实验。共取浆脉样4组进行渗透系数试验,浆脉的渗透系数范围值为 $6.35\times10^{-8}\sim1.67\times10^{-7}$ cm/s,平均值为 1.24×10^{-7} cm/s。心墙土样渗透系数范围值为 $6.94\times10^{-7}\sim4.54\times10^{-6}$ cm/s,平均为 2.62×10^{-6} cm/s,比加固前的渗透系数降低了一个数量级以上。由此可见,劈裂灌浆不仅能够在坝体形成渗透系数极小的浆脉,还能提高浆脉附近土料的防渗性能,对坝体进行防渗补强的同时又加强了原坝体土料的防渗性能,最后形成了以防渗浆和浆脉两侧土体的综合防渗带,显著提高坝体防渗性能。

表6.7-9　　　　　　　心墙灌浆检查孔钻孔情况表(加固后2008年)

检查孔孔位	心墙孔深(m)	浆脉高程(m)	浆脉长度(m)	心样,浆脉性状
0+015	15.6	▽253~▽242.4	10.6	呈塑状
0+051	45.50	▽228.5~▽223.5	5.0	呈软塑状,无夹砂
0+117	58.1	▽243~▽242,▽225.5~▽220.5,▽216.3~206	13.3	少量泥浆
0+151	62.8	▽241~▽240,▽225.3~▽217.5,▽208.1~200.5	16.4	缩孔,泥浆软塑状
1+191	65.2	▽246.9~▽246.0,▽213.7~212.7,▽203~202	2.9	缩孔,泥浆软塑状
0+249	67.0	▽221.5~▽221,▽210.5~206.5,▽193.5~192	6.0	少量泥浆
0+275	68.1	▽217.5~▽213,▽197.5~▽196.5	5.3	缩孔,泥浆软塑状
0+325	70.5	▽224.5~▽220.5	4.0	缩孔,泥浆软塑状
0+335	70.1	▽224.0~▽219,▽214~▽207.3	11.7	缩孔,泥浆软塑状
0+405	67.60	▽198.9~▽196.1	2.8	少量泥浆,塑状
0+449	64.60	▽254.5~▽251.2	3.3	缩孔,泥浆软塑状
0+475	59.5	▽251~▽249.5,▽216.5~▽211.5	6.5	黏土心样较软,少量泥浆
0+511	45.5	▽228.5~▽223.5,	5.0	少量泥浆
0+541	42.00	▽230.6~▽228,▽216.9~▽192.9	5.0	黏土心样较软,少量泥浆
0+611	45.10	▽215.9~▽211.4	4.5	少量泥浆
0+633	45.7	▽234~▽231,▽217~▽212	8.0	泥浆软塑状

续表

检查孔孔位	心墙孔深(m)	浆脉高程(m)	浆脉长度(m)	心样,浆脉性状
0+645	43.8	▽216～▽215	1.0	缩孔
0+663	44.7	▽226.5～▽221.5	5.0	少量泥浆,塑状
0+675	44.2	▽234～▽231,▽217～▽214	6.0	少量泥浆
0+715	42.4	▽232～▽225.5	6.5	泥浆软塑状
0+755	41.1	▽227.5～▽226.4	1.1	泥浆较软
0+789	39.0	▽239.9～▽236.9	3.0	少量泥浆,塑状
0+837	21.8	▽253.5～▽234.7	18.8	缩孔,泥浆塑状

3.4 加固前后坝后渗流量[20]

自大坝加固至2007年,坝后渗流量监测数据缺失,直至2008年恢复监测。考虑2008年库水位的情况以及加固前渗流量监测数据的连续性,选择加固前1991年坝后渗流量监测数据与加固后的2008年渗流量进行对比分析,以评价劈裂灌浆的加固效果。

图6.7-21、图6.7-22分别为1991年和2008年库水位-渗流量的过程线。

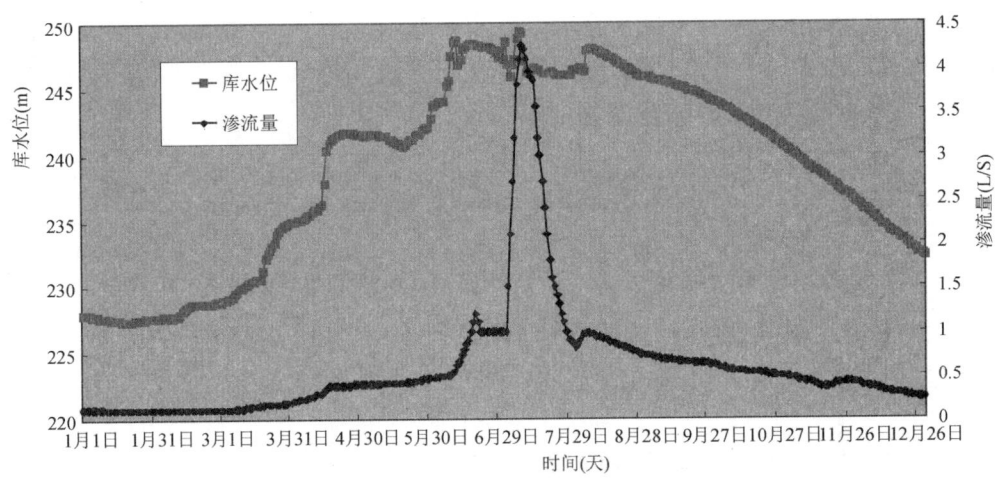

图6.7-21 1991年库水位-渗流量过程线(加固前)

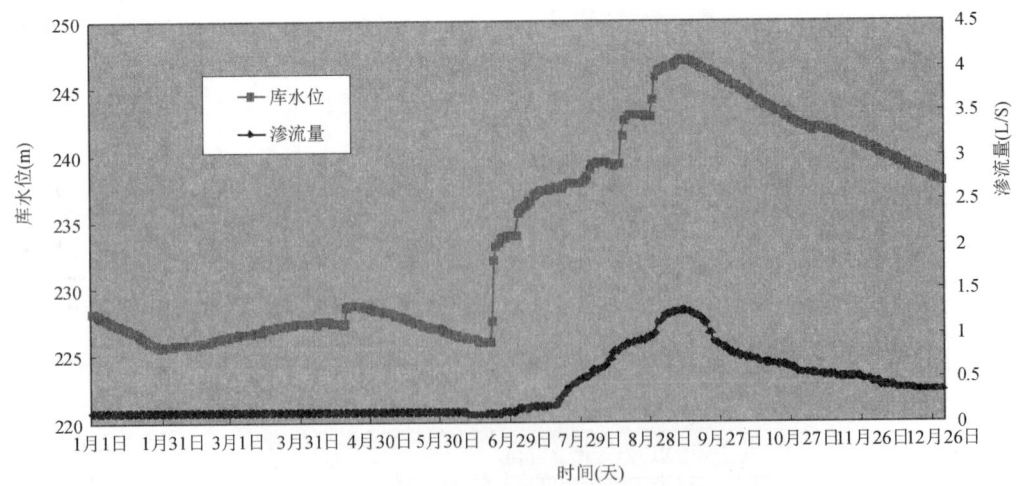

图6.7-22 2008年库水位-渗流量过程线(加固后)

从图 6.7-21、图 6.7-22 可见,加固前后坝后渗流量均随库水位的升高而增加。库水位变化比较稳定期间,在水位相同情况下,加固前的坝后渗流量约为加固后坝后渗流量的 1.2 倍;库水位变化较大期间,在同等水位增量情况下加固前的坝后渗流量曲线斜率大于加固后坝后渗流量曲线斜率。加固前,1991 年库水位最高为 249.30m 时,坝后渗流量高达 4.25L/s,且出现严重渗漏现象。加固后,2008 年库水位最高为 247.15m 时,坝后渗流量为 1.2L/s,坝后未见任何渗漏现象,虽然加固后的最高水位较加固前的最高水位低了 2m,但是坝后的渗流量却只有加固前的 28%。以上几组结果有力地证明了劈裂灌浆加固后坝体防渗性能的改善,体现了劈裂灌浆的加固效果。

3.5 坝体浸润线

浸润线是坝体防渗效果的直接体现,浸润线的控制是大坝防渗的最重要目的。为了评价劈裂灌浆防渗技术的加固效果,选取相同水位条件下大坝典型断面加固前后的浸润线进行对比。根据原有测压管位置和新设测压管位置,选取原河道主河槽内桩号 0+150、0+364、0+475 断面新设测压管,分别与桩号 0+137、0+378、0+460 断面原有测压管监测数据进行对比分析。2008 年大坝安全监测设施安设大坝测压管检测数据比较完善,加固前水库测压管监测资料 1982—1997 年间连续性较好,根据加固前后测压管监测数据的连续性以及库水位的相近性,选用 1991 年测压管数据进行对比。选两个水位进行对比,一个是较高的 246.51m,另外一个是 233.85m。测压管监测数据见表 6.7-10 及 6.7-11。浸润线对比见图 6.7-23。

从图 6.7-23 可知,不论是在高水位还是低水位,加固后的大坝在库水位略高于加固前库水位的情况下,三个相近断面所测浸润线均比加固前所测坝后浸润线有所降低,且降低幅度比较明显,充分说明了大坝经劈裂灌浆加固后防渗性能的改善。

表 6.7-10 大坝加固前后测压管水位对比(加固后 2008 年)

加固前(1991 年)			加固后(2008 年)		
库水位:246.31m(1991.7.20)			库水位:246.51m(2008.9.3)		
桩 号	坝轴距(m)	测点水位(m)	桩 号	坝轴距(m)	测点水位(m)
0+137	0	230.06	0+150	0	230.08
				12	210.67
	17	219.94		39	208.05
	62	214.50		83	203.47
	112	203.84		128	200.36
0+378	0	233.00	0+364	0	230.80
				12	200.19
	17	209.48		39	196.85
	62	197.00		83	196.49
	112	196.03		128	196.03
0+460	0	231.99	0+475	0	230.08
				12	195.90
	17	206.15		39	205.13
	62	202.60		83	201.64
	112	196.53		128	195.48

表 6.7-11　　　　　　　　　　　大坝加固前后测压管水位对比（加固后 2009 年）

加固前（1991年）			加固后（2009年）		
库水位：233.81m（1991.12.20）			库水位：233.85m（2009.3.25）		
桩 号	坝轴距(m)	测点水位(m)	桩 号	坝轴距(m)	测点水位(m)
0+137	0	231.99	0+150	0	230.08
	17	213.82		12	206.32
	62	210.20		39	204.73
	112	203.24		83	203.04
				128	198.65
0+378	0	233.99	0+364	0	231.72
	17	206.09		12	200.27
	62	195.20		39	196.61
	112	194.54		83	196.41
				128	196.02
0+460	0	232.07	0+475	0	230.08
	17	203.74		12	202.32
	62	201.50		39	203.12
	112	194.79		83	200.45
				128	195.48

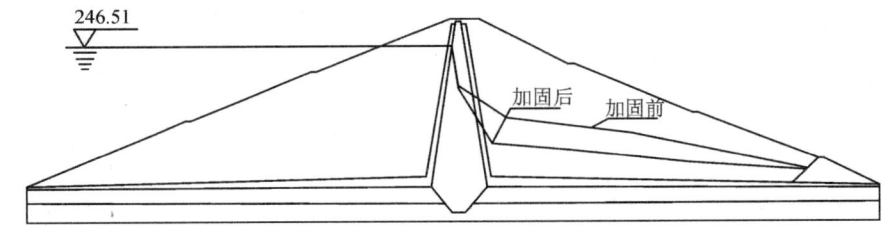

图 6.7-23(a)　加固前桩号 0+137 水位 246.31m 与加固后桩号 0+150 水位 246.51m 浸润线对比

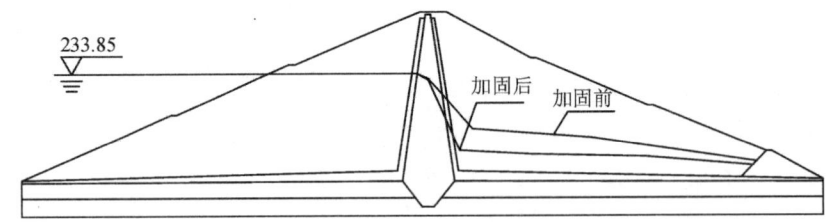

图 6.7-23(b)　加固前桩号 0+137 水位 233.81m 与加固后桩号 0+150 水位 233.85m 浸润线对比

3.6　灌浆量分析

灌浆工程于 2003 年 8 月开工，至 2005 年 5 月结束，完成工程量见表 6.7-12。

从表 6.7-12 可知：主排孔灌浆量大于副排孔灌浆量（5838.9 t＞3979.8 t）；主副排孔Ⅰ序孔灌浆量均大于Ⅱ序孔灌浆量（693.0 kg/m＞398.8 kg/m、418.6 kg/m＞307.0 kg/m）。

随着灌浆次数的增加，灌浆量呈现递减趋势，这说明随着灌浆量的增加，坝体变得更加密实，起到了加固坝体的作用。

表 6.7-12　　　　　　　　　　　　　灌浆工程量统计表

孔 序		孔 数（个）	灌浆进尺（m）	注入干土（kg）	平均单位注入量（kg/m）
主排	Ⅰ	106	5328.78	3692906	693.0115
	Ⅱ	107	5380.71	2146016	398.8351
副排	Ⅲ	110	5501.29	2303250	418.6745
	Ⅳ	108	5459.95	1676308	307.0189
合计		431	21670.73	9818480	453.0756

张家咀水库劈裂灌浆采用了分段法施工工艺，前节从坝坡稳定的角度验证了分段法的优势，为了更加充分和全面地介绍分段法工艺的特点，现从灌浆量来对分段法进行简单的研究。

大坝劈裂灌浆施工前进行了劈裂灌浆试验，在桩号 0+569—0+595 之间单排布孔，分三序施工，孔距分别为 1.5m、2.0m 和 3.0m，共钻孔 13 个，试验中严格记录上下段灌浆量，具体工程量如表 6.7-13 所示。

由表 6.7-13 可见：随着灌浆的进行，后序孔的全孔总灌入量和单位孔深灌入量有逐渐减少的趋势，说明随浆液的灌入，坝体被充填挤密而加固。

在三序孔中，Ⅰ孔下段灌浆量为 52897kg，上段灌浆量为 32531kg；Ⅱ孔下段灌浆量为 25812kg，上段灌浆量为 6221kg；Ⅲ孔下段灌浆量为 41481kg，上段灌浆量为 10102kg，总体趋势是下段灌入量远大于上段灌入量，说明在分段灌浆中，能够保障钻孔底部有足够的吃浆量，而这是全孔灌浆的难点，也是劈裂灌浆技术的重点，体现了分段法灌浆工艺的特点和优势。

表 6.7-13　　　　　　　　　　　灌浆试验阶段分段法灌浆量统计表

序号	孔号	灌浆分段	段 长（m）	注入量（kg）	单位注入量（kg/m）	全孔注入量（kg）	全孔单位注入量（kg/m）
Ⅰ	1	上段	22.00	352	16.0	23327	560.4
		下段	23.20	24976	1076.0		
	5	上段	23.50	462	19.7	698	15.4
		下段	21.80	236	10.8		
	9	上段	22.50	17942	797.4	18031	398.9
		下段	22.70	89	3.9		
	13	上段	21.80	13775	639.1	41344	921.8
		下段	23.05	27569	1196.1		
Ⅱ	3	上段	23.00	157	6.8	1397	30.9
		下段	22.20	1240	55.9		
	7	上段	22.10	220	10.0	439	9.7
		下段	23.10	219	9.5		
	11	上段	23.00	5844	254.1	30197	668.8
		下段	22.15	24353	1099.5		

续表

序号	孔号	灌浆分段	段长(m)	注入量(kg)	单位注入量(kg/m)	全孔注入量(kg)	全孔单位注入量(kg/m)
Ⅲ	2	上段	22.50	334	14.8	7161	158.4
		下段	22.70	6827	300.7		
	4	上段	22.50	204	9.1	542	12
		下段	22.70	338	14.9		
	6	上段	22.00	4860	220.9	16781	371.3
		下段	23.20	11921	513.8		
	8	上段	21.50	3396	158.0	14017	209.4
		下段	23.80	10622	446.3		
	10	上段	23.00	401	17.4	3762	83.2
		下段	22.20	3361	151.4		
	12	上段	22.00	907	41.2	9319	206.6
		下段	23.10	8412	364.2		

3.7 效果综合评价及结语

分别从坝后渗流状况、坝体裂缝、心墙渗透系数、坝后渗流量、浸润线以及灌浆量等6个方面对大坝的劈裂灌浆效果进行了分析评价,得出结论:劈裂灌浆在坝体心墙内形成了一道垂直连续的浆体防渗帷幕,并将与帷幕联通的裂缝、孔隙、洞穴等充填,同时将帷幕两侧土体挤压密实,形成了一个以浆脉为防渗主体,浆脉两侧压密土体为辅助防渗体的综合防渗带,有效解决了坝体的渗流稳定和变形稳定问题。劈裂灌浆技术,在改善坝体防渗性能的同时,提高了坝体稳定性。

4 水库大坝安全量化评价研究

4.1 水库大坝安全评价发展现状

我国水库大坝数量众多,共有8万多座,其中也有一定数量的大坝存在缺陷和隐患,若这些缺陷和隐患得不到及时的诊断、评价和处治,任其恶化,轻则影响水库设计功能的发挥,重则可能造成坝溃厂毁,殃及下游,给人民的生命财产和国民经济建设带来极大的灾难,直接影响生态环境和社会的稳定。1987年以前,我国只有少数几座坝做过安全评价,而且一般只着重针对某一单项进行分析评价。从1987年开始,我国逐步对每一座大中型大坝开展安全评价工作,其覆盖面之广,触及问题之复杂,都是史无前例的。至1998年底,共完成了96座大坝的首轮安全评价。至2001年底,又完成了48座大坝的二轮安全评价。通过安全评价,掌握了大坝的主要缺陷和隐患,廓清了某些重大工程疑难技术问题,确定了消缺除险的关键项目,为进一步处理与加固打下了坚实的基础。在实践中经过总结和探索,各项评价技术有了进一步提高,大坝安全评价系统不断得到了充实和完善。水利部出台了《水库大坝安全鉴定办法》(水建管[2003]271号)和《水库大坝安全评价导则》(SL258—2000)(以下简称《导则》)[7]。

目前,我国对水库大坝进行安全评价和鉴定,主要的依据就是《导则》。根据《导则》的规定,依据大坝的现状,追溯到勘测、设计、施工和运行全过程,从工程质量评价、大坝运行管理评价、防洪安全评价、结构安全评价、渗流安全评价、抗震安全评价、金属结构安全评价等7个方面的内容对大坝进行综合评价,从而确定大坝的安全等级[21]。但是,该评价方法主要以定性评价为主,难于用量化的指标评价大坝实际工况,在某些方面仍带有一定模糊性[22]:

(1)各专题内容中,A、B、C三级分级偏粗,虽然可以满足区分是否存在病险,但还不能满足病险严重程度判断的需要。

(2)目前的评价方法分A、B、C三个级别是定性评价尚未定量,难以实现工程性态的整体综合定量评价。

(3)大坝分类界限模糊。7个专题内容中,每个专题对大坝病险程度的贡献应该是有所区别的,即其权重应该是不一样的,且可能有A、B、C多种组合,同时C级,病险的严重程度可以不一样,不同数量的C级,病险严重程度的区别难以评价[23][24]。

(4)目前没有合适的除险加固效果评价方法,对于大坝除险加固效果评价也只能是采用《导则》所定的评价体系进行,由于该评价方法为定性方法,对除险加固效果的评价也难以达到较为明确的效果,更难达到定量的程度。

随着我国病险水库除险加固的不断深入和综合评价技术的不断完善,目前的大坝安全及除险加固效果评价技术已不能满足要求,应该在现有基础上进行进一步完善,实现大坝安全及除险加固效果的量化评价。量化评价重点突出了量化理论,通过量化的方法,减少人为因素,实现由量化数值来较为精确的评价水库大坝安全状态及除险加固效果。

4.2 水库大坝安全量化评价理论

4.2.1 量化评价的指标体系

影响大坝安全的因素多而复杂,对评价指标的拟定则是定量研究土石坝安全评价的基础,其拟定是否得当,直接关系到研究指标权重的意义和最终评价结论是否可靠。现有的大坝安全评价体系经过多年的应用,在我国大坝安全管理和除险加固中的作用已得到证明。因此,在现有的大坝安全评价体系基础上总结归纳出一套大坝量化评价指标是必要和可能的。

所谓量化,从通俗意义上说,就是通过数值度量的方式将目标精确表达出来。而在水库大坝安全评价过程中,许多工程性态的评价难以直接用量化值来表示,而主要是通过专家根据其经验,得出一些定性的评价,这种评价方式对评价人员的专业知识要求较高,而且评价结果因人而异,会有一定的差异。

而要将定性评价转化到用数值表示,主要可以采用评分法,即将评价目标分为多个等级,每个等级采用一定的数值表示。例如,如果将评价等级分为五个等级,采用10分制描述,即可将这五个等级由高到低依次用10—8、8—6、6—4、4—2、2—0来表示。这种描述在数学意义上说,对评价目标是一种线性描述,并不适用于所有评价目标,可以说是,只是完成了由定性向定量的转变。因此还需通过一定的数学模型,将10分制的评价值,转化为与所评价目标的性态相适应的发展模式。

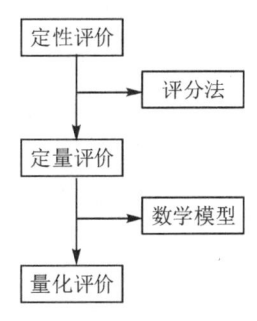

图6.7-24 定性—量化转化过程结构图

由定性向量化的转化,可以采用两步法,即通过评分值,完成定性到定量的转化,然后采用一定的数学模型,完成由定量到量化的转化,最终达到量化评价的目的。具体转化过程如图6.7-24。

4.2.2 综合评价方法简介

(1) 综合评价的目的

综合评价一般表现为以下几类问题：①分类，对所研究对象的全部个体进行分类，但不同于复合分组；②比较、排序，直接对全部评价单位排序，或在分类基础上对各小类按优劣排序；③考察某一综合目标的整体实现程度（对某一事物作出整体评价）[22]。除险加固效果量化评价就是属于此类型。

(2) 综合评价的一般步骤

综合评价的步骤一般分为五步：①确定综合评价的目的；②建立评价指标体系；③对指标数据做预处理；④确定各个评价指标的权重；⑤求综合评价值——将单项评价值综合而成。

(3) 综合评价模型的建立方法

由单项评价值建立综合评价模型的方法主要有线性加权综合法、非线性加权综合法、逼近理想点（TOPSIS）方法、模糊综合评价方法等。

①线性加权综合法

$$y = \sum_{j=1}^{m} w_j x_j \text{（式中：} w_j - 权重系数、x_j - 评价值）$$

该法的主要特点为：各指标可以相互补偿（等量补偿），即此升彼降，总的评价值不变；权重系数对评价结果的影响明显，权重大的指标对综合指标作用较大；计算简单，可操作性强。

②非线性加权综合法

$$y = \prod_{j=1}^{m} x_j^{w_j} \text{（式中：} w_j - 权重系数、x_j - 评价值）$$

该法的主要特点：对数据要求较高，指标数值不能为0、负数；乘除法容易拉开评价档次，对较小数值的变动更敏感。其主要适用于各指标间有较强关联性的情况。

(4) 评价体系中权重系数的确定方法

关于确定权重系数的方法很多，主要分为两类：客观赋权法和主观赋权法。

客观赋权法是依据决策矩阵提供的信息来确定，如主成分分析法、熵值法、多目标优化方差法、相关系数法。客观赋权法以客观数据为基础，通过数学处理确定权重，虽然其客观性很强，但是仅仅考虑各数据之间的联系，而忽视了各因素在被评价项目中的地位和作用，并且其要求的信息量较大，很难收集。

主观赋权法是依据各指数的主观重视程度进行赋权的一种方法，如Dephil法、层次分析法（AHP）、环比评分法、二项系数法、模糊数学法等。主观赋权法主要依靠人们的经验和知识确定各因素的相对重要性，虽然在一定程度上反映了实际情况，但是忽视了实测的样本信息，带有很大的主观性和随机性。一旦赋权不实，往往会偏离客观实际。

4.3 量化评价技术

现有水库大坝安全评价方法主要以定性评价为主，在难于用量化的指标来表示大坝的实际工况时，只能依靠专家的经验与已经局部量化的指标相结合的方法，采用专家论证或认可的方式来定性的判断大坝的实际工况，并与现行规程、规范、标准和设计文件的要求进行比较，从而对大坝的安全度作出综合评价。这种综合评价的某些方面还带有一定的模糊性，且三级分级偏粗。为了实现大坝除险加固效果量化评价，首先要实现大坝安全评价的量化评价。因此，应在现有的安全评价技术基础上，对大坝安全评价指标进行深入研究，确定安全评价的主要评价指标，并对评价等级进行进一步细化，实现大坝安全量化评价体系的建立。水库大坝安全量化评价体系框架见图6.7-25。

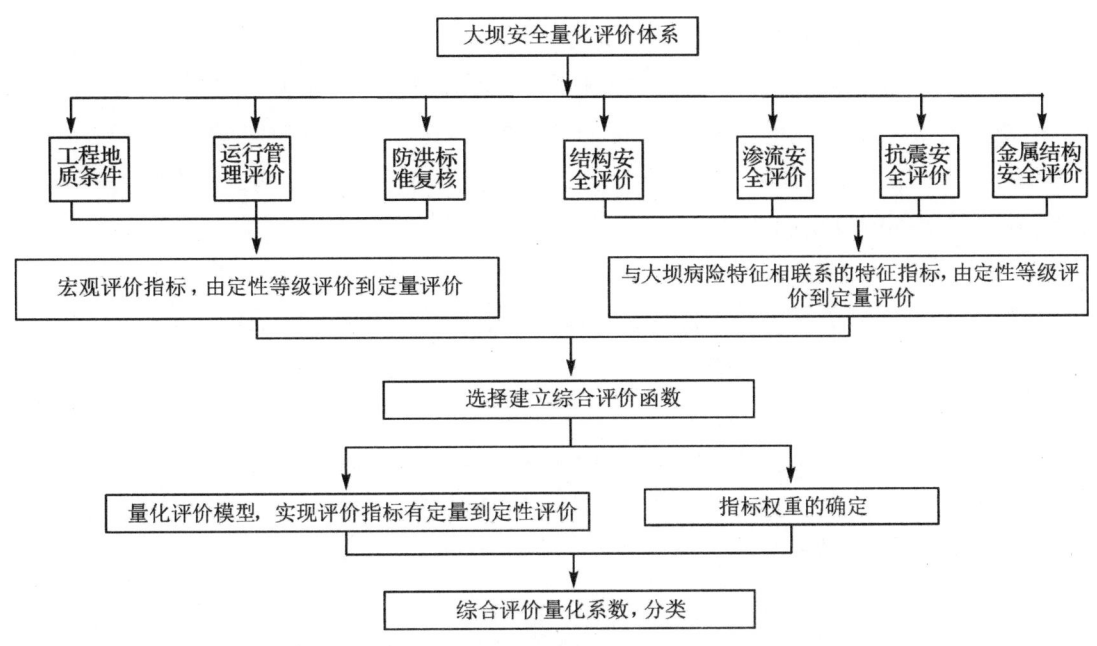

图 6.7-25 水库大坝安全量化评价体系框架图

4.3.1 水库大坝安全评价量化评价指标体系的建立

水库大坝现有安全评价体系，主要是针对水库大坝的防洪能力、抗震能力、大坝结构安全、渗流稳定、金属结构安全、工程质量、运行管理七个分项对大坝安全进行评价。这七个分项为影响大坝工程安全的主要方面，而每个分项下面还包括很多具体内容。为了与原有安全评价体系具有延续性，本次量化评价体系的建立还是以这七大单项为主，将这些单项进一步进行细化研究，引入层次分析模型。评价参数体系由目标层、准则层和因素层组成[24]，七个单项确定为准则层的七个指标（S1－S7），针对准则层的每个指标，依据各指标的主要内容及目的，归纳出各个指标下与工程安全密切相关的因素层评价指标。

通过对因素层指标的评价得到准则层的评价，然后通过建立数学模型，得到最终的水库大坝安全量化评价，形成的水库大坝安全评价层次模型如图 6.7-26。

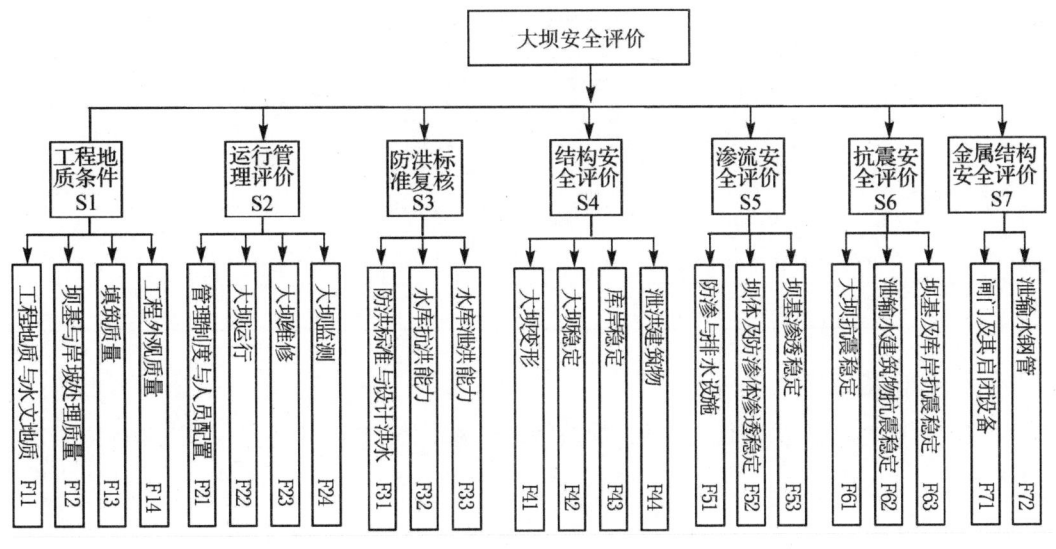

图 6.7-26 水库大坝安全评价指标层次模型

4.3.2 评价指标评价等级的划分

在水库大坝安全评价中,安全等级的划分是评价的基本工作,而水库大坝安全的综合评价又是通过对各评价指标进行等级评价得到的,而评价指标的等级划分,是一个涉及相应规范、现行方法、人类心理活动、实践经验等多方面因素的问题。若等级划分得过少会嫌过于粗略,人为的因素较大;若等级划分得过多,又会是确定等级间的难度和工作量加大。

(1) 规范划分方法

目前,根据《导则》,水库大坝安全评价体系中各评价指标评价等级以 A、B、C 将各评价指标分安全、基本安全和不安全三类。即评价等级集合:$V=\{V_1、V_2、V_3\}=\{$安全、基本安全、不安全$\}$。

(2) 已有方法

目前,除规范规定的等级分类方法外,对新的等级评价分级方法研究的成果较少,尚未形成公认的方法。张国栋、李雷等人[22]提出将大坝安全等级分为 5 个等级来划分,即 $V=\{V_1、V_2、V_3、V_4、V_5\}=\{$安全、基本安全、不安全、很不安全、极不安全$\}$。

(3) 人类心理活动习惯

一些学者曾从人的心理感受分辨能力的角度,研究过两个活动对同一目标的重要性作相互比较时,判断其差异性的定量化标度问题。一般来讲,人们在判断对某一对象的优劣时,比较喜欢将评价标准划分为三级或五级。例如,人们在评价对某一事物的喜好程度时,常常会用"喜欢""一般""不喜欢"三种态度或"喜欢""比较喜欢""一般""不太喜欢""不喜欢"五种态度来表达。

等级划分与判断是主观性比较强的事件,研究表明,将人的主观判断范围限制在较小的区域之内时,主、客观之间的差异性就会减小,主观判断就可能更为合理和准确。因此,从这一角度来看,五级评价比三级评价更符合人的心理对客观事物的判断。

(4) 水库大坝安全评价指标评价集

综上分析,目前规范中的分类还是较为模糊的,将水库大坝工程安全所处的状态归入哪一类,会因个人的工程经验,专业等不同而不同,即使是同一类别,其安全程度上仍然不同。因此将评价指标的评价标准分为五级较为合适。各评价等级的基本判别标准及与规范等级划分对应情况见表 6.7-14。

表 6.7-14　　定性评价等级与评分对应表

工程性态	判别标准	《导则》等级划分
安全	各种安全系数与评价标准均超过规范要求	A
基本安全	各种安全系数与评价标准满足规范要求	B
不安全	部分安全系数或评价标准不满足规范要求	C
很不安全	较多安全系数或评价标准不满足规范要求,一些部位出现异常	
极不安全	很多安全系数或评价标准不满足规范要求,较大部位出现异常	

4.3.3 评价方法研究

水库大坝安全评价标准主要为现行规程、规范标准。根据该工程的特点,对其进行工程性态的评价主要采用以下方法。

(1) 现场巡视及检测

工程质量的外观、大坝监测设施、金属结构的安全情况等因素都可以通过到现场巡视及一些检测方法对其进行评价;

(2)历史资料分析

通过对历史资料及相关勘察、施工的查阅分析,可以评价大坝的工程地质与水文地质、大坝施工质量、水库的管理与人员配置情况、大坝维修情况等;

(3)监测资料分析

通过对监测资料的分析,可以对大坝的变形、渗流等情况进行评价;

(4)数值模拟分析

通过数值模拟计算分析,可以评价大坝的渗透稳定、结构稳定,是大坝安全评价的一项重要手段;

4.3.4 评价指标、评价等级、评价标准研究

水库大坝是一个非常复杂的系统,对其进行安全评价也是一项非常繁杂的任务。根据大坝的特性,研究与大坝工程安全密切相关的各项指标,建立大坝评价指标的层次模型,其关键是要得到准则层的评价值,然后通过综合评价手段即可得到大坝安全的综合评价,即大坝安全评价评语集=MOD{S1、S2、S3、S4、S5、S6、S7}。

通过因素层的评价得到准则层的评价,目前有很多数学方法,如层次分析法、模糊数学方法等。这些方法应用过程较为复杂,且并不完全符合大坝安全各评价指标的评价特性,因此应针对大坝安全各指标不同的工程特性使用合适的评价方法。

准则层七大指标根据其特点又可以分为两类:一类是大坝宏观特征指标,包括工程质量、运行管理、防洪标准三个方面,这一类指标涉及的内容较多,且对于大坝安全性态没有直接影响,采用对其因素层指标进行工程性态等级评价,然后取其平均状态作为准则层工程性态量化评价指标;另一类是与大坝某一方面的病险特征相联系的特征指标,包括结构安全、渗流安全、抗震安全以及金属结构安全4个方面,这一类指标涉及的内容相对明确,主要可通过数值计算分析到其因素层指标安全系数,采用因素层指标与相关规范比较结果直接对准则层进行工程性态等级评价。

4.3.4.1 宏观特征指标评价等级的划分

水库大坝宏观特征指标的评价等级通过其各对其因素层指标进行工程性态量化评价,然后取其平均值作为准则层工程性态等级评价指标。即 S=AVG{F1、F2、F3、F4}。

(1) 工程质量评价

工程质量评价(S1)包含的主要内容为:工程地质与水文地质(F11)、坝基与岸坡处理质量(F12)、大坝填筑质量(F13)、工程外观质量(F14),其评价等级集合 S1=AVG{F11,F12,F13,F14}。

(2) 运行管理评价

运行管理评价(S2)包含的主要内容为:管理制度与人员配置(F21)、大坝运行(F22)、大坝维修(F23)、大坝监测(F24),其评价等级集合 S2=AVG{F21,F22,F23,F24}。

(3)防洪标准复核

防洪标准复核(S3)包含的主要内容为:防洪标准与设计洪水(F31)、抗洪能力(F32)、泄洪能力(F33),其评价等级集合 S3=AVG{F31、F32、F33、F34}。

4.3.4.2 与工程病险特性相关的指标评价等级划分

与水库大坝某一方面的病险特征相联系的特征指标的评价等级,采用其各对其因素层指标进行工程性态评价,根据因素层指标与相关规范比较结果,直接对准则层进行工程性态等级评价的方法,即 S=MIN{F1、F2、F3、F4}。

(1) 结构安全评价

结构安全评价(S4)包含的主要内容为:大坝变形(F41)、大坝稳定(F42)、库岸稳定(F43)、建筑物稳定(F44),其评价等级集合 S4＝MIN{F41、F42、F43、F44}。

(2) 渗流安全评价

渗流安全评价(S5)包含的主要内容为:防渗与排水设施(F51)、坝体及防渗体渗透稳定(F52)、坝基渗透问题(F53),其评价等级集合 S5＝MIN{F51、F52、F53 }。

(3) 抗震安全评价

结构抗震安全评价(S6)包含的主要内容为:大坝抗震稳定(F61)、建筑物抗震稳定(F62)、坝基及库岸抗震稳定(F63),其评价等级集合 S6＝MIN{F61、F62、F63 }。(4)金属结构安全评价

金属结构安全评价(S7)包含的主要内容为:闸门及启闭设备(F71)、泄输水钢管(F72),其评价等级集合 S7＝MIN{F71、F72 }。

4.3.5 评价指标量化评价方法

4.3.5.1 指标定量评价方法研究

通过以上评价手段,根据其评价标准,可以对与水库大坝工程安全密切相关的各项因素进行工程性态评价,将工程性态进行了细化,分为安全、基本安全、不安全、很不安全以及极不安全五类,这样比《导则》中分类进了一步,但水库大坝安全程度的变化是一个连续发展过程,因此,可以采用 0～10 的评分制来连续表示,由定性的等级评价转化到定量评价。目前已经有研究者提出此种方法[25],但其采用的是由安全状态到不安全状态评分逐步增加的方式,与平常评分习惯有所不同,本研究采用与习惯评分法一致的评分方式,水库大坝工程性态由安全状态到不安全状态其评分逐步减小,分值越高代表大坝越安全,5 种工程性态的定义及定量评分与等级评价对应表见表 6.7-15。

各评价项目根据评价存在的问题的标准评分表见表 6.7-16—表 6.7-22。

大坝宏观特征指标评价定量值确定公式如下:

$$S1 = \frac{F11 + F12 + F13 + F14}{4}$$

$$S2 = \frac{F21 + F22 + F23 + F24}{4} \quad (6.7\text{-}10)$$

$$S3 = \frac{F31 + F32 + F33}{3}$$

与水库大坝病险特征相联系的特征指标 $S4$、$S5$、$S6$、$S7$ 评价定量值,根据其因素层指标与相关规范比较结果,直接对其进行评分。

表 6.7-15　　　　　　　　　　定性评价等级与评分对应表

工程性态	判别标准	评分	《导则》等级划分
安全	各种安全系数与评价标准均超过规范要求	8.0	A
基本安全	各种安全系数与评价标准满足规范要求	6.0	B
不安全	部分安全系数或评价标准不满足规范要求	4.0	
很不安全	较多安全系数或评价标准不满足规范要求,一些部位出现异常	2.0	C
极不安全	很多安全系数或评价标准不满足规范要求,较大部位出现异常	0.0	

表 6.7-16　　　　　　　　　　　　　工程质量评价评分标准表

评价项目	评价方法	可能存在的问题	评价标准		综合评价
			定性描述	评分	
S1 工程质量评价	F11 工程地质与水文地质	分析勘察资料,查明水库工程地质与水文地质条件	(1)坝基或坝肩工程地质条件差,渗透性强,存在渗透稳定问题;(2)坝基存在高压缩性土,导致坝基沉陷不均匀或沉陷量过大;(3)坝基存在软弱结构面或软弱夹层,存在抗滑稳定问题;(4)坝基浅部有饱和的沙壤土、粉细砂层或坝壳料为含砂量较高的砂砾石时,在高地震烈度区,存在砂土液化问题;(5)水库地下水或地表水存在水质问题;	工程地质与水文地质条件良好,不存在(1)~(5)中问题	8.0~10.0	四项平均
				工程地质与水文地质条件较好,出现问题可能性较小	6.0~8.0	
				存在1~2项问题	4.0~6.0	
				存在3~4项问题	2.0~4.0	
				5项问题均存在	0.0~2.0	
	F12 坝基与岸坡处理质量	现场巡查并分析历史资料,必要时进行补充勘探和试验	(1)坝基清理不彻底,坝体与坝基接触带透水性较强;(2)防渗体基础清理不彻底,存在透水部位;(3)坝基特殊地质问题(如软弱层、岩溶、涌泉等)的处理不到位,存在安全隐患;(4)岸坡存在稳定问题;(5)岸坡特殊地质问题的处理不到位;	坝基与岸坡处理质量均达到规范要求,且富裕度大	8.0~10.0	
				坝基与岸坡处理质量均达到规范要求,但富裕度不大	6.0~8.0	
				存在1~2项问题	4.0~6.0	
				存在3~4项问题	2.0~4.0	
				5项问题均存在	0.0~2.0	
	F13 填筑质量	现场巡查并分析历史资料	(1)建筑材料的选择、开采和运输;(2)填筑方法与压实标准、结合部的处理与质量;(3)防渗体、垫层、过滤层、反滤层、排水设施及护坡的施工质量;(4)大坝与相邻混凝土、砌石体的连接及其施工质量;(5)安全监测设备的埋设与保护;(6)施工质量控制与质量检测;	实际施工质量均达到规范要求	8.0~10.0	
				存在部分质量缺陷,但不影响工程安全	6.0~8.0	
				存在明显的缺陷,可能导致较严重后果但不会溃坝的事故	4.0~6.0	
				严重不满足规范要求,存在溃坝的可能性	2.0~4.0	
				严重不满足规范要求,非常有可能发生溃坝事件	0.0~2.0	
	F14 工程外观质量	现场巡查并分析历史资料	(1)建筑物尺寸;(2)建筑物美观程度;	工程形体尺寸均满足设计要求,建筑物干净美观	8.0~10.0	
				工程形体尺寸基本满足设计要求	6.0~8.0	
				建筑物尺寸不满足设计要求,存在安全隐患	4.0~6.0	
				建筑物尺寸严重不满足设计要求,存在溃坝的可能性	2.0~4.0	
				建筑物尺寸严重不满足设计要求,非常有可能发生溃坝	0.0~2.0	

表 6.7-17　　　　　　　　　　　　运行管理评价评分标准表

评价项目		评价方法	评价重点	评价标准		综合评价
				定性描述	评分	
S2 运行管理评价	F21 管理制度与人员配置	查阅相关资料	(1)管理制度的制定是否合理;(2)管理制度的执行情况;(3)管理机构的设置;(4)人员的配置;	管理制度与人员配置合理,执行到位	8.0~10.0	四项评分平均值
				管理制度与人员配置情况基本合理	6.0~8.0	
				管理制度与人员配置不合理	4.0~6.0	
				管理制度与人员配置不合理,制度执行不到位	2.0~4.0	
				管理与人员配置十分混乱	0.0~2.0	
	F22 大坝运行	查阅相关资料	(1)水库防洪和兴利调度运用规程的制定是否满足规范要求,是否经上级主管部门批准,执行是否到位;(2)是否建立了水文测报站网及自动测报和预报系统,是否符合相关规范;(3)水文预报方案是否经水库主管部门审定;(4)水库运行大事记是否按规定记录;(5)是否制定应急预案,应急预案是否经过上级主管部门审批;	(1)~(5)项均达到要求	8.0~10.0	
				大部分满足要求,细节不够完善,不影响大坝正常运行	6.0~8.0	
				多个环节不满足要求,大坝运行存在安全隐患	4.0~6.0	
				3~4项不满足要求	2.0~4.0	
				5项均不满足要求	0.0~2.0	
	F23 大坝维修	查阅相关资料	(1)大坝是否按期进行维修、设备维护;(2)大坝维修资料及验收资料是否详细完善;	大坝定期维修,始终在安全可靠状态运行	8.0~10.0	
				大坝存在缺陷未及时维修,但不至于影响大坝安全	6.0~8.0	
				大坝存在严重缺陷未及时维修,存在安全隐患	4.0~6.0	
				大坝存在重大缺陷未及时维修,大坝不能正常运行	2.0~4.0	
				大坝有多项重大缺陷未维修	0.0~2.0	
	F24 大坝监测	查阅相关资料	(1)大坝安全监测系统;(2)大坝安全监测资料整编分析;	大坝安全监测系统先进完善,资料整编分析及时合理	8.0~10.0	
				大坝安全监测系统基本完善,部分监测设施手段落后	6.0~8.0	
				大坝监测系统不能全面反映大坝安全状态	4.0~6.0	
				只有极少的监测措施	2.0~4.0	
				完全没有监测措施	0.0~2.0	

表 6.7-18　　防洪标准复核评价评分标准表

评价项目	评价项目	评价方法	评价重点	评价标准		综合评价
				定性描述	评分	
S3 防洪标准复核	F31 防洪标准与设计洪水	查阅相关资料	(1)水库防洪标准是否满足规范要求;(2)水位观测系列是否及时更新;(3)设计洪水的推求是否正确;(4)调洪计算与特征水位的确定是否正确;	防洪标准与设计洪水采用最新资料确定,超过规范要求	8.0～10.0	各项评分平均值
				防洪标准与设计洪水采用最新资料确定,满足规范要求	6.0～8.0	
				防洪标准与设计洪水低于规范要求	4.0～6.0	
				防洪标准或设计洪水严重低于规范要求	2.0～4.0	
				防洪标准与设计洪水均严重低于规范要求	0.0～2.0	
	F32 抗洪能力	查阅相关资料	(1)坝顶超高、防渗体高程是否满足规范要求;(2)泄洪建筑物挡水物前沿顶部高程安全超高是否满足规范要求;(3)进水口建筑物、进口闸门、启闭机和电气设置工作平台是否满足汛期运用要求;(4)闸门顶高程是否满足挡水要求;	各部位高程及安全超高超过规范要求及挡水要求	8.0～10.0	
				各部位高程及安全超高恰好满足规范要求及挡水要求	6.0～8.0	
				(1)~(4)中有1—2项不满足要求	4.0～6.0	
				(1)~(4)中有2—3项不满足要求	2.0～4.0	
				(1)~(4)均不满足要求	0.0～2.0	
	F33 泄洪能力	查阅相关资料	(1)泄水建筑物过水断面尺寸是否符合规范要求;(2)消能设施是否完善;(3)泄流设施能安全启用;	泄洪能力超过规范要求	8.0～10.0	
				泄洪能力基本满足规范要求	6.0～8.0	
				(2)~(3)中1项不满足要求	4.0～6.0	
				泄洪能力不满足规范要求	2.0～4.0	
				泄洪能力大大低于规范要求	0.0～2.0	

表 6.7-19　　结构安全评价评分标准表

评价项目	评价项目	评价方法	评价重点	评价标准	
				定性描述	评分
S4 结构安全评价	F41 大坝变形 F42 大坝稳定 F43 库岸稳定 F44 建筑物稳定	查阅相关资料及数值模拟分析	(1)大坝变形是否稳定;(2)大坝稳定系数是否满足规范要求;(3)库岸边坡稳定系数是否满足规范要求;(4)建筑物稳定安全系数是否满足规范要求;	各项安全系数均超过规范要求	8.0～10.0
				安全系数均恰好满足规范要求	6.0～8.0
				1项不满足规范要求	4.0～6.0
				2~3项不满足规范要求	2.0～4.0
				4项均不满足规范要求	0.0～2.0

表 6.7-20　　渗流安全评价评分标准表

评价项目		评价方法	评价重点	评价标准	
				定性描述	评分
S5 渗流安全评价	F51 防渗与排水设施 F52 坝体及防渗体渗透稳定 F53 坝基渗透稳定	监测资料分析及数值模拟分析	(1)防渗与排水设施布置是否合理,是否能正常运行;(2)分析监测资料,判断坝体渗漏情况;(3)根据监测资料结合数值模拟反演坝体及防渗体的渗透系数,判断其是否满足规范要求;(4)坝基是否存在渗透稳定问题;	坝体无渗漏,各项安全系数均超过规范要求	8.0～10.0
				各项安全系数均超过规范要求,坝体存在轻微渗漏	6.0～8.0
				1 项不满足规范要求	4.0～6.0
				2～3 项不满足规范要求	2.0～4.0
				4 项均不满足规范要求	0.0～2.0

表 6.7-21　　抗震安全评价评分标准表

评价项目		评价方法	评价重点	评价标准	
				定性描述	评分
S6 抗震安全评价	F61 大坝抗震稳定 F62 建筑物抗震稳定 F63 坝基及库岸抗震稳定	数值模拟分析	(1)大坝抗震稳定安全系数是否满足规范要求;(2)泄水建筑物抗震稳定安全系数是否满足规范要求;(3)坝基抗震稳定安全系数是否满足安全要求;(4)库岸抗震稳定安全系数是否满足规范要求;	各项抗震稳定安全系数均超过规范要求	8.0～10.0
				各项抗震稳定安全系数均恰好满足规范要求	6.0～8.0
				(4)不满足规范要求	4.0～6.0
				2-3 项不满足规范要求	2.0～4.0
				4 项均不满足规范要求	0.0～2.0

表 6.7-22　　金属结构安全评价评分标准表

评价项目		评价方法	评价重点	评价标准	
				定性描述	评分
S7 金属结构安全评价	F71 闸门及启闭设备 F72 泄输水钢管	检测及计算复核	(1)经检测,各项金属结构是否存在缺陷,能否正常工作;(2)经复核,各项金属结构的强度能否满足要求;(3)启闭设备的启闭容量是否满足要求;	各项金属结构完好,强度与启闭容量均有一定富裕	8.0～10.0
				存在细微缺陷,不影响正常运行	6.0～8.0
				(1)～(3)中 1 项不满足要求	4.0～6.0
				(1)～(3)中 2 项不满足要求	2.0～4.0
				(1)～(3)中 3 项不满足要求	0.0～2.0

4.3.5.2　量化评价模型研究

通过评分法完成了大坝安全评价由定性向定量转化的第一步,而大坝安全程度变化过程应该是一个动态、非线性变化过程,仅仅用评分法的线性规律,还不能完全反映大坝安全程度变化规律。因此,应通过研究大坝安全程度的变化规律,研究大坝安全程度量化评价模型,通过此模型采用量化评价系数 F 来大坝各方面所处的安全程度。南京水利科学研究院李雷等人就基于 logistic 生长曲线的特征提出了大坝性态危险程度判别模型[22][25],实现了大坝性态危险程度由定性向定量的转化。但该模型在确定模型参数时,是采用的先随机确定一些模型参数,再根据各模型的特点去寻找与大坝安全性态较为接近的一种模型,在模型参数的确定上具有一定的局限性。量化评价研究首先确定大坝安全程度的特定量化评价值,然后结合数学分析工具,非线性拟合确定了大坝安全程度评价模型的参数,实现了评价指标由定量评价到量化评价的转变。

(1) 大坝安全程度变化特性

大坝性态对大坝安全的影响并非是线性发展的,对应不同的性态,大坝安全程度发展有以下特点:

①稳定阶段。当安全程度为安全时,表明运行状态较为平稳。

②平缓变化阶段。当安全程度为基本安全时,有两层含意:一方面可以认为虽然局部有些问题,但不会影响到大坝的安全,在加强监控条件下可以正常运用。另一方面说明了大坝性态已经发生了局部的不正常,对大坝安全程度的影响已经在加大了。

③急剧发展阶段。在不安全阶段,危险性很快发展。即使只有一处发生了明显的严重问题,大坝已不能正常使用,在洪水或其他条件下可能发生较大的事故。此时大坝安全程度快速减小。

④在很不安全阶段,危险性很大。很不安全性态说明多处发生了明显的问题,大坝安全程度较低。

⑤极不安全阶段,随时可能出现严重险情,大坝安全程度很低。

综上所述,大坝安全程度的变化发展类似于一条 S 型曲线。第一和第五阶段,状态较为平稳,其他阶段,发展变化较快。

(2) 安全评价量化评价模型

根据对大坝安全程度变化特性的分析,大坝安全性态变化非常类似于 logistic 生长曲线的特征。Logistic 模型常用表达式如下:

$$y = \frac{c}{1+ae^{-bt}} \qquad t \in (-\infty, +\infty) \qquad (6.7-11)$$

现用安全程度系数 F 来表示大坝各评价指标所处的安全程度,x 表示各指标的安全程度评分,因此,x 的取值范围为 $(0,10)$,F 采用 $(0,1)$ 表示,F 值越接近 1 表示安全程度越高,将式(6.7-11)自变量进行转换 $t=-10+2x$,让模型满足 F 与 x 值取值范围,提出大坝安全评价量化评价模型基本式如式(6.7-12)

$$F = \frac{c}{1+ae^{-b(-10+2x)}} \qquad x \in (0,10) \qquad (6.7-12)$$

根据大坝安全程度变化特点,第一与第五阶段状态较为平稳;第二阶段状态变化稍有加快;第三阶段为状态变化最为急剧阶段;第四阶段状态变化也很明显。根据以上原则,我们假设第二阶段发展速率为第一阶段的两倍,第三阶段发展趋势为第二阶段的两倍,第四阶段的发展趋势与第二阶段相同,第五阶段的发展趋势与第一阶段相同。取 S1~S5 表示各区间安全程度系数变化幅值,则有 $S_1=S_5=0.1$、$S_2=S_4=0.2$、$S_3=0.4$。因此,大坝安全评价量化评价模型的关键点评分与安全程度系数对应情况见表 6.7-23。

表 6.7-23　　　　　　　　　定性评价等级与评分对应表

评分值 x	10	8	6	4	2	0
影响系数 F	1	0.90	0.70	0.30	0.10	0

根据确定的关键点,采用数学工具 MATLAB 中 nlinfit 函数非线性拟合功能,其程序关键语句如下:

$t=0:2:10;$

```
x=[0,0.1,0.3,0.7,0.9,1];
f=@(b,t)b(2)./(1+b(3).*exp(-b(1).*(-10+2*t));
[b1,r1]=nlinfit(t(1:6),x(1:6),f,[0.5,1,1]);
```

拟合得到参数 $a=1.0268$，$b=0.3918$，$c=1.0090$，拟合决定系数为 0.9986，可见拟合相似程度是非常高的，拟合曲线图见图 6.7-27，拟合后各关键点安全程度系数值见表 6.7-24，因此大坝安全评价量化评价模型表达式为：

$$F=\frac{1.0090}{1+1.0268e^{-0.3918(-10+2x)}} \qquad x\in(0,10) \qquad (6.7\text{-}13)$$

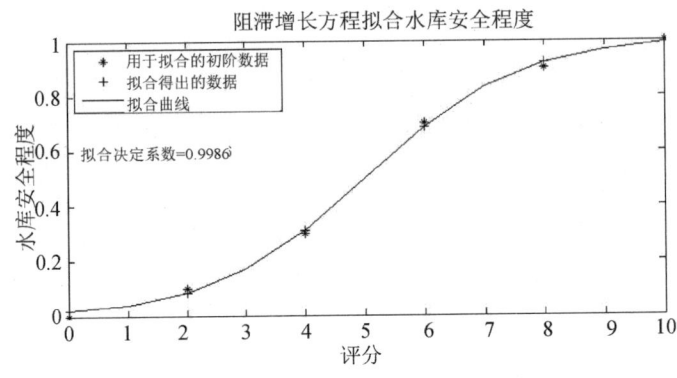

图 6.7-27 拟合曲线图

表 6.7-24 量化评价模型关键点对应值

规范分类	A	B	C		
安全程度	安全	基本安全	不安全	很不安全	极不安全
评分值 x	8～10	6～8	4～6	2～4	0～2
影响系数 F	0.9191～0.9888	0.6869～0.9191	0.3107～0.6869	0.0857～0.3107	0.0192～0.0857

根据以上分析，通过将规范中安全评价等级进一步细分，采用量化评价模型，将专家评分转化成符合大坝安全程度变化规律的量化评价系数，通过该系数即可较为直观的反应大坝各单项指标所处的安全状态，实现了将规范中只能用三个等级进行评价的定性模式，转化为采用非线性连续数值表示的量化评价模式：

①当量化评价值在 0.92 以上时，表明该指标安全状况非常好，可以正常运行；

②当量化评价值在 0.69～0.92 区间时，表明该指标安全状况基本正常，只是个别方面存在缺陷；

③当量化评价值在 0.31～0.68 之间时，表明该指标安全状况已存在危险，有个别方面存在安全隐患；

④当量化评价值在 0.09～0.31 之间时，表明该指标已非常危险，在多个方面已经出现明显安全问题；

⑤当量化评价值在 0.09 以下时，表明该指标已有重大险情。

4.3.6 大坝安全综合评价研究

4.3.6.1 综合评价函数

大坝安全评价中，各项评价指标对大坝安全影响贡献的程度不一，因此采用线性加权评价法对大坝进行综合评价较为合适。设水库大坝安全程度综合评价函数为 L，7 个评价指标量化评价值分别为大坝工程质量(F_1)、大坝运行管理(F_2)、大坝防洪安全(F_3)、大坝结构安全(F_4)、大坝渗流安全(F_5)、大坝抗震安全(F_6)、大坝金属结构安全(F_7)。大坝安全综合评价函数L体系了上述7个方面的综合影响,其线性加权综合法如下式:

$$L = \sum_{i=1}^{7} F_i w_i = F_1 w_1 + F_2 w_2 + F_3 w_3 + F_4 w_4 + F_5 w_5 + F_6 w_6 + F_7 w_7 \qquad (6.7\text{-}14)$$

式中,F_i——各评价指标量化平均值;

w_i——各评价指标的权重系数。

4.3.6.2 权重指标确定

影响大坝安全的因素众多,各因素在整个大坝安全评价体系中的地位、作用不等。权重系数即是反映个评价指标对大坝综合安全程度的重要性。权重系数是否准确,是否符合实际情况,关系到该模型的评价是否符合实际,是否具有实用性。在确定各指标的重要程度时,一方面要考虑到这个指标在已经发生过的事故中的实际重要性,也即要根据历史资料,判断其是否属于多发病、常见病。如果属于多发病、常见病,则出现的可能性可能较高。另一方面还要由专家经验确定哪些指标对大坝整体安全是最严重的。因此,在确定各权重指标是,要考虑两个层次,一是出现该指标的可能性,可能性越大,重要性越明显。二是安全程度已经严重到何种程度,越严重,其重要性越明显。两者结合,才能较为合理地确定其权重。

(1) 评价指标重要性排序

七大指标均对水库大坝的安全有着直接或间接的关系,但其与水库大坝的工程风险关系究竟如何,我们可通过历史事故资料分析得出。根据水利部工程管理局对241座大型水库中发生过的1000宗工程事故统计表明,主要的病险事故包括16类,如表6.7-25所示。表6.7-26是根据评价导则要求,从840例大坝安全鉴定报告中统计的水库大坝存在的问题。表6.7-27是自1954年我国有溃坝记录以来,至2001年我国发生的溃坝事件中溃坝原因统计表[19]。

由表6.7-25可知,大坝的变形、渗流、稳定和溢洪道是大坝病险的主要内容。由表6.7-26可以看出,根据大坝安全鉴定的全面判断,防洪标准、洪水下泄能力、结构安全性、渗流、闸门、启闭机等是常见病、多发病。从表6.7-27可看出,已溃坝中漫顶占50.2%,比例最大,大坝质量问题引起的各类溃坝占34.8%,次之。主要的溃坝原因依次是工程的泄洪能力不足、坝体坝基渗流破坏、遭遇超标准洪水、溢洪道破坏、管理不当、坝下涵洞破坏。

表6.7-25　　　　　　　　　　　　1000宗工程事故统计表

事故类型	位置或性质	比例(%)	小计(%)
裂缝	坝体	12.9	25.3
	铺盖	1.1	
	其他建筑物	11.3	
异常渗流	坝基	6.7	31.7
	坝端绕渗	3.1	
	坝体	7.0	
	其他建筑物	9.6	
	管涌	5.3	

续表

事故类型	位置或性质	比例(%)	小计(%)
滑坡和塌坑	坝体	5.3	17.4
	岸坡	3.1	
	塌坑	2.5	
	护坡	6.5	
溢洪道破坏	冲刷	11.2	19.0
	气蚀	3.0	
	闸门	4.8	
其他		6.6	6.6

表 6.7-26　　　　　　　　　　水库大坝安全鉴定中反映的存在问题统计表

问题	类型	座数	比例(%)
防洪能力	洪水标准不满足	447	53.2
	洪水不能安全下泄	450	53.6
	其他	10	1.2
结构安全	结构安全系数不满足	359	42.7
	变形异常	102	12.1
	强度不满足	18	2.1
渗流安全	坝基渗漏	299	35.6
	坝体渗漏	324	38.6
	扬压力异常	4	0.5
	绕坝渗流异常	187	22.3
	接触渗流异常	242	28.8
	其他	67	8.0
抗震能力	大坝稳定安全系数不足	105	12.5
	存在液化可能性	19	2.3
	强度不满足	1	0.1
金属结构	闸门不满足要求	244	29.0
	启闭机不满足要求	205	24.4
	压力钢管不满足要求	4	0.5
	其他	39	4.6
其他	管理不满足要求	239	28.5

表 6.7-27　　　　　　　　　　我国已溃坝的溃决原因统计表

	溃决模式	数量	比例(%)	平均年溃坝率($\times 10^{-4}$)	备注
漫坝	超标准洪水	435	12.6	1.0996	漫坝1737座,比例为50.2%,年平均溃坝概率为4.391×10^{-4}。
	泄洪能力不足	1302	37.6	3.2912	

续表

	溃决模式	数量	比例(%)	平均年溃坝率(×10⁻⁴)	备注
坝体质量	坝体坝基渗流	701	20.2	1.772	质量问题引起的溃坝事件1205座，比例为34.8%，年平均溃坝概率为3.083×10⁻⁴。
	坝体滑坡	110	3.2	0.2781	
	溢洪道	208	6.0	0.5258	
	泄洪洞	5	0.1	0.0126	
	涵洞	168	4.9	0.4247	
	坝体塌陷	13	0.4	0.0329	
管理不当		185	5.3	0.4676	包括无人管理、超蓄、维护运用不当、溢洪道筑堰等
其他		212	6.1	0.5359	人工扒口、近坝库岸滑坡、溢洪道堵塞、工程布置不当等。
总计		3339		8.75	

根据统计资料以及专家经验，我们可以归纳出，各项评价指标在病险程度综合评价中的重要程度应依次为：防洪能力、渗流、大坝结构安全、抗震、金属结构、工程质量以及运行管理。

(2) 权重系数确定方法

① 根据重要性的权重分配法

设共有 n 个指标，其中某个指标的重要性为

$$w_i = \frac{x_i}{\sum_{j=1}^{n} x_j} \tag{6.7-15}$$

式中：x_i——第 i 个指标的重要度

w_i——第 i 个指标的权重系数

各评价指标的权重见表 6.7-28。

表 6.7-28　　　　　　　　　根据重要性的各评价指标的权重系数

	防洪标准	渗流安全	结构安全	抗震安全	金属结构安全	工程质量	大坝运行
重要性排序	1	2	3	4	5	6	7
重要性赋值	7	6	5	4	3	2	1
权重ω	0.2500	0.2143	0.1786	0.1429	0.1071	0.0714	0.0357

② 层析分析法（AHP法）

层次分析法采用数值作为两个元素重要性比较定量化的标度。较为常用的有 1～9、9/9～9/1、10/10～18/2、指数标度以及乘积标度等五种标度方法。本文采用 1～9 标度法，标度 1、3、5、7、9 分别表示一个元素比别一个元素的同等、稍微、明显、强烈、极端的重要程度，标度 2、4、6、8 分别表示上述相邻程度的中值；两个元素反过来对比为原先标度的倒数。

若以 U 表示总目标，u_i 表示评价元素，$u_i \in U$，$(i=1,2,3,\cdots,n)$。u_{ij} 表示 u_i 对 u_j 的相对重要性数值，$(j=1,2,3,\cdots,n)$，u_{ij} 的取值依表 6.7-29 进行。

表 6.7-29　　　　　　　　　　　　　判断矩阵标度及其含义

标度	含义
1	表示因素 u_i 与因素 u_j 比较,具有同等重要性
3	表示因素 u_i 与因素 u_j 比较,u_i 比 u_j 稍微重要
5	表示因素 u_i 与因素 u_j 比较,u_i 比 u_j 明显重要
7	表示因素 u_i 与因素 u_j 比较,u_i 比 u_j 强烈重要
9	表示因素 u_i 与因素 u_j 比较,u_i 比 u_j 极端重要
2,4,6,8	2,4,6,8 分别表示相邻判断 1～3,3～5,5～7,7～9 的中值
倒数	表示因素 u_i 与因素 u_j 比较判断 u_{ij},则 u_j 与 u_i 比较得判断 $u_{ji}=\dfrac{1}{u_{ij}}$

根据上述各符号的意义的 n 阶判断矩阵 A

$$A=\begin{bmatrix} u_{11} & u_{12} & \cdots & u_{1n} \\ u_{21} & u_{22} & \cdots & u_{2n} \\ \cdots & \cdots & \cdots & \cdots \\ u_{n1} & u_{n2} & \cdots & u_{nn} \end{bmatrix} \tag{6.7-16}$$

式中,n 代表子层中相应因素的个数;u_{ij} 代表各因素两两比较,对实际目标贡献大小的赋值,且 $u_{ji}=\dfrac{1}{u_{ij}}$,$u_{ii}=1$,$u_{ij}=\dfrac{u_{ik}}{u_{jk}}(i,j,k=1,2,3,\cdots,n)$。

采用乘积方根法,先按行将各元素相乘,并开 n 次方,求得各行元素的几何平均值 b_i。即

$$b_i = \left(\prod_{j=1}^{n} u_{ij}\right)^{\frac{1}{n}} \qquad i=1,2,3,\cdots,n \tag{6.7-17}$$

再把 b_i 归一化,即得到各指标的权重系数 w_i:

$$w_i = \dfrac{b_j}{\sum\limits_{k=1}^{n} b_k} \qquad j=1,2,3,\cdots,n \tag{6.7-18}$$

该权重的合理性可以通过 A 矩阵的一致性来检验。

一致性指数 CI:

$$CI = \dfrac{\lambda_{\max}-n}{n-1} \tag{6.7-19}$$

式中,$\lambda_{\max}$——A 矩阵的最大特征根。

平均随机一致性指标 RI:

$$RI = \dfrac{\lambda_{\max}-n}{n-1} \tag{6.7-20}$$

式中,$\lambda_{\max}$——随机正互反矩阵的最大特征根。

如果满足随机一致性,则随机一致性比率 CR 应满足小于 0.1 的要求,即:

$$CR = \dfrac{CI}{RI} < 0.1 \tag{6.7-21}$$

根据大坝安全评价七大准则评价指标重要性排序,以及相互指标之间的重要性比较;我们得到大坝

安全评价评价指标的7阶判断矩阵为：

$$A=\begin{bmatrix} 1 & 2 & 3 & 5 & 7 & 8 & 9 \\ 1/2 & 1 & 3 & 4 & 6 & 7 & 9 \\ 1/3 & 1/3 & 1 & 3 & 5 & 7 & 9 \\ 1/5 & 1/4 & 1/3 & 1 & 4 & 6 & 8 \\ 1/7 & 1/6 & 1/5 & 1/4 & 1 & 3 & 5 \\ 1/8 & 1/7 & 1/7 & 1/6 & 1/3 & 1 & 3 \\ 1/9 & 1/9 & 1/9 & 1/8 & 1/5 & 1/3 & 1 \end{bmatrix} \quad (6.7\text{-}22)$$

根据矩阵A，我们即可求得各评价指标的权重系数w_i，具体数值见表6.7-30。

表6.7-30　　　　　　　　　　　AHP法各评价指标的权重系数

	防洪标准	渗流安全	结构安全	抗震安全	金属结构安全	工程质量	大坝运行
重要性排序	1	2	3	4	5	6	7
权重ω	0.3536	0.2686	0.1738	0.1056	0.0503	0.0295	0.0176

矩阵A的最大特征根为7.6730，该权重系数的一致性指标CI为0.11，七阶方阵的平均随机一致性指标RI为1.36[26]，则评价随机一致性比率CR为0.08<0.1，说明所得到的权重是合理的。

（3）权重系数的确定

根据历史资料与专家经验确定大坝安全评价指标的重要性排序，采用两种方法确定了各评价指标的权重系数。根据重要性的权重分配法简单易行，权重系数的确定取决于指标的重要性判断。层次分析法虽然解决过程较为复杂，但不仅仅考虑指标的重要性排序，还对评价指标进行了两两对比分析，确定的权重系数的合理性在前一种方法的基础上更进了一步。因此本文确定大坝安全评价各评价指标的权重系数采用层次分析法求解结果。

4.4 大坝除险加固效果量化评价技术

4.4.1 除险加固效果量化评价指标

根据大坝安全评价量化评价体系研究成果，对大坝安全的综合评价最终都可以以安全程度系数L量化表示。因此，对大坝进行除险加固效果评价时，只需要分别对大部前后的安全程度进行量化评价，可以得到加固前大坝安全程度系数$L1$与加固后大坝安全程度系数$L2$。

而除险加固效果，理解上可以分为两个层次，一是大坝在除险加固后大坝所处的安全状态，用量化系数$L2$即可以得出判断。二是大坝在除险加固前后大坝安全等级提升的情况，这一层次我们假设采用除险加固效果量化评价指标C表示。根据安全程度系数的评价模型我们可以得知，当大坝越处于安全状态下时，L值与1与接近，因此，当大坝除险加固后安全程度越高，即除险加固效果越好，$L2$值越与1值接近，即$L2$与$L1$的差值与1与$L1$也越相近。因此，我们可以取大坝除险加固效果量化评价指标C（采用百分制度量）：

$$C=\frac{L2-L1}{1-L1}\times 100 \quad (6.7\text{-}23)$$

根据大坝安全评价量化系数与大坝安全程度等级对应，当0.9>$L2$>0.7时，表明大坝处于基本安全状态，当$L2$>0.9时，表明大坝处于非常安全状态。根据大坝加固前后大坝安全所处状态，可以得到除险加固效果量化评价指标C的不同临界值。

(1) 大坝从极不安全状态经除险加固工程后达到了安全状态,其除险加固量互评价指标 $C=\dfrac{0.9-0.1}{1-0.1}\times 100=89$。

(2) 大坝从很不安全状态经除险加固工程后达到了安全状态,其除险加固量互评价指标 $C=\dfrac{0.9-0.3}{1-0.3}\times 100=85$。

(3) 大坝从不安全状态经除险加固工程后达到了安全状态,其除险加固量互评价指标 $C=\dfrac{0.9-0.7}{1-0.7}\times 100=67$。

(4) 大坝从极不安全状态经除险加固工程后达到了基本安全状态,其除险加固量互评价指标 $C=\dfrac{0.7-0.1}{1-0.1}\times 100=67$。

(5) 大坝从不安全状态经除险加固工程后达到了基本安全状态,其除险加固量互评价指标 $C=\dfrac{0.7-0.3}{1-0.3}\times 100=57$。

根据以上除险加固效果量化评价指标的不同临界值可以看出,当大坝经除险加固从极不安全情况下到安全状态,安全等级提升达到四个等级,C 值在 90 分左右;当大坝经除险加固从病险状况较轻的情况下到安全状态,安全等级提升到达两个等级,C 值在 67 分左右;当大坝经除险加固从极不安全情况下到基本安全状态,安全等级提升三个等级,C 值在 67 分左右;当大坝经除险加固从很不安全的情况下到安全状态,安全等级提升两个等级,C 值在 57 分左右。

4.4.2 除险加固效果量化评价集的建立

根据大坝安全评价等级的划分研究,同样将土石坝除险加固效果量化评价中的评价目标等级划分为五个等级,即 $V=\{V_1、V_2、V_3、V_4、V_5\}=\{$完全成功、较成功、基本安全、不成功、失败$\}$。根据大坝除险加固治理的目的及除险加固效果量化评价指标的不同临界值,各等级对应的评价值如表 6.7-31。

表 6.7-31　　　　　　　　土石坝除险加固效果量化评价等级划分及其含义

评价等级	评价值	含义
完全成功	$L2>0.9$;$C=90\sim 100$	病险水库经过除险加固后,水库安全从极不安全状态达到了非常安全状态,安全等级提升了 4 级。
较成功	$L2>0.7$;$C=70\sim 89$	病险水库经过除险加固后,水库安全从不安全状态达到了较安全状态,安全等级提升了 2~3 级。
基本成功	$L2>0.7$;$C=60\sim 70$	病险水库经过除险加固后,水库安全达到了基本安全状态,但安全等级提升不高。
不成功	$0.6<L2<0.7$	病险水库经过除险加固后,水库安全接近达到基本安全状态,但仍存在较大的安全隐患。
失败	$L2<0.6$	病险水库经过除险加固后,水库仍属于急需治理的病险水库。

4.5 小结

本节在传统大坝安全评价技术的基础上,建立了土石坝安全评价量化评价体系,以及土石坝除险加固效果量化评价体系,为今后的土石坝安全评价以及除险加固效果评价的量化评析提供了方法,具有重要的工程实际意义。主要结论如下:

(1) 从现有的大坝安全评价技术出发，详细地分析了影响土石坝安全的各种影响因素，建立了土石坝安全评价量化评价指标体系。

(2) 以现行大坝安全鉴定技术为基础，从相应规范、已有方法、人类心理活动等多方面，确定了将水库大坝安全等级由原来的三级分为五级，并提出了各评价指标的安全程度等级评价标准。

(3) 采用评分法以及基于大坝安全程度发展演变过程的量化评价模型，完成了评价指标定性——定量——量化的转化，实现了大坝安全评价指标的量化评价。

(4) 采用线性加权法，通过两种不同方法对比，确定了评价指标的权重系数，建立了一套较为完整的土石坝安全评价量化评价体系。

(5) 基于土石坝安全评价量化评价体系，建立了土石坝除险加固效果量化评价体系。

5 张家咀水库大坝安全评价量化评价分析[27]

5.1 水库大坝准则层指标量化评价

根据张家咀水库除险加固前后工程情况，参照量化评价评分标准表（表6.7-16—表6.7-22），得到张家咀水库大坝除险加固前后准则层指标量化评价结果，见表6.7-32—表6.7-38。

表6.7-32　　　　　　　　张家咀水库除险加固前后工程质量评价评分表

	评价项目	水库大坝基本情况	除险加固前存在的问题	除险加固措施及效果	除险加固前		除险加固后	
					单项评分	综合评分	单项评分	综合评分
S1 工程质量评价	F11 工程地质与水文地质	坝区存在两条区域性较大的断层，未见最新活动迹象，外围的三条发震断层均距大坝较远。坝区水质对混凝土和钢材无腐蚀性。	根据评价标准，张家咀水库工程地质与水文地质基本安全。	无。	6.0	4.50	6.0	7.50
	F12 坝基与岸坡处理质量	坝肩岩体遭受过强烈的地质构造作用，断层、裂隙发育，岩体破碎。坝基透水性较大。岸坡岩体较为稳定。	心墙与坝基存在局部接触冲刷破坏隐患，坝基存在严重的渗漏问题，大坝两岸绕渗严重。	对坝基及两岸坝肩进行了帷幕灌浆处理。坝基渗漏及绕坝渗漏量减小明显。	2.0		8.0	
	F13 填筑质量	大坝施工期间，出现4次纵向裂缝，出露到地表的裂缝有25条；大坝竣工后，大坝面又出现过4次纵向裂缝。	坝壳填料很不均一，心墙质量差、裂缝严重，安全监测设施老损严重。	对上、下游表层及护坡进行翻修处理，对心墙进行劈裂灌浆加固处理。	3.0		7.5	
	F14 工程外观质量	经多年运行，工程外观破损老旧。	坝坡渗漏量大、大面积湿润，坝脚出现三处管涌险情，输水管严重裂缝，闸门锈蚀。	结合当地旅游特色，进行了建筑物外观美化设计，外观质量良好。	5.0		8.5	

表 6.7-33 张家咀水库除险加固前后运行管理评价评分表

	评价项目	水库大坝基本情况	除险加固前存在的问题	除险加固措施及效果	除险加固前 单项评分	除险加固前 综合评分	除险加固后 单项评分	除险加固后 综合评分
S2 运行管理评价	F21 管理制度与人员配置	水库管理处现有在职职工 174 人,现有住宅面积 2800m²,水库管理处设工程管理处等 10 个机构。	管理制度与人员配置基本合理。	维持原有人员配置与管理机构。	7.0	6.0	7.0	7.62
	F22 大坝运行	各项调度、应急规程经过上级部门批准。	水文测报系统设施严重老化。	重新制定的各项调度、应急规程经过上级部门批准,大坝运行状态正常。	6.5		7.5	
	F23 大坝维修	管理经费不落实,职工办公、住房条件差,人心不稳,影响了工程的维护和管理。	不能按期进行维修、设备维护。	水库近期维修频率正常,记录详细。	5.5		7.5	
	F24 大坝监测	大坝安设有变形、渗漏量、水位等监测设施。	监测设施破损严重,只有少部分能正常使用。	重新建立了自动化安全监测系统。	5.0		8.5	

表 6.7-34 张家咀水库除险加固前后防洪标准复核评价评分表

	评价项目	水库大坝基本情况	除险加固前存在的问题	除险加固措施及效果	除险加固前 单项评分	除险加固前 综合评分	除险加固后 单项评分	除险加固后 综合评分
S3 防洪标准复核评价	F31 防洪标准与设计洪水	水库原设计采用 100 年一遇设计,1000 年一遇校核,溢洪道下游消能设计标准为 50 年一遇。	根据现有规范,原设计采用的防洪标准偏低,应按 500 年一遇设计,2000 年一遇校核。	防洪标准与设计洪水根据最新标准进行了计算。	1.0	2.20	8.0	7.83
	F32 抗洪能力	大坝原有坝顶高程 257.35m,心墙顶高程 255.50。	坝顶高程不满足要求。	大坝进行了加高,各项高程及安全超高满足规范要求。	2.6		7.5	
	F33 泄洪能力	溢洪道位于大坝右岸,为河岸式有闸控制开敞式溢洪道,陡坡挑流消能。	挑流鼻坎下游未设置护坦,已被冲刷成深坑;泄洪时洪水易冲毁农田。	对冲坑进行了回填,设置了混凝土护坦,对出水渠两岸进行了平顺处理。	3.0		8.0	

表 6.7-35 张家咀水库除险加固前后结构安全评价评分表

	评价项目	水库大坝基本情况	除险加固前存在的问题	除险加固措施及效果	除险加固前 综合评分	除险加固后 综合评分
S4 结构安全评价	F41 大坝变形 F42 大坝稳定 F43 库岸稳定 F44 建筑物稳定	水库枢纽工程由大坝、溢洪道、西输水管(原发电管)、东输水管(原灌溉管)和坝后式电站等组成	大坝坝坡有浅层滑动的危险。	坝坡加固,加固后大坝稳定安全系数均满足规范要求。溢洪道及东西输水管结构加固。	5.10	9.0

表 6.7-36　　　　　　　　张家咀水库除险加固前后渗流安全评价评分表

	评价项目	水库大坝基本情况	除险加固前存在的问题	除险加固措施及效果	除险加固前综合评分	除险加固后综合评分
S5渗流安全评价	F51 防渗与排水设施 F52 坝体及防渗体渗透稳定 F53 坝基渗透稳定	大坝防渗采用黏土薄心墙,基础防渗采用3～9.5m深的截水槽。	两岸绕渗严重。局部坝段心墙与基岩、坝下混凝土管与心墙接触带存在渗漏隐患。	坝基帷幕灌浆处理;心墙进行劈裂灌浆加固处理。加固后坝体渗漏量减少效果明显。	2.50	8.50

表 6.7-37　　　　　　　　张家咀水库除险加固前后抗震安全评价评分表

	评价项目	水库大坝基本情况	除险加固前存在的问题	除险加固措施及效果	除险加固前综合评分	除险加固后综合评分
S6抗震安全评价	F61 大坝抗震稳定 F62 建筑物抗震稳定 F63 坝基及库岸抗震稳定	工程区地震烈度6度。	各项抗震稳定系数基本满足要求。	经过结构加固处理后,抗震稳定系数进一步提高。	6.50	7.50

表 6.7-38　　　　　　　　张家咀水库除险加固前后金属结构安全评价评分表

	评价项目	水库大坝基本情况	除险加固前存在的问题	除险加固措施及效果	除险加固前综合评分	除险加固后综合评分
S7金属结构安全评价	F71 闸门及启闭设备 F72 泄输水钢管	水库枢纽共有5套钢闸门(8扇)和三套拦污栅(4扇)。	大部分闸门锈蚀和渗漏严重,止水失效。	对所有闸门及启闭设备进行了更换与检修。	3.50	8.00

5.2　加固前大坝安全量化评价结果

根据大坝安全评价量化体系,由七大准则层指标的评分,通过量化评价模型可得到安全影响系数,然后结合指标权重,得到张家咀水库大坝除险加固前综合评价安全系数见表6.7-39。即张家咀水库在除险加固前的综合评价量化系数L1=0.2742,可见大坝在除险加固前处于很不安全状态。

表 6.7-39　　　　　　　　张家咀水库除险加固前大坝安全综合评价量化系数表

	工程质量	运行管理	防洪标准	结构安全	渗流安全	抗震安全	金属结构
评分	4.50	6.00	2.20	5.10	2.50	6.50	3.50
安全影响系数	0.4005	0.6869	0.0988	0.5176	0.1218	0.7662	0.2332
权重	0.0295	0.0176	0.3536	0.1738	0.2686	0.1056	0.0503
综合评价				0.2742			

5.3　加固后大坝安全量化评价

根据大坝安全评价量化体系,由七大准则层指标的评分,通过量化评价模型可得到安全影响系数,然后结合指标权重,得到张家咀水库大坝除险加固后综合评价安全系数见表6.7-40。即张家咀水库在除险加固后的综合评价量化系数 L2=0.9240，可见大坝在除险加固后处于十分安全状态。

表 6.7-40　　　　　　　张家咀水库除险加固后大坝安全综合评价量化系数表

	工程质量	运行管理	防洪标准	结构安全	渗流安全	抗震安全	金属结构
评分	7.50	7.62	7.83	9.00	8.50	7.50	8.00
安全影响系数	0.8814	0.8915	0.9075	0.9658	0.9464	0.8814	0.9191
权重	0.0295	0.0176	0.3536	0.1738	0.2686	0.1056	0.0503
综合评价	0.9240						

5.4　除险加固效果量化评价

根据张家咀水库加固前后的大坝安全量化评价，其除险加固量化评价指标：

$$C=\frac{0.9240-0.2742}{1-0.2742}\times 100=90$$

由此可见，$L2>0.9$；$C=90$，对应除险加固效果量化评价集，张家咀水库除险加固是完全成功的，水库有很不安全状态经过除险加固后，达到了安全的运行状态，除险加固量化评价指标值为90分。

通过实例分析，对如何使用土石坝安全量化评价与除险加固效果量化评价体系的过程有了具体的了解，也说明了该方法具有可操作性，可靠性和实用性。

参考文献

[1] 饶锡保,黄卫峰,钟敬全等. 湖北省英山县张家咀水库除险加固工程初步设计报告[R]. 武汉：长江水利委员会长江科学院,2002.

[2] 中华人民共和国行业标准. 土坝坝体灌浆技术规范（SD266-88）[S]. 北京：中国水利水电出版社,1989.

[3] 饶锡保,钟敬全等. 湖北省英山县张家咀水库除险加固工程现场灌浆试验阶段报告[R]. 武汉：长江水利委员会长江科学院,2002.

[4] 钟敬全,饶锡保,黄卫峰,王荣华. 劈裂灌浆在薄心墙高土石坝除险加固工程中的试验运用[A]. 中国水利学会第二届青年科技论坛论文集[C]. 武汉：长江出版社,2005.

[5] 饶锡保,钟敬全,张计等. 病险水库除险加固关键技术研究[R]. 武汉：长江水利委员会长江科学院,2010.

[6] 张计,林水生,饶锡保. 大坝安全量化评价模型研究[J]. 长江科学院院报 2013,30(2):12-15.

[7] 中华人民共和国行业标准. 水库大坝安全评价导则（SL258-2000）[S]. 北京：中国水利水电出版社,2000.

[8] 白永年. 堤坝劈裂灌浆技术概述[J]. 水利建设与管理,2000,20(5):52-52.

[9] 牛运光. 土坝安全与加固[M]. 北京：中国水利水电出版社,1998.

[10] 白永年. 对土坝劈裂灌浆的几点认识[J]. 水利建设与管理,2008,(4):67-70.

[11] 王洪恩,卢超. 堤坝劈裂灌浆防渗加固技术[M]. 北京：中国水利水电出版社,2006.

[12] 刘海林. 劈裂灌浆技术在心墙坝加固中的应用及其效果评价[D]. 武汉：长江科学院，2009.
[13] 程鉴基，林天健. 软土地基水泥类化学灌浆机理及其数学力学表述[J]. 地基处理，1993，4(2)：14-24.
[14] 王洪恩，卢超，耿灵生等. 堤坝地基劈裂灌浆原理及应用[J]. 人民长江，1991，22(3)：11-17.
[15] 邹金锋，李亮，杨小礼，王志斌. 劈裂注浆能耗分析[J]. 中国铁道科学，2006，27(2)：52-55.
[16] 龚晓南. 土塑性力学(第二版)[M]. 浙江：浙江大学出版社，1997.
[17] 邹金锋，李亮，杨小礼等. 土体劈裂灌浆力学机理分析[J]. 岩土力学，2006，27(4)：625-628.
[18] 孙立新. 劈裂灌浆压力的能力法解析[J]. 企业技术开发，2006，25(12)：38-40.
[19] 王松岭，吴本元，傅松等. 流体力学[M]. 北京：中国电力出版社，2004.
[20] 张计，钟敬全等. 湖北省英山县张家咀水库大坝安全监测系统试运行监测报告[R]. 武汉：长江水利委员会长江科学院，2009.
[21] 钮新强，杨启贵等. 水库大坝安全评价[M]. 北京：中国水利水电出版社，2007.
[22] 张国栋，李雷等. 基于大坝安全鉴定和专家经验的病险程度评价技术[J]. 中国安全科学学报，2008，9(9)：158-166.
[23] 郭亚军. 综合评价理论、方法及应用[M]. 北京：科学出版社，2007.
[24] 张小飞，苏国韶等. 基于层次模糊综合评价的水库大坝安全评价法[J]. 广西大学学报，2009，6：321-325.
[25] 李雷，王昭升等. 大坝性态危险程度判别模型研究[J]. 安全与环境学报，2007，6：149-152.
[26] 焦树蜂. AHP法中平均随机一致性指标的算法及MATLAB实现[J]. 太原师范学院学报，2006，12：45-47.
[27] 张计. 土石坝安全与除险加固效果量化评价技术研究[D]. 武汉：长江科学院，2011.

第8章 高速公路工程

1 广佛高速公路

1.1 工程特点

广佛高速公路是中国最早建设的高速公路之一,是广州市的西出口。第一期工程自广州市横沙起,经湖州、雅瑶至谢边,长约15km。其中软土地基段约占7km。该路段于1986年12月28日动工兴建,软土段路基于1987年12月底开始填土。于1989年8月8日正式建成通车。建成时,公路路基顶宽26m,双向4车道(后经1997年和2007年两次拓宽,目前为八车道)。一般路堤填土高度为3～6m,最高达7.2m。

广佛公路所经地段为平缓低丘陵,山前平地及河漫滩。地层为第四系的三角洲沉积层,交互相沉积层。按土层的工程性质可分为两个大类:一般土和软土。一般土包括:坡积、洪积黏土和亚黏土,河流冲积沉积的黏土和亚黏土,三角洲交互相沉积黏土、亚黏土以及基岩风化土。具有良好的工程性质,不需特殊处理,可作为天然地基修筑公路路堤,在高填土地段只须适当控制路堤施工填土速率、注意地基施工期的稳定即可。另外一种土属于软土,按其性质分为以下四种:

(1) 山间河谷型淤泥或淤泥质黏土,多呈透镜体沿小河蜿蜒分布,分布面积小、埋深浅、层厚不大,一般为1～4m,层底标高一般在-1.70m左右。褐灰色,富含有机质,呈软塑或流塑状态。

(2) 三角洲交互相淤泥软土,表层为淤泥或淤泥质黏土,厚1.1～3.2m,有腐臭味,呈软塑至流塑;中层为淤泥质黏土或亚黏土,厚0.5～1.3m,呈透镜体夹于亚黏土或黏土层之间;底层为淤泥质黏土,厚1.7～4.8m,埋深在-6.2m以下,灰色或褐灰色,具臭味,富含有机质和动植物残骸。

(3) 三角洲淤泥,淤泥黏土或亚黏土,此类土分布范围广,性质较差,含水量接近或超过液限,孔隙比大于1.5,最大达2.33,压缩性高,压缩系数$a_{v_{1-2}}=1\sim2.2\text{MPa}^{-1}$,固结系数$C_v=4\times10^{-4}\text{cm}^2/\text{sec}$,强度低,承载力仅40～70kPa。

(4) 河流阶地淤泥质亚黏土或黏土,分布较广,主要在河床两岸的耕植土或表层黏土层之下的阶地土层中,层厚1.1～6.2m,呈褐色至浅灰色,处于饱和状态,含水量大于液限。

典型的淤泥及淤泥质黏土的性质列于表6.8-1。

表6.8-1　　淤泥层主要物理力学性质指标

物理力学性质指标	断面桩号		
	K4+450	K5+580	K8+110
含水量ω(%)	$\dfrac{35.4\sim59.9}{51.7}$	$\dfrac{40.8\sim100.3}{60.8}$	$\dfrac{57.6\sim95.7}{77.8}$
容重γ(kN/m³)	$\dfrac{15.2\sim17.8}{16.4}$	$\dfrac{14.4\sim17.8}{15.8}$	$\dfrac{14.5\sim16.5}{15.3}$

续表

物理力学性质指标		断面桩号		
		K4+450	K5+580	K8+110
孔隙比 e		$\dfrac{1.02\sim1.77}{1.46}$	$\dfrac{1.10\sim2.63}{1.92}$	$\dfrac{1.52\sim2.37}{2.00}$
液限 ω_L(%)		$\dfrac{27.2\sim41.0}{34.1}$	$\dfrac{32.4\sim68.1}{51.6}$	$\dfrac{54.5\sim78.6}{61.3}$
塑限 ω_p(%)		$\dfrac{11.3\sim21.7}{16.5}$	$\dfrac{18.1\sim44.7}{29.0}$	$\dfrac{30.1\sim47.5}{36.5}$
塑性指数 I_p		$\dfrac{15.9\sim19.3}{17.6}$	$\dfrac{12.4\sim34.5}{22.6}$	$\dfrac{16.2\sim31.1}{24.8}$
液性指数 I_L		$\dfrac{15.2\sim1.98}{1.75}$	$\dfrac{1.68\sim2.32}{1.92}$	$\dfrac{1.04\sim2.78}{1.62}$
压缩系数 a_v(MPa^{-1})		1.84	1.54	2.11
固结系数 C_v(cm²/s)		7.1×10^{-3}	1.8×10^{-3}	6.6×10^{-4}
直剪(饱、固、快)	C(kPa)	17	14	12
	φ(°)	15.6	15.0	17.7

1.2 主要工程问题

广佛高速公路地处珠江三角洲，所经地段多属三角洲沉积平原、平缓丘陵及河流冲积阶地。部分路段存在厚度不等的淤泥软土地层。公路沿线水网密集，桥涵众多，且通航等级航道居多，桥下要求有较高的净空，全线路堤平均填土高度达4m以上。在三角洲平原及河流冲积阶地以及丘陵之间的地方，普遍存在软土，主要为淤泥及淤泥质土，间或有砂质淤泥或淤泥夹砂。软土的含水量高、密度低、压缩性高、强度低。全线分布有7km的软土地基，软基中淤泥厚度在4~6m的地段占大部分，最大淤泥厚度为8m，软土性质较差，以原型观测的三个断面为例：①含水量平均值均大于液限，一般在40.8%~100.3%。②孔隙比大，属高压缩性土。三个断面孔隙比平均值分别为1.77、1.92和2.08，压缩性大，K4+450断面软土的压缩系数为1.2~1.8MPa^{-1}，K5+500断面为0.7~2.5MPa^{-1}，平均值达1.55MPa^{-1}，K8+110断面为1.2~1.9MPa^{-1}，平均值达1.54MPa^{-1}。③固结系数低，三个断面软土固结系数在(0.4~5.49×10^{-3})cm²/s。④强度低，现场静力触探试验结果表明，淤泥的承载力仅20~30kPa。根据淤泥的上述特征，软土地基需加处理，以保证施工期路堤的稳定性，在运用期不会造成过大的工后沉降。因而路堤的稳定与沉降控制成为设计、施工中的关键技术问题。

1.3 淤泥质软土地基沉降规律离心模型试验

广佛高速公路需在软土地基上修建高达7m以上的填土路堤，原计划在现场选择一典型路段进行施工试验，以期通过试验路段的实际填土来了解有关软土地基的承载力增长规律与沉降规律，来指导工程设计与施工。但由于试验周期长，耗资大，再加上公路沿线地质条件复杂，难免使试验段的资料带有一定局限性。后经详细分析沿线的地质资料，选择了三个典型断面取原状样进行离心模型试验，以了解各路堤的稳定与沉降，加上现场观测，可综合分析各路段施工过程中地基强度增长规律，沉降与变形的发展情况，优化砂井地基处理参数，确定填土施工速率。

(1) 试验目的

①在天然状态下，软土地基的极限承载力及填土高度、软土地基处理范围的确定；

②研究在施工加荷过程中,软土地基的变形特性,以确定填土速率;

③砂井处理软土地基效果及设计参数选择;

④高填土(7m左右)软土地基的加固措施。

(2)试样与模型制作

广佛高速公路沿线的淤泥及淤泥质土层厚度2~8m不等,许多地段为淤泥夹薄层砂,或一定厚度的淤泥,其他为淤泥质亚软土与薄层砂的互层。下卧层为风化炭质页岩或风化泥岩等。地基中的淤泥强度最低,且为地基中的主要压缩层。淤泥层是离心模型试验研究重点。模型的材料主要为:

①原状淤泥,取自公路现场地面以下1.5~1.8m处。为此,专门研究了60cm×30cm×30cm大块原状试样的现场取样技术。制作模型的淤泥含水量为53.6%~93.6%,平均74.2%,密度14.4~16.3kN/m³,平均1.51kN/m³,孔隙比平均2.018,对沿线地基中的淤泥具有较好的代表性。

②路堤填土,取自公路的土料厂,扰动样,在制作模型时,重新制备含水量。

③作为砂垫层材料的中砂,粒径范围为0.25~0.5mm。具有较好的透水性,渗透系数为1×10^{-2}cm/s。

模型按平面应变状态制备,将原型缩小为1/100。模型分两种类型:一种全断面模型,路堤顶宽26cm(原型26m),高4.5cm(原型4.5m),地基淤泥厚8cm(原型8m),宽54cm(原型54m),主要目的是研究地基沉降;第二类模型断面为部分断面模型,模型取原型的一侧,使地基在边坡外有较大的范围,边坡外的侧向变形就不受限制。采用不同的淤泥厚度与填土高度,在不同的离心加速度下观测地基的变形,以研究地基的承载力及填土高度与填土施工速率。另外,也采用两种砂井间距,井距2m及3m处淤泥地基。还对砂垫层结合土工布及反压护道等措施下,地基的变形性能进行了研究。

试验是在长江科学院大型离心机上完成的,该机直径6m,封闭式的转斗,驱动功率410kW。配有传感器—放大器—微机处理记录系统。

(3)模型试验安排

共分为6组:

①全断面模型2个,其中一个为天然地基,另一个为砂井处理地基,研究在侧向位移很小的情况下,地基的沉降及其分布规律。

②淤泥均质地基及淤泥与黄色重黏土组合地基的局部模型试验,均不做地基处理。

③淤泥地基的固结试验,在无路堤填土荷重情况下,在离心机上固结,双面排水,待固结沉降稳定后,停机,再加填土荷载,进行沉降和稳定性观测。

④天然地基在不排水,或接近不排水条件下的极限承载试验,即将模型在极短时间,约4分钟内加速到设计转速,基本上接近瞬时加载。

以上4种试验的模型尺寸:地基厚8cm(原型约8m),填土4.5cm。

⑤路堤填土高8cm,淤泥厚度10cm的天然地基与砂井处理地基的对比试验,局部模型。

⑥路堤填土高8cm,淤泥厚度10cm的砂垫层及加土工布的对比试验。

(4)试验成果

从离心模型试验可得到如下规律:

①均质淤泥地基上临界填土高度是指地基在不排水条件下,即瞬时加载条件下,地基所能承受的填土高度。当填土高度超过这一高度后,如果加载速率过快,可能引起地基破坏。

②淤泥地基的破坏过程:首先,在地基内出现一个小的塑性区,该塑性区通常位于路堤坡肩以下的地基内;然后,该塑性区逐渐扩展,剪应力达到淤泥的抗剪强度,出现较大的剪切位移,导致大的侧向变形和

坡脚外隆起,路堤顶部出现裂缝和较大沉降。

③当淤泥地基未加处理时,4.5m填土已超过临界填土高度。173天填完(平均每天上升2.6cm),地基是稳定的。当填土高度低于临界填土高度时,填土速率可以加快。当填到接近临界填土高度时,应放慢填土速率,总的平均填土速率应不超过2.6cm/d。

④对于10m厚淤泥地基上填土8m,如果以间距1.5m的砂井进行处理,一年完成填土,总的沉降约1.25～2.28m。施工期可达到90%以上固结度,可以保证工后沉降得到控制。[1]

1.4 软土地基处理设计方案

(1)地基处理的技术要求

广佛高速公路地基处理主要技术指标要求如下。

①必须保证填筑期路堤的稳定性;

②铺筑道面以后的三十年内剩余沉降小于20cm;

③路堤与桥涵等人工建筑物衔接处的沉降差应小于10cm。

(2)极限填土高度

极限填土高度是天然地基所允许的一次性瞬时填土高度。而在公路路堤施工中,一层填土往往长达几天或几十天,地基将有一个排水固结的过程,尤其是经排水砂井(或插塑板)处理后,这一过程会使地基的固结度有明显的增长,强度有所提高。所以实际保证地基稳定条件下,允许的填土高度大于极限填土高度,且随固结的发展而提高。按现场原位试验值C_u估计的极限填土高度是施工过程中的一个参考值,当填土高度低于极限填土高度时,填土速率可以不严格控制。若填土高度超过极限填土高度后,填土的增长速度应与地基强度增长相适应。

根据各段软土的物理力学性质参数,分析确定的各路段天然地基上填土的极限高度为2.0～7.0m,在9个软土地基路段中,有相当一部分的极限填土高度小于平均填土高度4.0m,经计算,在全线软土4430m路段中,有3477m需进行处理。

(3)施工期软土路堤稳定性

分别对3个断面不同固结度的路堤稳定性进行计算,结果见表6.8-2。

表6.8-2　　　　　　　　　　　路堤稳定性计算结果汇总表

淤泥强度指标		固结度(%)	路堤稳定性		
C'(kPa)	φ'(°)		断面Ⅰ淤泥厚3m 填土高6m	断面Ⅱ淤泥厚8m 填土高4.3m	断面Ⅲ淤泥厚8m 填土高8m
10		0	1.0	0.96	
7	20	24	1.04	1.05	
7	20	50	1.25	1.35	0.92
7	20	74	1.46	1.64	1.16

结果表明:

如果砂井间距为2m,60d填筑高度为4.3m,在填筑完成时,软土地基的平均固结度可达50%左右,其强度增长大于地基中剪应力的增加,地基是稳定的。

如果填筑高度8m,地基仍然采用间距2m的砂井处理,330天完成填筑,平均固结度可达75%,仍可保持地基稳定。

(4) 软土地基沉降分析

沉降控制是本工程软土地基处理的一个重要控制指标,工后沉降即道面施工后的沉降部分必须小于20cm。软土的沉降由三部分组成:固结沉降、次固结沉降和侧向变形引起的沉降,计算中经验系数 m 取值 1.1~1.4,典型断面沉降计算结果如表 6.8-3 所示。

表 6.8-3 沉降计算结果

断面	K4+450	K5+580	K8+110
沉降量(cm)	34.6	43.7	91.6

(5) 软土地基固结度分析

砂井为等边三角形分布,其有效排水范围为正六边形的柱体。固结度采用 A. B. Nowman 和 Garrillo 对轴对称的砂井地基的固结理论求解,再逐渐施加荷载进行修正。

在本工程中计算了天然地基与砂井地基的一级连续施加荷载与中间有间歇期的二次逐渐施加填土荷载时软土的固结度,分析了砂井间距、软土厚度、填土高度、填筑方式、填土时间等因素对软土固结度的影响。计算结果列于表 6.8-4。

表 6.8-4 固结度计算结果

地基情况	砂井间距(m)	淤泥厚度(m)	填土高度(m)	填筑方式	填土时间(天)	填土完成时固结度(%)
天然地基		2.0	4.3	一次连续填筑	60	42
		3.0		分二级填筑	330	72
砂井处理	2.0	4.0		一次连续填筑	60	54
	1.0		6.0		90	85
天然地基		8.0	4.3	分二级填筑	330	35
	2.0					75
砂井处理	3.0					60
	2.0		8.0		360	83

1.5 处理效果分析

广佛高速公路对软土地基采用袋装砂井与砂垫层结合以及砂垫层与控制填土速率的方案进行处理。砂井直径 70mm,间距 1.0m 和 1.5m,三角形布置。一般填土期为 240 天。1987 年 1 月开始袋装砂井的施工,1988 年 1 月开始路堤填筑,至 1989 年 6 月路堤填土完成。部分路段未完全按设计填土速率施工,而是在开始填土的头 10 个月内仅完成 1.0m 高路堤的填筑,而在之后不到 3 个月时间内猛然连续填土 5m 高至设计高程[2]。由于现场观测准确地提供了地基的稳定状态,使得在整个施工过程中未发生任何失稳事故。整个填土施工过程及运营后的观测资料和实际运行状况说明,软土地基处理是成功的,既保证了路堤的稳定,同时将工后沉降控制在设计要求的范围内。广佛高速公路为中国最早修建的高速公路之一,该工程的成功实施,为今后在软土地基上修建高等级公路积累了宝贵经验。

2 宜黄高速公路

2.1 工程特点

宜黄高速公路汉沙段中的仙江段地处江汉平原腹地,地势平坦低洼,地形发展趋势为西北高,东南低,其间稍有起伏。地面高程一般为24.0~32.0m。地表水系发育,沟渠纵横交错,气候温和多雨,地下水丰富且埋藏较浅,在低洼地带形成湖泊和沼泽。

仙江段地层为较厚的冲洪积层,具一般洪积平原的二元结构特性:下部为粗粒组的砂—卵石层,上部为沉积的软黏土。大致分为如下6层:地表硬壳层,淤泥层,淤泥质土层,亚黏土层,黏土层,砂层及砾石层。有的地段淤泥层上部有薄层泥炭[3]。

软土层为第四纪全新世沉积的河湖相冲洪积物,由淤泥、淤泥质黏土或亚黏土,泥炭薄层及黏土或亚黏土组成。天然状态下性质较差,含水量高达40%~85%,孔隙比大于1.5,密度1.52g/cm³,强度低,$C_{uu}=0.02$MPa,$\varphi_{uu}=2.08°$,$[R]_{min}=0.047$MPa,压缩性高,$a=0.7$~1.0MPa^{-1},压缩模量$Es=2.99$MPa。软土层物理力学指标见下表6.8-5。

表6.8-5 软土层主要物理力学性质指标

土层	物理性质			
	天然含水量(%)	容重(g/cm³)	流限w(%)	塑性指数I_p
淤泥	(55~67)/61	(1.5~1.68)/1.6	(40~73)/57	(11~38)/27
淤泥质黏土	(43~52)/48.6	(1.67~1.8)/1.7	(43~60)/50.7	(20~40)/28
淤泥质粉质黏土	(35~54)/30	(1.69~1.88)/1.76	(23~33)/29.5	(8~16)/11
黏土	(22~35)/30	(1.7~2.0)/1.92	(34~58)/47.5	(21~32)/25
亚黏土	(24~35)/31	(1.84~1.98)/1.91	(30~39)/34.5	(5~15)/12

2.2 主要软土工程问题

(1)关于地基的极限填土高度

计算分析的宜黄公路汉沙段几个典型的软土路基断面的极限填土高度如表6.8-6。

表6.8-6 宜黄公路汉沙段典型断面的极限填土高度

桩号	K96+64	K150+90	K161+658	K163+400	K163+680	K168+300	K170+850	K175+680
极限填高(m)	3	5	6.5	2.6	2.7	5.0	3.0	30

理论分析计算的各路段天然地基上填土的极限高度为2.6~6.5m,整个软基路段中,有相当一部分的路段填土高度超过了极限高度。同时,工程施工要求控制在6个月以内,如果在较快的填土速率下保持路堤稳定是需要解决的主要工程问题。

2.3 湖相沉积软土塑料板排水试验

为了研究湖相沉积软土地区软土的工程特性及修建高等级公路的稳定和沉降问题,优化软基排水固结方案,湖北省公路管理局、长江科学院、宜黄公路汉沙段指挥部等单位联合组成研究小组,结合以往研究成果以宜黄公路汉沙段26km软土为主要对象,进行湖相沉积软土地基处理研究。具体目的为:①针对不同的地基地质条件及材料来源等情况选用砂井、塑料排水板加砂垫层,塑料排水板加横向砂沟,塑料排水板加横向排水板来处理地基,并对其排水效果进行研究;②对经过处理后软基的稳定与沉降进行分析,推荐一种简便而实用的分析研究方法;③总结湖相沉积地区固结沉降规律及控制工后沉降的方法;④研究根据现场观测成果控制路堤安全施工速率的方法。

研究工作从1991年开始,至1993年9月公路路堤填土基本完成。主要试验研究内容:

(1)选择11个典型断面,结合现场观测仪器的埋设进行了详细的地质勘察与土工试验。

(2)现场取样进行了7组离心模型的试验,研究软土的强度变化及固结特性。

(3)结合现场地质调查及离心模型试验成果进行软土地基的数值分析工作。

(4)结合现场施工进行11个典型断面的监测仪器埋设与观测工作,取得了长达2年多的软土地基变形观测资料。

2.4 软基处理设计方案

(1)软基处理技术要求

该公路的软基处理方案的技术要求是:

①公路软土地基段填土后20年的工后沉降小于20cm;

②结构物与相邻路堤的差异沉降小于或等于10cm;

③公路在运营期路堤稳定安全系数不小于1.25;

④路堤填土施工期为一年,填土完成后停歇半年至一年后再进行路面施工。施工要求以较快的速度完成,并且地基必须保持稳定。

(2)宜黄公路汉沙段软基处理方案

通过分析比较决定采用如下地基处理方案:

①地基软土层的厚度小于3.0m时,在天然地基上直接填土,当填土高度超过极限填土高度时则应控制填土速率。

②当地基的软土层厚度不大,且表层的土层透水性较好,路堤填土高度小于极限填土高度1.2倍时,采用砂垫层预压处理。砂垫层由二层组成,上部为20cm厚度的粉细砂层,下部为40cm厚的中粗砂。砂垫层除增加地基的强度外,还改善了地基的排水条件,扩大了排水面,加速地基的固结。只要填土速率控制得当,填土高度超过极限填高以后,地基仍可保持稳定。而且由于填土高度及软土压缩层有限,适当控制路面施工的时间,即可保证地基的工后沉降,满足技术要求。

③塑料排水板插入地基中作竖向排水结合原地面铺填50cm的砂垫层处理较深厚的软土地基。对于软土层厚度较大(大于5m)的路段,采用塑料排水板打穿整个软土层面进入砂层。根据工期及沉降要求,比较塑料排水板的间距为1.0、1.5及2.0m对大部分的路段采用间距为1.5m是比较经济的。塑料排水板尺寸为100mm×4mm,砂垫层厚度为30cm,下部20cm为中粗砂,下部10cm为粉细砂。

④竖向为塑料排水板,地面以横向塑料排水板代替砂垫层。竖向板尺寸为100mm×4mm,横向板为300mm×6mm,作为竖向塑料板排水通道,铺设时,应注意竖向与横向板的连接,并将横向板呈弯曲状躺卧于横向排水沟中,以粉细砂填沟。

⑤对桥涵及通道的地基处理采用钻孔灌注桩、搅拌桩、筏基、换土(或砂)等方法。要求这些构筑物与路基衔接部位差异沉降较小。为使桥台与路堤控制工后差异小于10cm,还采用搭板或反向坡搭板,以减少桥端与相邻路堤的工后差异沉降。

⑥填土施工速率控制。由于工期紧张,地基在天然状态下强度低,即使是经过处理后的地基,路堤的填土速率仍需控制。由于路堤填土会引起地基Ⅱ区内剪应力的增加,控制填土速率使地基中抗剪强度随固结度的发展而增长的速率能适应剪应力的增加。在设计阶段,预计将填土分为三级施加,经离心模型试验及数值分析后,确定第一级接近地基在天然状态下的极限填土高度,其施加的速率不需严格控制,但是须停歇一段后才能开始第二级填土。[4]

2.5 处理效果评价

本项研究通过采用离心机模型试验与数学模型和现场原位监测相结合的手段,针对在软土地基上公路施工中的提高临界填土高度、优化路堤土施工方案、控制工后沉降以及现场监测稳定性的控制标准等方面进行了全面、细致的研究与分析,得出了湖相沉积软土地基路堤沉降特性及规律,提出了有效控制此类地基稳定性及沉降的科学措施,并成功应用于指导宜黄高速公路汉沙段软基处理的大规模施工。该软基路段的最大工后沉降量控制在10cm左右,取得了较高水平的成果,为我国公路建设提供了快速施工的成功经验。

3 武汉绕城公路

3.1 工程特点

武汉绕城公路是京珠、沪蓉国道主干线在武汉市交汇形成的环形公路,是湖北省规划的"四纵两横一环"公路主骨架之一,全长188km,设计行车速度为120km/h,路基宽28m,双向四车道高速公路,整个绕城公路跨5个区,西南段与已建成的京珠、沪蓉国道主干线相结合,东北段为新建工程,它西起东西湖的红羽村,途经黄陂、新洲、经阳逻大桥到洪山(北湖农场)至江夏区的豹獬镇,全长93.125km。构筑物较多,计有特大桥9座、大桥9座、互通9座和分体立交46座等,其中东西湖互通(A、B、C、D匝道)、黄陂(主线段K34+000—K39+260)、北湖(主线段K86+460—K88+500)三个软土地基路段存在的工程地质不良问题较多。

软土地基路段地势低洼平坦,湖塘密布,水系发育,鱼塘水渠众多,软土地基不连续分布于地表,但范围很大,且以淤泥及淤泥质土为主,软土厚度一般1.0~9.0m,软基最厚地段达35.0m左右。典型地质模型为表层湖塘相淤泥层,下为第四系冲积沉积层结构,呈软—流塑状态,具有渗透性差、压缩性高、强度低、易触变等特点。具体特征如下[5]:

①路基软土层厚度较大,K34+000—K39+200(黄陂段),软土层厚度为6.4~14.7m,K38+200路段最大;东西湖互通段,软土层厚度一般为17.0~18.0m。

②路基软土层的密度小,孔隙比大,K34+000—K39+200(黄陂段)软土层的干密度一般为1.40~1.46g/cm^3,孔隙比一般为0.929~0.869;东西湖互通段,软土的干密度为1.24~1.38g/cm^3,孔隙比为1.2025~0.991。

③路基软土层的压缩性大,属中、高压缩性黏土或粉土,K34+000—K39+200(黄陂段),土的压缩模量一般为4.66~7.07MPa,K35+675断面黑色淤泥,压缩模量最小,为2.75MPa;

④路基软土层的抗剪强度,K34+00—K39+200(黄陂段),直剪快剪强度,C值为22.1~46.9kPa,φ值2.4°~9.1°;东西湖互通段,C值为27.7~35.0kPa,φ值1.4°~2.2°。

⑤路基软土层的渗透性比较小,渗透系数一般为A×10^{-5}~A×10^{-6}cm/s,CK1+340断面的高液限黏土的渗透系数为1.81×10^{-8}cm/s。

3.2 主要软土工程问题

工程范围存在的主要软土工程问题分列如下。

①软土路基的沉降。软土路基具有厚度大,密度小,高压缩性的特点,当路堤填土施工和工程完工后,软土路基将发生明显的沉降;K35+675、K38+200路段及东西湖互通的A、C两匝道的软土路基的沉降量可能较大,这将影响工程的进度和路面施工的时间。

②软土路基的不均匀沉降。东西湖互通各匝道均有部分路段紧接已建的京珠高速公路,当这些路段填土施工时,软土路基的沉降会影响已建京珠公路的路基,当新路基沉降量较大时,将会在新老路基的接合部位和已建公路的路面产生裂缝,而影响工程质量。

③软土路基的稳定。软土路基的抗剪强度低,土的渗透性较差,当路堤填土速度较大时,其边坡容易失稳,K35+100—K35+67、K38+100—K38+700及AK0+000—AK0+390等路段,软土层出露地面或埋藏很浅,更容易形成路堤边坡滑动。

施工中需解决以下几个施工控制关键问题。

①软土地基上填筑的路基将产生较大沉降和剩余沉降,如何控制剩余沉降确保路基达到设计标准、如何确定预留路基高度以保证路面到达设计高程。另外构筑物接头处极易产生不均匀沉降,如何进行沉降控制以尽量保证接头平顺,减少桥头跳车的可能性。

②在软土路基上填筑容易产生路基失稳,如何进行施工控制,以保证路基的稳定和施工质量及进度。

③在已建道路旁新建公路,将造成老路基产生附加沉降,如何避免其影响。

3.3 武汉绕城高速软基工程特性现场测试

针对软土路基特性,为进一步了解软土土层分布、物理力学性质,开展了如下现场测试工作[6]:

(1)补充勘察

对所有钻孔埋设观测设施的断面,在钻孔过程时进行地质描述,确认断面布置所处地层分布,并进行室内试验确定物理性质参数,包括含水量、干密度、孔隙比、流塑限、颗粒分析等;

对重点断面结合观测仪器埋设钻孔进行常规物理性试验外,同时取原状样进行固结试验、抗剪强度试验、模型参数试验;

在重点断面进行十字板剪切试验,测试软土的天然强度和灵敏度;

在重点断面进行DMT扁铲侧胀试验,测试软土的天然强度和模量。

(2)原型观测

观测项目包括:沉降。采用水准仪进行观测,通过沉降板的高程变化测定地基沉降量。分层沉降。采用分层沉降仪进行观测,通过观测设置于不同深度的信号环的高程变化测定不同深度土体的沉降及各土层的压缩量。全断面沉降。采用剖面沉降仪测定路基横断面沉降的分布规律。水平位移。通过测斜仪观测与土体同步变形的测斜管的水平位移,分析不同深度土体的水平变形规律。孔隙水压力及地下水位。通过孔隙水压力计及地下水位计观测,测定因加荷引起的超孔隙水压力的大小及消散情况,评价软土的固结。

另外,除了对上述项目的观测外,同时做好施工情况(填土时间、高度、厚度、碾压等)、环境情况(天气、行车情况等)的记录。

在控制性断面选取过程中,主要考虑以下布置原则:

在控制性断面选取过程中,主要考虑以下方面:①地基软土层的特性(厚度及分布);②填土高度;

③构筑物位置(桥头);④软基处理方法(砂垫层加插板、砂垫层、粉喷桩等);⑤不同断面的结构形式(不同坡比)等。同时遵循突出重点、全线控制的原则。

观测频度:在路堤填土施工期间要求每层填土都应该观测一次,如果两次填土间歇时间过长,每三天观测一次,在路堤填筑完成后,在设定的预压期内,将根据地基的稳定情况确定观测时间,一般半月或每个月观测一次,直到设定的预压期结束。如遇异常情况,随时加密观测。

3.4 软土路基工后沉降控制措施

为了控制施工进度,指导后期的施工组织与安排,同时保证路基的稳定与适用,需要对路基的最终沉降量进行计算预测。在公路施工过程中,目前主要有曲线拟合法、灰色系统法、BP神经网络法和遗传算法等方法。其中曲线拟合法中的对数曲线法和双曲线法应用最为广泛,该方法属于经验方法,即采用与沉降预测曲线相似的曲线进行拟合,然后外延求出后期沉降量。

武汉绕城公路软土地基段的路基填土经过了一年半施工后,已基本完成。对软土地基的最终沉降和工后沉降进行了分析预测,对工后沉降不满足要求的路段提出了处理措施的建议,以确保路基达到设计标准,避免"桥头跳车"现象发生和确定路面铺设的合适时间。

(1)工后沉降资料分析方法

①第一步,对实测沉降曲线进行拟合。将现有实测沉降曲线按照双曲线规律进行拟合,该拟合方法在土工界常用,相对于其他方法,其推算值略偏大,对工程偏于安全。

②第二步,推算路基沉降过程。根据设计路面高程确定还有多少荷载需要施加,将剩余荷载按一次施加考虑,近似按最终沉降和荷载呈线性关系考虑,推算填土完毕后沉降过程线。

③第三步,计算道面荷载引起的沉降。道面荷载引起的沉降,与软土的性质、厚度、路面宽度、路面结构形式等诸多因素有关,目前计算方法尚不成熟,无法准确计算这一部分沉降。按照路面结构厚度计算路面荷载,并近似按同一断面产生沉降与荷载成正比的关系,可以粗略求出不同路段道面荷载所产生的沉降S_r'。

④第四步,估算剩余沉降量。

(2)工后沉降量分析

按照既有实测沉降曲线推算得到的各断面最终沉降和剩余沉降量分析成果,找出不能满足剩余沉降要求的断面,然后进行超载预压或等载预压处理。按3个月时间计算超载部分所引起的沉降,然后计算剩余沉降,结合不同的地质条件、填土高度进行分段。按照设计要求,一般软基段工后沉降不得大于20cm,桥头及明涵处工后沉降应小于10cm。本地部分软基段不能满足上述要求的原因有以下几个方面。

①局部地质条件较差路段,如K35+675附近、匝A段,荷载作用后总沉降量较大,其工后沉降量也较大;②部分路段虽采用了粉喷桩进行地基处理,但由于处理深度有限(最深为10.0m),桩端以下附加应力影响深度范围内仍存在较厚的可压缩土层,在上覆路堤荷载作用下仍会产生一定沉降;③局部路段地质条件一般,但填土高度很大,导致工后沉降较大,如EK0+316断面,设计填土高度达9.56m,其工后沉降达180mm;④部分断面处填土较晚,地基沉降时间较短,如K86+460断面,由于填土集中在近段时间,地基沉降时间很短,导致工后沉降过大;⑤部分断面因位于桥头附近,且桥头沉降控制要求较严,所以不能满足要求。

(3)工后沉降控制措施及效果

对上述工后沉降不能满足设计要求的路段,由于工期限制,预压期较短,而且对于大多数断面,通过延长预压期来减小工后沉降的效果也很有限,因此有必要采取适当的工程措施,以达到加速地基固结进程,使沉降提前发生,减小后期沉降的目的,采用了超载预压或等载预压措施。具体实施情况见表6.8-7。

表 6.8-7　　　　　　　　　　　　　分段处理措施实施表

序号	处理范围	长度(m)	处理措施
1	K35+625—CK35+825	200	堆载0.8m,预压2个月
2	AK0+300—AK0+430	200	超载1.5m,预压1个月,后卸载0.8m,再预压3个月
3	CK1+600—CK1+635	260	超载1.1m,预压3个月
4	CK1+715—CK1+800	32	超载1.4m,预压3个月
5	K86+455—K86+500	45	超载1.5m,预压3个月
6	K87+700—K87+750	50	超载1.5m,预压3个月
7	K88+050—K88+200	150	超载1.0m,预压3个月
8	K88+200—K88+221	21	超载1.5m,预压3个月
9	EK0+305—EK0+400	95	超载1.8m,预压3个月
10	EK0+400—EK0+520	120	超载1.2m,预压3个月

说明:表中超载指在路槽高程以上的堆载高度。

为了解堆载预压处理效果,并确定卸载和铺设路面的时间,根据堆载预压期间沉降观测数据,对工后沉降和堆载预压效果进行了分析,并提出了处理意见。

根据观测资料推算得到的各断面最终沉降在57～1145mm范围,工后沉降在17～160mm范围。可以看出,经过处理后,各断面工后沉降均满足一般路段不大于200mm、桥头及明涵结合部位不大于100mm的设计要求。各堆载路段于2004年3月底全部卸载完毕。

3.5 软土路基稳定性控制标准研究

由于软土具有含水量大、强度低、压缩性高、固结慢和易触变等特点,而路堤填土高度往往高达5～7m,甚至更高,大大超过软土地基的极限填土高度,若软土地基的强度增长不能适应路基填土荷载的增长,则极易发生路基失稳,因此需要在设计阶段制订合理的路堤填筑计划,并加强施工期稳定监测。

设计阶段的路堤填筑计划是根据理论上的地基固结和稳定性分析确定的,由于地基土的固结和强度指标很难准确选取,分析方法也不一定完全适宜,加上设计阶段的填土计划往往受到政策变化、资源投入等人为因素的限制而不能准确实施,因此实施阶段的填土计划与设计阶段往往不完全一致,如果施工控制不当,地基极易发生破坏,因而用现场观测来控制施工期软土地基的稳定性是通常做法,也是工程信息化施工的基本要求。

采用现场观测的方法对软土路堤施工稳定性进行控制,其原理是通过收集地基在路堤填筑期间所表现出的各种特征,对地基的稳定性进行预测,从而达到稳定性控制的目的。常用的方法主要有:①沉降速率和水平位移速率控制方法,这是《公路软土地基路堤设计与施工技术规范》(JTJ017—96)推荐方法;②地基侧向水平位移和沉降控制图法;③水平位移系数法;④孔隙水压力系数法。

上述现有施工稳定控制方法,虽然在大多数情况下可用,但真正有多大的安全系数尚不明确。有的变形速率远低于控制限值,却发生了破坏;有的变形速率远高于控制限值,反而是安全的。这表明现有稳定控制标准还需要进一步改进和完善。

长科院结合武汉绕城公路建设,对软土路堤的施工稳定控制标准进行了系统的研究,研究手段包括:工程实例监测数据收集与分析、离心模型试验、滑动稳定分析等,提出了更为合理的施工稳定控制标准[7]。

该控制标准以道中沉降速率和坡脚水平位移速率这两个变形指标,作为施工稳定的监测指标。基于大量的工程观测成果,确定了临界状态线的数学表达式。该临界状态线将路堤的状态划分为稳定区域和非稳定区域,意义明确,使用方便。它相比将道中沉降速率和坡脚水平位移速率孤立看待,更加符合路堤失稳机制。

该控制标准具体内容为:

①以《公路软土地基路堤设计与施工技术规范(JTJ017—96)》的现行标准,即沉降速率 $\dot{S}_z \leqslant 10 \sim 20 \text{mm/d}$,水平位移速率 $\dot{S}_h \leqslant 5 \text{mm/d}$,作为路堤加载的基本控制标准。一般应控制在这个范围内。同时考察 $\dot{S}_h/\dot{S}_z$ 的值,如果 $\dot{S}_h/\dot{S}_z$ 接近 0.45,则要降低加载速率。

②当变形超出 $\dot{S}_z \leqslant 10 \sim 20 \text{mm/d}$、$\dot{S}_h \leqslant 5 \text{mm/d}$ 的范围时,地基不一定破坏,但要注意地基的变形趋势。同时考察 $\dot{S}_h/\dot{S}_z$ 的值,综合确定是否降低加载速率。

根据软土分布、路堤高度和构筑物的分布等情况,在武汉绕城公路北湖段布置了 14 个代表性监测断面对软基变形和稳定进行了严密监控。其中部分断面以沉降控制为主要目的,仅布置了沉降板进行沉降观测,而对沉降和稳定问题均比较突出的部位,不仅布置了沉降板,还在路堤坡脚布置了测斜管,通过地基沉降和水平位移的观测来了解地基稳定性状,通过调整填土速率达到控制施工期路堤稳定性的目的。

通过施工过程中对地基稳定性和填土加载速率的成功控制,安全快速地完成了路基和路面结构层的铺填施工,武汉绕城公路目前已竣工投入试运行。下面以典型断面 K88+100 为例来说明施工过程中路基稳定性控制的思路和改进的施工稳定控制标准在武汉绕城公路中的应用。

施工过程中路基稳定性控制的思路主要是:

①当填土高度在 3m 以内时,由于未超过软土地基的极限填土高度,故不必对填土速率进行严格控制,可快速施工。

②当填土高度达 3m 后,对地基变形进行严密监控以判断其稳定状态,必要时及时调整填土速率,以确保软土路基的稳定。

③当路堤稳定出现异常情况而可能失稳时,立即停止填土加载并采取其他必要措施,待路堤恢复稳定、地基强度的增长可以适应下一级荷载时,方可继续填筑。

K88+100 断面位于健民村 1 号桥和 2 号桥之间,原地表为湖塘相淤泥层,厚 9.0m,其下为厚 8.8m 的黏土层,可塑状,该土层在荷载作用下也将产生明显的沉降和变形。

在填土高度 3m 以内时,由于未超过软土地基的极限填土高度,故未对填土速率进行控制,自填土高度达 3m 后开始对地基变形进行严密监控以判断其稳定状态。

2003 年 8 月 5 日,当填土高度达 3.5m 时,道中和东道肩沉降速率均达 16.0mm/d,坡脚水平位移速率亦达 5.0mm/d,均超过规范规定的控制标准,按规范要求,此时应立即停止填土施工,待地基变形速率降至安全范围后再恢复填土,但考虑到此时路堤高度(3.5m)并不大,坡脚水平位移速率与道中沉降速率的比值 $\dot{S}_h/\dot{S}_z$ 为 0.31,小于 0.45(推荐的改进控制标准),而且道肩沉降速率并未超过道中沉降速率,经综合分析后认为地基变形形态正常,地基尚处于稳定阶段,因此并未停止填土施工,只是加大了监控力度,密切关注其发展趋势。

2003年8月13日,当填土高度达4.7m时,道中和东道肩沉降速率分别达12.5mm/d和14.5mm/d,坡脚水平位移速率亦达7.0mm/d,均超过规范规定的控制标准,且坡脚水平位移速率与道中沉降速率的比值$\dot{S}_h/\dot{S}_z$达0.56,已超过0.45(推荐的改进控制标准),而且道肩沉降速率大于道中沉降速率,这些迹象均表明地基已趋于稳定极限状态,若继续加载则必将造成路基失稳,故立即停止了填土加载,保证了路基的稳定。

至10月19日,在间歇67天后,道中和东道肩沉降速率分别降至1.7mm/d和1.3mm/d,坡脚水平位移速率亦降至0.4mm/d,坡脚水平位移速率与道中沉降速率的比值$\dot{S}_h/\dot{S}_z$为0.24,道肩沉降速率也小于道中沉降速率,表明地基强度已得到增长,稳定性已大大提高,故恢复了填土施工,此后再施加填土荷载时,沉降速率均未超过3mm/d,水平位移速率未超过1mm/d,也说明67天的及时停工间歇对地基强度增长和稳定性提高的效果是非常明显的。

以上现象说明:

①在路基填土高度较小时,虽然沉降速率可能较大,甚至超过规范规定的控制标准,但此时水平位移速率往往并不是很大,或者尽管水平位移速率绝对值也较大,但其与道中沉降速率的比值并不是很大,此时地基变形以竖向排水固结为主,侧向挤出不很明显,说明地基是稳定的。

如K88+100断面填土高度3.5m时,道中和东道肩沉降速率均达16.0mm/d,坡脚水平位移速率亦达5.0mm/d,均超过规范规定的控制标准,但坡脚水平位移速率与道中沉降速率的比值$\dot{S}_h/\dot{S}_z$并未超过0.45,此时并未停止填土而是继续填土施工,实践证明地基是稳定的。

②在路基填土高度较大,超过软土地基极限填土高度,且填土加载速率较快时,水平位移速率往往随沉降速率的增大而明显增大,且其与道中沉降速率的比值$\dot{S}_h/\dot{S}_z$亦逐渐增大,说明此时道中沉降的相当大部分来自软土的侧向挤出,地基稳定性逐渐降低,当道中沉降速率和水平位移速率均超过规范规定的控制标准,水平位移速率与道中沉降速率的比值接近或超过0.45,道肩沉降速率大于道中沉降速率时,地基稳定性已趋于极限状态,应立即调整填土速率。

如K88+100断面填土高度达4.7m时,道中和东道肩沉降速率分别达12.5mm/d和14.5mm/d,坡脚水平位移速率亦达7.0mm/d,均超过规范规定的控制标准,而且坡脚水平位移速率与道中沉降速率的比值$\dot{S}_h/\dot{S}_z$为0.56,已超过0.45(推荐的改进控制标准),道肩沉降速率也已超过道中沉降速率,分析认为地基已趋于稳定极限状态,通过立即停止填土施工保证了路基的稳定。

以上分析可知,对软土地基上填方路堤进行施工稳定控制时,应将地基沉降速率和水平位移速率联系起来,作为一个整体来分析来判断路基的稳定性,既要看地基沉降速率和水平位移速率的绝对值,又要看二者的比值,并结合道中沉降速率与道中沉降的比值及超孔隙水压力的增长与消散等现象进行综合判断。

3.6 控制效果分析

(1)软土地基沉降变形实测成果

经过长达2年9个月的监测,截至2004年10月22日,黄陂段各断面软土地基沉降观测值在52~365mm范围;填土速率在0~58cm/d之间,沉降速率在0~4.5mm/d范围,大部分沉降量已在路堤填土期间完成,最大沉降速率均未超过10mm/d的控制标准[8]。

东西湖互通段各断面软土地基沉降观测值在69.0~207.0mm范围;填土速率在0~59.0cm/d之间,沉降速率在0~1.9mm/d范围,最大沉降速率均未超过控制标准;其中在京珠公路扩宽路段范围,各监测断面埋设于原京珠公路路肩沉降板的沉降量均小于埋设在加宽新路段沉降板的沉降量。

至 2004 年 12 月底，北湖段观测工作历时一年半，经历了路基填筑期、预压期、路面铺筑期以及试运行期等各阶段，取得了完整、丰富的观测资料。各断面软土地基沉降观测值在 109.0~770.0mm 范围；最大沉降速率在 3.0~15.0mm/d 范围，最大沉降速率均发生在填土期间，其中 5 个断面的最大沉降速率超过了 10mm/d 的规范控制标准，但路堤仍保持稳定。

(2) 软土地基分层沉降观测结果

在黄陂段和东西湖互通段的 K35+675、K37+460、K38+200、CK1+340、K86+460、K88+100 这 6 个观测断面上布置了分层沉降观测管，其编号分别为环 1，环 2，环 3 和环 4。

CK1+340 断面分层沉降观测成果表明，该断面总压缩量仅为 80mm，各土层的压缩量均较小，同时也反映了沉降量的大部分已在填土期间完成。环 1 位于灰色黏土与灰色粉土分界线，环 1 的压缩量为 29mm，代表 11.0m 厚的灰色粉土和下伏灰白色粉细砂的压缩量，单位压缩量为 2.6mm/m；环 1 与环 2 之间 2.8m 厚灰色黏土的压缩量为 17mm，单位压缩量为 6.1mm/m；环 2 与环 3 之间 3.6m 厚黄色黏土压缩量为 16mm，单位压缩量为 4.4mm/m；环 3 与环 4 之间 3.2m 厚土层的压缩量为 18mm，单位压缩量为 5.6mm/m。

(3) 软土地基剖面沉降规律

从图 6.8-1 看出，在填土过程初始阶段，K35+675 部位路肩沉降量与路中沉降量相差较小，断面变形形状为平锅底型，随着填土厚度的增大，路堤的填土部位及其两侧一定范围内，软土地基均产生沉降，其沉降量从路面到边坡，至两侧一定范围内逐渐减小，路堤边坡地基的沉降形态为斜坡型，路中沉降量与路肩沉降量的差值稍有增大，其形状为典型的斜锅底型，通过剖面仪所测的沉降能较好地全貌反映软土地基层表面在加载过程中的变形规律。

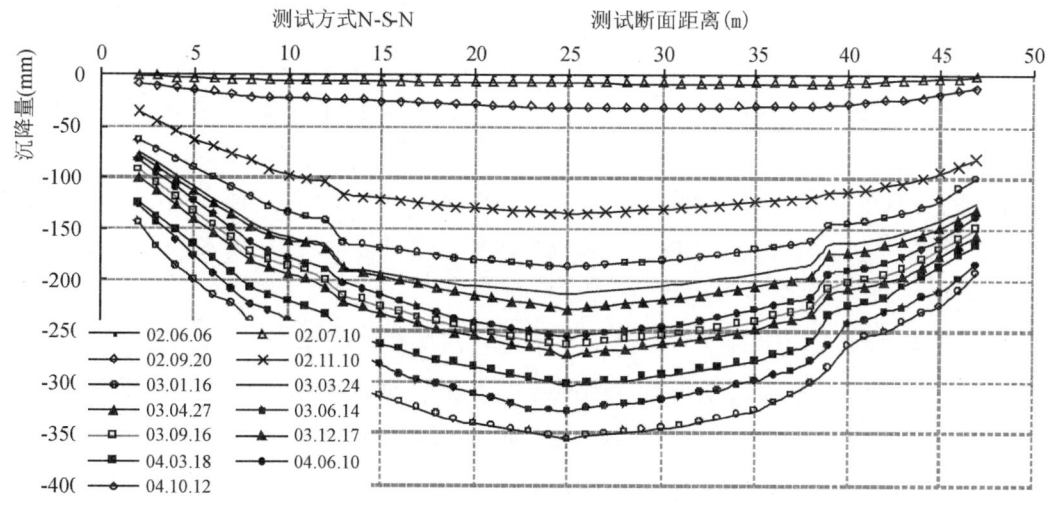

图 6.8-1 软土地基剖面沉降典型曲线（K35+675 剖面）

(4) 水平位移分布规律

黄陂段和东西湖段软土地基的水平位移量较小，最大水平位移量发生在 AK0+060 断面，埋深为 12.029~12.059m 的软土层中，其水平位移量为 33.74mm。该层地基土为褐色淤泥，性软，呈流塑状态，虽经粉喷桩处理，但在路堤填土施工过程中仍具有较大的水平位移量。在路堤填土施工过程中，软土地基的水平位移速率一般很小，在 0.3mm/d 左右；同时在施工填土间歇期内，水平位移速率减小，或者向路堤内产生水平位移。施工过程中水平位移速率均未超过控制标准 5mm/d。

但北湖段软土地基的水平位移量较大,在共14个监测断面中有9个断面布置了测斜管,进行了水平位移监测。结果表明,水平位移量在18～246mm范围,其中仅3个断面水平位移量较小,在18～32mm范围,而另6个断面的水平位移量均较大,在134～246mm范围,其中4个断面水平位移量超过190mm,而K88+100断面位移量最大,达246mm。各断面水平位移速率最大值在0.4～7.0mm/d范围,其中2个断面水平位移速率最大值大于5.0mm/d,分别为5.9mm/d和7.0mm/d。

(5)软土地基孔隙水压力观测

地基土的超孔隙水压力随着路堤填土厚度的增加而增长。超孔隙水压力随孔深的增加逐渐减小。在对应不同路堤填土厚度时,超孔隙水压力从上至下呈递减趋势,如在填土厚度440.2cm时,分别为33.04kPa、29.00kPa和17.69kPa。

地基土的超孔隙水压力增长的速度也较缓慢。如K35+675断面,U1孔隙水压力成果为:路堤填土从325.9cm增加至393.4cm时,其增长速度为0.22kPa/d;当路堤填土从488.9cm增加至568.9cm,其增长速度0.18kPa/d。

施工填土开始阶段,超孔隙水压力增长稍快,地基土的超孔隙水压力随着路堤填土的间歇和路堤填土的完成而逐渐消散,但其消散速度比较缓慢,如K35+675断面,U1孔隙水压力成果为:当路堤填土118.5cm时,间歇期为51天,孔隙水压力消散为2.48kPa,平均消散速度为0.05kPa/d;当路堤填土为415.3cm时,间歇时间为24天,孔隙水压力消散为1.00kPa,平均消散速度为0.04kPa/d。

综上所述,通过现场施工控制,达到了以下效果:

武汉绕城公路软基路段在所要求的工期条件下,大部分路段通过施工间隙期后,工后沉降能够满足公路规范要求(桥头、一般路段分别为小于10cm和20cm),而部分路段工后沉降不能满足,对该部分路段分别进行了等载和超载预压处理,实际处理的预压工期为2～3个月,后根据预压期间的观测资料情况分析论证,经处理后的软基路段的工后沉降均能满足公路规范要求。

通过施工过程中的合理控制,成功保证了软土路基的稳定性,确保了路基填土的安全、快速完成。

本段软土路基的施工稳定控制实践,说明改进的施工稳定控制标准在武汉绕城公路中的应用是成功的,该标准是合适的。

软土地基处理方式的不同以及箱涵等构造物的结合部位,由于不均匀沉降存在,都有可能造成横向裂缝的产生。东西湖互通段与京珠公路的结合部位,根据观测资料来看,在新旧公路的交接部位可能会出现差异性沉降而产生纵向裂缝或者梯坎,造成车辆运行时发生跳车。

现场观测成果显示,地基沉降和变形不仅发生于地基浅层的淤泥层中,其下黏土层的沉降和变形也很明显,而且下卧土层的沉降在总沉降中所占比例随填土荷载的增长而增大,因此在确定地基处理方案时,须对地基深层可压缩土层所产生的沉降引起足够重视,合理确定地基处理深度。

观测成果表明,在路基填土层中设置土工格栅,对抑制软土的侧向变形,提高软土路基稳定性,有明显效果。

4 甬台温高速公路

4.1 工程特点

温州市甬台温高速公路瑞安龙头至苍南分水关段第九合同段K83+050—K83+230段为傍山和软基结合路段,总长度约200m,该段属高路堤填筑段,路堤最大填高约20m,左边傍于山脚,右边为稻田,路基右侧下伏软塑—流塑状淤泥,厚度3.2～7.2m。

在室内试验的基础上,结合地质勘察情况,对该地段软塑—流塑状淤泥的物理力学性质进行了研究。

据地勘资料,K83+175.5断面土层大致划分为五层,从上至下为:半挖半填土层、黏土层、淤泥质土层、卵石层、基岩层。各土层物理性质见表6.8-8、6.8-9。

表6.8-8　　　　　　　　　　　　　岩土层主要物理性质指标

土层	物理性质(断面K83+175.5/K83+196.5)						
	含水量 %	干密度 g/cm³	孔隙比	压缩系数 MPa^{-1}	压缩模量 MPa	固结系数 cm²/s	渗透系数 cm/s
①半挖半填土层/填土层	30.4/ 21.8	1.45/ 1.66	0.865/ 0.652	0.308/ 0.172	7.35/ 9.76	(0.587~1.332)×10⁻²/ (0.900~1.416)×10⁻²	9.6×10⁻⁶~ 1.2×10⁻⁵
②黏土层(砾石夹黏土)	39.2/ 23.7	1.29/ 1.63	1.078/ 0.667	0.321/ 0.367	6.45/ 0.367	(0.843~1.104)×10⁻²/ (0.734~1.053)×10⁻²	1.2×10⁻⁵/10⁻⁴
③淤泥质土层	46.6/ 23.7	1.21/ 23.7	1.274/ 23.7	/ 23.7	0.913/ 23.7	(0.147~1.642)×10⁻²/ (0.095~1.353)×10⁻²	1×10⁻⁶/ 1×10⁻⁶
④卵石层	/	/	/	/	/	/	/
⑤基岩层	/20	/1.70	/0.606	/	/	/	/

表6.8-9　　　　　　　　　　　　　软土层主要强度性质指标

物理力学性质指标		断面桩号		
		①层填土层	②层黏土层	③层淤泥质土层
直剪快剪	Cq(kPa)	20.6	13.6	17.8
	Φq(°)	21.1	32.0	4.0
直剪饱和固结快剪	Ccq(kPa)	16.7	26.4	22.7
	Φcq(°)	29.1	21.1	18.6
三轴饱和固结不排水剪（总应力强度指标）	Ccu(kPa)	45.2		
	Φcu(°)	34.0		
三轴饱和固结不排水剪（有效应力强度指标）	Ccu'(kPa)	30.0		
	Φcu(°)	36.4		
三轴固结排水剪	Ccd(kPa)	67.5	27.1	27.1~32.3
	φcu(°)	25.0	30.0	24.4~30.2
三轴不固结不排水剪	Cuu(kPa)		36.5	15.9
	φcu(°)		4.5	1.9
直剪快剪	K	52.4	106	48~62
	n(°)	0.83	0.78	0.67~0.81

注:淤泥与淤泥质黏土在围压为100~400kPa下呈应变硬化型,峰值应力前均未出现"剪胀",体积变形为剪缩。

4.2 主要软土工程问题

原设计采用粉喷桩处理淤泥,粉喷桩桩径0.5m,间距0.9m和1.1m,施工中发现软基中有大的块石存在,部分粉喷桩未能达到设计深度。在路堤中铺设了土工格栅和土工布以减小路堤两侧的不均匀沉降。2002年5月—2003年2月已经填筑了近11m高,尚余下6m左右未填筑时,发现路堤产生了较大的沉降和侧向位移,呈现出滑坡的初期征兆。

4.3 软土路堤的锚—桩结构支护性能研究

抗滑桩设计采用C25混凝土,纵向受力主筋采用Φ32热轧钢筋,其承载力受正截面弯曲破坏控制,抗滑桩的正截面弯曲承载力为1×10^4kN·m。

4.3.1 锚—桩挡土结构内力与变形的数值分析

(1)数值分析方法

将桩模拟为可承受弯矩的梁单元,锚索模拟为集中力。按照抗弯刚度等效的原则将排桩结构转换为连续的挡土墙,作为平面应变课题进行研究。在研究桩身弯矩、剪力时,再将计算的连续挡土墙的弯矩、剪力进行换算。

按照地质条件,地基与填土共概化为7层,从下向上依次为:①基岩;②全风化凝灰岩残积土;③夹卵石黏土层;④淤泥层;⑤黏土硬壳层;⑥半挖半填层(19m高程以下);⑦打桩后的填筑层(19m高程以上)。典型断面如图6.8-2。基岩采用线弹性模型,其余土层均采用邓肯-张$E-B$模型。

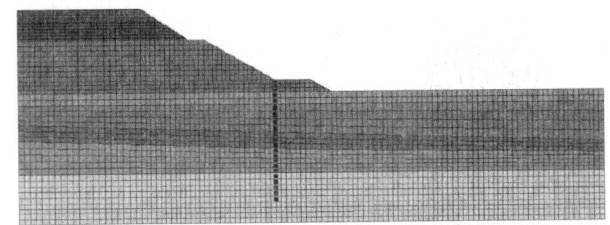

图6.8-2　K83+175断面地层与有限元网格

由于锚索的轴向力不随位移量发生改变,故模拟为集中力,单根锚索锚力为800kN,锚索间距为3.5m,故单位长度锚力为228.6kN,按下倾角30°,每单位长度锚索提供的水平向集中力为198kN,竖直向集中力为114kN。

拟订的数值分析的方案见表6.8-10。

表6.8-10　　数值分析的方案

方案编号	断面与方案	采用的参数	锚索张拉的时间	地下水位
1	175	表5.3-22	打桩后填筑30cm	不考虑
2	175—1	表5.3-22	打桩后填筑2.7m	不考虑
3	175—2	表5.3-22	打桩后填筑3.9m	不考虑
4	175—3	表5.3-22、表5.3-23	打桩后填筑30cm	不考虑
5	1752	表5.3-22	打桩后填筑30cm	位于淤泥层顶面
6	1752—3	表5.3-22、表5.3-23	打桩后填筑30cm	位于淤泥层顶面
7	196	表5.3-22	打桩后填筑30cm	位于淤泥层顶面

(2)抗滑桩弯矩、剪力与水平位移的发展过程

方案1,采用淤泥层与新填筑土层固结完成的参数,打桩后填筑30cm张拉锚索到设计轴力800kN。填筑完成时桩顶水平位移接近2cm,弯矩比未固结状态要小。

方案2,考虑打桩后填筑2.7m再张拉锚索到设计轴力800kN,其他同方案1,与方案1相比,不考虑固结过程中有效应力增加过程,只考虑土体固结完成时的变形特征,由于锚索张拉时间不同,桩顶水平位移过程不同,但终值差别不大。

方案3,考虑打桩后填筑3.9m再张拉锚索到设计轴力800kN,其他同方案1。

方案 4,对淤泥层与新填筑土层还未完全固结的状态,不考虑地下水位对有效应力的影响,打桩后填筑 30cm 张拉锚索到设计轴力 800kN。分析结果表明了桩身弯矩的分布与发展过程,锚索张拉力明显改变弯矩方向,控制填筑过程中桩身弯矩过大发展。填筑完成时弯矩最大,负弯矩最大值达到 4200kN·m,发生于桩底以上 5~10m 的位置;正弯矩最大值达到 1050kN·m,发生于桩顶下 2~3m 的位置。

填筑完成时桩身截面剪力分布与弯矩满足其微分关系,剪力为 0 处弯矩最大。桩身截面最大剪力 3500kN,发生于桩底上 5m 的位置。打桩后填筑过程中桩顶水平位移过程表明,第二步锚索张拉后明显改变水平位移的方向。填筑完成时嵌岩段几乎无水平位移,而桩顶水平位移最大,达到 4.5cm 左右,填筑完成时未出现向山体方向的位移。

方案 5,对应于淤泥层与新填筑土层固结完成的状态,打桩后填筑 30cm 张拉锚索到设计轴力 800kN,考虑地下水位在淤泥层顶面对地基有效应力的影响。计算结果表明,桩身水平位移最大为 2.3cm 左右,比未固结状态要小些。此工况对应的负弯矩也要小些。

方案 6,对应淤泥层与新填筑土层还未固结的状态,打桩后填筑 30cm 张拉锚索到设计轴力 800kN,考虑地下水位在淤泥层顶面对地基有效应力的影响。计算结果表明,桩身弯矩和桩身水平位移与方案 4 比较类似,量值略小。

方案 7,对 K83+196 断面,采用淤泥层与新填筑土层固结完成的参数表 5.3-22,考虑地下水位在淤泥层顶面对地基有效应力的影响,打桩后填筑 30cm 张拉锚索到设计轴力 800kN。填筑完成时桩顶水平位移达到 7cm,填筑完成时弯矩最大,负弯矩最大值达到 $2000 \times 3.5 = 7000$kN·m,发生于桩底以上 6~7m 的位置;正弯矩最大值达到 $400 \times 3.5 = 1500$kN·m,仍发生于桩顶以下 2~3m。

从数值分析的结果来看,K83+196 断面抗滑桩的水平位移量偏大,达到 7cm 左右,相应抗滑桩截面的最大弯矩 7000kN·m;如果考虑地基与填土尚未固结的情况,以及路堤下地下水升高对桩的水压力,其弯矩和水平位移将会更大,可能概化的该断面的地基地质条件与实际情况存在一定的差异。

K83+175 断面在淤泥层尚未固结时的状态,其体积模量值较大,体积变形小,对抗滑桩的土压力较大,此时抗滑桩截面的最大弯矩为 4200kN·m,抗滑桩的水平位移量接近 5cm,与实际情况比较一致。而软土与填土采用固结完成状态的参数,不考虑固结过程有效应力增加过程的应力路径影响,抗滑桩截面的最大弯矩和水平位移量会小一些。

抗滑桩截面的承载力可达到 10000kN·m,与数值分析的结果相比,尚有一定的安全裕度,在保证施工质量的情况下,预计由于抗滑桩截面弯矩过大使受拉区拉断破坏而导致高路堤失稳的可能性不大。

4.3.2 高路堤整体稳定性研究

(1)土层的强度模式与强度指标

填筑期高路堤的稳定性受未固结软土层控制,采用总应力法分析,不单独计算超孔隙水压力,以不排水强度指标反映地下水位下土层超孔隙水压力的影响。工程结合高路堤填土及傍山的实际情况,在强度指标选取上作了改进,即:对淤泥层以上的地基与填土,采用固结排水剪指标;对淤泥层以下的地基,采用固结不排水剪指标;对淤泥层采用不固结不排水剪指标。所有土层均采用线性 Mohr-Coulomb 强度模式。

本段路堤当填土到高程 19.2~19.5m 附近,对不设置挡土结构的,即出现了边坡滑动的迹象,故假定此时达到极限平衡状态,并由此对控制稳定的淤泥层强度参数进行了反分析。采用 K83+175.5 断面的地质条件,当淤泥层不固结不排水强度指标为 30kPa 时,采用简化 Bishop 法的安全系数为 1.1,Spencer 法的安全系数为 1.1,瑞典法的安全系数为 0.97;当淤泥层不固结不排水强度指标为 25kPa 时,对应简化 Bishop 法的安全系数为 1.0,Spencer 法的安全系数为 1.0,瑞典法的安全系数为 0.866。由此可以认为,淤泥层不固结不排水强度指标为 25~30kPa。

考虑到淤泥层不固结不排水强度指标的离散性，取淤泥层不排水抗剪强度分别为 20kPa、25kPa、30kPa、35kPa 进行路堤稳定性分析。

抗滑桩的模拟简化方法：此处将土与结构作为刚体，只校核剪断桩的情况，关于抗滑桩受拉区弯折破坏及桩前被动土楔剪切破坏的情况采用其他方法进行分析。

抗滑桩桩身混凝土标号为 C25，其容重取 $25kN/m^3$，弹性模量取 2×10^4 MPa，泊松比 0.167，内摩擦角 $45°$，单轴抗压强度为 25MPa，单轴抗拉强度 4.2MPa，内聚力 5.17MPa。由于抗滑桩的内聚力与土层差别非常大，为确保数值方法的收敛性，在极限平衡条分法中，采用降低其内聚力值，同时在桩顶施加一集中力以增大其摩擦强度分量的方法，这种处理方法可以获得较好的收敛解，同时又可不改变桩身混凝土的抗剪强度。

K83+175.5 与 K83+196.5 两个断面稳定分析所用的物理力学、强度指标列于表 6.8-11。

表 6.8-11　　　　　　　　　　　路堤土层的强度指标

土层编号	土层描述	容重(kN/m^3)	强度指标 C(kPa)	强度指标 $\varphi(°)$	强度指标类型
1	设计填土	20	3	35	固结排水剪强度指标
2	半挖半填（已完成）	20	3	35	固结排水剪强度指标
3	黏土硬壳层	18.62	28	25	固结排水剪强度指标
4	软—流塑状淤泥层	16.4	20~35	0	不固结不排水强度指标
5	含砾石黏土层	18.82	25	22	固结不排水剪强度指标
6	全风化凝灰岩残积层	18.5	48	30	固结不排水剪强度指标
7	抗滑桩	25.0	400,500	45	固结不排水剪强度指标
8	基岩				不可剪切破坏

(2) 计算工况及高路堤的安全系数

针对 K83+175.5 与 K83+196.5 两个断面，进行了高路堤极限平衡的整体稳定性分析，并以简化 Bishop 法和 Spencer 法的计算结果为判别依据，同时获得了瑞典法、Janbu 法的最危险滑面和相应的安全系数。考虑到高路堤破坏的各种可能性，进行了多种组合的稳定分析计算，其计算的工况及对应的安全系数见表 6.8-12。

表 6.8-12　　　　　　　　　　　计算的工况及对应的安全系数

断面	工况 编号	工况 描述	滑面最小安全系数 Bishop	Spencer	瑞典法	Janbu
K83+175.5	1	未设锚桩，淤泥层 C_u=20.0kPa	0.78	0.79	0.64	0.75
	2	未设锚桩，淤泥层 C_u=30.0kPa	0.93	0.93	0.76	0.86
	3	设锚索，淤泥层 C_u=20.0kPa	1.00	1.00	0.80	0.91
	4	设锚索，淤泥层 C_u=30.0kPa	1.17	1.16	0.94	1.00
	5	设锚桩，浅层越桩滑坡	1.48	1.48	1.43	1.42
	6	设锚桩，淤泥层 C_u=20kPa，深层越桩滑坡	1.53	1.53	1.13	1.41
	7	设锚桩，淤泥层 C_u=30kPa，深层越桩滑坡	1.62	1.62	1.24	1.49
	8	设锚桩，淤泥层 C_u=20kPa，剪桩滑坡	1.55	1.55	1.35	

续表

断面	工况		滑面最小安全系数			
	编号	描述	Bishop	Spencer	瑞典法	Janbu
K83+196.5	9	未设锚桩,淤泥层 $C_u=20.0$kPa	0.53	0.53	0.47	0.52
	10	未设锚桩,淤泥层 $C_u=30.0$kPa	0.65	0.66	0.308	
	11	设锚索,淤泥层 $C_u=20.0$kPa	0.59	0.61	0.53	0.56
	12	设锚索,淤泥层 $C_u=30.0$kPa	0.76	0.78	0.69	0.69
	13	设锚桩,浅层越桩滑坡	1.49	1.49	1.45	1.45
	14	设锚桩,淤泥层 $C_u=20$kPa,深层越桩滑坡	1.15	1.20	0.91	1.05
	15	设锚桩,淤泥层 $C_u=28$kPa,深层越桩滑坡	1.25	1.30	0.93	1.15
	16	设锚桩,淤泥层 $C_u=25$kPa,深层越桩滑坡	1.21	1.26	0.92	1.11
	17	设锚桩,淤泥层不排水强度30kPa,深层越桩滑坡	1.25	1.31	0.94	
	18	设锚桩,淤泥层 $C_u=35$kPa,深层越桩滑坡	1.31	1.37	1.01	1.18
	19	设锚桩,淤泥层 $C_u=20.0$kPa,剪桩滑坡	1.40	1.40	1.22	

通过稳定分析计算,可知本高路堤填筑段采用锚索－抗滑桩式挡土结构边坡处理措施后,其抗滑稳定性满足规范要求。

(3)路基和路堤变形状态与稳定性

①软土地基填方失稳的变形控制标准

长江科学院在长期的高速公路软土地基处理实践中,分析了大量的软土地基上填方失稳的实例,总结出以路基边桩水平位移与道中沉降之比等于25%～30%为标准来控制软土地基上路基的稳定性,当二者的比值达到或超过该值并持续这一状态时,可以判定路基即将失稳。

②数值分析方案与模型参数

采用三轴CD试验得出模型参数,根据此参数计算的应力和变形实际反映土层固结完成终了的应力和变形,未考虑有效应力路径变化过程,与Biot固结理论有限元解法相比,区别在于是否反映固结过程。因为本工程未在软土中设置排水体,而软土本身的固结系数很小,完全固结需要十来年,所以本课题无须采用Biot固结理论有限元法研究固结变形的过程。

对K83+175.5断面针对无锚桩设施、只设置抗滑桩、设置锚索和抗滑桩三种情况,相关人员进行了平面应变有限元分析,分别研究路基、路堤的应力和变形状态,并判别了其稳定性。

③未采用锚-桩结构护坡时路堤的变形形态与稳定性

K83+175.5断面不设锚索－抗滑桩情况下,考虑软土与填土尚未固结的状态,竣工时水平位移最大值为15cm,发生于坡脚处的原天然地基硬壳层表面,即拟设置抗滑桩位置的桩顶一段的部位,符合一般的工程经验。沉降最大值为18cm,发生于高程19m附近的道中位置,符合理论与经验规律。将水平位移与沉降相对比,可以看出不设置锚-桩结构护坡时,高填方路堤是不稳定的。实际在未填筑到路堤设计高程时,边坡已经失稳。

④仅采用抗滑桩时路堤的变形形态与稳定性

K83+175.5断面不设锚索情况下,考虑软土与填土尚未固结的状态,竣工时水平位移最大值为18cm,发生于桩前坡面处;沉降最大值为16cm,发生于高程19m附近的道中位置;不设置锚索时,当软土尚未固结,路堤将由于桩的水平位移过大而失稳。这是由于可能滑动面发生在软土层,滑动面以下抗滑桩段的嵌固程度不够，不能有效地抑止可能滑动土体的水平位移。

⑤采用锚索—抗滑桩护坡时路堤的变形形态与稳定性

K83+175.5 断面设锚索—抗滑桩式挡土结构，考虑软土与填土尚未固结的状态，竣工时水平位移最大值为 10cm，而坡脚处的水平位移仅 2～4cm；沉降最大值为 16cm，位于高程 19m 附近的道中位置；由于在桩头增设了锚索，改变了抗滑桩的受力状态，使抗滑桩的整体嵌固程度得到了增强，有效地抑止了可能滑动土体的水平位移。由此可见锚索—抗滑桩式挡土结构可以有效地控制高路堤的水平位移，改善路堤的变形状态，当考虑软土尚未固结的状态，路堤不会失稳，这与极限平衡条分法所得结论是一致的[9]。

4.3.3 高路堤沉降研究

(1) 路堤沉降的有限元分析

考虑到路堤填筑过程中应力路径的复杂性以及土体在复杂应力路径下的强度与变形特征，本课题采用有限元数值分析方法计算高路堤的总沉降量，并与监测成果进行比较，分析工后沉降量。本工程软土地基中未设置排水设施，淤泥和淤泥质黏土在 50～400kPa 下的固结系数为 $0.1\times 10^{-2} cm^2/s$，淤泥层厚度为 6m，按单向排水估算，软土地基固结度达到 90% 时约需要 7～10 年，远比施工期和监测期长。故在本课题研究中未进行基于 Biot 固结理论的固结过程有限元分析，只考虑软土固结完成与未固结两种状态。数值分析的方法及参数与本章 2.4.3 节相同。

以 K83+175.5 断面为例进行路堤沉降分析。在设置锚索—抗滑桩式挡土结构的情况下，路堤填筑完成时，软土未固结状态下道中沉降最大约为 16～18cm，软土固结完成状态下道中沉降最大约为 22～24cm。

(2) 路堤的工后沉降分析

按照淤泥层厚度为 6m，固结系数为 $0.1\times 10^{-2} cm^2/s$，单向排水条件，不考虑加载过程的修正，估算淤泥地基的固结度、时间因素与时间的对应关系见表 6.8-13。

表 6.8-13　　　　　　　　　淤泥的固结度与时间关系

固结度 U	时间因素 T_v	时间（月）	时间（年）
0.2	0.03	4.11	0.41
0.3	0.07	9.59	0.96
0.5	0.20	27.40	2.74
0.8	0.55	75.34	7.53
0.9	0.80	109.59	10.96
1.0	2.0	273.97	27.40

从 2003 年 6 月埋设监测设施，开始填筑 19m 高程以上的填土，到 2004 年 7 月已经历时 1 年多，估计埋设监测设施后软土地基的固结度已经达到 30%～50% 左右。

监测到的沉降量包括两部分，一部分为填土施工中软土尚未固结而产生的瞬时沉降，另一部分为软土在施工与监测期间部分固结沉降量。在计算地基沉降中，除软土以外的其他土层的变形指标均由固结排水剪试验得到，可以认为固结已完成。计算得软土未固结状态下道中沉降最大约 16cm；软土固结完成状态下道中沉降最大约为 22cm，则至 2004 年 7 月完成固结沉降 6～8cm 左右。由于完成总沉降将达 20～24cm 左右，则 2004 年 7 月以后路堤表面的剩余沉降约为 10～15cm 左右。

4.4 软土路堤加固处理措施

为提高本路段路堤的抗滑稳定性,温州市高速公路建设指挥部经研究比较,决定在坡脚处布置钻孔灌注桩结合预应力锚索的锚索—抗滑桩式挡土结构以控制路堤沉降和侧向变形,并同时实施变形与稳定性监测、分析锚索、抗滑桩处理软土地基高路堤的工作机理。设计单位采取的具体工程措施如下。

(1)抗滑桩

采用钻孔灌注桩,桩径1.8m,K83+050—K83+130段桩中心距为4.0m,桩顶标高10.0m,桩与路基中心线的水平距离为36.5m;K83+130—K83+230桩中心距为3.5m,桩顶标高11.0m,桩与路基中心线的水平距离为38.5m;桩身采用C25混凝土,桩长25.0m左右,为嵌岩桩,嵌岩深度约6.0cm,共布置48根桩,桩间用横梁连接(冠梁),横梁宽度100cm,材料采用C25混凝土。

(2)预应力锚索

布设在每两根抗滑桩中间,锚索孔径为150mm,下倾角30°,锚索采用高强度低松弛钢绞线;每根锚索设计抗拔力为800kN,单根锚索总长度50m,锚固段长度12m;共布置47根锚索。

(3)反压护道

K83+050—K83+120段,反压护道填至标高10.0m,K83+140—K83+230段,反压护道填至标高11.0m;两段中间设20m长的过渡段;反压护道左侧至桩顶,右侧以1:1.75的坡度连接乡道。

4.5 加固效果分析

4.5.1 监测项目与监测设备的埋设

监测仪器埋设数量见表6.8-14。

表6.8-14　　　　　　　　　　监测仪器埋设数量

断面	测斜管	分层沉降	表面沉降板	孔隙水压力计	水位管	钢筋计	预应力锚索锚力计
K83+175.5	4根	2根(共16只磁环)	2块	5只	1根	22只	1只
K83+196.5	4根	2根(共14只磁环)	2块	5只	/	22只	1只
	道中、道肩、坡脚、抗滑桩内各1根	道中、道肩各1根	道中、道肩各1块	道中1只、道肩、坡脚各2只	坡脚外	抗滑桩内、外侧各11只	
总计	8根	4根(共30只磁环)	6块	10只	1根	44只	2只

4.5.2 施工简况

甬台温高速公路K83+050—K83+230段主要施工过程见表6.8-15。

表6.8-15　　　　　　　　　　观测断面上施工情况表

施工日期 年.月.日	施工内容	施工部位	填土高程(m)	填土厚度(m)	施工部位	填土高程(m)	填土厚度(m)
2002.5	前期开始填土	K83+175.5	8.47	0	K83+196.5	8.47	0
2003.2	前期停止填土	道中	19.25	10.78	道中	19.79	11.31

续表

施工日期 年.月.日	施工内容	施工部位	填土高程(m)	填土厚度(m)	施工部位	填土高程(m)	填土厚度(m)
2003.5.1	抗滑桩施工开始	/	/	/	/	/	/
2003.7.18	抗滑桩施工结束	/	/	/	/	/	/
2003.6.15	锚索施工开始	/	/	/	/	/	/
2003.9.1	抗滑桩上部联系梁开始浇筑	/	/	/	/	/	/
2003.9.15	抗滑桩预应力锚索施工完成	/	/	/	/	/	/
2003.07.11	后期路基填土开始	K83+175.5 道中Sb1—1	19.37	10.90	K83+196.5 道中Sb2—1	20.31	11.84
2003.10.05	后期路基填土结束		24.93	16.45		25.45	16.98
2003.11.03	道面施工开始		25.07	16.60		25.63	17.16
2003.11.23	道面施工结束		25.60	17.13		26.21	17.73
2003.12.30	全线通车	/	/	/	/	/	/
2004.9.30	监测工作结束	/	/	/	/	/	/

4.5.3 观测成果及分析

由于该工程的特殊性,从2002年5月至2003年2月,路堤已填筑近11.0m,而监测断面上的观测设备为后期埋设,前期的变形未测出,现有的变形观测资料为其总变形量的一部分。观测时间为监测仪器埋设后所观测的时间,而填土厚度指断面上填土的总厚度。

(1) 水平位移

道肩、坡脚的水平位移最大值主要发生在高程7.18m～10.66m,而道中测斜管发生在高程18.10～18.30m。至2004年9月22日,两个断面的最大水平位移量：K83+175.5断面为73.66mm,K83+196.5断面为64.13mm,均位于道肩测斜管内。一般道中水平位移量要小于其余测点的水平位移量。水平位移大部分产生在填土施工期,施工期内产生的水平位移量占水平位移总量的70%以上。

一般施工回填期间水平位移速率较大,随着时间推移,水平位移速率逐渐减小,至2004年9月22日水平位移月平均速率为0.02～0.06mm/d。

(2) 沉降

K83+175.5断面沉降量最大,为190.0mm,该段面处于整个场区淤泥层性质最差、强度最低的地段。K83+196.5断面沉降为161.0mm。

从两个断面沉降大小的分布情况看,由于该段左侧傍山填筑,且左侧路基与下伏地层存在一定的横坡,而道肩下卧软土层比道中厚,所以道肩沉降量比道中要大。

从两个断面的时间与荷载、沉降量关系曲线看,加荷期间沉降发展较快,每加一级荷载沉降量均有明显的增加,荷载加至最大并稳定后沉降速率逐渐减小。

两个断面最大沉降速率均发生在填土施工过程中,填土荷载加完后沉降速率逐渐减小,至2004年9月22日,各断面的月平均沉降速率在0.03～0.06mm/d之间,基本趋于稳定。

(3) 抗滑桩钢筋计

抗滑桩的位移：至2004年9月22日,K83+175.5断面抗滑桩内的水平位移最大值已经达到51.39mm,发生于桩顶高程9.65m位置;K83+196.5断面抗滑桩内的水平位移最大值已经达到41.35mm,发生于桩顶高程9.94m位置;位移方向均朝向路堤边坡外侧移动。

至2004年9月22日，K83+175.5断面抗滑桩内侧承受拉应力,钢筋拉力最大值发生于桩中段-4.9m高程,为5.81kN;桩体-12.9m高程以下基本是承受压应力,钢筋压力最大值为1.24kN左右;K83+175.5断面抗滑桩外侧基本承受压应力,钢筋压力最大值发生于桩中段-8.9m高程,为3.19kN左右;桩体-12.9m高程以下基本承受拉应力,钢筋拉力最大值为1.79kN左右。

至2004年9月22日，K83+196.5断面抗滑桩内侧基本是承受拉应力,钢筋拉力最大值发生于-3.1m高程,为5.06kN左右;抗滑桩外侧基本是承受压应力,钢筋压力最大值仍发生于-3.1m高程,为9.87kN左右。

最大弯矩值与本章2.4.3节的计算分析结果有较好的一致性;这也侧面地反映了抗滑桩内力计算分析方法的合理性。

(4)锚力计

两个断面在33#—34#及38#—39#抗滑桩间联系梁中部埋设有两只锚索测力计,观测成果见表6.8-16。

该段锚索设计荷载为800kN,在锚索的锚力计安装加载中,由于锚索头夹具松动,共进行三次加载,最后一次即为最大荷载,33#锚力计最大荷载为770.01kN,39#为850.35kN,填土加荷期间,锚力计测值呈衰减下降趋势,且减小幅度较大,填土荷载加完后衰减幅度逐渐减小,至2004年7月4日,33#锚力计荷载为736.51kN。39#锚力计荷载为771.85kN,分别减小33.50kN和78.50kN,减小4.35%和9.23%,其后两只锚力计测值基本趋于稳定,观测成果见表6.8-16。

表6.8-16　　　　　　　　　　　　锚力计观测成果表

编号	设计荷载(kN)	实测最大荷载(kN)	当前荷载(kN)	当前荷载减小量(kN)	减小百分数(%)	观测起止时间(年-月-日)
33#	800	770.01	736.51	33.50	4.35	2003-9-15—2004-7-4
39#	800	850.35	771.85	78.50	9.23	2003-9-8—2004-7-4

(5)分层沉降观测

两个断面道中、道肩分层沉降观测成果表明：

①位于原地面高程处沉降环的沉降与原地面沉降板沉降规律基本一致,只是数值略有不同,与荷载关系明显,可以判断分层沉降观测值与沉降板的测值是可靠的。

②随沉降环的埋深增加,沉降量逐渐减小。自沉降板起深约15m范围内土层压缩量较大,随时间增加该土层的压缩量增加,但在总沉降中所占比例逐渐减小。

③黏土层和淤泥质土层压缩量占总沉降量85%左右。

(6)孔隙水压力

从两个断面的孔隙水压力观测成果看有以下规律：

①与荷载对应关系明显,每施加一级荷载孔隙水压力均有一定的上升,随着时间推移,孔隙水压力逐渐消散。

②断面孔压探头由于都处于同一层淤泥土中的不同深度,上部的孔隙水压力比下部的消散快。

综上所述：

本地段软土属软塑—流塑状淤泥和淤泥质软土。所采用的锚索—抗滑桩式挡土结构有效地控制了本段高填方路堤的沉降和侧向变形,是一种有效实用的路堤边坡抗滑处理措施。

探讨了锚索—抗滑桩式挡土结构内力变形的分析方法及其特点,采用有限元数值分析方法,模拟了高路堤填筑施工过程,进行了钻孔灌注嵌岩抗滑桩的内力与变形的计算分析,结果表明:抗滑桩截面的计算弯矩值在弯矩承载力的允许范围以内,桩体顶部水平变形为5cm左右,与实际监测成果比较一致。

采用多种极限平衡条分法,结合路基、路堤应力变形数值分析的成果,研究了本路段高填方路堤的整体稳定性。研究结果表明在设置锚索—抗滑桩式挡土结构的情况下,本路段软基高填方路堤整体稳定性安全系数可满足规范要求。

分析了地基沉降的分析方法及适用条件,采用有限元数值分析方法,研究了本路段高填方路堤的最终固结沉降量和软土固结前的剪切沉降量;通过与监测成果对比,分析了路面的工后沉降量约为10~15cm。

对高路堤及锚索—抗滑桩式挡土结构内力与变形进行了实时监控,采用沉降板、测斜仪监测路堤道肩、道中、坡角等部位的竖直和水平位移,采用锚力计、钢筋计和桩身测斜管监测锚索—抗滑桩式挡土结构的内力和水平变形,实时监控、预测预报高路堤及锚索抗滑桩式挡土结构的工作状态,经过一年多的观测,取得了较为完整的观测资料,并在工程施工过程中,及时反馈各种监测成果,提高了工程信息化施工的程度。

观测结果表明,至2004年9月22日,两断面的月平均沉降速率在0.03~0.06mm/d之间,已经基本趋于稳定。

5 京珠高速公路

5.1 工程特点

京珠高速公路(现名京港澳高速公路)湖北东西湖段北起府沦河,南至江汉桥,全长约20.5km,设计路基宽度28m,为双向四车道高速公路,设计速度120km/h。1998年12月动工兴建,2001年12月15日开通试运行,2003年8月10日通过竣工验收[10]。

京珠高速公路东西湖段地处江汉平原东侧冲积—湖积平原湖区,原为湖泊沼泽,后人工围垦成田,故地势低洼,平坦开阔,地表水系发育,沟渠纵横交错,地表由新近河湖相沉积的淤泥质及淤泥质黏土、亚黏土组成。地表水发育,地下水丰富,软土地基广泛分布。

该路段地基软土具有含水量高、孔隙比大、强度低、压缩性高、透水性差的特点。对该段软土地基大部分采用塑料排水板法处理。为了对软基处理效果进行研究,为选择道面施工时间提供依据,以便控制工后沉降,选择多个典型断面进行了软土沉降与固结的数值分析和现场观测。

结合监测仪器的埋设,对东西湖段软土层进行了勘探和试验工作,勘探成果表明,东西湖段软土层分布广泛,在长达20km范围内,地基中均存在厚度不等的软土层;软土层的厚度和埋藏深度在不同路段存在一定的差异,这与江汉断陷盆地形成前的原始地貌及后期沉积环境有关。同时,室内土工试验成果说明,东西湖地区的软土层主要属淤泥及淤泥质土类。主要分布及性质见表6.8-17。

表6.8-17　　软土层性质综合指标成果分析表

软土指标		K123+000	K124+650	K125+360	K131+760	K132+430	K133+350	K142+450	匝道AK0+121
含水量(%)	范围值	41.5~114.7	30.8~32.4	53.1~55.3	26.2~49.0	29.3~49.9	33.3~59.2	31.2~44.0	48.1~48.6
	平均值	66.9	31.8	54.2	36.5	37.4	41.5	37.6	48.3
孔隙比	范围值	1.30~3.11	0.85~0.89	1.47~1.55	0.76~1.35	0.83~1.43	0.91~1.73	0.87~1.22	1.31~1.38
	平均值	1.930	0.871	1.511	1.010	1.057	1.161	1.044	1.341

续表

软土指标		K123+000	K124+650	K125+360	K131+760	K132+430	K133+350	K142+450	匝道 AK0+121
干密度 (g/m³)	范围值	0.65~1.19	1.44~1.48	1.08~1.22	1.17~1.57	1.14~1.52	1.00~1.50	1.23~1.46	1.16~1.17
	平均值	0.99	1.46	1.10	1.38	1.36	1.28	1.35	1.17
流限 (%)	范围值	51.0~95.0	33.0~33.5	68.0~86.1	36.8~65.4	38.9~53.5	36.3~76.3	34.5~48.5	50.0~57.8
	平均值	70.4	33.2	77.1	51.5	43.6	56.9	43.8	53.9
塑限 (%)	范围值	22.6~36.9	17.5~18.0	18.4~37.4	22.1~29.0	21.8~26.7	21.6~30.4	18.3~21.0	21.5~24.7
	平均值	30.1	17.8	32.0	25.1	23.3	26.2	20.1	23.1
抗剪强度	C_q(kPa)	11.7	15.0	19.9	21.9	26.7	17.6	40.5	18.1
	φ(°)	5.9	10.5	6.9	12.8	3.6	6.9	3.5	1.9
无侧限(kPa)		15.1	19.7	29.6	35.8	44.4			
压缩系数 (MPa⁻¹)	范围值	0.62~2.38	0.27~0.30	1.16	0.2~0.45	0.32~0.69	0.38~1.54	0.66	0.91
	平均值	1.560	0.285		0.298	0.518	0.713		
渗透系数(cm/s)		7.73×10⁻⁶	8.47×10⁻⁵	3.05×10⁻⁶	4.22×10⁻⁶	3.16×10⁻⁶	3.58×10⁻⁵	3.37×10⁻⁶	6.50×10⁻⁶
液性指数		1.00	0.366	0.451	0.432	0.714	0.502	0.570	0.821
存在状态		软塑	可塑	可塑	可塑	可(软)塑	可塑	可塑	软塑
土类定名		高液限黏土	低液限黏土	高液限黏土	低(高)液限黏土	低液限黏土	高液限黏土	低液限黏土	低液限黏土
野外定名		淤泥质黏土	淤泥质黏土	淤泥质黏土	淤泥质黏土	淤泥质黏土	淤泥质黏土	淤泥质黏土	淤泥质黏土
软土层埋藏深度(m)		1.5	5.3	0	1.8	0.5	0.5	10.5	3.5
软土层厚度(m)		14.2	5.7	2.7	7.5	4.4	17	6.0	2.0

注:表中抗剪强度指标为快剪试验强度的平均值。

5.2 主要软土工程问题

综上所述,京珠高速公路东西湖段地基软土层,在天然状态下性质较差,含水量高、孔隙比大、强度低、压缩性高,要在较短的施工期内完成公路建设,并使路堤基础保持稳定,保持较小的工后沉降量,软土地基除必须进行处理外。还需进行监测,监控软土的应力应变状态,控制施工过程中路堤软土地基的稳定和保证其工后沉降量满足设计要求。

5.3 地基处理方案及要求

5.3.1 软基路段路堤设计要求

(1)稳定性标准

路堤填土期间路基沉降速率小于1cm/d,边坡坡脚水平位移速率小于0.5cm/d。

(2)容许工后沉降标准

①桥台与路堤相邻处小于10cm;②涵洞或箱型通道处小于20cm;③一般路段小于30cm。

(3)总工期要求

总工期三年。

5.3.2 软基处理设计方案

考虑到软土层厚度、性质在不同路段存在一定的差异性,故采取了不同的软基处理方法。本段采用的软基处理方法主要有竖向排水板加砂垫层、竖向排水板加土工格栅和砂垫层、砂垫层、水泥搅拌桩等,在施工期间根据软基变形的实际状况,对某些软基变形较大的路段,采用了碎石桩、超载预压及延长施工间歇期等处理方法。各路段的软基处理方法列于表 6.8-18。

表 6.8-18　　　　　　　　　　　东西湖段软土地基处理方法表

序号	桩号	地基处理方法
1	K122+418—K123+485	竖向排水板加砂垫层
2	K123+560—K124+700	竖向排水板加土工格栅、砂垫层
3	K124+700—K124+820	竖向排水板加砂垫层
4	K124+820—K125+501	砂垫层
5	K125+210—K125+501	碎石桩
6	K131+350—K133+700	竖向排水板加砂垫层
7	K133+700—K135+960	砂垫层
8	K135+056—K135+960	粉煤灰路堤
9	K140+140—K141+611	砂垫层
10	K141+730—K142+490	竖向排水板加砂垫层

注:各桥头段均采用粉喷桩处理。

(1)竖向排水板+砂垫层

竖向排水板加砂垫层处理方法,主要用在软土层较厚、性质较差的路段,这些路段的计算总沉降量大于 50cm。竖向排水板处理深度为 5～15m,采用正三角形布置(梅花形),间距 1.5m,设置的竖向排水板,形成竖向排水通道,利用路堤填料荷载预压,通过砂垫层进行横向排水,使软土层逐渐排水固结,达到提高地基强度,减小工后沉降量的目的。

(2)竖向排水板+土工格栅和砂垫层

竖向排水板加土工格栅和砂垫层处理方法,应用路段与前者相同,竖向排水板与砂垫层的规格尺寸也与前者一样,只是在砂垫层与路堤填料的接触面铺设一层土工格栅,以保软土基础沉降变形的均匀性及路堤填土的稳定。

(3)砂垫层

砂垫层处理方法,主要应用在软土层较薄、性质较好的路段,这些路段计算总沉降量小于 50cm。砂垫层一般铺在已清理干净的建基面上,但对于地势较低的洼地,需先铺设一层填土后,再铺设砂垫层。砂垫层的设置,一方面可以提高软土的整体强度,另一方面是软土基础在填土预压期排水通道,以逐渐提高软土层的强度。东西湖区,地势低洼,沟渠纵横,土料严重缺乏。为了解决土料短缺矛盾,设计在路堤边坡高程≤5.0m 的部分路段采用粉煤灰填筑路堤。在粉煤灰做路堤的路段,砂垫层作为路堤粉煤灰与软土基础的隔离层和粉煤灰路堤的排水层,加速粉煤灰层的排水固结。

(4)粉喷桩

粉喷桩处理方法主要应用在桥头软基路段,桥头部位由于设计要求其工后沉降量较小(<10cm),故采用粉喷桩处理措施来减小软土地基的总沉降量。设置粉喷桩后,一方面提高了地基强度,减少了地基沉降量;另一方面,保护了桥头桩基,增加了桥体的稳定性。为了桥与路堤的连接协调,在其间设置过渡段,当路堤基础工后沉降量小于 20cm 时,设置两个过渡段,当路堤基础工后沉降量大于 20cm 时,设置两个过渡段;过渡段通过调整粉喷桩桩长和置换率,使桥头基础沉降与路段基础沉降成为较平直的连接,提

高工程的质量。

(5)超载预压

超载预压处理方法,主要应用在软基工后沉降量不能满足设计要求的路段,当路堤填土完成后,根据观测沉降曲线进行最终沉降量计算,计算的最终沉降量与实测沉降量之间的差值与路面荷载(包括基层)引起的沉降量之和大于设计的工后沉降量时,采用超载预压方法,以增加路面施工前的基础沉降量,达到减小工后沉降量的目的。对于某些工后沉降量虽然较大,但根据实测沉降曲线趋势,只要经过一定的施工间歇期后,软基工后沉降就能满足设计要求,则采用施工间歇的处理方法,来增加路面施工前的基础沉降量。采用超载预压处理的路段见表 6.8-19。

表 6.8-19　　　　　　　　京珠公路东西湖段软土地基超载预压表

序号	桩号	处理方法	处理时间
1	府沦河桥头—K122+450	超载 2.8m	10 个月
2	K122+720—K123+046	超载 1.5m	10 个月
3	K124+013—K124+380	施工间歇	2 个月
4	K125+210—K125+250	施工间歇	7 个月
5	K125+250—K125+501	超载 2.2m	10 个月
6	K133+308—K133+340	超载 1.5m	10 个月
7	K133+340—K133+600	施工间歇	1 个月
8	K134+178—K134+210	施工间歇	2 个月
9	K134+890—K134+920	施工间歇	1 个月
10	K140+230—K140+256	施工间歇	2 个月
11	K144+730—K141+884	超载 1.5m	10 个月
12	K142+292—K142+490	施工间歇	1 个月

5.4　施工期间的填土控制

(1)极限填土高度

京珠公路(东西湖段)软基主要断面的极限填土高度列于表 6.8-20。

表 6.8-20　　　　　　　　京珠高速公路软基极限高度表

序号	桩号	极限填土高度(m)	安全系数
1	K123+000	3.0	1.245
2	K124+650	3.0	1.384
3	K125+360	3.0	1.202
4	K131+760	3.5	1.303
5	K132+430	4.0	1.208
6	K133+350	3.2	1.237
7	K142+450	3.5	1.353
8	匝道 AK0+121	5.0	1.224

(2) 填土速率控制

路堤填土超过极限填土高度后,必须进行严格的填土速率控制,否则将引起建筑物的失稳破坏。规范和设计提出的填土速率控制标准为:路堤填土期间路基沉降速率小于 1cm/d,边坡坡脚水平位移速率小于 0.5cm/d。

长江科学院通过离心模型试验、数值分析、现场观测等研究成果以及其他相关工程的经验,提出以水平位移速率与道中沉降速率之比 $d_{SH}/d_{SV中}$ 小于 30%、道肩沉降与道中沉降比值 $S_{道中}/S_{道肩}$ <110%~120%作为软土路基稳定性监控标准。

本工程按以上三个标准进行施工填土控制,取得了较好的效果。如 K125 软基路段于 2000 年 3 月底由于填土速率较大出现沉降速率仅 3mm/d,但是同期位移速率为 1.1mm/d,虽然沉降与位移均未超过规范要求,但位移与沉降的比值接近 40%,可以认为该段软基已处于临界状态,建议该段路堤填土进行间歇期。由于软基变形监测带来路堤的信息化施工,全路段未因填土速率失控,而产生边坡失稳破坏。

5.5 处理效果分析

5.5.1 监测断面布置

我院于 1999 年 8 月 18 日至 1999 年 11 月 23 日对 K122+400 等 37 个监测断面进行了监测仪器的埋设工作;监测断面的布置分 A、B、C、D 四类。

①A 类断面观测设施:剖面沉降仪 1 条、沉降板 1 块、分层沉降管 1 根、测斜管 1 根、水位管 1 根、孔隙水压力计 3 只。

②B 类断面观测设施:沉降板 3 块、分层沉降管 1 根、测斜管 1 根、水位管 1 根、孔隙水压力计 3 只。

③C 类断面观测设施:沉降板 3 块、测斜管 1 根。

④D 类断面观测设施:沉降板 1 块。

5.5.2 监测成果

公路建设中软土地基变形的影响因素较多,其主要影响因素有,软土层的性质、软土层的厚度及埋藏深度,处理软土层的方法、路堤荷载及加荷速率等。37 个监测断面填土高度 3.15m～4.42m,软土层厚度 2.7m～17.0m(埋深 0.5m～10.5m),沉降量为 122mm～1238mm,水平位移 25.6mm～166mm。

5.5.3 软基沉降变形规律分析

(1) 软土层的性质对地基变形的影响

高液限黏土的天然含水量高,平均含水量大于 50%,干密度小,平均密度 1.00g/cm³,孔隙比大,平均孔隙比大于 1.50,压缩性好,压缩系数 a_{1-2}=0.5MPa^{-1},属高压缩性土,抗剪强度低,平均凝聚力 C_q=16.4kPa,平均内摩擦角 ϕ_q=6.4°。承载力小,平均无侧限抗压强度 q_u=22.4kPa,在天然状态下,土呈流塑或软塑状态,故在外载作用下,建筑物基础软土层具有较大的变形特征。

低液限黏土与高液限黏土相比,土的性质较好,在天然状态下,土呈可塑或软塑状态,故在外荷载作用下,建筑基础软土层的变形比高液限黏土地基要小得多。

(2) 软土层的厚度对地基变形的影响

软土层的厚度大小是影响地基变形的重要因素,当软土层性质基本相同的情况下,软土层厚度大的路堤地基变形要大于厚度小的。

(3) 软土层的埋藏深度对地基变形的影响

软土层的埋藏深度对地基变形有一定的影响,当软土层性质基本相同时,软土层埋藏浅,在路堤荷载下,因排水路径短,有利于软土层的排水,加快土层的固结,增加施工期间的地基变形量。

(4)地基处理对地基变形的影响

为了满足路堤及其他建筑物对地基强度和稳定的要求,京珠公路的设计对软土层基础采用了竖向排水板、砂垫层、土工格栅及水泥搅拌桩等处理方法,在施工过程中,根据软土层基础的实际变形情况,对某些路段的软土基础进行了碎石桩和超载预压处理,经处理后的软土基础在后续的填土施工中,其地基的变形量和变形速率均很小,满足设计的稳定要求。

软土地基的沉降变形具有以下特征:

软土地基的沉降变形具有随路堤填土高度增加而增大的特点,其沉降变形速率与填土速率成正比,当填土施工停止后,沉降变形速率逐渐减小。

软土地基的沉降变形在横断面方向呈锅底形。在路堤填土荷载不大的情况下,锅底较平,即路中与路肩的地基沉降变形量差值不大,随着路堤填土荷载的增加,路中与路肩地基沉降变形量的差值逐渐增大,沉降变形曲线为深锅底形,图 6.8-3 为路堤填土施工与地基横断面沉降变形相关曲线。

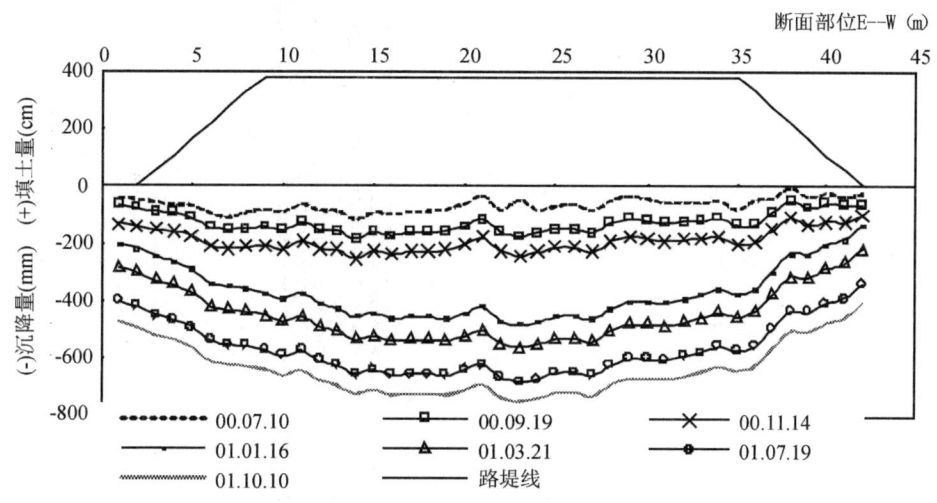

图 6.8-3 典型路堤剖面的填土与地基沉降过程曲线(K123+000)

地基的沉降变形主要发生在软土中,表 6.8-21 是 K123+000 断面各土层沉降变形量。

观测成果表明,该断面的淤泥质黏土为主要的压缩层,其沉降量占总沉降量的 70% 以上。同时表明,随着填土高度的增加,沉降影响深度越大;当填土高度 3.0m 左右时,沉降主要发生在软土层内;达 4.0m 以上时,影响深度进一步加大至细砂层。

表 6.8-21　　　　　　　　　　　　　不同土层的沉降量

序号	土层名称	土层厚度(m)	单位沉降量(mm/m)	土层总沉降量(mm)
1	部分填土、砂垫层、粉质黏土	3.163	4.46	11.0
2	淤泥质黏土	14.2	46.72	486.1
3	细砂	/	/	158

5.5.4　处理效果评价

(1)工后沉降量

根据实测沉降曲线采用双曲线规律进行拟合,其竣工后软土地基沉降变形监测指标及综合分析成果列入表 6.8-22 中。

表 6.8-22　　路堤地基沉降变形成果表

序号	断面编号	填土高度	路面完成时地基沉降量	最终沉降量			工后沉降量	固结比
				填土引起的沉降量	汽车荷载引起的沉降量	总沉降量		
		m	mm	mm	mm	mm	mm	%
1	K122+400	4.27	311	399.1	36.4	435.5	124.5	71.4
2	K123+000	3.85	858	925.8	156.0	1081.8	223.8	79.3
3	K123+043	4.05	929	964.1	162.1	1126.2	197.2	82.5
4	K123+300	3.29	211	245.3	32.5	277.8	66.8	76.0
5	K123+478	3.49	175	207.2	25.4	232.6	57.6	75.2
6	K123+730	3.40	298	343.6	44.3	387.9	89.9	76.8
7	K124+210	3.79	207					
8	K124+350	4.14	345	408.8	42.1	450.9	105.9	76.5
9	K124+380	4.28	213					
10	K124+650	3.15	286	313.3	25.0	338.3	52.3	84.5
11	K124+700	5.88	255	294.6	21.8	316.4	61.4	81.0
12	K124+820	6.61	120					
13	K125+219	5.79	399	518.2	34.8	553.0	154.0	72.2
14	K125+360	7.42	879					
15	K125+495	6.98	201	250.0	14.5	264.5	63.5	76.0
17	K131+550	4.22	255	277.6	31.0	308.6	53.6	82.6
18	K131+760	4.72	225	247.3	24.7	272.0	47.0	82.7
19	K132+000	4.78	341	366.7	35.9	402.6	61.6	84.7
20	K132+430	5.65	333	412.9	29.7	442.6	109.6	75.2
21	K132+650	5.07	262	273.5	26.1	299.6	37.6	87.4
22	K133+308	7.18	1140	1223.3	80.7	1303.9	163.9	87.4
23	K133+350	4.99	793	847.8	81.1	928.9	135.9	80.7
24	K133+700	6.59	262	282.0	20.0	302.0	40.0	86.8
26	K134+500	5.97	264	281.6	22.3	303.9	39.9	86.9
27	K134+920	6.07	227	296.6	23.5	320.1	93.1	70.9
29	K135+098	6.80	392	425.4	29.4	454.8	62.8	86.2
31	K140+456	6.14	432	490.3	36.0	526.3	94.3	82.1
35	K141+800	5.39	362	374.7	34.0	408.7	82.7	88.6
36	K142+450	6.48	670	768.2	52.7	820.9	150.9	81.6
37	AK0+120	6.90	558	621.5	40.7	662.2	104.2	84.3

注：汽车荷载引起的沉降量按 0.5～0.7m 填土厚度计算。

表中成果表明：

①软土地基的最终沉降量一般为20~50cm，最大沉降量发生在K123+000—K123+043和K133+308—K133+350路段，这些路段的最终沉积量均超过100cm以上。

②软土地基的工后沉降量一般小于10cm，并大多数满足设计工后沉降量的要求，最大工后沉降量发生在K123+000—K123+043和K133+308—K133+350路段，这些路段的工后沉降量达15cm以上。

③工程竣工时，软土地基土的固结度一般大于80%，部分路段地基土的固结度为70%~80%。

(2) 地基水平变形

地基中水平变形主要发生在软土层内，最大水平变形量发生在淤泥质黏土层中，其次是粉质黏土层，路堤填土和砂垫层水平位移量较小。成果表明：

①软土地基的水平变形主要发生在路堤填土施工阶段，路堤填土完成后，地基水平变形基本停止，或者出现向路堤内的小量水平变形。

②工程竣工后，各路段水平变形速率很小，一般均小于0.01mm/d，K123+000和AK0+121路段软土地基变形速率较大，地基变形速率达0.12~0.17mm/d。

(3) 孔隙水压力

在A类和部分B类重点断面埋设了孔隙水压力探头，孔压监测成果表明：

①路基荷载每增加一级填土，孔压均有不同程度的增长，加荷完毕，孔隙水压力不断消散，即孔压与荷载对应关系良好。

②由于各断面的地质条件不同，孔隙水压力上升与消散的速率亦有明显差别。软土中的夹砂层是较好的排水通道，有利于加速软基的排水固结。

③施工方式对孔隙水压力上升与消散的速率有明显的影响。

④公路运行后的汽车荷载影响是较大的。

综上所述：

京珠高速公路东西湖段软土地基的变形监测，起到了路堤信息化填土施工的作用，保证了施工期内全路段工程建筑物的安全稳定。

通过路堤填土完成后软土地基变形监测成果的整理及推算分析，提供了东西湖全段软土地基的最终沉降量和工后沉降量，指导了路面填筑施工。

对工后沉降量不满足的路段，如K135+360及K123+000等段，经过大量及仔细地监测、计算与分析，提出了相应的工程处理措施，从而保证了工程竣工后这些路段的工后沉降满足设计要求。

到工程竣工时，由于工期等原因，路面填筑较快，导致仍有部分路段地基的沉降量及沉降速率较大，不能满足设计每月3~5mm沉降量的要求，需要对地基沉降变形继续监测。

6 杭州绕城公路北线软基处理试验研究

6.1 工程特点

杭州市绕城高速公路北线工程全长29.297km。线路所处大部分为软土地基，具有单层和双层两种典型结构，厚达20~30m。为研究软基的处理效果及了解沉降变形规律，以指导大规模施工，工程选取了具有代表性的路段先行试验研究。受杭州市交通局委托，由交通部第二公路设计院大通公司主持，长江科学院与中科院武汉岩土力学研究所、浙江大学共同组成软基试验研究项目组进行有关工作。本次选取有代表性的K26+000—K29+400路段作为试验段，试验内容系统、完整，进行了包括浅层排水固结法、塑料排水板、砂桩及粉喷水泥搅拌桩复合地基等处理方法在内的多种参数共7种方案,几乎涵盖了当前最常用的软基处理方法[11]。软基试验段的工作包括:现场土质补充勘探、原位土工试验、室内土工试验、软基变形观测和路堤施工期稳定性控制及工后沉降的数值分析等。

试验路段土层主要为平原区分布的海相、湖沼相软土,土性为第四系Q_4淤泥、淤泥质黏土和淤泥质重黏土,自上而下,沿线地层大致可分为7层[12]。试验段典型的土层剖面(K28+670)以及各层土的特性如图6.8-4所示。

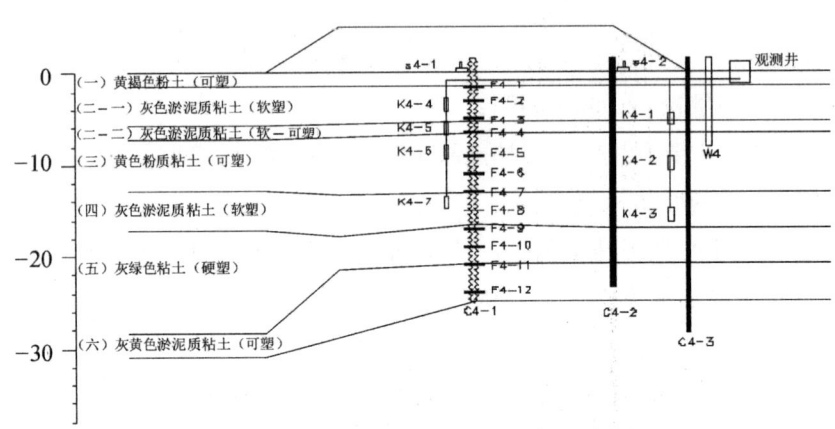

图6.8-4　K28+670断面土层分布(及观测仪器布置)

试验选取双层软土典型路段进行以排水固结法及粉喷水泥搅拌桩复合地基等共7种方案的现场试验,其中排水固结法包括砂桩及塑料排水板不同深度、不同间距的方案比较。各试验段的位置根据地层的变化特点以及构筑物的位置确定,长度一般为2~3倍的路基底宽度。具体情况见表6.8-23。

表6.8-23　杭州市绕城高速公路软基处理试验方案一览表

编号	起止桩号	代表性断面桩号	处理方法	设计参数	试验目的
方案1	K31+455—K31+544	K31+520	表层排水处理粉喷桩堆载预压	粉喷桩呈三角形布置,桩径Φ500mm,桩长14m,间距1.3m,掺灰比15%	研究粉喷水泥搅拌桩处理软基的效果。研究粉喷桩有效处理深度。
方案2	K28+340—K28+440	K28+391	表面排水处理堆载预压	表面排水及加筋,砂层厚度50cm,60kN/m土工布一层	研究在表层排水条件下路堤填土的稳定性及变形特性,在路堤施工期及工后沉降满足要求的条件下,确定合适的超载量。
方案3	K28+530—K28+630	K28+590	表层排水处理塑料排水板堆载预压	塑料排水板呈三角形布置,间距1.5m,长11.0m	研究塑料排水板对地基固结速度的影响,比较不同间距的排水板的排水效果。
方案4	K28+630—K28+730	K28+670	表层排水处理塑料排水板堆载预压	塑料排水板呈三角形布置,间距1.0m,长10.0m	同方案3。进一步论证塑料排水板间距对地基变形的影响。
方案5	K28+730—K28+870	K28+830	表层排水处理粉喷桩堆载预压	粉喷桩呈三角形布置,桩径Φ500mm,桩长14m,间距1.3m,掺灰比15%	研究粉喷水泥搅拌桩处理桥头软基的效果,与方案1作比较。

续表

编号	起止桩号	代表性断面桩号	处理方法	设计参数	试验目的
方案6	K28+970—K29+100	K29+000	表层排水处理砂桩，堆载预压	砂桩呈三角形布置，直径Φ327m，间距2.7m，桩长21.0m	处于桥头所在地，对工后沉降要求更高。而砂桩可以穿透第二层软土，有助于减少工后沉降。同时，与粉喷桩地段比较处理效果。
方案7	K29+100—K29+200	K29+180	表层排水处理塑料排水板堆载预压	塑料排水板呈三角形布置，间距2.0m，长7.0m	与方案3、方案4相比以研究不同排水间距对地基固结变形的影响。

6.2 试验段软基土层特性研究

6.2.1 土的物理性质

针对不同土层取原状土样进行室内土工试验，共布设了11个取样孔，取原状样76组。物理性试验成果如表6.8-24所示。

表6.8-24　　各土层的物理力学性指标及无侧限强度指标

层位	土名	状态	物理性指标										渗透系数		强度
			比重	含水量	干密度	孔隙比	饱和度	液限	塑限	塑性指数	液限	塑限	塑性指数	垂直向渗透系数	水平向渗透系数	无侧限抗压强度
			G_s	w	ρ_d	e	S_r	W_{L20}	W_p	I_P	W_{L17}	W_p	I_P	K_{10}		q_u
				%	g/m³			%			%			cm/s		kPa
Ⅰ	黄色粉质黏土	可塑	2.72	33.4	1.42	0.925	96	44.6	23.0	21.5	34.5	20.9	13.6	7.46×10⁻⁸ ~ 5.82×10⁻⁵	1.11×10⁻⁷ ~ 5.82×10⁻⁵	92.7
Ⅱ	灰色淤泥质黏土	软—流塑	2.73	52.7	1.13	1.461	98	51.5	26.4	25.1	45.2	30.8	17.5	6.02×10⁻⁸ ~ 1.65×10⁻⁵	6.82×10⁻⁸ ~ 7.66×10⁻⁵	26.2
Ⅲ	灰色黏土	可塑	2.72	30.8	1.47	0.862	97	44.8	23.6	21.1	33.9	21.7	12.1	1.20×10⁻⁸ ~ 5.81×10⁻⁶	4.20×10⁻⁸ ~ 5.04×10⁻⁵	69.0
Ⅳ	黄色粉质黏土	可塑—软塑	2.73	32.4	1.44	0.897	99	39.9	22.0	17.9	33.5	21.7	11.8	2.48×10⁻⁸ ~ 1.10×10⁻⁵	3.34×10⁻⁸ ~ 5.49×10⁻⁶	77.1
Ⅴ	灰色淤泥质黏土（含贝壳）	软塑	2.72	41.4	1.26	1.183	98	44.9	22.9	22.0	41.7	25.2	16.6	4.77×10⁻⁸ ~ 2.27×10⁻⁶	6.27×10⁻⁸ ~ 5.25×10⁻⁵	62.5
Ⅵ	灰色黏土	可塑—硬塑	2.71	27.3	1.53	0.712	96	50.0	23.0	27.1				7.75×10⁻⁷	5.85×10⁻⁸	

续表

土层			物理性指标									渗透系数		强度
			比重	含水量	干密度	孔隙比	饱和度	液限	塑限	塑性指数	液限	塑限	塑性指数	垂直向渗透系数	水平向渗透系数	无侧限抗压强度
层位	土名	状态	G_s	w	ρ_d	e	Sr	W_{L20}	W_p	I_P	W_{L17}	W_p	I_P	K_{10}		q_u
				%	g/m³		%							cm/s		kPa
Ⅶ	灰褐色粉质黏土	可塑	2.72	24.2	1.62	0.683	96	43.6	22.3	21.2	34.9	23.6	15.3	3.18×10⁻⁸ ~ 4.11×10⁻⁶	4.98×10⁻⁸ ~ 5.57×10⁻⁵	258.9

6.2.2 土的室内力学性试验

直剪试验和应力应变关系测定并求得土的强度参数和邓肯模型参数如表6.8-25。

表 6.8-25 土的强度参数和变形指标

土层		三轴固结排水剪切试验指标										三轴固结不排水剪切试验指标						
		C_{CD}	φ_{CD}	K	n	R_f	K_b	m	D	G	F	C_{CU}	φ_{CU}	C'	φ'	R_f	K_b	n
		kPa	度									kPa	度	kPa	度			
Ⅰ	平均值	27.8	28.3	130.5	0.146	0.704	37.9	0.302	1.939	0.294	0.129	37.3	16.3	15	28	0.91	110.7	0.75
Ⅱ	平均值	26.4	22.7	57.1	0.498	0.638	23.3	0.389	2.211	0.248	0.144	21.8	10.6	16.3	26.8	0.95	136	0.71
Ⅲ	平均值	18.8	24.8	58.5	0.5	0.632	19.4	0.463	3.003	0.222	0.136	37.5	17	30.2	30.2	0.91	156.8	0.79
Ⅳ	平均值	19.4	29.1	114.3	0.533	0.676	39.2	0.256	2.082	0.299	0.151	35	15.3	18.7	30	0.94	157.7	0.8
Ⅴ	平均值	20.5	27.1	64.3	0.381	0.628	21.1	0.364	2.132	0.25	0.161	30.4	10.7	22	24.9	0.95	185	0.88
Ⅵ	平均值											42	16	20	25.8	0.87	110.7	0.65

6.2.3 原位十字板剪切试验

本次试验在四个塑料排水板及砂桩试验断面各进行了一个孔的十字板剪切试验，但由于第二层软土中含有大量的块状贝壳类杂质，仪器无法操作，所以只进行了第一层软土强度的测定，共计23点次，测试频度为1点/m。试验成果见表6.8-26。

表 6.8-26 塑料排水板及砂桩试验断面十字板剪切试验成果表

	单位	K28+590	K28+670	K29+000	K29+180
土层位置	m	3.2~9.0	1.8~5.0	1.8~3.8	2.0~15.3
土层厚度	m	5.8	3.2	2.0	13.3
C_{uu}（原状土）	kPa	17.6	15.8	16.7	20.9
C_{uu}（重塑土）	kPa	1.86	3.67	2.2	/
灵敏度		9.5	4.3	7.6	/

6.2.4 现场孔压静力触探试验

在四个塑料排水板及砂桩试验断面共进行了孔压静力触探试验7点，其中K28+590、K28+670和K29+180各二点，K29+000一点。试验成果如图6.8-5(a)，图6.8-5(b)。

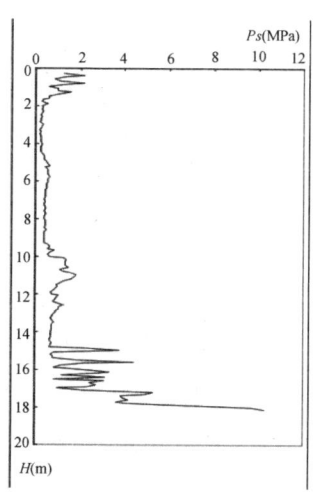

图 6.8-5(a)　K28+590 断面静力触探曲线(道中)　　图 6.8-5(b)　K28+670 断面静力触探曲线(道中)

在现场进行了粉喷桩前后的静力触探试验对比,成果如图 6.8-6(a)和图 6.8-6(b)。

从静力触探试验看出,粉喷桩加固前后,K28+830 断面③层淤泥的锥尖阻力 q_0 从 0.2kPa 提高到 0.3kPa,侧壁阻力 f_s 从 7kPa 提高到 8kPa,但 K31+520 断面③层淤泥的 q_0 和 f_s 变化不大。

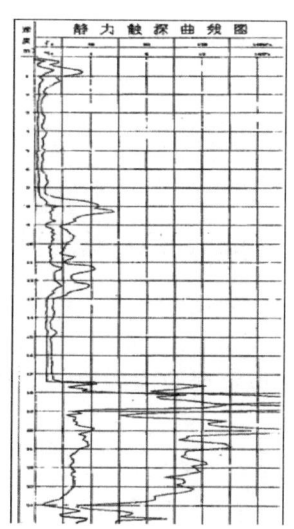
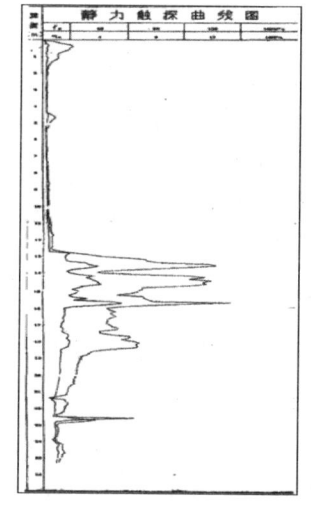

图 6.8-6(a)　K28+830 断面加固前静力触探曲线　　图 6.8-6(b)　K31+520 断面加固前静力触探曲线

6.2.5　现场孔压消散试验

六个断面共进行孔压消散试验 9 孔,40 点次。各断面典型归一化的孔压消散曲线见图 6.8-7。各断面固结系数计算成果见表 6.8-27。

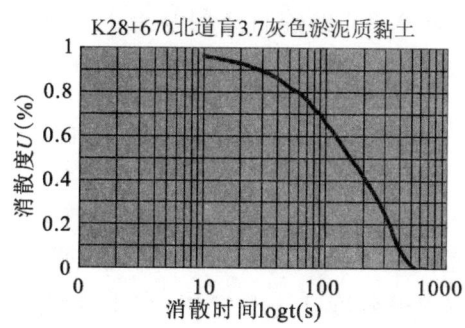
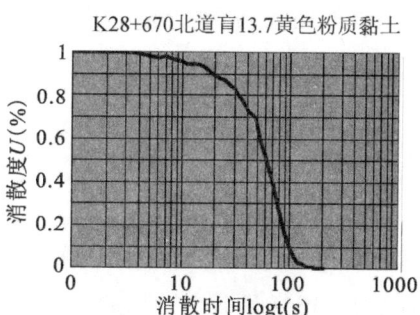

图 6.8-7　典型归一化的孔压消散曲线(K28+670 灰色淤泥质黏土和黄色粉质黏土)

表 6.8-27　各断面固结系数测试成果表

固结系数(cm/s²)	K31+520	K28+590	K28+670	K28+830	K29+000	K29+180
淤泥质黏土	3.67×10^{-3}	8.3×10^{-3}	3.97×10^{-3}	1.28×10^{-3}	8.3×10^{-3}	2.66×10^{-3}
粉质黏土	/	1.42×10^{-2}	6.6×10^{-3}	/	1.78×10^{-2}	7.08×10^{-3}

根据上述3项原位试验可以得到如下认识：

(1)地基土皆具有两层软土间夹一层相对硬土层的特点。

(2)软土的结构性较强，在被扰动的情况下，结构强度被破坏，可能造成土体压缩性增大，强度迅速降低。故在路堤填土时，应该保证土体充分固结，以利路堤稳定并减少工后沉降。

(3)从估算的成果来看，此地段粉质黏土的固结系数比淤泥质黏土的大1.6~2.6倍。

6.3 现场试验段研究

杭州绕城公路软基处理试验段采用了砂桩、塑料排水板、粉喷桩及表层砂垫层及土工织物等措施，并结合适量的超载预压，历经一年左右的预压时间，绝大部分路段工后沉降满足设计要求，并对各种处理方案的特点及其适用条件有了比较清楚的认识。试验工作从1999年7月开始，至2001年3月基本完成，所得的成果为北段公路的顺利施工提供了技术支撑。

6.3.1 处理方案

(1)粉喷桩

粉喷桩呈三角形布置，桩径Φ500mm，桩长14m，间距1.3m，掺灰比15%。

(2)塑料排水板

塑料排水板呈三角形布置，间距分别采用1.0m，1.5m或2.0m进行比较，长分别为7.0m，10m或11.0m。

(3)砂桩

砂桩呈三角形布置，直径Φ327m，间距2.7m，桩长21.0m。可以穿透较深的第二层软土。

(4)表面排水及加筋

砂层厚度50cm，土工织物60kN/m一层。

6.3.2 施工加载过程

试验段的填土加载过程以K28+670和K29+000为例，大致如下：

(1)K28+670断面，塑料排水板打设深度6~11m。1999年6月14日，0.3m厚碎石垫层及土工格栅铺设完毕，从7月6日开始第一层填土，至同年12月16日填土5.29m。预压期在2000年9月7日结束，历时266天。此后开挖减压0.8m；

(2)K29+000断面，砂桩打设完成后，1999年7月26日0.3m厚碎石垫层及土工格栅铺设完毕，1999年8月6日完成第一层填土，至12月26日共填土厚5.86m。2000年9月11日预压结束，开挖至6.72m高程，相当于减压1.6m土重。

其余各段填土厚度从2.94m~5.5m不等。

6.3.3 水泥土配合比试验

为了解粉喷桩强度，对③层淤泥或淤泥质扰动土进行室内配比试验，测其无侧限抗压强度。水泥掺入比分别为10%，13%和15%。试验表明，掺入13%水泥的28d强度已达1.5MPa以上，因此，在类似地质条件下，13%掺灰量即可满足。

6.4 观测成果分析

6.4.1 仪器布置

在各处理方案的控制断面上分布埋设了：①测斜管；②分层沉降环；③沉降板及位移边桩，用以观测原路基表面的变形；④孔隙水压力计，用以评价软基处理的排水固结效果；⑤桩身应变计（埋于粉喷桩处理的两个试验断面），用于研究粉喷桩荷载传递特性及有效桩长等问题；⑥土压力计，用于研究桩土应力分担比。由于路堤的荷载是对称的，所以观测仪器基本上只埋设在路堤一侧。

仪器埋设工作从 1999 年 4 月 3 日开始，9 月 27 日完成各试验段的全部埋设工作。

2000 年 9 月试验路段的预压期结束，超载部分挖除，2000 年 12 月开始部分路面的垫层铺设。以下为三个典型断面在 2001 年 3 月底前的部分观测成果。

(1) K28+670 断面

①地表沉降和分层沉降

截至 2001 年 3 月 30 日，道中和道肩地表总沉降分别为 667mm 和 467mm。分层沉降表明，沉降主要发生在第一层软土，占总沉降 65.7%，而下部压缩量仅占 9.6%。

②水平位移

道肩处最大水平位移在填土结束时为 85.23mm，预压结束时为 113.46mm，明显变形部位在地面以下 0～6.0m，为第一层软土。填土期的水平变形速率为 0.46mm/d，预压期的水平变形速率为 0.11mm/d。道肩处的水平位移大于坡脚处的值，说明此层软土的压缩性较大。填土结束时水平位移量和表面沉降量的比值为 0.20。

③孔隙水压力

上层软土中超孔隙水压力在加载期增加了 21.79kPa，预压结束时消散了 24.53kPa。第二层软土中的超孔隙水压力在同期增加了 5.23kPa，预压结束时消散了 9.36kPa。

从上述观测成果可知，压缩沉降主要发生在第一次软土，该层土的压缩性较大，孔压消散较慢。

(2) K28+830 断面

填土期为 1999 年 9 月 8 日—2000 年 1 月 4 日，历时 118 天，填土厚度 5.18m。预压期从 2000 年 1 月 5 日开始，到 2000 年 8 月 29 日止，历时 238 天。

①地表沉降和分层沉降

截至 2000 年 8 月 29 日卸载前，道中累积最大沉降约 13.3cm，道肩约 12.4cm，其中填土期分别为 9.0cm 和 10.0cm，预压期分别为 4.2cm 和 2.4cm，卸载后回弹 0.5cm。

分层沉降观测成果见图 6.8-8。从图中可看出，沉降随深度增加而减小，当填土高大于 3.3m 后，沉降加快。地基经粉喷桩处理后，填土初期沉降主要在加固区，后期沉降主要在下卧层。到 2000 年 3 月 28 日为止，加固区压缩量为 5.3cm。1999 年月 11 月 17 日至 2000 年 3 月 28 日的四个半月中，3.3m 厚的填土压缩量达 2.2cm，占该期间总沉降（地基和填土沉降之和）的 32.4%，说明填土层的压缩量也是可观的。

②水平位移

道肩最大水平位移 3.7cm，坡脚最大水平位移 3.1cm，

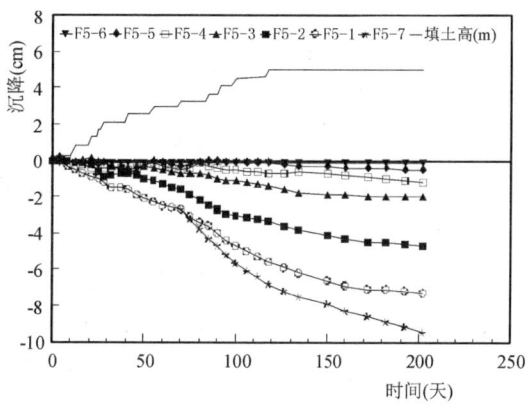

图 6.8-8　K28+830 断面分层沉降曲线

其中填土期道肩最大水平位移为 2.79cm,坡脚为 2.27cm,预压期道肩最大水平位移 0.91cm,坡脚为 0.86cm。从水平位移随时间的变化看出,在填土初期最大水平位移增长较快,其后增长速率慢些,最后趋于稳定。最大水平位移与道中沉降两者的比值约为 0.33。

③孔隙水压力

超静孔压变化表明,超静孔压数值不大,最大约 13kPa,且其值随深度增加而减小。由于没有竖向排水通道,超静孔压消散较慢。

若用超静孔压的消散度来定义土体的固结度,K28+830 断面平均固结度为 79.0%。

④土压力

土压力观测成果见图 6.8-9(a)、图 6.8-9(b)。土压力随填土增高而增大,桩顶土压力一般均大于桩间土土压力,桩土应力比在 0.85~5.1 之间,不同测点的桩土应力比相差较大。

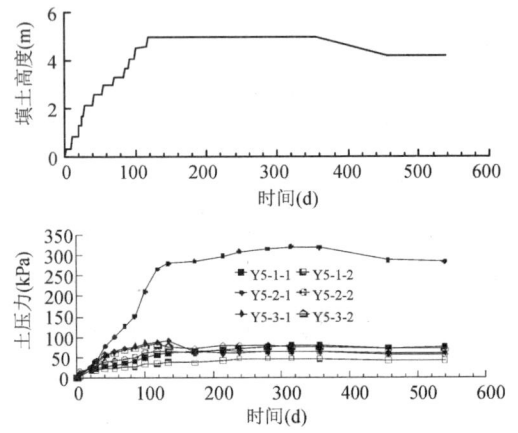

图 6.8-9(a)　K28+830 断面土压力曲线　　　图 6.8-9(b)　K28+830 断面桩土应力比曲线

⑤桩身应变

选取了两根粉喷桩共埋设了 10 个应变计进行桩身应变观测,其中有 3 个应变计损坏。桩身应变观测成果见图 6.8-10。随着填土增高,桩身应变增大,然后趋于稳定,其值最大在 800 微应变。

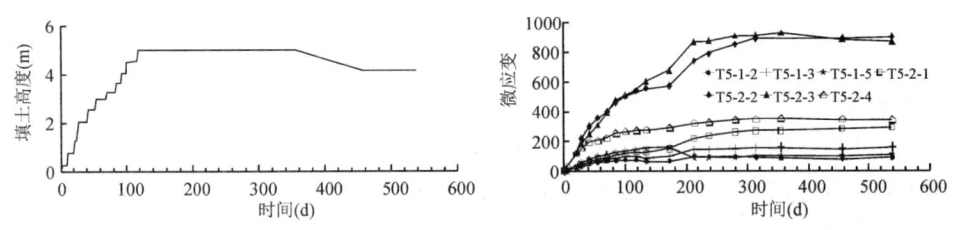

图 6.8-10　K28+830 断面粉喷桩桩身应变曲线

(3)K29+000 断面

填土期(包括砂垫层)为 1999 年 7 月 26 日—1999 年 12 月 16 日,历时 143 天,填土厚度为 5.3m,平均填土速率为 3.71cm/d。预压期自 1999 年 12 月 17 日开始,到 2000 年 9 月 11 日历时 270 天。

①地表沉降和分层沉降

截至 2001 年 3 月 30 日,道中和道肩处的表面总沉降分别为 652mm 和 397mm,其中填土结束时,分别为 316mm 和 197mm。预压结束时分别为 573 mm 和 325mm。

分层沉降表明,压缩主要发生在第一层软土,为 369mm,占总沉降的 64.1%。而下部压缩量占总沉降的 35.6%,下部压缩量较大,主要原因是砂桩打设较深,有利于下层土体中水分的排出。

②水平位移

填土结束时道肩处最大水平位移为31.91mm,预压结束时为53.21mm,明显变形部位在地面以下0～4.0m的第一层软土。填土期的水平变形平均速率为0.21mm/d,预压期为0.08mm/d。坡脚处预压结束时的最大水平位移为48.16mm,填土完成时水平位移量和表面沉降量的比值为0.10。

由此看出,砂桩处理地段的土体变形小于塑料排水板处理地段,这表明砂桩复合地基对提高地基强度,改善地基的整体稳定性的效果更好些。同时,比较图6.8-11和图6.8-12可以看出,在地面以下15m,道肩处的水平位移量明显大于坡脚处的,说明随着土中水的排出,道肩和坡脚之间的土体压缩效果较明显。

③孔隙水压力

孔隙水压力观测表明,上层软土中超孔隙水压力在加载期(1999年8月6日—1999年12月16日)增加了9.63kPa,预压结束时消散了11.79kPa。第二层软土中的超孔隙水压力在同期增加了10.47kPa,预压结束时消散了9.45kPa。

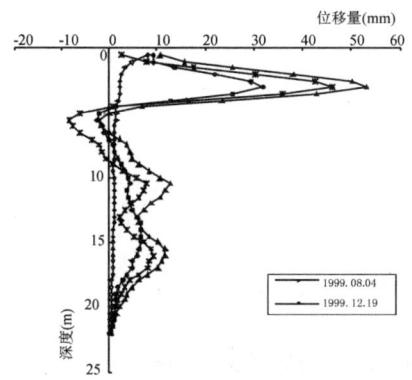

图6.8-11　K29+000水平位移曲线(道肩)

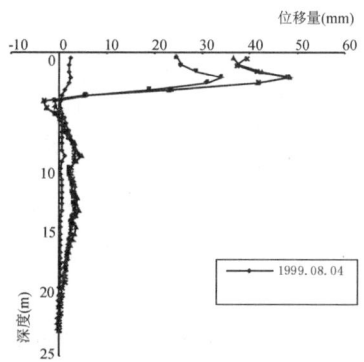

图6.8-12　K29+000水平位移曲线(坡脚)

6.5　软基处理试验方案的预测计算

为了预测软基处理方案的效果,对各加固处理方案进行固结变形和稳定性计算分析[13]。

6.5.1　固结度分析

对于塑料排水板及砂桩处理地段,地基固结度按一维固结理论进行计算,并考虑砂井未打穿整个受压土层情况,对于逐渐加荷条件,采用改进的太沙基方法修正。地基固结度的计算由程序COND-1完成。计算参数所依据的试验资料如表6.8-28所示,根据不同的计算内容及要求选用。

表6.8-28　　　　　　杭州市绕城高速公路塑料排水板及砂桩试验断面计算指标

断面号	土类	厚度 H(m)	压缩模量 E_S(MPa)	固结系数 C_V(cm/s)	凝聚力 C_U(kPa)	湿密度 ρ(g/cm³)
K28+670	黄褐色粉土	1.40	3.19	2.85×10⁻³	46.00	1.83
	灰色淤泥质黏土	3.80	2.44	1.22×10⁻³	9.00	1.64
	灰色淤泥质粉土	1.30	2.48	1.01×10⁻³	40.85	1.88
	黄色粉质黏土	6.50	6.18	2.90×10⁻³	52.30	1.93
	灰色淤泥质黏土	3.50	4.61	1.80×10⁻³	35.42	1.83
	灰绿色黏土	4.40	4.61	1.80×10⁻³	63.20	2.05
	黄色淤泥质黏土	4.10	10.00	7.90×10⁻³	81.80	2.05

续表

断面号	土类	厚度 H(m)	压缩模量 E_s(MPa)	固结系数 C_V(cm/s)	凝聚力 C_U(kPa)	湿密度 ρ(g/cm³)
K29+000	黄色黏土	1.67	5.00	2.29×10⁻³	51.30	1.91
	灰色淤泥质黏土	2.33	1.83	2.22×10⁻³	27.55	1.78
	灰色淤泥质黏土	1.80	5.60	7.19×10⁻³	48.15	1.94
	黄色粉质黏土	6.80	6.90	7.58×10⁻³	24.00	1.91
	灰色淤泥质黏土	4.40	2.74	1.97×10⁻³	31.00	1.83
	灰褐色粉质黏土	2.80	9.57	8.61×10⁻³	154.30	2.01

图 6.8-13 为 K28+670、K29+000 断面固结度与时间关系曲线。K29+000 断面固结较快，填土至设计高程（经历 153 天时间），固结度为 52.86%，至 2001 年 3 月（经历 589 天时间），固结度为 89.39%；其他断面固结较慢，至 2001 年 3 月，固结度为 80% 左右。对于粉喷桩处理段，因不以排水固结为主，故未作固结度分析。

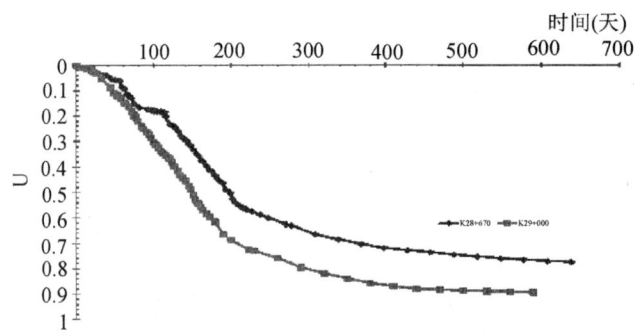

图 6.8-13　K28+670,K29+000,断面固结度与时间关系曲线

6.5.2　地基应力和稳定性分析

(1) 计算方法

稳定性分析仅对塑料排水板及砂桩处理段进行。至于粉喷桩处理段，稳定问题已不是主要问题，表层处理地段地质条件好，稳定性也不成问题，故均未作分析。

计算方法为简化 Bishop 圆弧法。在稳定分析时，不考虑填土的抗滑力，稳定分析由程序 REAME 完成。采用 $\varphi_u=0$ 分析法计算极限高度下的安全系数。考虑强度的增长，运用总应力参数计算各断面在设计高程下的稳定安全系数。

(2) 地基强度增长的估算

用一维固结理论计算分级加荷条件下的固结度，再按下式计算地基的强度：

$$\tau_{f0}=\eta\left[\tau_{f0}+\left(\frac{\sin\varphi\cos\varphi}{1+\sin\varphi}\right)U\Delta\sigma_i\right] \tag{6.8-1}$$

式中：τ_{f0}——地基在天然状态下的强度。

φ'——土层的有效内摩擦角。

U——地基中的平均固结度。

η——考虑剪切蠕动及其他因素对强度影响的折减系数。

$\Delta\sigma_i$——荷载所引起的地基中某点的最大主应力增量，由土体非线性比奥固结平面有限元分析给出。

(3) 稳定性计算结果

采用试算法计算出4个断面的极限填土高度为3.5m～3.0m，相应的最小安全系数为1.256～1.113（不考虑强度增长），可见该路段控制极限填土高度为3.0m。4个计算剖面在设计填土高度作用下，计算出最小抗滑稳定安全系数分别为1.452、1.233、1.551、1.338（考虑强度增长），均大于"公路软土地基路基设计与施工规范"所要求的1.10。

(4)地基沉降变形与应力分析

①沉降计算方法

计算采用规范法（一维分层总和法）和有限元法进行。

分层总和法及其他方法计算得沉降成果见表6.8-29。分层总和法计算各断面的沉降过程线如图6.8-14。

表6.8-29　　　　　　　　　　各试验断面沉降分析成果表

断面号	软土厚度(m)	填土高度(m)	设计填土高度下有限元计算结果(cm)		分层总和法计算总沉降结果(cm)	工后沉降预测值(cm)
			总沉降	水平位移		
K31+520	13.5	4.0	16.8	7.8	23.3	1.5
K28+390	0.8	5.5	17.3	11.0	27.3	4.3
K28+590	12.9	4.9	91.0	12.0	105.0	21.7
K28+670	8.6	5.2	90.2	14.7	83.0	18.6
K28+830	7.0	5.2	13.7	11.0	27.3	5.4
K29+000	10.1	5.2	75.1	11.8	65.6	10.9
K29+180	19.5	4.0	109.0	11.3	108.0	19.6

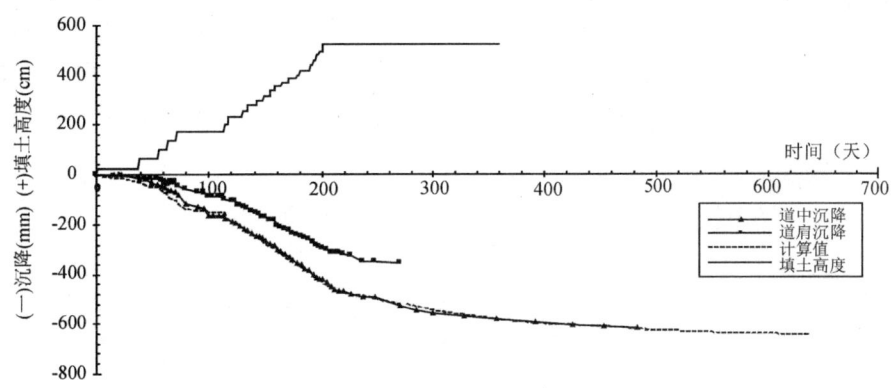

图6.8-14(a)　K28+670断面加载过程、路基沉降观测与计算曲线

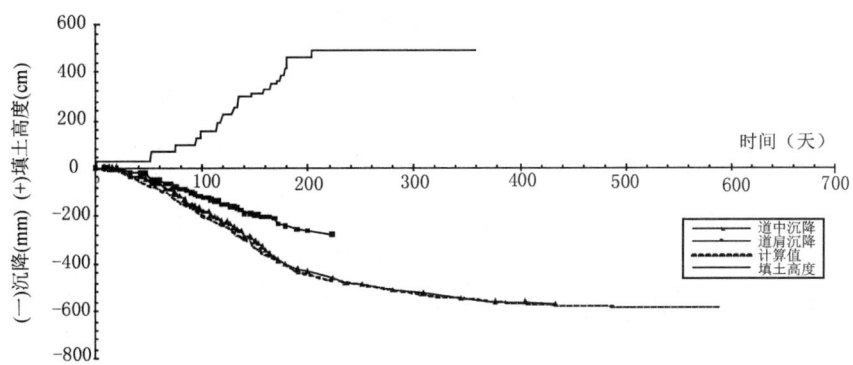

图6.8-14(b)　K28+000断面加载过程、路基沉降观测与计算曲线

有限元法对于塑料排水板及砂桩处理地段，将多层地基概化为等效地基，运用比奥固结理论与非线性弹性 $E-B$ 模型进行了分析。

对粉喷桩及表面处理地段，运用比奥固结理论与非线性弹性 $E-v$ 模型进行有限元分析，考虑分级加载，用数值计算手段模拟整个填土过程。

②变形计算结果

各断面沉降分布规律基本一致，沉降等值线大致呈椭圆形，对称于道路中心线，路堤外向上隆起，横方向上差异沉降较大。各断面的最大沉降变化在 16.8cm～109.0cm，与分层总和法结果相近。各断面的水平位移分布规律也基本一致，等值线形状似圆形，对称分布于路中心线两侧，填土及路基均向路堤外移动，两侧各有一个水平位移中心，水平位移中心即最大水平位移位于路坡中下部或坡脚下部，七个断面最大水平位移分别为 7.8cm～12.4cm，这与杭州绕城高速公路试验路水平位移观测成果基本一致。图 6.8-15 为 K28+670 断面沉降和水平位移等值线图。

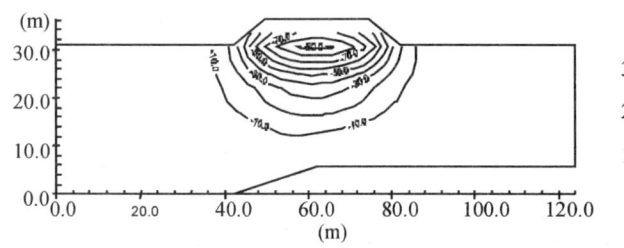
图 6.8-15(a)　K28+670 断面沉降图

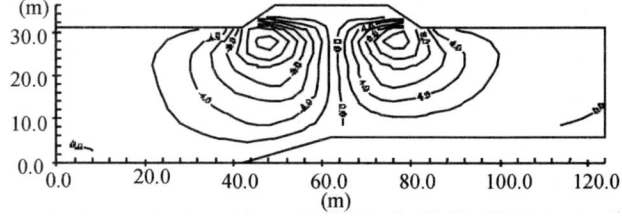
图 6.8-15(b)　K28+670 水平位移等值线图

③应力分析结果

排水固结法及表面处理断面应力水平等值线分布规律基本一致，在路基中心下部及坡脚路基附近应力水平较大，但均小于 1，没有出现塑性区，这表明堤身和堤基是稳定的，并且与稳定计算成果图中滑动位置及安全系数基本上是相一致的。粉喷桩加固的两个断面 K31+520 和 K28+830 的应力水平分布相似，在加固区比较复杂，但均小于 1，没有出现塑性区。

图 6.8-16 为 K28+670 试验断面填土设计高程时的应力水平等值线图。

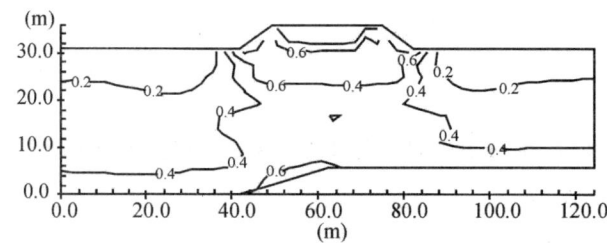
图 6.8-16　K28+670 填到设计高程时应力水平等值线

最大主应力等值线基本对称于路基中心线，地基中最大主应力增量随着位置不同而不同，填土荷载引起的最大主应力增量 $\Delta\sigma_1$ 在路堤底区域 I 接近填土荷载 P，远处区域 III $\Delta\sigma_1=0$，两者之间有一过渡区 II，应力增量近似为 $P/2$。$\Delta\sigma_1$ 的分布规律是计算强度增长的依据。

图 6.8-17 为各断面填土填到设计高程时的最大主应力等值线图。

(5) 工后沉降预测

工后沉降的时间是按路基填土竣工的时间为起点。各断面混凝土道面施工后的工后沉降在

1.5~21.7cm之间。粉喷桩及表面处理断面因没有排水通道,固结很慢,根据土工试验所得的固结系数计算,工后15年的固结度仍只有70%左右。

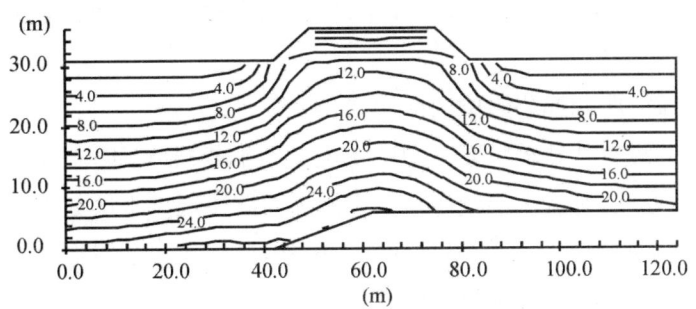

图 6.8-17　各断面填到设计高程时最大主应力等值线

路面施工前道基工后(剩余)沉降的控制十分重要,但国内尚无规定的统一标准。从已建工程看,沪高速公路为25cm,京津塘高速公路为30cm,广佛高速公路为30cm,宜黄公路选定为15~20cm。本工程选定合理的工后沉降为20cm。

6.6　各处理方案效果的综合评价与应用

(1)根据观测资料,可以对各种处理方案作出如下评价。

①1999年12月各试验路段填土完成,进入预压期,次年9月预压期结束,超载部分随即挖除。填土期间,各处理路段的地基及路堤稳定性均较好。

②填土达到极限高度阶段,沉降速率明显加快。施工单位根据观测资料不断调整加载方式,有效地控制了沉降速率。各断面的土体变形均未超过设计控制标准,说明现行控制标准是合适的。

③土体变形主要发生在第一层软土,且以塑料排水板处理地段尤为明显,估计后期沉降将主要发生在下层软土。至填土结束,各断面的固结度达到50%左右。至预压结束时,固结度均在82%以上,表明固结效果良好。

④砂桩处理软土地基有其独特的优越性。以砂桩置换软黏土,形成砂桩复合地基后,可以显著提高地基强度,改善地基的整体稳定性,并减小地基沉降量。同时,由于砂桩处理到第二层软土,有利于下层软土的排水固结,减少工后沉降。从观测资料分析,砂桩处理地基水平位移和表面沉降的比值为0.10,而塑料排水板处理地基的此比值为0.15~0.20,说明砂桩处理的地基稳定性较好。

⑤从两个粉喷桩处理断面观测结果看,其沉降比与其他排水固结处理的断面明显要小,水平位移也明显较小,地基稳定性增强。两个试验断面的深层水平位移均主要发生在加固区,而下卧层的水平位移很小。粉喷桩加固后地基内超静孔压也较小,但由于没有竖向排水通道,孔压消散较慢,预压期结束时孔压消散度只有51%~79%。从K31+520粉喷桩桩身应变观测结果来看,靠近桩底的地方仍有较大的应变,说明临界桩长应超过此深度(13.0m)。

⑥从沉降观测资料来看,地基(包括加固地基)均存在一个或多个临界填土高度,当填土高度大于临界高度时,沉降突增,沉降速率增大。K28+390断面的第一个临界高度约2.0m,随填土增高将出现第二个、第三个临界高度,其值分别为4.3m、5.5m。地基经粉喷桩处理后,临界高度增大,第一个临界高度约在3.1~3.3m,填土至5.0m仍未发现第二个临界高度。

(2)根据室内土工试验和数值分析相结合的综合研究,可得到如下认识:

①杭州绕城公路软基段地基土采用塑料排水板排水固结法[14]和砂桩法进行处理是适当的。

②路堤横方向上的差异沉降较大,因此,应重视该差异沉降对横穿公路结构物的影响。

③杭州绕城高速公路极限填土高度可按 3.0m 进行控制,超过时应限制填土速率。

④各计算断面的路基稳定和工后沉降满足要求,但在施工过程中应加强施工监测并及时分析观测资料,以应不测。

(3)试验段成果在绕城公路北线公路中的应用

根据试验段的成果,北线软基处理主要采用砂桩或塑料插板排水固结法处理深厚软土地基,对桥头和涵管段采用粉喷桩进行处理,对软土层较薄地段采用表面砂垫层排水法处理。另外为了增加路堤的稳定性,减小路堤总沉降,软基段中除采用粉喷桩处理地段外,还在大多数路堤底下铺设了土工格栅。按照上述的处理,效果良好。从该工程实践取得了以下认识。

①北线软基处理中采用了砂桩、塑料插板、粉喷桩及表层砂垫层及土工格栅并结合适量的超载预压,加之合理控制填土速度,保证了路堤填筑时的稳定性。经过 1 年时间的预压,绝大部分路段的工后沉降满足设计要求,表明北线软基处理工程是成功的。

②通过不同处理方法的研究效果,砂桩对处理深厚软基具有比塑料排水板更好的排水性能,特别是对双层结构软土地基;塑料排水板处理浅层软基,施工便捷;粉喷桩处理地基沉降量明显比砂桩或塑料排水板处理的小,尤其是加载引起的水平位移量减小,粉喷桩尤其适合于桩端具有持力层的地基。

③深厚软基地段是控制软基处理工程的关键地段,尽管经过 1 年的预压,工后沉降仍然偏大,还需要超载预压 3～4 个月,方可卸载施工路面。

④对于深厚软基,道面施工时间的控制应视超载量不同,作相应的变化。根据北线工程的经验,建议卸载的沉降控制标准为:等载预压或超载量(路面结构层厚度以上)小于 0.5m 填土荷载时,沉降控制标准为 3～5mm/月,持续 2 个月;当超载量相当于 0.5～1.0m 填土厚度时,沉降控制标准为 5～8mm/月,持续 2 个月;当超载量相当于 1.0～1.5m 填土厚度时,沉降控制标准为 8～12mm/月,持续 2 个月。

6.7 研究结论

现场试验工作从 1999 年 3 月开始,至 1999 年 5 月基本完成现场试验并开始观测工作,整个试验段工作于 2001 年 3 月结束。随即进行绕城公路的正式施工。公路于 2003 年正式投入使用,经十多年的使用实践,情况良好,这表明有关的试验研究对工程软基处理起了很好的作用。上述成果对沿海软基上道路建设也有借鉴意义。

通过现场试验和数值分析并工程验证,对不同软基处理方法的特点及适用性有一些新的认识[15],简述如下。

(1)浅层排水固结法适用于有较厚硬壳层,软土层较薄或透水性较好的路段,有较长预压期,且有适量超载的路段。

(2)塑料排水板固结法适用于厚度不超过 15m 的一般软土层处理,塑料板越深,排水效果越差。排水板间距在 1.0m～2.0m 时,对 10m 左右的软土层,排水效果相差不大。此法不能用于桥头段地基处理。

(3)砂桩排水固结法的砂桩既可促进排水固结,又可起一定的土体挤密作用,提高地基土的压缩模量,从而减少沉降量,特别适用于双层结构软土地基。对于深层软基可采用小口径砂桩处理,采用振动或锤击打桩机进行施工,其入土深度可达 30m。因此,砂桩排水固结法是一种使用深度更深,效果更好的软基处理方法。但其施工工艺可能稍复杂,造价也更高些。

(4)粉喷水泥搅拌桩法不仅地基沉降量小,且水平位移也不大。但其施工较复杂,造价也高些。因此适用于增加地基承载力,限制地基沉降量以及提高边坡稳定性的场合。特别适用于桥头有相对硬层作为持力层的地段。

参考文献

[1] 冯光愈. 广州—佛山高速公路软土地基处理试验研究总结[R]. 武汉:长江科学院,1990.

[2] 胡雅成. 广—佛高速公路软土地基原型观测报告[R]. 武汉:长江科学院,1992.

[3] 冯光愈. 宜黄公路汉沙段软土地基处理试验研究阶段报告[R]. 武汉:长江科学院,1992.

[4] 冯光愈,程展林,鄢重新. 高速公路软土地基处理研究[J]. 长江科学院院报,1996(12):37-40.

[5] 何晓民,张计. 武汉市绕城公路软土地基土工试验研究报告[R]. 武汉:长江科学院,2002.

[6] 鄢重新,蔡汉利. 武汉市绕城公路软土路基观测仪器埋设及补充地质勘探试验报告[R]. 武汉:长江科学院,2002.

[7] 林清,程展林,徐建明. 高速公路软基处理及施工控制技术研究[J]. 交通科技,2004(5):18-19.

[8] 鄢重新,蔡汉利. 武汉绕城公路软土地基观测(阶段)报告[R]. 武汉:长江科学院,2003.

[9] 文松霖,龚泉,李仲秋. 锚索抗滑桩加固路堤工程实例分析[J]. 岩石力学与工程学报,2007 增 2:4538-4544.

[10] 京珠高速公路广珠段软基处理[M]. 北京:人民交通出版社,2000年.

[11] 龚晓南编. 地基处理手册(第二版)[M]. 北京:中国建筑工业出版社,1998年.

[12] 江苏省水文地质工程勘察院. 国道主干线杭州市绕城公路齐司余杭塘河桥段高速公路施工图设计阶段工程地质勘察报告[R]. 1998年12月.

[13] 交通部第一公路勘察设计院编. 公路软土地基路堤设计与施工技术规范(JTJ017—96)[S]. 北京:人民交通出版社,1997年.

[14] 中国土木工程学会港口工程学会编. 塑料板排水法加固软基工程实例集[M]. 北京:人民交通出版社,2000年7月.

[15] 龚晓南编. 复合地基[M],杭州:浙江大学出版社,1992年.

第9章　机场场道工程

1　深圳机场地基处理

1.1　工程特点

深圳机场场区位于珠江口伶仃洋的海积滩地上,地势平坦开阔,原地面高程在1.0～2.0m。地层构成自上至下分为三大层:第Ⅰ层为呈流塑状淤泥层(I_2)和淤泥质亚黏土层(I_{2-2}),性质很差厚度5～9m,该层底部局部有砂混黏性土或淤泥夹贝壳(I_3)出现,厚度0—2m不等。本层属全新统海积及海陆交互沉积层;第Ⅱ层为上更新统洪冲积层,该层以河流相堆积的亚黏土($Ⅱ_1$)、黏土混砂($Ⅱ_{1-2}$)以及局部出现的淤泥质亚黏土($Ⅱ_2$)和中粗砂或中粗砂混黏性土($Ⅱ_3$)为主,其总厚度3～10m,部分场区不出现;第Ⅲ层为中更新统风化残积层,系花岗岩和某些变质岩的风化残积物,属亚黏土,其上部($Ⅲ_1$)呈可塑状至软塑状,下部($Ⅲ_2$)呈可塑至硬塑状,Ⅲ层以下为基岩。

1.2　地基存在的主要工程问题

深圳机场场区天然地基为典型的软土地基,机场场道(包括跑道、滑行道、联络道、站坪及停机坪)对地基要求(承载力、刚度及变形)相对较高,而天然地基因普遍存在厚度5～9m工程性质极差的淤泥,不能满足民航机场场道的技术要求。

场区地基普遍存在厚度5～9m工程性质极差的淤泥,在填土荷载作用下,地基将产生较大沉降,并因为淤泥透水性差,沉降完成慢,剩余沉降大,不能满足民航机场场道的变形要求;天然地基因软土的存在,地基承载力低(60kPa)不能满足民航机场场道的承载力要求;天然地基模量低不能满足民航机场场道的刚度要求。

1.3　地基处理方案

1.3.1　场道地基技术要求

根据民航机场技术规范要求,民航机场场道应满足均匀、密实、稳定的要求,具体技术指标如下。

沉降要求:剩余沉降小于50mm,差异沉降小于1/1000;

地基承载力:不小于140kPa;

地基交工面回弹模量不小于25MPa。

为满足民航机场场道对地基的上述技术要求,必须进行地基处理,根据本工程的特点,沉降处理是地基处理的关键。

对工程特点进行分析后,决定采取换填处理,即挖除工程性质极差的淤泥,换填成工程性质较好的石渣和风化砾石土,以减小地基的沉降量和剩余沉降量,并提高地基的承载力和刚度,满足民航机场场道技术要求。在具体方案中借用水利工程围堰的思路形成封闭式换填区,采用拦淤堤封闭式换填地基,大大减少了常规置换法的开挖量,避免了大量开挖淤泥对周围环境的污染和堆存场地困难,降低了工程成本。

拦淤堤封闭式换填地基将地基结构和施工措施合为一体。

1.3.2 沉降控制分析

(1)沉降分析方法

沉降处理是地基处理的关键技术之一,为有效进行沉降控制,针对本工程特点及换填处理方法进行沉降分析。

计算方法采用了规范法和有限元法两种方法。其中规范法以单向分层总和法为基础,有限元采用的土的本构关系为剑桥模式。分析中采用的固结计算是以比奥固结理论为基础的,它是一种比较正确反映孔隙水压力消散与土骨架变形相互关系的三维固结方程。

计算条件:

①填筑体完成后与道面浇注时间间隔为 2 个月、5 个月及 8 个月,以 2 个月为基本工况;

②填筑体中地下水分为不抽水(常水位)及抽水(无地下水)两种工况,以前者为基本工况。

对于计算参数的选取,根据勘探资料,Ⅲ层可分为 $Ⅲ_1$ 层和 $Ⅲ_2$ 层两个亚层。$Ⅲ_1$ 层流限为 38%～40%,塑限为 13%～14%,天然含水率 30% 左右,压缩系数 $0.047 cm^2/kg$,属中等压缩性,渗透系数的室内测值为 $1×10^{-5}～4×10^{-5} cm/s$,C_v 值却为 $2×10^{-3}～8×10^{-3} cm^2/s$,估计可能有误。经长江科学院重新验证试验,获得 C_v 值却为 $3.2×10^{-2}～4.7×10^{-2} cm^2/s$,我们认为这个值比较合理。故沉降计算采用这个较为合理的值。

(2)计算成果

通过规范法计算,计算结果为:总沉降量大多在 12～14cm 之间,剩余沉降大多小于 5cm,仅有少数孔(约占总孔数的 6.8%)大于 5cm,在采取一系列简单处理措施后,这些孔的剩余沉降满足小于 5cm 的要求。

通过有限元敏感性分析表明:增加间歇期,可以增加固结度,减小剩余沉降,间歇期从 2 个月增加到 5 个月,固结度可以增加 7%～9%。

采用抽水措施,可以有效增加固结度,降低剩余沉降,一般可以增加固结度 20%,减小剩余沉降 1.25cm 左右。

1.3.3 换填处理设计

1.3.3.1 拦淤堤设计

拦淤堤沿跑道、滑行道及联络道两侧布置。道面换填地基两侧与拦淤堤相接。因此,换填地基剖面的外形轮廓尺寸,由拦淤堤位置及轮廓尺寸确定。

沿道面两侧布置的拦淤堤底部之间净距 B_1,要求不小于结构道面主要使用部位宽度,使结构道面能位于挖去淤泥的换填地基上。为节约工程量,跑道中的拦淤堤底部净距稍小于结构道面宽度。两侧拦淤堤的外侧距离 B_2 应使道面外缘按应力扩散角不小于 35°,仍位于拦淤堤内,即

$$B_2 > B + 2Z \text{tg} \theta \tag{6.9-1}$$

式中:B——道面(包括道肩)基础宽度;

Z——换填地基深度;

θ——应力扩散角。

拦淤堤外坡与淤泥相接,当淤泥产生固结沉降变形时,拦淤堤外坡产生主动滑动面与垂直交角为 $45°-\varphi/2$。为此,拦淤堤外侧预留顶部安全宽度应满足下式:

$$b > Z \mathrm{tg}(45° - \theta/2) \tag{6.9-2}$$

式中：φ——拦淤堤填料内摩擦角。

拦淤堤堤顶高程应按满足换填地基顶部至少有 1.5m 厚新鲜石渣要求，拦淤堤堤顶高程定为 1.0m。施工填筑至 3~4m 高程，经强夯挤淤沉底后，堤顶高程约为 2.0m，在底基层回填前，再推至设计高程 1.0m。

拦淤堤底宽应满足下述要求

①必须有足够宽度，防止拦淤时外侧淤泥通过拦淤堤渗入基坑。因此要满足淤泥最大渗入长度 L(m)的要求：

$$L = (h \cdot D \cdot \gamma_s)/4C_u \tag{6.9-3}$$

式中：h——拦淤深度(m)；

D——拦淤堤填料孔隙直径，约为填料 D_{20} 粒径的 1/4；

γ_s——淤泥容重(kN/m^3)；

C_u——淤泥十字板强度(kPa)。

②满足施工期整体挤淤要求：拦淤堤在淤泥中整体下沉，不增宽，必须与淤泥有一定的接触长度，满足下式要求：

$$\gamma \cdot H^2 \cdot \mathrm{tg}^2(45° - \theta/2)/2C_u \cdot l/2 \tag{6.9-4}$$

$$l > [\gamma \cdot H^2 \cdot \mathrm{tg}^2(45° - \theta/2)/2]/C_u \tag{6.9-5}$$

式中：γ——拦淤堤填料容重(kN/m^3)；

φ——拦淤堤填料内摩擦角；

H——拦淤堤厚度(m)；

l——接触长度(m)。

③拦淤稳定要求：包括满足拦淤堤的整体抗滑稳定和内坡挖淤过程中的局部稳定。由于淤泥抗剪强度很小，拦淤堤整体抗滑稳定主要靠拦淤堤通过淤泥沉底后与下压持力层的接触长度，应满足一定的要求。

④被拦淤堤封闭的基坑内淤泥挖除后，拦淤堤起挡淤泥作用，下压持力层又往往有承压水。为此拦淤堤宽度应满足地基土的渗透稳定要求。必须满足足够的水平渗径，以防止偶然性因素引起的渗透破坏，并防止接触冲刷和内部渗透变形。出逸坡降不超过持力层的渗透允许坡降，防止挖淤后，发生外坡管涌或流土。

拦淤堤顶宽应满足以下要求：

①应满足双车道、自卸汽车转弯及索铲工作要求。主要用 $4m^3$ 索铲挖淤，安全回转要求道面宽度不小于 12.6m，取不小于 13m。

②拦淤堤需要通过强夯挤淤使其与地基面接触的底宽度满足挖淤后的整体稳定要求。拦淤堤顶部宽度不能小于一定要求，以满足强夯夯点布置要求。

③拦淤堤堤内侧会在挖淤过程中产生塌方，直至形成稳定边坡。为保证挖淤机械施工安全，拦淤堤进占时的顶宽宜在内侧比设计顶宽增宽 3m 左右[1]。

1.3.3.2 道面换填地基结构设计

拦淤堤是场道地基的组成部分。采用的填料不仅应有利于拦淤堤沉底和挖淤时的边坡稳定，还要满足运行期对填料密实度、抗剪指标、压缩性及顶部回弹模量要求(大于 25MPa)。选用级配良好、强度高、透水但不透淤泥的块石及石渣料。

拦淤堤之间，由分层填筑、碾压粗粒料形成的道面换填地基是承受飞机荷载及其他上部荷载的主体。

(1) 对地基结构的基本要求

①填料应稳定、密实、级配良好。为此道面换填地基均由分层填筑、碾压密实的粗粒料组成；

②底部最小宽度应满足结构道面或主要使用部位位于道面换填地基上；

③换填地基下卧土层(持力层)必须是密实的亚黏土或残积土层，不得落在淤泥或淤泥质土层上；

④换填地基填料沉降量应在施工期完成，包括下卧持力层的剩余沉降小于5cm。

(2) 结构设计

①顶部高程及宽度：顶部设计高程，由道面设计高程及道面、基层、底基层厚度控制为1.6m。设计宽度结合拦淤堤布置要求一并考虑。

②底部宽度：应满足表中所列要求。

③细部结构及软弱持力层处理：对换填地基下卧软弱持力层采取挖除、震动挤密加固等措施直接处理。对含有承压水的砂层，设排渗孔，引出承压水。

为加速场区地基持力层的固结速度，整个地基布置11个抽水坑，在施工期抽水超载。

在石渣料上填风化砾石土，两侧拦淤堤坡面上，设置层间系数不大于10的过渡层。在风化砾石土顶部设置1%排水坡，以免施工期积水。

填筑层分段接头均作成台阶，每层错开3m。与拦淤堤相接处，用推土机形成小平台(不小于0.8~1m)，然后一起碾压。拦淤堤内坡在填筑至第3、6层时，分两次强夯密实，以加强拦淤堤与道面换填地基接触面的整体性。

(3) 道面地基回填料

①底部填料既要求稳定性好又要有一定空隙，使槽底可能残留的少量淤泥和软黏土能被挤入填料缝隙中，使填料能与底部强度较高的土层接触。因此，底部1.0~1.2m范围内回填块石料，最大粒径比层厚小20cm，其中大于30cm块石含量不小于40%，小于5cm粒径含量不大于20%。分层震动碾压。

②顶部填料：地下水位变化区以上均填石渣料。其中顶部1.5m范围(包括底基层厚度)要求回填新鲜石渣。最大粒径比层厚小20cm，其中大于20cm块石含量不小于20%，小于5cm粒径含量不大于15%。分层碾压，压实后固体体积率不小于80%，施工时控制干密度不小于2.1t/m³，顶部回弹模量不小于25MPa。

③中部填料：位于地下水位以下部位可回填风化砾石土或石渣。风化砾石土中粒径大于2mm块石含量不小于55%，黏粉粒含量不大于15%。压实后密实度不小于96%(重型击实)，施工控制干密度约2.0t/m³。

1.4 地基处理分析

1.4.1 沉降观测

沉降控制是本工程地基处理的主要目的之一，为验证地基处理效果，进行了地基沉降观测。

(1) 沉降观测布置

地质条件、荷载条件、施工条件及运行条件是影响地基沉降的主要因素。根据这些条件，为全面控制整个场区沉降及其变化规律设置了7个重点观测断面和385座表面沉降测点，7个重点观测断面埋设了深层沉降板、分层沉降管及孔隙水压力探头，表面沉降测点设在回填体的1.6m高程上。

(2)观测主要成果

①荷载过程线

荷载是指压缩层土层以上填土(石)总荷重,计算中没有考虑回填体本身刚度对沉降的调整作用,这对于沉降分析来说是偏安全考虑的,荷载过程线考虑了地下水位的变化。

②沉降及分层沉降过程线

沉降主要是通过沉降板高程变化测得的,沉降板的高程采用二等水准测量。分层沉降是通过测定沉降管上不同高程上的感应环之间间距变化来反映各土层的压缩量及压缩过程。

③孔隙水压力变化过程线

由埋在各土层中孔隙水压力探头的压力减去净水压力即为超孔隙水,超孔隙水压力的变化过程能够反映土的固结情况。

④水平位移线

水平位移是通过测斜管的方式测得,主要观测拦淤堤的水平位移情况。

1.4.2 观测成果分析

(1)沉降

从沉降过程线可以看出,沉降过程有3个特点:①整个场区的沉降量小,一般在100mm以内,仅2号断面最大为133mm。②沉降完成快。③沉降过程线和该断面荷载过程线呈近似反对称。沉降之所以有这些特点,是因为有五方面的原因:一是换填地基将淤泥挖除换填成块石料、风化砾石土,置换的土(石)增加的自重应力较小,仅为0.05MPa左右;二是,下卧土层渗透性较强,有砂性土和裂隙较为发育的残积土,固结排水快;三是排水减压孔消除了其中一层中的承压水,使得该层以上的土层变为双面排水,加速了地基固结过程;四是在换填施工过程中,基坑抽水降低了地下水位,这样既改变了地下渗流场,有利于超孔隙水压力的消散,同时所增加的有效荷重,有超载作用。五是瞬时沉降占有较大的比重[2]。

(2)孔隙水压力

填土加荷时均会引起孔隙水压力增加,但各土层的增加量有所不同,如在增加同样荷重的条件下,淤泥质亚黏土(II_2)的孔隙水压力较大,而透水性较强且有一定超固结性的残积土(III)层的孔隙水压力较小。

孔隙水压力消散过程反映出土层的固结过程,从观测的成果看,整个场区内淤泥质亚黏土(II_2)的孔隙水压力消散较慢,而残积土(III)层的孔隙水压力消散较快。

(3)分层沉降

从观测的分层沉降资料看,有如下规律:一是土层较软且厚度大的压缩量大,如第五断面III_1层的压缩量占该断面总沉降量的63%、而III_2层的压缩量占本断面总沉降量的37%,第二断面II层的压缩量占本断面总沉降量的71%,而III层的压缩量仅占本断面总沉降量的29%。二是回填体的压缩量在碾压的过程中基本完成,后期没有变化。

(4)水平位移

由于拦淤堤封堵下面为换填地基,而拦淤堤外的基土仍为淤泥,拦淤堤是否在挖淤泥过程中向内移动甚至滑塌,是否在换填后向外移动,这是换填地基处理是否成功的关键之一。为此,相关人员在拦淤堤外侧设置了测定水平位移的测斜管。从实测资料看出,开挖后基坑回填前,拦淤堤因内外压差存在,有向内侧移动的趋势,但移动量不大(最大12mm),没有出现整体滑动的现象,随着基坑回填,水平位移逐渐减小,并最终趋于稳定。

(5) 总沉降量及剩余沉降量

最终沉降量及剩余沉降量推算方法,系根据实测的每级荷载下的沉降过程线,采用双曲线的线性推算该级荷载下的总沉降量,在根据每级荷载大小与本级荷载所对应的总沉降量的关系,推算在最终使用荷载下的总沉降量,即为最终沉降量。

考虑到混凝土道面并非一次浇筑完,在此保守定义为第一块混凝土道面浇筑后所发生的沉降均计入剩余沉降。按此定义,剩余沉降 $S_r = S_\infty - S_t + S_s$。式中:$S_\infty$ 为最终使用荷载下(包括填土荷载、道面及飞机荷载等)的总沉降量;S_t 为浇筑混凝土道面时地基已完成的沉降;S_s 为该处地基软土(主要是 II_2 层)存在而产生的次固结沉降。

剩余沉降量及差异沉降,根据实测的沉降曲线推算,见表6.9-1。

表 6.9-1 各断面剩余沉降量

断面号	I	II	III	IV	V	VII
剩余沉降(mm)	1.6	3.3	4.0	3.4	1.7	7.7

差异沉降为任意两点剩余沉降差值 ΔS_∞,差异沉降率为任意两点的差异沉降量除以这两点间的距离。

根据7个重点断面配合385座表面沉降测点观测资料推算的全场区剩余沉降率在 0.028‰～0.102‰ 范围,均远小于 1‰ 的要求。

1.4.3 地基回填密度检测

换填的回填料采用分层填筑、分层碾压的方法施工,施工过程中对每层填筑按每 2000m² 进行一组干密度测试,共检测了 1050 组,实测的石渣回填料的干密度在 2.12～2.28t/m³ 范围,由此计算得固体体积率在 80.2%～84.3% 范围。均满足设计要求。

1.4.4 地基回弹模量检测

根据设计要求,对地基处理交工面按照每 2000m² 进行一组回弹模量试验,共进行了194组回弹模量试验,实测的回弹模量在 26.2～43.1MPa 范围,满足设计要求。

2 珠海机场站坪地基处理

2.1 基本情况

珠海机场位于珠海市西区金海滩附近,系一级民用机场。主跑道和平行滑行道各长 4000m,宽分别为 60m 和 44m。站坪沿长度方向与滑行道平行,长度和宽度分别为 668m 和 477.5m,站坪面积为 27.8 万 m²。

站坪场区地基存在松散的粉细砂及软土,地基无法满足地基承载力、刚度及稳定的要求,必须进行地基处理。

站坪位于滑行道西侧,南与气象观测楼相邻,西与候机楼相接,西南侧靠老爷仔山北侧坡,场区地面大部分高程为 5m 左右,地势平坦,地下水位较高,为 4.5m。主要为沼泽地和稻田。

站坪范围内土层主要由全新统海陆交互沉积层杏坛组和上更新统海陆交互沉积层三角洲组成。地表出露土层主要为粉细砂(1—1层),西侧部分地段出露有黏土和亚黏土层,出露面积分别为 75% 和 15%,厚度分别为 10～12m、3～4m;粉细砂层中夹有淤泥质土(1—3层)。粉细砂为松散到稍密状态,标贯击数为 1～34 击,平均 11.7 击,在 7 度地震烈度下会发生液化,地基容许承载力为 80～366kPa,平均

133kPa。下卧土层主要为淤泥质土（2—1层）、黏土/亚黏土（2—2层）及中粗砂（2—3层），局部有砾砂（1—4层），平均厚度8～12m。淤泥质土为流塑至软塑状，属高压缩性土，容许承载力为57～67kPa，平均61kPa。以下为残积土层，主要为亚黏土，上部为可塑至坚硬，下部为硬塑至坚硬，属中偏低压缩性土，容许承载力111～431kPa，平均248kPa。基岩为中粗粒花岗岩。

2.2 存在的主要工程问题

场区地基普遍存在10～12m厚松散的粉细砂层，在7度地震时，会发生液化；另外场区部分地段存在厚度8～12m工程性质极差的淤泥质黏土，在填土荷载作用下，地基将产生较大沉降，并因为淤泥透水性差，沉降完成慢，剩余沉降大，不能满足民航机场站坪的变形要求；天然地基因松散粉细砂及软黏土的存在，地基承载力低、模量低，不能满足民航机场展评的承载力和刚度要求。

因此，为满足民航机场站坪对地基的技术要求，必须进行地基处理[4]，根据本工程的特点，消除液化采用强夯和挤密砂桩处理；消除剩余沉降采用排水固结法处理；通过综合处理也提高地基的承载力和刚度。

2.3 地基处理方案

2.3.1 站坪地基技术要求

根据民航机场技术规范要求，民航机场站坪地基应满足均匀、密实、稳定的要求，具体技术指标如下。

①沉降要求：剩余沉降小于50mm，差异沉降小于1/1000；②地基承载力：不小于140kPa；③在7度地震作用下，地基不发生造成结构破坏的液化；④地基交工面回弹模量不小于25MPa。

地基处理范围包括站坪一期工程范围（每边加宽5m）及两条联络道（每侧加宽5m）。站坪地基处理面积为17.8万m^2，联络道地基处理面积为1.4万m^2，共计19.2万m^2。

处理高程：混凝土道面顶部高程为4.8m，混凝土、基层、底基层总厚度为0.7m，土基顶面高程为4.1m，地基处理设计以4.1m高程控制。

2.3.2 地基处理思路

对表层出露且厚度较小的软土或松散粉细砂层，采用换填方式处理，以提高地基的承载力和回弹模量；对深度在10m范围内的松散粉细砂地基段，采用强夯方式加密粉细砂层，提高其密度，以消除其在7度地震条件下液化的可能；对深度大于10m粉细砂地基段，采用挤密砂桩的处理方式加密粉细砂层，以消除其在7度地震条件下液化的可能；考虑到整个场区施工工艺的连续性，对存在软土的地段，采用砂井方式，设置排水通道，加速软土在填土荷载作用下沉降完成，以减小剩余沉降量。

(1) 粉细砂液化判别

站坪地基范围内的粉细砂结构松散，颗粒组成均匀，地下水位高，容易在地震条件下产生液化。

根据《建筑抗震设计规范》中标贯判别公式，当$N_{63.5} < N_{cr}$时，砂土液化。

$$N_{cr} = N_0 [0.9 + 0.1(d_s - d_w)]\sqrt{3/P_c} \tag{6.9-6}$$

式中：$N_{63.5}$——饱和土标准贯入击数实测值；

N_{cr}——液化判别标准贯入击数临界值；

N_0——液化判别标准贯入锤击数基准值，7度地震时为6；

d_s——饱和土标准贯入点深度；

d_w——地下水位深度；

P_c——土的黏粒含量百分率。

并按照铁道部《静力触探使用技术暂行规定》中建议进行复核。当饱和砂土中测得的比贯入阻力P_s

的计算值小于 P'_s 值时,可能液化。

$$P'_s = P_{s0}[1-0.65(H_w-2)] \times [1-0.05(H_0-2)] \qquad (6.9-7)$$

式中,P_{s0} 为非液化土覆盖厚度 H_0 为 2m、地下水位深度 H_w 为 2m 时,砂土液化的临界比贯入阻力,7度地震时为 6～7MPa。

通过以上分析方法的分析,按照标准贯入试验成果判别,有 87% 的测点在 7 度地震条件下可能液化,按照静力触探试验成果判别,100% 测点在 7 度地震条件下可能液化。

因此,对粉细砂必须进行加密处理,消除液化。

(2) 沉降分析

按照规范法计算总沉降量。

在固结度计算时,当压缩层上下有砂层时,按照双面排水条件考虑,仅有一层砂层时,按照单面排水考虑。

计算参数是根据《珠海市三灶机场补勘工程地质报告》中推荐的参数。主要计算参数见表 6.9-2。

表 6.9-2　　　　　　　　　　　　　　沉降计算参数表

土层	1-1	1-2	2-1	2-2	2-3	2-4	6
土质	粉细砂	亚黏土	淤泥质土	亚黏土	中粗砂	黏土	残积土
压缩模量(MPa)	7.22	5.76	3.06	6.0	11.37	6.0	13.0
固结系数(cm^2/s)	20	0.0017	0.001	0.0017	20	0.0017	0.5

计算结果表明,不进行地基处理时,在底基层施工完成后间歇一个月后施工混凝土道面的工况下,剩余沉降最大达 93.1mm,70% 的计算点的剩余沉降大于 50mm。因此必须进行地基沉降控制处理。

计算结果还显示,采用直径 30cm、间距 1.8m 的砂井处理地基后,有 83% 的计算点能够满足剩余沉降小于 50mm 的要求,如果再辅以堆载 1.0m 或抽水降低地下水位 1.5m 的措施后,所有的点都能满足剩余沉降小于 50mm 的要求,且差异沉降率也同时满足小于 1/1000 的要求。

2.3.3　地基处理分区及结构设计

(1) 地基处理分区

根据整个场区的地质条件、地面高程的因素,并结合计算成果,对场区分类分区进行处理,并将各种不同措施进行组合,以达到消除液化、减小沉降、增加地基强度和刚度的目的。

(2) 表层软土处理

表层有软土出露且整个软土层层厚度在 3m 范围内,对表层软土挖除,回填风化砾石土或石渣,分层碾压至设计土面高程 4.1m。

(3) 浅层粉细砂处理

对 10m 深以内的饱和粉细砂采用强夯处理。

为确保强夯效果,设置厚度 1.3m 的石渣强夯工作垫层。

夯击能量以单位面积夯击能控制,对深度在 5～6m 的地段采用 1700－2200kN·m/m²;对深度在 8～10m 范围的地段,采用 2700～3200kN·m/m²。夯点间距为 3.25m,采用正方形布置。

总体夯沉量以平均 60cm 控制。

(4) 深层粉细砂处理

对超过10m深的饱和粉细砂采用挤密砂桩处理。

砂桩桩径为40cm,用直径为325mm的桩管采用震动沉管法贯入,并辅以反插施工使砂桩直径扩大至40cm。

砂桩采用等边三角形布置,间距1.8m,排距1.56m。

砂桩用砂料要求:细度模数不小于4,含泥量小于5%,D_{15}在0.012~1.0mm。

(5)软土排水固结处理

砂井桩径为30cm,砂井采用等边三角形布置,间距1.8m,砂井用砂料要求:细度模数不小于4,含泥量小于5%,D_{15}在0.012~1.0mm。

(6)不同处理区搭接处理

岩基、土基与砂基相邻段,采用石渣垫层过渡,岩基上爆松岩石厚度不小于1m。上部采用满夯处理以均衡不同处理区的刚度。

不同填料过渡区底坡不陡于1:3。

相邻填料区填料的层间系数D_{50}之比不应大于15~20。

2.4 地基处理效果分析

(1)地基抗液化性能检测

强夯和挤密砂桩处理粉细砂后,采用标准贯入试验和静力触探试验检测,对不同处理区域共进行了196条测线的静力触探试验检测,其P_s值均达到6MPa,局部达到12MPa,均满足设计不小于6MPa的要求[3]。

(2)沉降观测

为检测地基处理的沉降控制效果,在沉降控制处理区域共埋设了15块沉降板、5根分层沉降管、10个孔隙水压力探头、10根测斜管,对砂井处理区软土的固结过程、变形过程进行了监测。

从沉降过程线和孔隙水压力变化过程线可以看出,由于在软土中设置了砂井排水通道,地基的沉降完成速度及孔隙水压力消散快,表明软土在荷载作用下固结快,达到了沉降处理的效果。

根据实测的沉降曲线,按照常规的双曲线$S_\infty = S_0 + (t-t_0)/[a+b(t-t_0)]$推算在本级荷载作用下的剩余沉降,然后根据荷载大小与沉降量的关系,可以推算剩余沉降量。主要的沉降板观测数据推算的最终沉降量和剩余沉降量结果列于表6.9-3。

表6.9-3　　　　　　　　　沉降观测及推算成果

沉降板编号	Sb2	Sb4	Sb1-1	Sb3	Sb7	Sb8	Sb2-3	Sb12	Sb13	Sb14	Sb15	Sb11
已完成沉降量(mm)	183	107	402	361	306	224	307	229	154	172	312	322
最终沉降量(mm)	203	125	415	374	336	250	320	248	162	181	328	351
剩余沉降量(mm)	20	18	13	13	30	26	13	19	8	9	16	29

从表6.9-3中可以看出,所有的测点的剩余沉降都满足小于50mm的设计要求,且根据各测点间的平面距离,计算得场区的差异剩余沉降率在0.03‰~0.42‰范围,均满足小于1‰的设计要求[5]。

(3)地基处理填料压实度

该场区主要采用石渣回填,采用灌水法现场检测压实后填料的干密度,共检测了100组,实测的干密度在2.12~2.36t/m³范围,均满足不小于2.10t/m³的设计要求。

(4)地基交工面回弹模量

对该场区共进行了 102 组回弹模量检测试验，实测的回弹模量在 85.3～234.8MPa 范围，均满足大于 80MPa 的设计要求。

3 潮汕民用机场岩土工程设计

3.1 基本情况

潮汕民用机场位于广东省汕头、潮州和揭阳三市之间，揭阳市揭东县炮台镇以东登岗镇以北，潮汕民用机场选址位于潮汕平原西南，揭阳市登岗镇与炮台镇之间，属潮州、汕头、揭阳三市的交接地带。机场主要建设内容包括新建一条 4D 级长 2800m、宽 45m 的跑道，一条长 2800m、宽 23m 的平滑道，新建航站楼面积 5 万 m^2，飞行区等级为 4D 级，定位为国家中型机场，工程挖填土石方总量达 1800 万 m^3，最大填方高度为 11m 左右，工程总投资达 37.64 亿元。工程于 2008 年 12 月开工，2011 年 12 月投入使用。

潮汕机场场区总面积约 3.267km^2，地势以平原为主，地面海拔标高 0.4～79.1m，西南角为低矮山丘，植被以树林、灌木为主，东南面为海湖相沉积平原，海湖相沉积软土区分布面积占整个场区的绝大部分。机场场地的工程地质条件复杂，大部分区域为海湖相沉积软土区[6]，其中的淤泥、淤泥质土具有低强度、触变性、流变性和高压缩性等不良特性，由此对工程带来一系列如工后沉降、不均匀沉降、地基稳定性等工程问题，需要进行地基处理。

3.1.1 基本工程条件

(1) 场区工程地质条件

据钻孔揭露深度，场地岩土层按成因类型自上而下划分为：①人工填土层，②第四系海陆交互相沉积层，③第四系坡积层，④第四系残积层，⑤侏罗系基岩风化层等五大层。其中第四系海陆交互相沉积层非常发育，分布广、厚度大，总厚度在 60m 以上，土性较为复杂，随着海陆的频繁交替，常形成砂、黏性土、淤泥（或淤泥质土）由粗—细的沉积韵律，根据其物理组分、工程性能特征及产出层序划分为以下 14 个亚单元土层，各亚层的分布及特征如表 6.9-4。

表 6.9-4　潮汕机场第四系海陆交互相沉积层主要土层表

亚层号	土层	埋深(m)	层厚/平均值(m)	标贯击数(击)	压缩模量 Es_{1-2}(MPa)
2-1	淤泥	0.00～19.90	0.50～21.40/7.40	1.1	1.34
2-2	粉细砂	0.00～18.40	0.50～9.80/3.72	6.6	
2-3	粉质黏土	0.50～23.40	0.60～13.80/4.75	6.2	5.01
2-4	中粗砂		3.81	8.9	
2-5	淤泥质土	5.20～38.70	0.70～15.30/5.56	1.9	3.03
2-6	粉细砂		5.63	9.0	
2-7	粉质黏土	11.20～40.70	4.41	7.1	5.13
2-8	中粗砂	17.20～48.80	5.83	10.7	
2-9	淤泥质土	21.00～59.10		2.2	3.66
2-10	粉质黏土	21.00～55.50	0.70～23.50/5.43	8.2	5.60
2-11	中粗砂	20.90～63.70	1.20～25.40/7.17	19.4	
2-12	粉质黏土	2.00～66.90	0.70～28.40/5.28	8.1	5.83
2-13	黏土	4.30～65.90	0.90～14.20/5.60	3.0	4.76
2-14	砾砂	32.40～67.70	0.60～23.10/6.71	27.0	

3.2 场区存在的主要工程问题

本场区存在的主要岩土工程技术问题是深厚软土问题,海湖相沉积软土区分布面积占整个场区的绝大部分,其中的淤泥、淤泥质土具有低强度、触变性、流变性和高压缩性等不良特性,由此带来的工程问题有地基承载力低、总沉降量和工后沉降量大、固结速度慢等问题,同时软土在空间分布的不均匀性将带来差异沉降控制等问题。

其他岩土工程问题还有边坡稳定问题与土石方填筑问题、土岩组合地基问题、砂土液化问题和施工期排水问题。

3.3 地基处理设计

3.3.1 地基处理技术要求

(1)工后运行期沉降量和差异沉降量要求

经地基处理后,要求按照20年使用年限考虑的飞行区道槽区的工后沉降量小于20cm,差异沉降小于1.5‰;建筑区和工作区道路的工后沉降量小于30cm,差异沉降小于2.0‰;对其他土面区,则不作沉降要求。

(2)地基强度要求

场道道槽区地基应达到中等强度,即道槽底面的地基反应模量$\geqslant 60MN/m^3$。土基区的地基承载力特征值不小于250kPa。

一般建筑区(工作区道路)道槽底面的$CBR \geqslant 9$。

(3)边坡稳定要求

施工期的边坡稳定安全系数不小于1.10;运行期正常使用条件下的边坡稳定安全系数不小于1.25,非正常使用条件下(地震工况)的边坡稳定安全系数不小于1.05。

3.3.2 地基处理总体思路

软土地基常用处理方法有换填法、动力固结法、静力排水固结法、碎石桩和砂石桩、水泥搅拌桩、水泥粉煤灰碎石桩(CFG桩)、桩网复合地基法等。本场区内软土具有分布厚度大,强度低,高压缩性等特征,预定的施工工期限为540天,据场区的工程地质条件,工期要求和造价等方面的综合分析,设计采用袋装砂井(塑料排水板)堆载预压法进行处理。

根据勘察成果,场区内软土分布范围广,厚度大,埋藏深度大,其中2-5层淤泥、2-9层淤泥质土层埋藏深度已达到40m以下,以现有的技术手段,要处理这个深度范围的软土,技术难度和投资成本都是难以承受的,因此,对本场区的软基处理,主要以处理2-1层淤泥为重点。

对于袋装砂井和塑料排水板的选用原则上按照根据需要处理深度和土层分布情况进行综合分析。当处理土层只需处理至2-1层淤泥时,可以采用塑料排水板进行处理;当需处理至2-3层淤泥时,在2-1层淤泥和2-3层淤泥之间存在一中(粗)砂层(2-2),该层层厚在0.7~13.4m之间,平均层厚3.95m,标准贯入试验击数在4~14击之间,平均击数8.7击,塑料排水板的桩靴穿越该层具有较大的施工难度,质量不易保证,因此采用袋装砂井。

对各个功能区采用的地基处理方法为:

①道槽区采用袋装砂井(塑料排水板)堆载预压法进行处理。

②一般建筑区(工作区道路)采用袋装砂井堆载预压法进行处理。

③土面区无特殊要求的范围原则上不做处理。

④边坡稳定影响区采用塑料排水板排水固结法进行处理,对于采用塑料排水板排水固结法仍不能满足设计要求的区域采用桩网复合地基进行处理。

对于砂土液化,本场区广泛分布有中粗砂、粉砂、细砂等砂土层,在地震作用下上述土层存在发生液化的可能性。对于本场区而言,通过地基处理措施(袋装砂井+超载预压、塑料排水板+超载预压)的实施,使得砂层的排水条件得到改善,同时袋装砂井施工时的振动挤密作用使得中砂土层的孔隙比进一步降低。由于填土加载的作用使砂土层的有效静载(应力)增大,砂层的孔隙比减少、密度增大。

对于大面积回填地基的液化判别,应以填筑表面作为地表面进行判别,场区大面积回填后,砂层的埋深大部分超过15m;以填筑表面作为地表面进行重新判别的结果后,仅剩2点可能液化,等级为轻。另一方面从目前收集到的液化灾害资料,很少有中粗砂和15m以下土层发生液化的实例。

另外当可能液化土层厚度小于基础宽度的1/3~1/4时,可不考虑采取抗液化措施。勘察成果可能液化的砂层层厚为1.7~7.5m,而道槽区宽度按照45m考虑,其层厚远小于15m,因此可以不采取抗液化措施。

综合分析,在采取了袋装砂井(袋装砂井)堆载预压和上部填土的作用下,砂层的液化可能性大大降低。可以不采用处理措施。

3.3.3 地基处理设计

根据沉降计算和边坡稳定性分析成果,对道槽区及一般建筑区(工作区道路)以及不同边坡类型,分别进行不同方式的地基处理。

(1)飞行区道槽区地基处理设计

飞行区道槽区按不同部位分为跑道、滑行道、站坪和工作区道路及飞行区消防车道,处理范围至道槽外侧10m,各小区地基处理方法见下表6.9-5。

表6.9-5　　　　　　　　　　　　飞行区道槽区地基处理设计参数

部位	处理方法	主要设计参数				备注
		排水井间距(m)	排水井深度(m)	超载高度(m)	排水体尺寸(cm)	
跑道及滑行道	袋装砂井堆载预压	1.3	20~25	4.0~4.5	7	尺寸指直径
	塑料排水板堆载预压	1.2	17	3.5	0.4	尺寸指厚度
站坪	袋装砂井堆载预压	1.3	20	3.0	7	
工作区道路及消防车道	袋装砂井堆载预压	1.3	20	4	7	

注:表中超载高度指在设计正常道面高程以上的堆载高度。

由于该机场地质条件复杂,软土厚度大且分布不均匀,在实际施工中将整个飞行区土基区划分为68个区域进行地基处理设计,地基处理总面积约80.898万m^2。

(2)边坡稳定影响区地基处理设计

按照填方范围内的不同填方边坡高度,设计了不同的边坡坡型,对不同坡型的边坡稳定影响区分别设计了桩网复合地基结合塑料排水板堆载预压、塑料排水板堆载预压等进行处理,其中堆载预压利用边坡设计填土,不另外填土。各坡型的坡型设计及对应的地基处理方法见下表6.9-6。

表 6.9-6　　边坡影响区地基处理设计方案

填方边坡高度(m)	坡型设计	地基处理方法
>5m	坡肩以下第一级按1：2.0放坡,高度4m,设3m宽马道,以下按1：2.5放坡	桩网复合地基,设5排管桩,桩距1.5m,深25m;两侧设塑料排水板,间距1.2m,深度15m;桩顶铺土工格栅
3.5～5m	坡肩以下第一、二级按1：2.0放坡,高度均为2m,设4m宽马道,以下按1：3放坡至坡脚	坡肩以内2m至坡脚范围内,打设塑料排水板,间距1.2m,深度15m
2.5～3.5m	坡肩以下第一级按1：2.0放坡,高度为2m,设3m宽马道,以下按1：3放坡至坡脚	坡肩以内2m至坡脚范围内,打设塑料排水板,间距1.2m,深度15m
0～2.5m	设一级坡,坡比1：2.5	不需进行地基处理

(3)填土速率控制

填土速率需按照设计加载曲线进行分级填筑,并在相邻两次填土之间保证一定间歇期。同时袋装砂井(塑料排水板)堆载预压法加载速率可以参照沉降速率、孔压消散和侧向位移进行控制:堆载中心点地面沉降速率小于或等于10mm/d;超孔隙水压力不超过预压荷载产生应力的50%～60%;水平位移不超过5mm/d。

(4)超载土体卸载标准

袋装砂井(塑料排水板)堆载预压法卸载标准:采用指数曲线法和Asaoka法,沉降速率小于0.5mm/d时能达到设计要求的工后沉降量;采用双曲线法,沉降速率要小于0.1mm/d时才能达到设计要求的工后沉降量。

3.3.4　沉降分析

(1)地基固结度计算

地基固结度计算采用一维固结理论和砂井固结理论进行。根据勘察成果和相关工程经验,各土层的固结系数如表6.9-7所示。

表 6.9-7　　各土层计算参数表

岩土分层	岩土名称	直接快剪		固结快剪		压缩模量	经验系数	固结系数	
		黏聚力	内摩擦角	黏聚力	内摩擦角	E		C_v	
		c	φ	c	φ				
		(kPa)	(°)	(kPa)	(°)	(MPa)		(cm²/s)	(m²/m)
<1-1>	素填土	15.0	6.0	/		2.60	1.42		
<1-2>	耕土	15.5	5.5	/	/			4×10⁻³	1.0
		c	φ	c	φ	E		C_v	
<2-1>	淤泥	7.4	2.1	9.9	7.5	1.37	1.81	3×10⁻⁴	0.1
<2-2>	粉细砂	/	25.0	/	25.0	7.33	1	4.3×10⁻²	27.5
<2-3>	粉质黏土	21.2	12.7	25.0	15.6	5	1.03	2×10⁻²	0.5
<2-4>	中粗砂	/	31.0	/	31.0	10.35	1	1.1×10⁻¹	27.5
<2-5>	淤泥质土	11.4	7.3	12.2	13.2	4.03	1.16	6×10⁻⁴	0.2
<2-6>	粉细砂	/	31.0	/	31.0	4.72	1.06	4.3×10⁻²	27.5

续表

岩土分层	岩土名称	直接快剪		固结快剪		压缩模量	经验系数	固结系数	
		黏聚力	内摩擦角	黏聚力	内摩擦角	E		C_v	
		c	φ	c	φ				
<2-7>	粉质黏土	23.0	13.8	25.5	15.5	5.13	1	3×10^{-3}	0.8
<2-8>	中粗砂	/	33.0	/	33.0	10.7	1	1.1×10^{-1}	27.5
<2-9>	淤泥质土	9.0	8.9	10.0	10.8	4.03	1.16	6×10^{-4}	0.2
<2-10>	粉质黏土	30.0	16.6	35.0	19.7	5.22	1	4×10^{-3}	1.0
<2-11>	粗砂	/	35.0	/	35.0	10.5	1	1.1×10^{-1}	27.5
<2-12>	粉质黏土	25.9	14.8	35.0	18.7	5.84	1	4×10^{-3}	1.0
<2-13>	黏土	15.0	13.7	15.6	20.5				/
<2-14>	砾砂	/	40.0	/	40.0				/

根据固结度计算的堆（超）载时间为6～8个月，等载填筑和超载填土速率可以参照沉降速率、孔压消散和侧向位移进行控制：堆载中心点地面沉降速率小于或等于20mm/d；超孔隙水压力不超过预压荷载产生应力的50%～60%；水平位移不超过5mm/d。

(2)沉降计算分析

沉降计算采用分层总和法进行，公式同前节，沉降包括软土地基沉降和填筑体自身沉降。

软土沉降主要由填土荷载、道面结构层自重荷载和飞机荷载三部分产生的。其中道面结构层按照1m考虑，飞机荷载按照30kPa考虑。

填土自重荷载和道面结构层自重荷载引起的沉降深度计算至侏罗系下统岩石强风化带层底。飞机荷载的传递深度在6m以内，因此飞机荷载引起的沉降计算深度按照6m考虑。

根据各钻孔地层对各功能区的沉降计算结果见表6.9-8。

表6.9-8　　　　　　　　　　沉降计算结果

功能区	荷载作用下总沉降(mm)	堆（超）载预压处理后	
		工后沉降(mm)	差异沉降(‰)
跑道	1567～4067	0～186	0～1.6
平滑道	718～3075	0～159	0～1.9
站坪区	1767～2568	9～101	0～1.4

根据计算成果，本场地的软土地基在使用荷载作用下沉降量较大，采用袋装砂井（塑料排水板）堆载预压，可以在施工期发生较大的沉降，有效降低工后沉降和差异沉降，其工后沉降和差异沉降能够满足设计要求。

3.4 地基处理效果分析

(1)施工情况

整个飞行区地基处理与土石方工程分为4个标段进行施工，飞行区1标段、2标段、3标段和4标段地基处理与土石方工程施工分别由中南航空港建设公司、武警水电部队二总队、上海公路桥梁有限公司和中国航空港建设总公司第九总队承担，监理单位为民航西北监理公司。

飞行区各标段于 2009 年 2 月初至 3 月中旬开始表土清除、铺设山皮土垫层和砂垫层施工。地基处理施工于 2009 年 5 月上旬至 6 月初完成,填土加载施工于 5 月上旬至 6 月初开始,并于 7 月中下旬至 8 月底完成,堆载时间约 9～10 个月。2010 年 12 月飞行区开始道面施工,2011 年 11 月通过行业验收开始运行。

(2)沉降观测分析

飞行区地基在堆载荷载下已预压 10 个月左右时,跑道范围填筑体顶面沉降测点的沉降量在 416～1972mm 之间,平滑范围填筑体顶面沉降测点的沉降量在 44～1792mm 之间。为分析评价地基处理效果,判断地基是否具备卸载条件,对飞行区地基沉降进行了分析。根据实测沉降曲线采用曲线拟合法对地基沉降和工后沉降进行了预测,同时采用经过试验段验证的理论计算法对地基沉降和工后沉降进行了分析,并进行两种方法计算结果的对比分析,以准确判断地基工后沉降和差异沉降。

4 昆明机场西试验区

4.1 概述

昆明新机场位于昆明市东北方向的浑水塘火车站附近,距昆明的直线距离约 24.5km,公路距离约 30km。昆明新机场定位为大型枢纽机场和辐射东南亚、南亚地区的门户枢纽机场。远期规划要满足年旅客吞吐量 6000 万人次、货运吞吐量 210 万吨的目标,本期规划目标年为 2015 年,要满足年旅客吞吐量 2700 万人次、货运吞吐量 60 万吨的目标。

场地最高点为李白冲南西面的大山,标高为 2194.6m;最低处位于南部沙沟村,标高约为 1985m,区内最大自然高差约 210m。场地地貌总体以岩溶地貌为主,其次为构造剥蚀低中山地貌。

场地内地层主要包括场地上覆第四系(Q)土层以及下伏基岩。场地第四系土层分为:①人工层(Q^{ml}、Q^{pd}),主要有杂填土、素填土及耕植土;②$_1$坡积层(Q^{dl}),②$_2$湖积(静水沉积)及冲洪积层(Q^{pl+al}),以黏土为主,②$_3$残积层(Q^{el}),以黏土、粉质黏土为主。母岩以灰岩、白云质灰岩、白云岩为主的山体斜坡地带的残坡积层以红黏土及少量次生红黏土为主,厚度与石芽分布及岩面起伏关系密切,变化较大。可分为:次生红黏土、坚硬红黏土、硬塑红黏土、可塑红黏土、软塑红黏土等。

场地内少量地段基岩裸露,局部地段基岩埋藏较深。其岩性主要为灰岩、下石英砂岩、粉细晶白云岩、碎屑岩、泥岩等。

拟建场地为多层地基,属中软土—中硬场地土,抗震设防烈度 8 度,设计基本地震加速度值 0.20g,设计地震分组为第二组。可不考虑软土震陷的影响。

昆明新机场场地的工程地质条件和水文地质条件复杂,大部分区域为岩溶区,石芽、石柱、石脊、溶沟、溶槽、岩溶漏斗、落水洞、暗河等各种岩溶地区的不良地质现象发育,基岩之上广泛分布有红黏土及次生红黏土、黏土等松软土;场地地面起伏大,最大高差约 210m,挖填工程量巨大,最大填方高度 50m 以上;场地距离地震活动强烈的小江断裂带仅 9 公里,机场使用期内遭遇强震的可能性很大,抗震设防要求高。因此,昆明新机场的岩土工程问题突出,岩土工程技术问题复杂,难度大。针对上述复杂的岩土工程问题和岩土工程技术问题,机场指挥部决定在拟建场地内选具有代表性的若干试验区,有针对性地对上述问题进行综合性的试验研究。

长江科学院与民航新时代机场设计研究院联合承担了西试验区地基处理与土石方填筑方面的试验设计与研究工作。主要目的:

（1）通过试验研究，寻求技术上可行，施工质量有保证，经济上合理的土石方填筑技术；在试验研究的基础上，提出相应的施工工艺和施工参数；

（2）通过现场试验，研究红黏土、黏性土地基的处理方法，在试验研究的基础上，提出相应的施工工艺和施工参数；

（3）通过现场试验，研究岩溶的处理方法，在试验研究的基础上，提出相应的施工工艺和施工参数；

（4）通过现场试验和验证试验，研究地基处理效果、高填方地基变形特性和高填方边坡的稳定性。

地基处理与土石方填筑部分试验研究的主要内容包括：①填筑料的击实试验和击实后力学参数研究；②土石方填筑试验研究和粗粒料压实密度快速无损检测方法研究；③红黏土和黏性土地基处理试验研究；④岩溶处理试验研究；⑤工程验证试验研究（地基处理效果、高填方地基变形特性和高填方边坡的稳定性）。

4.2 场区存在的主要工程问题

本工程建设过程中需要解决的主要岩土工程问题有：岩溶稳定性评价及处理、红黏土和黏性土地基处理、土石方填筑技术、高填方地基变形和高边坡稳定性控制、石料爆破和工程抗震防护技术等。

（1）岩溶稳定性评价和处理

场地岩溶形态主要为地表大面积存在的溶蚀洼地、漏斗及地下溶（孔）洞。溶蚀洼地及岩溶漏斗是场区强烈溶蚀作用在地面的表现，西飞行区主要发育在南部及北部。

场地内广泛分布岩溶，修建机场将对场地内进行大面积的填方和挖方，岩溶对本工程建设不利影响主要表现在：

①由于场地内岩溶发育区大面积填方平整，荷载作用可能导致局部地下溶洞、管道的塌陷，从而导致填方不均匀沉降。

②填方可能导致落水洞、岩溶管道的塌陷、闭塞，最终使得北部填土地基饱水、软化，导致填方地基的不均匀沉降。

（2）红黏土和黏性土处理

场地内普遍发育的红黏土（少量次生红黏土）和黏性土，厚度变化大。常见水平距离相差1.0m，土层厚度相差3.0m或更多，红黏土对本工程建设的不利影响主要表现在：

①场地红黏土、次生红黏土厚度大，导致下部软塑—可塑状红黏土在上覆高填方荷载作用下沉降大；同时红黏土、次生红黏土厚度变化大，易产生差异沉降。

②由于红黏土、次生红黏土具有上硬下软的特点，若对深层软弱红黏土进行处理，则穿越上部硬层的难度较大。

③红黏土、次生红黏土具有大孔隙比、高含水量的特征，易失水干裂，遇水强度急剧降低，施工时不易压实和含水量控制困难。

（3）土石方填筑

本机场填筑材料主要有黏土、粉质黏土、粉土、红黏土、陡坡寺组风化料、白云岩、砂岩、灰岩、页岩等，填料性质相差较大，不同开挖料的压实性能差异较大，尤其是红黏土压实性能差。另外，填料中石料、陡坡寺组风化料所占比例较大，目前对大粒径石料的压实工艺和质量检测方法还没有成熟的经验可供借鉴，都将会影响大面积填筑的施工质量和施工进度。若填筑质量控制不好，将导致工后沉降量和相邻断面差异沉降超过规范要求，以及高填方边坡稳定性不足等严重问题。

(4) 高填方地基变形和边坡稳定

机场土基区对地基工后沉降和不均匀沉降的要求较严格,而本机场填方量大,部分地段填方高度较大,东飞行区和西飞行区均有部分道面区填方高度超过 30m,若地基处理和填筑施工质量不满足要求,易导致地基沉降和差异沉降过大等问题,影响机场的正常使用。

机场场区周边尤其是南北两端存在高填方边坡,局部地段边坡高度超过 50m,若边坡设计不合理,或地基处理和填筑施工质量不满足要求,易引起边坡失稳,再加上该场地属于强震区,因此,高填方边坡稳定问题尤其突出。

4.3 岩溶地基处理试验研究

场区存在的大量隐伏溶洞和岩溶漏斗,本次试验重点开展隐伏溶洞和岩溶漏斗的处理试验。分别选取了 4 个隐伏溶洞和 1 处岩溶漏斗进行处理试验。

4.3.1 隐伏溶洞处理试验研究

(1) 隐伏溶洞处理设计及施工

选择编号为 GR1(sk310)的溶洞进行袖阀注浆法处理试验。袖阀注浆孔距为 1.5m,孔径 100mm,泵注压力为 0.2~0.8MPa,处理范围顶板至洞底。

选择编号为 GR2(sk311)的溶洞进行高压灌注低标号混凝土＋袖阀注浆法处理试验。第一序孔:高压灌注 C15 混凝土,孔距为 4.0m,孔径 168mm,泵注压力为 8.0~15.0MPa,处理范围顶板至洞底;第二序孔:袖阀注浆孔距为 2.0m,孔径 100mm,泵压为 0.2~0.8MPa,处理范围顶板至洞底。

GR1 溶洞现场钻孔施工从 2007 年 5 月 29 日开始,至 2007 年 6 月 22 日结束;2007 年 6 月 23 日开始下袖阀管和浇注套壳料;袖阀注浆施工于 2007 年 7 月 7 日开始,至 7 月 18 日结束。钻孔施工采用 XY100 钻机,108mm 钻头进行施工,共钻孔 53 个,累计进尺 1082.3m。袖阀注浆累计灌注 9 个孔,实际采用施工参数为孔距 1.5m,排距 1.5m,孔径 100mm。

GR2 溶洞现场钻孔施工从 2007 年 4 月 12 日开始第一序孔施工(C15 混凝土灌注孔),至 2007 年 5 月 23 日结束。混凝土灌注施工于 6 月 8 日开始,至 6 月 15 日结束。第二序孔(袖阀注浆孔)钻孔施工于 6 月 14 日开始,至 6 月 24 日结束。袖阀注浆施工于 7 月 19 日开始,至 8 月 4 日结束。第一序孔(C15 混凝土灌注孔)钻孔采用 150 型钻机 3 台,200 型钻机 2 台,168mm 钻头进行施工,共钻孔 19 个,累计进尺 407.7m。第二序孔(袖阀注浆孔)施工钻孔 22 孔,累计进尺 489.3m。袖阀注浆施工 9 个孔,孔距为 2.0m。

(2) 处理效果检测分析

主要试验检测项目:处理前后波速测试,处理后钻探、钻探取芯、芯样压缩试验等。

GR1 区处理前波速测试成果显示,剪切波速随着深度的增加而相应增加,土层的等效剪切波速为 237~242m/s。处理后土层的等效剪切波速提高到 251~268m/s。通过钻探检测,经加袖阀注浆处理后的溶洞内芯样可见少许水泥浆痕迹。

GR2 区处理前 G07 孔的波速测试成果图显示,剪切波速随深度的增加而增加,土层的等效剪切波速为 280~340m/s,处理后土层的等效剪切波速提高到 261~508m/s。通过钻探检测,经灌注低标号混凝土加袖阀注浆处理后的溶洞内充填满混凝土。

通过对 GR1 溶洞进行袖阀注浆法处理后的检测成果表明,处理后各土层的剪切波速比处理前的剪切波速有所提高,整个地基土层的等效剪切波速有所提高,地基土由处理前的中软场地土变为处理后的中硬场地土,但是,在实际施工中灌注套壳料方量非常大且孔口未见返浆,此外,钻探取芯检测仅仅在钻孔处 2.2~18.0m 土层发现少许水泥浆,说明袖阀注浆法处理 GR1 溶洞的效果不是很理想。

通过对 GR2 溶洞的进行高压灌注低标号混凝土+袖阀注浆法处理后的检测成果表明,仅注浆加固层的剪切波速比处理前有较明显的提高(该层土类也由处理前的中硬场地土转为坚硬场地土),其他各层的剪切波速比处理前均有所降低,说明采取高压灌注低标号混凝土+袖阀注浆法处理溶洞段有一定效果。

4.3.2 岩溶漏斗处理试验研究

选择编号为 Kh414 的岩溶漏斗进行强夯法处理试验,选取三块面积为 35m×50m 的试验小区进行不同夯击能的强夯试验研究。施工工艺均采用两遍点夯加一遍满夯,点夯间距采用 4m,夯击能分别采用 2500kN·m、3500kN·m 和 4500kN·m;满夯夯击能采用 1000kN·m。

岩溶漏斗处理试验首先清除表层耕植土,铺设 2.0m 碎石垫层,垫层料采用取土区开挖揭露的孤石经解爆后的级配石料。由于岩溶漏斗相对高差较大,在施工中先开挖 3 级台阶后强夯。实际施工面积 3232m^2,垫层料方量 6151m^3。

主要试验检测项目:处理前后波速测试,处理前后钻探、标准贯入试验、室内土工试验,处理后载荷试验等。从岩溶漏斗处理前后波速测试、标准贯入试验、载荷试验及室内土工试验成果分析得知:

QD1 区(单击夯击能为 4500kN·m、夯点间距为 4.0m)强夯处理后,地基土剪切波速较处理前有所提高,在 12.0m 深的范围内标贯击数有较大增加,说明单击夯击能为 4500kN·m 的强夯对 12.0m 以内厚的软弱土层处理效果明显。

QD2 区(单击夯击能为 3500kN·m、夯点间距为 4.0m)强夯处理后,地基土剪切波速较处理前有所提高,标贯击数有较大增加;在 8.0m 深的范围内,处理后的标贯击数随着深度增加而增大。

QD3 区(单击夯击能为 2500kN·m、夯点间距为 4.0m)强夯处理后,地基土由处理前的中软场地土变为处理后的中硬场地土,但从标准贯入试验结果看来,强夯影响的深度不及 QD1 及 QD2 区。

经过不同单击夯击能的强夯处理后,岩溶漏斗小区的地基承载力特征值均达到了 320kPa。

4.4 红黏土地基处理试验研究

选在验证试验区分别采用垫层强夯法处理红黏土地基和碎石桩处理红黏土地基试验研究。

(1)垫层强夯法处理红黏土地基

根据红黏土分布厚度的不同,选取三块面积为 20m×40m 的试验小区进行不同夯击能的垫层强夯法处理红黏土地基试验,垫层强夯法处理红黏土地基分别采用 2000kN·m、3000kN·m 和 4000kN·m 三种夯击能,垫层厚度为 2.0m,垫层料采用验证试验小区边坡破碎带爆破石料。

通过垫层强夯法处理红黏土地基后前后的钻探、标准贯入试验、室内土工试验、处理前后载荷试验、处理前后波速测试、处理后重型动力触探检测等手段,表明:

① 强夯法处理后的复合地基承载力特征值有较大幅度的增加,标准贯入击数有明显的增加,土体的物理力学指标有所改善。强夯处理红黏土地基效果明显。

② 三种夯击能的强夯复合地基处理后的地基承载力特征值均能满足设计要求。

③沉降计算分析表明,强夯 QH1 区的工后沉降为 19.4cm;强夯 QH2 区的工后沉降在 13.0~19.4cm 之间,平均工后沉降为 16.2cm;强夯 QH3 区的工后沉降在 13.0~16.2cm 之间,平均工后沉降为 14.6cm,沉降计算表明经强夯处理后的三个小区工后沉降和差异沉降均能满足设计要求。

(2)碎石桩法处理红黏土地基

对于红黏土分布厚度较大的区域,选取三块面积均为20m×50m的试验小区,分别进行10.1%、7.0%和5.0%三种不同置换率、不同桩长的碎石桩处理试验研究,桩径均为500mm,桩间距分别为1.5m、1.8m和2.0m,设计桩长针对红黏土厚度分别为21.3m、20.5m和16.7m。

通过处理前后的钻探、标准贯入试验、室内土工试验,处理前后载荷试验、处理前后波速测试、处理后重型动力触探检测等手段,得到以下主要结论与建议。

①碎石桩处理后的复合地基承载力特征值有较大幅度的增加,标准贯入击数有明显的增加,土体的物理力学指标有所改善。碎石桩处理红黏土地基效果明显。

②三种置换率和桩长的碎石桩复合地基处理后的地基承载力特征值均能满足设计要求。

③考虑到造价和工效因素,建议对于红黏土分布厚度在20.0m以内,上部填土厚度在30.0m的红黏土地基,采用碎石桩进行处理。

同时要注意红黏土的含水率和硬壳层厚度,当红黏土的含水率较低且硬壳层较厚、振动沉管施工困难时要慎用。

4.5 土石方填筑试验研究

(1)土石方填筑试验的主要研究内容

土石方填筑试验的主要研究内容为红黏土的振动平碾碾压试验4场、振动凸块碾碾压试验4场;陡坡寺组强风化料的振动平碾碾压试验4场、振动凸块碾碾压试验4场;陡坡寺组中微风化料的振动平碾碾压试验4场、冲击碾压试验4场,共计进行碾压试验24场。试验区土料主要为红黏土和陡坡寺组强风化料,根据不同的参数组合共进行土料碾压试验16场,试验参数组合如表6.9-9所示。

表6.9-9　　　　　　　红黏土和陡坡寺组填筑试验参数组合表

试验土料	碾压设备	铺料厚度(cm)	碾压遍数(遍)	含水率(%)	试验场次(场)
红黏土及次生红黏土	振动凸块碾	40/50/60	2～12	天然	8
	振动平碾				
陡坡寺组强风化料	振动凸块碾	40/50/60	2～12	天然	8
	振动平碾				
陡坡寺组中微风化料	振动平碾	60/80/100	2～12	天然	8
	冲击碾	80/100/120	5～30		

(2)红黏土碾压试验研究

①红黏土因土料性质和含水率差异较大,其最大干密度和最优含水率试验成果差异较大,采用统一的最大干密度和最优含水率指标比较困难。其次,红黏土的最大干密度和最优含水率测定还因土样制备方法不同,其结果差异较大。干土法测得的最大干密度较湿土法测得的最大干密度偏大;干土法测得的最优含水率较湿土法测得的最优含水率偏小。建议红黏土最大干密度试验的测定采用湿土法。

②再则,红黏土最大干密度和最优含水率的测定,宜根据现场施工土料取样进行室内击实试验或三点击实试验,在缺少现场土料的击实试验成果时,最大干密度可按 $1.61g/cm^3$ 控制,最优含水率可按23%控制。

③综合分析表明,对于相同铺料厚度、相同碾压遍数的红黏土,振动凸块碾的压实度和沉降量均大于振动平碾的压实度和沉降量。但若含水量控制不好的条件下,振动凸块碾易发生黏土现象。因此建议红黏土

的填筑压实主要采用振动凸块碾进行,在振动凸块碾碾压发生黏土现象时可采用振动平碾进行填筑压实。

(3)陡坡寺组强风化料碾压试验

①与上述红黏土相似,陡坡寺组强风化料因土料性质差异较大,采用统一的最大干密度和最优含水率指标比较困难。陡坡寺组强风化料颗粒分析表明,其黏粒含量较大,其填筑压实性能接近于黏土,导致其最大干密度和最优含水率测定因备样方法不同,其结果差异较大。干土法测得的最大干密度较湿土法测得的最大干密度略大;干土法测得的最优含水率较湿土法测得的最优含水率略小。建议陡坡寺组强风化料最大干密度试验的测定采用湿土法。

②陡坡寺组强风化料最大干密度和最优含水率的测定宜根据现场施工土料取样进行室内击实试验或三点击实试验,缺少现场土料的击实试验成果时,最大干密度可按 $1.71g/cm^3$ 控制,最优含水率可按 17.3% 控制。

③综合分析表明,对于相同铺厚、相同碾压遍数的陡坡寺组强风化料,振动平碾的压实度和沉降量均大于振动凸块碾的压实度和沉降量。因此建议陡坡寺组强风化料的填筑压实采用振动平碾进行。

(4)陡坡寺组中微风化料碾压试验

①与上两种土料类似,采用统一的最大干密度和最优含水率指标比较困难,建议陡坡寺组中微风化料最大干密度试验的测定采用湿土法。陡坡寺组中微风化料最大干密度和最优含水率的测定宜根据现场施工土料取样进行室内击实试验或三点击实试验,在缺少现场土料的击实试验成果时,最大干密度可按 $1.80g/cm^3$ 控制,最优含水率可按 16.6% 控制。

②陡坡寺组中微风化料振动平碾的压实度检测普遍不能满足设计要求,而冲击碾压的压实度检测绝大多数能够满足设计要求。

③综合分析表明,对于相同铺厚、相同碾压遍数的陡坡寺组中微风化料,冲击碾压的压实度和沉降量均大于振动平碾的压实度和沉降量。

④冲击碾压压实具有铺料厚度大,施工速度快捷等优点,同时其压实效果较好,因此建议陡坡寺组中微风化料的填筑压实采用冲击碾压进行压实。

4.6 处理效果研究

验证试验小区主要试验内容包括:验证试验小区补充静力触探试验、边坡地基强夯处理试验、破碎带清爆换填处理试验、地基和填筑体变形观测、红黏土地基孔隙水压力观测、填筑体施工质量检测等。通过静力触探、载荷试验、密度试验、重型动力触探、反应模量测试、回弹模量测试、原形观测和计算分析等手段对验证试验小区的变形、应力分布、填筑体的压实度、强度等进行比较系统的分析。得到以下主要结论与建议:

(1)静力触探试验

补充静力触探试验证明了红黏土上硬下软的特点。

(2)验证试验小区地基处理

①验证试验小区破碎带清爆换填后的地基承载力特征值达到 400kPa,强夯面平均沉降量为 30cm。说明采用清爆换填处理破碎带的效果是明显的。

②对于埋设较浅的溶蚀破碎带,建议采用首先爆破揭顶,分层回填块石后采用强夯进行处理。

③边坡区强夯后的地基承载力特征值为 210kPa,其处理效果还有待进一步验证。

(3)土石方填筑试验检测

①红黏土采用分层碾压,碾后的压实度检测均在93%以上,满足设计要求。

②陡坡寺组强风化料分层碾压区碾后的压实度检测均在93%以上,满足设计要求。

③陡坡寺组强风化料强夯填筑区动力触探检测成果显示,上层0.0~3.0m范围内的动探击数较小,下层3.0~7.0m的动力触探击数较大,根据压实度检测结果验算,陡坡寺组强风化料强夯填筑区动力触探击数在5.8击以上时,其压实度可以达到93%以上。

④动力触探试验检测结果显示,采用一遍点夯,陡坡寺组强风化料上下层采用插挡法强夯处理后下层的压实度有明显的提高。上层填筑体随着上面填土和其上面的强夯施工,其压实度会进一步提高。为安全起见,建议对陡坡寺组强风化料填筑体在一遍点夯完成以后,推平夯坑采用低能级满夯或冲击碾压补强。

⑤陡坡寺组中微风化料的动力触探检测成果与陡坡寺组强风化料检测结果基本一致。为安全起见,建议对陡坡寺组中微风化料填筑体在一遍点夯完成以后,推平夯坑采用低能级满夯或冲击碾压补强。

(4)沉降及水平位移观测和孔隙水压力观测

①现阶段施工期沉降观测表明,碎石桩处理红黏土地基区的沉降量较大,强夯区处理红黏土地基区的沉降量最大(主要受上部填土强夯施工影响所致),天然地基区沉降最小。这与施工期沉降计算结果比较一致。

②分层水平位移速率较小,目前边坡基本稳定。

③孔隙水压力观测成果显示,孔隙水压力的增长与消散基本与填土加载历史一致。

(5)对强夯功能的建议

根据边坡稳定计算成果,建议土质边坡设计采用综合坡比1∶2.2~2.3,单级坡比1∶2,坡高10.0m设置一宽为2.0~3.0m的马道。但边坡设计应根据具体边坡的坡高、填筑土料类型和边坡的地质条件进行具体分析。

沉降计算表明,验证试验小区填筑至高程2090m时,碎石桩和强夯处理红黏土地基区的工后沉降和差异沉降均能满足设计要求。综合考虑造价和工期等因素,建议对于红黏土分布厚度在8.0~10.0m范围时,上部填土厚度在30.0m的红黏土地基,采用3000kN·m(两遍点夯,一遍满夯)强夯进行处理;建议对于红黏土分布厚度在8.0m以内,上部填土厚度在30.0m的红黏土地基,采用2000kN·m(两遍点夯,一遍满夯)强夯进行处理[7]。

参考文献

[1] 王明煜. 抛填与强夯处理软土地基[J]. 长江科学院院报,1993(3):14-19.

[2] 冯光愈,曹星. 深圳机场场道工程换填地基的沉降分析与观测[J]. 长江科学院院报,1999(12):46-53.

[3] 谢学伦,王明煜. 珠海机场地基强夯处理研究[J]. 长江科学院院报,1994(12):13-17.

[4] 殷宗泽,龚晓南编. 地基处理工程实例[JM]. 北京:中国水利水电出版社,2000年.

[5] 方宗明,谢学伦,李仲秋. 堆载预压在珠海机场软基处理中的应用[J]. 人民长江,1996(2):20-22.

[6] 长江科学院编. 湖相沉积地区高等级公路软土地基处理研究(技术文件汇编)[R]. 1996年6月.

[7] 姜志全,李仲秋. 昆明新机场岩土工程试验研究报告西试验区地基处理与土方填筑部分[R]. 武汉:长江科学院,2008.